野生動物の研究と管理技術

日本野生動物医学会
野生生物保護学会
監　修

鈴木　正嗣
編　訳

文永堂出版

表紙デザイン　中山康子(㈱ワイクリエイティブ)

RESEARCH AND MANAGEMENT TECHNIQUES FOR WILDLIFE AND HABITATS

Edited by

Theodore A. Bookhout

National Biological Service
Ohio Cooperative Fish and Wildlife Research Unit
The Ohio State University
Columbus, Ohio

The Wildlife Society
Bethesda, Maryland
1996

Research and Management Techniques for Wildlife and Habitats

Copyright © by The Wildlife Society, Inc. 1996

Printed in the United States of America for The Wildlife Society by Allen Press, Inc., Lawrence, Kansas

All rights in this book are reserved. No part of the book may be used or reproduced in any manner whatsoever without written permission except in the case of nonprofit educational reproduction, use by agencies of the U.S. Government, or brief quotations embodied in critical articles and review. For information, address: The Wildlife Society, Inc.
5410 Grosvenor Lane
Bethesda, Maryland 20814

Mention of trade names does not imply endorsement of the product.

This book is the fifth in a series on wildlife techniques published by The Wildlife Society

Editor, Henry S. Mosby
   Manual of Game Investigational Techniques
      (1) First Edition—May 1960
         Second Printing—February 1961
   Wildlife Investigational Techniques
      (2) Second Edition—May 1963
         Second Printing (Revised)—March 1965
         Third through Sixth Printing—March 1966 to September 1968

Editor, Robert H. Giles, Jr.
   Wildlife Management Techniques
      (3) Third Edition—June 1969
         Second Printing (Revised)—January 1971
         Third Printing—May 1972

Editor, Sanford D. Schemnitz
   Wildlife Management Techniques Manual
      (4) Fourth Edition—September 1980

Editor, Theodore A. Bookhout
   Research and Management Techniques for Wildlife and Habitats
      (5) Fifth Edition—January 1994
         Second Printing (Revised)—April 1996

Suggested citation formats:

Entire book

Bookhout, T. A., Editor. 1996. Research and management techniques for wildlife and habitats. Fifth ed., rev. The Wildlife Society, Bethesda, Md. 740pp.

Chapter of the book

Johnson, D. H. 1996. Population analysis. Pages 419–444 *in* T. A. Bookhout, ed. Research and management techniques for wildlife and habitats. Fifth ed., rev. The Wildlife Society, Bethesda, Md.

This book was produced on the Penta DeskTopPro/UX® and output to an AGFA SelectSet 7000 imagesetter. The text is Adobe Times Roman. The text paper is 50 pound Restorecote (50/10 recycled). The Roxite cloth cover was printed by Allen Press, Inc. and the case binding was done by Prizma Industries, Denver, Colorado. This book was printed on a Hantscho full-sized waterless web press by Allen Press, Inc.

ISBN 0-935868-81-X
Library of Congress Catalog Card Number: 93-61624

監 修

日本野生動物医学会(敬称略)

大泰司紀之(北海道大学大学院獣医学研究科環境獣医科学講座生態学講座)

野生生物保護学会(五十音順,敬称略)

丸山　直樹(東京農工大学農学部野生動物保護学研究室)

渡邊　邦夫(京都大学霊長類研究所付属ニホンザル野外観察施設)

編 訳

鈴木　正嗣(北海道大学大学院獣医学研究科環境獣医科学講座生態学講座)

翻 訳(五十音順,敬称略)

氏　名	所　属	翻訳担当章
*赤松　里香	(エンヴィジョン)	第20章
今木　洋大	(元 山梨県環境科学研究所)	第26章
*大井　徹	(独立行政法人森林総合研究所関西支所)	第28章
岡田　秀明	(斜里町知床自然センター管理事務所)	第7章
岡野美佐夫	(㈱野生動物保護管理事務所)	第15章
小高　信彦	(大阪市立大学大学院理学研究科)	第24章
*小野　理	(北海道環境生活部環境室自然環境課)	第21章
梶　光一	(北海道環境科学研究センター自然環境部)	第9章
片山　敦司	(㈱野生動物保護管理事務所関西分室)	第4章
金子　友美	(㈱日本海洋生物研究所)	第24章
金子　正美	(酪農学園大学環境システム学部地域環境学科地理情報研究室)	第3章
亀山　哲	(国立環境研究所水土壌圏環境部)	第25章
神崎　伸夫	(東京農工大学農学部野生動物保護学研究室)	第17章
岸本　真弓	(㈱野生動物保護管理事務所関西分室)	第19章
*小泉　透	(独立行政法人森林総合研究所九州支所)	第16章
*鈴木　正嗣	(北海道大学大学院獣医学研究科環境獣医科学講座生態学講座)	序文,第8章
須田　知樹	(宇都宮大学大学院農学研究科野生鳥獣管理学研究室)	第18章
須藤(山地)明子	(㈱イーグレット・オフィス)	第8章
高橋　裕史	(北海道環境科学研究センター自然環境部・科学技術振興事業団特別研究員)	第10章
釣賀一二三	(北海道環境科学研究センター道南地区野生生物室)	第6章
羽澄ゆり子	(㈱野生動物保護管理事務所)	第12章
濱崎伸一郎	(㈱野生動物保護管理事務所関西分室)	第5章
羽山　伸一	(日本獣医畜産大学獣医畜産学部野生動物学教室)	第11章
*平川　浩文	(独立行政法人森林総合研究所北海道支所)	第1章
宮木　雅美	(北海道環境科学研究センター自然環境部)	第22章,第23章
安江　健	(茨城大学農学部動物生産学大講座)	第27章
柳井　徳磨	(岐阜大学農学部家畜病理学講座)	第13章
山根　正伸	(神奈川県自然環境保全センター研究部)	第2章
横畑　泰志	(富山大学教育学部環境生物学研究室)	第14章

＊印は監訳者　1章：大井　徹,2章：大井　徹・鈴木正嗣・平川浩文,4〜9章：鈴木正嗣,10〜13章：赤松里香,14章：鈴木正嗣,15章：赤松里香,16〜20章：小泉　透,21章：小野　理・鈴木正嗣,22〜25章：大井　徹,26章：小野　理・鈴木正嗣,27〜28章：大井　徹

編訳者の序文

　本書は米国の野生生物学会(The Wildlife Society)が刊行する『Research and Management Techniques for Wildlife and Habitats(5 th Edition, 2 nd Printing)』の全訳である。この本は1960年に出版された『狩猟鳥獣の調査技術マニュアル(Manual of Game Investigational Techniques)』を初版とし，研究者のみならず野生動物にかかわる全ての人々を対象に版を重ねてきた。原典の序文には「我々は本書がベストセラーになることを予知している」と記されているが，これは決して誇張された表現ではない。初版の発行以来，野生動物の研究や管理の「規範」として世界中の関係者に使われて来たためである。事実，これほど多岐に渡る内容を網羅する書物は他になく，今後とも「規範」であり続けることに疑いの余地はない。

　この本が優れているのは，地元住民や環境への配慮，調査スタッフの安全，動物福祉，調査上の心構えなど，個別の論文からは得ることのできない「技術以前」の問題に多く触れられている点である。野生動物を取り巻く社会情勢は日米で異なるが，このような周辺事情に関わる問題は少なからず共通している。周辺事情に対する知識や配慮は，ときに技術そのもの以上に研究や保護管理を円滑に進める上で重要である。そのため読者に対しては，技術の習得のみに留まらず，各章の記述をトータルに把握するよう切望している。

　さて，わが国における野生動物の保護管理政策は，「鳥獣保護及狩猟ニ関スル法律」の改正(1999年)により転換期を迎えている。この改正で，有害鳥獣駆除等の許認可権が都道府県に移管され，増加により農林業に被害を及ぼす種や減少の著しい種については「特定鳥獣保護管理計画」により科学的に管理されることになった。そのため各都道府県は，従来の場当たり的かつ慣習的な有害鳥獣駆除制度を排し，自ら行う科学的調査に基づいて計画的な保護管理を行う必要に迫られている。このような時期に発刊される本書は，転換期にある野生動物保護管理の現場において，実用性に優れた参考書になると確信している。また，大学教育や研修の場では，教科書としても活用できるであろう。

　本書の訳出には総勢32名の研究者が参加した。いずれも，担当章に関連する分野で一線級の業績を上げている方々である。そのため，各人の思い入れを反映した質の高い翻訳に仕上がっている。登場する特殊な機器類，薬品類，行政組織，法律用語などには既存の訳が存在しない場合も多かったが，可能な限り適切かつ統一された語を当てるよう努力した。また，米国での使用を前提に書かれているため，わが国では入手困難な機材や薬剤などもしばしば登場している。急速な進歩を遂げているコンピュータやソフトウエアに関しては，過去のものとなった記述もある。不適切な記述にお気づきの点はご指摘いただき，「宿題」として責任を持って対処したいと考えている。

　最後に，この企画を快くお引き受けくださり，さらには遅々として進まぬ翻訳作業に対し常に叱咤激励をいただいた文永堂出版㈱の永井富久氏と松本　晶氏に，心からの敬意と謝意を捧げる。また，多忙の中にもかかわらず翻訳，監訳，監修を担当された方々のご努力と熱意にも改めて感謝の意を表したい。

　　　　　　　　　　　　　　　　　　　　　　　　　　　2001年秋　紅葉の手稲山を望みながら
　　鈴木　正嗣

我々の恩師，助言者，共同研究者，そして友人でもあった
Willard D. Klimstra 博士に本書を捧げる

W. D. Klimstra
1919〜1993

米国野生生物学会（The Wildlife Society）会長　1973〜1974

Aldo Leopold 記念賞受賞　1988

序　文

　「野生動物の保護管理マニュアル（本書の旧版にあたる Wildlife Management Techniques Manual）」の初版～第4版が「野生動物の保護管理」に与えた影響は，他のいかなる書物より大きいものであった。このマニュアルは，野生動物の専門家たちにより，大学教育や日常業務の場で世代を越えて使われてきた。

　第5版として出版された本書は，この誇るべき歴史をさらに補強するであろう。本書は旧版よりもさらに充実し，その影響力は過去のすべての版を上回るであろう。書名が長くなったのも，「テクニックを目的ではなく手段と捉え，適切な文脈で記述する」という編者の意図を反映したためである。

　米国野生生物学会は，野生動物の専門家の訓練に役立つ書物を出版する努力を続けている。『野生動物の保護管理マニュアル』の旧版は，長年にわたりそれを示してきた。そして，研究と保護管理に関する「標準」と「手引き」を提言することにより，「地球の生物資源の保護と管理を促進する」という我々の責務を果たすことができた。第4版はスペイン語にも翻訳されており，この第5版も他の言語で読めるようになるだろう。このような努力は，米国野生生物学会をさらに発展させ，野生動物管理のために働く世界中の専門家をサポートすることになる。

　本書は，時間と知識を無償で提供した多くの著者と査読者の貢献により出版することができた。この本を使う米国野生生物学会のメンバーは，書物・論文の出版や自然環境の改善など将来的な貢献を通じ返礼しなければならない。

　米国野生生物学会は，著者・査読者と共に原稿の完成と出版に向けて長期的な激務をこなした編者の Ted Bookhout に深謝する。Ted は，米国野生生物学会の会長や「*Journal of Wildlife Management*」の編集，本書の編集を通じて，米国野生生物学会に貢献してきた。彼の継続的な貢献は，ほとんど誰もが太刀打ちできないほどの「お手本」となった。

　我々は本書がベストセラーになることを予知している。この本は間もなく多くの野生動物関係者の本棚に並ぶことになり，卒業までコピーを入手しない大学生はほとんどいないだろう。米国野生生物学会は，世界中の野生生物資源と人類の利益に対し大きな貢献をできたことを喜ばしく思っている。

W. Alan. Wentz
米国野生生物学会会長　1992-93

編者の序文

本書の編集作業を引き受けた時,読者がこの本が使うのは「どのように研究を行うか」,「どのように野生動物と生息地の管理するか」あるいは「より多くの関連情報はどこで得られるか」に関し何らかの情報を欲している時であると確信した。そこで問題となったのが,膨大な量の「研究方法」や「管理方法」の存在である。旧版の編集者も,「低価格と携帯性を保ったまま,古いが重要な情報も残しつつ,新しい知識や文献をどのように取り入れるか?」というジレンマに直面していた。

編集を任された直後,私は約100名の野生動物関係者(研究者,管理者,野生動物管理学に関わる大学教員)に対し,本書に盛り込むべき項目を問い合わせた。70名余りから寄せられた回答は多様であったが,いくつかの項目についてはコンセンサスを得ることができた。各章のタイトルはすべて私が決めたが,中にはこれらのコンセンサスを反映させた章もある。

私が選んだ各章の筆頭著者に対する連絡では,「著者と同等の読者」ではなく「大学上級生程度の理解力を持った読者」を想定するよう依頼した。これは,予想される読者に合わせてレベルを下げよという要求ではなく,知識の乏しい読者も想定して欲しいという意味であった。編集の目標は,フィールドや実験室の野生動物関係者の抱く「どのようにすればよいか?」や「どこで情報を入手できるか?」という疑問に対し,有用なマニュアルを作ることであった。各章の内容は総覧的なものではあるが,包括的なものでも,一部の読者の期待にそうほど詳細なものでもない。しかし,ほとんどの課題に関し詳しく説明されており,新しい文献を重視した相当数の引用リストも提供している。

編者としての私の責任感を持続させ,出版に対し直接的に貢献した方々の助力に感謝する。まず,忙しいスケジュールの中で執筆し,査読者のコメントにも積極的に答え,そして野生動物関係の学生,研究者,管理官向けの有用な原稿を仕上げてくれた著者にお礼を申し上げる。筆頭著者には執筆を補助する共著者を探すよう勧め,その選出はお任せした。各章の質の高い記述は,90名に近い査読者なしには達し得なかった。査読者の知識により,本文,図表,引用文献が改善された。査読者の氏名は他の頁に掲載されている。なお,査読にあたっては,R. D. Drobney, J. D. Erb, E. K. Fritzell, D. A. Haukos, J. D. Nichols, R. E. Reynolds, O. E. Rhodes, Jr., G. W. Smith の助けもお借りした。

Nancy Pollack は本書の原稿整理を担当した。彼女は出版協定に関する価値ある情報を提供し,印刷を依頼したアレン印刷社との優れた連絡調整役でもあった。Nancyは,この本が高品質に仕上がったことで高い賞賛を受けるに値する。秘書をお願いした Diane Rano には,本書の編集に関わった7年間を通じ非常にお世話になった。彼女に対しては充分な謝意を表してこなかったように思う。申し訳ないことに彼女には「ありがとう Diane」としか言ってこなかった。米国野生生物学会の常任理事である Harry Hodgdon は,とくにアレン印刷社との連絡を補助し,我々の希望に様々な方法で答えてくれた。

オハイオ州立大学動物学講座の大学院生は1990年のセミナーで,いくつかの章の初稿を批評した。彼らのコメントは,学生の反応として著者に伝えられた。その大学院生たちの氏名は,Brad Andres, Carol Bocetti, Joan Bradley, Nancy Buschhaus, Earl Campbell, David Cimprich, Jorge Coppen, Minna Hsu, Leslie Jackson, Joseph Robb, Thomas Kerr, Reuven Yosef である。

引用文献の正確さは,オハイオ州立大学図書館のコンピュータ端末と書庫で長時間の作業を続けた Milinda Kertring と Rene Auckerman(オハイオ州立大学の勤務学生)の努力により検証された。正確な引用文献の提供を達成させた2人の学部学生に対し,著者と共に感謝する。

Nancy Morin(ミズーリ植物園)と Richard Banks(米国魚類野生生物局)は,それぞれ植物と脊椎動物の学名について有益なアドバイスを下さった。Banks 博士と共同研究者の米国国立博物館のスタッフは,付表として掲載した動物名のリストを校閲して下さった。これらの助力に深謝する。

オハイオ州立大学動物学講座大学院生の Brad Andres, David Stetson, Susan Earnst には,コンピュータソフトウエアとその使用方法に関しアドバイスと補助をしていただいた。コンピュータの操作に未熟な私に対し,忍耐強く接してくれたことに感謝する。

本書の表紙は,オハイオ州立大学生物学部のイラストレーターである David Dennis がデザインした。彼は,私が素描した表題ページと各章の最初頁についても有益な助言を下さった。彼の批評眼に感謝する。

本書が仕上がるまでの何年もの間,電話や手紙による多くの示唆をいただいた。この点について,Dennis A. Demarchi,

Robert A. Garrott, 故 Gordon Gullion, Robert L. Hoover, Monty Whiting に謝意を表する。また，この謝辞から洩れてしまった方々の無償の助力にも感謝する。

　最後に，本書の編集責任とその完成の機会を与えて下さった，米国魚類野生生物局に感謝の意を表したい。とくに，Rollin W. Aparrowe, John G. Rogers, Jr., Paul A. Vohs, W. Reid Goforth, M. Lynn Haines, Edward T. LaRoe に深謝する。

CHAPTER AUTHORS

Eric M. Anderson
College of Natural Resources
University of Wisconsin–Stevens Point
Stevens Point, WI 54481

Stanley H. Anderson
Wyoming Cooperative Fish and Wildlife Research Unit
University of Wyoming
Laramie, WY 82071

Morley W. Barrett
North American Waterfowl Association
Edmonton, Alberta T5M 3Z7

Jonathan R. Bart
Ohio Cooperative Fish and Wildlife Research Unit
Ohio State University
Columbus, OH 43210

Vernon C. Bleich[1]
Institute of Arctic Biology
University of Alaska Fairbanks
Fairbanks, AK 99775

Eric G. Bolen
Graduate School
University of North Carolina at Wilmington
Wilmington, NC 28403

Stephen J. Brady
U.S. Soil Conservation Service/Forest Service
Rocky Mountain Forest and Range Experiment Station
Ft. Collins, CO 80524

Robert L. Brownell, Jr.
U.S. Fish and Wildlife Service
National Ecology Research Center
Ft. Collins, CO 80525

Gary K. Clambey
Department of Botany/Biology
North Dakota State University
Fargo, ND 58105

William R. Clark
Department of Animal Ecology
Iowa State University
Ames, IA 50011

Richard N. Conner
U.S. Forest Service
Southern Forest Experiment Station
Nacogdoches, TX 75962

Lewis M. Cowardin
U.S. Fish and Wildlife Service
Northern Prairie Wildlife Research Center
Jamestown, ND 58401

Donald S. Davis
Department of Veterinary Pathology
Texas A&M University
College Station, TX 77843

Ralph W. Dimmick
Department of Forestry, Wildlife, and Fisheries
University of Tennessee
Knoxville, TN 37901

Richard A. Dolbeer
U.S. Department of Agriculture
Denver Wildlife Research Center
Sandusky, OH 44870

William J. Foreyt
Department of Veterinary Microbiology/Pathology
Washington State University
Pullman, WA 99164

Leigh H. Fredrickson
Gaylord Memorial Laboratory
University of Missouri
Puxico, MO 63960

Milton W. Friend
U.S. Fish and Wildlife Service
National Wildlife Health Research Center
Madison, WI 53711

Mark R. Fuller
U.S. Fish and Wildlife Service
Patuxent Wildlife Research Center
Laurel, MD 20708

Edward O. Garton
Department of Fish and Wildlife Resources
University of Idaho
Moscow, ID 83843

Kevin J. Gutzwiller
Department of Biology
Baylor University
Waco, TX 76798

John D. Harder
Department of Zoology
Ohio State University
Columbus, OH 43210

Harold J. Harju
Wyoming Game and Fish Department
Cheyenne, WY 82006

David L. Harlow
U.S. Fish and Wildlife Service
Nevada Ecological Services Field Office
Reno, NV 89502

---

[1] Present address: California Department of Fish and Game, Bishop, CA 93514.

Richard F. Harlow
Department of Forestry
Clemson University
Clemson, SC 29634

Jonathan B. Haufler
Department of Fisheries and Wildlife
Michigan State University
East Lansing, MI 48824

Donald W. Hawthorne
U.S. Department of Agriculture
Animal Damage Control, Western Region
Denver, CO 80225

Kenneth F. Higgins
South Dakota Cooperative Fish and Wildlife Research Unit
South Dakota State University
Brookings, SD 57007

Nicholas R. Holler
Alabama Cooperative Fish and Wildlife Research Unit
Auburn University
Auburn, AL 36849

John Jacobson
Ducks Unlimited, Inc.
Memphis, TN 38120

Kurt J. Jenkins
Department of Wildlife and Fisheries Sciences
South Dakota State University
Brookings, SD 57007

Douglas H. Johnson
U.S. Fish and Wildlife Service
Northern Prairie Wildlife Research Center
Jamestown, ND 58401

John G. Kie
U.S. Forest Service
Pacific Southwest Forest & Range Experiment Station
Fresno, CA 93710

Roy L. Kirkpatrick
Department of Fisheries and Wildlife Sciences
Virginia Polytechnic Institute and State University
Blacksburg, VA 24061

Gregory T. Koeln
Earth Satellite Corporation
Rockville, MD 20852

Richard A. Lancia
Department of Forestry
North Carolina State University
Raleigh, NC 27695

Murray K. Laubhan
Gaylord Memorial Laboratory
University of Missouri
Puxico, MO 63960

John A. Litvaitis
Department of Natural Resources
University of New Hampshire
Durham, NH 03824

Louis N. Locke
U.S. Fish and Wildlife Service
National Wildlife Health Research Center
Madison, WI 53711

R. William Mannan
School of Renewable Natural Resources
University of Arizona
Tucson, AZ 85721

Bruce G. Marcot
U.S. Forest Service
Pacific Northwest Research Station
Portland, OR 97708

Keith R. McCaffery
Wisconsin Department of Natural Resources
Rhinelander, WI 54501

Alvin L. Medina
U.S. Forest Service
Rocky Mountain Forest & Range Experiment Station
Flagstaff, AZ 86001

Harvey W. Miller
Department of Range and Wildlife Management
Texas Tech University
Lubbock, TX 79409

Henry R. Murkin
Institute for Wetland and Waterfowl Research
c/o Ducks Unlimited Canada
Stonewall, Manitoba ROC 2ZO

Victor F. Nettles
Southeastern Cooperative Wildlife Disease Study
University of Georgia
Athens, GA 30602

James D. Nichols
U.S. Fish and Wildlife Service
Patuxent Wildlife Research Center
Laurel, MD 20708

Marie T. Nietfeld
Animal Sciences Division
Alberta Environmental Centre
Vegreville, Alberta T0B 4L0

William I. Notz
Department of Statistics
Ohio State University
Columbus, OH 43210

Bart W. O'Gara
Montana Cooperative Wildlife Research Unit
University of Montana
Missoula, MT 59812

John L. Oldemeyer
U.S. Fish and Wildlife Service
National Ecology Research Center
Fort Collins, CO 80525

James M. Peek
Department of Fish and Wildlife Resources
University of Idaho
Moscow, ID 83843

Michael R. Pelton
Department of Forestry, Wildlife and Fisheries
University of Tennessee
Knoxville, TN 37901

Kenneth H. Pollock
Department of Statistics
North Carolina State University
Raleigh, NC 27695

Daniel B. Pond
W. L. Gore & Associates
Flagstaff, AZ 86004

John T. Ratti
Department of Fish and Wildlife Resources
University of Idaho
Moscow, ID 83843

Frederic A. Reid
Ducks Unlimited, Inc.
Western Regional Office
Sacramento, CA 95827

Thomas J. Roffe
U.S. Fish and Wildlife Service
National Wildlife Health Research Center
Madison, WI 53711

Michael D. Samuel
U.S. Fish and Wildlife Service
National Wildlife Health Research Center
Madison, WI 53711

Gary J. San Julian
National Wildlife Federation
Washington, DC 20036

Sanford D. Schemnitz
Department of Fishery and Wildlife Sciences
New Mexico State University
Las Cruces, NM 88003

J. Michael Scott
Idaho Cooperative Fish and Wildlife Research Unit
University of Idaho
Moscow, ID 83844

Frederick A. Servello
Department of Wildlife
University of Maine
Orono, ME 04469

Mark L. Shaffer
The Wilderness Society
Washington, DC 20006

Henry L. Short
U.S. Fish and Wildlife Service
Office of Scientific Authority
Washington, DC 20240

Nova Silvy
Department of Wildlife and Fisheries Science
Texas A&M University
College Station, TX 77843

Loren M. Smith
Department of Range and Wildlife Management
Texas Tech University
Lubbock, TX 79409

Robert J. Stoll, Jr.
Ohio Division of Wildlife
Waterloo Wildlife Research Station
New Marshfield, OH 45766

M. Dale Strickland
Western EcoSystems Technology
Cheyenne, WY 82007

Laurence L. Strong
U.S. Fish and Wildlife Service
Northern Prairie Wildlife Research Center
Jamestown, ND 58401

Stanley A. Temple
Department of Wildlife Ecology
University of Wisconsin
Madison, WI 53706

Jack Ward Thomas
U.S. Forest Service
Pacific Northwest Research Station
LaGrande, OR 97850

Kimberly Titus
Alaska Department of Fish and Game
Division of Wildlife Conservation
Douglas, AK 99824

Dale E. Toweill
Wildlife Program Coordinator
Idaho Department of Fish and Game
Boise, ID 83707

Joe C. Truett
Truett Research
Glenwood, NM 88039

Larry W. VanDruff
College of Environmental Science and Forestry
State University of New York
Syracuse, NY 13210

Richard E. Warner
Center for Wildlife Ecology
Illinois Natural History Survey
Champaign, IL 61820

Gary C. White
Department of Fishery and Wildlife Biology
Colorado State University
Fort Collins, CO 80523

Samuel C. Williamson
U.S. Fish and Wildlife Service
National Ecology Research Center
Fort Collins, CO 80525

Dale A. Wrubleski
Institute for Wetland and Waterfowl Research
% Ducks Unlimited Canada
Stonewall, Manitoba ROC 2ZO

James D. Yoakum
U.S. Bureau of Land Management
Reno, NV 89520

CHAPTER REFEREES

Lowell W. Adams
National Institute for Urban Wildlife
Columbia, MD 21044

Paul R. Adamus
U.S. Environmental Protection Agency
EPA Research Laboratory
Corvallis, OR 97333

David R. Anderson
Colorado Cooperative Fish and Wildlife Research Unit
Colorado State University
Fort Collins, CO 80523

William H. Anderson
Center for Mapping
Ohio State University
Columbus, OH 43212

C. Davison Ankney
Department of Zoology
University of Western Ontario
London, Ontario N6A 5B7

I. Joseph Ball, Jr.
Montana Cooperative Wildlife Research Unit
University of Montana
Missoula, MT 59812

Gordon Beanlands
School for Resource and Environmental Studies
Dalhousie University
Halifax, Nova Scotia B3H 3E2

Louis B. Best
Department of Animal Ecology
Iowa State University
Ames, IA 50011

John A. Bissonette
Utah Cooperative Fish and Wildlife Research Unit
Utah State University
Logan, UT 84322

Kenneth P. Burnham
Colorado Cooperative Fish and Wildlife Research Unit
Colorado State University
Fort Collins, CO 80523

David E. Capen
School of Natural Resources
University of Vermont
Burlington, VT 05405

Len H. Carpenter
Colorado Division of Wildlife
Research Center
Fort Collins, CO 80523

Robert H. Chabreck
School of Forestry, Wildlife, and Fisheries
Louisiana State University
Baton Rouge, LA 70803

Richard N. Conner
U.S. Forest Service
Southern Forest Experiment Station
Nacogdoches, TX 75962

Michael J. Conroy
Georgia Cooperative Fish and Wildlife Research Unit
University of Georgia
Athens, GA 30602

Wayne L. Cornelius
Statistics Department
North Carolina State University
Raleigh, NC 27695

Scott Craven
Department of Wildlife Ecology
University of Wisconsin
Madison, WI 53706

Richard M. DeGraaf
U.S. Forest Service
University of Massachusetts
Amherst, MA 01003

Roger Edwards
Canadian Wildlife Service
Environment Canada
Edmonton, Alberta T6B 2X3

Craig Ely
U.S. Fish and Wildlife Service
Alaska Fish and Wildlife Research Center
Anchorage, AK 99503

Ned H. Euliss, Jr.
U.S. Fish and Wildlife Service
Northern Prairie Wildlife Research Center
Jamestown, ND 58401

Lester D. Flake
Department of Wildlife and Fisheries
South Dakota State University
Brookings, SD 57007

Robert A. Garrott
Department of Wildlife Ecology
University of Wisconsin
Madison, WI 53706

Thomas A. Gavin
Department of Natural Resources
Cornell University
Ithaca, NY 14853

James R. Gilbert
Department of Wildlife
University of Maine
Orono, ME 04469

Fred S. Guthery
Caeser Kleberg Institute
Texas A&I University
Kingsville, TX 78363

Jay B. Hestbeck
Massachusetts Cooperative Fish and Wildlife Research Unit
University of Massachusetts
Amherst, MA 01003

Kirk Horn
School of Forestry
University of Montana
Missoula, MT 59812

David A. Jessup
California Department of Fish and Game
Wildlife Investigations Laboratory
Rancho Cordova, CA 95670

Douglas H. Johnson
U.S. Fish and Wildlife Service
Northern Prairie Wildlife Research Center
Jamestown, ND 58401

Ron J. Johnson
Department of Forestry, Fisheries and Wildlife
University of Nebraska at Lincoln
Lincoln, NE 68583

John A. Kadlec
College of Natural Resources
Utah State University
Logan, UT 84322

Richard M. Kaminski
Department of Wildlife and Fisheries
Mississippi State University
Mississippi State, MS 39762

Cameron B. Kepler
U.S. Fish and Wildlife Service
University of Georgia
Athens, GA 30602

Paul R. Krausman
School of Renewable Natural Resources
University of Arizona
Tucson, AZ 85721

Charles J. Krebs
Department of Zoology
University of British Columbia
Vancouver, British Columbia V6T 1W5

William R. Lance
Wildlife Pharmaceuticals, Inc.
Fort Collins, CO 80524

L. Jack Lyon
U.S. Forest Service
Intermountain Research Station
Missoula, MT 59807

Richard J. Mackie
Department of Biology
Montana State University
Bozeman, MT 59717

R. Larry Marchinton
School of Forest Resources
University of Georgia
Athens, GA 30602

William C. McComb
Department of Forest Science
Oregon State University
Corvallis, OR 97331

Lyman McDonald
Western EcoSystems Technology
Littleton, CO 80122

Charles M. Nixon
Illinois Natural History Survey
Champaign, IL 61820

Tom Nudds
Department of Zoology
University of Guelph
Guelph, Ontario N1G 2W1

John L. Oldemeyer
U.S. Fish and Wildlife Service
National Ecology Research Center
Fort Collins, CO 80525

David Otis
South Carolina Cooperative Fish and Wildlife Research Unit
Clemson University
Clemson, SC 29634

Ray B. Owen, Jr.
Department of Wildlife
University of Maine
Orono, ME 04469

Edward D. Plotka
Marshfield Medical Research Foundation
Marshfield, WI 54449

Bryce Rickel
U.S. Forest Service
Southwestern Region
Albuquerque, NM 87102

Charles T. Robbins
Department of Natural Resources Science
Washington State University
Pullman, WA 99164

Robert E. Rolley[1]
Indiana Division of Fish and Wildlife
Bloomington, IN 47401

David M. Rosenberg
Department of Fisheries and Oceans
Freshwater Institute
Winnipeg, Manitoba R3T 2N6

---

[1]Present address: Bureau of Research, Wisconsin Department of Natural Resources, Monona, WI 53716.

Mark R. Ryan
School of Forestry, Fisheries, and Wildlife
University of Missouri
Columbia, MO 65221

Fred B. Samson
U.S. Forest Service
Alaska Region
Juneau, AK 99802

William M. Samuel
Department of Zoology
University of Alberta
Edmonton, Alberta T6G 2E9

Joseph M. Schaefer
Department of Wildlife and Range Science
University of Florida
Gainesville, FL 32611

Charles C. Schwartz
Moose Research Center
Alaska Department of Fish and Game
Soldotna, AK 99669

Ulysses S. Seal
Captive Breeding Specialists Group
Species Survival Commission, IUCN
Bloomington, MN 55420

Kieth Severson
U.S. Forest Service
Forestry Sciences Laboratory
Rapid City, SD 57701

Steven L. Sheriff
Missouri Department of Conservation
Fish and Wildlife Research Center
Columbia, MO 65201

Richard D. Slemons
Department of Veterinary Preventive Medicine
Ohio State University
Columbus, OH 43210

Norman S. Smith
Arizona Cooperative Fish and Wildlife Research Unit
University of Arizona
Tucson, AZ 85721

Dean F. Stauffer
Department of Fisheries and Wildlife Sciences
Virginia Polytechnic Institute and State University
Blacksburg, VA 24061

Gerald L. Storm
Pennsylvania Cooperative Fish and Wildlife Research Unit
Pennsylvania State University
University Park, PA 16802

Thomas C. Tacha
Caesar Kleberg Institute
Texas A&I University
Kingsville, TX 78363

Stanley A. Temple
Department of Wildlife Ecology
University of Wisconsin
Madison, WI 53706

Tom Thorne
Wyoming Game and Fish Department
Research Laboratory
Laramie, WY 82071

Nancy G. Tilghman
U.S. Forest Service
Ashville, NC 28802

Robert M. Timm
Hopland Field Station
University of California
Hopland, CA 95449

Robert E. Trost
U.S. Fish and Wildlife Service
Office of Migratory Bird Management
Washington, DC 20240

William J. Vander Zouwen
Wisconsin Department of Natural Resources
Madison, WI 53707

Michael R. Vaughan
Virginia Cooperative Fish and Wildlife Research Unit
Virginia Polytechnic Institute and State University
Blacksburg, VA 24061

Paul A. Vohs, Jr.
U.S. Fish and Wildlife Service
Office of Information Transfer
Fort Collins, CO 80525

James S. Wakeley
U.S. Army Corps of Engineers
Waterways Experiment Station Environmental Laboratory
Vicksburg, MS 39180

Robert J. Warren
School of Forest Resources
University of Georgia
Athens, GA 30602

Harmon P. Weeks, Jr.
Department of Forestry and Natural Resources
Purdue University
Lafayette, IN 47907

Ernie P. Wiggers
School of Natural Resources
University of Missouri
Columbia, MO 65211

Elizabeth S. Williams
Department of Veterinary Science
University of Wyoming
Laramie, WY 82070

John C. Wingfield
Department of Zoology
University of Washington
Seattle, WA 98195

Carle W. Wolfe, Jr.
Nebraska Game and Parks Commission
Lincoln, NE 68503

Vernon Wright
School of Forestry, Wildlife, and Fisheries
Louisiana State University
Baton Rouge, LA 70803

目　次

実験の設計とデータ処理

1. 研究と実験の設計 ... 1
 はじめに ... 1
  精密科学としての野生動物学の出現 ... 2
  実験的研究と記載的研究 ... 2
 科学的方法 ... 3
  問題の設定 ... 4
  仮説の構築 ... 5
  仮説検証とデータ解析 ... 6
  データ収集 ... 7
  評価と解釈 ... 7
  推測から新仮説へ ... 8
  論文発表 ... 8
 研究の基本要素 ... 9
  個体群 ... 9
  実験的仮説と非実験的仮説 ... 10
  予備研究 ... 10
  再現度・偏り・正確度 ... 11
  反復 ... 12
  標本サイズと検定力 ... 13
  対照 ... 14
 サンプリング ... 14
  標本抽出法 ... 14
  サンプリングの単位 ... 18
 仮説検証 ... 20
  野外観察研究 ... 20
  自然実験研究 ... 20
  野外実験 ... 21
  室内実験 ... 21
  統合的研究プロセス ... 21
  実験デザイン点検表 ... 22
  単一要因設計と複数要因設計 ... 24
  実験単位間の相関 ... 24
  交差実験 ... 24
 一般的な問題点 ... 25
  標本数 ... 25
  調査手続きの乱れ ... 25
  処理のばらつき ... 25
  擬反復 ... 26
 研究と管理の関係 ... 26
 要約 ... 27
 参考文献 ... 27

2. データの分析 ... 31
 はじめに ... 31
 図表 ... 32

はじめに	32
図	32
グラフ	34
表	35
作図用ソフト	35
数量分析	36
母集団構成単位と応答変数	36
誤差の種類	37
標本抽出集団と想定集団	38
点推定と信頼区間推定	38
集団のばらつきの記述	39
得られた結果の尺度の変更	40
単一の数値の推定	40
有限母集団補正	40
広く用いられている標本抽出法	40
多段抽出法および層化抽出法についての補足	47
二つの推定値の比較	49
片側検定と両側検定	51
二つの標本の比較での注意点	51
信頼区間	51
パラメトリック検定よる対データの分析	52
割合の比較のための t-検定とカイ二乗検定	53
多重比較	53
パラメトリック検定とノンパラメトリック検定の選択	53
二つ以上の変数間の関係の研究	54
はじめに	54
散布図および相関	55
回帰	57
単純直線回帰	57
重回帰	59
パス解析	66
因子分析と主成分	68
分類と判別分析	69
その他の方法	71
正準相関分析	71
クラスター分析	71
時系列データの分析	73
方角的データの分析	73
その他の話題	73
参考文献	74
3. 野生動物の管理と研究における小型コンピュータの利用	**89**
はじめに	89
野生動物にかかわる仕事と小型コンピュータ	89
本章の目的	90
本章のあらまし	90
推薦についての注意	90
IBM と Macintosh についての余談	90
情報の公表のためのソフトウェア	91
文章の作成	91

| グラフィックス 93
| 情報管理と解析のためのソフト 93
| データベース管理 93
| 統計解析 94
| 表計算ソフト 97
| 特殊なプログラム 97
| 情報収集ソフトウェア 100
| 携帯型コンピュータによるデータ収集 100
| アナログからデジタルへの変換 101
| 他のコンピュータとの通信 102
| データのバックアップ 103
| 特殊なユーティリティ 103
| コンピュータ言語 103
| 利用可能な言語 103
| 言語が必要な時 103
| 小型コンピュータの操作 104
| オペレーティングシステムと環境 104
| ファイル管理 105
| ハードウェアの構成機器 105
| プロセッサー 105
| 記憶装置 106
| 出力装置 107
| 入力装置 108
| システム構築の決定 109
| 文書処理 109
| データ管理 109
| データ解析 109
| グラフィックス 110
| 表計算 110
| 整備予定リスト 110
| 将来展望 111
| 技術の急速な進歩 111
| 動向をつかむ 111
| 参考文献 111

野外および実験室でのテクニック

4．野外研究における野生動物の適切なケアと利用のためのガイドライン 115
はじめに 115
基本方針 115
目的 115
背景 115
動物のケアと利用に関する委員会の役割 116
野生動物の観察と捕獲 117
総論 117
研究者による攪乱と悪影響 117
博物館の収集物とその他の死体標本 117
血液と組織の採集 118
不動化とハンドリング 118

	総論	118
	物理的不動化	119
	化学的不動化	119
動物標識		119
	標識装着の基準	120
	その他の職業的および倫理的考察	120
野外での飼育環境とメンテナンス		120
	総論	120
	飼育環境	120
	栄養	121
輸送		121
	一般的な注意事項	121
	輸送中の注意事項	122
	健康管理	122
外科的および内科的処置		122
	基礎的な処置	122
	高度な処置	123
	獣医学的検討	123
	安楽死	123
疾病に関する検討		123
研究の完了時における動物の処分		124
研究者の安全性に関する検討		124
参考文献		125

5．野生動物の捕獲と取り扱い　127

はじめに		127
ワナ用誘引餌および誘引臭（擬臭）		127
	誘引餌	127
	誘引臭	128
哺乳類の捕獲		128
	スチールトラップとはじきワナ	128
	脚くくりワナ	129
	箱ワナ	130
	コラルトラップ	132
	ネットワナ	132
	ネットガン	133
	経口麻酔薬	133
	その他の方法	134
鳥類の捕獲		134
	誘引餌によるワナ	134
	ネットワナ	136
	夜間のネットとライトの利用	137
	カスミ網	138
	追い込みワナとドリフトワナ	139
	おとりと誘引餌	140
	くくりワナ	141
	巣に仕掛けるワナ	141
	経口麻酔薬	142
爬虫類の捕獲		143
捕獲した動物の取り扱い		144

参考文献 145

6. 大型獣の化学的不動化 151
　はじめに 151
　　麻薬性鎮痛薬 153
　　　クエン酸カーフェンタニル 153
　　解離性麻酔薬 154
　　　塩酸フェンサイクリジン 154
　　　塩酸ケタミン 155
　　　塩酸チレタミンと塩酸ゾラゼパム 155
　　鎮静薬 156
　　　塩酸キシラジン 156
　　トランキライザー 157
　　　マレイン酸アセプロマジン 157
　　　ジアゼパム 157
　　拮抗薬 158
　　　塩酸ナロキソン 158
　　　塩酸ヨヒンビン 158
　　　塩酸ドキサプラム 158
　　その他 159
　　　硫酸アトロピン 159
　　　塩化サクシニルコリン 159
　　投薬量の算出 159
　　薬物の投与法 160
　　　手持ちシリンジ 160
　　　突き棒，突き槍 160
　　　麻酔銃 160
　　　吹き矢 162
　　　注意事項 162
　　動物への接近 163
　　不動化後の取り扱い 163
　　参考文献 167

7. 野生動物の標識方法 169
　はじめに 169
　　標識の選択 169
　　標識調査のための許可 171
　哺乳類の標識方法 171
　　タグ 171
　　体への傷つけなどを伴う方法 176
　　染料や着色料 178
　　粒子標識 179
　　化学的標識 179
　　放射性同位体による標識 180
　　夜間追跡用光源 181
　　個体の特徴による識別 181
　鳥類の標識方法 182
　　足環 182
　　翼につける標識 183
　　首につける標識 184
　　タグ 185

体への傷つけなどを伴う方法	186
染料，着色料，インク	187
フェザーインピングおよびそれに類似した方法	188
粒子，化学物質，放射性同位体による標識	188
夜行性鳥類追跡用光源	188
個体の特徴による識別	189
卵の標識	189
両生類と爬虫類の標識方法	189
個体の特徴による識別	189
外部標識	189
タグ	192
追跡装置	193
染料や着色料	194
内部標識	195
参考文献	196

8. 性判別と齢査定　205

はじめに	205
鳥類における性と齢の特徴	206
細胞レベルの齢査定と性判別	206
胚の発育	206
ヒナの発育	206
水禽類	206
キジ目	211
シギ・チドリ類	221
ハト類	222
ツル類	223
クイナ類	223
バン類	224
アメリカオオバン	224
猛禽類	224
スズメ目	224
哺乳類における性と齢の特徴	224
細胞レベルの性判別	225
胎子の発育	225
出生後の発育	225
水晶体重量	226
セメント質の年輪	227
偶蹄目	229
陸生の食肉目	237
その他の哺乳類	243
参考文献	250

9. 野生動物個体群の生息数の推定　257

はじめに	257
なぜ個体数を推定するのか	257
定義と統計的概念	258
その他の情報源	260
概念的な枠組み	261
観察率	261
標本抽出法	261

指標 262
　　　定率指標 263
　　　頻度指標 268
　　数度と密度の推定 269
　　　全ての個体が観察される－完全カウント－ 269
　　　全ての個体が観察されない－カウント法－ 272
　　　全ての個体が観察されない－捕獲法－ 280
　　手法の選択と比較 294
　　参考文献 297

10. 脊椎動物による陸上の生息地と食物の利用の測定 301
　　はじめに 301
　　　利用，選択，選好性 302
　　　選択のレベルとスケールの影響 302
　　　資源選択についての保護管理上の提言 303
　　生息地の利用，利用可能量，選択の測定 303
　　　生息地利用の測定 304
　　　生息地利用可能量の測定 305
　　　研究計画，データの分析，研究結果の解釈のための考察 310
　　食物の利用量，利用可能量，選択の測定 311
　　　食物利用量の測定 312
　　　食物利用可能量の測定 317
　　　研究計画，データの分析，研究結果の解釈のための考察 318
　　資源利用における重複度指数 320
　　参考文献 320

11. 野生動物研究の生理学的手法 325
　　はじめに 325
　　栄養状態の指標 325
　　　哺乳類 326
　　　鳥類 332
　　繁殖様式と繁殖率の評価 335
　　　オスの繁殖特性 336
　　　鳥類のメスの繁殖特性 336
　　　哺乳類のメスの繁殖特性 338
　　生殖内分泌学 345
　　　ホルモンの作用 345
　　　尿と糞のホルモン代謝 348
　　　標本採取とホルモン測定 348
　　ストレスに対する生理的反応 350
　　　副腎重量 351
　　　副腎皮質ホルモンとコルチコステロイドの血中レベル 351
　　まとめと忠告 351
　　参考文献 351

12. 野生動物の栄養学的分析手法 359
　　はじめに 359
　　食物の化学的組成 359
　　食物の化学およびエネルギーに関する分析 361
　　　試料の採集と調製 361
　　　化学分析 362
　　　エネルギー含量 364

- 食物の消化率測定 ... 365
  - *In vitro* での消化 ... 365
  - 消化と代謝試験 ... 365
- 栄養要求 ... 369
  - 代謝率測定法 ... 369
  - 栄養要求量 ... 371
  - バランス試験 ... 371
- 野生個体群に対する栄養的およびエネルギー的分析手法 ... 371
  - 食性と食物の質のデータの関連づけ ... 372
  - 胃,嗉嚢内容物分析 ... 372
  - 指示物質法 ... 372
  - 食物の質の指標 ... 373
  - 食物摂取量推定法 ... 373
  - 1日あたりの総エネルギー消費量推定 ... 373
- 採食戦略 ... 373
- 管理への関連づけと将来の方向性 ... 374
- 参考文献 ... 374

13. 野生動物の死因の評価 ... 381
- はじめに ... 381
- フィールドにおける観察 ... 382
  - 環　境 ... 382
  - 問題の始まり ... 383
  - 罹患動物種 ... 383
  - 年　齢 ... 383
  - 性 ... 383
  - 罹患あるいは斃死動物数 ... 383
  - 臨床症状 ... 383
  - 危機に瀕した個体群 ... 384
  - 個体群の移動 ... 384
  - 問題の発生した地域の地理的特徴 ... 384
- 標本の収集と保存 ... 384
  - 基本的な装備 ... 385
  - 標本の選択 ... 385
  - サンプル収集 ... 387
  - 組織の選別と保存 ... 389
  - 極端な温度条件下での標本の保存 ... 394
- 標本の運搬 ... 394
- フィールドでの剖検の手順 ... 397
  - 一般的ガイドライン ... 398
  - 器　具 ... 399
  - 基本的な剖検の原則 ... 399
  - 哺乳類の剖検 ... 400
  - 鳥類の剖検 ... 406
- 参考文献 ... 409

14. 水中・陸上の生息地における無脊椎動物の採集 ... 411
- はじめに ... 411
- 採集計画の目的の決定 ... 412
- 採集計画の設定 ... 412
  - 採集場所の選択 ... 412

採集の時期と回数	413
採集器具の選択	413
水生無脊椎動物の採集	414
一般的な考察	414
水底の底質	415
水底面	417
水　中	419
水　面	421
陸生無脊椎動物の採集	422
一般的な考察	422
土壌，リターおよび土壌表面	422
草本層	424
樹　上	425
空　中	425
サンプルの処理	425
生体抽出法	426
サンプルの保存	427
サンプルのふるい分け	427
二次サンプリング	427
選　別	427
生体重の測定	428
同　定	428
統計学的考察	429
参考文献	430

15. ラジオテレメトリー　437

はじめに	437
研究計画	438
最初に考慮すべき問題	438
調査デザイン	439
テレメトリーサンプリング	439
テレメトリー調査の機材	441
送信システム	441
受信システム	447
フィールド調査の手順	455
無線周波数の選択	455
機材の入手とテスト	455
発信器の装着方法	456
発信器装着が動物に及ぼす影響	459
ラジオトラッキング	461
テレメトリーデータの解析	467
移動と季節移動	467
空間利用パターン	468
生息地利用パターン	473
個体数密度の推定	478
生存率	479
参考文献	486

個体群解析と管理

16. 個体群解析 ……… 497
はじめに ……… 497
無限に増加する個体群 ……… 498
- モデル ……… 498
- 推定 ……… 499
密度依存的な成長をする個体群 ……… 500
- モデル ……… 500
- 推定 ……… 502
- 密度依存性を検出する場合のいくつかの危険 ……… 503
出生と死亡のモデル ……… 503
- モデル ……… 503
- 出生率の推定 ……… 504
- 死亡率を推定する ……… 506
齢依存的な出生率と死亡率をもつ個体群 ……… 511
- モデル ……… 511
- 齢依存的な死亡率の推定 ……… 515
- 出生率と死亡率から個体群成長を推定する ……… 518
種間の相互作用 ……… 519
- 競争モデル ……… 519
- 食うものと食われるもののモデル ……… 520
生存と出生の構成要素をもつモデル ……… 521
移出と移入 ……… 522
結論 ……… 523
参考文献 ……… 523

17. 狩猟管理 ……… 527
はじめに ……… 527
大型狩猟獣の狩猟管理 ……… 528
- 現況調査 ……… 528
- 個体群の状況把握 ……… 530
- 個体数と捕獲数の管理目標設定 ……… 533
- 要約 ……… 541
山野に生息する狩猟鳥獣の捕獲数管理 ……… 541
- 初期の捕獲数管理(1900年代初頭から1950年代) ……… 541
- 現代の山野に生息する狩猟鳥獣の捕獲数管理(1970年代から現在) ……… 542
- 狩猟可能な大量の余剰個体の生産 ……… 542
- 狩猟の影響 ……… 543
- 収穫逓減の法則 ……… 546
- 放鳥 ……… 546
- 山野の狩猟動物管理の現在の動向 ……… 547
- 猟期と捕獲数制限の設定 ……… 548
- 猟区 ……… 550
- 要約 ……… 550
渡り鳥の狩猟管理 ……… 550
- 背景 ……… 550
- 年次規制 ……… 551
- カナダ ……… 556

　　　　渡り鳥個体群に対する狩猟の影響 556
　　　　規制と狩猟管理 556
　　　　要　約 557
　　参考文献 557

18. 野生動物被害の加害種の判別と防除 561
　　はじめに 561
　　被害防除に必要な法的手続 563
　　　　野生動物の捕獲と捕殺 563
　　　　薬品のEPA登録 563
　　鳥　類 563
　　　　被害の評価 563
　　　　加害種の判別法 564
　　　　防除法 567
　　有蹄類 571
　　　　被害の評価 571
　　　　加害種の判別法 571
　　　　防除法 571
　　齧歯類および他の小型哺乳類 573
　　　　被害の評価 573
　　　　加害種の判別法 574
　　　　防除法 580
　　食肉類および他の肉食性哺乳類 586
　　　　被害の評価 586
　　　　加害種の判別法 587
　　　　防除法 590
　　参考文献 597

19. 都市野生動物の管理 603
　　はじめに 603
　　　　資源としての都市野生動物 603
　　　　都市野生動物管理に関する現在の問題点 604
　　人間の姿勢，嗜好および知識 604
　　ランドスケープ生態学と生物多様性 607
　　野生動物調査法 608
　　　　これまでの研究 608
　　　　都市における野生動物調査の特異性 610
　　　　調査開始にあたって 610
　　プログラムの計画と実行 611
　　　　立場による管理の違い 611
　　　　州と地域の管理計画 613
　　　　地域社会のニーズ 614
　　　　具体的手法 615
　　　　特記事項 619
　　被害発生と迷惑動物 622
　　　　原因と実態 623
　　　　予防と防除 624
　　　　頻発する問題への対応 624
　　有益な情報源 627
　　参考文献 628

20. 絶滅の危機に瀕した種の回復と管理 635

はじめに	635
絶滅の危機に瀕した種の保全の必要条項	635
絶滅の危機に瀕した種の定義	636
絶滅の危機に瀕した種の指定	637
アメリカ合衆国「絶滅の危機に瀕した種の法」の与える影響	637
連邦政府への影響	637
州政府に与える影響	638
民間部門への影響	638
回復計画	638
絶滅の危機にある生息地の保護	639
絶滅の危機に瀕した個体群の管理	640
究極的要因と至近的要因	640
新規移入の改善	641
生存率の向上	642
遺伝的問題の回避	642
絶滅の危機に瀕した種の計画のための許認可事項	643
国民による絶滅の危機に瀕した種管理の監視	643
最新情報源	643
参考文献	643

生息地の分析と管理

21．地理情報システム（GIS） … 647

はじめに	647
GIS とは何か	648
GIS のデータ構造	650
ラスターデータ	651
ベクターデータ	652
ラスター方式とベクター方式	653
GIS 用のデータ	654
キーボードでのデータの手入力	655
デジタイザーを利用した手入力	656
スキャナーによるデジタル化	656
リモートセンシング技術	657
既存のデータベース	662
デジタル画像処理	665
GIS の分析能力	667
空間データの維持管理と解析	668
空間を持たない属性データの維持管理と解析	668
空間データと属性データの統合的解析	668
地図学的モデリング	670
出力の処理	671
水鳥管理における **GIS** の応用	672
注意書き	674
要　約	676
参考文献	676

22．植生のサンプリングと計測 … 681

はじめに	681

植生をサンプリングするための最初のステップ ……………………………… 682
　　目標の開発 ……………………………………………………………………… 682
　　植生の一般的様相 ……………………………………………………………… 682
　　調査地の選択 …………………………………………………………………… 682
　準備とスタート …………………………………………………………………… 684
　　リーダーシップ ………………………………………………………………… 684
　　最初の計画と準備 ……………………………………………………………… 684
　植生のサンプリング技術 ………………………………………………………… 686
　　出現頻度 ………………………………………………………………………… 686
　　密度 ……………………………………………………………………………… 689
　　被度 ……………………………………………………………………………… 692
　　現存量 …………………………………………………………………………… 695
　　その他の属性 …………………………………………………………………… 698
　果実のサンプリング技術 ………………………………………………………… 701
　　高木の大型・重量果実 ………………………………………………………… 702
　　高木の小型・軽量果実 ………………………………………………………… 703
　　低木の果実 ……………………………………………………………………… 703
　　草本植物の果実 ………………………………………………………………… 704
　植生の計測の適用 ………………………………………………………………… 704
　参考文献 …………………………………………………………………………… 706

23．生息地の評価法 …………………………………………………………… 711
　はじめに …………………………………………………………………………… 711
　動物の適応度，密度および多様性と生息地の特性との関係 ………………… 712
　測定すべき生息地の特性をどのように決めるか ……………………………… 713
　　生物のどのグループに焦点を当てるかの決定 ……………………………… 713
　　動物の種生態 …………………………………………………………………… 713
　　自然史のデータ ………………………………………………………………… 714
　　時間的空間的尺度 ……………………………………………………………… 714
　　動物と生息地の関係を評価するために生息地のどの特性を用いるかの決定 … 715
　　野生動物に関連する生息地の変数の例 ……………………………………… 715
　生息地の変数の測定 ……………………………………………………………… 715
　　マクロな特性の測定 …………………………………………………………… 716
　　ミクロな特性の測定 …………………………………………………………… 716
　生息地評価の標準化された方法 ………………………………………………… 718
　　空間的多様性 …………………………………………………………………… 718
　　生息地のモデル ………………………………………………………………… 719
　　野生動物と生息地の相関 ……………………………………………………… 724
　参考文献 …………………………………………………………………………… 727

24．生態学的影響評価 ………………………………………………………… 729
　はじめに …………………………………………………………………………… 729
　必要とされる法律と手続き ……………………………………………………… 729
　野生動物管理との比較 …………………………………………………………… 730
　発展の歩み ………………………………………………………………………… 731
　測定と手順の原理 ………………………………………………………………… 734
　何を測定するのか ………………………………………………………………… 735
　　野生動物管理保全目標の設定 ………………………………………………… 736
　　最適な生息地の記載 …………………………………………………………… 736
　　生息地の変化の予測 …………………………………………………………… 736
　　野生動物の反応の予測 ………………………………………………………… 737

緩和措置の立案 ……………………………………………………… 737
　　　要　約 ………………………………………………………………… 738
　　実施の方法 ……………………………………………………………… 738
　　　スコーピング ………………………………………………………… 738
　　　解　析 ………………………………………………………………… 739
　　　統合と定量化 ………………………………………………………… 740
　　　緩和措置の立案 ……………………………………………………… 744
　　　要　約 ………………………………………………………………… 744
　　累積影響の評価 ………………………………………………………… 745
　　要　約 …………………………………………………………………… 746
　　参考文献 ………………………………………………………………… 746

25．野生生物のための湿地管理 ……………………………………… 749
　　はじめに ………………………………………………………………… 749
　　湿地の特性 ……………………………………………………………… 750
　　　定　義 ………………………………………………………………… 750
　　　湿地の種類 …………………………………………………………… 750
　　分布と状態 ……………………………………………………………… 751
　　湿地の機能 ……………………………………………………………… 752
　　　植　生 ………………………………………………………………… 753
　　　大型無脊椎動物 ……………………………………………………… 754
　　　水文学 ………………………………………………………………… 756
　　湿地の価値 ……………………………………………………………… 756
　　湿地管理 ………………………………………………………………… 757
　　　構築された湿地のための計画考慮点 ……………………………… 757
　　　湿地のデザインと構築 ……………………………………………… 758
　　　湿地の配置 …………………………………………………………… 758
　　　堤　防 ………………………………………………………………… 759
　　　水制御の構造 ………………………………………………………… 760
　　　水分配機構 …………………………………………………………… 761
　　沼地性湿地の管理 ……………………………………………………… 761
　　　淡水性湿地 …………………………………………………………… 761
　　　季節氾濫する湿地 …………………………………………………… 764
　　　森林性湿地 …………………………………………………………… 767
　　潮間湿地の管理 ………………………………………………………… 771
　　モニタリング …………………………………………………………… 773
　　　野生生物 ……………………………………………………………… 773
　　　植　生 ………………………………………………………………… 773
　　　無脊椎動物 …………………………………………………………… 774
　　　非生物的要素 ………………………………………………………… 774
　　要　約 …………………………………………………………………… 774
　　参考文献 ………………………………………………………………… 775

26．野生動物のための農地管理 ……………………………………… 779
　　はじめに ………………………………………………………………… 779
　　農業環境における野生動物管理の挑戦 ……………………………… 780
　　　野生動物に対する農業環境の適性 ………………………………… 780
　　　生息地の質 …………………………………………………………… 781
　　　農地プログラム ……………………………………………………… 782
　　農地における生息地プログラムの設計 ……………………………… 782
　　　成功する生息地プログラムの特徴 ………………………………… 782

	群集によるアプローチ	783
	時間と空間のスケール	784
	広汎的 対 集約的プログラム	785
	実証地域と試験的プログラム	785
大規模生息地プログラムの実行		786
	顧問グループの設置	786
	土地所有者の参加の確保	786
	対象地域の選定	787
	物資と情報の収集	787
	生息地の確立と植生の維持	789
プログラムの評価と改善		790
	植物のモニタリング	790
	土地所有者が参加するモニタリング	790
	野生動物の反応のモニタリング	790
	野生動物と生息地の相互関係の評価	790
野生動物と農業プログラムの統合		791
	資源管理と政府諸機関の協力	791
	農地計画と奨励制度	792
	農業技術	792
参考文献		795

27. 野生動物のための牧野管理　799

はじめに		799
植物遷移と牧野のための野生動物管理の目標		799
	牧野の状態と野生動物の生息地	800
	野生動物の生息地としての牧野モデル	801
牧野の家畜管理		803
	家畜の頭数	804
	放牧の時期とその期間	806
	家畜の分布	807
	家畜のタイプ	807
	特殊な放牧方式	807
	野生動物の生息地管理のための家畜の利用	808
河畔域の牧野管理		809
	河畔域の価値，構造および機能	810
	管理の問題点と推奨点	812
牧野の水源開発		813
	泉の開発	814
	水平井戸	815
	テナハ	816
	砂のダム	816
	人造湖と貯水池	817
	ダグアウト(地下壕)	818
	エディット(横穴)	818
	グツラー	819
牧柵の建設		821
	牧柵とプロングホーン	821
	牧柵とミュールジカ	822
	牧柵とビッグホーン	823
	電気牧柵	823

　　　　木の牧柵 824
　　　　ロックジャック 824
　　　　野生動物排除のための牧柵 824
　　参考文献 824
28．野生動物のための森林管理 831
　　はじめに 831
　　アメリカ合衆国の法律と森林，野生動物管理 832
　　　　アメリカ森林局関係の法律 832
　　　　アメリカ土地管理局関係の法律 833
　　　　国有林管理に関するその他の法律 833
　　植生遷移と森林動物 834
　　施業が森林動物に与える影響 835
　　　　同齢林管理 836
　　　　異齢林管理 839
　　　　地拵えと保育 840
　　野生動物の生息地改善のための育林技術 843
　　　　堅果生産木 843
　　　　森林生態系における枯死木 844
　　ランドスケープを考慮にいれた森林動物管理 849
　　　　森林細片化 849
　　　　老齢林分 851
　　　　河畔地帯 853
　　人の立ち入り規制 853
　　野生動物のための森林管理におけるモデル化の役割 ... 854
　　モデル化と計画プロセス 854
　　森林生息地と野生動物の関係についてのモデルの概説 ... 855
　　　　モデルの選択 855
　　　　林分構造のモデル 855
　　　　変化する森林構造に対する種の反応モデル 857
　　　　森林ランドスケープモデル 860
　　　　評価と意志決定のためのモデル 861
　　　　種と生息地をモニタリングするためのモデル ... 861
　　　　適切な仕事を行うための適切なモデル選択 861
　　結論 862
　　参考文献 863
付　表 871
索　引 888

1
研究と実験の設計

John T. Ratti and Edward O. Garton

はじめに ……………………………………… 1	標本抽出法 ………………………………… 14
精密科学としての野生動物学の出現 ……… 2	サンプリングの単位 ……………………… 18
実験的研究と記載的研究 …………………… 2	**仮説検証** …………………………………… 20
科学的方法 ………………………………… 3	野外観察研究 ……………………………… 20
問題の設定 ………………………………… 4	自然実験研究 ……………………………… 20
仮説の構築 ………………………………… 5	野外実験 …………………………………… 21
仮説検証とデータ解析 …………………… 6	室内実験 …………………………………… 21
データ収集 ………………………………… 7	統合的研究プロセス ……………………… 21
評価と解釈 ………………………………… 7	実験デザイン点検表 ……………………… 22
推測から新仮説へ ………………………… 8	単一要因設計と複数要因設計 …………… 24
論文発表 …………………………………… 8	実験単位間の相関 ………………………… 24
研究の基本要素 …………………………… 9	交差実験 …………………………………… 24
個体群 ……………………………………… 9	**一般的な問題点** …………………………… 25
実験的仮説と非実験的仮説 ……………… 10	標本数 ……………………………………… 25
予備研究 …………………………………… 10	調査手続きの乱れ ………………………… 25
再現度・偏り・正確度 …………………… 11	処理のばらつき …………………………… 25
反 復 ……………………………………… 12	擬反復 ……………………………………… 26
標本サイズと検定力 ……………………… 13	**研究と管理の関係** ………………………… 26
対 照 ……………………………………… 14	**要 約** ……………………………………… 27
サンプリング ……………………………… 14	**参考文献** …………………………………… 27

❏ はじめに

　野生動物の研究を職業とする者が担う課題と責任は大きい。野生動物の個体群やその生息地は急速に減少しており，今後，野生動物の資源保全のために研究者が果たすべき役割はますます重要になりつつある。最近の種の絶滅状況を理解するために，多数の生物が絶滅したとされる更新世のある3,000年間を考えてみよう。この間に北アメリカから失われた哺乳類は50種，鳥類は40種で，100年あたり3種の割であった。これに対し，1620年清教徒がプリマス・ロック(Plymouth Rock)に到着して以来，これまでに絶滅した北アメリカ産の動植物は500以上の種や亜種にのぼる。この他に，現在，170種の合衆国産の動物が「絶滅の危機にある」と内務省により認定され，1,807種の植物についても同じような危機状態の認定が申請されている。さらに，430種の外国産動物が内務省の「絶滅危機種対策プログラム(Endangered Species Program)」による保護の対象となっている(Opler 1977：30)。Western & Pearl(1989)は21世紀初めまでには人間活動に起因する絶滅がすべての種の15%から20%に上るだろうと予測している。最近の種の絶滅のほとんどは生息地の喪失や悪化による。この結果，野生動物個体群はより少数で小面積の区域に集中を余儀なくされている。

　この他にもさまざまな理由から野生動物の高度な管理技術が求められている。狩猟の対象とされているほとんどすべての個体群で適正管理の研究が求められているし，一部の自然公園内のシカやエルクのように数の増えすぎた個体群では個体数制御が必要とされている。人口増加による需要拡大のため世界の資源が枯渇しつつある中で，食物やその他副産物(獣皮など)を目的とした野生動物の利用はますます重要になる可能性がある。こうした問題などに対処す

るためには，質の高い科学的調査によって得られた客観的で的確な情報に基づいて，野生動物の管理プログラムを構築する必要がある。質の高い科学(quality science)であるためには綿密な研究設計が不可欠である。

精密科学としての野生動物学の出現

野生動物学(wildlife science)という言葉が野生動物関連の職業につく人々の間でごく最近使われ始めた。野生動物の保護や管理にかかわる職業人として我々が基礎にしてきたのは，博物学的な観察に加えて，動物個体群の変化と環境要因－気象・生息地消失・狩猟など－との対応関係から得られた結果である。野生動物の管理は長い間，実験による仮説検証ではなく，対応律(laws of association)に依存してきたのである(Romesburg 1981)。

Romesburg(1981)をはじめとする人々は，こうした野生動物の研究やそれに基づいた管理のあり方に批判的であった。しかし，野生動物の研究者は，調査結果や結論をゆがめてしまう，制御不可能な無数の自然要因に直面する。物理学や化学のような分野では実験に関与する要因が制御可能で，まったく同じ条件下で実験を繰り返せば結果も確認できる。さらに，ある要因の性質や状態を系統的に変化させれば，因果関係を特定することもできる。

これに対して，野生動物の調査は自然環境下で，しかも地理的に広い範囲にわたって行われる。対象とする生物を観察したり，その正確な個体数の調査，密度の推定を行うのは難しい。気象・生息地・捕食者・競争等の関連要因は地域・季節・年によっても変化する。このため，野生動物の生態について厳密な科学的調査を行うには，解決すべき課題が多く，綿密な計画が必要とされるのである。野生動物の研究者が(1930年代から1950年代の)純粋に博物学的・記載的研究から手続きを厳密に問う研究へと向かう契機になったのは，データへの統計学的手法の適用であった。最近の30年間にこの分野のデータ処理は，t検定による標本平均値の差の検定といった単純なものからコンピュータモデルや多変量解析へと発展を見せた。野生動物の研究における統計学的手法の適用は急速に浸透し，今では関連学術誌に掲載される論文では，非常に洗練された近代的な統計学的データ処理が行われている。

しかしその一方で，徹底的な科学的方法論(scientific inquiry)の浸透は緩やかだった。この章で論ずるように，科学的方法論の浸透には一連の段階を踏む必要があるが，現在の野生動物研究はまだその第一歩を踏み出したに過ぎず，その方法論は科学的に見てまだ不完全である。この問題に対する認識が広まったのは，Romesburg(1981)が「Wildlife science：gaining reliable knowledge(野生動物学：信頼にたる知見の獲得)」を発表してからである。この論文の発表は野生動物管理にとって歴史的転換点として将来とも位置づけられることになろう。この論文を契機として「信頼に足らない知見(Romesburg 1981：293)」に基づいていた野生動物学が，綿密な仮説検定や健全な科学的方法論の結果に依拠し始めたのである。

実験的研究と記載的研究

野生動物についての研究プロセスを理解するためには，記載的研究と実験的研究の違いとそれぞれの価値について理解しておく必要がある。従来の野生動物の研究はほとんど記載的なものであった。実験的研究は科学的研究のうちでもっとも強力な手法であり，野生動物の研究でも今後もっと使われてよいものである。しかし，より厳密な科学的方法論を求める余り，記載的・博物学的な研究を捨て去ってはいけない。記載的研究は通常，野生動物の研究の初期段階では不可欠で，基本的な設問のいくつかに答えることができる。記載的研究は具体的な仮説の検証ではなく，むしろ幅広い目的を持つのが普通である。例えば，ヨーロッパヤマウズラの生態を記載し解析するのが目的だとしよう。この目的のためにさまざまな調査が行われる。営巣環境の特徴・一巣卵数・孵化成功率・雛たちの環境利用・食性・採餌速度・冬の生息環境利用・捕食その他の死亡要因などである。これらの情報からヨーロッパヤマウズラの理解や管理に役立つ生物学的側面の多くを学ぶことができる。しかし，これらのデータの意味するもの，すなわち記載的な観察結果の解釈には多くの制約があることを理解しなければいけない。もし，ヨーロッパヤマウズラの巣の90％が生息環境Aに，10％がBにあって，CやDになければ，営巣密度の増加を企てる人は生息環境Aに似た環境を造ろうとしがちである。しかし，他の多くの可能性も考えてみる必要がある。例えば，生息環境Aはこの場所では造巣には最良の環境かもしれないが，雛の死亡率は高いかもしれない。調査地にたまたま存在しない生息環境Xが営巣に最良の環境かもしれない。他の地域ではどんな環境が利用されているのか。営巣成功率や捕食圧は地域や環境でどのくらい異なるのか。これらの疑問に答えようとすると，いい営巣環境を定義することがいかに複雑な問題かわかる。営巣成功率はある特定の生息環境のみならず，他のタイプの生息環境の空間配置やその割合，捕食者の存在，ヨーロッパヤマウズラの密度，気象条件によっても左右されるかも

しれない。

　こうした記載を目的とした研究によって十分な情報が得られれば，一般的な研究仮説，つまり概念モデル(conceptual model)をつくり，生息環境とヨーロッパヤマウズラの営巣成功率との関係の説明を試みることができる。こうした記述的モデルはかなり一般的なものだが，これにより具体的な予測を立てることができるので，モデルの正当性を検証できる。このようにしてたてた予測は仮説と呼ばれる。実験とは仮説の有効性を検証するものと定義できるだろう。このような一連の過程は後に詳細に紹介するが，もう一度ヨーロッパヤマウズラの例で考えてみよう。ヨーロッパヤマウズラの営巣環境を予測し，「ヨーロッパヤマウズラの営巣密度と営巣成功率は畑作地より牧草地を主体(例えば全体の75%以上)とする農耕地の方が高い」という仮説をたてたとする。この仮説を検証するには，実験プロットと対照プロットを相当数，設定する必要がある。対照プロットは，耕作形態に近年変化がなく今後研究期間中も変化がないと見込まれる大面積の農耕地からランダムに選択される。一方，実験プロットも同じ地域からランダムに選ばれるが，ここには牧草を植え付ける。ヨーロッパヤマウズラの営巣に対する生息環境の影響についての仮説と予測の有効性を検証するためである。しかし，この検証過程には困難を伴う。なぜなら，大面積の生息地，土地所有者の協力，実験プロットが牧草地に変わるまでの数年間，さらに植生変化に対するヨーロッパヤマウズラの反応を見るための数年間の研究期間を必要とするからである。こうした後に初めて，実験プロットと対照プロットの比較から仮説を棄却できるかどうかがわかる。

　過去50年間にわたって行われた詳細な記載的研究の結果，野生動物の個体群に関する膨大な情報が蓄積されてきた。北アメリカで現在実施中の野生動物管理プログラムの多くはこの情報に基づいて行われている。しかし，個体群を管理したり，個体群の変化の要因を見極めたりする我々の能力に最近あまり進歩が見られない。科学に基づいた管理を目標にこの分野が今後進歩し続けるためには，綿密な設計に基づく実験的研究によって，記載的研究から得られた多くの未検証の仮説の検討を進める必要がある。肝心なのは，検証可能な設問を立てること，これを検討するための方法論や手法を熟知することである。また，統計専門家と話ができるように十分に統計学を理解しておくことが必要である。時間や資金の大きな無駄をなくそうとするなら，このような相談はデータ収集前，計画段階で行っておく必要がある。

❏ 科学的方法

　野生動物分野への研究者の最も重要な貢献の一つは知識の獲得である。Kerlinger (1973)は知識獲得のための四つの基本的な方法について論じた。すなわち，①盲信的方法(method of tenacity)，②権威的方法(method of authority)，③先験的方法(a priori method)，④科学的方法(method of science)についてである。盲信的方法の例は，信じるに足る科学的根拠がないのに，古くからの考え方に野生動物の管理者が執着する場合によく見られる。権威的方法の例にあたるのは，特定分野の専門家(権威)にアドバイスを求める時である。先験的方法は理論，特に計量的理論を展開するとき，広く使われる。そこでは，いくつかの仮定をおき，その仮定がもたらす結果を論理や数理，シミュレーションを用いて決定が行われる。一方，科学的方法は循環過程である。過去の情報が理論にまとめられ，その理論が明確な仮説の形で表現され，この仮説から予測が導き出され，予測が実験や観察によって検証され，この検証に基づいて理論が修正・拡張される，そして再びこの一連の過程が繰り返される。Kerlinger (1973：6)は，「科学的方法には他の知識獲得方法にない特徴がひとつある。自己修正が行われることである。科学的知識に到達するプロセスには修正機構が組込まれているのである」と述べている。

　科学的方法論に関する初期の論文の一つは，1890年「Science」に掲載されたChamberlinのものである(1965年に復刻)。この方法論は通常，仮説－演繹法と呼ばれ，Popper (1959, 1968)の古典的論文によって内容が整理された。Platt(1964)は複数の仮説をたてることの重要性を指摘し，強い推論(strong inference)と呼ぶ体系的な研究方法論を提案した。代わりとなる仮説をいくつも考え，できるだけその多くを棄却するような実験を計画・実行し，明確な結果が得られたら，さらに残った仮説について同じ過程を繰り返すという方法である。科学的方法論について詳細に論じた論文には他に，Dewey(1938)，Bunge(1967)，Newton-Smith(1981)などがある。

　仮説－演繹的手法を最も広く用いたのはハードサイエンス(hard science)」(すなわち，物理，化学，生理学)で，実験が比較的やさしい分野である。野生動物学や他の自然科学でも博物学的観察という古典的方法論は徐々に拡張され，実験や仮説検証が取り入れられてきた。James & McCulloch(1985：1)は鳥類学者を例にこの変化について，「昔の鳥類学者は事実に関するデータを蓄積したが，一般化

表 1-1　科学的研究遂行手順の概要

1. 研究問題を設定する
2. 関連文献を調査する
3. 広い目的を持った基本的研究目標を設定する
4. 必要であれば，予備的な観察やデータ収集を行う
5. 探索的データ解析を行う
6. 研究仮説（概念モデル）を作る
7. 検証可能な仮説として予測を行う
8. 統計専門家の助言を得て，各仮説検証のための研究手法を設計する
9. 問題・目標・仮説・方法・データ分析手順を入れた研究計画書を書く
10. その研究課題に詳しい者から研究計画書の批判を受け，必要であれば改訂する
11. 実験あるいはデータ収集を行う
12. データ分析を行う
13. データを評価し，解釈し，結論を得る
14. 結果から推測を行い，新たな仮説を作る
15. レフェリー審査のある学術雑誌，機関誌や学会発表のため，研究論文を書いて投稿する
16. 新しい仮説について以上の過程を繰り返す（手順6あるいは7から）

せず，因果関係に関する仮説もたてなかった。…近代の鳥類学者は仮説をたて，予測し，それを新たなデータで検証・実験し，統計学的検定にかける」と評した。同じようなことが野生動物の研究についても言える。James & McCulloch(1985)以外にも，研究計画についての優れた総説があり，最近のものではRomesburg(1981)，Quinn & Dunham(1983)，Diamond (1986)，Eberhardt & Thomas(1991)，Murphy & Noon(1991)，Sinclair(1991)がある。野生動物の研究に従事する者は読んでおく必要がある。

　科学的方法論のプロセスの概要を表1-1に示した。(過度に)理想主義的なものであるが，それでもなお有用である。最初のステップは的確な問題設定であり，これは関連文献の綿密な調査，予備的な観察やデータ収集を行うための指針になる。文献や予備的な調査から得られたデータは探索的データ解析（exploratory data analysis）によって評価し，まとめておく（Tukey 1977）。これらの初期の過程は記載的研究の範疇にはいる。この情報を綿密に検討して，その問題についての概念モデル（あるいは一般的研究仮説）をつくる。概念モデルとは，その問題に対する説明や考えられる解決方法を提示し，問題をもっと広い枠組みで捉えるためのおおざっぱな理論である。次のステップではこの概念モデルから予測－つまり概念モデルが真なら真となるような命題－を導く。この予測は検証可能な仮説（testable hypothesis）と呼ばれる。次の段階はこの仮説を検証するための研究計画である。理想的には実験を用いるのが望ましい。研究計画はデータ収集に先立って他の研究者と統計専門家双方から検討を受けなくてはならない。適切な統計学的手続きによるデータ解析を行えば，仮説を棄却するか受け入れるかが決まる。結果を評価・解釈する際には実際の実験やデータを収集過程における問題点も厳しく検討する。最終結論では通常，推測の拡張，当初の概念モデルや仮説の修正，新たな仮説の提案に至る。論文発表は最終過程であるが，なくてはならない過程である。新たに得た仮説に関する研究を計画する前に，他の研究者から受けたコメントを十分検討しなくてはいけない。これらのステップについては下に詳述する。

問題の設定

　野生動物研究の最初のステップは問題の設定である。研究のほとんどは二つの範疇すなわち，応用か基礎のいずれかに入る。野生動物学で応用研究といえば，普通，管理問題に関連したものである。すなわち，適切な生息地管理やある種の保護などのために，生息に必要な環境条件に関する研究が求められたりする。政治的論争や一般市民の要求から生物学上の問題が生じ，その結果，研究が求められる場合もある。例えば，狩猟者がより高い狩猟成功率を望むという理由からシカ個体群の研究を行うことになっても，生物学者の方は研究の必要性を感じていないし，その個体群に研究すべき課題があるとも思っていない場合もある。しかし，研究結果は大衆の関心に応えるものでなければならない。その他，開発による生息地の喪失が心配されたり，農薬汚染等の環境問題が憂慮されれば，政治的援助が応用研究に向けられることもある。残念ながら，最初から基礎的な取り組みが行われる野生動物の研究例はほとんどない。知識のために知識を得る，あるいは行動・繁殖・密度・競争・死亡・生息地利用・個体群変動などに影響する要因のよりよい理解のために研究する贅沢はほとんど望めない。しかし，憂慮される種（例えば，減少中の猛禽類個体群）について政治的援助がひとたび向けられ始めれば，潤沢な研究資金を得て特定課題の解決につながるような，非常に基礎的な研究ができる時期を迎えることもある。

　研究は，徹底的な文献調査の後，目的を広く設定した記載段階から始めるべきである。この段階は，該当する問題についてすでに多くの記載的調査があるときに限り省略

てもよい。記載段階は，密度(あるいは相対密度)・生息地利用・死亡要因・繁殖・行動・個体群動態・気象等の環境要因についてのデータ収集である。このほかに，問題の政治的社会的側面も調査の対象となる。この段階では探索的データ解析が重要である(Tukey 1977, James & McCulloch 1985)。この過程で，平均値・中央値・モード・標準偏差・データ分布など定量的なデータ解析が行われる。データ解析はできるだけ徹底的に，しかも生物学的に意味がある形で行われなくてはならない。ここでは，データカテゴリー(例えば，平均値・割合・比率)の比較・多変量解析・相関分析・回帰分析等が行われることが多い。「探索的データ解析の基本目的はデータの示すパターンを眺めることにある」(James & McCulloch 1985：21)。

仮説の構築

データに演繹的推理(inductive reasoning；個別の事実から一般性を導く推理)を適用すれば，対応パターン，あるいはRomesburg(1981)の言う対応律が示されることがよくある。例えば，10年間にわたってキジの雛数を調査し，春の降雨量の少ない年には雛数が多く，雨が平均よりも多い年には雛数が少ないのを観察したとすると，雛の生存率と春の降雨量との間に直接の関係があると結論しがちである。残念なことだが，Romesburg(1981)が指摘するように，野生動物の管理で広く通用している原理にはこの種の対応関係に基づいたものが多い。このような結論は「信頼に足らない知識」と呼ばれる(Romesburg 1981)。これが信頼に足らないのは予断に頼り，他の多くの可能性を無視しているからである(すなわち，相関は因果関係を意味しない)。例えば，降雨量は雛の生存にはかかわりがなく，観察された対応関係は単なる偶然の所産かもしれない。別の可能性としては，春の降雨によって牧草刈りの時期がずれ，そのために農業機械による巣の破壊が起こったことが直接の原因になっていることも考えられる。

探索的データ解析や対応律の価値は，それが研究仮説(research hypothesis)に結びつくかどうかできまる。仮説とは是非を確認するための仮の主張(assertion)のことである。研究仮説とは当初我々が最ももっともらしいと考える説明であることが多い。しかし，通常は一つの仮説だけを考えているわけではなく，観察事実に対して説明や理由となりそうな複数の仮説を検討の対象にすることが多い。例えば，我々の第一の仮説，

主仮説1：春の降雨量が平均値を越えると，コウライキジの雛の生存率が落ちる。

に対し，代替仮説は次のようなものが考えられる。

代替仮説1：春の降雨量が平均値を越えると，キジの卵の孵化率が落ちる。

代替仮説2：春の降雨量が平均値を越える年には，農業機械によるキジの巣の破壊が多い。

代替仮説3：春の降雨量が平均値を越える年には，キジのメスの営巣率が落ちる。

代替仮説4：春の降雨量が平均値を越えると，植生の成長が平均を上回り，これがキジの雛の発見率を落とす。

代替仮説3では，関与しているのは卵や雛の死亡率ではなく，実際に営巣するキジの数であり，これが記載的研究段階で観察された雛の数に影響したと考える。代替仮説4は降雨量が調査時の雛発見率に影響する場合を検討している。この他にも合理的で検証可能な仮説があれば，上のリストに加えてよい。これらの仮説を検証するように設計した研究を行えば，どの要因が雛数やその推定値に影響しているか，なぜ，雛の数が変動するのか説明することができるようになる。

一般的な研究仮説(概念モデル)から，統計仮説(statistical hypothesis)が作られる。この二つの主たる違いは，研究仮説は理論を表し，統計仮説は理論からの予測を表す点にある(Dolby 1982, James & McCulloch 1985)。この違いについてJames & McColloch (1985)は次のように説明している。

> 「ハゴロモガラス(red-winged blackbird)のハーレムサイズが大きいと繁殖成功度が高いというモデル(研究仮説)を考えてみよう。このモデルから得られる予測の一つはハーレムが大きいオスはハーレムの小さいオスよりも繁殖成功度が高いことである。これを次のように表現すれば，統計仮説になる。ハゴロモガラスのオスの繁殖成功度(巣立ち雛数/繁殖期)はハーレムサイズの単調増加関数である。」

統計仮説が収集データにより支持されたとしても，それが正しいとは結論できない。ただ棄却できないだけである(James & McCulloch 1985)。重要なのは，研究仮説や理論が正しいことは決して証明できないことである。しかし，ある仮説の予測が支持され，他の仮説が棄却されれば，その仮説の信頼性は高められる。

仮説の構築が記載的博物学から科学へ踏み出すための重要な鍵となる。探索的データ解析の結果を解釈したり，検証可能な仮説を構築する作業は，創造性を要する難しい科学的側面であるが，野生動物学の発展に不可欠のものであ

仮説検証とデータ解析

ここで仮説検証とデータ解析の話をまとめてするのは，統計処理を十分考慮せずにデータ収集を始めてはいけないことを強調したいからである。方法のちょっとした違いによって，データから有効な情報が得られたり，適切な解析や解釈が不可能になったりする。残念なことに，設計が悪く，得られるデータが使いものにならない野生動物研究に多くの予算が費されている。

統計仮説の検証には多くの方法が考えられる（図1-1。Eberhardt & Thomas 1991も参照）。方法によって次の2点にかなり大きな違いが生じる。結論の確からしさとその適用範囲である。単独で完璧な方法はない。時間と資源の制約を考慮して最適な方法を選択しなければならない。

操作的処理を伴う実験は野生動物学でももっと用いられてしかるべきである。室内実験では，外的要因の影響がうまく制御され，信頼性の高いきれいな結果が得られるが，その結果の野外個体群への適用は一般に限定される（図1-1）。これと対照的に，自然実験－野火や病気の大発生，ハリケーンなどの大規模攪乱－によって個体群に自然な操作が加えられた場合，得られる結論は弱い。なぜなら，反復がないし，ランダムな処理によって外的要因の影響を制御できないからである。しかし，自然実験研究の結果はさまざまな個体群に適用できる。野外実験は操作的処理を野外で行ったもので，室内実験と自然実験研究の利点を併せ持っている（図1-1）。野外実験の中には，真の反復がないため結論が不確かな擬反復野外実験から，結論の確かな真の反復野外実験まである（図1-1 A）。後者のような野外実験で得られた結論は野外の個体群に広く適用できる。

野生動物研究の多くは図1-1 Bとして示された野外観察研究の系列のどこかに位置する。すでに述べたように，反復のない博物学的記載からなる個別研究は研究初期段階では最も有用である。B系列に属するもう一方の極は反復のある野外観察研究で，操作も処理のランダム化もないが，反復があり，代替仮説を評価する情報が得られる。こうした反復のある野外観察研究から得られた結論の適用範囲は広いが，反復のある野外実験ほど結論の信頼性は高くない。野生動物の研究および管理に重要ではあっても，実験には適さない問題もある。例えば，ある動物個体群に対する気象の影響に興味を持ったとしても，気象は操作できない。他にも，我々の興味の対象が単に，捕食・生息地・食物量など，いくつかの要因間の相対的な重要度にすぎない場合も

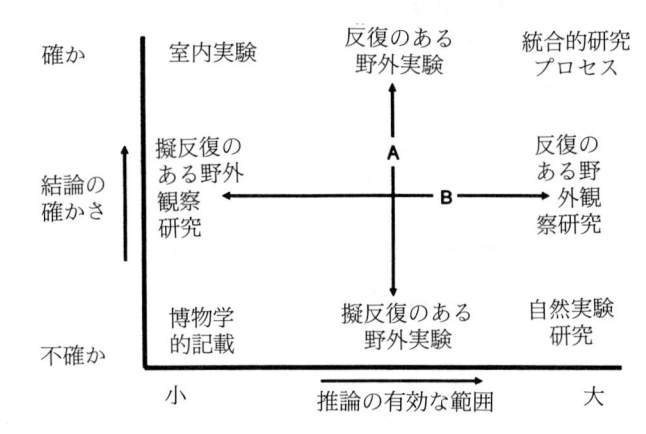

図1-1 さまざまな野生動物研究設計から得られる結論の確かさ（他の可能性の低さ）と一般性（推論の適用できる対象集団の範囲）

ある（Quinn & Dunham 1983）。

野外観察研究の設計は実験の設計より難しい。なぜなら，検証を無効にする外的要因がつきものだからである。実験と野外観察研究に共通する基本過程に，対象集団について観察単位〔実験単位(experimental unit)あるいは標本単位(sample unit)〕を定める標本抽出手続きがある。これが正しく行われた時に限り，検証結果は研究対象集団に適用可能となる。標本抽出手続きの計画には，調査標本抽出法(survey sampling)として知られる統計分野(Cochran 1963)の手法が有効である。この手法は野外観察研究に特に重要であるが，野外実験で実験単位や副標本(subsample：実験単位内の標本)の抽出法を決めるのにも有用である。調査標本抽出法と実験に関しては後でもう少し詳しく述べる。

各仮説について研究の基本設計が決まったら，実際の検証過程の綿密な設計を行う。各仮説について必要なデータの種類や量，収集方法や期間を決めなければならない。さらに，次のような点について調査開始以前に十分な検討を行う必要がある。すなわち，データの統計処理方法，データの統計的検定への適合性，必要な標本サイズ，研究仮説検証に対する統計仮説の有効性，データ収集・研究計画・データ分析に潜む偏りの結論への影響などである。野外調査を始める前に，これらの問題をそれぞれの仮説について注意深く検討しておく必要がある。統計専門家に相談することは重要であるが，その際，統計専門家に問題の根幹，研究目的の全容，研究仮説を十分理解してもらう必要がある。注意しておくが，「このデータをどう分析すればよいか」と尋ねてはいけない。こうしたせっかちなやり方は研究者と

統計専門家との間に誤解を生み，はては研究仮説の検証に役だたない統計処理を行うはめになる。

薦めたいのは，データ収集開始前のこの時点でもう一つ段階を踏むことである。すなわち，計画した研究内容について，その研究課題に経験と知識のある他の研究者数人に意見を求めることである。多くの研究者は自分の仕事に防衛的になりがちで批判を仰ぐことを歓迎しないが，こうすることで得られる意見は例外なく研究計画の改善に役立つし，時によっては計画段階でしか解決できない重大な不備を明らかにしてくれることがある。この検討過程が非常に建設的なのは，これが一種の予防医療の役割を果たすからである。残念なことに，このような検討は，データ収集が終え最終の報告書や発表論文の原稿ができた時点にずれこむ場合がほとんどである。しかし，この時点で不備に対する対処の可能性はもうほとんど残されてない。仮説検証方法については20頁で詳しく述べる。

データ収集

研究の目的，統計仮説，方法（研究設計，野外での仕事の進め方，データ分析法）が決まったら，データ収集の段階に入る。この段階では，当人は研究遂行の総括責任者の立場におかれることが多い。多くの研究課題は，予算，人員，人や機材の移動やデータ収集に必要な時間，また悪天候，病気，事故に伴う調査日数の減少といった制約を受ける。データ収集が予定通り研究計画にしたがって行われるよう，これらの要因には十分目を光らせておく必要がある。データはあらかじめ用意したデータシートに記録する。こうしておけば，どの調査員もまったく同じデータを収集できるし，書式が揃っているので収集後のデータ処理も容易になる。1日の作業が終了したら，データシートの写しを取って（コンピュータ入力，コピー，筆写などによる），それぞれ別の場所に保管する。どの形態にせよ，写しを取ったら原データとの照合を忘れてはいけない。研究代表者は全調査員にあらかじめデータ収集について入念な指示を与え，調査中は各調査員の能力に差がないか，同じ方法で観察・測定・記録を行っているかを定期的に点検しなければならない（例えば，Kepler & Scott 1981）。これらの点について責任があるのは研究代表者である。鎖の強度はつなぎの中の一番弱い部分で決まるとよく言われる。同様に，研究発表の有効性は研究デザインとデータ収集の質で直接決まってしまう。

データ収集についてひとつ注意しておきたい。未経験の研究者は，野外調査の魅力と野生動物が観察できる喜びからデータ収集を急いで始めがちである。調査開始を急ぐあまり，研究設計をおろそかにしてはいけない。成功する研究者はその時間の40%を計画に，20%を実際の野外調査に，残りの40%をデータ分析と論文執筆に使うのである。経験を積んだ研究者はデータ収集が体力的にきつく，退屈で，繰り返しの多い作業だと言うことを知っている。研究の喜びや報いが訪れるのは，データ分析の段階で，数年にわたる計画と野外調査の末得られた結果を目にし始めるときなのである。

評価と解釈

上述のように，科学的研究過程のうち仮説構築は，データ収集の機械的反復的な作業と比べて，高度に創造的作業である。これと同様に，評価と解釈もまた創造的な過程であり，研究者の受けた教育と職業経験，さらに標準的な解釈だけではなく新しい解釈を試みる意欲の有無が，到達する結論の質の高さを決める。野生動物学（や他の分野）で陥りがちな大きな危険の一つは，研究者が意識的あるいは無意識にデータにある種の結果を期待していることである。この偏りは研究目的を定める時点で生じ，解釈の段階まで波及する可能性がある。望ましい結果への期待から野外調査補助員に偏りを生じさせないように気をつけなければいけない。この危険は医学などの分野では非常に大きいので，研究者にもその補助員にも処理あるいは非処理グループが分からない二重盲験法（double-blind approach）と呼ばれる方法で実験が行われる。よい研究者であるためには，あらかじめ考えた説明を支持するよう恣意的に研究を設計したり，結果を解釈したりすることがないようにしなければいけない。これがはらむ問題の大きさを強調しすぎることはない。自分の持つ視点の偏りに敏感で，新しい考えも検討してみようとする姿勢を持つ研究者は，革命的な発見をする可能性が高い。

評価・解釈段階の大きな目的は，データ収集・探索的データ解析・各統計解析の結果を明確に簡潔に整理することである。これらの結果を個別情報の集合から統合的な理論に変換するのである。統計検定で棄却されなかった研究仮説があったか，その結果から妥当な説明が得られるか，データや統計検定の結果に合う他の説明はないか，標本サイズの不足やパラメータ測定値の異常なふれなどの問題がデータにないか，推定値に偏りをもたらした原因は何か，もっと他に必要なデータはないか，などの検討も必要である。

評価・解釈段階で研究者は，データや統計処理に基づいて通常，ある結論に到達する。科学の目的は理解するとい

うことであり，野生動物学では生物学的システムが働く過程を説明し，変化があった場合に個体群にどう影響するかを予測しようとする。よく見られる問題は，データから言える範囲を越えて結論することである。研究データの解釈では，データから得られる結論(conclusion)と推測(speculation)とをはっきりと区別しなくてはならない。例えば，アオライチョウの糞がロッジポールマツとエンゲルマントウヒの木の下に最も高い頻度で見られたとすると，アオライチョウがこの二種の木を何かの行動に利用していると結論してよい。しかし，行動の種類(例えば，ねぐらにしているとか，採餌に使っているとか)についての言及は，他にデータ(例えば，採餌活動の観察や糞分析の結果など)がない限り，ただの推測にすぎない。

推測から新仮説へ

ある研究課題が終了しても，それで問題が最終的に解決することはまずない。よい研究であれば，普通，答えよりも多くの新たな疑問を生むものである。推測(speculation)，つまり不明確あるいは不完全な証拠をもとに行う推論(inference)は，科学のもっとも重要な過程である。推測とは何かをはっきりと理解し，データから得られる結論と混同してはならない。推測は将来の研究への推進力である。偶然，すなわち予期せぬ研究の副産物から自然について多くの発見がなされてきた。しかし，研究の多くは目的指向であり，推測から得られた理論を検証するために計画される。したがって，知識を得るプロセスを煉瓦で家を建てることに例えれば，推測は次の煉瓦を積み上げるための最初のステップとなるのである。

新しい仮説は基本的に推測の一種であるが，きっちりとした形で文章化され，検証可能なある特定の形式をとる。例えば，アオライチョウの観察を再び例に挙げるなら，「アオライチョウはロッジポールマツとエンゲルマントウヒを好んで利用するように進化した」と言ってみても，これは基本的に検証可能な仮説ではない。この表現はあまりにも曖昧で，かつ収集不可能な歴史的データを必要としている。例えば，次のような仮説を立てることができる。①アオライチョウはロッジポールマツやエンゲルマントウヒを採餌に使う，とか，②アオライチョウはロッジポールマツやエンゲルマントウヒをねぐらに使うとかである。そして，これらの仮説を検証するために調査を計画した結果，エンゲルマントウヒの本数が多いにもかかわらず，アオライチョウの餌の80%はロッジポールマツの球果だったとしよう。この結果から，例えば「ロッジポールマツの針葉はエンゲルマントウヒのそれよりも栄養価が高い」と次の仮説を立てる，このような過程が繰り返されるのである。

論文発表

科学的方法の最終段階は研究成果の論文発表である。残念ながら，得られた知見が公表されず，情報が書類棚や引き出しの中に埋もれてしまって，無駄に費やされたお金は少なくない。

論文発表は野生動物研究者の多くにとって最も困難な段階である。論文執筆のためのしっかりした教育を受けたことがなく，論文執筆が好きでもない多くの研究者にとって，明確で簡潔を旨とする科学論文の執筆は単調で退屈なものである。しかも，論文出版の可否を決めるために学術誌の編集者が行う匿名による査読も個人の自尊心を傷つけることがある。

さらに，機関当局が職員の論文発表を特に奨励せず，報奨金を出さなかったり，場合によっては発表しないように示唆する場合もある。これは一つには当局者がかなり近視眼的なためである。彼らは直面する緊急課題の解決策は求めるが，職員がそれ以上の時間を費やして論文発表する必要性を認めないのである。彼らが見落としているのは，他の研究者の検討を受けて論文発表することが，①間違いを正し，よりよい結果の分析に至ること，②著者がデータから得られる最も健全な結論に至るのに役立つこと，③批判的なコメントに対応したり，過去に犯した過ちを深く考えたりすることが，その職員の研究者としての成長に資すること，④結果を他の機関や研究者，学生が利用できる形の論文として公表することで，野生動物管理に長期にわたって貢献することである。

論文発表は科学に不可欠のプロセスである。他の研究者による検討は間違いなく論文の質を高める。しかし，研究によっては単に発表に値しないものもある。この最後の点に関してはこの章で論じたさまざまなトピックについての重要性を強調しておきたい。研究が正しく計画され，設計され，実行されれば(さらに原稿がよく書かれたものであれば)，その努力の結果が公表に値しないことはまずない。簡単に言えば，研究は，その結果が学会や利用者グループ(つまり野生動物管理者)の目に届くような形で発表されない限り，学問的にも野生動物資源の健全な管理にも寄与しないのである。

研究の基本要素

個体群

Mayr(1970：424)の定義によれば，個体群(population)とは「ある地域内に生息し，潜在的に相互に繁殖可能な個体からなる」集団であり，種とは「他から繁殖隔離された個体群の集合」である。ここで重要なのは，種はふつう多数の個体群からなること，逆に言えば，1個体群は種の一部に過ぎないことを理解することである。種，亜種，個体群の相互関係の把握は野生動物学にとって重要であり，研究者はその概念を完全に理解しておかなければならない(総説として，Mayr 1970, Selander 1971, Stebbins 1971, Ratti 1980を参照)。

野生動物研究者はふつう次のような3タイプの個体群を取り扱う。生物学的個体群(biological population)，行政的個体群(political population)，研究対象個体群(research population)である。生物学的個体群は上で定義したように，特定の地域に生息する同種個体の集合であり，その境界は正確に記載できることが多い。例えば，黒色系カナダガン(dusky Canada goose)の個体群はアラスカのコッパー川三角州(Copper River Delta)の比較的狭い土地で繁殖し，冬はオレゴン州コーバリス(Corvallis)に近いヴィラメッテ谷(Willamette Valley)で過ごす(Chapman et al. 1969)。この黒色系カナダガンの繁殖地と越冬地の間の比較的限定された地域に，移動性の低いバンクーバー系カナダガン(Vancouver Canada goose)の個体群が生息する(Ratti & Timm 1979)。これら二つの個体群は物理的な障壁に隔てられることなく境界を接しているが，相互に繁殖隔離があって独立している。イエローストーン国立公園のエルクは生物学的個体群のもう一つの例であり，その分布範囲は詳しく記載されている(Houston 1982)。

行政的個体群は郡，州，国などの行政的境界で人為的に区切られたものである。例として，アメリカ中西部の集約的な農耕地帯に生息するオジロジカの個体群を考えよう。この個体群は河川水系を中心に分布しているが，これはその河畔植生と食物が農耕地に作物のない冬期の生存に不可欠だからである。生物学的個体群はこの河川水系全体にわたって分布しており，研究や管理を行うに当たってはこの個体群全体を念頭におく必要がある。しかし，もしこの川が二つの州の間を流れていたら，この生物学的個体群はふつう二つの行政的個体群に分けられて，異なった管理施策や狩猟規則の下におかれることになる。この問題は従来，野生動物管理によく見られた。しかし，最近はこのような場合，隣接する行政単位の間で協力が行われる場合が多い。このような状態にある個体群については，隣接行政単位の間に健全な協力関係と両立的な管理プログラムが存在する場合にのみ研究者は研究を進めるべきである。さらに，このような場合には共同研究を促進し，双方の機関の利益となるように研究員と研究資金をまとめた方がよい。

我々の考察にとって最も重要な個体群は研究対象個体群である。生物学的個体群は種の一部に過ぎないことを上で指摘したが，同様に研究対象個体群はふつう生物学的個体群の一部に過ぎない。我々が標本をとるのは研究対象個体群からである。このため，研究対象個体群はよく標本枠(sample frame)と呼ばれる(Scheaffer et al. 1986)。めったにないが，1個体群全体が一つの種そのものであるような個体群を研究する場合もある。アメリカシロヅルのようにわずかな個体数しか残されていない絶滅危惧種(endangered species)がその例である。また，研究対象個体群と生物学的個体群全体とが一致する場合もある。イエローストーンのエルクの群れがその例である。しかし，普通，研究対象個体群は生物学的個体群の一部に過ぎないことが多い。この制約は研究予算の関係や，人員や物資配置の問題，さらに我々の能力からいって生物学的個体群をなす個体の大多数からデータを取ることが不可能であることによる。このため，重要になってくるのが標本抽出法である。なぜなら，これが標本と研究対象個体群を結びつける唯一の架け橋となるからである。

ここでの要点は，研究から得られた結論を直接適用できるのは，標本を抽出した個体群，すなわち研究対象個体群だけであることである。しかし，理解や課題解決のため，研究者がふつう対象とするのは生物学的個体群や種である。この問題に関連し，次のような問いかけに対して答えておく必要がある。①標本が研究対象個体群を代表しているか，②その研究対象個体群が生物学的個体群を代表しているか，③もし代表しているとして，その生物学的個体群が種を代表しているか。これらの問いに答えるのは難しい。肯定的に答えるにはかなりの注意が必要である(特に②，③の設問)。生物学的個体群の部分単位間や，種内で生物学的個体群間に見られる形質の変異については多くの記載がある。したがって，異なる個体群や地理的に離れた地域で同じような結果が得られないうちに，ある研究仮説について一般的な結論を下すのは避けた方がよい。

実験的仮説と非実験的仮説

　記載的・博物学的研究が基礎情報の収集と研究仮説の構築に有用なことはすでに指摘した。統計仮説は研究仮説に基づく予測を検証するために使われるものであり、予測の有効性を調べるには二つの方法がある。一つは自然現象の観察であり、もう一つは実験的操作(experimental manipulation)あるいは処理(treatment)を加えてその結果を見る方法である。この二つの違いを強調するために、仮想の事例を次にあげる。

　夏期のエルクの採餌を観察していて、エルクがマウンテン・マホガニー(mountain-mahogany：バラ科の小低木)よりもアメリカヤマボウシ(red-osier dogwood)の方を多く食べることが示され、さらに、糞分析でも野外観察の結果が裏付けられたとしよう。調査地で餌の現存量調査を行っても、アメリカヤマボウシとマウンテン・マホガニーの間に量に違いはなかったとしよう。これらの観察に基づいて次のような研究仮説を立てる。「エルクは栄養の良否に基づいて餌を選んでいる」。この仮説と観察から、「アメリカヤマボウシはマウンテン・マホガニーよりも可消化タンパクを多く含む」と予想し、次のような非実験的統計帰無仮説(nonexperimental statistical null hypothesis)を立てる。「アメリカヤマボウシとマウンテン・マホガニーは可消化タンパクの含有量が等しい」。これが非実験的仮説なのは、実験的操作や処理を必要としないからだ。帰無仮説というのは差がないという統計仮説の単なる言い換えに過ぎない。もし、分析の結果どちらかの種のタンパク量が多いことが示されたら、統計仮説は棄却される。

　アメリカヤマボウシの方がマウンテン・マホガニーよりもタンパク量が多かったとしよう。この場合、研究仮説は支持されるが、他の代替仮説が棄却された訳ではない。研究仮説により説得力を持たせるには、これらの代替仮説(例えば、エルクは栄養とは無関係に色や他の要因で選択を行っているとする仮説)を棄却し、栄養の良否と餌選択の関連を思いつき以上の強いものにする必要がある。例えば、「エルクは餌中のタンパク量が分かる」ということを示さなければならない(すなわち、仮説の検証)。これなら実験に持ち込む、すなわち、研究設計に実験的操作の要素を加えることができる。飼育下の60頭のエルクで採餌試験を行うことにしよう。調査地からとってきたアメリカヤマボウシとマウンテン・マホガニーを粉砕して両者の餌の感触と見かけがあまり変わらないようにしよう。60頭のエルクに対して30日間連続で、同時に同じ方法で採餌試験を行い、この間、餌の消費量を正確に測定する。ランダムに選ばれた20頭を三つの試験の一つに割り振る。試験1ではアメリカヤマボウシとマウンテン・マホガニーを別々の飼い葉桶に分けて一定量入れる。この試験は対照(control)となる(14頁参照)。他の二つの試験が実験で、我々の仮説の予測の有効性を検証するものである。試験2では、やはり2種の餌を与えるが、マウンテン・マホガニーのタンパク量を増やしてアメリカヤマボウシのタンパク量と揃える。試験3でもやはり2種の餌を与えるが、今度はマウンテン・マホガニーのタンパク量をアメリカヤマボウシのタンパク量よりも多くする。もし、我々の研究仮説とそれから生じた予測が正しければ、試験1の20頭はアメリカヤマボウシを多く食べ、試験2の20頭はどちらの餌も同じように消費し、試験3ではマウンテン・マホガニーの消費の方が多いことが期待される。もし、三つの試験の結果が共に、予測に一致するなら研究仮説の説得力のある支持となる。しかし、実験設計を批判的に眺め、他の可能な説明を考えることをつねに心がけなければならない。タンパク添加物が餌の嗜好性を変えたり、他の栄養素を加えることにならなかったか。エルクが反応したのはタンパク量ではなくて、この未知の変化に対してではないか。もし、その可能性があれば、さらに別の実験が必要になる。

予備研究

　予備研究(pilot study)とは、ある研究計画のすべての過程を一通り行う予備的な短期の試行である。予備研究は重要であるが、省略されることの多い研究過程である。予備研究を行えば、正規の研究の途中や終了後に発生する、ほとんど致命的となりうる問題を避けるのに役立つ情報が得られる。予備研究の利点は以下のようなものである。

　1. コストの算定：よい研究計画を立てるには、コストの算定が必要になる。このコストには、器械設備費や旅費と言った直接的経費から、調査人員とその労働時間といった間接的なコストも含まれる。研究助成金や一般の研究資金を獲得するのは常に問題である。研究者は、何を為すべきかという理想と限られた予算で何ができるかという現実との間で、つねづね妥協を迫られているのが実態である。このため、正確なコスト算定は非常に重要である。予備研究を行えば、コストの見落としや過小あるいは過大な推定を明らかにできる。

　2. 方法論上の問題：研究方法は個々の目的や仮説検証に応じて考案される。机上で設計・計画された方法は実際にはうまく行かないことが多い。正規の研究段階で方法の

まずさが発見されると，それまでに収集されたデータが完全に無駄になってしまう可能性もある。予備研究は他にも，基本的な人員・物資配置の問題を明らかにすることがある。調査地間の移動に予想外の時間がかかったり，人や資金を追加しなければ計画通りの標本サイズを確保できないなどである。

　3．分散の推定：適切な数の標本をとることが仮説の統計検定には不可欠である。標本サイズを決定するには対象とする測定値の分散の推定が必要であり，このような推定値は，予備研究で収集されたデータからしか得られないことが多い。これらの予備的なデータから，個体群中の分散が非常に大きく，十分な数の標本をとることは無理だと言うことが分かるかもしれない。そうした場合に研究設計の全面的な見直しが必要になるが，正規の調査で時間・エネルギー・労働力・貴重な研究資金を費やしてしまう前に，こうした問題を発見する方がはるかによい。

　もし，ある研究が進行中の研究課題の一部であったり，その課題に関連して多くの研究結果がすでに発表されていれば，コスト・方法論上の問題点・分散に対する評価がすでに確立している場合もある。しかし，そうした場合でも，机上で予備研究の段階を踏んでみることは役に立つ。なぜなら，そうすればこれらの要因に関する評価に注意が向くからである。

再現度・偏り・正確度

　予備研究が終了した（あるいは上の推定が他の資料から得られた）後，正規の調査で収集すべき標本サイズをどのように決めたらよいだろうか。まず，どの程度良い推定値を望むかを決めなければならない。推定値の良否とはなんだろうか。推定値の良否の尺度の一つは再現度（precision）である。再現度とは，複数の標本単位について同じ変数の測定値が互いにどのくらい近いかを示す（Cochran 1963, Zar 1984, Krebs 1989）。推定値の再現度は測定値の母集団内の分散と標本サイズで決まる。推定値の再現度の指標の一つは信頼区間である。母集団内の分散が大きければ，推定値の再現度は下がる。一方，標本サイズを増やせば，推定値の再現度は高まる。推定値の良否のもう一つの尺度は偏り（bias）である。偏りは推定値の平均が母集団の真の値とどのくらいかけ離れているかを示す。偏りのない（不偏）推定値は母集団の真の値を中心に分布する。もし，推定値が不偏で再現度が高ければ，正確（accurate）であるという（ここでは平均平方誤差の小さい推定値として定義する（Cochran 1963)。正確度（accuracy）は推定値の母集団の真の

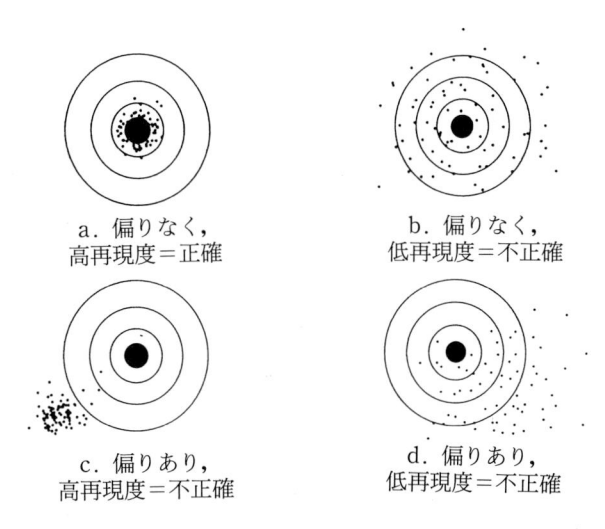

a．偏りなく，
高再現度＝正確

b．偏りなく，
低再現度＝不正確

c．偏りあり，
高再現度＝不正確

d．偏りあり，
低再現度＝不正確

図1-2　偏り・再現度・正確度の概念を射的パターンの例
（Overton & Davis 1969 および White et al. 1982を改変）

値からのずれの大きさを示す（Cochran 1963）。正確度は推定値の良否を表す究極の尺度である。これらの概念をライフル射撃の標的に模して図1-2に示した。これらの概念をどのように用いるか，典型的な個体群調査を例に見てみよう。

　ある広大な越冬地にいるエルクの密度を推定したいとしよう。やり方の一つは，この地域をたくさんの等面積の区画に分けた上で，空からヘリコプターで調査する区画を標本抽出することである。このようにすれば，研究対象集団を動物単位ではなく，地理的単位に基づいて把握することができる。対象とする集団の要素は個体数調査のための区画である。区画の中から客観的な標本抽出手続きに基づいて標本区画を選定し，ヘリコプターで標本区画を捜索して区画内のすべてのエルクを数える。各区画で数えたエルクの頭数を区画面積で割れば，区画ごとの密度推定になる。よくやるのは，図1-3 Aにあるように，標本調査の結果を頻度分布の棒グラフ（ヒストグラム）としてまとめることである。このヒストグラムはこの越冬地の密度のばらつきは小さく，標本区画の大半（80％）がkm^2当たり1.5〜2.3頭の間の密度であることを示している。越冬地全体を代表する一つの推定値が必要だが，これには標本平均値を越冬地の平均密度の最良推定値として選べばよい。標本区画間のばらつきが小さいので，この標本から得た平均値はかなり再現度の高い推定値である。しかし，例えば，図1-3 Aの代わりに図1-3 Bのような結果が得られたとしよう。標本区画間のばらつきは大きく，標本平均の再現度は低いので，前の推定値ほど信頼性がない。したがって，もし標本数が同じなら，母集団のばらつきの小さい，前の推定値の方が再

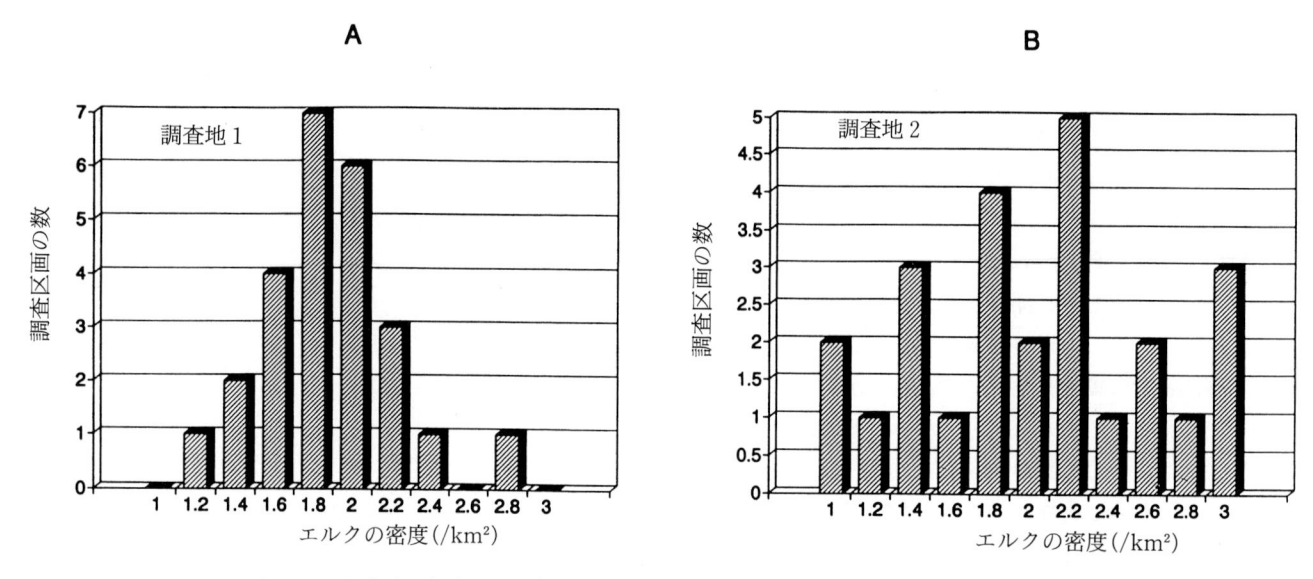

図1-3 調査地1(A)と2(B)におけるエルクの個体数調査と密度推定値の仮想事例

現度が高い。

図1-3 Aの標本平均値はこの越冬地のエルクの平均密度の正確な推定値なのだろうか。これに答えるためには推定値に偏りがあるかどうかを評価しなければならない。越冬地が部分的に森林でおおわれていたり，比較的丈の高い灌木の密生地があってエルクが見えなければ，各区画での空からのカウントは実際にいるエルクの数よりも過小推定になる可能性がある(Samuel et al. 1987)。この場合，標本から得た平均密度はエルクの越冬地の密度推定値としては偏りがあり，正確度が高いとは言えない。一方，もし調査地が草地と丈の低い灌木からなる混成地であれば，エルクの発見に偏りは生じないので，標本から得た平均密度は越冬地全体にわたるエルクの密度の正確な推定値となる。

推定値に正確さを求めようとすれば，最小の偏りと最大の再現度を持つ方法で，有効な標本抽出と実験設計を用い，再現度が十分高くなるような数の標本をとる必要がある。推定値にどのくらいの偏りがあるかの評価は容易ではなく，研究者の生物学的な知識と直感に基づいた評価が事前に行われることが多い。もし，偏りがいつも一定であれば，推定値は相対的な比較や変化の検出に使うことができる(Caughley 1977)。偏りは一定でないことが多いが，偏りの大きさが測定可能なら，ある手続きによって推定値の補正を行うことができる場合がある。例えば，Samuel et al. (1987)はヘリコプターを使った空からのエルク調査における見やすさによる偏りの大きさを測定し，Steinhorst & Samuel(1989)はこの偏りに対して航空調査の結果を補正する手続きを開発した。

反　復

標本サイズ(sample size)とは研究対象集団から独立かつランダムに抽出した標本単位の数である。実験では標本サイズのことを反復数(number of replicates)と呼ぶ。標本サイズと，ある標本単位中の観察数である副標本サイズを区別する必要がある。統計量の再現度はその標準誤差(standard error)で計る。標準誤差はもとの測定値の分散と標本サイズから計算される。計算に用いる測定値は真の意味の反復，つまり集団から得られたランダムで独立な標本でなければならない。もし，そうでなければ標本分散は実際の母集団の分散値の過小推定値になり，推定値の再現度が過大評価される。

この点を明らかにするために次の例を考えよう。ある広大な谷(面積：1,000 km²)のコリンウズラ生息地に対する火入れの効果を評価したいとしよう。1 km²の草地と灌木地に火入れする生息地改良事業について研究することにする(例えば，Wilson & Crawford 1979)。火入れする区画に10プロット，その周りの火入れしない土地に10プロットを設定し，それぞれのプロットについて火入れの前後で比較すれば，コリンウズラの環境に対する火入れの効果がわかりそうである。しかし，火入れ区画の10プロットは真の意味の反復ではなくて，副標本，あるいは擬反復(pseudoreplicate)である(Hurlbert 1984)。実際，この研究には1個の観察値しかない。なぜなら，この広大な谷の中で，火入れした1か所の小面積の区画を相手にしているからである。これを理解するには，谷全体にわたってランダ

表1-2 増殖率が減少傾向にあるシカ個体群における統計検定結果の可能性
各年毎に500頭の角のないシカ（メス成獣と幼獣）を数え，メス成獣と幼獣の比率に変化がないという帰無仮説を有意水準 0.05（$\alpha = 0.05$）で検定

場合	100メス成獣当たりの幼獣数					判定結果	判定結果の妥当性	その確率
	実際の値			観測値				
	1988	1989	変化	1988	1989			
1	60	60	なし	61	59	変化なし	正しい	95%（$1-\alpha$）
2	60	60	なし	65	50	減少あり	第1種の過誤	5%（α）
3	65	50	減少	65	50	減少あり	正しい	50%（$1-\beta$）
4	65	50	減少	62	57	変化なし	第2種の過誤	50%（β）

ムに選んだ10か所の区画について火入れを行うことを考えてみればよい。この10か所の間のばらつきは，1か所の火入れ区画内にとった10プロット間のばらつきよりも，ずっと大きいものと考えられる。

　初めに示した研究設計が陥りそうな誤りは明らかである。統計検定が評価するのは火入れがあった 1 km² の区画と火入れのないその周囲の土地の違いだけであったにもかかわらず，誤って谷全体のコリンウズラ生息地に対する火入れの効果について結論を出してしまうのである。もっとよい設計は例えば，谷全体からランダムに20区画を選び，その中から10区画を火入れ区画（処理区）に，10区画を対照区画にとることである。火入れ区画と対照区画にそれぞれ5プロットをとって処理（火入れ）の前後にコリンウズラの生息状況を調査し，データを分散分析ANOVAで解析する。この場合，20区画が標本であり，1区画あたりの5プロットが副標本である。そして，各10区画が真の反復となる。

標本サイズと検定力

　記載研究において望ましい再現度の推定値を得るためには，予備研究や過去の研究から得られた集団の分散推定値に基づいて必要な標本サイズを計算する。標準的な調査設計であれば，標本サイズを決定する公式があるので，それを利用すればよい（例えば，Scheaffer et al. 1986）。

　研究の中で実験その他の比較を行う際に，検定力を高めたり誤った結論に至らないようにするには，標本サイズを増やす必要がある。検定力とは何かを理解するためには次の例を考えてみればよい。ミュールジカの群れ（研究対象集団）の増殖率の指標としてメス成獣に対する子の比率を使うことを考えてみよう。そしてこの比率に減少が見られるかどうかが問題であるとしよう。表1-2に群れからの標本抽出と検定結果（帰無仮説は変化なし）の可能性が四つ示されている。この問題の答えは，得られた統計量を該当する統計数値表の中の任意の有意水準（α）の値と比べればわかる。有意水準とは，実際には変化がなかったのに変化があったと間違って結論してしまう確率のことである。有意水準 α が 0.05 であるということは，このような検定を100回行ったときにこのような間違いを5回しか犯さないことを意味する。このような間違いは「第1種の過誤（Type I error）」と呼ばれる。もう一つ犯しそうな誤りがある。実際には比率が下がっているのに変化がないと結論する場合である。表1-2で500個体の標本に基づいた場合，表1-2の例3と4に示されたような比率の減少は，50%の確率で見逃されてしまうのである。このような誤りは「第2種の過誤（Type II error）」と呼ばれ，その確率は β で表される。検定を行うとき，第1種の過誤を少なくするために α を低く設定するのが普通である。しかし，第2種の過誤が同じくらい（Alldredge & Ratti 1986），あるいは表2に示されたようにそれ以上に重要なかもしれない。もちろん，変化が起こったのであれば，それを検出したい。変化を検出する確率（$1-\beta$）は検定力と呼ばれる。検定力の大きさはいくつかの要因に依存する。すなわち，標本サイズ・有意水準・母集団の分散・真の変化の大きさ・用いる検定の効率である。この中で，母集団の分散や変化の大きさはどうにもならないが，残りの三つは制御可能である。パラメトリック検定と呼ばれる検定手法は，正規分布をした集団の大きな標本に対しては有効である。一方，ノンパラメトリック検定は標本が小さく（<30），集団が正規分布でないときに有効である。検定力は有意水準を高くする（α を小さくする）と下がる。ここに示した例（表1-2）では，有意水準を高くするのは問題である。なぜなら，第2種の過誤（増殖率の減少を検出できない）の方がもっと重大な問題だからである。し

たがって，有意水準 α を上げて，検定力を高めた方がよい。第1種の過誤の方が重要で，有意水準 α を低くしておいた方がよい場合もある。標本を大きくすると検定力は高まる。望ましい検定力を得るために必要な標本数の計算は質の高い研究をデザインするために不可欠の作業である (Toft & Shea 1983, Foebes 1990, Peterman 1990)。

対照

研究設計の中で対照地点での観察の持つ意味は特に重要である。非実験的研究では，ある条件に対応した観察結果がランダムに選択された対照地点での観察結果と比較される。例えば，カンジキウサギが利用する生息地が一般に利用可能な生息地とは異なるかどうか知りたいとしよう。この疑問に答えるためには，実際に利用している生息地と一般に利用可能と思われる生息地を代表するようなランダムな地点(対照)との間で観察を行って(例えば植生を測定して)比較を行わなければならない。もし，利用地点がランダムな地点とは異なれば，生息地が選択されていると結論づけることができる (Pietz & Tester 1983 を参照)。

実験的研究では，実験処理の効果確認のために行った平行的観察として対照を定義してもよい。個々の対照は処理がないことを除けば個々の実験とまったく同じであり，結論や結果に波及しそうな外的要因の影響を除去するために使われる。対照をうまく使えば，野生動物研究の質を大いに高めることができると考えられる。野生動物について，時間をおいて繰り返し測定を行うような研究を実験的に行う場合には，必ず対照をもうけなければならない。なぜなら，気象やその他の要因の時間的な変化が結果に影響するからである。十分な数の対照をとらなければ，処理の効果と他の要因の効果とを区別することができなくなることが多い。例えば，先に挙げたコリンウズラの研究例では，植物の生産力に影響する雨量その他の気象要因の効果と火入れの効果とを区別するために対照が用いられている。火入れを行った次の年に植生が繁茂したとしても，それは単にその年に雨が多かったからだけかもしれない。対照がなければ，植生の繁茂が雨のせいなのか，火入れのせいなのか，あるいはその相乗効果のせいなのかわからないし，両者の相対的な重要度を評価することもできない。

❏サンプリング

野生動物の研究者が行う情報収集は，実験のためというより実態を知るためであることが多い。例をあげると，個体数・加入数・群れ構成・餌植物の年生産量・狩猟頭数・人々の意識などに関する情報である。つまり情報収集の努力は，野生動物の管理を遂行する上で重要な要因について推定値を得ることに向けられている。我々は限られた時間と費用の制約の中で最良の推定値を得ようと考える。この場合に役立つ非常に多くの統計学の文献がある。このような研究は調査法(surveys)と呼ばれる分野に属し，この課題は調査標本抽出法(survey sampling)として知られる (Scheaffer et al. 1986)。標本抽出法は実験的研究や正規の統計仮説の検定でも非常に重要である。どのような標本抽出法を選ぶかについては，調査の目的・検討される仮説・対象となる集団の特性によって決まるし，この他にも，対象の種・気象条件・地形・装備・調査要員・時間的制約・望ましい標本サイズなど，多くの要因が関与する。野生動物の調査や実験的研究に利用できる標本抽出手続きにはさまざまなものがある。このうち，最も利用価値の高いものについて，いくつか以下で解説する。

標本抽出法

単純ランダム抽出法(simple randam sampling)

単純ランダム標本を得るには，集団中の標本単位の抽出確率がどれも同じで，かつ抽出手続きがまったくランダムに行われる必要がある。厳密に言えば，この標本抽出法は集団の要素に個々に数を割り当てて，乱数表に基づいて標本をとる。例えば，限られた人数に狩猟許可の出た特別猟区において，狩猟に成功したハンターの数を推定したいとしよう。狩猟期間終了後，狩猟許可を得た人の一部に電話を使って狩猟に成功したかどうかを尋ねてみることにする。調査法についての点検表(表1-3)を用いれば，こうした調査の設計を的確に行うことができる。今推定の対象となる集団は，許可を得た人すべてである。この集団の要素をリストアップしたものは標本抽出枠(sampling frame)と呼ばれ (Scheaffer et al. 1986)，集団からランダムに標本を抽出するのに用いられる。標本抽出枠は注意深く作る必要がある。そうでないと結果に偏りを生じるからである。例えば，狩猟許可を得た人のうちの一部が電話を持たず，そのためリスト(標本抽出枠)から外してしまったとしたら，結果には偏りが生じる可能性がある。この調査でランダムな標本を得るには，狩猟許可を得た人の一人一人に数を割り当て，乱数表やコンピュータで発生させた乱数に基づいて聞き取りを行う人を決めることである。しかし，調査の種類によっては本当にランダムな標本を集団から得ること

表 1-3 調査設計点検表

設　問	例
1. 調査の目的は？	狩猟に成功したハンターの割合の推定
2. 最適手法は？	狩猟許可を得たハンターへの電話による聞き取り
3. 推論の対象集団は？	該当する期間に狩猟許可を得たハンターすべて
4. 標本単位は何？	狩猟許可を得たハンター各人
5. 標本抽出対象集団の大きさは？	$N=350$（特別許可取得者）
6. 最適標本抽出法は？	単純ランダム標本抽出（Scheaffer et al. 1986）
7. 必要な標本サイズは？[a]	$n=\dfrac{Np(1-p)}{(N-1)B^2/4+p(1-p)}$ ただし， $N=$母集団の数 $p=$狩猟許可を得たハンターの中で狩猟に成功した割合（0.24，予備調査の結果から） $B=$信頼限界$=0.05$（推定を$P\pm0.05$信頼範囲に設定したい） 結局， $n=\dfrac{350(0.24)(1-0.24)}{(350-1)(0.05)^2/4+0.24(1-0.24)}$ $n=159$，すなわち，約160人の狩猟許可取得者に聞き取る必要あり。
8. 統計専門家の助言は受けたか？	はい！

[a] Scheaffer et al.（1986：59）参照。

が難しい場合もある。こうした場合には，系統抽出法などの他の方法を用いる。ランダム抽出法が有効であるためには，手続きが調査者の意志から独立でなければならない。例えば，調査地域の中にランダムにプロットを落としたい場所によく使われる方法は，まず調査地域内に任意に基線を引き，この線に沿ってランダムな距離に点を取り，さらにそこから垂直方向にランダムな距離を取ってプロット位置を決める方法である。（図1-4 A）。この方法が単純ランダム抽出法として有効なのは，最初に任意に基線を定めたのに続いてランダム化の手続きがとられたために，基線の影響が除かれたからである。真にランダムなデザインの代わりに，「偶然的（haphazard）」とか「代表的（representative）」方法と呼ばれるランダムに似た方法が用いられることがある。しかし，これは避けた方がよい。なぜなら，この方法では調査者による偏りが避けられないからである。偶然的方法の例として，ランダムな方向に向かって立ち，肩越しに（後ろの方へ）ピンを投げて植生調査プロットの中心点を決める方法がある。この方法はランダムのように思えるが，実際にはそうでない。調査員がランダムな手続きに従って，ノイバラなどのとげ植物の茂みを背にして立ち，その茂みの中にピンを投げ入れるという確率は実質的にゼロに等しい。わずかにランダム性が損なわれただけのようであっても，推定値に大きな偏りが生じる可能性がある。ランダム抽出法はあまり広く用いられない。なぜなら，真のランダム標本を得るためにかなり多くの時間がかかるからである。さらに，真のランダム標本であまりよい推定値が得られないことがある。これは標本がたまたま，調査地や対象集団の分布空間全体をくまなく覆っていないことがあるからである。

系統抽出法（systematic sampling）

　系統抽出法は一定間隔で標本単位をとる方法である。この方法は単純ランダム抽出法よりも実行が容易で，調査者に起因する誤りが生じにくい。例えば，今，ある野生動物管理区から帰途につこうとしているバードウォッチャーを対象に標本抽出を行うことを考えよう。この場合，真にランダムな標本を抽出することは難しいが，系統抽出法により，帰ろうとする人10人に1人を抽出して，この集団の10%に当たる標本を得るのはしごく簡単である。系統抽出法は野外で用いるのが容易なため植生調査でもよく使われる。この場合，最初のプロットの位置をランダムに決めてから，残りのプロット位置をトランセクトや格子パターンに沿って系統的に決めていくようにする（図1-4 B）。この方法は単純ランダム抽出法よりも標本単位当たりの情報量が高くなる。なぜなら，標本が均一に個体群あるいは調査地全体にわたって分布しているからである。対象集団の分布がランダムであれば，系統抽出法で得られた分散はランダム抽出法と同じになる。

A 単純ランダム標本　　　　　B 系統標本　　　　　　　　C 層化ランダム標本

D クラスター標本　　　　　E ポイント標本抽出　　　　F トランセクトに沿ったプロット

G ライントランセクト　　　H 道路サンプリング

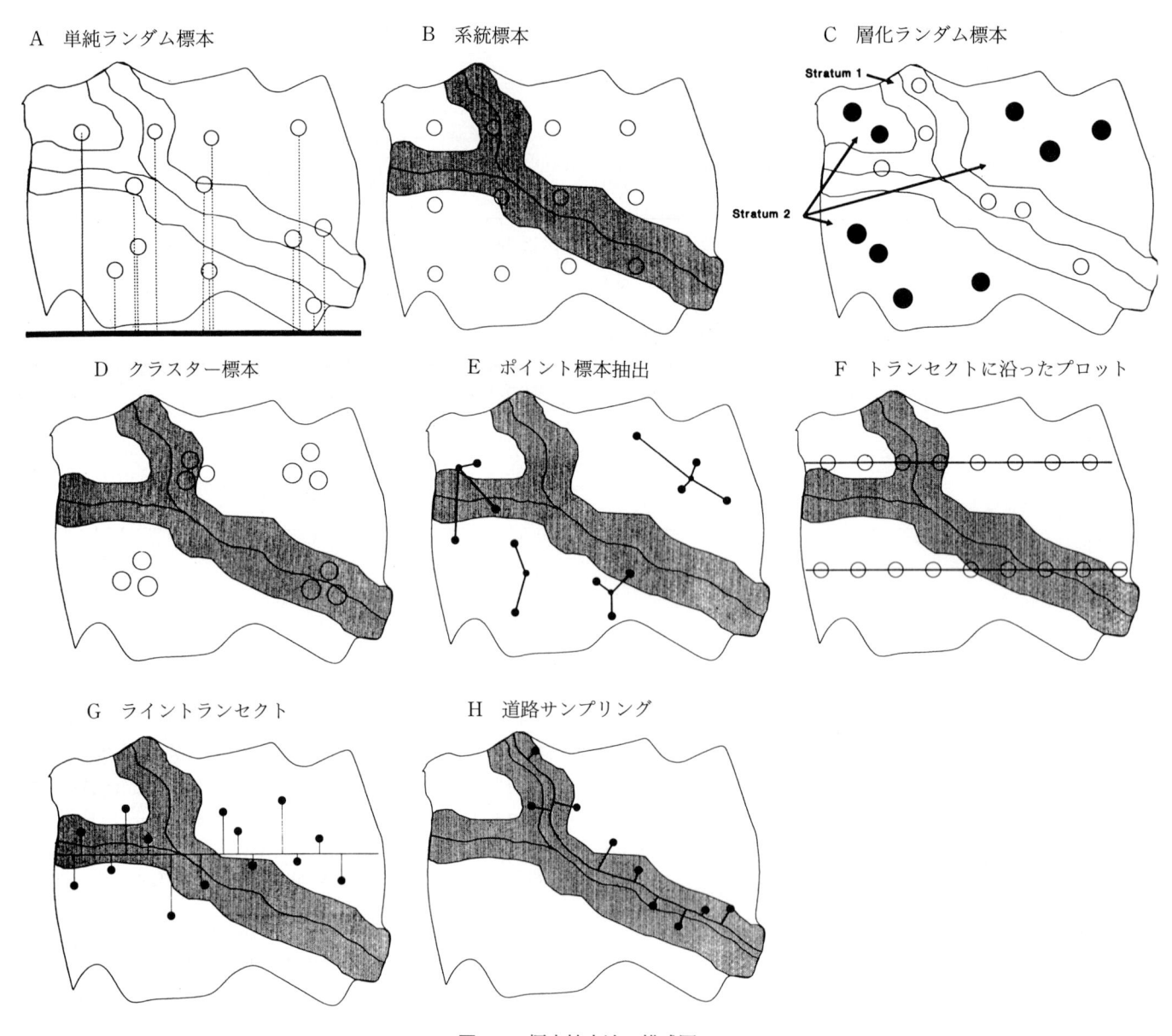

図1-4　標本抽出法の模式図

　系統抽出法で危険なのは，対象集団が周期的な分布(例えば，非一様分布)を持つとき偏った推定値を与える可能性があることである。例えば，ある野生動物管理区を利用する人の数を推定したいとしよう。人数を数える場所を設定し，シーズン中何日かおきに(系統的に)調査するとして，もし7日おきに調査するなら，このやり方は非常に偏った結果を出す可能性が高い。調査日が平日になるか，週末になるかで結果はまったく違ってくるだろうし，さらに，分散の推定値は実際よりずっと小さくなって，得られた推定値が実際よりもずっと正確であるかのような間違った結論を出すことになるだろう。この例では集団の周期性は明らかであるが，周期性がわかりにくい場合もある。この点，系統抽出法の使用には注意が必要である。系統抽出法の公式手続きとしては，最初のk個の要素の中からランダムに一つを選び，その後はk個毎に抽出することになる。例えば，対象集団から10％を抽出する場合，kは10である。1から10までの数からランダムに数を一つ選ぶ。それが3であれば，まず3番目の要素をとり，その後は10おきに標本をとる(つまり，13番目，23番目，33番目，…というように)。シカのチェックポイントでは通過個体の10％をこの方法で抽出できる。トランセクトにそってプロットを並べる場合には，まず出発点をトランセクトにランダムに落として，そ

こからトランセクトに沿って一定間隔で，例えば100 mおきにプロットの位置を落としていく。ランダム抽出法と系統抽出法の長所短所についてはKrebs(1989)の解説がある。

層化ランダム抽出法(stratified randam sampling)

集団全体の中にいくつかの部分集団が存在する場合が少なからずある。例えば，観光客・バードウォッチャー・ハンターなどは付近の住民かそうでないかに容易に分けられる。調査地は生息環境別に分割することができる。動物個体群は性別や年齢による集団に分けることができる。もし，こうした部分集団内の構成員の間ではあまり差がなく，部分集団間では差が大きいような特性の値を推定しようとするとき，非常に有用なのが層化ランダム抽出法である。部分集団は層(strata)と呼ばれ，個々の層では単純ランダム抽出法によって標本をとる。部分集団毎の推定値に特に関心がある場合にも，層化ランダム抽出法は適している。層は通常，その内部では分散が小さく，層間では互いにかなり違う特性を持つように分けられる。例えば，ヘラジカの密度推定を研究目的として，生息環境に基づいて層を分けることにしよう（例えば，湿地と河畔のヤナギ林のパッチ，火入れのない森林，火入れ後の再生林）。標本抽出では各層毎の単純ランダム抽出を行う（図1-4 C）。もし，ヘラジカの密度が層によって異なれば，層内分散は全分散よりも小さくなる。このため，同じかあるいはむしろ少な目のコストでヘラジカ密度のよりよい推定値が得られることになる。もし，層間に差がなければ，層化抽出法による推定値は単純ランダム抽出法による推定値よりも正確でなくなることがある。標本抽出コストは層化ランダム抽出法の方が単純ランダム抽出法よりも低くなる場合がある。層化ランダム抽出法の最終的な利点は各層についての個別の推定値（例えば，ヤナギのパッチや森林の中のヘラジカの密度等）がわざわざ余計にコストを掛けることなく得られることである。層化ランダム抽出法の公式手続きは次の三つの段階からなる。①層を分ける明確な基準を作る（層は互いに重なってはならず，かつ集団全体を覆い尽くさなければならない）。②各標本単位を層に分類する。③各層から単純ランダム抽出を行う。各層毎の標本数や抽出努力の最適配分を決めるための公式がある(Scheaffer et al. 1986)。

クラスター抽出法(cluster sampling)

クラスター標本は単純ランダム抽出標本の一種であるが，個々の標本単位が観察値のクラスターあるいは集合になっているものである（図1-4 D）。この方法は野生動物研究で適用範囲が広い。なぜなら，鳥類や哺乳類は多くが通年あるいは一時期，グループでいるからである。このような動物集団から標本抽出を行うと，観察値の集合，つまり動物グループを1単位とした抽出になる。同様に，野生動物を対象として楽しむ人々（例えば，カモ猟を楽しむハンターや観光客）もグループでいる（例えば，湿地に浮かんだボートの上，高速道路を走る自動車の中など）。クラスター抽出法は測定すべき標本単位間を移動するのに時間がかかって問題になるような場合にも有用である。なぜなら，こうした場合には1か所で複数の測定をまとめて行った方が効率が良いからである。こうした状況は動物や生息環境の調査で普通に見られる。クラスター抽出法の公式手続きは次の三つの段階からなる。①適当なクラスターの単位を定義し，すべてのクラスターのリストを作る。②クラスターの単純ランダム抽出を行う。③抽出された各クラスターのすべての要素について測定を行う。

クラスター全部を入れたリストを作るのはまずできないし，必ずしも必要でもない。重要なことはクラスター単位の標本をランダムに得ることである。ある生息地についてクラスター抽出による調査を行う場合，まずランダムに位置を決め，各位置ごとに複数のプロットをとる。クラスター当たりの最適なプロット数（クラスターの大きさ）は生息環境の変異パターンによって決まる。もし，同じクラスターに属するプロット間の類似性が高ければ（クラスター内変異が小さい），クラスターは小さくてよい。もし同じクラスターに属するプロット間の類似性が低ければ（クラスター内変異が大きい），クラスターは大きくとる必要がある。動物の集団（例えば，エルク，シカ，キジ）や自動車の中の人間のような種類のクラスターではクラスターの大きさは制御できず，その集団に特徴的である。例えば，越冬地のエルクやシカを航空機で調査するとクラスターの形で標本が得られる。群れ構成の推定値（例えばシカの幼獣対メス成獣，エルクの雄雌の比率）はこのデータをクラスター標本として扱うことによって容易に得ることができる。

その他の標本抽出法

最もよく使われる，以上の四つの方法の他にも多くの標本抽出法がある。2段階クラスター抽出法は標本抽出された各クラスターの要素の一部のみを調査する方法である。この方法はクラスターが大きいときに有効である。クラスター抽出法は比率推定法(ratio estimation)と呼ばれるもっと一般的な方法の一つとも見なされる(Cochran

1963)。関連する方法には回帰推定(regression estimation)や二重抽出法(double sampling)があり(Scheaffer et al. 1986)，どちらも野生動物の研究に広く適用できる可能性がある。関心のある読者は調査抽出法の標準的な文献の一つを参照した上で(Scheaffer et al. 1986)，調査抽出法に造詣の深い統計専門家に相談されたい。

標本抽出法における最近の発展には連続標本抽出法(sequential sampling)の使用がある。古典的な統計手法と異なるのは，連続標本抽出法では抽出すべき標本サイズがあらかじめ決められていないことである。標本単位が一つずつ抽出され，抽出のたびに結論が出るかどうか検討される。この抽出操作は帰無仮説が一定レベルの確度で棄却されるか受け入れるまで続けられる。野生動物研究でこの抽出法が適用可能なのは，順番に標本単位の抽出が行われる，つまり次の標本単位が得られる前に結果を確認できるような場合である(Krebs 1989)。この方法の主な利点は標本サイズを最小限にできるので時間と費用が節約できることである。さらに詳しいことについてはDixon & Massey (1983)を参照されたい。Krebs(1989)は平均値と比率に関する仮説検討への適用例を用いて，これらの方法に関する優れた解説を残している。

サンプリングの単位

プロット(plot)

プロットは生息地の特性調査，動物や痕跡の数の調査に広く使われる。プロットはこの場合，小面積の地理区画(円，正方形，長方形)であり，これは地理的に範囲が定義された調査対象集団の要素となる。その集団の大きさとは，調査地全体を覆うために必要な区画(プロット)数のことである。調査地全体を研究するほどの時間・費用・人員は普通，得られないので，全体の部分集合に当たる複数のプロットを用いて，これが調査地を代表するものとみなす。プロットの抽出には，二段階抽出法のような複雑な設計も含め，任意の調査標本抽出法(単純ランダム・系統・層化ランダム・クラスター)が適用できる(Cochran 1963)。最良の設計を選択するためには，対象となる種の分布の特徴やパターンに関する洞察が必要である。プロットによる標本抽出の利点は，集団全体の大きさが分かるので，全体にかかわる推定値が得られることである(Seber 1982を参照)。プロットの面積や形をどう選ぶかも重要である。これについてはKrebs (1989)に詳しく解説されている。

ポイント抽出(point sampling)

ポイント抽出は，調査対象集団のいる地域全体にわたって点を落とし，各点から測定を行う方法である(図1-4 F)。よく行われる測定はその点と集団構成員との距離である(例えば，植物や囀っている鳥)。この方法の例としては，高木や灌木の密度推定によく使われるポイントクォーター法(point quarter method)や最近隣法(nearest neighbor method, Mueller-Dombois & Ellenberg 1974)，鳴禽類の密度推定に使われる可変同心円プロット法(variable circular plot method)がある(Reynold et al. 1980)。プロットを使わない場合の標本ポイントの設定には普通，系統抽出法が使われるが，各ポイントが十分離れていて調査対象集団の同じ要素が重なって抽出される可能性がなければ，別の方法を使ってもよい。調査対象集団の大きさが非常に大きいか不明の場合に，必要な標本サイズの推定する公式がいくつかある(Zar 1984を参照)。

トランセクト(transect)

トランセクトは標本抽出を行う調査地域内に引かれた1本あるいは一連の線である。トランセクトの使用目的には二つある。標本ポイントやプロットの設定のために使う場合と標本単位そのものとして使う場合である。トランセクトは，空間的な分布を持つ調査対象集団(例えば植物)の標本を系統的に抽出するためによく用いられる。この場合，トランセクトに沿って設置されたプロットは，実際の標本抽出単位であり，系統抽出法の項で扱うべきものである。プロットはトランセクトに沿ってランダムな間隔で落としてもよい。

トランセクト自身が標本抽出単位として用いられた場合，ライン・トランセクト(line transect)と呼ばれる(例えば，Burnham et al. 1980)。標本抽出の対象となる要素(例えば，飛び出した動物や動物群，死体，立ち枯れ木)へのラインからの最短距離，あるいは観察者からの距離および角度は発見数と共に記録される(図1-4 G)。こうして得られた距離はこのトランセクトによって標本抽出された面積の有効幅を推定するのに使われる(Seber 1982)。各トランセクトは独立の観察単位と見なされ，標本抽出手続きの一つの方法(すなわち，単純ランダム・系統・層化ランダム)を用いて重なりがないように設定しなければならない。トランセクトの設定は起伏のある地形ではプロットよりもやりやすいことが多いが，コンパス・トランジット・巻き尺を用いて慎重に行うべきである。トランセクトは航空機を

図 1-5 利用プロットとランダムプロット(A),およびランダムプロットを対にした利用プロット(B)の模式図

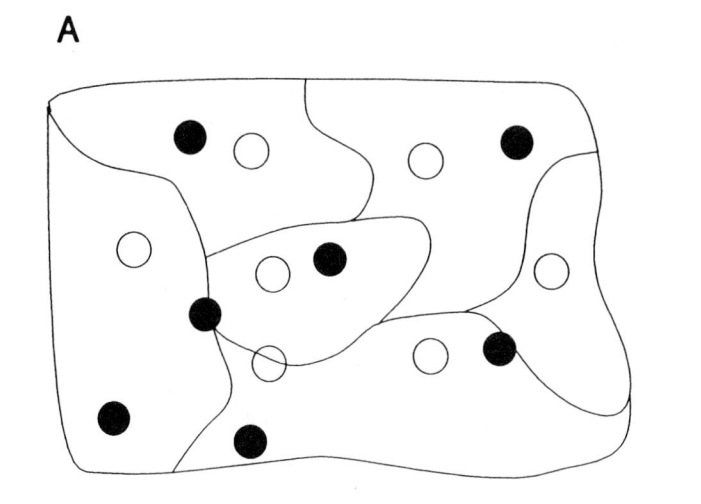

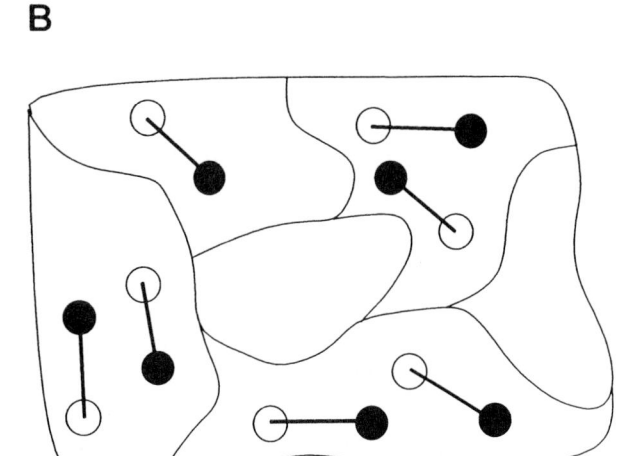

●:利用プロット　○:ランダムプロット

用いた調査で次第によく使われるようになってきた。というのも LORAN-C〔訳者注:長距離航法(long-range navigation)の頭字語;船・航空機が二つの無線局から受ける電波の到着時間を測定して自分の位置を割り出すシステム〕のような正確な航行システムが使えるようになってきたためである(Patric et al. 1988)。動物のような動く調査対象集団にトランセクト法を用いるときの重大な仮定(すなわち,ライン上での検出率が100%で,検出される前に観察者に対して向かったり遠ざかったりする動きをしない)が成り立つかどうか,この方法を選択する前に十分検討する必要がある(Burnham et al. 1980)。帯状トランセクト法(strip transect)は似ているが,実際は非常に長いプロットと考えた方がよい。なぜならこの方法では帯の中の動物がすべて数えられると仮定しているからである(Krebs 1989)。

道路からの標本抽出(road sampling)

道路による標本抽出は広い地域にまばらに分布する種を観察したり,数の多い種について広い面積にわたって観察したりするのによく使われる。この方法を基本に用いているのは,夜行性のオジロジカ(Boyd et al. 1986)やジャックウサギ(Chapman & Willner 1986)のスポットライト調査,高地の狩猟鳥の雛数調査,鳴き声数調査(Kozicky et al. 1952),匂いによる誘因調査(Nottingham et al. 1989),アメリカ魚類野生生物局が費用を負担して大陸全体で行っている繁殖鳥調査(Robbins et al. 1986)などである。この方法では調査対象集団のうち道路から x の距離内にいる集団を標本抽出すると考える(図 1-4 H)。この距離 x は通常不明で,動物の検出に影響する要因,例えば動物の目立ち具合,植生の密度と種類,音による調査では騒音などによって変化する。道路からの標本抽出が一定の地域について偏りのない推定値を与えることはまずありえない。なぜなら,道路は通常尾根や谷にそって作られ,険しい地形や湿地は通らないからである。また,道路自身が多くの動物の生息環境を変化させる。したがって,道路サンプリングで生息地を代表するような標本が得られることはまずない。この偏りはよく知られているが,無視されることが多い。すべての指標について言えることが,固定された永年ルートで繰り返し道路からの標本抽出を行う場合には,個体数調査の条件を標準化するためのあらゆる努力をすべきである(Caughley 1977を参照)。標本抽出を行うルートをどう選ぶかについては,標準的な標本抽出手続きに従えばよい。

対による観察と独立の観察

集団間で比較を行いたいとき,対による観察(paired observation)は高い差異検出力を持ち効果的である。1対の要素間に何らかの相関関係がある場合,それらを対の観察値として扱えば差の検出力が高まる。例えば,ビッグホーン(bighorn sheep)のメス成獣と幼獣の食性を比較したいとしよう。メス親とその子供を対にして一緒に採餌しているときにどの植物をどのくらい食べるのかを調べれば,年齢の違う個体の間での違いの比較が容易になる。なぜなら,一緒に採餌しているので,2個体ともほとんど同じ食物条

表 1-4　実験タイプ毎の長所と短所
(Diamond 1986 を改変)

	室内実験	野外実験	自然実験研究
独立変数の制御	最高	中	低
推量の容易さ	高	中	低
適用幅(時間的空間的)	最低	中	最高
操作範囲	最低	中	高
現実性	低	高	最高
一般性	低	中	高

件下にあると考えてよいからである。この他の場合にも，比較したい観察値の間に対応関係があってこの要因を除去したいときに対比較は非常に有効である。対比較は対応関係が実際にある場合にのみ適用すべきである。対応関係のない場合に適用するとかえって差の検出力は落ちてしまうからである。

　対比較は別の種類の問題解決にも有用である。例えば，生息環境選択の問題を考えよう。一般的なやり方は次のようである。まず動物が実際に利用している場所を(例えば，営巣地だとかラジオトラッキングに基づいて)見つけて標本プロットをとり，その生息環境の特性を測定する。一方，調査地全体にわたってランダムに標本プロットをとり(図1-5 A)，調査地で利用可能な生息環境の特性を測定する。そして，利用プロットとランダムプロットの観察値の間で比較を行えば，どのような特性に基づいて動物が生息環境を選んでいるのか分かる。これに対して，利用プロットとランダムプロットを一つずつ組み合わせる方法がある。具体的には，一つの利用プロットに対して一つのランダムプロットを一定の距離内にとるのである(図1-5 B)。分析では，これらの観察値を対にして扱う(なぜならランダムプロットの位置は利用プロットに依存しているから)。このような比較の結果は，対比較を用いない分析の結果と比較してずいぶん異なってくる可能性がある。なぜなら，対比較では動物が実際に利用している場所周辺での生息環境の違い(ミクロな生息環境の選択)が検出されるのに対して，対比較を用いない分析(例えば，独立してプロットをとる方法)では調査地全体での一般的な生息環境の違い(マクロな生息環境の選択)が検出されるからである。

❏仮説検証

　仮説検証の過程には以下に示す四つの基本的な研究方法のうちの一つあるいはいくつかが含まれる。四つの方法とは，野外観察研究・自然実験研究・野外実験・室内実験で

ある(図1-1)。野外観察研究は野生動物研究の中で最も普通であるが，結果の解釈には大きな制約がある。実験には，人為的制御が加わらない自然実験研究から完全に制御された条件下での室内実験まで，一連のものがある(表1-4)。

野外観察研究

　野外観察研究は仮説検証に用いられるという意味では実験とあまり違いはない。しかし，野外観察研究の結果から推論を行うのは難しい。なぜなら，すでに興味深い違いが見られたグループ間での事後比較〔ex post facto (or after-the-fact) comparison〕(Kerlinger 1973)を行うことになるからである。これらのグループの間では他にも多くの面が異なっているから，確かな結論を得るのは難しい。例えば，カナダガンの食性に関する野外観察研究で，群れが採餌する地域と採餌しない地域でランダムプロットをとり，カナダガンが採餌している地域の植生の栄養価が高いかどうか比較したとしよう。もし，実際に栄養価が高かったとしても，カナダガンが栄養価の高い食物を選んでいるとは必ずしも言えない。なぜなら，他の可能性がなにも検討されていないからである(例えば，カナダガンが選んだのは視界が開けている丘陵上部であり，そこがたまたま，前年の耕作に伴って生じた，風による土壌浸食のために農民が最も多く施肥を行った場所かもしれない)。野外観察研究で注意しておくべき点は，比較すべきグループはあっても(例えば，採餌プロットと非採餌プロット)，処理区がないことである。よくデザインされた野外観察研究は野生動物学や野生動物の管理に大いに貢献するが，その限界を忘れてはいけない。

自然実験研究

　自然実験研究は野外観察研究に似ているが，異なるのは自然実験研究では人為的制御によらない処理(uncontrolled treatment)－野火・大風・病気による大量死・農耕・動植物の生息域の拡大等－の効果の研究を意図していること

である。自然実験研究の結果を評価する際に問題になるのは，処理の割り当てがランダムでないことである。自然実験研究では処理が仮説より先にあり，事後に比較が行われることがほとんどである。室内実験や野外実験では仮説がまずあって処理が行われる。野生動物研究者が興味を持つ仮説には，自然実験研究によってしか検証できないものも多い。しかし，それでも自然実験研究の結果から結論を導くのは必ずしも容易ではない。自然実験研究が，実際に発生した事象を対象とし，こうした事象は他でもまた発生しうることは野生動物管理の応用的側面にとっては重要な利点となる。

先のカナダガンを例にとって説明すると，自然実験研究では，農家を対象にして，最近施肥した牧草地と施肥していない牧草地の場所を調べる。もし，カナダガンが施肥された牧草地でよく採餌していることが分かったら，栄養価の高い餌を選んでいるという説明を支持するよりよい証拠を得る。しかしそれでもなお，多くの他の説明が可能である。例えば，施肥された牧草地は比較的夏遅くになって刈り取りが行われて草丈の短い牧草地となり，カナダガンは捕食者に対して見通しがきく場所としてそこを選んだのかもしれない。

野外実験

野外実験は自然実験研究と比べると推論と制御が容易である一方，規模が限られ，一般性も低い(表1-4)。室内実験に比べると，逆に操作範囲が広く，現実性もある。野外実験の一般的な利点は処理をランダムに割り当てられることである。野外実験では，ある要因について人為的操作を行うが，制御できない他の要因(例えば気象)の効果を排除できない。野生動物の研究では，野外実験は多くの場合，室内実験と自然実験研究それぞれが持つ制約のちょうどよい妥協点となっている(図1-1，Wiens 1989も参照)。カナダガンの例を続けよう。カナダガンの採餌の見られる地域で，ランダムにプロットをとって施肥を行い，施肥プロットと施肥していない対照プロットとの間で選択に違いがあるか調査する。もし，違いがあれば，栄養価にもとづいて選択を行っている，よりよい証拠となる。なぜなら，施肥地と対照地にランダムにプロットを割り振ることで，無関係で外的な要因の効果を除去することができるからである。

室内実験

室内実験では高度に制御が行われるので，推論を得やすい。しかし，室内実験が目的にかなうかどうかは，この長所だけでなく，以下のような短所もまた視野に入れて考えなくてはならない(表1-4)。①規模(室内実験は空間的にも時間的にも規模が制約される)，②操作範囲(室内実験では，操作の範囲が限られる)，③現実性(室内実験は動物に不自然なストレスや制約を課すかもしれない)，④一般性(室内実験の結果は必ずしも自然の群集には適用できない)。カナダガンの例で考えると，本当に栄養価の高い食物を選択することができるのかどうか，いくつか種類の異なる食物を与えて選択させる食物選択実験が室内実験として考えられる(「研究の基本要素」9頁の項で述べたエルクの実験と同様)。

以上四つの基本的な研究方法の中で，どのような状況下でも最適なものはない。仮説検証を行うときは，すべての方法を検討して見るべきである。仮説検証の最良の方法が，野外観察研究といくつか種類の異なる実験との組み合わせである場合も多い。例として，Takekawa & Garton (1984)を挙げよう。彼らは野外観察研究によって，トウヒノシントメハマキ(ハマキガ科の昆虫)の大発生の時，鳥がこの幼虫を大量に捕食しているのを知り，幼虫の死亡要因として鳥の捕食が主要であるとの示唆を得た。この仮説を検証するために野外実験が行われ，木に鳥の捕食を防ぐネットが掛けられた結果，ネットが掛けられた木の幼虫は鳥の捕食にさらされた木の幼虫より3〜4倍の生存率を示した(Takekawa & Garton 1984)。二つ目の例はRatti et al. (1986)である。彼らは野外観察研究によってハリモミライチョウが同じ種の木のうち限られた木だけを摂食し，他の木は無視していることに気づいた。これを受けて，Hohf et al. (1987)は選択木は非選択木よりも栄養価が高いという仮説を飼育下のハリモミライチョウを用いて室内実験で検証した。結果は仮説通りであった。Diamond (1986)は実験系の三つの方法について例を挙げて，改善の方法を示唆している。この他の優れた実験の例や考察は，Cook & Canmpbell(1979)，Milliken & Johnson(1984)，Kamil(1988)，Hairston(1989)を参照されたい。

統合的研究プロセス

野生動物学では研究仮説を確実に証明するのは非常に難しい。その理由は，①野生動物は非常に複雑で変化に富んだ環境下にあり，これを制御したり検出するのは不可能なことが多い，②野生動物は多様で高度な相互作用を伴う群集の一員である，③観察される変動の裏には，多くの場合，単一ではなく複数の要因がある。短期間の研究ではこうした問題を克服できないが，長期間にわたっていろいろな方

法論を組み合わせていくと，研究仮説の証明も不可能ではない。こうした研究方法論の統合は確固とした博物学的観察を基礎として行う必要がある。野外観察研究の結果は実験的研究に，自然実験研究の結果は野外実験や室内実験に結びついていかなければならない。仮説検証過程の中で，反復実験等を用いた，より厳密な検証を次第に加えながら，ある研究仮説から派生する多くの予測が支持され，対立仮説の多くが棄却されていけば，その研究仮説の確証は深まる。もし，その結果が地理的に多様な地域や動物の分布地域全体で繰り返し観察されれば，その研究仮説を野生動物学の原理として受け入れることができる。野生動物学においては統合的研究プロセスをその最終目標にしなければならない。

実験デザイン点検表

実験は注意深くデザインしなければならない。でなければ，得られた結論には疑問符がつく。人為操作を加える実験デザインで特に重要なのは，①研究対象となる集団を明確に特定すること，②反復を行うこと，③対照を正しく用いること，④実験単位に処理をランダムに加えること，である。以下に記述する実験デザイン点検表では，これらの重要ポイントを意識させるように質問が並べてある。その多くは非実験的な仮説検証やその他のデータ収集の設計にも役立つだろう。実験デザインの中にはいくつかの仮説を同時に検証しようとするものもあることを注意しておきたい。もちろん，個々の仮説を独立した実験によって検証しようとするものもある。

1．検証すべき仮説は何か

概念モデルから作られた研究仮説は実験を設計する前に明文化しなければならない。例えば，検証に値する仮説として次のような例を考えよう。森林性鳴禽類の巣に対する捕食圧は，皆伐地との境のように林縁が人工的で明瞭なところでは高く，択伐林との境のように林縁が不明瞭なところでは低い(Ratti & Reese 1988)。

2．従属あるいは処理変数は何か，どんな方法でそれを測定するか

何が従属変数かは仮説から明らかなはずだが(例えば，上の例で言うと巣の捕食)，その測定方法の選択には多少難しい面があるかもしれない。考えられるすべての方法を考慮して，最も正確でかつコストや偏りが少ない方法を一つ見つけなければならない。それぞれの方法の経験者に話を聞いたり，方法の仮定を吟味したり，実際にいくつかの方法を試してみるとよい。上の例では，林縁部に人工巣を設置して，一般化メイフィールド推定法(generalized Mayfield estimator, Heisey & Fuller 1985)を使って死亡率を推定する方法を選ぶことになるかもしれない。方法として人工巣を用いるのは明らかに妥協の産物である。それぞれの種の自然の巣で仮説検証するのが望ましいが，自然の巣は見つけるのが難しく，また自然の巣を用いるとそれに伴って複雑な要因が絡んでくる。この研究課題では，研究プログラムの初めの段階として人工巣を用いた検証が行われることになるかもしれない。

3．独立あるいは操作変数は何か，どのレベルの変数で検証を行うか

何が独立変数であるかは仮説から明らかであるが(境界が明瞭な林縁と不明瞭な林縁)，どのレベルで検証すべきかは我々がどの集団を対象に推論を得たいかに依存する。もし，独立変数の効果をあらゆるレベルで検証したければ，検証すべきレベルはランダムに選択しなければならない〔ランダム効果(random effects)，あるいはモデルIIの分散分析(Model II ANOVA)，Zar 1984〕。独立変数がとりうるレベルの一部にだけ関心があれば，そのレベルだけで検証を行い，そのレベルについてだけ推論を行う〔固定効果(fixed effects)，あるいはモデルIの分散分析(Model I ANOVA)，Zar 1984〕。例えば，もしあらゆる種類の林縁について巣の捕食率に対する効果を見たければ，実際に存在するあらゆる種類の林縁からランダムに調査対象を選ぶ。上の例では我々の関心は明瞭な林縁か不明瞭な林縁の2種類だけである。しかし，そうでない場合，独立変数ははっきりと同定・分類したり，正確に計量したりする必要がある。結果に一般性を持たせるためには，対照をどのように利用すればよいだろうか。上の例で言えば，例えば2種類の林縁部の捕食率と伐採のない森林の中での補食率を比較すれば，多くの示唆が得られるだろう。

4．どの集団を対象として推論を得たいか

もし，実験結果を現実世界に適用しようと思ったら，実験単位はその現実世界の中の定義可能な部分，つまり研究対象集団からとる必要がある。また，従属および独立変数をどう選ぶかによって検討される関係が決まり，これが研究対象集団の定義にも影響する。さらに，研究対象集団を選択するときには，観察値にばらつきを及ぼしそうな外部要因の影響も考慮しなくてはならない。もし，対象集団が

かなり広く定義されていろいろな外部要因の影響が入ってくると，ばらつきが大きくなって仮説検証ができなくなるかもしれない。同様に，もし対象集団があまりに狭く定義されると，実質的に室内実験のようになって結果の適用が著しく制限される可能性もある（一般性が低い）。実験そのものの有効性と実験結果の現実世界への適用度とのバランスをうまくとるには洞察力と思考力が求められる。

例えば，明瞭な林縁と不明瞭な林縁との間の捕食率の違いについての比較を北部ロッキー山脈全体で行いたいと思っても，人員物資の輸送や経費がかかりすぎて不可能であろう。したがって，この中の国立公園の一つに研究対象集団をまず限定したとしよう。さらに検討を要するのが森林タイプである。主要な森林タイプすべてについて仮説の検証をしようと思っても，営巣する鳥やそれを捕食する鳥の種類は森林タイプによって異なることが分かっている。こうした多様な森林タイプを対象として標本をとった場合に予想される外部要因の影響を避けるために，研究対象集団を最も主要なタイプであるアメリカトガサワラの森林に限定することになるだろう(Cooper et al. 1987)。ここで，明瞭なあるいは不明瞭な林縁部にはどんな種類があるか調べ，どれを標本としてとるか決定しなければならない。明瞭な林縁は皆伐地，送電線用地，道路用地などに普通みられる。これらは面積・形態・人の出入り・処理後の影響などがかなり違う。処理をランダムに割り振る，本当の意味での実験に，皆伐地以外を用いるのはかなり制約がある。結局，調査対象集団は皆伐による明瞭な林縁部と択伐による不明瞭な林縁部に絞ることになる。

5. 何を実験単位とすべきか

他の単位から独立し，ランダムに処理を割り振ることのできる最小の単位は何だろうか。これは正確に認識しておく必要がある。そうでなければ，真の反復がなく，擬反復だけの実験になってしまう恐れがある(Hurlbert 1982)。例えば，上の巣の捕食率の研究で，誤って個々の巣が実験単位であると考えたとしよう。設計された実験では3区を選び，一つは皆伐を，一つは対照として，もう一つは択伐をするように割り振る。20個の人工巣を各区の林縁に沿って設置し，捕食の有無を観察する。これで得られたデータは各処理について20の反復数を持つように思えるが，実際には各処理について一つの区が与えられたに過ぎない。各処理について区がただ一つだけランダムに与えられただけで，20個の人工巣は副標本なのである。こうした擬反復は推論の及ぶ範囲を著しくせばめる。実際，この場合，標本抽出の対象集団は，伐採の入った2区と伐採のない1区からなるだけであり，推論が及ぶ範囲はこの3区に対してのみで，皆伐，択伐，未伐採一般に対してではないのである。擬反復のみの実験設計が避けられない場合もあるが，その結果の解釈は著しく制限される。なぜなら，反復がなければ，結果は処理以外の外的要因によって決まってしまう可能性があるからである。例えば，巣の捕食率の例で1区がワタリガラスの行動圏にあって，他の2区がその外にあれば，どの区がどの処理をされるかどうかにかかわらず，この外的要因によって結果が決まってしまうことになる。もっと結果が信頼できる実験設計は，伐採処理可能で互いに十分離れた区をもっと多く，例えば15区を選び，5区を皆伐処理，5区を択伐処理，5区を対照に割り振るようなことが考えられる。そして，各区に人工巣を複数設置して，捕食の有無を観察するのである。各区の中の各人工巣は副標本として正しく扱われ，その全体の捕食率がその区の観察値として扱われる。このようにすれば，外的要因の影響を除くことができるので，皆伐林縁や択伐林縁といった標本抽出対象となった集団へ一般的に適用可能な結論を得ることができる。

6. どの実験設計が最適か

最もよく使われる実験設計の型をいくつか以下で紹介するが，最終的に設計の型を選択する前に，実験設計についてのよい教科書を参照したり統計専門家に相談することをお薦めする。この選択にかかわる主な要因は，従属および独立変数の種類（類別か連続か），各変数のとるレベルの数，実験単位をブロック化できるかどうか，想定される作用の種類（相加的か交互作用があるか）などである。2種類の林縁を対象にした巣の捕食率の研究例では，単純単一要因設計が適当であろう。

7. 標本サイズはどれくらい必要か

適切な分析を行うために必要な標本サイズの推定は必要不可欠である。もし，必要な標本サイズが大きすぎて経費がかかりすぎたり，データ収集が不可能な場合にはそれ以上の作業をやめて，新たに答えが出せそうな問題を探して研究を設計し直した方がよい。標本サイズにかかわる要因は，検出しようとする効果の大きさ，集団内のばらつきの程度，想定される作用の種類である。普通，予備研究や文献から得た予備的なデータを使って分散を推定する。この推定値を統計学の教科書にある公式に当てはめて標本サイズを求める（例えばZar 1984）。

8. 研究設計について統計専門家に相談し，賛同を得たか

データ収集を始める前に統計専門家のチェックは是非必要である。統計専門家は，後から研究設計の不備をカバーできないだろうし，その時点では同情すらしてくれないだろう。今すぐ，助言を受けに行こう。

単一要因設計と複数要因設計

単一要因分析は最も単純なもので，1要因について二つ以上のレベルを比較するだけである。どのような統計検定を用いればよいかについては2章で述べる。二つ以上の独立変数(要因)の複合効果を同時に評価するには複雑な統計的手法が用いられるので，統計専門家に相談する必要がある。多くの場合，2要因の効果を同時に検証する手間の方が各要因を個別に調べる手間より少ない。やっかいな問題は要因間の交互作用(interaction)である(例えば，Steel & Torrie 1980を参照)。交互作用が起こるのは，従属変数に対するある要因の効果が第2の要因のレベルによって異なるときである。例えば，極地帯で繁殖する羽色多型のハクガンの営巣成功率に対する融雪日の効果について知りたいとしよう。もし羽色と融雪開始日との間に交互作用がある，例えば，紺青色系のハクガンは融雪の早い年に目立ちにくく巣の捕食率が低いが，融雪の遅い年には白色系のハクガンの方が目立ちにくく捕食率が低いとしよう。この場合，目的とする関係を明らかにするのに多くの観察を必要とすると考えられる。

実験単位間の相関

実験単位間のさまざまなタイプの相関に関して，特別な形の分析法が開発されてきた。一般的な設計の一つに対比較がある。対比較では，実験単位の中でできるだけ類似したものを選んで対にする。そして，その対のうちの片方をランダムに選んで処理を加えるのである。もし外的要因の影響があっても，それをうまく対にしてしまえば，そうしなかったときと比べてはるかに強力な検出法となる。例えば，コリンウズラの生息地に対する春の火入れの効果を調べるとしよう。調査地全体にわたって，対にしたプロットを双方とも同じような植生にあるように配慮しながら配置し，各対の片方をランダムに選んで春の火入れを行うことにする。こうすると，各対の両プロットについて違いを観察し，火入れがあった方が常に良かったか悪かったかを検定すればよい。このように対比較は調査地の中での植生の違いの効果を除去し，感度の高い検定になる。もし，対を構成する要素間の類似性が調査対象集団の要素間の一般的な類似性よりも劣るならば，標本を対にして扱うと検定力はむしろ弱くなる。1要因の二つ以上のレベルを比較するとき，標本を組にすることはブロック化(blocking)と呼ばれる。1ブロックは類似した実験単位の集合である。処理は1ブロック内の各要素にランダムに割り振られる。ブロック化することによる効果は分析の中で明らかにできる。例えば，火入れの効果の研究を拡張して春の火入れと秋の火入れの処理を両方含めたいとすれば，ブロックデザインがよい。それぞれ均質な植生の中に三つずつ隣接プロットを設置し，そのうちの二つにランダムに春か秋の火入れの処理を割り振る。分析にはランダムブロック分散分析(randamized, block-design ANOVA)が必要である。

同じ実験単位を時間経過に伴って繰り返し測定すれば，上の例とは別の形の相関が生じる。野生動物の研究ではこの例はよく見られる。処理効果が時間経過に従って変わるために数年続けて観察が行われる場合である。例えば，春と秋の火入れの例では処理後の効果は，1年目，2年目，3年目でそれぞれ違うかもしれないので，数年間にわたってプロットを観察していく必要がある。測定は同じプロットについて繰り返されるので，互いに独立ではない。このことを考慮して分析は反復測定法(repeated measures)か多変量分散分析(multivariate ANOVA)を利用して行う必要がある(Johnson & Wichern 1988)。こうした複雑な研究設計や分析では，研究者がその専門的教育を受けていない限り，統計専門家との緊密な協力が欠かせない。

交差実験(crossover experiments)

交差実験は効果が長く続かない処理の評価に有効な手法であり，次のように行う。実験単位を対にして，第一の処理期間にその要素の片方をランダムに選び，処理をする。もう一方の要素はここでは対照区となる。第二の処理期間ではこれが処理区となって，先の処理区は対照区となる。このようにして，実験単位のそれぞれがもともと持つ特性が結果に影響しないようにしている。言うまでもなく，この手法は処理効果が第二の処理期間まで続かないことを前提にしている。

次の例を考えてみよう。牧草を7月4日以前に刈り取るとキジの営巣成功率が下がるという仮説を検証したいとしよう。この仮説の検証には，それぞれがかなり均一な五つの牧草地を選び，その中を二つの区画に分ける。各牧草地の中のランダムに選ばれた区画について，農民に牧草を7

月4日まで刈り取らないように依頼する(処理)。もう片方の区画では通年通り6月半ばに牧草刈りをしてもらう。これが対照区となる。営巣成功率を見るために系統的に巣を探しておくが，処理区も対照区も同じ方法を用いる，すなわち探索努力と探索時期が同じにする。営巣成功率は標準的な方法で算出する。最初の年，処理区の方，すなわち牧草刈りを遅らせた方の営巣成功率が有意に高かったとしよう。しかし，処理区の数が少ないために，この結果が処理のせいなのか，あるいは未知の，各牧草地で対照区に対して処理区がもともと持っていた相違，例えば巣に対する捕食者等の相違に由来するのか，はっきりしたことは言えない。そこで，2年目には処理区を入れ替えて交差実験を行ってみる。すなわち，最初に対照区だった区画を7月4日以降に刈り取りしてもらい(新処理区)，処理区だった区画を標準通り6月半ばに最初の刈り取りを行うようにしてもらう(新対照区)。もし，刈り取りの遅い方に再び高い営巣成功率が現れれば，刈り取りの遅れが営巣成功率を上げる効果があることを示すよりよい証拠(つまり，因果関係を示すよりよい証拠)を前年に比較して得たことになる。仮説に対するもっと強い支持が欲しければ，交差実験を同じ地域や他の地域で繰り返しもよい。

❏一般的な問題点

この節では今まで触れた問題の一部について要約すると同時に，野生動物研究によく見られる他の問題について考察する。

標本数

標本数の重要性を強調しすぎることはない。結果的に標本の数が不足するのは，①集団内のばらつきについての配慮の不足，②データ収集の失敗(例えば，希少種の観察)，③資金・時間・人員の不足，が原因であることが多い。標本サイズの問題を研究の初めによく見過ごしてしまうのは，研究の全期間にわたって生じる標本サイズの減少を考えないからである。言い換えれば，研究開始の時点で得られる標本サイズについては考えていても，仮説検証に有効な標本サイズが最終的にどのくらいになるかについては考えていないからである。この問題の説明として次のような例を考えてみよう。マガモの一巣内の雛が孵化後30日間に，生まれた巣からどのくらいの範囲を動き回るかを調査したいとする。この研究の計画段階では巣をどのくらい見つけられるかに関心が集中し，その推定値が最終の標本サイズに

なると思いこみがちである。しかし，これは誤りである。我々の研究例(J.J.Rotella & J.T.Ratti 未発表データ)では，3年間にわたる調査の結果258個のマガモの巣を見つけてデータをまとめた。調査目的(孵化後の雛の動き)のためのデータ収集にはラジオテレメトリーの手法を用いた。孵化後30日間はマガモの雛の観察が難しいからである。我々のしたことは，巣を探して，周りを5cm目のネットで囲ってシマスカンクなどの地上性捕食者を排除し，抱卵中のメスをわなで捕まえて電波発信機をつけ，孵化後，一巣の雛集団の動きをラジオテレメトリー法で追った。この研究の初めに予想しなかったのは，各調査段階毎の標本サイズの減少である。すなわち，調査対象の巣の数は，産卵メスの巣の放棄・巣の捕食・抱卵メス捕獲の失敗・捕獲攪乱による抱卵メスの巣の放棄などによって次第に減少し，さらに，多くの巣で孵化後2週間の間に雛がすべて死亡した。この結果，3年間の精力的な野外調査にもかかわらず，見つけた258巣のうち，孵化後30日まで生きてデータが取れたのは29巣の雛に過ぎなかった。当初見つかった巣の数からすると89%の標本サイズの減少になる。

多分もっとよく見られるこの種の問題は，かなり大量のデータがあっても，年次間(あるいは季節間)の大きな変動のためにデータをまとめることができず，結果的に分析不可能なほど標本サイズが小さくなってしまうことである。研究プロジェクトの初めには，数年にわたってとるデータ全体を標本サイズとして考えがちである。しかし，関心のある特性に年変動があれば，データをまとめることはできない。アカキツネの生息環境選択の研究を例にとると，生息環境利用は寒さの厳しい冬と穏やかな冬とでは違う可能性がある。この場合，データをまとめるわけにいかない。しかし，とは言っても，年次毎の標本サイズは生息環境選択を検証するには小さすぎるかもしれないのである。

調査手続きの乱れ

調査手続きの乱れは，研究によく見られるもう一つの問題である。これは，一見ほとんど問題にならないほどの手法のぶれや変更によって生じる。例えば，森林性スズメ目(passerine bird)の鳥の囀りを聞き分ける調査員の能力に調査が依存する場合，収集データには種の同定の誤りから偏りが生じる可能性がある(例えば，Cyr 1981)。この場合の偏りの大きさは，各調査員の誤認率，調査員間の誤認率の差，各調査員の収集データの割合から直接決まってくる。研究に用いる手法については細部に至るまでちゃんと詰めておき，各調査員は使われる手法について同程度の技量と

知識を持っていなくてはいけない(Kepler & Scott 1981)。手続きの乱れを示す別の例として，ライントランセクトを用いてある狩猟鳥の密度を推定する場合を考えよう。最初の夏の調査が終わってから子イヌの贈り物をもらったとしよう。次の年，トランセクト調査にこのイヌを連れていったとしたら，鳥の飛び出し方や飛び出す距離が知らないうちにイヌの影響を受けて，得られたデータが密度推定のための数学モデルに合わなくなる可能性がある。このような問題で困るのは，この偏りが潜在的な問題になることが見過ごされて(あるいは無視されて)発表論文にほとんど記載されないことである。その結果，そのデータが管理や生態学的な解釈のために不当にも用いられてしまうことになるかもしれない。

処理のばらつき

3番目によく見られる偏りに関する問題は，処理のばらつきである。この問題は以前用いた二つの研究例に見ることができる。交差実験の説明の中で，牧草刈りを遅らせて7月4日以降にするという操作を行う2か年計画の研究例を挙げた。1年目には計画通り，すべての操作区で7月4日から7日の間に刈り取りが行われたとしよう。しかし，2年目には7月4日から3日間豪雨が続き，刈り取りが行われたのは7月9日から12日になってしまったとしよう。処理区刈り取り時期の5日間のずれは大したことがないように思えるが，結果や解釈への影響は本当の所分からないし，実際には大きいかもしれない。そこで，2年目の実験を繰り返す必要が生じる。

第二の例として「研究の基本要素」の項(9頁)で用いたエルクの餌選択の実験を挙げよう。この実験では，エルクが餌の中のタンパク質のレベルが分かるのか，タンパク質レベルの高い餌を選択するのかを知ろうとした。この研究で処理を均一にするための条件は，餌に混合されるタンパク添加物が副標本の間でも処理の間でも同じ物であることであった。この実験の結果について，違う解釈ができるとすればタンパク添加物が加えられた餌の嗜好性に影響を与えたことであると指摘した。この可能性については追加の実験によって検証されなくてはならないが，もし，タンパク添加物の混合が嗜好性に影響し，意図した処理効果を隠してしまうなら，この処理のばらつきが結果に与える影響は始末におえないものになるだろう。

擬反復

擬反復は標本単位や実験単位が独立でないとき，つまり，これらが実際には標本でなく副標本である時に生じる。これは野外生態学では非常によく見られる問題であるが(Hurlbert 1984)，できるだけ避けるようにしたい。人為的操作を加える実験では，処理をランダムに割り振ったときのみ，実験単位は独立性を持つ。野外観察研究で擬反復があるかどうかを手っ取り早く見るには，連続して得られる二つの観察値が研究対象集団から完全にランダムに抽出した二つの観察値よりも近いかどうか比較すればよい。もし，これが近ければ，連続した観察値は本当の反復にはならず，研究設計を手直しする必要がある。標本単位や実験単位と研究対象集団との間には，緊密な関係がある。イエローストーン国立公園内にある1草地を研究対象集団とする場合，この草地からいくつかの標本単位をとると，これらは反復である。この場合，推論や結論の適用範囲はその草地に限られる。一方，研究対象集団がイエローストーン国立公園内にあるすべての草地であれば，1草地内の二つのプロットは本当の反復ではない。同じように，電波発信機を付けた同じ個体から繰り返し得た標本抽出の結果は擬反復であることが多い。例えば，研究対象集団である地域に生息するヘラジカ(moose)の集団だとしよう。1個体の生息環境利用について繰り返し観察しても真の反復にはならない。こうした観察値はその動物のある生息環境の利用比率といった一つの値に集約してから，分析に用いる必要がある。こうすると，標本サイズは発信器を付けた動物の数にまで減少する。ある個体から繰り返し得られた観察値を反復と見なすことは，その個体自身が研究対象「集団」であるときに限られる。この場合でも，観察があまり頻繁に行われると観察値間の独立性がなくなって擬反復になるので，系列相関(serial correlation)(Swihart & Slade 1985)の有無を検討する必要がある。

❏研究と管理との関係

野生動物関係機関がつくる管理プログラムに影響力を持つ要因には，①世論，②政治，③生物学的知識の3種類がある。世論や政治が管理プログラムに大きな影響を与える場合が多々あることは承知しているが，以下では生物学的研究と管理の関係に絞って述べてみたい。

野生動物の管理プログラムは科学的知見を動員して構築する必要がある。つまり，個体群生態・生息環境選択・行動などに関する特定課題の研究から得られた科学的事実・原理に基づいてプログラムを作る必要がある。新しい管理プログラムを初めてつくる際にはとりあえず，この方針で

よい。実際，管理プログラムの構築と研究仮説の構築の背景にはよく似た論理的な手続きがある。どちらも予測を行って，それを記述するのである。管理プログラムを構築する際の予測は，計画が予定通り進めば，どういう望ましい状態になるかである。しかし，世界中のどの野生動物の管理プログラムにも見られる大きな問題は，そのプログラムの事後評価の研究が欠けていることである（例えば，Macnab 1983, Gill 1985）。設計がよく，形式の整った長期的研究プロジェクトでも，「この管理プログラムが期待通りの結果をもたらすのか」を問う研究項目はめったに見られない。

例えば，北アメリカのマガモの個体群では性比が偏っているのが普通である（つまり，オスの方が多い，Bellrose et al. 1961）が，これに対して現在行われている長期管理プログラム上の対応は，（その種が一夫一妻性であれば）狩猟規則をオスの捕獲圧が高くなるようにしておくというものである。個体群の中で全体の増加に寄与しない余剰個体を重点的に捕獲しようとするこの管理計画は一見悪くないように思える。しかし，いくつか考えるべき重要な問題がある。マガモ個体群の中のあぶれオスの減少は本当に全体の増加率に影響しないのか。例えば，あぶれオスは再営巣を図るメスの交尾相手となることがよくある。偏った性比に対する進化的な適応は考えられないだろうか。実際，捕獲レベル一定のとき，オスの方を重点的に捕獲するやり方が，マガモ個体群の増加率を最大レベルに上げるとは限らない。これまでに行われた研究のいづれもこれらの問題に十分答えてはいない。これら基本的な生物学的問題について答えが得られなければ，オスの捕獲量を多くする狩猟規則は必ずしも正当化できない。なぜなら，狩猟者の教育に経費がかかるのと，規則施行に問題があるからである。

2番目によく見られる例としては，シカやエルク個体群の増加のために管理プログラムの一つとして行う火入れがある。これがねらい通りの成果を出しているかは未確認で，これまでの事後評価で確認されたのは餌植物の増加と動物分布の変化に過ぎない。火入れプログラムに反応して個体数が増加したとする十分な記録はないし，徹底した研究も行われていない（Peek 1989）。

3番目の例は個体数レベルの変化を見るのに，個体数指標を用いることである（例えば，コウライキジの鳴き声数）。個体数指標を用いるときの主たる仮定は，その指標が密度に直接相関しているというものである。野生動物管理機関のほとんどが個体数指標から得られた個体数の変動傾向を管理指針の決定に用いているが，こうした指標が有効であるとする研究は2,3の例外的な事例（例えば，Rotella & Ratti 1986, Crete & Messier 1987）しかなく，研究によっては指標値は密度に関係しないという結果も出ている（例えば，Rotella & Ratti 1986のコウライキジの午後の鳴き声数データを参照，Smith et al. 1984, Nottingham et al. 1989）。

もし，野生動物関係機関に野生動物の管理責任があるとすれば，管理プログラムの有効性を研究する責任もまたあるはずである。こうした機関の責任者は年間の機関活動の基本として継続的に行う長期的な管理研究プログラムを構築するよう努力しなくてはならない。

要　約

よく設計された野生動物の研究を行えば，野生動物管理の基盤となる知識の信頼性を高めることができる。野生動物の研究者は科学的方法論を厳密に適用し，調査標本抽出法や実験計画法のような強力な手法を用いなくてはならない。研究設計段階にもっと努力を注ぎ，他の研究者や統計専門家の批判をあおいで，標本サイズの不足・調査手続きの乱れ・処理のばらつき・擬反復といった，よく起こる問題を避けるようにしなければいけない。状況が許す限り，観察を主体とした研究から実験的研究に移行するよう心がけるべきである。解釈したり結論を下すために，より信頼に足る基礎が得られるからである。野生動物の研究者には，生息環境の悪化・喪失，個体数の減少にあえいでいる動物たちの管理に関する重大な責任がある。こうした問題に対処するには，質の高い科学に基づく調査によって得た知識を武器に臨まなくてはならない。

謝　辞

原稿に貴重なコメントをいただいた以下の人々に感謝したい。J.R.Alldredge, J.H.Bassman, R.A.Black, W.R.Clark, F.W.Davis, R.A.Fischer, T.K.Füller, G.D.Hayward, J.A.Kadlec, D.G.Miquelle, J.M.Peek, K.P.Reese, J.J.Rotella, J.M.Scott, R.K.Steinhorst, G.C.White, オハイオ州立大学およびアイダホ大学の野生動物学の学生，匿名の3人のレフェリー。本論文はアイダホ大学，森林・野生動物・牧野試験場報告565である。

参考文献

ALLDREDGE, J. R., AND J. T. RATTI. 1986. Comparison of some statistical techniques for analysis of resource selection. J. Wildl. Manage. 50:157–165.

BELLROSE, F. C., T. G. SCOTT, A. S. HAWKINS, AND J. B. LOW. 1961. Sex ratios and age ratios in North American ducks. Ill. Nat. Hist. Surv. Bull. 27:391–474.

BOWDEN, D. C., A. E. ANDERSON, AND D. E. MEDIN. 1984. Sampling

plans for mule deer sex and age ratios. J. Wildl. Manage. 48:500–509.
BOYD, R. J., A. Y. COOPERRIDER, P. C. LENT, AND J. A. BAILEY. 1986. Ungulates. Pages 519–564 in A. Y. Cooperrider, R. J. Boyd, and H. R. Stuart, eds. Inventory and monitoring of wildlife habitat. U.S. Dep. Inter. Bur. Land Manage. Serv. Cent., Denver, Colo.
BUNGE, M. 1967. Scientific research. I: The search for system. Springer-Verlag, New York, N.Y. 536pp.
BURNHAM, K. P., D. R. ANDERSON, AND J. L. LAAKE. 1980. Estimation of density from line transect sampling of biological populations. Wildl. Monogr. 72. 202pp.
CAUGHLEY, G. 1977. Analysis of vertebrate populations. John Wiley & Sons, New York, N.Y. 234pp.
CHAMBERLIN, T. C. 1965. The method of multiple working hypotheses. Science 148:754–759.
CHAPMAN, J. A., C. J. HENNY, AND H. M. WIGHT. 1969. The status, population dynamics, and harvest of the dusky Canada goose. Wildl. Monogr. 18. 48pp.
———, AND G. R. WILLNER. 1986. Lagomorphs. Pages 453–473 in A. Y. Cooperrider, R. J. Boyd, and H. R. Stuart, eds. Inventory and monitoring of wildlife habitat. U.S. Dep. Inter. Bur. Land Manage. Serv. Cent., Denver, Colo.
COCHRAN, W. G. 1963. Sampling techniques. Second ed. John Wiley & Sons, New York, N.Y. 413pp.
COOK, T. D., AND D. T. CAMPBELL. 1979. Quasi-experimentation: design and analysis issues for field studies. Houghton Mifflin, Boston, Mass. 405pp.
COOPER, S. V., K. E. NEIMAN, R. STEELE, AND D. W. ROBERTS. 1987. Forest habitat types of northern Idaho: a second approximation. U.S. For. Serv. Gen. Tech. Rep. INT-236. 135pp.
CRÊTE, M., AND F. MESSIER. 1987. Evaluation of indices of gray wolf, Canis lupis, density in hardwood-conifer forests of southwestern Quebec. Can. Field-Nat. 101:147–152.
CYR, A. 1981. Limitation and variability in hearing ability in censusing birds. Pages 327–333 in C. J. Ralph and J. M. Scott, eds. Estimating numbers of terrestrial birds. Stud. Avian Biol. 6.
DEWEY, J. 1938. Scientific method: induction and deduction. Pages 419–441 in J. Dewey, ed. Logic—the theory of inquiry. Holt and Co., New York, N.Y.
DIAMOND, J. R. 1986. Overview: laboratory experiments, field experiments and natural experiments. Pages 3–22 in J. R. Diamond and T. J. Case, eds. Community ecology. Harper & Row, New York, N.Y.
DIXON, W. J., AND F. J. MASSEY, JR. 1983. Introduction to statistical analysis. Fourth ed. McGraw-Hill, New York, N.Y. 678pp.
DOLBY, G. R. 1982. The role of statistics in the methodology of the life sciences. Biometrics 38:1069–1083.
EBERHARDT, L. L., AND J. M. THOMAS. 1991. Designing environmental field studies. Ecol. Monogr. 61:53–73.
FORBES, L. S. 1990. A note on statistical power. Auk 107:438–439.
GILL, R. B. 1985. Wildlife research—an endangered species. Wildl. Soc. Bull. 13:580–587.
HAIRSTON, N. G. 1989. Ecological experiments: purpose, design, and execution. Cambridge studies in ecology. Cambridge Univ. Press, New York, N.Y. 370pp.
HEISEY, D. M., AND T. K. FULLER. 1985. Evaluation of survival and cause-specific mortality rates using telemetry data. J. Wildl. Manage. 49:668–674.
HOHF, R. S., J. T. RATTI, AND R. CROTEAU. 1987. Experimental analysis of winter food selection by spruce grouse. J. Wildl. Manage. 51:159–167.
HOUSTON, D. B. 1982. The northern yellowstone elk—ecology and management. Macmillan Publ. Co., New York, N.Y. 474pp.
HURLBERT, S. H. 1984. Pseudoreplication and the design of ecological field experiments. Ecol. Monogr. 54:187–211.
JAMES, F. C., AND C. E. MCCULLOCH. 1985. Data analysis and the design of experiments in ornithology. Pages 1–63 in R. F. Johnston, ed. Current ornithology. Vol. 2. Plenum Press, New York, N.Y.
JOHNSON, R. A., AND D. W. WICHERN. 1988. Applied multivariate statistical analysis. Second ed. Prentice-Hall, Englewood Cliffs, N.J. 607pp.
KAMIL, A. C. 1988. Experimental design in ornithology. Pages 313–346 in R. F. Johnston, ed. Current ornithology. Vol. 5. Plenum Press, New York, N.Y.
KEPLER, C. B., AND J. M. SCOTT. 1981. Reducing bird count variability by training observers. Pages 366–371 in C. J. Ralph and J. M. Scott, eds. Estimating numbers of terrestrial birds. Stud. Avian Biol. 6.
KERLINGER, F. N. 1973. Foundations of behavioral research. Second ed. Holt, Rinehart and Winston, Inc., New York, N.Y. 741pp.
KOZICKY, E. L., G. O. HENDERSON, P. G. HOMEYER, AND E. B. SPEAKER. 1952. The adequacy of the fall roadside pheasant census in Iowa. Trans. North Am. Wildl. Nat. Resour. Conf. 17:293–305.
KREBS, C. J. 1989. Ecological methodology. Harper & Row, New York, N.Y. 654pp.
MACNAB, J. 1983. Wildlife management as scientific experimentation. Wildl. Soc. Bull. 11:397–401.
MAYR, E. 1970. Populations, species, and evolution. Belknap Press of Harvard Univ. Press, Cambridge, Mass. 453pp.
MILLIKEN, G. A., AND D. E. JOHNSON. 1984. Analysis of messy data: designed experiments. Vol. I. Van Nostrand Reinhold, New York, N.Y. 473pp.
MUELLER-DOMBOIS, D., AND H. ELLENBERG. 1974. Aims and methods of vegetation ecology. John Wiley & Sons, New York, N.Y. 547pp.
MURPHY, D. D., AND B. D. NOON. 1991. Coping with uncertainty in wildlife biology. J. Wildl. Manage. 55:773–782.
NEWTON-SMITH, W. H. 1981. The rationality of science. Routledge and Kegan Paul, Boston, Mass. 294pp.
NOTTINGHAM, B. G., JR., K. G. JOHNSON, AND M. R. PELTON. 1989. Evaluation of scent-station surveys to monitor raccoon density. Wildl. Soc. Bull. 17:29–35.
OPLER, P. A. 1976. The parade of passing species: a survey of extinctions in the U.S. The Sci. Teacher 43:30–34.
OVERTON, W. S., AND D. E. DAVIS. 1969. Estimating the numbers of animals in wildlife populations. Pages 403–456 in R. H. Giles, ed. Wildlife management techniques. Third ed. The Wildl. Soc., Washington, D.C.
PATRIC, E. F., T. P. HUSBAND, C. G. MCKIEL, AND W. M. SULLIVAN. 1988. Potential of LORAN-C for wildlife research along coastal landscapes. J. Wildl. Manage. 52:162–164.
PEEK, J. M. 1989. Another look at burning shrubs in northern Idaho. Pages 157–159 in D. M. Baumgartner, D. W. Breuer, and B. A. Zamora, eds. Proc. symp. prescribed fire in the intermountain region: forest site preparation and range improvement. Washington State Univ., Pullman.
PETERMAN, R. M. 1990. Statistical power analysis can improve fisheries research and management. Can. J. Fish. Aquatic Sci. 47:2–15.
PIETZ, P. J., AND J. R. TESTER. 1983. Habitat selection by snowshoe hares in north central Minnesota. J. Wildl. Manage. 47:686–696.
PLATT, J. R. 1964. Strong inference. Science 146:347–353.
POPPER, K. R. 1959. The logic of scientific discovery. Hutchinson and Co., London, U.K. 480pp.
———. 1968. Conjectures and refutations: the growth of scientific knowledge. Second ed. Harper & Row, New York, N.Y.
QUINN, J. F., AND A. E. DUNHAM. 1983. On hypothesis testing in ecology and evolution. Am. Nat. 122:602–617.
RATTI, J. T. 1980. The classification of avian species and subspecies. Am. Birds 34:860–866.
———, D. L. MACKEY, AND J. R. ALLDREDGE. 1984. Analysis of spruce grouse habitat in north-central Washington. J. Wildl. Manage. 48:1188–1196.
———, AND K. P. REESE. 1988. Preliminary test of the ecological trap hypothesis. J. Wildl. Manage. 52:484–491.
———, AND D. E. TIMM. 1979. Migratory behavior of Vancouver Canada geese: recovery rate bias. Pages 208–212 in R. L. Jarvis and J. C. Bartonek, eds. Proc. Manage. Biol. Pacific Flyway geese. Northwest Sect., The Wildl. Soc., Portland, Oreg.
REYNOLDS, R. T., J. M. SCOTT, AND R. A. NUSSBAUM. 1980. A variable circular-plot method for estimating bird numbers. Condor 82:309–313.
ROBBINS, C. S., D. BYSTRAK, AND P. H. GEISSLER. 1986. The breeding bird survey: its first 15 years, 1965–1979. U.S. Fish Wildl. Serv. Resour. Publ. 157. 154pp.
ROMESBURG, H. C. 1981. Wildlife science: gaining reliable knowledge. J. Wildl. Manage. 45:293–313.
ROTELLA, J. J., AND J. T. RATTI. 1986. Test of a critical density index assumption: a case study with gray partridge. J. Wildl. Manage. 50:

532–539.

SAMUEL, M. D., E. O. GARTON, M. W. SCHLEGEL, AND R. G. CARSON. 1987. Visibility bias during aerial surveys of elk in northcentral Idaho. J. Wildl. Manage. 51:622–630.

SCHEAFFER, R. L., W. MENDENHALL, AND L. OTT. 1986. Elementary survey sampling. Third ed. Duxbury Press, Boston, Mass. 324pp.

SEBER, G. A. F. 1982. The estimation of animal abundance and related parameters. Second ed. Charles Griffin, London, U.K. 600pp.

SELANDER, R. K. 1971. Systematics and speciation in birds. Pages 57–147 in D. S. Farner and J. R. King, eds. Avian biology. Vol. I. Academic Press, New York, N.Y.

SINCLAIR, A. R. E. 1991. Science and the practice of wildlife management. J. Wildl. Manage. 55:767–773.

SMITH, L. M., I. L. BRISBIN, JR., AND G. C. WHITE. 1984. An evaluation of total trapline captures as estimates of furbearer abundance. J. Wildl. Manage. 48:1452–1455.

STEBBINS, G. L. 1971. Processes of organic evolution. Second ed. Prentice-Hall, Englewood Cliffs, N.J. 193pp.

STEEL, R. G., AND J. H. TORRIE. 1980. Principles and procedures of statistics: a biometrical approach. Second ed. McGraw-Hill Book Co., New York, N.Y. 633pp.

STEINHORST, R. K., AND M. D. SAMUEL. 1989. Sightability adjustment methods for aerial surveys of wildlife populations. Biometrics 45: 415–425.

SWIHART, R. K., AND N. A. SLADE. 1985. Testing for independence of observations in animal movements. Ecology 66:1176–1184.

TAKEKAWA, J. Y., AND E. O. GARTON. 1984. How much is an evening grosbeak worth? J. For. 82:426–428.

TOFT, C. A., AND P. J. SHEA. 1983. Detecting community-wide patterns: estimating power strengthens statistical inference. Am. Nat. 122:618–625.

TUKEY, J. W. 1977. Exploratory data analysis. Addison-Wesley Publ. Co., Reading, Mass. 688pp.

WESTERN, D., AND M. C. PEARL. 1989. Conservation for the twenty-first century. Oxford Univ. Press, New York, N.Y. 365pp.

WHITE, G. C., D. R. ANDERSON, K. P. BURNHAM, AND D. L. OTIS. 1982. Capture-recapture and removal methods for sampling closed populations. Rep. LA-8787-NERP, UC-11, Los Alamos Natl. Lab., Los Alamos, N.M. 235pp.

WIENS, J. A. 1989. The ecology of bird communities: foundations and patterns. Vol. I. Cambridge Univ. Press, New York, N.Y. 539pp.

WILSON, M. M., AND J. A. CRAWFORD. 1979. Response of bobwhites to controlled burning in south Texas. Wildl. Soc. Bull. 7:53–56.

ZAR, J. H. 1984. Biostatistical analysis. Second ed. Prentice-Hall, Englewood Cliffs, N.J. 718pp.

2
データの分析

Jonathan Bart & William Notz

はじめに ……………………………………… 31	パラメトリック検定よる対データの分析 …… 52
図表 …………………………………………… 32	割合の比較のための t-検定とカイ二乗検定 … 53
はじめに …………………………………… 32	多重比較 ………………………………………… 53
図 …………………………………………… 32	パラメトリック検定と
グラフ ……………………………………… 34	ノンパラメトリック検定の選択 …………… 53
表 …………………………………………… 35	二つ以上の変数間の関係の研究 ……………… 54
作図用ソフト ……………………………… 35	はじめに …………………………………… 54
数量分析 ……………………………………… 36	散布図および相関 ………………………… 55
母集団構成単位と応答変数 ………………… 36	回帰 …………………………………………… 57
誤差の種類 ………………………………… 37	単純直線回帰 ……………………………… 57
標本抽出集団と想定集団 …………………… 38	重回帰 ……………………………………… 59
点推定と信頼区間推定 …………………… 38	パス解析 ……………………………………… 66
集団のばらつきの記述 …………………… 39	因子分析と主成分 …………………………… 68
得られた結果の尺度の変更 ……………… 40	分類と判別分析 ……………………………… 69
単一の数値の推定 …………………………… 40	その他の方法 ………………………………… 71
有限母集団補正 …………………………… 40	正準相関分析 ……………………………… 71
広く用いられている標本抽出法 ………… 40	クラスター分析 …………………………… 71
多段抽出法および層化抽出法についての補足 … 47	時系列データの分析 ……………………… 73
二つの推定値の比較 ………………………… 49	方角的データの分析 ……………………… 73
片側検定と両側検定 ……………………… 51	その他の話題 ……………………………… 73
二つの標本の比較での注意点 …………… 51	参考文献 ……………………………………… 74
信頼区間 …………………………………… 51	

❏ はじめに

　本章では，野生動物の研究における収集したデータを分析のための一般的な手順について述べる。読者が必要とし使いたいと望むようなほとんどすべての手法について一通り解説し，一般的な手法についてはとくに詳しく説明する。我々自身のこれまでの経験と一般的な文献レビューに基づいて本章を準備した。また，野生動物の研究者がどのような分析手法をよく用いているかを知るために，「*The Journal of Wildlife Management*」誌と「*Wildlife Society Bulletin*」誌で1988年に発表された論文を詳しく調べて（表2-1），どの方法について本章で最も詳しく論じるかを決めた。

　各話題に割いた解説の分量を決めるにあたっては，読者に最も役立つように配慮した。単一の数値の推定や二つの推定値を比較する場合，電卓を使って計算したりコンピュータの簡単なプログラム言語（たとえば，表計算ソフト）を使って計算することがよくある。そのような場合には計算手順を示すことが必要になる。また，統計用ソフトを用いる場合にも，いくつかの機能の選択が必要となることが多い。たとえば，t-検定を行うときに，全体でプールした分散とプールしない個々の分散のどちらを使うのが正しいのかを決める場合などである。このような場合にも，計算手順が示されていた方がよい。しかし，多変数解析の計算手順は多くの場合，詳しく述べるにはあまりに複雑すぎるし，多くの研究者にはほとんど興味がないだろう。そのため，本章では適宜計算手順を示すにとどめ，より詳しく知りたい人のためには参考文献を多数示すことにした。

表 2-1 「The Journal of Wildlife Managemant (JWM)」誌と「The Wildlife Siciety Bulletin (WSB)」誌の 1988 年の巻に掲載された各種の統計手法別の論文数

主題	方法またはデータ	JWM	WSB	計
標本抽出法	非ランダム抽出	105	43	148
	単純ランダム抽出	21	10	31
	系統抽出	41	17	58
	層化抽出	10	6	16
	多段抽出	58	15	73
二つの標本の比較	二項変数データ	10	11	21
	連続変数データ	61	25	86
多重比較	二項変数データ	13	11	24
	連続変数データ	45	15	60
回帰相関	二変量	33	12	45
	多変量	7	4	11
その他	生存分析	12	0	12
	判別分析	5	1	6
	主成分分析	4	0	4
論文数		129	69	198

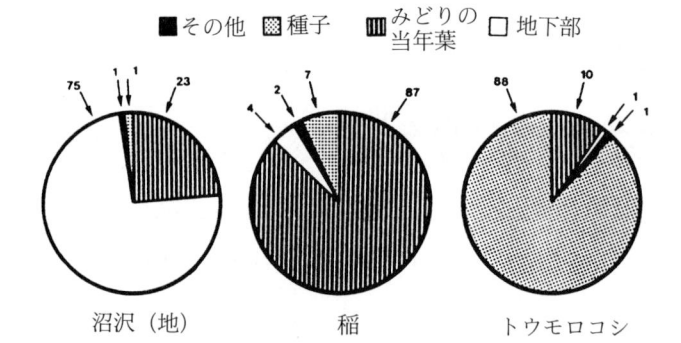

図 2-1 1983 年から 1984 年，沿岸湿地帯（ロサンゼルス），稲作地帯（ロサンゼルスとテキサス）およびミゾリー河川地域のトウモロコシ地帯（ロサンゼルス，モンタナ，カンサス）に生息するコハクガンの冬の食性における植物部位別の相対割合（%）を示した円グラフの例（Alisauskas et al., 1988 より）

図　表

はじめに

データをまとめるための単純で最も強力な方法の一つは，図，グラフ，表にすることである。これは，意識的または無意識のうちにデータを不適切に表現してしまいがちな方法でもある。野生動物に関する論文のほとんどに，収集データや統計解析結果に関する図やグラフ，表が少なくとも一つはみられる。パソコンの普及により，データ整理のための表計算や図表作成，統計などのソフトが増加している。それらのソフトのすべてに，高品質の図やグラフ，表を作成する一定の能力がある。ある種の図，グラフ，表は標準的なもので十分だが，独創性を発揮することも時には必要で，複雑なデータを明快に表すには芸術的センスがいる。図表がよければ，一目でデータの顕著な特徴を読者に認めさせることができる。

個別の図表作成法について述べる前に，いくつかの一般的な原則を整理しておきたい。第一に，常に明瞭さと正確さを追求すること。明瞭な凡例や説明をつけ，曲解をさけ，軸の縮尺を適切にすることがこれに含まれる。第二に，常にデータの出典を示すこと。第三に，正確な数値データや少数のデータを示すには，一般的に図よりも表が適切なこと。多数のデータの傾向や全体的な関係を表現したい場合には，表よりも図が適切である。これらの原則に加えて教育で得た一般的常識がいくらかあれば十分だろう。図，グラフ，表をどう作るかを知る最良の方法の一つは，野生動物関係の雑誌で似たような手本を探すことである。手本を探すのに良いもう一つの雑誌は，米国統計抄録集（*Statistical Abstarct of the United States*）である。このデータ年鑑には，あらゆる種類の表やグラフが載っており，アメリカ国内のどの図書館にも置いてある。

図

最も一般的に用いられる図は，円グラフ，ヒストグラムと棒グラフである。これらの図は，いくつかのカテゴリーに分けたデータの特徴を表すのに用いられる。円グラフは円をいくつかの部分に分割しただけのもので，複数のカテゴリーの相対的な大きさを示すのに用いられる。部分円のそれぞれが各カテゴリーを示し，その大きさはそのカテゴリーに含まれているデータの割合を示している。Alisauskas et al. (1988) は，コハクガンが冬期に採食した食物の構成（採食している植物部位の相対割合）を採食地域ごとに示すのに円グラフを用いた（図 2-1）。この図からコハクガンの食性では特定の植物部位が優占し，地域ごとに優占するものが異なることが明瞭に理解できる。

ヒストグラムと棒グラフも，円グラフと同様の情報を伝えることができる。ヒストグラムは数値データに適しており，棒グラフは類別データに適するが，その他の点では，二つのグラフはほとんど同じといって良いだろう。ヒストグラムを作るには，まずデータを数値あるいは範囲によって

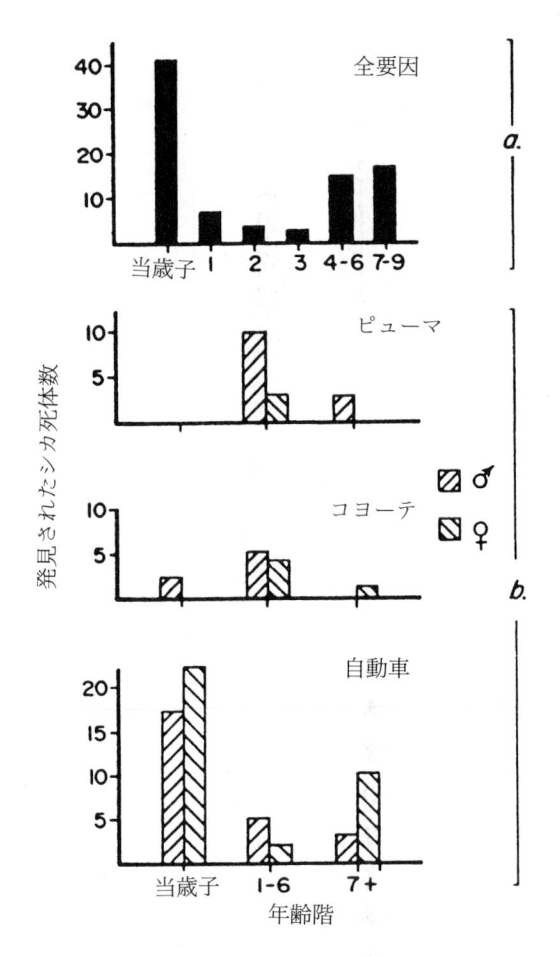

図2-2 ピューマ，コヨーテ，自動車事故で殺されたシカの年齢構成を示す棒グラフの例
(a)は全体をまとめたもの，(b)は原因別に示したもの(1969年から1981年までの冬期間のモンタナ州西部，O'Gara & Harris，1988より)

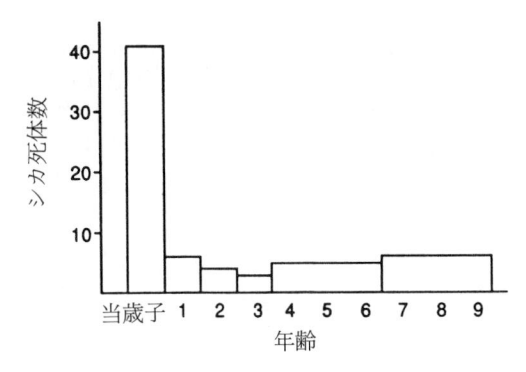

図2-3 ピューマ，コヨーテ，および自動車事故のいずれかが原因で死亡したシカの年齢構成を適切に描いたヒストグラム 4，5，6歳の年齢区分にたての区分線がないことに注意してほしい。これは，もとのデータで各年齢が区分されていなかったことを示す。X軸の4，5，6歳のところに4-6というカテゴリーでラベルをふっても良い。7，8，9歳のところも同様。

階級に分ける必要がある。階級は，それぞれのデータがいずれか一つの階級に入るように定義する必要がある。次いで，水平方向と垂直方向の軸を描く。横軸には，軸にそって一定間隔でデータの測定単位を基準にして刻みを付ける。その後横軸は各階級を分ける値の範囲ごとに区分される。縦軸は，頻度(計数値)あるいは，相対頻度(割合)を表す。縦棒の面積は，階級ごとの観察頻度や相対頻度に比例するように描く。階級幅が等しい場合は，頻度や相対頻度に等しい高さに棒を描くと，棒の面積は自動的に割合を示すことになる。棒の面積はその棒の高さに幅を乗じたものとなるので，階級幅が異なる場合，高さを階級の幅に応じて補正し，棒の全体面積が頻度や相対頻度に等しくなるように調整する必要がある。このように描くと棒の高さは，階級の単位長さあたりの頻度や相対頻度を表すことになる。

階級幅が異なる場合のヒストグラムの作り方の例を一つ示しておく。O'Gara & Harris(1988)は，死亡要因別に，年齢階級別のシカの死亡数(頻度)の図を作った(図2-2)。彼らは，年齢を類別変数として扱い，図を棒グラフとして描いた。年齢は，実際には数値変数なのでヒストグラムのほうがここでは適切である。図をヒストグラムにどう描き直したらよいかを理解するのに，すべての死亡原因をまとめた図を思い浮かべよう。最後の二つの年齢カテゴリーは，他の階級よりもそれぞれ3倍の幅となる。適切なヒストグラムを作るには，横軸(X軸)を1年ごとに区切り，最後の二つの階級の棒の面積が頻度に比例するように図2-2の棒グラフの1/3の高さとする(図2-3)。こうすると，最後の二つの階級の棒の高さは各年齢階級の平均死亡数を表すことになる。このように棒グラフを描き直すと，見た目の印象が変わることに注意してほしい。まず，最後の2階級が他の階級よりも広い年齢階級であることが分かる。もとの図は，シカが3歳を上回る年齢階級になると死亡率が突然大きくなるような印象を与える。図2-3のように修正した後では，最後の2階級が1歳，2歳，3歳の階級の棒と同じくらいの高さになっている。この場合には死亡率の増加が著しいという印象を与えない。図2-2の残りでは，1歳から6歳クラスの棒の高さを1/6にすることにより，年齢階級グラフをヒストグラムに適切に変換できる。7歳以上の齢級では，適切な補正を加えるには最高年齢を知る必要があるだろう。死亡要因をまとめた図から，最高年齢が9歳であったことがわかる。この場合では棒の高さを1/3にする必要がある。

棒グラフは，ヒストグラムと似ており，データがカテゴリーで区分される場合に適切である。横軸にはカテゴリー

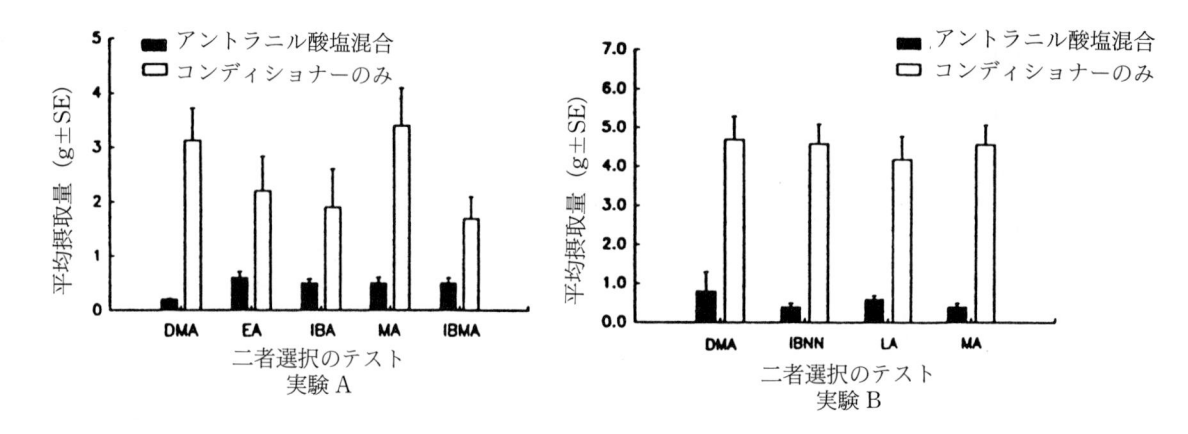

図 2-4 ホシムクドリに 2 種類の餌（アントラニル酸塩を混ぜたプリナフライトバードコンディショナー（PFBC）と PFBC 単体）を同時に与えた二つの実験（A と B）で，2 種類の餌の消費（摂取量）を示す棒グラフ
黒い棒はアントラニル酸塩入り PFBC の摂取量を表す。白抜きの棒は PFBC 単体の摂取量を表す。棒上の垂線は平均値の標準偏差を示す。DMA：メチル-N-メチル-アントラニル酸塩，EA：エチルアントラニル酸塩，IBA：イソブチルアントラニル酸塩，MA：メチルアントラニル酸塩，IBMA：イソブチルメチルアントラニル酸塩，IBNN：イソブチル-N-N-ジメチルアントラニル酸塩，LA：リィナリルアントラニル酸塩（Mason et. al., 1989 より）。

が表示され，棒は各カテゴリー上に描かれる。縦軸には，頻度や相対頻度の代わりに必要に応じてカテゴリーの特性値（平均値など）を用いる。Mason et al. (1989) は，プリナフライトバードコンディショナー（PFBC）とアントラニル酸塩（エステル）プリナフライトバードコンディショナーの両方を自由に選択できるかたちでムクドリに与えた実験で，平均的な消費量を表すのに棒グラフを用いた。棒の高さは，頻度や相対頻度でなく平均値を表している（図 2-4）。一対の棒を示すことで，2 種類の棒グラフを重ね合わせたのと同じ効果がある。このようにすると一つの図で追加的な情報を示せるし，比較が自然と可能となる。すべての実験で，PFBC はアントラニル酸塩 PFBC より明らかに好まれていることがわかる。この図のもう一つの特徴に気づいてほしい。それぞれの棒の頭に垂直線を加えることで平均の標準誤差（SE）に関する情報を示していることである。これは，平均を示した棒グラフではよく見られる。

円グラフ，ヒストグラムおよび棒グラフは，類似の情報を伝えるが，データがカテゴリーで区分され，その数が少ない場合にはおそらく円グラフが最も適切だろう。ヒストグラムと棒グラフは区分の数が多い場合に適している。数値型のデータが一定の数値を範囲ごとに区分される場合，横軸（X軸）を等分する目盛りを用いると，データの大きさの順序を表わすことができる。このように順序を表すことができるので，ヒストグラムは円グラフより多くの情報を伝えることができる。研究者（たとえば，Tufte 1983）の一部は，少ないデータ表示には，我々が示した 3 番目の一般原則にしたがって円グラフより表を用いることを提唱して

いる。しかし，円グラフは依然として人気がありよく用いられている。

グラフ

最もよく目にするグラフと言えば，折れ線グラフと散布図だろう。どちらも反応値（通常は，グラフの縦軸にプロットされる）が独立変数（通常は，横軸にプロットされる）の関数としてどう変化するかを示すのに用いられる。散布図については後述する〔散布図および相関（55 頁）を参照〕。折れ線グラフは，連続的にある期間にわたって得られた測定値を示すのに通常用いられる。このグラフの縦軸には適当な測定単位で目盛りが打たれる。測定が 1 番目，2 番目，3 番目，4 番目と単に順番になっている場合には，横軸は 1, 2, 3, 4 と区切られる。測定がある時間にわたる場合は，横軸は時間単位で区切られる。測定値はこのグラフ上に点としてプロットされ，一連の測定値は線で結ばれる。これを折れ線グラフと呼ぶ。そのようなグラフは，継続的な測定値の動きを理解するのにとくに有用である。Sather & Gravem (1988) は，ノルウェーで 1983〜1984 年と 1984〜1985 年のそれぞれの冬，11 月〜4 月の気温測定値をプロットした（図 2-5）。気温は，当然，1 月あるいは 2 月まで低下しその後増加している。1984〜1985 年の冬，1 月〜3 月までは 1983〜1984 年の同時期より寒かったことがわかる。

グラフを作成する場合に次の 2 点に注意してほしい。一つは，軸の目盛りを均一に刻むことである。軸の目盛りの刻みを一定にしないと，グラフに表れる傾向を見かけ上ゆ

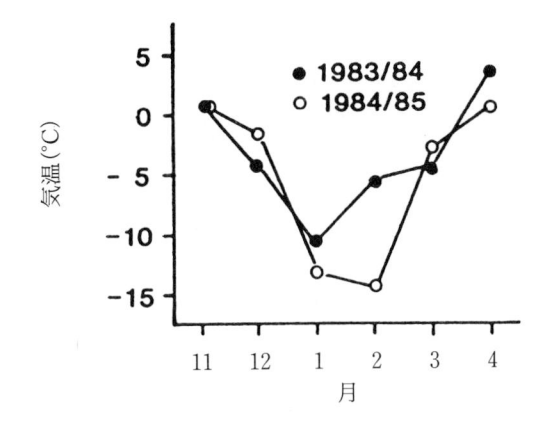

図 2-5 折れ線グラフの例
1984年と1985年の冬期のノルウェー南東部における気温の変化を示す（Saether & Graven, 1988より）

表 2-2 1984年と1985年の冬，ノルウェー南東部におけるヘラジカ当歳子の雌雄の腎脂肪の平均重量（g）および観察数，平均値のSE，および範囲（Saether & Graven, 1988より）

冬期	性別	腎脂肪			
		n	$\bar{x}$	SE	レンジ
1984年冬	オス	9	2.9	0.34	1.1〜4.4
	メス	14	3.5	0.36	1.6〜7.3
1985年冬	オス	7	3.2	0.31	2.5〜4.5
	メス	13	3.0	0.23	1.9〜4.0
両冬	オス	16	3.0	0.23	1.1〜4.5
	メス	27	3.3	0.22	1.6〜7.3

がめてしまう。二つ目は原点の置き方で，0が特性の不在を示す場合である。一般に，縦軸と横軸の交点はそれぞれの目盛りの0を示す点（原点）としてみなされ，無意識のうちに軸の交点を原点としてグラフの動き捉えることが多い。このため，軸の交点はできるだけ原点とするように心がけた方が良い。しかし，測定値の範囲がゼロから離れているため，小さなスペースのグラフの中に原点を含む軸を作ると適切な目盛りを刻むことが難しい場合がある。そういった場合には，原点で軸が交差していないことを読者にはっきりと気づかせるように明示する必要がある。これが，Sather & Gravemが図2-5で行ったことである。軸の交点は原点としておいて，軸に破断を示すことで原点と測定範囲の間の部分が省略されていることを読者に知らせる別の方法もある。

表

表は，野生動物関係の論文で情報を表示する最も一般的な方法である。とくによく用いられている形式があるわけではないが，どの形式にも共通の要素がある。普通，行（または行のまとまり）が項目，すなわち，異なるカテゴリーやある変数の階級値を示す。列には，それぞれの項目に対応する各種のデータが示される。Sather & Gravem(1988)は，ノルウェー南東部の1984年と1985年の冬期におけるヘラジカのオスとメスの標本の統計量（頭数，腎脂肪指数の平均，標準誤差および範囲）を表によって示した（表2-2）。

表を作る場合の重要な原則は，図の場合と同様，（凡例や説明をしっかりつけて）意味を明瞭にし，データの出典を示

すことである。上の例では，著者は本文中にデータ収集方法を示している。表それ自体にも，表中の数字が何を示しているか読者に理解させるに十分な情報が盛り込まれている。

表の最大の欠点はおそらく，図のように強い印象を与えないことであろう。やはりSather & Gravem(1988)から引用した，ヘラジカの大腿骨骨髄脂肪の含有量を示す図2-6をよく見てほしい。このグラフは，表2-2と同じ種類の情報を示している。しかし，表よりも図の方が（1984〜1985年の変化のような）パターンをたやすく理解できる。

作図用ソフト

以上，図表作成法についてごく手短に解説した。もっと詳しいことが知りたい読者にはTufte(1983)の参照を薦め

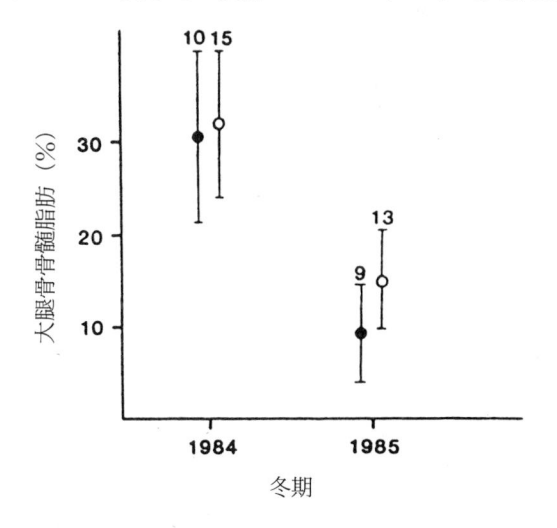

図 2-6 1984-85年のノルウェー南東部におけるヘラジカ当歳子のオス（黒丸）とメス（白丸）の大腿骨骨髄脂肪含有率（%）（$\bar{x}\pm$SE，個体数 n はSEの上に示してある）（Saether & Gravem, 1988より）

る。ここには興味をそそる数多くの事例がみられる。さらに，現在利用できる統計用ソフトにも触れておこう。その多くは対話的に作図を行う能力を持っている。我々がよく知っている四つの統計用ソフトは，S言語(UNIXベースのコンピュータ用)，SYSTAT™SYGRAPH™(Systat社，IBMパソコンとその互換機およびマッキントッシュ社コンピュータで使用可)，Data Desk Professional(Odesta社販売)，およびJMP(SAS™)である。最後の二つは，マッキントッシュ社製コンピュータのみで作動し，同社製コンピュータの使いやすさやマルチウィンドウ機能をうまく利用している。IBMパソコンとその互換機用には対話式の作図の可能な統計用ソフトがいくつかある。これらのソフトを使えば，いろいろと「試行錯誤」しながら最も良いグラフを作り上げることができる(たとえば，ヒストグラムで棒の数を調整したり，データの最も特徴的な部分を明瞭に示すために軸の目盛りを変えたり，が対話的にできる)だけでなく，データが何を意味しているかを「眺める」手段として図を用いることができる。これは，「ごちゃごちゃした」データの中から隠れたパターンや傾向を見つけ出すのにとくに重要である。こうした操作は本当は正式な分析でなく，何か見つけだしたとしても，それはデータの特性や関係を示す明瞭な証拠というよりも，単に分析の方向性を示すものと考えたほうが良い。そのような対話的な分析で見つけた特性を確かめるために，実験や研究が計画されることもある。もう一つの方法として，データをランダムに二つのグループに分けることがある。一方のグループはグラフ表示をデータの探索のために使い，もう一方のグループは最初のグループで認められたパターンを確かめることに使用する。この方法は，交差確認(cross validation)と呼ばれることがある。興味のある読者は，Chambers et al.(1983)とSYGRAPH, Data Desk Professional, JMPのマニュアルを参照すればデータ解析における対話的な作図について多くの情報が得られるだろう。

❏数量分析

本章の以下の内容は，数量分析，おもに統計解析に関するものである(Box 2-1参照)。我々は，内容を三つの大きな節に分割した。すなわち，単一の数値の推定，二つの推定値の比較，二つ以上の変数間の関係分析である。まず，この章で繰り返し用いるいくつかの用語の定義から始める。

Box 2-1 第2章で扱う統計的手法
A．対象が単変数の場合
　1．平均値と標準誤差の推定
　　(a)標本抽出法が一段抽出あるいは一次抽出単位が同
　　　じサイズの多段抽出の場合・・・・・Box 2-2
　　(b)その他・・・・・・・・・・・・・Box 2-5
　2．信頼区間と検定
　　(a)一段抽出による割合の推定・・・・・Box 2-4
　　(b)その他・・・・・・・・・・・・・Box 2-3
　3．ランダム変数の標準誤差に定数を乗ずる方法　40頁
B．二つの推定値の比較
　1．一段抽出による割合の推定・・・・・Box 2-7
　2．その他
　　(a)パラメトリックな方法(t-検定)が適切な場合
　　　(1)対データ・・・・・・・・・・・52頁
　　　(2)非対データ・・・・・・・・・Box 2-6
　　(b)ノンパラメトリックな方法が適切な場合
　　　・・・・・・・・・・・・・・・Box 2-8

母集団構成単位と応答変数

母集団構成単位(population unit)は，測定の対象つまり「我々がデータをとる相手」である。これは通常，1本の植物，1頭の動物，1個のわな，1個の記録装置，1か所の区域などである。母集団構成単位は，時間の次元(例えば1わな1晩とか1頭1時間など)を持つことが多い。テレメトリー法や行動研究では，数頭の動物について時間を単位に観察することがよくある。我々は，このタイプの母集団構成単位を動物－時間(animal-time)」と呼ぶことにする。標本単位(sample unit)とは標本に含まれる母集団構成単位である。

変数は，各標本について記録された測定値である。応答変数(response variable, 従属変数 dependent variableとも呼ばれる)は，推定または研究しようとする対象の属性である。説明変数(explanatory variable, 独立変数 independent variableとしても知られる)は，応答変数すなわち従属変数に関する情報を得るために用いられる。また，変数はどのような値をとるのか，その値が単に標識なのかそれとも大きさや何か他の順序関係を示すのかによっても分類される。連続変数(continuous variable)は，ある範囲内の実数のように，無限の数の値を取る。二分変数(dichotomous variable)あるいは，二項変数(binominal variable)は，二つの値のみを持つ。野生動物の研究で普通にみられる例としては，オス/メス，幼体/成体，生/死，ある生息地での存在/不在などがある。こうしたデータは，1と0にコード化されることが多い。1と0の平均値は，1のカテゴリーに入る項目の割合と等しい。二分変数と連続変数を区

分する理由の一つのは，それぞれのデータに異なる統計手法が用いられるためである。実際の分析では，データが三つ以上の異なる値を取る場合には連続データための方法が普通用いられる。標識(label)変数あるいは名義(nominal)変数は，いくつもの値を取ることもある。しかし，値の大きさがサイズの大きさやほかの何かの順序を意味することはなく，ただ，異なる状態を表すだけである。一般的な例として，性別(二分変数でもある)の他に，調査地，年数，暦年，年齢などがこれに該当する。暦年や年齢は，時間や年齢の経過に伴う傾向が分析されるかどうかによって，標識変数か連続変数のどちらかとして用いられる。この場合，重要なポイントは変数の値の順序に意味があるかどうかである。

ここで述べた用語について具体的な例を示しておく。Ely & Raveling(1989)は，(他の目的とならんで)平均体重を推定するため，サクラメントバレー(Sacramento Valley)で越冬するガンを捕獲した。この研究で母集団の構成単位となるのは1羽のガン，応答変数は体重値である。母集団は調査地のガン全体，標本は捕獲したガンである。体重の予測や研究に用いられる説明変数は，性，捕獲日，捕獲場所などである。体重と捕獲日はおそらく連続変数，性別は二分変数，捕獲場所は標識変数である。Santillo et al. (1989)は，除草剤処理に対する小哺乳類の反応を研究した。その際，彼らはある目的のために小さな円形プロット内にある広葉樹の樹幹数をカウントした。この研究の母集団の構成単位は一つのプロットがカバーする地域であり，応答変数は連続変数の樹幹数である。彼らは，はねわなを設置して1日1回チェックし，小動物の数も調べた。結果は，1わな1晩当たりの捕獲数で示された。この場合の母集団構成単位は，24時間あたりの1個のワナ(1わな1晩)である。応答変数は1と0で示される捕獲数で，これは二分変数になる。

この小哺乳類の例における母集団は，かけたわなの個数・日数のすべての集合であり，捕獲された可能性のある小動物すべての集合ではないことに注意してほしい。動物の捕獲や調査においては，たいていの場合，統計上の母集団は捕獲や調査努力量に基づいて定義される(たとえば，延べわな・晩数，延べ網・日数，観察延べ人・時間数，延べ調査回・距離数)。捕獲されたりカウントされた動物は，反応変数となる。この点が混乱するような場合，先に定義した統計上の母集団と，調査対象動物の集合である生物学的集団とは別のものと考えた方がよい。

誤差の種類

統計用語で誤差(error)は，推定値と推定しようとする数量(普通はパラメータと呼ばれる)の差をさす。誤差は，標本をランダム抽出する際にどの項目が実際に選ばれるかで生じる抽出誤差(sampling error)と，一貫してパラメータを過大または過小推定する傾向を示す偏り(bias)に分けることができる。より具体的に言えば，偏りはランダム抽出の影響を無視できるように非常に大きな標本をとる場合にも起こる誤差である。

測定に伴う偏り(measurement bias)は，データをとる際に生ずる誤差の結果であり，統計的偏り(statistical bias)はデータ分析の方法に起因している。測定に伴う偏りはとられた標本の構成単位の一部の測定値が記録されなかったり，記録が不正確な場合に起こる可能性がある。統計的偏りは，標準的で広く認知されている分析方法を用いればゼロか普通無視できるのが普通である。新しい方法，とりわけ研究者が新しく作った方法を用いる場合には，統計的偏りの有無を注意深く調べねばならない。以下の具体例でこれら3種類の誤差の違いを明らかにしよう。

Leuschner et al.(1989)は，合衆国南東部のハンターからランダム抽出標本をとり，税金を野生動物管理に充てることの是非を質問した。その目的は，質問に対して肯定的に答えるハンターの調査地域内での割合を推定することであった。この調査では抽出誤差が存在することが予想できる。というのは，野生動物に税金を充てた方がよいと考えている標本内の回答者の割合は，そう考えているハンターが全ハンターに占める割合とは正確に等しくないからである。標本に選ばれた人々の42%は，連絡が取れなかったり，無効な回答をしたり，回答をまったくくれないこともあったので，この調査結果には測定に伴う偏りがおそらくある。この42%の人々は，質問に回答を寄せた人々とは違うように感じているかもしれず，その結果，回答の中の肯定の割合は標本に選ばれた人のすべてが有効回答を寄せた場合に得られたであろう結果とは異なっている可能性があるからである。Leuschnerらは，一般的で広く認められている方法で結果を分析しているので，問題となるような統計的偏りが推計値に入り込むことはないと考えることができる。誤差の三つの原因(抽出誤差，測定に伴う偏り，統計的偏り)は互いにまったく別物であることに注意する必要がある。上の例のように，推定に統計的偏りがまったくないと言っても，抽出誤差の大きさまたは測定に伴う偏りについては何も明らかにはならない。

Otis et al. (1978)は，動物を捕獲し，標識をつけ1回または数回再捕獲して個体数を推定する方法をいくつか開発した。目的のパラメータは，母集団の全個体数である（これらの推定方法のモデルでは，試験期間中の個体数は一定と仮定している）。この方法では抽出誤差が生ずる可能性がある。なぜなら，推定はどの個体が捕獲されるかで左右され，それはまた研究者が制御できない数多くの要因にも左右されるからである。動物が標識を失った場合（これは起こらないと仮定している）には，測定に伴う偏りが生じると考えられる。これらの方法は，比較的新しいものなので，彼らは統計的偏りをコンピュータによるシミュレーションで調べた。彼らは，ある条件下では統計的偏りはわずかだが，他の条件下では推定値は常に過大であったり過小であったりしたと報告している。この偏りは，標識の紛失が起こらず，データが他のすべての点で適切に収集されても（つまり測定に伴う偏りがなくとも）発生する。

ここで述べたような各種の誤差を区別する理由の一つは，統計的な分析を行えば抽出誤差がどのくらい大きいかを推定できるが，偏りの影響は通常示されないためである。統計の入門書の著者たちは，こうした偏りは無視できると仮定しているので，この点についてはあまり強調されないことが多い。しかし，野生動物研究の多くではこれは妥当な仮定とは言えない。たとえば，野生動物個体群のモニタリングでは標本プロットにいるすべての個体を必ずしも発見できない方法が用いられることが多い。その結果を密度推定に用いると，推定値は過少に偏るだろう。各調査プロットでの発見頭数を統計的に分析すれば，抽出誤差の影響を明らかにすることができるが，過少推定の影響は明らかにならない。発見率が変化すると，何も変化は起こっていないのに生息密度の変化が起こっているように見えたり，あるいは密度の本当の変化を見落とすことにもなる。ある程度の偏りは野生動物研究で避けがたいことが多く，ほとんどの統計分析ではその影響を推定したり説明できないので，野生動物の研究での努力の大半は，偏りの大きさがあるレベルを超えないようにすることに向けられている。

❏標本抽出集団と想定集団

研究者は，得られた結果を調査した集団の範囲を超えてあてはめようとしがちである。多くの研究は，比較的限定された小さな調査地域で短期間に実施されるが，研究者は得られた結果がより広い地域や長い期間にわたって当てはまることを期待する。たとえば，アンケート調査の多くは，実際に想定した対象集団よりずっと小さな集団に実施されることが多い。前項で引用した野生動物への税金の充当に対する意識調査で，Leuschner et al. (1989)は，ハンターだけでなく森林官の意見も調べている。標本は，1985年のバージニア州のアメリカ森林官協会(The Society of American Foresters)の会員名簿から選ばれているが，彼らは対象集団として合衆国南東部の全森林官を想定していた。

このような例では，標本抽出母集団，すなわち実際に標本抽出の対象とした集団と研究上想定したより大きな対象集団とをはっきりと区別することが必要となる。この区別を行うのは二つの理由がある。一つは，標本抽出した集団に関して調査から得た結論の確からしさはそれが基づく統計分析から説明できるが，これより大きな対象集団への結論のあてはめるの妥当性は非統計的な理由による必要があることである。もう一つは，標本抽出集団の範囲は明瞭だが，研究対象として想定する集団の範囲は普通明瞭でないことである。たとえば，森林官という語を厳密に定義することは難しいだろう。また，鳥の標識調査から得た結論は，その調査をした年のその地域の鳥に適用するのが最もふさわしく，同じ地域でも異なる年に適用するのは不適当であり，さらに調査地から遠く離れた地域に生息する鳥への適用はもっと不適当である。

点推定と信頼区間推定

「点推定と信頼区間推定」とは，「パラメータ値について最良の推測値は何か」と「推測値はどのくらい正確か」を意味する。Koehler & Hornocker(1989)によるボブキャット(bobcat)の生息地選好の研究を例にとろう。彼らは，調査対象のボブキャットは山岳地域で10.3%の時間を過ごし，その推定値の90%信頼区間(CI)は6.2〜14.4%と報告した。最良の推定値（点推定）とCI（信頼区間）という用語を厳密に定義するために，（毎回違ったランダム標本が抽出されることを除いて）同一の標本抽出方法により，同じ集団から非常に多くの標本を抽出し，各標本ごとに推定値と信頼区間(CI)を計算することを思い描かねばならない。推定値に偏りがなければ，すべての標本の点推定値の平均は，真の値と厳密に等しくなる。この場合，標本データの分析に用いた方法は，パラメータ値の最良推定である。さらに，分析に必要な仮定が満たされている場合，たくさんの標本から求めた信頼区間(CI)の90%には真の値が含まれ，10%には含まれないことになる。

この点推定と区間推定の説明は，推定に偏りがないこと

を前提としている。なんらかの偏りがあると，その定義からすべての点推定値の平均値は真のパラメータと一致しない。先のボブキャットの例では，真のパラメータが含まれる信頼区間(CI)の割合は，90%水準を越えているだろうから，区間推定値もまた偏っていることになるだろう。

信頼区間の計算は，真のパラメータ値が信頼区間(CI)に含まれると期待される確率，すなわち信頼水準をまず決める。最も普通の信頼水準は95%だが，別の水準でもよい。求める推定値は，どのような値でもよい。典型的な例には，標本平均，母集団サイズ推定値，生存率推定値，回帰分析の傾きといった関係量の推定値などがある。どんな方法を使うかは複数の要因に規定される。標本数の小さい二分変数データでは，特別な表や公式が必要かもしれないが，その他の場合の多くは，単純な一つの方法で十分である。この方法には，データから求められる推定値，その標準誤差(SE)，データ数で決まる「自由度df」に規定される数値，そして適切な「t-値」が必要である。野生動物学でよく用いられる標準誤差(SE)と自由度(df)の公式は以下の節と，Boxに示してある。

推定値を報告する場合，信頼区間(CI)よりも標準誤差(SE)を示すのが普通である。そうすることで読者は，自分が適切と考える信頼水準で信頼区間を求めることができる。標準誤差(SE)を用いることで，後節で説明するように信頼区間(CI)の比較を用いて二つの点推定値を直接的に比較できる。推定値の精度は，SE/推定値という値で示すことができる。この値は，推定値に対する標準誤差(SE)の割合として表され，変動係数(CV)と呼ばれる。変動係数(CV)を用いて，読者は，推定値の信頼区間(CI)がどのくらいの大きさかがすぐわかる。たとえば，変動係数(CV)が10%，t-値を2とおくと(正確には1.96である)，95%信頼区間は，信頼区間は平均値の±20%の範囲であるとおよそわかる(なぜなら，信頼区間(CI)＝$\bar{y} \pm 2 \cdot SE = \bar{y}[1 \pm 2 \cdot SE/\bar{y}] = \bar{y}[1 \pm 2 \cdot CV]$)。これは，かりに変動係数(CV)が40%の場合(つまり95%信頼区間は平均値の±80%となるのだが)と比べると推定値がどのくらい正確かの情報を大きく異なる方法で与えてくれる。変動係数(CV)を使えば，複数の異なる推定値の信頼度を一言で表すこともできる。たとえば，変動係数(CV)がすべて15%より小さかったというように報告できた。

集団内のばらつきの記述

信頼区間(CI)，標準誤差(SE)および変動係数(CV)は，点推定がどのくらい正確かを示すが，測定値のばらつきについてほとんど示さないことに注意してほしい。観察値の平均に加えて，それがどのくらいばらつくか知りたい場合がある。たとえば，Golightly & Hofstra(1989)は，異なる薬剤を用いてエルクを不動化するのに要する時間を研究した。薬剤の効果がでるまで長時間を要するとエルクが逃げ出したり自分自身を傷つけてしまうことがあるので，不動化にかかる時間は短いことが必要である。異なる薬剤を評価する場合，不動化にかかる時間の平均だけでなく，個体間でかかる時間のばらつきを知る必要がある。

ランダム標本での測定値のばらつきの分析には，次の二つの方法を通常用いる。一つは，標本の大きさと値の範囲を報告して読者に極端な値を知らせる方法である。Golightly & Hofstra(1989)は，ケタミンによって23頭のエルクを不動化するのにかかった平均時間が8.7分で，その値の範囲が5〜14分であったと報告した。2番目の方法は，観察値の何割かを含む区間を計算することである。たとえば，Golightly & Hofstraは，不動化にかかる時間の2/3は7.3〜9.6分の範囲にあった，あるいは要不動化時間の80%は5.8〜12.7分であったとも報告できただろう。これと関連の強い方法は，まず測定値の分布が正規分布すると仮定して良いかを調べ，正規分布に近い場合には，標準偏差(SD)を用いて，任意の割合のデータが入る区間を計算する方法である。たとえば，正規分布する標本では観察の65%が平均値から1標準偏差(1 SD)の範囲に入り，80%が平均値から1.28標準偏差(1.28 SD)の範囲に入るといった具合である。この方法はAnthony & Isaacs(1989)がハクトウワシ(bald eagle)の営巣場所の研究に用いた。その目的の一つは，ハクトウワシが営巣場所とした樹木の高さはどのくらい変動するか記述することだった。巣に用いられた53本のポンデローサマツを測定し，測定値が正規分布にしたがうことを確かめて，平均高が38.0 mで標準偏差が5.3 mだと報告した。この情報により読者は測定値が任意の割合で含まれる区間を計算できる。たとえば，樹高のおよそ80%はおそらく31〜45 m($38 \pm 1.28 \times 5.3$)となる。観測値が正規分布にしたがうかを確かめたり，観測値の任意の割合が含まれる区間を計算する方法は多くの統計の教科書に示されている(たとえば，Moore & McCabe 1988)。

上述した変動係数(CV)も観測値の変動を示すのに用いられる。この目的で用いる変動係数(CV)を求める計算式には，標準誤差(SE)/平均値よりも標準偏差(SD)/平均値が適切である。変動係数(CV)が15%は，測定値のおよそ65%は平均値の15%の範囲にあり，測定値の80%は19%

(1.28×15%)の範囲にあることを示している。

得られた結果の尺度の変更

　測定値をある尺度で記録し，異なる尺度で結果を報告することがよくある。これは，集団の構成単位がプロットの場合や反応値が平均値や総数の場合，ごく一般的である。たとえば，Wood(1988)は，シカの餌やその栄養成分を改善するための火入れの効果を研究した。彼は，火入れ前に $1\,m^2$ プロット内の植物の乾燥重量を測定した。結果は，他の変数と比較するために1 ha 当たりの乾燥重量に変換した。

　この研究では，新しい尺度への変換が元の推定値に定数を乗じたものであることに気づいてほしい。定数という語は，点推定でどのような値が得られたかにかかわらず一定である数値を意味している。変換がこのように行われた場合，新しい尺度の平均値の標準誤差(SE)はもとの標準誤差(SE)に同じ定数を乗じて求める。この例での定数は，10,000(1 ha 中の $1\,m^2$ 格子の数)で，ha 当たりの平均値の標準誤差(SE)は，m^2 当たりの標準誤差(SE)を 10,000 倍したものである。信頼区間(CI)は通常と同様に計算できる〔平均値/ha±t-値×ha 当たり平均値の標準誤差(SE)〕。

　この原則は，推定平均値から推定総数を求める一般的な方法にもあてはめることができる。プロット別の個体数平均が 2.0 と推定され，調査地が 100 プロットあったとすると，個体数の推定値は，100×2.0＝200 となる。この例での 100 は定数である。この値はプロット当たりの平均値にほかのどんな値をあてても同じである。つまり，標準誤差(SE)や信頼区間(CI)を求めるための尺度の変換のルールは，個体数総数の推定にも応用できるのである。

❏ 単一の数値の推定

　この節では，平均，割合，総数を推定する方法について述べる。この例としては，平均高，授乳しているメスの割合，調査地域にいる動物の総数などがある。集団の構成単位について数種類の変数が測定できるが，我々はそれらを1回に一つずつ分析すると仮定する。たとえば，平均体重を求め，次いで平均年齢，そして2歳以上の個体の割合を求めるという具合に推定するかもしれない。推定値を比較したり，二つ以上の変数の関係を研究する方法については後節で述べる。

　我々は数種類の数量を記録することが多いが，分析には母集団構成単位の一つだけが必要となることがある。たとえば，動物の状態指標値を得るには各個体から数種類の測定値が必要となるだろう。状態指標の平均値の推定には，各個体から一つの数値，つまり状態指標値が推定に必要となるので，その分析には本章で述べる方法を使う。

有限母集団補正

　標準誤差(SE)および信頼区間(CI)の計算式には，標本が母集団に対してどのくらいの大きさかを考慮した補正項の有限母集団補正(fpc)が含まれている。有限母集団補正(fpc)の形は，標本抽出方法により異なるが，これについては後節に示した。有限母集団補正(fpc)により標準誤差(SE)は小さくなるが，母集団のごく一部しか標本が含まれていない場合には，これは標準誤差(SE)に実質的な影響はないと考えられる。

　多くの研究では標本抽出の対象となる母集団は標本よりもずっと大きい。このため有限母集団補正(fpc)は無視できる〔標準的な教科書に掲載されている計算式には有限母集団補正(fpc)を含めてさえいない〕。標本に母集団の大部分が含まれる場合でも，対象とする母集団が大きい場合は，有限母集団補正(fpc)は使わない。McAuley & Longcore (1988)はメイン州の三つの調査地で若いクビワキンクロ(ring-necked duck)の生存率を推定している。各調査地で幼鳥のほとんどを発見したので有限母集団補正(fpc)に実質上意味があり，統計分析に有限母集団補正を用いると標準誤差(SE)はかなり減少するはずである。しかし，その研究目的はより広い地域でのクビワキンクロの生存率を調べることであった。そのため，彼らは有限母集団補正(fpc)は不適切として使用しなかった。

広く用いられている標本抽出法

　推定と統計検定に必要な計算式は，データ収集に用いた標本抽出法に応じて変わる。多くの野生動物研究では単純ランダム抽出法のために作られた計算式が使用されている。

単純ランダム標本抽出

　単純ランダム標本抽出とは，新しい構成単位が標本に選ばれるときはどの構成単位が選ばれる確率も等しいことを意味する。単純ランダム標本を選ぶ方法の一つは，集団中の構成単位すべてに番号を割り当て乱数表を使って構成単位を選ぶことである。いったん標本抽出された構成単位が再び標本抽出されない場合に，この標本抽出法は「再抽出のない単純ランダム標本抽出」と呼ばれる。野生動物の研究では，再抽出のない標本抽出法がたいてい使用され，本

章ではこの方法を仮定している。真の単純ランダム標本抽出は，二つの理由で野生動物の研究では一般的でない。まず，研究者が動物を構成単位として選んだ場合，集団の全個体を識別してそれらをランダムに選ぶことは非常に難しいので，単純ランダム標本抽出の適用は困難である。さらに，構成単位が空間や時間，あるいはその両方で定義されている場合では，研究者は系統抽出を好んで用いることが多いことである（このことに関しては第1章と以下に述べる内容を参照してほしい）。本章を作成するにあたって調査した198編の文献のうち，わずかに31編の研究が単純ランダム標本抽出を採用しており，それらの研究の多くでは単純標本抽出を単独で用いるのではなく，多段標本抽出法（後述の内容を参照してほしい）の一部分としてこの抽出方法が用いられていた。

等確率で行われない標本抽出法もある。たとえば，母集団の構成単位を土地所有者として，単純ランダム標本抽出法を用いて地図上の点を抽出し，選ばれた場所の土地所有者を標本抽出する場合を考えよう。この方法では，大規模な農場の所有者は小規模な農場の所有者よりも標本に含まれる機会が多くなるだろう。確率が不均等な標本抽出は野生動物の研究では一般的でないので，本章ではこれについては論じない。確率の不均等な標本抽出を行う場合に必要な分析手法のいくつかは複雑なので，分析を行う前に統計専門家の助言を受けることを薦める（このことに関してはCochran 1977を参照してほしい）。

単純ランダム標本抽出における平均値，標準誤差（SE）および信頼区間（CI）の計算式を，Box 2-2～Box 2-4に示した。標準誤差（SE）はほとんどの電卓では n 個の標本の値を入力し，σ と表された標準偏差（SD）を求め，この値を n の平方根で割ることで簡単に求めることができる。式2.3に示す標準偏差（SD）は，分母に $(n-1)$ を持つことに注意してほしい。電卓には普通，このように計算される標準偏差（SD）だけでなく，分母に n を使うやはり標準偏差（SD）と呼ばれる値を求める機能も備えている。標準誤差（SE）を求めるには，$n-1$ で割ったSDを n の平方根でさらに割る必要がある。学生は，標準偏差（SD）を求めるのに「n と $n-1$ のどちらで割るか」と，SEを求めるのにSDを n の平方根で割る必要があることを混乱することが多い。このような場合には，次の仮想的な事例を参考にすると，やり方が正しいか確認できるだろう。

それぞれが調査地域の1%を構成する10個のプロットで，ヘリコプターからヘラジカ個体数を調べたとしよう。発見効率は100%と仮定する（したがって，測定に伴う偏りは

Box 2-2 一段抽出または一次抽出単位が同じサイズの多段抽出によるデータにおける母集団平均の推定値と標準誤差SE

A. 定義
 1. 一段抽出においては，
  $n=$ 測定した抽出単位の数（標本サイズ）
  $y_i=i$ 番目の抽出単位の測定値
 2. 一次抽出単位が同じサイズの多段抽出においては，
  $n=$ 一次抽出単位の数
  $y_i=i$ 番目の一次単位の平均推定値

B. 母集団平均 $\bar{y}$，標準偏差SD，標準誤差SE$(\bar{y})$ および自由度（df）は，次のように推定される

$$\bar{y}=\Sigma y_i/n \tag{2.1}$$

$$SE(\bar{y})=SD(y_i)/\sqrt{n} \tag{2.2}$$

$$SD(y_i)=\sqrt{\Sigma(y_i-\bar{y})^2/(n-1)} \tag{2.3}$$

$$=\sqrt{(\Sigma y_i^2-n\bar{y}^2)/(n-1)} \tag{2.4}$$

$$df=n-1$$

ここで，すべての合計は $i=1$ から n まで行っている。

C. 注記
 1. SE$(\bar{y})$ の計算式は母集団が「十分大きい」と仮定している。そうでない場合は，（上の式で計算した）SE$(\bar{y})$ に $(1-n/N)$ の平方根を乗ずる。ここで N は，母集団の構成単位の数（多段抽出の場合は一次抽出単位の数）である。野生動物の研究ではこのようなケースはほとんどない。
 2. いくつかのコンピュータプログラム，とくに表計算ソフトを用いるとSDの計算が簡単にできるが，その分母には $n-1$ ではなく n が用いられている。このSD（これをSD$_n$ としよう）からSE$(\bar{y})$ を求めるには，SD$_n$ を $n-1$ の平方根で割るとよい。

Box 2-3 連続変数のCI（信頼区間）と検定

A. 記号
 $\bar{y}=$ 推定値。通常は平均値を示すが，正規近似が当てはまる限りどんな統計量（たとえば集団総数，回帰分析の傾きなど）でもよい。
 $t_{\alpha,df}=$ 表Aにおいて有意水準 α（通常は0.05）と自由度dfに対応した値（Box 2-2または2-5を参照）。
 $\mu=$ 帰無仮説のもとでの真の値

B. $\bar{y}$ に対する $(1-\alpha)$ CI は，

$$\bar{y}\pm t_{\alpha,df}[SE(\bar{y})] \tag{3.1}$$

C. 次の条件が成り立つとき，またはそのときに限り，y は μ と有意に異なっている。

$$\frac{|\bar{y}-\mu|}{SE(\bar{y})}\geq t_{\alpha,df} \tag{3.2}$$

0.0となる）。記録された数値は，3, 3, 5, 7, 5, 4, 5, 6, 4, 3である。プロット当たりのヘラジカの平均頭数と調査地内のヘラジカの合計頭数を推定し，各推定値の95%信頼区間を求めたいとしよう。この場合，平均値は4.5，標準偏

> **Box 2-4** 一段抽出における割合の推定値の信頼区間
> (CI)と検定
> A. 定義
> p＝割合の推定値
> $q=1-p$
> n＝標本サイズ
> P＝仮定された p の真の値（0.5 など）
> $t_{\alpha,df}$＝表A1において有意水準 α（通常は 0.05）と自由度 df に対応した値（下の項を参照）。
> B. 正規近似を用いる場合の基準（Cochran 1977: 58 を修正）
>
> | p または $1-p$ の どちらか小さい方 | 正規近似を用いるべき 最小の標本サイズ n |
> | --- | --- |
> | 0.5 | 30 |
> | 0.4 | 50 |
> | 0.3 | 80 |
> | 0.2 | 200 |
> | 0.1 | 600 |
> | 0.05 | 1,400 |
>
> C. 正規近似による分析
> 1. 次の場合にのみ p は P と有意に異なっている。
>
> $$\frac{|p-P|}{\sqrt{PQ/n}}-\frac{c}{\sqrt{nPQ}} \geq t_{\alpha,df} \qquad (4.1)$$
>
> ここで，c，"連続性補正（correction for continuity）"（Snedecor & Cochran 1980, 7.6 参照）は，以下のように定義される。
>   a. 片側検定には，$c=0.5$
>   b. 両側検定では，c の値は $f(n|p-P|$ の小数部分）の値によって決まる。$f>0.5$ の場合に $c=f$ となり，その他の場合は $c=f+0.5$ となる。たとえば，$n(p-P)$ が 7.9 または-7.9 の場合，$f=0.9$ となり，$c=0.9$ が得られる。$n(p-P)$ が 7.3 または-7.3 の場合，f は 0.3 となって c は 0.8 で与えられる。
> 2. p に対する $(1-\alpha)$CI（Cochran 1977: 57）は，
>
> $$p \pm t_{\alpha,n-1}\sqrt{\frac{pq}{n-1}+\frac{0.5}{n}} \qquad (4.2)$$
>
> 3. 有限母集団補正（fpc）が適切な場合，式4.1の「PQ/n」が「$(1-n/N)PQ/n$」で置き換えられ，式4.2の「pq」が「$(1-n/N)pq/n$」で置き換えられる。ここで N は母集団サイズである。
> 4. 帰無仮説のもとでは分散は既知であるので，SE(p)に対して，有意差検定が PQ/n を用いることに注意してほしい。分散がわからない場合，CI を計算する場合と同様に $pq/(n-1)$ が適切な計算式である（Cochran 1977: 52）pq/n がまちがって広く用いられている。
> D. 正規近似があてはまらない場合の分析
> 1. 直接計算して仮説検定を行うのはめんどうである。代わりの方法（Steel & Torrie 1980:484）として，信頼区間CI（下を参照）を計算し，その信頼区間CIが，P を含まない場合は，帰無仮説を棄却することができる。
> 2. 信頼区間CI
>   a. 近似限界は，付録の図A1あるいは二項信頼限界（たとえば，Steel & Torrie 1980:598）による値の補完法から求める。
>   b. 厳密な限界値は，F 分布表の値（付表A2）から求めることができる。f 値は有意水準「分子（第一自由度）」v_1 と「分母（第二自由度）」v_2 の値によって決まる。
>   下限値
>
> $$= \left[1+f_{\alpha/2,v_1v_2}(q+1/n)/p\right]^{-1} \qquad (4.3)$$
>
>   ここで，$v_1=2(nq+1)$，$v_2=2np$ である
>   上限値
>
> $$= \left[1+\frac{q}{(1/n+p)f_{\alpha/2,v_1v_2}}\right]^{-1} \qquad (4.4)$$
>
>   ここで，$v_1=2(np+1)$，$v_2=2nq$ である。

差は 1.354，標準誤差（SE）は 0.428 となる。自由度は 9 で（Box 2-2 を参照），95％水準での t-値は 2.262 となるので，95％信頼区間（CI）は（4.5－[2.262]×[0.428]）から（4.5＋[2.262]×[0.428]）つまり 3.53～5.47（Box 2-3 を参照）と求められる。プロットは各調査地で 1％ を占めるので，全体では 100 プロットある。したがって，推定ヘラジカ総頭数は 450 頭で，推定値の標準誤差（SE）は 100×0.428＝42.8 で，95％信頼区間（CI）は，（450±(2.262)×(42.8)）つまり 353 頭から 547 頭となる。先に指摘したようによくある間違いは，正しい標準誤差（SE）の代わりに n で割った標準偏差（SD）を SE として信頼区間（CI）を求めてしまうことである。そうすると誤って計算された標準誤差（SE）は 1.28 となり，動物生息総数は 161 から 740 頭と計算され，正しい値よりも幅の大きい信頼区間が求められてしまう。このように標準誤差（SE）を誤って推定すると大きな間違いが生じる可能性がある。

非ランダム標本抽出

上述したような定義どおりのランダム標本抽出法は実際的でないことが多い。Hannon et al.(1988)は，カナダ北部で営巣しているカラフトライチョウ（willow ptarmigan）を調査した。旅費がかかるため，彼らは狭い調査地を対象として選び，調査地内に営巣するライチョウのほとんど全部を調査しようとした。この調査は真の意味のランダム抽出でないことは明らかで，実際にそうすることも不可能であった。Brody & Pelton(1989)は，ノースカロライナ州で道路へのクロクマの反応を調べた。17 頭のクマを捕獲し電波発信機を装着して，それぞれのクマの行動圏サイズやその他の数値を推定した。Hannon et al. の研究と同じように，範囲が明確な集団の全構成員に番号が付され，乱数表

で番号がついた標本を選ぶような真の意味のランダム抽出は，もちろんこの研究では無理である。我々が調査した野生動物の研究事例の約75％の標本抽出法では，母集団の構成単位(多くは動物)を非ランダム抽出する方法が用いられている（表2-1）。

標本抽出で非ランダム抽出が避けられないことが往々にしてあるが，その場合には分析の際に問題が生じることがある。ランダム標本抽出には三つの利点がある。パラメータの推定値に偏りがないこと，標準誤差(SE)の推定値に偏りがないこと，範囲が明確な母集団に対して推定結果を適用できることである。ランダム標本抽出が不可能な場合，これらの利点の一部またはすべてが失われてしまう。偏ったパラメータ推定は，集団の構成単位が動物であり，その捕獲が難しい場合にとくに起こりやすい。たとえば，ある抽出法を用いると若齢個体や，なわばりをもたない動物を捕獲する傾向があることも考えられ，その場合，捕獲された個体の応答変数が，老齢個体やなわばりをもつ個体のそれとは異なることが起こりうる。ある狭い地域内に存在するすべての個体を調べる場合には，より広い地域からランダム標本抽出された個体どうしより，生息環境の影響で互いに似通っていることも考えられる。このような場合には，標準誤差(SE)とその信頼区間(CI)は過小となるだろう。標準誤差(SE)が過大推定される場合も考えられる。より大きな研究対象の集団へ分析結果を適用することが野生動物の研究で統計分析を行うおもな目的だが，狭い地域や短い間隔ですべてのデータを収集したり，捕獲方法がある特定の動物だけに効果がある場合，このような結果のあてはめをすることが難しいことが多い。(標本抽出した集団より)多少大きめの集団に分析結果が適用できるのは間違いないが，どの範囲の地域，時間，または動物に分析結果を当てはめて良いかを判断するのは困難な場合があり，研究者で意見が異なる可能性もある。

非ランダム標本は，通常は，あたかも単純ランダム標本のようにみなして分析される。しかし，どの抽出段階がランダム抽出に相当するかについて異なる仮定を置く場合もある。一般に，この仮定によって，標準誤差(SE)の計算式は異なり，推定精度も大きく異なってくる。非ランダム標本抽出の決定的な問題点は，研究者が異なる計算法を用いて標準誤差(SE)を計算し，そのうちSEが最小の計算法を採用されがちなことである。このため，非ランダム標本抽出はできるだけ避けるべきで，この方法を使えばデータの厳密な統計的分析が困難になることに留意すべきである。

系統抽出

系統標本の抽出手順は第1章で述べた。この方法は，我々が調べた研究の25％以上が採用している（表2-1）。この抽出法は，簡便さと効率性という理由で空間的あるいは時間的な標本抽出では普通に用いられる方法である。

系統標本は，通常，単純ランダム標本とまったく同じ方法で分析される。こうした方法は，実際ごく普通に行われるので，研究者は単純ランダム標本向けの計算式を用いたとわざわざ述べないほどである。しかし，系統標本と単純ランダム標本とはまったく同じではなく，系統標本抽出には次のような2, 3の注意点がある。まず，標本の最初の構成単位がランダムに抽出された場合，(平均値，合計，または割合の)点推定値は偏らないことである。2点目としては，系統抽出は単純ランダム標本抽出で得た推定値より実際により精度の高い推定値〔小さくて正確な標準誤差(SE)〕がよく求められることである。しかし，これは時には逆のこともある。3点目は，少しばかり変わった点であるが，(単純ランダム抽出の計算式で計算した)標準誤差推定値(SE)が偏ることが多いことである。とくに，系統抽出のほうが単純ランダム抽出よりも精度の高い推定値が得られる場合(これは，系統標本が集団を一様に覆い，集団内に認められる周期性と合致しないからである)，単純ランダム抽出のための計算式は真の標準誤差(SE)を過大推定し，信頼区間も大きく見積もられる。系統抽出を用いた(かつ第1章の忠告に従った)場合には，二つの機能の選択がある。一つは，単純ランダム抽出のための式を分析に使って信頼区間(CI)が過大推定になることを受け入れることで，もう一つはもう少し複雑な方法を標準誤差(SE)の推定に用いるべきかについて統計の専門家にアドバイスを受けることである。

上述の3種類の標本抽出法は，抽出作業の前あるいは間に集団がグループに分割されないという意味で一段抽出法と便宜的に呼ばれている。以下に一段抽出法に替わる二つの方法について述べておく。

一次抽出単位が同じサイズの多段抽出法

第1章で述べたように，多段抽出は集団の構成単位をまずグループで選び，続いて各グループ内の構成単位のすべてか一部を測定する方法である。この最初のグループを一次抽出単位あるいは一次単位と呼ぶ。生息地の研究に多い抽出計画は，まず，大きなプロットを設け，それぞれのプロットから小さなサブプロットを抽出するものである。こ

の例では，集団の構成単位はサブプロットで，プロットが一次単位となる。アンケート調査では，研究者は世帯をランダム抽出し，さらにその構成員の意見を調べることがよく行われる。集団の構成単位は個人であり，家庭が一次単位となる。ラジオテレメトリーや行動研究では，研究者は数頭の動物に標識づけし，各動物について数種類の観察値を記録する。この場合，集団の構成単位は個体当たり観察時間で，1個体で記録されうる観測値すべてが一次単位となる。つまり，我々は各動物を一次単位として見なしているのである。

多段抽出では，各一次単位に含まれる集団の構成単位の数が各一次単位のサイズとして定義される。平均値，割合または総計の推定には一次単位のサイズすべてが等しいか，否かがわかっていることが必要で，サイズが異なるなら各一次単位のサイズを知る必要がある。サイズが明確に定義できなくとも，各一次単位のサイズが同じだとわかっていることがある。たとえば，動物個体が一次単位で，集団の構成単位が時間のある瞬間の場合，一次単位の「大きさ」は明確には定義されていない。しかし，それぞれの動物が調査地域内に同じ時間だけいるかぎりにおいては，一次単位はすべてが同じ大きさと見なすことができる。多段抽出法が用いられている生息地の研究では，一次単位（プロット）は普通同じ大きさである。

多段抽出での有限母集団補正項(fpc)は，標本に含まれる一次単位の研究対象集団中での割合として定義される。一段抽出と同様に有限母集団補正項(fpc)は，野生動物の研究でほとんど無視することができる。

多段抽出は，野生動物の研究によく用いられる方法で，我々が調べた研究の1/3以上を占めている。それらの研究のすべての一次単位は同じサイズであったので，これについて最も詳しく述べることとする。また，有限母集団補正項(fpc)は無視できるものと仮定する。

一次単位が同じサイズの多段抽出のデータ分析は，ランダム標本抽出の式が使えるのでとてもやさしい。真のランダム抽出では，Y_iは標本のi番目の構成単位での観察値で，nは標本サイズである。多段抽出した一次単位が同じサイズである場合，Y_iをi番目の一次単位の推定値，nは一次単位のサイズとしよう。標準誤差(SE)と平均値を求めるにはBox 2-2のランダム抽出の式を用いる。その他には特別な手順は必要ない。

この方法による野生動物研究のほとんどは，一次単位に含まれる集団の構成単位の選択に一段抽出を用いている。しかし，時にはもっと複雑な抽出法が一次単位内での抽出に用いられることもある。たとえば，テレメトリー法や行動研究では，（動物，季節，日，時間，ある瞬間といった）いくつかの段階に分けて観察値が収集されるが，抽出の各段階では長さや大きさが異なることもある。つまり，季節の場合，繁殖期前期，繁殖期および繁殖期後期以降に分けられ，期間の長さが異なり，それぞれの期間で収集されるデータの量も異なるかもしれない。このような例では，各抽出段階における結果を適切に重みづける必要があるので，1頭当たりの平均値の推定は複雑になるだろう。ここで，各動物個体（または他の一次単位）の不偏推定値を得るのが計算目的であることに気づいてほしい。「不偏」という言葉は，同じ抽出法を用いてずっと多くの標本を収集し1頭当たりの平均をとると，それが真の平均値になっていることを意味する。

Boxや以下の節で説明するように，一般的な分析方法はデータが二分変数か連続変数かで大きく異なってくる。しかし，この区分は一段抽出の場合に限って重要である。と言うのは，多段抽出の分析は一次単位ごとの推定値に基づくのが常で，もとの観察値が二分変数であっても推定値は連続変数となるためである。たとえば，Bidwell et al. (1989)は41羽のシチメンチョウを生け捕り，数種類の生息地における個体ごとの滞在時間の平均割合を推定した。この場合での観察値は，（滞在した場合は1，しなければ0の）二分変数だが，抽出法は明らかに二段階ある。鳥を選び，選んだ鳥のそれぞれを測定することである。したがって，平均値と標準誤差(SE)は，鳥ごとに計算した（0と1の）平均値を用いて求められ，その推定値は連続変数となる。上述したように，一般にランダム変数が3以上の値をとれば連続変数を前提とした分析方法が常に用いられる。したがって，それぞれの鳥に2種類だけの観測値が記録されたとしても，鳥ごとの推定値は0, 0.5, 1の値をとるので，連続変数での方法が分析に用いられる。

層化抽出法

層化抽出法では，母集団は多段抽出法と同様にグループに分けられているが，標本は一部のグループからではなく各グループごとに選ばれる。さらに，一次単位と区別して層と呼ばれるグループはサイズが異なることがよくあり，これは多段抽出法ではあまり見かけない。

層化抽出法は広域を対象とした野生動物の研究によく用いられる。層が適切に区分されている場合，層化抽出法は単純ランダム標本抽出法よりも標準誤差(SE)が実質的に小さいことが多い。層化は，標本が地域全体に分布するこ

とを保証したり，ある地域に標本抽出を偏らせたり，調査地域の各部分で(すなわち各層別に)推定値を別々に求めたりできる。アメリカ魚類野生生物局(U.S. Fish & Wildlife Service)による繁殖鳥類調査(The Breeding Bird Survey)は，層化抽出の典型的な例である。調査地域(北アメリカの大部分)は，まず緯度・経度の1度単位で分割されている。調査ルートはそれぞれのブロック内にランダムに描かれている。繁殖地での個体数と出生数を推定する水鳥調査の場合は，層がより大きいことと各層内では調査ラインが系統的に配置されていることを除けば，繁殖鳥類調査と同様に設計されている。しかし，調査ライン間の距離は層ごとに異なるため，得られる標本は全調査地域をカバーする系統抽出標本とは同じものではない。アメリカヤマシギ(woodcock)およびナゲキバト(mourning dove)の全国調査や州レベルの多くの調査でもルート選定に層化抽出が用いられている。

層化抽出標本のデータ分析は層ごとに用いた標本抽出計画の種類により異なってくる。その手順は次のとおりである。まず，i番目の層にある集団の構成単位ごとの推定平均値である$\bar{y}_i$とSE($\bar{y}_i$)の推定値を別々に求めて，それらを用いて式(5.1)と式(5.2)(Box 2-5)により全体平均値$\bar{y}$とSE($\bar{y}$)を推定する。層化抽出を採用している野生動物研究では，層内の標本抽出計画はほとんどいつも，一段抽出法か一次抽出単位が同じ大きさの多段抽出法を使うので，$\bar{y}_i$とSE($\bar{y}_i$)は単純ランダム標本抽出の式(Box 2-2)で簡単に求めることができる。

層化の利点の一つは，層内の標本抽出強度を変えることができることである。ここでは，この方法がどのくらい有用か例を示しておく。我々は，ラジオテレメトリーを用いてハイイロギツネの生息地選択を調べている研究者に会ったことがある。彼は，キツネの行動を24時間連続してモニターしており，夜間には4時間おきに調査個体をチェックし，データがうまくとれていると感じていた。しかし，キツネは日中毎日同じ休息地にいて動くことは少ないので，この標本抽出強度は労力のかけすぎに見えた。しかし，彼は，手順を一定にする必要があると考え，日中も同じ時間間隔でロケーションの記録を続けた。もし，日中と夜間という別々の層を定義したならば，日中の生息地利用に実質的変化がないという理由から，日中の標本抽出強度を減らせたはずである。この場合，もっと少ない標本サイズでも，日中のデータの標準誤差(SE)($\bar{y}_{day}$)は，より小さくなっただろう。さらに，層化抽出では全体の標準誤差(SE)は各層内の分散を用いて求めるので，夜と昼の生息地利用が異なる場合，全体の推定値の標準誤差(SE)は実際に得た推定値よりも小さくなったと考えられる。

他の設計方法

このカテゴリーには，母集団は大きいが一次単位の大きさがふぞろいである研究や母集団の10%以上の一次単位を標本とする研究が入る。どちらも野生動物の研究では見受けることは少ない。この例としては，W. Butler(私信)とその共同研究者が開発したアラスカ西部で営巣するガンの空中調査法がある。この研究の目的は，km²あたりのガンの生息数を推定することである。彼らが用いた帯状調査区(transect)はそれぞれ1km幅であった。調査は沿岸から開始され，ガンがどの程度内陸部で営巣しているかにしたがいさまざまな距離で内陸部まで続けられた。集団の構成単位は1km²の区域で，変数はガンの個体数，各帯状調査区が一次単位に該当する。この一次単位はその長さが変化するので大きさは不均一である。帯状調査区は16kmずつ離れており調査地域をすべてカバーしているので，有限母集団補正fpcは1/16となる。彼らは，各帯状調査区でのkm²あたりの平均個体数($\bar{y}_i$)を計算し，$\bar{y}$と標準誤差(SE)の計算には，式(5.1)と式(5.2)式を用いた。Box 2-5にも説明があるように，調査区域内に設定し得る帯状調査区すべての平均長(つまり，母集団における一次単位すべての平均サイズ)を計算することもできる。しかし，この方法では精度は低くなるだろう。

事 例

近年に公表された野生動物研究の例を用いて，Box-2-2〜Box 2-5の方法によりデータが実際にどう分析されうるかを示そう。

Serie & Sharp(1989)はウィスコンシン州でオオホシハジロ(canvasback)成鳥メスの秋の渡りの期間の平均体重を推定した。彼らは分析に160個体を捕獲した。これは非ランダム標本抽出の例である。集団の構成単位は鳥の個体で，変数はその体重である。Box 2-2に示す式が平均体重および標準誤差(SE)の推定に用いられている。

Lowney & Hill(1989)は全体をカバーするように配置した細長いそれぞれが0.5haの細長い帯状調査区を調べ，ノクスビー国立野生動物保護区内(Noxubee National Wildlife Refuge)の川岸に設置したプロット内にあるアメリカオシドリ(wood duck)の巣穴の総数を推定した。これは単純ランダム標本抽出の例である。集団の構成単位は帯状調査区であり，変数はアメリカオシドリの巣穴数である。

> **Box 2-5** 層化抽出標本または一次抽出単位のサイズが異なる多段抽出標本によるデータの母集団平均および標準誤差(SE)の推定計算式
>
> A. 記号
> $N=$母集団中ののグループ(層あるいは一次抽出単位)の数(時には無限に大きい)
> $n=$抽出されたグループの数
> $w_i=$母集団構成単位の数あるいはi番目のグループが母集団に占める割合
> $\bar{w}=$(下記のC.2の場合を除く)標本におけるw_iの平均
> $\bar{y}=$母集団平均の推定値(すなわち母集団構成単位当たりの平均)
> $\bar{y}_i=i$番目のグループにおける母集団構成単位の平均の推定値
>
> B. 母集団平均の推定値$\bar{y}$
> $$\bar{y}=\frac{1}{n\bar{w}}\sum w_i\bar{y}_i \quad (5.1)$$
> もし,w_iがi番目のグループが母集団に占める割合ならば$n\bar{w}=1$。
>
> C. $SE(\bar{y})$とその自由度dfを求めるための計算式
>   1. 層化抽出,$n=N$の場合(Cochran 1977:95を修正)
> $$SE(\bar{y})=\sqrt{\frac{1}{(n\bar{w})^2}\sum w_i^2[SE(\bar{y}_i)]^2} \quad (5.2)$$
> 各層内で一段抽出法が用いられた場合(最も普通のケース)は,表2.2(Box 2-2)を$SE(\bar{y}_i)$の計算に用いる。自由度はdfは,
> $$df=\frac{(\sum g_i)^2}{\sum(g_i/(n_i-1))} \quad (5.3)$$
> ここで,$g_i=w_i^2[SE(\bar{y}_i)]^2$および$n_i=i$番目の層内での標本サイズ。層内で多段抽出が行われた場合,$SE(\bar{y}_i)$はBox 2-2(一次単位が同じサイズで$n/N<0.1$の場合)または,下のC.2(その他すべての場合)の計算式から求める。自由度の計算は統計の専門家の助言を受けることを薦める。
>
>   2. 多段抽出,$n<N$の場合(Cochran 1977;式11.30を修正)
>   一次単位のサイズが等しくない場合あるいは$n/N\geq0.1$の場合は,以下の計算式を用いる。その他の場合はBox 2-2の式を使用する。
>   a. 一次単位のサイズが等しくなく不均等で$n/N<0.1$の場合
> $$SE(\bar{y})=\sqrt{\frac{1}{n\bar{w}^2}\sum w_i^2(\bar{y}_i-\bar{y})^2/(n-1)} \quad (5.4)$$
> $$df=n-1 \quad (5.5)$$
> 注:母集団全体の一次単位の平均サイズが既知の場合,式(5.1)で$\bar{y}$を計算する際,それを$\bar{w}$として用いることができる。$SE(\bar{y})$の計算には,$\bar{y}_i=w_i\bar{y}_i/\bar{w}$($\bar{w}$は母集団平均)として求め,$SE(\bar{y})$を次のように計算する(Cochran 1977:303)。
> $$SE(\bar{y})=\sqrt{\frac{\sum(y_i-\bar{y})^2}{n(n-1)}} \quad (5.6)$$
> $$=SD(y_i)/\sqrt{n} \quad (5.7)$$
> 多くの研究では,この式で得た$SE(\bar{y})$は先の式3.4で得た$SE(\bar{y})$よりも大きくなる。
>   b. $n/N\geq0.10$の場合
> $$SE(\bar{y})=\sqrt{(1-n/N)SE_1^2+(n/N)SE_2^2} \quad (5.8)$$
> ここで,SE_1は式(5.4)で計算した$SE(\bar{y})$,SE_2は式(5.2)で計算した$SE(\bar{y})$。
> この式は,常に多段抽出を行った場合に用いることができる。しかし,$n/N<0.1$の場合,単純な方法(式2.2または式2.4)でもほとんど同じ結果となる。自由度の決定には,統計専門家の助言を受けることを薦める。

Box 2-2の式がプロットあたりの巣穴数の平均値推定に用いられている。保護区の巣穴の総数と標準誤差(SE)の推定には,先に説明した結果のスケールを変更する方法が用いられている。

Reed et al.(1989)は,北アメリカ北部の4地域に広く分散して生息しているコクガン(brant)の成鳥33羽に発信機付き首輪を装着し,秋のわたり期間中にアラスカのアイゼンベク干潟(Izembek Lagoon)で追跡を行った。調査目的は,秋のわたりの期間中,コクガン個体群の小集団の多くがアイゼンベク干潟を通過するかどうかを知ることだった。これは非ランダム標本抽出の例である。母集団構成単位は発信機をつけたコクガンであり,応答変数はアイゼンベク干潟でコクガンが発見された場合は1を,発見されなかった場合に0をとる。彼らは,アイゼンベク干潟で33羽のガンの79%を記録したので,割合の点推定値は0.79となる。割合の信頼区間(CI)を求める方法は,Box 2-4に示されている。ここでの選択の一つは正規近似を当てはめるべきかどうかである。この事例では割合と標本サイズが正規近似に当てはめるには小さすぎるので,グラフまたは小さな標本の場合に使われる方法が用いられる。この方法を用いると,95%信頼区間(CI)はおよそ64~92%となる。

Arthur et al.(1989)は,8種類の餌が糞中に出現する割合を推定するため69個体のフィッシャーテン(fisher)の糞を集めた。これは非ランダム標本抽出の例である。糞の22%に小動物が出現した。0.22という割合と69個の標本数には,正規近似は適用できない(Box 2-4 B)。この推定の

95%信頼区間(CI)はおよそ15〜34%となる。このデータ分析では,1回に1種類の餌を想定しており,i番目の糞にそのタイプが出現した場合は1,そうでない場合に0のようにランダム変数y_iを定義していることに注意してほしい。一つの餌の種類について分析を終えると,再び同じ一連の分析を繰り返すことになる。これは生息地選択や行動の研究で,別々の分析をそれぞれの生息地や行動で実行することに類似している。

Newton et al. (1989)は,皆伐地での除草剤が新芽に及ぼす影響を研究した。除草剤処理を1.0 haの大きさのプロット18か所で行い,各プロットごとに系統的においた16個の0.004 haの円形のサブプロットで,新芽に関する複数の変数を測定した。これは一次単位が同じサイズの(1.0 haプロット)多段標本抽出の例である。ここでは小円形のサブプロットが集団の構成単位である。彼らは結果をより広い地域に外挿したいと考えたので,有限母集団補正(fpc)は用いていない。各プロットの面積は等しいので,プロット当たりの平均値を計算し,それをBox 2-2のy_iの値にあてはめて全体の平均値と標準誤差(SE)を求めることができる。0.004 haのプロットから得た結果を平方mあたりの幹数やhaあたりの幹数といった任意の単位に変換するには,先に説明した尺度を変更する方法を用いればよい。彼らは,新芽に関して測定した変数それぞれに対して個別の分析を行っている。

Rave & Baldassarre(1989)は,ルイジアナ州にある越冬地でアメリカコガモ(green-winged teal)が数種の行動にあてた時間割合を推定した。彼らはアメリカコガモ161羽を選び,それぞれについて10秒ごとの行動を10分間,1か月間にわたって記録した。これは一次単位が同じサイズの多段抽出の例である。集団の構成単位は鳥あたりの観察時間(bird-time)である。一次単位は1羽の鳥で,より正確に言うと1羽の鳥に記録されただろうデータすべてである。各鳥は同じ地域に同時間を過ごしたと仮定できるので,各グループは同じサイズとなる。ある行動の応答変数は鳥がその行動をした場合は1,そうでない場合に0をとる。母集団サイズは,調査地を実際に用いたか,あるいは用いた可能性のあったアメリカコガモの個体数であり,無限に大きいものとして取り扱われる。彼らは各個体が行動ごとに費やした時間割合を求めた。y_iは,i番目のアメリカコガモがある行動に対して費やした時間の割合である。彼らは全体の平均値と標準誤差(SE)はBox 2-5のy_iを用い求めた。

Reed & Chagnon(1987)は,ノースウェストテリトリーズ(Northwest Territories)のある島でのハクガン(snow goose)個体数の推定に層化抽出を用いた。ここでは(島の地図および種の生息地要求の知識に基づいて)島を低,中,高と予想される(密度に基づく)層に区分している。単純ランダム標本抽出でプロットが各層から選ばれ,ヘリコプターを使って各プロットを調査した。分析では,各層内の標準誤差(SE)と$\bar{y}_i$を計算するのにBox 2-2の式を適用し,全体の密度と標準誤差(SE)の推定にはBox 2-5の式を用いている。標準誤差(SE)の計算に有限母集団補正(fpc)を用いたかどうかは報告されていない。高密度に区分した層ではプロットの52%を調査したので,主な目的が調査を行った年の調査区域を対象とした推測ならば,有限母集団補正(fpc)を使用したかもしれない。より広域または調査年以外の同一地域への外挿に関心がある場合には,有限母集団補正(fpc)は用いるべきでない。

多段抽出法および層化抽出法についての補足

多重分析

複雑な標本抽出設計を用いる場合,研究者は普通一つ以上の母集団(集団の構成単位の組)の推定値を得る必要がある。グループの定義とその後の標本抽出計画は,それぞれ新しい設問により変えることができる。Holzenbein & Schwede(1989)は,8頭の放飼下のシカを24時間連続して観察し,行動を数種類にわけて記録した。彼らは,昼間と夜間を区別し,それぞれ同じサイズの標本を収集した。集団の構成単位は1頭あたりののべ観察時間(animal-time)で,それに対する応答変数は記録した行動となる。正確には観察個体のある行動を1,それ以外を0とした数値である。シカ全体の平均値を推定するのに用いた8頭のシカを大きな集団からの標本と彼らはみなした。これは,一次単位の標本サイズが同じ多段抽出の例である。彼らは,シカごとに0と1の平均値を計算し,その値をBox 2-2にあてはめ,全体の平均値と標準誤差(SE)を求めた。

彼らがある1頭のシカでの平均値を推定したいとしよう。1頭のシカ,あるいはその個体から収集できる観察値全部が母集団全体を構成し,標本抽出計画では昼間と夜間の二つの時間帯に母集団を分けることになる。したがってこの設定に対しては,二つの層の層化標本抽出が該当することになる。昼間と夜間のそれぞれの平均値と標準誤差(SE)を計算し,全体の平均値と標準誤差(SE)(式5.2)を求めるのにBox 2-5の式(5.1)と式(5.2)が用いられる。時間帯(つまり層)ごとの標準誤差(SE)の推定方法は,各期間に用

いられた標本抽出計画によって決まる。

一次単位を定義する際の問題点

　一次単位をどう定義づけるかを決めるのが困難なことが時折ある。たとえば，2 年ごとに 100 個体について繁殖期のなわばりの大きさを記録することを考えてみよう。100 個体を大きな仮想的な母集団からの単層標本の標本とみなすべきか，それとも各々の年を二段標本抽出の一次単位とみなし，そこからの標本としてデータを考えるべきだろうか？この設問への答えは重要である。なぜなら，最初の計画では（5％信頼水準での）検定あるいは信頼区間での t-値は $1.96 (n = 200)$ がとられるし，二段標本抽出としてデータを見た場合は自由度は 1 で，t-値は $12.7 (n = 2)$ となる。その結果，信頼区間は大幅に広くなり，2 番目の計画での検出力はずっと小さくなってしまうだろう。

　このことを特定の事例で解決してみせるのは難しいし，解決のための考え方を示すのも困難である。しかし，2，3 の一般的なコメントを付け加えることならできる。まず，ごく少数の一次単位を用いることはできるだけ避けるべきということである。それができない場合は，一次単位ですべてを分析し，各一次単位の結果を別々に報告することを考えるべきである。研究者の一部は，一次単位の平均値や一次単位の観察値の分布間の有意差を検定することがある。一次単位間に有意差がない場合，データを単純ランダム標本として取り扱うことができる。有意差がある場合は多段抽出の式が分析に用いられる。この方法には，差を発見できないことが必ずしも差が存在しないことを意味しないと言う欠点がある。差があっても，小さい標本よりも大きな標本のときにこのような差を発見する傾向がある。そのため，検出力の小さな多段抽出の公式を使わなくても良いという理由で，一次単位内で少数の標本を集めるほうが好都合という逆説的な状況となる。そのような欠点にもかかわらず，有意差検定によって少なくとも客観的な意思決定の道筋を明らかにできる。

独立標本抽出の重要さ

　多段抽出と層化抽出用の計算式は，異なる一次単位や層で独立に標本抽出が行われた場合にのみ適用できる。このことは，各グループで完全に分離して標本抽出が行われ，あるグループの標本抽出は別のグループの標本単位の選定にまったく影響しないことを意味する。この仮定の重要さを示す例がある。Andres (1989) は北アラスカのコルビル川 (Colville River) のデルタ地帯を通過してわたりをするシギ，チドリ類を調査した。ここでは，生息地を層の境界として層化している。集団の構成単位はプロット・時間 (plot-time) で，応答変数はシギ，チドリ類の数である。彼は，1 日に 1 調査地内の 1/5 の面積の中にある生息地タイプすべてを訪れた。そして，その翌日には別の 1/5 の中の生息地タイプすべてを訪れる，といった具合に調査を進めていった。つまり，標本抽出は異なる層（生息地）内では（時間的には）独立ではない。この場合，独立した標本抽出に比べると，互いに異なる近接した生息地に含まれる区域がより頻繁に同じ日に測定されていることになる。研究によっては，これはほとんど影響ないだろうが，この区域を通過して移動するシギ，チドリ類は天候に強く影響されるので，同一日に標本抽出された異なる層に属する二つのプロットが，違う日に標本抽出された同じ層に属する二つのプロットより，互いがずっと類似することになる。このため，同一時点で異なる層を標本抽出することが重要となってくるのである。鳥の平均密度が推定され，独立性の欠如を無視した場合，変動係数〔CV＝平均値／標準誤差 (SE)〕は 0.06 となる。独立性の欠如の影響を考慮した場合には変動係数 (CV) は，0.11 に増加する。このため，独立性の仮定は注意深く検討されるべきで，これが満たされない場合には，標準誤差 (SE) の正しい推定式の開発には統計の専門家の協力を受けることを薦める。さらに，標準誤差 (SE) の計算式も複雑となるので，独立性の仮定はできるだけ満たすようにすべきである。Andres の分析には 200 以上の共分散項を計算する必要があった。

平均値，合計，および割合以外の数値の推定

　これまで述べてきた数値は，標本またはグループの平均値から計算されている。（捕獲放遂・再捕獲法を用いた場合のような）点推定ではより複雑な計算が必要で，この場合の標準誤差 (SE) の式は極めて複雑である。多様性指数の標準誤差 (SE) は，この問題のもう一つの例である。この場合でも統計の専門家の助言は必要だが，その標準誤差 (SE) はたいがいは計算が可能である。この場合は一次単位が同じサイズの多段抽出が用いられ，各一次単位の平均値のみを求める場合では，上述の計算手順が最終的な推定値の標準誤差 (SE) の計算に適用される。以下の例がこの点をはっきりとさせてくれるだろう。

　Thill & Martin (1989:541) は「4 頭のおとなしい牛と 3 頭の人慣れしたシカ」の食性の類似度について Kulcyznski の係数を計算した。彼らは，この係数をいくつかの期間ごとに計算した。係数は複雑であり，標準誤差 (SE) は本節の

紹介した方法では導くことができない。しかし，ある1期間の係数を求めるのに関心があったのではなく，期間ごとに求めたいくつかの係数の平均値に関心があった。このため期間ごとに係数値を求め，係数の平均値とその標準誤差(SE)を計算するのにそれら各係数を Box 2-2 に示される i 番目のユニットからの測定値 y_i として用いた。

Guthery(1988)は，テキサス州の(異なる面積をもつ)8区域に生息するコリンウズラ(northern bobwhite)の密度の推定に帯状調査区法を用いた。この研究の主な目的は手法の評価だったので，Guthery はそれぞれの区域別に結果を提示した。この8区域が広い地域からの(大きさの不均等な一次単位の)単純ランダム標本とみなせると仮定すると，母集団平均値を計算するのに，y_i には各区域の推定密度をあて，w_i には区域面積のサイズをあて，Box 2-5 の式を適用することもできただろう。

❏ 二つの推定値の比較

二つの推定値の比較は野生動物学者が行う最も一般的な統計分析だろう。我々がレビューした研究の半分以上に少なくとも一つはその類の比較が含まれていた(表2-1)。分析の一般的な目的は，研究対象の二つの母集団のパラメータ(つまり，関心のある値)の推定にある。二つの標本の比較では，二つの設問が置かれる。一方のパラメータが他方よりも大きいのか，その場合にはどのくらい大きいのかということである。最初の問いには，パラメータ間に差がないことを仮説検定で調べて答えることができる。2番目の問いにはパラメータ間の差に関する推定値に対して信頼区間(CI)を求めて答えることができる。比較の手順は Box-2-6〜Box 2-8 に示した。差がないという仮説を二つの標本の比較検定に用いた例を以下に示しておく。

Quinn & Thompson(1987)はオンタリオ州に生息するオオヤマネコ(lynx)を研究した。この研究目的の一つは，同じ年齢のオスとメスの栄養状態を比較することであった。わな猟師から死体を集め，栄養状態の指標に腎脂肪を用いた。収集した死体は大きな集団からのランダム標本と考えることができ，この集団ではオスとメスの腎脂肪指数が等しいという帰無仮説を検定するのに t-検定が用いられている。

Cowan et al.(1987)は，アナウサギ(european rabbit)がロダミンB染料を含む餌を食べる程度について調査した。まず，野外で何回か餌をおいた後に一定期間，アナウサギのオスとメスをそれぞれ捕獲した。そして，どのくら

Box 2-6 二つの独立した連続変数の推定値を比較するためのパラメトリック法(t-検定)

A. 記号
　$\bar{y}_1, \bar{y}_2 =$ 母集団 1, 2 からの推定値
　$\bar{Y}_1, \bar{Y}_2 =$ 真の値だが既知でない数値(すなわちパラメータ)
　$SE_1, SE_2 = $ (Box 2-2 または 2-5 による)推定値の標準誤差(SE)
　$n_1, n_2 = $ 二つの推定値を得た標本のサイズ(Box 2-2 または 2-5 参照)
　$df_1, df_2 = $ 推定値 $\bar{y}_1, \bar{y}_2$ の自由度の数(Box 2-2 式 2.2 と 2.3 参照)
　$t_{\alpha, df} =$ 有意水準 α，自由度 df の場合の付表A.2の値
　$\mu = $ 帰無仮説(通常は 0.0)のもとでの $\bar{y}_1 - \bar{y}_2$ の値

B. 検定および信頼区間の一般計算式
　1. $\bar{y}_1 - \bar{y}_2$ は次の場合に限り μ と有意差がある。
$$\frac{|\bar{y}_1 - \bar{y}_2| - \mu}{SE(\bar{y}_1 - \bar{y}_2)} \geq t_{\alpha, df} \quad (6.1)$$
$$df = df_1 + df_2 \quad (6.2)$$
　ここで，df_1 と df_2 は，$\bar{y}_1$ および $\bar{y}_2$ それぞれに対する自由度(Box 2-2 と 2-5 参照)。
　2. $\bar{y}_1 - \bar{y}_2$ の $(1-\alpha)$ CI(信頼区間)は，次式で求められる。
$$\bar{y}_1 - \bar{y}_2 \pm t_{\alpha, df} [SE(\bar{y}_1 - \bar{y}_2)] \quad (6.3)$$
$$df = \frac{(SE_1^2 + SE_2^2)^2}{SE_1^4 / df_1 + SE_2^4 / df_2} \quad (6.4)$$

C. $SE(\bar{y}_1 - \bar{y}_2)$ の計算式
　1. 一段抽出あるいは一次単位が同じサイズの多段抽出によるデータで，標本サイズ n_1, n_2 が異なる場合の仮説検定
$$\sqrt{\left(\frac{n_1 + n_2}{n_1 n_2}\right)\left(\frac{n_1(n_1-1)SE_1^2 + n_2(n_2-1)SE_2^2}{n_1 + n_2 - 2}\right)} \quad (6.5)$$
注記：式 6.6 が単純化のため用いられるが，通常，多少大きめの値が生じる。
　2. その他の場合
$$\sqrt{SE_1^2 + SE_2^2} \quad (6.6)$$

いの割合のアナウサギが餌を食べたかを知るため，死体で染料の有無を調べた。研究目的の一つはオスとメスで異なった割合で餌を食べたかを知ることであった。ケナガイタチ(ferret)を使って網にウサギを追い込み捕獲したオスとメスを仮想的なオスとメスの各大集団からのランダム標本とみなした。そして，仮想的な集団では餌を摂取する割合がオスとメスで等しいという帰無仮説を，カイ二乗検定で検定した。

Holl & Bleich(1987)は，調査区域内でマウンテンシー

Box 2-7 単純サンプリングによる二つの割合の推定値の比較(Snedecor & Cochran 1980, 7.6節の修正)

A. 記号
　p_1, p_2＝推定割合
　n_1, n_2＝サンプルサイズ(対データでは$n_1 = n_2 = n$)

B. 割合の有意差検定
1. 対データ(推定値)
　p_1とp_2は次の場合に限り有意差を持つ

$$\frac{|p_1 - p_2| - c}{\mathrm{SE}(p_1 - p_2)} \geq t_{\alpha, \infty} \quad (7.1)$$

ここで，$n_1 = n_2$の場合は，$c = 1/n_0$ $n_1 \neq n_2$の場合は，$0.5(1/n_1 + 1/n_2)$。

$t_{\alpha, \infty}$は，有意水準α，自由度∞(無限)の場合の付表A.1の値。

$\mathrm{SE}(p_1 - p_2)$の計算式は，以下のDで示す。

2. 独立推定
　a. 可能ならば，フィッシャーの正確確率検定(Fisher's exact test)を用いる。付録の表A3はその検定法を説明しており，標本サイズが$n_1, n_2 \leq 15$のに対する境界限界値を示している。多くの統計用ソフトが，標本サイズが大きな場合の正確な有意水準を示してくれる。
　b. 標本サイズがフィッシャーの正確確率検定を用いるのに大きすぎる場合は計算式7.1を用いる。

C. 小さな標本では信頼区間の計算が難しい。$n_1 p_1$, $n_1 q_1$, $n_2 p_2$の最小値と$n_2 q_2$が5未満の場合，大きなサンプルの近似が推奨される。それは，対あるいは独立の推定値に対して使用される。

$(p_1 - p_2)$に対する$(1 - \alpha)$CI信頼区間は次式で示される。

$$p_1 - p_2 \pm t_{\alpha, \infty} [\mathrm{SE}(p_1 - p_2)] + c \quad (7.2)$$

D. $\mathrm{SE}(p_1 - p_2)$の計算式

データ	分析法	$\mathrm{SE}(p_1 - p_2)$
対[a]	仮説検定	$\sqrt{n_d / n}$
	信頼区間	$\sqrt{(n_d - n_e^2)/n}$
独立	仮説検定[b]	$\sqrt{pq/(1/n_1 + 1/n_2)}$
	信頼区間	$\sqrt{(p_1 q_1)/(n_1 - 1) + (p_2 q_2)/(n_2 - 1)}$

[a] 被率を比較しようとする二つの集団(サイズn)の要素が対になっている場合には，その観察値の組み合わせとして$(0,0)$, $(0,1)$, $(1,0)$, $(1,1)$がある。このような対データの組の数をそれぞれn_{00}, n_{01}, n_{10}, n_{11}とすると$(n_{00} + n_{01} + n_{10} + n_{11} = n)$，$n_e$は観察値の異なる2種類の対データの組の数の差である($n_e = n_{10} - n_{01}$)。n_eは計算式の中で二乗されるので正負は問わない。

[b] ここで

$$p = \frac{n_1 p_1 + n_2 p_2}{n_1 + n_2} \quad (7.3)$$

および$q = 1 - p$。$n_1 = n_2$の場合は，$p = (p_1 + p_2)/2$

Box 2-8 二つの推定量の比較のためのノンパラメトリック法

A. 対データの場合はウィルコクソンの符号付き順位検定(Wilcoxon signed-rank test)を適用する。
1. 対応のある2変数の差が0でないものを，符号を無視して(つまり絶対値)順位付けし，最も小さいものに1番目の順位を与える。二つ以上の変数の差が等しい場合は，順位の平均値を割り当てる。
2. 正の差の組の順位の合計と，負の差の組の順位の合計を計算する。
3. この小さい方の合計値を検定統計量Tとする。標本中央値に有意差がどうかあるかの検定には，このTと差がゼロでない変数の組の数を付表A4に当てはめて，棄却限界値を求める。
4. $n > 20$の場合には，推定値は正規近似するとみなされる。中央値は，また次の場合に限って有意差がある。

$$\frac{[n(n+1)/4] - T - 0.5}{\sqrt{n(n+1)(2n+1)/24}} \geq t_{\alpha, \infty} \quad (8.1)$$

ここで，$t_{\alpha, \infty}$は，有意水準αおよび自由度∞での付録表A1の値である。

B. 非対データの場合のマンホイットニー(Mann-Whitney)検定を適用。
1. すべての観察値を小さい順に並べて，最小値に1位の順位を与えて，小さい方から順位付けする。同順位がある場合には平均順位を割り当てる。
2. 検定統計量Tを計算する。
　a. $n_1 = n_2$の場合：各標本の観察値の順位の合計を計算する。Tは小さい方の合計値とする。
　b. $n_1 \neq n_2$の場合：観察値の少ない標本，n_1の順位の合計T_1を計算する。そして，$T_2 = n_1(n_1 + n_2 + 1) - T_1$を計算する。$T$は，$T_1$と$T_2$の小さい方の合計値である。
3. T, n_1とn_2を付表A5にあてはめ棄却限界値を求め，標本中央値に有意差があるかを検定する。
4. n_1とn_2の値が表A5の限界値の外側にある場合，標本は正規近似するとみなす。標本中央値は，次の場合，また次の場合に限って有意差がある。

$$\frac{|n_1(n_1 + n_2 + 1)/2| - T - 0.5}{\sqrt{n_1 n_2 (n_1 + n_2 + 1)/12}} \geq t_{\alpha, \infty} \quad (8.2)$$

ここで，Tは上述の2.aまたは2.bで定義され，$t_{\alpha, \infty}$は，付表A1により有意水準αおよび自由度∞の値である。

プ(mountain sheep)が頻繁に土なめをする場所と，ランダムに選んだ場所の土壌の化学成分を比較し，どのような化学成分がマウンテンシープに重要かを調査した。各標本を対データとして収集し，調査区域内でマウンテンシープが頻繁に土なめをする場所と対照区でNa, K, Ca, MgおよびClの平均濃度が同じだという帰無仮説を，ウィルコクソンの符号付き順位検定(Wilcoxon signed-rank test)で検定した。

ほとんどの野生動物の研究で仮説検定を行う主な目的は，間違った結論を出さないためである。ある推定値が他方より非常に大きい場合でも，まったく同じ二つの集団の間でさえそのような差が容易に生じうることを統計分析は示すことがある。このような場合，二つの集団が推定値に

関して互いに異ることを示す十分な証拠にはならない。

片側検定と両側検定

二つの標本の比較では，ほとんどの場合，帰無仮説は二つの母集団平均値が等しいということで，対立仮説は二つの平均値が等しくないということである。対立仮説では，どちらかの母集団平均値が他方のそれより大きいことになる。しかし，パラメータ間の差について，もっと情報がある場合がときどきある。たとえば，電波発信機をつけた動物（試験個体）と発信機をつけない個体（対照個体）の生存率を比較する場合，調査者は試験個体の生存率は対照個体と等しいと仮定するが，試験個体が対照個体よりも生存率が高くないのは明らかなことである。そのような場合，観察値の差（試験個体の生存率から対照個体の生存率を引いた値）はほとんどゼロか負をとるが，正の大きな値にならないはずである。真の差が正（または負）の値であることを前提とする場合，この情報をもとに「片側 t-検定」を用いて差し支えない。この場合には，帰無仮説を棄却する t-値の限界値を改めて設定する。この方法は，真の差が正（または負）でないことが確実である場合に限り適切なので，片側検定が野生動物研究で用いらることは少ない。

二つの標本の比較での注意点

これまで述べたような比較を行う場合に，留意するべき点がいくつかある。まず，仮説検定は，どちらかの集団が他方より大きな平均値（または他の推定値）を持つかどうかを調べるには有用だが，集団間にどのくらいの差があるかに関する指標値は示してくれないことである。加えて，仮説検定はその差が生物学的に重要なほど十分大きいかも示さない。

二番目に，統計的有意差が見いだせないことが差がないことを示すわけでないことである。母集団の平均値は異なるのが普通である。たとえば，差を検出するには標本が小さすぎるだけのこともある。また，有意差が認められないことは，生物学的にみて重要な差がないほどお互いによく似ていることを示すのでもない。たとえばオスとメスのように二つの集団が生物的な意味で異なるが，その差がデータからは検出できないことは充分にあり得る。

最後に，よく誤解されている点は，平均値（または他の推定値）と誤差が棒線で示されているグラフを直接比較して二つの推定値に有意差があるかを推定することである。誤差の棒線は標準誤差（SE）または95%信頼区間（CI）を通常表わし，誤差の棒線が重なっていると有意差なし，重ならないと有意差ありと見なすことがよく行われる。これはどちらも正しくない。信頼区間（CI）が重なり合っていても平均値に有意差があるようなデータ，あるいは標準誤差（SE）の棒線が重ならなくとも有意差がないようなデータを作る（または公表されたデータを見つける）ことはやさしい。t-検定のみが確かな結論を導き出してくれる（Box 2-6 参照）。しかし，我々が偶然に発見した有用な経験則では，推定値の差が大きい方の標準誤差（SE）の3倍を越えている場合，差は95%水準で有意となることがある。この経験則は推定値が独立しており，総標本数（$n_1 + n_2$）が16以上の場合に限って適用できる。

信頼区間

一対のデータの比較にとくに関心がある場合，差の信頼区間（CI）の計算が役立つことが多い。この信頼区間の意味を理解するのは最初は難しいだろうが，点推定における信頼区間と同様に解釈すればよい（点推定および信頼区間推定の項，38頁を参照）。二つの母集団の平均値（または他の対象値）が不明だとする。そして，それらの平均値間の差を推定し，それを「真の差」とする。差の95%信頼区間とは95%の確率で真の差が計算された区間内にあることを示している。より正確には，すべての仮定が満たされていれば，標本抽出と計算を多数回繰り返した時，求めた信頼区間（CI）の95%に真の差が含まれ，5%には含まれないことを意味する。

この（差の）信頼区間（CI）には，実際上，二つの使い方がある。差がないという帰無仮説を棄却した場合は，信頼区間（CI）は真の差がとりうる最大値と最小値を示す。この情報は，大いに価値があるはずである。たとえば，オスとメスの平均体重が12 kgと8 kgで，差が統計的に有意だとしよう。これだけの情報だけでは，読者はメスの平均体重がオスの平均体重よりかなり小さいのか，それともわずかだけ小さいのかわからない。さらに，差（4 kg）の信頼区間（CI）が±3.5 kgと示されたとしよう。これはメスの平均体重がオスの平均体重よりごくわずかに小さい可能性があること（差は 0.5 kg 程度の可能性もある）を示している。反対に，信頼区間（CI）が±0.7 kgであればメスの平均がおそらく（すなわち，95%の確さからしさで）少なくともオスよりも 3.3 kg は小さいことを示している。このように信頼区間（CI）を示すと，観察された差が生物学的にどのくらい重要なのかを評価するのに役立つ。

信頼区間（CI）は，推定値に有意差がない場合にも役立つ。たとえば，ここで述べたオスの体重が12 kg，メスの体

重が11kgとし互いに有意差がないとする。このことは,オスとメスがほぼ同じ平均体重を持つことを示すのだろうか。ここでもまた,この質問に読者は追加的な情報なしに答えることはできないだろう。差の信頼区間(CI)が仮に±6kgとすると,(95%の確からしさで)差の真値は−5〜7kgの区間にあり,オスとメスの平均体重がどの程度近いかはわからない。反対に,信頼区間(CI)が±0.7kgとすると,信頼区間は0.3〜1.7kgとなり,お互いの平均体重は非常に近いことになる。帰無仮説が棄却されなかった場合に,信頼区間(CI)を計算するこの方法は検出力の計算と類似している。差がどれくらいあれば,検出されやすくなるかを示すからである。

　差の信頼区間(CI)が0.0を含まない場合に,有意差検定は常に帰無仮説を棄却する点で,信頼区間(CI)の算出と仮説検定は似た部分がある。信頼区間(CI)は真の差を含む範囲を示すので,これを用いて帰無仮説の棄却を行うのは理にかなっている。この範囲が0.0を含んでいない場合は,一方の母集団のパラメータは他よりも大きいはずである。つまり,差の信頼区間(CI)を示せば有意差検定が不必要なことが多い。

　しかし,この信頼区間(CI)と仮説検定が同義という考え方の適用には注意が必要である。同じ仮定のもとでは信頼区間(CI)と仮説検定は同じ結果となる。しかし,その二つが異なる仮定のもとで行われると不一致が起こることもある。たとえば,平均値を比較して母集団の差を検定する場合,互いに差がないという帰無仮説のもとでは母集団の分散が等しいと仮定するのが普通である。この帰無仮説が棄却されたならば,母集団の等分散性の仮定も棄却するほうが良い。というのは現実のデータでは,平均値が異なると分散も異なることが多いからである。母集団の分散が等しくないと仮定して,平均値の差の信頼区間(CI)を計算すると,これに0が含まれ,分散が等しいと仮定した仮説検定の結果(有意差あり)と矛盾することもある。問題は,我々が手順の「途中」で仮定を変更したことにある。信頼区間(CI)の計算のために余分なパラメータ(一つの共通の分散の替わりに二つの分散)を推定すると,自由度が減少して検出力が少し失われてしまう。

　研究では複数の比較がよく行われ,結論は一つだけの比較の結果より複数の結果のパターンで決められることが多い。この場合,研究者は信頼区間(CI)よりも仮説検定に頼るのが普通だ。差が全部あるいはほとんどで有意なら,研究を繰り返した場合に同じ結果になると結論づけることは一般に合理的である。ところが,逆にほとんどが有意でない場合は,その結果から同じような期待をしてはいけない。新しいデータが同じ母集団から抽出されたら(異なる生物学的な結論を導くような)まったく異なる結果が得られることもあるだろう。複数の比較を行う場合,どれに有意差があったのかを報告するのは比較的やさしい。比較のすべてに有意差があり,その大小関係が一つの生物学的解釈で説明できる場合にはとくにそうである。これとは対照的に,比較の一つ一つについて信頼区間(CI)の大きさを示したり解釈するのはやっかいである。

パラメトリック検定による対データの分析

　「対データ」という用語は,標本中の集団の構成単位から二つの観測値が得られることを意味する。この場合に関心がある値は,通常,二つのデータの組の平均値の差である。野生動物研究での典型的な例は,(給餌などの)処理の前後に(行動レベルなど)できごとの回数を記録することや,(巣穴などの)特定の場所とその場所のそばでランダムに選んだ地点での生息環境の測定などである。これらの例では,対象集団から得たランダム標本が一つだけあり,その各標本単位から二つの観測値を得て,二つの統計母集団の平均値の差を推定するという意味で,データは明確に対になっている。

　対データは,二つに類別される。一つは一段抽出標本からの二分値データで,もう一つはそれ以外のタイプのデータである。前者のタイプのデータ分析法は,Box 2-7に説明されている。それ以外のタイプのデータには,①各標本単位に新しい変数を作り,その変数を標本単位の観察値間の差として定義し,②この変数の平均値と標準誤差(SE)を計算し,そして③真の平均値を0.0とする帰無仮説をBox-2-2〜Box 2-5のガイドラインを使って検定する,という分析手順を踏む。帰無仮説が棄却されると,もとの二つの標本間に有意差があることになる。

　観察データの一部が対となっているが一部は違うことがある。たとえば,個体数を2年間同じ調査ルートで推定しようとしたが,一部のルートである年にデータが得られないことがある。また,季節の効果を調べるために夏と冬に各個体のデータをとろうとしたが一部の個体が冬になる前に死亡する可能性もある。このように観察データの大半は対になっているが,一部にそうでないものがある,というような例は他にも多い。そのようなデータの解析に利用できる方法がいくつかある。この場合には,統計の専門家の助言を受けることを薦める。

割合の比較のための t-検定とカイ二乗検定

一段抽出によって得られた独立した標本どうしで割合を比較するには，二つの方法がある。一つは，Box 2-7で述べる t-検定である。もう一つは，カイ二乗検定による方法である。この二つの検定法は，（連続修正の方法が異ならない限りは）代数学的には同じものである。t-検定は，二つの標本を比較するのに使用される他の検定法と関連があり，カイ二乗検定と比べて差の信頼区間の計算へと簡単に拡張できるので，我々は t-検定の方が良いと考えている。t-検定を用いることの欠点の一つは，多重比較に拡張しにくいことだ。これと対照的にカイ二乗検定は拡張がやさしい（この例としては分割表がある）。ほとんどの統計の教科書（たとえば，Snedecor & Cochran 1980）は，カイ二乗法を扱っている。

多重比較

野生動物の研究では，同時に複数の比較を行うことが多い。オスとメスの体重を繰り返し比較したり，行動圏サイズを（たとえば，老いた個体と若い個体，つがいとそうでない個体といった）いくつかのコホートで比較したり，動物の生息密度を各プロットごとに処理の前後で比較する場合などである。複数の比較を行う場合，単に数多く検定を行ったというだけで，不確かな結論を導かないように気をつける必要がある。実際には差がない場合でも，（5％の有意水準で）20回比較すると，そのうち1回は統計的に有意差があるという結果になる。つまり，5％の有意水準とは，帰無仮説が（まちがって）5％の確率で棄却されるという意味である。

検定対象とした差のすべて，または，ほとんどが統計的に有意な場合，そのいずれもが実際には異ならない確率は極めて小さい（5％よりもずっと小さい）ので特別な用心はいらない。比較した差の中でほんのいくつかが5％水準で有意差があった場合には追加的な測定が必要となるが，これにはさまざまな方法がある。ここでは，野生動物の研究で広く用いられている二つの方法について述べておくが，より詳しく知りたい読者は，Snedecor & Cochran(1980, 2.12と2.13節)，Steel & Torrie(1980, 8章)およびSokal & Rohlf(1981, 9.6と9.7節)を薦める。

多くの研究では，個別の t-検定を行う前にそうした個別の比較に意味があるかどうかを決めるための包括的な分析が行われる。連続データについての包括的検定は分散分析(ANOVA)が通常用いられる。総数や頻度データについては，カイ二乗検定が同様の目的で用いられる。ANOVAあるいはカイ二乗検定に必要な仮定や手順は，対象とするデータの性質により異なるのでここでは触れない。しかし，一般的には，F 値あるいはカイ二乗統計量を計算し，包括的検定の結果が有意となった場合にのみ，統計的には個別の比較を行う意味がある。この場合，5％（または，他の水準の）有意水準が包括的検定と個別の比較の両方に用いられる。

個別の比較に先立って包括的な検定を行う方法は，ノンパラメトリック検定でも用いられる。クラスカル・ウォリスの検定(Kruskal-Wallis test)が，ANOVAに相当するノンパラメトリック検定として最も多く用いられる。その他の方法については，Hollander & Wolfe(1973)とLehmann(1975)に述べられている。

ここで述べた包括的検定は，必要な仮定が整わないために適当でないことがよくある。その場合の多重比較問題への対処法の一つは，帰無仮説を棄却する有意水準を調整することである。実際の有意水準を α として k 個の比較をしたい場合には，有意水準が α/k の t-値を用いる。たとえば，五つの比較を5％水準で行う場合には，$\alpha=0.05$ での t-値を用いるよりも $\alpha=0.01$ での t-値を用いるとよい。この大きい方の t-値を用いた区間推定値は，ボンフェロニの信頼区間(Bonferoni CI s)と呼ばれることがある。

パラメトリック検定とノンパラメトリック検定の選択

連続データの二つの推定値の比較では，t-検定あるいはノンパラメトリック検定のどちらかが選択できる。t-検定は，母集団の平均値が互いに等しいかを検定するが，ノンパラメトリックの検定法では母集団の中央値が互いに等しいかを検定する。ノンパラメトリック検定法は，一般に仮定が少なく（後述），場合によっては検出力が小さいと考えられている。どちらの方法を選択するかは個人的な好みも含めて問題点が多くある。多くの場合，どちらの検定を用いても結果はほとんど同じになる。しかし，片方が他方よりもはるかに良い場合もある。最もよく使われるノンパラメトリック検定は，対になったデータのためのウィルコクソンの符号付き順位検定と，独立した推定値のためのマン・ホイットニーの順位和検定(Mann-Whitney rank sum test)である。

パラメトリックとノンパラメトリック法の選択に際しては少なくとも三つの点に注意してほしい。まず第一は，これはおそらく最も重要な点だが，信頼区間の計算あるいは

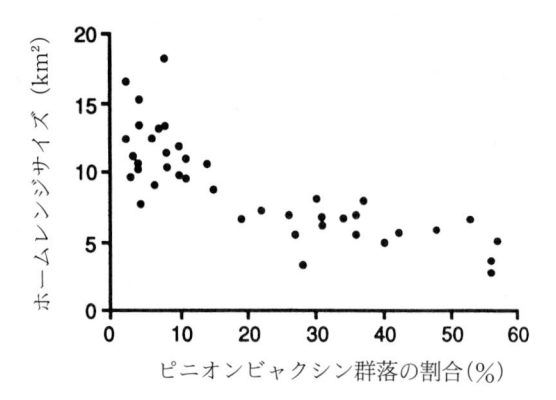

図 2-7　散布図の例
利用可能なピニオンビャクシン群落に対するコヨーテのホームレンジサイズを表す（Gese et al., 1988 より）。

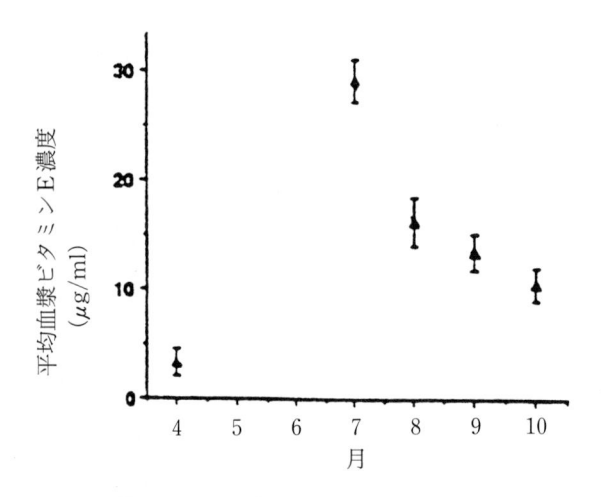

図 2-8　独立変数が類別変数の散布図の例
図は月別の血漿ビタミン E 濃度の平均を示し，縦棒は平均値の標準誤差を表している。（Dierenfeld et al., 1989 より）

推定値と標準誤差(SE)を調べるだけで，t-検定は集団間の差の最小値の推定値を自然に導き出すことである。ほとんどのノンパラメトリック法にも信頼区間の計算手順がある(Randles & Wolfe 1979)が，複雑なため野生動物研究では滅多に用いられない。したがって，どちらの母集団が大きいかをただ示すのではなく，集団間にどの程度大きな差があるかに関心がある場合には，t-検定の方がノンパラメトリック検定よりも適当である。生物学者の多くは観察値が正規分布にしたがわないので t-検定は有効でないと考えているが，このことは t-検定の使用を妨げるほど大きな問題ではない。

検定の目的が集団のデータ間の差の有無あるいは大小関係を知ることに限られている場合，ノンパラメトリック法は非常に有用である。しかし，ノンパラメトリック法は平均値でなく中央値が等しいかを検定することを心に留めておいてほしい。このことは，平均値は集団 A の方が集団 B より大きいが，中央値は集団 B の方が集団 A より大きいことが起こりうるので重要である。このような場合，どちらの集団が大きいかの結論は，t-検定あるいはノンパラメトリック検定のどちらを用いたかで決まることになる。

ノンパラメトリック検定法のもう一つの要点も，述べておく価値があるだろう。大きな標本では検定統計量の分布はおおむね正規分布し，結果に有意差があるか確定するのにパラメトリック検定の表が使用できる。生物学者は，分析にそれらの表を用いる場合，対象とする集団が正規分布にしたがうことが前提として必要だとか，この前提のもとではノンパラメトリック検定は t-検定と同等だとまちがって信じていることがある。実際，どちらの考え方も誤っている。観察値のどれにも正規性の仮定は必要なく，ノンパラメトリック検定は（平均値ではなく）中央値が等しいという帰無仮説をただ検定しているにすぎない。その上，正規近似する大きな標本でのノンパラメトリック検定統計量は，パラメトリック検定統計量よりも外れ値の影響を非常に受けにくい。

❏ 二つ以上の変数間の関係の研究

はじめに

各標本単位に二つ以上の変数が記録された場合，多変量(multivariate)データを得たという。この場合にも，もちろん点推定値を計算したり信頼区間を設定したり，変数ごとに別々に仮説検定を行うことができる。しかし，多変量データの組として測定した変数間の関係を調べることがよくある。たとえば，Franzmann & Schwartz(1988)は，夏，秋，冬の各季節に全部で 298 頭のクロクマの血液標本から得た 26 項目の指標値を分析した。この際，性，年齢に加えて数種類の「状態を示す」変数も記録している。ここでは，標本単位はクマであり，全部で 75 項目の測定値が個体ごとに記録された。クマの状態を評価するためにどの血液指標値が有用かを明らかにすることが論文の目的で，これを血液指標値とクマの状態変数相互の関係から調べようとした。

このような変数どうしの関係の研究では，いくつかの予備的な設問に答える必要がある。類別変数(性や亜種といった階級のどれに標本単位が属するかを示す標識とも呼べる変数)間の関係か，数値変数(数値をとり平均値などの数値

に意味のある変数)間の関係か，類別変数と数値変数が混じったものの関係を対象とするのか，という問いがそれである。タイプの異なる変数間の関係の研究には異なった統計手法を用いる。研究は予測を目的として変数間の一定の関係の有無を確定したいだけなのか，それとも説明変数あるいは独立変数と呼ばれる変数の変化が，被説明変数あるいは従属変数と呼ばれるもう一方の変数を説明したり変化を引き起こすことを示したいのか，も大事な問いである。Franzmann & Schwartz の研究では，血液指標値と状態変化の因果関係よりも，(予測を目的として)クマの状態が血液指標値をどう変化させるかを探ることに関心が強いようである。Conover(1988)は，1月と4月の各時点でライ麦の現存量を測定して，ガンがプロット(標本抽出単位)内に生育するライ麦を採食しているかどうかを調べた。この調査の目的は，ガンの採食によってライ麦の現存量が変化していること示すことであった。

最後の設問は研究目的に関することである。一部の研究では，その目的が推測，つまり定型的な仮説検定であったり，データを収集した母集団を表すパラメータの推定であったりする。別の研究では，その目的はデータを記述したり説明するだけの場合もある。研究者は，なんらかの関係が変数間にあるのかを知りそれらの関係式を探索したり，データを標本抽出した集団に関する情報を得るのにデータを略式に使用することがある。このように形式張らずにただデータをいじって考えをめぐらせる研究も，この先のきちんとした目的のある研究や綿密な設計の調査を行う際に役立つものである。

散布図および相関

二つの変数間の関係の研究に用いられる最も単純で普通の方法は，散布図と相関である。散布図は，各標本単位が対をなす測定値をグラフ上に点として落とすことで描くことができる。片方の変数(従属変数がある場合にはその変数)を縦軸に，もう片方の変数(独立変数があるときはその変数)を横軸におく。このように描くと，点をまき散らしたように見える図が描かれる。Gese et al.(1988)は，コヨーテの行動圏サイズ(従属変数)とピニオンビャクシン(pinyon-juniper)が優占する生息地(独立変数)の関係を調べるのに図2-7を描いた。この図では，行動圏サイズがピニオンビャクシンが優占する生息地の割合の増加にしたがい減少することを示唆している。

類別変数が数量変数の変化を説明する場合にも散布図は用いられる。類別変数のカテゴリーは，横軸に等しい間隔で表され，描かれた散布図は垂直的な棒のように点が配置される。それぞれの値を数量変数の平均値や中央値として表わす場合もある。たとえば，Diernfeld et al.(1989)は，類別独立変数である月に対し，従属変数であるハヤブサの血漿ビタミンEの平均値の関係を図2-8のように描いた。この図では個々のデータは示されておらず，月ごとの平均値と標準誤差(SE)を表す棒線が示され，図が乱雑になるのを防いでいる。この図では，平均血漿ビタミンEが6月に最も高いことも示されている。

散布図に示されている関係を定量しようとすることが多い。最も単純な関係は，散布図の点が直線にそって集まっている場合である。一方の変数が平均値より大きいときに，他方の値が平均値より大きくなる傾向があると，それらの変数間に正の相関があると言う。逆に，ある変数が平均値より大きいときに，他方の値が平均値より小さくなる傾向があると，その変数間に負の相関があると言う。このように正(または負)に傾いた線に集まるようにみえる変数の散布図は，正(または負)の相関がある。点がはっきりと直線的にまとまっているように見えるほど，相関はより強いことになる。この相関の強さの数量的尺度は，(ピアソンの積率)相関係数〔(Pearson product moment) correlation coefficient〕と呼ばれる。次のように n 個の X と Y の二つの変数の観察値標本があるとすると，

$$(X_1, Y_1)(X_2, Y_2)\cdots(X_n, Y_n)$$

相関係数 r は，次のように定義される。

$$r=\frac{1}{n-1}\sum_{i=1}^{n}\left(\frac{X_i-\bar{X}}{\mathrm{SD}(X)}\right)\left(\frac{Y_i-\bar{Y}}{\mathrm{SD}(Y)}\right)$$

ここで，$\mathrm{SD}(X)$ と $\mathrm{SD}(Y)$ は，それぞれ X_i と Y_i の標準偏差を表す。X がその平均値 $\bar{X}$ より大きい場合，常にそれに対応する Y の値も平均値 $\bar{Y}$ より大きくなり，総和のカッコ内の項の積が正となってrも正となる。同様に X が平均値 $\bar{X}$ より小さい場合，それに対応する Y も平均値 $\bar{Y}$ より常に小さくなり，総和のカッコ内の項の積が負となりrも負となる。このように正(または負)の相関をもつ変数は，正(また負)の相関係数を持つ。相関係数は-1から+1の範囲の値をとり，観察値のすべてが厳密に直線上にある場合に限って±1の値をとる。横軸に完全に平行なデータは，相関が0と定義づけられる(Y が X の値に独立に一定である)。相関係数は，傾きが完全に縦軸に平行の場合(X が一定の場合)には定義されない。このような場合は，X または Y が一定であるため，片方の変数が他方の変数の変化にどう影響するかという問いには答えることができないからで

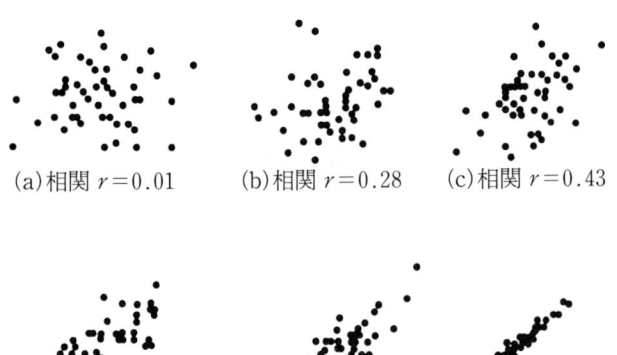

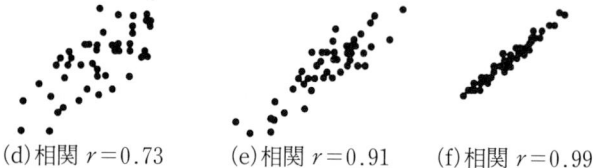

(a) 相関 $r=0.01$　(b) 相関 $r=0.28$　(c) 相関 $r=0.43$

(d) 相関 $r=0.73$　(e) 相関 $r=0.91$　(f) 相関 $r=0.99$

図 2-9　散布図とその相関の例（Moore et al., 1979 より）

ある．散布図とそれに対応する相関係数 r の値についての例を図 2-9 に示した．

散布図と相関係数との関係について二つの微妙な点に触れておきたい．第 1 点目は，相関係数の式では，点がどのくらいまとまっているかを，直線に対して垂直方向の距離でなく実際には鉛直方向の距離で測定していることである．この二つの距離の不一致は，直線の傾きが急になると当然大きくなる．たとえば，線がまったく異なった傾きがあるため，二つの散布図が（垂線距離では）同じように散らばっていても r 値がまったく異なることがある．第 2 点目は，散布図が明瞭な傾向やパターンを示すことがあるが，それでも相関は 0 となることである．これは，相関係数が単に二つの変数の直線関係の有無を示しているにすぎないからである．散布図が直線以外の関係を持つ場合，関係の「強さ」は（後で詳しく述べる）重回帰式の重回帰決定係数のような別の尺度を用いたり，二つの変数を（関数を用いて）変換した値どうしの直線関係の有無を調べることで測定できる．後者の方法の例は，次節の単純直線回帰で述べる．

相関に関して 2, 3 の注意点がある．二つの変数間に相関があることは，完全な相関（+1 や −1 に近い）があっても，変数間に因果関係があるとは限らない．これは，第 3 の変数を介して，変数間に相関がある可能性も考えられるからである．たとえば，練炭の購入量の変化と半ズボンの着衣に正の相関があるのは，両者が外気温の変化に反応しているからである．変数間に原因と結果の関係があっても，別の要因が二つの変数の変化に影響し，その影響が「混ぜ合わされたり」「複雑になったり」している時，相関関係が互いに認められてもその解釈は不可能である．相関がなぜ存在しているかを説明するのは難しく，その解釈はいつも慎重であるべきである．

散布図で追加的に注意が必要な事項は，外れ値（outlier）と傾向に影響を及ぼす値に関することである．外れ値とは，点が漠然とまとまっている「おび」や「まとまり」のずっと上あるいはずっと下に位置する点を指している．傾向に影響を及ぼす点とは，データが示す傾向に強く影響する点のことで，この点を除くとデータの傾向の印象が変化してしまう．散布図の右や左に際だって孤立した点は，図の傾向に影響を及ぼすことが多い．

図 2-10 に示した Fryxell et al.(1988) から引用した散布図では，丸で囲んだ点は，他の点で形作られる「おび（まとまり）」よりもずっと上にある「外れ値」と見なすことができる．図 2-11 に示す Renecker & Hudson(1989) の散布図（図 2-11；個体番号 727 のヘラジカに該当する点だけを抜き出した）では，丸で囲んだ点が図の傾向に影響を及ぼしている．その点を含む図から読みとれる傾向は，点が除かれた場合よりも大きな傾きがあるように見える．

外れ値がある場合，その点に該当する観察値は何か特別なものかどうか調べてみる価値がある．もしそうならば，その他のデータと分離して分析することは十分に価値がある．図の傾向に影響を及ぼす点のときは，まずその点を含めて分析を行い，次にその点を除いてデータを再度分析してみるべきである．ある点を含めた分析の結論が，その点を除いたときと異なった場合には注意が必要である．というのは妥当性が一つの観測値だけに規定されているような結論は信頼するに足りないからである．

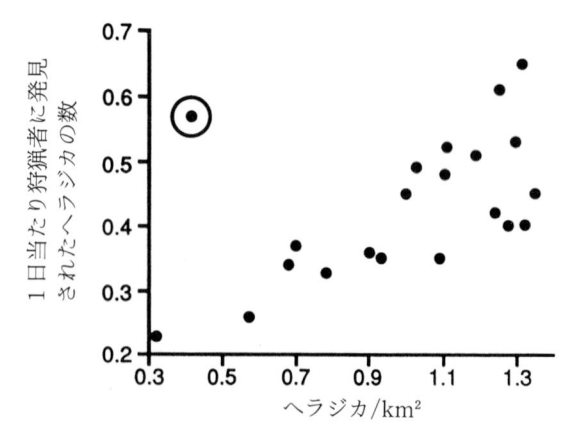

図 2-10　散布図における外れ値（○で囲まれた値）の例
図は，狩猟者・日当たりに発見されたヘラジカの数に対する（km²当たりの）ヘラジカの密度を表している．(Fryxell et al., 1988 より)．

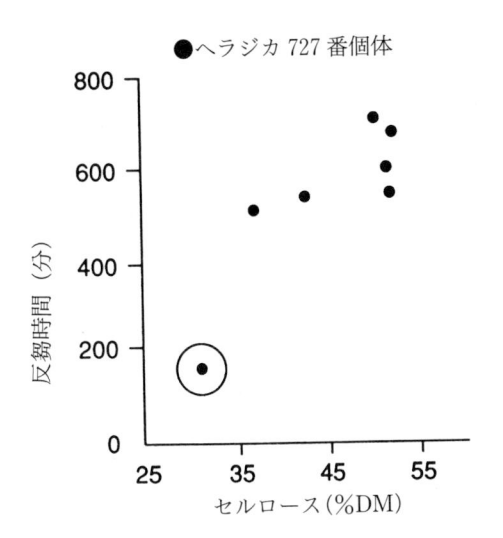

図2-11 散布図の傾向に影響を与える観察値（○で囲まれた値）の例

図は，カナダ，アルバータ州のミニスティック野生動物研究所（the Minisitik Wildlife Research Institute）で1982年12月から1984年1月までに行われたタイムサンプリングで，メスのヘラジカがセルロース〔CWC；乾物エサ（DM）中の重量割合〕を反すうに費やした時間を表す．(Renecker & Hudoson, 1989より)

❏ 回　帰

単純直線回帰

定型的なモデル

　散布図あるいは相関係数が，二変数（bivariate）データ（すなわち各々の標本単位で2種類の変数が測定されているデータ）に直線性があることを示している場合（ここで直線とは $Y=b_0+b_1X$ を示すことを思い出してほしい．b_0 は Y の切片であり，b_1 は傾きである），この明瞭な関係をより詳しく調べようとすることが多い．この探索方法は，単純直線回帰（simple linear regression）と呼ばれる．この「回帰」という用語は，英国の科学者 Francis Galton（1822〜1911）により創られ，父親とその息子の身長の関係の研究に基づいている．彼は，背の高い親の子の背は平均よりは高いが親ほどでない傾向を見出し，この現象を「並への回帰」と呼んでいる．

　野生動物関係の文献で最も一般的な設問は，明らかな直線傾向が母集団での直線傾向を本当に反映しているかという点である．この問いに答えるには，標本 (X_1, Y_1), $(X_2, Y_2), \cdots, (X_n, Y_n)$ を抽出した集団を考えてみる必要がある．定型的な回帰分析では，X_i を独立変数，Y_i を従属変数とした場合に，ある変数 X に対応する Y 値の分布が平均値 $\beta_0+\beta_1X$ と分散 σ^2 の正規分布にしたがうことを仮定している．集団の構成単位は直線 $Y=\beta_0+\beta_1X$ 付近に分布し，この直線の回りにどの程度まとまって分布するかは σ^2 に規定される．とくに，直線 $Y=\beta_0+\beta_1X$ 付近の帯に含まれる集団の構成単位の割合は正規分布にしたがう．ある X 値に対応する Y 値の母集団の分散 σ^2 は，X 値とは独立であることに注意してほしい．これは，分散の等質性（homogeneity of variance）の仮定と呼ばれている．集団内での X 値の分布にはとくに仮定は置かれていない．X_i, Y_i のどちらも独立変数でない場合は，母集団が二変量正規（bivariate normal）分布するとみなされ，ある X 値に対応する集団構成単位である Y 値すべての分布は，平均値 $\beta_0+\beta_1X$ と分散 σ^2 をもつ正規分布にしたがう．さらに，X 値も正規分布すると仮定され，構成単位すべての X 値と Y 値の相関係数は ρ とみなされる．二項正規分布の記述はこの章の範囲を超えているので，興味がある読者は回帰または多変数解析の教科書の参照を薦める．たとえば，Neter et al.（1983）にここで述べたような回帰に関する詳しい記述がある．母集団に関するこのような記述はわかりにくいが，正式な推測の妥当性はいずれも以上の記述のあてはまり具体に左右される．母集団がこれによって適切に表現されている時には，直線 $Y=\beta_0+\beta_1X$, 分散 σ^2 および相関 ρ（母集団が2項正規分布の場合）が，変数 X と Y の関係を表す．

推　測

　野生動物関係の文献では，傾き β_1 の推測がよく行われる．これは一般的に傾きが0かどうかを確かめることになる（これは，母集団の X と Y に直線関係があるかを確かめるのと同じである）．また，（母集団が二項正規分布する場合には）切片 β_0, 分散 σ^2, 相関 ρ を持つ直線 $Y=\beta_0+\beta_1X$ に X の値をあてはめて Y の値を予測することもあるだろう．そのためには，まず傾き β_1 と Y 切片 β_0 の推定値を求める必要がある．これには，最小二乗法（method of least squares）を普通用いる．これは，直線か各データまでの垂直距離を二乗した値の平均が最小となる（最小二乗回帰線と呼ばれる）直線式を見つける方法である．X と Y の二変数に対応した n 個の観測値を (X_1, Y_1), $(X_2, Y_2) \cdots (X_n, Y_n)$ とすると，最小二乗直線を求める計算式は，$Y=b_0+b_1X$ と表わすことができる．ここで，b_0 と b_1 は次式で求めることができる．

$$b_1 = \frac{\sum_{i=1}^{n}(X_i-\bar{X})(Y_i-\bar{Y})}{\sum_{i=1}^{n}(X_i-\bar{X})^2}$$

$$b_0 = \bar{Y} - b_1\bar{X}$$

また，$\bar{X}$と$\bar{Y}$は，それぞれX_iとY_iの平均値を表す。b_1の分母はX_iがすべて等しい場合に，X_iすべてが$\bar{X}$と等しくなり分母が0となってしまうことに注意してほしい。b_0とb_1の二つの値を推定するには二つ以上の異なる観測値X_iが最低二つ必要となる。したがって，少なくとも二つの異なるX_i値からなる三つの観測値が分散の推定と統計的推定に必要となる。対データ$(X_1, Y_1), (X_2, Y_2)\cdots(X_n, Y_n)$が独立な場合(この条件は，標本単位が単純ランダム抽出を用いて母集団から選ばれているときには真である)，β_0とβ_1の不偏推定値は最小二乗推定値のb_0とb_1から求めることができる。

分散σ^2の不偏推定値は，次に示す平均二乗誤差(MSE)から求めることができる。

$$\frac{1}{n-1}\sum_{i=1}^{n}(Y_i-b_0-b_1X_1)^2$$

相関ρは標本データの相関係数rを用いて概算できる。さらに，b_0とb_1は，それぞれ平均β_0とβ_1と次式で求められる標準誤差(SE)の正規分布にしたがう。

$$\sigma(b_0) = \sigma\sqrt{\frac{1}{n} + \frac{\bar{X}^2}{\sum_{i=1}^{n}(X-\bar{X})^2}}$$

$$\sigma(b_1) = \frac{\sigma}{\sqrt{\sum_{i=1}^{n}(X_1-\bar{X})^2}}$$

$SE(b_0)$と$SE(b_1)$で示した標準誤差(SE)の推定値は，σをその推定値$\sqrt{MSE}$で置き換えて求めることができる。MSE，$SE(b_0)$と$SE(b_1)$の自由度はそれぞれ2である。正規理論によりβ_0とβ_1には前述した一般的な手順で信頼区間を求めて仮説検定ができる。たとえば，回帰直線の真の傾きβ_1の$(1-\alpha)\times 100\%$信頼区間は，

$$b_1 \pm t_{n-2, \frac{\alpha}{2}}SE(b_1)$$

で求めることができ，帰無仮説$H_0: \beta_1 = 0$に対して対立仮説$H_1: \beta_1 \neq 0$となる。つまり，傾きが0と異なるかの棄却率をαとしたときの検定では，

$$|b_1| > t_{n-2, \frac{\alpha}{2}}SE(b_1)$$

の場合に帰無仮説H_0を棄却する。

H_0が棄却されることは，XとYに直線関係が認められる証拠があり，相関ρがゼロでないことを意味する。実際，帰無仮説$H_0: \beta_1 = 0$，$H_1:$対立仮説$\beta_1 \neq 0$を検定することは，$H_0: \rho = 0$，$H_1: \rho \neq 0$を検定することと同じことだと示せる。ここで，コヨーテの行動圏研究に再びもどってみよう。Gese et al.(1988)は，コヨーテの行動圏サイズと利用可能なピニオンビャクシンが優占する生息地の割合を平方根した値の関係を示す直線回帰の傾きは−1.52であり，この傾きは$\alpha < 0.01$の棄却率で有意，つまり帰無仮説$H_0: \beta_1 = 0$が$\alpha = 0.01$で棄却された，と報告した。

仮定の吟味

予測の妥当性は，定型的に算出した式がデータを標本抽出した母集団をどの程度まで再現できたかに規定される。つまり，完全な回帰分析とは，データが真に正規分布にしたがい，分散の等質性が保たれ，直線性以外の傾向をもたず，独立だという仮説を確かめる，などの手順をさす。外れ値あるいは傾向に影響を及ぼす点のような異常な観察値も検出され精査される。仮説検定では，残差$e_i = Y_i - b_0 - b_1 X_i$について調べることが多い。この残差は，実際に観察された値Yと最小二乗線に正確にのった値との差にすぎないことに注意する必要がある(図2-12)。

残差を用いた仮説検定の方法を二つ示しておく。1番目の方法では，(データが一つの標本である)集団の構成単位の直線にそったばらつきが，正規分布にしたがうことを思い出してほしい。とくに，この直線から一定の距離内に含まれるデータの割合は正規分布によって決まる。このため，ある観測値が最小二乗線からどのくらい離れているかを測定した尺度の残差も，平均値が0となりほぼ正規分布にしたがう。すべての残差(統計用ソフトの多くは回帰計算の際に残差も求めてくれる)を計算した場合には，残差が実際に正規分布するかを統計的手順で調べることができる。2番目の方法は，分散の等質性の仮定とは集団の構成単位が直線に沿って同じ大きさの変動を示す性質を用いている。このため，x値の変化に連れて残差の大きさが増減するような傾向は示さないことが予想でき，もしそのような傾向があれば分散の等質性の仮定を満たさない可能性が示される。

予測に必要な仮定が満たされていない場合には修正が必要となるだろう。たとえば，データが正規性を示さなかったり，分散の等質性の仮定が満たされない場合には(これらの仮定が同時に満たされないことはよくある)，$Y_1, \cdots Y_n$の値に対して，$f(Y_1), \cdots f(Y_n)$といった関数でそれらの値を変換することを試みたらよい。このような変換に用いられる一般的な関数fは，対数，平方根，逆数や逆正弦な

2. データの分析

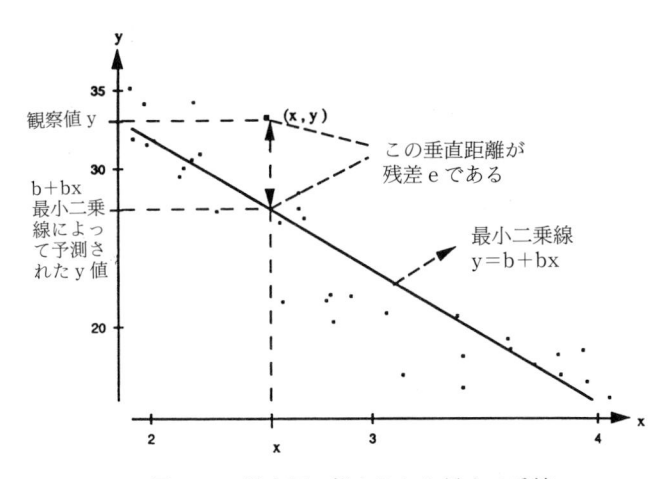

図 2-12 散布図に描き入れた最小二乗線
ある特定の点〔(x, y) で示されている〕について、y の観察値、予測値、および点から回帰線までの縦軸方向の距離の残差が示されている。

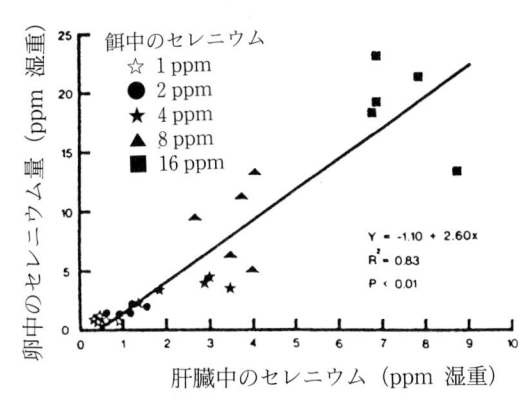

図 2-13 分散の等質性の仮定からの逸脱の例
散布図は、セレノメチオニンとして 1, 2, 4, 8, 16 ppm のセレニウムを含んだエサを与えたメスのマガモの肝臓中のセレニウムの蓄積量と、メスの 8 個目の卵中での蓄積量の関係を示している。(Heinz et al., 1989 より)

どがある。Y 値を変換すると正規性や分散の等質性が満たされ、対データ〔$X_1, f(Y_1)$〕・・・〔$X_n, f(Y_n)$〕について引き続き回帰計算を行うことになる。しかし、その場合には、その結果はデータを変換した値に対するものであることに注意が必要である。たとえば、逆数変換を用いて、$1/Y$ と X が、$1/Y = -2X$ の関係がある場合には、X が増加すると Y が減少するという結論は誤りである。実際には、Y と X の関係は $Y = -1/2X$ で示され、X が増加するにつれて Y は(より小さな負の値になって)増加する。

Heinz et al. (1989) は、セレンの有機体を与えたマガモの繁殖障害について研究し、百分率による測定データを変換すると正規性を示すことを見いだした。セレンを含む餌を与えたメスの 8 番目の卵中のセレン含有率に対する肝臓中のセレン含有率を調べた散布図(図 2-13)は、分散の等質性の仮定が満たされていないことを示唆している。これは回帰直線に対して変動が餌中のセレンが増加するに連れて増加することからわかる。

非常に数学的であるが、仮定が満たされないと予測結果にどんな影響を与えるかに関する正式な議論は、いくつかコメントを提出できる。ある X に対応する Y の期待値が、実際には $\beta_0 + \beta_1 X$ (すなわち、ある X に対応する Y の平均値が $\beta_0 + \beta_1 X$)で与えられる場合は、分散の等質性、正規性および独立性の仮定が満たされなくとも、β_0 と β_1 の最小二乗推定値は不偏推定値となる。また、ある X に対応した Y の期待値が実際に $\beta_0 + \beta_1 X$ で、分散の等質性および独立性の仮定が満たされている場合は、正規性の仮定が満たされなくても、MSE は分散の不偏推定値となる。このような手順は、正規性の仮定からはずれることに対して頑健

(robust)だと感じられるかもしれない。つまり、それらの予測は正規性の仮定がどうにか満たされれば十分に有効だが、仮説検定や信頼区間の算出には、仮定がすべて満たされていることが必要なのである。

これまでの単純直線回帰に関する内容は、どちらかというと概観的なものである。単純直線回帰は、組になった変数どうしの直線関係を統計的に調べるのに役立つことを覚えておくことが重要である。仮定の確認方法を含んだ単純直線回帰の詳細な論述は、たとえば、Neter et al. (1983) など回帰分析に関するどの本にも示されている。統計入門テキストの多くにも単純直線回帰の記述が含まれている(例としては、Moore & McCabe 1988 があるので参照を薦める)。

重回帰

定型的なモデル

単純直線回帰で用いた手法は、複数の変数間の直線傾向以外の関係を調べる方法にも応用できる。そのような関係を調べる方法は重回帰分析(multiple regression analysis)と呼ばれ、いわゆる線形モデル(linear model)が適応される。複数の母集団から選ばれた n 個の構成単位をもつ標本があり、各構成単位に従属変数 Y と p 個の説明変数 $X_1, \cdots X_p$ を記録するとしよう。たとえば、変数 X_2 は X_1 の二乗のように、変数 X_i のいくつかが他の変数であっても差し支えない。Y_i と $X_{1i}, \cdots X_{pi}$ は i 番目の構成単位と関係した変数とする。構成単位を抽出した集団や抽出方法に応じて Y と X の関係が次のように表される場合に、これ

ら変数間には線形関係があると言う。

$$Y_i = \beta_0 + \beta_1 X_{1i} + \beta_2 X_{2i} + \cdots \beta_p X_{pi} + \varepsilon_i$$

ε_i は，個別の影響が各 X と比べると小さいとみなされ，この式に含まれていない独立変数の累積効果を示している。Y_i は独立とみなされ（これは単純ランダム抽出の構成単位のときにあてはまる），各 Y_i は平均値 $\beta_0 + \beta_1 X_{1i} + \beta_2 X_{2i} + \cdots \beta_p X_{pi}$ と，分散 σ^2（この値は X 値に関係がないので分散の等質性の仮定と呼ばれる）を持ち，正規分布すると仮定されている。以下の三つの仮定は，データを抽出した母集団の性質と関連がある。β_0，β_1，$\cdots\beta_p$ は推定する未知の定数（パラメータ）とする。これらは，ε_i が独立で，各 ε_i が平均値 0，分散 σ^2 で正規分布することことを仮定しているのに注意してほしい。このため，従属変数値 Y_i は，$\beta_0 + \beta_1 X_{1i} + \beta_2 X_{2i} + \cdots \beta_p X_{pi}$ と普通厳密に等しくないが，両者の不一致を平均すると 0 となる。つまり，$X_1 = X_{i1}, \cdots X_p = X_{pi}$ とした集団の構成単位すべての平均値は 0 となる。数学的には，Y_i の期待値は $\beta_0 + \beta_1 X_{1i} + \beta_2 X_{2i} + \cdots \beta_p X_{pi}$ で表される。この $\beta_0 + \beta_1 X_{1i} + \beta_2 X_{2i} + \cdots \beta_p X_{pi}$ を重回帰式と呼ぶ。単純直線回帰と同様に重回帰分析での予測値の有効性は，先に述べたいくつかの仮定が満たされているかに左右され，それらの仮定が満たされているかの確認はどの分析を行うときにも重要である。

他の変数 X_i を固定して変数 X_k だけを単位量変化させると，平均して大きさ β_k だけ従属変数値 Y が変化するという意味あいから，β_i は X_i の「効果」と説明されることが多い。この変化は X_i から直接生じたのかもしれないし，変数 X_i の変化が他の変数に影響して Y が変化することも考えられる。β_k が 0 の場合，他の X_i を固定すると X_k が変化しても Y が変化しないことは明らかで，X_k は Y にまったく「影響」がない。このように β_k が 0 かを調べる仮説検定は，X_k が Y に影響を及ぼすかを調べる方法の一つである。しかし，実際には次のような問題がある。研究者が，X_i 値をコントロールすることは多くの実験では非常に難しい。この問題は観察的な研究に生じる。たとえば，単純ランダム抽出で構成単位が複数の集団から選ばれて，X_i が年齢，性，体重といった構成単位の特性値の場合である。このような場合，X_i は互いに関連があることが多く，X_k が変化すると一緒に他の X_i の値も変化してしまう。その結果，他の係数 β_i を通じて Y の値が変化する。X_k を除くすべての X_i を固定し，X_k だけを変化させた構成単位の組を観測することはない。これは，我々が β_i に関する「直接的な」情報でなく，他の X_i による追加的な変動の影響を受けた「間接的な」情報を得ていることを意味している。変数 X_i どう

しの相関が大きい場合は変動も拡大するので β_k を確定できない。この変数相互の影響が多重共線性（multicollinearity）と呼ばれ，β_k の推定の不確定さ，つまり推定値の標準誤差を増加させる原因である。

線形モデルでの「線形」という語は，線形代数と呼ばれる数学の一分野から借用されたもので，その式は Y の期待値が β_i のいわゆる線形関数で示されることを意味する。これは，式が次の項の和として作られていることを指す。

（パラメータ）×（独立変数の関数）

この式は，Y が X_i の直線関数であることを意味するものでない。たとえば，独立変数 X を一つだけ測定した場合に，$X_i = X_j$ と定義すると，線形式は，次式に示すように Y は X の多項式で表される。

$$Y_i = \beta_0 + \beta_1 X_i + \beta_2 X_{i^2} + \cdots \beta_p X_{ip} + \varepsilon_i$$

次式のように β_i が線形モデルで表されないものは非線形モデルと呼ばれる。

$$Y_i = \beta_0 + \beta_1 X_i^{\beta_2}$$

予測と解釈

線形モデルの分析は，単純直線回帰と方法的に類似している。最小二乗法は β_i の推定値を求めるのに使用される。ここで一つ注意してほしい。単純直線回帰では，二つのパラメータ β_0 と β_1 の推定には，独立変数に最低二つの異なった値が必要だったことを思い出そう。重回帰でも同様な問題がある。$p+1$ 個のパラメータ $\beta_0, \beta_1, \cdots \beta_p$ を推定するには，独立変数が $p+1$ 個以上の組（つまり最低 $p+1$ 個の観察値）だけ必要である。さらに，分散を推定するならば，$p+2$ 個以上の観察値と $p+1$ 個以上の異なる独立変数値の組が必要である。さらに，いわゆる適合度の欠如の検定（Lack-of-fit test, 詳しくは Neter et al. 1983 を参照のこと）を用いて式の適合性を調べるには，独立変数値を固定した反復観察が最低 1 回必要である。したがって，重回帰による予測には，独立変数に $p+1$ 個以上の異なった値をとる $p+2$ 回の観察を，最低一回は反復する必要があることになる。もちろん，測定値は多いほど好ましく，予測には測定する独立変数の値域が広いほど（つまり独立変数値を繰り返し取ることが）望ましい。コストや観察の困難性などの理由で，観測数が非常に限定されてしまうこともあるだろう。どのくらいの観察数があればよいかの基準を示すことは難しく，実験計画に精通した統計専門家の助言を得るのが最善と思われる。

β_i が推定できる場合や誤差 e_i が正規性を満たすと仮定された場合には，それらの推定値の標準誤差の計算式が導

かれ，信頼区間を計算したり前述の通常の方法を用いて仮説検定を行える〔Box 2-4 を参照してほしい。正しい df（自由度）値は，$n-p-1$ を使う〕。残念ながら，それらの計算式は複雑で，行列代数の知識が導出に必要である（詳細は，たとえば，Neter et al. 1983 の参照を薦める）。実際には，それらの推定値や標準誤差は重回帰モデルを含んだ統計用ソフトを使って求めることができる。

　線形モデルによる結果の解釈は複雑となることもある。これは次のような例からも理解できる。Bergerud & Ballard(1988) は，中央アラスカ南部のトナカイを対象に，繁殖参入個体数の指標値に対して，積雪深（8 か月にわたる冬期の平均の深さ。cm），（出生した年の冬の）オオカミ個体数，およびトナカイ総個体数がどう影響したかを研究するのに重回帰式を用いた。トナカイの繁殖参入個体数の指標値には，2.5 歳以上のトナカイの全数に対する 2.5 歳のトナカイの個体数率が用いられた。この研究では重回帰式が複数使われており，その一つは次に示す式であった。

　　繁殖参入個体率＝20.980＋0.128×積雪深
　　　　　　　　　－0.064×オオカミ個体数

この式では，出生年の冬の平均積雪深が 50 cm，オオカミが 200 頭とすると，その年の繁殖参入個体率は，$20.980+0.128\times50-0.064\times200=14.58\%$ と予測される。この式は，積雪深の係数が正の値をとり，冬がより厳しいことを示す積雪深の増加が繁殖参入個体率を増加させてしまうことに気づいてほしい。これは，我々の直感に反しており，多重共線性によるものに疑いない。つまり，オオカミ個体数と積雪深には相関があるため，係数の解釈が難しいのである。積雪深と繁殖参入個体率に単純直線回帰を当てはめた次式は，多重共線性の存在を明瞭に示している。

　　繁殖参入個体率＝23.261－0.166×積雪深

　このモデルでは，積雪深の係数が負であり，積雪が少なくなると繁殖参入個体率が多くなるので意味があるように見える。式に別の独立変数を加えると重回帰式の係数の符号が変わったり，係数の絶対値が大きく変動するときは，たいてい多重共線性が認められ，係数の解釈には注意が必要である。

　重回帰分析では，最小二乗推定値とパラメータの標準誤差以外の値も報告することが多い。これらには式がデータにどのくらい良く適合しているかを示す尺度や，単純直線回帰で述べた相関係数に相当する値がある。次のような重回帰式には，以下に示す値が追加的に報告されることがある。

$$Y_i=\beta_0+\beta_1X_{1i}+\beta_2X_{2i}+\cdots+\beta_pX_{pi}+e_i$$

1. 全平方和(SSTO)：これは，従属変数 Y の総変動を評価する値で，次式から求める。

$$SSTO=\Sigma[Y_i-(\bar{Y})]^2$$

ここで，$(\bar{Y})$ は，Y_i の平均値である。

2. 誤差平方和(SSE)：これは，従属変数の実測値と，重回帰式 $b_0+b_1X_1+\cdots+b_pX_p$ にあてはめた値が，どのくらい乖離しているかを評価する値である。ここで b_i は，β_i の最小二乗推定値である。SSE の公式は，次に示すようである。

$$SSE=\Sigma(Y_i-b_0-b_1X_{1i}-\cdots-b_pX_{pi})^2$$

観察数を n とし，$SSE/(n-p-1)$ から平均誤差二乗和（MSE）の平均が定義できる。MSE は，誤差 e_i の分散 σ^2 の不偏推定量で，式がどのくらい良く適合するかの尺度でこの値が小さいほど適合が良いことを示す。先に指摘したように，MSE を求めるには観察値の数(n)が最低 $p+1$ 個以上必要となる。n が $p+1$ 個より少なく，SSE は 0 または負の値で除算されてしまう。分散の推定値が負の値というのは無意味である。

3. 回帰平方総和(SSR)：これは，従属変数の変動がどのくらい重回帰式が説明したかを評価する値で，次式で求めることができる。

$$SSR=SSTO-SSE$$

4. 重回帰決定係数：R^2 で表されるこの値は，重回帰式が説明する従属変数の変動割合を評価し，次式で求めることができる。

$$R^2=SSR/SSTO$$

重相関決定係数 R^2 は常に 0 と 1 の間の値をとり，その解釈は SSR と似ている。重回帰式がどの程度良くデータに適合するかの尺度として SSR を使うことの欠点の一つは，SSR の大きさが十分かどうかが SSTO の大きさに規定されることである。つまり，SSR は SSTO と比較した解釈が必要である。重相関決定係数 R^2 は，SSR と SSTO の割合を求めてこの比較を自動的に行っている。このため，重相関決定係数 R^2 には単位がない。単純直線回帰でも重相関決定係数 R^2 が計算でき，相関係数の二乗値と一致するのが普通である。このため，重相関決定係数 R^2 の正の平方根 R は，単純直線回帰の相関係数が重回帰へと普遍化した値とみなされることが多く，重回帰係数(multiple correlation coeffcient)と呼ばれている。

　以上に述べた四つの尺度は，統計ソフトによる回帰分析ではごく普通に出力され，重回帰式を比較する際に基礎的な情報を提供してくれる。この比較は次のような手順で行われる。従属変数 Y の変動値を説明する場合に「完全」形

の式,

$$Y_i = \beta_0 + \beta_1 X_{1i} + \beta_2 X_{2i} + \cdots \beta_p X_{pi} + e_i$$

が適切か,あるいは,X_1, $X_2 \cdots X_p$ の部分集合である独立変数 X_1, $X_2 \cdots X_q (q<p)$ だけを用いて作った次の「既約形」の式,

$$Y_i = \beta_0 + \beta_1 X_{1i} + \beta_2 X_{2i} + \cdots + \beta_p X_{qi} + e_i$$

が,適当かを判断するのに,完全形の式と既約形の式のそれぞれでSSRとSSEを計算する。ここで,SSR($X_1, \cdots, X_p$)とSSE($X_1, \cdots X_p$)は完全形の式でのSSRとSSEとし,SSR($X_1, \cdots X_q$)とSSE($X_1, \cdots X_q$)は既約形の式のSSRとSSEとしよう。このとき値,

$$\mathrm{SSR}(X_{q+1}, \cdots X_p \mid X_1, \cdots, X_q) = \mathrm{SSR}(X_1, \cdots, X_p) - \mathrm{SSR}(X_1, \cdots, X_q)$$

は,拡張平方和(extra sum of squares)と呼ばれ,既約形の式と比べて完全形の式が従属変数にどの程度良く適合するかの指標値となる。この値が十分に大きい場合,より正確に言うと,〔SSR($X_{q+1}, \cdots, X_p \mid X_1, \cdots, X_p$)/$(p-q)$〕/〔SSE($X_1, \cdots, X_p$)/$(n-p)$〕が分子の自由度を$(p-q)$,分母の自由度を$(n-p)$とする F 統計量の境界限界値を超えた場合に,完全形の式が既約形の式よりも適当だと判定する。逆の場合は,既約形の式の方が適当と判断する。この手順は説明変数 $X_1, \cdots, X_q$ に及ぼす影響を考慮した上で,独立変数 $X_{q+1}, \cdots, X_p$ が,従属変数に有意な影響があるかを仮説検定していることになる。この手順は純粋に統計学的なもので,完全形の式または既約形の式が科学的に「妥当」なことを示すものではない。このような統計的決定は,適切な式を最終決定する段階で科学的な観点で修正されるべきである。

ここで述べたような仮説検定を簡略化する方法として,完全形の式と既約形の式の重相関決定係数 R^2 を単純に比較し,完全形の式の R^2 が十分に大きければ完全形のモデルを採択することがよく行われる。しかし,「十分大きい」とはどのくらいかはかなり主観的なことである。比較には定型的な仮説検定を行うのがより良い方法だろう。

Bergerud & Ballard(1988)の研究で示されている次の二つの重回帰式の R^2 は 0.10 と 0.79 であった。

繁殖参入個体率 = 23.261 − 0.166 × 積雪深
繁殖参入個体率 = 20.980 + 0.128 × 積雪深
　　　　　　　　− 0.064 × オオカミ個体数

各式の R^2 値は,積雪深だけでは繁殖参入個体率の重要な予測量でないが,積雪を含んだ式にオオカミ個体数を追加すると,積雪深は繁殖参入個体数の有意な予測量と思える。彼らは,オオカミ個体数だけを独立変数に用いたモデルも当てはめ,R^2 値が 0.75 の次式をえた。

繁殖参入個体率 = 24.379 − 0.057 × オオカミ個体数

この式はオオカミ個体数が繁殖参入個体率の予測に意味があるが,オオカミ個体数を含んだ式に積雪深の変数を追加しても,(R^2 値は 0.79 にしか増加せず)とりたてて意味がないことを示している。残念ながら,定型的仮説検定に関する情報は論文には示されておらず結論はいささか主観的といえる。

この例から一般的な観察がいくつか行えるだろう。まず,先に示した式では独立変数が一つ加わると R^2 値が増加したことである。これは,重回帰分析で普通に起こることである。つまり,独立変数を追加すると,R^2 値は大きくなるのが普通である(もしくは,最悪でも同じ値となる)。独立変数を加えると情報が増すが,予測能力は損なわれないので,このことは直感的にもっともらしいことである。余分の情報は常に無視したほうが良い。R^2 値は独立変数を追加すれば増加するので,R^2 を大きくするだけの目的で余分に独立変数を追加しないように注意が必要である。適度な R^2 値と独立変数の少なさのバランス(式が単純でその解釈が簡単なこと)が落としどころである。このバランスを節約(parsimony)と呼ぶ。

2番目として,重回帰分析の解釈は少しばかり厄介な代物であることに気づくことである。積雪深とオオカミ個体数を独立変数とした式と積雪深だけを独立変数とした式を比較した際に,独立変数に積雪深を含む式にオオカミ個体数を付け加えると予測力が高まったと結論づけた。この条件付きの解釈は,オオカミ個体数が繁殖参入個体率にとって意味のある予測量と単純に言うのとは少しちがう。このことが,重回帰分析の結果の解釈にはある種の注意がいることの中身である。これは重箱の隅をつつくように見えるだろうが,統計分析の結果を適切に解釈するための注意事項である。

3番目として,積雪深だけ独立変数に用いた式は R^2 値が0.10で,この変数に意味があるとは見えないことに関連する。重回帰分析で0以上のいずれかの数値,たとえ0.000001という非常に小さな R^2 値でも,定型的な仮説検定を行うと統計的に有意となる。反対に,非常に大きな R^2 値でも統計的に有意でないことも実際に起こりうる。このため,R^2 値に加えて定型的な仮説検定を行う方が望ましい。

4番目として,積雪深だけを独立変数とした式を再度調べて,積雪深は繁殖参入個体率の予測量として有用でないと結論づけようとしたことに関連する。計算上は,積雪深

と繁殖参入個体率の間に，直線関係がないと単純に結論づけることができる。理論的には，

繁殖参入個体率＝定数＋b_1×積雪深＋b_2×(積雪深)^2
　　　　　　　　＋b_3×(積雪深)^3

で示されるような重回帰式が非常に大きなR^2値をもち，積雪深が繁殖参入個体率の予測に有用なことを示す統計的な有意差を見いだすことがあるが，この予測式は(ここでは，三次元の多項式であり)直線関係と比べて複雑である。Bergerud & Ballard(1988)は，三元配置の分散分析を行い，主効果とみなした積雪深との交互作用は有意でないと報告している。この分析結果は，積雪深が繁殖参入個体率の予測量として有用でないことを示唆している(だが，彼らは，分散分析で積雪深の変数が適切に分類されるように類別したかを詳しく示していない)。一般に，重回帰分析は，ある独立変数がある従属変数を予測する場合にどれが有用な方法か情報を提供してくれる。分散分析(あるいは続いて述べるような指標変数を含む回帰)は，(特別な関数形式を特定せずに)ある独立変数が予測に何らかの形で有用かを調べるのに適している。

5番目として，割合で示されている従属変数のとる値は，0%と100%の範囲に限られることに関する注意事項である。積雪深だけを独立変数に用いた式に対して150 cmの積雪深を代入すると−1.639%という無意味な繁殖参入個体率が予測されてしまう。彼らのデータを調べると，実際の積雪深は75 cmを越えることはなかった。したがって，150 cmという値を代入することは，重回帰式を推定した値の範囲を越えてデータを外挿することを意味する。そのような外挿は避けるべきで，重回帰式はそれを作るときに用いたデータの範囲内にのみ有効と考えるべきである。

偏相関

偏相関係数(coefficient of partial correlation)は，重回帰分析でよく報告される。ここで，もう一度次に示す重回帰式について考えてほしい。

$Y_i = \beta_0 + \beta_1 X_{1i} + \beta_2 X_{2i} + \cdots \beta_p X_{pi} + e_i$

r個の変数$X_{k_1}, \cdots X_{k_r}$が含まれる式に変数X_jを加えると生じる追加的な変動を，Yと$X_{k_1}, \cdots X_{k_r}$を含んだYとX_jの偏相関決定係数(coefficient of partial determination)と呼び，次のように定義する。

$r^2_{j \cdot k_1 \cdots k_r} = \text{SSR}(X_j \mid X_{k_1}, \cdots X_{k_r}) \text{SSE}(X_{k_1}, \cdots, X_{k_r})$

これに対応する偏相関係数$r^2_{j \cdot k_1 \cdots k_r}$の平方根は，あてはめたモデルの$Y = b_0 + b_j X_j + b_{k_1} X_{k_1} + \cdots + b_{k_r} X_{k_r}$における$b_j$と同じ符号をもつ。

偏相関決定係数と偏相関係数の関係は，回帰分析での重回帰決定係数(R^2)と相関係数(r)との関係に類似している。とくに，偏相関決定係数は偏相関係数よりも解釈がやさしい。Compton et al.(1988)は，イエローストーンリバー(Yellowstone River)下流域のさまざまな場所で観察したシカ個体数(ND)を従属変数に用いた重回帰式を作った。この式の独立変数は，各場所での水辺にあるカバーの面積合計値(RC, ha)と牛がいる水辺のカバーの面積合計値(GR, ha)である。式は，次のように表され，R^2値は0.57であった。

ND＝−3.69＋0.92 RC−0.50 GR

変数RCを含む式の変数GRの偏相関係数は−0.53であった。この係数値が式の変数GRの係数の符号の向きと一致していることに気づいてほしい。偏相関決定係数は$(-0.53)^2 = 0.28$である。したがって変数RCを含む式への変数GRの追加は，残りの分散〔SSE(RC)〕の28%を説明したと結論づけることができる。

仮定の吟味

重回帰分析では式を作るときの仮定が妥当か，つまり予測値と観察値の誤差が，平均値が0，分散σ^2が一定の正規分布にしたがうことを厳密にチェックするべきである。たとえば，Bergerud & Ballard(1988)では，観察値と(あてはめた式で)算出した従属変数値をプロットした図2-14は，前半部分での観察値が式の予測値を上回る傾向があり，これに対して後半部分は観察値は予測値を下回っている。これは，誤差の平均値が0でなく，平均値が時間に影響されていることを示唆している。おそらく，時間を追加的に独立変数に含めるべきであろう。これは時間をかけて集めたデータでは良い方法で，綿密な統計的調査には時系列分析が必要かもしれない。

Bergerud & Ballard(1988)の重回帰式の従属変数値は0%から100%の範囲に限られているので，技法上は正規分布とみなせない。独立変数値が0%または100%の両端付近の部分に集中して分布せず，観察値の範囲全体がほぼ正規分布するならば，これは大きな問題ではない(Bergerud & Ballardの研究では，両端にデータが集まって分布しないようにみえる)。このような条件での重回帰分析は，満足できるものとなるだろう。

重回帰分析は，すべての仮定が満たされ，計算が正確に実行されてるという意味で統計学的に正しくとも，他の理由から批判されることもある。たとえば，Van Ballenberghe(1989)は，Bergerud & Ballardが作った重回帰式で

は，オオカミの個体数が理論的に求められており，繁殖参入個体数とオオカミ個体数の見かけ上の関係は，実測によらないオオカミ個体数の理論値推定方法に影響されているという理由で批判している。この可能性はさらに詳しく考察する価値があり，これを確かめるにはオオカミの実数を調べ，彼らが使った理論値と比較する研究が必要である。

類別変数の扱い方

類別変数は，さまざまな方法で重回帰分析に取り入れることができる。この例として，ヒト(被検者)の目の色を茶，青，その他として記録することを考えてみよう。この場合，目の色は三つのカテゴリーを持つ類別変数として扱われる。この変数を数値化する一つの方法は，変数を文字 Z で表し，目の色が茶色の場合を $Z=1$，目が青色の場合を $Z=2$，その他の場合を $Z=3$ で表すことである。重回帰式を用いて目の色と血圧(Y)の関係を調べてみよう。目の色 Z を独立変数，血圧 Y を従属変数とすると，次のような式を作ることができる。

$$Y = b_0 + b_1 Z$$

残念ながら，この式は目が茶色の人々の血圧を b_0+b_1，青色の目のヒトの血圧は b_0+2b_1，その他の目の色の血圧は b_0+3b_1 と予測してしまう。目の色を表す類別変数 Y にこのような数値化の方法を用いると，b_0 と b_1 の値とは関係な

く，青い目のヒトの血圧の予測値はたとえそうでなくても茶色の目のヒトとその他の色の目のヒトの血圧の中間値と求められてしまう。その上，回帰式から求められる茶色の目のヒトと青色の目のヒトの予測血圧値の差は，茶色の目のヒトと他の目の色のヒトの差とも自動的に同じになる。Z をこのように定義づけると，目の色と予測される(おそらくは間違った)血圧を自動的に関係づけるような重回帰式が作られてしまう。このような目の色の数値化の方法は，誤った重回帰分析の結果を招いてしまう。

この例での適切な目の色の数値化方法は，次に示すように二つの変量 Z_1 と Z_2 を定義することである。

$Z_1=1$：被験者の目が茶色の場合，
$Z_1=0$：被験者の目が茶色でない場合

さらに

$Z_2=1$：被験者の目が青色の場合
$Z_2=0$：被験者の目が青色でない場合

ある特性が該当する場合に 1，該当しないときには 0 の値をとる，0 と 1 しかない Z_1 と Z_2 のような変数を指標変数と呼ぶ。茶色の目の被験者には $Z_1=1$ と $Z_2=0$ の値が，青色の目の被験者には，$Z_1=0$ と $Z_2=1$，その他の目の色の被験者には $Z_1=0$ と $Z_2=0$ が与えられることに注意してほしい。このためそれぞれの目の色に対して固有な値の組合せがあり，第 3 の変数 Z_3 を定義する必要はなくなる。この関係を当てはめた重回帰式は，次のようになる。

$$Y = b_0 + b_1 Z_1 + b_2 Z_2$$

被験者の目が茶色の場合，この式は血圧は b_0+b_1 と予測される。被験者の目が青色の場合，この式は b_0+b_2 の血圧が求められる。他の色の目の被験者には，この式は b_0 と血圧値を予測する。Z_1 と Z_2 のそれぞれの係数が，血圧に対する他の目の色のもつ効果と，茶色の目および青色の目それぞれの効果の差を表していることに注意してほしい。このため他の色をした目の効果の b_0 が一種の参照値となっている。b_0, b_1, b_2 はどんな値でも取りうるので，式は目の色が異なってもどのような血圧をも予測する融通性がある。

ここで述べた例には類別変数を数値化する場合の留意点が示されており，2 番目に述べた方法がこの場合に適切である。類別変数が独立変数の場合では，指標値すなわち 0-1 変数を用いて重回帰分析用に数値化することが一般的である。類別変数が c 通りの値をとる場合には，$c-1$ 個の指標値が，次のように定義される。

$Z_i=1$ 類別変数が i 番目の値を取る場合
　　$=0$ その他の場合 $(i=1\cdots c-1)$

$Z_1, \cdots Z_{c-1}$ がすべて 0 の場合，類別変数が値 c となるこ

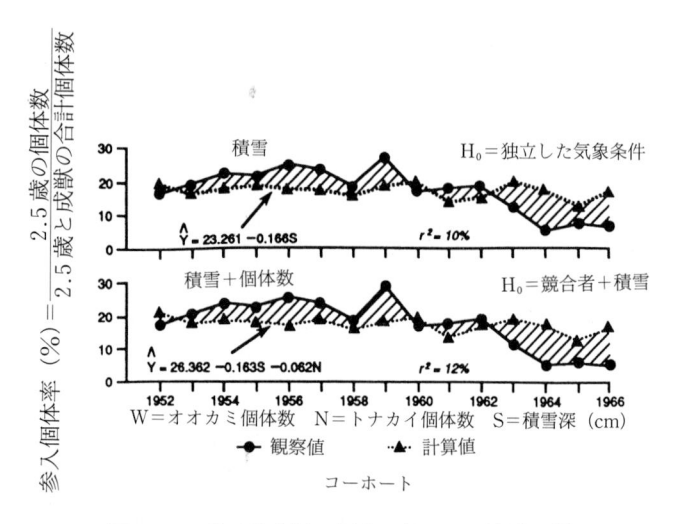

図 2-14 重回帰分析の仮定で起こる逸脱の例

図は，1952 年から'66 年までの期間の中央アラスカ南部のネルチナ (Nelchina) のトナカイの群における 2.5 歳の参入個体率を示している。上の図では独立変数に積雪深のみを用いたもの。下の図は積雪深とトナカイ個体数の両方を用いたもの (Bergerud & Ballard, 1988 より)。

とは明らかである。

Z_c は重複となるので定義する必要がない。i 番目の指標変数は，類別値が i 番目の値を持つことを示していることに気づいてほしい。$c-1$ 個すべての指標変数は，類別変数の主効果を示すために重回帰式に加えられる。当てはめた重回帰式の指標変数のいずれの係数が，仮説検定によって有意に 0 とは異なると判定されると，類別変数の効果は c 番目の値と有意に異なることになる。その c 番目の値は参照変数となる。指標変数と変数どうしの乗積をうまく使うことで，分散分析モデルを重回帰式として表し，分散分析(ANOVA)の標準的な仮説検定すべてが適用できるようになる。指標変数と数値の従属変数を混ぜることで，共分散モデル分析を重回帰式として表すことも可能である。重回帰分析の分散分析(ANOVA)や共分散分析への拡張に関する詳しい記述は，Neter & Wasserman(1974)の参照を薦める。指標変数を使用することで，重回帰分析は最初に見受けたよりもずっと一般的となり，回帰分析や分散分析，共分散分析には互いに共通点が多いことがわかる。実際にそれらの手法はすべて一般線形モデルの特別な形であり，これについては詳細な理論がある。

類別変数が従属変数の場合には，誤差の正規分布性の仮定は明らかに満たさないので，重回帰分析以外の方法が必要になる。たとえば，複数の形態的な測定値に基づいて動物の性別を区分するには，類別従属変数が使われる。後で手短に述べる判別分析や本節で簡単に記述するロジスチックモデル，対数線形モデルを含む特別な手順が分析に用いられる。

従属変数が二値のみを取る場合，二項ランダム変数のように変数を取り扱うのが通常の方法である。そのような二項従属変数のデータ分析には，ロジスチック回帰や対数線形モデルがよく用いられる。この方法は，従属変数に直接的に回帰式を当てはめるのではなく，代わりに従属変数のある特定の値を観測する確率 p〔より正確には，p のロジット変換値の $\log(p/(1-p))$ などの関数〕に独立変数を関係づける回帰式を仮定することが基本的な手順である。これに関する初歩的な内容は，Neter et al.(1983)を参照してほしい。Cox & Snell(1989)には，より詳細な方法が示してある。統計用ソフトの多くには，そのようなデータ分析の機能が含まれている。従属変数が二値以外の場合，多項ロジットモデルにより，独立変数が特定の値を取るときの確率の関数として回帰式を当てはめることが同様に行われる。このようなモデルを取り扱う統計用ソフトはあまり一般的ではないが，GLIM(一般線形モデル)ではそのような分析が可能である。実際に，GLIM は，特殊例である線形モデルや対数線形モデルおよび多項ロジットモデルなどの，いわゆる一般化した線形モデルを分析するものである。これらのより詳しい内容については，McCullagh & Nelder(1989)または，Aitkin et al.(1989)の参照を薦める。

Holm et al.(1988)は，シロアシハツカネズミ(deer mouse)によるトウモロコシの採食に対してある種の薬品に忌避効果を研究した。忌避剤がトウモロコシ粒に塗られ，シロアシハツカネズミに数日間与えられた。各殻粒は，被害の有無により分類された。この場合の従属変数は類別変数となり，薬品の種類は類別独立変数となる。この分析で，彼らは殻粒がいつ被害を受けたかも記録し，対数線形モデルを用いて被害を受ける確率が期間中どのくらい変化するかも研究した。

ステップワイズ回帰

重回帰分析では，多くの独立変数を測定することが多い。このような場合，変数は互いに有意な相関があり，より少ない独立変数だけで，科学的に意味がありあてはまりの良い(たとえば，R^2 値が大きく MSE が小さい)モデルを作ることが分析の目標となることがある。このようなモデルを見つける最善の方法は，変数の一部または全部を用いたすべての回帰式を作り，科学的な意味で当てはまりが良く独立変数が少ないバランスのとれた式を選択することである。いくつかの経験則が望ましいバランスのある式の決定に利用できるが(あてはまりの良さと独立変数の少なさのバランスに関する論議は，Neter et al. 1983 を参照してほしい)，最終的には，選択はいささか主観的なものとなる。たとえば，Nixon et al.(1988)は，シカの生息の有無(従属変数)が 24 個の生息地変数(独立変数)によりどう影響されるかを研究しようした。彼らは作りうるすべて回帰式を R^2 値を基準にして吟味し，5 個の変数だけからなる式で満足できると結論づけた。この場合，従属変数が二分値をとる類別値のため，ロジスチック回帰の方が適当だったかもしれないことに気づいてほしい。

p 個の独立変数がある場合には，独立変数を一つ以上含む式は 2^p-1 個作れるので，式の数は急速に増大する。たとえば，Nixon et al.(1989)の研究のように変数 p が 24 個あるとすると，$2^{24}-1$ 個つまり 16,777,215 個の式を吟味する必要ある。最新型コンピュータでさえ，このようなたくさんの式を検討するには時間がかかりすぎる。そこで，変数の数 p が大きい場合に対して，作成可能な式の一部を吟味し，当てはまりの良い式を上手に探索するアルゴリズム

が開発されている。このアルゴリズムは，ステップワイズ回帰(stepwise regression)と呼ばれる統計用ソフトに入っている。変数増加法(forward stepwise regression)は，独立変数を一つだけ含んだ式すべてについて，R^2値が最大，あるいは式の当てはまりを検定するF統計量が最大の変数を一つ選択する。R^2値あるいはF値が，あらかじめ決めた限界値を越えると，アルゴリズムはこの式を受け入れ計算を続ける。そして，直前に作った重回帰式には含まれていない別の独立変数を加え，R^2値を最も増加させるか最大のF値をとる変数を見つけだす。これらの値が限界値を超えると，アルゴリズムはその式を受け入れ次の計算を続ける。このアルゴリズムでは変数の追加はR^2値が増加しなくなったりF値が減少するようになるまで繰り返し続けられ，計算が終わると，コンピュータは最終的に得られた式を最良の結果として出力する。利用者が限界値を変化させると，アルゴリズムが出力する最終的な式も変わってくる。変数減少法(backward stepwise regression)は，変数増加法のちょうど逆の手順で行われる。最初に全変数を用いて式を作り，どの変数がR^2値あるいはF値を最も減少させるかを吟味する。この減少量が，利用者が指定したt-限界値を超えない場合には，その変数はモデルから除外され，同様のアルゴリズムが繰り返される。この手順はそれ以上変数が除外されなくなるまで続き，計算が終わると最終結果が出力される。変数減少法による式も限界値を違えると変わり，変数増加法による式と必ずしも一致しない。

最もよく使われるステップワイズ手順は変数増減法(full stepwise regression)で，変数増加法と変数減少法を交互に行うものである。ある段階で追加された変数は，後の段階で除外されることもあり，ある段階で除外された変数が後で追加されることもある。利用者は，(一つは変数増加法の部分に対して，もう一つは変数減少法の部分に対して)二つの限界値を指定する必要があり，それらの値は最終結果に影響する。変数増減法の結果は，変数増加法と変数減少法のいずれの結果とも必ずしも一致する必要はない。Johnson et al.(1989)は，テキサス南部におけるグレープフルーツの鳥害を指標化した変数に対する，15個の土地利用に関する変数の影響を吟味するため，ステップワイズ回帰(おそらく増減法であろう)を用いた。この最終的に求められた式は，わずかに三つの独立変数しか含まれていなかった。

ステップワイズ回帰は，一般に妥当であてはまりの良い式を導き出すが，いくつかの注意が必要である。各方法のアルゴリズムは作りうるモデルすべてを吟味していないので，ステップワイズ回帰で求めた式は，適合がもっと良い式や変数がより少ない式を見落とすことがある。また，各方法によって作った式は科学的な意味があるとは限らず，回帰の仮説を満たすとも限らない。このため，ステップワイズ法で作った式は慎重に調べたほうがよい。式の仮定を確認して，科学的な意味，あてはまりの良さ，独立変数の少なさ，に関してバランスの良い式を作るために変数を加減したいと考えることがあるだろう。また，ステップワイズ法による式と，他の方法による式を比較した方が良いこともある。ステップワイズ法を使用したからといって，最終的な回帰式の決定に追加的な調査が必要性ないわけでない。それ故，作ることのできるモデルすべてを吟味することは，それが実行可能な場合，つまり独立変数の数がそれほど多くない場合に望ましいことである。ステップワイズ法は，これが困難な時に限って用いるべきである。ステップワイズ法に関するより詳しい情報は，Neter et al. (1983)の参照を薦める。

本稿の範囲を超えている回帰分析についての追加的な話題には，非線形モデル(Neter et al. 1983, Gallant, 1987)，逆回帰あるいは較正(calibration)(Neter et al. 1983)およびresponse surface methodology(Box & Draper 1987)がある。これらすべての方法は，これまで述べた原則や技法のいくつかが使われている。

❏パス解析

回帰分析では，有意で十分に大きなR^2値をもつ式が得られたという理由で，独立変数と従属変数に因果関係があると(誤って)結論づける傾向がある。しかし，独立変数と従属変数の両方が，観察されていない別の要因に影響されるためR^2値が大きくなることがよくある。つまり，あてはまりが良い回帰式は，変数間の因果関係を意味するとは限らないのである。多くの実験で因果関係の有無の吟味に関心が注がれ，(1920年代にSewell Wrightにより最初に用いられた)パス解析(path analysis)と呼ばれる回帰を用いた技法が，因果関係の証拠を規定し，因果関係を分析する手助けに利用される。以下にパス解析の簡単なあらましを述べておく。詳しい内容はSokal & Rohlf(1981)およびNamboodiri et al.(1975)の参照を薦める。

パス解析は，研究対象とする$X_1, \cdots, X_p$といった相互関係をもつ変数をまず列挙する。後の計算の簡便さを考えて，各X_iは通常平均値が引かれて標準偏差(SD)で割って規準化されると仮定しておく。そして，変数間の関係の特定す

るため，変数 X_i 間の既知の標本相関を用いて，存在すると考えられる因果関係を書き出す。原因と結果の関係があると思われる変数どうしは互いに矢印で結ぶパスダイアグラムを使って特定する。X_i が X_j の直接的な原因と考えられた場合は，その二つの要素を X_i から X_j に示す矢印で結ぶ。X_i は X_j と直接的に関係があるが，どちらが原因かを特定できない場合は X_i と X_j を両矢印で結ぶ。

Bergerud & Ballard(1988)の研究は，トナカイの繁殖参入個体数と冬期の平均雪積深およびオオカミ個体数の因果関係を調べることが目的であったと考えられる。Van Ballenberghe(1989)が指摘したように，Bergerud & Ballardが用いたオオカミの個体数は，オオカミの実数ではなく，理論値である。このことを留意すると，規準化した変数間の関係は次のような関係で示されるだろう。すなわち，積雪が増加するとトナカイの繁殖参入個体数とオオカミ個体数の実数の両方が減少すること，オオカミの実数が増えると直接的にトナカイの繁殖参入個体数が減少すること，オオカミの実数が増えるとオオカミ個体数の理論値も増加すること，確率的な要因(誤差)が直接トナカイ繁殖参入個体数とオオカミ個体数を変動させること，である。図2-15はこのようなパス関係を示したものである。

因果関係を特定した後には，パスダイアグラムで確定したような各変数 X_j に直接関係があると思われる X_i を順に関連づけながら，切片をもたない変数 X_i で構成される一次結合，つまり (X_i^2, X_i^3, $\cdots$, X_i^n 項や乗積項をもたない) 重回帰式を書き出していく。この一次結合は，他で入手したデータがあればそれも加え，因果関係の分析に用いる。これには，数種類の方法がある。データがない場合には，以下の結論を導くために一次結合を単に数学的に分析することがよく行われる。

①特定した因果関係から推論される論理的な結果。
②直接予測できない変数 X_i どうしの相関，すなわち相互作用の予測可能性(これは，パスダイアグラムから得た重回帰一次結合を用いて，ある未知数が解けるかという問いに関係している)。
③得られた因果関係の妥当性，つまり妥当な結果を導き出すか。

データがある場合のもう一つの方法は，(規準化された)データにより各回帰式の回帰係数を推定し，その予測式を用いてここで示した①②③を単に吟味することである。さらに，推定値に関して統計的推論もいくつか実行できる。

先に述べたパスダイアグラムの例では，次のような三つの回帰式が書き出せる(それらは規準化した変数，つまり平

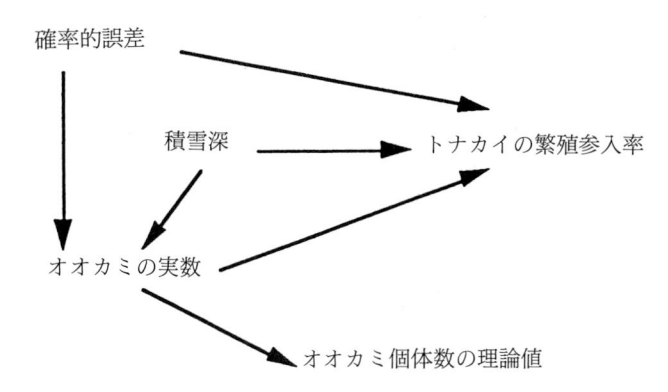

図2-15 積雪深，オオカミの実数，オオカミ個体数の理論値，確率的誤差およびトナカイの繁殖参入率の相互関係を表すパスダイアグラムの例。矢印は因果関係の向き示している。

均値が差し引かれ標準偏差(SD)で除算された変数から作られたことに留意してほしい)。

トナカイの繁殖参入個体数＝b_1×積雪深＋b_2×オオカミの実数＋b_3×誤差

オオカミの実数＝c_1×積雪深＋c_2×誤差

オオカミ個体数の理論値＝d_1×オオカミの実数

残念ながら，オオカミの個体数は実測されていないし，もちろん誤差も直接観測されておらず測定もできない。トナカイの繁殖参入個体数，積雪深，およびオオカミ個体数の理論値のデータも，回帰を用いた式のいずれにも当てはめるのに充分でない。最初の式に，3番目の式を代入すると

トナカイの繁殖参入個体数＝b_1×積雪深＋(b_2/d_1)
　　　×オオカミの実数＋b_3×誤差

となり，重回帰式は収集したデータは b_1 と b_2/d_1 の推定に用いられる(しかし，実際の誤差は，観察されていないので b_3 は推定できない)。b_2/d_1 が 0 と有意差がないことは，b_2 も 0 と有意差がないことを意味するので，オオカミの実数がトナカイの繁殖参入個体数を線形的に変化させている十分な証拠がないことになる。このような結論は，パスダイアグラムの有効性に規定されていることに注意してほしい。

パス解析で作られるパスダイアグラムは，直接観察不能な変数が含まれていることが多い。にもかかわらず，(以下に述べるような)因子分析の技法を借りることで各要因の効果に関する情報を得ることができる。LISREL VI (LISREL は linear statistical relationships の略)という統計ソフトを用いて必要な計算ができる。この手順と得られる結果は複雑であり，この分析を行う前に統計の専門家

❏因子分析と主成分

に助言を得ることを薦める。

研究者はどんな調査でも抽出単位ごとに非常に多くの変数をもつ多変量データを測定するのが普通である。「*The Journal of Wildlife Management*」誌または,「*Wildlife Society Bulletin*」誌をながめると,この事実にすぐ気がつく。たとえばCruz(1988)は,20種の採食カテゴリーの利用頻度を11種類の鳥で測定した。この研究では,各種類の鳥(研究の基本抽出単位)につき20個の変数が測定され,11個の多変量データが生じている。

多くの変数を抽出単位ごとに測定した場合,それらの変数が相互に関連することがよくある。実際に,変数が「重複」していることもある。つまり,ある変数の持つ情報が別の変数の部分集合として含まれている場合である。重回帰式項では,別の変数の部分集合として含むような重回帰式を用いて一つの変数を非常に正確に予測することができ,情報の多くを失わずにデータからその変数を除外できる。このため多変量データでは,次のような設問を調べてみる価値がある。それは,もとの情報をほとんど失わずに,より少ない「理論的な」変数の組で実測した変数の組を置き換えられるかということである。これに答える方法が主成分分析(principal components analysis)である。

$X_1, \cdots X_n$ が各実験ユニットで測定された n 個の変数だとしよう。これらの変数の一次結合(linear combination),すなわち線形スコア(linear score)は,0のこともある a_i を既知の定数として,$a_1X_1+a_2X_2+\cdots+a_nX_n$ の形の関数で示すことができる。主成分分析は,もとの変数 $X_1,\cdots X_n$ を「最良のもの」に置き換えた,n 個よりもずっと少ない以下に示すような m 個の変数 X_i の一次結合,つまりスコアを発見しようとする方法である。

$a_{11}X_1\cdots+a_{1n}X_n$
$a_{21}X_1+\cdots+a_{2n}X_n$
$\cdots$
$a_{m1}X_1+\cdots+a_{mn}X_n$

ここで述べた「最良のもの」は,以下に述べるような意味である。m 個の一次結合つまりスコアの標本分散の合計は,どの m 個のスコアの組に対しても最大値となりうる。最大の分散をもったデータの組は,m 個のスコアのみによりもとのデータがとりうる変動の大半を説明するといわれ,それ故もとのデータの変動を最良に説明する。研究の目標はたいてい,データがなぜ変動するかを理解すること

であり,このような変動の理由を調べるには,ここで示すような m 個のスコアの組を使って,もとの変数を置き換えることが「最良」の方法である。この最良の m 個のスコアのことを m 番目までの主成分(principal component)と呼ぶ。先に示した一次結合における係数 $a_{11}, a_{12}, \cdots a_{mn}$ は,因子負荷量(factor loading)と呼ばれる。

主成分分析を使う一つの理由は,大きくて扱いにくい測定値の組をもとの情報をあまり損なわずに,ずっと小さなデータの組に置き換えることができるからである。データの組数を減らすと,分析や結果の解釈が簡単になる。Cruz(1988)の研究は,変数の数を少なくすることの重要性が示されている。重回帰式の $p+1$ 個のパラメータを最小二乗法で推定するには最低 $p+1$ 個の観察値が必要であり,重回帰式の変動の推定には $p+2$ 個の観察値が必要なことを思い出そう。Cruzのデータは,20個の変数を含む11個の多変量観測値で構成されている。重回帰分析の場合と類似の理由から,20個の変数の相関を問題なくあわせて調べるには,少なくとも21個(望むべくはそれ以上)の観測値が必要となる。11個だけの観測値からは10個の変数間の相関しか算出できない。このため,Cruzのデータは,変数間の関係を調べるのに先だち,変数の数を減らす必要があった。主成分分析は,情報をできるだけ多く残しながら変数の数を減らす方法を提供してくれる。Cruzは実際に主成分分析を用いて,20個の変数を5個のスコアすなわち第5主成分に減らしている。

主成分分析で,m つまりスコアの数を決めることは多少なりとも主観的な作業である。主成分分析の数学的な計算処理は,$m=n$,すなわちもとの変数の数とスコアの数が等しいとすると(この場合,n 個全部の主成分を求めたことになる),求めたスコアはもとの変数とは異なるが,最初のスコア値は最良のスコア(第1主成分)で,第2スコアまでが最初から2番目までに良いのスコアの組(第1,2主成分)となり,第3スコアが最初から3番目までに良いスコア値の集合(第1から第3主成分),$\cdots$ となるように順序づけられており,これらは互いに相関を持たない。スコア間に相関がないことは,スコアが独立とみなせることを意味する。スコアが説明する追加的な変動に対応する(固有値と呼ばれる)数値が,スコアごとに一緒に示される。$m=n$ の場合,すべての固有値の和はそのデータの持つ全変動と等しく,ある特定のスコアの固有値を固有値の和で割った値は,そのスコアが説明する総変動量の割合(fraction)を表す。j 番目の主成分までの固有値の合計は,j 番目までのスコア値が説明する全変動の割合を表す。それ故,全変動を適度な割

合で説明し，その変動がごく小さくなるようにスコアの数を調節すると良い。この二つの操作にはトレードオフ関係があるので，スコアの追加は全変動の割合を増加させてしまう。Cruzの論文では，第5主成分までが全変動の0.75を説明しており，彼らはこれを適度な妥協と考えている。Thompson & Capen(1988)は，24種の鳥を対象として13個の生息地変数を測定した。彼らは，生息地変数の数を減らすために主成分分析を使用し，最良の三つのスコアつまり第3主成分までが変動の0.886を説明することを明らかにした。この結果は満足のいくものと思われる。理想的には，第1または第2スコアが変動の0.90以上を説明する事だが，これは実際には滅多に起こらない。一般的には，主成分の追加で説明される変動の割合の増分がわずかなとき，その主成分の追加は無意味となる。

m番目の主成分までを決定して，各主成分を説明する因子名をつけることがよく行われる。この作業は，概してまったく主観的なものである。たとえば，10個の変数，$X_1, \cdots, X_{10}$があり，第1主成分が次の式のようであるとする。
$0.87 X_1 + 0.12 X_2 + 0.09 X_3 - 0.17 X_4 + 0.75 X_5 - 0.06 X_6 + 0.84 X_7 + 0.29 X_8 + 0.18 X_9 - 0.22 X_{10}$
X_1, X_5, X_7の各変数の係数すなわち負荷量は他の係数よりもずっと大きな絶対値で，同じような大きさである。そのため，第1主成分はX_1, X_5, X_7の平均値または合計値とみなせるかしれない。なぜなら，これら三つの変数を等しく加重合計したものだからである。X_1, X_5, X_7がある共通の特性を共有し，この特性がほかの変数に共有されていない場合，この主成分はこの特性を測定したものとも解釈できるだろう。Cruz(1988)のデータでは，第1主成分は，「落ち穂拾い型(gleaning)」と「探索型(probing)」を区分する変数に大きな正の因子負荷量(係数)を持ち，「飛びだし型(sally)」または「ホバリング型(hovering)」を区分する一部の変数が大きな負の因子負荷量を持ち，他のすべての変数の因子負荷量は小さかった。このようなことから，この主成分は餌をおもに探索して落ち穂拾い型でとる(キツツキのような)種と，飛び出してホバリングして餌をとる(ハチドリのような)種を区別する変数として解釈できる。

データの変動の大部分を説明する少数の主成分を見つけ出して，適当な解釈を各主成分に付けることができると，それらの主成分が実測した変数を生み出す「測定できない」要因(すなわち直接測定できない変数)を表していると結論づけることがある。教育において，数学過程での成績や数学試験の得点は，「測定不可能」な要因，つまり生まれ持った数学の才能で決まると思いこんでいる人もいるかもしれな

い。主成分分析を行うと，変数の多くは比較的限られた「測定不能」な要因で「説明がつく」ように感じることがあるかもしれないが，このことを正式に検討するには因子分析(factor analysis)を行わなくてはならない。

因子分析を説明するには，ある種の高等数学(線形代数の知識)が必要なので，ここでは詳しくは述べない。Johnson & Wichern(1988)には，主成分分析と同じく因子分析についても詳しい記述がある。非常に読みやすく専門的でないものとしては，Hair et al.(1987)がある。正式の因子分析は，回帰式と同様に多くの変数を少数の(測定できない)因子に関係づけるような式を作る。ここでは，(最尤法と最小二乗法の二つの)統計的方法が，式のあてはめ(パラメータの推定)に用いられる。その結果は，因子モデルがデータを適切に表すか，もっと因子数が少ない方が適当か，因子の追加が必要か，の判断に用いられる。誤差(実際のデータと式のあてはめ値との不一致)が正規分布にしたがうときには，それらの問いに答えるために正式な統計検定が行える。また，典型的な因子分析では，測定した変数により因子が最も明瞭に説明づけられる関係式も見つけ出してくれる。これは，いわゆる因子軸の回転(rotating solution)により行われる。関係式のあてはめ，因子軸の回転，統計的検定には，SAS, SPSSまたはLISRELといった統計用ソフトを使用する。結果の解釈が困難なこともあり，熟練した統計専門家の助言を受けずに因子分析法を用るべきでない。Rexstad et al.(1988)は，十分に注意をしないで因子分析を用いると，落とし穴にはまる恐れがあることを指摘している。

実際には，多くの研究者は，測定した多数の変数を「説明する」少数の「測定不能な」因子を特定する目的だけに主成分分析を用いている。主成分をこのように利用することは，正式の因子分析でないが，一般的に受け入れることができる代用品であり，教科書の一部ではこのような方法を因子分析と紹介している。

❏ 分類と判別分析

独立変数として測定した値の一部を用いて，標本構成単位のグループ分けの方法を決めるために実験をデザインしたりデータを収集することがある。ステップワイズ回帰で述べたNixon et al.(1988)の例では，24か所の生息地について，シカが冬期に利用する地域と利用しない地域にどう分類されるかを調べた。Crabtree et al.(1989)は，オカヨシガモ(gadwall)の巣が哺乳類捕食者に襲われやすいか

どうかを分類するため生息地に関する15個の変数のどれが有用かを調べた。

このような分類を目的とした分析の基本的な二つのねらいは，数種類の変数のうちどれが分類に有用かを確かめることと，それらの変数に基づいた分類ルールを確定することである。この目的にはいくつかの方法が利用できるが，標本構成単位ごとに対象とする独立変数を測定し，その分類方法があらかじめわかっていることが必要である。ある標本構成単位がどのグループに属するか明瞭でないと，独立変数とその構成単位が属するグループの関係が確定できず，構成単位は分類分析に有用な情報を提供できない。

分類に最も広く用いられているのは判別分析(discriminant analysis)である。判別分析を適切に使うには，すべての独立変数が同時に正規分布する必要がある(より正確には独立変数が，多変量正規分布する必要がある)。さらに，分散および変数どうしの相関が標本単位が属するグループに従属していない場合は(つまり共分散行列の等質性あるいは等共分散行列の仮定が満たされる場合に)，次のように分類ルールを作ることができる。①主成分分析のときに定義したような一次結合すなわちスコアを独立変数から求めること。②各標本単位に対して，観察値からこのスコアを計算すること。そして③そのグループは，このスコアと同じだという仮説を検定すること。つまり，スコアを用いて一元配置分散分析(ANOVA)を実行し F 統計量を求めることである。スコアに対して式を変えると，この F 値も異なる値となる。微積分を用いて，F 統計量を最大化し，グループ内で差異が最も大きいスコアを決めることができる。フィッシャーの線形判別関数(Fisher's linear discriminant function)と呼ばれるこのスコアは，グループ間の区別や分類に最もよく用いられる。フィッシャーの線形判別関数で求めた F 統計量が十分に大きい場合に，その独立変数が分類に有用だと結論づけることができる(この場合に正式な仮説検定も行える。詳細は Johnson & Wichern 1988 の参照を薦める)。これが判別分析と呼ばれる分析法である。ある変数が判別関数を有意に改善するかを調べる仮説検定法もあり，分類目的に適する独立変数の部分集合を決めるには重回帰分析で述べたものと類似のステップワイズアルゴリズムがある。そのような手順は，多くの統計用ソフトに含まれている。Nixon et al.(1988)は，ステップワイズ判別分析を用いて，24個の生息地変数のうち二つの変数だけを用いた線形判別関数でシカの生息の有無を満足に分類できたと結論づけている。

分散や変数どうしの相関がグループに従属している場合，つまり共分散行列の等質性の仮定が満たされていない場合には，これまで述べた分析法と同様に判別分析と呼ばれる分析法が用いられることがある。ここでは，標本単位をグループ化する際に収集データが間違って分類される個数を最小化するグループ化のルールを決めるために，高等微積分および確率論で使われる技法が借用されている(詳細は Johnson & Wichern 1988 を再度参照してほしい)。研究者は，あらかじめ標本単位がどのグループに属するかを知っているので，候補とするルールに対してもとのデータをあてはめ，その結果を分類結果と比較することでその有用性が評価できる。この手順では共分散行列が等しい場合，実際にフィッシャーの線形判別関数を作り出す。分類ルールが適当かを調べる正式な仮説検定法は，共分散行列の等質性の仮定が満たされない場合には利用できない。そのため，あるルールをデータに適用した場合の適合度は正しい分類数に基づいて主観的に決められる。用いたデータに対する正しい分類数を最大化するようにルールが作られているので，そのルールは当然データに良く当てはまることが，この方法の欠点である。このような方法によるルールの評価には，データを二つの組に分けることが次善の方法である。つまり，一つのデータの組から判別関数を導き，残りのデータを用いてその関数を評価する。この手続きは，より正しい分類ルールの有用性に関する尺度を提供してくれる。分類ルールを作るのに使用するデータの情報の大部分を使用したいのが通常なので，ルールを作るのに使うデータの組は，そのルールを評価するのに用いるものより一般に多くなるはずだ。

統計用ソフト(たとえば，SASS, SPSS-X および BMDP)の多くは，共分散行列の等質性の検定も含むここで述べた二つの判別分析を行う機能がある。それらのソフトは，利用者がデータの一部から得た結果に，残りのデータをあてはめて検定を行う機能が含まれている。

独立変数が明白に正規分布に従わない場合(これは一部の変数が類別値の場合に起こる)，上で述べた分類法を用いることは不適切かもしれない(しかし，共分散行列の等質性の仮定が満たされていれば，分析は正規性を満たさないことに多少融通がきくと思われる)。判別分析を使えない場合の別の分類法もある。重回帰分析で述べたように，その方法の一つはグループを類別変数を用いて表すことである。この方法では，変数を従属変数のように扱い，ロジスチック回帰モデルまたは多項ロジットモデルを当てはめる。もう一つは，回帰樹木(CART)による方法である。これは，変数にもとづいた分類や予測のルールづくりにどの変数の組

が役立つかを決めるノンパラメトリックな方法である。CART は予測式の構築に使えるので，重回帰分析の仮定が満たされない場合の代用手法となる。CART については Breiman et al.(1984)を参照してほしい。この分析用のソフトもある。

統計の専門家以外の研究者には他の分類方法があまり知られていないことや，それらの分析用ソフトが判別分析用ソフトほど手軽に利用できないなどの理由で，判別分析は分類分析の手法として最も一般的なものである。しかし，判別分析は分類に必ずしも適当でないことや，より適切な方法があることを知っておくべきである。この点に関心のある読者には，より詳細で読みやすい判別分析の参考文献として Hair et al.(1987)をあげておく。Rexstad et al.(1988)は判別分析に伴う落とし穴のいくつかについて記述している。ここでも最良の助言は，分類分析を行う前に熟練した統計の専門家に助言を受けるべきということだろう。

❏その他の方法

これまでに述べていない特別な統計手法も非常に多くある。そのいくつかに限って方法とその詳細な情報を得るための参考文献を簡潔に述べておく。

正準相関分析

標準の相関係数を用いて変数の組の間の相関の測定が可能となる。これは，重回帰分析における重回帰決定係数，R^2 が拡張されたもので，ある(独立)変数のグループがある一つの(従属)変数とどの程度「相関がある」かの尺度を示す。次の一般化のレベルは，ある変数のグループが他の変数のグループとどのくらい相関があるかを調べることだろう。これが，正準相関分析の目的である。

ある組変数を $X_1, \cdots X_p$，別の一組を，$Y_1, \cdots Y_p$ としよう。第一正準相関係数(first canonical correlation)は，起こりうる最大の相関係数をもつ変数 Y と変数 X は一対の一次結合どうしあるいはスコアどうしの相関として定義される。変数 $X(Y)$ の一次結合は，変数の組を一つの変数に減少させるので，二組の変数は一対の変数に減少し，その単純相関係数の計算が可能になる。第一正準相関係数を作り出すスコアは，第一正準相関変量(first canonical variate)と呼ばれる。第二正準相関係数は，第一正準相関係数と統計的に独立である変数 X のスコアと，第一正準相関変量と統計的に独立な変数 Y のスコアとの間に起こりうる最大の相関を示している。第二正準相関が作り出すスコアは，第二正準相関変量と呼ばれる。その次の正準相関係数と正準相関変量は，それ以前に求めた正準変量すべてと独立で，最大の相関を持つような変数 X, Y のスコアにより定義できる。正準相関係数と正準相関変量はコンピュータにより計算され，ほとんどの統計用ソフトはそれらの数値を計算する機能がある。

正準相関は，変数 X の組と変数 Y の組の間の関係の強さ(「相関」)についての情報を提供してくれる。研究者は，正準相関の統計的有意差(0 と異なっているか)も検定できる。正準変量を構成するスコアの形(符号の向きや大きさ)は，その組が互いになぜ相関するかといったデータの解釈の材料も提供してくれる。このスコアの解釈は，主成分分析での説明の技巧と類似しており，いくぶん主観的である。

正準相関分析の詳細は，Johnson & Wichern(1988)にある。正準相関分析については，Hair et al.(1987)が読みやすい。また，Rexstad et al.(1988)は，正準相関分析での落とし穴について論述している。

クラスター分析

クラスター分析の目的は，以下のとおりである。変数 $X_1, \cdots, X_p$ が，n 個の実験単位で測定したとする。このとき n 個の実験単位を k 個のグループに「分類」すなわち「クラスター化」したいとしよう。一つのグループ内の実験単位は互いに「似ているか」か「近い」と仮定しよう。異なるグループの実験単位は，「似ていない」か「遠く離れている」とする。たとえば，各ユニットで二つの変数を測定し，散布図を作ることを考えよう。散布図の点が図 2-16 のようにいくつかの「まとまり」(図 2-16 では，四つのまとまりがある)に分かれている場合，それらの「まとまり」は，クラスターとして捉えることができるだろう。残念ながら，このような図表的な方法は，一つか，二つ，または三つの変数が各実験単位で測定され，それら変数が数値の場合に限って可能である。クラスター数 k は前もっては未知であり，分析で決まるのが普通である。また，そのグルーピングが「正しい」かどうか決める方法はない。クラスター分析によるグループは主観的な理由で決定されたもので，実験単位が他よりも互いに類似している証拠を発見しようとしているにすぎない。

クラスター分析には，集団の構成単位どうしが類似しているかの尺度がまず必要である。類似度にはたくさんの尺度がある。この尺度は，幾何またはユークリッド距離(euclidean distance)とマハラノビス距離(Mahalanobis dis-

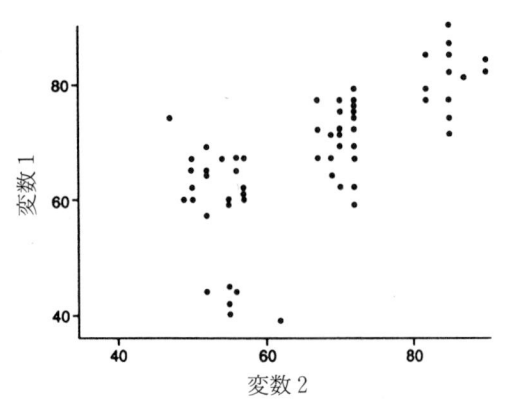

図 2-16 クラスター分けを表す散布図
この図では四つのクラスターがあるように見える。

tance)と呼ばれる二つの「統計的」距離が一般的に用いられる。どちらの距離を用いても，二つの測定値間の距離としてこれらの尺度をどう使うかを決める必要がある。二つのデータの平均値間の距離として定義するのが一つの方法だが，他にもさまざまなものがある。

類似度を定義したら，測定値をグループ分けするアルゴリズムを開発しなくてはならない。一つか二つまたは三つの変数を各集団の構成単位で測定し距離尺度を幾何距離として，各実験単位の測定値を1次元または，2次元，3次元のグラフ上に点でプロットし，プロットの散布状況からグループを決定できる。この方法は，各実験単位に四つ以上の変数がある場合には不可能である。このような場合は，プログラムしたアルゴリズムにしたがいコンピュータを用いてグループ化する。これには，数種類のアルゴリズムがある。一般的な方法の一つは階層クラスター法と呼ばれるものである。各実験単位(より正確には実験単位での測定値の組)を最初別々のクラスターとして扱い，以下の一連の段階を続ける。第1段階では，存在するクラスターの組すべてに対して，あらかじめ決めた距離尺度によりクラスター間の距離を計算する(最初は，各実験単位にひとつ，つまり n 個のクラスターがあるので，$n(n-1)/2$ 個の組があることになる)。第2段階では，距離が最小のクラスターの組(つまり最近隣のもの)を併合して新しいクラスターを作り，現在あるクラスターの数を一つ減らす。このクラスターの組は出力され，第1段階と第2段階が繰り返される。すべての実験単位が一つにまとまるまでこの手順が続けられる。結果は，デンドログラム(樹形図)とよばれるグラフにまとめられる。

Cruz(1988)は，11種の鳥で調べた20種類の餌の利用状況から，観察した鳥がどうグループ化されるかを階層クラスター法を用いて分析した。この結果，図2-17に示すデンドログラムが描かれた。一つのクラスターにまとまった最初の種は，シトドフウキンチョウ(striped-headed tanager)とプエリトルコウソ(Peruto Rican bullfinch)であることに気づいてほしい。次にプエルトリコフウキンチョウ(Puerto Rican tanager)がこれに加わる。その次の段階では，アカアシツグミ(red-legged thrush)とオオウロコツグミモドキ(pearly-eyed thrasher)が一つのクラスターにまとまった。段階が進むに連れて，種は二つにクラスター分けされた。プエルトリコエメラルドハチドリ(emerald hummingbird)とプエリトリココビトドリ(Puerto Rican tody)は一つのクラスターを形成し(両種とも飛びだしーホバリング採食型に属する)，その他のすべての種は別のクラスターを形成した。

クラスター分析は，対象とするデータの特徴を特定するのに役立つ記述的な方法と見なすべきである。たくさんの(本来的には無限の)距離尺度やクラスター分けのアルゴリズムがあるので，異なる結果を生ずる各種のクラスター分析法でデータを分析できる。分析法のどれかがとくに優れているとか，有用であるとかは言えない。使用しなかった方法がデータに対して真に明解なクラスターを作り出すか，作り出したクラスターが生物学的に「正しいか」はだれにもわからない。Johnson & Wichern(1988)にはクラスター分析の詳細や関連事項が示されており，クラスターを示すのに図を用いることや，多次元尺度法(multidimensional scaling)と呼ばれる技法も説明されている。Hair et al.(1987)は，非常に読みやすいクラスター分析と多次元尺度法の入門書である。

クラスター分析に関連して空間分析(spatial analysis)と呼ばれる多くの技法がある。この技法は，ある距離尺度にもとづきグループを類似のクラスター分けするのではなく，実験単位が一様に分離しているか，間隔をあけて分布するか，あるいはそれ以外の特徴ある空間分布を示すかを調べるのに用いられる。この方法はまた，空間分布の特徴を調べるだけにも用いられる。Buskirk et al.(1989)はロッキー山脈中央部で，イタチの休息場所の生息環境を二冬にわたって調べた。冬期の休息場所は林床にある粗い残材と関連性が強いので，彼らは粗い残材の空間密度を推定した。

我々は，紙面の関係上これ以上空間分析について詳細に論述しない。興味のある読者には，Upton & Fingleton(1985)の詳細な記述の参照を薦める。

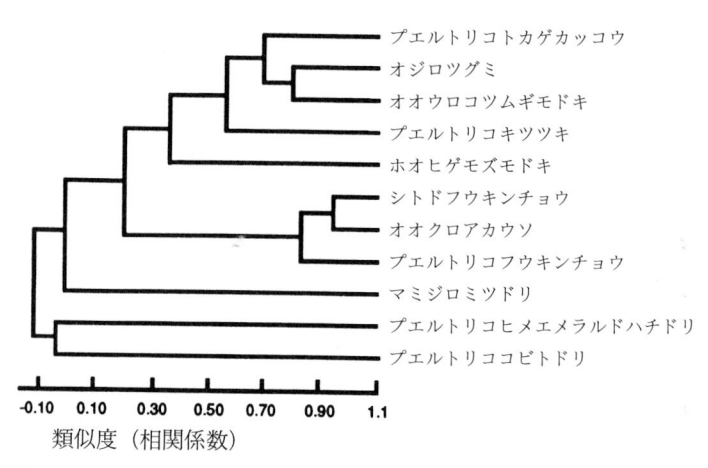

図2-17 プエリトリコ・リクィロ実験林（Liquilo Experimental Forest）のCubuyカリブマツ林の鳥類群集で1981年3月から1986年8月までに行った観測に基づく11種の鳥の相関係数行列により作成した採食類縁関係の類似度を示すデンドログラム（Cruz et al., 1988 より）。

時系列データの分析

経時的にとった測定値は、周期性すなわち「振動的」な動きを示すことが多い。日常的な例には、気象や経済のデータがある。それらのデータに対しては、測定値（従属変数）と時間（独立変数）の相互関係の特徴を研究することに関心があるかもしれない。これは重回帰分析を用いて行われることがある。周期性を研究する目的（ある特徴がどのくらい頻繁に繰り返されるかといった）には、時系列分析が適切である。時系列分析はまた、データの周期性を調べ、データの振動のどのくらいの割合が「ノイズ（確率的誤差）」に起因するのかや、どんな規則性をもった原因によるのかを確かめ、データの傾向を見極めて、データを式にあてはめたりする。これらの結果は、予測あるいは単にデータがなぜそのように振る舞うかを説明するために用いられる。時系列分析の方法の理解には、（フーリエ級数を含む）数学的な分析および確率についての知識が必要である。多くの統計用ソフトに時系列分析を行う機能がある。時系列分析について詳しく記述してある2冊の参考書としてBox & Jenkins (1976) とCryer (1986) を薦めておく。

Botsford et al. (1988) は、1958年から1980年にかけてカンムリウズラ（California quail）の成鳥と幼鳥の個体数ならびに幼鳥と成鳥の比をプロットしている。その結果（図2-18）は、時系列として示されている。データが周期的な変動、すなわち振動していることに注意してほしい。振動のピークは、およそ4、5年ごとに繰り返されているように見え、最も高いピークは時間が経過すると徐々に低下していくように見える。分析の一部に、彼らはこの動きを降水量（これも時系列データである）と関係づけようと試みている。

方角的データの分析

データの一部に、方角（0度から359度）や日付（うるう年を無視した1日目から365日目）を記録することがある。これらデータの奇妙な性質の一つは、二つの極端な値（0度と359度や1日目と365日目）が実際には隣り合って位置することである。値どうしの絶対的な違いは、実際には二つの測定値の距離を必ずしも示さない。Diefenbach et al. (1988) は、アメリカクロガモとマガモの標識回収の日付を記録した。彼らは、いろいろな事象の中で標識発見の日付がどんな分布をしているかを調べることに関心があった。

ここで述べたようなデータは周期的な構造を持ち、円周上にあるデータと考えることができる。そのようなデータは方角的データ（directional data）と呼ばれ、特別な分析法が数種類、データの特異性を考慮して開発されている。これ以上の記述は本章の範囲を超えているが、興味のある読者にはMardia (1972) が詳細を知るのに良い参考となるだろう。

その他の話題

野生動物の文献に関連しさらに挙げることができるものに、MANOVAすなわち多変量分散分析（数種類の従属変数を各標本単位で測定した場合に適用する分散分析（ANOVA法、より詳しくは、Johnson & Wichern 1988

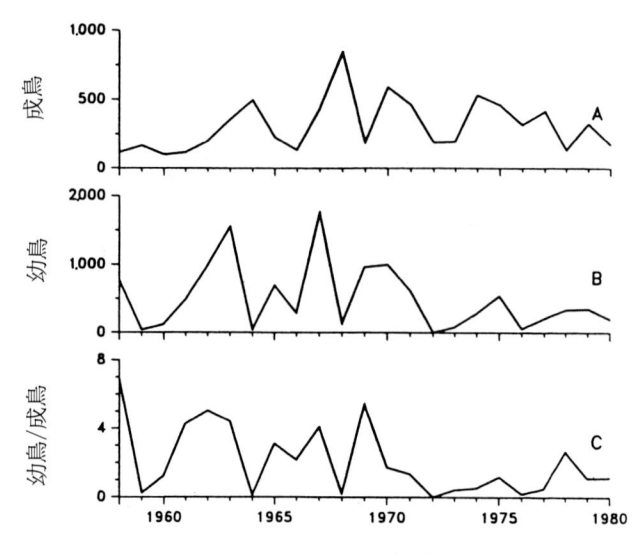

図 2-18 時系列の例
1981年3月から1986年8月にカリフォルニア州パノチェ管理地域 (Panoche Management Area) で観察されたカンムリウズラの成鳥 (A), 幼鳥 (B) の個体数および幼鳥と成鳥の個体数の比 (c) を表す (Bostford et al., 1988より)。

および Hair et al. 1987 の参照を薦める), 生存分析 (標本単位の生存の要因効果を調べる方法で, 詳しくは Lee 1980 の参照を薦める), ベイズ決定理論 (詳しくは Lindley 1971 の参照を薦める; また, Cohen 1988 には, 野生動物に関連する記述がある) などがある。ベイズの方法は, 実験科学ではあまり利用されていない。もちろん, 我々は数多くある他の統計手法について述べていない。実験をデザインしたりデータ分析する場合には, 熟練した統計専門家に助言を受けるべきだということが, 我々のできる最良の助言である。

参考文献

AITKIN, M. A., D. ANDERSON, B. FRANCIS, AND J. HINDE. 1989. Statistical modelling in GLIM. Oxford Univ. Press, Oxford, U.K. 374pp.

ALISAUSKAS, R. T., C. D. ANKNEY, AND E. E. KLAAS. 1988. Winter diets and nutrition of midcontinental lesser snow geese. J. Wildl. Manage. 52:403–414.

ANDRES, B. 1989. Littoral zone use by post-breeding shorebirds on the Colville River delta, Alaska. M.S. Thesis, Ohio State Univ., Columbus. 116pp.

ANTHONY, R. G., AND F. B. ISAACS. 1989. Characteristics of bald eagle nest sites in Oregon. J. Wildl. Manage. 53:148–159.

ARTHUR, S. M., W. B. KROHN, AND J. R. GILBERT. 1989. Habitat use and diet of fishers. J. Wildl. Manage. 53:680–688.

BERGERUD, A. T., AND W. B. BALLARD. 1988. Wolf predation on caribou: the Nelchina herd case history, a different interpretation. J. Wildl. Manage. 52:344–357.

BIDWELL, T. G., S. D. SHALAWAY, O. E. MAUGHAN, AND L. G. TALENT. 1989. Habitat use by female eastern wild turkeys in southeastern Oklahoma. J. Wildl. Manage. 53:34–39.

BOTSFORD, L. W., T. C. WAINWRIGHT, J. T. SMITH, S. MASTRUP, AND D. F. LOTT. 1988. Population dynamics of California quail related to meteorological conditions. J. Wildl. Manage. 52:469–477.

BOX, G. E. P., AND N. R. DRAPER. 1987. Empirical model-building and response surfaces. John Wiley & Sons, New York, N.Y. 669pp.

———, AND G. M. JENKINS. 1976. Time series analysis. Holden-Day, San Francisco, Calif. 575pp.

BREIMAN, L. J., D. FRIEDMAN, R. OLSHEN, AND C. STONE. 1984. Classification and regression trees. Wadsworth Int. Group, Belmont, Calif. 358pp.

BRODY, A. J., AND M. R. PELTON. 1989. Effects of roads on black bear movements in western North Carolina. Wildl. Soc. Bull. 17:5–10.

BUSKIRK, S. W., S. C. FORREST, M. G. RAPHAEL, AND H. J. HARLOW. 1989. Winter resting site ecology of marten in the central Rocky Mountains. J. Wildl. Manage. 53:191–196.

CHAMBERS, J. M., W. S. CLEVELAND, B. KLEINER, AND P. A. TUKEY. 1983. Graphical methods for data analysis. Wadsworth Int. Group, Belmont, Calif. 395pp.

COCHRAN, W. G. 1977. Sampling techniques. John Wiley & Sons, New York, N.Y. 428pp.

COHEN, Y. 1988. Bayesian estimation of clutch size for scientific and management purposes. J. Wildl. Manage. 52:787–793.

COMPTON, B. B., R. J. MACKIE, AND G. L. DUSEK. 1988. Factors influencing distribution of white-tailed deer in riparian habitats. J. Wildl. Manage. 52:544–548.

CONOVER, M. R. 1988. Effect of grazing by Canada geese on the winter growth of rye. J. Wildl. Manage. 52:76–80.

COWAN, D. P., J. A. VAUGHAN, AND W. G. CHRISTER. 1987. Bait consumption by the European rabbit in southern England. J. Wildl. Manage. 51:386–392.

COX, D. R., AND E. J. SNELL. 1989. The analysis of binary data. Second ed. Chapman and Hall, London, U.K. 236pp.

CRABTREE, R. L., L. S. BROOME, AND M. L. WOLFE. 1989. Effects of habitat characteristics on gadwall nest predation and nest-site selection. J. Wildl. Manage. 53:129–137.

CRUZ, A. 1988. Avian resource use in a Caribbean pine plantation. J. Wildl. Manage. 52:274–279.

CRYER, J. D. 1986. Time series analysis. Duxbury, Boston, Mass. 286pp.

DIEFENBACH, D. R., J. D. NICHOLS, AND J. E. HINES. 1988. Distribution patterns of American black duck and mallard winter band recoveries. J. Wildl. Manage. 52:704–710.

DIERENFELD, E. S., C. E. SANDFORT, AND W. C. SATTERFIELD. 1989. Influence of diet on plasma vitamin E in captive peregrine falcons. J. Wildl. Manage. 53:160–164.

ELY, C. R., AND D. G. RAVELING. 1989. Body composition and weight dynamics of wintering greater white-fronted geese. J. Wildl. Manage. 53:80–87.

FLEISS, J. L. 1981. Statistical methods for rates and proportions. Second ed. J. Wiley & Sons, New York, N.Y. 321pp.

FRANZMANN, A. W., AND C. C. SCHWARTZ. 1988. Evaluating condition of Alaskan black bears with blood profiles. J. Wildl. Manage. 52:63–70.

FRYXELL, J. M., W. E. MERCER, AND R. B. GELLATELY. 1988. Population dynamics of Newfoundland moose using cohort analysis. J. Wildl. Manage. 52:14–21.

GALLANT, A. R. 1987. Nonlinear statistical models. J. Wiley & Sons, New York, N.Y. 610pp.

GESE, E. M., O. J. RONGSTAD, AND W. R. MYTTON. 1988. Home range and habitat use of coyotes in southeastern Colorado. J. Wildl. Manage. 52:640–646.

GOLIGHTLY, R. T., JR., AND T. D. HOFSTRA. 1989. Immobilization of elk with a ketamine-xylazine mix and rapid reversal with yohimbine hydrochloride. Wildl. Soc. Bull. 17:53–58.

GUTHERY, F. S. 1988. Line transect sampling of bobwhite density on rangeland: evaluation and recommendations. Wildl. Soc. Bull. 16:193–203.

HAIR, J. F., JR., R. E. ANDERSON, AND R. L. TATHAM. 1987. Multivariate data analysis. Macmillan Publ. Co., New York, N.Y. 449pp.

HANNON, S. J., K. MARTIN, AND J. O. SCHIECK. 1988. Timing of reproduction in two populations of willow ptarmigan in northern Canada. Auk 105:330–338.

HEINZ, G. H., D. J. HOFFMAN, AND L. G. GOLD. 1989. Impaired reproduction of mallards fed an organic form of selenium. J. Wildl. Manage. 53:418–428.

HOLL, S. A., AND V. C. BLEICH. 1987. Mineral lick use by mountain sheep in the San Gabriel Mountains, California. J. Wildl. Manage. 51:383–385.

HOLLANDER, M., AND D. A. WOLFE. 1973. Nonparametric statistical methods. John Wiley & Sons, New York, N.Y. 503pp.

HOLM, B. A., R. J. JOHNSON, D. D. JENSEN, AND W. H. STROUP. 1988. Responses of deer mice to methiocarb and thiram seed treatments. J. Wildl. Manage. 52:497–502.

HÖLZENBEIN, S., AND G. SCHWEDE. 1989. Activity and movements of female white-tailed deer during the rut. J. Wildl. Manage. 53:219–223.

JOHNSON, D. B., F. S. GUTHERY, AND N. E. KOERTH. 1989. Grackle damage to grapefruit in the lower Rio Grande Valley. Wildl. Soc. Bull. 17:46–50.

JOHNSON, R. A., AND D. W. WICHERN. 1988. Applied multivariate statistical analysis. Second ed. Prentice-Hall, Inc., Englewood Cliffs, N.J. 594pp.

KOEHLER, G. M., AND M. G. HORNOCKER. 1989. Influences of seasons on bobcats in Idaho. J. Wildl. Manage. 53:197–202.

LEE, E. T. 1980. Statistical methods for survival data analysis. Lifetime Learning Publ., Belmont, Calif. 557pp.

LEHMANN, E. I. 1975. Nonparametrics: statistical methods based on ranks. McGraw-Hill, New York, N.Y. 457pp.

LEUSCHNER, W. A., V. P. RITCHIE, AND D. F. STAUFFER. 1989. Options on wildlife: responses of resource managers and wildlife users in the southeastern United States. Wildl. Soc. Bull. 17:24–29.

LINDLEY, D. V. 1971. Making decisions. Wiley-Interscience, New York, N.Y. 195pp.

LOWNEY, M. S., AND E. P. HILL. 1989. Wood duck nest sites in bottomland hardwood forests of Mississippi. J. Wildl. Manage. 53:378–382.

MARDIA, K. V. 1972. Statistics and directional data. Academic Press, London, U.K. 357pp.

MASON, J. R., M. A. ADAMS, AND L. CLARK. 1989. Anthranilate repellency to starlings: chemical correlates and sensory perception. J. Wildl. Manage. 53:55–64.

MCAULEY, D. G., AND J. R. LONGCORE. 1988. Survival of juvenile ring-necked ducks on wetlands of different pH. J. Wildl. Manage. 52:169–176.

MCCULLAGH, P., AND J. A. NELDER. 1989. Generalized linear models. Chapman and Hall, London, U.K. 511pp.

MOORE, D. S. 1979. Statistics: concepts and controversies. W.H. Freeman Co., San Francisco, Calif. 313pp.

―――, AND G. P. MCCABE. 1988. Introduction to the practice of statistics. W.H. Freeman Co., San Francisco, Calif. 790pp.

NAMBOODIRI, N. K., L. F. CARTER, AND H. M. BLALOCK. 1975. Applied multivariate analysis and experimental designs. McGraw-Hill, New York, N.Y. 688pp.

NETER, J., AND W. WASSERMAN. 1974. Applied linear statistical models. Richard D. Irwin, Homewood, Ill. 842pp.

―――, ―――, AND M. H. KUTNER. 1983. Applied linear regression models. Richard D. Irwin, Homewood, Ill. 547pp.

NEWTON, M., E. C. COLE, R. A. LAUTENSCHLAGER, D. E. WHITE, AND M. L. MCCORMACK, JR. 1989. Browse availability after conifer release in Maine's spruce-fir forests. J. Wildl. Manage. 53:643–649.

NIXON, C. M., L. P. HANSEN, AND P. A. BREWER. 1988. Characteristics of winter habitats used by deer in Illinois. J. Wildl. Manage. 52:552–555.

O'GARA, B. W., AND R. B. HARRIS. 1988. Age and condition of deer killed by predators and automobiles. J. Wildl. Manage. 52:316–320.

OTIS, D. L., K. P. BURNHAM, G. C. WHITE, AND D. R. ANDERSON. 1978. Statistical inference from capture data on closed animal populations. Wildl. Monogr. 62. 135pp.

QUINN, N. W. S., AND J. E. THOMPSON. 1987. Dynamics of an exploited Canada lynx population in Ontario. J. Wildl. Manage. 51:297–305.

RANDLES, R. H., AND D. A. WOLFE. 1979. Introduction to the theory of nonparametric statistics. John Wiley & Sons, New York, N.Y. 450pp.

RAVE, D. P., AND G. A. BALDASSARRE. 1989. Activity budget of green-winged teal wintering in coastal wetlands of Louisiana. J. Wildl. Manage. 53:753–759.

REED, A., AND P. CHAGNON. 1987. Greater snow geese on Bylot Island, Northwest Territories, 1983. J. Wildl. Manage. 51:128–131.

―――, R. STEHN, AND D. WARD. 1989. Autumn use of Izembek Lagoon, Alaska, by brant from different breeding areas. J. Wildl. Manage. 53:720–725.

RENECKER, L. A., AND R. J. HUDSON. 1989. Seasonal activity budgets of moose in aspen-dominated boreal forests. J. Wildl. Manage. 53:296–302.

REXSTAD, E. A., D. D. MILLER, C. H. FLATHER, E. M. ANDERSON, J. W. HUPP, AND D. R. ANDERSON. 1988. Questionable multivariate statistical inference in wildlife habitat and community studies. J. Wildl. Manage. 52:794–798.

SAETHER, B.-E., AND A. J. GRAVEM. 1988. Annual variation in winter body condition of Norwegian moose calves. J. Wildl. Manage. 52:333–336.

SANTILLO, D. J., D. M. LESLIE, JR., AND P. W. BROWN. 1989. Responses of small mammals and habitat to glyphosate application on clearcuts. J. Wildl. Manage. 53:164–172.

SERIE, J. R., AND D. E. SHARP. 1989. Body weight and composition dynamics of fall migrating canvasbacks. J. Wildl. Manage. 53:431–441.

SNEDECOR, G. W., AND W. G. COCHRAN. 1980. Statistical methods. Seventh ed. Iowa State Univ. Press, Ames. 507pp.

SOKAL, R. R., AND F. J. ROHLF. 1981. Biometry. Second ed. W.H. Freeman, San Francisco, Calif. 859pp.

STEEL, R. G. D., AND J. H. TORRIE. 1980. Principles and procedures of statistics. Second ed. McGraw-Hill Book Co., New York, N.Y. 633pp.

THILL, R. E., AND A. MARTIN, JR. 1989. Deer and cattle diets on heavily grazed pine-bluestem range. J. Wildl. Manage. 53:540–548.

THOMPSON, F. R., III, AND D. E. CAPEN. 1988. Avian assemblages in seral stages of a Vermont forest. J. Wildl. Manage. 52:771–777.

TUFTE, E. R. 1983. The visual display of quantitative information. Graphics Press, Cheshire, Conn. 197pp.

UPTON, G. J. G., AND B. FINGLETON. 1985. Spatial data analysis by example. John Wiley & Sons, New York, N.Y. 394pp.

VAN BALLENBERGHE, V. 1989. Wolf predation on the Nelchina caribou herd: a comment. J. Wildl. Manage. 53:243–250.

WOOD, G. W. 1988. Effects of prescribed fire on deer forage and nutrients. Wildl. Soc. Bull. 16:180–186.

付録1　本文で参照した表と図

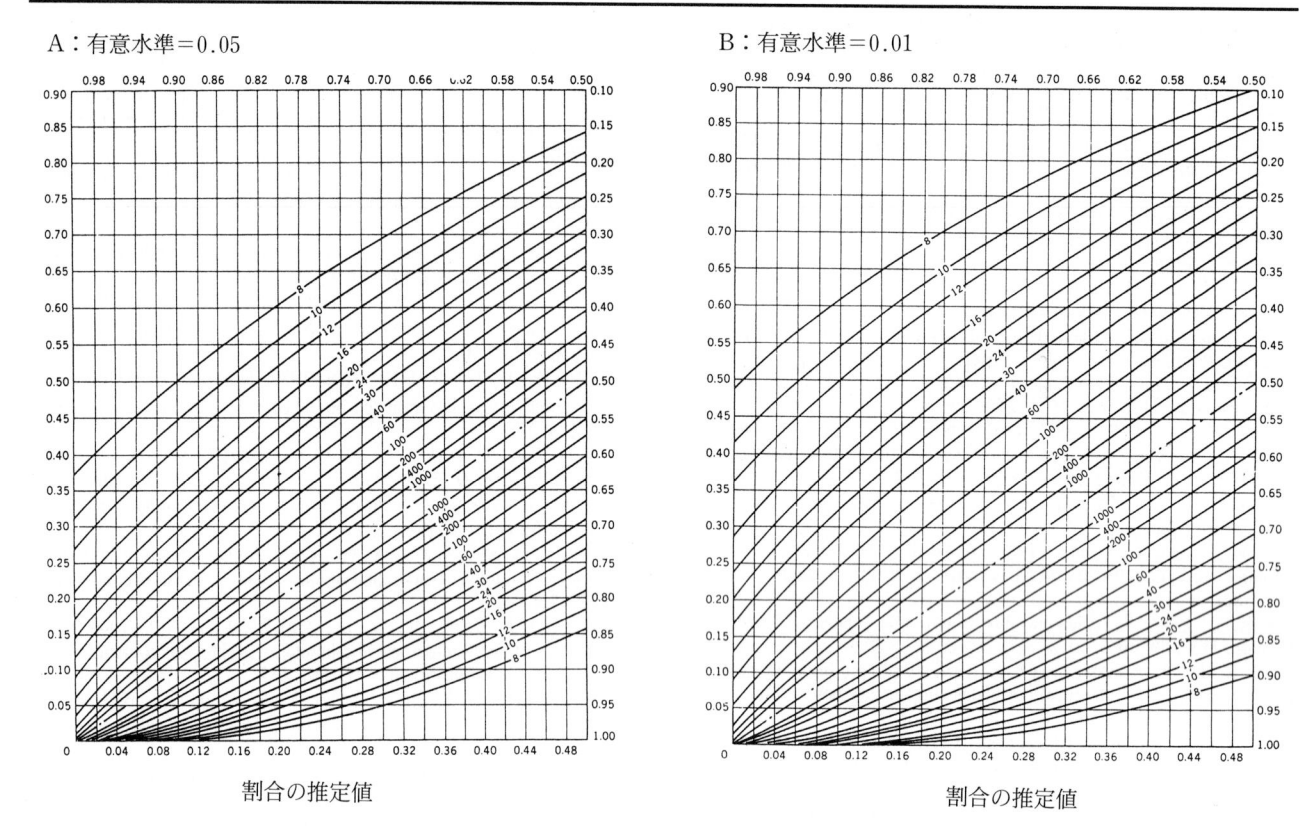

A：有意水準＝0.05

B：有意水準＝0.01

図A1　一段抽出（Box 2-5を参照）で用いられる割合の推定値の信頼区間
曲線にかかれている数字は標本数を示す。信頼区間の上限値と下限値はY軸にそって描かれている。

表 A1 両側 t-検定の棄却限界値
表中の値より大きな検定値は統計的に有意である。

自由度	有意水準[a]								
	0.500	0.400	0.200	0.100	0.050	0.025	0.010	0.005	0.001
1	1.000	1.376	3.078	6.314	12.706	25.452	63.657		
2	0.816	1.061	1.886	2.920	4.303	6.205	9.925	14.089	31.598
3	0.765	0.978	1.638	2.353	3.182	4.176	5.841	7.453	12.941
4	0.741	0.941	1.533	2.132	2.776	3.495	4.604	5.598	8.610
5	0.727	0.920	1.476	2.015	2.571	3.163	4.032	4.773	6.859
6	0.718	0.906	1.440	1.943	2.447	2.969	3.707	4.317	5.959
7	0.711	0.896	1.415	1.895	2.365	2.841	3.499	4.029	5.405
8	0.706	0.889	1.397	1.860	2.306	2.752	3.355	3.832	5.041
9	0.703	0.883	1.383	1.833	2.262	2.685	3.250	3.690	4.781
10	0.700	0.879	1.372	1.812	2.228	2.634	3.169	3.581	4.587
11	0.697	0.876	1.363	1.796	2.201	2.593	3.106	3.497	4.437
12	0.695	0.873	1.356	1.782	2.179	2.560	3.055	3.428	4.318
13	0.694	0.870	1.350	1.771	2.160	2.533	3.012	3.372	4.221
14	0.692	0.868	1.345	1.761	2.145	2.510	2.977	3.326	4.140
15	0.691	0.866	1.341	1.753	2.131	2.490	2.947	3.286	4.073
16	0.690	0.865	1.337	1.746	2.120	2.473	2.921	3.252	4.015
17	0.689	0.863	1.333	1.740	2.110	2.458	2.898	3.222	3.965
18	0.688	0.862	1.330	1.734	2.101	2.445	2.878	3.197	3.922
19	0.688	0.861	1.328	1.729	2.093	2.433	2.861	3.174	3.883
20	0.687	0.860	1.325	1.725	2.086	2.423	2.845	3.153	3.850
21	0.686	0.859	1.323	1.721	2.080	2.414	2.831	3.135	3.819
22	0.686	0.858	1.321	1.717	2.074	2.406	2.819	3.119	3.792
23	0.685	0.858	1.319	1.714	2.069	2.398	2.807	3.104	3.767
24	0.685	0.857	1.318	1.711	2.064	2.391	2.797	3.090	3.745
25	0.684	0.856	1.316	1.708	2.060	2.385	2.787	3.078	3.725
26	0.684	0.856	1.315	1.706	2.056	2.379	2.779	3.067	3.707
27	0.684	0.855	1.314	1.703	2.052	2.373	2.771	3.056	3.690
28	0.683	0.855	1.313	1.701	2.048	2.368	2.763	3.047	3.674
29	0.683	0.854	1.311	1.699	2.045	2.364	2.756	3.038	3.659
30	0.683	0.854	1.310	1.697	2.042	2.360	2.750	3.030	3.646
35	0.682	0.852	1.306	1.690	2.030	2.342	2.724	2.996	3.591
40	0.681	0.851	1.303	1.684	2.021	2.329	2.704	2.971	3.551
45	0.680	0.850	1.301	1.680	2.014	2.319	2.690	2.952	3.520
50	0.680	0.849	1.299	1.676	2.008	2.310	2.678	2.937	3.496
55	0.679	0.849	1.297	1.673	2.004	2.304	2.669	2.925	3.476
60	0.679	0.848	1.296	1.671	2.000	2.299	2.660	2.915	3.460
70	0.678	0.847	1.294	1.667	1.994	2.290	2.648	2.899	3.435
80	0.678	0.847	1.293	1.665	1.989	2.284	2.638	2.887	3.416
90	0.678	0.846	1.291	1.662	1.986	2.279	2.631	2.878	3.402
100	0.677	0.846	1.290	1.661	1.982	2.276	2.625	2.871	3.390
120	0.677	0.845	1.289	1.658	1.980	2.270	2.617	2.860	3.373
∞	0.6745	0.8416	1.2816	1.6448	1.9600	2.2414	2.5758	2.8070	3.2905

[a]片側検定には，有意水準を2倍にし，該当する列を使用する(つまり5%水準の片側検定の場合，限界値は，0.10と示されている列とする)。

表 A 2 F 分布の値，f_1 は「分子の自由度」，f_2 は「分母の自由度」を示す

f_1 と f_2 それぞれの組み合わせに対して，表中の上の数字は有意水準 0.05 の F 値を示す．下の数字は有意水準 0.01 の F 値を示す．

f_2	f_1=1	2	3	4	5	6	7	8	9	10	11	12
1	161	200	216	225	230	234	237	239	241	242	243	244
	4,052	4,999	5,403	5,625	5,764	5,859	5,928	5,981	6,022	6,056	6,082	6,106
2	18.51	19.00	19.16	19.25	19.30	19.33	19.36	19.37	19.38	19.39	19.40	19.41
	98.49	99.00	99.17	99.25	99.30	99.33	99.36	99.37	99.39	99.40	99.41	99.42
3	10.13	9.55	9.28	9.12	9.01	8.94	8.88	8.84	8.81	8.78	8.76	8.74
	34.12	30.82	29.46	28.71	28.24	27.91	27.67	27.49	27.34	27.23	27.13	27.05
4	7.71	6.94	6.59	6.39	6.26	6.16	6.09	6.04	6.00	5.96	5.93	5.91
	21.20	18.00	16.69	15.98	15.52	15.21	14.98	14.80	14.66	14.54	14.45	14.37
5	6.61	5.79	5.41	5.19	5.05	4.95	4.88	4.82	4.78	4.74	4.70	4.68
	16.26	13.27	12.06	11.39	10.97	10.67	10.45	10.29	10.15	10.05	9.96	9.89
6	5.99	5.14	4.76	4.53	4.39	4.28	4.21	4.15	4.10	4.06	4.03	4.00
	13.74	10.92	9.78	9.15	8.75	8.47	8.26	8.10	7.98	7.87	7.79	7.72
7	5.59	4.74	4.35	4.12	3.97	3.87	3.79	3.73	3.68	3.63	3.60	3.57
	12.25	9.55	8.45	7.85	7.46	7.19	7.00	6.84	6.71	6.62	6.54	6.47
8	5.32	4.46	4.07	3.84	3.69	3.58	3.50	3.44	3.39	3.34	3.31	3.28
	11.26	8.65	7.59	7.01	6.63	6.37	6.19	6.03	5.91	5.82	5.74	5.67
9	5.12	4.26	3.86	3.63	3.48	3.37	3.29	3.23	3.18	3.13	3.10	3.07
	10.56	8.02	6.99	6.42	6.06	5.80	5.62	5.47	5.35	5.26	5.18	5.11
10	4.96	4.10	3.71	3.48	3.33	3.22	3.14	3.07	3.02	2.97	2.94	2.91
	10.04	7.56	6.55	5.99	5.64	5.39	5.21	5.06	4.95	4.85	4.78	4.71
11	4.84	3.98	3.59	3.36	3.20	3.09	3.01	2.95	2.90	2.86	2.82	2.79
	9.65	7.20	6.22	5.67	5.32	5.07	4.88	4.74	4.63	4.54	4.46	4.40
12	4.75	3.88	3.49	3.26	3.11	3.00	2.92	2.85	2.80	2.76	2.72	2.69
	9.33	6.93	5.95	5.41	5.06	4.82	4.65	4.50	4.39	4.30	4.22	4.16
13	4.67	3.80	3.41	3.18	3.02	2.92	2.84	2.77	2.72	2.67	2.63	2.60
	9.07	6.70	5.74	5.20	4.86	4.62	4.44	4.30	4.19	4.10	4.02	3.96
14	4.60	3.74	3.34	3.11	2.96	2.85	2.77	2.70	2.65	2.60	2.56	2.53
	8.86	6.51	5.56	5.03	4.69	4.46	4.28	4.14	4.03	3.94	3.86	3.80
15	4.54	3.68	3.29	3.06	2.90	2.79	2.70	2.64	2.59	2.55	2.51	2.48
	8.68	6.36	5.42	4.89	4.56	4.32	4.14	4.00	3.89	3.80	3.73	3.67
16	4.49	3.63	3.24	3.01	2.85	2.74	2.66	2.59	2.54	2.49	2.45	2.42
	8.53	6.23	5.29	4.77	4.44	4.20	4.03	3.89	3.78	3.69	3.61	3.55
17	4.45	3.59	3.20	2.96	2.81	2.70	2.62	2.55	2.50	2.45	2.41	2.38
	8.40	6.11	5.18	4.67	4.34	4.10	3.93	3.79	3.68	3.59	3.52	3.45
18	4.41	3.55	3.16	2.93	2.77	3.66	2.58	2.51	2.46	2.41	2.37	2.34
	8.28	6.01	5.09	4.58	4.25	4.01	3.85	3.71	3.60	3.51	3.44	3.37
19	4.38	3.52	3.13	2.90	2.74	2.63	2.55	2.48	2.43	2.38	2.34	2.31
	8.18	5.93	5.01	4.50	4.17	3.94	3.77	3.63	3.52	3.43	3.36	3.30
20	4.35	3.49	3.10	2.87	2.71	2.60	2.52	2.45	2.40	2.35	2.31	2.28
	8.10	5.85	4.94	4.43	4.10	3.87	3.71	3.56	3.45	3.37	3.30	3.23
21	4.32	3.47	3.07	2.84	2.68	2.57	2.49	2.42	2.37	2.32	2.28	2.25
	8.02	5.78	4.87	4.37	4.04	3.81	3.65	3.51	3.40	3.31	3.24	3.17
22	4.30	3.44	3.05	2.82	2.66	2.55	2.47	2.40	2.35	2.30	2.26	2.23
	7.94	5.72	4.82	4.31	3.99	3.76	3.59	3.45	3.35	3.26	3.18	3.12
23	4.28	3.42	3.03	2.80	2.64	2.53	2.45	2.38	2.32	2.28	2.24	2.20
	7.88	5.66	4.76	4.26	3.94	3.71	3.54	3.41	3.30	3.21	3.14	3.07
24	4.26	3.40	3.01	2.78	2.62	2.51	2.43	2.36	2.30	2.26	2.22	2.18
	7.82	5.61	4.72	4.22	3.90	3.67	3.50	3.36	3.25	3.17	3.09	3.03
25	4.24	3.38	2.99	2.76	2.60	2.49	2.41	2.34	2.28	2.24	2.20	2.16
	7.77	5.57	4.68	4.18	3.86	3.63	3.46	3.32	3.21	3.13	3.05	2.99
26	4.22	3.37	2.98	2.74	2.59	2.47	2.39	2.32	2.27	2.22	2.18	2.15
	7.72	5.53	4.64	4.14	3.82	3.59	3.42	3.29	3.17	3.09	3.02	2.96

表A2の見開き

					f_1						
14	16	20	24	30	40	50	75	100	200	500	∞
245	246	248	249	250	251	252	253	253	254	254	254
6,142	6,169	6,208	6,234	6,261	6,286	6,302	6,323	6,334	6,352	6,361	6,366
19.42	19.43	19.44	19.45	19.46	19.47	19.47	19.48	19.49	19.49	19.50	19.50
99.43	99.44	99.45	99.46	99.47	99.48	99.48	99.49	99.49	99.49	99.50	99.50
8.71	8.69	8.66	8.64	8.62	8.60	8.58	8.57	8.56	8.54	8.54	8.53
26.92	26.83	26.69	26.60	26.50	26.41	26.35	26.27	26.23	26.18	26.14	26.12
5.87	5.84	5.80	5.77	5.74	5.71	5.70	5.68	5.66	5.65	5.64	5.63
14.24	14.15	14.02	13.93	13.83	13.74	13.69	13.61	13.57	13.52	13.48	13.46
4.64	4.60	4.56	4.53	4.50	4.46	4.44	4.42	4.40	4.38	4.37	4.36
9.77	9.68	9.55	9.47	9.38	9.29	9.24	9.17	9.13	9.07	9.04	9.02
3.96	3.92	3.87	3.84	3.81	3.77	3.75	3.72	3.71	3.69	3.68	3.67
7.60	7.52	7.39	7.31	7.23	7.14	7.09	7.02	6.99	6.94	6.90	6.88
3.52	3.49	3.44	3.41	3.38	3.34	3.32	3.29	3.28	3.25	3.24	3.23
6.35	6.27	6.15	6.07	5.98	5.90	5.85	5.78	5.75	5.70	5.67	5.65
3.23	3.20	3.15	3.12	3.08	3.05	3.03	3.00	2.98	2.96	2.94	2.93
5.56	5.48	5.36	5.28	5.20	5.11	5.06	5.00	4.96	4.91	4.88	4.86
3.02	2.98	2.93	2.90	2.86	2.82	2.80	2.77	2.76	2.73	2.72	2.71
5.00	4.92	4.80	4.73	4.64	4.56	4.51	4.45	4.41	4.36	4.33	4.31
2.86	2.82	2.77	2.74	2.70	2.67	2.64	2.61	2.59	2.56	2.55	2.54
4.60	4.52	4.41	4.33	4.25	4.17	4.12	4.05	4.01	3.96	3.93	3.91
2.74	2.70	2.65	2.61	2.57	2.53	2.50	2.47	2.45	2.42	2.41	2.40
4.29	4.21	4.10	4.02	3.94	3.86	3.80	3.74	3.70	3.66	3.62	3.60
2.64	2.60	2.54	2.50	2.46	2.42	2.40	2.36	2.35	2.32	2.31	2.30
4.05	3.98	3.86	3.78	3.70	3.61	3.56	3.49	3.46	3.41	3.38	3.36
2.55	2.51	2.46	2.42	2.38	2.34	2.32	2.28	2.26	2.24	2.22	2.21
3.85	3.78	3.67	3.59	3.51	3.42	3.37	3.30	3.27	3.21	3.18	3.16
2.48	2.44	2.39	2.35	2.31	2.27	2.24	2.21	2.19	2.16	2.14	2.13
3.70	3.62	3.51	3.43	3.34	3.26	3.21	3.14	3.11	3.06	3.02	3.00
2.43	2.39	2.33	2.29	2.25	2.21	2.18	2.15	2.12	2.10	2.08	2.07
3.56	3.48	3.36	3.29	3.20	3.12	3.07	3.00	2.97	2.92	2.89	2.87
2.37	2.33	2.28	2.24	2.20	2.16	2.13	2.09	2.07	2.04	2.02	2.01
3.45	3.37	3.25	3.18	3.10	3.01	2.96	2.98	2.86	2.80	2.77	2.75
2.33	2.29	2.23	2.19	2.15	2.11	2.08	2.04	2.02	1.99	1.97	1.96
3.35	3.27	3.16	3.08	3.00	2.92	2.86	2.79	2.76	2.70	2.67	2.65
2.29	2.25	2.19	2.15	2.11	2.07	2.04	2.00	1.98	1.95	1.93	1.92
3.27	3.19	3.07	3.00	2.91	2.83	2.78	2.71	2.68	2.62	2.59	2.57
2.26	2.21	2.15	2.11	2.07	2.02	2.00	1.96	1.94	1.91	1.90	1.88
3.19	3.12	3.00	2.92	2.84	2.76	2.70	2.63	2.60	2.54	2.51	2.49
2.23	2.18	2.12	2.08	2.04	1.99	1.96	1.92	1.90	1.87	1.85	1.84
3.13	3.05	2.94	2.86	2.77	2.69	2.63	2.56	2.53	2.47	2.44	2.42
2.20	2.15	2.09	2.05	2.00	1.96	1.93	1.89	1.87	1.84	1.82	1.81
3.07	2.99	2.88	2.80	2.72	2.63	2.58	2.51	2.47	2.42	2.38	2.36
2.18	2.13	2.07	2.03	1.98	1.93	1.91	1.87	1.84	1.81	1.80	1.78
3.02	2.94	2.83	2.75	2.67	2.58	2.53	2.46	2.42	2.37	2.33	2.31
2.14	2.10	2.04	2.00	1.96	1.91	1.88	1.84	1.82	1.79	1.77	1.76
2.97	2.89	2.78	2.70	2.62	2.53	2.48	2.41	2.37	2.32	2.28	2.26
2.13	2.09	2.02	1.98	1.94	1.89	1.86	1.82	1.80	1.76	1.74	1.73
2.93	2.85	2.74	2.66	2.58	2.49	2.44	2.36	2.33	2.27	2.23	2.21
2.11	2.06	2.00	1.96	1.92	1.87	1.84	1.80	1.77	1.74	1.72	1.71
2.89	2.81	2.70	2.62	2.54	2.45	2.40	2.32	2.29	2.23	2.19	2.17
2.10	2.05	1.99	1.95	1.90	1.85	1.82	1.78	1.76	1.72	1.70	1.69
2.86	2.77	2.66	2.58	2.50	2.41	2.36	2.28	2.25	2.19	2.15	2.13

表 A 2 の続き

f_2	f_1											
	1	2	3	4	5	6	7	8	9	10	11	12
27	4.21	3.35	2.96	2.73	2.57	2.46	2.37	2.30	2.25	2.20	2.16	2.13
	7.68	5.49	4.60	4.11	3.79	3.56	3.39	3.26	3.14	3.06	2.98	2.93
28	4.20	3.34	2.95	2.71	2.56	2.44	2.36	2.29	2.24	2.19	2.15	2.12
	7.64	5.45	4.57	4.07	3.76	3.53	3.36	3.23	3.11	3.03	2.95	2.90
29	4.18	3.33	2.93	2.70	2.54	2.43	2.35	2.28	2.22	2.18	2.14	2.10
	7.60	5.42	4.54	4.04	3.73	3.50	3.33	3.20	3.08	3.00	2.92	2.87
30	4.17	3.32	2.92	2.69	2.53	2.42	2.34	2.27	2.21	2.16	2.12	2.09
	7.56	5.39	4.51	4.02	3.70	3.47	3.30	3.17	3.06	2.98	2.90	2.84
32	4.15	3.30	2.90	2.67	2.51	2.40	2.32	2.25	2.19	2.14	2.10	2.07
	7.50	5.34	4.46	3.97	3.66	3.42	3.25	3.12	3.01	2.94	2.86	2.80
34	4.13	3.28	2.88	2.65	2.49	2.38	2.30	2.23	2.17	2.12	2.08	2.05
	7.44	5.29	4.42	3.93	3.61	3.38	3.21	3.08	2.97	2.89	2.82	2.76
36	4.11	3.26	2.86	2.63	2.48	2.36	2.28	2.21	2.15	2.10	2.06	2.03
	7.39	5.25	4.38	3.89	3.58	3.35	3.18	3.04	2.94	2.86	2.78	2.72
38	4.10	3.25	2.85	2.62	2.46	2.35	2.26	2.19	2.14	2.09	2.05	2.02
	7.35	5.21	4.34	3.86	3.54	3.32	3.15	3.02	2.91	2.82	2.75	2.69
40	4.08	3.23	2.84	2.61	2.45	2.34	2.25	2.18	2.12	2.07	2.04	2.00
	7.31	5.18	4.31	3.83	3.51	3.29	3.12	2.99	2.88	2.80	2.73	2.66
42	4.07	3.22	2.83	2.59	2.44	2.32	2.24	2.17	2.11	2.06	2.02	1.99
	7.27	5.15	4.29	3.80	3.49	3.26	3.10	2.96	2.86	2.77	2.70	2.64
44	4.06	3.21	2.82	2.58	2.43	2.31	2.23	2.16	2.10	2.05	2.01	1.98
	7.24	5.12	4.26	3.78	3.46	3.24	3.07	2.94	2.84	2.75	2.68	2.62
46	4.05	3.20	2.81	2.57	2.42	2.30	2.22	2.14	2.09	2.04	2.00	1.97
	7.21	5.10	4.24	3.76	3.44	3.22	3.05	2.92	2.82	2.73	2.66	2.60
48	4.04	3.19	2.80	2.56	2.41	2.30	2.21	2.14	2.08	2.03	1.99	1.96
	7.19	5.08	4.22	3.74	3.42	3.20	3.04	2.90	2.80	2.71	2.64	2.58
50	4.03	3.18	2.79	2.56	2.40	2.29	2.20	2.13	2.07	2.02	1.98	1.95
	7.17	5.06	4.20	3.72	3.41	3.18	3.02	2.88	2.78	2.70	2.62	2.56
55	4.02	3.17	2.78	2.54	2.38	2.27	2.18	2.11	2.05	2.00	1.97	1.93
	7.12	5.01	4.16	3.68	3.37	3.15	2.98	2.85	2.75	2.66	2.59	2.53
60	4.00	3.15	2.76	2.52	2.37	2.25	2.17	2.10	2.04	1.99	1.95	1.92
	7.08	4.98	4.13	3.65	3.34	3.12	2.95	2.82	2.72	2.63	2.56	2.50
65	3.99	3.14	2.75	2.51	2.36	2.24	2.15	2.08	2.02	1.98	1.94	1.90
	7.04	4.95	4.10	3.62	3.31	3.09	2.93	2.79	2.70	2.61	2.54	2.47
70	3.98	3.13	2.74	2.50	2.35	2.23	2.14	2.07	2.01	1.97	1.93	1.89
	7.01	4.92	4.08	3.60	3.29	3.07	2.91	2.77	2.67	2.59	2.51	2.45
80	3.96	3.11	2.72	2.48	2.33	2.21	2.12	2.05	1.99	1.95	1.91	1.88
	6.96	4.88	4.04	3.56	3.25	3.04	2.87	2.74	2.64	2.55	2.48	2.41
100	3.94	3.09	2.70	2.46	2.30	2.19	2.10	2.03	1.97	1.92	1.88	1.85
	6.90	4.82	3.98	3.51	3.20	2.99	2.82	2.69	2.59	2.51	2.43	2.36
125	3.92	3.07	2.68	2.44	2.29	2.17	2.08	2.01	1.95	1.90	1.86	1.83
	6.84	4.78	3.94	3.47	3.17	2.95	2.79	2.65	2.56	2.47	2.40	2.33
150	3.91	3.06	2.67	2.43	2.27	2.16	2.07	2.00	1.94	1.89	1.85	1.82
	6.81	4.75	3.91	3.44	3.14	2.92	2.76	2.62	2.53	2.44	2.37	2.30
200	3.89	3.04	2.65	2.41	2.26	2.14	2.05	1.98	1.92	1.87	1.83	1.80
	6.76	4.71	3.88	3.41	3.11	2.90	2.73	2.60	2.50	2.41	2.34	2.28
400	3.86	3.02	2.62	2.39	2.23	2.12	2.03	1.96	1.90	1.85	1.81	1.78
	6.70	4.66	3.83	3.36	3.06	2.85	2.69	2.55	2.46	2.37	2.29	2.23
1000	3.85	3.00	2.61	2.38	2.22	2.10	2.02	1.95	1.89	1.84	1.80	1.76
	6.66	4.62	3.80	3.34	3.04	2.82	2.66	2.53	2.43	2.34	2.26	2.20
∞	3.84	2.99	2.60	2.37	2.21	2.09	2.01	1.94	1.88	1.83	1.79	1.75
	6.64	4.60	3.78	3.32	3.02	2.80	2.64	2.51	2.41	2.32	2.24	2.18

2. データの分析

表 A 2 の見開き

f_1											
14	16	20	24	30	40	50	75	100	200	500	∞
2.08	2.03	1.97	1.93	1.88	1.84	1.80	1.76	1.74	1.71	1.68	1.67
2.83	2.74	2.63	2.55	2.47	2.38	2.33	2.25	2.21	2.16	2.12	2.10
2.06	2.02	1.96	1.91	1.87	1.81	1.78	1.75	1.72	1.69	1.67	1.65
2.80	2.71	2.60	2.52	2.44	2.35	2.30	2.22	2.18	2.13	2.09	2.06
2.05	2.00	1.94	1.90	1.85	1.80	1.77	1.73	1.71	1.68	1.65	1.64
2.77	2.68	2.57	2.49	2.41	2.32	2.27	2.19	2.15	2.10	2.06	2.03
2.04	1.99	1.93	1.89	1.84	1.79	1.76	1.72	1.69	1.66	1.64	1.62
2.74	2.66	2.55	2.47	2.38	2.29	2.24	2.16	2.13	2.07	2.03	2.01
2.02	1.97	1.91	1.86	1.82	1.76	1.74	1.69	1.67	1.64	1.61	1.59
2.70	2.62	2.51	2.42	2.34	2.25	2.20	2.12	2.08	2.02	1.98	1.96
2.00	1.95	1.89	1.84	1.80	1.74	1.71	1.67	1.64	1.61	1.59	1.57
2.66	2.58	2.47	2.38	2.30	2.21	2.15	2.08	2.04	1.98	1.94	1.91
1.98	1.93	1.87	1.82	1.78	1.72	1.69	1.65	1.62	1.59	1.56	1.55
2.62	2.54	2.43	2.35	2.26	2.17	2.12	2.04	2.00	1.94	1.90	1.87
1.96	1.92	1.85	1.80	1.76	1.71	1.67	1.63	1.60	1.57	1.54	1.53
2.59	2.51	2.40	2.32	2.22	2.14	2.08	2.00	1.97	1.90	1.86	1.84
1.95	1.90	1.84	1.79	1.74	1.69	1.66	1.61	1.59	1.55	1.53	1.51
2.56	2.49	2.37	2.29	2.20	2.11	2.05	1.97	1.94	1.88	1.84	1.81
1.94	1.89	1.82	1.78	1.73	1.68	1.64	1.60	1.57	1.54	1.51	1.49
2.54	2.46	2.35	2.26	2.17	2.08	2.02	1.94	1.91	1.85	1.80	1.78
1.92	1.88	1.81	1.76	1.72	1.66	1.63	1.58	1.56	1.52	1.50	1.48
2.52	2.44	2.32	2.24	2.15	2.06	2.00	1.92	1.88	1.82	1.78	1.75
1.91	1.87	1.80	1.75	1.71	1.65	1.62	1.57	1.54	1.51	1.48	1.46
2.50	2.42	2.30	2.22	2.13	2.04	1.98	1.90	1.86	1.80	1.76	1.72
1.90	1.86	1.79	1.74	1.70	1.64	1.61	1.56	1.53	1.50	1.47	1.45
2.48	2.40	2.28	2.20	2.11	2.02	1.96	1.88	1.84	1.78	1.73	1.70
1.90	1.85	1.78	1.74	1.69	1.63	1.60	1.55	1.52	1.48	1.46	1.44
2.46	2.39	2.26	2.18	2.10	2.00	1.94	1.86	1.82	1.76	1.71	1.68
1.88	1.83	1.76	1.72	1.67	1.61	1.58	1.52	1.50	1.46	1.43	1.41
2.43	2.35	2.23	2.15	2.06	1.96	1.90	1.82	1.78	1.71	1.66	1.64
1.86	1.81	1.75	1.70	1.65	1.59	1.56	1.50	1.48	1.44	1.41	1.39
2.40	2.32	2.20	2.12	2.03	1.93	1.87	1.79	1.74	1.68	1.63	1.60
1.85	1.80	1.73	1.68	1.63	1.57	1.54	1.49	1.46	1.42	1.39	1.37
2.37	2.30	2.18	2.09	2.00	1.90	1.84	1.76	1.71	1.64	1.60	1.56
1.84	1.79	1.72	1.67	1.62	1.56	1.53	1.47	1.45	1.40	1.37	1.35
2.35	2.28	2.15	2.07	1.98	1.88	1.82	1.74	1.69	1.62	1.56	1.53
1.82	1.77	1.70	1.65	1.60	1.54	1.51	1.45	1.42	1.38	1.35	1.32
2.32	2.24	2.11	2.03	1.94	1.84	1.78	1.70	1.65	1.57	1.52	1.49
1.79	1.75	1.68	1.63	1.57	1.51	1.48	1.42	1.39	1.34	1.30	1.28
2.26	2.19	2.06	1.98	1.89	1.79	1.73	1.64	1.59	1.51	1.46	1.43
1.77	1.72	1.65	1.60	1.55	1.49	1.45	1.39	1.36	1.31	1.27	1.25
2.23	2.15	2.03	1.94	1.85	1.75	1.68	1.59	1.54	1.46	1.40	1.37
1.76	1.71	1.64	1.59	1.54	1.47	1.44	1.37	1.34	1.29	1.25	1.22
2.20	2.12	2.00	1.91	1.83	1.72	1.66	1.56	1.51	1.43	1.37	1.33
1.74	1.69	1.62	1.57	1.52	1.45	1.42	1.35	1.32	1.26	1.22	1.19
2.17	2.09	1.97	1.88	1.79	1.69	1.62	1.53	1.48	1.39	1.33	1.28
1.72	1.67	1.60	1.54	1.49	1.42	1.38	1.32	1.28	1.22	1.16	1.13
2.12	2.04	1.92	1.84	1.74	1.64	1.57	1.47	1.42	1.32	1.24	1.19
1.70	1.65	1.58	1.53	1.47	1.41	1.36	1.30	1.26	1.19	1.13	1.08
2.09	2.01	1.89	1.81	1.71	1.61	1.54	1.44	1.38	1.28	1.19	1.11
1.69	1.64	1.57	1.52	1.46	1.40	1.35	1.28	1.24	1.17	1.11	1.00
2.07	1.99	1.87	1.79	1.69	1.59	1.52	1.41	1.36	1.25	1.15	1.00

表 A 3 フィッシャーの正確確率検定での棄却限界値

$n_2 p_2$ が表中の数値以上なら，二つの割合の推定値が有意に異なる。n_1 と n_2 は標本サイズを示し，p_1 と p_2 は推定割合を示す。

n_1	n_2	$n_1 p_1$	有意水準				n_1	n_2	$n_1 p_1$	有意水準			
			0.10	0.05	0.02	0.01				0.10	0.05	0.02	0.01
3	3	3	0	—	—	—		4	8	1	1	0	0
4	4	4	0	0	—	—			7	0	0	—	—
	3	4	0	—	—	—			6	0	—	—	—
5	5	5	1	1	0	0		3	8	0	0	0	—
		4	0	0	—	—			7	0	0	—	—
	4	5	1	0	0	—		2	8	0	0	—	—
		4	0	—	—	—	9	9	9	5	4	3	3
	3	5	0	0	—	—			8	3	3	2	1
	2	5	0	—	—	—			7	2	1	1	0
6	6	6	2	1	1	0			6	1	1	0	0
		5	1	0	0	—			5	0	0	—	—
		4	0	—	—	—			4	0	—	—	—
	5	6	1	0	0	0		8	9	4	3	3	2
		5	0	0	—	—			8	3	2	1	1
		4	0	—	—	—			7	2	1	0	0
	4	6	1	0	0	0			6	1	0	0	—
		5	0	0	—	—			5	0	0	—	—
	3	6	0	0	—	—		7	9	3	3	2	2
		5	0	—	—	—			8	2	2	1	0
	2	6	0	—	—	—			7	1	1	0	0
7	7	7	3	2	1	1			6	0	0	—	—
		6	1	1	0	0			5	0	—	—	—
		5	0	0	—	—		6	9	3	2	1	1
		4	0	—	—	—			8	2	1	0	0
	6	7	2	2	1	1			7	1	0	0	—
		6	1	0	0	0			6	0	0	—	—
		5	0	0	—	—			5	0	—	—	—
		4	0	—	—	—		5	9	2	1	1	1
	5	7	2	1	0	0			8	1	1	0	0
		6	1	0	0	—			7	0	0	—	—
		5	0	—	—	—			6	0	—	—	—
	4	7	1	1	0	0		4	9	1	1	0	0
		6	0	0	—	—			8	0	0	0	—
		5	0	—	—	—			7	0	—	—	—
	3	7	0	0	0	—			6	0	—	—	—
		6	0	—	—	—		3	9	1	0	0	0
	2	7	0	—	—	—			8	0	0	—	—
8	8	8	4	3	2	2			7	0	—	—	—
		7	2	2	1	0		2	9	0	0	—	—
		6	1	1	0	0	10	10	10	6	5	4	3
		5	0	0	—	—			9	4	3	3	2
		4	0	—	—	—			8	3	2	1	1
	7	8	3	2	2	1			7	2	1	1	0
		7	2	1	1	0			6	1	0	0	—
		6	1	0	0	—			5	0	0	—	—
		5	0	0	—	—			4	0	—	—	—
	6	8	2	2	1	1		9	10	5	4	3	3
		7	1	1	0	0			9	4	3	2	2
		6	0	0	0	—			8	2	2	1	1
		5	0	—	—	—			7	1	1	0	0
	5	8	2	1	1	0			6	1	0	0	—
		7	1	0	0	0			5	0	0	—	—
		6	0	0	—	—		8	10	4	4	3	2
		5	0	—	—	—			9	3	2	2	1
									8	2	1	1	0
									7	1	1	0	0
									6	0	0	—	—
									5	0	—	—	—

表A3の続き

n_1	n_2	n_1p_1	有意水準 0.10	0.05	0.02	0.01	n_1	n_2	n_1p_1	有意水準 0.10	0.05	0.02	0.01
	7	10	3	3	2	2		6	11	3	2	2	1
		9	2	2	1	1			10	2	1	1	0
		8	1	1	0	0			9	1	1	0	0
		7	1	0	0	—			8	1	0	0	—
		6	0	0	—	—			7	0	0	—	—
		5	0	—	—	—			6	0	—	—	—
	6	10	3	2	2	1		5	11	2	2	1	1
		9	2	1	1	0			10	1	1	0	0
		8	1	1	0	0			9	1	0	0	0
		7	0	0	—	—			8	0	0	—	—
		6	0	—	—	—			7	0	—	—	—
	5	10	2	2	1	1		4	11	1	1	1	0
		9	1	1	0	0			10	1	0	0	0
		8	1	0	0	—			9	0	0	—	—
		7	0	0	—	—			8	0	—	—	—
		6	0	—	—	—		3	11	1	0	0	0
	4	10	1	1	0	0			10	0	0	—	—
		9	1	0	0	0			9	0	—	—	—
		8	0	0	—	—		2	11	0	0	—	—
		7	0	—	—	—			10	0	—	—	—
	3	10	1	0	0	0	12	12	12	8	7	6	5
		9	0	0	—	—			11	6	5	4	4
		8	0	—	—	—			10	5	4	3	2
	2	10	0	0	—	—			9	4	3	2	1
		9	0	—	—	—			8	3	2	1	1
11	11	11	7	6	5	4			7	2	1	0	0
		10	5	4	3	3			6	1	0	0	—
		9	4	3	2	2			5	0	0	—	—
		8	3	2	1	1			4	0	—	—	—
		7	2	1	0	0		11	12	7	6	5	5
		6	1	0	0	—			11	5	5	4	3
		5	0	0	—	—			10	4	3	2	2
		4	0	—	—	—			9	3	2	2	1
	10	11	6	5	4	4			8	2	1	1	0
		10	4	4	3	2			7	1	1	0	0
		9	3	3	2	1			6	1	0	0	—
		8	2	2	1	0			5	0	0	—	—
		7	1	1	0	0		10	12	6	5	5	4
		6	1	0	0	—			11	5	4	3	3
		5	0	—	—	—			10	4	3	2	2
	9	11	5	4	4	3			9	3	2	1	1
		10	4	3	2	2			8	2	1	0	0
		9	3	2	1	1			7	1	0	0	0
		8	2	1	1	0			6	0	0	—	—
		7	1	1	0	0			5	0	—	—	—
		6	0	0	—	—		9	12	5	5	4	3
		5	0	—	—	—			11	4	3	3	2
	8	11	4	4	3	3			10	3	2	2	1
		10	3	3	2	1			9	2	2	1	0
		9	2	2	1	1			8	1	1	0	0
		8	1	1	0	0			7	1	0	0	0
		7	1	0	0	—			6	0	0	—	—
		6	0	0	—	—			5	0	—	—	—
		5	0	—	—	—		8	12	5	4	3	3
	7	11	4	3	2	2			11	3	3	2	2
		10	3	2	1	1			10	2	2	1	1
		9	2	1	1	0			9	2	1	1	0
		8	1	1	0	0			8	1	1	0	0
		7	0	0	—	—			7	0	0	—	—
		6	0	0	—	—			6	0	0	—	—

表A3の続き

n_1	n_2	n_1p_1	有意水準 0.10	0.05	0.02	0.01	n_1	n_2	n_1p_1	有意水準 0.10	0.05	0.02	0.01
	7	12	4	3	3	2		10	13	6	6	5	4
		11	3	2	2	1			12	5	4	3	3
		10	2	1	1	0			11	4	3	2	2
		9	1	1	0	0			10	3	2	1	1
		8	1	0	0	—			9	2	1	1	0
		7	0	0	—	—			8	1	1	0	0
		6	0	—	—	—			7	1	0	0	—
	6	12	3	3	2	2			6	0	0	—	—
		11	2	2	1	1			5	0	—	—	—
		10	1	1	0	0		9	13	5	5	4	4
		9	1	0	0	0			12	4	4	3	2
		8	0	0	—	—			11	3	3	2	1
		7	0	0	—	—			10	2	2	1	1
		6	0	—	—	—			9	2	1	0	0
	5	12	2	2	1	1			8	1	1	0	0
		11	1	1	1	0			7	0	0	—	—
		10	1	0	0	0			6	0	0	—	—
		9	0	0	0	—			5	0	—	—	—
		8	0	0	—	—		8	13	5	4	3	3
		7	0	—	—	—			12	4	3	2	2
	4	12	2	1	1	0			11	3	2	1	1
		11	1	0	0	0			10	2	1	1	0
		10	0	0	0	—			9	1	1	0	0
		9	0	0	—	—			8	1	0	0	—
		8	0	—	—	—			7	0	0	—	—
	3	12	1	0	0	0			6	0	—	—	—
		11	0	0	0	—		7	13	4	3	3	2
		10	0	0	—	—			12	3	2	2	1
		9	0	—	—	—			11	2	2	1	1
	2	12	0	0	—	—			10	1	1	0	0
		11	0	—	—	—			9	1	0	0	0
13	13	13	9	8	7	6			8	0	0	—	—
		12	7	6	5	4			7	0	0	—	—
		11	6	5	4	3			6	0	—	—	—
		10	4	4	3	2		6	13	3	3	2	2
		9	3	3	2	1			12	2	2	1	1
		8	2	2	1	0			11	2	1	1	0
		7	2	1	0	0			10	1	1	0	0
		6	1	0	0	—			9	1	0	0	—
		5	0	0	—	—			8	0	0	—	—
		4	0	—	—	—			7	0	—	—	—
	12	13	8	7	6	5		5	13	2	2	1	1
		12	6	5	5	4			12	2	1	1	0
		11	5	4	3	3			11	1	1	0	0
		10	4	3	2	2			10	1	0	0	—
		9	3	2	1	1			9	0	0	—	—
		8	2	1	1	0			8	0	—	—	—
		7	1	1	0	0		4	13	2	1	1	0
		6	1	0	0	—			12	1	1	0	0
		5	0	0	—	—			11	0	0	0	—
	11	13	7	6	5	5			10	0	0	—	—
		12	6	5	4	3			9	0	—	—	—
		11	4	4	3	2		3	13	1	1	0	0
		10	3	3	2	1			12	0	0	0	—
		9	3	2	1	1			11	0	0	—	—
		8	2	1	0	0			10	0	—	—	—
		7	1	0	0	0		2	13	0	0	0	—
		6	0	0	—	—			12	0	—	—	—
		5	0	—	—	—							

表A3の続き

n_1	n_2	$n_1 p_1$	有意水準				n_1	n_2	$n_1 p_1$	有意水準			
			0.10	0.05	0.02	0.01				0.10	0.05	0.02	0.01
14	14	14	10	9	8	7	8	14	5	4	4	3
		13	8	7	6	5		13	4	3	2	2
		12	6	6	5	4		12	3	2	2	1
		11	5	4	3	3		11	2	2	1	1
		10	4	3	2	2		10	2	1	0	0
		9	3	2	2	1		9	1	0	0	0
		8	2	2	1	0		8	0	0	0	—
		7	1	1	0	0		7	0	0	—	—
		6	1	0	0	—		6	0	—	—	—
		5	0	0	—	—	7	14	4	3	3	2
		4	0	—	—	—		13	3	2	2	1
	13	14	9	8	7	6		12	2	2	1	1
		13	7	6	5	5		11	2	1	1	0
		12	6	5	4	3		10	1	1	0	0
		11	5	4	3	2		9	1	0	0	—
		10	4	3	2	2		8	0	0	—	—
		9	3	2	1	1		7	0	—	—	—
		8	2	1	1	0	6	14	3	3	2	2
		7	1	1	—	—		13	2	2	1	1
		6	1	0	—	—		12	2	1	1	0
		5	0	0	—	—		11	1	1	0	0
	12	14	8	7	6	6		10	1	0	0	—
		13	6	6	5	4		9	0	0	—	—
		12	5	4	4	3		8	0	0	—	—
		11	4	3	3	2		7	0	—	—	—
		10	3	3	2	1	5	14	2	2	1	1
		9	2	2	1	1		13	2	1	1	0
		8	2	1	0	0		12	1	1	0	0
		7	1	0	0	—		11	1	0	0	0
		6	0	0	—	—		10	0	0	—	—
		5	0	—	—	—		9	0	0	—	—
	11	14	7	6	6	5		8	0	—	—	—
		13	6	5	4	4	4	14	2	1	1	1
		12	5	4	3	3		13	1	1	0	0
		11	4	3	2	2		12	1	0	0	0
		10	3	2	1	1		11	0	0	—	—
		9	2	1	1	0		10	0	0	—	—
		8	1	1	0	0		9	0	—	—	—
		7	1	0	0	—	3	14	1	1	0	0
		6	0	0	—	—		13	0	0	0	—
		5	0	—	—	—		12	0	0	—	—
	10	14	6	6	5	4		11	0	—	—	—
		13	5	4	4	3	2	14	0	0	0	—
		12	4	3	3	2		13	0	0	—	—
		11	3	3	2	1		12	0	—	—	—
		10	2	2	1	1	15	15	15	11	10	9	8
		9	2	1	0	0			14	9	8	7	6
		8	1	1	0	0			13	7	6	5	5
		7	0	0	0	—			12	6	5	4	4
		6	0	0	—	—			11	5	4	3	3
		5	0	—	—	—			10	4	3	2	2
	9	14	6	5	4	4			9	3	2	1	1
		13	4	4	3	3			8	2	1	1	0
		12	3	3	2	2			7	1	1	0	0
		11	3	2	1	1			6	1	0	0	0
		10	2	1	1	0			5	0	0	—	—
		9	1	1	0	0			4	0	—	—	—
		8	1	0	0	—							
		7	0	0	—	—							
		6	0	—	—	—							

表A3の続き

n_1	n_2	$n_1 p_1$	有意水準				n_1	n_2	$n_1 p_1$	有意水準			
			0.10	0.05	0.02	0.01				0.10	0.05	0.02	0.01
	14	15	10	9	8	7		9	15	6	5	4	4
		14	8	7	6	6			14	5	4	3	3
		13	7	6	5	4			13	4	3	2	2
		12	6	5	4	3			12	3	2	2	1
		11	5	4	3	2			11	2	2	1	1
		10	4	3	2	1			10	2	1	0	0
		9	3	2	1	1			9	1	1	0	0
		8	2	1	1	0			8	1	0	0	—
		7	1	1	0	0			7	0	0	—	—
		6	1	0	—	—			6	0	—	—	—
		5	0	—	—	—		8	15	5	4	4	3
	13	15	9	8	7	7			14	4	3	3	2
		14	7	7	6	5			13	3	2	2	1
		13	6	5	4	4			12	2	2	1	1
		12	5	4	3	3			11	2	1	1	0
		11	4	3	2	2			10	1	1	0	0
		10	3	2	2	1			9	1	0	0	—
		9	2	2	1	0			8	0	0	—	—
		8	2	1	0	0			7	0	—	—	—
		7	1	0	0	—			6	0	—	—	—
		6	0	0	—	—		7	15	4	4	3	3
		5	0	—	—	—			14	3	3	2	2
	12	15	8	7	7	6			13	2	2	1	1
		14	7	6	5	4			12	2	1	1	0
		13	6	5	4	3			11	1	1	0	0
		12	5	4	3	2			10	1	0	0	0
		11	4	3	2	2			9	0	0	—	—
		10	3	2	1	1			8	0	0	—	—
		9	2	1	1	0			7	0	—	—	—
		8	1	1	0	0		6	15	3	3	2	2
		7	1	0	0	—			14	2	2	1	1
		6	0	0	—	—			13	2	1	1	0
		5	0	—	—	—			12	1	1	0	0
	11	15	7	7	6	5			11	1	0	0	0
		14	6	5	4	4			10	0	0	0	—
		13	5	4	3	3			9	0	0	—	—
		12	4	3	2	2			8	0	—	—	—
		11	3	2	2	1		5	15	2	2	2	1
		10	2	2	1	1			14	2	1	1	1
		9	2	1	0	0			13	1	1	0	0
		8	1	1	0	0			12	1	0	0	0
		7	1	0	0	—			11	0	0	0	—
		6	0	0	—	—			10	0	0	—	—
		5	0	—	—	—			9	0	—	—	—
	10	15	6	6	5	5		4	15	2	1	1	1
		14	5	5	4	3			14	1	1	0	0
		13	4	4	3	2			13	1	0	0	0
		12	3	3	2	2			12	0	0	0	—
		11	3	2	1	1			11	0	0	—	—
		10	2	1	1	0			10	0	—	—	—
		9	1	1	0	0		3	15	1	1	0	0
		8	1	0	0	—			14	0	0	0	0
		7	0	0	—	—			13	0	0	—	—
		6	0	—	—	—			12	0	0	—	—
									11	0	—	—	—
							2	15	0	0	0	—
								14	0	0	—	—
								13	0	—	—	—

表 A 4 対データに用いるウィルコクソンの符号付き順位検定の棄却限界値

ゼロ以外の差の数	両側検定：有意水準		片側検定：有意水準	
	0.05	0.01	0.05	0.01
5	—	—	0	—
6	0	—	2	—
7	2	—	3	0
8	3	0	5	1
9	5	1	8	3
10	8	3	10	5
11	10	5	13	7
12	13	7	17	9
13	17	9	21	12
14	21	12	25	15
15	25	15	30	19
16	29	19	35	23
17	34	23	41	27
18	40	27	47	32
19	46	32	53	37
20	52	37	60	43
21	58	42	67	49
22	65	48	75	55
23	73	54	83	62
24	81	61	91	69
25	89	68	100	76

表に示す数字以下の検定統計量は，統計的に有意である。

表 A 5 マンホイットニーの順位和検定の棄却限界値

表の値以下の場合，統計検定量は統計的に有意である。表は両側検定の場合。$n_1 \leqq n_2$ になるよう n_1 と n_2 を定義する。

その1 有意水準＝0.05

n_2	n_1=2	3	4	5	6	7	8	9	10	11	12	13	14	15
4	ts[a]	ts	10											
5	ts	6	11	17										
6	ts	7	12	18	26									
7	ts	7	13	20	27	36								
8	3	8	14	21	29	38	49							
9	3	8	15	22	31	40	51	63						
10	3	9	15	23	32	42	53	65	78					
11	4	9	16	24	34	44	55	68	81	96				
12	4	10	17	26	35	46	58	71	85	99	115			
13	4	10	18	27	37	48	60	73	88	103	119	137		
14	4	11	19	28	38	50	63	76	91	106	123	141	160	
15	4	11	20	29	40	52	65	79	94	110	127	145	164	185
16	4	12	21	31	42	54	67	82	97	114	131	150	169	
17	5	12	21	32	43	56	70	84	100	117	135	154		
18	5	13	22	33	45	58	72	87	103	121	139			
19	5	13	23	34	46	60	74	90	107	124				
20	5	14	24	35	48	62	77	93	110					
21	6	14	25	37	50	64	79	95						
22	6	15	26	38	51	66	82							
23	6	15	27	39	53	68								
24	6	16	28	40	55									
25	6	16	28	42										
26	7	17	29											
27	7	17												
28	7													

（この部分は $n_1 \leqq n_2$ が条件であるので空白）

（この範囲の n_1 と n_2 の組み合わせには，Box 2-8 に示されている大標本の場合の近似を用いる）

その2 有意水準＝0.001

n_2	n_1=2	3	4	5	6	7	8	9	10	11	12	13	14	15
5	ts	ts		15										
6			10	16	23									
7			10	17	24	32								
8			11	17	25	34	43							
9		6	11	18	26	35	45	56						
10		6	12	19	27	37	47	58	71					
11		6	12	20	28	38	49	61	74	87				
12		7	13	21	30	40	51	63	76	90	106			
13		7	14	22	31	41	53	65	79	93	109	125		
14		7	14	22	32	43	54	67	81	96	112	129	147	
15		8	15	23	33	44	56	70	84	99	115	133	151	171
16		8	15	24	34	46	58	72	86	102	119	137	155	
17		8	16	25	36	47	60	74	89	105	122	140		
18		8	16	26	37	49	62	76	92	108	125			
19	3	9	17	27	38	50	64	78	94	111				
20	3	9	18	28	39	52	66	81	97					
21	3	9	18	29	40	53	68	83						
22	3	10	19	29	42	55	70							
23	3	10	19	30	43	57								
24	3	10	20	31	44									
25	3	11	20	32										
26	3	11	21											
27	4	11												
28	4													

[a] この有意水準で差を検定するには標本サイズが小さすぎる。

3
野生動物の管理と研究における小型コンピュータの利用

Gary C. White & William R. Clark

はじめに	89	利用可能な言語	103
野生動物にかかわる仕事と小型コンピュータ	89	言語が必要な時	103
本章の目的	90	小型コンピュータの操作	104
本章のあらまし	90	オペレーティングシステムと環境	104
推薦についての注意	90	ファイル管理	105
IBM と Macintosh についての余談	90	ハードウェアの構成機器	105
情報の公表のためのソフトウェア	91	プロセッサー	105
文章の作成	91	記憶装置	106
グラフィックス	93	出力装置	107
情報管理と解析のためのソフト	93	入力装置	108
データベース管理	93	システム構築の決定	109
統計解析	94	文書処理	109
表計算ソフト	97	データ管理	109
特殊なプログラム	97	データ解析	109
情報収集ソフトウェア	100	グラフィックス	110
携帯型コンピュータによるデータ収集	100	表計算	110
アナログからデジタルへの変換	101	整備予定リスト	110
他のコンピュータとの通信	102	将来展望	111
データのバックアップ	103	技術の急速な進歩	111
特殊なユーティリティ	103	動向をつかむ	111
コンピュータ言語	103	参考文献	111

訳者注：コンピュータ技術の急速な進展に伴い，本章で紹介されたハードウェア，ソフトウェアは，すでに過去のものとなっているものもある。このため読者はインターネット等を通じて最新の情報を取得することをお薦めする。

❏ はじめに

野生動物にかかわる仕事と小型コンピュータ

　野生動物個体群と生息地の管理の方法が，どんどん科学的定量的になったこの20年ばかりの間に，この分野におけるコンピュータ利用は爆発的に増えた。動物の個体数を数え，生息地を地図化し解析した上で，データは統計解析やモデルによって，相互に関連づけられる必要がある。さらに，全ての情報は，他の専門家に対しては論文という形式で，また，一般の人には啓蒙という形で伝えられる必要がある。野生動物管理という仕事において，コンピュータは，個体群管理の計算や生息地の変化の図表などによる表示のみならず，その他の一般的作業を行うためにも不可欠な道具となっている。

　1970年代以降に起こったハードウェア(コンピュータ機器)とソフトウェア(プログラムとコンピュータコード)の進歩は，野生動物管理に携わる者のコンピュータ利用に影響を与えた。例えば，10年前には，統計解析と個体群のモデル化は大型コンピュータで，充分管理された環境のもと，コンピュータの専門家によって行われていた。しかし，1980年初め，小型コンピュータの発達(デスクトップなどのパーソナルコンピュータ)は，ほとんど全ての野生動物管理者と研究者の仕事のあり方に影響を与えた。現在，多くのオフィスでは，日常の通信に小型コンピュータのワープロを使い，文書の送付は電子メールが利用されている。小型コンピュータとワークステーションのグラフィック機能の高度

化により，地理情報システムが利用できるようになったので，生息地の解析が進歩した。小型コンピュータの携帯性と耐久性が高まったので，フィールドでのデータ記録の電算化が可能になった。

本章の目的

本章では，野生動物研究と管理のためのコンピュータ利用の現状と将来像を紹介する。ねらいは，コンピュータがどのように使われ，生物学者が直面する管理と研究テーマに対してどのように影響しているかを理解してもらうことにある。以前は，大型コンピュータでしか利用できなかったアプリケーションが，現在では，小型コンピュータでも利用可能になっているので，ここでは，大型コンピュータについては検討しない。加えて，大型コンピュータの操作は，普通，生物学者の手にあまることもその理由である。小型コンピュータは，大型コンピュータが直接利用できないか，電話回線とモデムによるアクセスに限られている状況で大いに利用価値がある。ここではIBM PC互換システムとディスクオペレーティングシステム(DOS)に重点をおいて説明する。なぜなら，野生動物学者は，これらの機器で開発されたソフトウェアを利用してきたし，この機器が業務に多く使われているためである。

この章の具体的な目的は以下のとおりである。
① 野生動物管理と研究に関する問題に対して現在および潜在的に可能なコンピュータの活用法を読者に紹介すること。
② これらの問題を解決するための具体的なソフトウェアのパッケージのを紹介すること。
③ ハードウェアの選択に関して読者へアドバイスすること。

本章のあらまし

まず，ソフトウェアの利用可能性を説明するが，これは，どのソフトウェアを使うかによって必要なハードウェアが変わるからである。まず，様々な商品化されたソフトウェア，つまりワードプロセッサー，表計算ソフト，グラフィックス，データベース，統計パッケージについて検討する。次に，野生動物の研究と管理の問題を解決するためのソフトウェアを説明する。フィールドデータの収集，文献検索，電子メールに適切なソフトウェアに言及する。最後に，これらのソフトウェアを使うことを前提に，利用できるハードウェアについて概説した上で，ソフトウェアをどのようにうまく動かすかといったことについて検討する。この章は，専門用語と略語が多いので，適宜用語解説を参照することをおすすめする。読者によっては，最初に，ハードウェアとソフトウェアの関連を理解するために，「ハードウェアの機器構成」の項(105頁)と「システム構築の決定」の項(109頁)を参照したほうがよい人もいるだろう。

推薦についての注意

ソフトウェアやハードウェアの比較がここでの目的ではない。確かにあるソフトウェアに焦点を当てているが，読者は，このソフトウェアが著者が設計した条件に最適にマッチし，個人的な経験から判断して利用できるとしたことを理解してほしい。いろいろなソフトウェアが競争のもとに次々開発されてきた。ここで紹介したもの以外にも読者の要求を満たすものがあり，そちらがより好まれる場合もあるだろう。なお，ここで取り上げているからといって，野生動物学会が推薦しているわけではない。

しかし，ソフトウェアの選択では，他のユーザーとの互換性や助言を受けられる可能性についても考慮すれば，我々の推薦が不可避なことは理解いただけるであろう。職場で使われている標準的なソフトウェアを使うことによって，あなたの生産性は高まる。例えば，もし，職場の90%がWordPerfect™を使っているなら，同じものを使うことが有利であろう。ファイルをユーザー間で利用できるし，複数の人間によって書類を作成できる。職場のコンピュータ通の助言があれば，ユーザーは，新しいソフトウェアを早く，フラストレーションも少なく学習できる。

同様のことがハードウェアにもいえる。システムを選択するとき，他のハードウェア，特にプリンターやグラフィックス装置との互換性を考慮する必要がある。

IBMとMacintoshについての余談

ここでは，Apple Macintosh™(Mac)システムについては多くを検討しない。Macがかなり有用なシステムなので，読者の中には失望する方もいるだろう。MacシステムはIBMのハードウェアのように動作するためのソフトウェアなど，IBMシステムとの互換性を徐々に開発してきた。同時に，IBM PCも，Macの得意であったビジュアルインターフェイス，すなわち，メニューから対象をスクリーンポインターを使って選択するようなソフトウェアを開発した。これは特に，Microsoft Windows™3.0と3.1のようなオペレーティングシステムで実現したもので，このソフトウェアを扱うことにより，IBMをMacのように使うことができる。

1980年代後半においては，それぞれのハードウェアとソフトウェアの違いは，現実のものというより単なる見解の違いであるといえるほど些細なものになってしまった。現在，ワープロ，データベース，表計算ソフトでは，MacもDOSも基本的には同じである。グラフィックでは，まだMacが進んでおり，IBMが追いつくにはまだ時間がかかる。Macには，Canvas™とかMacPaint™といった進んだソフトウェアがあり，これは，オブジェクト指向のグラフィックス（Object-oriented graphics）ではなく，ビットマップグラフィックス（bit-mapped graphics）である。DOSでは，PCPaintbrush™などが同様のものとしてあげられる。統計やプログラムに関しては，DOSのソフトウェアが進んでいる。DOSは640 Kbのマシーンから8 Mbのメモリーが必要なWindowsアプリケーションまで，走らせることのできる機器の幅が広い。この章の後半にオペレーティングシステムの比較をさらに行う。

Macの製造元どうしには競争がないために，DOSシステムに比べ，同じ構成であれば500〜600 US＄（＄）一般的に高い。標準的なMacシステムは，IBM互換機システムに比べ，多くのメモリーを持つが，ハードディスクの容量は少ない。また，ソフトウェアを開発している会社もDOSに比べ少ない。

ネットワークシステムに関しては，CPUの問題よりネットワークの特性が重要である。DOSシステムは，Macのネットワークに比べて情報を1桁速いスピードで伝達できる点で勝っているが，DOS用のハードウェアとソフトウェアはより高価である。

ここで，ハードウェアのもう一つのクラスであるデスクトップ型のミニコンピュータとネットワークワークステーションについて簡単に述べよう。このクラスには，通信，GIS，コンピュータグラフィックス，モデル化，統計処理のソフトウェアのために普通用いられるユニックスシステムが含まれる。このタイプのシステムは，コストが低下し，一般的なソフトウェアがこのシステム用に変換されるにつれ，重要性が増し始めている。

ここで，Macとワークステーションシステムについて特に字数を割かなかったのは，後半で述べる多くの専門的なソフトウェアがこれらの機器では利用できないからである。これらのソフトウェアを選択することについては，「システム構築の決定」の項（109頁）で詳しく検討する。

❏情報の公表のためのソフトウェア

情報の公表は，新しい知識の普及から大衆とのコミュニケーションまで，野生動物の専門家にとっての基本である。文章は，最も効果的に情報が理解されるよう磨いて適切なものにする必要がある。小型コンピュータは，情報伝達に革命をもたらし，情報加工の様々なソフトウェアが利用可能になっている。ここでは，まず，文章と，視覚に訴える資料の作成手順について検討する。

文章の作成

ワープロは，野生動物に関する仕事において，小型コンピュータの最も一般的な利用法である。これは，ちょっとしたメモから本の製作まで全ての作業にかかわる。短い文章には簡単なソフトウェアで足りるが，1冊の本になるくらいの文章を作るためには，より洗練されたソフトウェアが必要である。ここでは，日常的な利用ばかりでなく，長い科学論文作成という特別なニーズに対しても説明する。

生産性の増加

メモ，手紙，短い報告書等，簡単な文書の作成にワープロが使用されることが多い。ほとんどの人が，入力，編集，構成，印刷のできるワープロソフトになじんでいるだろう。ワープロの利用によって，文章は印刷される前に，画面上で，校正することができる。

WYSIWYGとは，「What You See Is What You Get」（見たままに作れる）で，画面に出たものと同じものを印刷できるというソフトウェアを指していった言葉である。この機能については，コンピュータの画面の解像度とソフトウェアに依存し様々な能力のものがある。WYSIWYGの利点は，印刷状態のイメージで編集を加えられることである。欠点は，新たな電算処理の時間が増え，文章の入力と編集が遅くなる点である。

コンピュータを使って書いたり，それを読み直したり，校正したりする技術を高めなさい。そのためには，タイプ能力が必要であるが，たいした問題ではない。ソフトウェアには，キーボード操作の練習ができるものもある。ソフトウェアには，文書を中央ぞろえしたり，強調したり，スペースを変えたり，文章を移動したり，他の文書を挿入したり，様々な機能がある。

良いワープロソフトには，スペルチェッカーや類語辞典がついている。キーを1回たたくだけで，不適切な単語を，

より正確な意味のとおる単語に換えることができる。また，スペルチェッカーでは，一般的なスペルの誤りをみつけるだけでなく，専門用語や学名の辞書を作ることもできる。

　メールマージやマクロコマンドは，事務作業に有効である。このメールマージにより同じ文書を住所を自動的に変えて，多くの人に一度に簡単に送ることができる。同様に，繰り返し作業をさせるためのマクロコマンドを作るため，個別のコマンドを配列統合できれば便利である。例えば，手紙の右上に自分の住所を入れるといったマクロコマンドなどあったら便利であろう。

　ここでは，ニーズに合致したソフトとして，WordPerfectを選んだ。スペルチェック，類語辞典，文書編集等のための簡単なコマンドは強力であり，かつ，習得が容易である。画像のはめ込みや複雑な数式も作成できる。

　このソフトは，ほとんどのプリンターに対応しており，また，Windows環境にも適応している。同じような有能なソフトは，Microsoft Word™，特にWindows対応のWordである。この二つは，いずれもMacで最も広く利用されているソフトウェアである。

　校正ソフトは，主語と動詞の不一致や，長々とした形容文詞の使用，受動態や専門用語，あるいは陳腐な言葉の濫用のような文法上の誤りをチェックするのに有効である。このソフトの多くは，読者の能力によって，読みやすさを設定する機能を持っている。単語や文の複雑さは読みやすさの程度と関係している。このようなソフトには限度があるが，利用すれば，文章下手が改善される。文法や読みやすさのチェックを行うソフトには，RightWriter™やGrammatik™といったものがある。

科学論文と報告書

　科学論文や報告書には，基本的なワープロ機能の他に，スペルチェッカー，類語辞書，その他の進んだ機能が必要である。文章の中にグラフをはめ込む機能は重要で，多くのワープロソフトはその機能を持っている。例えば，文章に添付するのではなく，文章本体の中にプロットデータをはめ込むことができる。WYSIWYGワープロソフトは，文章のところどころに図表を載せることができる。このような機能の向上は，高度なコミュニケーションに対する要求の高まりを反映している。

　多くのワープロソフトの重要な機能として，文書を書き始める前に，章立てを自動的に作る機能があり，次いで文章を書き込んでいくことになる。組み立てられた章立ては，他の著者と議論された上で，文章が書き入れられていく。加えて，オリジナル原稿に書き加えた文章や削除する文章に印を入れたり，共著者との議論を深めるためのコメントを書き入れたりする機能があれば便利である。

　いくつかのワープロソフトの大きな制限は，容易に扱える文章量である。しばしば，本程度の長さの文章を作るには，特別なソフトが必要である。文章を連続的に読むかわりに，コンピュータが文章を効率的に扱い，時間を待たずに書き手が速やかに必要な文章にたどり着けるよう，文章には「索引」が付けられる。WordPerfectでは，文書を順番に扱うため，文が長くなると，最後の章の最初に移動するのに時間がかかる。コンピュータの能力によるが，1文書の最大頁数は200頁である。対照的に，ある特殊なワープロソフトでは700頁を越える文書であっても遅さを感じさせない。このようなソフトでは，階層構造になった見出しに直接的に移動するといった手法がとられているのだ。

　数学的表記や数式は，しばしば専門的文書で必要となる。効率的な数式作成には，特別な機能が必要であるが，一般的な小型コンピュータ用のワープロソフトにはこの機能は備わっていない。科学向けのワープロの中には，画面上での数式作成が可能であったり，WYSYWYG環境が用意されているものがあるが，処理速度はかなり遅い。また，いくつかのソフトウェアでは，数式作成専用のコードを用いているが，最終的に完成した数式は，画面上での試写か印刷時にしか見られない。最も簡便なソフトウェアは，数式の特徴を簡単な英語のフレーズで指定し，その結果をWYSIWYG環境で表示できるようなものである。

　さらに，専門的な文書を作成する上で有用な機能としては，特定の引用文献に対応する2, 3のキーワードから引用文献集を作成するというものである。現在，ワープロソフトウェアはこの機能を持っていないが，専用のソフトウェアがある。しかし，多くの文献引用システムは，本文からとられた2, 3のキーワードを手がかりに引用文献のデータベースを検索したり，引用を作るには効率的ではない。むしろ，著者の名前や，発行年，特別なインデックスキーをデータベースから検索することにより，正確な引用文献集ができる。ワープロソフトと組合わさった引用文献集作成システムがいくつかある。Papyrus™, Procite™, Ref-11™では，引用文献の検索が可能で，好みの形式（例えば，*The Journal of Wildlife Management*の形式）で出力し，それを直接文書へ挿入することもできる。

　WordPerfectは，引用文献集作成機能を除いて，必要な機能を備えているので，科学的な文書作成に適している。WordPerfectは，柔軟な数式作成機能，グラフィックスの

とり込み，長い文書を扱えることなど，良いワープロソフトの見本である。小型コンピュータでの簡便なソフトを用いての文書作成は，専用のソフトでの作成に比べると見劣りするが，専門的な文書を作成する上では十分である。

パソコンを用いての出版

活版印刷の体裁を備えた文書をパソコンを用いて作成することがしばしば必要となる。お知らせやニュースレターといったものは，かなり簡単なものでよいが，長文の文書の作成には，時間と経験を要する。最終的な原稿の品質はワープロソフトの性能ではなく，プリンター性能に依存している。レーザープリンターは，ほぼ，活版印刷の質に近いものである。活字組みの出力は，1,000 dpi（1 インチあたりのドット数）以上であるが，標準的なレーザープリンターの解像度は，300 dpi である。EROFF や TeX といったソフトは，スペースの均等割付，カーニング（文字によって間隔を変える），印字の変形，各種の活字体やフォントの種類など，特殊な機能を持っている。これらの能力により美しく体裁の整った文書を作成することができる。

EROFF と TeX は，長文の文書を作成するために作られたものである。図や表は自動的に頁の最初や最後に送られる。対照的に，Aldus Pagemaker™ や Ventura Publisher™ といったソフトは，ニュースレターなどの短い文書の作成に用いられ，ユーザーは各頁ごとに書式を決め編集する。しかし，長文のものは，ソフトが自動的に各頁の文と図のフォーマットを決定する。これらのソフトを効果的に活用するためには時間をかけて習熟することが必要である。さらに，すばらしい活字組みの出力を得るためには，活字体のサイズと機能に関する知識と芸術的なセンスが必要である。

グラフィックス

大型コンピュータにはない小型コンピュータの利点は，洗練されたグラフィックを簡単に作成できることである。「絵は千の言葉に勝る」という古い諺があるが，小型コンピュータによってグラフィックが簡単に習得でき，質の高いグラフィックを時間と金を節約して作成できるので，今も真実である。簡単に使用できるプログラムは，具体的なニーズによって変更できる線グラフ，棒グラフ，円グラフの標準的フォーマットを持っている。役に立つソフトは，他のソフトとデータの互換性があるものである。例えば，表計算ソフトでグラフ化されたデータセットは，グラフィックスソフトに入力され，フォントや凡例，図の輪郭の変更を行うことでより視覚的にわかりやすいものとなる。グラフィックスソフトは，図表を直接ワープロソフトの原稿にはめ込むこともできるものがいい。

印刷は，高性能なグラフィックスプリンターによって飛躍的に進歩した。これは，紙に出力するだけでなく，口頭発表のためのスライド作成機や OHP 作成のためのペンプロッターに出力することもできる。各々のメディアでの視覚化の質の向上を図るために，紙にプロットするためにデザインされた図表を，スライド用にデザインを作り変えることができる。

多くのグラフィックスソフトは，紙にプリントする目的で作成した図表をスライドや OHP シートに適切に出力する機能をもっている。利用者は，使うメディアごとに見やすさを考えるべきである。配慮する点は，効果的な色，大きさ，線の太さである。スライドや OHP シートの作成は，コンピュータの画面で見るより費用がかかるので，コンピュータ画面上で色，大きさを事前に確認する必要がある。

上記の条件を満たすソフトが少なくとも二つある。実際には，ビジネスソフトとして作られたものであるが，Harvard Graphics™ は，科学データの図表化を簡単に行えるソフトである。タイトル画，ヒストグラム，データプロット，複合図，コンピュータによるスライドショーなどが簡単に行える。Harvard Graphics™ ほど洗練されていないが，Lotus Freelance Plus™ も，図表を作るためのメニューを持っている。両ソフトともフリーハンドで書く機能や図表を変形する機能を持っているが，Lotus Freelance Plus は，Harvard Graphics より融通がきくようである。著者らは，行動域の中での動物の位置などの簡単な空間的データの表示には，この両方のソフトを使っている。両ソフトともあらゆるメディアに出力でき，また，Windows 環境に対応したバージョンもある。

また，ここで取りあげる価値のあるハードウェアとして，スキャナーがある。絵やグラフは光学的に読みとられ，グラフィックスソフトで読めるように変換され，ソフトで内容を変更したり，改良したり，注釈をつけたりできる。

❏ 情報管理と解析のためのソフト

データベース管理

野生動物の専門家はしばしば対話式のデータベース管理プログラムを用いて，後で解析したりまとめたりできるようにデータを記録するので，ユーザーは，コンピュータの

画面のメニューを使ってデータを入力することができる。データは数字タイプに限定されず，例えば免許を受けたハンターに関する情報を盛り込んだ住所録や引用文献でもかまわない。

　良いプログラムは，データが入力される時，その値が正確に事前に設定された条件に基づいているかチェックを行う。その後データは，一つかそれ以上の項目内容に従って分類され，また，選択的な条件をつけることで該当のデータが検索されるようにファイルに保存される。数式データは，平均値，標準偏差そして頻度分布のような単純な統計量に要約できる。また，いくつかのデータベース管理プログラムは単純なプロット化と図表化の機能を持っている。

数値データと文字列データ

　今日，PC 市場で優占的であるデータベース言語とファイル形式は dBase III™ とその後継ソフトの dBase IV™ である。他のデータベースパッケージのほとんどは，例えば Paradox™ のように dBase III のファイルと互換性がある。dBase IV は，データ入力や集計のような作業のために強力なプログラミング言語を備えている。そのため dBase は，生息場所との組み合わせで参照される絶滅危惧種の公式目録のような大規模な用途の開発のために利用されるが，これは，データの単純な整理よりももっと複雑である。様々な有用なソフトウェアが dBase の能力を拡張している。例えば，コンパイラーは，コードの実行を速くし，グラフィックソフトが，棒グラフや折れ線グラフを表示するために用いられている。ほとんどのデータベースソフトは先端的な統計処理機能を持っていないので，もし複雑な統計解析を行うためには，データベースファイルのフォーマットを統計パッケージに読み込ませなければならない。

　Borland 社の Paradox™ for Windows と Microsoft 社の Access™ は，Windows 環境で有用なデータベースパッケージである。Access が様々な分野の経験の浅いデータベースユーザーを対象としているらしいのに対し，Paradox for Windows は上級のプログラマーにとって強力で使いでがある。両ソフトともに，Windows インターフェイスと Windows 環境における利点を生かしている。

地理情報システム

　地理情報システム (Geographic Information System：GIS) はデータベースの特殊な形であり，この用途は，1980 年代の半ば以降，野生動物管理において重要となったばかりである。GIS パッケージは，空間的データ，つまり地図化できる形式のデータ (第 21 章参照) を操作し整理する機能を備えている。例えば，地図上のすべての地域の土壌タイプが分かったり，ある特性を持った地域の地図上での割合を表示できるような土壌マップなどである。また，例えば，湿原に特徴的な土壌タイプを持っている地域で，少なくとも 1 ha 以上，特定の三つの郡区内にある全ての地域といったような，複数の地図から得られるデータを組み合わせることによって強力な解析を行うことができる。また，時系列的な空間特徴の変化の解析も可能である。

　いくつかの著作権フリーの GIS パッケージが，アメリカ政府の資金によって開発されている。この中には，MOSS (Map Overlay and Statistical System) や SAGIS (Systems Analysis Group Information system) が含まれるが，それらは元々はアメリカ魚類野生生物局 (U.S. Fish and Wildlife Service) とその委託先によって開発されている。他には合衆国陸軍工兵隊 (U.S. Army Corps of Engineers) によって開発された GRASS がある。

　上述した GIS パッケージとは対照的に，ARC/INFO™ のような商品となっているパッケージは，一般的に高価である ($4 万以上)。一方，$1 万以下の高機能パッケージもある。

　典型的な GIS アプリケーションは，大きなファイル (保存に少なくとも 100 Mb の大きなディスクが必要) と，適当な時間で作業を実施できる処理スピードが必要なので小型コンピュータでの利用は難しい。ほとんどの GIS ソフトウェアは，ローカル CPU やハードデスクを持つ高解像度のグラフィックスワークステーション上で動作する。このようなワークステーションは，ソフトウェアやファイルを共有するためにネットワーク化されてもいる。MOSS, pMAP (別の著作権フリーのシステム), MIPS™ そして PC ARC/INFO のようないくつかのソフトウェアは，IBM PC やその互換機上で動作するように改良されてきた。GIS に利用するために小型コンピュータを購入する場合は，特に，高速処理，高速アクセスができる大容量ディスク等を持つ特別なハードウェアが必要となる。GIS のハードウェアとソフトウェアの詳細な紹介は，この章の目的ではないので，第 21 章を参照してほしい。

統計解析

　統計解析は，野生動物研究や管理におけるコンピュータの初期からの用途の一つであった。

　統計パッケージは，野生動物のための小型コンピュータシステムにとって依然として重要である。

表3-1 野生動物種に関連したデータで一般的に必要となる分析を実行するために統計パッケージに納められている統計処理

解析	利用方法
データの平均値，中央値，最小値，最大値，標準偏差のような単純に集計された統計値の計算	数値データから統計量を計算する
幹葉表示，ハコヒゲ表示	一つのデータセットを図形等にまとめて表示
正規性に対する適合度検定	単一のデータセットの正規分布への適合度を検定
2変量(xとy)散布図	2変数間の関係の図形的に要約
相関	二つの変数間の関連の程度を計測
ステップワイズ処理などでの直線回帰	二つあるいはそれ以上の変数間の直線的関係の推定と検定
非線形回帰	二つあるいはそれ以上の変数間の非線形的線関係の推定と検定
t-検定	データが正規分布と仮定されたとき二つの平均値が等しいという仮説の検定
t-検定に対応するノンパラメトリック検定	データが正規分布すると仮定されないとき2組のデータが等しいという仮説の検定
不均衡な多元分散分析（maltiway ANOVA）とMANOVA（多変量分散分析）	多重従属変数を伴う複雑で不適切な試験区で得られた平均値に関する仮説の検定
カイ平方表	二つの類別変数の独立性のカイ2乗検定を計算
対数－線形分析	二つ以上の類別変数の独立性の検定を計算
ロジスティック回帰	分類的で連続的な変数間の関係の推定と有意検定の計算
生存率の推定	Kaplan-Meierの生存率プロシージャー（Kaplan-Meier survival procedures）とCoxの比例危険関数（Cox proportional hazard functions）に対する推定値と有意検定の計算

前提

ここでは，PC用の統計パッケージの特徴を示す。また，ここでの記載は，IBM PC用のいくつかのパッケージを実際使用した結果と，Dixon(1986)，Geissler(1988)，そしてGoldstein(1992)の評価に基づいている。

統計処理能力

統計パッケージの多くは，その適応範囲と能力において制限があるため，統計パッケージを選択する前に，これに詳しい同僚の意見をきくことが重要である。このことは当然のように聞こえるかもしれない。しかし，小型コンピュータ用としてとりあえず利用できるパッケージの多くが，欠測値や極端な値，アンバランスなデザインや大きなサンプルを処理するために必要なアルゴリズムを欠き，数字的に正確な結果を出さないことは，驚くべきことである。誤差のまるめにより数値の精度が悪くなっていることについて，ユーザーが結果を誤解しないように明確に示すべきである。パッケージには，解析のために，偏りが最少である推定や最も検定力のある最新の統計処理が用いられるべきである。もし解析が不正確に記入（例えば自由度ゼロ）されていたり，データのタイプが適切でない場合，エラーメッセージの表示により，そのことを経験の浅いユーザーにはっきりと示すべきである。例としては，期待値が小さい時のカイ2乗検定を行ったり，分散が等しくないときにt検定行う場合である。不幸なことに，信頼できない統計パッケージが小型コンピュータ用にいまだにたくさん売られている。Dallal(1988)によるレビューでは，いくつかのパッケージの利用につきまとう問題を紹介している。

統計処理の量

統計パッケージはユーザーが必要とするあらゆることに合致する様々な処理を行える必要もある。一般的な問題としては，パッケージが適切にデザインされた実験の分散分析（ANOVA）はできるが，そうでない場合，処理できないことや，一変量の分散分析ができても多変量の分散分析はできないことがある。しばしば遭遇するもう一つの問題は，類別データ（categorical data）の解析，例えばシカの性比調査で数えあげられたオスジカとメスジカの数のような度数データの解析である。この20年間に統計理論があまりにも急激に発展したために，主要な統計パッケージの中には，最新の類別データの分析手順を欠いているものがある。表3-1は，一般的に扱う野生動物種のデータ群を解析するのに有効と思われる処理のリストである。

プログラミング言語

データ変換のための完全なプログラミング言語は統計パッケージの重要な機能である。分析前にデータを操作す

ることが，統計的解析には，しばしば必須である。このため，統計パッケージには，並べ変えや分割などの一定のデータベース管理能力が必要である。他の例としては，分類された変数を合計し，その結果を分析するための能力，あるいは対数などへの単純な変換をするための能力があげられる。研究におけるプログラミングの重要性の増加の例としては，仮定が崩れた場合の統計処理の頑健さを検定するためにデータをシミュレーションすることがあげられる。

ユーザーインターフェイス

役に立つ統計パッケージには，論理的で簡便に使用できるインターフェイスと良いマニュアルがある。インターフェイスのタイプに関してどのようなものが簡便であるかは意見が異なっているが，多くのパッケージはオンライン，メニュー起動システムを持っている。ユーザーがパッケージを学び，より大きな反復的な分析を行うときには，メニューシステムは退屈なものとなる。このため，統計パッケージには，対話式と非対話式の両方が必要である。時には，解析が数分以上必要であるような時など，一連のコマンドを開発し，それらを分析に使う必要がある。

もう一つの必要な構成要素は，オンラインヘルプである。コマンドのシンタックスや利用できるオプションに関する単純な疑問に対し，ヘルプリクエストで回答が出てくる必要がある。良いプログラムでは，問題に対し，どのようなデータを入力すべきか，どのように分析されるかが例示されるので，ユーザーがそのシステムの全機能を理解しやすくなっている。

グラフィックス

我々が統計解析を始めるに当たっては，データの度数や分布を見るために，単純なx-yプロット，ヒストグラム，円グラフを使ったり，複数の変量どうしの関連を評価するためのグラフをしばしば用いる。統計パッケージのグラフィック機能は単純でもいいが，グラフィックファイルの出力は，Lotus Freelanceのようなグラフィックスパッケージと互換性のあるフォーマットにできる必要がある。このタイプのインターフェイスを用いて，グラフは好みの形に操作され，文書に入れられたり，プレゼンテーションの視覚的資料として利用される。

他のシステムとの互換性

統計パッケージは，テキストファイルやデータベースファイルのように，データを簡単に入力できることが必要である。また，ワープロ，グラフパッケージ，表計算のような別のパッケージにデータを移すことができなければならない。

統計パッケージの推薦

統計分析システム Statistical Analysis System-SAS™

ここで推薦するのは，上記の全ての条件を満たす統計パッケージ，Statistical Analysis Systemである。SAS (SAS Institete, Inc. 1985 a)は，PC上で動作し，多くの統計処理機能を有している。統計学や一般文献のレビューでは，SASの手法が数学的に正確で最新のものであるとされている(Wayner 1992)。

SASが完全であるために，新しいユーザーは，SASを動作させるために，十分な装備を持ったPCが必要である。購入したモジュールによっては，130 Mb以上のハードディスクの空き容量が必要である。しかし，SASのモジュール特性により，ユーザーのニーズに応じて簡単に分解し，必要な部分を組み合わせて使うことができる。DOSインターフェイスは，PC環境の能力を十分利用していないが，満足できるものである。最新のSASは，WINDOWS環境で動作するために，ユーザーインターフェイスは向上している。

ソフトに付属しているマニュアルは，機能を何時どの様に使うかを説明したレファレンスマニュアルであり，何のために必要なのか説明するものではない。ソフトにはオンライン使用説明サービスがソフトやビデオの形で付属し，パッケージの利用概要と問題解決のための例がSASから提供されている。

その他のパッケージ

PC用には，大型コンピュータから移植されたものなど，その他多くのパッケージがある(Carpenter et al. 1984, Dixon 1986)。MINITAB/PC™は，操作が表計算ソフトのように直感的であるため教育用には使えるが，データの処理と解析がやっかいである。SPSS/PC™+(Norušis 1986)とBMDP™(Dixon 1983)は，正確で幅広いシステムであるが，どちらのソフトも重要であると思われるSASのデータ処理やプログラム能力は持っていない。SYSTAT™は，幅広い処理機能を持ち，正確で速く(Carpenter et al. 1984)，実例マニュアルによって習得も容易である。Geissler(1988)は，一般的な利用であればSASよりもSYSTATを薦めているが，SYSTATは，SASの全てのオプションを持っているわけではない。SYSTATは，Macintoshでも使用可能である。もう一つのパッケージは，STATGRAPHICS™で，複雑な統計処理はできない

が，広範なグラフィックスが可能である。しかし，これらのグラフィックスは，他のシステム，例えば Lotus Freelance などへは，変換出力できない。Best & Morganstein (1991) は，Macintosh のための6種類の統計パッケージを紹介している。

いろいろな統計パッケージの概説書の問題点は，正確さや先端性の評価と異なり，利用のしやすさやグラフィックスについては，人により異なる観点で評価していることである。(Dallal 1988)。統計パッケージを選択する上では，Dixon(1986) の推薦が役に立つ。加えて，Dixon(1986) が警告しているように，これらのパッケージは，時間とともに変化していることにも注意すべきである。このレビューで議論されている問題は，将来ソフトのバージョンアップで解決されるかもしれない。

表計算ソフト

財務

表計算ソフトは，行と列への入力を演算式で関係づけて行える大きな計算表と考えていいだろう。A 1 というセルの入力を変更すると自動的に行の合計が変わり，A 20 のセルに表示される。表計算ソフトは，元々は，予算や経済モデルといった経理処理のために作られた。経理処理は，野生動物関係の仕事においても一般的かつ重要であり，表計算ソフトは，財政計画の作業を簡単にしてくれる。

個体群のモデル化

表計算ソフトは，経理処理以上に，野生動物個体群のモデル化に利用されている。経理の入力とは異なり，表計算ソフトは，生存率や出生率に基づいて，時間経過とともに変化する個体群の各齢クラスの個体数の変化を示してくれる。二つの率の関係が表計算ソフトに演算式で組み込まれ，入力する率への管理効果について異なる想定のもとで個体群の変動が計算される。

グラフィックスと統計計算

平均，分散，直線回帰などの計算機能を持っている表計算ソフトは，簡易な統計パッケージとして十分利用できる。これらのソフトは，x－y プロットや棒グラフの作成ができるグラフィックス機能を持っていることもあり，データを素早く検討するために特に有効である。最終的な図を作成するグラフィックスパッケージに入力するためにデータは，グラフィックスファイルに変換されるのだが，多くの新しいバージョンの表計算ソフトでは，グラフ編集機能がすでに内蔵されている(例えば，Quattro Pro™ for Windows)。

データベース機能

私達は，表計算ソフトを用いる際，各変数を各行に割り当てて入力していくことにより，データベースシステムと同様の利用の仕方をしばしばする。この方法ではデータの検討やプロットされたデータから異常値の検出が容易である。しかし，全てのデータがメモリーに適合している必要があるので，この方法の利用には限界がある。もう一つの欠点は，データ入力時にユーザーがとんでもない数値を入力してしまうといったミスをチェックするようプログラムされていないことである。表計算ソフトには，情報を他のユーザのデータベースや統計パッケージと互換性のあるファイルに変換できるようなフォーマットが必要である。普通，変数名は，各々の行の先頭(第1列)に書かれ，シートの2列目からデータ入力カラムとして，変数のフォーマットが定義される。このプロセスが，しばしば混乱をもたらすので，その代わりとして，統計パッケージで読むことができる ASCII ファイルが使われている。

推薦ソフトウェア

Lotus 1-2-3™ とその互換ソフトウェア

Lotus 1-2-3 は，この2，3年の表計算ソフト市場を支配しているため，ほとんどの表計算ソフトは Lotus と互換性がある。このため，Lotus フォーマットと互換性のある表計算ソフトを推奨する。Lotus のグラフファイルのフォーマットが標準的になったので，多くのグラフィックパッケージは，Lotus PIC のフォーマットで作られた形式のファイルを書き出すことができる。著者の好きなソフトウェアは，Borland International の Quattro Pro である。Quattro は，Lotus と互換性があり，Windows 環境でも利用できる。また，学生でも購入可能な価格である。

特殊なプログラム

ここまでは，野生動物関係の仕事に適用できる一般的なソフトウェアについて検討してきた。しかし，野生動物の管理や研究上の問題の解析を行うための専用のソフトウェアがたくさん作られている。ここでは，特別な解析のために利用できるソフトウェアについて簡単に紹介する。読者は，これらの手法を充分理解するために，Lancia et al.(第9章)，Samuel & Fuller(第15章)，Johnson(第16章)を

生存率の推定

バンディングのデータ

　生存率の推定は，どの野生動物個体群の管理にとっても重要なステップである。生存率推定の一つの手法は，動物に足環などの標識をつけ，動物が死んだ時などにそれを回収することにより，その動物の情報を得るというものである。標識の回収から生存率を推定する初歩的なプログラムには，成獣の生存率を推定するESTIMATEや，成獣，未成獣の生存率を推定するBROWNIEがある(Brownie et al. 1985)。より進んだ解析は，MULT(Conroy et al. 1989)やSURVIV(White 1983)を用いることで可能である。

標識再捕法のデータ

　動物の標識により生存率を推定する別の手法には，生きたまま再捕し，また離したり，再観察する方法がある。Jolly&Seber(Seber 1892)が開発した方法は，このタイプのデータから生存率を推定する統計理論を生み出した。JOLLY(Pollck et al. 1990)では，動物の単一集団に対するJolly-Seber解析ができる。POPAN-3(Arnason & Baniuk 1978, Arnason & Schwarz 1987, Arnason & Miller 1988)もJolly-Seber推定値の計算や，齢や性などの分類群ごとの広範なデータベース処理が可能で，現在は，PC上で動作可能なものも利用できる(Arnason & Miller 1988)。JOLLYAGEプログラム(Pollck et al. 1988)は，Jolly-Seber解析を2以上の齢クラスに拡大した。

　RELEASEプログラム(Burnham et al. 1987)では，2以上の動物のグループ，例えばコントロールグループと殺虫剤を投与され続けているグループ間の生存率の比較が可能になった。

テレメトリーデータ

　バイオテレメトリーによって，個々の動物の位置を刻々と確認したり，生存の状況，時には，死亡の原因を知ることができる。多くのプログラムがこれらのデータ解析に利用できる。テレメトリーデータを解析するための最近の精密な手法は，治療後の患者を規則的に調べ人間集団の生存率を推定する方法に類似している。ヒトの生存データの解析に使われる手法は，故障時間解析(failure-time analyses)と呼ばれる統計解析の応用であり，仮定が適切なら野生動物研究にも応用できる。医学研究で想定しているのは，生存率が治療と個人の年齢の関数であって，野生動物に影響を及ぼすような環境条件の関数ではないということである。医学的手法の重要な前提は，調査からの独立性(被験者と接触しない)と，死亡原因からの独立性であるが，野生動物の研究においてはこの前提は崩れる可能性がある。

　様々なfailure-time法が，生態研究，特にKaplan-Meier推定法(Polloch et al.1989 a,b)に応用されている。この方法はノンパラメトリックで，生存関数が一定であることを前提としない。Kaplan-Meier法は，いくつかの統計パッケージに含まれている。SASでは，PROCLIFETEST(SAS Institute,Inc. 1988)にその処理のプログラムが入っており，また，BMDPでは，P1L処理にこの方法が入っている(Dixon 1983)。White & Garrott(1990)は，対象の互い違い配列の入力(staggered entry)が可能なSASプログラムを提供し，Pollock et al.(1989 a)は，それをLotus 1-2-3用にプログラムした。

　MICROMORT- Heisey & Fuller(1985)によって出された別の手法では，日生存率がある間隔で一定であると仮定した。この手法は，よく知られたTrent & Rongstad(1974)法とMayfield法(Hensler & Nichols 1981)を拡張したものである。独立したプログラムであるMICROMORTは，一定時間間隔ごとにまとめた生存率どうしの比較と分散の推定などの計算を行う。ここでは，生態的データに基づいて時間間隔を設定することと，生存率が一定であるという仮定が保たれること重要である。

　SURVIV-生存も，バンディング研究と同じように再認行列(recovery matrix)としてデータを視覚化することによってテレメトリーデータから推定できる。White(1983)は，特に動物集団間の生存の違いを検定するために設計された一般的なプログラムSURVIVを書いた。このプログラムでは，ユーザーは，再認率の期待値として代数形式で入力し，FORTRANの翻訳に精通していることが必要である。このプログラムでデータ解析を行う場合，その方法をよく理解している必要があるが，プログラムの柔軟性はかなりのものである。このプログラムは，標識の回収，標識再捕，テレメトリーを用いた生存の推定に使われる。

個体数推定

閉鎖個体群-CAPTURE

　ある地域内の動物の数の推定は，野生動物個体群を管理するために基本的に必要なことである。個体群サイズを推定する最も一般的な方法は，閉鎖された地域で，出生や死亡，移出入が無いという仮定のもとに標識再捕法を行い，データを解析することである。

　最も単純な推定式は通常のLincoln-Petersenの方法で，

それは各々の動物が各々の場合において同じ捕獲確率を持つことを仮定している。CAPTUREプログラムは、この基本的な方法を拡張したものである。(Otis et al. 1978, White et al. 1982)。CAPTUREの方法は、個体間捕獲率の違い(Mh)、トラップごとのかかりやすさの違い(Mb)、これら二つの前提の組み合わせ(Mbh)に対してや、Lincoln-Petersen推定法を2回以上の再補に適用することにも対応している。どのようにデータが収集されたかということとあわせて、CAPTUREに備えられている一連の検定により、捕獲率の変動性に基づいてモデルが選択される。CAPTUREへの入力をさせる方法を簡便にするために2CAPTUREと呼ばれるメニュー実行システムが開発されている(Rexstad & Burnham 1991)。

開放個体群-Jolly-Seber法

完全な閉鎖した集団という前提は、調査期間中に、出生、死亡、移動が起こり、しばしば適合しない。このような場合、Jolly-Seberモデルとその拡張型(Seber 1982, Pollck et al. 1990)が適用できる。オープンモデルは、推定される個体群の定義にあいまいさがあるが(White et al. 1982)、生存の推定には適切な手法であると考えられる。JOLLY&LOLLYAGE(Pollock et al. 1990)は、開放個体群での標識再捕データから個体群サイズを推定するプログラムである。POPAN-3(Arnason & Miller 1988)でも、Jolly-Seberの推定値などを計算できる。

密度の推定

ライントランセクト

個体数の推定とは対照的に、密度推定では単位面積当たりの動物の数を推定する。密度推定の主要な手法はライントランセクト手法で、Burnham et al. (1980)によくまとめられている。TRANSECT(Burnham et al. 1980)は、五つの目撃関数を用いて、グループ化されたものと個別の垂直距離のデータから密度を推定するために開発された。この手法は、しばしばトランセクト内での動物の密度推定のために集められたデータがよく使われるが、無生物の密度を推定するといったものも含めて様々な問題に適用できる。垂直データに加えて、目撃距離と角度のデータがこのような状況に対して開発された特殊なモデルや垂直距離へのデータ変換によって解析される。

White et al. (1989)は、元々のTRANSECTを対話型のインターフェイスを持つものに改良した。TRNSECTの後継でDISTANCEと呼ばれるものが、現在、コロラド魚類野生動物共同研究部(Colorado Cooperative Fish and Wildlife Research Unit)で開発されている。

ライントランセクト解析のためのプログラムは、その他にもある。Drummer(1987)は、SIZETRANを書いた。これは、ウズラ類などの動物群の目撃データに適用できるようTRANSECTの推定法を拡張したものである。

Buckland(1985)は、間隔値としてグループ化される垂直距離データにHermite多項式と観測効率関数を適用するためのプログラムを開発した。Gates(1979)は、多数のモデルのための推定法を提供している。これらのプログラムの全ては、PC上で動作する。

ライントランセクト法の変形法には、ポイントから動物までの距離を記録していくものがある。この技術は、ポイントトランセクト(Burham et al. 1980:195)として知られ、上述したライントランセクトプログラムが適用できる。TRANSECTは、距離を2乗し、πをかけることによってポイントトランセクトの密度推定用に修正された。しかし、ポイントトランセクトデータ専用に設計されたモデルを使う方が明らかに良い。

標識再捕

密度も、捕獲地点が記録されているのであれば、標識再捕データから推定できる。格子状のトラップを使えば、CAPTUREプログラムの密度推定が可能である(Otis et al. 1978, White et al, 1982)。もう一つの方法は、蜘蛛の巣状に配置されたトラップによるもので、Anderson et al. (1983)により開発され、Wilson & Anderson(1985 a, b)により検討された。蜘蛛の巣の中心から捕獲地点までの距離は、ポイントトランセクトデータとして使われ、TRANSETプログラムで解析される。この手法は、多くのトラップと捕獲が必要であるが、正確な密度の推定が可能である。

三角測量

バイオテレメトリーにおける一般的な問題は、三角測量による動物の位置の推定にある。XYLOGとUTMTELは、Dodge et al. (1986)とDodge & Steiner(1986)によって開発された。これらは、BASIC言語で書かれ、Radio Shack TRS 80 Model 100™のようなラップトップコンピュータで動作する。これらのプログラムは、TOSHIBA 2100™や、その後継機などの軽量なDOSのラップトップ機に大幅に改良されている(K. Kenow, アメリカ魚類野生生物局, LaCrosse, Wis., 私信). White & Garrott(1984)は、Model 100用に同様のプログラム(TRIANG)を作成し、その後、DOSラップトップPC機で

操作できるように言語をFORTRANに変換した。PC版のTRIANGは，三角測量による位置推定を最尤法により行うLenth(1981)の方法に基づいたアルゴリズムを実行する。このプログラムは，固定されたタワーからではなく，車両からのデータ収集のために改良されている。

行動域の推定

生物学者は，位置データから行動域を推定しようとする。M.Stuwe & C.E.Blohowiak(Natl. Zool. Garden, Washington, D.C., 私信)によって開発されたMcPAALは，現在，PCで利用できる最も包括的なものである。

McPAALは，調和平均(Dixon & Chapman 1980)，2変数正規楕円(Jennrich & Turner 1969)，フーリエシリーズ(Anderson 1982)，最外郭法(Mohr 1947)による推定法を持っている。対話形式のインターフェイスは，動物の数が少ない場合は良いが，多数の処理を行う場合には遅くなる。その他のプログラムには，DC 80(J.C.Carey, Univ.Wisconsin, Madison, 私信)，TELAM/PC(Koeln 1980)，HOME RANGE(Samuel et al. 1985, Ackerman 1990)，HOMER(White & Garrott 1990)などがある。HOMERには，Dunn & Gipson(1977)が開発し，Dunn(1978)がプログラムした多変量のOrnstein-Uhlenbeck推定法が含まれている。

Hill & Fendley(1982)は，PROCMATRIX(SAS/IML, SAS Institute, Inc. 1985 b)を用いて最外郭法をプロットするためのルーチンをSASに組み込んだ。White & Garrott(1990)もまた，最外郭法，Jennrich-Turner，重みづけされた楕円推定法を計算するDATAのステップの一部分としてSASのプログラムを提供している。

モデル化への適用

ダイナミックシステムモデルは，野生動物管理の様々な問題に適用されてきた(Gross et al. 1973, Molini et al. 1981, Starfield & Bleloch 1986)。モデルは高級プログラミング言語(例えば，FORTRAN)で最もしばしば書かれているが，個体群予測マトリックスは，Lotus 1-2-3でも簡単にプログラムできる。この10年の間に，アメリカ魚類野生生物局は，マガモの生産力の確率モデル(Johnson et al. 1987)を開発したが，そのユーザーインターフェイスもある(T. Shaffer,U.S. Fish Wildl. Serv., Jamestown, N.D., 私信)。このモデルは，GISデータとシステムにリンクしており(第21章参照)，草原湿地の泥沼(prairie pothole)の管理指針で有名になりつつある。また，これは，Carlson et al.(1993)によって，オナガガモ用に改良されてきた。

生物エネルギー学の管理への適用例もまた論文をにぎわしている。Hobbs(1989)は，ミュールジカのエネルギーバランスと生存をリンクさせ，簡単に利用できる小型コンピュータ用のソフトウェアを作った。REFMODは，避難している水禽個体群のモデル(Frederick et al. 1987)で，農作業の変化の結果とハクガンの大陸中部での避難場所の管理の評価に使われた。最近，このモデルは，オレゴン州とカルフォルニア州のクラマス盆地(Klamath Basin)に避難するマガンをシミュレートするため，メニュー形式のインターフェイス，グラフ機能の追加，様々な作物の被食のシミュレーションの高度化など，大規模に改良された(Fredrick et al.1992)。両方の例とも，主なプログラムは，小型コンピュータ用のFORTRANで書かれ，ユーザーインターフェイスはBASICで書かれている。Clarkら(REFMOD:小型コンピュータのためのユーザーガイド, Iowa Coop. Fish. Wild Res. Unit, Ames, 1986)も，複雑なREFMODを最大限に使いこなすために必要なユーザーマニュアルと膨大な解説を書いている。最適生息地指数(Habitat suitability indices：HISモデル)は，多くの種のためにアメリカ魚類野生生物局(1980 a,b, 1981)により開発されてきた。これらのモデルは，既製の水生，陸生生物モデルを選択し，新しいデータに基づいて機能関係を検討し，修正することが可能であるメニューインターフェイスを持つPC上で動作する。一度，特定の地域の生息地の状況を入れたファイルが作成されると，全ての生息地の解析とプロジェクト間での比較が行える。

野生動物用のソフトウェアの入手

上記のPCソフトウェアの多くは，TWS software exchange facilityからダウンロードできる。ユーザーはPCシステムにモデムが必要である。ドキュメント，実行コード，サンプルファイルが電話料以外は無料で利用できる。TWS掲示板の利用についての詳細は，公共データベース(102頁)で提供されている。

❏情報収集ソフトウェア

携帯型コンピュータによるデータ収集

野外生物学者は，野外でデータを記録するために携帯型

のコンピュータの利用を検討すべきである。White & Garrott(1984)と Hensler et al.(1986)が議論したように，データのチェックは調査地で終了することができ，それによって誤りを減らすことができる。例えば，テレメトリー三角測量は，3受信地点で行われていれば，その方向は交差するはずである。White & Garrott(1984)によって開発されたプログラムでは，携帯型コンピュータのスクリーンに方位角をプロットできるので，データの質が検討できる。データ入力を迅速に行い，必要な事項が記録されているか確かめ，データが正確に入力されているかチェックする単純なプログラムもある。エラーが見つけられたときは，ユーザーは即座に修正することができる。

専用の装置

森林官は専用の携帯型のフィールドレコーダーを使っている(Cooney 1985)が，野生動物学者はこれらの装置の採用が遅れている。バッテリーで動作する携帯型コンピュータが利用できるようになるとともに，多くのオプションが使えるようになった。Unwin & Martin(1987)は，携帯型コンピュータでの動物の行動の記録について議論した。Hobbs(1988)は，Radio Shack TRS 80 Model 100 のような PC と互換性のない機械を購入すべきか，あるいは携帯型 PC を購入すべきかどうかの決定について検討している。Model 100 の長所は，耐久性，低価格，長時間の使用(4 AA 電池で約 20 時間)，電源交換の安さである。8時間駆動し，充電可能なニッカド電池を持った TOSHIBA 2100 H のような携帯型 PC は，定期的な充電が必要である。私達は，複雑なデータ獲得処理のプログラムを作ることができ，大量のデータを保存，変換が容易になるので，互換性のある PC システムが望ましいと考えている。

RADIO SHACK TRS 80

データ収集のためのいくつかのソフトウェアパッケージは，TRS 80 Model 100 およびその後継機である Model 200 に対応している。先に，Dodge et al.(1986)，Dodge & Steiner(1986)，White & Garrott(1984)のバイオテレメトリーロケーションシステムについて述べた。C. Winchell(カリフォルニア州 Pendleton 海軍基地，私信)と S.Kovach(カリフォルニア州 Western Div.海軍施設部隊，私信)は，DDE(Direct Data Entry)と呼ばれるデータ入力システムを開発し，J. Ha（コロラド州立大学，私信）は，Model 100 での動物行動の記録システムを開発した。P. F. Retief〔南アフリカ共和国クルーガー国立公園(Kruger Natl. Park)，私信〕は，動物が観察されている間の動物の採食時間と植物の組成を記録するための類似のシステムを作成した。

携帯型 PC のクローン

携帯型やラップトップコンピュータに対する野外での信頼性が高まってきたため，TRS 80 や PC 非互換機と置き変わりつつある。Kenow & Korschgen〔アメリカ魚類野生生物局，ウィスコンシン州ラクロス(U.S. Fish Wildl. Serv., La Crosse,Wis.)，私信〕は，ラップトップ PC 利用のために XYLOG を大幅に改良し，野外で PC を完全に活用できるようにした。プログラムは，LORAN-C ユニットから UTM 座標への入力のためのインターフェイスを含んでおり，特に航空テレメトリーに有効である。近年のノートブック型コンピュータは，携帯性に富んでいる。多くは，最低 640 Kb の RAM(8 Mb まで拡張可能)，3.5インチ 1.4 Mb のディスクドライブ，フルキーボード，パラレル(プリンター)とシリアル(通信)のポート，液晶ディスプレイを搭載し，重量は約 1 kg である。これらの機器は，5時間まで稼動するよう充電可能なニッカド電池で動作し，オプションでカーバッテリーで動作するオートアダプターを持っている。また，内蔵モデムで他のコンピュータにデータを送信することができる。

アナログからデジタルへの変換

コンピュータも実験装置に連結し，直接データを記録することができる。例えば，Takekawa(1987)は，カモ類の生理特性の測定を自動化するために小型コンピュータを環境実験室につけた。測定値は直接ディスクに書かれるため，手書きで転記するときに起こるエラーが避けられる。実験装置とコンピュータをこのように利用するためには，特別なアダプターが必要であることを機器の購入時に考慮しておくべきである。アナログ・デジタルボード(アナログ信号からデジタルに変換する)や個別の機器がコンピュータに必要であり，付属するソフトウェアが，どの程度の頻度で読みとるか，何種類の変数を記録できるか指示する。測定の補正を最初に行わなければならないが，時間の節約とエラーのあるデータの記録を避ける努力により，時間と費用を適正化できる。

他のコンピュータとの通信

商業用データベース

オンラインレファレンス

　他のコンピュータと通信するためのコンピュータとモデムの利用は，データ入力の単なる応用形である。個人の小型コンピュータを商業用データベースに接続し，文献検索や著作権のないソフトウェアなどを得ることができる。ほとんどの大学の図書館では，DIALOGの文献検索システムにアクセスでき，個人の小型コンピュータからもBRS After Dark™を使って同じデータベースにアクセスできる。BRSは，ダウンロードした文献数に基づいて料金が課されるシステムである。このデータベースにより出版された文献リストから手作業で探す手間が省ける。選択された引用文献は，前述した個人用の文献収集システムの一つにダウンロードすることができる。

その他の情報源

　CompuServeは，PCとモデム経由で，航空機の時刻表，研究資料，投資情報などの情報を得ることのできる商業用データベースである。ハードウェアやソフトウェアのなどのトピックを含む様々なフォーラムが利用可能である。

公共データベース

TWS 掲示板

　電子掲示板を通してPCで特別なソフトウェアを得ることができる。多くのユーザーグループが最新情報とソフトウェアに関する情報交換を行うために掲示板を設立している。ある電子掲示板はThe Wildlife Society（野生動物学会）によってサポートされ，TWSの多くの会員のためにソフトウェアを提供している。ソフトウェアのダウンロードには，メンバーが掲示板に電話をかけるだけである。電話番号は，(301)498-0402である。電子掲示板に掲載されるいくつかのソフトウェアは，Computer Software Exchange facilyty（CSE：ソフトウェア交流機構）の審査を経たものであり（Samuel 1988），「*Wildlife Socity Bulletin*」誌上には，ソフトウェアの内容が紹介されている。多くのコンピュータウイルスや破壊プログラムは，安全策の講じられていない掲示板を利用する時に入ってくる心配がある。コンピュータウイルスとは，あるプログラムの実行ファイルを改変し，それが機能しているかのように見せかけ，ある時期に破壊行為を行うプログラムである。一般的な破壊行為は，ハードウェアディスクのファイルを消去してしまうものであるが，奇妙なメッセージを画面上に表示させたり，機能を落としたりする軽度のものもある。掲示板管理者のコンピュータウィルスチェック無しに別のユーザーがプログラムをアップロードするかも知れないので，大量のコピーはすべきではない。

電子メール

非営利的サービス

　多くのコンピュータユーザーは，大型コンピュータシステムでユーザー間の電子メールの交換ができることを知っている。しかし，世界的規模の電子メールに関しては，なじみがない。

　非営利の国際的なネットワークとしては，アメリカ軍のネットワークから発展してきた高速のネットワークであるインターネット（Internet：Krol 1992, LaQuey & Ryer 1993）と，大学のコンピュータ間を結ぶネットワークであるBITNETがある。PCユーザーはInternetやBITNETなどのシステムに接続するためのソフトウェアが必要である。

　BITNETとInternetは，これらのネットワークで通信ができるようゲートウェイという機械を経由してメールの交換ができる。Internetは，CompuServeやMCIとも接続されているので，商用ネットワーク，政府機関，多くの大学のメールシステムとメールの交換ができる。NCSA Telnet（National Center for Super Computing Application)は，他のインターネットコンピュータとの接続を，PCのDOS上で行うことができる。KermitやProcomnといった通信ソフトウェアがPC上で同様にモデムを介して他のコンピュータに接続し，ファイルのやりとりを可能にする。

　電子メールは，300Kb程度のファイルをやりとりするのに効率的である。ASCIIファイルに変換するのが最も簡単であるが，他のフォーマットも可能である。受信者が機械のそばにいれば，メールは15分程度で配信される。

　例えば，インターネットを利用すれば，コロラド州とアイオワ州の共著者の間でWordPerfectのファイルをやりとりし原稿を作りあげることができる。

商用サービス

　MCI, CompuServe, Western Unionなどが国際的な電子メールサービスの商用ネットワークである。ユーザーは，メールサービスに登録し，通信したい者同士がある特定のサービスを選択する。幸運にも，多くの商用サービスは，BITNETやInternetなどの他のネットワークにメールを

データのバックアップ

ソフトウェアは，ますます複雑になり，ハードディスクの価格が安くなったために，ユーザーは，大量のデータとソフトウェアをハードディスクに保存するようになってきた。

情報のコピーを作るために，ハードディスクの内容を連続的にフロッピーに素早くコピーするためのいくつかのソフトウェアがある。多くのユーザーは，その情報が破壊されるまで，情報をバックアップすることを無視しがちである。一般的には，自分はディスクの故障とは無縁であると思いがちである。現実には，最も多いのは，ファイルを自分で破壊してしまうことである。

ハードディスクからフロッピーに保存するユーティリティとしてFastback™とPCTools™があるが，同様のパッケージがたくさんある。パッケージの価格，フロッピーに情報をコピーするスピード，圧縮率(ハードディスク情報を圧縮し，最低限のフロッピーディスクに保存する効率性)が製品の購入の際の基準である。

特殊なユーティリティ

すでに述べたように，最も多いファイルの損失は，無意識にファイルを消去してしまうというミスである。DOSを補うユーティリティソフトウェア(DOS 5.0には内蔵されている)は，ファイルの復活等，様々な処理が可能である。例えば，Norton Utilities™は，ファイルディレクトリーの構成について，サイズ，作成日時等のファイルの属性についての情報を提供し，また，ファイルの検索，復活，プロテクト等の機能を持つ。また，そのプログラムはファイルへのアクセスを速くするためにディスク上のファイルの保存場所を再構成するために使うこともできる。Nortonは，個々の特別な目的に応じてカスタマイズできるよう設計されている一方，PCToolsのようなユーティリティは，基本的な処理を簡単なメニューから実行できる。

❑ コンピュータ言語

利用可能な言語

多くのユーザーは，まず，FORTRANのような高級プログラム言語の学習からコンピュータに接した。BASICは，小型コンピュータで最初に利用可能なプログラム言語であった。FORTRANは，特に数値処理において，野生動物科学の分野で依然一般的なプログラム言語である。しかし，多くのアプリケーションが，新しく，より構造的なコンピュータ言語であるPASCALやC言語で書かれ始めている。多くの野生動物学者は，特殊な問題のためにアプリケーションパッケージを専用に加工しようとしない限り，FORTRANやPASCALのような言語を学習する必要がなくなるであろう。

言語が必要な時

単純にデータ処理に興味のある生物学者は，統計パッケージや表計算ソフトのプログラム機能で作業を行える。

FORTRANのようなコンピュータ言語は，過去においてたいへんもてはやされたが，最近のソフトウェアは，強力な作業環境を提供し，言語でプログラムを作る必要を減少させている。SASやLotus 1-2-3は，入力，出力，データ処理のために特殊な機能をすでに有しているので，ユーザーは，これらのソフトウェアの中でプログラムすることが効率的である。

それにもかかわらず，生物学者は，しばしば，直接プログラムすることによって特殊なアプリケーションの開発や改良を行っている。コンピュータプログラミングによる技術開発は，dBaseやSASのような高度なソフトを用いてであれ，あるいは，BASICそのものを用いてであれ，コンピュータによって論理的に問題を解決する能力を高めてくれる。例えば，SASを使用するとき，プログラミングの知識は，データの変換やFORTRANに似たコマンドで論理的にデータを変換したり組織化するのに役立つ。ある問題に対して特殊なプログラムを書くことは，たとえ，表計算ソフトや統計パッケージで処理ができるとしても，時には，より効率的である。今や，ラップトップPCが野外データの収集に普通に使われているので，多くの生物学者は，BASICをいくらか使う機会があるだろう。FORTRANのような言語は，表計算ソフトやSASのプログラムで実施するより，効率的に機械時間を利用できるだろう。CAPTURE(White et al. 1982)のような推定プログラムやREFMOD(Frederick et al. 1987)のようなモデルは，FORTRANで書かれている。C言語やPASCALのような最近の言語は，知識のあるプログラマーにとっては効率的かも知れないが，FORTRANとBASICは，野生動物関係の仕事で依然として幅広く使われている。

❏小型コンピュータの操作

オペレーティングシステムと環境

コンピュータのオペレーティングシステムとは，ユーザーにコマンドの実行を可能にさせるハードウェアとソフトウェアの組合せである。一般的にオペレーティングシステムは，ソフトウェアアプリケーションでハードウェアに仕事をさせる便利屋とみなせるだろう。一般的に，実行されるプログラム（WordPerfectやFORTRANのプログラムなど）は，ハードデスクに保存される。それを起動させるためには，コンピュータのメモリーに一つのプログラムコードを記憶させ，それからこのプログラムコードを構成する指令を実行することをプロセッサーに伝えなければならない。この過程を調整し，メモリーに割り当てること以外に，オペレーティングシステムは，ディスク上に保存されたデータファイルにアクセスするというプログラム要求や，画面やプリンターに情報を送ることに注意を払う。ほとんどのソフトウェアと一緒になっているので，オペレーティングシステムをユーザーが意識することはほとんどない。

この章で重点を置いているIBM PCとその互換性機種にとっては，DOSがまだ標準的である。DOSはコマンドによるオペレーティングシステムであり，ユーザーは，例えば，ファイルを見たり，ファイルの移動を行うためにコマンドを入力しなければならない。初期のDOSには，ヘルプ機能がほとんど無かったために，ユーザーは，コマンドを覚えるのが大変であった。多くのユーザーは，DOSの他の操作環境がより使いやすいことを知っており，Macが提供しているグラフィカルユーザーインターフェイス（GUI）の操作性を認めている。MacシステムがGUI用に設計されたものであった一方，IBM PCは，1988年までは，コンピュータの能力もグラフィックの質もGUIの操作には不適であった。しかし，現在，Microsoft WindowsのようなオペレーティングシステムによってMacと変わらない環境が実現した。GUIは，単純なコマンドタイプのオペレーティングシステムに比べ，ハードウェアの処理能力や時間がかなり必要となるというトレードオフの関係がある。例えば，DOS 5.0では，90 Kbのメモリーですむが，Windowsのもとでは同じ機械でも1.1 Mbと，10倍のメモリーが使われる。

GUIのための増設メモリー，演算速度，グラフィックスの質を持ったハードウェアは，たいへん高価なものになる。初心者にとって，GUIの利点は，初歩的なことは簡単に覚えられるということである。Macの人気は，数時間の学習で簡単に操作できることだと，多くのユーザーが報告している。ワープロのようなシンプルなソフトでは，これは，大きな利点であるが，より複雑なソフトやプログラムについては，MacもDOSもほとんど同じである。実際，空きメモリー容量，ファイル管理，その他の特殊な特徴に関する厳密な規則のために，Windows環境では（Macでも，DOSでも），プログラミングは難しい。さらに，ユーザーが専門的になってくると，メニュー操作や，マウスを使った操作が厄介なものになってくる。

DOSの限界への認識とハードウェアの進歩のために，MicrosoftとIBMは，共同でDOSの後継としてOS/2™を開発した。OS/2は，DOSの多くの欠点を解決し，GUIの機能を持っていた。しかし，OS/2はリリースが遅れ，より高性能のハードウェアを必要としたので，PCユーザーは，すぐには採用しなかった。1990年に，Microsoftは，PC互換機のためのより機能的なオペレーティングシステムとしてWindows 3.0をリリースした。それは，ユーザーが馴染みやすいGUI環境を創造し，メモリーを管理し，同時に複数のソフトを実行できるとともに，DOSの特徴も持ち合わせたものであった。例えば，WordPerfectで，手紙を書きながら同時にSASで統計計算を実行できる。GUIの人気と機能性がIBMとMacの特徴を収斂させたために，標準的なオペレーティングシステムの置き代わりが生じた。そして，1992年，Windows 3.1がリリースされた。

PC上で動作するもう一つのオペレーティングシステムは，Unixである。Unixは，「古い」システムで，1960年代に作られた。Unixの初期のバージョンは，DOSに似ていて（DOSがUnixを継承している），その利用には熟練を要した。DOSと同様，Unixインターフェイスは進化し，ほとんどの1960年のUnixシステムは，GUI化されている。DOSのようには一般に知られていないが，Unixは，膨大なソフトのレパートリーを持ち，数多くのユーザーがいる。特にUnixは，複数の作業を同時にこなすように設計されており，Sun, Apollo, DEC, MicroVAXの機械に代表されるディスクトップマシーンで使用されている。現在，Unixシステムは，DOSのウィンドウを一般にサポートしているため，Unixオペレーティングシステムの中で，DOSソフトを実行することができる。ユーザーが混乱するのは，いくつかのソフトは特定のオペレーティングシステムのもとでしか動かないのに，複数のシステムで動作するソフトもある

ことだ。例えば, WordPerfect は, DOS, OS/2, Unix, Mac の OS 上で動作する。

ファイル管理

オペレーティングシステムとアプリケーションソフトは, 関連する記録を集めたファイルと呼ばれるユニットに蓄積されたデータによって, 情報を作ったり, 操作することを可能にしている。DOS であれ, GUI であれ, 保存, 検索しようとするファイルのトラックを保持する方法が必要である。特定のファイルを参照するためにコマンドを発すると, DOS はディスクのディレクトリーを探し, 必要なら, メモリーの作業エリアにファイルの内容をコピーする。DOS では, ファイルの名前を約束事に従ってつける必要があり, 普通, 名前と拡張子は FILEONE.TXT のようになる。DOS で一般に使う拡張子は次のようになる。バッチファイルには, .BAT, また, コマンドファイルには, .COM, 実行ファイルには, .EXE, そして, アスキーデータファイルには.DAT が割り当てられている。関連するファイルは, 普通, ディレクトリーというグループの中に格納される(Mac では, フォルダーと呼ばれる)。例えば, Word Perfect のようなソフト(すなわち全ての構成ファイル)では, WP 51 というディレクトリーに格納される。DOS では, ファイルの内容や構造に関係なく, 検索, コピー, 削除を行える。しかし, 多くのソフトは, ファイルにデータを保存したり, 検索したり, 操作したりするとき, 特別な文字やエスケープコードなど, 付加的なものをつける。例えば, Lotus では, ファイルを保存する際, 何の指示も与えないと, .WK 1 という拡張子が付けられ, Lotus ないし Lotus と互換性のある表計算ソフトだけがファイルにあるデータを扱うことができる。付加コードが付けられると, Lotus は, アクセスとデータ操作が速くなるが, 他のソフトにデータを変換することが難しくなる。しかし, ほとんど全てのソフトは ASCII ファイルを読み書きできるので, 標準的なコードで保存されたデータは, 相互利用できる。

❏ ハードウェアの構成機器

パソコン利用の急増により, 組織や個人は, ハードウェアの選択に関しての情報を必要としている。この章は, システムの選択には, まず, ソフトウェアの知識が必要であるという考え方に基づいて書かれている。例えば, SAS は, 最低 200 Mb のハードディスクが必要であり, できれば 350 Mb が望ましい。ソフトウェア開発者は, その製品に進んだハードウェアの特性を取り入れようとし, さらにハードウェアの改良は新しい可能性を生むというように, ハードウェアとソフトウェアの開発は, 相互にいい影響を与えながら段階的に向上している。

個人的なニーズにあわせて機械を選択する際には, 次の基本的な事項の配慮が大切である。

① 最新のハードウェアは, 一般的には, あなたの知識以上の, また既存のソフトウェアを走らせるため以上の能力を持っている。
② ソフトウェアの進歩は, ハードウェアの進歩に 1〜3 年ほど遅れている。
③ ハードウェアの世代交替は, 1〜2 年毎にある
④ ソフトウェアとハードウェアがより親しみやすくなると, 応用のための技術と知識は増加する。

これらのことから, ハードウェアは, 現在使われているものより能力のあるものを購入することを薦める, なぜなら, ソフトウェアをアップグレードさせることができるからである。以下の節に述べてあるような構成機器の機能の理解とこれらの機能が機器のスピードと能力にどの様に影響しているかということの理解が小型コンピュータの購入を決める手助けとなる。

プロセッサー

PC の頭脳は, マイクロプロセッサー(マイクロチップ)である。初期の IBM PC は, Intel 8088 プロセッサーを登載し, 4.7 メガヘルツの処理速度であった。後に, 8086 プロセッサーとして同じ能力を持ったチップが導入されたが, ユーザーはこの二つのチップの違いを意識することはなかった。次の世代は, 約 2 倍(8 MHz)のスピードを持った 80286 プロセッサーであった。これは, IBM AT とその互換機に搭載されている。1987 年, 第 3 世代のチップ, 80386 を搭載した最初の PC が登場し, 飛躍的に能力を高めた。Windows が用いられていない DOS オペレーティングシステムは, その機能が十分に生かしきれていなかったけれども, 80386 マシーンは IBM PC 互換機の当時の技術水準を示すものであった。Intel 社は, 80486 チップを生産し, このチップを搭載した PC が, 1989 年に登場した。次の世代のチップが設計されてきており, あとわずかでこれを搭載した PC が登場するであろう。

8086 から 80486 というようにプロセッサーのデザインが時とともに変化してきた一方, 処理速度も製造工程の革新によって速まってきている。標準的な IBM AT のチップは, 6 MHz, すなわち 80286/6 MHz でスタートし, 現在

は，80286/12 MHz，80286/16 MHz，80286/20 MHz チップがある。処理速度の増加は，速度の比として直接的に理解できる（すなわち，16 MHz チップは，12 MHz チップの1.33倍のスピードである）。1993年には，最速チップ80486/66が利用でき，80486/100チップも近い将来可能である。

演算コプロセッサー

8088，8086，80286および80386チップは，整数型の計算を行っている。すなわち，7を2で割ると答えは3で，3.5ではない。浮動小数点の計算がソフトウェアで行われ，余りが計算され，少数に変換される。ソフトウェアは，浮動少数点計算を実施するために開発されたマイクロチップより処理速度が遅い。このチップは演算コプロセッサーと呼ばれ，整数型のプロセッサーを補助するために開発された。PC演算コプロッセッサーの名前は単に最後の数字を7に変えたもので，例えば，8088と8086チップに対応する演算コプロセッサーは，8087となる。同様に，80287と80387は，それぞれ80286と80386チップを補助して動く。80486プロセッサーは，それ自身に演算コプロセッサーを内蔵しているため，80487チップはない。

初期の機器では，ソフトウェアによる浮動小数点の計算が遅いために，演算コプロセッサーは，8088と8086マシーンのスピードを高めた。8087コプロセッサーを入れることによって，演算速度は，約10倍のスピードとなった。ワープロのような浮動小数点の計算と関係ない仕事には，演算コプロセッサーを入れてもスピードは変わらない。また，80287と80387コプロセッサーも演算速度を速めたが，元々のチップがかなり速かったためにその増加はほとんどなかった。膨大な数値処理を行ういくつかのソフトウェアでは，演算コプロセッサーが必要となることに注意すべきである。特に，グラフィックスソフトウェアでは，実用的な動作のために演算コプロセッサーが必要である。

メモリーの必要性

メモリー機器容量は，Random Access Memory (RAM) のキロバイト (Kb) 数で表される。ほとんどのマシーンは，最低640 Kb (640,000バイト，1バイトは，ほぼ1文字と同じ) のRAMを持っている。8088と8086チップは，たった1メガバイト (1 Mbまたは，1,000,000バイト) のメモリーしかアクセスできないため，DOSでは，ユーザープログラムの使用の上限を640 Kbに設定されいる。80286と80386チップは，それぞれ16 Mbと64 GbのRAMにアクセスできるため，DOSオペレーティングシステムによって直接サポートされるものより，強力なものとなっている。

80286，80386と80486プロセッサーは，XMSメモリー (extended memory) と呼ばれる640 Kb以上のメモリーにアクセスできる。DOSソフトウェアは，これらのプロセッサーのために設計されたソフトウェアなしには，XMSメモリーを使えない。XMSメモリーを持ったマシーンは，情報アクセスの時間を短縮するために，ソフトウェアでメモリーをディスクとして使う。このディスクキャッシングソフトウェアも，XMSメモリーの利点であり，ディスクにある情報のアクセスが速くなる。

最近のDOSソフトウェアは，大量のメモリーを使う。例えば，WordPerfect 5.1は，384 Kb，SASは，ほとんど640 Kbのメモリーを利用する。640 Kb以上のメモリーにアクセスするためには，いくつかのDOSプログラムは，オペレーティングシステムをだまして，XMSメモリーをEMSメモリー (expanded memory) として変換するプロトコルを使う。EMSメモリーは，Lotus-Intel-MicroSoft (LIM) のプロトコルを認識できるソフトウェアに使用できる。EMSメモリーを利用できるソフトウェアとしては，Lotus 1-2-3，QUATTRO，SASがある。Microsoft Windowsは，DOSソフトウェアに対するEMSメモリーの管理を容易にしてくれる。

OS/2やUnixなどの他のオペレーティングシステムには，DOSの640 Kbといった制限がなく，80386や80486で可能なXMSメモリーを使用できる。これらのオペレーティングシステムは，さらに多くのメモリーが必要である。例えば，OS/2では，最低2 Mb，より実用的には，8 Mbが必要である。

記憶装置

RAMのようなメモリーとディスク記憶装置の違いは，初心者にとって分かりにくい。RAMは，プロセッサー（およびコプロセッサー）によってオペレーティングシステムと，実行中のプログラムを記憶するために使われる。

作業が終了し，マシーンの電源が切れるとRAMの情報も失われる。対照的に，ディスクは次の利用のために情報を保存するために使われる。メモリーとは違って，ディスクに入れられたプログラムやデータは，ディスクにコピーが残っているので，電源が切れても失われない。RAMへの情報のアクセスはディスクからの読み書きに比べ桁違いに速い。

ハードディスク

　データとソフトウェアは様々なメディアに保存される。ほとんどのPCは，フロッピーディスクドライブという，ディスクが着脱可能なディスクドライブを持っている。加えて，簡単なコンピュータ以外には，取り外しのできないハードディスクが装着されている。ハードディスクの容量は，最低でも20 Mb，フロッピーディスクとは桁違いに大きく，300 Mb以上にもできる。重要なことは，ハードディスクが固定されているために，フロッピーディスクに比べアクセスタイムが速いことである。ハードディスクの普及につれて，ソフトウェア開発者はハードディスクで可能になった大容量の保存と速いアクセスという利点を活用するようになった。ソフトウェアはハードディスクから素早く立ち上がり，ユーザーは，フロッピーの出し入れの面倒から開放された。この章で検討するソフトウェアのほとんどは，ハードディスク用に設計されており，フロッピーディスク1枚には，収まりきらない。

フロッピーディスク

　フロッピーディスクには四つの標準的なフォーマットがある。もともとは，360 Kbの5.25インチディスクが一般的であり，このディスクは現在も使われている。IBM AT機では，5.25インチディスクで1.2 Mbの保存ができるフロッピーディスクが使用できた。この1.2 Mbのフロッピーは，360 Kbのドライブでは，読むことができないが，1.2 Mbドライブでは，360 Kbのディスクを読み書きすることができた。

　PCでは，3.5インチディスクが標準となっており，720 Kbか1.44 Mbのフォーマットができる。このタイプのディスクの利点は，堅いプラスチックのケースに磁気媒体が入っており，金属の窓が開くことによって，初めてアクセスが可能となる点である。このような保護への配慮により可搬性が高まっている。この3.5インチディスクは，IBMとその互換機の標準となっており，ほとんどの携帯型コンピュータは，小型なゆえに3.5インチドライブを採用している。

着脱可能な大容量記憶装置

テープドライブ

　ハードディスクが大容量であるため，フロッピーに情報をコピーするといった作業は時間がかかる。テープドライブシステムは，ハードディスクのバックアップを容易にする。テープドライブでは，20 Mbもしくはそれ以上の情報を一つのテープに保存でき，ハードディスクからコピーするのに5分程度ですむ。

　ただし，テープドライブは高価（＄700以上）なので，一般ユーザーは，このバックアップシステムは購入しない。もし，フロッピーへのコピーによりハードディスクのバックアップファイルを賢明にも作るなら，ハードディスクが壊れた時，ファイルの再生が簡単に行える。ソフトウェアには，ハードディスクの内容をすばやくフロッピーにバックアップする機能があることは，先に述べたとおりである。

着脱式ハードディスク

　小型コンピュータの処理能力の向上によって，ファイルのサイズも大きくなっている。1.4 Mbのフロッピーでさえ，十分な大きさではなくなってきているため，大容量の着脱式のディスクが開発されてきている。20 Mb，または，150 Mbのハードディスクさえも利用できるようになり，大きなファイルを保存して，大型のフロッピーディスクのかわりに持ち運べる。

出力装置

　モニター上に単語，数値，画像などが表示されるということが，小型コンピュータたる条件であるというようになってきている。しかし，モニターだけでは，情報を残しておいたり，他の人に伝えたりすることはできず，プリンター，プロッター，モデムといった基本的な出力装置が必要である。

モニター

　たいていのコンピュータのスクリーンは，ブラウン管（CRT）で，カラー，白黒ともに25列，80桁のテキストを表示する。白黒モニターは価格は安いものの，カラーモニターのほうが一般的である。モニターは普通テキストモードが使われるが，グラフィックス表示も可能である。モニターは「ピクセル」（pixel:picture elementの短縮）単位に情報を表示する。文字は，25×80のブロックの一つで，選択されたピクセルが発光して作成される。テキスト文字は，モニターで作成されるので，すぐに見ることができる。

　グラフィクモードでは，ピクセルは，25×80のテキストブロックと関係なく，個々に独立して光って画像を表示する。CRTの典型的な解像度は，横640×縦480ピクセルである。グラフィックイメージを表示するためには，モニターへの変換に時間がかかるため，テキストの表示より遅い。モニターは，特殊な電子部品で専用のスロットで本体

に接続されるグラフィックスボードで制御される。

カラーモニターとボードは，ピクセル密度と色数で規定される様々な解像度のものがある。最も低い解像度は，Color Graphics Adaptor(CGA)モニターとボードであり，テキストでは，25×80，グラフィックでは，2色で640×200ピクセル，4色で320×200ピクセルである。Enhanced Graphics Adaptor(EGA)モニターシステムでは，最低25列×80行が表示でき，43列×132行まで表示できる。グラフィック解像度は，16色640×350ピクセルで表示できる。最近のPCの標準的なグラフィックシステムは，Video Graphics Array System(VGA)で，元々は，IBMがSystem 2 lineコンピュータのために開発したものであった。このグラフィック解像度は，16色640×480ピクセル，または，256色320×200ピクセルである。1993年には，Super VGAモニターが利用できるようになり，1,024×768ピクセルが表示可能である。

プリンター

モニターに加えて，プリンターはほとんどのコンピュータに装備されている。ドットマトリックスプリンターは，一連のドットを印刷する機械的に動くヘッドで，ピクセルでモニター上に情報が表示されるように，紙にインクのドットで紙の上に情報が表示される。

ドットは紙のどこにでも印字できるので，このプリンターは，グラフィックスも表現できる。中には高分解能のプリンターがあり，このプリンターでは，多くのピクセルにより文字やグラフィックスを印刷できる。ドットプリンターの解像度は，1インチ当り120ドット(dpi)から300 dpi以上のものまである。初期のプリンターは低解像度で，9本のピンで文字を書いていたが，現在では，24ピンの高解像度のものになっている。インクジェットプリンターは，機械的にドットを打ち出すものと異なり，細いノズルから水溶性のインクをドットやピクセル単位で紙に吹き付けて印刷するものである。これは，ドットプリンターと同程度の性能を持っている。

レーザープリンターは，非常に高品質の出力ができるプリンターで，わずかの間に事実上の標準プリンターとなった。レーザー技術も基本的にはドットプリンターと同様の方法で紙にインクをつけていく方式であるが，その解像度は最低でも300 dpiで，きわめて高品質である。レーザー印刷は，自分の机の上での出版(ディスクトップパブリッシング)をほとんど可能にした。なぜなら，高額な1,000 dpi程度の植字機とほぼ近いものを印刷できるようになったためである。レーザープリンターは，様々なフォント，高解像の画像，色を表現するために多くのメモリーを持っている。しばしば，様々な命令が書き込まれたマイクロチップがカートリッジとしてプリンターに組み込まれており，これによって，複雑な画像の印刷の速度がより速くなった。この複雑，高度な機能のために，レーザープリンターに使うソフトウェアは他のタイプのプリンターに利用されるものに比べて複雑なものになっている。

ペンプロッターとフィルムレコーダー

グラフィックスは，その他の視覚的なメディアでも作られる。ペンプロッターは，小型コンピュータで操作され，ペンを動かすことに寄って紙やOHPシートに線を書くもので，カラーを使うこともできる。フィルムレコーダーは，FreelanceやHarvard Graphicsなどのソフトウェアを使うフィルムレコーダーでは，グラフィックイメージをフィルムに記録するもので，35 mmスライドや，プリント上に作成できる。

モデム

情報はモデムの使用によって，電話線を介して，2台のコンピュータ間を伝送される。送信側のモデムでは，ファイル情報を受信側に渡すため電話回線を経由するために音に変換する。受信側では，別のモデムが音からデジタル信号に変換する。モデムは，電子メールを他のユーザーに送るためや，フィールドでポータブルコンピュータからデータを他のコンピュータに吸い上げるために使われる。詳細は次の節で説明する。

入力装置

キーボード，マウス，デジタイザー，スキャナー

一般的な入力装置はキーボードであるが，近年，新しい入力装置が出てきた。最も注目されるのは，マウスシステムで，これは，スクリーン上をカーソルが自由に動き，各種のコマンドを実行するためにメニューから選択することができる。ユーザーがコンピュータとの関係をより直感的にしたい要求と，ハードウェアがより進歩してきたために，マウスシステムが必要となってきた。製造側では，システムと，マウス装置とメニューを結び付けるソフトウェア，Windowsなどを開発した。

デジタイザーは，マウスと似たようなものであるが，デ

ジタイザーは，相対的な座標ではなく，絶対座標の入力に使われる。例えば，地図からデータを読み取るときなど，画像入力に使われる。スキャナーは，原理としてはコピー機と同じで，写真を写し取り，デジタル情報に変換する。

モデム

　小型コンピュータを利用することによって，情報を共有する必要性がなくなったわけではなく，ユーザーの間のコミュニケーションが問題となっている。もし，2台の機械が近くにあるなら，ケーブル(null modem cable)でつなぐことができる。1台が転送し，1台が読み込む。これは，フィールドコンピュータから大きなコンピュータに転送するときの一般的な手段である。

　すでに述べたように，距離が離れている場合には，電話回線とモデムがコミュニケーションの手段となる。モデムはマシンのシリアル(コミュニケーション)ポートに外付けされるか，または，システムボード(プロセッサーを支持している1次回路ボードとそれに差込みむようになっているボード)の内部ソケットに内蔵される。どちらの場合でも，電話線はモデムにつながれるが，電話は，モデムが使われていないときは，普通の電話回線として利用できる。

　最も洗練された接続は，ネットワーク接続である。ネットワークでは，1台の機械がサーバーとして働きネットワークにつながれた全ての機械がサーバーのハードディスクの内容を共有できる。ネットワークソフトウェアにより，サーバーのハードディスクをあたかも自分の機械の一部であるかのように使える。ネットワークの最たる利点は，サーバーの資源を共有できることである。ソフトウェアを自分で所有しなくても，サーバーから利用できるわけである。多くのPCネットワークでは，サーバーにつながっている個々のコンピュータは，サーバーのプロセッサーを利用することはできない。

❏ システム構築の決定

　この章では，初心者と野生動物専門家がコンピュータシステムを，自分で，あるいは，職場や大学で利用するために購入する場合の指針を示す。

文書処理

　驚くべきことに，多くの人は，キーボードに関心を払わないが，キーの感触，音，配列はチェックすべきである。質の悪いキーボードは，不必要なミスタイプを多くする。お金を若干余計に払うだけでよいキーボードが手に入るのだ。また，ワープロ作業にとって，質のよいモニターは，基本条件であり，カラーモニターが定番になってきている。カラーは人によって異なるだろうが，眼の疲れを和らげる。カラーは，多くのワープロソフト(例えばWordPerfect)で対応しており，下線や特殊な文字，サイズ，フォントを目立たせたりしている。VGAシステムの質の高い文字表示もまた，長時間のワープロ作業に対して眼の疲れを和らげる。

　出力については，レーザープリンターの価格が高いことを考慮すると，文章の作成には，高品質のドットプリンターか，インクジェットプリンターが適している。しかし，高品質の出力が必要なグループに対しては，レーザープリンターを薦める。もし，自分の机の上での出版や様々なグラフィックが目的であれば，レーザープリンターは必要である。

データ管理

　もう一度モニターについて検討すると，カラーは大きな条件では無いけれど，データベース管理者はデータを入力する時に画面が見やすくなるようにカラーを利用している。

　データファイルをどの程度保存し，取り扱うかを考え，データベースソフトとデータベースに十分なハードディスク(将来的に大きくなることを考慮し，余分なスペースも)が必要である。

データ解析

　データ解析は，ワープロやデータベースの処理以上にコンピュータの能力を必要とする。まず，解析されるファイルのサイズと解析手法を検討しなければならない。例えば，大きなデータセットの多変量解析は，単純な分散分析(ANOVA)より，スピード，容量ともにかかる。

　もし，かなりの数値処理を行わなければならないなら，演算コプロセッサーを持った80486プロセッサーが必要である。

　統計解析を行う場合，ディスクスペースも慎重に考慮しなければならない。例えば，GRAPHを持っているSAS/Windowsは，130 Mb以上になる。大きなデータファイルの保存や，さらに，ソフトウェアをインストールすることを考えると200 Mbのハードディスクは簡単にいっぱいになってしまうだろう。

グラフィックス

もし，白黒のグラフィックスしか必要としないなら，白黒のモニターで十分であるが，他のソフトウェアは，カラー化の傾向にあるため，高解像度のカラーモニターが適当である。グラフィックソフトウェアは，一般的に，高性能な処理能力を必要とするため，80486プロセッサーが適当である。

表計算

大きな表計算ソフトのためには，拡張メモリーと演算コプロセッサーがないと処理能力は低くなる。多くの表計算ソフトは，セルへの入力タイプの違いを認識するためにカラーを使っており（例えば，文字と数字の列），カラーモニターは有効である。グラフィックス対応のモニターも検討に値する。

整備予定リスト

ここでは，予算があれば購入が望ましい有用な周辺機器を紹介する。それは，ぜいたく品ではなく，長く使える機器への投資である。現在のニーズ以上に能力を持ったハードウェアを購入することは，ソフトウェアがバージョンアップした時に対応を可能にする。

プロセッサー

より進んだオペレーティングシステムは，80386では，能力が低く十分に機能しないと考えられるので，80386は，必要最小限の機器といえる。Windows用には，80386のメモリーを拡張する必要がある。ソフトウェアは，より高速なプロセッサーを要求している。

最も良い投資は，80486プロセッサーである。処理速度は，80386より速く，機械も80386マシーンより2～3年は長く使えるだろう。価格の差も＄200以内で，これは長期使用することで元がとれる。

ハードディスク

多くのコンピュータは最低でも200Mbのハードディスクを持ち，標準は，350Mbである。個人的な利用であれば300Mb，職場であれば，最低350Mbを推奨する。ソフトウェアの領域は減らすことができるが，ソフトウェアの現在のバージョンの実際の容量は，WordPerfect 約10Mb，Lotus 約8Mb；Lotus Freelance, 約7Mb；dBase IV約6Mb；SAS 約130Mbである。データファイル，文書ファイル，Microsoft Windows（6Mb）用の空き容量をとっておく必要がある。経験からすると，空き容量は予想より速くいっぱいになる。それゆえ，計画が必要である。

モニター

検討したソフトウェアはどのようなモニターでも動作するが，将来のことを考えると，最低でもVGAか，SVGAを薦める。グラフィックス業務が重要であるなら，SVGAを選ぶべきである。多くのソフトウェアがカラー対応しているため，白黒システムは薦められない。

プリンター

ドットプリンターは，テキストとグラフィックを美しくプリントし，インクジェットは，レーザープリンターに近い質を持っている。レーザープリンターは，パーソナルモデルであれば，さほど高くない（～＄600）。もし，組織が全て自前での出版を考えたり，高品質のグラフィックを必要とするなら，レーザープリンターを購入すべきである。

アクセサリー

二つのアクセサリーが必要となる。一つはマウスで，これは，グラフィックス作成のための入力装置として，メニュー型ソフトウェアや，Windowsのために必要となる。もう一つは，モデムで，電子掲示板や電子メールなどコミュニケーションに有用である。二つとも必須のものではないが，必要となるものである。

ハードウェアとソフトウェアの購入先

コンピュータのハードウェアとソフトウェアは，主要ブランドのハードウェアを売る町のコンピュータショップから通信販売まで，様々なところから購入できる。コンピュータショップの製品は保証がきくし，販売店は技術を持っているので，セットアップや操作の手助けをしてくれるだろう。カタログショップは，ノーブランドの製品を売り，保証期間も短く，セットアップにもほとんど手助けがない（電話相談程度）であろう。しかし，価格は，通信販売と店では，100％も違うことがある。

最初に，詳しいユーザーと一緒に，性能，アフターサービス，町の店の価格をチェックし，有名なブランドより安いであろうPC類似機器の機能とサービスサポートをチェックする。カタログで取引をする前に，周りに買った人がいれば尋ねてみたり，電子掲示板等で製品や売り手に問題が無いか調べる必要がある。

❏将来展望

技術の急速な進歩

　野生動物研究と管理に関する小型コンピュータとソフトウェアの果たす役割は，この仕事の他の分野に比較して急速に進歩している。コンピュータが業務をどのように生産的効果的に変えていくかを考え，新しいソフトウェアが開発されている動向をつかむというのは難問である。しかし，言えることは，ほとんどの野生動物研究者は，まだコンピュータの能力を十分に使ってはいないということである。

動向をつかむ

　新しい考え方や製品動向は，コンピュータ雑誌から得られる。個人的には「*PC Magazine*」が好きだが，多くの雑誌にここで述べた興味深いソフトウェアなどの情報がのっている。「*PC Magazine*」には，WordPerfect と Lotus 1-2-3 のコラムがある。競合ソフトウェアが比較され，価格や店が紹介されている。定期的に比較される PC 互換機の価格と機能は，購入に当たって有用である。

　新しいユーザーがハードウェアやソフトウェアの知識を得るよい方法は，コンピュータのユーザーグループやクラブに参加することである。ほとんどのグループはハードウェアの問題や解決法を議論したり，ソフトウェアの交換をしたり，また，商品を割引で買う方法を知っていたりする。もし，すぐにグループが難しいなら，職場の昼休みのグループからでもいい。

　野生動物管理のソフトウェアに関する情報を集めるのは特に難しい。TWS電子掲示板では，新しいソフトウェアを捜したり，同じソフトウェアを作っている人達と交流することができる。アメリカ水産学会コンピュータユーザー部〔The American Fisheries Society Computer Users Section(AFCUS)〕では，商用ソフトウェアの利用に関する情報や水産に関連するソフトウェアのリストを載せたニュースレターを発行している。さらに，水産と野生動物のソフトウェアに関する会議とワークショップが普通に行われるようになっており，ソフトウェアを利用したり開発したりしている野生動物専門家との交流によって，ソフトウェアを目で確かめたり，個々の仕事にどのように活用するか考えることができる。

　1989年にこの最初の原稿を書いたときには，IBM AT PCs(80286チップ)が一般に使われており，市場では，80386がとって変わろうとしていた。1992年には，SVGA グラフィック機能を持った 80486 が標準になっていた。

　ソフトウェア間の情報の交換は難しかったが，今，普通に Harvard Graphics からグラフを WordPerfect の文書にコピーしている。実際，Windows の GUI によって，文字どおり，Window から画像を引っ張り出し(drag)，文書に落とすことが(drop)できる。スピード，容量，グラフィック性能，コンピュータの操作性は向上している。野生動物の研究者や管理者は，コンピュータをごく普通の作業からランドスケープの変化のシミュレーションや表示などの作業にまで利用しようとしている。本書の他の章で検討されているほとんどの作業は，小型コンピュータでこなしえる。将来，この本の版が変わるときには，小型コンピュータシステムは，ここに書かれているよりはるか彼方に進歩し，野生動物の管理と研究は，今，想像し始めたような技術を利用した新しい手法を獲得しているだろう。

参考文献

ACKERMAN, B., F. A. LEBAN, M. D. SAMUEL, AND E. O. GARTON. 1990. User's manual for program HOME RANGE. Second ed. Univ. Idaho For. Wildl. Range Exp. Stn. Tech. Rep. 15. 80pp.

ANDERSON, D. J. 1982. The home range: a new nonparametric estimation technique. Ecology 63:103–112.

ANDERSON, D. R., K. P. BURNHAM, G. C. WHITE, AND D. L. OTIS. 1983. Density estimation of small-mammal populations using a trapping web and distance sampling methods. Ecology 64:674–680.

ARNASON, A. N., AND L. BANIUK. 1978. POPAN-2: a data maintenance and analysis system for mark-recapture data. Charles Babbage Res. Cent., St. Norbert, Manit. 269pp.

———, AND D. W. MILLER. 1988. POPAN-PC: installation and user's manual for running POPAN-3 on IBM PC microcomputers. Charles Babbage Res. Cent., St. Norbert, Manit. 17pp.

———, AND C. J. SCHWARZ. 1987. POPAN-3: extended analysis and testing features for POPAN-2. Charles Babbage Res. Cent., St. Norbert, Manit. 83pp.

BEST, A. M., AND D. MORGANSTEIN. 1991. Statistics programs designed for the Macintosh: Data Desk, Exstatix, Fastat, JMP, StatView II, and SuperANOVA. Am. Stat. 45:318–338.

BROWNIE, C., D. R. ANDERSON, K. P. BURNHAM, AND D. S. ROBSON. 1985. Statistical inference from band recovery data—a handbook. Second ed. U.S. Fish Wildl. Serv. Resour. Publ. 156. 305pp.

BUCKLAND, S. T. 1985. Perpendicular distance models for line transect sampling. Biometrics 41:177–195.

BURNHAM, K. P., D. R. ANDERSON, AND J. L. LAAKE. 1980. Estimation of density from line transect sampling of biological populations. Wildl. Monogr. 72. 202pp.

———, ———, G. C. WHITE, C. BROWNIE, AND K. H. POLLOCK. 1987. Design and analysis methods for fish survival experiments based on release-recapture. Am. Fish. Soc. Monogr. 5. 437pp.

CARLSON, J. D., JR, W. R. CLARK, AND E. E. KLAAS. 1993. A model of the productivity of the northern pintail. U.S. Fish Wildl. Serv. Biol. Rep. 7. 20pp.

CARPENTER, J., D. DELORIA, AND D. MORGANSTEIN. 1984. Statistical software for microcomputers. Byte 1984(April):234–264.

CONROY, M. J., J. E. HINES, AND B. K. WILLIAMS. 1989. Procedures for the analysis of band-recovery data and user instructions for program MULT. U.S. Fish Wildl. Serv. Resour. Publ. 175. 61pp.

COONEY, T. M. 1985. Portable data collectors, and how they're becoming useful. J. For. 83:18–23.

DALLAL, G. E. 1988. Statistical microcomputing—like it is. Am. Stat. 42:212–216.
DIXON, K. R., AND J. A. CHAPMAN. 1980. Harmonic mean measure of animal activity areas. Ecology 61:1040–1044.
DIXON, P. 1986. Choosing a statistical package for a microcomputer. Bull. Ecol. Soc. 67:290–292.
DIXON, W. J., EDITOR. 1983. BMDP® statistical software. Univ. California Press, Berkeley. 734pp.
DODGE, W. E., AND A. J. STEINER. 1986. XYLOG: a computer program for field processing locations of radio-tagged wildlife. U.S. Fish Wildl. Serv. Tech. Rep. 4. 22pp.
———, D. S. WILKIE, AND A. J. STEINER. 1986. UTMTEL: a laptop computer program for location of telemetry "finds" using LORAN C. Massachusetts Coop. Wild. Res. Unit, Amherst. 21pp.
DRUMMER, T. 1987. Program documentation and user's guide for SIZETRAN. Math. Sci. Tech. Rep. MS-TR 87-1. Michigan Tech. Univ., Houghton. 26pp.
———, AND L. L. MCDONALD. 1987. Size bias in line transect sampling. Biometrics 43:13–21.
DUNN, J. E. 1978. Computer programs for the analysis of radio telemetry data in the study of home range. Stat. Lab. Tech. Rep. 7. Univ. Arkansas, Fayetteville. 73pp.
———, AND P. S. GIPSON. 1977. Analysis of radio telemetry data in studies of home range. Biometrics 33:85–101.
FREDERICK, R. B., W. R. CLARK, AND E. E. KLAAS. 1987. Behavior, energetics, and management of refuging waterfowl: a simulation model. Wildl. Monogr. 96. 35pp.
———, AND J. Y. TAKEKAWA. 1992. Application of a computer simulation model to migrating white-fronted geese in the Klamath Basin. Pages 696–706 in D. R. McCullough and R. H. Barrett, eds. Wildlife 2001: populations. Elsevier Publ. Ltd., Essex, U.K.
GATES, C. E. 1979. LINETRAN user's guide. Inst. Statistics, Texas A&M Univ., College Station. 47pp.
GEISSLER, P. H. 1988. Criteria for evaluating microcomputer statistical packages. U.S. Fish Wildl. Serv. Res. Inf. Bull. 88-15. 2pp.
GOLDSTEIN, R. 1992. Editor's notes. Am. Stat. 46:48–49.
GROSS, J. E., J. E. ROELLE, AND G. L. WILLIAMS. 1973. Program ONEPOP and information processor: a systems modeling and communications project. Colorado Coop. Wildl. Res. Unit Program Rep., Ft. Collins. 327pp.
HALLAHAN, C. 1992. DBMS/COPY and DBMS/COPY Plus (version 2.0). Am. Stat. 46:49–52.
HEISEY, D. M., AND T. K. FULLER. 1985. Evaluation of survival and cause-specific mortality rates using telemetry data. J. Wildl. Manage. 49:668–674.
HENSLER, G. L., S. S. KLUGMAN, AND M. R. FULLER. 1986. Portable microcomputers for field collection of animal behavior data. Wildl. Soc. Bull. 14:189–192.
———, AND J. D. NICHOLS. 1981. The Mayfield method of estimating nesting success: a model, estimators and simulation results. Wilson Bull. 93:42–53.
HILL, H. S., AND T. T. FENDLEY. 1982. Animal movement analysis and home range determination package. Proc. Annu. Conf. Southeast. Assoc. Fish Wildl. Agencies 36:656–663.
HOBBS, N. T. 1988. Notebook computers in biological research: less technology, more productivity. Science Software 4:14–16.
———. 1989. Linking energy balance to survival of mule deer: development and test of a simulation model. Wildl. Monogr. 101. 39pp.
JENNRICH, R. I., AND F. B. TURNER. 1969. Measurement of non-circular home range. J. Theor. Biol. 22:227–237.
JOHNSON, D. H., D. W. SPARLING, AND L. M. COWARDIN. 1987. A model of the productivity of the mallard duck. Ecol. Model. 38:257–275.
KOELN, G. T. 1980. A computer technique for analyzing radio-telemetry data. Pages 262–271 in J. M. Sweeney, ed. Proc. National Wild Turkey Symp. 4.
KROL, E. 1992. The whole Internet: user's guide and catalog. O'Reilly & Assoc., Sebastopol, Calif. 376pp.
LAQUEY, T., AND J. C. RYER. 1993. The Internet companion: a beginner's guide to global networking. Addison-Wesley, Reading, Mass. 196pp.
LENTH, R. V. 1981. On finding the source of a signal. Technometrics 23:149–154.
MOHR, C. O. 1947. Table of equivalent populations of North American small mammals. Am. Midl. Nat. 37:223–249.
MOLINI, J. J., R. A. LANCIA, J. BISHIR, AND H. E. HODGDON. 1981. A stochastic model of beaver population growth. Pages 1215–1245 in J. A. Chapman and D. Pursley, eds. Proc. Worldwide Furbearer Conf., Frostburg, Md.
NORUŠIS, M. J. 1986. SPSS/PC+® for the IBM PC/XT/AT. SPSS Inc., Chicago, Ill. Var. pagin.
OTIS, D. L., K. P. BURNHAM, G. C. WHITE, AND D. R. ANDERSON. 1978. Statistical inference from capture data on closed animal populations. Wildl. Monogr. 62. 135pp.
POLLOCK, K. H., J. D. NICHOLS, C. BROWNIE, AND J. HINES. 1990. Statistical inference for capture-recapture experiments. Wildl. Monogr. 107. 97pp.
———, S. R. WINTERSTEIN, AND M. J. CONROY. 1989a. Estimation and analysis of survival distributions for radio-tagged animals. Biometrics 45:99–109.
———, ———, C. M. BUNCK, AND P. D. CURTIS. 1989b. Survival analysis in telemetry studies: the staggered entry design. J. Wildl. Manage. 53:7–15.
REXSTAD, E., AND K. BURNHAM. 1991. User's guide for interactive program CAPTURE. Colorado Coop. Fish Wildl. Res. Unit, Ft. Collins. 29pp.
SAMUEL, M. D. 1988. New feature for the Wildlife Society Bulletin. Wildl. Soc. Bull. 16:104.
———, AND E. O. GARTON. 1985. Home range: a weighted normal estimate and tests of underlying assumptions. J. Wildl. Manage. 49:513–519.
———, D. J. PIERCE, E. O. GARTON, L. J. NELSON, AND K. R. DIXON. 1985. User's manual for program HOME RANGE. Second ed. For. Wildl. Range Exp. Stn. Tech. Rep. 15. Univ. Idaho, Moscow. 70pp.
SAS INSTITUTE INC. 1985a. SAS® language guide for personal computers. Version 6 ed. SAS Inst., Inc., Cary, N.C. 429pp.
———. 1985b. SAS/IML® user's guide for personal computers. Version 6 ed. SAS Inst., Inc., Cary, N.C. 243pp.
———. 1987. SAS/STAT® guide for personal computers. Version 6 ed. SAS Inst., Inc., Cary, N.C. 1028pp.
———. 1988. SAS® technical report P-179, additional SAS/STAT® procedures. Release 6.03. SAS Inst., Inc., Cary, N.C. 255pp.
SEBER, G. A. F. 1982. The estimation of animal abundance and related parameters. Second ed. Griffin, London, U.K. 654pp.
SIPPL, C. J. 1985. MacMillan dictionary of microcomputing. MacMillan Press, London, U.K. 473pp.
STARFIELD, A. M., AND A. L. BLELOCH. 1986. Building models for conservation and wildlife management. Macmillan Publ. Co., New York, N.Y. 253pp.
TAKEKAWA, J. Y. 1987. Energetics of canvasbacks staging on an Upper Mississippi River pool during fall migration. Ph.D. Thesis, Iowa State Univ., Ames. 189pp.
TRENT, T. T., AND O. J. RONGSTAD. 1974. Home range and survival of cottontail rabbits in southwestern Wisconsin. J. Wildl. Manage. 38:459–472.
UNWIN, D. M., AND P. MARTIN. 1987. Recording behaviour using a portable microcomputer. Behaviour 101:87–100.
U.S. FISH AND WILDLIFE SERVICE. 1980a. Habitat as a basis for environmental assessment. Ecol. Serv. Man. 101. U.S. Fish Wildl. Serv., Washington, D.C. 28pp.
———. 1980b. Habitat evaluation procedures (HEP). Ecol. Serv. Man. 102. U.S. Fish Wildl. Serv., Washington, D.C. 84pp.
———. 1981. Standards for the development of suitability index models. Ecol. Serv. Man. 103. U.S. Fish Wildl. Serv., Washington, D.C. 68pp.
WAYNER, P. 1992. Ample waves of data: five tools to help you stay afloat. Byte 17:259–270.
WHITE, G. C. 1983. Numerical estimation of survival rates from band-recovery and biotelemetry data. J. Wildl. Manage. 47:716–728.
———, D. R. ANDERSON, K. P. BURNHAM, AND D. L. OTIS. 1982. Capture-recapture and removal methods for sampling closed populations. LA-8787-NERP, Los Alamos Natl. Lab., Los Alamos,

N.M. 235pp.

———, R. M. BARTMANN, L. H. CARPENTER, AND R. A. GARROTT. 1989. Evaluation of aerial line transects for estimating mule deer densities. J. Wildl. Manage. 53:625–635.

———, AND R. A. GARROTT. 1984. Portable computer system for field processing biotelemetry triangulation data. Colo. Div. Wildl. Game Inf. Leafl. 110. 4pp.

———, AND ———. 1990. Analysis of wildlife radio-tracking data. Academic Press, New York, N.Y. 383pp.

WILSON, K. R., AND D. R. ANDERSON. 1985a. Evaluation of a density estimator based on a trapping web and distance sampling theory. Ecology 66:1185–1194.

———, AND ———. 1985b. Evaluation of two density estimators of small mammal population size. J. Mammal. 66:13–21.

用語集

analog：アナログ
アナログコンピュータは，数値ではなく電圧の物理的な強さで動作する。アナログデータは不連続ではなく連続的な変数である。

applications program：アプリケーションプログラム
具体的な問題を処理するプログラム。

ASCII：アスキー
American Standard Code for Information Interchange。データ装置間で互換できるように開発された標準変換コード。

BASIC：ベーシック
Beginners All-purpose Symbolic Instruction Code の頭文字。パーソナルコンピュータで最も広く使われる簡易言語。

batch file：バッチファイル
実行するためのファイルに書かれる一連の DOS コマンドまたは一括処理ジョブ（例，AUTOEXEC.BAT）。

bit：ビット
2進法の数字，オンかオフどちらかの値をとる記憶の基本ユニット。

board：ボード
ハードディスク，モニター等の装置をコントロールするために特に設計された電子回路を含むモジュール式のコンピュータ構成部品。

boot：ブート
ROM bootstrap loader から「ブーツストラップ」"bootstraps"によってコンピュータオペレイティングシステムを立ち上げ直す。

byte：バイト
8 bits のメモリーを保存できる記憶装置の中のセル，概ね1文字に相当する。

CGA：シージーエー
Color Graphics Adapter。色を表示するモニターと関連するボード。

chip：チップ
集積回路(IC)またはマイクロチップ。半導体材のシングルチップに作られた多くの回路からなるソリッドステート装置。

clock rate：クロックレイト
単語，文字の一部 (bits) が内部要素から他に変換される速さで，MHz で測定される。

code：コード
情報を表現するための文字と規則からなるシステム。多くは特定のコンピュータプログラムに関して使われる。

command：コマンド
プロンプトで入力される DOS の命令。

command file：コマンドファイル
DOS で実行されるバイナリーコードのファイル。

compatible：互換性のある
直接的に相互に連結，または，変換できる機能。一般には，コードに対する要求，速さなどの物理的特性が適合していることを意味する。

coprocessor：コプロセッサー
浮動小数点の計算のために設計された特別なマイクロチップ。

CPU：中央演算処理装置
Central Processing Unit。コンピュータの情報の流れを制御，コントロールする。マイクロチップと関連するメモリーを含む。

database：データベース
効率的に検索，並べ変えを行えるよう標準的なフォーマットで蓄積されたデータ集。

digital：デジタル
計算に必要な全ての変数が 0～9 の数で表現すること

digitizer：デジタイザー
パッドに描かれた線などのアナログ信号をデジタルデータに変換する装置

documentation
コンピュータソフトウェアについてまとめられた文書あるいは情報

DOS：ドス
Disk Operating System。元々は Microsoft 社と IBM 社が共同で開発した。

dpi：ディーピーアイ
dots per inch。インチ当たりのドット数。

EGA：イージーエー
Enhanced Graphics Adapter。CGA 参照。

excutable file：実行ファイル
実行するために，メモリーにロードされマシンに命令するためのバイナリーファイル。

extension：拡張子
ファイルの名前に付加されるもの（例，BAT）。ユーザーあるいはソフトウェアによっては自動的に付く。

file：ファイル
ワープロの文書などデータの作業用の編集物で，名前をつけられて保存され目録化される。

floating-point arithmetic：浮動小数点の計算
　個々の数字に対する小数点の位置が処理に優先して決められる計算。浮動小数点の計算は，複雑な計算プログラムを容易にする。

floppy disk：フロッピーディスク
　磁気テープでのような柔軟な材質で作られた保存装置。

FORTRAN：フォートラン
　FORmula TRANslator の頭文字，一般的な科学プログラミング言語。

Gb：ギガバイト
　Gigabyte。約10億バイト。Kb 参照。

GIS：ジーアイエス
　Geographic Information System。地理情報システム。

GUI：ジーユーアイ
　マイクロソフトウインドウズのような Graphical User Interface。

hard disk：ハードディスク
　コンピュータの保護された空間に収容できる固定型の保存メディア。素早く回転しデータにアクセスする。Winchester disk とも呼ばれる。

hardware：ハードウェア
　パーソナルコンピューターを形成する機械的，磁気的，電子的，電気的装置。

input：入力の（入力する）
　コンピュータにデータを送る装置につけられる形容詞，または，入力作業に関する動詞。

interactive input：対話式入力
　ユーザーがメニューから選択したりメニューが反応したりする入力プロセス。

Kb：キロバイト
　kilobyte，約1,000バイト；正確には1024バイト，2進法の乗数である。64 Kb は，1,024 の 64 単位，正確には，65,563。

LIM
　XMS メモリーに EMS メモリーを組み込むための Lotus-Intel-Microsoft のプロトコル，アドレス化されたメモリー。

Mb：メガバイト
　Megabyte。約百万バイト。

memory：記憶装置（メモリー）
　今後の利用のために情報を保存するコンピュータ内部のハードウェア。

menu：メニュー
　通常はグラフィックで表示され，また，マウスでもアクセスでき，そこからコマンドや機能が選択できるリスト。

MHz：メガヘルツ
　周波数の測定値，1秒間に百万サイクル。

multitasking：マルチタスキング
　一つ以上の業務を同時に実行できるように設計されたオペレーションシステム。

network：ネットワーク
　互いに接続された PC やワークステーションのシステム。

online：オンライン
　直接 CPU によって直接相互的なコミュニケーションできる機器，装置，ソフトウェア。

output：アウトプット（出力，出力の，出力する）
　コンピュータから送信されるデータを表示する装置につく形容詞，または，コンピュータからの送信処理に関する動詞。

parallel：パラレル
　同時に別のチャンネルやラインでの数字の処理，送信。

pixel：ピクセル
　画像要素（画素）。

public domain：パブリックドメイン
　政府機関によって開発されたり，開発者がソフトウェアに料金を課していないためにユーザーが無料で利用できるソフトウェア。フリーウェアとも呼ばれる。

RAM：ラム
　Random Access Memory。ランダムアクセスメモリー，すなわち，CPU が利用する記憶装置で，メモリーの位置に関係なく読み書きできる。DOS は，640 Kb のみアクセスできる。

ROM：ロム
　Read Only Memory。リードオンリーメモリーは，製造段階でプログラムされ，変更することはできない。

serial：シリアル
　コンピュータと周辺機器の間で，単一回路をとおしてビット毎にデータを送る送信手法。

shareware software：シェアウェアソフトウェア
　コンピュータのハードウェアで動作するプログラムとコンピュータコード。

slot：スロット
　様々なハードウェアボードが連結できるコンピュータボードの差し込み。

Unix：ユニックス
　元々は AT&T Corporation が開発したオペレイティングシステムで，特にマルチタスクと通信に優れている。

VGA：ブイジーエー
　Video Graphics Array。ビデオグラフィックスアレイ。

window：ウインドウ
　他の画像出力を通してオペレイティングソフトやメニューを同時に表示する画像表示の一部。

word processor：ワードプロセッサー
　文章の入力，編集，印刷を行うためのソフトウェア。

workstation：ワークステーション
　ネットワークに連結された端末機または特別なマイクロコンピュータ。GIS アプリケーションは，グラフィックワークステーションで最も頻繁に実行される。

WYSIWYG：ウィズウィッグ
　"What you see is what you get"。紙に印刷するイメージと同じものを画面に出すソフトウェアを指していう。

4
野外研究における野生動物の適切なケアと利用のためのガイドライン

Milton Friend, Dale E. Toweill, Robert L. Brownell, Jr.,
Vctor F. Nettles, Donald S. Davis, and William J. Foreyt

はじめに ……………………………………… 115	野外での飼育環境とメンテナンス …………… 120
基本方針 …………………………………… 115	総論 ………………………………………… 120
目的 ………………………………………… 115	飼育環境 …………………………………… 120
背景 …………………………………………… 115	栄養 ………………………………………… 121
動物のケアと利用に関する委員会の役割 …… 116	輸送 …………………………………………… 121
野生動物の観察と捕獲 ……………………… 117	一般的な注意事項 ………………………… 121
総論 ………………………………………… 117	輸送中の注意事項 ………………………… 122
研究者による攪乱と悪影響 ………………… 117	健康管理 …………………………………… 122
博物館の収集物とその他の死体標本 ……… 117	外科的および内科的処置 …………………… 122
血液と組織の採集 ………………………… 118	基礎的な処置 ……………………………… 122
不動化とハンドリング ………………………… 118	高度な処置 ………………………………… 123
総論 ………………………………………… 118	獣医学的検討 ……………………………… 123
物理的不動化 ……………………………… 119	安楽死 ……………………………………… 123
化学的不動化 ……………………………… 119	疾病に関する検討 …………………………… 123
動物標識 ……………………………………… 119	研究の完了時における動物の処分 ………… 124
標識装着の基準 …………………………… 120	研究者の安全性に関する検討 ……………… 124
その他の職業的および倫理的考察 ………… 120	参考文献 ……………………………………… 125

❏ はじめに

基本方針

　科学者は，社会から孤立した専門分野の中にいるのではなく，自分たちが研究対象としている生物や一般社会に対して責任のある立場で活動をしている。科学者は，研究対象の生物や研究結果の妥当性，社会の他の分野におけるその生物の利用に対して，自分たちの行為が与える影響を考えなければならない。そうした考えから The Wildlife Society は，すべてのフィールドと実験室で行う動物研究に対し，確実な方法の正しい適用を提言している。この考えは，ヒトどうしやヒトと他の生物種との相互関係について我々が抱いている道徳観を反映しており，動物の取扱いや飼養方法の違いによって変わることなく求められる，研究の科学的妥当性を訴えるものである。こうした提言は，研究対象となる全ての動物に責任の持てる研究方法を用いなければならないという基本方針の基盤となる。野生動物の専門家は，それぞれの動物研究を行うにあたって，高い水準で動物のケアとメンテナンスを行い，実験過程の中では責任を持てる方法を用いなければならない。

目　的

　これらのガイドラインは，野生動物を取り扱う野外研究を対象にしている。調査対象となる野生の脊椎動物の多様性とその場の状況によって，それぞれのケースに適用できる情報は異なる。特定の情報を捜す上で役立つ参考文献リストは本章の補遺に記載されている。

❏ 背　景

　動物福祉法（合衆国法典7巻2131参照）は，1985年12月23日に立法化され，第1部，第2部および第3部（連邦規則

集9巻)の改正案は1989年10月30日に官報4(168) 36,112～36,163頁で発効となった。この法律では,規則(第2部)および基準(第3部)に基づいて運用される動物で,研究や展示の目的に使われたり,ペットとして売られたり,交易の目的で運送される動物の人道的な取扱い,ケア,処置および輸送のために用いられる語句が定義されている(第1部)。しかし,動物福祉法からは,変温の脊椎動物,鳥,実験動物としてのラットやマウス,食品,繊維製品の生産目的で飼われる馬などの家畜,動物の栄養状態や繁殖,管理,生産の効率を高める目的や,食品や繊維製品の質を高める目的で飼育される家畜・家禽が除外されている。また,同法よって定義された野外研究,つまり,「野外で野生動物を対象とするあらゆる研究のうち,侵襲的な手順を必要とせず,研究下の動物の行動を害したり,著しく改変することのないもの」も除外される。法律から除外される行為としては,血液サンプルの採集,耳に切れ込みを入れるマーク,焼烙,体重と外部計測値の収集もある。

同法による上記の動物種の除外により,それぞれの処置に対する報告の必要が免除され,アメリカ農業省による取締りが緩和される。しかし,他の機関により定められたガイドラインによる規制がなくなるわけではない。魚類,両生類,爬虫類,鳥類,哺乳類はアメリカ科学財団(NSF)および国立衛生研究所(NIH)のガイドラインにより取り扱いが規制される。規制の適用は,これらの機関によって資金提供を受けた研究やアメリカ魚類野生生物局などの連邦機関へ広げられ,省庁間実験動物飼育委員のガイドラインの下で機能する。

❏動物のケアと利用に関する委員会の役割

動物福祉法とNIH/NSFガイドラインの主要な要求事項は,「制度化/機関化した動物のケアと利用に関する委員会(ACUCs)」の設立である。ACUCsの役割は,科学的研究行為に対して監視を行うことである。各ACUCは,最低3名のメンバーから構成される。その1人は研究機関に在籍する獣医師(あるいは計画責任能力をもつ委任された他の獣医師)であり,1人は委員会のメンバーや機関に加入していない外部の者である。ACUCの目的は,動物のケア,取扱い,飼育環境および利用を評価し,法律との適合性を証明することである。この過程には,動物の苦痛を最小限に抑えるための実験計画案の評価もある。ACUCによる監視は,実験室と野外の研究に対して行われる。実験動物に対して効力のあるAUCUsの合意の勧告は,Orlans et al.(1987)によって提出された。実験室と野外研究の違い(Orlans 1988)があっても,野外研究活動での動物のケアと利用に対しては実験室と同水準で確実な方法が適用されるべきである。AUCUsと野外研究者は,野外研究の特定な環境にあてはまる適切な実験計画案と手法について,合意に努めねばならない。その理念は,「ヒトによる野生の脊椎動物の取扱い基準は,常に創り出され,利用され,再検討される必要がある。今日,許容される慣例が,明日の科学界と一般社会の両方または何れか一方で許容されないものとなっても差し支えない(Canadian Council on Animal Care 1984:192)」,という言葉に示される。野生動物の専門家は,ACUCsの要求を満たし,自由生活をする野生動物が必要とすることについての専門知識を提供することを推奨される。それは,野外研究に対する実験計画案の再検討を含めた委員会の指導活動に役立つ。また,野生動物の専門家は,野外研究における野生動物の適正なケアとメンテナンスに関し,出版,公表することが推奨される。見識のあるフィールドの生物学者によるこのような情報の蓄積により,特定の種に関してACUCの決定や原案作成を補助する情報が導かれる。

動物種や環境に関係なく,野生動物の専門家は,すべての野外調査・研究に対して,以下のような注意事項を遵守すべきである。これらの注意事項が遵守されるという保証が,多くの助成機関による企画の審査と資金提供の先行条件となる。このような条件はACUCによる評価のための重要な論点にもなる。

①用いられる手法は,研究構想に適する動物に対し,苦痛を防ぎ,あるいは最小限に抑えるべきである。

②動物にわずかであっても持続的な苦痛を与える可能性のある手法は,研究者によって前もって書かれた科学的論拠により正当化される場合を除き,適切な鎮静,微麻酔または麻酔下で行われるべきである。

③動物に対し,程度が強いか長期にわたる除去不能な苦痛を与える場合,研究の最後か,もし適切ならば研究の途中でも安楽死を行う。

④安楽死の方法は,研究者によって書かれた科学的論拠により正当化されない限り,アメリカ獣医医療協会(AVMA)の安楽死に関する専門委員会(Andrews et al.1993)の勧告に従うこと。しかし,動物種の違いが考慮される必要がある。他の項目で記述したように「AVMA勧告は,変温動物には厳密にあてはめることができない。恒温動物に対して提唱された方法は,かなりの嫌気的能力をもつ変温動物にあてはめられないことが多い。」〔アメリカ魚

類爬虫類学協会(ASIH)，爬虫類学連盟(HL)，両生類と爬虫類の研究協会(SSAR)1987:2〕

⑤野外で捕獲された動物の飼育状態は，その動物種に対して適切で，健康と福祉に配慮したものでなければならない。動物種ごとの注意事項には，衛生，栄養，群構成，個体数，隠れ場所と隔離の設備，天候やその他の環境ストレスからの保護に関する適正な基準がある。これらの動物の飼育環境，給餌，非医学的なケアには，その動物種に関する適正なケアや取扱い，利用について訓練され，経験を積んだ科学者による指導が必要である。ある種の実験(例えば種間競争に関する研究)では，一つの囲いの中に，多種類の動物の雑居を必要とする場合がある。また，ある動物種の収容と展示に対しては，雑居飼育が適切な飼育方法となる場合がある。

❏野生動物の観察と捕獲

総論

野外研究を始める前に，研究者は対象動物種をよく知り，研究による攪乱に対する反応，捕獲と拘束に対する感受性について熟知しなければならない。そして，必要に応じて，反応や感受性などの要素を理解し，適用可能となる範囲まで捕獲動物のメンテナンスに関する必要条件を熟知しなければならない。

親への依存度の高い子を連れた動物は，親子が一緒に捕獲や移動がおこなわれたり，子育ての期間を終えても子が生存できる方法で飼養されない限り，捕獲すべきではない。可能な限り，捕獲された動物を最大限に利用するため，その動物の証拠標本，組織，寄生虫，微生物相を保存しておくべきである。それは他の研究者にも役に立つ科学的コレクションとなる。

研究テーマにもよるが，適切なサンプルサイズ(研究に供する個体数)が確保されることは科学的に妥当な結論を得るために必要不可欠であり，これにより不必要な研究の繰り返しを避けることができる。個体群からの動物の除去(移動または致死的方法による)は，目標に到達するのに必要最小限の動物に限られるべきであり，決して個体群の安定を妨げるものであってはならない。

研究者による攪乱と悪影響

野外調査によって得られる知見は，研究行為に起因する望ましくない結果と釣り合いがとられねばならない

(Animal Behavior Society/Animal Society For Animal Behavior 1986)。研究者の存在と研究によって起こる間接的な影響に対し，動物(個体群)には刺激に対する高い反応性が維持されているため，これらの影響を最小限にするための方策がとられるべきである。野外研究に関連した二次的な影響例には，巣の放棄，子の放棄，捕食を受ける可能性の増大，パニックによる逃走が原因となる外傷と死亡，繁殖行動の中止，混乱した動物によるエネルギーの消耗，食性の変化，生息地の放棄，質の低い生息地への長期間の密着，狩猟により捕獲される可能性の増大，疾病の移入，疾病の蔓延がある。これらの影響は，研究対象の動物か，あるいは他の(対象とならない)動物に作用する可能性がある。発生する可能性のある影響を最小限に抑える適切な予防措置として，研究者はこれらの二次的な影響に関する情報を有効に利用すべきである。

動物が研究者の存在を認識する頻度とタイミングは，対象種と他の種における研究結果に大きな影響を与える。適切であるならば，動物への攪乱を最小限にするために，遠隔的なデータ収集方法を用いてもよい。生息地の保全も，野外研究の全期間において厳密に行われるべきである。そして，研究地への出入りの際は攪乱のないように，できる限りの合理的な努力が求められる。

博物館の収集物とその他の死体標本

動物からの収集物は，野外研究に必要不可欠な要素となることが多い。これらの収集物は，動物分類学，比較解剖学，疾病の評価，食物嗜好の研究，環境汚染物質の評価，その他の多くの正当な理由や科学的必要性から集められる。データの収集の必要性は，提供された収集物が(これらのデータの確認が必要でないならば)科学論文の中で既に利用されている情報の繰り返しでないか，あるいは，科学的コレクションとして蓄積され，やがて役に立つ科学的データを提供するかどうかといった点で評価されるべきである。さらにこうした情報が，生きた動物を捕獲しなくても得られるかどうかを検証すべきである。収集の方法は，信頼性があり，非対象種の捕獲を最小限にし，なおかつ研究の目的を損ねることがない方法でなければならない。動物を捕獲し，適切な方法による安楽死を行うことが必要な作業として許容される場合もある(Andrews et al. 1993参照)。しかし，多くの野外研究で，標本収集の唯一の現実的方法として，最初に捕殺という手段が必要とされる。このような状況下では，脊椎動物の収集は，動物種ごと，あるいは可能ならば特定の齢段階ごとに行われるべきである。

その方法がデータの評価を損なうものであってはならない。研究目的に結びついた生物材料の収集と保存のために、適切な準備を行うことが必要である。利用価値がある科学的情報源として失格とされるような不適切な採集や保存が行われた標本は、動物を収集することの意義を失わせるものである。

射殺による採取方法をとる場合、小火器（銃）と弾薬は、動物種と研究の目的に沿って選択されるべきである。射手には動物を確実に捕殺する十分な熟練度が必要である。もし、動物が傷ついただけなら、直ちにその動物を殺すために追い撃ちをかけなければならない。さらに、確実に捕殺ができ、回収やデータ収集のための接近が容易にできるように、動物の倒れた位置にも注意を向ける必要がある。

餌や誘引物質をつけた致死ワナは、対象外の動物が捕獲される可能性を最小限に抑えられるならば、効果的な方法である。すべてのワナは、腐食動物と捕食者から標本の損失を防ぐため、少なくとも毎日、定期的にチェックされ、利用時以外は機能しない状態にするべきである。

生け捕りワナは、夜行性動物に対しては夕暮れ前に設置し、夜明けの後、できるだけ早くチェックをするべきである。日中は対象外の動物種が捕獲されるのを防ぐためにワナを閉じておく必要がある。昼行性動物に対する生け捕りワナは、日除けをするか直射日光を避けるような場所に置くべきである。穴居性ではない哺乳類に対する生け捕りワナは、ワナの内部に動き回るのに適当な空間を確保すべきである；穴居性の哺乳類に対しては、ワナの直径を巣穴の直径に近づける必要がある。生け捕りワナの構造は、動物に重大な損傷を与えるものであってはならず、ワナの扉は、開ける時に動物が押し込められたり、挟まったりするのを防ぐの構造でなければならない(Ad Hoc Committee on Acceptable Field Methods in Mammalogy 1987)。落とし穴は、ワナのチェックが行われるまで捕獲された動物が生存するのに適量の食物が入っており、雨をしのぐ覆いをしたり、排水できる穴を開けておくことが必要である。

血液と組織の採集

生きている動物からの組織採取は、そのテクニックについて適切な訓練を受けた熟練者が行うべきである。採取時には、動物と採取者の両方が外傷を受けないように、動物を適切に保定することが求められる。麻酔薬は、組織採取が軽微あるいは一時的でない苦痛を引き起こす場合に使用される。「制度化／機関化した動物のケアと利用に関する委員会」は、生きている動物からの組織採取方法と、非侵襲性および侵襲性の手段のための麻酔薬の利用方法を知るのに必要な情報を提供している。

血液は生きている動物から採取される最も一般的な試料である。経験則では、健康な動物から一時に採取する血液量は、体重の1％以下とすべきである。しかし、採取する血液の量は、ハンドリングによるストレスを弱めるためにも、安全に採取しうる最大量よりも、実際の必要性により限定されるべきである。適切な器具（例えば注射針のサイズ）や採取場所は、それぞれの動物で必要な血液量に合わせて選択すべきである。

鳥類の採血で最も普通に使われる3部位は、頸部の頸静脈、脚部の中中足静脈、翼部の上腕静脈である。頸静脈は、確保のしやすさと大きさ、多量の採血を行うのが比較的容易であることから大部分の鳥類の採血に用いられる。中中足静脈は猛禽類の採血には勧められず、上腕静脈はツルのような大型の鳥類には勧めることはできない。これらの静脈を捜し当てるために羽毛を引き抜いてはならない。鳥類では心臓や後頭部静脈洞を含む他の様々な場所からも採血し得る。しかし、その技術は実地で教えられてはいるが、非致死的なサンプリングのためにこれらの部位から採血する危険を冒す理由はない。

哺乳類でも、多くの部位が血液試料採取に用いられている。頭部、大腿部、頸静脈、眼窩静脈洞、あるいは種々の静脈叢の穿刺が通常の手段である。心臓穿刺を行う場合もある。このような採血方法を行う時の麻酔の必要性は、保定方法、動物種、動物の身体的状態、必要とされる血液量に応じて考慮すべきである。

❏ 不動化とハンドリング

総　論

野生動物と、それらを扱う研究者の両者の安全は、両者間の物理的接触が、必要かつ不可避と判断された時に考慮されるべきである。家畜以外の動物は、ほとんど例外なく捕獲やハンドリング、保定を避けようとする。特定の動物が捕獲を避けようとする方法は、種、性別、生理的状態、個体の気質によって異なる。野生動物は捕獲を逃れようとして自分自身と捕獲者に深刻なダメージを負わせかねない。

一方、野生動物の習性を利用して効率的に捕獲を行うこともできる。例えば小さい囲いやオリの中の動物は、隠れたり、捕獲を避けようとして自分から小さい容器に入ってしまう。その容器がそのまま適当な保定具となれば、動物

の保定という危険を伴う行為を簡単に行うことができる。野生動物とヒトとの間の接触を伴う作業は，細心の注意を払って行うべきである。関係する全てのメンバーが取り扱う動物の習性と行動についての知識を持つこと，捕獲方法に適切な代案があること，実際の動物の取り扱いに対しては，動物の肉体的，生理学的，精神的福祉に関する配慮を強く意識することが必要である。もし，行われている方法が不適切と思われる時は，直ちに中止して計画段階へ立ち戻ることが責任ある行動である。異常な状況の下で，実行不可能な手順を強行することは，動物や携わるヒトへの危険性を高めるだけである。

物理的不動化

毒性のある薬品を使用する化学的不動化は，動物とヒトに対する危険性を伴う。そのため，最も適切な動物の保定方法として物理的保定が行われることが多い。物理的保定を安全に行うために，十分な訓練経験と装備を備えた適当数の人員が配置されるべきである。物理的保定の方法は，捕獲の場所と方法，保定手段と所要時間に応じて選択され，手袋，スネア・ポール(catch pole)，ロープ，ネット，保定袋(body bags)，保定箱(holding boxes)，囲い柵，狭め檻の他，場合によっては精巧な機械的構造をもつ保定器具が必要となる。

高度に興奮しやすい種や解剖学的に虚弱な種にとって，薬品による鎮静なしの長時間の物理的保定は，自己傷害，生理学的障害，時には死の原因となる可能性がある。研究者は，物理的保定により対象動物が心臓性ショック，キャプチャー・ミオパシー，その他のストレス原因性の死に陥ることのないよう，あらゆる努力を行う義務を負う。ストレスに関連したダメージは，直ちに顕在化しないが，放獣後に衰弱や死を招く可能性がある。

化学的不動化

危険な動物を安全に取り扱うための化学製品や薬品の利用には，野生動物の研究と管理の分野で多くの野外応用例がある(第6章参照)。麻酔薬，鎮痛薬，鎮静薬の利用は，動物に手術を施すような痛覚を伴う処置に先立ち，苦痛をコントロールするために欠くことができない。しかし，薬剤と「麻酔銃」の使用は野生動物の保定に対して万能ではない。鎮静化と不動化のための化学薬品の使用は，それが正しく取り扱われ，投与されないならば，対象動物とヒトに対し危険を生じさせる可能性がある。さらに，薬剤の投与時あるいは回復時に未保定の動物は，不慮の傷害や死(他の動物による捕食を含む)の可能性が高いと思われる。薬剤の影響下では，使用される薬剤と周囲の温度により，動物は高体温や低体温になる可能性があり，嘔吐や誤嚥，流産の可能性もある。麻酔銃で射たれた動物は，完全に麻酔がかかる前に捕獲者から逃げたり隠れたりするが，解毒剤の投与が必要な薬品が使用された場合には，特に緊急の危険性を生じる。最も適切な保定方法として化学薬品が選択される前に，研究者はこのようなすべての状況と可能性を検討しなければならない。

もし，化学的不動化が選択されたならば，獣医師が関与し，投薬するとしても，捕獲チームの全メンバーが，使用する薬剤やその作用に関する知識を持つことが重要である。薬品の作用と副作用，利点と欠点を知ること，また，最小と最大の導入時間や薬剤の有害反応の可能性に関する知識を持つことも，研究者としての責任である。このような情報は，対象動物と，暴露の可能性のあるヒトへの危険を評価するのに必要である。研究者には，麻酔された動物の状態を監視し，生命の危険が生じた際の緊急蘇生術を施す能力が必要である。薬剤の使用と投与量，投与方法，特定の動物種に対する物理的保定法に関する推奨事項は文献から入手できる(第6章参照)。これらの手法の利用に関する情報は，様々な専門機関によるフィールド技術ガイドラインの中にある(補遺Ⅰ)。

❏動物標識

野外研究の目的を達するため，個々の動物を確実に識別する方法を開発することが必要である。個体識別以外にも，研究者は動物の生理機能や行動に関して目に見えない部分に関する情報を必要とし，特別に設計された標識から直接または間接的に知りうる生態学的な情報が必要となるであろう。しかし，野生動物への標識方法を考える前に，標識をつけることが必要なのかどうか，あるいは状況的に妥当かどうかを知るため，研究者は以下の問題を検討しなければならない。

①動物の形態に見られる自然発生的な相違により，研究目的を達するために十分な識別が可能ではないか。

②どれくらいの数の動物が個体識別される必要があるか。

③もし，標識を付ける必要があるなら，利用可能な時間内に十分な数の動物に付けることができるか。

④捕獲，ハンドリング，標識装着に関連した危険性(動物と研究者の両者に対して)と標識動物への福祉は，研究者の

責任と科学的情況から最小限で許容できるものかどうか。

もし，標識装着が，動物福祉法で定義されるような苦痛を伴うものであれば，適切な鎮痛薬や麻酔薬が使用されるべきである。

標識装着の基準

先の四つの設問に対する解答から，標識装着が決定されたなら，研究者は長所と欠点を伴う多くの手法の中からその計画に最も適した方法を選択する必要がある(標識のテクニックの詳細については第7章参照)。技術的・方法論的な制約と利用可能な資材は，研究計画によって大きく異なり，研究者は使うことのできる標識テクニックを基準に沿って検討すべきである。個々の基準は，標識装着による動物への影響，研究の妥当性，法的要請などの制約と関連する。以下は，評価のために欠くことのできない基準である。

①標識は，動物の解剖学的構造と生理機能への影響(例えば，急激あるいは長時間の身体的障害)を最小限にとどめるものでなければならない。

②標識は，動物の行動に影響を与えるものであってはならない。例えば，標識が動物の採食能力を低下させたり，(標識が繁殖の阻止を意図して用いられていないならば)繁殖行動の妨げとなってはならない。

③動物を目立たせる標識は，(それが研究目的でない限り)同種の他の個体に，標識個体に対して特別な反応をとらせたり，捕食者となる可能性のある種に対し捕食選択性を高めたりしないよう慎重に検討される必要がある。

④標識の装着は研究目的が達成されるのに必要最小限の期間とすべきである。

⑤作業の時間的延長や失敗をなくすため，装着が迅速かつ容易な標識を選択するべきである。

⑥標識は，連邦，州，および他の機関の規則と規定に従わなければならない。

最初の3項目は，研究対象となる動物の福祉と，健康状態や行動への影響により研究結果が左右される可能性に焦点を当てている。4と5番目は，研究計画の妥当性に影響を与え，6番目は，研究者に課せられたその他の制約を反映している。最初の5項目に対する違反は，偏った研究結果を生じさせかねない。そのため，研究者は標識個体から得られるすべての研究結果の評価にあたり，動物種ごとにこれらの基準に注意すべきである。

装着される標識は，通常は不動の可視物であるが，可動性のものや，視覚的な発光体，聴覚的なもの，ラジオテレメトリ機能をもつもの，化学的感知による標識も存在する。昆虫から鯨類に至る動物を対象とした標識の技術や，可能性については多くのの文献があり，その詳細は他の章で要約されている(補遺Ⅰ参照，Day et al. 1980, Orlans 1988)。

その他の専門的および倫理的考察

野生動物の専門家に興味を起こさせる多くの動物は自由生活をしており，観察や写真撮影から，肉やトロフィーのような狩猟の収穫物まで，多くの方法で社会的に恩恵を与えている。専門的倫理によれば，これら動物の利用価値は，できるだけ倫理のおよぶ範囲で検討され，取り扱われるべきである。野生の動物や鳥は，それらが野生であるという点で評価されるが，ヒトのつけた標識は，その価値を損なうかも知れない。したがって，研究目的を損なわない限り，寿命が短く，目立たない標識が選択されるべきである。もし可能であるならば，研究者は研究の終了時に首輪や他の外部標識を取り外す努力をする倫理的な責任を負う。さらに，専門的かつ倫理的に考えて，動物の外貌を傷つけ，変貌させる標識(例えば，指の切断，烙印，および入れ墨)は，最も人道的な条件の下で，他の方法が利用できない場合にのみ行われるべきである。

❏野外での飼育環境と維持管理

総論

収容・飼育された動物の適正なケアと責任ある処置は，科学的かつ専門的判断，動物に対する関心，その行動と管理の知識，種に関するより詳細な知識に基づいて行われるべきである。よく知らない動物種で研究を行う場合は，それらの動物を収容・飼育する前に，できる限りの関連情報を入手すべきである。また，動物福祉と研究目的を考慮して最も適切な飼育方法を決めるため，複数の方法を検討し，比較することも必要である。研究成果は，研究と管理施設に関しての記録の一部として，保存や業務日誌への記載が求められる。

飼育環境

飼育環境は，できるだけ自然状態に近いものにすべきである。飼育環境は研究目的に合致するだけではなく，動物に対して安全かつ安楽なものである必要がある。飼育の方法は，動物の習性からの必要性，安全性，適切な運動と休

息,そして一般的な動物福祉に見合った方法が求められる。それぞれの種ごとに考慮しなければならない点として,孤立性や隠れ場所,素材,砂場と水場,食物,日光,新鮮な空気が挙げられる。飼育環境は,逃げ込む場所となる藪地,休息のための隠れ場所,環境要素から陰となる場所や防護物,囲いの中を横切る自然な水の流れ,蹄を摩滅させる必要のある有蹄類に対する岩場,そして一緒に飼育される動物の社会的グループのように,できるだけ多くの自然生活に関する景観を組み込むべきである。混存できる動物種でも,同じ囲いの中で飼育すると社会的な相互作用を生じさせることになる。清掃の頻度は,病気を予防するのに必要な清潔さの水準と,清掃作業によって起因するストレスを考慮して判断すべきである。

　一般に飼育環境は,動物の身体的および行動学的必要性を満たし,科学者がデータを収集するのに適した広さでなければならない。多くの飼育環境では,実験のため動物を保定する小さな内囲いか附属の捕獲囲いがあれば,囲いを広く自然なものにすることができる。囲いの建設資材は動物の逃走を防ぐと同時に,動物の安全に備えたものでなければならない。資材には,動物の収容予定期間を維持できる十分な耐久性が必要である。長期間の収容(数週間以上)が必要な場合や囲いが再使用される場合,衛生設備を使い易くし,病原体の存在を最小限抑えるために,不透水性の表面を備えた素材が使われるべきである。危険な性質があり,環境に有害であったり,逃走癖をもつ動物には特別の注意が必要である。種に応じて,二重壁や二重囲い,上段に遮蔽物を備えた囲い,金属棒や波線番線鉄網を用いた構造が求められる。メッシュサイズや柵の隙間は,動物の頭で押し広げられない程度に小さくなければならない。小さいメッシュであれば,動物にも認識されやすい。動物が慣れるまでは,柵を見えやすくするために目立つ色合いのテープなどを垂れ下げておくことが必要かも知れない。動物は,平静かつストレスのない状態で飼育環境の中に放されるべきで,それにより柵への衝突による初期の死亡と病的状態が最小限に抑えられる。多くの場合,少量の鎮静剤の投与が動物が飼育環境内に放された時の急な跳躍反応を抑え,初期の傷害を防ぐのに役立つ。一旦,動物が飼育環境の境界を認識すると,研究者が跳躍反応を誘発させない限り,傷害の発生は抑えられる。

　飼育環境の適否は,大抵の場合,動物の通常の行動パターン,体重の増加と成長,生存率,繁殖の成功,身体上の外観から判断可能である。実験室と農場の飼育施設に関するガイドラインは,Canadian Council on Animal Care によって提唱された(1980, 1984)。魚類,両生類,爬虫類,鳥類,および小型哺乳類に必要な飼育環境のガイドラインは,該当する専門的機関による報告を受け,動物福祉法に明文化されている(補遺I参照)。

栄　養

　その偏りが研究目的上許容されない限りは,栄養は動物の必要性に応じたものなければならない。研究者は,実験用の動物を収容・飼育するに先立ち,その適切な栄養の必要量を推定し,収容期間を通じてその動物を飼育するために適量の食物を与える責任がある。給餌と給水は,その動物種のケアに関し訓練と経験を積んだ者の直接の指示のもとに行うべきである。動物のケアに携わる全メンバーは,栄養欠乏の指標となる外観と行動の異常にいち早く気づくよう,対象動物に精通している必要がある。

❏ 輸　送

一般的な注意事項

　普通の自動車,全地形車,雪上車,ヘリコプター,飛行機,船舶など多くの乗り物が野生動物の輸送に利用される。動物種,輸送方法,輸送時間の長さにより動物が快適に過ごすのに必要なケアと梱包のタイプが決まる。輸送手段の選択は,できるだけ快適な環境で動物を管理することを考慮して行われるべきである。動物の行動と生理的な特徴,梱包による拘束,エンジンの騒音,旅程の過酷さなど輸送状態に起因する大きなストレスが加わりそうな時,適切な鎮静剤や他の薬品の処方や投与のために獣医師の補助も必要である。輸送時間はできる限り短い方が良い。適切な輸送手段が用いられ,適当な数と大きさの飼育囲いを有効に利用できるよう輸送計画を立てることで迅速化できる。すなわち,食物,水,寝わらなど動物に必要な資材の準備ができていること,輸送の影響を受ける動物自体が,梱包と輸送に対応できるよう訓練されていること,許可書や健康証明書の発行などの事務処理が可能な限り済まされていることが必要である。

　州をまたがる移動や運送業者による運搬が必要となる時,積み替えの回数とその間の遅れを最小限にするためのスケジュール作り,それぞれの積み替え地点で計画に関与した者が荷積みに立ち会うことが輸送時間の短縮につながる。通関が必要なケースでは,獣医師や関税検査官による動物の迅速な通関手続きの手配が,運送時間を大幅に短縮

する。受取り側は，動物がその目的地に着く時に現場に立ち会うべきである。

動物種によっては，平静な状態で餌をとるための定期的な休憩時間が必要となる。通常は無活動で給餌をしない時が最も良い輸送状態である。飼育設備と乗り物の換気は，動物を安静にし，呼気で淀んだ空気を新鮮にする。弱い照明と，動物とヒトの間や動物と外の環境の間にブラインドがあれば動物を落ちつかせるのに役立つ。アメリカ魚類野生生物局は，アメリカ合衆国への野生動物と野鳥の人道的および衛生的輸送に関する規則を公布している（合衆国法典・連邦規則集50巻第14部を参照）。

輸送中の注意事項

動物を輸送する梱包には，輸送中の傷害の原因となりそうな鋭い角や突起物，あるいは表面の凹凸がないことを確かめるべきである。場合によっては傷害を防ぐため，クッションを用いる必要もある。輸送用コンテナの床は，転倒防止のために滑らない素材のものがよい。コンテナは，毒性があるもの，輸送中に動物がなめたり噛んだりすることで剥離してしまう素材で作られたもの，被覆加工がされたものであってはならない。一般に，段ボール箱のような多孔性の素材でできた飼育囲いは，再利用してはならない。他の素材のコンテナは，再利用の前に十分な消毒が必要である。囲いを載せるために使われた輸送用の乗物の一部も消毒されるべきである。

同時に輸送される動物の組み合わせと仕分けには，動物種と年齢などの要因を考慮しなければならない。母親と親へ依存する子の間で，特に子の放棄がおこる可能性がある場合（子供が他の手段によって飼育されることになっている場合を除く）は，一般に親子の直接的接触が保たれるよう配慮すべきである。鳥類は，梱包の中でも，個々の部屋に隔離される必要がある。それができない場合は，正常な姿勢をとることができ，安静で，他の鳥に妨げられずに身づくろいができるようスペースをとることが求められる（Ad Hoc Committee on the Use of Wild Birds in Research 1988）。

健康管理

短時間の輸送（30分未満）での基本的留意事項は，痛み，傷害，過度のストレスを避けるということである。動物が捕獲されて，輸送環境に移された時から，動物の体温調節能力に注意をはらわねばならない。きびしい天候，苛酷な環境状態，大きな気温の変動と著しい高温または低温状態から輸送された動物を保護すべきである。

寝わら，食物，水は適量を供給すべきで，輸送の間，動物が良好な状態かどうかの判断のため定期的に観察を行う必要がある。現場での獣医師による補助は，輸送の間や放獣時に野外研究地で発生する医学的な緊急事態を監視し，それに対処するための強い力添えとなる。獣医師の補助が必要かどうかの検討は，野生動物種についての個々の知識と経験に基づいて行うべきである。輸送途中に死亡した動物は，できるだけ早く他個体の視界や嗅覚のおよぶ場所から移動させるべきである。これらの死体は，病理学的検査のために保管される必要がある。同様に，致命傷を負ったり，治癒の見込みのない病気にかかった動物は移動し，責任をもって安楽死させるべきである。安楽死は，他の生きている動物の前で行うべきではない。このような方法で処理された動物も，病理検査のための保管が必要である。死因の確定は，残された動物が死亡個体に関連する病原体の危険にさらされているかどうかの判断に必要である。

❏ 外科的および内科的手法

野生動物のフィールド調査では，電波発信器の埋め込みや鳥類の外科的性判別などの，外科的および内科的手法が行われる場合もある。そのような手法の導入にあたっては，以下のガイドラインに従うべきである。

①使用される外科的および内科的手法は，対象種または近縁な家畜化動物に対し，一般に認められる手技に基づくこと。カナダの動物のケアに関する評議会（The Canadian Council on Animal Care）の「実験動物のケアと利用ガイド，第2巻」が，良い情報源となる。

②実験計画は改良されていく必要があり，可能ならば資格をもった獣医師との共同研究で行われるべきである。十分な訓練を受け，必要なすべてのテクニックに精通するメンバーのみが処置が行うべきである。

③実験計画は，実際に処置を行っている間と処置後の痛みを抑えることに特に配慮し，ACUCによる慎重な検討が求められる。

④適当な麻酔または微麻酔が行われる必要がある。

基本的な処置

血液の採取，静脈内あるいは筋肉内への薬剤の投与，皮膚のような表面組織のバイオプシー，および縫合による電波発信器の装着といった基礎的な医学的処置は，複雑な器具を必要とせずにフィールドで安全かつ確実に行われる。

しかし，侵襲性と痛みを最小限にするテクニックを選択し，最短の処置時間で，適切な器具と無菌操作を用い，必要に応じて微麻酔や鎮静を施すのが，研究者としての責任である。

高度な処置

動物福祉法に定義されるように，大きな手術による処置とは，「体腔への貫入と開腹を行うあらゆる外科的な介入，あるいは肉体的ないし生理的機能の永久的な減損を生み出すあらゆる手技」である(官報36,121頁参照)。動物の生存を前提とした高度な外科的処置は，適切な麻酔下で，無菌操作によってのみ行われるべきである。野生動物の研究で使われる高度な処置には，腹壁切開，外科的飛行抑制，不妊手術がある。これらの処置は，無菌処置ができる清潔な空間で，適切な手術器具とドレープ(被覆布)を用いて，動物に対して安全で確実な麻酔下でのみ行われるべきである。外科手術や麻酔に関係した緊急時(例えば多量の失血，呼吸や心機能の停止，重度の低体温や高熱，酸塩基の不均衡)に対処できるよう，必要な器具と訓練を受けた作業員が，いつでも求めに応じられる体制が必要である。このような配慮によって，コストが高くなりがちな高度な処置の成功と，そこから得られる科学的成果の最大限の活用が期待できる。それは，実験に必要な動物数と動物の苦痛の量を最小限に抑えることにもつながるのである。

獣医学的検討

野生動物のフィールド研究者は，獣医学的観点から協議の機会をもち，対象となる個体群に起こるあらゆる健康問題の処理に備える責任を持つべきである。時には自然発生する疾病の進行に対する介入とコントロールが，研究目的を妨げる可能性がある。しかし，もし，健康問題が研究活動を原因として起こったり，それが研究を妨げることが予想されるなら，研究者はいつでも問題に対処しなければならない。その備えとして，対象種に一般的な疾病と健康問題に精通すること，獣医学的協議の機会を確保すること，治療やコントロールに必要な器具と薬品を手元に持つか，容易に入手できるようにしておくことが挙げられる。また，研究者は，対象動物の疾病による影響の可能性を，より大きな個体群や生態系全体の視野から評価し，対処方法を決める際に，動物の健康な生活の維持を優先させる責任を持っている。このことは，研究の一環として動物の放獣や移送を行う場合，特に現実的課題となる。つまり，疾病は，研究計画を推進する価値そのものの評価において考慮されねばならないのである。

安楽死

安楽死は，動物福祉法の下で，「人道的方法による動物の殺処分で，迅速な無意識化と，それに続く苦痛を伴わない死をもたらす方法，あるいは痛覚のない意識の消失と，それに続く死をもたらす薬品による麻酔の利用によって行われるもの」(官報36,121頁参照)と定義される。安楽死は野外研究の一部としては容認されないと思われるが，捕獲，保定，あるいは外科的手法を伴う研究において，不測の事態として避けることのできない作業となる可能性がある。したがって，侵襲的な研究に携わるすべての野生動物の研究者は，その研究対象種について容認された安楽死の方法に通じていなければならないし(Andrews et al. 1993)，迅速に安楽死を行うことができるよう，適切な器具，薬品を手元に所持しておく必要がある。

❏疾病に関する検討

フィールド研究者は，研究が原因で新らたな疾病が個体群へ入り込むことを防ぎ，個体群と生息地への疾病の蔓延を防ぐため，疾病の概念を十分に認識しなければならない。疾病の導入と蔓延は，生物学的標識，他の動物を誘引したり捕獲するためのおとり，個体群への新たな動物種の導入や放獣，行動学的研究，動物の追跡と回収の補助手段などの目的で，野外研究地へ動物が運ばれた結果として起こる。このような動物の利用方法は，科学的研究と野生動物管理のために容認される方法として行われる。しかし，どのようなことがあっても，野生動物個体群の平穏を，野外研究での動物の利用に関連した疾病の危険によって，不当におびやかすべきではない。フィールド研究者は下記の疾病要因の導入を最小限にするために適切な行動をとる倫理的，職業的責務を負う。①新しい病原体，②土地固有や潜伏中である疾病，あるい現在は発生していない疾病を効率的に伝播する媒介動物(例えば，ダニ類や内部寄生虫)，③土地固有の疾病を他種へ蔓延させる動物種。

これらに加え，調査地域固有の疾病に対し感受性の高い動物は，適切な予防手段をとることなしに，野生下に放すべきではない。ただし，疾病研究のため生物学的に疾病の監視の役割を果たす動物は例外である。そのような「見張り役」は厳密に監視され，研究目的の達成，すなわち発病による疾病の存在が明らかにされた場合はできるだけ早く確実な方法で安楽死させるべきである。

疾病の導入と伝播は，上記の生物学的要因に加え，汚染を受けた作業員，物品，器具などの機械的要因からも起こりうる。疾病予防のための作業は，問題が大きくなってから始められる対策よりもはるかに安価である。野外での野生動物の疾病予防は，以下の作業によって進められる。

①フィールド研究の場所へ送られるすべての動物について，適正な健康証明が求められる。州の獣医系職員は，相互の連絡によって動物がその管轄区の中に移される時に，どのような検査が必要となるかを決めなければならない。

②感染の危険性がある場合，研究者と器具に対して適切な消毒が行われるべきである。

③調査・研究などの活動指針となるように，研究地での疾病の活性度に関する予備知識を蓄えるべきである。

④研究地に運ばれたすべての動物の出所（捕獲後飼育された個体や，移転された野生群）について内在の疾病に関する検討が行われ，疾病の導入を防ぐために適切な処置がとられるべきである。

⑤可能な限り，動物は放獣に先だつ15～30日間は監視（検疫）下におかれ，健康な動物のみが放されるべきである。運搬の間，これらの動物を他種と混在させてはならず，検疫期間は他の動物から隔離すべきである。

⑥死亡したすべての動物は，関連する動物種について，死亡原因を究明する能力のある病理診断実験室で検査される必要がある。これらの知見は，適切な処置を行うために用いられるべきである。

⑦臨床上，病気に罹患した動物は，疾病の専門家によって検査を受け，その勧告は研究地域内の他の動物の健康を守るために活用されるべきである。

❏研究の完了時における動物の処分

研究の完了に際し，生きた動物が研究者の所有下や管理下にある場合，これらの動物を野生へ放獣しうるか，飼育し続けるべきか，安楽死させるべきかの検討がされねばならない。一般的なルールとして，次のような場合に限り，野外由来の動物は放獣されるべきである。

①保護の努力や安全性への配慮から，もとの捕獲地で放獣することが指示される場合。もとの捕獲地以外で放獣を行う場合，該当する州または連邦機関から事前の承諾を受けるべきである。放獣地は，その動物種の原産地域内か，導入された動物が定着した地域で，その生存に適した環境である必要がある。

②放獣された動物が，個体群の中へ正常に復帰することが，無理なく予想される場合。

③地域と季節的な条件が放獣個体が生きていくのに適している時。

④自然界で生きていく能力が回復不能なまでに害されていない場合。

⑤放獣によって病原体が広められるおそれや，他の方法で疾病の進行を助長するおそれがない場合。

捕獲後に飼育を行った動物を，野外研究の終了後に放獣すべきかどうかの決定は，野外で捕獲しただけの個体に対するよりも綿密な検討が必要とされる。放獣された動物の将来の安定した生活のほか，同じ種の他個体への影響と，環境を共有する他種との競争と危険性も検討されねばならない。きわめてまれにではあるが，動物福祉の観点から研究の完了後に飼育下で育てられた個体が放獣されることがある。

動物を放獣する場合，その生存の可能性を高める努力が必要である。動物が良好な健康状態にあり，天候状態も望ましい時，その動物が食物と隠れ場所を捜せる時間帯に放獣することが望まれる。

放獣できない動物は，将来のために他の科学者への譲渡が検討されるべきである。しかし，動物が重度に侵襲的な処置を受けていたならば，再度実験に供することは適当ではない。研究に適さない動物は，動物園や他の教育施設での展示動物に適するかも知れない。

動物を安楽死させる必要がある時，その動物種と環境に対して適切で確実な方法が用いられなければならない。死体の処分の前に，動物の死亡を確認することが必要である。また，死体を処分する際には，研究や安楽死に用いられた有毒物質・薬品に留意し，それらの物質が他の動物の食物連鎖に入らないように注意しなければならない。安楽死させた動物はできる限り保存し，標本や教育の目的に利用すべきである。

❏研究者の安全性に関する検討

自由生活をする野生動物を対象に調査を行う研究者は，ヒトにも伝染する野生動物疾病に暴露されやすい。疾病の伝播は，狂犬病のように感染動物との直接的接触や，ライム病を伝播するダニのような媒介者との接触，鳥のねぐらやヒストプラズマ症のような汚染された環境への接触がある。フィールドの研究者は，対象とする野生動物の一般的な疾病と，対象とする個体群での疾病の相対的罹患率に精通すべきである。ヒトにとって重大な疾病が，研究してい

る個体群の中で普通に起こっている時，免疫化や他の予防的処置に関与する内科医との協議が勧められる。罹患した研究者は，内科医に潜在的に危険な動物，疾病，および環境状態に対する暴露について医学的な援助と助言を求めるべきである。

謝　辞

　これらのガイドラインは，会長に在任中のJ.G.Teer氏の指示によって，The Wildlife Societyの委員会によって作成された。委員会は，これらのガイドラインの評論に関してF.J.Deinの寄稿を承認し，最終的な内容の向上にあたって貴重な情報を提供してくれた。

参考文献

AD HOC COMMITTEE ON ACCEPTABLE FIELD METHODS IN MAMMALOGY. 1987. Acceptable field methods in mammalogy: preliminary guidelines approved by the American Society of Mammalogists. J. Mammal. 68(4, Suppl.). 18pp.

AD HOC COMMITTEE ON THE USE OF WILD BIRDS IN RESEARCH. 1988. Guidelines for use of wild birds in research. Auk 105(1, Suppl.). 41pp.

AMERICAN SOCIETY OF ICHTHYOLOGISTS AND HERPETOLOGISTS (ASIH), THE HERPETOLOGISTS' LEAGUE (HL), AND THE SOCIETY FOR THE STUDY OF AMPHIBIANS AND REPTILES (SSAR). 1987. Guidelines for the use of live amphibians and reptiles in field research. J. Herpetol. 4(Suppl.):1–14.

ANDREWS, E. J., ET AL. 1993. Report of the AVMA panel on euthanasia. J. Am. Vet. Med. Assoc. 202:229–249.

ANIMAL BEHAVIOR SOCIETY/ANIMAL SOCIETY FOR ANIMAL BEHAVIOR. 1986. ABS/ASAB guidelines for the use of animals in research. Anim. Behav. Soc. Newsletter 31:7–8.

CANADIAN COUNCIL ON ANIMAL CARE. 1980. Guide to the care and use of experimental animals. Vol. 1. Can. Counc. Anim. Care, Ottawa, Ont. 120pp.

―――. 1984. Guide to the care and use of experimental animals. Vol. 2. Can. Counc. Anim. Care, Ottawa, Ont. 208pp.

DAY, G. I., S. D. SCHEMNITZ, AND R. D. TABER. 1980. Capturing and marking wild animals. Pages 61–88 in S. D. Schemnitz, ed. Wildlife management techniques manual. Fourth ed., rev. The Wildl. Soc., Washington, D.C.

ORLANS, F. B., EDITOR. 1988. Field research guidelines: impact on animal care and use committees. Sci. Cent. Anim. Welfare, Bethesda, Md. 23pp.

―――, R. C. SIMMONDS, AND W. J. DODDS, EDITORS. 1987. Effective animal care and use committees. Sci. Cent. Anim. Welfare, Bethesda, Md. 178pp.

補 遺 I Professional society guidelines for use of live animals in field research（フィールド研究における，生きている動物の利用に関する専門機関のガイドライン）

Ad Hoc Committee on Acceptable Field Methods in Mammalogy. 1987. Acceptable field methods in mammalogy:preliminary approved by the American Society of Mammalogists. J. Mammal.68(4, Suppl.).18 pp.

Ad Hoc Committee on the Use of Wild Birds in Research. 1988. Guidelines or use of wild birds in research. Auk 105(1, Suppl.). 41 pp.

American Society of Ichthyologists and Herpetologists (ASIH), American Fisheries Society (AFS), and the American Institute of Fisheries Research Biologists (AIFRB). 1987. Guidlines for use of fishes in field research. Copeia 1087(Suppl.). 12 pp.

American Society of Ichthyologists and Herpetologists' League(HL), and the Society for the Study of Amphibians and Reptils(SSAR). 1987. Guidlines for the use of live amphibians and reptiles in field research. J. Herpetol. 4(Suppl.):1-14

補 遺 II Sources of assistance for technical information implementation and interpretation on the Animal Welfare Act（動物福祉法における専門的知識の充実と解釈に関する協力者）

Animal Welfare Information Center
National Argicultural Library
Beltsville, MD 20705
(301)344-3212

National Library of Medicine
Bethesda, MD 20209
(301)496-6097

Scientists Center for Animal Welfare
4805 St. Elmo Avenue
Bethesda, MD 20814
(301)654-6390

Sector Supervisors
 Regulatory Enforcement and Animal Care
 Animal and Plant Health Inspection Service
 USDA
 Room 206
 6505 Becrest Road
 Hyattsville, MD 20782
 (301)436-6491

University of Illinois
 Laboratory Animal Welfare Project
 1301 W. Gregory Drive
 Urbana, IL 61801
 (217)244-5802

5
野生動物の捕獲と取り扱い

Sanford D. Schemnitz

はじめに ……………………………………… 127	鳥類の捕獲 …………………………………… 134
ワナ用誘引餌および誘引臭(擬臭) ………… 127	誘引餌によるワナ ………………………… 134
誘引餌 …………………………………… 127	ネットワナ ……………………………… 136
誘引臭 …………………………………… 128	夜間のネットとライトの利用 ………… 137
哺乳類の捕獲 ………………………………… 128	カスミ網 ………………………………… 138
スチールトラップとはじきワナ ……… 128	追い込みワナとドリフトワナ ………… 139
脚くくりワナ …………………………… 129	おとりと誘引餌 ………………………… 140
箱ワナ …………………………………… 130	くくりワナ ……………………………… 141
コラルトラップ ………………………… 132	巣に仕掛けるワナ ……………………… 141
ネットワナ ……………………………… 132	経口麻酔薬 ……………………………… 142
ネットガン ……………………………… 133	爬虫類の捕獲 ………………………………… 143
経口麻酔薬 ……………………………… 133	捕獲した動物の取り扱い …………………… 144
その他の方法 …………………………… 134	参考文献 ……………………………………… 145

❏ はじめに

　食糧として動物を捕獲する様々な工夫は，人類の出現と同時に始まった。現在では，単に食用のために捕獲されることは少なくなり，ほとんどの動物は種々の管理や研究を行うため生きたまま捕獲されることが多くなった。捕獲の成否は，捕獲に関する様々な技術の考案，研究・試験を行った経験のある野生動物研究者の努力にかかっている。研究者は捕獲に取りかかる前に，合法的なワナ捕獲とバンディング(標識調査)の許可を取っておかなければならない。

❏ ワナ用誘引餌および誘引臭(擬臭)

　ワナによる動物の捕獲効率は，ワナに誘引する餌と臭いに左右される場合が多い。非常に多くの自然あるいは市販の食べ物，人工疑似餌，調合された臭いが誘引物質として使われてきた。残念ながら，すべての動物に有効かつ万能な誘引物質は存在しない。したがって，野生動物の研究者は対象とする種の生息地域で，その種を誘引する物質を明らかにするため，様々な餌と臭いを試す必要がある。

誘引餌

　大型獣のワナ捕獲には，家畜用飼料が最も普通に使われている。これらの食物による事前の餌付けは，ワナ捕獲計画に必要な予備段階である。Howard & Engelking(1974)は，ニューメキシコ州におけるミュールジカのワナ捕獲で最適だった誘引餌はリンゴとナシで，アルファルファ乾草と綿実がそれに次ぎ，塩とトウモロコシは効果が低かったと報告している。しかし，オジロジカの捕獲では誘引餌として塩とトウモロコシが使われたこともある(Hawkins et al. 1967, Ramsey 1968, Mattfeld et al. 1972)。

　自生の木本植物は，これまであまり使われていない。その理由は採集するのに時間と労力を要するからである。しかしながら，Mattfeld et al.(1972)は冬期に木本植物を，夏期に塩を用いてシカ類を効率よく捕獲している。南西部の乾燥地帯では，砂漠地帯のビッグホーンを捕獲するために，水が効果的な誘引餌となったことが示されている(Papez & Tsukamoto 1970)。

　トウモロコシ，マイロ，小麦，オート麦など種々の穀類が，狩猟鳥を誘引するのに広く使われている。Gullion(1961)は，無着色の黄色いトウモロコシよりもオレンジ色

や赤色,青色,紫色に着色したものの方がエリマキライチョウに好まれると述べている。着色したトウモロコシは水に浸すことによって膨張し,野生の果実のように見えるためと思われる。

ピーナツバターとオートミールを混合したものが,齧歯類の誘引餌として長い間使われている。Anderson & Ohmart(1977)は,誘引餌に対するアリの忌避剤としてジメチルフタレートを餌に加えることを推奨している。Chabreck et al.(1986)は,アリの忌避剤としてDursban, DiazinonとRARKを試しているが,忌避剤で処理したワナと非処理のワナでは小型哺乳類の捕獲数の差がないことを確認している。Gets & Prather(1975)は,約65℃に熱したピーナツバターを染み込ませた短い繊維の綿を用いている。この餌はピーナツバターの臭いと味はそのままであるが,綿により餌を昆虫が持ち去ることは困難である。ほとんどの齧歯類用の誘引餌は手で装着するが,Johnson(1969)は,生捕りワナに迅速に餌を装着するためコーキングガン(かしめ銃)を用いた。

誘引臭

長い間,毛皮目的のワナ猟師は,毛皮獣をワナに誘引する臭いとして奇抜なものを使ってきた。臭いの主要な成分は,多少の変化はあるが,ほとんど類似したものである。Dobie(1949)は,コヨーテに対する誘引臭として重要な物質は,コヨーテの尿,肛門周囲腺,魚油,防腐剤として使われているグリセリンであると報告している。食肉目は魚肉や鳥肉や牛肉などの腐肉の悪臭によって罠に誘引されることがある。たとえば,魚や肉の缶詰に穴をあけることにより,長期間臭いの持続する餌をつくることができる。腐敗した卵,腐肉,魚油が放つ臭いもコヨーテのワナに使われてきた。そのほか,アザラシ油,シベリア麝香油,海狸香,スカンク麝香なども誘引臭として広く使われているものである。卵の発酵生成物や液状の合成物は,イヌ科の誘引に有効である(Roughton 1982, Turkowski et al. 1983)。Scrivner et al.(1987)とGraves & Boddicker(1988)は,トリメチルアンモニアデカン酸塩(trimethyl-ammonium decanoate)(TMAD)がコヨーテの誘引に効果があると報告している。

植物の抽出物が誘引臭に添加されることも多い。アジアの植物のオオウイキョウの根は,誘引臭に強烈で持続的な香りを与える。ハーブのアニスとカノコソウから得られる油も誘引臭に添加される。ワナで捕獲する人の中には,市販の安価な香水を少量添加することを好む人もいる。

誘引臭は,本来食肉目を誘引するために使われるが,その他の哺乳類を誘引することがある。Pederson & Adams(1977)は,アニスオイルと塩を用いて夏期にワナでエルクを捕獲することに成功している。

❑哺乳類の捕獲

野外調査者は,小型齧歯類や大型草食動物を捕獲するのに有効な新しい技術を持っている。その中には,古い捕獲方法を改良したり修正したりしたものがある。動物は手で捕獲されるほか,機械的な装置,遠方からの薬物投与,薬物を餌に混入させる経口投与によって捕獲される。この章では,捕獲で使用される薬物よりその他の捕獲器具に重点を置く。

スチールトラップとはじきワナ

毛皮を目的とするワナ猟師と捕食動物をコントロールする人たちは,動物を捕殺あるいは捕獲するために,種々の市販のスチールトラップを使ってきた。Palmisano & Dupuie(1975)は,ルイジアナ州で動物の捕獲に対する従来のトラバサミとコニベア(conibear)のスチールトラップ(conibear:登録商標,以下コニベアトラップ)の比較を行っている。その結果,長バネのトラバサミはヌートリアとアライグマの捕獲に有効であり,コニベアトラップ(conibear trap)はマスクラットの捕獲においてトラバサミよりすぐれていた。トラバサミの顎が密着しないように顎に段差をつけ,パッドで覆ったビクターソフトキャッチ(Victor softcatch:登録商標,図5-1)は,肉食動物に標識や発信器を装着するなど,安全な生捕りが必要なときに使われている。Erickson(1957), Black(1958)とJonkel & Cowan(1971)は,長い鎖をつけたニューハウス(Newhouse:登録商標)の150型(#150)スチールトラップの改良型を用いて,アメリカクロクマの標識調査を行った。また,ニューハウスの4型スチールトラップは,オオカミの調査捕獲に使われた(Van Ballenberghe et al. 1975)。Storm et al.(1976)は,1型と2型のスチールトラップを用いて,巣穴でキツネを捕獲した。しかしNelis(1968)は,脚部の損傷を理由にコヨーテの生捕りに(おそらく他のイヌ科でも)スチールトラップが好ましくないと結論づけている。Berchielli & Tullar(1980)は,脚くくりワナとトラバサミでは,ワナに起因する損傷率に有意な差はないが,捕獲効率はくくりワナの方がトラバサミより有意に低かったと報告している。

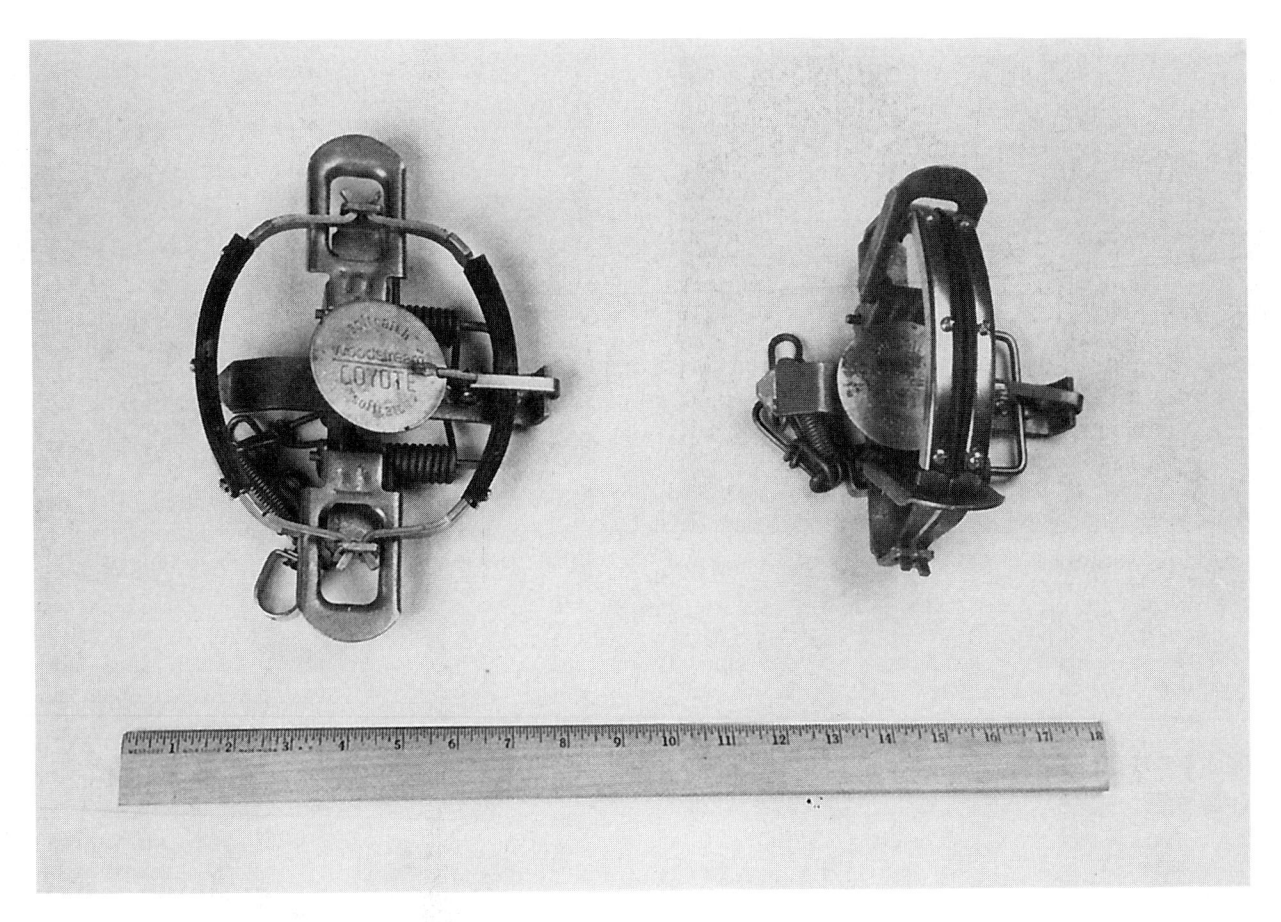

図 5-1 ヴィクターソフトキャッチ
左：設置状態，右：はじいた状態

　パッド付きトラバサミの効率は，コヨーテ(Linhart et al.1986, Skinner & Todd 1990, Linhart & Dasch 1992)，フィッシャー(Arthur 1988)，その他の毛皮獣(Linscombe & Wright 1988)で評価されている。Tuller(1984)，Olsen et al.(1986)とOnderka et al.(1990)は，ビクターのパッドの付いていないトラバサミと比較して，パッド付きトラバサミがキツネ，コヨーテ，アライグマに対するダメージが少なく，捕獲率は変わらないことを確認している。Balser(1965)は，野生肉食動物の脚部の損傷を減少させるため，針金でワナの顎部にトランキライザーの錠剤を装着している。ジアゼパムは現在使用が制限されているため，塩酸プロピオプロマジンが代用されている。コヨーテに対する適用量は600 mgである(Linhart et al.1981, Zemlicka & Bruce 1991)。Turkowski et al.(1984)は，いろいろな強度のバネを試した結果，対象外の動物の捕獲を避けるには，湾曲した板バネが最も効果があったと報告している。

　ベイリー式ワナ(Bailey trap，図5-2)とハンコック式ワナ(Hancock trap)およびそれらの改良型は，主にビーバーの生体捕獲に使われている。Buech(1983)は，ベイリー式ワナの作動部分の改良とロック用の金具を長くすることにより捕獲効率を上げた。Northcott & Slade(1976)は，傾斜地や細い水路でカワウソを捕獲できるように，ハンコック式ワナを改良している。

　Bangs(1981)は，トガリネズミの捕獲率を上げるため，ミュージアムスペシャル(museum special)式はじきワナ(snap trap)の撃鉄に，22番のステンレススチールワイヤーをはんだで接合している。West(1985)は，ミュージアムスペシャル式はじきワナの旧型と新型を比較して，旧型の方がバネが強いため，タウンゼンドシマリス(*Tamias townsendi*)とオレゴンハタネズミ(*Microtus oregoni*)の捕獲とトローブリッジトガリネズミ(*Sorex trowbridgii*)の捕獲には新型の方がすぐれていることを確認している。トガリネズミにおける高い捕獲率は，踏み板をはずすのに必要な力が小さくてすむためだと結論している。

脚くくりワナ

　脚くくりワナは，大型の肉食動物に損傷を与えることな

図 5-2 ビーバーを捕獲するため設置されたベイリー式生捕りワナ (Bailey trap)
（写真提供：R.N.Conners，アメリカ森林局）

図 5-3 オジロジカの捕獲に使われた木製の落とし戸を持つスティーブンソン式生捕りワナ
（写真提供：Ed Cleary，アメリカ農務省，ASPHIS/ADC）

く捕獲するのに有効である。Van Ballenberge(1984)は，オオカミの捕獲にはトラバサミより脚くくりワナの方が損傷が少ないと報告している。Novac(1981)は，コヨーテ，キツネ，スカンク，アライグマにおいても同様の報告をしている。アルドリッチ式脚くくりワナ(Aldrich leg snares))は，クマ類を捕獲するのに広く使われている。Johnson & Pelton(1980)は，ワナのケーブルに張力の強いバネを付加し，損傷を少なくするためのショックアブソーバーとして機能させている。

箱ワナ

シカ類の捕獲器として最も広く使われているものの一つは，ミシガン州保護局のJ.H.Stephensonが開発したスティーブンソン式箱ワナ(Stephenson box trap)である。McBeath(1941)がスティーブンソン式箱ワナを用いたオジロジカの捕獲を初めて報告している。このワナは，構造と仕掛けに改良が加えられた以外は，ほとんどそのままのデザインで現在も使われている。ワナは木製（図5-3）あるいは金属製で，サイズは1.2m×1.2m×3.7m，両側に落とし戸をもつ構造になっている。落とし戸は糸あるいはワイヤーではずす仕組みであるが，Webb(1943)は作動装置としてスチールトラップを使用した。Williams & Pelton(1972)とForeyt & Glazener(1979)は，シカ，ヨーロッパイノシシ，野生化したブタを捕獲するために，箱ワナの原型に改良を加え，移動性を向上させている。Runge(1972)は，単繊維の釣り糸と金属製の棒を使った改良型の作動装

図 5-4 クマ類の捕獲に使われたカルバートトラップ (culvert trap)
（写真提供：アリゾナ州狩猟鳥獣魚類局）

置を設計している。Masters(1978)は，落とし戸の留め金と鉄製のバンドおよび単繊維の糸からなるシンプルなトリガーを記載している。

鋼鉄の波板製の暗渠で作成した大型の箱ワナ〔カルバートトラップ(culvert trap)，（図5-4）〕は，クマ類の捕獲に使われている(Erickson 1957, Black 1958, Troyer et al. 1962)。クマ類のワナは鋼板あるいは14ゲージの暗渠で作成されており，長さ1.8～2.4m，幅1.2mで片側または両側に鋼鉄製の落とし戸がつけられている。これらのワナは重量がかさむため，路側での使用に限定される。しかしほとんどの場合，カルバートトラップはトレーラーと一体に

図 5-5 クローバー式ワナ (clover trap)

してけん引され，移動性を向上させて使用されている。これらのワナは害獣として扱われるクマの捕獲に実用的であり，捕獲されたクマはこの中に入れられたまま放逐地点まで運搬される。

携帯性に富み広く使われているネットワナ(図 5-5)の基本的なデザインは，Clover(1954)が行った。改良型が Sparrow & Springer(1970)，Roper et al. (1971)，McCullough(1975)によって作られている。Thompson et al. (1989)は，クローバー式ワナ(Clover trap)をワナに入ったエルクを拘束するため折りたためるように改良し，不動化薬や足枷を用いることなく少人数で安全に取り扱うことができるようになった。

採血や投薬のために捕獲された動物を拘束する箱ワナ類が作成されている。Sauer et al. (1969) は，ミュールジカの動きを制限して取り扱うために，折りたたみ式のドアを備えた合板製の保定用通路を作成している。また可動式のパッド付きパネルとパッド付きのプランジャーを使った改良型で，オジロジカを適切に拘束することが可能になった(Mautz et al. 1974)。Masters(1978)は，捕獲されたシカの体重の計測とマーキングをする際の拘束の手段として，パッド付きの合板製の保定箱を使った。箱ワナに捕獲されたシカはこの小型の保定箱に移され，その中でシカの頸部は箱の前部にある可動式の横木に確保される。

より小型の哺乳類も，ハバハート(Havahart)，ロングワース(Longworth)，ナショナル(National)，シャーマン(Sherman)，ヴィクター(Victor)など種々の市販の"箱様"ワナにより捕獲できる。しかし，フィールドワーカーは自分なりのワナをデザインし，木，金属，ワイヤー，プラスチックなどで作成している。Mosby(1955)がデザインした木製の箱ワナは，Ludwig & Davis(1975)により改良が加えられ，ウッドチャックの捕獲効率を高めた。彼らはワナの全長を 51 cm から 61 cm にのばし，扉を安定させるため閂となる横木を加え，かじられないように扉を金属で裏打ちし，トリガーとしてワイヤーに代えて木製の柱を用いた。Cushwa & Burnham(1974)は，カンジキウサギの生捕り用の安価なワナを考案した。Brown et al. (1969)は，小型哺乳類用の小型軽量で，安価な生捕りワナをプラスチック(PVC)製の配水管を使って作成した。

Keller et al. (1982)は，降雪，降霰，降雨時に齧歯類を捕獲するため，生捕りワナとともにプラスチックバケツをシェルターとして使用している。樹上性の小型哺乳類は在来型の生捕りワナで効率的に捕獲することができるが，これらは枝に取り付けたV字型のフレームにくくりつけて用いられたり，対象動物にあわせて樹冠の様々な高さにつり下げて用いられる(Malcolm 1991)。

Maly & Cranford(1985)は，大型および小型のシャーマントラップ(Sherman trap)を比較し，小型哺乳類(平均体重 4～18 g)の捕獲効率は両者で等しく，大型種(平均体重 40～47 g)では大型のトラップの方が捕獲しやすいと報告している。

Zoellick & Smith(1986)は，エンクロージャーと箱ワナを併用し，巣穴にいるキットギツネを捕獲した。Foreyt & Rubenser(1980)は，同様のワナを用いて，巣穴にいる複数のコヨーテの幼獣を捕獲した。Storm & Dauphin(1965)，Storm et al. (1976)と Berchielli & Tuller(1981)は，ワイヤーフェレット(図 5-6)と網袋を使って巣穴のアカギツネを捕獲した。

Layne(1987)は，小型哺乳類のワナを妨害から保護するワイヤー製のエンクロージャーを考案しているが，これによる捕獲率の低下はなかった。Warner & Chesemore(1985)は，シャーマントラップを安価なアーチ型のクローケーの三柱門の中に設置し，強風や家畜による破損から保護した。Jackson & Hatchison(1985)は，都市近郊における人間によるワナの妨害を減少させるため，生捕りワナにカムフラージュ用の塗装を施した。Barry et al. (1989)は，安価で精密なタイマーを開発し，シャーマントラップにこれを装着して小型哺乳類の捕獲時刻を記録した。

これまでの報告では，ワナに入った動物の臭いがその後に入る動物の反応に影響を及ぼすかどうかについて，それぞれに反論が出されている。Stoddart(1982 a, b)は，以前に動物の入ったことのあるワナを使用すると，キタハタネズ

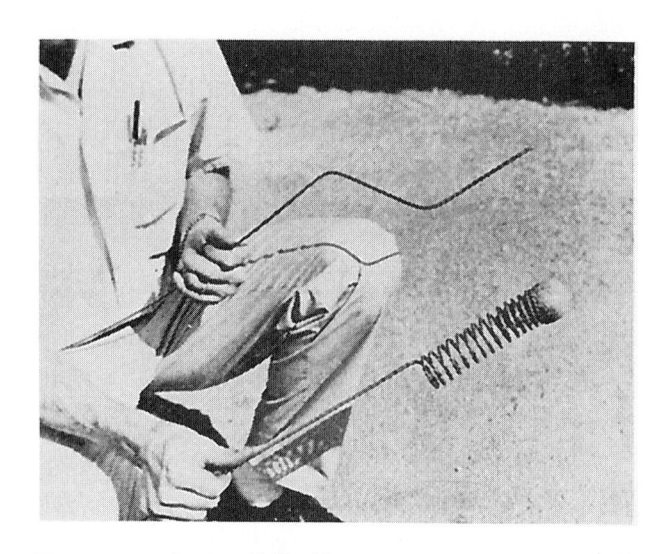

図 5-6 アカギツネの捕獲に使ったワイヤーフェレットの両端
上：ハンドル，下：コイル状のスプリング．
(写真提供 G.L.Storm，アメリカ魚類野生生物局)

ミ(*Microtus agrestis*)の捕獲率が低下すると報告している．Montgomery(1979)は，モリアカネズミ(*Apodemus sylvaticus*)，キクビアカネズミ(*A. flavicollis*)とヨーロッパヤチネズミ(*Clethrionomys glareolus*)は，むしろ同種の入ったことのあるワナを好むと報告している．Tew(1987)は，"きれいな"ワナと"汚れた"ワナで捕獲率に差がないことを確認している．

Hayes(1982)は，テレメトリーのトランスミッターをクローバー式ワナの改良型に装着し，遠隔地から捕獲状況を監視した．これにより時間が節約でき，また作動していないワナを見回る必要がなくなった．

コラルトラップ

コラルトラップは，種々の大型哺乳類を捕獲するのに使われている．動物はワナの中に置かれたいろいろな餌，つまり自生の木の葉，アルファルファの乾草，リンゴ，塩類，水などに誘引される．一般に，コラルトラップはワイヤーと木材で作られた常設的な施設であるが，ワナを設置する現場の周辺にある丸太を利用して作られることが多い．ジャクソンホール国立エルク保護区のコラルトラップの詳細については，Taber & Cowan(1969)が記述している．R.Wilson(ワイオミング州野生生物魚類局，私信)は，エルク用のワナについて次のような改良点を提案している．

①各保定用通路の上に覆いをつけ，エルクが後ろ足で立てないようにする．②片側の保定用通路を隙間のないよう強固にする．これによりエルクを落ちつかせ，標識と首輪を装着する開放区に導くことができる．

移動式のコラルトラップがルーズベルトエルクの捕獲に使われている(Mace 1971)．このワナは，3人いれば1日も要せずに組み立てることができる．Rempel & Bertram (1975)は，7枚のパネル(2.4m×2.4m)からなるコラルトラップを用いて，塩なめ場に集まるシカを捕獲した．このコラルトラップの改良点は，2個のクローバー式ワナ(Clover 1954, 1956)を備えている点である．これらのクローバー式ワナは，コラルから逃げようとするシカを捕獲するためのものであり，これによりコラルトラップに起因するシカの損傷を大きく減少させることができた．Sugden (1956)は，大型哺乳類用のワナのゲートを遠隔操作で閉じる技術を考案した．彼はワナのゲートを保持しているロープを切断するため，548m離れた場所から操作して雷管を爆発させている．餌付けを伴わない追い込み用のコラルトラップがオグロジャックウサギの捕獲に使われたが，これは外側を鶏舎用の金網で囲い，内側に刺し網が施されている(Henke & Demarais 1990)．

アフリカ南部では，種々の偶蹄類の群れを捕獲するのに手動もしくは自動的にプラスチックシートで被われるエンクロージャーが広く使われている．プラスチックシートは金属製のポールの間に張り渡され，作動すると垂直に落下する．ワナを設置した場所に誘引するため餌や水が使われている(M. D. Kock ジンバブエ国立公園野生動物管理局，Harare，私信)．

ネットワナ

キャノンネット(Hawkins et al. 1968)とロケットネットは，シカ類を捕獲するのに使われてきた．ドロップネット(図 5-7)は，シカ類(Ramsey 1968, Conner et al. 1987)とビッグホーンを捕獲するのに有効であり，捕獲性筋疾患(キャプチャーミオパチー)も最小限に抑えられる．

追い込みネットとヘリコプターの併用は偶蹄類を安全に捕獲することができるが，技術と大きな労働力を要する方法である(Beasom et al. 1980)．ネットは先端に切れ込みのある2本の木製ポールに取り付けられ，3〜5mの間隔でA字型に配置される．動物はホバリングするヘリコプターによりネットの中に追い込まれ，地上の作業員により一斉に取り押さえられる．Sullivan et al.(1991)によると，テキサス州南部で捕獲された430頭のシカ類の例では，死亡率は低く1.4%であった．Kattel & Alldredge(1991)は，追い込みネットの捕獲技術を応用して，その土地の織布をネットとして用い，森林に棲むジャコウジカを人を使って追い込む方法をとった．

図5-7 上：ドロップネットの下の給餌場で餌を食べているビッグホーン。下：ネットが落とされ混乱しているビッグホーン
上写真の右側にミュールジカがいるのに注意。
〔写真提供：D.L.Reed，コロラド州野生生物局〕

図5-8 直径7cmの大きいメッシュサイズのネットを装填した4本の銃身を持つネットガン
（写真提供：D.H.Ellis，アメリカ魚類野生生物局）

McCabe & Elison(1986)は，夜間にライトと長い柄のついたネットを用いて1時間当たり10～12頭のマスクラットを捕獲できたと報告している。

ネットガン

ヘリコプターから発射される手持ちのネットガン（図5-8)は，イヌワシ(O'Gara & Getz 1986)，水禽類(Mechlin & Shaiffer 1980)，カリブー(Valkenburg et al. 1983)，プロングホーン(Firchow et al. 1986)，ビッグホーンの一亜種(desert bighorn, Krausman et al. 1985)，オジロジカ，ドールビッグホーン(Barrett et al. 1982)，コヨーテ(Gese et al. 1987)など，いろいろな野生動物の捕獲に広く使われてきた。Barrett et al. (1982)は，ネットガンを非常に携帯性に富み，季節を問わず特定の動物を捕獲できる道具として推奨しているが，練習を重ねて経験を積み，プロングホーンのように捕獲性筋疾患を起こしやすい動物に使うことは控えるよう忠告している。捕獲性筋疾患に起因する死亡率は，炭酸水素ナトリウムを腹腔内に投与することによって最小限度に抑えることができる。

Andryk et al. (1983)は，ヘリコプターからの麻酔銃による捕獲とネットガンによる捕獲を比較し，ネットガンの方が効率的であると結論している。Kock et al.(1987)も，ビッグホーンの捕獲には，ドロップネット，追い込みネットおよび化学的不動化よりもネットガンがすぐれているすぐれていると報告している。迅速で正確な展開を含む種々の利点により，捕獲と処理の時間を短縮し，ストレスによる死亡を減じることができる。DeYoung(1988)も，ネットガンが効率がよいことを示している(オジロジカのオス1頭の捕獲に要する労力は，ネットガンが3.5人時間であったのに対し，追い込みネットは8.7人時間)。

経口麻酔薬

動物の捕獲と鎮静に用いる経口薬が効果を持つには次の性質が必要である。①食物や水の中に混入させやすいこと。

②総摂取量の制限が困難なため安全域が広いこと。③即効性で薬物を投与された動物が視界から離れることがないこと。④餌を食べる可能性のある他の動物に対し害がないこと。残念ながら，市販の薬物でこれらの必要条件をすべて満たすものはほとんどない。したがって，経口麻酔薬による捕獲技術の信頼性は将来に残された課題である。

Austin & Peoples(1967)は，野生ブタを抱水クロラールの糖複合体であるα-クロラロースで捕獲した。彼らは皮を剥いたトウモロコシ0.24l当たり2gの薬物を混合した。Stafford & Williams(1968)は，α-クロラロースが含まれた餌を食べた17頭のアメリカクロクマのうち9頭を捕獲した。LeCount(1983)は，カルバートトラップに捕獲されたクマを不動化するのに，体重15kg当たり1gのα-クロラロースを115gのハチミツに混ぜて用いた。

その他の方法

Williams & Braun(1983)は，従来のはじきワナより墜落函(pitfall trap)の方が数多く，また多様な小型哺乳類を捕獲できることを確認した。Mengak & Guynn(1987)は，冬期と夏期で墜落函の捕獲率には差がないと報告している。墜落函はトガリネズミの捕獲において，はじきワナより効率的なようである。Boonstra & Rodd(1984)は，アメリカハタネズミ(*Microtus pennsylvanicus*)の捕獲には墜落函よりロングワース(Longworth)式生捕りワナの方が効率がよいと結論している。しかし，タウンゼンドハタネズミ(*M. townsendii*)の捕獲率を生捕りワナと墜落函で比較した結果は，これと正反対であった(Boonstra & Krebs 1978)。墜落函は有効な生捕りワナとして使える一方，水を加えておくことで殺ワナにかえることもできる。墜落函は，爬虫類(herptiles)のサンプリングにも応用できる。Bury & Corn(1977)は，5mの長さのフェンスの両側に墜落函を配列する方法を推奨している。Gibbons & Semlitsch(1981)は，墜落函として地面に埋めた20lのプラスチックバケツを用い，フェンスの代わりに50cmの高さのアルミニウムの雨押さえを用いることを推奨している。

Srivastava & Srivastava(1985)は，マウス類，ラット類およびリス類の捕獲に接着剤を塗布した金属やプラスチックの板を用いて好成績を得たと報告している。Pagels & French(1987)は，小型哺乳類の分布の情報源として，放棄されたビンを調査することをデータ収集の手法に加えるよう提案している。

Eagle & Sargeant(1985)は，隣接個体を誘引するため，生きたミンクをおとりにしてバネ仕掛けの生捕りワナにおき，これを巣穴に設置する方法をとった。彼らはまたトンネルに障壁を置く方法も使っている。沼地の汀線沿いや道路の暗渠の中に置かれる障壁は岩石や板でつくられ，両側に扉を持つワナを障壁に通して用いている。

Nolan et al.(1984)は，グリズリーを捕獲するアルドリッチ式脚くくりワナをモニターするトランスミッターを開発した。Hawley et al.(1985)は，ワナが作動した正確な時間を記録するために，ワナをモニターするトランスミッター用の時計を作成した。

メスジカが示す特有の行動パターンと姿勢を観察することにより，隠れている子ジカを容易に捕獲することができる(Downing & McGinnes 1969, White et al. 1972, Huegel et al. 1985)。子ジカを取り扱うときには，ゴム製の手袋をつける必要がある。それによってその後の捕食の危険性を最小限度に抑えることができる。

Kunz & Kurta(1988)は，コウモリ類の捕獲法について細部にわたる議論を行っている。彼らは明るさの調節ができるヘッドライトを用いることを奨めている。またコウモリ類の捕獲に実用的な方法と器具として，素手による捕獲，手網，カスミ網，キャノピーネット，またバケツ式ワナ，袋式ワナ，じょうご式ワナ，ハープワナ(Tuttle 1974)を挙げている。

❏鳥類の捕獲

The North American Bird Banding Manual(アメリカ魚類野生生物局とカナダ野生生物局)，Guide to Waterfowl Banding(Addy 1956)とBird Trapping & Bird Banding(Bub 1990)では，鳥類のワナについてこの章よりも詳細に記載してある。また，陸生の狩猟鳥に対する捕獲法については，Wilbur(1967)やReeves et al.(1968)に詳しい。Wilbur(1967)は，狩猟鳥のワナ捕獲と標識に関する政府や州の規制を強調している。その規制によって，ものによっては特別の許可が要求されるかもしれないし，禁止される方法も出てくるかもしれない。誰もが自分の設置するワナに関連する規制について十分に理解しておくべきである。

誘引餌によるワナ

鳥類の多く，特に群居性で種子食性の鳥類は誘引餌によるワナで捕獲することができる。ワナは形や大きさを除くと，主として入り口に特徴を持っている。小型の鳥類に使われる最も単純なワナは，1本の棒で片方を支えられたた

だの網製の箱である。鳥が箱の下に餌を食べに来ると、隠れている人間が棒につないである紐を引っ張り、その結果箱が落ちて鳥を閉じこめるというものである。この原理は、Wooten(1955)によってオビオバトの捕獲に使われている。それは、3.8 cm のメッシュのネットをしっかりと張った4.8 m 四方の木枠でできており、2.1 m の棒で1か所を支えられていた。そしてその棒を引っ張るための紐が人が隠れている場所まで延ばされていた。Weiland(1964)は、その種のワナに瞬時にはじくバネを応用するため、ソレノイドを用いたものを紹介している。また Braun(1976)は、オビオバトの捕獲に誘引餌を用いた落としワナを紹介している。その仕組みは、ワナに連結した紐を引っ張ると、四方の木製のブロックからワナが地面に落下するというものである。

じょうご式ワナは、広い入り口がワナ本体の外側に面し、狭くなった出口がトラップの内部に突き出た形を呈している。ワナの中に入った鳥はワナの中で出口を見つけようとするが、通常じょうご部分に気づくことはない。ワナの内側から出るのを防ぐため、じょうごの内口の針金は、通常ふさ状に残される。ワナが、たとえば干満のある沼地のように水位が変化する場所に設置される場合、水位がどんなレベルでも鳥が侵入できるように、じょうご部分は十分な高さに設定される。じょうご式の入り口は、水禽用ワナに最も一般的に用いられるが、それ以外のほとんどすべての種にも利用できる。ワナを金属のメッシュか漁網で作る場合、じょうご部分はその狭窄部を保つために丈夫なワイヤーで作るのがよい。Smith et al. (1981)は、安価で軽量な折りたたみ式のウズラ用ワナを紹介している(図5-9)。

振り子式あるいは bob と呼ばれる入り口は、下層植生が繁茂した場所を好むキジ類を捕獲するワナによく用いられる。

チップトップ(tip-top)式の入り口は、ワナの上面に扉がついたもので、ワナ自体は地面に埋めて仕掛けられる。扉は軽いバネで閉じられているだけであり、鳥の重さで容易に開口する。そして鳥が中に落下すると、その扉はバネで閉まる。このワナの適用は対象種の行動特性により制限されるが、特にソウゲンライチョウでは成功率が高い。

Schemnitz(1961)は、トンネル式ワナ(図5-10)とはしご式ワナ(図5-11)を使用して、ウロコウズラの捕獲に成功している。

振り子式あるいはスライド式入り口は、鳴禽のワナによく使われる。鳥の体重で棒や受け皿を押し下げることによって、バネ仕掛けで扉が閉まるようになっている。この

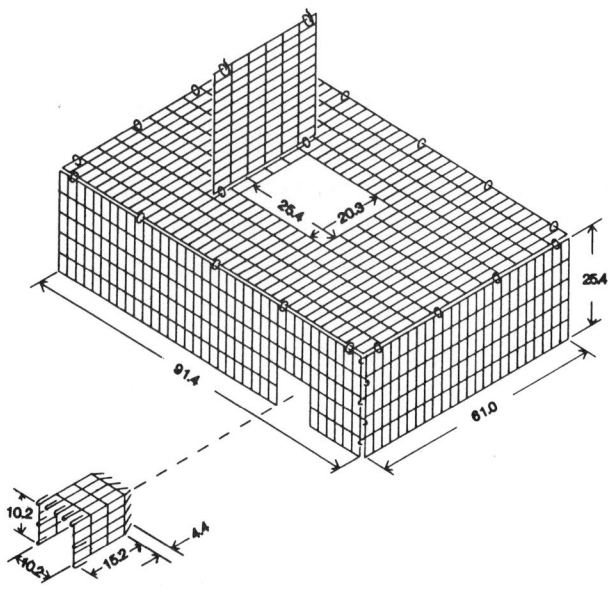

図5-9 折り畳み式のウズラ用ワナ(単位はcm)
(Smith et al. 1981より)

図5-10 餌をおいた板の下に掘られたトンネル式ワナ
トンネルはウズラ用ワナの中心に開口している。

図5-11 ウロコウズラ用のはしご式ワナ

扉の仕掛けは，1回に1羽を捕獲したいときに最も適している。

大型のワナでは，通常それより小さい捕獲箱を同時に使用することが多い。鳥をこの捕獲箱に追いたて，入り口を通して箱に移動する。ワナに入った鳥は，身動きができなかったり，風雨にさらされたり，捕食を受けることによりすぐに衰弱する。ワナに起因する死亡率を下げる最良の方法は，鳥を速やかに処置することである。

ワナを水中に設置する場合には，水底が堅固な場所を選択して設置すべきである。そうすることにより，餌が泥の中に沈むことがないので，鳥もどろどろの底を脚や嘴でかき回す必要がなく，羽毛を傷めることもない。また，水の流れが速い場所では餌が流され，逆に流れが全くなければすぐ凍り付いてしまう。そして，水禽類の好む植物がそのワナの入り口付近にある場合は取り除いた方がよい。

Szymczak & Corey(1976)は，Addy(1956)が水面採食型のカモの捕獲に有効であったと報告したソルトプレーンズ(Salt Plains)のカモ用ワナの構造に改良を加えた。コンクリートの土台を持つ常設の水禽類用の大型のワナは，Arthur & Kennedy(1972)によって作られた。常時水位が変化するような場所で潜水型のカモを捕獲するための"lily-head"と呼ばれる移動式のワナは，Hunt & Dahlka(1953)によって紹介されている。金属製の餌皿を備えた移動式の箱形ワナと，McCall(1954)による捕獲箱の改良型が水面採食型のカモの捕獲に現在も使われている。いかだ式ワナは水禽類を容易に捕獲することができる(Sugden & Poston 1970, Thornsberry & Cowardin 1971)。Spitzkeit et al.(1987)は，水禽類用の安価で持ち運びのできる泳いで入るワナ(swim-in trap)を紹介している。Haramis et al.(1987)は，潜水型のカモ用のコラルの入り口に餌を置いて誘引するワナを考案しているが，数分の間に50～75羽のカモを捕獲できることもあるという。

Bacon(1987)は，複数のじょうご式入り口のある宙づりの円筒形をしたヒワ類用のワナを作成した。これはオウゴンヒワやマツノキヒワの捕獲を目的としたもので，餌にはアザミを使った。

Engle & Young(1989)は，アイダホ州南西部において，警戒心の強いワタリガラスに対し数種類のワナを用いて検討した結果，24羽中23羽がパッド付きのトラバサミで捕獲された。

陸生の鳥に関するワナはこれ以外にも様々なものが作られている。たとえば，Aldous(1936)によるシロエリガラス用のもの，Schultz(1950)の北米産コリンウズラ用のもの，Chamber & English(1958)，Edworth(1961)，Gullion(1961)のエリマキライチョウ用などである。また Wilbur(1967)は，陸生の狩猟鳥用の様々なタイプのワナを作っている。

通常，使用するワナの大きさは，捕獲効率と移動性の兼ね合いで決まる。渡り途中の群を渡りの中継地で捕獲する場合，常に新しい個体が捕獲されるので，ワナは大型かつ常設のものがよい。しかし，以前に捕獲されたことのない鳥を捕獲する場合，ワナは頻繁に移動させた方がよい。ワナの天井部は漁網のような柔らかい素材で作るべきである。そうすることにより，捕獲された鳥が飛び上がって羽ばたいたりしても損傷する危険性が少なくなる。

ネットワナ

発射式ネットおよびドロップネット

特に野生シチメンチョウのように警戒心が強くなかなか囲いの中に入らない鳥を捕獲するために，誘引餌を置いたネットワナを使うことがある。キャノンネットあるいはロケットネット(図5-12)がシチメンチョウや水禽類によく使われる。これらは，臼砲状の発射機やロケットにより，大型で軽いネットが餌で誘引された鳥の上にかぶせられる。この方法は特にガン類に対して有効であるが，その他の種では飛ぶことのできない時期以外には使えない〔Dill & Thornsberry 1950, Salyer 1955(アメリカ魚類野生生物局野生生物研究所,「Wildl. Manage. Serv. 12」)〕。またその他の成功例としては，カナダヅル(Wheeler & Lewis 1972, Urbanek et al. 1991)やハクトウワシ(Grubb 1988)がある。それぞれのロケットは，地面から20度の角度で発射されるように調節される。また両端のロケットは，ネットの最大幅の端から5～6m内側に据え，ネットの縁より45度外側へ向けて発射されるように設置する。

点火には普通の電気ケーブルと発破器，無線(Grieb & Sheldon 1956)，あるいは12Vバッテリーなどが用いられている。しかし送受信兼用の無線装置だと静電気で電気制御の雷管の誤爆を引き起こすこともある。発破器は寒いときには誤作動を起こす可能性があるため，使う前に暖めておかなければならない。またブラインドは鳥をならすためにまず最初に設置した方がよい。そして折りたたまれたネットから水平距離で46～91mの場所に設置されることが多い。ネットが展開する地面からは石などを取り除き，ネットが広がった時の最長到達点に目立たないマーカを立てておく。ネットは片側の縁を埋め込むか，杭につないで

図 5-13 キジオライチョウ捕獲のための夜間のスポットライティング用車両
〔写真提供：J. Connelly，アイダホ州魚類狩猟鳥獣局〕

使ってから2週間程度たつと，再びその場所に戻ってくるようだ。

Giesen et al. (1982)は，キジオライチョウの若鳥を捕獲するための車載型ロケットネットを記載している。またSharp & Lokemoen(1980)は，ロケットネットを発射するための簡単なリモートコントロール用の無線装置を開発している。さらにGarrott & Hayes (1984)は，1 km以上離れたドロップネットを作動させる無線装置を考案している。

夜間のネットとライトの利用

コウライキジやキジオライチョウのように地面にねぐらをつくる大型の鳥は，夜間に平地で捕獲することができる。この場合，強力なサーチライトを装備し，前方に網を持った捕獲者の座席を備えた自動車(図5-13)を利用することが多い。ライトに照らし出されて動きを止めた鳥は，長い柄のついた網ですくい上げられ，後方に設置されたベッドに送られる。さらに，そこで鳥は暗箱に移される。作業中に車と発電器の間断のない大きな音が持続している方がライトの照射には効果的である。この方法は地上で休息する鳥だけでなく水禽類にもよく使われる。Labisky(1959, 1968)は，鳥がねぐらについて3～4時間経過した頃に，この方法を実施するのが最も成功率が高いと報告している。彼が捕獲した鳥は，主としてコウライキジであるが，そのほかカオグロクイナ，コオニクイナ，メンフクロウ，アメリカオオコノハズク，ヨーロッパウズラ，コリンウズラ，ソウゲンライチョウなどを捕獲している。Drewien et al. (1967)は，陸生の狩猟鳥および水禽類の捕獲に使用する背

図 5-12 シチメンチョウ用のロケットネット
上：設置状況，下：発射状況
（写真提供：D.Moreland，ルイジアナ州野生生物魚類局）

おかなければならない。水面にいる鳥を捕獲するときには，ワナを発射して鳥をワナからはずす前に，ネットと鳥を陸に引き上げなければならない。ガン類の場合，一度ワナを

図 5-14 鳥のかかったカスミ網
(写真提供：T.A.Bookhout，アメリカ魚類野生生物局)

負い式の夜間照明装置を記載している。夜間，ボートから網を用いて水禽類を捕獲するため，この照明装置を大きな音をたてながら用いた例が紹介されている(Cummings & Hewitt 1964)。Brown(アリゾナ州野生生物魚類局)，P-R Proj. W-78-R-15，1975)は，夜間に地上で休息するシロマダラウズラを捕獲するために，訓練された陸鳥用の猟犬を使って好成績をおさめた。Gieson et al.(1982)は，スポットライト法は春期および夏期にキジオライチョウの成鳥を捕獲するのに最適な方法であると結論した。Shuler et al.(1986)は，柄付きネットによるヤマシギの捕獲に，録音したヤマシギの声と夜間のライトを併用した。

Mitchell(1963)は，投光器を使ったワナにより，ねぐらにいるクロウタドリやムクドリ類の大量捕獲に成功している。Kautz & Malecki(1990)は，夜の闇の中で，納屋で休息しているハトを手で捕獲した。彼らははしごを登るときの助けとして時々ヘッドライトを用いた。

カスミ網

カスミ網(図5-14)は，長い間アジアや地中海地方で鳥を商業用に捕獲するのに使われてきた。McClure(1956)は，日本で使われていた効果の高い手法を紹介した。Low(1957)によると，そのカスミ網は細い黒色の絹またはナイロンで作られており，幅が0.9～2.1m，長さが9.0～11.6mである。メッシュの大きさは捕獲する鳥によって異なり，メッシュの大きさが30mmのものと36mmのものを組み合わせた場合は，体重5～100gの陸生の鳥類を捕獲するのに最適である(Heimerdinger & Leberman 1966)が，カモ類，ワシタカ類あるいはコウライキジを捕獲するのにはメッシュもっと大きくする必要がある。カスミ網は，"棚糸"と呼ばれる水平方向の丈夫な糸の枠によって連結されている。カスミ網と棚糸は両端を支柱によって支えられ，棚糸は堅く張られ，カスミ網は余裕を持たせて張られる。これにより最上部を除く各棚糸の下には，7.6cmもしくは10.2cmの深さの袋状あるいはポケット状のたるみが形成される。鳥がカスミ網に飛び込むと，網は反対側に伸び，網のポケット部に鳥が入り込む仕組みになっている。通常用いられるカスミ網は棚が4段であり，高さは約1.8mである。カスミ網を使用して捕獲する場合，周囲は暗い方が有効である。風はない方がよい。一般に，午前の中頃(8時～9時30分)と午後遅く(16時～17時30分)に最も捕獲率が高くなる(Ralph 1976)。網にかかった鳥を1時間以上放置してはいけない。また網が日の当たる場所に設置されている場合には，より短時間のうちに鳥を網から取り外す必要がある。雨が降り出したら直ちに網を閉じなければならない。Jewell(1978)は，鳥が網にかかると点灯する単純な仕組みの電池式のスイッチを考案している。

カスミ網を水面の上に水平につるすように設置し，網の下にはいったヒレアシシギ類の上に落下して捕獲した例が紹介されている(Johns 1963)。Dorio et al.(1978)は，抱卵中のマキバシギとアメリカヒレアシシギが飛び立とうとする瞬間に，カスミ網を上から落とすことにより捕獲した。Hicklin et al.(1989)は，簡単で丈夫で安価な"ファンディプルワナ(Fundy pull trap)"(図5-15)を考案しており，シギ・チドリ類の捕獲では操作時間と死亡率は最小であった。

1人もしくはそれ以上の人間が，タシギ類などの1群れの鳥を1列のカスミ網に追い込むことによって捕獲が成功することも多い(Fogarty 1969)。Otnes(1991)は，"スウゥープネッティング(swoop-netting)"方式を紹介しているが，それは2人がカスミ網を水平に保持し，シギ・チドリ類が飛び立った瞬間に網を垂直に立ちあげるという方法である。アオライチョウ(Schladweiler & Mussehl 1969)とキジオライチョウ(Browers & Connelly 1986)を，1枚あるいは2枚のカスミ網に追い立てて捕獲すした例がある。

Keyes & Grue(1982)は，カスミ網による鳥類の捕獲について総説しているが，特に網と支柱，設置場所の選択，網の配置，天候や時間帯，捕獲された鳥の処置の方法など捕獲の手順を詳しく解説している。

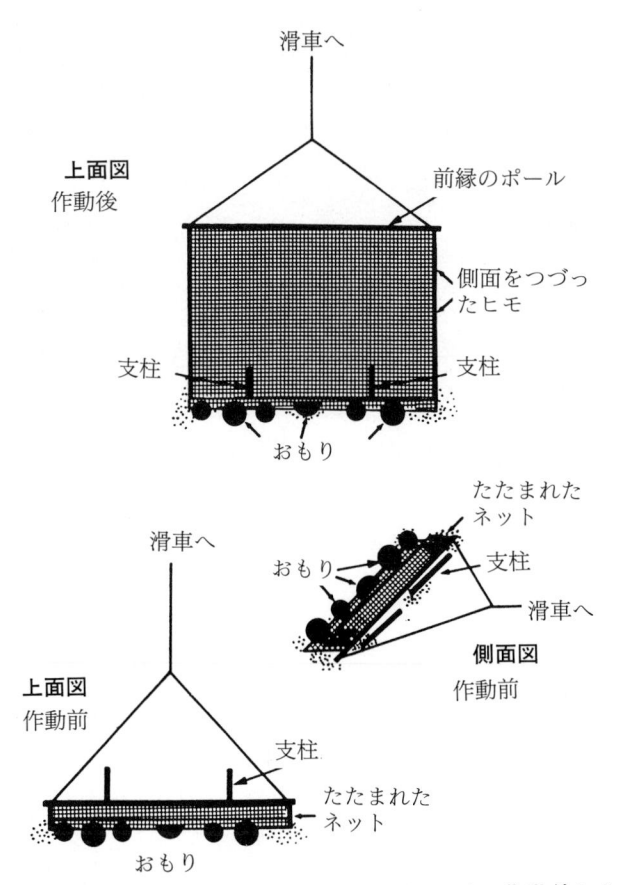

図 5-15 ファンディプルワナ(Fundy pull trap)の作動前および作動後の上面図と側面図(Hicklin et al. 1989 より)

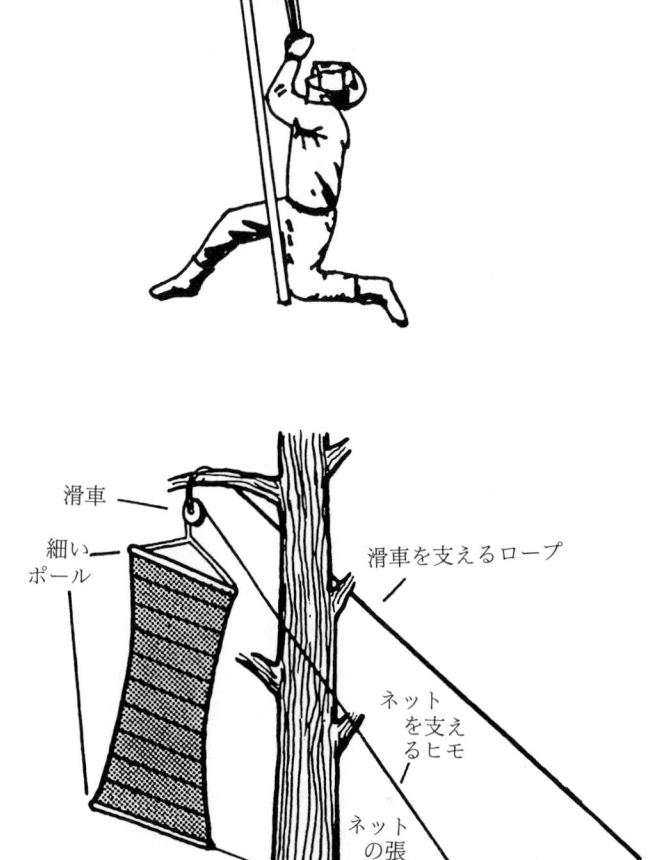

図 5-16 上：カスミ網を樹冠の中に上げるための紐を高い樹の枝にかけるのに用いる大きなパチンコ(Munn 1991 より)。下：空中に垂直に立てられたカスミ網

Sykes(1985)は，携帯用の網の支柱の構造とそれを収納するポリ塩化ビニルパイプ製の輸送箱を記載している。Nesbitt et al.(1982)は，チャバラエボシゲラを捕獲するために，録音された同種の声を巣の近くで流しておびき寄せカスミ網を使って捕獲した。Barrentine(1984)は，水深が深く橋の高さが低くても適用できるようなカスミ網による捕獲方法を開発した。DeJonghe & Cornuet(1983)は，山岳地帯において，支柱のないカスミ網を地上から50mの高さにあげて鳥類を捕獲する方法を紹介した。Karr(1979)は，森林内で地上12mの高さまでカスミ網を上げる仕組みを開発した。彼は滑車と張り綱を使って支柱と網を直立させている。Munn(1991)は，樹高の高い熱帯の木にカスミ網を引き上げる紐を打ち込むために，大きなパチンコを考案した(図5-16)。

カスミ網は，特に餌に誘引されない鳥に対して有効である。また，すべての種を生息数に応じて捕獲できることから，標本収集にも有用な手段である。渡り鳥を捕獲するためにカスミ網を利用するには特別な許可が必要であり，そ

れはアメリカ魚類野生生物局あるいはカナダ野生生物局から取得しなければならない。

追い込みワナとドリフトワナ

水禽類は夏にすべての翼羽が換羽するため，飛ぶことのできない時期にワナに追い込んで捕獲することができる。湖沼地帯において，飛べない時期のカモ類と成長途中の幼鳥をワナで捕獲する際，一般的には漁網が使われている。飛

べないガン類は，コラルトラップに追い込むことによって集団で捕獲できることがある(Cooch 1953)。Heykland (1970)と Timm & Bromley(1976)は，コラルにガン類を追い込むにはヘリコプターが有効であると述べている。Johnson(1972)は，追い込みワナを改良し，飛べないホオジロガモの幼鳥を捕獲しているが，その要領は網の一部を水中に沈めて，水中に潜って逃げようとする子ガモを網に追い込むというものである。この場合，溺れるのを避けるために速やかに網を引き上げる必要がある。陸生の狩猟鳥の中には飛ぶ能力があっても，群れをなしているときには，通常走って逃げるものがいる。ウロコウズラの多くは，翼状に広がった網部を備えた管状のケージに群れごと追い込むことによって捕獲されている(Schemnitz 1961)。Tomlinson(1963)は，アオライチョウのメスと雛を捕獲するための翼状の網を取り付けた移動式の追い込みワナを紹介している。陸生の狩猟鳥の多くは，ワシタカ類に驚いた時飛び上がることが少ない習性を持つため，ワナに追い込む間飛び立たないように，ワシタカ類の擬声を使うことがある。

クイナ類やシギ・チドリ類の捕獲には，じょうご式の入り口に導くための長い金網を張ったドリフトワナ(drift trap)が用いられる(図5-17)。導入路の途中に給餌場を設置することにより，餌に誘引された鳥は，そのままじょうご状の入り口に向かっていく。じょうご式入り口は両方向についており，ワナの中に入る仕組みになっている(Low 1935, Stewart 1951, Serventy et al. 1962)。Toepfer et al.(1988)と Schroeder & Braun(1991)は，複数のじょうご式の入り口を持つドリフトフェンス(図5-18)を求愛が行われる場所に設置して，ソウゲンライチョウのメスを捕獲した。

おとりと誘引餌

捕獲したい動物を誘引するため様々な生きた動物や仕掛けが使われ，好結果が得られている。おそらく最も成功した例は，猛禽類の捕獲に使われているバルカトリワナ(bal-chatri trap)(図5-19)であろう(Berger & Mueller 1959)。このワナは金網製のケージでできており，誘引餌として鳥や齧歯類が入れてある。ワナの上部には多数の釣り糸製のスネアがつけられており，ケージ中の動物を捕まえようとするワシタカ類の爪にからまる仕組みになっている。Berger & Hamerstrom(1962)は，ワナ場の狩猟鳥をワシタカ類による捕食から保護するためにこのワナを使った。Yosef & Lohrer(1992)は，踏み子装置とバルカトリワナを併用してアメリカオオモズを捕獲した。Meng(1971)

図 5-17 誘引餌のいらない長い導入路をもつシギ・チドリ用のドリフトワナ(drift trap)
写真はヤマシギ用。屋根には金網よりネットを用いた方が捕獲した鳥を傷めることが少ない。

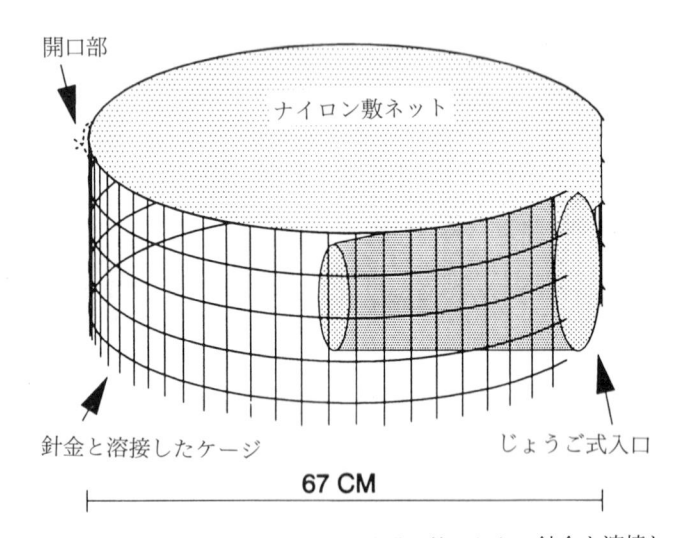

図 5-18 ソウゲンライチョウの捕獲に使われた，針金を溶接して作ったワナのじょうご式入り口の概念図
屋根にはナイロン製のネットが使われている。(Schroeder & Braun 1991 より)

は，スウェーデンのオオタカ用ワナを紹介しており，それには誘引餌として生きたハトが使われている。Hamerstrom(1963)と Phillips(1978)は，ワシタカ類の捕獲に用いるメッシュネットを垂直に立てたワナ"ドゥガザ(Dho-Gaza)"を記載しているが，その誘引餌には生きたまま係留されたワシミミズクが使われた。

Bryan(1988)は，無線で作動させる弓状ネット(bow-net)を作成し，生きているイエスズメで誘引してアメリカチョウゲンボウを捕獲した。Wegner(1981)は，従来の生き餌で誘引するくくりワナを改良し，腐肉を使ってアメリカチョウゲンボウを捕獲した。Clark(1981)は，小型猛禽類を

捕獲するためにドゥガザのネットに改良を加えた。Scharf (1985)は，くくりワナと係留したカササギを使って，なわばりを持つカササギを捕獲した。フクロウ類は生き餌とカスミ網で容易に捕獲することができる (Bull 1987)。メンフクロウはこれまでいろいろな方法で捕獲されてきた。リング状のカスミ網，落とし戸式ワナ，スネア付きカーペットおよび用手捕獲がその例として挙げられる (Colvin & Hegdal 1986)。Anderson et al. (1980)は，潜水型のカモ用のはね上げ戸式おとりワナの改良型を紹介し，Sharp & Lokemoen(1987)は，マガモ用のおとりワナを考案している。

くくりワナ

Prevost & Baker(1984)は，とまり木に仕掛けるくくりワナを作成し，ミサゴを捕獲するために用いた。Dunk (1991)は，選択的捕獲が可能な猛禽類用のポールワナを考案したが，それは釣り糸と1mの長さの釣竿の先端でできている。ワナは手で操作し，釣り糸製のスネアが鳥の脚を締め付ける仕組みになっている。ゴム製チューブの中を通したナイロン製のスネアは，10日齢以下のキツツキ類の雛の捕獲に使われている (Jackson 1982)。Schroeder(1986)は，背負いザックに入れて運べるように，スネアポールを短縮できるように改良した。スネアポールはアメリカヨタカ (McNicholl 1983)，ショウドウツバメの雛 (Kramer 1988)とウ (Hogan 1985)の捕獲に使われている。Barrentine & Ewing(1988)は，安価で小さく軽量なスネア付きカーペットを作成した。それは1.3 cmメッシュの金属製の網に20個のスネアを取り付けたもので，アナホリフクロウを捕獲するのに用いられた。Winchell & Turman (1992)は，フクロウの巣穴の入り口に横木を設置した。スネア付きカーペットは巣穴の入り口付近の塚の上におかれた。Bull(1987)は，スネアポールと係留したシカシロアシマウスを用いたニシアメリカフクロウの捕獲方法について記載している。長い手持ちポールに取り付けたスネアは，ハリモミライチョウとアオライチョウを安全に捕獲するのに有効であった (Zwickel & Bendell 1967)。Hoglund (1968)は，生け垣の切れ目に設置する脚くくりワナを考案し，カラフトライチョウを捕獲した。

巣に仕掛けるワナ

地面に営巣する鳥類，例えばほとんどの水禽類はドロップネットを直接巣に落として捕獲することができる (Sowls 1955)。弓状ネットは，両端に蝶番の付いた半円形

図5-19 誘引餌にコウウチョウを用いたバルカトリワナ (bal-chatri trap)のスネアにかかったクーパーハイタカ
(写真提供：D.H.Ellis，アメリカ魚類野生生物局)

のフレームにネットが取り付けられたもので，紐がいきおいよく引かれると，座っている鳥の上にさっと翻って被さり，捕獲した鳥をそのまま運搬することができる。Doty & Lee(1974)は，同様の装置を使って抱卵中のマガモを捕獲した。Coulter(1958)は，巣の周囲の地面に杭で固定する円形のワナを開発した。このワナは，円筒形のネットがフレームに固定されており，片方の開口部は紐で締められる仕組みになっている。紐が引かれると，ネットは嚢状の形になる。紐はまず上方に引かれるように杭あるいは大きな枝などを介してブラインドの方に導かれる。ワナが開いている時は，ネットはフレームの周囲に隠されているが，紐が引かれると起ち上がり，同時に開口部も閉じられる。ガイド用の棒は，メスが造巣している間にネットが乱されるのを防ぐとともに，メスがフレームをまたいでワナの中に入るまでネットが閉じないように機能する。

Miller(1962)は，熱で自動的に作動するワナを使っている。また，目覚まし時計も利用しており，時計の回転ネジでマウス用のワナをはじかせ，ゴム紐が放たれる仕組みになっている。時計は設定した時間にワナを作動させるため，作業員は迅速に対応でき，鳥と巣を傷つける危険性を低く抑えることができる。Shaiffer & Krapu(1978)は，巣に仕掛けるワナのトリガーに無線による遠隔操作技術を導入し，さらに精巧なものにした。このワナは，2.5 cmメッシュのネットで被われた鉄製のフレームを，棒で巣の上に立て掛ける仕組みになっている。フレームの前面のバーには鉛製の重りが固定されており，ロープが引かれてワナが作動すると，巣の上に正確に落下する。

産卵あるいは抱卵中のメスの捕獲には，円型の投網が使

用され，好結果が得られている。また，2本のポール(長さ3.6m)の間に張った軽量な木綿製のネット(2.4m×2.4m)も，あらかじめ選定した巣に投下して用いられる。この"クラップネット(clap-net)"を操作するのには2人を要する。Leasure & Holt(1991)は，ポールに取り付けたカスミ網をコミミズクの巣の上に水平に広げた後，抱卵中のメスを飛び立たせて捕獲した。ブランケットネットワナは，メッシュサイズは2.5cm，大きさは3.6m四方であり，巣の周囲の木の上に吊り下げて用いられる。端はだらりと下げたまま固定される。半日程度張った後，2人の人間が反対側から接近し，巣を急襲する。するとメスは，通常真上に飛び上がるため，ネットにかかって捕獲される(Addy 1956)。抱卵中の潜水型のカモは，一方向に入り口を持つじょうご式ワナを，巣の上に設置することにより捕獲できる。ワナの入り口は，メスが巣に帰る通り道に沿うように向きが決められる(Addy 1956)。Kagarise(1978)は，営巣中のアメリカヒレアシシギを，長い柄の手網を巣の上にかけて捕獲した。鳥が歩いて入れるように，ワナは8cmの高さになるよう支柱が施された。このような飛び立たせて網にかける捕獲手法は，Martin(1969)とWeaver & Kadlec(1970)も使っている。Gartshore(1978)は，細い釣り糸製の数本のスネアを針金の輪に取り付け，これを地上営巣性の鳥類の巣にかぶせることによって，抱卵中の成鳥を捕獲した。Jewell & Bancroft(1991)は，針金を溶接して作成した巣に仕掛けるワナを，コサギ類とアオサギ類の捕獲に使った。彼らは巣の破損を最低限に抑えるため，早朝のうちにワナを仕掛けるよう奨めている。

樹上に営巣しているナゲキバトは，手で操作するワナ(Swank 1952)と自動的に作動するワナ(Stewart 1954)を用いて捕獲されている。Nolan(1961)は，高木や灌木に造られた巣にいる鳥を捕獲するため小さな輪型のネットを用いた。

樹洞に営巣している鳥類(Fischer 1944, Jackson 1977, Bull & Pedersen 1978)と巣箱に営巣している鳥類(DeHaven & Guarino 1969, Kibler 1969, Dhondt & Van Outryve 1971, Stewart 1971, Klimkiewicz & Jung 1977)の捕獲には，いろいろな方法がとられている。その中にはポールに取り付けられた台やネット，マウス用のワナをトリガーに使ったものが含まれている。巣箱に営巣している鳥を捕獲するための簡単なワナが，Stutchbury & Robertson(1986)によって紹介されているが，そのワナは設置するのに20秒もかからない。Lombardo & Kemly(1983)は，巣箱にいる鳥を捕獲するために複雑な無線制御の方法

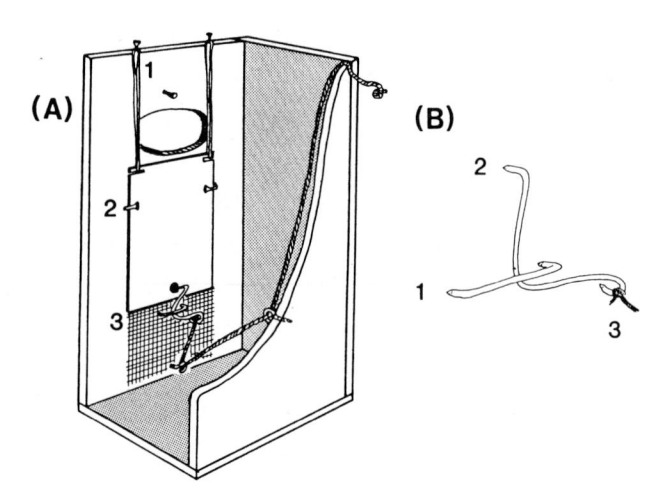

図5-20 樹洞に営巣するカモを捕獲するための巣に仕掛けるワナ

(M.Zicus，ミネソタ州自然資源局)

を考案し，特定の種の捕獲に役立てられた。Zicus(1989)は，樹洞に営巣する水禽類を捕獲するために，木製の巣箱の中に自動的に作動する目立たないワナを取り付けた。そのワナは，巣箱の内側にゴムの力で上方にスライドする木製の扉が取り付けられている(図5-20)。Jackson & Parris(1991)は，透明なプラスチック製の袋をネットの代用として用い，これを接着テープで手網に取り付けた。この器具は，鳥が明け方ねぐらを離れているときに，ねぐらの上に取り付けられる。

Wilson & Wilson(1989)は，遠隔操作で鎮静剤を注射する装置を考案し，繁殖している海鳥の巣に仕掛けた。彼らは無線を使って，筋肉内に鎮静剤を投与した。

樹幹に取り付けるワナつまりグレーブ式樹上ワナは，たとえばキバシリ類，コガラ類，ゴジュウカラ類，シジュウカラ類，キツツキ類などように樹皮をつつく鳥の捕獲に使われている(Peters 1986)。

経口麻酔薬

経口麻酔薬は特に大型で警戒心の強い群居性の鳥，例えば野生シチメンチョウやカナダヅルの捕獲に有効である(Williams & Philips 1973)。致死させない程度の適切な投薬量になるように，きめ細かい配慮をする必要がある。過剰投与した時の処置として，Williams(1966)は野生シチメンチョウの嗉嚢に小さな切れ込みを入れて洗浄し，余剰な薬物を除去した。そのほか，嗉嚢から余剰な薬物を洗い出す方法として，ターキーバスターや大型の注射筒が用いられている。Stouffer & Caccamise(1991)は，新鮮な卵1個に0.035gのα-クロラロースを添加して，警戒心が強くワ

ナによる捕獲が困難なアメリカガラスを捕獲した。

Smith(1967)は，海鳥を捕獲するのにトリブロモエタノールを使用した。彼はグリセリンカプセルに薬を注入し，それを魚肉とアザラシの肉に埋め込んだ。捕獲した鳥の死亡率を下げるために，薬物を含ませた餌を吐き出させる処置がとられる。この処置は，まず1.5 l の温水を飲ませた後，脚と嘴を持って20〜30秒間鳥の体を振り動かすことによって行われる。トリブロモエタノールは，種々の鳥で試されているが，最大の問題は不完全な麻酔状態の鳥が餌場から離れてしまうことである(Williams & Phillips 1972, Evans et al. 1975, Krapu 1976)。

Holbrook & Vaughan(1985)は，これまで野生シチメンチョウに使われた経口麻酔薬についてまとめている。彼らは55羽のシチメンチョウにα-クロラロースを使用しているが，成鳥の死亡率は5%であった。餌場の近くに水域がある場合には，溺れることのないよう注意する必要がある。Nesbitt(1984)は，カナダヅルの捕獲にα-クロラロースを使用した結果，深刻な副作用はなかったと報告している。

Cline & Greenwood(1972)は，マガモの捕獲にいくつかの麻酔薬を試用し，α-クロラロースが高用量では毒性が強く，導入時間が長かったと報告している。彼らが使用した薬剤の中では，トリブロモエタノールが最も満足いくものであったと結論している。Hofman & Weaver(1980)は，オナガガモとマガモの捕獲には，体重1 kg当たり40 mgのα-クロラロースを適用することを奨めている。この場合少なくとも5時間は麻酔状態が持続する。

図 5-21 蓋と柵を利用した墜落函
上：ワナに導くための柵の設置。下：重りをのせた蓋をかぶせたワナ。(写真提供：B. Tomberlin & T. Snell)

❏爬虫類の捕獲

爬虫類は，種々の器具および方法で捕獲されているが，その多くは哺乳類の捕獲に使用されるものに類似している。Balgooyen(1977)とJones(1986)は，小型爬虫類の採集方法について総説している。この中には箱ワナ，柵を備えたあるいは備えていないじょうご式ワナ，はじきワナ，柵に沿って設置した墜落函(図5-21)，手持ちのスネア，竿つりワナ，ゴムバンド銃などがある。

Recht(1981)は，リクガメ類の捕獲効率を高めるため，カメが巣穴を出ている間に穴を塞ぐ方法をとった。Knight(1986)は，接着剤を塗布した板でヘビ類を捕獲する場合に痛みを与えない方法を考案している。彼は，捕獲されたヘビ類に調理油をかけることによって，損傷を与えることなく放逐している。油により接着剤を落とすことができるためである。

Jones(1965)は，フロリダ州におけるアリゲーターの捕獲に用いた3通りの手法を紹介している。彼は，小さな個体を捕獲するのには長い柄の手網を使用し，1〜2 mの体長の個体にはスネアを使用した。最も有効だったのは，10 cmの長さのチューブに#8/0の釣り針を固定して作製した銛を使う方法であった。約0.6 cmの釣り針は針のかえしの下まで伸展して用いられ，また7.6 mのナイロン製の紐をつけるためのリングがチューブに固定されている。また，浮きとして4 l のプラスチック製のビンが紐に取り付けられている。銛は3.7 mの木製ポールで動物の頸部にかけられる。

Murphy & Fendley(1973)は，誘引餌を利用したくくりワナよってアリゲーターを捕獲している。このワナは1 m×30 mの2枚の合板と固定用の杭で構成されている。板はV字型をしており，汀線に対し垂直に設置される。餌に誘引され板沿いに誘導された個体は柔らかい支柱に取り付

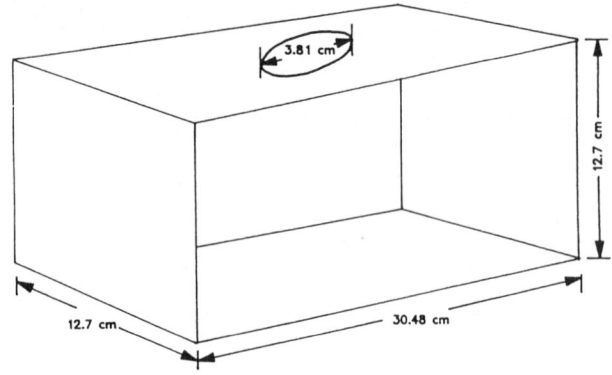

図 5-22 保定されている鳥を保持する器具
上：保持具に収まったコリンウズラ（鳥を保定するため洗濯ばさみを使っているのに注意）。下：コリンウズラ用の保持具の設計図。
（写真提供：S.DeMaso，オークランド州野生生物保護局）

図 5-23 円錐形をした柔軟な針金製の保定具を用いたアメリカアカリスの取り扱い
上：生捕りワナで捕獲されたリスをキャンバス地の保定袋で円錐形の針金製の保定具に移す。下：不動化されたリスは円錐形をした針金製の保定具で保持される。（Halvorson 1972 より）

けられたスネアで捕獲される。スネアは0.6 mの長さのナイロン製のロープでできており，岸に生えている木に取り付けられる。

Webb & Messel(1977)は，オーストラリアでクロコダイルの捕獲に用いられている手法について総説している。彼らは，この動物の捕獲には，はさみ(tongs)，銛，ロープワナを選択することを奨めている。Mazzotti & Brandt(1988)は，クロコダイル捕獲するための単純なワイヤーワナを紹介している。

❏捕獲した動物の取り扱い

Jessup et al.(1989)は，野生動物の保定に関する詳細でわかりやすいハンドブックを編集している。Schmitt et al.(1983)は，捕獲されたシカ類を手際よく取り扱うための安全性の高い保定用通路を紹介している。McCollough et al.(1986)は，カワウソ用の安価な保定箱を考案した。

Layton & Cheal(1985)は，小型動物用の安価な保定具を紹介しており，それはベルクロ製のベルトを取り付けたプレクシグラス(アクリル樹脂)でできている。McCown et al.(1990)は，樹上に追いつめられたヒョウの損傷を軽減するために，捕獲時に持ち運びの可能なクッションと網を使用した。

Passmore(1979)は，ベルクロ製の布を巻き付けることにより鳥類を保定した。Tweit(1982)は，1.85 *l* の牛乳の容器を用いて鳥類用の簡単な保定箱を作った。DeMaso & Peoples(1993)は，狩猟鳥を取り扱うための簡単な保定箱を考案している(図5-22)。Morrow et al.(1987)は，亜鉛メッキされた錫製の雨押さえを3.8 mの長さの竿に取り付けて，足輪を装着したナゲキバトの雛(9～12日齢)を巣に返した。Erickson(1981)は，抱卵されていた卵を安全に輸送するケースを紹介している。

耳に7〜20gの重さの平坦な石をのせることによって鳥類を鎮静するユニークな方法が考案されている(Tehsin 1988)。重さにより催眠効果が得られるのである。

塩酸ケタミンはキシラジンと組み合わせることにより，イヌ科，イタチ類，齧歯類，オポッサムを鎮静することができる(6章参照)。この薬剤は広い安全域を持ち，覚醒に要する時間は40〜120分と比較的短い。また野外での小型哺乳類の保定に推奨されている(Wright 1983)。吸入麻酔薬の一種であるメトキシフルランを保定用の袋の中で使用することにより，King et al.(1990)がワタオウサギ類を保定したほか，ヨーロッパヤマウズラ(Smith et al. 1980)とマガモ(Rotella & Ratti 1990)の巣の放棄の減少にも効果を発揮している。Halvorson(1972)は，アメリカアカリス用の安全で実用性の高い取り扱い方を考案するとともに，体重計測用の袋と円錐形をした針金製の保定具(図5-23)を作成している。

参考文献

ADDY, C. E. 1956. Guide to waterfowl banding. U.S. Fish Wildl. Serv., Laurel, Md. 164pp.

ALDOUS, S. E. 1936. A cage trap useful in the control of white-necked ravens. U.S. Bur. Biol. Surv. Wildl. Res. Manage. Leafl. BS-27. 5pp.

ANDERSON, B. W., AND R. D. OHMART. 1977. Rodent bait additive which repels insects. J. Mammal. 58:242.

ANDERSON, M. G., R. D. SAYLER, AND A. D. AFTON. 1980. A decoy trap for diving ducks. J. Wildl. Manage. 44:217–219.

ANDRYK, T. A., L. R. IRBY, D. L. HOOK, J. J. MCCARTHY, AND G. OLSON. 1983. Comparison of mountain sheep capture techniques: helicopter darting versus net-gunning. Wildl. Soc. Bull. 11:184–187.

ARTHUR, G. C., AND D. D. KENNEDY. 1972. A permanent site waterfowl trap. J. Wildl. Manage. 36:1257–1261.

ARTHUR, S. M. 1988. An evaluation of techniques for capturing and radiocollaring fishers. Wildl. Soc. Bull. 16:417–421.

AUSTIN, D. H., AND J. H. PEOPLES. 1967. Capturing hogs with alpha-chloralose. Proc. Annu. Conf. Southeast. Assoc. Game and Fish Comm. 21:202–205.

BACON, B. R. 1987. A hanging cylinder funnel trap. North Am. Bird Bander 12:46–47.

BALGOOYEN, T. G. 1977. Collecting methods for amphibians and reptiles. U.S. Bur. Land Manage. Tech. Note T/N 299. 12pp.

BALSER, D. S. 1965. Tranquilizer tabs for capturing wild carnivores. J. Wildl. Manage. 29:438–442.

BANGS, E. E. 1981. A modified museum special snap trap. J. Wildl. Manage. 45:1079.

BARRENTINE, C. D. 1984. A mist-netting technique for use with low bridges and deep water. North Am. Bird Bander 9:11–12.

———, AND K. D. EWING. 1988. A capture technique for burrowing owls. North Am. Bird Bander 13:107.

BARRETT, M. W., J. W. NOLAN, AND L. D. ROY. 1982. Evaluation of a hand-held net-gun to capture large mammals. Wildl. Soc. Bull. 10:108–114.

BARRY, R. E., JR., A. A. FRESSOLA, AND J. A. BRUSEO. 1989. Determining the time of capture for small mammals. J. Mammal. 70:660–662.

BEASOM, S. L., W. EVANS, AND L. TEMPLE. 1980. The drive net for capturing western big game. J. Wildl. Manage. 44:478–480.

BERCHIELLI, L. T., JR., AND B. F. TULLAR, JR. 1980. Comparison of a leg snare with a standard leg-gripping trap. N.Y. Fish Game J. 27:63–71.

———, AND ———. 1981. A technique for excavating red fox dens. N.Y. Fish Game J. 28:40–48.

BERGER, D. D., AND F. HAMERSTROM. 1962. Protecting a trapping station from raptor predation. J. Wildl. Manage. 26:203–206.

———, AND H. C. MUELLER. 1959. The bal-chatri: a trap for the birds of prey. Bird-Banding 30:18–26.

BLACK, H. C. 1958. Black bear research in New York. Trans. North Am. Wildl. Conf. 23:443–461.

BOONSTRA, R., AND C. Z. KREBS. 1978. Pitfall trapping of *Microtus townsendii*. J. Mammal. 59:136–148.

———, AND F. H. RODD. 1984. Efficiency of pitfalls versus live traps in enumeration of populations of *Microtus pennsylvanicus*. Can. J. Zool. 62:758–765.

BRAUN, C. E. 1976. Methods for locating, trapping and banding band-tailed pigeons in Colorado. Colo. Div. Wildl. Spec. Rep. 39. 20pp.

BROWERS, H. W., AND J. W. CONNELLY. 1986. Capturing sage grouse with mist nets. Prairie Nat. 18:185–188.

BROWN, E. B., II, W. R. SAATELA, AND W. D. SCHMID. 1969. A compact, lightweight live trap for small mammals. J. Mammal. 50:154–155.

BRYAN, J. R. 1988. Radio controlled bow-net for American kestrels. North Am. Bird Bander 13:30–31.

BUB, H. 1990. Bird trapping and bird banding. Cornell Univ. Press, Ithaca, N.Y. 448pp.

BUECH, R. R. 1983. Modification of the Bailey live trap for beaver. Wildl. Soc. Bull. 11:66–68.

BULL, E. L. 1987. Capture techniques for owls. Pages 291–293 in Biology and conservation of northern forest owls. U.S. For. Serv. Gen. Tech. Rep. RM-142.

———, AND R. J. PEDERSEN. 1978. Two methods of trapping adult pileated woodpeckers at their nest cavities. North Am. Bird Bander 3:95–99.

BURY, R. B., AND P. S. CORN. 1987. Evaluation of pitfall trapping in northwestern forests: trap arrays with drift fences. J. Wildl. Manage. 51:112–119.

CHABRECK, R. H., V. V. CONSTANTIN, AND R. B. HAMILTON. 1986. Use of chemical ant repellents during small mammal trapping. Southwest. Nat. 31:109–110.

CHAMBERS, R. E., AND P. F. ENGLISH. 1958. Modifications of ruffed grouse traps. J. Wildl. Manage. 22:200–202.

CLARK, W. S. 1981. A modified Dho-Gaza trap for use at a raptor banding station. J. Wildl. Manage. 45:1043–1044.

CLINE, D. R., AND R. J. GREENWOOD. 1972. Effect of certain anesthetic agents on mallard ducks. J. Am. Vet. Med. Assoc. 161:624–633.

CLOVER, M. R. 1954. A portable deer trap and catch-net. Calif. Fish Game 40:367–373.

———. 1956. Single-gate deer trap. Calif. Fish Game 42:199–201.

COLVIN, B. A., AND P. L. HEGDAL. 1986. Techniques for capturing common barn-owls. J. Field Ornithol. 57:200–207.

CONNER, M. C., E. C. SOUTIERE, AND R. A. LANCIA. 1987. Drop-netting deer: costs and incidence of capture myopathy. Wildl. Soc. Bull. 15:434–438.

COOCH, G. 1953. Techniques for mass capture of flightless blue and lesser snow geese. J. Wildl. Manage. 17:460–465.

COULTER, M. W. 1958. A new waterfowl nest trap. Bird-Banding 29:236–241.

CUMMINGS, G. E., AND O. H. HEWITT. 1964. Capturing waterfowl and marsh birds at night with light and sound. J. Wildl. Manage. 28:120–126.

CUSHWA, C. T., AND K. P. BURNHAM. 1974. An inexpensive live trap for snowshoe hares. J. Wildl. Manage. 38:939–941.

DEHAVEN, R. W., AND J. L. GUARINO. 1969. A nest-box trap for starlings. Bird-Banding 40:48–50.

DEJONGHE, J. F., AND J. F. CORNUET. 1983. A system of easily manipulated, elevated mist nets. J. Field Ornithol. 54:84–88.

DEMASO, S. J., AND A. D. PEOPLES. 1993. A restraining device for handling northern bobwhites. Wildl. Soc. Bull. 21:45–46.

DEYOUNG, C. A. 1988. Comparison of net-gun and drive-net capture for white-tailed deer. Wildl. Soc. Bull. 16:318–320.

DHONDT, A. A., AND E. J. VAN OUTRYVE. 1971. A simple method for trapping breeding adults in nesting boxes. Bird-Banding 42:

119–121.

DILL, H. H., AND W. H. THORNSBERRY. 1950. A cannon-projected net trap for capturing waterfowl. J. Wildl. Manage. 14:132–137.

DOBIE, J. F. 1949. The voice of the coyote. Little, Brown and Co., Boston, Mass. 386pp.

DORIO, J. C., J. JOHNSON, AND A. H. GREWE. 1978. A simple technique for capturing upland sandpipers. Inl. Bird-Banding News 50:57–58.

DOTY, H. A., AND F. B. LEE. 1974. Homing to nest baskets by wild female mallards. J. Wildl. Manage. 38:714–719.

DOWNING, R. L., AND B. S. MCGINNES. 1969. Capturing and marking white-tailed deer fawns. J. Wildl. Manage. 33:711–714.

DREWIEN, R. C., H. M. REEVES, P. F. SPRINGER, AND T. L. KUCK. 1967. Back-pack unit for capturing waterfowl and upland game by night-lighting. J. Wildl. Manage. 31:778–783.

DUNK, J. E. 1991. A selective pole trap for raptors. Wildl. Soc. Bull. 19:208–210.

EAGLE, T. C., AND A. B. SARGEANT. 1985. Use of den excavations, decoys, and barrier tunnels to capture mink. J. Wildl. Manage. 49:40–42.

EDWARDS, M. G. 1961. New use of funnel trap for ruffed grouse broods. J. Wildl. Manage. 25:89.

ENGEL, K. A., AND L. S. YOUNG. 1989. Evaluation of techniques for capturing common ravens in southwestern Idaho. North Am. Bird Bander 14:5–8.

ERICKSON, A. W. 1957. Techniques for live-trapping and handling black bears. Trans. North Am. Wildl. Conf. 22:520–543.

ERICKSON, R. C. 1981. Transport case for incubated eggs. Wildl. Soc. Bull. 9:57–60.

EVANS, R. R., J. W. GOERTZ, AND C. T. WILLIAMS. 1975. Capturing wild turkeys with tribromoethanol. J. Wildl. Manage. 39:630–634.

FIRCHOW, K. M., M. R. VAUGHAN, AND W. R. MYTTON. 1986. Evaluation of the hand-held net gun for capturing pronghorns. J. Wildl. Manage. 50:320–322.

FISCHER, R. B. 1944. Suggestions for capturing hole-nesting birds. Bird-Banding 15:151–156.

FOGARTY, M. J. 1969. Capturing snipe with mist nets. Proc. Annu. Conf. Southeast. Assoc. Game and Fish Comm. 23:78–84.

FOREYT, W. J., AND W. C. GLAZENER. 1979. A modified box trap for capturing feral hogs and white-tailed deer. Southwest. Nat. 24:377–380.

———, AND A. RUBENSER. 1980. A live trap for multiple capture of coyote pups from dens. J. Wildl. Manage. 44:487–488.

GARROTT, R. A., AND R. W. HAYES. 1984. A radio-controlled device for triggering traps. Wildl. Soc. Bull. 12:320–324.

GARTSHORE, M. E. 1978. A noose trap for catching nesting birds. North Am. Bird Bander 3:1–2.

GESE, E. M., O. J. RONGSTAD, AND W. R. MYTTON. 1987. Manual and net-gun capture of coyotes from helicopters. Wildl. Soc. Bull. 15:444–445.

GETZ, L. L., AND M. L. PRATHER. 1975. A method to prevent removal of trap bait by insects. J. Mammal. 56:955.

GIBBONS, J. W., AND R. D. SEMLITSCH. 1981. Terrestrial drift fences with pitfall traps: an effective technique for quantitative sampling of animal populations. Brimleyana 7:1–16.

GIESEN, K. M., T. J. SCHOENBERG, AND C. E. BRAUN. 1982. Methods for trapping sage grouse in Colorado. Wildl. Soc. Bull. 10:224–231.

GRAVES, G. E., AND M. L. BODDICKER. 1988. Field evaluation of olfactory attractants and strategies used to capture depredating coyotes. Pages 195–204 in U.S. For. Serv. Gen. Tech. Rep. RM-154.

GRIEB, J. R., AND M. G. SHELDON. 1956. Radio-controlled firing device for the cannon-net trap. J. Wildl. Manage. 20:203–205.

GRUBB, T. G. 1988. A portable rocket-net system for capturing wildlife. U.S. For. Serv. Res. Note RM-484. 8pp.

GULLION, G. W. 1961. A technique for winter trapping of ruffed grouse. J. Wildl. Manage. 25:428–430.

HALVORSON, C. H. 1972. Device and technique for handling red squirrels. U.S. Fish Wildl. Serv. Spec. Sci. Rep. Wildl. 159. 10pp.

HAMERSTROM, F. 1963. The use of great horned owls in catching marsh hawks. Proc. Int. Ornithol. Congr. 13:866–869.

HARAMIS, G. M., E. L. DERLETH, AND D. G. MCAULEY. 1987. A quick-catch corral trap for wintering canvasbacks. J. Field Ornithol. 58:198–200.

HAWKINS, R. E., D. C. AUTRY, AND W. D. KLIMSTRA. 1967. Comparison of methods used to capture white-tailed deer. J. Wildl. Manage. 31:460–464.

———, L. D. MARTOGLIO, AND G. G. MONTGOMERY. 1968. Cannon-netting deer. J. Wildl. Manage. 32:191–195.

HAWLEY, A. W. L., M. W. BARRETT, AND C. D. MEWIS. 1985. Clocks for trap-monitoring transmitters. Wildl. Soc. Bull. 13:561–563.

HAYES, R. W. 1982. A telemetry device to monitor big game traps. J. Wildl. Manage. 46:551–553.

HEIMERDINGER, M. A., AND R. C. LEBERMAN. 1966. The comparative efficiency of 30 and 36 mm mesh in mist nets. Bird-Banding 37:280–285.

HENKE, S. E., AND S. DEMARAIS. 1990. Capturing jackrabbits by drive corral on grasslands in west Texas. Wildl. Soc. Bull. 18:31–33.

HEYLAND, J. D. 1970. Aircraft-supported Canada goose banding operations in arctic Quebec. Trans. Northeast Sect. Fish Wildl. Conf. 27:187–198.

HICKLIN, P. W., R. G. HOUNSELL, AND G. H. FINNEY. 1989. Fundy pull trap: a new method of capturing shorebirds. J. Field Ornithol. 60:94–101.

HOFMAN, D. E., AND H. WEAVER. 1980. Immobilization of captive mallards and pintails with alpha-chloralose. Wildl. Soc. Bull. 8:156–158.

HOGAN, G. G. 1985. Noosing adult cormorants for banding. North Am. Bird Bander 10:76–77.

HOGLUND, N. H. 1968. A method of trapping and marking willow grouse in winter. Viltrevy Swed. Wildl. 5:95–101.

HOLBROOK, H. T., AND M. R. VAUGHAN. 1985. Capturing adult and juvenile wild turkeys with adult dosages of alpha-chloralose. Wildl. Soc. Bull. 13:160–163.

HOWARD, V. W., JR., AND C. T. ENGELKING. 1974. Bait trials for trapping mule deer. J. Wildl. Manage. 38:946–947.

HUEGEL, C. N., R. B. DAHLGREN, AND H. L. GLADFELTER. 1985. Use of doe behavior to capture white-tailed deer fawns. Wildl. Soc. Bull. 13:287–289.

HUNT, G. S., AND K. J. DAHLKA. 1953. Live trapping of diving ducks. J. Wildl. Manage. 17:92–95.

JACKSON, J. A. 1977. A device for capturing tree cavity roosting birds. North Am. Bird Bander 2:14–15.

———. 1982. Capturing woodpecker nestlings with a noose—a technique and its limitations. North Am. Bird Bander 7:90–92.

———, AND S. D. PARRIS. 1991. A simple, effective net for capturing cavity roosting birds. North Am. Bird Bander 16:30–31.

JACKSON, M. H., AND W. M. HUTCHISON. 1985. The effect of camouflage on the vandalism and efficiency of Longworth small mammal traps. J. Zool. Ser. A (Lond.) 207:623–626.

JESSUP, D. A., W. E. CLARK, AND D. HUNTER. 1989. Wildlife restraint handbook. Calif. Dep. Fish Game, Sacramento. 151pp.

JEWELL, D. G. 1978. Building the better bird trap. North Am. Bird Bander 3:156.

JEWELL, S. D., AND J. T. BANCROFT. 1991. Effects of nest-trapping on nesting success of Egretta herons. J. Field Ornithol. 62:78–82.

JOHNS, J. E. 1963. A new method of capture utilizing the mist net. Bird-Banding 34:209–213.

JOHNSON, K. G., AND M. R. PELTON. 1980. Prebaiting and snaring techniques for black bears. Wildl. Soc. Bull. 8:46–54.

JOHNSON, L. L. 1972. An improved capture technique for flightless young goldeneyes. J. Wildl. Manage. 36:1277–1279.

JOHNSON, W. W. 1969. Dispensing bait with a caulking gun. J. Mammal. 50:149.

JONES, F. K. 1965. Techniques and methods used to capture and tag alligators in Florida. Proc. Annu. Conf. Southeast. Assoc. Game and Fish Comm. 19:98–101.

JONES, K. B. 1986. Amphibians and reptiles. Pages 267–290 in A. Y. Cooperrider, R. J. Boyd, and H. R. Stuart, eds. Inventory and monitoring of wildlife habitat. U.S. Bur. Land Manage. Serv. Cent., Denver, Colo.

JONKEL, C. J., AND I. McT. COWAN. 1971. The black bear in the spruce-fir forest. Wildl. Monogr. 27. 57pp.
KAGARISE, C. M. 1978. A simple trap for capturing nesting Wilson's phalaropes. Bird-Banding 49:281–282.
KARR, J. R. 1979. On the use of mist nets in the study of bird communities. Inl. Bird-Banding News 51:1–10.
KATTEL, B., AND A. W. ALLDREDGE. 1991. Capturing and handling of the Himalayan musk deer. Wildl. Soc. Bull. 19:397–399.
KAUTZ, J. E., AND R. A. MALECKI. 1990. Effects of harvest on feral rock dove survival, nest success and population size. U.S. Fish Wildl. Serv. Fish Wildl. Tech. Rep. 31. 22pp.
KELLER, B. L., C. R. GROVES, E. J. PITCHER, AND M. J. SMOLEN. 1982. A method to trap rodents in snow, sleet, or rain. Can. J. Zool. 60:1104–1106.
KEYES, B. E., AND C. E. GRUE. 1982. Capturing birds with mist nets: a review. North Am. Bird Bander 7:2–14.
KIBLER, L. F. 1969. The establishment and maintenance of a bluebird nest-box project. Bird-Banding 40:114–129.
KING, S. L., H. L. STRIBLING, AND D. W. SPEAKE. 1990. Use of methoxyflurane and a funnel bag as a cottontail rabbit restraint system. J. Wildl. Manage. 54:409–411.
KLIMKIEWICZ, M. K., AND P. D. JUNG. 1977. A new banding technique for nesting adult purple martins. North Am. Bird Bander 2:3–6.
KNIGHT, J. E. 1986. A humane method for removing snakes from dwellings. Wildl. Soc. Bull. 14:301–303.
KOCK, M. D., D. A. JESSUP, R. K. CLARK, C. E. FRANTI, AND R. A. WEAVER. 1987. Capture methods in five subspecies of free-ranging bighorn sheep—an evaluation of drop net, drive net, chemical immoblization and the net gun. J. Wildl. Dis. 23:634–640.
KRAMER, D. L. 1988. A noose apparatus and its usefulness in capturing nestling bank swallows. North Am. Bird Bander 13:66–67.
KRAPU, G. L. 1976. Experimental responses of mallards and Canada geese to tribromoethanol. J. Wildl. Manage. 40:180–183.
KRAUSMAN, P. R., J. J. HERVERT, AND L. L. ORDWAY. 1985. Capturing deer and mountain sheep with a net-gun. Wildl. Soc. Bull. 13:71–73.
KUNZ, T. H., AND A. KURTA. 1988. Capture methods and holding devices. Pages 1–30 in T. H. Kunz, ed. Ecological and behavioral methods for the study of bats. Smithsonian Inst. Press, Washington, D.C.
LABISKY, R. F. 1959. Night-lighting: a technique for capturing birds and mammals. Ill. Nat. Hist. Surv. Biol. Notes 40. 11pp.
———. 1968. Nightlighting: its use in capturing pheasants, prairie chickens, bobwhites, and cottontails. Ill. Nat. Hist. Surv. Biol. Notes 62. 12pp.
LAYNE, J. N. 1987. An enclosure for protecting small mammal traps from disturbance. J. Mammal. 68:666–668.
LAYTON, C. M., AND M. CHEAL. 1985. An inexpensive restraint for small animals. Physiol. Behav. 28:1115–1116.
LEASURE, S. M., AND D. W. HOLT. 1991. Technique for locating and capturing nesting short-eared owls (*Asio flammeus*). North Am. Bird Bander 16:32–33.
LECOUNT, A. L. 1983. Immobilization of culvert-trapped black bears with alpha-chloralose. Ariz. Game and Fish Dep. Wildl. Digest Abstr. 14. 7pp.
LINHART, S. B., AND G. J. DASCH. 1992. Improved performance of padded jaw traps for capturing coyotes. Wildl. Soc. Bull. 20:63–66.
———, ———, C. B. MALE, AND R. M. ENGEMAN. 1986. Efficiency of unpadded and padded steel foothold traps for capturing coyotes. Wildl. Soc. Bull. 14:212–218.
———, ———, AND F. J. TURKOWSKI. 1981. The steel leg-hold trap: techniques for reducing foot injury and increasing selectivity. Pages 1560–1578 in J. A. Chapman and D. Pursley, eds. Proc. Worldwide Furbearer Conf., Frostburg, Md.
LINSCOMBE, R. G., AND V. L. WRIGHT. 1988. Efficiency of padded foothold traps for capturing terrestrial furbearers. Wildl. Soc. Bull. 16:307–309.
LOMBARDO, M. P., AND E. KEMLY. 1983. A radio-control method for trapping birds in nest boxes. J. Field Ornithol. 54:194–195.
LOW, S. H. 1935. Methods of trapping shore birds. Bird-Banding 6:16–22.

———. 1957. Banding with mist nets. Bird-Banding 28:115–128.
LUDWIG, J., AND D. E. DAVIS. 1975. An improved woodchuck trap. J. Wildl. Manage. 39:439–442.
MACE, R. U. 1971. Trapping and transplanting Roosevelt elk to control damage and establish new populations. Proc. Annu. Conf. West. Assoc. Game and Fish Comm. 51:464–470.
MALCOLM, J. R. 1991. Comparative abundances of neotropical small mammals by trap height. J. Mammal. 72:188–192.
MALY, M. S., AND J. A. CRAWFORD. 1985. Relative capture efficiency of large and small Sherman live traps. Acta Theriol. 30:165–167.
MARTIN, S. G. 1969. A technique for capturing nesting grassland birds with mist nets. Bird-Banding 40:233–237.
MASTERS, R. 1978. Deer trapping, marking and telemetry techniques. State Univ. New York Coll. Environ. Sci. For., Adirondack Ecol. Cent., Newcomb, N.Y. 72pp.
MATTFELD, G. F., J. E. WILEY, AND D. F. BEHREND. 1972. Salt versus browse—seasonal baits for deer trapping. J. Wildl. Manage. 36:996–998.
MAUTZ, W. W., R. P. DAVISON, C. E. BOARDMAN, AND H. SILVER. 1974. Restraining apparatus for obtaining blood samples from white-tailed deer. J. Wildl. Manage. 38:845–847.
MAZZOTTI, J. J., AND L. A. BRANDT. 1988. A method of live-trapping wary crocodiles. Herpetol. Rev. 19:40–41.
McBEATH, D. Y. 1941. Whitetail traps and tags. Mich. Conserv. 10(11):6–7,11, 10(12):6–7.
McCABE, T. R., AND G. ELISON. 1986. An efficient live-capture technique for muskrats. Wildl. Soc. Bull. 14:282–284.
McCALL, J. D. 1954. Portable live trap for ducks, with improved gathering box. J. Wildl. Manage. 18:405–407.
McCLURE, H. E. 1956. Methods of bird netting in Japan applicable to wildlife management problems. Bird-Banding 27:67–73.
McCOWN, J. W., D. S. MAEHR, AND J. ROBOSKI. 1990. A portable cushion as a wildlife capture aid. Wildl. Soc. Bull. 18:34–36.
McCULLOUGH, C. R., L. D. HEGGEMANN, AND C. H. CALDWELL. 1986. A device to restrain river otters. Wildl. Soc. Bull. 14:177–180.
McCULLOUGH, D. R. 1975. Modification of the Clover deer trap. Calif. Fish Game 61:242–244.
McNICHOLL, M. K. 1983. Use of a noosing pole to capture common nighthawks. North Am. Bird Bander 8:104–105.
MECHLIN, L. M., AND C. W. SHAIFFER. 1980. Net firing gun for capturing breeding waterfowl. J. Wildl. Manage. 44:895–896.
MENG, H. 1971. The Swedish goshawk trap. J. Wildl. Manage. 35:832–835.
MENGAK, M. T., AND D. C. GUYNN, JR. 1987. Pitfalls and snap traps for sampling small mammals and herpetofauna. Am. Midl. Nat. 118:284–288.
MILLER, W. R. 1962. Automatic activating mechanism for waterfowl nest trap. J. Wildl. Manage. 26:402–404.
MITCHELL, R. T. 1963. The floodlight trap: a device for capturing large numbers of blackbirds and starlings at roosts. U.S. Fish Wildl. Serv. Spec. Sci. Rep. Wildl. 77. 14pp.
MONTGOMERY, W. I. 1979. Trap-revealed home range in sympatric populations of *Apodemus sylvaticus* and *A. flavicollis*. J. Zool. (Lond.) 189:535–540.
MORROW, M. E., N. W. ATHERTON, AND N. J. SILVY. 1987. A device for returning nestling birds to their nests. J. Wildl. Manage. 51:202–204.
MOSBY, H. S. 1955. Live trapping objectionable animals. Virginia Polytechnic Inst. Agric. Ext. Serv. Circ. 667. 4pp.
MUNN, C. A. 1991. Tropical canopy netting and shooting lines over tall trees. J. Field Ornithol. 62:454–463.
MURPHY, T. M., JR., AND T. T. FENDLEY. 1973. A new technique for live-trapping of nuisance alligators. Proc. Annu. Conf. Southeast. Assoc. Game and Fish Comm. 27:308–311.
NELLIS, C. H. 1968. Some methods for capturing coyotes alive. J. Wildl. Manage. 32:402–405.
NESBITT, S. A., B. A. HARRIS, R. W. REPENNING, AND C. B. BROWNSMITH. 1982. Notes on red-cockaded woodpecker study techniques. Wildl. Soc. Bull. 10:160–163.
NESBITT, S. N. 1984. Effects of an oral tranquilizer on survival of sandhill cranes. Wildl. Soc. Bull. 12:387–388.
NOLAN, J. W., R. H. RUSSELL, AND F. ANDERKA. 1984. Transmitters

for monitoring Aldrich snares set for grizzly bears. J. Wildl. Manage. 48:942–945.

NOLAN, V., JR. 1961. A method of netting birds at open nests in trees. Auk 78:643–645.

NORTHCOTT, T. H., AND D. SLADE. 1976. A livetrapping technique for river otters. J. Wildl. Manage. 40:163–164.

NOVAK, M. 1981. The foot-snare and the leg-hold traps: a comparison. Pages 1671–1685 in J. A. Chapman and D. Pursley, eds. Proc. Worldwide Furbearer Conf., Frostburg, Md.

O'GARA, B. W., AND D. C. GETZ. 1986. Capturing golden eagles using a helicopter and net gun. Wildl. Soc. Bull. 14:400–402.

OLSEN, G. H., S. B. LINHART, R. A. HOLMES, G. J. DASCH, AND C. B. MALE. 1986. Injuries to coyotes caught in padded and unpadded steel foothold traps. Wildl. Soc. Bull. 14:219–223.

ONDERKA, D. K., D. L. SKINNER, AND A. W. TODD. 1990. Injuries to coyotes and other species caused by four models of foot-holding devices. Wildl. Soc. Bull. 18:175–182.

OTNES, G. L. 1991. An alternate method of netting shorebirds in the Canadian subarctic. North Am. Bird Bander 15:139–140.

PAGELS, J. F., AND T. W. FRENCH. 1987. Discarded bottles as a source of small mammal distribution data. Am. Midl. Nat. 118:217–219.

PALMISANO, A. W., AND H. H. DUPUIE. 1975. An evaluation of steel traps for taking fur animals in coastal Louisiana. Proc. Annu. Conf. Southeast. Assoc. Game and Fish Comm. 29:342–347.

PAPEZ, N. J., AND G. K. TSUKAMOTO. 1970. The 1969 sheep trapping and transplant program in Nevada. Trans. Desert Bighorn Counc. 14:43–50.

PASSMORE, M. F. 1979. Use of Velcro for handling birds. Bird-Banding 50:369.

PEDERSEN, R. J., AND A. W. ADAMS. 1977. Summer elk trapping with salt. Wildl. Soc. Bull. 5:72–73.

PETERS, W. D. 1986. An improved Grave's tree trap. North Am. Bird Bander 11:10.

PHILLIPS, B. 1978. Hanging a Dho-Gaza. Inl. Bird-Banding News 50:211–217.

PREVOST, Y. A., AND J. M. BAKER. 1984. A perch snare for catching ospreys. J. Wildl. Manage. 48:991–993.

RALPH, C. J. 1976. Standardization of mist net captures for quantification of avian migration. Bird-Banding 47:44–47.

RAMSEY, C. W. 1968. A drop-net deer trap. J. Wildl. Manage. 32:187–190.

RECHT, M. A. 1981. A burrow-occluding trap for tortoises. J. Wildl. Manage. 45:557–559.

REEVES, H. M., A. D. GEIS, AND F. C. KNIFFIN. 1968. Mourning dove capture and banding. U.S. Fish. Wildl. Serv. Spec. Sci. Rep. Wildl. 117. 63pp.

REMPEL, R. D., AND R. C. BERTRAM. 1975. The Stewart modified corral trap. Calif. Fish Game 61:237–239.

ROPER, L. A., R. L. SCHMIDT, AND R. B. GILL. 1971. Techniques of trapping and handling mule deer in northern Colorado with notes on using automatic data processing for data analysis. Proc. Annu. Conf. West. Assoc. Game and Fish Comm. 51:471–477.

ROTELLA, J. J., AND J. T. RATTI. 1990. Use of methoxyflurane to reduce nest abandonment of mallards. J. Wildl. Manage. 54:627–628.

ROUGHTON, R. D. 1982. A synthetic alternative to fermented eggs as a canid attractant. J. Wildl. Manage. 46:230–234.

RUNGE, W. 1972. An efficient winter live-trapping technique for white-tailed deer. Saskatchewan Dep. Nat. Resour. Tech. Bull. 1. 16pp.

SAUER, B. W., H. A. GORMAN, AND R. J. BOYD. 1969. A new technique for restraining antlerless mule deer. J. Am. Vet. Med. Assoc. 155:1080–1084.

SCHARF, C. S. 1985. A technique for trapping territorial magpies. North Am. Bird Bander 10:34–36.

SCHEMNITZ, S. D. 1961. Ecology of the scaled quail in the Oklahoma panhandle. Wildl. Monogr. 8. 47pp.

SCHLADWEILER, P., AND T. W. MUSSEHL. 1969. Use of mist-nets for recapturing radio-equipped blue grouse. J. Wildl. Manage. 33:443–444.

SCHMITT, S. M., T. M. COOLEY, L. D. SCHRADER, AND M. A. BRADLEY. 1983. A squeeze chute to restrain captive deer. Wildl. Soc. Bull. 11:387–389.

SCHROEDER, M. A. 1986. A modified noosing pole for capturing grouse. North Am. Bird Bander 11:42.

———, AND C. E. BRAUN. 1991. Walk-in traps for capturing greater prairie chickens on leks. J. Field Ornithol. 62:378–385.

SCHULTZ, V. 1950. A modified Stoddard quail trap. J. Wildl. Manage. 14:243.

SCRIVNER, J. H., W. E. HOWARD, AND R. TERANISHI. 1987. Effectiveness of a lure called "coyote control." Wildl. Soc. Bull. 15:272–274.

SERVENTY, D. L., D. S. FARNER, C. A. NICHOLLAS, AND N.E. STEWART. 1962. Trapping and maintaining shore birds in captivity. Bird-Banding 33:123–130.

SHAIFFER, C. W., AND G. L. KRAPU. 1978. A remote controlled system for capturing nesting waterfowl. J. Wildl. Manage. 42:668–669.

SHARP, D. E., AND J. T. LOKEMOEN. 1980. A remote-controlled firing device for cannon net traps. J. Wildl. Manage. 44:896–898.

———, AND ———. 1987. A decoy trap for breeding-season mallards in North Dakota. J. Wildl. Manage. 51:711–715.

SHULER, J. F., D. E. SAMUEL, B. P. SHISSLER, AND M. R. ELLINGWOOD. 1986. A modified nightlighting technique for male American woodcock. J. Wildl. Manage. 50:384–387.

SKINNER, D. L., AND A. W. TODD. 1990. Evaluating efficiency of footholding devices for coyote capture. Wildl. Soc. Bull. 18:166–175.

SMITH, H. D., F. A. STORMER, AND R. D. GODFREY, JR. 1981. A collapsible quail trap. U.S. For. Serv. Res. Note RM-400. 3pp.

SMITH, L. M., J. W. HUPP, AND J. T. RATTI. 1980. Reducing abandonment of nest-trapped gray partridge with methoxyflurane. J. Wildl. Manage. 44:690–691.

SMITH, N. G. 1967. Capturing seabirds with avertin. J. Wildl. Manage. 31:479–483.

SOWLS, L. K. 1955. Prairie ducks: a study of their behavior, ecology and management. Wildl. Manage. Inst., Washington, D.C., and Stackpole Co., Harrisburg, Pa. 193pp.

SPARROWE, R. D., AND P. F. SPRINGER. 1970. Seasonal activity patterns of white-tailed deer in eastern South Dakota. J. Wildl. Manage. 34:420–431.

SPITZKEIT, J. W., J. R. NAWROT, AND W. B. KLIMSTRA. 1987. A portable swim-in trap for waterfowl. Wildl. Soc. Bull. 15:189–191.

SRIVASTAVA, V., AND R. C. SRIVASTAVA. 1985. Trapping rodents with glue. Indian J. Agric. Sci. 55:385–386.

STAFFORD, S. K., AND L. E. WILLIAMS, JR. 1968. Data on capturing black bears with alpha-chloralose. Proc. Annu. Conf. Southeast. Assoc. Game and Fish Comm. 22:161–165.

STEWART, P. A. 1954. Combination substratum and automatic trap for nesting mourning doves. Bird-Banding 25:6–8.

———. 1971. An automatic trap for use on bird nesting boxes. Bird-Banding 42:121–122.

STEWART, R. E. 1951. Clapper rail populations of the Middle Atlantic states. Trans. North Am. Wildl. Conf. 16:421–430.

STODDART, D. M. 1982a. Demonstration of olfactory discrimination by the short-tailed vole, *Microtus agrestis* L. Anim. Behav. 30:293–301.

———. 1982b. Does trap odour influence estimation of population size of the short-tailed vole, *Microtus agrestis*? J. Anim. Ecol. 51:375–386.

STORM, G. L., R. D. ANDREWS, R. L. PHILLIPS, R. A. BISHOP, D. B. SINIFF, AND J. R. TESTER. 1976. Morphology, reproduction, dispersal, and mortality of midwestern red fox populations. Wildl. Monogr. 49. 82pp.

———, AND K. P. DAUPHIN. 1965. A wire ferret for use in studies of foxes and skunks. J. Wildl. Manage. 29:625–626.

STOUFFER, P. C., AND D. F. CACCAMISE. 1991. Capturing American crows using alpha-chloralose. J. Field Ornithol. 62:450–453.

STUTCHBURY, B. J., AND R. J. ROBERTSON. 1986. A simple trap for catching birds in nest boxes. J. Field Ornithol. 57:64–65.

SUGDEN, L. G. 1956. A technique for closing gates on big-game live traps by remote control. J. Wildl. Manage. 20:467.

———, AND H. J. POSTON. 1970. A raft trap for ducks. Bird-Banding 41:128–129.

SULLIVAN, J. B., C. A. DEYOUNG, S. L. BEASOM, J. R. JEFFELFINGER, S. P. COUGHLIN, AND M. W. HELLICKSON. 1991. Drive netting: incidence of mortality. Wildl. Soc. Bull. 19:393–396.

SWANK, W. G. 1952. Trapping and marking of adult nesting doves. J. Wildl. Manage. 16:87–90.

SYKES, P. W., JR. 1985. Construction of portable net poles and transport containers. North Am. Bird Bander 10:115–116.

SZYMCZAK, M. R., AND J. F. COREY. 1976. Construction and use of the Salt Plains duck trap in Colorado. Colo. Div. Wildl. Rep. 6. 13pp.

TABER, R. D., AND I. McT. COWAN. 1969. Capturing and marking wild animals. Pages 277–317 in R. H. Giles, ed. Wildlife management techniques. Third ed. The Wildl. Soc., Washington, D.C.

TEHSIN, R. H. 1988. Inducing sleep in birds. J. Bombay Nat. Hist. Soc. 85:435–436.

TEW, T. 1987. A comparison of small mammal responses to clean and dirty traps. J. Zool. (Lond.) 212:361–364.

THOMPSON, M. J., R. E. HENDERSON, T. O. LEMKE, AND B. A. STERLING. 1989. Evaluation of a collapsible Clover trap for elk. Wildl. Soc. Bull. 17:287–290.

THORNSBERRY, W. H., AND L. M. COWARDIN. 1971. A floating bait trap for capturing individual ducks in spring. J. Wildl. Manage. 35:837–839.

TIMM, D. E., AND R. G. BROMLEY. 1976. Driving Canada geese by helicopter. Wildl. Soc. Bull. 4:180–181.

TOEPFER, J. E., J. A. NEWELL, AND J. MONARCH. 1988. A method for trapping prairie grouse hens on display grounds. Pages 21–31 in Prairie chickens on the Sheyenne National Grasslands. U.S. For. Serv. Gen. Tech. Rep. RM-159.

TOMLINSON, R. E. 1963. A method for drive-trapping dusky grouse. J. Wildl. Manage. 27:563–566.

TROYER, W. A., R. J. HENSEL, AND K. E. DURLEY. 1962. Live-trapping and handling of brown bears. J. Wildl. Manage. 26:330–331.

TULLAR, B. F., JR. 1984. Evaluation of a padded leg-hold trap for capturing foxes and raccoons. N.Y. Fish Game J. 31:97–103.

TURKOWSKI, F. J., A. R. ARMISTEAD, AND S. B. LINHART. 1984. Selectivity and effectiveness of pan tension devices for coyote foothold traps. J. Wildl. Manage. 48:700–708.

———, M. L. POPELKA, AND R. W. BULLARD. 1983. Efficacy of odor lures and baits for coyotes. Wildl. Soc. Bull. 11:136–145.

TUTTLE, M. D. 1974. An improved trap for bats. J. Mammal. 55:475–477.

TWEIT, R. C. 1982. A holding box for birds. North Am. Bird Bander 7:49.

URBANEK, R. P., J. L. MCMILLEN, AND T. A. BOOKHOUT. 1991. Rocket-netting of greater sandhill cranes on their breeding grounds at Seney National Wildlife Refuge. Pages 241–245 in Proc. 1987 Int. Crane Workshop. Int. Crane Found., Baraboo, Wis.

U.S. FISH AND WILDLIFE SERVICE AND CANADIAN WILDLIFE SERVICE. 1977. North American bird banding manual. Vol. II. U.S. Dep. Inter., Washington, D.C. Var. pagin.

VALKENBURG, P., R. D. BOERTJE, AND J. L. DAVIS. 1983. Effects of darting and netting on caribou in Alaska. J. Wildl. Manage. 47:1233–1237.

VAN BALLENBERGHE, V. 1984. Injuries to wolves sustained during live-capture. J. Wildl. Manage. 48:1425–1429.

———, A. W. ERICKSON, AND D. BYMAN. 1975. Ecology of the timber wolf in northeastern Minnesota. Wildl. Monogr. 43. 43pp.

WARNER, D. R., AND D. L. CHESEMORE. 1985. A technique to secure small mammal livetraps against disturbance. Calif. Fish Game 71:184–185.

WEAVER, D. K., AND J. A. KADLEC. 1970. A method for trapping breeding adult gulls. Bird-Banding 41:28–31.

WEBB, G. J. W., AND H. MESSEL. 1977. Crocodile capture techniques. J. Wildl. Manage. 41:572–575.

WEBB, W. L. 1943. Trapping and marking white-tailed deer. J. Wildl. Manage. 7:346–348.

WEGNER, W. A. 1981. A carrion-baited noose trap for American kestrels. J. Wildl. Manage. 45:248–250.

WEILAND, E. C. 1964. Methods of tripping traps with a solenoid. Inl. Bird-Banding News 36:3–4,7,9.

WEST, S. D. 1985. Differential capture between old and new models of the Museum Special snap trap. J. Mammal. 66:798–800.

WHEELER, R. H., AND J. C. LEWIS. 1972. Trapping techniques for sandhill crane studies in the Platte River Valley. U.S. Fish Wildl. Serv. Resour. Publ. 107. 19pp.

WHITE, M., F. F. KNOWLTON, AND W. C. GLAZENER. 1972. Effects of dam-newborn fawn behavior on capture and mortality. J. Wildl. Manage. 36:897–906.

WILBUR, S. R. 1967. Live-trapping North American upland game birds. U.S. Fish Wildl. Serv. Spec. Sci. Rep. Wildl. 106. 37pp.

WILLIAMS, D. F., AND S. E. BRAUN. 1983. Comparison of pitfall and conventional traps for sampling small mammal populations. J. Wildl. Manage. 47:841–845.

WILLIAMS, L. E., JR. 1966. Capturing wild turkeys with alpha-chloralose. J. Wildl. Manage. 30:50–56.

———, AND R. W. PHILLIPS. 1972. Tests of oral anesthetics to capture mourning doves and bobwhites. J. Wildl. Manage. 36:968–971.

———, AND ———. 1973. Capturing sandhill cranes with alpha-chloralose. J. Wildl. Manage. 37:94–97.

WILLIAMSON, M. J., AND M. R. PELTON. 1972. New design for a large portable mammal trap. Proc. Annu. Conf. Southeast. Assoc. Game and Fish Comm. 25:315–322.

WILSON, R. P., AND M. T. J. WILSON. 1989. A minimal-stress bird-capture technique. J. Wildl. Manage. 53:77–80.

WINCHELL, C. S., AND J. W. TURMAN. 1992. A new trapping technique for burrowing owls: the noose rod. J. Field Ornithol. 63:66–70.

WOOTEN, W. A. 1955. A trapping technique for band-tailed pigeons. J. Wildl. Manage. 19:411–412.

WRIGHT, J. M. 1983. Ketamine hydrochloride as a chemical restraint for selected small mammals. Wildl. Soc. Bull. 11:76–79.

YOSEF, R., AND F. E. LOHRER. 1992. A composite treadle/bal-chatri trap for loggerhead shrikes. Wildl. Soc. Bull. 20:116–118.

ZEMLICKA, D. E., AND K. J. BRUCE. 1991. Comparison of handmade and molded rubber tranquilizer tabs for delivering tranquilizing materials to coyotes captured in steel leg-hold traps. Proc. Great Plains Wildl. Damage Workshop 10:52–56.

ZICUS, M. C. 1989. Automatic trap for waterfowl using nest boxes. J. Field Ornithol. 60:109–111.

ZOELLICK, B. W., AND N. S. SMITH. 1986. Capturing desert kit foxes at dens with box traps. Wildl. Soc. Bull. 14:284–286.

ZWICKEL, F. C., AND J. F. BENDELL. 1967. A snare for capturing blue grouse. J. Wildl. Manage. 31:202.

6
大型獣の化学的不動化

Daniel B. Pond and Bart W. O'Gara

はじめに……………………………………151	塩酸ドキサプラム………………………158
麻薬性鎮痛薬………………………………153	その他………………………………………159
クエン酸カーフェンタニル…………153	硫酸アトロピン…………………………159
解離性麻酔薬………………………………154	塩化サクシニルコリン…………………159
塩酸フェンサイクリジン………………154	投薬量の算出………………………………159
塩酸ケタミン……………………………155	薬物の投与法………………………………160
塩酸チレタミンと塩酸ゾラゼパム……155	手持ちシリンジ…………………………160
鎮静薬………………………………………156	突き棒,突き槍…………………………160
塩酸キシラジン…………………………156	麻酔銃……………………………………160
トランキライザー…………………………157	吹き矢……………………………………162
マレイン酸アセプロマジン……………157	注意事項…………………………………162
ジアゼパム………………………………157	動物への接近………………………………163
拮抗薬………………………………………158	不動化後の取り扱い………………………163
塩酸ナロキソン…………………………158	参考文献……………………………………167
塩酸ヨヒンビン…………………………158	

❏ はじめに

　野生動物を扱う際に,誰かが単純に麻酔銃や吹き矢,薬物を購入し,試行錯誤を繰り返して不動化の方法を学ばなければならなかったのは,遠い昔の話である。不動化薬を用いた野生動物の捕獲を計画している者は,以下の記述に従わなければならない。「'Cap-Chur'銃(麻酔銃の商品名)や吹き矢を用いて大型哺乳類の側面に鎮静薬を投与するときは,それぞれの動物における薬用量と,動物を追跡し薬物の効果が現れるまでの適切な管理と処置に関する知識やそれを補助する十分なスタッフが必要である。研究者の捕獲法に対する経験が豊富でない場合は,野生動物を扱う獣医師の助言を受けることを勧める。鎮静した動物の外傷や水死をさけるために,鎮静を行う位置と鎮静にかかる時間については,十分な配慮が必要である。鎮静化した動物は綿密に状態を把握し,その運動能力が回復するまで放逐すべきではない。」(哺乳類における容認される野外調査法に関する特別委員会,Ad Hoc Commitee on Acceptable Field Methodsin Mammalogy 1987:9)

　捕獲作業に関しては,野生動物を扱う獣医師の助言を聞くことが必要なだけではなく,資格のある獣医師が捕獲チームの一員として参加するべきである。連邦法規(Code of Federal Regulations)の第9条には,農業部門に関する業務の統一規則を含んでおり,これは動物の福祉を強く主張している。この法規では,研究施設,動物商そして動物を展覧する者は,その飼育と使用に携わる人々に対して,動物の取り扱い,不動化,麻酔,鎮静化および安楽死にかかわる適切な指導を行うために,随伴する獣医師を配置すべきことを要求している。さらにこの法規では,すべての動物の取り扱いは,外傷,過度の体温上昇,過度の冷却,行動上のストレスあるいは不必要な不快を引き起こさないような手法で,できる限り便宜的にそして注意深く行われるべきであると指導している。この法規は,暦年で1年に1度改正されるので,動物を扱う者は法規の改正に対して常に注意を払っていなければならない。

　アメリカ合衆国の場合,食品医薬品局(Food and Drug Administration, FDA)がそれぞれの薬物について,その

薬物の使用が可能な哺乳類の種を定めている。また，薬物の容器には，使用者が記憶し従わなければならない制限が印刷されている。FDAは，所有や管理に登録証が必要な規制薬物の基準に関しても記載している。登録証は，連邦薬事執行局(U.S. Drug Enforcement Administration, DEA, P. O. Box 28083, Central Station, Washington, DC 20005)で入手できる。規制を受ける薬物を所有あるいは管理しようとする者は，それぞれに応じた登録証を所有するか，あるいは登録証を持った者の監督下で作業をしなければならない。登録証の所有者は，記録の管理，薬物に応じた保管法と使用法，使用者の安全および動物の福祉に対して責任がある。各州もまた，野生動物に対して薬物を使用する者が周知し，従わなければならない獣医業務法を定めている。

動物を不動化する者が負わなければならない責任は，決して軽くはない。どの不動化法も，動物の行動，その他の活動あるいは生命に対して何らかの影響を及ぼす。人道的な見地から，動物の拘束は最小限に押さえるべきである。動物の不動化を行おうとするときはいつでも二つの疑問が投げかけられる。①どの手法が危険を最小限に押さえるか，②最小限の時間かつ最小限の動物へのストレスで仕事を成し遂げるには誰が最も適任か。

動物の不動化に成功するために，個人はその動物の行動特性に対する理解と保定に使用する道具に関する経験的な知識を持ち合わせていなければならない。完全な理解は，十分な経験と知識を持つ者の指導を伴った，経験を通してのみ増すものである。

この章では，化学的不動化の一般法則を検討し，表は現時点で我々がその作用と副作用において，あらゆる動物種に対してベストであると思われる薬物の使用法を紹介したものである。そして，スペースの都合上完璧とはいえないが，理解しやすく慣用的な「how to」情報を提供する。薬物に対する一般的な商品名は，それによって薬物名を聞いた人が検索しやすいように，薬物の一般的な名称の後に記した。さらに完璧な情報については，問い合わせ先や広範な知識をもった人物に相談すると良い。各表は，麻酔法における参考の概要として含まれており，複写しても差し支えない。

どの単一の薬物をとっても哺乳類を不動化するための効果と安全性においてすべての要求を満たすものではない。しかしながら，いくつかの薬物は個々の動物種に対したいていの条件を満たしている。ここで紹介したすべての薬物に対する薬用量は，表6-1に挙げた。薬用量の幅が広いということは，その薬物があらゆる条件下で使用されていることを現している。低い薬用量は，一般的に不動化しやすい動物に対してのものである。野生動物や非常に興奮した動物に対しては，たいてい高い薬用量が必要である。理想的な薬物は，高い治療係数(致死量/有効量)を持っており，個体における生理的状態の違いや体重の推定における誤差を許容する。薬物は，物理的にも化学的にも他の有用な薬物と併用できるのが望ましい。しばしば，薬物の併用は，それぞれの薬物の薬用量を減少させ不動化の効果を増強させる。

野生動物の野外調査に用いられる薬物の多くは，筋肉内に投与される。理想的な薬物は，局所にあまり痛みを与えない。そして圧力をかけて薬液が注入されるために，筋肉が引き裂かれたり傷つけられたりするのを最小限にするため，液量は少ない方が良く，十分に高濃度であるべきである。

薬液量を最小限に押さえる例として，一般に塩酸ケタミンと塩酸キシラジンが，大型獣の不動化に使用される。しかし実際のところ，これらの薬物の組み合わせは多量の液量を必要とする。薬液量は薬物を結晶状に凍結乾燥し，滅菌水で高濃度に溶解することで減らすことができる。塩酸ケタミンと塩酸キシラジンの同時使用に良い方法は，塩酸ケタミンを凍結乾燥し，必要な濃度と割合になるように，塩酸キシラジンの溶液を用いて溶解することである。この方法では，慣例として液量1 mlあたり塩酸ケタミン200 mgと塩酸キシラジン100 mgを混合して用いられる。野外では，混合した薬液は使用時までポケットの中あるいは温かい場所に保管して持ち運ぶ。250 mg/ml以上の濃度の塩酸ケタミンは，溶解した状態に保つために保温しておかなければならない。

導入時間は，短い方が望ましい。しかし，投与した瞬間に動物が不動化される薬物はない。慣用的に使用される薬物の多くは，筋肉内投与の場合不動化に5〜20分を必要とする。このことは，野生動物を捕獲する上での大きな欠点といえる。なぜならば，薬物を投与された動物は，保定されるまでに長い距離を走ることになるからである(もし保定できたとしても)。結果として，動物の位置を見失ってしまったり，動物が崖から落ちたりあるいは水中に飛び込んでしまうことがある。

理想的な薬物は，拮抗薬(解毒剤)を持っているべきである。拮抗薬は，動物が寝ている時間(不動化されている時間)を短縮させ，問題が生じたときには薬物の作用を打ち消すことができる。

表 6-1 推薦される化学的不動化薬の薬用量
他に記載がない限りすべての薬容量は，mg/kg；K＝塩酸ケタミン，C＝クエン酸カーフェンタニル，X＝塩酸キシラジン

動物種	クエン酸カーフェンタニル[a]またはクエン酸カーフェンタニル：塩酸キシラジン	塩酸チレタミンおよび塩酸ゾラゼパム[a]	塩酸ケタミン[b]	塩酸キシラジン[b]	塩酸キシラジン：塩酸ケタミン
オオカミ		4	5.6	5〜10	2.2 X：4.4 K
コヨーテ		4	5.6	3	
アメリカクロクマ	0.009〜0.020	4	6〜12	4〜15	2 X：4 K
ハイイログマ	0.015〜0.025	4	8〜15		2 X：4〜5 K
アナグマ			6〜15		
スカンク			5〜14	3〜10	
アライグマ			0.8〜25	3〜10	
ピューマ		2〜4	5〜11	3〜10	0.5〜2 X：11 K
ボブキャット		1.3〜3	5〜11	4〜15	
カナダオオヤマネコ			5〜11	4〜15	
シカ類	0.001〜0.002	8〜15		1〜6	
エルク	0.006〜0.014	9.2		1〜6	
ヘラジカ	0.006〜0.014	3〜8			
ビッグホーン	0.003〜0.010	4.4〜5.5			
アメリカバイソン	0.004	3〜4.5			0.5 X：0.7 K
プロングホーン	2 C：33 X[c]	13		45[c]	30 X：20 K[c]

[a]薬品取扱業者（ディストリビューター）および Wildlife Labpratories, Inc., 1401 Duff Drive, Suite 600, Ft. Collins, CO 80524.より入手可能。[b]獣医師より入手可能。[c]総薬用量。

この章では，一般的に野生動物調査に用いられる薬物のみを，それぞれの薬物の効果と作用に関する短い記述とともに紹介した。専門用語は，その語が最初にでてきたときに定義する。

❑麻薬性鎮痛薬

鎮痛薬は，野生動物の保定において重要な役割を担っている。この10年間に塩酸エトルフィンやクエン酸カーフェンタニルといった鎮痛薬が，大型哺乳類への使用に導入されてきた。これらの薬品は，痛みを緩和するのに重要であり，動物の保定と取り扱いを容易にする。クエン酸カーフェンタニルは，その薬用量が少ないことから塩酸エトルフィンに代わって野生動物の不動化に広く用いられている。その結果として，塩酸エトルフィンはアメリカ合衆国ではもはや製造されなくなった。したがってここではクエン酸カーフェンタニルについてのみ記載する。塩酸エトルフィンに関する詳細は，Wallach et al.(1967), Hatch et al.(1976), Ballard et al.(1982), Franzman et al.(1984), Seal et al.(1985), Boever(1986)および Karesh et al.(1986)を参照のこと。

クエン酸カーフェンタニル

クエン酸カーフェンタニル(carfentanil)は，移入種を含む野生動物に対して使用されるが，適当な拮抗薬(塩酸ナロキソン)が即座に使用可能でない場合は決して使用すべきではない。クエン酸カーフェンタニルを使用する者は，動物に麻酔をかけ，維持する手順を知らなければならない。使用者は，動物あるいは作業従事者に起こると考えられる傷害を最小限に抑えるため，必要な機材(特に呼吸抑制時の補助機材)と物品を準備し，不動化中あるいはその後に起こる可能性のある問題を解決できる経験者が同行していなければならない。忠告しておくが，ヒトに対するカーフェンタニルの誤用により死に至ることがある。決して1人で作業せず，常に防護メガネとゴム手袋を着用すべきである。薬物を使用するすべてのスタッフは，心肺蘇生術(cardiopulmonary resuscitation, CPR)，麻酔作用の理解および解毒薬の投薬に関する訓練を受けるべきである。

クエン酸カーフェンタニルは3 mg/mlの濃度で供給され，モルヒネの約3,000倍の鎮痛作用(鎮痛＝催眠を伴わない痛覚の消失)を持っている。高体温は通常観察され，特にこの薬物が単独で使用された時に顕著である。ムースや

ホッキョクグマなどの大型獣においては，再導入(動物が明らかに覚醒した後に再び薬物の影響を受けること)が起こることがある。

投与法

クエン酸カーフェンタニルは，筋肉内に(しばしば塩酸キシラジンとともに)投与され，投与後2～10分で不動化が起こる(Meuleman et al. 1984)。おとなしい個体や，ケージ内の個体，あるいは体調の良くない動物に対しては，最小有効量を使用すべきである。動物が興奮しているときや，長い追跡後あるいは非常に短時間の導入が必要とされるときは，安全有効域の最大値の使用が薦められる(Jessup et al. 1984)。

副作用

クエン酸カーフェンタニルの投与後に現れる副作用は，多様である。導入時の興奮，震せん，過度の流涎，頻脈(速い心拍)，浅迫呼吸(速く浅い呼吸)，第一胃からの逆流，舌麻痺および遅延再導入が報告されている。致命的な高体温が起こることがある。外気温が高く高湿度の時，長距離に渡る追跡の後，あるいは体温を上昇させるような取り扱いの間は，特別な注意が必要である。クエン酸カーフェンタニルが暑い気候の下で使用される場合には，日陰を作り動物を冷却するような装備を利用すべきである。

クエン酸カーフェンタニルは，ヒトに対して危険である。粘膜や皮膚の創傷を介して麻酔状態を引き起こすことがある。ヒトに対する誤用は，中枢神経系(central nervous system, CNS)の機能低下を引き起こし，呼吸機能の低下あるいは呼吸不全によって昏睡や死に至ることがある。進入経路によって，効果が現れるのに2～20分を要すると記録されている。処置は，塩酸ナロキソンを静脈内あるいは筋肉内に即座に投与することから始め，気道を確保し，CPRを施す用意をしておく。塩酸ナロキソンの効果は非常に短時間なので，追加投与が必要になる場合がある。クエン酸カーフェンタニルによる不動化を行う場合には，それにかかわる人の訓練と応急処置用品が不可欠である。吹き矢やシリンジに薬液を充填するときは，ゴム手袋と防護メガネを着用すべきである(Parker and Haigh 1982)。

拮抗薬

クエン酸カーフェンタニルによる麻酔の覚醒は，カーフェンタニルの80～100倍量の塩酸ナロキソンによる(Parker and Haigh 1982, Jessup et al. 1984)。静脈内への投与によって，たいていは早即な覚醒が起こる。筋肉内への投与は，覚醒の効果が現れるまでに2～10分を要する。

指 示

クエン酸カーフェンタニルは，外来種を含むあらゆる野生動物に使用されてきた。奇蹄類をのぞく有蹄類，とくに速い導入が要求されるときに選択される。人が食べる可能性のある動物に対して，クエン酸カーフェンタニルは使用してはならない。多くの獣医師や野外調査に携わる人は，この意味を狩猟期の30日前以降と狩猟期中は狩猟対象獣に対してこの薬物を使用してはならないと理解すべきであろう。

❏解離性麻酔薬

このグループに入る三つの薬物は，塩酸フェンサイクリジン，塩酸ケタミンそして塩酸チレタミンと塩酸ゾラゼパムの組み合わせである。後の二つの薬物は近年最も重要である。「解離性麻酔薬」と言われるように，癲癇様の強直状態はこれらの薬物が使用された時に特徴的で，ほとんどの動物種において著明な無痛状態を伴う。一般的にどれも同じ薬理作用を持つが，それらの麻酔薬の作用機序については，十分には明らかにされていない。

一般に麻酔薬に対して言われている通常の麻酔深度は，強直麻酔には該当しない。この強直状態は，極度の硬直あるいは骨格筋の硬直(筋収縮，硬直)と称される。強直性麻酔薬を議論するときに，以下に示した段階分けが用いられることがある。

①導入：筋肉内投与してから起立反射が失われる(loss of righting reflex, LRR)までの時間
②強直麻酔：LRRから動物が頭(だけを)上げる(animal lifts head, HL)までの時間
③外科的麻酔：強い刺激(たとえば大きな音や痛み)に対する反応において，動物が外観上の動作(四肢を引っ込める，肩を引く，瞬くあるいは声を出す)を示すことができない強直麻酔の状態。
④覚醒：動物が頭を上げてから立ち上がるまで。
⑤回復：立ち上がってから麻酔前の通常の状態に戻るまでの時間。

塩酸フェンサイクリジン

塩酸フェンサイクリジン(sernylan)は，多くの連邦による制約があり，たやすく使用することができない。さらに

情報が必要な場合は，以下を参照のこと Seal and Erickson(1969)，Hornocker and Wiles(1972)，Bush et al. (1980)，Ballard et al. (1982)および Kreeger(1987)。

塩酸ケタミン

塩酸ケタミン(ketaset，日本での商品名は動物用ケタラール50など)は，獣医師によって簡単に手に入れることができ安価である。濃度は，20，50そして100 mg/ml のものがある。

塩酸ケタミンで不動化された動物は，多くの場合通常かあるいは幾分抑制された咽喉頭反射(嚥下および発咳)を維持しており，食物，嘔吐物あるいは唾液を誤嚥する機会を最小限に押さえることができる。導入時は，動作がなくなり，眼の動きが止まり見開いた状態になることが特徴である。動物は横になり，特徴的な舌なめずり行動(舌の出し入れ)をとる。最初のうち，動物は音に対して過敏になるが，すぐに外界の刺激に対して鈍感になる。横方向の眼球震盪(眼の速い振動)が現れ，その後麻酔の深度が深まるとともに消失する(Booth 1982)。

塩酸ケタミンは，筋弛緩薬ではない。強直症(不随意な筋肉の収縮)は常にみられる。著明な無痛状態が，腹膜(腹腔内の内ばりをする膜)を除く全身に速やかに起こるが，腹部の外科手術には不十分であろう。まぶたは眼が「固まった」状態で開いたままである。眼瞼反射(目頭を触ることによるまたたき反射)はたいてい残り，瞳孔は開いている(Beck et al. 1971)。

投与法

野外では，筋肉内あるいは皮下への注射が通常の投与経路である。動物種による薬用量の違いは大きい(Bush et al. 1980)。

最初の導入の兆候は，注射してから3〜5分で現れ，完全な不動化は5〜10分で得られる。導入にかかる時間は，動物種と投薬量によって変わる。通常は，15〜30分で完全な導入が終了する(Hash and Hornocker 1980)。多くの動物は，塩酸ケタミンと共にCNSの抑制を起こす薬物が投与されていなければ，1時間以内にふつうに歩行が可能になる。覚醒は，たいていは静かに，そして穏やかである。5時間以上の長い時間をかけた覚醒はごく一般的である。イエネコは，麻酔の後わずかな沈鬱状態が24時間続くことがある。

副作用

塩酸ケタミン単味が投与されたネコ科のうち，まれに痙攣が起こることがある。塩酸ケタミンと共にジアゼパム(0.1〜0.25 mg/kg)あるいはマレイン酸アセプロマジン(0.50 mg/kg)を筋肉内に投与することで，痙攣が起こる可能性を減らすことができる。一旦痙攣が始まってしまうと，それを押さえるためにジアゼパムを静脈内に投与する必要がある。もし発作が起こった場合は，体温の上昇がみられる。

呼吸不全(ゆっくりとした浅い呼吸)が，時折クーガーのような大型のネコ族で起こることがあり，呼吸の補助が必要になる(Logan et al. 1986)。過度で，生理的な嚥下で調節不可能な唾液の分泌は，硫酸アトロピンによって難なく対処できる(Ramsden et al. 1976)。

低体温は塩酸ケタミンに一般にみられる副作用ではない。しかし，寒冷な気候下での長時間に渡る深麻酔は，低体温を引き起こすことがある。

ヒトが誤って飲み込んだり注射してしまった場合も，麻酔状態になり，幻覚状態を起こすと言われている。そのような場合は，呼吸の状態を観察し，必要があれば補助する。迅速な入院治療が必要である。

拮抗薬

ヨヒンビン*(Hatch and Ruch 1974, Jessup et al. 1983)が，最も普通に使用される拮抗薬である。

＊一般的には，塩酸キシラジンと併用した場合に用いられることが多い。

指 示

塩酸ケタミンは，小型肉食獣に対して理想的な薬物である(Wright 1983)。塩酸キシラジン(後述)との併用は大型食肉獣に対して優れており，シカに対しても申し分ない(Kreeger et al. 1986 a)が，多くの有蹄類に対しては適さない。塩酸ケタミンあるいは塩酸ケタミンと塩酸キシラジンの組み合わせを大型獣に対して応用するときは，薬剤を凍結乾燥し高濃度に溶解することで，薬液量を少なくして使用することができる。このことは，麻酔銃などの器具を使う場合は特に都合がよい。

塩酸チレタミンと塩酸ゾラゼパム

塩酸チレタミンと塩酸ゾラゼパム(telazol あるいは Cl-744)の組み合わせは，非催眠性で非バルビツール系の注射

麻酔薬であり，手に入れるためには規制薬物登録証明が必要である。塩酸チレタミンと塩酸ゾラゼパムは，有効成分500 mg（それぞれ250 mg）を含んだ滅菌バイアルで供給される。5 ml の滅菌水で溶解することによって100 mg/ml の溶液ができる。より少量の水で溶解することにより500 mg/ml まで濃度を高めることができ，容量の小さな麻酔銃などのタマ（以下，原文に従い「ダート(dart)」とする）の使用が容易である。

塩酸チレタミンは，速い導入と正常な咽喉頭反射を特徴とし，十分な無痛状態を生む強直麻酔である。単独で用いると腹部の外科手術には適当な筋弛緩が得られない。塩酸ゾラゼパムと組み合わせて用いたときは，良好な筋弛緩が得られる。低用量では鎮静状態になり，完全な麻酔を必要としない作業が支障なく行える。興奮した動物に対しては高用量が必要である（Kaufman and Hahnenberger 1975, Taylor et al. 1989）。

低用量においては，眼瞼反射は失われない。眼は開いたままで，眼瞼反射によって麻酔深度を確認することはできない。刺激の少ない眼軟膏と目隠しは，乾燥と太陽光による傷害を防ぐために必要である。耳介反射（耳道を触られたときの耳の不随意反射）や足反射（指の間に痛みを感じたときの肢を引っ込める反射）も残っている。これらの反射は，高用量では明らかに弱くなるかあるいは消失する。瞳孔はわずかに開いている。眼球震盪と舌なめずりも現れる。

投与法

塩酸チレタミンと塩酸ゾラゼパムは，静脈内あるいは筋肉内に投与する。多くの場合，不動化には筋肉内注射が必要とされるであろう。薬用量は，動物種によって非常に差がある（Schobert 1987）。

導入の最初の兆候は注射後2～6分後に現れ，不動化は5～10分で完全になる。導入および覚醒時間は，動物種によって異なる。不動化時間は，たいてい30～60分だが，完全な覚醒には5時間以上を要する。

導入までの間，骨格筋の麻痺は後肢から前肢に進む（Clausen et al. 1984）。覚醒時には，これらの作用による影響は逆の順序で元に戻る。

副作用

過度の流涎は，硫酸アトロピンの前投与が施されなかった場合によく現れる。咽喉頭反射が維持されているため，流涎は多くの場合問題ではない。0.04～0.1 mg/kg の硫酸アトロピンは，流涎を制御できると考えられる。高用量では，慢性の発作が特に顔面や四肢の筋肉に起こることがある。しばしば吸気の状態で呼吸が停止する様なパターンの不整な呼吸様式がみられるかもしれない。不整な呼吸は，塩酸ドキサプラムの投与により安定化される（Hsu et al. 1985）。塩酸ドキサプラムの投与は，覚醒（回復）の時間を著明に短くするが，絶対的に必要な場合に限って使用すべきである。なぜなら塩酸ドキサプラムは，強力な興奮剤であるため組織の酸素要求量を増加させ，脳に障害を与えたり死に至らしめることがある。さらに軽度から重度におよぶ歩行失調を起こすことがある。覚醒の後にいくらか歩行失調が観察されることもある。寒冷な気候下で長時間の深麻酔が続けられた場合，低体温になることがある。

拮抗薬

塩酸ドキサプラムは覚醒時間を短縮するが（Hatch et al. 1984, 1985; Hsu et al. 1985），覚醒している時間は短い。

指 示

塩酸チレタミンと塩酸ゾラゼパムの組み合わせは，あらゆる動物種において広い安全域を持っている。この組み合わせは，特に大型食肉獣に有効である（Haigh et al. 1985, Taylor et al. 1989, Kreeger et al. 1990）。

❏鎮静薬

塩酸キシラジン

塩酸キシラジン（rompun，日本での商品名は注射用セラクタールなど）は，獣医師によって20 mg/ml および100 mg/ml の濃度のものを手に入れることができる。この薬物は非催眠性の鎮静，痛覚抑制および筋弛緩薬である。塩酸キシラジンを投与された動物は眠っているかのように見える（Booth 1982）。導入するまでに与える刺激は，鎮静化を妨げる。動物に早く近づきすぎてしまった場合は，鎮静化されていたように見えた動物が突然覚醒し，その動物にも調査員にも危険である。

投与法

塩酸キシラジンは，静脈内あるいは筋肉内に投与する。投与経路と薬用量は，動物種によって広く変化する。不動化は，静脈内注射の場合3～5分以内，筋肉内の場合は10～20分あるいはそれ以上で起こる。無痛状態は10～30分持続す

るが，睡眠様の状態は数時間あるいはほぼ1日続くことがある(Addison and Kolenosky 1979, Boever 1986)。

副作用

時折筋肉の震え，呼吸停止，徐脈(心拍が遅くなること)および呼吸抑制が一般的な薬用量で起こる(Clark et al. 1982, Kolata & Rawlings 1982)。刺激に対する爆発的な反応が，傷害事故を引き起こす(Knight 1980)ことがあるので，動物が寝てから5～10分間待ってからゆっくりと静かに近づくことを勧める。このことにより動物は，より深い眠りへと向かうことができる。我々の，野生および飼育下のシカ，エルクそしてアメリカバイソンを鎮静した経験では，彼らを単独で放置した場合は寝ているが，補助してやることで歩くこともできる。これは大型獣を動かしたりトレーラーに運び込む場合に有用である。しかしこれらの動物も，導入中にいったん刺激してしまうと，数倍量の容量を投与したとしても決して寝ることはない。

塩酸キシラジンは，他の鎮静薬やバルビツール誘導体と組み合わせて使用することによって相乗作用を生む(Cronin et al. 1983)。他の薬物と組み合わせて使用する場合は，薬容量を減らすべきであるとともに，注意して使用しなければならない(Karesh et al. 1986)。

拮抗薬

塩酸ヨヒンビン(Hatch et al. 1985, Jessup et al. 1986 b)は，最も一般的に使用される拮抗薬である。

指　示

塩酸キシラジンは，軽い鎮静や完全な不動化に用いられる(Bauditz 1972)。単独あるいは他の薬物(クエン酸カーフェンタニル，塩酸ケタミン)と組み合わせて多様な動物種に使用することができる。この薬物は，動物にストレスがかかった状態(たとえばヘリコプターからエルクを麻酔銃などで撃つ場合)，プロングホーンの様に群れる動物あるいは早急に不動化することが必要な場合には選択すべきではない。塩酸キシラジンを塩酸ケタミンと組み合わせて使用した場合に，クマ，オオカミ(Ballard et al. 1982, Kreeger et al. 1986 b)およびピューマ(Logan et al. 1986)に対して良好な不動化が得られる。このとき，薬用量は減少する。塩酸キシラジンはほかの薬物とも併用が可能で，導入時間を短くすることができ，覚醒も(ゆっくりではあるが)穏やかである。

❑トランキライザー

マレイン酸アセプロマジン

マレイン酸アセプロマジン(acepromazine)は，フェノチアジン系の鎮静薬で錠剤あるいは注射液で処方されている。CNSを抑制することはなく，主として筋弛緩と身体の活動を低下させる作用がある。

投与法

筋肉内注射が最も一般的な投与法であり，静脈内および皮下への投与はあまり一般的でない。錠剤は経口投与される。マレイン酸アセプロマジンが筋肉内に投与されると，15～30分間は完全な効果は現れない(Pusateri et al. 1982)。完全な効果が現れるまでに，静脈内投与では1～2分，経口投与では30～60分を要する。

副作用

マレイン酸アセプロマジンを血圧の低下を起こす薬物と併用するときは，注意を払って使用する必要がある。

拮抗薬

拮抗薬は知られていない。

指　示

マレイン酸アセプロマジンが，不動化薬として単独で使用されることは希である。この薬物の持つ筋弛緩作用は，塩酸フェンサイクリジン，塩酸ケタミン，塩酸チレタミンと塩酸ゾラゼパムおよびクエン酸カーフェンタニルの作用を補うものである。

ジアゼパム

ジアゼパム(valium，日本での商品名はホリゾンなど)は，水溶液と混合することのできないトランキライザーである。注射薬として用いるかあるいはカプセルとして経口投与することができる(Pusateri et al. 1982)。

投与法

ジアゼパムは，筋肉内，静脈内(Booth 1982)あるいは経口投与(Montgomery and Hawkins 1967)が可能である。薬用量によるが，筋肉内注射の場合効果が現れるのに10～35分間を要する。効果はどんな薬用量でも2時間か，

それ以上持続する。

副作用

ジアゼパムは多くの不動化薬と相性が悪く，混合して用いるべきではない(Booth 1982)。この性質により，ジアゼパムは麻酔銃のダートやシリンジ内で他の薬物と混ぜることができず，他の薬物の静脈内注射の後すぐに静脈内に投与することもできない。

拮抗薬

拮抗薬は知られていない。

指　示

塩酸ケタミンや塩酸フェンサイクリジンの痙攣性の副作用は，ジアゼパムで制御することができる。静脈内への注射によって進行中の痙攣を効果的に抑制することができる。

❏拮抗薬

塩酸ナロキソン

塩酸ナロキソン(naloxone あるいは narcan, 日本での商品名は塩酸ナロキソン注射液)は，規制薬物登録証を所持している者だけが入手できる。

投与法

静脈内および筋肉内注射が最も一般的である。回復の効果は，静脈内注射では注射後30秒～2分，筋肉内注射では5～15分で発現する(Jessup et al. 1985 a)。薬物を静脈内と筋肉内に分けて注射した場合は，前述の中間の時間で回復が起こる。薬用量は，塩酸エトルフィンの10～50倍，クエン酸カーフェンタニルの80～100倍である(Foeler 1978)。

副作用

塩酸ナロキソンは代謝が早いため，動物の再導入が起こることがある。

指　示

塩酸ナロキソンは，塩酸エトルフィンとクエン酸カーフェンタニルの効果を打ち消すために使用する。麻薬性の不動化薬を使用するときは，塩酸ナロキソンを携帯している必要がある。塩酸エトルフィンやクエン酸カーフェンタニルによってヒトに麻酔がかかってしまった場合は，その効果を打ち消すために塩酸ナロキソンを投与する。

塩酸ヨヒンビン

塩酸ヨヒンビン(yohimbine)は，2 mg と 5 mg/ml の濃度のものが入手可能で，シカ類への使用をFDAが認可している。この薬物は，塩酸キシラジンと塩酸ケタミンの組み合わせに対する拮抗薬として用いられてきた(Jessup et al. 1983, Jacobson and Kolias 1984, Ramsay et al. 1985, Kreeger and Seal 1986)。

投与法

塩酸ヨヒンビンは，0.1～0.35 mg/kg の薬用量で静脈内あるいは筋肉内(遅い効果のため)に投与する(Hatch et al. 1983, Hsu and Shulaw 1984)。静脈内注射後，2～5分で完全な覚醒が起こる。

副作用

塩酸ヨヒンビンを投与された動物は，呼吸数および心拍数が増加する(Hsu et al. 1985)。

指　示

塩酸ヨヒンビンは，塩酸キシラジンと塩酸キシラジン/塩酸ケタミン混合薬が不動化薬として用いられた場合に拮抗薬として選択される。

塩酸ドキサプラム

アメリカ合衆国において塩酸ドキサプラム(doxapram, 日本での商品名はドプラム)は，ヒト，イヌ，ネコおよびウマに対する使用が認可されているが，ヒトが食べる可能性のある動物に対しては認可されていない。獣医師から手に入れることが可能である。塩酸ドキサプラムは，麻酔の回復期において呼吸活性を刺激する。呼吸に対する主な効果は，吸気量の増大である。投与後1分以内に，毎分の呼吸量は200%以上にも達する。しかしながら，塩酸ドキサプラムが単味で使用された場合，呼吸の増加量は5～6分間で減少する。全ての呼吸における改善は，血中の酸塩基平衡と動脈の酸素分圧の変化により特徴付けられるものである(Hsu et al. 1985)。

投与法

塩酸ドキサプラムは，0.4～5.0 mg/kg の割合で静脈内

に投与することができる。静脈内へ投与することにより，最も速い反応を得ることができる。舌根部への注射によっても速い効果が得られる。

副作用

高用量(臨床用量の50倍以上)で痙攣が起こることがある。

指　示

塩酸ドキサプラムは，塩酸ケタミンと塩酸ケタミン/塩酸キシラジンによる不動化からの回復を助ける(MacKintosh and Van Reenen 1984, Hatch et al. 1985)。また，バルビツール誘導体や塩酸キシラジンによる，呼吸不全に対する初期治療に効果がある。

❏ その他

硫酸アトロピン

硫酸アトロピンは，獣医師から手に入れることができる。この薬物は，0.4〜0.6 mg/mlの濃度のものが流通しており，流涎，発汗，腸の蠕動，膀胱の緊張および胃液と呼吸器系の分泌を抑制し，心拍を安定させる(Klide et al. 1975)。

投与法

硫酸アトロピンは，0.04 mg/kgの割合で経口，静脈内あるいは筋肉内に投与することができる。

副作用

発汗によって過度の高温や高湿度に対処している動物は，発汗が抑制されることによって高体温を助長することがある(Hsu et al. 1985)。瞳孔は開くので太陽光から保護する必要がある。反芻獣に硫酸アトロピンを投与したときは，胃の運動抑制による鼓脹症を起こさないよう注意を払わなければならない。

指　示

硫酸アトロピンは，塩酸エトルフィン，クエン酸カーフェンタニル，塩酸ケタミン，塩酸フェンサイクリジおよび塩酸キシラジンによって起こる過剰な唾液の分泌を抑制することができる。

塩化サクシニルコリン

塩化サクシニルコリン(sucostrin あるいは anectine，日本での商品名はサクシンなど)は非麻酔および非鎮痛性で麻痺性の薬物であり，多くの動物種の不動化に長い間使用されてきた。この薬物が麻酔薬として，あるいは鎮痛薬としての作用を持たないことから，我々は塩化サクシニルコリンの使用を勧めることはできない。それでもさらに詳しい情報が知りたい研究者がいれば，Miller(1986)，Allen(1970)，Jacobson et al.(1976)および Amstrup and Segerstorom(1981)を読むことを勧める。

❏ 投薬量の算出

不動化薬の的確な使用と保管に対する責任は完全に使用者に属し，いくつかの州では獣医師がその使用を委任されている。適当な保管法(日光や高温を避ける)と取り扱い(無菌的に保つ)によって在庫品の使用期限が保証される。薬品を瓶から取り出すときは，使用者は取扱説明書を読み，滅菌した注射針とシリンジを用いるべきである。

表6-1は，多様な動物種に対する薬用量を示している。平均的な成獣の薬用量が体重当たりの薬量(mg/kg)で示されている。これが各個体の体重を推定して投薬量を算出するのに最も便利である。この方法は，性別，年齢別および種別の標準投薬量を用いるよりも多くの場合正確で，動物に対して安全である。

投薬量は，身体の大きさ，年齢，季節，気象状態およびその動物の興奮状態に応じて調節する必要がある。我々は，発情期のオスジカが，他の時期に比べて通常の2〜3倍量の塩酸キシラジンを必要とすることを発見した。シカやエルクをヘリコプターから鎮静化する場合，興奮とストレスによってワナで捕獲した場合よりも高い薬用量を必要とする場合が多い。

いくつかの薬物は，何種類かの濃度のものが使用できる。遠隔投与によって大型獣を不動化しようとするときは，できる限り高濃度のものを使用する。少量の薬物を使用するときは，より小型で目盛りが精密な麻酔銃などのダートを用いる必要がある。少ない投薬量により投与時の外傷は軽減される。

投薬量の算出の一例を Box 6-1 に示した。経験を積めば，体重の推定と投薬量の調節は容易になる。

> **Box 6-1** 野生の有蹄類の不動化における投薬量の算出
>
> 動物の推定体重：100 kg
> 薬用量：2.6 mg/kg
> 薬の濃度（瓶に記載）：100 mg/ml
> 動物への投薬量（体重 100 kg×2.6 mg/kg）：260 mg
> 必要な薬液の量
> 　　　　　（投薬量 260 mg÷濃度 100 mg/ml）：2.6 ml

❏薬物の投与法

多くの製造業者が，多様な投薬法を採用した高品質の投薬機器を製造している。以下は，製造業者が用いている基本的な投薬法に関する一般的な記述である。器具の選択は，しばしば個人の好みによるものである。

手持ちシリンジ

野外調査における手持ちシリンジの使用は，動物が物理的に拘束されているときに限られる。我々は，肢を固定するワナで捕獲されたコヨーテやアナグマを地面に押さえつけ，手で薬物を注射しやすくするためにスネアポールを使用してきた。また，ネットに絡まったシカ，エルク，シロイワヤギおよびビッグホーンに対しても（手持ちシリンジで）注射したことがある。金属あるいはプラスチックのシリンジは，ガラスのように圧力や落下で壊れることがないので良い。薬液を速く投与するために，大径の注射針（16～18ゲージ）を用いるべきである。注射針のシリンジへの装着は，強固に行わなければならない（ねじ込み式の製品は便利である）。

突き棒，突き槍

いろいろな自家製あるいは製品化された突き棒が，狭い場所に拘束されている危険な動物（例えばカルバートトラップの中のクマ）に対して，薬物を投与する際に手の延長としての役割を果たしてくれる。注射するという作業がうまくいくかどうかは，すべて注射針の刺入にかかわっている。効果的な投与には素早く突き刺すことが必要である。動物に対して（突き棒を）押しつける力は，薬液のすべてが注入されるまで弛めてはいけない。それでも動物が飛び退いた場合は，2回目の注射が必要である。動物は，最初に注射されたときに突き棒に対して「利口」になるので，突き棒による何回にもわたる注射は困難である。食肉獣は，シリンジに嚙みついて壊してしまうことがよくある。特に頻繁なのは，カルバートトラップ中のクマが，最初の試みでシリンジを嚙んで抜いてしまうことである。有蹄類は蹴ることがあり，その速い動きで注射針が曲がったり折れたりすることがある。製品化されている突き棒の多くは，ハブ（シリンジ先端部の注射針をとりつける突起）を保護し注射針を保護する仕掛けを持っている。鋭利で大径の注射針が，それ自身の強度，容易な刺入そして薬液の素早い注入のために，用いられるべきである。注射針の長さは，動物の大きさによって変わる。注射針は，筋肉内に刺入するのに十分な長さでなければならないが，長すぎると曲がったり，薬液が注入される前に動物が飛び退いてしまうことがある。

麻酔銃

最近の化学的不動化には，ある程度の距離シリンジを飛ばし，衝撃と共に中身を排出する能力を持った器具が要求される。いくつかの会社が麻酔銃とそのダートを製造している（表6-2）。どの会社の製品を使ったとしてもその説明書は概ね理解できるはずである。

多くの遠隔麻酔システムは，改良した小火器や小型の銃を用いている。短距離用の麻酔銃として，約10 m の射程距離を持った炭酸ガス圧応用のピストルや，約25 m の射程距離の炭酸ガスを使ったライフルがある。炭酸ガスを応用した麻酔銃は，たいてい寒冷な気候では発射力が弱まるといった弱点がある。炭酸ガスカートリッジは，空になる前に圧力が低下する。使用者は，これらのことが起こる前に麻酔銃の操作と炭酸ガスカートリッジの交換に慣れておく必要がある。

長距離用の麻酔銃は，22口径弾の空包を使用する。最大射程距離は約70 m であるが，35 m を越えると正確さを欠く。数種の麻酔銃で威力の異なるいくつかの空砲を使うことができる。その他の麻酔銃においては使える空砲は決まっているが，腔圧調整弁が近距離射撃における射出力の減衰のために装備されている。銃身の先の方までダートを押し込んでおくことによって，射出力を弱めることができる麻酔銃もある。

火薬式の銃を用いる場合は，大きくて重量のあるダートが高速で運動するため大きな衝撃力を生ずる。この衝撃力は，組織に打撲による損傷を与え骨を砕くことができる。ダートは，シカ，ヒツジ，エルクやホッキョクグマの身体に食い込んだりそれを撃ち抜いてしまう。コヨーテやボブキャットのように体サイズの小さい動物を，近距離で撃つときは特に注意が必要である。しかしながら，これらは今

表 6-2 吹き矢，麻酔銃等の供給元

BALLISTIVET, Inc.
　4434 Centerville Road
　White Bear Lake, MN 55127
CAP-CHUR Equipment
NASCO
　901 Janesvill Ave.
　Fort Atkinson, WI 53538-0901
CAP-CHUR Equipment
NASCO WEST
　1254 Princenton Ave.
　Modesto, CA 95352-3837
IDEAL INSTRUMENTS
　607 N. Western Avenue
　Chicago, IL 60612
PAXARMS Equipment
　Telonics
　932 E. Impala Ave.
　Mesa, AZ 85204-6699
PNEU-DART Inc.
　P.O.Box 1415
　Williamsport, PA 17703
TELINJECT Equipment
　Telinject U.S.A., Inc.
　16133 Ventura Blvd., Suite 635
　Encino, CA 91436
WILDLIFE TECHNOLOGIES
　3118 N. Park Drive
　Flagstaff, AZ 86004
　Weily & Sons, Inc.
　Exotic Game & Gun Ranch
　Rt. 1, Box 303
　Wills Point, TX 75169

の所，野生哺乳類の捕獲に最適のシステムである。

麻酔銃で使用されるダートは，たいてい注入用火薬（ダート内に充填された薬液を注入するための火薬）か空気圧によって薬液が注入される。注入用火薬は信頼性があり薬液の注入も速いが，不都合な点もある。ダートが動物に当たったとき，薬液はその容量に関係なく 0.001 秒で排出される。このことは，注入部位に強大な圧力を生む。その結果，ダートには逆方向の力が働き抜けてしまう。動物に当たったダートが飛び出したり薬液が漏れたりするのを防ぐため，返し付きの注射針が必要になることが多い。返し付きのダートは，皮膚に小さな切開を作って外科的に取り除かなければならないが，返しは可能な限り小さく改良することができる。

薬液の排出圧の増強もまた，筋肉の損傷を引き起こす。5～10 ml の薬液が 0.001 秒の間に注入されるときに，筋組織に何が起こるかを想像していただきたい。組織の打撲や裂傷は，かなりの苦痛を伴う。動物に傷や機能障害を負わせる危険があるばかりでなく，苦痛を伴う薬液の注入は動物の逃避を招くこともあり，過度の興奮や逃走により動物を二度と不動化できないこともある。

強い衝撃を受けた後，あるいは不適切な注入用火薬が使用された後に，再度 Cap-Chur のダートを使用した場合，ダートが拡張するため銃身に詰まってしまう。この様なことが起こるのを防ぐのと正確さを高めるために，ダートを装填し撃つ前に銃身掃除用の棒でダートを押し，銃身を通しておくのが賢明である。ダートが銃身を通り抜けるのを確認するほかに，押し通すことで銃身を射撃の度に清掃することができる。きれいな銃身は汚れた銃身にくらべ強力にダートを飛ばすことができる。5～10 回の射撃で，空包に使われる紙製の火薬おさえも射出力を低下させる。我々は，5 回の射撃毎に空包用のアダプターを清掃することを勧める。ヘリコプターから射撃するとき射撃手は，アダプターの清掃のための貴重な時間を節約するため，あるいは落として容易に修理できないようなときのために，予備のアダプターを携帯しているべきである。

長距離用の麻酔銃に使用される，空気圧を応用したダートは，その取り扱いが吹き矢のダート（吹き矢の項の記述参照）に似ている。このようなダートは，注入用火薬を使用するダートと比較して組織に与える傷害が少なく，注射針の返しは小さいか，あるいはなくても良い。プラスチック製のダートは，衝撃で裂けてしまうことがある。もしそのようなことが起る場合は，発射力を弱めるべきである。

尾の部分が左右対称でないダートは，飛行中に揺らぐことがある。織り布製の尾は，対称になるように形を整えきれいにしておかなければならない。薬液の量に比較してダートの容量が大きい場合は，プランジャーを正しい容量まで前に押し出すか，生理食塩水で薬液の容量を増やしておくべきである（薬液は，Cap-Chur のダートの先端にあるねじ切り線のところまで達していなければならない）。

麻酔銃で狙う場所を調整することと，異なる射出力での実用射程距離を決定するために，実際に使用する大きさのダートに水を充填し，試射することを提案する。適当な標的として，動物の皮膚に似せてむき出しの骨組みを絨毯で被ったものが良い。針は標的に突き刺さらなければならないが，ダートの先端は突き刺さってはならない。当たる力が不十分な場合は，注入のための火薬が発火しない場合がある。照準を定めると同時に，発射力を決める必要がある。

吹き矢

　吹き矢は，静かで衝撃による外傷が少ないことから一般的に用いられ，小動物に対する使用にも適し，照準が決めやすく，消耗する機械部品がない(Wentges 1975)。しかしながら，限られたスペースでは使いにくいことがあり，射程距離も短い。吹き矢の筒は商品化されたものを手に入れることができるが，コンジット，銅，ステンレス，プラスチックやその他の適当な直径の管を応用することができる。管の内部は，摩擦を最小限に押さえるために滑らかでなければならない。管に取り付けたマウスピースは空気圧を高めるのを助ける。

　吹き矢の筒の長さは1mから2mまでいろいろあり，標的までの距離によって決められる。より長い筒は正確さを高める。最大射程距離は，筒の長さと使用者の熟練度によって変わるが，通常の射撃では平均10m程度である。樹木の中の標的に対する射撃は困難である。

　空気圧あるいはブタンガスで作動する，既製および手作りのいろいろな種類のダートが，吹き矢や麻酔銃に使用されている。薬液はプランジャーの前方区画に入れられ，先端を閉鎖し横穴をあけた注射針がつけられている。滑り動く短いプラスチックチューブが，その横穴をぴったりと被っている。プランジャーの後方区画は加圧した空気か液化ブタンで満たされ，二つの区画の間には，滑り動くプランジャーがあり，薬液に圧力がかかった状態になっている。注射針が皮膚に突き刺さったとき，プラスチックチューブが滑り動き，薬液が放出される。吹き矢のダートによって異なるが，完全な注入には0.5～2秒を要する。吹き矢のダートの本体は一般的に透明か半透明で，プランジャーが先端まで移動して薬液が注入されたかどうか，使用者が確認できる。

　Haigh & Hoph(1976)はプラスチックのシリンジから，ブタンガスで作動する安価な吹き矢のダートの作成法について記述している。我々は，モンタナでアメリカバイソン，コヨーテ，ボブキャットとカナダオオヤマネコを加えた大部分の大型狩猟獣に対して，特に問題なくそのような吹き矢のダートを使用している。これらの吹き矢で撃たれた動物は，通常，衝撃で飛び上がったり興奮することはない。手作りの吹き矢のダートと注射針は，液漏れを起こさないように使用前の加圧検査をするべきである。これらの吹き矢のダートは，ときどき衝撃によって注射針のハブの部分で壊れることがあるので，ダートが確実に正面から当たるように気を付けなければならない。ダートが皮膚に対して鋭角的に当たった場合は，損壊が起きやすい。

　吹き矢を森林の中で使用することが困難であるため，著者は銃身を簡単に改造してポンプ式の小銃を設計した。この改造によって，銃は10ml以上の容量のダートを樹木の中では15m，平地では30m飛ばすことが可能である。射出力は，この銃がポンプ式であるため変化させることができる。製品化されている炭酸ガス式のピストルは，吹き矢のダートを使用できる。

注意事項

　野生動物における不動化の成功は一つの芸術である。いろいろな要素が含まれる。不動化する者は，使った器具や動物の状態だけでなく，個人の能力に関しても考慮しなければならない。使用する者がその麻酔銃に熟練していなければ標的に命中させることは困難であろう。

　投薬に用いるすべての器具は，使用する順に整理し，掃除をし，油を注しておくべきである。注射針は，皮膚片が詰まっていないか確認し，洗浄し，先端を研いで滅菌しておく。最もよくある失敗は，標的を完全に見失ってしまったり適当でない部位に薬液を注入してしまうことである。好ましい注入部位は，大きな筋肉が集まっている部分である。臀部の上方と肩の筋肉は，標的として最も大きいため好まれる部位である。適正な部位の選択は，動物種と射手の熟練の度合いによる。首は，好ましくない部分の一つである。頸部の脊椎は首の中央部で表皮と接近して存在する。気管，食道および大血管が首の底部を走行している。もし首を撃つことが必要あるいは好ましい場合は，衝撃の弱い吹き矢で短い針を用いる。誤った部位への刺入により針が骨にまで達することがあり，骨折や針の損壊を起こす。

　不動化薬は，すべての組織で同じように速やかに，あるいは同じ割合で吸収されるわけではない。蓄積脂肪，結合組織，腹部あるいは皮膚への注入により，導入時間の延長あるいは効果が発現しないといったことが起こることがある。腹部，胸部あるいは静脈内への注入は，導入を促進し過剰投与に導くことがある。

　過大な衝撃によってダート全体が，動物を貫通することがある。これは，過剰量の火薬が使用された場合，ダートが重すぎた場合あるいは距離を読み違えた場合に起こる傾向がある。このときに生じる外傷は，外観上，道徳的に望まれないばかりか，薬物の吸収を減少させることにもなる。吹き矢による投薬は，大変穏やかである。麻酔銃のダートにおける薬物の排出装置の作動には，適度の衝撃が要求され，針が皮膚に垂直に突き刺さる必要がある。もしダート

表 6-3　一般的に使用される薬物における化学的不動化の導入兆候と効果

薬　　物	導入兆候	副作用
クエン酸カーフェンタニル	うつろな表情 目的のない歩行，よろめき	興奮 呼吸抑制 高体温 頻脈
塩酸ケタミン 塩酸チレタミンと塩酸ゾラゼパム	凝視した表情 散瞳，開いた眼，眼球振盪 嚥下 舌の出し入れ 歩行失調	強直性あるいは間代性痙攣 呼吸停止 流涎 高体温 低体温 強直症
塩酸キシラジン	動物は倒れ，耳，頭を垂れ，睡眠状態になる	筋肉の震え 徐脈 刺激に対する爆発的な反応

が当たる角度が鋭角すぎると，薬物が排出しなかったりダートが動物に跳ね返されたりすることがある。

時折，注入箇所に感染が起こることがある。皮膚を清浄したり注入の前に消毒薬を使うことは不可能であり（動物がすでに物理的に拘束されている場合は除く），針が汚れた皮毛や皮膚を通過し，細菌を筋肉内に運ぶ。薬液注入後の感染を最小限に抑えるため，ダートのシリンジ部分，針およびリンジの薬液充填にかかわるすべての装備品を洗浄し，滅菌する必要がある。傷口の感染は，ダートが当たった場所の広範な外傷に，最も頻繁に起こる。

❏ 動物への接近

ヘリコプターからの射撃のためには，野生動物調査の経験のあるパイロットが非常に重要である。このようなパイロットは，いつ動物の進路を妨げ適当な地域に追い込むか，そしていつ射撃のために急接近するかを知っている。素早い追跡のために，制限時間（たいていは 5 分かそれ以下）が設定されなければならない。多くの場合，薬物を投与する者だけが，野生動物あるいはワナに捕らわれている動物にそっと近づくべきである。その他の人はワナから離れた場所に残り，動物の発する音やにおいに注意しなければならない。大型肉食獣の場合，薬物を投与する人に加えて猟銃等で武装した護衛をつけるのが賢明である。動物にはゆっくりと風下から近づき，動物のいる場所からできる限り遠くにいて静かにしているべきである。動きはできるだけ小さくし，急激な動作は避けるべきである。

いったん薬物の投与が終われば，動物の様子が見える場所まで退却すべきである。経験的に，完全に不動化されるまで動物を驚かすような刺激は避けた方がよい。動物が不動化された後も，静かにしているのは良い習慣である。作業従事者は，動物に対してこれらの作業を行っている間，静かにかつ控えめにしているべきである。

動物が横になっても，意識が無くなったという仮定はしてはいけない。近づく前に，さらに数分待つ。最終的に動物に近づくときは，ゆっくり静かに背後から近づくべきである。いつ不動化された動物に近づくのが安全か判るには，熟練が必要である。作業従事者の 1 人がそれぞれの薬物における導入の兆候（表 6-3）を記憶しており，動物が倒れたときの「投薬後チェックリスト」として使用すれば，いつ近寄るかを見極める能力はつくであろう。

❏ 不動化後の取り扱い

不動化した動物に対してまず最初に行うことは，気道の確保である。外から入ったものや嘔吐物は口腔あるいは鼻腔内から取り除かなければならない。舌は前方に出し，首は伸ばさずに前に向け，頭は自然な位置に置く。呼吸が制限されないように，頸部あるいは胸部に物を置いてはいけない。研究者は，電波発信機付きの首輪を装着するとき，時折完全に保定されたエルク，シカおよびクマの胸部をまたいで座ることがある。このような習慣は，動物を物理的に拘束しなければならない場合を除いて避けるべきである。また，呼吸数と心拍数が正常かを確認しなければならない。正常な循環は，歯肉のピンク色と毛細血管の速い再充填で評価することができる。毛細血管の再充填は，歯肉を圧力で白くなるまで指で押し，確認することができる。指を離すと歯肉は速やかにピンクに戻る。毛細血管の再充填が悪

表 6-4 大型獣における正常心拍数，呼吸数および体温

	心拍数 (回/分)	呼吸数 (回/分)	体温 (°C)
イヌ科	70〜120	10〜30	38.6
小型ネコ科	90〜130	20〜30	38.6
オオヤマネコ	55〜65	18〜22	38.6
クマ科	55〜90	20〜30	37.8
シカ類	70〜80	16〜20	38.3
エルク	60〜70	8〜12	38.3
ビッグホーン	90〜120	12〜20	37.2

い場合は，ショック状態を示している。

適正な気道の確保ができたら，動物を怪我，悪天候や直射日光から保護しなければならない。眼はしばしば開いたままなので，刺激性の少ない眼軟膏で乾燥から保護しなければならない。両眼を清潔な目隠しで覆ってやる。夏期は，動物を日陰に置く。季節にかかわらず，動物が肉体的興奮状態にあるときは，体温の上昇をチェックしなければならない。場合によっては，水や雪をかけて冷却するのが賢明である。冬期は，動物の下と周りに保温材を用いるべきである。これらの注意事項の内容は，気象状況，動物が寝ている時間および使用した薬物に左右される。体温は必ず計測し，想像に頼ってはならない。

可能な限り速やかに，動物は適正な姿勢に置いてやる。反芻獣は，伏臥姿勢で(胸部を下に)四肢は自然に曲げて体の下に入れ，頭と首は持ち上げてやる。涎などが排出できるように，口は首よりわずかに下にくるようにする。吐き戻された第一胃内容物が誤嚥されるのを防ぎ，ガスの排出を可能にし，鼓脹に陥る機会を減らし気道を確保するために，動物を持ち上げる必要のあるときでも，この姿勢を保たなければならない。

ほかの動物種は，横臥姿勢(体側を下に)に保ち，頭と首

表 6-5 大型獣の不動化に伴う異常兆候と医療上の問題

痙攣	鼓脹症（胃あるいは腸管）
酸素欠乏	不適当な姿勢
高体温	腸管のよじれ
呼気内酸素欠乏，肺炎，身もだえ，心不全	便の失禁
高カルシウム血症	恐怖
強直（薬物の作用）	寄生虫感染
震蕩	薬物に対する反応
アシドーシス	腸の疾病の存在
頸椎の骨折	吐出
強直性痙攣症（筋肉の強直性発作）	薬物に対する反応（蠕動の抑制）
低カルシウム血症	胸部あるいは腹部の圧迫
低体温（震戦）	不適当な姿勢
体温の上昇	四肢の失位
潜伏感染	脱臼
筋肉の活性の増加	骨折
薬物の CNS への作用	重度の捻挫
拘束による熱発散の阻害	起立不能
強直	神経の損傷
痙攣	腱あるいは靱帯の断裂
体温の低下	キャプチャー・ミオパチー（捕獲時の筋疾患）
薬物の CNS への作用	骨折，脱臼
寒冷な環境	後軀麻痺
麻酔時間の延長	脊柱の骨折，骨盤の骨折
蒼白な粘膜	キャプチャー・ミオパチー（捕獲時の筋疾患）
ショック	薬物の遅延毒性
出血	四肢の麻痺
暗赤色の粘膜	頸部の損傷
種における正常な色素沈着	震蕩
呼気内酸素欠乏（頸部の絞約，肺炎）	頻尿，頻糞
	恐怖
	薬物に対する反応
	利尿薬（塩酸キシラジン）

表 6-6 拘束中に起こる医療上の問題

臨床兆候	治療
呼吸困難 呼吸速迫 蒼白粘膜 毛細血管再充填速度の遅延 粘膜を押してはなすことによって検査する。色が1秒で変化する。色：ピンク＝正常；青＝酸素欠乏；蒼白＝ショック/死亡	不動化を中断し，動物を冷やす。 口腔内をきれいにして気道を開き，舌を前方に引っ張る。 正しい姿勢におかれているか確認する。 鼓脹が起こっていないか，拘束によって圧力がかかっていないか調べる。 もし呼吸が止まったら，ペン，棒あるいは指で喉の後ろを叩く。これによって自発呼吸を起こすことがある。 麻酔薬あるいは塩酸キシラジンに対する拮抗薬を投与する。 動物の周りの通気をよくする： 　動物を側臥位にして手で胸部を圧迫する。手を「腋の下」のすぐ下の肋骨の上に水平に置き，1分間に8回の割合で肋骨を2.5〜5.0 cm圧迫する。マウストゥノーズ法ほど効果的ではない。 　マウストゥノーズ法。手で口唇部を塞ぐことによって口を閉じる。鼻孔を完全に被うように口をかぶせ，ゆっくりと深く息を吹き込む (15回/分) 　AMBUバッグとノーズコーン付きの人工呼吸器をマウストゥノーズ法と同様に使用する。
鼓脹 腹部の膨張 打診による鼓脹音の聴取 著名な呼吸困難，チアノーゼ（酸素欠乏）と速脈	動物を頭胸部を高くした正しい姿勢にする。 ガスを抜くために胃カテーテルを通すか，大径の注射針 (12 G) あるいは套管針とカニューレを左側の第一胃内に挿入する。 もし注射針や套管針が使用できない場合は，小型のナイフを挿入し，ガスが通るように横にねじる。 拮抗薬を投与し，可能であれば動物を立たせる。
循環不全 脈拍と心拍の欠如 呼吸停止 蒼白粘膜 瞳孔は開くが，機能する	呼吸と循環を速やかに回復させる。 エピネフリンと拮抗薬を投与する。 動物を側臥位にし，気道を確保する。 CPRを行う：1人が，マウス−ノーズ法を15回/分で始める。別の人が，以下に示した点を改良した胸部の圧迫を前に示したように行う。：両手を重ねて，ちょうど肩の後ろの胸部1/3の部分に置く。4回の圧迫に1回呼吸できるように，60回/分で7 cm圧迫する。 1人によるCRP：胸部中央に手を置き60回/分で圧迫する。2人の時のように送気は効果的ではない。5分後，脈と瞳孔反射を調べる。瞳孔が，光に対して反応しなくなるまでCPRを続ける。
アシドーシス 過度の筋肉の緊張 呼吸困難 無関心，混乱 昏睡あるいは昏睡と痙攣 脱水（皮膚の膨満） 呼吸速迫	動物の拘束中は，筋肉の過剰な緊張は避ける。 気道の確保。 血中のCO_2の排出を助けるため，ガス交換を促進する。生理食塩水かデキストロースに溶解した炭酸水素ナトリウム（4〜10 mEq/kg）を静脈内あるいは皮下に投与する。静脈内投与の方が望ましい。

は体に対して自然な位置に置く。もし過剰な流涎が起こった場合は，動物を頭が斜面の下方に位置する様な姿勢に置いてやる。肺水腫を防ぐために，覚醒が始まるまで20〜30分ごとに動物に寝返りをうたせるべきである。

　動物に寝返りをうたせる際に注意しなければならないことが一つある。反芻獣は，背中でなく腹部を下にして回転させなければならない。腹部の筋肉が弛緩しているため，腸管がねじれてしまう。第一胃は非常に重いため動物が背中を下にして1回転した場合，第一胃が動かず，結果として第一胃の前後の食道と腸管がねじれてしまう。もしこのようなことが起これば動物は数時間以内あるいは1日で死に至る。もし動物の消化管にねじれが起こっていても，鼓脹以外の速やかな外観上の変化は明らかでなく，野外では問題を解決することはできない。

　不動化した動物の周りでの会話は避けるべきである。身体に触れる作業は最小限にすべきである。過剰な刺激により，防御反応が起こり，ストレスが増し，あるいは早期に覚醒することがある。全ての不必要な人員はその場を離れ，

表 6-6　（つづき）

臨床兆候	治　療
ショック 血圧の低下，青白い粘膜，沈鬱，冷たい皮膚，衰弱，昏睡，呼吸速迫，速くて弱い脈，散瞳，体温の低下 精神的ストレスによる神経性のショック－遅い脈拍，血圧の低下，皮膚は温かくほてる。	ショックの原因の除去；酸素の供給(換気)；循環血液量の回復；気道の確保と換気。 生理食塩水あるいはデキストロース 1 ml 中 0.03 mEq の炭酸水素ナトリウムを 1 l/時間の割合で静脈内に投与する。これによって血液量が増大し，アシドーシスが防げる。 もし動物が回復したら，高用量の抗生物質を投与する。 野外では，完全な循環不全によるショックは一般的に死を意味する。多様な治療が存在するが，それらは病院施設において獣医師によって行われるべきである。注意：ショックは，物理的あるいは精神的な仕打ちによって，また拘束に伴う外傷あるいは代謝の変調の最終的な結果として起こる。以下は，重要なショックの程度の分類である。： 心タンポナーゼ－心内圧による心不全。 出血－全血の喪失。 　　　－打撲や火傷による血漿の喪失。 脱水－運動，高体温 血液量の減少－毛細血管（血液プール）の拡張。 神経的な反射－恐怖，怒り，痛み。 毒素－薬物。 最良の治療－ショックを避けすべてのストレスの要因を減らす。
キャプチャー・ミオパチー（捕獲時の筋疾患） 拘束後 14 日以上経ってから現れる。 要因となる物：恐怖，不安，過度の興奮，度重なる不動化，船に乗せる前に疲労した動物を回復させる処置の失宜，長時間の船による輸送，連続した筋肉の緊張。 心筋や骨格筋の壊死 後肢の苦痛を伴った不自然な動き 主要な筋肉の集塊における膨張，硬結，発熱 困難で努力性の呼吸や急性の頻脈 剖検所見：筋肉における灰白色の線条と出血	要因となる物すべてを避ける。 もし重度のストレスがかかった場合は，アシドーシスに準じて対処する。 動物に十分酸素を与える。 もし筋肉の壊死が起こった場合は予後不良である。

写真撮影は最小限に抑えるべきである。

　研究者の基本的な義務として，不動化した動物の身体が良好な状態であることを保証しなければならない。動物を不動化している間，誰かがその全体に渡って動物の生命兆候の監視に集中するか，この特定の仕事を助手の1人に指示すべきである。生命兆候の変化は，動物の状態が悪くなり手当が必要になる最初の指標となる。状態の悪化は，できる限り速く回復させ良い結果を得るために，かならず発見しなければならない。表 6-4 は，何種かの動物に対する心拍数，呼吸数および体温の正常値を示したものである。使用する薬物によってある種の特徴は変化あるいは消失する。薬物の説明書あるいは表 6-3 には，それらの副作用についての記載がある。

　もし生命兆候が正常であれば，不動化に伴う外傷を含む傷の有無や疾病の兆候が無いかを確認するために身体検査をすべきである。身体検査は，頭部から前肢，胴体，後肢そして尾へと系統的に行わなければならない。膿瘍のような傷の手当は処置する者の経験が重要である。次に何を行うべきか判らなければ，動物は放置されることになる。いったん動物の状態がよいことが確認されたら，計画された手順で作業を続けるかどうかを決定することができる。病気の動物は発信器の装着には適さないが，研究者は耳標の装着，着色標識あるいは病気の本質を探るための試料の採取を求めることがある。動物の状態および異常が不動化したことと関係するかどうかといった記録は保存されなければならない。このような記録は不動化に関する継続的な訓練と今後持ち上がる問題の解決に役立つ。

　動物を放逐する前に，薬物の投与に用いたダートを回収し，ダートによってできた傷の処置をし，そして過度の出血がないかどうかを確認しなければならない。傷口はふさがず，適切な抗生物質で処置する。作用時間の長い抗生物質を低容量で投与することも，良い考えである。このことはストレスが原因で Pasteurella spp. の様な細菌の侵入を防ぐ効果がある。高用量の投与が，重度感染の動物に対し

表 6-7　本章で紹介したトランキライザーとその拮抗薬の大型獣に対する薬容量

	薬物名	薬容量と投与法
鎮静薬	マレイン酸アセプロマジン[a]	0.25～2.0 mg/kg IM
	ジアゼパム[a]	0.5～3.5 mg/kg IM, IV
拮抗薬	塩酸ナロキソン[b]	10～50×M-99 の容量 IM, IV
		80～100×カーフェンタニルの容量 IM, IV
	塩酸ヨヒンビン[b]	0.1～0.30 mg/kg IV
	塩酸ドキサプラム[b]	0.4～5.0 mg/kg IV

[a]獣医師から手に入れることができる。注意：ジアゼパムは，他の多くの薬物と化学的に混合できない。シリンジ内で混ぜてはいけないし，他の薬物が静脈内に注射されたときは静脈内に投与してもいけない。

[b]薬品取扱業者（ディストリビューター）や Wildlife Laboratories, Inc., 1401 Duff Drive, Suite 600, Ft. CO 80524 より入手可能。

訳者注：原著は，米国で出版されたため日本では入手困難な薬品についても記述されている。しかし，将来の研究・活用の可能性を考慮し，そのまま訳して掲載した。なお，日本で入手可能な薬品についてはその商品名を付記した（濃度等が異なる場合もある）。

て行われる。

多くの医学上の問題が不動化中に起こる。表6-5に示したような兆候が観察されることがあり，その臨床状態と処置が表6-6に示されている。また，ここで紹介したトランキライザーと拮抗薬の一般的な薬用量を表6-7に示した。

動物は，覚醒するまで決して単独で放置してはならない。動物が安全に回復するまで観察するため安全な場所にとどまることにより，動物がよろめいたり事故（例えば崖から落ちたり沢の中で寝入る）を起こしたりしないことや，同種の他の個体が攻撃しないことを確認することができる。1例として我々は，血液試料を採取するために何頭かのエルクを不動化した経験がある。2頭のオスが同時に不動化された。我々は1頭の採血を終え他の1頭の所へ向かったが，採血を終えた個体にも注意を払ってはいた。そのとき，片方のオスが最初のオスよりも速く覚醒し，意識が戻ると素早く他のオスの方へと向かい，角で突き殺した。これは，不動化されているオスから他のオスを追い払えるほど近くに誰もいなかった不幸な場面であった。このことは，不動化した動物は覚醒するまで保護する必要があるということと，適当な拮抗薬を持った薬物を使用すべきであることを示唆している。ある動物種では，倒れたライバルへの攻撃を防ぐことが非常に困難である。プロングホーンのオスを他の不動化されているオスに攻撃しないようにするために，ときおり1人以上が必要となる。不動化した動物をそれだけで放置することは，捕食者やスカベンジャー（屍肉あさりをする動物種）を誘引することにもなる。カラスは，無力な動物を素早く発見し眼をつつき出してしまう。

参考文献

ADDISON, E. M., AND G. M. KOLENOSKY. 1979. Use of ketamine hydrochloride and xylazine hydrochloride to immobilize black bears (*Ursus americanus*). J. Wildl. Dis. 15:253–258.

AD HOC COMMITTEE ON ACCEPTABLE FIELD METHODS IN MAMMALOGY. 1987. Acceptable field methods in mammalogy: preliminary guidelines approved by the American Society of Mammalogists. J. Mammal. 68(4, Suppl.). 18pp.

ALLEN, T. J. 1970. Immobilization of white-tailed deer with succinylcholine chloride and hyaluronidase. J. Wildl. Manage. 34:207–209.

AMSTRUP, S. C., AND T. B. SEGERSTROM. 1981. Immobilizing free-ranging pronghorns with powdered succinylcholine chloride. J. Wildl. Manage. 45:741–745.

BALLARD, W. B., A. W. FRANZMANN, AND C. L. GARDNER. 1982. Comparison and assessment of drugs used to immobilize Alaskan gray wolves (*Canis lupus*) and wolverines (*Gulo gulo*) from a helicopter. J. Wildl. Dis. 18:339–342.

BAUDITZ, R. 1972. Sedation, immobilization and anesthesia with Rompun in captive and free-living wild animals. Vet. Med. Rev. 9:204–226.

BECK, C. C., R. W. COPPOCK, AND B. S. OTT. 1971. Evaluation of Vetalar (ketamine HCl): a unique feline anesthetic. Vet. Med. Small Anim. Clin. 66:993–996.

BOEVER, W. J. 1986. Artiodactylids: restraint, handling, and anesthesia. Pages 940–952 *in* M. E. Fowler, ed. Zoo and wild animal medicine. W. B. Saunders Co., Philadelphia, Pa.

BOOTH, N. H. 1982. Nonnarcotic analgesics. Pages 297–320 *in* N. H. Booth and L. E. McDonald, eds. Veterinary pharmacology and therapeutics. Iowa State Univ. Press, Ames.

BUSH, M., R. S. CUSTER, AND E. E. SMITH. 1980. Use of dissociative anesthetics for the immobilization of captive bears: blood gas, hematology, and biochemistry values. J. Wildl. Dis. 16:481–489.

CLARK, D. M., R. A. MARTIN, AND C. A. SHORT. 1982. Cardiopulmonary responses to xylazine/ketamine anesthesia in the dog. J. Am. Anim. Hosp. Assoc. 18:815–821.

CLAUSEN, B., P. HJORT, H. STRANDGAARD, AND P. L. SOERENSEN. 1984. Immobilization and tagging of muskoxen (*Ovibos mosochatus*) in Jameson Lane, Northeastern Greenland. J. Wildl. Dis. 20:141–145.

CODE OF FEDERAL REGULATIONS 9. 1990. Parts 1 to 199, Revised as of January 1, 1990. Off. Fed. Register, Natl. Adm., U.S. Gov. Printing Off., Washington, D.C.

CRONIN, M. F., N. H. BOOTH, R. C. HATCH, AND J. BROWN. 1983. Acepromazine-xylazine combination in dogs: antagonism with 4-

aminopyridine and yohimbine. Am. J. Vet. Res. 44:2037–2042.

FOWLER, M. E. 1978. Restraint and handling of wild and domestic animals. Iowa State Univ. Press, Ames. 332pp.

FRANZMANN, A. W., C. C. SCHWARTZ, D. C. JOHNSON, AND J. B. FARO. 1984. Immobilization of moose with carfentanil. Alces 20:259–282.

HAIGH, J. C., AND H. C. HOPF. 1976. The blowgun in veterinary practice: the uses and preparation. J. Am. Vet. Assoc. 169:881–883.

―――, L. J. LEE, AND R. R. SCHWEINSBURG. 1985. Immobilization of polar bears with carfentanil. J. Wildl. Dis. 21:140–144.

HASH, H. S., AND M. G. HORNOCKER. 1980. Immobilizing wolverines with ketamine hydrochloride. J. Wildl. Manage. 44:713–715.

HATCH, R. C., ET AL. 1976. Immobilization of adult bull bison with etorphine. Proc. Ia. Acad. Sci. 83:67–70.

―――, N. H. BOOTH, J. V. KITZMAN, B. M. WALLNER, AND J. D. CLARK. 1983. Antagonism of ketamine anesthesia in cats by 4-aminopyridine and yohimbine. Am. J. Vet. Res. 44:417–423.

―――, J. D. CLARK, A. D. JENIGAN, AND C. H. TRACY. 1984. Searching for a safe, effective antagonist to Telazol overdose. Univ. Georgia Vet. Med. Exp. Pap. 2550. 6pp.

―――, J. V. KITZMAN, AND J. M. ZAHNER. 1985. Antagonism of xylazine sedation with yohimbine, 4-aminopyridine, and doxapram in dogs. Am. J. Vet. Res. 46:371–375.

―――, AND T. RUCH. 1974. Experiments on antagonism of ketamine anesthesia in cats given adrenergic, serotonergic, and cholinergic stimulants alone and in combination. Am. J. Vet. Res. 35:35–39.

HORNOCKER, M. G., AND W. V. WILES. 1972. Immobilizing pumas (Felis concolor) with phencyclidine hydrochloride. Int. Zoo Yearb. 12:220–222.

HSU, W. H., Z. X. LU, AND F. B. HEMBROUGH. 1985. Effect of xylazine on heart rate and arterial blood pressure in conscious dogs, as influenced by atropine, 4-aminopyridine, doxapram, and yohimbine. J. Am. Vet. Med. Assoc. 186:153–156.

―――, AND W. P. SHULAW. 1984. Effect of yohimbine on xylazine-induced immobilization in white-tailed deer. J. Am. Vet. Med. Assoc. 185:1301–1303.

JACOBSEN, N. K., W. P. ARMSTRONG, AND A. N. MOEN. 1976. Seasonal variation in succinylcholine immobilization of captive white-tailed deer. J. Wildl. Manage. 40:447–453.

JACOBSON, E. R., AND G. V. KOLLIAS. 1984. Yohimbine antagonism of ketamine/xylazine tranquilization and immobilization in hoofstock. Proc. Am. Assoc. Zoo. Vet. 1984:57.

JESSUP, D. A., W. E. CLARK, P. A. GULLETT, AND K. R. JONES. 1983. Immobilization of mule deer with ketamine and xylazine, and reversal of immobilization with yohimbine. J. Am. Vet. Med. Assoc. 183:1339–1340.

―――, ―――, AND K. R. JONES. 1984. Immobilization of captive mule deer with carfentanil. J. Zoo Anim. Med. 15:8–10.

―――, ―――, ―――, R. CLARK, AND W. R. LANCE. 1985a. Immobilization of free-ranging desert bighorn sheep, tule elk and wild horses using carfentanil and xylazine: reversal with naloxone, diprenorphine and yohimbine. J. Am. Vet. Med. Assoc. 187:1253–1254.

―――, K. JONES, R. MOHR, AND T. KUCERA. 1985b. Yohimbine antagonism to xylazine in free-ranging mule deer and desert bighorn sheep. J. Am. Vet. Med. Assoc. 187:1251–1253.

KARESH, W. B., D. L. JANSSEN, AND J. E. OOSTERHUIS. 1986. A comparison of carfentanil and etorphine/xylazine immobilization of axis deer. J. Zoo Anim. Med. 17:58–61.

KAUFMAN, P. L., AND R. HAHNENBERGER. 1975. CI-744 anesthesia for ophthalmological examination and surgery in monkeys. Invest. Ophthalmol. 14:788–791.

KLIDE, R. J., H. W. CALDERWOOD, AND L. R. SOMA. 1975. Cardiopulmonary effects of xylazine in dogs. Am. J. Vet. Res. 36:931–935.

KNIGHT, A. P. 1980. Xylazine. J. Am. Vet. Med. Assoc. 176:454–455.

KOLATA, R. J., AND C. A. RAWLINGS. 1982. Cardiopulmonary effects of intravenous xylazine, ketamine, and atropine in the dog. Am. J. Vet. Res. 43:2196–2198.

KREEGER, T. J., G. D. DELGUIDICE, U. S. SEAL, AND P. D. KARNS. 1986a. Immobilization of white-tailed deer with xylazine hydrochloride and ketamine hydrochloride and antagonism by tolazoline hydrochloride. J. Wildl. Dis. 22:407–412.

―――, AND U. S. SEAL. 1986. Immobilization of coyotes with xylazine hydrochloride-ketamine hydrochloride and antagonism by yohimbine hydrochloride. J. Wildl. Dis. 22:604–606.

―――, ―――, M. CALLAHAN, AND M. BECKEL. 1990. Physiological and behavioral responses of grey wolves (Canis lupus) to immobilization with tiletamine and zolazepam. J. Wildl. Dis. 26:90–94.

―――, ―――, AND A. M. FAGGELLA. 1986b. Xylazine hydrochloride-ketamine hydrochloride immobilization of wolves and its antagonism by tolazoline hydrochloride. J. Wildl. Dis. 22:397–402.

LOGAN, K. A., E. T. THORNE, L. L. IRWIN, AND R. SKINNER. 1986. Immobilizing wild mountain lions (Felis concolor) with ketamine hydrochloride and xylazine hydrochloride. J. Wildl. Dis. 22:97–104.

MACKINTOSH, G. G., AND G. VAN REENEN. 1984. Comparison of yohimbine, 4-aminopyridine and doxapram antagonism of xylazine sedation in deer (Cervus elaphus). N.Z. Vet. J. 32:181–184.

MEULEMAN, T., J. D. PORT, T. H. STANLEY, K. F. WILLIARD, AND J. KIMBALL. 1984. Immobilization of elk and moose with carfentanil. J. Wildl. Manage. 48:258–262.

MILLER, F. L. 1968. Immobilization of free-ranging black-tailed deer with succinylcholine chloride. J. Wildl. Manage. 32:195–197.

MONTGOMERY, G. G., AND R. E. HAWKINS. 1967. Diazepam bait for capture of white-tailed deer. J. Wildl. Manage. 31:464–468.

PARKER, J. R. B., AND J. C. HAIGH. 1982. Human exposure to immobilizing agents. Pages 119–136 in L. Nielsen, J. C. Haigh, and M. E. Fowler, eds. Chemical immobilization of North American wildlife. Wis. Humane Soc., Milwaukee.

PUSATERI, F. M., C. P. HIBLER, AND T. M. POJAR. 1982. Oral administration of diazepam and promazine hydrochloride to immobilize pronghorn. J. Wildl. Dis. 18:9–16.

RAMSAY, M. A., I. STIRLING, L. O. KNUTSEN, AND E. BROUGHTON. 1985. Use of yohimbine hydrochloride to reverse immobilization of polar bears by ketamine hydrochloride and xylazine hydrochloride. J. Wildl. Dis. 21:396–400.

RAMSDEN, R. O., P. F. COPPIN, AND D. H. JOHNSON. 1976. Clinical observations on the use of ketamine hydrochloride in wild carnivores. J. Wildl. Dis. 12:221–224.

SCHOBERT, E. 1987. Telazol use in wild and exotic animals. Vet. Med. 24:1080–1084.

SEAL, U. S., AND A. W. ERICKSON. 1969. Immobilization of carnivora and other mammals with phencyclidine and promazine. Fed. Proc. 28:1410–1419.

―――, AND T. J. KREEGER. 1987. Chemical immobilization of furbearers. Pages 191–215 in M. Novak, J. A. Baker, M. E. Obbard, and B. Malloch, eds. Wild furbearer management and conservation. Min. Nat. Resour., Toronto, Ont.

―――, S. M. SCHMITT, AND R. O. PETERSON. 1985. Carfentanil and xylazine for immobilization of moose (Alces alces) on Isle Royale. J. Wildl. Dis. 21:48–51.

TAYLOR, W. P., JR., H. V. REYNOLDS, III, AND W. B. BALLARD. 1989. Immobilization of grizzly bears with tiletamine hydrochloride and zolazepam hydrochloride. J. Wildl. Manage. 53:979–981.

THOMAS, J. W., R. M. ROBINSON, AND R. G. MARBURGER. 1967. Use of diazepam in the capture and handling of cervids. J. Wildl. Manage. 31:686–692.

WALLACH, J. D., R. FRUEH, AND M. LENTZ. 1967. The use of M-99 as an immobilizing and analgesic agent in captive wild animals. J. Am. Vet. Med. Assoc. 151:870–876.

WENTGES, H. 1975. Medicine administered by blowpipe. Vet. Rec. 97:281.

WRIGHT, J. M. 1983. Ketamine hydrochloride as a chemical restraint for selected small mammals. Wildl. Soc. Bull. 11:76–79.

7
野生動物の標識方法

Marie T. Nietfeld, Morley W. Barrett & Nova Silvy

はじめに……………………………………169	タグ……………………………………………185
標識の選択………………………………169	体への傷つけなどを伴う方法………………186
標識調査のための許可…………………171	染料，着色料，インク………………………187
哺乳類の標識方法……………………………171	フェザーインピングおよびそれに類似した方法……188
タグ………………………………………171	粒子，化学物質，放射性同位体による標識…………188
体への傷つけなどを伴う方法…………176	夜行性鳥類追跡用光源………………………188
染料や着色料……………………………178	個体の特徴による識別………………………189
粒子標識…………………………………179	卵の標識………………………………………189
化学的標識………………………………179	両生類と爬虫類の標識方法…………………189
放射性同位体による標識………………180	個体の特徴による識別………………………189
夜間追跡用光源…………………………181	外部標識………………………………………189
個体の特徴による識別…………………181	タグ……………………………………………192
鳥類の標識方法………………………………182	追跡装置………………………………………193
足環………………………………………182	染料や着色料…………………………………194
翼につける標識…………………………183	内部標識………………………………………195
首につける標識…………………………184	**参考文献**…………………………………196

❏ はじめに

　自由に動き回る動物の研究を行う場合，個体群動態や行動パターン，行動特性などの詳細な情報を得るために個体ごとに標識を付けることがしばしば必要となる。その手法は研究対象とする種や自然環境，研究目的によって様々である。標識技術は科学技術の発展と創造力のある研究者による前向きな努力によって進化し続けている。この章の冒頭では，すべての標識方法の選択と実施にあたっての基本的な考え方が概略されており，続いて哺乳類・鳥類・両生類・爬虫類に一般的に適用されている方法が述べられている。そしてそれぞれの標識法について，標識の有効期間，確認しやすさ，悪影響についてふれている。個々の標識方法を細部にわたって紹介することがこの章の目的ではなく，むしろ有用な技術の要約と，適切な手法を考える上での選択肢を提供することに重点をおいている。

標識の選択

　有用な標識方法は非常に多い。標識選択の過程において最も適切と判断される手法は，その評価基準によって異なってくる。そして研究者と一般人との合意がなされている期間に限って，その研究目的を達成するための標識付けが許される。特定の標識方法が選択される前にまず考慮すべきことは，どのくらいの期間標識を付けておかなければならないのか，どのくらいの距離から識別する必要があるのか，そもそも個体識別の必要性があるのか（もしあるなら，必要とされる識別標識の数は？），標識するためにどのくらいの時間がかかるのか，標識個体の識別にどのくらいの時間を使えるのか，標識が動物の生存や行動に与える影響はあるのか，ということである（Barclay & Bell 1988）。そして望ましい標識技術は次の基準に沿っているべきである（Ferner 1979, Marion & Shamis 1977）。①痛みとストレスが最小限度ですむ，②生命と行動に悪影響を及ぼさない，③標識の有効期間が長く，耐久性に優れている，④確認が容易である，⑤装着が簡便である，⑥入手や組立て

が簡単である，⑦比較的安価である。一つの標識方法がこれら全ての基準を満たすのは難しいが，標識法の選択過程において優先的に考慮されるべきである。

標識の有効期間

一般に，調査データを効率的に得るには，標識の識別可能な期間が調査期間よりも長い必要がある。標識はその有効期間によって，一時的なもの，半永久的なもの，永続的なものの三つに大別される。一時的な標識は，普通，動物の寿命よりも研究期間が短い場合や，より持続性のある標識では有害な影響を及ぼす場合，または他の標識が有効でない時に用いられる。次の換毛までの間に無効となるリボン(streamer)，粘着テープ，夜間追跡用光源などの標識，羽毛や毛の刈り込み，染色，着色などがこれに含まれる。様々な種類のタグや首輪など，動物の生存中ほぼ持続されるものが半永久的な標識に区分される。これらの標識の有効期間は，その標識を構成する材料の耐久性によっても変化する。非永続的な標識は時間が経つと脱落するようなものを使用するか，あるいは調査終了後に取り外すべきである。永続的標識には，焼烙，入墨，耳の刻み，指切りやその他の切断法などがある。これらの標識は死ぬまで持続されるが，傷跡や加齢によって識別が困難となる場合がある。一般に，より確認しやすい一時的，あるいは半永久的標識は，その識別の容易さからデータの収集効率が高まるので，永続的標識と併用されることが多い。

標識の確認

多くの標識は識別の方法上，二つに区分される。一つは識別のために動物を再捕獲するか殺すことが必要となるもの，そしてもう一つは遠くからでも識別が可能なものである。入墨やモネル合金製タグのような小さく目立たない標識は前者に含まれ，動向・分布様式はもちろんのこと，個体群動態や個体数推定の情報も提供してくれる。大型の標識は後者に含まれる。標識の大きさは，正確な観察が可能な距離と，その動物の身体的特性を考慮して決めるべきである。また色や番号をつけた標識は，識別をより確実なものとするためにしばしば用いられる。色が標識に使われるとき考慮すべき点は，動物の地色とのコントラストがはっきりした明るい色であること，できるだけ少ない配色にすること，そして識別ミスを避けるためにコントラストの高い色のみを使用することである。また褪色によって各々の色の区別がしにくくなり，結果的に識別ミスが生じるため，色のあせない材料のみを使うべきである。ただし，色つき標識は捕食され易さを増加させるおそれもあり(Kessler 1964)，ある種においては行動学的相互関係に影響を与える場合がある(Burley et al. 1982)。標識の情報は文字や符号を使うことによって増加させることができる。これらは標識や動物の地色とのコントラストがはっきりしていることが望ましく，耐久性のある材料や着色料，インクが使用されるべきである。いくつかの区別された番号や文字列の使用によって明確な識別が可能となり，読みとるときの混乱を減弱できる。また，大型で十分に間隔のあいた文字列を使えば，識別可能な距離を伸ばすことができる。

標識は個体や集団の識別を容易にし，これよって行動圏，社会構造，繁殖行動のようなパラメーターを得るための詳細な情報が入手できる。これらは個体間変異が重要である場合，特に有用である。

種の特性

調査対象とする種の行動上あるいは解剖学的な特徴は，標識選択の上で重要である。その動物が昼行性か夜行性か，目につきやすいか隠れているか，開けた場所にいるか植物密生地帯に住んでいるか，また，簡単に近づけるか否かなどによって，最も適した標識が変わってくるからである。密林に棲み滅多に見られない動物に視覚的標識をつけることは，行動パターンの情報を得るための有効な方法とはいえない。また，動物種によっては毛や羽などの周期的な変化によって標識がはっきり見えなくなることもあり，これら解剖学的構造も標識選択に影響を及ぼす。研究者は標識がその種の社会行動や肉体的な能力に重大な影響を与えないよう気をつけなければならない。また，その種の標識を取り外す能力や，穴を掘ったり争ったりというような特有の行動による標識の脱落・消失も考慮しなければならない。

有害な影響

標識は，少なくとも一時的には，動物の行動と生理機能に影響を与える。これらは，結果的に感染を引き起こす原因となる毛づくろいの増加や，攻撃され易さの増加，あるいは死に至るその他の要因の増加まで様々であることが報告されている。標識による悪影響は，すぐに明白となることもあるし，長期間経ってから現れるものもある。1940年代から50年代にかけて，狩猟鳥の標識のために開発された首輪(Taber 1949)は，外科ピンと取りつけワイヤーによる傷害が多く，満足なものではなかった。また，カモやガンにつけられた鼻環や首輪は，悪天候時，固く凍りついてしまい，身体のコンディションと生存に影響を及ぼすことが

ある(Zicus et al. 1983)。採食や動きを制限しないか，繁殖や社会関係の妨げにならないか，分布や移動パターンを変化させないか，直接的なダメージを引き起こさないかなど，研究者は標識が研究対象とする動物に与える全ての影響について知っておくべきである。そして特定の標識方法を選ぶとき，次の問題を考慮すべきである。①研究目的に適合しているか，データは偏らないか，②その方法を適用することによってデータ上何が制限されるのか，またこれらはデータ分析上どのように扱うべきか，③研究目的に合うなら，標識個体群への悪影響にまさる情報が入手できるのか。標識が調査している特定のパラメーターに影響を与える場合は，より適切な他の標識方法を選ぶべきであろう。ほとんどの種において，捕獲や標識づけに関連する多少の死亡事故は避けられず，調査者はそれを最小にする責任を負わなければならない。希少種や危急種を扱う場合，この問題は特に重要である。

実際に標識づけを行う前に，それらを適正な構造にしたり，より適合しやすく加工したり，前もって試験をしておくことにより，多くの潜在的問題を取り除くことができる。同様に，調査員の事前の訓練が，熟練された方法による確実な標識づけを可能とするだろう。

標識調査のための許可

連邦政府とアメリカやカナダの地方州が発行する特定の許可と認可は，ほとんどの野生動物種を捕獲・標識する前に手に入れておかねばならない。多くの定住個体群についての許可は，州や地区の野生生物局によって取り扱われており，その許可条件は様々である。特定の許可への申込みは，調査日程などを決めるよりずっと以前に行っておくべきである。

北米における渡り鳥のバンディングは連邦政府が統制している。そして将来バンディングを実施しようとする者は，『North American Bird Banding Manual, Volume I and II』(アメリカ魚類野生生物局およびカナダ野生生物局, 1986, 1991)を入手するよう勧められる。このマニュアルには，様々な渡り鳥について，そのバンディングに必要な許可や，捕獲法，取り扱い方，標識の種類，足環のサイズ，記録の保存方法などの広範囲なガイドラインが記載されている。このマニュアルは出版以来大幅に改訂され，内容を充実させてきた。渡り鳥に関するマニュアルへの意見や，最新情報，また質問については，カナダ鳥類標識事務所(Canadian Bird Banding Office, Canadian Wildlife Service, Ottawa, Ontario, Canada K1A 0H3)，また

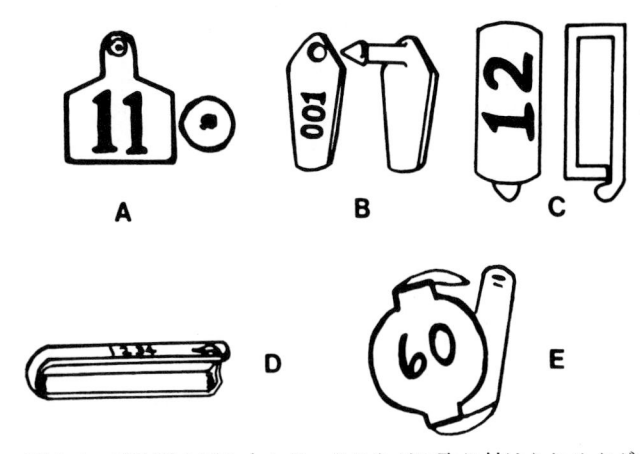

図7-1 哺乳類の耳や水かき，ひれなどに取り付けられるタグ
A：プラスチック製のオールフレックスタグ，B：プラスチック製のシカ用タグ(ロック機構つき)，C：プラスチック製のテンプルタグ(自動閉鎖機構つき)，D：モネル合金，あるいは鋼鉄製のタグ(自動貫通機構つき)，E：アルミ製のボタン型タグ

は鳥類標識研究所〔Bird Banding Laboratory, アメリカ魚類野生生物局渡り鳥管理事務所(Office of Migratory Bird Management, U.S. Fish and Wildlife Service) Laurel, MD 20708-9619〕に連絡すべきであろう。

❏哺乳類の標識方法

タグ

耳，水かき，ひれのタグ

様々な形，大きさ，色や識別番号が刻印された金属製，あるいはプラスチック製のタグは，哺乳類の個体識別に一般的に使用されている。タグ固定の仕組みは，2種類の部品を組み合わせるタイプ，単独で固定されるタイプ，または組み合わせたあとにツメを折り曲げてしっかりと固定するものなどもある(図7-1)。タグ自体が皮膚を貫通するような仕組みになっているものはそのまま装着できるが，その他は特別な器具やナイフなどで装着部に穴を開ける必要がある。タグは通常，その磨耗を防ぐため，大きな軟骨がある耳の下部内側につけられる。この位置は耳が裂けたりタグが引き抜かれる可能性が低い。装着されたタグは血液循環を妨げない程度にゆるめておくべきであり，皮膚に開けられた穴は，確実な治癒と感染予防のための適切な処置を行うべきである。耳につけるのが普通だったタグも，脚ひれや前・後脚ひれの指間の水かきへも流用されるようになっ

た。鰭脚類には，ナイフで切れ目を入れるより，むしろ丸い穴をあけてタグを取りつけたほうが脱落しにくい。タグの脱落は装着後の時間経過に伴って増加し(Hubert et al. 1976, Alt et al. 1985)，闘争，毛づくろい，磨耗，汚染などがその原因となる。したがって，両耳や複数の水かきへの装着，あるいは他の部位への永続的標識(例えば入墨)の併用によって，その個体の識別ができなくなる可能性を最小にすることができる。調査期間とそのタグに求められる視認性は，種類の選択に大きくかかわってくる。多くのタグは正確な識別のために標識個体の再捕獲が必要となる。また，装着された位置やその大きさによっては見失ってしまうおそれもある。鰭脚類をはじめとする何種類かの動物では，タグの脱落や文字列の読み取りにくさ，褪色の問題が解決されておらず，いまだに理想的なものはない。

　Harper & Lightfoot(1966)とDowning & McGinnes(1969)は，アルミ製タグをシカの耳に装着した場合，その脱落率は低いと報告した。アルミ製タグはラッコの後脚につけた場合も脱落しにくいが，少し大きすぎることと，着色が薄れると読み取りにくくなってしまうという欠点がある(Miller 1979)。Day(1973)は，中・大型動物の最も申し分のないイヤータグとして，Tamp-R-Pruf tagを考案した。Rudge & Joblin(1976)は，野生のヤギに鋼鉄製の家畜用ハスコタグ(Hasco cattle tag)を使用したところ，装着時の穴が癒えた場合，少なくとも5年間は脱落しなかったと報告した。

　モネル合金製タグは，アメリカクロクマで長期間脱落しにくく(Johnson & Pelton 1980, Alt et al. 1985)，アカギツネでは大型のアルミ製ボタン型タグよりも脱落しにくい(Hubert et al. 1976)。ラッコの耳につけられた小型のモネル合金製タグは，2年間の装着でまったく悪影響を及ぼすことはなかった(Ames et al. 1983)。そしてこれはトドの標識にも適している(Scheffer 1950)。また，モネル合金製タグは，アシカの前ひれに装着した場合，プラスチック製のものよりも脱落しにくい。しかしこれらは，標識された動物上で確認しにくく，脱落したと見なされてしまうことが多い。アルミ製タグは磨耗が激しく腐食しやすいので，海域に棲む種に対しては，他の鋼鉄製やモネル合金製タグより劣るといわれている。

　指先大の小型タグは，1930年代以降コウモリの標識に使われてきた(Mohr 1934)。これらは大きな耳をもつコウモリや，すばやく耳を動かしてエコーロケーションをする種，また，中・大型のコウモリでは脱落しやすいので適さない(Stebbings 1978)。皮膚貫通機能を持った指先大のモネル合金製タグもまた，カンジキウサギ(Keith et al. 1968)やヌートリア(Evans et al. 1971)の後脚の水かきにつける標識として使われてきた。ノウサギ類の両脚につけた場合のタグの脱落率は6か月後で18%であり，ヌートリアに3年以上装着した場合に脱落したものは，装着ミスが原因となるものだけだった。

　有蹄類に一般的に使われるプラスチック製タグには，ロトタグ(roto tag)やオールフレックスタグ(all-flex tag)がある。Beasum & Burd(1983)は，シカの両耳にプラスチック製の家畜用ロネスタータグ(lonestar plastic livestock tag)を1,000組使用した。これらの脱落率は16か月後で0%，2年後で5%だった。Warneke(1979)は，プラスチック製タグは磨耗が激しく，1～2年以内にアザラシの体から脱落すると報告しているが，丸形のオールフレックスタグとロトタグは，種々の鰭脚類で良い結果を残している(Hobbs & Russell 1979)。Miller(1979)は，極めて確認しやすい色つきのプラスチック製家畜用テンプルタグ(Temple cattle ear tag)をラッコの両後脚に取りつけたが，まったく傷害を与えることはなかった。Ames et al.(1983)は，テンプルタグを2か所で固定する方式を開発したところ，その脱落率が驚くほど低下した。ボタン型のダーリンタグ(Delrin button tag)は，ホッキョクグマ(Larsen 1971, Stirling 1979)とラッコ(Johnson 1979)の後脚への標識には申し分ない。ただし，これらは脱落しにくいものの，識別のためには再捕獲が必要となる。

首輪などのベルト類

　様々な首輪やベルトは自由に動きまわる動物の野外識別のために考案されてきた(図7-2)。首輪は，サイズが一定のものや，成長に伴って円周が広がるように工夫されたものが使用されている。適正に装着された首輪は，採食，血液循環，呼吸を妨げたり，他のものにからみついたりしない。一般的に首輪は非常に確認しやすいが(図7-3)，その脱落率は使われる材料，気候，装着された動物の行動や性別などに左右される。

　Beale & Smith(1973)とKeister et al.(1988)は，若齢の有蹄類用に，成長に伴って円周が広がるような首輪を設計した。Hawkins et al.(1967)は，オジロジカのオス用とメス用に，円周が広がるタイプと，サイズ固定式のビニール製首輪を作製した。プラスチック製あるいはポリエチレン製のひもに番号や色つきの布などをつけた標識はシカ類に使用されてきた(Lightfoot & Maw 1963)。ビニール製やビニールコートされたナイロン製織物(セーフレッグ

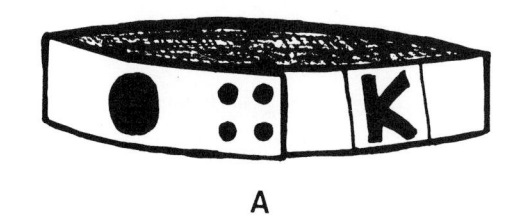

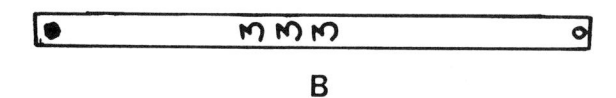

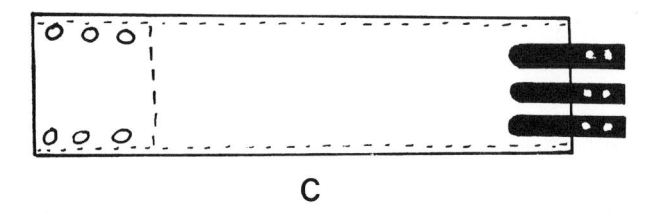

図 7-2　A：鑑別記号をつけたびょう留めタイプのビニール製首輪，B：ボルト留めタイプのプラスチックポリビニール塩化物製首輪，C：びょう，あるいは，ひもとバックルで留めるタイプのナイロンコート素材首輪

図 7-3　首輪とリボン式耳標を取り付けられたオジロジカ

(saflag)，アーモタイト(armor-tite)，ヘルキュライト(herculite)，ステルコライト(sterkolite)などは，5年以上，動物を標識することが可能であった(Knight 1966, Craighead et al. 1969, Phillips & Nicholls 1970, Smuts 1972)。Hanks(1969)は，様々なPVC(ポリ塩化ビニル)プラスチックやPVCプラスチックをしみこませた織物のように，布地にプラスチックとセルロイド製のひもをしっかりと縫い込んだものを標識として使用した。Brooks(1981)は，ステンレスをゴム引きの機械ベルトで覆い，これに色つきのステルコライト記号をつけた首輪を作製した。そして，様々なアフリカの有蹄類に装着された同タイプの首輪の53～64%が，2年以上にわたって識別を可能にした。首輪自動装着装置や，その地点を通過した個体に首輪が自動に装着されるような方法は，シカ(Verme 1962, Siglin 1966, Taylor 1969)やエダヅノレイヨウ(Beale 1966)を標識するために考案された。

Lentfer(1968)とJones & Bush(1988)は，それぞれ成獣のホッキョクグマと樹上生活性のサルに，帯状のナイロン製首輪を使用した。ゴム製の機械ベルトはゾウの首輪に使用されたが(Hanks 1969)，スズで薄くコーティングし(Hanks 1969)，リベットで固定したPVCプラスチックの尾環のほうが，この種ではより確認しやすかった。

Rudge & Joblin(1976)は，野生のヤギの標識に，電気メッキした鋼鉄製の鎖を連結させたものを首輪として使い，これに識別番号や連絡先を記した札とプラスチックコートされたナイロン反射板を取りつけた。この鎖は2年後でも全くすり減っていなかったが，他の付属品はかみ砕かれていた。数珠状につながった"キーチェーン(key chain)"首輪(Wilkinson 1985)と，鳥の首に取りつけるらせん形のリング(spiral bird ring, Moran 1985)は，何種かのコウモリの前腕につける標識として成功している。ゴム製の首輪はキタオットセイの標識に使用されてきた(Scheffer 1950)。外科チューブに使われている機械ベルトでつくった脚ひも(Irvine & Scott 1984)や，タイラップ(ty rap)とベルクロゴム製の足輪velcro rubber peduncle belt)，家畜用のナスコマルチロック式足輪(nasco multi-loc cattle leg belt, White et al. 1981)は，クジラ類にも適用可能な標識である。

前肢のバンド

前肢へのバンド装着は，コウモリの標識で最も広く用いられる方法である(Stebbings 1978, Hooper 1983, Barclay & Bell 1988, 図7-4)。識別番号つきの金属環，陽極処理した色つきのアルミ環，番号つきの，あるいは番号なしの色つきプラスチック環やセルロイド環など，いくつかの異なったタイプのバンドが使用されている。鳥用のものや，コウモリ用に特別に作られたバンドもよく使われてきた。Bnaccorso et al.(1976)は，10g以下のコウモリにはアルミ環を，10～50gのものにはプラスチック環を，そして，50g以上のコウモリには陽極処理されたアルミや鋼鉄

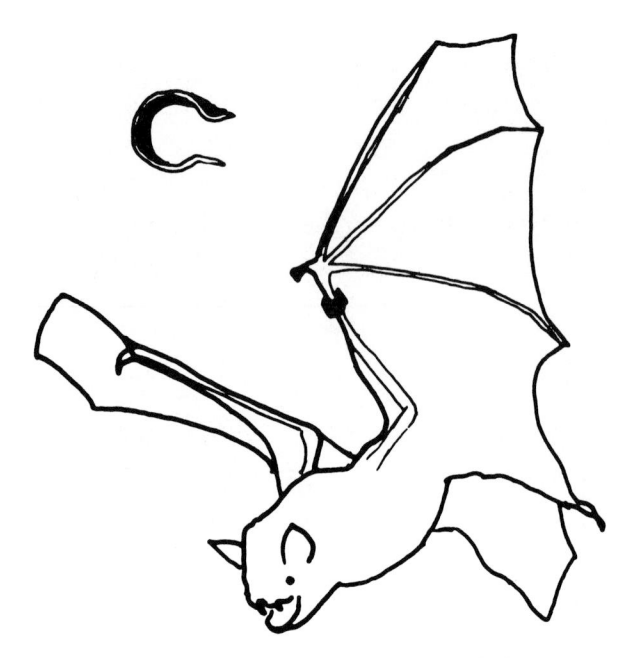

図 7-4 コウモリの前腕部に取り付けられる陽極処理されたアルミ製色つきバンド

環を使用することをすすめた。プラスチック環(Morrison 1978)と陽極処理をしたアルミ環(Davis 1963, Cockrum 1969)は,特に食果類をはじめとする何種かのコウモリがバンドをかみ砕くという問題を減少させた。コウモリの後肢や第一指へのバンド装着は,その脱落率の高さから有効な方法ではない(Moran 1985)。反射テープは夜間の識別に役立つため,金属製やプラスチック製のバンドに取りつけられる(Racey & Swift 1985, Bell et al. 1986)。飛翔中の前肢の動きが原因となってバンドによる傷が生じることは珍しくない。特にバンド装着部のすり傷,炎症,過形成はよく起こる(Bradbury 1977, Hooper 1983, Phillips 1985)。ただし,バンドのすべりをよくし,前腕に完全に回るようにすることで皮膚の創傷を減らすことは可能である(Bateman & Vaughan 1974, Bonaccorso et al. 1976)。LaVal et al.(1977)は,18か月間セルロイド環を使用したが傷害はほとんどなかったと報告した。Perry & Beckett(1966)は,生後まもないコウモリへのバンディングは,前肢と手指の骨の発達に害を及ぼすことを確認した。したがって,このような場合,成長を考慮した十分余裕のある大きさのものを選ぶべきである。また,体力の低下が著しい冬眠中のコウモリへのバンディングは,個体数の減少の主要な原因の一つとされている(Keen & Hitchcock 1980, Hooper 1983)ため避けるべきである。数か国において,個体数の大幅な減少を防ぐため,コウモリへのバンディングを制限,あるいは禁止している(Barclay & Bell 1988)。

背びれや背中などにつける標識

小型のステンレス製の矢に識別情報を書き込んだ標識は,1920年代以来,商業的な価値を持つクジラ類に使用されてきた(Brown 1978)。12番径の散弾銃から発射される長さ23 cmの標識は,概して大型クジラ類に,また410口径の散弾銃から発射される改良型の小型標識は,小型クジラ類に広く使用されてきた(Clarke 1971)。これらの標識を,捕鯨の際に回収することにより,行動と成長に関する情報が入手できる。しかし,標識の脱落や確認ミスは,生息頭数の推定に影響を及ぼす(de la Mare 1985)。この標識はクジラを捕獲しないと確認できないので,捕鯨活動の縮小に伴って使用される機会も減っていくと考えられる(Leatherwood et al. 1976)。Mitchell & Kozicki(1975)は,これらの標識を改良して,捕獲せずに識別が可能なクジラ類の標識として"スパゲティ型標識(spaghetti tag)"の原型を考案した。ビニール製のひもを,編み込まれたダクロン繊維とテフロン加工された糸(糸とひもはチューブの中に巻かれていて,発射と同時に飛び出すようになっている)によって,矢の先端部裏側のアンカーリベットに取りつけた構造となっている。Miyashita & Rowlett(1985)は,410リボン標識(.410 streamer marker)を開発し,Kasamatsu et al. (1986)がこれに改良を加えた。Evans et al.(1972)は,スパゲティ型標識類が,捕獲せずに多数の小型クジラ類を標識するには最良の方法であると結論し,Irvine & Scott(1984)は,マナティーの個体識別にスパゲティ型標識を使用した。

クジラ類の視認可能な標識としては,他にもいくつか試されてきている。Norris & Pryor(1970)は,背びれにシカ用のプラスチック製タグを装着し,それらが脱落しにくかったことを報告した。ボルトタグ(ステンレスの座金と割りピンのついたテフロンボルトを1～2本使って背びれに固定する長方形のグラスファイバー製タグ)は,遠くからでも容易に識別でき,また比較的持続性のある標識である(Irvine et al. 1982, 図7-5)。しかし,タグの位置の移動,背びれへの障害,タグへの藻の付着がこの標識の問題点とされた(Irvine et al. 1982, Tomilin et al. 1983)。

Tomilin et al.(1983)は,背びれの両側に型板を固定する特別な締め金を考案した。これは,締めつけられた部位の皮膚が剥離することによって色素産生能を持たない新たな上皮が現れ,これが少なくとも2年以上は明確な標識としての役割を果たすというものである。ただし,この方法は脱色素組織が作られるまでに4日間を要するため,野外

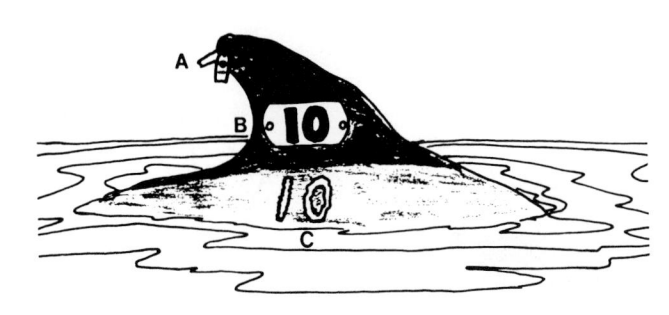

図7-5 小型クジラ類の可視標識
A：ロトタグ，B：二重ボルト式タグ，C：凍結焼烙

における標識としての価値は制限されてしまう。

テープ，リボン，鈴

プラスチック，ナイロン，ナイロンコートされた繊維（ヘルキュライト，セーフレッグ，アーモタイト）でできた色つきリボンは，有蹄類の標識として，耳（Knowlton et al. 1964, Harper & Lightfoot 1966），角（Jonkel et al. 1975, Reynolds & Garner 1983），アキレス腱（Queal & Hlavachick 1968），あるいは他の標識類に取りつけられる（Downing & McGinnes 1969, Panagis & Stander 1989）。ナイロンコートされた繊維でできたリボンは，数か月〜数年は脱落しない（Harper & Lightfoot 1966, Downing & McGinnes 1969）。Knowlton et al.(1964)は，0歳の子ジカの耳にリボン標識をつけた際の悪影響を調べた。しかし，それらの個体の生存率は未標識の子ジカの推定値と変わらなかった。Lentfer(1968)は，ホッキョクグマの識別標識として，金属製のタグに色つきの旗状テープを結びつけたものを耳に装着した。そして，テープの長さや色を変えることによって，遠くからでも個体識別ができるようにした。

蛍光プラスチック，ポリプロピレン，ポリウレタン，ハイパロン，オルソプラスト，ナイロンコートしたビニール，ビニール管などの材料から作られた様々な種類のリボンや旗は，クジラやイルカの標識として使われてきた（Evans et al. 1972, Mitchell & Kozicki 1975, White et al. 1981）。鋼鉄製のとげ，爪が並んだナイロン製の矢，傘型のいかり，そしてアンカーリベットは，動物の標識として安全に使用されてきた。リボンや旗の有効期間は数日から数か月まで様々である。組織内部に挿入する際のもつれや，水の摩擦，標識個体の行動，組織の外傷は，これらの標識の脱落に寄与する要因となる。

高い反射性のプラスチックテープ（Williams et al. 1966）と，プラスチックコートされた番号つきのテープ（Daan 1969）は，一時的識別標識としてコウモリの頭部に貼りつけられた。色つきのプラスチック製粘着テープは，マウンテンシープの角の持続的標識として（Day 1973），またヤマアラシの針への一時的標識として使用された（Pigozzi 1988）。

鈴は，シカ（Schneegas & Franklin 1972）やクビワペッカリー（Ellisor & Harwell 1969）の居場所の発見や，行動のモニターを容易にするために，他の標識（色つきのタグや首輪）と併用されている。Ellisor & Harwell(1969)は，鈴の音をたよりにペッカリーを追跡した期間は，テレメトリー法に匹敵する行動データをもたらしたと報告した。この方法でも調査対象とする動物の活動性と生息地利用を知ることができる。ただしこの標識の使用は，捕食動物を引きつける可能性をもっている。

トランスポンダー

受信機がついたトランスポンダー標識は，動物への永続的標識として開発され，ラッコ（Thomas et al. 1987），クロアシフェレット（Fagerstone & Johns 1987）で試されてきた。この標識は，電磁コイルと，電磁力を持つスキャニングワンド（棒）によって励起されるとアナログ信号を発信する特別に設計されたマイクロチップからなる。トランスポンダーチップは文字や数字の配列を独自にプログラミングし，340億以上の組み合わせを可能とする。この標識はバネを組み込んだ注射器で皮下に移植される。チップはエネルギーが流れたときだけ作動するので，結果的にトランスポンダーの寿命は半永久的となり，回収された標識は可能な限り再利用される。読み取り装置は，流動スクリーンに活性化した識別番号を表示し，情報は回収されるまで読み取り装置の中に保存される。

移植後4〜6か月の動物にトランスポンダー移植の悪影響は現れなかったことが確認されている（Fagerstone & Johns 1987, Thomas et al. 1987）。この標識法の大きな欠点は，識別番号を読みとるために動物に接近（7.5 cm以内）しなければならず，これは動物を再捕獲することを余儀なくさせる（Fagerstone & Johns 1987）。しかし，遠隔読み取りによる情報収集の可能性もないわけではない。読み取りチューブは巣穴などに入れることが可能であり，移動ルートに沿ってこれらを設置すれば，標識動物がそこを通過するごとに，トランスポンダーの番号を読み取ることが

図7-6　凍結焼烙で標識されたトムソンガゼル

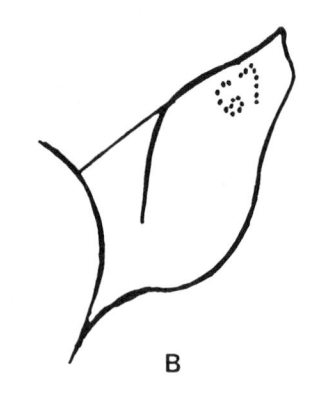

図7-7　クマの上唇の内側(A)と，シカの耳の内側(B)に入墨された個体識別のための番号

可能である。

体への傷つけなどを伴う方法

焼　烙

　焼烙は安価で永続的で視認可能な標識となる。過去，熱による焼印はマウンテンシープの角(Aldous & Craighead 1958)や，アフリカの様々な有蹄類の標識に使われてきた(Hanks 1969)。Homestead et al.(1972)は，従来の熱による烙印技術の変法を開発し，4種の鰭脚類の永久標識のため，即座に熱くなる焼印を使用した。旧式の鉄を熱した焼烙は，鰭脚類の永久標識の一般的手法とされてきた(Summers & Witthames 1978)。

　しかし，熱による焼烙は，現代の野生動物管理においてほとんどその価値を失っている。軟組織への使用は，時に残忍な方法と考えられているからである(Ryder 1978)。その上，熱による焼烙は極度な痛みを導き，しばしば感染を誘発する開放性の傷を伴う。現在この方法は，ウシ科の動物の角への標識を除けば，動物園でまれに使われる程度である(Ashton 1978)。

　R.K.Farrelが家畜用に開発した独自技術である凍結焼烙(freeze branding)，あるいは氷雪焼烙(cryo-branding)(Washington State Univ. Anim. Health Note 6：4-5, 1966)は，熱による焼烙に比べ，ずっと人道的な標識法として有用である(図7-5, 図7-6)。一般的に焼烙ごては，ドライアイスと95%メタノールの混合物(−67℃〜−77℃)，もしくは液体窒素(−196℃)の中に入れて超低温にされ，洗浄，刷毛した部位の皮膚に押し当てられる。表皮が一時的(約20〜30秒)に凍結することにより，毛胞細胞のメラノサイトの色素産生能を破壊し，色のついた毛の代わりに白色の毛が自生する。ドライアイスと液体窒素は，その低温維持や，遠く離れた野外で実施する際の取り扱いが難しい。しかし，加圧したジクロロジフルオロメタン(Lazarus & Rowe 1975, Miller et al. 1983)，または缶詰のフロンは，様々な齧歯類の凍結焼烙において有効に使われている。Hadow(1972)は，凍結焼烙による標識は遠くからでも識別可能であり，安全で信頼できるとしてその手法を要約した。凍結焼烙は，長命の動物(例えば海産哺乳類)，捕獲された野生動物群，または，小型動物群集への永続的標識として格別の価値がある。もともと，動物の個体識別法や分類法は，冷凍焼烙された家畜と実験動物のために提案されてきたものであるが，その一般的手法は野生動物に対しては適当ではない。

　凍結焼烙は，オジロジカ(Newsom & Sullivan 1968)，鰭脚類(Hobbs & Russell 1979)，ビーバー(Pfeifer et al. 1984)を含む様々な野生動物の標識に使用され成功している。Irvine et al.(1982)は，バンドウイルカにおけるいくつかの標識方法を検討した結果，凍結焼烙が最も読み取りやすく，長期間残り，最も害の少ない方法であると報告した。

入　墨

　入墨は簡便な方法であり，幅広い種の永続的標識として有効である。清潔で本来無毛である，うっすらと色のついた部分への入墨が最も良い結果を生む(図7-7)。一般的方法のほか，回転式ペンチ，電気入墨ペンなどを使用し，コントラストのはっきりした染料(例えば，緑や黒がしばしばすすめられる)を自由に使うことができる。最新の器具を使えば，マウスやラットと同程度の小型哺乳類でさえ，耳へ

の正確な入墨が可能である(Honma et al. 1986)。入墨は，動物に全く重量の負担をかけず，捕食者にも目立たないが，再捕獲しないと識別番号を読みとれないという大きな欠点をもっている(Brady & Pelton 1976)。そのため入墨は，野生動物の野外調査においては，より目立つ他の標識と併用されることが多い。

耳の内側への入墨は，ワタオウサギ(Brady & Pelton 1976)やカンジキウサギ(Keith et al. 1968)の野外調査のおける一般的な標識方法である。通常シカ類に使われることは少ないが，0歳のオジロジカ(Downing & McGinnes 1969)や，シフゾウの耳への入墨(Carnio & Killmar 1983)では，永続的標識として良好な結果を残した。クマ類は，入墨部位が制限される長寿の動物に含まれるため，鼠蹊部，腋窩部，上唇へ書き込まれる(Lentfer 1968, Johnson & Pelton 1980)。

Griffin(1934)は，コウモリの翼膜への入墨に成功したが，作業に時間がかかるのが問題であるとした。Cheeseman & Harris(1982)は，電磁ペンを使ってアナグマの鼠けい部に入墨をした。Soderquist & Dickman(1988)は，有袋類の袋の中にいる幼獣に標識するため，一時的な入墨法を使った。彼らは，紫外線下で少なくとも6か月間は高い視認性がある蛍光塗料を少量，膜状部の内側に入墨した。入墨はイルカ類の標識方法としても検討されてきた(White et al. 1981)が，効果的な標識技術はまだ確立されていない。Geraci et al. (1986)は，入墨は単独あるいは凍結焼烙と組み合わせてシロイルカの標識に使用する場合，満足のいく方法ではないと報告した。なぜなら，入墨した部位の皮膚は剥がれ落ちてしまい，数週間以内に新しい組織が再生してくるためである。

組織の除去

足指の切断法は，小型哺乳類の個体識別に広く使われている。爪と足指の第一関節は殺菌された解剖バサミで除去される。この標識法は，安価で早く永続的であるが，識別のために足指を切断した個体と，ワナによってそれらを失ったものとの区別がつかない場合がある。指切りは小型哺乳類に最も一般的に使用されてきたが，オットセイの子を含む他の様々な動物も，この方法で標識されてきた(Gentry & Holt 1982)。ただし一般的方法は，小型哺乳類への適用に関して記述されている(Baumgartner 1940, Melchior & Iwen 1965)。1脚につき1指の指切りを2脚について行った場合，98個体が標識できる。もしハイフンでつないだ番号を使用するなら，加えて106個体の標識が可能である。1脚に1指以上の切除をしなくても，4脚を用いれば899個体を標識できる。Kumar(1979)は，1脚につき2指以上切除することなく，9,999個体まで識別できる指切り法を開発した。小型哺乳類に対する足指切断は，1脚につき2指切除された時でさえ(Kumar 1979)，有害な影響は与えないと報告された(Fullagar & Jewel 1965, Korn 1987)。しかし，指切りは一時的に餌の捕獲率の低下を引き起こし(Smal & Fairley 1982)，間接的にオスのアメリカハタネズミの生存期間を短くする原因となった(Pavone & Boonstra 1985)。また，指切り法はコウモリには勧められない。なぜなら，彼らにとって足指は，木や岩にとまったり，毛づくろいをするために重要だからである(Barclay & Bell 1988)。しかし，Stebbings(1978)は，足環をつけるには早すぎる飼育下の若齢のコウモリ(足環をつけたが数週間で脱落してしまった)を爪を切ることによって標識した。

足指の切断法はまた，足跡による個体識別の目的で，ノウサギ類(Dell 1957)とコヨーテ(Andelt & Gipson 1980)で用いられた。足指の先端は，関節部で外科的に切断される。感染は潜在的問題であるため，その予防策として，適切な処置(抗生物質の投与，傷が回復してからの放逐など)が施されるべきである。足跡による個体識別のためには，好条件(例えば積雪があることなど)が要求される。

Blair(1941)やHonma et al. (1986)によって概説されたように，多くの小型哺乳類の耳は，様々な位置に穴をあけたり，刻み目を入れたりすることで個体識別が可能となる。Riley & Gwilliam(1981)は，皮膚を正確な円形に切って完全に除去することにより，その傷口が縮小し，組織が穴の内部へ再生するような切除法を開発した。耳の大きな有蹄類，肉食類，霊長類は，耳の縁のあらかじめ決められた位置に，一つ，ないし二つの刻み目を入れることによって識別されている。さらに大型の哺乳類の耳への刻み目は，遠距離からの個体識別を可能にする。刻み目は，感染，成長，損傷などによって変形することもあるが，一般に他の標識類よりも長持ちする(Ashton 1978)。しかし，この手法は高度に特殊化した耳をもつ哺乳類には不適当である。例えば，コウモリの耳は方位測定と餌の位置をつきとめる役割をもっている(Barclay & Bell 1988)し，鰭脚類の耳は深海に潜水している間，バルブのような機能を果たす(Scheffer 1950)。足の水かきに穴をあけたり切れ目を入れる方法は，ビーバー(Aldous 1940)やヌートリア(Davis 1963)の標識として使用されており，その他，マスクラットなど水かきのある足をもった種であれば適用可能である。これらの標

識は永続的であるが，不衛生な切り方をすると，穴というよりはむしろ小さな傷跡にしかならず，標識としての役目をはたさない。キタオットセイの後脚ひれに開けられた穴は，2年後でもはっきりと残っていた。もっとも，彼らの行動中にその標識を確認することは困難であった(Scheffer 1950)。先細の針，あるいは入墨用の道具で，コウモリの翼膜を突き通してつくられた識別標識は，約10日後には白っぽい傷跡となり(Bonacoorso & Smythe 1972)，それは1～5か月間持続した(Bonacoorso et al. 1976, Stebbings 1978)。コウモリを傷つけずに標識する方法も報告されているが，いずれにしても識別のための再捕獲が必要となる。

毛の一部を除去することよって個体識別する方法は非永続的であり，指切り法などに比べるとより人道的であるといえる。標識された動物は，一般に次の換毛まで，またオットセイではさらに長期間の識別が可能である(Gentry 1979)。毛はバリカン，化学物質，または熱によって除去され，遠くからの個体識別を可能にする。毛の刈り込み法は，焼烙や他の標識の装着には耐えられないアザラシの新生子に対して特に有効である(Gentry 1979)。脱毛ペーストは，ラットに番号を書き込む際に使われてきた(Chitty & shorten 1946)が，この方法は鰭脚類の皮膚には極端な刺激を与える(Gentry 1979)。毛を焼くこと，もしくは毛への焼き印は，オットセイに適用した場合，鮮明で非常に確認しやすい標識となるが，これらを実施するためには，焼きごての類や火を用意しなければならない(Gentry 1979)。この方法は，いわゆる焼烙とは異なるため，皮膚組織を焼いてしまうようなことはない。

染料や着色料

染料と着色料は，遠くから哺乳類を識別するための一時的標識として使われてきた。これらは，不動化したり，ワナにかかった動物に対し，直接あるいは遠くから着色弾入りの銃(Jonkel et al. 1975)や，改良型の注射筒(Turner 1982)などで付着させた。ブラインドの中から使用する圧縮スプレータンク(Hansen 1964, Simmons & Phillips 1966)や，ペダル式スプレー(Clover 1954)，飛行機から使用される噴霧装置も考案された(Simmons 1971)。一般の着色料やスプレー式着色料は，コウモリ(McCracken 1984)やゾウ(Pienaar et al. 1966)を含む陸生種では皮膚や体毛に，またアンテロープ類やウシ科の動物では角に着色され(Hanks 1969, Clausen et al. 1984)，それらは数週間から数か月間持続した。海産あるいは水生哺乳類では，

図 7-8 遠くから個体識別するためにナイアンゾルで毛を染められたホッキョクグマ(写真提供：カナダ野生生物局 Ian Stirling 氏)

着色料による標識は成功しにくい(Watkins & Schevill 1976, Gentry & Holt 1982)。しかし，水中での有効な標識として，蛍光顔料，溶液固結剤，溶剤からなる蛍光ペーストがある。これは，2歳以下のキタオットセイの標識として使われ，行動に対する有害な影響や組織の損傷は与えない(Griben et al. 1984)。ペイントスティック(Paintstiks)や油性のクレヨン状マーカもマナティーの一時的標識として使用されている(Irvine & Scott 1984)。Evans et al.(1971)は，コディット白色反射溶液(codit white reflective liquid)は，30日間程度のヌートリアの標識には適していると報告した。

エチルアルコール，またはイソプロピルアルコールで溶解したナイアンゾル，ローダミンB，ピクリン酸(Hansen 1964, Brady & Pelton 1976)などは，陸生哺乳類の標識として一般的に使われ，良い結果を残している染料である(図7-8)。有害な影響を与えることなく，5～7か月，あるいはそれ以上の期間，色は消失しない。赤とオレンジのアニリン染色剤(Day 1973)や，衣類用の染料(Simmons 1971)も有効である。鰭脚類はナイアンゾルで標識されてきたが，問題は，色素を鮮明に定着させるには少なくとも15分間は水につけずに乾かさなければならない点である(Gentry 1979)。体毛の染料であるウールライト(Woollite)は，ゼニガタアザラシを4か月間赤く標識するために使われた(Pitcher 1979)。ヒト用のヘアダイと，漂白剤を含めた脱色剤は，モンクアザラシ(Johnson et al. 1981)とキタオットセイ(Gentry & Holt 1982)で用いられ，2年間は

はっきりと残る識別標識を提供した。漂白剤は，適用後30分間の乾燥時間を確保できる乾いた動物には最も使いやすい(Gentry 1979)。毛皮を漂白する方法も，コウモリ類(Bradbury 1977)や，齧歯類(Hurst 1988)の短期間の研究には適用可能である。

経口投与されたローダミンBは，胆囊，腸，糞，尿，泌尿生殖器の開口部に着色する内部標識となる(Ellenton & Johnston 1975, Lindsey 1983)。これは，オポッサム(Morgan 1981)や，ヨーロッパアナウサギ(Cowan et al. 1984)で，おとり餌の消費を追跡するための非定量的手法として使われており，個体数推定や行動圏を特定することにも利用可能であった。コディット白色反射液は，ヌートリアで排泄物の追跡標識として成功をおさめた(Evans et al. 1971)。経口投与されたスダンブラックは，少なくとも112日間はラットの皮下脂肪に染みつく(Taylor & Quy 1973)。しかしこれは，ヨーロッパアナウサギのおとり餌の消費を調べる標識としては全く効果がなかった(Cowan et al. 1984)。

ローダミンBは，外部および内部標識としての価値に加えて，組織の標識としても使われており，コヨーテ(Johns & Pan 1981)や，ヤマビーバー(Lindsey 1983)の爪と毛に，紫外線下で確認可能な蛍光バンドをつくりだす。アナホリネズミも経口投与後，ヒゲと爪にバンドが現れ，体毛には何の変化も見られなかった(Lindsey 1983)。この蛍光バンドは，投薬後24時間以内に現れ，数週間持続する。ローダミンBの確認は，剖検を必要としない。携帯用紫外線ランプの使用により，捕獲した動物をすばやく調べ放獸することができるので，ハンドリングによるストレスも少ない。しかし，組織標識としてのローダミンBの使用は，1年のうちの特定の期間に制限される。なぜなら，バンドは活発に成長している組織にしか現れないからである。野生動物の標識として，ローダミンBの生理学的悪影響はないことが報告されている。

粒子標識

Lemen & Freeman(1985)とMullican(1988)は，夜間，小型哺乳類の行動を追うために蛍光塗料を使用した。捕獲した動物に塗料をふりかけて放逐することにより，次の夜，蛍光のトレールを紫外線ランプを使って追跡することができる。ただし，繁茂する植物や落ち葉，また周囲の明るさが痕跡の追跡に影響を与える(Mullican 1988)。この方法で，数日以内の行動圏や行動パターン，生息地利用などの詳細な情報を得ることができ，ラジオテレメトリーよりも簡便である。2日目の夜でも動物に付着した塗料は視認可能であるが，塗料のトレールは残らなくなる。この標識法で，Boonstra & Craine(1986)はハタネズミ類の巣をつきとめ，Dickman(1988)は小型哺乳類の社会的相互作用を調査した。

色つきの小型プラスチック粒子であるマイクロタガント(Microtaggant)は，化学分析をすることなく消化管における急性毒性物質と餌を識別する方法として考案・試験された(Johns & Thompson 1979)。マイクロタガントは，餌の忌避などの原因にはならず，その蛍光性と磁性によって腸や糞の中から容易に回収できる。蛍光アセテートフロスファイバーもまた，餌の消費量を測定する試験に使われた(Cowan et al. 1984)。マイクロタガントとともに，フロスファイバーは定量可能な一時的標識である。フロスファイバーも餌の嗜好性には影響を与えず，マイクロタガントよりも安価である。Randolph(1973)は，排泄された糞中の標識の識別によって小型哺乳類の個々の行動圏を調べるため，餌の中に蛍光アセテートフロスファイバーを混入させた。粉末状のアルミニウム顔料も，同様の方法でヌートリアの糞の追跡標識として使われた(Evans et al. 1971)。

化学的標識

経口的に，あるいは静脈から投与されたある特定のテトラサイクリン系抗生物質は，哺乳類の骨や歯の中にカルシウムとともに蓄積され，紫外線下において特異的な黄色の蛍光を発する。テトラサイクリン系抗生物質は持続性があり，胎盤バリアーを通過できる定量的な標識である(Owen 1961)。ジメチルテトラサイクリン(DMCT)を投与したコヨーテでは，その蛍光の強さと量が最も顕著に現れたのは若齢個体の下顎骨だった。この蛍光は，投与後少なくとも5か月間は確認できた。Crier(1970)は6か月齢の実験用ラットの下顎を標識するために，齧歯類の野外調査ではよく使われるDMCTを，50 mg/kgで1回経口投与した。歯の象牙質に蛍光リングを発現させるテトラサイクリンは，キタオットセイ，イルカ，シロイルカなどの種に対しても，特効的標識として良い結果を残してきた。Taylor & Lee(1994)は，標識再捕獲法によるホッキョクグマの個体数推定を行うために，同様の方法でテトラサイクリンを使用した。Nelson & Linder(1972)は，ニワトリの卵を食べるアライグマとスカンクの割合を調べるため，卵内にテトラサイクリンを混入させた。ただし，テトラサイクリンはある種に対しては標識として無効であったり，餌の嗜好性に影響を与える場合もある。

表 7-1 哺乳類の標識に使われる放射性同位体

同位体	半減期	毒性	動物種	適用法	参考文献
^{60}Co	5.25年	中の上	小型哺乳類	移植，またはカプセルに入れて標識に接着	Linn & Shillito 1960, Barbour 1963, Schnell 1968
^{115}Cd	43日	−	アライグマ	注射	Conner & Labisky 1985
^{198}Au	2.7日	中の上	カヤネズミ	不活性体の移植	kaye 1960
^{131}I	8.04日	中の上	哺乳類全般	注射，カプセルに入れ標識に接着，移植，餌に混ぜる	Gifford & Griffin 1960, Johanningsmeier & Goodnight
^{54}Mg	312日	−	アメリカクロクマ	注射	Pelton & Marcum 1975
^{32}P	14.3日	中の下	ノネズミ類	注射	Miller 1957
^{35}S	87.2日	中の下	小型哺乳類	注射	Dickman et al. 1983
^{182}Ta	115日	中の下	小型哺乳類	不活性体の移植	Graham & Ambrose 1967, Schnell 1968
^{65}Zn	245日	中の下	小型哺乳類，オポッサム，アナウサギ，キツネ，ヨーロッパアナグマ，ボブキャット，アメリカクロクマ	注射，経口投与	Neilis et al. 1967, Gentry et al. 1971, Pelton & Marcum 1975, Kruuk et al. 1980, Conner 1982

Johns & Pan(1981)は，ラットの蛍光化学標識として，キナクリンデヒドロクロライドを試してみた。そして，蛍光測定法とクロマトグラフィー分析技術を用いて，血中にこの標識を発見した。Larson et al.(1981)は，ヨウ素含有物を調合したイオフェノキシ酸と，オルガノクロラインを調合したマイレックスを，餌を消費する動物の，血液と組織の標識として使用した。ヨウ素基準値は，イオフェノキシ酸 5 mg 経口投与後，少なくとも 7〜8 週間は高い価を示した。そして，25〜75 mg/kg で投与したマイレックスは，8 週間後で 0.005 ppm 以上探知できた。Baer et al.(1985)と Follmann et al.(1987)は，狂犬病ワクチン入りの餌を，どのくらいの数の野生のイヌやキツネが食べているのか推定するため，血清標識としてイオフェノキシ酸を使った。この標識は，同様の目的で他のワクチンとともに使用することができた。

放射性同位体による標識

放射線同位体標識の適切な選択のために考慮すべき点は，まず入手可能であることと放射線の種類，放射されるエネルギーレベル，物理学的および生物学的半減期，放射線毒性，代謝特性などである。放射性同位体の物理学的半減期は，人間や動物への被爆や環境汚染に影響を与える。放射線は組織破壊を引き起こすので，標識として検出可能な最小限の量が使用されるべきである。

通常，放射性同位体の追跡は，小型哺乳類の個体識別や行動上の情報を得るために使用されてきた。放射性同位体を使った哺乳類の標識方法は，不活性化したものを注入する方法，外部へ取りつける方法，そして代謝可能なラジオヌクレオチドを使用する方法の主に三つに分けられる(表7-1)。不活性体の注入による標識は，手動もしくは自動検出器を用いて，野外での小型哺乳類の帰巣行動のようなものをモニターするのに向いている(Bailey et al. 1973, Linn 1978)。放射能ワイヤー，ピン，放射性同位体を封入したカプセルなどは，不活性の状態で小型齧歯類やコウモリの皮下に埋め込まれる。放射性同位体は，足環や前肢の標識にも付着させることができるし，それらの標識自体を放射性同位体にしてしまうことも可能である。また放射性同位体は，食べさせたり注射したり，代謝可能な形で動物の体内に注入することもできる。これらは動物の組織に結合し，子孫へと引き継がれたり，糞や尿とともに排泄されたりする。したがって，単なる個体追跡以外の多くの目的で使用することが可能である(Linn 1978)。Dickman et al.(1983)は，泌乳中の小型哺乳類に ^{35}S を注射したところ，これらは母乳を介して子供へと渡された。異なった量で投与された放射性同位体は，明確に親子関係がわかっている子の毛の中に異なった放射線量として現れた。Tamarin et al.(1983)は，ガンマ線を放出する 1 種以上の放射性核種を，妊娠中のメスに注射した。そして正確に親子関係を特定した。Scott & Tan(1985)は，アンテキヌスの自然個体群における，オスの交尾成功率とメスの繁殖成功率の推定をするために，同様の方法を用いた。

代謝可能な放射性同位体標識は，大型哺乳類で広く使用されている。ノウサギ類，オポッサム，キツネ，ボブキャットに食べさせたり注射した ^{65}Zn は，投与後 1 年以上にわ

たってこれらの動物の糞の中から検出された。Pelton & Marcum(1975)は，^{65}Zn と ^{54}Mn を捕獲したアメリカクロクマに注射し，その糞を採集して放射性同位体の分析を行った。そして，同位体が検出された糞と検出されない糞の割合をもとに個体数を推定した。以来この手法は，オジロジカ，コヨーテ，ボブキャットを含むいくつかの種の個体数推定に使われている。

夜間追跡用光源

動物に取りつけられた光源は，夜間の視覚的な追跡や，採食行動などの情報入手を可能にする。化学物質，電気，放射性同位体のような標識は，単独もしくはラジオテレメトリーと併用することができる。光源標識の使用は，その動物の行動に影響を及ぼしたり，天敵による捕食率を増加させたりしないという報告があるが，この可能性はないとはいえない。逆に，標識された捕食者は狩りの成功率を低下させる可能性もある。Barcley & Bell(1988)は，点灯したままの光源標識は，コウモリ類に過度のストレスを引き起こすことを示唆した。

Buchler(1976)は，コウモリの活動性をモニターするために，化学光源であるサイアリューム(Cyalume)を用いた。その光はフタル酸ジブチルとフタル酸ジメチル溶液を混合し，それらを小さなガラス球の中に封じ込めることによって得られた。そして，ガラス球はコウモリの腹部の毛に接着された。光の明るさと発光持続時間は，2種の溶液の混合比率を変えることによって調節可能であった。この標識は3時間は発光し，双眼鏡を使えば225～475 m離れた場所からでも確認可能であった。LaVal et al.(1977)は，1時間以内に徐々に光は弱くなるものの，双眼鏡を使うことにより約1,500 m離れた地点からでも確認することができる強力光源であるサイアリュームの有効性について報告した。

Barbour & Davis(1969)は，コウモリ類の夜間の行動を追跡するために，体毛にバッテリー内蔵の小型ピンライトを貼りつけた。Carpenter et al.(1977)は，ミュールジカの夜間観察のために，首輪に電池式の発光体を取りつけ，光の強さと発光間隔を変化させることによって個体識別を行った。Wolcott(1977)は，小型化した発光ダイオード(LED)と発光体を設計・作製した。これは個体識別に使用できるように，発光間隔を正確に設定することができた。Batchelor & McMillan(1980)は，個別に光量などを設定可能な光感知型発光体と，電波発信器の回路に組み込む付属部品を使って，同様のシステムを開発した。発光の持続時間と識別距離は，バッテリーの大きさと光の強さによって変化する。双眼鏡や暗視装置を使うことで，これらの標識を識別可能な距離は飛躍的に長くなる。

ベーターライト(Betalight)は，ガラス球に封入されたトリチウムが発するリンからなる放射性同位体発光源である。ガラス球は，いかなる形状や大きさにもすることが可能であり，異なった色のベーターライトも使用できる。標識として識別可能な距離は，その形状，大きさ，また観察方法によって50 m～1 kmの範囲で変化する。ベーターライトの寿命は，およそ15～20年である。これらの光源が使用される際には，許容可能な放射能レベルが限定されるべきである。Kruuk(1978)は，テレメトリーで位置を特定したアナグマを直接観察するために，電波発信器にベーターライトをはりつけた。Davey et al.(1980)は，低温硬化性エポキシ樹脂を使って，ニワトリ用の翼標識にベーターライトをはりつけ，それをアナウサギの耳にとりつけた。多くの個体を識別可能にするため，数色の異なった光度のものが使用された。Thompson(1982)は，齧歯類の頭頂部の毛を刈り取り，そこにベーターライトを接着した。

個体の特徴による識別

捕獲や標識づけが不可能であったり，あるいは望ましくない場合，その個体の大きさや体型，顔の特徴などによって個体識別を行う方法が用いられる。この際，各個体の写真やスケッチは，野外での個体識別において大変重要な情報となる。例えば，耳の切れ具合，角の形状，しわのパターン，性別，大きさなどによる個体識別はクロサイに(Mukinya 1976)，体表の模様の違いはキリンに(Foster 1966)，また，主に顔の特徴によるものは霊長類に(Kummer 1968)，そして，ヒレの切れ込み，色のパターン，傷跡，皮膚のたこなどの違いを見る方法はイルカやクジラに適用されてきた(Würsig & Würsig 1977, Irvine et al. 1982)。このような識別方法は，個体数があまり多くなく，行動範囲が限られていて，しかも他の個体の移入がほとんど起こらないような場合が最も有効である(Pennycuick 1978)。個体の特徴による識別は，他の一般的な標識方法に比べるとその確実性は低くなるが，捕獲や標識づけの手間がかからないという長所がある。したがって，標識作業にかかわるコスト面と識別精度のどちらを優先するかによって適用を検討すべきである。また特異的な特徴を持った個体ほど有効であるが，大きな個体群になればなるほど識別精度は低下してしまう(Pennycuick 1978)。数頭の標識づけされた個体を識別する場合(Ashton 1978)と，個体の特

徴をもとに個体群規模の識別を行った場合の情報量(Pennycuick 1978)の違いについては把握しておかなければならない。識別に用いられる各個体の特徴は、その後の事故や加齢によって変化することがあるため、観察者の変更は識別ミスを引き起こす可能性がある(Carnio & Killmar 1983)。個体の特徴による識別方法は、いろいろな場面で一般の標識法の補助として最もよく利用されている。

❏鳥類の標識方法

足環

　識別番号と連絡先を刻印した金属製足環は、捕獲した鳥の識別のため、最も古くから一般的に用いられている(図7-9)。アメリカやカナダの州では、その地域の狩猟鳥には州が発給する足環を使用しなければならないが、渡り鳥につける足環はアメリカ魚類野生生物局とカナダ野生生物局によって発給されており、バンダーは共通の用語を使用することを義務づけられている(補遺)。末端が閉鎖しない開放型の足環は、様々な種に対して広く使われている。末端を折り返してプライヤーなどで固定するクリップリングは、開放型よりも薄い金属でできていて、足環を取り外す能力に優れた猛禽類などに使用されている(Environment Canada 1984)。びょう留め式の足環(rivet band)は、開放型(Berger & Mueller 1960, Robson 1986)や、クリップリング(Young & Kochert 1987)でも外してしまう能力をもったワシ類に使用される。はじめから環が閉じたタイプの足環は、飼い鳥の標識としてしばしば使われている(Spencer 1978)。アルミ100%の一般的な足環は多くの種の標識として十分使用に耐えるが、素材として比較的弱く、他の重金属に比べて磨滅や腐食によるダメージを受けやすい。結果的に、モネル(銅-ニッケル合金)やインコロイ(ニッケル-クロム合金)、ステンレス、チタンなどのような他の金属製のものが長期間脱落しにくく、特にこれは海域に生息する種について顕著である。ただし、これらの重金属は着脱がより困難であり、アルミよりも黒っぽい色をしているので、装着したときに目立ちにくい。陽極処理された色つきアルミ環は、多くの種の個体識別において良い結果を残してきている(Cohen 1969, Godfrey 1975など)。

　足環は、上下動や回転が自由にできるような適度な装着状態が望まれる。ただし、足指にかかるほど緩くすべきではない。ラジオペンチや足環専用ペンチは、着脱や締め具

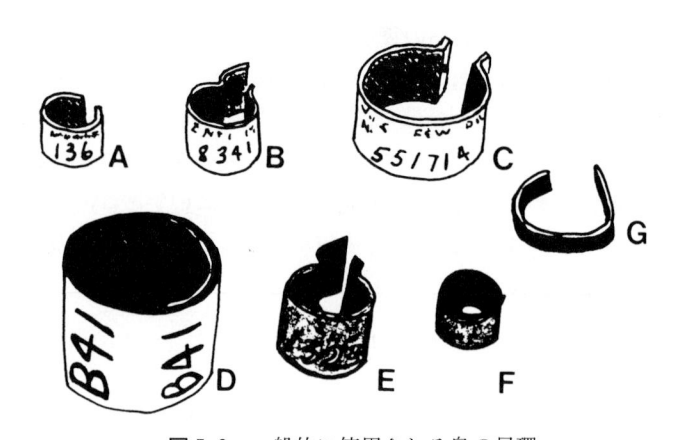

図7-9　一般的に使用される鳥の足環
A：解放型、B：ロック式、C：びょう留め式、D：プラスチックコートされたタイプ(巻き付けタイプ)、E：陽極処理された色つきアルミ環、F：軟質プラスチックの巻き付けタイプ、G：ペンギン類の前ひれ(翼)用標識〈図は実物大ではない〉

合の調整の際に役立つ。足環は装着した時にきれいな円形が保たれている状態が望ましく、扁平につぶれてしまっているものは交換すべきである。足環を装着する上で注意すべき点は、作業時に鳥の脚にダメージを負わせないようにすることである。カモ類のヒナに足環を装着する際には、花屋が使うロウ(florist's wax)や工作用粘土が利用される。これは、足環の内側を覆った粘土やロウが、ふ節の成長に伴ってへこむような仕組みになっている(Spencer 1978)。海鳥では、ふ節よりもむしろ脛骨へ取りつけるほうが足環の寿命を長くし、かつ識別番号を読みとりやすい(Perdeck & Wassenaar 1981, Zmud 1985)が、あまり一般的な方法ではない。また、排泄物を足元に落とすヒメコンドルのような鳥には足環をつけるべきではない。足環にかかった排泄物が脚や指に損傷を引き起こしたり、傷を悪化させる原因となるからである(Henckel 1976)。寒冷地方では、エンジャク類の足環に付着した氷も、脚の動きを阻害したり損傷の原因となる(Elmes 1955, Dunbar 1959, MacDonald 1961)。また、鳥は自分で脚を切断し(Young 1941)、足環を取り外す(Young & Kochert 1987)ことがあり、このような足環の脱落は巣立ち前のヒナでも発生する(Kaczynski & Kiel 1963)。しかし、足環脱落の主な原因は、海水や排泄物による磨耗や腐食であり、その脱落率は、使用されている金属の種類、足環のサイズ、取りつけ位置、種の特性(生息環境、採食行動など)、さらに性別などによっても変化する(Mills 1972)。足環の脱落率は、研究者や野生生物管理官にとって重要であり、不正確なデータ

は，特に長寿の種において誇張された死亡率の推定や，誤った個体群サイズの算出につながる(Kadlic 1975, Nelson et al. 1980)。

プレキシガラス，ビニライト，PVC，ダーヴィック(darvic)，リンプライ(lynnply)，グラボプライ(gravoply)，セーフレッグなどでできたカラーバンドは，幅広い種の個体識別のために単独で，あるいは金属製足環と併用される。この標識はもともと再捕獲などの手間をかけずに迅速な個体識別を可能にするためのものである。したがって，行動上あるいは体の構造上，標識が確認しにくくなってしまうような種ではその意味をなさない(Spencer 1978, Forsman 1983)。カラーバンドは金属製のものよりも脱落が早いため，短期間の研究には最適である(Seguin & Cooke 1983, Ottaway et al. 1984)。さらにこの標識は，より目立つ色を使うことによって，死亡個体の回収率を上げることもできる(Goss-Custard et al. 1982, Shedden et al. 1985)。耐久性と色の落ちにくさは，軟質のプラスチックが巻かれた足環で最も低く(Reese 1980, Anderson 1981)，野外での装着には特別な道具が必要となるものの，葉状プラスチックが巻かれたタイプ(Lumsden et al. 1977, Anderson 1981)や，プレキシガラス，開放型足環で増加する(Balham & Elder 1953)。Sequin & Cooke(1983)は，幅広のPVC製足環は，幅が狭いものよりも脱落率が低いことを報告した。Strong et al.(1987)は，カラーバンドをアビ類の扁平な脚に適合するように型どった。カラーバンドは，その締めつけが原因となって，脚に重度の磨滅(Reed 1953)や損傷を引き起こすことがある(Atherton et al. 1982)。また取り外しの際に，水かきをほとんど役に立たない状態にしてしまうおそれもある(Colclough & Ross 1987)。この標識をツル類に使用したところ，生存個体に関してその影響は現れなかった(Hoffman 1985)が，社会的相互作用を妨げた(Wheeler & Lewis 1972)。カラーバンドはまた，ゼブラフィンチのようないくつかの種において，つがい形成にも影響を与えているようである(Burley et al. 1982)。

色つきテープは，足環を脱落しにくくし，野外で鳥の識別を容易にするため足環と併用されている。スコッチ社製の圧感受性テープ(pressure-sensitive tape, Carrick & Murray 1970)とベルクロ製の番号入りのひも(Willsteed & Fetterolf 1986)は，足環をつけるにはまだ早すぎるヒナを標識するために使われた。プラスチックPVCテープ，セーフレッグ，ヘルキュライトタグ(herculite tags)は，識別のための穴や切れ目を入れて脚に結びつけ，ポップリベットで留められた(Downing & Marshall 1959, Arnold & Coon 1971, Platt 1980)。ひもやテープは，ポップリベットでアルミ製足環に取りつけられたり(Frentress 1976)，びょう留め式足環の縁にはさんだり(Cline & Clark 1981)，あるいは足環に通して使用された(Thomas & Marburger 1964, Royall et al. 1974)。着色された足環は，鳥自身による磨滅や色落ちが原因となって早期に識別不能となるため，一般的には使用されていない(Childs 1952)。ひもやテープなどの標識は，長すぎると飛行の妨げとなり(Guarino 1968)，からみついてしまう場合がある(Royall et al. 1974)。またタカ類の脚につけられた長い標識類は，他のタカから獲物の一種と間違えられることもある(Platt 1980)。

翼につける標識

翼の標識はごく普通に使われている。この標識の素材は一般に，柔軟性のあるPVCでコートされたナイロン繊維や，硬質のPVC，家具類などに使われるプラスチックなどである。そしてこれらは，翼に巻かれる(Morgenweck & Marshall 1977, Kochert et al. 1983)か，あるいはステンレスやナイロンピン(Knowlton et al. 1964, Wallace et al. 1980)，ポップリベット(Seel et al. 1982, Stiehl 1983)や，その標識自体(Baker 1983, Sweeney et al. 1985)によって，翼膜に貫通させられる。Cummings(1987)は，ナイロンファスナーとファスナーガンでクロウタドリの翼に標識を取りつけた。翼標識やテープは，十分に識別可能な大きさのものを取りつけるべきだが，それが飛行の妨げになってはいけない(Wallace et al. 1980, 図7-10)。耐久性と色の落ちにくさは，標識の素材と製造メーカーによって変わってくる(Nesbitt 1979, Young & Kochert 1987)が，中には10年以上もつものもある(Kochert et al. 1987)。確認しやすさの点で優れている翼標識は，あらゆる鳥類で適用されてきており，これらは足環で得られるよりも多くの生活史の情報を観察者に提供してくれる。標識の脱落は，最初の1年目では一般に少なく(Patterson 1978, Stiehl 1983)，その後，年を重ねるごとに徐々に多くなる(Patterson 1978)。しかし，Mudge & Ferns(1978)は，セグロカモメにつけた翼標識のうち，その25%は1年以内に脱落したと推定した。2か所でピン留めされた標識はその脱落率を低下させている(Hart & Hart 1987)。

翼標識は，装着後2～3日から2週間くらいの間に，最初の調整を行うものの，しばしば鳥に対して様々な悪影響を与えている(Bartelt & Rusch 1980, Sweeney et al.

図 7-10 ナキハクチョウの幼鳥に付けられた翼標識
（写真提供：カナダ野生生物局 Len Shandruk 氏）

図 7-11 識別番号つきの首輪を着想されたナキハクチョウ（写真提供：カナダ野生生物局 Len Shandruk 氏）

1985）。羽の磨耗や翼膜の硬化は一般に注意が必要とされる。また時々，激しいすり傷が数種の鳥で確認されており(Harmata 1984)，これらは特にタカ類で頻発する(Kochert et al. 1983)。標識の装着によって羽の位置がずれると(Howe 1980)飛行に支障をきたすが(Tacha 1979)，2か所でのピン留めを行えば，羽の損傷や翼膜の硬化を大幅に防ぐことができる。翼標識が繁殖行動と社会行動に与える影響についての報告は多岐にわたる。多くの種では，少なくとも1羽の成鳥につけられた場合，ヒナの巣立ち成功率への大きな影響は確認されていない(Young & Kochert 1987 に要約)。しかし，ヒナの大きさについては，標識されたクロワカモメのヒナは，未標識個体のそれよりやや小さかった(Southern & Southern 1983)。Jackson(1982)は，メスのハゴロモガラスの帰巣間隔の平均値は，翼標識を装着した個体の方が，足環で標識された個体よりも長くなることを観察した。また，翼標識をつけられたツルは，仲間外れにされたり地位が低くなったりした(Tacha 1979)が，Wallace et al.(1980)と Sweeney et al.(1985)は，クロコンドルとヒメコンドルについて，彼らが攻撃的な争いをした場合の勝敗に，標識の有無は関係しないことを観察した。翼膜への標識づけは，渡りに支障をきたし(Howe 1980, Southern & Southern 1985)，生息地の選択性を変え(Szymczak & Ringelman 1986)，死亡の原因ともなる(Howe 1980, Southern & Southern 1985)。Saunders(1988)は，希少種や危急種，絶滅危惧種における翼膜への標識づけは，できるだけ避けるべきであると主張した。

ひれ用の標識は，初期のものはアルミニウムで，また最近のものはモネルやステンレスでつくられているが，これらはペンギンの前ひれ(翼)の標識として使われてきた。Cooper & Morant(1981)は，より脱落しにくいステンレス製のものを推薦した。留め金部分を除去したり(Sladen 1952)，換毛期のひれの拡張を考慮して設計されたひれ用標識は，装着によって損傷を受けたり死亡する個体を減少させている(Sallaberry & Valencia 1985)。

首につける標識

文字や番号が刻印された色つきの首輪は，ガンやハクチョウ(図7-11)，カナダヅル(Huey 1965)，コウライキジ，ウロコウズラ(Taber & Cowan 1963)などの標識に広く使われてきた。しかし，これらはカモ類に使う場合，その脱落率や標識に起因する死亡率の高さから，適切な方法であるとはいえない(Idostrom & Lindmeier 1956)。首輪には，柔軟性のあるビニライト(Koerner et al. 1974)，軟質のプラスチック(Fjetland 1973)や硬質のプラスチック(アクリル樹脂)(Ballou & Martin 1964)，アルミニウム(MacInnes et al. 1969)などでつくられたものがある。Pirkola & Kalinainen(1984)は，2層の紫外線保護プラスチックを使ったが，これは自然状況下で壊れることはなく，色や識別番号は5年間の紫外線照射にも耐える。Maltby(1977)は，丈夫でなおかつ軽量な，びょう留め式の首輪を設計した。Craighead & Stockstad(1956)は，吊革式の標識の材料としてポリビニール塩化物のテープを使った。一般に，柔軟な素材でつくられた首輪は硬質の首輪よりも軽

量で，しかも適用しやすかった。首輪の大きさは，動きや採食を妨げないように，抜け落ちない範囲で十分余裕をもたせるべきである。

　一般に，首輪は非常に確認しやすいため，金属製の足環や色つき足環が単独で使用された場合に比べて，より多くの情報収集が可能となる。ガンにつけた首輪の脱落率は，1年目で0～24%，2年目では0～40%であったと報告されており(Ballou & Martin 1964, Sherwood 1966, Craven 1979)，カナダガンにつけられた首輪のなかには，11年もの間，脱落しなかったものもあった(Zicus & Pace 1986)。首輪はカモワナにからまることによって外れてしまう場合もあるが(Sherwood 1966)，主な脱落の原因となるのは古く弱くなった合成素材製首輪の使用によるものである(Fjetland 1973)。首輪は，2か月齢未満のガンの幼鳥に取りつけてもほとんど脱落してしまうため適用すべきではない(Sherwood 1966)。

　多くの研究では，首輪装着によって繁殖行動や社会行動が妨害されたり，大きな負傷を与えてしまうケースはほとんどないと報告されている。しかしながら，首輪は，コクガンのつがい関係を解消させたり(Lensink 1968)，同じくコクガン(Abraham et al. 1983)やコハクチョウ(Hawkins & Simpson 1985)で反発攻撃の成功率を低くしたり，また，メスのコハクガンでは餓死の一因にもなった(Ankney 1975)。Zicus et al.(1983)は，強風，氷点下，降雪や吹雪などの状況下では，ガンに付けられた首輪は固く氷結してしまい，これが原因となる推定死亡率は30～68%にもなることを報告した。氷結は，アルミ製の首輪を用いることに問題があるのではなく，おそらく，首輪自体の熱伝導特性が原因であろう(MacInnes et al. 1969)。MacInnes & Dunn(1988)は，首輪は，カナダガンや多くの渡り鳥にとって，狩猟以外の重要な死因になっていることを報告した。

タ　グ

鼻　標

　円盤形もしくは鞍形の鼻標は，水鳥を標識するために広く使われてきた。鼻標は普通，識別番号がうたれた硬質の，あるいは柔軟性のあるPVCやナイロンでつくられており，短いナイロンやステンレス鋼のピンで鼻孔に取り付けられる(図7-12)。円盤形鼻標は，カモ類で約1年間は脱落しにくかったと報告されている(Bartonek & Dane 1964)が，カナダガンでは，高い脱落率を示した(Sherwood

図7-12　ミカヅキシマアジのオスの若鳥の嘴に付けられた鞍型鼻標(写真提供：Ducks Unlimited)

1966)。円盤形のものは，植物の密生した場所では動きのじゃまになったり，狩猟用の網にからまったりして，潜水型カモ類の死亡数を増加させていると考えられた(Erskine 1962)。改良されたものではそのような危険性も減少し(Sugden & Poston 1968)，鞍形の鼻標では，潜水型，水面採餌型のカモ類に使われて成果をあげてきた。Davey & Fullager(1985)は，嘴の大きさや形状が特殊な水鳥にも合うように，自動ロック式のピンで固定されるPVCの鞍形鼻標をつくった。そして鼻標の辺縁部には識別情報となる刻み目が入れられた。Lokemoen & Sharp(1985)は，ナイロン製の鞍形鼻標の耐久性と色の保持性を，軟質プラスチックのものとPVCのものでそれぞれ比較した。

　小型カモ類への鞍形鼻標の装着については，標識のサイズが大きすぎることや，嘴や鼻孔の形の違いなどから適用は難しい(Joyner 1975, Koob 1981)。マガモでは時折，フェンスや鋼ワナにからまることが標識の脱落につながっている(Evrard 1986)。Greenwood & Blair(1974)は，マガモの鞍形鼻標の氷結について報告し，Byers(1987)は，厳冬期の鼻標の凍結が原因となるマガモの死亡率は10%に達すると推論した。

背中につけるタグ

　背に沿わせるように装着するタグは，陸生の狩猟鳥や水鳥への使用が一般的であるが，Southern(1964)はハクトウワシを，またFrankel & Baskett(1963)はナゲキバトをこの方法で標識した。背中に付けるタグは，一般に柔軟性のあるPVCか，PVCコートされたナイロン繊維でできてお

り，革製もしくはナイロン製のひもでつくられたハーネスによって，両翼のつけ根にストラップをまわす形で固定される。革のストラップを使用した背標識の脱落までの平均期間は，エリマキライチョウの6.5か月(Gullion et al. 1962)から，クイナ(Anderson 1963)，ハンガリーのウズラ(Blank & Ash 1956)，コウライキジ(Labisky & Mann 1962)の12か月以上まで幅があった。ナイロンストラップを付けたものは，2年以上脱落しなかった。ポンチョ式(頭を通す外套状のもの)に改良された背標識は，ホソオライチョウ，キジオライチョウ，ハンガリーのウズラで成果をあげた(Pyrah 1970)。しかしHester(1963)は，背標識は何種類かの小鳥にとっては負担が大きすぎると報告した。Furrer(1979)は，より確認しやすいように，背中から突き出すタイプの標識を開発し，大型ツグミ類，アトリ類，ホシムクドリ大の鳥に使用した。Cuthbert & Southern(1975)は，孵化後まもないカモメの雛の癒合仙骨部に，円形の番号つき標識をはりつけた。ただし，羽に接着した標識は換羽に伴って失われる。

水かき用タグ

Grice & Rogers(1965)は，足環を付けるには若すぎるアメリカオシドリを標識する方法を開発した。彼らは，孵化後まもない若鳥の片足水かきの中央部に，番号つきの小魚用ひれタグを軽量プライヤーで取り付けた。Alliston(1975)は，殻の破られた卵の中の雛を標識するために，地上営巣性の種についてこの手法を適用した。卵の殻と膜の一部は除去され，そこから引き出された足にタグがつけられ，またもとに戻された。そして卵の穴はマスキングテープでふさがれた。ひれタグは，孵化の成功率や，巣立ち後の生存率に影響を与えなかった。しかしながら，この手法は，まだ孵化までには時間がありすぎたり，出血を伴う場合には実施すべきではない(Alliston 1975)。Haramis & Nice(1980)は，タグの脱落を減らすために，水かきの正確な位置にきれいな穴をあけるための1組の先細プライヤーを考案した。このプライヤーは，洞状の巣の中にいるカモ類や，孵化直前のカモの雛の双方に使用可能である。そして，タグの脱落率は1〜3%であった。ひれタグはまた，カモメの雛でも使用された(Ryder & Ryder 1981)。

体への傷つけなどを伴う方法

羽切り

隣接した羽のいくつかを軸の部分から異なった大きさや形に切り取ることで，翼や尾羽に独自のパターンが現れ，これが個体識別の特徴となる。羽切りは飛行に支障をきたさない範囲で行わなければならない。この標識は，木にとまっている状態では確認できないため，滑空する種に最適な方法であり，また，留鳥に適用した場合に限ってその価値がある。そして，効果的な標識の組み合わせの数には限界がある。Snelling(1970)とGargett(1973)は，Enderson(1964)がソウゲンハヤブサで，またGarnett(1987)が捕獲されたグンカンドリで行ったのと同様に，アフリカの大型猛禽類の個体識別のために羽切り法を使った。Geis & Elbert(1956)は，視認可能な標識をつくるためにコウライキジの尾羽を切除したが，その結果その繁殖成功率を低下させてしまった。

組織の切除

Richdale(1951)は，ペンギン類の両足の水かきのそれぞれに正確に3か所の穴を開けるために，皮革用穴開け器を使用し，多数の個体を標識した。損傷や治癒の過程で穴の形が変化してしまったものもあったが，識別不能になってしまうものはごくわずかであり，足環よりもずっと有効な方法であった。逆にReuther(1968)は，動物園の鳥の識別のために水かきの穴開けを行ったところ，闘争などが原因となって穴が破壊されてしまうことがしばしばあったと報告した。識別不能となるか否かにかかわらず，水かきの穴開け法の大きな欠点は，識別するために再捕獲が必要なことである。

Burger et al.(1970)は，小翼を切除することによって巣立ったばかりのマガモの雛を標識した。ただしこの方法も個体識別のためには再捕獲が必要となる。標識個体と未標識個体の間で，成長率，行動，飛行能力などに違いは見られなかった。

小型哺乳類の指切り法に類似した，爪の切除による標識方法は，オウサマタイランチョウとツキヒメハエトリ(Murphy 1981)，またミドリツバメとイエミソサザイ(St. Louis et al. 1989)の巣立ち雛を個体識別するために使われた。St. Louis et al.(1989)は，巣立ち後3日以内の雛の爪を切除したが，その報告によれば，死亡したり指先を失った個体はなく，切除された爪の内部で骨化や軟骨形成も見られなかった。足の爪の切除は，研究対象とする鳥が若すぎて標識の装着ができない場合に行われるが，この方法で巣立ちまでの18日間の個体識別が十分可能であった。爪はやがて伸びてきて元の状態に戻った。

入 墨

入墨は捕獲した鳥，中でも特に被食者となる鳥を標識するにあたって，最も成功をおさめてきた永続的標識法のひとつである(Havelka 1983)。入墨は通常，翼の下部の胴体近くの皮膚に施されるため，翼を広げた時のみ確認が可能である。

しかし，Ricklefs(1973)は，他の多くの標識法を適用するには若すぎるムクドリの雛の腹部に，墨汁を満たした注射器を使って，点の組合せによる識別マークの入墨を行った。入墨は標識個体にとって全くじゃまにならない。また感染の心配もなく，若鳥の発育にも影響を与えない。ただし，羽毛の成長に伴って確認しにくくなるという欠点がある。

凍結焼烙

Greenwood(1975)は，マガモの雛の羽に凍結焼烙を施したが成功しなかった。しかし，前顎骨への適用は成功し，幼鳥への一時的標識としての可能性が示唆された。

染料，着色料，インク

染料，着色料，インクは様々な鳥の標識に使われてきた。これらは一時的な標識であり，ほとんどは次の換羽までに失われる。そして多くは，離れた場所から染料やインクを鳥に吹きかける方法であるため(Moffit 1942, Siegfried 1971, Moseley & Mueller 1975, Rodgers 1986)，捕獲の必要はない。

耐水性の染料の条件としては，確認しやすい色で，毒性がなく，褪色しにくく，羽に無害で，着色しやすくするための溶剤や潤滑剤とともに使用でき，溶液が冷たい場合でも迅速な作業ができるものが望まれる(Patterson 1978)。染料は，アルコール33%，水66%の混合液として使用した場合が最も効果的である(Wadkins 1948)。ピクリン酸，ローダミンBエクストラ，マラカイトグリーンは，強い色彩と浸透性をもち，褪色しにくい染料である(Wadkins 1948, Handel & Gill 1983, Underhill & Hofmeyer 1987)。染料による標識は，羽が暗色の種(Moffitt 1942)よりも，明るい羽色の種で効果的である(Paton & Pank 1986, Paullin & Kridler 1988)。染料は，一部にしみこませたり，はけで塗られたり，スプレー式にふきつけたりして使われる。ただし，寒冷な気象条件下での使用は，鳥を低体温にする危険性があるため注意が必要である(Kozlik et al. 1959)。捕獲し染色標識した鳥は，放鳥前に完全に乾かすべきである。

また鳥類では，間接的染色方法による標識付けも行われてきた。Evans(1951)は，孵化直前のカモの卵に食品染色料を注入し，Rotterman & Monnett(1984)は，この手法をスズメ類に適用した。孵化した雛は数日間着色標識され，個体識別が可能となる。若鳥の生存率や健康状態に与える影響はないが，胚子の感染には十分な注意が払われなければならない。Mossman(1960)は，抱卵中のワシカモメの成鳥を標識するために，卵と巣に泥棒発見用の粉末をふりかけた。Paton & Pank(1986)は，ローダミンBに油性のシリカゲルを加えたものを，いくつかの卵殻の上部に塗り付けることによって，抱卵中のアマサギを標識した。抱卵中の成鳥は2〜6か月間識別可能であり，この標識は200m離れた場所からプロミナーを使って確認できた。孵化の失敗はなかったが，この手法が卵の残存率に与える影響については不明である。

Ellis & Ellis(1975)は，イヌワシを標識するために人の毛染めを使用し，White et al.(1980)とMalacarne & Griffa(1987)は，クロウタドリとアマツバメの羽毛を脱色するために，過酸化水素水で溶いた毛染めパウダーを用いた。標識は，羽を明色，あるいは暗色に染めたイヌワシで500〜1,000m，脱色したクロウタドリで1,000mまで確認可能であった。脱色の温度が高すぎたり，時間が長すぎると羽に損傷を引き起こす可能性がある。したがって，普通，初列風切羽の先端は標識されない。White et al.(1980)もまた，クロウタドリは脱色過程で低体温，あるいは高体温になりやすいと報告した。

模型飛行機用の塗料とスプレーペイントも，鳥の着色に使われてきた。標識部位は，その後の羽づくろいによる羽の抜け落ちや，色落ち(Swank 1952)，また胸部羽毛のもつれ(Dickson et al. 1982)などを考慮すると，風切羽に着色するのが最も効果的である。着色料は放鳥前に乾かすべきである。エリマキライチョウ(Bendell & Fowle 1950)とアマサギ(Siegfried 1971)は印刷用のインクで標識され，後者では，その標識は12か月以上識別可能であった。

これらの標識は，正しく適用されれば肉体的に有害な影響は全くないと報告されてきた。しかし，一般にこのような標識付けを行った場合，一時的な羽づくろいの増加だけでなく，行動上観察され得ない何らかの影響を与えているものである。ある標識はつがい関係を解消させたり(Goforth & Baskett 1965)，仲間から一時的に排除される原因となる(Butts 1930)。鳥類における種内認識メカニズムの変化は，社会的相互作用を著しく変化させる(Rohwer 1977)。

フェザーインピングおよびそれに類似した方法

　二股の針(Wright 1939)や，固定するための接着剤(Hamerstrom 1942)をつけた色付きの羽を，羽毛を除去した羽軸に差し込む手法(インピング)も，鳥類の標識方法として実施されてきた。一般には尾羽に標識されるが，風切羽にも適用される場合もある。Hester(1963)は，スズメ目の鳥へのフェザーインピングは，その視認性の低さや，色の組合せの少なさ，また識別に要する時間などから，有効な標識方法ではないと結論した。Sowls(1950)は，水鳥類の標識では，模型用塗料を着色する方法よりも，インピングの方が影響が少ないことを記録した。

　染められた羽は，鳥の羽に直接取り付けたり，羽毛を除去した羽軸にしばりつけたり(Edminster 1938)，また，わざと目立つ模様を書き込んで羽毛に貼り付けられたりする(Neal 1964)。Dickson et al.(1982)とRitchison(1984)は，尾羽の中央部の羽枝を均等に除去し，その部分の羽軸に色付きのテープを取り付けて標識した。これらの標識方法は基本的に一時的なものであるが，カモメの雛では，第一指を頭皮に移植するという方法が行われ，その結果，頭部から小翼角羽が生えてきて識別標識となった(Coppinger & Wentworth 1966)。

粒子，化学物質，放射性同位体による標識

　Bendell & Fowle(1950)は，エリマキライチョウの営巣場所にアルミニウムと青銅の粉末をまき，のちに換羽した羽に付着しているのを発見した。Otis et al.(1986)は，ねぐらにいる大量のクロウタドリを標識するために，紫外線下で確認可能な液体蛍光塗料を空中散布する方法を適用した。液体は乾燥し，羽毛に付着する。そして標識個体を追跡調査することによって，分散行動や個体群動態のデータを得ることができる。色分けされた小型プラスチック粒子標識であるマイクロタガント(John & Thompson 1979)については，この章の哺乳類の項で述べられているが，これも，おとり餌を消費する鳥の個体識別や，猛禽類の管理において有効な標識である。

　Haramis et al.(1983)とEadie et al.(1987)は，アメリカオシドリとキタホオジロガモにおいて，親を特定するための標識として，テトラサイクリンを注射した。テトラサイクリンは，腹腔内に注射することによって卵殻を形成するカルシウムイオンと化合し，紫外線下で蛍光を発するようになる。この蛍光色は，何羽かのメスで注射後20日間にわたって卵に出現した。Haramis et al.(1983)は，テトラサイクリンによる悪影響は何もないとしたが，Eadie et al.(1987)は産卵率の低下を報告し，メスの繁殖成功率推定のためのこの標識の使用について警告した。

　John & Pan(1981)は，ムクドリ類の化学的蛍光標識としてキナクリンデヒドロクロライドを使用した。Larson et al.(1981)は，おとり餌を消費する鳥の標識として，2種類の化学物質(イオフェノキシ酸とマイレックス)を試験した。マイレックスは75 mg/kgで経口投与後，8週間は血中や組織標本内で検出された。イオフェノキシ酸は5 mg/kgで投与したが標識としての効果はなかった。

　Lindsey(1983)は，ローダミンBの経口投与で，飼育されているニワトリの羽に蛍光の帯が現れるのを観察し，他の鳥の標識としても使用できると確信した。蛍光の帯は，初列および次列風切に最も顕著に現れた。帯の発現は，ローダミンBを5 mg/kgで投与された鳥で1～2週間，15 mg/kgもしくは30 mg/kgで投与された場合は15～26週間持続した。身体的な悪影響は見られなかった。このタイプの標識は鳥の社会構造に影響を及ぼさない。なぜなら，通常光下では標識が現れないからである。しかしながら，この標識の効果は，羽の成長期に限られてしまうため，通年使用することはできない。

　放射性同位体は，鳥類の標識としてはほとんど注目されていない。Griffin(1952)は，ミカツキチドリに放射能標識された足環を取り付け，自動モニタリング装置を使って巣への出入りを記録した。

夜行性鳥類追跡用光源

　哺乳類の項で紹介したような夜間追跡用光源は，鳥類でも使用されてきた。放射性ベーターライトは，キンメフクロウの採食行動の夜間観察を補助するためにテレメトリーとあわせて使用された(Hayward 1987)。ベーターライトを取り付けるのに最も効果的な場所は，フクロウの体から離れた，発信器のアンテナの上であった。ベーターライトは発信器を装着したフクロウの死亡率を増加させなかったが，狩りの成功率には何らかの影響を与えている可能性がある。Delong(1982)は，営巣場所でのトラフズクの行動を調査するため，電池式の発光ダイオード(LED)を使用し，Clayton et al.(1978)は，この方法でクロハサミアジサシを標識した。彼らはまた，クロハサミアジサシの標識にサイアリュームを使用した。その混合物はプラスチック製の電球に注入され，エポキシ樹脂で密封して背部の羽に取り付けられた。この標識は4時間後，肉眼で600 m，双眼鏡で1.5 km先から確認できた。12時間後でも肉眼で80 mの距

個体の特徴による識別

個体の特徴による識別法は，鳥類では哺乳類ほど一般的に用いられていない。特殊な羽や嘴は識別の特徴になりうるが，これらは換羽や加齢によって変化してしまう。Scott(1978)は，嘴の模様と体の特徴によってコハクチョウの個体識別法を開発したが，嘴の特徴は加齢に伴って変化した。これら個体の特徴による識別法は，調査する個体群の大きさによっては，その精度に疑問が残った(Pennycuik 1978)。このように鳥類では，個体の特徴による識別法の使用は非常に限られたものとなるが，いくつかの種においては，短期間の研究や他の標識法との組合せによって適用も可能である。

卵の標識

Hayward(1982)は，クロワカモメの卵を標識するため，5×5 mm の色付きプラスチックテープを使用した。そのテープ標識は，卵の先端部付近にしっかりとつけられ，異なった色の組合せによって，巣内のそれぞれの卵が標識された。孵化前にこの標識がなくなってしまうことはなかった。Boss(1963)と Olsen et al.(1982)は，アメリカオオバン，オーストラリアチョウゲンボウ，チャイロハヤブサ，カッショクオオタカ，スミレミドリツバメの抱卵期間を調べるために，マーカペンを使って巣内の卵に番号をふった。Olsen et al.(1982)は，標識による有害な影響はないことを観察したが，マーキングペンの毒性試験がされるまでは，慎重に使用すべきであると警告した。

❏両生類と爬虫類の標識方法

両生類と爬虫類の標識方法は，Woodbury(1956)，Thomas(1977)，Swingland(1978)，Ferner(1979)らによって検討されてきた。そして Spellerberg & Prestt(1978)と Fitch(1987)は，ヘビ類の標識法についてレビューした。両生類や爬虫類では，種の多様性があまりにも大きいため，野外調査における実用的かつ有効な標識方法は確立されていない(Society for the Study of Amphibians & Reptiles 1987;第4章参照)。適用される標識方法の道徳的あるいは社会的な最終責任は，研究者自身が負わなければならない。動物の特徴による個体識別法は，対象動物に与える影響は最小であり，いついかなる時でも適用可能である。逆に，体の一部を切除したり傷をつけるなどの方法は，標識個体に多大な悪影響をもたらす可能性がある。いずれにせよ，多くの標識法では動物の捕獲，また識別のための再捕獲などが必要となるため，これらは動物の行動に何らかの影響を与えるであろう。

個体の特徴による識別

おそらく最も典型的な個体識別方法は，その動物自身の体色パターンの変異を利用するものであろう。Hagstoron(1973)はクシイモリとオビイモリの個体識別のため，腹部の模様を写真に撮った。Healy(1975)はブチイモリの背中の斑点のパターンの変異は個体識別に有効であることを確認した。

Stamps(1973)は，尾の再生段階の違いと，体色パターンのバリエーションによってアノールトカゲの個体識別を行った。Carlstron & Edelstam(1946)は，個体ごとに異なるコモチカナヘビの背中の模様と，ヒメアシナシトカゲののどの模様を記録するために写真を利用し，成果を上げた。Carlstron & Edelstam(1946)はヨーロッパヤマカガシの腹部の模様を撮影し，それらは各個体で生涯変化しないことを報告した。Henly(1981)はヘビの脱皮殻の模様の一部を各個体の標本データカードに貼り付けて識別に活用した。Shine et al.(1988)は，ヘビ類の個体識別のため尾下板の鱗が分離・連続する数や位置を記録した。Tilley(1980)は，捕獲再捕獲法を行うため，ヤマウスグロサンショウウオの背中の模様を撮影し，カラー写真と比較することにより，再捕獲個体を識別した(Tilley 1977)。Tilley(1980)は，背中の模様の変化は非常にゆっくりと進行するため，研究の初期に撮影された成体の写真が，7年以上経ってからも容易に識別に使えることを記載した。

外部標識

焼烙

焼烙は時に感染を引き起こし，動物の行動と生存に影響を与えることもある。凍結焼烙が適切に行われた場合，感染は滅多に起こらない。しかし凍結時間が長すぎるとかさぶたの形成と組織壊死が起こり，完全なメラノサイトを持つ新しい細胞が形成され，不明瞭な組織が作り出される。凍結焼烙の特に不便な点は，動物の脱皮後に標識を読みとることができないことである。また，入墨は問題の少ない方法であるが，大きな欠点は個体識別のためには再捕獲が不可欠なことである。

熱による焼烙

熱した鉄の焼き印で標識されたオオヒキガエルは，21.5か月以上の識別が可能であった(Clark 1971)。ウシガエルとキタヒョウガエルもまた，この標識方法で成功した。焼き印が生存に与える影響は，足指切断と同程度であるといわれている。Taber et al.(1975)はアメリカオオサンショウウオに焼烙し，ほとんどの標識が2年の研究期間中，明瞭なままであったと報告した。Woodbury & Hardy(1948)はサバクリクガメの甲羅に焼烙した。もし甲羅への焼烙が深すぎると，その部分には完全な再生が起こり，また焼き方が軽度すぎると傷跡は数年で消えてしまう。Woodbury(1956)は12～14ゲージの焼き印の使用が最良の結果をもたらすことをつけ加えた。Clark(1971)は1匹のキバラガメの腹甲に，深層の骨に届くほどの深さで焼烙したが，36日の観察期間中，感染も再生の形跡も確認されなかった。Clark(1971)は足指切断よりこちらの方を好み，グリーンアノールとテキサスツノトカゲに熱焼烙を適用して成功した。Weary(1969)はアメリカハラアカヘビとガーターヘビに熱焼烙を施し，これらのヘビでは2年以上再生は見られなかったと報告した。Clark(1971)は何種かのヘビに焼烙をした結果，焼烙部位は2～3日以内にかさぶたを生じ，解放創は生じなかったことを記録した。彼はうろこの切除よりも，焼烙のほうが生存に与える影響が少ないと結論した。

化学的焼烙

無尾目類は，硝酸銀で(Thomas 1975)，またモリアマガエルの成体は，硝酸銀のアプリケーター(75％硝酸銀と25％硝酸カリウム)で焼き印された。硝酸銀は直ちに茶色の識別標識となるが，これは約2週間以内に明るい色へと変化していく。Thomas(1975)は体色の黒っぽい両生類にこの方法を推奨した。この標識は9週間以上識別可能であった。

凍結焼烙

Daugherty(1979)はオガエル類への凍結焼烙のため，砕いたドライアイスの中でコテを冷却して用いた。焼き印は腹部表面に押され，1日以内に読みとり可能となり，野外において2年間以上判読できた。しかし，この標識は徐々に色素が失われ，1年後にはしばしば外部から内臓が透けて見えるようになってしまった。Bull et al.(1983)はサンショウウオへの凍結焼烙に要する時間を評価し，0.75秒間の焼き印が最も読みとりやすい標識を作り出すと結論した。Lewke & Stroud(1974)によれば，凍結焼烙はアオウメガメでの適用に成功している。しかし，詳細については何も述べられなかった。彼等は2匹のセイブガラガラヘビと7匹のネズミクイを標識するために，ドライアイスとアルコールを使った冷却剤を使用した。これは約2年間，何ら悪影響を及ぼさずに識別標識として機能した。しかし全てのヘビは標識づけから3週間以内に脱皮した。Ferner(1979)は，イグアナの標識に凍結が優れた結果をあげており，標識は数回の脱皮後も持続していたというR.K.Farrell(私信)を引用した。

レーザー標識

Ferner(1979)はレーザーを用いたカメ類の標識は成功しなかったとしたR.K.Farrell(私信)を引用した。Farrellは，ガラガラヘビとキングヘビの標識にもルビーレーザーを使用した。

入墨

Kaplan(1958)は，カエルの腹部の皮膚に細かい刻みを入れ，そこに墨汁をしみこませる標識方法を報告した。数字を表す傷が，インクを満たした皮下注射針で皮膚に刻まれた。彼はまた，刻み込み方法の改良を行い，電気による入墨方を報告した。彼は小型の電気式入墨マーカと，皮膚へのしみこみをよくするためにグリセリン1滴を混合したヒギンス墨汁(Higgins India innk)を使用した。Woodbury(1956)は，Kaplanのヘビの入墨標識は永続的であり，入墨処置後もヘビに悪影響を与えないと報告した。Chebreck(1965)はミシシツピワニへの有効な標識方法として，入墨を試した。番号は尾の末端部の皮膚に明るい色で記入された。ただしこの番号は，新しいうちは明瞭だが，時間とともに色あせ，数か月後にはかろうじて判読できる程度であった。

組織除去

多くの組織切除法が標識個体の生存と健康に与える影響については未だに十分な知見がなく，調査する価値はある(Society for Study of Amphibians & Reptiles 1987)。もし，動物の行動や生存が害されるなら，代わりとなる標識法が使われるべきである。

足指切断/尾切断

両生類の幼生の尾びれに刻み目を入れる手法は，伝統的標識方法である(Turner 1960)。しかし，Guttman & Creasey(1973)は，ひれの切除法は，傷を付ける方法よりも高い死亡数を生じさせるとした。

いくつかの足指切断方法が文献で推薦されているが，Martof(1953)の方法が最も広く使用されている。Carpenter(1954)によるこの技術の改良法は，最近の文献には引用

されていない。Martof(1953)は，ブロンズガエルの指先をハサミで切断し，それらが再生してこないことを確認した。再生は原始的なカエル類ではごく普通にみられるが，Richards et al.(1975)は，キミドリクサガエルのような高等な形態をもった種でもそれを確認した。彼らは，新たに変態したクサガエルにおいて，切断された指が，構造上複合体である肉球とともに完全に再生したのを観察した。彼らはまた，アマガエル類の指切りはその再生能力の低さから，一般に生態学者から避けられていることを付け加えた。しかしJameson(1957)はPacific chorus frogsで，指切りの1年後，ほんのわずか再生したことを確認した。Brown & Alcala(1970)もまた，4年間の野外調査を通じて，アカミミガエルの指の緩徐な再生，あるいは未再生を報告した。Briggs & Strom(1970)は，抱接時における重要性と，雌雄識別のための有用性から，カスケードガエルの親指の切除を避けた。Dole & Durant(1974)もまた同様に，ハーレクインヤドクガエルの親指と最も小さい指の切除を行わなかった。無尾類の指切りに対する最も大きな批判はClarke (1972)によって提唱された。

彼は，ファウエルヒキガエルにおいて，切断する指の数の増加に伴って再捕獲率が減少することを報告した。しかし，彼の手法は1脚につき1～2本の指切りを行うものであり，後肢の水かきだけでなく，前肢でも完全な指の切除を行った。Hero(1989)は指切り数を最小に抑えるための，無尾類へのシンプルな指切り法を開発した。Daugherty (1976)は指切りをされたキタヒョウガエルの体重減少の問題点について報告した。

Woodbury(1956)が論評された頃には，指切り法が，サンショウウオ類で成功した唯一の標識方法であった。通常，Martof(1953)の無尾類標識システムに類似した方法 (Twitty 1966)が使用される。再生が考慮されなければならないが，指切りを避けるべきか否かは，そのサンショウウオの種類によって異なる。カリフォルニアイモリ属では再生に数年かかるが(Twitty 1966)，Efford & Mathias (1969)は，-10°Cに保てばサメハダイモリに再生は起こらないと報告した。Heatwole(1961)は，飼育下においてトウブアカスジサンショウウオは再生に平均7か月を要することを観察した。Wells & Stafford(1972)はヌメサンショウウオで再生に少なくとも2年はかかるとし，Hall & Stafford(1972)はWehrle's サンショウウオでは100日後で50%に指の再生が起こることを観察した。しかし，再生した指は色素欠乏しているため識別が可能である。Hillis & Bellis(1971)はアメリカサンショウウオは再生に平均1年かかることを示し，Hendrickson(1954)は，ホソサンショウウオでは非常に時間がかかったが，再生を確認した。

Healy(1974)は，靱脚の中央部で脚を切断することにより，ブチイモリの幼生後期の変態段階にある個体を標識した。しかし，ほとんどの個体は再捕獲されなかった。未成熟なウスグロサンショウウオの指は切断には小さすぎるが，尾の小片を切断することにより標識に成功している(Orser & Shure 1972)。この方法は，再生が完了するまでの約1か月間は，未成熟個体を識別可能にする。

Cagle(1939)はトカゲ類にも同様の標識システムを適用し，甲羅が骨化していない若いカメ類には第一指骨を切断する方法を用いた。指切りは，トカゲ類の標識では最も一般的な方法である(Ferner 1979)。中でも特に多用されるのは，4本以上の指を切断することなく，しかも，1脚につき2本以上切らず，さらに決して隣り合った指は切らないという方法である(Tinkle 1967)。

Medica et al.(1971)は，個体識別コードのために，脚への文字記入，指先への番号付け，性の表記を提唱した。Minnich & Shoemaker(1970)は，サバクイグアナの指きりを行った。近年の広範囲にわたる研究の中で，指きりをしたトカゲ類への有害な影響は全く報告されていない。

Chabreck(1965)は，指きりはアメリカワニの永続的個体識別法として成功したが，十分満足のいく方法ではないとした。しかし，これは尾の甲羅に入れた刻み目と組み合わせれば，3,000以上の識別コードをつくることが可能である。Ferner(1979)は，尾の背部の鱗甲から三角形の断片を切除することでメガネカイマンの標識に成功したというS.J.Gorzule(私信)を引用した。この方法で2年間の個体識別ができたが，一般には，鱗が再生するため1年ごとに再標識する必要があった。両生類と爬虫類の指きりは標識個体に有害な影響を与えるものの，いまだに無尾目では最も普通に使用されている標識方法である(Ferner 1979)。

皮膚移植

Raginski(1977)は，ミヤマイモリのオレンジ色や青みがかった腹部の皮膚の一部を，黒茶色の背中へ移植した。それぞれの植皮片は交換され，移植には絆創膏当を必要としなかった。移植後1時間は，イモリを水の中に入れないようにした。彼は，移植の成功率は95%で，3年以上の間，植皮片は保持されたと報告した。

甲羅への刻み込み

カメ類で最も一般的に使用される標識方法は，甲羅に刻み目を入れることである。Cagle(1939)は，広く使用されている刻み目による標識システムを開発した。彼は，この標

識は若い個体では永久標識にならないことを警告した。また，Ernst(1971)は，腹甲と背甲のつなぎ目や橋梁の辺縁部は，甲羅が弱いため刻み目を入れるべきではないと提唱した。

鱗の切除

ハサミやバリカンなどを使って鱗を切除する方法は，ヘビ類の標識法として最も一般的である(Ferner 1979)。多くの研究者は，いまだに Blanchard & Finster(1933)の方法に従っている。彼らは，「永続的」な鱗を残す副尾から鱗片を切り取り，尾の近位端を始まりとして，副尾の両側に番号をふった。そして，ヘビに対する有害な影響は無かったことを報告した。Carlstrom & Edelstam(1946)は，Blanchard & Finster(1933)の方法は再生の点で問題が残り，また，ヤマカガシの孵化後間もない幼生では難しいとして批判した。Woodbury(1956)は，ナメラ属のヘビにおける Conant(1948)の報告から，4～5年で鱗が再生することを引用した。Weary(1969)もまた，アカハラガーターヘビとガーターヘビの標識では以下の三つの問題点があるとした。それは，完全に尾部の鱗を取り除くには数分の時間が必要となること，しばしば出血が起こること，そして体長10 cm以下の若いヘビでは切除が困難なことである。

Brown & Parker(1976)は，ヘビを標識するための腹部の鱗の切除法を記述した。腹部は副尾よりも面積的に広いため切除も容易であり，その部位の標識は尾の破損によって失われることはない。彼らの連続番号を使った標識システムは，Blanchard & Finster(1933)の方法に比べてはるかに混乱が少ない。著者らは，ヘビへの直接的な悪影響は観察していないが，新たに標識されたシマムチヘビでは，鱗の切除やハンドリングが越冬期の死亡率の増加と体重減少を引き起こした。クロムチヘビやネズミクイについては有害な影響は観察されなかった。Brown & Parker(1976)は，標識は4年間持続し，鱗を切除されたクロムチヘビが脱皮した際には，その抜け殻の92％は正確に識別可能だったと報告した。

タグ

顎につけるタグ

Reney(1940)は，ヒキガエル類の顎にタグを付ける方法を開発した。Stille(1950)は，ヒキガエルの顎にタグを付ける場合，その脱落に注意しなければならないとし，Woodbury(1956)は，これらのタグはしばしば脱落し，ヒキガエルに痛みを与えることを記述した。Hirth(1966:8)はシマムチヘビとクロムチヘビの成体の口角に，番号付きのモネル合金製タグを取り付けた。詳細は報告されておらず，またこの手法は他者によって広く使われてはいない。

首輪

Chabreck(1965)は，ミシシッピワニの首に取り付けたビニールプラスチックテープ製の首輪は，短期間の使用では十分満足のいく標識であるとした。首輪は野外での個体識別法として適しており，遠くからの確認が可能であった。しかし，アリゲータ類の成長率は早いため，首のサイズが首輪の許容範囲を越えた場合は，速やかに切れて脱落するような材質の薄さが必要とされた。

水かき，ひれのタグ

ウミガメでは，前ひれの後縁に番号付きのモネル合金製タグを取り付ける方法が一般的である。この方法は，アカウミガメ(LeBuff & Beatty 1971)，アオウミガメ(Pritchard 1976)，オサガメ(Bacon 1973)，タイヘイヨウヒメウミガメ(Pritchard 1976)で使用されてきた。

Pritchard(1976)は，特にオサガメにおいて，金属の腐食と組織壊死に起因するタグの脱落について報告した。Frazer(1983)は，アオウミガメの前ひれの後縁に，番号付きのプラスチック製，およびモネルステンレス製家畜用タグを取り付けた。ウミガメにおけるタグの脱落率は高い(Bjorndal 1980，Pritchard 1980)が，Balazs(1985)は，孵化直後のウミガメに，市販品として入手可能なモネルひれタグを付けた場合の脱落率の低さについて報告した。Eckert & Eckert(1989)は，ウミガメのひれへの装着では，プラスチック製のタグよりも，モネル合金製のものの方がずっと脱落しにくいことを確認した。

足環

鳥用のアルミ製切り落とし環は，カエルの足指の標識として使われてきた(Kaplan 1958)。

足環は循環を妨げない程度に締め付けられ，後肢水かきには突き通された。標識はいつまでも保持され，特に問題は生じなかった。Rao & Rajabai(1972)は，シタトカゲとカロテストカゲに形状と色の異なったアルミ環を取り付けた。これらは大腿部の周囲に装着されたが，特に問題は起こらなかった。Paulissen(1986)は，尾に鳥用の色付きプラスチック環を貼り付けることによって，6系統のテグー類を標識した。標識が脱落するまでの平均期間は26.4日(4～63日)だった。

体につける標識

Nace & Manders(1982)は，色付きのビーズで両生類を標識する方法を開発した。Fisher & Muth(1989)は，トカゲ類の標識方法を改良した。Emlen(1968)は，オスのウシガエルの行動研究において，ナイロン製のウエストバンドを使用した。これは幅が13mmで，個体識別のために黒で番号を書き込んだものだった。バンド自体は，ヘッドランプと双眼鏡を使えば最大で8〜12mの距離から確認できたが，番号を読みとるには4〜6mまで近づかなければならなかった。Emlenは，標識装着による行動や死亡率などの変化は見られなかったと報告した。ただしバンドは，その汚れや傷のために季節的な交換が行われた。Nickerson ND mAYS(1973)は，フロイのT型タグでサンショウウオの標識に成功したが，手順の詳細は明らかではない。

Kaplan(1958)は，カメ類の標識に，背甲に開けた穴を通して取り付けるタイプの番号付きアルミバンドを使用した。Lonke & Obbard(1977)は，尾のすぐ横の鱗甲の縁に開けた穴にアルミ製プレートを取り付けることでカミツキガメを標識した。これは遠くからでも確認可能であり，少なくとも3年間は脱落しなかった。Pouhg(1970)は若齢のカメを標識するために，衣類のボタン付け用の道具を流用した。Froese & Burghardt(1975)も類似した方法でカミツキガメを標識し，プラグが短すぎると穴の中で自由に動けなくなるため問題が生じるとした。Layfield et al.(1988)は，孵化直後，および成体のカミツキガメを，後部の鱗甲の縁にワイヤーリングを通す方法で標識した。アルダブラゾウガメは，ケラチン層まで削ったくぼみの中に番号付きのチタン製の円盤を取り付ける方法で標識された(Gaymer 1973)。標識は粘着性の金属樹脂で固定され，その脱落率は低かった。Graham(1986)は，カメ類の研究におけるピーターセン円盤型タグの使用に対して警告した。この標識は再捕獲のための網にからみついてしまい，溺死の原因となったからである。彼はまた，ピーターセン円盤型タグを付けたカメは，捨てられた単繊維の釣り糸にからまることも報告した。Ward et al.(1976)は，キボシイシガメの背甲に識別番号の付いた粘着性のタグを取り付けた。Davis & Sartor(1975)は，頸部鱗甲にあけた穴に小さな木ネジを取り付けてカミツキガメを標識した。そして，植物の密生した場所を移動する際の妨害にならないように，2本の短いネジをゴムチューブ片で連結した。

Pouhg(1979)も，ヘビにボタン付け方法を用いた。これは，腹尾鱗甲の側面部を通し，尾の筋肉内にプラグを差し込んで取り付けられた。Hudnall(1982)は，単繊維の縫合糸をつけた外科用針を使って，ヘビの尾に色付きのガラスビーズを縫いつけた。Pendlebury(1972)は，1組の色付きビニールプレートを，音響器官の近位第2節の背側を通して取り付け，セイブガラガラヘビを標識した。これは，双眼鏡を使って30mの距離まで確認可能であった。標識後の脱皮の回数は，N-1で求めることができた(Nは標識された体節までの頭蓋体節数)。この方法による悪影響はないことが報告された。Stark(1984)は，ガラガラヘビの近位音響体節と胴体の間にエポキシ樹脂の薄層で覆った番号付きの着色コインを取り付けるために，ステンレス製のワイヤーを使った。

Chabreck(1965)は，ミシシッピワニを標識するために，尾の背側の鱗甲にモネル合金製タグを取り付けた。このタグは自己貫通式(681サイズ，National Band and Tag Co., Newport, KY 41072)であり，番号と返送先が刻印されている。

テープ，リボン，鈴

Minnich & Shoemaker(1970)は，色付きのミスティック布テープ(Mystik cloth tape)でサバクイグアナを標識した。この方法はトカゲ類でも使われた(Minnich & Shoemaker 1970)。Zwickel & Allison(1983)は，圧感受性リップストップナイロンテープ(pressure sensitive rip-top nylon tape)で，小さなニューギニアトカゲを標識した。Robertson(1984)は，シアノアクリレート組織瞬間接着剤で，ウシガエルの頭に反射テープを取り付けた。この四角い反射テープは，16〜41日間脱落しなかった。Chabreck(1965)は，アリゲーター類でリボン標識と体内打ち込み型標識を使用してみた。双方とも通常，尾側の皮下に固定された。これらの標識には，確認しやすいように，皮膚を通して柔軟なチェーンやプラスチックのひもが取り付けられた。しかし，この皮膚の開口部の治癒に時間がかかるため，長期間の研究には望ましい方法ではないとされた。Henderson(1974)は，小さな鈴を釣り糸でグリーンイグアナの首にしばりつけて標識した。

追跡装置

キタヒョウガエルの行動研究のために，Dole(1965)は，カエルの腰に巻いた弾力のあるバンドに糸巻きを接着した。捕獲地点には小さな杭が立てられ，それに追跡用のナイロン糸の末端が結びつけられた。長さ50mの糸は，1時間〜7日間で消費された。背負わせた追跡装置の重量は約

8.5gであった。この装置はカエルの跳躍力を低くしたはずである。また，体長60mm以下の個体には適用できなかった。カエルは，泳いだりすき間にもぐり込んだりすることがいくらか困難になり，またウエストバンドは，時々皮膚に痛みを与えた。Grubb(1970)は，200mの木綿糸を使うことでこの方法を改良した。

Whitford & Massey(1970)は，トラフサンショウウオを標識するため，その尾に浮きのついた単繊維の糸を縫いつけた。糸は，サンショウウオが湖の最深部に行っても問題ない長さにした。

Stickel(1950)は，ハコガメに追跡装置を使った。彼女は収納ケースの着いた糸巻きと糸を，防水粘着テープで背甲にはりつけた。装置を付けたことによる行動の変化は見られなかった。Lemkau(1970)は，小型の電波発信器である「スレッドトレーラー(thread trailer)」をハコガメの背甲に取り付けた。Reagan(1974)は，交尾時の糸のもつれを避けるためStickel(1950)の手法を改良した。彼は35mmフィルムの缶に，木製の糸巻きと糸を収納した。このユニットは甲羅の尾端部に防水粘着テープで取り付けられた。この方法はもつれにくく風雨に耐え，重量はStickel(1950)の装置が55gであったのに対して，わずか12gしかなかった。Scott & Dobie(1980)は，釣り用のリールのような，低摩擦で糸を送り出すメカニズムを，カメの追跡のために開発した。

Carr et al.(1974)は，アオウミガメの行動を観察するために，24mの糸にグラスファイバーでコーティングしたスタイロフォーム製の浮きを取り付けた。浮きは3Vの発光電球が取り付けてあり，スタイロフォームに内蔵されたバッテリーから電源が供給された。オレンジ色の三角旗をつけたグラスファイバー製のマストも取り付けられた。この浮揚装置による有害な影響はないと報告された。

コロラドフサアシトカゲは，アルミホイルの小片を取り付けた長さ30cmの軽量なひもを下腹部に巻いて標識された(Deavers 1972)。この標識は，夜間トカゲが隠れる穴の深さの計測を可能にした。Judd(1975)は，穴にもぐったミミナシトカゲの位置をつきとめて体温を測定するために，同様の標識を利用した。

染料や着色料

Herreido & Kinney(1966)は，カナダアカガエルのオタマジャクシに色を付けるために，中性赤(ニュートラルレッド)を使用した。Guttman & Creasey(1973)は，類似した方法でウシガエルのオタマジャクシを着色した。これらのオタマジャクシの直接的な死亡率は8.7%で(n=567)，生存個体では，少なくとも10日間は着色が消失しなかった。どのような着色方法でも，その持続期間に限りがあることが明らかとなっている(Ferner 1979)。Travis(1981)は，中性赤による着色は，アマガエルの成長に影響を与えたと結論した。低密度下では，着色処置したオタマジャクシは，対照群よりもずっと成長が遅かった。しかし，高密度状態においては全く違いが見られなかった。彼は，着色が消失した後，オタマジャクシの成長に何らかの影響が与えられていると結論した。

Woolley(1962)は，サンショウウオを標識するために黒のフェルトペンを使った。インクを塗る前に，サンショウウオの尾の粘液を除去するため，希酢酸または水酸化アンモニウムが使用された。この標識は少なくとも1か月間は確認可能であった。Burger & Montevecchi(1975)は，巣にこもっているキスイガメの腹甲を，洗い落とせるインクで標識したので，カメが陸上に上がっている間のセンサスで，再カウントすることがなくなった。営巣中の調査では，カメの卵は消えないインクのフェルトペンで標識された(Burger 1976)。Ireland(1991)は，蛍光塗料は，陸生サンショウウオ類の短期間の標識として有効であると結論した。Woodbury & Hardy(1978)は，砂漠性のリクガメ類の背甲の標識において，着色法は焼き印よりも永続性が劣ると結論した。Medica et al.(1975)は，同種についての研究で，最後位椎骨上の鱗甲に着色し，1年ごとに異なった色で塗り直した。Bennett et al.(1970)は，ドロガメ，アミメガメ，キバラガメの背甲に番号を書き込んだ。Bayless(1975)は，カメの背甲に書かれた番号は，鱗甲の脱落に伴って失われてしまうため，1年ごとに書き直さなければならないと報告した。

Tinkle(1967)は，成体のワキモントカゲを再捕獲せずに個体識別するため，色を使ったマークを書き込んだ。しかし脱皮の際には，トカゲの再捕獲と再着色が必要であった。若い個体では，後足の間の背中側に小さな点を着色することしかできず，個体識別は不可能であった。模型用の着色料もトカゲ類の標識に使われており(Tinkle 1973, Fox 1978など)，Jenssen(1970)は，アノールトカゲの背中に速乾性の塗料で点を書き込んだ。Vineger(1975)は，模型飛行機用の塗料でフェンスハリトカゲの尾を標識した。Stebbins & Cohen(1973)は，対照群と実験個体を区別するため，セイブフェンスハリトカゲの後足を，決して消えない紫色のペンで着色した。Henderson(1974)は，グリーンイグアナの体側にフェルトペンで番号を記入し，これが数週

間持続したことを報告した。色の付いた標識が，これら標識個体の行動にどのような影響を与えているのか，また，どの色が季節ごとに社会的意味を持つのかについてはわかっていない。Jones & Ferguson(1980)は，着色標識がフェンスハリトカゲの死亡率に与える影響について研究した。捕獲したトカゲの約半数には指切りだけを行い，残りの半数には，模型飛行機用の塗料で尾の付け根に点を書き込んだ。これら2グループの死亡率に違いは見られなかった。

Pough(1966)は，3種のガラガラヘビを標識するために，速乾性の防水塗料で音響器官の基節に識別番号を書き込んだ。Brown et al. (1984)は，数種のガラガラヘビの音響器官の基節と尾の遠位部を着色するために，異なった色の防水塗料を使用した。シマムチヘビでは，頭部と頸部の着色によって，色の組み合わせを使った個体識別が行われた(Bennion & Parker 1976, Parker 1976)。

内部標識

染 色

Seale & Boraas(1974)は，カエルやサンショウウオの幼生のより永続的な標識方法を開発した。彼らは，鉱油とペテロラタムの21:20(重量比)，および器官の生物学的染色料(Oil Red O と Oil Blue M)を用いた。色の違いと標識の位置で，個体や個体群を識別した。着色剤は22ゲージの針をつけた注射筒で，背側もしくは腹側の尾ひれの溝に皮下注射された。死亡，感染，また，動きへの支障や成長の遅延などは認められなかった。変態の間，有機性の器官染色溶剤は，有害な影響を与えることなく尾から再吸収された。

Wooddey(1973)は，ホラアナサンショウウオとオナガサンショウウオを標識するために，液体アクリルポリマーと蒸留水を2:1の割合で混合して皮下注射した。混合液は尾の基部側面に注射され，直径7〜10 mm の標識を残した。彼は有害な影響がないことを観察し，また，数個体でわずかな色あせを確認した。

粒子マーカー

Ireland(1973)は，サンショウウオの幼生の細かい粒子状の蛍光色素で標識した。メラニンスルホンアミドホルムアルデヒド樹脂の中の4種の蛍光色素は，ペースト状にするためにアセトンと混合された。このペーストは，熱した探針で，幼生の背側中央部の表面に処置された。探針は体表の上皮層を焼き，小さな傷(1 mm)を残した。上皮は15日以内に再生し，そこには色素が取り込まれた。飼育個体では，ヨコスジオナガサンショウウオの50%と，ワカケサンショウウオの47%が70日以内に蛍光標識を失った。野外における標識の消失率はこれよりも少なく，幼生につけられたこれらの標識の有害な影響はなかった。

放射性同位体標識

放射性同位体標識を使用する際の大きな問題点は，州や連邦の規則によって大きな規制を受けることである。これらの標識は，適用された動物にダメージを与えたり死亡させたりすることがあり，また，紛失したり他の動物や人間に危険を及ぼすこともある。

Karlstrom(1957)のヨセミテヒキガエルの研究は，両生類への放射性標識(コバルト Co)の使用に関する，最初の主要な論文であった。Breckenridge & Tester(1961)は，カナダヒキガエルに放射性標識を適用した。サンショウウオの幼生は，死亡数を増加させることなく，放射性ナトリウムで短期間標識された(Shoop 1971)。ウスグロサンショウウオは，放射性のコバルトで標識され(Barbour et al. 1969 b, Ashton 1975), アパラチアサンショウウオは，放射性のタンタル(Ta)で標識された(Madison & Shoop 1970)。これらの，またその他のプレトドン科の研究で，研究者たちは，照射された標識によって，最終的に解放性の損傷となる局部の潰瘍を観察した。これはコーラスガエル類，マッドパピー類，爬虫類では問題にならなかった。Bennett et al. (1970)は，ドロガメ，アミメガメ，キバラガメを放射性タンタルで標識し，Ward et al. (1976)は，この同位体をキボシイシガメの標識に使用した。O'Brien et al. (1965)は，1匹のホクブフェンスツノトカゲに，放射性の金の入ったポリエチレンチューブを腰に巻き付けることで標識した。この標識は，新たな標識を付けるための再捕獲が必要とされる約1週間の間，1.5〜3.7 m の距離から確認可能であった。Ferner(1979)は，イツスジトカゲ，ジトカゲ，アシナシトカゲ，クビワヘビ，ミミズヘビに放射性タンタルワイヤーを使用して成功した H.Fitch(pers.commun.)を引用した。Barbour et al. (1969 a)は，放射性コバルトを使ってミミズヘビの研究を行った。

トランスポンダー

Camper & Dixon(1988)は，両生類と爬虫類の標識のために，受信用の集積トランスポンダー(PIT)を試用した。ガラスに包まれ，10桁の識別番号で情報をつくる10×2.1 mm の大きさの PIT は，改良型の金属製注射筒と12ゲー

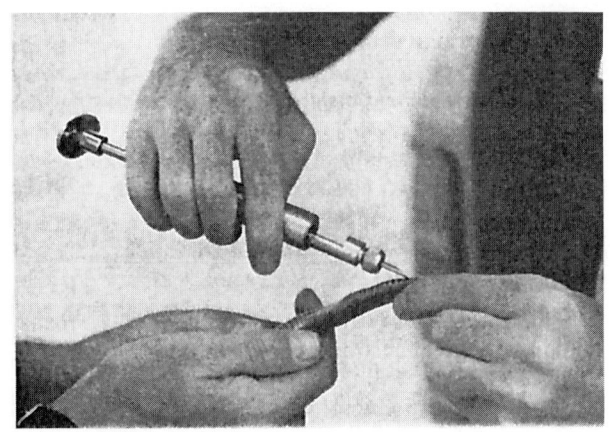

図 7-13　金属製の注射筒でヘビの体内に移植されているトランスポンダー標識

ジのカニューレ(針)で移植された(図 7-13)。20 匹のカエルとヒキガエル、1 匹のアリゲーター、20 匹のヘビ、23 匹のトカゲ、そして 31 匹のカメ(8 匹のウミガメを含む)が PIT を移植された。このうち失敗したものは一つだけであり(ガラスカバーの破損)、最初のアンテナ通過での PIT の読みとり成功率は 91.6% を示した。PIT の移植位置からの移動は、両生類のうちの 60% と、爬虫類の 36% で起こった。PIT の移動は、1 匹のトカゲと 1 匹のカメに限って、最初の読み取りに影響を与えた。PIT 標識システムにはいくつかの問題点があるものの、著者らは両生類と爬虫類の標識方法の中では最も優れていると考えている。

参考文献

ABRAHAM, K. F., C. D. ANKNEY, AND H. BOYD. 1983. Assortative mating by brant. Auk 100:201–203.

ALDOUS, M. C., AND F. C. CRAIGHEAD, JR. 1958. A marking technique for bighorn sheep. J. Wildl. Manage. 22:445–446.

ALDOUS, S. E. 1940. A method of marking beavers. J. Wildl. Manage. 4:145–148.

ALLISTON, W. G. 1975. Web-tagging ducklings in pipped eggs. J. Wildl. Manage. 39:625–628.

ALT, G. L., C. R. MCLAUGHLIN, AND K. H. POLLOCK. 1985. Ear tag loss by black bears in Pennsylvania. J. Wildl. Manage. 49:316–320.

AMES, J. A., R. A. HARDY, AND F. E. WENDELL. 1983. Tagging materials and methods for sea otters, Enhydra lutris. Calif. Fish Game 69:243–252.

ANDELT, W. F., AND P. S. GIPSON. 1980. Toe-clipping coyotes for individual identification. J. Wildl. Manage. 44:293–294.

ANDERSON, A. 1963. Patagial tags for waterfowl. J. Wildl. Manage. 27:284–288.

―――. 1981. Making polyvinyl chloride (PVC) colored legbands. J. Wildl. Manage. 45:1067–1068.

ANKNEY, C. D. 1975. Neckbands contribute to starvation in female lesser snow geese. J. Wildl. Manage. 39:825–826.

ARNOLD, K. A., AND D. W. COON. 1971. A technique modification for color-marking birds. Bird-Banding 42:49–50.

ASHTON, D. G. 1978. Marking zoo animals for identification. Pages 24–34 in B. Stonehouse, ed. Animal marking: recognition marking of animals in research. The MacMillan Press Ltd., London, U.K.

ASHTON, R. E. 1975. A study of movement, home range, and winter behavior of Desmognathus fuscus (Rafinesque). J. Herpetol. 9:85–91.

ATHERTON, N. W., M. E. MORROW, A. E. BIVINGS, IV, AND N. J. SILVY. 1982. Shrinkage of spiral plastic leg bands with resulting leg damage to mourning doves. Proc. Annu. Conf. Southeast. Assoc. Game and Fish Agencies 36:666–670.

BACON, P. R. 1973. The orientation circle in the beach ascent crawl of the leatherback turtle, Dermochelys coriacea, in Trinidad. Herpetologica 29:343–348.

BAER, G. M., J. H. SHADDOCK, D. J. HAYES, AND P. SAVARIE. 1985. Iophenoxic acid as a serum marker in carnivores. J. Wildl. Manage. 49:49–51.

BAILEY, G. N. A, I. J. LINN, AND P. J. WALKER. 1973. Radioactive marking of small mammals. Mammal. Rev. 3:11–23.

BAKER, W. W. 1983. A non-clamp patagial tag for use on red-cockaded woodpeckers. Proc. Red-Cockaded Woodpecker Symp. 2:110–111.

BALAZS, G. H. 1985. Retention of flipper tags on hatchling sea turtles. Herpetol. Rev. 16:43–45.

BALHAM, R. W., AND W. H. ELDER. 1953. Colored leg bands for waterfowl. J. Wildl. Manage. 17:446–449.

BALLOU, R. M., AND F. W. MARTIN. 1964. Rigid plastic collars for marking geese. J. Wildl. Manage. 28:846–847.

BALTOSSER, W. H. 1978. New and modified methods for color-marking hummingbirds. Bird-Banding 49:47–49.

BARBOUR, R. W. 1963. Microtus: a simple method of recording time spent in the nest. Science 141:41.

―――, AND W. H. DAVIS. 1969. Bats of America. Univ. Press of Kentucky, Lexington. 286pp.

―――, M. J. HARVEY, AND J. W. HAUDIN. 1969a. Home ranges, movements and activity of the eastern worm snake, Carphophis amoenus amoenus. Ecology 50:470–476.

―――, J. W. HAUDIN, J. P. SHAKER, AND M. J. HARVEY. 1969b. Home range, movements, and activity of the dusky salamander, Desmognathus fuscus. Copeia 1969:293–297.

BARCLAY, R. M. R., AND G. P. BELL. 1988. Marking and observational techniques. Pages 59–76 in T.H. Kunz, ed. Ecological and behavioral methods for the study of bats. Smithsonian Inst. Press, Washington, D.C.

BARTELT, G. A., AND D. H. RUSCH. 1980. Comparison of neck bands and patagial tags for marking American coots. J. Wildl. Manage. 44:236–241.

BARTONEK, J. C., AND C. W. DANE. 1964. Numbered nasal discs for waterfowl. J. Wildl. Manage. 28:688–692.

BATCHELOR, T. A., AND J. R. MCMILLAN. 1980. A visual marking system for nocturnal animals. J. Wildl. Manage. 44:497–499.

BATEMAN, G. C., AND T. A. VAUGHAN. 1974. Nightly activities of mormoopid bats. J. Mammal. 55:45–65.

BAUMGARTNER, L. L. 1940. Trapping, handling, and marking fox squirrels. J. Wildl. Manage. 4:444–450.

BAYLESS, L. E. 1975. Population parameters for Chrysemys picta in a New York pond. Am. Midl. Nat. 93:168–176.

BEALE, D. M. 1966. A self-collaring device for pronghorn antelope. J. Wildl. Manage. 30:209–211.

―――, AND A. D. SMITH. 1973. Mortality of pronghorn antelope fawns in western Utah. J. Wildl. Manage. 37:343–352.

BEASOM, S. L., AND J. D. BURD. 1983. Retention and visibility of plastic ear tags on deer. J. Wildl. Manage. 47:1201–1203.

BELL, G. P., G. A. BARTHOLOMEW, AND K. A. NAGY. 1986. The roles of energetics, water economy, foraging behavior, and geothermal refugia in the distribution of the bat, Macrotus californicus. J. Comp. Physiol. B 156:441–450.

BENDELL, J. F. S., AND C. D. FOWLE. 1950. Some methods for trapping and marking ruffed grouse. J. Wildl. Manage. 14:480–482.

BENNETT, D. H., J. W. GIBBONS, AND J. C. FRANSON. 1970. Terrestrial activity in aquatic turtles. Ecology 51:738–840.

BENNION, R. S., AND W. S. PARKER. 1976. Field observations on courtship and aggressive behavior in desert striped whipsnakes, Masticophis t. taeniatus. Herpetologica 32:30–35.

BERGER, D. D., AND H. C. MUELLER. 1960. Band retention. Bird-Banding 31:90–91.

BEST, P. B. 1976. Tetracycline marking and the rate of growth layer formation in the teeth of a dolphin (Lagenorhynchus obscurus). South Afr. J. Sci. 72:216–218.

BJORNDAL, K. A. 1980. Demography of the breeding population of the

green turtle, *Chelonia mydas,* at Tortuguero, Costa Rica. Copeia 1980:525–530.
BLAIR, W. F. 1941. Techniques for the study of mammal populations. J. Mammal. 22:148–157.
BLANCHARD, F. N., AND E. B. FINSTER. 1933. A method of marking living snakes for future recognition, with a discussion of some problems and results. Ecology 14:334–347.
BLANK, T. H., AND J. S. ASH. 1956. Marker for game birds. J. Wildl. Manage. 20:328–330.
BONACCORSO, F. J., AND N. SMYTHE. 1972. Punch-marking bats: an alternate to banding. J. Mammal. 53:389–390.
———, AND S. R. HUMPHREY. 1976. Improved techniques for marking bats. J. Mammal. 57:181–182.
BOONSTRA, R., AND I. T. M. CRAINE. 1986. Natal nest location and small mammal tracking with a spool and line technique. Can. J. Zool. 64:1034–1036.
BOSS, A. S. 1963. Aging the nests and young of the American coot. M.S. Thesis, Univ. Minnesota, St. Paul. 62pp.
BRADY, J. R., AND M. R. PELTON. 1976. An evaluation of some cottontail rabbit marking techniques. J. Tenn. Acad. Sci. 51:89–90.
BRADBURY, J. W. 1977. Lek mating behavior in the hammer-headed bat. Z. Tierpsychol. 45:225–255.
BRECKENRIDGE, W. J., AND J. R. TESTER. 1961. Growth, local movements and hibernation of the Manitoba toad, *Bufo hemiophrys.* Ecology 42:637–646.
BRIGGS, J. L., AND R. M. STROM. 1970. Growth and population structure of the cascade frog, *Rana cascadae* Slater. Herpetologica 26:283–300.
BROOKS, P. M. 1981. Comparative longevity of a plastic and a new machine-belting collar on large African ungulates. South Afr. J. Wildl. Res. 11:143–145.
BROWN, S. G. 1978. Whale marking techniques. Pages 71–80 *in* B. Stonehouse, ed. Animal marking: recognition marking of animals in research. The MacMillan Press Ltd., London, U.K.
BROWN, W. C., AND A. C. ALCALA. 1970. Population ecology of the frog, *Rana erythraea,* in southern Negros, Philippines. Copeia 4:611–622.
BROWN, W. S., V. P. J. GANNON, AND D. M. SECOY. 1984. Paint-marking the rattle of rattlesnakes. Herpetol. Rev. 15:75–76.
———, AND W. S. PARKER. 1976. A ventral scale clipping system for permanently marking snakes (Reptila, Serpentes). J. Herpetol. 10:247–249.
BUCHLER, E. R. 1976. A chemiluminescent tag for tracking bats and other small nocturnal animals. J. Mammal. 57:173–176.
BULL, E. L., R. WALLACE, AND D. H. BENNETT. 1983. Freeze-branding: a long term marking technique on long-toed salamanders. Herpetol. Rev. 14:81–82.
BURGER, G. V., R. J. GREENWOOD, AND R. C. OLDENBURG. 1970. Alula removal technique for identifying wings of released waterfowl. J. Wildl. Manage. 34:137–146.
BURGER, J. 1976. Temperature relationships in nests of the northern diamondback terrapin, *Malaclemys terrapin terrapin.* Herpetologica 32:412–418.
———, AND W. A. MONTEVECCHI. 1975. Nests site selection in the terrapin, *Malaclemys terrapin.* Copeia 1975:113–119.
BURLEY, N., G. KRANTZBERG, AND P. RADMAN. 1982. Influence of colour-banding on the conspecific preferences of zebra finches. Anim. Behav. 30:444–455.
BUTTS, W. K. 1930. A study of the chickadee and white-breasted nuthatch by means of marked individuals. Part I: methods of marking birds. Bird-Banding 1:149–168.
BYERS, S. M. 1987. Extent and severity of nasal saddle icing on mallards. J. Field Ornithol. 58:499–504.
CAGLE, F. R. 1939. A system of marking turtles for future identification. Copeia 1939:170–173.
CAMPER, J. D., AND J. R. DIXON. 1988. Evaluation of a microchip marking system for amphibians and reptiles. Texas Parks Wildl. Dep. Res. Publ. 7100-159. 22pp.
CARLSTROM, D., AND C. EDELSTAM. 1946. Methods of marking reptiles for identification after recapture. Nature 158:748–749.
CARNIO, J., AND L. KILLMAR. 1983. Identification techniques. Pages 39–52 *in* B. B. Beck and C. Wemmer, eds. The biology and management of an extinct species—Père David's deer. Noyes Publ., Park Ridge, N.J.
CARPENTER, C. C. 1954. A study of amphibian movement in the Jackson Hole Wildlife Park. Copeia 3:197–200.
CARPENTER, L. H., D. W. REICHERT, AND F. WOLFE, JR. 1977. Lighted collars to aid night observations of mule deer. U.S. For. Ser. Res. Note RM-338. 4pp.
CARR, A., P. ROSS, AND S. CARR. 1974. Interesting behavior of the green turtle, *Chelonida mydas,* at a mid-ocean island breeding ground. Copeia 1974:703–706.
CARRICK, R., AND M. D. MURRAY. 1970. Readable band numbers and "Scotchlite" colour bands for silver gull. Aust. Bird Bander 8:51–56.
CHABRECK, R. H. 1965. Methods of capturing, marking and sexing alligators. Proc. Annu. Conf. Southeast. Assoc. Game and Fish Comm. 17:47–50.
CHEESEMAN, C. L., AND S. HARRIS. 1982. Methods of marking badgers (*Meles meles*). J. Zool. (Lond.) 197:289–292.
CHILDS, H. E., JR. 1952. Color bands. Western Bird Banding Assoc. News 27:4.
CHITTY, D., AND M. SHORTEN. 1946. Techniques for the study of the Norway rat *Rattus norvegicus.* J. Mammal. 27:63–78.
CLARK, D. R., JR. 1971. Branding as a marking technique for amphibians and reptiles. Copeia 1971:148–151.
CLARKE, R. 1971. The possibility of injuring small whales with the standard discovery whale mark. Int. Whaling Comm. Rep. Comm. 21:106–108.
CLARKE, R. D. 1972. The effect of toe clipping on survival in Fowler's toad (*Bufo woodhousei fowleri*). Copeia 1972:182–185.
CLAUSEN, B., P. HJORT, H. STRANDGAARD, AND P. L. SOERENSEN. 1984. Immobilization and tagging of muskoxen (*Ovibos moschatus*) in Jameson Land, northeastern Greenland. J. Wildl. Dis. 20:141–145.
CLAYTON, D. H., C. L. HARTLEY, AND M. GOCHFELD. 1978. Two optical tracking devices for nocturnal field studies of birds. Proc. Colonial Waterbird Group 1978:79–83.
CLINE, K. W., AND W. S. CLARK. 1981. Chesapeake Bay bald eagle banding project: 1981 report and five year summary. Natl. Wildl. Fed., Raptor Inf. Cent., Washington, D.C. 38pp.
CLOVER, M. R. 1954. A portable deer trap and catch-net. Calif. Fish Game 40:367–373.
COCKRUM, E. L. 1969. Migration of the guano bat, *Tadarida brasiliensis.* Univ. Kansas Mus. Nat. Hist. Misc. Publ. 51:303–336.
COHEN, R. 1969. Color-banded house finches. Eastern Bird Banding Assoc. News 32:81–82.
COLCLOUGH, J. H., AND G. J. B. ROSS. 1987. Colour band loss in cape gannets. Safring News 16:35–37.
CONANT, R. 1948. Regeneration of clipped subcaudal scales in a pilot black snake. Nat. Hist. Misc. 13:1–2.
CONNER, M. C. 1982. Determination of bobcat (*Lynx rufus*) and raccoon (*Procyon lotor*) population abundance by radioisotope tagging. M.S. Thesis, Univ. Florida, Gainesville. 55pp.
———, AND R. F. LABISKY. 1985. Evaluation of radioisotope tagging for estimating abundance of raccoon populations. J. Wildl. Manage. 32:698–711.
COOPER, J., AND P. D. MORANT. 1981. The design of stainless steel flipper bands for penguins. Ostrich 52:119–123.
COPPINGER, R. P., AND B. C. WENTWORTH. 1966. Identification of experimental birds with the aid of feather autografts. Bird-Banding 37:203–205.
COWAN, D. P., J. A. VAUGHAN, K. J. PROUT, AND W. G. CHRISTER. 1984. Markers for measuring bait consumption by the European wild rabbit. J. Wildl. Manage. 48:1403–1409.
CRAIGHEAD, J. J., M. G. HORNOCKER, M. W. SHOESMITH, AND R. I. ELLIS. 1969. A marking technique for elk. J. Wildl. Manage. 33:906–909.
———, AND D. S. STOCKSTAD. 1956. A colored neckband for marking birds. J. Wildl. Manage. 20:331–332.
CRAVEN, S. R. 1979. Some problems with Canada goose neckbands. Wildl. Soc. Bull. 7:268–273.
CRIER, J. K. 1970. Tetracyclines as a fluorescent marker in bones and teeth of rodents. J. Wildl. Manage. 34:829–834.
CUMMINGS, J. L. 1987. Nylon fasteners for attaching leg and wing tags to blackbirds. J. Field Ornithol. 58:265–269.

CUTHBERT, F. J., AND W. E. SOUTHERN. 1975. A method for marking young gulls for individual identification. Bird-Banding 46:252–253.
DAAN, S. 1969. Frequency of displacements as a measure of activity of hibernating bats. Lynx 10:13–18.
DAUGHERTY, C. H. 1976. Freeze-branding as a technique for marking anurans. Copeia 4:836–838.
DAVEY, C. C., AND P. J. FULLAGAR. 1985. Nasal saddles for Pacific black duck *Anas superciliosa* and austral teal. Corella 9:123–124.
———, ———, AND C. KOGON. 1980. Marking rabbits for individual identification and a use for Betalights. J. Wildl. Manage. 44:494–497.
DAVIS, R. A. 1963. Feral coypus in Britain. Proc. Assoc. Appl. Biol., Great Britain 51:345–348.
DAVIS, W., AND G. SARTOR. 1975. A method of observing movements of aquatic turtles. Herpetol. Rev. 6:13–14.
DAVIS, W. H. 1963. Anodizing bat bands. Bat Banding News 4:12–13.
DAY, G. I. 1973. Marking devices for big game animals. Ariz. Game and Fish Dep. Res. Abstr. 8:1–7.
DEAVERS, D. R. 1972. Water and electrolyte metabolism in the arenicolous lizard *Uma notata notata*. Copeia 1972:109–122.
DE LA MARE, W. K. 1985. Some evidence for mark shedding with discovery whale marks. Int. Whaling Comm. Rep. Comm. 35:477–486.
DELL, J. 1957. Toe clipping varying hares for track identification. N.Y. Fish Game J. 4:61–68.
DELONG, T. R. 1982. Effect of ambient conditions on nocturnal nest behavior in long-eared owls. M.S. Thesis, Brigham Young Univ., Provo, Ut. 24pp.
DICKMAN, C. R. 1988. Detection of physical contact interactions among free-living mammals. J. Mammal. 69:865–868.
———, D. H. KING, D. C. D. HAPPOLD, AND M. J. HOWELL. 1983. Identification of the filial relationships of free-living small mammals by ^{35}sulfur. Aust. J. Zool. 31:467–474.
DICKSON, J. G., R. N. CONNER, AND J. H. WILLIAMSON. 1982. An evaluation of techniques for marking cardinals. J. Field Ornithol. 53:420–421.
DOLE, J. W. 1965. Summer movements of adult leopard frogs, *Rana pipiens* Schreber, in northern Michigan. Ecology 46:236–255.
———, AND P. DURANT. 1974. Movements and seasonal activity of *Atelopus oxyrhynchus* (Anura: Atelopodidae) in a Venezuelan cloud forest. Copeia 1974:230–235.
DOWNING, R. L., AND C. M. MARSHALL. 1959. A new plastic tape marker for birds and mammals. J. Wildl. Manage. 23:223–224.
———, AND B. S. MCGINNES. 1969. Capturing and marking white-tailed deer fawns. J. Wildl. Manage. 33:711–714.
DUNBAR, I. K. 1959. Leg bands in cold climates. East. Bird Banding News 22:37.
EADIE, J. MCA., K. M. CHENG, AND C. R. NICHOLS. 1987. Limitations of tetracycline in tracing multiple maternity. Auk 104:330–333.
ECKERT, K. L., AND S. A. ECKERT. 1989. The application of plastic tags to leatherback sea turtles, *Deumochelys eumochelys corfacea*. Herpetol. Rev. 20:90–91.
EDMINSTER, F. C. 1938. The marking of ruffed grouse for field identification. J. Wildl. Manage. 2:55–57.
EFFORD, I. E., AND J. A. MATHIAS. 1969. A comparison of two salamander populations in Marion Lake, British Columbia. Copeia 1969:723–736.
ELLENTON, J. A., AND O. H. JOHNSTON. 1975. Oral biomarkers of calciferous tissues in carnivores. Pages 60–67 *in* R. E. Chambers, ed. Trans. eastern coyote workshop. Northeast Fish Wildl. Conf., New Haven, Conn.
ELLIS, D. H., AND C. H. ELLIS. 1975. Color marking golden eagles with human hair dyes. J. Wildl. Manage. 39:445–447.
ELLISOR, J. E., AND W. F. HARWELL. 1969. Mobility and home range of collared peccary in southern Texas. J. Wildl. Manage. 33:425–427.
ELMES, R. 1955. Loss of rings. Bird Study 2:153.
EMLEN, S. T. 1968. A technique for marking anuran amphibians for behavioral studies. Herpetologica 24:172–173.
ENDERSON, J. H. 1964. A study of the prairie falcon in the central Rocky Mountain region. Auk 81:332–352.
ENVIRONMENT CANADA. 1984. North American bird banding. Environ. Conserv. Serv. 1:1–3.

ERNST, C. H. 1971. Population dynamics and activity scales of *Chrysemys picta* in southeastern Pennsylvania. J. Herpetol. 5:151–160.
ERSKINE, A. J. 1962. Nasal disc method of color-marking waterfowl. *In* Abstr. Pap. 13th Int. Ornithol. Congr., Ithaca, N.Y. 84pp.
EVANS, C. D. 1951. A method of color marking young waterfowl. J. Wildl. Manage. 15:101–103.
EVANS, J., J. O. ELLIS, R. D. NASS, AND A. L. WARD. 1971. Techniques for capturing, handling, and marking nutria. Proc. Annu. Conf. Southeast. Assoc. Game and Fish Comm. 25:295–315.
EVANS, W. E., J. D. HALL, A. B. IRVINE, AND J. S. LEATHERWOOD. 1972. Methods for tagging small cetaceans. Fish. Bull. 70:61–65.
EVRARD, J. O. 1986. Loss of nasal saddle on mallard. J. Field Ornithol. 57:170–171.
FAGERSTONE, K. A., AND B. E. JOHNS. 1987. Transponders as permanent identification markers for domestic ferrets, black-footed ferrets, and other wildlife. J. Wildl. Manage. 51:294–297.
FARRELL, R. K., AND S. D. JOHNSTON. 1973. Identification of laboratory animals: freeze marking. Lab. Anim. Sci. 23:107–110.
———, G. A. LAISNER, AND T. S. RUSSELL. 1969. An international freeze-mark animal identification system. J. Am. Vet. Med. Assoc. 154:1561–1572.
FERNER, J. W. 1979. A review of marking techniques for amphibians and reptiles. Soc. Stud. Amphib. Reptiles Herpetol. Circ. 9. 42pp.
FISHER, M., AND A. MUTH. 1989. A technique for permanently marking lizards. Herpetol. Rev. 20:45–46.
FITCH, H. S. 1987. Collecting and life-history techniques. Pages 143–164 *in* R. A. Seigel, J. T. Collins, and S. S. Novak, eds. Snakes: ecology and evolutionary biology. Macmillan Publ. Co., New York, N.Y.
FJETLAND, C. A. 1973. Long-term retention of plastic collars on Canada geese. J. Wildl. Manage. 37:176–178.
FOLLMANN, E. H., P. J. SAVARIE, D. G. RITTER, AND G. M. BAER. 1987. Plasma marking of arctic foxes with iophenoxic acid. J. Wildl. Dis. 23:709–712.
FORSMAN, E. D. 1983. Methods and materials for locating and studying spotted owls. U.S. For. Serv. Gen. Tech. Rep. PNW-162. 8pp.
FOSTER, J. B. 1966. The giraffe of Nairobi National Park: home range, sex ratios, the herd, and food. E. Afr. Wildl. J. 4:139–148.
FOX, S. F. 1978. Natural selection on behavioral phenotypes of the lizard *Uta stansburiana*. Ecology 59:834–847.
FRANKEL, A. I., AND T. S. BASKETT. 1963. Color marking disrupts pair bonds of captive mourning doves. J. Wildl. Manage. 27:124–127.
FRAZER, N. B. 1983. Survivorship of adult female loggerhead sea turtles, *Caretta caretta*, nesting on Little Cumberland Island, Georgia, USA. Herpetologica 39:436–447.
FRENTRESS, C. 1976. "Pop" rivet fasteners for color markers. Inland Bird Banding Assoc. News 47:3–9.
FROESE, A. D., AND G. M. BURGHARDT. 1975. A dense natural population of the common snapping turtle (*Chelydra s. serpentina*). Herpetologica 31:204–208.
FULLAGAR, P. J., AND P. A. JEWELL. 1965. Marking small rodents and the difficulties of using leg rings. J. Zool. 147:224–228.
FURRER, R. K. 1979. Experiences with a new back-tag for open-nesting passerines. J. Wildl. Manage. 43:245–249.
GARGETT, V. 1973. Marking black eagles in the Matopos. Honeyguide 76:26–31.
GARNETT, S. 1987. Feather-clipping: a nauruan technique for short-term recognition of individual birds. Corella 11:30–31.
GAYMER, R. 1973. A marking technique for giant tortoises and field trials in Aldabra. J. Zool. (Lond.) 169:393–401.
GEIS, A. D., AND L. H. ELBERT. 1956. Relation of the tail length of cock ring-necked pheasants to harem size. Auk 73:289.
GENTRY, R. L. 1979. Adventitious and temporary marks in pinniped studies. Pages 39–43 *in* L. Hobbs and P. Russell, eds. Report on the pinniped tagging workshop, 18-19 January 1979, Seattle, Wash.
———, AND J. R. HOLT. 1982. Equipment and techniques for handling northern fur seals. NOAA Tech. Rep. NMFS Spec. Sci. Rep. Fish. 758. 18pp.
———, M. H. SMITH, AND R. J. BEYERS. 1971. Use of radioactively tagged bait to study movement patterns in small mammals. Ann. Zool. Fenn. 8:17–21.
GERACI, J. R., G. J. D. SMITH, AND T. G. FRIESEN. 1986. Assessment

of marking techniques for beluga whale. Final Rep. to World Wildlife Fund Canada. Dep. Pathol., Univ. Guelph, Guelph, Ont. 94pp.
GIFFORD, C. E., AND D. R. GRIFFIN. 1960. Notes on homing and migratory behavior of bats. Ecology 41:378–381.
GODFREY, G. A. 1975. Home range characteristics of ruffed grouse broods in Minnesota. J. Wildl. Manage. 39:287–298.
GOFORTH, W. R., AND T. S. BASKETT. 1965. Effects of experimental color marking on pairing of captive mourning doves. J. Wildl. Manage. 29:543–553.
GOSS-CUSTARD, J. D., S. E. A. LE V. DIT DURELL, H. P. SITTERS, AND R. SWINFEN. 1982. Age-structure and survival of a wintering population of oystercatchers. Bird Study 29:83–98.
GRAHAM, T. W. 1986. A warning against the use of Petersen disc tags in turtle studies. Herpetol. Rev. 17:42–43.
GRAHAM, W. J., AND H. W. AMBROSE, III. 1967. A technique for continuously locating small mammals in field enclosures. J. Mammal. 48:639–642.
GREENWOOD, R. J. 1975. An attempt to freeze-brand mallard ducklings. Bird-Banding 46:204–206.
———, AND W. C. BAIR. 1974. Ice on waterfowl markers. Wildl. Soc. Bull. 2:130–134.
GRIBEN, M. R., H. R. JOHNSON, B. B. GALLUCCI, AND V. F. GALLUCCI. 1984. A new method to mark pinnipeds as applied to the northern fur seal. J. Wildl. Manage. 48:945–949.
GRICE, D., AND J. P. ROGERS. 1965. The wood duck in Massachusetts. Mass. Div. Fish. Game Final Rep., Fed. Aid Proj. W-19-R. 96pp.
GRIFFIN, D. R. 1934. Marking bats. J. Mammal. 15:202–207.
———. 1952. Radioactive tagging of animals under natural conditions. Ecology 33:329–335.
GRUBB, J. C. 1970. Orientation in post-reproductive Mexican toads, Bufo valliceps. Copeia 1970:674–680.
GUARINO, J. L. 1968. Evaluation of a colored leg tag for starlings and blackbirds. Bird-Banding 39:6–13.
GULLION, G. W., R. L. ENG, AND J. J. KUPA. 1962. Three methods for individually marking ruffed grouse. J. Wildl. Manage. 26:404–407.
GUTTMAN, S. I., AND W. CREASEY. 1973. Staining as a technique for marking tadpoles. J. Herpetol. 7:388–390.
HADOW, H. H. 1972. Freeze-branding: a permanent marking technique for pigmented mammals. J. Wildl. Manage. 36:645–649.
HAGSTROM, T. 1973. Identification of newt specimens (Urodela, Trurus) by recording the belly pattern and a description of photographic equipment for such registrations. Br. J. Herpetol. 7:321–326.
HALL, R. J., AND D. P. STAFFORD. 1972. Studies in the life history of Wehrles salamander, Plethondon wehrlei. Herpetologica 28:300–309.
HAMERSTROM, F. 1942. Dominance in winter flocks of chickadees. Wilson Bull. 54:32–42.
HANDEL, C. M., AND R. E. GILL, JR. 1983. Yellow birds stand out in a crowd. North Am. Bird Bander 8:6–9.
HANKS, J. 1969. Techniques for marking large African mammals. Puku 5:65–86.
HANSEN, C. G. 1964. A dye spraying device for marking desert bighorn sheep. J. Wildl. Manage. 28:584–587.
HARAMIS, G. M., W. G. ALLISTON, AND M. E. RICHMOND. 1983. Dump nesting in the wood duck traced by tetracycline. Auk 100:729–730.
———, AND A. D. NICE. 1980. An improved web-tagging technique for waterfowl. J. Wildl. Manage. 44:898–899.
HARMATA, A. R. 1984. Bald eagles of the San Luis Valley, Colorado: their winter ecology and spring migration. Ph.D. Thesis, Montana State Univ., Bozeman. 222pp.
HARPER, J. A., AND W. C. LIGHTFOOT. 1966. Tagging devices for Roosevelt elk and mule deer. J. Wildl. Manage. 30:461–466.
HART, A., AND A. D. M. HART. 1987. Patagial tags for herring gulls: improved durability. Ringing & Migr. 8:19–26.
HAVELKA, P. 1983. Registration and marking of captive birds of prey. Int. Zoo Yearb. 23:125–132.
HAWKINS, L. L., AND S. G. SIMPSON. 1985. Neckband a handicap in an aggressive encounter between tundra swans. J. Field Ornithol. 56:182–184.
HAWKINS, R. E., W. D. KLIMSTRA, G. FOOKS, AND J. DAVIS. 1967. Improved collar for white-tailed deer. J. Wildl. Manage. 31:356–359.
HAYWARD, G. D. 1987. Betalights: an aid in the nocturnal study of owl foraging habitat and behavior. J. Raptor Res. 21:98–102.
HAYWARD, J. L., JR. 1982. A simple egg-marking technique. J. Field Ornithol. 53:173.
HEALY, W. R. 1974. Population consequences of alternative life histories in Notophthalmus v. viridescens. Copeia 1974:221–229.
———. 1975. Terrestrial activity and home range in efts of Notophthalmus viridescens. Am. Midl. Nat. 93:131–138.
HEATWOLE, H. 1961. Inhibition of digital regeneration in salamanders and its use in marking individuals for field studies. Ecology 42:593–594.
HENCKEL, R. E. 1976. Turkey vulture banding problem. North Am. Bird Bander 1:126.
HENDERSON, R. W. 1974. Aspects of the ecology of the juvenile common iguana (Iguana iguana). Herpetologica 30:327–332.
HENDRICKSON, J. R. 1954. Ecology and systematics of salamanders of the genus Batrochoseps. Univ. Calif. Publ. Zool. 54:1–46.
HENLEY, G. B. 1981. A new technique for recognition of snakes. Herpetol. Rev. 12:56.
HERO, J. 1989. A simple code for toe clipping anurans. Herpetol. Rev. 20:66–67.
HERREID, C. F., AND S. KINNEY. 1966. Survival of Alaskan woodfrog (Rana sylvatica) larvae. Ecology 47:1039–1041.
HESTER, A. E. 1963. A plastic wing tag for individual identification of passerine birds. Bird-Banding 34:213–217.
HILLIS, R. E., AND E. D. BELLIS. 1971. Some aspects of the ecology of the hellbender, Cryptobranchus alleganiensis alleganiens. Herpetologica 5:121–126.
HIRTH, H. G. 1966. Weight changes and mortality of three species of snakes during hibernation. Herpetologica 22:8–12.
HOBBS, L., AND P. RUSSELL. 1979. Report on the pinniped tagging workshop. Pinniped Tagging Workshop, Seattle, Wash. 48pp.
HOFFMAN, R. H. 1985. An evaluation of banding sandhill cranes with colored leg bands. North Am. Bird Bander 10:46–49.
HOMESTEAD, R., B. BECK, AND D. E. SERGEANT. 1972. A portable, instantaneous branding device for permanent identification of wildlife. J. Wildl. Manage. 36:947–949.
HONMA, M., S. IWAKI, A. KAST, AND H. KREUZER. 1986. Experiences with the identification of small rodents. Exp. Anim. 35:347–352.
HOOPER, J. H. D. 1983. The study of horseshoe bats in Devon caves: a review of progress 1947–1982. Stud. Speleol. 4:59–70.
HOWE, M. A. 1980. Problems with wing tags: evidence of harm to willets. J. Field Ornithol. 51:72–73.
HUBERT G. F., JR., G. L. STORM, R. L. PHILLIPS, AND R. D. ANDREWS. 1976. Ear tag loss in red foxes. J. Wildl. Manage. 40:164–167.
HUDNALL, J. A. 1982. New methods for measuring and tagging snakes. Herpetol. Rev. 13:97–98.
HUEY, W. S. 1965. Sight records of color-marked sandhill cranes. Auk 83:640–643.
HURST, J. L. 1988. A system for the individual recognition of small rodents at a distance, used in free-living and enclosed populations of house mice. J. Zool. 215:363–367.
IDSTROM, J. M., AND J. P. LINDMEIER. 1956. Some tests of the rubber styrene neck bands for marking waterfowl. Minn. Dep. Conserv. Q. Prog. Rep. Wildl. Res. 16:134–137.
IRELAND, P. H. 1973. Marking larval salamanders with fluorescent pigments. Southwest. Nat. 18:252–253.
———. 1991. A simplified fluorescent marking technique for identification of terrestrial salamanders. Herpetol. Rev. 22:21–22.
IRVINE, A. B., AND M. D. SCOTT. 1984. Development and use of marking techniques to study manatees in Florida. Fla. Sci. 47:12–26.
———, R. S. WELLS, AND M. D. SCOTT. 1982. An evaluation of techniques for tagging small odontocete cetaceans. Natl. Oceanic and Atmos. Adm. Fish. Bull. 80:135–143.
JACKSON, J. J. 1982. Effect of wing tags on renesting interval in red-winged blackbirds. J. Wildl. Manage. 46:1077–1079.
JAMESON, D. L. 1957. Population structure and homing responses in the Pacific tree frog. Copeia 3:221–228.
JENSSEN, T. A. 1970. The ethoecology of Anolis nebulosus (Sauria, Iguanidae). J. Herpetol. 4:1–38.
JOHANNINGSMEIER, A. G., AND C. J. GOODNIGHT. 1962. Use of iodine-131 to measure movements of small animals. Science 138:147–148.
JOHNS, B. E., AND H. P. PAN. 1981. Analytical techniques for fluorescent chemicals used as systemic or external wildlife markers. Am.

Soc. Testing Materials, Vertebr. Pest Control Manage. Materials 3:86–93.

———, AND R. D. THOMPSON. 1979. Acute toxicant identification in whole bodies and baits without chemical analysis. Pages 80–88 in E. E. Kenega, ed. Avian and mammalian wildlife toxicology. ASTM STP 693, Am. Soc. Testing Materials, Philadelphia, Pa.

JOHNSON, A. M. 1979. Factors contributing to difficulties in the analysis of mark-recapture data. Pages 27–29 in L. Hobbs and P. Russell, eds. Report on the pinniped tagging workshop, 18-19 January 1979, Seattle, Wash.

JOHNSON, K. G., AND M. R. PELTON. 1980. Marking techniques for black bears. Proc. Annu. Conf. Southeast. Assoc. Fish Wildl. Agencies 34:557–562.

JOHNSON, P. A., B. W. JOHNSON, AND L. T. TAYLOR. 1981. Interisland movement of a young Hawaiian monk seal between Laysan Island and Maro Reef. Elepaio 41:113–114.

JONES, S. M., AND G. W. FERGUSON. 1980. The effect of paint marking on mortality in a Texas population of Sceloporus undulatus. Copeia 1980:850–854.

JONES, W. T., AND B. B. BUSH. 1988. Darting and marking techniques for an arboreal forest monkey, (Cerocophthecus ascanius). Am. J. Primatol. 14:83–99.

JONKEL, C. J., D. R. GRAY, AND B. HUBERT. 1975. Immobilizing and marking wild muskoxen in Arctic Canada. J. Wildl. Manage. 39:112–117.

JOYNER, D. E. 1975. Nest parasitism and brood-related behavior of the ruddy duck (Oxyura jamaicensis rubida). Ph.D. Thesis, Univ. Nebraska, Lincoln. 152pp.

JUDD, F. W. 1975. Activity and thermal ecology of the keeled earless lizard, Holbrookia propinqua. Herpetologica 31:137–150.

KACZYNSKI, C. F., AND W. H. KIEL, JR. 1963. Band loss by nestling mourning doves. J. Wildl. Manage. 27:271–279.

KADLEC, J. A. 1975. Recovery rates and loss of aluminum, titanium, and incoloy bands on herring gulls. Bird-Banding 46:230–235.

KAPLAN, H. M. 1958. Marking and banding frogs and turtles. Herpetologica 14:131–132.

KARLSTROM, E. L. 1957. The use of Co(60) as a tag for recovering amphibians in the field. Ecology 38:187–195.

KASAMATSU, F., S. NISHIWAKI, AND M. SATO. 1986. Results of the test firing of improved .410 streamer marks, February 1985. Int. Whaling Commn. Rep. Comm. 36:201–204.

KAYE, S. V. 1960. Gold-198 wires used to study movements of small mammals. Science 131:824.

KEEN, R., AND H. B. HITCHCOCK. 1980. Survival and longevity of the little brown bat (Myotis lucifugus) in southeastern Ontario. J. Mammal. 61:1–7.

KEISTER, G. P., JR., C. E. TRAINER, AND M. J. WILLIS. 1988. A self-adjusting collar for young ungulates. Wildl. Soc. Bull. 16:321–323.

KEITH, L. B., E. C. MESLOW, AND O. J. RONGSTAD. 1968. Techniques for snowshoe hare population studies. J. Wildl. Manage. 32:801–812.

KESSLER, F. W. 1964. Avian predation on pheasants wearing differently colored plastic markers. Ohio J. Sci. 64:401–402.

KINNINGHAM, J. J., M. R. PELTON, AND D. C. FLYNN. 1980. Use of the pellet count technique for determining densities of deer in the southern Appalachians. Proc. Annu. Conf. Southeast. Assoc. Fish Wildl. Agencies 34:508–514.

KNIGHT, R. R. 1966. Effectiveness of neckbands for marking elk. J. Wildl. Manage. 30:845–846.

KNOWLTON, F. F., E. D. MICHAEL, AND W. C. GLAZENER. 1964. A marking technique for field recognition of individual turkeys and deer. J. Wildl. Manage. 28:167–170.

KOCHERT, M. N., K. STEENHOF, AND M. Q. MORITSCH. 1983. Evaluation of patagial markers for raptors and ravens. Wildl. Soc. Bull. 11:271–281.

KOERNER, J. W., T. A. BOOKHOUT, AND K. E. BEDNARIK. 1974. Movements of Canada geese color-marked near southwestern Lake Erie. J. Wildl. Manage. 38:275–289.

KOOB, M. D. 1981. Detrimental effects of nasal saddles on male ruddy ducks. J. Field Ornithol. 52:140–143.

KORN, H. 1987. Effects of live-trapping and toe-clipping on body weight of European and African rodent species. Oecologia (Berl.) 71:597–600.

KOZLIK, F. M., A. W. MILLER, AND W. C. RIENECKER. 1959. Color-marking white geese for determining migration routes. Calif. Fish Game 45:69–82.

KRUUK, H. 1978. Spatial organization and territorial behavior of the European badger Meles meles. J. Zool. (Lond.) 184:1–19.

———, M. GORMAN, AND T. PARRISH. 1980. The use of 65Zn for estimating populations of carnivores. Oikos 34:206–208.

KUMAR, R. K. 1979. Toe-clipping procedure for individual identification of rodents. Lab. Anim. Sci. 29:679–680.

KUMMER, H. 1968. Social organization of hamadryas baboons. Bibl. Primatol. 6, Karger, Basee.

LABISKY, R. F., AND S. H. MANN. 1962. Backtag markers for pheasants. J. Wildl. Manage. 26:393–399.

LARSEN, T. 1971. Capturing, handling, and marking polar bears in Svalbard. J. Wildl. Manage. 35:27–36.

LARSON, G. E., P. J. SAVARIE, AND I. OKUNO. 1981. Iophenoxic acid and mirex for marking wild, bait-consuming animals. J. Wildl. Manage. 45:1073–1077.

LAVAL, R. K., R. L. CLAWSON, M. L. LAVAL, AND W. CAIRE. 1977. Foraging behavior and nocturnal activity patterns of Missouri bats, with emphasis on the endangered species Myotis grisescens and Myotis sodalis. J. Mammal. 58:592–599.

LAYFIELD, J. A., D. A. GALBRAITH, AND R. J. BROOKS. 1988. A simple method to mark hatchling turtles. Herpetol. Rev. 19:78–79.

LAZARUS, A. B., AND F. P. ROWE. 1975. Freeze-marking rodents with a pressurized refrigerant. Mammal Rev. 5:31–34.

LEATHERWOOD, S., D. K. CALDWELL, AND H. E. WINN. 1976. Whales, dolphins, and porpoises of the western North Atlantic—a guide to their identification. NOAA Tech. Rep. NMFS Spec. Sci. Rep. Fish. 396. 176pp.

LEBUFF, C. R., AND R. W. BEATTY. 1971. Some aspects of nesting of the loggerhead turtle, Caretta caretta caretta (Linne) on the Gulf Coast of Florida. Herpetologica 27:153–156.

LEMEN, C. A., AND P. W. FREEMAN. 1985. Tracking mammals with fluorescent pigments: a new technique. J. Mammal. 66:134–136.

LEMKAU, P. J. 1970. Movements of the box turtle, Terrapene c. carolina (Linnaeus), in unfamiliar territory. Copeia 1970:781–783.

LENSINK, C. J. 1968. Neckbands as an inhibitor of reproduction in black brant. J. Wildl. Manage. 32:418–420.

LENTFER, J. W. 1968. A technique for immobilizing and marking polar bears. J. Wildl. Manage. 32:317–321.

LEWKE, R. R., AND R. K. STROUD. 1974. Freeze branding as a method of marking snakes. Copeia 1974:997–1000.

LIGHTFOOT, W. D., AND V. MAW. 1963. Trapping and marking mule deer. Proc. West. Assoc. State Game and Fish Comm. 43:138–142.

LINDSEY, G. D. 1983. Rhodamine B: a systemic fluorescent marker for studying mountain beavers (Aplodontia rufa) and other animals. Northwest Sci. 57:16–21.

LINHART, S. B., AND J. J. KENNELLY. 1967. Fluorescent bone labeling of coyotes with demethylchlortetracycline. J. Wildl. Manage. 31:317–321.

LINN, I. J. 1978. Radioactive techniques for small mammal marking. Pages 177–191 in B. Stonehouse, ed. Animal marking: recognition marking of animals in research. The MacMillan Press Ltd., London, U.K.

———, AND J. SHILLITO. 1960. Rings for marking very small mammals. Proc. Zool. Soc. Lond. 134:489–495.

LOKEMOEN, J. T., AND D. E. SHARP. 1985. Assessment of nasal marker materials and designs used on dabbling ducks. Wildl. Soc. Bull. 13:53–56.

LONKE, D. J., AND M. E. OBBARD. 1977. Tag success, dimensions, clutch size and nesting site fidelity for the snapping turtle, Chelydra serpentina (Reptilia, Testudines, Chelydridae) in Algonquin Park, Ontario, Canada. J. Herpetol. 11:243–244.

LUMSDEN, H. G., V. W. MCMULLEN, AND C. L. HOPKINSON. 1977. An improvement in fabrication of large plastic leg bands. J. Wildl. Manage. 41:148–149.

MACDONALD, R. N. 1961. Injury to birds by ice-coated bands. Bird-Banding 32:59.

MACINNES, C. D., AND E. H. DUNN. 1988. Effects of neck bands on Canada geese nesting at the McConnell River. J. Field Ornithol. 59:239–246.

———, J. P. PREVETT, AND H. A. EDNEY. 1969. A versatile collar for

individual identification of geese. J. Wildl. Manage. 33:330–335.
MADISON, D. M., AND C. R. SHOOP. 1970. Homing behavior, orientation, and home range of salamanders tagged with Tantalum-182. Science 168:1484–1487.
MALACARNE, G., AND M. GRIFFA. 1987. A refinement of Lack's method of swift studies. Sitta 1:175–177.
MALTBY, L. S. 1977. Techniques used for the capture, handling and marking of brant in the Canadian High Arctic. Can. Wildl. Serv. Prog. Notes 72. 6pp.
MARION, W. R., AND J. D. SHAMIS. 1977. An annotated bibliography of bird marking techniques. Bird-Banding 48:42–61.
MARTOF, B. S. 1953. Territoriality in the green frog, *Rana clamitans*. Ecology 34:165–174.
McCRACKEN, G. F. 1984. Communal nursing in Mexican free-tailed bat maternity colonies. Science 223:1090–1091.
MEDICA, P. A., R. B. BURY, AND F. B. TURNER. 1975. Growth of the desert tortoise (*Gopherus agassizi*) in Nevada. Copeia 1975:639–643.
———, G. A. HODDENBACH, AND J. R. LANNOM. 1971. Lizard sampling techniques. Rock Valley Misc. Publ. 1. 55pp.
MELCHIOR, H. R., AND F. A. IWEN. 1965. Trapping, restraining, and marking Arctic ground squirrels for behavioral observations. J. Wildl. Manage. 29:671–678.
MILLER, D. J. 1979. Sea otter capture and tagging in California. Pages 11–12 *in* L. Hobbs and P. Russell, eds. Report on the pinniped tagging workshop, 18-19 January 1979, Seattle, Wash.
MILLER, D. S., J. BERGLUND, AND M. JAY. 1983. Freeze-mark techniques applied to mammals at the Santa Barbara Zoo. Zoo Biol. 2:143–148.
MILLER, L. S. 1957. Tracing vole movements by radioactive excretory products. Ecology 38:132–136.
MILLS, J. A. 1972. A difference in band loss from male and female red-billed gulls, *Larus novaehollandiae scopulinus*. Ibis 114:252–255.
MINNICH, J. E., AND V. H. SHOEMAKER. 1970. Diet, behavior and water turnover in the desert iguana, *Depsosaurus dorsalis*. Am. Midl. Nat. 84:496–509.
MITCHELL, E., AND V. M. KOZICKI. 1975. Prototype visual mark for large whales modified from "Discovery" tag. Int. Whaling Comm. Rep. Comm. 25:236–239.
MIYASHITA, T., AND R. A. ROWLETT. 1985. Test-firing of .410 streamer marks. Int. Whaling Comm. Rep. Comm. 35:305–308.
MOFFITT, J. 1942. Apparatus for marking wild animals with colored dyes. J. Wildl. Manage. 6:312–318.
MOHR, C. E. 1934. Marking bats for later recognition. Proc. Pa. Acad. Sci. 8:26–30.
MORAN, S. 1985. Banding fruit bats. Israel J. Zool. 33:91–93.
MORGAN, D. R. 1981. Monitoring bait acceptance in brush-tailed possum populations: development of a tracer technique. N.Z. J. For. Sci. 11:271–277.
MORGENWECK, R. O., AND W. H. MARSHALL. 1977. Wing marker for American woodcock. Bird-Banding 48:224–227.
MORRISON, D. W. 1978. Foraging ecology and energetics of the frugivorous bat *Artibeus jamaicensis*. Ecology 59:716–723.
MOSELEY, L. J., AND H. C. MUELLER. 1975. A device for color-marking nesting birds. Bird-Banding 46:341–342.
MOSSMAN, A. S. 1960. A color marking technique. J. Wildl. Manage. 24:104.
MUDGE, G. P., AND P. N. FERNS. 1978. Durability of patagial tags on herring gulls. Ringing & Migr. 2:42–45.
MUKINYA, J. G. 1976. An identification method for black rhinoceros (*Diceros bicornis* Linn. 1758). E. Afr. Wildl. J. 14:335–338.
MULLICAN, T. R. 1988. Radio telemetry and fluorescent pigments: a comparison of techniques. J. Wildl. Manage. 52:627–631.
MURPHY, M. T. 1981. Growth and aging of nestling eastern kingbirds and eastern phoebes. J. Field Ornithol. 52:309–316.
NACE, G. W., AND E. K. MANDERS. 1982. Marking individual amphibians. J. Herpetol. 16:309–311.
NEAL, W. 1964. Extra white feather makes bird important. Inland Bird Banding Assoc. News 36:69–71.
NELLIS, D. W., J. H. JENKINS, AND A. D. MARSHALL. 1967. Radioactive zinc as a feces tag in rabbits, foxes, and bobcats. Proc. Annu. Conf. Southeast. Assoc. Game and Fish Comm. 21:205–207.
NELSON, L. J., D. R. ANDERSON, AND K. P. BURNHAM. 1980. The effect of band loss on estimates of annual survival. J. Field Ornithol. 51:30–38.
NELSON, R. L., AND R. L. LINDER. 1972. Percentage of raccoons and skunks reached by egg baits. J. Wildl. Manage. 36:1327–1329.
NESBITT, S. A. 1979. An evaluation of four wildlife marking materials. Bird-Banding 50:159.
NEWSOM, J. D., AND J. S. SULLIVAN, JR. 1968. Cryo-branding—a marking technique for white-tailed deer. Proc. Annu. Conf. Southeast. Assoc. Game and Fish Comm. 22:128–133.
NICKERSON, M. A., AND C. E. MAYS. 1973. A study of the Ozark hellbender, *Cryptobranchus alleganiensis bishopi*. Ecology 54:1154–1165.
NORRIS, K. S., AND K. W. PRYOR. 1970. A tagging method for small cetaceans. J. Mammal. 51:609–610.
O'BRIEN, G. P., H. K. SMITH, AND J. R. MEYER. 1965. An activity study of a radioisotope-tagged lizard, *Sceloporus undulata hyacinthimus* (Sauria, Iguanidae). Southwest Nat. 10:179–187.
OLSEN, J., T. BILLETT, AND P. OLSEN. 1982. A method for reducing illegal removal of eggs from raptor nests. Emu 82:225.
ORSER, P. N., AND D. J. SHURE. 1972. Effects of urbanization on the salamander *Desmognathus fuscus fuscus*. Ecology 53:1148–1154.
OTIS, D. L., C. E. KNITTLE, AND G. M. LINZ. 1986. A method for estimating turnover in spring blackbird roosts. J. Wildl. Manage. 50:567–571.
OTTAWAY, J. R., R. CARRICK, AND M. D. MURRAY. 1984. Evaluation of leg bands for visual identification of free-living silver gulls. J. Field Ornithol. 55:287–308.
OWEN, L. N. 1961. Fluorescence of tetracyclines in bone tumours, normal bone and teeth. Nature 190:500–502.
PANAGIS, K., AND P. E. STANDER. 1989. Marking and subsequent movement patterns of springbok lambs in the Etosha National Park, South West Africa/Namibia. Madoqua 16:71–73.
PARKER, W. S. 1976. Population estimates, age structure, and denning habits of whipsnakes, *Masticophis t. taeniatus*, in a northern Utah *Atriplex-Sarcobatus* community. Herpetologica 32:53–57.
PATON, P. W. C., AND L. PANK. 1986. A technique to mark incubating birds. J. Field Ornithol. 57:232–233.
PATTERSON, I. J. 1978. Tags and other distant-recognition markers for birds. Pages 54–62 *in* B. Stonehouse, ed. Animal marking: recognition marking of animals in research. The MacMillan Press Ltd., London, U.K.
PAULISSEN, M. A. 1986. A technique for marking teiid lizards in the field. Herpetol. Rev. 17:6,17.
PAULLIN, D. G., AND E. KRIDLER. 1988. Spring and fall migration of tundra swans dyed at Malheur National Wildlife Refuge, Oregon. Murrelet 69:1–9.
PAVONE, L. V., AND R. BOONSTRA. 1985. The effects of toe clipping on the survival of the meadow vole (*Microtus pennsylvanicus*). Can. J. Zool. 63:499–501.
PELTON, M. R., AND L. C. MARCUM. 1975. The potential use of radioisotopes for determining densities of black bears and other carnivores. Pages 221–236 *in* R. L. Phillips and C. Jonkel, eds. Proc. 1975 predator symposium. Mont. For. Conserv. Exp. Stn., Univ. Montana, Missoula.
PENDLEBURY, G. B. 1972. Tagging and remote identification of rattlesnakes. Herpetologica 28:349–350.
PENDLETON, R. C. 1956. Uses of marking animals in ecological studies: labelling animals with radioisotopes. Ecology 37:686–689.
PENNYCUICK, C. J. 1978. Identification using natural markings. Pages 147–159 *in* B. Stonehouse, ed. Animal marking: recognition marking of animals in research. The MacMillan Press Ltd., London, U.K.
PERDECK, A. C., AND R. D. WASSENAAR. 1981. Tarsus or tibia: where should a bird be ringed? Ringing & Migr. 3:149–157.
PERRY, A. E., AND G. BECKETT. 1966. Skeletal damage as a result of band injury in bats. J. Mammal. 47:131–132.
PFEIFER, S., F. H. WRIGHT, AND M. DONCARLOS. 1984. Freeze-branding beaver tails. Zoo Biol. 3:159–162.
PHILLIPS, R. S., AND T. H. NICHOLLS. 1970. A collar for marking big game animals. U.S. For. Serv. Res. Note NC-103. 4pp.
PHILLIPS, W. R. 1985. The use of bird bands for marking tree-dwelling

bats a preliminary appraisal. Macroderma 1:17–21.
PIENAAR, U. DE V., J. W. VAN NIEKERK, E. YOUNG, P. VAN WYK, AND N. FAIRALL. 1966. The use of oripavine hydrochlorine (M.99) in the drug immobilisation and marking of the wild African elephant (*Loxodonta africana* Blumenbach) in the Kruger National Park. Koedoe 9:108–124.
PIGOZZI, G. 1988. Quill-marking: a method to identify crested porcupines individually. Acta Theriol. 33:138–142.
PIRKOLA, M. K., AND P. KALINAINEN. 1984. Use of neckbands in studying the movements and ecology of the bean goose *Anser fabalis*. Ann. Zool. Fenn. 21:259–263.
PITCHER, K. 1979. Pinniped tagging in Alaska. Pages 3–4 *in* L. Hobbs and P. Russell, eds. Report on the pinniped tagging workshop, 18–19 January 1979, Seattle, Wash.
PLATT, S. W. 1980. Longevity of herculite leg jess color markers on the prairie falcon (*Falco mexicanus*). J. Field Ornithol. 51:281–282.
POUGH, F. H. 1966. Ecological relationships of rattlesnakes in southeastern Arizona with notes on other species. Copeia 1966:676–683.
———. 1970. A quick method for permanently marking snakes and turtles. Herpetologica 26:428–430.
PRITCHARD, P. C. H. 1976. Post-nesting movements of marine turtles (*Cheloniidae* and *Dermochelyidae*) tagged in the Guianas. Copeia 1976:749–754.
———. 1980. The conservation of sea turtles: practices and problems. Am. Zool. 20:609–617.
PYRAH, D. 1970. Poncho markers for game birds. J. Wildl. Manage. 34:466–467.
QUEAL, L. M., AND B. D. HLAVACHICK. 1968. A modified marking technique for young ungulates. J. Wildl. Manage. 32:628–629.
RACEY, P. A., AND S. M. SWIFT. 1985. Feeding ecology of *Pipistrellus pipistrellus* (Chiroptera: Vespertilionidae) during pregnancy and lactation. I. Foraging behavior. J. Anim. Ecol. 54:205–215.
RAGINSKI, J. N. 1977. Autotransplantation as a method for permanent marking of urodele amphibians (Amphibia, Urodela). J. Herpetol. 11:241–242.
RANDOLPH, S. E. 1973. A tracking technique for comparing individual home ranges of small mammals. J. Zool. 170:509–520.
RANEY, E. C. 1940. Summer movements of a bullfrog, *Rana catesbeiana* Shaw, as determined by the jaw tag method. Am. Midl. Nat. 23:733–745.
RAO, M. V., AND B. S. RAJABAI. 1972. Ecological aspects of the agamid lizards *Sitana ponticeriana* and *Calotes nemoricola* in India. Herpetologica 28:285–289.
REAGAN, D. P. 1974. Habitat selection in the three-toed box turtle, *Terrapene carolina triunguis*. Copeia 1974:512–527.
REED, P. C. 1953. Danger of leg mutilation from the use of metal color bands. Bird-Banding 24:65–67.
REESE, K. P. 1980. The retention of colored plastic leg bands by black-billed magpies. North Am. Bird Bander 5:136–137.
REUTHER, R. T. 1968. Marking animals in zoos. Int. Zoo Yearb. 8:388–390.
REYNOLDS, P. E., AND G. W. GARNER. 1983. Immobilizing and marking muskoxen in the Arctic National Wildlife Refuge, Alaska. Proc. Alaska Sci. Conf. (Abstr.) 34:71.
RICHARDS, C. M., B. M. CARLSON, AND S. L. ROGERS. 1975. Regeneration of digits and forelimbs in the Kenyan reed frog, *Hyperolius viridiflavus ferniquei*. J. Morphol. 146:431–436.
RICHDALE, L. E. 1951. Banding and marking penguins. Bird-Banding 22:47–54.
RICKLEFS, R. E. 1973. Tattooing nestlings for individual recognition. Bird-Banding 44:63.
RILEY, J., AND R. GWILLIAM. 1981. A new ear-punch for small rodents. J. Inst. Anim. Technicians 32:53–55.
RITCHISON, G. 1984. A new marking technique for birds. North Am. Bird Bander 9:8.
ROBERTSON, J. G. 1984. A technique for individually marking frogs in behavioral studies. Herpetol. Rev. 15:56–57.
ROBSON, J. E. 1986. Ring "fit" on blackbreasted snake eagle. Safring News 15:56.
RODGERS, J. A., JR. 1986. A field technique for color-dyeing nestling wading birds without capture. Wildl. Soc. Bull. 14:399–400.
ROHWER, S. 1977. Status signaling in Harris sparrows: some experiments in deception. Behaviour 61:107–129.
ROTTERMAN, L. M., AND C. MONNETT. 1984. An embryo-dyeing technique for identification through hatching. Condor 86:79–80.
ROYALL, W. C., J. L. GUARINO, AND O. E. BRAY. 1974. Effects of color on retention of leg streamers by red-winged blackbirds. West. Bird Bander 49:64–65.
RUDGE, M. R., AND R. J. JOBLIN. 1976. Comparison of some methods of capturing and marking feral goats (*Capra hircus*). N.Z. J. Zool. 3:51–55.
RUSSELL, J. K. 1981. Patterned freeze-brands with canned freon. J. Wildl. Manage. 45:1078.
RYDER, P. L., AND J. P. RYDER. 1981. Reproductive performance of ring-billed gulls in relation to nest location. Condor 83:57–60.
RYDER, R. D. 1978. Postscript: towards humane methods of identification. Pages 229–234 *in* B. Stonehouse, ed. Animal marking: recognition marking of animals in research. The MacMillan Press Ltd., London, U.K.
SALLABERRY, A. M., AND D. J. VALENCIA. 1985. Wounds due to flipper bands on penguins. J. Field Ornithol. 56:275–277.
SAUNDERS, D. A. 1988. Patagial tags: do benefits outweigh risks to the animal? Aust. Wildl. Res. 15:565–569.
SCHEFFER, V. B. 1950. Experiments in the marking of seals and sealions. U.S. Fish Wildl. Serv. Spec. Sci. Rep. Wildl. 4. 33pp.
SCHNEEGAS, E. R., AND G. W. FRANKLIN. 1972. The Mineral King deer herd. Calif. Fish Game 58:133–140.
SCHNELL, J. H. 1968. The limiting effects of natural predation on experimental cotton rat populations. J. Wildl. Manage. 32:698–711.
SCOTT, A. F., AND J. L. DOBIE. 1980. An improved design for a thread trailing device used to study terrestrial movements of turtles. Herpetol. Rev. 11:106–107.
SCOTT, D. K. 1978. Identification of individual Bewick's swans by bill patterns. Pages 160–168 *in* B. Stonehouse, ed. Animal marking: recognition marking of animals in research. The MacMillan Press Ltd., London, U.K.
SCOTT, M. P., AND T. N. TAN. 1985. A radiotracer technique for the determination of male mating success in natural populations. Behav. Ecol. Sociobiol. 17:29–33.
SEALE, D., AND M. BORAAS. 1974. A permanent mark for amphibian larvae. Herpetologica 30:160–162.
SEEL, D. C., A. G. THOMPSON, AND G. H. OWEN. 1982. A wing-tagging system for marking larger passerine birds. Bangor Occas. Pap. 14:1–6.
SEGUIN, R. J., AND F. COOKE. 1983. Band loss from lesser snow geese. J. Wildl. Manage. 47:1109–1114.
SHEDDEN, C. B., P. MONAGHAN, K. ENSOR, AND N. B. METCALFE. 1985. The influence of colour-rings on recovery rates of herring and lesser black-backed gulls. Ringing & Migr. 6:52–54.
SHERWOOD, G. A. 1966. Flexible plastic collars compared to nasal discs for marking geese. J. Wildl. Manage. 30:853–855.
SHINE, C., N. SHINE, R. SHINE, AND D. SLIP. 1988. Use of subcaudal scale anomalies as an aid in recognizing individual snakes. Herpetol. Rev. 19:79–80.
SHOOP, C. R. 1971. A method for short-term marking of amphibians with 24-sodium. Copeia 1973:264–272.
SIEGFRIED, W. R. 1971. Communal roosting of the cattle egret. Trans. R. Soc. South Africa 39:419–443.
SIGLIN, R. J. 1966. Marking mule deer with an automatic tagging device. J. Wildl. Manage. 30:631–633.
SIMMONS, N. M. 1971. An inexpensive method of marking large numbers of Dall sheep for movement studies. Trans. North Am. Wild Sheep Conf. 1:116–126.
———, AND J. L. PHILLIPS. 1966. Modifications of a dye-spraying device for marking desert bighorn sheep. J. Wildl. Manage. 30:208–209.
SLADEN, W. J. L. 1952. Notes on methods of marking penguins. Ibis 94:541–543.
SMAL, C. M., AND J. S. FAIRLEY. 1982. The dynamics and regulation of small rodent populations in the woodland ecosystems of Killarney, Ireland. J. Zool. (Lond.) 196:1–30.
SMUTS, G. L. 1972. Seasonal movements, migration and age determination of Burchell's zebra (*Equus burchell: antiquorum*, H. Smith, 1841) in Kruger National Park. M.S. Thesis, Univ. Pretoria, Pretoria, South Africa.
SNELLING, J. C. 1970. Some information obtained from marking large

raptors in the Kruger National Park, Republic of South Africa. Ostrich Suppl. 8:415–427.
SOCIETY FOR THE STUDY OF AMPHIBIANS AND REPTILES. 1987. Guidelines for use of live amphibians and reptiles in field research. J. Herpetol. Suppl. 4. 14pp.
SODERQUIST, T. R., AND C. R. DICKMAN. 1988. A technique for marking marsupial pouch young with fluorescent pigment tattoos. Aust. Wildl. Res. 15:561–563.
SOUTHERN, L. K., AND W. E. SOUTHERN. 1983. Responses of ring-billed gulls to cannon-netting and wing-tagging. J. Wildl. Manage. 47:234–237.
———, AND ———. 1985. Some effects of wing tags on breeding ring-billed gulls. Auk 102:38–42.
SOUTHERN, W. E. 1964. Additional observations on winter bald eagle populations: including remarks on biotelemetry techniques and immature plumages. Wilson Bull. 76:121–137.
SOWLS, L. K. 1950. Techniques for waterfowl-nesting studies. Trans. North Am. Wildl. Conf. 15:478–487.
SPELLERBERG, I. P., AND I PRESTT. 1978. Marking snakes. Pages 133–141 in R. Stonehouse, ed. Animal marking. Univ. Park Press, Baltimore, Md.
SPENCER, R. 1978. Ringing and related durable methods of marking birds. Pages 45–53 in B. Stonehouse, ed. Animal marking: recognition marking of animals in research. The MacMillan Press Ltd., London, U.K.
ST. LOUIS, V. L., J. C. BARALOW, AND J. R. A. SWEERTS. 1989. Toenail-clipping: a simple technique for marking individual nidicolous chicks. J. Field Ornithol. 60:211–215.
STAMPS, J. A. 1973. Displays and social organization in female *Anolis aeneus*. Herpetologica 30:160–162.
STARK, M. A. 1984. A quick, easy and permanent tagging technique for rattlesnakes. Herpetol. Rev. 15:110.
STEBBINGS, R. E. 1978. Marking bats. Pages 81–94 in B. Stonehouse, ed. Animal marking: recognition marking of animals in research. The MacMillan Press Ltd., London, U.K.
STEBBINS, R. C., AND N. W. COHEN. 1973. The effect of parietalectomy on the thyroid and gonads of free-living western fence lizards, *Sceloporus occidentalis*. Copeia 1973:663–668.
STICKEL, L. F. 1950. Populations and home range relationships of the box turtle, *Terrapene c. carolina* (Linnaeus). Ecol. Monogr. 20:351–358.
STIEHL, R. B. 1983. A new attachment method for patagial tags. J. Field Ornithol. 54:326–328.
STILLE, W. T. 1950. The loss of jaw tags by toads. Chicago Nat. Hist. Mus., Nat. Hist. Misc. Publ. 74. 2pp.
STIRLING, I. 1979. Tagging Weddell and fur seals and some general comments on long-term marking studies. Pages 13–14 in L. Hobbs and P. Russell, eds. Report on the pinniped tagging workshop, 18–19 January 1979, Seattle, Wash.
STRONG, P. I. V., S. A. LAVALLEY, AND R. C. BURKE, II. 1987. A colored plastic leg band for common loons. J. Field Ornithol. 58:218–221.
SUGDEN, L. G., AND H. L. POSTON. 1968. A nasal marker for ducks. J. Wildl. Manage. 32:984–986.
SUMMERS, C. F., AND S. R. WITTHAMES. 1978. The value of tagging as a marking technique for seals. Pages 63–70 in B. Stonehouse, ed. Animal marking: recognition marking of animals in research. The MacMillan Press Ltd., London, U.K.
SWANK, W. G. 1952. Trapping and marking of adult nesting doves. J. Wildl. Manage. 16:87–90.
SWEENEY, T. M., J. D. FRASER, AND J. S. COLEMAN. 1985. Further evaluation of marking methods for black and turkey vultures. J. Field Ornithol. 56:251–257.
SWINGLAND, I. R. 1978. Marking reptiles. Pages 119–132 in R. Stonehouse, ed. Animal marking. Univ. Park Press, Baltimore, Md
SZYMCZAK, M. R., AND J. K. RINGELMAN. 1986. Differential habitat use of patagial-tagged female mallards. J. Field Ornithol. 57:230–232.
TABER, C. A., R. F. WILKINSON, AND M. S. TOPPING. 1975. Age and growth of hellbenders in the Niangua River, Missouri. Copeia 1975:633–639.
TABER, R. D. 1949. A new marker for game birds. J. Wildl. Manage. 13:228–231.

———, AND I. McT. COWAN. 1963. Capturing and marking wild animals. Pages 250–283 in H. S. Mosby, ed. Wildlife investigational techniques. Second ed. Edwards Brothers, Inc., Ann Arbor, Mich.
TACHA, T. C. 1979. Effects of capture and color markers on behavior of sandhill cranes. Pages 177–179 in J. C. Lewis, ed. Proc. 1978 Crane Workshop. Colorado State Univ. Printing Serv., Ft. Collins.
TAMARIN, R. H., M. SHERIDAN, AND C. K. LEVY. 1983. Determining matrilineal kinship in natural populations of rodents using radionuclides. Can. J. Zool. 61:271–274.
TAYLOR, K. D., AND R. J. QUY. 1973. Marking systems for the study of rat movements. Mammal. Rev. 3:30–34.
TAYLOR, M., AND J. LEE. 1994. Tetracycline as a biomarker for polar bears. Wildl. Soc. Bull. (In press).
TAYLOR, R. H. 1969. Self-attaching collars for marking red deer in New Zealand. Deer 1:404–407.
THOMAS, A. E. 1975. Marking anurans with silver nitrate. Herpetol. Rev. 6:12.
THOMAS, J. A., L. H. CORNELL, B. E. JOSEPH, T. D. WILLIAMS, AND S. DREISCHMAN. 1987. An implanted transponder chip used as a tag for sea otters (*Enhydra lutris*). Mar. Mammal Sci. 3:271–274.
THOMAS, J. W., AND R. G. MARBURGER. 1964. Colored leg markers for wild turkeys. J. Wildl. Manage. 28:552–555.
THOMAS, R. A. 1977. Selected bibliography of certain vertebrate techniques. U.S. Bur. Land Manage. Tech. Note, Denver, Colo. 88pp.
THOMPSON, S.D. 1982. Microhabitat utilization and foraging behavior of bipedal and quadrupedal heteromyid rodents. Ecology 63:1303–1312.
TILLEY, S. G. 1977. Studies of life histories and reproduction in North American plethodontid salamanders. Pages 1–41 in D. H. Taylor and S. I. Guttman, eds. The reproductive biology of amphibians. Plenum Press, New York, N.Y.
———. 1980. Life histories and comparative demography of two salamander populations. Copeia 1980:806–821.
TINKLE, D. W. 1967. The life and demography of the side-blotched lizard, *Uta stansburiana*. Univ. Michigan Mus. Zool. Publ. 132. 182pp.
———. 1973. A population analysis of the sagebrush lizard, *Sceloporus graciosus* in southern Utah. Copeia 1973:284–296.
TOMILIN, A. G., Y. I. BLIZNYUK, AND A. V. ZANIN. 1983. A new method for marking small cetaceans. Int. Whaling Commn. Rep. Comm. 33:643–645.
TRAVIS, J. 1981. The effect of staining on the growth of *Hyla gratiosa* tadpoles. Copeia 1981:193–196.
TURNER, F. B. 1960. Population structure and dynamics of the western spotted frog, *Rana p. pretiosa* Baird and Girard, in Yellowstone Park, Wyoming. Ecol. Monogr. 30:251–278.
TURNER, J. C. 1982. A modified Cap-Chur dart and dye evaluation for marking desert sheep. J. Wildl. Manage. 46:553–557.
TWITTY, V. C. 1966. Of scientists and salamanders. W. H. Freeman Co., San Francisco, Calif. 178pp.
UNDERHILL, L., AND J. HOFMEYER. 1987. Experience with colour-dyed common terns. Safring News 16:29–30.
U.S. FISH AND WILDLIFE SERVICE AND CANADIAN WILDLIFE SERVICE. 1986. North American bird banding manual. Vol. II. U.S. Dep. Inter., Washington, D.C. Var. pagin.
———. 1991. North American bird banding manual. Vol. I. U.S. Dep. Inter., Washington, D.C. Var. pagin.
VERME, L. J. 1962. An automatic tagging device for deer. J. Wildl. Manage. 26:387–392.
VILJOEN, P. J. 1986. A plastic tail collar for marking wild elephants. South Afr. J. Wildl. Res. 16:158–159.
VINEGAR, M. B. 1975. Life history phenomena in two populations of the lizard *Sceloporous undulatus* in southwestern New Mexico. Am. Midl. Nat. 93:388–402.
WADKINS, L. A. 1948. Dyeing birds for identification. J. Wildl. Manage. 12:388–391.
WALLACE, M. P., P. G. PARKER, AND S. A. TEMPLE. 1980. An evaluation of patagial markers for cathartid vultures. J. Field Ornithol. 51:309–314.
WARD, F. P., C. J. HOHMANN, J. F. ULRICH, AND S. E. HILL. 1976. Seasonal microhabitat selections of spotted turtles (*Clemmys guttata*) in Maryland elucidated by radioisotope tracking. Herpetologica 32:60–64.

WARNEKE, B. M. 1979. Marking of Australian fur seals, 1966–1977. Pages 7–8 *in* L. Hobbs and P. Russell, eds. Report on the pinniped tagging workshop, 18–19 January 1979, Seattle, Wash.

WATKINS, W. A., AND W. A. SCHEVILL. 1976. Underwater paint marking of porpoises. Fish. Bull. 74:687–689.

WEARY, G. C. 1969. An improved method of marking snakes. Copeia 1969:854–855.

WELLS, K. D., AND R. A. WELLS. 1976. Patterns of movement in a population of the slimy salamander, *Plethodon glutinosus*, with observations on aggregations. Herpetologica 32:156–162.

WHEELER, R. H., AND J. C. LEWIS. 1972. Trapping techniques for sandhill crane studies in the Platte River Valley. U.S. Fish Wildl. Serv. Resour. Publ. 107. 19pp.

WHITE, M. J., JR., J. G. JENNINGS, W. F. GANDY, AND L. H. CORNELL. 1981. An evaluation of tagging, marking, and tattooing techniques for small dolphinids. NOAA Tech. Memo. NMFS 16:1–142.

WHITE, S. B., T. A. BOOKHOUT, AND E. K. BOLLINGER. 1980. Use of human hair bleach to mark blackbirds and starlings. J. Field Ornithol. 51:6–9.

WHITFORD, W. G., AND M. MASSEY. 1970. Responses of a population of *Ambystoma tigrinum* to thermal and oxygen gradients. Herpetologica 26:372–376.

WILKINSON, G. S. 1985. The social organization of the common vampire bat. I. Pattern and cause of association. Behav. Ecol. Sociobiol. 17:111–121.

WILLIAMS, T. C., J. M. WILLIAMS, AND D. R. GRIFFIN. 1966. The homing ability of the neotropical bat, *Phyllostomus hastatus*, with evidence for visual orientation. Anim. Behav. 14:468–473.

WILLSTEED, P. M., AND P. M. FETTEROLF. 1986. A new technique for individually marking gull chicks. J. Field Ornithol. 57:310–313.

WOLCOTT, T. G. 1977. Optical tracking and telemetry for nocturnal field studies. J. Wildl. Manage. 41:309–312.

WOODBURY, A. M. 1956. Uses of marking animals in ecological studies: marking amphibians and reptiles. Ecology 37:670–674.

―――, AND R. HARDY. 1948. Studies of the desert tortoise, *Gopherus agassizii*. Ecol. Monogr. 18:145–200.

WOOLLEY, H. P. 1973. Subcutaneous acrylic polymer injections as a marking technique for amphibians. Copeia 1973:340–341.

WOOLLEY, P. 1962. A method of marking salamanders. Mo. Speleol. 4:69–70.

WRIGHT, E. G. 1939. Marking birds by imping feathers. J. Wildl. Manage. 3:238–239.

WÜRSIG, B., AND M. WÜRSIG. 1977. The photographic determination of group size, composition, and stability of coastal porpoises (*Tursiops truncatus*). Science 198:755–756.

YAGI, T., M. NISHIWAKI, AND M. NAKAJIMA. 1963. A preliminary study on the method of time marking with lead salt and tetracycline on the teeth of fur seals. Sci. Rep. Whales Res. Inst. 7:191–195.

YOUNG, J. B. 1941. Unusual behavior of a banded cardinal. Wilson Bull. 53:197–198.

YOUNG, L. S., AND M. N. KOCHERT. 1987. Marking techniques. Natl. Wildl. Fed. Sci. Tech. Ser. 10:125–156.

ZICUS, M. C., AND R. M. PACE, III. 1986. Neckband retention in Canada geese. Wildl. Soc. Bull. 14:388–391.

―――, D. F. SCHULTZ, AND J. A. COOPER. 1983. Canada goose mortality from neckband icing. Wildl. Soc. Bull. 11:286–290.

ZMUD, M. E. 1985. Marking of the redshank *Tringa totanus* in the north-western Pricernomorije. The Ring 11(122-123):7–15.

ZWICKEL, F. C., AND A. ALLISON. 1983. A back marker for individual identification of small lizards. Herpetol. Rev. 14:82.

補遺　標識された渡り鳥の記録に関する共通用語とその定義

New Bird：新たに標識された鳥

Returns：標識付け，あるいは前回の再捕獲以降，90日以上たってから再び同地点で捕獲された鳥。

Recoveries：標識付けした場所とは異なる他の地点において捕獲された鳥。

Repeats：放鳥後90日未満のうちに同じ地点で再捕獲された鳥（もともと別の地点で標識された鳥であっても，この条件を満たすものは"Repeat"とする）。

Experimentals：捕獲ワナから外した後，2～3時間以上放鳥できなかったもの。すぐに捕獲地点付近において放鳥されなかったもの。足環以外の標識付けがされている鳥。あるいは，なんらかの研究上の理由ですぐに捕獲地点において放鳥しなかった個体。

Hand-Reared：孵卵器や用意されたメス鳥によって孵化して育てられた鳥。飼育鳥によって育てられた鳥。生育段階のどこかで捕獲されて育てられた鳥。飼育された，あるいは羽切りされた，あるいは羽のある両親鳥によって育てられた鳥。

Sick or Injured：標識付けのために捕獲した際に，通常の良好な健康状態にない鳥。病気（例えばボツリヌス中毒など）の回復後に標識を装着した場合でもこれに含まれる。

Wild Birds：野生下で育った健康な一般の鳥。

L (local birds)：若鳥，あるいは持続的飛行が不能な鳥。

HY (hatching year)：標識付けした年（暦年）に孵化したことがわかっている持続的飛行が可能な鳥。

AHY (after hatching year)：孵化年のわかる，わからないにかかわらず，標識付けの前年（暦年）以前に孵化したことがわかっている鳥。

SY (second year)：標識付けした年の前年（暦年）に孵化したことがわかっている，生後2年目の鳥。

ASY (after second year)：孵化年のわかる，わからないにかかわらず，標識付けの前々年（暦年）以前に孵化したことがわかっている鳥。

TY (third year)：標識付けした年の前々年（暦年）に孵化したことがわかっている，生後3年目の鳥。

訳者注：原著では，「SY (second year)」と「ASY (after second year)」の説明が全く同じ文章となっている。明らかな間違いであると思われるため，推測される訳をつけた。

8
性判別と齢査定

Ralph W. Dimmick & Michael R. Pelton

はじめに……………………………………205	猛禽類……………………………………224
鳥類における性と齢の特徴………………206	スズメ目…………………………………224
細胞レベルの齢査定と性判別……………206	**哺乳類における性と齢の特徴**……………224
胚の発育…………………………………206	細胞レベルの性判別……………………225
ヒナの発育………………………………206	胎子の発育………………………………225
水禽類……………………………………206	出生後の発育……………………………225
キジ目……………………………………211	水晶体重量………………………………226
シギ・チドリ類…………………………221	セメント質の年輪………………………227
ハト類……………………………………222	偶蹄目……………………………………229
ツル類……………………………………223	陸生の食肉目……………………………237
クイナ類…………………………………223	その他の哺乳類…………………………243
バン類……………………………………224	**参考文献**…………………………………250
アメリカオオバン………………………224	

❏ はじめに

　個体の性別と年齢を明確にすることは，種個体群の性比と年齢構成を明らかにするための最初のステップである。性比と年齢構成を調べることは個体群のごく近い過去と現在，そして近い将来に起こりうる変動を考える上で重要である。鳥類あるいは哺乳類の性判別と齢査定は，興味深く魅力的な技術であり，個体群生態学者，動物行動学者，野生生物保護管理学者にとって必要不可欠な技術である。
　本章の目的は，次の3点である。
　①野生動物の性別と年齢に関する基礎的な専門用語の定義をする。
　②野生動物の性判別と齢査定のための主な手法を示す。
　③北米の鳥類とほ乳類の種および属における性別と年齢の特徴を図示する。
　野生動物における性判別と齢査定の方法には多種多様なテクニックがあり，中には広く知られている容易なテクニックもある。例えばシカでは，一般に成獣オスには枝角があって，メスには枝角がない。鳥類では，繁殖年齢に達したオスは色鮮やかな羽色になり，さえずりやダンスやドラミング等の求愛ディスプレイ行動をする。メスは保護色で，見つかりにくい色をしている。しかし，このような明らかな例を除くと，野外では性判別と齢査定に役立つ外見的な特徴は，不明瞭であるか確認不可能な場合が多い。特に雌雄同形の鳥類および哺乳類，未成熟個体，角や枝角のような明らかな第二次性徴のない哺乳類などがそうである。哺乳類では，全てというわけではないがほとんどの場合，捕獲すれば外部生殖器によって容易に性別を判定できる。鳥類は外部生殖器を欠くが，水禽類ではクロアカの検査で性判別が可能である。
　有能な生物学者は，解剖して生殖器を検査することによって鳥類および哺乳類の性別を判定できる。しかし，生きている個体の性別と年齢を，捕獲してあるいは野外で識別するには，その種に特有の知識が要求される。実際には，生体あるいは死体を手にとって動物の年齢を評価することは，それを広いカテゴリーに分類することさえ全く困難であることも多い。さらに，完全な標本を入手するよりも，むしろ体の一部分のみ（例：翼や下顎骨）を入手する場合が多い。
　本章では，鳥類と哺乳類の性判別と齢査定に関してフィールドガイドやマニュアルには記載されていない方法

を紹介する。理論的には，性判別と齢査定の基準を示すことは生物学者にとって以下のような利点がある。

①性判別と齢査定における主観が最小になる。
②性判別と齢査定における重複が減少または無くなる。

また，単独で使える基準は併用するものより有用である。動物の体の一部(例:翼，尾羽，下顎骨，前臼歯)から判別できれば，入手しやすい上にハンターも快く提供してくれる。多くの生物学的情報は，ハンターの提供してくれる材料から得ることができるが，一般に食用部分やトロフィーは提供してもらいにくい。

❏鳥類における性と齢の特徴

細胞レベルの齢査定と性判別

正羽(羽軸の基部に血管を伴う羽毛)由来の細胞の染色体解析によって鳥類の遺伝的性別を判定することができる。Van Turner & Valentine(1983)によれば，性染色体を首尾よく確認できれば，この方法は年齢にかかわらず100%信頼できる。マナヅルとアメリカシロヅルでは，1本の羽毛を培養することによって容易に性判別が可能であった。この手法では，発達中の羽毛の組織特有の細胞を速やかに分離し，細胞を培養，染色して，性染色体の特徴に基づいて性判別を行う。

また，鳥類の腱にあるコラーゲンの生化学分析が，鳥類の齢査定に有効である。

生体の代謝的に不活性なタンパク質では，本来は時間が経つとL型アミノ酸はD型アミノ酸にラセミ化する。Hunter(1989)はカッショクペリカンとルリツグミの腱のコラーゲン中のアスパラギン酸のD/L比を計測した。この両種において，D/L比は加齢にともなって有意に増加した。

細胞レベルの性判別と齢査定において，良い結果を得るためには，一般に精巧な設備とテクニックを要する。上記の方法は，特に雌雄同形の種や非侵襲性のテクニックが必要な種では有効であろう。

胚の発育

鳥類の孵化前の胚の発育程度は種によって異なる。ハト科，猛禽類，多くの鳴禽類では，孵化時のヒナの羽毛は薄く，目は閉じていて，弱々しい。これらは"晩成性"と呼ばれる。キジ目，水禽類，シギ・チドリ類，ツル科では，孵化時のヒナは綿羽に覆われ，目は開き，神経系も充分発達し，力強い運動が可能である。これらは"早成性"と呼ばれる。

晩成性のヒナの抱卵期間は一般に短い。ナゲキバトの胚の発達のステージをMuller et al.(1984)が報告している。ナゲキバトの抱卵期間は14日間である。コリンウズラの抱卵14～15日目の胚(抱卵期間23日)とシチメンチョウの抱卵18日目の胚(抱卵期間26日)は，胚の発達程度がナゲキバトの孵化時のものに近い。Roseberry & Klimstra(1965)ならびにStoll & Clay(1975)は，それぞれコリンウズラとシチメンチョウの胚の発達の日変化を図解している。早成性のヒナは，孵化後数時間以内に巣を離れることが可能である。

ヒナの発育

晩成性のヒナは，巣立ちまでずっと巣に留まっている。この時期(巣内育雛期)は，比較的急速な神経筋の発達と羽毛の成長の時期である。ナゲキバトのヒナは，およそ14日齢で巣立ちする。この時点で，外観は成鳥に近くなっており，間もなく独立する。Hanson & Kossack(1963)によって報告されたナゲキバトの巣内ヒナの日齢査定のための写真ガイドは優れている(図8-1)。

早成性の中には，野外であるいは捕獲して，綿羽が体羽(正羽)に置き変わるパターンを調べることによってヒナの日齢を推定できる種もある。このパターンは，水禽類のヒナで詳細に記録されている。水面採食型のカモの一般的な羽毛変化を図8-2(Bellrose 1980:27, Gollop & Marshall 1954)に図解した。それぞれのステージを完了するのに要する期間の長さは，種に特異的で，緯度やその他の環境変化によって異なる。羽毛の特徴に加えて，成鳥と比較したときのヒナのサイズや飛翔の技術や体力などが，ほぼ正確な齢査定に有効である。Williams & Austin(1988)は，七面鳥のヒナについて，年齢の特徴を詳細に記載した。コリンウズラ(Stoddard 1931)，エリマキライチョウ(Bump et. al. 1947)，アオライチョウ(Smith & Buss 1963)についても同様に報告されている。

水禽類

一般特性

北米の水禽類は，ハクチョウ類，ガン類，カモ類など約45種が確認されている。中には2種あるいはそれ以上の品種が認められている種もある。稀に大陸に迷鳥として飛来するヨーロッパやアジアの種を加えると，50種以上にな

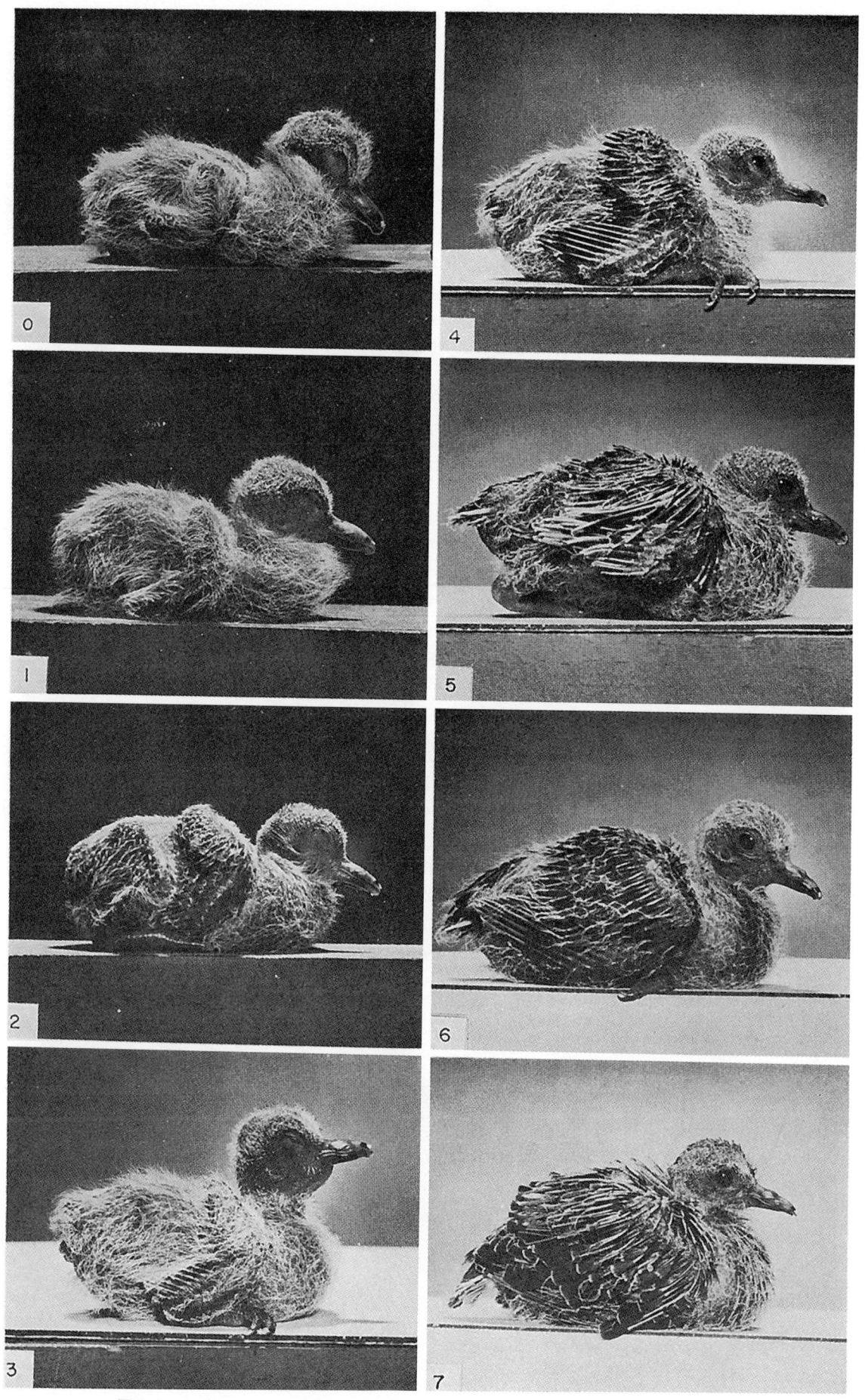

図 8-1　ナゲキバトの日齢変化(Hanson & Kossack 1963)　数字は日齢を示す。

図 8-1 つづき

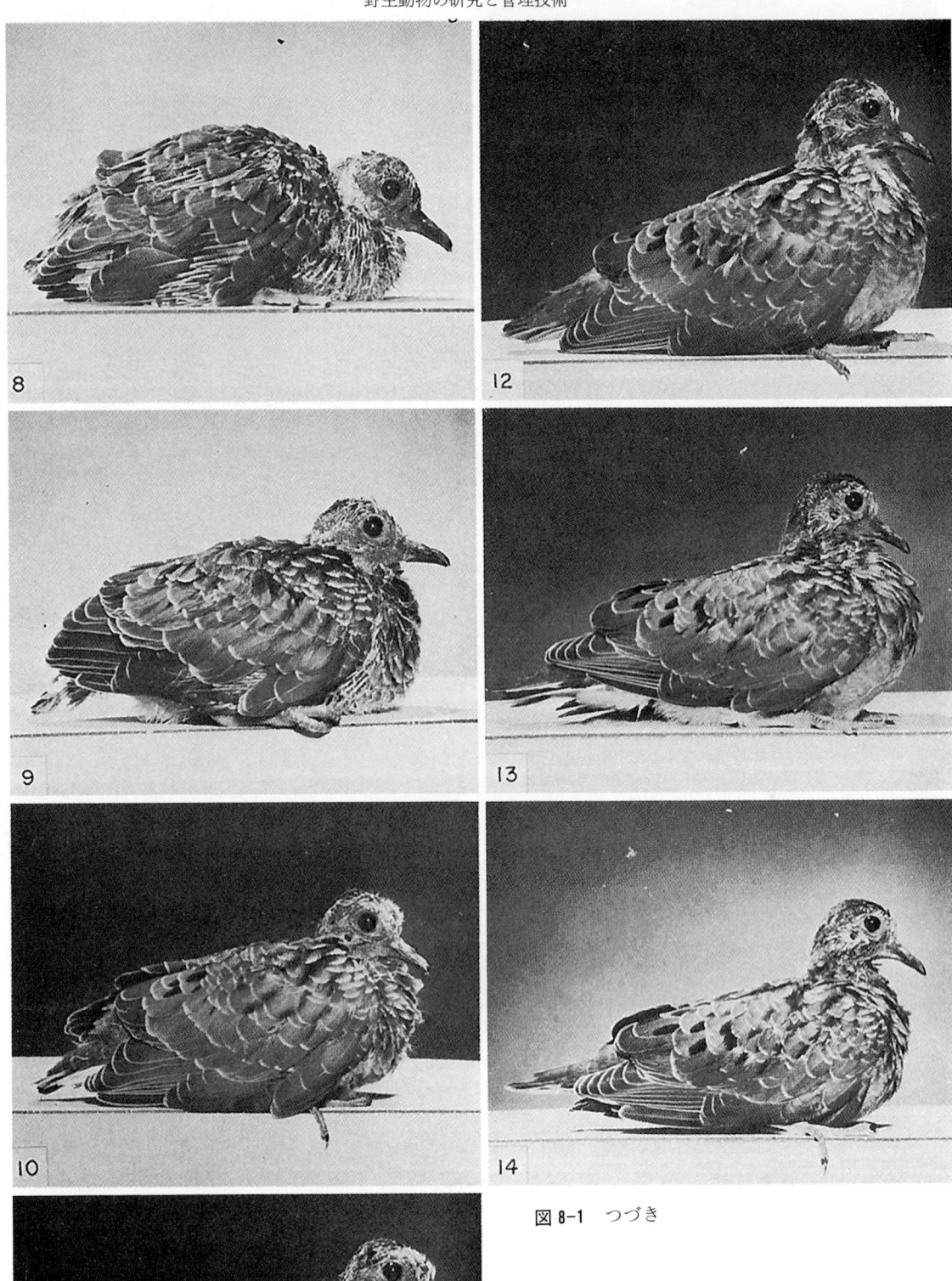

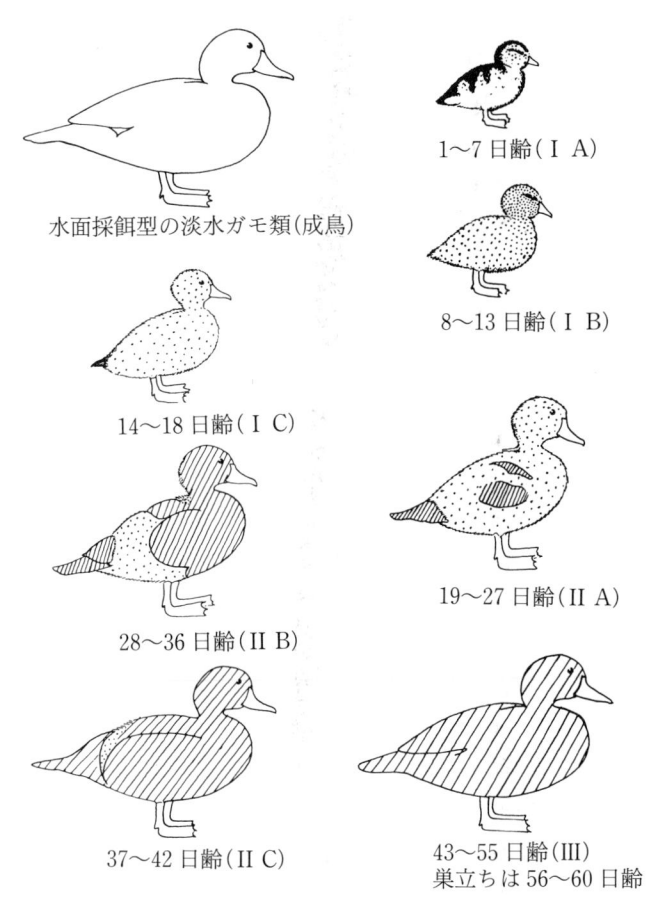

図 8-2 水禽類における羽毛の発達(27日齢までは Bellrose 1980 を，27日齢以降は Gollop & Marshall 1954 を改変)

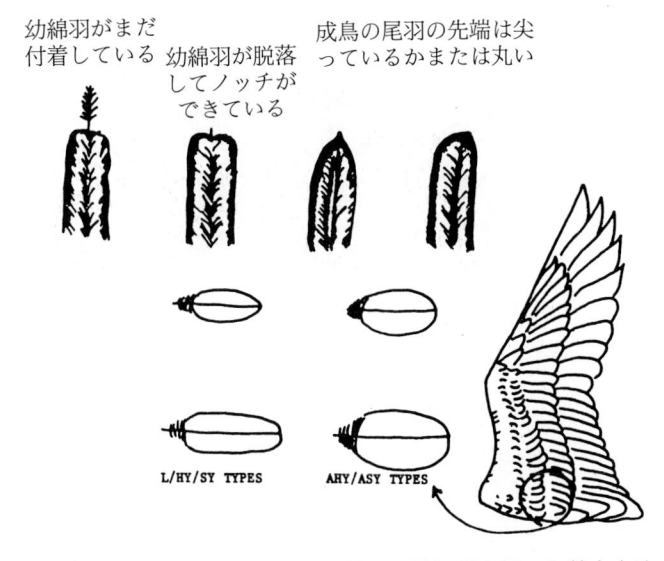

図 8-3 北米のカモ類における尾羽と風切羽を用いた齢査定法(アメリカ魚類野生生物局とカナダ野生生物局 1977)

る。コブハクチョウは外国産の種であるが，アメリカ合衆国内の数か所で野生化した個体群が定着している。

水禽類では，孵化してから成鳥になるまでの間に羽毛は順番に換羽する。成鳥になると，大部分のカモ類(ハクチョウ類，ガン類，リュウキュウガモ類を除く)は，毎年2種類の違うパターンの羽毛に換羽する。Bellrose(1980)の詳細な論文を要約すると以下のようになる。

ヒナ(natal)：孵化した水禽類のヒナは，体全体が綿羽に覆われている。後にこの綿羽の羽包が発達した完全な体羽を形成する。

幼鳥(juvenal)：2.5〜16週間で，ヒナの綿羽は幼鳥の体羽や風切羽に換羽する。小型の淡水ガモ類では孵化後6週間で，ハクチョウ類では14〜16週間以上で，幼羽が完成し飛翔可能になる。幼鳥の尾羽の先端には，ヒナの尾羽の綿羽が付着している(図8-3)。この先端部分が脱落して形成されるノッチ(V字型の切れ込み)が，秋から初冬にかけての水禽類の齢査定の基準とし

て有効である。

若鳥(immature)：若鳥の羽毛は短命で，幼羽によく類似しているので検出が難しい。中にはオスの羽毛が明らかに幼羽と成鳥羽の中間の特徴を持つ種もある。翼の羽毛は幼羽のままで，幼羽の特徴である尾羽のノッチがなくなり，丸みを帯びた成鳥羽になる。この特徴は若鳥の時期に限って，齢査定に有効である。

成鳥(adult)：ガン類，ハクチョウ類，リュウキュウガモ類は，1年中同じ羽毛で，これが成鳥羽である。カモ類は，季節や年齢の違いによって，体羽が1年に少なくとも2種類の全く異なる羽色に換羽する(コオリガモは3種類)。カモ類では繁殖羽(生殖羽または交替羽とも呼ばれる)が，雌雄とも成鳥羽である。大部分のカモ類が，1年のうちのほとんどの時期をこの繁殖羽で過ごす。オスでは，繁殖期終了後すぐにエクリプス(非生殖羽または基本羽とも呼ばれる)になる。エクリプスは繁殖羽とはまるで異なり，性的二形性の強いカモ類においても，この時期のオスとメスはよく似た色をしている。メスもエクリプスに換羽するが，羽色は変わらないため生殖羽と非生殖羽は区別されない。

性判別

アメリカガモ，マガモ，フロリダガモ，マガモのニューメキシコ型を除くと，北米の全てのカモ類は，性的二形性が強い。性的二形性が強い種においても，エクリプスと幼鳥羽ではオスとメスはよく似ている。しかし，大部分のカ

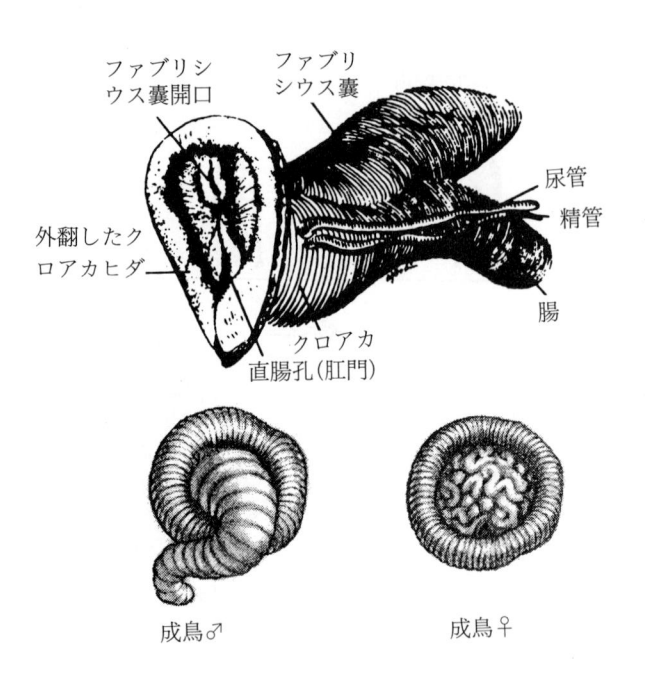

ガンカモ類の幼鳥のクロアカは，成鳥の雌によく似ている。雄は8時の方向に，小さくて黒い交尾器をもつ。

図 8-4 水禽類では，クロアカの構造が齢査定と性判別に有効である

モ類の性別は，一般に捕獲してあるいは野外でも，羽毛の特徴によって容易に判別することができる。カモ類の個々の種における性別の特徴については，Bellrose(1980)や各種フィールドガイドを参照すればよい。

ハクチョウ類，ガン類，リュウキュウガモ類は，雌雄同形である。一般に，性別はクロアカ検査によって確認するのがよい(図8-4)。アメリカガモの成鳥では，嘴や脚の色でも性判別が可能であるが，死後は肉質部分の色が退色するため死体においては信頼できない。

齢査定

水禽類では，羽毛の特徴によって，孵化して1年以内(HY)と1年以上(AHY)に識別することができる(図8-3)。2年目に亜成鳥の羽毛を示す種では，さらに2年目以上(ASY)も識別可能である。一般に，HYの尾羽にはノッチがあるか，羽軸の先端に綿羽が付着している。AHYの尾羽は，比較的丸みを帯びているかあるいは尖っており，ノッチや羽軸先端の綿羽を欠く(図8-3)。尾羽にノッチがある期間は種によって異なり，Hanson(1962)によればカナダガンの場合は同種内でも期間にばらつきがある。一般にノッチは晩秋から冬までは有効である。翼だけでも，三列大雨覆と三列中雨覆の形で識別可能である。HYと2年目の若鳥(SY)の一部は，細くて尖った雨覆をもつ(図8-3)。AHYとASYの雨覆は，先端が丸く幅広である。性成熟に1年以上を必要とする水禽類では，孵化後1年間は全体あるいは部分的に幼羽であることが多い。晩熟型(例：ケワタガモ)の種の中には，成鳥羽になるのに2年以上かかるものもある。

ファブリシウス嚢の深さは，年齢が進み性成熟が近づくにつれて浅くなる(図8-4)。ゾンデをクロアカに挿入すれば，ファブリシウス嚢の深さを計測することができる。性成熟の遅い種(例：カナダガン)では，ファブリシウス嚢の深さとその他の特徴を総合して，1年以内と1年以上とを識別することができる(Hanson 1962)。未成熟メスの卵管開口部は，膜でふさがっている。オスの交尾器は，加齢と共に拡大し黒っぽくなる。交尾器のサイズと色は，性成熟に達する前の水禽類の齢査定に有効である。カモ類のような早熟型の種では，1年目の11月～12月以後この基準は役に立たなくなる。性成熟の遅い種では，1年以内の幼鳥，若鳥，成鳥を識別するのに，交尾器の特徴が有効である(Hanson 1962)。雌雄ともクロアカ括約筋は，加齢と共に拡大し黒っぽくなる。

ハクチョウ類

羽毛は雌雄同色である。ツンドラハクチョウとナキハクチョウは，生体あるいは新鮮な標本を用いたクロアカ検査によって性判別をする。コブハクチョウのオスは，前頭部に肉質のコブがありメスのコブより目立つ。ハクチョウ類の若鳥の羽毛はくすんだ灰色で，成鳥羽は雪のように白い。

ガン類

全種で，羽毛は雌雄同色である。ガンの若鳥の羽毛は，成鳥羽に類似している場合と明らかに異なる場合がある(表8-1)。

リュウキュウガモ類の羽毛は雌雄同色であるが，ハシグロリュウキュウガモとアカリュウキュウガモの成鳥では，メスがオスよりくすんだ色をしている。若鳥の羽毛は，成鳥よりくすんだ色をしている。幼鳥の翼パターンは，最初の繁殖期まで残っている(Bellrose 1980)。

その他のカモ類

大部分の種は，成鳥羽が適度な性的二形性を示すため，捕獲してあるいは野外で迅速な性判別が可能である。羽毛では疑わしい場合(例：幼羽やエクリプス)は，捕獲して交尾器の有無で性判別をする。アメリカ魚類野生生物局とカナ

表 8-1　ガンカモ類の成鳥と若鳥の識別法(Bellrose 1980 より)

種		若鳥[a]	成鳥
マガン		体は灰褐色，嘴の基部の白色と腹部の模様がない。脚と嘴は黄色	嘴の基部の周囲が白，腹部には黒色と褐色の不規則な横縞がある。脚はオレンジ，嘴はピンク
コハクガン	青色型	頭部も体部もくすんだ茶褐色	頭部は白色，体部は暗青灰色。脚はローズレッド，嘴はピンク
	白色型	頭部と上面はすすけた灰色，下面は大部分が白色。翼の先端は黒色・脚と嘴は灰褐色	全身が真白。翼の先端は黒色。脚はローズレッド，嘴はピンク
オオハクガン		コハクガンの白色型に類似	コハクガンの白色型に類似
ヒメハクガン		体は淡青灰色。翼の先端は黒色	全身が雪のように真白。翼の先端は黒色
ミカドガン		頭部から頸部が黒褐色で，10月下旬にはまだらに白くなる。脚と嘴は黒色	頭部から頸部が白色。脚は黄色，嘴はピンク
カナダガン		成鳥も若鳥も同じ体色	成鳥も若鳥も同じ体色
コクガン	東部型	冬至まで頸部に白色部はない。大雨覆と中雨覆の先端が白色	頸部側面が三日月状に白い・大雨覆と中雨覆は一様に濃褐色
	西部型(黒色型)	全身が真黒。雨覆の羽縁が淡灰色	腹部側面に鮮明な灰色と白色の横縞がある。雨覆は一様に黒色

[a]全種で若鳥の特徴として尾羽にノッチを認める，しかしノッチを認める期間は種内および種間で異なる。

ダ野生生物局(1977)は，主要なカモ類の性別と年齢の特徴に関するマニュアルを作成している。この詳細なマニュアルの一例として，アメリカコガモについて図8-5に示す。

北米の水禽類の保護管理において特に重要なことは，水禽類のハンターの協力によって得られる翼のサンプルに基づいて，性比と年齢構成を毎年分析することである。翼の羽毛の特徴に基づく性判別と齢査定の方法を，Carney(1992)が報告している。一例を図8-6に示す。

上記の二つの報告内容は，このテキストに転載するにはボリュームがありすぎる。水禽類の管理や鳥類のバンディングに携わるプロは，アメリカ魚類野生生物局や渡り鳥管理事務所(所在地：Laurel，MD 20811)の発行しているマニュアルを入手すべきである。Bellrose(1980)は，北米の全ての水禽類に関して，性判別と齢査定の手掛かりとなる特徴をカラー写真と解説文で紹介している。

キジ目

一般特性

北米に生息するキジ目は，国産の狩猟鳥16種と導入された外来種3種の計19種である。国産種は，シチメンチョウ，ウズラ類6種，ライチョウ類(grouse)6種，ライチョウ類(ptarmigan)3種である。コウライキジ，ヨーロッパヤマウズラ，イワシャコが，定着している外来種である。

成鳥羽に関して，性的二形性の強い種(例：コウライキジ)と雌雄同種(例：ツノウズラ，イワシャコ)に分類される。羽毛および裸出部の第二次性徴が，繁殖期に現れる種(キジオライチョウ)と，変化しない種(ウズラ類全種)がある。

キジ目の多くは，羽毛の特徴によって幼鳥と成鳥を識別することができる。初列風切の換羽は，近位の羽(P 1)から順に規則的なパターンで遠位に向かって進行する。一般に，初列風切の9番(P 9)と10番(P 10)は第1回目の繁殖期の後まで残っている。このため，2枚の羽は幼鳥では摩耗して色あせており，成鳥よりも先端が尖っている。多くの種の幼鳥で，初列の8番(P 8)が完全に成長するまでは，初列風切の換羽パターンによって，日齢あるいは週齢の単位で齢査定が充分可能である。ウズラ類の多くは，初列雨覆が第1回目の繁殖期を過ぎても換羽せず，これらの羽毛の形と色が年齢を示す重要な特徴である(Petrides 1942)。一般に，幼鳥の初列雨覆は，しばしば先端の色が明るく，全体的に成鳥よりくすんだ色をしている(図8-7)。また，ファブリシウス嚢も齢査定に役立つが，性成熟に達してもファブリシウス嚢が閉鎖しない種もある。

シチメンチョウ

北米とメキシコ北部には，4亜種のシチメンチョウがいる(Williams & Austin 1988)。これら4亜種は，性別と年齢に関して共通の特徴を示す。しかし換羽のタイミングと羽毛の発育程度，その他の特徴は個体群によって異なる(Heaiy & Nenno 1980, Williams & Austin 1988)。

孵化後10～14週で性差が明らかになる(Williams & Austin 1988:79)。オスは頸部にある肉垂が大きくなり始め，頭部と頸部の羽毛がメスより少なくなる。11～13週に

齢査定と性判別の検索表：（注意）一部の地域では三列風切がなければ，クロアカ検査によって雌雄判別を行うこと。
1 A：三列風切の外側羽の縞が黒くて，はっきりしている。交尾器あり。・・・・・・・・・・・・・・・→♂(2)
1 B：三列風切の外側羽の縞が黒褐色で，ぼんやりしている。交尾器なし。・・・・・・・・・・・・→♀(3)
2 A(1)：三列大雨覆が長くて細く，羽色は退色している。
　・・・・・・・・・・・・・・・・・・→HY/SY
2 B：三列大雨覆が短くて先端は丸く，羽色は灰色で羽縁がバフ色の場合もある。　→AHY/ASY
3 A(1)：三列風切の先端が摩耗している。三列雨覆が細い。初列雨覆の羽縁がとても薄い。・・・・・・・→HY/SY
3 B：三列風切の先端が摩耗していない。三列雨覆が太くて丸い。初列雨覆の先端が尖っておらず羽縁がわずかに薄い。
　・・・・・・・・・・・・・・・・・・→AHY/ASY
類似種：ミカヅキシマアジは翼に明るい青色の部分がある。アカシマアジは赤茶色。
換　羽：部分的に幼羽期後の羽毛（翼の羽は幼羽）　9～12月
完全な繁殖期：9～3月
部分的にエクリプス：6～8月
抱卵期間：21～23日
育雛期間（巣立ちに要する期間）：35～44日
群れ生活の期間：？日
参考：Carney 1964. FWS. SSR. No.82.

通常使用されている年齢と性別の月別コード

年齢/性別	1月	2月	3月	4月	5月	6月	7月	8月	9月	10月	11月	12月
L-U ♂/♀						■	■	■				
HYU ♂/♀							■	■	■	■	■	■
SY-♂/♀	■	■	■	■	■	■						
AHY ♂/♀	■	■	■	■	■	■	■	■	■	■	■	■
ASY ♂/♀	■	■	■	■	■	■	■	■	■	■	■	■

アメリカコガモのコード
1/ マニュアルの適応種：マガモ，アメリカガモ，アメリカヒドリガモ，コガモ，ミカヅキシマアジ，アカシマアジ，ハシビロガモ，オナガガモ，アメリカオシドリ，アメリカホシハジロ，オオホシハジロ，スズガモ，ホオジロガモ，キタホオジロガモ，ヒメハジロ
2/ 上記以外の種の齢査定に関して，羽毛の特徴の変異について記述がある(Bellrose 1980)。

図 8-5　カモ類の性判別と齢査定のマニュアル例（コガモ）（アメリカ魚類野生生物局とカナダ野生生物局 1977)。

アラナミキンクロ：アラナミキンクロの翼は，上面も下面も黒っぽくて模様がない。成鳥の雄は黒色であるが，他の若鳥や雌は焦茶色である。成鳥の雌では，三列風切が幅広で丸みを帯びており，大雨覆が次列と三列風切の両方を覆っている。若鳥では，三列風切は尖っており，通常羽の先端は摩耗して退色している。大雨覆は次列と三列風切の両方を覆っており，羽は細長くて先端が摩耗して退色している。

翼の特徴	オス 成鳥	オス 若鳥	メス 成鳥	メス 若鳥
初列風切	初列の最外側部は，隣接部と同じまたは隣接部より長い			
	外側羽弁が黒色	外側羽弁が濃い黒褐色		
三列風切	光沢のある黒色。先端は尖っている（次列風切より長い部分は約20 cm）	焦茶色。先端は尖っている（先端が擦り切れている場合もある）	濃い黒褐色。先端は尖っている（次列風切より長い部分は20 mm以下）	
三列風切	光沢のある黒色	焦茶色。成鳥に比べて著しく細い（先端が磨耗している場合もある）	濃い黒褐色。先端は丸みを帯びている	
大,中,小雨覆	真っ黒（滑らかに見える）	焦茶色。大雨覆の先端は磨耗している	濃い黒褐色。僅かに磨耗している場合もある（大部分は滑らかに見える）	

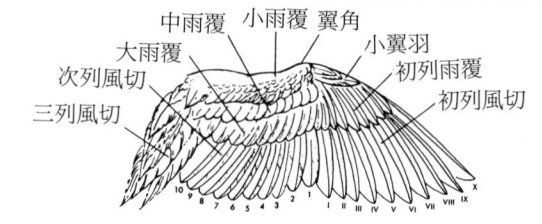

図 8-6　アラナミキンクロの齢査定法（Carey 1992 に基づいて作成）

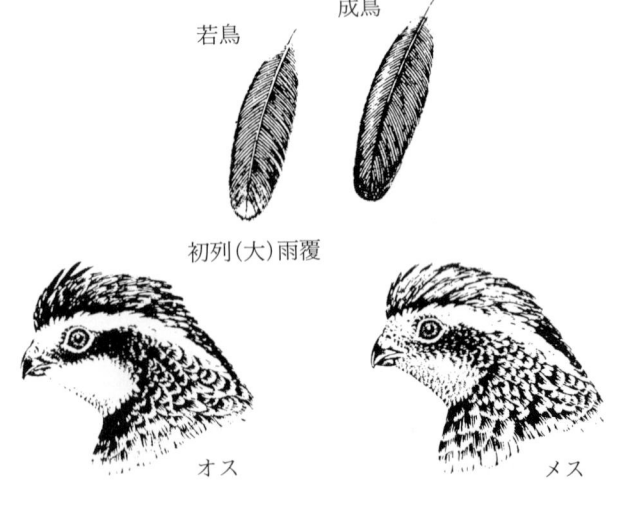

図 8-7　コリンウズラの性別と年齢の特徴

は，側頭部の皮膚がオスではピンク色になり，メスは何歳になってもピンク色にはならない。16～20週になると，オスの嘴の基部の皮膚から角化上皮の突起が出現する。成鳥ではオスの頭部，喉，頸部がほとんど裸出しており，皮膚は赤味が強くなる。メスの頭部，喉，頸部は適度に羽毛が生えており，皮膚は灰色ないし青灰色をしている。オスの嘴の基部の羽毛は，2回目の秋には長さ 12 cm に達し，メスでもまれに 7.6 cm を越えることがある(Edminster 1954: 61-62)。Wallin(1982)は，ヴァーモント州で秋に捕獲されたシチメンチョウの幼鳥の性判別に，初列風切10番目(P 10)の回旋筋から羽毛先端までの形測値を利用した。P 10 が 22.9 cm 以下はメス，22.9 cm 以上はオスに分類された。誤差は 1.8％で，オスとメスの分類ミスはほぼ同数であった。胸部の羽毛は，オスでは先端が黒く，メスでは先端がバフ色である。

秋から冬の間に，シチメンチョウの幼鳥と成鳥を識別す

るのに役立つ羽毛の特徴は3つである。最も明確な特徴は，成鳥の尾羽の長さが均一なのに対して，孵化後1年以内の幼鳥では中央の3枚が長いことである(図8-8)。雌雄ともにこの特徴を示すが，オスの方がより明確である。孵化後1年以内の幼鳥では，次列大雨覆の幅が狭く色はくすんでいる(図8-8)。この特徴は，少し距離があっても生きたシチメンチョウで確認することができる(Williams & Austin 1988)。一般に幼鳥の初列風切の9番(P9)と10番(P10)は，最初の冬まで残っているが，フロリダ種ではP9が早い時期に換羽し，50%以上が10枚全てを換羽してしまう(Williams & Austin 1970)。幼鳥の初列風切は，先端が尖っている。遠位部分には縞がなく，ふぞろいで色はくすんでいる(図8-8)。オスのシチメンチョウの距(ケヅメ)の長さは，齢査定の有効な指標である。Kelly(1975)によれば，ケヅメの長さは他の単独の変化にくらべて年齢との相関性が高い。1歳未満の幼鳥は，1歳以上にくらべて体重が軽く，嘴の基部の羽毛の長さも有意に短い。しかしこれらの基準は1歳以上の齢査定には使えない。

コリンウズラ

メスは，腮と喉の上部と眉斑がバフ色である(図8-7)。オスでは，これらの部分が白である。メスの中雨覆の羽は，幅広で，くすんだ灰色のバンドがあり，明確なコントラストはない(Thomas 1969)。オスの中雨覆は，鮮やかな黒で，くっきりとした波形があり，隣接の羽毛の色とのコントラストがついている。メスの下嘴の基部は黄色で，オスでは均一な黒色である(6〜8週齢で識別できる)(Loveless 1958)。

コリンウズラの若鳥は，初列雨覆の先端がバフ色のくすんだ褐色をしており，先細である(図8-7)。成鳥は，初列雨覆が均一な灰色〜青灰色で，光沢があり，幅広で丸みがある。初列風切の外側2枚(P9とP10)は，若鳥では先端が尖ってくすんだ褐色をしており，成鳥では丸くて灰色がかっている。

初列風切の換羽状況によって幼鳥の日齢査定が可能である。この方法は，換羽とP1からP8の成長に基づいており，P8が換羽して完全に成長するまでの孵化後およそ150日間は，有効である(Petrides & Nestler 1952)。

ウロコウズラ

ウロコウズラの性判別は，捕獲しても難しい場合が多く，野外で観察によって識別するのは事実上不可能である。頭部と喉の羽毛の違いが，最も顕著で矛盾がない(Wallmo 1956)。メスの頭部の側面の羽毛は，灰色〜灰白色の地に黒い縦縞があるため，汚い灰色の縞になっている。オスの頭部の側面は，耳羽が茶色っぽい他は，均一にパールグレイである。メスの喉には縦斑があり，オスの喉は黄色とバフ色を混ぜたような色であるが，嘴が黒っぽいため明るい白に見える。以上の特徴は約17週齢の幼鳥で明確になる。

若鳥の特徴は，初列雨覆の先端が尖っていて，白いまだら模様になっていることである。成長ではこれらは全て均一な灰色である。この特徴によって1歳未満と1歳以上を識別する(Wallmo 1956)。

ズアカカンムリウズラ，カンムリウズラ

メスは，冠羽が焦茶色で，喉には黒い部分がない。オスは，冠羽と喉が黒い。両種の幼鳥は，初列雨覆の先端がバフ色で尖っており，成鳥は均一に灰色で先端が丸い。初列風切の外側羽2枚(P9とP10)の先端が尖っていて摩耗しているのが幼鳥で，先端が丸いのは成鳥である。

ツノウズラ

メスは，オスより冠羽が短くて褐色が強い(Johnsgard 1975)。モンテレー州とカリフォルニア州の個体群を除くと，冠羽の長さで充分性判別ができる(Brennan & Block 1985)。メスでは，背中の褐色が頭頂部まで広がり，オスでは，頸の後ろが灰色がかった青色である。幼鳥では初列雨覆の先端がバフ色で，初列風切の外側羽(P9とP10)の先端が摩耗して尖っている。成鳥の初列雨覆は，均一な灰色でP9とP10の先端が幼鳥より丸いが，P1〜P8の違いは顕著ではない。

ヤクシャウズラ

雌雄の羽毛は顕著に異なるが，体のサイズは同じである。メスの頭部と頸部は褐色とバフ色のまだらで，腮は白っぽい(Leopold 1959)。オスの顔と喉は，黒と白のパターンが明瞭なまだら模様である。オスの頭部の羽毛は長く，黄褐色で黒っぽい縞のある幅広の冠羽を形成する。

幼鳥の初列雨覆は，羽縁がバフ色であるか，または基部付近にバフ色の横斑がある。成鳥の初列雨覆は，オスでは白斑があり，メスでは幅広の白い縞がある(Johnsgard 1973)。

コウライキジ

成鳥と亜成鳥では性的二形性が強い。8週齢以上の性別は比較的単純である。すなわち。オスは鮮やかな色で，メ

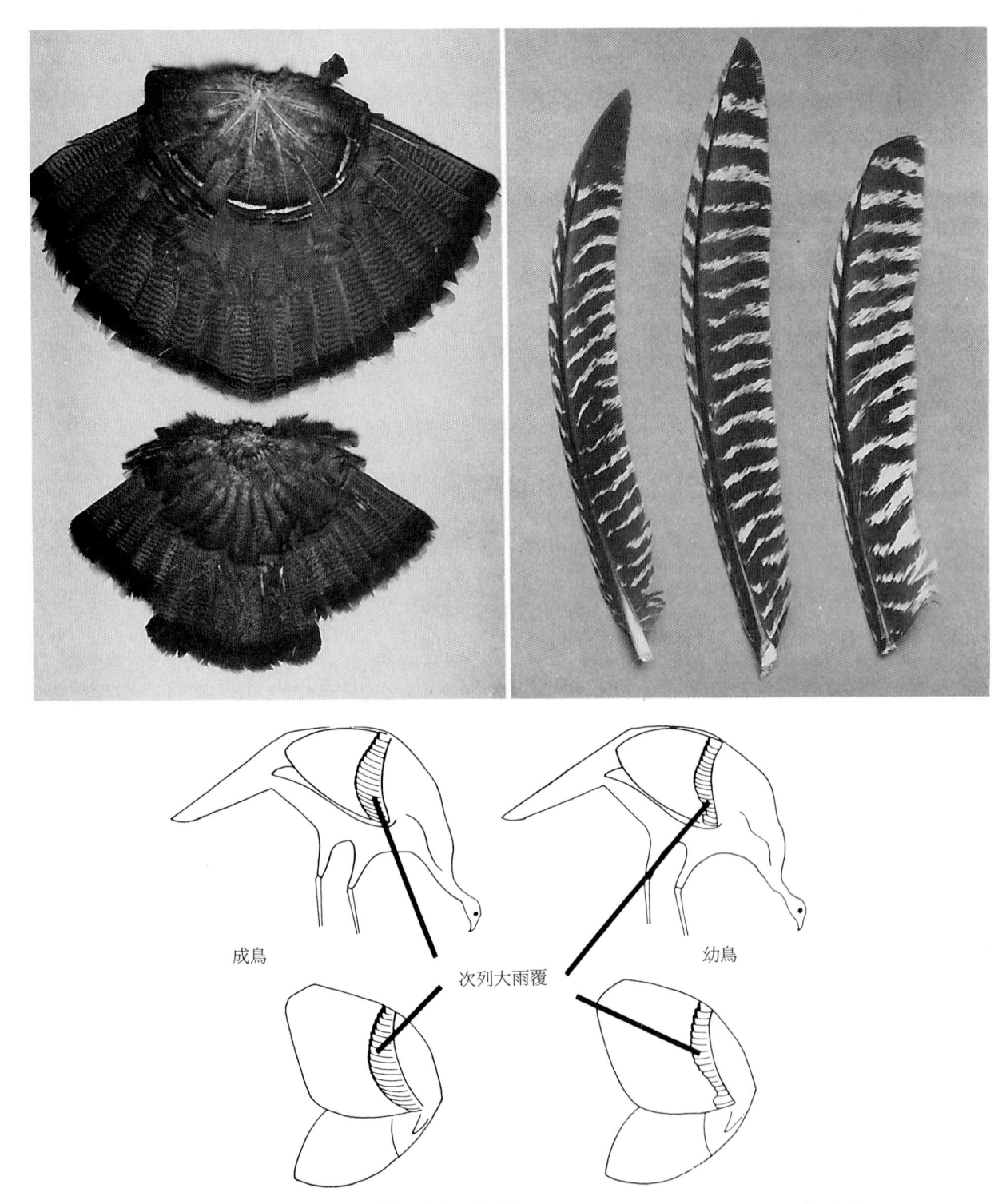

図 8-8 シチメンチョウの成鳥と幼鳥の識別法(Williams 1961, Petrides 1942 に基づく)
左上：成鳥(上)と幼鳥の尾羽，右上：幼鳥(左)と成鳥(中央と右)の初列風切の外側羽。右の2枚(成鳥)は先端が丸くなっているが，これは威張って歩いて地面に引きずるためである。下図：翼を折り畳んだときの次列大雨覆の帯の形。

スは褐色とバフ色のまだらである。コウライキジの狩猟が広く流行したため，個人や公の狩猟鳥飼育場で大規模にコウライキジが生産された。メスの捕獲禁止や捕獲制限などの狩猟規制が，コウライキジの齢査定法と性判別法に関する様々な研究に関与している。

日齢の進んだヒナの雌雄は，オスに小さな肉垂が存在す

図 8-9 ある程度日齢が進んだコウライキジのヒナの頭部 もっとも肉垂が発達している部分を示す。左がオスで,右がメス (Woehler & Gates 1970)。

表 8-2 イワシャコの翼による9月上旬から12月までの齢査定と性判別マニュアル (Weaver & Haskell 1968)

1 a.	次列風切に斑点なし	2
1 b.	次列風切に斑点あり 幼鳥	5
2 a.	次列風切の9番も10番も換羽していない	3
2 b.	次列風切の9番か10番または両方が換羽中 成鳥	8
3 a.	初列雨覆 <29 mm	4
3 b.	初列雨覆 ≧29 mm 成鳥	8
4 a.	初列風切の最外側2枚の先端が尖っており,わずかに退色しているだけで摩耗していない 幼鳥	5
4 b.	初列風切の最外側2枚が退色して摩耗している 成鳥	8
5 a.	初列風切の3番が完全に成長し,初列風切の2番より4 mm以上長い	6
5 b.	初列風切の3番が換羽中で,完全に成長していない	7
6 a.	初列風切の3番 <135 mm	幼鳥・雌
6 b.	初列風切の3番 ≧135 mm	幼鳥・雄
7 a.	初列風切の1番 ≦119 mm	幼鳥・雌
7 b.	初列風切の1番 >119 mm	幼鳥・雄
8 a.	初列風切の3番 ≦136 mm	成鳥・雌
8 b.	初列風切の3番 >136 mm	成鳥・雄

ることで迅速に正確に判別できる。肉垂は目のすぐ下にある小さくてピラピラした羽毛の生えていない乳頭状組織で,初毛(出生時の綿羽)によって部分的に隠れている(図8-9, Woehler & Gates 1970)。この性判別法の精度は,孵化後24〜36時間は,オスで90%メスで98%である。

翼だけを入手した場合,初列風切が性判別に役立つ(Linder et al. 1971)。メスでは,初列風切全体に羽軸に対して直角に交差する明るい色の縞がある。オスでは初列風切の先端部分にはに縞がなく,初列風切の縞は羽軸に対して急な角度で交差し,模様が拡散していることがある。この判別法の精度は,換羽が不完全な幼羽期以後の野生オス(63%)を除くと,90%以上になる。血抜きをして調理用に仕上げた死体では,体の各部が残っていれば,オスの脚に距(ケヅメ)があることと頭部の羽毛の色で性判別が可能である。これらが切り離されて無い場合は,死体の胸部を測定してサイズの大きいほうがオスであることで性判別ができる。Oates et al. (1985)とRodgers(1985)が,コウライキジの死体の性判別法と胸部のサイズについて報告している。

ファブリシウス嚢の深さによって,幼鳥と成鳥を識別する方法は,精度が高い(Wishart 1969)。Larson & Taber (1980)によれば,オスはファブリシウス嚢の深さが8 mm以下であれば成鳥である。Johnsgard(1975:106)も,オスの幼鳥と成鳥の分類ポイントは8 mmとし,メスの成鳥のファブリシウス嚢の深さは6 mm以下であるとしている。コウライキジの翼の羽毛には,容易に観察できる質的な齢査定の手掛かりがなく,大部分の北米のキジ類とは対照的である。Wishart(1969)は,初列風切の1番(P1)の羽軸の直径と長さの計測値を成鳥と幼鳥の識別に用いた。この方法は,飼育下ならびに野生のアルバータ州のコウライキジにおいて春と秋に有効であった。Greenberg et. al. (1972)は,イリノイ州のコウライキジでは,P1の羽軸直径は,単独で信頼性のある比較的単純な分類ポイントであると報告した。性別と季節によっては,P1の羽軸直径は90〜98%の信頼度がある。Etter et. al.(1970)は,幼鳥の週齢査定にP10の長さを基準にした。ケヅメの長さ(Stokes 1957),ケヅメの質的な特徴(Gates 1966),水晶体重量(Dahlgren et. al. 1965)は,コウライキジの成鳥と幼鳥を分類する上で確実ではない。

イワシャコ

イワシャコは,羽毛の質や構造の特徴では雌雄を判別することができない。イワシャコの性判別には,翼の羽毛の様々な計測値の組み合わせが必要である(表8-2, Weave & Haskell 1968)。しかし,Christensen(1970)は,Weave & Haskellの翼の計測法を使って得た結果を,生殖器の検査による性判別の結果と比較すると,有意にメスの方に偏っていると指摘している。

約14週齢以下の幼鳥は次列風切羽に斑点があるが,それより年齢の進んだ幼鳥ならびに成鳥では斑点がない。最初の冬の間,幼鳥は初列雨覆の9番の長さが29 mm未満である。この特徴と初列風切の9番と10番の先端が尖っていることは,換羽後も幼鳥の確実な指標である。

図 8-10 ヨーロッパヤマウズラの肩羽と翼
羽の中央に縦縞があるのが雄(右), 横縞は雌である(MacCabe & Hawkins 1946)。

ヨーロッパヤマウズラ

　一般に, メスでは肩羽と中雨覆の羽の幅が広く, 羽軸に沿ったバフ色の縦斑と2～4本のバフ色の横斑があり(図8-10, McCabe & Hawkins 1946), 肩羽の外縁には, 虫食い跡のような模様がある。オスでは, これらの羽の幅は狭く, 中央に縦斑はあるが横斑はない。また, 肩羽の全域に虫食い跡のような模様がある。

　初列風切の外側羽2枚は, 幼鳥では先端が尖っているが, 成鳥では丸い。P9の初列雨覆も, 幼鳥では先端が尖っていて, 成鳥では丸い。

エリマキライチョウ

　エリマキライチョウの成鳥と体格的に成熟した幼鳥において, オスとメスの外観は類似しているが, 全く同じではない。メスの襟巻と尾羽はオスより小さくて短く, これらの羽毛の一部分の模様が質的に異なる。エリマキライチョウは北米に広く分布し, 多くの亜種が存在し, 性別を示す測定値のいくつかに連続的な変異があり, 質的な羽毛の特徴の信頼度は個体群間で異なる。

　13週齢以上では, 腰部の羽毛先端の白っぽい小さな点の数が信頼できる性判別の基準である。この小白点の数が, メスは1個だけでオスは2～3個である(図8-11, Roussel & Ouellet 1975)。ケベック州では, この方法で性判別をした366羽のエリマキライチョウの内, 間違えて識別されたのはメス1羽だけだった。Servello & Kirkpatrick(1986)は, 62羽の南東部のエリマキライチョウを正確に識別し, Kalla(1991)は, 235羽のテネシー州のエリマキライチョウを識別して誤差は2.6%であったと報告している。引き抜かれた正中尾羽の長さは, 性判別の指標として広く使われている。メスの正中尾羽は15cmより短く, これより長ければオスである(図8-12, Haleら 1954)。

　ごく最近の研究によれば, 地域個体群や個体の年齢によって, この基準値は様々で, 南方の個体群では長くなる傾向にある(Uhlig 1953, Davis 1969, Servello & Kirkprtrick 1986)。幼鳥と成鳥で異なる基準値を使用すれば, 精度が高くなる。テネシー州では, 基準値を成鳥16.5cm, 幼鳥15.5cmにすると誤差は2.4%, 共通の基準値16.0cmを使うと誤差が6.0%であった(n=235, Kalla 1991)。目の上の肉冠の色や尾羽のバンドの完成度は, やや不明瞭な特徴である。一般に, 成鳥にこれらを使用すると, 識別できない鳥の数が許容範囲を越え, 識別ミスの率が高くなる(Kalla 1991)。腰部の羽に斑点が現れるまでの約8～9週齢では, 目の上の肉冠の色で性判別が可能である。メスは目の上の肉冠に色がなく, オスは鮮明なあるいは薄い朱色である。Palmer(1959)は, この方法を生きた幼鳥に用いて, 精度が95%であったと報告している。

　エリマキライチョウの齢査定の基準は, 特に冬至を過ぎると性判別とくらべて信頼度が低下する。幼鳥ではファブリシウス嚢の存在がもっとも信頼できる指標であるが, こ

オス　　　　　　　　　　　　　　　　　　メス

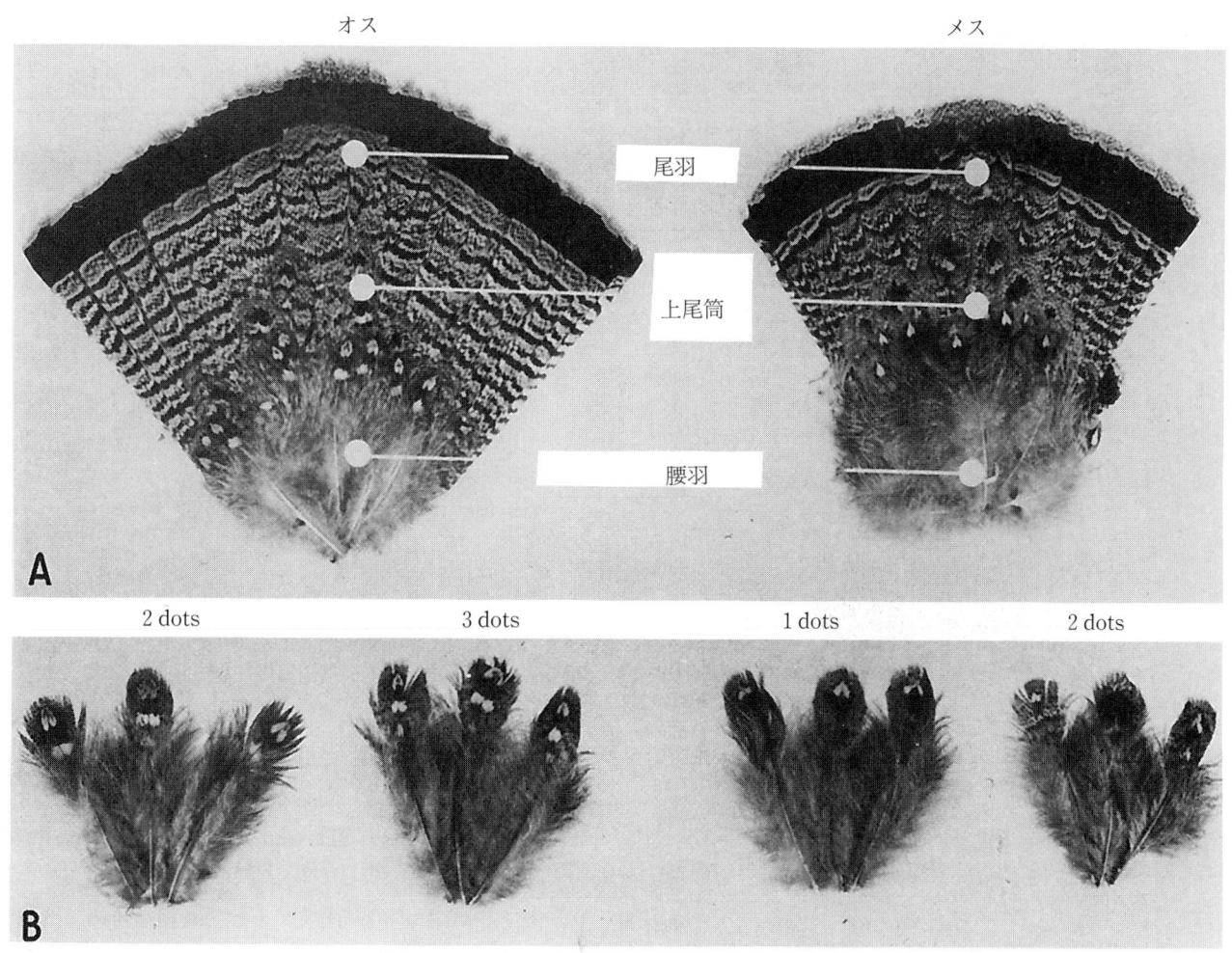

尾羽

上尾筒

腰羽

2 dots　　　3 dots　　　1 dots　　　2 dots

図 8-11　エリマキライチョウの雌雄の尾羽の特徴
A：腰羽の位置，B：各腰羽における斑点の構成(Roussel & Ouellet 1975)。

れは1月ぐらいまでしか使えない(Kalla 1991)。初列風切の9番と10番が鋭く尖っていれば，幼鳥であることを示す(図8-13, Hale et al. 1954)が，この特徴は季節の推移と共に信頼度が低下する(Kalla 1991)。P8の基部がさやに納まっておりP9とP10のさやが欠損している場合も幼鳥であるが，この特徴もまた晩冬にはその信頼度が低下する(Kalla 1991)。P9の羽柄の直径が，雌雄ともに幼鳥が成鳥より小さく，冬至を過ぎても性判別された鳥の齢査定に有効である(Davis 1991)。P9とP8の羽柄直径の比率は，やや信頼度が高く，幼鳥は成鳥よりも小さい(Rodgers 1979)。

アオライチョウ

オスでは，頸気嚢周囲の羽毛が白色で先端が青味がかった黒色である。メスでは頸部の羽毛が横縞のある灰褐色である(Caswell 1954)。この特徴は6週齢で現れ，しばしば捕獲個体と同様に野外でも観察できる。アオライチョウのメスの翼は，オスよりも褐色のまだら模様が多く(図8-14)(Mussehl & Leik 1963)，小翼羽の付け根の小雨覆には数多くの褐色斑点がある。オスは灰色で斑点はない。この特徴は，成鳥と10週齢以上の幼鳥で明らかである(Hoffman 1985)。6週齢で上尾筒の縞模様の色とパターンによって性

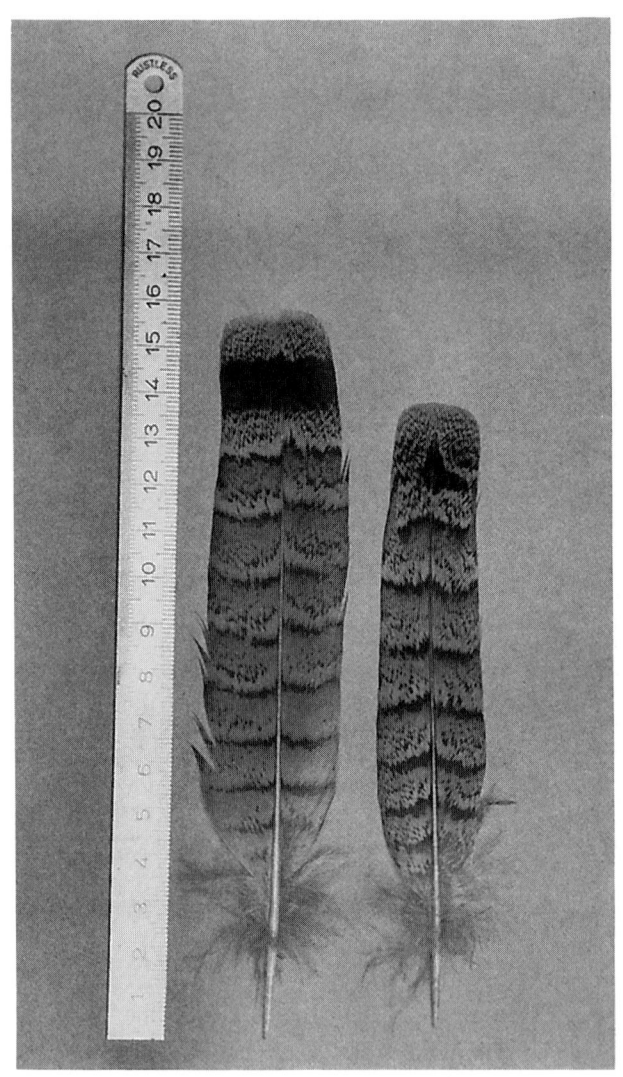

図 8-12 エリマキライチョウ正中尾羽
長さと末端近くの縞のパターンに雌雄差がある(Hall ら 1954 に基づく)。左がオス。

ハリモミライチョウ

　ハリモミライチョウは，亜種間で明らかな羽毛の違いがあるが，全亜種で性的二形性が強い。孵化後5〜6週齢になると，胸部の羽毛で性判別ができるようになる。メスの胸部の羽毛は，黒地に1〜3本の淡黄褐色の縞があり，先端が白または淡黄褐色である。オスの胸部の羽毛は，黒くて先端1〜4mmが白い。メスの腮と頬の羽毛は褐色の横縞があり，オスでは黒い。過眼線と頬線が白いのも，オスの特徴である。メスの尾羽は黒くて褐色の縞があり，この縞は基部から先端まで広がっていることもある。オスの尾羽も黒く，基部から2/3の部分に限って褐色の斑点がある(Zwickel & Martinsen 1967)。

　ハリモミライチョウの幼鳥は，少なくとも12月まではファブリシウス嚢が遺残しているが，4月には消失する(Ellison 1968)。P9とP10の先端が尖っていることも幼鳥の特徴であるが，この基準は主観的であり，信頼できないとする研究者もいる。ZwicklとMartinsen(1967)は，フランクリンハリモミライチョウにおいて，雌雄ともに幼鳥の上尾筒の羽毛の先端に明るい色の縞があることによって，成鳥と幼鳥を識別している。Elllison(1968)は，アラスカハリモミライチョウの成鳥と幼鳥の識別には，上尾筒の羽毛は使えないと報告している。いろいろな初列風切の羽軸直径は，1歳以上の亜成鳥と成鳥の識別も含めて成鳥と幼鳥の識別に使える。McKinnon(1983)は，南西部のアルバータ州のフランクリンハリモミライチョウの成鳥と幼鳥を，P9の羽柄直径によって識別した。これは信頼度の高い方法であるが，基準値が地域個体群によっていろいろである可能性も高い。Szuba et. al.(1987)は，夏以外の全ての季節においてオンタリオ州では，ハドソンハリモミライチョウの齢査定にはP1の羽軸直径が確実であると報告している。McCourtとKeppie(1975)，Towers(1988)は，アルバータ州，ニューブラウンシュヴァイク州，オンタリオ州それぞれのハリモミライチョウの幼鳥におけるある特定の初列風切羽の成長曲線について詳しく解説している。

キジオライチョウ

　成鳥オスのキジオライチョウは，成鳥メスのほぼ2倍の大きさがある。繁殖期の羽毛は雌雄で著しく異なる。繁殖期のオスは，腮が黒く喉に白いバンドがあり胸は白い(Dalke et. al. 1963)。メスは，黒と白の模様がなく，喉から頸部，胸部にかけて灰色で，腮は明るい灰色である。夏の間は，腮，頸部，喉の羽毛は雌雄で類似している。9〜10

判別ができる(Nietfeld & Zwickel 1983)。メスの上尾筒は黄褐色〜淡黄褐色の目立つ横縞のある黒〜黒褐色で，オスの上尾筒は灰色の斑点のある黒で灰白色の細い縞模様がある。すす色をしているアオライチョウの亜種では，幼鳥の上尾筒の模様を用いた場合，識別ミスや性判別不可能な個体は2%以下である。

　幼鳥では，初列風切の9番と10番の先端が尖っており，成鳥では先端が丸い。Hoffman(1985)は，幼羽期後の初列風切羽の成長ステージに基づいてアオライチョウの幼鳥の週齢査定のための検索表を示した。

図 8-13 エリマキライチョウの翼
完全に換羽した成鳥(右)と幼鳥では,初列風切の最外側2枚の羽の輪郭が異なる(Hall ら 1954 に基づく)。

月までには,オスは成鳥も幼鳥も,腮と喉の羽毛が幾分黒くなる。下尾筒のうち最長の羽毛の黒と白の模様によっても性判別ができる。オスでは,下尾筒の先端だけが白く羽軸を除けば他に白い部分はないが,メスでは,羽弁の部分にも白い模様がある(Dalke et. al. 1963)。下尾筒は,12週齢で雌雄の判別ができるようになる。オスの小翼羽は黒っぽく,ところどころ羽軸が白い。メスの小翼羽は,羽に縞模様があるためオスより白く見える。

キジオライチョウの初列風切の外側の2枚は,幼鳥では先端がすり切れて尖っているのに対して,成鳥では先端が丸い(Eng 1955)。翼と特定の初列風切羽の長さは,メスがオスより短い。Crunden(1963)が報告した幼鳥と成鳥の識別基準は,信頼度が高い。しかし,Crunden(1963)が報告した初列風切羽の翼式は,一般的な翼式とは逆になっている(キジオライチョウ以外のいくつかの報告においても同様)。Crunden は,一般的には P10 とされる羽を P1 としている。

ソウゲンライチョウ

雌雄の外見は類似しているが,ソウゲンライチョウの全亜種で,尾羽と冠羽によって確実に性判別ができる。メス(成鳥と幼鳥)の尾羽には部分的にまたは全体的に縞模様があり,オスの尾羽は黒く縞模様は薄い(図 8-15,Copelin 1963)。完全に成長した飛翔羽(尾羽)による成鳥と幼鳥の識別法は,信頼度が高い。メスの下尾筒には縞模様があり,オスの下尾筒の縁には丸い白斑がある(Copelin 1963)。この特徴は 12 週齢になると性判別に役立つ。メスの冠羽は,淡い色と濃い色の横縞で,オスはバフ色の縁取りのある黒っぽい色である(Henderson et. al. 1967)。ソウゲンライチョウの性判別では,冠羽よりも尾羽の方が有効である。

幼鳥では,P9とP10の前縁部に基部から先端にかけて目立つ斑点があり,成鳥では斑点は先端まで広がっていない(Campbell 1972)。若鳥のP9とP10は,成鳥の羽毛にくらべて退色し,すり切れて尖っている。Copelin(1963)によれば,幼鳥の初列雨覆の外側部分の羽軸の遠位が白い色

図 8-14 アオライチョウの翼
雌(左)と雄(右)で斑点の数が異なる(Mussehl & Leik 1963 に基づく)。

をしているが，成鳥では白くない。Baker(1953)は，ソウゲンライチョウの幼鳥について，1週間ごとに撮影した写真と解説文で紹介している。

ホソオライチョウ

体のサイズや一般的な特徴は，雌雄で類似しているが，捕獲すると尾羽と冠羽の模様で判別できる。冠羽の模様(誤差7.0%)は，尾羽の模様(誤差13.0%)より確実である(Henderson et. al. 1967)。メスの冠羽は黒とバフ色の横縞で，オスの冠羽は黒でバフ色の縁取りがある。尾羽の正中の羽は，メスでは横縞があり，オスでは縦縞がある。

P9とP10が，幼鳥では成鳥より尖っていることで識別する。成鳥の外側の初列風切は，先端がすり切れて丸味を帯びているのに対して，幼鳥ではP9とP10の先端がすり切れておらず尖っている(Hillman & Jackson 1973)。

ライチョウ類(Ptarmigan)

北米のライチョウ類は，夏羽と冬羽では明らかに異なる。雌雄の体のサイズは同じであるが，夏羽では羽毛の違いが冬羽よりも顕著に見られる。カラフトライチョウとライチョウの成鳥メスでは，成鳥オスに見られる目立つ赤い"眉"を欠くが，オジロライチョウでは，オスもメスも目の上の肉冠がある(Johnsgard 1973)。これらの3種のメスは全て，夏羽の胸部と翼部分の横縞がオスよりも多い。カラフトライチョウのメスは，翼と尾羽がオスより短く，尾羽と上尾筒の正中の2枚は，黒ではなく褐色である(Bergerud et. al. 1963)。これらの特徴は，1年中有効である。

カラフトライチョウの幼鳥は，P8よりP9の色が濃く，成鳥はP8とP9の色は同じ，またはP9よりP8の方が濃い(Bergerud et. al. 1963)。また幼鳥のP8は，P9やP10にくらべて光沢が強いが，成鳥ではP8，P9，P10の3枚の羽の光沢は同じである。この特徴は，アラスカとス

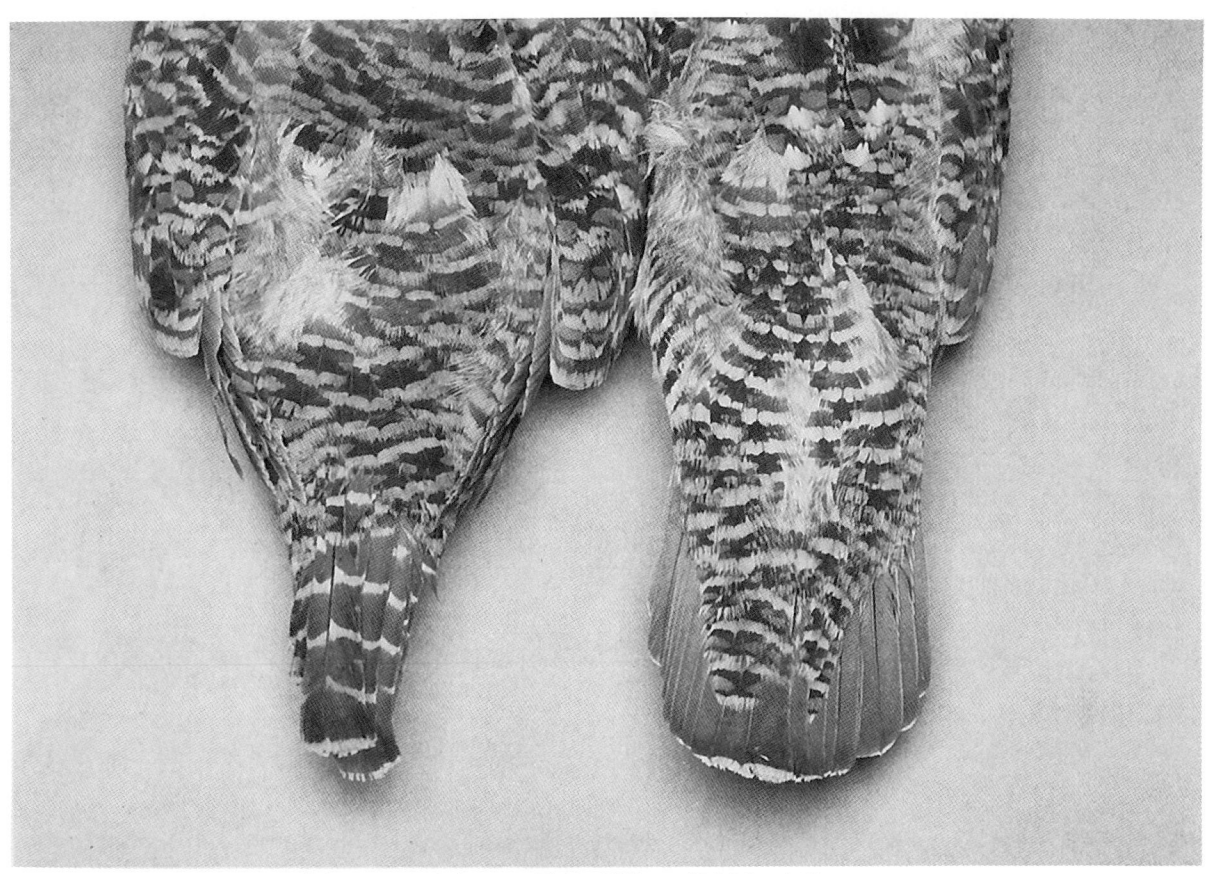

図 8-15 ライチョウの尾羽の模様は，性判別に有効である
雌(左)は尾羽亜(上尾筒を除去してある)に横縞があり，雄はこれを欠く(Copelin 1963に基づく)。

コットランドの全てのライチョウ類において，年齢および性別に関係なく98％正確である(WeedenとWatson 1967)。初列風切の外側羽の形は，齢査定の指標としては適切でない。オジロライチョウの幼鳥では，P9とP10および初列雨覆の外側は色が黒く，成鳥ではこれらは黒くない(Braun & Rogers 1967「Johnsgard 1973:242」)。ニューファンドランド州のカラフトライチョウ(Bergerud et. al. 1963)，コロラド州のオジロライチョウ(Giesen et. al. 1979)，スコットランドのアカライチョウ(Parr 1975)について，幼鳥の孵化後の日齢査定の基準が報告されている。

シギ・チドリ類

一般特性

アメリカヤマシギとタシギは，北米の野鳥において大きなグループを形成する国内産の狩猟鳥である。両種とも羽色に雌雄差はないが，アメリカヤマシギはメスがオスよりも著しく大きい。幼鳥が成鳥のサイズに達し，成鳥羽になるのは，孵化後4週以内である(Fogarty et. al. 1977, Owen et. al. 1977)。

アメリカヤマシギ

メスは，オスより体重が重くて160〜240g，オスは125〜190gである(Owen & Krohn 1973)。しかし,体重は有意に重複しており，性判別のための有用性は限られている。嘴の長さと初列風切の外側羽3枚分の幅ならびに翼の長さは，単独あるいは併用すると性判別の有効な指標となる。嘴の長さが72mmより長ければメス，64mmより短ければオスである(図8-16)。しかし，17％のヤマシギは，この基準では性判別できない(Mendall & Aldous 1943)。初列風切の外側羽3枚分の幅(先端から2cmのところで計測する)が，メスは12.6mm以上で，オスは12.4mm以下である(Blankenship 1957:89)。この方法は，初列風切羽の

外側3枚が全てそろっていれば信頼度が高い。訓練すれば，計測せずに観察するだけで性判別ができる。なぜなら，オスの初列風切羽はメスにくらべて顕著に細いからである。Artmann & Shroeder(1976)は，初列風切の6番または7番の先端(翼端)から翼の屈曲部の翼角までを計測する翼長の利用について詳しく報告している。700の翼を計測した結果，99.7%の個体で，134 mm以上ならメスで，133 mm以下ならオスであった。

　Martin(1964)によれば，季節によっては次に示す2〜3の年齢グループに分類可能である。すなわち若鳥(巣立ちをした若い鳥)，亜成鳥(暦上の前年に孵化して次列風切に幼鳥羽が残っている鳥)*，成鳥(前年よりも前に孵化した鳥)**である。若鳥の次列風切の近位部分の羽は，先端が薄い色で，先端近くにはっきりした濃い色の横縞がある(図8-16)。亜成鳥にもこの様な次列風切が残っているが，初列の大部分がすり切れていることと，初列と次列の第1回目の換羽が7月頃に開始することから，4〜9月の間は若鳥と区別することができる。成鳥では，次列風切に目立つ先端部の薄い色のバンドや先端近くのはっきりした濃い色の横縞。

　*第1回目の換羽後，成鳥羽になるまでの時期の鳥
　**成長による大きな羽色の変化が起こらない年齢に達した鳥

タシギ

　羽毛やクロアカの特徴から性判別をすることは不可能である(アメリカ魚類野生生物局&カナダ野生生物局 1977)。9月〜10月上旬だけは，若鳥は体が小さいことと中雨覆によって成鳥と識別できる(Dwyer & Dobell 1979)。若鳥の中雨覆は，先端がぼんやりと黒いが，成鳥の中雨覆は，先端の羽軸ラインに沿って幅広く黒色である。

ハト類

一般特性

　ハト類の成鳥羽は，雌雄同じである。性判別および齢査定は捕獲した場合を除いて実用的ではないが，繁殖期の求愛ディスプレイ行動(例：オスがクークーと鳴いて喉をふくらませる)を注意深く観察することによって性判別ができる場合もある。体格的に成熟した鳥(成鳥)では，微妙であるが体羽の色によって雌雄を識別できる。幼羽期後の換羽が完了するまでは，翼の羽毛の特徴で成鳥と幼鳥を区別できる。

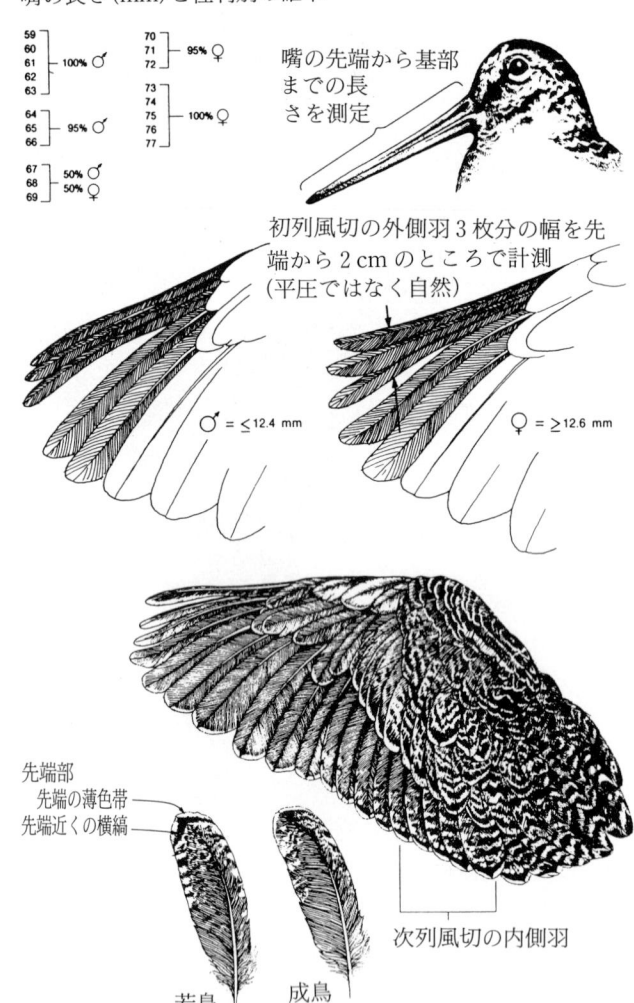

図8-16 アメリカヤマシギの性判別と齢査定
嘴の長さ(上段図)と初列風切の外側羽の幅(中段図)による性判別。下段図：次列風切の内側羽の模様による齢査定〔Copelin 1963に基づいて，Liscinsky(年代不明)とMartin 1963を改変〕。

ナゲキバト

　頭頂と後頸は，メスは褐色〜灰褐色で，オスは青色〜青灰色である(Reeves et. al. 1968)。胸部と喉は，メスは黄褐色で，オスはピンク色〜バラ色に薄く色づいている。クロアカ検査では，メスは卵管開口部を，オスは生殖突起を露出させる。この方法は正確だが，時間がかかる。

　巣内育雛期が長い上に，たった4.5〜5か月で完全に成鳥羽に変わってしまうため，ナゲキバトの個体群において正確な年齢構成を知ることは難しい(Reeves et. al. 1968)。若鳥は，初列雨覆に少なくとも1枚は先端が白色〜バフ色

の羽毛があることで識別できる。初列雨覆が全て均一に灰色であっても，初列風切の9番と10番が滑らかで羽縁が白っぽければ，それは若鳥である。初列雨覆が全て均一に灰色で，初列風切の9番と10番が摩耗して羽縁がぼろぼろであれば，それは成鳥である。初列風切の換羽が完全に終了すると，一般的には齢査定ができない。

オウギバト

オウギバトでは，胸部と頭頂が性判別の指標である(White & Braun 1978)。胸部と頭頂が，くすんだ褐色〜灰色であればメス，紫〜ブドウ色であればオスである。45日齢には，幼羽期後の換羽が完了し，少なくとも胸部の羽毛は性判別の基準になる。したがって，オウギバトは早い時期に性判別が可能となり，80日齢以下で検査した若鳥の96％が，羽毛の特徴によって正確に性判別されている(White & Braun 1978)。

オウギバトは，約340日齢までは羽毛の特徴(初列風切，次列風切，次列大雨覆における幼羽の存在)に基づいて成鳥と若鳥を識別できる(White & Braun 1978)。若鳥の初列風切には，白色〜バフ色の縁取りがあり(Silovsky et. al. 1968)，成鳥ではこれを欠き，初列風切の外側2枚の先端は磨耗し丸味を帯びている。初列風切の特徴は，10月以降も信頼できる。次列風切の6番と7番は年齢の進んだ幼鳥と成鳥を識別する際に特に重要である。この2枚は最後(340日齢)に換羽する幼羽である(White & Braun 1978)。成鳥では換羽していない次列風切の先端と前縁が摩耗しており，若鳥では磨耗していない(Silovsky et. al. 1968)。

ハジロバト

性判別は野外ではほとんど不可能であるが，オスはやや大きくて鮮やかである(Cottam & Trefethen 1968)。成鳥メスでは，頭頂と後頸が褐色でオスよりもくすんだ色をしている。この特徴は，ナゲキバトに類似しているが，ナゲキバトほど顕著ではない。幼鳥の初列雨覆は先端が青白く，初列風切にはナゲキバトと同様に白色〜バフ色の縁取りがある。

ツル類

北米のツル類の成鳥羽は，雌雄で非常によく似ている。幼羽期後の換羽が完了するまでは，羽毛の特徴から幼鳥と識別できる。カナダヅルでは，孵化して最初の年の10月には幼羽期後の換羽が完了する(Walkinshaw 1949:20)。

カナダヅル

羽毛からは，性判別ができない。クロアカ検査で，生殖突起があればオスであるが，幼鳥期後のカナダヅルで正確に判別できたのは66％だけであった(Tacha & Lewis 1978)。幼鳥の性判別は，クロアカ検査では不可能である。正確な性別を知るためには，解剖して性腺を観察するか正羽(羽軸の基部に血管を伴う羽毛)を用いて染色体検査をしなければならない(Van Turner & Valentine 1983)。

カナダヅルの成鳥の体は灰色であるが，幼鳥の体は褐色を帯びる。しかし，成鳥の体羽が汚れて色あせた褐色になり，幼鳥と成鳥が同じように見えることがある(Lewis 1979)。そこで，幼鳥と成鳥の的確な識別は頭部の飾り羽の有無で行うべきである。「若いツルは，秋から春にかけて体羽と頭部の飾り羽が成鳥羽となる。完全な幼羽では，頭頂部，後頭，後頸が黄褐色で，額は青灰色の短い羽毛で覆われ･･･(中略)･･･完全な成鳥羽では，後頭と後頸が青白色〜青みがかった灰色で，眼窩の上の短くて黒い髭に覆われた赤い乳頭状の皮膚が，頭頂，額，目先の全域とろう膜の上まで広がっている。」(Lewis 1979:212)。

アメリカシロヅル

羽毛からは，性判別ができない(Walkinshaw 1973)。アメリカシロヅルの幼鳥は純白に近いが，先端が褐色〜バフ色の羽毛も多い。頭部は羽毛に覆われていて，濃赤褐色〜黄色あるいはピンク色がかったバフ色をしている。成鳥は，翼の先端が黒い以外は真白である。成鳥の額，頭頂，後頭は，いぼいぼでざらざらした赤茶色の皮膚が露出している。成鳥羽への換羽は，10月〜5月にかけて徐々に起こる。

クイナ類

クイナ類の多くは，羽毛から性判別ができない。カオグロクイナのメスは，オスにくらべて顔の黒い部分がくすんでおり，範囲も狭い。背面は，白い斑点が多く色は濃くない(Odom 1977)。

羽毛の特徴によってクイナ類の成鳥と幼鳥を識別する方法については，充分な記載がない。Adams & Quay(1958)は，ファブリシウス嚢の有無(幼鳥に有る)によってオニクイナの齢査定を行った。10週齢までの幼鳥について，羽毛と肉質部の特徴から齢査定を行ったが，10週齢では成鳥と識別できなかった。カオグロクイナの幼鳥は，成鳥で見られる喉の黒い部分を欠く(Peterson 1980)。

バン類

バン類は，羽毛の特徴，嘴，脚指，脚の色などが，雌雄同じである(Peterson 1980)。幼鳥は，茶色がかっていたり(アメリカムラサキバン)，灰色がかっていたり(バン)して，喉の部分には白い羽毛がある。両種とも，幼鳥の嘴は，成鳥のように鮮やかな赤色や黄色の嘴ではない。喉の白い羽毛のようないくつかの幼鳥の特徴は，春まで残る(Holliman 1977)。

アメリカオオバン

アメリカオオバンの羽毛は，雌雄同じである。メスは，露出嘴峰長，翼長，ふ蹠長の測定値の平均値がオスより小さい(Fredrickson 1968)。しかし，全ての測定値においてオスとメスの重複の程度は大きく，正確に性判別をすることはできない。

幼鳥は成鳥によく似ているが，色が薄く，嘴はくすんでいる(Peterson 1980)。鳥類の発育程度を調べるのに有効であることの多いファブリシウス嚢の深さが，バン類では年齢や性成熟にうまく相関していない(Fredrickson 1968)。しかし，Fredrickson(1968:411)によれば，幼鳥ではファブリシウス嚢の壁が「数mmの厚さの脂肪性の物質で構成され，成鳥では，ファブリシウス嚢の壁がとても薄くて透けて見えるほどである。」

猛禽類

ワシ，タカ，フクロウ，コンドルなどの系統が含まれる大きなグループである。野外であるいは捕獲して，生きている状態で性判別や齢査定をすることは，簡単な種から極めて困難な種までさまざまである。

翼長の計測値は，猛禽類の性判別法として認められているが，ノスリ類とフクロウ目は，翼長では性判別できない(Dunne 1987)。翼長は，翼の屈曲部(翼角)の手根関節から最も長い初列風切の先端までの長さである(Pyle et. al. 1987)。オスとメスの識別基準は，北米鳥類バンディングマニュアル(アメリカ魚類野生生物局とカナダ野生生物局1977)に記載されている。猛禽類のうち何種類かは羽毛の違いによって性判別ができる。ハイイロチュウヒの成鳥オスは灰色で，メスは茶色である(Peterson 1980)。アメリカチョウゲンボウは，オスの翼が淡い青灰色で，メスの翼はサビ色である(Bull & Farrand 1977)。

タカ類の大部分は，幼羽が成鳥羽とは明らかに異なる(Dunne 1987)。最初の秋の幼鳥は，新しくて，羽毛は均質で摩耗していない。羽毛の幅を横断する断層線が，幼鳥の風切羽と尾羽に一様に存在する。光彩の色が年齢に関係している種もある(例：ハイタカ属の幼鳥は光彩が黄色で，成鳥は赤，オレンジ，茶色などである，Dunne 1987)。

フクロウ目は，性別あるいは年齢によって羽毛に差はないが，メスはオスより体が大きい。アメリカキンメフクロウとキンメフクロウの幼鳥は，額の斑点が成鳥より少なく，白色または灰色がかった眉線があり，全体的に茶色っぽい黄褐色である(Peterson 1980)。

ハクトウワシは，雌雄同色で，体のサイズのみが性的二形成を示す(Bortolotti 1984)。有効な性判別法は，性腺を検査することである。羽毛によって分類した4種類は，齢査定と密接に関係するが，明確な年齢分類：①幼鳥，②若鳥，③亜成鳥，④成鳥，には相当しない。加齢と共に尾羽と頭部の白い部分が増加し，成鳥になると尾羽と頭部は真っ白に，体は濃い褐色になる。

スズメ目

さらに数百種の北米の野鳥について詳細に論じることは，この章の範囲を越えている。Pyle et. al.(1987)は，北米のスズメ目の鳥類276種(28の科と亜科)について詳細に，翼長，尾長，嘴峰長，頭長，ふ蹠長の計測法を文章とイラストで解説している。彼らも，個体を捕獲して年齢と性別を同定するための詳細な翼式，頭骨の骨化，換羽や羽毛の利用法などについて述べている。その他の北米の野鳥における性別と年齢の特徴に関する一般情報は，北米の野鳥に関する何冊かの優秀なフィールドガイドでは，種の記述のなかに包括されている。

❏哺乳類における性と齢の特徴

哺乳類の性や齢を正確に査定できるかどうかは，対象とする動物の状況，すなわち離れた所から観察しなければならないのか，生きた状態で手元で観察できるのか，あるは死体もしくはその一部分となっているのか，に依存する。野生状態の動物を遠くから観察する場合，その性や年齢を知るには明らかに限界がある。しかし，そのような場合でも，季節，環境条件，行動，解剖学的特徴により，時には個体群の性比や齢段階を知ることができる。対象動物が手元にある場合は，その生死にかかわらず正確な査定の可能性が極めて高くなり，制限があるとしたら時間や施設の問題になるであろう。

個体群によっては，性比ならびに幼獣(未繁殖個体)と成

獣(繁殖個体)の比率しか必要とされない。しかし，多くの個体群研究では齢別の出産率を知ることが重要とされる。したがって，年齢までも知る必要がある。下顎の歯の摩耗による簡便な齢査定では不十分と考えられる。そこで大部分の哺乳類では，セメント質に現れる年輪による齢査定法が採用される。この方法には多くの費用と時間がかかるが，得られる結果は対象個体群に関する情報に重要な意味を付加することになる。

細胞レベルの性判別

野生生物学者は哺乳類の性を判別するために，細胞レベルの方法，もしくは一次性徴や二次性徴を利用する。細胞レベルの方法は，胎子あるいは死体の一部分で性判別を行う場合に有効である。

多くの哺乳類では，染色した細胞により性が判別できる(Moore 1966)。核膜の内表面に接する平凸で濃染される染色質は，メスの非活性X染色体に由来する。この観察には，適切な神経あるいは上皮組織を得るため，通常は外科手術か解剖が必要とされる。Segelquist(1966)とCrispens & Doutt(1970)は，シカ胎子の性判別にこの方法を採用した。種によっては，毛根鞘からも適切な細胞を得ることができる。Schmid(1967)とDeGraaf & Larson(1972)は，多くの哺乳類でこの方法を検討した。ヒトから上皮細胞を得るには頬粘膜の搔爬が一般的であるが，試料に微生物や退行細胞が混入した場合は顕微鏡的検査が困難となる。同様な問題は野生哺乳類でも懸念される。ある種の哺乳類で性差が現れ採取も容易な細胞には，好中球(白血球の一種)がある。Larson & Knapp(1971)は，この細胞をビーバーの性判別に使用した。Mittwoch(1963)は，哺乳類において細胞レベルで認められるいくつかの性差について記述している。

最近までは，細胞レベルの性判別の指標はX染色質(X染色体由来の染色質)に関連する特徴に限られていた。Hoekstra & Carr(1977)は血液とリンパ球を使用し，Y染色質を蛍光染色することでオジロジカの性を判別した。この方法で用いる試料は，乾燥血液，肉片，凍結材料からも得ることができる。そのため，有用な法医学的手法である。

胎子の発育

胎子の発育は胎生期の日齢により示される(たとえばBookhout 1964)。これから，個体群の出産時期を知ることができる。そして，管理ガイドラインの策定，猟期の時期や長さの決定，交尾・出産の成功に関連する環境的事物への対処法開発に有用である。胎齢推定のためには，頭殿長，前頭殿長，体肢長の計測が行われることが多い。

オジロジカの頭殿長の計測方法は，Hamilton et al.(1985)により示されている(図8-17)。オジロジカとミュールジカの胎子の発育段階は，Armstrong(1950)とHudson & Browman(1959)により報告されている(表8-3)。Salwasser & Holle(1979)は，カリフォルニアのミュールジカで，胎生後期の胎齢推定には後足長の計測が最良であると述べた。Ozoga & Verme(1985)は，生きたオジロジカで携帯用X線撮影装置により胎子の撮影を行い，胎齢の推定に成功した。異なった栄養レベルにある多くの個体群や個体で，胎子の成長と計測値に関するデータの蓄積が期待される。方法による差はあるが，現在の技術はかなり正確である。しかし，ほとんどの哺乳類で胎齢推定方法は報告されていない。

出生後の発育

一般に哺乳類では，出生から性成熟までの成長期間中，頭蓋骨の縫合および長骨の骨端軟骨が認められる(図8-18, 19)。さらに，性的に未成熟な哺乳類は，より年長の性成熟個体と明確に異なる一連の特徴を示す。有用性に差はあるが，体サイズ，体重，毛皮サイズ(体表面積)，毛皮の違い，水晶体の重量，歯式，乳頭の色と大きさ，精巣の性状が，哺乳類の齢査定に使うことができる。通常はこれらの方法により，個体群を2ないし4の齢段階に区分することができる。標本に占める若齢個体の比率が最も高い場合が多いた

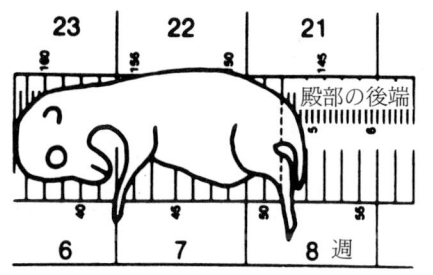

図8-17 オジロジカ用の「胎齢推定ものさし」を使うことにより，受胎日の逆算および出産日の予測が可能である。母獣は12月15日に捕殺され，胎齢は51日と推定される。12月15日はその年の349日目である。この日から胎齢分を差し引くと298日目となり10月25日に相当する。こうして推定受胎日が算出される。一方，出産予定日までの日数は147日である。この数を前出の349日目に加えると496日目になり，翌年の5月11日に相当する。これが出産予定日となる。この「胎齢推定ものさし」は，Hamiltonら(1985)にもとづき作成された。

表 8-3 オジロジカ（ニューヨーク州産，Armstrong 1950）とミュールジカ（モンタナ州産，Hudson & Browman 1950）の胎子発育経過　外見的特徴，頭殿長，後足長，後肢長を示す（単位は mm, Larson & Taber 1980 より）

胎齢（日）	オジロジカ	ミュールジカ
37～40	眼瞼と毛包は認められず。頭殿長 17.1～27.0。	
41～44	毛包が眼の上下，吻部，頬部に認められる。頭殿長 27.7～29.6。	
45～52	眼瞼は認められず。口が開く。48 日齢の頭殿長は 37.8。	48 日齢で眼の上に毛包が形成される。この時点の頭殿長は 32.4。
53～50	眼瞼が形成される。口は閉じる。60 日齢の頭殿長は 62.7，後肢長は 20.7。	57 日齢で眼瞼が眼をおおう。この時点の頭殿長は 59.2。後足長は 20.5。
61～65	胎子は弯曲状の形態を脱する。体の長軸と耳と吻部を結ぶ直線との間に 90 度以上の角度が形成される。	61 日齢で胸部および前肢上部に毛包が生じる。この時点の頭殿長は 74.3，後足長は 29.0。
66～68	眼の側方前～中部の前眼窩ヒダが出現。66 日齢の頭殿長は 83，後肢長は 30.5。	68 日齢で腹部と体幹にも毛包が生じる。この時点の頭殿長は 94.7，後足長は 37.2。
73～75	75 日齢の頭殿長は 113，後肢長は 43.6。	73 日齢で鼻孔から上唇にかけての部分が茶色になる。この時点の頭殿長は 110.7，後足長は 45.7。
76～85	鼻部の先端が灰色になる。	
86～90	眼部，吻部，頬部の皮膚にあった毛包が破れる。鼻では背部が黒く染まり，前面は茶色となる。頭殿長は 167.3，後肢長は 69.8。	86 日齢では，頭殿長は 155，後足長は 79.3。89 日齢では，頭殿長は 164，後足長は 77.0。
91～95	下唇表面が茶色となり，眼裂近くの眼瞼表面が黒化する。後肢の白斑に中足腺が出現する。	
96～105	蹄が黒化する。98 日齢の頭殿長は 197.2，後肢長は 98.8。	
106～110	鼻孔が開く。107 日齢では頭殿長が 224.2，後肢長が 114.5。110 日齢では頭殿長が 233.2，後肢長が 124。	
111～120	不完全な被毛。体幹部に薄い色の斑紋出現。角の生える部分に濃色斑（雌雄とも出現）。115 日齢では頭殿長は 252，後肢長は 127。	111 日齢では鼻孔が開き，脚部と蹄が黒褐色になる。吻部に発毛。この時点の頭殿長は 232，後足長は 127。117 日齢では脚部に発毛し，頭殿長は 252，後足長は 143。
121～132	大腿部と上腕部をおおう皮膚の前後面にも被毛が現れる。足根腺が出現する。	
133～150	脚部にも発毛する。蹄の先端に密な剛毛の列が出現する。135 日齢では頭殿長が 318.5，後肢長が 192。	137 日齢で，被毛は中足部と足根腺をおおう。この時期の頭殿長は 311，後足長は 184。144 日齢では，蹄直上部に短毛を生じるが，歯はまだ膜におおわれている。この時期の頭殿長は 327，後足長は 193。
151～180	被毛は成獣なみになるが，歯はまだ膜におおわれている。鼻は黒化し，中足腺は完全に被毛でおおわれる。159 日齢では頭殿長が 396，後肢長が 251。	161 日齢で切歯と犬歯の先端が露出する。この時期の頭殿長は 397，後足長は 262。174 日齢では被毛は新生子なみで，頭殿長は 443，後足長は 278。
181～200	切歯は萌出し，足根腺は完全に被毛でおおわれる。181 日齢では頭殿長が 445，後肢長が 304。192 日齢では頭殿長が 459，後肢長が 312。	

頭殿長：前頭から臀部までの長さ。後足：後肢の蹄先端から飛節までの長さ。後肢長：後肢の蹄先端から脛腓骨の結節までの長さ。

め，この齢段階を手早く簡単な方法で識別することで，齢構成を明らかにするための時間は短縮される（Johnston et al. 1987）。

　齧歯類ではとくにそうであるが，未成熟個体の性判別は困難とされる。多くの種では，尿生殖器口と肛門との距離が良い指標となる。この距離は，メスではオスの半分かそれ以下である。

水晶体重量

　脊椎動物の水晶体は生涯を通じて成長し，かつ細胞を脱落させない唯一の器官である（Bloemendal 1977）。これらの特殊性により，水晶体は多くの哺乳類で齢の指標となる。この方法は，新鮮な死体から採取した水晶体のみを用い，特別な保存，乾燥，重量計測が必要とされる。冷凍は標本に

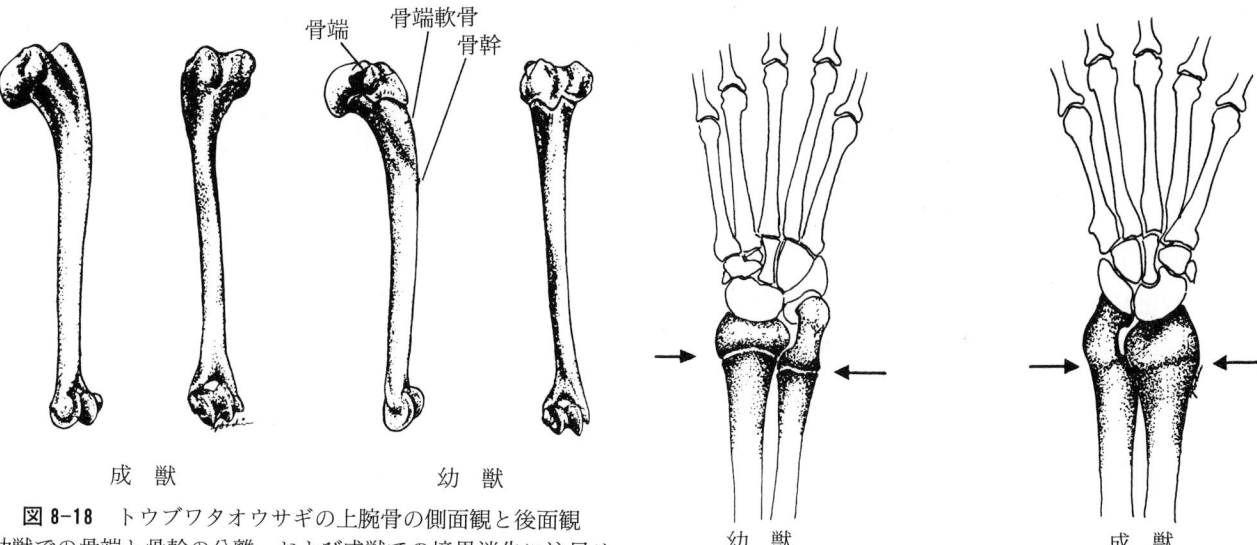

図8-18 トウブワタオウサギの上腕骨の側面観と後面観　幼獣での骨端と骨幹の分離，および成獣での境界消失に注目せよ。　　　　　　　　　　　　　(Hale 1949, Godin 1960)。

図8-19 X線写真をもとに描いたアライグマの橈骨と尺骨　骨端線は幼獣では開き，成獣では閉鎖している。
(Sanderson 1961, Godin 1960)。

悪影響を及ぼす。小哺乳類の水晶体では誤差が大きい。水晶体は性成熟後もかなり成長するため，成獣における重量には同種間でも大きな変異が認められる。水晶体重量は，幼獣と成獣とを区別するには恐らく最も良い方法であるが，成獣における齢段階の指標としては実用的ではない。Friend(1967)は，この方法に関して良いレビューを発表している。

水晶体におけるもう一つの特性は，より重要な齢査定上の意味をもつ。チロシン(不溶解性のタンパク質)は生涯を通じて水晶体に蓄積されるため，小哺乳類での正確な齢査定を可能とする(Dapson & Irland 1972, Otero & Dapson 1972, Birney et al. 1975)。Ludwig & Dapson (1977)は，オジロジカでもこの方法が有効であることを示した。凍結は標本への悪影響を及ぼし，多数の新鮮標本の処理は実用的ではないため，方法としてはやや限界がある。新鮮標本が入手が可能ならば，この方法は歯の磨耗を用いるより優れており，セメント質の年輪法より費用と時間がかからない。

セメント質の年輪

歯のセメント質と骨周辺部に出現する層板は，年齢を示す正確な指標となる(Klevezal' & Kleinenberg 1967)。セメント質は，歯根表面に年ごとの層板(年輪)を形成しながら沈着するため，若齢時の層板は象牙質の近くに，現在の層板は歯根表面に作られる。個体の年齢は，この層板を数えることで査定される。Klevezal' & Mina(1973)は，層板の形成パターンは性や生理状態(発情や妊娠)の影響を受けないことを報告した。同様に，層板が形成される年の特殊事情も反映しないとされる。個体群間の形成パターンの変異は，大陸性気候では少なく亜大陸性気候や海洋性気候の場合は大きくなる。Jacobson & Reiner(1989)は，ミシシッピオジロジカ(Mississippi white-tailed deer)の3.5歳より若い個体で，歯の萌出や磨耗による方法がセメント質年輪法よりも正確であることを報告した。しかし，セメント質の年輪はほぼすべての哺乳類で出現するため，器材と熟練があるならどんな哺乳類でも利用可能と考えられる。

少数の哺乳類(たとえばビーバー)では，歯と層板が十分に大きく明瞭なため，歯の矢状断の研磨面を実体顕微鏡で観察するだけで層板を見ることができる(Van Nostrand & Stephenson 1964)。他のほとんどの種およびすべての小哺乳類では，歯の脱灰処理，ミクロトームあるいは凍結ミクロトームによる組織切片の作成(Child 1973)，染色，強拡大の顕微鏡による観察が必要とされる。すべての歯に層板は存在するが，種や採材方法により選択する歯は異なる。切歯や前臼歯などは，摘出が容易であり，生体からでも悪影響を少なく摘出できる。トロフィーにおいては，抜去する歯は剥製業者の要請に影響される。セメント質による齢査定方法は，老齢獣では磨耗による方法より正確であると考えられている。Matson研究所(P.O.Box 308, Milltown, MT 59851)の私信によれば，年齢既知の12種120個体におよぶ陸生哺乳類の歯牙標本で，実年齢とセ

メント質による査定年齢とが94個体で一致し，5個体（1歳以上）で一致しなかった。なお，残りの21個体は1歳であったため，セメント質による査定は不要であった。

ある種の若齢毛皮獣の犬歯のように，歯根壁の薄さや根尖孔，乳歯の存在などを査定に利用できれば，セメント質による方法は不要である(Johnston et al. 1987)。根尖孔が早期に閉鎖するような犬歯では，X線撮影が安価な方法である。狩猟期の早期に捕獲された幼若毛皮獣では，歯髄腔が成獣に比べ非常に大きく空いているため計測の必要もない。年末頃に得られた標本の場合は，幼獣と1歳との区別は困難になり精度も減少する。セメント質による方法については，標本の収集や処理，査定の方法を記述した冊子がMatson研究室(P.O.Box 308, 8140 Flagler Road, Milltown, MT 59851)より入手できる。

歯の収集

セメント質による齢査定では，「標準」とされている歯種を選択すべきである。すべての有蹄類では，標準は第一切歯(I 1)である。ほとんどの食肉目の標準は犬歯とされる。クマ類とオオカミ類では第一前臼歯，アメリカライオンでは第二前臼歯が標準である。テンでは，犬歯，第三前臼歯，第四前臼歯で齢査定が行われている（テンの場合は研究室や方法により使用する歯も異なる）。生きた有蹄類では，第四切歯を抜いて使用することもできる。生きたエルクの場合は犬歯でもよい。

もし，標準と異なる歯を使う場合は，その歯種を鑑別する必要がある。なぜならば，歯種ごとの萌出時期の違いにより，セメント層板の読み方（層板数と年齢との関連）が異なるためである。標準ではない歯を未鑑別で使用すると，少なくとも1年の誤差を生じる可能性がある。

歯を抜く際には，歯根先端部（根尖部）を破損しないようにする熟練が必要である。根尖部を含む歯根の1 cmは，正確な齢査定に最も重要な部分である。クマ類では例外的に，歯頸線近くに肥厚したセメント質があり，破損した歯でもしばしば正確な齢査定が可能である。歯科用エレベータ（獣医器材業者より多くのサイズが入手可能）は，歯槽から歯を抜く際に役に立つ。有蹄類の新鮮な死体では，歯肉に可能な限り切れ込みを入れた後，引いたりねじったりすることで簡単に抜くことができる。食肉目の犬歯は抜去が困難で，事前に60〜80℃で12時間ほど暖めておく必要がある。オートクレーブは，歯の組織を損傷するので使用しない方がよい。泥が歯に付着することも避けるべきである。砂や泥の粒子は酸による脱灰処理によっても柔らかくならず，切片作成用のミクロトームの刃を劣化させることになる。

抜去した歯は紙封筒に保管するのがよい。プラスチック容器は湿気を逃さないため腐敗を招く。もし齢査定を始めるまで何か月間も保管するならば，冷凍しておくべきである。紙製の容器は，解凍後の湿気による損傷を防ぐために使用すべきである。無防備な状態での長期保存が，歯の物理的特性および染色性に与える正確な影響は不明である。凍結は最善の予防措置として推奨される。化学的な保存液は，染色反応に有害な影響を与えるため推薦できない。

乾燥した歯からの泥の除去は，歯を60〜80℃の湯に10〜20分漬けた後，柔らかくなった泥混じりの歯周組織を注意深く引き剥がすことで可能である。ただし，鋭利な道具でセメント質の表面を掻き取ることは，最近形成された層板を破損し査定誤差を生じる原因となる。

ハンター自身に歯を送ってもらうことは，多くの狩猟獣での収集に良い方法である。ハンターは獲物を殺した時点で歯を抜き，狩猟獣管理機関から渡された封筒に入れて発送する。合衆国とカナダの郵政担当省庁は，この業務に対して懸念を表現してきた。なぜなら，詰め物に包まれていない固い歯を扱うことによる機械の損傷と，血液汚染による疾病の伝搬の恐れるためである。歯を入れる封筒のデザインには，地域の郵便関連職員の是認が得られるよう細心の注意が払われるべきである。最近のデザインは，手作業で封筒に消印を押しやすいよう目立つ着色が施され，中身は分析のために発送された乾燥した動物の歯で，腐るものでも危険物でもなく，感染の原因にもならないことを示す，郵便職員向けの説明も書かれている。

実験室での手順

ほとんどの有蹄類のセメント質は，根尖の前後の部分が肥厚している。実験室での手順では，この部分で最大のセメント質の断面が得られるようにすべきである。

歯根では，長軸に沿って正中の断面を得るのが良い。長軸に沿った歯根の断面は横断面に比べ，①より大きなセメント質の断面を得ることができる，②1本目の濃染層（もっとも象牙質に近い層板）の延長部における，象牙－セメント境との関連や根尖部での特徴をより良く観察できる，という二つの利点がある。横断面には，①根尖からの距離が一定の切片の特徴は年齢による変異が大きい，②切片が反りやすく染色の過程でスライドガラスからはがれやすい，という欠点がある。

表 8-4 北アメリカ産哺乳類におけるセメント質齢査定の状況
(Milltown, MT 59851, G.Matson 研究所の未発表データによる)

種	標準の歯種	代用となる歯種	幼獣の区別方法[a]	セメント質のパターン[b]	経験の必要性[c]	正確さ[d]	方法による不一致[e]
オジロジカ	I1	I2〜I4, PM	M	V	4	3	
ミュールジカ	I1	I2〜I4, PM	M	V	4	3	
オグロジカ	I1		M	V	4	3	
エルク	I1	I2〜I4, 上顎C	M	D	4	4	
ヘラジカ	I1	I2〜I4	M	V	3	3	
トナカイ	I1	I2〜I4, PM	M	V	3	3	
プロングホーン	I1		M	V	2	3	
シロイワヤギ	I1	I2〜I4	M	D	4	4	
ビッグホーン	I1	I2〜I4	M	V	2	3	
ボブキャット	C		O, R	V	4	3	
カナダオオヤマネコ	C		O, R	D	2	3	
ピューマ	PM2			I	2, D	2	
キツネ属	C		R	D	3	3	
コヨーテ	C	PM1	O, R	V	3	3	
オオカミ	PM1	C	O, R	I	1, D	2	
カワウソ	C		O, R	C	3	2	
ミンク	C		R	C	2	2	
フィッシャー	C		R	D	2	3	
テン	C		R	C	3, D	2	T, M
アナグマ	C		R	C	1	2	
グズリ	C		R	C	1	2	
アメリカクロクマ	PM1	全歯種		C	4	3	M
グリズリー	PM1	全歯種		C	3	3	M
アライグマ	C	I1	O, R	D	3	3	

I1:第一切歯,I2〜I4:第二〜第四切歯,C:犬歯,PM:前臼歯,PM1:第一前臼歯,PM2:第二前臼歯。
[a]M:形態学的,O:根尖孔の開口,R:X線撮影。
[b]V:変異あり,D:明瞭,I:不明瞭,C:複合的。
[c]4:大,1小,D:特別に開発された齢査定方法。
[d]4:正確,1:不正確。
[e]T:歯種による,M:方法による。

齢の読みとり

セメント質層板の特徴は種によって異なるため,それぞれの種で特有の方法をとる必要がある。これには,読みとり方の一定した法則が種ごとに記述され,写真や説明図の補足も必要とされる。濃染した1本目の層板の特徴と年齢に関する意義,1本目に続いて形成された層板の特徴,年輪以外の濃染層の存在,1歳前に形成される「幼獣層」の存在,に関しては特別の注意が払われる必要がある。

各種野生哺乳類での,セメント質による齢査定の概略を表8-4にまとめた。図8-20は歯の切片の模式図であり,図8-21はアメリカクロクマでの各種セメント層板の出現状況とそれらの査定結果を示す。

偶蹄目

一般的特徴

北アメリカには,5科(イノシシ科,ペッカリー科,シカ科,プロングホーン科,ウシ科)12種の偶蹄目が生息する。さらに,これらの科に属する外来の移入種も野生状態で生息し,生物学者や野生動物管理官の興味を引いている。

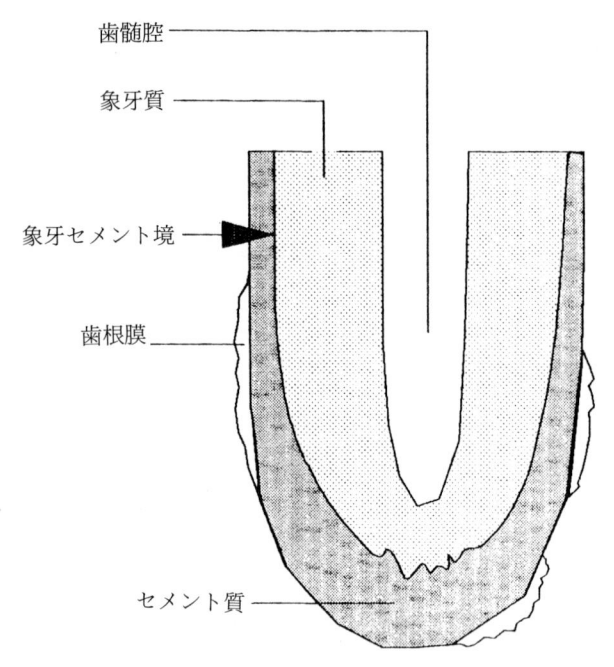

図8-20 哺乳類歯根部の切片の模式図
G. Matson(未発表)による。

(図の引き出し線: 歯髄腔, 象牙質, 象牙セメント境, 歯根膜, セメント質)

性判別

偶蹄目における最も注目すべき特徴は，5種中3科(シカ科，プロングホーン科，ウシ科)に角もしくは枝角が認められることである。シカ科では，トナカイと稀な異常例を除き，オスのみが枝角をもつ。ウシ科では雌雄ともに角を持つが，代表的な5種(アメリカバイソン，シロイワヤギ，ジャコウウシ，ビッグホーン，ドールビッグホーン)では，オスの角の方がメスより著しく発達する。プロングホーン科に属するのはプロングホーン1種であり，オスは角をもつがメスでは一定しない。

齢査定

ほとんどの偶蹄目の年齢は，歯の交換，磨耗，セメント質年輪法で査定可能である。研究に必要な下顎骨が残されていたため，野外で有用な齢査定方法の開発に多くの努力が費やされてきた。歯の交換を利用する方法は，通常は幼獣での査定に限られる。歯の磨耗による方法は，いくつかの齢段階に区分するために使われる。いかなる種においても，食物や土壌の状態により，磨耗の程度に明瞭な地理的変異が生じる。

オジロジカ

2歳を越えたオスでは，陰茎保定に働く靱帯が付着する粗面があるため，骨格からメスと区別できる(Taber 1956)(図8-22)。1歳程度の若い個体では，下肢帯の寛骨における腸恥隆起の性差が役に立つ(Edwards et al. 1982)。歯の交換状況からは，0歳か1歳かを確定することができる(表8-5，図8-23, Severinghaus 1949)。歯の萌出は，およそ21か月齢で完了する。1.5歳を越える個体では，歯の磨耗の相対値により査定する(Severinghaus 1949, Hesselton & Hesselton 1982)。しかし，年長の個体で正確な齢査定を行うには，磨耗の変異は大きすぎる(Gilbert & Stolt 1970)。摩耗による方法では，各タイプの生息環境を代表する年齢既知の下顎を比較対象として使用するべきである(Hesselton & Hesselton 1982)。適切な使用ならば，この方法は若齢層ならびに，より一般的な齢段階区分にも価値を持つであろう。年齢は，切歯(Lockard 1972)もしくは後臼歯(McCullough & Beier 1986)のセメント質年輪により最も正確に査定される。しかし，Jacobson & Reiner(1989)は，3.5歳より若齢の場合はセメント質年輪より磨滅や萌出を用いる方が正確なことを報告している。

ミュールジカならびにオグロジカ

McCullough(1965)は，成獣および大型の1歳のオスの蹄が，足跡の幅で性判別できる程度の性的二型を示すことを報告している。33か月齢までの個体では，下顎骨の歯の萌出パターンを利用できる(Rees et al. 1966)(表8-5，図8-23)。Connolly et al.(1969 a)と Erickson et al.(1970)は，24ないし28か月齢以降の個体では，歯の磨耗，水晶体，後臼歯の萌出率を用いる方法が適切でないことを観察している。しかし，参照用の下顎骨が雌雄ともに揃っているならば，磨耗による方法の利用が可能である(Thomas & Bandy 1975)。また，切歯の切片を用いたセメント質年輪法は，すべての年齢において正確である(Thomas & Bandy 1973)。

エルク

オスのみが上顎犬歯をもっている。形態学的な特徴により，0歳，1歳，2歳以上の齢段階への区分が可能である(Greer & Yeager 1967)。歯の萌出は規則的に連続しており(表8-6)，永久歯列は3歳で完成する(Peek 1982)。第一切歯でのセメント質年輪法は正確であるが，歯の磨耗による方法ではわずか50%しか正確に査定できない(Keiss

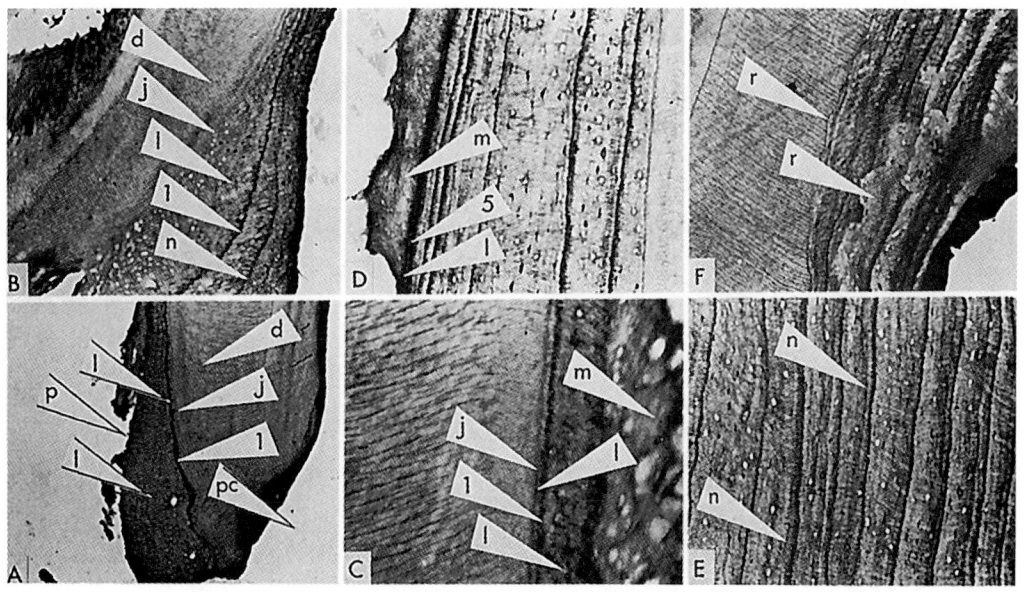

図 8-21 アメリカクロクマのセメント質年輪
実年齢は不明。1, 2…：査定の指標となる年輪（濃染する層板），d：象牙質，j：象牙セメント境，l：淡染層，m：歯根膜，n：年輪ではない濃染層，p：歯根の辺縁，pc：歯髄腔，r：新たに蓄積したセメント質で満たされた再吸収部分

A：9月採取の1歳の第一前臼歯（根尖部を35倍に拡大）。幼獣では歯根の発達は軽度；象牙質付近にある1本の明瞭な濃染層は，根尖までは届いていない。

B：9月に採取された1歳の第一前臼歯（根尖部を35倍に拡大）。最初の年輪は象牙質からかなり離れる（Aと比較せよ）。

C：Aと同じ切片（根尖の3mm上方を150倍に拡大）。淡染層が1歳の年輪と象牙セメント境とを隔てる。

D：5月採取の5歳の第一前臼歯（根尖の3mm上方を95倍に拡大）。最後に形成された年輪が切片の辺縁近くに認められる。

E：9月採取の11歳の第一前臼歯（根尖の6mm上方を95倍に拡大）。年輪ではない濃染層が毎年規則的に出現する。このような層は老齢個体には普通で，年輪と混同されやすい。

F：8月採取の7歳の第一前臼歯（根尖付近を95倍に拡大）。再吸収がセメント質のみならず象牙質にも認められる。組織が失われた部分は，その後のセメント質沈着により補填される。このような部位で消失した年輪は，他の部位ではそのまま残る。

1969)。

ヘラジカ

枝角のない時期の成獣とほとんどの0歳では，外陰部の白斑の有無（ある方がメス）により飛行機からの性判別が可能である(Roussel 1975)。齢査定には切歯のセメント質年輪が有用である(Gasaway et al. 1978, Haagenrud 1978)。

トナカイ

Miller(1982)は，上空ならびに地上からの観察で，齢と性の判別するための10の指標をリストアップした。トナカイは雌雄ともに枝角をもつが，オスのものはメスに比べ大きくかつ派手である。性は下顎長によっても判別可能である(Bergerud 1964, Miller & McClure 1973)。後臼歯ならびに前臼歯(永久歯)の萌出パターンは，27.5か月齢(Newfoundland caribouの場合)あるいは2歳まで(barren ground caribouの場合)のトナカイの齢査定で用いられている(Miller 1974 b)。この種では，歯の萌出パターンを示す正確な一覧表が作成されている(表8-7, Miller 1974 a)。ほとんどのトナカイで，29か月齢までに下顎の歯が生え揃う(Miller 1982)。相対的な歯の磨耗度は，歯の一次元的計測による方法の補足として用いられる(Miller & McClure 1973, Miller 1974 a)。

セメント質年輪法も利用される(barren ground caribou)。生体での齢査定のために，第二もしくは第三切歯を

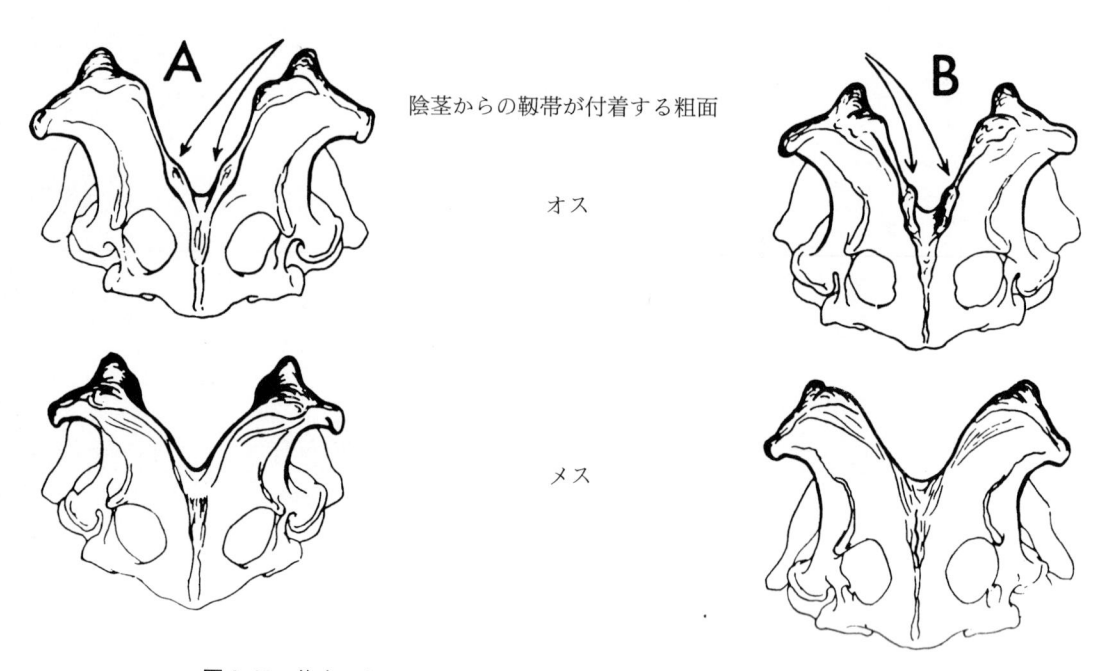

図 8-22 後方からみたオジロジカ(A)とオグロジカ(B)の下肢帯(寛骨)
オスには陰茎保定の靱帯が付着する粗面が認められる(Taber 1956)。

表 8-5 ニューヨーク州産のオジロジカ(Severinghaus 1949)とミュールジカ(Cowan 1936, Taber & Dasmann 1958)の歯の萌出　　D：乳歯，P：永久歯。( )内は萌出中であることを示す。

齢	切歯			犬歯	前臼歯				後臼歯		
	1	2	3	1	2	3	4	1	2	3	
オジロジカ											
1〜3週齢	(D)	(D)	(D)	(D)	(D)	(D)	(D)				
2〜3か月齢	D	D	D	D	D	D	D	(P)			
6か月齢	P	D	D	D	D	D	D	(P)			
12か月齢	P	P	P	P	D	D	(P)	P	(P)		
18か月齢	P	P	P	P	P	(P)	P	P	P	P	
24か月齢	P	P	P	P	P	P	P	P	P	P	
ミュールジカ											
1〜3週齢	D	D	D	D	D	D	D				
2〜3か月齢	D	D	D	D	D	D	D(P)				
6か月齢	D	D	D	D	D	D	D(P)	(P)			
12か月齢	P[a]	DP	D	D	D	D	D	P	(P)		
18か月齢	P	P	P	D	D	D	D	P	P	(P)	
24か月齢	P	P	P	P	(P)	(P)	(P)	P	P	(P)	
30か月齢	P	P	P	P	P	P	P	P	P	P	

[a] 交換と萌出はこの時期に起こる。

8. 性と齢の特徴

0歳～5か月齢
すべての切歯が乳歯

5歳～6か月齢
第一乳切歯（正中部の2本）は5か月齢で抜け，永久歯となる。

6か月齢
第一切歯は永久歯となっている。他の切歯は乳歯のままで，これらが永久歯となるのは10～11か月齢である。

舌側稜　エナメル質　象牙質　第二稜
頬側稜　咬合面の陥凹
歯頸線（歯肉縁に相当するライン）
下顎後臼歯の頬側面

1歳齢：1歳4～5か月齢
乳白歯は中等度以上に磨耗する
第三白歯は3葉性（前葉，中葉，後葉）
前白歯（永久歯）
前白歯は第二～四まである。第一前白歯は進化過程で消失した
第三後臼歯は完全に萌出していない

1歳齢：1歳6か月齢
乳白歯は抜けて前白歯が一部萌出する。第四前白歯は2葉性（前葉，後葉）
後臼歯は鋭い
第三後臼歯は完全に萌出していない

1歳齢：1歳7か月齢
完全に萌出を終えた前白歯の咬合面には，ときにわずかの磨耗が見られる。象牙質まで届かないようなわずかな磨耗が，第三後臼歯の最後部の稜に見られる
1歳7か月か2½歳かを区別するには，上顎第三後臼歯を検査する（1歳7か月では，第三後臼歯は部分的に萌出）
下顎の第三後臼歯は，1歳8～10か月齢で完全に萌出する
上顎の第三後臼歯は，1歳10か月～2歳齢で完全に萌出する

2½歳齢：永久歯と前白歯と後臼歯
上顎の第三後臼歯の完全に萌出しているが，磨耗はわずかである
第二前白歯の磨耗はほとんどない
第三，第四前白歯はわずかに磨耗する
第三後臼歯の後葉はわずかに磨耗
第一，第二後臼歯の舌側稜は鋭く，エナメル質は幅の狭い象牙質部分により突出する

3½歳齢：後臼歯
第一後臼歯の舌側稜は鋭さを失い，第二稜も突出するが鋭くはない
第一，第二後臼歯の稜に出現した象牙質の幅は，エナメル質よりも広い
第一後臼歯の頬側面は歯肉から6～7mm以下の高さまで磨耗する

4½歳齢：後臼歯
第一後臼歯の舌側稜はほとんど消失する。第二稜は判別可能である
第二後臼歯の舌側稜
第一後臼歯の頬側面は歯肉から6～7mm以下の高さまで磨耗する
第一後臼歯の頬側面は歯肉から6～7mm

5½歳齢：後臼歯
第一後臼歯の本来の舌側稜は消失するが，疑似的な舌側稜が出現する。第二稜も消失する。第一後臼歯の頬側面は歯肉から4～5mm以下の高さまで磨耗する
第二後臼歯の高さは5～6mm
すべての後臼歯の稜に出現した象牙質は，エナメル質よりもかなり幅広である

6½歳齢：後臼歯
第一後臼歯の舌側稜は見られず，頬側面は歯肉から3～4mm以下の高さまで磨耗する
第二後臼歯は4～5mm

7½歳齢：後臼歯
第一後臼歯の頬側面は歯肉から2～3mm以下の高さまで磨耗する
第二後臼歯は3～4mm

8½～9½歳齢：後臼歯
すべての後臼歯の頬側面は歯肉から2～3mm以下の高さまで磨耗する

10½歳齢：後臼歯
第一後臼歯は歯肉の高さ，もしくはそれ以下まで磨耗する
第二と第三の後臼歯の頬側面は歯肉から1～2mm以下の高さまで磨耗する

(mm)

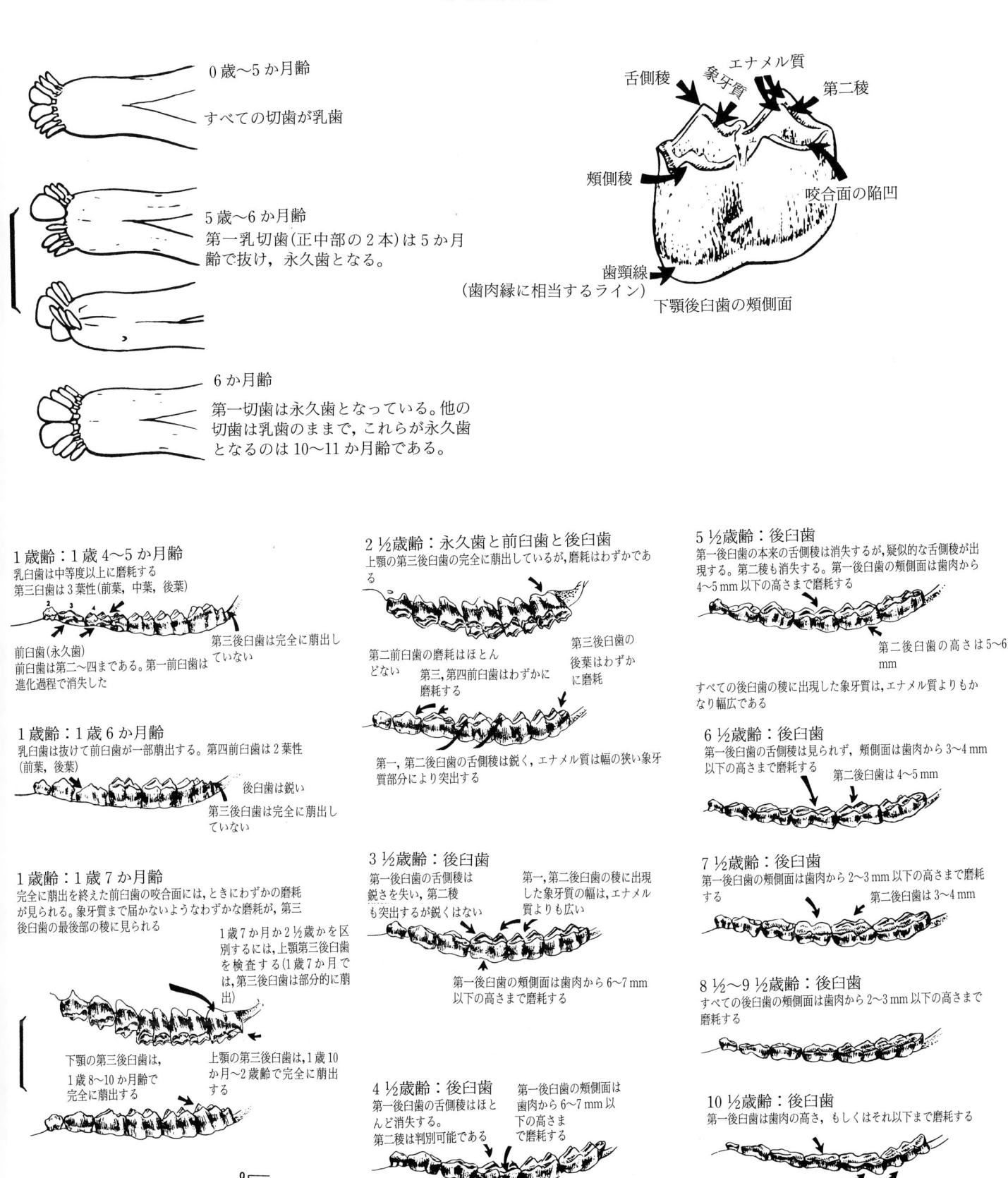

図8-23　ニューヨーク州のオジロジカにおける歯の萌出と磨耗の順序（Larsin & Taber 1980），ならびに有蹄類臼歯の部分名称（Godin 1960）

表 8-6　エルク（Rockey Mountain elk）の歯の萌出（Quimby & Gaab 1952）
D：乳歯，P：永久歯。（　）内は萌出中であることを示す。

年齢	切歯			犬歯	前臼歯				後臼歯		
	1	2	3	1	2	3	4		1	2	3
0.5	D	D	D	D	D	D	D		(P)		
1.5	P	DP	D	D	D	D	D		P	P	
2.5	P	P	P	P	D(P)	D(P)	D(P)		P	P	P
3.5	P	P	P	P	P	P	P		P	P	

表 8-7　トナカイ（Kaminuriak caribou）の歯の萌出（出生後 29 か月まで）（Miller 1974 b より）

表中の数値は出現頻度の％を示す。数値の記入がない場合は 100％である。切歯と前臼歯は D, E, P で，後臼歯は A, E, P で萌出状況を示す。

月齢	下顎歯列の状況									
	i1	i2	i3	c1	p2	p3	p4	m1	m2	m3
0	D[a]	D	D	D	D E[b]	D E	D E	A[c]	A	A
1	D	D	D	D	D	D	D	A	A	A
3	D	D	D	D	D	D	D	P[d] E	A	A
5	D	D	D	D	D	D	D	P E	A	A
10	D[b] E P　46 21 33	D	D	D	D	D	D	P	A E P　62 38 0	A
12	D E P　14 3 83	D E P　41 21 38	D E P　52 22 26	D E P　59 22 19	D	D	D	P	A E P　7 77 16	
13	P	D E P　58 0 42	D E P　67 0 33	D E P　83 0 17	D	D	D	P	A E P　40 33 27	A
15	P	P	P	D E P　0 8 92	D	D	D	P	P	A E P　92 8 0
17	P	P	P	P	D	D	D	P	P	A E P　65 35 0
22	P	P	P	P	D E P　74 21 5	D E P　86 12 2	D E P　95 3 2	P	P	A E P　10 89 1
24	P	P	P	P	D E P　34 20 46	D E P　28 23 49	D E P　50 15 35	P	P	A E P　0 47 53
25	P	P	P	P	D E P　17 11 72	D E P　17 6 77	D E P　39 3 58	P	P	A E P　0 39 61
27	P	P	P	P	D E P　13 7 80	D E P　10 3 87	D E P　19 0 81	P	P	A E P　0 6 94
29	P	P	P	P	P	P	P	P	P	P

[a]D：乳歯。[b]E：萌出中。萌出中の歯には着色部分があるが，所定の位置までは生えきっていない。[c]A：歯は認められず（永久歯が未萌出）。[d]P：永久歯。

抜去することが可能である（Bergerud & Russell 1966）。

ジャコウウシ

性と齢の判別はほとんどの場合は生きた状態で行われるため，最良の方法は角を用いることである。0 歳は体サイズで容易に区別できる。1 歳の場合，体格は小型で角は小さく直線的な突起で，角鞘長はオスで約 100 mm，メスでは約 66 mm である。

オスでは 2.5〜5.5 歳，メスでは 2.5〜3.5 歳が未成熟獣に相当する。2.5 歳の個体での性判別は困難であるが，オスの角はメスに比べて白っぽく，頭部からより垂直に近く突出する。生後 4 年目までの間にメスの角の下降は最大となり，ほとんど下顎に接するまでになってから先端部が側方へと上昇する。この状態になれば，メスは成獣とみなすことができる。オスでは生後 6 年目から成獣とされ，この時期に角は額の部分を完全に覆うまでに成長する（Tener

表 8-8 アメリカバイソンの下顎における歯の交換と萌出
Larson & Taber(1980, Hogben の報告に基づく) による。D：乳歯，P：永久歯。( ) 内は萌出中であることを示す。

年齢	切歯 1	切歯 2	切歯 3	犬歯 1	前臼歯 2	前臼歯 3	前臼歯 4	後臼歯 1	後臼歯 2	後臼歯 3
1	D	D	D	D	D	D	D	P	(P)	
2	P	D			P					
3	P	P	D	D	(P)	(P)	D	P	P	P
					P	P	(P)			
4	P	P	P	D	P	P	P	P	P	P
5	P	P	P	(P)	P	P	P	P	P	P

1954)。

歯の萌出は6歳までの齢査定に使うことができる (Tener 1965)。セメント質年輪法も利用されている (Parker et al. 1975)。年輪のカウントには，X線蛍光透視装置 (fluoroscope)を用いた方が染色するよりも良い (Hinman 1979)。

アメリカバイソン

成獣のアメリカバイソンには性的二型が出現するが，メスは一般に体色，体形，角の存在においてオスと類似する (Reynolds et al. 1982)。メスの角はオスに比べ細く，内側に向かい湾曲している。角芯と表面の凹凸はオスの方がメスより顕著である (Skinner & Kaisen 1947)。Duffield (1973)は，頭蓋骨以外の骨格の計測値に性差を認めた。

遊動中の群の大まかな齢段階区分だけならば，体格や角の発達程度の観察により可能である (Reynolds et al. 1982)。角の発達にもとづき，メスでは4段階，オスでは5段階の齢段階に区分される (Fuller 1959)。角輪のカウントは齢査定に有用ではない。頭蓋骨における縫合の癒合程度を観察することで，オスでは2段階の齢区分が可能である (Shackleton et al. 1975)。骨端線の閉鎖にもとづく齢査定のための早見表が Duffield(1973)により作られている。水晶体重量を用いる方法は，同一年齢間での変異が大きいため有用ではない (Novakowski 1965)。歯の交換と磨耗にもとづき，Skinner & Kaisen(1947) は6段階，Frison & Reher(1970) は7段階に齢区分を行った (表8-8)。歯の萌出と磨耗にもとづく5段階の区分が Fuller(1959)により行われたが，年齢そのもの査定にはセメント質年輪法のみが有効である (Novakowski 1965)。

ビッグホーン類

最もよく研究されているのはビッグホーンではあるが，その性判別の指標はドールビッグホーンでも応用可能であろう。遠くからでも0歳の判別は可能であるが，性までは分からない。オスの場合，年長の個体は0歳に比べ目立って大きな角をもつ (Lawson & Johnson 1982)。接近して陰嚢の有無を確認しなければ，オスの1歳とメスの成獣との明確な区別は困難である。2歳以上のオスの場合，その大きな角により他との区別は容易である。角が3/4巻きを越えないため，若いオス成獣を年長のオス(3/4巻きを越える)と区別することが可能である (Johnson ら 1954)。加齢にともない，オスの角は基部が太くなり「巻き」が増加するが，メスでは幼獣的な形態を維持する (Lawson & Johnson 1982)。

角輪のカウントはビッグホーンでも価値がある (Geist 1966)。北アメリカに生息する他のウシ科と同様，ビッグホーン類はシカ類に比べて永久歯列の完成が遅く，萌出と交換が完了するまで4年を要する (表8-9) (Deming 1952, Hemming 1969, Lawson & Johnson 1982)。4歳以降のオスでは，歯の長さと幅の比率ならびに磨耗程度を齢査定に使用することができる (Lawson & Johnson 1982)。セメント質年輪は，ビッグホーン (Rocky Mountain bighorn, Nelson's bighorn, Peninsular bighorn を含む)，ドールビッグホーンの齢査定に有用な指標である (Turner 1977)。

シロイワヤギ

すべての齢段階で，排尿姿勢により性を知ることができる。排尿中，オスは立ったままか体を伸ばすかし，メスはしゃがみ込む。1歳以上のオスの陰嚢は，夏の間には見るこ

表 8-9　ビッグホーン類の永久歯萌出パターン（Chapman & Feldhamer 1982）[a]

数値は月齢。

歯種	ドールビッグホーン Dall	ロッキーマウンテンビッグホーン Rockey Mountain bighorn	デザートビッグホーン Desert bighorn
M 1	1〜4	1〜4	6
M 2	8〜13	8〜13	16
I 1	13〜16	13〜16	12
I 2	25〜28	25〜28	24
P 2	27〜32	25	24
P 3	25〜30	25	24
P 4	25〜30	25〜30	24
M 3	22〜40	22〜40	30
I 3	33〜36	33〜36	36
C	45〜48	45〜48	48

[a]Deming（1952）と Hemming（1969）をまとめる。

とができる。オスの角は基部においてメスより厚く、前から見ると角間の距離が短い。しかし野外では、経験豊富な者が近距離から観察しない限り、角の特徴による性判別は有用ではない（Wigal & Coggins 1982）。1歳以上のメスでは、尾の下の外陰部に黒い斑紋が認められる。

当夏生まれの個体の角は、秋まで耳の半分程度の長さしかなく、かろうじて見えるに過ぎない。初夏の時期の1歳の角は耳よりも短く、耳と同程度になるのは秋になってからである。2歳と成獣では、角は耳よりも長くなる。成獣の顔は2歳の個体より大きく角張るが、この特徴は夏の終わり頃まで認識困難である（L. Nichols、連邦政府資金プロジェクト W-17-9 および W-17-10、アラスカ漁業狩猟局、ジュノー、1978）。年ごとに角輪を形成する断続的な角の成長（図8-24）、ならびに歯の萌出と交換（表8-10）を利用した齢査定が可能である。

プロングホーン

オスは角（芯となる部分を脱落性の鞘が覆っている）をもつが、メスの場合は一定しない。メスの角長はわずか42 mm であり（O'Gara 1968）、分岐をもたないか痕跡的である（O'Gara 1969）。オスの角は2か月齢で伸び始めるが、メスでは生後2年目に生える。一般的に、耳より長い角をもつ個体はオスの成獣である。成獣のオスでは顔から角までを覆う黒いマスクが特徴だが、メスでは黒い吻部から顔にかけて不明瞭な暗色部が広がるのみである（Einarsen 1948）。歯の萌出交換は表8-11に示されている。齢査定は、第一切歯のセメント質年輪により査定される（McCutchen 1969）。年輪を観察するための組織切片は、研磨により作成するのが最も望ましい（Kerwin & Mitchel 1971）。歯の磨耗を用いる方法は妥当ではない。

クビワペッカリー

生殖器以外で外見的な性差は認められない。しかし、寛骨から下方へ突出する粗面がオスのみに認められる（Lochmiller et al. 1984）。

Kirkpatrick & Sowls（1962）は、歯の交換様式をもとに、21.5か月齢までの期間を6段階に区分する方法を述べている（表8-12）。水晶体重量を用いる方法は、成獣の齢査定では限界がある（Richardson 1966）。恥骨結合は、12か月齢の個体ではほとんど認められなくなる（Lichmiller et al. 1984）。

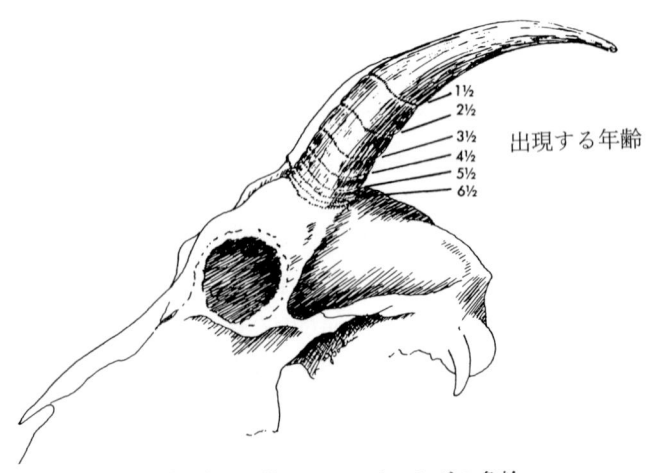

図 8-24　1年ごとに現れるシロイワヤギの角輪（Brandborg 1955）。

表 8-10 シロイワヤギ下顎の歯の萌出と交換 (Brandborg 1955)
D：乳歯，P：永久歯。（ ）内は萌出中であることを示す。

年齢	切歯			犬歯	前臼歯			後臼歯		
	1	2	3	1	2	3	4	1	2	3
1週齢	(D)	(D)	(D)		(D)	(D)	(D)			
6か月齢	D	D	D	D	D	D	D	(P)		
10か月齢	D	D	D	D	D	D	D	(P)	(P)	
15〜16か月齢	(P)	D	D	D	D	D	D	P	(P)	(P)
23か月齢	P	D	D	D	D	D	D	P	P	(P)
26〜29か月齢	P	(P)	D	D	(P)	(P)	(P)	P	P	(P)
38〜40か月齢	P	P	(P)	D	P	P	P	P	P	P
48か月齢	P	P	P	(P)	P	P	P	P	P	P

表 8-11 プロングホーン下顎の歯の萌出と交換 (Dow 1955, Dow & Wright 1962)
D：乳歯，P：永久歯。（ ）内は萌出中であることを示す。

年齢	切歯			犬歯	前臼歯			後臼歯		
	1	2	3	1	2	3	4	1	2	3
出生時	D						D			
6週齢	D	D	D	D	D	D	D	P		
15〜17か月齢	P	D	D	D	D	D	D	P	P	P
27〜29か月齢	P	P	D	D	P	P	P	P	P	P
39〜41か月齢	P	P	P?	P[a]	P[a]	P[a]	P	P	P	

[a]全部（左右合計）で 24 の咬合面の陥凹が観察される。

表 8-12 クビワペッカリー下顎の歯の萌出と交換 (Kirkpatrick & Sowls 1962 による)
D：乳歯，P：永久歯。（ ）内は萌出中であることを示す。

年齢	切歯			犬歯	前臼歯			後臼歯		
	1	2	3	1	2	3	4	1	2	3
2〜6	D	D	D	D	D	D	D	D	D	D
7〜10	D	D	D	D	D	D	D	P	D	D
11〜12	D	D	D	P	D	D	D	P	D	D
13〜18	D	D	D	P	D	D	D	P	P	D
19〜21.5	D	D	D	P	D	D	P	P	P	(P)
>21.5	D	P	P	P	P	P	P	P	P	P

陸生の食肉目

北アメリカの代表的な食肉目は，5 科 30 種以上を数える。このうち何種かはもともとあるいは人為的要因により稀少であり，性や齢に関するデータの入手は困難である。標本数が少ないこともしばしばあり，限られたサンプルによる正確な齢査定の必要性が高い。多くの食肉目のオスは陰茎骨をもち，性や齢を確認するための触診が可能である (Petrides 1950, Newby & Hawley 1954, Thompson 1958)。剥がした毛皮に残る陰茎の痕跡や開口は，その個体がオスであったことを示している。一般にオスの方がメスより大きいが，年長の大きなメスが若い小さめのオスと混同される場合もある。さらに，栄養状態にはしばしば大きな変異があり，同一種でも体サイズに相当な地域個体群間変異が認められる。個々の種での性判別や齢査定の詳細な情報は，Novak et al. (1987) および Chapman & Feldhammer (1982) から得ることができる。Johnston et al. (1987) は，北アメリカに生息する毛皮獣の齢査定に関し，ほぼ完全な総覧を発表している。

オオカミ

遠距離からの観察では，排尿の姿勢と行動のみが性判別の指標となる(Carbyn 1987)。乳頭や陰茎に由来する痕跡や開口の検査によっても性判別が行われ，これは生体，死体，毛皮のいずれにおいても可能である。

最初の6～8か月には，体の大きさから幼獣と成獣を区別できる(Carbyn 1987)。乳歯は16～26週齢で生え変わる(Schonberner 1965)。乳歯は，永久歯に比べ短く小型である。犬歯長が21 mm 未満ならば，その個体は幼獣として成獣から区別できる(Van Ballenberghe & Mech 1975)。橈骨と尺骨における骨端と骨幹の癒合は，12～14か月齢で起こる(Rausch 1967)。オオカミの成長は18か月齢まで続く(Young & Goldman 1944)。観察可能な最初のセメント質年輪は18～22か月齢で出現するため(Goodwin & Ballard 1985)，他の食肉目と同様に年輪カウントも齢査定に有用である。

コヨーテ

コヨーテやその毛皮では，乳頭や陰茎の開口の有無により性判別が行われる(Voigt & Berg 1987)。オス頭蓋骨の外矢状稜は，メスよりも大きく発達する(Bekoff 1982)が，頭蓋骨の形態は他の特徴に比べて信頼性が薄い(Gier 1968)。

永久犬歯は4～5か月齢で萌出し，その歯髄の開口(根尖孔)はおよそ8～12か月齢で閉鎖する。X線撮影により，幼獣の開いた根尖孔か，あるいは成獣の閉鎖もしくは一部閉鎖した根尖孔かを知ることができる(Voigt & Berg 1987)。セメント質の最初の濃染層は20か月齢で形成される(Linhart & Knowlton 1967)。8か月までの個体の齢は，Bakoff(1982)と Barnum et al.(1979)により提唱された回帰式で算出できる。

歯の切片のセメント質年輪で，正確な齢査定が可能である(Linhart & Knowlton 1967, Nallis et al.1978, Bowen 1982)。セメント質年輪が形成される時期は，地理的変異がかなり大きい(Allen & Kohn 1976)。Roberts (1978)は，他の歯では年輪数が変異するため，齢査定に使う歯として下顎犬歯を推奨している。セメント質年輪を数えるために，生体から前臼歯を抜去することも可能である(Voigt & Berg 1987)が，死体由来の犬歯を使う方が正確である(Roberts 1978)。Nellis et al.(1978)は，50か月まで個体の齢査定を，犬歯歯槽の進行的な狭窄化(歯槽の辺縁が咬頭方向にせり出してくる)をもとに行う方法を報告した。

キツネ属(アカギツネとハイイロギツネ)

陰茎の痕跡や開口あるいは乳頭の確認で性判別でき，毛皮あるいは全身の利用が可能である。野外において，遠距離から性を判別することは不可能である(Fritzell 1987)。体重はオスの方がわずかに重いが，体サイズや体色は識別可能なほどの違いはない。オスでは陰茎骨を触知できる。

Geiger et al.(1977)および Harris(1978)は，水晶体重量，陰茎骨と体サイズの計測値，頭蓋骨の縫合の消失程度，頭蓋骨の計測値，骨端線の閉鎖程度など，アカギツネの齢査定方法に関する種々の方法についてレビューした。閉鎖したアカギツネの根尖孔は，その個体が1歳を越えていることを示す。セメント質年輪法の精度は，年輪数が増加するにつれ低下する。Allen(1974)，Johnston & Watt (1981)，Johnston et al.(1987)が報告したように，生体の齢査定のために前臼歯を抜去することは可能である。Voight(1987)は，歯根部の縦断面における年輪を，4～5歳までの齢査定のために使用した。

ハイイロギツネの幼獣は，橈骨と尺骨の骨化程度(Sullivan & Haugan 1956)，歯の磨耗(Root & Payne 1984)，毛皮や全身の重量(Wood 1958, Lord 1961 a)，水晶体重量(Wood 1958, Lord 1961 b, Nicholson & Hill 1981, Root & Payne 1984)，歯髄腔の広さと犬歯根尖孔の大きさ(Tumlison & McDaniel 1984)，歯頸線の高さ(Root & Payne 1984)により，成獣と区別できる(方法により精度の差がある)。亜成獣の陰茎骨は，成獣に比べて短く軽い(表 8-13, 14)。

クマ科(アメリカクロクマ，ヒグマ，ホッキョクグマ)

一般にクマ科は，体サイズのみからの性判別は不可能である。成獣オスの体重は成獣メスの2倍程度にはなる。しかし齢段階によっては，オスの体重は加齢メスの体重と重複する(Pearson 1975, Alt 1980, Craighead & Mitchel 1982)。一般的に性判別には，頭蓋骨，歯，体格における計測値が総合的に利用され，メスの方が小さな値を示す。ア

表8-13 オハイオ州中部産ハイイロギツネの陰茎骨計測値(初冬期)(Petrides 1950)

齢段階(陰茎骨の形で判定)	N	長さ (mm)	重量 (mg)
亜成獣	5	51±1.7	280± 62
成獣	5	57±2.6	528±100

表 8-14 アカギツネとハイイロギツネの齢に関連する特徴（Larson & Taber 1980）
幼獣の特徴には下線を付記した。

解剖学的部位	特徴
陰茎骨[a]	大きく，重く，基部は膨大し表面は粗面となる。小さく，軽く，基部は膨大せず表面も粗面とはならない。
乳頭[a]	直径は2mmを越え暗色を呈し，乾いた毛皮の上からであれば明瞭に触れることができる。直径は1mm未満で明色を呈し，ほとんど突出しない（これらの特徴により繁殖を経験した個体を区別できる）。
橈骨と尺骨の骨端線[b]	遠位の骨端軟骨は認められない（X線撮影による）。遠位の骨端軟骨が認められる（これらの特徴により8～9か月齢までの幼獣を区別できる）。

[a]Petrides 1950. [b]Sullivan & Haugen 1980.

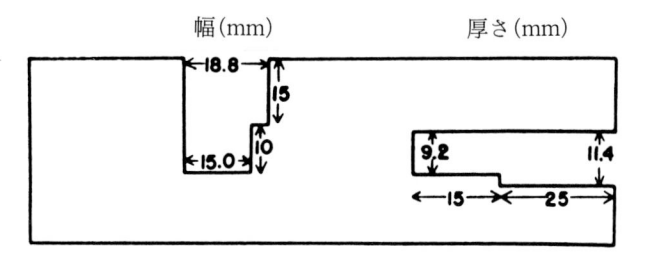

図 8-25 アメリカクロクマの性判別を下顎犬歯のサイズにより行うための器具

以下の方法により性が判別される。メスでは，幅か厚さのどちらかを，切れ込みの狭い部分に通すことができる（両方とも可能である必要はない）。オスでは，幅か厚さのどちらかが，切れ込みの広い部分にも通すことができない（両方とも不可能である必要はない）。両方の広い部分には通すことができ，両方の狭い部分には通すことができないような場合は，Sauer (1966)の記載した，幅と厚さを加算するような方法が必要である。

アメリカクロクマの犬歯は性的二型を示すため，下顎犬歯歯根の最大の幅と厚さは性判別に最良の指標となる（図8-25）（Sauer 1966）。Gordon & Morejohn (1975)は，下顎における犬歯歯槽の長さと第二大臼歯の幅とを併用し性判別を行った。

アメリカクロクマの犬歯は，14～16か月齢まで完全に萌出を終えない（Marks & Erickson 1966）。根尖孔の閉鎖程度は，メスでは3歳まで，オスでは4歳までの査定に用いることができる（Sauer et al. 1966, Poelker & Hartwell 1973）。

ヒグマでは，永久歯列は2歳までに完成する（Couturier 1954）。成獣か幼獣かといった程度の区別は，陰茎骨重量（Pearson 1975）あるいは根尖孔の閉鎖程度（Rausch 1969）から可能である。ホッキョクグマの齢査定は，複数の年齢の指標を統合的に用いることができれば信頼性の高いものとなる（Hensel & Sorensen 1980）。これらの指標には，体サイズ，繁殖状況，歯の磨耗と交換，セメント質年輪が含まれる（Kolenosky 1987）。前臼歯は，生体や死体から障害や損傷なく抜去できるため，セメント質年輪による齢査定に主として用いられる（Kolenosky & Strathearn 1987）。未脱灰切片では，齢査定に使われる層板が紫外線により自家蛍光を発する（Johnstone & Watt 1981）。

秋期および1年に2本出現する層板が問題となる場合もある。ホッキョクグマ（とくに老齢個体）でのセメント質による方法は，年輪が不規則であったり二重に出現したりするため精度が落ちる（Kolenosky 1987）。多くの研究者が，若齢個体では過小に，老齢個体では過大に齢査定する過ちを犯している（Hensel & Sorensen 1980）。

アライグマ

体格はオスの方がやや大きいが，齢段階間の重複は著しい。したがって，この種では体サイズのみによる性判別や齢査定は不適切である。オスの場合，精巣は常に下降して

表 8-15 アライグマの乳歯と永久歯における萌出時の平均日齢（Montgomery 1964）

歯種	上顎		下顎	
	平均日齢	標準誤差	平均日齢	標準誤差
乳歯				
第一切歯	34.0	2.8[a]	28.5	2.2[a]
第二切歯	25.4	2.2[a]	37.3	2.1[a]
第三切歯	26.2	1.2	33.0	2.4[a]
犬歯	29.3	0.9	29.3	0.8
第一前臼歯	64.5	1.9	60.7	1.8
第二前臼歯	46.2	1.0	43.4	1.6
第三前臼歯	49.2	1.2	48.4	1.2
第四前臼歯	48.7	1.0	48.7	1.0
永久歯				
第一切歯	65.6	1.4	65.9	1.0
第二切歯	73.3	1.3	72.6	1.2
第三切歯	96.6	1.7	85.5	1.9
犬歯	111.7	3.9	105.6	3.6
第一後臼歯	81.0	1.2	78.1	1.5

[a]以下の数値は，これらの歯が萌出しなかったか，あるいは検査前に脱落していた比率（％）を示す。上顎第一切歯と下顎第二切歯は66.7％，下顎第一切歯は16.7％，上顎第二切歯は5.5％，下顎第三切歯は33.3％。

表 8-16 オポッサム属，アライグマ，ミンク，アメリカアナグマ，シマスカンクとマダラスカンク，オナガオコジョにおける性判別と齢区分の基準

種	性判別の基準		齢区分の基準	
	メス	オス	幼獣	成獣
オポッサム属	第二次性徴(17日齢以降)		メスの育児嚢[a]	
	育児嚢と乳頭 (Reynold 1945)	陰嚢	育児嚢は白くて浅く，事実上欠如する場合もある。毛皮では，緊張しており，脂肪が少なく淡色。破損している場合は少ない(Petrides 1949)。	育児嚢の内面や辺縁はサビ色で，乳頭は乾燥し(冬期間)径は3mm。毛皮では，弛緩して脂肪が多く暗色で，破損している場合が多い。
	尿生殖口と肛門との距離		オスの陰茎骨	
	<26 mm	>26 mm	遠位端は軟骨；近位端は多孔性	遠位端は平板状もしくは結節状；近位端の多孔性は消失(Dellinger 1954)
アライグマ	尿道部分		子宮角[b]	
	陰茎骨は認められない(Stuewer 1943)	触診により陰茎骨に触れる	半透明で径は1〜3mm；胎盤痕は認められない(Sanderson 1950)	不透明で径は4〜7mm；胎盤痕あり
	毛皮の状態(脂肪が多く残っていない場合)			
	粗い部分は見られず，乳頭が大きい(Sanderson 1950)	腹部の中央付近に粗い部分がある(陰茎口の位置)		
ミンク	陰茎口は認められない	陰茎口が存在	メスの乳頭	
			わずかに突出し，径は1mm未満(Petrides 1950)	暗色で突出し，径は1mmを越える
アメリカアナグマ	ミンクと同様	メスの乳頭	乾燥した毛皮で，径は1.5mm，高さは1mm(Petrides 1950)；本文も参照。	乾燥した毛皮で，径は4〜6mm，高さは4〜10mm
スカンク	ミンクと同様		メスの乳頭	
			径は1mm未満で，通常は肉色(Petrides 1950)；本文も参照	少なくとも，径は2mmで高さは2.5mm；通常は暗色
オナガオコジョ	ミンクと同様	メスの乳頭(7月〜10月)	認められない(Wright 1948)	大きくなる

[a] これらの検査により出産を経験した個体とそうでない個体とを区別できる。
[b] これらの検査により妊娠経験のある個体とそうでない個体とを区別できる。

おり，陰茎骨も容易に触知できる。乳頭やその痕跡は，毛皮や死体でしばしば確認できる。

骨端線の閉鎖，陰茎骨のサイズや形状，水晶体重量により，アライグマは二つの段階，すなわち幼獣と成獣とに区分される(Sanderson 1961)。幼獣の陰茎骨は比較的小さく直線的で，基部には小孔が多く先端は軟骨性である(Kaufmann 1982)。重量と長さは，それぞれ1.2gと90mmを越えることはない(Kaufmann 1982)。徐々に消失する頭蓋骨の縫合は，122か月齢までは齢査定に利用できる(Junge & Hoffmeister 1980)。歯の萌出状況により110日齢まで利用可能である(Montgomery 1964)(表8-15を参照)。セメント質年輪からは4段階に齢区分できる(Grau et al. 1970, Johnson 1970)。

ミンク

毛皮における性判別では，陰茎の痕跡の有無(表8-16)あるいは乳頭の存在を確認する(Petrides 1950)。精巣は常に下垂しているので，生体での性判別は容易である(Eagle &

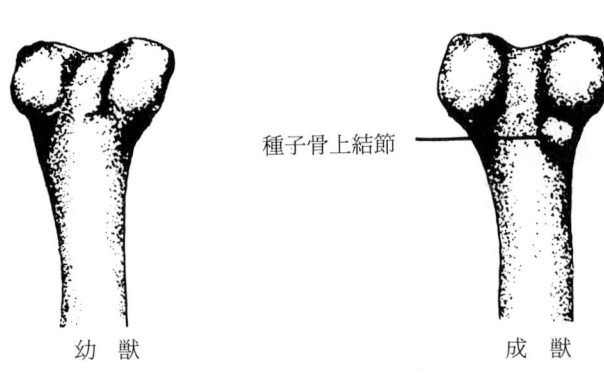

図 8-26 ミンクの大腿骨側方の種子骨上結節を示す
成獣には存在するが，幼獣には認められない(Lechleitner 1954, Godin 1960)。

いる。

Birney & Fleoharty(1968)は，幼獣において，雌雄ともに認められる鼻骨部の縫合およびオスのみに観察される未骨化の坐骨を報告した。成獣は著しく磨耗した歯をもっている。水晶体重量によっても幼獣と成獣とを区別できるが，重複は存在する。歯や下顎の染色切片も齢査定に活用可能である(Klevezal' & Kleinenberg 1969)。

マツテン

オスの陰茎骨(触診による)やメスの外陰部，あるいはオスに認められる大きな体と幅広の頭部が生体における性判別の指標となる(Newby & Hawley 1954)。外矢状稜もオスの方が顕著である。頭蓋骨計測値のほとんどで雌雄判別

表 8-17 イタチ科の陰茎骨における齢関連の特徴(「頭部」とは陰茎骨の基部もしくは近位の膨隆部をいう) (Larson & Taber 1980)。

種	幼獣[a]陰茎骨の特徴	成獣[a]陰茎骨の特徴	文献
ミンク	リッジ(背骨状に走る隆起)は認められない。通常，頭部は形態的に不明瞭。重量は 172 ± 34.2 mg。	頭部に明瞭なリッジが認められる。頭部は明瞭。重量は 398 ± 97.0 mg。	Lechleitner 1954
オナガオコジョ	頭部はやや膨隆する。重量は14〜29 mg。	頭部は著しく膨隆する。重量は53〜101 mg。	Wright 1947
シマスカンク	不規則に弯曲し，頭部は膨隆しない。	より直線的で，頭部の膨隆は著しい。	Petrides 1950
アナグマ	短く軽量で。溝は浅く，隆起は認められない。頭部はやや膨隆し，リッジは認められない。	長く重い。溝は明瞭で隆起が見られる。頭部は著しく膨隆し，しばしば鋭いridgeが認められる。	Petrides 1950
マツテン	重量は100 mg 未満。	重量は100 mg を越える。	Marshall 1951
グズリ	重量は653〜1,458 mg (平均1,134 mg)。	重量は1,780〜2,940 mg (平均2,338 mg)。	Wright & Rausch 1955

[a]幼獣は生まれた年の冬に捕獲された個体。成獣はそれより年長の個体。

Whitman 1987)。後頭顆後端から切歯骨先端までの長さによっても性は明らかになる(Birney & Fleharty 1966)。

歯の交換と磨耗は，3か月齢までは使うことができる(Aulerich & Swindler 1968)。齢段階区分は，オスでは陰茎骨の形態(成獣では，重く大きく長く，近位端が粗面となる)と大腿骨にある種子骨上結節(lateral supra-sesamoid)の状態(図8-26)，メスでは側頭頬骨縫合の状態(表8-17, 18)により行うことが可能である(Lechleitner 1954, Greer 1957)。Birney & Fleoharty(1968)は，前述の種子骨上結節および大腿骨の骨端線部分の状況(幼獣では小孔が多く，成獣では平滑)から，最も良い結果が得られると報告している。しかしG.P.Dellinger(未発表データ)は，ミズーリ州産の個体で種子骨上結節を用いて齢査定をした場合，13.5〜18.3%の重複が生じると述べている。このことは，結節の状況に関し個体群間変異の存在を示して

が可能である(Brown 1983)が，齢段階区分を行うには変異が大きい(Strickland et al. 1982)。陰茎包皮部の開口は，毛皮においてオスであることの決め手となる(Strickland & Douglas 1987)。犬歯の長さ，幅，厚さも性判別に使うことができる(Brown 1983)。

永久歯は18週齢までに生えそろう(Brassard & Bernard 1939)ため，歯の磨耗や交換は猟期(冬期)に捕獲され

表 8-18 大腿骨の結節(成獣では少なくとも片側に存在し，幼獣では両側ともに認められない)と頬骨側頭縫合(成獣では少なくとも片側で消失し，幼獣では両側とも残存する)を指標としたミンクの齢査定結果 (Greer 1957)

齢段階区分	検査総数	それぞれの特徴を有した個体数と比率
幼獣	495	468(95%)
成獣	388	375(97%)

る個体の齢査定には使うことができない(Strickland & Douglas 1987)。犬歯歯髄腔のX線撮影は，成獣か幼獣かの区別に使うことができる(Berg & Kuehn 1980, Dix & Strickland 1986)。大腿骨遠位端の骨端線癒合は体サイズ(恐らくは性差も)が関連しているため，冬期に捕獲された個体では齢査定の指標として使えない(Dagg et al. 1975)。大腿骨における種子骨上結節の形成は，成獣と幼獣の区別に利用できる(Leach et al. 1982)。0.1g未満の陰茎骨は幼獣のオスであることを示す(Marshall 1951, Brown 1983)。セメント質年輪のカウントによる齢査定も利用可能である(Strickland et al. 1982, Archibald & Jessup 1984)。

カワウソ

野外のカワウソでは，痕跡や個体での観察による性判別や齢査定は不可能である。捕獲した成獣では，肛門と尿生殖口との相対的位置関係で性判別を行う(図8-27)。1歳と成獣の間では，体サイズの重複は著しい(Melquist & Hornocker 1983)。幼獣のX線撮影では，開口した犬歯の根尖孔が観察され，歯髄腔の幅は歯の全幅の半分を超える(Melquist & Dronkert 1987)。長骨骨端線の閉鎖は，幼獣，1歳獣，成獣の3段階を区分するのに有用である(Hamilton & Edie 1964)。水晶体重量も活用できる(Lauhachinda 1978)。齢を示す他の指標としては，陰茎骨の特徴，精巣の発達，歯の萌出パターン，体サイズ，頭蓋骨の特徴が挙げられる(Toweill & Tabor 1982)が，最も信頼できる有用な方法はセメント質年輪法である。最初の層板は，1歳の春から夏にかけて形成される(Tabor 1974)。な

お，この方法は犬歯で行うのが適切である(Stephenson 1977)。

グズリ

雌雄の外部生殖器(痕跡もしくは開口)とメスの乳頭は，生体，死体，毛皮で明瞭である(Hash 1987)。メスの平均体重はオスに比べ30%少ない(Hall 1981)。基底頭蓋長でも性判別は可能で，雌雄間の重複もわずかである(Magoun 1985)。

生殖器，長骨，頭蓋骨の縫合により，10〜11か月齢未満の若齢獣を成獣から区別できる(Rausch & Pearson 1972)。水晶体重量は齢査定に不向きである。Whitman et al.(1986)は不動化した生体と死体を用い，体重，歯の一般的コンディション，加齢に関連する生理学的兆候をもとに，グズリを4つの齢段階に区分した。1歳を越える個体では，セメント質年輪のカウントによる齢査定が最良である(Rausch & Pearson 1972)。

フィッシャー(fisher)

オスはメスの2倍近くの大きさがあるが，足のサイズには大きな差はない。したがって，足跡からの性判別は困難である(Coulter 1966, Johnson 1984)。生体もしくは毛皮における性判別は，外部生殖器や乳頭の検査により行われる。下顎犬歯の最大幅は性判別の指標となり，5.64mmを越えればオスと判断される(Parsons et al. 1978)。犬歯長も使うことができる(Kuehn & Berg 1981, Jenks et al. 1984, Dix ans Strickland 1986)。頬骨弓幅径，頭蓋骨長，頭蓋骨重量(Strickland 1978)によっても性は明らかになる(Leach 1977, Leach & de Kleer 1978)。

大腿骨の種子骨上結節により，成獣と幼獣の区別が可能である(Leach et al. 1982)。犬歯歯髄腔のX線撮影も，幼獣と成獣の区別に有用である(Kuehn & Berg 1981, Dix ans Strickland 1986)。オス成獣は外矢状稜を有するが，通常それらは齢査定の指標とはならない(Douglas & Strickland 1987)。永久歯は7か月齢で生えそろう。長骨の骨端線および頭蓋骨の縫合も早期に癒合してしまう場合がある。したがって猟期に捕獲されたフィッシャーでは，これらの手法は役立たないと考えられる(Dagg et al. 1975)。

セメント質年輪のカウントは，老齢の成獣に適用できる唯一の方法である(Douglas & Strickland 1987)。この方法は，第一前臼歯(退化傾向にある)の抜去により生体でも行うことが可能である。

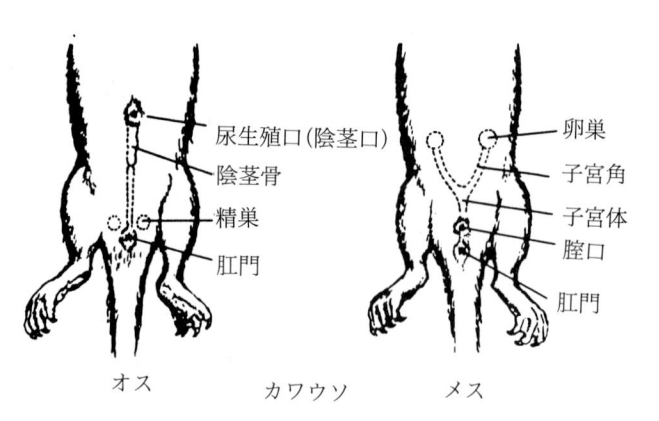

図8-27 カワウソの雌雄生殖器の位置

オスの陰茎骨は，生体でも死体でも簡単に触知できる(Tompson 1958により描く)。

アメリカアナグマ

体格や頭蓋骨の計測値に性的二型が認められる(Messick & Hornocker 1981)が, 齢や産地, 栄養状態による変異があるため性判別への応用には限界がある(Messick 1987)。生体や毛皮での性判別は, オスでは精巣や陰茎ならびにそれらの痕跡, メスでは外陰部や乳頭を確認することで容易に行うことができる(Petrides 1950)。

幼獣と成獣とを区別するために, 乳頭のサイズ(Petrides 1950), 頭蓋骨における縫合の癒合, 外矢状稜の発達(Messick 1987), 水晶体の乾燥重量(Wright 1969), 陰茎骨の長さ, 重量, 形態(Petrides 1950, Wright 1969, Lindzey 1971, Messick & Hornocker 1981)が利用される。セメント質年輪法は, 成獣の齢査定で唯一信頼できる方法である(Lindzey 1971, Crowe & Strickland 1975, Todd 1980, Messick & Hornocker 1981)。

シマスカンクとマダラスカンク

シマスカンクの性判別には, 下顎犬歯歯根の最大厚, 最大幅, 最小長と最大長を用いるのが適切である(Fuller et al. 1984)。これらの計測値はオスの方が大きく, メスとの重複もほとんどない。齢査定では, おおまかな齢段階区分を行う以外に, 適切な方法は報告されていない。骨端線の癒合, 陰茎骨, 頭蓋骨の縫合, 胎盤痕, 歯の磨耗, 水晶体重量, 一般的印象などは信頼性に欠ける(Allen 1939, Petrides 1950, Mead 1967, Upham 1967, Verts 1967, Bailey 1971, Bjorge 1977, Leach et al. 1982)。セメント質年輪のカウントは正確である(Nicholson & Hill 1981)。

ネコ科

ネコ科のオスの外部生殖器は, 他の食肉目ほど明瞭に観察できない(Rolley 1987)。したがって訓練が不十分な観察者は, しばしばボブキャットの性を誤認する(McCord & Cardoza 1982)。しかし, 生殖器の触診すれば生体ボブキャットの性判別は可能である。剥皮された死体での正確な性判別には, 内部生殖器の検査が必要とされる(Rolley 1987)。下顎切歯の最大横断面の計測によっても性判別は可能である(Friedrich et al. 1983)。生体ピューマでの迅速な性判別のための信頼できる方法は知られていない(Lindzey 1987)。しかし, 一次性徴が死体から失われている場合には, 頭蓋骨や他の骨格の計測値は何らかの価値をもつようになる。

ボブキャットとカナダオオヤマネコの齢査定には歯の交換が有用である。この方法は240日齢までのボブキャットに応用でき(Crowe 1975), カナダオオヤマネコでも同様と考えられる(McCord & Cardoza 1982)。永久歯は最初の冬の間に生えそろう。犬歯の根尖孔は, ボブキャットでもカナダオオヤマネコでも13～18か月齢で閉鎖する(Sounders 1961, 1964, Crowe 1972)。しかしJohnson et al. (1981)は, 遅い時期に生まれた個体では, 二度目の初冬にも開いた根尖孔が観察される場合があることに注意を促している。これは誤った齢査定の原因となる。セメント質年輪は老齢個体の齢査定に使われる。最初の年輪は2年目の冬に出現する(Crowe 1972, Nellis et al. 1972, Stewart 1973)ため, 層板数に1を加えた数値が年齢となる(Nova 1970)。ピューマでは, 体重, 毛皮の特徴, 歯の萌出と磨耗, メスの繁殖を示す組織学的変化にもとづき, 3段階に齢区分できる(Lindzey 1987)。しかし, いくつかの生理学的・形態学的な数値は, さらに細かい齢区分のためには不適切であることが証明されている(Currier 1979)。セメント質年輪法はピューマの齢査定に有用ではない(Lindzey 1987)。

その他の哺乳類

鰭脚類

Laws(1962)は18種の鰭脚類についてレビューし, それらの歯には正確な齢査定に使える外表面の稜, 象牙質層板, セメント質層板が存在することを示した。3～7歳のキタオットセイのメスにおける齢査定は, 上顎犬歯に現れる外表面の稜および切片に認められる層板にもとづき行われる。この方法は, 2～5歳のオスでも適している(Anas 1970)。水晶体重量は, 2歳までもしくは性が判明している場合のみ有効である(Bauer et al. 1964)。キタオットセイでは, その体格や歯のサイズに顕著な性的二型が出現する。15か月齢までのトドでは, 体サイズを用い6週間程度の誤差範囲で齢査定が可能である。歯の萌出パターンもこの時期における齢査定の指標となる(Spalding 1966)。

鰭脚類では一般に, 歯髄腔の象牙質沈着部(犬歯)と根尖のセメント質沈着部に年輪が出現し, 両方とも歯の縦断面で観察可能である(Kenyon & Fiscus 1963)。種や属によっては(少なくともキタオットセイ, トド, カリフォルニアアシカ, セイウチ, ゾウアザラシ属), 年輪は犬歯の外表面からも稜として観察できる(Scheffer 1950, Laws 1953, Mansfield 1958, Kenyon & Fiscus 1963)。

表 8-19　ウサギ科とマスクラットにおける性判別と齢段階区分の基準

種	性判別の基準		齢区分の基準	
	メス	オス	未成熟獣	成獣
ウサギ科	本文および Lechleitner(1957)を参照		上腕骨の骨端線あるいはその遺残の溝が残存する(9か月齢まで)(Hale 1949)	上腕骨の骨端線やその遺残の溝が消失している(Hale 1949)
マスクラット		毛皮	毛皮の換毛パターン	
	乳頭が存在する(Schofield 1955)	乳頭は認められない(Schofield 1955)	亜成獣では規則的に前後方向に配列し,幼獣では「たて琴」状の未換毛部が背側に認められる(Applegate & Predmore 1947)	不規則で,斑点状もしくはまだら模様(Applegate & Predmore 1947)
	尿道部分(新鮮な死体もしくは生体)		陰茎	
	陰茎は欠如(Baumgartner & Bellrose 1943)	陰茎が存在する(Baumgartner & Bellrose 1943)	径が 5.15 mm 未満で,明るい赤色で先端部は結節状(Schofield 1955, Baumgartner & Bellrose 1943)	径は 5.15 mm を越え,暗色で先端部は丸みを帯びる(Schofield 1955, Baumgartner & Bellrose 1943)
			秋から初冬にかけての精巣の長径	
			11.65 mm 未満(Schofield 1955)	11.65 mm を越える(Schofield 1955)
			腟口	
			厚い膜で閉鎖される(Schofield 1955)	膜は薄いか,欠如する(Schofield 1955)
			胎盤痕	
			欠如(Schofield 1955)	繁殖経験があれば存在する(Schofield 1955)

ウサギ科

平静な状態にある生きたワタオウサギ属では,オスの陰茎やメスの陰核(陰茎にやや類似している)は体内に引き込まれている。これらの器官は,生殖器付近(陰茎では前方,陰核では後方)を親指と人差し指で圧迫することで勃起させることができる。

陰茎は円筒形の器官であり,勃起時には基部が小型望遠鏡のような形式で伸長する。先端部の小さな開口(外尿道口)は詳細な観察により発見できる。

メスの陰核は,若いオスの陰茎に近い大きさがあるため混同の恐れがある。しかし,後部が平坦である点と外尿道口をもたない点で異なる。腟口は陰核の基部と肛門との間にあるが,常に見えているわけではない。若いメスの腟口は膜で覆われている。

小型のアナウサギでは性判別は困難である。若いオスでは,陰茎の遠位部が腹側正中線に沿って開口し,陰核と類似する。しかし,陰茎末端の平坦部は,陰核のように基部にまで広がらない。Fox & Crary(1972)は,尿生殖器の検査による 27 日齢のアナウサギの性判別方法を開発し記載した。

ノウサギ属の性判別と齢査定はワタオウサギ属と同様である(Lechleitner 1957)。当年生まれの個体は,後足長と水晶体の乾燥重量により年長の個体と区別される。上腕骨端線の閉鎖は,10 か月齢未満の個体の区別を可能とする(Bothma et al. 1972,表 8-19)。出生前の個体の受胎日は,Rongstad(1969)が開発した写真解読による方法で推定される。水晶体の凍結は,その重量を劇的に減少させる(Pelton 1970)。成獣の水晶体重量は変異が大き過ぎるため,この方法は当年生まれの個体を区別する場合にのみ応用可能である(Rongstad 1966)。Sullins et al.(1976)は,トウブワタオウサギとヤマワタオウサギにおいて,当年生まれの個体には下顎骨周辺部の成長線が認められず,1歳以上で発現することを報告した。このことは,ワタオウサギ類では1歳を越える個体の区別に,下顎骨周辺部の成長線を利用できることを示唆する。しかしこの方法には,水晶体重量法(当年生まれの個体の区別に利用される)に勝る利点は存在しない。

140 日齢未満のオグロジャックウサギでは,骨端線閉鎖より水晶体重量を用いる方が良い(Connelly et al. 1969

b)。Tiemeier & Plenert(1964)により，水晶体重量は少なくとも680日齢まで増加することが示されたが，200日齢を越える同一齢内の変異を評価するにはサンプル数が不足していた。Tiemeier & Plenert(1964)は，上腕骨の近位骨端線の状況により，オグロジャックウサギの齢を3段階，すなわち骨端線が溝となるI段階(0～5か月齢)，骨端線が線として残るII段階(5～14か月齢)，骨端線が消失しているIII段階(14か月齢以降)に区分した。耳長と後足長はI段階の間に成長を終えてしまうが，II段階とIII段階とは水晶体重量により区別がつくと思われる。

マスクラット

マスクラットの性は陰茎の有無により判別する(表8-19)。これを行うには，泌尿器の部分を親指と人差し指でつまみ，後方に向かって皮膚をむく。もし存在するならば，陰茎は触知されるか露出する。被毛が生え揃っていないきわめて若い個体であれば，乳頭の有無も性判別の指標となる(図8-28)。

換毛が完了する2～3月までなら，毛皮の内側に観察される換毛パターンは齢査定の良い指標となる(図8-29)。それ以降であれば，幼獣(ほとんど1歳となっている)と成獣とを区別する最良の指標は，上顎第一後臼歯の外観である。幼獣の場合，上顎第一後臼歯頬側面の縦溝は歯槽深くまで入り込むため，溝の終端は軟組織除去後の頭蓋骨でも見ることはできない(Sather 1954)。しかし成獣では，縦溝の範囲は限られるため，終端は軟組織除去後の頭蓋骨で観察可能である。さらに，成獣の歯の前面は弧を描くが，幼獣では直線的である。Satherは，捕殺直後の個体でこれらの特徴を観察するためには，歯肉の除去が必要であると述べている。

Olsen(1959)は，3～4月に捕獲した個体を下記の3段階に齢区分することで，上記の手法を改良した(説明書きは右上顎後臼歯に関する記述)。①高度に発達した歯根および顎骨外に出現する上顎第一後臼歯の縦溝の終端＝成獣，②中等度に発達した歯根およびほぼ顎骨辺縁にある縦溝の終端＝10か月齢程度の亜成獣，③ほとんど発達していない歯根と歯槽深くにある縦溝の終端＝平均7か月齢程度の幼獣。Doude Van Trootswijk(1976)は第一後臼歯の歯冠長と全長を用い，1か月齢以上の個体で月齢を算出するための下記の方程式を開発した。

$$月齢 = \frac{\left[\dfrac{100-上顎第一臼歯の歯冠長}{上顎第一臼歯の全長} \times 100 \pm 1.98\right]}{3.97} + 1$$

彼女は，対象個体が2歳に近づくと，この方程式の正確性が低下することも報告している。Vincent & Quere (1972)は，水晶体重量にもとづき36か月までの齢査定に使える成長曲線を作成した。

剥皮直後のマスクラットの頬骨弓幅は，亜成獣(計測値が4.16 mm未満)と成獣との区別に使われる(Alexander 1951)。しかし，この計測値は乾燥にしたがって減少し，最初の5日間で0.5 mも少なくなる。この減少は1年で0.7 mmに及ぶ。逆に夏の湿気(70～80％)は，計測値を0.3 mm増加させる(Alexander 1960)。ミズーリ州のマスクラットでは，陰茎骨の化骨程度が齢査定の信頼できる指標となっている(Elder & Shank 1962, 図8-30)。

ビーバー

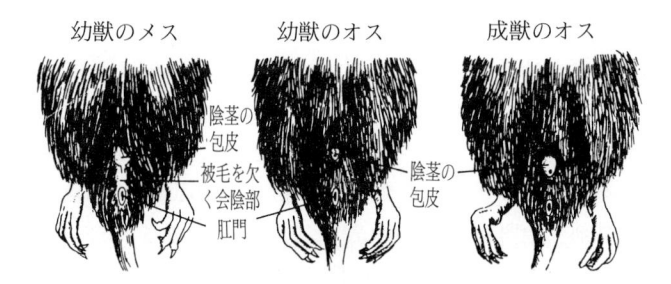

多少の経験は必要であるが，成獣となった生体ビーバーの性判別は，精巣と陰茎骨の触診により可能である。精巣

図8-28 マスクラット生殖器の性判別指標
左：メスの幼獣は会陰部の被毛を欠く。中央：オスの幼獣；成獣に比べ小さな陰茎包皮部に注目せよ。右：オスの成獣(Dozier 1942, Godin 1960)。

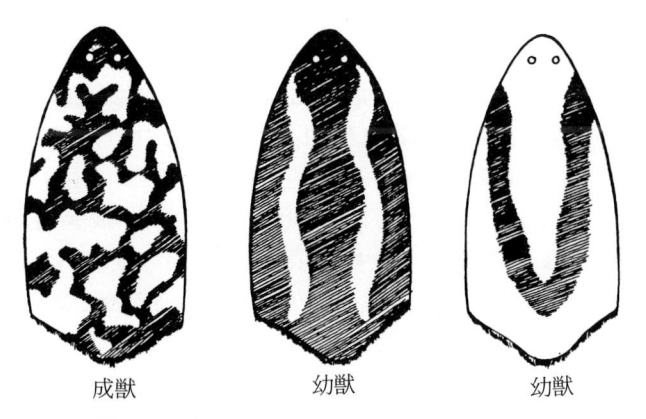

図8-29 伸展したマスクラットの毛皮(内側面)
齢段階に関連した明暗パターンの変化を示す。白い所が換毛済み，黒い所が未換毛の部分(Applegate 1947, Godin 1960)。

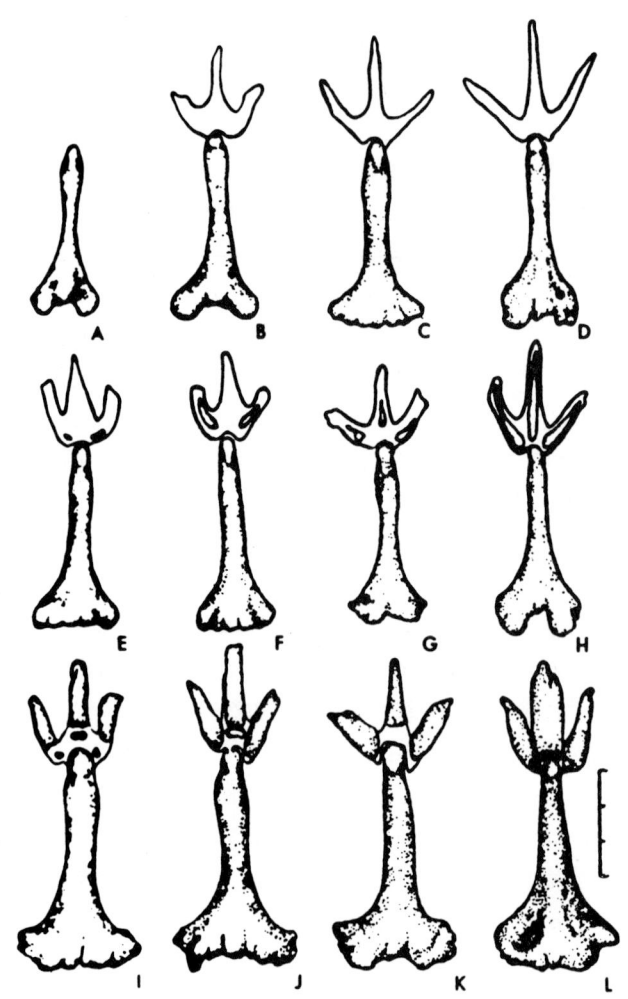

図 8-30 加齢に伴うマスクラットの陰茎骨の変化
A～D＝およそ4～8か月齢；E～H＝およそ8～15か月齢；I～L＝15か月を越える（成獣）。スケールの1目盛りは1mm。(Elder and Shanks 1962)

の有無の確認は下記の手順で行う。まずビーバーの頭部に覆いをかぶせ，通常の立位とする。片方の手を恥骨結合の横に置き，指先が恥骨前方の腹腔部分にくるようにする。そして軽く押しながら，手を後方へ移動させる。オスであれば，前方へするりと移動する精巣を指先で触知できる。もし精巣を触知できなければ，陰茎骨の触診を試みる。これを行うには，親指と人差し指とを恥骨結合のすぐ後ろに置き，カスター腺の間の開口部に向かって後方へ滑らせる。この際，カスター腺中の凝塊と誤認しないように注意する必要がある。もう一つ困難なことは，陰茎の位置が変位することである。若齢オスの陰茎は常に正中部に位置するが，年長の個体では側方に変位してカスター腺に近接する(Osborn 1955)。A.H.Kennedy(ビーバーの性判別，漁業野生

生物局，オンタリオ州資源林業部門の非公式謄写論文，1952)は，体内に人差し指を挿入して触診することを推奨している。すなわち，カスター腺の間に位置するカスター腔あるいはその前庭部に，前方へ向かって指を入れる。開口部からおよそ2.5cmの深さで指を左右に動かせば，オスの場合には陰茎に触れることができる。この方法はBradt(1938)によって最初に記載された。ビーバーの生殖器の位置と形態は図8-31に略図を示した。歯の研磨標本におけるセメント質年輪のカウントは，齢査定に最も正確な方法である(Von Nostrand & Stephenson 1964, Larson & Van Nostrand 1968)。Buckley & Libby(1955)は，ビーバーの齢査定に有用な詳細な頭蓋骨の形態を報告している。

リス科（トウブハイイロリス，トウブキツネリス，アメリカアカリス）

リス科は，被毛がなく目も閉じた状態で生まれる。6週齢までの初期成長は，表8-20に示すとおりである。リス類の性判別は外生殖器の観察により行う。

幼獣や成獣における齢査定の方法は，これまでにいくつか開発されている。体重は，齢に依存しない外的要因で変化するという前提条件のもとで齢査定に使われてきた(表8-21)。トウブハイイロリスの齢査定では，セメント質年輪法を用いることが可能である(Fogl & Mosby 1978)。

外部生殖器の発達程度(表8-19)も利用できる。しかしこの方法は，性的な活性が低下している時期には，成獣オスと幼獣オスとが区別しにくいという制限がある。良好な生息条件では未熟なメスも繁殖し，1歳を越えていると考えられてしまう。

通常，11月に得られた標本には，春生まれの幼獣(8～9か月齢)，夏生まれの幼獣(3～4か月齢)，成獣(1歳以上)が含まれる。これらは，下記の尾部被毛の特徴により区分される。夏生まれの幼獣：2本，時に3本の線が赤褐色の一次被毛上を走り，尾の基部の1/2～1/3には被毛がない。春生まれの幼獣(亜成獣)：尾の線は春生まれと同様だが，尾の基部1/3は皮膚に圧着するような短毛で覆われる。成獣：圧着するように生える二次被毛(長い一次被毛を部分的に覆うように広がる)により，尾部の体表輪郭は不明瞭となる。当年生まれの個体の尾に見られる線は明瞭であるが，成獣になると色は薄れ拡散してしまう(図8-32)(Sharp 1958)。毛皮の特徴による齢査定の特徴的な利点は，生体で行うことが可能であり，しかも査定後の個体を個体群に戻すことができる点にある。尾のコラーゲン濃度を用いたベルディ

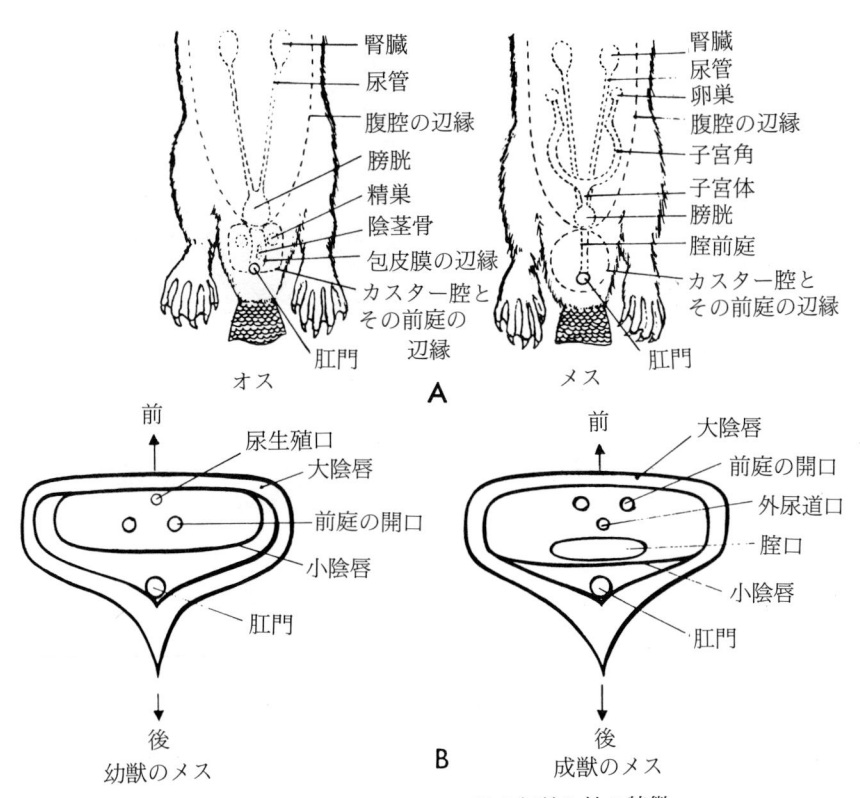

図 8-31 ビーバーにおける年齢と性の特徴

A：オスのカスター腔前庭内の陰茎と精巣(左)ならびにメスの子宮の位置(右)を示す模式図。これらの器官の検査には解剖が必要とされる。B：人差し指で側方に伸展した肛門と尿生殖器の開口。この方法は生体ならびに死体のビーバーで行うことが可能である。Thompson(1958)で G. J. Knudson が描く。

表 8-20 若齢のトウブキツネリスとトウブハイイロリスの成長に関連した特徴（Larson & Taber 1980）

週齢	トウブキツネリス[a]	トウブハイイロリス[b]
出生時	体重 14.2 g	
1週齢	体重 28.3 g。頭部と肩部の背側面に被毛が出現	
2週齢		背側面の被毛が暗色化
3週齢	体重 56.6 g。約 1 mm の暗色の被毛でおおわれる。尾および目と口の周辺の被毛が茶色となる。下顎切歯が萌出し，耳も開く	
4週齢		尾の銀色の毛は約 2 mm になる。上顎切歯の萌出
5週齢	体重 70.8～85 g；目が開く。最も発毛が遅い尾の基部に被毛が出現	
6週齢		尾の基部が被毛でおおわれる

[a]Allen (1943) による。[b]Uhlig (1955) による。

ングジリスの齢査定も報告されており，他のリス類でも応用可能と思われる(Sherman et al. 1985)。

トウブハイイロリスの毛皮による野外応用可能なもう一つの齢査定方法は，Barrier & Barkalow(1967)により開発された。冬期の毛皮では，以下に示す特徴により 3 段階の区分が可能である。夏生まれの幼獣：親指を用いて腰部の毛皮をかき分け寝かせても，黒い下毛の基部近くに黄色い部分が認められず，縞模様をもつほとんどの長粗毛の先端は黒い。春生まれの幼獣：黒い下毛の黄色部分は見られないか不明瞭で，縞模様のあるすべての長粗毛の先端は白い。成獣：黒い下毛の基部付近に黄色部分が認められ，縞模様のあるすべての長粗毛の先端は白い。

トウブハイイロリスで幼獣と成獣を区別する骨格による方法は，橈骨と尺骨の遠位骨端線の幅を調べることである。この部分は成熟とともに閉鎖する。X線検査により，18 週齢までは骨端は分離しており，骨端線も 12 か月齢までは認められることが明らかになった。その後は骨端線も消失する(Petrides 1951, Carson 1961)。トウブハイイロリスでは，水晶体重量により当年生まれの幼獣と成獣と区別でき

表 8-21 トウブキツネリスおよびトウブハイイロリスの成獣と幼獣の判別基準（10〜11月，Uhlig 1956）

成獣	幼獣
オス	
陰嚢の腹側と後端は暗色となり，一般に被毛を欠く。	陰嚢後端の皮膚は平滑で，茶色ないし黒色を呈し，被毛を欠く場合も多い。夏生まれの幼獣は被毛におおわれた陰嚢と確認困難な小さな精巣を有する。春生まれの幼獣は，時に成獣と誤認される。
メス	
乳腺は大きく明瞭で，被毛に隠されることはない。トウブキツネリスは乳頭先端が黒化する。トウブハイイロリスの黒化部分は，認められないかきわめて小さい。	乳頭は目立たず，多かれ少なかれ被毛に隠される。春生まれの幼獣は，猟期前に繁殖することもあり，その場合は成獣として区別される。
オスとメス	
尾は直方体で，両サイドは平行かそれに近い。衰弱していなければ，体重は396.2 g を越える。	尾は先端が尖り，断面が三角形で，両サイドは平行ではない。春生まれの幼獣は 396.2 g を越える。夏生まれの幼獣は 396.2 g 未満である。夏生まれの幼獣のおよその体重は以下のとおり。 8 週齢 — 141.5 g 10 週齢 — 198.1 g 14 週齢 — 311.3 g 16 週齢 — 367.9 g 18 週齢 — 396.2 g

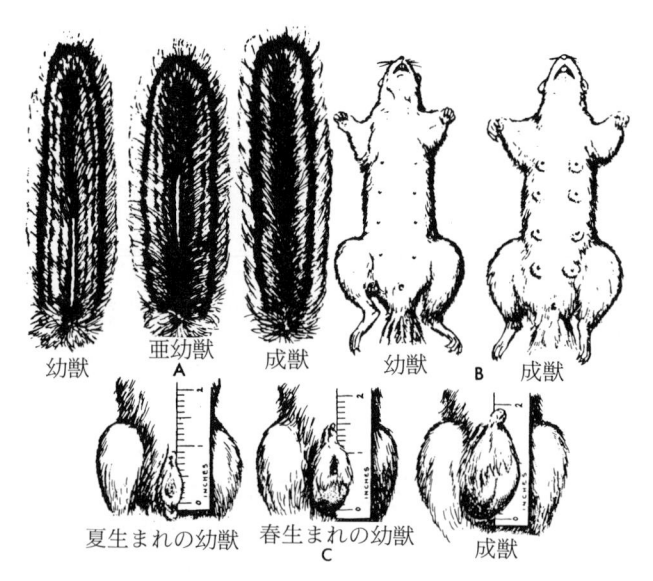

図 8-32 リス類の性と年齢の指標
A：齢査定は尾の腹側面の検査により可能である。左；幼獣では尾基部の短い二次被毛を欠く。中央；亜成獣では尾基部1/3に短毛が出現する（Sharp 1958）。B：メス乳房の状態。左；幼獣の乳頭は小さく，かろうじて識別できる程度である。右；授乳中の成獣の乳頭は黒く着色し，周辺の毛のほとんどがすり切れる。C：オスにおける陰のうの状態。左；夏生まれの個体では，精巣は未下降であり皮膚の着色が開始する。中央；春生まれの個体の精巣は大きく，陰嚢は着色しているが被毛は多い。右；成獣の陰嚢では，ほとんどの被毛が脱落する。（Allem 1943，Godin 1960）。

る（Fisher & Perry 1970）。

水晶体重量は，ミシガン州で 10〜11 月に撃たれたトウブキツネリスの齢査定に使われた。このときの区分と各齢段階の水晶体重量は，夏生まれの幼獣で約 28 g まで，春生まれの幼獣で 28〜39 g，成獣で 39 g を越えると報告されている（Beale 1962）。この研究では齢差の存在も示唆されたが，重複も相当に大きかった。水晶体重量を用いる他の方法も開発が進んでいる。これは，齢が分かっている個体での重量やそのプロットにより描かれた成長曲線を用いるのではなく，実際の測定値における頻度分布と成長停止値とを利用する。この方法により，夏生まれの幼獣，春生まれの幼獣，成獣の 3 段階に区分することが可能と考えられる。

McCloskey（1977）は，共通のトウブキツネリス標本を用いて異なる齢査定方法を比較検討し，前肢骨線の X 線撮影による方法が最も正確であるとの結論を出した。野外で応用可能な方法としては，尾の毛皮（雌雄ともに使える），乳頭の色と形態（メス），陰嚢の色（オス）が適している。

Nellis（1969）は，アメリカアカリスの頭蓋骨で，その計測値を性判別に使うには雌雄間の重複が大き過ぎると報告した。Lemnell（1974）は，アメリカアカリスでは前臼歯と後臼歯のセメント質年輪法が最も正確な齢査定方法であると報告したが，幼獣を区別するためには，骨端線閉鎖と水晶体重量による方法が迅速であることを示唆した。

リス類ではいくつかの齢査定方法を応用できるが，その多くは齢とは無関係の外的要因（生息環境，健康状態，調査者の経験と能力）に左右される。したがって調査者は，齢査定の精度を上げるために，可能な限り多くの方法を採用すべきである。

ウッドチャック

春のウッドチャックは，下記の基準にしたがい幼獣，1歳獣，成獣に区分される（Davis 1964）。

幼 獣：5 月 15 日頃の体重は 300〜450 g。6 月から 9 月までの間は，1 日に 19 g の割合で増加する。換毛は 7

表 8-22 後臼歯の萌出および第三前臼歯（乳歯にはdを付加）に基づく，オポッサム属の齢区分とおよその月齢 （ ）付きの歯は萌出中であることを示す。

第三前臼歯	後臼歯				齢区分			月齢		
	1	2	3	4	Tyndale-Biscoe and Mackenzie[a] (1976)	Gardner[b] (1973)	Lowrance[c] (1949)	Gilmore[a] (1943)	Petrides[c] (1949)	VanDruff[c] (1971)
d3/d3	0/(1)	0/0	0/0	0/0	1[d]	未成熟		80日齢+		
d3/d3	(1)/1	0/0	0/0	0/0						
d3/d3	1/1	0/(2)	0/0	0/0	2	1		4		
d3/d3	1/1	(2)/2	0/(3)	0/0				幼獣 6〜8		
										4–6
d3/(3)	1/1	2/2	(3)/3	0/(4)	3	2	1		5–8.5	5–7
(3)/3	1/1	2/2	3/3	0/4		3	2	亜成獣 7–11		7–8
3/3	1/1	2/2	3/3	(4)/4	4	4	3			9–10
3/3	1/1	2/2	3/3	4/4	5	5	4	成獣 10+	10+	10+
上顎第一，第二後臼歯に磨耗					6					
すべての後臼歯に磨耗					7	6				

[a] ミナミオポッサムとシロミミオポッサム。[b] ミナミオポッサムとキタオポッサム。[c] キタオポッサム。[d] Tyndale-Biscoe & Mackenzie（1976, 252頁）を参照。

月上旬まで起こらず，短く細い被毛は9月まで残る（年長の個体より遅い）。切歯は幅が狭くて尖る。平均水晶体重量は 12.32 g（標準偏差は 2.8）。

- 1歳獣（前年生まれの個体）：3〜4月は，体サイズ，頭部の形，切歯は幼獣に類似している。2月から4月までの精巣部は白い（3〜4月に着色する個体もいる）。平均水晶体重量は 21.78 g（標準偏差は 1.7）。
- 成　獣：切歯の幅は広く暗色で，先端は磨耗している。精巣部は淡褐色〜黒褐色。平均水晶体重量は 28.53 g（標準偏差は 4.5）。

オポッサム属

成獣のオポッサムの性は犬歯サイズで判別できる。オスの犬歯は，メスに比べ長く重い（Gardner 1982）。オスの陰囊およびメスの育児囊は，生体，死体，毛皮での性判別における明確な指標である（表 8-16, Gardner 1982）。加齢に関する情報は表 8-16 と表 8-22 にまとめてある。

小型哺乳類

小型哺乳類の齢査定には水晶体重量が盛んに用いられてきた。しかし，Dapson & Irland（1972）は水晶体の小ささに起因する大きな相対誤差を指摘し，水晶体に含まれる分離可能なタンパク質（チロシン）による方法を開発した。この方法は，少なくとも 750 日齢まで正確である。Birney et al.（1975）は，コトンラット属の水晶体重量は 130 日齢までは使うことができるが，それを過ぎると分離可能タンパク質を用いる方法が必要であるとした。Gourley & Jannet（1975）は，念入りかつ注意深く行うならば，水晶体重量の

利用は112週までのアメリカマツネズミやサンガクハタネズミで好適であると報告した。歯の萌出は、1歳までのホッキョクジリスでは良い指標となる(Mitchell & Carson 1967)。アメリカナキウサギでは下顎骨周辺部の成長線(Millar & Zwickel 1972)、ユインタジリスとカリフォルニアジリスとではセメント質年輪(Montgomery et al. 1971, Adams & Watkins 1967)が使われている。セメント質年輪および水晶体の分離可能タンパク質を用いるのが、ほとんどの小型哺乳類で一般的に最も正確な方法と言えるであろう。

Beg & Hoffman(1977)は、上顎の歯の萌出パターンと臼歯の磨耗量をアカオシマリスの齢査定に使用した。これにより、39～79日齢の幼獣では3段階、10～64か月齢以上の成獣では5段階に齢区分された。

猛禽類のペレットなどで見つかる小型齧歯目(ハタネズミ、レミング、シロアシマウスの仲間)の骨における性判別は、下肢帯(腸骨、坐骨、恥骨の3種の骨により寛骨が構成され、左右の寛骨により下肢帯が形成される)の形態により行うことができる。オスでは、恥骨の突出部の方が坐骨の突出部に比べ、相対的に細長い傾向にある(Dunmire 1955)。

参考文献

ADAMS, D. A., AND T. L. QUAY. 1958. Ecology of the clapper rail in southeastern North Carolina. J. Wildl. Manage. 22:149–156.

ADAMS, L., AND S. G. WATKINS. 1967. Annuli in tooth cementum indicate age in California ground squirrels. J. Wildl. Manage. 31:836–839.

ALEXANDER, M. M. 1951. The aging of muskrats on the Montezuma National Wildife Refuge. J. Wildl. Manage. 15:175–186.

―――. 1960. Shrinkage of muskrat skulls in relation to aging. J. Wildl. Manage. 24:326–329.

ALLEN, D. L. 1939. Winter habits of Michigan skunks. J. Wildl. Manage. 3:212–228.

―――. 1943. Michigan fox squirrel management. Mich. Dep. Conserv. Game Div. Publ. 100. 404pp.

ALLEN, S. H. 1974. Modified techniques for aging red fox using canine teeth. J. Wildl. Manage. 38:152–154.

―――, AND S. C. KOHN. 1976. Assignment of age-classes in coyotes from canine cementum annuli. J. Wildl. Manage. 40:796–797.

ALT, G. L. 1980. Rate of growth and size of Pennsylvania black bears. Pa. Game News 51:7–17.

ANAS, R. E. 1970. Accuracy in assigning ages to fur seals. J. Wildl. Manage. 34:844–852.

APPLEGATE, V. C., AND H. G. PREDMORE, JR. 1947. Age classes and patterns of primeness in a fall collection of muskrat pelts. J. Wildl. Manage. 11:324–330.

ARCHIBALD, W. R., AND R. H. JESSUP. 1984. Population dynamics of the pine marten (Martes americana) in the Yukon Territory. Pages 81–97 in R. Olson, R. Hastings, and F. Geddes, eds. Northern ecology and resource management: memorial essays honoring Don Gill. Univ. Alberta Press, Edmonton.

ARMSTRONG, R. A. 1950. Fetal development of northern white-tailed deer (Odocoileus virginianus borealis Miller). Am. Midl. Nat. 43:650–666.

ARTMANN, J. W., AND L. D. SCHROEDER. 1976. A technique for sexing woodcock by wing measurement. J. Wildl. Manage. 40:572–574.

AULERICH, R. J., AND D. R. SWINDLER. 1968. The dentition of mink (Mustela vison). J. Mammal. 49:488–494.

BAILEY, T. N. 1971. Biology of striped skunks on a southwestern Lake Erie marsh. Am. Midl. Nat. 85:196–207.

BAKER, M. F. 1953. Prairie chickens of Kansas. Univ. Kansas Mus. Nat. Hist. Misc. Publ. 5. 68pp.

BARNUM, D. A., J. S. GREEN, J. T. FLINDERS, AND N. L. GATES. 1979. Nutritional levels and growth rates of handreared coyote pups. J. Mammal. 60:820–823.

BARRIER, M. J., AND F. S. BARKALOW, JR. 1967. A rapid technique for aging gray squirrels in winter pelage. J. Wildl. Manage. 31:715–719.

BAUER, R. D., A. M. JOHNSON, AND V. B. SCHEFFER. 1964. Eye lens weight and age in the fur seal. J. Wildl. Manage. 28:374–376.

BAUMGARTNER, L. L., AND F. C. BELLROSE, JR. 1943. Determination of sex and age in muskrats. J. Wildl. Manage. 7:77–81.

BEALE, D. M. 1962. Growth of the eye lens in relation to age in fox squirrels. J. Wildl. Manage. 26:208–211.

BEG, M. A., AND R. S. HOFFMAN. 1977. Age determination in the red-tailed chipmunk, Eutamias ruficaudus. Murrelet 58:26–36.

BEKOFF, M. 1982. Coyote. Pages 447–459 in J. A. Chapman and G. A. Feldhamer, eds. Wild mammals of North America. The Johns Hopkins Univ. Press, Baltimore, Md.

BELLROSE, F. C. 1980. Ducks, geese & swans of North America. Stackpole Books, Harrisburg, Pa. 540pp.

BERG, W. E., AND D. W. KUEHN. 1980. Radiographs as a carnivore aging technique. Abstr. Midwest Fish Wildl. Conf. 42:51.

BERGERUD, A. T. 1964. Relationship of mandible length to sex in Newfoundland caribou. J. Wildl. Manage. 28:54–56.

―――. 1970. Eruption of permanent premolars and molars for Newfoundland caribou. J. Wildl. Manage. 34:962–963.

―――, S. S. PETERS, AND R. MCGRATH. 1963. Determining sex and age of willow ptarmigan in Newfoundland. J. Wildl. Manage. 27:700–711.

―――, AND H. L. RUSSELL. 1966. Extraction of incisors of Newfoundland caribou. J. Wildl. Manage. 30:842–843.

BIRNEY, E. C., AND E. D. FLEHARTY. 1966. Age and sex comparisons of wild mink. Trans. Kansas Acad. Sci. 69:139–145.

―――, AND ―――. 1968. Comparative success in the application of aging techniques to a population of winter-trapped mink. Southwest. Nat. 13:275–282.

―――, R. JENNESS, AND D. D. BAIRD. 1975. Eye lens proteins as criteria of age in cotton rats. J. Wildl. Manage. 39:718–728.

BJORGE, R. R. 1977. Population dynamics, denning, and movements of striped skunks in central Alberta. M.S. Thesis, Univ. Alberta, Edmonton. 96pp.

BLANKENSHIP, L. H. 1957. Investigations of the American woodcock in Michigan. Mich. Dep. Conserv. Rep. 2123. 217pp.

BLOEMENDAL, H. 1977. The vertebrate eye lens. Science 197:127–138.

BOOKHOUT, T. A. 1964. Prenatal development of snowshoe hares. J. Wildl. Manage. 28:338–345.

BORTOLOTTI, G. R. 1984. Sexual size dimorphism and age-related size variation in bald eagles. J. Wildl. Manage. 48:72–81.

BOTHMA, J. DU.P., J. G. TEER, AND C. E. GATES. 1972. Growth and age determination of the cottontail in south Texas. J. Wildl. Manage. 36:1209–1221.

BOWEN, W. O. 1982. Determining age of coyotes, Canis latrans, by tooth sections and tooth wear patterns. Can. Field-Nat. 96:339–341.

BRADT, G. W. 1938. A study of beaver colonies in Michigan. J. Mammal. 19:139–162.

BRANDBORG, S. M. 1955. Life history and management of the mountain goat in Idaho. Idaho Dep. Fish Game Wildl. Bull. 2. 142pp.

BRASSARD, J. S., AND R. BERNARD. 1939. Observations on breeding and development of martens, Martes a. americana (Ken). Can. Field-Nat. 53:15–21.

BRAUN, C. E., AND G. E. ROGERS. 1967. Determination of age and sex of the southern white-tailed ptarmigan. Colo. Game, Fish, Parks Dep. Game Inf. Leafl. 54. unnumb.

BRENNAN, L. A., AND W. M. BLOCK. 1985. Sex determination of mountain quail reconsidered. J. Wildl. Manage. 49:475–476.

BROWN, M. W. 1983. A morphometric analysis of sexual and age variation in the American marten (*Martes americana*). M.S. Thesis, Univ. Toronto, Toronto, Ont. 190pp.

BUCKLEY, J. L., AND W. L. LIBBY. 1955. Growth rates and age determination in Alaskan beaver. Trans. North Am. Wildl. Conf. 20:495–507.

BULL, J., AND J. FARRAND, JR. 1977. The Audubon Society field guide to North American birds—eastern region. Alfred A. Knopf, New York, N.Y. 784pp.

BUMP, G., R. W. DARROW, F. C. EDMINSTER, AND W. F. CRISSEY. 1947. The ruffed grouse: life history, propagation, management. New York State Conserv. Dep., Albany. 915pp.

CAMPBELL, H. 1972. A population study of lesser prairie chickens in New Mexico. J. Wildl. Manage. 36:689–699.

CARBYN, L. N. 1987. Gray wolf and red wolf. Pages 358–376 in M. Novak, J. A. Baker, M. E. Obbard, and B. Malloch, eds. Wild furbearer management and conservation in North America. Minist. Nat. Resour., Toronto, Ont.

CARNEY, S. M. 1992. Species, age and sex identification of ducks using wing plumage. U.S. Fish Wildl. Serv., Washington, D.C. 144pp.

CARSON, J. D. 1961. Epiphyseal cartilage as an age indicator in fox and gray squirrels. J. Wildl. Manage. 25:90–93.

CASWELL, E. B. 1954. A method for sexing blue grouse. J. Wildl. Manage. 18:139.

CHAPMAN, J. A., AND G. A. FELDHAMER, EDITORS. 1982. Wild mammals of North America. The Johns Hopkins Univ. Press, Baltimore, Md. 1147pp.

CHILD, K. N. 1973. The cryostat: a tool for the big game biologist. Can. J. Zool. 51:663–664.

CHRISTENSEN, G. C. 1970. The chukar partridge: its introduction, life history, and management. Nev. Dep. Fish Game Biol. Bull. 4. 82pp.

CONNOLLY, G. E., M. L. DUDZIŃSKI, AND W. M. LONGHURST. 1969a. An improved age-lens weight regression for black-tailed deer and mule deer. J. Wildl. Manage. 33:701–704.

———, ———, AND ———. 1969b. The eye lens as an indicator of age in the black-tailed jack rabbit. J. Wildl. Manage. 33:159–164.

COPELIN, F. F. 1963. The lesser prairie chicken in Oklahoma. Okla. Wildl. Conserv. Dep. Tech. Bull. 6. 58pp.

COTTAM, C., AND J. B. TREFETHEN, EDITORS. 1968. Whitewings: the life history, status and management of the white-winged dove. D. Van Nostrand Company, Inc., Princeton, N.J. 348pp.

COULTER, M. W. 1966. Ecology and management of fishers in Maine. Ph.D. Thesis, Syracuse Univ., Syracuse, N.Y. 196pp.

COUTURIER, M. A. J. 1954. L'ours brun, *Ursus arctos*. Dr. M. Couturier, Grenoble, France. 906pp.

COWAN, I. MCT. 1936. Distribution and variation in deer (genus *Odocoileus*) of the Pacific coastal region of North America. Calif. Fish Game 22:155–246.

CRAIGHEAD, J. J., AND J. A. MITCHELL. 1982. Grizzly bear. Pages 515–556 in J. A. Chapman and G. A. Feldhamer, eds. Wild mammals of North America. The Johns Hopkins Univ. Press, Baltimore, Md.

CRISPENS, C. G., JR., AND J. K. DOUTT. 1970. Studies of the sex chromatin in the white-tailed deer. J. Wildl. Manage. 34:642–644.

CROWE, D. M. 1972. The presence of annuli in bobcat tooth cementum layers. J. Wildl. Manage. 36:1330–1332.

———. 1975. Aspects of aging, growth, and reproduction of bobcats from Wyoming. J. Mammal. 56:177–198.

———, AND M. D. STRICKLAND. 1975. Population structures of some mammalian predators in southeastern Wyoming. J. Wildl. Manage. 39:449–450.

CRUNDEN, C. W. 1963. Age and sex of sage grouse from wings. J. Wildl. Manage. 27:846–849.

CURRIER, M. J. P. 1979. An age estimation technique and some normal blood values for mountain lions (*Felis concolor*). Ph.D. Thesis, Colorado State Univ., Ft. Collins. 81pp.

DAGG, A. I., D. LEACH, AND G. SUMNER-SMITH. 1975. Fusion of the distal femoral epiphysis in male and female marten and fisher. Can. J. Zool. 53:1514–1518.

DAHLGREN, R. B., C. M. TWEDT, AND C. G. TRAUTMAN. 1965. Lens weight of ring-necked pheasants. J. Wildl. Manage. 29:212–214.

DALKE, P. D., D. B. PYRAH, D. C. STANTON, J. E. CRAWFORD, AND E. F. SCHLATTERER. 1963. Ecology, productivity, and management of sage grouse in Idaho. J. Wildl. Manage. 27:811–841.

DAPSON, R. W., AND J. M. IRLAND. 1972. An accurate method of determining age in small mammals. J. Mammal. 53:100–106.

DAVIS, D. E. 1964. Evaluation of characters for determining age of woodchucks. J. Wildl. Manage. 28:9–15.

DAVIS, J. A. 1969. Aging and sexing criteria for Ohio ruffed grouse. J. Wildl. Manage. 33:628–636.

DEGRAAF, R. M., AND J. S. LARSON. 1972. A technique for the observation of sex chromatin in hair roots. J. Mammal. 53:368–371.

DELLINGER, G. P. 1954. Breeding season, productivity, and population trends of raccoon in Missouri. M.A. Thesis, Univ. Missouri, Columbia. 86pp.

DEMING, O. V. 1952. Tooth development of the Nelson bighorn sheep. Calif. Fish Game 38:523–529.

DIMMICK, R. W. 1992. Northern bobwhite (*Colinus virginianus*): Section 4.1.3. U.S. Army Corps of Engineers Wildlife Resources Management Manual. Tech. Rep. EL-92-18, U.S. Army Eng. Waterways Exp. Stn., Vicksburg, Miss. 74pp.

DIX, L. M., AND M. A. STRICKLAND. 1986. Use of tooth radiographs to classify martens by sex and age. Wildl. Soc. Bull. 14:275–279.

DOUDE VAN TROOSTWIJK, W. J. 1976. Age determination in muskrats, *Ondatra zibethicus* (L.) in the Netherlands. Lutra 18:33–43.

DOUGLAS, C. W., AND M. A. STRICKLAND. 1987. Fisher. Pages 511–529 in M. Novak, J. A. Baker, M. E. Obbard, and B. Malloch, eds. Wild furbearer management and conservation in North America. Minist. Nat. Resour., Toronto, Ont.

DOW, S. A. 1952. Antelope ageing studies in Montana. Proc. Western Assoc. State Game and Fish Comm. 32:220–224.

———, AND P. L. WRIGHT. 1962. Changes in mandibular dentition associated with age in pronghorn antelope. J. Wildl. Manage. 26:1–18.

DOZIER, H. L. 1942. Identification of sex in live muskrats. J. Wildl. Manage. 6:292–293.

DUFFIELD, L. F. 1973. Aging and sexing the post-cranial skeleton of bison. Plains Anthropol. 18:132–139.

DUNMIRE, W. W. 1955. Sex dimorphism in the pelvis of rodents. J. Mammal. 36:356–361.

DUNNE, P. 1987. Introduction to raptor identification, aging and sexing techniques. Pages 13–21 in B. A. Giron Pendleton, B. A. Millsap, K. W. Cline, and D. M. Bird, eds. Raptor management techniques manual. Natl. Wildl. Fed., Washington, D.C.

DWYER, T. J., AND J. V. DOBELL. 1979. External determination of age of common snipe. J. Wildl. Manage. 43:754–756.

EAGLE, T. C., AND J. S. WHITMAN. 1987. Mink. Pages 615–624 in M. Novak, J. A. Baker, M. E. Obbard, and B. Malloch, eds. Wild furbearer management and conservation in North America. Minist. Nat. Resour., Toronto, Ont.

EDMINSTER, F. C. 1954. American game birds of field and forest. Charles Scribner's Sons, New York, N.Y. 490pp.

EDWARDS, J. K., R. L. MARCHINTON, AND G. F. SMITH. 1982. Pelvic girdle criteria for sex determination of white-tailed deer. J. Wildl. Manage. 46:544–547.

EINARSEN, A. S. 1948. The pronghorn antelope and its management. Wildl. Manage. Inst., Washington, D.C. 238pp.

ELDER, W. H., AND C. E. SHANKS. 1962. Age changes in tooth wear and morphology of the baculum in muskrats. J. Mammal. 43:144–150.

ELLISON, L. N. 1968. Sexing and aging Alaskan spruce grouse by plumage. J. Wildl. Manage. 32:12–16.

ENG, R. L. 1955. A method for obtaining sage grouse age and sex ratios from wings. J. Wildl. Manage. 19:267–272.

ERICKSON, J. A., A. E. ANDERSON, D. E. MEDIN, AND D. C. BOWDEN. 1970. Estimating ages of mule deer—an evaluation of technique accuracy. J. Wildl. Manage. 34:523–531.

ETTER, S. L., J. E. WARNOCK, AND G. B. JOSELYN. 1970. Modified wing molt criteria for estimating the ages of wild juvenile pheasants. J. Wildl. Manage. 34:620–626.

FISHER, E. W., AND A. E. PERRY. 1970. Estimating ages of gray squirrels by lens-weights. J. Wildl. Manage. 34:825–828.

FOGARTY, M. J., K. A. ARNOLD, L. MCKIBBEN, L. B. POSPICHAL, AND R. J. TULLY. 1977. Common snipe. Pages 189–209 in G. C. Sanderson, ed. Management of migratory shore and upland game birds in North America. Int. Assoc. Fish Wildl. Agencies, Washington, D.C.

FOGL, J. G., AND H. S. MOSBY. 1978. Aging gray squirrels by cementum annuli in razor-sectioned teeth. J. Wildl. Manage. 42:444–448.

FOX, R. R., AND D. D. CRARY. 1972. A simple technique for the sexing of newborn rabbits. Lab. Anim. Sci. 22:556–558.

FREDRICKSON, L. H. 1968. Measurements of coots related to sex and age. J. Wildl. Manage. 32:409–411.

FRIEDRICH, P. D., G. E. BURGOYNE, T. M. COOLEY, AND S. M. SCHMITT. 1983. Use of lower canine tooth for determining the sex of bobcats in Michigan. Mich. Dep. Nat. Resour. Wildl. Div. Rep. 2960. 5pp.

FRIEND, M. 1967. A review of research concerning eye-lens weight as a criterion of age in animals. N.Y. Fish Game J. 14:152–165.

FRISON, G. C., AND C. A. REHER. 1970. Age determination of buffalo by teeth eruption and wear. Plains Anthropol. 15:46–50.

FRITZELL, E. K. 1987. Gray fox and island gray fox. Pages 408–421 in M. Novak, J. A. Baker, M. E. Obbard, and B. Malloch, eds. Wild furbearer management and conservation in North America. Minist. Nat. Resour., Toronto, Ont.

FULLER, T. K., D. P. HOBSON, J. R. GUNSON, D. B. SCHOWALTER, AND D. HEISEY. 1984. Sexual dimorphism in mandibular canines of striped skunks. J. Wildl. Manage. 48:1444–1446.

FULLER, W. A. 1959. The horns and teeth as indicators of age in bison. J. Wildl. Manage. 23:342–344.

GARDNER, A. L. 1973. The systematics of the genus Didelphis (Marsupialia: Didelphidae) in North and middle America. Mus. Texas Tech Univ. Spec. Publ. 4. 81pp.

———. 1982. Virginia opossum. Pages 3–36 in J. A. Chapman and G. A. Feldhamer, eds. Wild mammals of North America. The Johns Hopkins Univ. Press, Baltimore, Md.

GASAWAY, W. C., D. B. HARKNESS, AND R. A. RAUSCH. 1978. Accuracy of moose age determinations from incisor cementum layers. J. Wildl. Manage. 42:558–563.

GATES, J. M. 1966. Validity of spur appearance as an age criterion in the pheasant. J. Wildl. Manage. 30:81–85.

GEIGER, G., J. BROMEL, AND K. H. HABERMEHL. 1977. Concordance of various methods of determining the age of the red fox (Vulpes vulpes L., 1758). Z. Jagdwiss. 23:57–64.

GEIST, V. 1966. Validity of horn segment counts in aging bighorn sheep. J. Wildl. Manage. 30:634–635.

GIER, H. T. 1968. Coyotes in Kansas. Kans. Agric. Exp. Stn. Bull. 393. 118pp.

GIESEN, K. M., AND C. E. BRAUN. 1979. A technique for age determination of juvenile white-tailed ptarmigan. J. Wildl. Manage. 43:508–511.

GILBERT, F. F., AND S. L. STOLT. 1970. Variability in aging Maine white-tailed deer by tooth-wear characteristics. J. Wildl. Manage. 34:532–535.

GILMORE, R. M. 1943. Mammalogy in an epidemiological study of jungle yellow fever in Brazil. J. Mammal. 24:144–162.

GODIN, A. J. 1960. A compilation of diagnostic characteristics used in aging and sexing game birds and mammals. M.S. Thesis, Univ. Massachusetts, Amherst. 160pp.

GOLLOP, J. B., AND W. H. MARSHALL. 1954. A guide for aging duck broods in the field. Miss. Flyway Counc. Tech. Sect. Rep. 14pp.

GOODWIN, E. A., AND W. B. BALLARD. 1985. Use of tooth cementum for age determination of gray wolves. J. Wildl. Manage. 49:313–316.

GORDON, K. R., AND G. V. MOREJOHN. 1975. Sexing black bear skulls using lower canine and lower molar measurement. J. Wildl. Manage. 39:40–44.

GOURLEY, R. S., AND F. J. JANNETT, JR. 1975. Pine and montane vole age estimates from eye lens weights. J. Wildl. Manage. 39:550–556.

GRAU, G. A., G. C. SANDERSON, AND J. P. ROGERS. 1970. Age determination of raccoons. J. Wildl. Manage. 34:364–372.

GREENBERG, R. E., S. L. ETTER, AND W. L. ANDERSON. 1972. Evaluation of proximal primary feather criteria for aging wild pheasants. J. Wildl. Manage. 36:700–705.

GREER, K. R. 1957. Some osteological characters of known-age ranch minks. J. Mammal. 38:319–330.

———, AND H. W. YEAGER. 1967. Sex and age indications from upper canine teeth of elk (wapiti). J. Wildl. Manage. 31:408–417.

HAAGENRUD, H. 1978. Layers in secondary dentine of incisors as age criteria in moose (Alces alces). J. Mammal. 59:857–858.

HALE, J. B. 1949. Aging cottontail rabbits by bone growth. J. Wildl. Manage. 13:216–225.

———, R. F. WENDT, AND G. C. HALAZON. 1954. Sex and age criteria for Wisconsin ruffed grouse. Wis. Conserv. Dep. Tech. Wildl. Bull. 9. 24pp.

HALL, E. R. 1981. The mammals of North America. Vol. II. John Wiley & Sons, New York, N.Y. 1181pp.

HAMILTON, R. J., T. L. IVEY, AND M. L. TOBIN. 1985. Aging fetal white-tailed deer. Proc. Annu. Conf. Southeast. Assoc. Fish Wildl. Agencies 39:389–394.

HAMILTON, W. J., JR., AND W. R. EADIE. 1964. Reproduction in the river otter, Lutra canadensis. J. Mammal. 45:242–252.

HANSON, H. C. 1962. Characters of age, sex, and sexual maturity in Canada geese. Ill. Nat. Hist. Surv. Biol. Notes 49. 15pp.

———, AND C. W. KOSSACK. 1963. The mourning dove in Illinois. Ill. Dep. Conserv. Tech. Bull. 2. 133pp.

HASH, H. S. 1987. Wolverine. Pages 575–585 in M. Novak, J. A. Baker, M. E. Obbard, and B. Malloch, eds. Wild furbearer management and conservation in North America. Minist. Nat. Resour., Toronto, Ont.

HEALY, W. M., AND E. S. NENNO. 1980. Growth parameters and sex and age criteria for juvenile eastern wild turkeys. Natl. Wild Turkey Symp. 4:168–185.

HEMMING, J. E. 1969. Cemental deposition, tooth succession, and horn development as criteria of age in Dall sheep. J. Wildl. Manage. 33:552–558.

HENDERSON, F. R., F. W. BROOKS, R. E. WOOD, AND R. B. DAHLGREN. 1967. Sexing of prairie grouse by crown feather patterns. J. Wildl. Manage. 31:764–769.

HENSEL, R. J., AND F. E. SORENSEN, JR. 1980. Age determination of live polar bears. Int. Conf. Bear Res. Manage. 4:93–100.

HESSELTON, W. T., AND R. M. HESSELTON. 1982. White-tailed deer. Pages 878–901 in J. A. Chapman and G. A. Feldhamer, eds. Wild mammals of North America. The Johns Hopkins Univ. Press, Baltimore, Md.

HILLMAN, C. N., AND W. W. JACKSON. 1973. The sharp-tailed grouse in South Dakota. S.D. Dep. Game, Fish, Parks Tech. Bull. 3. 62pp.

HINMAN, R. A., EDITOR. 1979. Annual report of survey inventory activities. Part 4: Sheep, mountain goat, bison, musk-oxen, marine mammals. Vol. 9. Alas. Dep. Fish Game, Juneau. 123pp.

HOEKSTRA, T. W., AND P. G. CARR. 1977. Sex determination in white-tailed deer tissues. Pages 212–232 in Proc. forensic science: a tool for modern fish and wildlife science. Alberta Recreation, Parks, Wildl., Fish Wildl. Div., Calgary.

HOFFMAN, R. W. 1985. Blue grouse wing analyses: methodology and population inferences. Colo. Div. Wildl. Spec. Rep. 60. 21pp.

HOLLIMAN, D. C. 1977. Purple gallinule. Pages 105–109 in G. C. Sanderson, ed. Management of migratory shore and upland game birds in North America. Int. Assoc. Fish Wildl. Agencies, Washington, D.C.

HUDSON, P., AND L. G. BROWMAN. 1959. Embryonic and fetal development of the mule deer. J. Wildl. Manage. 23:295–304.

HUNTER, S. A. 1989. Aspartic acid racemization in tendons as an indication of age in three avian species. Ph.D. Thesis, Southern Illinois Univ., Carbondale. 54pp.

JACOBSON, H. A., AND R. J. REINER. 1989. Estimating age of white-tailed deer: tooth wear versus cementum annuli. Proc. Annu. Conf. Southeast. Assoc. Fish Wildl. Agencies 43:286–291.

JENKS, J. A., R. T. BOWER, AND A. G. CLARK. 1984. Sex and age-class determination for fisher using radiographs of canine teeth. J. Wildl. Manage. 48:626–628.

JOHNSGARD, P. A. 1973. Grouse and quails of North America. Univ. Nebraska Press, Lincoln. 553pp.

———. 1975. North American game birds of upland and shoreline. Univ. Nebraska Press, Lincoln. 183pp.

JOHNSON, A. S. 1970. Biology of the raccoon (Procyon lotor varius Nelson and Goldman) in Alabama. Auburn Univ. Agric. Exp. Stn. Bull. 402. 148pp.

JOHNSON, N. F., B. A. BROWN, AND J. C. BOSOMWORTH. 1981. Age and sex characteristics of bobcat canines and their use in population assessment. Wildl. Soc. Bull. 9:203–206.

JOHNSON, S. A. 1984. Home range, movements, and habitat use of fishers in Wisconsin. M.S. Thesis, Univ. Wisconsin, Stevens Point.

78pp.

JOHNSTON, D. H., ET AL. 1987. Aging furbearers using tooth structure and biomarkers. Pages 228–243 in M. Novak, J. A. Baker, M. E. Obbard, and B. Malloch, eds. Wild furbearer management and conservation in North America. Minist. Nat. Resour., Toronto, Ont.

———, AND I. D. WATT. 1981. A rapid method for sectioning undecalcified carnivore teeth for aging. Pages 407–422 in J. A. Chapman and D. Pursley, eds. Proc. Worldwide Furbearer Conf., Frostburg, Md.

JONES, F. L., G. FLITTNER, AND R. GARD. 1954. Report on a survey of bighorn sheep and other game in the Santa Rosa Mountains, Riverside County (California). Calif. Dep. Fish Game, Sacramento. 26pp. (mimeogr.)

JUNGE, R., AND D. F. HOFFMEISTER. 1980. Age determination in raccoons from cranial suture obliteration. J. Wildl. Manage. 44:725–729.

KALLA, P. I. 1991. Studies on the biology of ruffed grouse in the southern Appalachian mountains. Ph.D. Thesis, Univ. Tennessee, Knoxville. 101pp.

KAUFMANN, J. H. 1982. Raccoon and allies. Pages 567–585 in J. A. Chapman and G. A. Feldhamer, eds. Wild mammals of North America. The Johns Hopkins Univ. Press, Baltimore, Md.

KEISS, R. E. 1969. Comparison of eruption-wear patterns and cementum annuli as age criteria in elk. J. Wildl. Manage. 33:175–180.

KELLY, G. 1975. Indexes for aging eastern wild turkeys. Proc. Natl. Wild Turkey Symp. 3:205–209.

KENYON, K. W., AND C. H. FISCUS. 1963. Age determination in the Hawaiian monk seal. J. Mammal. 44:280–282.

KERWIN, M. L., AND G. J. MITCHELL. 1971. The validity of the wear-age technique for Alberta pronghorns. J. Wildl. Manage. 35:743–747.

KIRKPATRICK, R. D., AND L. K. SOWLS. 1962. Age determination of the collared peccary by the tooth-replacement pattern. J. Wildl. Manage. 26:214–217.

KLEVEZAL', G. A., AND S. E. KLEINENBERG. 1967. Age determination of mammals from annual layers in teeth and bones. USSR Acad. Sci., Severtsov Inst. Anim. Morphol. Clearinghouse Fed. Sci. Tech. Inf. U.S. Dep. Commer., Springfield, Va. 128pp. (Translated from Russian)

———, AND M. V. MINA. 1973. Factors determining the pattern of annual layers in dental tissue and bones of mammals. Zh. Obshch. Biol. 34:594–604.

KOLENOSKY, G. B. 1987. Polar bear. Pages 475–485 in M. Novak, J. A. Baker, M. E. Obbard, and B. Malloch, eds. Wild furbearer management and conservation in North America. Minist. Nat. Resour., Toronto, Ont.

———, AND S. M. STRATHEARN. 1987. Black bear. Pages 442–455 in M. Novak, J. A. Baker, M. E. Obbard, and B. Malloch, eds. Wild furbearer management and conservation in North America. Minist. Nat. Resour., Toronto, Ont.

KUEHN, D. W., AND W. E. BERG. 1981. Use of radiographs to identify age-classes of fisher. J. Wildl. Manage. 45:1009–1010.

LARSON, J. S., AND S. J. KNAPP. 1971. Sexual dimorphism in beaver neutrophils. J. Mammal. 52:212–215.

———, AND R. D. TABER. 1980. Criteria of sex and age. Pages 143–202 in S. D. Schemnitz, ed. Wildlife techniques manual. Fourth ed. The Wildl. Soc., Washington, D.C.

———, AND F. C. VAN NOSTRAND. 1968. An evaluation of beaver aging techniques. J. Wildl. Manage. 32:99–103.

LAUHACHINDA, V. 1978. Life history of the river otter in Alabama with emphasis on food habits. Ph.D. Thesis, Auburn Univ., Auburn, Ala. 169pp.

LAWS, R. M. 1953. A new method of age determination in mammals with special reference to the elephant seal (Mirounga leonina Linnaeus). Falk. Isl. Depend. Surv. Sci. Rep. 2:1–12.

———. 1962. Age determination of pinnipeds with special reference to growth layers in the teeth. Z. Saeugetierkd. 27:129–146.

LAWSON, B., AND R. JOHNSON. 1982. Mountain sheep. Pages 1036–1055 in J. A. Chapman and G. A. Feldhamer, eds. Wild mammals of North America. The Johns Hopkins Univ. Press, Baltimore, Md.

LEACH, D. 1977. The descriptive and comparative postcranial osteology of marten (Martes americana Terton) and fisher. Can. J. Zool. 55:199–214.

———, AND U. S. DE KLEER. 1978. The descriptive and comparative postcranial osteology of marten (Martes americana Terton) and fisher (Martes pennanti Erxleben): the axial skeleton. Can. J. Zool. 56:1180–1191.

———, B. K. HALL, AND A. I. DAGG. 1982. Aging marten and fisher by development of the suprafabellar tubercle. J. Wildl. Manage. 46:246–247.

LECHLEITNER, R. R. 1954. Age criteria in mink (Mustela vison). J. Mammal. 35:496–503.

———. 1957. The black-tailed jackrabbit on Grey Lodge Refuge, California. Ph.D. Thesis, Univ. California, Berkeley. 179pp.

LEMNELL, P. A. 1974. Age determination in red squirrels, (Sciurus vulgaris). Trans. Int. Congr. Game Biol. 11:573–580.

LEOPOLD, A. S. 1959. Wildlife of Mexico. Univ. California Press, Berkeley. 568pp.

LEWIS, J. C. 1979. Field identification of juvenile sandhill cranes. J. Wildl. Manage. 43:211–214.

LINDER, R. L., R. B. DAHLGREN, AND C. R. ELLIOTT. 1971. Primary feather pattern as a sex criterion in the pheasant. J. Wildl. Manage. 35:840–843.

LINDZEY, F. 1987. Mountain lion. Pages 658–668 in M. Novak, J. A. Baker, M. E. Obbard, and B. Malloch, eds. Wild furbearer management and conservation in North America. Minist. Nat. Resour., Toronto, Ont.

LINDZEY, F. G. 1971. Ecology of badgers in Carlew Valley, Utah and Idaho, with emphasis on movement and activity patterns. M.S. Thesis, Utah State Univ., Logan. 50pp.

LINHART, S. B., AND F. F. KNOWLTON. 1967. Determining age of coyotes by tooth cementum layers. J. Wildl. Manage. 31:362–365.

LISCINSKY, S. A. n.d. The American woodcock in Pennsylvania. Pa. Game Comm., Harrisburg. 32pp.

LOCHMILLER, R. L., E. C. HELLGREN, AND W. E. GRANT. 1984. Sex and age characteristics of the pelvic girdle in the collared peccary. J. Wildl. Manage. 48:639–641.

LOCKARD, G. R. 1972. Further studies of dental annuli for aging whitetailed deer. J. Wildl. Manage. 36:46–55.

LORD, R. D., JR. 1961a. A population study of the gray fox. Am. Midl. Nat. 66:87–109.

———. 1961b. The lens as an indicator of age in the gray fox. J. Mammal. 42:109–111.

LOVELESS, C. M. 1958. The mobility and composition of bobwhite quail populations in south Florida: with notes on the post-nuptial and post-juvenal molts. Fla. Game Freshwater Fish Comm. Tech. Bull. 4. 64pp.

LOWRANCE, E. W. 1949. Variability and growth of the opossum skeleton. J. Morphol. 85:569–593.

LUDWIG, J. R., AND R. W. DAPSON. 1977. Use of insoluble lens proteins to estimate age in white-tailed deer. J. Wildl. Manage. 41:327–329.

MAGOUN, A. J. 1985. Population characteristics, ecology, and management of wolverines in northwestern Alaska. Ph.D. Thesis, Univ. Alaska, Fairbanks. 211pp.

MANSFIELD, A. W. 1958. The biology of the Atlantic walrus Odobenus rosmarus rosmarus (Linnaeus) in the eastern Canadian Arctic. Fish. Res. Board Can. Manuscript Rep. Ser. 653. 146pp.

MARKS, S. A., AND A. W. ERICKSON. 1966. Age determination in the black bear. J. Wildl. Manage. 30:389–410.

MARSHALL, W. H. 1951. An age determination method for the pine marten. J. Wildl. Manage. 15:276–283.

MARTIN, F. W. 1964. Woodcock age and sex determination from wings. J. Wildl. Manage. 28:287–293.

MCCABE, R. A., AND A. S. HAWKINS. 1946. The Hungarian partridge in Wisconsin. Am. Midl. Nat. 36:1–75.

MCCLOSKEY, R. J. 1977. Accuracy of criteria used to determine age of fox squirrels. Proc. Ia. Acad. Sci. 84:32–34.

MCCORD, C. M., AND J. E. CARDOZA. 1982. Bobcat and lynx. Pages 728–766 in J. A. Chapman and G. A. Feldhamer, eds. Wild mammals of North America. The Johns Hopkins Univ. Press, Baltimore, Md.

MCCOURT, K. H., AND D. M. KEPPIE. 1975. Age determination of juvenile spruce grouse. J. Wildl. Manage. 39:790–794.

MCCULLOUGH, D. R. 1965. Sex characteristics of black-tailed deer hooves. J. Wildl. Manage. 29:210–212.

———, AND P. BEIER. 1986. Upper vs. lower molars for cementum annuli age determination of deer. J. Wildl. Manage. 50:705–706.

McCUTCHEN, H. E. 1969. Age determination of pronghorns by the incisor cementum. J. Wildl. Manage. 33:172–175.

McKINNON, D. T. 1983. Age separation of yearling and adult Franklin's spruce grouse. J. Wildl. Manage. 47:533–535.

MEAD, R. A. 1967. Age determination in the spotted skunk. J. Mammal. 48:606–616.

MELQUIST, W. E., AND A. E. DRONKERT. 1987. River otter. Pages 627–641 in M. Novak, J. A. Baker, M. E. Obbard, and B. Malloch, eds. Wild furbearer management and conservation in North America. Minist. Nat. Resour., Toronto, Ont.

———, AND M. G. HORNOCKER. 1983. Ecology of river otters in west central Idaho. Wildl. Monogr. 83. 60pp.

MENDALL, H. L., AND C. M. ALDOUS. 1943. The ecology and management of the American woodcock. Maine Coop. Wildl. Res. Unit, Orono. 201pp.

MESSICK, J. P. 1987. North American badger. Pages 587–597 in M. Novak, J. A. Baker, M. E. Obbard, and B. Malloch, eds. Wild furbearer management and conservation in North America. Minist. Nat. Resour., Toronto, Ont.

———, AND M. G. HORNOCKER. 1981. Ecology of the badger in southwestern Idaho. Wildl. Monogr. 76. 53pp.

MILLAR, J. S., AND F. C. ZWICKEL. 1972. Determination of age, age structure, and mortality of the pika, *Ochotona princeps* Richardson. Can. J. Zool. 50:229–232.

MILLER, F. L. 1974a. Age determination of caribou by annulations in dental cementum. J. Wildl. Manage. 38:47–53.

———. 1974b. Biology of the Kaminuriak population of barren ground caribou. Part II: Dentition as an indicator of sex and age; composition and socialization of the population. Can. Wildl. Serv. Rep. Ser. 31. 88pp.

———. 1982. Caribou. Pages 923–959 in J. A. Chapman and G. A. Feldhamer, eds. Wild mammals of North America. The Johns Hopkins Univ. Press, Baltimore, Md.

———, AND R. L. McCLURE. 1973. Determining age and sex of barren ground caribou from dental variables. Trans. Northeast. Sec. The Wildl. Soc. 30:79–100.

MITCHELL, O. G., AND R. A. CARSEN. 1967. Tooth eruption in the Arctic ground squirrel. J. Mammal. 48:472–474.

MITTWOCH, V. 1963. Sex differences in cells. Sci. Am. 209:54–62.

MONTGOMERY, G. G. 1964. Tooth eruption in preweaned raccoons. J. Wildl. Manage. 28:582–584.

MONTGOMERY, S. J., D. F. BALPH, AND D. M. BALPH. 1971. Age determination of Uinta ground squirrels by teeth annuli. Southwest. Nat. 15:400–402.

MOORE, K. L., EDITOR. 1966. The sex chromatin. W.B. Saunders Co., Philadelphia, Pa. 474pp.

MOSER, T. J., S. R. CRAVEN, AND B. K. MILLER. n.d. Canada geese in the Mississippi Flyway: a guide for goose hunters and goose watchers. U.S. Fish Wildl. Serv. Off. Ext. Publ., Washington, D.C. 24pp.

MULLER, L. I., T. T. BUERGER, AND R. E. MIRARCHI. 1984. Guide for age determination of mourning dove embryos. Ala. Agric. Exp. Stn. Circ. 272. 11pp.

MUSSEHL, T. W., AND T. H. LEIK. 1963. Sexing wings of adult blue grouse. J. Wildl. Manage. 27:102–106.

NAVA, J. A. 1970. The reproductive biology of the Alaska lynx (*Lynx canadensis*). M.S. Thesis, Univ. Alaska, Fairbanks. 141pp.

NELLIS, C. H. 1969. Sex and age variation in red squirrel skulls from Missoula County, Montana. Can. Field-Nat. 83:324–330.

———, S. P. WETMORE, AND L. B. KEITH. 1972. Lynx-prey interactions in central Alberta. J. Wildl. Manage. 36:320–329.

———, ———, AND ———. 1978. Age-related characteristics of coyote canines. J. Wildl. Manage. 42:680–683.

NEWBY, F. E., AND V. D. HAWLEY. 1954. Progress on a marten live-trapping study. Trans. North. Am. Wildl. Conf. 19:452–462.

NICHOLSON, W. S., AND E. P. HILL. 1981. A comparison of tooth wear, lens weight, and cementum annuli as indices of age in the gray fox. Pages 355–367 in J. A. Chapman and D. Pursley, eds. Worldwide Furbearer Conf., Frostburg, Md.

NIETFIELD, M. T., AND F. C. ZWICKEL. 1983. Classification of sex in young blue grouse. J. Wildl. Manage. 47:1147–1151.

NOVAK, M., J. A. BAKER, M. E. OBBARD, AND B. MALLOCH, EDITORS. 1987. Wild furbearer management and conservation in North America. Minist. Nat. Resour., Toronto, Ont. 1150pp.

NOVAKOWSKI, N. S. 1965. Cemental deposition as an age criterion in bison, and the relation of incisor wear, eye lens weight, and dressed bison carcass weight to age. Can. J. Zool. 43:173–178.

OATES, D. W., G. I. HOILIEN, AND R. M. LAWLER. 1985. Sex identification of field-dressed ring-necked pheasants. Wildl. Soc. Bull. 13:64–67.

ODOM, R. R. 1977. Sora. Pages 57–65 in G. C. Sanderson, ed. Management of migratory shore and upland game birds in North America. Int. Assoc. Fish Wildl. Agencies, Washington, D.C.

O'GARA, B. W. 1968. A study of the reproductive cycle of the female pronghorn (*Antilocapra americana* Ord.). Ph.D. Thesis, Univ. Montana, Missoula. 161pp.

———. 1969. Horn casting by female pronghorns. J. Mammal. 50:373–375.

OLSEN, P. F. 1959. Dental patterns as age indicators in muskrats. J. Wildl. Manage. 23:228–231.

OSBORN, D. J. 1955. Techniques of sexing beaver, *Castor canadensis*. J. Mammal. 36:141–142.

OTERO, J. G., AND R. W. DAPSON. 1972. Procedures in the biochemical estimation of age in vertebrates. Res. Popul. Ecol. (Kyoto) 13:152–160.

OWEN, R. B., JR., ET AL. 1977. American woodcock. Pages 149–186 in G. C. Sanderson, ed. Mangement of migratory shore and upland game birds in North America. Int. Assoc. Fish Wildl. Agencies, Washington, D.C.

———, AND W. B. KROHN. 1973. Molt patterns and weight changes of the American woodcock. Wilson Bull. 85:31–41.

OZOGA, J. J., AND L. J. VERME. 1985. Determining fetus age in live white-tailed does by x-ray. J. Wildl. Manage. 49:372–374.

PALMER, W. L. 1959. Sexing live-trapped juvenile ruffed grouse. J. Wildl. Manage. 23:111–112.

PARKER, G. R., D. C. THOMAS, E. BROUGHTON, AND D. R. GRAY. 1975. Crashes of muskox and Peary caribou populations in 1973–1974 in the Parry Islands, Arctic Canada. Can. Wildl. Serv. Prog. Notes 56. 10pp.

PARR, R. 1975. Aging red grouse chicks by primary molt and development. J. Wildl. Manage. 39:188–190.

PARSONS, G. R., M. K. BROWN, AND G. B. WILL. 1978. Determining the sex of fisher from the lower canine teeth. N.Y. Fish Game J. 25:42–44.

PEARSON, A. M. 1975. The northern interior grizzly bear *Ursus arctos* L. Can. Wildl. Serv. Rep. Ser. 34. 84pp.

PEEK, J. M. 1982. Elk. Pages 851–861 in J. A. Chapman and G. A. Feldhamer, eds. Wild mammals of North America. The Johns Hopkins Univ. Press, Baltimore, Md.

PELTON, M. R. 1970. Effects of freezing on weights of cottontail lenses. J. Wildl. Manage. 34:205–207.

PETERSON, R. T. 1980. A field guide to the birds. Houghton Mifflin Co., Boston, Mass. 384pp.

PETRIDES, G. A. 1942. Age determination in American gallinaceous game birds. Trans. North Am. Wildl. Conf. 7:308–328.

———. 1949. Sex and age determination in the opossum. J. Mammal. 30:364–378.

———. 1950. The determination of sex and age ratios in fur animals. Am. Midl. Nat. 43:355–382.

———. 1951. Notes on age determination in squirrels. J. Mammal. 32:111–112.

———, AND R. B. NESTLER. 1952. Further notes on age determination in juvenile bobwhite quails. J. Wildl. Manage. 16:109–110.

POELKER, R. J., AND H. D. HARTWELL. 1973. The black bear of Washington. Wash. State Game Dep. Biol. Bull. 14. 180pp.

PYLE, P., S. N. G. HOWELL, R. P. YUNICK, AND D. F. DESONTE. 1987. Identification guide to North American passerines. Slate Creek Press, Bolinas, Calif. 278pp.

QUIMBY, D. C., AND J. E. GAAB. 1952. Preliminary report on a study of elk dentition as a means of determining age classes. Proc. Western Assoc. State Game and Fish Comm. 32:225–227.

RAUSCH, R. A. 1967. Some aspects of the population ecology of wolves, Alaska. Am. Zool. 7:253–265.

———. 1969. Morphogenesis and age-related structure of permanent canine teeth in the brown bear, *Ursus arctos* L., in arctic Alaska.

Z. Morphol. Tiere 66:167–188.

———, AND A. M. PEARSON. 1972. Notes on the wolverine in Alaska and the Yukon Territory. J. Wildl. Manage. 36:249–268.

REES, J. W., R. A. KAINER, AND R. W. DAVIS. 1966. Chronology of mineralization and eruption of mandibular teeth in mule deer. J. Wildl. Manage. 30:629–631.

REEVES, H. M., A. D. GEIS, AND F. C. KNIFFEN. 1968. Mourning dove capture and banding. U.S. Fish Wildl. Serv. Spec. Sci. Rep. Wildl. 117. 63pp.

REYNOLDS, H. C. 1945. Some aspects of the life history and ecology of the opossum in central Missouri. J. Mammal. 26:341–379.

REYNOLDS, H. W., R. D. GLAHOLT, AND A. W. L. HAWLEY. 1982. Bison. Pages 972–1007 in J. A. Chapman and G. A. Feldhamer, eds. Wild mammals of North America. The Johns Hopkins Univ. Press, Baltimore, Md.

RICHARDSON, G. L. 1966. Eye lens weight as an indicator of age in the collared peccary (*Pecari tajacu*). M.S. Thesis, Univ. Arizona, Tucson. 47pp.

ROBERTS, J. D. 1978. Variation in coyote age determination from annuli in different teeth. J. Wildl. Manage. 42:454–456.

ROBERTS, T. H. 1988. American woodcock (*Scolopax minor*). U.S. Army Corps Eng. Wildl. Resour. Manage. Manual, Tech. Rep. EL-88. 56pp.

RODGERS, R. D. 1979. Ratios of primary calamus diameters for determining age of ruffed grouse. Wildl. Soc. Bull. 7:125–127.

———. 1985. A field technique for identifying the sex of dressed pheasants. Wildl. Soc. Bull. 13:528–533.

ROLLEY, R. E. 1987. Bobcat. Pages 671–681 in M. Novak, J. A. Baker, M. E. Obbard, and B. Malloch, eds. Wild furbearer management and conservation in North America. Minist. Nat. Resour., Toronto, Ont.

RONGSTAD, O. J. 1966. A cottontail rabbit lens-growth curve from southern Wisconsin. J. Wildl. Manage. 30:114–121.

———. 1969. Gross prenatal development of cottontail rabbits. J. Wildl. Manage. 33:164–168.

ROOT, D. A., AND N. F. PAYNE. 1984. Evaluation of techniques for aging gray fox. J. Wildl. Manage. 48:926–933.

ROSEBERRY, J. L., AND W. D. KLIMSTRA. 1965. A guide to age determination of bobwhite quail embryos. Ill. Nat. Hist. Surv. Biol. Notes 55. 4pp.

ROUSSEL, Y. E. 1975. Aerial sexing of anterless moose by white vulval patch. J. Wildl. Manage. 39:450–451.

———, AND R. OUELLET. 1975. A new criterion for sexing Quebec ruffed grouse. J. Wildl. Manage. 39:443–445.

SALWASSER, H., AND S. A. HOLL. 1979. Estimating fetus age and breeding and fawning periods in the North Kings River deer herd. Calif. Fish Game 65:159–165.

SANDERSON, G. C. 1950. Methods of measuring productivity in raccoons. J. Wildl. Manage. 14:389–402.

———. 1961. Techniques for determining age of raccoons. Ill. Nat. Hist. Surv. Biol. Notes 45. 16pp.

SATHER, J. H. 1954. The dentition method of aging muskrats. Chicago Acad. Sci. Nat. Hist. Misc. Publ. 130. 3pp.

SAUER, P. R. 1966. Determining sex of black bears from the size of the lower canine tooth. N.Y. Fish Game J. 13:140–145.

———, S. FREE, AND S. BROWNE. 1966. Age determination in black bears from canine tooth sections. N.Y. Fish Game J. 13:125–139.

SAUNDERS, J. K. 1961. The biology of the Newfoundland lynx. Ph.D. Thesis, Cornell Univ., Ithaca, N.Y. 114pp.

———. 1964. Physical characteracs of the Newfoundland lynx. J. Mammal. 45:36–47.

SCHEFFER, V. B. 1950. Growth layers on the teeth of pinnipedia as an indicator of age. Science 112:309–311.

SCHMID, W. 1967. Sex chromatin in hair roots. Cytogenetics 6:342–349.

SCHOFIELD, R. D. 1955. Analysis of muskrat age determination methods and their application in Michigan. J. Wildl. Manage. 19:463–466.

SCHONBERNER, V. D. 1965. Beobachtungen zur fortpflanzungsbiologie de wolfes, *Canis lupus*. Z. Saeugetierkd. 30:171–178.

SEGELQUIST, C. A. 1966. Sexing white-tailed deer embryos by chromatin. J. Wildl. Manage. 30:414–417.

SERVELLO, F. A., AND R. L. KIRKPATRICK. 1986. Sexing ruffed grouse in the Southeast using feather criteria. Wildl. Soc. Bull. 14:280–282.

SEVERINGHAUS, C. W. 1949. Tooth development and wear as criteria of age in white-tailed deer. J. Wildl. Manage. 13:195–216.

SHACKLETON, D. M., L. V. HILLS, AND D. A. HUTTON. 1975. Aspects of variation in cranial characters of Plains bison (*Bison bison bison* Linnaeus) from Elk Island National Park, Alberta. J. Mammal. 56:871–887.

SHARP, W. M. 1958. Aging gray squirrels by use of tail-pelage characteristics. J. Wildl. Manage. 22:29–34.

SHERMAN, P. W., M. L. MORTON, L. M. HOOPES, J. BOCHANTIN, AND J. M. WATT. 1985. The use of tail collagen strength to estimate age in Belding's ground squirrels. J. Wildl. Manage. 49:874–879.

SILOVSKY, G. D., H. M. WIGHT, L. H. SISSON, T. L. FOX, AND S. W. HARRIS. 1968. Methods for determining age of band-tailed pigeons. J. Wildl. Manage. 32:421–424.

SKINNER, M. F., AND O. C. KAISEN. 1947. The fossil bison of Alaska and preliminary revision of the genus. Bull. Am. Mus. Nat. Hist. 89:123–256.

SMITH, N. D., AND I. O. BUSS. 1963. Age determination and plumage observations of blue grouse. J. Wildl. Manage. 27:566–578.

SPALDING, D. J. 1966. Eruption of permanent canine teeth in the northern sea lion. J. Mammal. 47:157–158.

STEPHENSON, A. J. 1977. Age determination and morphological variation of Ontario otters. Can. J. Zool. 55:1577–1583.

STEWART, R. R. 1973. Age determination, reproductive biology and food habits of Canada lynx, *Lynx canadensis* Kerr, in Ontario. M.S. Thesis, Univ. Guelph, Guelph, Ont. 61pp.

STODDARD, H. L. 1931. The bobwhite quail: its habits, preservation and increase. Charles Scribner's Sons, New York, N.Y. 559pp.

STOKES, A. W. 1957. Validity of spur length as an age criterion in pheasants. J. Wildl. Manage. 21:248–250.

STOLL, R. J., JR., AND D. CLAY. 1975. Guide to aging wild turkey embryos. Ohio Dep. Nat. Resour., Div. Wildl., Ohio Fish Wildl. Rep. 4. 19pp.

STRICKLAND, M. A. 1978. Fisher and marten study. Ont. Minst. Nat. Resour., Algonquin Reg. Prog. Rep. 5. 106pp.

———, AND C. W. DOUGLAS. 1987. Marten. Pages 531–546 in M. Novak, J. A. Baker, M. E. Obbard, and B. Malloch, eds. Wild furbearer management and conservation in North America. Minist. Nat. Resour., Toronto, Ont.

———, ———, M. NOVAK, AND N. P. HUNZIGER. 1982. Marten. Pages 599–612 in J. A. Chapman and G. A. Feldhamer, eds. Wild mammals of North America. The Johns Hopkins Univ. Press, Baltimore, Md.

STUEWER, F. W. 1943. Reproduction of raccoons in Michigan. J. Wildl. Manage. 7:60–73.

SULLINS, G. L., D. O. MCKAY, AND B. J. VERTS. 1976. Estimating ages of cottontails by periosteal zonations. Northwest Sci. 50:17–22.

SULLIVAN, E. G., AND A. O. HAUGEN. 1956. Age determination of foxes by x-ray of forefeet. J. Wildl. Manage. 20:210–212.

SZUBA, K. J., J. F. BENDELL, AND B. J. NAYLOR. 1987. Age determination of Hudsonian spruce grouse using primary feathers. Wildl. Soc. Bull. 15:539–543.

TABER, R. D. 1956. Characteristics of the pelvic girdle in relation to sex in black-tailed and white-tailed deer. Calif. Fish Game 42:15–21.

———, AND R. F. DASMANN. 1958. The black-tailed deer of the chaparral. Calif. Dep. Fish Game, Game Bull. 8. 163pp.

TABOR, J. E. 1974. Productivity, survival, and population status of river otter in western Oregon. M.S. Thesis, Oregon State Univ., Corvallis. 62pp.

TACHA, T. C., AND J. C. LEWIS. 1978. Sex determination of sandhill cranes by cloacal examination. Pages 81–83 in 1978 Crane Workshop. Int. Crane Found., Baraboo, Wis.

TENER, J. S. 1954. A preliminary study of the musk-oxen of Fosheim Peninsula, Ellesmere Island, N.W.T. Can. Wildl. Serv., Natl. Parks Branch, Wildl. Manage. Bull. Ser. 1, No. 9. 34pp.

———. 1965. Musk-oxen in Canada: a biological and taxonomic review. Can. Wildl. Serv. Monogr. 2. 166pp.

THOMAS, D. C., AND P. J. BANDY. 1973. Age determination of wild black-tailed deer from dental annulations. J. Wildl. Manage. 37:

232–235.

———, AND ———. 1975. Accuracy of dental-wear age estimates of black-tailed deer. J. Wildl. Manage. 39:674–678.

THOMAS, K. P. 1969. Sex determination of bobwhites by wing criteria. J. Wildl. Manage. 33:215–216.

THOMPSON, D. R. 1958. Field techniques for sexing and aging game animals. Wis. Conserv. Dep. Spec. Wildl. Rep. 1. 44pp.

TIEMEIER, O. W., AND M. L. PLENERT. 1964. A comparison of three methods for determining the age of blacktailed jackrabbits. J. Mammal. 45:409–416.

TODD, M. 1980. Ecology of badger in southcentral Idaho, with additional notes on raptors. M.S. Thesis, Univ. Idaho, Moscow. 164pp.

TOWEILL, D. E., AND J. E. TABOR. 1982. River otter. Pages 688–703 in J. A. Chapman and G. A. Feldhamer, eds. Wild mammals of North America. The Johns Hopkins Univ. Press, Baltimore, Md.

TOWERS, J. 1988. Age determination of juvenile spruce grouse in eastern Canada. J. Wildl. Manage. 52:113–115.

TUMLISON, R., AND V. R. MCDANIEL. 1984. Gray fox age classification by canine tooth pulp cavity radiographs. J. Wildl. Manage. 48:228–230.

TURNER, J. C. 1977. Cemental annulations as an age criterion in North American sheep. J. Wildl. Manage. 41:211–217.

TYNDALE-BISCOE, C. H., AND R. B. MACKENZIE. 1976. Reproduction in *Didelphis marsupialis* and *D. albiventris* in Columbia. J. Mammal. 57:249–265.

UHLIG, H. G. 1953. Weights of ruffed grouse in West Virginia. J. Wildl. Manage. 17:391–392.

———. 1955. The determination of age of nestling and sub-adult gray squirrels in West Virginia. J. Wildl. Manage. 19:479–483.

———. 1956. The gray squirrel in West Virginia. W. Va. Conserv. Comm. Div. Game Manage. Bull. 3. 83pp.

UPHAM, L. L. 1967. Density, disperal, and dispersion of the striped skunk (*Mephitis mephitis*) in southeastern North Dakota. M.S. Thesis, North Dakota State Univ., Fargo. 63pp.

U.S. FISH AND WILDLIFE SERVICE AND CANADIAN WILDLIFE SERVICE. 1977. North American birdbanding manual. Vol. II. U.S. Dep. Inter., Washington, D.C. Var. pagin.

VAN BALLENBERGHE, V., AND L. D. MECH. 1975. Weights, growth, and survival of timber wolf pups in Minnesota. J. Mammal. 56:44–63.

VANDRUFF, L. W. 1971. The ecology of the raccoon and opossum, with emphasis on their role as waterfowl nest predators. Ph.D. Thesis, Cornell Univ., Ithaca, N.Y. 140pp.

VAN NOSTRAND, F. C., AND A. B. STEPHENSON. 1964. Age determination for beavers by tooth development. J. Wildl. Manage. 28:430–434.

VAN TURNER, P., AND M. VALENTINE. 1983. Cytological sex determination in cranes. Pages 571–574 in G. W. Archibald and R. F. Pasquitt, eds. Proc. 1983 Int. Crane Workshop, Baraboo, Wis.

VERTS, B. J. 1967. The biology of the striped skunk. Univ. Illinois Press, Urbana. 218pp.

VINCENT, J.-P., AND J.-P. QUERE. 1972. Quelques donnees sur la reproduction et sur la dynamique des populations de rat musque *Ondatra zibethica* L. dans le nord de la France. Ann. Zool. Ecol. Anim. 4:395–415.

VOIGT, D. R. 1987. Red fox. Pages 379–392 in M. Novak, J. A. Baker, M. E. Obbard, and B. Malloch, eds. Wild furbearer management and conservation in North America. Minist. Nat. Resour., Toronto, Ont.

———, AND W. E. BERG. 1987. Coyote. Pages 344–357 in M. Novak, J. A. Baker, M. E. Obbard, and B. Malloch, eds. Wild furbearer management and conservation in North America. Minist. Nat. Resour., Toronto, Ont.

WALKINSHAW, L. H. 1949. The sandhill cranes. Cranbrook Inst. Sci., Bloomfield Hills, Mich. 202pp.

———. 1973. Cranes of the world. Winchester Press, New York, N.Y. 370pp.

WALLIN, J. A. 1982. Sex determination of Vermont fall-harvested juvenile wild turkeys by the 10th primary. Wildl. Soc. Bull. 10:40–43.

WALLMO, O. C. 1956. Determination of sex and age of scaled quail. J. Wildl. Manage. 20:154–158.

WEAVER, H. R., AND W. L. HASKELL. 1968. Age and sex determination of the chukar partridge. J. Wildl. Manage. 32:46–50.

WEEDEN, R. B., AND A. WATSON. 1967. Determining the age of rock ptarmigan in Alaska and Scotland. J. Wildl. Manage. 31:825–826.

WHITE, J. A., AND C. E. BRAUN. 1978. Age and sex determination of juvenile band-tailed pigeons. J. Wildl. Manage. 42:564–569.

WHITMAN, J. S., W. B. BALLARD, AND C. L. GARDNER. 1986. Home range and habitat use by wolverines in southcentral Alaska. J. Wildl. Manage. 50:460–463.

WIGAL, R. A., AND V. L. COGGINS. 1982. Mountain goat. Pages 1008–1020 in J. A. Chapman and G. A. Feldhamer, eds. Wild mammals of North America. The Johns Hopkins Univ. Press, Baltimore, Md.

WILLIAMS, L. E., JR. 1961. Notes on wing molt in the yearling wild turkey. J. Wildl. Manage. 25:439–440.

———, AND D. H. AUSTIN. 1970. Complete post-juvenal (pre-basic) primary molt in Florida turkeys. J. Wildl. Manage. 34:231–233.

———, AND ———. 1988. Studies of the wild turkey in Florida. Fla. Game Freshwater Fish Comm. Tech. Bull. 10. 232pp.

WISHART, W. 1969. Age determination of pheasants by measurement of proximal primaries. J. Wildl. Manage. 33:714–717.

WOEHLER, E. E., AND J. M. GATES. 1970. An improved method of sexing ring-necked pheasant chicks. J. Wildl. Manage. 34:228–231.

WOOD, J. E. 1958. Age structure and productivity of a gray fox population. J. Mammal. 39:74–86.

WRIGHT, P. L. 1947. The sexual cycle of the male long-tailed weasel (*Mustela frenata*). J. Mammal. 28:343–352.

———. 1948. Breeding habits of captive long-tailed weasels. Am. Midl. Nat. 39:338–344.

———. 1969. The reproductive cycle of the male American badger (*Taxidea taxus*). J. Reprod. Fertil. Suppl. 6:435–445.

———, AND R. RAUSCH. 1955. Reproduction in the wolverine (*Gulo gulo*). J. Mammal. 36:346–355.

YOUNG, S. P., AND E. A. GOLDMAN. 1944. The wolves of North America. Am. Wildl. Inst., Washington, D.C. 636pp.

ZWICKEL, F. C., AND C. F. MARTINSEN. 1967. Determining age and sex of Franklin spruce grouse by tails alone. J. Wildl. Manage. 31:760–763.

9
野生動物個体群の生息数の推定

Richard A. Lancia, James D. Nichols & Kenneth H. Pollock

はじめに……………………………………257	定率指標………………………………………263
なぜ個体数を推定するのか…………………257	頻度指標………………………………………268
定義と統計的概念……………………………258	数度と密度の推定……………………………269
その他の情報源………………………………260	全ての個体が観察される―完全カウント―……269
概念的な枠組み………………………………261	全ての個体が観察されない―カウント法―……272
観察率…………………………………………261	全ての個体が観察されない―捕獲法―…………280
標本抽出法……………………………………261	手法の選択と比較……………………………294
指標………………………………………………262	参考文献………………………………………297

❏ はじめに

　1938年にHoward M.Wightは，初めての野生動物管理技術マニュアルを作成するにあたり，「センサス」法と名付けた1章に，9頁を割いた(Wight, 1938)。しかし，この章の長さが示すように，センサスに関する文献の量は驚くほど増加し，複雑な数理統計的モデルから詳しい手引き書まで広い範囲を扱うようになった。本章の目的は，基礎的で最も汎用性のある個体数推定法を紹介し，関連する文献への案内役を勤めることにある。

　個体数推定法の解説には，いくつかの書き方がある。たとえば，統計的モデルそのものと，モデルに基づく推定式の由来に焦点をあてて詳述することもできる。しかし，このような記述方法は，数理生物学者と生物統計学者にとっては意味のある参考文献になるが，多くの野外生物学者と野生動物管理官にとっては利用が限られるだろう。もう一つの記述方法は，実際に応用されている様々な個体数推定法を詳述することである。この場合，野外での応用(たとえばワナ格子の配置方法，あるいは航空調査の実施方法)のみならず，得られた資料を適正な推定式によって処理する方法についても詳細に説明することになる。しかし，著者らはこのような記述を避けたい。なぜなら，研究対象となった動物，生息地，利用可能な資源などで定義される現実の野外は驚くべきほど多様であり，また全ての起こりそうな状況について詳細な使用説明書を提供することなどできないからである。

　そこで，様々な推定方法の基礎概念を伴った読本を提供するほうが有益であると考え，基礎的方法がどのように用いられるのかについて，直感的な説明を行うことにした。ほとんどすべての個体数推定法の推定式を提示し，統計的考察と野外への応用の双方をカバーする，より詳細な文献を紹介した。また，利用可能な全ての推定式を提示する代わりに，それらの代表例を提示するようにした。この章が，読者に十分な予備知識を与えることによって，野外のどのような特殊状況でも，一般的な方法のどれを選択すべきかを決定する際に判断資料となることを願っている。数理的な知識のある読者は，選択した方法についての詳細な文献を参照することによって，それぞれの必要に応じて応用できるだろう。あまり数理的な知識のない読者は，できるだけ野生動物研究の経験がある生物統計学者に相談すべきである。なぜなら，この「調整」によって，一般的方法の基礎が理解でき，生物統計学者と有益なやりとりや議論が可能となるからである。

なぜ個体数を推定するか？

　野生動物の自然個体群の管理目標は，しばしば個体数という言葉で表現される。たとえば，希少または絶滅危惧種を扱う場合，野生動物管理官は個体数を増加させようとする。一方，好ましくない(害性)種の場合，個体数を減少さ

せようとする。狩猟されている個体群では，個体数は望ましい水準で維持されることで，狩猟が許可される。したがって，個体数は管理プログラムの成功を最終的に判断する貨幣のような役割を担う。

野生動物管理では個体数が中心的な役割を果たしているが，この数量の重要性はときどき過大に評価されてきた。たとえば，ある特定の個体群の状態または健康に興味を持っている管理官は，個体数を状態評価の手段として用いるだろう。しかし，時間的・空間的にも，一点だけでの個体数推定は通常その価値が限定され，一般に考えられているよりも，状態について少ない情報しかもたらさない。そのかわり，付加的な個体数の推定，たとえば同地域での異なる年の比較，または同年の異なった地域の比較は，将来の予測を正しく立てるのに役立つだろう。そのような情報によって，個体群の状態を以前の年，あるいは他の場所や生息地と比較することができる。我々は，ときどき個体群の「動向」，すなわち一つの特定の期間にわたる平均的な傾向と変化の程度を反映する統計に興味をもつ。動向推定は重要な論題であり，この問題の論議にはSauer & Droege (1990)を推奨したい。

適切な個体数推定を望んでいる生物学者/管理官であればだれでも，推定の必要性とその推定がどのように用いられるのか，について注意深く考慮しなければならない。生物学者/管理官は，「推定値を得たら，それで何をするのか」という問いに対し簡単に答えることを勧める。たとえば，あるシカ個体群で，シカの数を700頭と推定しても400頭と推定しても，採用される管理対策に差がないならば，精度が高くて正確な個体数推定を実現するために多大な労力を払う必要がないだろう。

これらの警告にもかからず，個体数推定は数多く重用されてきた。Macnab(1983)とSinclair(1991)が，「野生動物研究者/管理者は，彼らの成功が評価されるような望ましい操作がしばしば実行されないので，管理の操作結果を活用することができない」と述べていることに我々は同意する。多くのことが，単に操作の前後の個体数推定結果を比較することによって知ることができる。当然，操作が時空間的に反復されたならば，推論はより強固になる(Nichols 1991)。Skalski & Robson(1992)は，個体数推定に捕獲・再捕獲法を用いた実験計画のすぐれた議論を行っている。同じ場所で時間を経過して得られる個体数推定のモニタリングプログラムは重要である。しかし，管理活動の標準的な部分となることはまれである。異なった地域または生息地における，ある時点の個体数の比較推定も，個体群の状態や，ときには生息地の嗜好性についての推論を引き出すのに役立つだろう。

たとえ有効な個体数推定が実行できて，また実験的操作と一緒に個体数推定が行われた場合であっても，全ての回答を与えてくれることは希であることを最後に述べよう。操作を行う前後で個体数推定を行うような適切にデザインされた実験によって，生息数に与える操作の影響能力を推論することができる。だが，もっと根本的にはどのように，およびなぜ操作に対し個体群が反応したのかを正確に機械論的に説明するほうがしばしば重要となる(Gavin 1989)。全ての個体数の変化は，四つの基礎的な人口統計学の変数(死亡，繁殖，移出，移入)の結果である。ある操作に対する個体数の反応に対して，機械論的で詳細な説明に興味があるならば，個体数の推定に加えてこれらの比率を得ることを望むであろう(第16章参照)。

定義と統計的概念

本章で用いる統計的概念の定義は個体数推定に関連しており，本章の内容を理解するのに役立つが，これらの用語の定義はOverton(1969)，Caughley(1977)，White et al. (1982)，そしてVerner(1985)などに基づいている。

・個体群(population)は，人の関心によって定義されたある地域のある時点の動物のグループである。たとえば，レミントンファームのシカだったり，イエローストーン国立公園のグリズリー，パシフィックノースウエストのマダラフクロウであったり，あるいは大陸のマガモ個体群であったりする。ただし，この定義はこの章における定義であって，生態学的あるいは遺伝的にはかならずしも適切ではない。

・数度(abundance)または個体数(population size)は，個々の動物の数に関連する。たとえば，49頭のシロアシハツカネズミという例。個体群が個体数によって等級づけられる場合は，相対数度(relative abundance)として表現され，既知あるいは推定された個体数は絶対数度(absolute abundance)として表現される。たとえば，以下の文章は相対数度に関連している。A地域はB地域よりもネズミが多い，またはAはBよりも25%ほどネズミが多い。しかし，Aは50頭のネズミがいるという記述は，絶対数度的な記述である。

・個体群密度(population density)は，単位面積当たりの個体数であり，たとえば1ha当たり1.2頭のリス(1.2 squirrels/ha)，または1km^{2}当たり10頭のゾウ(10 elephants/km^2)と表す。数度と面積の双方が密度に関連して

いるので，その結果として，密度はしばしば推定することが困難であることに留意すべきである。たとえば，格子状にしかけられたワナは，一般的に小哺乳類の数度を推定するのに用いられる。しかし，密度を推定するほうが困難である。というのも，格子ワナの有効面積(すなわち捕獲された個体から描かれる面積)も推定しなければならないからである。数度の推定は，しばしば密度推定よりも容易で，多くの管理決定に有効である。

- 相対密度(relative density)は，密度によって個体群を等級づけしたものである。たとえばA地域はB地域よりも，ネズミがhaあたり40%多い，という例。
- センサス(census)は，動物の全個体数を完全に数えることである。例として，多数のハクガンの完全なカウントあるいは泊まり場へ向かうアメリカオシドリの全数調査があげられる。
- 個体数推定(population estimate)は，実際の個体数の近似推定であり，捕獲またはカウントのように標本抽出法に基づいている。全ての個体数推定に偏り(以下を参照)がないことが理想的であるが，実際には，ほとんどの場合にある程度の偏りがある。おおまかな個体数推定は，個体数推定の仮定にある程度の約束違反があっても，いまだに有効とされている。パラメータ(以下を参照)の推定はパラメータのシンボルの上に小さな脱字符号または「帽子」で表示してある。Nは実際の個体数を表現し，$\hat{N}$(「Nハット」)は標本データから計算された個体数推定を表示している。
- 個体群の閉鎖性(population closure)は，次の二つの要素からなる。人口統計学の閉鎖性(demographic closure)は出生(出生率)と死亡(死亡率)のどちらもある調査期間で起こらないことを，一方，地理的閉鎖性は調査期間内に移出入が起こらないことをいう。したがって，個体群の大きさも，個体群における個体の双方とも，人口統計学的・地理的に閉鎖されているので変化しない。個体群の閉鎖性は，しばしば期間をまたがった捕獲と標識，あるいは取り除きを含む反復した観察に基づいた個体数推定手法の基礎的な仮定になっている。実際に個体群の閉鎖性の仮定が正しいかどうかを決定するのは困難である。なぜならトランセクト上にいるカンガルーの空中カウントのように，カウントは必然的にある時点のスナップ写真となるので，閉鎖性の仮定を確かめることができないからである。
- 開放個体群(open population)は，閉鎖されていない個体群である。
- 個体数指標(population index)は，個体数に関する統計である(Caughley 1977を参照)。個体数指標の利用は，しばしば同じ地域の個体群内の時間経過的な比較，あるいは同時期の異なる地域の比較に限定される。なぜなら，指標と実際の個体数の正確な関係はしばしば知られていないからである。
- 出現頻度(frequency of occurrence)は，ワナあるいはプロット(調査区)のように何らかの特有の属性を数えることである。クマが利用したイワシの誘因餌場の数，あるいは動物を捕獲したワナ数が例としてあげられる。状況次第なので，頻度は普通，全数カウントに対する比率として0〜1の範囲で表せられる。
- 個体数推定値の期待値(expected value)は，厳密に同一な条件で推定手順を何度も繰り返した場合の平均値をいう。記号$E(C)$はランダムな変数Cの期待値で表される。
- 正確さ(accuracy)は，個体数推定がどれだけ真の個体数に近いかを示す値である。
- 正確度は，誤差平均平方(mean squared error：MSE)で示される。これは何度も繰り返した場合の個体数推定と実際の個体数間の平方誤差をいう。
- 偏り(bias)は，期待される個体数推定値と実際の個体数の相違をいう。個体数推定の期待値が実際の個体数と等しければ推定値は偏りがない。
- 精度(precision)は，個体数推定値が期待値にどれだけ近いかを示す値である。
- 精度は，分散(variance：VAR)によって計測され，これは多く繰り返された個体数推定値とその期待値間の平方誤差の平均である。MSE, VARと偏りの関係はMSE＝VAR＋bias^{2}である。
- 標準誤差(standard error：SE)は，分散の平方根である。この値もまた正確度を示す。SEの一つの利用は信頼限界を計算する事である(以下参照)
- 信頼限界(confidence interval)(CI)は，推定値の信頼性を反映し，一般には，$P[a≦θ≦b]=1-α$(aとbは上方と下方の限界，$θ$は関心あるパラメータの指標)であり，$1-α$がCIとなる。推定値が正規分布していたら，95%(たとえば$1-0.05$)CIは$θ+1.96$ SE$(θ)$となる。ここで，$θ$は推定値であり，SE$(θ)$は推定値のSEである。推定が何度も繰り返された場合，CIの95%がパラメータ$θ$の真の値を含む推定値と一致していることを意味する。より詳細な議論のためには，Moore & McCabe(1989)のような基礎的な統計の教科書を参照すべきである。

- モデル(model)は，個体数推定を実施するうえで必要な関連した特徴を持つ現実を抽象し，単純化したものである。モデルでは個体数などの不明な数量が，動物のカウントあるいは捕獲のように既知の数量で表現されるように組み立てられる。
- パラメータ(parameter)は変数であり，通常一つの個体群を特徴づける不明な数量として，モデルに用いられる。たとえば，捕獲率は通常不明なパラメータである。
- 統計(statistic)は観察値から得られる数量である。

次のライフル射撃の例(Overton 1969)は，これまで述べた統計用語の定義を説明するのに役立つだろう。中心部に当たった弾丸は，推定されるパラメータの値とみなせる(図9-1)。ある条件下でのねらいと発射のプロセスは，ある特定条件におけるデータ収集と推定値の計算に例えることができる。

さて，標的に向けて非常にたくさんの弾を発射したと想像しよう。射撃の平均値あるいは中央値は，推定値の期待値に例えることができる。これは平均的にライフルが発射された場合のことである。推定値の精度は着弾地点の平均的な広がりに例えることができる。広がりが大きいほど精度は劣る。分散は精度を推定するのに用いられる。分散が小さいほど精度はよい。正確度は推定値のMSEとして測られるが，中心部に当たった弾のグループの広がりに例えることができる。MSEが小さいほど推定値はより正確である。最後に，標的の中心部に対する着弾点の平均値からの距離は，推定値の偏りに例えることができる。偏りは，発射の時の条件に対し不正確な狙いの程度を反映する。したがって，偏りのない推定は，照準の正しいライフルに例えることができる。

実際，個体数推定には精度と正確度の両方が必要とされる。実験が何度も繰り返されるのであれば，おそらく精度はそれほど重要な関心事にはならないであろう。というのも，反復の平均は精度の欠如を補うからである。しかし生物学者は数多く個体数推定を反復するほど贅沢することができない。いずれにしても，正確度は重要である。

その他の情報源

個体数推定法に関して，数多くの技術論文やレビューを利用することができる。重要で，新しいものとして次のものがある(他の重要な論文は特定の技術を議論するために引用してある)。Seberの『The Estimation of Animal Abundance and Related Parameters』(Seber 1982)は個体数推定の数学と統計モデルの古典的な情報源である。Caughley(1977)は自著『Analysisi of Vertebrate Population』の中で，もっと新しい本である『Ecological Methodology』(Krebs 1989)でKrebsが行ったように，個体数推定技術に関して，いくつかのすぐれた章を書いている。Gates(1979)とBurnham et al.(1980)はライントランセクト法を記述しており，Otis et al.(1978)とWhite et al.(1982)は捕獲・再捕獲法と除去法を，そしてPollock et

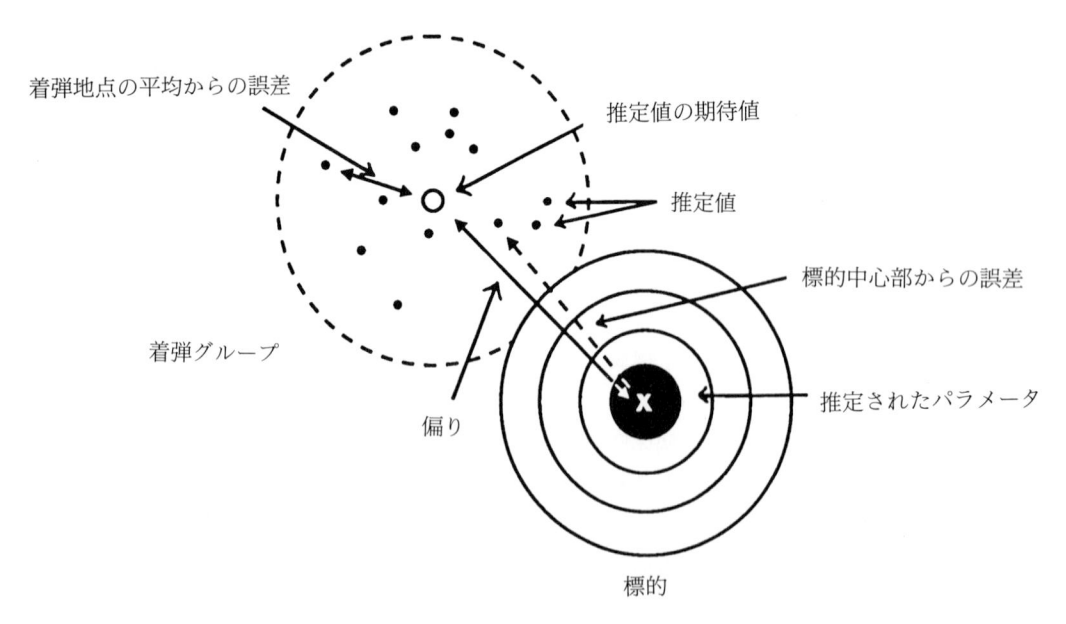

図9-1 推定とライフル射撃の類推

固まって着弾したグループのライフルは高い精度を持っている。銃の高さと横幅の調整は「偏り」と「正確度」を変化させるが「精度」を変化させない。射手の正確度は，中央の標的からの距離で測定される。高さと横幅が適切に調節されるのならば，「偏り」は0となるだろう。(Overton 1969:405から)

al.(1990)は捕獲・再捕獲法の研究のデザイン，分析，解釈を詳述している。Ralph & Scott(1981)とVerner(1985)は野鳥個体群の推定手順の包括的なレビューを提供している。Eberhaedt et al.(1979)は海獣の個体数推定の概要を提供している。

本章では，特定の方法に関する文献に促した記述を忘れないようにした。その結果，議論の対象とした全ての方法の間で，記述内容が一貫性を欠くことになったが，各方法で用いられた記述に従って定義を行うものとする。

概念的な枠組み

この章では，個体数推定について統一した観点を示すように努める。私たちが議論する方法は，野外での応用と統計的推定方法のさまざまなグループからなる。種々の方法の詳細を手短に述べるのは容易でなく，その多様性に圧倒されかつ混乱を招くことになる。むしろ単純に，詳しい手引き書のように，関連ない見出し語として異なった方法を列記し，それらの方法の違いを強調したい。

個体数推定を望む生物学者ならだれでも直面する二つの基本的な問題は，発見率と標本抽出である。これから議論する全ての方法は，これらの基礎的な問題のうち一つあるいは二つの解決を意味している。したがって，表面的には異なっている解決方法も，一つの共通な形で表現できる。

観察率

まず第一の問題は，直接観察やワナ捕獲など野生動物調査のほとんどの方法は，ある地域にいる全ての個体を数えたり，捕獲したりした結果ではないということである。そのため，1頭を目撃または捕獲する確率(β)は，通常1より小さくなる。この関係はランダムな変数Cと定義した個体のカウントと真の個体数Nとの関係として，

$$E(C) = \beta N \tag{1}$$

と記述できる。ここで，$E(C)$はカウントCの期待値として定義される。したがって，どのような調査方法から得られる結果でも，個体数に変換する場合に，数えた個体の比率βを推測し，この推定値でカウント値を除する。

$$\hat{N} = \frac{C}{\hat{\beta}} \tag{2}$$

たとえば，20羽の鳥が筏で見られ，それが実際にいる鳥の25%だけだったとすると$C=20$，$\beta=0.25$，そして$\hat{N}=20/0.25=80$となる。生息数推定方法を開発する努力の大部分はβの推定方法に払われてきた。次に，観察率に関係する一般的な技術上の問題に言及する。

標本抽出法

二つ目の基本的な問題は，時間と費用が常に限られているので，特別な調査方法を関心ある地域全体に応用できないことである。そのため標本抽出地域は，関心ある全地域の小部分αを代表して選択せざるをえない。βとは違って，この標本の小部分はしばしば十分正確に知ることができる。$\hat{N}'$が代表的な標本抽出地域の推定個体数を代表しているならば，全地域の個体数$\hat{N}$は

$$\hat{N} = \frac{\hat{N}'}{\alpha} \tag{3}$$

として推定される。

αは$\hat{N}$を求める全地域に対する小部分の比率である。たとえば，32頭のワイルドビーストが全調査地の10%を代表する標本プロットを示しているとすると，$\hat{N}'=32$，$\alpha=0.10$，そして$\hat{N}=32/0.1=320$となり，これが求めた全地域の推定生息数である。標本のデザインは単純なランダム調査から複雑な層化ランダム抽出法または二重抽出法までの範囲に及ぶ(第2章参照)。次に標本抽出に関する一般的な問題に言及しよう。

観察率(式1と2)そして標本抽出(式3)は，個体数推定に必要な二つの基礎的関心事である。式(2)と(3)の組み合わせによって，次のような一般的な個体数推定式が求められる。

$$\hat{N} = \frac{C}{\alpha \hat{\beta}} \tag{4}$$

ここで$\hat{N}$は個体数推定値，Cは観察値，αは調査した全地域の比率，そして$\hat{\beta}$は数えた個体の全体に対する比率の推定値である。実質的には，全ての個体数推定式は式(4)で表すことができ，これは本章全体を通じて指摘されている。

αが既知でCと$\hat{\beta}$にどのような相関もなければ，推定値(式4)の分散は

$$\mathrm{var}(\hat{N}) = (N^2)\left\{\left(\frac{\mathrm{var}(C)}{C^2}\right)(1-\alpha) + \left(\frac{\mathrm{var}(\hat{\beta}^2)}{\beta^2}\right)\right\} \tag{5}$$

ここでvarは標本の分散を意味する。

式(5)の大括弧内にある二つの付加的な用語は，$\hat{N}$の分散に寄与する変動の主要な構成項である。$\mathrm{var}(\beta)$を伴う項

は，βの推定値に依存して大きくなりうる。var(C)を伴う項は，関心のある地域全体における実際の生息数の数度と調査手法に依存している。後者の項は，均一に分布している時は小さいが，パッチ状あるいは集中に分布しているときはより大きくなる。この地形的な変動項は，全地域内の反復標本(亜地域：subarea)から最良の推定が得られる。$(1-\alpha)$の用語は，有限母集団の修正項を示す。$\hat{N}$の分散も，αが大きくなるほど小さくなり，1に近づく。これは，標本抽出した地域の比率が増大するにつれ，var($\hat{N}$)が減少するという直感的なアイデアと一致する。βの大きさも，var($\hat{N}$)が小さくなるにつれて大きくなるので，大変重要である。さらに，数えられた個体数の比率が大きいほど個体数推定値の変動が小さくなるという，我々の直感とも一致する。αを推定する必要がある場合には，式(5)はαの推定に伴う付加的な分散項と結合させるように修正さければならない。最後に，Cとβに相関(すなわち二つの分散の合同した分散の測定値)があれば，もう一つの項(共分散)もまた式(5)に加えなければならない(Mode et al. 1974)。

上述の解説は短いが，この章で議論した全ての個体数推定式に対し，基礎的な枠組みを提供している。この章では個体数に焦点をあてているが，密度と密接に関係する数量である個体群密度にも言及してきた。密度とは単純に単位面積当たりの個体数のことである。私たちが全地域のうちのある特定な場所の面積Aで生息数(N)を推定すると，密度は次のように推定される

$$\hat{D} = \frac{\hat{N}}{A} \tag{6}$$

Aが正確に知られているならば，var($\hat{D}$)は

$$\text{var}(\hat{D}) = \left[\frac{1}{A}\right]^2 \text{var}(\hat{N}) \tag{7}$$

として推定される。ここでvar($\hat{N}$)は$\hat{N}$の分散の推定値である。ときには，個体数推定を実施しようとした地域の正確な面積がわからないにもかかわらず，面積を推定しなければならない場合がある。たとえば，ワク法によるワナかけ(trapping grid)を用いた小哺乳類の捕獲・再捕獲法が，個体数推定に用いられている。だが，そのような推定に用いられる地域はグリッドでカバーされる地域よりもしばしば大きい。面積Aが不明であるにもかかわらず，それを推定する必要がある場合，式(7)はvar($\hat{D}$)の変動のもう一つの原因と適合するよう修正する必要がある。

この章の構成は，上述した中心となる概念と調和しており，図9-2にダイアグラムとして表示してある。指標は全ての生息数推定法から分離してある。というのも，それらは代替の方法がない場合の特別なケースだからである。個体数の相違について推論する指標法の応用は，観察率に関するものに含まれる。生息数推定方法は大きく二つのカテゴリーにわけられる。つまり，全てが観察される場合と，個体群の一部の個体が観察される場合である。前者の場合，標本抽出に関するものが重要であり，後者では観察率に関するものが重要である。これらの大きなカテゴリーとして，捕獲を必要とする方法とカウントだけを必要とする方法に区分した。いくつかの簡単に観察できる種では，ある一つのカウント技術が適用可能である。他の，容易に発見できないが捕獲が可能な種では，捕獲法は唯一実行できる代替の方法である。

❏ 指　標

動物生態学者は，動物の生息数を正確には推定できないものの，数度に相関があると考えられる統計を長い間扱ってきた。たとえば，森林で目撃された小鳥の数やさえずりの数，古いフィールドにセットされた格子ワナで捕獲された小哺乳類，木枠プロット内のシカの糞数などは，全て野生動物の生息数の数度を示すと考えられてきた。これらの統計が，数度の推定に適していることを批判するものはほとんどいない。むしろ多くの人々はある方法で数度に関係していると信じている。Caughly(1977:12)は，密度指標を「密度と相関する計測可能なもの全て」と定義し，密度指標と絶対密度のいくつかの可能な関数関係を記述した(Eberhardt 1978を参照)。

数度か密度のどちらかの指標は，同じ場所での異なる時期，あるいは同じ時期での異なる空間の比較に多く利用される。このように，指標は数度の相対的な違いを示すのに用いられている。そのような利用に最適な指標は，次の式〔式(1)と同様〕で数度に関係している。

$$\text{E}(C) = \beta N \tag{8}$$

ここで，E(C)は指標Cの期待値と定義され，Nは実際の数度である。そしてβはCとNに関係する比例定数(すなわち観察率定数)である。(8)式で定義された実際の生息数の数度に関係する指標は，定率指標(constant-proportional indices)である。それらは，これまでのところ，個体群比較の研究において最も有効とされているので，我々の

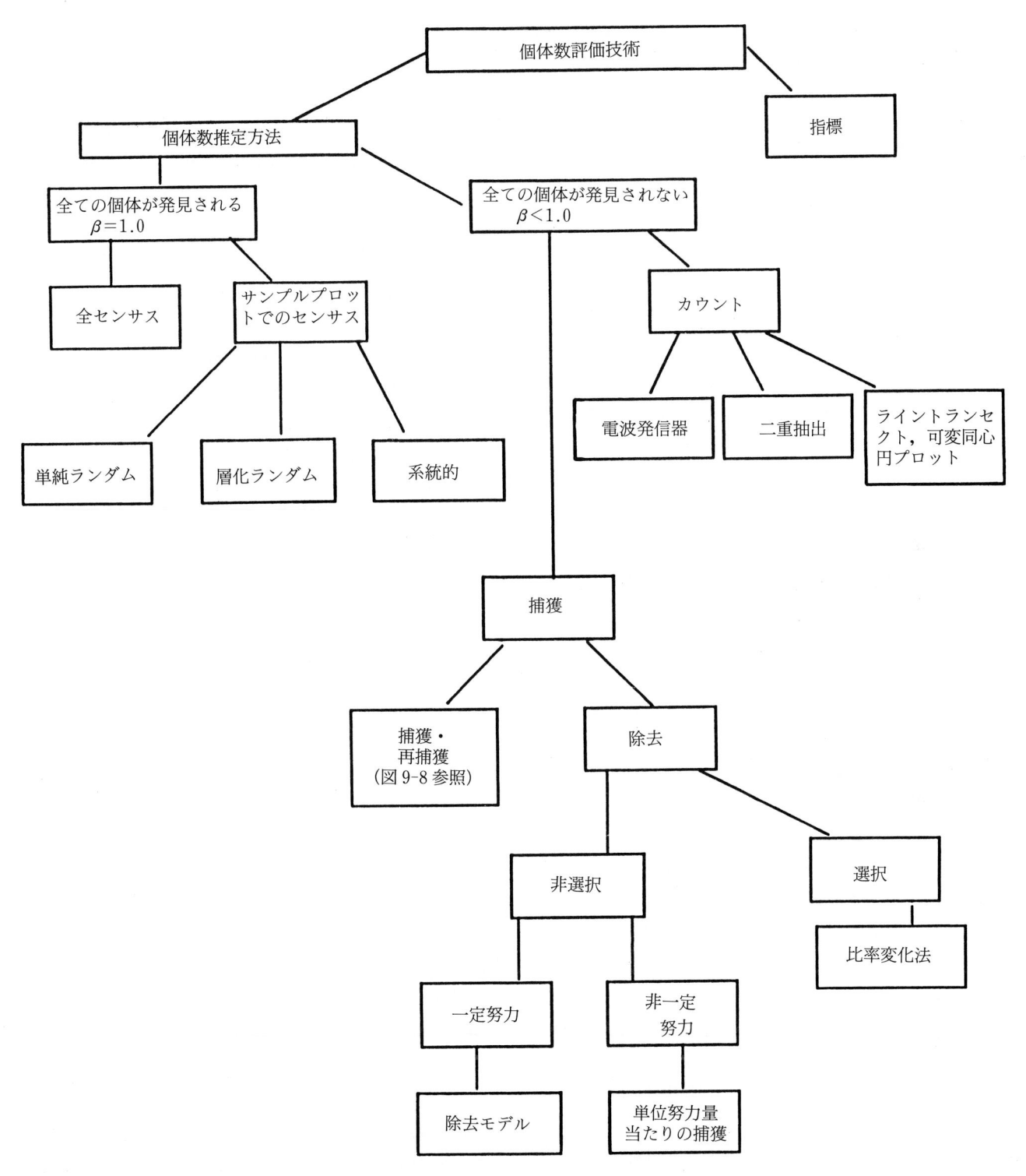

図9-2 様々な個体数推定技術の関係
大きなグループは，全ての個体が目撃できる（動物の発見率 $\beta=1.0$）場合，目撃されない（$\beta<1.0$）場合，動物がカウントされるか捕獲される場合に基づいて区分されている。

これからの議論の主要な課題となっている。しかし，この節の最後に他の指標についても手短に述べることにする。

定率指標

定率指標とみなせる統計を合理的に利用するための鍵

は，比較対象にとって式(8)が正しいことを保証することである。たとえば，湿地にいるマスクラットの生息数(数度)に対応可能な指標として，2晩のワナかけで捕獲されたマスクラットの100ワナ当たりの数を利用すると仮定しよう。我々は，連続年である1年目と2年目の調査期間における個体数の変化率推定に興味を持っている(すなわち，限定増加率λ，第16章参照)。したがって，C_2/C_1を用いて$\lambda=N_1/N_2$を推定できる。ここで下に書いてある小文字は年を意味する。推定値の期待値は，

$$\frac{E(C)_2}{E(C)_1}=\frac{\beta_2 N_2}{\beta_1 N_1} \qquad (9)$$

として近似できる。ここでβ_iは捕獲率，またはi年の捕獲努力で捕獲された個体群の比率である。異なる2年間の調査で，捕獲されたマスクラット個体群が同じ比率で捕獲されたならば(すなわち$\beta_1=\beta_2=\beta$ならば)，(9)式のβは消去でき，C_2/C_1は個体群の変化の推定値として正当である〔しかし偏りがない(Barker & Sauer 1992)〕。しかし，$\beta_1\neq\beta_2$ならば，毎年，個体群を同じ比率で捕獲できないので，その結果Cは良い指標とならない。この後者の例では，我々が推定する$\hat{\lambda}$は，個体数の変化同様に捕獲率の年間変化の関数となる。すなわち捕獲率と個体数変化が混乱している。このような場合，推定式から個体数変化を推定すべきではない。

特定の比較対象の数度指標として，ある統計値Cが理想的な指標か否かとの疑問は，個体群が同率に抽出されているか，あるいは，iを年または地理的な位置として定義した場合に，比較した全てのiに対し，$\beta_i=\beta$であるかの仮定を検証することと同じである。ここで，数度の定率指標は，個体数推定の公式的方法の一部をなしているかどうかによって，二つのカテゴリーに区分することができる。

定法による個体数推定に伴う指標

上述したように，個体数推定のために開発された全ての定法による方法は，後にこの章で議論する(比率変化法をのぞく)が，(8)式の文脈に概観される。それらは全て，ある観察に基づいた統計C，そしてCに関係する付加的な情報で比例定数の推定に用いられるβ，および個体数Nからなる。Nの推定は式(10)(式2と同じ)によって，行われる。

$$\hat{N}=\frac{C}{\hat{\beta}} \qquad (10)$$

捕獲・再捕獲法の研究では，たとえばCは特別な標本抽出期間に捕獲された個体数であり，βは平均的な捕獲率，あるいはCによって表示される個体数の比率である。この例では，βは標識個体の捕獲歴から推定される。同様に，一定努力下の除去法である格子ワナのようなものに応用される例では，Cは捕獲された総数であり，βは再び捕獲率を示す。この状態では，βは連続する標本抽出期間内に捕獲された新しい個体数から推定される。単位努力当たりの捕獲量の除去調査では，Cは必然的に努力変量(単位努力当たりの捕獲数)に対する標準化した捕獲数であり，βは各期間内に捕獲された個体の数に関する累積的な捕獲から推定される「捕獲率定数」である。ライントランセクトを用いた調査では，Cはトランセクト内の実際の観察数であり，βはトランセクト内の平均的な観察率である。ここで，βはトランセクトラインにそって目撃された個体の垂直距離の分布から推定できる。航空調査では，全調査地のうちの小標本抽出地に対して完全な地上調査を行うような，二重抽出法がとられる。この場合，Cは全数航空カウントである。小標本抽出地における地上カウントとその同一地域での航空カウントの比率からβを推定することによって，空中から目撃される個体の比率が得られる。

比率変化法(CIR)は，捕獲や発見の確率を直接推定しない特別な個体数推定技術に区分される。そのかわりに，異なるクラスの動物(たとえばオスとメス)の「相対的な観察率」が他方に対する相対値として表される。一般的な仮定は，2クラスの動物の観察率が等しいことであり，それらは消去できるので，CIR式には現われない。観察率が等しくない時には，基本的方法の前提となる大きな仮定が破られるが，この場合不一致の観察率の調整が，式またはCIRの推定する過程で実施される。

ほぼ全ての定法による推定方法には，定数βの仮定を統計的に検定する方法が開発されている。たとえば，Skalski et al.(1983)は捕獲・再捕獲の2回の標本抽出を伴う二つの時間と場所に対する等しい捕獲率の帰無仮説の尤度比と条件付き分割表で検定する方法を提示している。帰無仮説が棄却されなければ(すなわち捕獲率が等しい)，捕獲された動物の総数を数度の指標として用いることができ，この指標に基づいた相対的な検定を行うことができる。同様な個体群に対する検定はSkalski et al.(1984)が，一定の除去努力量による標本抽出によって比較している。開放個体群の捕獲・再捕獲試験では，ある個体群の捕獲率が経時的に一定であることの帰無仮説が検証された(Jolly 1982)。捕獲率が経時的に一定であれば，それぞれの標本抽出期間での捕獲数を数度の一時的変化を考慮した推定とし，個体

数指標として用いることは，十分合理的である。

以前に示したように，動物の航空調査ではしばしば二重抽出の方法が用いられている。分割表は時空間にまたがるこれらのβ_iの変動についての仮説を検証するのに用いられる。β_iが一定ならば，航空カウントのデータに直接基づいて推定することができる。

指標が定法による個体数推定法として得られた場合，なぜβ_iが等しいという仮説を検証しなければならないのだろうか。関心ある生物学的仮説は，それらが基づいているC_iの統計値よりも，実際の個体数推定値そのもの$\hat{N}_i$（たとえば式10）で検証される。β_iが等しい場合にその統計を用いる理由は，その指標統計が一般的にそれらに伴う個体数推定値よりも，小さな分散を持っているからである(Eberhardt & Simmons 1987)。このことは式(5)の検定と二つの主要な項，一つは統計C_iを伴い，もう一つはβ_iの推定値を伴うN分散を復活させることによってわかるだろう。しかし，Cの分散だけではβを伴う変動を含んでいない。$\hat{N}$よりもCが相対的に小さな分散を持つことの重要な結果の一つは，Cを用いる仮説検証が$\hat{N}$を用いる検証より威力を持つ傾向があることである。同様に，変化率推定（一つの個体群の異なった時点での比較を含む場合）および比例した数度（同時期の異なった個体群の比較を含む場合）が，$\hat{N}_i$に基づく場合よりもC_iに基づいた場合の方が，価値が高い傾向がある。

たとえば，2回の標本抽出，すなわち捕獲・再捕獲実験(C_2/C_1)で捕獲された総数に基づく比数定($\hat{N}_2/\hat{N}_1$)は，Licoln-Petersenの推定値($\hat{N}_2/\hat{N}_1$)より，2倍から20倍ほど効果的である(Skalski et al. 1983)。一定除去実験では，変化率および比推定値は，捕獲した動物の総数に基づいており，Otis et al.(1978)のモデルのMhとMbhの推定式に基づくよりも効果的である〔捕獲・再捕獲法(285頁)，Skalski et al. 1984〕。

定法による推定方法に関連して集められた指標統計の潜在的な利用の観点から，これらの方法は，個体数の比較のうえで二つの主な機能を供給している。まず，個体数推定のために収集されたデータは，比較される個体群間でβ_iが等しいという仮説検証の基礎を提供する。2番目に，β_iの同等性の仮定が棄却された場合，個体群推定値は個体群の比較に用いることができる。その個体数推定方法は，等しくない指標統計β_iを「修正」するので，個体数の比較についての仮説の合理的な検証を許容する。

β_iの同等性の検出力は，個体数を比較するために統計指標の利用を期待した場合に重要である。たとえば，$\beta_i=\beta$の仮説を棄却するのに失敗し，しかしこの検定の検出力（すなわち，実際に失敗するという出来事の帰無仮設を棄却する可能性）が低い（たとえば0.4）とすると，β_iが実際に等しいということに対して大きな信頼を置くことができない。β_iの同等性について，この不確さを想定した場合，指標統計よりもむしろ個体数を比較するため個体数推定値を用いる方がよいと決断するだろう。この方法は，個体数の相違を検出する力を犠牲にする意味で保守的であるが，条件として指定した第1種の過誤（実際にどのような相違も存在しないのに相違がないという仮説を誤って棄却する可能性）がおそらく正しいということについて確信できる。そのような状況で個体数推定値または指標統計のどちらを用いるかの決定は，調査者の事前の知識とβ_iへの直感（すなわちβ_iが実際に等しいようだ），および個体数の相違を検定する場合に第1種の過誤または第2種の過誤をする相対的な重大さに依存している。仮説の検定と検出のより詳細な議論のためには，Moore & McCabe(1989)のような，基礎統計の教科書を参照されたい。

定法による個体数推定を伴わない指標

数度に対する潜在的な指標として考慮されている多くの統計は，定法による推定モデルでは得られないことを念頭におく。そのような場合，一般的にβ_iについて推定し，仮説を検証する必要がある補助的な資料は，標準的な資料収集プロセスの一部としては得ることができない。β_iについての推論には，応用可能な指標に対する真の個体数を推定したり，さらには個体数の指標を「測定」するための特別な努力が必要である(Eberhardt & Simmons 1987)。個体数の推定が，いくつかの期間またはいくつかの地域から得られた場合（その指標の意図した比較の利用に依存している），指標値に対する個体数推定の回帰からβを推定することができる。選択した統計が実際に定率指標であったら，個体数推定値と指標値は直線で切片は0となり，回帰の傾きからβを推定することができるだろう。個体数の推定値に対する指標統計のそれぞれの比率，C_i/N_iからもまたβ_iを推定でき，これらの比率はしばしば，β_iが等しいという仮説検証を工夫するのに用いられる。

個体数推定と潜在的な指標統計の比較によって，β_iが定数ではないという結論が導かれた場合，選択した統計C_iは定率指標の重要な基準に適合しない。しかし，天候状態や観察者の同一性などのように，計測できる外部変数はβ_iの変動のほとんどを説明するだろう。その場合，多重回帰分析は指標統計値β_iの線形的な関係として，また関連した外

部の変数として用いることができるだろう(Overton 1969)。関連する外部の変数を扱う別の方法は，標準的な状態で統計指標資料を集めることである。そのような標準化は，特別の範囲内の気象条件期間，特別な生物気候学的な期間，または鳥の早朝調査，などのように1日のうちの特別な時間，特定の観察者，あるいは特別な訓練を受けた観察者などの限定を含んでいる。

多くの指標は目撃された，聞こえた，捕獲された，あるいは狩猟された動物の実際の数に基づいている。アメリカ魚類野生生物局に統括される三つの全国的な調査は，永久的な調査路で目撃または鳴き声が聞かれた鳥類数に基づいている。三つの調査とは，ナゲキバトの地鳴きカウント(Dolton 1993を参照)，アメリカオシドリのさえずり地上調査(Tautin 1982, Tautin et al. 1983を参照)，北米繁殖鳥調査(North America Breeding Bird Survey, Robbins et al. 1986)である。これらの調査では，全ての観察者に対し詳細に書かれた説明書が提供され，カウントは季節，1日のうちの時間，天候を考慮して「標準化」してある。また，記録は同一の観察者がとり，この変数(観察者の同一性)は指標資料の分析の共分散としてしばしば用いられる(Geisseler & Sauer 1990)。標準化に対するいくつかの変数や他の直接的な分析の結合を説明するこれらの努力にもかかわらず，重要な疑問が残されている。すなわち，これらのカウント統計は標本抽出された全個体数について，一定の比率を反映しているかという問題である。

Baskett et al.(1978)はナゲキバトの地鳴きカウント調査から得られた指標の有効性を考察し，ハトのペア状態，営巣サイクルの状態，1日のうちの時間，個体群密度，そして天候の潜在的な影響についての研究結果をレビューしている。かれらはこれらの変数の全ては地鳴きのカウント結果に影響するが，ほとんどは「最近の地鳴きのカウント調査手法に大きな問題をもたらさない」と結論づけた(Baskett et al.1978:174)。しかし，かれらはハトのペアーの状態をクークー鳴く比率に影響する重要な変数として選び，将来の研究では，時間的空間的に個体群内の交尾するオスの比率がどのように変化するか調べるべきであると述べている。Baskett et al.(1978)も，地方の調査地域の地鳴きのカウント資料を繁殖しているハトの数に影響する他の統計と比較した研究結果をレビューしている。それによると「クークー鳴いているオスなどの数を，さえずりカウントが聞きとれる範囲内での繁殖密度，巣の数，あるいは若いハトなどの信頼できる推定に用いることは大変疑わしい」。

アメリカオシドリのさえずり調査も，アメリカオシドリ個体群のある特別な部分を構成するさえずりオスのカウントを必要とする。Tautin et al.(1983)は，さえずりオスのカウントと地域個体数の関係を調べた四つの研究をレビューした。かれらが唯一信頼できる推論を導いているとした研究は，Dwyer et al.(1988)が1976～1980年にメイン州のムースホー(Moosehorn)国立野生動物保護区で実施したものである。さえずりオスのカウントは，調査期間中にほとんど変化しなかったが，独立した捕獲・再捕獲手法によるDarroch(1959)の開放モデルの一部から得られた成獣オスのアメリカオシドリの推定数は，調査期間中に順調に増加した証拠が示された。Dwyer et al.(1988)は，地上での個体群中のさえずり成獣オスの数の比率は，時間とともに変化すると結論した(たとえばβは時間とともに変化した)。

繁殖鳥の調査は，特別な種類に限定されてないという点で，ナゲキバトとアメリカオシドリの調査と異なっている。繁殖鳥調査や，同様な調査における数えられた個体数の比率の変動要因が，Ralph & Scott(1981)によって広範囲に議論されている。変動の原因は，種の変動，観察者の変動，季節，1日のうちの時間，生息地と気象などの環境影響などの広範なカテゴリーにまとめられた。Ralph & Scott(1981)の多くの貢献は，この仮説を検証する良い方法がほとんどないにもかかわらず，認知率の変化(すなわちβの変化)の見込みを認識したことであった。Wilson & Bart(1985)はイエミソサザイの認知率を調べ，毎年の生物学的季節の相違が，聞き取り時間(3分間)内における鳥のさえずり確率の大きな違いをもたらした，と結論づけた。Bart & Schoultz(1984)はさえずり調査で発見できた鳥の比率は，実際の密度が増加するにつれて減少したので，定率の仮定が損なわれていると報告した。

起こりうる認知率βの変動は，ナゲキバト，オシドリ，そして繁殖鳥調査の結果の解釈にとって重要である。$\beta_i = \beta$の仮説検証の努力は，一般的に認知率が時間や場所ごとに変化するという結論を導く。しかし，野生動物生態学の多くの分野では，方法上存在する問題を発見するのは容易であるが，好ましい代替案を示唆することは困難である。これら三つの調査に従事している多くの研究者は，広域の地域にわたって起こっている個体数の実際の変化を検出することに対し，認知率の変動は指標値を用いるのに十分小さく合理的であるという希望(いくつかの場合には意見)を表現している(たとえばBasket et al.1978, Dwyer et al.1988を参照)。

広範な国家的規模の調査に加えて鳥の観察数や鳴き声

が，ある地域の生息数を示す数度指標として用いられている．それらには猛禽，オスキジの時の声，エリマキライチョウのドラミング，コリンウズラのピーピー鳴く声などがある(Bull 1981, Fuller & Mosher 1981)．シカや他の動物では，夜間のスポットライトカウントが指標として，ときおり用いられる．たとえば，アリゲーターの夜のカウントは地域レベルの数度の指標として用いられている(Chabrek 1966, 1973, Taylor & Neal 1984)．Woodward & Marion(1978)はアリゲーターの夜間カウントの変動要因を研究し，水位，水温，月明かりが動物の目撃比率に影響した要因であることを確かめた．ワタオウサギの夜間と早朝の道路カウントは，イリノイ州の広域個体群のモニタリングに用いられている(Preno & Labisky 1971)．田園地域の郵便配達人によるアカキツネの目撃は，ノースダコタ州のキツネの数度指標として用いられてきた(Allen & Sargent 1975)．このキツネの目撃数は航空調査に基づいて推定した数度と相関がみられたので，Allen & Sargent (1975)はその指標が有効であると結論づけた．このように，直接カウントに基づく統計は時折数度の合理的な指標となる．しかし，これらの指標の多くで，目撃されたり聞こえたりする個体数の比率が一定であることに対する疑問は適切に処理されていない．

ワナかけ努力で捕獲された動物の数は，通常，小哺乳類の研究で生息数指標として用いられ(たとえば Dise 1941, Keller & Krebs 1970)，そのような統計を得るための標準化したラインワナの設定が推奨されている(Calhoun 1948)．しかし，モデルに基づく推定式を用いた小哺乳類の捕獲・再捕獲の研究は，時間ごと(Nichols & Pollock 1983)，種ごと(Nichols 1986)で捕獲率が典型的に変動するという証拠を示した．ワナラインで捕獲された動物の数もビーバーの生息数の数度の指標として用いられている(たとえば Wood 1959, Wood & Odum 1964)．最近の捕獲・再捕獲のビーバーの研究は，捕獲率が年々変化するという強い証拠を提供している(Smith et al. 1984)．われわれは，一般に動物の捕獲数が個体数に定率ではないので，この統計は典型的に貧弱な指標となると疑っている．

狩猟個体数が，狩猟，猟期，またはワナの期間に暴露された個体数の指標として用いられてきた．狩猟が合理的な指標となるためには，収穫された全個体数の比率(収穫率)が，比較する地域と期間で一定である必要がある．しかし，収穫率の調査は，ほとんどいつも期間と地域とも変動があるという証拠が発見され(たとえば Anderson 1975, Clark 1987)，収穫が常に良い生息数指標とはならないことを示している．

目撃された，聞こえた，ワナにかかった，あるいは収穫された動物のカウントに加えて，動物の存在と活動の痕跡に基づく数多くの間接的な指標がある(Scattergood 1954, Overton 1969 のレビューを参照)．道路を横切る動物の足跡や痕跡は，特にシカでは数度指標として用いられてきた(Tyson 1959, Connolly 1981)．Tyson (1959)は，シカの移動パターンに付随する補助的な足跡カウントデータを組合せて，実際の個体数の推定にまで発展させた．彼は追い出しカウントからシカの数を別個に求め，これらと足跡カウントの推定値がよく一致することを見いだした．しかし，彼は年間を通して，足跡とシカの関係が一定であることについては疑っている．Dowing et al. (1965)は，囲いの中での足跡のカウントと既知のシカの頭数とを比較し，足跡とシカの数の関係の変動を調べている．

糞やペレットのカウントは，シカや他の有蹄類(Neff 1968 のレビュー)，ウサギ(Cochran & Stains 1961)のほか，鳥(Bull 1987)においても数度指標として用いられてきた．β が排糞率と糞の分解率などの補足的情報から推定されることによって，糞のカウントから個体数推定が行われた(Eberhardt & Van Etten 1956, Neff 1968)．Neff (1968)は，シカの糞カウントから推定した生息数と既知のシカの数を比較した研究をレビューしている．これらのうち二つの資料は，期間を通じて β が一定であるという仮定を適切に表示していた．そして，一時的な変動が両方の研究に影響した．もっと最近では，Fuller(1991)は糞カウントとテレメータ装着したシカで観察率の偏りを補正した航空調査とは，相関がなかったことを発見した．我々は，この種の指標は定率の仮定に適合しないだろうと考えている．

動物によって作られた目立ちやすい構造物のカウントもまた個体数指標として用いられている．たとえば，マスクラットの巣(Dozier et al. 1948)，ビーバーの巣(Hay 1958)，リスの巣(Uhlig 1956)，アリゲーター(Chabrek 1966, Taylor & Neal 1984)や様々な鳥類(たとえば Nettleship 1976, Bull 1981, Fuller & Mosher 1981))の巣などである．巣を用いないビーバーの個体数推定結果は，コロニーで使用された巣の数に対し，一定の関係が認められなかった(Hay 1958)ので，巣のカウントは適切な指標を与えていないことを示唆している．Uhlig(1956)は，1,500 以上の調査プロットにおいて巣当たりのリスの数が過去3年間ほとんど変化しないことから，巣のカウントはある状況下で合理的な指標を提供しているだろうと報告している．鳥の巣のカウントをそれとは独立した鳥の数度の推定

値と関連させた研究は，ほとんど行われていない。しかし，個体群の年齢構成，営巣している鳥の繁殖数の比率，繁殖季節の時期，そして再営巣の傾向は，鳥と巣の比率である β の明確な変動を容易にもたらした。動物の構造物のカウントを動物の数度の指標として用いる場合，一般の仮定はこれらの構造物の認知率が1であること，すなわち存在する全ての構造物が目撃できることである。ハジロバトのコロニーの巣に関する最近の研究は，観察者によって目撃される巣の比率が0.93からわずか0.57までの範囲にあることを示唆しており，ある状況下で構造物の数を正しく推定するために定法による推定方法が必要であると考えられる(Nichols et al. 1986)。

　要約すると，定法による個体数推定方法と関連して収集されていない多くの異なった統計値は，できるだけ定率指標であるべきだ，と提案されてきた。個体数の比較を合理的な指標を利用して行う場合には，β が一定であるとの仮定が必要である。だが，この仮定の検証に必要な資料は，標準的な資料収集プロセスの一環として日常的に集められていない。しばしば，β が一定であるという仮定は単純には検証されない。この仮定を検証しようとする努力を行えば，β の変動原因の典型が確認できるだろう。いくつかの変動の原因は，資料収集過程を標準化することによって克服できるだろうが，ほとんどの場合には，このような方法では扱えないか確認さえできないだろう。したがって，これらの指標が用いられ解釈されるときには，大きな注意と懐疑を持つべきである。指標から得られる個体群の変化を個体群管理に用いる場合には，β 一定の仮定を詳細に研究する価値があるだろう。

頻度指標

　今のところ，定率指標が最も有用であるが，他の指標でも個体数と何らかの関係がみられる場合には，ある程度有効である。これは「ジレンマ的な状態(Catch-22)」と表現されている。というのも，この関係で唯一得られる情報は個体数推定値と測定した指標の「対応」である。しかし，初めての調査地で，ある指標の利用を考慮しなければならないのは，個体数推定の費用と労力がかけられない場合である。

　この分野で議論できる唯一の指標は頻度指標である。頻度指標は，1頭の動物あるいは動物の一つの活動痕跡など，少なくともいずれかの一つを含む標本単位の比率に基づいている(Scattergood 1954, Caughley 1977, Seber 1982)。頻度指標は一般に，(8)式で示されるように数度あるいは密度とは線形的な関係がない。最もよい推定では，指標と実際の個体数の関係が正であるが，非線形であることである(図9-3)。したがって，比較を行う際には密度あるいは数度のランキングに対し制限があるので，一般には変化率も数度も推定できない。しかし，Caughley(1977:22)は，頻度が0.2より小さければ，頻度－密度の関係はほとんど線形に近いので有益な比較となるだろうと述べている。

　頻度指標は，いくつかの異なった方法と組み合わされて用いられてきた。たとえば，コードラートあるいは他の標本抽出ユニットでの動物の直接カウント，一定のワナ数で捕獲された動物の数，あるいは一定の標本抽出単位における動物の足跡数や他の痕跡などが頻度指標の計算に用いられてきた。ホエザルの群れの，トランセクト当たりの目撃比率は有益な頻度指標として用いられてきた(自然個体群保護小委員会；Subcommittee on Conservation of Natural Population 1981)。Wood(1959)は，少なくとも1頭のキツネがかかったワナの数(仕掛けたワナ数に対して)は，キツネの数度を示す適正な頻度指標であると結論づけている(Smith et al. 1984 を参照)。動物の活動が足跡の存在で確認できる場所に設定した臭い場(セントステーション)の比率は，多くの毛皮獣で数度に対する利用頻度指標として用いられている(Wood 1959, Conner et al. 1983)。Conner et al.(1983:151)は，臭い場の指標を数度の推定と比較し「ボブキャット，アライグマとハイイロギツネの個体群の数度のトレンドを正確に反映したが，オポッサムではそうではなかった」と結論づけた。

　頻度指標を適正に利用するために必要とされる基本的仮定は，より有用な定率指標に求められるものと同様である。すなわち，比較する二つの地域あるいは期間における標本単位での捕獲，カウント，あるいは動物を認知する確率が等しくなければならない。Seber(1982)が述べているように，動物の空間的な統計的分布は，比較すべき地域間あるいは期間間で同等であるべきである。たとえば，直接カウントによって標本コードラートにおける有無を確認する場合，高い集中分布は，均一な空間分布を示す個体群より低い頻度指標(少なくとも1頭の動物がいるコードラートの比率)となるだろう。最後に，頻度資料が通常，指標として取り扱われるにもかかわらず，一定の分布を仮定すると，ある状況では個体数推定が可能となることに言及しておく。

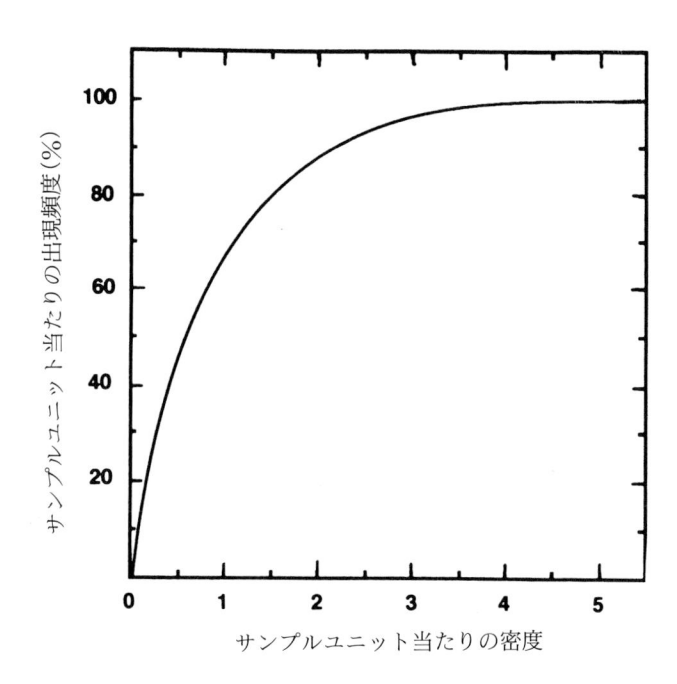

図9-3 動物がランダムに分布している場合の頻度と密度の関係（Caughley 1977より）

数度と密度の推定

全ての個体が観察される －完全カウント－

全数カウント

　対象としたい全地域のすべての動物を数え上げることは，極めて希である．全個体の全数カウントが目的ならば，分散と信頼限界のような統計推定値は必要でない．というのも，個体群全体がカウントされるので，標本抽出が不要なためである．そのような状態では，式(4)の α と β の双方が1に等しくなるので，$N=C$ であり，カウント結果はそのまま個体数を示している．しかし，誤差のないセンサスはありえないので，「センサスの資料は正確度について厳密な評価を伴わねばならず，また資料を集める際の制約と定義を明確に説明しなければならない」(Overton, 1969:419)．

　シカや他の有蹄類の追い出しカウント(Morse 1943)は，正確に個体数をカウントすることを目的としているが，この方法を採用しているほとんどの研究者は見落とした数が不明であることを容認している（たとえば Tyson 1959, McCullough 1979）．航空写真は，一定の条件下でほぼ完全に近い動物のカウント値を得るのに用いることができるだろう．たとえば，Haramis et al. (1985)は35 mmの写真を使って低空の飛行機から群れになったオオホシハジロをチェサピーク湾とノースカロライナ一帯にかけて数えた．われわれは以下にいくつかの完全カウントの手法を手短にのべるが，Scattergood(1954), Overton(1969), Eberhardt et al. (1979), Seber(1982)およびMiller(1984)などのレビューについても言及する．

追い出しカウント

　その名前が意味するように，定めた地域の動物を全て数えるために調査員が動物を追い出す方法である．その技術はシカやキジのように比較的開放的な環境に生息している種に適している．Overton(1969)は，その技術を簡単に述べている．勢子はラインにそって間隔をとり，境界がよく定義されている地域を一掃する．補佐的な観察者が，センサス地域から移出入する動物を数えるために境界に沿って配置される．センサスは，単純に勢子のラインの前方を横切った動物の数の合計であり，観察者の前方からラインを通って移出する数を加え，勢子の前方の部分へ移入してくるものを除く．

　McCullough(1979)は，ミシガン州のジョージア保護区のフェンスで囲われたシカ個体群のセンサスに追い出しカウントを用いた．彼は追い出しカウントを個体群の死亡個体の年齢から復元した「既知」個体数〔個体群の復元法(270頁)参照〕と比較した．追い出しカウント結果は，少ない個体数の時は実際の個体数よりも低めとなり，多い個体数ではそれらは実際の個体数よりも過大評価になると結論づけた．誤差は最大で20～30%の大きさとなった．したがって追い出しカウントは，おそらく個体数の指標として最良であるとみなせる．他の指標を用いるときと同様に，β の起こりうる変動についての仮説検証の努力は，追い出しカウントの資料をマネージメントの目的に利用する前に真剣に行うべきである．

鳥類のテリトリーの全数マッピング

　この方法は，着色した足輪を付けた全標識個体のテリトリーまたはホームレンジを詳細に記述することを除けば，スポットマッピング（以下に述べる）と同様である．しかし，ほとんどの全数マッピング調査では，個体数推定を研究の主目的としていない．Verner(1985:266)は，徹底的な全数マッピング調査は，おそらく最も正確な繁殖鳥の個体数密度推定法であると信じており，「全数マッピングは，鳥類の他の密度推定法の精度を評価する標準調査として用いられるべきだ」とさえ述べている．この方法はテリトリーを持っている個体数だけを推定するので，漂鳥または旅鳥の個体数は含まれていない．

スポットマッピングあるいはテリトリーマッピング

スポットマッピング(Verner 1985)は，繁殖している個体群の密度推定値を示す。この方法は強固なテリトリー内で規則的に目撃されたり，声が聞こえるスズメ目の鳥に最も適している。テリトリーを作らない鳥(漂鳥)はこの方法では調査できない。

スポットマッピングでは，鳥が調査地を繰り返し訪ずれる期間に，鳥の位置をグリッドで切られた地図上にプロットする必要がある。位置のクラスターは，繁殖期におけるテリトリーでの活動中心を表していると仮定しており，それは地図上で確認できる。調査地のクラスターの総数は，地域内の完全なクラスターの数と境界にかかったクラスターの数の合計に等しい。鳥の総数はクラスター当たりの鳥の平均数，通常2(繁殖している番の存在を仮定)をクラスターの数で乗じて推定する。

この方法では次のような仮定が必要である(Verner 1985による)。①個体数は一定，鳥は標本抽出期間に排他的な空間あるいはテリトリー内にとどまる，②テリトリー内の鳥は連続した観察訪問で繰り返し地図に位置を落とすことができるよう十分に頻繁な合図をする，③境界に沿ったテリトリーの比率の推定が正確，④各クラスターで表された鳥の平均値の推定が正確，⑤鳥は正しく同定されている。

この方法の求める仮定に適合させるためには多くの問題がある。たとえば，いくつかの種では，クラスターの空間的な配置は観察者間できわめて変異が大きい(Best 1975, O'Conner & Marchant 1981)。最近，Verner & Milne (1990)は，スポットマッピングを完全カウントとみなすべきではなく，これらの結果は観察者と地図を分析する者の間で大いに変化する，という強い証拠を提出している。したがって，最善の場合でも，スポットマッピングは，観察者と分析者の間でβが変動するような指標を生みだすことになるので，この方法の使用にあたっての注意を喚起している。

熱スキャナー

温赤外線(IR)スキャナー($3\sim5$と$8\sim14\mu m$)のリモートセンシングが動物個体群のセンサス技術として提案されてきた。Parker & Driscoll(1972)は動物の熱スキャナーは実行可能であるが，さらに必要な装備を開発すべきだと示唆した。最近では，Wyatt et al.(1980:401)は，ある一定の条件下で「熱スキャナーは，積雪カバーを背景にした場合にうまくシカを識別できるが，そのようなシステムは，シカの識別に大きな誤差が生じる」と結論づけた。彼らは，熱スキャンそれ自体はシカ個体群のセンサスに価値はないと信じている。Best & fowler(1981)もまた，ガンの研究を通して，適した環境状態における航空サーモグラフィはセンサス技術として使えるだろうと結論を下している。

多分光スキャナー

Wyatt et al.(1984)は電磁派スペクトル$0.7\sim1.1\mu m$のエネルギーを用いた多分光システムを述べている。このシステムは，実験室での集中的な研究の結果(Wyatt et al. 1985)，四つの「色」に区分できる7,000光ダイオードと感ずることのできるスペクトルを用いているが，未だに発展途上にある(D.A.Anderson,私信)。

動物の大きさを認識するリモートセンシング機器の空間的な解像度は，野生動物のセンサスにとって主要な問題であった(L.L.Strong,私信)。最近Strong et al.(1991:250)は，水面を背景とするガン類の冬期集中のインベントリーに多分光スキャナーを用い，「白いガン類と黒っぽいガン類が水上に混ざって集中していても見え，赤外線のソフトウエアーで測定できる」としている。かれらは，スキャナーの観察窓内の動物と背景の比率を推定する，瞬間野外観察スキャナーを用いた「ミクスチャーモデル」と呼ばれるイメージプロセシングの数学モデルを使用した。

個体群の復元

一つの個体群で全死亡個体を探し出すか知ることができ，さらに死亡年と年齢を決定できるならば，個体群内の個体の生存期間に基づいて，個体群を「復元」できる。したがって，ある年に生存していた個体の全てが死亡して，初めてその年の個体数を決めることができる。個体群復元は生命表分析(第16章参照)とは異なる。生命表分析では，死亡(生存)した動物の異なる年齢クラスの相対的な数値が，個体数推定ではなく生存率推定のために用いられる。McCullough(1979)は，ジョージ保護区の群れサイズを決めるのに，個体群復元法を用いた。全ての個体を殺すことができれば完全に正確だが，多くの野外で応用することは不可能である。

航空写真

低空で撮影した鳥の群の写真(または他の動物の群れ)は，しばしばセンサス技術として用いられてきた。動物の集合全体が撮影され，後に数え上げると完全なセンサスとなる。しかし，すべての個体が写真撮影によって「目撃」され，カウント誤差が生じているかどうかを決定することはしばしば困難である。この方法は，航空調査では観察者がトランセクトやコードラートの上を飛んで発見した動物を数えて個体群を標本抽出する点で区別される。

Haramis et al. (1985)は，写真撮影によって，チェサ

ピーク湾とノースカロライナ州のオオホシハジロの越冬個体群のセンサスを実施した。著者らは写真撮影調査は「この地域の開放水面生息環境でほとんど完全に近いセンサスだった」と信じている(Haramis et al. 1985:449)。手持ちの35 mmカメラで35 mm，広角レンズ，カラースライドフィルム(コダクローム-X，ASA 64)を種と性を区別するために用い，低空飛行(高度60 m未満)の固定翼の窓からオオホシハジロの群れを撮影してセンサスを行った。連続写真は，群れ全体を明確にカバーするのにしばしば必要だった。スライドを紙の上に映写して，カモ類の種と性が同定された。

標本抽出プロット内の全数カウント

対象とする広い地域の内，適したサイズ(対象とする生物に適切な)の標本抽出プロットでは，動物の完全カウントを実施できる。式(4)の項で，$\hat{\beta}=1$ と $\hat{N}=C/\alpha$ なので，標本抽出プロットで目撃動物の比率推定には変動の要素がない。そのかわり，地理的な(プロットとプロットの)変動のみを考慮する。それはプロットカウントから外挿によって標本をとった地域より大きな地域について推論するときに関係してくる。

このような状況下での推定方法は，標準的な統計標本抽出理論から直接導かれる(Cochran 1977)。次の定義で，単純ランダム抽出法の例を考えてみよう(Seber 1982による)：

A＝個体群によって占められている全域(既知と仮定)
N＝全個体数(知りたい数値)
s＝カウントを行うランダムに選択した標本の数
a＝各標本抽出プロットの面積
$S=A/a=s$ プロットを選んだAにおける潜在的な標本抽出プロットの総数
x_i＝プロットiで数えた動物の数
$\bar{x}=\sum_{i=1}^{s}\frac{x_i}{s}$＝標本プロット当たりで数えた動物の平均数
そして
$\widehat{\text{var}}(x_i)=\sum_{i=1}^{s}\frac{(x_i-\bar{x})^2}{(s-1)}=x_i$ の推定した標本の分散

Sweber(1982)とCochran(1977)に示されるように，全個体数サイズN は

$$\hat{N}=\frac{\left[\sum_{i=1}^{s}x_i\right]}{[s/S]}=\bar{x}S \qquad (11)$$

そして分散 $\hat{N}$ は

$$\text{var}(\hat{N})=S^2\left(\frac{\text{var}(x_i)}{s}\right)\left(1-\frac{s}{S}\right) \qquad (12)$$

となる。

全域の個体数は，標本抽出された地域で数えられた全個体数を，その標本がカバーしている面積の比率で除して($s/S=\alpha$)推定される(式11)。この説明は，このように標本抽出の取り扱いと地理的な変動(式4)に対し，我々の概念的な枠組みに適合している。個体数の推定式は標本抽出プロットに対する平均個体数とその地域の潜在的なプロットの総数の積として単純に書くこともできる(式11)。

密度は各プロットの面積(a)と全面積(A)がわかっているので次のように容易に推定できる。

$$\hat{D}=\frac{\hat{N}}{A} \qquad \text{および}$$

$$\text{var}(\hat{D})=\frac{1}{A^2}\text{var}(\hat{N})$$

ある状況では，生息地または予測できる密度の変動に基づいて地域を層化し，精度を高めることができる。このような場合，必然的に式(11)を用いて個体数を推定し，そして式(12)で各層別の分散を推定する。次に層ごとの推定を加え(層が全て同じサイズであれば)，$\hat{N}$ と $\widehat{\text{var}}(\hat{N})$ の全体を得る(Seber 1982を参照)。

最近の例では，アメリカ魚類野生生物局によって，1983〜1986年にアトランティック湾のアメリカガモの航空トランセクト調査が行われている(Conroy et al. 1988)。著者らは層化したランダム抽出のデザインを用いたが，調査に特別な性格があったので，計算手段はこれら上述したものとは若干異なっていた。たとえば，各トランセクトで標本抽出された面積(上述の議論ではプロットに類似)は一定ではなく，あるトランセクトはあるものよりも長いといったように変化した。上述した方法がアメリカガモの調査に用いられているが，著者らはトランセクト(標本抽出プロット)での完全なカウントが得られたとは信じていない。そのかわり，かれらは個体群の一定(不明)の比率($\beta<1$)で毎年目撃されていると信じている。したがって，かれらはそれらの調査に基づく推定値は定数比例指標とみなすことを推奨している。

Kufeld et al.(1980)は標本抽出プロット(コードラート)での全数カウントと層化ランダム抽出法をコロラドのアンコンパーレ(Uncompahgre)高原のミュールジカの越冬個体群の推定に用いた。かれらは，1,688 km^2 の調査地域を「経験に基づいた推測」で八つの層にわけた。各層は，さらに0.647 km^2 のコードラートに分割された。コードラートの7.4%の標本が選択(層別にランダムな選択)された。

表 9-1 1977～1979年にコロラド，アンコンパーレで八つの層に層化ランダム抽出に基づいて推定したミュールジカ越冬個体群の推定(Kufeld et al. 1980 による)。

パラメータ	年	層 1	2	3	4	5	6	7	8	全数
面積	全体	133	285	262	317	150	207	103	231	1,688
コードラート数										
全体	全体	206	440	405	489	232	319	159	357	2,607
サンプル	全体	12	35	23	38	13	25	9	38	193
シカの推定個体数	1977	189	289	581	1,361	428	2,386	724	5,440	11,401
	1978	275	1,307	352	3,861	892	4,772	901	5,524	17,884
	1979	155	1,446	669	2,458	339	5,589	247	6,182	17,085
90%信頼限界	1977									±2,205
	1978									±4,042
	1979									±2,951

コードラートは地上に標識がつけられていたのでヘリコプターから識別することができた。各層から抽出されたコードラートの数は，層別の面積とその層の経験に基づいた推測による相対的なシカ密度の双方に比例していた。密度が高い層では，分散が大きくなるので，多くの標本をとった。

抽出されたコードラートは，1977, 1978, 1979年にヘリコプターに乗った3人の観察者によって「センサスされ」た。調査結果は表9-1に示してある。初年度には，いくつかの問題が生じたが，著者らは個体数の平均値が，実際の20％未満の90％信頼限界を伴っていることを示した。これは広域スケールの野外研究として，精度と正確度は申し分のない水準にある。Kufeld et al. (1980) は，さらに層化ランダム法を層化しない単純ランダム法と比較して，コードラート当たりの目撃されたシカの平均数の分散を1/3に減じるように決定した。

このタイプの研究の重大な関心は，全てのシカが各調査コードラートで実際に目撃されるかどうかである。通常，これは正しくない。しかし，相対的に開放的な環境で，うるさいヘリコプター（固定翼とは対照的に）を利用する3人の観察者で実施したので，著者は見落としがほとんど生じなかったと信じている。さらに，彼らはアンコンパーレ(Uncompahgre)高原と同じような植生タイプの三つの囲われた草原において，1回のヘリコプター調査で，既知の全てのシカを数えた以前の研究論文を引用していた。いずれの場合も，これらの推定値は最小の推定，または定率指標として控えめなものとなった。

全ての個体が観察されない　－カウント法－

不完全なカウントとは，単純に，存在する全ての動物を観察できないと仮定する通常のカウントのことである。そのかわり，観察者は存在しうる全個体数の一部のβを数え，不完全カウントを全個体数の推定式へと書き改めなければならない〔式(2)のように〕。βを推定するために，いくつかのカウント方法がある。これらの方法には，地上調査または航空調査として発展したものがある。しかし，一般的な推定方法は観察者の位置（空中または地上）にかかわらずに適用できるが，最も一般的に応用できる調査状況に基づいて各方法を記述した。しかし，読者は記述した方法が他の状況でも容易に応用できることを認識すべきである。

二重カウント

ときおり，不完全なカウントが行われた大きな面積のうち，小さなサブサンプル（部分）で動物を完全に全部数えあげることができる場合がある。定法による標本抽出理論からは，二重抽出法(Cochran 1977)が応用できる(Box 9-1)。野生動物への標準的な応用としては，不完全なカウントが，空中（固定翼機あるいはヘリコプターによって）から広大な地域をカバーして行われ，一方で完全調査が地上で実施される例があげられる。たとえば，多くの航空調査は事前に設定した飛行路あるいはトランセクトラインに沿って飛行し，観察者は細長い範囲（ストリップ）で目撃した動物を数える。トランセクトラインの両側の一定距離範囲で集中的な調査が必要である。理想的には，地上と空中カウントは同時に行うべきである。これが不可能ならば，2回のカウントはできる限り連続して行い，2回の調査間での動物数の変化を最小にすべきである。

βの本来の推定値は，空中から目撃された動物の比率であり，単純にサブサンプルでの地上カウントの平均値(x)

9. 野生動物個体群の生息数の推定

> **Box 9-1 発見率(β)を推定するために二重抽出法を用いた仮想的な例**
>
> プロットのサブサンプルとトランセクトで，繁殖している水禽を空から25羽，地上から30羽を目撃したと仮定すると（式13），
>
> $\hat{\beta} = 25/30 = 0.8333,$
>
> これは空中から目撃された繁殖している水禽の比率である。全域調査で54羽の繁殖している水禽が空中から目撃されたとすると，われわれは調査地域の個体数を（式2）次のように推定することができる。
>
> $N = 54/0.8333 = 64.8$
>
> 航空調査でカバーした地域が関心ある地域の10%（$\alpha = 0.10$）である場合には，全調査地域の繁殖している水禽は，次のように推定される（式14）。
>
> $\hat{N} = 54/(0.8333 \times 0.10) = 64.8/0.10 = 648$

> **Box 9-2 偏りを修正したLincoln-Petersen法による観察率推定と個体数推定のための標識を付けたサブ個体群の利用**
>
> Rice & Harder(1977)はオハイオ州，サンダスキーのプラムブロックステーションにおけるオジロジカの個体数を推定するために，標識したサブサンプルを用いて航空調査を行った。シカは1974年9月から1975年2月にかけて捕獲され，電波発信器が装着された。標識付きと未標識個体が，1975年1～2月に5回のヘリコプター調査によって数えられた。閉鎖された施設内（122 ha）のシカの数を強度(80人)の追い出し調査で得た。追い出しで数えられた155頭のシカのうち，10頭が標識付きだった。5回のヘリコプターカウントのうち，最初の調査では106頭で，そのうち8頭が標識付きだった。これらの統計（$n_1 = 10$, $n_2 = 106$, $m = 8$）が偏りを修正したLincoln-Petersen推定値（式49）に用いられ，130頭の推定値を得た。この推定は155頭という既知の個体数に十分近い。5回の繰り返しカウントから得た推定値の平均は159頭（$\hat{SE} = 32$）であり，実際の数値と大変近かった。Rice & Haeder (1977)は全施設のシカ個体群を2,499（$\hat{SE} = 47$）と推定した。

に対する空中カウントの平均値(y)の比率である。

$$\hat{\beta} = \frac{\bar{y}}{\bar{x}} \tag{13}$$

空中から調査したトランセクトに存在する全個体数を式(2)で推定すると，それは次のようになり

$$\hat{N} = \frac{C}{\hat{\beta}}$$

ここでβは式(13)から得られ，Cは空中から目撃された動物の全数。全地域の個体数の推定は，式(4)を用いることができる。

$$\hat{N} = \frac{C}{\alpha\hat{\beta}} \tag{14}$$

ここでβとCは上述したように定義し，αは空中から標本抽出した全地域の一部である。$\hat{N}$の分散の推定式はJolly(1969 a,b)とPollock & Kendall(1987)によって示されている。

「地上」カウントは，カルフォルニア州でカワウソの数を推定するために空中調査と一緒に用いられてきた(Eberhardt et al. 1979)。アメリカ魚類野生生物局，カナダ野生生物局，そしてさまざまな州や地方の野生生物機関によって毎年5月に実施されている水鳥の集中的な空中調査では，αを推定するために地上調査を行っている(Martin et al. 1979)。我々は，二重抽出法を実際に応用する場合に考慮すべき最も重要なことは，地上調査の正確度であると考えている。というのも，この方法は地上調査が完全に正確であることを仮定しているからである。全ての動物が地上のサブサンプル地域で目撃されない場合に，観察率の推定は過大となるので，個体数推定値は低めに偏る。それに加え，地上と空中カウントで同一個体群を反映するように，これら二つの調査のタイミングを考慮しなければならない。Jolly(1969 a,b)は，地上カウントを用いる空中調査のデザインに関係して，ほかにもいくつかの考察を行っている。

標識サブサンプル

標識したサブ個体群は観察率の推定に用いることができる。この方法では動物には個体ごとに標識が付けられているので，調査時にはその地域の標識をつけた個体の数を調べる。調査期間中標識された個体と未標識個体が数えられる。

航空調査で扱うことを想定して次の表記を定義する。

N = 調査地域における全個体数
n_1 = 航空調査時のその地域に存在する標識個体数
n_2 = 航空調査時に目撃された(標識付きと未標識個体)個体数
m = 航空調査時に目撃された標識個体数

空中から目撃された動物の比率の未加工推定値βは

$$\hat{\beta} = \frac{m}{n_1} \tag{15}$$

そして，我々の式(2)に基づいて得た個体数推定式は次のようになる。

$$\hat{N} = \frac{n_2}{\hat{\beta}} = \frac{[n_2 n_1]}{m} \tag{16}$$

この推定式(式16)は，捕獲・再捕獲から未修正の単純なLincoln-Petersen推定式である。実際上，この推定値の偏りを調整した修正とChapman(1951)による付随する分散の推定値(式49, 286頁)に基づき修正することを推奨する。一例をBox 9-2に示した。

この方法は大変簡単なように見えるが，ある状況で実際に応用するにあたっては注意深い考察が求められる。たとえば標識の性質が重要である。標識は，空中の観察者が目

撃した動物のそれぞれに標識が付いているかどうかを知ることができ，しかも標識と未標識が同じ確率で目撃されなければならない。したがって，標識個体が目撃されているにもかかわらず，それが未標識となる個体がないように，標識は区別でき容易に目撃できなければならない。しかし，標識個体が未標識個体より，目撃されやすいように注意が向くほど目立ってはいけない。ラジオテレメトリーは，調査地域の発信器装着個体数の決定に用いることができるだろう（たとえば Packard et al. 1985）。航空機内の受信機によって，空中から目撃された動物に標識がついているかどうかを確認することができる。発信器装着個体が明確に識別できない場合には，空中から目撃可能な補助的な標識が求められる。

標識付きのサブ個体群として，発信器装着個体の大変有利な点は，調査時に調査地の標識個体数を決定することが比較的容易なことである（しかし De Young et al. 1989 も参照せよ）。別の標識が用いられた場合（たとえばシカや他の有蹄類につけた識別用首輪），他の考察が重要となる。動物が標識され空中調査の直前（たとえば数日以内）に放されたのであれば，放された全ての個体が目撃されうると期待できる。空中からは必ずしも全てが個体識別される必要はないし，また「全て共通」の標識（アルファベットの識別コードがない首輪）で十分である。しかし，比較的短期間内で十分な数の捕獲と標識装着はしばしば困難であり，長期間（たとえば数週間か数か月）にわたり標識装着作業を継続する必要がある。これらの状況では，標識付き動物は航空調査以前に死亡したり，調査地から移出することがある。ラジオテレメータを用いるような特別の努力によって，標識装着個体が航空調査の時に存在していることがわかるように，航空調査の前後で，直ちに標識個体の位置を特定することが必要である。したがって，式(15)と式(16)の n_1 は，地上で標識個体の位置を特定できた個体数である。同様に m は空中からこれら目撃された n_1 の動物の数であって，放された標識個体数ではない。しかし，空中から目撃された標識個体は，地上での初期の調査で確認できない場合には，n_1 に含めない。それらは空中調査のデータでは未標識個体として扱い，n_2 に含めて m に含めない。

多数の観察者

独立した観察者

動物が個体ごとに異なる標識が装着されていなくても，同じ航空機での2人の観察者は，地図上で各個体の目撃位置を記録できる。2人の観察者が会話をせずに，お互いに独立して目撃した場合には，調査地域全域の全個体数を推定するために，地図上の目撃位置が Lincoln-Petersen 推定式〔偏りを修正した式16(式49を参照)〕として用いることができる(Grier et al.1981, Caughley & Grice 1982, Pollock & Kendall 1987 を参照)。この状態では，式(16)の n_1 は1人の観察者による目撃数であり，n_2 は他の観察者による目撃数であり，そして m は両方の観察者による目撃数である。この方法は，特定の動物に対し1人または両方の観察者が目撃したか否かを確認するために，目撃した動物の位置を正確に地図上に落とす必要がある。観察者間の独立した観察も，達成することが困難な重要な要求である。たとえば，1人の観察者が行うテープレコーダのマイクロフォンに吹き込んだり，地図に書き込むなどの作業が，他方の観察者へ動物が付近に存在することを気づかせると，独立の仮定が崩れてしまう。別の仮定は，全ての動物が特定の観察者に対して観察率は等しいが，それらは2人の観察者で異なることである。ある動物が他よりもより目撃しやすかったならば，不均一の結論は Lincoln-Petersen の推定式にマイナスの偏りを生み出す〔「捕獲・再捕獲法」の項(285頁)参照〕。

移動できる動物を考慮した場合，位置の地図化は動物の識別の十分な信頼を保証するために同時に行うことが必要である。しかし，この一般的な方法はマスクラットの巣，鳥の巣，クロコダイルの巣のように動かない対象物にも用いることができる。というのも，それらの位置は変化せずに，また2人の観察者は同時に同じ航空機にいる必要もないからである(Box 9-3)。2人の観察者の独立性は，2回の別の航空調査あるいは航空調査と対応する地上調査のどちらかで記録されることによって確実にすることができる。異なった観察者が2回の調査とも投入されて，位置の特定が前もって行われる。式(16)の偏り修正版(式49を参照)が，n_1 と n_2 が観察者1と2によって数えられた目標の総数にそれぞれ対応して用いられる。Henny et al.(1977)はこの一般的な方法をミサゴの巣の数の推定に用いた。Magnusson et al.(1978)は海水性クロコダイルの営巣数の推定に用い，Estes と Jameson(1988)はラッコの観察率推定に用いている。

従属的観察者

もう一つの推定方法では，同じ飛行機に乗った2人の観察者がお互いにコミュニケーションを交わす。1人が「主な」観察者であり，他は「第2」の観察者として定義される。ここで，主な観察者が目撃した動物の数と，付加的な動物の数(たとえば，主な観察者が目撃したものへの追加)に関

> **Box 9-3 動かない対象物—アリゲーターの巣の数を推定するために偏りを修正した Licoln-Petersen 推定式で，独立した2人の観察者を用いた場合**
>
> 1986年夏にフロリダ，オレゴン湖におけるアリゲータの個体数推定のために2人の独立した観察者が採用された。この仕事はフロリダ州の狩猟・水産漁業局の A.R. Woodward & M.Jennings およびフロリダ魚類野生動物調査ユニットの H.F.Percival が実施した。異なった観察者による2機のヘリコプター調査が孵化期間の初期に湖で行われ，巣の位置が地図におとされ，不明瞭さを残さずに識別された。第1番目と2番目の観察者によって目撃された巣の数は，それぞれ $n_1=34$ と $n_2=37$ であり，双方の観察者によって目撃された巣の数は $m=20$ であった。これらの資料の利用は偏りを修正した Lincoln-Petersen 推定値と組み合わせて合計 $\hat{N}=62$ （SE=5.7）の営巣を導きだした。

心が持たれる。2人の観察者の目撃能力が等しいと仮定して，これら二つの統計が二つの標本除去モデルで個体数の推定ができる(Pllock & Kendall 1987)。観察率の異質性は，再び個体数推定に負の偏りをもたらす。

等しい発見能力の仮定を必要としない同様な方法は，Cook & Jacobson(1979)によって開発された。このデザインでは，主な観察者が目撃した動物を記録し，第2の観察者が追加して目撃された動物を記録する。しかし，2人の観察者は調査の半分ほどで役割を交代する。各観察者の有する観察率は主または第2観察者としての役割で変化しないと仮定している。この方法に関連する推定式は Cook & Jacobson(1979)(Pollock & Kendall 1987 も参照)によって示されている。

観察率モデル

不完全なカウントデータから個体数を決定する前述した全ての方法は，調査期間中に観察率(β)の推定努力を必要とする(明白であろうと暗黙であろうと)。不完全なカウント自体とこれらのカウントに関係する観察率を推定するための資料は同時に得ることができる。

一つの代替の方法は，観察率に影響しそうな変数を認識するために実験的調査を行い，これらの変数を用いて観察率を予測するモデルを開発することである(Caughley et al. 1976, Samuel et al. 1987)。その後の調査では，モデルの変数が測定され観察率予測に利用される。これらの観察率の推定式は，その後の調査からの不完全カウントで個体数を推定するために用いられる。

ある優れた例が Samuel et al. (1987)によって示されている。彼はアイダホ州で，発信器を装着されたエルクのデータを用いて，航空調査で用いるための観察率モデルを開発した。各試験調査のフライトの前に，Samuel et al. (1987)は発信器装着個体の位置を特定し，彼らが観察率に影響すると考えた変数を計測した。それから，彼らは各動物がその後の調査で目撃された数を記録した。その結果は観察率予測のために開発された回帰分析(binary regression analysis)に用いられた。彼らは群れサイズと植被率が観察率決定に最も重要であることを発見した。これら2変数に基づいたモデルは，調査実施期間中に目撃されたエルクの群れの観察率を計算するのに用いられた。一定サイズと一定の植生被覆クラスにおける群れの数は，式(2)で推定した観察率で除すことによって調整してある。調査地域の全推定個体数は，これらの群れの合計として計算してある。

モデルを用いた方法が意図するところは，観察率推定の過程では，しばしば割高になるが，モデルを開発する初期の試験期間に一度実施するだけでよいということである。そのモデルが開発され，十分に試験されてからは，使用中の調査努力はモデル変数の情報を記録することのみが求められる。もちろん，モデルが開発された場合の厳正な状態でのみ可能であるという制限がある。

ライントランセクト

ライントランセクト(line transect)法では，トランセクトまたはラインの長さ L は，標本抽出のためにランダムに設定される。このラインに沿って観察者が移動し，全個体のカウントを実施する。ときおり，最大観察幅 w (両サイドのラインに対して垂直)は，目視限界点を超えて設定される。他の応用では，全ての動物はラインからの距離にかかわらずカウントされる。

ライントランセクトまたは，もっと一般的には，ストリップトランセクト(strip transect)と呼ばれる用語は，その範囲内のカウントは完全であると仮定した(すなわち，観察者はストリップ内に存在する全個体を目撃すると仮定した)固定した半分の幅wを持つトランセクトに対して用いられてきた。そのようなストリップトランセクトは，単に標本抽出プロットにおける完全カウントの特別なケースである〔「標本抽出プロット内の全数カウント」の項(271頁)を参照〕であり，そのプロットは方形のストリップである。

ここで考慮したライントランセクトでは，カウントは不完全であると仮定している。したがって，実際に目撃される動物の比率(β)が推定されなければならず，そして実際のカウントは，これらの観察率または認知率で修正されな

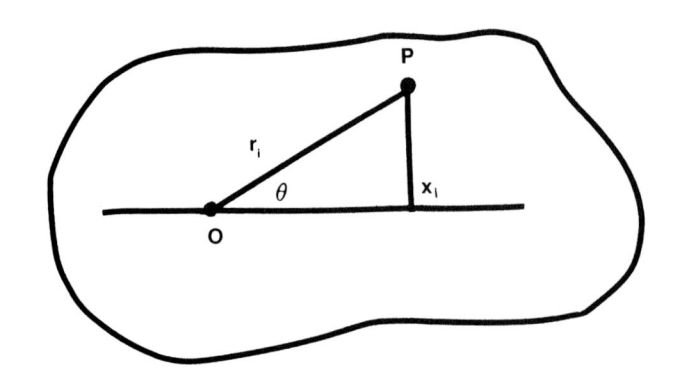

図9-4 トランセクトラインから目撃した動物 i までの観察距離 (r_i)，観察角度 (θ_i)，垂直距離 (x_i)。O は，目標が P 点で発見された時の観察者の位置 (Burnham et al. 1980: 29)。

けらばならない。垂直距離の資料か，あるいは目撃距離と目撃角度の距離のどちらかが，観察率の推定に必要である。これらの付加的な資料は以下のように定義される。x_i = 発見した動物 i に対するラインからの垂直距離（または巣あるいは動物の一つの群れの中心），r_i = 発見した瞬間における発見した動物 i までの観察者からの距離，θ_i = 発見時の移動ラインと動物 i を発見するために目撃したライン間の角度（図9-4）。したがって，ライントランセクト調査の全資料は，発見された動物の総数 n と，対応する垂直距離 x_i あるいは発見距離 r_i と角度 ϕ_i の双方である。これらの資料と既知のトランセクトの長さ L，そして幅 $2w$ から推定が行われる。w は最大観察距離であり，このゆえに調査ストリップの幅が $2w$ であることを思い出すべきである。

ライントランセクト利用の方法は四つの仮定を必要としている。ここでは Burnham et al. (1980:14) の示唆するように，重要度の高いものから低い順にリストアップした。①ライン上に直接位置している全ての動物が発見される（すなわちライン上の観察率が1），②初めに目撃した場所の位置で動物が動かない（すなわち動物は目撃される以前に移動しない）し，どの動物も二度数えられない，③距離（記録されているならば角度も）が正確に測定される，④発見は独立的な事象（たとえば1頭の動物の暴露が他の暴露に影響しない）。

垂直距離の資料

ライントランセクト資料からの推定，あるいは同様な「距離標本抽出」方法からの推定の基礎となる基本的なアイデアは，動物の観察率がラインから遠くなるほど，すなわち x の増加とともに低下するということである。距離の資料 x_i は，トランセクトからの距離に対する認知率に関係する

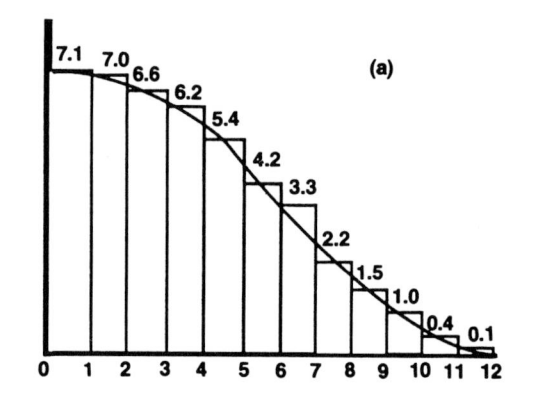

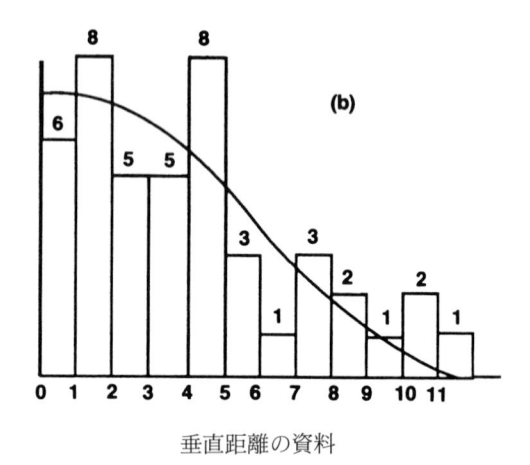

図9-5 (a) $g(x)$ がサンプルサイズ n = 45 の場合に示す形を持つ場合の，垂直距離データの期待したヒストグラム（任意のユニット）(Burnham et al. 1980:16) と (b) 実際の垂直距離データの例 (Burnham et al. 1980)

関数である $g(x)$ の特別な形を推定するために用いられる。認知率関数 $g(x)$ を動物の条件付き観察率と定義し，ラインからの距離 x での位置，あるいは数学的に，次のように定義する。

$$g(x) = \mathrm{Pr}\,\{\text{animal observed} \mid x\}$$

$g(x)$ がどのように見えるか知るために，トランセクトの中心から発見距離の最大値までの小さな距離間隔でグループされた認知ヒストグラムをプロットすることができる。標本サイズが大きく，たくさんの動物 n を発見したのならば，$g(x)$ の形をヒストグラム（図9-5）からスムーズな曲線で描くことによって近似することができる。実際上，標本

サイズはしばしば小さすぎて，この手順は十分に満足されない。

仮に，g(x)を知っていたとしても，なお個体数を推定する必要がある。このためには，平均的な観察率 P_w の推定が必要であり，これは一般的な式(2)に等しい。それゆえ，発見した対象物の数と P_w は N を推定するために用いられる。

$$\hat{N}_w = \frac{n}{\hat{P}_w} \quad (17)$$

ここで，N_w は長さ L と $2w$ の幅によって定義されたストリップ内に存在する推定した動物の数(ここで w は事前に決定した最大観察距離)である。トランセクトラインにおけるランダムな置き換わりによって，動物は 0 から w の間のすべての距離で等しく位置が特定される(発見されない)。したがって，平均観察率 P_w を次のように推定できる。

$$\hat{P}_w = \frac{\left[\int_0^W g(x)dx\right]}{w} \quad (18)$$

積分関数の用語で考えたくない人は，g(x)を異なった距離で発見した観察率のヒストグラムとして考えるのを好むだろう。式(18)は大まかにヒストグラムの異なった距離カテゴリーに対する平均値の計算と等しい。

前に述べたように，発見距離の観察した分布は g(x) に非常に関係しているが，なお g(x)dx を推定するために観察した分布を用いる方法を見つけなければならない。これを a の積分として定義し，垂直距離データの観察率関数を f(x) として定義する。この関数 f(x) は観察距離資料から一般化された基礎をなす確率分布として考えることができる。それは f(x) と g(x) が関係して次のように示される(Burnham & Anderson 1976)。

$$f(x) = \frac{g(x)}{\int_0^W g(x)dx} = \frac{g(x)}{a} \quad (19)$$

Burnham et al.(1980)が述べているように，この式は f(x) が単純に g(x) に比例し，1 に統合される(このゆえに確率分布関数)。

距離データからの推定を許容するための重要な仮定は，そのライン上に直接位置する動物(距離=0)が目撃されること，すなわち，g(0)=1 である。この仮定により，我々は式(19)を利用し，F(0)=1/a と書くことができる。したがって観察距離 x_i を用いて f(0) を推定できる場合，a を次のように推定できる。

$$\hat{a} = \frac{1}{\hat{f}(0)} \quad (20)$$

式(20)を式(18)へ代入し

$$\left[a = \int_0^W g(x)dx \text{ であることを思い出せ}\right]$$

そして P_w の推定式を次のように得る。

$$\hat{P}_w = \frac{1}{w\hat{f}(0)} \quad (21)$$

と w で定義されたストリップ内の個体数の推定結果(式 17 と 21)：

$$\hat{N}_w = nw\hat{f}(0) \quad (22)$$

我々の議論が，L と w で定義されたストリップ内の個体数推定 N_w に焦点が当てられていることを注意してほしい。この章が個体数を扱い，推定式がすでに述べてきた我々の一般的な枠組みと適合しているという理由で，これを実行した。対照的に，ライントランセクト推定の発展したものとして，Burnham et al.(1980)は，個体数よりむしろ個体群密度の直接的な推定(個体数/ユニット面積)に焦点を当てている。彼らの取り扱いは完全に理解できるので，ライントランセクト法を利用するものに対し，強く推奨する。密度の直接的な推定は，ライントランセクトの幅を事前に決める必要がないので，個体数よりも，これまで述べてきた標本抽出の状態として一般化できる。

完全を期すために，密度 $\hat{D}$ のために基礎的な推定式を提示する。L と w の積で定義される調査したストリップを次のように示す。

$$D = \frac{N_w}{2Lw} \quad (23)$$

我々の式(22)内の N_w に対する推定式を用いて，密度は次のように示される。

$$\hat{D} = \frac{n\hat{f}(0)}{2L} = \frac{n}{2L\hat{a}} \quad (24)$$

a $[a = \int_0^W g(x)dx]$ は，ときどき「効果的な半分の幅」あるいは，トランセクトの「半分の効果的なストリップ幅」として言及されていることに留意すべきである。この説明は，a を n 頭の動物の位置を特定できるストリップの半分の幅と同等視している。この解釈の基礎は式(24)で調べて確かめることができる。ユニット面積あたりの動物を密度として定義したことを思い出すべきであろう。

ライントランセクト調査の分散推定は，通常，密度という用語で表現される。Burnham et al.(1980)は，推定密度の分散の推定式 $\widehat{\text{var}}(\hat{D})$ を次のように表せることを示した。

$$\widehat{\text{var}}(\hat{D}) = \hat{D}^2 \left[\frac{\widehat{\text{var}}(n)}{n^2} + \frac{\widehat{\text{var}}(\hat{f}(0))}{\hat{f}(0)^2} \right] \quad (25)$$

ここで $\widehat{\text{var}}$ は推定した標本の分散として定義される。したがって，二つの変量の要素は，$f(0)$ の推定値に伴う分散と n の標本分散である。$f(0)$ の標本分散は直接推定式 $f(0)$ を用いて推定するプロセスから得られる。しかし，n の標本の分散は，容易に推定できず，また知ることのできない調査地域の動物の特別な分布に依存している。たとえば，動物がランダムに分布していた場合（ポアソン分布にしたがって），$\text{var}(n) = n$ とすると，動物の集合は，通常 n よりも大きい $\text{var}(n)$ をもたらす〔すなわち $\text{var}(n) > n$〕。式(25)の二つの要素を分離して推定するよりよい代替の方法は，反復実験したトランセクトで得られた $\hat{D}$ から $\text{var}(\hat{D})$ を直接推定することである（Burnham et al. 1980）。標本サイズがこの直接的な方法に対して，適切に得られないのであれば，ある状態でより複雑な方法（ジャックナイフ；jackknife）が分散の推定に充当できる（Burnham et al. 1980）。

個体数と密度の関係（$N = D\,2\,Lw$）は，ライントランセクト調査の結果である個体数の推定式の標本分散に対する次の推定を導く。

$$\widehat{\text{var}}(\hat{N}_w) = (2Lw)^2 \widehat{\text{var}}(\hat{D}) \quad (26)$$

ここで，L と w は既知の定数で，$\widehat{\text{var}}(\hat{D})$ は上述のように推定される。

個体数推定（式22）と密度（式24）は，$f(0)$ を推定する唯一の数量である。ライントランセクト推定の大きな問題は，$f(x)$ の適切なモデルを開発し，このモデルを用いて $f(0)$ を推定する必要があることである。Burnham et al.（1979, 1980）は，$f(x)$ のための特別なモデルの性能を判断する基準と付随する推定式 $f(0)$ を議論している。かれらは，推定式は様々な形に適応できる柔軟なモデルに基づくべきであり，また固定距離 x に対する観察率の変動を考えて実行すべきであると述べている（Burnham et al. 1979, 1980）。かれらはまた，真の発見関数 $g(x)$ は，$x=0$ の近くで一つの「肩」を持ちやすく，$g(x)$ が1となるトランセクトラインの近くの領域であることを提案し，そして良い推定式はこの「形の基準」にも適応するに違いないことを示唆した。最後に，かれらは $f(0)$ ができるだけ最小の標本の分散を持つべきであることに言及し，推定式の効力を強調している（Burnham et al. 1979, 1980）。

ライントランセクトの推定の利用には，様々なパラメトリックとノンパラメトリックの推定モデルが用いられている

> **Box 9-4　カモの巣の密度推定のためのライン・トランセクトの利用**
>
> Anderson & Pospahala（1970）は1967年と1968年の春から夏の期間にライントランセクト方を用いて，コロラド州のモンテビスタ国立野生動物保護区でカモの巣の密度を推定した。垂直距離の資料は534の巣から得，1フィート間隔で八つにグループ化した（図9-6）。Burnham et al.（1980）はプログラム TRANSECT を用いて，これらのデータをフーリエ級数にあてはめた。あてはめの適応度は，1期間のフーリエ級数に対し十分な適応を示唆していた（$x^2 = 4.4$, 6 df, $P = 0.63$）。推定結果は，$\hat{a}_1 = 0.02269\,(\widehat{SE} = 0.0076)$ と $\hat{f}(0) = 0.1477\,(\widehat{SE} = 0.0076)$ は，$\hat{D} = 50.2$ 巣/km²$(\widehat{SE} = 3.3)$ となった。

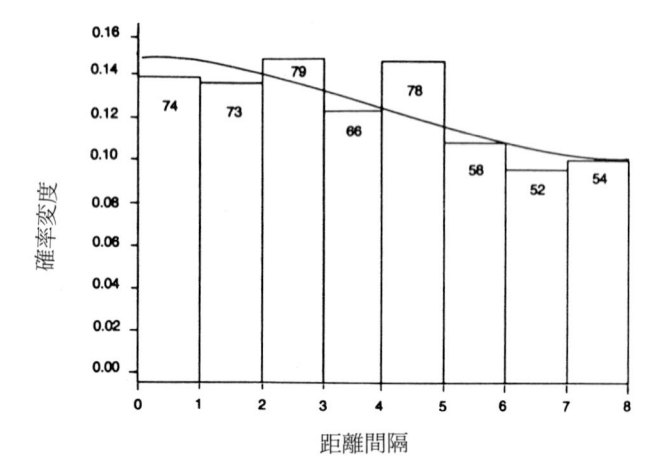

図 9-6　ライントランセクトからの水禽のヒストグラム（Anderson and Pospahala 1970）

る。これらのモデルと推定式をここでレビューするよりも，われわれは Gates（1979）と Burnham et al.（1980）によるすぐれたレビューを推奨する。二つの相補的なコンピュータプログラム，TRANSECT（Laake et al. 1979）と LINETRAN（Gates 1980）がいくつかの可能なモデル下で推定式の計算に利用できる。たとえば，TRANSECT では五つの異なった推定式である，フーリエ級数，指標関数シリーズ，指標の多項式，負の指標関数，½ノーマル（half-normal）などによって推定値が計算される。Burnham et al.（1980）は，これらの推定式を広範囲にわたってコンピュータシミュレーションを用いて研究し，フーリエ級数の推定は一般的に上述した四つの判断基準に最適に適応すると結論づけた（Quinn 1981 も参照）。

ライントランセクト法の実際の応用は，ある特別な状態に対し，特有の多くの決定と考察が必要となる。たとえば，多くの動物は集団行動をとって群れとなる傾向がある。群

れの密度はラインから観察された各グループの幾何学の中心までの距離の測定で推定できる(Burnham et al. 1979, Quinn 1980)。発見された各グループ内の動物の数は，密度推定あるいは個体数推定のために記録されなければならない。Drummer & McDonald(1987)とOtto & Pollock(1990)は，群れサイズに依存する，固定した距離 x に対する観察率に用いるモデルを議論した。その他の特別な考察は，一番端の値の存在(最外距離での発見)，あるいは外側で値の存在の可能性に関連している。Burnham et al. (1980)は，観察が外側になりそうな点を超えた，ある距離 w^* よりも遠くで観察された値を除くことを推奨している。

他の考察は，データのグループ化に関連している。野外での正確な距離の測定はおそらく不可能なので，認知が距離カテゴリーでグループ化される。直接測定した距離が記録された場合ですら，変則的なパターンとなることが明らかである。たとえば，至近距離ではほとんど対象物が発見できない，一般に概数測定で発見が集中する，あるいは境界距離 w の近くで比較的発見数が多い，などのようにである。これらの状態では，データは「円滑化」技術として分析する以前にヒストグラムへグループ化される(Burnham et al. 1980)。

ライントランセクト調査の設計と実行のためのガイドラインが Anderson et al.(1979)と Burnham et al.(1980)によって示されており，これらの論文をライントランセクト法の設計として推奨しておく。この中では，L を最小40頭，好ましくは60〜80頭の発見があるように選択すべきであると述べられている(Anderson et al. 1979, Burnham et al. 1980)。

発見距離と角度の資料

可能な限り垂直距離を利用することが望ましい。なぜなら，発見距離と角度を用いる方法は，発見過程において垂直調査手法では求める必要のない付加的な仮定が必要となるからである。$x=$垂直距離，$r=$発見距離，そして $\theta=$観察角度の関連は次の式で示される。

$$x = r\,[\sin(\theta)] \qquad (27)$$

発見距離と角度のデータが分析に求められる仮説に適合するか疑問である場合，そのデータは式(27)を用いた垂直距離のデータに変換し，それからフーリエ級数推定式で分析する(Burnham et al. 1980)。

三つの推定式がプログラム TRANSECT に合同されてあり，Burnham et al.(1980)は発見した角度と距離データの利用を示した。すべては発見距離 r がある予期できない確率で分布するランダムな変数であることに基づいている。三つの全ての推定式の基礎となる重要な仮定は，r_i と θ_i(ここで i は動物を指し示す，$i=1, 2, \cdots, n$)の独立の有無を検証することによって書くことができる。単純回帰分析(simple correlation analysis)によって，発見距離と角度の相関が明らかにされたならば，提案された三つの推定式は使わずに，垂直距離の推定式(式27)を用いるように変換しなけらばならない。

三つの推定式は以下に述べられている。Hayne(1949)の推定式は，観察者が動物の周辺にある想像上の「暴露圏」境界を横切ったときには常に動物が目撃されることに基づいている。Hayneの推定式は $\sin(\theta)$ が均一なランダムな変数であり，それゆえ，平均的な期待できる発見角度が32.7°であるという仮説を必要としている。この仮説の検証は，プログラム TRANSECT(Laake et al. 1979, Burnham et al. 1980)で計算される。

Burnham(1979)によって一般化された Hayne の推定式は，ここでも観察者が想像上の暴露曲線の境界を横切ったときに発見がおこる，というアイデアに基づいている。しかし，今日その形は，厳密な円形としてよりもむしろ楕円形として想像されている(Hayne モデルはこのより一般的なモデルの特別なケースである)。楕円の暴露曲線を得る代替の推定式は de Vries(1979)によって提示されている。Otten & de Vries (1984)も参照すべきである。

3番目の推定式は Hayne の推定式を修正したものである(Burnham & Anderson 1976, Burnham et al. 1980)。それは特別な暴露モデルに基づいてはいないが，より一般的であり，たとえば，動物の反応よりも，積極的な探査による発見のような状態にも応用することもできる。

可変同心円プロット

Reynolds et al.(1980)は，背丈の高い植生や地形が起伏に富んだ土地における野鳥の野外調査法を提示している。彼らは，そのような生息地でライントランセクトにそって移動する観察者は，移動路を観察しがちとなって鳥を発見する能力が減少すると信じている。その結果，トランセクトに沿って，観察点を一定間隔で置くことを推奨している。観察者は一つの観察地点に進み(単にトランセクトラインの一点)，野鳥の活動が平衡に達するまでの一定時間を待ち時間とする(Reynolds et al. 1980)。観察者は一定時間，鳥を観察する(目撃と音)。発見した全ての鳥と，観察者から

の距離を記録する。距離は実測によるか，あるいは観察地点を中心とする同心円の帯で割り当てた距離カテゴリーで推測することができる。

可変同心円プロットにおける個体群密度の推定は，垂直距離データによるライントランセクトと同様である。というのも，推定が観察者からの距離の関数としての特別な観察率である発見関数 $g(x)$ に基づいているからである。しかし，ライントランセクトの標本抽出のようにラインに対して垂直に位置づけられる動物に対し，観察点から全ての可能な方向で同様に計測される。可変同心円プロット標本における密度推定は，次の式で示される。

$$\hat{D} = \frac{n}{\pi\rho^2} \quad (28)$$

ここで，n は再び観察した鳥の数，ρ は垂直距離の発展に類似したものであり，推定されるパラメータである。式(28)の分母は単純に半径 ρ の円の面積である。密度の定義は「有効発見半径」(Ramsey & Scott 1979)，または，n 羽の野鳥の位置を決定することが可能な観察点からの距離から導かれる。ρ の推定は，フーリエ級数のように，より一般な推定方法で，垂直距離データをも用いたように，$g(x)$ に対するパラメトリックの形を仮定して扱うことができる。

可変同心円プロット調査法の仮定は，ライントランセクト標本のデータに対して求められるものと同様である。しかし，$g(0)=1$ の仮定の類似，すなわちトランセクトにいる全ての動物が目撃されることは，観察点からの一定距離 r 内にいる全ての鳥は発見されることである〔すなわち，すべての $x<r$ に対して $g(x)=1$〕。Ramsey & Scotto (1979) は，この距離 r を「基礎半径」と名付け，それを推定するためのいくつかの可能な方法を議論した。彼らは，r を次の密度推定値に使えると述べている。

$$\hat{D} = \frac{n(0,\hat{r})}{\pi\hat{r}^2} \quad (29)$$

ここで $n(0,\hat{r})$ は，観察地点での半径 $\hat{r}$ の円内でみられた鳥の数として定義されている。Buckland(1987)は，鳥が一定の距離内にいるかいないかによる単純なカテゴリー区分に基づいて二項モデルを開発した。Moutainspring & Scott (1985) と Scott et al. (1986) は可変同心円プロット法をハワイの森林性鳥類に用いた。

全ての個体が観察されない－捕獲法－

捕獲法は，名前が示すように，ある方法で動物を捕まえる必要がある。これらの方法の多くは閉鎖個体群を想定しているが，いくつかの開放個体群のモデルも開発されている。生物学者は通常，動物の観察やカウントが困難ではあるが，それらを捕獲する機会が十分ある場合に捕獲法を採用する。

除去法

個体数推定における除去法は，古くそして長い年月にわたって数多くの研究者に分析されてきた。これらの方法は，除去試料がしばしば調査者以外，例えばハンターによっても収集できるので魅力的である。したがって，除去に基づく個体数推定では，実際に研究者が動物を捕獲する必要がないので，野外調査に費用がかからない。

除去法は除去が「選択的(selective)」(図 9-2)であるかどうかにしたがって区分される。除去された動物の「タイプ(すなわち性，年齢クラス，種)」の比率が，もとの個体群と十分に異なっていたのならば，比率変化法(Change-in-ratio：CIR)を用いて個体数を求めることができる。除去が選択的でない場合には，標準除去モデルあるいは単位努力量あたりの捕獲数(catch-per-unit-effort：C/E)のモデルを個体数推定に用いることができる。標準除去モデルは，各標本抽出の機会に動物が捕獲/除去に費やす努力が等しいと仮定し，一方，C/E モデルは標本抽出努力が標本抽出期間で変化することを知ることができる(または推定できる)場合に適用できる。CIR と C/E 推定式は，この節で述べられているが，標準除去モデルは後で議論される。

一段階の比率変化法

CIR 法で個体数を推定する式について手短に述べよう。これらの式は，既知の除去の前後で動物のクラスの個体数に関係する連立方程式に対し，本質的に代数による解決をするものである。この技術のより詳細な導出と完全な記述は Seber(1982)，Overton(1969)，そして Paulik & Robson(1969)を参照されたい。

基礎的な CIR 法は，閉鎖個体群で二つのクラスを持つ動物，x タイプと y タイプを想定している。これらはオスとメスのキジ，角の有るものと無いもの，あるいは二つの異なった種である場合すらある。個体群のなかで，x と y タイプの動物の比率が，既知数の除去によって変化した場合(Box 9-5)，x タイプの動物の新しい(除去後)比率を次のように書くことができる。

$$P_2 = \frac{x_1 - R_x}{N_1 - R} = \frac{P_1 N_1 - R_x}{N_1 - R}$$

ここで，

R_x＝除去された x タイプの数(既知)

Box 9-5 CIR法を用いた角のあるシカと角のないシカの個体数推定

メリーランド州のレイミントン農場で，角のある(xタイプ)シカと角のない(yタイプ)シカが狩猟期前に54回，狩猟期後に52回，ロードカウントによって観察された(Conner et al. 1986)。120頭のxタイプと1,126のyタイプの動物が観察された後に，1週間の狩猟期間で，角のあるシカ(R_x) 56頭と角のないシカ(R_y) 54頭が除去された。猟後，43頭のxタイプと1,086頭のyタイプのシカが観察された。そのため，

$$\hat{P}_1 = x_1/n_1 = 120/1{,}246 = 0.0963$$
$$\hat{P}_2 = x_2/n_2 = 43/1{,}129 = 0.0381$$
$$\hat{N}_1 = (R_x - R\hat{P}_2)/(\hat{P}_1 - \hat{P}_2)$$
$$= \{56 - 110(0.0381)\}/(0.0963 - 0.0381)$$
$$= 51.809/0.0582$$
$$= 890\,(\hat{SE} = 149)$$
$$\hat{X}_1 = \hat{P}_1\hat{N}_1 = 0.0963(890)$$
$$= 86\,(\hat{SE} = 14)$$

この例ではxとyの両タイプが除去された。yタイプ(角あり)の動物はおそらくxタイプの動物よりもより観察されやすいので，λはおそらく>1.0であり，個体数推定は高めに偏った。

R_y＝除去されたyタイプの数(既知)
$R = R_x + R_y$＝除去された動物の総数(既知)
X_1＝最初(除去前)のxタイプの動物の数
Y_1＝最初(除去前)のyタイプの動物の数
$P_1 = X_1/N_1$＝除去前のxタイプの動物の比率(N_1は除去前の全個体数)，であり
$P_2 = X_2/N_2$＝除去後のxタイプの動物の比率(N_2は除去後の全個体数)

N_1の解は，除去前の全個体数の推定式によって得られる。

$$\hat{N}_1 = \frac{(R_x - RP_2)}{(P_1 - P_2)} \tag{30}$$

角の有無によってシカを$\hat{P}_1$と$\hat{P}_2$とするようなロードカウントのように，ある標本抽出計画によってP_1とP_2が推定され，式(30)に代入されて除去数とともに除去前の個体数が推定されることに注意する。xタイプの動物の初期(除去前)数は，次式で推定される。

$$\hat{X}_1 = \hat{P}_1\hat{N}_1 \tag{31}$$

P_1とP_2の推定が独立していると仮定すると，$\hat{N}_1$と$\hat{X}_1$の分散が計算できる(Seber 1982を参照)。

$$\mathrm{var}(\hat{N}) = \frac{[N_1^2\mathrm{var}(\hat{P}_1) + N_2^2\mathrm{var}(\hat{P}_2)]}{[P_1 - P_2]^2} \tag{32}$$

$$\mathrm{var}(\hat{X}_1) = \frac{[N_1^2 P_2^2\mathrm{var}(\hat{P}_1) + N_2^2 P_1^2\mathrm{var}(\hat{P}_2)]}{[P_1 - P_2]^2} \tag{33}$$

反復するランダム抽出では，Pの比率を推定するために，目撃された動物は異なる機会に再発見されるので，推定されたPの比率($\hat{P}_i = x_i/n_i$)の分散は

$$\mathrm{var}(\hat{P}_i) = \frac{[\hat{P}_i(1 - \hat{P}_i)]}{n_i} \tag{34}$$

である。

ここで，n_iは目撃された動物の総数で，x_iはPの比率を推定するために標本抽出の間に目撃されたxタイプの動物の数である。

$\hat{N}_1$と$\hat{X}_1$の推定値と除去数から，以下が計算できる。

$$\hat{Y}_1 = \hat{N}_1 - \hat{X}_1 \tag{35}$$
$$\hat{X}_2 = \hat{X}_1 - \hat{R}_x \tag{36}$$
$$\hat{Y}_2 = \hat{Y}_1 - \hat{R}_y \tag{37}$$
$$\hat{N}_2 = \hat{X}_2 + \hat{Y}_2 \text{ または } \hat{N}_2 = \hat{N}_1 - \hat{R} \tag{38}$$

CIR法の仮定は次のとおりである。

① xとyタイプの動物の観察比率が，その個体群の真の比率を偏りなく推定している。他の方法で表現すると，xとyタイプの動物は等しい確率で標本抽出される，すなわち等しく目撃される。

CIR法は，片一方のタイプ，角のあるオスのみの間引きのように，xタイプのみが除去された時だけに応用できる。この特別な状態では，除去されたタイプ(オス)の個体数推定はxとyタイプの等しい観察率にかかわらず，適切である(Seber 1982)。この関係は，次に二つの段階のCIRで説明する。

② 除去以外に個体群は閉鎖している。この仮定は，Pの比率を除去期間と二つの推定する期間の時間をできるだけ短くすることで最良となる。

③ xとyタイプの動物の除去数が知られている。この方法は，不明な除去数が推定できる場合にも応用できる(Paulik & Robson 1969, Seber 1982)。

④ 収穫されたxタイプの比率がその個体群での比率と異なっている。xタイプが同じ比率で，それが由来する個体群から除去されたならば，Pの比率は除去前後で変化しない。それゆえ，$P_1 = P_2$となり，式(30)の分母が0となってこの方法は誤りとなる。これは，管理目標が質的なシカの群れ管理(Lancia et al. 1988)であるように，個体群でyタイプに対するxタイプの比率のバランスを維持することにある場合には，技術的に重要な欠陥となる。しかし，二段階CIR(後述参照)はこの問題を巧みに回避する。

何人かの研究者は，P比の推定を用いて，標本サイズと標本内の変動性がCIR推定の正確度と精度に与える影響を調べている(Paulik & Robson 1969, Seber 1982, Pollock et al. 1985, Conner et al. 1986)。初期のP比(P_1)，P比の変化($\Delta P = P_1 - P_2$)，そして観察された動物の

> **Box 9-6 二つのクラスが等しく観察できる，標準的な比率変化法の仮定（以下の例証は二つのクラスのシカの観察率が異なる場合）**
>
> これは，ジョージ保護区のシカの群れについて McCullough(1982)による観察に基づいた $\hat{\lambda}$ の推定の1例である。11月にスポットライトカウントで50子/100メスと25オス/100メスが観察されたが，110子/100メスと60オス/100メスが個体群にいることが知られていた。yタイプの動物は角のないシカ，すなわち子とメスであり，xタイプは角のあるシカ，オスである。それゆえ，観察されたyタイプの個体群中の比率，$\hat{p}$ は
>
> $\hat{p} = Y_{obs}/n_{obs} = (100+50)/(100+50+25)$
> $= 150/175 = 0.857$,
>
> ここで，
> y_{obs} = 観察された y タイプの数であり，
> n_{obs} = 観察された全数である。
>
> ここでは，観察された個体群内における x タイプの動物の比率は
>
> $1 - \hat{p} = 1 - 0.857 = 0.143$
>
> 同様に，実際の x と y の動物の比率は
>
> $p = y_{tru}/n_{true} = (100+110) \div (100+110+60)$
> $= 210/270 = 0.778$ そして
> $1 - p = 1 - 0.778 = 0.222$ と表される。
>
> それゆえ，y と d タイプの動物の発見率は $\hat{p}/p$ と $(1-\hat{p})/(1-p)$ の積である。そして
>
> $\lambda = y$ タイプの動物の観察率 / x タイプの動物の観察率
> $= (\hat{p}/p) / \{(1-\hat{p})/(1-p)\}$
> $= (0.857/0.778) / (0.143/0.222)$
> $= 1.10/0.64 = 1.72$.
>
> この例では，角なしのシカは角ありのシカよりも目撃されやすく(1.10対0.64)，$\hat{\lambda}(=1.72)$は1.0よりも大きい。したがって，これらの観察率から計算された個体数推定は高めに偏っている。

数は P 比を推定するために観察されるが，これらのすべてが CIR 推定の精度と正確度に影響している。一般に，CIR は ΔP が大きい場合に最も正確である。一つのタイプの大きな除去，あるいは大きく不釣り合いな両方のタイプの除去などが個体群に現れ，大きな ΔPs をうみだす。ΔP が小さい場合に，この方法では個体数推定が大きくなるか，小さくなるか，あるいはモデルが失敗するか，のいずれかである（すなわちマイナスの個体数推定）。正確度は，また P 比の推定に用いる標本サイズが増加するにつれて改善される。J.W.Bishir(未発表資料)のコンピュータのシミュレーションは，50～1,000頭からなる個体群から一つのタイプの除去で x タイプを70～80%以上除去し，P 比推定のため多くの観察ができた場合に，正確な CIR の個体数推定ができることを示唆している。この程度の大きさの除去は，たとえば角の有るシカのみを除去した場合に実際にありうる。

上述した分析の正確度と精度は，手法の基礎となる仮定が適合しており，P 比の観察と除去した動物の数が，二項のランダム変数であることを仮定している。実際上，等しい観察率の仮定(仮定1)は適合するのが最も難しい(Box 9-6を参照)。二つのタイプの動物の相対的な観察率 λ は，数学的に $\lambda = y$ タイプの動物の観察率/x タイプの動物の観察率，として表すことができる。両方のタイプが等しく観察できる場合は，$\lambda = 1$ となる。角のないシカは通常，角のあるオスよりもより観察しやすく(Conner et al. 1986)，オスの観察率は動物の年齢やその他によっても変化するだろう。λ が，既知あるいは推定できるのならば，P 比は λ を反映して調整され，偏りのない CIR の推定式が得られる(Conner et al. 1986)。代替の方法は，等しい捕獲率を仮定した二段階 CIR 推定法，等しくない観察率によって影響されない一つのタイプの除去，そして観察率の変化が起こる時間を制限する短期間の除去法である。

二段階比率変化法

以下に二段階 CIR 法を次に手短に述べるが，詳細は Pollock et al.(1985)を参照されたい。相対的な観察率が x タイプと y タイプで等しくない($\lambda \neq 1.0$)閉鎖個体群を考える。動物が一つのタイプの狩猟で2回にわたって除去された場合，λ と除去前後における個体群内の x と y タイプの比率が推定できる。三つの時間(t_1, t_2, t_3)における個体群での x タイプの観察比率は，2回にわたる一つのタイプの除去によって分けられており，除去された数が個体数推定に用いられている(Pollock et al. 1985)。典型的な応用例は角ありと角なしのシカを二つに分けて，一つのタイプ(性)を狩猟することである。除去前後における角のあるシカの期待される観察率(P)は次のように書ける。

$$E(\hat{P}_1) = X_1/(X_1 + \lambda Y_1) \tag{39}$$
$$E(\hat{P}_2) = (X_1 - R_x)/(X_1 - R_x + \lambda Y_1) \tag{40}$$
$$E(\hat{P}_3) = (X_1 - R_x)/[X_1 - R_x + \lambda(Y_1 - R_y)] \tag{41}$$

(39)，(40)，そして(41)を解いて X_1, Y_1, λ を得る。

$$\hat{X}_1 = [R_x \hat{P}_1 (1-\hat{P}_2)]/(\hat{P}_1 - \hat{P}_2) \tag{42}$$
$$\hat{Y}_1 = [R_y \hat{P}_3 (1-\hat{P}_2)]/(\hat{P}_3 - \hat{P}_2) \tag{43}$$
$$\hat{\lambda} = [R_x(1-\hat{P}_1)(\hat{P}_3-\hat{P}_2)]/[R_y \hat{P}_3 (\hat{P}_1-\hat{P}_2)] \tag{44}$$

X_1, Y_1 そして $\hat{\lambda}$ の分布の推定値は，Udevitz(1989)による最近の CIR 法推定式で発見することができる。

二段階推定法の仮定は，伝統的な CIR 法と一つの例外を除いて同様である。伝統的な CIR 法では，x と y タイプの観察率は等しくなければならない。二段階 CIR 法では，観察率は t_1 から t_3 までだけ等しければよい。別の言葉でいえば，λ は最初の除去前から最後の除去後まで等しい必要が

9. 野生動物個体群の生息数の推定

Box 9-7 動物のクラスで観察率が異なる場合の，二段階CIR法を用いた個体数推定

12 m の引き網で魚を捕獲し，個体群内の二つのサイズのクラスの比率を推定した(Pollock 1985)。x タイプは > 12.7 cm の長さで，y タイプは < 12.7 cm の長さであった。そこで P 比が求められ，最初と 2 回目のサンプル間に 274 の x タイプの魚(R_x)が背びれを刈り取って「除去」され，2 回目と 3 回目のサンプル間に 159 の y タイプの魚(R_y)が「除去」された。推定された P 比は：$\hat{P}_1 = 0.3812$，$\hat{P}_2 = 0.3142$，そして $\hat{P}_3 = 0.3941$ であった。それゆえ，

$$\hat{X}_1 = \frac{[R_x \hat{P}_1(1-\hat{P}_2)]}{(\hat{P}_1 - \hat{P}_2)}$$

$$= \frac{[274(0.3821)(1-0.3142)]}{(0.3821 - 0.3142)}$$

$$= \frac{71.800}{0.0679} = 1,057$$

$$\hat{Y}_1 = \frac{[R_y \hat{P}_3(1-\hat{P}_2)]}{(\hat{P}_3 - \hat{P}_2)}$$

$$= \frac{[159(0.3914)(1-0.3142)]}{(0.3914 - 0.3142)}$$

$$= \frac{42.679}{0.0772} = 553$$

$$\hat{\lambda} = \frac{[R_x(1-\hat{P}_1)(\hat{P}_3 - \hat{P}_2)]}{[R_y \hat{P}_3(\hat{P}_1 - \hat{P}_2)]}$$

$$= \frac{[274(1-0.3821)(0.3914 - 0.3142)]}{[159(0.3914)(0.3821 - 0.3142)]}$$

$$= \frac{13.070}{4.226} = 3.09$$

$$\hat{N}_1 = \hat{X}_1 + \hat{Y}_1$$
$$= 1,057 + 553 = 1,610$$

$\hat{\lambda}$ ($=3.09$) の大きな値は，魚が等しい「観察率」を持っていないので，二段階 CIR 法は伝統的な CIR 法よりもより適切な方法であることを示している (Udevitz [1989] が我々の元の標準誤差 [Pollock et al. 1985] は正しくないことを示したので，我々は標準誤差を含めていないことに注意せよ。さらに詳細には Udevitz [1989] を参照)。

Box 9-8 除去法はしばしば以下に記述されるような狩猟動物の収穫と組合わせて利用できる。

次の例は J.W. Bishir (未発表資料) からのものである。レミントン農場のシカのオス数を，1983 年の 1 週間の狩猟期間中に 1 時間当たりに目撃したオス数と 1 日当たりに捕殺されたオス数のチェックステーションでの記録についての狩猟日誌から推定した (図 9-7)。捕獲総数は 34 オス，そして個体数推定は 42.6 (SE = 4.0) であった。個体群から非常に高い比率が除去されたので (約 80%)，この推定はおそらく十分に正確である。

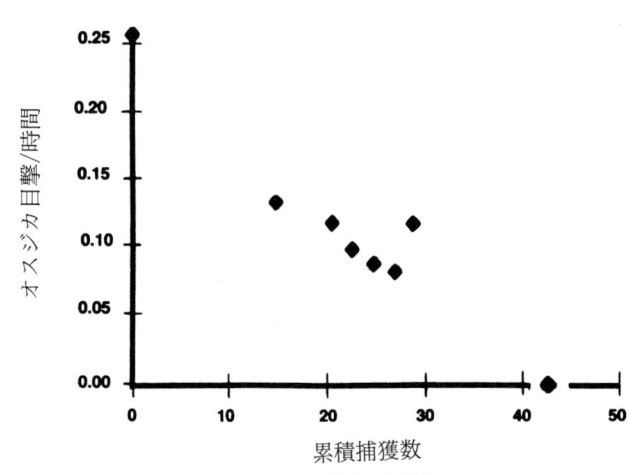

図 9-7 単位努力捕獲

捕獲はハンターの 1 時間あたりのオスジカ目撃数，除去は収穫されたシカとして示してある。表 9-2 からの資料。

Overton (1969) は基礎的な C/E 推定の由来について明快で単純な記述を行っている。

単位努力量あたり捕獲数は，個体群から多くの動物が除去されるほど，「捕獲」されるものが減少するので，単位努力量あたりの捕獲数が減少するはずである，ということを前提としている。たとえば，多くの動物が除去されるほど，1 時間当たりに目撃される動物が減少するか，または狩猟者による 1 日当たりの捕獲数が減少する。最終的には，全ての動物を間引くことができたのならば，期待される捕獲は 0 になり，除去された動物は初期の個体数と等しくなる。一般的に全ての個体を個体群から除去することは望ましくない (可能でない) ので，単位努力量あたりの捕獲数がゼロと期待される点で，C/E 法は累積的な捕獲 (除去された動物の総数) を推定する。C/E 法の有利な点は，個体数推定を狩猟のような通常の管理活動の一部としての除去から行うことができることである (Box 9-8 を参照)。

伝統的な C/E 法は，除去された動物の累積的な捕獲に対して単位努力量当たり捕獲量が線形回帰 (linear regression) される必要がある。夜，日，週のワナかけ，あるいは

ある。この仮定に適合させるのは難しいが，伝統的な CIR 法が要求する等しい観察率の仮定よりは厳しくない。付加的な長所は λ も推定できることである。Box 9-7 にその例を示した。

二段階の CIR 法の正確度と精度は，Pollock et al. (1985) によって評価されている。一般に，P 比の大きな変化が良い推定値をもたらしている。また，大きな P 比推定のための大きな標本サイズが，二段階 CIR 推定の正確度を増加させている (Pollock et al. 1985)。CIR 法の拡張については，Udevitz (1989) を参照のこと。

単位努力量あたりの捕獲数

単位努力量あたり捕獲数 (C/E) 推定式は，Leslie & Davis (1939)，Chapman (1954)，Ricker (1958)，そして Seber (1982) など多くの研究者によって調べられてきた。

表 9-2　日別のハンターの報告, レミントン農場, 1983 (E.C.Soutiere, Remington Farm, Md., 私信)

	1週間						
	1	2	3	4	5	6	7
ハンター数	33	35	24	16	21	19	18
狩猟時間	161.2	198.7	129.5	63	95.5	87.8	80.3
オス捕獲数	15	6	2	2	2	2	5
オス目撃数	40	26	15	6	8	7	9

他の時間単位による単位努力量当たりの捕獲の繰り返し観察数と除去数の累積が線形回帰に用いられる。したがって,

$y_i = A + Bx_i$ であり,

ここで,

y_i = 単位努力量あたりの観察値
A = 回帰式の y 切片
B = 回帰式の傾き
x_i = 観察された累積捕獲

となる。

捕獲率 K あるいは特定の動物が一定期間(日,週)で特定の観察者(研究者,狩猟者)に「捕獲」される確率 K は, $-B$ に等しいことに注意すべきである。除去以前の個体数推定値 N は,単位努力量あたりの捕獲数がゼロ($y = 0$),あるいは x 切片での累積的な捕獲(個体数)である。それゆえ,

$N = A/-B$ または　　　　(45)
　$= A/K$　　　　　　　　(46)

我々の一般的な枠組みでの言葉では, y 切片(A)は除去前の「カウント」を示す(すなわち,さまざまな努力の標準化した初期の捕獲)そして回帰の傾き($K = -B$),すなわち β は「観察率」の比率を示している。

C/E法に対し,最尤(maximum likelihood)推定法と重み付き最小二乗(weighted least-squares)推定法が提示されている(たとえば Seber 1982, Pollock et al. 1984)にもかかわらず,これらの推定手順に対するコンピュータプログラムは最近になっても開発されず,伝統的な回帰法が,閉鎖個体群のC/E法の道具として用いられてきた。多くの仕事が,CAPTURE プログラム〔「捕獲・再捕獲法の項(285頁)参照〕に類似したC/E法のコンピュータプログラムの開発に求められている。最近,Novak et al. (1991)は開放 C/E モデルと最尤推定法(Dunpont 1983)を用いて,シカの個体数を推定した。

「除去」と「捕獲」の意味は詳述する必要がある。除去された動物は捕殺や生け捕りされて個体群から物理的に除かれたものか,または標識されて仮定的に「除去された」ものである〔「ワナ反応モデル Mb と Mbh」の項(288頁)参照〕。後者の状態では,標識個体の観察は次の捕獲では無視される。除去はいかなる意味でも,推定式で用いる捕獲に一致してはならない。たとえば,除去は狩猟者による捕殺であり,捕獲は1日当たり目撃した動物に相当する。除去の全ての原因となる,交通事故,密猟された動物,あるいは回収されない捕殺などは累積された除去の総数に含まれる。単位努力量あたりの捕獲の期間内に,「捕獲」された動物は,射殺され,ワナで捕獲され,あるいは目撃された動物である。これらを「捕獲」とするために,物理的に持ち去られたり,除去されてはならない。

C/E の回帰式のフォームはなじみがあるように見えるが,単位努力量あたりの捕獲数 y,そして蓄積した除去 x, が同様な除去に依存しているので,典型的な回帰ではない。この独立性の欠如は分散と信頼限界の間隔の計算を難しくしている。J.W.Bishir(未発表)は N の推定値は正規分布にしたがわないので,標準偏差の式が適切ではないことを示した。

C/E法の仮定はCIR法と同様である。

①個体群が閉鎖されている(除去を除いて)。この仮定は除去期間を短く保つことができるほど最良である。いくつかのモデル(たとえば DuPont 1983)は,この仮定が不要なことに注意。

②各期間(日,週),全ての個体が等しい確率(K)で特定の単位努力量で捕獲され, K は期間中一定である。これは等しい捕獲率,あるいは等しい観察率の仮定である。この仮定の質的な検討は,累積的な捕獲に対する単位努力量あたりの捕獲数をプロットして,その軌跡を調べることである。それが線形でなければ,等しい捕獲率の仮定は破棄され,その技術は放棄されなければならない(Caughley 1977)。毎晩同じ数のワナ,毎日同じ数のハンター,ワナかけ晩数あるいは出猟日の単位などの努力単位が一定であるならば,単位努力量あたりの捕獲は,単純に連続した機会

での捕獲数となる。この状態では，一定努力モデルは，ワナ反応モデル Mb と Mbh(288頁)を個体数推定に用いることができる。Mbh モデルは一般的な除去モデルで，一定努力が採用される場合，個体数推定に用いられる。

③全ての除去が既知である。この仮定が損なわれる可能性は，できるだけ除去期間を短し，そして除去が報告されなかった地域を探索することによって最小にできる。

J.W.Bishir(未発表)はC/E推定の正確度と精度をコンピュータシミュレーションにより調べている。その方法は，回帰直線(B)の傾きが正であり，個体数推定がマイナスの結果(マイナスのx切片)となるならば，誤りとなる(Overton 1969)。同様に，Bがマイナスだがとても小さい場合には非常に大きな推定値となる。これらの時たまの大きな値はC/E推定値の分布を高めに偏らせる。その結果，平均と分散は，しばしばそれぞれ中心部の傾向と分散の信頼性のない指標となる。モデルは，個体群のなかで小さな比率が除去された場合に，誤りかつ非常に大きな推定値となる。個体群のうち70〜80％を超える数が除去されたならば，単位努力量あたりの捕獲数は正確で精度が高くなる。

捕獲・再捕獲法

捕獲・再捕獲法は生態学では長い利用の歴史があり(Le Cren 1965)，今日では捕獲・再捕獲標本抽出モデルの統計について，非常に多くの文献が利用できる。最近のレビューには，Cormack et al.(1979)，Nichols et al.(1990)，Pollock(1981b)，Seber(1982)，および Pollock et al.(1990)などがある。Skalski & Robson(1992)は，野外研究と環境影響評価のための捕獲・再捕獲のデザインと分析を考察している。この節は Pollock et al.(1990)の表示方法に大きく類似している。

捕獲・再捕獲法では，個体群は調査者によって二度以上標本抽出される。一般的には生け捕りされるが，実際の捕獲ではなく再観察の場合もときどきある。いずれの場合も，捕獲されたどの未標識動物も固有の標識をつけ，以前に標識した個体も記録して全個体を個体群に戻すので，調査の終わりにはそれぞれの個体が完全な捕獲経歴を持つことになる。個体ごとに動物を識別できない一群の標識は，単純な Lincoln-Petersen 推定式(以下を参照)を除いて，個体の捕獲の経歴を与えないので避けるべきである。

捕獲・再捕獲法は，閉鎖あるいは開放個体群の状態に基づいてクラス分けできる。閉鎖個体群モデルは，パラメータはより少なくなるので，通常，開放個体群よりも単純である。Otis et al.(1978)と White et al.(1982)は，生物学

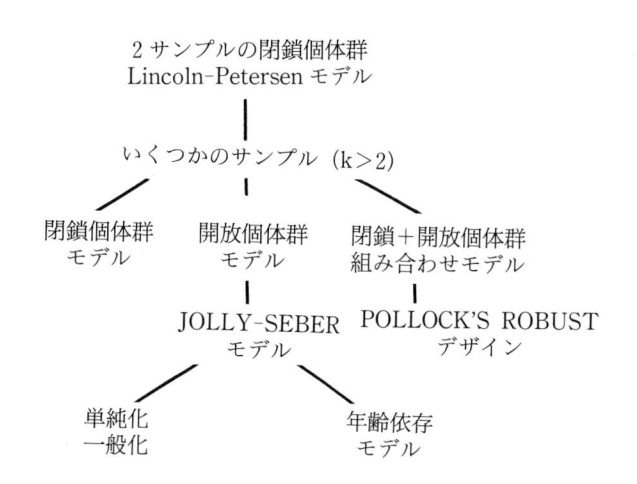

図9-8 捕獲－再捕獲法の関係 (Pollock et al. 1990:図9-1.1 による)

者のために書かれた閉鎖モデルの優れたレビューを提示した。閉鎖個体群モデルの大きな短所は，その利用が出生(そして移入)と死亡(そして移出)が無視できる短期間の研究期間に限られることである。開放個体群モデルは，この限界を免れるが，死亡を移出から，出生を移入から区別することが難しい。しかし，我々がみてきたように，開放と閉鎖モデルの厳密な区分は，むしろ人為的なものである。多くの場合の研究は，両方のタイプのモデルの組み合わせ(Pollock 1982)が用いられている。

典型的な捕獲・再捕獲の研究では，二つのタイプに区別できる情報がある。すなわち各標本抽出期間での，標識個体の再捕獲および標識個体と未標識個体の捕獲された比率である。前者のデータは「生存」率の推定に用いられるが，両方のタイプの情報は個体数の数度と「出生」数を推定するために必要である。生存率には死亡と移出が，出生には出生と移入が含まれることに注意しなければならない。

いくつかの研究では，生存率の推定が主要な関心であるため，標識個体の回収の情報だけが採用される。一つの例として，バンドの回収があり，ハンターが捕殺した個体のバンドまたはタグを返送することがあげられる。これらのモデルは第16章で議論され，以下に議論される生け捕り再捕獲に基づくモデルに非常に関連がある。

この節では，一度あるいはそれ以上の再捕獲が起こるかどうか，そして個体群が開放，閉鎖，または両方か(図9-8)，にしたがって組み立てて，捕獲・再捕獲法の概要を提示する。付加的な詳細については，Pollock et al.(1990)を参照されたい。

Lincoln-Petersen 法

Lincoln-Petersen モデルは，最も単純な捕獲・再捕獲法

であり，Laplace（1786年にそれをフランスの人口推定に用いた）まで遡ることができる（Seber 1982）。我々は，それを以下のように複雑なモデルとして提示した。Seber（1982）はこの手法について詳細な議論を行った。

n_1頭の動物の標本が捕獲後標識を付けて放された。後に，第二の標本としてn_2頭が捕獲され，それらのうちm_2頭に標識が付いていた。直感的に，第二標本での標識付き動物の比率は総個体数に対する標識動物の比率と等しい（捕獲率が標識の状態と独立していると仮定）ので，

$$m_2/n_2 = n_1/N \quad (47)$$

ここでNは総個体数である。再配列によって次の推定式を得る。

$$\hat{N} = n_1 n_2 / m_2 \quad (48)$$

より偏りが少ない修正式は，Chapman（1951）によって次のように開発された。

$$\hat{N}_c = \left[\frac{(n_1+1)(n_2+1)}{(m_2+1)}\right] - 1 \quad (49)$$

$\hat{N}_c$の分散（Seber 1982:60）は

$$\mathrm{var}(\hat{N}_c) = \frac{(n_1+1)(n_2+1)(n_1-m_2)(n_2-m_2)}{(m_2+1)^2(m_2+2)}$$

Lincoln-Petersenモデルは，次の仮定に基づいている。①個体群は閉鎖している，②全ての動物が各標本で等しく捕獲される，そして③標識は失われず，得られず，見落とされない。最初の仮定は，標本の間隔が短ければ通常みたされる。2番目の仮定，等しい捕獲率は，後に示すモデルでは不要となる。最後の仮定も，適切な標識技術（第7章）が用いられれば適合する。標識が失われたならば，m_2は小さくなりすぎ，そしてNは大きくなりすぎるので，正の偏りとなる。標識の損失が深刻な問題となる場合，二重マーキングに基づく修正（Caughley 1977，Seber 1982）が採用できる。

捕獲率が等しいという仮定は，多くの野生動物個体群ではありそうにない。というのも，各個体の捕獲率はワナへの反応によって異なるからである。捕獲率が個体ごとの性質によったり，各動物が独特な捕獲率を持っている場合，状態は不均質（heterogeneity）である。個体間の捕獲率の変動は，性，年齢，社会的地位，動物の特別な分布と捕獲努力などのような，多くの要因の結果であろう。不均質が存在すると，高い捕獲率をもつ個体は，1回目の抽出で捕獲され，2回目の抽出でも再捕獲される傾向がある。このことは，m_2が大きくなりすぎ，一方で$\hat{N}$が小さくなりすぎることを意味する。したがって，捕獲率が不均質な場合には，$\hat{N}$に負の偏りが生じる。

Box 9-9　Licoln-Petersen捕獲―再捕獲法の例

次の二つの例では，初期の動物の「捕獲」とその後それらの「再捕獲」には異なる方法が用いられている。異なる方法の利用によって不均質な捕獲率と行動反応に伴う偏りを軽減している。

1974年8月，87頭のヤマワタオウサギ（Nuttall's cottontail rabit）が生け捕り捕獲され，尻尾と後ろ足にピクリン酸で標識された（Skalski et al. 1983）。1か月後に，ウサギは追い出し法によって数えられた。14頭のウサギが目撃され，それらのうち7頭が標識されていた。式（49）からのChapmanの推定は

$$\hat{N}_c = \left[\frac{(n_1+1)(n_2+1)}{(m_2+1)}\right] - 1$$

$$= \left[\frac{(88)(15)}{8}\right] - 1 = 164$$

分散の推定は　$\widehat{\mathrm{var}}(\hat{N}_c) =$

$$= \frac{(n_1+1)(n_2+1)(n_1-m_2)(n_2-m_2)}{(m_2+1)^2(m_2+2)}$$

$$= \frac{88(15)(80)(7)}{8^2(9)} = 1,283.33$$

95%の信頼限界（通常$\hat{N}_c$を仮定）は

$$N_c \pm 1.965\sqrt{\widehat{\mathrm{var}}(\hat{N}_c)}$$

$$164 \pm 1.965\sqrt{1283.33}$$

$$164 \pm 70$$

95%信頼限界の近似は94から234とさらに広い範囲になる。もっと多くの動物がドライブカウントで目撃された場合には，精度がさらに向上する。異なったサンプル技術が用いられているので，捕獲率についての不均質あるいは行動反応を最小にできる。

北フロリダ州で，Conner et al.（1983）は生け捕りワナで48頭のアライグマを捕獲した。一般的ではない標識体系を利用し，動物を麻酔して放射性同位元素を注入した。「再捕獲」標本では，糞と特別な放射シンチレーションカウンタで発見される「標識」された糞を得るために調査地の強度な探索を必要とした。これは個体識別できない標識付けの例であり，Lincoln-Petersen法でのみの分析に限定されていた。

Conner et al.（1983）は5週間糞を探し，各週を別々に扱って，五つの異なったLincoln-Petersen推定値を得た。5回の推定値で，調査期間中の推定値の変異を考察することができた。推定されたデータは次のようである。

収集した週	標識した数 (n_1)	収集した糞数 (n_2)	標識された糞数 (m_2)	Lincoln-Petersen $\hat{N}$
1	48	71	31	109.9
2	48	22	11	96.0
3	48	74	35	101.5
4	48	28	9	149.3
5	48	35	19	88.4

われわれがこれら五つが独立していると仮定すると，正規分布のNの推定は109（$\widehat{SE} = 10.6$）が「最良」の推定ポイントであり（5週間$\hat{N}$の推定の算術平均として得られた），95%信頼限界82-136を伴う。

他の可能性は，捕獲率が特定の動物の過去の捕獲経歴に関係しているような場合である。たとえば，捕獲経験をもつ標識付きの動物は「ワナ嫌悪」となって低い捕獲率となるか，あるいは「ワナ好き」となって未標識個体(以前に捕獲されていない個体)よりも高い捕獲率となる。動物がワナ好きならば，m_2は再び大きくなりすぎ，そして$\hat{N}$は小さくなりすぎるが，ワナ嫌悪の個体からなる個体群では全く逆になる。要約すると，ワナの反応あるいは捕獲での行動の反応は，ワナ好き動物によって個体数推定に負の偏り(低すぎ)を，あるいはワナ嫌悪動物によって正の偏り(高すぎ)をもたらす(Box 9-9参照)。

K回標本の閉鎖個体群モデル

閉鎖個体群モデル(closed population model)は，推定手順が満たされているにもかかわらず，個体数の不明な変化を許容しないので，これらの方法は一般に相対的に短い期間で(5〜10日)実施されている。捕獲個体の過去の捕獲経歴は，閉鎖モデルの推定値を得るのに必要であり，等しい捕獲率を仮定しなくてよい。Pollock (1974)は，これらのモデルを考察し，Otis et al. (1978)，White et al. (1982)およびPollock & Otto (1983)が改良を加えた。

閉鎖個体群モデルは，捕獲率の変動の原因である基礎的な三つの原因，すなわち不均質，ワナの反応あるいは行動，そして時間が考慮されている点で方法が異なっている。不均質とワナの反応はLincoln-Petersen法で議論された。捕獲率の時間的変動は，捕獲率がワナかけの日によって異なっていることを意味している。たとえば，異なった天候条件は捕獲率を変化させるかもしれない。

次のモデルは，捕獲率の変動をもたらす異なる原因を説明するために開発された。それらは，等しい捕獲率(M_0)，不均質(M_h)，行動(M_b)，行動の不均質(M_{bh})，時間の不均質(M_{th})，時間-行動(M_{tb})，そして時間-行動-不均質(M_{tbh})である。M_{tbh}の推定式はない。

われわれは，コンピュータプログラム，CAPTURE (Rexstad & Burnham, User's guide for interactive program CAPTURE, Colorad Coop. Fish Wildl. Unit, Ft. Collins, 1991)の利用をM_0, M_h, M_b, M_t, M_{bh}, M_{th}とM_{tb}のモデルを用いたデータ分析に推奨する。また，ユーザーの目的のために，CAPTUREは特別なデータに最も適合するモデルを選ぶモデル選択プロセスを提供する(Box 9-10参照)。

M_0 等しい捕獲率モデル：このモデルは，調査の標本抽出期間に個体群のどの個体も同じ確率で捕獲される(p)ことを仮定しているので，現実性がない。主に一般化のため

Box 9-10 CAPTUREプログラムを用いてアメリカハタネズミの生息数を生け捕り枠法で推定した例

Nichols & Pollickは，メリーランド州ロウレルにあるパツセント野生動物研究センターにおいて小哺乳類の生け捕りワナを古い草原の生息地にしかけた。枠は，7.6 m間隔の10×10のマトリックスからなるフィッチ生け捕りワナ(Fitch live trap)で構成されている(Rose 1973)。牧乾草と乾いた草がワナの巣の箱の場所におかれ，餌としてトウモロコシが用いられた。ワナは1981年6月から1982年1月にかけて，月に一度5日間隔で毎夕セットされて翌朝チェックされた。捕獲された動物は耳標で標識され，捕獲地点で放された。捕獲手順のより完全な情報はNichols et al. (1984 b)を参照せよ。

1981年10月からの連続した5日間のワナかけ日をCAPTUREプログラムのモデル選択手順と個体数推定に利用した。用いた資料は成獣のアメリカハタネズミであり，モデル選択手順の出力を次に示した。

モデル	M_0	M_h	M_b	M_{bh}	M_t	M_{th}	M_{tb}	M_{tbh}
基準	0.80	1.00	0.38	0.59	0.00	0.32	0.52	0.98

モデル選択手順の最も高い値はこれらのデータにとって最適なモデルであることを示唆している。このように，M_hとM_{tbh}の高い値はそれらが他のものよりもよりよいモデルであることを示唆している。最良はM_hと一致するジャックナイフ推定値であり，M_{tbh}の推定値ではない。

モデルM_hの出力は表9-3に示してある。推定された平均捕獲率$p=0.44$は高いので，個体数推定の精度は良い。

表9-3 CAPTUREプログラムからの不均一モデル(M_h)の出力

	捕獲頻度[a]				
i	1	2	3	4	5
$F(i)$	29	15	15	16	27

捕獲された動物=102[b]
平均$p=0.44$
補完した個体数推定=139 (SE=10.85)
95%信頼限界の近似=117-161

[a]捕獲頻度は一度，二度，三度，それ以上の回数で捕獲された動物の数。[b]一度あるいはそれ以上捕獲された異なる個体の数。
1981年，メリーランド州，ロウレル，パツセント野生動物研究センターで採集されたアメリカハタネズミの資料による。

の基礎を提供するという教訓的な理由で含まれている。

M_0のモデルは，Nの(そして近似のSEの)最尤推定値(maximum likelifood estimator: ML)を用い，CAPTUREによって反復して計算される。しかし，この推定値は，等しい捕獲率が棄却された場合に，大きな偏りが生じる。Otis et al. (1978)は$\hat{N}_0$が時間経過の捕獲率変化に十分耐えられるだけ頑強であるので，モデルM_0で，捕獲率が時間の経過とともに変化したとしても，十分な推定値を与え

ることができることを観察した。再捕獲がまれな場合でも，M_0モデルは通常最も適切な推定式としてモデル選択手順で選択される。再捕獲がわずかな場合は，限られた情報しかないので，捕獲率の変動をもたらす異なる原因を特定することや，他のモデルへの利用が困難である。

M_h 不均質モデル：不均質モデルは，各動物が特有の捕獲率を持っていることを仮定しており（p_j，ここで個体群中の $j=1,\cdots,N$ 頭），ワナかけの期間は一定である。さらに，捕獲率は，個体群中の全ての個体がランダムに抽出されることを仮定している。このモデルでは，1, 2, 3,$\cdots$, k 回捕獲された動物の数の情報すべてが推定値 N のために用いられる。

M_hモデルは，Burnham(1972)が初めて考察し，のちにBurnham & Overton(1978, 1979)が，ジャックナイフ推定法として開発した。最近では，Chao(1988)は不均質モデル下での瞬間推定式を提案した。捕獲率が小さく動物が1度か2度しか捕獲されない場合，コンピュータシミュレーションに基づくと，瞬間推定式はジャックナイフ手順よりも優れている。今では，両方の方法がプログラムCAPTUREに組み込まれている。

M_b ワナ反応モデル：モデル M_b は，ワナかけの反応によって捕獲率が変化することを許容する。このモデルは，個体群中の各未標識個体（まだ以前に捕獲されたことがない）が，すべての捕獲の機会で初期の捕獲効率（p）と同じであり，その初期の捕獲後にすべての標識個体が同じ再捕獲率（c）を持っていることを仮定している。したがって，個体群中の全ての個体は，同じ初期の捕獲率 p を持ち，そして全ての標識個体は同じ再捕獲率 c を持つが，p と c は等しくない。

M_bモデルは一つの例外を除き，必然的に一定努力の単位努力量あたりの捕獲数除去モデルである〔「単位努力量あたりの捕獲数」の項（283頁）参照〕。例外は，「除去」された個体は物理的に個体群の外へ持ち出される必要がないことである。むしろ，標識個体が引き続く標本抽出では無視され，初期の捕獲だけが個体数推定に用いられる。M_bモデルの仮定は初期の捕獲率が全ての動物で等しい（等しい捕獲率）ことである。M_{bh}モデルは以下に述べるように等しい捕獲率を仮定しなくてよい。

CAPTUREについては，単位努力量あたりの捕獲数の節で説明した。伝統的な単位努力量あたりの捕獲数の回帰法よりも，むしろ N のML推定式を用いる。実際上，MLと回帰推定の差はわずかなようである（J. W. Bishir ノースカロライナ州立大学，私信）。

M_{bh} 不均質とワナ反応モデル：M_{bh}モデルは，各動物が特有の潜在的な一組の捕獲率，p_j と c_j（$j=1,\cdots$, 個体群中の N 頭）をもつことを仮定している。ここで，p_j は初期の捕獲率であり，c_j は再捕獲の確率である。捕獲率は，全てのワナかけの間，一定であると仮定されている。このモデルは，初めPollock(1974)によって考察された。引き続いて，Otis et al. (1978)が「一般化した除去モデル」を開発し，Pollock & Otto(1983)がジャックナイフ法を開発し，双方が今ではプログラムCAPTUREに道具として納められている。

M_t 時間変動(Schnabel)モデル：M_tモデルは，個体群中の個々の個体が一定の抽出に対し，同様の捕獲率を持っているが，これらの確率が各標本抽出の時間によって変化するという仮定に基づいている。したがって，捕獲率は p_i，$i=1, 2,\cdots, k$ の抽出の機会である。これは，一時的な変化を許容する古典的な閉鎖個体群モデルであり，Schnable(1938)によって開発された。

CAPTUREは，N を計算するためにML推定値を利用する。Schnabel推定は，手計算が容易であるが，CAPTUREを使うべきである。というのも，一定のデータセットに対し，最も適切なモデルを選択することを助けるからである。モデル M_t の推定式は，一定時間の期間内にすべての個体の捕獲率が等しくない場合には，高い偏りがかかる。その効果は，モデル M_0 が用いられた場合に，等しくない捕獲率によって生じる偏りと同様である。

他の時間依存モデル M_{th}，M_{tb}，M_{tbh}：概念的に，以前に提示した M_h，M_{tb}，M_{tbh} の三つのモデルは，M_{th}，M_{tb}，M_{tbh} のような時間要因を含んで一般化できるが，これらの推定手順は出版されていない。しかし，最近 M_{th}(Chao et al. 1992)と M_{tb}(Rexstad & Burnham, User's guide for interactive program CAPTURE, Colorado Coop. Fish Wildl. Unit, Ft, Collins, 1991)推定手順が，CAPTURE内に組み込まれた。

CAPTUREは，適合性検定とモデル間の検定に基づいて，上述したモデルのうち最良のモデルを選択するプロセスを含んでいる。しかし，モデルの選択は注意深く行なわれなければならない。というのも，検定はしばしば検出力が弱く，特に小さな個体数で著しい(Chapman 1980, Menkens & Anderson 1988)。ある状況では，初期と後期の標本抽出をプールした標本抽出に基づくLincoln-Petersen推定がCAPTUREのモデル選択に好ましいかもしれない。

生物学的な情報は，可能であるならば，理想的なモデル

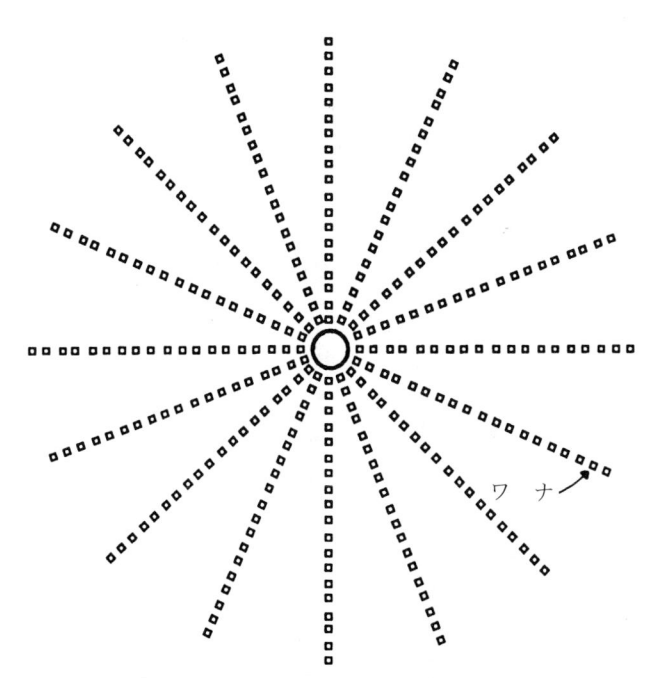

図 9-9 16 の放射ラインと 20 ワナ/ラインをもつワナ網の例 (Anderson et al. 1983:676)

の数を減少するために用いるべきである。たとえば，特定の種の行動と利用したワナ法に基づくと，ワナの反応が起こらないという証拠があれば，そのためモデルがワナの反応を考慮しなくてよくなる。さらに，CAPUTURE が何も推定しないようなモデルを選んだとしたら，調査者の経験と判断に基づいて，他のモデルを選択しなければならない。

密度推定

この章は個体数推定のために書かれたものであるが，密度に関する概念も重要である。ここで，閉鎖個体群の捕獲・再捕獲データから密度を推定するための二つの方法を述べる。

入れ子状格子法(nested grids)：この密度推定法は，Otis et al.(1978)が，上述した閉鎖個体群の捕獲・再捕獲モデルを組合わせ開発した。最初のうちは，格子状のワナかけから得たデータを用いて，密度を推定するのは簡単のように思われた。一つの単純な推定は，上述した捕獲・再捕獲モデルの一つを用い，それから式(6)に明記されている面積で除すことである。しかし，格子状に配列したワナによってカバーされている面積が容易に計算できた場合でも，捕獲された動物から導き出せる面積や，個体数推定に関係する面積を計算することは容易ではなかった。ワナ格子の捕獲地点の周囲に沿って，ワナを越えて一定の境界幅を考えるのが伝統的(例，Dece 1938)だった。したがって，格子ワナで暴露された個体群の利用面積は格子それ自体の面積とその境界幅の合計である。

Otis et al.(1978)は，ワナ格子に関係する個体数を二つの既知のパラメータである格子面積と周辺，および二つの不明のパラメータである境界幅と実際の動物の密度によって記述することができる，と述べている。一つの格子からの個体数の推定からは，二つの不明なパラメータを推定することができないが，個体数推定が，いくつかの異なったサイズの格子に利用できるのであれば，推定は可能である。一つの格子ワナは一つの入れ子状格子法のシリーズとしてみることができる。たとえば，10×10 の四角い格子ワナを持っていることを仮定しよう。最外郭の二つの角から捕獲を除くと，資料は 8×8 の格子に一致する。同様に，最外郭の四つと六つを除くとそれぞれ 6×6 そして 4×4 となる。

密度推定のために，Otis et al.(1978)はワナ格子内の各入れ子状格子(10×10 のうちの四つの格子)の全個体数を推定するために，上述した閉鎖個体群モデルを初めて用いた。彼らは，それからそれらの「もともとの密度」推定(すなわち個体数を格子でカバーされた面積で割ったもの)を興味ある二つの数量，真の密度と境界のストリップ幅を関数として記述した。もともとの密度推定は，格子サイズが増加するにつれ，うまく偏りが減少し，異なる格子からの推定値(一般的な非線形最小二乗法と組合わさって)を用いて実際の密度と境界ストリップ幅を推定した。

Wilson & Anderson (1985 a)によるシミュレーション調査は，入れ子状格子法による密度推定には，大きな正の偏りと大きく推定された分散が生じることを示した。しかし，捕獲率が高く標本サイズが大きい場合，入れ子状格子法は相対的にうまく実行できる(Jett & Nichols 1987 の例を参照)。

ワナの網(trapping web)：この密度推定法は動物の捕獲に依存しているが，捕獲率の変動の原因についての特定な仮定は不要である(Anderson et al. 1983)。この方法は，モデルの基礎となる捕獲履歴データに基づいていないので，これまで議論してきた全ての捕獲・再捕獲のモデルと異なっている。距離標本抽出がワナの網推定法の概念的な基礎となっており，それは前述した定法によるトランセクト法と可変同心円プロットに類似している。

ライントランセクトと可変同心円プロットでは，目撃あるいは観察率はトランセクトラインからの距離に伴って減少する。ワナの網はデザインされたワナの配置が同様な発見(すなわち捕獲)率の勾配をもたらすように配置されてい

る。その網は，ランダムに選択した中心から等しい長さの放射線上に等間隔で配置されたいくつかの数(例16)からなっている。ワナ(例20/ライン)は中心点(網の中心)から固定した距離で放射線上に置かれ，それは特定のライン状の連続したワナと一定間隔で分離している(図9-9)。したがって，このデザインではワナの配置が一連の同心円となる。網の中心に最も近い円は互いに接近したワナとなり，ワナの中心から円の距離が遠ざかるにつれて，隣接する放射線上ラインで同じリングのワナの距離が増加する。そのためワナの密度は，動物が特定の地域で捕獲される確率が網の中心からの距離に伴って減少し，その結果ライントランセクトと可変同心円プロットの標本抽出の状態と同様な観察率の勾配をもたらす。ワナは数日間連続して稼働し(例5日)，各動物について最初の捕獲がなされた同心円の円が記録される。最初の捕獲日だけを利用するので，この方法は除去データとして用いられる。

円は，放射線上の隣接するワナの間の半分の点で定義され，ワナの特定の円ごとにワナがけされた面積が計算される。ワナがけされた面積と捕獲された動物の数は各円に用いられ，f(c)の推定の基礎である標本抽出された面積の密度関数となる。f(c)が推定されたのち，密度はライントランセクトの推定で用いられた同様な方法で推定される：

$$\hat{D} = M_{t+1} \hat{f}(0)$$

ここで M_{t+1} は網が作動していた期間に捕獲された動物の数として定義される。フーリエ級数，またはTRANSECTからの他の推定式(Burnham et al. 1980)が密度推定に用いられる。分散，$VAR(\hat{D})$ は，Wilson & Anderson (1985b)の推定式と組合わさってTRANSECTで出力して推定される。

ワナの網による密度推定は，次の四つの仮定が基礎となる。①網の中心にいる全ての動物は確率1.0で捕獲される，②動物の移動は「安定」している(すなわち，網の中心から選択的な移動がない)，③網が配列された場合，網の中心から各ワナの距離が正確に計ることができる，④動物の捕獲は独立した事象である(これは分散の推定に用いられる)。コンピュータのシミュレーション研究によって，Wilson & Anderson (1985b)はワナの網が十分に機能していたと結論づけた。Anderson et al. (1983)，Jett & Nichols (1987)，そしてParmenter et al. (1989)によって事例が与えられ，最後にあげた著者は，密度が既知の個体群を用いた野外テストによって，網の推定値が正しかったことを証明した。

表9-4 Jolly-Seberモデルの記号

$M_i = i$ 番目の標本抽出 $(i=1,\cdots,k, M_i=0)$ での個体群内の標識個体数

$N_i = i$ 番目の標本抽出 $(i=1,\cdots,k)$ での個体群内の動物の総数

$B_i = i$ 番目と $i+1$ 番目の標本抽出間での個体群に新たに加入した総数で，$i+1$ の標本抽出 $(i=2,\cdots,k-2)$ の時点で個体群内に存在している。

$\phi_i = i$ 番目と $i+1$ 番目 $(i=1,\cdots,k-2)$ での全ての動物の生存率

$p_i = i$ 番目の標本抽出 $(i=2,\cdots,k)$ での全ての動物の捕獲率

$m_i = i$ 番目の標本抽出 $(i=1,\cdots,k, m_1=0)$ で捕獲された標識個体数

$u_i = i$ 番目の標本抽出 $(i=1,\cdots,k)$ で捕獲された未標識個体数

$n_i = m_i + u_i$，i 番目の標本抽出 $(i=1,\cdots,k)$ で捕獲された動物の総数

$R_i = i$ 番目の標本抽出 $(i=1,\cdots,k-1)$ の後に放された n_i の数。これらは捕獲期間中の損失があるので，全ての n_i を含んでいない。

$r_i = $ 再捕獲された i 時に放された R_i 動物の数 $(i=1,\cdots,k-1)$

$z_i = i$ の以前に捕獲され i 時には捕獲されず，しかし後に再び捕獲された数 $(i=2,\cdots,k-1)$

開放個体群モデル

個体数，生存率，出生率の推定に用いることのできる基礎的な開放個体群モデルは，Jolly-Seberモデル(Jolly 1965, Seber 1965)である。Cormack (1973)は，このモデルと推定式について直感的にわかる短い記述を行い，Seber (1982)は詳細な説明を行った。Jolly-Seberによる個体数推定を求めるコンピュータプログラムには，POPAN (Arnason & Baniuk 1980)とJOLLY (Pollock et al. 1990) (第3章参照)がある。

Jolly-Seberモデル：Jolly-Seberモデルは標本抽出時の個体数推定と同様に標本抽出期間の「生存」率，「出生数」の推定も行う。すでに述べたように，「生存率」の数学的な補集合(すなわち1－生存率)には死亡と移出がふくまれ，「出生」には移入が含まれる。以下の議論はSeber (1982)に厳密に従っている。

以下はJolly-Seber法の仮定である。

① i 番目の標本抽出の時に，$i=1,2,3,\cdots,k$ 回のワナかけで，個体群に存在する全ての動物は同じ捕獲率 p_i をもつ。したがって，Jolly-Seberモデルは等しい捕獲率の仮定が必要である。

②個体群中に存在する各標識個体は，i 番目の標本抽出の直後には次の標本抽出の時間，$i+1$，$i=1,2,3,\cdots$，$k-1$回の標本抽出の機会まで同じ生存率 ϕ_i を持つ。

最後の2回の標本抽出の機会には生存率推定は行わない。
③標識は失われないし見落とされない。
④全ての標本抽出は瞬間に行われ，各放逐は標本抽出直後に行われる。

1と3の仮定はLincoln-Petersenモデルで必要である。標識個体だけを生存率推定に用いるので，標識個体と未標識個体の動物が等しい生存率であることを仮定しなくてよい。しかし，実際上，生存率の推定はそれらが全個体群に応用できるように解釈されている。

Jolly-Seberモデルでのパラメータ推定の直感的な議論を次に述べている。Jolly-Seberモデルの記号は，表9-4に要約されている。i番目の抽出直前における個体群内の標識個体数M_iを想像しよう。i番目の全ての値，$i=2,\cdots,k$で，ここでkは標本抽出の回数を示している。初めの標本抽出の以前に標識個体は存在しないので，$M_1=0$となる。後に，死亡(およびあるいは移出)が起こるので，開放個体群では不明なM_iをどのように推定するかを議論する。

i時の個体数$\hat{N}_i$の直感的な推定式は，以前に議論したLincoln-Petersenの推定式である。
したがって，
$$m_i/n_i=M_i/N_i \tag{50}$$
ここで，m_iはi番目の標本抽出で再捕獲された標識個体の数であり，n_iはi番目に捕獲された動物の総数である。N_iの解は次の推定式から得られる。
$$\hat{N}_i=n_i\hat{M}_i/m_i \tag{51}$$
N_iの推定値は$i=2,\cdots,k-1$回の標本抽出の時にのみ定義される。

生存率は単純にi番目の標本抽出の標識個体数に対する，$i+1$番目の標本抽出の標識個体数である。i番目の標本抽出における標識個体数は，i番目の標本抽出の直前の個体群における標識個体数M_iと未標識個体U_iの和であり，それらはi番目の標本抽出で新たに標識される数である。いくつかの動物は捕獲されるが，個体群に戻されていないので(たとえばワナによる死亡)，未標識の数はより一般的な方法で，$U_i=R_i-m_i$のように表現される。ここで，R_iは放された動物の数である。したがって，i番目の標本抽出で標識された標識個体の数は，$M_i-m_i+R_i$である。$i+1$番目の標本抽出の直前に個体群で生存していた動物の数は，M_{i+1}である。それゆえ，t時の生存率は
$$\hat{\phi}_i=\hat{M}_{i+1}/(\hat{M}_i-m_i+R_i) \tag{52}$$
ϕの推定値は，$i=1,\cdots,k-2$の標本抽出時のみに定義される。

「出生」数あるいはiから$i+1$の時間間隔での補充は，$i+1$の時の個体数，N_{i+1}およびiから$i+1$までの期待できる生存数の相違によって推定でき，これは生存率とi時あるいは$\phi_i N_i$での個体数を示す。生存率の期待数は$\phi_i(N_i-n_i+R_i)$ ($n_i=R_i$ワナによる死亡がなければ)と書くことができる。したがって，標本抽出時iでの出生数は次のように推定される。
$$\hat{B}_i=\hat{N}_{i+1}-\hat{\phi}_i(\hat{N}_i-n_i+R_i) \tag{53}$$
Bの推定は$i=2,\cdots,k-2$の標本抽出時にのみ定義される。

捕獲率p_iは，i時に捕獲されたi時で生存している標識個体の比率，あるいはi時に捕獲されたi時に生存している個体(標識＋未標識)の総数に対する比率である。したがって，
$$\hat{p}_i=m_i/\hat{M}_i=n_i/\hat{N}_i \tag{54}$$
p_iの推定は，$i=2,\cdots,k-1$の標本抽出の時にのみ定義される。

最後に，M_iは開放個体群内で不明であり，二つの比率で等しく推定されなければならない。
$$z_i/(M_i-m_i)=r_i/R_i \tag{55}$$
これは，標本抽出期間iにおける個体群内の2標識個体グループの将来の捕獲率である。M_i-m_iはi時に標識されていない動物であり，R_iはi時に捕獲された動物であり，標識され(まだそれらが標識されていなかったならば)そして可能な再捕獲のために放される。したがって，r_iはi時に放された動物が後に再捕獲された個体数であり(すなわちR_i)，z_iはi時に捕獲されていないi時以前に捕獲された個体数である(すなわちM_i-m_i)。しかし，引き続く捕獲作業で再び再捕獲される。M_iの推定式は
$$\hat{M}_i=m_i+R_iz_i/r_i \tag{56}$$
M_iの推定値は$i=1,\cdots,k-1$の標本抽出時のみで定義される。Seber(1982)はこれらの推定式について偏りのない類似の改作を提示し，分散と共分散の推定式を示している。

Jolly-Seberモデルが使用される場合，等しい捕獲率の仮定に適合するかどうかが重要である。捕獲率におけるワナの反応の不均質は，標本の比率，m_i/n_iが個体群の比率，M_i/N_iに正確に反映しないので，個体数推定に重要な影響を与える。不均質とワナの反応のある形態も，生存率推定に影響を与えるが，個体数推定よりも程度は少ない。このことは，生存率が標識個体だけの比率から推定されるので，捕獲率の変動は相殺される傾向にある。ワナの反応が永久

表 9-5 捕獲－再捕獲資料（A.Duboek によって採集された）と Jolly-Seber 推定値と近似的な標準誤差

	n_i	m_i	R_i	r_i	z_i	$\hat{N}_i$	$\widehat{SE}$	$\hat{\phi}_i$	$\widehat{SE}$	$\hat{\beta}_i$	$\widehat{SE}$
1972 年											
11 月	46		46	43				0.94	0.03		
12 月	46	42	46	44	1	47.1	0.4	0.96	0.03	6.3	0.7
1973 年											
1 月	48	42	48	48	3	51.3	0.7	1.00	0.00	4.5	1.3
2 月	46	42	46	45	9	56.0	1.2	0.99	0.02	5.1	1.5
3 月	51	46	50	46	8	60.5	1.5	0.94	0.04	0.0	1.1
4 月	37	37	37	35	17	54.9	1.2	0.95	0.04	0.0	0.0
5 月	41	41	41	40	11	52.3	0.6	1.00	0.03	3.9	1.2
5～7 月	42	39	42	37	12	56.5	2.1	0.90	0.05	3.7	1.4
6 月	48	43	47	40	6	54.6	1.6	0.92	0.07	8.7	3.3
7 月	31	26	31	26	20	58.9	4.6	0.84	0.07	2.2	6.6
8 月	8	7	8	8	39	51.8	6.0	1.00	0.00	0.0	6.0
9 月	2	2	2	2	45						
10 月	1	0	1	1	47						
11 月	4	3	4	3	45						
12 月	9	8	9	8	40	58.3	9.2	0.93	0.12	1.0	6.6
1974 年											
1 月	19	17	18	17	31	55.3	4.3	0.98	0.07	13.1	8.2
2 月	19	14	19	18	34	66.4	8.1	1.00	0.07	6.8	10.1
3 月	27	20	27	24	32	74.5	7.9	0.93	0.07	0.0	6.3
4 月	36	36	36	32	20	58.4	2.1	0.99	0.07	18.2	4.2
5 月	45	34	44	33	18	76.0	6.1	1.00	0.17	33.9	8.9
6 月	74	46	73	15	5	110.3	18.1	0.21	0.05	0.0	2.2
7 月	74	46	73	15	5	110.3	18.1	0.21	0.05	0.0	2.2
8 月	22	20	22	2	0	21.9	0.0				
9 月	3	2	2								

[a]$\widehat{SE}(\hat{N}_1)$はサンプルのまたは「推定値の誤差」のみを含み，$\widehat{SE}(\hat{\phi}_i)$と$\widehat{SE}(\hat{\beta}_i)$は Jolly (1965) の全分散推定式を用いて得られた。
1972 年 11 月から 1974 年 9 月におけるイングランド，シュレイ，アリスフォールト研究ステーションのハイイロリス個体群を対象

的である場合は，生存率の推定には全く影響しない (Nichols et al. 1984 a)。

次の例は，Jolly-Seber の捕獲・再捕獲法を用いた，出生，生存率，個体数推定である。この例では，A.Duboek による，イングランド，シュレイ (Surrey) の成熟したオークの森林で得られた 2 年間にわたるトウブハイイロリスの研究資料を用いて分析した。リスは，1972 年 11 月から 1974 年 9 月にかけて，概ね月毎に捕獲された。多数回捕獲用のワナが森林中に分散配置され，穀物で餌付けされた。捕獲されたリスは，足の指を切り取って独自の標識が付けられた。

Jolly-Seber 推定式は，表 9-5 に示してある。1973 年 9～11 月の推定値は提示しなかった。というのも，少ない数の捕獲は推定を誤りに導くと感じたからである。また，生存率の推定 >1.0 は 1.0 として記録し，マイナスとなったいくつかの出生数の推定は 0 として記録した。

この例における推定値は，高い捕獲率と生存確率を持っているので正確である。一度リスが捕獲され標識されると，それは個体群内にとどまり，しばしば再捕獲される。その結果，再捕獲は推定手順に多くの情報を与える。しかし，推定値の精度は，捕獲率の変化によって調査期間中に非常に変化した。捕獲率がほぼ一定のままであった場合でも，標識個体数が次第に増加し，研究の残りの標本抽出期間が再捕獲データを提供するので，精度は調査期間の半ばで最も高くなった。言い換えれば，r_i は高い精度の推定値のために大きくなければならない。

多くの要因が推定精度に影響している。個体群内外への移動は無視できるので，Duboeku は，生存率と出生数の推定値は，死亡率と繁殖力のみに反映していると解釈した。個体群内の異なる性と年齢クラス（不均質性）に対して，捕獲率と生存率が異なるために，また動物がワナ好き（ワナの反

応)なために,捕獲率はモデルで仮定したように個体間で等しくない。これら双方の離脱が個体数推定の負の偏りとなり,生存率をより過小評価している。

若い個体は4月と5月に捕獲個体群に加入したに違いない。このことは1974年のこれらの月に出生数の推定が高くなったが,1973年にはそうならなかったことにより示された。Duboekは,1973年がリスの生産にとって悪い年だったと予測していた。1974年の春に非常に多くのリスが個体群に加わった後,生存数は大いに落ち込んだ。不幸にも,これは研究の最後に起こったので,推定はおそらく信頼できない。

Jolly-Seber法の拡張:Jolly-Seber法の部分的に様々に改良されたものが文献として利用できる(Pokkpck et al. 1990)。出生と移入が無視できる個体群にとって,損失(死亡と移出)のみが許容されるモデルが有効である(Darroch 1959)。Darroch(1959)は加入のみ(出生と移入)のモデルを提示している。他の限定されたモデルは,一定の生存率と捕獲率モデルであり,Jolly(1982)が記述し,Brownie et al.(1986)が発展させた。

ときおり,ある種の動物では年齢クラスの区分ができるので,年齢に依存した生存率と捕獲率による,最も現実的なモデルが作ることができる。これらの状態では,Pollock(1981a)とStoke(1984)によって開発されたモデルが有効であり,コンピュータプログラムJOLLYAGEが利用できる(Pollock et al.1990)。他の修正は生存率と捕獲率に与える短期間の効果を許すものである(Robson 1969, Pollock 1975, Brownie & Robson 1983)。最後に,年齢がわかっている標識個体に対するコホートのJolly-Seberモデルが,Buckland(1982)とLoery et al.(1987)によって記述されている。

開放モデルと閉鎖モデルの組み合わせ
－Pollock頑強デザイン－

開放個体群と閉鎖個体群の間の区分は,関心ある個体数推定に用いるそれぞれのモデルを単純化してなされる。単純化は,野外への応用の適不適を仮定した結果である。生物学者は,これらのモデルの基礎となる仮定にできる限り適合するような研究設計を意識しなければならない。

Pollock(1982)は,捕獲率の不均質性およびまたはワナの反応に対する頑強さを備える長期研究計画を発見したいという願望にかられた。彼は,双方の長所を開発して欠点を最小にするような,開放個体群モデルと閉鎖個体群モデルを組み合わせた方法を提示した(Box 9-11を参照)。たとえば,いくつかの閉鎖個体群モデル(例CAPTUREモデ

Box 9-11 Pollock頑強デザインは開放と閉鎖個体群モデルの組み合わせであり,個体数推定,出生率,生存率推定に用いられる。パラメーターは,Jolly-Seber法単独であるよりもPollock頑強デザインの方がより多くの間隔で推定できる。

パツセント野生動物研究センターでのアメリカハタネズミの生け捕りワナの資料を,CAPTUREが利用できる閉鎖個体群モデルの初期の例として提示したが,ここでは組み合わせ法(NIchols et al. 1984b)の例として用いる。1981年6月から1981年12月までの各6か月(初期)のサンプル期間で,ワナかけは連続5日間実施された(第2番目のサンプル期間)。

CAPTUREプログラムは,閉鎖個体群の仮定のもとに第2番目のサンプル期間の資料(表9-6)の分析に用いられた。CAPTUREのモデル選択手順は捕獲率が不均質であることを示唆した(Pollock et al.1990)。そこでM_hが各月の個体数推定に用いられた。

Jolly-Seber法は初期のサンプル期間の生存率推定に用いられた。出生数は組合わせた閉鎖モデル$\hat{N}_i$とJolly-Seber$\hat{\phi}_i$で推定された(表9-7)。

この例では,平均捕獲率のM_hの推定値(動物がどのような特定の日あるいは第二の標本抽出期間で捕獲される確率)は0.35から0.56の範囲であり,十分正確な個体数推定結果である。Jolly-Seberの捕獲率の推定値(すなわち1頭の動物が少なくとも5日間の初期の期間で一度は捕獲される確率)も大変高い(平均$p=0.91$)。再び,正確な個体数推定値の結果となった。しかし,Jolly-Seber推定値では,不均質性が存在すると負の偏りが働くが,その偏りは捕獲率が高い場合には相対的に小さくなるに違いない(Carothers 1973, Gilbert 1973)。実際,四つのJolly-Seber個体数推定式は,すべてわずかながらM_h推定値より小さい。したがって,個体数のJolly-Seber推定値がM_hの推定値よりも精度が高くても,我々は偏りが少ないという理由で,M_hの推定値を好む。これはM_hが不均質な捕獲率を許容するからである。

Jolly-Seberの生存率推定(表9-7)は不均質に対して強固であり(Gilbert 1973),永久的なワナに対する反応によって偏らない(Nichols et al. 1984a)。それゆえ,生存率推定は正確であるに違いない。捕獲率も高いので精度も高い。

Jolly-Seber法よりも組み合わせ法の方が,初期のサンプル期間間の出生数あるいは補充率は一般に高いが,精度は下がる。しかし,組み合わせ法はB_iを推定するが,Jolly-Seberはしない。最後に,組み合わせ法の出生率の推定はJolly-Seberの推定値よりも偏りが少ない。

ル)は等しい捕獲率の仮定を開放し,Jolly-Seber開放個体群モデルは個体数の変化を許容する。したがって,短い研究期間での試験的な設計は,閉鎖個体群モデルとともに個体数サイズの推定に用いられ,短期間の研究で生存率と出生を推定するJolly-Seber開放個体群モデルと組み合わせて,多くの長期の野外への適用に最も頑強なものとなるであろう。

個体群パラメータの推定:組み合わせたデザインのために,季節や年のようにKの最初の標本抽出期間を持つ捕獲・再捕獲の検討をしよう(図9-10)。これらは,nの連続

表 9-6　1981年，メリーランド州のロウレルにおけるアメリカハタネズミについて，六つの月別の第一標本抽出期間に対する各5日間の日別の第二標本抽出期間ごとの捕獲頻度資料

1番目の期間		2番目の期間				
		1	2	3	4	5
1	捕獲数[a]	63	72	74	65	63
	頻度[b]	20	15	21	21	28
2	捕獲数	66	81	82	0[c]	0[c]
	頻度	35	37	40	0[c]	0[c]
3	捕獲数	53	54	46	47	43
	頻度	37	23	16	13	12
4	捕獲数	60	62	61	52	68
	頻度	29	15	15	16	27
5	捕獲数	60	67	65	56	64
	頻度	19	19	19	17	26
6	捕獲数	87	89	79	85	64
	頻度	40	28	32	28	20

[a]各ワナかけ日ごとに捕獲された動物の数，[b]1, 2, ……5回の機会で捕獲された動物の数，[c]アライグマが非常に多数のワナをひっくり返したので，これらの日は分析から除外した

加入した個体数(出生)は，閉鎖モデル N_i と開放モデル ϕ_i によって求めることができる(式53を参照)。

Jolly-Seberモデルは，上述したリスの例のような全てのデータについて，標準的に利用することができるが，全ての個体群パラメータの推定が定義されているわけではない。Jolly-Seberモデルでは，個体数の推定は最初(N_1)と最後(N_k)の最初の標本抽出の期間ではできない。また，出生数の推定も最初(B_1)の標本抽出期間ではできない。しかし，これらの全てが組み合わせたデザインでは可能である。

近似的な生存率と出生率の分散推定は，Pollock et al. (1990)によって与えられている。個体数推定値の分散はCAPTUREから得られる。

❏手法の選択と比較

一つの手法を選択することは，生物学者の最初の仕事だが，この話題を全ての手法を提示するまで残しておいた。生

表 9-7　アメリカハタネズミの資料に対する組み合わせ法と Jolly-Seber モデルでのパラメータ推定値の比較

月	個体数				生存率		出生率			
	Comb[a]	$\widehat{SE}$	J-S	$\widehat{SE}$	J-S	$\widehat{SE}$	Comb[a]	$\widehat{SE}$	J-S	$\widehat{SE}$
1	123	5.2			0.88	0.021	39	8.7		
2	144	6.9	138	4.3	0.66	0.023	50	11.5	31	3.6
3	141	10.0	118	4.5	0.69	0.022	43	13.2	29	2.9
4	140	10.9	109	3.1	0.63	0.015	28	8.5	43	3.1
5	115	4.7	111	3.1						
6	189	10.3								

[a]CAPTUREからのモデルMhが個体数推定に用いられている。トラップの損失はMhの推定値に加えられている。

するワナ日のような，短期間を超える n の第2番目の標本抽出期間を持っている。個体数が，これらの標本抽出期間の各々で等しいと仮定できる場合(すなわち個体群が各最初の期間内での標本抽出期間を超えて閉鎖されている)，組み合わせたデザインを第2回目の標本抽出期間($N_1, N_2, \cdots, N_k$)について，それぞれの個体数推定に利用することができる。CAPTURE内の閉鎖個体群モデルは，N_s を推定するのに用いるべきである。

生存率，$\phi_1, \phi_2, \cdots, \phi_{k-2}$ は各最初の標本内での第2番目の標本を「込み」にし，Jolly-Seberモデルを用いることによって推定することができる。第2番目の標本を込みにすることは，単純に各最初の標本抽出の期間で少なくとも一度捕獲された個体であるかどうかを記録することを意味する。期間 $B_1, B_2, \cdots, B_{k-2}$ の最初の標本抽出期間に個体群に

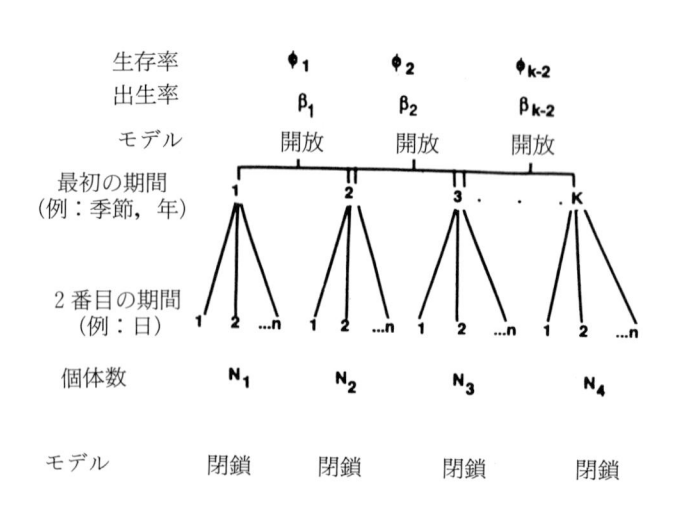

図 9-10　Pollock頑強デザインの最初と2番目の期間の関係

物学者は個体数推定法を選択する以前に，手法の寛容さと基礎となる仮定に気づくべきである。

この章全体では，個体数推定のために一つの手法を選択するうえで，観察率と標本抽出を考慮しなければならないことを強調する。すなわち，調査者は，式(4)の β と α の双方を考慮する必要がある。標本抽出で最初に考慮すべきことは，単に関心のある地域が標本抽出を必要とするほど大きいかどうかである。標本抽出が必要な場合，調査者は標本プロット（またはトランセクト）のサイズを決定しなければならない。これらの決定は観察率を処理するために選択した手法に関連する移動・輸送を考慮すべき問題に大部分を負っている。たとえば，地上観察のライントランセクトよりも，複数の観察者による航空調査で，より大きなプロットが典型的に用いられる。

次に標本プロットの数，すなわち標本抽出の比率を決定しなければならない。ここで，全ての標本抽出で問題となるように，調査者は精度を増加させる望み（α が増加するにつれて推定値の分散が減少）と標本抽出のコストとのバランスを取る必要がある。また，標本抽出の計画も選択しなけらばならない。個体の数度がプロット間で大きく変動すると考えられる場合，調査者が事前に調査地全体にわたって，いくつかの相対数度の情報を持っているならば（または容易に得ることができるならば），層化ランダム抽出法が一般的に的を得ている。しかし，層化の根拠がなければ（すなわち相対数度について事前情報がないばかりか，そのような情報を得るのが高くつく），単純ランダム抽出法が最も合理的な方法である。ある状態では，移動・輸送に関することがランダム抽出計画よりもむしろ系統標本抽出計画を規定するかもしれない。我々は，標本抽出の方法については詳細に考察しなかった。というのも，この章の目的を超えるからである。さらなる情報として，Cochran(1977)と第1章を推奨する。Jolly(1969 a, b)，Jolly & Watson (1988)，Hankin(1984)，Hankin & Reeves(1988)は，動物調査の具体的な方法の標本抽出の問題点について議論した。これらの議論は，個体の数度の推定問題に関係している。

個体数の数度推定に関心のある調査者は，標本抽出の問題に関する古典的な統計の仕事から，標本抽出に考慮すべきことがらの指針を得ることができるにもかかわらず（たとえばCochran 1977），いくつかの標本抽出の問題点は，個体数の推定問題に対して特有である。特に，標本抽出と観察率の相互作用を含む問題は，関心がまだ不十分なので，将来の統計研究に有用な基盤となるに違いない。一つの個体数推定の分散（式5）に対する，我々の一般的な説明の例は，標本抽出，すなわち，α，$\text{var}(C)$ および観察率，すなわち，β，$\text{var}(\hat{\beta})$ などの要素が精度の重要な決定要因であることである。我々は，常に資源制限に直面しているので，これらの要素間のトレードオフも考慮しなくらばならない。たとえば次のような疑問に直面する。「より高い精度の小さな β を得ることを犠牲にして α を増加させるべきなのか？」

このトレードオフに伴う一つの問題は，二重抽出を必要とする。二重抽出とは，全ての標本プロットでのいくつかのカウント統計 C，およびこれらの標本プロットの部分集合での観察率，β の推定を得るための方法である。あるプロットでは，β の推定値は一般的に時間，努力，費用の点でカウント統計を得るよりもより費用がかかる。それゆえ，明らかな疑問は，「β を推定するのに，どれほど多くの標本プロットが必要であるか？」である。多くの状態で，標本プロットでの β の推定精度は，その推定に費やした努力の関数なので，他の疑問，それぞれのプロットでどれほどの努力を費やすかという質問を伴う。動物個体群の二重カウントに関する非常に有益な考察は，Jolly(1969 a, b)とJolly & Watson(1979)が航空調査について，Hankin(1984)とHankin & Reeves(1988)が川魚の調査について，そしてSkalski(1985 a, b)が捕獲・再捕獲（小哺乳類の例付き）について提示している。異なった特別な例を除くと，これらの著者によって考察された一般的な結論は，プロット内の β の推定による変動と比較して，標本プロット間の地理的な変動の方が重要である，ということである。Skalski(1985 a, b)は，最適な標本抽出デザインを探し出すための手段として，コスト関数の発展を考慮している。この種の仕事は非常に重要であり，注意を傾けるに値すると信じる。

この章の初めに，数度の推定について，以前の統計的な仕事のほとんどが β の推定に焦点が当てられてきたことを述べ，実際，この章のほとんどが観察率の取り扱い方法と推定法に関係している。議論の残りは，標本抽出の問題を強調するのではなく，そのかわりに動物を数える方法の選択と β の推定に焦点を当てる。

全ての個体を観察できるのであれば，全数カウント（標本プロットあるいは全調査地域）が推奨される。我々の経験では，しかし，ほとんど開放的な生息地でほとんど目視できる個体であっても，確率1.0で観察できることはまれなので，最初に全数カウントを利用する調査者は $\beta=1$ の仮説の検定を行うことを強く推奨する。

比較的大きな面積で，動物が容易に空中から目撃できる

状態では，航空調査は個体を数え，C を得るのに優れた手段となる。ここでは，航空調査と連結するいくつかの β を推定するための方法を議論しよう。我々は，これらのどれもが明らかな最先端技術であるとの見解はもっておらず，異なった状態では，それらのすべては限界と利点を持つ。全数の地上カウントが可能であれば，標本プロットでの部分集合で，β を推定するための二重抽出の方法が有効に違いない。しかし，この方法は地上カウントで全ての個体が発見できることに依存しており，この仮定は検証されなければならないことを強調する。標識した部分個体群の利用も航空調査から β を推定することを可能にするが，この方法の要求は多くの状態でその利用を不可能にする。標準的な標識を利用したのならば，調査期間に目撃に利用可能な標識個体の数を決定することは難しいが，電波発信器を装着した個体では比較的容易である。より困難な要求は，空中から目撃される標識付きの部分個体群のすべての数を標識付きとして識別できるが，未標識個体の観察率と比較して，標識個体の観察率が変化しないことである。

航空機における独立した複数の観察者の利用では，発見個体を正確に地図上に落とすこと，かつ1人の観察者の活動が他の観察者へ個体の発見についての警告を与えないこと，が必要である。この方法は，移動する動物や，群れになりやすい動物では有効ではないが，鳥の巣，アリゲーターの巣，あるいはビーバーの泊まり場など静止している対象に対しては推奨できる。そのような構造物は，地図上に正確に位置を特定でき，観察者は異なった飛行で調査地を調べることができるので，独立性が仮定できる。

観察率モデルの発展を含むモデルは，移動する動物に対する利用に対し，有望な見通しを約束する。モデルの開発は高額となるだろうが，その後のモデルの利用は実際のカウントに追加する仕事はほとんどない。そのため，この方法はマネージメント調査の作戦上，特に有効であると信じている。内在する最大の問題は，モデルが開発された時の状態とモデルが応用される時の状態が異なっている際に，観察率に影響する場合である。

航空調査が利用されないが，地上から動物が容易に目撃できる場合，「距離標本抽出法」（例ライントランセクトと可変同心円プロット）が，密度と個体数の推定の精密な手法となる。ライントランセクト法は，比較的開けた生息地に生息している目撃しやすい動物に応用すべきである。主な制限は，①ライン状の全ての個体が目撃される仮定および，②目撃した個体からラインまでを，実際に測定するか垂直距離を推定することである。多くの状態で，ラインの全ての個体を目撃するという仮定は，おそらく容易に満たすことができる。距離の測定はいくつかの状態では実用的であり，そうでない場合でも，十分訓練した観察者は距離を正確に推定できる。したがって，ライントランセクトは，多くの状態で個体数を推定するのに有効である。

可変同心円プロットは，ライントランセクトと密接な関係があり，鳥類の個体群調査に広く利用されてきた。可変同心円プロットがライントランセクトよりも優る主な利点は，でこぼこのある土地でも利用できて，安全性と簡便さが増加し，観察者と接近している個体の見落としを減少させ，各観察ステーションと関係している生息地の変動を限定する力量を増加させることである。相対的な欠点は，少ない面積しかカバーできない（そのため標本サイズがしばしば減少する）ことと重複カウントが多くなることである。可変同心円プロットは，構造が複雑な植生に利用するために開発された。しかし，これらの状態では距離を正確に測定することは，特に鳥がさえずりや地鳴きだけで識別される場合に困難である。しかし，ハワイの鳥類の大規模な調査にこの方法が用いられ(Mountainspring & Scott 1985, Scott et al. 1986)，その有効性がよく証明された。

動物が容易に直接観察できる場合，観察に基づく方法が一般的に好ましい。野生動物管理者と生物学者は一般にこのことを認識しており，鳥類と大型獣の個体数推定法に対し，観察に基づく方法を利用する傾向があった。しかし，他の小さく，隠れやすい脊椎動物と多くの無脊椎動物は容易に観察することができない。そこで，これらの動物に対しては，捕獲・再捕獲法と除去法が最も合理的な個体数推定手段としてしばしば利用されてきた。

個体数が関心のあるパラメータだけで示される場合，捕獲・再捕獲の研究は，短期間（例，連続5日間のワナかけ調査）で実施すべきである。その結果，調査期間における個体の獲得と損失に対する個体群の閉鎖確率が増加する。閉鎖性により，捕獲率の変動をもたらす様々な原因を許すような多様な閉鎖した，捕獲・再捕獲法が利用可能となるので，望ましい。閉鎖性の仮定を検証することができなかった場合には，部分的あるいは完全な開放モデルが利用できるだろう。その場合，いくつかの（四つ以上）異なった捕獲期間を含む研究が望ましい。というのも，閉鎖性と捕獲率の変動についての仮説が検証できるからである。これらの検証によってデータに対する最適モデルが選択できる。

歴史的に，Lincoln-Petersen 推定法に依存する2回抽出の捕獲・再捕獲調査に人気がある。しかし，2回抽出の調査（すなわち，2回のワナかけの機会）資料は，モデルが必要と

する仮定の検証には不適当である。しかし，再捕獲（あるいは再観察）法が最初の捕獲方法と異なり，かつ独立している場合には，2回抽出の捕獲・再捕獲が推奨できる。異なった捕獲と再捕獲方法が，Lincoln-Petersen推定法の双方の例で用いられている。このような状態では，不均質な捕獲率とワナの反応は問題が現れにくく，その結果，推定は合理的となる。2回抽出調査は，少なくとも部分的な個体群の閉鎖性を保証するために，比較的短期間で実行すべきである。

多くの個体群動態研究では，研究者は個体数ばかりでなく生存率や補充率などの期間推定に関心がある。開放した捕獲・再捕獲モデルは，個体数の獲得と損失の推定に利用できる。動物の個体群動態の長期間にわたる捕獲・再捕獲の研究に対して，閉鎖と開放モデルの組み合わせ（すなわちPollcok頑強デザイン）を推奨する。このデザインは様々な適応力のある閉鎖個体群モデルの個体数推定が可能である。生存率は，初期の標本抽出期間に対して捕獲・再捕獲の資料で推定され，補充率は，これらの個体数と生存率の推定式から推定される。このデザインは，長期間の個体群動態の研究に大きな可能性を与える。

狩猟，ワナあるいは個体数を減少させる別の方法などで強度に利用されている種の個体数推定には，除去法が有効である。これらの方法は，除去した個体数が必要なので，捕獲個体がチェックステーションに持ち込まれたり，あるいは別な方法で数えることのできる制御された地域のステーション，たとえば管理地域のシカの狩猟あるいは特定の湿原でのワナ猟などに応用できる。「努力」に反映する統計，たとえば単位時間当たりの捕獲，ワナ晩当たりの捕獲数，単位時間当たりの目撃数などは，捕獲努力モデルが利用でき，おそらく特別な場合には，一定努力除去モデルが利用できる。捕獲努力モデルは漁業に広く応用されており，閉鎖性がモニターされた収穫を伴う野生動物研究の利用に大きな可能性があると信じている。

動物の異なったタイプが選択されるように制御された状態では（たとえば角有りのオスジカのみの捕獲，サイズ選択のアリゲーターの捕獲），比率変化法が有効であろう。これらの方法は，個体群中の異なったタイプの動物の比率を推定するための補足的な調査を必要とする。これらの補助的な調査で，異なったタイプの動物が等しく観察された場合，除去期間の前後に二つの調査だけが必要である。異なったタイプの動物の観察率が等しくない場合，単一タイプ除去，二段階比率変化法，あるいは観察率の直接的な推定，標準の比率変化技術の「修正」などのような他の方法が用いられる。比率変化法を一般的な捕獲努力モデルの応用に用いることは疑問に思われるが，それらは制御された選択的な利用という特別な事例では潜在的な可能性を持っているようである。

要約すると，一つの「最良」の個体数推定法を伝えることは意味がない。一つの方法が普遍的により好ましいのであれば，この章は非常に短くなったであろう。むしろ実質的には，ここで考察された全ての方法がある状態では役立つ可能性がある。ある状態で最も合理的な手法の選択は，その状態に関連する特別な細部状況に依存している。そのような細部状況とは，野生動物生物学者や動物管理官から提供されなければならない，調査中の動物種の生物学と生息地の情報である。加えて，個体数推定に利用可能な方法が変化に富んで複雑なので，統計学者あるいは数理生態学者が手法の選択と応用に加わることの重要性がますます増加してきた。

我々の目的は生物学者と管理官に個体数推定の基礎となる概念を十分に理解してもらい，彼らと統計学者との有益な対話を可能にすることにある。そのような対話は手法の選択（そして，しばしばその手法を特別な状態でも適用可能とする）のみならず，研究のデザインにも必要不可欠である。この共同がもっと普通に行われ，動物個体群の理解を促進することを望んでいる。

参考文献

ALLEN, S. H., AND A. B. SARGEANT. 1975. A rural mail-carrier index of North Dakota red foxes. Wildl. Soc. Bull. 3:74–77.

ANDERSON, D. R. 1975. Population ecology of the mallard. V. Temporal and geographic estimates of survival, recovery and harvest rates. U.S. Fish Wildl. Serv. Resour. Publ. 125. 110pp.

———, K. P. BURNHAM, G. C. WHITE, AND D. L. OTIS. 1983. Density estimation of small-mammal populations using a trapping web and distance sampling methods. Ecology 64:674–680.

———, J. L. LAAKE, B. R. CRAIN, AND K. P. BURNHAM. 1979. Guidelines for line transect sampling of biological populations. J. Wildl. Manage. 43:70–78.

———, AND R. S. POSPAHALA. 1970. Correction of bias in belt transect studies of immotile objects. J. Wildl. Manage. 34:141–146.

ARNASON, A. N., AND L. BANIUK. 1980. A computer system for mark-recapture analysis of open populations. J. Wildl. Manage. 44:325–332.

BARKER, R. J., AND J. R. SAUER. 1992. Modelling population change from time series data. Pages 182–194 in D. R. McCullough and R. H. Barrett, eds. Wildlife 2001: populations. Elsevier Scientific Publ. Co., London, U.K.

BART, J., AND J. D. SCHOULTZ. 1984. Reliability of singing bird surveys: changes in observer efficiency with avian density. Auk 101:307–318.

BASKETT, T. S., M. J. ARMBRUSTER, AND M. W. SAYRE. 1978. Biological perspectives for the mourning dove call-count survey. Trans. North Am. Wildl. Nat. Resour. Conf. 43:163–180.

BEST, L. B. 1975. Interpretational errors in the "mapping method" as a census technique. Auk 92:452–460.

BEST, R. G., AND R. FOWLER. 1981. Infrared emissivity and radiant surface temperatures of Canada and snow geese. J. Wildl. Manage. 45:1026–1029.

BROWNIE, C., J. E. HINES, AND J. D. NICHOLS. 1986. Constant-parameter capture-recapture models. Biometrics 42:561–574.

———, AND D. S. ROBSON. 1983. Estimation of time-specific survival rates from tag-resighting samples: a generalization of the Jolly-Seber model. Biometrics 39:437–453.

BUCKLAND, S. T. 1982. A mark-recapture survival analysis. J. Anim. Ecol. 51:833–847.

———. 1987. On the variable circular plot method of estimating animal density. Biometrics 43:363–384.

BULL, E. L. 1981. Indirect estimates of abundance of birds. Pages 76–80 in C. J. Ralph and J. M. Scott, eds. Estimating the numbers of terrestrial birds. Stud. Avian Biol. 6.

BURNHAM, K. P. 1972. Estimation of population size in multiple capture-recapture studies when capture probabilities vary among animals. Ph.D. Thesis, Oregon State Univ., Corvallis. 168pp.

———. 1979. A parametric generalization of the Hayne estimator for line transect sampling. Biometrics 35:587–595.

———, AND D. R. ANDERSON. 1976. Mathematical models for nonparametric inferences from line transect data. Biometrics 32:325–336.

———, ———, AND J. L. LAAKE. 1979. Robust estimation from line transect data. J. Wildl. Manage. 43:992–996.

———, ———, AND ———. 1980. Estimation of density from line transect sampling of biological populations. Wildl. Monogr. 72. 202pp.

———, AND W. S. OVERTON. 1978. Estimation of the size of a closed population when capture probabilities vary among animals. Biometrika 65:625–633.

———, AND ———. 1979. Robust estimation of population size when capture probabilities vary among animals. Ecology 60:927–936.

CALHOUN, J. B. 1948. North American census of small mammals. John Hopkins Univ., Rodent Ecol. Program, Release 1. 9pp. (Mimeogr.)

CAROTHERS, A. D. 1973. The effects of unequal catchability on Jolly-Seber estimates. Biometrics 29:79–100.

CAUGHLEY, G. 1977. Analysis of vertebrate populations. John Wiley & Sons, New York, N.Y. 234pp.

———, AND D. GRICE. 1982. A correction factor for counting emus from the air and its application to counts in western Australia. Aust. Wildl. Res. 9:253–259.

———, R. SINCLAIR, AND D. SCOTT-KEMMIS. 1976. Experiments in aerial survey. J. Wildl. Manage. 40:290–300.

CHABRECK, R. H. 1966. Methods of determining the size and composition of alligator populations in Louisiana. Proc. Annu. Conf. Southeast. Assoc. Game and Fish Agencies 20:105–112.

———. 1973. Population status surveys of the American alligator in the southeastern United States. Proc. Second Meet. Crocodile Specialists, Suppl. Pap. 41:14–21.

CHAO, A. 1988. Estimating animal abundance with capture frequency data. J. Wildl. Manage. 52:295–300.

———, S. M. LEE, AND S. L. JENG. 1992. Estimating population size for capture-recapture data when capture probabilities vary by time and individual animal. Biometrics 48:201–216.

CHAPMAN, D. G. 1951. Some properties of the hypergeometric distribution with applications to zoological sample censuses. Univ. Calif. Publ. Stat. 1:131–160.

———. 1954. The estimation of biological populations. Ann. Math. Stat. 25:1–15.

———. 1980. Review of statistical inference from capture data on closed animal populations. Biometrics 36:362.

CLARK, W. R. 1987. Effects of harvest on annual survival of muskrats. J. Wildl. Manage. 51:265–272.

COCHRAN, G. A., AND H. J. STAINS. 1961. Deposition and decomposition of fecal pellets by cottontails. J. Wildl. Manage. 25:432–435.

COCHRAN, W. G. 1977. Sampling techniques. Third ed. John Wiley & Sons, New York, N.Y. 428pp.

CONNER, M. C., R. F. LABISKY, AND D. R. PROGULSKE, JR. 1983. Scent-station indices as measures of population abundance for bobcats, raccoons, gray foxes, and opossums. Wildl. Soc. Bull. 11:146–152.

———, R. A. LANCIA, AND K. H. POLLOCK. 1986. Precision of the change-in-ratio technique for deer population management. J. Wildl. Manage. 50:125–129.

CONNOLLY, G. E. 1981. Assessing populations. Pages 287–345 in O. C. Wallmo, ed. Mule and black-tailed deer of North America. Univ. Nebraska Press, Lincoln.

CONROY, M. J., J. R. GOLDSBERRY, J. E. HINES, AND D. B. STOTTS. 1988. Evaluation of aerial transect surveys for wintering American black ducks. J. Wildl. Manage. 52:694–703.

COOK, R. D., AND J. O. JACOBSON. 1979. A design for estimating visibility bias in aerial surveys. Biometrics 35:735–742.

CORMACK, R. M. 1973. Commonsense estimates from capture-recapture studies. Pages 225–234 in M. S. Bartlett and R. W. Hiorns, eds. The mathematical theory of the dynamics of biological populations. Academic Press, New York, N.Y.

———, G. P. PATIL, AND D. S. ROBSON. 1979. Sampling biological populations. Stat. Ecol. Ser., Vol. 5. Int. Coop. Publ. House, Fairland, Md.

DARROCH, J. N. 1959. The multiple-recapture census II: estimation when there is immigration or death. Biometrika 46:336–351.

DE VRIES, P. G. 1979. A generalization of the Hayne-type estimator as an application of line intersect sampling. Biometrics 35:743–748.

DEYOUNG, C. A., F. S. GUTHERY, S. L. BEASOM, S. P. COUGHLIN, AND J. R. HEFFELFINGER. 1989. Improving estimates of white-tailed deer abundance from helicopter surveys. Wildl. Soc. Bull. 17:275–279.

DICE, L. R. 1938. Some census methods for mammals. J. Wildl. Manage. 2:119–130.

———. 1941. Methods for estimating populations of mammals. J. Wildl. Manage. 5:398–407.

DOLTON, D. D. 1993. The call-count survey: historic development and current procedures. Pages 233–252 in T. S. Baskett, M. W. Sayre, R. E. Tomlinson, and R. E. Mirarchi, eds. Ecology and management of the mourning dove. Stackpole Books, Harrisburg, Pa.

DOWNING, R. L., W. H. MOORE, AND J. KIGHT. 1965. Comparison of deer census techniques applied to a known population in a Georgia enclosure. Proc. Annu. Conf. Southeast. Assoc. Fish Wildl. Agencies 19:26–30.

DOZIER, H. L., M. H. MARKLEY, AND L. M. LLEWELLYN. 1948. Muskrat investigations on the Blackwater National Wildlife Refuge, Maryland, 1941–1945. J. Wildl. Manage. 12:177–190.

DRUMMER, T. D., AND L. L. MCDONALD. 1987. Size bias in line transect sampling. Biometrics 43:13–21.

DUPONT, W. D. 1983. A stochastic catch-effort method for estimating animal abundance. Biometrics 39:1021–1033.

DWYER, T. J., G. F. SEPIK, E. L. DERLETH, AND D. G. MCAULEY. 1988. Demographic characteristics of a Maine woodcock population and effects of habitat management. U.S. Fish Wildl. Serv. Fish Wildl. Res. 4. 29pp.

EBERHARDT, L. L. 1978. Appraising variability in population studies. J. Wildl. Manage. 42:207–238.

———, D. G. CHAPMAN, AND J. R. GILBERT. 1979. A review of marine mammal census methods. Wildl. Monogr. 63. 46pp.

———, AND M. A. SIMMONS. 1987. Calibrating population indices by double sampling. J. Wildl. Manage. 51:665–675.

———, AND R. C. VAN ETTEN. 1956. Evaluation of the pellet group count as a deer census method. J. Wildl. Manage. 20:70–74.

ESTES, J. A., AND R. J. JAMESON. 1988. A double-survey estimate for sighting probability of sea otters in California. J. Wildl. Manage. 52:70–76.

FULLER, M. R., AND J. A. MOSHER. 1981. Methods of detecting and counting raptors: a review. Pages 235–246 in C. J. Ralph and J. M. Scott, eds. Estimating numbers of terrestrial birds. Stud. Avian Biol. 6.

FULLER, T. K. 1991. Do pellet counts index white-tailed deer numbers and population change? J. Wildl. Manage. 55:393–396.

GATES, C. E. 1979. Line transects and related issues. Pages 71–154 in R. M. McCormick, P. Patil, and D. S. Robson, eds. Sampling biological populations. Stat. Ecol. Ser., Vol. 5. Int. Coop. Publ. House, Fairland, Md.

———. 1980. Linetran, a general computer program for analyzing line-transect data. J. Wildl. Manage. 44:658–661.

GAVIN, T. A. 1989. What's wrong with the questions we ask in wildlife research. Wildl. Soc. Bull. 17:345–350.

GEISSLER, P. H., AND J. R. SAUER. 1990. Topics in route-regression analysis. Pages 54–57 in J. R. Sauer and S. Droege, eds. Survey designs and statistical methods for the estimation of avian population trends. U.S. Fish Wildl. Serv. Biol. Rep. 90(1).

GILBERT, R. O. 1973. Approximations of the bias in the Jolly-Seber capture-recapture model. Biometrics 29:501–526.

GRIER, J. W., J. M. GERRARD, G. D. HAMILTON, AND P. A. GRAY. 1981. Aerial-visibility bias and survey techniques for nesting bald eagles in

northwestern Ontario. J. Wildl. Manage. 45:83–92.
HANKIN, D. G. 1984. Multistage sampling designs in fisheries research: application in small streams. Can. J. Fish. Aquat. Sci. 41:1575–1591.
———, AND G. H. REEVES. 1988. Estimating total fish abundance and total habitat area in small streams based on visual estimation methods. Can. J. Fish. Aquat. Sci. 45:834–844.
HARAMIS, G. M., J. R. GOLDSBERRY, D. G. MCAULEY, AND E. L. DERLETH. 1985. An aerial photographic census of Chesapeake Bay and North Carolina canvasbacks. J. Wildl. Manage. 49:449–454.
HAY, K. G. 1958. Beaver census methods in the Rocky Mountain region. J. Wildl. Manage. 22:395–402.
HAYNE, D. W. 1949. An examination of the strip census method for estimating animal populations. J. Wildl. Manage. 13:145–157.
HENNY, C. J., M. A. BYRD, J. A. JACOBS, P. D. MCLAIN, M. R. TODD, AND B. F. HALLA. 1977. Mid-Atlantic coast osprey population: present numbers, productivity, pollutant contamination, and status. J. Wildl. Manage. 41:254–265.
JETT, D. A., AND J. D. NICHOLS. 1987. A field comparison of nested grid and trapping web density estimators. J. Mammal. 68:888–892.
JOLLY, G. M. 1965. Explicit estimates from capture-recapture data with both death and immigration-stochastic model. Biometrika 52:225–247.
———. 1969a. Sampling methods for aerial censuses of wildlife populations. East Afr. Agric. For. J. (spec. issue) 34:46–49.
———. 1969b. The treatment of errors in aerial counts of wildlife populations. East Afr. Agric. For. J. (spec. issue) 34:50–56.
———. 1982. Mark-recapture models with parameters constant in time. Biometrics 38:301–321.
———, AND R. M. WATSON. 1979. Aerial sample survey methods in the quantitative assessment of ecological resources. Pages 203–216 in R. M. Cormack, G. P. Patil, and D. S. Robson, eds. Sampling biological populations. Stat. Ecol. Ser., Vol 5. Int. Coop. Publ. House, Fairland, Md.
KELLER, B. L., AND C. J. KREBS. 1970. Microtus population biology; III. Reproductive changes in fluctuating populations of *M. ochrogaster* and *M. pennsylvanicus* in southern Indiana, 1965–67. Ecol. Monogr. 40:263–294.
KREBS, C. J. 1989. Ecological methodology. Harper & Row Publ., New York, N.Y. 654pp.
KUFELD, R. C., J. H. OLTERMAN, AND D. C. BOWDEN. 1980. A helicopter quadrat census for mule deer on Uncompahgre Plateau, Colorado. J. Wildl. Manage. 44:632–639.
LAAKE, J. L., K. P. BURNHAM, AND D. R. ANDERSON. 1979. User's manual for program TRANSECT. Utah State Univ. Press, Logan. 26pp.
LANCIA, R. A., K. H. POLLOCK, J. W. BISHIR, AND M. C. CONNER. 1988. A white-tailed deer harvesting strategy. J. Wildl. Manage. 52:589–595.
LE CREN, E. D. 1965. A note on the history of mark-recapture population estimates. J. Anim. Ecol. 34:453–454.
LESLIE, P.H., AND D. H. S. DAVIS. 1939. An attempt to determine the absolute number of rats on a given area. J. Anim. Ecol. 8:94–113.
LOERY, G., K. H. POLLOCK, J. D. NICHOLS, AND J. E. HINES. 1987. Age-specificity of black-capped chickadee survival rates: analysis of capture-recapture data. Ecology 68:1038–1044.
MACNAB, J. 1983. Wildlife management as scientific experimentation. Wildl. Soc. Bull. 11:397–401.
MAGNUSSON, W. E., G. J. CAUGHLEY, AND G. C. GRIGG. 1978. A double-survey estimate of population size from incomplete counts. J. Wildl. Manage. 42:174–176.
MARTIN, F. W., R. S. POSPAHALA, AND J. D. NICHOLS. 1979. Assessment and population management of North American migratory birds. Pages 187–239 in G. P. Patil, J. Cairns, and W. E. Waters, eds. Environmental biomonitoring, assessment, prediction, and management—certain case studies and related quantitative issues. Stat. Ecol. Ser., Vol. 11. Int. Coop. Publ. House, Fairland, Md.
MCCULLOUGH, D. R. 1979. The George Reserve deer herd. Univ. Michigan Press, Ann Arbor. 271pp.
———. 1982. Evaluation of night spotlighting as a deer study technique. J. Wildl. Manage. 46:963–973.
MENKENS, G. E., JR., AND S. H. ANDERSON. 1988. Estimation of small-mammal population size. Ecology 69:1952–1959.
MILLER, S. A. 1984. Estimation of animal production numbers for national assessments and appraisals. U.S. For. Serv. Gen. Tech. Rep. RM-105. 23pp.
MOOD, A. M, F. A. GRAYBILL, AND D. C BOES. 1974. Introduction to the theory of statistics. Third ed. McGraw-Hill, New York, N.Y. 564pp.
MOORE, D. S., AND G. P. MCCABE. 1989. Introduction to the practice of statistics. W. H. Freeman & Co., New York, N.Y. 790pp.
MORSE, M. A. 1943. Technique for reducing man-power in the deer drive census. J. Wildl. Manage. 7:217–220.
MOUNTAINSPRING, S., AND J. M. SCOTT. 1985. Interspecific competition among Hawaiian forest birds. Ecol. Monogr. 55:219–239.
NEFF, D. J. 1968. The pellet-group count technique for big game trend, census, and distribution: a review. J. Wildl. Manage. 32:597–614.
NETTLESHIP, D. N. 1976. Census techniques for seabirds of arctic and eastern Canada. Can. Wildl. Serv. Occas. Pap. 25. 33pp.
NICHOLS, J. D. 1986. On the use of enumeration estimators for interspecific comparisons, with comments on a 'trappability' estimator. J. Mammal. 67:590–593.
———. 1991. Science, population ecology, and the management of the American black duck. J. Wildl. Manage. 55:790–799.
———, J. E. HINES, AND K. H. POLLOCK. 1984a. Effects of permanent trap response in capture probability on Jolly-Seber capture-recapture model estimates. J. Wildl. Manage. 48:289–294.
———, B. R. NOON, S. L. STOKES, AND J. E. HINES. 1981. Remarks on the use of mark-recapture methodology in estimating avian population size. Pages 121–136 in C. J. Ralph and J. M. Scott, eds. Estimating numbers of terrestrial birds. Stud. Avian Biol. 6.
———, AND K. H. POLLOCK. 1983. Estimation methodology in contemporary small mammal capture-recapture studies. J. Mammal. 64:253–260.
———, ———, AND J. E. HINES. 1984b. The use of a robust capture-recapture design in small mammal population studies: a field example with *Microtus pennsylvanicus*. Acta Theriol. 29,30:357–365.
———, R. E. TOMLINSON, AND G. WAGGERMAN. 1986. Estimating nest detection probabilities for white-winged dove nest transects in Tamaulipas, Mexico. Auk 103:825–828.
NOVAK, J. M., K. T. SCRIBNER, W. D. DUPONT, AND M. H. SMITH. 1991. Catch-effort estimation of white-tailed deer population size. J. Wildl. Manage. 55:31–38.
O'CONNER, J. R., AND J. H. MARCHANT. 1981. A field evaluation of some common birds census techniques. Br. Trust Ornithol. Rep., Nat. Conserv. Counc., Huntingdon, U.K.
OTIS, D. L., K. P. BURNHAM, G. C. WHITE, AND D. R. ANDERSON. 1978. Statistical inference from capture data on closed animal populations. Wildl. Monogr. 62. 35pp.
OTTEN, A., AND P. G. DE VRIES. 1984. On line-transect estimators for population density, based on elliptic flushing curves. Biometrics 40: 1145–1150.
OTTO, M. C., AND K. P. POLLOCK. 1990. Size bias in line transect sampling: a field test. Biometrics 46:239–245.
OVERTON, W. S. 1969. Estimating the numbers of animals in wildlife populations. Pages 403–455 in R. H. Giles Jr., ed. Wildlife management techniques manual. Third ed. The Wildl. Soc., Washington, D.C.
PACKARD, J. M., R. C. SUMMERS, AND L. B. BARNES. 1985. Variation of visibility bias during aerial surveys of manatees. J. Wildl. Manage. 49:347–351.
PARKER, H. D., JR., AND R. S. DRISCOLL. 1972. An experiment in deer detection by thermal scanning. J. Range Manage. 25:480–481.
PARMENTER, R. P., J. A. MACMAHON, AND D. R. ANDERSON. 1989. Animal density estimation using a trapping web design: field validation experiments. Ecology 70:169–179.
PAULIK, G. J., AND D. S. ROBSON. 1969. Statistical calculations for change-in-ratio estimators of population parameters. J. Wildl. Manage. 33:1–27.
POLLOCK, K. H. 1974. The assumption of equal catchability of animals in tag-recapture experiments. Ph.D. Thesis, Cornell Univ., Ithaca, N.Y. 82pp.
———. 1975. A K-sample tag-recapture model allowing for unequal survival and catchability. Biometrika 62:577–583.
———. 1981a. Capture-recapture models allowing for age-dependent survival and capture rates. Biometrics 37:521–529.

———. 1981b. Capture-recapture models: a review of current methods, assumptions and experimental design. Pages 426–435 in C. J. Ralph and J. M. Scott, eds. Estimating numbers of terrestrial birds. Stud. Avian Biol. 6.

———. 1982. A capture-recapture design robust to unequal probability of capture. J. Wildl. Manage. 46:752–757.

———, J. E. Hines, and J. D. Nichols. 1984. The use of auxiliary variables in capture-recapture and removal experiments. Biometrics 40:329–340.

———, and W. L. Kendall. 1987. Visibility bias in aerial surveys: a review of estimation procedures. J. Wildl. Manage. 51:502–510.

———, R. A. Lancia, M. C. Conner, and B. L. Wood. 1985. A new change-in-ratio procedure robust to unequal catchability of types of animal. Biometrics 41:653–662.

———, J. D. Nichols, C. Brownie, and J. E. Hines. 1990. Statistical inference for capture-recapture experiments. Wildl. Monogr. 107. 97pp.

———, and M. C. Otto. 1983. Robust estimation of population size in closed animal populations from capture-recapture experiments. Biometrics 39:1035–1049.

Preno, W. L., and R. F. Labisky. 1971. Abundance and harvest of doves, pheasants, bobwhites, squirrels, and cottontails in Illinois, 1956–69. Ill. Dep. Conserv., Springfield. 76pp.

Quinn, T. J., II. 1981. The effect of group size on line transect estimators of abundance. Pages 502–508 in C. J. Ralph and J. M. Scott, eds. Estimating numbers of terrestrial birds. Stud. Avian Biol. 6.

Ralph, C. J., and J. M. Scott, editors. 1981. Estimating numbers of terrestrial birds. Stud. Avian Biol. 6. 630pp.

Ramsey, F. L., and J. M. Scott. 1979. Estimating population densities from variable circular plot surveys. Pages 155–182 in R. M. Cormack, G. P. Patil, and D. S. Robson, eds. Sampling biological populations. Stat. Ecol. Ser., Vol 5. Int. Coop. Publ. House, Fairland, Md.

Reynolds, R. T., J. M. Scott, and R. A. Nussbaum. 1980. A variable circular-plot method for estimating bird numbers. Condor 82:309–313.

Rice, W. R., and J. D. Harder. 1977. Application of multiple aerial sampling to a mark-recapture census of white-tailed deer. J. Wildl. Manage. 41:197–206.

Ricker, W. R. 1958. Handbook of computations for biological statistics of fish populations. Fish. Res. Board Can. Bull. 119. 300pp.

Robbins, C. S., D. Bystrak, and P. H. Geissler. 1986. The breeding bird survey: its first fifteen years, 1965–1979. U.S. Fish Wildl. Serv. Resour. Publ. 157. 196pp.

Robson, D. S. 1969. Mark-recapture methods of population estimation. Pages 120–140 in N. L. Johnson, and H. Smith, Jr., eds. New developments in survey sampling. John Wiley & Sons, New York, N.Y.

Rose, R. K. 1973. A small mammal live trap. Trans. Kansas Acad. Sci. 76:14–17.

Samuel, M. D., E. O. Garton, M. W. Schlegel, and R. G. Carson. 1987. Visibility bias during aerial surveys of elk in northcentral Idaho. J. Wildl. Manage. 51:622–630.

Sauer, J. R., and S. Droege, editors. 1990. Survey designs and statistical methods for the estimation of avian population trends. U.S. Fish Wildl. Serv. Biol. Rep. 90(1). 166pp.

Scattergood, L. W. 1954. Estimating fish and wildlife populations: a survey of methods. Pages 273–285 in O. Kempthorne, T. A. Bancroft, J. W. Gowen, and J. L. Lush, eds. Statistics and mathematics in biology. Iowa State College Press, Ames.

Schnabel, Z. E. 1938. The estimation of the total fish population of a lake. Am. Math. Mon. 45:348–352.

Scott, J. M., S. Mountainspring, F. L. Ramsey, and C. B. Kepler. 1986. Forest bird communities of the Hawaiian islands: their dynamics, ecology, and conservation. Stud. Avian Biol. 9. 431pp.

Seber, G. A. F. 1965. A note on the multiple-recapture census. Biometrika 52:249–259.

———. 1982. The estimation of animal abundance and related parameters. Second ed. Macmillian Publ. Co., Inc., New York, N.Y. 653pp.

Sinclair, A. R. E. 1991. Science and the practice of wildlife management. J. Wildl. Manage. 55:767–773.

Skalski, J. R. 1985a. Construction of cost functions for tag-recapture research. Wildl. Soc. Bull. 13:273–283.

———. 1985b. Use of capture data to quantify change and test for effects on the abundance of wild populations. Ph.D. Thesis, Cornell Univ., Ithaca, N.Y. 404pp.

———, and D. S. Robson. 1992. Techniques for wildlife investigations design and analysis of capture data. Academic Press, San Diego, Calif. 237pp.

———, ———, and M. A. Simmons. 1983. Comparative census procedures using single mark-recapture methods. Ecology 64:752–760.

———, M. A. Simmons, and D. S. Robson. 1984. The use of removal sampling in comparative censuses. Ecology 65:1006–1015.

Smith, L. M, I. L. Brisbin, Jr., and G. C. White. 1984. An evaluation of total trapline captures as estimates of furbearer abundance. J. Wildl. Manage. 48:1452–1455.

Stokes, S. L. 1984. The Jolly-Seber method applied to age-stratified populations. J. Wildl. Manage. 48:1053–1059.

Strong, L. L., D. S. Gilmer, and J. A. Brass. 1991. Inventory of wintering geese with a multispectral scanner. J. Wildl. Manage. 55:250–259.

Subcommittee on Conservation of Natural Populations. 1981. Techniques for the study of primate population ecology. Natl. Acad. Press, Washington, D.C. 233pp.

Tautin, J. 1982. Assessment of some important factors affecting the singing-ground survey. Pages 6–11 in T. J. Dwyer and G. L. Storm, eds. Woodcock ecology and management. U.S. Fish Wildl. Serv. Wildl. Res. Rep. 14.

———, P. H. Geissler, R. E. Munro, and R. S. Pospahala. 1983. Monitoring the population status of American woodcock. Trans. North Am. Wildl. Nat. Resour. Conf. 48:376–388.

Taylor, D., and W. Neal. 1984. Management implications of size-class frequency distributions in Louisiana alligator populations. Wildl. Soc. Bull. 12:312–319.

Tyson, E. L. 1959. A deer drive vs. track census. Trans. North Am. Wildl. Nat. Resour. Conf. 24:457–464.

Udevitz, M. S. 1989. Change-in-ratio methods for estimating the size of closed populations. Ph.D. Thesis, North Carolina State Univ., Raleigh. 105pp.

Uhlig, H. G. 1956. The gray squirrel in West Virginia. W.Va. Conserv. Comm., Div. Game Manage. Bull. 3. 83pp.

Verner, J. 1985. Assessment of counting techniques. Curr. Ornithol. 2:247–302.

———, and K. A. Milne. 1990. Analyst and observer variability in density estimates from spot mapping. Condor 92:313–325.

White, G. C., D. R. Anderson, K. P. Burnham, and D. L. Otis. 1982. Capture-recapture and removal methods for sampling closed populations. Los Alamos Natl. Lab., LA-8787-NERP. 235pp.

Wight, H. M. 1938. Field and laboratory technic in wildlife management. Univ. Michigan Press, Ann Arbor. 107pp.

Wilson, D. M., and J. Bart. 1985. Reliability of singing bird surveys: effects of song phenology during the breeding season. Condor 87:69–73.

Wilson, K. R., and D. R. Anderson. 1985a. Evaluation of a density estimator based on a trapping web and distance sampling theory. Ecology 66:1185–1194.

———, and ———. 1985b. Evaluation of a nested grid approach for estimating density. J. Wildl. Manage. 49:675–678.

Wood, J. E. 1959. Relative estimates of fox population levels. J. Wildl. Manage. 23:53–63.

———, and E. P. Odum. 1964. A nine-year history of furbearer populations on the AEC Savannah River Plant area. J. Mammal. 45:540–551.

Woodward, A. R., and W. R. Marion. 1978. An evaluation of factors affecting night-light counts of alligators. Proc. Annu. Conf. Southeast. Assoc. Fish Wildl. Agencies 32:291–302.

Wyatt, C. L., D. R. Anderson, R. Harshbarger, and M. Trivedi. 1984. Deer census using a multispectral linear array instrument. Proc. Int. Symp. on Remote Sensing of Environment 18:1475–1487.

———, M. Trivedi, and D. R. Anderson. 1980. Statistical evaluation of remotely sensed thermal data for deer census. J. Wildl. Manage. 44:397–402.

———, ———, ———, and M. C. Pate. 1985. Measurement techniques for spectral characterization for remote sensing. Photogrammetric Eng. Remote Sensing 51:245–251.

10
脊椎動物による陸上の生息地と食物の利用の測定

J.A.Litvaitis, K.Titus & E.M. Anderson

はじめに……………………………………………301	食物の利用量，利用可能量，選択の測定……………311
利用，選択，選好性……………………………302	食物利用量の測定………………………………312
選択のレベルとスケールの影響………………302	食物利用可能量の測定…………………………317
資源選択についての保護管理上の提言………303	研究計画，データの分析，研究結果の解釈の
生息地の利用，利用可能量，選択の測定……………303	ための考察……………………………………318
生息地利用の測定………………………………304	資源利用における重複度指数………………………320
生息地利用可能量の測定………………………305	参考文献………………………………………………320
研究計画，データの分析，研究結果の解釈の	
ための考察……………………………………310	

❑ はじめに

　動物の数や個体群の分布は，多くの場合，生存に必要な環境の構成要素の利用可能量にともなって空間的時間的に変化する。このような「生存必須資源」には，食物や水，隠れ場，営巣場所，冬眠場所などが含まれる。あらゆる種は複数の要素の組み合わせを利用するので，どのような保護管理上の努力にも先がけて，ある種による生息地や食物の利用について理解することが欠かせない。一般的な狩猟獣や毛皮獣については，このようなテーマに関する多くの研究報告があるが，大半の陸生脊椎動物の生存必須資源についてはまだほとんどわかっていない。さらに，ある種によって利用される生息地や食物についての情報が，特定の地域あるいは特定の時期ごとに必要になることもある。たとえば，高速道路や送電線の建設，都市開発などの人間活動が環境の質に及ぼす影響を評価する際に，野生生物学者が携わる機会が増えてきている。このような環境影響評価(アセスメント)では，影響を受ける地域内にある重要な生息地点や食物資源を特定することが必要とされる。したがって，生物学者は生息地と食物の利用パターンに関してその土地に特有な情報を収集しなければならない。しかし，このような情報はどのようにして得られるのだろうか。生息地や食物の利用を特定する研究を組み立てるとき，どのようなことを考慮すべきなのだろうか。本章では生息地や食物の利用を調べるために用いられる主な方法の概略と，よくぶつかる問題点を紹介する。この教科書の他の章を十分に活用していただけるよう，本章では生息地の利用と食物の利用についてあえて異なる扱い方をしている。第22章では植生のサンプリングについて，野生動物の生息地を記載するために用いられる多くの技術を概説している。したがって本章でそれを要約しても冗長になるので，ここでは生息地の利用と選択を調べることの概念的な問題に焦点をあてた。その大部分は食物利用の調査にも関連する。第12章では野生動物の栄養について，食物利用パターンを理解するための補足的な背景を紹介しているので，本章では食物利用と利用可能量の調査に用いられる技術を概説する。

　生息地や食物の利用についてのどんな研究も，研究結果がどのように活用されるのかを前もって理解しておくことが不可欠である。研究の目的は，1年を通して，あるいはもっとも制約されると考えられる季節について，生息地利用パターンや食性を示すことなのか。制限要因を特定するためなのか，あるいは単に記録するためだけなのか。今日まで野生動物の研究の多くは，どのように，何が，いつ，どこでといった記載的な問題を扱うことに向けられてきた(Keppie 1990, Gavin 1991)。このような調査研究によって，多数の種の自然史について詳細な基礎資料が提供されてきた。しかし，「なぜ」ある動物が特定の生息地を占めるのか(保温カバー，食物量，捕食者回避などのため)，あるいは特定の草を選択するのか(エネルギー摂取を最大にす

る，ある栄養素を得る，毒素の摂取を最小にするなど)を理解することによって，単に利用パターンを記録することに比べて，種の生態を制限する要因についてもっと多くのことが明らかになるだろう(Gavin 1991)。いうまでもないことだが，「研究を通して考え」，扱っている課題の特殊性をはっきりさせるために十分な時間をかけることは決して無駄ではない。また自分が取り組んでいる研究課題を他者に簡潔に説明できなければならない。研究結果が研究課題についての当初の着想と単に一致したにすぎないこともある(Green 1979)。資源利用パターンの変異について理解を深め，単に自分の調査地ではなかっただけの記載的情報を収集してしまうというよくある落とし穴を避けるためには，文献を徹底的にレビューすることが役に立つ(Hunter 1989)。最後に考慮すべき問題は結果の応用に関わることである。研究の結論は，一地域で収集したサンプルだけから推定されたものか，他地域に当てはめられるのか。空間的時間的変異の考慮なしには，どんな推定も間違った結論を導きかねない。

利用，選択，選好性

利用(use)，選択(selection)，選好性(preference)という言葉は，資源利用パターンに関する情報を表現するときに，広くそしてしばしば互換的に用いられてきた。利用とは，生息地や食物資源について議論する際に，単に動物が生息地と関わりがあること，動物による食物資源の消費があることを示す。選択とは，動物にとって利用可能な生息地や食物の選択肢があり，その中から動物が選んでいることを意味する。ある要素が利用可能量に対して著しく多く利用されるならば，利用は選択的である(Johnson 1980)。選好性は利用可能量とは独立に，すなわち動物が複数の等価な資源に到達できる場合に決められる。選好性があるかどうかという情報は特殊な条件下でしか得られず，生息地選好性を決定するための囲い区実験や，飼育動物に様々な餌を与えて選ばせるカフェテリア実験のような操作が必要となる。選好性実験は特殊な性質をもつので，本章では生息地と食物の選択について理解を深めることに焦点を絞る。

選択のレベルとスケールの影響

生息地選択の理論はかなり発展しているが(たとえば，Fretwell 1972，Rosenzweig 1981，Fagen 1988，Hobbs & Hanley 1990)，それらを野外での測定に応用する方法は必ずしも明確になっていない。生息地選択は様々なレベルやスケールで生じる。動物が階層的図式に従って生息地を選択するという概念は Hilden(1965，Johnson 1980 も参照)によって初めて提唱され，この概念は実用的であるという点で価値がある。スケールには，生物地理学的スケール(東部落葉樹林など)，行動圏スケール(成熟硬木林あるいはオーク・ヒッコリー林など)，そして最も小さいスケールとして，行動圏内にある冬眠場所，巣，ねぐらなどのような活動地点が含まれる。これらのスケールによって，選択に影響する要因もまた変化する。たとえば，気候的条件は種の地理的分布を決定するであろうし，生息地の構造は行動圏の大きさと形に影響するだろう。また同種他個体との競争は行動圏内のなわばりの配置に，食物と隠れ場の分布は行動圏内の局所的な移動に最も強く影響をおよぼすだろう。

時間と空間のどちらについても，適切な測定スケールを選ぶことが研究結果とその解釈に直接影響する(Wiens 1981, 1983，Karr 1983)。離散的な測定スケール(時間ならば日，季節，年など，空間ならば採食場所，行動圏，地理的な範囲など)を考えると便利ではあるが，測定スケールと環境の不均一性は連続的に変化するものであると認識しておくことが重要である(Karr 1983)。不適切な測定スケールを選んでも，ある種による利用可能な生息地の利用が一般的であるとか特殊化しているという解釈が得られるだろうが，別の測定スケールを用いていたらまったく異なる解釈に至っただろう。たとえば，Wiens(1989)は，ブリューワーヒメドリの地理的分布が低木の優占する生息地と関連していることを見いだした。しかしながら，地域的スケール(複数の調査地間)ではヒメドリの数は低木被度と負の関係があり，また局所的スケール(一つの調査地の中)では低木の量とヒメドリの数とは無関係であった。

生息地は，優占するバイオームや植生カバーのタイプ(草原，硬木林，湿原など)によって"マクロ"なスケールや，あるいは樹幹密度，落葉層の深さ，林冠鬱閉度のような特性によって"ミクロ"なスケールで特徴づけることもできる(Calder 1973)。野生生物学者はよくこのどちらかのスケールに研究を限定してしまうが，両方のスケールでの研究は動物と生息地との関係についてより多くのことを教えてくれる(Morris 1984，Synder & Best 1988)。たとえば，オジロジカの越冬地の構成要素は，マクロな要素(森林カバータイプ)もミクロな要素(林冠鬱閉度と積雪深)も，分布域北部においては保護管理上考慮すべき重要な点である(Verme 1968)。この例においては，シカが利用する食物と隠れ場の分布はマクロな要素であろう。一方，ミクロな要素は，シカの体温調節(林冠鬱閉度の違いに影響を受ける

要因)や移動のエネルギーコスト，捕食者から逃れる能力(積雪深に影響を受ける要因)に直接効果をもつだろう。

今日では多くの資源管理機関が，ある土地の植生カバーと野生動物による利用の関係を見いだすために，地理情報システム(GIS，第21章参照)のような道具を用いている。これはマクロなスケールのもので，生息地に関するデータは地図(Mosby 1969)，航空写真(Avery 1968)，衛星画像(Short 1982)などから間接的に得られている。残念ながらこのレベルでの動物と生息地特性との関係はかなりおおまかなものである。したがって，こうして得られた情報は特定の場所に対してではなく，広い面積に対してのみ適用すべきである。研究や管理上の課題が見いだされるスケールと比較できるスケールで情報が集められるならば，このような問題はうまく避けることができる。以下のT. Nudds(私信)による一例はこの点を示している。森林性鳥類の種数は森林の大きさにともなって変化することが知られるが，同じ森林内でも場所によって種数が異なる理由を説明するためには多くの変数(林冠高，下層植生の密度，枯死立木の数など)が必要である。小面積の森林で種数が少ないという現象は広い範囲を見たときにしか認識できないので，一つの森林内で種数とともにどの変数が変化するのかという情報は，森林の大きさと種数の関係を扱うには適当ではない。この例において地域個体群の違いを理解するためには，複数の森林を含むような測定スケールが適切である。

資源選択についての保護管理上の提言

研究の結論を生息地や個体群の操作に応用することを考える際に，データの限界を認識することが重要である。利用可能量に対する利用の分析やそれに類する分析は，生息地や食物の選択パターンを認識する際に有効である。しかし生物学者はそのパターンから生物学的要求を結論づけるべきではない。たとえば，架空の種(ハナアオヤク)が林齢40〜80年の森林の選択的利用を示していると仮定しよう。すなわち，ヤクはこのような場所に最も多くみられる，あるいは顕著に長い時間をこのような場所で過ごしている。林齢40〜80年の全ての森林がハナアオヤクの分布域から除去されたとしたら，この種は個体数が減少するかあるいは絶滅に向かう，という結論を出すことは正しいだろうか。おそらく間違いであろう。我々は選択を示しはしても，選択的に利用された生息地の規模の変化にともなって，ヤクの適応度(たとえば生存率や繁殖成功度)がどのように変化するのかについては示していない。つまり，我々は"生物学的盲信"をもって選択された生息地(あるいは食物)を増やしたらヤクが増えると仮定することはできない。Van Horne(1982)は，個体群密度と(動物の適応度に基づいた)生息地の質とが負に相関しうることを示した。優位個体が食物や隠れ場の豊富な場所("供給源となる"生息地)を占め，劣位(とくに若齢の)個体が優位個体との接触を避けると，劣位個体は"周辺の"生息地に局所的に多くなるかもしれない。すると周辺の生息地における生存率や繁殖成功度は低くなる。したがって，ある生息地の生物学的重要性を決定することが目的であるならば，選択された生息地(または食物)の規模や量を変えて適応度を測定するような操作実験を考慮すべきである(Van Horne 1983)。そのような研究が現実的であるとは限らないが，生息地と適応度の関係を説明するためには不可欠であり，生息地管理プログラムや，ダムで河川をせき止めたり森林伐採のような大規模な生息地改変の際には実行できるかもしれない(Macnab 1983, Sinclair 1991参照)。生物学者はたいてい生息地の改変過程のすべてを制御できる立場にないので，そのような実験は慎重な計画を必要とする。さらに，生息地や食物に基づく課題のあるものは，利用された資源とあまり利用されなかった資源との間で"成功度"の測定値を比較することで，"成功"に導いた特性やおそらく選択の要因についての評価もできるだろう(たとえば，水鳥の営巣成功と，隠れ場所に影響する植生の特性)。

❏生息地の利用，利用可能量，選択の測定

本章では，環境のあらゆる非生物的および生物的特性を含め，幅広い意味に用いられている生息地という言葉に定義を与えることが役に立つだろう。生息地について異なる定義もあるが(たとえばKarr 1981)，ここでは生息地利用を動物と環境特性との関連として考えよう。動物によるある特定の地域の選択と利用は，至近要因および究極要因に基づいている(Hilden 1965, Partridge 1978)。至近要因とは，動物がある場所を評価するときの手がかりとして用いられる特性である。これには下層植生被度，林冠高，斜度などの構造的な特性が含まれる。競争者となるような他の動物や捕食者がいるかどうかも生息地利用に影響するだろう。動物がこれらの特性を手がかりとしているとしても，動物と生息地との進化的な結びつきをもたらした要因と等しいものではない。究極要因とは，動物がある生息地においてどのくらい成功したかを決定するパラメータである。個体の繁殖力や食物獲得能力，捕食者回避能力などは生息地選択に影響する究極要因の例である。生息地利用の研究

表 10-1 陸生脊椎動物による生息地利用の評価に用いられる直接法および間接法

方法	長所	短所	例
直接法			
観察	個体群の大部分をサンプルとする 生息地内での活動性を区別できる 費用がかからない	生息地間で見通しが異なる 昼間に限られる	Biggins & Pitcher 1978, Stinnett & Klebenow 1986
捕獲	生息地利用の齢・性差を調べられる 標識再捕法と組み合わせられる 小個体群や高密度個体群にも適用できる	個体群の部分集団によって捕獲率が異なる 餌は普段利用されない場所にも動物を誘引しうる	Parren & Capen 1985
ラジオテレメトリー	齢・性差を調べられる 識別個体の年次パターンを追跡できる 重要な生息地要素(冬眠場所,ねぐらなど)に関する情報を得られる	精度によってはパッチ環境への摘用が制約される サンプル数が少ないことが多い 費用がかかる	第15章参照,Nams 1989
間接法			
足跡法	個体群全体をサンプルとする 短期間で広域をサンプルとする 費用がかからない	生息地内での移動距離と滞在時間に相関があるとは限らない 積雪に依存すると季節的・地域的な制約がある	Litvaitis et al. 1985, Thompson et al. 1989
糞塊法	個体群全体をサンプルとする サンプルプロット内の糞を除去しておくと季節的な利用に関する情報を得られる 堆積率がわかれば密度推定にも用いられる	排糞率は行動によって変化する 生息地間で分解率が異なる	Collins & Urness 1981, Orr & Dodds 1982
採食された1年生枝のカウント	個体群全体をサンプルとする 食性についての情報や,環境収容力に対する個体群の相対的な状態についての情報を得られる	明らかなバイアスがあり,また木本が利用できる場所に限定される	
樹洞(リスの巣)カウント	広域をサンプルとし,生息地間でリスの相対密度の違いに関する情報を得られる	単純にリスの数に換算できない	Wauters & Dhondt 1988

は,食物利用可能量の推定の他にもたいてい至近要因の測定を含んでいる。

測定される生息地の特性と動物との生物学的関係は明白であることが多い。たとえば,下層樹幹密度はカンジキウサギなどの小中型哺乳類の隠れ場の指標としてよく用いられている(Litvaitis et al. 1985)。しかし,動物と生息地との関係があまり明瞭ではない場合もある。たとえば,カンムリキツツキにとって利用可能な昆虫量の指標として枯死立木数が用いられる。この場合には,構造的特性が至近要因と相関すると仮定されている。昆虫量よりも枯死立木数を記録し管理する方がはるかに簡単なので,キツツキと生息地の関係を調査する際にこの関係を用いようとするのである。しかし,調査結果を信頼に足りるものにするためにも,枯死立木数と昆虫量との関係を明らかにすべきである。

生息地利用の測定

野生動物の生息地利用を示すため,直接的および間接的方法が用いられてきた(表10-1)。直接的方法は観察,捕獲,ラジオテレメトリーなどであり,間接的方法はある地域や特定の場所における動物の活動の痕跡(たとえば寝場所,食痕,糞,巣,足跡)を指標とするものである。これらの指標は,小型哺乳類の捕獲区画のような系統的トランセクトに沿って,あるいは対象動物に適したサンプリング方法に合わせて,生息地利用の測定に用いられる(図10-1)。このような方法の基本的な前提は,ある場所で動物が過ごした時間の長さにともなってこれらの指標が増加すること,または個体群密度が増加すると指標も増加することである。しかし,観察者による偏りや,動物がその場所で過ごした時間とは無関係に指標の蓄積率が変化するなど,何らかの要因がこの前提に影響することがある。たとえば,Collins & Urness(1981)は,ミュールジカの排糞率が行動(採食と移動)によって変わることを観察した。その結果,糞塊の分布は生息地利用について偏った印象を与えた。したがって,誤った結論を避けるためには複数の指標を用いることが必要であろう。

多くの場合,調査者は採食や休息,子育てなどに動物が

利用する場所の特性を調べることに焦点を当ててきた（Stinnet & Klebenow 1986）。このような活動地点は先に述べた直接的あるいは間接的方法によって見いだされる。そしてこれらの場所は，同じ調査地内で利用がみられなかった場所や，カテゴリー分けした（利用されない，時々利用される，頻繁に利用される）場所と比較される。また，対象動物の行動圏の部分間（活動の中心と中心の外）でも比較ができる。ショットガン法は，各調査地や個体の行動圏内の場所の間で様々な特性を調べるために用いられる（James & Shugart 1970, Dueser & Shugart 1978, Fridell & Litvaitis 1991）。利用された場所と利用されなかった場所について生息地の特性を評価するためのサンプリング手順は，大部分が植物生態学（Greig-Smith 1964, Mueller-Dombois & Ellenberg 1974, Bonham 1989），林学（Avery & Brunkhart 1983），牧野管理学（Cook & Stubbendieck 1986）などの多数の方法を集約したものであり，現在，野生動物の生息地の目録作成に広く応用されている（Hays et al. 1981；第22章のレビューも参照）。ある場所を記述するために調査者が選ぶ特性（落葉層の厚さ，下層樹幹密度，林冠鬱閉度など）は，動物がその場所を評価する際に用いる要因を代表しているか，あるいはそれと強く相関していると仮定されており，たいてい食物量や植生カバー，構造的特性の測定を含むものである（図10-2）。どの生息地特性が実際に生息地選択に影響しているかは事前にはわからないので，複数の特性を測定することが適切である（Rice et al. 1984 など）。しかし測定項目が増えるにつれ，みかけ上の関係を見い出してしまう可能性も高まる。したがって抽出する特性は，動物とその生息地との関係についての生物学的な考慮に基づいて限定すべきである（Green 1979）。

生息地利用可能量の測定

利用可能な生息地についての記述は，生息地選択の解釈とその後の管理指針を大きく左右する。実際には動物の観点から生息地の利用可能量を推定することは不可能である。したがって当然ながら，利用可能量を推定しようとするときにはいつも問題がつきまとう（Chesson 1978, Jaenike 1980, Johnson 1980）。生物学者は，対象動物にとって利用可能な生息地を任意に表すときに，明白な管理区分であるがゆえに公園，森林，保護区などのような行政単位を選ぶことが多い。このことは致命的な失敗をもたらすことがある。対象動物がもっと広い面積を利用しているならば，選択の解釈は偏ったものになってしまう。一方，利

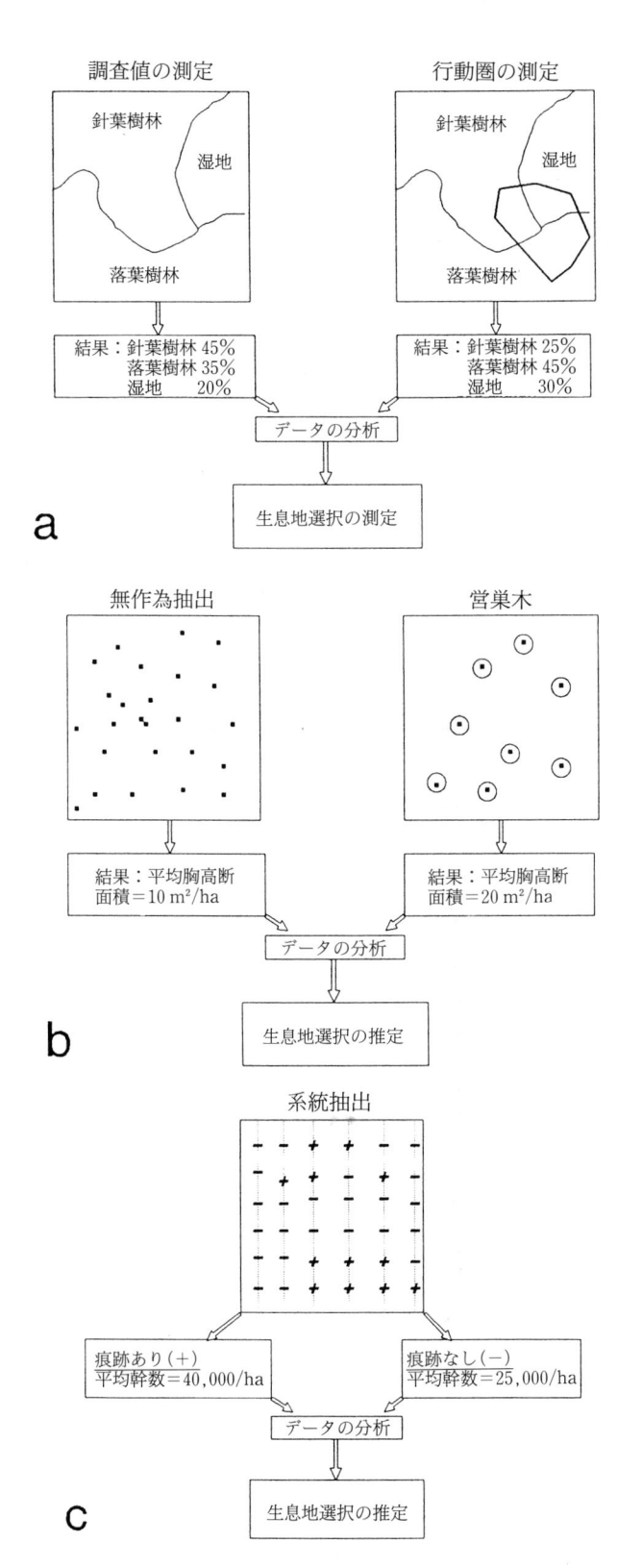

図10-1 生息地利用パターンの検討に用いられる代表的方法 調査地全体の利用可能な生息地の目録を作成し，動物の行動圏内の植生カバータイプの比率と比較する（a）。無作為抽出した場所の特性と巣やねぐらのように利用が見いだされた場所の特性とを比較する（b）。系統抽出したプロットを設置し，利用が見いだされた場所（捕獲地点，足跡，糞など）と利用がみられない場所とを比較する（c）。

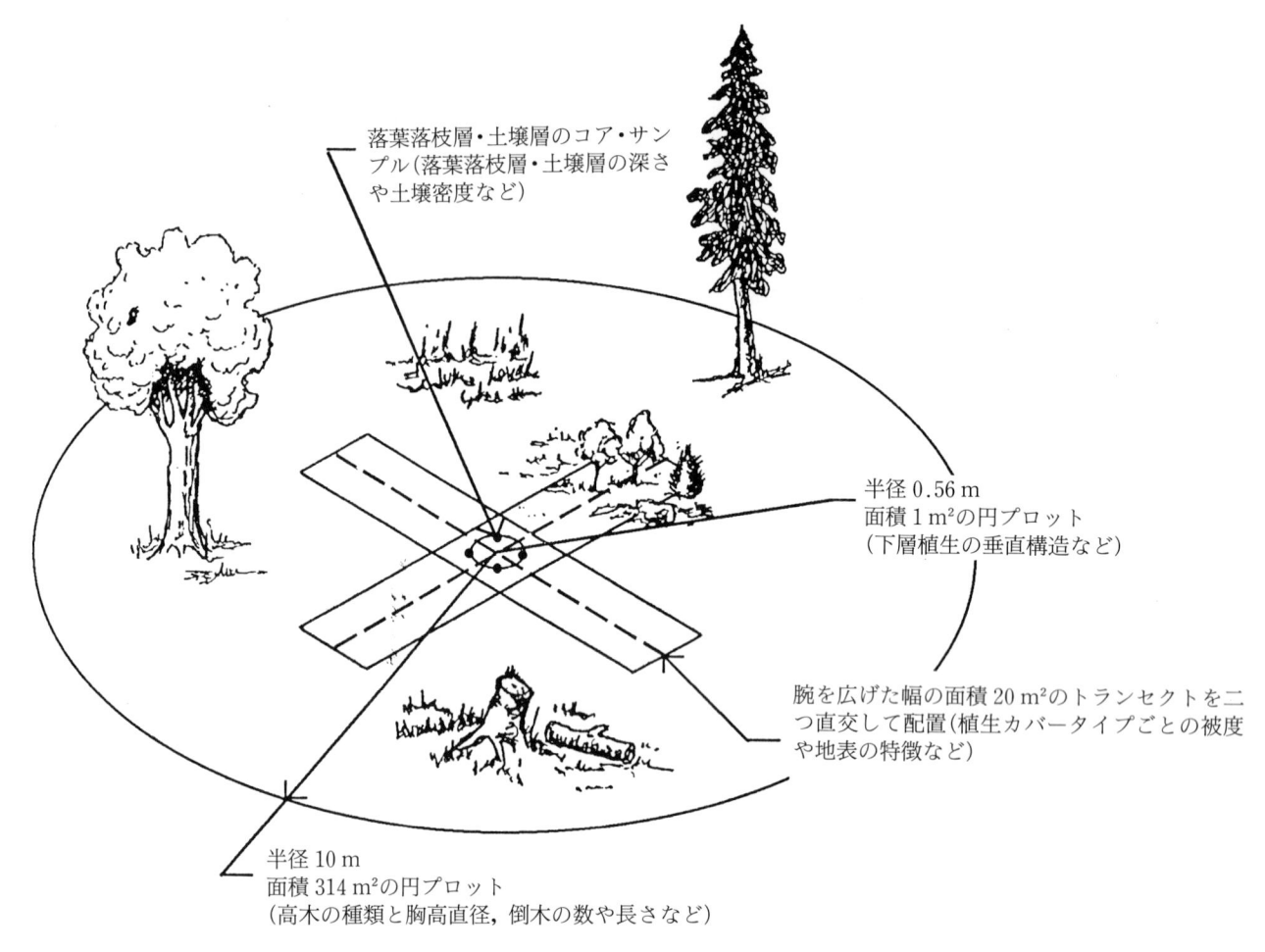

図10-2 落葉落枝層や下層樹幹密度，高木層の構成のサンプリングに用いられる重なりのあるプロットの例
(Dueser & Shugart 1978を改変，訳注：測定項目の例を補足した)

図中ラベル：
- 落葉落枝層・土壌層のコア・サンプル（落葉落枝層・土壌層の深さや土壌密度など）
- 半径 0.56 m 面積 1 m²の円プロット（下層植生の垂直構造など）
- 腕を広げた幅の面積 20 m²のトランセクトを二つ直交して配置（植生カバータイプごとの被度や地表の特徴など）
- 半径 10 m 面積 314 m²の円プロット（高木の種類と胸高直径，倒木の数や長さなど）

用可能であると考えられる生息地が対象動物によって実際に占められる面積よりもずっと広いかもしれず，この場合にもまた偏った結果を生じてしまう。

調査地域の境界を決める前に，研究しようとする動物と生息地の関連について何らかの知識が不可欠である。たとえば，森林性鳴禽類(カマドムシクイなど)の利用可能な生息地として樹木の生えていない地域を含めると，生息地選択という点では明瞭な結果が得られるだろう。しかし我々はこの種が樹木の生えていない地域をほとんど利用しないことをすでに知っているので，この結果は自明である。ただし，調査地の境界や生息地の利用可能量を決めるときに，逆に潜在的に利用可能な生息地をも除いてしまうほど対象地域を制限すべきではない。

生息地内の植生カバータイプの分布やサイズによっても，選択パターンを見い出せるかどうかが左右される。Porter & Church(1987)は，カバータイプが一様に分布する地域とかたまって分布する地域とを比較することによりこの問題を示した。カバータイプが一様分布またはランダム分布する地域においては，調査地の境界のとり方によって，生息地の利用可能量に対する動物による利用の分析に影響することはほとんどなかった。ところが，カバータイプが密集したパターンになっていると，調査地の境界のとり方は生息地選択の分析にかなり影響していた。以下に挙げる指針は調査地の境界を決める際に役立つが，それぞれの研究によっては異なるものである。

①調査地の面積は，対象とする種の行動圏より十分に大きくすべきである。
②対象とする動物の個体や群れ，社会単位の数は，可能な限り研究に充分な数にすべきである。
③同じ調査地内で真の反復測定の機会をもつべきである。
④調査地の境界はその動物についての生物学的配慮をもって選ぶべきである。河川や山岳地帯のような物理的障壁は，任意の(地政学的な)地図上の直線よりはる

かに適した境界といえる。

調査地内の植生カバータイプごとの利用可能量は，航空写真，地図，衛星画像から直接測定されることが多い。この場合，測定誤差はあっても抽出誤差はない既知の量を扱っている。生物学者は，国有林や産業用地の私有林を対象に作成された森林タイプ地図や植物群落図のように，多目的な利用を想定したカバータイプ図を入手することが多い。生物目録が調査者の関心のある地域を網羅していても，このような図には様々な近似や測定誤差が含まれている（たとえば，目録調査される林分は多くの場合小さいものでも1 ha より大きい）。したがって野生動物のデータを重ねあわせる前にこのような限界を理解しておくことが必要である。しかし，広い調査地ではカバータイプの利用可能量は無作為抽出によって推定されることも多い（Marcum & Loftsgaarden 1980）。利用可能な生息地を抽出するために無作為抽出や系統抽出，層別抽出，またはクラスタリングなどを用いる場合，抽出した調査地全域が関連するもっと広い地域を代表するような無作為標本の一つである場合に限り，調査地の境界のとり方はおそらくそれほど重要ではなくなる。国有林のような行政界をとる場合には調査地は非常に大きくなってしまうので，調査地全域から小さなサンプル地域を無作為に抽出することが重要な鍵となる。推定された利用可能量が抽出誤差を含むならば，利用可能量がすでにわかっている場合とは異なる方法で利用との比較分析すべきである（Thomas & Taylor 1990, White & Garrott 1990）。

研究者は対象動物の特性を基にサンプリングする面積を決定してきた。たとえば，対象動物に発信機が装着されていれば，発信機装着個体全ての推定位置の最外郭を結ぶことにより効果的な調査地の境界を決めることができる。Miller & Litvaitis（1992）はこの方法を用いてヘラジカの雌雄間における生息地の分離を調べた。ただし，この方法は結果が研究を変化させる可能性があるという認識をもったうえで適用すべきである。利用可能な生息地の境界を決めるときに調査者が考えるスケールよりも，動物はもっと大きなスケールで生息地を選択しているかもしれず，そうすると選択パターンは分析によって見いだせないかもしれない。このような場合には，たとえば局所的な植生カバータイプと地域全体の景観など，複数のスケールで生息地の利用可能量と選択を評価する考慮も必要になるだろう（Steventon & Major 1982）。行動圏を格子状の区画（たとえば100×100 m）に分割することも重要な生息地特性を識別する方法の一つである（Witmer & deCalesta 1983,

Litvaitis et al. 1986, Nicholls & Fuller 1987）。捕獲や観察の回数，または対象動物による利用を示すような指数にしたがって区画をカテゴリー分けし，各区画ごとまたはいくつかの区画をまとめたものから生息地の特性を抽出して利用の程度あるいは利用の有無に基づいて比較する（Porter & Church 1987）。

本章ではここまで生息地の位置に付随する側面について検討してきた。しかし，生息地それぞれに特有な属性（量やサイズ）が重要であるばかりでなく，活動場所ごとの配置と違いも生息地の適性を左右する。生息地の構造の最も重要な要素の一つは，空間的な不均一性またはパッチ性である。それは単に植生や地形の絶対的価値を足しあわせただけでなく，それらの空間の中での違いも組み込んだものである（Wiens 1976）。多くの鳥類や哺乳類は，採食，交尾，営巣，穴ごもりなどのための複数の活動場所に依存している。ある場所にはたとえば食物のような資源が豊富にあるにもかかわらず動物に利用されていないとすると，それはカバーのような他に必要な資源を提供する場所が欠如しているか，そのような場所から離れているからかもしれない。さらに，活動場所のパッチ性は被食者に忍び寄ったり待ち伏せたりする捕食者の能力に影響するなど，生息地の適性に派生的効果を及ぼす。したがって，このような種にとって活動場所の違いの測定は重要である。

Leopold（1933）は野生動物にとって生息地の不均一性が大切であることに注目した最初の人であり，したがってこの概念は新しいものではない。一般に，生息地の不均一性は，粗いスケール（たとえば植生カバータイプ間）でも細かいスケール（カバータイプ内）でも見いだすことができる。不均一性やパッチ性を評価するスケールと方法は，常に対象とする生物に基づいて決められるべきであり，調査者の感覚によって決めてはならない。不均一性は垂直的および水平的な次元で表現される。植物群集における植生の階層化は，垂直的な不均一性を表現するための一般的な方法である。たとえば，不均一性を記述するために，高さに応じて色分けした板を垂直に立て，植生の密度を階層的に測定する方法が用いられてきた（De Vos & Mosby 1969, Nudds 1977, Noon 1981, Robbins 1989）。この他に生息地の不均一性の測定方法には，グループ化した標本や副標本からの分散の推定がある。生物学者は，ある場所の指数として多数の生息地サンプルの相加平均をよく利用する。また変動係数（CV＝標準偏差÷平均）は簡単に得られる活動場所の分散の指数の一つである。様々なスケールでの分析のために多くの方法が開発されている（表10-2）。景観レ

表10-2 生息地の不均一性を

方法と式	定義と手順
散布度の基本統計量	
レンジ＝$y_{max} - y_{min}$	y_{max}＝サンプルの最大項　y_{min}＝サンプルの最小項
分散：$s^2 = \Sigma(y - \bar{y})^2/(n-1)$	$\bar{y} = \Sigma y/n$　n＝副標本数
変動係数：CV＝s/x(100%)	n＝副標本数　s＝副標本標準偏差　x＝副標本平均
総和の基本法	
総和：Σy_i	y_i＝i番目のサンプルの値
不均一性指数	
Wiensの不均一性指数：H＝Σ(max−min)/N	max＝サンプル単位内の属性の最大値 min＝サンプル単位内の属性の最小値 N＝サンプル地点の総数
Wiensの不均一性指数：HI＝Σ(max−min)/Σx	max＝サンプル単位内の属性の最大値 min＝サンプル単位内の属性の最小値 x＝サンプル地点の平均
散布度：$I_s = \Sigma C_c / \Sigma C_T$	C_c＝あるカバータイプの周囲にみられるカバータイプ変化の総数 C_T＝カバータイプ変化の組み合わせの総数
並列度：計算式はなく，段階的手順をふむ	1. 生息地タイプの境界の全ての組み合わせを識別する 2. 評価点を割り当てる 　　1＝対角に接する境界 　　2＝垂直または水平に接する境界 3. 質の指数として0から1までの係数を割り当て重みづけする 4. 質の指数に評価点を乗じる 5. 合計し標準化した値で除す
空間多様度指数： $Sd_A = ([\sigma_A I_s] + [\alpha_A J_x]) \cdot (1_A)(2_A)(3_A)$	A＝特定の種を示す　σ_A＝散布度の相対的重要性 α_A＝並列度の相対的重要性　$\sigma_A + \alpha_A = 1$ $1_A, 2_A, 3_A$は0から1までの値をとる適性係数
多様度指数−パッチ型：DI＝TP/$2\sqrt{A \cdot \pi}$	TP＝調査地の周囲長とその中にある生息地タイプ境界の全長 A＝面積
固有多様度指数：DI＝TE_c/$2\sqrt{A \cdot \pi}$	TE_c＝調査地の中または周上にみられる本来の植物群落境界の全長　A＝面積
導入多様度指数：DI＝TE_s/$2\sqrt{A \cdot \pi}$	TE_s＝人為的に生じた遷移段階の境界の全長 A＝面積
全多様度指数：DI＝TE_{c+s}/$2\sqrt{A \cdot \pi}$	TE_{c+s}＝固有境界と導入境界の全長 A＝面積
Blaxter-Wolfeの散布度指数	トランセクトに沿ってみられる生息地タイプの変化の総数
Reliefの指数	ある活動地点から放射状にとったトランセクトが横切る等高線の総数
地表起伏指数	ある地図のある面積の中で何らかの境界

ベルでの作業をする生物学者は，生息地パッチの分布やコリドーの延長などのパラメータを評価している(Forman & Godron 1986)。しかしながら，これらの特性の生物学的解釈は他の生息地特性ほど直観的ではないこともあ

測定する方法の例

出典	備考
統計学入門書	レンジは不均一性と相関；外れ値に対して感受性が高い
統計学入門書	分散は不均一性と相関；外れ値に対して感受性が高くなりすぎないように適切な副標本が必要
Zar 1974	標本や副標本の平均値に関する変化率を表し，測定単位が異なるデータを比較できるようにする．Roth(1976)はCottam & Curtis(1956)に基づいて不均一性指数とよんだ
	全てのサンプリングが同等に行われているならば，総和が大きければ不均一性が大きい
Wiens 1974, Rotenberry & Wiens 1980	サンプル単位内のばらつきを表すために考案された．異なる生息環境はこの値がほぼ等しければ等しいと仮定
Wiens 1974, Rotenberry & Wiens 1980	上記の指数を平均値で重みづけすることにより，バイアスを補正
Heinen & Cross 1983	まずカバータイプを定義し，地図を作らなければならない
Mead et al. 1981, Heinen & Cross 1983	適性係数は，対象地域と種に応じてどんな数を用いてもよく，正または負の効果をもちうる．例えば，ある地点の1km以内で生息地としての適性を0に減少させるような攪乱があれば，このとき適正係数は0が割り当てられ，負の効果をもつ．
Patton 1975, Thomas et al. 1979	円の面積と周囲長の比に基づいてパッチの不規則性を測定する．
Thomas et al. 1979	100を乗じることにより百分率で表される．固有の境界は，立地に関連して植物群落が接するときに生じる．
Thomas et al. 1979	誘導境界は土地管理者によって植生が改変されるようなあらゆる活動に起因して生じる．100を乗じることにより百分率で表される．
Thomas et al. 1979	100を乗じることにより百分率で表される．
Baxter & wolfe 1972	
Beasom et al. 1983	起伏はある面積を横切る等高線の全長の関数になるという仮定に基づく

り，このような情報を収集する前に生物学的な意味を考慮しておくべきである．

研究計画，データの分析，研究結果の解釈のための考察

　生息地選択を調査する目的は，結果をもとに空間的にせよ時間的にせよ生息地選択を推定することであるので，推論を導くのに有効なだけの反復したサンプルが必要である。したがって生息地サンプルは空間的かつ時間的に真に独立している必要がある。研究において正確にサンプル単位を区別することは不可欠であるが，この区別は常に明瞭であるとは限らない(Hurlbert 1984)。たとえば，ラジオテレメトリーを含めて生息地利用の研究の大半においてサンプル単位は個体であり，得られた推定位置数(これは副標本である)ではない。このような研究では，全ての推定位置を蓄積し，生息地の利用可能量に対する利用について一つの評価をしようとしている。この場合，もし各個体の推定位置が少数ずつしか寄与しなければ妥当であろう。しかし，1個体か2個体が観察総数の大部分に寄与していると，蓄積された観察結果は非常に偏ったものになることもある。さらに，副標本の誤用("疑似反復"のように)は，齢や性による生息地利用の違いを隠してしまうかもしれない(Thomas & Taylor 1990)。そうすると"平均的な"生息地利用パターンは個体群のいずれの個体をも代表しなくなってしまう。

　時間的に独立な標本抽出という概念を考慮することも重要である。生物学者は，24時間のサンプリング期間中15分ごとに個体の推定位置を記録するなどして，発信機装着個体というサンプルから比較的短時間に生息地利用について大量の情報を得ることができる。このようなサンプリングスケジュールでは，比較的短期間に多数の推定位置を得るだろう。しかしながら多くの場合に統計学的に独立な観察データではなくなってしまう。このようなデータは，対象個体が他の活動場所に移動するのに十分なほど方探間隔が長くないので，自己相関していると考えられる。その結果，ある個体の11:00の推定位置は，11:15の推定位置に影響することになる。したがって，毎回の観察が確実に独立になるようなサンプリングスケジュールを決定することが大切である(Swihart & Slade 1985)。

　データセットが得られた後には，それを様々な方法で分析することができる。生物学者は，選択された生息地を識別するために，利用を利用可能量と比較することに関心をはらう(Box 10-1)。Alldredge & Ratti(1986, 1992)は，生息地選択の評価に用いられる方法のいくつかについて有効性を比較した。彼らは，利用と利用可能量との関係を評価するための方法には，明確な選び方も最善といえる方法もないとしたうえで，モニターする個体数と利用可能であると指定した活動場所の数とが，第一種の過誤(真に正しい帰無仮説を棄却する)および第二種の過誤(間違った帰無仮説を受け入れる)を犯す確率に影響することを示した。これらの結果は，ある場所が利用可能であるかどうかという最初の識別と，選択を適切に評価するのに必要なサンプル(個体)数を推定することの重要性を示している。

　一つまたは複数の生息地特性を利用したという結果が得られても，必ずしも動物が実際に活動場所を選択していることを意味するとは限らない。すでに示したように，観察されたパターンは，ある場所を利用可能であると推定したことによって限定されてしまった結果であるかもしれない。さらに，ある生息地特性の選択についてはサンプリングの結果選択されていると見いだされた特性と相関があったとしても，実はサンプリングされなかった特性に基づいているのかもしれない。カンジキウサギの生息地の例では，捕食者からの狙われやすさに影響を与える下層の樹幹密度が重要な特性であることを示した。しかしながら，実際には防寒カバーとして下層の樹幹の利点がより強く関連しているとすれば，局所的な捕食率を減少させる目的で樹幹密度を管理しても，体温調節効率の向上と捕食の減少という2つの利点が同時に変化しない限り成功しないだろう。

　野生動物の生息地のアセスメントはほとんどが真の実験ではない。なぜなら生物学者はたいてい実験単位に何らの外的要因(操作)も加えないからである(Hurlbert 1984, Diamond 1986)。このような研究の多くはもっと厳密にすることができる(Macnab 1983)。たとえば，ある生物学者がシカによる活動場所パッチの利用について研究しているとしよう。活動場所パッチには伐採されたところもあるし，伐採されていないところもある。観察されたシカの移動や密度のパターンが伐採地の分布と相関していれば，シカと伐採地との間に何らかの関連(選択または回避など)があると推論するだろう。しかしながらもっと確実な研究の組み立ては，計画的に伐採が行われる地域でシカの移動をモニターし，伐採の前後で移動パターンの違いを比較することである。何の手も加えない対照地域も同時にモニターすれば，この研究からもっと決定的な結論を引き出すことができるだろうし，より確かな信頼をもって応用することもできるだろう。研究計画に関するこのような問題については，Green(1979)，Stewart-Oaten et al.(1986)と第1章に詳しく紹介されている。

> **Box 10-1 野生動物の生息地選択の評価**
>
> 生体捕獲とラジオテレメトリーは，野生動物と生息地との関連を調べるために最もよく用いられる方法である。以下は，ニューハンプシャー州北部の 100 km² の調査地において，発信機を装着したクロクマをモニターして得られたデータセットである。
>
> | 植生カバータイプ | 調査地内の面積(%) | 行動圏内の面積(%) | 推定位置の相対頻度(%) |
> |---|---|---|---|
> | ハコヤナギ林 | 40 | 50 | 35 |
> | トウヒ・モミ林 | 25 | 10 | 5 |
> | 伐採地 | 15 | 30 | 40 |
> | 湿地 | 20 | 10 | 20 |
> | 合計 | 100 | 100 | 100 |
>
> 簡便化するため，100 個の推定位置が得られたと仮定している。ここで，Neu et al. (1974) と Byers et al. (1984) による手順を用いて，生息地選択の評価を試みる。この方法は，観察された利用の信頼区間とのカイ二乗値の比較を組み合わせている。まず計画する比較に基づき，調査地または行動圏内の植生カバータイプの比率から，カバータイプごとに期待される推定位置数を求めなくてはならない。
>
> | 植生カバータイプ | 観察された利用 | 期待される利用* |
> |---|---|---|
> | ハコヤナギ林 | 35 | 0.40×100＝40 |
> | トウヒ・モミ林 | 5 | 0.25×100＝25 |
> | 伐採地 | 40 | 0.15×100＝15 |
> | 湿地 | 20 | 0.20×100＝20 |
> | 合計 | 100 | 100 |
>
> *調査地内の面積比に基づく
>
> $$x^2 = \frac{(35-40)^2}{40} + \frac{(5-25)^2}{25} + \frac{(40-15)^2}{15} + \frac{(20-20)^2}{20} = 58.3$$
>
> このカイ二乗値は自由度 3 で有意である。したがって，クマは調査地内の四つのカバータイプの利用可能量に対して，比率どおりには利用していないと結論することができる。次に，次式を用いて各植生カバータイプにおける利用の割合について信頼区間を求めることにより，各カバータイプの選択または回避について検討する。
>
> $$\hat{p}_i - z_{\alpha/2k} \left[\frac{\hat{p}_i(1-\hat{p}_i)}{n}\right]^{1/2} < \hat{p}_i < \hat{p}_i + z_{\alpha/2k} \left[\frac{\hat{p}_i(1-\hat{p}_i)}{n}\right]^{1/2},$$
>
> ここで，p_i は生息地タイプ i における推定位置数の割合，$z_{\alpha/2k}$ は標準正規分布の右片側 $100(\alpha/2k)\%$ 点を表す。同時多重比較を行うので，比較の数(k，または検討した植生タイプ＝4)で除して有意水準(α)を修正すべきである。ここでは，$\alpha=0.05$ を用いるので，$z_{\alpha/2k}=2.50$ である。
>
> | 植生カバータイプ | 利用の信頼区間 | |
> |---|---|---|
> | ハコヤナギ林 | 0.231＜0.350＜0.469 | |
> | トウヒ・モミ林 | 0.000＜0.050＜0.104 | − |
> | 伐採地 | 0.278＜0.400＜0.522 | ＋ |
> | 湿地 | 0.100＜0.200＜0.300 | |
>
> 観察された利用の信頼区間と調査地の各植生カバータイプの割合との比較から，クマは伐採地を選択し，トウヒ・モミ林を回避していたと結論することができる。この結果は，利用と調査地内の利用可能量との比較に基づいている。もしクマの行動圏内のカバータイプ構成に基づいて利用可能量を求めたならば，異なる結果が得られるだろう。

❏食物の利用量，利用可能量，選択の測定

　食物資源の量と分布は，生息地選択に影響する重要な環境特性の一つである。したがって食物要求や採食は，動物がいかに積極的にその生息地を利用しているかを示すと考えることができる(Morrison et al. 1992)。この分野における実質的な研究の大部分はこの 20 年間に発展してきたもので，まとめて最適採餌理論と呼ばれる。この分野の中心テーマは，なぜ動物がある特定の場所で採食することを決めているのかを理解することである。この問題を扱うために二つの方法が展開されてきた。一つは，生息地としてはおおむね適した場所全域に，何らかの傾向(茂みなど)にしたがって様々な食物品目あるいは被食者が分布しており，動物はその中から選択していると考えるものである。もう一つは，生産性や好適性が異なる様々な活動場所パッチを，どのように動物が識別しているのかを調べるものである(Morrison et al. 1992)。後者の方法は生息地選択を評価していると考えることもできる。ここではすでに生息地選択の調査に関する主要な概念を扱ってきたので，この問

題に取り組んでいる採食研究の主な知見についてはふれない(ただし読者にはこの問題に関する近年の出版物を読まれるようお薦めする；たとえばStephens & Krebs 1986, Kamil et al. 1987, Stephens 1990)。ここでは食物の利用可能量と利用量を推定するための実用的な面と、食物選択のパターンを解釈する際に直面する問題について論じる。

食性は動物の生活史の重要な要素なので、それを研究することには本質的な価値がある。実際多くの陸生脊椎動物の食性に関して充実した情報が蓄積されてきた(たとえばMartin et al. 1961)。しかし、場所、季節、個体の齢や性によって食性には変異がある。さらに、食物利用についての情報は、捕食者による被食者個体群への影響や、繁殖成功度を左右する外的要因、局所的な生息地の生産性の推定などのような問題を扱う研究の基盤となる要素である。したがって、生物学者は野生動物の食性調査に用いられる方法に通じているべきである。

食物利用量の測定

野生動物の食物利用を調査するために多くの方法が開発されてきた。これらの方法の大半は、次の三つの大きなカテゴリーのうちの一つに分類される。

①観察：動物の採食を観察できる場合。
②採食場所の調査：動物の採食により除去された植生量を測定または推定できる場合。
③摂取後のサンプル：消化管、糞、吐き戻されたペリットなどの中の食物残渣を同定できる場合。

観察

直接観察は大型草食動物の食性を推定するために広く用いられてきた方法である。双眼鏡や望遠鏡を通して採食している動物を観察し、消費された植物種のタイプと頻度を記録する。観察結果はバイトカウント(ある植物種の噛み取り数)か、採食時間(ある植物種の採食に費やした時間)のどちらかとして定量化される。この場合、各植物種の利用量は観察された全てのバイト数に占める各植物種ごとのバイト数、または全採食時間に占める各植物種ごとの採食時間の割合により、全ての餌植物に対する各植物種の相対頻度に換算される。個体の食物摂取量は、各植物種ごとのバイト数とその植物種の1バイトあたり摂取量との積から推定することができる。各植物種の消費量は、全ての植物種の消費量を各植物種の相対頻度で除することにより推定される(Smith & Hubbard 1954)。この方法は単純明快で大し

た設備を必要とせず、容易に実行できるだろう。しかし残念ながら、様々な餌植物の種を遠くから識別する精度は非常に不安定で、動物までの距離、観察地における餌植物についての観察者の知識、植物群落の複雑さ、植物個体の成長度合いに依存する(Holechek & Gross 1982)。また、この方法は比較的開放的な場所に生息する昼行または薄明薄暮性の草食動物に限定される。

直接観察の精度の問題は、人に慣れている飼育個体を用いることによって検討されてきた。人に慣れている個体は採食しているときでも観察者がすぐそばまで近づけるので、餌植物の種を誤って識別する可能性を最小限にできる。Gill et al. (1983)は、人に慣れた個体を用いたバイトカウント分析は、複数の観察者が反復しても正確な結果を得られたと報告している。しかしながら正確さが満たされても、人慣れした個体は野生個体の食性を反映しないかもしれないという根本的な問題もある。生理学的条件、空腹の程度、形態、他個体の存在、過去の採食の経験などは、動物の慣れによって食物選択に影響するかもしれない(Wallmo & Neff 1970, Wallmo et al. 1973)。Wallmo et al. (1973)は、バイトカウント法は大型草食動物による食物消費量を定量化するのに適した方法ではないが、食性中の主要な食物品目を識別するには有効であると結論している。しかしながら近年の導入個体を用いた方法を改善することで、食物の利用と選択について新しい知見が得られる可能性はある。Heim (1988)は、オジロジカの子ジカを数頭飼育し、発信機を装着して野生に放した。数か月の順応期間の後でもなお彼はシカのすぐそばまで歩いていき、食物の利用可能量と利用量を記録することができた。

草食動物の食性を決定するために、採食が観察された直後の採食場所の調査も行われてきた。動物が観察された正確な位置でたった今採食された植物や枝をカウントし、その合計から採食された各食物品目の相対頻度を求める。この方法は対象動物が雪を掘って植物を採食した場合に最も正確に適用できる。しかし最善の状況下でさえ、この方法は植物全体が採食されたためにその植物が存在していたことを示す痕跡が残っていないような「目に見えない利用」を無視してしまうことになる(McInnis 1983)。また、全ての痕跡が最新の採食によって生じたものかどうかを決定するのも困難である。

肉食動物は一般に直接観察による食性研究に手を貸してはくれない。セレンゲティのような開放的生息地に豊富に生息している大型肉食獣にも直接観察できないものがある(Schaller 1972)。ただし、Mech (1966)は直接観察と採食場

所調査を用いてオオカミに殺されたムースの齢と性の構成を決定した。同様に,営巣期における猛禽の巣の観察から,若鳥のために巣に持ち帰った食物品目についての情報を得ることができる(Errington 1932, Marti 1987, Bielefeldt et al. 1992)。また,観察が困難な小さなスズメ目鳥類の場合には,営巣場所にカメラを設置できるので,写真撮影装置が有効である。

採食場所の調査

採食場所の調査は草食動物の食性を推定するために用いられた最も初期の方法であり,本来は家畜用に開発された。この方法は,ある期間中にある面積から動物の採食によって除去された植生量を推定しようとするものである(Edlefsen et al. 1960, Smith et al. 1962, Telfer 1969, Martin 1970, Cooperrider 1986)。行動範囲を制約されない野生の草食動物を対象とする場合,採食場所の調査は他の方法と比較して一般的な食物の情報しかわからない。

この調査方法は,餌植物の現存量の差を推定する方法と採食後の植物から推定する方法とに分けられる。現存量の差は,一つのプロットについて採食される前後で比較するか,または採食されたプロットと採食されていないプロットを比較することによって推定される。採食前後のプロットから得られた推定値の精度は,類似したプロットを二つ設置することによって向上させることができる。採食される前に一方のプロットの植生を全て刈り取り,採食期間の後にもう一方のプロットを刈り取る。この二つのプロット間の乾燥重量の差は,採食者によって除去された餌植物量の近似値を与える(Cook & Stubbendieck 1986)。

採食されたプロットと採食されていないプロットの比較は,一般に採食者を寄せつけないように小さな金網で囲うことによって行われる。採食期間の前に種構成と生産性の類似したプロットの組み合わせを設定し,一方のプロットを任意に選んで囲う。採食期間の後に両方のプロットの植生を刈り取って量を記録するか,あるいは他の何らかの方法で利用を推定する。ただし,この方法は植物の成長期間中には利用量の推定に適用すべきではない。なぜなら,保護された植物は採食された植物とは成長率が異なるからである。木本の枝の利用量も同様の方法によって推定することができる。採食が予想されるプロットから春に刈り取った枝の重量と,同じ大きさの囲い区から同じ時期に刈り取った枝の重量との差は利用量の推定値を表す(Bobek et al. 1975)。一般に,現存量の差に基づく方法は費用と時間がかかり,不正確でわずかな利用量の違いを検出できない。利用量が餌植物種全体で50%を越えることが予測される場合でなければ,この方法を用いるべきではない(Cooperrider 1986)。

採食後の植物を用いる方法は,利用頻度の推定,高さや長さからの換算,形状クラスや目視による推定値に基づく。これらの方法は木本植物だけでなく草本植物にも応用できる。頻度による方法は,一定面積の中で各植物種の個体数をカウントし,採食された個体の相対頻度を記録する。各植物種に固有の回帰表を用いて,採食された植物の割合から利用量の比率を推定することができる(Cook & Stubbendieck 1986)。Aldous(1944)は,円プロットを用いて枝を採食する動物が届く範囲の樹種の被度を推定し,プロット内の枝を副標本として,採食されている幹とされていない幹の比率から樹種ごとの消費量を推定した。これと類似した"枝を数える"方法は,サンプルプロット内における高さのカテゴリーごとに,採食される樹種全ての枝数をカウントし,各種ごとの利用係数を決定する(Passmore & Hepburn 1955)。この方法は,消費量が60%を越えるときにはうまく行かず,また種間で枝の重量に差があるために種間比較はできない(Jensen & Scotter 1977)。

労力は要するが利用量を評価するうえでより正確な方法がアメリカ合衆国西部で広く用いられてきた(Nelson 1930, Smith & Urness 1962)。潜在的に採食されうる樹種の幹を標識し,1年間に成長した枝の長さを秋に測定する。利用量を決定するために,観察者は春に再び1年で成長した枝の残っている長さを測定する。この方法は除去された量を直接測定するわけではないが,枝の長さの減少量は採食により除去された量と強い相関がある(Smith & Urness 1962)。

摂取後のサンプル

脊椎動物の食性を分析する最も一般的な方法は,消化過程の途中もしくは後のサンプリングを含むものである。咀嚼後のサンプリングは全て,簡単には識別できないような内容物の同定を必要とする。草食動物においては,ほとんど同定できないような植物断片の検鏡を必要とする。肉食動物における被食者の残渣は多くの場合肉眼で同定できるが,被食者である小型動物の部位によっては同定できない小片にまで破砕されてしまうことがある。したがって,肉食動物と草食動物のほとんどのサンプルは,ある割合が同定不能として分類されてしまう。

サンプルの保存方法は肉食動物でも草食動物でも同様である。胃または腸の内容物は,凍結することによって試料

の変質を最小限に抑えて保存することができる。野外条件下では，小型から中型の種は5％ホルマリン，大型種は10％ホルマリン固定が効果的であり，70％アルコールで保存する。軟体無脊椎動物は保存中に分解するおそれがあるので，収集時に同定してしまう必要がある。糞や吐き戻されたペリットは，80〜85℃で数時間乾燥して小さなビンに入れておけば，内容物である昆虫の崩壊を抑えて後の分析のために保存することができる。サンプルは虫の侵入を防ぐための燻蒸剤（ナフタレン，パラジクロロベンゼン）とともにビニールまたは紙の袋に保存すればよい。野外では，糞サンプルを分析するときまで等量の食塩中に保存してもよい。

肉食動物

捕食者の食性は，一般に糞，胃または腸内容物，ペリットなどの分析によって調べられる。糞とペリットは1年中入手でき，また対象とする種に対して害や干渉を与えることなく収集できる点で有効である。それでも被食者の種や部位によって残渣の同定の正確さに偏りがあるように（たとえばMersmann 1992），長期間のデータセットが必要となるような捕食者の糞やペリットの分析にもバイアスがある（たとえばMattson et al. 1991）。捕食者である種の糞は，ほとんどの場合に大きさや形状，内容物，臭いなどから識別できるが（Murie 1974），他種の糞があると区別できないこともある。このような場合には，薄層クロマトグラフィーを用いて種に特有な徴候を残す胆汁酸を識別することができる（Major et al. 1980）。しかしながら分析を行うのに多くのコストと時間を要するため，この方法の適用は限られている。

捕食者から得られた糞やペリットの分析には小さな組織標本を必要とする。これらのサンプルは手で砕いてもよいし，ピンセットで細かくちぎってもよい。しかしながら，肉食動物の糞中には条虫の卵や他の内部寄生虫などが含まれている場合もあり，これらは保存中に破壊されないので，糞をオートクレーブ処理するかガーゼマスクを装着するよう注意が必要である。糞は目の細かいふるいにかけるか，家庭用洗濯機で使えるナイロン袋に入れて洗浄し（弱い水流），毛，歯など識別できる部分を分けることもできる。綿毛や羽毛など骨のない部分の同定が重要でない場合には，サンプルを8％NaOH溶液に12時間浸した後，小さなふるい（18-メッシュ）ですすいでもよい（Schueler 1972, Green et al. 1986）。この方法は骨のない構造物を溶解し，付着物のない骨，歯，昆虫の外部骨格，爬虫類の皮膚だけを残す。

狩猟期に収集された消化管も食物利用についての情報を提供する。しかしながら，この季節は一般に1年のごく短い期間であり，年間を通じたデータを得られないのが難点である。誘引餌を用いた場合の捕獲個体のサンプルも食物に偏りが生じるだろう。しかし，消費された被食者の体積だけでなく，標本個体の性，齢，栄養状態についての情報が得られることはこの方法の利点である。

捕食者の胃内容物は大きな土壌用ふるい（12-20メッシュ，表10-3）にかけて湯で洗浄するなど，補食者の消化管サンプルを処理する際は常に十分な注意を払うべきである。なぜなら，捕食者はヒトにも感染しうる内部寄生虫，ウイルス，バクテリアの宿主であり，サンプルに直に触れることにより，あるいは空気感染によりこれらが感染することがある。肉食動物の胃内容物の多くは，被食者の大きさや咀嚼の程度に応じて，鳥類や哺乳類，昆虫などの図鑑と比較して同定できる場合もある。また品目によっては同定するために骨や歯，毛，羽毛，鱗のパターンなどを検索する必要もある。したがって検索用資料は，脊椎動物の完全骨格標本，毛，羽毛，爬虫類と魚類の鱗，昆虫の外部骨格などの標本となるだろう。よく出現する哺乳類の背面粗毛は，色冠，毛随質色素のパターン，毛表皮の大きさなどの特徴的な形質があるため，その標本はとくに有効であろう（Adorjan & Kolenosky 1969）。この検索用プレパラートを作るには，毛をエーテル（または同様の溶媒）洗浄して乾燥させ，包埋剤（permount）とともに検鏡用スライドグラスに置き，カバーグラスをかぶせる（Deblase & Martin 1981）。毛表皮のプレパラートの作り方は別に記述がある（Williamson 1951, Spence [Wyo. Game and Fish Comm. P-R Proj. FW-3-R, 1963], Korschgen 1980, DeBlase & Martin 1981）。これらの方法は，柔らかい熱可塑性物質上に，毛表皮断片をうまく置けるかどうかに成否がかかっている。熱可塑性物質は，加熱したプラスティックカバーグラス（Deblase & Martin 1981），冷えるとゲル状になる溶媒を加熱したもの（L.E. Spence, Wyo.

表10-3　ふるいのメッシュ直径と対応するU.S.標準メッシュ

直径(mm)	U.S.標準メッシュ
1.682	12
1.000	18
0.841	20
0.500	35
0.149	100
0.105	140
0.074	200

Game and Fish Comm. P-R Proj. FW-3-R, 1963)，様々な樹脂(Korschgen 1980)，少し乾燥させた透明のマニキュアなどが用いられている。背面粗毛の検索用標本の他にも，地域や科に特異的な特徴も参考になることがある(Mathiak 1938, Nason 1948, Mayer 1952, Stains 1958, Day 1966, Moore et al. 1974)。Broley(1950)とDay(1966)は鳥の羽毛の写真を撮影したが，現在のところ検索に耐える包括的な羽毛図鑑はない。無脊椎動物の被食者品目の同定には，地方の大学や博物館所蔵の液浸標本および検索用乾燥標本を活用してもよい。無脊椎動物の残渣は，咀嚼と消化の程度によって顕微鏡を用いないと同定できないこともあるが，これらの検索用プレパラートは，Hansson(1970)，Krants(1978)，Deblase & Martin(1981)などを参照して作成することができる。

草食動物

草食性哺乳類および鳥類の食性を調べるためのサンプルは，様々な消化過程から採集してかまわない。一般的によく用いられる方法は糞分析である。これは対象動物に危害を加えることなく，しかも容易に多数のサンプルを収集できるからである。この方法は，小型および大型哺乳類だけでなく，水鳥(Owen 1975)や陸生の鳥類(Eastman & Jenkins 1970)にもうまく適用されている。同所的に生息する草食動物の糞を区別するためには，pH分析のような特殊な方法が必要になることもあるが(Howard 1967)，排泄物の図鑑類も有効である(Webb 1943, Murie 1974)。

消化管内容物は一般に大きな個体群の野生動物からしか収集されない。なぜなら，このサンプルを得るにはたいてい動物を犠牲にしてしまうからである。この例外は，食道や胃にフィステルを装着した動物である。フィステルの装着とは，生きている動物の消化管に耐久性のある装置を挿入し，消化過程でそこを通過する食物を取り出すことである(Torell 1954, Short 1962, McManus 1981)。この方法は飼育された動物の食性を決定する際に広く用いられてきたが(Vavra et al. 1978)，野生の反芻動物に応用されることはほとんどなかった(Rice 1970)。人慣れしていたり飼い慣らされた個体にフィステルを装着することは，研究者がサンプルを収集するために動物に接触する唯一の手段である。しかし，バイトカウントデータを収集するために"野生の"草食動物を飼いならして用いると一般に膨大な時間と費用がかかり，また人慣れした動物は野生状態での本来の食性を反映していないかもしれないという問題もある。動物に危害を加えずに消化管上部の内容物を取り出すために，主に鳥類を対象として，催吐剤，洗浄管，食道圧迫法なども用いられてきた(Errington 1932, Vogtman 1945)。草食動物の食性を決定するための様々な方法の長所と短所についてのすぐれた総説として，Medin(1970)，Van Dyne et al.(1983)，Holechek et al.(1982b)，McInnis et al.(1983)などがある。

部分的に消化された植物片は種子や果実のようなものならば肉眼で同定できるが，草食動物を対象とする分析の多くは消費された食物に特有な細胞や構造を微細組織学的方法に基づいて識別している。この方法は消化過程のどの段階から集められた試料にも応用できる。微細組織学的な同定のための検索用プレパラートの作り方については多数の文献がある(Baumgartner & Martin 1939, Dusi 1949, Sparks & Malechek 1968, Hansson 1970, Voth & Black 1973, Meserve 1976, DeBlase & Martin 1981)。Box 10-2 は Sparks & Malechek(1968)と Hansson(1970)によってまとめられた方法について概要を示している。肉食動物については潜在的な食物品目の検索用試料収集が困難である。検索用プレパラートは，潜在的に食物となる全ての植物についてサンプル試料と同じ手順で作成すべきである。さらに，検索用としての種子や果実は地域ごとに収集すべきである。

一般に，プレパラート上に出現する植物片のうち同定できるものは半分以下と考えてよい。植物片の同定に用いられる細胞の特徴は咀嚼と消化の過程で残ったものであり，ふつう表皮組織である(Storr 1961)。これには一般的な細胞の配置や大きさ，その他の構造的特徴だけでなく，クチクラ，気孔，細胞壁，アペライト，腺，糸状体，珪酸細胞，蓚酸カルシウム結晶群，結晶，澱粉粒，珪酸・コルク複合体なども含まれる。各サンプルに含まれる植物種の相対比率は，食性サンプル1個につきプレパラートを5枚ずつ作製し，プレパラート1枚あたり顕微鏡の視野20個分を125倍で調べることにより定量化できる(Holechek & Vavra 1981)。各食物品目の相対密度は，ある植物種の断片数を同定可能な植物の総断片数で除することにより推定される。顕微鏡の視野にある全ての同定可能な断片を数えるという単調で時間もかかる過程を避けるため，Sparks & Malechek(1968)は，出現頻度から視野あたり平均断片密度に変換する方法を開発した。この方法では，サンプル1個あたり100視野を検鏡し，ある種が出現した視野の数から植物種ごとの出現頻度が計算される。出現頻度から視野あたりの同定可能な断片密度への変換には，Fracker & Brischle(1944)による変換表か，あるいは計算式 $F=100(1-e^{-D})$ を用いることができる。ここで，Fは出現頻度，Dは検鏡視野

> **Box 10-2　草食動物の食性の微細組織学的分析用サンプルおよび参照用プレパラートの作成**
>
> **洗　浄**：(食道，反芻獣の第一胃，胃，糞などの)サンプルは，まず目の細かいナイロン袋に入れて洗濯機で洗浄，または18-メッシュのふるいに浸して濾し，溶けやすいものや小さくて同定できない植物片を取り除く。
>
> **均質化**：検鏡用プレパラートにするサンプルは，植物片がほぼ同じサイズの断片(18-メッシュ以上)になるまですりつぶすか細かく砕く必要がある。こうすることでより薄いプレパラートを作成でき，参照用サンプルと検鏡用サンプルの消化残渣との間の均一性が保たれる。また草食動物の各消化過程ごとに植物片の破砕の程度が異なっていても，動物の食物に含まれる様々な植物種の定量化が可能になる。最後にサンプルを乾燥させ，18-メッシュのふるいとWiley millですりつぶす。
>
> 　参照用プレパラート作成のための植物サンプルは，種名がわかる新鮮なものを採集，乾燥し，種別に分けて保存しておくとよい。これらは前述のサンプルと同様に乾燥し，すりつぶす。
>
> **漂　白**：すりつぶしたサンプルは，家庭用漂白剤またはHertwingの漂白液を用いて漂白する(Baumgartner & Martin 1949)。漂白剤はサンプルをきれいにするが，地衣類の同定に用いる特徴を破壊してしまうことも多い。漂白した後，200-メッシュのふるいを用いてサンプルを湯でよくすすぐ。100倍で1視野あたり平均3つの同定可能な植物片が見られるように，適量のサンプルを検鏡用スライドグラス上に置く。
>
> 　Hertwingの漂白液は，漂白剤でサンプルがきれいにならないときに使用する。この溶液は，1規定HCl 19 ml，蒸留水150 ml，グリセリン60 mlの混合液と抱水クロラール結晶270 gからなる。すすいでスライドグラス上に置いたサンプルにこの溶液を2滴落とし，アルコールランプまたはホットプレートで溶液が蒸発するまで加熱する。ただし燃焼させない。
>
> **染　色**：ほとんどのサンプルの同定には染色を必要としないが，様々な方法で染色することができる。染色の手順はDusi(1949)，Williams(1962)，Hansson(1970)などに記述されている。
>
> **包　埋**：Hoyerの包埋剤(Baker & Wharton 1952)か市販の水溶性包埋剤でサンプルを包埋する。Hoyerの包埋剤は，蒸留水50 ml，光精製によるアラビアゴム30 g，抱水クロラール200 g，グリセリン20 mlの順に混合することにより生成できる。包埋剤をサンプルに1，2滴落とし，カバーグラスをのせ，サンプルが一様に泡立つまで加熱する。カバーグラスの下から大きな気泡が消えるまで濡れたスポンジ上でスライドグラスを冷やし，45-60度で24-48時間オーブンで乾燥させる。永久標本にするならば，カバーグラスの縁をHoyerの包埋剤か他の耐水性封水剤で密閉する。一般的には1つの食性サンプルにつき5枚のプレパラートを作成する。

たある種の断片密度(F)を観察された全ての種の密度の総和(ΣF)で除し，100を乗じることによって，相対密度(RD)に変換することができる。頻度を密度に変換するためのより簡単な代替法がHolchek & Gross(1982)により開発されている。それは，各種ごとの観察度数を全ての種の総観察度数で除する。この値に100を乗じると食性を代表する各種の重要さについての相対比率を得る。Sparks & Malechek(1968)は，食道や胃，反芻獣の第一胃から採集された少なくともイネ科植物と広葉草本類のある種については，相対密度が各個体に消費された乾燥重量の比率を正確に反映していることを示した。しかしながらCurtis & McIntosh(1950)は，出現頻度を密度に変換する前に植物断片がプレパラート上にランダムに分布していなくてはならず，また最も多い種が検鏡視野中に86%を越える頻度で出現するようにすべきであると忠告している。同定できない断片に対する同定可能な断片の比率は消化過程や標本作製の途中で変化し(Havstad & Donart 1978, Holechek 1982)，また，ある樹種はバイオマスに対する表皮組織の割合が小さいので(Westoby et al. 1976)，食物組成の近似を改善する補正係数を開発してもよい(Deaden et al. 1975)。実際の食性が微細組織学的分析から推定された食性に一致するという仮定を，合成した食物組成を用いて検討するよう薦める研究者もいる(Westoby et al. 1976, Vavra & Holechek 1980, Holechek et al. 1982)。しかし他の研究者は，補正係数を開発するにはこの違いが小さすぎることや，とくに食物がイネ科植物と広葉草本類，木本類などを含んで多様なときには，補正係数が食物組成の推定値を常に改善するとは限らないことを示唆している(Hansson 1970, Gill et al. 1983)。

　糞分析は，第一胃サンプルに比べて少ない種数しか同定できないため批判されてきた。一般に消化されやすい広葉草本類は過小評価され，消化されにくい品目は過大評価される(Anthony & Smith 1974, Vavra et al. 1978, Smith & Shandruk 1979, McInnis et al. 1983)。とくに(イネ科植物と広葉草本類，木本類が混ざった)"混合"食者の食性に適用する際には著しく正確さを欠くため，イネ科食以外の動物にこの方法を用いる有効性について疑問をもつ研究者もいる(Gill et al. 1983)。植物片を同定する技術者の経験と訓練は，微細組織学的方法を用いる際の誤差の最も重要な原因として特記されている(Holechek et al. 1982)。Johnson & Pearson(1981)は植物組成の検鏡分析が「科学であるのと同時に芸術である」と強調している。植物断片の同定に活用できる論文や教科書もあるが

あたりの平均断片密度である(Fracker & Brischle 1944)。種あたり視野あたり平均断片密度(F)は，同定され

(Howard & Samuel 1979)，この方法に熟達するには多大な時間と労力を要する。

穀食動物の嗉嚢内容物は限られた消化しかされていないので，消化器官内容物としては特殊なサンプルである。調査者はたいていサンプルの大半を区別し同定することができる。種子タイプごとの体積も目盛のついたシリンダーを用いたり，水を満たしたビュレットにサンプルを入れてあふれた水量によって推定することができる(Inglis & Barstow 1960)。種子と果実は検索標本との比較や図鑑を用いて同定することができる(Musil 1963)。

食物利用可能量の測定

野生動物の食物資源量は，草本植物や樹幹，果実，種子などの年生産量の測定，脊椎動物や無脊椎動物の個体群サイズや分布の推定により，地域ごとに評価される。しかしながら，推定された食物資源量が食物利用可能量と直接的関係があるかどうか明確ではない。利用可能量とは，ある食物資源に到達できてかつそれを利用できる量を意味する(Morrison et al. 1992)。食物資源への到達しやすさは，天候，競争者や捕食者の存在，被食者の行動などの要因にともなって実際には様々に変化する。積雪は植物を埋めてしまったり，雪が積もる前には届かなかった植物や幹の高いところに届かせてくれるなど，草食動物にとって食物資源の利用可能量を変化させる(Keith et al. 1984)。肉食動物にとっても雪は哺乳類被食者の利用可能量(捕らえやすさ)に影響することがある(Halpin & Bissonette 1988, Fuller 1991)。また捕食者にとって数は多くても捕獲しやすいとは限らない種もある。このような利用可能量の動的な性質のため，食物資源への到達しやすさが比較的類似した空間または時間の単位に区切って研究を進めることが必要なこともある。食物資源への到達しやすさに影響する要因はおそらく各研究ごとに固有なため，ここではそのどれかを薦めることはせず，食物資源量の推定方法に議論を限定する。第9章は動物(被食者)個体群サイズを推定する方法について述べている。

草本植物

草本植物の利用可能量を決定する方法として，地上植生の刈り取りとその乾燥重量の測定は最も正確であるが，同時に最も時間のかかる方法でもある。小さな方形区から植生量を推定するための，もう少し時間を節約できる方法が開発され用いられている(Pechanec & Pickford 1937, Shoop & McIlvain 1963)。Robel et al. (1970)は，草原の植生量を予測するため，高さ1mの棒の隠れ具合を用いる方法を開発した。畜産学の分野でも放牧地の植生リストを作ってモニターするために，地表の被覆率に基づいて草本植物の相対量を推定する簡単な方法が開発されている。一つ目の方法は，小さなサンプルプロット内で種ごとに被度を推定するものである(Stewart & Hutchings 1936, Daubenmire 1958)。Daubenmire(1958)はこの方法をさらに使いやすくするため，出現した種ごとに被度階級(0〜5％，5〜25％，25〜50％，50〜75％，75〜95％，95〜100％)を用いることを提案した。二つ目の方法(point step)は，特定の地点で地表被覆を抽出して各植物種ごとの被度を推定するものである(Evans & Love 1957, Owensby 1973)。実際にはこの方法では観察者が靴のへりで地面に刻み目や目印をつける。観察者は調査地全体を歩いて規則正しい間隔で目印をつけ，目印の下にある植物の種を記録する。この方法はとくに広い調査地において被度と種構成を決定する際に有効である。Cook & Stubbendieck(1986)および本書の第22章に，その他の方法も含めて詳しい総説がある。

木本植物

木本の年生産量も草本植物と同様に生育期間中に生産された枝を刈り取って乾燥重量を計ることにより，最も正確に測定することができる(Harlow 1977)。しかしながらこの方法は実際の数値になるまでに時間がかかりすぎる。したがって，低木のサイズから食物生産量を求めるある程度正確な推定式が開発されている(Lyon 1968, Bobek & Bergstorm 1978)。ただしこの方法は，種ごとに，そしてたいてい調査地ごとに独自の推定式を求める必要がある。

枝をカウントする方法では，枝1本中の可食部分の平均重量を決定し，これに利用可能な枝数を乗じることによって利用可能な木本量を推定する(Shafer 1963)。ある餌樹種について採食された枝の平均直径を決定するには，採食された枝から100本を無作為抽出し，そのうち50本の枝の重量から採食された枝の平均重量を計算する。そして円プロット(Shafer 1963)またはベルトトランセクト(Irwin & Peek 1979)の中にある枝をカウントして枝の密度を推定し，単位面積当たり利用可能な木本量を算出する。この方法を改良したものとして，採食されていない枝の長さまたは基部直径を用いて枝の量を推定する計算式がある(Basile & Hutchings 1966, Telfer 1969)。

果実と種子

　果実や種子の年生産量は，全数カウントや，サンプリング地域における生産物の採集，シードトラップなどから推定することができる。成長の遅い草本類と低木類の果実や堅果は，個体ごとのカウントから個体あたりの平均果実（種子）数を求め，植物の密度情報と組み合わせて単位面積当たりの生産量を推定することができる。同様にドングリのような堅い木の実も，林冠下の一定面積をサンプリングする漏斗型シードトラップで収集することができる(Gysel 1956)。木の実が樹から落ちてこのトラップに入ってしまえば動物による採食は妨げられるが，木の実が落ちる前に消費されたり，収集された木の実が昆虫に食害されるなどして野生動物にとっての価値が低い場合には，生産量についての情報は偏りをもつことがある(Gysel & Lyon 1980)。

研究計画，データの分析，研究結果の解釈のための考察

　食性を決定する方法によらず，重要なのはサンプル数とサンプリング期間に配慮することである。食性研究に必要なサンプル数は，季節，食性の種内変異の程度や幅広さなどによって異なる。様々な種についてとくにサンプル数の問題を扱っている研究もあるが(Davison 1940, Korschgen 1948, Anthony & Smith 1974, Hansen et al. 1976, Holechek & Vavra 1983)，研究の状況はそれぞれ非常に変化に富んでいるため，一般的に受け入れられる最小サンプル数というものはない。Hanson & Graybill (1956)は最も重要な食物品目の分散に基づいて適切なサンプル数を決定する統計学的指針を提案した。Korschgen (1980)によるサンプル数の決定方法についての総説では，サンプルを増やしても新しい情報あるいは異なる情報が得られなくなったとき，十分なサンプル数であると一般的結論を出している。

　サンプルを収集する時期や期間も重要であり，これはある特定の種の食性でも季節によって変化があることによる。たとえばテキサスにおけるコヨーテの食性について，7〜8月に採集された糞からはほとんど果実ばかりを食べていることが示されたが，1月に採集された糞は食性の90％以上が哺乳類の被食者であることを反映していた(Andelt et al. 1987)。様々な食物の利用可能量は季節的に変化し，被食者個体群の変動，昆虫の大発生，堅果や果実の生産量，種の嗜好性の変化，被食者の捕らえやすさの違いなどのため，ある年と次の年との間でも一定ではない（たとえばMattson et al. 1991)。したがって，任意の年に限定せず，生物学的に意味のある期間（妊娠，営巣，繁殖など）に基づいて食性分析を行うとより有意義なものになる。

　肉食動物の食性の定量化にも複数の方法が用いられている。糞およびペリットの分析結果は一般に出現頻度として表される。この方法では各サンプルに出現する被食者個体数によらず，ある種が1サンプル中にあるかないかだけが記録される。これは捕食者の食性を表すために広く用いられている方法ではあるが，各食物品目の体積や重量，エネルギー量の違いによって食性に寄与する割合を反映しているとは限らない。たとえば1サンプル中にあるネズミ1頭分の残渣は，シカ1頭分の残渣と相対的に同等の重要性をもつとみなされる。被食者の消化率の違いによって問題はさらに複雑になる。ある被食者品目は他の品目よりも消化過程で分解されやすいために，糞やペリット内の残渣の絶対比率は実際に摂取した比率を表していない可能性がある(Lockie 1959, Floyd et al. 1978, Dickman & Huang

表10-4　比率の総和と体積の総和により算出した嗉嚢分析の結果

食物品目	体積(ml)			
	鳥1	鳥2	鳥3	合計
トウモロコシ	1.9	5.3	0.3	7.5
ダイズ	2.1	4.7	1.8	8.6
草の種子	1.2	1.1	0.6	2.9
合計	5.2	11.1	2.7	19.0

比率の総和

$\frac{\Sigma P_i}{n}$　　P_i＝各嗉嚢における食物品目 i の比率　　n＝嗉嚢の総数

トウモロコシ　$\Sigma P_i = \frac{1.9}{5.2} + \frac{5.3}{11.1} + \frac{0.3}{2.7} = 0.954$

$\frac{\Sigma P_i}{n} = \frac{0.954}{3} = 0.318$

ダイズ　$\Sigma P_i = \frac{2.1}{5.2} + \frac{4.7}{11.1} + \frac{1.8}{2.7} = 1.494$

$\frac{\Sigma P_i}{n} = \frac{1.494}{3} = 0.498$

草の種子　$\Sigma P_i = \frac{1.2}{5.2} + \frac{1.1}{11.1} + \frac{0.6}{2.7} = 0.552$

$\frac{\Sigma P_i}{n} = \frac{0.552}{3} = 0.184$

体積の総和

$\frac{\Sigma V_i}{V}$　　V_i＝各嗉嚢における食物品目 i の体積
　　　　V＝全ての嗉嚢における全食物品目の体積の和

トウモロコシ　$\frac{\Sigma V_i}{V} = \frac{7.5}{19.0} = 0.395$

ダイズ　$\frac{\Sigma V_i}{V} = \frac{8.6}{19.0} = 0.453$

草の種子　$\frac{\Sigma V_i}{V} = \frac{2.9}{19.0} = 0.153$

表10-5 食物重複度の測定方法の計算式と評価(Krebs 1989を改変)

指数(出典)	計算式	備考
重複率(Schoener 1970)	$P_{jk}=[\Sigma(P_{ij}, P_{ik}\text{の最小値})]100$	計算と解釈が簡単。実際の重複より過小評価。食物品目数増加またはサンプル数減少とともにバイアス増加
Spearmanの順位相関	$r_s=1-\dfrac{6\Sigma d_i^2}{(n^3-n)}$	
Pianka(Pianka 1974)	$O_{jk}=\dfrac{\Sigma P_{ij}P_{ik}}{\sqrt{\Sigma P^2_{ij}\Sigma P^2_{ik}}}$	0=食物品目の重複なし、1=完全に一致。森下により簡略化された結果に似るがやや精確性に劣る
森下(Morishita 1959)	$C=\dfrac{2\Sigma P_{ij}P_{ik}}{(\sum_{}^{n}P_{ij}[(n_{ij}-1)/(N_j-1)]+\sum_{}^{n}P_{ik}[(n_{ik}-1)/(N_k-1)])}$	バイオマスや割合ではなく、消費された個体の数が必要
簡略化森下(Horn 1966)	$C_H=\dfrac{2\Sigma P_{jk}P_{jk}}{\Sigma P^2_{ij}+\Sigma P^2_{ik}}$	
Horn(Horn 1966)	$R_0=\dfrac{\Sigma(P_{ij}+P_{ik})\log(P_{ij}+P_{ik})-\Sigma P_{ij}\log P_{ij}-\Sigma P_{ik}\log P_{ik}}{2\log 2}$	
Hurlbert(Hurlbert 1978)	$L=\Sigma(P_{ij}P_{ik}/a_i)$	全く利用されない食物品目を含むとき値が変化 0=食物品目の重複なし、1=両種が利用可能量に比例して各食物品目を利用、>1=両種がある食物品目を他品目より強度に利用、資源選択が同時に起こる

P_{ij}:種jに利用される全ての食物のうち品目iの割合, P_{ik}:種kに利用される全ての食物のうち品目iの割合, n:全食物品目数, a_i:食物品目iの相対的な利用可能量, n_{ij}:種jのサンプルのうち食物品目iの個数, n_{ik}:種kのサンプルのうち食物品目iの個数, N_j:種jのサンプルのうち各食物品目の個数の合計($\Sigma n_{ij}=N_j$), N_k:種kのサンプルのうち各食物品目の個数の合計($\Sigma n_{ik}=N_k$), d:種jとkの間の食物品目iの順位の差

1988)。そこで糞中残渣に基づいて、消費された被食者品目のバイオマスを推定する試みがなされてきた(Lockie 1959, Floyd et al. 1978)。そして糞中の同定可能な残渣の重量を実際に採食された食物の重量に変換するための補正係数が考案されている。ただし、消費された被食者重量と同定可能な残渣との間には強い相関があるにもかかわらず、この方法はあまり広く用いられていない(Floyd et al. 1978)。なぜなら、複数の被食種の残渣を含む糞から、各被食者品目だけからなる部分を区別することが非常に困難なためである。

胃や嗉嚢サンプルから得られた結果は、多くは体積比として、あるいは頻度は低いが乾燥重量比として報告されている。体積比は、食物品目を乾燥させずに体積のわかっている水、すなわちたいていは目盛の付いた大きなシリンダーに入れたときの体積の増加分から決定される。また各食物品目をオーブンで乾燥して乾燥重量比を計算することもできるが、この方法はほとんど用いられていない。どちらの方法による結果も、全ての胃や嗉嚢サンプルについて食物品目別に集計したり、サンプルごとの内容物組成として計算したり、また全サンプルの平均値を求めることもできる(表10-4)。各食物品目の比率の集計は、個体ごとの各食物品目の体積比について品目別に全個体の総和をとり、個体数で除することにより計算される。各食物品目の体積の集計は、全個体の品目別体積の総和を、全個体全食物品目の総体積で除することにより決定される。体積の集計は全ての個体に消費された食物の絶対体積を重視し、比率の集計は各個体における食物品目の百分率組成を等しく重要とみなす(Swanson & Bartonek 1970)。

ひとたび利用量と利用可能量を測定してしまえば、数学的統計学的方法を用いて食物品目の選択性を推定することができる(Cock 1978)。生息地選択を分析するのに用いられる方法の多くは、食物選択の分析にも適用することができる。Krebs(1989)は、食物組成比(Williams & Marshall 1938), Ivlevの選択指数(Ivlev 1961), Murdoch(1969)の

指数，Manlyのアルファ(Manly et al. 1972)，Johnson(1980)の順位選好性指数など一般的方法のいくつかについてレビューした。そしてほとんどの場合に選択性の測定結果を最もうまく容易に理解できるものとして，Manlyのアルファと順位選好性指数を薦めている。Hobbs & Bowden(1982)は選択指数の信頼限界を求める方法を提案している。

❏資源利用における重複度指数

同所的に生息する種の生息地や食物利用の研究から得られたデータは，しばしばニッチ重複度を評価するために用いられ，種間競争の普遍性を検討する基盤となってきた(Reynolds & Meslow 1984, Thill & Martin 1986, Major & Sherburne 1987)。ニッチ重複度を示すために用いられる方法は，2種間の資源利用パターンの類似性を比較することに基づいている。類似度の指標としては通常0から1の範囲の値をとる指数の値が計算される。すなわち0は資源利用の重複がなく，1は完全に一致していることを表す。Brower & Zar(1984)とKrebs(1989)は，このような指数のいくつかについて計算できるコンピュータプログラムを提供している。ニッチ重複度の様々な測定方法のバイアスと仮定を検討した論文は膨大な数にのぼるが(Hurlbert 1978, Abrams 1980, Ricklefs & Lau 1980, Smith & Zaret 1982, Krebs 1989)，どれが最適な指数であるかという一般的合意はない。なぜなら，どの測定方法もそれぞれ利点と欠点を持ち合わせているからである(表10-5)。全ての指数につきまとうバイアスは，資源の数が増えるにつれて大きくなるが，サンプル数の増加とともに小さくなる。バイアスを最小にするため，Smith & Zaret(1982)はMorishita(1959)の測定方法を用いることを勧めている。残念ながらこの測定方法は各食物品目の数を記録する必要があり，主に穀食動物の嗉嚢または胃の内容物の研究にしか適用できない。このようなデータでないときには，Horn(1966)の指数がバイアスを小さくする方法となるようである(Krebs 1989)。Greene & Jaksi'c(1983)は，被食者の同定が異なる分類レベルであると，食物ニッチの重複度指数に影響しうることを指摘している。彼らは，種レベルではなく目レベルまでしか同定していない食物品目についての分析は食性を単純化する傾向があり，その結果食性の重複度を過大評価してしまうことを示した。種まで同定したものと目まで同定したものを同時に含むような，同定の分類レベルが混在したデータは誤った結果を出すに等しい。

歴史的に研究者は資源利用における重複を競争と同一視する傾向があった。しかしながら，ニッチの重複と競争との関係は十分に理解されていない。たとえば，重複度指数の0という値は，競争がないことを示しているのだろうか。それとも，ある種は優占種が利用する資源への到達を常に妨げられていることを示しているのだろうか。同様に，重複度指数が高い値のときには，利用できる資源が豊富にあるために両種に利用されていることを意味しているだけかもしれない。したがって，重複度指数の解釈には十分な注意をはらって取り組むべきである(Holt 1987)。

参考文献

ABRAMS, P. 1980. Some comments on measuring niche overlap. Ecology 61:44–49.
ADORJAN, A. A., AND G. B. KOLENOSKY. 1969. A manual for the identification of hairs of selected Ontario mammals. Ont. Dep. Lands For. Res. Rep. (Wildl.) 90. 64pp.
ALDOUS, S. E. 1944. A deer browse survey method. J. Mammal. 25:130–136.
ALLDREDGE, J. R., AND J. T. RATTI. 1986. Comparison of some statistical techniques for analysis of resource selection. J. Wildl. Manage. 50:157–165.
———, AND ———. 1992. Further comparison of some statistical techniques for analysis of resource selection. J. Wildl. Manage. 56:1–9.
ANDELT, W. F., J. G. KIE, F. F. KNOWLTON, AND K. CARDWELL. 1987. Variation in coyote diets associated with season and successional changes in vegetation. J. Wildl. Manage. 51:273–277.
ANTHONY, R. G., AND N. S. SMITH. 1974. Comparison of rumen and fecal analysis to describe deer diets. J. Wildl. Manage. 38:535–540.
AVERY, T. E. 1968. Interpretation of aerial photographs. Second ed. Burgess Publ., Minneapolis, Minn. 324pp.
———, AND H. E. BURKHART. 1983. Forest measurements. Third ed. McGraw-Hill, New York, N.Y. 331pp.
BAKER, E. W., AND G. W. WHARTON. 1952. An introduction to acarology. Macmillan Co., New York, N.Y. 465pp.
BASILE, J. V., AND S. S. HUTCHINGS. 1966. Twig diameter-length-weight relationships of bitterbrush. J. Range Manage. 19:34–38.
BAUMGARTNER, L. L., AND A. C. MARTIN. 1939. Plant histology as an aid in squirrel food-habit studies. J. Wildl. Manage. 3:266–268.
BAXTER, W. L., AND C. W. WOLFE. 1972. The interspersion index as a technique for evaluation of bobwhite quail habitat. Proc. Natl. Bobwhite Quail Symp. 1:158–165.
BEASOM, S. L., E. P. WIGGERS, AND J. R. GIARDINO. 1983. A technique for assessing land surface ruggedness. J. Wildl. Manage. 47:1163–1166.
BIELEFELDT, J., R. N. ROSENFIELD, AND J. M. PAPP. 1992. Unfounded assumptions about the diet of the Coopers' hawk. Condor 94:427–436.
BIGGINS, D. E., AND E. J. PITCHER. 1978. Comparative efficiencies of telemetry and visual techniques for studying ungulates, grouse, and raptors on energy development lands in southeastern Montana. Pecora 4:188–193.
BOBEK, B., AND R. BERGSTROM. 1978. A rapid method of browse biomass estimation in a forest habitat. J. Range Manage. 31:456–458.
———, S. BOROWSKI, AND R. DZIECIOLOWSKI. 1975. Browse supply in various forest ecosystems. Pol. Ecol. Stud. 1:17–32.
BONHAM, C. D. 1989. Measurements of terrestrial vegetation. John Wiley & Sons, New York, N.Y. 338pp.
BROLEY, J. 1950. Identifying nests of the Anatidae of the Canadian prairies. J. Wildl. Manage. 14:452–456.
BROWER, J. E., AND J. H. ZAR. 1984. Field and laboratory methods for

general ecology. W.C. Brown Publ., Dubuque, Ia. 226pp.
BYERS, C. R., R. K. STEINHORST, AND P. R. KRAUSMAN. 1984. Clarification of a technique for analysis of utilization-availability data. J. Wildl. Manage. 48:1050–1053.
CALDER, W. A. 1973. Microhabitat selection during nesting of hummingbirds in the Rocky Mountains. Ecology 54:127–134.
CHESSON, J. 1978. Measuring preference in selective predation. Ecology 59:211–215.
COCK, M. J. W. 1978. The assessment of preference. J. Anim. Ecol. 47:805–816.
COLLINS, W. B., AND P. J. URNESS. 1981. Habitat preferences of mule deer as rated by pellet-group distributions. J. Wildl. Manage. 45:969–972.
COOK, C. W., AND J. STUBBENDIECK. 1986. Methods of measuring herbage and browse utilization. Pages 120–121 in C. W. Cook and J. Stubbendieck, eds. Range research: basic problems and techniques. Soc. Range Manage., Denver, Colo.
COOPERRIDER, A. Y. 1986. Food habits. Pages 699–710 in A. Y. Cooperrider, R. J. Boyd, and H. R. Stuart, eds. Inventory and monitoring of wildlife habitat. U.S. Dep. Inter. Bur. Land Manage. Serv. Cent., Denver, Colo.
COTTAM, G., AND J. T. CURTIS. 1956. The use of distance measures in phytosociological sampling. Ecology 37:451–460.
CURTIS, J. T., AND R. P. MCINTOSH. 1950. The interrelations of certain analytic and synthetic phytosociological characters. Ecology 31:434–455.
DAUBENMIRE, R. F. 1958. A canopy-coverage method of vegetational analysis. Northwest Sci. 53:43–64.
DAVISON, V. E. 1940. A field method of analyzing game bird foods. J. Wildl. Manage. 4:105–116.
DAY, M. G. 1966. Identification of hair and feather remains in the gut and feces of stoats and weasels. J. Zool. Proc. 148:201–217.
DEARDEN, B. L., R. E. PEGAU, AND R. M. HANSEN. 1975. Precision of microhistological estimates of ruminant food habits. J. Wildl. Manage. 39:402–407.
DEBLASE, A. F., AND R. E. MARTIN. 1981. A manual of mammalogy with keys to families of the world. W.C. Brown Publ., Dubuque, Ia. 436pp.
DE VOS, A., AND H. S. MOSBY. 1969. Habitat analysis and evaluation. Pages 135–172 in R. H. Giles, Jr., ed. Wildlife management techniques. Third ed. The Wildl. Soc., Washington, D.C.
DIAMOND, J. 1986. Overview: laboratory experiments, field experiments, and natural experiments. Pages 3–22 in J. Diamond and T. J. Case, eds. Community ecology. Harper & Row Publ., New York, N.Y.
DICKMAN, C. R., AND C. HUANG. 1988. The reliability of fecal analysis as a method for determining the diet of insectivorous mammals. J. Mammal. 69:108–113.
DUESER, R. D., AND H. H. SHUGART. 1978. Microhabitats in a forest-floor small-mammal fauna. Ecology 59:89–98.
DUSI, J. L. 1949. Methods for the determination of food habits by plant microtechniques and histology and their application to cottontail rabbit food habits. J. Wildl. Manage. 13:295–298.
EASTMAN, D. S., AND D. JENKINS. 1970. Comparative food habits of red grouse in northeast Scotland, using fecal analysis. J. Wildl. Manage. 34:612–620.
EDLEFSEN, J. L., C. W. COOK, AND J. T. BLAKE. 1960. Nutrient content of the diet as determined by hand-plucked and esophageal samples. J. Anim. Sci. 19:560–563.
ERRINGTON, P. L. 1932. Techniques of raptor food habits study. Condor 34:75–86.
EVANS, R. A., AND R. M. LOVE. 1957. The step point method of sampling—a practical tool in range research. J. Range Manage. 10:208–212.
FAGEN, R. 1988. Population effects of habitat change: a quantitative assessment. J. Wildl. Manage. 52:41–46.
FLOYD, T. J., L. D. MECH, AND P. A. JORDAN. 1978. Relating wolf scat content to prey consumed. J. Wildl. Manage. 42:528–532.
FORMAN, R. T. T., AND M. GODRON. 1986. Landscape ecology. John Wiley & Sons, New York, N.Y. 619pp.
FRACKER, S. B., AND H. A. BRISCHLE. 1944. Measuring the local distribution of Ribes. Ecology 25:283–303.
FRETWELL, S. D. 1972. Populations in a seasonal environment. Princeton Univ. Press, Princeton, N.J. 217pp.
FRIDELL, R. A., AND J. A. LITVAITIS. 1991. Influence of resource distribution and abundance on home-range characteristics of southern flying squirrels. Can. J. Zool. 69:2589–2593.
FULLER, T. K. 1991. Effect of snow depth on wolf activity and prey selection in north central Minnesota. Can J. Zool. 69:283–287.
GAVIN, T. A. 1991. Why ask "why": the importance of evolutionary biology in wildlife science. J. Wildl. Manage. 55:760–766.
GILL, R. B., L. H. CARPENTER, R. M. BARTMANN, D. L. BAKER, AND G. G. SCHOONVELD. 1983. Fecal analysis to estimate mule deer diets. J. Wildl. Manage. 47:902–915.
GREEN, G. A., G. W. WITMER, AND D. S. DECALESTA. 1986. NaOH preparation of mammalian predator scats for dietary analysis. J. Mammal. 67:742.
GREEN, R. H. 1979. Sampling design and statistical methods for environmental biologists. John Wiley & Sons, New York, N.Y. 257pp.
GREENE, H. W., AND F. M. JAKSIĆ. 1983. Food-niche relationships among sympatric predators: effects of level of prey identification. Oikos 40:151–154.
GREIG-SMITH, P. 1964. Quantitative plant ecology. Butterworth, London, U.K. 256pp.
GYSEL, L. W. 1956. Measurement of acorn crops. For. Sci. 2:305–313.
———, AND L. J. LYON. 1980. Habitat analysis and evaluation. Pages 305–327 in S. D. Schemnitz, ed. Wildlife management techniques manual. Fourth ed. The Wildl. Soc., Washington, D.C.
HALPIN, M. A., AND J. A. BISSONETTE. 1988. Influence of snow depth on prey availability and habitat use by red fox. Can. J. Zool. 66:587–592.
HANSEN, R. M., T. M. FOPPE, M. B. GILBERT, R. C. CLARK, AND H. W. REYNOLDS. 1976. The microhistological analyses of feces as an estimator of herbivore diet. Range Sci. Composition Anal. Lab., Colorado State Univ., Ft. Collins. 6pp.
HANSON, W. R., AND F. GRAYBILL. 1956. Sample size in food-habits analyses. J. Wildl. Manage. 20:64–68.
HANSSON, L. 1970. Methods of morphological diet micro-analysis in rodents. Oikos 21:255–266.
HARLOW, R. F. 1977. A technique for surveying deer forage in the southeast. Wildl. Soc. Bull. 5:185–191.
HAVSTAD, K. M., AND G. B. DONART. 1978. The microhistological technique: testing two central assumptions in south central New Mexico. J. Range Manage. 31:469–470.
HAYS, R. L., C. SUMMERS, AND W. SEITZ. 1981. Estimating wildlife habitat variables. U.S. Fish Wildl. Serv. FWS/OBS-81-47. 111pp.
HEIM, S. J. 1988. Late winter and spring food habits of tame free-ranging white-tailed deer in southern New Hampshire. M.S. Thesis, Univ. New Hampshire, Durham. 51pp.
HEINEN, J., AND G. H. CROSS. 1983. An approach to measure interspersion, juxtaposition, and spatial diversity from cover-type maps. Wildl. Soc. Bull. 11:232–237.
HILDEN, O. 1965. Habitat selection in birds: a review. Ann. Zool. Fenn. 2:53–75.
HOBBS, N. T., AND D. C. BOWDEN. 1982. Confidence intervals for food preference indices. J. Wildl. Manage. 46:505–507.
———, AND T. A. HANLEY. 1990. Habitat evaluation: do use/availability data reflect carrying capacity? J. Wildl. Manage. 54:515–522.
HOLECHEK, J. L. 1982. Sample preparation techniques for microhistological analysis. J. Range Manage. 35:267–268.
———, AND B. D. GROSS. 1982. Evaluation of different calculation procedures for microhistological analysis. J. Range Manage. 35:721–723.
———, AND M. VAVRA. 1981. The effect of slide and frequency observation numbers on the precision of microhistological analysis. J. Range Manage. 34:337–338.
———, AND ———. 1983. Fistula sample numbers required to determine cattle diets on forest and grassland ranges. J. Range Manage. 36:323–326.
———, ———, S. MADY DABO, AND T. STEPHENSON. 1982a. Effects of sample preparation, growth stage, and observer on microhistological analysis of herbivore diets. J. Wildl. Manage. 46:502–505.
———, ———, AND R. D. PIEPER. 1982b. Botanical composition determination of range herbivore diets: a review. J. Range Manage.

35:309–315.
Holt, R. D. 1987. On the relation between niche overlap and competition: the effect of incommensurable niche dimensions. Oikos 48:110–114.
Horn, H. S. 1966. Measurement of "overlap" in comparative ecological studies. Am. Nat. 100:419–424.
Howard, G. S., and M. J. Samuel. 1979. Atlas of epidermal plant species fragments ingested by grazing animals. U.S. Dep. Agric. Tech. Bull. 1582. 143pp.
Howard, V. W., Jr. 1967. Identifying fecal groups by pH analysis. J. Wildl. Manage. 31:190–191.
Hunter, M. L., Jr. 1989. Aardvarks and Arcadia: two principles of wildlife research. Wildl. Soc. Bull. 17:350–351.
Hurlbert, S. H. 1978. The measurement of niche overlap and some relatives. Ecology 59:67–77.
———. 1984. Pseudoreplication and the design of ecological field experiments. Ecol. Mongr. 54:187–211.
Inglis, J. M., and C. J. Barstow. 1960. A device for measuring the volume of seeds. J. Wildl. Manage. 24:221–222.
Irwin, L. L., and J. M. Peek. 1979. Shrub production and biomass trends following five logging treatments in the cedar-hemlock zone of northern Idaho. For. Sci. 25:415–426.
Ivlev, V. S. 1961. Experimental ecology of the feeding of fishes. Yale Univ. Press, New Haven, Conn. 302pp.
Jaenike, J. 1980. A relativistic measure of variation in preference. Ecology 61:990–991.
James, F. C., and H. H. Shugart, Jr. 1970. A quantitative method of habitat description. Audubon Field Notes 24:727–736.
Jensen, C. H., and G. W. Scotter. 1977. A comparison of twig-length and browsed-twig methods of determining browse utilization. J. Range Manage. 30:64–67.
Johnson, D. H. 1980. The comparison of usage and availability measurements for evaluating resource preference. Ecology 61:65–71.
Johnson, M. K., and H. A. Pearson. 1981. Esophageal, fecal, and exclosure estimates of cattle diets on a longleaf pine-bluestem range. J. Range Manage. 34:232–235.
Kamil, A. C., J. R. Krebs, and H. R. Pulliam, editors. 1987. Foraging behavior. Plenum Press, New York, N.Y. 686pp.
Karr, J. R. 1981. Rationale and techniques for sampling avian habitats: introduction. Pages 26–28 in D. E. Capen, ed. The use of multivariate statistics in studies of wildlife habitat. U.S. For. Serv. Gen Tech. Rep. RM-87.
———. 1983. Commentary. Pages 403–410 in A. H. Brush and G. A. Clark, Jr., eds. Perspectives in ornithology. Cambridge Univ. Press, Cambridge, U.K.
Keith, L. B., J. R. Cary, O. J. Rongstad, and M. C. Brittingham. 1984. Demography and ecology of a declining snowshoe hare population. Wildl. Monogr. 90. 43pp.
Keppie, D. M. 1990. To improve graduate student research in wildlife education. Wildl. Soc. Bull. 18:453–458.
Korschgen, L. J. 1948. Late-fall and early-winter food habits of bobwhite quail in Missouri. J. Wildl. Manage. 12:46–57.
———. 1980. Procedures for food-habits analyses. Pages 113–127 in S. D. Schemnitz, ed. Wildlife management techniques manual. Fourth ed. The Wildl. Soc., Washington, D.C.
Krantz, G. W. 1978. Collection, rearing, and preparation for study. Pages 77–98 in G.W. Krantz, ed. A manual of acarology. Oregon State Univ., Corvallis.
Krebs, C. J. 1989. Ecological methodology. Harper & Row, New York, N.Y. 654pp.
Leopold, A. 1933. Game management. Charles Scribner's Sons, New York, N.Y. 481pp.
Litvaitis, J. A., J. A. Sherburne, and J. A. Bissonette. 1985. A comparison of methods used to examine snowshoe hare habitat use. J. Wildl. Manage. 49:693–695.
———, ———, and ———. 1986. Bobcat habitat use and home range size in relation to prey density. J. Wildl. Manage. 50:110–117.
Lockie, J. D. 1959. The estimation of the food of foxes. J. Wildl. Manage. 23:224–227.
Lyon, L. J. 1968. Estimating twig production of serviceberry from crown volumes. J. Wildl. Manage. 32:115–119.
Macnab, J. 1983. Wildlife management as scientific experimentation. Wildl. Soc. Bull. 11:397–401.
Major, J. T., and J. A. Sherburne. 1987. Interspecific relationships of coyotes, bobcats, and red foxes in western Maine. J. Wildl. Manage. 51:606–616.
Major, M., M. K. Johnson, W. S. Davis, and T. F. Kellogg. 1980. Identifying scats by recovery of bile acids. J. Wildl. Manage. 44:290–293.
Manly, B. F. J., P. Miller, and L. M. Cook. 1972. Analysis of a selective predation experiment. Am. Nat. 106:719–736.
Marcum, C. L., and D. O. Loftsgaarden. 1980. A nonmapping technique for studying habitat preferences. J. Wildl. Manage. 44:963–968.
Marti, C. D. 1987. Raptor food habits studies. Pages 67–80 in B. A. Giron Pendleton, B. A. Milsap, K. W. Cline, and D. M. Bird, eds. Raptor management techniques manual. Natl. Wildl. Fed., Washington, D.C.
Martin, A. C., H. S. Zim, and A. L. Nelson. 1961. American wildlife & plants: a guide to wildlife food habits. Dover Publ., New York, N.Y. 500pp.
Martin, S. C. 1970. Relating vegetation measures to forage consumed by animals. Pages 93–100 in Range and wildlife habitat evaluation—a research symposium. U.S. For. Serv. Misc. Pub. 1147.
Mathiak, H. A. 1938. A key to hairs of the mammals of southern Michigan. J. Wildl. Manage. 2:251–268.
Mattson, D. J., B. M. Blanchard, and R. R. Knight. 1991. Food habits of Yellowstone grizzly bears, 1977-1987. Can. J. Zool. 69:1619–1629.
Mayer, W. V. 1952. The hair of California mammals with keys to the dorsal guard hairs of California mammals. Am. Midl. Nat. 38:480–512.
McInnis, M. L., M. Varva, and W. C. Krueger. 1983. A comparison of four methods used to determine the diets of large herbivores. J. Range Manage. 36:302–307.
McManus, W. R. 1981. Oesophageal fistulation technique as an aid to diet evaluation of the grazing ruminant. Pages 249–260 in J. L. Wheeler and R. D. Mochrie, eds. Forage evaluation: concepts and techniques. Am. Forage Grassland Counc., Lexington, Ky.
Mead, R. A., T. L. Sharik, S. P. Prisely, and J. T. Heinen. 1981. A computerized spatial analysis system for assessing wildlife habitat from vegetation maps. Can. J. Remote Sensing 7:34–40.
Mech, L. D. 1966. The wolves of Isle Royale. U.S. Natl. Park Serv. Fauna Ser. 7. 210pp.
Medin, D. E. 1970. Stomach content analyses: collections from wild herbivores and birds. Pages 133–145 in Range and wildlife habitat evaluation—a research symposium. U.S. For. Serv. Misc. Publ. 1147.
Mersmann, T. J., D. A. Buehler, J. D. Fraser, and J. K. D. Seegar. 1992. Assessing bias in studies of bald eagle food habits. J. Wildl. Manage. 56:73–78.
Meserve, P. L. 1976. Food relationships of a rodent fauna in a California coastal sage scrub community. J. Mammal. 57:300–319.
Miller, B. K., and J. A. Litvaitis. 1992. Habitat segregation by moose in a boreal forest ecotone. Acta Theriol. 37:41–50.
Moore, T. D., L. E. Spence, C. E. Dugnolle, and W. G. Hepworth. 1974. Identification of the dorsal guard hairs of some mammals of Wyoming. Wyo. Game and Fish Dep. Bull. 14. 177pp.
Morisita, M. 1959. Measuring of interspecific association and similarity between communities. Mem. Fac. Sci. Kyushu Univ. Ser. E (Biol.) 3:65–80.
Morris, D. W. 1984. Patterns and scale of habitat use in two temperate-zone, small mammal faunas. Can. J. Zool. 62:1540–1547.
Morrison, M. L., B. G. Marcot, and R. W. Mannan. 1992. Wildlife-habitat relationships. Univ. Wisconsin Press, Madison. 343pp.
Mosby, H. S. 1969. Reconnaissance mapping and map use. Pages 119–134 in R. H. Giles, Jr., ed. Wildlife management techniques. Third ed. The Wildl. Soc., Washington, D.C.
Mueller-Dombois, D., and H. Ellenberg. 1974. Aims and methods of vegetation ecology. John Wiley & Sons, New York, N.Y. 547pp.
Murdoch, W. W. 1969. Switching in general predators: experiments on predator specificity and stability of prey populations. Ecol. Monogr. 39:335–354.
Murie, O. J. 1974. Animal tracks. Houghton Mifflin, Boston, Mass. 375pp.

Musil, A. F. 1963. Identification of crop and weed seeds. U.S. Dep. Agric. Handb. 219. 171pp.

Nams, V. O. 1989. Effects of radiotelemetry error on sample size and bias when testing for habitat selection. Can. J. Zool. 67:1631–1636.

Nason, E. S. 1948. Morphology of hair of eastern North American bats. Am. Midl. Nat. 39:345–361.

Nelson, E. W. 1930. Methods of studying shrubby plants in relation to grazing. Ecology 11:764–769.

Neu, C. W., C. R. Byers, and J. M. Peek. 1974. A technique for analysis of utilization-availability data. J. Wildl. Manage. 38:541–545.

Nicholls, T. H., and M. R. Fuller. 1987. Territorial aspects of barred owl home range and behavior in Minnesota. Pages 121–128 in R. W. Nero, R. J Clark, R. J. Knapton, and R. H. Hamre, eds. Biology and conservation of northern forest owls. U.S. For. Serv. Gen. Tech. Rep. RM-142.

Noon, B. R. 1981. Techniques for sampling avian habitats. Pages 42–52 in D. E. Capen, ed. The use of multivariate statistics in studies of wildlife habitat. U.S. For. Serv. Gen Tech. Rep. RM-87.

Nudds, T. D. 1977. Quantifying the vegetative structure of wildlife cover. Wildl. Soc. Bull. 5:113–117.

Orr, C. D., and D. G. Dodds. 1982. Snowshoe hare habitat preference in Nova Scotia spruce-fir forests. Wildl. Soc. Bull. 10:147–150.

Owen, M. 1975. An assessment of fecal analysis technique in waterfowl feeding studies. J. Wildl. Manage. 39:271–279.

Owensby, C. E. 1973. Modified step-point system for botanical composition and basal cover estimates. J. Range Manage. 26:302–303.

Parren, S. G., and D. E. Capen. 1985. Local distribution and coexistence of two species of *Peromyscus* in Vermont. J. Mammal. 66:36–44.

Partridge, L. 1978. Habitat selection. Pages 351–376 in J. R. Krebs and N. B. Davies, eds. Behavioural ecology: an evolutionary approach. Sinaurer Assoc., Sunderland, Mass.

Passmore, R. C., and R. L. Hepburn. 1955. A method for appraisal of winter range of deer. Ont. Dep. Lands For. Res. Rep. 29. 7pp.

Patton, D. R. 1975. A diversity index for quantifying habitat "edge." Wildl. Soc. Bull. 3:171–173.

Pechanec, J. F., and G. D. Pickford. 1937. A weight-estimate method for determination of range or pasture production. J. Am. Soc. Agron. 29:894–904.

Pianka, E. R. 1974. Niche overlap and diffuse competition. Proc. Natl. Acad. Sci. USA 71:2141–2145.

Porter, W. F., and K. E. Church. 1987. Effects of environmental pattern on habitat preference analysis. J. Wildl. Manage. 51:681–685.

Reynolds, R. T., and E. C. Meslow. 1984. Partitioning food and niche characteristics of coexisting *Accipiter* during breeding. Auk 101:761–779.

Rice, J., B. W. Anderson, and R. D. Ohmart. 1984. Comparison of the importance of different habitat attributes to avian community organization. J. Wildl. Manage. 48:895–911.

Rice, R. W. 1970. Stomach content analyses: a comparison of the rumen vs. esophageal techniques. Pages 127–132 in Range and wildlife habitat evaluation—a research symposium. U.S. For. Serv. Misc. Pub. 1147.

Ricklefs, R. E., and M. Lau. 1980. Bias and dispersion of overlap indices: results of some Monte Carlo simulations. Ecology 61:1019–1024.

Robbins, C. S., D. K. Dawson, and B. A. Dowell. 1989. Habitat area requirements of breeding forest birds of the Middle Atlantic states. Wildl. Monogr. 103. 34pp.

Robel, R. J., J. N. Briggs, A. D. Dayton, and L. C. Hulbert. 1970. Relationships between visual obstruction measurements and weight of grassland vegetation. J. Range. Manage. 23:295–297.

Rosenzweig, M. L. 1981. A theory of habitat selection. Ecology 62:327–335.

Rotenberry, J. T., and J. A. Wiens. 1980. Habitat structure, patchiness, and avian communities in North American steppe vegetation: a multivariate analysis. Ecology 61:1228–1250.

Roth, R. R. 1976. Spatial heterogeneity and birds species diversity. Ecology 57:773–782.

Schaller, G. B. 1972. The Serengeti lion: a study of predator-prey relations. Univ. Chicago Press, Chicago, Ill. 480pp.

Schoener, T. W. 1970. Nonsynchronous spatial overlap of lizards in patchy habitats. Ecology 51:408–418.

Schueler, F. W. 1972. A new method of preparing owl pellets: boiling in NaOH. Bird Banding 43:142.

Shafer, E. L. 1963. The twig-count method for measuring hardwood deer browse. J. Wildl. Manage. 27:428–437.

Shoop, M. C., and E. H. McIlvain. 1963. The micro-unit forage inventory unit. J. Range Manage. 16:172–179.

Short, H. L. 1962. The use of a rumen fistula in a white-tailed deer. J. Wildl. Manage. 26:341–342.

Short, N. M. 1982. The Landsat tutorial workbook. NASA Ref. Publ. 1078. Natl. Aeronaut. and Space Adm., Washington, D.C. 553pp.

Sinclair, A. R. E. 1991. Science and the practice of wildlife management. J. Wildl. Manage. 55:767–773.

Smith, A. D., and R. L. Hubbard. 1954. Preference ratings for winter deer forages from northern Utah ranges based on browsing time and forage consumed. J. Range Manage. 7:262–265.

———, and J. L. Shandruk. 1979. Comparison of fecal, rumen, and utilization methods for ascertaining pronghorn diets. J. Range Manage. 32:275–279.

———, and P. J. Urness. 1962. Analysis of the twig-length method of determining utilization of browse. Utah State Dep. Fish Game Publ. 69-9. 35pp.

Smith, D. R., P. O. Currie, J. V. Basile, and N. C. Frischknecht. 1962. Methods of measuring forage utilization and differentiating use by different classes of animals. Pages 93–98 in Range research methods. U.S. For. Serv. Misc. Publ. 940.

Smith, E. P., and T. M. Zaret. 1982. Bias in estimating niche overlap. Ecology 63:1248–1253.

Snyder, E. J., and L. B. Best. 1988. Dynamics of habitat use by small mammals in prairie communities. Am. Midl. Nat. 119:128–136.

Sparks, D. R., and J. C. Malechek. 1968. Estimating percentage dry weight in diets using a microscopic technique. J. Range Manage. 21:264–265.

Stains, H. J. 1958. Field key to guard hair of middle western furbearers. J. Wildl. Manage. 22:95–97.

Stephens, D. W. 1990. Foraging theory: up, down, and sideways. Stud. Avian Biol. 13:444–454.

———, and J. R. Krebs. 1986. Foraging theory. Princeton Univ. Press, Princeton, N.J. 247pp.

Steventon, J. D., and J. T. Major. 1982. Marten use of habitat in a commercially clear-cut forest. J. Wildl. Manage. 46:175–182.

Stewart, G., and S. S. Hutchings. 1936. The point-observation-plot (square-foot-density) method of vegetation survey. J. Am. Soc. Agron. 28:714–722.

Stewart-Oaten, A., W. W. Murdoch, and K. R. Parker. 1986. Environmental impact assessment: "pseudoreplication" in time? Ecology 67:929–940.

Stinnett, D. P., and D. A. Klebenow. 1986. Habitat use of irrigated lands by California quail in Nevada. J. Wildl. Manage. 50:368–372.

Storr, G. M. 1961. Microscopic analysis of faeces: a technique for ascertaining the diet of herbivorous mammals. Aust. J. Biol. 14:157–164.

Swanson, G. A., and J. C. Bartonek. 1970. Bias associated with food analysis in gizzards of blue-winged teal. J. Wildl. Manage. 34:739–746.

Swihart, R. K., and N. A. Slade. 1985. Testing for independence of observations in animal movements. Ecology 66:1176–1184.

Telfer, E. S. 1969. Twig weight-diameter relationships for browse species. J. Wildl. Manage. 33:917–921.

Thill, R. E., and A. Martin, Jr. 1986. Deer and cattle diet overlap on Louisiana pine-bluestem range. J. Wildl. Manage. 50:707–713.

Thomas, D. L., and E. J. Taylor. 1990. Study designs and tests for comparing resource use and availability. J. Wildl. Manage. 54:322–330.

Thomas, J. W., C. Maser, and J. E. Rodeik. 1979. Edges. Pages 48–59 in J. W. Thomas, ed. Wildlife habitat in managed forests—the Blue Mountains of Oregon and Washington. U.S. For. Serv. Agric. Handb. 533.

Thompson, I. D., I. J. Davidson, S. O'Donnell, and F. Brazeau. 1989. Use of track transects to measure the relative occurrence of some boreal mammals in uncut and regenerating stands. Can. J. Zool. 67:1816–1823.

TORELL, D. T. 1954. An esophageal fistula for animal nutrition studies. J. Anim. Sci. 13:878–882.

VAN DYNE, G. M., N. R. BROCKINGTON, Z. SZOCS, J. DUEK, AND C. A. RIBIC. 1980. Large herbivore subsystem. Pages 269–537 in A. I. Breymeyer and G. M. Van Dyne, eds. Grasslands, systems analysis and management. Cambridge Univ. Press, Cambridge, Mass.

VAN HORNE, B. 1982. Niches of adult and juvenile deer mice (Peromyscus maniculatus) in seral stages of coniferous forest. Ecology 63:992–1003.

―――. 1983. Density as a misleading indicator of habitat quality. J. Wildl. Manage. 47:893–901.

VAVRA, M., AND J. L. HOLECHEK. 1980. Factors influencing microhistological analyses of herbivore diets. J. Range. Manage. 33:371–374.

―――, R. W. RICE, AND R. M. HANSEN. 1978. A comparison of esophageal fistula and fecal material to determine steer diets. J. Range Manage. 31:11–13.

VERME, L. J. 1968. An index of winter weather severity for northern deer. J. Wildl. Manage. 32:566–574.

VOGTMAN, D. B. 1945. Flushing tube for determining food of game birds. J. Wildl. Manage. 9:255–257.

VOTH, E. H., AND H. C. BLACK. 1973. A histologic technique for determining feeding habits of small herbivores. J. Wildl. Manage. 37:223–231.

WALLMO, O. C., R. B. GILL, L. H. CARPENTER, AND D. W. REICHERT. 1973. Accuracy of field estimates of deer food habits. J. Wildl. Manage. 37:556–562.

―――, AND D. J. NEFF. 1970. Direct observation of tamed deer to measure their consumption of natural forage. Pages 105–109 in Range and wildlife habitat evaluation—a research symposium. U.S. For. Serv. Misc. Pub. 1147.

WAUTERS, L. A., AND A. A. DHONDT. 1988. The use of red squirrel (Sciurus vulgaris) dreys to estimate population density. J. Zool. (Lond.) 214:179–187.

WEBB, J. 1943. Identification of rodents and rabbits by their fecal pellets. Trans. Kansas Acad. Sci. 43:479–481.

WESTOBY, M., G. R. ROST, AND J. A. WEIS. 1976. Problems with estimating herbivore diets by microscopically identifying plant fragments from stomachs. J. Mammal. 57:167–172.

WHITE, G. C., AND R. A. GARROTT. 1990. Analysis of wildlife radio-tracking data. Academic Press, San Diego, Calif. 383pp.

WIENS, J. A. 1974. Habitat heterogeneity and avian community structure in North American grasslands. Am. Midl. Nat. 91:195–213.

―――. 1976. Population responses to patchy environments. Ann. Rev. Ecol. Syst. 7:81–120.

―――. 1981. Scale problems in avian censusing. Stud. Avian Biol. 6:513–521.

―――. 1983. Avian community ecology: an iconclastic view. Pages 355–403 in A. H. Brush and G. A. Clark, Jr., eds. Prespectives in ornithology. Cambridge Univ. Press, Cambridge, U.K.

―――. 1989. The ecology of bird communities. Vol. 2. Cambridge Univ. Press, New York, N.Y. 316pp.

WILLIAMS, C. S., AND W. H. MARSHALL. 1938. Duck nesting studies, Bear River Migratory Bird Refuge, Utah, 1937. J. Wildl. Manage. 2:29–48.

WILLIAMS, O. 1962. A technique for studying microtine food habits. J. Mammal. 43:365–368.

WILLIAMSON, V. H. H. 1951. Determination of hairs by impressions. J. Mammal. 32:80–84.

WITMER, G. W., AND D. S. DECALESTA. 1983. Habitat use by female Roosevelt elk in the Oregon coast range. J. Wildl. Manage. 47:933–939.

ZAR, J. H. 1974. Biostatistical analysis. Prentice-Hall, Inc., Englewood Cliffs, N.J. 620pp.

11
野生動物研究の生理学的手法

John D. Harder & Roy L. Kirkpatrick

はじめに……………………………………325	ホルモンの作用………………………………345
栄養状態の指標………………………………325	尿と糞のホルモン代謝………………………348
哺乳類………………………………………326	標本採取とホルモン測定……………………348
鳥類…………………………………………332	ストレスに対する生理的反応………………350
繁殖様式と繁殖率の評価……………………335	副腎重量……………………………………351
オスの繁殖特性……………………………336	副腎皮質ホルモンと
鳥類のメスの繁殖特性……………………336	コルチコステロイドの血中レベル……351
哺乳類のメスの繁殖特性…………………338	まとめと忠告…………………………………351
生殖内分泌学…………………………………345	参考文献………………………………………351

❏ はじめに

　栄養要求やその欠乏が動物個体群で果たしている主な役割は広く理解されている。動物の移出や移入，あるいは死亡率などは，餌資源の量や分布に直接影響されていることが多い。おそらくほとんどの場合，栄養状態と繁殖率（必然的に出生率も）とは完全に相関があると証明される。この30年ほどの間で，栄養状態の変化に段階的に反応して，年齢別妊娠率，排卵率，新生子生存率などの繁殖特性が変化することが家畜や野生動物の多くの研究から明らかにされた(Verme 1969, Kirkpatrick 1988, Bronson 1989)。したがって，野生動物研究では，体重，脂肪蓄積量といった栄養状態の指標の評価や，繁殖率(産卵数も含まれる)の測定は，ルーチンで行われる。これらの情報は，野生動物の管理方法の決定に確固たる生物学的枠組みを提供するだけではなく，基礎的な比較生物学研究にも貢献する。家畜動物の詳細な実験的研究は，近縁の野生種のデータを比較する上で価値がある。

　野生動物の研究者は，個体群サイズを評価するために，統計的に根拠があり，しかもコストに見合うだけの手法を現在確立している。しかし残念ながら，標本数を大きくしても，個体群や生息地の管理の効果を判断するには，これらの手法の信頼限界は大きすぎるのである。栄養状態や繁殖率を測定することは，生息環境の質を評価したり，個体群サイズの変化を予測したりする手助けとなる。以上のように，生理学的な指標は，個体群の評価をするうえで信頼性があり，重要なものなのである。

　本章の目的は，野生動物，とくに哺乳類と鳥類の個体群における栄養状態と繁殖能力の評価法を紹介することである。ここでは，ストレスの生理学的指標も含めることにした。栄養状態の指標は，体重や脂肪分析から血液や尿の生化学的測定まで幅広く紹介する。他分野の読者を考慮して，最新の繁殖研究で用いられる技術や手法を理解する上で必要な，鳥類や哺乳類の繁殖周期の説明も加えた。本章の最も重要な目標は，野生動物個体群の研究と保護に対して，あらゆる生理学的技術の応用価値があるという認識と理解を増すことにある。

❏ 栄養状態の指標

　野生動物個体群のサイズが生息地の質に左右されるということは，野生動物管理では一般的に受け入れられている。多くの場合，生息地は栄養学的な観点から重要視されている。野生動物管理は感情的になりやすいので，設定された個体数を養うのに適正な生息地かどうかを評価するために，栄養状態の良い測定法あるいはその指標が必要とされる。

ここ10〜20年ほどで，野生動物の繁栄を評価するのに栄養状態の指標が利用されることがだいぶ多くなった。Owen & Cook (1977) は，栄養状態を，ある個体が今後の栄養要求に対処できる能力と定義した。この考えの延長線上で，Grubb (印刷中) は，「栄養」を「同化可能なエネルギーと栄養素の摂取率」，「栄養状態」を「栄養によってコントロールされる体構成の状態で，個体の適応度に影響を与えるもの」と定義した。実際には，ほとんどの栄養状態の指標は，体に蓄えられている脂肪やエネルギーの測定値だが，蛋白質やカルシウムの蓄積も評価される (Ankney & MacInnes 1978)。脂肪や脂質は，脊椎動物にとってエネルギー蓄積の基本的な様式で，繁殖 (とくに，抱卵や哺乳)，渡り，冬眠，体温維持などに重要な役割を果たしている。しかし，大量の脂肪を蓄えることは，有利な面と不利な面を合わせ持つことになる。例えば，運動能力が制限されるため，捕食する側もされる側も不利である。結果的に，野生動物は，エネルギー要求を満たし，かつ邪魔にならない程度の脂肪を蓄えているようにみえる (Rogers 1987)。明らかにほとんどの野生動物は，必要十分な量を蓄えるために，季節に応じて脂肪を蓄積したり利用したりするように適応している。栄養状態の指標に関する初期の研究は，シカ類について多く行われたが，最近では，小型哺乳類，小型鳥類，水禽類がよく研究されている。現在用いられる指標は，方法や精度によって，かなり多様である。動物の死体からしか得られない指標 (例えば，大腿骨髄内脂肪，腎周囲脂肪，あるいは腸管膜脂肪など) や，血液標本のように生きた動物か死亡した直後の動物からしか得られない指標もある。望ましい栄養状態の指標の特性については，Riney (1955) やLeResche et al. (1974) が記載している。これらを要約すると，以下のようになる。

① 栄養状態のわずかな変化に対して感度があること
② 蛋白質やエネルギー蓄積，あるいはミネラルバランスなどの固有の指標であること
③ 比較的熟練していない人でも容易に動物から標本を得たり，計測できる指標であること
④ 時期，性，年齢が違っても測定が可能で，ストレスによる影響を受けないこと
⑤ 客観的で再現性があること

栄養状態の指標の多くは，可消化エネルギー摂取量に注目はしているが，体脂肪蓄積量の変化の測定を基にしている。理想的には，これらの指標は，大型動物であれば数週間あるいは数か月間に，個体が消費あるいは蓄積した全身の脂肪量が反映すべきだ。この項では，まず全身の脂肪量の測定法について紹介し，そのうえで特異的な蓄積の指標について述べる。さらにそのあとで，血液の生化学的測定について紹介する。これは，例えばホルモン動態のような短期的な生理学的現象を把握したり，おもに蛋白質代謝などの栄養状態の質の変化を検出したりするのに利用されている。

哺乳類

Riney (1955) は，栄養状態の段階が下がる際に，哺乳類では脂肪の異化が，①臀部および腰部の皮下脂肪の消失，②体腔内脂肪の消費，③骨髄内脂肪の減少，の順で起こると記載している。脂肪が再び蓄積する時は，この逆の順序で起こる。もちろん，さまざまな蓄積脂肪の消費や蓄積はそう単純ではなく，それぞれの部位が同時に消費されるので，これらに重複はみられる。例えば，体腔内脂肪が消失する前に，骨髄内脂肪の消費ははじまっている (Ransom 1965)。

全身の脂肪

全身の脂肪量は，小型哺乳類では栄養状態の指標としておもに利用されてきた (Fleharty et al. 1973, Cengel et al. 1978)。小型哺乳類や鳥類の渡りのさまざまな段階で，性，年齢，地域による栄養状態の違いが示されてきた。また，シカとプログホーンでは，全身の脂肪量を調べた論文が少なくとも三つある (Finger et al. 1981, Torbit et al. 1985, Depperschmidt et al. 1987)。最も明瞭で正確な全身の脂肪量の評価は，死体をホモジナイズした乾物中のエーテル抽出物の量を測定することだ。脂肪抽出には多くの費用と時間がかかるが，その抽出をするための動物を集めるのにかかる費用と手間は比較にならない。脂肪抽出の簡便法は，Williams (1984) が示したもので，野生動物への応用はBox 11-1を参照してほしい。体脂肪量は，伝統的に体組織乾燥重量 (g) に対する脂肪重量 (g) のパーセントで表現されてきた。しかし，Jhonson et al. (1985) は，脂質の指標として脂肪含有率を表現する良い係数を示した。それは，除脂肪体重 (g) に対する脂肪重量 (g) のパーセントである。要は，これらの指標は，分子と分母が変化する比率の変数である。しかし，前者は，分子が分母の一部であるために，分子が変化すると自動的に分母も変化する。それに対して，除脂肪体重は比較的一定しており，相対的な脂肪蓄積量を表すには，より適した指標である。例えば，体格があまり変わらないなら (性や発育段階を限って比較するような場合)，脂肪重量そのものがよりよい指標となる。

> **Box 11-1　総体脂肪量推定のためのソックスレー法**
> 1. 分析用の動物死体は，凍結保存しておく。含水率や乾燥重量が必要なら，密閉できるプラスチック性の袋を2重にして保存する。
> 2. 鳥では，頭部と脚をはずし，羽毛もむしっておく。こうしておかないと，ホモジナイズするときにトラブルが起こりやすい。
> 3. 消化管をはずし，内容物を除去しておく。あるいは，消化管を除去し，付着している脂肪をはぎ取って分析に用いる。胃，嗉嚢あるいは砂嚢の内容物は，将来，食性研究などに役立つので，保存しておく。さまざまな他の研究データと比較できるように，ホモジナイズまでの死体からの材料の調整方法は，明瞭に記載しておかなければならない。
> 4. 死体をミンチにする。大型動物の死体は，家庭用のミキサーでは小さすぎるので，ハンバーガー用の肉ひき器を使う。もし，肉ひき器がなければ，大きな死体（ガンカモ類）材料を細切りにして，乾燥させる前か後にホモジナイズすればよい。
> 5. 材料を凍結乾燥または乾熱乾燥する。もし，ホモジナイズする前に乾燥させるなら，2回目の乾燥で安定した乾燥重量になるようにする。Kerr ら(1982)は，凍結乾燥と120℃以上の乾熱乾燥とでは材料の脂肪量に有意差はないとしている。
> 6. ホモジナイズした材料(2〜20 g)を風袋引きした濾紙で確実に包み，脂肪抽出するためにソックスレー装置に糸(これも風袋引きする)で縛って入れる。
> 7. ソックスレーの1ユニットあたり，8〜10個の包みが抽出可能で，6ユニットの装置ならば48〜60個が限界である。
> 8. 24〜48時間で抽出される(熱の加減と24時間毎のエーテルでのフラッシュの回数による)。この包みは，抽出後に取り出し，エーテルを吸引するフードで2時間放置して，12時間オーブンで乾燥させ，冷えてから秤量する。
> 9. もとの材料の重さと抽出後の重さとの差が脂肪含有量である。
> 10. 脂肪重量を抽出後の材料の重量で割り，100をかけたものを脂肪指数とする。
> 11. 脂肪含有率は，脂肪重量をもとの材料の重量で割り，100をかけたものとする。

骨格計測と体重測定

さまざまな骨格計測値や体重，そしてこれらの比率が成長や栄養状態などの指標として利用されてきた。体重はそれだけで現在の栄養状態の指標として利用できる。例えば，州狩猟局では，シカの栄養状態や生息地の妥当性を評価するのに秋の狩猟期に1.5歳のオスジカの屠体重を利用する。この場合では，体重が脂肪含有率と体格の関数であり，これらの両方が関係している。何年もにわたってこれらの体重の変化をモニタリングすることによって，生物学者は，シカの個体数が減少しているのか安定しているのかを判断することができる。これは，栄養状態の指標として非特異的な計測値の例だが(体重が体格と肥満度の両方に反映する)，野生動物管理の観点からは有用である。ただし，ここで知っておく必要があるのは，すべてのオスジカの成獣は，交尾期中あるいはその後で，行動量の増加と採食量の減少から劇的に体重が減少することである(Warren et al. 1981)。だから，晩秋や冬に計測したオスの内蔵抜き体重は，価値が限定される。Anderson at al. (1972)は，ミュールジカで内蔵抜き屠体重(ここでは，全体重から体腔内脂肪重量および食道と気管を除く内臓器重量を引いた重さ)がメスでは栄養状態のよい指標になるがオスでは指標にならないと結論づけている。

Riney(1955)は，体重と胸囲との間に強い相関がみられることを報告している。しかし，彼は自分の研究やその他の文献から，この計測値の両方ともが単に総脂肪蓄積量の荒い指標にすぎないと結論づけている。Bandy et al. (1956)は，コロンビアオグロジカで，胸囲や後足長から体重を予測し，栄養状態を評価するためにこれら二つの比率を比較した。というのも，後足長は成長が完了すれば，栄養状態によって影響を受けないが，胸囲は影響を受けるからだ。後足長から推定された体重に対する胸囲から推定された体重の比が1より小さければ貧栄養状態と考えられ，逆に1より大きければ良い栄養状態と考えられる。Klein (1964)は，シトカオグロジカの二つの個体群で，後足長に対する大腿骨長の比を用いて，長期にわたる栄養状態の比較を行った。この指標は，中足骨(後足長の大部分を占める)の成長が，大腿骨に比較して出生時にほぼ完成されている事実を基にしている。だから，ある成獣の個体で，この二つの計測値の比は，生涯にわたる骨格の成長の程度，すなわちその間の栄養状態を示すことができるのだ。低い値は貧栄養状態を，高い値はよりよい餌条件に恵まれていたことを示している。McEwan & Wood(1966)は，飼育下と野生下のカリブーを比較して，この種では体重と後足長との比が成長率や長期にわたる栄養状態のよい指標になると示唆している。

Bailey(1968)は，イリノイのワタオウサギで，栄養状態の指標を以下の計算式を用いて示した。

$$CI = (W-16)L^3$$

CI：栄養状態指標，W：体重(g)，L：体長(dm)

彼の研究では，CIが5.48より大きい個体は，同じ体長の集団の中では体重が平均値よりも重い。シカ類では，角の幹の直径がしばしば栄養状態の指標に使われる(Severinghause et al. 1950, Riney 1955)。Rasmussen(1985)は，シカの栄養状態と生息地の質の指標として角の計測値を利用した文献をレビューして，「1歳のオスの角の大きさ

は栄養状態の確実な指標となり，シカ個体群の健康状態や活力を評価するには，これらの個体の角の幹の直径を経年的に観測することが最も確かである」と結論づけている。彼はさらに，角のポイント数と主幹の長さのデータからも，有用な情報を得られると確信している。彼は，角の幹の直径（通常，角座の上 2.54 cm を測る）と体重との間に強い相関があることを明らかにした（r=0.72−0.88）。この評価法は，野生動物管理の目的には，おそらく有用であろう。しかし，Ullrey(1982)は，角の成長が始まる1か月前の蛋白質やエネルギー摂取量が特異的に角の大きさを決定するのに重要であるという事実を明らかにしている。

腎周囲脂肪係数

腎周囲脂肪は，腹腔内の脂肪蓄積の指標として測定される。腎周囲脂肪係数（KFI）は，Riney(1955)がアカシカの研究から開発したもので，腎臓とそれをとりまく腹腔の脂肪を採取することで得られる。脂肪は腎臓の両端で長軸に対して垂直に切断する（図 11-1 A）。そして，腎臓に付着している組織を残さずはぎとる。腎周囲脂肪係数は，この脂肪の重量を腎臓の重量で割って 100 倍したものである。Riney(1955)は，KFIがすべての季節で栄養状態を把握し，同じ尺度で違う大きさのアカシカの栄養状態を比較することができ，しかも広域の生息環境の状態の厳密な指標となり得ると信じていた。そして，アカシカとノウサギを研究した Flux(1971) も同様の結論に達した。しかし，Batcheler & Clarke(1970) と Dauphine(1975) は，アカシカやカリブーでは腎臓重量が季節的に変動すると報告している。そのため，KFI は，真の脂肪蓄積度を表現せず，脂肪蓄積度のピークは本来なら晩秋から初冬であるのを冬のなかごろまでずらせてしまうのだ。Dauphine(1975)は，カリブーでは，KFI を得るのに用いた腎周囲脂肪重量のかわりに KFI を使う根拠はないとしている。彼は，季節変化による問題なしにカリブーの体サイズの大まかな違いを補正するには，年齢毎にデータをまとめる方法を推奨している。Van Vurden & Coblentz(1985)は，野生ヒツジでは KFI の価値は無いわけではないが，季節や年齢による影響を調整するために標準化することを推奨している。KFI を利用して全身の脂肪量を推定した唯一の研究は，Finger et al. (1981)によるオジロジカのもので，KFI と体脂肪率はよく相関し（$r^2=0.75$），KFI は総脂肪蓄積量のよい指標である。

Ranson(1965)は，オジロジカの栄養状態を広域の生息地で推定するためには，KFI と大腿骨の脂肪の両方を合わせて指標に利用することを示唆している。彼のデータから，

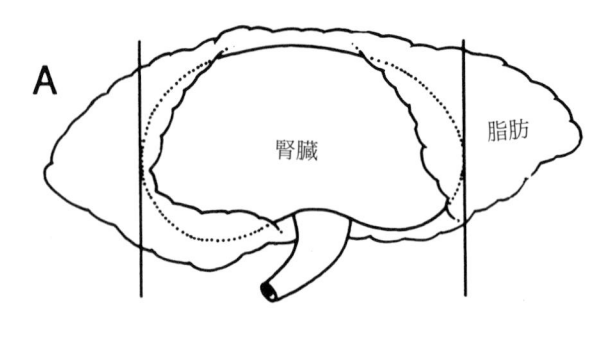

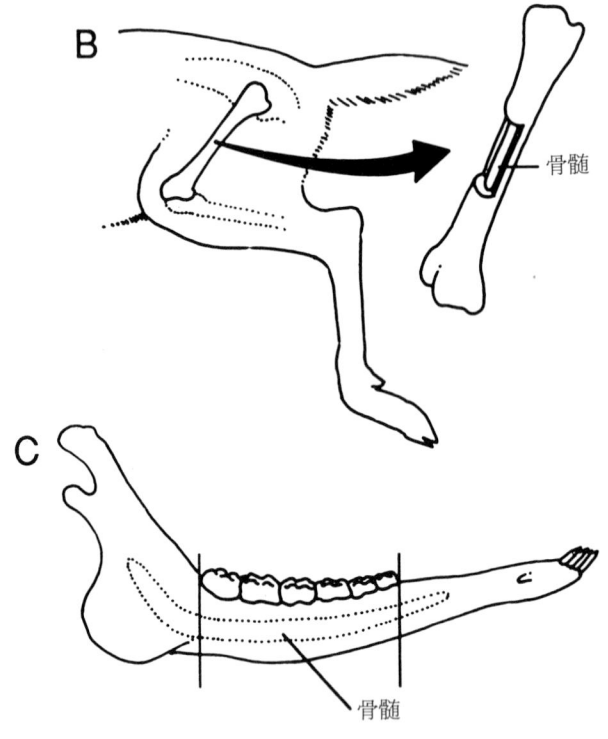

図 11-1 腎周囲脂肪量(A)は，内臓脂肪の指標(Riney 1955 より)
哺乳類の長骨(B：例 大腿骨，Cheatum 1949 a より)や，下顎骨(C：Nichols & Pelton 1974 より)の骨髄脂肪量は，最後の手段として使えるエネルギー蓄積量の指標となる。腎周囲や下顎骨の脂肪量を測定する際には，図中(A，C)の縦線に沿って切り取る。

KFI が 30 まではこれを利用し，30 以下では，この時点から減少がはじまる大腿骨の脂肪を利用するのが最もよいと考えられる。この値は，ミュールジカでは Connolly(1981) が 20 としており，また南部テキサスのオジロジカでは Kie et al.(1983)が 15 としている。

要約すると，腎周囲脂肪蓄積量は，多くの哺乳類，とくに有蹄類(Smith 1970)やウサギ類(Flux 1971，Jacobson et al. 1978 a)の栄養状態の指標として優れていると考えられる。しかし，すべての種に適用可能なわけではなく，例えば，フクロギツネでは腹腔内の脂肪が塊をつくらない(Bamford 1970)。また，いくつかの種では腎臓の重量が季

節変動するために，KFI で脂肪蓄積量の季節変化を評価するのは不適当である。だから，研究する対象動物種や生息環境によって特異的な測定法〔腎臓周囲脂肪(Dauphine 1975)，総腎臓周囲脂肪あるいは KFI〕を選択しなければならない。

骨髄内脂肪

大型哺乳類の栄養状態の指標として最も広く知られ，利用されているものの一つが骨髄内脂肪のレベルである。この技術は，Cheatum(1949 a)が最初に記載し，これは，合衆国北部で春に死んだシカが発見された際に，餓死したものかどうかを判断するために利用された。この方法は，シカ類全般に応用され，同様にさまざまな状況において多くの哺乳類でも研究された。なぜなら，骨髄内脂肪は貧栄養状態の動物にとって最後に利用される蓄積脂肪であると信じられているからで，骨髄内脂肪が低いレベルであるということは比較的長い期間にわたって貧栄養の状態がつづいたことを示している。実際，Mech & DelGiudice(1985)は，骨髄内脂肪は一方向だけの指標で，この脂肪が失われることが貧栄養状態を表しているだけだと明確に示した。彼らは，研究者や管理者が，骨髄内脂肪がほぼ100%であると，誤ってその個体が栄養状態がよいと推測しがちであると指摘している。

伝統的な方法は，大腿骨を3分割した中央部から骨髄内脂肪を採取し(図11-1 B)，化学的に脂肪の比率を測定するものだ。しかし，現在では，視覚的に判断したり，また Neilamd(1970)のオーブン乾燥法や，Verme & Holland(1973)の試薬乾燥法のような簡便法がほとんど利用されている。Neilamd(1970)は，骨髄では脂肪以外の残渣が水と脂肪に比べて無視できる量であることを見いだした。彼は，骨髄の湿重量を測定し，その後摂氏60～65℃のオーブンで乾燥させた。こうして得られた骨髄の乾燥重量を湿重量から引くと，脂肪の量が推定できるのだ。厳密な値が必要な場合には，脂肪以外の残渣の乾燥重量を測定してさらに差し引けばよい。

Verme & Holland(1973)は，オーブンを利用しないで骨髄の乾燥重量を測定する方法を報告した。この方法は，大腿骨を3分割した中央部から骨髄内脂肪を2～3 g採取し，パテ状に溶かしてから10 mlのBloorの試薬(クロロホルム：メタノール＝2:1)に混ぜる。これを，低温の熱源で骨髄の水分が蒸発するまで熱する。骨髄の脂肪はクロロホルムに，水分はメタノールに溶ける。この方法は，骨髄の標本を傷つけることなく急速に水分を蒸発させることができる。この乾燥重量は，脂肪と脂肪以外の残渣の両方の重さを含む。もし厳密な精度を要求するなら，Neilamd(1970)が記載したような方法で脂肪以外の残渣を測定して，より正確な値が得られるだろう。

オジロジカ(Nichols & Pelton 1974)やムース(Cederlund et al. 1986)では，下顎骨の骨髄脂肪も栄養状態の指標として利用されている(図11-1 C)。この方法は，大腿骨の骨髄脂肪と同じ方法で測定できるが，大腿骨よりも利用価値が高い。それは，年齢査定の目的で下顎骨を日常的に集めているからである。Nichols & Pelton (1974)は，下顎骨の骨髄脂肪の方が大腿骨のものに比べ，より細かく栄養状態を分類できると報告している。骨髄内の脂肪のレベルは，湿重量を基にするのが一般的だが，下顎骨の骨髄脂肪では，標本の平均値の大きさにもよるがかなり偏差が大きくなってしまう。この理由は不明だが，おそらく湿重量を計測する以前やその際に，水分が蒸発してしまっているのだろう。これを防ぐために，標本を採取したら速やかに小さな密閉容器に入れ，計測は容器をあけたら速やかに行う必要がある。

骨髄内脂肪の評価はもともと大型反芻動物に使用されていたものだが，小型哺乳類でも同様に有用である。Jacobson et al.(1978 b)は，野生ワタオウサギで季節や性に対応して大腿骨や頸骨の骨髄内脂肪率が異なると報告している。Warren & Kirkpatrick(1978)も，ワタオウサギで，これらの骨の脂肪含有率と栄養摂取量とが密接な関係にあることを報告している。Bamford(1970)は，フクロギツネで，脂肪蓄積が少ないときには大腿骨の骨髄内脂肪含有率が総脂肪蓄積量の良い指標になると結論づけている。

他の脂肪指標

以上の他にも哺乳類で脂肪蓄積の指標が測定されているが，ほとんどのものは客観性や実用性に乏しい。Bear(1971)は，プログホーンで，内臓抜き体重に対する腹腔内脂肪総量(腸管膜と腎周囲脂肪を含む)の比がKFIの季節変動の傾向と良く一致することを報告している。大網脂肪指数(大網脂肪重量を体長で割って2.8倍したもの)は，フクロギツネで，脂肪蓄積量を最も客観的に測定する方法である(Bamford 1970)。Anderson et al.(1972)は，ミュールジカで，最も良い栄養状態の指標として屠体密度(mg/ml)を推奨している。

血液と尿の性状

野生動物の現在の栄養状態の指標として利用するため

に，さまざまな血液性状の研究が研究されてきた。これらについては，LeResche et al., (1974), Hanks(1981), Franzmann(1985, 表11-1) などの総説がある。現在でも信頼性の高いものだけをここでは紹介する。

血中尿素体窒素(BUN, LeReshe et al. 1974)は，間違いなく栄養状態の指標として最も広範に利用されているものの一つである。BUNは，シカ類では，捕獲や不動化のストレスによって比較的影響を受けにくく(Seal et al. 1972, Wesson et al. 1979 b)，エネルギー摂取量が一定か維持レベル以上である限り，蛋白質吸収に直接比例するので，蛋白摂取の良い指標である(Kirkpatrick et al. 1975)。しかし，これらのデータを利用するには注意が必要だ。例えば，オジロジカで高カロリー食(Kirkpatrick et al. 1975)や，飼育のストレス(Preston et al. 1961)はBUNのレベルを下げる。これは，高カロリー食を摂取した場合，ルーメン内微生物のタンパク利用効率が向上し，その結果，アンモニア産生や尿素合成が抑制されるからだ。ま

た逆に，維持レベル以下のエネルギー摂取では，BUNのレベルは体組織の異化によって上昇する。このように，BUN値の適切な評価のためには，BUNの分析と同時にエネルギー摂取の指標も必要である。

エネルギー摂取の血液学的な指標に関する総説は，草食動物について Franzmann(1985:247) のものがある。彼は，エネルギー摂取を評価するのに決定的な血液指標は存在しないと結論づけている。血清コレステロール，遊離脂肪酸(NEFA)，あるいはケトン体などが研究され，それぞれの論文ではエネルギー摂取の指標として用いられているが(Vogelsang 1977, Seal & Hoskinson 1978, Seal et al. 1978 a・b, Card et al. 1985, DelGiudice et al. 1987 a), エネルギー摂取量の評価までの信頼性の高いものはない(Warren et al. 1981,1982, Card et al. 1985)。PCV(赤血球沈層容積量，ヘマトクリット)，ヘモグロビン，電解質，酵素，ホルモン，アミノ酸など，他の血液性状の測定値は，栄養状態の指標として提案されたが(Franzmann 1985, 表

表11-1 大型草食獣における，対照実験によって確かめられた栄養状態に対する血液学的パラメータの反応 (Franzmann 1985 の表 3 を許可を得て要約)

血液学的パラメータ	蛋白質摂取		エネルギー摂取			蛋白質とエネルギー		飢餓		季節 (*変動する指標)			栄養状態	
	バイソン	オジロジカ	バイソン	オジロジカ	クロオジカ	バイソン	オジロジカ	オジロジカ	ムース	バイソン	オジロジカ	カリブー	インパラ	ムース
細胞学的性状														
赤血球数 (RBC)		+		+			0			*				
ヘモグロビン (Hb)	+	+0	+	0	0	+0	0			*	*	*		+
血球容積(ヘマトクリット値)	+	0	+	0	0	−0	0			*	*0	*	0	+
平均血球色素量	+	+	0	+		0	+				*	0		
平均赤血球容積	0	+	0	0		0	0				*			
平均赤血球血色素濃度	0	0	0	0		0	+				0			
白血球数 (WBC)	+	0	0	0		+−0	0				*0	0		
白血球百分率						+								
血沈				0										
非蛋白態窒素														
尿素窒素	+	+	+	−0	0	+0	+0	+		*	*	*	0	0
クレアチニン						+−					0			
ビリルビン				0						*				0
尿素/クレアチニン比		+												
血清蛋白質														
血清総蛋白	−	0	+−	0	0	0	0	−		*	*0	*	0	+
アルブミン	0	0	0	0	0	0	0			*	*	*	0	+
グロブリン										*	*			0
αグロブリン		+		+		0				*	*			0
βグロブリン		+		0			+			*	*			+
γグロブリン	0	0	−	0		0	0	*			0			0
フィブリノーゲン		0		0		−	0				0			
シアル酸						+								

反応 ＋：栄養状態と血液学的パラメータが正の相関関係，−：負の相関関係，0：相関関係がなし，＊：有為な変化

表 11-1 つづき

血液学的パラメータ	蛋白質摂取		エネルギー摂取			蛋白質とエネルギー		飢餓		季節 (*変動する指標)			栄養状態	
	バイソン	オジロジカ	バイソン	オジロジカ	クロオジカ	バイソン	オジロジカ	オジロジカ	ムース	バイソン	オジロジカ	カリブー	インパラ	ムース
脂質および脂肪酸														
コレステロール	+	+	−	0		+	+		*	*	*		0	0
トリグリセライド							0				0			
遊離脂肪酸		0		−0										
ケトン		+		0										
炭水化物														
血糖	−	0	+	0	−	+0	+0		*	*	0	*		+
電解質，無機質，微量元素														
ナトリウム		+		+		0	0			*	0			
カリウム		0		0		0	0				*			
塩素		+		+		0	+		*	0	0			+
カルシウム						0	0		*	0	*			+
リン	+	0	−	−		0	0	0						
マグネシウム						0	0		*	0				0
血清酵素														
アルカリフォスファターゼ	+	0	+	+		0	0	0	*	0				0
GOT	+	0	0		0	+0	0		*	0				
GPT		0		+		+	0			*0	*			
クレアチニンキナーゼ	+	0	+	+		0	0			0				0
LDH		0	+	+			0	0						
ホルモン														
トリヨードサイロニン		0		+			+0	−		0	*	0		
チロキシン		0		0	0		+0	−						
成長ホルモン							0				0	*		
コルチゾール		0		+			+0							
黄体ホルモン		0		+			+							
インスリン		0		+			0							
アミノ酸														
イソロイシン		0		+			0							
ロイシン		0		+			0							
フェニルアラニン		0		+			0							
ヒスチジン		0		+			0							
スレオニン		0		+			0							
グリシン		0		+			0							
バリン		0		+			0							
シトルリン		0		+			+							
タウリン		0		+			+							
グルタミン酸		0		+			+							
アスパラギン酸		0		+			+							
グルタミン/アスパラギン比		0		+			+							
アミノ酸窒素							+				*			

反応 +：栄養状態と血液学的パラメータが正の相関関係，−：負の相関関係，0：相関関係がなし，*：有為な変化

11-1)，それぞれの指標で結果が矛盾していたり，対照実験での裏づけが必要なものばかりである。

BUN とコレステロールも，ワタオウサギで栄養指標として検討された。Warren & Kirkpatrick (1978) は，二つの異なる栄養水準で飼育したワタオウサギでは，コレステロール値に有為な差を認めなかったと報告している。しかし，BUN は，栄養制限した方で高く，体重の減少から，体蛋白質の異化によることが示された。

BUN は，反芻類よりもワタオウサギでの方がストレスに影響されることが示された。Jacobson et al.(1978a)は，ノウサギで，射殺された個体より箱ワナで捕獲された個体の方が有為に BUN が高いことを発見した。しかし，同時に，射殺されたワタオウサギの BUN では季節的な差が見られ，寄生虫感染や栄養摂取の違いに関係していると考えられる。

栄養研究に血液生化学性状を利用する場合，注意すべきことがある。多くの血液性状は，よく分かってはいないが日内リズムがあり，またほとんどの場合，サンプル採取の際に引き起こされるストレス(例えば，捕獲や保定)の影響を受ける(Wesson at al. 1979 a・b・c)。だから，可能な限り，サンプル採取は同一条件で行うことが重要である。さらに，サンプル採取する時間帯は1日のほぼ同じ時期に行い，サンプルは動物が射殺あるいは捕獲された直後に採取して，氷温で保存するべきである。

尿中の代謝物は，最近，シカ類やオオカミの栄養状態の指標として研究が進んでいる(Warren et al. 1981,1982, DelGiudice et al. 1987 b,1989, Mech et al. 1987)。尿量や尿中代謝物濃度は，時間や餌の種類や質によって変化するので，通常，尿中クレアチニン当量で表現する。クレアチニンは，筋肉代謝の最終産物で，比較的一定量が産生されるため，代謝物の標準化に用いられる(Bovee 1984)。Mech et al.(1987)と DelGiudice et al.(1989)は，それぞれオオカミとシカの雪上尿を，野外での栄養状態の指標に用いた。雪による尿の希釈の影響は，対象となる代謝物と指示物質であるクレアチニンが同様に希釈されるため，考慮する必要はない。

DelGiudice et al.(1989)は，ミネソタ州における四つのシカの越冬地で，2週間間隔で雪上尿を採取し，尿素体窒素，カリウム，ナトリウム，カルシウム，リンの変化を測定した。雪上尿は，新雪の72時間以内に採取した。彼らは，雪上尿中の代謝物：クレアチニン比の違いが，四つの越冬地におけるシカの栄養状態が反映した結果であると結論づけている。Mech et al.(1987)は，飼育下のオオカミの実験から，オオカミでも同様であることを示した。

雪上尿を利用した栄養状態の評価法には，全く問題がないわけではない。雪上尿からは，個体だけではなく性や年齢までも識別することが難しいので，集めた標本集団のデータのばらつきが大きくなってしまう。例えば，北部の越冬地のシカでは，成獣に比べ幼獣の方が急速に栄養状態が悪化する。この場合，もし，採取した標本が成獣に大きく偏っていたら，生息地の質を実際とは違うものに評価してしまうだろう。BUN 同様に，尿素体窒素も，最初は減少し，体蛋白の代謝とともに増加してくる。このように U 型の変化を示す際には，評価は困難である。

その他にもいくつかの指標が野生哺乳類では利用されている。ジョージア大学南東部野生動物疾病研究機構(SCWDS)は，シカの第四胃内寄生虫指数を開発し(Eve & Kellogg 1977)，アメリカ南東部では広く利用されている。この指数は，シカの個体数が環境収容力に近づくと第四胃内寄生虫数が増加することに基づいている。Ozoga & Verme(1978)は，オジロジカで，胸腺重量も栄養状態の指標として利用可能であるという証拠を示している。

鳥　類

鳥類における脂肪蓄積や代謝のパターンは，哺乳類に比べて，不明な点が多く，また，種間における変異が大きい。Blem(1976)は，McCabe(1943)の膨大なフィールドノートをもとに，鳥類の脂肪蓄積は皮下脂肪からはじまり(図11-2)，続いて腹部に移行すると結論づけている。これは，ミヤマシトドで，皮下脂肪より腸管膜脂肪の方が早く蓄積がはじまり，しかも量も2倍であるという，King(1967)の報告と異なる。Woodall(1978)は，アカハシオナガガモで，皮下脂肪と体腔内脂肪とがほぼ等量であった結論づけている。しかし，Whyte & Bolen(1984)は，マガモで，総体脂肪量の59〜67％が皮下脂肪であることを示した。Raveling(1979：246)は，抱卵中のカナダガンで蓄積脂肪の減少パターンを観察し，皮下脂肪と体腔内脂肪が相似的に利用されるが，皮下脂肪が最後に消費されると結論づけている。哺乳類同様，鳥類でも最も確実な脂肪蓄積量の指標は，ソックスレー脂肪抽出器による全身の脂肪量の測定である(Box 11-1)。しかし，次項に掲げたように，全身の脂肪量の指標に，多くの物理的測定法が示されている。

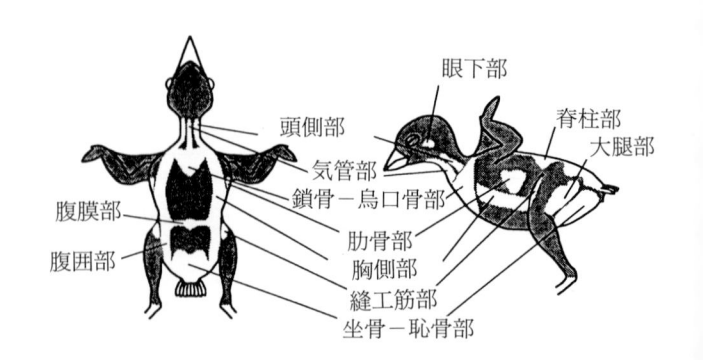

図11-2　ミヤマシトドの皮下脂肪の分布(King & Farner 1965より許可を得て転載)

体重と形態計測

　鳥類の生体では，体重だけが栄養状態の指標や体脂肪総量の予測に利用可能だが，しかしこれも体脂肪との相関は高くない（$r^2=0.4〜0.6$, Bailey 1979, Whyte & Bolen 1984, Johnson et al. 1985）。形態計測と体重を総合すると，脂肪重量や無脂肪体重に対する脂肪重量の比との相関がえられやすくなる。体サイズの基準としては翼長が最も利用されるが（Owen & Cook 1977, Whyte & Bolen 1984, Johnson et al. 1985），水禽の生体では，竜骨長，嘴長，嘴峰長，全長，あるいはこれらの組み合わせが利用されてきた（Beiley 1979, Chappell & Titman 1983, Huhman & Talor 1986）。Servello & Kiekpatrick (1987, 1988)は，エリマキライチョウで，体重が良い指標とはいえず，体脂肪量との相関は低い（$r^2=0.05〜0.55$）と結論づけている。Thomas et al. (1975)も，エリマキライチョウで，体重と体脂肪量とは直線関係にないことを観察している。Owen (1981)は，野生下のカオジロガンで，腹部の形状から脂肪蓄積量を4段階に分けて，100m以上の距離からの観察で見分けられるとしている。

部位別の蓄積脂肪

　おもに水禽類では，栄養状態の指標として，あるいは体脂肪蓄積総量を推定するために，さまざまな部位の蓄積脂肪が利用されている。最も一般的なのは，腹腔内脂肪か腸管膜脂肪，または皮下脂肪（普通，皮の湿重量）である（Hohman & Talor 1986）。これらの脂肪の範囲は明確ではない。腹腔内脂肪は，「おもに筋胃より前部にある腹腔内の脂肪の塊」（Thomas et al. 1983:1115）や，恥骨の周囲と皮下脂肪よりも体腔側にある脂肪（Bailey 1979），と記載されている。腸管膜脂肪は，Whyte & Bolen (1984)が，筋胃とそれ以降の腸管膜に付着している脂肪と記載し，またWoodall (1978)が腸管膜と筋胃および総排泄腔に付着している脂肪（腸管に付着しているものは含めない）と記載している。

　腹腔内脂肪と腸管膜脂肪は，体脂肪総量の良い指標となる（$r^2=0.80〜0.95$）。しかし，皮の湿重量（付着脂肪を含む）は，単独で体脂肪総量の最適な指標といえる（$r^2=$約0.90）。

　Bailey (1979)が記載した内蔵脂肪は，心臓，胃，小腸の腸管膜に付着している脂肪で，Whyte & Bolen (1984)は，これを腸管から剝いだ脂肪として，体脂肪総量との相関を認めている（$r^2=$約0.70）。Ankney & MacInnes (1978)は，ハクガンの脂肪蓄積の指標として，皮下脂肪，腸管膜脂肪，体腔内脂肪の総湿重量を用いている。この三つの部位の組み合わせで，体脂肪総量と高い相関が得られている（$r^2>0.90$）。

　筋胃脂肪(g)や哺乳類のKFIと同じように計算される筋胃脂肪係数(GFI)は，コウライキジ（Dowell & Warran 1982），エリマキライチョウ（Servello & Kirkpatrick 1987）あるいはコリンウズラ（Koerth & Guthery 1988）で，体脂肪量のよい指標として報告されている。筋胃脂肪は，エリマキライチョウで，高い相関が得られている（$r^2=0.90$）。

骨髄内脂肪

　鳥類の骨髄内脂肪は，最近までほとんど研究されてこなかった。Hutchinton & Owen (1984)は，水禽類23種の骨を調べ，9種の上腕骨では気室化しているために骨髄も脂肪も認められないが，それ以外では全ての骨で骨髄内脂肪を認めている。彼らは，飢餓の指標としてまず尺骨を選び，体脂肪総量が20％以下になると急速に尺骨脂肪が減少することを示した。

体水分率

　脂肪蓄積にはほとんど水が必要ないため（Odum et al. 1964），いくつかの研究では体脂肪と体水分との間に高い負の相関（$r^2=0.95$）が認められている（Bailey 1979, Johnson et al. 1985）。Johonson et al. (1985)は，脂肪重量あるいは脂肪重量と無脂肪重量の乾燥重量比を推定するのに，体水分率をもとに三つの方法で評価し，三つの方法とも高い相関を得ている（$r^2>0.80$）。実際に，Child & Marshall (1970)やCampbell & Leatherland (1980)は，体水分と無脂肪体重との関係から得る方法で，高い相関を得ている（$r^2>0.96$）。

　動物の生体から体水分や体脂肪を推定することは可能だが，複雑で時間がかかる上に，異なった種での十分な研究が行われていない。トリチウム水（^3H_2O）の回収率を利用した方法が利用されているが，野生動物の研究に限られている（Crum et al. 1985, Torbit et al. 1985）。この方法は，既知量のトリチウム水を動物に注射し，体水分と平衡させた後，採血をして血中の希釈率から体水分量を推定するものである。この方法は，やや体水分量を過大評価することがあるが，動物の生体で体脂肪量を推定する場合には，現在用いられている他の手法よりは信頼性が高いだろう。

電気伝導率と超音波

脂肪量推定のための電気伝導率法は，無脂肪体重と正の相関があり，また逆に体脂肪率と負の相関がある体水分率を評価するものである。結論的にいえば，これは電気伝導率あるいはインピーダンスを測定して体脂肪率を推定するものである。最も信頼性の高い方法は，挽き肉の脂肪率を測定するために開発された測定器を使用する(Walsberg 1988)。被検動物は，電磁コイルの中にあるプラスチックのシリンダーに入れる。動物体によってコイルの電磁インダクタンスが変わるので，周波数による電圧と電流の位相の変化を測定する(Walsberg 1988)。脂肪組織の電導率は，無脂肪組織，体液，骨組織の約4.5%しかない。したがって，インダクタンスの変化のほとんどは，無脂肪組織に依存する。電導率から推定される無脂肪体重と体重との比較から，体脂肪量が推定される。動物の生体の電導率を測定する装置は，EmScan社(Springfield，イリノイ州)で販売されている(SA-300 Multi-Detector Small Animal Body Composition Analysis System)。動物の大きさによって7タイプの製品があり，シリンダーの口径は30〜203 mmの範囲である。

数種の小型鳥類(40〜170 g)と哺乳類(40〜600 g)での測定値と無脂肪体重との相関は高い(Walsberg 1988)。無脂肪体重も脂肪重量も推定値の誤差が同じため，ほとんどの例で脂肪量の推定値の相関係数が低くなる(Morton et al. 1991)。これは，一般に体重に対する比率が，無脂肪体重より脂肪重量のほうが小さくなるため，脂肪重量の推定値の誤差が無脂肪体重のそれよりも大きくなってしまい，結果的に脂肪重量の推定値の正確性が低くなるのである。しかし，この方法に関係する初期の研究では，脂肪重量の推定値についての相関係数しか報告されていない(Morton et al. 1991参照)。Castro et al.(1990)は，全身の電導率測定による追試を行い，鳥類では，正確に無脂肪体重の推定ができると結論づけている。彼らは，さらに，鳥に金属足輪がついていても推定値に影響しないことや，死亡個体での測定値は，生体のそれと有意な差が認められることを報告している。

生体インピーダンスを用いてヒトでは体脂肪率の推定が行われているが(Cohn 1985, Lukaki et al. 1986)，正確性に疑問が残る。これは，体に微弱な電流を流してその抵抗を測定するものであり，インピーダンスは，体水分率と負の相関が，逆に体脂肪率とは正の相関がある。生体インピーダンスの測定装置は，RJLシステム社から供給されており，少なくともグリズリーやクロクマで脂肪量の推定に成功している(S.D.Farley & C.T.Robbins，未発表)。

Baldassarre et al.(1980)は，羽毛を除去したマガモで，超音波による脂肪蓄積量の推定を行っている。彼らが用いた装置は市販されている超音波 flow detector(Model USL-31, Krautkramer-Branson 社, Stanford, CT 06497)で，総脂肪量，皮下脂肪量，腸管膜脂肪量との相関係数は，それぞれ0.58，0.65，0.59であった。

羽毛分析法

羽毛分析法(ptilochronology)は，鳥類の栄養状態の変化を日レベルや週レベルで推定する新しい方法である。これは，もともと羽毛に形成される成長線あるいは横紋の計測から羽毛の成長率を調べるものであり(Michener & Michener 1938)，この成長線は24時間の成長を示していることが分かっている(Grubb 1989)。このパターン(図11-3)は，哺乳類の歯に見られるものと同様で，24時間周期のエネルギーや栄養摂取の変化に影響される。

この分析は，まず鳥のいちばん外側の尾羽を引き抜いてから，その羽が新たに成長するのに必要な期間(おおむね5〜6週間)そのハビタットに放す。こうして，新しい羽に成長線を形成させ，その個体の毎日の栄養状態を記録させることができる(Grubb 1989)。最初の羽の基準点で10本の成長線の平均幅を測定し，これを新しい羽の同じ部位と比較する(図11-3)。

この方法は，今のところ野外研究で広く用いられてはいないが，データが公表されていけば，栄養状態の指標として確立されるだろう。成長線は，餌が少ないと狭くなり(Grubb 1989)，給餌によって広くなる(Grubb & Cimprich 1990, Waite 1990)。また，ムクドリで，ヒナの数に応じた育雛にかかわる親のコストを明らかにするのに利用されている(White et al. 1991)。

蛋白質指標

鳥類の蛋白質蓄積の指標についての研究はほとんど行われてこなかった。しかし，水禽類の繁殖における蛋白質蓄積の役割に対する関心からこの分野の研究が進んだ。最も正確に蛋白質を定量する方法は，標本から脂肪を抽出した後にケルダール法による窒素分析を行うことである。さもなければ，脂肪抽出した標本をマッフル炉で灰化し，それを灰分として定量して，減少分を蛋白質とする方法がある。Ankey & MacInnes(1978)は，胸筋，後肢帯筋，筋胃の乾燥総重量を，ハクガンの蛋白質蓄積指標として用いた。

嘴の計測値から，灰分を除いた除脂肪乾燥体重を推定するために，直線回帰式を用いた。ほかの研究者は，蛋白質蓄積の指標に，胸筋重量と筋胃のどちらか一方を用いている。

血液性状

血液性状は，哺乳類同様，鳥類でも生理的な指標には利用されては来なかった。ほとんどの研究は，産卵や抱卵の時の栄養的なストレスについてのものである。Harris(1970)は，産卵期と抱卵期に，メスのミカヅキシマアジで，遊離脂肪酸(FFA，あるいはNEFA)がやや上昇することを明らかにした。FFAは，最初，抱卵中に上昇するが，その後減少する。血漿中グルコースや非蛋白体窒素(NPN)は，産卵前から抱卵期に上昇し，これは，蓄積脂肪の消費と，糖代謝の増加によるものと考えられる(Harris 1970)。Korschgen(1977)は，抱卵中のメスのケワタガモで，ヘマトクリット値，血漿蛋白，NPNが減少し，FFAが上昇したことを報告した。彼は，ケワタガモが，蓄積脂肪をエネルギーとして利用したと考えているが，調査時に脂肪蓄積の減少はなかった。尿酸とBUNは，越冬中のコガモで，風速と相対湿度の増加に伴って上昇する(Bennet & Bolen 1978)。

トリグリセリドは，コリンウズラで，産卵時に8倍に上昇する(McRae & Dimmick 1982)。血清中のアルブミンとグロブリンも上昇する。トリグリセリドは，卵黄の形成に利用され，血清アルブミンは，FFAやカルシウムを卵殻腺へ輸送する役目を果たす。

❏繁殖様式と繁殖率の評価

出産率，例えば，単位時間あたりに単位個体群で出産される子の数といったものの推定は，野生個体群の動態を理解する上で基本的なことである。いくつかの例では，この情報は，標識再捕獲法で間接的に得ることができる。しかし，このような方法では，個体群の中の子供の数の推定は困難なことが多い。それは，新生子の死亡率が高く，また若齢個体が捕獲されにくいために，標識できないからだ。そのため，繁殖特性，例えば排卵前の卵胞，黄体(排卵率)，一腹の胎子などの平均数を測定するために，繁殖期に採取された生殖器を検査する必要があるのだ。これらから得られた繁殖率や性，年齢構成のデータは，単位個体群あたりの子供の数(大まかな出産率)を計算するのに用いることができる。繁殖率は，つがい行動に始まり，巣立ちや離乳あるいは分散して終わる繁殖周期のどの時点でも，測定が可能

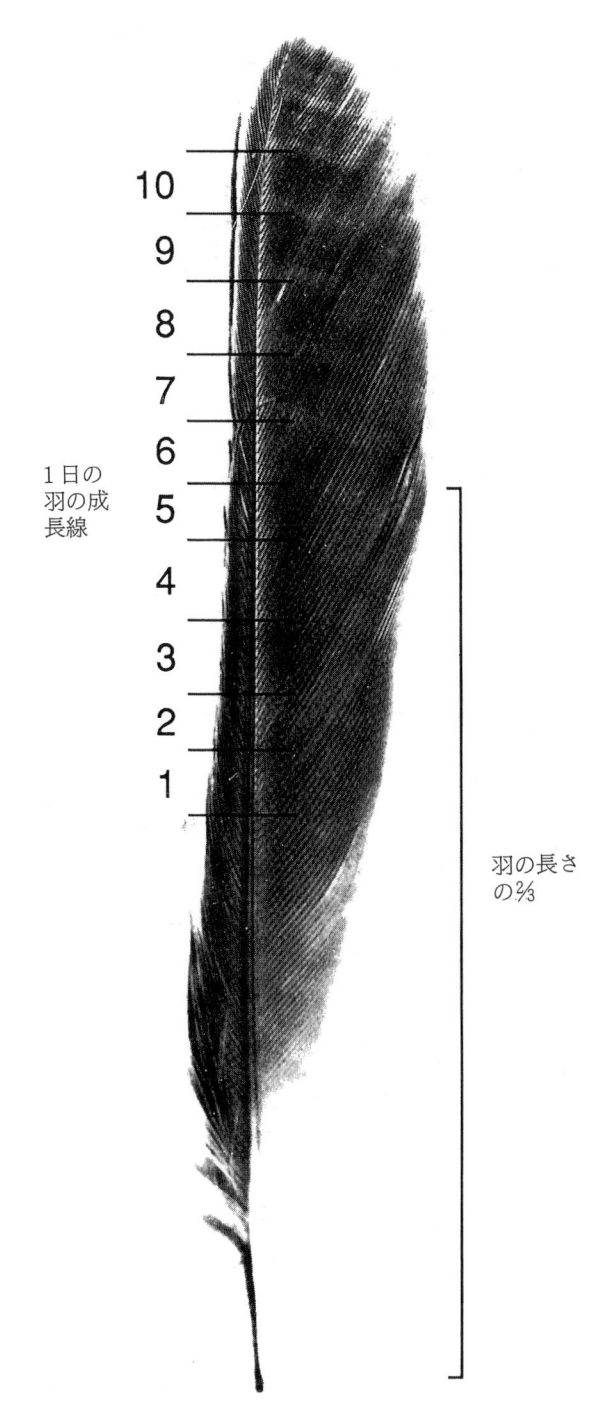

図 11-3 ミヤマシトドのオスの右最外側の尾羽
羽軸にほぼ垂直に，明暗一対の成長線が見える。暗帯の遠位端から次の遠位端までが24時間の成長距離である。1日の羽の成長速度は，羽軸の近位端から羽の長さの2/3を基準として，10本の成長線(近位端側5本と遠位端側5本)の幅の平均値で推定する(Grubb 1989，写真はT.Grubbによる)。

Raveling(1979)は，カナダガンで，エーテルに抽出されない残差が，体蛋白質含有率の推定に適していると考えている。Hohman & Talor(1986)は，内臓抜き体重，胸筋重量，

である。この推定の方法は，種や分類群，もちろん研究の目的でも変わる。例えば，リスでは解剖で子宮の胎盤痕の数からその前に出産した子供の数を推定するが，一方，鳥類では，さえずるオスの数や，縄張り内の巣の数から推定するといった具合に。

動物種の繁殖周期を通じて繁殖率を測定するさまざまな手法があり，研究者は，その研究目的に応じて応用すればよい。また，これらの手法から繁殖期以外の時期に応用できる手法を開発すれば，研究材料や研究費を効果的に利用できる。このセクションでは，繁殖研究に利用されるこれらの手法をレビューするために，受精から巣立ちあるいは離乳までの繁殖周期における一連の事象を概説する。

オスの繁殖特性

精巣サイズ

鳥類では，非繁殖期にはオスもメスも生殖腺や生殖器が完全に萎縮する。ミヤマシトドの成熟したオスの精巣は，10 mg 以下のものが繁殖期の最盛期には 600 mg 以上になる(Wingfield & Farner 1980)。同様の変化は，ほかの鳥類でも認められる。哺乳類の精巣や副生殖腺における季節的な成長や萎縮は，鳥類に比べ，明確ではない。中にはダマヤブワラビーやフクロギツネのように，1年を通じて精巣重量の変化がほとんど無いのに，前立腺重量やテストステロン値が明確な季節変化を示すものもいる(Gilmore 1969, Inns 1982)。しかし，ほとんどの哺乳類は季節繁殖動物で，精巣重量や雄性ホルモンの季節変動が見られる(Mirarchi et al. 1977b)。精巣の重量や体積(水で置換したもの)は，解剖時に計測するが，生きた個体の陰嚢内の精巣を計測することも精巣体積や繁殖状態の指標として有用である。例えば，精巣体積は，シカで(生体，死体ともに計測) 6 月に 50 ml 以下であったのが，繁殖期の 11 月には 150 ml 以上に増加し，同時に採取した血漿中のテストステロンは，基底レベルから 3 ng/ml 以上に増加した(McMillin et al. 1974)。

精子細胞数

精巣や精巣上体にある精子細胞は，繁殖状態の明確な指標で，性成熟年齢やオスの繁殖能力の季節変動(Mirarchi et al. 1977a)，社会的ストレス(Sullivan & Scanon 1976)，環境汚染物質への暴露(Sanders & Kiekpatrick 1975)などを判定するのに有用である。

精子濃度や精巣あるいは精巣上体中の総精子細胞数の推定は，既知量の組織を Hunks 液や生理食塩水のような組織培養液を加えてホモジナイズして行う。Triton X-100 液(J.T.Baker Chemicak Co., Phillipsburg, NJ 08865)を加えると，泡立ちが無くて良い(体積比で 0.01〜0.05%, Amann & Lambiase 1969, Sullivan & Scanlon 1976)。もう一つの方法は，小動物の精巣か精巣上体の一部をカミソリでミンチにし，既知量の組織培養液で繰り返し洗って精子細胞を集める。この精子細胞の浮遊液から血球計算盤を用いて精子細胞濃度を計算するのである(Box 11-2)。精子細胞の運動性の簡単な検査法は，新鮮な死体の精巣上体尾部を切り，精子の塗沫標本を作製して，顕微鏡で観察する方法である(Kibbe & Kirkpatrick 1971)。

精巣の生検

精子細胞数は，通常，射精時または解剖時に採取した組織か精液を用いて検査する。しかし，針生検法によって，生きた個体からの組織採取が可能である。まず，動物を麻酔し，精囊表面を清浄にし，消毒する。精巣上体を注意深く避け，精巣を 19〜22 ゲージの針で刺す(Sundqvist at al. 1986)。その状態で軽く精巣を圧迫し，針に接続した注射筒を陰圧にして針の中に組織を吸引する。針を精巣から抜いたら，スライドグラスに針の中の組織を吹き付け，風乾させて細胞の観察用に染色する。生検塗沫標本の評価は，セルトリ細胞か精祖細胞だけが観察される精子形成が不活発な状態から，成熟した精子が多量に認められる活発な状態までを 10 段階に分けて行う。この方法は，ヒトの不妊症の診断に用いられ，オスの 20% 以上が不妊症の養殖ミンクにも適用されている。ミンクでは，スコアが 7 以下を不妊症と診断している(Sundqvist et al. 1986)。精子形成のステージについては，van Tienhoven(1983)が記載し，哺乳類での精子形成の定量法は，Berndtson(1977)が参考になる。

鳥類のメスの繁殖特性

卵巣の活性

排卵前に卵胞の数やサイズが増加することで，卵巣のサイズが増し，繁殖期に入ったことがわかる。オビオバト(March & Sadlier 1970)やナゲキバト(Guynn & Scanlon 1973)では，3次卵胞のような大きくて卵黄に満ちた排卵前卵胞の数が，繁殖活性の測定に利用されてきた。Ankney & MacInnes(1978)は，排卵前卵胞を直径 20 mm 以

Box 11-2 血球計算板による精子などの細胞濃度の推定法

　血球計算板は，既知の容量の計算室を二つ備えた，薄い顕微鏡用スライドグラスである。これは，ふつうヒトの血球数の標準的な計測法に用いられるものだが，男性の生殖能力の診断における精子濃度の推定など，ほかのさまざまな細胞学的な研究にも応用できる。それぞれの計算室のよく研磨された底面には，下図に示したような等間隔の線が刻まれている。

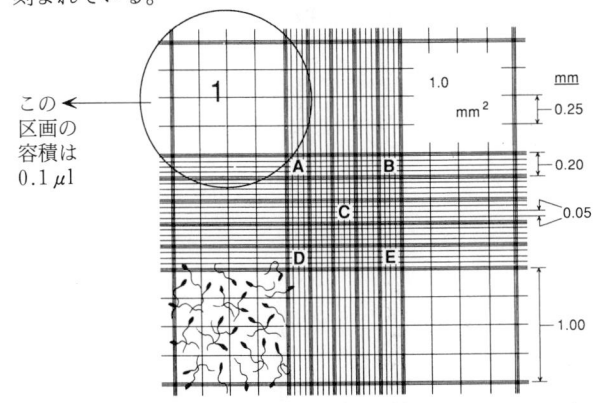

　計算板の溝は，カバーグラスと計算室の底面の間に正確に0.1 mm の隙間をつくる。したがって，計算室の一部分にある細胞数と体積との関係から，細胞濃度が推定できるのだ。細胞数の測定は，標本が新鮮でも冷凍でも固定されていても可能だが，新鮮精液の場合，運動精子の割合も測定できる。実際，血球計算板は，さまざまな顕微鏡的な標本の研究に応用できる，単純で便利な道具なのである。

方法

1. 精子は，射精液，ホモジナイズした精巣，細切した精巣上体など，さまざまな材料から得られる。もし，精子の運動能も評価するのなら，精液やホモジナイズした組織を，例えばハンクス液のような適切な組織培養液（生理的食塩水よりはよい）で希釈しなければならない。培養液と血球計算板はともに通常の精嚢の温度（約35℃）に暖めておかなければならない。
2. 材料を既知の量の培養液か生理的食塩水で希釈し，血球計算板の両方の計算室に希釈した材料を滴下する。
3. 5分間静置し，中心の格子の A，B，C，D，E にある精子数を数え，中心の格子（1 mm 平方）の総精子数を推定するためにこれらの合計を5倍する。一方で，四つの角の格子（16区画に分割されている）のうちの一つを任意に選び，周囲の線の内側にある精子の数をすべて数える。もし，精子濃度が高い場合（1区画あたり40個以上），任意に選んだ1列（4区画）の精子数を4倍して16区画の総数を推定する。
4. 同様の方法で，もう一方の計算室でも精子数を数える。このようにして，平均値と標準偏差が計算できるので，推定精度が得られる。
5. カバーグラスと計算室の底面の間は，正確に0.1 mm の隙間があるので，計算室の容積は 1×10^{-4} ml または 0.1 μl である。
6. もとの材料の精子濃度は，希釈率から計算する。例えば，150 mg の精巣上体を細切して 600 μl の生理的食塩水で希釈したとして，血球計算板の 0.1 μl 中に 500 個の精子が見られた場合の精子濃度（精巣上体1 mg あたりの精子数）は，以下のように計算する。

$$C = N \times D / 0.1 \div S$$

N＝血球計算板の 0.1 μl 中の精子数，D＝材料の希釈液量（μl），S＝もとの材料の体積あるいは重量

したがって，$C = 500 \times 600 / 0.1 \div 150 = 20,000$

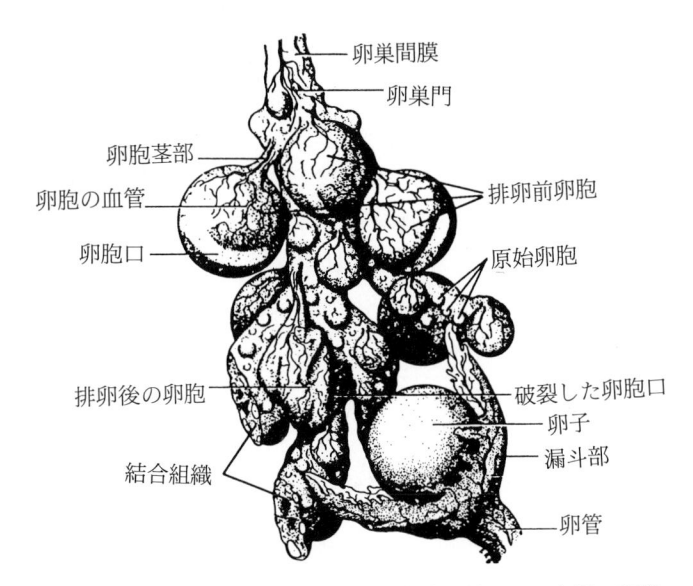

図 11-4 将来，一腹となる排卵前の卵胞が見られる鳥類の卵巣（Nelsen 1953 より許可を得て転載）
卵胞孔（スティグマ）が裂けて排卵後の卵胞や卵管の漏斗部に入りつつある卵子も見える。

上の空胞化が著しいものと，10 mm 以下の小型のものとに分け（図11-4），営巣地で射殺されたハクガンの標本から潜在的なクラッチサイズを推定した。排卵率の推定は解剖時に行われるので，これらと屠体重，栄養蓄積，ホルモンレベルなどのほかの測定値との関係が分析できる。

排卵後卵胞

　鳥類では，排卵後に哺乳類に見られる黄体あるいはそれと相同のものは形成されない。排卵した後の卵胞（排卵後卵胞，POFs）は，多くの鳥類では排卵後1か月以内に完全に退縮してしまう（Payne 1973）。しかし，コウライキジのように，いくつかの種では，肉眼的に観察可能な，小さく（1～2 mm）色素に富んだ（赤茶色）構造物が数か月間は遺残する（図11-4）。Kabat（1948）は，飼育下のハトで，排卵後100日に解剖してPOFの数を測定し，産卵数との間に高い相関を得ている。これとは反対に，Hannon（1981）は，アオライチョウで，排卵後25日以上では肉眼的に POF を観察することはできないとしている。

内視鏡術

　鳥類の卵巣の観察には，解剖が不可欠というわけではない。内視鏡は，カスミ網などで捕獲した雌雄同型の鳥類の雌雄鑑別に広く利用されている（Risser 1971）。左側を切開

して卵胞の有無で卵巣か精巣かを見分ける(Bailey 1953)。切開は小さく，野外では無麻酔でできる(Wingfield & Farnet 1976)。このような条件では，排卵前卵胞の正確な分類や数の測定を行うのは無理だが，産卵や抱卵期に近い個体の判定や，卵胞発達程度の評価であれば有用な情報が得られる。もし，同一個体で繰り返し生殖腺や他の臓器を観察する必要がある場合には，直径4～8 mmのファイバースコープが適している(後述，開腹術，内視鏡術，超音波画像診断の項参照)。

クラッチサイズ

クラッチサイズの推定は，困難で，鳥類では一般に，排卵数の推定値で代用する。最盛期のメスは，1日1個産卵する。卵巣からの放卵，いわゆる排卵は，産卵前約26時間に起こる。だから，産卵期の個体を直接観察していれば，リアルタイムの産卵数や，配偶行動，交尾，排卵，ホルモンの変化などの経時的な関係を研究できる。

抱卵期の初期に巣を確認することは，産卵数の推定に良いばかりではなく，卵の消失率や孵化成功率の推定にも役立つ。さらに，この過程で巣の密度の推定ができる。これは，雌雄同型の種では，オスとメスの繁殖集団の大きさの推定に利用できる。このように，全体の出生率の計算に必要なすべての構成要素は，哺乳類の研究とは異なるものである。

卵の質

鳥類の卵には，産卵されてから孵化後の一定期間の雛のすべての栄養素とエネルギー源が含まれているので，卵の大きさと質は，雛の孵化率や生存率を決定する主要な要因である。Ankney(1980)は，この関係に興味をもち，ハクガンの雛の生存率に卵の大きさ(卵黄と卵白を含んだ)が影響していることを明らかにした。Beckerton & Middleton (1982)は，餌の含有カロリーが同じでも，蛋白含有率を増加させると(7.6～20.1%まで)，クラッチサイズ，卵重量，雛の生存率などの九つの繁殖パラメータが増加することを($p<0.025$)示した。Vangilder & Peterle(1981)は，crude oil あるいは DDE を食べているマガモが産卵した卵に含まれる卵黄の比率や卵殻の厚さが減少することを発見した。

嗉嚢腺の観察

嗉嚢腺の発達程度は，解剖時に繁殖活性の指標となる。ハト類や他のハト科では，嗉嚢の上皮細胞から分泌される擬

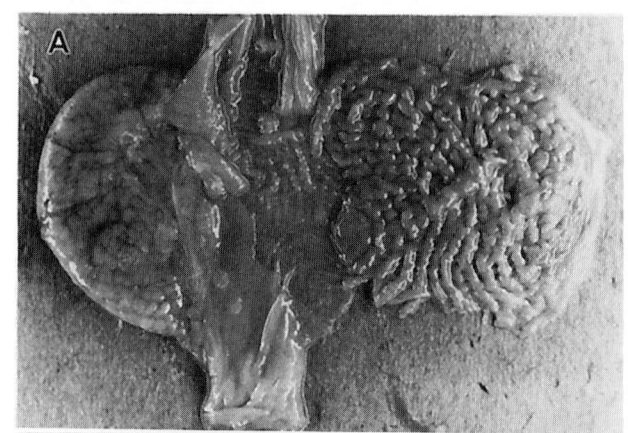

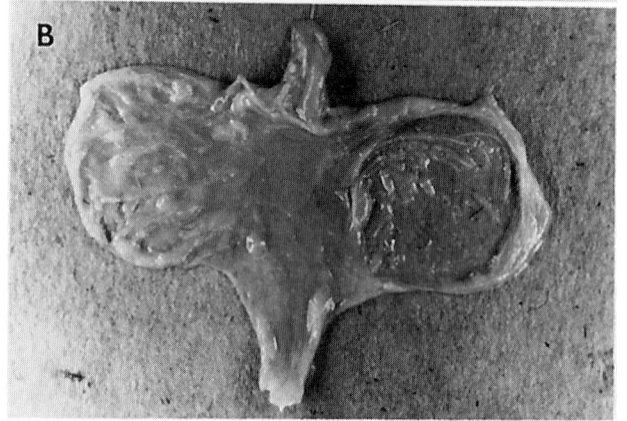

図11-5　ナゲキバトの嗉嚢腺
A：発達中，B：未発達(写真はR.Mirarchiによる)

乳状の物質(ピジョンミルク)を雛が食べる(Levi 1969)。ハト類の嗉嚢腺は，抱卵第9日目から孵化後14日目までの間，両性とも肉眼的にも重量も明らかに発達する(Guynn & Scanlon 1973, Levi 1969:267-268, Mirarchi & Scanlon 1980:212, 図11-5)。March & Sadlier (1970)は，オビオバトの嗉嚢腺の肉眼的な変化から，不活性，発達中，活性，退縮中の4段階に分けた。ナゲキバトは通年繁殖であるため，狩猟期である初秋に狩猟された個体の嗉嚢腺から，抱卵中の個体と育雛中の個体の比率がわかる。しかし，特にオスで嗉嚢腺の退縮期が晩夏に伸びる傾向にあり(Books-Blenden et al. 1984)，秋の狩猟期の育雛中の個体の比率を過大評価することがある。

哺乳類のメスの繁殖特性

発情の確認

1970年代の中頃から，野生動物研究者たちは，野生動物保護における飼育下繁殖の重要性に気付いた。絶滅に瀕す

る種では，野生状態での繁殖の可能性が減少している場合に，飼育下の繁殖計画に頼る必要があったし(例えば，カリフォルニアコンドルやクロアシイタチなど)，それだけではなく，動物園でもこれらの繁殖計画のために自然保護区を作ったり，人工受精や受精卵移植などの高度な技術を使い始めたのだ．発情とは，排卵の前やそれと同時にエストラジオールが上昇して，性的受容性が高まる行動の状態である．飼育下の繁殖計画では，ペアリングを安全で効果的に行うためには，排卵の予知あるいは少なくとも確認を行えることが基本である．

また，人工受精では，適切な量の精子を排卵期の6〜24時間という狭い「窓」のような時間帯にメスの腟内に入れる必要がある．これは，内視鏡や超音波画像診断によって発情中の卵胞の発達をモニターすることで可能になった(Ginther 1990)．

畜産動物で用いられている発情の確認方法は，大型の野生哺乳類で応用が可能である．メスでは，通常，行動が変化する．この変化は，受容性が高まる，オスを誘う，一般的な行動量が増加する，といった直接的に観察できるものである．交尾したかどうかは，オスの前胸に黒いグリスを塗っておき，メスの背部の毛がざらざらしていたり，黒くなっていることで間接的にわかる．Ozoga & Verme (1975)は，繁殖舎にマイクロスイッチのゲートを設置して通過頻度から行動量を調べ，発情期に夜間の活動が著しく増加することを明らかにした．

発情周期を通じて起こるホルモンの変化は，齧歯類やほかの哺乳類の腟スメアにみられる上皮細胞と白血球の比率を変化させる(図11-6)．特に，発情期におこる血中エストラジオール値の上昇は，急速に腟内に上皮細胞の増殖と脱落を促す．このときの腟スメアには，発情期特有の角化上皮細胞が多量に出現する．この周期のそれぞれのステージに特徴的な腟の細胞出現するので，この手法で性周期をモ

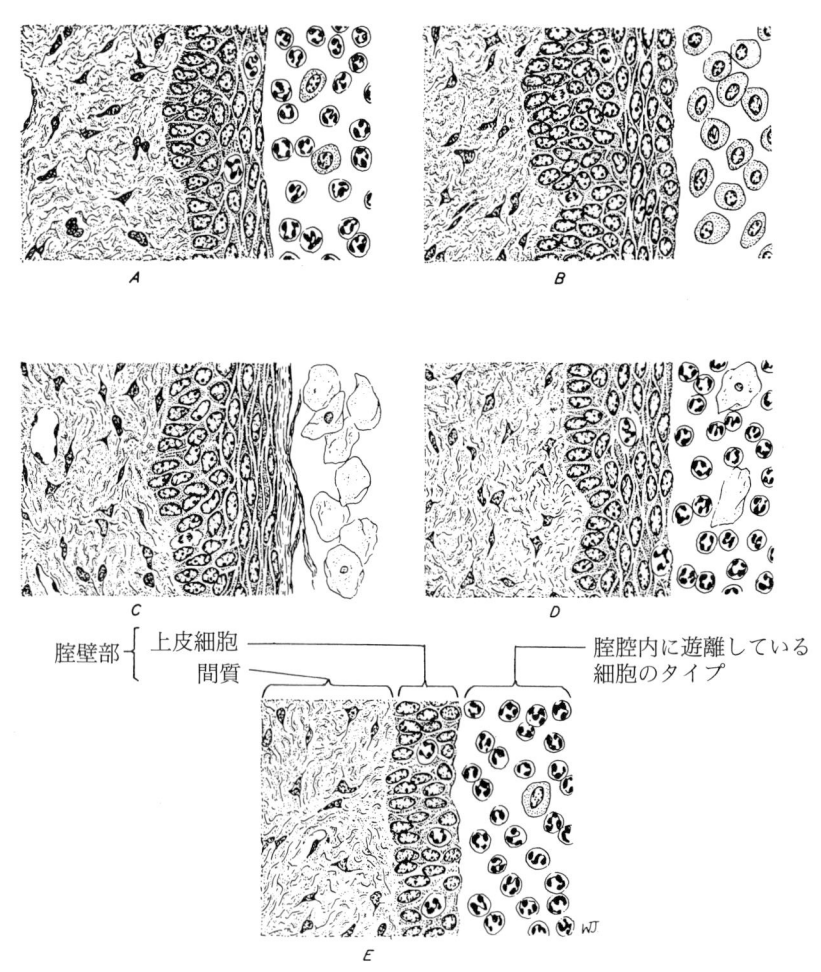

図 11-6 ラットの腟壁の横断面
発情周期のそれぞれのステージで腟スメアに見られる上皮細胞と白血球の割合の変化を模式した．A：休止期，B：発情前期，C：発情期，D：発情後期，E：6か月齢で卵割した場合(Turner & Bagnara 1976から許可を得て転載)．

ニターしたり，発情を予知したりできる(Box 11-3)。この手法は，最初に家畜化された齧歯類(モルモット，ラット，マウス，Zarrow et al. 1964)で用いられ，シカシロアシマウス(Clark 1936)，マツネズミ(Kirkpatrock & Valentine 1970)，ビーバー(Doboszynska 1976)などのような野生種を含む齧歯類に大いに利用された。しかし，腟の細胞診を利用して，イヌやネコ(Stabenfelt & Shille 1977)，コヨーテ(Kennelly & Johns 1976)，ヴァージニアオポッサム(Jurgelsky & Porter 1974)でも発情周期のモニターに成功している。今後，さらに多くの種でも利用可能になることは，まちがいないだろう。

排卵と卵巣の分析

新生子生存率の次に，排卵率(メスの発情周期あたりの排卵数)は，おそらく哺乳類の繁殖特性のうえで最も重要な事柄だろう。これは，栄養状態や年齢に大きく依存し，またある種では(例えば，オオカミ)，個体の社会的地位でも変わる。受精率や子宮内生存率の高い種では，排卵率の推定は，リターサイズを直接推定する合理的な(場合によっては唯一の)方法である。

有胎盤類の卵子は小さく(70～120 μm, Austin 1982)，メスの生殖器の中にとどまっている。だから，鳥類のクラッチサイズのように直接排卵数を数えることはできない。直接，排卵数を確認するためには，発生学や生殖生理学で行われているように，生理食塩水で卵管や子宮を洗浄し，その洗浄液を顕微鏡で観察して卵を数える必要がある。この手法は難しいわけではないが，ほとんどの野生動物の研究では，時間がかかり，実用的ではない。一方，卵巣にある黄体やその遺残物を観察すれば，排卵や卵胞の発達を分析できる。

卵巣の機能

卵巣の分析をするには，排卵前後の卵巣の形態や生理について基礎的な理解が必要である。哺乳類の卵巣には，出生時に一生涯分の卵子が含まれており，ほとんどすべてが小さい原始卵胞である(図 11-7)。それぞれの発情周期に，このうちのいくつかの卵胞が急速に成長し，卵胞腔は卵胞液が満たされる。これらの発達した卵胞の壁を構成する顆粒膜細胞と卵胞膜細胞は，発情を刺激し，間接的に排卵を促すエストロジェンを分泌する。これらの卵胞のいくつかが，排卵前のグラーフ卵胞として，発情や排卵時におこるLHサージに反応するように成長する。しかし，ほとんどの卵胞は，排卵前の状態には達することなく閉鎖していき，退

Box 11-3　発情周期による腟粘膜の細胞学的特徴と腟垢検査法

発情周期は，周期的に起こる性的受容性(発情)や排卵を一区切りとした，卵巣の活動や生殖器の生理の一連の変化をいう。動物種による発情周期の違いは，その長さ(数日から数週間)や発情期の細胞学的な変化のタイミングで非常に大きいが，4～5日周期の発情周期を持つ実験用ラット(Turner & Bagnara 1976 を改変)は，腟粘膜が周期的な変化を示す他の動物種同様，以下に示す典型的な4期を周期的に繰り返す。

　発情休止期　これは比較的長く(60～70時間)，受胎すれば妊娠中も続く。多くの野生動物の非交尾期の無発情も同様である。黄体は退行し始めるので，この時期の後期にはプロジェステロン量は低下する。白血球は薄い腟粘液中を遊走し，腟垢に多く認められる(図 11-6 A)。

　発情前期　この時期は，発情に先立ち17～21時間で終わる。より長い発情周期をもつ動物種では卵胞期として知られている。成熟卵胞の発達やエストロジェン量の上昇，子宮の腫脹などで特徴づけられる。この時期の腟垢では有核上皮細胞が優先する(図 11-6 B)。

　発情期　性的受容性が高く，9～15時間に限定して起こる。排卵は発情期のあいだか直後に起こる。腟粘膜は急激に増殖し，上層は腟腔内に脱落する。この時期の腟垢には角化上皮細胞が優先し，白血球はほとんど見られない(図 11-6 C)。

　発情後期　この時期は，ラットでは10～14時間で終わる。排卵後に黄体形成が始まり，プロジェステロン量が増加する。発情後期と発情休止期は一般に発情周期の長い動物種では黄体期として知られている。多量の白血球が腟腔内に侵入し，わずかに角化上皮細胞も見られる(図 11-6 D)。

腟垢検査法　1. 研究対象の動物種に応じて適切な保定を行う。マウスからオポッサム程度の大きさの動物であれば，尾をつかむことで扱える。動物を台やケージの上に立たせ，尻尾を持ち上げて腟が見えるようにする。この際に，動物は逃げようとしてもがくが，頭や歯を術者に向けさせないようにする。

2 a．細胞は腟腔内に綿棒を挿入して採取する。この際に，綿棒は生理的食塩水で湿らせ，腟に挿入した後，回転させると良い。そしてスライドガラスの表面に綿棒の先を回転させて細胞を張り付ける。

2 b．マウスくらいの大きさの動物では，腟洗浄法も推奨される。この方法は，火炎滅菌したパスツールピペットや点眼器に生理的食塩水を1滴入れて，腟内に数mm挿入して行う。そして生理的食塩水で数回洗浄し，腟内の細胞を採取する。洗浄液をスライドガラスに滴下し，乾燥させる。

3. 細胞のついたスライドガラスを乾燥させ，メタノールで固定する。固定後，再度乾燥させる。

4. 染色は，メチレンブルー液で10～15分間行う。蒸留水で洗浄後，乾燥させ，鏡検する。

　腟垢による発情周期の評価は，以下の三つの細胞を確認して行う。

　多分葉核白血球　細胞は小さく(上皮細胞の1/3以下)，大きな分葉核をもつが細胞質は少ない。腟垢では小さく濃染したC型の核の細胞に見える。

　有核上皮細胞　核の目立つ(塩基性)大きく丸い細胞で，発情前期に多量に出現するが，すべての時期で認められる。

　角化上皮細胞　大きな細胞で，しわがありポテトチップのように見える。核は退縮し，染色してもしばしば認められない。発情期に多量に出現し，腟洗浄液が白濁することもある。

くなり，プロジェステロンの分泌をやめる．特に妊娠期間が長く（3か月以上），大きな妊娠CLをもつ種では，黄体退縮に時間がかかり，赤体や白体と呼ばれる遺残物が形成される（図11-7）．

開腹術，内視鏡術，超音波画像診断

卵巣の分析には，伝統的に，狩猟者のチェックステーションでの解剖や，交通事故死などの死体から標本を得てきた．しかし，生理学的な研究や人工受精のような繁殖操作では，生きた個体の卵巣の状態を繰り返し観察する必要がある．卵巣や生殖洞は，開腹術で観察ができる．Follis et al. (1972)は，エルクでこれを適用した．当然，この手法は最小限のリスクを伴う．開腹術を行った，飼育下の個体と術後に電波標識で追跡した野生個体の51例で，死亡したのは1例だけだった（Zwank 1981）．外科手術同様，開腹術は，適切な外科技術を訓練された者だけが，行政的な監督のもとで，許可されるべきだ．

外科器具であるファイバースコープ（内視鏡）を応用して，生きた動物の体内の観察が安全に行えるようになった．大きな針状のカニューレを腹壁に刺し，そこに内視鏡（直径4～8 mm）を挿入する．臓器は別のカニューレから挿入したプローブで操作できる．この手法によって，卵胞，CL，場合によっては子宮の腫脹も観察できる．動物は麻酔しなくてはならないが，切開は行わない．だから，外科的な侵襲や感染の危険性も最小限に抑えられる．内視鏡術が医学や生殖生理学でひろく利用されているのに，野生動物研究への応用は限定されている．Nelson & Woolf (1983)は，野外で捕獲あるいは不動化したオジロジカの卵巣を携帯用の内視鏡で観察した．術後，20頭を電波標識で追跡し，死亡したり，問題があった個体はいなかった．開腹術や内視鏡術には，特殊な器材と技術が必要なため，以下のような状況でのみ適用できる．①飼育下で同一個体を複数回検査する場合，②研究対象種が希少種または絶滅危惧種である場合，③動物園動物などで，極めて高価であり，基本的な生理学的情報がほとんどない場合．

超音波（3～8 MHz）の画像は，リアルタイムにコンピュータの画面で内臓の形態的な観察が可能である（図11-8）．超音波画像診断として知られるこの手法は，医学領域では日常的に利用され，家畜やイルカ（Williamson et al. 1990），ラマ（Adams et al. 1989），アカシカ，サイ，キリン，ガウア（Adams et al. 1991）のような数種の野生動物の発情周期のモニターや妊娠診断で価値が認められている．特に，卵胞のような構造物を視覚化するのに効果的で

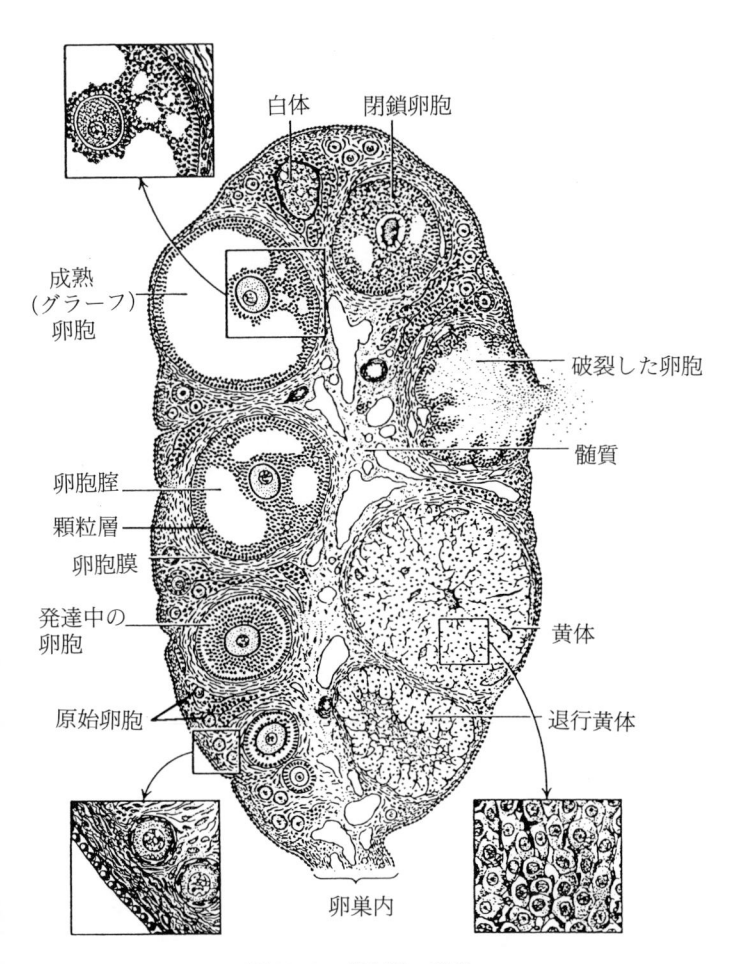

図11-7 哺乳類の卵巣
左下から経時的に卵胞の発達（原始卵胞からグラーフ卵胞まで），排卵，黄体の発達，黄体の退行を示してある．卵子は，破裂した卵胞から卵胞液とともに漏れでるように放出される（Turner & Bagnara 1976より許可を得て転載）．

縮の過程で顆粒膜層の脱落や卵子の死が起こる．このことから，発情周期での排卵率は，卵胞の発達と閉鎖の動的な平衡によって決定されると考えられる．

排卵は，卵胞の破裂によって起こるが（図11-7），この際に出血体（排卵孔あるいは出血点）が形成され，顆粒膜細胞と卵胞膜細胞の黄体細胞化が引き起こされ，脂質の合成と蓄積が行われる．この結果，卵胞腔内は満たされ，黄体（CL）が形成される（図11-7）．黄体は，一時的な内分泌腺で，発情周期の黄体期にプロジェステロンを分泌する．

もし，受精や妊娠が失敗すると，CLは退縮し，卵胞を発達させる新たな発情周期がはじまる．もし，受胎に成功し，受精卵が子宮に着床したら，CLは存在し続け，妊娠の大部分の期間，大量のプロジェステロンを分泌する．妊娠CLは，大きくなり，しばしば卵巣自体の大きさをも増大させる（図11-7）．出産前あるいは出産時に，CLは退縮し，小さ

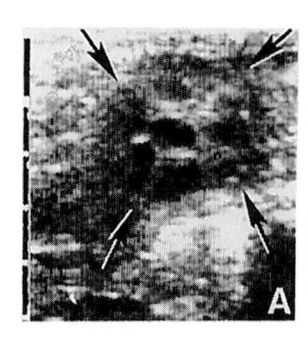

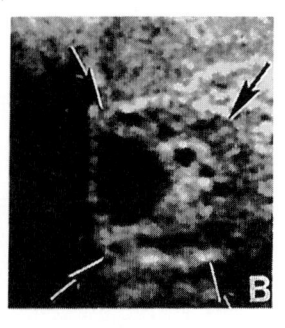

図 11-8 ウシ卵巣の超音波断層撮影像
矢印は卵巣の辺縁を示している。(A)三つの小卵胞(直径 5〜7 mm)が円形の黒い陰で見える。(B)いくつかの小卵胞(2〜3 mm)が大卵胞(12 mm)の右側に見える(Pierson & Ginther 1988 より許可を得て転載)。

ある。というのも，超音波が液相では反射しないため，黒く写って他の部分とコントラストがつきやすいからだ。経時的な超音波画像によって，ウマの卵胞の発達が観察されている(Palmer & Drinacourt 1980, Ginther 1990)。Pierson & Ginther(1987)は，牛で直径 2 mm 以上の卵胞であれば計測や卵胞数のカウントができるとしており，またこの手法で直径 5〜15 mm の個々の卵胞の発達がモニターされている(Sirois & Fortune 1988)。この程度の精度がある超音波画像診断装置を用いれば，大型の肉食獣や有蹄類のような野生動物の卵巣の分析に十分応用可能である。この手法によって，排卵の兆候などさまざまな卵巣の活動が外科的な手法を用いることなく生きた動物でモニターできるのである。

卵胞の分析

哺乳類のメスの繁殖状態の質的な評価は，卵巣の肉眼的な観察でできる。しかし，鳥類の場合と対照的に，排卵率は，正確には推定できず，排卵しそうな卵胞の数からも予測できない。これらの卵胞の多くは閉鎖するか，排卵しない。そのうえ，卵胞や CL の中には卵巣の表面下に隠れていて，解剖時に卵巣をスライスしないとわからないものもある。

排卵しない卵胞の数から，動物の年齢や季節による繁殖状態を知ることができる。大型動物では，肉眼的に卵胞の直径を計測し，クラス分けすることが可能である(Kirkpatrick 1974)。ほとんどの哺乳類(少なくともリスより大きな種)の卵巣の分析には，組織標本での顕微鏡観察が必要であり(Cowles et al. 1977)，大型動物の研究ではよく行われている。例えば，オジロジカの卵巣の組織学的な研究で，8月〜11月には，大きな卵胞(3 mm 以上)の数は増加しないが，閉鎖卵胞の比率が9月に80%であったのから交尾期前の11月初旬には47%に減少していることが明らかになった(Harder & Moorhead 1980)。

黄体の数

哺乳類では，卵胞の数から排卵率を予測できないが，卵巣には排卵のかなり確かな証拠が残る。それは CL で，多くの種では卵巣の体積の大部分を占めるまで発達する。実際，大型哺乳類，例えば家畜の牛などでは，直腸検査で卵巣の表面にある CL を触知できる。肉牛生産や酪農などで日常的に行われているこの手法は，体の大きさの制約から，野生動物での利用は限られているが，ワピチでは利用されている(Greer & Hawkins 1967)。

中型から大型哺乳類(ワタオウサギより大きい)であれば，解剖時に卵巣のスライスから肉眼的に(あるいは解剖顕微鏡で)CL の数を数えて排卵率が推定できる(図 11-9 B)。この手法は多くの種で応用可能で，ビーバー(Provost 1962)，ムース(Simkin 1965, Hawley et al. 1982)，アナ

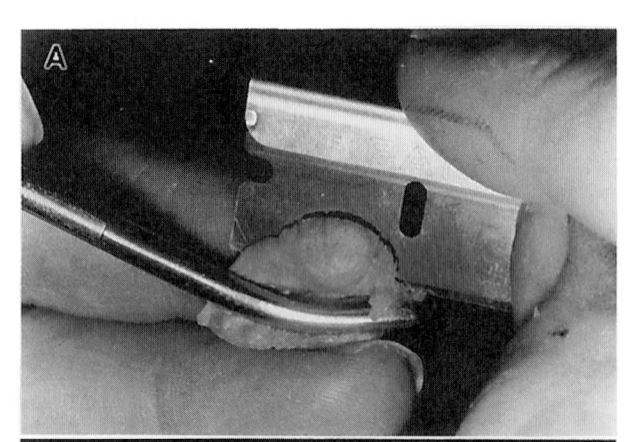

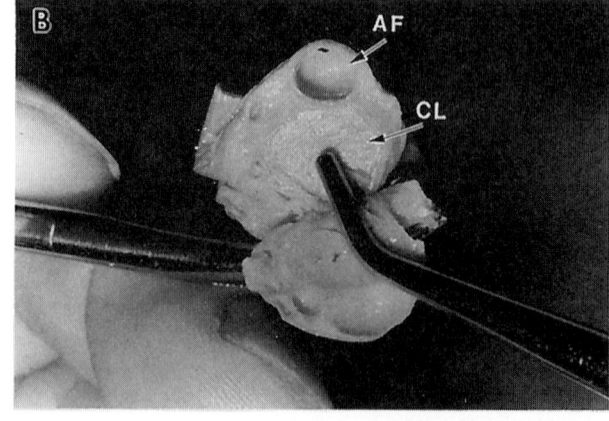

図 11-9 (A)剃刀を用いた固定後の卵巣のスライス法 (B)卵巣割面に見られた卵胞腔(AF)と黄体(CL)(写真は D. Dennis による)。

グマ(Wright 1966), アカギツネ(Oleyar & McGinnes 1974), ワタオウサギ(Zepp & Kirkpatrick 1976)などで報告がある。副黄体(排卵せず黄体化した卵胞)や排卵に関係ない他の構造物は, 大きさや外見で区別できる。

　一般に, 黄体数は排卵率を正確に測定するが, 子宮内の胎子数の指標にはならない。これは, 妊娠の有無にかかわらずCLが形成されからで, たとえ採取した野生個体がほとんど活性のあるCLを持っていて妊娠するのだとしても, それぞれの黄体は, それぞれの卵子が受精するかどうかにかかわらず, 発達するのである。だから, 受精率が低かったり胎子死亡率が高かった場合, CL数は, 産子数を過大評価してしまう。例えば, バージニアオポッサムは排卵率が高いが(1周期あたり30 CL, Fleming & Harder 1983), 産子数は10～20で, 離乳まで育つのは6～8頭だけである。受精率や子宮内での生存率は, 種によって異なり, 種ごとに調べる必要があるが(Brambell 1948), オジロジカのように, いくつかの種では, これらがリッターサイズと高い相関関係にある。

シカの卵巣の分析

　すべての黄体は, 退縮して卵巣に遺残する。ほとんどの哺乳類では, これらは, 結合組織の白体として顕微鏡的に見ることができるだけだ。しかし, シカ類では, 妊娠CLは, 大きくて寿命が長く, 出産後の退縮速度が遅いので, 赤体(CR)として少なくとも8か月間は肉眼的に見える(Cheatum 1949 b, Box 11-4)。シカの狩猟者チェックステーションでは, 伝統的に多量の卵巣を集めて, 研究者に提供してきた。あいにく, 狩猟期が繁殖期〔多くの地域では12月, テキサスのような南部では1月(Barron & Harwell 1973)〕と重なっているので, 排卵前であったり, 胎子が確認できないことが多い。だから, 前回の出産(春の)数を, CRから推定するのが重要となる。

　前の出産期の平均リッターサイズをCRから推定するには, 以下の3点がわからないといけない。①受精率, ②子宮内生存率, ③CRの存在期間。幸い, シカの受精率は高く, 一定している。CLあたりの胎子の比率は, オジロジカで妊娠中期に86～87%である(Roseberry & Klimstra 1970, Woolf & Harder 1979)。妊娠中の個体だけで計算すると, かなり高くなる(95～98%, Ransom 1967, Harder & Peterle 1974)。したがって, もし出産後6～12か月CRが遺残すれば, 妊娠したシカの子宮を分析する代わりに利用できることになる。残念ながら, 妊娠CLの遺残は, 1年以上経つと肉眼で確認できなくなる(Golley 1957,

---

Box 11-4　組織の保存法と卵巣の肉眼的な分析

解剖時の組織の保存法

　死後変化のスピードは低温(4℃)で遅くなる。臓器は, その後の肉眼的な観察には冷凍保存でかまわないが, この際に細胞質中に氷結晶ができるため, 細胞を破壊し, 顕微鏡的な観察には向かない。もし, 組織学的な研究を行うなら, 臓器や組織は解剖時に固定液に保存すべきである。

　固定が組織学的研究に有用なのは, ①腐敗防止, ②蛋白凝固, ③固定後の処理過程での萎縮や変形防止, などの作用があるからだ。10%緩衝ホルマリン溶液(40%ホルムアルデヒドの10倍希釈)が広く使われているが, これは多くの固定液の一つにすぎない。Humason(1979)などの組織学マニュアルには, 個々の例で推奨されるものが記されている。固定液は, 組織中の水分で過度に固定液が希釈されないように, 保存する組織の5～10倍量以上が必要である。

シカの卵巣の肉眼的検査法(Cheatum 1949 b)

1. 卵巣は, 卵巣間膜から切り放す。この腸管膜は体腔から卵巣を卵管のそばに釣り下げているものだ。卵巣間膜が少し卵巣に残っていても, むしろ扱いやすい。また, いつも一方の卵巣に卵巣間膜を多くつけておけば, 後で左右の区別ができる。

2. ホルマリンのような固定液で36時間卵巣を固定して, スライスするのに充分なくらい組織を堅くする。固定後, 充分な水で洗浄する。これらの作業は手を保護するためにラテックスの手袋をはめて行うべきだ。

3. 卵巣は, 曲がった鉗子で卵巣についている卵巣間膜をつかむと確実に押さえられる。この状態で, 剃刀の刃などで卵巣の長軸にそって卵巣間膜と鉗子に向かってスライスする(図11-9 A)。慣れれば, 2 mmくらいの厚さでスライスできるが, 卵巣間膜は切り放さないようにする。こうして, 卵巣は本のページのようになり, 観察の準備が整う。Hawley(1982)は, ムースの卵巣を1.5 mmにスライスする剃刀を記載している。

4. 繁殖期に採取された卵巣には, さまざまな大きさの卵胞や, おそらく排卵間近かさもなければ排卵孔のあるような新鮮な黄体がみられるだろう。新しい妊娠黄体は, 排卵後2～3週間で最大(直径7 mm)に成長する。最終的に, 妊娠したシカの卵巣の大きさは最大になる。こうしたことは, 片方の卵巣からもう一方の卵巣までのスライスをいくつか見るだけで, 判断がつく。スライスした表面は堅く, さわるとチーズのようで, 色は乳白色だ。他の動物種では黄色から灰色まで色はさまざまだ。

5. はるかに少ない証拠は小さな白体(CA)だ。以前の妊娠黄体が退行してできた色素の固まりだ。これは小さい(直径1～3 mm)ので, スライスの両面をよく観察しなければわからない赤さび色の構造物だ。しばしば, 周囲の卵胞や成長した黄体に圧迫されて三角やいびつな形に見えることもある。色が第一の鑑別点だが, 暗い黄色から深い赤茶色まで変化がある。

6. 卵巣をさらに肉眼的あるいは顕微鏡的に観察する場合には, 堅くなるのを防ぐために70%のエタノールに入れ, 保存する。

Trauger & Haugen 1965, Mansell 1971)。古いCRを含めてしまうと, 排卵率や産子数を過大評価してしまう。組織学的にCRの古さを判定することで(Mansell 1971), 前の出産期のリッターサイズをより正確に推定できるが,

CRのデータの潜在的な誤差によって，この手法は，シカの繁殖率を評価するために利用されなくなってきた。この手法が個体群における出産率の正確な推定に有用かつ実用的であることを考えると残念だ。6か月齢の個体が個体群で最も多いため，この人口学的パラメータが極めて重要で，当然，新生子生存率，個体群成長，持続収量に最も大きな影響を及ぼす。個体群におけるメスの妊娠率は，0% (Woolf & Harder 1979) から77〜82% (Nixon 1971, Haugen 1975) まで大きく変化する。例外なく，性成熟に達したメスの最大の排卵率は，1である。だから，狩猟や交通事故などで2〜6月に採取された当歳のCRは，現実的に二つの場合しかない。1か0かである。

子宮の分析と胎子数

子宮内の胎子数は，個体群における繁殖能力を測定するのに一般的で適当な指標となる。特に，妊娠後期の胎子数は，リッターサイズの指標として信頼できるからである。胎盤が形成される妊娠初期以降は，子宮内死亡率や流産がほとんどの種で減少する。狩猟者などを含め，最低限の知識があれば，胎子は肉眼的に観察できるので，胎子数の測定値は信頼できるため，子宮の検査は有用なのである。胎子の入った子宮は，後の研究で利用するには，冷凍あるいは固定して保存するが，その場で観察することも可能である（図11-10 A）。胎子の頂臀長を計測することで，シカ（Armstrong 1950）やコヨーテ（Kennelly & Johns 1976）の胎齢や出産日の推定が可能である。この方法は，第8章に詳しく述べられている。また，オジロジカの胎子の大きさから出産日がわかる物差しが，Forestry Suppliers 社（Jackson, MS 39384）から発売されている。胎子の検査から，個体群の初期性比も推定できるが，これは，個体群モデルで重要であり，また理論生態学や実験生態学からも注目されるパラメータである（Trivers & Willard 1973, Austad & Sunquist 1986, Gosling 1986）。

胎子数は通常，解剖時に調べなければならないが，絶滅に瀕している種や動物園動物の研究では，生きた個体から情報を得なければならない。子宮の腫脹，胎子の存在，妊娠CLの数などは，生きた個体を開腹すればわかる。この手法は，ワタオウサギ（Murphy et al. 1973），ミュールジカ（Zwank 1981），エルク（Follis et al. 1972）で応用されている。また，超音波画像診断による妊娠診断は，オオツノヒツジ（Harper & Cohen 1985），ファロージカ（Mulley et al. 1987），バンドウイルカ（Williamson et al. 1990）

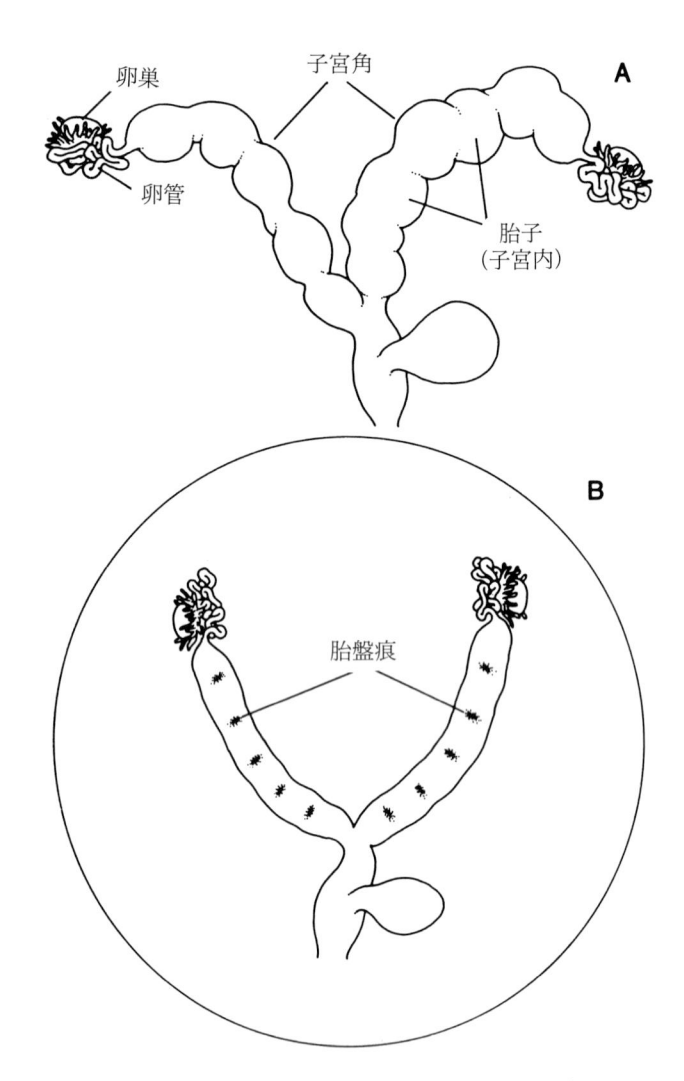

図11-10 (A)妊娠したシロアシマウスの腫大した子宮 (B)胎盤痕を観察するために，子宮をペトリ皿の蓋と底の間において押しつぶした様子（D.Dennis による）。

で行われている。血液中のホルモンや生化学的な変化から，間接的に妊娠診断を行えるが，これは後で述べる。

胎盤痕

胎盤痕とは，前の妊娠の際の胎盤が付着していた子宮の組織に色素沈着している部分のことである（図11-10 B）。胎盤痕が形成されることは，Deno (1937) やMartin et al. (1976) が記載していたるが，それには哺乳類のうち脱落膜を形成する分類群のみがあげられている。これらの種では，胚によって子宮内膜が溶解し，子宮と胎盤組織が融合するため，出産時に胎盤が排出されるときにこれらが脱落し，その後子宮内膜組織は再生する（Vaughan 1986）。子宮内膜が再生した場所には，血液が滞留するため，赤血球中のヘ

モグロビンがマクロファージに分解されて，ヘモジデリン(鉄を含む色素)ができる。このヘモジデリンが，胎盤痕として見えるもので，種によって遺残する期間はさまざまである。

顕著な胎盤痕が見られる種は，原則的に，食虫目，ウサギ目，齧歯目，食肉目に含まれるが，例外的にゾウでも報告がある(Laws 1967)。ヒグマ(Hensel et al. 1969)，アライグマ(Sanderson 1950)，アナグマ(Wright 1966)，ハイイロギツネ(Oleyar & McGinnes 1974)では，胎盤痕からリッターサイズが推定されている。年に1～2頭しか出産しない哺乳類，例えばビーバー(Henry & Bookhout 1969)やハイイロリス(Nixon et al. 1975)のような種では，胎盤痕による推定が最も適している。小型の齧歯類では，繁殖期ごとに数頭出産するので，1頭の子宮で大きさや透明感の異なる複数の胎盤痕の「セット」がしばしば見られる。これらの「セット」は，それぞれ別の妊娠によるものなので(Rolan & Gier 1967, Martin et al. 1976)，別々に数えなければならない。

多くの種では，胎盤痕の観察は，特別な処理をせずに新鮮標本，冷凍標本，固定標本のいずれでも可能である。胎盤痕は，子宮角に黒ずんだ点あるいは帯のように見える。もし，出産直後の標本であれば，着床していた部分の周りの組織は腫脹していることが多い。しかし，出産から時間が経つほど，胎盤痕はぼやけてきて，つぎの段階の処理が必要となる。おそらく最も単純な第1段階は，小型哺乳類に限定されるが，スライドガラスなどで子宮をはさんで押しつぶして見る方法である(図11-10 B)。これを，解剖顕微鏡(10倍)にのせて，下から光をあてると，胎盤痕を数えたり，新旧の区別が観察できる。大型動物では，通常，胎盤痕を観察する際には，子宮角をカミソリで切り開いて行う。胎盤痕は，子宮腔内に黒ずんだ帯状または円板状に見える。

いくつかの種では，胎盤痕が不明瞭で，特殊な処理を施さないと見えないものもある。おもに，透明化する方法(Orsini 1962)とプルシアンブルーで染色する方法(Humason 1979)の二つが用いられる。これらの方法は複雑なため，詳細は原著にあたってほしい。

ほとんどの指標と同様，胎盤痕は，リッターサイズを推定するだけである。しかし，多くの種でその信頼性が確かめられているため，ほぼ近似値として用いられる。ただ，流産した胎子でも胎盤痕を残し，それを区別することはできないので，誤差が生じる原因の一つとなる(Conaway 1955)。

泌乳

妊娠後期から泌乳期への移行は，哺乳類の繁殖周期の中で臨界期といえる。泌乳しているメスの乳腺は，発育し，乳汁で満たされる。小型哺乳類以外では，乳頭から絞り出せる。もし，解剖時にメスから乳汁が絞れなければ，乳腺を切開して乳汁の蓄積量を調べる。泌乳中のメスの乳首は，腫脹し，赤みがかっており，周囲の毛が薄くなっていたり無かったりすることがよくある。これらの泌乳の兆候は，あくまでも，そのメスが哺乳しているか，最近離乳させたかの間接的な指標である。個々の種の研究では，哺乳していることがわかっているメスの計測値から裏付けることが必要である。Sauer & Severinghaus(1977)は，シカの1歳のメスで，秋に哺乳している個体としていない個体の乳首の長さを比較した。その結果，四つの乳首のうち一つが10 mm以下であれば子持ちではなく，15 mm以上であれば哺乳しているか離乳したばかりであることがわかった。この中間の値を示すものは判別ができなかった。この指標は，追試や裏付けがさらに必要だが，個体群で最も多い1歳のメスの子持ち率がわかることや，狩猟者チェックステーションでデータが収集できることなど，実用面で魅力的である。

多くの野生個体群での実際の新生子死亡率や，個体群の泌乳しているメスの割合を推定することのほうが，排卵率のような繁殖周期の初期のパラメータを推定するよりも，繁殖成功に関係が深い。平均リッターサイズと泌乳の指標の両方の推定値は，状況によって，メスあたりの離乳した子供の数のような新生子生存率の推定を可能にする。少なくとも，最近の個体群の繁殖活動の状況をモニターする手段として，乳腺や乳首の検査は意味がある。

❏生殖内分泌学

ホルモンの作用

求愛や受精から抱卵や泌乳まで繁殖周期のそれぞれの段階はホルモンの刺激でコントロールされている。このことは，血液中のホルモン濃度を経時的に図示すると最も理解しやすい(図11-13)。多くのホルモンが繁殖の過程でオスもメスもコントロールしている。しかし，野生動物の下垂体ホルモンや性腺ステロイドホルモンの研究は比較的少なく，新たな分野である(表11-2)。ダマヤブワラビーのようないくつかの種に限っては，1970年代中頃から急速に研究が発展し，家畜や実験動物でのものに匹敵するほど卵巣機

表 11-2 鳥類および哺乳類における繁殖活動を評価するためのホルモン量の例

種名	ホルモン	濃度変化	繁殖現象	出典
七面鳥（家畜）	プロラクチン	90〜709	産卵や育雛中に低く,抱卵中に上昇する	Wentworth et al., 1983
七面鳥（家畜）	成長ホルモン	7〜31	抱卵中に増加し,その後育雛中維持する	Wentworth et al., 1983
七面鳥（野生）	コルチゾール	138〜191	繁殖期間中増加	Martin et a., 1981
ミヤマシトド	エストラジオール	35〜400	番から産卵まで上昇	Wingfield & Farner 1980
オオハシハジロ	プロジェステロン	2〜4	産卵前4週間は低く,産卵期に最も高い	Bluhm et al., 1983
ニホンウズラ	テストステロン	0〜5	日長とともに増加し,繁殖期が始まる	Follet & Maung 1978
ミヤマシトド	テストステロン	1〜4	渡りから番形成まで増加し,産卵する	Wingfield & Farner 1979
ウッドチャック	テストステロン	0〜3	繁殖期中増加	Baldwin et al., 1985
オジロジカ	テストステロン	0〜3	角の硬化と発情時に増加	McMillin et al., 1974
トビイロホオヒゲコウモリ	プロジェステロン	7〜136	妊娠初期から後期に増加	Buchanan & Younglai 1986
ウッドチャック	プロジェステロン	0〜60	妊娠中より出産後の方が高い	Concannon et al., 1983
オジロジカ	プロジェステロン	0〜6	黄体形成期と妊娠初期に上昇	Plotka et al., 1977, Harder & Moorhead 1980
オジロジカ	エストロジェン	119〜295	出産直前に増加	Harder & Woolf 1976
インドサイ	エストロン硫酸塩	47〜1	発情時に高く,排卵時に急速に減少	Kasman et al., 1986
オカピ	プレゲウナンジオール-3-グルクロニド	1〜24	黄体期（活動性 CL）に上昇	Loskutoff et al., 1982
シャチ	エストロン抱合体	0〜35	排卵の推定時の前に増加	Walker et al., 1988
シャチ	プレゲウナンジオール-3-グルクロニド	0〜100	妊娠中にに上昇	Walker et al., 1988

テストステロンを除くすべてのデータはメスについてのものである。血清および血漿中のホルモン濃度の単位は，エストロジェンはpg/ml，それ以外はng/mlである。ただし，尿中のステロイド抱合体の場合はクレアチニン1mg当たりの量である。濃度は，繁殖現象にかかわるおよその最小値と最大値を示してある。

能，季節繁殖，あるいは出産などのホルモン支配に関しての知識は高い。野生動物の生殖内分泌学の発展は，生態学や分類学を進歩させられる。生殖生物学の最先端は，最近ではTyndale-Biscoe & Renfree(1987)の有袋類の生殖生理学が出版されている。

オスの鳥類と哺乳類

繁殖期における鳥類の精巣の顕著な成長は，下垂体前葉からの卵胞刺激ホルモン(FSH)と黄体形成ホルモン(LH)と精巣からのテストステロンの急激な増加による(図11-11，表11-2)。最近の技術では，野生の小鳥からでも採血可能な微量(100〜500μl)の血液から測定が可能である。これによって，野外での内分泌学が実験的に可能となった。例えば，オスのウタスズメでは，安定したテリトリーの個体に比べ，テリトリー防衛をしている個体は有為にテストステロンを増加させていることがわかった(Wingfield & Moore 1987)。

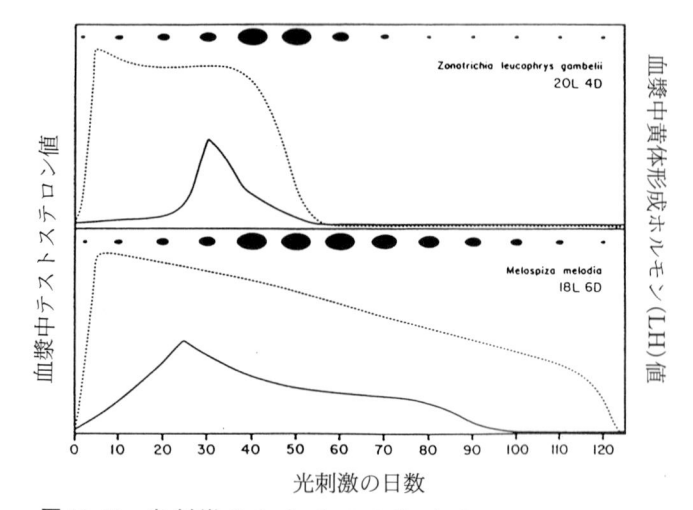

図11-11 光刺激をしたオスのGanbel's sparowsとsong sparowsにおける相対的な精巣サイズ(黒い楕円)，血清中の黄体刺激ホルモン(LH)とテストステロンの変化(Wingfield & Moore 1987より許可を得て転載)。

哺乳類でも，テストステロンや他の雄性ホルモンが繁殖期に実際増加し（表 11-2），精子生産や繁殖行動を引き起こす。また，アジアゾウでは，ムスト（攻撃的な行動の状態）の間，テストステロンは，上昇する（Cooper et al. 1990）。タルマワラビーや家畜の牛のようないくつかの種では，季節的に明瞭なテストステロンの上昇は，メスの繁殖の状態に直接関係している（Kantongol et al. 1971, Catling & Suthernland 1980）。もし，これが同じ系統の種で起こっているなら，詳細な行動観察をしなくても，繁殖可能なオスを区別できるかもしれない。

メスの鳥類

排卵や抱卵の日周期のコントロールにかかわるホルモン刺激は複雑だが，家禽で最も重要なのは，卵胞からのプロジェステロンと下垂体前葉からのLH（排卵を刺激する）が関係するポジティブフィードバックである（Johnson 1986）。排卵に先立って，エストロジェンの上昇も求愛行動を促し（図 11-12, 表 11-2），また肝臓から卵黄の前駆物質の動員させて卵胞内の卵への蓄積を刺激する（van Tienhoven 1983）。抱卵行動や抱卵斑の形成は，エストラジオールとプロジェステロンにかかわるプロラクチンの上昇に刺激される。下垂体前葉からのプロラクチンは，ハト類の嗉嚢腺のピジョンミルクの産生も刺激する。

ホルモンの測定は，鳥類での毒性物質や低繁殖率の研究に有用である。ナゲキバトでは，餌にPCBが含まれている場合，プロジェステロンのピークが排卵よりも早くなることがわかっている（Koval et al. 1987）。抱卵していないオオハシハジロでは，抱卵しているものよりプロラクチンやLHの血清中濃度が低く，繁殖期にプロジェステロンが本来増加するはずなのが減少していることわかた（Bluhm et al. 1983）。

メスの哺乳類

発情周期とは，性的に受容し（発情）排卵する期間に顕著になる，視床下部，下垂体前葉，卵巣，生殖洞の一連の生理的な現象である。排卵前の卵胞は，発情を刺激するエストラジオールの分泌量を増加させ，下垂体前葉からのLHの放出を促す。このLHサージは，排卵と黄体化を刺激する（図 11-13）。これが多くの哺乳類で一般的にみられるパターンで，ワラビー（Harder et al. 1986），ラット（Nequin et al. 1979），シカ（Plotka et al. 1980），ヒツジ（Hauger et al. 1977）など広い分類群で知られている。発情期のエストロジェンの周期的な上昇は，正常な卵巣活動を確保し，

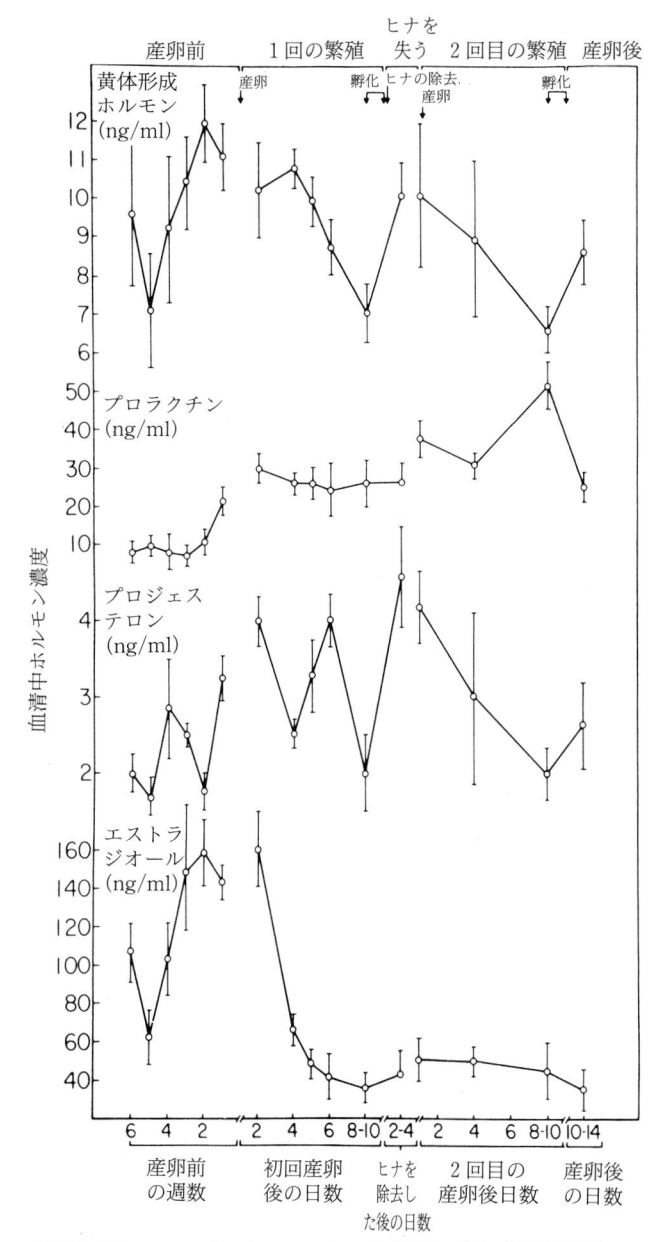

図 11-12 canvasbacksにおける抱卵期の血清中黄体刺激ホルモン（LH），プロラクチン，エストラジオール，プロジェステロンの変化（Bluhn et al., 1983より許可を得て転載）。

自発排卵の哺乳類では排卵の予知に利用される。このような知識は人工受精や受精卵移植などで基本的なもので，これらの技術は，最近では動物園や絶滅に瀕する種などで利用頻度が高まっている。Jacobson(1989)は，オジロジカで人工受精した53例のうち75%で妊娠したと報告している。

卵巣機能の評価は有意義だが，排卵や発情に先立つエストロジェンの変化は，短期間で小さいため，検出が難しいことがよくある。反対に，排卵後の現象，特に黄体の形成，

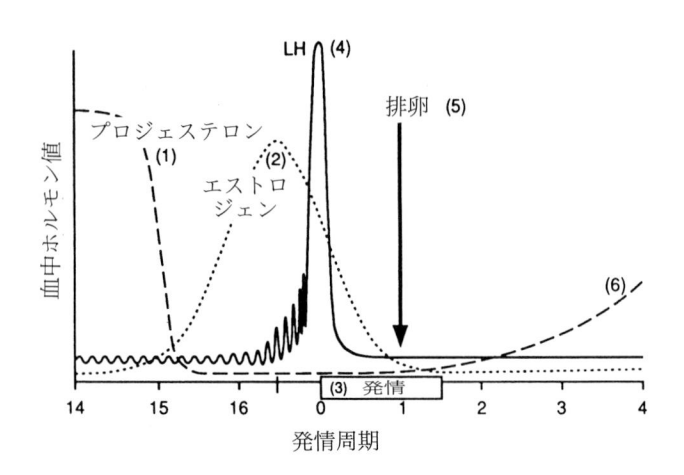

図11-13 メスのヒツジの発情周期における発情および排卵と，血液中のプロジェステロン（P），エストロジェン（E），LHとの経時的な関係

これは，多くの哺乳類で見られる典型的な排卵に至るホルモン動態である。P(1)の減少に引き続きE(2)が増加し，発情行動(3)とLHサージ(4)を刺激する。LHサージは排卵(5)とCL形成を促し，それに伴ってP(6)が増加していく（short 1972より，ケンブリッジ大学出版会より許可を得て転載）。

発情周期の黄体期あるいは妊娠などは，比較的長期間で（数日から大型動物では数か月），プロジェステロンの上昇が特徴的である（CLや胎盤から分泌，図11-13）。このことは，多くの野生動物の研究で共通しているように，採血の頻度が少なくても，利用できる点で有利である。実際，もし繁殖がかなり同期化している場合，射殺直後に採血したサンプルでも利用可能である（Wesson et al. 1979 b）。オジロジカでは，この手法から，繁殖期の初期に最初の発情と黄体期をもつ短い不妊性周期があるこがわかった（Harder & Moorhead 1980）。飼育下のアジアゾウとアフリカゾウでは，15週間の発情周期のモニターは，プロジェステロンの変化だけが信頼できると考えられている（Plotka et al. 1988）。実際，ラジオイムノアッセー（RIA）という感度や精度の高い測定法が同一個体のメスからの長期にわたる連続サンプルに応用されるまで（Hess et al. 1988），アジアゾウの発情周期はたったの3週間だと信じられていたのである。

大型哺乳類の妊娠診断で，プロジェステロン値の実用的な価値は広く認められている。血液は，野外で捕獲した際に採取して，後で測定が可能である。例えば，妊娠したオジロジカの血清中プロジェステロン値は，通常2 ng/ml以上だが，非妊娠個体では1 ng/ml以下である（Abler et al. 1976）。このような一般化は潜在的に誤差を生むが（Plotka et al. 1983），オジロジカとミュールジカでは（Wood et al. 1986），適切なプロジェステロン測定によって，その誤差は許容できる（誤差2％以内）。Gadsby et al. (1972)は，家畜のヒツジで，単胎の個体よりも双胎の個体の方がプロジェステロン値が高いことを報告している。Vogelsang (1977)は，オジロジカで同様の関係を報告しているが，他の野生動物種ではこのことは裏付けられていない。

妊娠期間中，子宮や胎盤は多くの栄養素や蛋白質を分泌し，そのうちのいくつかは妊娠期特有のものであるため，妊娠診断に利用できる。Wood et al. (1986)は，ミュールジカとオジロジカで，妊娠特異的プロテインB（ウシ）の定性試験で妊娠診断をした（誤差4％）。同様の結果は，マウンテンゴート（Houston et al. 1986）とジャコウウシ（Rowell et al. 1989）で報告されている。

尿と糞のホルモン代謝

多くの野生動物では，飼育下で育成した個体でさえ，保定や静脈確保に伴うストレスで採血そのものができなくなる場合がよくある。幸い，他のアプローチも可能になった。ステロイド（例えば，プロジェステロン）は肝臓で代謝され，抱合される（おもに硫酸とグルクロン酸），この10年ほどでこれらを分析する手法が開発され，サイ，霊長類，パンダなどの尿や糞から妊娠診断や発情周期のモニターが行われている（Loskutoff et al. 1983，Safar-Hermann et al. 1987の総説を参照）。ブタオザルのようないくつかの種では，糞中のエストロジェンとプロジェステロンの濃度から妊娠，卵胞期，排卵期，黄体期が区別できる（Wasser et al. 1988）。Kirkpatrick et al. (1988)は，土にしみこんだ野生馬の尿のエストロン・サルフェート濃度の推定方法を確立した。メスウマ15頭のうち，エストロン・サルフェートが1.0 μgクレアチニンmg当量以上であった12頭が出産し，それ以下の個体は出産しなかった。

以上は，鳥類と哺乳類の繁殖周期におけるホルモン動態を簡潔にまとめたものである。さらに，知識を得たい読者は，van Tienhoven(1983)，Austin & Short(1984)，Johnson(1986)，Knobil & Neill(1988)を参照してほしい。

標本採取とホルモン測定

採血方法

ホルモンは，適切なホモゲナイズと抽出技術があれば，どんな組織からでも測定することができるが，血液が最も一般的な材料である。標本採取では，動物に与えるストレス

を最小限にして，迅速に必要量の血液を得なければならない。このために，鎮静や麻酔の処置が必要となる場合もあるが，家畜化された種や調教された個体では不必要の場合もある。

ホルモンレベルに対する保定や麻酔の影響は，特にプロジェステロンや副腎皮質ホルモンの測定の際に研究されてきた。例えば，オジロジカをサクシニルコリンで不動化した場合，プロジェステロン値は上昇する(Plotka et al. 1983)。また，長時間の保定(15～45分)のストレスでもプロジェステロンやコルチコステロイドが有意に放出される(Plotka et al. 1983)。

血中ホルモンレベルに対する保定や麻酔の影響の研究は，カニューレを挿入した動物で安静時に連続的に採血して行える。この手法によって，偶発的な変化を含めた日周期変動のパターンが得られ，同一個体での保定や麻酔ストレスによるものと区別することができる。もう一つの方法は，動物を保定したら直ぐに採血するものである。通常の方法で保定や麻酔を行って，採血に至るまでの最大の時間内に，一定の間隔で採血を行う。もし，採血によってホルモン分泌が変わるようであれば，血中濃度は，最初の採血よりその後の方が変化しているはずである。このような実験を行って，保定や麻酔からの採血するタイミングを決定する必要がある。

採血は，通常，頸静脈か脚や尾の顕著な静脈から行う。マウスでは，少量であれば，目尻から眼窩の血管を使うことが可能である。鳥類では，翼下静脈がよく使われるが，ニホンウズラでは頸静脈からが最適であるとArora(1979)は結論づけている。生きた動物の採血は，十分に訓練された人だけが行うべきである。特にこの点は，心臓採血の際に重要で，痛みを取り除いて，針を心臓に刺した際に動くのを防ぐために，動物には鎮静や麻酔をかけて行うべきである。

血清を分離するなら，針とシリンジは最初にヘパリンか他の抗凝固剤で処理しておく。血清分離のために遠心分離器にかける前に，血液の入ったシリンジや試験管は氷中で保存する。さもなければ，室温で2～3時間か冷蔵で一昼夜，静置しておくと，血液は分離する。そうすれば，血清は，ピペットなどで分注できる。細胞成分が残っていれば，血清を遠心分離して取り除く。

ホルモン濃度は，血清でも血漿でも測定できるが，血漿のほうが採血後直ぐに冷蔵や遠心分離ができるので選ばれる。このことは，もし研究対象のホルモンが温度に敏感な場合や，牛のプロジェステロンのように(Rowell & Flood 1987)，血清や血漿に分離する前に血球に接触していることでホルモンが分解されるような場合には(Vahdat et al. 1984)，重要である。どんな場合でも，ホルモン測定をする血液は，採血後直ぐに冷蔵し，採血してから遠心分離までの時間をできるだけ短く，かつ統一して行うべきである(Wiseman et al. 1982)。血液やその他の生物標本は，可能な限り光による酸化を防止するために，直射日光にさらさないようにしなければならない。血清や血漿は，$-15°C$以下で冷凍保存し，ホルモンの分解を避けるためできる限り速やかに測定すべきだ。ただし，ステロイドホルモンであれば，凍結保存で3～8年は安定している。

採尿は，排尿の途中のものを採取すべきで，調教されている多くの種では，シャチでさえ，この方法で採取できる(表11-2)。観察していれば，特定の個体の尿や糞の採取は，飼育室の床や，エンクロージャーあるいは野外でも可能である(Kirkpatrick et al. 1988)。尿や糞は$-15°C$以下で冷凍保存するが，もし糞の標本が尿で汚染されていた場合は，尿に混ざることで変化を起こさせないために，エタノールで保存した方がよい(Wasser et al. 1988)。水分を含んだ標本を凍結乾燥させることで，サル(*Macaca*)の糞中エストロジェンとプロジェステロンの推定が改良された(Wasser et al. 1988)。

図11-11～11-13を見て分かるように，血液や他の組織を生殖生理学で採取するには，タイミングが一番重要である。ホルモンは，突発的に分泌されるものもあるし，またテストステロンのように日周期変動を示すものもある。このような変化を検知するためには，十分な間隔で(4～6時間毎)に採血するか，あるいは研究上採血頻度を増やせない場合は，毎日同じ時間に採取すべきだ。ほとんどの野外研究では，産卵や発情の周期のどの段階にあるかは分からず，血液サンプルは繁殖行動のカテゴリーで分けなくてはならない。採血にかかわるこの問題は，鳥類の排卵周期については特に複雑で，それは多くの変化が24～36時間以内に起こるからだ。

ラジオイムノアッセイ

ラジオイムノアッセイ(RIA)が特異性や感度が高いため，ホルモン濃度が微量の血漿，0.1～0.5 ml，場合によっては0.02 mlで測定できる。RIAは，1970年代初頭にはじめて広く応用されてから，生殖生理学研究に革命を起こしただけではなく，野生動物学のような野外指向の学問にも応用され，真の野外内分泌学を確立してきたのだ(Wingfield & Moor 1987)。

RIAでは，鍵になる三つの試薬がある。①研究対象のホルモンに特異的に結合する抗血清，②3H-プロジェステロンのような放射性同位体標識ホルモン，③既知濃度の標準ホルモン。抗血清は，標識ホルモンの約50％が結合できるくらいの濃度まで希釈する。同じ試験管内へ未標識のホルモン（標準液あるいは標本）を加えることによって，その濃度に応じて抗体に結合した標識ホルモンと置き換わる。未結合のホルモンはチャコールで吸着させ，抗体と結合した放射性同位体標識ホルモンを液相シンチレーションカウンターで測定する。この技術は，感度が高く，血漿中で2〜5 pg/ml まで測定可能である。RIAの原理やさまざまなホルモンへの応用は，Jaffe & Behrman(1974)を参照していただきたい。

ひとこと注意を言うと，野生動物研究でRIAを用いるには，正しい理解のうえで行ってほしい。手順は単純に見えるが，複雑な現象であるので，注意深く操作や標準化を行わなければならない。RIAを利用しようと考えているなら，必ず，日常的に行っている専門家の研究室で訓練を受けるべきだ。最も重要なのは，研究対象の動物種のホルモンごとに，それぞれの研究室では手法の確立を行う必要があるということだ。精度や質的なコントロールを示すように計画された予備実験の成果が公表されており(Abraham et al. 1977, Jeffcoate 1981)，実際，多くの内分泌学の雑誌に記載されているものにしたがう必要がある〔J. Reprod. Fertility 1991, 93(1):2-5〕。

ヒト，ラット，サルの血漿だけは，市販のRIAキットが利用できるが，他の種や組織では利用できない。不当に応用すると，精度が悪く，結果を誤ることがある。一般的な問題としては，ホルモン抽出のさまざまな影響や抗体とホルモンの結合の非特異的な干渉などがある。例えば，産卵期のメスの血中脂質は高く，ステロイド抽出での干渉がおこり，RIAの抗原抗体反応やチャコールでの分離の際にも影響する。また，LHのような性腺刺激ホルモンの測定を，他の種の性腺刺激ホルモンで作った抗体で行うと，種特異的な分子構造が測定を複雑にする。例えば，ヒツジのLHの抗血清が哺乳類のLHの測定では広く使われているが，このような異種間測定は厳密な確認が必要で，通常，ヒツジのサンプルで測定した場合よりも感度は悪くなる。

❏ ストレスに対する生理的反応

50年以上前，ヒトの健康におけるストレス徴候について，Selye(1936)の記念碑的な論文が出版された。Selye(1976)によれば，ストレスとは，さまざまな要求に対する身体の非特異的な反応，言い換えれば，感情的あるいは肉体的な妨害によって引き起こされる生体組織の非特異的な変化である。ストレッサーとは，ストレスを引き起こす刺激のことで，例えば，痛み，恐れ，寒さ，出血，環境汚染，病原菌，社会的緊張などである。

長期間のストレスは，視床下部－下垂体－副腎系(HPA)を活性化させ，副腎刺激ホルモン放出因子(CRF)の血中レベルを上昇させ，副腎皮質刺激ホルモン(ACTH)の分泌を刺激し，これが副腎皮質を刺激してステロイドを分泌させる。これらは，糖代謝を調節するものもあるが（グルココルチコイド），おもにコルチゾールとコルチコステロンである(Asterita 1985)。この反応は，ストレッサーがあっても日常の行動を維持するための適応である。しかし，HPAの活性が長引くと，消化性潰瘍のような病的な状態を引き起こしたり(Moberg 1985)，繁殖力を低下させる。CRF, ACTH, βエンドルフィン，コルチコステロイドは，繁殖機能に対するストレスの影響を調整する鍵にあたる役割を果たしている。近年のこの分野に関することは，Rivier & Rivest(1991)が総説を出している。

Christian(1950)とその共同研究者たちは，Selye(1946)の観察が個体群生態学とも関係しているとすぐさま理解した。彼らは，高密度個体群では，コルチコステロイドの上昇から繁殖が抑制され，また死亡率の上昇を引き起こしていることを指摘した(Christian 1963, Christian & Davis 1964)。本章では，この仮説に対する反論も含めて多数ある研究を評価できないが，まとめると，ほとんどの自然個体群では，移住あるいは栄養のような他の要因が，個体群レベルを調整する病的なホルモンの反応を引き起こすのに十分高い密度にならないようにしているようだ。高密度のカンジキウサギ(Windberg & Keith 1976, Vaughan & Keith 1981)やシカ(Seal et al. 1983)の個体群での実験では，この結果が支持されている。一方，個体群の一部（性や社会的ランクなど）に焦点をあてた研究では，社会的なストレスに対して内分泌的な反応が明らかに見られることが示されている(Carrick 1963, McDonald et al. 1981, Sapolsky 1987)。これは，ストレスが個体群の機能や自然の構造としての役割があることを示唆している。絶滅に瀕する種の研究が増えてきたので，生物学者も捕獲や不動化の際の急性のストレスや研究のために飼育することによる慢性のストレスを考慮する必要がある。

ストレスに対する生理学的な反応の測定例は多いが，急性のストレスに対する生理学的な反応は，実験室内で測定

副腎重量

慢性的なストレスに対する反応で最もよく知られているのが、ACTHの増加で、その結果、コルチコステロイドの分泌を刺激する。副腎皮質は分泌能が増大することで、その大きさを増し、そのため、副腎皮質機能の指標に副腎重量が一般に利用される(Vhrestian 1963, Bronson & Eleftheriou 1964, Adams & Hane 1972)。副腎には、クロム親和性組織(エピネフリンとノルエピネフリンを神経分泌する)とステロイド合成組織の二つの分泌腺が一つになったものである。哺乳類では、クロム親和性組織が髄質に、ステロイド合成組織が皮質にあるが、鳥類や他の脊椎動物では、クロム親和性組織がステロイド合成組織の中に散在している。長時間ストレッサーに暴露されると、副腎の重量は、皮質あるいはステロイド合成組織が大きくなることで増加する。髄質あるいはクロム親和性組織の変化は無視できる(Christian 1963)。

副腎重量(通常、両側の合計値)は、実験室や野外での解剖時に臓器を採取して測定できる。新鮮でも固定されていても(10%ホルマリン液)、重量は測定できるが、小動物では副腎が小さく、分離しにくく、直ぐ乾燥してしまうため、固定標本の計測が選択される。固定標本は、その後の組織検査にも利用できる。

標本のデータは、研究対象の動物の性、年齢、繁殖状態、社会的地位によってまとめなければならないが、副腎重量は体サイズには比例しない。体重比では、体重の軽い個体では過大に、重い個体では過小になる傾向がある。かりに実験条件下で体重や体長などに依存した変化が見られても、特に意味のないことだ(Steel & Torrie 1960)。例えば、副腎重量と体重などとの関係を見ても、違いが見られるのは、体重だけが変化している場合だ。相対成長を検討する前に、統計学者に相談すべきだ。

副腎皮質ホルモンとコルチコステロイドの血中レベル

コルチゾールやコルチコステロンのようなコルチコステロイドと副腎皮質ホルモン(ACTH)の血中レベルは、ストレスの内分泌的な反応を直接的に示している。RIAにより、比較的少量の(0.05〜0.3 ml)血漿からホルモン濃度は測定できる。だから、小動物でさえ採血して実験群や野生群に戻せるので、有利な方法である。ストレスに対する反応の測定には、コルチゾールが最も利用されるが、齧歯類では、コルチコステロンが最も良い。血液サンプルは、捕獲後直ぐに採取する必要がある。コルチコステロイドは、個体群での自然の要因よりも、保定のストレスの方が影響を受ける。一方で、捕獲後30分以上かかって採血された血液中のコルチコステロイドの増加は、捕獲のストレスや個体の危険度の指標に利用される。例えば、捕獲したノドジロシトドでは、血漿中コルチコステロイドレベルは、メスやヒナで急激に上昇するが、オスでは起こらない(Schwabl et al. 1988)。

❏ まとめと忠告

生理的な計測によって、野生個体群における「普通の状態」との比較ができるが、われわれが知っている「普通の状態」が、不適切な標本数で、特定の地域や季節での、特定のパラメータによる評価だとすると、混乱するだけである。さらに、多くの生理学的なパラメータは、特定の種の、対照群のデータだけからなる、しかも短期間の研究の一部として測定され、出版された論文は、参考文献に利用される。さらに多くの努力がなされているが、せいぜい2〜5年間の研究プロジェクトでは、標本採取に限界があり、一般的な結果や結論しかだせない。

いくつかの研究プロジェクトをつなげて、長期間、広い範囲で、同じ生理学的指標を集めれば、信頼できる結果が得られ、管理計画に応用が可能になるだろう。いつでも実行可能なのは、1年を通じて鍵になる種のデータを集める計画を確立することだ。例えば、多くの州政府の狩猟当局は、シカ猟の狩猟者チェックステーションでデータの収集をしているが(Harder 1980)、猟期以外の季節のデータはほとんどない。Verme & Ullrey(1984)のように、データは、チェックステーションや、交通事故、標識調査、飼育下の研究などさまざまなものから得られる。さらに進んだ計画では、同じ動物から複数の指標を経済的に得るようしたらよい。また、研究機関や行政の献身的な努力で集められた長期間のデータは、他の方法では研究できない希少な野生動物の極めて貴重なデータベースとなるだろう。

参考文献

ABLER, W. A., D. E. BUCKLAND, R. L. KIRKPATRICK, AND P. F. SCANLON. 1976. Plasma progestins and puberty in fawns as influenced by energy and protein. J. Wildl. Manage. 40:442–446.

ABRAHAM, G. E., F. S. MANLIMOS, AND R. GAZARA. 1977. Radioimmunoassay of steroids. Pages 591–999 in G. E. Abraham, ed. Hand-

book of radioimmunoassay. Marcel Dekker, Inc., New York, N.Y.
ADAMS, G. P., P. G. GRIFFIN, AND O. J. GINTHER. 1989. In situ morphologic dynamics of ovaries, uterus, and cervix in llamas. Biol. Reprod. 41:551–558.
―――, E. D. PLOTKA, C. S. ASA, AND O. J. GINTHER. 1991. Feasibility of characterizing reproductive events in large nondomestic species by transrectal ultrasonic imaging. Zoo Biol. 10:247–259.
ADAMS, L., AND S. HANE. 1972. Adrenal gland size as an index of adrenocortical secretion rate in the California ground squirrel. J. Wildl. Dis. 8:19–23.
AMANN, R. P., AND J. T. LAMBIASE, JR. 1969. The male rabbit. III. Determination of daily sperm production by means of testicular homogenates. J. Anim. Sci. 28:369–374.
ANDERSON, A. E., D. E. MEDIN, AND K. C. BOWDEN. 1972. Indices of carcass fat in a Colorado mule deer population. J. Wildl. Manage. 36:579–594.
ANKNEY, C. D. 1980. Egg weight, survival, and growth of lesser snow goose goslings. J. Wildl. Manage. 44:174-182.
―――, AND C. D. MACINNES. 1978. Nutrient reserves and reproductive performance of female lesser snow geese. Auk 95:459-471.
ARMSTRONG, R. A. 1950. Fetal development of the northern white-tailed deer (*Odocoileus virginianus borealis* Miller). Am. Midl. Nat. 43:650–666.
ARORA, K. L. 1979. Blood sampling and intravenous injections in Japanese quail (*Coturnix coturnix japonica*). Lab. Anim. Sci. 29:114–118.
ASTERITA, M. F. 1985. The physiology of stress. Human Sci. Press, Inc., New York, N.Y. 264pp.
AUSTAD, S. N., AND M. E. SUNQUIST. 1986. Sex-ratio manipulation in the common opossum. Nature 324:58–60.
AUSTIN, C. R. 1982. The egg. Pages 46–62 *in* C. R. Austin and R. V. Short, eds. Germ cells and fertilization. Second ed. Cambridge Univ. Press, New York, N.Y.
―――, AND R. V. SHORT. 1984. Hormonal control of reproduction. Second ed. Cambridge Univ. Press, New York, N.Y. 244pp.
BAILEY, J. A. 1968. A weight-length relationship for evaluating physical condition of cottontails. J. Wildl. Manage. 32:835–841.
BAILEY, R. E. 1953. Surgery for sexing and observing gonad condition in birds. Auk 70:497–499.
BAILEY, R. O. 1979. Methods of estimating total lipid content in the redhead duck (*Aythya americana*) and an evaluation of condition indices. Can. J. Zool. 57:1830–1833.
BALDASSARE, G. A., R. J. WHYTE, AND E. G. BOLEN. 1980. Use of ultrasonic sound to estimate body fat depots in the mallard. Prairie Nat. 12:79–86.
BALDWIN, B. H., B. C. TENNANT, T. J. REIMERS, R. G. COWAN, AND P. W. CONCANNON. 1985. Circannual changes in serum testosterone concentrations of adult and yearling woodchucks (*Marmota monax*). Biol. Reprod. 32:804–812.
BAMFORD, J. 1970. Estimating fat reserves in the brush-tailed possum, *Trichosurus vulpecula* Kerr (Marsupialia: Phalangeridae). Aust. J. Zool. 18:415–425.
BANDY, P. J., I. McT. COWAN, W. D. KITTS, AND A. J. WOOD. 1956. A method for the assessment of the nutritional status of wild ungulates. Can. J. Zool. 34:48–52.
BARRON, J. C., AND W. F. HARWELL. 1973. Fertilization rates of south Texas deer. J. Wildl. Manage. 37:179–182.
BATCHELER, C. L., AND C. M. H. CLARKE. 1970. Note on kidney weights and the kidney fat index. N.Z. J. Sci. 13:663–668.
BEAR, G. D. 1971. Seasonal trends in fat levels of pronghorns, *Antilocapra americana*, in Colorado. J. Mammal. 52:583–589.
BECKERTON, P. R., AND A. L. A. MIDDLETON. 1982. Effects of dietary protein levels on ruffed grouse reproduction. J. Wildl. Manage. 46:569–579.
BENNETT, J. W., AND E. G. BOLEN. 1978. Stress response in wintering green-winged teal. J. Wildl. Manage. 42:81–86.
BERNDTSON, W. E. 1977. Methods for quantifying mammalian spermatogenesis: a review. J. Anim. Sci. 44:818–833.
BLEM, C. R. 1976. Patterns of lipid storage and utilization in birds. Am. Zool. 16:671–684.
BLUHM, C. K., R. E. PHILLIPS, AND W. H. BURKE. 1983. Serum levels of luteinizing hormone (LH), prolactin, estradiol, and progesterone in laying and nonlaying canvasback ducks (*Aythya valisineria*).

Gen. Comp. Endocrinol. 52:1–16.
BOOKS-BLENDEN, P., T. S. BASKETT, AND M. W. SAYRE. 1984. Crop gland activity vs. nesting records for assessing September nesting of mourning doves. Wildl. Soc. Bull. 12:376–381.
BOVEE, K. C. 1984. Clinical and laboratory evaluation of renal function. Pages 219–233 *in* K. C. Bovee, ed. Canine nephrology. Harwal Publ. Co., Media, Pa.
BRAMBELL, F. W. R. 1948. Prenatal mortality in mammals. Biol. Rev. Camb. Philos. Soc. 23:370–405.
BRONSON, F. H. 1989. Mammalian reproductive biology. Univ. Chicago Press, Chicago, Ill. 324pp.
―――, AND B. E. ELEFTHERIOU. 1964. Chronic physiological effects of fighting in mice. Gen. Comp. Endocrinol. 4:9–14.
BUCHANAN, G. D., AND E. V. YOUNGLAI. 1986. Plasma progesterone levels during pregnancy in the little brown bat *Myotis lucifugus* (Vespertilionidae). Biol. Reprod. 34:878–884.
CAMPBELL, R. R., AND J. F. LEATHERLAND. 1980. Estimating body protein and fat from water content in lesser snow geese. J. Wildl. Manage. 44:438–446.
CARD, W. C., R. L. KIRKPATRICK, K. E., WEBB, JR., AND P. F. SCANLON. 1985. Nutritional influences on NEFA, cholesterol, and ketones in white-tailed deer. J. Wildl. Manage. 49:380–385.
CARRICK, R. 1963. Ecological significance of territory in the Australian magpie, *Gymnorhina tibicen*. Int. Ornithol. Congr. 13:740–753.
CARRUTHERS, M., AND M. R. C. PATH. 1983. Instrumental stress tests. Pages 331–362 *in* H. Selye, ed. Selye's guide to stress research. Second ed. Scientific and Academic Editions, New York, N.Y.
CASTRO, G., B. A. WUNDER, AND F. L. KNOPF. 1990. Total body electrical conductivity (TOBEC) to estimate total body fat of free-living birds. Condor 92:496–499.
CATLING, P. C., AND R. L. SUTHERLAND. 1980. Effect of gonadectomy, season, and the presence of females on plasma testosterone, luteinizing hormone, and follicle stimulating hormone levels in male tammar wallabies (*Macropus eugenii*). J. Endocrinol. 86:25–33.
CEDERLUND, G. N., R. J. BERGSTRÖM, F. V. STÅLFELT, AND K. DANELL. 1986. Variability in mandible marrow fat in 3 moose populations in Sweden. J. Wildl. Manage. 50:719–726.
CENGEL, D. J., J. E. ESTEP, AND R. L. KIRKPATRICK. 1978. Pine vole reproduction in relation to food habits and body fat. J. Wildl. Manage. 42:822–833.
CHAPPELL, W. A., AND R. D. TITMAN. 1983. Estimating reserve lipids in greater scaup (*Aythya marila*) and lesser scaup (*A. affinis*). Can. J. Zool. 61:35–38.
CHEATUM, E. L. 1949a. Bone marrow as an index of malnutrition in deer. N.Y. State Conserv. 3:19–22.
―――. 1949b. The use of corpora lutea for determining ovulation incidence and variations in fertility of white-tailed deer. Cornell Vet. 39:282–291.
CHILD, G. I., AND S. G. MARSHALL. 1970. A method of estimating carcass fat and fat-free weights in migrant birds from water content of specimens. Condor 72:116–119.
CHRISTIAN, J. J. 1950. The adreno-pituitary system and population cycles in mammals. J. Mammal. 31:247–259.
―――. 1963. Endocrine adaptive mechanisms and the physiologic regulation of population growth. Pages 189–353 *in* W. V. Mayer and R. C. Van Gelder, eds. Physiological mammalogy. Vol. I: Mammalian populations. Academic Press, New York, N.Y.
―――, AND D. E. DAVIS. 1964. Endocrines, behavior, and population: social and endocrine factors are integrated in the regulation of growth of mammalian populations. Science 146:1150–1560.
CLARK, F. H. 1936. The estrous cycle of the deer-mouse, *Peromyscus maniculatus*. Univ. Michigan Contrib. Lab. Vertebr. Genet. 1:1–7.
COHN, S. T. 1985. How valid are bioelectric impedance measurements in body composition studies. Am. J. Clin. Nutr. 42:889–890.
CONAWAY, C. H. 1955. Embryo resorption and placental scar formation in the rat. J. Mammal. 36:516–532.
CONCANNON, P., B. BALDWIN, J. LAWLESS, W. HORNBUCKLE, AND B. TENNANT. 1983. Corpora lutea of pregnancy and elevated serum progesterone during pregnancy and postpartum anestrus in woodchucks (*Marmota monax*). Biol. Reprod. 29:1128–1134.
CONNOLLY, G. E. 1981. Assessing populations. Pages 287–345 *in* O. C. Wallmo, ed. Mule and black-tailed deer of North America. Univ. Nebraska Press, Lincoln.

COOPER, K. A., ET AL. 1990. Serum testosterone and musth in captive male African and Asian elephants. Zoo Biol. 9:297–306.
COWLES, C. J., R. L. KIRKPATRICK, AND J. O. NEWELL. 1977. Ovarian follicular changes in gray squirrels as affected by season, age and reproductive state. J. Mammal. 58:67–73.
CRUM, B. G., J. B. WILLIAMS, AND K. A. NAGY. 1985. Can tritiated water-dilution space accurately predict total body water in chukar partridges. J. Appl. Physiol. 59:1383–1388.
DAUPHINÉ, T. C., JR. 1975. Kidney weight fluctuations affecting the kidney fat index in caribou. J. Wildl. Manage. 39:379–386.
DELGIUDICE, G. D., L. D. MECH, AND U. S. SEAL. 1989. Physiological assessment of deer populations by analysis of urine in snow. J. Wildl. Manage. 53:284–291.
―――, ―――, ―――, AND P. D. KARNS. 1987a. Effects of winter fasting and refeeding on white-tailed deer blood profiles. J. Wildl. Manage. 51:865–873.
―――, U. S. SEAL, AND L. D. MECH. 1987b. Effects of feeding and fasting on wolf blood and urine characteristics. J. Wildl. Manage. 51:1–10.
DENO, R. A. 1937. Uterine macrophages in the mouse and their relation to involution. Am. J. Anat. 60:433–471.
DEPPERSCHMIDT, J. D., S. C. TORBIT, A. W. ALLDREDGE, AND R. D. DEBLINGER. 1987. Body condition indices for starved pronghorns. J. Wildl. Manage. 51:675–678.
DOBOSZYNSKA, T. 1976. A method for collecting and staining vaginal smears from the beaver. Acta Theriol. 21,22:299–306.
DOWELL, J. H., AND R. J. WARREN. 1982. Variations in nutritional indices of Texas ring-necked pheasants. Proc. Annu. Conf. Southeast. Assoc. Fish Wildl. Agencies 36:463–472.
EVE, J. H., AND F. E. KELLOGG. 1977. Management implications of abomasal parasites in southeastern white-tailed deer. J. Wildl. Manage. 41:169–177.
FINGER, S. E., I. L. BRISBIN, JR., M. H. SMITH, AND D. F. URBSTON. 1981. Kidney fat as a predictor of body condition in white-tailed deer. J. Wildl. Manage. 45:964–968.
FLEHARTY, E. D., M. E. KRAUSE, AND D. P. STINNETT. 1973. Body composition, energy content and lipid cycles of four species of rodents. J. Mammal. 54:426–438.
FLEMING, M. W., AND J. D. HARDER. 1983. Luteal and follicular populations in the ovary of the opossum (*Didelphis virginiana*) after ovulation. J. Reprod. Fert. 67:29–34.
FLUX, J. E. C. 1971. Validity of the kidney fat index for estimating the condition of hares: a discussion. N.Z. J. Sci. 14:238–244.
FOLLETT, B. K., AND S. L. MAUNG. 1978. Rate of testicular maturation, in relation to gonadotrophin and testosterone levels, in quail exposed to various artificial photoperiods and to natural daylengths. J. Endocrinol. 78:267–280.
FOLLIS, T. B., W. C. FOOTE, AND J. J. SPILLETT. 1972. Observation of genitalia in elk by laparotomy. J. Wildl. Manage. 36:171–173.
FRANZMANN, A. W. 1985. Assessment of nutritional status. Pages 239–260 in R. J. Hudson and R. G. White, eds. Bioenergetics of wild herbivores. CRC Press, Inc., Boca Raton, Fla.
GADSBY, J. E., R. B. HEAP, D. G. POWELL, AND D. E. WALTERS. 1972. Diagnosis of pregnancy and of the number of foetuses in sheep from plasma progesterone concentrations. Vet. Res. 90:339–342.
GILMORE, D. P. 1969. Seasonal reproductive periodicity in the male Australian brush-tailed possum. J. Zool. 157:75–98.
GINTHER, O. J. 1990. Folliculogenesis during the transitional period and early ovulatory season in mares. J. Reprod. Fert. 90:311–320.
GOLLEY, F. B. 1957. An appraisal of ovarian analyses in determining reproductive performance of black-tailed deer. J. Wildl. Manage. 21:62–65.
GOSLING, L. M. 1986. Biased sex ratios in stressed animals. Am. Nat. 127:893–896.
GREER, K. R., AND W. W. HAWKINS, JR. 1967. Determining pregnancy in elk by rectal palpation. J. Wildl. Manage. 31:145–149.
GRUBB, T. C. 1989. Ptilochronology: feather growth bars as indicators of nutritional status. Auk 106:314–320.
―――. 1991. A deficient diet narrows growth bars on induced feathers. Auk 108:725–727.
―――. 1995. On induced anabolism, induced caching and induced construction as unambiguous indices of nutritional condition. Proc. West. Found. Vertebr. Zool. 6:258–263.

―――, AND D. A. CIMPRICH. 1990. Supplementary food improves the nutritional condition of wintering woodland birds: evidence from ptilochronology. Ornis Scand. 21:277–281.
GUYNN, D. E., AND P. F. SCANLON. 1973. Crop-gland activity in mourning doves during hunting seasons in Virginia. Proc. Annu. Conf. Southeast. Assoc. Game and Fish Comm. 27:36–42.
HANKS, J. 1981. Characterization of population condition. Pages 47–74 in C. W. Fowler and T. D. Smith, eds. Dynamics of large mammal populations. John Wiley & Sons, New York, N.Y.
HANNON, S. J. 1981. Postovulatory follicles as indicators of egg production in blue grouse. J. Wildl. Manage. 45:1045–1047.
HARDER, J. D. 1980. Reproduction of white-tailed deer in the north central United States. Pages 23–35 in R. L. Hine and S. Nehls, eds. White-tailed deer population management in the north central states. North-Cent. Sect., The Wildl. Soc., Urbana, Ill.
―――, L. A. HINDS, C. A. HORN, AND C. H. TYNDALE-BISCOE. 1985. Effects of removal in late pregnancy of the corpus luteum, Graafian follicle or ovaries on plasma progesterone, oestradiol, LH, parturition and post-partum oestrus in the tammar wallaby, *Macropus eugenii*. J. Reprod. Fert. 75:449–459.
―――, AND D. L. MOORHEAD. 1980. Development of corpora lutea and plasma progesterone levels associated with the onset of the breeding season in white-tailed deer (*Odocoileus virginianus*). Biol. Reprod. 22:185–191.
―――, AND T. J. PETERLE. 1974. Effect of diethylstilbestrol on reproductive performance of white-tailed deer. J. Wildl. Manage. 38:183–196.
―――, AND A. WOOLF. 1976. Changes in plasma levels of oestrone and oestradiol during pregnancy and parturition in white-tailed deer. J. Reprod. Fert. 47:161–163.
HARPER, W. L., AND R. D. H. COHEN. 1985. Accuracy of Doppler ultrasound in diagnosing pregnancy in bighorn sheep. J. Wildl. Manage. 49:793–796.
HARRIS, L. E. 1970. Nutrition research techniques for domestic and wild animals. Vol. I. An international record system and procedures for analyzing samples. Utah State Univ., Logan. 233pp.
HAUGEN, A. O. 1975. Reproductive performance of white-tailed deer in Iowa. J. Mammal. 56:151–159.
HAUGER, R. L., F. J. KARSCH, AND D. L. FOSTER. 1977. A new concept of the control of the estrous cycle of the ewe based on the temporal relationships between luteinizing hormone, estradiol and progesterone in peripheral serum and evidence that progesterone inhibits tonic LH secretion. Endocrinology 101:807–817.
HAWLEY, A. W. L., S. SYLVÉN, AND M. WILHELMSON. 1982. A simple device for sectioning ovaries. J. Wildl. Manage. 46:247–249.
HENRY, D. B., AND T. A. BOOKHOUT. 1969. Productivity of beavers in northeastern Ohio. J. Wildl. Manage. 33:927–932.
HENSEL, R. J., W. A. TROYER, AND A. W. ERICKSON. 1969. Reproduction in the female brown bear. J. Wildl. Manage. 33:357–365.
HESS, D. L., A. M. SCHMIDT, AND M. J. SCHMIDT. 1983. Reproductive cycle of the Asian elephant (*Elephus maximus*) in captivity. Biol. Reprod. 28:767–773.
HOHMAN, W. L., AND T. S. TAYLOR. 1986. Indices of fat and protein for ring-necked ducks. J. Wildl. Manage. 50:209–211.
HOUSTON, D. B., C. T. ROBBINS, C. A. RUDER, AND R. G. SASSER. 1986. Pregnancy detection in mountain goats by assay for pregnancy-specific protein B. J. Wildl. Manage. 50:740–742.
HUMASON, G. L. 1979. Animal tissue techniques. Third ed. W. H. Freeman and Co., San Francisco, Calif. 641pp.
HUTCHINSON, A. E., AND R. B. OWEN. 1984. Bone marrow fat in waterfowl. J. Wildl. Manage. 48:585–591.
INNS, R. W. 1982. Seasonal changes in the accessory reproductive system and plasma testosterone levels of the male tammar wallaby, *Macropus eugenii*, in the wild. J. Reprod. Fertil. 66:675–680.
JACOBSON, H. A., H. J. BEARDEN, AND D. B. WHITEHOUSE. 1989. Artificial insemination trials with white-tailed deer. J. Wildl. Manage. 53:224–227.
―――, R. L. KIRKPATRICK, H. E. BURKHART, AND J. E. DAVIS. 1978a. Hematologic comparisons of shot and live-trapped cottontail rabbits. J. Wildl. Dis. 14:82–88.
―――, ―――, AND B. S. MCGINNES. 1978b. Disease and physiologic characteristics of two cottontail populations in Virginia. Wildl. Monogr. 60. 53pp.
JAFFE, B. M., AND H. R. BEHRMAN. 1974. Methods of hormone radio-

immunoassay. Academic Press, New York, N.Y. 520pp.

JEFFCOATE, S. L. 1981. Efficiency and effectiveness in the endocrine laboratory. Academic Press, New York, N.Y. 223pp.

JOHNSON, A. L. 1986. Reproduction in the female. Pages 403–431 in P. D. Sturkie, ed. Avian physiology. Fourth ed. Springer-Verlag, New York, N.Y.

JOHNSON, D. H., G. L. KRAPU, K. J. REINECKE, AND D. G. JORDE. 1985. An evaluation of condition indices for birds. J. Wildl. Manage. 49: 569–575.

JURGELSKI, W., JR., AND M. E. PORTER. 1974. The opossum (*Didelphis virginiana*) as a biomedical model. III. Breeding in captivity: methods. Lab. Anim. Sci. 24:412–425.

KABAT, C., I. O. BUSS, AND R. K. MEYER. 1948. The use of ovulated follicles in determining eggs laid by the ring-necked pheasant. J. Wildl. Manage. 12:399–416.

KANTONGOL, C. B., F. NAFTOLIN, AND R. V. SHORT. 1971. Relationship between blood levels of luteinizing hormone and testosterone in bulls, and the effects of sexual stimulation. J. Endocrinol. 50: 457–456.

KASMAN, L. H., E. C. RAMSAY, AND B. L. LASLEY. 1986. Urinary steroid evaluations to monitor ovarian function in exotic ungulates: III. Estrone sulfate and pregnanediol-3-glucuronide excretion in the Indian rhinoceros (*Rhinoceros unicornis*). Zoo Biol. 5:355–361.

KENNELLY, J. J., AND B. E. JOHNS. 1976. The estrous cycle of coyotes. J. Wildl. Manage. 40:272–277.

KERR, D. C., C. D. ANKNEY, AND J. S. MILLAR. 1982. The effect of drying temperature on extraction of petroleum ether soluble fats of small birds and mammals. Can. J. Zool. 60:470–472.

KIBBE, D. P., AND R. L. KIRKPATRICK. 1971. Systematic evaluation of late summer breeding in juvenile cottontails, *Sylvilagus floridanus*. J. Mammal. 52:465–467.

KIE, J. G., M. WHITE, AND D. L. DRAWE. 1983. Condition parameters of white-tailed deer in Texas. J. Wildl. Manage. 47:583–594.

KING, J. R. 1967. Adipose tissue composition in experimentally induced fat deposition in the white-crowned sparrow. Comp. Biochem. Physiol. 21:393–404.

———, AND D. S. FARNER. 1965. Fat deposition in migratory birds. N.Y. Acad. Sci. 131:422–445.

KIRKPATRICK, J. F., L. H. KASMAN, B. L. LASLEY, AND J. W. TURNER, JR. 1988. Pregnancy determination in uncaptured feral horses. J. Wildl. Manage. 52:305–308.

KIRKPATRICK, R. L. 1974. Ovarian follicular and related characteristics of white-tailed deer as influenced by season and age in the Southeast. Proc. Annu. Conf. Southeast. Assoc. Game and Fish Comm. 28:587–594.

———. 1988. Comparative influences of nutrition on reproduction and survival of wild birds and mammals—an overview. Caesar Kleberg Wildl. Res. Inst., Kingsville, Tex. 57pp.

———, D. E. BUCKLAND, W. A. ABLER, P. F. SCANLON, J. B. WHELAN, AND H. E. BURKHART. 1975. Energy and protein influences on blood urea nitrogen of white-tailed deer fawns. J. Wildl. Manage. 39:692–698.

———, AND G. L. VALENTINE. 1970. Reproduction in captive pine voles, *Microtus pinetorum*. J. Mammal. 51:779–785.

KLEIN, D. R. 1964. Range-related differences in growth of deer reflected in skeletal ratios. J. Mammal. 45:226–235.

KNOBIL, E., AND J. D. NEILL. 1988. The physiology of reproduction. Raven Press, New York, N.Y. 2414pp.

KOERTH, N. E., AND F. S. GUTHERY. 1988. Reliability of body fat indices for northern bobwhite populations. J. Wildl. Manage. 52: 150–152.

KORSCHGEN, C. E. 1977. Breeding stress of female eiders in Maine. J. Wildl. Manage. 41:360–373.

KOVAL, P. J., T. J. PETERLE, AND J. D. HARDER. 1987. Effects of polychlorinated biphenyls on mourning dove reproduction and circulating progesterone levels. Bull. Environ. Contam. Toxicol. 39: 663–670.

LAWS, R. M. 1967. Occurrence of placental scars in the uterus of the African elephant (*Loxodonta africana*). J. Reprod. Fert. 14:445–449.

LERESCHE, R. E., U. S. SEAL, P. D. KARNS, AND A. W. FRANZMANN. 1974. A review of blood chemistry of moose and other cervidae with emphasis on nutritional assessment. Nat. Can. 101:263–290.

LEVI, W. M. 1969. The pigeon. Levi Publ. Co. Inc., Sumter, S.C. 667pp.

LOSKUTOFF, N. M., J. E. OTT, AND B. L. LASLEY. 1982. Urinary steroid evaluations to monitor ovarian function in exotic ungulates: I. Pregnanediol-3-glucuronide immunoreactivity in the okapi (*Okapia johnston*). Zoo Biol. 1:45–53.

———, ———, AND ———. 1983. Strategies for assessing ovarian function in exotic species. J. Zoo Anim. Med. 14:3–12.

LUKASKI, H. C., W. W. BOLONCHUK, C. B. HALL, AND W. A. SIDERS. 1986. Validation of tetrapolar bioelectrical impedance method to assess human body composition. J. Appl. Physiol. 60:1327–1332.

MANSELL, W. D. 1971. Accessory corpora lutea in ovaries of white-tailed deer. J. Wildl. Manage. 35:369–374.

MARCH, G. L., AND R. M. F. S. SADLIER. 1970. Studies on the band-tailed pigeon (*Columba fasciata*) in British Columbia. 1. Seasonal changes in gonadal development and crop gland activity. Can. J. Zool. 48:1353–1357.

MARTIN, K. H., R. A. STEHN, AND M. E. RICHMOND. 1976. Reliability of placental scar counts in the prairie vole. J. Wildl. Manage. 40: 264–271.

MARTIN, R. M., M. E. LISANO, AND J. E. KENNAMER. 1981. Plasma estrogens, total protein, and cholesterol in the female eastern wild turkey. J. Wildl. Manage. 45:798–802.

MCCABE, T. T. 1943. An aspect of a collector's technique. Auk 60: 550–558.

MCDONALD, I. R., A. K. LEE, A. J. BRADLEY, AND K. A. THAN. 1981. Endocrine changes in dasyurid marsupials with differing mortality patterns. Gen. Comp. Endocrinol. 44:292–301.

MCEWAN, E. H., AND A. J. WOOD. 1966. Growth and development of the barren ground caribou. 1. Heart girth, hind foot length, and body weight relationships. Can. J. Zool. 44:401–411.

MCMILLIN, J. M., U. S. SEAL, K. D. KEENLYNE, A. W. ERICKSON, AND J. E. JONES. 1974. Annual testosterone rhythm in the adult white-tailed deer (*Odocoileus virginianus borealis*). Endocrinology 94: 1034–1040.

MCRAE, W. A., AND R. W. DIMMICK. 1982. Body fat and blood-serum values of breeding wild bobwhites. J. Wildl. Manage. 46:268–271.

MECH, L. D., AND G. D. DELGIUDICE. 1985. Limitations of the marrow-fat technique as an indicator of body condition. Wildl. Soc. Bull. 13:204–206.

———, U. S. SEAL, AND G. D. DELGIUDICE. 1987. Use of urine in snow to indicate condition of wolves. J. Wildl. Manage. 51:10–13.

MICHENER, H., AND J. MICHENER. 1938. Bars in flight feathers. Condor 40:149–160.

MIRARCHI, R. E., AND P. F. SCANLON. 1980. Duration of mourning dove crop gland activity during the nesting cycle. J. Wildl. Manage. 44:209–213.

———, AND R. L. KIRKPATRICK. 1977a. Annual changes in spermatozoan production and associated organs of white-tailed deer. J. Wildl. Manage. 41:92–99.

———, ———, ———, AND C. B. SCHRECK. 1977b. Androgen levels and antler development in captive and wild white-tailed deer. J. Wildl. Manage. 41:178–183.

MOBERG, G. P. 1985. Biological response to stress: key to assessment of animal well-being? Pages 27–49 in G. P. Moberg, ed. Animal stress. First ed. Waverly Press, Inc., Baltimore, Md.

MORTON, J. M., R. L. KIRKPATRICK, AND E. P. SMITH. 1991. Comments on estimating total body lipids from measures of lean mass. Condor 93:463–465.

MULLEY, R. C., A. W. ENGLISH, R. J. RAWLINSON, AND R. S. CHAPPLE. 1987. Pregnancy diagnosis of fallow deer by ultrasonography. Aust. Vet. J. 64:257–258.

MURPHY, W. F., JR., P. F. SCANLON, AND R. L. KIRKPATRICK. 1973. Examination of ovaries in living cottontail rabbits by laparotomy. Proc. Annu. Conf. Southeast. Assoc. Game and Fish Comm. 27: 343–344.

NEILAND, K. A. 1970. Weight of dried marrow as indicator of fat in caribou femurs. J. Wildl. Manage. 34:904–907.

NELSEN, O. E. 1953. Comparative embryology of the vertebrates. McGraw-Hill Book Co., New York, N.Y. 982pp.

NELSON, T. A., AND A. WOOLF. 1983. Field laparoscopy of female white-tailed deer. J. Wildl. Manage. 47:1213–1216.

NEQUIN, L. G., J. ALVAREZ, AND N. B. SCHWARTZ. 1979. Measurement of serum steroid and gonadotropin levels and uterine and ovarian variables throughout 4 day and 5 day estrous cycles in the rat. Biol. Reprod. 20:659–670.

NICHOLS, R. G., AND M. R. PELTON. 1974. Fat in the mandibular cavity as an indicator of condition in deer. Proc. Annu. Conf. Southeast. Assoc. Game and Fish Comm. 28:540–548.

NIXON, C. M. 1971. Productivity of white-tailed deer in Ohio. Ohio J. Sci. 71:217–225.

———, M. W. MCCLAIN, AND R. W. DONOHOE. 1975. Effects of hunting and mast crops on a squirrel population. J. Wildl. Manage. 39:1–25.

ODUM, E. P., D. T. ROGERS, AND D. L. HICKS. 1964. Homeostasis of the nonfat components of migrating birds. Science 143:1037–1039.

OLEYAR, C. M., AND B. S. MCGINNES. 1974. Field evaluation of diethylstilbestrol for suppressing reproduction in foxes. J. Wildl. Manage. 38:101–106.

ORSINI, M. W. 1962. Technique of preparation, study and photography of benzyl-benzoate cleared material for embryological studies. J. Reprod. Fert. 3:283–287.

OWEN, M. 1981. Abdominal profile—a condition index for wild geese in the field. J. Wildl. Manage. 45:227–230.

———, AND W. A. COOK. 1977. Variations in body weight, wing length and condition of mallard Anas platyrhynchos platyrhynchos and their relationship to environmental changes. J. Zool. (Lond.) 183:377–395.

OZOGA, J. J., AND L. J. VERME. 1975. Activity patterns of white-tailed deer during estrus. J. Wildl. Manage. 39:679–683.

———, AND ———. 1978. The thymus gland as a nutritional status indicator in deer. J. Wildl. Manage. 42:791–798.

PALMER, E, AND M. A. DRIANCOURT. 1980. Use of ultrasonic echography in equine gynecology. Theriogenology 13:204–211.

PAYNE, R. B. 1973. Individual laying histories and the clutch size and numbers of eggs of parasitic cuckoos. Condor 75:414–438.

PIERSON, R. A., AND O. J. GINTHER. 1987. Reliability of diagnostic ultrasonography for identification and measurement of follicles and detecting the corpus luteum in heifers. Theriogenology 28:929–936.

———, AND ———. 1988. Ultrasonic imaging of the ovaries and uterus in cattle. Theriogenology 29:21–37.

PLOTKA, E. D., U. S. SEAL, G. C. SCHMOLLER, P. D. KARNS, AND K. D. KEENLYNE. 1977. Reproductive steroids in the white-tailed deer (Odocoileus virginianus borealis). I. Seasonal changes in the female. Biol. Reprod. 16:340–343.

———, ———, L. J. VERME, AND J. J. OZOGA. 1980. Reproductive steroids in deer. III. Luteinizing hormone, estradiol and progesterone around estrus. Biol. Reprod. 22:576–581.

———, ———, ———, AND ———. 1983. The adrenal gland in white-tailed deer: a significant source of progesterone. J. Wildl. Manage. 47:38–44.

———, ET AL. 1988. Ovarian function in the elephant: luteinizing hormone and progesterone cycles in African and Asian elephants. Biol. Reprod. 38:309–314.

PRESTON, R. L., L. H. BREUER, AND G. B. THOMPSON. 1961. Blood urea in cattle as affected by energy, protein and stilbestrol. J. Anim. Sci. 20:977. (Abstr.)

PROVOST, E. E. 1962. Morphological characteristics of the beaver ovary. J. Wildl. Manage. 26:272–278.

RANSOM, A. B. 1965. Kidney and marrow fat as indicators of white-tailed deer condition. J. Wildl. Manage. 29:397–398.

———. 1967. Reproductive biology of white-tailed deer in Manitoba. J. Wildl. Manage. 31:114–123.

RASMUSSEN, G. P. 1985. Antler measurements as an index to physical condition and range quality with respect to white-tailed deer. N.Y. Fish Game J. 32:97–113.

RAVELING, D. G. 1979. The annual cycle of body composition of Canada geese with special reference to control of reproduction. Auk 96:234–252.

RINEY, T. 1955. Evaluating condition of free ranging red deer (Cervus elaphus), with special reference to New Zealand. N.Z. J. Sci. Technol. Sect. B 36:429–463.

RISSER, A. C., JR. 1971. A technique for performing laparotomy on small birds. Condor 73:376–379.

RIVIER, C., AND S. RIVEST. 1991. Effects of stress on the activity of the hypothalamic-pituitary-gonadal axis: peripheral and central mechanisms. Biol. Reprod. 45:523–532.

ROGERS, C. M. 1987. Predation risk and fasting capacity: do wintering birds maintain optimal body mass? Ecology 68:1051–1061.

ROLAN, R. G., AND H. T. GIER. 1967. Correlation of embryo and placental scar counts of Peromyscus maniculatus and Microtus ochrogaster. J. Mammal. 48:317–319.

ROSEBERRY, J. L., AND W. D. KLIMSTRA. 1970. Productivity of white-tailed deer on Crab Orchard National Wildlife Refuge. J. Wildl. Manage. 34:23–28.

ROWELL, J., AND P. F. FLOOD. 1987. Changes in muskox blood progesterone concentration between collection and centrifugation. J. Wildl. Manage. 51:901–903.

———, ———, C. A. RUDER, AND R. G. SASSER. 1989. Pregnancy-specific protein in the plasma of captive muskoxen. J. Wildl. Manage. 53:899–901.

SAFAR-HERMANN, N., M. N. ISMAIL, H. S. CHOI, E. MOSTL, AND E. BAMBERG. 1987. Pregnancy diagnosis in zoo animals by estrogen determination in feces. Zoo Biol. 6:189–193.

SANDERS, O. T., AND R. L. KIRKPATRICK. 1975. Effects of a polychlorinated biphenyl (PCB) on sleeping times, plasma corticosteroids, and testicular activity of white-footed mice. Environ. Physiol. Biochem. 5:308–313.

SANDERSON, G. C. 1950. Methods of measuring productivity in raccoons. J. Wildl. Manage. 14:389–402.

SAPOLSKY, R. M. 1987. Stress, social status, and reproductive physiology in free-living baboons. Pages 291–322 in D. Crews, ed. Psychobiology of reproductive behavior. First ed. Prentice-Hall, Inc., Englewood Cliffs, N.J.

SAUER, P. R., AND C. W. SEVERINGHAUS. 1977. Determination and application of fawn reproductive rates from yearling teat length. Trans. Northeast. Sect., The Wildl. Soc. 33:133–144.

SCHWABL, H., M. RAMENOFSKY, I. SCHWABL-BENZINGER, D. S. FARNER, AND J. C. WINGFIELD. 1988. Social status, circulating levels of hormones, and competition for food in winter flocks of the white-throated sparrow. Behaviour 107:107–121.

SEAL, U. S., AND R. L. HOSKINSON. 1978. Metabolic indicators of habitat condition and capture stress in pronghorns. J. Wildl. Manage. 42:755–763.

———, M. E. NELSON, L. D. MECH, AND R. L. HOSKINSON. 1978a. Metabolic indicators of habitat differences in four Minnesota deer populations. J. Wildl. Manage. 42:746–754.

———, ———, AND E. D. PLOTKA. 1983. Metabolic and endocrine responses of white-tailed deer to increasing population density. J. Wildl. Manage. 47:451–462.

———, J. J. OZOGA, A. W. ERICKSON, AND L. J. VERME. 1972. Effects of immobilization on blood analyses of white-tailed deer. J. Wildl. Manage. 36:1034–1040.

———, L. J. VERME, AND J. J. OZOGA. 1978b. Dietary protein and energy effects on deer fawn metabolic patterns. J. Wildl. Manage. 42:776–790.

SELYE, H. 1936. A syndrome produced by diverse nocuous agents. Nature 138:32–34.

———. 1946. The general adaptation syndrome and the diseases of adaptation. J. Clin. Endocrinol. 6:117–230.

———. 1976. Stress in health and disease. Butterworths, Boston, Mass. 1256pp.

SERVELLO, F. A., AND R. L. KIRKPATRICK. 1987. Fat indices for ruffed grouse. J. Wildl. Manage. 51:173–177.

———, AND ———. 1988. Nutrition and condition of ruffed grouse during the breeding season in southwestern Virginia. Condor 90:836–842.

SEVERINGHAUS, C. W., H. F. MAGUIRE, R. A. COOKINGHAM, AND J. E. TANCK. 1950. Variations by age class in the antler beam diameters of white-tailed deer related to range conditions. Trans. North Am. Wildl. Conf. 15:551–570.

SHORT, R. V. 1972. The role of hormones in sex cycles, Book 3. Pages 42–72 in C. R. Austin and R. V. Short, eds. Hormones in reproduction. Cambridge Univ. Press, New York, N.Y.

SIMKIN, D. W. 1965. Reproduction and productivity of moose in northwestern Ontario. J. Wildl. Manage. 29:740–750.

SIROIS, J., AND J. E. FORTUNE. 1988. Ovarian follicular dynamics during the estrous cycle in heifers monitored by real-time ultrasonography. Biol. Reprod. 39:308–317.

SMITH, N. S. 1970. Appraisal of condition estimation methods for East

African ungulates. E. Afr. Wildl. J. 8:123–129.
STABENFELDT, G. H., AND V. M. SHILLE. 1977. Reproduction in the dog and cat. Pages 499–527 in H. H. Cole and P. T. Cupps, eds. Reproduction in domestic animals. Third ed. Academic Press, New York, N.Y.
STEEL, R. G. D., AND J. H. TORRIE. 1960. Principles and procedures of statistics. McGraw-Hill Book Co., Inc., New York, N.Y. 481pp.
SULLIVAN, J. A., AND P. F. SCANLON. 1976. Effects of grouping and fighting on the reproductive tracts of male white-footed mice (*Peromyscus leucopus*). Res. Popul. Ecol. 17:164–175.
SUNDQVIST, C., A. LUKOLA, AND M. PARVINEN. 1986. Testicular aspiration biopsy in evaluation of fertility of mink. J. Reprod. Fert. 77:531–535.
THOMAS, V. G., H. G. LUMSDEN, AND D. H. PRICE. 1975. Aspects of winter metabolism of ruffed grouse (*Bonasa umbellus*) with special reference to energy reserves. Can. J. Zool. 53:434–440.
———, S. H. MAINGUY, AND J. P. PREVETT. 1983. Predicting fat content of geese from abdominal fat weight. J. Wildl. Manage. 47:1115–1119.
TORBIT, S. C., L. H. CARPENTER, A. W. ALLDREDGE, AND D. M. SWIFT. 1985. Mule deer body composition—a comparison of methods. J. Wildl. Manage. 49:86–91.
TRAUGER, D. L., AND A. O. HAUGEN. 1965. Corpora lutea variations of white-tailed deer. J. Wildl. Manage. 29:487–492.
TRIVERS, R. L., AND D. E. WILLARD. 1973. Natural selection of parental ability to vary the sex ratio of offspring. Science 179:90–92.
TURNER, C. D., AND J. T. BAGNARA. 1976. General endocrinology. W.B. Saunders Co., Philadelphia, Pa. 596pp.
TYNDALE-BISCOE, C. H., AND M. B. RENFREE. 1987. Reproductive physiology of marsupials. Cambridge Univ. Press, New York, N.Y. 476pp.
ULLREY, D. E. 1982. Nutrition and antler development in white-tailed deer. Pages 49–59 in R. D. Brown, ed. Antler development in Cervidae. Caesar Kleberg Wildl. Res. Inst., Kingsville, Tex.
VAHDAT, F., B. E. SEGUIN, H. L. WHITMORE, AND S. D. JOHNSTON. 1984. Role of blood cells in degradation of progesterone in bovine blood. Am. J. Vet. Res. 45:240–243.
VANGILDER, L. D., AND T. J. PETERLE. 1981. South Louisiana crude oil or DDE in the diet of mallard hens: effects on egg quality. Bull. Environ. Contam. Toxicol. 26:328–336.
VAN TIENHOVEN, A. V. 1983. Reproductive physiology of vertebrates. Second ed. Cornell Univ. Press, Ithaca, N.Y. 491pp.
VAN VUREN, D., AND B. E. COBLENTZ. 1985. Kidney weight variation and the kidney fat index: an evaluation. J. Wildl. Manage. 49:177–179.
VAUGHAN, M. R., AND L. B. KEITH. 1981. Demographic response of experimental snowshoe hare populations to overwinter food shortage. J. Wildl. Manage. 45:354–380.
VAUGHAN, T. A. 1986. Mammalogy. Third ed. Saunders Coll. Publ., New York, N.Y. 576pp.
VERME, L. J. 1969. Reproductive patterns of white-tailed deer related to nutritional plane. J. Wildl. Manage. 33:881–887.
———, AND J. C. HOLLAND. 1973. Reagent-dry assay of marrow fat in white-tailed deer. J. Wildl. Manage. 37:103–105.
———, AND D. E. ULLREY. 1984. Physiology and nutrition. Pages 91–128 in L. K. Halls, ed. White-tailed deer: ecology and management. Stackpole Books, Harrisburg, Pa.
VOGELSANG, R. W. 1977. Blood urea nitrogen, serum cholesterol and progestins as affected by nutritional intake, pregnancy and the estrous cycle in white-tailed deer. M.S. Thesis, Virginia Polytechnic Inst. State Univ., Blacksburg. 109pp.
WAITE, T. A. 1990. Effects of caching supplemental food on induced feather regeneration in wintering gray jays (*Perisoreus canadensis*): a ptilochronology study. Ornis Scand. 21:122–128.
WALKER, L. A., ET AL. 1988. Urinary concentrations of ovarian steroid hormone metabolites and bioactive follicle-stimulating hormone in killer whales (*Orcinus orchus*) during ovarian cycles and pregnancy. Biol. Reprod. 39:1013–1020.
WALSBERG, G. E. 1988. Evaluation of a nondestructive method for determining fat stores in small birds and mammals. Physiol. Zool. 61:153–159.
WARREN, R. J., AND R. L. KIRKPATRICK. 1978. Indices of nutritional status in cottontail rabbits fed controlled diets. J. Wildl. Manage. 42:154–158.

———, ———, A. OELSCHLAEGER, P. F. SCANLON, AND F. C. GWAZDAUSKAS. 1981. Dietary and seasonal influences on nutritional indices of adult male white-tailed deer. J. Wildl. Manage. 45:926–936.
———, ———, ———, K. E. WEBB, JR., AND J. B. WHELAN. 1982. Energy, protein, and seasonal influence on white-tailed deer fawn nutritional indices. J. Wildl. Manage. 46:302–312.
WASSER, S. K., L. RISLER, AND R. A. STEINER. 1988. Excreted steriods in primate feces over the menstrual cycle and pregnancy. Biol. Reprod. 39:862–872.
WENTWORTH, B. C., J. A. PROUDMAN, H. OPEL, M. J. WINELAND, N. G. ZIMMERMANN, AND A. LAPP. 1983. Endocrine changes in the incubating and brooding turkey hen. Biol. Reprod. 29:87–92.
WESSON, J. A., III, P. F. SCANLON, R. L. KIRKPATRICK, AND H. S. MOSBY. 1979a. Influence of chemical immobilization and physical restraint on packed cell volume, total protein, glucose, and blood urea nitrogen in blood of white-tailed deer. Can. J. Zool. 57:756–767.
———, ———, ———, AND ———. 1979b. Influence of time of blood sampling after death on blood measurements of the white-tailed deer. Can. J. Zool. 57:777–780.
———, ———, ———, AND R. L. BUTCHER. 1979c. Influence of chemical immobilization and physical restraint on steroid hormone levels in blood of white-tailed deer. Can. J. Zool. 57:768–776.
WHITE, D. W., E. D. KENNEDY, AND P. C. STOUFFER. 1991. Feather regrowth in female European starlings rearing broods of different sizes. Auk 108:889–895.
WHYTE, R. J., AND E. G. BOLEN. 1984. Variation in winter fat depots and condition indices of mallards. J. Wildl. Manage. 48:1370–1373.
WILLIAMS, S., EDITOR. 1984. Official methods of analysis. Fourteenth ed. Assoc. Off. Anal. Chem., Washington, D.C. 1141pp.
WILLIAMSON, P., N. J. GALES, AND S. LISTER. 1990. Use of real-time B-mode ultrasound for pregnancy diagnosis and measurement of fetal growth rate in captive bottlenose dolphins (*Tursiops truncatus*). J. Reprod. Fert. 88:543–548.
WINDBERG, L. A., AND L. B. KEITH. 1976. Snowshoe hare population response to artificial high densities. J. Mammal. 57:523–553.
WINGFIELD, J. C. 1985. Short-term changes in plasma levels of hormones during establishment and defense of a breeding territory in male song sparrows, *Melospiza melodia*. Horm. Behav. 19:174–187.
———, AND D. S. FARNER. 1976. Avian endocrinology—field investigations and methods. Condor 78:570–573.
———, AND ———. 1979. Some endocrine correlates of renesting after loss of clutch or brood in the white-crowned sparrow, *Zonotrichia leucophrys gambelii*. Gen. Comp. Endocrinol. 38:322–331.
———, AND ———. 1980. Control of seasonal reproduction in temperate-zone birds. Pages 62–101 in R. J. Reiter and B. K. Follet, eds. Progress in reproductive biology. Vol. 5. S. Karger, Basel, Switzerland.
———, AND M. C. MOORE. 1987. Hormonal, social, and environmental factors in the reproductive biology of free-living male birds. Pages 148–175 in D. Crews, ed. Psychobiology of reproductive behavior. First ed. Prentice-Hall,Inc., Englewood Cliffs, N.J.
WISEMAN, B. S., D. L. VINCENT, P. J. THOMFORD, N. S. SCHEFFRAHN, G. F. SARGENT, AND D. J. KESLER. 1982. Changes in porcine, ovine, bovine and equine blood progesterone concentrations between collection and centrifugation. Anim. Reprod. Sci. 5:157–165.
WOOD, A. K., R. E. SHORT, A. E. DARLING, G. L. DUSEK, R. G. SASSER, AND C. A. RUDER. 1986. Serum assays for detecting pregnancy in mule and white-tailed deer. J. Wildl. Manage. 50:684–687.
WOODALL, P. F. 1978. Omental fat: a condition index for redbilled teal. J. Wildl. Manage. 42:188–190.
WOOLF, A., AND J. D. HARDER. 1979. Population dynamics of a captive white-tailed deer herd with emphasis on reproduction and mortality. Wildl. Monogr. 67. 53pp.
WRIGHT, P. L. 1966. Observations on the reproductive cycle of the American badger (*Taxidea taxus*). Pages 27–45 in I. W. Rowlands, ed. Comparative biology of reproduction in mammals. Symp. Zool. Soc. Lond. 15.

WYDOSKI, R. S., AND D. E. DAVIS. 1961. The occurrence of placental scars in mammals. Proc. Penn. Acad. Sci. 35:197–204.

ZARROW, M. X., J. M. YOCHIM, AND J. L. MCCARTHY. 1964. Experimental endocrinology: a sourcebook of basic techniques. Academic Press, New York, N.Y. 519pp.

ZEPP, R. L., JR., AND R. L. KIRKPATRICK. 1976. Reproduction in cottontails fed diets containing a PCB. J. Wildl. Manage. 40:491–495.

ZWANK, P. J. 1981. Effects of field laparotomy on survival and reproduction of mule deer. J. Wildl. Manage. 45:972–975.

12
野生動物の栄養学的分析手法

Jonathan B. Haufler & Frederick A. Servello

はじめに ……………………………………359	バランス試験 ……………………………371
食物の化学的組成 …………………………359	野生個体群に対する栄養的および
食物の化学およびエネルギーに関する分析 …361	エネルギー的分析手法 ………………371
試料の採集と調製 ………………………361	食性と食物の質のデータの関連づけ …372
化学分析 …………………………………362	胃，嗉嚢内容物分析 ……………………372
エネルギー含量 …………………………364	指示物質法 ………………………………372
食物の消化率測定 …………………………365	食物の質の指標 …………………………373
In vitro での消化 ………………………365	食物摂取量推定法 ………………………373
消化と代謝試験 …………………………365	1日あたりの総エネルギー消費量推定 …373
栄養要求 ……………………………………369	採食戦略 ……………………………………373
代謝率測定法 ……………………………369	管理への関連づけと将来の方向性 ………374
栄養要求量 ………………………………371	参考文献 ……………………………………374

❏ はじめに

　食物は，エネルギー源と生命維持作用に必要な栄養源となる有機物と無機物を含んでいる。野生動物の食物選択は実に多様である。この多様性は，食物の利用可能量と質，動物の消化および行動の適応，そして植物と動物の防衛戦略によってもたらされる捕食者－非捕食者の関係，によって作り出されるものである。本章では野生動物生物学者が利用できる，野生動物の食物と栄養の分析と評価のための手法を検討する。この章では，動物に飼料を与える給餌に関しては扱っていない。なぜならば，捕獲され飼育されている動物，あるいは動物園の動物のための給餌用飼料は複雑な課題であるが，本章の焦点からははずれているからである。また，放飼状態の野生動物への給餌は野生動物のヒトへの依存という結果を招き，かれらの生息地との自然なつながりを消失させることとなる。したがって，我々が野生動物の採食戦略について知れば知るほど，野生動物管理における給餌業務は，ますます受け入れがたくなっていくのである。

　本章で検討する栄養学的手法は，通常すべての野生動物種について適用できる。そうでない場合には，適切な利用法を示してある。また本章では，フィールドで適用可能な手法と，一般的には実験室あるいは檻の中で飼育している動物を必要とする手法とを区別している。

　読者には基本的な栄養学と動物の消化戦略についての知識はあるものと仮定している。動物の栄養における，栄養素と栄養学的概念に関する背景となる事象が次の教科書 (Maynard et al. 1979, Church & Pond 1988) にはよく書かれている。Robbins (1983) は，野生動物の栄養について多くの概念を検討しており，Mautz (1978) と Schwartz & Hobbs (1985) は野生動物の栄養に関して様々な見地から概説している。

❏ 食物の化学的組成

　食物の栄養的な質は，食物に含まれる栄養素と，動物によるこれらの栄養素の消化あるいは利用効率によって決定される。食物の化学的組成は (図12-1)，食物のタイプ (植物あるいは動物)，種，季節，年齢，あるいは立地条件などといった要因によって異なる。ここ20年来の多くの研究により，野生動物の代表的な食物となる植種，被捕食脊椎動物種のどちらについてもその基礎的な化学成分が測定されてきた。食虫目の食物，植物の忌避化学物質の組成と役割

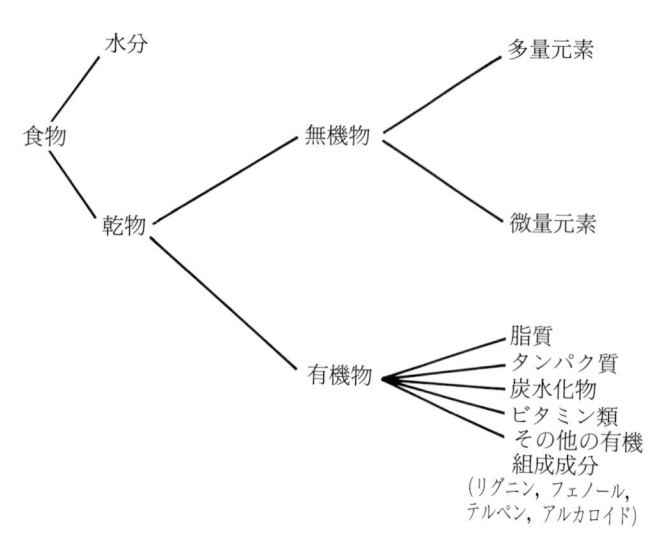

```
        ┌ 水分                    ┌ 多量元素
食物 ┤        ┌ 無機物 ┤
        └ 乾物 ┤            └ 微量元素
                  │
                  │            ┌ 脂質
                  │            ├ タンパク質
                  └ 有機物 ┼ 炭水化物
                               ├ ビタミン類
                               └ その他の有機
                                  組成成分
                                  (リグニン,フェノール,
                                   テルペン,アルカロイド)
```

図12-1　野生動物の食物の基本的な化学的組成

についてはまだ広く研究されていないが，ある程度注目に値するものと思われる。

　食虫目は食物をゆっくりと消化する(60〜90%)(Hawkins & Jwell 1962, Pernetta 1977, Nagy et al. 1978, Balakrishnan & Alecander 1979, Allen 1989)。また脂肪，灰分，元素の含有レベルが多様な(Allen 1989, Allen & Oftedal 1989)食餌を消費している。総窒素レベルはかなり一定であるにもかかわらず，この窒素すべてが利用可能というわけではない(Allen 1989)。食虫目の栄養に関するよりいっそうの見解を得るために，さらなる研究が必要である。

　野生動物の栄養学的研究の中で急速に進展している分野は，草食の哺乳類と鳥類に対する植物の忌避的化学物質の影響に関するものである。二次的植物性代謝産物とかアレロケミカルとよばれるいくつかのクラスに分類される植物性化学物質が，草食動物に対する防衛の役割を呈しているが(Levin 1976, Rhoades & Cates 1976, Rosenthal & Janzen 1979)，その中でもフェノール類とテルペノイドは野生動物の調査の中でもっとも注目を集めている。アルカロイドは野生動物に作用を及ぼしている割には研究されてはいないが，しかしこの物質が植物界に広く分布していることと，この物質の動物に対する薬理学的効果がよく知られていることから(Robinson 1979, Fowler 1983)，これもまた注目されるべきものである。これらの物質とその他の二次的植物性代謝産物について，Rosenthal & Janzen (1979)はその化学的性質，分布，同定手法，草食動物への影響を概説している。

　フェノール類はしばしば機能的あるいは構造的にタンニンと非タンニンとに広義に区分される。タンニンは水生溶媒の沈降タンパク質として分離される高分子物質である(分子量500〜3,000)(Martin & Martin 1982)。非タンニン性フェノール類は主に，より小さなフラボノイドに含まれ沈降タンパク質ではない(Peri & Pompei 1971, Harborne 1979)。フェノール類は広く分布しており，すべてのクラスの維管束植物中に出現する(Swain 1979)。この物質は非樹木性1年生植物中に17%，多年生草本に14%，落葉樹に79%，常緑樹に87%，検出される(Rhoades & Cates 1976)。フェノール類の濃度は季節的にも植物の部位によっても異なり(Feeny & Bostock 1968, Bryant 1981, Palo et al. 1985, Van Horne et al. 1988)，これが植物のサンプリングの際の主たる留意点となる。タンニンは食物の摂取量を減らし，摂食を妨げ，タンパク質の消化率を減少させ，代謝率を高め，時に野生草食動物に対し有毒となる(Buchsbaum et al. 1984, Lindroth & Batzli 1984, Smallwood & Peters 1986, Robbins et al. 1987 a,b, Thomas et al. 1988)。非タンニン性フェノール類もまた食物摂取量を減少させる(Lindroth & Batzli 1984, Robbins et al. 1987 a)。

　テルペノイドはセスキテルペンラクトン，揮発性テルペンと高次テルペン(higher terpens)を含む高分子クラスの生物学的化合物である(Mabry & Gill 1979)。一般的に植物性物質は，テルペン組成を含む精油，揮発性油，レシンという形で存在する(Nagy et al. 1964, Schwartz et al. 1980, Fowler 1983)。野生動物の研究では主にアメリカトガサワラ，ビャクシン，セージブラッシュ(北米のヨモギの類)に含まれるテルペンが及ぼす，食物選択や，反芻胃内微生物による食物消化への負の影響に注目してきた(Oh et al. 1967, Nagy & Tengerdy 1968, Radwan 1972, Schwartz et al. 1980, Cluff et al. 1982, Risenhoover et al. 1985, Personius et al. 1987)。

　アルカロイドは複素環式の窒素化合物で(Robinson 1979)，維管束植物の15〜20%に出現する(Levin 1976)。これらの植物の防衛特性は，主としてこの物質の有毒性によるものである(Fowler 1983)。

❏ 食物の化学およびエネルギーに関する分析

試料の採集と調製

　植物の化学的組成の変動は，草食動物の採食行動と栄養に非常に大きな影響を与える。そのため，以下に述べる基本的なサンプリングの留意点は重要である。化学的分析のため，あるいは給餌実験に用いるための食物の採取は，その動物が選択採取する状況に類似していなければならない。

　食物サンプルは，草食動物が利用するのと同じ季節的生息地から採取されなくてはならない。調査すべき種の選択は，対象となる野生動物種の食性に関する知識に基づいたものでなくてはならない。その動物による食物選択に類似させるために，サンプリング計画には可能な限り採食行動に関する情報を盛り込むようにするべきである。たとえば，Regelin et al. (1974) および Schwartz et al. (1977)，Hobbs et al. (1983)は，繋留しながら観察している給餌対象動物が採食する食物種を，同じように手で摘み取り，栄養分析用のサンプルとするという有蹄類の食物選択の模倣を試みている。

　化学分析や給餌実験に用いる植物試料の採取，保管，調製の方法は，その結果に重大な影響を与える。葉部への物理的な損傷は，フェノール類の含有量レベルに影響を与える(Swain 1979)。これは葉がつぶされたときに，植物体の液胞内でタンニン，フェノール類が遊離され，植物タンパク質と錯体を作るためである(McLeod 1974, Swain 1979)。損傷を受けた葉のフェノール類の濃度の高い場合，茶色あるいは黒色への変色を見ることがある(Ribereau-Gayon 1972)。これは，フェノール類が酸化したことを示したものである。葉部の破損はまた，揮発性テルペンの放出の原因ともなる(Mabry & Gill 1979)。

　サンプルは採取後水で洗浄することは可能であるが，通常洗浄はしない。草食獣は植物を摂取する前に洗ったりしないので，植物に付着している物質も摂取することになる。また，洗浄することによっていくらかの栄養素が濾し取られてしまう(Tukey 1966)。しかし，サンプリング時刻の違いが植物栄養素に与える影響を比較するような実験計画においては，降雨パターンが植物体に付着する埃や土壌の付着量に影響を及ぼし，成分分析や灰分含量の結果に影響する可能性がある。このような場合は，サンプルの洗浄はかまわないと思われる。

　一般的に，採取された植物サンプルは採取後常に冷蔵されるべきで(時に冷凍)，可能な限り早急に分析されるべきである。植物体は摘み取られた後であっても，呼吸による糖の乾重量の減少と，糖からデンプンへの酵素による転化がおこる(Smith 1973)。これらの減少は冷蔵によって避けることができる。採取サンプル中の揮発性テルペンの減少はドライアイスや液体窒素による冷凍保存によって減少させることができる(Schwartz et al. 1980, Welch & McArthur 1981)。

　新鮮な植物試料を冷凍し保存しておくことは一般的な方法であるが，フェノール繊維と食物繊維の分析においては問題の原因となる。フェノール類濃度の高いサンプルは，解凍すると明らかなフェノール類の損失による黒色化をおこす(Mould & Robbins 1981 a, Servello et al. 1987)。測定されるフェノール類濃度の低下はまた，中性溶液可溶物(detergent分析)の推定値の低下の原因となる。このため，中性デタージェント繊維の推定の過剰評価につながる(Mould & Robbins 1981 a, Servello et al. 1987)。

　サンプルの乾燥が必要な場合，低湿度の状態では化学的変化があまり起きないようなので，できる限り迅速に完全乾燥するべきである。しかしながら，乾燥の方法によっては化学的組成を変えてしまう。比較的低温の(40～60°C)オーブン乾燥の場合，フェノール類の含有量がかなり減少する(Julkuen-Tiitto 1985, Servello et al. 1987, Nastis & Malechek 1988)。そしてまた，生のサンプルをオーブン乾燥するよりも，冷凍保存したサンプルをオーブン乾燥した場合の方がさらにフェノール類の量は目減りする(Servello et al. 1987)。室温(20～25°C)での風乾やオーブン乾燥では葉部のフェノール類の量は減少するが，高温でのオーブン乾燥の時ほどではない(Servello et al. 1987, Nastis & Malechek 1988)。葉部のオーブン乾燥において，50°C以下では非組織性炭水化物の，呼吸や酵素転化による乾重の損失が生じる時間が与えられることになり，80°C以上での乾燥では温度による変性が生じることを，Smith(1973)は報告している。50°C以上での乾燥は酵素による褐変の原因となり，その結果，デタージェント分析における人工リグニンが生成される(Van Soest 1965 b)。

　他の乾燥方法と対照的に，凍結乾燥した葉部では，フェノール類と中性溶液可溶物の含有量は高くまた，*in vitro*(生体外)の消化率がフェノール類含量の高い時の数値を示す結果となる。ということから，おそらく凍結乾燥法がもっとも緩やかな方法であろう。凍結させた葉部サンプルは冷

凍庫から凍結乾燥機にすぐに直接移動させ，前述した解凍による減少傾向の変化を防がなければならない。Smith (1983)は植物サンプルの乾燥に電子レンジを使うことを検討しているが，サンプルを焦がしてしまう可能性があること以外，この方法がサンプルの化学的組成に与える影響について考察していない。

要約すると，植物を乾燥する最良の方法というものはない。可能なときには，特に植物サンプルがすでに冷凍保存されているときには，凍結乾燥を推奨する。オーブン乾燥しか選択できないのであれば，化学変化を最小限に抑えるために40℃での乾燥を勧める。生の植物試料を扱うのは常にやっかいで，困難である。したがって，それが必要とされないのであれば（例：テルペン）推奨しない。最も重要なのは，研究者が，乾燥手法が植物種あるいは化学的構造に与える影響についてこれまで研究されてきたものを注意深く検証し，もっとも適切な乾燥方法を選択することである。すべての動物サンプルは凍結乾燥することを推奨する。

テルペン化合物のいくつかは非常に揮発性の高いものなので，生あるいは生のまま凍結した植物体から抽出されなければならない(Marby & Gill 1979, Personius et al. 1987)。生鮮試料からの抽出物はフェノール類の同定にも同じように用いることができる(Mould & Robbins 1981a)

ほとんどの試料は化学分析の前に粉砕されなければならない。こうすることで，分析に供されるサンプルがより均質化され，化学薬品が確実にサンプルに行き渡ることになる。一般的にサンプルは，0.5～1.0mmのふるいの目を通り抜けるほどの細かい粉に砕かれる。

化学分析

食物の化学的組成を決定することにより，動物の食物の消化率や，動物が必要としている栄養素の供給の妥当性の評価が可能となる。しかし残念なことに，ほとんどの栄養学的な化学分析は，化学的に近縁な化合物のグループとしてのみ測定される。この方法で留意しなければならないのは，一つのグループに分けられた化合物すべてが，動物の消化過程で同じように作用するわけではない，ということである。したがって，食物ごとの化学的測定値が単純に比較されると，問題が生じる可能性がある。さらに，ほとんどの分析方法はその化学的グループごとに分析上の欠点を持っている。しかし，このような問題があっても，標準化された効果的な方法で，比較的少量の食物サンプルを繰り返し分析することにより，食物の組成に関する情報を得ることが可能となる。

近成分析法，あるいはWeende法が1800年代に(Box 12-1)開発され，野生動物の研究に広く使われるようになった。しかし，この分析法には，以下に述べるようないくつかの問題点があり，そのためさらに確実な食物組成成分の分析法の開発が行われている。近成分析法の手順の一部はもはや推奨することはできないのだが，いくつかの化学成分の分析については今でもこの手順が使われていること，また，多くの文献にこの方法による分析結果が報告されていることから，ここで近成分析法について述べることにする。近成分析法では，食物を次の六つの化学的グループに分類する。すなわち，水分，エーテル抽出物，粗繊維，可溶無窒素物(nitrogen free extract：NFE)，粗タンパク質，灰分である。Crampton & Harris(1969)に近成分析について優れた記載がされている。

食物の水分含量は非常に変動するものなので，最初に測定される。そのため，他の組成成分は乾物重量として評価されることになる。真の乾物重量比は，はじめに100℃で24時間オーブン乾燥し，粉砕したサンプルから求められる。サンプルの乾重量と乾燥によって損失した重量の測定値を求めることによって，サンプル中の水分含量を決定することができる。これ以降の乾燥したサンプルの分析には，乾重量比が用いられる。

エーテル抽出物あるいは粗脂肪は食物サンプルのうちの無水エチルエーテルに溶解される構成成分として分類される(Horwitz 1975)。エーテル抽出物の問題点は，測定対象

Box 12-1 近成分析法の実験手順(Church & Pond 1988)[a]

ステップ1　サンプルを乾燥させ粉砕する。

ステップ2　真の乾物含有百分率を求める(100℃のオーブンで乾燥させる)。
この後のすべてのステップについて，乾物百分率補正値を使用する。

ステップ3　ケルダール法を行い窒素含量を分析する。窒素百分率値を6.25倍して粗タンパク質量を計算する。

ステップ4　分けておいたサンプルを用い，エーテル抽出処理により粗脂肪含量を求める。

ステップ5　ステップ4の脂肪分を除去した残渣を用い，酸を基材とした処理を行い粗繊維成分を求める。ただしこれには灰分が含まれる。

ステップ6　ステップ5の残渣を500℃～600℃のマッフル炉で燃焼させ，灰分含量を求める。

ステップ7　粗タンパク質，粗脂肪，粗繊維，灰分の百分率値を100％から差し引いて，可溶性無窒素物(NFE)を計算する。

[a] この方法の完全なものはもはや推奨できないが(特にステップ5と7)，ステップ2，3，4と6はまだ機械的手順として使用されている。

とした脂肪や油の他に，油に溶解するビタミン類，クロロフィル，アルカリ，レジン，ワックスそして揮発性の油類等が含まれてしまう，ということである．粗脂肪は，容易に消化され，食物の中でも高エネルギー成分であると考えられている．しかし，この抽出物の中に付随的に抽出された化合物の中のいくつかは，消化に対し抑制的な効果を持つので，粗脂肪に由来するエネルギーについての考察には注意を要する．

　粗タンパク質は，食物中の窒素含量を測定することで推定される．窒素の測定には一般に，ケルダール法が使われる．この方法は，サンプルを硫酸に温浸し，水酸化ナトリウムで中和し，それを蒸留して得られたアンモニアを酸で滴定し窒素量を推定するというものである(Horwitz 1975, Church & Pond 1988)．そして，平均的にタンパク質は16%(100/16 = 6.25)の窒素を含むということから，得られた窒素の値を6.25倍して粗タンパク質含有量を計算する．粗タンパク質の推定に伴う問題点は，窒素含量から粗タンパク含量に変換する点で生じる．なぜならば，すべてのタンパク質が16%の窒素を含むわけではないし，またタンパク質以外の物質から由来する窒素(non protein nitrogen：NPN)も様々な量で含まれるからである．通常NPNの割合は少量であるが，ある植物では，粗タンパク質が真のタンパク質の22〜52%も過剰に算定されていた(Sedinger 1984)．粗タンパク質は，反芻獣にとって重要なタンパク質の質に関する情報を提供するものではない(すなわち，アミノ酸の組成)．また，植物に含まれるタンニンは，タンパク質と結合することがあり，測定された粗タンパク質のうちのいくらかは動物が消化吸収できないものとしてしまう(Robbins et al. 1987b)．

　灰分はマッフル炉でサンプルを燃焼させ(500〜600℃)，残渣の重量を測定することで定量する(Horwitz 1975)．野外から採取してきたサンプルを洗浄すると植物に付着していた土壌や埃の分，測定される灰分含量は明らかに変化する．また，この灰分含量の測定法では灰分の構成成分についての情報を得ることができない．

　理論的には消化不可能な繊維として区分される粗繊維は，エーテル抽出物の残渣(Church & Pond 1988)を希釈した酸と塩基で処理したのち燃焼させ，灰分含量と差引計算して求める(Horwitz 1975)．この処理過程の間に，サンプル中の多くのリグニンといくらかのヘミセルロースが溶解してしまうので，粗繊維の推定値は精確なものではない．つけ加えると，繊維区分に含まれるリグニンの量に大きく左右されるのだが，ほとんどの動物が，食物に含まれる粗繊維のうち少なくともいくらかは消化することができる(Crampton & Harris 1969)．

　最後に，NFEは水分，粗タンパク質，粗脂肪，灰分，粗繊維の含有百分比を100%から差し引いた残りの部分として計算される．NFEは食物中の，速やかに消化可能な炭水化物と見なされている．NFEは"差分"として定量されているものなので，他の区分でエラーとして検出された事象が，NFE推定においては，すべて当てはまることになり，誤差が集積した値となってしまう．

　デタージェント分析法(Van Soest 1963a,b, 1965a, 1967, 1982, Goering & Van Soest 1970)は，一般的に食物の繊維成分の分画に使用される手法，主に近成分析法で粗繊維とNFEに分離されたものに対して使われる．この手法では最初に食物サンプルを，理論的にほぼ完全に消化可能な細胞質分画(Jones & Wilson 1987)と消化率が変動する細胞壁分画とにわける．この分画表現には誤りがあり，より正確にはこれらの分画は，中性溶液可溶物(細胞質)と中性デタージェント繊維成分(細胞壁)といわれるべきである(Mould & Robbins 1981a)．そして次の分析の段階として，細胞壁分画をセルロース，ヘミセルロース，リグニンと灰分に分類する．MouldとRobbins(1981b)はオリジナルな方法として，中和過程で用いる亜硫酸ナトリウムはリグニンをいくらか溶解するため，これを使用しない修正手法を提唱している．二次的植物性生成物が生じた場合は，中性溶液可溶物に分離され，この分画に含まれる成分の消化率は明らかに低下する(Mould & Robbins 1982, Robbins et al. 1987a)．近成分析法とデタージェント分析法による化合物の分類を比較したものを表12-1に掲げた．

　食物中の炭水化物，特にヘミセルロースのさらに詳しい定性分析法がある．Van Soest(1982)はこれらの方法について優れた概説を表している．

　食物中の元素含量もまた興味の対象となる．もっとも一般的に用いられるのは，多くの多量，微量の元素に対し用いられる，原子吸光分光測光法による分析である(Dahlquist & Knoll 1978, DeBolt 1980)．

　フェノール類は生あるいは乾燥した(植物試料の採取と保管時の注意を参照のこと)植物試料から，極性溶剤，通常はメタノール，アセトン，エタノール，あるいはエチルアセトンの水和したものを用いて抽出する(Swain 1979)．Martin & Martin(1982)とRobbins et al.(1987a)は水和メタノールの煮沸液で抽出している．植物からの抽出物の総フェノール類量は一般にFolin-Denisの手法で

表 12-1 近成分析法とデタージェント分析法による乾燥食餌植物の化学的組成の解析

	近成分析	デタージェント分析
窒素を含む組成成分		
可溶性タンパク質	粗タンパク質	NDS[a]
細胞壁中窒素	粗タンパク質	NDF[b]
木質化窒素	粗タンパク質	ADF[c]
炭水化物		
糖, デンプン	NFE[d]	NDS
ヘミセルロース	NFE	NDF
セルロース	粗繊維	ADF
脂質	粗脂肪	NDS
ビタミン類		
水溶性	NFE	NDS
脂溶性	粗脂肪	NDS
灰分	灰分	灰分
リグニン		
アルカリ溶解性	NFE	ADL[e]
非溶解性	粗繊維	ADL
二次的植物構成成分	粗脂肪あるいはNFE	NDS

[a]中性溶液可溶物, [b]中性デタージェント繊維, [c]酸性デタージェント繊維, [d]可溶無窒素物, [e]酸性溶液非溶解リグニン

(Burns 1963)比色定量分析されるが, Folin-Ciocalteu手法が前法よりも改良された手法となっている(Singleton & Rossi 1965)。総フェノール類量と, タンパク質と結合し析出沈殿するフェノール類の量との相関関係が稀薄なために(Martin & Martin 1982), 総フェノール類量の情報だけでは栄養的な質の検討の価値は限られたものになってしまう。しかし, 総フェノール類量の分析により, 乾燥植物試料の実質的な部分に占める栄養的に不要な分画の測定値を求めることができる(Mould & Robbins 1982, Servello et al. 1987)。

タンニン分析は, いまだに多くの調査の課題となっているが(Mole & Waterman 1987, Wisdom et al. 1987), 分析方法は標準化されていない。抽出物中の総タンニン量は直接測定することができない。Vanillan-HCl法(Price et al. 1978)とchloroform-HCl法(Walton et al. 1983)が家畜飼料穀物中の縮合型タンニンの分析に使われた。タンパク質結合法が最近の研究では受け入れられてきており, もっとも生物学的な意味を持ったタンニン含量測定法と見なされている。それは, これらの方法が, 消化過程における予想されるタンニンの効果を模している分析法なためである。もっとも一般的に使用され, 最近開発されたタンパク質結合法では, ヘモグロビン(Bate-Smith 1973), ウシ科の血清アルブミン(bovine serum albumin：BSA) (Hagerman & Butler 1978, Martin & Martin 1982), ribulose-1,5 biphosphate carboxylase oxygenase (RuBPc)(Martin & Martin 1983), と dye-labelled BSA(Asquith & Butler 1985)を用いている。最近 Hargeman(1987)は, タンパク質を含んだ寒天培地に放散したタンニンをもとにした, 比較的簡便で, 安価な BSA 析出法を開発した。これらの方法では, タンニンの濃度を測定しているのではなく, また異なるタイプのタンニンが析出させるタンパク質の量がそれぞれ異なるために, 同一の結果を得ることはない(Martin & Martin 1982)。しかし, 相対的なタンニン含量は近似しているはずである。

テルペンは通常, 蒸留法によって生の植物サンプルから抽出され, エーテル中に収集される(Radwan 1972, Risenhoover et al. 1985)。Schwartzet et al.(1980)は3段階の温度差によって蒸留することで, 油類を3つのグループ(モノテルペン, 酸化モノテルペン, とセスキテルペン)に分留した。特定の分画の定量はクロマトグラフィーで行う(Marby & Gill 1979, Schwartz et al. 11980, Welch & McArthur 1981)。

次の二つの定性試験は通常, アルカロイドを含有しているかどうかを調べるために使われる。一つは Dragendorff's試薬で, もう一つは, Meyer's試薬である(Robinson 1979)。アルカロイドの同定と定量は, 本章の範疇を越えた化学的に複雑なものである。

エネルギー含量

食物サンプル中のエネルギー含量はボンブカロリーメーターで測定される。ボンブカロリーメーターには断熱式と非断熱式のものがあるが, 今日の実験室ではほとんど, 断熱タイプのものが用いられている。断熱式の熱量測定法では, 食物サンプルを酸素中で燃焼させ, 周囲を囲んだ水槽で放出された熱量を測定する。ボンブカロリーメーターに関する良好な情報源として Parr 断熱式ボンブカロリーメータのための指導書が挙げられる(Parr Instrument Co., Moline, IL 61265)。Gessaman(1987)は, また, ボンブカロリーメーターによる熱量測定とサンプリングの留意点についての優れた記述をしている。食物のエネルギー含量は, 炭水化物の含量の高い食物での4 kcal/gから, 脂肪含量の高い食物の9 kcal/gと幅がある(Church & Pond 1988:144)。ボンブカロリーメーターでは含有されるすべてのエネルギーを正確に推定する。そして一般的には, この測定値を総エネルギーと呼ぶ。しかし, 動物が利用可

能なエネルギーの含有率は，サンプルの化学的組成と種に左右される食物の消化率によって，かなり変動する。したがって，利用可能なエネルギー量は消化試験によって定量されなければならない。試験は，in vitro（生体外）での消化試験，あるいは実際の給餌試験として行われる。

❏食物の消化率測定

In vitro での消化

化学分析は，食物の化学的組成に関する情報を提供するが，実際の消化あるいは動物に対する栄養素の供給に関する情報は提供していない。給餌試験法は，動物による食物利用の特定の測定値を提供するが，実験動物の維持管理，試験のための大量の試験食物，そして多くの時間と費用を必要とする。in vitro（生体外）消化試験法は実験室内で反芻獣の消化過程を疑似設計するので，化学分析に用いるのと同程度のごくわずかの試験食物を必要とするだけである。このように in vitro 消化試験法は給餌試験法に比べ，多くの食物に関する情報を必要としたときには，特により効果的手法である。

様々な in vitro 消化手法が開発されてきている（Pearson 1970）が，Tilley & Terry(1963)が開発した手法がもっとも一般的に利用されるようになっている。この試験法では，食物サンプルを唾液を模して作られた緩衝液と第一胃内容液のなかに接種し，これを48時間温浴培養する。次の第二段階では，消化された内容物をペプシンと弱酸で処理する。この方法の改良法として，緩衝溶液の中に泡立ちを抑えるために phosphate-carbonate 緩衝液と少量の第一胃内容液を加える（Campa et al. 1984），あるいはMcDougall's 溶液を用い直接酸性化できるようにしてペプシンを加える方法（Van Soest 1982），また第二段階のペプシンと弱酸を中性溶液可溶物に加える（Van Soest 1982）などがある。

In vitro 消化試験法と in vivo（生体内）消化試験法（生きている動物を用いた）の比較研究がこれまでになされており，様々な結論が得られている。Robbins(1983)はいくつかの比較検討をしている。

In vitro 消化率には第一胃内容液の採取源がかなり影響を及ぼしている。第一胃内容液を野生のシカから採取して得た消化率の推定値と，糞粒採取のため飼育しているシカあるいはフィステル（瘻孔）を付けたウシから採取して得た測定値とでは，明らかな違いがある（Campa et al. 1984）。Jenks & Leslie (1988) は in vitro 消化率はウシの胃内容液の方がシカの時よりも低いと報告している。したがってこれまでに in vitro の消化試験法で同種，異種の飼育動物を用いて食物サンプルの比較や，動物の消化率推定値の比較を行ってきてはいるが，野生動物への適用は推奨しない。さらに，Clary et al.(1988) は，食餌植物を消化する第一胃内容の能力に種内部で明らかな変動があることを報告している。彼らは，標準化された参考飼料を用いるのと同じように，複数の第一胃内容液の提供が重要であると提唱している。Palmer & Cowan (1980) はまた，in vitro 消化試験のための標準化された参考飼料の使用を薦めている。

食物の消化率推定の代替手法はこれまでに，ペプシン，真菌セルロース酵素，その他の酵素の様々な組み合わせを用いたものが提唱されてきた（Clark & Beard 1977, Goto & Minson 1977, McLeod & Minson 1978, 1982, Choo et al. 1981, Clarke et al. 1982, Dowman & Collins 1982, Pace et al. 1984, Barnes 1988）。これらの手法の真の消化率の推定の正確さは不明であり（Barnes 1988），さらなる手法の比較検討が必要とされる。

他の手法として，生きている動物の第一胃内のフィステルに釣り下げたナイロン袋の中に食物サンプルを留置する，ナイロンバッグ法がある（Johnson 1966）。この方法では，食物に対する実際の第一胃内の作用が実現できる。フィステルをつけた動物の食餌については結果の解釈が考慮されなければならない。また，細かい未消化の食物砕片が第一胃からナイロンバッグに混入してきたり，洗浄時には流出し，正確に消化に関与した食物が分析されるわけではないので誤差が生じる。Person et al.(1980) はトナカイとカリブーの食餌植物でナイロンバッグ法と in vitro 消化試験法を比較して，食餌食物のタイプの違いにより結果が変動することを報告している。

消化と代謝試験

消化と代謝試験は食物および構成要素の消化率と代謝を決めるために行われる。この項では，消化と代謝試験の基礎について概説する。しかし，これらの一般的な方法は，しばしば個々の種に適合するように改変されなければならない。次に掲げる，消化率の研究がこれまでになされてきている種のリストは，ある特定の種の消化試験の計画をたてるにあたっての始まりとなるものである。シカ類とエルク（Baker & Hansen 1985），トナカイ（White et al. 1984），ヘラジカ（Hjeljord et al. 1982），オオツノヒツジ

(Baker & Hobbs 1987)，ホエザル(Nagy & Milton 1979)，ハイイロカンガルー(Kempton et al. 1976)，クビワペッカリー(Carl & Brown 1985)，カンジキウサギ(Holter et al. 1974)，オグロプレーリードッグ(Hansen & Cavender 1973)，トウブキツネリス(Havera & Smith 1979)，ハタネズミ類(Batzli & Cole 1979)，アナグマ(Harlow 1981)，アカギツネ(Litvaitis & Mautz 1976)，コヨーテ(Litvaitis & Mautz 1980)，ボブキャット(Johnson & Aldred 1982)，フィッシャー(Davison et al. 1978)，ミンク(Farrell & Wood 1968)，イイズナ(Moors 1977)，鰭脚目(アザラシ，オットセイ，セイウチなど)(Helm 1984)，ハクトウワシ(Stalmaster & Gessaman 1982)，コハクガン(Burton et al. 1979)，コリンウズラ(Case & Robel 1974)，エジプトガン(Halse 1984)，オナガガモ，オカヨシガモ，ハシビロガモ，マガモ(Sugden 1971, Miller 1984)，オオサマペンギン(Adams 1984)，エリマキライチョウ(Servello et al. 1987)，野生シチメンチョウ(Billingsley & Arner 1970)，カナダガン，コクガン(Buchsbaum et al. 1986)，ホソオライチョウ(Evans & Dietz 1974)，ハリモミライチョウ(Pendergast & Boag 1971)，カラフトライチョウ(West 1968)，ライチョウ(Gasaway et al. 1976)，ナゲキバト(Shuman et al. 1988)，そして小型の鳴鳥類(Willson & Harmeson 1973, Holthuijzen & Adkisson 1984)。

総回収法

総回収法は，動物の消化能力および食物中の栄養素とエネルギーの消化率と代謝率を測定する標準的な方法である。各動物個体には，数日間にわたり試験食物を計量して与える。試験食物に由来する排泄物は回収し，計量する。みかけの乾物換算消化率(apparent dry matter digestibility：ADDM)は，糞中に排泄されなかった乾物の百分率として表される(Box 12-2)。特定の栄養素あるいは食物成分(例，繊維)のみかけの消化率は，食物中および糞中のその栄養素の百分率の測定をし，摂食されて消化された栄養素の百分率を計算することで求められる(Box 12-2)。

同様に，みかけの可消化エネルギー(apprent digestible energy：ADE)は，ボンブカロリーメーターによって食物および糞サンプル中の総エネルギーを測定し，単位乾物重量あたりのエネルギー含量を求める換算式に当てはめ計算し求めることができる(Box 12-2)。みかけの代謝エネルギー(apprent metabolizable energy：AME)も，尿とガスに含まれ損失するエネルギーを測定し，差し引くことで求められる(Box 12-2)。メタン(ガス)の発生は，非反芻獣では少ない(Robbins 1983)ため，これらの種では考慮しない。鳥類では総排泄口から糞と尿が混じって出てくるので，AMEは自動的に測定されることになる。

乾物，エネルギー，ある栄養素といったものの消化率の値が"見かけ"のとして記述されるのは，糞中あるいは尿中の乾物のいくらかは試験食物に由来しないものだからである。排泄物中には，消化酵素，胃腸の上皮細胞，微生物そして不要となった代謝の最終産物といった内因性の排泄物が含まれているからである(Maynard et al. 1979)。したがって，"真"の消化率あるいは代謝の値は，内因性の乾物重量，エネルギー，栄養素の生産量を測定し，見かけの値を修正して決定するかあるいは，"真"の値を推定するためのより複雑な手法で直接求めることができる(下記の栄養要求または"真"の代謝エネルギー測定手法を参照)。内因性の排泄物量は相対的に一定なので，食物や栄養素の摂取レベルが低い状態では，排泄物中の内因性の排泄物の比

Box 12-2 消化あるいは代謝試験データから，見かけの乾物消化率(ADDM)，見かけの可消化エネルギー(ADE)，見かけのある特定の栄養素の消化率，見かけの代謝エネルギー(AME)を計算するための計算式

$$\text{ADDM}(\%) = \frac{\text{食物摂取量} - \text{乾燥糞量}}{\text{食物摂取量}} \times 100$$

$$\text{ADE}(\%) = \frac{(\text{摂取量 g} \times \text{食物 GE}) - (\text{糞量 g} \times \text{糞 GE})}{(\text{摂取量 g} \times \text{食物 GE})} \times 100$$

GE：総エネルギー，g：グラム

$$\text{栄養素Aの見かけの消化率} = \frac{(\text{食物摂取量} \times \text{食物中のAの\%}) - (\text{乾燥糞量} \times \text{糞中のAの\%})}{(\text{食物摂取量} \times \text{食物中のAの\%})} \times 100$$

$$\text{AME}(\%) = \frac{\text{E摂取量} - (\text{糞中E} + \text{尿中E} + \text{ガス性E}^a)}{\text{E摂取量}} \times 100$$

E：エネルギー
[a] 非反芻獣ではガス性エネルギー値は小さく，無視される。

率がより大きくなる。したがって，"真"の値と"見かけ"の値の差が大きくなる(Sibbald 1975, Robbins 1983)。しかし，食餌の評価において，"真"の値の実質的な重要性は疑問である。というのは，内因性の消失物はすなわち実質の消失物であり，食物が変化したものと考えられるからである(Maynard et al. 1979)。

ある動物の，試験食物中のエネルギーの排泄あるいは利用能力というのは，それぞれ可消化あるいは代謝エネルギー百分率として測定される。しかし，食物のエネルギー的な値は，同一の可消化エネルギー(digestible energy：DE)や代謝エネルギー(metabolizable energy：ME)の百分率値を持つ食物でも総エネルギー含量が異なることがあるので，百分率としてよりも，食物の乾重量のグラムあたりのDEあるいはME(kcal)の量として表されるべきである。

食物の代謝エネルギーは(kcal/g)しばしば窒素修正MEとして計算される。動物個体はそれぞれ給餌試験期間中も異なる量の体軀成分を消失あるいは増加させており，排泄物中の内因性尿中窒素の量も様々である。MEの推定は次のように標準化されている。窒素バランスからの偏差は(窒素の消失，増加)，尿中窒素のエネルギー含量を加算あるいは差し引いて修正される。鳥類に対しては8.22 kcal/g (Scott et al. 1982:537)という等価量が，哺乳類に対しては7.45 kcal/g(Maynard et al. 1979:196)という等価量が，グラム窒素あたりの保持あるいは消失に対して用いられる。しかしながら実際には，窒素修正されたMEの値と未修正の値の差はほとんどない(Burton et al. 1979, Beckerton & Middleton 1982, Scott et al. 1982を参照)。

手 順

糞の採集期間の事前に，試験食餌に動物を慣らしておかなければならない。草食，肉食の鳥類，哺乳類を含む単胃動物種に対しては，一般に3〜5日の馴化期間と3〜5日の採集期間をとる(Short 1976, Robel et al. 1979を参照)。反芻獣に対しては，7〜10日の馴化期間と7日の糞採集期間を設けるのがもっとも一般的である。Mothershead et al. (1972)は10日間の採集期間を取るとオジロジカでは最も正確であったが，7日間でも不十分なわけではないと述べている。

こぼれた食物，糞および尿を採集する代謝箱は様々なサイズのものが設計されている。Cowan et al. (1969)はシカのためのケージを設計した。これには，尿の回収ボトルに，アンモニアの消失を防ぎ溶液の酸性を保つための，塩酸あるいは硫酸が加えられている。

正確な結果を得るには，規則的で，適切な食物摂取が維持されることが重要である。動物は，1日のうちの同じ時間に給餌されなければならない。試験食物はしばしば任意量給餌されるが，わずかに少なめに給餌することで，一定量の摂取と選択的な摂食を避けることができる(参考：90%ほどにする)。切り刻んだり粒状にした植物性食物や，動物質のものを崩して均質化して，与えることで選択的な摂食を避けるようにしている。

鳥類が代謝実験中に，消化のための砂粒を取り込むことが必要であるかどうかは明らかではない。Robel & Bisset (1979)では種子や市販の飼料に対するMEの値は，砂粒の補足によっては変化しないことを報告している。しかし，McIntosh et al. (1962)はニワトリのいくつかの事例で砂粒へ接近する行動がMEの値を増進することを報告している。試験期間中に砂粒を与えることは，排泄された砂粒を糞から分離させなければならないという問題を付加することになる。

食肉獣に対する給餌における他の留意点として，飢餓期間の適合についてが挙げられる。Harlow(1981)は，試験期間の前に日々の給餌を行っていたアナグマにくらべ，糞採集期間前に絶食させていたアナグマの方が食物の通過速度が遅く食物中のエネルギーの代謝が11%上回っていたことを報告している。

実験対象動物

実験に使われる動物は，処置を施されたり，代謝箱の中に拘束されることに順応するように訓練されていなければならない。いくつかの野生の捕獲された小動物種ではしばしば給餌実験が行われているが，多くの種あるいは動物個体では拘束に適合しない。そのため，ほとんどの実験動物は檻に入れられて飼育されてきたものである。しかし，たとえ檻に入れられて育てられた動物であっても，檻への拘束に馴化させておかなければならない。Mautz(1971 b)は，捕獲され飼育されていたシカが拘束されたことによって食物摂取量が減少し，拘束前のレベルに戻るのに9〜12日を必要としたのを観察している。

消化試験のための動物を，飼養し維持するための飼料は，結果に影響を及ぼす。草食性鳥類の消化管(砂嚢，腸，盲腸)は，食物繊維の量が増えるとサイズが大きくなる(Moss 1972, Miller 1975, Halse 1984)。そのため，維持のための食餌は繊維とエネルギーのレベルが自然なものと類似したものを与えるべきである。また，市販の飼料で飼養してきた鳥類に，試験で食餌植物を丸ごと与える場合(たとえ

ば，葉，枝），砂嚢が十分に発達していないことが問題となるが，このことについては研究されてきていない。

Mothershead et al.（1972）はほとんどの消化試験については，一つの食物試験につき5頭のシカを用いることで十分であるとしている。ほとんどの種において，一試験につき3〜6頭の動物を用いるのが一般的である。動物が健康で，普通に食べているのであれば，乾物可消化率（dry matter digestibility：DDM），DEとMEの推定値の標準偏差は通常，このサンプルサイズにしては相対的に小さいものである。

その他の方法

総回収消化試験を行う際に，いくつかの食餌植物はそれだけを給餌するには口当たりが悪いとか，栄養的質が低すぎることがある。そのような食餌植物を使用するときには，非常に口当たりの良い基材となる食物（通常市販の飼料）と混合して給餌し，総回収試験を行う。基材となる食物について，同じ動物で同様の試験を行うことにより（通常，本試験の事前に），試験対象食餌食物の消化率が計算できる。計算式は以下のようになる。

ADDM（％）＝［試験食物のADDM－
（給餌食物中の基材食物の割合×基材食物のADDM）］
÷（給餌食物中の試験対象食餌食物の％）

この場合，基材食物が混合されても，試験対象食物の消化率には影響を及ぼさないという仮定がある。この方法は，ヘラジカ（Schwartz et al. 1988b），シカ類（Robbins et al. 1975），エリマキライチョウ（Hill et al. 1968），そしてマツネズミ（Servello et al. 1984）に対して用いられており，家禽の食餌食物個々についての試験においては標準的な方法である（Scott et al. 1982:536）。

関連した手法として，試験対象食物を混合して用いるものがある。個々の食物の消化率は，連立方程式を解くことで計算することができる（Pekins & Mautz 1988）。試験対象食物すべてが様々な比率で混合された試験飼料を幾通りか用いて，総回収試験を行う。そして，試験食物の消化率と食餌食物の試験飼料中の比率を使って，個々の食餌食物の消化率を解き出す方法である（Pekins & Mautz 1988）。

鳥類のための真の代謝エネルギー測定法

Sibbald（1976, 1979）は，家禽の食物の真の代謝エネルギー（true metabolizable energy：TME）を求める方法を開発した。このTME測定法は，これまでの給餌試験に比べ，絶食期間が短くてすみ，試験食物の使用量が少ないので，野生の鳥類種に適用することが提案されている（Miller & Reineck 1984）。いくつかの変法が試みられているが，ニワトリでは最初に24時間鳥に食物を摂らせないのが一般的な手順となっている。代謝率の高い種では，試験の前に維持食物を摂らせておくことが必要となる（Hoffman & Bookhout 1985）。その後，実験対象鳥は重量既知の試験食物の給餌を開始し，排泄物回収期間を48時間持続する。同じぐらいの体重の対照実験用の鳥は，回収期間48時間さらに絶食を続ける。対照実験鳥の排泄物は回収し，代謝性あるいは内因性乾物重量とエネルギー損失を推定するために重量を計測する。TMEは，給餌された鳥（F）の糞中および尿中のエネルギーから，対照実験鳥（C）の内因性および代謝性エネルギー損失を差し引くことで計算される。計算式は次のようになる。

TME（％）＝［｛給餌鳥のエネルギー摂取量－（［給餌鳥の糞中エネルギー＋尿中エネルギー］－［対照鳥の糞中エネルギー＋尿中エネルギー］）｝÷給餌鳥のエネルギー摂取量］×100

このTME法は，エリマキライチョウ（Norman 1980），マガモとオナガガモ（Hoffman & Bookhout 1985），アメリカガモ（Jorde & Owen 1988）について用いられているが，どの野生種についても標準的な消化試験と比較されていない。野生の草食鳥類は家禽に比べより複雑な消化システムを持っており，また市販の飼料よりも複雑な食物を摂取している。そのため，このTME測定法は，注意して適用しなければならない。たとえば，回収期間の長さは，異なる食物に関してのTMEの測定結果に異なった影響を及ぼす（Chami et al. 1980）。このことは，複雑な消化システムを持つ野生の草食鳥類においては特に困難な問題となる（例：大きな盲腸と砂嚢）。

指示物質法

困難な収支計算を必要としない指示物質法は消化率を決定するのにときどき用いられてきた。食物サンプル中および糞中の，天然に含まれる非消化性物質あるいは試験食物に添加した非消化性物質を測定し，乾物重量，エネルギー量あるいはその他の食物組成成分に対して見かけの消化率が計算される。

見かけの消化率（％）＝1－
$\left(\dfrac{\text{食物中の指示物質％}}{\text{糞中Aまたはエネルギー含量％}} \times \dfrac{\text{糞中の指示物質％}}{\text{食物中Aまたはエネルギー含量％}} \right)$

ここでAは，食餌植物の特定の組成成分を示す(例:繊維，窒素)。

この方法では，指示物質は非消化物であるかあるいは消化過程で変化しないこと，そして食物に混じりあって食物と同様に体内を移動していくことを仮定している。天然に存在する指示物質としてこれまではリグニン(Buchsbaum et al. 1986)，セルロース(Inman 1973)，マグネシウム(Moss 1973)そして灰分(Johnson & Groepper 1970)が用いられている。しかし，セルロースとリグニンはある程度消化されるか形を変える(Inman 1973, Thonney et al. 1979, Servello et al. 1983)。そしてまた，マグネシウムと灰分は動物がミネラルバランスを取るために要求している物質である。そこでより有効な指示物質として，放射性塩化クロムとCr-EDTAを食物に添加する方法は，一般的に総回収法と同様の結果が得られるとされている(Mautz 1971a, Gasaway et al. 1976, Han et al. 1976)。

ある動物種にとっての食物摂取，栄養状態の重大な制限要因となる消化率や食物の通過率の重要性は(Demment & Van Soest 1985)，より進んだ食物通過率の研究によって明らかになった。酸化クロム，Cr-EDTA，Ce-144，ポリエチレングリコール，バリウム，イッテルビウムを含むいくつかの指示物質やマーカは，哺乳類や鳥類の食物通過や，消化時間，消化効率の研究に用いられている(Gasaway et al. 1975, 1976, Bjornhag & Sperber 1977, Warner 1981, Baker & Hobbs 1987)。

❏栄養要求

野生動物の栄養学的研究のうちの重要かつ複雑な試みは，個々の種のエネルギーと栄養の要求量を求めることである。要求量は生命機能(維持，生長，繁殖)や季節によって異なり，生理的適応の影響を受ける。また，食物に対する栄養素あるいはエネルギー要求はときに相互に作用する。たとえば，食物の摂取量は食物中のエネルギーレベルに対してある程度対応している(Ammann et al. 1973, Batzli & Cole 1979, Scott et al. 1982)。また，タンパク質とエネルギーの比率は，家禽の実験においては食物中のタンパク含量と同様に重要なものである(Scott et al. 1982)。また，オジロジカは冬季自発的に食物およびエネルギー摂取量を減少させるが，このように要求量は基礎にある生理的順応にも大きな影響を受けている(Silver et al. 1969, Thompson et al. 1973)。

捕獲された動物のエネルギー要求は，エネルギー消費の直接的な測定や給餌試験によって求めることができる。通常，栄養素の要求は捕獲された動物を用いた特殊な給餌試験を通して測定される。最適な栄養素およびエネルギー要求が定量されている種はほとんどなく，次善の許容量についてさえもわかっていない。野生個体群においてはおそらく最適な質の食物を得ることは難しく，次善の質の食物を摂取することが一般的であるため，次善のレベルの栄養素の摂取の効果は重要である。

代謝率測定法

動物は様々な目的のためにエネルギーを消費している。基本的な生命維持機能および動物の細胞の活動を維持するために，ある量のエネルギーが必要であり，これは基礎代謝率(basal metabolic rate：BMR)と呼ばれる。恒温動物では体温を維持するため，体温調節エネルギーという付加的エネルギー要求がある。その他，採食，捕食者の回避，社会的相互関係，成長，移動を含む動物の生存に必要な多数の行動もエネルギーの消費を要求する。したがって動物の行動時の代謝率は測定するのが困難である。特に，放飼動物では困難なので，1年を単位とした総エネルギー要求として考えている。

給餌試験では，食物条件を異なる可消化エネルギーおよび代謝エネルギーレベルに設定し，体重を維持するのに必要なエネルギーレベルを測定する。もっとも一般的な方法は，捕獲した動物に量の異なる食物を与え，体重の変動に対するエネルギー摂取をプロットする方法である。回帰分析を用い，その回帰直線上の体重の変化が無くなるポイントが維持のためのエネルギー要求量と見なされる。この方法の変法として，動物の個体それぞれの体重が一定になるまで食物の給餌量を変化させる方法(Keiver et al. 1984)や，エネルギー摂取レベルの推定のために体重の変動が安定するときの期間を採る方法がある(<1～2%)(Case & Robel 1974, Williams & Kendeigh 1982)。これらの測定値は，一般に生存エネルギーあるいは代謝エネルギー要求とみなされる。動物の屠殺抜きには困難ではあるが，体躯組成も考慮しなければならない。なぜならば，蓄積脂肪は水とタンパク質に置き換わることができ，測定可能な重量損失なしにエネルギーを供給することができるからである(Hudson & Christopherson 1985)。給餌試験により捕獲された動物の維持エネルギーの測定が可能になる。動物は採食し，何らかの行動をしているのであるから，この値は基礎代謝よりも大きくなる。しかし，これは一般的に放飼動物の行動時の代謝率よりも小さくなる(Robbins 1983)。

維持エネルギー要求は，捕獲された多くの野生動物種について給餌試験を通して測定されている。次のような種について行われている。オジロジカ(Ullrey et al. 1970, Thompson et al. 1973, Verm & Ozoga 1980)，ミュールジカ(Robinette et al. 1973, Baker et al. 1979)，トナカイ(McEwan 1970)，ヘラジカ(Schwartz et al. 1988 a)，クビワペッカリー(Zervanos & Day 1977)，アライグマ(Teubner & Barrett 1983)，ハクトウワシ(Stalmaster & Gessaman 1982)，カナダガン(Williams & Kendeigh 1982)，アオカケス(Clemans 1974)，マツネズミ(Lochmiller et al. 1983)，カンジキウサギ(Holter et al. 1974)，アカギツネ(Vogtsberger & Barrett 1973)，ハイイロアザラシ(Ronald et al. 1984)，ハシグロリュウキュウガモ(Cain 1976)，メンフクロウ(Wallick & Barrett 1976)，シロトキ(Kushlan 1977)。

エネルギー消費は，動物による熱量生産を直接測定し決定することができる。この方法は技術的には実行可能であるが，間接的測定の方が容易で経済的なため，野生動物に対して広く使われてこなかった(Mautz 1978)。動物のエネルギー代謝の間接的測定法はいくつかの技術によって成り立っている。正確で広く使われている方法は，呼吸によるガス交換測定，すなわち，酸素の消費量に対する二酸化炭素の生産の割合，あるいは動物の呼吸商(respiratory quotient：RQ)測定である。この方法は，多くの種の基礎あるいは絶食状態の代謝率の決定のために，気密な呼吸室で行われる。基礎代謝は，吸収後の状態で適温の中で休息しているときの動物の熱生産量のことである。吸収後の状態というのは動物の消化管が空の状態を想定している。絶食時代謝率は，類似しているが動物が吸収後の状態にあることを想定していない。なぜならば，多くの種，特に反芻獣ではこの状態に到達するのは困難であるためである。また，呼吸室内での気温が制御できるのならば，体温調節エネルギーについての情報も決定することができる。RQ法の詳細については，Gessaman (1987)に紹介されている。このアプローチの変法には，動物の様々な活動に伴うエネルギー消費(Corts & Lindzey 1984, Parker et al. 1984, Wickstrom et al. 1984)，あるいは呼吸室内での動物の活動の増加に伴うエネルギー消費を求めるための，フェイスマスクや気管フィステル(Mautz 1978)の開発を含む(図12-2)。呼吸に基づくガス交換法による動物の代謝率を求める，極めて多数の研究が行われている。広範な種にわたる研究の例を次に挙げる。マメジカとボイリーシロアシマウス(Mazen & Rudd 1980)，アルマジロ(McNab 1980)，マツテン(Worthen & Kilgore 1981)，マガモ(Smith & Prince 1973)，コヨーテとキットギツネ(Golightly & Ohmart 1983)，キンカチョウ(Vleck 1981)，ミヤマシトド(DeJong 1976, Maxwell & King 1976)，クロワカモメ(Dawson et al. 1976)，トラフズク，コミミズク，アメリカキンメフクロウ(Graber 1962)，アカオノスリ，アメリカワシミミズク(Pakpahan et al. 1989)，オオカミ(Okarma & Koteja 1987)，シチメンチョウ(Gray & Prince 1988)，エリマキライチョウ(Thompson & Fritzell 1988 a)，ボブキャット(Mautz & Pekins 1989)，ミュールジカ(Kautz et al. 1982, Parker et al. 1984)，オジロジカ(Silver et al. 1959, 1969, Mautz & fair 1980)，エルク(Gates & Hudson 1979, Robbins et al. 1979, Parker et al. 1984)，プロングホーン(Wesley et al. 1973)，ヘラジカ(Regelin et al. 1985)，カリブー(Luick & White 1986)，ピューマ(Corts & Lindzey 1984)，カリフォルニアジリス(Schitoskey & Woodmansee 1978)。

呼吸交換法の問題点は，放飼状態の動物から排出されたガスを収集することが困難なことである。心拍数の測定からエネルギー消費量を求める試みがなされた(Holter et al. 1976, Wooley & Owen 1978, Mautz & Fair 1980, Kautz et al. 1981, Freddy 1984, Fancy & White 1985)。Gessaman(1980)の報告によれば，彼の実験したAmerican kestrels(チョウゲンボウの一種)では，心拍数によってエネルギー消費量が十分に測定できたが，他では測定できなかった。季節的変動も問題である。Holter et al.(1976)は，心拍数の変動が78%の代謝率の変動に結びついたことを観察しているが，Mautz & Fair(1980)はエネルギー消費の変動はたった36%引き起こしたにすぎな

図12-2　呼吸室の中でエネルギー消費量測定のために踏み車の上を歩くヤマシギ　　　　(写真提供 Vander Haegen)

いと報告している。このように,心拍数はテレメトリーによって放飼動物のものも遠隔操作でモニターすることができるが,変動性があるという結果からその適用には制限がある。

最後に紹介するエネルギー要求量を求める方法は,内部にヒーターを埋め込んだその動物種の剥製を使用するものである（図12-3）。異なる環境設定あるいは異なる気温条件下のもとで,その剥製がある気温を維持するのに必要とする熱要求量を計測することができる。熱要求量は,生きた動物の実験室の恒温室内のガス交換によるエネルギー消費から基準化することができる。この方法は,野生動物のいくつかの種に対し使われている（Heller 1972, Thorkelson & Maxwell 1974, Chappell 1980, Bakken et al. 1983, Thompson & Fritzell 1988 b）。

栄養要求量

栄養要求は,主に給餌試験によって求められる。ほとんどの仕事は,タンパク質と窒素要求に注目したものである。維持のための窒素要求量は,組織性窒素出納（tissue nitrogen balance：TNB）を作り出す可消化窒素の摂取レベルのことである。TNB（窒素の保持とも呼ばれる）は,窒素摂取量が,内因性窒素排出量と通常の組織置換（例：換毛）のための窒素同化量が等しくなったときにゼロとなる。窒素は,内因性尿中窒素（endogenous urinary nitrogen：EUN）あるいは代謝性糞窒素（metabolic fecal nitrogen：MFN）として体から失われていく。EUNは,通常の代謝産物として排出される窒素で,代謝重量中の一定の比率を示す（Mould & Robbins 1981 b）。MFNは,消化の過程で集積された微生物,消化酵素,粘液,と胃腸の上皮細胞からなり,食物の摂取量に比例する（Mould & Robbins 1981 b）。成熟した組織本体の成長期間を除き（e.g.,換毛あるいは脱皮）,成熟個体の成長にかかる窒素価は小さく一般には無視される（Maynard et al. 1979）。哺乳類のMFNとEUNとその合算値は維持窒素要求量の推定の最低値である（Mould & Robbins 1981 b）。鳥類では,糞物質と尿酸の混合物が総排泄口から一緒に排泄されるので,MFNとEUNを別々に求めることは容易ではない。

栄養要求量の推定に通常選択され使用される方法は,窒素出納に関連した窒素摂取量についてである。両者は同一の実験計画とデータから推定される。様々な窒素含量レベルの試験食物が,捕獲され飼育されている動物に与えられ,様々な窒素摂取量レベルの状態が作られる。試験食物はエネルギーバランスを維持できるだけのエネルギーを十分に含んでいなければならない,そうでないと尿中窒素の一部が組織の異化に起因するものとなり,窒素要求量の推定値が増大してしまう（Maynard et al. 1979, Carl & Brown 1985）。タンパク質要求量は,次に挙げるようないくつかの野生種で推定されている。トウブワタオウサギ（Snyder et al. 1976）,オジロジカ（Holter et al. 1979）,エルク（Mould & Robbins 1981 b）,ヘラジカ（Schwartz et al. 1987）,カンジキウサギ（Holter et al. 1974）,クビワペッカリー（Carl & Brown 1985）,エリマキライチョウ（Beckerton & Middleton 1983）。

バランス試験

バランス試験では,窒素あるいは多量元素（例：ナトリウム,カリウム,カルシウム,マグネシウム,リン）の動物による摂取と損失が,食物の質の測定によって求められる。バランス試験では回収期間中に食物の摂取量と糞と尿の生産量を計測するという点で代謝試験と類似している。試験食物は任意に供給され,後に食物,糞,尿中の対象の物質を計測する。各動物の成績は代謝重量を単位に1日あたりの元素の損失と摂取グラムとして計算される（Harvera & Smith 1979, Beckerton & Middleton 1983）。

❏ 野生個体群に対する栄養的および エネルギー的分析手法

野生動物の栄養学的研究の最終的な目標は,自然な状態にある野生動物個体群の栄養生態を理解することである。放飼状態の動物や個体群の食物摂取量,食物消化率およびエネルギー消費量の推定方法はこれまでにいくつか行われてきた。ときにこれらの方法は飼育動物に対する方法での

図12-3 異なる気温環境にいるライチョウ類による相対的エネルギー消費量の測定のための剥製

仮定，不十分な点，困難な点を回避してきた。たとえば，放飼動物の給餌試験のデータは，エネルギー要求量の推定には制約のある値である。また，数種の組み合わせの異なる食物中の個々の食物のすべての組み合わせを分析したり，あるいは実験することは現実的に無理である。そのため，動物による自然な食物選択に関する情報を提供する手法は価値がある。以下に述べるのは，放飼状態にある野生動物の食物の質，食物摂取量，エネルギー消費量の推定に用いられてきた手法の要約である。

食性と食物の質のデータの関連づけ

単純で一般的な自然な食物の質の推定方法は，食性データ(胃内容物中の食物の割合)と栄養分析と給餌試験から得た消化率と栄養素のデータを，数学的に結びつけるものである(例：Schwartz et al. 1977, Hobbs et al. 1982, Leslie & Starkey 1985)。この方法では，分析のため手で採集してきた食餌植物は，動物が選択している食餌植物を代表しているものとするという仮定をふまえている。

化学組成から可消化あるいは代謝エネルギーを予想するための計算式(表12-2)は，エルクとオジロジカ(Mould & Robbins 1982, Robbins et al. 1987 a)，エリマキライチョウ(Servello et al. 1987)，ハタネズミ類(Servello et al. 1983, MacPherson et al. 1985)に対して利用可能である。給餌試験に比較すると，化学分析は非常に少量のサンプル(食餌植物)しか必要としない。したがって，DMやMEの値に関しては，「多岐にわたる植物」，「植物の部位ごとの季節変化」，「環境条件による違い」などに注目した，より詳細な推定が可能である。

胃，嗉嚢内容物分析

Servello et al. (1984) と MacPherson et al. (1988) は胃内容物の化学分析から可消化エネルギーを予測する式を使って，野生のハタネズミ類の食物の可消化エネルギーを測定した。エリマキライチョウの食物性MEもまた，嗉嚢内容物の化学分析により同様に予測することができた (Servello & Kirkpartrick 1987)。この方法では，手で収集するサンプルと動物が選択摂取する食餌植物の間の偏りを排除することができる。しかし，収集前に比べ体内で植物体が実質変化しない，という仮定がある。この仮定は，ハタネズミ類(Servello et al. 1983)とエリマキライチョウ(Servello & Kirkpartrick 1987)では重要な問題とはならなかったが，反芻獣では問題となりそうである。

指示物質法

給餌試験のところで記述した指示物質法の変法は，自然の食物の消化率を求めるために野生動物個体群に適用されてきた。小型齧歯類(Johnson & Groepper 1970)，マツネズミ(Noffsinger 1976)，ウサギ(Wallage-Drees & Deinum 1986)の食物の消化率を計算するために，個体ごとに採取された胃内容物や結腸内の糞に含まれる，リグニン，灰分，非消化性の細胞壁の濃度の測定値が用いられた。若干異なるアプローチが，ガン(Buchsbaum et al. 1986)，カラフトライチョウ(Moss 1977)，ライチョウ(Moss 1973)について報告されている。Buchsbaum et

表12-2 食物の化学分析から食物の見かけの乾物可消化率(DDM)，可消化エネルギー(DE)，代謝エネルギー(ME)を予測するための計算式

種名	分析した食物	計算式		出典
エルク	食餌植物，食物[a]	$DDM = 1.11\,NDS - 21.88 + NDF\dfrac{(176.92 - 40.50\,Log\,e^x)}{100}$		Mould & Robbins 1982
オジロジカとミュールジカ	食餌植物，食物	$DDM = [0.9231\,e^{-0.0451x} - 0.03\,z](NDF) + [(-16.03 + 1.02\,NDS) - 2.8\,P]$ ここで $P = -0.01 + (11.82\,BSA\,沈殿物)$		Robbins et al. 1987 a, b
エリマキライチョウ	食物，嗉嚢内容物	$ME = 0.87(NDS - 総フェノール量) + 0.18(\%穀物飼料) - 5.76$		Servello et al. 1987
マツネズミ	食物	$DDM = 1.18\,NDS - 19.42$	$DE = 1.12\,NDS - 14.31$	Servello et al. 1983
	胃内容物	$DDM = 1.14\,AFNDS - 14.89$	$DE = 1.12\,AFNDS - 8.50$	Servello et al. 1983
アメリカハタネズミ	食物	$DDM = 1.09\,NDS - 11.12$	$DE = 1.09\,NDS - 11.84$	MacPherson et al. 1985
	胃内容物	$DDM = 1.08\,AFNDS - 1.3$	$DE = 1.07\,AFNDS - 1.6$	Mac Pherson et al. 1985

化学組成省略形　NDS：中性溶液可溶物，NDF：中性デタージェント繊維，AFNDS：酸性不溶性・灰分非含有・中性溶液可溶物，X：中性デタージェント繊維中のリグニンとクチンの濃度(7%)，Z：草本中の生存に不可欠なシリカ濃度(7%)，P：タンパク質消化率の減少量，BSA：ウシ科の血清アルブミン
[a]食餌植物，食物はフェノール系物質の含有率が低い

al.(1986)とMoss(1973, 1977)は，食物の模擬実験のために手摘みの植物サンプルと，また，食物の消化率を計算するために野生あるいは放飼状態の動物の生息している場所から採集してきた糞のサンプルを対象に，リグニンとマグネシウム含量をそれぞれ測定している。給餌試験の項で論議したように，指示物質法の問題点は，いくつかの指標物質の"見かけ"の消化率である。

食物の質の指標

食物の質の指標として，糞中窒素濃度が推奨されてきた(Kie & Burton 1984, Leslie & Starkey 1985)。しかし，その有用性には少なからぬ異存がある(Hobbs 1987, Leslie & Starkey 1987)。Robbins et al.(1987 b)は，食物中のタンニン濃度が高いと糞中窒素が増加し，そのため結果の精度が落ちることになると報告している。DAPA(2,6 diaminopinelic acid)という第一胃内バクテリアの中に見いだされた物質がもう一つの糞性指標物質として提案されている。この場合，食物の質の変化は第一胃内細菌の数を変え，それが反芻獣の糞中のDAPA濃度の相関的な変化につながると仮定している(Kie & Burton 1984)。

食物摂取量推定法

食植性有蹄類の食物摂取量測定には，しばしば食道フィスティレーションが用いられる(Holleman et al. 1979, Wickstorm et al. 1984)。Renecker & Hudson(1985)は，次のような，より複雑な方法を用いた。囲いの中のヘラジカを観察し，その食物を模倣して植物サンプルを摘み取った。食物の消化率は，フィステルを形成したヘラジカでナイロンバッグ法により求められる。囲いの中で給餌されているヘラジカの個体ごとの糞すべてを24時間にわたり回収すると，1日の食物摂取量は逆算される。

咀嚼カウント法はしばしば捕獲された有蹄類の食物摂取量の推定に用いられる(Collins et al. 1978, Bengtson 1983, Wickstrom et al. 1984)。この方法では，咀嚼率，咀嚼重量の近似値，総採食時間から摂食量が計算される。Alldredge et al.(1974)とHollemana et al.(1979)は，有蹄類の摂取量推定に放射性セシウム(^{137}Se)の自然降下物を使用することを報告している。

1日あたりの総エネルギー消費量推定

放飼動物の1日の総エネルギー消費量推定に一般的に用いられている二つの方法は，時間－エネルギー単位法(time-energy budget：TEB)と二重ラベル水法である。TEB法は，その名が示すように二つの部分からなっている。すなわち動物による主要な行動あるいは活動(例：採食，休息)に費やした時間を勘定し，そして活動データは，実験室や制御下での研究により求めたそれぞれの行動に対するエネルギーコストから，エネルギー等価量に換算される(Weathers et al. 1984)。この手法は最も一般的に鳥類に適用されている。なぜなら，活動データを収集するのが比較的容易なためである(例：Ashkenazie & Safriel 1979, Stalmaster & Gessaman 1984, Morton et al. 1989)。二重ラベル水法は，酸素同位体(oxygen-18)と水素同位体(トリチウムあるいはジューテリウム)を動物を放逐する前に注射し，再捕獲されたこの動物の同位体の相対的物質交代率(turn over rate)の測定値から，代謝率と等しいとみなされる二酸化炭素の生産率を計算するものである(Nagy 1980, Williams & Nagy 1984, Kam et al. 1987)。この測定値は，野外代謝率と称される(Nagy 1987)。同位体を用いた仕事は費用がかかるため(Nagy 1989)，この手法の適用はこれまでは比較的小型の野生動物に限られてきた(Ricklefs & Williams 1984, Bryant et al. 1985, Williams & Nagy 1985, Tatner & Bryant 1986, Williams & Prints 1986, Gabrielsen et al. 1987)。しかし現在では，この手法をより大型の種に適用することができるような，よりよい分析方法が確立されてきた。

❏採食戦略

野生動物の栄養に関する領域の中で最も魅力的なものの一つが，野生動物の採食あるいは採餌戦略に関するものである。それぞれの種は，体の大きさや代謝率，消化管の解剖学的・生理学的特質(すなわち反芻獣，盲腸発酵，単純な消化管等の特徴)，動物の体の大きさに対する消化管の大きさの割合にもとづいて独自の採食ニッチを進化させ(Hanley 1982, Demment & Van Soest 1985)，採食器官を特殊化させてきた(例：口や付属器官あるいは体型の適応変化)。これらの要素は，その動物にとって最も適した特定の食物を決めている。これは，単に食性を決定するだけでなく，その種にとってある食物が重要である理由について説明するものである。また，その種の生息地要求に関する情報を提供するだけでなく，ときに異種間関係に関する重要な情報の提供と，いくつかの興味深い片利共生の存在を明らかにした。

いくつかの食肉類の採食戦略に言及した，MacCracken & Hansen(1987)のコヨーテに関する調査はあるものの、ほとんどの採食戦略に関する研究は草食獣に対するものである。アフリカの草食獣についての仕事では、ある地域の異なる種による継続的な採食に関する知見を含む興味深い種の相互作用を明らかにしている(Vesey-Fitzgerald 1960, Gwynne & Bell 1968, Bell 1971, Jarman 1974)。北米でのより最近の仕事では、多くの有蹄類の採食戦略と相互関係が明らかにされている(Schwartz et al. 1977, Hanley & Hanley 1982, Hobbs et al. 1983, Krueger 1986, Baker & Hobbs 1987, Jenkins & Wright 1988)。採食戦略は、有蹄類の種内の生息地の選択にも影響を及ぼす(Main & Coblentz 1990)。Chivers et al. (1984)は、霊長類の食物の獲得と加工処理について論議している。動物の採食の関係と要求のより深い理解のために、ほとんどの種について、採食戦略に関する一層多くの仕事が必要である。

❏ 管理への関連づけと将来の方向性

この章で記載した方法を使用し、さまざまな目的のための栄養分析を行うことができる。ある目的は、その地域が野生動物種の栄養的要求に見合った力を持っているかを評価するものである。これらの方法はまた、選択した種の栄養的状況に対する植生タイプの貢献度の評価を可能にする。たとえば、あるタイプにおける食物の利用可能量は、その植生タイプの中での栄養的な質と関連させて評価されなければならない。なぜならば、上層植生によって日光を遮られてしまうといった要因は、食餌植物中のタンニンのレベルに影響し、そのためタンパク質の利用可能率や消化率にも影響をおよぼすことになるからである(Robbins et al. 1987 a,b)。もし栄養的問題が見いだされた場合は、その地域の栄養的質が向上するような手法が適用される。これには次に挙げるような、様々な生息地管理の手法がある。材木の伐採あるいは機械的な処置、植生を改変するための焼き入れと土壌への栄養物の散布、化学物質・肥料・選択したスラッジによる施肥、栄養的質のより高い種の植採および播種、灌漑、採食圧の操作など。25〜28章ではこれらの操作に関連した多くの利用可能な手法について論議している。

我々は野生動物の栄養について学べば学ぶほど、種の食物の需要と供給の評価の複雑さを理解することになる。忌避的効果を持つ植物性化学物質が採食戦略に及ぼす役割、多くの種にとって最適あるいは次善の栄養供給量、選択された栄養素の供給の改善が動物の繁殖に与える影響、ほとんどの種にとっての生息地の栄養的質の操作が及ぼす影響というようなことに関し、多くの地域で一層の研究の進展が必要である。

この10年間、野生動物の栄養に関する基礎的知識と方法論はめざましい発展をとげてきた。この分野の継続的発展は、野生動物の生息地の最も基本的な構成要素である「動物への食物供給」に関する完全な理解のために重要である。

参考文献

ADAMS, N. J. 1984. Utilization efficiency of a squid diet by adult king penguins (*Aptendytes patagonicus*). Auk 101:884–886.

ALLDREDGE, A. W., J. F. LIPSCOMB, AND F. W. WHICKER. 1974. Forage intake rates of mule deer estimated with fallout cesium-137. J. Wildl. Manage. 38:508–516.

ALLEN, M. E. 1989. Nutritional aspects of insectivory. Ph.D. Thesis, Michigan State Univ., East Lansing. 205pp.

———, AND O. T. OFTEDAL. 1989. Dietary manipulation of the calcium content of feed crickets. J. Zoo Wildl. Med. 20:26–33.

AMMANN, A. P., R. L. COWAN, C. L. MOTHERSHEAD, AND B. R. BAUMGARDT. 1973. Dry matter and energy intake in relation to digestibility in white-tailed deer. J. Wildl. Manage. 37:195–201.

ASHKENAZIE, S., AND U. N. SAFRIEL. 1979. Time-energy budget of the semipalmated sandpiper *Calidris pusilla* at Barrow, Alaska. Ecology 60:783–799.

ASQUITH, T. N., AND L. G. BUTLER. 1985. Use of dye-labeled protein as spectrophotometric assay for protein precipitants such as tannin. J. Chem. Ecol. 11:1535–1544.

BAKER, D. L., AND D. R. HANSEN. 1985. Comparative digestion of grass in mule deer and elk. J. Wildl. Manage. 49:77–79.

———, AND N. T. HOBBS. 1987. Strategies of digestion: digestive efficiency and retention time of forage diets in montane ungulates. Can. J. Zool. 65:1978–1984.

———, D. E. JOHNSON, L. H. CARPENTER, O. C. WALLMO, AND R. B. GILL. 1979. Energy requirements of mule deer fawns in winter. J. Wildl. Manage. 43:162–169.

BAKKEN, G. S., D. J. ERSKINE, AND W. R. SANTEE. 1983. Construction and operation of heated taxidermic mounts used to measure standard operative temperature. Ecology 64:1658–1662.

BALAKRISHNAN, M., AND K. M. ALEXANDER. 1979. A study on aspects of feeding and food utilization of the Indian musk shrew, *Suncus murinus viridescens* (Blyth). Physiol. Behav. 22:423–428.

BARNES, T. G. 1988. Digestion dynamics in white-tailed deer. Ph.D. Thesis, Texas A&M Univ., College Station. 153pp.

BATE-SMITH, E. C. 1973. Haemanalysis of tannins: the concept of relative astringency. Phytochemistry 12:907–912.

BATZLI, G. O., AND F. R. COLE. 1979. Nutritional ecology of microtine rodents: digestibility of forage. J. Mammal. 60:740–750.

BECKERTON, P. R., AND A. L. A. MIDDLETON. 1982. Effects of dietary protein levels on ruffed grouse reproduction. J. Wildl. Manage. 46:569–579.

———, AND ———. 1983. Effects of dietary protein levels on body weight, food consumption, and nitrogen balance in ruffed grouse. Condor 85:53–60.

BELL, R. H. V. 1971. A grazing ecosystem in the Serengeti. Sci. Am. 225:86–93.

BENGTSON, J. L. 1983. Estimating food consumption of free-ranging manatees in Florida. J. Wildl. Manage. 47:1186–1192.

BILLINGSLEY, B. B., JR., AND D. H. ARNER. 1970. The nutritive value and digestibility of some winter foods of the eastern wild turkey. J. Wildl. Manage. 34:176–182.

BJÖRNHAG, G., AND I. SPERBER. 1977. Transport of various food components through the digestive tract of turkeys, geese, and guinea fowl. Swed. J. Agric. Res. 7:57–66.

BRYANT, D. M., C. J. HALLS, AND R. PRYS-JONES. 1985. Energy expenditure by free-living dippers (*Cinclus cinclus*) in winter. Condor

87:177–186.
BRYANT, J. P. 1981. Phytochemical deterrence of snowshoe hare browsing by adventitious shoots of four Alaskan trees. Science 213:889–890.
BUCHSBAUM, R., I. VALIELA, AND T. SWAIN. 1984. The role of phenolic compounds and other plant constituents in feeding by Canada geese in a coastal marsh. Oecologia 63:343–349.
———, J. WILSON, AND I. VALIELA. 1986. Digestibility of plant constituents by Canada geese and Atlantic brant. Ecology 67:386–393.
BURNS, R. E. 1963. Methods of tannin analysis for forage crop evaluation. Univ. Georgia Tech. Bull. N.S. 32. 14pp.
BURTON, B. A., R. J. HUDSON, AND D. D. BRAGG. 1979. Efficiency of utilization of bulrush rhizomes by lesser snow geese. J. Wildl. Manage. 43:728–735.
CAIN, B. W. 1976. Energetics of growth for black-bellied tree ducks. Condor 78:124–128.
CAMPA, H., III, D. K. WOODYARD, AND J. B. HAUFLER. 1984. Reliability of captive deer and cow in vitro digestion values in predicting wild deer digestion levels. J. Range Manage. 37:468–470.
CARL, G. R., AND R. D. BROWN. 1985. Protein requirement of adult collared peccaries. J. Wildl. Manage. 49:351–355.
CASE, R. M., AND R. J. ROBEL. 1974. Bioenergetics of the bobwhite. J. Wildl. Manage. 38:638–652.
CHAMI, D. B., P. VOHRA, AND F. H. KRATZER. 1980. Evaluation of a method for determination of true metabolizable energy of feed ingredients. Poult. Sci. 59:569–571.
CHAPPELL, M. A. 1980. Thermal energetics and thermoregulatory costs of small arctic mammals. J. Mammal. 61:278–291.
CHIVERS, D. I., P. ANDREWS, H. PREUSCHOFT, A. BILSBOROUGH, AND B. A. WOOD. 1984. Food acquisition and processing in primates: concluding discussion. Pages 545–556 in D. I. Chivers, B. A. Wood, and A. Bilsborough, eds. Food acquistion and processing in primates. Plenum Press, New York, N.Y.
CHOO, G. M., P. G. WATERMAN, D. B. MCKEY, AND J. S. GARTLAN. 1981. A simple enzyme assay for dry matter digestibility and its value in studying food selection by generalist herbivores. Oecologia 49:170–178.
CHURCH, D. C., AND W. G. POND. 1988. Basic animal nutrition and feeding. Third ed. John Wiley & Sons, New York, N.Y. 472pp.
CLARK, J., AND J. BEARD. 1977. Prediction of the digestibility of ruminant feeds from their solubility in enzyme solutions. Anim. Feed Sci. Technol. 2:153–159.
CLARKE, T., P. C. FLINN, AND A. A. MCGOWAN. 1982. Low-cost pepsin cellulose assays for prediction of digestibility of herbage. Grass Forage Sci. 37:147–150.
CLARY, W. P., B. L. WELCH, AND G. D. BOOTH. 1988. In vitro digestion experiments: importance of variation between inocula donors. J. Wildl. Manage. 52:358–361.
CLEMANS, R. J. 1974. The bioenergetics of the blue jay in central Illinois. Condor 76:358–360.
CLUFF, L. K., B. L. WELCH, J. C. PEDERSON, AND J. D. BROTHERSON. 1982. Concentration of monoterpenoids in the rumen ingesta of wild mule deer. J. Range Manage. 35:192–194.
COLLINS, W. B., P. J. URNESS, AND D. D. AUSTIN. 1978. Elk diets and activities on different lodgepole pine habitat segments. J. Wildl. Manage. 42:799–810.
CORTS, K. E., AND F. G. LINDZEY. 1984. Basal metabolism and energetic cost of walking in cougars. J. Wildl. Manage. 48:1456–1458.
COWAN, R. L., E. W. HARTSOCK, J. B. WHELAN, T. A. LONG, AND R. S. WETZEL. 1969. A cage for metabolism and radioisotope studies with deer. J. Wildl. Manage. 33:204–208.
CRAMPTON, E. W., AND L. E. HARRIS. 1969. Applied animal nutrition. Second ed. W. H. Freeman and Co., San Francisco, Calif. 753pp.
DAHLQUIST, R. L., AND J. W. KNOLL. 1978. Inductively coupled plasma-atomic emission spectrometry: analysis of biological materials and soils for major trace and ultra-trace elements. Appl. Spectrosc. 32:1–30.
DAVISON, R. P., W. W. MAUTZ, H. H. HAYES, AND J. B. HOLTER. 1978. The efficiency of food utilization and energy requirements of captive female fishers. J. Wildl. Manage. 42:811–821.
DAWSON, W. R., A. F. BENNETT, AND J. W. HUDSON. 1976. Metabolism and thermoregulation in hatchling ring-billed gulls. Condor 78:49–60.

DEBOLT, D. C. 1980. Multielement emission spectroscopic analysis of plant tissue using DC argon plasma source. J. Assoc. Off. Agric. Chem. 63:802–805.
DEJONG, A. A. 1976. The influence of simulated solar radiation on the metabolic rate of white-crowned sparrows. Condor 78:174–179.
DEMMENT, M. W., AND P. J. VAN SOEST. 1985. A nutritional explanation for body-size patterns of ruminant and nonruminant herbivores. Am. Nat. 125:641–672.
DOWMAN, M. G., AND F. C. COLLINS. 1982. The use of enzymes to predict the digestibility of animal feeds. J. Sci. Food Agric. 33:689–696.
EVANS, K. E., AND D. R. DIETZ. 1974. Nutritional energetics of sharp-tailed grouse during winter. J. Wildl. Manage. 38:622–629.
FANCY, S. G., AND R. G. WHITE. 1985. Energy expenditures by caribou while cratering in snow. J. Wildl. Manage. 49:987–993.
FARRELL, D. J., AND A. J. WOOD. 1968. The nutrition of the female mink (Mustela vison). II. The energy requirement for maintenance. Can. J. Zool. 46:47–52.
FEENY, P. P., AND H. BOSTOCK. 1968. Seasonal changes in the tannin content of oak leaves. Phytochemistry 7:871–880.
FOWLER, M. E. 1983. Plant poisoning in free-living wild animals: a review. J. Wildl. Dis. 19:34–43.
FREDDY, D. J. 1984. Heart rates for activities of mule deer at pasture. J. Wildl. Manage. 48:962–969.
GABRIELSEN, G. W., F. MEHLUM, AND K. A. NAGY. 1987. Daily energy expenditure and energy utilization of free-ranging black-legged kittiwakes. Condor 89:126–132.
GASAWAY, W. C., D. F. HOLLEMAN, AND R. G. WHITE. 1975. Flow of digesta in the intestine and cecum of the rock ptarmigan. Condor 77:467–474.
———, R. G. WHITE, AND D. F. HOLLEMAN. 1976. Digestion of dry matter and absorption of water in the intestine and cecum of rock ptarmigan. Condor 78:77–84.
GATES, C. C., AND R. J. HUDSON. 1979. Effects of posture and activity on metabolic responses of wapiti to cold. J. Wildl. Manage. 43:564–567.
GESSAMAN, J. A. 1980. An evaluation of heart rate as an indirect measure of daily energy metabolism of the American kestrel. Comp. Biochem. Physiol. 65(A):273–289.
———. 1987. Energetics. Pages 289–320 in B. A. Giron Pendleton, B. A. Millsap, K. W. Clire, and D. M. Bird, eds. Raptor management techniques manual. Natl. Wildl. Fed., Washington, D. C.
GOERING, H. K., AND P. J. VAN SOEST. 1970. Forage fiber analyses (apparatus, reagents, procedures, and some applications). U.S. Dep. Agric. Agric. Handb. 379. 20pp.
GOLIGHTLY, R. T., JR., AND R. D. OHMART. 1983. Metabolism and body temperature of two desert canids: coyotes and kit foxes. J. Mammal. 64:624–635.
GOTO, I., AND D. J. MINSON. 1977. Prediction of the dry matter digestibility of tropical grasses using a pepsin-cellulase assay. Anim. Feed Sci. Tech. 2:245–253.
GRABER, R. R. 1962. Food and oxygen consumption in three species of owls (Strigidae). Condor 64:473–487.
GRAY, B. T., AND H. H. PRINCE. 1988. Basal metabolism and energetic cost of thermoregulation in wild turkeys. J. Wildl. Manage. 52:133–137.
GWYNNE, M. D., AND R. H. V. BELL. 1968. Selection of vegetation components by grazing ungulates in the Serengeti National Park. Nature 220:390–393.
HAGERMAN, A. E. 1987. Radical diffusion method for determining tannin in plant extracts. J. Chem. Ecol. 13:437–449.
———, AND L. G. BUTLER. 1978. Protein precipitation method for the quantitative determination of tannins. J. Agric. Food Chem. 26:809–812.
HALSE, S. A. 1984. Diet, body condition, and gut size of Egyptian geese. J. Wildl. Manage. 48:569–573.
HAN, I. K., H. W. HOCHSTETLER AND M. L. SCOTT. 1976. Metabolizable energy values of some poultry feeds determined by various methods and their estimation using metabolizability of the dry matter. Poult. Sci. 55:1335–1342.
HANLEY, T. A. 1982. The nutritional basis for food selection by ungulates. J. Range Manage. 35:146–151.
———, AND K. A. HANLEY. 1982. Food resource partitioning by sym-

patric ungulates on Great Basin rangeland. J. Range Manage. 35: 152–158.
HANSEN, R. M., AND B. R. CAVENDER. 1973. Food intake and digestion by black tailed prairie dogs under laboratory conditions. Acta Theriol. 18:191–200.
HARBORNE, J. B. 1979. Flavonoid pigments. Pages 619–655 in G. A. Rosenthal and D. H. Janzen, eds. Herbivores: their interaction with secondary plant metabolites. Academic Press, New York, N.Y.
HARLOW, H. J. 1981. Effects of fasting on rate of food passage assimilation efficiency in badgers. J. Mammal. 62:173–177.
HAVERA, S. P., AND K. E. SMITH. 1979. A nutritional comparison of selected fox squirrel foods. J. Wildl. Manage. 43:691–704.
HAWKINS, A. E., AND P. A. JEWELL. 1962. Food consumption and energy requirements of captive British shrews and the mole. Proc. Zool. Soc. London 138:137–155.
HELLER, H. C. 1972. Measurements of convective and radiative heat transfer in small mammals. J. Mammal. 53:289–295.
HELM, R. C. 1984. Rate of digestion in three species of pinnipeds. Can. J. Zool. 62:1751–1756.
HILL, D. C., E. V. EVANS, AND H. G. LUMSDEN. 1968. Metabolizable energy of aspen flower buds for captive ruffed grouse. J. Wildl. Manage. 32:854–858.
HJELJORD, O., F. SUNDSTOL, AND H. HAAGENRUD. 1982. The nutritional value of browse to moose. J. Wildl. Manage. 46:333–343.
HOBBS, N. T. 1987. Fecal indices to dietary quality: a critique. J. Wildl. Manage. 51:317–320.
———, D. L. BAKER, J. E. ELLIS, D. M. SWIFT, AND R. A. GREEN. 1982. Energy- and nitrogen-based estimates of elk winter-range carrying capacity. J. Wildl. Manage. 46:12–21.
———, ———, AND R. B. GILL. 1983. Comparative nutritional ecology of montane ungulates during winter. J. Wildl. Manage. 47:1–16.
HOFFMAN, R. D., AND T. A. BOOKHOUT. 1985. Metabolizable energy of seeds consumed by ducks in Lake Erie marshes. Trans. North Am. Wildl. Nat. Resour. Conf. 50:557–565.
HOLLEMAN, D. F., J. R. LUICK, AND R. G. WHITE. 1979. Lichen intake estimates for reindeer and caribou during winter. J. Wildl. Manage. 43:192–201.
HOLTER, J. B., H. H. HAYES, AND S. H. SMITH. 1979. Protein requirement of yearling white-tailed deer. J. Wildl. Manage. 43:872–879.
———, G. TYLER, AND T. WALSKI. 1974. Nutrition of the snowshoe hare (Lepus americanus). Can. J. Zool. 52:1553–1558.
———, W. E. URBAN, JR., H. H. HAYES, AND H. SILVER. 1976. Predicting metabolic rate from telemetered heart rate in white-tailed deer. J. Wildl. Manage. 40:626–629.
HOLTHUIJZEN, A. M. A., AND C. S. ADKISSON. 1984. Passage rate, energetics, and utilization efficiency of the cedar waxwing. Wilson Bull. 96:680–684.
HORWITZ, W., EDITOR. 1975. Official methods of analysis of the Association of Official Analytical Chemists. 12th ed. Assoc. Off. Anal. Chem., Washington, D.C. 1094pp.
HUDSON, R. J., AND R. J. CHRISTOPHERSON. 1985. Maintenance metabolism. Pages 121–142 in R. J. Hudson and R. G. White, eds. Bioenergetics of wild herbivores. CRC Press, Inc., Boca Raton, Fla.
INMAN, D. L. 1973. Cellulose digestion in ruffed grouse, chukar partridge and bobwhite quail. J. Wildl. Manage. 37:114–121.
JARMAN, P. J. 1974. The social organisation of antelope in relation to their ecology. Behaviour 48:215–267.
JENKINS, K. J., AND R. G. WRIGHT. 1988. Resource partitioning and competition among cervids in the northern Rocky Mountains. J. Appl. Ecol. 25:11–24.
JENKS, J. A., AND D. M. LESLIE, JR. 1988. Effect of lichen and in vitro methodology on digestibility of winter deer diets in Maine. Can. Field-Nat. 102:216–220.
JOHNSON, D. R., AND K. L. GROEPPER. 1970. Bioenergetics of north plains rodents. Am. Midl. Nat. 84:537–548.
JOHNSON, M. K., AND D. R. ALDRED. 1982. Mammalian prey digestibility by bobcats. J. Wildl. Manage. 46:530.
JOHNSON, R. R. 1966. Techniques and procedures for in vitro and in vivo rumen studies. J. Anim. Sci. 25:855–875.
JONES, D. I. H., AND A. D. WILSON. 1987. Nutritive quality of forage. Pages 65–89 in J. B. Hacker and J. H. Ternouth, eds. The nutrition of herbivores. Academic Press, New York, N.Y.

JORDE, D. G., AND R. B. OWEN, JR. 1988. Efficiency of nutrient use by American black ducks wintering in Maine. J. Wildl. Manage. 52:209–214.
JULKUNEN-TIITTO, R. 1985. Phenolic constituents in the leaves of northern willows: methods for the analysis of certain phenolics. J. Agric. Food Chem. 33:213–217.
KAM, M., A. A. DEGEN, AND K. A. NAGY. 1987. Seasonal energy, water, and food consumption of negev chukars and sand partridges. Ecology 68:1029–1037.
KAUTZ, M. A., W. W. MAUTZ, AND L. H. CARPENTER. 1981. Heart rate as a predictor of energy expenditure of mule deer. J. Wildl. Manage. 45:715–720.
———, G. M. VAN DYNE, L. H. CARPENTER, AND W. W. MAUTZ. 1982. Energy cost for activities of mule deer fawns. J. Wildl. Manage. 46:704–710.
KEIVER, K. M., K. RONALD, AND F. W. H. BEAMISH. 1984. Metabolizable energy requirements for maintenance and faecal and urinary losses of juvenile harp seals (Phoca groenlandica). Can. J. Zool. 62:769–776.
KEMPTON, T. J., R. M. MURRAY, AND R. A. LENG. 1976. Methane production and digestibility measurements in the grey kangaroo and sheep. Aust. J. Biol. Sci. 29:209–214.
KIE, J. G., AND T. S. BURTON. 1984. Dietary quality, fecal nitrogen, and 2, 6 diaminopimelic acid in black-tailed deer in northern California. U.S. For. Serv. Res. Note PSW-364. 3pp.
KIRKPATRICK, R. L., J. P. FONTENOT, AND R. F. HARLOW. 1969. Seasonal changes in rumen chemical components as related to forages consumed by white-tailed deer of the Southeast. Trans. North Am. Wildl. Nat. Resour. Conf. 34:229–238.
KRUEGER, K. 1986. Feeding relationships among bison, pronghorn, and prairie dogs: an experimental analysis. Ecology 67:760–770.
KUSHLAN, J. A. 1977. Growth energetics of the white ibis. Condor 79: 31–36.
LESLIE, D. M., JR., AND E. E. STARKEY. 1985. Fecal indices to dietary quality of cervids in old-growth forests. J. Wildl. Manage. 49:142–146.
———, AND ———. 1987. Fecal indices to dietary quality: a reply. J. Wildl. Manage. 51:321–325.
LEVIN, D. A. 1976. The chemical defenses of plants to pathogens and herbivores. Annu. Rev. Ecol. Syst. 7:121–159.
LINDROTH, R. L., AND G. O. BATZLI. 1984. Plant phenolics as chemical defenses: effects of natural phenolics on survival and growth of prairie voles (Microtus ochrogaster). J. Chem. Ecol. 10:229–244.
LITVAITIS, J. A., AND W. W. MAUTZ. 1976. Energy utilization of three diets fed to captive red fox. J. Wildl. Manage. 40:365–368.
———, AND ———. 1980. Food and energy use by captive coyotes. J. Wildl. Manage. 44:56–61.
LOCHMILLER, R. L., J. B. WHELAN, AND R. L. KIRKPATRICK. 1983. Seasonal energy requirements of adult pine voles, Microtus pinetorum. J. Mammal. 64:345–350.
LUICK, B. R., AND R. G. WHITE. 1986. Oxygen consumption for locomotion by caribou calves. J. Wildl. Manage. 50:148–152.
MABRY, T. J., AND J. E. GILL. 1979. Sesquiterpene lactones and other terpenoids. Pages 502–537 in G. A. Rosenthal and D. H. Janzen, eds. Herbivores: their interaction with secondary plant metabolites. Academic Press, New York, N.Y.
MACCRACKEN, J. G., AND R. M. HANSEN. 1987. Coyote feeding strategies in southeastern Idaho: optimal foraging by an opportunistic predator? J. Wildl. Manage. 51:278–285.
MACPHERSON, S. L., F. A. SERVELLO, AND R. L. KIRKPATRICK. 1985. A method of estimating diet digestibility in wild meadow voles. Can. J. Zool. 63:1020–1022.
———, ———, AND ———. 1988. Seasonal variation in diet digestibility of pine voles. Can. J. Zool. 66:1484–1487.
MAIN, M. B., AND B. E. COBLENTZ. 1990. Sexual segregation among ungulates: a critique. Wildl. Soc. Bull. 18:204–210.
MARTIN, J. S., AND M. M. MARTIN. 1982. Tannin assays in ecological studies: lack of correlation between phenolics, proanthocyanidins and protein-precipitating constituents in mature foliage of six oak species. Oecologia 54:205–211.
———, AND ———. 1983. Tannin assays in ecological studies: precipitation of ribulose-1,5 biphosphate carboxylase/oxygenase by tannic acid, quebracho, and oak foliage extracts. J. Chem. Ecol.

9:285–294.

MAUTZ, W. W. 1971a. Comparison of the $^{51}CrCl_3$ ratio and total collection techniques in digestibility studies with a wild ruminant, the white-tailed deer. J. Anim. Sci. 32:999–1002.

———. 1971b. Confinement effects on dry-matter digestibility coefficients displayed by deer. J. Wildl. Manage. 35:366–368.

———. 1978. Nutrition and carrying capacity. Pages 321–348 in J. L. Schmidt and D. L. Gilbert, eds. Big game of North America: ecology and management. Stackpole Books, Harrisburg, Pa.

———, AND J. FAIR. 1980. Energy expenditure and heart rate for activities of white-tailed deer. J. Wildl. Manage. 44:333–342.

———, AND P. J. PEKINS. 1989. Metabolic rate of bobcats as influenced by seasonal temperatures. J. Wildl. Manage. 53:202–205.

MAXWELL, C. S., AND J. R. KING. 1976. The oxygen consumption of the mountain white-crowned sparrow (Zonotrichia leucophrys oriantha) in relation to air temperature. Condor 78:569–570.

MAYNARD, L. A., J. K. LOOSLI, H. F. HIRTZ, AND R. G. WARNER. 1979. Animal nutrition. Seventh ed. McGraw-Hill Book Co., New York, N.Y. 602pp.

MAZEN, W. S., AND R. L. RUDD. 1980. Comparative energetics in two sympatric species of Peromyscus. J. Mammal. 61:573–574.

MCEWAN, E. H. 1970. Energy metabolism of barren ground caribou (Rangifer tarandus). Can. J. Zool. 48:391–392.

MCINTOSH, J. I., S. J. SLINGER, I. R. SIBBALD, AND G. C. ASHTON. 1962. Factors affecting the metabolizable energy content of poultry feeds. 7. The effects of grinding, pelleting, and grit feeding on the availability of the energy of wheat, corn, oats, and barley. 8. A study of the effects of dietary balance. Poult. Sci. 41:445–456.

MCLEOD, M. N. 1974. Plant tannins—their role in forage quality. Nutr. Abstr. Rev. 11:803–815.

———, AND D. J. MINSON. 1978. The accuracy of the pepsin-cellulase technique for estimating the dry matter digestibility in vivo of grasses and legumes. Anim. Feed Sci. Tech. 3:277–287.

———, AND ———. 1982. Accuracy of predicting digestibility by the cellulase technique: the effect of pretreatment of forage samples with neutral detergent or acid pepsin. Anim. Feed Sci. Tech. 7:83–92.

MCNAB, B. K. 1980. Energetics and the limits to a temperate distribution in armadillos. J. Mammal. 61:606–627.

MILLER, M. R. 1975. Gut morphology of mallards in relation to diet quality. J. Wildl. Manage. 39:168–173.

———. 1984. Comparative ability of northern pintails, gadwalls, and northern shovelers to metabolize foods. J. Wildl. Manage. 48:362–370.

———, AND K. J. REINECKE. 1984. Proper expression of metabolizable energy in avian energetics. Condor 86:396–400.

MOLE, S., AND P. G. WATERMAN. 1987. A critical analysis of techniques for measuring tannins in ecological studies. I. Techniques for chemically defining tannins. Oecologia 72:137–147.

MOORS, P. J. 1977. Studies of the metabolism, food consumption and assimilation efficiency of a small carnivore, the weasel (Mustela nivalis L.). Oecologia 27:185–202.

MORTON, J. M., A. C. FOWLER, AND R. L. KIRKPATRICK. 1989. Time and energy budgets of American black ducks in winter. J. Wildl. Manage. 53:401–410.

MOSS, R. 1972. Effects of captivity on gut lengths in red grouse. J. Wildl. Manage. 36:99–104.

———. 1973. The digestion and intake of winter foods by wild ptarmigan in Alaska. Condor 75:293–300.

———. 1977. The digestion of heather by red grouse during the spring. Condor 79:471–477.

MOTHERSHEAD, C. L., R. L. COWAN, AND A. P. AMMANN. 1972. Variations in determinations of digestive capacity of the white-tailed deer. J. Wildl. Manage. 36:1052–1060.

MOULD, E. D., AND C. T. ROBBINS. 1981a. Evaluation of detergent analysis in estimating nutritional value of browse. J. Wildl. Manage. 45:937–947.

———, AND ———. 1981b. Nitrogen metabolism in elk. J. Wildl. Manage. 45:323–334.

———, AND ———. 1982. Digestive capabilities in elk compared to white-tailed deer. J. Wildl. Manage. 46:22–29.

NAGY, J. G., H. W. STEINHOFF, AND G. M. WARD. 1964. Effects of essential oils of sagebrush on deer rumen microbial function. J. Wildl. Manage. 28:785–790.

———, AND R. P. TENGERDY. 1968. Antibacterial action of essential oils of Artemisia as an ecological factor. II. Antibacterial action of the oils of Artemisia tridentata (big sagebrush) on bacteria from the rumen of mule deer. Appl. Microbiol. 16:441–444.

NAGY, K. A. 1980. CO_2 production in animals: analysis of potential errors in the doubly labeled water method. Am. J. Physiol. 238:R466–R473.

———. 1987. Field metabolic rate and food requirement scaling in mammals and birds. Ecol. Monogr. 57:111–128.

———. 1989. Field bioenergetics: accuracy of models and methods. Physiol. Zool. 62:237–252.

———, AND K. MILTON. 1979. Energy metabolism and food consumption by wild howler monkeys (Alouatta palliata). Ecology 60:475–480.

———, R. S. SEYMOUR, A. K. LEE, AND R. BRAITHWAITE. 1978. Energy and water budgets in free-living Antechinus stuartii (Marsupialia: Dasyuridae). J. Mammal. 59:60–68.

NASTIS, A. S., AND J. C. MALECHEK. 1988. Estimating digestibility of oak browse diets for goats by in vitro techniques. J. Range Manage. 41:255–258.

NOFFSINGER, R. E. 1976. Seasonal variation in the natality, mortality, and nutrition of the pine vole in two orchard types. M.S. Thesis, Virginia Polytechnic Inst. State Univ., Blacksburg. 128pp.

NORMAN, G. W. 1980. Nutritional ecology of ruffed grouse in southwest Virginia. M.S. Thesis, Virginia Polytechnic Inst. State Univ., Blacksburg. 134pp.

OH, H. K., T. SAKAI, M. B. JONES, AND W. M. LONGHURST. 1967. Effect of various essential oils isolated from Douglas fir needles upon sheep and deer rumen microbial activity. Appl. Microbiol. 15:777–784.

OKARMA, H., AND P. KOTEJA. 1987. Basal metabolic rate in the gray wolf in Poland. J. Wildl. Manage. 51:800–801.

PACE, V., M. T. BARGE, D. SETTINERI, AND F. MALOSSINI. 1984. Comparison of forage digestibility in vitro with enzymic solubility. Anim. Feed Sci. Tech. 11:125–136.

PAKPAHAN, A. M., J. B. HAUFLER, AND H. H. PRINCE. 1989. Metabolic rates of red-tailed hawks and great horned owls. Condor 91:1000–1002.

PALMER, W. L., AND R. L. COWAN. 1980. Estimating digestibility of deer foods by an in vitro technique. J. Wildl. Manage. 44:469–472.

PALO, R. T., K. SUNNERHEIM, AND O. THEANDER. 1985. Seasonal variation of phenols, crude protein and cell wall content of birch (Betula pendula Roth.) in relation to ruminant in vitro digestibility. Oecologia 65:314–318.

PARKER, K. L., C. T. ROBBINS, AND T. A. HANLEY. 1984. Energy expenditures for locomotion by mule deer and elk. J. Wildl. Manage. 48:474–488.

PEARSON, H. A. 1970. Digestibility trials: in vitro techniques. Pages 85–92 in Range and wildlife habitat evaluation—a research symposium. U.S. For. Serv. Misc. Publ. 1147.

PEKINS, P. J., AND W. W. MAUTZ. 1988. Digestibility and nutritional value of autumn diets of deer. J. Wildl. Manage. 52:328–332.

PENDERGAST, B. A., AND D. A. BOAG. 1971. Nutritional aspects of the diet of spruce grouse in central Alberta. Condor 73:437–443.

PERI, C., AND C. POMPEI. 1971. Estimation of different phenolic groups in vegetable extracts. Phytochemistry 10:2187–2189.

PERNETTA, J. C. 1977. Anatomical and behavioural specialisations of shrews in relation to their diet. Can. J. Zool. 55:1442–1453.

PERSON, S. J., R. E. PEGAU, R. G. WHITE, AND J. R. LUICK. 1980. In vitro and nylon-bag digestibilities of reindeer and caribou forages. J. Wildl. Manage. 44:613–622.

PERSONIUS, T. L., C. L. WAMBOLT, J. R. STEPHENS, AND R. G. KELSEY. 1987. Crude terpenoid influence on mule deer preference for sagebrush. J. Range Manage. 40:84–88.

PRICE, M. L., S. V. SCOYOC, AND L. G. BUTLER. 1978. A critical evaluation of the vanillin reaction as an assay for tannin in sorghum grain. J. Agric. Food Chem. 26:1214–1218.

PRIEBE, J. C., AND R. D. BROWN. 1987. Protein requirements of subadult nilgai antelope. Comp. Biochem. Physiol. 88A:495–501.

RADWAN, M. A. 1972. Differences between Douglas-fir genotypes in relation to browsing by black-tailed deer. Can. J. For. Res. 2:250–255.

REGELIN, W. L., C. C. SCHWARTZ, AND A. W. FRANZMANN. 1985. Seasonal energy metabolism of adult moose. J. Wildl. Manage. 49: 388–393.

———, O. C. WALLMO, J. NAGY, AND D. R. DIETZ. 1974. Effect of logging on forage values for deer in Colorado. J. For. 72:282–285.

RENECKER, L. A., AND R. J. HUDSON. 1985. Estimation of dry matter intake of free-ranging moose. J. Wildl. Manage. 49:785–792.

RHOADES, D. F., AND R. G. CATES. 1976. Toward a general theory of plant antiherbivore chemistry. Pages 168–213 in J. W. Wallace and R. L. Mansell, eds. Biochemical interaction between plants and animals. Rec. Adv. Phytochem. 10.

RIBÉREAU-GAYON, P. 1972. Plant phenolics. Oliver and Boyd, Ltd., Edinburgh, Scotland. 254pp.

RICKLEFS, R. E., AND J. B. WILLIAMS. 1984. Daily energy expenditure and water-turnover rate of adult European starlings (*Sturnus vulgaris*) during the nesting cycle. Auk 101:707–716.

RISENHOOVER, K. L., L. A. RENECKER, AND L. E. MORGANTINI. 1985. Effects of secondary metabolites from balsam poplar and paper birch on cellulose digestion. J. Range Manage. 38:370–372.

ROBBINS, C. T. 1983. Wildlife feeding and nutrition. Academic Press, New York, N.Y. 343pp.

———, Y. COHEN, AND B. B. DAVIT. 1979. Energy expenditure by elk calves. J. Wildl. Manage. 43:445–453.

———, T. A. HANLEY, A. E. HAGERMAN, O. HJELJORD, D. L. BAKER, C. C. SCHWARTZ, AND W. W. MAUTZ. 1987a. Role of tannins in defending plants against ruminants: reduction in protein availability. Ecology 68:98–107.

———, S. MOLE, A. E. HAGERMAN, AND T. A. HANLEY. 1987b. Role of tannins in defending plants against ruminants: reduction in dry matter digestion? Ecology 68:1606–1615.

———, P. J. VAN SOEST, W. W. MAUTZ, AND A. N. MOEN. 1975. Feed analyses and digestion with reference to white-tailed deer. J. Wildl. Manage. 39:67–79.

ROBEL, R. J., AND A. R. BISSET. 1979. Effects of supplemental grit on metabolic efficiency of bobwhites. Wildl. Soc. Bull. 7:178–181.

———, ———, T. M. CLEMENT, JR., AND A. D. DAYTON. 1979. Metabolizable energy of important foods of bobwhites in Kansas. J. Wildl. Manage. 43:982–987.

ROBINETTE, W. L., C. H. BAER, R. E. PILLMORE, AND C. E. KNITTLE. 1973. Effects of nutritional change on captive mule deer. J. Wildl. Manage. 37:312–326.

ROBINSON, T. 1979. The evolutionary ecology of alkaloids. Pages 413–448 in G. A. Rosenthal and D. H. Janzen, eds. Herbivores: their interaction with secondary plant metabolites. Academic Press, New York, N.Y.

RONALD, K., K. M. KEIVER, F. W. H. BEAMISH, AND R. FRANK. 1984. Energetic requirements for maintenance and faecal and urinary losses of the grey seal (*Halichoerus grypus*). Can. J. Zool. 62:1101–1105.

ROSENTHAL, G. A., AND D. H. JANZEN. 1979. Herbivores: their interaction with secondary plant metabolites. Academic Press, New York, N.Y. 718pp.

SCHITOSKEY, F., JR., AND S. R. WOODMANSEE. 1978. Energy requirements and diet of the California ground squirrel. J. Wildl. Manage. 42:373–382.

SCHWARTZ, C. C., AND N. T. HOBBS. 1985. Forage and range evaluation. Pages 25–51 in R. J. Hudson and R. G. White, eds. Bioenergetics of wild herbivores. CRC Press, Inc., Boca Raton, Fla.

———, M. E. HUBBERT, AND A. W. FRANZMANN. 1988a. Energy requirements of adult moose for winter maintenance. J. Wildl. Manage. 52:26–33.

———, J. G. NAGY, AND W. L. REGELIN. 1980. Juniper oil yield, terpenoid concentration, and antimicrobial effects on deer. J. Wildl. Manage. 44:107–113.

———, ———, AND R. W. RICE. 1977. Pronghorn dietary quality relative to forage availability and other ruminants in Colorado. J. Wildl. Manage. 41:161–168.

———, W. L. REGELIN, AND A. W. FRANZMANN. 1987. Protein digestion in moose. J. Wildl. Manage. 51:352–357.

———, ———, AND ———. 1988b. Estimates of digestibility of birch, willow, and aspen mixtures in moose. J. Wildl. Manage. 52: 33–37.

SCOTT, M. L., M. C. NESHEIM, AND R. J. YOUNG. 1982. Nutrition of the chicken. Third ed. M. L. Scott and Associates, Ithaca, N.Y. 562pp.

SEDINGER, J. S. 1984. Protein and amino acid composition of tundra vegetation in relation to nutritional requirements of geese. J. Wildl. Manage. 48:1128–1136.

SERVELLO, F. A., AND R. L. KIRKPATRICK. 1987. Regional variation in the nutritional ecology of ruffed grouse. J. Wildl. Manage. 51:749–770.

———, ———, AND K. E. WEBB, JR. 1987. Predicting the metabolizable energy in the diet of ruffed grouse. J. Wildl. Manage. 51:560–567.

———, ———, ———, AND A. R. TIPTON. 1984. Pine vole diet quality in relation to apple tree root damage. J. Wildl. Manage. 48:450–455.

———, K. E. WEBB, JR., AND R. L. KIRKPATRICK. 1983. Estimation of the digestibility of diets of small mammals in natural habitats. J. Mammal. 64:603–609.

SHORT, H. L. 1976. Composition and squirrel use of acorns of black and white oak groups. J. Wildl. Manage. 40:479–483.

SHUMAN, T. W., R. J. ROBEL, A. D. DAYTON, AND J. L. ZIMMERMAN. 1988. Apparent metabolizable energy content of foods used by mourning doves. J. Wildl. Manage. 52:481–483.

SIBBALD, I. R. 1975. The effect of level of feed intake on metabolizable energy values measured with adult roosters. Poult. Sci. 54:1990–1997.

———. 1976. A bioassay for true metabolizable energy in feedingstuffs. Poult. Sci. 55:303–308.

———. 1979. A bioassay for available amino acids and true metabolizable energy in feedingstuffs. Poult. Sci. 58:668–673.

SILVER, H., N. F. COLOVOS, AND H. H. HAYES. 1959. Basal metabolism of white-tailed deer—a pilot study. J. Wildl. Manage. 23:434–438.

———, ———, J. B. HOLTER, AND H. H. HAYES. 1969. Fasting metabolism of white-tailed deer. J. Wildl. Manage. 33:490–498.

SINGLETON, V. L., AND J. A. ROSSI, JR. 1965. Colorimetry of total phenolics with phosphomolybdic-phosphotungstic acid reagents. Am. J. Enol. Vitic. 16:144–158.

SMALLWOOD, P. D., AND W. D. PETERS. 1986. Grey squirrel food preferences: the effects of tannin and fat concentration. Ecology 67: 168–174.

SMITH, D. 1973. Influence of drying and storage conditions on nonstructural carbohydrate analysis of herbage tissue—a review. J. Br. Grassl. Soc. 28:129–134.

SMITH, K. G., AND H. H. PRINCE. 1973. The fasting metabolism of subadult mallards acclimatized to low ambient temperatures. Condor 75:330–335.

SMITH, M. C. 1983. The feasibility of microwave ovens for drying plant samples. J. Range Manage. 36:676–677.

SNYDER, W. I., M. E. RICHMOND, AND W. G. POND. 1976. Protein nutrition of juvenile cottontails. J. Wildl. Manage. 40:484–490.

STALMASTER, M. V., AND J. A. GESSAMAN. 1982. Food consumption and energy requirements of captive bald eagles. J. Wildl. Manage. 46:646–654.

———, AND ———. 1984. Ecological energetics and foraging behavior of overwintering bald eagles. Ecol. Monogr. 54:407–428.

SUGDEN, L. G. 1971. Metabolizable energy of small grains for mallards. J. Wildl. Manage. 35:781–785.

SWAIN, T. 1979. Tannins and lignins. Pages 657–682 in G. A. Rosenthal and D. H. Janzen, eds. Herbivores: their interaction with secondary plant metabolites. Academic Press, New York, N.Y.

TATNER, P., AND D. M. BRYANT. 1986. Flight cost of a small passerine measured using doubly labeled water: implications for energetics studies. Auk 103:169–180.

TEUBNER, V. A., AND G. W. BARRETT. 1983. Bioenergetics of captive raccoons. J. Wildl. Manage. 47:272–274.

THOMAS, D. W., C. SAMSON, AND J. M. BERGERON. 1988. Metabolic costs associated with ingestion of plant phenolics by *Microtus pennsylvanicus*. J. Mammal. 69:512–515.

THOMPSON, C. B., J. B. HOLTER, H. H. HAYES, H. SILVER, AND W. E. URBAN, JR. 1973. Nutrition of white-tailed deer. I. Energy requirements of fawns. J. Wildl. Manage. 37:301–311.

THOMPSON, F. R., III, AND E. K. FRITZELL. 1988a. Ruffed grouse metabolic rate and temperature cycles. J. Wildl. Manage. 52:450–453.

———, AND ———. 1988b. Ruffed grouse winter roost site preference and influence on energy demands. J. Wildl. Manage. 52:454–460.

THONNEY, M. L., D. J. DUHAIME, P. W. MOE, AND J. T. REID. 1979.

Acid insoluble ash and permanganate lignin as indicators to determine digestibility of cattle rations. J. Anim. Sci. 49:1112–1116.

THORKELSON, J., AND R. K. MAXWELL. 1974. Design and testing of a heat transfer model of a raccoon (*Procyon lotor*) in a closed tree den. Ecology 55:29–39.

TILLEY, J. M. A., AND R. A. TERRY. 1963. A two stage technique for the *in vitro* digestion of forage crops. J. Br. Grassl. Soc. 18:104–111.

TUKEY, H. B., JR. 1966. Leaching of metabolites from above-ground plant parts and its implications. Bull. Torrey Bot. Club 93:385–401.

ULLREY, D. E., W. G. YOUATT, H. E. JOHNSON, L. D. FAY, B. L. SCHOEPKE, AND W. T. MAGEE. 1970. Digestible and metabolizable energy requirements for winter maintenance of Michigan white-tailed does. J. Wildl. Manage. 34:863–869.

VAN HORNE, B., T. A. HANLEY, R. G. CATES, J. D. MCKENDRICK, AND J. D. HORNER. 1988. Influence of seral stage and season on leaf chemistry of southeastern Alaska deer forage. Can. J. For. Res. 18:90–99.

VAN SOEST, P. J. 1963*a*. Use of detergents in the analysis of fibrous feeds. I. Preparation of fiber residues of low nitrogen content. J. Assoc. Off. Agric. Chem. 46:825–829.

———. 1963*b*. Use of detergents in the analysis of fibrous feeds. II. A rapid method for the determination of fiber and lignin. J. Assoc. Off. Agric. Chem. 46:829–835.

———. 1965*a*. Nonnutritive residues: a system of analysis for the replacement of crude fiber. J. Assoc. Off. Agric. Chem. 49:546–551.

———. 1965*b*. Use of detergents in analysis of fibrous feeds. III. Study of effects of heating and drying on yield in fiber and lignin in forages. J. Assoc. Off. Agric. Chem. 48:785–790.

———. 1967. Development of a comprehensive system of feed analyses and its application to forages. J. Anim. Sci. 26:119–128.

———. 1982. Nutritional ecology of the ruminant. O and B Books, Inc., Corvallis, Oreg. 374pp.

VERME, L. J., AND J. J. OZOGA. 1980. Effects of diet on growth and lipogenesis in deer fawns. J. Wildl. Manage. 44:315–324.

VESEY-FITZGERALD, D. F. 1960. Grazing succession among East African game animals. J. Mammal. 41:161–172.

VLECK, C. M. 1981. Energetic cost of incubation in the zebra finch. Condor 83:229–237.

VOGTSBERGER, L. M., AND G. W. BARRETT. 1973. Bioenergetics of captive red foxes. J. Wildl. Manage. 37:495–500.

WALLAGE-DREES, J. M., AND B. DEINUM. 1986. Quality of the diet selected by wild rabbits (*Oryctolagus cuniculus* (L.)) in autumn and winter. Netherlands J. Zool. 36:438–448.

WALLICK, L. G., AND G. W. BARRETT. 1976. Bioenergetics and prey selection of captive barn owls. Condor 78:139–141.

WALTON, M. F., F. A. HASKINS, AND H. J. GORZ. 1983. False positive results in the vanillin-HC1 assay of tannins in sorghum forage. Crop Sci. 23:197–200.

WARNER, A. C. I. 1981. Rate of passage of digesta through the gut of mammals and birds. Nutr. Abstr. Ser. B. 51:789–819.

WEATHERS, W. W., W. A. BUTTEMER, A. M. HAYWORTH, AND K. A. NAGY. 1984. An evaluation of time-budget estimates of daily energy expenditure in birds. Auk 101:459–472.

WELCH, B. L., AND E. D. MCARTHUR. 1981. Variation of monoterpenoid content among subspecies and accessions of *Artemisia tridentata* grown in a uniform garden. J. Range Manage. 34:380–384.

WESLEY, D. E., K. L. KNOX, AND J. G. NAGY. 1973. Energy metabolism of pronghorn antelopes. J. Wildl. Manage. 37:563–573.

WEST, G. C. 1968. Bioenergetics of captive willow ptarmigan under natural conditions. Ecology 49:1035–1045.

WHITE, R. G., E. JACOBSEN, AND H. STAALAND. 1984. Secretion and absorption of nutrients in the alimentary tract of reindeer fed lichens or concentrates during the winter. Can. J. Zool. 62:2364–2376.

WICKSTROM, M. L., C. T. ROBBINS, T. A. HANLEY, D. E. SPALINGER, AND S. M. PARISH. 1984. Food intake and foraging energetics of elk and mule deer. J. Wildl. Manage. 48:1285–1301.

WILLIAMS, J. B., AND K. A. NAGY. 1984. Daily energy expenditure of savannah sparrows: comparison of time-energy budget and doubly-labeled water estimates. Auk 101:221–229.

———, AND ———. 1985. Daily energy expenditure by female savannah sparrows feeding nestlings. Auk 102:187–190.

———, AND A. PRINTS. 1986. Energetics of growth in nestling savannah sparrows: a comparison of doubly labeled water and laboratory estimates. Condor 88:74–83.

WILLIAMS, J. E., AND S. C. KENDEIGH. 1982. Energetics of the Canada goose. J. Wildl. Manage. 46:588–600.

WILLSON, M. F., AND J. C. HARMESON. 1973. Seed preferences and digestive efficiency of cardinals and song sparrows. Condor 75:225–234.

WISDOM, C. S., A. GONZALEZ-COLOMA, AND P. W. RUNDEL. 1987. Ecological tannin assays. Evaluation of proanthocyanidins, protein binding assays and protein precipitation potential. Oecologia 72:395–401.

WOOLEY, J. B., JR., AND R. B. OWEN, JR. 1978. Energy costs of activity and daily energy expenditure in the black duck. J. Wildl. Manage. 42:739–745.

WORTHEN, G. L., AND D. L. KILGORE, JR. 1981. Metabolic rate of pine marten in relation to air temperature. J. Mammal. 62:624–628.

ZERVANOS, S. M., AND G. I. DAY. 1977. Water and energy requirements of captive and free-living collared peccaries. J. Wildl. Manage. 41:527–532.

13
野生動物の死因の評価

Thomas J. Roffe, Milton Friend & Louis N. Locke

はじめに	381	基本的な装備	385
フィールドにおける観察	382	標本の選択	385
環　境	382	サンプル収集	387
問題の始まり	383	組織の選別と保存	389
罹患動物種	383	極端な温度条件下での標本の保存	394
年　齢	383	標本の運搬	394
性	383	フィールドでの剖検の手順	397
罹患あるいは斃死動物数	383	一般的ガイドライン	398
臨床症状	383	器　具	399
危機に瀕した個体群	384	基本的な剖検の原則	399
個体群の移動	384	哺乳類の剖検	400
問題の発生した地域の地理的特徴	384	鳥類の剖検	406
標本の収集と保存	384	参考文献	409

❏ はじめに

　野生動物の死因についての時宜にかなった正確な診断は，引き続き予想される動物のロスを最小限に食い止める防止策および緩和策に向けての決定的な第一歩である。フィールドにおける生物学者は，自由生活を営む動物の群に発生した斃死例や瀕死例の第一発見者となる場合が多いため，極めて重要な役割を担う。本章の目的は，フィールドで活動する生物学者を対象に，剖検方法，斃死体からの採材法とその保存法を含めた野生動物の死亡原因の究明と記録に関する指針を示すことにある。本章に示した材料の採取および保管法に関する記述は，条件の整った理想的状況下のものであるが，実際にフィールドにおける多くの場合は，理想とはほど遠く，望ましい道具，容器および防腐剤の使用が期待できないことを，著者自身もよく熟知している。したがって，著者自身がフィールドで用いる間に合わせの簡便な解決策もしばしば提示する。ほとんど全ての場合に言えることであるが，フィールドでのサンプル採取が理想にほど遠い状態にあるとしても，サンプルが全くないよりもましである。死亡の原因を特定する（病性鑑定）のは，特殊な研究領域であり，本章で取り扱う範中あるいは目的ではない。

　フィールドにおける観察の質，さらに検査のための標本類の適切な選択とその品質が，疾病の専門家が時宜を得た死因の最終的評価を下すのを助ける。すなわち，優れた洞察力と論理的な思考を備えた生物学者がフィールドで収集した完全かつ適切に記録されたデータ類，さらに採集標本の適切な選別，その保存や包装および輸送が，正確で時宜を得た診断の決め手になる。死因が毒物，感染，物理的作用あるいはその他の要因にかかわらず，フィールドでの優れた観察と標本類の適切な選択および取扱いは不可欠である。フィールドでは，多くの場合，診断の補助となる情報が容易には得られない。このような状況にもかかわらず，フィールドの生物学者が，過去の症例について遡って評価を行うことは，フィールドにおける剖検にかかわる所見の観察および記録の質的向上につながる。また，標本の種類によっては，診断の目的でサンプルを長期保存することは可能である。

　野生動物の未知の死因を解明する最も有効で実際的な方法は，フィールドの生物学者と疾病の専門家とを結びつけ，調和した一つのチームとして機能させることである。この

チーム内のコミュニケーションを確立し，そのスタッフの長所と限界を理解し，死因の解明に立ち向かう前に十分な準備を行うことが，極めて重要であり，目的を著しく促進する。この章を興味深く読んでいる方は，この箇所で止めて，「原因が不明の野生動物の斃死例に遭遇した時，診断のための助力がどこで得られるかを知っているか？」と自問する必要がある。この質問に「Yes」と答えられた場合，コミュニケーションの形成，さらにフィールドでの活動に必要なトレーニングや有益な指導を得るなど事前の準備に焦点を合わせることができる。

　また，野生動物に感染し致死させる因子の多くは，ヒトにも感染する可能性があることを知り，常に認識することが重要である。動物からヒトに伝播する感染症は，人獣共通感染症と呼ばれる。野生動物の死亡を調査する過程で,決して作業者を危険に曝してはならない。病気および斃死した野生動物を取扱うこと，さらにその屍体の剖検は本質的に危険な作業である。これら危険を伴う作業は，適した手技，防護服，事情に精通した医師が必要とみなした予防接種などの条件を満たしてから実施すべきである。最低限守るべきルールとしては，臨床的に病気と診断した野生動物および死因不明の斃死体は，決して素手で扱うべきではないこと。すなわち，斃死体の取り扱い際しては，必ず防御用の手袋あるいは血液や体液の浸透を防ぐ装具を着用する必要がある。

　フィールドで活動する生物学者は，野生動物の疾病，なかでも人獣共通感染症の概要に精通しておく必要がある。また，自分が研究対象とする野生動物やその生息地域に発生し得る疾病に関しては，伝播様式も含めより詳細な情報を得ておくべきである。野生動物を対象とする生物学者が，理解すべき最も重要なコンセプトの一つは，どのように動物から動物へ伝播するか，人獣共通感染症であれば，どのように動物からヒトに伝播するかである。

　一般に哺乳動物は，鳥類に比べ，より高い人獣共通感染症の危険性を示す。しかし，このことは，鳥類の屍体の取り扱いには,感染防御の措置が不必要という訳ではない。また，野生動物に寄生する外部寄生虫も，ヒトに感染症を媒介することがある。例えば，家兎病菌は，哺乳動物や鳥類に寄生する感染ダニから分離される(Olsen 1975, Bell 1980)。フィールドで研究者が，野生動物の有害な感染病に曝露された可能性がある場合，例えば，狂犬病ウイルスの保有宿主となりうる野生動物に咬まれたり，あるいは研究者が野生動物を研究対象として扱った後に原因不明の病気に罹患した場合，直ちに医師に受診し適切な処置を受けねばならない。医師には，野生動物との接触の機会の全てとその内容を提示する必要がある。その際，曝露から症状が現れる間の潜伏期間は，数週から数か月に及ぶので，できるだけ詳細で完全な情報を提供する必要がある。

❏フィールドにおける観察

　野生動物の死は，主役である動物，その生息環境，致死的あるいは死亡原因となる要因を含めた一連の事象の最終結末である。フィールドで調査中の研究者による観察記録は，後に研究室内で行われる死因の検索に際して，決め手となるような重要な情報を提供することがある。例えば，周囲の環境の観察結果から，ある特殊な疾病の輪郭が浮かんできたり，または特定の疾患を死因の候補から予め除外することも可能になる。一定地域での斃死体の分布状況から，その死因が急性なのか，慢性なのか，あるいは曝露が局地的なのか広域なのか，さらに他の動物種との関連なども知ることができる。フィールドにおける疾病の徴候の有無,例えば斃死動物と同様な罹患動物が他に認められたかどうか，糞便の特徴的な色，罹患動物の行動・風貌などの観察結果の全てが，病因の解明に寄与する。以下に示すデータ類は，国立野生動物衛生研究センターとその他の診断研究室にて，野生動物の死因を究明する過程で得られたもので，特殊なタイプのフィールド観察であるが，その重要さを例証するのに有用と思われる。

環　境

　種々の環境の変化は，野生動物に死をもたらす。例えば直接的には極度に寒冷な天候,間接的には感染性の要因(例えば細菌，ウイルス，カビ)，殺虫剤および毒物への曝露の増加などである。野生動物の死亡数を調査している生物学者は，そのような環境の変化も記録する必要がある。例えば，昆虫の繁殖を抑えるために農薬が使われていないか？ひょう，雷，急激な温度の低下あるいは上昇，または大雪,氷雨のような厳しい気象状況は発生していなかったか？ダニや蚊など節足動物に大発生はなかったか？　下水，汚水が湿地に垂れ流しにされてはいないか？　最近，藻類に異常発生はなかったか？　刈入れ作業の形態が大きく変った結果,野生動物が摂食可能な食物の量/種類が変化してはいないか？　水の管理の方式が変更されていたり，水源地に変化ないか；水の氾濫，枯渇あるいは干ばつは起こっていないか？　その地域に他の野生動物が放たれてはいないか，あるいは新たな産業または家畜の集団が，極めて近接

した地域に導入されてはいないか？　一定の地域に棲息する野生動物の個体数や種類に，異常に過密な状態はなかったか？などの点をチェックする必要がある。

上述した状況は，いずれも野生動物の斃死に関連するが，その全てが野生動物の死因となっている訳ではない。それ故，この種の情報は，ある既知の変化に死因を想定することなく，可能な限り客観的に収集すべきである。手堅い観察により，死因を調査するうえで重要な見通しが得られる。早まった判断により他の重要な所見を見落とし，間違った疾病原因が導き出される可能性がある。

問題の始まり

最初に斃死体を発見した日時は，周囲環境で発生していた事象との関連を確定するうえで重要な意味をもつ。屍体の腐敗の状態，あるいは死後に屍体が食われて傷んだ程度から死亡時期が推定できる。また，屍体の周囲の温度は，腐敗の進行に大きく影響することから，死亡時期を推定する際にこれを考慮しかつ記録しておく必要がある。罹患あるいは斃死動物が最初に認められた日時は，それらの発見につながった現場での活動に，関連することを考慮しなければならない。

罹患動物種

フィールドにおける最も重要な活動の一つは，そこに存在する動物種と罹患動物種を正確に記録することである。狭い宿主域を示す感染症では，特定の動物種に偏った斃死の発生状況から，ある感染症に着目したり，逆にその要因を考慮の対象から外すことができる。例えば，アヒルペストはガンカモ目の鳥しか斃死させないが(Leibovitz 1967)，トリコレラは，鳥類に広い宿主域を示す(Rosen 1971)。さらに野兎病は，哺乳動物と鳥類の両方で広範囲な種類の動物を斃死させることがある(Bell 1980)。可能ならば罹感率/死亡率の推定は，百分比で表すべきである。例えば，「推定1,000頭のマスクラット(*Ondatra zibethica*)中10％の個体が斃死したが，その地区に棲息する推定100頭のアライグマ(*Procyon lotor*)には感染個体は認められない」などの観察結果は重要である。

年　齢

同じ感染にかかっても，老齢の動物には年齢依存性の抵抗力があるので，若い動物だけ斃死することがある。一方では，全年齢の動物が致死する感染症もある。それ故，母集団の年齢構成と感染動物における年齢構成の偏りに関する観察結果は重要である。病気の伝播様式は，年齢層ごとの特有な行動様式にも影響されることがある。

性

雌雄における実際上の相対的な感受性の差，さらに一般的には，性に起因した行動パターンの違いにより，斃死の状況に雌雄差が認められることがある。例えば，ケワタガモ(*Somateria spectabilis*)の雌では，繁殖期に営巣地とする島にトリコレラの発生があるため，著明な個体数の減少が認められている(Korschgen et al. 1978)。一方，雄はこの時期には，営巣地を去って海上で浮遊生活を営んでいるので，感染による個体の減少は僅かであるか，ほとんど認められない。これと対照的に，換羽期のマガモ(*Anas platyrhynchos*)の雄は，分散しているので，ボツリヌス菌に起因した斃死の発生状況には一定の傾向はみられない(国立野生動物衛生センター未公表データ)。

罹患あるいは斃死動物数

動物の集団の斃死に際しては，罹患あるいは斃死個体数は，現存する動物の個体数だけでなく，疾病要因が病的状態や斃死をもたらす速度(その激烈さ)によっても次々に変動する。極めて毒性の高い有機リン系農薬のような致死要因では，ほとんどの鳥が斃死してしまい，生き残ったとしても，病的状態に陥る。これとは対照的に，一般により緩慢な毒素であるボツリヌスの中毒では，斃死例と罹患例のいずれもが多数認められるのが特徴である。その際，罹患した鳥は，隠れ場所の奥深くに潜伏するので，その数は実際の罹患数よりも低く見積られる傾向がある。フィールドでの観察では，遭遇する斃死体のほとんどは死亡直後のものであり，病気の動物を観察する機会は僅か，全くないことから，慢性例や斃死直前の症状についての情報は得にくい。また，観察しうる動物種比率の変動に関する追跡調査も，死亡原因を評価するうえで重要な情報となる。捕食動物が，罹患動物を捕食することにより排除する効果も考慮しなければならない。それ故，捕食動物と腐食性動物の種類，それらの相対数，さらに斃死例が発生した結果，これらの動物の大きな移入があったか否かに注目する必要がある。これらの動物が，屍体を摂食した後に，病的状態に陥ったり，あるいは斃死した形跡があれば，それらを全て記録する必要がある。

臨床症状

罹患動物の外観は，可能なかぎり詳細に描写し(罹患動物

の被毛は乱れており，特に頸部と耳では被毛の斑点は失われているなど），さらに臨床状態も記載する必要がある。異常な行動パターン，生息地の選択状況，異常な姿勢などに着目して観察する。例えば，動物が腫瘍をもっていたり，歩行困難であったり，翼が垂れていたり，頭を真っすぐ立てることができないなど。また，正常な状態では外部刺激に対して攻撃的な反応を示したり，飛び上がるのに対し，罹感した動物は無反応であったり，あるいは普段棲息していない地理条件の場所にみられたり，通常とは異なるタイプの生息地を利用することがある。これらの観察結果は，他の要因と併せ，各々が死因の評価のための手がかりとなる。症状を忠実に描写するに足る精度の画像が得られれば，写真（ビデオも含む）は特に有用である。視聴覚機器は，動物の苦しそうな声や動物の鳴き声の異常な変化を記録できる利点がある。ビデオが使えない場合は，写真機とテープレコーダーを組み合わすのもよい。臨床症状は，特に重要度が高いので，調査した動物集団に異常がない場合にも，その旨を記載しておく必要がある。

危機に瀕した個体群

斃死が発生した種や集団死亡の起きた場所を利用している種では，地域個体数を推定する必要がある。この情報は，斃死の原因が個体密度に依存した疾病なのか，あるいは個体数は主要な疾病要因ではないのかを見極めるうえで有用である。さらに，この情報から，斃死原因には動物種間の連鎖が関与するかどうかも推測できる。

個体群の移動

その定地域における動物個体群の構成と規模について，最近変動がみられたか否かに注意する必要がある。個体群の変動に関連する動物の移動についての情報は，記録し報告すべきである。この情報は，調査地区と他の地区に発生した斃死例の関連を明らかにするうえで重要である。さらに，問題となっている場所とその周辺との間の動物の日内移動パターンは，極めて重要と思われる。他の土地で致死因子に曝露された動物が，他の地域に移動してそこで斃死しているのが発見されることがある。シカと家畜，水鳥とニワトリ，その地域の動物園にいる鳥の群など，異種動物が接触する機会を伴う移動には注意すべきである。これらの情報は，発見された斃死例の死因を評価する際，見通しを広げてくれる。

問題の発生した地域の地理的特徴

まず最初に疾病の診断専門家が，疾病原因として可能性のあるものをあらゆる角度から検討しなければならない。その時選択された判断に基づいて，最も成果が期待される範囲に絞りつつ，さらに追求する。フィールドの生物学者が書いた問題発生地域に関する記録類とそこに含まれる特殊な地理的特徴は，疾病要因を絞り込むうえで極めて重要な情報となる。すなわち，斃死体の認められた場所が，農場，浅瀬のある小さな沼沢地，湖の深い場所あるいは深い森であるという観察結果から，直ちに特定の疾病が浮かび，他の疾病要因を除外することが可能になる。また，屍体が発見された生息地が，餌場なのか，ねぐらなのか，遊び場なのか，さらにその土地と動物とを結ぶ関係の特性を明らかにする必要がある。急な斜面などの地形的特徴，送電線などの物理的特徴，特異な毒物を用いた補食動物の駆除，あるいは薬剤の月1回散布による昆虫の駆除などその地域における人為的活動も記録すべきである。

フィールドで発生した出来事の来歴を，漏れなく徹底して記録するためには，表13-1に示した項目をチェックリストとして活用するとよい。各項目についてチェックし，観察が行われてない場合はその旨を記載しておく。記録に写真を用いると収集した情報の価値が極めて高くなる。フィールド来歴の記録は，コピー（写真類も含めて）を斃死体／標本と共に診断研究室に送付すべきである。生物学者は斃死例に関するデータファイルの一部として，診断研究室から返送された診断結果を保管しておくべきである。

❏ 標本の収集と保存

病性鑑定のために収集した標本類は，標本間の混交，不適切な保管方法に起因したアーティファクト，ラベルの紛失，その他の理由で診断結果が複雑になるのを避けるために，適切に取り扱わねばならない。不適切に収集し，しかもその保管が不適当な標本類は，ほとんど価値がないので，その収集と診断は徒労に終わる。一方，法律に準拠した調査に用いる標本類は，正式な規則に準じて収集し，採集時から標本の処理に至る全過程についての詳細な記録が要求される。そうすることにより，法廷における提出証拠としての承認に不可欠な時間的な裏付けも満たすことができる。このことは，野生動物の死因の評価に際して，何をすべきか，あるいは如何にすべきかについて予め計画したり，熟知しておく必要性を強く示している。次のような一般的

表 13-1　野生動物の斃死に際してフィールドの来歴として収集すべきデータ類

1. 観察者氏名，住所および電話番号
2. 観察者の身分，肩書，雇用主
3. 観察日
4. 斃死例の発見場所(州，郡，最も近い町，その地域を知らない人が地図を頼りに探すための特殊な目標物)
5. 環境要因(嵐，降雨，温度変化などの気候の状態，その他ストレスの原因となる変化に関する記録)
6. 発病の時期(いつ頃から発症しているかを推定)
7. 罹患動物種(罹患動物の種類の多様性も疾病解明の手がかりになる)
8. 年齢および性(年齢および性に関連した斃死の発生)
9. 罹患率あるいは死亡率(罹患動物に対する斃死動物の割合)
10. 既知の斃死数(整理された正確な数)
11. 推定死亡数(補食動物やその他の方法による除去を考慮する)
12. 臨床症状(異常な行動および外観の全て)
13. 危険に曝されている動物の個体数(その地域に生息し疾病に曝露される可能性のある動物の個体数)
14. 個体群の移動(特定地域での最近の動物数の変動，そして，わかれば元の生息地，移動の目的地)
15. 問題が発生している地域に関する記録(土地の利用状況，動物生息地のタイプ，その他きわだった地理的特徴)
16. その他のコメント
17. 収集した標本の種類とその数，収集日
18. 写真の種類および補足情報
19. 標本の検査依頼日
20. 検査のための標本の送付先(担当者氏名，機関名，住所，電話番号)
21. 標本の保管および輸送の方法
22. 輸送に関するデータ(運送業者，運送時の登録番号，例えば航空貨物の受取証番号)

な指針が示されている。すなわち，個々の技術革新に伴い標本の収集と保存における特殊な問題はしばしば克服されるが，収集と保存における基本原則は，依然として必ず満たさねばならない。

基本的な機材

野生動物における斃死原因の調査を計画する研究者は，フィールドでの剖検やその後の病性鑑定に適した標本の採材，さらに標本類を研究室に運搬すべく貯蔵するために必要な道具と資材の全てを含む機材セットを用意する必要がある。このフィールド剖検用機材キット(図13-1)に最低限不可欠なものは，メスの柄と刃，剥皮刀，外科用直ばさみ，ピンセット，骨切断用の鋸，鶏用大ばさみ，刈り込み大ばさみである。フィールド剖検用機材キットに含めるべき品目を表13-2に示す。

標本の選択

新鮮な斃死体を未開腹のまま診断研究室に送付し検査するのが，死因を調べるためには最良の方法である。斃死したマッコウクジラ(*Physeter catodon*)に遭遇した場合，あるいはアラスカ州の北極圏国立野生動物保護区でフィールド研究を行っている場合，屍体を診断機関に送付するのは明らかに不可能である。しかし，それ以外の多くの場合には，標本を送付する手段は幾らでもある。斃死動物が認められている地域が診断研究室から遠く離れている場合，屍体を新鮮なうちに運搬するリレー網を確立しておく必要がある。例えば，サウスダコタ州のアンデス湖国立野生動物保護区におけるアヒルペストの発生に際して，水鳥の新鮮屍体が250 km以上離れたサウスダコタ州のブルキングまで，州狩猟局職員のリレーにより運搬された。

斃死体を診断機関に早急に送付できない場合には，冷凍

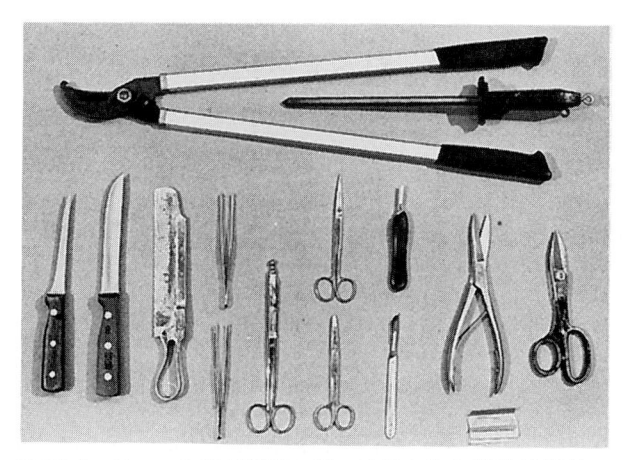

図13-1　フィールドの剖検に用いる基本的な剖検用機材キット

表13-2 フィールド剖検用キットに望ましい機材(*は不可欠な品目)

数量	項目	数量	項目
1	止血鉗子	*6組	手袋
*3	メスの柄	*6組	使い捨て手袋(サイズ大)
*1	大型ピンセット	1組	軍手
*2	大型はさみ	*1	定規
*2	小型はさみ	25	舌圧子
*3	抜歯用鉗子	1箱	パラフィルム
*2	平ピンセット	*2巻	粘着テープ
*1	刈り込み用大ばさみ	*2巻	保護テープ
1	骨ばさみ	1巻	透明テープ
*12ダース	メスの替刃	1箱	使い捨て毛細管ピペット
*150	小型のwhirl-packビニール袋	6 m	径0.64 cmのロープ
150	大型のwhirl-packビニール袋	25	輸送用の培地(ウイルス用)
*50	小型ビニール袋(カモ用)	50	輸送用の培地(細菌用)
*25	中型ビニール袋(ガチョウ用)	3	ピペッター
*10	大型ビニール袋	*1巻	アルミホイル
*100	ビニール袋を縛る紐	1	金網カゴ
100	18 G 11/2 注射針	1箱	キムワイプ(小)
100	20 G 11/2 注射針	1グロス	輪付き棒
100	21 G 11/2 注射針	2	試験管用ラック
100	22 G 11/2 注射針	100	遠心管
50	5 ml 針なしの注射筒	1巻	綿花
50	10 ml 針なしの注射筒	1巻	ガーゼ
*1	40%ホルマリン入りのプラスチック瓶	2	スライドボックス
*1	プラスチック袋に詰めた未希釈のRoccal溶液(塩化ベンザルコニウム)	144	1-dramバイアル瓶(ねじ蓋付き)
1	メタノールアルコール入りのプラスチック瓶	1巻	目印用のリボン
1包	スライドグラス	100	スワブ(綿棒)
1箱	カバーグラス	1	手斧
*3	マジックペン	1	アルコールランプ
*3	ボールペン	1	ライター
*3	鉛筆	1	ランプ燃料瓶
*100	剖検記録用紙	1	靴用の刷毛
1	クリップ板	2巻	ラベルテープ
2	解剖皿	*1巻	フットガード
*1	ステンレス製の蓋付き皿		輸送用チューブ
100	5 ml 血清用チューブ	*	保冷剤(ブルーアイス)
	チャック付きの袋		棒状磁石
	紙タオル		温度計
	マスク	5	35 ml 注射筒
	覆い付きの器具皿	*1	肉切り包丁(直)
*2	10%ホルマリンを容れた瓶	*1	肉切り包丁(弯曲)
	標本瓶	1	骨用鋸
	ドライアイス輸送用表示ラベル		
1グロス	住所記載用ラベル		

dram：1/16常用オンス(1.771 g)

した後送付することも可能である。冷凍に用いるフリーザーは，多くの場合，野生動物保護局の事務所や近隣の町で利用可能である。冷凍とそれに続く解凍により組織学的アーティファクトが生じるため，病理組織学的検査の適用には限界があるが，冷凍保存することで多くの感染因子の生物活性が保持され，組織内や消化管内に存在する毒物も減弱を免れ，また，幾種かの寄生虫は良好な状態で保存される。新鮮で無傷，しかも保冷した屍体は最良の検査材料

であるが，冷凍屍体も死因の診断には極めて有用である。

　フィールド調査に従事する生物学者は，診断研究室のスタッフと絶えず接触し，できる限りその助言に従い，研究調査の全期間を通して密接な連絡を取り合う必要がある。病性鑑定を目的とした斃死体の選別では，性や年齢を含め，罹患動物種を代表させなければならない。また，罹患動物と斃死動物が同時に認められる場合，いずれからも採材する必要がある。場合によっては，罹患していない陰性対照動物も必要となる。例えば，汚染物質の曝露の際の原因物質の検索では，脳のコリンエステラーゼのレベルを陰性対照と比較することが不可欠である。環境中の化学汚染物質を検出する場合，関与が疑われる化合物に致死量以下で曝露された動物から得られた異常値を，誤って陰性の対照値として採用しないためにも，陰性対照に用いる動物は，斃死の発生場所からある程度離れた場所で収集しなければならない。病的状態の動物から採材する場合，安楽死は，すでに確立された倫理的にも妥当な(アメリカ獣医師会安楽死検討委員会パネル討論会)，しかも診断分析の支障にならない方法で実施すべきである。例えば，狂犬病の感染を検索する場合には，脳はウイルス検索に必須の臓器であることから，頭蓋を損傷してはならない。安楽死の方法は，必ず付け札とフィールド来歴書に記載しておく。

　野生動物の集団斃死では，通例，斃死が同時に多発することから，その斃死した代表例を検査すれば，起こった現象を確実に把握できる。ところが，新鮮な屍体を入手するために病的状態の動物だけを収集することは，急性経過を示さない疾病のサンプルに偏る危険性がある。逆に，斃死例に限ってサンプル採取すると，急性疾患に偏って採材する可能性がある。同じハクガン(Chen hyperboreus)の疾病原因につき，異なる二つの生物学者のグループが調査したところ，サンプル採取の偏りから，各グループが異なった疾病原因の鑑定結果を提出した例もある。すなわち，一つのグループは病的状態の症例を収集，検査し鉛中毒と診断したが，他のグループは斃死例のみ検査し鳥コレラと診断した(M.Friend 未公表データ)。

　複数の動物種が罹患している場合，現実的に可能であれば，少なくとも各動物種につき5例ずつの斃死体を検査する必要がある。病性鑑定を目的に全項目の病理検査を実施するには，全部の動物が全く同じ原因で死亡するとは限らないため，少なくとも数例の斃死体が必要である。検査に供する死体の収集と選別に関する手順は，診断検査室に直接送付する場合もフィールドで剖検する場合と同様である。外気温が氷点下より上昇した場合，病性鑑定のために収集した斃死体は，死後融解により急速に価値が無くなる。また，腐肉を漁る清掃動物が傷つけた斃死体は，それが斃死直後に得られたとしても，組織および臓器の損傷，さらに，傷口から入った細菌の汚染により，限られた価値しか無くなる。

　しかし，疾病によっては中程度に腐敗した屍体や食べ残しの屍体を調べることにより，貴重な情報が得られることがある。例えば，皮膚型ポックス，線維腫などの腫瘍，前胃の食滞とそれに関連した鉛の散弾を容れた砂嚢，銃撃による物理的銃創，もつれた漁網とビニール製品，鈍性の外傷に伴う骨折などの目だつ病変は，野生動物の死因に関連した継続的な証拠である。無傷の頭蓋内に入った脳は，無菌状態になので，比較的長い期間，死因となる病原菌を分離することが可能であり，実験室の検査材料としては重要である。トリコレラの原因菌であるパスツレラ菌 Pasuteurella multocida は，北極圏の夏であれば死亡後約1か月間にわたり骨髄より分離が可能である。さらに，少々の皮膚，骨および羽毛しかない遺棄屍体からも，同じ菌の分離に成功している(Wobeser 1981)。

　死因の診断には，斃死体やこれに由来する組織以外のものも必要になる。水，土壌，植物，様々な食物，昆虫から穀物に至るまで，環境に由来するサンプルの採取が状況によっては必要になる。原則的には，フィールドの観察に基づいて，何を選択し採取するかを決める。動物が採食している畑地とその周囲に斃死例が集中していれば，農薬，植物毒，かびた穀物やピーナッツにおけるアフラトキシンなど毒物の関与が示唆される。その他，飲料水への毒物の混入が示唆される場合は，水をサンプルとして採取する必要がある。フィールドの剖検では，特に異常が認められず，一般状態も正常から良好(筋肉に消耗を示唆する所見はなく，腹腔臓器の脂肪沈着も正常)でかつ，胃内の食物の種類が汚染地域のものと一致すれば，胃内容，さらにその場から採取した食物サンプルを化学的に分析する必要が強く示唆される。

サンプルの収集

　どのサンプルを選ぶかを決めたなら，最初の作業(収集)から分析および評価まで，適切に処理しなければならない。サンプル採集における最初のステップは，各々の作業者の安全確保に尽きる。まず，収集した斃死体，あるいは剖検した斃死体，さらに採材した組織に，取扱者の皮膚が直接接触するのを防ぐ予防策を講じなければならない。作業着の上に羽織り，標本の収集，処理および取扱が終了した時

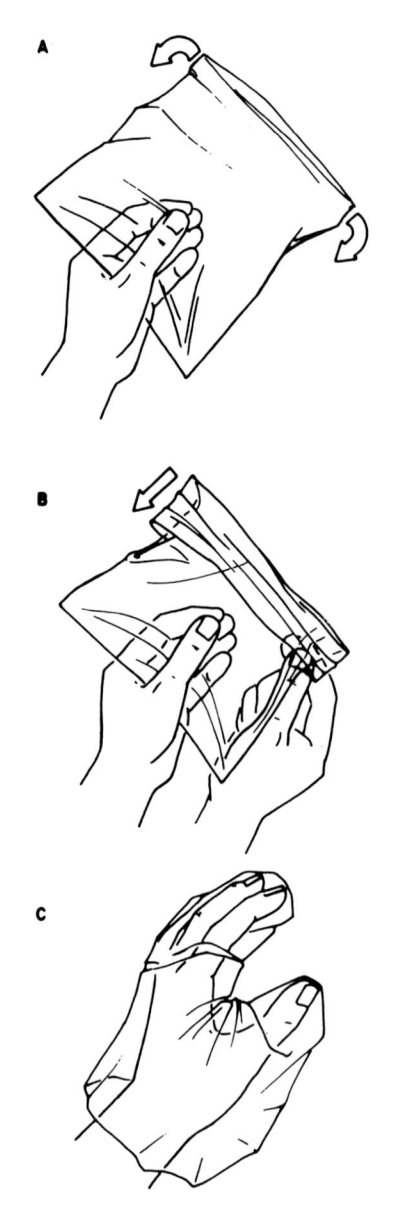

図13-2 手を汚染から守るためのビニール袋の使用
（Friend 1987 より）

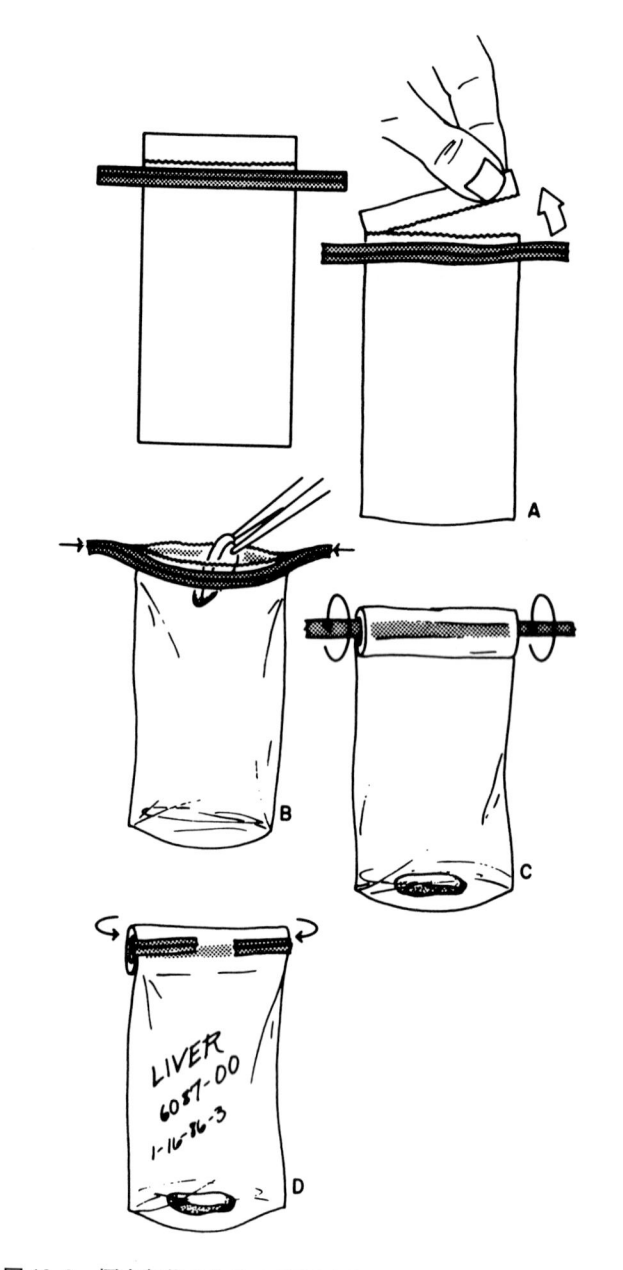

図13-3 標本収集のためのWhirl-Pakビニール袋の使用法

点で，すぐ脱げるつなぎやその他の上着を，着用することが強く推奨される。また，塩素系漂白剤などの消毒剤に耐性のゴム性の靴や長靴を着用すべきである。手には，常にゴム性あるいはビニール性の手袋をはめるべきである。手袋がないか破損して使用できない場合には，ビニール袋で代用することができる（図13-2）。病的あるいは斃死動物を取り扱った後には，必ず石鹸と水で手を完全に洗浄すべきである。簡単な手洗いでも極めて有効な感染防御法になる。

作業者への感染防御策が講じられた後，屍体やサンプルに付け札やラベルを貼り，それにフィールド登録番号を割り振る。同一の個体に由来する全てのサンプル類には，屍体を含めて，同一のフィールド登録番号を使用する。その番号は，フィールド来歴の一部として提供される情報にも用いるべきである。屍体に付ける付け札には，耐久性のある素材を使用し，針金で脚に確実に固定しておく。耐久性のある札がない場合は，インデックス・カードあるいは紙片を代用し，この「札」に必要な情報を記載し，それをビニール袋に入れ封をし，テープで張り付けるか，あるいは動物の脚に結び付けるとよい。付け札への書き込みには，柔らかい鉛筆を使用し，決してボールペンを用いてはならない。

検査のために他研究機関に送付する斃死体に関しては，付け札への記載情報は，採材者の名前，住所，電話番号，採取した場所(州，郡，採取場所)，採取日，フィールド登録番号，動物種，斃死あるいは安楽死の別，安楽死の場合にはその方法などである。付け札の裏には，臨床症状の簡単な要約，または動物が示す異常行動などを記載する。

さらに全ての容器には，屍体/標本のフィールド登録番号，採取日，標本の内容を記載する。通常は容器に，消えにくい先細のマーカーを用いて直接記載する。小型の標本類の一次容器としては，Whirl-Pak ビニール袋(Nasco, 901 Janesville Ave., Fort Atkinson, WI 53538-0901)を推奨する。この容器は，内部が滅菌されており，軽量でフィールドへの持ち運びが容易で気密性が良好である。さらにその材質は丈夫で，外からの確認が容易，表面に不溶性マーカーで書き込みが可能で，その記載は消えにくい利点がある。

組織の選別と保存

概要

診断のために屍体を無傷のまま検査室に送付できない状況下で，フィールドで剖検を実施せざるを得ない場合の標本の選別および保存に関する略法を表 13-3 に示す。標本の処理に掛かる費用は極めて高い。そのため，適切に訓練された人が組織を採取し，採取時の汚損が最小限度にとどめられ，かつ，採取から検査室への到着まで完全な状態で保管されていなければ，多くの診断検査室はそれを受け取ろうとはしない。

フィールドの剖検では，二つの基本的な手順を踏まなければならない。第一に，微生物学的検索を行うために，組織材料の微生物学的汚染を最小限に抑えなければならない。第二に，材料が診断のために検査室に届けられた時に，疾病の主要な感染因子の生物活性が，維持され，それが証明される様に，適切に保管されなければならない。さらに，同時に多数の屍体から複数の標本を採取する際，標本間の混交を極力防ぐことが必要である。これらの点を考慮すると，多数の症例を病理検査する際に，検体が発生したフィールドで剖検するか，そのまま，診断検査室に送付するかを選択する余地がある場合，標本の混交が発生しやすい現場での剖検は賢明な選択ではないと思われる。フィールドで剖検せざるを得ない場合，採取する組織および試料は，手元で適正に保管できる材料に限定すべきである。

写真

剖検時に肉眼的異常を示した組織は，可能な限り写真撮影を行う必要がある。写真撮影に際しては，いくつか考慮すべき点がある。そのうち最も重要な点を二つあげるならば，第一に何が写っているのかが分かる程度の映像の大きさを確保しフィルムに記録すること，第二に鮮明な映像を得るため十分な被写界深度を確保することである。

短い焦点距離のレンズでは，被写界深度は非常に限られている(風景の一部に焦点が合っている)。最大の被写界深度を得ようとすれば，最小のレンズ絞りを使用することになる(f 16 や f 22 のような最大の f 番号)。しかし，絞りを小さくするとフィルムに達する光量は極小となり，使えるシャッタースピードは限られる。50 mm レンズを使用する場合，1/60～1/30 秒以下のシャッタースピードでは，三脚などの支柱がなければ，カメラが振動し写真がブレてしまう。特により高倍のレンズを使用する場合では，カメラへの軽微な振動も増幅され，写真が簡単にブレてしまう。ところが，比較的入手が容易な高感度フィルム(例えば ASA 1000 以上)を使用することにより，小口径レンズでも適正なシャッタースピードでの撮影が可能になる。一方，低感度フィルムでも，高い ASA 露出で撮影し，それを同じ ASA 率の現像条件で処理すれば使えないことはない。ただし，画質がやや劣ること，現像コストが高くなることから，この変法は，緊急時以外は使わない方がよい。使用可能なフィルム感度の範囲を予め調べておく必要がある。

カメラの焦点距離が短く被写界深度が浅い場合は，被写体に平行になるようカメラを維持する必要がある。そのため，被写体からの距離を少しずつずらして数枚は撮影するとよい。また，目的とする部分に加え，それが撮影対象物全体の何処に当たるかなど位置関係を明らかにするために，低倍率で撮影しておく。例えば，異常な増殖病変を撮影する場合，1 枚は病変の全体を撮影し，もう 1 枚は身体のどの部分に位置するかを示すために，病変を含む身体全体を撮影する。撮影した写真には，同一個体から採取した他の標本類に付けたフィールド登録番号を付し，フィールド来歴には写真撮影を行った旨を記録しておく。

組織学的検査(組織学)

動物の組織は，10％緩衝ホルマリン溶液を用いて固定することで，採取した後，組織学的検査のために容易に保存することができる。この固定液は，ホルマリン原液 10 容に対し，水 90 容の割合で希釈して作成する。ホルマリン原液

は，36～38％のホルマリン水溶液として市販されている。緩衝ホルマリン液は，ホルマリン原液と水とを完全に混合した後，1,000 ml当り第一リン酸ナトリウム4 gと無水リン酸ナトリウム6.5 gを加え，再度混合して作成する。調合済みのホルマリン溶液を十分な量持ち運べない遠隔地の調査活動では，少量の濃縮ホルマリン液を持ち込み，現地で希釈して使用することもできる。組織を最初に浸漬するための容器は，Nalgene社(Nalge Co., Syborn Corp.の子会社，P.O. Box 20365，Rochester，NY 14602)で販売している広口で，ねじ込み式の蓋の付いた実験室用プラスチック瓶を推奨する。フィールドで濃縮ホルマリンを希釈し使用する際には，ホルマリンの計量および混合する作業を容易にし，かつ，容器に入れる組織の最大容積を見積るために，予め容器にホルマリン濃縮液および混合後の100％容量を示す線を記入しておくと便利である(容器の上部約10％の容積は，組織の浸漬に伴い溶液の増加が見込まれるので残しておく)。濃縮ホルマリンは，一つの容器に詰めてフィールドに運搬し，そこで別の容器に移した後希釈すれば，大量の組織保存用の10％ホルマリン溶液を調達することができる。この際，濃縮ホルマリンには緩衝剤を直接添加してはならない。しかし，利用可能な水源(雪，氷，自由水)が不純物を含む場合，アーティファクトにより標本の劣化が進み，その結果，目的とする病的変化の検出が困難になることがある。また，ホルマリンは人体にとって有害であるので，その取扱には注意が必要である。

病理組織学的検査を目的として組織を採材する際，五つの基本ルールに従わなければならない。すなわち，①組織の採取に関して，検査すべき異常部位に加え，隣接する正常部位も含めて採取すること(血液のような液体を除く)，②採材組織は，長さが10～20 mm，厚さは4～6 mmを越えてはならない(これより小さい組織片は，固定は良好であるが，歪曲したり，標本作製の過程で失われやすい)，③組織は，鋭利な刃で切断すること(ナイフ，外科用メス，剃刀の刃を使用)，④切り出した組織片は，その容積の少なくとも10倍以上の量の10％緩衝ホルマリン溶液に浸漬すること，⑤組織片を浸漬した2～3日後に，ホルマリン溶液は必ず交換すること(大きな組織であるほど固定に長い時間が必要である)。

ホルマリンによる固定は，組織の表面から始まり内部にかけて比較的ゆっくりと進む。固定の目的は，組織内構造を崩壊させる自己融解の過程を止めることにある。ホルマリンに浸漬した組織片が厚いほど，ホルマリンが完全に浸透するまでにより長い時間を要し，その間に細胞内構造の劣化は一層進行する。病理組織学的検査の目的は，病的作用により引き起こされた細胞レベルの形態変化を光学顕微鏡により検出することにある。その評価に際し，死後変化や組織の凍結と融解に伴う形態学的変化が加わると，真の病的変化との鑑別で混乱が生じる。それ故，病理組織学的検査において，新鮮な屍体から適切に採取し保存処理した組織標本では，良好な検査結果が得られる。また，ホルマリンの組織への浸透に関しては，溶液の温度が高いほど，組織への浸透速度も速いが死後融解も進みやすい。そのため，寒冷時にホルマリン液入りの容器を衣服の内ポケットに入れ体温により温めたり，高温時にはホルマリン液を何等かの手段により冷やすこと(容器を日陰に移すか外気温よりも低温の水に漬ける)は，ホルマリンの組織への浸透速度と死後融解の速度のバランスを保つうえで効果がある。ただし，ホルマリン液に浸漬した組織は，決して凍らしてはならない。

ホルマリン固定用の採材組織は，挫滅しないよう注意しなければならない。組織を切るため掴んだ際の機械的な圧縮，さらに刃先が鋭利さを欠く場合は，切断という作業工程そのものが，採取した材料の価値を著しく下げることになる。そのため，切断する操作は，「鋸」のように小刻みに切るよりも，可能な限り一刀のもとに「スパッ」と切る方がよい。また，組織をピンセットで保定する際にも，摑む箇所は，切断する箇所から離す必要がある。

組織学的検査を目的として組織をホルマリン液に浸積固定する場合には，交差性の微生物汚染は問題にならない。そのため，複数の組織を同じ容器内に収容することは可能であるが，異種動物の組織を混ぜて収容すべきでない。混ぜた場合，個々の組織の由来が不明になりかねない。また，浮遊しやすい組織(例えば肺)は，できる限り透過性を有する包装布(例えばチーズを包む布，ハンカチの切れ端など)で緩く包み込み，さらに小石などで重石を付け，常時固定溶液に浸っている状態にする。組織をホルマリン溶液に浸漬し最初の固定が終了した後，固定液を交換し，その液量を組織が常にすれすれに浸っている程度に減らしておく。

Nalgene社製プラスチック瓶には，何回も使える利点がある。そのため，瓶の側面と蓋には，標本の情報を記載するための強い粘着性のある防水テープを貼っておくとよい。最初の固定が終了した後，組織をWhirl-Pak社製ビニール袋に移し替えておくと保管のスペースと重量を減らすことができる。標本を移し替える際には，元の容器のラベルに情報が正確に記載されているか，次いでその記載された情報が正確にビニール袋に転記されているかを，特に

注意して確認する必要がある。標本のデータは，マジックペンの様な消えにくいマーカーで，直接ビニール袋に書き込むとよい。固定済みの組織を容れたビニール袋（Whirl-Pak ビニール袋など）の収納容器は，そのサイズによっては，空の広口プラスチック瓶を用いることができる。このプラスチック瓶は，溶液の漏れが防止できて壊れにくいことから，パック済みの標本を輸送するための二次容器に最適である。

寄生虫の保存

フィールドでの剖検時に認められる寄生虫類のほとんどは，基本的な保存溶媒を用いることにより，種の同定のための適切な保存が可能になる（表 13-3）。一般に推奨されている保存剤としては，70％アルコールと5％グリセリンの混合液である。この溶液の作り方は，まず70容の純アルコールを30容の水で希釈，これをよく混合し，さらにグリセリン5容（薬局あるいは医科用品業者より入手）を添加して95容の70％アルコール混合液とする。アルコールは，工業用あるいは醸造用エチルアルコールを推奨するが，良質なイソプロピルアルコール（マッサージ用アルコール）も適しており，入手も比較的容易である（小売店にて）。工業用メチルあるいは木精メチルアルコールは，それしか入手ができない場合に限り使ってもよいが，寄生虫の保存効果は他のアルコールに比べ著しく劣る。

ノミ，シラミ，マダニを含むダニ類など外部寄生虫類の場合は，70％アルコールあるいはアルコール・グリセリン液に直接浸積するとよい。これらの寄生虫では，種類によっては固く密栓した容器で数日間以上，生かしたまま保存できるものもある。ウマバエおよびウシバエ（幼虫期）も同様の方法で取り扱うことができる。

内部寄生虫のいくつかでは，種の同定のための標本作製には特殊な取扱いが要求される。胃腸管，肺および心臓などに寄生する線虫類は（回虫など），生かしたまま採取し，温めた（沸騰させてはならない）上記の濃度のアルコール・グリセリン溶液に浸漬する。フィールドでは，加熱に耐えられる容器に保存溶液を容れ，蓋を開けたままシガレットライターで加熱するとよい。寄生虫の虫体は，この温めた溶液に入れるやいなや真直に伸び，次いでグリセリンが同定時に検査しやすいよう柔軟性をもたせる。あるいは，虫体を温アルコールでいったん固定し，その後にグリセリンアルコールに移し替えても差し支えない。

線虫と対照的に，条虫類は様々な長さと幅を示す扁形動物である。これらの場合も生かしたまま採取するが，虫体を真直に伸ばし動きを止めるために冷水に浸す。条虫類の保存液としては，AFA（アルコール・フォルマリン・酢酸混合液）が最も優れている。その処方としては，ホルマリン6容・エチルアルコール 50 容・氷酢酸 4 容・蒸留水 40 容の混合液である。条虫類は AFA で固定した後，70％アルコール液にて保存する。採取する際には，条虫の頭部（頭節）がその後の部分から離れないように細心の注意を払う必要がある。条虫の頭節が腸壁に入り込んでいる場合は，頭節の特徴を調べ種の同定を行えるように虫体（特に頭節）を含めた少量の腸組織を採取する。肝臓や胆管に寄生する吸虫類も条虫類と同様の方法で保存できる。

虫体の容積に対する保存液の容量としては，厳密過ぎる必要はないが，少なくとも 1:2 は必要である。Whirl-Paks ビニール袋は，虫体とそれを浸積したアルコール・グリセリン保存液の容器として適するが，加熱した溶液に使用すべきでない。また，全ての容器には，採取時の情報を適切かつ正確に記載したラベルを貼り，その記載内容には寄生虫を発見した宿主の部位（外部・内部）に関する情報を含めなければならない。

血液塗抹

血液塗抹は，フィールドで容易に保存ができる一つの標本であり，疾病の確定診断に際して有用となる検査法の一つである。例えば，血液塗抹は，トリマラリアのような原虫性寄生虫の感染を確定し，グラム陰性および陽性菌の感染に際しても循環血中における菌血症を証明，さらに，血中に出現する細胞の種類やその割合を測定することにより，疾病の非特異的な経過を知る補助手段となる。良好な血液塗抹標本の作り方は，誰にも修得可能であるが，その手技はフィールドで標本採取を試みる前に，修得する必要がある。血液の塗抹に際しては，スライドガラスにむらなく塗り極めて薄い膜を作製することが肝要である。図 13-4 に血液塗抹の手順を示す（Kolmer et al. 1951）。

血液塗抹には，凝固が始まっていない未凝固の血液を用いなければならない。死後間もない動物からは，心臓および主要血管系より塗抹に必要な少量の血液（スライドにつき一滴もしくはそれ以下）を容易に採取できる。塗抹スライドは，風乾した後，必ずフィールド来歴票に引用できる採取時の情報を記録したラベルを貼る必要がある。検索する動物各例につき，2〜3 枚ずつ血液塗抹標本を作製する。その際，ガラスペン（ダイヤモンド製の先を有する）を使用すれば，実験室で染色する時に，塗抹標本に書き込まれた情報が消えるというトラブルはなくなる。また，鉛筆で書き

表 13-3　フィールドでの剖検におけるサンプルの選択と保存
屍体の全部を送付できない場合および周囲の状況/剖検所見から特定の死因が疑われる場合

サンプル名	目的の検査	保存方法[a]	コメント
微生物による感染が疑われる場合			
肉眼病変	微生物	保存法	病変(肉眼的に異常な組織):各病変部を冷凍およびホルマリン固定
心臓	細菌	冷凍	鳥類と小型の動物では心臓全部を採取。大型の動物では一部を選択採取
肝臓	細菌	冷凍	鳥類と小型動物では全葉採取。大型の動物では $2\,cm^2$ 以上のものを数個採取
血液/血清	細菌/ウイルス	冷凍	血清は血清学的検査に有用
脾臓	細菌/ウイルス	冷凍	鳥類と小型の動物では全部採取。大型の動物では部位を選択採取し残りをホルマリン固定
腸(小片)	細菌/ウイルス	冷凍	小腸の中間部あるいは末端(回腸)
脳	細菌/ウイルス	冷凍	動物が異常な行動を示した場合は頭部をまるごと保存し、そのまま頭部を実験室に送付し脳を摘出
毒物が疑われる場合			
肉眼病変	適宜	冷凍	病変(肉眼的に異常な組織):各病変の一部を冷凍。重要であれば残りをホルマリン固定
肝臓	重金属(Pb, Tl)	冷凍	鳥類と小型動物では肝臓全部を採取。大型の動物では部位を選択し採取。重要であれば残りはホルマリン固定
腎臓	重金属(Pb, Hg, Tl, Fe, Cd, Cr)	冷凍	鳥類と小型動物では全部。大型の動物では部位を選択し採取。重要であれば残りはホルマリン固定
胃内容	有機リン酸塩、カルバミト酸塩、植物毒、ストリキニン、シアン化物、カビ毒	冷凍	内容物の全部を保存、シアン化物/H_2S 用のサンプルでは空気中に有毒ガスが出ないように密閉した容器内に保存
脳	脳コリンエステラーゼ、有機塩素残留物、有機水銀化合物	冷凍	脳を化学分析用に摘出し、アルミホイルに包んで化学的に清浄なガラス瓶内に保存する、重要であれば残りはホルマリン固定
血液	鉛、シアン化合物、H_2S、亜硝酸塩	冷凍	シアン化物/H_2S 用のサンプルは空気中に有毒なガスが出ないように密閉容器内に保存
肺	H_2S、シアン化合物	冷凍	シアン化物/H_2S 用のサンプルは空気中に有毒ガスが出ないように密閉容器内に保存
組織学的検索用			
肉眼病変	標本は固定後、薄切、染色後鏡検	10%ホルマリン	病変(肉眼的に異常な組織):各病変部の一部は冷凍保存
肝臓	標本は固定後、薄切、染色後鏡検	10%ホルマリン	標本の厚みは 6 mm 以下
腎臓	標本は固定後、薄切、染色後鏡検	10%ホルマリン	標本の厚みは 6 mm 以下
生殖器	標本は固定後、薄切、染色後鏡検	10%ホルマリン/ブアン液[b]	標本の厚みは 6 mm 以下
腸管	標本は固定後、薄切、染色して鏡検	10%ホルマリン/ブアン液	回盲部の断片、十二指腸(膵臓の近位)と結腸の一部
脳、神経、眼球	ホルマリン固定材料は薄切、染色	10%ホルマリン	脳は矢状断にし、半分はホルマリン固定、残り半分は冷凍保存
塗抹標本	臓器の切断面を軽くスライドグラスに押し付けて作製	風乾	風乾したスライドは多くの検査に使用可能
心臓、肺、筋肉、脾臓、リンパ節、胸腺	標本は固定後、薄切、染色して鏡検	10%ホルマリン	標本の厚みは 6 mm 以下

[a] 保冷した標本が好ましい、標本が最大 48 時間以内に研究室に届けられなければ冷凍すべきである。
[b] ブアン液:飽和ピクリン酸溶液 75 ml、ホルマリン原液 25 ml、氷酢酸 5 ml

込みができる端がすりガラス状になっている型のスライドガラスを使用するのもよい。塗抹したスライドは、風乾した後、防塵性のある収納容器(密封可能なスライド収納箱あるいは Whirl-Pak ビニール袋)にて、検査のために実験室

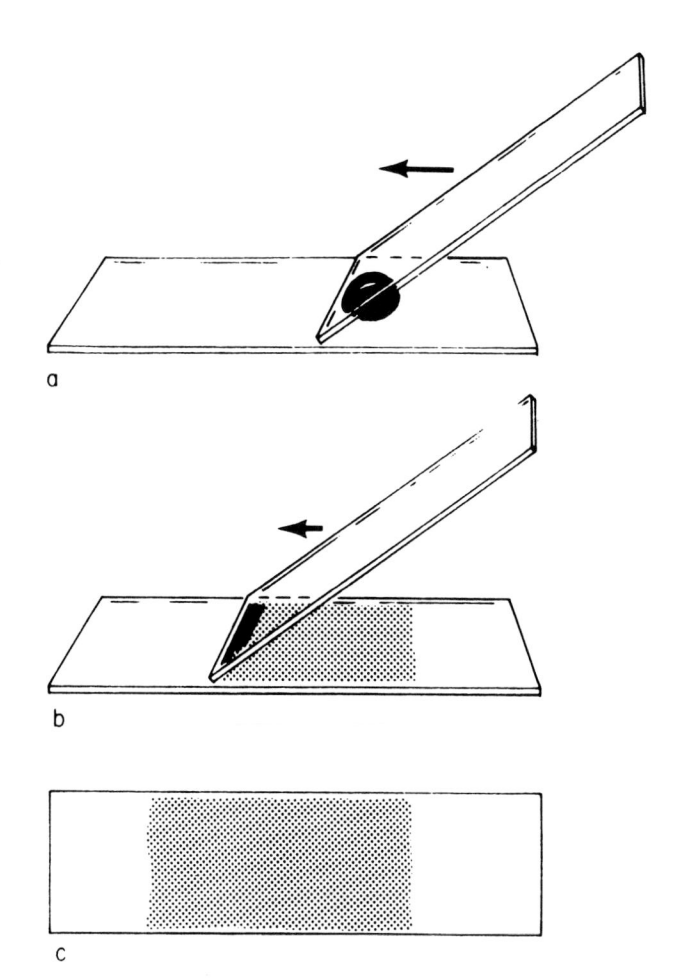

図13-4 血液像検査のための血液塗抹標本の作製の手順
(Friend 1987 より)

に送付するまで保管する。固定および染色を施していない状態では，血液膜が劣化しやすいので，できる限り速やかにこの作業を行う必要がある。塗抹をを引いたスライド面は，他のスライドが接触して塗抹面が損傷したり，不十分な乾燥やその他の原因で，スライドがくっついてしまうのを防ぐ工夫が必要である。血液塗抹標本は，カビの繁殖と血液膜面の劣化を最小限に食い止めるべく，涼しい(非冷蔵)かつ乾燥した条件下で保存する。

血液サンプル

鳥類および哺乳動物の死亡直後の屍体から，血液検査に耐えうる血液標本を採取することは場合によっては可能である。心臓に通じる主要な血管，例えば後大静脈(心臓と肝臓の間)，さらに心臓自身には多量の血液が貯留している。血液の採取法としては，針を装着した注射筒で吸引して採取するか，あるいは注意深く血管または心臓を切開して小さな切れ目を開け，周りの組織を触りながら血液を流れ出させて採取する。フィールドでの剖検で採取した血液は，その後の毒物の検索，例えばボツリヌス中毒症，血液生化学および血清学的検査に使用可能である。血液生化学値から動物の健康状態に関する情報を得るためには，特別な血液凝固剤を使用する必要があり，さらに採血後数時間以内に研究室に送付し処理する必要がある。その他，保存した血清分画あるいは血液や血清に浸した小型の円盤状紙片を用いることにより，検索可能な抗体を産生する感染の曝露を検索可能である。この小型の円盤状紙片は，数種の感染症の検索を目的とするもので，紙片を血液や血清に浸し，風乾後，抗体検索を行うまでに特別な保管条件は必要としない(Krastad et al. 1957)。この円盤状紙片は，Carl Schleicher and Schuell社より入手可能である(Keene, NH 03431)。

血清は，通常は1〜2週間，外気温が4℃以下であれば，それ以上の期間保存できる(血清は滅菌処理を施しておけば，冷蔵庫内で2〜3週間，あるいはそれ以上保存可能)。長期保存には，冷凍保存が好ましい。暖かい気候では，細菌の汚染により，1〜2日，あるいはもっと短時間にサンプルの品質が低下する。そのため，血清に限っては保冷ができない場合は採取すべきではない。血清は，多くの細菌にとり増殖しやすい培地であるので，暖かい時期には細菌の汚染が大きな障害となる。そのため無菌的な血液採取法が有用である。

以下に示す手順は，通常の注射筒，注射針，採血管およびその他の資材が使えないフィールドでの血清採取に有用な方法である。

① 未凝固の血液を，清潔な容器(チューブ，Whirl-Pakビニール袋)に3/4を越えない量を集める。容器はなるべく円筒状の方が良い。
② 血液が凝固している間は，容器を45°の角度に傾けて置く。その間(1〜2時間)は可能な限り血液を約15〜21℃に保つ。
③ 血液が凝固した後，容器の壁面と血液凝塊の間に専用の棒，薄い清潔なナイフの刃，滑らかな細い小枝(枝を落とした)あるいはこれらに類した道具を差し込んで，壁面から凝塊を剥す。次いでこれらの道具を注意深く用いて容器全体を外側に押し，壁に圧をかける。血清中に凝塊が入ったり攪はんされるのを避ける。
④ サンプルを傾けて冷却する。できれば冷蔵庫内で行うのが望ましい。冷蔵庫の温度により，血液凝塊の収縮と血清分画の分離が助長されると考えられている。こ

の間に凍結すると溶血が起こり，サンプルとしての価値がなくなるので絶対に避ける。

⑤翌日，血液凝塊から分離された血清(澄んだ黄色液体)を清潔な容器に注意深く移し替える。サンプルにラベルを貼り，分析のために実験室に送付するまで可能な限り低温で保存する(冷凍が望ましい)。

極端な温度条件下での標本の保存

フィールドにおける極端な温度条件下での標本の保存には，特殊な手法が必要とされる。氷点下ではプラスチック容器の多くは脆く，しかもくっついて壊れやすく，マーカーペンのインクは凍ってしまう。それ故，冬季や北極での標本採集では，フィールドに持ち込む用具の種類や品質に配慮する必要がある。採集用の用具が，厳寒の使用に耐えられるのであれば，次の問題は凍結させてはならない標本類を，いかに凍結から守るかである。凍結を防ぐための保冷箱や電池式冷蔵庫が使えなかったり，また，それらを輸送の問題からフィールドに全く持ち込めないこともあり得る。標本を長時間フィールドで保存するする場合，寒風による冷却から標本容器を守るために，氷で小型の「イグルー様囲い」を造り，そこにカイロを置いて標本を凍結から防ぐとよい。人の衣服が保温と風よけになり凍死を防ぐように，標本容器を布で幾重にもくるんでおく。

外気温が高温の場合，一般に組織が破壊され，急速に生物活性が低下して検査に耐えられないものになる。微生物学的，毒性学的および血清学的検索を行うためには，組織を冷凍すると都合がよい。液体窒素のタンクは，種々のサイズのものが利用可能であり，冷凍が必要な標本の急速冷凍と保存に有用である。ドライアイスは，アセトンと併用すると，もう一つの有効な急速冷凍の方法となる。すなわち，アセトンを氷点下の冷却に耐えうる広口の容器に注ぎ，次いで，その中にドライアイスの塊を注意深く加えると，アセトンは超低温に冷却される。冷凍する組織片を，Whirl-Pakビニール袋などの氷点下に耐えうるサンプル容器に入れ，密栓して，ラベルを添付する。このサンプル容器を，超低温に冷却したアセトン容器内に注意深く沈めると，標本は極めて短時間に冷凍される。さらにサンプル容器は，貯蔵用容器に移し，冷凍した状態で保存する。貯蔵用容器には冷却剤を容れたクーラー，ドライアイスを詰めた容器，あるいはその他の冷凍貯蔵に適した装置を用いる。

皮膚が液体窒素あるいはドライアイスに接触した場合，重度の火傷が生じる。それ故，これらの物質を取り扱う際には，手袋あるいは他の防御用具を必ず使用すべきである。

ドライアイスをアセトンに投入する際，アセトンが眼に飛び散ることから護る防具を着用する必要がある。眼の防具は，ガラス製の標本チューブやその他の容器が，ドライアイスや液体窒素による超冷却に耐えきれないで破砕した場合にも有効である。また，ドライアイスが気化する(CO_2ガスの状態)際のガス圧による容器の爆発を防止するためには，容器に通気性を確保しなければならない。ところで，アセトンには発癌性があるとされているので，その取扱は特に慎重でなければならない。

標本の保存では，保冷剤パックの方が氷そのものよりも使いやすい。さらに保冷剤パックは冷凍も可能で，小型の発泡スチロール性の容器やクーラーに隙間なく詰め込んでフィールドに持ち運ぶことができる。標本の収集を始めたら，保冷剤パックの半分を取り出し，開いたスペースに標本を詰めて保冷し，冷凍しないでフィールドから搬出が可能である。この方法は，1〜2日間のほとんどの調査には適している。クーラーボックスは，可能な限り日陰に保管する。クーラーボックスを大気温よりも低い地下，泉，水源池に保管するのも効果的である。この際，クーラーボックスは，土や水が貯蔵区画に入り込まないようにビニール袋に入れるか，あるいは，同様に水が浸透しない容器に入れて密封する。

標本の保存のために氷をフィールドに持ち込める場合には，氷を清潔なプラスチック袋に詰め，運搬容器いっぱいに氷を詰めておく。氷の容器は，保冷性に優れ，水漏しないものを選び，それがない場合は，氷の容器をさらに大型の保冷性のある容器に入れる必要がある。その大型の容器も氷の容器を入れる前にできる限り内部をよく冷やしておくとよい。例えば，ピクニックで使われるタイプのクーラーは，これに氷を入れた容器を詰め，密閉してフィールドに運搬する前に，蓋を開いた状態で数時間，大型冷凍庫の中で冷やしておくのもよい。

❏標本の運搬

標本の輸送方法が不適切であれば，フィールドにおける標本収集の努力が徒労に終わることもある。標本を処理する人に，適切な標本の保存および輸送方法についての指導を可能な限り受けておく必要がある。通常，次の5点が基本的な原則として示される。すなわち，①異なる標本の混同を防ぐこと，②標本の変質を防ぐこと，③液状のサンプルは漏出を防ぐこと，④標本の個体識別が確保されていること，⑤包装のラベルが適切であること(Franson 1987)，

のを防ぐために，テープで固く巻いておく必要がある。

　一般に，標本の処理を行う研究室への輸送に長時間かかる場合や周囲の温度が高くて適切な保冷が困難な場合には，冷凍した状態での輸送が望ましい。標本の冷凍には，ドライアイスが好んで用いられる。しかし，ドライアイス自体は超低温なので，冷蔵すべき標本を同じ容器に収容した場合凍結してしまう。また，輸送に際して，ドライアイスの使用には法的規制ある。そのため，不適当な包装，法律で許された範囲からの逸脱，その他の要因により，輸送を拒否されないためにも，時前に輸送業者に確認しておく必要がある。ドライアイスから二酸化炭素が気化して容器を破壊するほどの圧力が容器内に貯留するのを防ぐために，容器にはガスの透過性，あるいは適度な通気性がなければならない。また，この炭酸ガスは，病原体のあるものを失活させる可能性がある。このことは，屍体をまるごと輸送する場合よりも，組織片で輸送する場合に影響が大きい。サンプルの輸送に際して，冷蔵あるいは冷凍の状態にかかわらず，輸送用の容器内の標本が保冷剤や冷凍剤に直接接触しないように注意する必要がある。

　輸送が遅延したり，その他の事情のために保冷用の氷が融けたり，あるいは冷凍物が融けだしたりして，容器内の液状サンプル（血液など）が破損してしまうことがある。輸送用の容器の外に液体が漏れ出ないように，封を厳重にすべきである。また，個々の標本類から漏れ出た液体を吸収するための吸収剤を，輸送用容器全体にまんべんなく入れておく必要がある。

　段ボール箱に納めた発泡スチロール製のクーラーは，安価で高品質の輸送用容器である。発泡スチロールの厚みは少なくとも2.54 cmは必要で，側面は垂直であることが望ましい。上部が底部よりも広い場合は輸送途中に壊れやすい。発泡スチロール製クーラーの破損を防ぐためには，クーラーとダンボール箱との隙間に，クシャクシャにした新聞紙やその他のクッションを詰めておくと効果的である。ダンボール箱には，発泡スチロール製のクーラーの破損を防ぐ役割と容器全体の梱包材としての役割がある。入れる物の重さに見合った強度の箱が必要である。市販のクーラーが使えないときには，市販の発泡スチロール製断熱板を段ボール箱の内部に合わせて切断して使用することもできる（Franson 1987）。

　以下に標本の輸送における基本的な手順を示す（Franson 1987）。その方法は研究室により若干異なることもある。

　①屍体を二重の袋に入れ，それをビニール袋でさらに内

図 13-5 標本の輸送に用いられる基本的な資材
（Friend 1987より）

である。標本の輸送に必要な基本的資材を図13-5に示す。

　きっちりと密封できて，しかも厚手のビニール袋を用いると，個々の標本の分離と標本間の混合の防止が，簡単かつ効果的にできる。これらの袋には，中に物を入れる際，さらに輸送途中に他の同じ容器とこ擦り合うことにより破裂しないだけの強度が要求される。一般的に24～36時間以内に標本が実験室に到着し処理されるならば，冷凍処理するよりも完全に保冷する方が，標本にとっては好ましい。ブルーアイスのような密閉した化学保冷剤は，融けた時に問題がないので氷よりも好ましい。同様に，プラスチック製のジョッキ，プラスチック製のソーダ瓶，ジュースや牛乳の紙パックに水を満たして密栓し冷凍したものは，保冷のために単なる角状やブロック状の氷を用いる場合よりも好ましい。これらの容器の蓋は，輸送途中にぶつかって開く

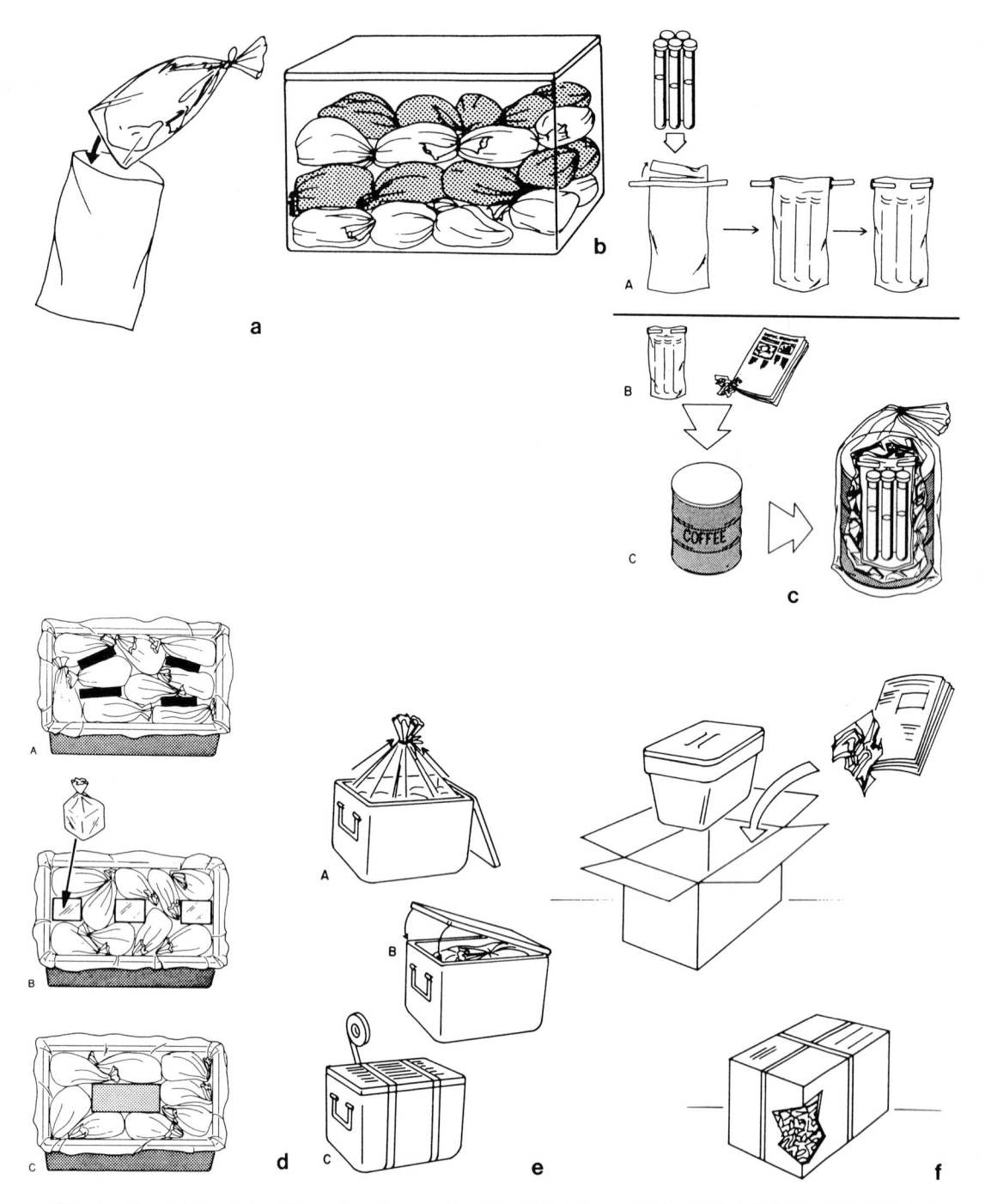

図 13-6　a：標本を二重に袋詰めする。個々のサンプルにつき二重に袋詰めして，液体の漏出や標本間の混合を防止する。
　　　　b：冷凍した標本（白い袋）は未凍結の新鮮な標本（暗調の袋）を輸送中に保冷する保冷剤として活用できる。
　　　　c：採血管の包装の手順。(A)採血管を Whirl-pack ビニール袋やその他のビニール袋に入れる。(B)袋を閉じて缶や硬度のあるプラスチック容器に納める。隙間には新聞など吸湿性のあるものを詰める。(C)缶の蓋を閉め，それをビニール袋に入れ封をする。
　　　　d：保冷剤として(A)ブルーアイス，(B)氷，(C)ドライアイスを用いる場合の包装方法。
　　　　e：標本の容器の閉じ方。袋詰めされた標本を大きなビニール袋に入れしっかり締め紐で結ぶ。クーラーの蓋を閉じ粘着テープでしっかり巻く。クーラーの外側に標本のデータと来歴を貼り付け，大きなダンボール箱に納める。
　　　　f：クーラーとダンボール箱の隙間には新聞紙などクッションを詰める（Friend 1987 から）。

張りした発泡スチロール製のクーラー内に並べて収納する(図13-6 a)。同じ容器内に冷凍した屍体と新鮮な屍体を一緒に入れる場合,新鮮屍体の保冷剤として冷凍屍体を活用すべく,新鮮屍体を個別に袋に詰め,袋詰にした凍結屍体の間に差し込んだり,2列の凍結屍体の列の間に並べたりする(図13-6 b)。血液チューブやその他の大きさの揃った壊れやすい容器は,通常のビニール袋に詰めて,それをコーヒー缶に入れて封をする(図13-6 c)。コーヒー缶に詰めた標本容器の隙間(側面と上部)には,紙やその他の衝撃吸収物を詰めて,破損につながる振動を防いだり,破損が生じた場合には漏れ出た液体を吸収させる。コーヒー缶は,発泡スチロール製クーラーに収納する前にビニール袋に入れて封をする。

②保冷剤パック(ブルーアイスパック)を使用する際には,標本の間に散らして差し込む。その他の保冷剤の場合も発泡スチロール製クーラーの中に分散させて配置し全内容物が最大限に冷却される様にし,ドライアイスを使う場合は全部が凍らないようにする(図13-6 d)。発泡スチロール製クーラーの隙間には新聞紙を詰めて,輸送中に中の標本が激しく揺れるのを防止する。新聞紙には断熱性があるので保冷の補助となり,また,その吸湿性によりクーラーや容器の外に液体が漏れ出るのを防止する。

③ビニール袋をクーラーの中に並べ,蓋を閉めて粘着テープで封をする。標本データ用紙と来歴は,防水プラスチック袋に入れてクーラーの上部に粘着テープで貼付けておく。

④発泡スチロール製クーラーは段ボール箱に収納し,粘着テープできっちりと閉める。

合衆国では,標本類の包装とラベル表示は,「輸送における包装とラベル表示に関する連邦法」に従わねばならない。「魚類および野生動物に関する法」(連邦法(CFR)50の14)により,野生動物を入れた容器の外側面には必ず送り主と受取人の名前と住所,正確な内容の一覧表を明示しなければならない(動物種とそれぞれの数)。あるいは,各包装物や容器の外側に「野生動物」あるいは動物の一般名を明記してもよい。

これに加えて,受取人と送り主の名前と住所を含む送り状あるいは包装物のリストを,容器の外側に明示しておかなければならない。「魚類と野生動物局条例」に加えて,州を越えての診断用標本類の輸送では,「病因診断のために適用すべき包装,ラベル表示および輸送のための必要条件」

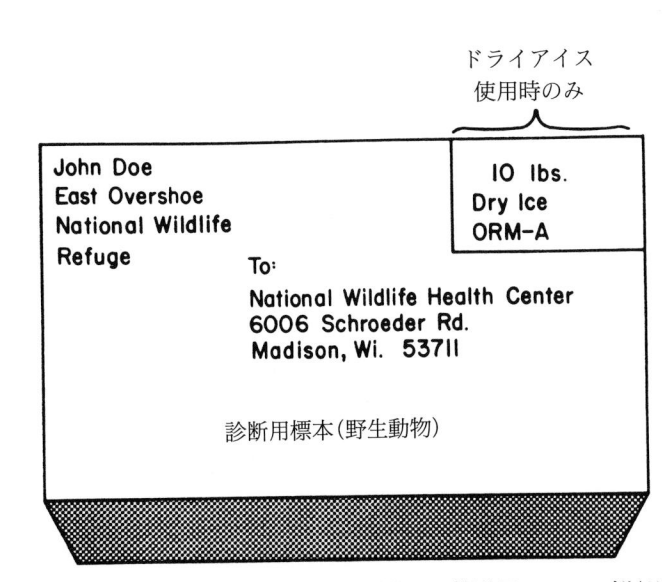

図13-7 ダンボール箱の外側に添付する輸送用ラベルの例(ドライアイスを入れる場合と入れない場合)

(Friend 1987 より)

(42 CFR 72部)の適用を受ける。疾病の病因が不明であったり,疑われるだけの場合は,これらの法規制の範囲では,診断用標本を病原体として取り扱うことは要求されていない。包装に「診断用標本」と書いたラベルを貼り分かりやすく表示するのもよい。42 CFR 72部で要求される包装に関する条件は,前述の1～4で推奨されるように,梱包する前に2重に容器に入れることで満たされる。

輸送容器にドライアイスを入れる場合は必ず「アメリカ運輸省の危険物法」が適用される(49 CFR 172-173部)。その際,包装内に入れたドライアイスの総重量は,容器の外側の右上の隅に明確に記載しなければならない。ドライアイスの総重量の下には「ORM-A」と記載する。これらの内容は包装の外側の長方形の枠内にも記載しなければならない。その記載の下には「診断用の標本」と明記する。ドライアイスを使う場合と使わない場合の容器へのラベル表示の適正例を図13-7に示す。記載には消えない筆記具を用いる。

❏フィールドでの剖検の手順

屍体解剖,すなわち剖検は,斃死した動物を対象として系統的かつ解剖学的評価を行うための標準化された手順である。その目的は,通常は死亡原因を検索することにあるが,それ以外の目的としては,比較解剖学的研究,個体群の健康状態のモニターおよび試料の採取があげられる。こ

れから示す内容は，野生動物の屍体を診断研究室に送付するのが困難あるいは不可能なフィールドの状況下で，生物学者が実り多き剖検を行うのを助ける手引となるものである。フィールドでの剖検は，野生動物の死因を明らかにする有用な幾つかの方法の一つであり，それ自体が最終目的ではない。剖検における異常所見の評価に際しては，正常なものから異常を鑑別し，そこに含まれる病気の原因を正確に把握する能力が要求される。診断には肉眼的異常を示した組織の病理組織学的検査，さらに細菌学的，ウイルス学的，寄生虫学的，毒性学的および血清学的検査を含む適切な臨床検査が必須である。

フィールドまたは在籍する施設で剖検を頻繁に実施することを考えている生物学者は，適切に訓練された研究者と一緒に剖検を行って正しい剖検方法を教わり，さらに正式な獣医病理学の課程(研究室で)を修めるべきである。また，交通事故死した動物やその他の検体を剖検することで，解剖の技能を高め，正常部と病変部の色調，硬度，外観および臓器の大きさ，さらに死後変化への理解を深めることなどを含め多くのことを学ぶことができる。この目的で交通事故死した動物を用いる場合，対象を鳥類と大型哺乳動物に限定すべきである。なぜならば，地域によっては交通事故死した食肉目および小型哺乳動物は，狂犬病やその他の人畜共通感染症に感染している可能性が極めて高いからである。

野生動物の疾病専門家は，いくつかの州の野生生物保護局，アメリカ魚類野生生物局，多くの大学，州の獣医診断研究室に在籍している。これらの人々は，野生動物疾病に関する重要な情報源であり，そこで訓練を受けることができる場合がある。農業局疾病診断部(州立と連邦立)，獣医科大学および獣医学部からも技術的援助(技術面のアドバイスと標本作製)をしばしば得ることが可能である。合衆国国内で最も大きな野生動物の疾病プログラムは，アメリカ魚類野生生物サービスプログラム，国立野生動物衛生センター(6006 Schroeder Road, Madison, WI 53711)，そして南東部野生動物疾病共同研究プログラム(ジョージア大学獣医科大学, Athens, GA 30602)である。両プログラムとも野生動物疾病に関する研修コースを備えており，技術的な指導に応えてくれる。

一般的ガイドライン

剖検に際しては，肉眼観察を容易にし，材料の採取と保存で失敗しないために，標準化された方法に従って実施すべきである。まずは四つの基本的なガイドラインに留意する必要がある。これらに従うことで，所見の価値が最大限引き出され，費やした時間と労力に見合うより大きな成果が得られるであろう。

①系統的に，徹底的に，完璧に！剖検では，分からなかったというよりも見落としたために多くの情報が失われる。ほとんどの人は，何が起こっているかを理解していなくても異常であるか否かは分かる。しかし，臓器と組織に異常が現れていたとしても，それを検査しなければ検出されない。剖検の方法に関しては，正しい方法は一つとは限らないが，誤った方法も多い。剖検者は系統的な剖検方法を発展させ，それを用いて一見して異常を判断し，大事なことを見落とさないないようにする。優れた剖検技術は，全ての臓器系の観察を容易にし，肉眼観察をする前に臓器および組織が破損することを防ぎ，さらに臓器および組織を適正な解剖学的位置関係と他臓器との関係のもとに観察することを可能にする。

②見たこと全てを図示し記録する。色調(例えば明るい赤，赤/黒色斑)，外から見た感触(蠟様)，大きさ(直径10 mm)，形(涙滴状)，硬度(半固形，液状，クリーム様)，滲出液(黄色膿)，その他の顕著な特徴(表面平坦な多角形を呈す径4 cmの腫瘤)を表現する用語は明確で定まったものを用いる。記述と測定の目的は，自分が観察した内容を他人の心中にありありと浮かび上がらせることにある。病理学の訓練を受けていない人でも，ある特徴的な病変を示す疾病について適切な記録を行えば，専門家が疾病についての確定的な結論に到達する場合の有力な手助けになる。例えば，シカでは，肺の下半分以上の部位が赤/深紅色を示し硬いとの記載があれば，肺炎が示唆される。また，脾臓が暗赤/黒色を示し軟らかくゼラチン状を呈して腫大していれば，炭疽が疑われる。写真は，記載内容を補う優れた方法である。

③完全で正確な記録に努める。剖検した動物に関連する全ての情報は，記録しておく。記録の保存は，剖検と同様に系統的な手順に従い，観察の記憶が鮮明なうちに，手抜かりな箇所は訂正しておく。テープレコーダーの使用は，データの記録に効率的であるが，録音時の機械的な作動不良を防ぐために定期的に機械をチェックしなければならない。剖検のためのアシスタントが得られる場合，剖検の観察内容をノートに記録してもらうのも効率的である。完全で正確な観察記録は，特殊な疾病に関する推論を発展させるためのデータベー

スの基礎となりうる。多くの剖検を通して認められる類似所見は，野生動物疾病の専門家と病理学者が回顧的研究を行う際の基礎となる。同一症例に関する全てのデータ類(記録，標本，写真類)には，同一の登録番号を付すべきである。

④サンプルの汚染・不純物混入を防ぐ。フィールドでの剖検は，殺菌された無菌的な環境で行われない。加えて，次の検査のための組織の採取のみならず観察データ(写真類を含む)の収集作業を制限するような物理的および環境的要因が発生することもあり，煩雑になることがある。サンプルの汚染の可能性については，常に慎重であるべきで，そのため動物が動かせるほど小型でしかも移動が可能な地形の場合には，剖検を行う場所の選択には細心の注意を払う必要がある。すなわち，剖検は，風および風に吹き上げられた岩石の破片を防げる場所で，日当りの良い乾燥した空き地で行うのが適切である。必要ならば，ポンチョ，その他の布，大きなビニール袋あるいは他の材料で風避けを作ることも必要である。環境汚染に関する分析を行うために採取した動物組織は，解剖を実施した場所にあるもの(土，水，植物)に接触しない様に注意する。

微生物に対する安全対策は，さらに注意すべき一般原則である。あなた自身，あなたの同僚，そして周囲の環境を遭遇しうる病原体から守りなさい。先に述べたように，動物の疾病の多くはヒトに感染しうる。剖検者は，自分自身への感染防御に配慮するだけでなく，解剖後の斃死体の適切な処理とその解剖場所の汚染防止の処置を考慮しなければならない。剖検の過程において，感染性の要因を含む体液の飛散によりその場の環境が汚染されることがある。例えば，結核菌と炭疽菌のような細菌は，自然環境中で何年もの間生物活性を示す。それ故，解剖した場所の汚染を最小限に食い止める配慮が必要である。

可能ならば，フィールドでの剖検は，ビニールシートを敷いて行うのがよい。剖検後の斃死体の処理は，解剖した場所での焼却が望ましい。屍体を土中に埋める場合は，腐肉を漁る食肉動物が掘り起こして感染性の臓器がまき散らされないように十分な深さを確保して埋めるべきである。その際には地下水を汚染する可能性も考慮に入れ，それを防がなくてはならない。斃死体を遠隔地に運搬して処理する場合は，ビニール袋に包んで外表面からの感染を防止する。剖検者の汚染された衣服と体表を介して，感染因子が解剖の場所から他の場所に機械的に伝播することも考えられる。それ故，可能な場合には剖検後に防御服の洗浄と感染防止の処置を行い，シャワーを浴び，衣服を交換すべきである。さらに，少なくとも剖検を行った当日には，予想される感染症への感受性を有する動物と接触する可能性のある作業を行うべきではない。

フィールドでの活動で特に剖検が予定されている場合には，次のような予防措置をとる必要がある。危険度の高い感染症の流行地で剖検を行う際には，医者に予防接種の必要性について問い合わせ，必要性が判断された場合，全ての関係者に予防接種を施さねばならない。解剖を行うに当たり，脱着あるいは消毒可能な感染防御用の上衣を着用しなければならない。つなぎ，長靴，手袋は身体を保護するための標準装備である。多量の糞が堆積した鳥の集合場所やコウモリが棲む洞窟，さらに容易に飛沫感染を起こす感染症が常在する場所で剖検を行う場合には，マスクの着用が不可欠である。石鹸のような効果的な洗浄剤をフィールドに持参し，器具，衣服および作業の場所を洗浄するとよい。洗浄後は，家庭用漂白剤の10％溶液を使用すれば，感染を予防することができる。剖検で使用した器具，手袋および作業に使用した上衣は，剖検毎に消毒を行うが，その消毒液による交差性の汚染と組織の分析に影響を及ぼすのを防ぐために，毎回消毒液を完全に洗い流す必要がある。長靴と標本容器の外側は，解剖した場所を離れる前に消毒し，衣服は脱いでビニール袋に入れ密封後，それを外から消毒する。プロパン用のトーチランプを使用した場合には，点火装置をアルコールに浸して消毒する。器具を標本を入れたホルマリン液に浸すと容易に消毒される。剖検が終了し，あるいは罹患および斃死動物の取扱いが終わった時点で，石鹸を用いて水で完全に手洗いするのが，感染に対する基本的で優れた防御方法である。

器 具

剖検を行うために必要な器具の種類は，動物の大きさと種類により決まる。ナイフの刃は，まっ直な刃を使うか，湾曲した刃を使うかなど，解剖者の好みに道具の形は影響される。ほとんどの状況に対応できる広範囲な器具のリストを表13-2に示す。

基本的な剖検の原則

動物種ごとに個々の解剖の手順は若干異なるが，剖検の基本的な流れは共通している。その最初のステップは，動物が斃死に至った状況について，何が分かっているかなどの来歴を調べることである。斃死体のすぐ付近の野原を注意深く観察し，あたかも殺人現場を検証するように，どん

な些細な観察結果も記録しておく。この情報から死因の解明につながる重要な手がかりが得られることがあるので，最初に記録すべきである。第2のステップとしては，屍体の外部検査を注意深く行うことである。特に口腔，鼻腔および肛門など天然孔の状態を注意深く観察し，そこから排出物がないかなど細かく記録する。排出物は，量，色および粘稠度などの性状を記録する。四肢は実際に触診し動かして，骨折や関節の異常の有無を調べる。皮膚，鱗，被毛および羽は，火傷，羽の損傷，被毛の異常および外傷がないか調べる。観察したところ異常がない場合でも，後になって検査しなかったために異常を見落としたとの疑いを否定するために，異常が無い旨を記載する必要がある。第3のステップは，内部臓器の観察であり，その方法は動物により若干異なる。一般的な方法を以下に示す。

哺乳類の剖検

外部観察が終了したら，動物を剖検の位置に置く。その体位は動物型ごとに異なるので，調べる動物種によって決める。ほとんどの場合，片側を下にする側臥位である。食肉目では，右側と左側のどちらを下にしても良いが，一般には左側を下にする左側臥である。反芻獣の場合は，大きな第一胃が下方になることで腹腔臓器の全部が観察しやすい左側臥にて解剖する。ウマ類は，大型の大腸の解剖学的位置と，それらにしばしば変位がみられることから，右側臥で解剖する。以下に示す解剖の方法は，哺乳動物では一般的であり，反芻獣の胃腸管の取扱いにも触れる。

最初に動物の左側を下にして置く（四肢を解剖者に向け，頭部は右手に向かせる）。次に右側の前肢と後肢を切除し，それらを反転させる（図13-8）。すなわち，後肢は，皮膚を切開し，下腿のつけ根部分へと筋肉を切り進み，股関節に達してこれを切除する。この間に，皮下組織，筋肉，関節（関節表面と関節液）および体表リンパ節について注意深く観察する。前肢についても，同様な方法で体幹と脚との間を切断して，術者の反対側に反転させる。前肢の関節は切断する必要はない。

骨盤から下顎部の先端に向かって正中線に沿い皮膚を切開する。その際，陰茎と乳腺部では（正中線を外れて），少し右側を切開する（陰茎と乳腺は下方に反転する）。ナイフを用いて皮膚と皮筋とを分離させ，体幹の右側部の皮膚を頭部に向かって順に剝皮する。皮膚と皮筋の分離が適切であれば，皮膚は簡単に剝せる。次いで，下顎部に沿って剝皮する。頭部の剝皮については，ナイフを背側からできるだけ頭頂に向けて切り進み，まっすぐに顔の外面沿いに剝皮する（外耳道も切り進む）。

体幹に沿って正中部の切開より皮膚を少し下方（左）に反転させておく。これは，被毛の混入を防ぐためである。この時点の屍体は，右側全体の剝皮が終了し，四肢は反転させた状態にある。

開腹

最初に下顎の外側と舌側の筋肉を切断することにより，下顎の右半分を除去する。オトガイ部において下顎を分離するには刈り込みばさみを使うとよい。右の下顎を後方および上向きに（右前肢の方向）捻ることによって除去すると，口腔内が完全に見渡せる。ここで舌，歯の表面全体，口蓋および扁桃部分を観察する。舌をしっかり摑んで手前に引き，両方の舌骨が各々の側の咽頭に位置するようにする。舌を少し引きながら，舌骨を切り（関節軟骨を切るか，骨カッターで切断する），さらに胸口に達するまで気管（風管）と食道を含めて引き出す。反芻獣で膿瘍形成がよく認められる咽頭後にあるリンパ節，ウマバエの幼虫の寄生がみられる口腔咽頭内部の観察が可能になる。その他，顎下腺のような臓器も容易に観察できる。

腹腔に転じ，最後肋骨の後ろにある右側最高点を触って確認する。次いで，この部位に腹腔に通じる小さな切開口をあける。腹腔の観察を行う前に，腹水の増加があるか否かを調べる。もし増加していれば，注射筒で腹水を採取しておく。切開口を上方に切り広げて（脊椎に達するまで），次いで尾の方に向かって切り進み，最終的に陰茎あるいは乳腺に達するまで切り下げる。両方の切開を終えると，腹壁の弁の中に腹水と臓器が納まり，腹腔臓器が腹側から観察しやすい状態に広げられている。

最後肋骨の下に触れ，横隔膜を確認し肋骨に沿って切り進み，胸郭から横隔膜を取り除く。その際，左右の胸腔が陰圧になっているかどうかを確認する（胸腔内圧は通常は陰圧）。次いで，右側の胸郭を取り除くために，脊椎と胸骨に近い部分で肋骨を切断する。胸郭を廃棄する前に，その内側の表面を忘れずに観察すること。ここまで終えると，ほとんどの内部臓器（中枢神経系を除く）が現れているので，さらに手が加わわる前に肉眼的に観察する。臓器の位置の異常，特に胃腸管の捻転あるいは胸腔への胃腸管のヘルニアの有無を調べる。また，この時は微生物学的検査にまわす材料があるか否かを，予め見極める良い機会である。

臓器の摘出は，最初の切開の順に行い，微生物学的検索あるいは化学分析のための材料採取は，汚染を避けるために，この時に済ませる。病理学者の多くは，個々の臓器を

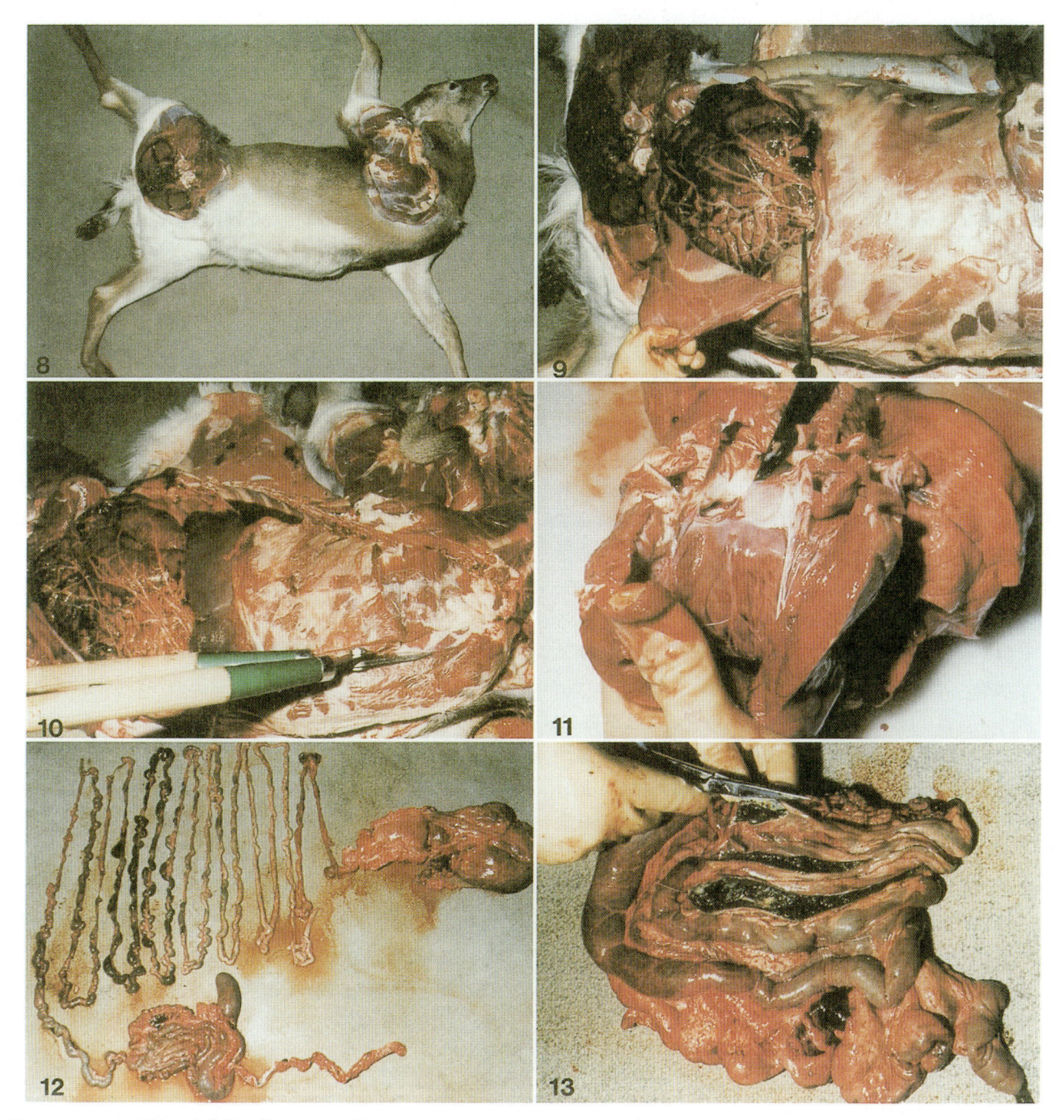

図 13-8 シカの剖検。右後肢の体躯への付着部を切断し、後肢をそのまま外側に反転させる。
図 13-9 腹壁を少し切開し，腹腔臓器を露出させる。切開線の両端から腹側に向けて切り広げ腹壁の弁を作る。この弁は腹腔臓器を定位置で保持し，腹水が溢れ出るのを防ぐ。
図 13-10 刈り込みばさみで前方に向かって順に肋骨を切断し胸郭を除去する。
図 13-11 心臓の内腔表面(内膜)を調べる。弁膜とその付着部を調べる。
図 13-12 腸管を摘出し腸間膜を外して並べる。
図 13-13 はさみを用いて腸管を開く。

調べる前に，全部の内部臓器を一括して摘出する方法を好む。しかし，ここでは章の構成上，内部臓器の摘出は個々の臓器観察の考察のすぐ後に記載する。実際にはどちらの方法を用いてもよい。

胸腔臓器

胸腔臓器の摘出方法としては，気管/食道を摑んで少し手前に引きながら，脊椎，胸骨および横隔膜との付着を順に切り離して摘出する。こうして切り進むと，必然的に心臓に通じる主要血管系を切断することになり，通常胸腔は血液で満たされる。これを防ぐには，切断する前に大動脈と大静脈をそれぞれ結紮するのもよい。食道は胸腔内では横隔膜の位置で切断する。胃あるいは第一胃に胃内容物が詰まっている場合は，その胃内容が胸腔側に洩れ出ないように食道を結紮してから切断する。

食道は，はさみを用いて縦に切開し，粘膜面(内面)を観察する。次に肺を肉眼的に観察する。肺では，優しく手で触れて異常部位を触知する。肺は，視覚よりも触覚で異常を確認すべき臓器の一つである。また，通常死後は退色する。呼吸器系を始める前に，気管を辿って咽頭のすぐ裏にある甲状腺を探して観察する。気道については，はさみかナイフで咽頭，気管さらに可能な限り細い気管支に至るまで切り開く。気道には，肺虫の寄生が認められることがある。各々の肺葉は横断し，その割面からの滲出液の有無を確かめる。組織学的検査のための採材は，できるだけ手が加わらないうちに，しかも手が触れられていない部分から採取した方がよい。一般に，各肺葉および，そこに認められる病変は同質ではないので，異なった肺葉から複数のサンプルを採取する必要がある。

心臓の検査では，まず心臓を包んでいる膜様の袋(心嚢)を観察し，その中に貯留している液体(心嚢水)の量を測定し記録する。この心嚢水が過剰に産生されている場合は，その一部を検査のために採取し冷蔵保存しておく。次いで心嚢を切り開いて内部表面(心外膜面)を観察する。心臓は血液の流れに従って順に開く。すなわち，右の心房と心室に始まり，肺動脈弁を経て，肺への流れに従って開く。ここでは弁とその付属物を含めた内部の表面(心内膜面)を観察する(図13-11)。次いで，心臓をひっくり返して，左心について心房から心室を開け，大動脈に至る。この方法により，切断されてバラバラになる前に，心臓の全ての部位が確実に観察できる。組織学的検査のための採材には，乳頭筋と中隔を含める。

肝臓

肝臓は，横隔膜，胃腸管および腎臓への間膜の付着部をそれぞれ切って摘出する。この時，腸管を切らないように注意する。胆管を切断する前に小腸への開口部を観察する。胆嚢を有する動物では(シカ類と他の数種類の動物では胆嚢を欠く)，胆嚢を軽く押して胆管を圧迫し，腸管への胆汁排泄が障害されていないかを確認する。

分葉した肝臓を有する動物では，肝臓の表面と全ての葉の状態を注意深く観察する。さらに，胆嚢がある動物種では，胆嚢を開いた後裏返しにして胆汁の粘度と胆石の有無を注意深く観察する。肝臓は，バラバラにならない限り，パンを切るようにスライスする。そして，その割面を観察して，必要な部位について組織検査のために採材する。地方によっては，オジロジカ(*Odocoileus virginianus*)とその他のシカ科動物の肝臓組織には，大型吸虫が普通にみられる。次に肝臓の色と硬度にも着目する。硬度を増した肝臓では，正常な肝臓実質の結合組織による置換(線維化)が示唆される。

胃腸管

胃および腸管の検索方法は，多かれ少なかれ，その剖検に占める必要性と研究者の目的に左右される。腸管の全部を開け詳細に調べるのは時間を要する作業であるが，いくつかの疾患ないし寄生虫症では限局性に臓器が侵されるので，有益な情報となる。寄生虫に関しては，その数を調べるには腸管の全部を開いて検査する必要がある。一方，胃腸管の走行に沿って簡易的に一部分のみ開けて検査する場合もある。この方法では，まず胃腸管の全長にわたり外部表面(漿膜面)を観察し，異常と判断される部位のみ切開して粘膜と内容物を細かく調べる。胃腸管の全部を調べる場合には，腸管の各々を傷つけないように切り離し，本来の走行に従って並べ開いて観察する。この方法では，腸管内部の観察は系統だてられ，しかも，極めてスピードアップできる。さらに観察者は，常にどの部分を観察しているのかを理解でき，臓器システムの全体像が把握できる(図13-12)。そのため，胃腸管がどの程度冒されているかを瞬時に判断することができる。

胃腸管の全部を精査するか，あるいは部分的観察に止めるかにかかわらず，胃腸管を腹腔より摘出する前にまず行うべき作業としては，付属の腸間膜リンパ節を調べることである。このリンパ節は，小腸を背側腹腔に付着させる腸間膜にある。この組織に腫大，退色および割面における過

度の湿潤性が認められる場合は，必ず腸管についても詳細に調べる必要がある。腸管を長く伸ばした状態で摘出する場合には，小腸のどのループでもよいから摑んで引っぱり，腸間膜を可能な限り前方と後方に切る。胃腸管を精査する場合と部分的な検査に止める場合の差は，この作業のみが異なる点である。

結腸では，骨盤腔内に入り見えなくなる最後部を探して，そこを切断する。稀に，結腸の切断部より糞が出てこないように，その部位を結紮することもある。次いで結腸に付着している腸間膜を切断する。この時点で全ての胃腸管は，脊椎に沿った腸間膜の根部と食道の横隔膜への接着部によってのみ保持されている。胃腸管を摘出するには，腎臓と胃腸管の間にある腸間膜の根部を背骨に沿って切断する。食肉目，その他の小型哺乳動物，あるいは小型の反芻獣では，腸管膜の根部を直接切断することができる。ところが，ほとんどの反芻獣，特に大型動物では，胃腸管の摘出を容易にするために，胃腸管を体外にかき出して後動物を高く持ち上げ，第一胃の自重により腸間膜の根部が引っ張られる状態にして，根部を切除する。副腎は，左右腎臓の前方正中線寄りにそれぞれ認められる。胃腸管を注意深く摘出すれば，この臓器は傷つくことはない。脾臓を胃から剝して摘出する。

反芻獣の四つの胃はそれぞれ縦に切開する；特に内容物の量とその固さに注意する。胃により粘膜の配列様式とその機能は大きく異なる。他の研究者の希望により，第四胃（腺胃）は別に分けて切開し，内容物をバケツの中に洗い流し，その中の寄生虫数を計測することもある。第四胃内の寄生虫数は，しばしば群れの健康状態の指標として用いられる（アメリカ合衆国南西部に棲息するオジロジカ）(Davidson et al. 1981)。

腸管は，はさみを用いて縦に開き内腔を観察する（図13-13）。腸内容の特徴（色，固さ，臭気，量）は，重要な所見であり必ず記録に残す必要がある。微生物学的検査のための採材では，腸管を開けないまま2か所結紮し，その両端で切断，内容を含む腸管を冷蔵保存，必要ならば冷凍保存する。動物の死因に毒物の関与が疑われる場合，冷凍保存は特に有効である。十二指腸（小腸の最初の分節）に接して膵臓があるので，これを探して，色，固さなど詳細に観察する。螺旋結腸（反芻獣の結腸に特有な螺旋状に巻いた構造）は，螺旋構造を解かないでも容易に観察できる。最後に残る結腸を開くと胃腸管の観察を終了する。

脾臓

両表面を観察した後，一定間隔で割を入れその割面を観察する。脾臓は，しばしばウイルス検索のためのルーチン臓器として採材する。色調あるいは硬度の異常など，いかなる変化も所見として記録する。

副腎

両側腎臓の前方先端にある両副腎を摘出して詳細に観察する。皮質と髄質の状態に注目する。

泌尿系

泌尿系を完全に検査するには，骨盤腔を完全に露出させる必要がある。そのためには術者に最も近い側の骨盤（上側の半分）を，刈り込みばさみを用いて骨を切断し除去する。付着している軟部組織を切り，切断した骨を取り除くと，尿路系の全体を見渡すことができる。

雄では，精巣をそれぞれ摘出し観察する。次いで，割を入れ（横断），その割面の状態を調べる。特に液体の滲出に注意して観察する。残りの尿路系臓器は一括して摘出する。陰茎は，付着部（陰筒部）から腹壁に沿って切り，できる限り下方に反転させる。両側の腎臓は，腎動脈を含めた付着部をそれぞれ切り遊離させるが，その際，決して尿管は切ってはならない。腎臓を軽く引きながら付着部を切り進むと，尿管とその膀胱への接続部が現れる。

雌では，卵巣は子宮体部との付着部を切り摘出する。全部の器官（尿管，膀胱，下行結腸および子宮）を一纏めにして軽く引きながら，付着している軟部組織を切り肛門まで引き出す。最後に肛門周囲の皮膚を切除すると，尿路生殖系の器官が無傷のまま摘出される。これらを本来の位置関係に従って並べることにより，臓器を的確に把握することのできるオリエンテーションが得られる。

腎臓は縦に割断して観察する。特に皮質，髄質および腎盂の境が明瞭かどうかに着目する。組織検査用の採材には，必ず3層を含める。尿管は，通常外から観察する。膀胱を切開する前に，針を装着した注射筒を用いて尿を吸引し採取する。膀胱は，最初に少し切開し，縦に切り広げて裏返しにする。尿道は切り開き，前立腺に至り注意深く観察する。特に尿の性状には注意する。卵巣はそのまま，あるいは割を入れて固定する。子宮と腟は，縦に切開して調べる。これに付着している下行結腸の一部も同様に縦に切開して内腔を観察する。

残りの諸臓器

反芻獣では，頸部から頭部の基部にかけての頸動脈の分岐部は，切開して注意深く調べる必要がある。この部位は，動脈の寄生線虫 Elaephora schneideri の本来の寄生部位である。この寄生虫は，オグロジカ(Odocoileus columbianus)やミュールジカ(Odocoileus hemionus)(Herman 1945)には普通にみられ，ほとんどの場合病原性はない。しかし，この寄生虫がヘラジカ(Ales ales)(Hibler & Adcock 1971)とオジロジカ(Odocoileus virginianus)(Couvillion et al. 1985, 1986)に寄生すると致命的である。

頭部の関節を脊髄との接続部で外して，頭頂部の皮膚を除去，次いで脳とそれを被う膜鞘(髄膜)を傷つけない方法で頭蓋を開く。フィールドにおける，特別な道具を必要としない簡単かつ最も手近な方法は，小型の鋸を用いて脊髄が通る頭蓋後部の開口部(大孔)を含む頭蓋全部を除去する方法である。次に髄膜を観察する。脳は，鼻部を上に向け，頭部を傾け，脳腹側の付着部をはさみで切り摘出する。脳底との付着部をそれぞれ切り，脳の自重により手前にゆっくりと落として手で受ける。脳は，表面を観察し，その全部あるいは矢状断した半球を組織学的検査のためにホルマリン固定する。

脊髄は必要に応じて検査する。脊髄を摘出する作業は時間がかかるので，しばしば特殊な場合に限り実施する。脊髄は，脊椎の上部をそれぞれ除去して露出させる。脊椎の除去では，椎骨周囲の筋肉のほとんどを除去した後，骨ばさみ，手斧あるいは鋸で脊椎弓を切除する。

次に手根および膝関節を観察する。まず，関節を取り囲む皮膚を縦に切開して除き，反転させる。それから関節を横に切開する。関節内部表面の状態，関節液の量，その粘度および色について注意深く観察する。

斃死体の左側の皮膚を剥皮して皮下織と筋肉を観察する。さらに後肢の大きな筋肉塊につき数カ所割断すると，筋肉の異常がよく分かる。雌の乳腺は，触診し割断して観察する。肉眼的異常を示した体液と組織は，微生物学的検査のために採取する必要がある。

特記事項

上記の剖検手技は，反芻獣の剖検には概ね適用できるが，特殊な解剖学的特徴を示す動物種，あるいはフィールドで起こりうる特殊な状況によっては，動物や状況に合わせて改変して適用させる必要がある。以下に示す内容は，いくつかの特殊な動物群における剖検と所見の判定を容易にする手引である。

小型の哺乳動物

小型の哺乳動物の剖検は，一般に仰向けに寝かし(仰臥位)，四肢をピン(または同様なもの)で作業台に固定して行うのが最も良い。両側の肋骨を切り，ほとんどの胸郭部および胸骨を除去して，胸腔臓器を露出させる。次いで胸腔臓器を型どうり観察して摘出した後，腹腔臓器を一括して取り出す。骨盤腔は，両側の恥骨および坐骨を切断し，さらに骨盤腔の腹側部を除去して観察する方法が最もよい。泌尿生殖器は，既に示した方法で摘出する。

クジラ目

全ての海洋性哺乳動物は，海洋という環境に適応した結果，陸棲哺乳類に比べ後肢と外形が大きく形態変化している。一般にこれらの変形は，剖検には支障はない。一般にクジラ目は，左側臥で剖検を行うのが最もよいが，大型のクジラ目(クジラ)は，どの様な位置でも剖検が可能である。このような大型動物の解体には，大型肉切り用ナイフ，ウインチ，チェンソーおよび斧などの特殊な道具が必要である。採材のために研究者が，体腔の中に歩いて入り込む必要も生じてくる。

クジラ目では，皮下脂肪層(鯨脂肪)は厚く，濃厚なコラーゲン基質を含んでいる。そのため，ナイフとその他の切断用具は，すぐ切れなくなるので頻繁に研ぐ必要がある。この脂肪層があるために，皮膚と脂肪層の剥皮は，他の陸棲哺乳動物のそれに比べ，極めて容易である。

解剖学的に腹腔は比較的狭いので，臓器の観察にはいくらか支障がある。消化器系は，機能的には単胃動物のそれ

図 13-14 胸骨部の胸骨稜を少し避けて，縦に切開し皮膚を鈍性剥離する。
図 13-15 腹部の皮膚を除去し，腹部腹壁，胸筋および頸部臓器を露出させる。
図 13-16 胸骨および腹部の腹筋を除去し，腹腔内の諸臓器を観察する。この時，心臓と肝臓の状態に注意する。
図 13-17 冠状動脈の外周表面に沿った脂肪沈着の程度を調べる。
図 13-18 肝臓は横断し，その割面の状態を観察する。
図 13-19 砂嚢の開き方。砂嚢を片手で持って，ハサミを使って内腔に沿って切開する。
図 13-20 開いた砂嚢。内部のケラチン様の層の色を観察し，散弾がないかを調べる。

13. 野生動物の死因の評価

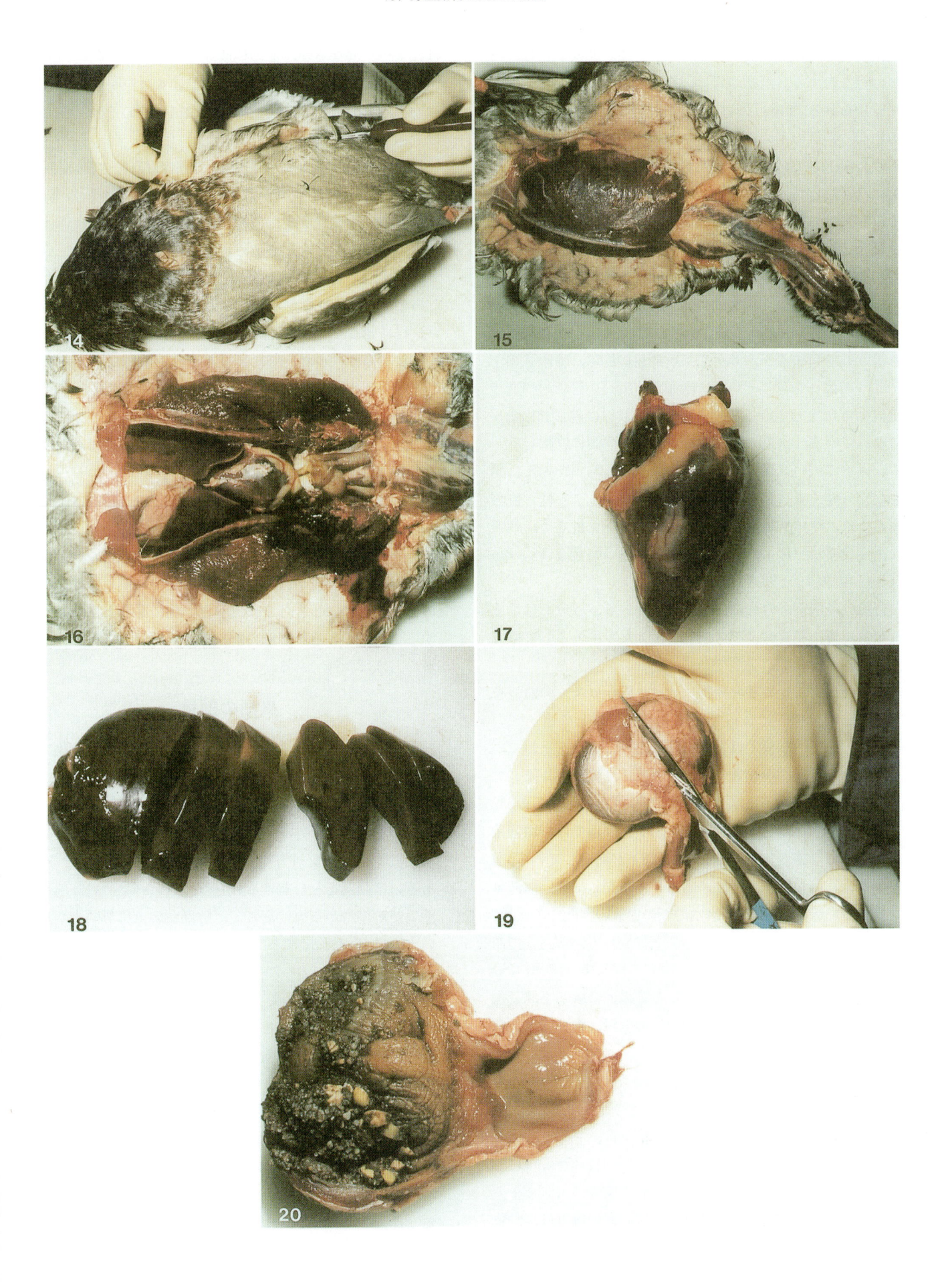

に相当するが，構造的には異なっている。クジラ目は，三つの胃を有する。最初の胃は，ウマと同じく腺部と非腺部に分けられる。2番目の胃は，第1と第3の胃の間に介在する単なる接続のための管でしかない。第3の胃は幽門部であり，主として粘液分泌腺を含んでいる。さらに，十二指腸には，しばしば第4の胃と見間違われる拡張部が存在する。腸管は特に長く，腹腔の後部にあって小さな腹腔空間に押し込められている。肝臓は大型である。クジラ目は胆嚢を欠く。

上部呼吸器系は，根本的に変化しており，頭頂部の外鼻孔に終わっている。ハクジラ亜目の鯨は，1個の鼻孔あるいは噴水孔を有するが，ヒゲクジラ亜目の鯨は，噴水孔の下に二つの鼻孔を有している。咽頭は，細長い管状の構造で垂直向きになっているが，噴水孔の入り口に対しては水平になっている。食道の開口部は，咽頭の両側に位置している。短くて広い気管は，重い軟骨輪を有し咽頭を越えて間もなく分岐する。肺では，気道の終末に至るまで軟骨輪が認められ，厚い胸膜で被われている。クジラ目では，胸膜の炎症(胸膜炎)がよくみられる一方，厚い胸膜層はしばしば炎症(胸膜炎)と間違われる。

腎臓は，個別の分節に広く分葉している。各分節は，それぞれ皮質，髄質および乳頭部を備えた腎単位として機能している。膀胱は，小型で筋層に富む。

クジラ目は，他の哺乳動物に比べ，遙かに多くの血液を有し，それは種類によっては体重の25%以上に達している。その結果，剖検では多くの臓器がうっ血状を呈している。しかし，海洋棲哺乳動物の筋肉は，広範囲なミオグロビンの貯蔵により，正常でも暗赤色/深紅色を呈するので，このうっ血と混同してはならない。クジラ目では，血管系が広範囲に形態変化した結果，血管網系が発達している。血管網は，互いに織り混ざり，吻合して変動しやすい血液量を容れる血管床を形成し，潜水の際の血液の再配分の機構，あるいは向流熱交換の装置としても機能している。その血管網は，胸部大動脈および腰下領域(腎臓までの深部)で最も発達している。クジラ目におけるその他の解剖学的変化としては，比較的小型で暗調で円形の脾臓，腹腔内にある精巣，大型の副腎である。

鰭脚亜目

鰭脚亜目における内部臓器の形態変化は，クジラ目のそれをはるかに下回る。剖検の位置は，仰向け(仰臥位)にして行うのが最もよい。剖検では，肋骨を胸骨の両側で十分に広く切断し，胸腔を露出させる。脂肪層の厚さは，動物種によって異なるが，その構成成分は他の哺乳動物の皮下脂肪と同じで，クジラ目のように濃密なコラーゲンは含まない。内部の解剖学的構造は，食肉目動物のそれとほぼ同様である。

胃は単一の室から成り，腸管は非常に長い。呼吸器系では，いくつかの種で軟骨が軌道の終末まで伸びている点，アシカ科では，気管が走行の初期に分岐(すなわち短い)している点でのみ形態変化が認められる。

鰭脚亜目には，潜水の際の血量と血圧の変動を処理するための種々の小さな形態変化が認められる。例えば，アザラシ科に認められる大動脈弓の拡張部は，動脈瘤と見間違うことがある。また，特にゾウアザラシ属では，下大静脈と肝類洞はしばしば拡張しうっ血する。捕獲されたキタゾウアザラシ(*Mirounga angustirostris*)は，不用意に興奮させると，このうっ血(潜水への応答)が発生し，それにより死亡することが知られている。

ラッコ

ラッコ(*Enhydra lutris*)は，海洋環境に適応した結果，柔らかい被毛と後肢が特徴的である。剖検に関しては，多くの場合仰向けにして行う点を除き，他の動物と同様に処理することができる。内部の解剖学的構造は，食肉目動物のものとほぼ同様である。

鳥類の剖検

鳥類の解剖学的構造は，特殊であり，そのため剖検方法は哺乳動物のそれとは大きく異なる。外部検査の方法は，哺乳動物の場合とほぼ同様であるが，翼は広げて羽毛のはえ具合を調べる。外部検査を終えた後，剖検者の好みにより頭部を術者の反対方向に向け仰向けにして横たえるか，あるいは頭部を左に向ける(術者が右利きの場合)。腹部の羽毛が解剖野から抜け落ちて，解剖台の上に舞い上がらないように，石鹸液で濡らしておく。正中線を少し避けて，縦に皮膚を切開する(図13-14)。この切開は，大きくする必要はなく，マガモ大の鳥で5～6 cm，ガチョウ大の鳥で8～10 cmである。鈍性剥離(主として指を使う)により，大腿と下肢の周囲を含めて，切開した部分の側面から皮膚を容易に取り除くことができる。胸骨稜からの皮膚切開はメスを使用し，他の半分の皮膚は鈍性剥離により剥皮する。この時点で，皮下脂肪の量と色，消耗の程度，もしあれば，主要な胸筋を観察し，斃死体の状態を調べる。次いで，はさみを用いて皮膚の切開口を頸部に沿って嘴まで広げ，頸部臓器を露出させる(図13-15)。

開腹

　メスを用い胸骨に沿って胸筋を切る。すなわち，胸骨稜に平行に，その下の骨にまで切り込み，胸口から腹腔にかけての筋肉を切断する。次いで，指を切開面に入れ筋肉を掴んで，胸骨を少し浮かし気味にし，腹筋の胸骨への付着部を注意深く切る。この切開の方向は，胸骨に対して垂直方向である。筋肉を引っ張り続けながら，既に切除した胸筋の切開方向に沿って，鳥用大ばさみを差し込んで胸骨を切断する。その角度が脊椎に対して遠すぎると，翼に切り込んでしまうか，胸骨を切除するのが困難になる。この作業を適切に行うと，胸口に位置する二つの大型の骨は，両側で容易に切断できる。筋肉を掴んで胸骨を持ち上げ，胸骨とその下の腹腔臓器をメスで丁寧に切り離す。鳥では，横隔膜よりも気嚢が発達している。胸部気嚢は，上を被う胸郭を除去する際，あるいは除去後に観察する。

　小型のピンセットで胸骨のやや下の腹筋をつまんで，そこからハサミを用いて腹筋を切去し腹腔領域を露出させる。この時腹腔内の臓器の全体が見渡せる（図13-16）。腹腔内臓器には，季節，鳥の年齢さらに他の要因によって種々の程度の脂肪が沈着している。次の作業に進む前に，心囊と気嚢を注意して調べる。気嚢は通常は透明で薄い。増殖巣あるいは肥厚がないかを注意して観察し，細菌あるいは真菌検査のために異常部位を採取する。哺乳動物と同様に，多くの研究者は，臓器の観察を個々に行う前に，全部の内部臓器を一括して摘出するやり方を好む。しかし，この章では，臓器ごとの摘出およびその観察方法を示す。

心臓

　鳥の心臓は，他の臓器との解剖学的位置関係を考慮して，胸腔臓器の中では最初に，しかも独立して摘出するのが最もよい。その摘出方法は，心尖部を軽くつまみ上げながら，可能な限り心底部から遠い位置で大型の血管を切断し摘出する。心囊は，両表面の状態，さらに心囊水の増量の有無について記録する。また，冠状動脈の外部表面に沿った脂肪沈着の程度にも注目する（図13-17）。この部位には，ある程度の脂肪の沈着は正常な状態でも認められるが，慢性消耗性感染症，慢性鉛中毒，あるいは有機塩素中毒の場合はほとんど認められない。

　鳥類の心臓は，左右の心房，心室からなる。右心室壁は非常に薄く，右心室は左心室を形成する厚い筋肉の壁半分の周囲に，薄い三日月形の腔を形成している。左心室は，概ね先細の円筒形を呈している。心外膜の状態，心冠脂肪織の沈着状況，心臓の形状を調べた後，心室部の中間で横断する。この横断面より，左右心室の相対的大きさと形状，左右心室壁および中隔部の心筋の性状を調べることができる。この横断面から心底部よりに数mmの位置で横断し，心臓の全部の構造が含まれる円盤状のスライス片を切り出し，病理組織検査のために採材する。次いで，はさみを用いて，心底部に向かって心室壁を切り開き，心房，肺動脈，肺静脈に至る。この時点で，心内膜，弁，心臓に付着する血管の内腔面を観察することができる。心臓から採取した血液は，トリボツリヌス菌の検査に有用であるので，採取後直ちに冷凍し，検査に供するまで冷凍保存する。

肝臓

　肝臓は，砂囊や腸管との付着部を丁寧に切断して摘出する。この際，鋭利なはさみを使うと最もよい。胆囊が十二指腸に隣接する箇所では，胆囊と腸管を傷つけないように慎重に切断する。肝臓では，色調，硬度，腫大あるいは腫脹の有無に注意して観察する。また，肝臓表面に斑あるいはその他の病変（異常所見）がないか調べる。さらに数カ所を割断し，その割面の状態を観察する（図13-18）。肝臓は，細菌，ウイルスおよびある種の毒物に起因した疾病において，実験室での病性鑑定に重要な臓器である。胆囊では，大きさを測定し，色調を調べ，切開して胆汁の量と粘度を調べる。

胃腸管

　腹壁と砂囊（水鳥）あるいは筋胃（猛禽類および魚を摂餌する鳥類）との付着部を切る。腸管と砂囊（筋胃）を掴んで引きながら，これらと気嚢および腸間膜との付着部をはさみを用いて切断する。次いで，胃腸管を引いたまま，腺胃あるいは胃の少し上の食道を切断する。そして，軽く後肢の方に引っ張ると，結腸遠位部，排泄腔および脾臓を除く全胃腸管が摘出できる。泌尿生殖器系から排泄腔への接続部分を観察した後，胃腸管を引きながら総排泄腔の周囲の付着部を鋭利なメスで切る。この作業を適切に行えば，結腸，総排泄腔およびファブリキウス囊が無傷のまま胃腸管側に残り，総排泄腔周囲のわずかな皮膚と羽毛を含めた全胃腸管が摘出可能となる。また，軽く引っ張りながら，腸間膜を少し切ることにより，膵臓を含む十二指腸ワナを除く腸管をまっ直に伸ばすことができる。

　腺胃部と砂囊は，はさみを用いて腸管から切り離し切開する。腺胃部の前部（食道－腺胃）と後部（腺胃－砂囊）末端について異常がないか調べる。水鳥のいくつかの種類では，

これらの部位に寄生虫性潰瘍が認められる。したがって，腺胃壁に寄生虫性病変がないか否かを調べる必要がある。砂嚢は内腔に沿って切開し（図13-19），内容物の臭い，色調，固さおよび特徴について調べる（図13-20）。有機リン化合物，カルバミド酸塩，ストリキニンなどの毒物の関与が疑われる場合は，砂嚢の内容には手を触れずに，そのまま直ちに冷凍して，後の化学分析に供する。その他には，内容物を皿に移して，摂取した鉛製散弾，鉄製散弾およびその他の異物がないか調べる。砂嚢の粘膜面では，ケラチン様の層あるいは角質層の色調と性状を記録する。例えば，鉛中毒に罹患した水鳥では，胆汁の逆流に起因して砂嚢の粘膜面は暗緑色を呈している。ケラチン様の層の過度の増生は，一般に砂嚢がすり砕く臓器として適切に機能していないことを示唆している。砂嚢の筋肉は，割断してその割面を観察し，色調の異常は記録する（ビタミンE欠乏症では，砂嚢の筋肉に淡い条線状の変色がみられる）。腸管は縦に切開して，内腔における寄生虫，内容物の色調および固さ，さらに異常所見（例えば潰瘍，出血）の有無を調べる。リンパ組織（抗体産生細胞の源）は，しばしば腸管の全長にわたり粘膜直下に認められる。これらのリンパ組織の形状は，しばしば円盤状，稀に輪状であり，腸管全体に散在している；これらに出血，潰瘍，その他の異常がないか注意深く観察する。総排泄腔の近くにあるファブリキウス嚢は，若い鳥では主要な免疫担当細胞の存在部位であり，切開して観察する。最後に，総排泄腔を縦に切開して壁面を観察する。

脾臓

脾臓の形状は，鳥の目および科ごとに異なり，ほぼ球形（オウム科）のものから卵円形，ほぼ三角形（ガンカモ目），長細い長楕円形（スズメ目とハト科）まで様々である。脾臓は，鳥によっては極めて小型のものもあり，形も様々なので，腹腔がかき乱された後では探しにくい。そのため腹腔臓器を分離する前に検査するのが最もよい。脾臓は，ウイルス分離のための材料として重要であり，その異常な腫大は，オウム病などの感染やロイコチトゾーンなどの原虫感染の関与を示唆する。

泌尿生殖器系

鳥類の卵巣および精巣は，生殖サイクルに伴い大きさが著しく変動する。例えば，成熟したマガモ（*Anas platyrhynchos*）の精巣は，非繁殖期/繁殖後期には長さが8〜15 mm，直径が2〜3 mmである。これが生殖サイクルの極期では，長さが40〜50 mm，直径が30〜35 mmとなる。北方地方に棲息するコリンウズラ（*Colinus virginianus*）を含む多種類の鳥類では，成熟雄の非活動性/非繁殖期の精巣は，黒色で長さは4〜6 mm，直径は2〜3 mmである。ところが，繁殖期の雄では，精巣の色調は淡いクリーム色に変わり，大きさは2〜3倍になる。この精巣の顕著な色調の変化は，数が決まっている精巣外層におけるメラニン細胞（黒色色素産生細胞）の密度が，精巣の腫大に伴い希薄になることから，灰色を呈し，最終的には淡いクリームないし白色を呈するようになる。同様に，雌における卵巣および卵管も，生殖サイクルに伴って顕著な腫大と退縮を繰り返す。

卵巣と精巣は，屍体から摘出する前に長さと直径を計測し，通常は異常が無い限り外部観察のみ行う。繁殖期間中には，精巣は精液の有無を確認するために割断する。産卵中の雌の卵管は，縦に開いて内層を観察する。稀に卵管内に破裂した卵黄や卵が認められ，これが産卵中の雌鳥，マガモ類，海岸に棲息する鳥類，恐らく他の種類の鳥類においても斃死の原因となりうる。卵管における感染は，しばしば認められる。

副腎は，精巣あるいは卵巣の付着部に近接した腎臓の前方先端に位置することから，これらの臓器を同時に観察する。幼鳥では，副腎はよく発達し，哺乳動物のそれに比べ大きいように思われる。

腎臓は，骨盤腔における骨の陥凹部内にあり，健康な鳥では辺縁部に脂肪の沈着がみられる。正常な腎臓の色調は，普通は深みある赤紫色から紫色を呈し，尿細管の網状構造は顕微鏡がないと分からない。腎臓は，まず本来の位置にて観察し，それを摘出した後，数カ所で割を入れる。その割面について，尿細管への尿酸塩沈着を示唆する白色から黄色の微細な斑がないかを注意深く調べる。稀に腎臓が赤色斑を伴って薄い桃白色を呈することがある。その割面を観察すると，尿酸塩が尿細管に詰まっているのが認められる。この場合，通例尿管にも尿酸塩が詰まっている。

特に死因に重金属の関与が疑われる場合，腎臓は肉眼的に正常に見えたとしても，後に実施する化学分析では，極めて貴重な分析材料となる。そのため腎臓の一部は，冷凍保存する必要がある。

呼吸器系臓器

はさみや鳥用大ばさみを用いて，嘴を切除あるいは破砕し，鼻孔あるいは口腔内部を露出させる。次いで気管，気管支，肺へと切り開く。この時，隣接する食道も切り開いておく。口腔の後部の異常について調べ（例えば，ナゲキバト（*Zenaidura macroura*）のトリコモナス症の感染致死例

では，この部位に大型のチーズ様塊がしばしば認められる），さらに舌および口腔底にも病変がないか調べる。

はさみや鳥用大ばさみ（大型の鳥類の場合）を使用して，外部鼻孔に切れ目を入れ，その切り口を頭蓋にまで広げることにより，鼻道を切開することができる。この切開により，鼻甲介が露出する。この部位における鼻腔ダニ類，寄生性線虫類の存在，水鳥では鼻腔ヒル類の寄生の有無を注意して調べる。

肺は，胸郭に沿って鈍性に剝離し（メスの柄の背側先端を用いるとよい），付着部を切断する。次いで，摘出した肺をそれぞれ割する（横断）。

鼻腺

頭蓋を被う皮膚を切開し，頭頂部で両側に引きながら鈍性剝離する。鼻腺は，それぞれ眼球上部の眼窩内における淡褐紫色から紫色の三日月形の腺組織として認められる。海洋棲の鳥類（例えば，アホウドリ科，ウミツバメ科，ガランチョウ科ペリカン属，カモメ属）では，鼻腺が最も高度に発達しており，電解質（Na^+）の排泄を主な役割としている。ある種の有機リン系農薬の非臨床的中毒では，この腺の機能は，著しく低下したり，あるいは阻害される。

神経系

多くの小型鳥類では，頭蓋の頭頂部は，剝皮後，はさみや鳥用の大ばさみなどの尖った先を用いて，比較的簡単に除去できる。大型鳥類〔例えば，イヌワシ（*Aquila chrysaetos*）〕では，往復運動で切断する骨切り用鋸を使用する必要がある。または，小型の鉗子を使って頭蓋を割りながら除去することもある。脳は，摘出する前に，その外表面をまず観察する。次いで頭部を垂直に立て（嘴を上にする），頭蓋底と脳の付着部をはさみにて順次切除すると，脳は自重により緩やかに解剖台に落下する。

頭蓋内より摘出した脳の取り扱いは，剖検前にいかに良質の稟告を入手できるかに左右される。稟告で死因として有機塩素（例えば，DDT，ディールドリン，あるいはPCB），有機リンまたはカルバミト酸塩の関与が示唆される場合は，脳の全部を後の化学分析のために冷凍保存しておく。寄生虫性あるいは感染性疾病の関与が疑われる場合には，脳の半分を10％ホルマリン液で固定し，残りの半分を微生物学的，寄生虫学的あるいはウイルス学的検索に供する。鳥の飼養業者の間でサルモネラ症の爆発的流行が発生し，それがイエスズメ（*Passer domesticus*），シマヒワ（*Carduelis pinus*），アメリカ森林スズメ（*Passer montanus*）に

伝播した場合，特異的な神経症状（空中での旋回運動，バランス失調，種々の程度の麻痺）を示す個体がしばしば認められる。罹患した鳥の脳につき組織学的および細菌学的検索を行うと，脳には大型の膿瘍がしばしば認められる。

稟告が不十分な場合には，脳を矢状断で割断して左右の半球に分け，片方を冷凍し，残りを前述したようにホルマリン固定する。脊髄は，剝皮後，骨ばさみを用いて脊椎弓を切除し，摘出することができる。

骨盤神経（脊髄から分岐して腎臓深部に向い，後肢に向かっては放射状に伸びる），坐骨神経（大腿の尾側部に沿って走行）および迷走神経（頸静脈に沿って頸部に位置する）は，個々に分離して観察する。水銀中毒が疑われる場合は，腋窩部に位置する大型神経である腕神経叢を，採材して組織学的に検索する。

骨格系

中足骨を曲げて折ることにより，骨のミネラル沈着の程度を知ることができる。正常な骨では，中足骨を折った時にバキッという音がして砕けるが，曲げても折れない場合は，ミネラル沈着が乏しいことが示唆される。膝関節と飛節を調べ，関節内に過剰な滑液が認められる場合は，それを採取し細菌学的検索を行う。丹毒に感染したカルフォルニアのカッショクペリカン（*Pelicanus occidentalis*）では，足関節に腫大と著明な滑液の増量が認められる（国立野生動物衛生センター未公表データ）。

参考文献

AMERICAN VETERINARY MEDICAL ASSOCIATION PANEL ON EUTHANASIA. 1993. Report of the American Veterinary Medical Association Panel on Euthanasia. J. Am. Vet. Med. Assoc. 202:229–249.

BELL, J. F. 1980. Tularemia. Pages 161–193 in J. H. Steele, ed. Handbook series in zoonoses. Section A, Vol. II. CRC Press, Boca Raton, Fla.

COUVILLION, C. E., W. R. DAVIDSON, AND V. F. NETTLES. 1985. Distribution of *Elaeophora schneideri* in white-tailed deer in the southeastern United States, 1962-1983. J. Wildl. Dis. 21:451–453.

———, V. F. NETTLES, C. A. RAWLINGS, AND R. L. JOYNER. 1986. Elaeophorosis in white-tailed deer: pathology of the natural disease and its relation to oral food impactions. J. Wildl. Dis. 22:214–223.

DAVIDSON, W. R., F. A. HAYES, V. F. NETTLES, AND F. E. KELLOGG. 1981. Diseases and parasites of white-tailed deer. Tall Timbers Res. Stn. Misc. Publ. 7. 458pp.

FRANSON, J. C. 1987. Speciment shipment. Pages 13–20 in M. Friend, ed. Field guide to wildlife diseases. U.S. Fish Wildl. Serv. Resour. Publ. 167.

FRIEND, M., EDITOR. 1987. Field guide to wildlife diseases. U.S. Fish Wildl. Serv. Resour. Publ. 167. 225pp.

HERMAN, C. M. 1945. Some worm parasites of deer in California. Calif. Fish Game 31:201–208.

HIBLER, C. P., AND J. L. ADCOCK. 1971. Elaeophorosis. Pages 263–278 in J. W. Davis and R. Anderson, eds. Parasitic diseases of wild mammals. Iowa State Univ. Press, Ames.

KARSTAD, L., J. SPALATIN, AND R. P. HANSON. 1957. Application of the paper disc technique to the collection of whole blood and serum samples. J. Infect. Dis. 101:295–299.

KOLMER, J. A., E. H. SPAULDING, AND H. W. ROBINSON. 1951. Approved laboratory technic. Fifth ed. Appleton-Century-Crofts, Inc., New York, N.Y. 1180pp.

KORSCHGEN, C. E., H. C. GIBBS, AND H. L. MENDALL. 1978. Avian cholera in eider ducks in Maine. J. Wildl. Dis. 14:254–258.

LEIBOVITZ, L. 1969. The comparative pathology of duck plague in wild Anseriformes. J. Wildl. Manage. 33:294–303.

OLSEN, P. F. 1975. Tularemia. Pages 191–223 in W. T. Hubbert, W. F. McCulloch, and P. R. Schnurrenberger, eds. Diseases transmitted from animals to man. Sixth ed. Charles C Thomas, Springfield, Ill.

ROSEN, M. N. 1971. Avian cholera. Pages 59–74 in J. W. Davis, R. C. Anderson, L. Karstad, and D. O. Trainer, eds. Infectious and parasitic diseases of wild birds. Iowa State Univ. Press, Ames.

WOBESER, G. 1981. Diseases of wild waterfowl. Plenum Press, New York, N.Y. 300pp.

補遺 I 追加の参考文献
一般的なもの

DAVIS, J. W., AND R. C. ANDERSON, EDITORS. 1971. Parasitic diseases of wild mammals. Iowa State Univ. Press, Ames. 364pp.

———, ———, L. H. KARSTAD, AND D. O. TRAINER, EDITORS. 1971. Infectious and parasitic diseases of wild birds. Iowa State Univ. Press, Ames. 344pp.

———, L. H. KARSTAD, AND D. O. TRAINER, EDITORS. 1981. Infectious diseases of wild mammals. Second ed. Iowa State Univ. Press, Ames. 446pp.

EKLUND, M. W., AND V. R. DOWELL, JR., EDITORS. 1987. Avian botulism—an international perspective. Charles C Thomas, Springfield, Ill. 405pp.

HOFF, G. L., AND J. W. DAVIS, EDITORS. 1982. Noninfectious diseases of wildlife. Iowa State Univ. Press, Ames. 174pp.

HUBBERT, W. T., W. F. MCCULLOCH, AND P. R. SCHNURRENBERGER, EDITORS. 1975. Diseases transmitted from animals to man. Sixth ed. Charles C Thomas, Springfield, Ill. 1206pp.

JENSEN, W. I., AND C. S. WILLIAMS. 1964. Botulism and fowl cholera. Pages 333–341 in J. P. Linduska and A. L. Nelson, eds. Waterfowl tomorrow. U.S. Dep. Inter., Washington, D.C. 770pp.

PAGE, L. A., EDITOR. 1976. Wildlife diseases—proceedings of third international wildlife disease conference, Munich, 1975. Plenum Press, New York, N.Y. 686pp.

地域に関するもの
アラスカ

DIETERICH, R. A. 1981. Alaskan wildlife diseases. Univ. Alaska Inst. Arctic Biol., Fairbanks. 524pp.

ロッキー山脈

ADRIAN, W. J., EDITOR. 1981. Manual of the common wildlife diseases in Colorado. Colo. Div. Wildl., Ft. Collins. 139pp.

———, EDITOR. 1992. Wildlife forensic field manual. Colo. Div. Wildl., Ft. Collins. 179pp.

THORNE, E. T., EDITOR. 1981. Diseases of wildlife in Wyoming. Wyo. Game and Fish Dep., Cheyenne. 353pp.

アメリカ南東部

DAVIDSON, W. R., AND V. F. NETTLES. 1988. Field manual of wildlife diseases in the southeastern United States. Southeast. Coop. Wildl. Dis. Stud., Athens, Ga. 309pp.

FORRESTER, D. J. 1992. Parasites and diseases of wild mammals in Florida. Univ. Florida Press, Gainesville. 459pp.

カナダ

FYVIE, A. 1964. Manual of common parasites, diseases and anomalies of wildlife in Ontario. Ont. Dep. Lands For., Maple. 100pp.

14
水中・陸上の生息地における無脊椎動物の採集

Henry R. Murkin, Dale A. Wrubleski & Frederic A. Reid

はじめに ……………………………411	土壌，リターおよび土壌表面 …………422
採集計画の目的の決定 …………………412	草本層 …………………………………424
採集計画の設定 …………………………412	樹　上 …………………………………425
採集場所の選択 ………………………412	空　中 …………………………………425
採集の時期と回数 ……………………413	サンプルの処理 …………………………425
採集器具の選択 ………………………413	生体抽出法 …………………………426
水生無脊椎動物の採集 …………………414	サンプルの保存 ………………………427
一般的な考察 …………………………414	サンプルのふるい分け ………………427
水底の底質 ……………………………415	二次サンプリング ……………………427
水底面 …………………………………417	選　別 ………………………………427
水　中 …………………………………419	生体重の測定 …………………………428
水　面 …………………………………421	同　定 ………………………………428
陸生無脊椎動物の採集 …………………422	統計学的考察 ……………………………429
一般的な考察 …………………………422	参考文献 …………………………………430

❑ はじめに

　多くの種の魚類や野生動物のための無脊椎動物の重要性の理解が進むことによって，この多様な生物群についての情報の必要性がますます増加してきている。無脊椎動物の，欠くことのできない食物資源としての機能についてはよく述べられてきた(Waters 1969, Scott & Crossman 1973, Johnsgard 1981, Murkin & Batt 1987 など)。デトリタスの形成や栄養分の循環(Edwards et al. 1970, Petersen & Luxton 1982, Merritt et al. 1984 a)，有害生物や疾病の媒介者(Merritt & Newson 1978, Wobeser 1981)，および植物群落の動態の調節(Schowalter et al. 1986, Crawley 1989)といった役割も注目を集めてきている。

　無脊椎動物の実際の効果的な調査には，様々な生物学的研究の設定についての原則と，無脊椎動物の研究に特有の要素についての基本的な理解が必要である。無脊椎動物の採集には，小型であることや生活史上のステージの違い，活動性，高い増殖速度，パッチ状の空間分布，占有する生息地が多様であることなどの理由による特有の問題がある(Waters & Resh 1979)。

　無脊椎動物の採集は，その計画の設定が適切でない場合には，時間や資源の浪費に終わってしまうことがある。魚類や野生動物に関する研究機関や大学の講座の保管庫の標本の中には，様々な生息地の調査の一環として収集された無脊椎動物のサンプルが，長い間，整理もなされずに放置されていることが多い。これは通常，サンプルの処理に要する労力についての理解が不足していたためである。また，多くの時間を費やして無脊椎動物のサンプルを処理し，データを得た後で，それを統計的な検定や比較には用いることができないことが判明するという場合もある。

　本章の目的は，野生動物の調査計画における無脊椎動物の調査の設定と遂行を助けるための一般的な指針と，背景となる情報を提供することである。我々は差し当たっては無脊椎動物の生息数(abundance)，または生体重のモニタリングに焦点を当てる。記号放逐法や隣接個体法，連続捕獲法，除去法のような個々の技術については Southwood (1978)を，二次生産物の量の決定については Petrusewicz & Macfadyen(1970), Phillipson(1971)，および

```
目的の決定
    ・比較されるべき内容の定義
    ・対象とする生息地の定義
    ・対象とする無脊椎動物の定義
         ↓
調査法の設定  ←──────┐
    ・採集技術の選択        │
    ・サンプルの例数        │
    ・採集回数             │
    ・選別と分類学的考察    │
         ↓               │
予備的な採集 ─────────┘
         ↓
最終的な設定
         ↓
サンプルの収集
         ↓
サンプルの処理
    ・(必要な場合)保存と貯蔵
    ・抽出と選別
    ・同定
         ↓
データの集計
         ↓
データの分析
         ↓
解釈と結果の報告
```

図 14-1　無脊椎動物の採集計画の諸段階

Downing & Rigler (1984) を参照されたい。

❏採集計画の目的の決定

あらゆる野生動物の研究や調査において，最初に考慮され，おそらく最も重要な過程となるのは，その目的を明確にすることである（図 14-1，Elliott 1977，第 1 章を参照）。研究の目的は，一般的な事柄に留まる場合も特定の問題を詳細に扱う場合もあるが，研究の設定と実行のあらゆる段階の指針となるものであるため，明確にしておく必要がある（Green 1979）。

目的が単にある生息地に何らかの無脊椎動物が存在するか否かを決定することであれば，対象とする地域を踏査または航行するか，少数の定性的なサンプルを収集する以外のことは必要ない。目的がさらに複雑な場合は，採集計画の設定も複雑になる。例えば，特定の生息地やいくつかの連続した生息地での多年にわたる実験的な操作に対する無脊椎動物群集の反応の観測は複雑な調査となる。研究の目的によって，必要なデータの形式や精度，サンプルの例数や種類，個々のサンプルの分量，採集場所，採集の回数や間隔，必要な標本処理方法，同定の必要性の有無も決定される。

最初の段階は，常識的な言葉による問いかけの形で研究の目的を表現することである（Green 1979）。例えば，「草丈の高いプレーリー（tallgrass prairie）での火事は無脊椎動物の密度に影響を及ぼすであろうか」。次に，この疑問は「火事は草丈の高いプレーリーでの無脊椎動物の密度に影響する」という表現に置き換えられる。実際の要因や対象とする変数についての情報を含むことによって，この表現はより正確なものとなる。対象とする無脊椎動物はすべての種なのか，特定の 1 種なのか，あるいはいくつかの種の集団なのであろうか？考慮される生息場所は全般的な草丈の高いプレーリーなのか，その中の特定の小生息地なのであろうか。一つの例として，上の表現を「農耕地に隣接する草丈の高いプレーリーでは火事によってバッタが減少する」というように変更すると，特有の現象に関心があることを反映できるであろう。次には，「農耕地付近の草丈の高いプレーリーでは火事によってバッタは減少しない」という帰無仮説が立てられる。研究の目的を注意深く定義し，洗練していくことで，個々の必要に応じた研究の設定に備えることが望ましい。

目的の決定に際して，活用できる条件について考慮することは重要である。頻繁に陥りやすいのは，現実的には不可能な程の日数を要する目的を設定してしまうことである。現実的な目的の決定には，設定した研究を実行するために必要な労力についての知識が動員される。無脊椎動物の採集に通じた人材の助言と予備的な採集によって，これらの知識は得ることができる。

❏採集計画の設定

採集場所の選択

研究の目的によって採集を行う場所が決定される。採集場所の選択は完全にランダムであるか，比較的均質な生息地のタイプの階層の中でランダムに位置していなければならない（Elliot 1977，および第 1 章を参照）。最初の場所をランダムに配置し，これを基点として規則的な採集を行っても良い。典型的，あるいは代表的な場所を採集場所にすると，ランダムな採集にはならない。

無脊椎動物の分布や生息数に関する予備知識によって，調査地域内での階層的な採集が可能になる。対象とする地

域がいくつかのタイプの生息地を含んでいる場合，採集は生息地のタイプごとに階層化されて行われるべきである(Green 1979)。そうした採集地の間に本来備わっている違いは，サンプル集団の間の違いの重要な一因となっているであろう。例えば，殺虫剤で処置した湿地と未処置の対照地域とで底生無脊椎動物の量を比較するという目的を考えてみよう。両方の調査地域が開放的な水域に密なガマの群落が散在している場合，存在する生息地のタイプの違いを考慮せずに調査地域にランダムに採集場所を設けることは有効ではないであろう。開放水域とガマ群落の間の底生無脊椎動物の生息数の違いによって，それぞれの地域の中での誤差分散が増大し(Murkin & Kadlec 1986, Wrubleski & Rosenberg 1990)，そのため群内のばらつきに対する群間の(処置地域と対照地域間の)ばらつきの比は減少するであろう。類似した生息地での他の研究からの情報が利用できない場合，予備的な採集により調査地域に存在する生息地のタイプごとの大型無脊椎動物の量の違いが把握されるであろう。無脊椎動物の分布や生息数は生息地の構造や複雑さによって左右されるため，予備的な情報がない場合でも，生息地のタイプごとに階層化された採集が適切であろう。分析によって生息地間に差がないことが示された場合は，最終的な分析にはデータを合一化して使うことができる。

採集の時期と回数

採集の時期と回数は，研究の目的，対象とする無脊椎動物，および現地での作業上の都合によって決定される(図14-1)。多くの無脊椎動物は生息数や生息地の利用に関して顕著な季節変動を示すため，年間を通じての時期の異なった採集が必要になる。採集の回数は用いる器具や無脊椎動物の生活環の間隔に左右される。いくつかの採集器具では一つの採集季節を通じて運用でき，連続的な採集を行うことができるが(羽化トラップ，墜落函など)，他の器具の場合には定期的に訪れてサンプルを集めることが必要である(把握式採泥器，すくい網など)。生活環の短い無脊椎動物では，頻繁に採集を行うことが必要であり，そうしなければそれらを完全に見逃してしまうことがある。採集計画に含まれる採集の間隔は，対象とする無脊椎動物群の生活環よりも短くなければならない。無脊椎動物群集の研究では，毎週，または隔週に採集を行うことが一般的である。

無脊椎動物の日内活動様式は種により大きく異なるため(Elliott 1970, Costa & Crossley 1991 など)，採集の時間帯も考慮しなければならない。天候は日内活動や微小生息地の選択に大きな影響を与える。陸生無脊椎動物の多くは，温暖な天候のもとでは植物体上部の露出部に現れ，低温過湿な時期には下部の土壌付近に移動する。この行動は捕虫網のような多くの採集器具の効率に影響を与える(Hughes 1955, Saugstad et al. 1967)。天候が厳しい場合は採集を延期するべきである(Strickland 1961)。

採集器具の選択

無脊椎動物に対して，様々な採集器具が利用できる(例えば Martin 1977, Southwood 1978, Downing & Rigler 1984, Merritt et al. 1984 b)。その選択は対象とする無脊椎動物のグループやその生活環上の特性，採集を行う生息場所，要求される精度に左右される(図14-1, Resh 1979)。あらゆるグループの無脊椎動物やすべての生息地に有効な採集器具は存在しない。通常は無脊椎動物群集の全構成者を採集したり，ある種の無脊椎動物を全生活環にわたって追跡するために，複数の採集器具を組み合わせることが必要になる(Malley & Reynolds 1979)。加えて，大部分の採集器具には，使用の前に考慮されるべきバイアスがかかっている(Southwood 1978, Resh 1979)。例えば，ある採集器具は運動性の高い種に低い種よりも回避されやすい場合がある。その結果，運動性の高い種はサンプル中に少なくなってしまうであろう。

器具の選択にあたって，必要な生息数の尺度が絶対的な値(すなわち生息地の単位面積または容積あたりの個体数や生体重)であるか，相対的な値(指標値)であるかを考慮することが重要である(Spence 1980, Murkin et al. 1983)。既知の面積や容積中から採集を行う器具を用いると，平方メートルあたりの生息数のような一般性の高い単位に変換できる絶対的な生物量の推定値が得られる。他の研究との比較には，こうした種類のデータが必要である。処置群の間の比較や経時変化を扱う場合には，豊富さの相対値だけでも十分なことがある(Eberhardt 1978, Spence 1980)。多くの採集の手法は絶対量の推定に用いることができないため，これについての決定は重要である。さらに，相対的な指標値は絶対値よりも極めて簡単に得られることが多い。例えば，生息地の単位面積あたりの甲虫の個体数の決定にはかなりの時間と労力が必要である。甲虫を単位となる採集物の中の植物体やリターから分離収集しなければならない。それに対して単純な墜落函(423頁を参照)を用いれば，夾雑物のより少ない甲虫の標本が得られる。しかし，墜落函によって採集の行われた実際の面積を知ることはできないため，得られたデータは甲虫の豊富さの指標値としてし

か考えられない。研究を行う者は，その目的に応じて，処理に要する時間をどう減少させると，それによってどんな指標値が使用できなくなるかについての得失を考慮しなければならない。

　質の一定したサンプルの得られる採集方法を選ぶ必要がある(Elliott 1977, Resh 1979, 第1章を参照)。このことは特に捕虫網や底生生物用の把握式採泥器のような手動操作式の採集器具には重要である。こうしたタイプの採集器具を用いると，潜在的に(各処理群の中の標本間の)誤差分散を増大させる多くのばらつきが生じることがあり，さきに論じたように処理群の間の差の検出の機会を減少させる。例えば，捕虫網を用いて草むらから昆虫を捕える場合，何人かの採集者の間で一振りの長さに個人差がある場合がある。有柄式の底生生物用把握採泥器に加わる圧力は，底質に貫入する深さに影響を及ぼすであろう。しばしば野生動物を扱う卒業研究においてそうであるように，同一の者がすべての採集を行うような研究においては，この問題は軽減される(Elliott 1977)。しかしながら，長期にわたるモニタリング調査の計画においては，通常何人かの野外調査技術者が単一の季節の間，あるいは数年にわたって参加することになり，調査者間のばらつきは大きくなる(Murkin et al. 1983)。この問題は，(墜落函などの)手動による制御を行わない採集器具によって解決する。

　採集器具の選択にあたってもう一つ考えるべき重要な点は，サンプルの処理に必要な作業の量である。無脊椎動物の調査の中で，この処理は最も著しく時間を要し，退屈な部分である(Karlsson et al. 1976)。通常は，大量の夾雑物の中から無脊椎動物を取り出さなければならないようなサンプルの得られる採集器具よりも，上述の甲虫を捕える墜落函のような，比較的夾雑物の少ないサンプルの得られる器具が好適である。ここでも，研究には目的が重要である。例えば，湿地の無脊椎動物の研究において，(サンプル中に比較的夾雑物の少ない)羽化トラップと，(かなりの処理を要する)底生生物用のコアサンプラーのどちらを用いるべきであろうか。もしも研究の目的が底層採餌性の水鳥の潜在的な食物量の決定であれば，水鳥が活発に採餌を行う微小生息地で採集がなされるべきであり，これには底層のコアサンプルが必要である。しかし，研究の目的が湿地に対する除草剤などの処置の影響を調べることであれば，その処置の効果を示すために昆虫の羽化する量の調査を選ぶことが適切であろう。

　研究の目的によってかなりの量の処理を要するサンプルが必要な時，個々のサンプルの分量を少なくすることが可能な場合があり，ときにはそのほうが有利でもある(Downing 1979)。例えば，単位容積の土壌中からハンドソーティングで回収されるミミズの個体数は，土壌サンプルの量が増加するにつれて減少し，サンプルの分量が多くなるほど効率が低下することが示されている(Zicsi 1958)。実際のサンプルの分量は，無脊椎動物の密度に基づくものであろう(Downing 1979, Morin 1985)。密度が高ければ，通常は分量の少ないサンプルで十分である。予備的な採集によって，密度についての必要な情報が得られるであろう。さらにサンプルの分量を減らすことができるような，無脊椎動物の分布に関する情報も得られるであろう。例えば，予備調査によって土壌サンプル中の大部分の無脊椎動物が表層5 cm以内にいることが示されれば，これ以下の深さでの採集は不必要になる。サンプルの分量が少ないと，稀な種が見落とされるかもしれないため(Paterson & Fernando 1971)，このことには注意すべきである。無脊椎動物を夾雑物から分離する際には，抽出の方法によって選別に要する時間が大きく減少することもあるため，方法をよく考慮して選択するべきである(「サンプルの処理」の項を参照)。

　考慮されるべきもう一つの点は，調査する無脊椎動物の大きさである。すくい網や流し網，箱型の採集器のような多くの採集器具は構造の中に網状の部分が用いられている。採集器の内容物を1枚，あるいは数枚の連続したふるいを通過させて無脊椎動物をその他の物質から分離するものもある。メッシュの網目が小さければ，必要な大きさ以下の無脊椎動物が捕獲され，大量の夾雑物が内部に残り，その結果，選別の作業に多くの時間を要することになる。それに対して，メッシュの網目が大きければ，多くの小型無脊椎動物が失われる(Zelt & Clifford 1972など)。こうしたタイプのサンプルにおいて用いられるべき網目の大きさは，研究の目的によって決定される。

　以下に無脊椎動物の採集のための様々な，一般的な器具を示す。それぞれに対しての短い紹介と参考文献を示し，適切な採集方法を選ぶために役立つその他の技術や重要な総説記事についても記す。

❏水生無脊椎動物の採集

一般的な考察

　水生の無脊椎動物には，様々な採集器具を用いることができる(Elliott & Tullett 1978, 1983, Rosenberg 1978, Downing & Rigler 1984, Merritt et al. 1984 b, Klemm

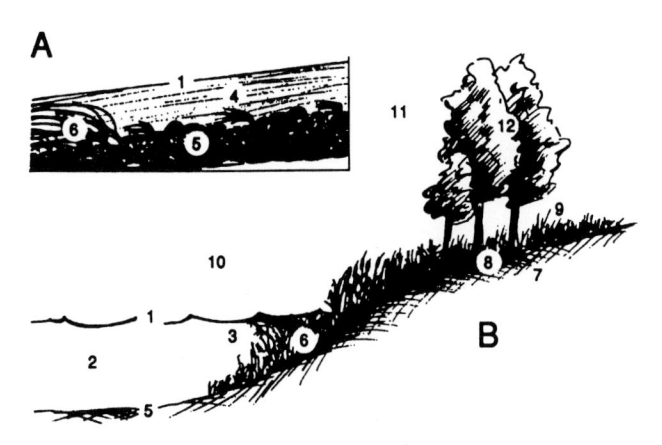

図 14-2　無脊椎動物とその採集方法の紹介を行った生息地
　A：流水域の生息地，B：止水域と地上の生息地
1：浮表生物，2：動物プランクトン，3：遊泳生物，4：流水中，5：底生生物，6：着生無脊椎動物，7：土壌，8：リター，9：草本層，10：水域で羽化を行う昆虫，11：空気中，12：樹上

et al. 1990, Resh et al. 1990 などを参照）。採集器具を選ぶ際には，無脊椎動物の生活史の上での特性や，生息地に注意を払う必要がある(Malley & Reynolds 1979, Resh 1979)。底生無脊椎動物(ベントス)は水底の底質(沈澱物など)の内部や表面および水底の物体(水生植物, コケ, 藻類, 木, 岩など)の表面で生活している(図 14-2)。水中では，無脊椎動物は自由に浮遊(動物プランクトン)または遊泳(ネクトン)しているか，流水中で流れに身を任せている。浮表性の無脊椎動物は水面で生活し，数種の水生昆虫は，成虫になって空気中に出る際に水面で羽化を行う(図 14-2)。

水底の底質

静止水の中

　水底の堆積物の中の底生生物の生息数は，通常水底面の単位面積あたりの個体数か重量(平方メートルあたりの個体数など)で表わされる。静止水の中(静水域)では既知の面積の中から沈澱物のサンプルが回収され，無脊椎動物が選別され，その個体数が数えられる。

　特定の生息地や底質の中の底生無脊椎動物の採集には，様々な把握式の採泥器(grab-type sampler)が用いられる(Flannagan 1970, Elliott & Drake 1981, Downing 1984など)。柔軟で固化していない沈澱物の中の底生生物の採集に最も一般的な把握式の採泥器は，おそらく Ekman (Birge-Ekman)式把握採泥器(図 14-3 A)か，それを改良したものであろう(Blomqvist 1990)。これは基本的に，一方の開いた箱型のもので，開口部にばねのついた顎状の部分が取りつけられている。その箱状部を沈澱物の中に挿入

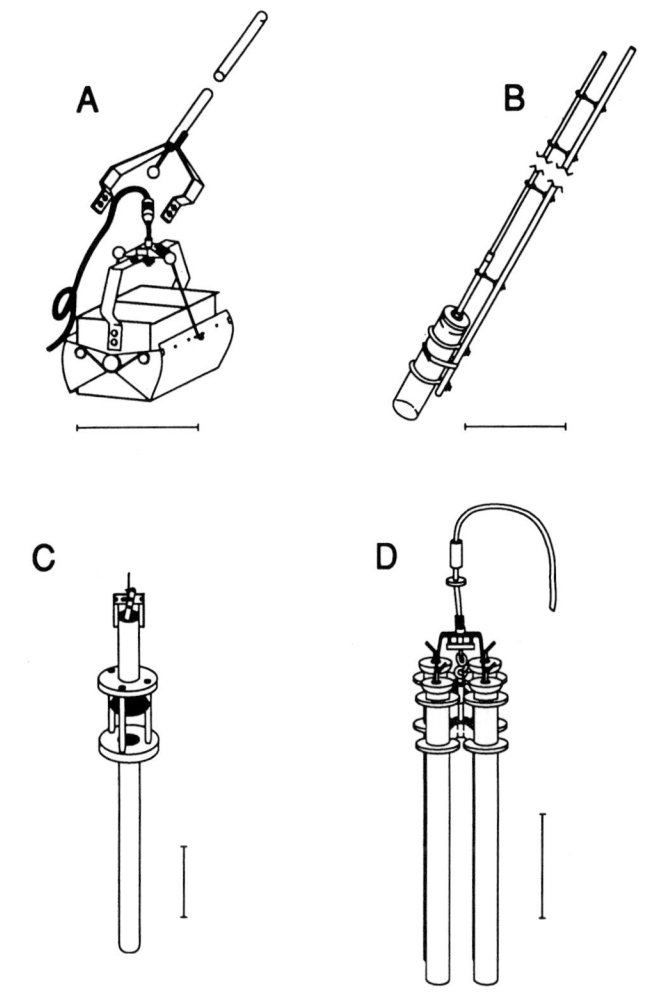

図 14-3　止水域の水底堆積物中の底生無脊椎動物を採集する 4 種の器具　　　　　　　　(Merritt et al. 1984 b から転写)
A：Ekman 式把握採泥器，B：棒付コアサンプラー，C：ケーブル付コアサンプラー(Brinkhurst 1974)，D：複式コアサンプラー(Hamilton et al. 1970)，スケールは 25 cm

し，引き金式の機構によって顎状部を閉じることによって，サンプルが取り込まれる。それを水面に引き上げ，顎状部を開けることで，サンプルが取り出される。水底が浅い場合は，採泥器を操作棒の先に取りつけ，その棒に装置された連結ロッドを用いて顎状部を操作する。水底が深い場合は，採泥器をロープやケーブルに懸下する。その重量(しばしばおもりが取りつけられる)によって沈澱物への貫入が行われる。その後，移動式のおもりをメインケーブルにとりつけ，それに沿って沈下させて顎状部の機構を作動させる。これらの採泥器は科学機器の業者を通じて容易に入手でき，既知の面積(箱状部の面積)内の沈澱物を採取し，使用法が比較的簡単で，様々な深さで用いることができる。しかしながら，これにはいくつかの欠点がある(Downing

1984, Blomqvist 1990)。貫入の深さには，底質の組成によってばらつきが生じることがある。沈澱中の障害物(石や植物の根など)によって顎状部の閉鎖が不完全になり，回収の際にサンプルが失なわれる場合がある。処理にかなりの労力を要する大量のサンプルが収集される傾向もある(Paterson & Fernando 1971, Karlsson et al. 1976)。

底生無脊椎動物用のもう一つの一般的な採集器具に，コアサンプラーがある(図14-3 B-D)。これは沈澱物に既知の深さまで貫入し，内部にサンプルを入れて引き上げられる管状部からなっている。管状部は沈澱物の組成に応じて金属またはプラスチックから作られている(Karlsson et al. 1976, Swanson 1978 c, 1983)。管状部の下端は鋭利になっているか尖刃を装着でき，特に植物の根が存在する場合に，沈澱物への貫入を容易なものにすることができる(Swanson 1983)。管の上部の上端にはストッパーが取りつけられており，これは管状部が沈澱物に達した時には開いている。コアサンプラーが沈澱物中に適切な深さまで貫入した後にストッパーが閉鎖されて陰圧が生じ，管状部が取り出されるまでの間，サンプルを内部に保持する。

沈澱物のサンプルは，コアサンプラーのストッパーと直径が等しく，穴の一つ開いたストッパーのついた小型の手動ポンプ(一方向性の弁のついたゴム製の球が良い)を用いて管状部から取り出すことができる(Swanson 1983)。通常のストッパーは手動ポンプのストッパーと交換され，空気がサンプラーの上部に送り込まれ，管状部内のサンプルが圧出される。簡単なピストン上の装置を用いて，サンプルを管状部から取り出すこともできる。

コアサンプラーは，浅い水中では直接，あるいは棒に取りつけらて用いられる(図14-3 B, Gale 1971, Swanson 1978 a, 1983)。深い水中ではケーブルに懸下されて用いられる(図14-3 C)。ストッパーの閉鎖には，移動式のおもりが用いられる(Brinkhurst 1974)。複式のコアサンプラー(図14-3 D)は複数のサンプルを得るのに便利で(Euliss et al. 1992)，特に採集にかなりの労力を要する深い水中において有効である(Flannagan 1970, Hamilton et al. 1970, Milbrink & Wiederholm 1973)。コアサンプラーは軟らかく固化していない沈澱物や砂礫中ではうまく機能しない(Flannagan 1970)。

コアサンプラーの利点は，無脊椎動物の生息数に応じて直径の異なる管状部を用いることができることである。底生生物の研究に用いられるコアサンプラーのサイズは3〜855 cm^{2}にわたっているが(Downing 1984)，おそらく10〜40 cm^{2}のものが最も一般的であろう。無脊椎動物が豊富な場合は，直径の小さな管を用いるべきである(Downing 1979)。小口径の管を用いると，サンプルの分量も減少でき，その後の作業時間も短縮される。さらに，コアサンプラーの管状部の側面に張り出しを取りつけることによって必要以上の深さに沈降することを妨げ，サンプリングの深度を適したものにすることができる。大部分の底生無脊椎動物は沈澱物の上部5〜10 cmの所に生息しているが(Mundie 1957, Downing 1984およびそれらの引用文献)，これは沈澱物の種類や1年のうちの時期，および目的とする無脊椎動物に左右される(Nalepa & Robertson 1981 など)。

流水の中

浅い流水の中の底生無脊椎動物の定性的な収集は，キックサンプリング(kicksampling)によって行われる(Frost et al. 1971, Mackey et al. 1984, Storey et al. 1991)。調査者は長い柄のついたたも網を流れに逆らって持ち，標準的な時間の間たも網で上流側の底質をかき回す。無脊椎動物は追い出され，流れによって網の中に入る。この方法は簡単に実行でき，比較的経費もかからないが，カバーした面積を正確に把握できず，定量的ではない。操作者の違いによるばらつきや底質の種類も，キックサンプリングの効率に影響を及ぼす(Pollard 1981, Mackeyet al. 1984, Storey et al. 1991)。

流水中(動水性)の底質での定量的な収集は，しばしばサーバー(Surber)式採集器(図14-4 A)によって行われる。この採集器はネットが下流にたなびくような方向で，一定面積の底質の上に置かれる。採集器の枠内に入った底質を攪拌すると，無脊椎動物が追い出され，流れによって採集ネットに入り込む。石などの水底の物質は収集器の中で完全に洗い出され，固着していた無脊椎動物が遊離する(Laveryand Costa 1972)。収集瓶をネットの端に取りつけることで，サンプルを取り出せる(Lane 1974 など)。過度な洗い出しによって標本が損失してしまったり，サーバー式採集器を使用できる水深が限られているという問題(Kroger 1972, Resh 1979 など)のために，ヘス(Hess)式(図14-4 B, Waters & Knapp 1961)やT字型採集器(図14-4 C, Mackie & Bailey 1981, English 1987)のような他の採集器が開発されてきた。

流水用の採集器には，水流によって無脊椎動物がネットの中に運ばれることが必要である。流れの緩徐な河川では，これらの採集器は適切に機能しないことがある。こうした生息地では，しばしば底質が粗いためによって把握式採泥器やコアサンプラーの使用が妨げられ(Elliott & Drake

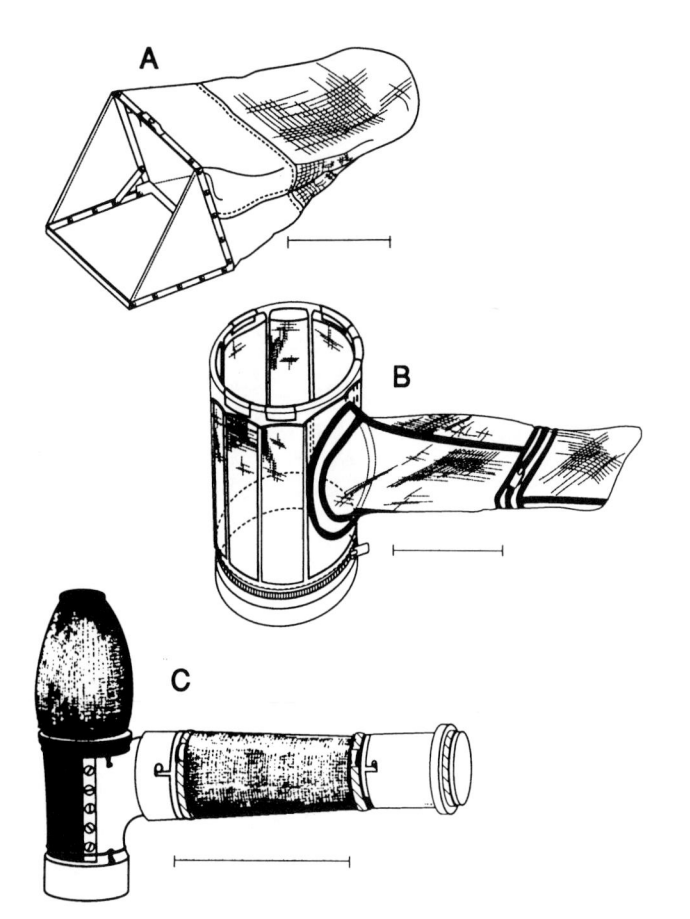

図14-4 流水中の底生無脊椎動物を採集する3種の器具
(Merritt et al. 1984bから転写)
A：サーバー式四角脚採集器，B：改良型ヘス式採集器(Waters & Knapp 1961)，C：T字型採集器(Mackie & Bailey 1981)，スケールは25 cm

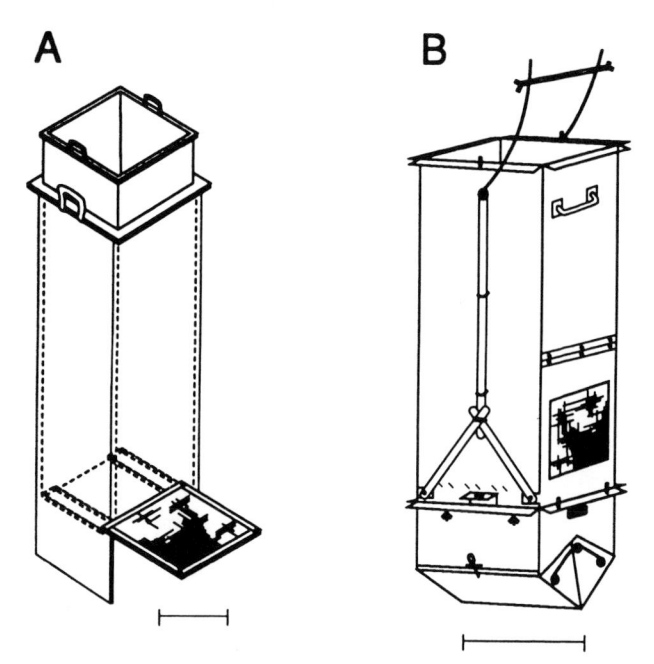

図14-5 水生植物およびそれに付着する無脊椎動物用の2種の箱型採集器
A：Gerking(1957)の採集器(Merritt et al. 1984bから転写)，B：Gates et al.(1987)の採集器，スケールは25 cm

1981)，そのため底生生物のサンプルを得るために他の手段を用いる必要が生じる。こうした状況下では，エアリフト式やポンプ式の採集器が使用される(Drake & Elliott 1982, Boulton 1985, Brown et al. 1987)。

水底面

水生植物

通常，静止した水中(静水中)の生息地では，無脊椎動物の定着する水底面には通常，水生植物が存在する。水生植物の表面で生活する無脊椎動物は大型付着性動物(macroperiphytonic fauna)，好付着性動物(phytophilous fauna)，付着性大型底生生物(phytomacrobenthos)，付着性大型動物(phytomacrofauna)，あるいは付着性無脊椎動物(epiphytic invertebrates)と呼ばれてきたが，最後の2語が最も一般的に用いられる。こうした生息地での定量的な採集は難しく，収集されたサンプルの処理には多くの時間を要する(Downing & Cyr 1985)。最初に考慮すべき重要な点は，無脊椎動物の生息数が植物体の表面と池沼底のいずれの単位面積あたりで表現されるべきかである。水底の植物の表面積の決定には多くの労力を要することがあり，特に葉が細かく分葉した種類では著しい(Harrod & Hall 1962, Cattaneo & Carignan 1983，いくつかの方法については Brown & Manny 1985)。こうした作業は，数種の水生植物間での無脊椎動物の個体数の比較を研究の目的としている場合には必要であろう。しかしながら，大部分の研究においては，無脊椎動物の生息数は水底面積の平方メートルあたりの個体数や重量のみで表現される。

付着性無脊椎動物の最も簡便な採集法はすくい網を用いるものであるが，この方法の信頼性は非常に低く，推奨できない(Downing 1984)。様々な箱型やわな式の採集器が利用できる(図14-5, Downing 1984, Downing & Cyr 1985, Gates et al. 1987 の総説を参照)。これらの装置は，一定容量の水とともに水生植物とそれに付着している無脊椎動物を収容する。植物は沈澱物の位置か，その付近で切断され回収される。これらの採集器は扱いにくく，水深の浅い場所に制限され，収集されるサンプルの量が多くなり

過ぎる。スキューバダイビングを用いた方形区による採集は，これらの器具によるものより正確なことが多い(Downing & Cyr 1985)。この方法は一定面積内からすべての植物を丁寧に切り取り，プラスチックや網製のバッグに収めることによる。

Menzie(1980)とDowning(1986)は付着性無脊椎動物の個体数や重量を決定するための2段階式の手法を紹介した。最初の段階では，付着した無脊椎動物とともに水生植物を収集する。これまでに紹介したものより著しく少量のサンプルを用いることができる(Menzie 1980, Downing 1986)。植物の単位乾燥重量あたりの無脊椎動物の個体数や生体重を決定し，それを用いて植物体の重量と無脊椎動物の生息数の間の回帰式を求めておく。第2の段階では，方形区からのサンプルを用いて水底の単位面積あたりの植物の重量を推定する。植物の密度に無脊椎動物の個体数を乗じることによって，単位水底面積あたりの無脊椎動物の生息数の推定値が得られる。この方法は，上述の箱型やわな式の採集器によるものや方形区による方法よりも容易で正確であると考えられている(Downing 1986)。

一般の水底面

人工底質(artificial substrate)を用いて，静止水あるいは流水中の底生無脊椎動物を採集することができる。天然の生息地とそこにいる無脊椎動物を単位として収集する代わりに，無脊椎動物の生息地に似せてデザインされた人工的な底質を対象とする生息地に導入することができる(Rosenberg & Resh 1982)。この底質には無脊椎動物が定着し，その後，前もって決めておいた時間の経過後に回収を行う。人工底質は，簡便な採集法の適用が難しい状況のもとで最も一般的に用いられる。その利点には，表面積が既知であること，様々な生息地で容易に使用できること，収集による攪乱が最も少ないことがある。

用いられる人工底質には，二つの基本的なカテゴリーがある。生息地に存在する天然の素材から作られるもの(典型的人工底質：representative artificial substratesまたは略してRASと呼ばれる)と，天然の底質とは異なる，標準的な生息地を模したもの(標準化人工底質：standardized artificial substratesまたは略してSASと呼ばれる)である(Rosenberg & Resh 1982)。

河川の生息地で用いられる一般的なRASに，石をつめた金網かご(図14-6)がある。石は最初に洗浄され，総表面積が決定され(方法についてはMcCreadie & Colbo 1991を参照)，金網かごに入れて調査を行う生息場所に沈められる。一定期間(普通は2週間以上)の後にかごが引き上げら

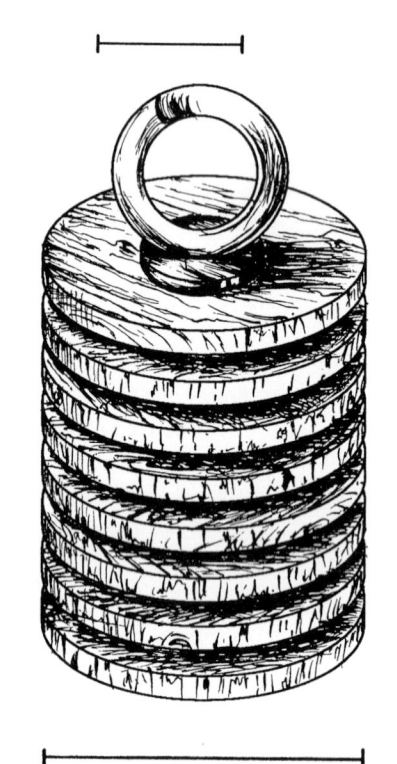

図 14-6 一般的に用いられる2種の人工底質
(Merritt et al. 1984bから転写)
上：ロックフィル式金網かご，下：複式採集器，スケールは10 cm

れ，石が取り出されて，無脊椎動物がその石から回収される。表面積が既知となった同一のかごと石は，後に再利用することができる。人工の底質として，葉の束や木片などの天然物を用いることもできる(Petersen & Cummins 1974, Voshell & Simmons 1977, Flannagan & Rosenberg 1982など)。

SAS としては，一般的に複層板型の採集器が用いられる．Hester-Dendy 式採集器(図 14-6)は，何枚もの(メゾナイトなどの)硬質板をスペーサーで隙間を確保し，中心を通るボルトで連結したものである．回収後に中心のボルトを外して装置を分解し，個々の板から無脊椎動物を検出する．数種のユスリカ科の双翅類は硬質板を食物源として利用できる(Ferrington & Christiansen 1985)．他の SAS 式採集器には，(磁器製の球などの)球型物を満たしたかごや保護用の帯紐，人工植生，プラスチックの小片などがある(Flannagan & Rosenberg 1982)．

人工底質を用いる際には，それらの底質の表面に発達する無脊椎動物群集は天然の底質上に見い出される群集に類似しているという仮定がなされる．このことは，常に正しいとは限らない(Peckarsky 1984 など)．加えて，配置と回収の間の時間は，無脊椎動物の新たな底質への定着に十分なものでなければならない．調査以前の情報や予備的な採集が，それらを考慮する上で役に立つ．Rosenberg & Resh (1982)は，人工的な底質を利用することの利点と欠点を詳細に再検討した．

水　中

静止水中

水中(water column，図 14-2)でネクトンや動物プランクトンを採集する通常の目的は，一定容積の水の中からそれらの無脊椎動物の個体数を数えるか，あるいはそれらを回収することである．水深の浅い静止水の中では，様々な管状，あるいは箱型の採集器が用いられる．例えば，Swanson(1978 b)は下端を取り外すことのできるプラスチック製の目盛りのついた円筒を用いた(図 14-7 A)．この円筒は開いた状態で水中に沈められ，適当な深さで円筒の下端にストッパーをとりつけることによって，サンプルを取り込むことができる．その他に，閉鎖機構のある扉のついた管状のものがある(Gilbert & Ruber 1986)．無脊椎動物は回収の後に管の中身をふるいを通じて外に出すことによって取り出される．Bendell & McNicol(1987)はディップネットを用いて大型の管状採集器から内部の無脊椎動物を取り出した．管の直径は存在する無脊椎動物の生息数に応じて変えることができ，密度の高い場合には直径の小さなものが適している．管の内径と採集を行った水深がわかっているため，採集の行われた水の容積が算出できる．この情報を用いて，単位容積の水中の無脊椎動物の個体数や生体重を決定することができる．

浅い静水中では，下端にスライド式の扉のついた開口型

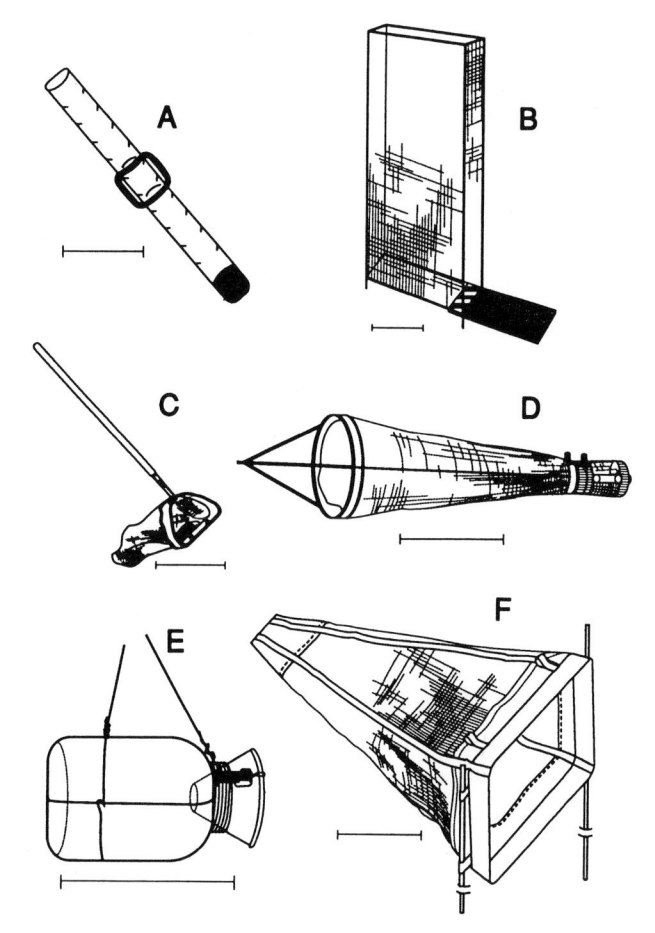

図 14-7 遊泳生物，動物プランクトンおよび漂流性無脊椎動物用の採集器
A：Swanson(1978 b)の水中用採集器，B：Kaminski & Murkin(1981)式水中採集器，C：D 字枠式すくい網(Merritt et al. 1984 b から転写)，D：牽引式プランクトンネット(Merritt et al. 1984 b から転写)，E：水中用活動性トラップ(Murkin et al. 1983 による)，F：流し網(Merritt et al. 1984 b から転写)，スケールは 25 cm

の箱形採集器(box sampler)がよく用いられる(図 14-7 B)．箱形採集器は扉の部分を開けた状態で水中に沈められる．適した深さに達すると扉が閉じられる．扉とスライド部には，採集器が水中から取り出される際に排水ができるように，ふるいが取りつけられている．無脊椎動物は底面のふるいから回収される．付着性無脊椎動物の採集用に設計された箱形の採集器(Gerking 1957, Gates et al. 1987 など)は，水中の無脊椎動物の採集にも用いることができる．

水深の浅い水中での無脊椎動物用の最も一般的な採集器具は，おそらくすくい網(sweep net)であろう(図 14-7 C, Whitman 1974, Kaminski & Murkin 1981, Murkin et al. 1983, Bendell & McNicol 1987)。すくい網の使用法は極めて様々で、そのため残念ながら結果の比較は難しい。すくい網は無脊椎動物の生息数の相対的な指標を得ることに最も多く用いられる。網で一定の時間や距離の間、(しばしば8の字型に)水中でのすくい取りが行われる(Whitman 1974, Bendell & McNicol 1987 など)。採集の行われた水の実際の容積は不明なので、絶対的な密度は算出できない。

水深の浅い水の中で水生無脊椎動物の生息数を定量的に推定値するには、改良型のすくい網が用いられる(Voigts 1976, Kaminski & Murkin 1981, Murkin et al. 1983)。そのすくい網の枠は45度の角度を持っており、そのため枠が水平に水底面に重なった場合、ハンドル部は水の外に突出する。採集に際しては、採集者はすくい網を折り畳んでその枠を水中に降ろし、水底に水平に置く。その後すくい網が降ろされたために攪拌された部位からすくい網が水面に向かって引き上げられる。採集の行われた水の容積は、網の枠の面積と水深から計算することができる。Kaminski & Murkin(1981)は、この方式で回収されたすくい網のサンプルと、改良型ガーキング(Gerking)装置(図14-7 B)によるものとの間に差がないことを報告した。これは植物が少ないか、まったくない所では最も好適な方法である。すくい網の枠の大きさは、問題とする無脊椎動物の密度によって決まり、枠の形状は、部分的にはどんな場所で採集を行うかに左右される。開放的な場所では長方形の枠が推奨されるが、他の形のものを用いることもできる。

水深の深い場所では、プランクトンネット(図14-7 D)を用いることができる。プランクトンネットを一定の距離にわたってボートで後方に牽引すると、採集の行われた容積をネットの開口部の面積と牽引距離から決定することができる。水中での垂直方向のサンプルは、この器具を水底に沈め、水面へまっすぐに引き上げることで得られる。その場合、採集のなされた容積は開口部面積と水深から算出することができる。George & Owen(1978)は長く可変式の管状採集器を紹介したが、これは前述の浅い水中用の管状採集器によく似ており、深い水中で用いることのできるものであった。Lasenby & Sherman(1991)は、あらゆる深度の水中で採集を行える、底部を閉鎖できるドロップネットを紹介した。Juday & Schindler-Patas式トラップ(Schindler 1969)のような箱形の採集器は、様々な瓶型の採集器(Van Dorn式採集器など)と同様に、特定の深さからのみ無脊椎動物を採集することができる。動物プランクトンの採集法は、Bernardi(1984)に詳しく総説されている。

これまでに掲げたすべての方法には、採集器具を扱う者が制御のための動作を行う必要がある。いずれも水中にかなりの量の植物がある場合には、様々な程度の問題が生じる。また、運動能力のある無脊椎動物は、これらの採集器具を回避する可能性がある。活動性トラップ(activity trap)はこれらの問題の多くを克服するために設計された、常置型の採集装置である。これには操作者による偏りが生じず、夾雑物の比較的少ないサンプルが収集され、長時間にわたる収集がなされるために無脊椎動物の日内活動様式が含まれる(Murkin et al. 1983, Hilsenhoff & Tracy 1985)。その1例は漏斗状トラップ(funnel trap, 図14-7 E)であり、これは水中に懸下され、24時間以上の採集を行うものである(Whitman 1974, Swanson 1978c, Murkin et al. 1983)。水中でのトラップの向きは、研究の目的によって決定される(Swanson 1978c, Aiken & Roughley 1985, Hilsenhoff & Tracy 1985 など)。他の大部分の方法と同じく、活動性トラップにもいくつかの欠点がある(Murkin et al. 1983)。回収されたサンプルから得られるものは、相対的な生息数のみである(すなわち、採集のなされた実際の水の面積や容積が不明である)。そのデータには、トラップに誘引される可能性のある、いくつかの種の捕食性のある無脊椎動物による偏りが生じる場合がある。魚類が瓶の中に入り込み、採集される無脊椎動物の数に影響を及ぼす可能性がある。活動性トラップには、最終的に2回以上の採集を行い、その場所には2個以上のトラップを設置して補完させる必要がある。

流水中

大小の河川に浮遊する無脊椎動物は、漁業の研究においてしばしば重要な考察の対象になる(Waters 1969, Jenkins et al. 1970, Elliott 1973 など)。流速の遅い場所では前述の静止した水の中での無脊椎動物の採集法が適していることがあるが、流れが速い場合は他の技術が必要になる。流し網(drift net, 図14-7 F)のような常設型の採集装置を用い、一定時間内にそれを通過した水の容積を決定するのが一般的な手法である(Waters 1969, Elliott 1970)。水深の浅い流れの中では、1枚で水底から水面に及ぶ網が用いられる。水深が深い所では、連結した網が必要なことがある。研究の目的や予備調査の結果によって、すべての深度で採集を行う必要があるかどうかが決まる。流速や経過時間、網の開口部の面積を用いて、単位水量あたりの無脊椎動物の個体数や生体重を決定することが可能になるであろう。サンプルの収集は、無脊椎動物の日内浮遊パターンを含むように、通常は24時間以上行われる(Elliott

1977, Brittain & Eikeland 1988)。しかし，研究の目的や河川の流速，無脊椎動物の生息数，流水中のリターの量によっては，さらに短い間に網の内容を取り出さねばならない場合がある。網に入り込むリターは最終的に水の流れを阻み(Resh 1979)，採集の効率に影響を及ぼし，網中の夾雑物を増やし，水流によって網にかかる力を増大させて，時には網が引き抜かれる原因にもなる。

流し網に用いられるメッシュの幅は，その結果に大きな影響を及ぼす(Slack et al. 1991)。網の目が詰まるのを防ぐためにしばしば幅の広いメッシュ(500 μmより広いものなど)が用いられるが，その場合は流水中の小型の無脊椎動物の量が過小評価されることがある。そうした生物は，有巣ネット(nested net, Slack et al. 1991)やポンプ式採集(Armitage 1978, Williams 1985)によって集めることができる。Elliott(1970)やAllan & Russek(1985)，Brittain & Eikeland(1988)が，流し網による採集法について総説している。

水 面

浮表生物

浮表生物(neuston, ときに pleuston または epineuston とも呼ばれる)には，アメンボ科，トビムシ目および数種のクモや双翅類の成虫が含まれる(図14-2)。このグループの無脊椎動物について問題になる情報には，単位水面面積あたりの個体数や生体重がある。小型の個体に対しては，一定面積の水面に水上方形区を設置し，その中の無脊椎動物を計数，または回収すればよい(Spence 1980)。大型で数の少ない無脊椎動物の調査には，より広い水面を設定し，問題となる個体を計数，または採集する。Spence(1980)はすくい網と方形区を比較し，すくい網での採集によってアメンボの個体群密度の絶対値を推定できる回帰式を得た。浮表性無脊椎動物の相対的な生息数を推定するには，浮上式の粘着トラップや皿状トラップを用いることもできる(Deonier 1972)。

水域で羽化を行う昆虫

昆虫には生活史の初期の段階を水中の環境下で過ごした後，羽化を行い成虫として交尾と分散のために陸上に現れるものが多い(図14-2)。羽化を行う昆虫の個体数や重量は，水中の生息地における成長量や死亡数の累積である。

水域で羽化を行う昆虫は，周辺の植生の中ですくい網法を行うか，ライトトラップを用いて採集することができる。しかし，これらの方法で採集された個体を生息地の中の特定の単位あたりの量としてとらえることはできない。羽化

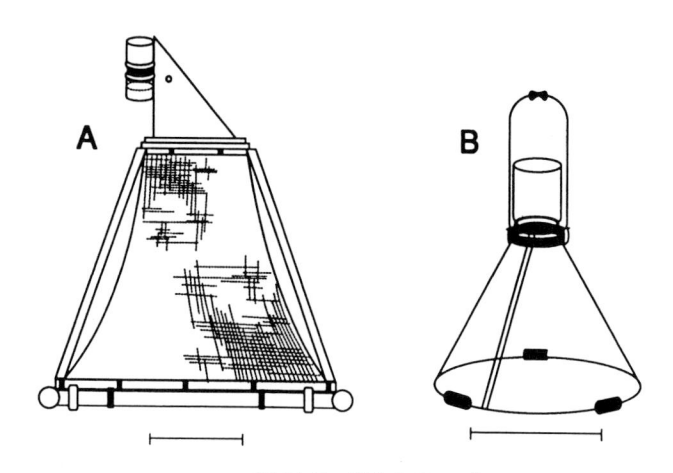

図14-8 羽化トラップ
A：浮上式トラップ(Wrubleski 1984)，B：沈水式トラップ(Davies 1984から転写)，スケールは25 cm

量の推定値は水面に出現する途中か，出現の後に羽化トラップ(emergence trap)を通過しようとして捕らえられる昆虫によって得られる(図14-8)。水生の羽化以前の昆虫の占める生息地は極めて多様であり，そのため単一の羽化トラップであらゆる生息地に適したものは存在しない。あらゆる羽化トラップは，集まった昆虫を風や波，捕食，極端な温度，死後の変性から防護するよう設計されている必要がある。加えて，トラップは水面に近づく昆虫に忌避されるのを避けるため，可能な限り軽量に作られていなければならない(Daniel et al. 1985)。Davies(1984)は，水生昆虫の羽化の際の採集法について極めて詳細に総説した。静止水中の生息地(静水域)用の羽化トラップには，基本的なデザインとして，浮上式と沈水式の2種類のものがある。浮上式トラップ(floating trap, 図14-8 A)は，水面に浮かぶ基礎材の上に金属製や木製の枠に支えられたテントかケージが取りつけられており，これによって一定面積の水面(通常は0.25〜0.5 m²)を取り囲み，覆うものである。このトラップは，水深に合わせた錨や杭によって係留されている。透明なプラスチック製で明るい色彩のメッシュが用いられており，可能な限りトラップを透明性のあるものにしている。透明プラスチック製の被覆やポリエチレン被膜製のエプロンを用いてトラップとサンプルを風雨から守ることができる。トラップを覆うメッシュには内側に通風性があり，小型の昆虫が湿気によって付着してしまうのを防ぐことのできるものでなければならない。用いられるメッシュの幅は，最小の昆虫を内部にとどめるために，最大でも250 μmとするべきである(Davies 1984)。トラップを覆いの基部ごと持ち上げ，手を用いて取り出すことによって，

昆虫が回収される。吸引によって昆虫を回収することは、アレルギー反応を引き起こす場合があり、推奨されない。そのかわりに、改良型のダストバスター(Dustbuster, Marshall 1982)のような小型で蓄電池によって作動する吸引器を用いることができる。繰り返し開閉の可能な開口部〔(スリーブ、ジッパー、あるいはベルクロ(接着布)〕があり、昆虫を取り出すことのできるように設計されたトラップがある(Davies 1984)。

手を用いて昆虫を取り出すことは著しく時間と労力を要するため、浮上式トラップには保存液を入れて羽化した昆虫を回収、保存する収集瓶のついた設計のものが多い(例えば図14-8 A)。これらのトラップは長期間(約1週間)にわたって足を運ばずにおくことが可能で、迅速に扱うことができる。他には粘着性物質(Tanglefoot, Boltac など)で被覆された取り外し可能な平板を用いて昆虫を捕獲する羽化トラップがあるが(Mason & Sublette 1971, Street & Titmus 1979)、使用に供するには不適当である。昆虫を回収するためには粘着性物質を溶かさなければならない(Murphy 1985)。

浮上式の羽化トラップを用いる際には、いくつかの要因を考慮すべきである。採集場所が波浪にさらされる場合には、トラップは波に耐えて標本を守るだけの頑丈さを備えていなければならない。トラップが大型で頑丈なほど扱いは困難になり、羽化した昆虫は見つけ難くなる。植物が羽化の場となる場所では、トラップは植物体の上方に設置されなくてはならない。水深の浅い場所では、トラップが下方の環境とそれによる昆虫の羽化量の違いに影響されないように、周期的に場所を変える必要がある。この問題は、トラップを中心になるポールの周囲を回転させていくことで解決する。トラップの浮きは昆虫が穿孔し得るような物質で作られていてはいけない(Wrubleski & Rosenberg 1984)。昆虫にはトラップの水と接する部分に定着し、採集物に混入するものがいるため、そうした部分はすべて定期的に洗浄することが重要である。90度の弯曲部を持ったPVC製のパイプは、比較的軽量で耐久力があり、洗浄が容易で穿孔に耐える。

水中に沈めて用いる羽化トラップ(図14-8 B)は、浮上式のもののように天候や湿気による付着の問題には左右されない。昆虫はトラップの頂部の取り外し式の瓶の内部の小さな空間でのみ羽化する。サンプルは標本瓶を水面下に保持した状態で瓶を取り外し、キャップをつけることによって簡単に回収される。その後で十分な空気の入った新しい標本瓶が取りつけられる。初期の沈水式羽化トラップには、様々な素材で作られたものがあったが、現在はプラスティック製のものが普通に用いられている(Davies 1984)。扱いの際の制約と昆虫を収める標本瓶の容量のために、トラップの大きさは$0.01 \sim 0.25 \, m^2$に限られる。沈水式羽化トラップの欠点には、①水中に羽化の場となる植物を含まない場所が必要である、②トラップの表面に藻類が付着する、③いくつかの昆虫(カゲロウ類など)は収集瓶の小さな空間の中では十分発育できない(Davies 1984)、④2, 3日ごとにトラップのもとに足を運び、昆虫体が変性する前に取り出す必要があること、などがある。Welch et al. (1988)は保存液を含んで18日の間足を運ばずに放置できる沈水式羽化トラップを開発した。

止水域で用いられる羽化トラップの多くは、流れがあまり速くなければ(動水性の)流水域でも使うことができる。流水中で採集を行うには、まず昆虫の発生する生息場所を知ることを考えるべきである。浮上式トラップ(LeSage & Harrison 1979 など)は、トラップの下方の底質の中や流水中で羽化した昆虫を捕獲するであろう。底質のある面積を覆うトラップ(Hamilton 1969 など)は、そのトラップの下で生じた昆虫のみを捕えるであろう。Mundie(1964)は、流水中で羽化したものを採集するために設計された羽化トラップを紹介した。流れが速く水位の変動する大小の河川では、浮上式のトラップが推奨される。

❏陸生無脊椎動物の採集

一般的な考察

陸生無脊椎動物の採集には、様々な方法を用いることができる(Petrusewicz & Macfadyen 1970, Martin 1977, Southwood 1978 など)。多くの方法や採集戦略が農作物や森林の有害生物管理計画の一部として開発され、改良されてきた(Strickland 1961, Waters & Resh 1979 など)。図14-2に示した地上の生息地ごとに用いられるいくつかの一般的な採集器具を以下に示す。

土壌，リターおよび土壌表面

土壌

無脊椎動物は、土壌中で多くの重要な機能を担っている(Crossley 1977, Petersen & Luxton 1982, Spence 1985, Edwards et al. 1988 など)。草丈の高いプレーリーのような環境では、地中の無脊椎動物の生体重は地上の2〜10倍に及ぶことがある(Seastedt 1984)。土壌中の無脊椎動物

は，多くの種の野生生物の食物資源としても重要である（Bengston et al. 1976 など）。

個体群密度の絶対値を推定する必要がある場合，通常は簡単なコアサンプラーによって土壌サンプルが採集される。スプリットサンプラー（O'Connor 1957）のような，さらに高度な設計のなされた器具を用いると，無脊椎動物の土壌中の垂直分布を問題とすることができる。大部分の土壌無脊椎動物は地表から5〜10 cmの範囲内で見い出され（Petersen & Luxton 1982），特殊な採集法が必要なものがある。例えば，ミミズの個体群の研究には希釈したホルムアルデヒド，すなわちホルマリンのような土壌生物駆除剤が用いられてきた（Raw 1959, Satchell 1971, Bengston et al. 1976）。土壌サンプルの収集法に関する詳細な総説には，Macfadyen（1962），Phillipson（1971），Southwood（1978）および Edwards（1991）がある。

土壌サンプルを手で選別することは著しい時間と労力を要し，小型で隠ぺい的な種を見落とすことが多いため，その選別法の大部分は生体抽出によるものである（「生体抽出法」の項を参照，Petersen & Luxton 1982）。土壌サンプルは無脊椎動物が確実に生存し続けるように注意深く扱わなくてはならない。採取の際にサンプルを圧迫すると無脊椎動物に影響を与え，抽出の効率を低下させることがある。サンプルは抽出以前の運搬と貯蔵の間，低温のもとに置かれる必要がある。直ちに抽出を行わない場合，2℃で1週間以内ならばサンプルを安全に保管して置くことができる（Edwards & Fletcher 1971）。コアサンプルにも採取や運搬，貯蔵の間は周囲の影響が及ばないようにし，抽出の効率を増すようにする必要がある（Macfadyen 1962）。

リター

リターは主として植物の遺骸と落葉などの組織からなる土壌表面の物質である（Medwecka-Kornas 1971）。リター中の無脊椎動物は，土壌サンプル用のものと同じコアサンプラーによって採取することができる（Seastedt & Crossley 1981など）。通常，その密度はリターの単位重量あたりの個体数や生体重で表現される。リターバッグを用いる方法は，より一般的である（Crossley & Hoglund 1962, Wiegert 1974, Schowalter & Sabin 1991）。一定量のリターが事前に重量を計測したメッシュの袋に詰められ，生息地の中の適切な場所に置かれる。一定の時間が経過した後にその袋が回収され，サンプルの中から無脊椎動物が抽出される。リターのサンプルの中で生存していた無脊椎動物は，後に紹介する Berlese-Tullgren 法によって抽出することができる。

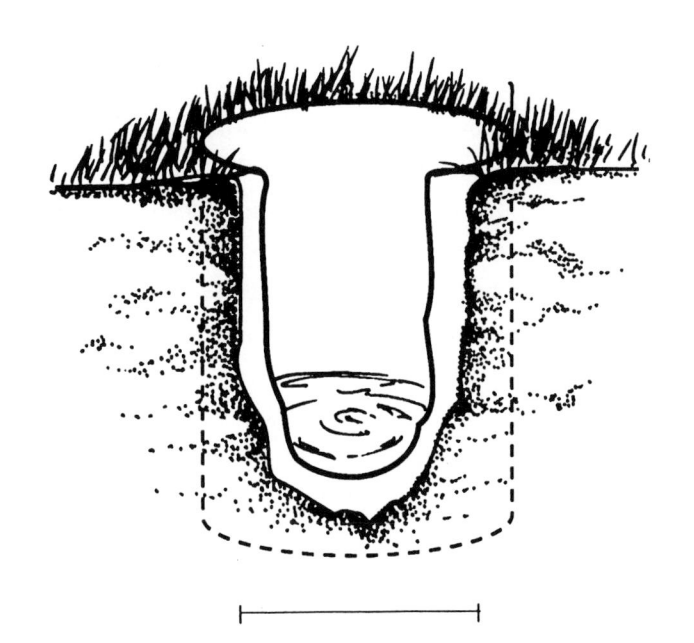

図 14-9 地表性無脊椎動物採集用の墜落函
スケールは 10 cm

土壌の表面

甲虫（鞘翅類）やクモ（蛛形類）は土壌表面に生息する多様な無脊椎動物群集の重要な構成要素である。金属製の枠や他の類似の装置による方形区（コドラート）サンプリングを利用して，土壌表面の無脊椎動物の個体数や生体重を決定することができる。方形区は運動性のある無脊椎動物が逃亡する前に迅速に地表に配置され，その内部が徹底的に探索され，すべての無脊椎動物が回収される。この方法によって，地表徘徊性無脊椎動物の正確な生息数の絶対値が得られるが，これには極度に時間と労力がかかり，生息地の破壊をともなうこともある。

方形区サンプリングに替わるもう一つの方法は，墜落函トラップの使用である（図14-9）。このトラップは，地面に埋設されて地表面に一端を開いた容器からなっている。無脊椎動物（特にクモ類と甲虫類）は，このトラップに落下すると脱出することができない。このトラップには様々な形の容器や雨覆い，内容物を取り出し易くする二重式容器，水抜きの穴，傾斜路，エプロン，障壁，保存液を用いるなどの多くの改良法がある（Luff 1975, Morrill 1975, Houseweart et al. 1979, Durkis & Reeves 1982, Bostanian et al. 1983, Epstein & Kulman 1984, Waage 1985 など）。墜落函は安価で設置や扱いに労力もかからず，夾雑物のないサンプルが得られ，扱う者による誤差もなく，24時間以上にわたって機能し続ける。特定のグループの無脊椎動物を捕獲するためには，餌を用いることもできる

(Newton & Peck 1975, Hunt & Raffa 1989)。

墜落函を用いて土壌徘徊性無脊椎動物の個体数を正確に推定値できるか否かについては，かなりの議論が続いている(Greenslade 1964, Gist & Crossley 1973, Southwood 1978, Baars 1979, Desender & Maelfait 1986)。このトラップは本質的に活動性トラップであり，そのため活動性の高い動物を優先的に捕える。活動性は天候や無脊椎動物の生息地，生活環に影響される(Greenslade 1964, Chiverton 1984)。無脊椎動物の中には，これらのトラップを回避するものや(Halsall & Wratten 1988)，脱出のできるものがある。殺滅剤や保存液によって脱出は減少するが，いくつかのグループに対してはトラップへの誘因性や忌避性を持つ場合がある(Luff 1968, Greenslade & Greenslade 1971, しかし Waage 1985 も参照せよ)。エチレングリコール(不凍液)は保存液として一般的に用いられるが，動物の中毒の主要な原因となるので，使用には注意が必要である(Hall 1991)。墜落函には限界もあるが，土壌表面の無脊椎動物の採集には便利な方法である。

草本層

陸上の植生の中は生育の時期によって変化する異質性を持つ環境であり，そのため正確な採集が難しい(Southwood 1978)。多くの採集器具が利用できるが，大部分のものからは，無脊椎動物の生息数相対値しか得られない。特殊な無脊椎動物や植物体のうちの個々の部位(すなわち花，葉，茎，枝)に対しては，特有の手法が開発されている。

方形区や植物体全体で採集を行うことによって，植物表面の無脊椎動物の個体数や生体重の最も正確な推定値が得られるが，これらの方法は非常に時間がかかり，冗長なものとなる。植物体の一部，または全体が分離され，通常は管や箱，またはネットの中に収容される(Turnbull 1966, Onsager 1977 など)。その後，収容された無脊椎動物がすべて回収される。化学物質を用いて無脊椎動物を殺滅，または麻痺させることができる(Schotzko & O'Keeffe 1986, 1989)。収容された内部から無脊椎動物を容易に回収できるような，様々な吸引装置が紹介されてきた(Johnson et al. 1957, Turnbull 1966, Marshall 1982)。

植物体や無脊椎動物を攪乱せずにそれらを収容することは困難である。採集の24時間以上前に植物体の上に配置しておくドロップトラップ(図14-10 A)を用いることで，攪乱を少なくすることができる(Turnbull & Nicholls 1966)。これによって，配置時の攪乱の後に無脊椎動物の再分布が行われる時間を稼ぐことができる。トラップからい

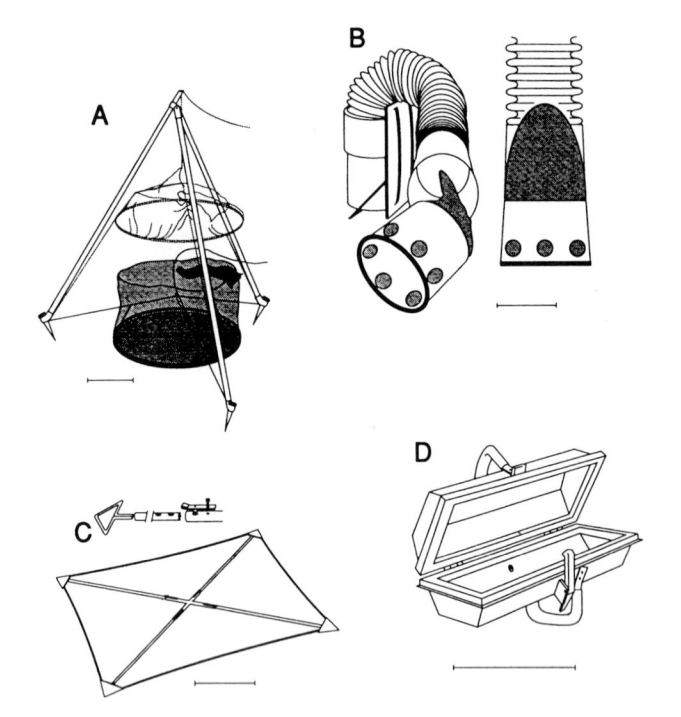

図14-10 草本や樹木表面の無脊椎動物用の採集器具
A：Turnbull & Nicholls(1966)式ドロップトラップ，B：バックパック型 D-vac(Dietrick 1961)，C：叩き網(Marshall 1977 より転載)，D：Dempster(1961)式箱型トラップ，スケールは25 cm

くらか離れた場所でトリガーが引かれると，バネで動く装置が植物を取り囲む網の上に落下する。この方法は，高さ20 cm 未満の草本層の中で最も良好に行うことができる(Turnbull & Nicholls 1966)。

D-vac 採集器(図14-10 B)は，方形区サンプリングと吸引式採集器を結びつけ，単一の器具にしたものである(Dietrick et al. 1959, Dietrick 1961)。回収ヘッドは単位となる植物体の一部分を他の部位から隔離し，その中に収容された無脊椎動物を吸い取ることによって回収し，回収ヘッド内の布製の袋の中に蓄える。迅速な抽出を行うためには，回収ヘッド内の風速は 100 km/h 程度でなければならない(Southwood 1978)。Ellington et al.(1984)は大型で発動式の吸引採集器を開発した。

捕虫網(sweep net)は，おそらく草むらの中の無脊椎動物の採集に最も一般的に用いられている器具であろう(Southwood 1978)。これは簡単に使用でき，わずかな労力によって大量の試料が得られる。それに用いられる丈夫な袋状のネットや枠，ハンドルは，植生の中での連続的なすくい取り(スィーピング)に耐えられるものでなければならない。一般的な手法では，採集者が問題となる生息地の中を横断する線に沿って歩き，その間に植生の中で前もって

定めておいた回数だけすくい取りを行う。捕虫網の効率は，採集の行われる植物群落の構造や気象条件によって異なる。前述のように，天候は無脊椎動物の活動性や植物体の上での位置に影響を及ぼす(Hughes 1955, Saugstad et al. 1967, Cherry etal. 1977)。さらに，2人の採集者がまったく同じようにすくい取りを行うことはなく，そのため採集されるサンプルにばらつきが加わることになる。得られるデータは通常無脊椎動物の生息数の指標と考えられる。Tonkyn(1980)は，すくい取りによるデータを採集を，行った植物の単位容積あたりの捕獲数に換算して報告できる数式を得た。

樹　上

樹上での採集は，到達することが難しいため困難である。多くの方法を用いることができるが，大部分のものからは無脊椎動物の生息数相対値しか得られない。叩き網法(beating)は，森林性の昆虫の調査に一般的に用いられる方法である(Harriset al. 1972)。樹木の枝を棒で叩き，無脊椎動物を落下させ，木の下に設置した叩き網(canvas seat, 図14-10 C)，またはアルミニウム製の漏斗の上で受け止める(Bostanian & Herne 1980, Herms et al. 1990)。この技術は使用が容易で迅速にでき，経費がかからないが，どの様な比率で無脊椎動物が落下してくるかは不明である。同じ原理によって，強力な殺虫剤の樹冠部への噴霧が行われる(Martin 1966, Southwood et al. 1982など)。D-vac 採集器を用いて，樹上の無脊椎動物の相対的な個体数を得ることもできる(Dietrick 1961, Hermset al. 1990)。

樹枝を隔離し，採取を行うことによって樹上の無脊椎動物を定量的に採集することが可能である(Gibb & Betts 1963 など)。樹上性無脊椎動物のトラップ採集には，箱型トラップ(図14-10 D, Dempster 1961)や閉鎖部を備えたネット(Schowalter et al. 1981, Blanton 1990, Costa & Crossley 1991)が用いられる。無脊椎動物はトラッピングの後に CO_2 か燻煙によって麻痺させられ，収集される。樹枝や葉も回収されるため，植物体重量あたりの無脊椎動物の生息数が決定できる。Waters & Resh(1979)は森林性の有害昆虫についての採集戦略を総説した。

空　中

空中の昆虫の生息数の最も信頼性の高い推定値は吸引トラップ(suction trap, 図14-11 A, Southwood 1978)によって得られる。このトラップは空気の吸入量が測定でき，

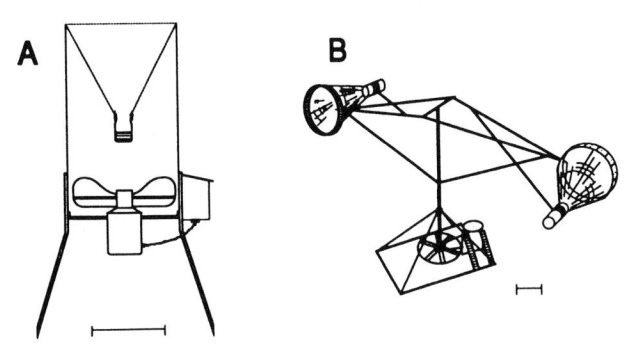

図14-11　飛翔性昆虫用の採集器具
A：吸引トラップ(Johnson & Taylor 1955；Southwood 1978 より転載)，B：風車型または回転式捕虫網(Juillet 1963 による)，スケールは25 cm

昆虫の密度が推定可能である(Johnson 1950 a, b, Taylor 1951, 1962, Johnson & Taylor 1955)。風速はこのトラップの機能に影響する重要な変数になる(Southwood 1978)。飛翔中の昆虫を捕えるためには，単純な捕虫網を用いることもできる。スィーピングの行われた空気の容積が把握されていれば，容積あたりの個体数や生体重の推定が可能である。捕虫網は固定型の回転式，または風車型のトラップにも利用される(図14-11 B, Johnson 1950 b, Nicholls 1960, Julliet 1963, Graham 1969)。

Malaise 式や他のテント型トラップ(Townes 1962, Juillet 1963, Graham 1969)，飛行横断式，またはウインドウ型トラップ(Chapman & Kinghorn 1955, Jonsson et al. 1986)，粘着トラップ(Juillet 1963, Williams 1973)およびライトトラップによって空気中の昆虫の生息数の相対値が推定できる。多くのタイプの餌や誘因物質を装置したトラップが，カ，ブユ，ウマバエなどの刺咬性昆虫の個体数のモニタリングのために開発されてきた(Graham 1969, Adkins et al. 1972, Service 1976, 1987, Southwood 1978 など)。

❏サンプルの処理

無脊椎動物の採集計画において，サンプルの処理はしばしば最も労力と時間を要する部分となる。そのため，採集の方法を選択する際は，収集後のサンプルの処理の方法をよく考慮するべきである。例えば，2種類の採集方法が同じ情報をもたらすものであれば，生じる夾雑物の少ない手法を選ぶのが賢明である。研究の目的によっては採集物中の無脊椎動物の個体の計数のみが必要とされることがあり，この場合はさらに都合が良く，選別の必要がない。

標本の処理にはいくつかの段階があり，研究や採集物の種類ごとに異なっている。野外で収集後直ちに選別を行い，包装や実験室への輸送の必要を避けることができるか否かを最初に考えることが重要である。夾雑物のないサンプルの中，あるいは目にとまりやすい無脊椎動物は，野外で個体数を数えたり回収したりすることが可能で，それによって不要な採集物は廃棄できる。例えば，墜落函で収集された無脊椎動物は容器の中で直ちに個体数を数え，廃棄することができる。このことによって採集物を他の容器に移す時間や労力と，取り扱いによって無脊椎動物を損失する可能性をなくすことができる。

大部分の採集方法には処理のため採集物を実験室に持ち込む必要がある。採集物の種類によっては，無脊椎動物が生きている間に選別と計数を行える場合がある。生きている無脊椎動物は，死んだものよりも夾雑物中から取り出すことが容易である。薄い酸やアルコールのような刺激物を水を含んだ採集物に加えて，無脊椎動物の運動を活発にすることができる。生存個体の選別は小型で非運動性の無脊椎動物を見逃してしまうことがあるため(Lackey & May 1971)，研究の目的によっては残った試料を後の検査のために保存しておく必要のある場合がある。収集後直ちに無脊椎動物を取り出せない場合は，以下に紹介する方法で後に抽出を行うか，あるいは採集物を以後の処理のために保存しておくことができる。

生体抽出法

無脊椎動物の行動や運動性を利用して夾雑物からの分離を行う手法を，行動的あるいは動的抽出法と呼ぶ。熱や水分，化学的または電気的な刺激を用いて無脊椎動物をサンプルの中から導き出すことができる。この方法の主な利点は，準備を行うだけで無脊椎動物が自動的に分離され，多くのサンプルが一度に処理できる点にある。抽出の効率は無脊椎動物のグループ，サンプルの状態，および用いられる抽出方法によって異なる(Edwards & Fletcher 1971, Edwards 1991)。どの程度の効率を適当とするかは，生体抽出法を用いる無脊椎動物の採集計画の一部として決定されるべきである(Petersen & Luxton 1982)。

抽出方法の選択はどの程度完全な抽出が必要であるか，採集物中の夾雑物の種類，どの様な刺激(熱など)が利用できるか，どの様な無脊椎動物を調査するのかによって異なる(Macfadyen 1962, Edwards 1991)。単一の抽出法であらゆる試料，あらゆるグループの無脊椎動物に好適なものは存在しない。生体抽出法は，生活史上の運動性を持たな

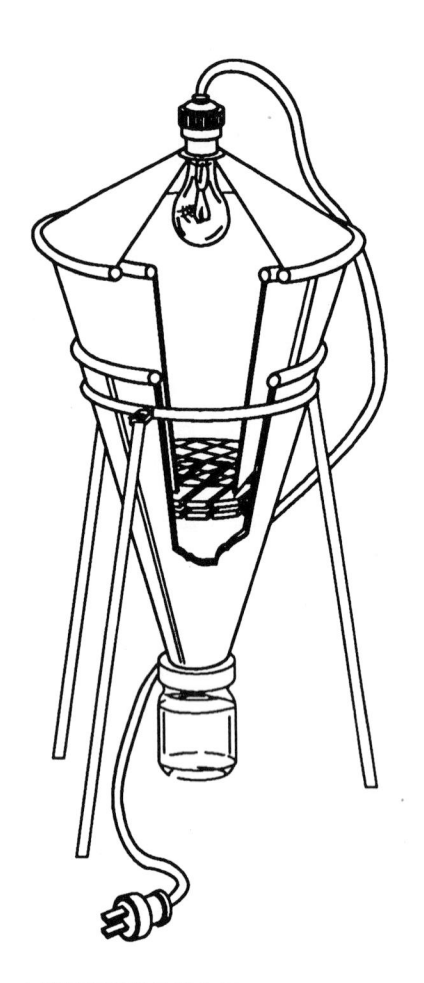

図 14-12 土壌無脊椎動物抽出用のベルレーゼ・ツルグレン式漏斗状装置 　　　　　　(Martin 1977 より転載)

いステージ(すなわち卵および蛹)には適していない。

採取した土壌やリター，植物体からの無脊椎動物の抽出に最も一般的な器具は，ベルレーゼ・ツルグレン(Berlese-Tullgren)式の漏斗状装置(図 14-12)である。採集物は大型の漏斗の途中に装置されたふるいの上に置かれる。漏斗の頂部の熱源によって無脊椎動物はサンプルの中からふるいの下に追い出され，収集瓶に落下する。湿度に勾配をもたせるものや，正の走光性を有する動物のために漏斗の下部に光源を備えたもの，リターや土壌が収集瓶の中に落下するのを防ぐためのトラップがついたもの，野外で使用するために折り畳み式のものなど，多くの改良型が開発されている(Dietrick et al. 1959, Macfadyen 1962, Edwards & Fletcher 1971, Southwood 1978)。Edwards & Fletcher(1971)は，土壌中の無脊椎動物用の様々な動的抽出装置の効率について論じている。水生植物や水中のリターから無脊椎動物を抽出するために，水生生物用のベルレーゼ・ツルグレン装置が開発されている(Fairchild et al. 1987)。水生無脊椎動物をデトリタス中から抽出するためには，電気も用いられる(Fahy 1972)。

サンプルの保存

サンプルを収集の後直ちに処理できない場合，変性を防ぐために保存の必要がある。用いる保存法は無脊椎動物のグループやサンプルの状態，必要とする情報の種類によって異なる。保存の方法は生体重の推定に影響を及ぼす。凍結と薬液による保存は最も一般的な保存法であるが，無脊椎動物の重量を減少させ，直接に標準的なデータとして扱うことはできなくなる(Howmiller 1972, Stanford 1973, Donald & Paterson 1977, Leuven et al. 1985, Salonen & Sarvala 1985, Nolte 1990)。

夾雑物の少ない大型無脊椎動物(捕虫網やライトトラップ等によるサンプル)に対しては，凍結が最も一般的である。水分の多いサンプルを凍結すると，(貧毛類などの)小型で柔軟な体の無脊椎動物体が壊れてしまうことがあるが，凍結保護剤を用いてこの問題を最小限度にすることができる(Salonen & Sarvala 1985)。

最も一般的な保存液は，70％アルコールと4％ホルムアルデヒド(＝10％ホルマリン)である。ホルムアルデヒドには不快臭という欠点があり，有毒で発癌性を持っている(Leuven et al. 1985)。保存液にローズベンガルを加えると，無脊椎動物が鮮明な赤色に染まり，選別の効率を上げ，時間を短縮できる(Mason & Yevich 1967, Lackey & May 1971, Williams & Williams 1974)。

サンプルのふるい分け

サンプル全体の保存の前にふるい分けを行い，容積を減じておくと便利な場合がある。この手法は，底生生物のサンプルについて用いられる。サンプルの体積が小さいほど保存や貯蔵が容易になり，前に述べたように選別に要する時間が短くなる。メッシュの幅より小さい無脊椎動物はサンプル中から失われてしまうため，ふるい分けに用いるメッシュの幅は重要である(Jonasson 1955, 1958, Barber & Kevern 1974, Storey & Pinder 1985)。こうした小型の個体の損失は密度の推定値に影響を及ぼすが，生体重の推定への影響は小さい(Zelt & Clifford 1972, Barber & Kevern 1974)。

サンプルは通常，ふるいの上に置かれて緩やかな水流で洗浄される。その間に(石や根などの)大型の夾雑物を同じように取り除くことができる。このスクリーニング法はすべての夾雑物を除去するものではないが，保存，選別を要する試量は大きく減少する。実験室内に持ち込む前に，野外でふるい分けを行うこともできる(Euliss & Swanson 1989, Mason 1991)。

底質のコアサンプルは大量の粘土を含んでいる場合があり，特に氾濫原の沖積土壌の場合に顕著である。これに含まれる粘土質はコアを互いに結合させ，ふるい分けを困難にする傾向がある。ふるい分けの際に少量の炭酸カルシウムをサンプルに加えると，コロイドが分解してふるい分けの効率を改善することができる。

二次サンプリング

採集物の選別の前に，二次サンプリングを行うべきか否かを決める必要がある。二次サンプリングにはサンプル中の既知量の一部分の中の無脊椎動物の個体数を調べることと，それによって全サンプル中の数を外挿することが含まれる。動物プランクトン(Sell & Evans 1982, George et al. 1984 など)や底生無脊椎動物(Hickley 1975, Reger et al. 1982, Wrona et al. 1982, Sebastien et al. 1988, Meyer 1990, Mason 1991 など)，およびライトトラップ(Van Ark and Pretorius 1970)のサンプルについては，二次サンプリングの器具や手法が紹介されている。

二次サンプリングにあたっては，選別のために一定量(容積または重量)を取り出す前にサンプルを完全に攪拌するのが一般的である。採集物を確実に均質化するためには，ふるい分けによってその中から大きな夾雑物を除去する必要のある場合がある。その後に，二次サンプリング後のサンプルに基づいて計数や生体重が推定される。Reger et al. (1982)は，サンプルをいくつかの二次サンプル(彼らの場合は8サンプル)に分割するべきであることを示唆した。その後，二次サンプルはランダムに選択・選別され，問題となる分類群のものが最低でも50個体となるまで計数が行われた。他の報告では，無脊椎動物の分類群や種ごとに少なくとも100個体を数えなければ，豊度さは正確に推定できないことが示唆されている(Hickley 1975, Elliott 1977)。数の少ない種については，二次サンプリングの方法を特別に考慮する必要がある(Sebastien et al. 1988, Meyer 1990)。いかなる研究においても，二次サンプリングの手法を用いる前に，常にその精度を検討しておくべきである(Venrick 1971, Elliott 1977 を参照)。

選別

サンプル処理の次の段階は，無脊椎動物を夾雑物の中から取り出すことである。これはサンプルの量が多ければ時

間のかかる作業になり，無脊椎動物に関する多くの研究において，しばしば問題点となる部分である。選別（ソーティング）にはサンプル中から単純に無脊椎動物を拾い上げ，個体数を数えたり回収を行ったりする場合から，様々な機械的な洗浄技術を用いる場合までがある。採集物からの拾い上げは最も退屈な手法であるが，サンプルの種類や無脊椎動物のグループによっては避けることができない。さらに，底質や植物体に緊密に付着したり，それらの中に穿孔したりする無脊椎動物には，個々に注意を払う必要があるようである。サンプルを洗浄する必要のある場合には，最初の段階により微細な物質を洗い出すことになる。これには先に述べたように，さらに1枚の，あるいは連続した数枚のふるいを用いることが含まれるであろう。

浮遊法は液体中の無脊椎動物よりも重い物体を沈下させるもので，保存されていたサンプルには特に便利である（Edwards & Fletcher 1971, Pask & Costa 1971）。無脊椎動物は液面に浮かび上がり，回収が容易になる。（泥炭などの）大量の植物体が同時に浮上し，選別を困難にすることがある（Edwards & Fletcher 1971）。浮遊法は，殻や土壌の管の中で生活する無脊椎動物には適さない場合がある（Flannagan 1973）。浮遊液には糖（Anderson 1959, Lackey & May 1971, Pask & Costa 1971, Flannagan 1973）や塩化ナトリウム（Dondal et al. 1971, Edwards & Fletcher 1971），硫酸マグネシウム（Hale 1964, Lawson & Merritt 1979），ベンゼン（Karlsson et al. 1976），および灯油（Barmuta 1984）が用いられる。浮遊法は液中濾過や機械的分離などの他の方法と組み合わせて用いられてきた（Edwards et al. 1970, Lawson & Merritt 1979など）。浮遊法の効率は，大がかりに用いられるたびに確認されるべきであろう。

生体重の測定

生体重（バイオマス）は生物体の総重量の推定値で，新鮮重量，乾燥重量，乾燥させた上で灰分を取り除いた重量（ash-free dry weight, AFDW），あるいはエネルギー（カロリー）として測定される。それはしばしば現存量（standing stock または standing crop）と呼ばれる。生体重は無脊椎動物の生息数の定量，二次生産量の算出および栄養段階間の物質とエネルギーの流れの評価には重要である。

生きている時の無脊椎動物の水分含量にはばらつきがあるため，乾燥重量は新鮮重量よりも正確な測定値となる。乾燥重量は，無脊椎動物を前もって定めた温度下で重量が一定化するまで乾燥させて決定する。用いられる温度は脂質のような揮発性の物質の損失を防ぐために十分低く定められるべきである。推奨されている温度は60℃である（Southwood 1978）。前述のように，保存されていた無脊椎動物体から乾燥重量を直接決定することはできない。

生体重は体の大きさ（長さまたは容積）と重量の関係から算出される。Dumont et al.(1975), Rogers et al.(1976, 1977), Smock(1980), Meyer(1989)および Nolte(1990)によって，様々な無脊椎動物の長さと重量の関係についての回帰式が得られる。Ciborowski(1983)は，無脊椎動物の容積から新鮮重量と乾燥重量を決定する方法を示した。分類群ごとの回帰式からは，より正確なデータが得られ（Rogers et al. 1976, Wenzel et al. 1990），可能な場合には考慮されるべきである。McCauley(1984)は動物プランクトンの乾燥重量の推定法の総説を行った。

無脊椎動物の重量は有機物重量と同義の測定値であるAFDWによって表現することもできる。無脊椎動物の灰分含量は，有機物を約3時間550℃の間接加熱炉の中で完全に燃焼させて得られる。その後，最初の乾燥重量から灰分の重量を差し引くことによってAFDWが算出される（第12章を参照）。生態系の中での有機物の挙動を研究する場合には，AFDWが考慮されるべきである。生体重をAFDWによって表現すると，（カルシウム性外骨格などの）無脊椎動物の灰分含量のばらつきが除かれるため，分類群間の比較が正確になる。

無脊椎動物体のエネルギー含有量は，AFDWグラムあたりのカロリーによって表現され，栄養段階間のエネルギー流量の決定において重要である（Paine 1971）。材料を燃焼させた時に放出されるエネルギー（熱）を測定するボンブカロリーメーターの使用は，無脊椎動物のエネルギー含有量を測定する最も一般的な方法である（Southwood 1978）。様々な無脊椎動物のエネルギー価が，Wissing & Hasler(1968, 1971), Schindler et al.(1971), Thayer et al.(1973), Driver et al.(1974), McCauley & Tsumura(1974)および Gardner et al.(1985)によって得られている。エネルギー価は場所や季節，発生上のステージによって異なり，脂質の貯蔵量に左右される（Wissing & Hasler 1971, Gardner et al. 1985）。その変動はエネルギー価を文献から引用する場合に考慮する必要がある。

同　定

無脊椎動物をどの分類段階まで同定するかはその研究の目的，投入できる時間と労力，および利用できる専門的知識によって異なる。種は基本的な生物学上の単位であり，無

表14-1 無脊椎動物同定用の一般的な検索表とその他の情報源

文献	対象群	同定される生活史上のステージ	同定のレベル
Bland & Jaques (1978)	昆虫類	成虫	科(一般的な種の注釈つき)
Borror et al. (1989)	昆虫類	成虫	科と亜科(重要な種を含めて各群に注釈つき)
Borror & White (1970)	昆虫類	成虫と未成熟虫	科(フィールドガイド,検索表なし)
Burch (1989)	巻貝類		種(分布についての注釈つき)
Kaston (1978)	クモ類	成虫	科(注釈なし)
Kevan & Scudder (1989)	ヤスデ,ムカデ類	成虫と未成熟虫	科
Klemm (1985)	貧毛類		種(分布についての注釈つき)
Lehmkuhl (1979)	昆虫類	成虫と未成熟虫	科(各群についての注釈つき)
Merritt & Cummins (1984)	昆虫類	成虫と未成熟虫	科といくつかの属
Peckarsky et al. (1990)	水生動物	成虫と未成熟虫またはそのいずれか	大部分の属といくつかの種
Pennak (1989)	原生〜軟体動物	成虫と未成熟虫	科と属(種までのいくつかの検索表つき)
Stehr (1987, 1990)	昆虫類	未成熟虫	科と亜科(各群の注釈つき)
Thorp & Covich (1991)	水生無脊椎動物	成虫と未成熟虫	科と多くの属

脊椎動物群集の変化を最も良く表現し,説明することのできる分類段階である(Resh & Unzicker 1975, Rosenberg et al. 1986, Danks 1988)。しかしながら,無脊椎動物については種の段階までの有用な検索表のないグループが多く,そうした同定のためには,大部分の研究の条件で与えられる以上の時間や労力が必要となる。無脊椎動物の多くのグループは多数の種を含み,小型の個体からなり,同定には特殊な技術が必要となる。野生生物の研究においては,目や科までの同定が最も広く行われる。表14-1は無脊椎動物の同定のための検索表を含む文献のリストである。

分類学的な区分に替わるものとして資源の利用形態による区別があり,機能的採餌グループ(functional feeding group),あるいはギルドと呼ばれることが多い(Cummins 1973, Cummins & Klug 1979, Bahr 1982, Hawkins & MacMahon 1989)。このシステムは採餌機構によって無脊椎動物を分類するもので,生態学的な役割や資源の利用形態を表現するために使用され,特に水生無脊椎動物の研究において用いられてきた(Cummins 1973, Wiggins & Mackey 1978, Cummins & Klug 1979, Merritt & Cummins 1984)。

❏統計学的考察

いかなる研究を計画する場合においても,統計学的な考察の段階は決定的な重要性を持つ。研究計画についての基本的な考察(第1章を参照)に加えて,無脊椎動物個体群の集中的な空間分布や高い変動性には,特別な注意が必要である。以下の論文は無脊椎動物に関するデータの統計学的解析と研究計画の構築法について論じており,無脊椎動物の採集計画を構築するにあたっては必要な著作であろう―Elliott(1977), Green(1979), Underwood(1981), Fowler & Witter(1982), Allan(1984)および Prepas (1984)。

第1章では調査計画にあたっての先行的な調査の重要性が強調された。無脊椎動物の採集計画においては,予備的な採集が重要となる。採集を行う場所や個々の採集個体数,調査の単位ごとのサンプル数を決定するためには,研究する個体群の分布と変動性を理解することが必要である。

無脊椎動物の研究計画において最も要求される統計学的な問題は,おそらく採集するサンプルの数であろう。この採集数は,予備採集によって示される無脊椎動物の実際の個体群に関する知識を根拠とするべきである。無脊椎動物の個体群は通常集中的な(パッチ状の,塊状の)空間分布を呈し(Downing 1979, Resh 1979, Kuno 1991),そのためばらつきが大きく(すなわち,分散>平均),少ないサンプル数では個体群の規模を正確に推定するには不十分なことが多い。これを解決するにはサンプル数が多ければよい(>50)が,この数のサンプルを収集し,処理を行い,同定するために必要な時間と労力は,一般には達成し難いものである。サンプルの数は,必要な正確さとそれを処理する能力のバランスによって選択されるべきである。予備採集によってサンプルの分散値を推定すれば,これと必要になる正確さのレベルとから有効なサンプル数を算出できる(Downing 1979, Fowler & Witter 1982, Allan 1984, Chew 1984 など)。

パラメトリックな統計手法は,正規分布と標本集団間の

分散が等しいことを仮定している。非正規的な分布(通常はパッチ状の空間分布によって生じる)の存在は，Shapiro-Wilks(W)の統計量のような方法によって検定できる(Neter et al. 1990)。非正規的な分布が示された場合は，ノンパラメトリック統計法とデータを変換したパラメトリック検定法の二つの統計学的手法を用いることができる(データ分析の詳細については第2章を参照)。ノンパラメトリックな手法は適用が容易で正規性や等分散の仮定を必要とせず，実験計画が簡単なものであればパラメトリック検定法に近い検出力を持っている(Allan 1984)。しかしながら，研究計画が複雑なものであったり，調査者がパラメトリック検定法の強い検出力を求めた場合には，一度適当なデータ変換を行った後に標準的なパラメトリック検定を用いるのがよい(Green 1979)。

多くの研究者は標準の教科書的なデータ変換を行っただけで正規分布を仮定するが，変換されたデータセットにも正規性と等分散の検定を行うべきである。無脊椎動物のデータの最も一般的な変換法は，①log x，②データ中に0が多い場合はlog(x+1)，③平方根，④四乗根である(Elliott 1977, Downing 1979)。Taylorのべき乗法則(Taylor 1961, Downing 1979)を用いて，正確な変換法を得ることができる。いかなる場合でも，データの変換はすべての論文や出版物に明確に記述されなければならない。変換されたデータの平均値と分散は統計的な検定や比較の根拠となるデータであるため，データが図表の形で示される場合には，それらを用いるべきである。

謝　辞

N. H. Euliss, Jr., L. C. M. RossおよびD. M. Rosenbergに本論文の草稿を検討いただいたことに感謝するものである。T. GreggおよびA. Guzziには図の作製を助けていただいた。本論文はInstitute for Wetland & Waterfowl Researchの第4番目の著作である。

参考文献

ADKINS, T. R., JR., W. B. EZELL, JR., D. C. SHEPPARD, AND M. M. ASKEY, JR. 1972. A modified canopy trap for collecting Tabanidae. J. Med. Entomol. 9:183–185.

AIKEN, R. B., AND R. E. ROUGHLEY. 1985. An effective trapping and marking method for aquatic beetles. Proc. Acad. Nat. Sci. Philadelphia 137:5–7.

ALLAN, J. D. 1984. Hypothesis testing in ecological studies of aquatic insects. Pages 484–507 in V. H. Resh and D. M. Rosenberg, eds. The ecology of aquatic insects. Praeger Publ., New York, N.Y.

———, AND E. RUSSEK. 1985. The quantification of stream drift. Can. J. Fish. Aquat. Sci. 42:210–215.

ANDERSON, R. O. 1959. A modified flotation technique for sorting bottom fauna samples. Limnol. Oceanogr. 4:223–225.

ARMITAGE, P. D. 1978. Catches of invertebrate drift by pump and net. Hydrobiologia 60:229–233.

BAARS, M. A. 1979. Catches in pitfall traps in relation to mean densities of carabid beetles. Oecologia 41:25–46.

BAHR, L. M., JR. 1982. Functional taxonomy: an immodest proposal. Ecol. Model. 15:211–233.

BARBER, W. E., AND N. R. KEVERN. 1974. Seasonal variation of sieving efficiency in a lotic habitat. Freshwater Biol. 4:293–300.

BARMUTA, L. A. 1984. A method for separating benthic arthropods from detritus. Hydrobiologia 112:105–107.

BENDELL, B. E., AND D. K. MCNICOL. 1987. Estimation of nektonic insect populations. Freshwater Biol. 18:105–108.

BENGTSON, S.-A., A. NILSSON, S. NORDSTRÖM, AND S. RUNDGREN. 1976. Effect of bird predation on lumbricid populations. Oikos 27:9–12.

BLAND, R. G., AND H. E. JAQUES. 1978. How to know the insects. Third ed. William C. Brown Co. Publ., Dubuque, Ia. 409pp.

BLANTON, C. M. 1990. Canopy arthropod sampling: a comparison of collapsible bag and fogging methods. J. Agric. Entomol. 7:41–50.

BLOMQVIST, S. 1990. Sampling performance of Ekman grabs—in situ observations and design improvements. Hydrobiologia 206:245–254.

BORROR, D. J., C. A. TRIPLEHORN, AND N. F. JOHNSON. 1989. An introduction to the study of insects. Sixth ed. Saunders Coll. Publ., Philadelphia, Pa. 875pp.

———, AND R. E. WHITE. 1970. A field guide to the insects of America north of Mexico. Houghton Mifflin Co., Boston, Mass. 404pp.

BOSTANIAN, N. J., G. BOIVIN, AND H. GOULET. 1983. Ramp pitfall trap. J. Econ. Entomol. 76:1473–1475.

———, AND D. H. C. HERNE. 1980. A rapid method of collecting arthropods from deciduous fruit trees. J. Econ. Entomol. 73:832–833.

BOULTON, A. J. 1985. A sampling device that quantitatively collects benthos in flowing or standing waters. Hydrobiologia 127:31–39.

BRINKHURST, R. O. 1974. The benthos of lakes. St. Martin's Press, New York, N.Y. 190pp.

BRITTAIN, J. E., AND T. J. EIKELAND. 1988. Invertebrate drift—a review. Hydrobiologia 166:77–93.

BROWN, A. V., M. D. SCHRAM, AND P. P. BRUSSOCK. 1987. A vacuum benthos sampler suitable for diverse habitats. Hydrobiologia 153:241–247.

BROWN, C. L., AND B. A. MANNY. 1985. Comparison of methods for measuring surface area of submersed aquatic macrophytes. J. Freshwater Ecol. 3:61–68.

BURCH, J. B. 1989. North American freshwater snails. Malacological Publ., Hamburg, Mich. 365pp.

CATTANEO, A., AND R. CARIGNAN. 1983. A colorimetric method for measuring the surface area of aquatic plants. Aquat. Bot. 17:291–294.

CHAPMAN, J. A., AND J. M. KINGHORN. 1955. Window flight traps for insects. Can. Entomol. 87:46–47.

CHERRY, R. H., K. A. WOOD, AND W. G. RUESINK. 1977. Emergence trap and sweep net sampling for adults of the potato leafhopper from alfalfa. J. Econ. Entomol. 70:279–282.

CHEW, V. 1984. Number of replicates in experimental research. Southwest. Entomol. Suppl. 6:2–9.

CHIVERTON, P. A. 1984. Pitfall-trap catches of the carabid beetle Pterostichus melanarius, in relation to gut contents and prey densities, in insecticide treated and untreated spring barley. Entomol. Exp. Appl. 36:23–30.

CIBOROWSKI, J. J. H. 1983. A simple volumetric instrument to estimate biomass of fluid-preserved invertebrates. Can. Entomol. 115:427–430.

COSTA, J. T., III, AND D. A. CROSSLEY, JR. 1991. Diel patterns of canopy arthropods associated with three tree species. Environ. Entomol. 20:1542–1548.

CRAWLEY, M. J. 1989. Insect herbivores and plant population dynamics. Annu. Rev. Entomol. 34:531–564.

CROSSLEY, D. A., JR. 1977. The roles of terrestrial saprophagous arthropods in forest soils: current status of concepts. Pages 49–56 in W. J. Mattson, ed. The role of arthropods in forest ecosystems. Springer-Verlag, New York, N.Y.

———, AND M. P. HOGLUND. 1962. A litter-bag method for the study of microarthropods inhabiting leaf litter. Ecology 43:571–573.
CUMMINS, K. W. 1973. Trophic relations of aquatic insects. Annu. Rev. Entomol. 18:183–206.
———, AND M. J. KLUG. 1979. Feeding ecology of stream invertebrates. Annu. Rev. Ecol. Syst. 10:147–172.
DANIEL, P. M., K. LYNK, AND M. W. BOESEL. 1985. A comparison of clear and opaque funnel traps for emerging insects in a southwestern Ohio pond. Ohio J. Sci. 85:199-202.
DANKS, H. V. 1988. Systematics in support of entomology. Annu. Rev. Entomol. 33:271–296.
DAVIES, I. J. 1984. Sampling aquatic insect emergence. Pages 161–227 in J. A. Downing and F. H. Rigler, eds. A manual on methods for the assessment of secondary productivity in fresh waters. Second ed. IBP Handb. 17. Blackwell Sci. Publ., Oxford, U.K.
DE BERNARDI, R. 1984. Methods for the estimation of zooplankton abundance. Pages 59–86 in J. A. Downing and F. H. Rigler, eds. A manual on methods for the assessment of secondary productivity in fresh waters. Second ed. IBP Handb. 17. Blackwell Sci. Publ., Oxford, U.K.
DEMPSTER, J. P. 1961. A sampler for estimating populations of active insects upon vegetation. J. Anim. Ecol. 30:425–427.
DEONIER, D. L. 1972. A floating adhesive trap for neustonic insects. Ann. Entomol. Soc. Am. 65:269–270.
DESENDER, K., AND J.-P. MAELFAIT. 1986. Pitfall trapping within enclosures: a method for estimating the relationship between the abundances of coexisting carabid species (Coleoptera: Carabidae). Holarct. Ecol. 9:245–250.
DIETRICK, E. J. 1961. An improved backpack motor fan for suction sampling of insect populations. J. Econ. Entomol. 54:394–395.
———, E. I. SCHLINGER, AND R. VAN DEN BOSCH. 1959. A new method for sampling arthropods using a suction collecting machine and modified Berlese funnel separator. J. Econ. Entomol. 52:1085–1091.
DONALD, G. L., AND C. G. PATERSON. 1977. Effect of preservation on wet weight biomass of chironomid larvae. Hydrobiologia 53:75–80.
DONDALE, C. D., C. F. NICHOLLS, J. H. REDNER, R. B. SEMPLE, AND A. L. TURNBULL. 1971. An improved Berlese-Tullgren funnel and a flotation separator for extracting grassland arthropods. Can. Entomol. 103:1549–1552.
DOWNING, J. A. 1979. Aggregation, transformation, and the design of benthos sampling programs. J. Fish. Res. Board Can. 36:1454–1463.
———. 1984. Sampling the benthos of standing waters. Pages 87–130 in J. A. Downing and F. H. Rigler, eds. A manual on methods for the assessment of secondary productivity in fresh waters. Second ed. IBP Handb. 17. Blackwell Sci. Publ., Oxford, U.K.
———. 1986. A regression technique for the estimation of epiphytic invertebrate populations. Freshwater Biol. 16:161–173.
———, AND H. CYR. 1985. Quantitative estimation of epiphytic invertebrate populations. Can. J. Fish. Aquat. Sci. 42:1570–1579.
———, AND F. H. RIGLER, EDITORS. 1984. A manual on methods for the assessment of secondary productivity in fresh waters. Second ed. IBP Handb. 17. Blackwell Sci. Publ., Oxford, U.K. 501pp.
DRAKE, C. M., AND J. M. ELLIOTT. 1982. A comparative study of three air-lift samplers used for sampling benthic macro-invertebrates in rivers. Freshwater Biol. 12:511–533.
DRIVER, E. A., L. G. SUGDEN, AND R. J. KOVACH. 1974. Calorific, chemical and physical values of potential duck foods. Freshwater Biol. 4:281–292.
DUMONT, H. J., I. VAN DE VELDE, AND S. DUMONT. 1975. The dry weight estimate of biomass in a selection of Cladocera, Copepoda and Rotifera from the plankton, periphyton and benthos of continental waters. Oecologia 19:75–97.
DURKIS, T. J., AND R. M. REEVES. 1982. Barriers increase efficiency of pitfall traps. Entomol. News 93:8–11.
EBERHARDT, L. L. 1978. Appraising variability in population studies. J. Wildl. Manage. 42:207–238.
EDWARDS, C. A. 1991. The assessment of populations of soil-inhabiting invertebrates. Agric. Ecosyst. Environ. 34:145–176.
———, AND K. E. FLETCHER. 1971. A comparison of extraction methods for terrestrial arthropods. Pages 150–185 in J. Phillipson, ed. Methods of study in quantitative soil ecology: population, production and energy flow. IBP Handb. 18. Blackwell Sci. Publ., Oxford, U.K.
———, D. E. REICHLE, AND D. A. CROSSLEY, JR. 1970. The role of soil invertebrates in turnover of organic matter and nutrients. Pages 147–172 in D. E. Reichle, ed. Analysis of temperate forest ecosystems. Springer-Verlag, New York, N.Y.
———, B. R. STINNER, D. STINNER, AND S. RABATIN, EDITORS. 1988. Biological interactions in soil. Agric. Ecosyst. Environ. 24:1–377.
———, A. E. WHITING, AND G. W. HEATH. 1970. A mechanized washing method for separation of invertebrates from soil. Pedobiologia 10:141–148.
ELLINGTON, J. J., K. KISER, M. CARDENAS, J. DUTTLE, AND Y. LOPEZ. 1984. The insectavac—a high clearance, high volume arthropod vacuuming platform for agricultural ecosystems. Environ. Entomol. 13:259–265.
ELLIOTT, J. M. 1970. Methods of sampling invertebrate drift in running water. Ann. Limnol. 6:133–159.
———. 1973. The food of brown and rainbow trout (*Salmo trutta* and *S. gairdneri*) in relation to the abundance of drifting invertebrates in a mountain stream. Oecologia 12:329–347.
———. 1977. Some methods for the statistical analysis of samples of benthic invertebrates. Second ed. Freshwater Biol. Assoc. Sci. Publ. 25. 156pp.
———, AND C. M. DRAKE. 1981. A comparative study of seven grabs used for sampling benthic macroinvertebrates in rivers. Freshwater Biol. 11:99–120.
———, AND P. A. TULLETT. 1978. A bibliography of samplers for benthic invertebrates. Freshwater Biol. Assoc. Occas. Publ. 4. 61pp.
———, AND ———. 1983. A supplement to a bibliography of samplers for benthic invertebrates. Freshwater Biol. Assoc. Occas. Publ. 20. 27pp.
ENGLISH, W. R. 1987. Three inexpensive aquatic invertebrate samplers for the benthos, drift and emergent fauna. Entomol. News 98:171–179.
EPSTEIN, M. E., AND H. M. KULMAN. 1984. Effects of aprons on pitfall trap catches of carabid beetles in forest and fields. Great Lakes Entomol. 17:215–221.
EULISS, N. H., JR., AND G. A. SWANSON. 1989. Improved self-cleaning screen for processing benthic samples. Calif. Fish Game 75:124–128.
———, ———, AND J. MACKAY. 1992. Multiple tube sampler for benthic and pelagic invertebrates in shallow wetlands. J. Wildl. Manage. 56:186–191.
FAHY, E. 1972. An automatic separator for the removal of aquatic insects from detritus. J. Appl. Ecol. 9:655–658.
FAIRCHILD, W. L., M. C. A. O'NEILL, AND D. M. ROSENBERG. 1987. Quantitative evaluation of the behavioral extraction of aquatic invertebrates from samples of sphagnum moss. J. North Am. Benthol. Soc. 6:281–287.
FERRINGTON, L. C., JR., AND C. CHRISTIANSEN. 1985. Statistical and biological significance of *Stenochironomus* larvae on multiplate artificial substrate samplers with Masonite® discs. J. Kans. Entomol. Soc. 58:724–726.
FLANNAGAN, J. F. 1970. Efficiencies of various grabs and corers in sampling freshwater benthos. J. Fish. Res. Board Can. 27:1691–1700.
———. 1973. Sorting benthos using floatation media. Fish. Res. Board Can. Tech. Rep. 354. 14pp.
———, AND D. M. ROSENBERG. 1982. Types of artificial substrates used for sampling freshwater benthic macroinvertebrates. Pages 237–266 in J. Cairns, Jr., ed. Artificial substrates. Ann Arbor Sci. Publ., Ann Arbor, Mich.
FOWLER, G. W., AND J. A. WITTER. 1982. Accuracy and precision of insect density and impact estimates. Great Lakes Entomol. 15:103–117.
FROST, S., A. HUNI, AND W. E. KERSHAW. 1971. Evaluation of a kicking technique for sampling stream bottom fauna. Can. J. Zool. 49:167–173.
GALE, W. F. 1971. Shallow-water core sampler. Prog. Fish-Cult. 33:238–239.
GARDNER, W. S., T. F. NALEPA, W. A. FREZ, E. A. CICHOCKI, AND

P. F. Landrum. 1985. Seasonal patterns in lipid content of Lake Michigan macroinvertebrates. Can. J. Fish. Aquat. Sci. 42:1827–1832.

Gates, T. E., D. J. Baird, F. J. Wrona, and R. W. Davies. 1987. A device for sampling macroinvertebrates in weed ponds. J. North Am. Benthol. Soc. 6:133–139.

George, D. G., M. A. Hurley, and B. Winstanley. 1984. A simple plankton splitter with a note on its reduced subsampling variance. Limnol. Oceanogr. 29:429–433.

———, and G. H. Owen. 1978. A new tube sampler for crustacean zooplankton. Limnol. Oceanogr. 23:563-566.

Gerking, S. D. 1957. A method for sampling the littoral macrofauna and its application. Ecology 38:219–226.

Gibb, J. A., and M. M. Betts. 1963. Food and food supply of nestling tits (Paridae) in Breckland Pine. J. Anim. Ecol. 32:489–533.

Gilbert, A. T., and E. Ruber. 1986. A water column sampler for invertebrates in salt-marsh tidal pools. Estuaries 9:380–381.

Gist, C. S., and D. A. Crossley, Jr. 1973. A method of quantifying pitfall trapping. Environ. Entomol. 2:951–952.

Graham, P. 1969. A comparison of sampling methods for adult mosquito populations in central Alberta, Canada. Quaest. Entomol. 5:217–261.

Green, R. H. 1979. Sampling design and statistical methods for environmental biologists. John Wiley & Sons, New York, N.Y. 257pp.

Greenslade, P., and P. J. M. Greenslade. 1971. The use of baits and preservatives in pitfall traps. J. Aust. Entomol. Soc. 10:253–260.

Greenslade, P. J. N. 1964. Pitfall trapping as a method for studying populations of Carabidae (Coleoptera). J. Anim. Ecol. 33:301–310.

Hale, W. G. 1964. A flotation method for extracting Collembola from organic soils. J. Anim. Ecol. 33:363–369.

Hall, D. W. 1991. The environmental hazard of ethylene glycol in insect pit-fall traps. Coleopt. Bull. 45:193–194.

Halsall, N. B., and S. D. Wratten. 1988. The efficiency of pitfall trapping for polyphagous predatory Carabidae. Ecol. Entomol. 13:293–299.

Hamilton, A. L. 1969. A new type of emergence trap for collecting stream insects. J. Fish. Res. Board Can. 26:1685–1689.

———, W. Burton, and J. F. Flannagan. 1970. A multiple corer for sampling profundal benthos. J. Fish. Res. Board Can. 27:1867–1869.

Harris, J. W. E., D. G. Collis, and K. M. Magar. 1972. Evaluation of the tree-beating method for sampling defoliating forest insects. Can. Entomol. 104:723–729.

Harrod, J. J., and R. E. Hall. 1962. A method for determining the surface areas of various aquatic plants. Hydrobiologia 20:173–178.

Hawkins, C. P., and J. A. MacMahon. 1989. Guilds: the multiple meaning of a concept. Annu. Rev. Entomol. 34:423–451.

Herms, D. A., D. G. Nielsen, and T. D. Sydnor. 1990. Comparison of two methods for sampling arboreal insect populations. J. Econ. Entomol. 83:869–874.

Hickley, P. 1975. An apparatus for subdividing benthos samples. Oikos 26:92–96.

Hilsenhoff, W. L., and B. H. Tracy. 1985. Techniques for collecting water beetles from lentic habitats. Proc. Acad. Nat. Sci. Philadelphia 137:8–11.

Houseweart, M. W., D. T. Jennings, and J. C. Rea. 1979. Large capacity pitfall trap. Entomol. News 90:51–54.

Howmiller, R. P. 1972. Effects of preservatives on weights of some common macrobenthic invertebrates. Trans. Am. Fish. Soc. 101:743–746.

Hughes, R. D. 1955. The influence of the prevailing weather on the numbers of *Meromyza variegata* Meigen (Diptera, Chloropidae) caught with a sweepnet. J. Anim. Ecol. 24:324–335.

Hunt, D. W. A., and K. F. Raffa. 1989. Attraction of *Hylobius radicis* and *Pachylobius picivorus* (Coleoptera: Curculionidae) to ethanol and turpentine in pitfall traps. Environ. Entomol. 18:351–355.

Jenkins, T. M., Jr., C. R. Feldmeth, and G. V. Elliott. 1970. Feeding of rainbow trout (*Salmo gairdneri*) in relation to abundance of drifting invertebrates in a mountain stream. J. Fish. Res. Board Can. 27:2356–2361.

Johnsgard, P. A. 1981. The plovers, sandpipers, and snipes of the world. Univ. Nebraska Press, Lincoln. 493pp.

Johnson, C. G. 1950a. A suction trap for small airborne insects which automatically segregates the catch into successive hourly samples. Ann. Appl. Biol. 37:80–91.

———. 1950b. The comparison of suction trap, sticky trap and tow-net for the quantitative sampling of small airborne insects. Ann. Appl. Biol. 37:268–285.

———. 1958. The mesh factor in sieving techniques. Verh. Internat. Ver. Limnol. 13:860–866.

———, T. R. E. Southwood, and H. M. Entwistle. 1957. A new method of extracting arthropods and molluscs from grassland and herbage with a suction apparatus. Bull. Entomol. Res. 48:211–218.

———, and L. R. Taylor. 1955. The development of large suction traps for airborne insects. Ann. Appl. Biol. 43:51–62.

Jónasson, P. M. 1955. The efficiency of sieving techniques for sampling freshwater bottom fauna. Oikos 6:183–207.

Jónsson, E., A. Gardarsson, and G. Gíslason. 1986. A new window trap used in the assessment of the flight periods of Chironomidae and Simuliidae (Diptera). Freshwater Biol. 16:711–719.

Juillet, J. A. 1963. A comparison of four types of traps used for capturing flying insects. Can. J. Zool. 41:219–223.

Kaminski, R. M., and H. R. Murkin. 1981. Evaluation of two devices for sampling nektonic invertebrates. J. Wildl. Manage. 45:493–496.

Karlsson, M., T. Bohlin, and J. Stenson. 1976. Core sampling and flotation: two methods to reduce costs of a chironomid population study. Oikos 27:336–338.

Kaston, B. J. 1978. How to know the spiders. William C. Brown Co. Publ., Dubuque, Ia. 272pp.

Kevan, D. K. McE., and G. G. E. Scudder. 1989. Illustrated keys to the families of terrestrial arthropods of Canada. 1. Myriapods (Millipedes, Centipedes, etc.). Biol. Surv. Can., Taxonomic Ser. 1. Ottawa, Ont. 88pp.

Klemm, D. J., editor. 1985. A guide to the freshwater Annelida (Polychaeta, Naidid and Tubificid Oligochaeta, and Hirudinea) of North America. Kendall/Hunt Publ. Co., Dubuque, Ia. 198pp.

———, P. A. Lewis, F. Fulk, and J. M. Lazorchak. 1990. Macroinvertebrate field and laboratory methods for evaluating the biological integrity of surface waters. U.S. Environ. Prot. Agency EPA/600/4-90/030. 256pp.

Kroger, R. L. 1972. Underestimation of standing crop by the Surber sampler. Limnol. Oceanogr. 17:475–478.

Kuno, E. 1991. Sampling and analysis of insect populations. Annu. Rev. Entomol. 36:285–304.

Lackey, R. T., and B. E. May. 1971. Use of sugar flotation and dye to sort benthic samples. Trans. Am. Fish. Soc. 100:794–797.

Lane, E. D. 1974. An improved method of Surber sampling for bottom and drift fauna in small streams. Prog. Fish-Cult. 36:20–22.

Lasenby, D. C., and R. K. Sherman. 1991. Design and evaluation of a bottom-closing net used to capture mysids and other suprabenthic fauna. Can. J. Zool. 69:783–786.

Lavery, M. A., and R. R. Costa. 1972. Reliability of the Surber sampler in estimating *Parargyractis fulicalis* (Clemens) (Lepidoptera: Pyralidae) populations. Can. J. Zool. 50:1335–1336.

Lawson, D. L., and R. W. Merritt. 1979. A modified Ladell apparatus for the extraction of wetland macroinvertebrates. Can. Entomol. 111:1389–1393.

Lehmkuhl, D. M. 1979. How to know the aquatic insects. William C. Brown Co. Publ., Dubuque, Ia. 168pp.

LeSage, L., and A. D. Harrison. 1979. Improved traps and techniques for the study of emerging aquatic insects. Entomol. News 90:65–78.

Leuven, R. S. E. W., T. C. M. Brock, and H. A. M. van Druten. 1985. Effects of preservation on dry- and ash-free dry weight biomass of some common aquatic macro-invertebrates. Hydrobiologia 127:151–159.

Luff, M. L. 1968. Some effects of formalin on the numbers of Coleoptera caught in pitfall traps. Entomol. Mon. Mag. 104:115–

———. 1975. Some features influencing the efficiency of pitfall traps. Oecologia 19:345–357.
MACFADYEN, A. 1962. Soil arthropod sampling. Adv. Ecol. Res. 1:1–34.
MACKEY, A. P., D. A. COOLING, AND A. D. BERRIE. 1984. An evaluation of sampling strategies for qualitative surveys of macroinvertebrates in rivers, using pond nets. J. Appl. Ecol. 21:515–534.
MACKIE, G. L., AND R. C. BAILEY. 1981. An inexpensive stream bottom sampler. J. Freshwater Ecol. 1:61–69.
MALLEY, D. F., AND J. B. REYNOLDS. 1979. Sampling strategies and life history of non-insectan freshwater invertebrates. J. Fish. Res. Board Can. 36:311–318.
MARSHALL, S. A. 1982. Techniques for collecting and handling small Diptera. Proc. Entomol. Soc. Ont. 113:73–74.
MARTIN, J. E. H. 1977. Collecting, preparing, and preserving insects, mites, and spiders. The insects and arachnids of Canada, Part 1. Agric. Can. Publ. 1643. 182pp.
MARTIN, J. L. 1966. The insect ecology of red pine plantations in central Ontario. IV. The crown fauna. Can. Entomol. 98:10–27.
MASON, W. T., JR. 1991. Sieve sample splitter for benthic invertebrates. J. Freshwater Ecol. 6:445–449.
———, AND J. E. SUBLETTE. 1971. Collecting Ohio River basin Chironomidae (Diptera) with a floating sticky trap. Can. Entomol. 103:397–404.
———, AND P. P. YEVICH. 1967. The use of phloxine B and rose bengal stains to facilitate sorting of benthic samples. Trans. Am. Microsc. Soc. 86:221–223.
MCCAULEY, E. 1984. The estimation of the abundance and biomass of zooplankton in samples. Pages 228–265 in J. A. Downing and F. H. Rigler, eds. A manual on methods for the assessment of secondary productivity in fresh waters. Second ed. IBP Handb. 17. Blackwell Sci. Publ., Oxford, U.K.
MCCAULEY, V. J. E., AND K. TSUMURA. 1974. Calorific values of Chironomidae (Diptera). Can. J. Zool. 52:581–586.
MCCREADIE, J. W., AND M. H. COLBO. 1991. A critical examination of four methods of estimating the surface area of stone substrate from streams in relation to sampling Simuliidae (Diptera). Hydrobiologia 220:205–210.
MEDWECKA-KORNAS, A. 1971. Plant litter. Pages 24–33 in J. Phillipson, ed. Methods of study in quantitative soil ecology: population, production and energy flow. IBP Handb. 18. Blackwell Sci. Publ., Oxford, U.K.
MENZIE, C. A. 1980. The chironomid (Insecta: Diptera) and other fauna of a *Myriophyllum spicatum* L. plant bed in the lower Hudson River. Estuaries 3:38–54.
MERRITT, R. W., AND K. W. CUMMINS, EDITORS. 1984. An introduction to the aquatic insects of North America. Second ed. Kendall/Hunt Publ. Co., Dubuque, Ia. 722pp.
———, ———, AND T. M. BURTON. 1984a. The role of aquatic insects in the processing and cycling of nutrients. Pages 134–163 in V. H. Resh and D. M. Rosenberg, eds. The ecology of aquatic insects. Praeger Publ., New York, N.Y.
———, ———, AND V. H. RESH. 1984b. Collecting, sampling, and rearing methods for aquatic insects. Pages 11–26 in R. W. Merritt and K. W. Cummins, eds. An introduction to the aquatic insects of North America. Second ed. Kendall/Hunt Publ. Co., Dubuque, Ia.
———, AND H. D. NEWSON. 1978. Ecology and management of arthropod populations in recreational lands. Pages 125–162 in G. W. Frankie and C. S. Koehler, eds. Perspectives in urban entomology. Academic Press, Inc., New York, N.Y.
MEYER, E. 1989. The relationship between body length parameters and dry mass in running water invertebrates. Arch. Hydrobiol. 117:191–203.
———. 1990. A simple subsampling device for macroinvertebrates with general remarks on the processing of stream benthos samples. Arch. Hydrobiol. 117:309–318.
MILBRINK, G., AND T. WIEDERHOLM. 1973. Sampling efficiency of four types of mud bottom samplers. Oikos 24:479–482.
MORIN, A. 1985. Variability of density estimates and the optimization of sampling programs for stream benthos. Can. J. Fish. Aquat. Sci. 42:1530–1534.
MORRILL, W. L. 1975. Plastic pitfall trap. Environ. Entomol. 4:596.
MUNDIE, J. H. 1957. The ecology of Chironomidae in storage reservoirs. Trans. R. Entomol. Soc. Lond. 109:149–232.
———. 1964. A sampler for catching emerging insects and drifting materials in streams. Limnol. Oceanogr. 9:456–459.
MURKIN, H. R., P. G. ABBOTT, AND J. A. KADLEC. 1983. A comparison of activity traps and sweep nets for sampling nektonic invertebrates in wetlands. Freshwater Invertebr. Biol. 2:99–106.
———, AND B. D. J. BATT. 1987. The interactions of vertebrates and invertebrates in peatlands and marshes. Pages 15–30 in D. M. Rosenberg and H. V. Danks, eds. Aquatic insects of peatlands and marshes. Mem. Entomol. Soc. Can. 140.
———, AND J. A. KADLEC. 1986. Responses by benthic macroinvertebrates to prolonged flooding of marsh habitat. Can. J. Zool. 64:65–72.
MURPHY, W. L. 1985. Procedure for the removal of insect specimens from sticky-trap material. Ann. Entomol. Soc. Am. 78:881.
NALEPA, T. F., AND A. ROBERTSON. 1981. Vertical distribution of the zoobenthos in southeastern Lake Michigan with evidence of seasonal variation. Freshwater Biol. 11:87–96.
NETER, J. W., W. WASSERMAN, AND M. H. KUTNER. 1990. Applied linear statistical models: regression, analysis of variance, and experimental designs. Third ed. R.D. Irwin, Homewood, Ill. 1181pp.
NEWTON, A., AND S. B. PECK. 1975. Baited pitfall traps for beetles. Coleopt. Bull. 29:45–46.
NICHOLLS, C. F. 1960. A portable mechanical insect trap. Can. Entomol. 92:48–51.
NOLTE, U. 1990. Chironomid biomass determination from larval shape. Freshwater Biol. 24:443–451.
O'CONNOR, F. B. 1957. An ecological study of the enchytraeid worm population of a coniferous forest soil. Oikos 8:161–199.
ONSAGER, J. A. 1977. Comparison of five methods for estimating density of rangeland grasshoppers. J. Econ. Entomol. 70:187–190.
PAINE, R. T. 1971. The measurement and application of the calorie to ecological problems. Annu. Rev. Ecol. Syst. 2:145–164.
PASK, W. M., AND R. R. COSTA. 1971. Efficiency of sucrose flotation in recovering insect larvae from benthic stream samples. Can. Entomol. 103:1649–1652.
PATERSON, C. G., AND C. H. FERNANDO. 1971. A comparison of a simple corer and an Ekman grab for sampling shallow-water benthos. J. Fish. Res. Board Can. 28:365–368.
PECKARSKY, B. L. 1984. Sampling the stream benthos. Pages 131–160 in J. A. Downing and F. H. Rigler, eds. A manual on methods for the assessment of secondary productivity in fresh waters. Second ed. IBP Handb. 17. Blackwell Sci. Publ., Oxford, U.K.
———, P. R. FRAISSINET, M. A. PENTON, AND D. J. CONKLIN, JR. 1990. Freshwater macroinvertebrates of northeastern North America. Cornell Univ. Press, Ithaca, N.Y. 442pp.
PENNAK, R. W. 1989. Fresh-water invertebrates of the United States. Protozoa to Mollusca. Third ed. John Wiley & Sons, New York, N.Y. 628pp.
PETERSEN, H., AND M. LUXTON. 1982. A comparative analysis of soil fauna populations and their role in decomposition processes. Oikos 39:287–388.
PETERSEN, R. C., AND K. W. CUMMINS. 1974. Leaf processing in a woodland stream. Freshwater Biol. 4:343–368.
PETRUSEWICZ, K., AND A. MACFADYEN. 1970. Productivity of terrestrial animals: principles and methods. IBP Handb. 13. Blackwell Sci. Publ., Oxford, U.K. 190pp.
PHILLIPSON, J., EDITOR. 1971. Methods of study in quantitative soil ecology: population, production and energy flow. IBP Handb. 18. Blackwell Sci. Publ., Oxford, U.K. 297pp.
POLLARD, J. E. 1981. Investigator differences associated with a kicking method for sampling macroinvertebrates. J. Freshwater Ecol. 1:215–224.
PREPAS, E. E. 1984. Some statistical methods for the design of experiments and analysis of samples. Pages 266–335 in J. A. Downing and F. H. Rigler, eds. A manual on methods for the assessment of secondary productivity in fresh waters. Second ed. IBP Handb. 17. Blackwell Sci. Publ., Oxford, U.K.
RAW, F. 1959. Estimating earthworm populations by using formalin. Nature (Lond.) 184:1661–1662.

REGER, S. J., C. F. BROTHERSEN, T. G. OSBORN, AND W. T. HELM. 1982. Rapid and effective processing of macroinvertebrate samples. J. Freshwater Ecol. 1:451–465.

RESH, V. H. 1979. Sampling variability and life history features: basic considerations in the design of aquatic insect studies. J. Fish. Res. Board Can. 36:290–311.

―――, J. W. FEMINELLA, AND E. P. MCELRAVY. 1990. Sampling aquatic insects. Videotape. Off. Media Serv., Univ. Calif., Berkeley.

―――, AND J. D. UNZICKER. 1975. Water quality monitoring and aquatic organisms: the importance of species identification. J. Water Pollut. Control Fed. 47:9–19.

ROGERS, L. E., R. L. BUSCHBOM, AND C. R. WATSON. 1977. Length-weight relationships for shrub-steppe invertebrates. Ann. Entomol. Soc. Am. 70:51–53.

―――, W. T. HINDS, AND R. L. BUSCHBOM. 1976. A general weight vs. length relationship for insects. Ann. Entomol. Soc. Am. 69:387–389.

ROSENBERG, D. M. 1978. Practical sampling of freshwater macrozoobenthos: a bibliography of useful texts, reviews, and recent papers. Fish. Mar. Serv. Tech. Rep. 790. Fish. Environ. Can., Ottawa, Ont. 15pp.

―――, H. V. DANKS, AND D. M. LEHMKUHL. 1986. Importance of insects in environmental impact assessment. Environ. Manage. 10:773–783.

―――, AND V. H. RESH. 1982. The use of artificial substrates in the study of freshwater benthic macroinvertebrates. Pages 175–235 in J. Cairns, Jr., ed. Artificial substrates. Ann Arbor Sci. Publ., Ann Arbor, Mich.

SALONEN, K., AND J. SARVALA. 1985. Combination of freezing and aldehyde fixation. A superior preservation method for biomass determination of aquatic invertebrates. Arch. Hydrobiol. 103:217–230.

SATCHELL, J. E. 1971. Earthworms. Pages 107–127 in J. Phillipson, ed. Methods of study in quantitative soil ecology: population, production and energy flow. IBP Handb. 18. Blackwell Sci. Publ., Oxford, U.K.

SAUGSTAD, E. S., R. A. BRAM, AND W. E. NYQUIST. 1967. Factors influencing sweep-net sampling of alfalfa. J. Econ. Entomol. 60:421–426.

SCHINDLER, D. W. 1969. Two useful devices for vertical plankton and water sampling. J. Fish. Res. Board Can. 26:1948–1955.

―――, A. S. CLARK, AND J. R. GRAY. 1971. Seasonal calorific values of freshwater zooplankton, as determined with a Phillipson bomb calorimeter modified for small samples. J. Fish. Res. Board Can. 28:559–564.

SCHOTZKO, D. J., AND L. E. O'KEEFFE. 1986. Comparison of sweep-net, D-vac, and absolute sampling for Lygus hesperus (Heteroptera: Miridae) in lentils. J. Econ. Entomol. 79:224–228.

―――, AND ―――. 1989. Comparison of sweep net, D-vac, and absolute sampling, and diel variation of sweep net sampling estimates in lentils for pea aphid (Homoptera: Aphididae), nabids (Hemiptera: Nabidae), lady beetles (Coleoptera: Coccinellidae), and lacewings (Neuroptera: Chrysopidae). J. Econ. Entomol. 82:491–506.

SCHOWALTER, T. D., W. W. HARGROVE, AND D. A. CROSSLEY, JR. 1986. Herbivory in forested ecosystems. Annu. Rev. Entomol. 31:177–196.

―――, AND T. E. SABIN. 1991. Litter microarthropod responses to canopy herbivory, season and decomposition in litterbags in a regenerating conifer ecosystem in western Oregon. Biol. Fert. Soils 11:93–96.

―――, J. W. WEBB, AND D. A. CROSSLEY, JR. 1981. Community structure and nutrient content of canopy arthropods in clearcut and uncut forest ecosystems. Ecology 62:1010–1019.

SCOTT, W. B., AND E. J. CROSSMAN. 1973. Freshwater fishes of Canada. Fish. Res. Board Can. Bull. 184. 966pp.

SEASTEDT, T. R. 1984. Belowground macroarthropods of annually burned and unburned tallgrass prairie. Am. Midl. Nat. 111:405–408.

―――, AND D. A. CROSSLEY, JR. 1981. Microarthropod response following cable logging and clear-cutting in the southern Appalachians. Ecology 62:126–135.

SEBASTIEN, R. J., D. M. ROSENBERG, AND A. P. WIENS. 1988. A method for subsampling unsorted benthic macroinvertebrates by weight. Hydrobiologia 157:69–75.

SELL, D. W., AND M. S. EVANS. 1982. A statistical analysis of subsampling and an evaluation of the Folsom plankton splitter. Hydrobiologia 94:223–230.

SERVICE, M. W. 1976. Mosquito ecology: field sampling methods. John Wiley & Sons, New York, N.Y. 583pp.

―――. 1987. Monitoring adult simuliid populations. Pages 187–200 in K. C. Kim and R. W. Merritt, eds. Black flies: ecology, population management, and annotated world list. Pennsylvania State Univ. Press, University Park.

SLACK, K. V., L. J. TILLEY, AND S. S. KENNELLY. 1991. Mesh-size effects on drift sample composition as determined with a triple net sampler. Hydrobiologia 209:215–226.

SMOCK, L. A. 1980. Relationships between body size and biomass of aquatic insects. Freshwater Biol. 10:375–383.

SOUTHWOOD, T. R. E. 1978. Ecological methods with particular reference to the study of insect populations. Second ed. Chapman and Hall, London, U.K. 524pp.

―――, V. C. MORAN, AND C. E. J. KENNEDY. 1982. The assessment of arboreal insect fauna: comparisons of knockdown sampling and faunal lists. Ecol. Entomol. 7:331–340.

SPENCE, J. R. 1980. Density estimation for water striders (Heteroptera: Gerridae). Freshwater Biol. 10:563–570.

―――, EDITOR. 1985. Faunal influences on soil structure. Quaest. Entomol. 21:371–694.

STANFORD, J. A. 1973. A centrifuge method for determining live weights of aquatic insect larvae, with a note on weight loss in preservative. Ecology 54:449–451.

STEHR, F. W., EDITOR. 1987. Immature insects. Vol. 1. Kendall/Hunt Publ. Co., Dubuque, Ia. 754pp.

―――, EDITOR. 1990. Immature insects. Vol. 2. Kendall/Hunt Publ. Co., Dubuque, Ia. 975pp.

STOREY, A. W., D. H. D. EDWARD, AND P. GAZEY. 1991. Surber and kick sampling: a comparison for the assessment of macroinvertebrate community structure in streams of south-western Australia. Hydrobiologia 211:111–121.

―――, AND L. C. V. PINDER. 1985. Mesh-size efficiency of sampling of larval Chironomidae. Hydrobiologia 124:193–197.

STREET, M., AND G. TITMUS. 1979. The colonisation of experimental ponds by Chironomidae (Diptera). Aquat. Insects 1:233–244.

STRICKLAND, A. H. 1961. Sampling crop pests and their hosts. Annu. Rev. Entomol. 6:201–220.

SWANSON, G. A. 1978a. A simple lightweight core sampler for quantitating waterfowl foods. J. Wildl. Manage. 42:426–428.

―――. 1978b. A water column sampler for invertebrates in shallow wetlands. J. Wildl. Manage. 42:670–672.

―――. 1978c. Funnel trap for collecting littoral aquatic invertebrates. Prog. Fish-Cult. 40:73.

―――. 1983. Benthic sampling for waterfowl foods in emergent vegetation. J. Wildl. Manage. 47:821–823.

TAYLOR, L. R. 1951. An improved suction trap for insects. Ann. Appl. Biol. 38:582–591.

―――. 1961. Aggregation, variance and the mean. Nature 189:732–735.

―――. 1962. The absolute efficiency of insect suction traps. Ann. Appl. Biol. 50:405–421.

THAYER, G. W., W. E. SCHAAF, J. W. ANGELOVIC, AND M. W. LACROIX. 1973. Caloric measurements of some estuarine organisms. Fish. Bull. 71:289–296.

THORP, J. H., AND A. P. COVICH, EDITORS. 1991. Ecology and classification of North American freshwater invertebrates. Academic Press, Inc., San Diego, Calif. 911pp.

TONKYN, D. W. 1980. The formula for the volume sampled by a sweep net. Ann. Entomol. Soc. Am. 73:452–454.

TOWNES, H. 1962. Design for a Malaise trap. Proc. Entomol. Soc. Wash. 64:253–262.

TURNBULL, A. L. 1966. A population of spiders and their potential prey in an overgrazed pasture in eastern Ontario. Can. J. Zool. 44:557–583.

―――, AND C. F. NICHOLLS. 1966. A "quick trap" for area sampling of arthropods in grassland communities. J. Econ. Entomol. 59:1100–1104.

UNDERWOOD, A. J. 1981. Techniques of analysis of variance in experimental marine biology and ecology. Oceanogr. Mar. Biol. Annu. Rev. 19:513–605.

VAN ARK, H., AND L. M. PRETORIUS. 1970. Subsampling of large light trap catches of insects. Phytophylactica 3:29–32.

VENRICK, E. L. 1971. The statistics of subsampling. Limnol. Oceanogr. 16:811–818.

VOIGTS, D. K. 1976. Aquatic invertebrate abundance in relation to changing marsh vegetation. Am. Midl. Nat. 95:313–322.

VOSHELL, J. R., JR., AND G. M. SIMMONS, JR. 1977. An evaluation of artificial substrates for sampling macrobenthos in reservoirs. Hydrobiologia 53:257–269.

WAAGE, B. E. 1985. Trapping efficiency of carabid beetles in glass and plastic pitfall traps containing different solutions. Fauna Norv. Ser. B. 32:33–36.

WATERS, T. F. 1969. Invertebrate drift-ecology and significance to stream fishes. Pages 121–134 in T. G. Northcote, ed. Symposium on salmon and trout in streams. Inst. Fish., Univ. British Columbia, Vancouver.

―――, AND R. J. KNAPP. 1961. An improved stream bottom fauna sampler. Trans. Am. Fish. Soc. 90:225–226.

WATERS, W. E., AND V. H. RESH. 1979. Ecological and statistical features of sampling insect populations in forest and aquatic environments. Pages 569–617 in G. P. Patil and M. Rosenzweig, eds. Contemporary quantitative ecology and related econometrics. Int. Coop. Publ. House, Fairland, Md.

WELCH, H. E., J. K. JORGENSON, AND M. F. CURTIS. 1988. Measuring abundance of emerging Chironomidae (Diptera): experiments on trap size and design, set duration, and transparency. Can. J. Fish. Aquat. Sci. 45:738–741.

WENZEL, F., E. MEYER, AND J. SCHWOERBEL. 1990. Morphometry and biomass determination of dominant mayfly larvae (Ephemeroptera) in running waters. Arch. Hydrobiol. 118:31–46.

WHITMAN, W. R. 1974. The response of macro-invertebrates to experimental marsh management. Ph.D. Thesis, Univ. Maine, Orono. 103pp.

WIEGERT, R. G. 1974. Litterbag studies of microarthropod populations in three South Carolina old fields. Ecology 55:94–102.

WIGGINS, G. B., AND R. J. MACKAY. 1978. Some relationships between systematics and trophic ecology in Nearctic aquatic insects, with special reference to Trichoptera. Ecology 59:1211–1220.

WILLIAMS, C. J. 1985. A comparison of net and pump sampling methods in the study of chironomid larval drift. Hydrobiologia 124:243–250.

WILLIAMS, D. D., AND N. E. WILLIAMS. 1974. A counterstaining technique for use in sorting benthic samples. Limnol. Oceanogr. 19:152–154.

WILLIAMS, D. F. 1973. Sticky traps for sampling populations of Stomoxys calcitrans. J. Econ. Entomol. 66:1279–1280.

WISSING, T. E, AND A. D. HASLER. 1968. Calorific values of some invertebrates in Lake Mendota, Wisconsin. J. Fish. Res. Board Can. 25:2515–2518.

―――, AND ―――. 1971. Intraseasonal change in caloric content of some freshwater invertebrates. Ecology 52:371–373.

WOBESER, G. A. 1981. Diseases of wild waterfowl. Plenum Press, New York, N.Y. 300pp.

WRONA, F. J., J. M. CULP, AND R. W. DAVIES. 1982. Macroinvertebrate subsampling: a simplified apparatus and approach. Can. J. Fish. Aquat. Sci. 39:1051–1054.

WRUBLESKI, D. A. 1984. Species composition, emergence phenologies, and relative abundances of Chironomidae (Diptera) from the Delta Marsh, Manitoba, Canada. M.S. Thesis, Univ. Manitoba, Winnipeg. 115pp.

―――, AND D. M. ROSENBERG. 1984. Overestimates of Chironomidae (Diptera) abundance from emergence traps with polystyrene floats. Am. Midl. Nat. 111:195–197.

―――, AND ―――. 1990. The Chironomidae (Diptera) of Bone Pile Pond, Delta Marsh, Manitoba, Canada. Wetlands 10:243–275.

ZELT, K. A., AND H. F. CLIFFORD. 1972. Assessment of two mesh sizes for interpreting life cycles, standing crop, and percentage composition of stream insects. Freshwater Biol. 2:259–269.

ZICSI, A. 1958. Determination of number and size of sampling units for estimating lumbricid populations of arable soils. Pages 68–71 in P. W. Murphy, ed. Progress in soil ecology. Butterworths, London, U.K.

15
ラジオテレメトリー

Michael D. Samuel & Mark R. Fuller

はじめに ……………………………… 437	発信器の装着方法 ……………………… 456
研究計画 ……………………………… 438	発信器装着が動物に及ぼす影響 ………… 459
最初に考慮すべき問題 ………………… 438	ラジオトラッキング …………………… 461
調査デザイン …………………………… 439	テレメトリーデータの解析 …………… 467
テレメトリーサンプリング …………… 439	移動と季節移動 ………………………… 467
テレメトリー調査の機材 ……………… 441	空間利用パターン ……………………… 468
送信システム …………………………… 441	生息地利用パターン …………………… 473
受信システム …………………………… 447	個体数密度の推定 ……………………… 478
フィールド調査の手順 ………………… 455	生存率 …………………………………… 479
無線周波数の選択 ……………………… 455	参考文献 ……………………………… 486
機材の入手とテスト …………………… 455	

❏ はじめに

　ラジオテレメトリー技術の発達は，野生動物の研究に多大な影響を与えてきた。この"ハイテク"を使ったアプローチによって，生態学および管理学の詳細な問題について研究する機会が増え，移動，行動，生息地利用，生存率，増加率，そして興味深い他の多くの問題を個々の動物について追求することが可能となってきた。野生動物生態学者はラジオテレメトリーを利用することで，意のままに動物の位置を調べ，習性を観察し，直接の死亡原因を特定し，動物に起こっている生理学的プロセスの変化を記録するなどの能力を向上させてきた。このように動物の生態に関して他の方法では望めないような詳細な知識を得る機会が増える一方で，多くの面において不都合も生じてきたようである。多くの研究が，発信器の装着とテレメトリーデータの収集だけに専念し，ラジオテレメトリーを革新的な方法で使ったり調査目的を満たす他の方法を採ることに目を向けてこなかった。そうした研究は調査目的が不明確で，実験単位の定義を欠き，また得られたデータをいきあたりばったりに(またはアドホックに)解釈するという特徴をもつ(Lance & Watson 1980)。ラジオテレメトリーを使ったアプローチは動物生態学に興味深い課題と洞察を生み出してきたし，今後も同様であろう。しかし，ラジオテレメトリーは科学的方法という枠組みの中での研究上の一つの技術であると認識することが重要で，それによって生物学的理解を迅速にまた確実に進展させられよう。

　テレメトリーを使う研究者の多くが，テレメトリー研究の特定の側面にのみ努力を集中している。洗練された機材とフィールドでの調査手順を強調する反面，分析手続きはお粗末で，研究が完了した時点でほかの誰かがデータに意味を与えてくれるだろうぐらいにしか考えていない研究者がいる。また，洗練された分析手続きを使いはするが，データサンプリングや調査デザインについて深く検討しない研究者もいる。テレメトリー研究における四つの側面(計画，機材，フィールド調査手法，データの解析)は，研究を成功裡に終了させる上で必須である。プロジェクト全体が失敗しないようにどの側面も十分考慮しなくてはならない。またどんなに洗練された分析手法を使ったところでお粗末な計画を埋め合わせることはできないし，複合的な計画でも不適切であったり信頼性の低い機材や調査手法を補うことはできないということを忘れてはいけない。

　本章では，テレメトリー研究の計画，テレメトリー機材の選択および野外条件下での使用法など基本的なことがらについて簡単に触れ，テレメトリーデータの適切な分析法について議論する。テレメトリー研究で使われる機材やテ

レメトリーデータの分析方法は急速に発展し多様で複雑になっている。最新の技術を学ぶ必要のある研究者や管理官は，章末の文献に注意し，また他の研究者と情報交換した方がよいだろう。機材の限界，特に電波の到達範囲と発信器の寿命は今後もテレメトリーを利用する上でおそらく最も重大な問題になるだろう。こうした限界はあるものの電子工学が発展してきたため，十分な研究費と専門知識があればほとんどの研究の要求は満たされる。テレメトリーデータを解析，解釈するコンピュータソフトの開発も同様に進展している。

❏研究計画

最初に考慮すべき問題

研究目的

ラジオテレメトリーは，データ収集を効率的にする一つの技術ととらえるべきである。まず生物学的な研究目的を設定し，次にその目的を遂行するためにラジオテレメトリーが有用な方法であるかどうかを判断すべきである。テレメトリー研究が動物の個体（あるいは緊密に関係した社会集団）間の違いを研究するために使われることが最も多いという点を念頭に置くとよい。そうした違いがどのように，いつ，そしてなぜ起こるのかを生態学的に解き明かすことが，ラジオテレメトリーを上手に使った研究の焦点になっていることが多い。

必要な機材，データ収集の手続き，経費，そしてデータの分析方法はたいてい研究目的によって決まる。プロジェクトのある目的が他の目的と完全には一致しないということはよくあることで，その場合異なる目的の間で妥協を図る必要が出てくる。すべての研究目的を挙げてそれらの優先順位を明確にしておくことが，適切な研究計画を立て，満足のいく結果を得るための第一ステップである。テレメトリー研究は，人員，機材とも高価になりがちなため，研究がいくつもの目的を併せ持つことが多く，一つのデータセットから数多くの問題が解かれることになる。そのため，注意深く計画を立てないと，不十分なラジオテレメトリー調査のために無駄な労力と経費を費やすことになる。ラジオテレメトリー調査は偶然に成功することはない。満足のいく調査というものは，計画を注意深く立て，競合する目的の間で折り合いをつけ，技術上の能力について現実的な評価を下した結果，達成されるものである（Sargeant 1980）。

代替手法

調査デザインを綿密に評価する方法とは，調査目標を達成するための適切な方法が他にないか考えてみることである。そうした評価はさまざまな要素について行うべきで，調査目的を達成できる見込みやプロジェクトの費用，1データあたりのコスト，調査に割ける時間，方法論上の仮定と限界，人員と機材の確保といった点を考慮に入れる。適用範囲が広範であるため，ラジオテレメトリーは多くの研究プロジェクトでふつうに使われる方法となっている。しかし，研究者は常にそれに替わる方法がないか検討すべきである。必要なデータは単に個体（マーキングの有無にかかわらず）を観察することで得られないか？ 目的は実験的手法（たとえばエンクロージャーやエクスクロージャーでの研究）では達成できないか？ 電波発信器の装着は動物の行動や時として生存にまで影響を与えるので，他の方法を用いた方が信頼性の高い情報を得られることもある。

代替手法を評価するには，必要な個体数，サンプリング頻度，対象とする動物の行動特性，個体識別の必要性，動物の移動距離，そして他の戦略的問題について考慮する必要がある。Kenward(1987)は，適切なデータを得る代替技術についていくつか議論している。彼は，視覚的標識について考慮すべきだと提案して，ベータライト（Buchler 1976, Wolcott 1980, Mullican 1988），放射性のタグ（Bailey et al. 1973, Linn 1978），そして放射性同位元素による標識（Kruuk et al. 1980, Jenkins 1980）について述べている。さらに調査法に基づくデータの潜在的偏りや信頼性も慎重に考慮しなければならない。たとえば，ロケーションが不正確で生息地特性と対応させようとしても無理がある場合，ラジオテレメトリーを生息地解析に利用することはできない。

経費

研究に伴う経費は，主に調査の特性にかかっている。ラジオテレメトリー調査を始める際には，経験を積んだテレメトリー研究者とコンタクトをとり，同様の調査をもとに戦略的な必要物を決定し，必要な経費を見積もるべきである。見積も含んだプロジェクトの計画の動向や公式の評論は最も有益である。

ラジオテレメトリープロジェクトに関連したコストで代表的なものは，無線機材（電波発信器，アンテナ，受信機）の購入費，野外調査員の給与と必要経費，旅費（自動車，航

空機など)である。調査員の必要経費は，調査デザインによって決まる部分があり，発信器を装着した動物の数，ロケーションの頻度，ロケーションの難易度などによって変わる。研究者は，コンピュータへのデータの入力および処理，分析やレポートの準備，公表にかかわる経費や人員も考慮に入れておかなければならない。プロジェクトのこうした面は，研究の計画段階ではほとんど考慮されないことが多い。大量のテレメトリーデータが集積された場合，こうした研究の最終段階は，相当な時間と費用を要するものである。

経費はまた，研究計画に確実に影響を与える。それは，経費によって対象動物の数，ロケーションの頻度，そしてほかの戦略的問題が制限されるからである。優れた研究計画ではあるがそれを達成するには経費が高くつきすぎることがよくある。それでも，生物学者は有益な情報がいくつか得られるかもしれないと期待するあまり続けてしまうのが通例である(Pollock 1987)。こうした努力を時間の浪費とまでは言わないが，研究者は調査の限界を認識し，計画を実現可能なものに改良するよう試みるべきである。

調査デザイン

調査デザインは，利用可能な情報源から最大の情報を得られるように研究をプランニングすることである。調査デザインの重要なステップは，データの収集と解析に適した実験単位を決めることである。これは，些事にこだわっているわけではなく，さまざまなレベルや大きさの実験単位を調査デザインの特定の面に用いることができるからである。たとえば，先に行われた動物の生存率についての研究では個体の生存日数を分析したが，他の研究では連続した時間間隔内での生存ないしは死亡個体数を分析し，また別の研究では単に各個体の寿命に興味を集中するといったことがある。このような実験単位の違いは，サンプルサイズや統計的結論に関して多少の曖昧さと混乱を生み出す。調査デザインや実験デザインの詳細な議論については，第1章の Ratti & Garton を参照されたい。

テレメトリー研究はたいてい二つのレベルの実験単位をもつ。すなわち個体と長期に及ぶ各個体の反応の測度である。たとえば，1羽の鳥を100日追跡した場合と，100羽の鳥を1日追跡した場合，そして5羽の鳥を20日追跡した場合とではモニターした延べ日数は同じになるが，生存率に関しては大きく異なった結果が得られる。わずか1個体の生存をモニターするのは明らかに粗末なデザインである。なぜなら，1個体の結果をその個体が所属する個体群を代表するものとみなして他の個体群と比較するのは無理があるからである。反対に100個体をたった1日だけモニターするのは戦略的に実用的でなく，各個体の生存期間を測定する上でお粗末なものとならざるを得ない。5個体を20日モニターする中間の方法は，他の個体や異なるモニタリング日数に当てはめる上でよりよいデザインといえる。

実験単位のレベルという概念は，シカの狩猟個体群，非狩猟個体群を対象としてランダムなロケーションを行い，ホームレンジや生息地利用をモニターする場合を例にとってもう少し詳しく説明することができる。研究者は狩猟個体群，非狩猟個体群の双方について各個体のロケーションデータをもとに個体のホームレンジ(第1のレベルの実験単位)を推定する。そして個体群間でホームレンジサイズの平均値に統計的な有意差があるかを比較することができる。次の分析では，ロケーションデータ(第2のレベルの実験単位)から各個体の生息地利用の比率を推定し，個体ごとに生息地の選択が見られるかを検定する。個体の生息地利用の結果は，その個体が利用する可能性のあるすべての位置に適用することができる。これはモニターした個体に対しては有効な測度であるが，シカの個体群に対しても有効なわけではない。狩猟個体群あるいは非狩猟個体群の生息地利用に関して有効な測度を得ようと思うなら，各個体のロケーションデータ(第2レベル)よりも個体(第1レベル)が適切な実験単位であることを考慮に入れるべきである。

このように研究計画に明かな対立が生じるのを回避するためには，適切な実験単位を注意深く定義し，実験単位が階層性をもち得ることを理解すればよい。実験単位のレベルは，研究計画の中にある異なるレベルの調査課題に関係している。データの解析結果や調査の結論が異なるのは，異なる個体群レベルから特定の実験単位を選択するような調査デザインが原因となっていることがある。あいにく，調査デザインの一方のレベルで反復(またその結果精度)が増えれば，他のレベルの反復は減少するのである。こうしたトレードオフは，調査デザインを不十分なものにすることが多い。研究者は研究目的が適切な数の実験単位に対応するよう配慮する必要があり，そうすることで目的を達成し望んだレベルの結論(調査個体群)を得ることができる。

テレメトリーサンプリング

テレメトリー研究のユニークな面は，動物の位置データと他の反応の測度に空間要素と時間要素を含む点にある。この時間要素は動物の行動のサンプリングでは以前から重要性を認められてきた(Altmann 1974)が，空間的テレメ

トリー調査においても重要視されるようになったのはごく最近になってからである(Dunn & Gipson 1977, Swihart & Slade 1985a, Reynolds & Laundre 1990)。現在では時間要素の重要性を認めたさまざまなサンプリングデザインをテレメトリー研究で使うことができる(Cochran 1977, Scheaffer et al. 1986)。これには単純ランダムサンプリング，層化ランダムサンプリング，系統的サンプリング，そしてクラスターサンプリングなどがある(第1章参照)。

ラジオテレメトリーは個体を研究対象とするため，理想的には個体間の比較に適した方法である。しかしながら個体群パラメータの比較を研究目標とした場合には，サンプリングデザインとサンプル数に注意を払わなければならない。サンプリングデザインを選択する際に最も重要な目的は，実験単位(動物)を均質な集団(年齢，性，繁殖状態など)にグループ分けすることである。このようなグループ分けは，補助的要因によるばらつきを少なくし，サンプル個体群間の差の検定をより強力なものにする。効果的なサンプリングデザインを使うことで必要な実験単位を減らすことができ，それゆえ経費を抑え調査効率を上げることができる。

テレメトリー調査では，ある一定期間サンプリングを繰り返す。それゆえサンプリングデザインを選択する際の第2の基準は，個体のサンプリングの頻度である。その際には戦略的効率や収集する情報単位あたりのコストも考慮しなければならない。ランダムサンプリングは多くのテレメトリー研究で好んで使われるが，これは得られるデータが統計的に独立で解析が単純だからである。しかしながらロケーションからいくつかの測度(位置，生息地利用，行動など)を求める場合，たびたびある測度が連続した相関(自己相関)を示すことがある。行動のように即座に変化する測度は，位置や生息地利用よりも頻繁にサンプリングしても自己相関を示すことはない。自己相関を示すサンプルは統計的に適切な方法で解析しなければならない。Reynolds & Laundre(1990)は，コヨーテとプロングホーンを30分おきに24時間ロケーションした。連続ロケーションを行って統計的に独立な結果を得られた最短の時間間隔は，プロングホーンで4時間，コヨーテで6時間であった。Carey et al. (1989)は，ニシアメリカフクロウの場合，3日から5日間隔でロケーションを実施したときに，統計的に独立な結果が得られるとしている。彼らの例では，独立なロケーションだけを使うとデータは全体の60〜70%に減少する。これに替わる方法として自己相関を除くために得られた測度から

さらにサブサンプリングすることもできる。このアプローチは通常なかなか受け入れられない。それは，この分析方法ではデータの一部を無視するからである。研究者は，分析段階になって困難な決断を迫られなくてすむよう，調査プロジェクトをデザインする段階でサンプリング頻度の問題を考慮した方がよい。

テレメトリー研究では，最初のロケーションに費やす労力は非常に大きいがその後の連続したロケーションでは小さくてすむことが多い。このような場合，クラスターサンプリングが個体の情報を集める上で合理的な方法となる。クラスターサンプリングでは，個体のロケーションをランダムな時間間隔で行い一定期間のデータを収集し，動物の活動性に関する情報を集める。1個体について連続的にひとかたまり(クラスター)の情報を集めるこの方法は，独立したロケーションだけを行おうとする場合より効率的である(Reynolds & Laundre 1990)。Andersen & Rongstad (1989)は，連続したロケーションデータを使ってタカ類のホームレンジを計算した。Samuel & Garton(1987)は，連続した観測データを用いて利用パターンを解析する方法を報告している。

ラジオテレメトリー研究で用いられてきた究極のサンプリングデザインは系統的サンプリングと呼ばれるもので，データを一定の時間間隔(たとえば毎日)で集める。この方法は，対象個体の生存を毎日モニターするときに使われるのがふつうで，自動記録システムを使ってデータを収集する際にも適用されてきた。そのような研究としては，研究地域内の動物の在/不在(Williams & Williams 1970)，動物の活動性(Cooper & Charles-Dominique 1985)，そしてホームレンジパターン(Heezen & Tester 1967)を記録するものがある。

以上の方法に替わるサンプリングデザイン，たとえば層化サンプリング，個体数に比例したサンプリング，そしてその他の方法(第1章)などもサンプリング方法として開発されてきた。しかしこのような方法を使った場合，そのサンプリング体系に沿ったデータの解析をしなければいけない。またこの方法は，研究計画とデータ解析に統計学者の助けを必要とする。テレメトリーデータの解析に通常使う方法はランダムサンプリングを前提としていることが多いため，ランダムサンプリングによらない方法で集めたテレメトリーデータを扱う場合，方法を修正するか新たに開発する必要がある。

サンプリング頻度について一般論を述べるのは難しい。サンプリング頻度は研究目的，測定する変数，そして少数

個体で多くのデータを集めるか多数個体で少ないデータを集めるのかのかねあいによる。高い頻度でデータを集めると連続的にとったデータで自己相関が高くなり，少ないデータを集めた場合以上に新たに得られる情報は限られる。動物の行動と移動パターンについて予備知識があると，サンプリング体系を選択するのに役立つ。予備研究(Smith et al. 1981, Carey et al. 1989)を参考にして実験のバリエーションやデータの独立性を予測することができる。Reynolds & Laundre(1990)は，ラジオテレメトリーデータから移動とホームレンジの情報を同時に得る研究においてサンプリング頻度を決める場合の問題点を例示している。

多くの個体についてデータを集める替わりに少数個体について大量のデータを集める方法が優れているとは限らない。測定の正確度と対象個体数とのバランスをとることが重要である(Alldredge & Ratti 1986)。一般的な傾向は，少数の個体を集中的にモニターするやり方である。その場合興味深い結果が得られ，また特定の個体について深く理解できることがある。しかしながら，少数の個体しかモニターしてないため個体群全体についての情報はわずかしか得られない。研究者は結果の限界を認識し，限られたデータから言える範囲をわきまえるべきである。

各研究でどのくらいロケーションを繰り返すべきか決めるのもむずかしい課題である。通常これを決定するには，実験単位のバリエーション，統計的確実さのレベルの特定(タイプⅠとタイプⅡのエラー)，そしてサンプル個体群の仮説的な差を推定する必要がある。研究者はZar(1984)やCohen(1977)のテキストに目を通すかRatti & Garton(第1章)を参照した方がいい。また統計学者の意見を聞いて必要なサンプルサイズや個々の統計検定で起こるタイプⅠのエラーの確率，そして調査デザインを決めるべきである。

❏テレメトリー調査の機材

以下に概説したり文献にあるような野生動物のテレメトリー調査用の機材は，メーカーから入手できる(補遺Ⅰ)が，新たな部品の開発や製造技術の改良によってデザインは頻繁に変わる。このようにテレメトリー機材はどんどん進歩しているので，新製品を使ってみた研究者の感想を参考にしたり，機材の仕様，機材が研究の要求を満たすか見きわめるために行われた予備研究の結果に注意する。研究者はテレメトリー研究の計画段階で，研究に要求される点を

メーカーと相談した方がよいだろう。メーカー側は必要とあらば，機材を調整，修理，あるいは交換して研究者に応えるに違いない。Smith & Amlaner(1989)は，野生動物のラジオテレメトリーで使われる多くの用語を定義し，概念を簡潔に述べ，基本的な電子回路について説明している。ここでは，野生動物のラジオテレメトリーの機材と用語について初歩的な説明だけをする。

送信システム

電波発信器は研究者が野生動物の追跡やバイオテレメトリーを考えるときに真っ先に思い浮かべる機材である。発信器が送ることのできる信号(たとえば方向探査のためのビーッという音，活動性や温度の測定データに対応して送信時間を変換したパルス音)，発信器のサイズと重量，電波信号の強度，そして作動期間は，ラジオテレメトリーの有効性を決める重大な特性である。電波発信器(あるいは電波標識)は，電子部品，電源，送信アンテナ，包埋材，それに動物に装着する材料から構成される(図15-1)。これら発信器の構成要素は調査目的に合うように選び，また装着によって動物に悪影響を与えるものであってはならない。Kenward(1987)は数種類の野生動物用発信器の製作に必要な部品のリストをあげ，回路図を紹介し，組立の手順をひとつひとつ説明している。

発信器の基本回路

電波発信器は，無駄な電源を使い周波数帯を混乱させる不要電波の放射を極力抑えるように設計されている。送信するパルスの長さ(パルス幅)とパルス間の時間(パルス間隔)を調整するには，品質の高い部品を注意深く組み立てる必要がある。パルス送信は連続的な送信よりも電力を節約し，ラジオトラッキングとデータ送信に便利である。受信技術と人の知覚上の制約からパルス幅は20〜35 m秒，パルスレートは45〜80回/分が適当である。長いパルスはノイズが混じる中でも容易に識別でき，間隔の短いパルスは方向の特定を容易にする。経験を積んだ者ならこれらの値の最小値で十分であり，しかもバッテリーを節約することができる。

動物にはふつう特定の周波数(Box 15-1)で信号を送る電波発信器を装着する。発信器の基本電波信号は，特定の周波数で作動するように設計された安定水晶発振子が発する。これに他の回路部品を加えて，基本信号を希望する送信周波数に倍増する(たとえば75 MHz×2＝150 MHz)。しかしながら水晶は一定の温度範囲内で決まった許容誤差

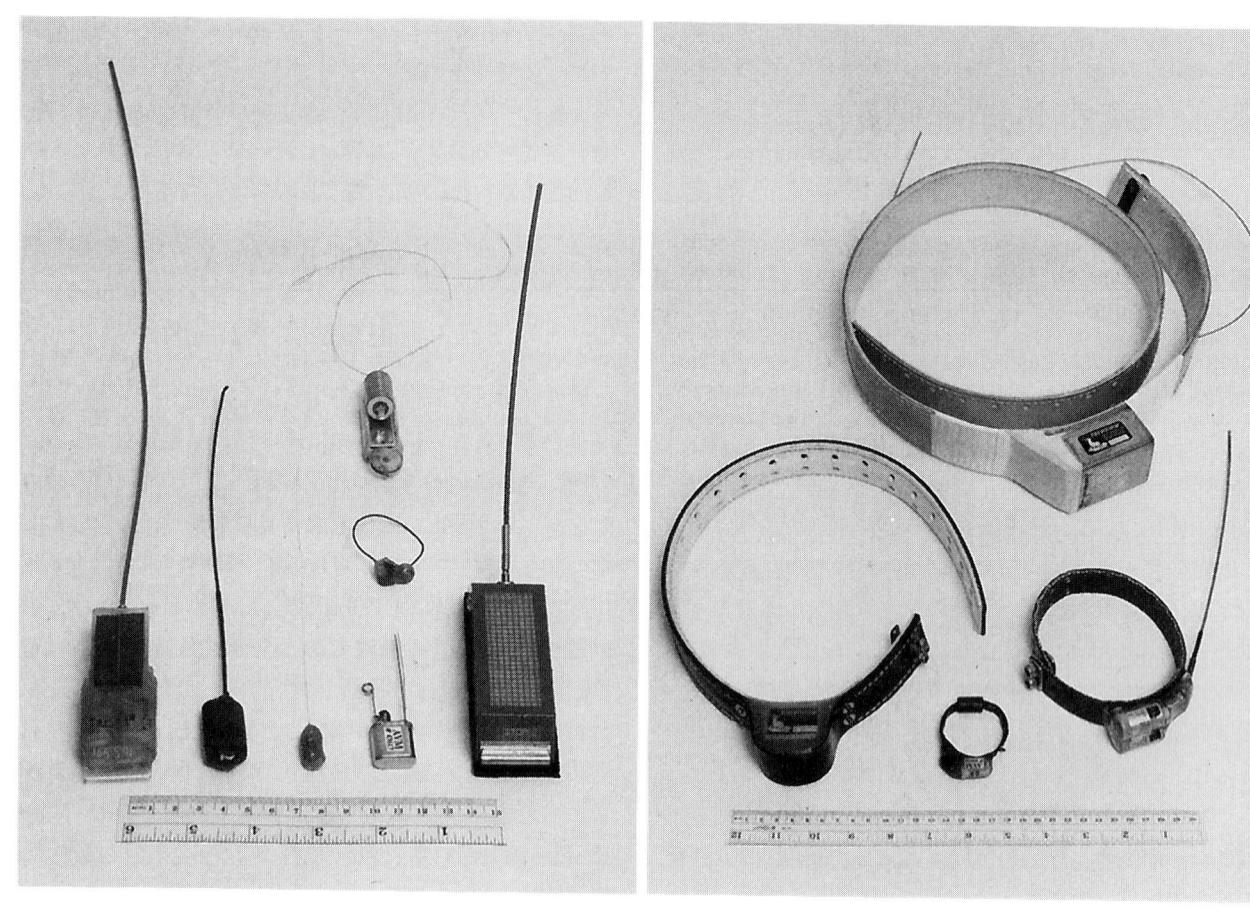

図 15-1 野生動物に使われる電波発信器
左：左から太陽電池を使った大型鳥類用のもの(55 g)，リチウム電池を使った中型鳥類用のもの(12 g)，水銀電池を使った小型鳥類用のもの(2.3 g)，上－心電図のセンサーを付けた埋め込み型発信器(<50 g)，中－ループアンテナを付けた小型哺乳類用の首輪型発信器(2.8 g)，下－発信器を密封するケース，アルゴス衛星システムと共に使うプラットホーム発信器(PTT，85 g)
右：哺乳類用の首輪型発信器(4 タイプ)。下から時計回りに 13 g, 268 g, 768 g, 107 g

をもち，それが完成後の発信器で±1～2 KHz の周波数のずれを生み出すのがふつうである。もともと発信器はこうしたばらつきをもつため，研究者は使用する発信器の周波数に十分な間隔をあけ，受信した電波の個体を取り違えないようにしなければならない。どのくらいの間隔をあけたらいいかは，発信器と受信機の特性によるが，通常の場合 10 KHz ほどとることを薦める。

発信器の基本的な回路はプリント基盤上で，またはひとつひとつハンダ付けして結線する。集積回路(IC)を組み込んで信号処理とデジタル化を改良した発信器もある。IC (相補型金属酸化膜半導体すなわち CMOS など)は，たとえばパルスの制御とスイッチに使われる。クォーツ時計を組み込んで発信のタイミングと変調を調整する発信器もある。このタイプの発信器では，回路に組み込んだ時計によって 1 日のうちの特定の時間帯に送信を停止させたり，発信器装着後一定時間が経過するまで(たとえば分散や季節移動が起こるまで)送信を止めるなどして電池を節約することもできる。通常，発信器はリード線を結線したり，外側に付いている磁石を外して回路を閉じたりして作動させる。

野生動物用電波発信器は使われているトランジスターの数によって 1 石，2 石(時として 3 石もある)と分類される。現在の技術で最小のものは，0.5 g(電池を除く)である。電池とケースを含めた全重量が 0.8～1.2 g で，20～30 日間発信するものもある。しかし 1 石の発信器は通常 1 個の電池(1.35～1.5 V)で作動し，−10 dBm 以下(Box 15-2)の電波を放射する。2 石の発信器の"第 2 石"は電池から多量の電流を流して電波の放射を強めるが，電池寿命は短くなる。2 石の発信器は電圧とアンテナの長さを同じにした条件で，1 石の発信器のおよそ 10 倍の出力をもつ。2 石の発信

> **Box 15-1　電波信号の解説と測定**
>
> 　電波の周波数は1秒あたりのサイクルで測定し，ヘルツ(Hz)という単位で示す。すなわち100 Hzは100サイクル／秒である。1秒あたり千から十億サイクルといった大きな数の電波信号は，慣習的なメートル法の表記で次のような略号を頭につける。
>
> G＝ ギガ ＝1,000,000,000 (10^9)
> M＝ メガ ＝1,000,000 (10^6)
> K＝ キロ ＝1,000 (10^3)
> m＝ ミリ ＝1/1,000 (10^{-3})
> U＝ ミクロ＝1/1,000,000 (10^{-6})
> N＝ ナノ ＝1/1,000,000,000 (10^{-9})
> P＝ ピコ ＝1/1,000,000,000,000 (10^{-12})
>
> 　したがって164.000メガヘルツ(MHz)は，164,000,000サイクル／秒である。
> 　電波信号はサインカーブの形で飛んでいき，1サイクルは1波長に等しい。高周波数の電波信号(たとえば216 MHz)は，低周波数の信号(たとえば40 MHz)よりも波長が短く，1秒あたりのサイクル数が多い。
> 　波長(λ)は，ふつうメートルで表され，以下の式で求められる。
>
> $$\lambda = \frac{300}{周波数(MHz)}$$
>
> 300という値は，電磁波(無線，レーダー，マイクロ波，赤外線，X線)の速度(約 $300 \times 10^6 Ms^{-1}$)である。無線周波数の波長は重要な特性で，これによってアンテナのサイズが決まる。電波は長波，短波，超短波(VHF)，極超短波(UHF)などの周波数バンドに分けられ，それぞれの周波数バンドが幅をもつ(たとえば，VHFは30～300 MHz)。しかしながら，バンドあるいはバンド幅という用語は，特定の周波数範囲を示す場合にも使われる(たとえば，164～166 MHzの2 MHzバンド)。

器の信号出力は電池の電圧を高くする(3.5～15 V)ことで増大させられる。しかしその結果，発信器は大きくなり設計が複雑になる。Kenward(1987:24-25)は，広範なレンジをもつ動物には2石の発信器を薦めている。それは広い範囲まで電波が到達したりノイズにかき消されないようにするためには出力を高くする必要があるためで，特に受信データ自動記録システムなどに当てはまる。

　送信信号の強度と発信器の寿命は研究者にとって最も関心のある点である。残念ながら，電源を供給し作動期間を決める電池は発信器の部品の中で最も大きく重い場合がほとんどである。ところが動物がエネルギーのロスや行動の阻害を受けずに運ぶことのできる発信器の大きさと重量には制限がある。そのため信号強度と作動期間を決める際に動物福祉の面からも考慮する必要が出てくる。回路や電圧，送信アンテナの特性を調整することで，有効放射出力(ERP，通常送信アンテナのところで測定され，単位はdBm)を高めることもできる。同一の仕様の発信器でも違いの認められることがあるが，これはメーカーが違う部品や回路を使ったり，部品の釣合や調整が異なるからである。

送信アンテナ

　送信アンテナは本来非効率的で構造的にも弱く，ラジオテレメトリーシステムのウィークポイントとなっている。発信器本体からアンテナが出る部分で回路に水が入り易く，またここでアンテナ自体が折れることが多い。回路へ水が浸入したりアンテナが損傷したりすると電池が消耗する前に発信器が不調になることが多い。アンテナが損傷すると発信器の性能が低下するので，対象とする動物種ごとにアンテナをどのように発信器に取り付けるか注意しなくてはならない。理想的には送信アンテナは波長の¼の長さで(以下を参照)，地表面に対して垂直であり，動物の体に触れないことが望ましい。しかしながら理想的な長さのアンテナではたいてい動物の体にあたって移動の邪魔になるため妥協しなければならない。さらに，長いアンテナに対しては動物がさまざまな行動(突き出たアンテナを嚙む，寝ころがって壊す，何かにこすりつけるなど)をとるため，最適な長さや配置のアンテナを使えないことがある。ループアンテナは黄銅ないし銅の帯や被覆したワイヤーから作られ，アライグマ以下の大きさの動物では首輪の中に挟み込

> **Box 15-2　発信器の出力を表す単位"デシベル"**
>
> デシベル(dB)は出力の測度で，底を10とする出力P(mW)の対数を10倍した値に等しい。すなわちdBm＝10 logP/1 mw
>
> | 出力 P(mW) | dBm |
> |---|---|
> | 1000 (1 W) | +30 |
> | 100 | +20 |
> | 10 | +10 |
> | 4 | + 6 |
> | 2 | + 3 |
> | 1 | 0 |
> | 0.1 | −10 |
> | 0.01 | −20 |
> | 0.001 | −30 |
> | … | … |
>
> デシベルはまた，アンテナの伝送利得(あるいは損失)やレベルを示す際にも使われる。この場合，測定値は理論的には等方性の発信源(dBi)，あるいは$\lambda/2$ダイポールアンテナ(dBd)に比例する(dBd＝dBi＋2.14 dB)。調整した3素子の八木アンテナでは，$\lambda/2$ダイポールアンテナより7 dB高い利得が得られる。

まれる(図15-1)。共振波長調整は効果的に信号を放射する上できわめて重要であり、発信器を動物に装着するときに行うのが最もよい。装着以前にメーカー側でループを調整している場合にはループの直径を変えてはならない。

ホイップアンテナはループアンテナほど微妙でなく、動物に装着する前に調整できる。ホイップアンテナはループアンテナよりも効率的に信号を放射し、特にアンテナが発信器の周波数に対して適切な長さに切断され、動物に合っている場合に効率的である(Amlaner 1980)。¼波長($\lambda/4$)にあたる長さが適しているとされ、それは7,500 cm/周波数(MHz)で求められる。アンテナが短いと有効放射出力(ERP)は極端に低下する(図15-2)。Kenward(1987:32)は、最低でも$\lambda/8$のホイップアンテナを、メインホイップに対して垂直あるいは反対方向に向けた⅔倍の長さのアース線と組み合わせて使うことを薦めている。ホイップアンテナは動物とは反対の向きに体に触れるような位置に付けられることが多いが、これは空気抵抗を減少させ、動物の邪魔になったり、物に引っかかったりしないようにするためである。Cochran(1980)は、アンテナを動物の体の近くに付けると20 dB低下し、またアンテナが地上から$\lambda/2$以内(150 MHzで約1 m)にある場合にはさらに低下すると述べている。したがって送信アンテナの種類、長さ、位置は、発信器のERPを決める上で重要な要素である。

ホイップアンテナは、ギターの弦、ニッケルステンレスの撚り線、歯列矯正用ワイヤー、釣り糸のはりす、ステンレスケーブルなどの強度の高い金属から作られる。ワイヤーはたいてい、丈夫なプラスチック被覆か熱を加えると収縮してワイヤーや接続部にぴったりくっつくチューブでカバーする。長さの異なる熱収縮チューブを重ね合わせ、アンテナが発信器本体に入る部分を強化することもできる。あるいは、アンテナの基部にスプリングや円錐形のシリコンシーラント(密封剤)を付けることで、たわみを弱めワイヤーの疲弊を防ぐこともできる。撚り線で作ったワイヤーに被覆をする場合は、ワイヤーの末端からアンテナに沿って水がしみこまないように、末端部を密封しなければならない。この場合、熱収縮チューブやシーラントを使ってもよい。

電源

野生動物のテレメトリーにおいては、"パワー"は信号強度(dBm)あるいは発信器のエネルギー源(電池,太陽電池)をさす。現在さまざまなタイプの電池や太陽電池回路が出回っており、信号強度、作動期間(寿命)のほか、大きさや重量、装着方法も目的にあった物を選択できる。電源に関係した用語は数多くあるが、ここでいくつかを簡単に説明する。発信器用電池に関してさらに詳しい説明を望む方は、Smith & Amlaner(1989)やKenward(1987)を参照されたい。

化学反応(リチウム,水銀,亜鉛,酸化銀)は、電池の中で電流を発生させる。発信器を動かす電池からのエネルギーのロス(電流)はアンペアー(ampsまたはA)として測定され、電池のエネルギー容量はミリアンペアー時(mA-hr)で与えられる。作動期間は電池容量(mA-hr)を発信器の電流で割って概算できる。リチウム電池の場合この方法でほぼ正確であるが、ほかのタイプの電池では求めた作動期間1年につき少なくとも3か月を差し引かなければならない。

電池の電圧は電子を動かす力を与え、それが電流を発生させる。野生動物のテレメトリーで使われる電池はたいてい1.35〜3.6 Vで、直列につないで電圧を上げる(1.5 V+1.5 V=3.0 V)こともできるし、並列につないで容量を増やすこともできる。気温が低いと電池容量と電流を送る能力が低下する。野生動物用発信器に使う電池はたいてい寿命がくる数日前まで力が一定で、停止前にはパルス幅が短くなることが多い。

リチウム電池(2.9〜3.9 V)は水銀電池に比べ重量比で2倍のエネルギーをもち、室温で5年以上保存しても10%ほ

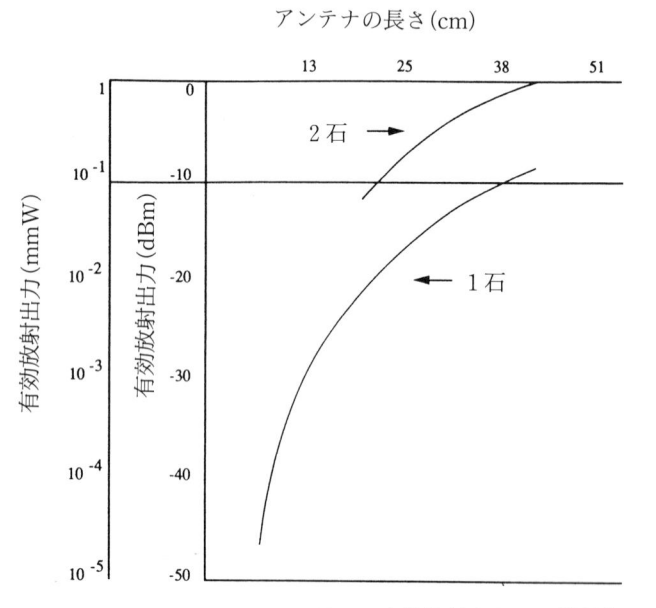

図15-2 発信器のアンテナの長さと有効放射出力との関係(A. L. Kolz. アメリカ農務省デンバー野生生物研究センターの図を修正)

どしか容量が減少しないが、ショートして爆発することがあるので取扱いには注意を要する。水銀電池(1.35〜1.4 V)は"貯蔵寿命"が短いので、冷蔵庫に置かない限り3か月以上ストックするべきでない。水銀電池の電圧は0℃付近で低下する。水銀電池は容積比でリチウム電池と同等のエネルギーをもつ。酸化銀電池(1.55 V)は重量比で水銀電池とほぼ同じくらいのエネルギーをもつが、保存期間はやはり冷蔵しない限り短い。亜鉛空気電池(1.45 V)は、水銀電池、酸化銀電池の2倍のエネルギー密度をもつ。この電池は通気穴に湿気やほこりが入り込まず、化学反応が起こる亜鉛に空気が支障なく流れ込むような状況でのみ使うことができる。

太陽電池は野生動物のテレメトリーで使われる電源の一つである。太陽電池は発信器を作動させる蓄電池とともに使われ、暗闇では無理だが照度が低くても使用できる。太陽電池が障害物などで傷が付かないようにしておくために特殊な台が必要となることもある(Snyder et al. 1989など)。太陽電池と蓄電池をもった2石の発信器は小さいものでは8gほどで、損傷しない限り永久に作動する。太陽電池は充電可能なニッケル-カドミウム(NiCad)電池と組み合わせて使うこともできる。通常、4〜5時間光に当てればニッカド電池を充電できるが、高温あるいは低温の条件下では充電容量が制限される。ニッカド電池の充電時間と作動時間の比率は太陽電池の数に応じて決まり、2:12から2:50の間に収まる。野生動物用の発信器の場合完全に放電することはまずないので、充電時間と作動時間の比率を回復するために余分な時間を要する。さらに不規則な放電と充電の繰り返しは電池容量を低下させ、しまいにはニッカド電池がだめになることがある。太陽電池と蓄電池を組み合わせて昼間の間だけ蓄電池から電源を供給し、暗くなるとリチウム電池から電源をとるようスイッチを切り替える回路を組み込んだものもある。このタイプではリチウム電池が切れると明るい時間帯だけ発信器が作動するようになる。

包埋

送信回路の包埋は、水分や動物による損傷から回路を守り、動物の走る、飛ぶなどの活動による衝撃を緩和するために行われる。水分は回路をショートさせ、あるいは発信器をすぐに腐食させて発信の不調や停止の原因になる。水分が発信器内部に入らないようにするには、密閉した小型の金属性容器に入れればよいが(図15-1)、こうした発信器は同一の設計でもほかの材料で包埋したものより重量が増し、高価になる。

発信器はエポキシ樹脂で包埋されることが多い。エポキシ樹脂には浸水率の異なるさまざまな化合物があるが完全防水のものはない。3Mの電気用樹脂のように電子製品用に作られたものもある。Kenward(1987:80)は速乾樹脂の使用を薦めている。これは粘着剤と硬化剤の配合割合によって、乾いてから硬くも柔らかくもすることができる。歯科用のアクリル樹脂は硬く丈夫な素材で、これも発信器の包埋に使われる。発信器が塩水に触れる可能性がある場合は、メーカーに調査地の状況を知らせるべきである。そうすれば最も適した方法で包埋してくれるだろう。

発信器が非常に小さい場合はエポキシ樹脂を塗ったり、小型または中型の部品を繰り返しエポキシ樹脂に浸してコーティングを厚くすることもある。1か月以上持続するよう発信器を設計した場合や装着個体を識別しやすいように付ける場合、発信器を十分に保護するために何重かにコーティングする必要がある。シカ用、クマ用など大きく寿命の長い発信器は、ふつう充填剤とともに型に入れて包埋する。包埋の際には気泡が入らないようにする。これは気泡の中で湿気が凝結し回路に広がることがあるためである。発信器を手に入れたら包埋にひびや隙間がないかチェックする。特にアンテナやリード線が包埋部分から出るところには注意する。ひびは包埋の最中や後に大きくなることがあり、またエポキシ樹脂が十分ついてないところもある。ホイップアンテナの先端が密閉されているかどうかをチェックすること、また包埋部分から出るアンテナの基部が密閉され補強されているか確かめることも忘れてはならない。

発信器を地上で使う場合ほとんどの包埋方法で1年以上十分保護できるが、動物の体内に埋め込む場合には特別な処置が必要である。エポキシ樹脂や歯科用アクリル樹脂の中には急速な体液の浸透や組織の副作用を防ぐものもある。蜜蠟は浸透を防ぐのに最も適したものの一つで、野生動物のラジオテレメトリーの開始当初から使われてきた。埋め込みの場合、蜜蠟はそれだけで十分である(体外に装着する場合、発信回路は硬い素材でコーティングしなければならない)。Elvaxのような特殊なワックス製品は、融点、可塑性、生理的反応などの点で優れた特性をもつ。蜜蠟とワックス製品は塩化ゼファー(zephirran chloride)かクロルヘキシジンジアセテート(chlorhexidine diacetate)の中で低温殺菌できる。

センサーと特殊な用途の発信器

センサーを使おうとする場合，センサーあるいはセンサーのリード線が他の部品とともに組み込まれ包埋された発信器を購入しなければならない。こうした発信器は，特定の調査に合った特注の部品や包埋方法を必要とするのが通例である。現在センサーは発達し，多くの物理的，生理学的パラメータを測定できる(表15-1)。センサーの精度，外科的な埋め込み方法，装着場所の選定(Diehl & Helb 1986 など)には，特別な計画が必要である。埋め込み型の発信器は生理学的センサーとともに使われることが多く，この場合多くの要因を考慮しなければならない(Stohr 1989，および本章の「受信システム」と「発信器の装着方法」の項を参照)。

センサー

野生動物のテレメトリーで最もよく使われるセンサーは，活動性と温度を測定するものである。水銀活動スイッチやサーミスタ(感熱性半導体)は，価格，重量，サイズをたいして大きくせずに，1石ないし2石の発信器に組み込むことができる(Kenward 1987:61)。水銀スイッチ(約2.0 g)は，管の中で水銀の玉が前後に転がる構造で，その結果断続的にスイッチが入り送信パルスの間隔を変える。活動性を感知する(Kunkel et al. 1992)ほかに，水銀スイッチは長期の休止状態(冬眠など)や死亡といった特定の行動を発見するためにも使われてきた(Kenward 1987)。CMOS回路と水銀スイッチを使って決められた期間(たとえば24時間)休止状態が継続した後に，特定のパルスレート(たとえば80パルス/分)で発信するようにして死亡を確認する

表15-1 センサーのタイプと野生動物のテレメトリーへの適用

センサー	適用	対象動物	文献
圧力	気圧	鳥類	Boegel & Bruchard 1992
活動(水銀スイッチ)	行動	鳥類	Kenward et al. 1982
	日周活動	水禽	Swanson et al. 1976
		オグロジカ	Gillingham & Bunnel 1985
		オオカミ，シカ	Kunkel et al. 1992
		マングース	Palomares & Delibes 1991
温度	深部体温	小型鳥類	Reinertsen 1982
	温度，周期	小型哺乳類	Vogt et al. 1983
	温度，活動パターン	小型哺乳類	Osgood 1980
	体温調節	ウォンバット	Brown & Taylor 1984
	飛翔行動の検出	ヤマシギ	Kenward et al. 1982
	体温	ウミガメ	Brown et al. 1990
心拍	心拍，温度	家禽類	Duncan & Filshie 1980
		カナダヅル	Klugman & Fuller 1990
	心拍，ハラスメント	ビッグホーン	MacArthur et al. 1979
		セグロカモメ	Ball & Amlaner 1980
	心拍，行動	クロウタドリ	Diehl & Helb 1986
	心拍，温度	スナガニ	Wolcott 1980
	心拍，呼吸数	水禽	Woakes & Butler 1989
血流	血流	100 g 以上の動物	Smith & Barnes 1989
心電図	心電図，心拍	捕獲した小型哺乳類	Stohr 1989
	心電図，温度	50 g 以上の動物	Smith & Moore 1989
気流	呼吸数	水禽	Woakes & Butler 1989
神経活動	脳波	コリンウズラ	Schmidt et al. 1989
筋肉活動	胃の運動性	アメリカフクロウ	Kuechle et al. 1987
	咀嚼	トナカイ	Kokjer & White 1986
水	塩分	シロクマ	Garner et al. 1989
	尿	霊長類	Charles-Dominique 1977
光	光	アナウサギ	Althoff et al. 1989
音	音声	サル類	Gautier 1980
	音声，音	ヤマアラシ	Alkon & Cohen 1986
卵	温度，湿度，光，位置	水禽	Howey et al. 1977

こともできる。埋め込んだセンサーや体の近くに取り付けたサーミスタから体温の低下を感知し死亡を確認することもできる(Lotimer 1980)。しかしながら、パルスレートを高めその結果電力消費をも高めるセンサーは発信器の寿命を縮める。アンテナの動きで生じる周波数の変動によって、活動性(移動)や特定の行動を知ることができる場合もある(Cederlund & Lemnell 1980, Holthuijzen et al. 1985, Kenward 1987)。

活動性や温度のデータも、センサーの変化を基準にパルスレートを変化させる、パルス間隔調整(PIM)でコード化して送信できる。論理回路は0.1℃以下の感度に対応して、300から2,000m秒をモニターできる(Anderka 1980)。パルスインターバルタイマーは速いパルスを読みとるのに便利である。CMOS回路も一定の時間間隔の送信を調整したり、発信器のメモリーチップにデータを蓄える(Mohus 1987)のに使うことができ、後のデータ解析に役立てられる(Strikwerda et al. 1985, Fancy et al. 1988, Cupal & Weeks 1989)。二つ以上のセンサーを組み込んで何タイプかのデータを発信器から送ることも可能である(Lotimer 1980)。

コード化型発信器

コード化した信号はセンサーからのデータ伝達(Cupal & Weeks 1989)に使えるだけでなく、発信器の特定にも使える。Lotimer(1980)は、パルス間隔調整を使って同一の周波数で作動する複数の発信器を区別した。デジタルコーディングを使えば同一周波数の多数(理論的には65,000台まで)の発信器を識別することができ(Anderka 1984, Howey et al, 1989)、発信器装着個体の在/不在を最大1年モニターできる。このシステムで通常の方向探査を行うことはできないが、異なる方向(たとえば東西南北)に向けて設置した複数の4素子アンテナに順次切り替えておおまかな方角を調べることはできる。

卵型発信器

鳥の人工卵にセンサーを組み込んで、温度や相対湿度、孵化、巣の中での卵の相対的位置などのデータを送信することも行われてきた(Howey et al. 1977, 1987, Schwartz et al. 1977)。人工卵に円環形の水銀スイッチを付けたものも使われてきた(Boone & Mesecar 1989)。

捕獲作業用発信器

ラジオテレメトリーを使ってワナを作動させたり、ワナの状態をモニターすることもできる(Hayes 1982, Nolan et al. 1984)。餌に発信器を付けて、運び込んだ穴や巣を突き止めることも可能である。また航空調査の際に関心のある地点(巣など)に発信器を落とし、その後地上から位置を確認することもできる(Nicholls et al. 1981など)。麻酔薬を入れた弾(ダート)に発信器を付けて、麻酔が効くまでの間動物を追跡することもできる(Lovett & Hill 1977)。ラジオテレメトリーを使って鳥の巣に設置した麻酔ダートを発射させたり(Wilson & Wilson 1989)、大型哺乳類の首輪型発信器に組み込んだ麻酔ダートを作動させることも可能である(Delgiudice et al. 1990, Mech et al. 1990)。

衛星を使ったテレメトリー

プラットフォーム発信器(PTT)は、アルゴス－タイロス衛星システム(Fancy et al. 1988)とともに作動し、上に挙げた多くのセンサーを組み込むことができる。しかしPTTは401.650MHzの単一の極超短波(UHF)を使っているので発信器の認識コードを送信する必要があり、最大8種類のセンサーのデータしか送れない。信号はパルス幅約0.33秒、パルス間隔50〜90秒のデジタルコードに変換される。周波数はきわめて安定している必要があり(±2Hz)、放射出力は比較的強くなければならない(約0.25〜2.0W)。その結果回路は通常のVHFの発信器に比べ複雑になり、PTTの値段はおよそ2,000〜3,000ドルとなる。衛星が信号を受信すると地上の解析装置に転送し、ドップラー法則の原理で位置を算出する。位置特定の精度は±150mから数kmまで幅があり、動物の行動、環境変数、データ処理方法によって変わる(Keating et al. 1991)。

衛星を使った野生動物のテレメトリー調査は、広大なレンジをもつ動物を対象とする場合(Craighead & Craighead 1987)や遠隔地で行う場合に経済的な効率があがる。電子工学が進歩し(Fuller et al. 1984, Strikwerda et al. 1985)データ処理と解析の技術が進展している(Harris et al. 1990 b)ので、衛星を使ったラジオテレメトリーは今後もより広範な動物種や多様な目的に適用可能となるだろう(Strikwerda et al. 1986, Tanaka et al. 1989, Jouventin & Weimerskirch 1990, Harris et al. 1990 b)。

受信システム

受信システムは、受信機、受信アンテナ、アンテナと受信機をつなぐケーブル、付属品(ヘッドホン、充電器など)、パルスカウンター、デコーダー、記録装置から構成される。受信システムは発信器よりも電子工学的に複雑で、メーカーも受信機については多くの種類を販売してない。受信

機がなくては発信器の信号を検出することはできない。機材の故障は珍しくないので，研究者は常に予備の受信機を準備しておくべきである。

受信機

受信機は，野生動物のテレメトリー用あるいはバイオテレメトリー用に作られたものを購入する。受信機は野生動物の発信器から出される比較的微弱な電波を増幅し，周波数が微妙にずれた他の発信源からの強力な電波を拒絶しなければならない(Smith & Amlaner 1989)。同調した周波数の増幅機，発振機およびその他の受信コンポは，個々の周波数の送信信号を処理し，処理信号を可聴音に変換するのに必要で，またその後復調機やデコーダー，パルスカウンターで処理する別の信号を作り出す働きもある。発信器の出力が強かったり至近距離から発信された場合には，生理学的データを通常のAMラジオやFMラジオで受信できることもある(Smith & Barnes 1989など)が，ラジオは感度が悪く野生動物のテレメトリー調査には不十分である。フリーレンジングの野生動物を対象としたラジオトラッキングとバイオテレメトリーには，$-140 \sim -150$ dBmの感度をもつ受信機が必要である。この感度を備えた野生動物用受信機はほとんどが水晶制御か"水晶合成された"タイプである。

たいていの場合受信機の回路には"ノイズブロッカー"が組み込まれており，自動車や航空機のエンジンなどからの混信を軽減する。小型の簡単な受信機(図15-3)でも5〜20台の発信器の周波数を受信できる。発信器の周波数は±0.1 KHzの範囲に安定してなければならず，作動温度範囲(マニュアルの受信機で$-40 \sim +70$°C，プログラム受信機で$-10 \sim +50$°C)を越えたところでの周波数のばらつきも±

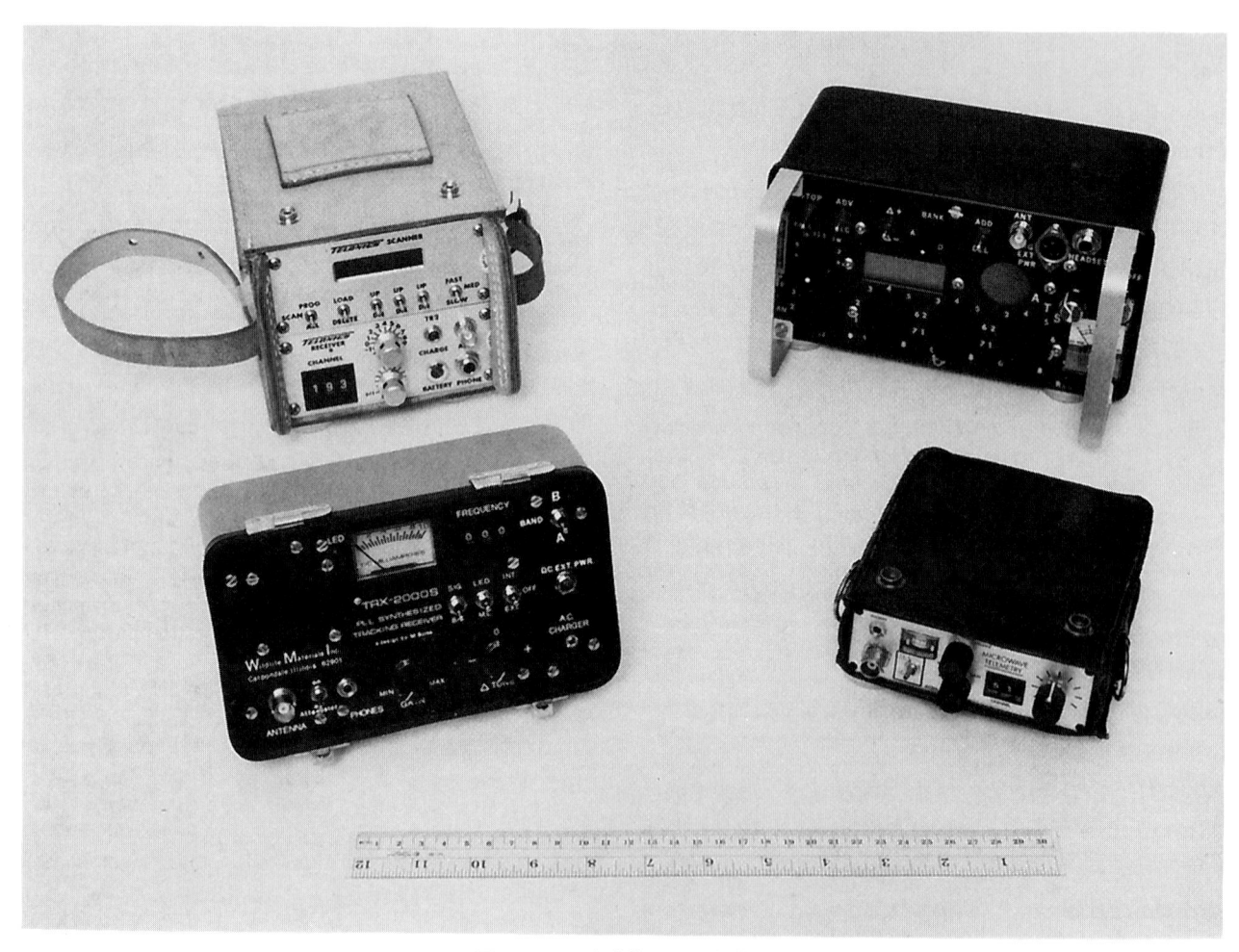

図 15-3　野生動物用の受信機
左上：10 KHz間隔で180ないし360波を受信できる手動受信機(下のユニット，860 g)と400波受信できる取り外し可能な自動スキャンモジュール(上のユニット，580 g)。右上：コンピューターインターフェイスを備えた自動スキャン受信機(2.3 kg)。左下：200波の受信が可能な手動受信機(900 g)。右下：200波の受信が可能な手動受信機(550 g)。

0.5KHz未満でなければならない。より複雑な(そしてより高価な)受信機は，1〜6MHzのバンド幅をカバーする。たいていダイアルまたはボタンで受信する周波数(チャンネル)を選ぶ。受信機によっては周波数の微調整(たとえば1KHz)をする"微調整つまみ"がついていたり，デジタルでチューニングするものもある。選択した周波数の周辺(10KHz以下)を自動的に探索する"スウィープ"オプションを装備したものもある。受信周波数はふつうチューニングダイアルの上か近くに表示され，液晶ディスプレイに表示されるものもある。

　野生動物用の受信機は利得(感度)を上げる装置が組み込まれており，中には自動利得コントローラー(AGC)を備えたものもある。AGCを使うと，受信機の出力はある範囲(たとえば40dB)に保たれ，信号強度が増大あるいは低下しても変わらない。ふつう信号強度はメーターで示されるが，プログラム受信機では液晶画面で表示するものもある。ボリュームの調節は利得に影響を与えず，単に可聴音(背景の雑音も含めて)を大きくするだけである。受信機には内臓スピーカーとイアホンジャックがついている。イアホンは外部の雑音を遮断し，利得とボリュームを調節して微弱な信号を聞きながら振幅のピークを見きわめやすくするので，雑音が多いところでは便利である。音の調節は受信機を扱う者が聴覚障害を被らないようにするために重要である。受信機には同軸ケーブルをアンテナに接続する差し込みコネクター(BNC)かスレッドコネクター(PL 259)がついている。また多くの受信機に記録計やコンピュータに接続するジャック(RS 232ケーブル用など)がある。

　野生動物用の受信機は消費電力が小さくなければならない(たとえば約40mA，ただし利得の設定による)。電源は使い捨て型の電池(8〜10時間作動)や充電可能なニッカド電池(5〜8時間)を使う。ほとんどの受信機に供給電圧を示すメーターがついている。予備の電池やバッテリーパック，ニッカド電池の充電器，あるいは新しい電池を入れた予備の受信機を常に準備しておくべきである。野生動物用に使う受信機は，たいてい車のバッテリー(12V)からコンバーターを使って電源を供給し作動させたり充電することができる。

　プログラム可能で自動的に周波数をスキャンする機能をもった受信機もある(図15-3)。それぞれの周波数を調べる("聴く")時間はスキャン型受信機の種類によって0.5秒から10分までさまざまである。スキャン機能は無線信号を検出したときに手動で解除することができる。プログラム受信機が有効になるのは，多くの発信器が受信可能範囲にあるとき，多くの信号を受信するために広範囲をカバーするとき，航空機からの場合のように素早く特定の範囲を調べるとき，あるいは受信機を特定の場所に置いてデータを自動的に記録するときである。

　プログラム受信機は手動で操作するタイプに比べて大型で複雑になりデリケートだが，受信装置はどれもほこりや湿気，衝撃からのダメージを受け易いものである。メーカーは機材のさまざまな部品が痛み易いことを教えてくれ，プラスチックバッグか傘か専用のキャリングケースで保護するよう薦める。受信機の携帯性は重要なポイントである。やぶのように密な植生で使用するときや，長期間の調査に疲れ果てて手持ちのアンテナやコンパス，鉛筆，ノートを危ない手つきで持ち運ぶとき，また1日中機材をぶら下げて首や肩の筋肉がびりびり痛むようなときには，その重要性を思い知らされる。研究者は，機材や保護ケース，肩ひもなどの付属品の大きさにも十分配慮する必要がある。

記録計，パルスカウンター，デコーダー

　受信機からの信号の記録計およびデコーダーとして，現在まで最もよく利用されてきたのは人である。人の耳と脳は分析機器より感度がよく，フィードバックや応答などのより複雑なプログラミングが可能である。しかし人は疲れやすく，規格化しにくい点にかけては有名で，入手し維持するには高くつきすぎる。そこでラジオテレメトリーの信号とデータを機械で処理する試みがいくつか行われてきた。メーカーから購入できる機械では，パルスの間隔を測る，信号強度の変化を記録する，信号の有無を記録する，信号をデコードしアナログ出力を記録する，といったことができるのがふつうである。特注で付加処理能力を付けたシステムを実現することも可能で，これは大学や公的な研究所が開発している。自動的なラジオトラッキング用に開発されたシステムはほとんどない。

記録計

　最も単純な自動記録システムは，紙(たいてい感熱紙)に記録するチャート型記録計を受信機に接続し，受信可能範囲内での信号の有無を記録するものである(Licht et al. 1989)。1チャンネルと2チャンネルのチャート型記録計を自動スキャン受信機と組み合わせることもできるが，モニターできる周波数の数は制限される(Kenward 1987:156など)。研究者はどのくらいの頻度で信号を記録したいのか，どのくらいの頻度で記録紙を交換できるのかを考えてみなければならない。チャートスピードは入力電圧で変わることがある。これは在／不在の時間を計ったり，信号の

振幅変化をもとに活動の起こった時間を計ろうとする場合，重要な要素になる(Cederlund & Lemnell 1980, Widen 1982)。連続記録紙を使った記録計にはタイムスタンプ機能がついたものがあり，正確な時刻を記録紙に記すことができる(Gillingham & Parker 1992)。連続記録紙はまた，筋肉の収縮(Kuechle et al. 1987)や，光，温度(Althoff et al. 1989)，心電図と心拍(Stohr 1989)，脳波(Schmidt et al. 1989)などの生理学的データも記録できる。放電と充電を何度も繰り返すことを考えて設計された長周期バッテリーは，野外で記録計とデコーダーに電源を供給する重要な装置である。

信号はテープに記録することもできる(Kenward 1987)。テープレコーダーは連続的に回り，データを定期的に取ることができ(Macdonald & Amlaner 1980)，あるいは長時間にわたるデータを積算することもできる(Schober et al. 1989, Stanner & Farhi 1989)。テープレコーダーは本来の記録装置として(Diehl & Helb 1986, Smith & Aitken 1989)，チャート型記録計に替わるものとして(Stohr 1989)利用でき，また何らかの処理をした後の永久保存にも使える(Schober & Oehry 1987)。

コンピュータは，マイクロプロセッサからパソコンまでさまざまあるが，受信信号を処理するだけでなく，データの記録装置や保存装置としても使うことができる(Juneau et al. 1987, Kuechle et al. 1989)。Howey et al. (1987)は，コンピュータで自動スキャン型受信機を操作するプログラムを組んで，多くの周波数について心拍と体温を連続的にモニターした。このプログラムは受信信号のエラーをチェックし，パルスをカウントしてその平均値を定期的にディスクに転送し保存する。Schober et al.(1989)は，受信した無線信号を次々に処理し，デコード，貯蔵するコンピュータソフトについて述べている。

パルスカウンターとデコーダー

記録紙やテープ，コンピュータに記録したデータは，在／不在データを除きすべてデコードが必要である。デコーダーをデジタルカウンターと組み合わせ，デジタル－アナログ出力変換することでパルスをカウントしたり，パルス間隔やパルス幅を測定して，それらの値を電圧に変換する(Kuechle et al. 1987)。Schmidt et al.(1989)はアナログ－デジタル変換機を使って脳波の信号を処理した。Althoff et al.(1989)とStohr(1989)は特注で作った他のデコーダーについて述べている。またStrikwerda et al. (1985)とCupal & Weeks(1989), Kunkel et al.(1992)は，発信器に組み込んだマイクロプロセッサ制御のデコーダーについて述べている。これらのシステムは主に生理学的信号の検出，処理，そして記録に使う。

自動トラッキング

自動受信システムは，オペレーターなしで周波数を合わせ信号の送られてくる方向を割り出して情報の処理，保存を行う。自動方探システムや自動位置推定システムの多くは，飛行機からラジオトラッキングするのに役立つ。これには，LORAN-C(Patric et al. 1988, Fuller et al. 1989)やGPS(global positioning satellite system)といったものがある。しかし，今のところこうしたシステムに使う発信器は大きな電池を必要とし，ほとんどの動物が運ぶことができない。野生動物の自動トラッキングシステムはたいてい高価で，送信信号を受信できる狭い範囲に利用が限られる。最初に使われて最も長く（約20年間）作動している自動トラッキングシステムは，約1km離れた2地点にタワーを建て，二段重ねて設置した八木アンテナ(高さ20mと30m)を機械的に回転させるものである(Cochran et al. 1965)。このシステムでカバーできる範囲は数百m〜数十kmで，送信信号の強度と位置によって変わった。同じようなシステムがフランスでも数年使われていた(Deat et al. 1980)。最近ではマイクロプロセッサ制御の受信機と自動的に機械制御した回転アンテナを使い，2分おきに方角のデータを集めた例がヨーロッパアルプスにある(Bögel 1991)。その精度は静止した発信器で±7°，移動中の発信器で±12°であった。このシステムに使う大型の八木アンテナとローテイターには大きなタワーと電源が必要となるため，携帯性は制限され高価になった。1本あるいは数本組み合わせたダイポールアンテナを調査範囲内のあちこちに設置する方法(Kenward 1987)や，支柱に付けた複数のダイポールアンテナを電気的に切り替える方法(Burchard 1989 a)も自動トラッキングに用いることができる。受信機がさらに発達すれば，自動トラッキングはより現実的なものになるだろう(Kolz & Castles 1983)。

ほかにも自動トラッキングの方法はいくつかあるが，現在のところ適用できる条件は限られる。草地や牧場，池などの狭い範囲の上にワイヤーを格子状に張って小型哺乳類(Chute et al. 1974, Zinnel & Tester 1984)や水生生物(Cunningham et al. 1983)の位置を調べることができる。複数の受信ステーションで電波の到達時刻を測定し，その時間差から位置を推定する方法が陸生の大型哺乳類を対象として(Lemnell et al. 1983)，あるいは水域で(O'Dor et al. 1989)使われてきた。最後に，現在発展中のアルゴス

衛星システムを使ったラジオテレメトリーがある。これは地球上のあらゆるところの発信器から位置データとセンサーデータを得ることができる(Strikwerda et al. 1986, Fancy et al. 1988)。研究者は，最新の文献を調べるかメーカーに問い合わせるかして野生動物の自動トラッキング技術の進歩に注意を払うべきである。

受信アンテナ

受信アンテナは，送信アンテナと同様，ラジオテレメトリーシステムにおいて重要な要素である。送信アンテナが空中に無線信号を送ると，受信アンテナがこれを捕捉する。研究者はアンテナの重要性やアンテナの効果を左右する特性を過小評価しがちである。アンテナの原理を細かく紹介した本としては，American Radio Relay League Antenna Book(ARRL 1988:第2章)がある。また，野生動物のラジオテレメトリー用アンテナを詳細に説明したものにAmlaner(1980)とKenward(1987)がある。

受信アンテナのデザインは何百種類もある(ARRL 1988)が，野生動物のテレメトリーで使われるものは数種類である。これは主に，調査員が移動する動物を捕捉できる範囲内に常にいなければならず，そのために携帯アンテナが要求されることが多いからである。ここでは5種類の基本的なアンテナ(図15-4)といくつかの特殊なアンテナを紹介する。アンテナの種類を紹介する前に受信アンテナの基本特性を概説する。

受信アンテナの特性

受信アンテナは信号を集める能力(利得)をもち，これが受信プロセスに電力を与える。受信アンテナの利得はデシベルで測定する(Box 15-2)。受信アンテナはその物理的配置に基づいて3次元の受信パターンを生み出す(図15-5)。アンテナの形状によるが，アンテナの向きに対して特定の方向から来る信号をより効率的に受信することができる。そのため利得の大きいローブ(受信パターンの突出部)が信号の方向を向いているときに，電波強度のピークを検出できる。この信号の"ピーク"に加え，二つのローブの間に比較的弱い，あるいはまったく受信できない"ヌル"があ

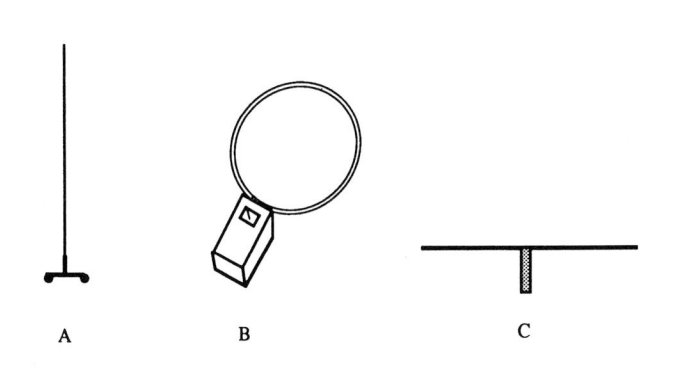

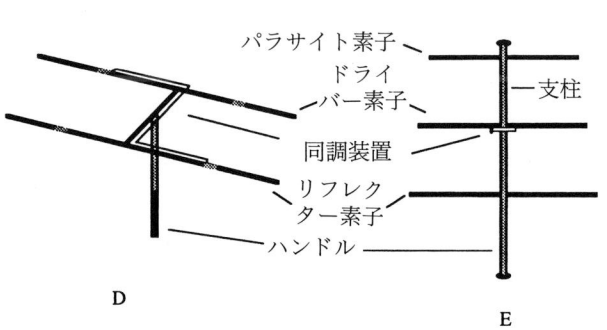

図15-4 受信アンテナ
A：無指向性ホイップアンテナ，B：ループアンテナ(携帯用受信機に接続する)，C：ダイポールアンテナ，D：アドコックアンテナ(H型)，E：3素子八木アンテナ

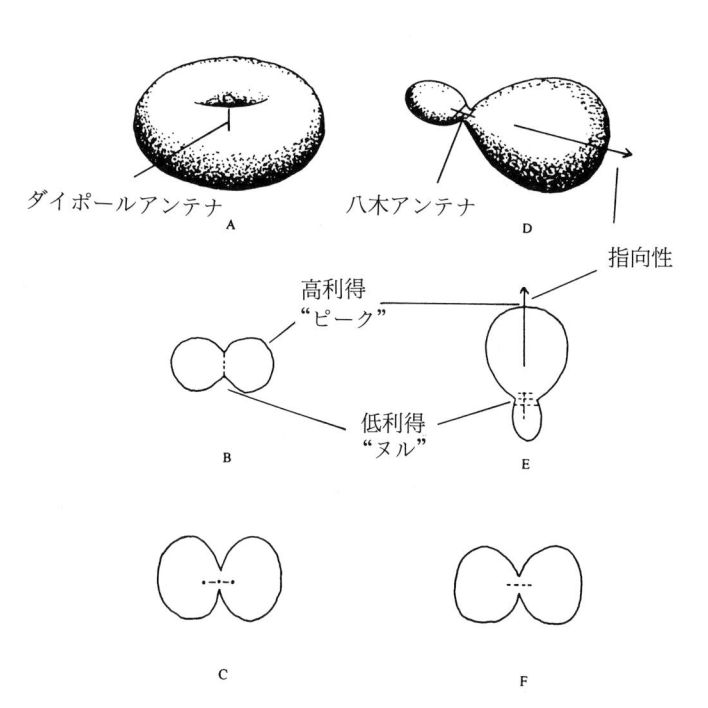

図15-5 受信アンテナの受信パターン
A：垂直ダイポールアンテナの3次元受信パターン，B：垂直ダイポールアンテナの受信パターンの断面図，C：アドコックアンテナ(H型)の受信パターンの断面図，D：3素子八木アンテナの3次元受信パターン，E：3素子八木アンテナの受信パターンの水平断面図，F：ループアンテナの受信パターンの水平断面図
電波の発信源の方向は，八木アンテナの高利得のエリアが発信器を指している時に最も検出しやすくなる(Kenward 1987を修正，Academic Pressの承認を得て掲載)

る(図15-5)。アンテナが障害物から½λ以上離れているとき，実際の受信パターンは理論値に最も近くなる。ワイヤー，車の屋根，湿気，あるいは人の体などの導体は，受信パターンを歪め指向性と利得を低下させることがある。こうした要因を修正あるいは除去しないと，受信の精度が変わりやすくなる(本章の「電波の伝播」の項を参照)。

ほとんどのアンテナは，支柱，金属性の素子，同調装置，アンテナからの電力を受信機に伝える伝送線用のコネクターから構成される。アンテナのデザインと大きさを決定する基本的な要因は，受信する無線周波数の波長である。低周波数(たとえば40 MHz)は波長が長いので，信号を受信するにはアンテナの素子は長くなる。指向性を高めるには，さらに長い素子を使うか素子の数を増やせばよいが，携帯性は犠牲になる。

同軸ケーブルとプリアンプ

アンテナからの無線周波数電力は，伝送線によって受信機に伝えられる(ARRL 1988)。この伝送線に使われるのが同軸ケーブルである。このケーブルは外部のノイズを電磁的に遮断し，そのインピーダンス(抵抗値)によってアンテナを受信機に整合させる。ケーブル内部の導線は絶縁材(ポリエチレンかテフロン)の中に封入し，その回りを銅製の導線を編んだもので覆い，一番外側にはビニールの被覆をかぶせる。同軸ケーブルに断線，傷，摩滅，よじれが生じると特有のインピーダンスが壊れ，アンテナと受信機との間で電気の伝達のロスを招く。同軸ケーブルはスクリュー型のUHFコネクターか差し込み型のBNCコネクターでアンテナと受信機に接続する。断線はケーブルとコネクターの接続部で起こりことが最も多い。ARRL(1988:第24章参照)は，VHF帯の周波数には15 m以上の長さのRG 8かRG 11(75Ωの抵抗)の同軸ケーブルを使い，直径の小さいRG 58 UやRG 59 U(50Ωの抵抗)は使わないよう薦めている。フィールドに出る前に予備のケーブルとコネクターを手に入れ，試しに接続してみた方がよい。

伝送線中の電力のロス(単位長あたりのデシベル)はケーブルが長くなるにしたがい対数的に増加し，また周波数により変わる(ARRL 1988)。たとえば138から174 MHzでは，ケーブルの種類に応じ，10 mあたり2〜3 dB減衰する。電力のロスが受信に支障をきたすときには，アンテナと伝送線の間にプリアンプを入れることもある(Kenward 1987，Howey et al. 1989)。電波信号の受信能力を最大にするため，受信システムの構成機器間の距離やその周辺環境について販売業者とあらかじめ打ち合わせておくべきである。

アンテナと同軸ケーブル，受信機の特定の組み合わせに注意してこれらの機能を十分引き出すことも電気特性の面から重要である。受信機がアンテナと伝送線の接続部のインピーダンスに整合したときに，能力は最大になる。最も条件のいいときでもアンテナからの電力の半分が受信機に送られるにすぎない(半分は再放射される)。システムを構成する機器が整合してないと受信機に到達する電力はこれより小さくなり(ARRL 1988)，受信範囲は狭くなる。メーカーは組み合わせの最もよい機器を提供し，インピーダンスが合うよう調整してくれるだろう。

受信アンテナの種類

ダイポールアンテナ(図15-4 C)は，他のアンテナの利得を比較する基準になる。ダイポールアンテナを方向探査に使うことは少なく，信号の有無(在／不在)の確認やコード化されたデータ(生理学的データなど)の記録に使う。しかしながらParish(1980)は，ダイポールアンテナの素子を動物の方向に向けて水平から約15°傾けると，入力が"ヌル"になる狭い範囲があり，これを使って信号の来る方向を調べられると報告している。彼はまた，折り畳み式で携帯性に優れたダイポールアンテナ(20 cm×4 cm)の作り方も報告している。

ループアンテナ(図15-4 B)の素子は円形かひし形をしている。ループ型の最大の利点は，同一の周波数用の他の指向性アンテナに比べて小さくてすむことであるが，利得は犠牲になる。30〜40 MHz帯の周波数用のループアンテナには携帯型のものがある。これらのループアンテナの精度は約5度で，2方向に"ヌル"をもつ(Amlaner 1980)。携帯型ループアンテナにも高い周波数用(150 MHzなど)で小型(直径20 cm)のものがあり，近距離(20 m未満)での受信に適している(Kenward 1987:17)。

無指向性アンテナ(図15-4 A)は"ホイップ"アンテナとも呼ばれる。受信パターンは360°均一で，利得は接地方法と他の構成部品によって変わり，0〜3 dBiである。無指向性アンテナは固定した受信地点でも移動中の場合でも，限られた範囲内に信号があるかどうかを確認するのに使われることが多い。ホイップアンテナは磁石の台座や取り付け金具を使って，自動車や航空機に簡単に取り付けられる。

八木アンテナ(図15-4 E)は利得と指向性に優れ，野生動物の調査によく使われる受信アンテナである。八木アンテナは二つ以上のまっすぐなダイポール素子からなる。素子は前から順にパラサイトディレクター，ドライバー，リフレクターと呼ばれ，みな支柱に取り付ける(図15-4 E)。八木アンテナの寸法は非常に重要で，素子の長さと間隔は受

信する周波数によって決まる。素子の長さは0.5λ±5%で（リフレクターが最も長く，ドライバーが中間で，パラサイトディレクターが最も短い），素子同士は0.1〜0.2λ離す（Amlaner 1980）。164 MHz帯用の4素子八木アンテナの大きさはおよそ100 cm×113 cmで，216 MHz帯用の5素子八木アンテナは約68 cm×120 cmである。

八木アンテナをチューニングするには，ドライバー素子に付いているトロンボーンの滑走管に似たガンマ回路またはバラン回路を操作して調整する。野外で合わせるときには，バラン回路のスライド部の長さを変え，アンテナから20λ以上離れた地点に置いた発信源からの信号強度が最大になるよう調節する（Amlaner 1980）。八木アンテナは後方より前方で利得が大きくなり，このためどちらの方角から信号が来るのか分かりやすい受信パターンになっている（図15-5）。3素子の八木アンテナでは，およそ±5°の精度で方角を出すことができる。素子の数を増やせば利得と指向性は増大する（図15-6）。12素子の八木アンテナは3素子より性能がよく，およそ±3.0°の精度である（Kenward 1987:18-19）。素子の数が増えると支柱の長さや重量も増すので，アンテナは扱いにくくなる。通常5素子以上の八木アンテナを使うには，固定した柱に取り付けるか自動車にしっかり取り付けるかする（以下参照）。小さい折り畳み式の八木アンテナは感度が低くなるが，いくつかのメーカーが扱っている。

2本の八木アンテナを1λないしλ/4離して取り付け（Voigt & Lotimer 1981），2本の同軸ケーブルをアンテナと受信機の間でつないで電気的に接続する方法もある。2本の八木アンテナの信号を足したり引いたりして利得を上げ，方角の誤差を約±1°に収めたり，あるいは接続するアンテナを切り替えて±0.5°の誤差範囲で狭い"ビーム幅"ヌルの範囲を作り出すことができる（Amlaner 1980, Anderka 1987）。正確なのはいいが，この"ヌルーピーク"システムには注意深い整合とケーブルの調整が必要である。素子が曲がったり位置がずれてがたがたしたり，あるいは一方の同軸ケーブルが傷ついたりすると，ピークや"ヌル"は不正確になる。ヌルーピークシステムを使うには，アンテナをしっかり取り付け正確であるか頻繁にチェックしなければならない。

アドコックアンテナ（またはH型アンテナ）（図15-4 D）は前がドライバー，後ろがリフレクターで，どちらもλ/2の長さである。アドコックアンテナはどの周波数帯でも八木アンテナより小さくなり，そのため携帯性に優れている。さらに折り畳み式やねじ込み式の素子を使ったタイプも出回っているし，携帯しやすいように分解できるアドコックアンテナもある。Livezey（1988）は塩化ポリビニールで作った素子の被覆を紹介している。これは受信性能を低下させずにアンテナを保護する。アドコックアンテナの最大利得は3素子の八木アンテナより小さい（Amlaner 1980）。アドコックアンテナの受信パターンは"ヌル"が狭く，そのため信号の方向を2〜3°の範囲で推定できる。しかし180°反対の方向に二つの"ヌル"ができるので，信号の来る方向を特定するには三角法を使うか動物がふだんいる場所について予備知識をもってなければならない（Kenward 1987:17）。アドコックアンテナや同様のデザインのアンテナはH型アンテナと呼ばれることが多い。

アンテナの取り付け方法

受信アンテナは通常手持ち型のものが使われる。それは，発信器を装着した動物の受信範囲内に居続けるために，また信号強度と信号のクラリティーが最大になるような位置をとるために，研究者は頻繁に移動しなければならないからである。電波の伝播に影響を与える要因は数多くあるが（ARRL 1988：第23章，「ラジオトラッキング」の項を参照），一般的にアンテナを頭上に上げて使うと受信能力は最

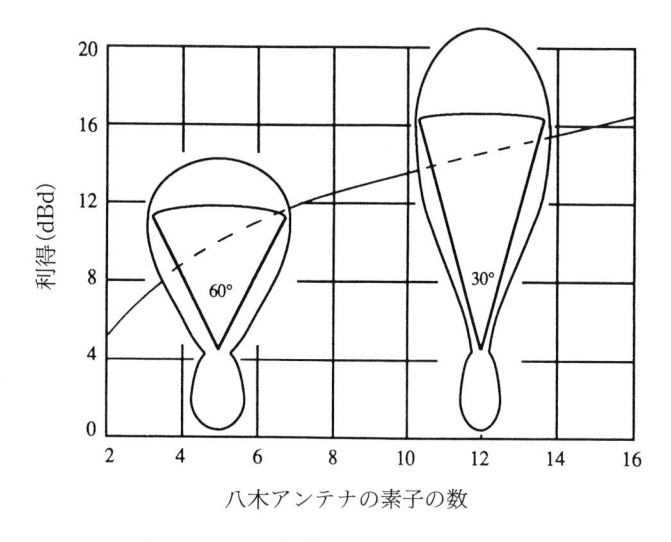

図15-6 八木アンテナの利得および指向性とパラサイト素子の数との関係

受信範囲は6 dBd増加するごとに2倍になる。3素子と12素子の受信パターンから，利得の増加がいかに狭い受信フィールドで起こるかが分かる（30°対60°）。フィールドは，信号のピーク（最大値）から各方向に3 dBd信号利得が低下した範囲と定義される。信号のピークは，よく調整された八木アンテナを，地面などから2λ以上離れたところで発信源に直接向けたときに得られる。実際の受信範囲はたいていこのフィールドより広くなる（図15-5参照）。（Kenward 1987を参照，Academic Pressの承認を得て掲載）

大になる。小高い場所に立って行うのも有効である。アンテナを持つときには素子を握ったり，素子と素子の間で支柱を握ってはいけない。人の胴体や手，腕もアンテナの受信パターンを変えることがある。

　受信アンテナを柱やタワーに取り付けて高く上げ，電波の受信能力を高めることもできる。研究者はメーカーに相談して，取り付ける器具や器具が受信に障害を与えない距離についてアドバイスを受けるべきである。これらの器具が与える影響は，アンテナのデザインと無線周波数によりさまざまである。伸縮型ポールやクランクアップポールなど多くの種類のポールは，アンテナの高さや支持に必要な強度に応じて太いワイヤーや三脚で固定するか，穴やセメントの基礎の中に設置する（ARRL 1988：第22章）。取り付け器材の多くは無線通信機の販売業者から入手できる。O'Connor et al.（1987）は，高さ5.5mの回転する定置型台座について述べている。

　機動性をあげるため，アンテナを自動車やトラックに取り付ける器具がいくつか発明されてきた。しかしこの場合，金属でできた自動車のボディによる障害を避けるためにアンテナを高く上げる必要がある。Bray et al.（1975）とKolz & Johnson（1975）は，車のルーフキャリアに取り付ける器具を紹介している。Hegdal & Gatz（1987）は，車の屋根に穴を開け，そこにポールを通して車の中からアンテナを回転させた。Cederlund & Lemnell（1980）のデザインも，屋根に穴を開けることでアンテナの回転と高さを解決したものである（Kenward 1987も参照）。頑丈なマストを使った方法については，Medina & Smith（1986）が述べている。

　航空機にアンテナを取り付けることは電子工学の面からは可能だが，安全に装着するには工夫がいる（Gilmer et al. 1981）。取り付け方法は，さまざまなタイプの航空機（ハイウィング，ローウィング，ヘリコプターなど）に適用できるものでなくてはならない。Gilmer et al.（1981）は，翼の支柱を覆う取り外し可能な金具とアメリカ合衆国で使われているヘリコプターのスキッド（地面に接触するソリのような部分）に付ける台座について述べている。Voigt & Lotimer（1981）は，カナダで使われている取り付け金具について説明している。Inglis（1981）も航空機に八木アンテナを装着する方法を述べている。オーストラリアではWhitehouse & Steven（1977）がアンテナの素子を航空機の翼に永久的に据え付ける方法を採った。複数の素子をもつアンテナも，航空機の胴体に穴を開けて，そこに支柱を通して取り付けられる（Judd & Knight 1977, LeCount & Carrel ［Ariz. Game & Fish Dep., Fed. Aid Wildl. Restor. Proj. W-78-R-20, 1980］）。航空機の通信に通常使われるホイップアンテナも，ほとんどの航空機に取り付けられる。

　航空機の機体に物を取り付けるには，ほとんどの国で許可が必要である。許可は明確な基準に基づいているわけではなく，航空機の所有者（政府，個人，民間企業），整備技師や検査担当者の見方によって変わる。常に研究者は，パイロットが取り付け台座やアンテナ，そしてそれらが航空機の操縦に及ぼす影響に慣れるよう注意する。研究者は国の関係省庁か国際自然資源パイロット協会に相談してよい方法を教えてもらった方がいい。アメリカ合衆国では連邦航空局の支部が各地にあるので，研究者はそこに連絡をとるとよい。

特殊な受信システム

　ラジオトラッキングに役立つ多くの革新的技術が開発されてきた。Burchard（1989b）は植生が密な地域で使う近距離受信用の2素子指向性アンテナを考案した。Cederlund & Lemnell（1980）は，支柱のてっぺんに取り付けたアンテナのすぐ下に電子コンパスを装着した。コンパスから取り付け台座の基部までコードを引いているため，車内にいながらわりあい正確な角度を読むことができる。Smith & Trevor-Deutsch（1980）は，ローターをリモートコントロールのモーターで動かし，支柱の先に取り付けたヌルーピーク型の多段八木アンテナを回転させるシステムを開発した（Spencer et al. 1987も参照）。

　複数の受信地点での信号到達時間の差を使った自動追跡システムも開発されてきた。Lemnell et al.（1983）は，信号を受けると動物に着けた発信器（組み込んだ受信装置を含めて250～400g）が8～20Wの電波を三つの地上局に放射するシステムを使い，約3,000haの地域で60頭ほどの大型哺乳類の位置を調べた（±40mの精度）。Yerbury（1980）は，10～20mWの出力をもつ140gの発信器を使って，同様の方法でワニのロケーションをした（5kmで±50mの精度）。これらのシステム（このうち一つは市販のもの，補遺Iを参照）は，カバーできる範囲が限定され，受信基地の設置に最低でも50,000ドルの投資が必要である。さらに自動化を押し進めた方法が定置アンテナによる通常の三角法を使って実施されている（「自動ラジオトラッキング」の項を参照）。Kenward（1987）が述べたように，半自動化あるいは自動化したシステムは多分に実験的なものであり，実際に適用しようとすると人がアンテナと受信機を使ってするよりもはるかに多くの時間と経費が必要になる

フィールド調査の手順

無線周波数の選択

フリーレンジの動物に使うことのできる無線周波数はほとんどの国で規制されており，周波数帯が限定され出力も低く制限される（たとえば1.0〜10 mW）ことが多い。合法的に使用するため，あるいは他の無線（ラジオやテレビ，データ送信，電話や船と陸地の通信，アマチュア無線）を妨害しないためには，割り当てられた周波数を守ることが大切である。野生動物の研究用に割り当てられた無線周波数は国によってさまざまである。たとえばイギリスでは104.6〜105.0 MHzと173.70〜174.00 MHzを使用でき，フィンランドでは230 MHzが選定されている（Kenward 1987）。アメリカ合衆国では周波数の割り当てと発信器の規格は，州ないし地方政府のもとで働く職員や民間研究部門の研究員の場合には連邦通信委員会（FCC）で規制され，連邦政府のプロジェクトの場合には国立通信情報委員会（NTIA）で規制されている。これらの二つの統制団体は，野生動物のテレメトリー用に40.66〜40.70 MHzと216〜220 MHzの周波数帯を割り当てている。またアメリカ内務省には，30 MHz帯の18の特定の周波数と164〜167 MHz帯の30の周波数が，野生動物用として限定的に割り当てられている。150 MHz帯の周波数を認可制で利用させている州政府もある。野生動物のテレメトリー調査用の周波数を使う者は皆ライセンスを受けなければならない。実験用として一時的に他の周波数の使用を申請する研究者もいるが，手続きに時間がかかることが多いうえ利用できる周波数は少ない。発信器が連邦政府の所有でない場合には，ライセンスの申請書はFCCから手に入れる。連邦政府の職員は所属する官庁の連絡調整官を通じてNTIAにライセンスを申請する。テレメトリーメーカーは，申請に必要な技術データを申請者に提供してくれる。Kolz（1983）は野生動物用テレメトリーに関連するアメリカ合衆国の法規をまとめた。

アメリカ合衆国においては，野生動物用テレメトリーはどれも二次的な無線サービスとみなされていて，認可を受けた他の無線の障害を受けないよう保護されることはない。このような障害は，他の無線の出力の方が野生動物用の送信レベルよりも強いために起こることが多い。研究者は発信器を注文する前に調査地を訪れ，何か所か代表的な場所に行って実際の調査で使う機材と受信方法で試してみて，使用予定の周波数がほかで使われてないか調べるべきである。妨害電波のチェックは，運転中のモーターや電線，変圧器，放送アンテナから離れたところで行う。こうしたものは妨害電波の発生源となるからである。また都市部や空港，工場地帯は，障害の原因になる場合が多い。障害のある周波数の発信器は注文しない方がいいが，ある程度のノイズ（ザーッという雑音やたまに混じる信号音など）や障害はほとんどの地域であることは覚えておくべきである。

他の研究者の調査によって障害を受ける例が増えてきている。これは野生動物用テレメトリーの利用が増えた，一つの研究で発信器を装着する動物の頭数が多くなった，予測しない動きをする個体がある，そして近接した地域で同時に研究を行う場合があるといった理由による。土地管理者，州の野生動物局，鳥のバンディング実施機関や他の研究者などに問い合わせれば，テレメトリーを利用している調査者の名前を教えてくれるだろう。追跡する動物を取り違えて誤ったデータをとったり無駄な時間を費やすのを避けるため，使用する周波数を研究者の間で調整することが必要である。また機材やモニタリング作業，さらに対象の動物までも共有することができる場合には，プロジェクト間の調整は有益である。調査に必要な動物の数に対して割り当てられる周波数が少ないときには，同一の周波数でも識別が可能なコード化型発信器（「コード化型発信器」の項を参照）の利用や，実験用周波数の使用許可の申請を考えてみてもよい。

機材の入手とテスト

北アメリカやヨーロッパには野生動物用の発信器の製造を専門とする会社が数多くある（補遺I）。さまざまな種や地域，研究目的について経験を蓄えた会社が多く，適切な機材について有益なアドバイスを提供してくれる。研究者は研究目的を明確にし，関連する文献に目を通し，目当ての機材を使ったことのある研究者に問い合わせてから，カタログを取り寄せて連絡をとった方がよい。機材を選ぶ前に，対象動物の習性と生息地の地形，植生，そして特に発信器を使って行われた調査に関して情報を集めておくことは有益である。注文をするときには機材の細かい仕様を指定する。たとえば発信器を注文する場合には，周波数（周波数帯の中での個々の周波数の割り振りや許容できる周波数のずれも含めて），パルス間隔，パルス幅，作動温度範囲，寿命，大きさ，重量，アンテナの長さ，動物への装着方法を指定する。

テレメトリー機材は他の方法に比べて高価で，ほとんどの発信器は100～300ドル，受信機は800～4,000ドルする。そのため，機材を購入するよりも自分で作ろうと考える研究者もいる。しかしながら品質の高いテレメトリー機材は厳選した部品と専門技術がなければ作れないことを十分理解しておく必要がある。テレメトリー機材を作るには高価な道具と検査機械が必要である。必要な部品を選定して，注文し，組み立てるには時間がかかるし，水晶や電池，その他の回路部品がすぐに手にはいるとは限らない。さらにまたテレメトリー機材を組み立てる"こつ"を習得するには，途方もない時間を費やさなければならない。Kenward (1987) は，さまざまなタイプの発信器を組み立てるための材料をリストアップし，手順をひとつひとつ紹介している。バイオテレメトリーの会議やワークショップの会報，それに時には学会誌に新しい回路部品や製作技術の記事が掲載されている (Amlaner & Macdonald 1980, Amlaner 1989 など)。通常は，信頼できる野生動物用テレメトリーのメーカーから購入するのがよい。

機材を入手するまでの期間には，組立と検査の時間も含めて考える。メーカーは大量の在庫を常に手元に保管しているわけではなく，大量に注文を受けたときには必要な部品の調達や製造が必要となり，完成まで数か月を要する。研究者の指定した仕様によっては，メーカー側が回路を変更するか新たに設計や検査が必要になることがあり，そのためさらにやり取りの時間がかかることも多い。そのため，研究を始める12か月前に機材の問い合わせをするのもあながち大げさとも言えない。"ダウンタイム"（機械の非稼働時間）を防ぐため，機材を入手する際には予備の部品も同時に準備するべきで，特に損傷や紛失が起こる野外調査の場合にこれは大切である。

単純に受信システムの部品を接続し（たとえばアンテナ―同軸ケーブル―受信機），発信器と受信機をチューニングして動作を確認するだけでなく，1台1台の受信機ごとに個々の発信器の周波数をチェックする。発信器を入手したときにメーカーが書いてきた周波数，たとえば216.123 MHzは個々の受信機では216.120 MHzや216.129 MHzなど，互いに多少異なった周波数で受信される。4～5台以上の発信器と2台以上の受信機を使う場合には，受信機ごとに個々の発信器の周波数を記録し，そのリストを受信機かキャリングケースに張り付けておくと便利である。ほとんどの受信機が信号を受信したときに可聴音を発するが，この音は受信機の周波数のわずかな上げ下げによって高低が変わる。人によって音の高低の好みはわずかに異なるので，同一の発信器の信号をモニターするときに選ぶ周波数も人によって微妙に異なる。研究を開始する前にこうした個人差が分かっていると混乱が避けられる。また充電可能電池の容量が十分かあらかじめ確かめておくことも重要で，特に以前使った機材の場合には注意する。最初の電池を使い始めたら交換用の電池を注文し，適切に保管する（ふつうは冷蔵する）。受信－自動記録システムでは，輸送や保管をした後や，以前の研究で使用したのと異なる温度環境で使用する際に，調整が必要になるものもある。発信器のセンサー（温度センサーなど）は，研究を開始する前に補正しなければならない場合もある。

メーカー側が示す仕様は，たいてい工場や実験室での測定値に基づいている。機械の性能は対象動物や装着方法，地形，植生，気候といった要因によって大きく変わる。メーカーはこれらの要因が性能に及ぼす影響を示すことができるが，研究者は自分で性能の信頼性を検討し，梱包を調べ（漏損のチェックなど），温度によって性能に影響が出るかどうかを調べるべきである。機材を検査する際には，フィールドで作動状態をチェックし，また可能ならば対象動物かその替わりになる動物に装着することも試みる。発信器によっては電池寿命が来る前に故障するものがある（最大20％, Cochran 1980)。わずかなデータでも重要になるときには，研究用に入手した発信器のいくつを使って平均的な寿命と故障発生率を算出してみるのがよいだろう。

発信器の装着方法

発信器の装着方法が繰り返し開発され洗練されてきたことは，電波標識が不確実で，動物の体型が多様であり，動物種ごとに行動が異なることを示している (Cochran 1980)。このようなバリエーションがあるため，装着方法を一般化することはできない。そのため，研究者は以下に簡単に述べる通常の方法に頼るだけでなく，関連する文献に目を通し，特定の装着方法を用いた研究者に連絡をとり，そして結局のところ，他の研究を見学したり飼育個体で練習するなどして経験を積むべきである。発信器を動物にフィットさせるのは微妙な仕事で，発信器の装着は"芸術の域にはいるようなもの"(Cochran 1980:515) である。装着方法によっては，30分～1時間かかり，動物を相当いじくりまわさなけらばならないこともある。ほとんどの動物は，装着中に拘束，鎮静，あるいは麻酔が必要となる。注意を払って動物の捕獲，ハンドリング，発信器の装着をすることが，研究を成功させる上で重要である (Hill & Talent 1990, 本書の第6章も参照)。

埋め込み型発信器に要求される特別な形状と包埋方法，ハーネスの素材，首輪型発信器のベルトの素材と形状，ボルトは，野生動物用発信器の構成部品である。対象動物に発信器を装着できると判断して発信器を注文する際には，機械の仕様を指定するのと同時に装着方法も伝えなければならない。つまりは，装着装置は出力やパルス間隔と同様に重要なのである。Cochran(1980)が述べたように，研究者はメーカーと相談しながら，多様なタイプの中から研究目的を達成するのに適したものを探らなければならない。

首輪

発信器を首輪に取り付けるのは，哺乳類への装着方法として一般的で(Pouliquen et al. 1990)，鳥にも使われることがある。首輪は動物の首のカーブにフィットする形で，発信器の重みを均等に分散させて切り傷や擦り傷ができないよう，幅が広く柔軟なものを使う。継ぎ目やでこぼこした部分は，首輪の端に来るようにする。首輪は丈夫な素材でできていて，しかも首や肩や胸の動きに合わせて柔軟に変形するものを使う。発信器本体と首輪は動物の自然な動きを妨げない位置につけ(Garcelon 1977 ほか)，動物の動きに合わせて揺れたり体にぶつかったりしないように気をつける。

小型哺乳類(首回り18 cm以下)に付ける首輪は，決まった長さのループアンテナを付けたデザインとなっていることが多い(Anderka 1987)。通常このアンテナは，首輪の素材の間に挟んであるので長さを調節することができない。そのため，場合によってはあらかじめいくつかのサイズの首輪を用意しておき，動物の大きさによって装着する首輪を替える必要も出てくる。このループアンテナは動物に取り付けてからハンダづけするか，ボルトで留めるか，あるいは長さを調節して熱収縮性チューブをかぶせることが多い(Kenward 1987, Trout & Sunderland 1988)。装着作業中には首輪と動物の体の間に硬い紙をはさんで，熱で動物を傷つけたり体毛を絡ませたりするのを防ぐ。

中型，大型哺乳類用の首輪の場合，何層か重ねた首輪の素材の間にホイップアンテナを挟み込むことが多い。アンテナをいじって壊すことがないような動物ならば，首輪の途中からアンテナを上に出して送信能力を上げることができる。首輪は個体に合わせて長さを調節し，ボルトかリベットでしっかり締める(Kenward 1987)。哺乳類用の首輪には，幼獣の成長や発情期の一時的な首回りの増大に合わせて長さが調整されるように設計されたもの(伸縮型)もある(Jullien et al. 1990)。首輪の一部を折り畳んでひだを作り，その間にゴムを縫い込んで，首が太くなったときにゴムが切れるように工夫した方法が，プロングホーン(Beale & Smith 1973)，ピューマ(Garcelon 1977)，クロクマ(Strathearn et al. 1984)，ボブキャット(Jackson et al. 1985)で成功を収めている。ゴムやワイヤー(ラッコ，Loughlin 1980)，木綿生地(クロクマ，Hellgren et al. 1988)が分解することを利用した脱落型の首輪は，発信器の寿命がきた後に動物から脱落するように作られたものである。しかしながら，これら伸縮型，脱落型の首輪が，さまざまな環境条件(湿気，日の光，温度など)のもとで，あるいは異なる種でいつもきちんと機能すると考えてはいけない。

鳥用のネックレスタイプの首輪は柔軟なビニールコーティングした生地で作られ，これに発信器を糸で縫いつけたり接着したりして装着する。鳥の首に合わせて生地に穴を開けて首輪を作り，鳥の頭をくぐらせて首と胸にかけて装着する。この装着方法はライチョウ(Amstrup 1980)，キジ(Marcstrom et al. 1989)，ウズラ(Shields & Mueller 1983)，水鳥(Montgomery 1985, あるいは Sorenson 1989を参照)でふつうに使われている。大型の水鳥ではプラスチック性の首輪標識に発信器を接着する方法がとられることもある(G. Bartelt 私信)。

ハーネス

ハーネスは，頭と首の形状から首輪を取り付けにくい形をした哺乳類に発信器を装着したり，鳥に大きな発信器を取り付けるときに使われる。ハーネスを着けるときには，成長などによる体の大きさや体型の変化に対応できるように注意する。ハーネスは今までアナグマ(Cheeseman & Mallinson 1980)，海棲哺乳類(Broekhuizen et al. 1980, Jennings & Gandy 1980, Kolz et al. 1980)，ウミガメ(Ireland 1980)で使われてきた。

鳥用のハーネスには数多くのデザインがある。ふつう，発信器と電池を一つのパッケージに入れ背中の中央に取り付けて，アンテナは背中に沿って尾の方に垂らす(Dunstan 1972, Dwyer 1972)。一重のハーネスを翼と足の間に巻く方法(Cochran 1972)は，小型猛禽類の短期間の調査(Dunstan 1972)やヤマシギ(Coon et al. 1976)，ナゲキバト(Perry et al. 1981)で使われており，たいてい発信器を接着剤で羽に固定する方法と併用されている。例は少ないが発信器を胸に取り付けたり(Nicholls & Warner 1968, Siegfried et al. 1977)，電池を胸に発信器を背中に取り付ける方法(Dumke & Pils 1973)もとられてきた。装着によ

り翼の動きに支障が出ないよう注意する必要がある。またハーネスをたすき掛け(Nesbitt et al. 1982)にすれば,発信器が前や後ろに移動しないよう固定することができる。

大きな発信器を鳥に取り付けるときには二重のハーネスが使われる。Dwyer's(1972)のデザインはカモ類に最もよく使われるが,1本のプラスチックコーティングしたワイヤーを首と体に巻くものである。輪の大きさは鳥の体の大きさに合わせて調整でき,装着後も発信器が多少動くようになっているので,鳥の姿勢によって都合のいい位置に収まる。別のタイプの二重ハーネスは,首と胴に巻いた二つの輪を胸骨のところで連結したものである。このハーネスはテフロン製のひも(Dunstan 1972),ゴムひも(Green 1985),ゴムまたはプラスチックのチューブ(Nesbitt et al. 1982)などの柔軟な素材で作られ,鳥が体を伸ばしたり曲げたりしても発信器は適当な位置に落ちつく。輪の位置は翼の付け根の前縁や後縁に当たらないところにする。発信器の四隅からひもを伸ばし胸の中央で結ぶか,体長の大きい鳥の場合には胸骨の前端と後端で結ぶ。後者の場合,首の輪と胴の輪は胸骨に沿ってひもでつなぐ(Melvin & Temple 1987)。ひもの端をつなげるのに最も確実な方法は,糸で縫い合わせるものである。テフロンのひもで作った二重のハーネスの取り付け方,固定のしかたをSnyder et al.(1989)が詳しく書いている。翼や足の回りに取り付けるハーネスもバックパック型発信器で使われる(Nesbitt 1976, Rappole & Tipton 1991)。また,注意深く装着することが鳥の自然な動きを妨げないうえで重要である。Boshoff et al.(1984)は,ハーネスの繋ぎ目を弱くしておき,首の輪が外れやすいようにした。Karl & Clout(1987)は,木綿の糸で首のひもと胴のひもを結んだ。木綿糸が切れればハーネスや発信器は物に引っかかってとれるし,そうでなくても糸はやがて分解する。ゴムひものハーネスはやがて劣化して壊れ,発信器は落ちる(Amlaner et al. 1978, Hirons & Owen 1982)。伸縮型,脱落型の首輪と同様に,ゴムひもの劣化や木綿の分解もまちまちである。研究が終了する前に発信器が脱落することもあるだろうし,ハーネスがゆるんでうまく体に合わなくなることもある。

接着剤

発信器を動物の体に接着する,あるいはテープで張り付ける方法は,重さはほとんどなくまた体の邪魔にもならず,首輪やハーネスに比べて負担をかけない装着方法である。さまざまな接着剤が使われてきたが,組織に炎症を起こすことがあるので注意が必要である。一般的に接着剤がうまくいくのは,小型軽量の発信器を短期間(たとえば2〜24日間)装着するときだけである。発信器を接着する方法は,コウモリ類(Stebbings 1982)やクマ類(Anderka 1987)でも行われてきたが,鳥類に使われることが最も多い(Johnson et al. 1991)。発信器を鳥類に接着するためさまざまな方法がとられてきた(Jackson et al. 1977, Raim 1978, Harrison & Stoneburner 1981, Perry et al. 1981, O'Connor et al. 1987, Sykes et al. 1990)。海鳥に発信器を装着するのにグラスファイバー樹脂(Wanless et al. 1988),マジックテープ(Heath 1987)やテサテープ(Wilson & Wilson 1989),自動車ホース用テープ(Kooyman et al. 1982)が使われてきた。

テイルマウント(尾羽への装着)

通常,体重の2%以下の小型の発信器は,鳥の尾羽の根元に取り付ける(Giroux et al. 1990)。羽の腹側に取り付けた場合,発信器は外から見えなくなり,下尾筒の中で保温され水に濡れない。羽枝を羽軸の根元から刈り込み,羽をアルコールで拭いて準備する。発信器に羽軸を通す溝を付けておけば装着しやすい。ふつうは,ホイップアンテナを羽軸の付け根から先端にかけて1,2か所で結び接着する。発信器を装着するときに尾羽を曲げないよう注意する。発信器が重すぎたり,羽をいじくりすぎたりすると換羽を早めてしまう。鳥の尾羽に発信器を取り付けるため,ファイバーパッキングテープ(Fuller & Tester 1973),プラスチックケーブル(Wanless et al. 1989),にかわ(Fitzner & Fitzner 1977, Kenward 1978, Pennycuick et al. 1990),クリップ(Bray & Comer 1972, Kenward 1987)などさまざまな方法が試みられてきた。

埋め込み

電波発信器を外科的に埋め込むことは可能で,これにより動物の正常な行動を乱したり移動を妨げたりするような物を体外に取り付けなくてすむ。しかしながら,埋め込み処置は複雑で時間がかかり,小型で低出力の発信器に限定されることが多く,しかも受信範囲は50%以下に落ちる。獣医学的技術が必要とされ,無菌処置,鎮静あるいは麻酔,抗生物質の投与,そして手術後の回復のモニターなどができなければならない。さらに,獣医による外科手術の実施が要求されたり(カナダなど),埋め込み処置を行うのに許可を必要とする(イギリスなど)場合もある。埋め込み処置が開発されてきた動物種は比較的少ない。そのためこの手法を成功させるためには,飼育下の動物を使った実験が必

要となることが多い。

　埋め込み型発信器を使った哺乳類の初期の研究は，多くが生理学的データを得るために行われた。これらの研究については標準的な腹腔内への埋め込みを含め，Folk & Folk (1980) がレビューしている。発信器を腹腔内へ埋め込む位置は，生体機能を損なわないようにする上で重要である (Smith 1980, Williams & Siniff 1983)。埋め込み型発信器を使ってラジオトラッキングした哺乳類は，カナダカワウソ (Melquist & Hornocker 1979, Davis et al. 1984)，ジリスとミンク (Eagle et al. 1984)，ビーバー (Guynn et al. 1987)，キバラマーモット (Van Vuren 1989)，クロクマ (Jessup & Koch 1984)，ラッコ (Garshelis & Siniff 1983, Ralls et al. 1989)，ヒグマ (Philo et al. 1981)，そしてライオン (McKenzie et al. 1990) などである。

　生理状態のモニターは，埋め込み手法による鳥類の研究でも主な目的であった (Woakes & Butler 1975, Klugman & Fuller 1990) が，ラジオトラッキングが試みられたのはごく最近になってからである。Korschgen et al. (1984) は，6 種の水禽類で腹腔に発信器を埋め込むことに成功した。受信範囲は地上で 0.4～1.6 km，航空機で 2.4 km までであった。Olsen et al. (1992) は，発信器を埋め込んだオオホシハジロのテレメトリー調査を航空機で行い，5～11 km の範囲で受信できた。埋め込み型発信器は爬虫類 (Weatherhead & Anderka 1984, Lutterschmidt & Reinert 1990) と両生類 (Stouffer et al. 1983, Smits 1984) の追跡調査でも使われてきた。

その他の装着方法

　今まで述べてきた装着方法以外にもいくつかの方法が使われることがある。何種かの哺乳類では，耳標が首輪の替わりになる (Servheen et al. 1981, Garrott et al. 1985)。Swanson et al. (1976) は，アクティビティーセンサー付きの発信器をカモ類の鼻のへこんだ部分に取り付け，採食行動を調べた。Perry (1981) は，オオホシハジロの場合，バックパック型発信器は悪影響を与えるため，シアノアクリル接着剤を使ってくちばしの先端に発信器を固定した。しかし，くちばしに取り付ける場合には発信器の大きさは制限される。バックパック型発信器を鳥類に取り付ける方法として，縫合 (Martin & Bider 1978, Mauser & Jarvis 1991) や接着剤と縫合を併用する方法 (Wheeler 1991) が使われてきた。Melvin et al. (1983) は，プラスチックの足環に太陽電池型発信器を取り付けた。また Kenward (1985) は，猛禽類用の足環型発信器について書いている。巣立ち前後の雛は羽が成長しハーネスやテイルマウントを使うことができないため，足環に発信器を装着する。しかしながら足環型の場合，アンテナが地面に近くなるため受信可能範囲が狭くなり，アンテナの破損も起きやすくなる。

発信器装着が動物に及ぼす影響

　動物を捕獲，拘束することは彼らの正常な活動を妨げることになり，物体の装着は動物の行動や生活史にさまざまな変化を引き起こしかねない (Marks & Marks 1987, Vaughan & Morgan 1992)。発信器の装着は野生動物に何らかの影響を与えるという Cochran (1972) の意見には賛同するが，その影響を一般化することは難しい。たとえば，発信器の装着が鳥類の繁殖に不都合な影響を及ぼすことはなかったという研究 (Kalas et al. 1989, Sodhi et al. 1991, Taylor 1991) がある一方で，悪影響を示したとする研究 (Massey et al. 1988, Paton et al. 1991, Foster et al. 1992) もある。発信器を装着した動物の観察と研究から，種により，季節により，また動物の年齢により異なる影響が見られることが分かっている。また発信器の大きさ，装着方法，そして個々の発信器や装着の仕方が動物にどの程度適しているかによって動物の反応は異なる。発信器装着による影響は，短期的な場合もあるし長期的な場合もある。またはっきり分かる場合もあれば，曖昧な場合もある (Brigham 1989)。以下に述べる内容や関連する文献を読んで影響の多様さと度合いについて理解することは重要で，ラジオテレメトリーの実行可能性を決定し，発信器を装着した動物を放した後に注意すべき点を知り，あるいは発信器の装着が研究目的に与える影響を理解する際に役立つ。

　捕獲と発信器の装着に即座に反応する動物がいるが，この場合反応は持続しないことが多い。たとえば，動物が捕獲地域に数日間戻らないといったのがその例である。また，発信器やアンテナ，ハーネスに注意を向ける結果，動物の活動パターンが変わるという報告は多い (Hooge 1991)。Kenward (1982) は，発信器を装着したハイイロリスが短期的な反応を示すのを観察したが，妊娠率や体重では発信器を装着しなかったグループと比較して差がなく，長期的な影響はなかったとしている。Siegfried et al. (1977) は，水鳥にハーネス型の発信器を装着したところ，1 日から 1 週間，羽づくろいの頻度が増えたと報告している。発信器を装着する時期によっては，短期間であっても重大な影響を

与えることがある。2日齢以下のヤマシギの雛に発信器を取り付けたところ、メス親は子を放棄してしまった(Horton & Causey 1984)。一方、ハリモミライチョウでは、卵の半数が孵化した段階で発信器を装着してもなんら影響は見られなかった(Herzog 1979)。Erikstad(1979)によれば、発信器を装着するとメスのウィロウグルース(ライチョウの1種)は捕食者を引きつけやすくなり、装着しないメスに比べ多くの雛が消失した。水鳥では、発信器装着による擦過傷、羽の脱落などの長期的影響で保温性の低下が起こる(Greenwood & Sargent 1973)。オオホシハジロにハーネスとバックパックを取り付けたところ、岸辺にいて発信器を突いてる時間が極端に増え、その結果体重が大幅に減少した(Perry 1981)。入念な準備をしても発信器の装着が予想外の結果をもたらすことがある。カートランドアメリカムシクイの研究の予備実験にキノドアメリカムシクイを用いたところよい結果が得られたにもかかわらず、発信器を装着した1年後に営巣地に戻ってきた個体は、装着しなかったグループの方が有意に多かった(Sykes et al. 1990, C. Kepler & P. Sykes, 私信)。

装着による影響の中には見つけにくいものや稀にしか起こらないものがある。Jackson et al.(1977)は、ホオジロシマアカゲラに付けた発信器のアンテナが、樹皮の割れ目に引っかかることがあるのを観察した。しかしこの問題は、アンテナをより柔軟なものにすることで解決できた(Nesbitt et al. 1982)。Webster & Brooks(1980)は、発信器を装着したアメリカハタネズミの採食活動が減少し、その結果生存率も低下したと報告している。Clute & Ozoga (1983)は、オジロジカの幼獣に付けた伸縮型の首輪に、冬の間氷がどんどんついて重くなったのことを確認している。時には、個体群の一部にだけ影響が現れることがある。発信器を付けたキジの生存率は発信器の重量が大きくなるにしたがい減少したが、これは装着時の体重が軽い個体だけで見られた(Johnson & Berner 1980)。

発信器装着の影響を調べるには実験的方法が有効である。発信器装着がアカライチョウに及ぼす影響を特定するには、飼育下の鳥を使った作業、フィールドでの実験、そして観察という手順で一連の研究を行う必要がある(Boag 1972, Boag et al. 1973, Lance & Watson 1977, 1980)。Herzog(1979)は、ラジオテレメトリーの限界を調べるため、ハリモミライチョウで発信器を装着した個体と足環だけを付けた個体とで維持行動と繁殖行動、移動、そして営巣成功度に差が見られるか比較した。同様に Kenward (1978)は、オオタカで発信器を付けた個体と足環だけを付けた個体の体重を比較した。Amlaner et al.(1978)は、セグロカモメに重さの異なる発信器を付けて抱卵行動と雛の生存率を比較した。

装着方法による違いもフィールド実験で調べられてきた。Marcstrom et al.(1989)は、キジではネックレス型の発信器を付けた方が、バックパックハーネス型より生存率が高いことを報告している。Garrott et al.(1985)は、ミュールジカの幼獣では首輪型やイヤータッグ型の発信器を付けても生存率に変化がないことを確かめた。このような実験は有益な情報を与えてきたし、今後も装着方法の比較からより多くを学ぶことができる。しかしながら、実験的アプローチはすべて注意深くデザインを立て、統計的検定力とサンプル数を考慮する必要がある(White & Garrott 1990)。

電波発信器の使用は、動物のエネルギー収支にも密接に関係する。飼育下のハクトウワシの代謝量を0°Cの実験室内で比較すると、バックパック型発信器をハーネスで装着したときには、装着しないときより代謝が高くなる。しかし、アメリカフクロウでは20°C、0°C、-20°Cの温度条件で、発信器の重さを体重の2%、5%、10%と変えてもエネルギー代謝に変化は現れなかった(Gessaman et al, 1991)。Wooley & Owen(1978)と Sedinger et al.(1990)は、飼育下の水鳥では発信器を装着したものとしないものとで代謝に差がなかったと報告している。Gessaman & Nagy (1988)は、発信器が伝書バトに与える影響を調べた。何も付けない個体、ハーネスだけを付けた個体、体重の2.5%と5.0%の発信器を付けた個体を鳩舎から90 kmおよび320 km離れた地点で放した。ハーネスだけを付けた個体は90 kmの飛行で15%速度が落ち、発信器を付けた個体はさらに時間がかかった。5%の発信器を付けて320 km飛行した場合では、ハトが産出したCO_2の量は85〜100%増加した。カワラバトに発信器を付けた場合も、飛行時間と体内の水分消失量に影響が出る(Gessaman et al. 1991)。Pennycuick et al.(1990)は、二重に標識した水を使ってシラオネッタイチョウのエネルギー代謝を調べた結果、発信器(体重の2.0%)を付けた個体は、付けなかった個体に比べて採食飛行に費やすエネルギーが有意に多かった。採食飛行の時間と運んでくる食物の重量を比較したところ、発信器を装着した個体としなかった個体とに差は見られなかった。この結果からテレメトリーの影響を調べるには採食の割合は不適切であることが分かる。

長距離の渡り、短距離の飛行、速い飛翔、ゆっくりした飛翔、機動飛行など、飛行の種類が異なれば、発信器の重

量と空気力学的抗力によって受ける影響も変わってくる。Aldridge & Brigham(1988)は，70g未満のコウモリには体重の5%の発信器を使っても深刻な影響を与えることはないとしている。しかしながら70gを越えるコウモリの場合，Caccamise & Hedin(1985)の公式をもとに装着できる発信器の重量を算出すべきである。飛翔性動物は，大型になるほど体重に比して大きな筋力を要するようになる(Pennycuick 1975)。そのため，体重の3%の重さの発信器を取り付けた場合，コマドリよりもガチョウの方が，使う筋力の割合が相対的に大きくなる。このような研究から，動物が運ぶことのできる発信器の重量を決めるのに，おおざっぱな経験法は役に立たないことが分かる。

生体力学的モデルを使って，発信器の重量や空気力学的要因に及ぼす抗力を見積もることができる(Pennycuick 1975)。コンピュータソフト(Pennycuick 1989)を使い，鳥の体の抗力や体重，翼幅に関するデータを処理して，発信器が飛行パラメータに与える影響を算出できる。たとえば，発信器は最大飛行範囲を15～34%減少させる(Pennycuick & Fuller 1987)。このパーセンテージは鳥がエネルギー源として蓄えている脂肪の量によって変わる。こうした生体力学的アプローチから，体の輪郭の外側に着ける発信器を流線型にすることが重要であると指摘されてきた(Obrecht et al. 1988)。発信器の抗力は，雛に餌を運ぶときなど鳥が短距離を飛ぶのにはたいした影響を与えないが，発信器の余計な重さは飛び立つときに使える力を制限する(Pennycuick et al. 1989)。発信器の抗力はまた，水鳥の遊泳速度に大きな変化を及ぼす要因となる(Wilson & Wilson 1989)。生体力学的モデルの測定値や推定値を使えば，発信器が動物に，さらには研究結果にどんな影響を与えるのか確かめやすくなる。

ラジオトラッキング

ラジオトラッキング技術は，直接観察や記号再捕獲法(または記号再認法)のような通常の調査方法では動物の移動パターンや活動パターンを調べられない場合に使われる。しかし，ラジオテレメトリーは万能薬ではない。というのは，動物の移動や方向探査の誤差などが推定位置の精度に影響を与えるからである。Cochran(1972, 1980)やL. Kolz(私信)をはじめ何人かの研究者が強調しているのは，野外環境でバイオテレメトリー技術を有効に使おうとするなら，電波の伝播や機械の機能に関する基本的な理解が必要だということである。この項では，発信器を装着した動物をロケーションする際の手順を紹介する。研究者はこの内容をよく理解することが大事である。それができれば，研究目的を達成し効果的な研究計画を設計するためにラジオトラッキングが有効であるか評価できるようになる。ここでは，生理学的データや在／不在データに関しては触れないが，電波の伝播に関する話題はほとんどのバイオテレメトリーに関係することがらである。

電波の伝播と受信範囲

無線信号は光波と同じ特性をもつ電磁波である(ARRL 1988)。しかし，野生動物のテレメトリーでよく使われる"レーダー視示界線"という用語は，注視線とは違う。電波は人の視界を遮る物体をも通過するが，目に見えないものの影響を受けることもある(Cochran 1980)。電波は地表面に対し垂直(直角)あるいは水平(平行)に偏波する。最初に発生する偏波は，送信アンテナの向きによって決まる。したがって鳥の背中に付けたホイップアンテナは地表面に対して垂直方向となるので，垂直方向に偏波した電波を発する。電波は平坦な地形や水面の上では垂直方向に偏波したままだが，植生が密なところでは水平方向の偏波を生じることがある。100MHzを超える周波数では，多くの障害物によって水平方向の偏波を生じる(ARRL 1988)。障害物が多いところでは偏波の方向を正確に予測することは難しい。この場合，素子が水平方向，垂直方向を向くよう受信アンテナを回してみて，利得と指向性が最大になる向きを探す(Cochran 1980)。

無線信号の初期の強度は，送信アンテナからの有効放射出力(ERP)によって決まる。電波は送信アンテナを離れると広い範囲に広がり，距離の二乗に比例して弱くなる。実際の信号強度はたいていこの理論値よりも弱くなるが，それは動物の体(導体)などによってすぐに信号の伝播が影響を受けるからである。地面(土壌，岩石など)も導体で，送信された電波に急激な影響を与えうる。Cochran(1980)は，信号が地表面から20°以上の範囲に放射されるとき，発信器の出力を16倍にすれば受信範囲を4倍にできると指摘している。電波が低く放射されると地表に妨害されるので，受信範囲を4倍に広げるためには出力を100倍に上げる必要がある。彼はまた，電波が深い森林を抜けるには1,000倍の出力が必要になると述べている。送信アンテナと受信アンテナの高さは，受信範囲に最も大きな影響を与える要因である(Anderka 1987)。アンテナが障害物よりも2λ(150MHzで4mほど)高い位置にあれば，15km離れた地点で受信できることがあるが，発信器が地面に近いと受信範囲は1～3kmに下がってしまう。受信アンテナを上げるだけ

でも，これを一部埋め合わせることができる。電波は動物の体やワイヤー（電話線，フェンスなど），金属構造物などの他の導体に出会うと急速に力を失う。こうした障害物は，地形や植生と同様に電波の反射や回折を起こす。草原の植生が生長し始めると，発信器を付けたスカンクの受信範囲は50％に低下した(Sargeant 1980)。ある種の物質，特に金属などは無線信号を遮断するが，電波の中にはほとんどの障害物を通過したり，信号の微弱な"影"を作って物体の回りを回折したりするものがある。信号の損失は，電波の反射によって起こる。これは障害物があるため，電波が最短距離よりも長い距離を飛んでこなければならないからである。信号の反射は，ラジオトラッキングに別の問題を引き起こす。すなわち指向性をもつ受信アンテナは電波の最も強い方向を拾い，必ずしも発信器の方向を示さないということである。信号の反射，偏波，そして力の減衰は，フィールドワークで遭遇する数多くの環境条件によって変わり，ラジオトラッキングに誤差を生み出す原因になる。

誤差

ロケーションの精度は，電波の伝播が変化することによって影響を受けるだけでなく，動物の移動，機械の性能や操作によっても変わる。したがってラジオトラッキングから得られるのは動物の実際の位置ではなく，あくまでも推定位置である。研究者は研究に必要なロケーションの精度をまず決め，それからフィールドでの手順と，精度の高いロケーションデータを得るためのクォリティーコントロールについて考えを進めるべきである。ラジオトラッキングの結果には，誤差の推定値も含めるべきで，そうすることによって結果を正しく判断することができる(Pyke & O'Connor 1990)。季節的な移動ルートを調べる場合は，ロケーションに数 km の誤差があっても許されるだろうが，繁殖期に動物の位置を調べる場合には数 m の範囲に収まらないと使いものにならないだろう。生息地選択や微気象がエネルギー収支に与える影響を調べる際にも，誤差数 m の精度のデータが要求されることがある。White & Garrott(1990)は，誤差と誤差がラジオトラッキングに与える影響について分かりやすく説明している。

誤差の原因

受信地点を正確に把握できてないために誤差が生じることがよくある。誤差は単に受信地点の位置を間違えても発生し，これは地図が不正確だったり，縮尺が適切でなかったり，誤った地点をプロットしたりして起こる。発信器を装着した動物を目撃するために発信源に接近した（「ホーミング」の項を参照）時でさえ，位置の特定には誤差が生じる。ロケーションの位置を示す点を鉛筆で地図に記入すると，24,000分の1の地図（たとえばアメリカ地質調査図7.5°地形図）で点の幅は5～10 m になる。これだけの誤差が，方向探査がもともともつ誤差にさらに加わるわけである。コンパスで読みとった角度が1度ずれていると，受信地点からの距離1 km に対し直線距離で17.5 m の誤差が生じる。GPSを使うと，常に15～20 m の誤差でロケーションデータを得ることができる。航空ナビゲーションシステムの精度は，飛行中の発信器をロケーションした場合，LORAN-Cでおよそ100 m～11 km(Patric et al. 1988)，DME-VORでおよそ1～3 km(Fuller et al. 1989)である。小縮尺の地図を使い，方向探査する地点をあらかじめ確認しておけば，受信地点に関係する誤差を小さくすることができる。しかしながらCochran(1980)が述べたように，±1°の精度を常に得るには，地図が精密で，機械が通常野生動物の調査に使うものより電気的，物理的に安定したものでなければならない。

ラジオトラッキング用の機械自体にもそれを操作する人と同様に誤差の原因がある。受信アンテナはデザインに応じて±0.5°～約7°の精度をもつ(Kenward 1987:15-21, Macdonald & Amlaner 1980,「受信システム」の項も参照)。機材は調整しておく必要があり，特に同軸ケーブルやアンテナの素子，"ヌルーピーク"の方向には気を配る。定置アンテナの方位盤は慎重に方位を合わせ，定期的にチェックする(White & Garrott 1990)。磁石の示す北（磁北）は真北からずれるので補正しなければならない（西偏補正）。Pace(1988)は，車載型のモービルアンテナを使ったシステムで方位が狂っていたために，他の要因に比べてロケーション誤差が頻繁に発生したことを確認している。無線標識用のビーコン発信器を位置が正確に把握できている地点で受信するか(Kufeld et al. 1987)，入念に自動車の方位を調整すれば(Hutton et al. 1976)，この問題を軽減することができる。Springer(1979)や，Lee et al.(1985)，Kufeld et al.(1987)は，支柱に取り付けた八木アンテナで電波の方角を特定する作業に個人差は見られなかったと報告した。一方，Hoskinson(1976)は，パイロットが操縦しながらトラッキングする場合には，人によって差が出たとしている。Mills & Knowlton(1989)は，4人の調査員がテストされているのを知っていたときには，精度が大幅に向上したと報告している。これらの調査員は訓練を受けて機材を適切に使うことができ，誤差をなくすよう慎重に行わなければならないと意識していたに違いない。

野外でのトラッキングにおいては，何が電波の伝播に影響を与えたり，方向探査の誤差を増大させるのかを認識しておくことが重要である。Kufeld et al.(1987)は，周囲の土地が高くなるにしたがい電波の質と精度が低下することを確認した。Garrott et al.(1986)の報告によると，発信器が尾根の向こうにあって電波が遮られる場合には，得られた方位角のデータの52%に極端な誤差が出た。Hupp & Ratti(1983)は，岩だらけの地域や起伏のある森林地帯では平坦で開けた土地よりも誤差が大きくなると述べている。Chu et al.(1989)は森林植生が誤差に大きな影響を与えることを確認しており，交点の角度が20°未満か160°以上になるとき，あるいはまた発信器と二つの受信地点との距離の合計が2kmを越えるときにはデータを使うべきでないとしている。風で木の枝が揺れる，動物が移動する，送信アンテナが動く(信号の変調を起こす)といったことでも誤差が生まれるが，こういった要因は予測不可能で(Lee et al. 1985)，ラジオトラッキングの最中に気づかぬことが多く，どの程度起こるのかも不明である。そのため研究を始める前に，調査計画と同一の条件で野外試験を行い，誤差を評価する必要がある。

誤差の評価

野外条件下での誤差について予備研究を行うと，次のように多くのメリットが得られる。①調査員が機材に慣れる。②機材が正常に作動しているか確認できる。③調査地域内の局所的受信特性(電波の弱い地点，反射しやすい地点，偏波を生じやすい地点，ノイズや妨害電波の入りやすい地点)を知り，地図に記入できる。④野外調査の計画を確立できる。⑤誤差の推定値をもとに，これから得るテレメトリーデータが調査目的に十分なものかを判断できる。⑥予備研究で集めた情報を使ってデータの管理と解析ができる。ラジオトラッキングシステムの計画と検討については，White & Garrott(1990)が1章を割いて説明しているので，ここでは誤差を評価するステップについて簡単に説明するにとどめよう。

まず，誤差の評価や実際の研究に使うのと同じタイプの発信器を使いながら受信機械を操作し，その機能に慣れることが大切である。また同一の仕様で注文した発信器であってもばらつきがあるので，発信器ひとつひとつについて受信可能範囲を確認する(Sargeant 1980, Mech 1983)。動物に付けた発信器が，調査地域内の特定の場所でロケーションしやすいことがあるが，これは受信特性と混信パターンによるものである。まず平坦で開けた地域で発信器の有効範囲のテストを行う。可能ならば，動物に発信器を装着するときと同じ向きにアンテナを向け，プラスチックボトルに塩水を詰めて導体である動物の体の代わりにする。このテストの結果，最大有効範囲が得られ，これは個々の発信器を比較する基準となる。次に発信器を位置が把握できている場所に置く。これは調査地域内にランダムに置いてもよいし，いくつかの代表的な場所に置いてもよい。また，動物が使うことが分かれば，巣穴，うろ，湿地，林縁など電波の伝播に影響しそうな生息地にも発信器を置いてみる。

対象動物が移動や分散をした場合には，特殊な方法(「ホーミング」，「航空トラッキング」，「三角法」の項を参照)が必要になり，受信システムの配置を変える必要がある。可能ならば，研究対象とする動物を攪乱せずに行けて，アンテナが障害物よりも高くなるようなところを受信地点に選定する。ワイヤーや電線，モーターが近くにあったり，騒音がするようなところは避ける。通常，このような受信地点を2か所以上探し，そこから同時にあるいは短時間のうちに連続して方角を調べ，三角法により動物の位置を求める。White & Garrott(1990)は，受信地点の設定方法を述べている。彼らがあげた例では，要約すると，反射や電波の異常な減衰などの複雑な問題はいっさいないものと仮定している。2か所の受信地点しか設けられないときには，調査地域の一方の端のすぐ外に2地点をとる。このように配置すれば，動物が調査地域内にいる限り，二つの受信地点を結んだ直線上やそのすぐ近くで2地点からの方位が交差することはない。受信地点を結んだ直線のすぐ近くに交点ができる場合には誤差範囲が大きくなる。一般的に，調査地域の縁に同じくらいの間隔を置いて3か所以上の受信地点を設ける。ただし，調査地域の隅は避ける。White & Garrott(1990:94-110)は，正方形あるいは長方形の調査地域に2か所から6か所の定置アンテナを設定する場合，次の二つの方法が理論的に最善だと紹介している。すなわち，①ロケーションの平均的な誤差範囲を最小にする方法，あるいは②ロケーションの最大誤差範囲を最小にする方法である。彼らはまた，精度を一定レベルに維持するためには何か所の受信地点が必要か算出する方法も示している。

予備研究の結果，受信範囲の限界が分かり，ロケーション誤差を算定する基礎データが得られる。予備研究を行うときには，ロケーションを行う調査員に発信器の位置を教えないようにする。複数の発信器の方向探査はランダムな順序で行ってよい。反復実験の独立性を保ちながら，発信器ひとつひとつについて数回方位角を測る(Springer 1979, Lee et al. 1985, Garrott et al. 1986)。こうして

求めた方位角をもとに三角法(「三角法」の項を参照)で推定位置を割り出す。受信地点と発信器のすべての組み合わせについて，方位角の誤差の標準偏差を算出し，それをもとに個々の発信器の誤差範囲を求めておいた方がよい。予備研究の間にこうしたデータをとって分析しておくと，肝心のフィールド調査で信頼性の低い結果を出しやすい組み合わせを見つける手がかりが得られる。この情報をもとにして，サンプリング方法やデータの記録方法をデザインすることができる。予備研究の分析に基づいて精度が不十分と判断されたデータ，すなわち得られた交点が受信地点に近すぎたり，交点の角度が一定範囲を超えたりするようなデータは削除する必要がある(Heezen & Tester 1967, Dodge & Steiner 1986, Chu et al. 1989)。ほかにとるべき対策としては，調査範囲をカバーできるように受信地点数を増やす，電波の障害を避けて受信地点を移動させる(White & Garrott 1990)，交点を求めるための方向探査の数を増やす(「三角法」の項を参照)，受信機や発信器の精度を上げるといったものがある。

携帯用アンテナや車載アンテナ，あるいは定置アンテナの受信地点を決める場合にも同様の予備研究を行った方がよい。適当な受信地点が決まったら地図上に記入し，定置アンテナを使う場合には，支柱，アンテナ，同軸ケーブル，コンパスを取り付ける。方位盤や自動車の方位を合わせたり，手持ちのコンパスの性能をチェックする方法を工夫する。方位盤の向きを調整する方法については，White & Garrott(1990)が述べている。

方向探査

方向探査とトラッキングの方法については，特殊な状況(至近距離や3次元など)で行う場合の留意点も含めてMech(1983)とKenward(1987)が詳しく解説している。方向探査を始める前に，動物の位置を落とす座標系を選定し，適切な縮尺の地図や航空写真を準備しておく。筆者らはユニバーサル横メルカトル座標系(UTM)を使うことを薦める。これについては，White & Garrott(1990)が解説している。Dodge & Steiner(1986)は，UTM座標を使うためのラジオトラッキング用プログラムを作った。またDodge et al.(1986)は，緯度経度座標(LORAN-CやGPSなど)をUTM座標に変換するプログラムを作った。White & Garrott(1990)が紹介した方法や事例，プログラムは，UTM座標に基づいたものである。

方向探査を始める手順は，次のとおりである。
①発信器の予想受信範囲内に受信地点を決める。理想的な受信地点は小高い開けた場所で，地上から1.5～2λの高さ(150 MHzで3～4 m)にアンテナを設置する(Kenward 1987:115-116, Anderka 1987)。あるいはアンテナをできるだけ高くあげて障害物から離す。
②受信機の利得とボリュームをおよそ中間に合わせる。ヘッドホンがあると，受信音が小さいときに便利である。
③受信アンテナを360°回転させながら，信号音を聴く。
④信号音が聞こえなければ，アンテナの向きを水平から垂直に変え，利得を上げる。それでも聞こえなければ動物がいると思われる方向に移動し，ステップ1からやり直す。
⑤信号音が聞こえたら，アンテナを回しながら利得とボリュームを調節して信号強度がピークや"ヌル"を示す方向を探す。利得が高すぎるとピークを示す範囲が広くなり，八木アンテナの後方からも強い電波が入ってしまう。
⑥アンテナの受信パターン(図15-5)を頭に描きながら，信号が一番強くなる向きにアンテナを回す。そして信号音がほとんど聞こえなくなるまで利得を下げる。
⑦アンテナを左右に動かしてピークの信号音が聞こえなくなる点，すなわち"ヌル"になる点を探す。アンテナの延長線上に目印となる物を定め，それを見ながら角度を測る(このときコンパスは金属から離して使う)。"ピーク"が広い範囲でとれて方向を測るのが困難なことがある。"ヌル"の範囲はピークよりもたいてい狭い。また信号の強さが徐々に変化する中で方向を定めるより，信号があるかないかで決める方が簡単である(Cochran 1980)。そのため最も信号の強い方角を求めるために，ほとんどの研究者はピークの両側の"ヌル"の中間の角度(Springer 1979, Macdonald & Amlaner 1980, Kenward 1987)か"ヌル-ピーク"システムの"ヌル"の中間の角度(Hupp & Ratti 1983, Lee et al. 1985, Garrott et al. 1986, Kufeld et al. 1987)を使うことを薦めている。アドコック(H型)アンテナ，ダイポールアンテナ，ループアンテナの受信パターンでは，同じ強さのピークが二つできる(図15-5)。これらのアンテナで方向を特定するときには，アンテナを体の前に出して360°回り，発信源に背を向けて微弱な信号をキャッチする方法もとれる(Kenward 1987:118-123)。
⑧ピークあるいは"ヌル"の両端の方向が分かったら，コンパスで二つの方角を測り，足して2で割って信号の

来る方角を求める。

ステップ4の後，信号が受信できないときには，機械が作動しているかを再度確かめる。受信できないときには，対象動物の電波を拾うことの多い場所(巣穴やねぐら，巣など)や時間帯から探索を開始する。このときアンテナはできる限り高く上げる。探索は，最小受信範囲に合わせた間隔で組織的に行う。しかし，発信器の電池の消耗や動物の分散，死亡(およびそのためアンテナの位置の変化)が起こっているかもしれないので，これらが信号の強度や電波の伝播にどんな影響を与えるか考えながら探索することも大切である。航空トラッキング(以下の項を参照)は"消えた"動物を発見するのに有効なことが多い。

方向探査によって発信器の場所を突き止めたり(「ホーミング」)，方向探査の結果をもとに三角法で推定位置を割り出す場合，方向探査の変動を確かめておくと便利である。White & Garrott(1990)は，方位角と角度と地図座標の関係や，位置が分かっている発信器を使って方位角の精度を測定する方法を述べている。こうした問題は携帯アンテナ，定置アンテナ，車載型アンテナに当てはまる。

ホーミング

ホーミングとは，アンテナの指向性と信号強度を手がかりに発信源を目指して移動し，最終的には動物ないしは発信器を目撃する方法をいう(Mech 1983)。方向探査の8つのステップに続いて，以下の手順を踏む。

⑨信号音を聴きながらアンテナを回して方向を探り，発信源に向けて移動する。
⑩移動しながら，定期的に利得を下げ信号の方向を確かめる。これは発信器に近づくにしたがって信号が強くなるためである。方向がはっきりしないときはアンテナを360°回し，信号のピークを示す方向を再度確認する。
⑪信号が消えたり方向が曖昧になったりしたら，信号音を聴いた最後の場所まで戻るか，四方に数m歩いてみる。もと来たルートと違うところを移動すれば，やがて信号の反射に気づき新たな方位角が得られる。これは三角法で使えるデータになりホーミングを補足する情報となる。
⑫利得を最低にしても信号がはいるときは，発信器はすぐ近くにある。わずか数m動いただけで信号が消えることがあるが，これは発信器を通り過ぎたことを示している。前後左右に移動して発信器を"囲い込む"。
⑬至近距離で信号が相当強くなると受信機の利得調節では間に合わなくなることがある。こうなるとループアンテナを使うか(Cochran 1980, Hegdal & Colvin 1986)，アンテナを外して同軸ケーブルだけにするか，短い針金(ペーパークリップなど)を使うかしてステップ12を繰り返す。

航空トラッキング

航空機からのラジオトラッキングはホーミングの特殊なケースで，多数の発信器がある広大な地域をカバーするのに使われる。しかし航空トラッキングは，研究の前に準備しなければならないことが多い。たとえばアンテナを取り付ける認可を得る必要があるし(同軸ケーブルをコックピットの中まで引くのにも認可がいる)，機材や受信範囲のテスト，ロケーション誤差の測定もしておかなければならない。フライトのたびにパイロットと飛行プラン，トラッキングの戦略，そして目的を話し合うことも必要である(Gilmer et al. 1981を参照)。地表近くの受信アンテナで3～4kmの範囲で受信できるなら，上空3kmを飛ぶ航空機のアンテナでは35km(Hegdal & Colvin 1986)～100km(Anderka 1987)の範囲で受信が可能である。しかしながら，妨害電波や信号強度のために最も適した高度が制限されることがある(Cochran 1980)。探索飛行で動物の在/不在を確認する場合，航空機のスピード，最小受信範囲，発信器のパルスレート(発信間隔)とパルス幅，個々の個体の周波数を調べる時間によって，モニター可能な動物の数は制限される(Gilmer et al. 1981, Kenward 1987)。研究者は研究を行う前にパイロットと話し合い，こうした要因について十分配慮した計画を立てた方がよい。

航空トラッキングの方法については，Gilmer et al. (1981)，Mech(1983)，そしてKenward(1987)が詳述している。航空トラッキング用のテレメトリー機材は基本的に他のテレメトリー調査と同様であり，先に述べたとおりである。受信はたいてい翼(あるいはヘリコプターの支柱)の下に下方外側に向けて付けた二つの指向性アンテナで行う。窓から引いた同軸ケーブルはスイッチボックスにつながり，これで左右どちらかのアンテナに切り替えたり両方を使ったりしながら信号の入力音を聴く。航空ナビゲーションで航空機と動物の位置を特定できる。航空機からロケーションを行う基本的な手順は次のとおりである。

①飛行場を出発する際に，ビーコン発信器を使って機材(両翼に付けた指向性アンテナ，同軸ケーブル，スイッチボックス，スキャン型受信機，ヘッドホン，それに準備できればラップトップコンピュータ，LORAN-C

インターフェイス)の性能をテストする。
② 最後に動物を確認した地点か,いると予想される地域に飛ぶ。航空ナビゲーションシステムとラップトップコンピュータ用のプログラムを使えば,目的地に到達するまでの時間を短縮できる(Dodge et al. 1986)。
③ 航空機が目標地域に近づく間,両方のアンテナから信号がはいらないか耳を澄ます。300 m から 3,000 m まで高度を上げながら,信号が聞こえるまで目標地域の回りを旋回する。3,000 m の高度に上がっても信号が聞こえないときは,ステップ 13 に移り,より広い範囲を探索する。
④ 左右のアンテナを切り替えて,どちらの方向から信号が強くはいるか調べる。必要に応じて利得を下げる。
⑤ 発信器に向かって飛行しているときには,信号が"ヌル"か微弱になることがよく起こる。
⑥ 発信器に近づくと信号は強くなり,しばしば片側の強度がわずかに上回るようになる。発信器に近づきながら,必要に応じて利得を下げる。
⑦ 信号の強い側で円(直径約 3 km)を描きながら飛行する。このときもアンテナの切り替えは続ける。
⑧ 円の外側から強い信号が入るときは信号の方向に向きを変え,ステップ 6 に戻る。
⑨ 発信器を通り過ぎると,強かった信号が急激に弱まるのが分かるはずである。Mech(1983)によれば,利得を最低に設定していると,強力な信号の振幅が変化するのを聞き逃すこともあるが,シグナルメーターは変化を示す。発信器の上空を通り過ぎたら向きを 180°変え,再びその上を通過してステップ 7 から繰り返す。
⑩ 相変わらず円の内側から強い信号がはいったら,高度を下げながら直径を狭め(約 1.6 km),利得をさらに下げて旋回する。アンテナの切り替えは続け,どちらの方向から強い信号がはいるかを確かめる。
⑪ 狭く旋回しているうちに,反対側のアンテナから強い信号が入るようになったら,ステップ 10 の要領でその方向に旋回する。発信器は航空機が描いた最小の円の中にある。
⑫ 小さな円を直角に横切って飛行し最も強い信号が来る四分円を特定する方法(Mech 1983)をとれば,発信器の回りの誤差範囲をさらに小さくできる。
⑬ 予想されたところで信号が入らないときは,最小受信範囲の 2 倍以下の間隔をあけて帯状に(一定の高度で)飛行し,より広い範囲を探索する。平坦で開けた地形のところを帯状飛行するには,次のような方法がある

(Kenward 1987)。最初の探索地域を中心に徐々に旋回半径を広げながら円を描き,外側を探す。調査範囲の片側から開始して前後に折り返しながら平行線を描いて全域を探す。あるいは,分散や移動で使いそうなルートを探索する。森林地帯や山岳地帯では高度を高くとる必要がある。

航空トラッキングの精度に関するテスト結果はほとんどないが,±100〜200 m が通常得られる最大の精度だろう。Hoskinson(1976)は,パイロット数人を使って通常の場合より低空(地上 15〜30 m)低速(95〜115 km/h)で飛行し,5分間円を描いたところ,最小誤差が 7〜40 m,最大誤差が 40〜70 m という結果を得た。アンテナの搭載方法(Gilmer et al. 1981)とアンテナの対称性(Cochran 1980)も精度に影響を与える。Fuller et al.(1989)は,1 本の 4 素子八木アンテナを使って発信器を付けた海鳥の位置を直径 1 km の円内に特定し,DME と VOR の航空ナビゲーションシステムを使って ±1〜3 km の精度で航空機の位置を特定した。

三角法

発信器を装着した動物の位置は,二つの受信地点から方位角を測定する方向探査で割り出すことができる。方位角の交点は動物の位置の推定値にすぎない。推定に関係する誤差範囲あるいは誤差多角形は,方位角の標準偏差に基づく(Heezen & Tester 1967, Springer 1979, Hupp & Ratti 1983)。White & Garrott(1990)は,方位角を x-y 座標系(UTM など)に変換するのに必要なステップと誤差多角形の信頼範囲を計算する方法を紹介している。標準偏差は,位置が分かっている発信器の方位角を受信地点から何度か測定した予備研究から求めるのがふつうである(White & Garrott 1990)。受信地点の数が決まっている場合,受信機と発信器の組み合わせによって異なった標準偏差が得られる。動物の位置と三角法の誤差を推定するこのアプローチは,研究地域が狭く(信号の強さや動物と受信機との距離に対して),環境条件が電波の伝播に大きな変化を与えない場合にはおそらく十分であろう。しかし多くのラジオトラッキング研究は,比較的広大なレンジをもち,均一ではない環境を素早く移動する動物を対象にしている。動物はさまざまな位置にいる可能性があるのに,限られた受信地点から少数の推定位置を求めただけのサンプルデータでは,多様なラジオトラッキングの状況(動物の行動,天候,季節,地形の違い。これらはいずれも電波の伝播と三角法に影響を与える)を代表するものとは言いがたい。

Lenth(1981)の計算によると，動物の位置は共同誤差楕円(Chu et al. 1989, Nams & Boutin 1991)をもつので，こうした状況では最低3地点から推定位置を求めた方がよい。その結果，ロケーションデータの精度についてより多くの情報が得られる。Lenthのアプローチは二つ以上の方位角から推定位置を求めるのに適用できる。しかし三つ以上の方位角を使えば，誤差の大きな推定位置を見つけ，信頼楕円の平均サイズを1/4～1/6ほど小さくできるというメリットが得られる(White & Garrott 1990)。White & Garrott(1984)は，Lenth(1981)の方法を使うためのコンピュータプログラムを提供している。今日までこの方法は，野外のテレメトリー研究と分析方法のほとんどに適用されてきた(White 1985, Garrott et al. 1986, Saltz & White 1990, Samuel & Kenow 1992)。

実際，方向探査で得られた方位角が，信号の反射や減衰，不適切な交点の角度などのために使いものにならないことがよくある(Garrott et al. 1986, Chu et al. 1989)。四つ以上の方位角をとれば，とんでもない信号(孤立値)を切り捨ててもなお推定位置を得ることができる。White & Garrott(1990)は，有効な方位角の数を，不良信号を得る確率と受信地点数の関数として求める方法(SASのプログラムも含む)について述べている。こうした可能性を十分に利用するため，研究者はフィールドで方位角を得るために精一杯努力し，方位角の有効性を"リアルタイム"に評価する方策をとるべきである。

通常三角法は，素早く移動し広い地域を利用する動物の推定位置を求めるのに使う。そのため，複数の受信地点から同時に方位角をとるのが最も望ましく(White & Garrott 1990)，たいてい相互の連絡が不可欠となる。しかしながら同時に方位角を得るのに十分な人員が確保できないことがある。そこで3人の調査員各々が2分ほどの間に二つの方位角をとる単純な方法を紹介する。ある受信地点で最初の方位角をとった後，1～2m移動し方向探査の手順を繰り返し，360°全方向を調べ信号のピークやヌルがないか探す。他の方位角データとつじつまが合わない外れた値は多くの場合信号の反射のために得られるので，2, 3歩動いただけで反射信号の進路から外れるものである(Kenward 1987)。2回とも360°全方向を探すということが大事である。最初の結果に引きずられて，2度目の方向を誤ってはいけない。ロケーションチームは，相互に無線連絡をとりあい(あるいはあらかじめ決めておいたサンプリングスケジュールで)方向探査を同時に行うことで，位置推定のサンプルにする方位角を2倍得られる。ひとりの調査員がポータブルコンピュータを持ち歩き，1度の方向探査が終わるごとに方位角のデータを打ち込むやり方もある。White & Garrott(1984, 1990)やDodge & Steiner(1986)，あるいはLOCATE II(補遺IのPacerを参照)などのプログラムを使い，あらかじめ決めておいた検閲基準(White & Garrott 1990)を適用して，サンプルに含めるか，不良方位角や重複した方位角として切り捨てるかをフィールドにいながら評価できる。必要があればさらに(別の受信地点から)方位角をとり，位置推定に有効なサンプルを得ることもできる。

❏ テレメトリーデータの解析

移動と季節移動

ラジオテレメトリーは当初から動物の移動パターンの研究に使われてきた。そして記載的調査から特定の側面を目的とした研究へと発展し，動物の空間利用パターンや生息地利用パターン，生存率の研究，そして行動研究などに使われてきた。動物の移動の個々の側面に関係したデータを解析する方法については後に述べるとして，動物の移動データを示したり評価したりする必要は絶えずある。動物の移動にさまざまなパターンがあることは，生態学的な興味の的となってきた。特定の場所での在/不在，個体の1日の移動，夏と冬との季節移動，出生地域からの分散などがその例である(Sanderson 1966)。

巣穴などの重要な地域で動物の在/不在を記録するだけでも，活動パターンについておおまかではあるが価値のあるデータを得ることができる(Parish & Kruuk 1982)。たいていこうしたデータの収集には自動的記録システムが使われ，長期間にわたる連続的な収集を容易にしている。

テレメトリー研究の移動データを使った解析で最も多いのが，移動率の計算である。移動率はふつう，連続した二つの点の距離をロケーションの時間差で割って求める。得られた比率は年齢，性，あるいは季節などの他の要因と比較する指数として使われる(Laundre et al. 1987)。しかし移動はさまざまな要因に影響されるため(Sanderson 1966)，どのくらいの頻度で移動率を測定するかによって結果は大きく変わる。Laundre et al.(1987)は，24時間の移動率と，より頻繁に行った観察から得た移動データとを比較していくつかのやっかいな問題を示した。彼らは4種の動物(食肉類2種，有蹄類1種，鳥類1種)について日に1度のロケーションから求めた移動率と，より頻繁なロケー

ションによって求めた移動率とを比較し，相関がほとんど見られないことを確かめた。Small & Rusch(1989)は，基本的なパターンを知るには日に1度のロケーションで求めた移動距離ではばらつきが大きすぎるので，5日間以上の期間で移動率を"ならす"必要があると結論づけている。動物は長期にわたって直線的に移動することはめったにないので(分散や季節移動などの長距離移動は除く)，移動を把握するために行うロケーションの頻度はきわめて重要である。移動率の算出は生物学的に適切な間隔で行わなければならない。

多くの鳥類と何種類かの哺乳類に見られる季節移動(渡り)の移動パターンは相当な距離に及ぶので，ラジオテレメトリー技術をもってしても実証するのがむずかしい。しかしながら，衛星を使ったテレメトリー技術(Strikwerda et al. 1986)が近年使われるようになって，長距離の季節移動をする動物のトラッキングが可能になった。これらの研究は個体の実際の移動ルートと個々の中継地で費やした時間を記録できるため，標識個体の回収から得られた情報を補う貴重な研究となる。多くの例でこうしたデータの解析は，個体の位置と確認時間を単に地図表示することで行われることが多い(Strikwerda et al. 1986)。

未成熟個体の分散から，個体群構造や遺伝子の流れ，社会生態，個体数調節などを理解するためにきわめて重要な情報が得られる。Storm et al.(1976)は，分散の研究に関係すると思われる要因をいくつかまとめた。それは，①分散の時期と開始に影響する要因，②分散する個体数の比率，③分散距離，④分散方向である。分散率もまた分散移動の開始と終了を特定する上で有効だろう(Small & Rusch 1989)。

移動データの解析方法は，研究目的，動物の位置を記録する頻度，移動パターンの地理的スケールに依存する。どんな解析方法であれ，最初のステップは単に個々の動物の位置をプロットすることである。White & Garrott(1990)は移動データを表示するいくつかの方法について議論し，すべての点をプロットする方法，連続的にプロットする方法，そして3次元アニメーションで表示する方法を紹介した。距離と移動方向に関してデータを解析するときに考慮しなければならないのは，データは循環し(コンパスの方角など)，絶対的なゼロや高い値，低い値といったものがないということである。方向性をもった移動データを解析するには，循環分布を扱う特殊な統計方法が必要となる(第2章を参照)。Zar(1984)は，循環分布をもとにした図形統計と仮説検定の方法をいくつか述べている。White & Garrott (1990)は循環データの解析の例をいくつか示している。その他の参考文献としてはMardia(1972)とBatschelet (1981)がある。循環統計を動物の移動データに適用した例は，エリマキライチョウの分散の調査(Small & Rusch 1989)と水鳥の標識回収地点の分布に関する調査(Nichols & Haramis 1980, Diefenbach et al, 1988)に見られる。

空間利用パターン

動物の空間利用パターンを地図表示したものは，伝統的にホームレンジと呼ばれてきた。ホームレンジには食物，カバー，水など欠かすことのできない要求物が数多くあると信じられている。これとは対照的にテリトリーはホームレンジの中の防衛されるエリア(Burt 1943)と定義されることが多い。個体間でホームレンジが重複することはあるが，テリトリーが重複することはほとんどない。ホームレンジサイズがいくつかの生態学的要因と相関することが明らかにされてきたが，このことはホームレンジという概念が生物学的パターンを説明する上で重要であることを示している。ホームレンジサイズは，体の大きさや採食戦略と相関することが示されてきた(Schoener 1968, Harestad & Bunnell 1979)。ホームレンジサイズに影響を与える要因には，ほかに食物資源量(Brown 1964)，食物資源の分布(Ford 1983)，選好する生息地(Gese et al. 1988)，個体群密度(Cooper 1978)，あるいは捕食のリスク(Covich 1976)がある。

テレメトリーロケーションから動物のホームレンジを推定する方法がいくつか開発されてきた。こうした方法を最初に適用したものは，ホームレンジの境界やホームレンジに相当する範囲を特定する方法である。ホームレンジ内部の利用状況(Adams & Davis 1967)を明らかにする方法も提案されている。活動中心はホームレンジの最も重要な点を示すために使われてきた。Lair(1987)は，単一の活動中心を求めるには相加平均や中央値よりも調和平均が適していると述べた。動物の推定位置が集中することから，他の地域の利用が制限されていたりホームレンジの中の好適な場所を特に頻繁に利用していることがうかがえる。コアエリアには主要な利用場所，避難場所，そして最もあてになる餌資源が含まれる(Kaufmann 1962)が，ホームレンジのどこにこうした重要地域があるか特定する研究がなされてきた(Samuel et al. 1985a, Samuel & Green 1988, Harris et al. 1990a)。ホームレンジ内部の利用状況については，ほかに行動パターン(Braun 1985, Samuel &

Garton 1987),活動エリア(Don & Rennolls 1983, Morrison & Caccamise 1985, Caccamise & Morrison 1986),同種他個体との重複(Harris et al. 1990 a)といった側面からの研究も行われてきた。

多くの動物がホームレンジの中の特定の地域をよく利用する。こうした差別的利用が特に顕著な動物が見られ,その結果不規則な空間利用パターンが現れる。Melquist & Hornocker(1983)の報告では,アイダホのカワウソは水路と海岸線を移動し,そのためホームレンジの形や大きさは水路のパターンに強く影響される。Taylor(1978)は,農耕地のネズミが畑の縁の生け垣に沿って直線的なホームレンジを形成したと報告している。こうした線形利用パターンをもつ動物のホームレンジ解析に,現在使われている方法を当てはめることはむずかしい。このような場合,動物の空間利用パターンを現在使われている方法でうまく表現できるかどうかを見きわめることが必要である。Melquist & Hornocker(1983)の結論は,研究対象としたカワウソのホームレンジは水系や海岸線の線形表現で示すのが最も適しているというものである。

テレメトリーデータには,ロケーション誤差,データ入力ミス,その他の記録ミスが入り込む。ホームレンジ解析(ほかのタイプの解析も同様だが)をする前に,データにこうした誤りがないか調べてみる。また,動物の"正常な"ホームレンジを外れた異例な動きをどう扱うかも決めておかなければならない。このようなエクスカーションは,動物の通常のホームレンジの一部とはみなされないことが多い(Burt 1943)。こうした移動は生物学的に重要であるが,その理由は説明できないことが多い。理由はどうであれ,こうした移動はホームレンジの推定に大きな影響を与える(Schoener 1981, Samuel & Garton 1985)。エクスカーションがホームレンジの推定に与える影響を軽減する方法は三つ開発されている。一つは研究者の主観で異常な移動を判断するものである。これは研究者の独断に左右され,判断する人が変わっても同じ結果が得られるとは限らない。二つめの方法はホームレンジを決めるときに,動物の位置データや利用分布の一定の部分(たとえば95%)を使うものである。三つめの方法(Koeppl & Hoffmann 1985, Samuel & Garton 1985)は算術中心から大きく離れた位置の影響を軽減しようとするものである。これは何度やっても同じ結果が得られるが,動物の位置が二変量正規分布に従うと仮定している。しかしながら,この手続きは動物のエクスカーションとテレメトリーデータの記録ミスの両方を確認する上で役にたつ(Samuel & Garton 1985)。

動物の位置データや利用度分布の一部をホームレンジと定義するのは,いくぶん恣意的に思える。これまでの研究はみな,二変量正規分布法で分布の95%(Jennrich & Turner 1969, Van Winkle 1975)を使ってホームレンジの境界としてきた。しかしながら,別の基準値を使えばホームレンジの推定結果(Schoener 1981)やその精度(Anderson 1982)は大きく変わる。どのような基準値を選択するにせよ,生物学的に妥当な根拠をもったホームレンジを求めることはそもそも難しい(White & Garrott 1990)。ホームレンジ推定は,研究目的と個々の研究の生物学的関心によって変わるものである。

テレメトリーデータの収集にあたっては,タイムサンプリングがもつ性質にも配慮しなければならない。動物の位置データを集めるサンプリング体系が粗末であった場合,これをホームレンジ解析の段階で補うことはできない。サンプリング体系は,ホームレンジサイズの推定方法が要求する仮定に対応したものでなければならない。動物の空間利用パターンを明らかにすることを研究目的とするなら,サンプリング体系が実際の活動パターンをとらえるものとなるよう特に注意を払う。動物の活動パターンの日周期にも配慮を向ける。というのは,多くの動物が1日のうち特定の時間帯により活動的になるからである。生物学的な年周期に対応した季節的移動パターンをもつ動物もいる。ケースメントディスプレイ(Geissler & Fuller 1985)は,大きなデータセットから,利用パターンの日周変化や季節変化,あるいは活動パターンの変化を見つけるのに便利である。すべての解析方法はホームレンジが安定していることを前提にしている(Worton 1987)。そのため,研究中にホームレンジの変化を引き起こすような出来事を少なくするように努めなければならない。ホームレンジ利用に大きな変化があれば,ロケーションデータを順次プロットする際に発見できるが,小さな変化はほとんど発見できない。ホームレンジを他の個体や他の研究と比較するには,テレメトリーデータを収集するタイミングと頻度が,生物学的活動性と利用パターンの変化に照らして同等のものでなければならない。

最後に,テレメトリーデータの収集と解析に先だって,推定技術に適切な生物学的仮定と方法論上の仮定を考えなければならない。可能ならば,これらの仮定を検定して分析方法が適切であるかどうかを調べる。残念ながら現行の方法を評価する検定は少ない。さらに現在使われている多くの検定が,方法論上の仮定が侵害されていることを示している。より適切な方法がほかにあると判断される場合やテ

レメトリーデータを操作して仮定を満たすようにできる場合もある。おもな統計検定で可能なのは，①連続した観測データの独立性の検定(Swihart & Slade 1985 b)，②二変量正規分布の検定(Smith 1983, Samuel & Garton 1985)，③均一分布の検定(Samuel & Garton 1985)である。以下に一般的なホームレンジの解析方法，その生物学的仮定，そして統計上の仮定について簡単に述べる。

最小凸多角形法

ホームレンジを求める方法のうち最も単純でよく使われているのが，最小凸多角形法である(Mohr & Stumpf 1966, Jennrich & Turner 1969)。凸多角形は外側の観測点をつないで作られる(図15-7)。多角形は容易に算出され，動物を実際に観測したエリアの境界を描くことができる。最小凸多角形法によるホームレンジの推定値は，他の研究と比較するのに役立つ。しかしながら，この方法は生物学的にまた統計上重大な欠点をもつ。算出されたホームレンジは，収集したロケーションデータが増えるにしたがい拡大するので(Jennrich & Turner 1969, Anderson 1982, Bekoff & Mech 1984)，異なるデータ数で求めたホームレンジを比較するのは無理がある。求めたエリアは，多角形の内部に使わない部分を含むために大きすぎる場合もあれば，実際には観測点の最遠点を越えた地域を動物が使うことがあるために小さすぎる場合もある。境界線に幅を付け足してホームレンジを大きくする手法が提案されている(Sanderson 1966)。反対にホームレンジの範囲を縮小するために，一部の最遠点を除去することも提案されている(Kenward 1987, White & Garrott 1990)。

最小凸多角形の計算には外側の観測点だけを使うため，内側にある観測点はホームレンジを決める際に無視される。動物の観測点の分布が一様である(ホームレンジ内のすべてのエリアが等しく使われる)なら，最小凸多角形法は他の方法よりも信頼性の高いものとなる。最小凸多角形法によって求めたホームレンジの重複に基づいて個体間のインタラクションを計算した多くの研究は，利用パターンは均一分布するという暗黙の仮定に基づいている(Macdonald et al. 1980, Samuel & Garton 1985)。

正規分布法

ホームレンジの二変量正規分布モデルは，Calhoun & Casby(1958)が考案し，Jennrich & Turner(1969)が発展させ，最小凸多角形法に替わるものとして普及した。この方法でホームレンジサイズを算出する場合，二つの仮定がある。それは，動物の活動はホームレンジの中心地域に集中するということと，活動中心からの距離が遠くなるにしたがい動物がいる確率は低くなる(正規分布に従うため)ということである(Metzgar 1973)。ホームレンジの形は常に楕円になり(図15-8)，活動中心は一つで，これは観測点の分布の算術平均で求められる。しかし，この方法で求めた活動中心は，必ずしも動物が集中的に利用するエリア内に

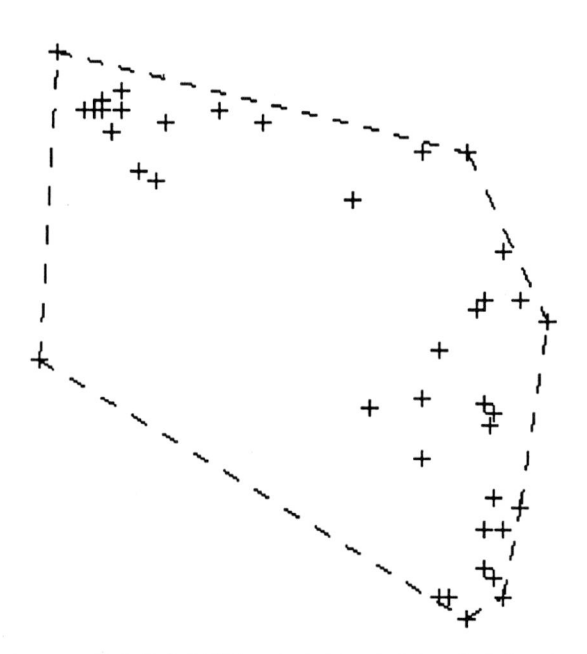

図15-7 最小凸多角形法によるキンメフクロウのホームレンジ(Hayward 1989による)

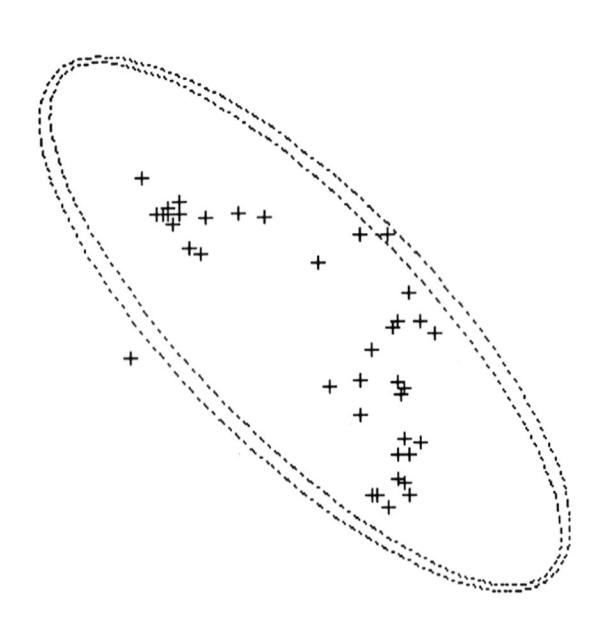

図15-8 95%二変量正規分布法(大きな楕円)と95%加重二変量正規分布法で示したキンメフクロウのホームレンジ

収まるとは限らない(Dixon & Chapman 1980)。Schoener(1981)は，二変量正規分布は，均質な環境に生息し活動中心から遠ざかるにしたがい利用頻度が低下するような動物(待ち伏せ型の捕食者やホームレンジの中央で採食する動物)には適していると述べている。データセットに極端に遠い観測点が含まれるとホームレンジを算出するのに重大な問題が生じる。というのは，二変量正規分布の計算では各観測点と算術中心との距離を二乗するからである(Dixon & Chapman 1980)。Samuel & Garton(1985)とKoeppl & Hoffmann(1985)は，こうした孤立値がホームレンジの推定に与える影響を軽減するため，重みづけをする手法を提案している(図15-8)。

　二変量正規分布は，動物の観測点が独立したものであると仮定している。観測点が独立しないのは，たいていデータ収集の頻度が高すぎるためである。このような場合，ホームレンジサイズは過小評価されてしまう(Swihart & Slade 1985 a)。Swihart & Slade(1985 b)は，この要求を満たし，独立性を保つようにロケーションのデータセットを調整する方法を紹介している。Dunn & Gipson(1977)は，自己相関したロケーションデータを許容できるように二変量正規分布法を修正した方法を開発した。Smith(1983)とSamuel & Garton(1985)は，ロケーションデータが二変量正規分布の仮定に適合するかどうかを確かめる適合度検定を提案している。二変量正規分布の統計的仮定が有効と認められるなら，この方法は他の方法よりも信頼性の高いホームレンジを与える。またこの方法でホームレンジの分散を推定することができる。ホームレンジの分散を使って，特定の信頼水準で個々のホームレンジを推定するのに必要な，独立したロケーションデータの数を決定することができる。最小凸多角形法に比べてさらに便利なのは，二変量正規分布法から求めたホームレンジはロケーションデータ数から独立しているという点である。そのため比較的少ないデータで偏りのない推定値が得られる。しかしながら，そうした推定値は精度が低いので薦めることはできない。

　Don & Rennolls(1983)は二変量正規分布法を発展させ，複数の活動中心がある場合にも適用できるようにした。この方法は活動中心(アトラクションポイント)が分かっている場合に適当であろう。Don & Rennollsが提案した利用度分布は，各アトラクションポイントを中心とした円形の正規分布を結合したものである。一つのアトラクションポイントしかない場合にはこのモデルはCalhoun & Casby(1958)のモデルと同一である(Worton 1987)。

調和平均法

　調和平均法はDixon & Chapman(1980)がホームレンジの算出方法として提案したもので，メッシュ地図の格子点と動物の個々の観測点との距離をもとに推定する方法である。この距離の値から活動の等値線を求め，それによってホームレンジ内の利用パターンを示す(図15-9)。この方法は，動物が特定の利用パターンをもつと仮定したものではないが，動物の実際の利用パターンから利用度分布を求めることができる。ホームレンジの形は不規則になり，離れた複数の活動中心(Samuel et al. 1985 a)を描くこともできる。Samuel & Garton(1987)は，調和平均法を修正し，特定の場所での動物の滞在時間を加味したり，あるいはホームレンジ内の活動性を解析したりすることのできる方法を提案した。

　調和平均法は，すべての動物の観測点とホームレンジ内のすべての格子点の組み合わせについて距離を求める(図15-10)。この方法は，格子点と観測点との距離が生物学的な活動性を示すと暗黙のうちに仮定している。そのためこの方法は，線形の利用パターンを示す動物や季節的な長距離移動をする動物のホームレンジを求めるのには適さない。Spencer & Barrett(1984)は，動物の位置の座標値が格子点と同じ場合には，ホームレンジ算出の計算が停止し

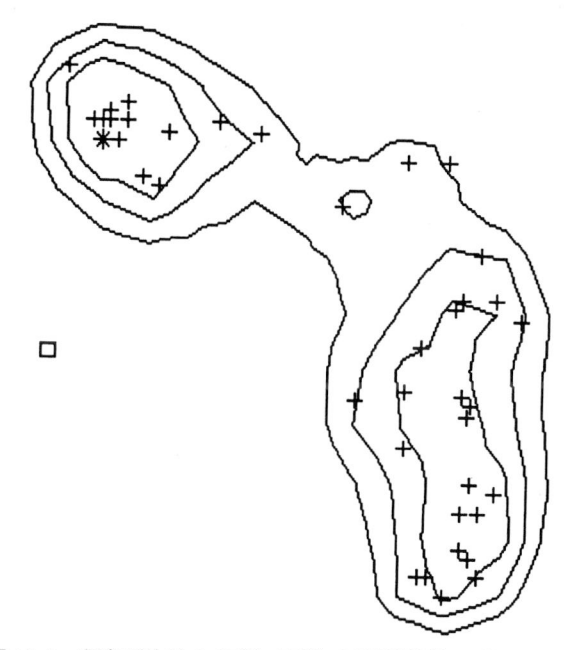

図15-9　調和平均法の95%，75%，50%等値線で示したキンメフクロウのホームレンジ
観測点(＋)，調和平均による活動中心(＊)，孤立値と判定された観測点(□)

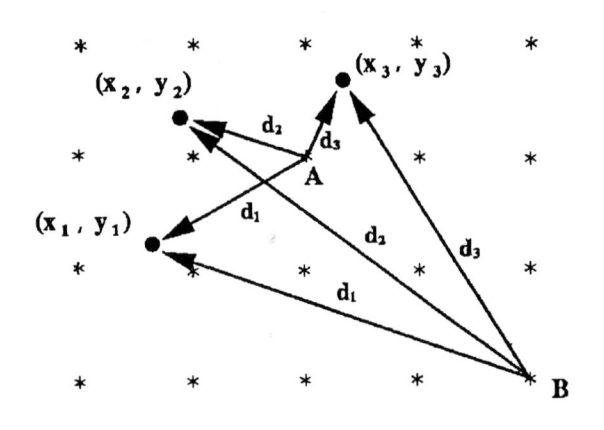

図 15-10 調和平均の距離($1/d_1$, $1/d_2$, $1/d_3$)は，格子点Aの方が格子点Bよりも小さい。格子点Aの周囲の地域は格子点Bの周囲の地域よりも，低い確率等値線に含まれることになる。

てしまうことを示した。Samuel et al.(1985 b)は，すべての測定点を格子の中央に配置し直すことでこの問題を解決した。この方法は，グリッドサイズや地図の縮尺が違う他の種と比較する場合にも利用できる。Samuel et al.(1985 b)はまた，調和平均法の結果はグリッドセルの大きさに依存すると報告している。彼らはロケーションデータの数とホームレンジ内での分布に応じてグリッドセルサイズを随時調整するアルゴリズムを提案した。Jaremovic & Croft (1987)は，調和平均法によるホームレンジの等値線を求めるために，正方形ではなく正三角形のグリッドシステムを使うことを考案した。

調和平均法は動物の観測点とグリッドの格子点との平均距離に基づいているため，連続した観測点が独立していることが厳密に求められるわけではない。しかしながら動物の空間利用パターンを示すには，全期間を通じて観測点がランダムに(すべての観測点が等しい確率で)収集される必要がある。研究期間中のサンプリング頻度にむらがあると，データはランダムなものでなくなる。その場合，動物の利用パターンが誤って示されることになり，実際の利用パターンではなくサンプリングスケジュールを反映した結果が現れる(Samuel et al. 1985 a)。

フーリエ変換法

Anderson(1982)は，動物の利用度分布を示すフーリエ変換法を提案した。この方法はライントランセクト法(Burnham et al. 1980)で使われるフーリエ法を2次元に拡張したものである。この方法は，フーリエ変換級数に適当な数の高周波および低周波のサイン成分とコサイン成分を含めて，動物の観測点のヒストグラムを平滑化するものである。成分を含めるか除外するかは，Tarter & Kronmal (1970)が確立した客観的基準に基づく。さらにフーリエ平滑化関数の計算に使うグリッドセルの大きさを決定するための客観的規則も開発されてきた。しかしながら，適切な周波数成分とグリッドセルサイズを算出するには，ロケーションデータが独立している必要がある。

Anderson(1982)は，フーリエ変換法ではホームレンジの縁の部分を算出するのが難しいことを認めている。これは主にこうした部分ではロケーションデータが少ないためである。Worton(1987)も，この方法ではホームレンジの境界近くに利用度分布が負の値になる範囲ができると指摘している。そのためフーリエ変換法で算出した高いパーセンテージ(90～95%)のホームレンジは変動が大きい。活動中心付近のホームレンジ(たとえば50%利用度分布)は偏りのない結果が得られる(Anderson 1982)。

フーリエ変換法はこれまで提案されてきたグリッドセル法を客観化することができる(Siniff & Tester 1965, Voigt & Tinline 1980)。従来のグリッドセル法では，隣接したセルに及ぼす影響について，チェスの駒の動きを指す用語を用いた恣意的な説明が要求された。すなわち，クイーン(対角線と縦横両方)，ルーク(縦横のみ)，ビショップ(対角線のみ)である(Worton 1987)。しかしながらフーリエ変換法は，適切なグリッドセルの大きさを決めるという，グリッドセル法にとって最も大きな問題を解決することができる。

ホームレンジ推定法の比較

Boulanger & White(1990)は，コンピュータシミュレーションによって4種類の分布パターンデータを作り，これを使って四つのホームレンジ推定法を比較した。その結果，すべての方法で推定結果に偏りが見られた。さらに偏りの程度はサンプルサイズに影響されたが，正規分布データを二変量正規分布法で計算した場合だけは例外であった。しかし，二変量正規分布法はその他の分布パターンデータでは偏りが大きかった。最小凸多角形法によるホームレンジの推定は，すべての分布パターンに関して満足のいくものではなかった(Boulanger & White 1990)。フーリエ変換法による結果も強い偏りが生じ，その程度はサンプルサイズ，分布パターンによって変わった。Boulanger & White (1990)は，全体として調和平均法を使った場合の偏りが最も小さくなると結論を出したが，他の方法に比べ精度が低い場合もあった。ほとんどの方法でサンプルサイズが大き

くなれば精度が高くなったが，正規分布パターンを最小凸多角形法で解析した場合は例外であった。

　Boulanger & White(1990)のシミュレーションでは上述したような結果が得られたが，どのホームレンジ推定法を使うべきかは一概に決めがたい。Harris et al. (1990 a)はいくつかの一般的なホームレンジ推定法の概念を簡潔に説明し，それらを比較している。また Kenward(1992)は，研究目的に適したホームレンジ推定方法を選定するために個々の方法の特性を比較した。それぞれの方法が特有の欠点と限界をもち，ホームレンジ利用パターンに異なる解釈を与える(図15-11)。しかしながら，今後もこれらのホームレンジ解析法は使われ続けるであろうから，適切な方法を選択するための基準を以下に挙げる。

①ホームレンジ推定法は，生物学的に妥当である場合を除いて，データが特定の統計的分布をもつと仮定したものは選ぶべきではない。可能であれば，その統計的分布を検定し，仮定が適切なものかどうかを確かめる。単に計算しやすいという理由で推定方法を選択してはいけない。コンピュータと適当なソフトがあれば解決できることである。

②ホームレンジ推定法は，プロジェクトの調査目的の達成に貢献するものを選ぶ(Kenward 1992)。動物の空間利用パターンの生態学的側面を調べる研究であれば，単にホームレンジの境界を求める方法を使うべきでない。

③ホームレンジ推定法がサンプリングデザインやロケーションの頻度に関して仮定をもつ場合には，それに従うかあるいは仮定に従わなかった場合の影響を検定する。期待する精度の結果を得たり動物のホームレンジを描いたりするのに必要とされるデータ数を考慮しなければならない。データがもつ統計分布を検定したり，コアエリアを求めたりするには，ほとんどの方法で50以上の独立したデータが必要になる。より一般的には，信頼できるホームレンジを推定するには100以上のデータが必要である。必要なデータ数を決める一つの方法は，データ数とそれから求めたホームレンジ面積とのグラフを作成してみて，ホームレンジ面積の値が漸近線に達するまでデータを収集し続けるものである(Harris et al. 1990 a)。

④最後に，ホームレンジ推定法が研究の仮説を検定するのに適しているかどうかを検討する。研究仮説の検定がホームレンジ推定法によらなくても可能な場合もある(White & Garrott 1990)。仮説の設定も検定もなく，ホームレンジの推定がテレメトリー研究の唯一の成果と思われる場合もしばしばある(White & Garrott 1990)。

生息地利用パターン

　ラジオテレメトリー法を用いた研究の中で，動物の生息地利用の測定は以前から主要なものであった。生息地解析は野生動物の管理の主要な要素として位置づけられてきた。なぜなら生息地は，食物や植生カバーなど個体群の生存にとって不可欠な要素を提供するからである。ラジオテレメトリー法は，頻繁にロケーションを行っても，動物の利用パターンへの影響を最小限に抑えることができる。多くの動物が簡単には目撃できず，そのため生息地利用を直接観察することは不可能である。また動物がさまざまな植生タイプを使うために目撃のしやすさが変わることもある。このような状況で目撃によって位置を特定すると，結果は生息地利用と目撃のしやすさが組合わさったものとなり，得られた利用パターンは偏りをもったものになる。足跡の追跡や痕跡(たとえば糞塊)の測定などによる間接的方法も，生息地利用パターンを評価するために使われてきた。しかしながらこうした間接的方法は適用できる場合が限ら

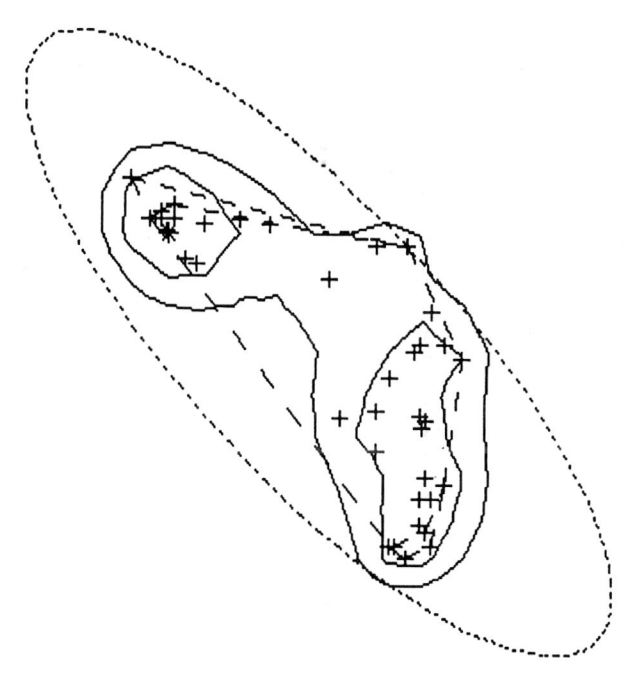

図15-11 95%調和平均法とコアエリア(―――)，最小凸多角形法(－－－)，そして95%二変量正規分布法(- - - -)で計算したキンメフクロウのホームレンジ(Hayward 1989)動物の観測点(+)と調和平均法による活動中心(*)が示してある。

れる。それは、一つには偏りがあるため(Loft & Kie 1988)，さらには特定の個体の利用パターンを区別することがたいていの場合無理なためである。生息地研究にラジオテレメトリー法を使用するには，ロケーションの精度が高く，どの生息地を動物が利用しているのか正確に区別できなければならない。こうした評価は，研究目的，ロケーションの精度，生息地のパッチの細かさにかかっている。精度が低いと，あたかも動物が生息地をランダムに利用しているような誤った結果が得られる。

　生息地選択のデータを解析する研究を計画するためには，分析法の選定と結果の解釈に影響を与える二つの重要な要素について決定を下す必要がある。一つは，生息地選択が階層的な性質をもつ(Johnson 1980)ため，選択のレベルの概念を十分考慮しなければならないということである。調査目的の中で，研究によって調べる選択のレベルを明確にしておかなければならない。第1レベルの選択は，種の自然分布あるいは地理的分布に見られる選択であるが，ラジオテレメトリーを使ったほとんどの研究が第2レベルあるいは第3レベルに焦点を当てている。第2レベルの生息地選択は，研究地域あるいは対象種の地理的分布域の中でのホームレンジの選択を評価するものである(Johnson 1980, Thomas & Taylor 1990)。第3レベルの選択は個体のホームレンジ内の生息地要素の重要性を評価するものである(Thomas & Taylor 1990)。階層選択の重要性は概念的に認識されてはいるが，本来は研究デザインの一部としてはっきり決定すべきである。なぜなら選択のレベルは興味のある個体群，実験単位，マネージメントの解釈のレベルを暗に特定しているからである(Thomas & Taylor 1990)。第2レベルの研究デザインは，調査地域内での選択を強調し，第3レベルの研究デザインは，ホームレンジ内での選択を強調するもので，なぜそのホームレンジが選択されたのかを説明するものではない(Thomas & Taylor 1990)。研究デザインの二つめの重要な要素は，動物の生息地利用データと利用可能性に関するデータをどのように収集するか決めることである。今まで提案されてきた数多くの解決法は，主にデータの信頼性，個体ごとのロケーションデータの量，そして個体間と個体内のデータの独立性に関する仮定を反映したものであった。こうした解決法は，収集したデータの解析にどの方法を使うことができるかを決める上で重要な役割を果たす。

利用可能性の決定

　利用可能性は，個体群あるいは個体が利用できる生息地タイプの面積を表す。残念ながら生物学者の定義する利用可能性は，動物が実際に利用可能なものと一致しないことがある。そのためそれぞれの生息地タイプの面積を決定しても，生息地の利用可能性を測定する十分な方法にはならない(Johnson 1980, White & Garrott 1990)。さらに，適切な調査地域を定義すること自体が問題になることがあり，利用可能性に影響を与える(Porter & Church 1987)。こうした問題を回避する方法は限られ(Johnson 1980, Porter & Church 1987)，おそらく対象動物によって変わる。ほとんど利用されることのない生息地タイプは，生物学的にその種に適したものでないことを示している。そうした生息地タイプを解析に含めるか否かで，生息地選択の結果は大きく変わる(Johnson 1980, Thomas & Taylor 1990)。Thomas & Taylor (1990)は，こうした生息地タイプを含めた場合と除外した場合の2通りの解析結果を示すことを薦めている。

　利用可能性を決める最も簡単な方法は，各生息地タイプの面積を測定することである。このような測定は，生息地地図とプラニメーターがあればできる。二つめの方法は，地図を切り抜いて生息地タイプごとに分け，重さを測定することで各生息地タイプの比率を求めるものである(White & Garrott 1990)。この比率を元の地図の全体面積に掛ければ，各生息地タイプの面積を求めることができる。地理情報システム(GIS)や他のコンピュータソフトを使って，適切にコード化した生息地地図から生息地タイプの面積を決定することができる(White & Garrott 1990)。生息地の利用可能性を決定するこれらの方法は，面積が正確に(統計的な誤差なしに)測定できると仮定している。この仮定は，生息地タイプのパッチが小さく正確に測定しにくいときには有効ではない。測定の難しさはまた，連続的な測度(斜度，斜面方位，標高など)について生息地利用や利用可能性のデータを収集するときにも顔を出し，こうした測度をうまくカテゴリー分けして正確に測定できない限り解決できない。

　生息地の利用可能性が簡単に測定できないときには，いくつかの異なる方法を用いて推定する(Box 15-3)。一つの方法は，生息地タイプの利用可能性の相対的なランクを求めることである(Johnson 1980)。この方法は，利用可能性についておおまかな結果だけで十分なときに特に有利である。二つめの方法はランダムに決めた地点のサンプルを抜き出して各生息地の利用可能性の比率を求めるものである(Marcum & Loftsgaarden 1980)。この方法を使うと，生息地地図から簡単に利用可能性を決定することができる。

> **Box 15-3 生息地の利用可能性を決定する方法の比較**
>
> 70 ha の調査地域で四つの生息地タイプ（A～D）がある場合の生息地の測定値。ランダムポイント（n=50）を使って各生息地タイプの比率と面積を求めた。生息地のランクはランダムポイントの数の順位で決めた。
>
> | | 生息地タイプ | | | |
> |---|---|---|---|---|
> | | A | B | C | D |
> | 測定面積(ha) | 32 | 6 | 12 | 20 |
> | ランダムポイントの数 | 26 | 6 | 7 | 11 |
> | ポイントの比率(%) | 52 | 12 | 14 | 22 |
> | (SE)[a] | (7.1) | (4.6) | (4.9) | (5.9) |
> | ランダムポイントから求めた面積 | 36.4 | 8.4 | 9.8 | 15.4 |
> | ランダムポイント数に基づいた生息地のランク | 1 | 4 | 3 | 2 |
>
> [a] $SE = [p(1-p)/n]^{1/2}$

各生息地タイプの面積は，生息地の比率と調査地域の面積から求められる。ランダムなポイントからは比率の配分（実際の配分ではなく）が算出されるため，この方法ではサンプリング誤差が生じ，生息地選択の統計解析で処理しなければならない。これらのランダムポイントを使って，どの生息地タイプが利用可能かということとは別のデータを記録することもできる。ランダムポイントやグリッドから，斜度，斜面方位，標高，土壌状態，重要な資源までの距離などの情報も得ることができる（Clark et al. 1993）。このようにさまざまな測定値を集めることで，各ランダムポイントに関連したデータの多変量ベクトルを作ることができる。さらにランダムポイント（あるいはその近く）を野外で確認することで，地図やGISのデータを補足することが可能となる。この方法で利用可能性のデータと動物のロケーションデータを適切に比較するには，双方について同一の変数を集めることが必要である。

利用度の測定

動物の利用パターンを測定する方法は，たいていの場合利用可能性を調べる場合と同様である。しかしながら，利用可能性に関しては比率配分を正確に定量化する試みがなされているのに対し，動物が利用する生息地タイプの比率については試みられていない。これを行うには，各個体がそれぞれの生息地タイプで費やした時間を正確に把握しなければならない。動物の位置データの標本を抽出することは現実的に不可能で経費がかかりすぎ，ラジオテレメトリーがもつ明らかな利点を否定するものである。その結果，動物のロケーションデータは通常の場合，利用可能性の決定に使うランダムポイントと同様の方法で処理される。動物のロケーションデータを使って生息地タイプごとの利用比率を求めたり，利用可能性の多変量ベクトルに対応した利用データの多変量ベクトルを集めることができる。ランク分けに基づいた分析方法を用いる場合，利用比率のデータを変換して簡単にランク分けのスコアを出すことができる（Johnson 1980 参照）。

利用データの分析法のほとんどが，動物のロケーションデータがランダムで独立したものであると仮定している。そのため，動物のロケーションデータを抽出する方法は，偏りがなく連続したデータでも独立性を保ったものである必要がある。こうした仮定が意味するのは，動物が特定の生息地タイプで特にロケーションされやすいということがなく，また前のロケーションで利用した生息地タイプが，次に利用する生息地タイプから独立しているということである。動物が集団を作ったりあるいは他個体を避けたりする場合には，異なる個体のロケーションデータが独立でないことがあるが，このような仮定を評価する統計法はない。連続ロケーションの適切な時間間隔を決めるためにアドホックな方法を使った研究者もいる。こうした方法は，移動率に関する生物学的な知識（Carey et al. 1989）や実際に観察で確かめたロケーションの間の移動距離に基づいている（Porter & Church 1987）。

生息地利用を正確に測定するには，個々のロケーションデータが正確で，動物が実際に利用した生息地タイプとして正確にクラス分けされなければならない。ロケーションが正確でないために生息地タイプのクラス分けに誤差が混じると，生息地選択の検定力が低下する（White & Garrott 1986, Nams 1989）。Samuel & Kenow（1992）は，生息地のクラス分けの間違いを評価するロケーションの誤差分布を使って，テレメトリー法が生息地選択の検定を誤らせる理由を説明した。

生息地選択の解析法

Neu et al.（1974）の方法は，カイ二乗適合度分析を使い，生息地利用の観測値が生息地の利用可能性と同一のパターンを示すかどうかを測定するものである。カイ二乗検定の結果が統計的に有意だと，利用パターンと利用可能性パターンの間に差があることになる。このような差は利用可能性比率と利用比率に関する連立ボンフェローニ信頼区間によりさらに詳しく調べられる（Byers et al. 1984）。適合度検定では，生息地の利用可能性には測定誤差がなく，生息地利用の観測値はすべて独立していると仮定している。この検定は複数の個体のロケーションデータを組み合わせ

て生息地利用を分析するときに使われてきた(Neu et al. 1974, Byers et al. 1984, Jenkins & Starkey 1984)。この方法を使って，生息地タイプごとに動物の利用と利用可能性を全個体をまとめた形で比較することができる。しかしながら，生息地利用や生息地の利用可能性が個体によって異なるとすれば，このように比較しても意味がない(Thomas & Taylor 1990, White & Garrott 1990)。またこの方法は個体ではなくロケーション結果を実験単位として扱っており，選択の階層性という点に関して解釈が明確でない。さらに生息地利用と利用可能性のデータを複数の個体についてまとめることにより，個体の選択傾向について詳細な分析ができなくなる。White & Garrott(1990)が薦めるのは，全個体のデータをまとめるのではなく各個体のカイ二乗検定の結果を組み合わせ，一つのカイ二乗検定で分析する方法である。Neu et al.(1974)の方法に替わるものとして，Gese et al.(1988)は個体のホームレンジ内での生息地選択の比較に基づいた方法を用いた。各個体のボンフェローニ確率を組み合わせて一つの総合的な検定を行うことにより，対象個体全体をまとめた生息地の選択性を算出する(Sokal & Rohlf 1969)。

Marcum & Loftsgaarden(1980)はカイ二乗等質性分析を提案したが，これは生息地の利用可能性を標本抽出した(正確に分かっているのではなくて)場合の生息地選択を検定するものである。ランダムポイントを，サンプリングして(たいていは生息地地図から)利用可能性を求め，利用可能な生息地の比率の算出に付随する統計的な変動性を説明する。この方法は，Neu et al.(1974)の方法と同じ仮定をもつうえ，生息地の利用可能性のランダムサンプルが独立している必要がある。この方法は，Neu et al.(1974)の方法と同様に階層的な生息地選択を検定するために使われてきた。ランダムポイントの数がきわめて多く(理論的には無限に)なれば，利用可能性の誤差はとるにたらないものになり，Neu et al.(1974)の方法とMarcum & Loftsgaarden(1980)の方法とが等しい結果を導く。そのため，Neu et al.の方法は，サンプルサイズを無限(ないしは多数)にした場合のMarcum & Loftsgaarden(1980)の方法のバリエーションと見ることができる。

Friedman(1937)の検定も，利用可能性比率と動物の利用比率との差を生息地タイプごとに調べるものである。各生息地の利用可能性と利用との差は，個体ごとにランク分けされ，これをもとに計算してランクがすべての生息地タイプについて同一であるという仮説を検定する(Alldredge & Ratti 1986)。この検定に用いるコンピュータのプロシージャーをZar(1984)が示していて，生息地は"治療法"に，また動物は"障害"に該当する。Friedmanの検定の結果，すべての生息地タイプについてランクが等しいという仮説が棄却されたときには，生息地タイプの違いをさらに詳しく調べる必要がある。Alldredge & Ratti(1986)は，Fisherの最小有意差(LSD)法を使い，生息地タイプのすべての組み合わせについてランクが等しいかどうかを調べた。Zar(1984)は，これに替わるものとして多重比較法を考案し，欠落したデータ(たとえば一部の個体について利用可能でない生息地タイプがある場合)の扱い方を提案している。

Quade(1979)の方法(Alldredge & Ratti 1986)は，分散の二元分析法でFriedman法と同じ仮説を検定するものである。Quade法では，個体間，生息地タイプ間，各個体の生息地タイプ間でランクが独立していると仮定している。対照的にFriedman法では，各個体について生息地ランクが従属性をもつことが許される。後者の仮定の方が概念的には現実的であり，生息地の利用可能性と利用の比率に基づいて生息地利用を研究するには適しているように思える。

Johnson(1980)の方法は，利用した生息地タイプのランクを利用可能な生息地タイプのランクと比較するものである。そのため生息地利用パターンは，生息地の利用可能性とは区別して利用の重要性からランク分けする。利用ランクと利用可能性ランクの差を全個体について平均した値を生息地ごとに算出し，個々の生息地の相対的選択性を出す(Alldredge & Ratti 1986)。差の平均値は生息地選好の順位の指標になり，差が大きいと強く選好されていることになる。HotellingのT2統計は，すべての生息地タイプについて相対的選択が等しいという仮説を検定するものである。この仮説で有意な差が出たときには，生息地タイプの各組み合わせについてWaller-Duncanの多重比較法を使って検定する(Johnson 1980)。この方法は，各生息地タイプについて利用と利用可能性の実際の比率が分かっていなくても，単に相対的重要度(ランク)があれば使うことができる。多変量解析法は，資源選択や個体群間ないしは種間の資源利用の差を推定するためにも広く使われてきた。Capen(1981)は，多くの多変量解析法を紹介している。因子分析や主要因分析(PCA)，そして類似の方法が，資源利用パターンを数種の間で比較するために数多く利用されてきた(特に鳥類の生息地研究で)。この方法は，もとの変数がもつ情報をほとんど失わずに，相関関係をもつ多くの変数を少数の独立因子のセットに縮小しようとするものであ

る。またこの方法は資源利用パターンを説明し多次元ニッチェ理論によく対応するため便利だとされてきた。何人かの研究者(Karr & Martin 1981, Stauffer et al. 1985, Rexstad et al. 1988)は，これらの方法が統計的に有意な結果を与えるのはランダムデータに適用したときのみであると注意している。そのため，結果を客観的な解釈することがきわめて重要になる。

分散の多変量解析は，資源利用に個体群間で有意差が見られるか，あるいは動物の利用場所と利用可能性を求めるためにランダムに選定した場所との間に有意差があるかを検定するために使われてきた。Clark et al.(1993)は，多変量マハラノビス距離統計量を提案したが，これは発信器を付けたグループが利用した多変量生息地と利用可能な生息地タイプの特性との間の類似性のモデルを作成するものである。この方法では，利用可能な生息地タイプの各グリッドのマハラノビス距離は，統計的なP値に変換され，利用可能な生息地タイプと動物が利用した生息地タイプが類似している(高いP値)か，類似してない(低いP値)かを示す。資源選択問題に適用される他の多変量解析法には，判別分析法(DFA)とロジスティック回帰法がある。後者の方法を利用するには注意が必要である。というのは，種(あるいは個体)の在/不在によって特定した生息地タイプの場所は範囲がはっきり限定されないことが多く(Williams 1981)，クラス分けの結果はサンプルサイズの影響を強く受けるからである(Williams et al. 1990)。"不在"と類別される理由は少なくとも三つある(Johnson 1981)。①その生息地タイプが適していない。②別の生物学的理由(低密度や競合など)によりその場所が占有されない。③サンプリング方法が悪いため，その場所が不適であると誤ってクラス分けされた。多変量生息地選択仮説を解析する場合にも，連続的な資源変数ではなくカテゴリー化した資源変数で収集したデータを使うことができる(Heisey 1985)。Heisey(1985)の方法は，Manlyの選択指数に基づいて生息地利用と利用可能性の比率を求めるために対数線形モデル分析を使う。この方法は利用可能性が既知であると仮定しており(Neu et al. 1974参照)，個体間の選択の差の検定や，個々の個体あるいは個体間に有意差がないときには全個体をまとめた共変動(性，年齢など)の検定に使うことができる。

分析法の比較

生息地データの分析にどの方法を選択するかは，収集したデータのタイプと信頼性，測定方法，検定が要求する仮定，そして検定する仮説による。生息地の利用可能性の値が正確に押さえられている場合は，Neu et al.(1974)の一変量解析法が便利である。Alldredge & Ratti(1986)は強く薦めてはいないが，Neu et al.(1974)の方法は他の方法に比べて満足できる結果をあげている。Heisey(1985)は，利用可能性が正確におさえられているときに使う生息地の多変量解析法を提案している。Neu et al.(1974)の方法とHeisey(1985)の方法では，仮定とデータの条件は同様だが，基づく検定方法が異なる。Neu et al.(1974)は利用と利用可能性との差を検定したが，Heisey(1985)の検定は利用可能性に対する利用の比率に基づいている。ランダムポイントから利用可能性を推定するなら，Marcum & Loftsgaarden(1980)の方法を検討すべきである。生息地の利用可能性と利用についておよその値しか得られないときは，ランク分けに基づいた方法が最も適している(Johnson 1980, Alldredge & Ratti 1986)。

多変量解析法は，資源選択に関連したより一般的な問題を解析するときに有効である。しかしながらこうした解析は，生物学的な意味が乏しいことにも統計的に有意であるとの結果を出しやすいので，十分注意して行う必要がある。こうした方法は予備研究に便利で，生態学的に意味のありそうな問題を明らかにし，その後入念な演繹的デザインで有効なものにすることができる。研究者は，資源利用の多変量ベクトルは誤差なく測定されると仮定されていることに注意しなければならない。そのためロケーション誤差(White & Garrott 1986)は，多変量データの測定に大きな誤差を生み出す。こうしたテレメトリーの誤差が多変量解析にとってどの程度重要であるかは，いまだ定量化されてない。

サンプリング方法

個々の研究によって目標や状況が異なるため，サンプルサイズ(対象個体数と1個体あたりのロケーション数の両方)について適切な値を述べるのは難しい。少数の個体について多くのロケーションを行うことに重点をおく研究デザインでは，特定の個体について詳細な情報を得ることができるが，個体群全体に適用できることがらは限られる。こうしたデザインを適用できるのは，対象とする個体群が小さい(絶滅に瀕した個体群など)場合，また研究目的が少数の個体に焦点をしぼったものである場合，あるいは今まで研究が進んでこなかった個体群について予備的情報を集める場合であろう。この対極に重点をおく研究(多くの個体を対象に1個体あたりのロケーション数を少なくする)も避けるべきである。このデザインから得られる情報は不十分

で，個体の生息地選択パターンを評価したり，個体によるパターンの違いを調べたりすることはできない。

Alldredge & Ratti(1986)は，個体数，1個体あたりのロケーション数，そして利用可能な生息地タイプの数を変えて生息地選択解析を比較したところ，生息地タイプの数が少なく，20個体以上を対象とし，1個体あたり50以上のロケーションデータをとったときにはよい結果をあげる方法がいくつか見いだされた。一般的に個体数か個体あたりのロケーション数が増えると，生息地利用と利用可能性の差を検出する検定力が上がる。彼らは，少数個体(<20)についてわずかな観測データ(たとえば15)しか集めない研究デザインを採るべきでないとしている。それは，このデザインでは生息地選択が見られないという結論を導きやすいからである。その結果，Alldredge & Ratti(1986)が下した結論は，生息地選択の研究を計画するときには，サンプルサイズの選択にあたってタイプIとタイプIIのエラーの発生率を考慮すべきだということである。Neu et al.(1974)とMarcum & Loftsgaarden(1980)の二つの解析法で発生するタイプIIのエラーの率は，Cohen(1977)やZar(1984)，White & Garrott(1990)の方法を使って計算することが可能で，これによりサンプルサイズの計画を立てたり生息地選択の実験を評価することができる。Thomas & Taylor(1990)は，Thompson(1987)が開発した多項式を使って，利用可能性の推定に必要なサンプルサイズを決定することを薦めている。

研究プロジェクトに必要なサンプルサイズを決める際に考慮すべき点が，他にもいくつかある。一つめはランダムポイントの数である。生息地タイプの利用可能性の比率を推定する際に多くの研究者がロケーションデータと同じ数のランダムポイントを用いる。しかし生息地の利用可能性を求めるために使うランダムポイントは，動物のロケーションデータを得るよりコストがかからないことが多いので，ランダムポイントの数を増やすことで研究デザインの効率を上げることができる。Marcum & Loftsgaarden(1980)の方法では，ランダムポイントの数を増やすと生息地タイプごとに推定した利用可能性の変動は小さくなる。二つめは，ロケーション誤差が生息地選択の検定力を低下させる(White & Garrott 1986)ことである。White & Garrott(1986)は，検定力の低下を埋め合わせるためにサンプルサイズを大きくすることを薦めている。しかしながら，こうしたクラス分けの誤りは生息地利用の計算に偏りを生み出すことになる(Nams 1989, Samuel & Kenow 1992)。その結果，動物の利用を正確に反映した生息地研究を望むなら，この偏りを減少させる方法が必要になる。Nams(1989)とSamuel & Kenow(1992)は，このクラス分けの誤りを生息地利用の決定に組み込む方法を提案している。

個体数密度の推定

ラジオテレメトリー法が，動物の個体数密度の測定に役立つ直接的な情報を与えることはほとんどない。しかしながら，仮定を確認したり他の個体数推定法のための補正要因を開発するうえでは役に立つ。Seber(1982)は，個体数密度とホームレンジサイズを同時に求める方法を紹介している。この方法は，もともとわな捕獲のデータに使われていた。Cooper(1978)は，ホームレンジと密度との理論的関係は，ホームレンジの平均サイズと個体間の重複の度合いによるという結論を出している。この理論的結果を実際に適用した例はほとんどない。しかしながら，Fuller & Snow(1988)は，広大な地域に生息するオオカミの密度を推定するために，発信器を装着した個体のロケーションを冬季に繰り返し行って群れを識別し，テリトリーを描き，群れの構成メンバーをカウントするという方法(Mech 1982)を紹介している。この方法では，すべての群れを識別し群れ内の全個体をカウントする必要がある。このように理想的な状況下でも，単独個体を考慮に入れないとオオカミの個体数を過小評価することになるだろう。

White & Garrott(1990)は，捕獲再捕獲法に電波発信器を使うことで，個体群の中に標識個体がいるかどうかを再捕獲期間の前に確かめられることを示した。リンカーンペテルセン法では，電波標識個体を標識を付けたサンプルとして利用して個体数サイズを推定できる(White & Garrott 1990)。この方法は，視覚的標識では発見しにくい種を対象とするときに特に有効である(Kenward 1987)。こうした記号再認法を閉鎖個体群に使った研究は，リンカーンペテルセン法で解析されてきた(Kenward 1987)。ラジオテレメトリーは高密度に生息する動物を格子状に設置したワナで捕獲し密度を推定する方法(trapping grid study)にも有効である。この場合，電波発信器はトラッピンググリッドがカバーする有効面積を決めたり，電波標識個体がグリッド内にいる時間比率を求めたりするのに利用できる(Kenward 1987)。

ラジオテレメトリーを使ったことにより，航空調査による個体数推定の際に視認性の偏りが重大であることが分かった(Caughley 1974)。Floyd et al.(1979)は，航空調査にラジオテレメトリーを使って，生息地タイプごとのシカ

の発見率を求めた。Biggins & Jackson(1984)は，同様の方法を使って，生息地や雪の状態，そして他の環境要因がシカの視認性にどれほどの影響を与えるか評価した。Gasaway et al.(1985)は，ムースの視認性が行動(横たわるか立つか)によって変わることを確かめた。Samuel et al. (1987)は，ラジオテレメトリーを利用して，集団サイズと植生カバーに基づいたエルクの視認性モデルを開発した。これらの補正要因を個体数推定に適切に利用する方法を，Steinhorst & Samuel(1989)が述べている。

生存率

　生存率の推定は，個体数を調節する自然要因(Fowler 1981, Gavin et al. 1984, Keith et al. 1984)や管理要因(Anderson & Burnham 1976, Burnham & Anderson 1984, Nichols et al. 1984)の評価にあたって重要な要素になってきた。伝統的な標識回収分析では，1年の特定期間の生存率を推定するには不十分なことが多く，また多数の個体に標識を付けて高率で回収するのはまず不可能である。さらに標識回収法は主にハンターの報告に基づいているので，非狩猟獣の場合あまり有効ではない。標識回収はまた，狩猟以外の死因を特定したり非狩猟期の生存率を推定したりするのには役に立たない。これに対し，ラジオテレメトリー研究は死亡要因，生存率(1.0－死亡率)，生存に影響する要因を特定する上できわめて有効である。またラジオテレメトリーを使って，死亡直後に動物の位置を突き止めて死亡要因を特定することもできる。こうした面にラジオテレメトリーを利用してきた例には，カンジキウサギ(Brand et al. 1975)やキジ(Dumke & Pils 1973)の死亡要因の研究や，有蹄類の幼獣に捕食者が与える影響を推定した研究(Schlegel 1976, Franzmann et al. 1980, Barrett 1984)がある。生存率分析にラジオテレメトリーを利用した研究でおそらくより一般的なのは，生存率の算出と生存率の差を生み出す要因(たとえば年齢と性)の特定である。

　テレメトリーデータから生存率を推定する統計手法にはさまざまなものがあり，調査期間内の死亡個体の比率を単純に比較するものから，実際の死亡曲線を比較したり生存率の時間特異的な共変動を検定したりする洗練された方法まである。どの方法を選択すべきかは，研究目的，電波標識の装着時期，発信器が停止したのかそれとも動物が調査地域を離れたのか，そして調査期間内の死亡率が一定であるか否かといった点によって変わる。どの方法を選択するにしろ，生存率を補正するためには以下の仮定(Bunck 1987)が満たされなければならない。

① 電波標識を付けたサンプル個体は，研究対象の個体群を代表している。個体群のランダムサンプルを得られるように努力しなければならない。

② 電波標識を付けた個体は，独立なサンプルを代表している。緊密な関係をもった複数の個体(同じ巣の雛など)は類似した死亡要因をもつことが考えられるので，死亡率に関する情報は完全に独立した個体から得られるデータよりも少ない。

③ 電波標識の装着は生存率に影響を与えない。発信器を付けた個体は個体群の生存率の推定に偏りを与えてはならない。

　以上の三つの仮定は，標識回収法や記号再捕獲法(Jolly 1965, Seber 1965, Pollock 1981, Brownie et al. 1985)にも要求されるものである。

④ 個体の消息が分からないとき(ふつう censor と呼ばれる)，得られた生存期間は個体の実際の消息とは独立していると仮定される。生死動向不明状態(censor)に陥るのは，発信器が故障したり，調査地域外へ移動したとき，あるいは電波標識を付けた全個体が死亡する前に研究を終了したときである。この仮定が意味するのは，生死動向が不明になった個体は電波標識を付けた他の個体と同様の死亡確率をもつということである。生死動向不明状態がランダムに起こるという仮定は，捕食者が動物を捕殺する際に発信器を壊したときや他の地域へ季節移動する個体が留まる個体よりも多いときには当てはまらない(Pollock et al. 1989b)。

⑤ 死亡の正確な時間が分かっている。しかしながらこの仮定を緩めても生存率の推定に大きな影響を与えない(Johnson 1979, Bart & Robson 1982, Heisey & Fuller 1985)。1〜2日の範囲で死亡日を特定できれば，数か月にわたって野生動物の生存率を推定する研究では，ほとんどの場合問題はない。

　生存率の推定には二つのタイプの一般的な統計法を使うことができる。二つの方法の違いは，一方が特定の期間の生存率を求めるのに対し，もう一方が連続的な生存曲線を求めることにある。期間生存率の推定では，研究期間中の死亡率は一定であると仮定しており，そのため正確な死亡日時はそれほど重要ではない。しかしながら研究期間内に各個体が生存していた日数は，期間生存率推定法の多くに必要である。研究期間の開始時点が明確な場合(たとえば期間の最初に全個体に電波標識を付けた場合)，すべての個体の消息が把握できている場合，また生存率が一定の場合，期

間生存率法はほとんどの調査目的に十分なものとなる。一般に，研究開始に先だって動物の捕獲と標識装着を行う期間がある。理想的には，この期間は生存率を推定する期間に比べて短くなければならない。これに対し連続生存率法の方が有効になるのは，動物の捕獲と電波標識の装着が研究の開始時期や研究期間中の長期間にわたった場合，生死動向不明状態が起こった場合，死亡率が一定でない場合，あるいは生存率に影響する時間特異的な要因に関してより複雑な仮説を立てて評価する場合である。

期間生存率データの解析

期間終了時の生存率ないし死亡率を仮説検定する(White & Garrott 1990)ことによって，同一期間で二つの個体群の生存率に差があるかを簡単に検定することができる。二つの個体群の生存率が等しいかどうかを検定するのに，カイ二乗検定を使うことができる(Box 15-4)。三つ以上の個体群を評価する場合や，複数の要因(たとえば年齢と性)が生存率に与える影響を評価する場合には，ロジスティック回帰(Cox 1970, Lee 1980, White & Garrott 1990)などの方法が生存確率を解析する上で有効であろう。こうした解析では，生存データは両分的な独立変数－すなわち研究期間の終了時に各個体は生存しているか死亡しているかどちらかである－として扱われる。そのためロジスティック回帰を使って，生存率の変化に関係すると思われる説明変数(共変動)を評価できる。ロジスティック回帰は，カテゴリー変数(年齢，性，あるいは個体群など)と連続変数(体重や体調など)を評価することができるので有利である。ロジスティック回帰法は，Haramis et al.(1986)とHepp et al.(1986)が標識を付けて回収したカモ類の解析に適用している。

二つ以上の期間(たとえば数年)にわたって生存率を調べるときや，各期間内のばらばらな時期に新たな個体に電波標識を付けるときには，標識回収法に似た複雑な解析が適切であろう。このような解析は，SURVIVというコンピュータプログラムに見られる数学的手法を使って行える(White 1983)。White et al.(1987)はこの方法を使って，シカの年間生存率を二つの調査地域で3年から4年にわたって調べた。しかしながら標識回収モデルのパラメータを推定するのに必要な数式に馴染みがない場合は，SURVIVの使用には注意を要する(Brownie et al. 1985)。

ラジオテレメトリー研究で収集したデータを使って，長期間にわたる生存率を求めて統計解析しても仕方がない。なぜなら研究期間の最後の状態(生きているか死んでいるか)だけが記録されるからである。ラジオテレメトリーを使った研究の多くが，1年未満の研究期間で生存率を求めることを目的としたものだろう。このような研究では，いくつかの期間に分けて生存率を求めたり，個々の死亡要因が生存率に与える相対的影響を調べたりすることを狙っているのかもしれない。ラジオテレメトリーデータの解析により適した統計法は，電波発信器の台数や装着日数を使って生存率を計算するものである。生存率計算に必要な最小装着時間は，ふつう動物のロケーション頻度や研究期間中に実際に決定した死亡数と密接に関係する。これらのデータの解析に使う統計法は，営巣成功度の解析に提案された方法に基づいている(Mayfield 1961, 1975)。これらの方法は，研究期間中の生存率は一定で各時間単位(日など)は次の時間単位から独立していると仮定している。そのため1日の生存率は研究期間内の死亡数と発信器の装着日数から求められる(Box 15-5)。この方法を最初に適用したのは，Trent & Rongstad(1974)のワタオウサギの研究である。その後，Heisey & Fuller(1985)によって方法が一般化され，原因特異的な生存率を推定したり，生存率がほとんど

Box 15-4 生存率が等しいという仮説のカイ二乗検定

研究開始時点で成獣60頭と幼獣40頭に発信器を装着したと仮定する。生存率は成獣が83%，幼獣が50%とする。

	生存	死亡
成獣	50	10
幼獣	20	20

カイ二乗検定の結果は，調査期間中は成獣の生存率が有意に高いことを示した($\chi^2 = 12.7$, df = 1, $P < 0.01$)。

Box 15-5 1日の生存率の計算

ラジオテレメトリー研究のi番目の期間の1日の生存率は，次のように計算できる。

$$s_i = \frac{x_i - d_i}{x_i}$$

ここでx_iは発信日数，d_iは期間iの死亡数である。

1日の生存率の分散はいかなる期間(s_i)についても次のように求められる。

$$\mathrm{var}(s_i) = \frac{s_i(1-s_i)}{x_i}$$

特定の原因jによる1日の死亡は，

$$m_{ij} = \frac{d_{ij}}{x_i}$$

ここでd_{ij}は，原因jによる期間iの死亡数である。

一定である思われる場合に研究期間内に設けたいくつかの期間を調節したりするのに使われてきた。

連続生存率の解析

テレメトリーデータを解析する統計手法として次に主要なカテゴリーは，各個体の生存時間を連続測度として見るものである。このような手法は数学的に複雑であり，もともと医学の研究結果の分析で発展してきたもので，野生動物研究の分野に使われるようになったのは最近のことである。しかしながらこれらの方法には，生存率の解析に威力を発揮する道具が備わっている。こうした方法を野生動物研究に適用した研究者はすでに何人かおり，今後増えることは間違いないだろう。連続的な生存率の解析に関心をもつ者は，方法論の導入にあたってLee(1980)の著書に目を通した方がよい。

連続生存率法はいくつかの特性をもつが，これはラジオテレメトリー研究者には馴染みの薄いものかもしれない。1点目はほとんどの方法が開始時期の異なる対象を使って，死亡あるいは研究の終了までモニターすることである(Box 15-6)。この方法を野生動物の研究に用いる場合，生存率は標識装着後の生存時間に主に影響されるとの前提に立つことになる。しかしながら，季節的な影響が動物の個体群の生存に大きな影響を及ぼすこともある。このような制約を緩和するには，ほとんど同時に全個体に標識を付けるか，あるいは全個体に標識を付けた時点を研究の開始とみなすかすればよい。連続生存率法の2点目の特性は生死動向の不明な(censored)対象を使って生存曲線を計算することができることである。研究終了時に生存していた個体は仮の生死動向不明状態(right censored, Box 15-6)と呼ばれる。なぜならこの場合の生存時間は実際に死亡するまでの時間の最小の推定値だからである。研究対象に含める時期を個体ごとに変える(時間差登録)ことも可能で，この場合，最初の個体が登録される前の時点から生存期間の推定を開始する。さらに，原因特異的生存率の推定は，他の原因による死亡は生死動向不明状態の生存時間を代表すると仮定することで可能になる(Kalbfleisch & Prentice 1980, Cox & Oakes 1984, Heisey & Fuller 1985)。しかしながら，この方法では個々の死亡原因がそれぞれ独立しているという強い仮定が必要となる。

連続生存率法ではパラメトリックな手法とノンパラメトリックな手法の二つから生存率分布を推定することができる。ふつうこれらの手法には，生存率が一定であるという仮定は必要ない。生存率を一定とするのは現実的でないので，この方法は野生動物研究に有利であり，連続生存率の分布を表すことによって死亡の時期に関して生物学的観点から別の洞察を得ることもある。

生存率分析にはパラメトリックな方法がいくつか使われているが，これは元来医学研究に使われてきたものである。こうした方法は特殊な統計分布と推定パラメータ(それゆえパラメトリックと呼ぶ)に基づいていて，これによって観測した生存率分布を描く。同様にパラメータと平均値(μ)，分散(σ^2)を使って正規分布を描くことができる。単純だが最も重要な生存率分布は指数分布である。指数分布はただ一つのパラメータ(λ)と一定の死亡率を特徴とする(Box 15-7)。このモデルでは，瞬間死亡率が一定で以前の事象や標識装着後の時間から独立していると仮定している(図15-12 A)。この一定の生存率という仮定は前述した期間生存率にも要求されるものである。

Weibullモデル(Lee 1980, Cox & Oakes 1984)は，指数モデルをより柔軟にしたもので，瞬間死亡率が一定であるとの仮定をもたない。このモデルは二つのパラメータで

Box 15-6 生存時間

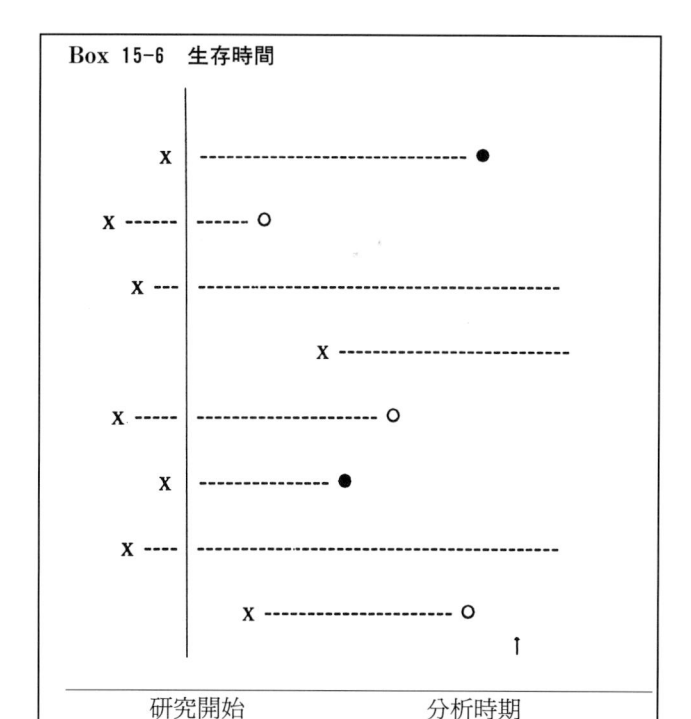

ラジオテレメトリー研究での標識の装着(x)と生存時間の模式図。研究終了時に生存している個体もあり，その場合生存時間は最小値をとる(仮の生死動向不明状態)ことになる。研究期間中に電波が途絶えたり行方不明になったり，あるいは調査地域を離れたりして生死動向が不明となる(○)個体もある。また研究中に死亡する個体もあり(●)，この場合正確な生存時間が得られる。研究開始後に標識をつけられた個体もある。

> **Box 15-7 指数生存率モデル**
> 指数生存率モデルは，ひとつのパラメータで表すことができる。
> $$S(t) = e^{-t\lambda}$$
> ここで λ は各時間間隔(t)における死亡の瞬間確率(危険率関数)である。このモデルは定数 λ によって特徴づけられ，危険率関数と生存率が一定であることを示している。
> 指数生存率モデルのもとでは，$\ln[S(t)]$ は時間とともに傾き λ で直線的に減少する。危険率 $\lambda=0.0019$ なら，年間生存率は $S(365)=e^{-(365*0.0019)}=0.5$ となる。反対に年間生存率の推定値から危険率を計算することができる（$-\ln[S(365)/365]=\lambda$）。平均生存時間(M)も計算でき，$M=1/\lambda$ あるいは $M \fallingdotseq 526$ 日となる。

特徴づけられる。一つめのパラメータは全体的な形を決定し，二つめは生存曲線の比率を決定する(Box 15-8)。形のパラメータ(γ)が1.0のとき，瞬間死亡率は一定になる。Weibull モデルをこのように単純化すると指数モデルになる。そのため Weibull モデルを使って瞬間死亡率が一定($\gamma=1.0$)かを検定することができる。形のパラメータが1.0より大きいとき，瞬間死亡率は次第に増加し，1.0より小さいときは次第に減少する(図 15-12 B)。死亡率の増減は，死亡原因が変化したことを示す。死亡率が次第に増加するときは，研究後期に死亡のリスクが高まったことを示し，逆の場合には低下したことを示す。Samuel et al. (1990) は Weibull モデルを使ってカナダガンの首輪の残

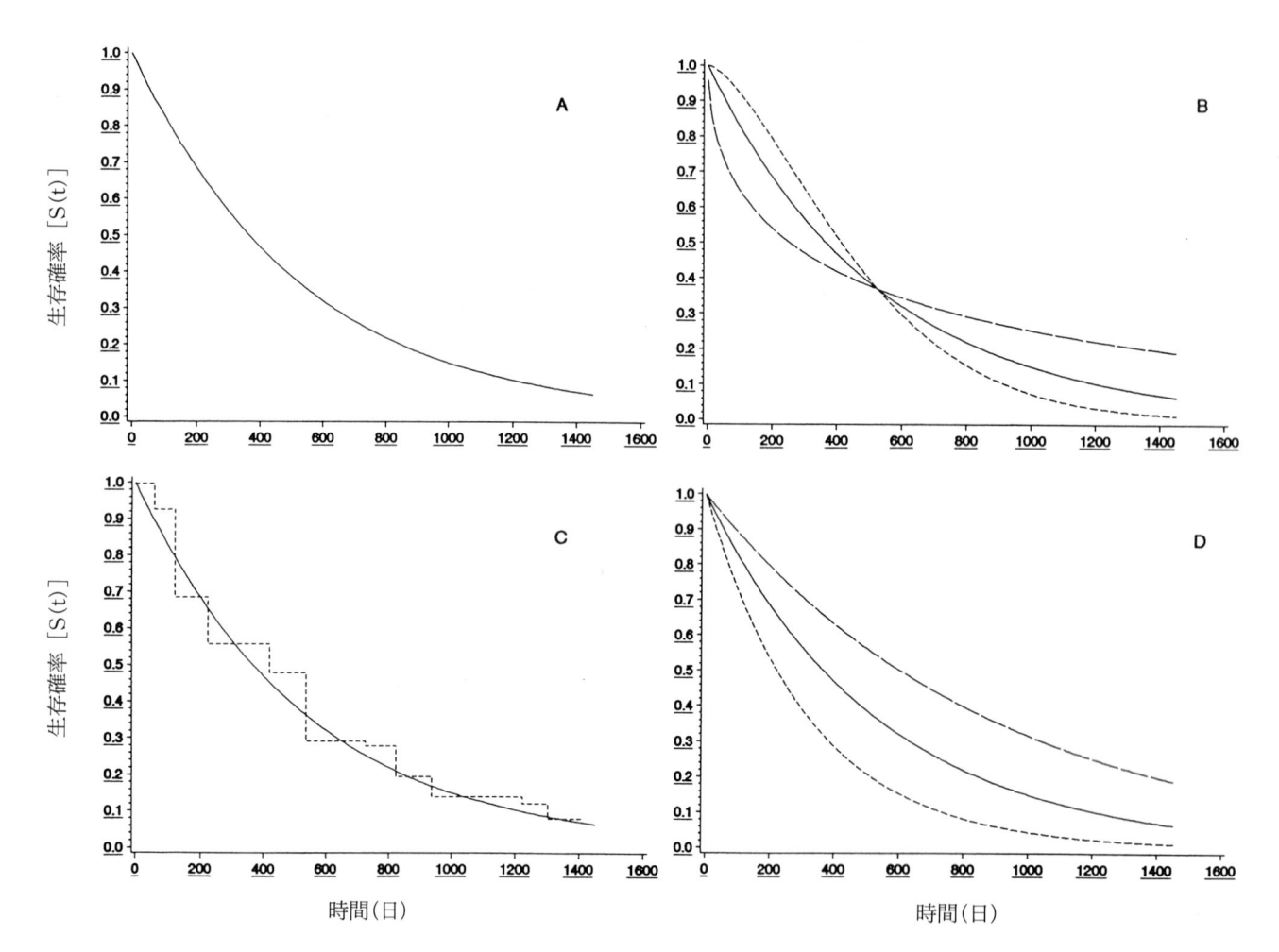

図 15-12 指数モデル(A)，Weibull モデル(B)，Kaplan-Meier モデル(C)，比例危険率モデル(D)で求めた生存曲線
すべての図で(———)は $S(365)=0.5(\lambda=0.0019)$ のときの指数生存曲線を示す。Weibull モデル(B)は，危険率が一定($\alpha=526.3=1/\lambda$，$\gamma=1.0$)のときを(———)で，危険率が増加($\alpha=526.3=1/\lambda$，$\gamma=1.5$)するときを(- - - -)で，危険率が減少($\alpha=526.3=1/\lambda$，$\gamma=0.5$)するときを(— — —)で示している。Kaplan-Meier(C)の生存曲線(- - - -)は，同じ生存率を使って指数モデル(———)と比較した。Cox の比例危険率モデル(D)は，危険率[$h(t)=h_0(t)\exp(\beta_1 x_1)$]，危険定数 $h_0(t)=\lambda t$，$\beta_1=0.5$，そして年齢が生存率に及ぼす影響を符号 x_1（成獣$=-1$，幼獣$=+1$）とした。$x_1=0$ は指数モデル(———)で，$x_1=-1$ は成獣(— — —)の生存曲線，$x_1=+1$ は幼獣(- - - -)の生存曲線を示す。

> **Box 15-8　Weibullの生存率モデル**
> Weibullモデルは，二つのパラメーターに基づく。
> $$S(t) = e^{-(t/\alpha)^\gamma}$$
> ここで，αはスケールのパラメーター，γは形のパラメーターと考えられる。形のパラメーター(γ)が1.0のとき，$S(t)$は$h=1/\alpha$としたときの指数モデルである。Samuel et al. (1990)は，カナダガンの首輪の残存率がWeibullモデルにしたがい，$\alpha=1,406$，$\gamma=1.33$であったと報告した。彼らはγが1.0より有意に大きいことを確かめたが，このことは首輪が一定の比率で消失したのではなく，装着直後は低く，時間の経過とともに高くなったことを示している。このモデルから1年間そして2年間の首輪の残存率が求められる。
> $$S(365) = e^{-(365/\alpha)^\gamma} = 0.847$$
> そして
> $$S(730) = e^{-(730/\alpha)^\gamma} = 0.658$$

存率分布を推定した。対数正規分布やガンマ分布などの他のパラメトリック分布(Lee 1980, Pyke & Thompson 1986)も便利である。

最適なパラメトリックモデルを決めるには，パラメトリックな生存曲線を実際の生存率のデータ(Kaplan-Meier法)と比較するグラフィック法を使うのがふつうである(Lee 1980, Pyke & Thompson 1986)。適切なパラメトリックモデルを選択する際のもう一つの基準は，研究期間中の死亡率が一定と見込まれるか，あるいは増加，減少，変動などが見込まれるかということである。いったん適切なパラメトリックモデルを特定することができれば，共変動が生存率に及ぼす影響を検定することができる。パラメトリックな方法が適用可能なら，それを用いて簡潔なモデルを組み立てることが可能になり，生存率分布を描き，時間経過とともに死亡率が変化するかを確かめ，説明変数が生存率に与える効果を評価することができる。パラメトリック法はまた，期間生存率モデルに要求される一定の死亡率という仮定を評価する場合にも有効である。

野生動物研究に使われてきたノンパラメトリックな方法には，Kaplan-Meier法(Kaplan & Meier 1958)と，これを一般化したCox比例危険率モデル(Cox 1972)の二つがある。これらのノンパラメトリックな方法では，生存時間の統計分布が特定されてなくてもかまわない。Kaplan-Meier法あるいは積極限法は，個体が研究開始以降t回の期間(ふつうは日)生き延びる確率を求めるものである。生存確率は個体の死亡が発生した期間ごとに順次算出する(Box 15-9)。個々の死亡が起こる間の生存率は，死亡する危険性をもつ電波標識装着個体の数と死亡数とから計算す

る。生存曲線は，以前の期間の生存率の積として計算する。生存曲線は個々の死亡が発生した時点で落ち込むため，グラフは階段状になる(図15-12 C)。今後死亡する危険性をもつ個体の数から生死動向が不明な個体を除去することで，仮の生死動向不明個体数を算出することができる。Kaplan-Meier法を使って生存率を推定した研究には，シチメンチョウ(Kurzejeski et al. 1987)，野生状態と繁殖場でのキジ(Krauss et al. 1987)，ピューマ(Lindzey et al. 1988)，そして再導入したエリマキライチョウ(Kurzejeski & Root 1988)に関するものがある。Pollock et al. (1989 a)はKaplan-Meier法を修正した方法を開発し，これによって研究開始後に新たな個体を加えること(時間差登録)が可能となった。

二つの生存曲線の有意差に関するノンパラメトリック検定は，対数ランクや他の適切な統計手続きを使って行われるのがふつうである(Kalbfleisch & Prentice 1980, Lee 1980, Cox & Oakes 1984)。この対数ランク検定の要点は，ある個体群における実際の死亡数を，いずれの個体群も同等の生存曲線をもつと仮定した場合に求められる死亡数の期待値と比較することである。実数と期待値との間に大きな偏差がある場合には，検定値は大きくなり，二つの個体群が同一の生存曲線をもつ確率は低下する。Pollock et al. (1989 a)は，簡単な例を挙げて対数ランク検定の計算を説明している。

比例危険率法は，共変動と生存時間との関係を調べるもう一つのノンパラメトリックな統計手法である。Cox (1972)は，瞬間生存率(危険率関数)を使って生存時間tの分布と共変動との関係を評価できると述べている。すべての共変動を無視した場合，基底にある生存率分布に基づい

> **Box 15-9　Kaplan-Meierの生存率モデル**
> Kaplan-Meierの生存率関数 $[S(t)]$ は，動物が研究開始以降t回生存している確率を表す。この値は死亡が生じた各時点について計算する。式は次のようになる。
> $$S(t_j) = \Pi(1 - d_j/r_j)$$
> ここでd_jは死亡数，r_jはt_jの時点において死亡する危険のあった電波標識個体の数である。生存率関数 $[S(t)]$ を算出するときには，死亡が起こるまでのすべての時点の積を求めることに注意する。たとえば，$S(t_1) = (1-d_1/r_1)$，そして$S(t_2) = (1-d_1/r_1)(1-d_2/r_2)$
> 生存率関数の分散は任意の時点(t)について求められる。
> $$\text{var }[S(t)] = [S(t)]^2 \sum \frac{d_j}{r_j(r_j - d_j)}$$
> ここで時点t以前のすべての死亡時の和を求める。

て，独立変数が生存率に与える効果を検定することができる(Box 15-10)。この方法が仮定しているのは，共変動の値が異なるときの生存率は，この基底にある生存率分布に比例するということである(図15-12 D)。この"比例危険率"仮定は，有意な共変動に関連した相対的な死亡のリスクは，時間が経過しても一定であるとの前提に立っている。この仮定が最もよく満たされるのは，単一の死亡要因が研究期間を通じて継続的に働いているときであろう。重要な死亡要因がいくつかある場合，それぞれの要因が個体群の一部に異なる影響を及ぼす。同様に，主要な死亡要因が研究中に変化した場合にも問題が生じる。危険率関数を比較するグラフィック法は，比例危険率仮定を検定するために使うのがふつうである(Kalbfleisch & Prentice 1980)。危険率曲線がパラレルでなければ，非比例危険率関数があることになる(Lagakos 1982)。比例危険率モデルでは，各個体に標識を装着した日か全個体に装着し終えた日から生存時間を推定し始める必要がある。時間依存共変動を許容するタイプの比例危険率モデルもある(Lee 1980)。Coxの比例危険率モデルを使ってSievert & Keith(1985)は，いくつかの共変動がカンジキウサギの生存率に与える効果を推定した。またWhite et al.(1987)は，体のサイズが幼獣の生存率に与える影響を推定するのにこのモデルを用いた。

生存率推定法の比較

現在の生存率データの解析は，野生動物生態学で伝統的に使われてきた方法(Mayfield 1961, Trent & Rongstad 1974)から医学で伝統的に使われてきた方法(Kaplan & Meier 1958, Cox 1972, Lee 1980)への移行段階にある。テレメトリー研究者の多くは，野生動物研究の伝統的な方法に親しんでいるが，こうした方法には限界がある。なぜなら，非現実的な仮定(一定の生存率など)を必要とし，生存率に対して共変動が及ぼす影響を検定しづらく，またたいていテレメトリーデータをサンプリングした日が独立していると仮定しているからである。反対に医学に使われる方法は数学的に難解で，計算にコンピュータプログラムが必要であり，野生動物研究には適用しがたい仮定(比例危険率など)をもつ。結局は双方のアプローチの中から適切な特性を抜き出して組み合わせ，新たな方法を開発することになろう。どちらの方法が適しているか現段階で断定することはできない。それは個々の研究プロジェクトの特性によって変わるものである。それぞれの方法の利点について以下に概略を述べる。

異なる個体群間の生存確率をカイ二乗分析(あるいはロジスティック回帰やSURVIVプログラムなどのより一般的な方法)を用いて比較する期間生存率法は，特に長期間(1年以上)の研究に有効である。死亡日時を(研究期間に比べて)正確に推定するのが難しい研究では，期間生存率法が唯一の実際的な生存率解析法となる。またこの方法は生存率データの解析の手始めに使うのにも適している。しかしながらほとんどのテレメトリー研究では，他の方法を使う方がより効率的である。それはそうした方法では動物が生存した実際の時間を利用するからである。さらにそれらのより複雑な方法は，生存率が一定であるという仮定を検定する柔軟性を備えている。

時間間隔に基づいた方法(Mayfield 1961, Trent & Rongstad 1974, Bart & Robson 1982, Heisey & Fuller 1985)は，各期間の死亡率が一定であるときには，生存率データの解析に強力な威力を発揮する。この方法は原因特異的死亡率を特定する場合(Heisey & Fuller 1985)や特性(性や年齢クラスなど)の異なる動物集団の生存率を比較する場合に有効である。生存率が調査期間中まったく一定であることはまずないので，Heisey & Fuller(1985)が提案した方法が生存率データの解析に最も有効である。この方法の大きな限界は，共変動が生存時間に及ぼす効果を測りにくいという点にある。

Box 15-10　Coxの比例危険率モデル

　Coxの比例危険率モデルは，次の関係式に基づいている。

$$S(t) = e^{-h(t)}$$

ここで$h(t)$は時点tにおける危険率(瞬間死亡率)である。Cox(1972)は，この危険率関数は次のように書き直して求めることができるとしている。

$$h(t) = h_0(t) \exp\left(\sum \beta_j x_j\right)$$

ここで$h_0(t)$は，すべての予測変数(x_j)を無視したときの，基底の生存率分布に対する危険率関数である。おもな関心は，予測変数(体重，年齢，性など)のいずれかが生存率に重大な影響を及ぼすかを確かめることにある。そこで重回帰法を使ってβ_jが0.0と有意に異なるか検定することで，予測変数(x_j)が危険率関数に及ぼす効果を推定することができる。この方法では，各予測変数に関連した死亡率は基底にある危険率関数[$h_0(t)$]の一定の比率(あるいは倍数)であると仮定している。

　Sievert & Keith(1985，表15-3)は，ウィスコンシンで放したカンジキウサギの生存率に六つの共変動(x_j)が有意な影響を与えたと報告している。彼らは回帰係数(β_j)を使い，各共変動が30日間の生存率に与える効果を定量化した。たとえば，小さい個体は大きい個体よりも25%生存率が低下することを確かめた。

Kaplan-Meier法で描いた生存曲線は，研究期間中の実際の生存率分布を示す。さらにこの方法は，野生動物研究を実施する場面で大きな柔軟性を発揮する。一方でこの方法の大きな限界は，生存率と原因特異的死亡率に関係する要因に関して立てた生物学的仮説を検定しがたい点にある。生存率の解析はKaplan-Meier生存率曲線から始めるのがよい。この方法を使えば，生存率がほぼ一定である期間を調べる場合や，また期間生存率法で解析を続ける場合の参考になる。パラメトリックなWeibull法などの連続生存率法やその他の方法を使って，全研究期間あるいは短期間内の生存率が一定であるという仮定を検定することも考えなければならない。生存率データがパラメトリックな方法にほぼ対応するなら，その方法は有効であり，生存率曲線の全体的な形を決めたり，重大な共変動が生存率に与える影響を検定したりするのに使うことができる。ノンパラメトリックな方法を望むのならCoxモデルを使うことができる。ただしその場合には比例危険率やその他の仮定が有効であると確認されてなければならない。研究の間に新たな個体が次々に加わる場合は，時間差登録によるKaplan-Meier法が唯一適した解析法になろう。

サンプルサイズ

何頭の個体を対象としてラジオトラッキングを行うべきかは，研究の独自性による。考慮すべき重要な要因は，予想される生存率，個体群による生存率の違い，そして比較する際に許容できる統計誤差率である。場合によっては，生存率と変動性を推定するために予備研究を行うことが必要となる。単純比較（たとえば生存確率の差に関するカイ二乗検定など）を行うのに必要なサンプルサイズは，二つの比率の差を検定する統計式から計算できる(Zar 1984 ほか)。Cohen(1977)の教科書は，生存確率をより複雑なカイ二乗分析やロジスティック回帰分析にかけるのに必要なサンプルサイズを計算する際に参考になる。Heisey & Fuller(1985)の報告によれば，離散生存率モデル(Trent & Rongstad 1974, Bart & Robson 1982 ほか)における生存率の変動は，電波標識個体の数の変化に即応して減少し，サンプルサイズが倍になると分散は半分になった。Pollock et al.(1989a)はコリンウズラの研究から，精度の高い結果を得るには最低40〜50頭の標識個体が必要だと述べている。彼らは，死亡率が高くなる期間がくる前に，電波標識個体を新たに追加する準備をしておくよう薦めている。これとは別に，シミュレーションによって個々の研究に必要な電波標識個体の数を決めることもできる。他の情報がない場合には，Lachin(1981)が述べた近似計算と各個体群の年間生存率の予想値を使って予備的なガイドラインを計算したり(Box 15-11)推定したり(図15-13)することができる。

謝　辞

M.R.Fullerは野生動物用テレメトリーの概念と使用方法についてJ.R.Tester, V.B.Kuechle, R.A.Reichle, R.J.Schuster, そしてR.Huempfnerの各氏から手引きを受けた。彼はまた示唆に富む議論を交わしたA.L.Kolz, P.

Box 15-11　生存率研究のサンプルサイズの推定

各個体群のテレメトリー研究に必要な個体数は次式で推定できる。

$$\sqrt{2n} = \frac{(\lambda_1+\lambda_2)(Z_{\alpha/2}+Z_\beta)}{|\lambda_1-\lambda_2|}$$

ここでλ_1とλ_2は各個体群の指数危険率である。どのようなλの値も年間生存率$S(365)$から計算できる。

$$S(365) = e^{-365\lambda}$$

あるいは $\lambda = -\ln[S(365)]/365$

たとえば$S_1(365)=0.5$で$S_2(365)=0.4$なら$\lambda_1=0.0019$, $\lambda_2=0.0025$となる。$\alpha=0.05$で$\beta=0.10$なら，$Z_{\alpha/2}=1.96$, $Z_\beta=1.282$である。

$$\sqrt{2n} = \frac{(0.0019+0.0025)(1.96+1.282)}{|0.0019-0.0025|}$$

それゆえ，各個体群あたり$n \approx 283$個体に電波標識を装着すべきであるということになる。

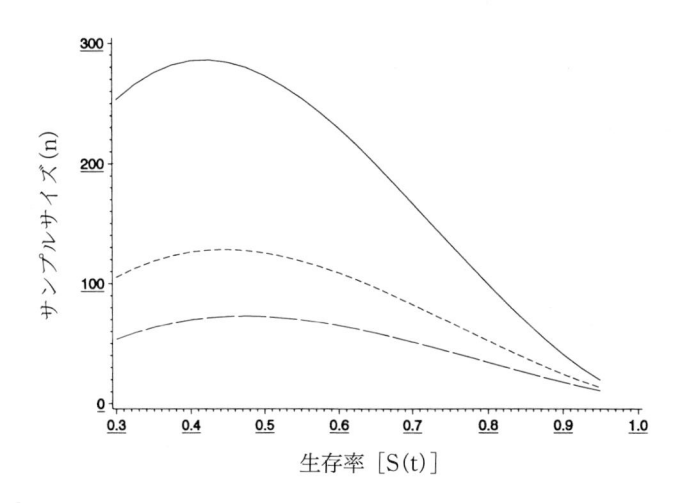

図15-13　個体群間の統計的な有意差($\alpha=0.05$, $\beta=0.10$)を示すために，各個体群に必要な電波標識装着個体の数(n) サンプルサイズは年間生存率の差 $[S_1(365)-S_2(365)]$ が0.10(———), 0.15(- - - -), あるいは0.20(- - -)の場合について計算している。$S_1(365)$の値と適切な差を表す曲線から，サンプルサイズを推定することができる。他の数値を当てはめた場合の正確な計算結果はBox 15-11の式を使って得られる。

W. Howey, T. K. Fuller, R. Kenward, そして C. J. Amlaner, Jr. の各氏に感謝している。W. S. Seegar からは激励の言葉をもらい, またテレメトリー技術の開発と適用に多くの機会を与えていただいた。M. D. Samuel はテレメトリーデータの解析について J. R. Cary, E. O. Garton, K. H. Pollock, そして G. C. White の各氏から助言を受け, また彼らと議論を交わせたことに感謝している。C. Hagen と J. Armstrong には原稿の準備を手伝っていただいた。K. McDaniel には図を提供していただき, また M. Uehling には写真を提供していただいた。A. L. Kolz, M. R. Vaughan, S. S. Klugman, R. A. Garrott, R. J. Small, そして G. L. Storm の各氏からは草稿に対する有益なコメントを数多くいただいた。

参考文献

ARRL. 1988. The ARRL antenna handbook. Am. Radio Relay League, Newington, Conn. Var. pagin.

ADAMS, L., AND S. D. DAVIS. 1967. The internal anatomy of home range. J. Mammal. 48:529–536.

ALDRIDGE, H. D. J. N., AND R. M. BRIGHAM. 1988. Load carrying and maneuverability in an insectivorous bat: a test of the 5% "rule" of radio-telemetry. J. Mammal. 69:379–382.

ALKON, P. U., AND A. COHEN. 1986. Acoustical biotelemetry for wildlife research: a preliminary test and prospects. Wildl. Soc. Bull. 14:193–196.

ALLDREDGE, J. R., AND J. T. RATTI. 1986. Comparison of some statistical techniques for analysis of resource selection. J. Wildl. Manage. 50:157–165.

ALTHOFF, D. P., G. L. STORM, T. W. COLLINS, AND V. B. KUECHLE. 1989. Remote sensing system for monitoring animal activity, temperature, and light. Pages 116–124 in C. J. Amlaner, Jr., ed. Biotelemetry X. Univ. Arkansas Press, Fayetteville.

ALTMANN, J. 1974. Observational study of behavior: sampling methods. Behaviour 49:227–267.

AMLANER, C. J., JR. 1980. Design of antennas for use in radiotelemetry. Pages 251–261 in C. J. Amlaner, Jr., and D. W. Macdonald, eds. A handbook on biotelemetry and radio tracking. Pergamon Press, Oxford, U.K.

———, EDITOR. 1989. Biotelemetry X. Univ. Arkansas Press, Fayetteville. 733pp.

———, AND D. W. MACDONALD, EDITORS. 1980. A handbook on biotelemetry and radio tracking. Pergamon Press, Oxford, U.K. 804pp.

———, R. M. SIBLEY, AND R. H. MCCLEERY. 1978. The effects of telemetry transmitter weight on breeding success in herring gulls. Biotelem. Patient Monit. 5:154–163.

AMSTRUP, S. C. 1980. A radio-collar for game birds. J. Wildl. Manage. 44:214–217.

ANDERKA, F. W. 1980. Modulators for miniature tracking transmitters. Pages 181–184 in C. J. Amlaner, Jr., and D. W. Macdonald, eds. A handbook on biotelemetry and radio tracking. Pergamon Press, Oxford, U.K.

———. 1984. Digital coding of wildlife transmitters. Pages 405–408 in H. P. Kimmich and H. J. Klewe, eds. Biotelemetry VIII. Kimmich/Klewe, Nijmegan, Netherlands.

———. 1987. Radiotelemetry techniques for furbearers. Pages 216–227 in M. Novak, J. A. Baker, M. E. Obbard, and B. Malloch, eds. Wild furbearer management and conservation in North America. Ont. Minist. Nat. Resour., Toronto.

ANDERSEN, D. E., AND O. J. RONGSTAD. 1989. Home-range estimates of red-tailed hawks based on random and systematic relocations. J. Wildl. Manage. 53:802–807.

ANDERSON, D. J. 1982. The home range: a new nonparametric estimation technique. Ecology 63:103–112.

ANDERSON, D. R., AND K. P. BURNHAM. 1976. Population ecology of the mallard: VI. The effect of exploitation on survival. U.S. Fish Wildl. Serv. Resour. Publ. 128. 66pp.

BAILEY, G. N. A., I. J. LINN, AND P. J. WALKER. 1973. Radioactive marking of small mammals. Mammal Rev. 3:11–23.

BALL, N. J., AND C. J. AMLANER, JR. 1980. Changing heart rate of herring gulls when approached by humans. Pages 589–594 in C. J. Amlaner, Jr., and D. W. Macdonald, eds. A handbook on biotelemetry and radio tracking. Pergamon Press, Oxford, U.K.

BARRETT, M. W. 1984. Movements, habitat use, and predation on pronghorn fawns in Alberta. J. Wildl. Manage. 48:542–550.

BART, J., AND D. S. ROBSON. 1982. Estimating survivorship when the subjects are visited periodically. Ecology 63:1078–1090.

BATSCHELET, E. 1981. Circular statistics in biology. Academic Press, New York, N.Y. 371pp.

BEALE, D. M., AND A. D. SMITH. 1973. Mortality of pronghorn antelope fawns in western Utah. J. Wildl. Manage. 37:343–352.

BEKOFF, M., AND L. D. MECH. 1984. Simulation analyses of space use: home range estimates, variability, and sample size. Behav. Res. Methods Instrum. 16:32–37.

BIGGINS, D. E., AND M. R. JACKSON. 1984. Biases in aerial surveys of mule deer. Thorne Ecol. Inst. Tech. Publ. 14:60–65.

BOAG, D. A. 1972. Effect of radio packages on behavior of captive red grouse. J. Wildl. Manage. 36:511–518.

———, A. WATSON, AND R. PARR. 1973. Radio-marking versus back-tabbing red grouse. J. Wildl. Manage. 37:410–412.

BÖGEL, R. 1991. Automatic radio tracking. Pages 115–124 in Acta du colloque international: Suivi des vertebres terrestres par radiotelemetrie. Principante de Monaco, 12–13 December 1988. Parc National Mercantour, Nice, France.

———, AND D. BURCHARD. 1992. An air pressure transducer for telemetering flight altitude of birds. Pages 100–106 in I. G. Priede and S. M. Swift, eds. Proc. 4th Eur. Conf. Wildl. Telem. Ellis Horwood, Chichester, U.K.

BOONE, R. B., AND R. S. MESECAR, III. 1989. Telemetric egg for use in egg-turning studies. J. Field Ornithol. 60:315–322.

BOSHOFF, A. F., A. S. ROBERTSON, AND P. M. NORTON. 1984. A radio-tracking study of an adult Cape griffon vulture Gyps coprotheres in the Southwestern Cape Province. S. Afr. J. Wildl. Res. 14:73–78.

BOULANGER, J. G., AND G. C. WHITE. 1990. A comparison of home-range estimators using Monte Carlo simulation. J. Wildl. Manage. 54:310–315.

BRAND, C. J., R. H. VOWLES, AND L. B. KEITH. 1975. Snowshoe hare mortality monitored by telemetry. J. Wildl. Manage. 39:741–747.

BRAUN, S. E. 1985. Home range and activity patterns of the giant kangaroo rat, Dipodomys ingens. J. Mammal. 66:1–12.

BRAY, O. E., AND G. W. CORNER. 1972. A tail clip for attaching transmitters to birds. J. Wildl. Manage. 36:640–642.

———, K. H. LARSEN, AND D. F. MOTT. 1975. Winter movements and activities of radio-equipped starlings. J. Wildl. Manage. 39:795–801.

BRIGHAM, R. M. 1989. Effects of radio-transmitters on the foraging behavior of barn swallows. Wilson Bull. 101:505–506.

BROEKHUIZEN, S., C. A. VAN'T HOFF, M. B. JANSEN, AND F. J. J. NIEWOLD. 1980. Application of radio tracking in wildlife research in the Netherlands. Pages 65–84 in C. J. Amlaner, Jr., and D. W. Macdonald, eds. A handbook on biotelemetry and radio tracking. Pergamon Press, Oxford, U.K.

BROWN, G. D., AND L. S. TAYLOR. 1984. Radio-telemetry transmitters for use in studies of the thermoregulation of unrestrained common wombats, (Vombatus ursinus). Aust. Wildl. Res. 11:289–298.

BROWN, G. P., R. J. BROOKS, AND J. A. LAYFIELD. 1990. Radiotelemetry of body temperatures of free-ranging snapping turtles (Chelydra serpentina) during summer. Can. J. Zool. 68:1659–1663.

BROWN, J. L. 1964. The evolution of diversity in avian territorial systems. Wilson Bull. 76:160–169.

BROWNIE, C., D. R. ANDERSON, K. P. BURNHAM, AND D. S. ROBSON. 1985. Statistical inference from band recovery data—a handbook. U.S. Fish Wildl. Serv. Resour. Publ. 131. 305pp.

BUCHLER, E. R. 1976. Chemiluminescent tag for tracking bats and other small nocturnal animals. J. Mammal. 57:173–176.

BUNCK, C. M. 1987. Analysis of survival data from telemetry projects. J. Raptor Res. 21:132–134.
BURCHARD, D. 1989a. Direction finding in wildlife research by Doppler effect. Pages 169–177 in C. J. Amlaner, Jr., ed. Biotelemetry X. Univ. Arkansas Press, Fayetteville.
———. 1989b. Towards higher frequencies in outdoor applications. Pages 57–65 in C. J. Amlaner, Jr., ed. Biotelemetry X. Univ. Arkansas Press, Fayetteville.
BURGER, L. W., JR., M. R. RYAN, D. P. JONES, AND A. P. WYWIALOWSKI. 1991. Radio transmitters bias estimation of movements and survival. J. Wildl. Manage. 55:693–697.
BURNHAM, K. P., AND D. R. ANDERSON. 1984. Tests of compensatory vs. additive hypotheses of mortality in mallards. Ecology 65:105–112.
———, ———, AND J. L. LAAKE. 1980. Estimation of density from line transect sampling of biological populations. Wildl. Monogr. 72. 202pp.
BURT, W. H. 1943. Territoriality and home range concepts as applied to mammals. J. Mammal. 24:346–352.
BYERS, C. R., R. K. STEINHORST, AND P. R. KRAUSMAN. 1984. Clarification of a technique for analysis of utilization-availability data. J. Wildl. Manage. 48:1050–1053.
CACCAMISE, D. F., AND R. S. HEDIN. 1985. An aerodynamic basis for selecting transmitter loads in birds. Wilson Bull. 97:306–318.
———, AND D. W. MORRISON. 1986. Avian communal roosting: implications of diurnal activity centers. Am. Nat. 128:191–198.
CALHOUN, J. B., AND J. U. CASBY. 1958. Calculation of home range and density of small mammals. U.S. Public Health Serv. Public Health Monogr. 55. 24pp.
CAPEN, D. E., EDITOR. 1981. The use of multivariate statistics in studies of wildlife habitat. U.S. For. Serv. Gen. Tech. Rep. 87. 249pp.
CAREY, A. B., S. P. HORTON, AND J. A. REID. 1989. Optimal sampling for radiotelemetry studies of spotted owl habitat and home range. U.S. For. Serv. Resour. Pap. PNW-RP-416. 17pp.
CAUGHLEY, G. 1974. Bias in aerial survey. J. Wildl. Manage. 38:921–933.
CEDERLUND, G., AND P. A. LEMNELL. 1980. A simplified technique for mobile radio tracking. Pages 319–322 in C. J. Amlaner, Jr., and D. W. Macdonald, eds. A handbook on biotelemetry and radio tracking. Pergamon Press, Oxford, U. K.
CHARLES-DOMINIQUE, P. 1977. Urine marking and territoriality in Galago alleni (Waterhouse, 1837-Lorisoidea, Primates): a field study by radio-telemetry. Z. Tierpsychol. 43:113–138.
CHEESEMAN, C. L., AND P. J. MALLINSON. 1980. Radio tracking in the study of bovine tuberculosis in badgers. Pages 649–656 in C. J. Amlaner, Jr., and D. W. Macdonald, eds. A handbook on biotelemetry and radio tracking. Pergamon Press, Oxford, U.K.
CHU, D. S., B. A. HOOVER, M. R. FULLER, AND P. H. GEISSLER. 1989. Telemetry location error in forested habitat. Pages 188–194 in C. J. Amlaner, ed. Biotelemetry X. Univ. Arkansas Press, Fayetteville.
CHUTE, F. S., W. A. FULLER, P. R. J. HARDING, AND T. B. HERMAN. 1974. Radio tracking of small mammals using a grid of overhead wire antennas. Can. J. Zool. 52:1481–1488.
CLARK, J. D., J. E. DUNN, AND K. G. SMITH. 1993. A multivariate model of female black bear habitat use for a geographic information system. J. Wildl. Manage. 57:519–526.
CLUTE, R. K., AND J. J. OZOGA. 1983. Icing of transmitter collars on white-tailed deer fawns. Wildl. Soc. Bull. 11:70–71.
COCHRAN, W. G. 1977. Sampling techniques. Third ed. John Wiley & Sons, New York, N.Y. 428pp.
COCHRAN, W. W. 1972. Long-distance tracking of birds. Pages 39–59 in S. R. Galler, K. Schmidt-Koening, G. J. Jacobs, and R. E. Belleville, eds. Animal orientation and navigation. NASA SP-262. U.S. Gov. Printing Off., Washington, D.C.
———. 1980. Wildlife telemetry. Pages 507–520 in S. D. Schemnitz, ed. Wildlife management techniques manual. Fourth ed., rev. The Wildl. Soc., Washington, D.C.
———, D. W. WARNER, J. R. TESTER, AND V. B. KUECHLE. 1965. Automatic radio tracking system for monitoring animal movements. BioScience 15:98–100.
COHEN, J. 1977. Statistical power analysis for the behavioral sciences. Academic Press, New York, N.Y. 474pp.
COON, R. A., P. D. CALDWELL, AND G. L. STORM. 1976. Some characteristics of fall migration of female woodcock. J. Wildl. Manage. 40:91–95.
COOPER, H. M., AND P. CHARLES-DOMINIQUE. 1985. A microcomputer data acquisition-telemetry system: a study of activity in the bat. J. Wildl. Manage. 49:850–854.
COOPER, W. E., JR. 1978. Home range size and population dynamics. J. Theor. Biol. 75:327–337.
COVICH, A. P. 1976. Analyzing shapes of foraging areas: some ecological and economic theories. Ann. Rev. Ecol. Syst. 7:235–257.
COX, D. R. 1970. The analysis of binary data. Chapman and Hall, New York, N.Y. 142pp.
———. 1972. Regression models and life tables (with discussion). J. R. Stat. Soc. Ser. B 34:187–220.
———, AND D. OAKES. 1984. Analysis of survival data. Chapman and Hall, New York, N.Y. 201pp.
CRAIGHEAD, J. J., AND D. J. CRAIGHEAD, JR. 1987. Tracking caribou using satellite telemetry. Natl. Geogr. Res. 3:462–479.
CUNNINGHAM, C. R., J. F. CRAIG, AND W. C. MACKAY. 1983. Some experiences with an automatic grid antenna radio system for tracking freshwater fish. Int. Wildl. Biotelem. Conf. 4:135–149.
CUPAL, J. J., AND R. W. WEEKS. 1989. Digital encoding for the telemetering of biological data. Pages 39–50 in C. J. Amlaner, Jr., ed. Biotelemetry X. Univ. Arkansas Press, Fayetteville.
DAVIS, J. R., A. F. VON RECUM, D. D. SMITH, AND D. C. GUYNN, JR. 1984. Implantable telemetry in beaver. Wildl. Soc. Bull. 12:322–324.
DEAT, A., C. MAUGET, R. MAUGET, D. MAUREL, AND A. SEMPERE. 1980. The automatic, continuous and fixed radio tracking system of the Chize Forest: theoretical and practical analysis. Pages 439–451 in C. J. Amlaner, Jr., and D. W. Macdonald, eds. A handbook on biotelemetry and radio tracking. Pergamon Press, Oxford, U.K.
DELGIUDICE, G. D., K. E. KUNKEL, L. D. MECH, AND U. S. SEAL. 1990. Minimizing capture related stress on white-tailed deer with a capture collar. J. Wildl. Manage. 54:299–303.
DIEFENBACH, D. R., J. D. NICHOLS, AND J. E. HINES. 1988. Distribution patterns of American black duck and mallard winter band recoveries. J. Wildl. Manage. 52:704–710.
DIEHL, P., AND H. W. HELB. 1986. Radiotelemetric monitoring of heart-rate responses to song playback in blackbirds (Turdus merula). Behav. Ecol. Sociobiol. 18:213–219.
DIXON, K. R., AND J. A. CHAPMAN. 1980. Harmonic mean measure of animal activity areas. Ecology 61:1040–1044.
DODGE, W. E., AND A. J. STEINER. 1986. XYLOG: a computer program for field processing locations of radio-tagged wildlife. U.S. Fish Wildl. Serv. Tech. Rep. 4. 22pp.
———, D. S. WILKIE, AND A. J. STEINER. 1986. UTMEL: a laptop computer program for location of telemetry "finds" using LORAN-C. Massachusetts Coop. Fish Wildl. Res. Unit, Amherst. 21pp.
DON, B. A. C., AND K. RENNOLLS. 1983. A home range model incorporating biological attraction points. J. Anim. Ecol. 52:69–81.
DUMKE, R. T., AND C. M. PILS. 1973. Mortality of radio-tagged pheasants on the Waterloo Wildlife Area. Wisconsin Dep. Nat. Resour. Tech. Bull. 72. 53pp.
DUNCAN, I. J. H., AND J. H. FILSHIE. 1980. The use of radio telemetry devices to measure temperature and heart rate in domestic fowl. Pages 579–588 in C. J. Amlaner, Jr., and D. W. Macdonald, eds. A handbook on biotelemetry and radio tracking. Pergamon Press, Oxford, U.K.
DUNN, J. E., AND P. S. GIPSON. 1977. Analysis of radio telemetry data in studies of home range. Biometrics 33:85–101.
DUNSTAN, T. C. 1972. A harness for radio–tagging raptorial birds. Int. Bird Banding News 44:4–8.
DWYER, T. J. 1972. An adjustable radio-package for ducks. Bird Banding 43:282–284.
EAGLE, T. C., J. CHOROMANSKI-NORRIS, AND V. B. KUECHLE. 1984. Implanting radio transmitters in mink and Franklin's ground squirrels. Wildl. Soc. Bull. 12:180–184.
ERIKSTAD, K. E. 1979. Effects of radio packages on reproductive success of willow grouse. J. Wildl. Manage. 43:170–175.
FANCY, S. G., ET AL. 1988. Satellite telemetry: a new tool for wildlife research and management. U.S. Fish Wildl. Serv. Resour. Publ. 172. 54pp.

FITZNER, R. E., AND J. N. FITZNER. 1977. A hot melt glue technique for attaching radiotransmitter tail packages to raptorial birds. North Am. Bird Bander 2:56–57.
FLOYD, T. J., L. D. MECH, AND M. E. NELSON. 1979. An improved method of censusing deer in deciduous-coniferous forests. J. Wildl. Manage. 43:258–261.
FOLK, G. E., JR., AND M. A. FOLK. 1980. Physiology of large mammals by implanted radio capsules. Pages 33–43 in C. J. Amlaner, Jr., and D. W. Macdonald, eds. A handbook on biotelemetry and radio tracking. Pergamon Press, Oxford, U.K.
FORD, R. G. 1983. Home range in a patchy environment: optimal foraging predictions. Am. Zool. 23:315–326.
FOSTER, C. D., ET AL. 1992. Survival and reproduction of radio-marked adult spotted owls. J. Wildl. Manage. 56:91–95.
FOWLER, C. W. 1981. Density dependence as related to life history strategy. Ecology 62:602–610.
FRANZMANN, A. W., C. C. SCHWARTZ, AND R. O. PETERSON. 1980. Moose calf mortality in summer on the Kenai Peninsula, Alaska. J. Wildl. Manage. 44:764–768.
FRIEDMAN, M. 1937. The use of ranks to avoid the assumption of normality implicit in the analysis of variance. J. Am. Stat. Assoc. 32:675–701.
FULLER, M. R., ET AL. 1984. Feasibility of bird-borne transmitter for tracking via satellite. Pages 375–378 in H. P. Kimmich and H. J. Klewe, eds. Biotelemetry VIII. Kimmich/Klewe, Nijmegan, Netherlands.
―――, H. H. OBRECHT, III, C. J. PENNYCUICK, AND F. C. SCHAFFNER. 1989. Aerial tracking of white-tailed tropicbirds over the Caribbean Sea. Pages 133–138 in C. J. Amlaner, Jr., ed. Biotelemetry X. Univ. Arkansas Press, Fayetteville.
―――, AND J. R. TESTER. 1973. An automated radio tracking system for biotelemetry. Raptor Res. 7:105–106.
FULLER, T. K., AND W. J. SNOW. 1988. Estimating winter wolf densities using radiotelemetry data. Wildl. Soc. Bull. 16:367–370.
GARCELON, D. K. 1977. An expandable drop-off transmitter collar for young mountain lions. Calif. Fish Game 63:185–189.
GARNER, G. W., S. C. AMSTRUP, D. C. DOUGLAS, AND C. L. GARDNER. 1989. Performance and utility of satellite telemetry during field studies of free-ranging polar bears in Alaska. Pages 66–76 in C. J. Amlaner, Jr., ed. Biotelemetry X. Univ. Arkansas Press, Fayetteville.
GARROTT, R. A., R. M. BARTMANN, AND G. C. WHITE. 1985. Comparison of radio-transmitter packages relative to deer fawn mortality. J. Wildl. Manage. 49:758–759.
―――, G. C. WHITE, R. M. BARTMANN, AND D. L. WEYBRIGHT. 1986. Reflected signal bias in biotelemetry triangulation systems. J. Wildl. Manage. 50:747–752.
GARSHELIS, D. L., AND D. B. SINIFF. 1983. Evaluation of radio-transmitter attachments for sea otters. Wildl. Soc. Bull. 11:378–383.
GASAWAY, W. C., S. D. DUBOIS, AND S. J. HARBO. 1985. Biases in aerial transect surveys of moose during May and June. J. Wildl. Manage. 49:777–784.
GAUTIER, J. P. 1980. Biotelemetry of the vocalizations of a group of monkeys. Pages 535–544 in C. J. Amlaner, Jr., and D. W. Macdonald, eds. A handbook on biotelemetry and radio tracking. Pergamon Press, Oxford, U.K.
GAVIN, T. A., L. H. SURING, P. A. VOHS, JR., AND E. C. MESLOW. 1984. Population characteristics, spatial organization, and natural mortality in the Columbian white-tailed deer. Wildl. Monogr. 91. 41pp.
GEISSLER, P. H., AND M. R. FULLER. 1985. Detecting and displaying the structure of an animal's home range. Am. Stat. Assoc., Stat. Comput. Sect. Proc. 1985:378–383.
GESE, E. M., O. J. RONGSTAD, AND W. R. MYTTON. 1988. Home range and habitat use of coyotes in southeastern Colorado. J. Wildl. Manage. 52:640–646.
GESSAMAN, J. A., M. R. FULLER, P. J. PEKINGS, AND G. E. DUKE. 1991. Resting metabolic rate of golden eagles, bald eagles, and barred owls with a tracking transmitter or an equivalent load. Wilson Bull. 103:261–265.
―――, AND K. A. NAGY. 1988. Transmitter loads affect the flight speed and metabolism of homing pigeons. Condor 90:662–668.
GILLINGHAM, M. P., AND F. L. BUNNELL. 1985. Reliability of motion-sensitive radio collars for estimating activity of black-tailed deer. J. Wildl. Manage. 49:951–958.
―――, AND K. L. PARKER. 1992. Simple timing device increases reliability of recording telemetric activity data. J. Wildl. Manage. 56:191–196.
GILMER, D. S., L. M. COWARDIN, R. L. DUVAL, L. M. MECHLIN, C. W. SCHAIFFER, AND V. B. KUECHLE. 1981. Procedures for the use of aircraft in wildlife biotelemetry studies. U.S. Fish Wildl. Serv. Resour. Publ. 140. 19pp.
GIROUX, J. F., D. V. BELL, S. PERCIVAL, AND R. W. SUMMERS. 1990. Tail-mounted radio transmitters for waterfowl. J. Field Ornithol. 61:303–309.
GREEN, P. 1985. Some results from the use of a long life radio transmitter package on corvids. Ringing Migr. 6:45–51.
GREENWOOD, R. J., AND A. B. SARGEANT. 1973. Influence of radio packs on captive mallards and blue-winged teal. J. Wildl. Manage. 37:3–9.
GUYNN, D. C., JR., J. R. DAVIS, AND A. F. VON RECUM. 1987. Pathological potential of intraperitoneal transmitter implants in beavers. J. Wildl. Manage. 51:605–606.
HARAMIS, G. M., J. D. NICHOLS, K. H. POLLOCK, AND J. E. HINES. 1986. The relationship between body mass and survival of wintering canvasbacks. Auk 103:506–514.
HARESTAD, A. S., AND F. L. BUNNELL. 1979. Home range and body weight—a reevaluation. Ecology 60:389–402.
HARRIS, R. B., ET AL. 1990b. Tracking wildlife by satellite: current systems and performance. U.S. Fish Wildl. Serv. Fish Wildl. Tech. Rep. 30. 52pp.
HARRIS, S., W. J. CRESSWELL, P. G. FORDE, W. J. TREWHELLA, T. WOOLLARD, AND S. WRAY. 1990a. Home-range analysis using radio-tracking data—a review of problems and techniques particularly as applied to the study of mammals. Mammal. Rev. 20:97–123.
HARRISON, C. S., AND D. STONEBURNER. 1981. Radiotelemetry of the brown noddy (Anous stolidus) of Manana Island (Oahu) Hawaii. Pac. Seabird Group Bull. 6:45.
HAYES, R. W. 1982. A telemetry device to monitor big game traps. J. Wildl. Manage. 46:551–553.
HAYWARD, G. D. 1989. Habitat use and population biology of boreal owls in the northern Rocky mountains, USA. Ph.D. Thesis, Univ. Idaho, Moscow. 113pp.
HEATH, R. G. M. 1987. A method for attaching transmitters to penguins. J. Wildl. Manage. 51:399–401.
HEEZEN, K. L., AND J. R. TESTER. 1967. Evaluation of radio-tracking by triangulation with special reference to deer movements. J. Wildl. Manage. 31:124–141.
HEGDAL, P. L., AND B. A. COLVIN. 1986. Radiotelemetry. Pages 679–698 in A. Y. Cooperrider, R. J. Boyd, and H. R. Stuart, eds. Inventory and monitoring of wildlife habitat. U.S. Bur. Land Manage. Serv. Cent., Denver, Colo.
―――, AND T. A. GATZ. 1987. Technology of radiotracking for various birds and mammals. Pages 204–206 in PECORA IV: a symposium on application of remote sensing data to wildlife management. Natl. Wildl. Fed. Sci. Tech. Ser. 3.
HEISEY, D. M. 1985. Analyzing selection experiments with log-linear models. Ecology 66:1744–1748.
―――, AND T. K. FULLER. 1985. Evaluation of survival and cause-specific mortality rates using telemetry data. J. Wildl. Manage. 49:668–674.
HELLGREN, E. C., D. W. CARNEY, N. P. GARNER, AND M. R. VAUGHAN. 1988. Use of breakaway cotton spacers on radio collars. Wildl. Soc. Bull. 16:216–218.
HEPP, G. R., R. J. BLOHM, R. E. REYNOLDS, J. E. HINES, AND J. D. NICHOLS. 1986. Physiological condition of autumn-banded mallards and its relationship to hunting vulnerability. J. Wildl. Manage. 50:177–183.
HERZOG, P. W. 1979. Effects of radio-marking on behavior, movements, and survival of spruce grouse. J. Wildl. Manage. 43:316–323.
HILL, L. A., AND L. G. TALENT. 1990. Effects of capture, handling, banding, and radio-marking on breeding least terns and snowy plovers. J. Field Ornithol. 61:310–319.
HIRONS, G. J. M., AND R. B. OWEN. 1982. Radio tagging as an aid to

the study of woodcock. Pages 139–152 in C. L. Cheeseman and R. B. Mitson, eds. Telemetric studies of vertebrates. Academic Press, London, U.K.

HOLTHUIJZEN, A. M. A., L. OOSTERHUIS, AND M. R. FULLER. 1985. Habitat use by migrating sharp-shinned hawks at Cape May Point, New Jersey. ICBP Tech. Publ. 5:317–327.

HOOGE, P. N. 1991. The effects of radio weight and harnesses on time budgets and movements of acorn woodpeckers. J. Field Ornithol. 62:230–238.

HORTON, G. I., AND M. K. CAUSEY. 1984. Brood abandonment by radio-tagged American woodcock hens. J. Wildl. Manage. 48:606–607.

HOSKINSON, R. L. 1976. The effect of different pilots on aerial telemetry error. J. Wildl. Manage. 40:137–139.

HOWEY, P. W., R. G. BOARD, AND J. KEAR. 1977. A pulse-position-modulated multichannel radio telemetry system for the study of avian nest microclimate. Biotelemetry 4:169–180.

———, ET AL. 1987. A system for acquiring physiological and environmental telemetry data. Pages 347–350 in H. P. Kimmich and M. R. Neuman, eds. Biotelemetry IX. Doring-Druck, Braunschweig, Germany.

———, W. S. SEEGAR, M. R. FULLER, AND K. TITUS. 1989. A coded tracking telemetry system. Pages 103–107 in C. J. Amlaner, Jr., ed. Biotelemetry X. Univ. Arkansas Press, Fayetteville.

HUPP, J. W., AND J. T. RATTI. 1983. A test of radiotelemetry triangulation accuracy in heterogeneous environments. Proc. Int. Wildl. Biotelem. Conf. 4:31–46.

HUTTON, T. A., R. E. HATFIELD, AND C. C. WATT. 1976. A method for orienting a mobile radiotracking unit. J. Wildl. Manage. 40:192–193.

INGLIS, J. M. 1981. The forward-null twin-Yagi antennal array for aerial radiotracking. Wildl. Soc. Bull. 9:222–225.

IRELAND, L. C. 1980. Homing behavior of juvenile green turtles, *Chelonia mydas*. Pages 761–764 in C. J. Amlaner, Jr., and D. W. Macdonald, eds. A handbook on biotelemetry and radio tracking. Pergamon Press, Oxford, U.K.

JACKSON, D. H., L. S. JACKSON, AND W. K. SEITZ. 1985. An expandable drop-off transmitter harness for young bobcats. J. Wildl. Manage. 49:46–49.

JACKSON, J. A., B. J. SCHARDIEN, AND G. W. ROBINSON. 1977. A problem associated with the use of radio transmitters on tree surface foraging birds. Int. Bird Banding News 49:50–53.

JANEAU, G., F. SPITZ, E. LECRIVAIN, M. DARDAILLON, AND C. KOWALSKI. 1987. An automatic biotelemetry system for free ranging animals. Acta Oecol. Oecol. Appl. 8:333–341.

JAREMOVIC, R. V., AND D. B. CROFT. 1987. Comparison of techniques to determine eastern grey kangaroo home range. J. Wildl. Manage. 51:921–930.

JENKINS, D. 1980. Ecology of otters in northern Scotland. I. Otter (*Lutra lutra*) breeding and dispersion in mid-Deeside, Aberdeenshire in 1974–79. J. Anim. Ecol. 49:713–735.

JENKINS, K. J., AND E. E. STARKEY. 1984. Habitat use by Roosevelt elk in unmanaged forests of the Hoh Valley, Washington. J. Wildl. Manage. 48:642–646.

JENNINGS, J. G., AND W. F. GANDY. 1980. Tracking pelagic dolphins by satellite. Pages 753–755 in C. J. Amlaner, Jr., and D. W. Macdonald, eds. A handbook on biotelemetry and radio tracking. Pergamon Press, Oxford, U.K.

JENNRICH, R. I., AND F. B. TURNER. 1969. Measurement of non-circular home range. J. Theor. Biol. 22:227–237.

JESSUP, D. A., AND D. B. KOCH. 1984. Surgical implantation of a radiotelemetry device in wild black bears, *Ursus americanus*. Calif. Fish Game 70:163–166.

JOHNSON, D. H. 1979. Estimating nest success: the Mayfield method and an alternative. Auk 96:651–661.

———. 1980. The comparison of usage and availability measurements for evaluating resource preference. Ecology 61:65–71.

———. 1981. The use and misuse of statistics in wildlife habitat studies. Pages 11–19 in D. E. Capen, ed. The use of multivariate statistics in studies of wildlife habitat. U.S. For. Serv. Gen. Tech. Rep. 87.

JOHNSON, G. D., J. L. PEBWORTH, AND H. O. KRUEGER. 1991. Retention of transmitters attached to passerines using a glue-on technique. J. Field Ornithol. 62:486–491.

JOHNSON, R. N., AND A. H. BERNER. 1980. Effects of radio transmitters on released cock pheasants. J. Wildl. Manage. 44:686–689.

JOLLY, G. M. 1965. Explicit estimates from capture-recapture data with both death and immigration—stochastic model. Biometrika 52:225–247.

JOUVENTIN, P., AND H. WEIMERSKIRCH. 1990. Satellite tracking of wandering albatrosses. Nature 343:746–748.

JUDD, S. L., AND R. R. KNIGHT. 1977. Determination of grizzly bear movement patterns using biotelemetry. Proc. Int. Conf. Wildl. Biotelem. 1:93–100.

JULLIEN, J. M., J. VASSANT, AND S. BRANDT. 1990. An extensible transmitter collar designed for wild boar (*Sus scrofa scrofa*): study of neck size development in the species. Gibier Faune Sauvage 7:377–387.

KALAS, J. A., L. LAFOLD, AND P. FISKE. 1989. Effects of radio packages on great snipe during breeding. J. Wildl. Manage. 53:1155–1158.

KALBFLEISCH, J. D., AND R. L. PRENTICE. 1980. The statistical analysis of failure data. John Wiley & Sons, New York, N.Y. 321pp.

KAPLAN, E. L., AND P. MEIER. 1958. Nonparametric estimation from incomplete observations. J. Am. Stat. Assoc. 53:457–481.

KARL, B. J., AND M. N. CLOUT. 1987. An improved radio transmitter harness with a weak link to prevent snagging. J. Field Ornithol. 58:73–77.

KARR, J. R., AND T. E. MARTIN. 1981. Random numbers and principal components: further searches for the unicorn. Pages 20–24 in D. E. Capen, ed. The use of multivariate statistics in studies of wildlife habitat. U.S. For. Serv. Gen. Tech. Rep. 87.

KAUFMANN, J. H. 1962. Ecology and social behavior of the coati, *Nasua nirica* on Barro Colorado Island Panama. Univ. Calif. Publ. Zool. 60:95–222.

KEATING, K. A., W. G. BREWSTER, AND C. H. KEY. 1991. Satellite telemetry: performance of animal-tracking systems. J. Wildl. Manage. 55:160–171.

KEITH, L. B., J. R. CARY, O. J. RONGSTAD, AND M. C. BRITTINGHAM. 1984. Demography and ecology of a declining snowshoe hare population. Wildl. Monogr. 90. 43pp.

KENWARD, R. E. 1978. Radio transmitters tail-mounted on hawks. Ornis Scand. 9:220–223.

———. 1982. Techniques for monitoring the behaviour of grey squirrels by radio. Pages 175–196 in C. L. Cheeseman and R. G. Mitson, eds. Telemetric studies of vertebrates. Academic Press, London, U.K.

———. 1985. Raptor radio-tracking and telemetry. ICBP Tech. Publ. 5:409–420.

———. 1987. Wildlife radio tagging. Academic Press, London, U.K. 222pp.

———, G. J. M. HIRONS, AND F. ZIESEMER. 1982. Devices for telemetering the behaviour of the free-living birds. Pages 129–137 in C. L. Cheeseman and R. G. Mitson, eds. Telemetric studies of vertebrates. Academic Press, London, U.K.

KLUGMAN, S. S., AND M. R. FULLER. 1990. Effects of implanted transmitters on captive Florida sandhill cranes. Wildl. Soc. Bull. 18:394–399.

KOEPPL, J. W., AND R. S. HOFFMANN. 1985. Robust statistics for spatial analysis: the bivariate normal home range model applied to syntopic populations of two species of ground squirrels. Univ. Kans. Mus. Nat. Hist. Occas. Pap. 116. 18pp.

KOKJER, K. J., AND R. G. WHITE. 1986. A simple telemetry system for monitoring chewing activity of reindeer. J. Wildl. Manage. 50:737–740.

KOLZ, A. L. 1983. Radio frequency assignments for wildlife telemetry: a review of the regulations. Wildl. Soc. Bull. 11:56–59.

———, AND M. P. CASTLES. 1983. The development of correlation receivers for wildlife tracking. Proc. Int. Wildl. Biotelem. Conf. 4:112–134.

———, AND R. E. JOHNSON. 1975. An elevating mechanism for mobile receiving antennas. J. Wildl. Manage. 39:819–820.

———, J. W. LENTFER, AND H. G. FALLEK. 1980. Satellite radio tracking of polar bears instrumented in Alaska. Pages 743–752 in C. J. Amlaner, Jr., and D. W. Macdonald, eds. A handbook on biotelemetry and radio tracking. Pergamon Press, Oxford, U.K.

KOOYMAN, G. L., R. W. DAVIS, J. P. CROXALL, AND D. P. COSTA. 1982. Diving depths and energy requirements of king penguins. Science 217:726–727.

KORSCHGEN, C. E., S. J. MAXSON, AND V. B. KUECHLE. 1984. Evaluation of implanted radio transmitters in ducks. J. Wildl. Manage. 48:982–987.

KRAUSS, G. D., H. B. GRAVES, AND S. M. ZERVANOS. 1987. Survival of wild and game-farm cock pheasants released in Pennsylvania. J. Wildl. Manage. 51:555–559.

KRUUK, H., M. GORMAN, AND T. PARISH. 1980. The use of 65 Zn for estimating populations of carnivores. Oikos 34:206–208.

KUECHLE, V. B., M. R. FULLER, R. A. REICHLE, R. J. SCHUSTER, AND G. E. DUKE. 1987. Telemetry of gastric motility data from owls. Pages 363–366 in H. P. Kimmich and M. R. Neuman, eds. Biotelemetry IX. Doring-Druck, Braunschweig, Germany.

―――, J. M. HAYNES, AND R. A. REICHLE. 1989. Use of small computers as telemetry data collectors. Pages 695–699 in C. J. Amlaner, Jr., ed. Biotelemetry X. Univ. Arkansas Press, Fayetteville.

KUFELD, R. C., D. C. BOWDEN, AND J. M. SIPEREK, JR. 1987. Evaluation of a telemetry system for measuring habitat usage in mountainous terrain. Northwest Sci. 61:249–256.

KUNKEL, K. E., R. C. CHAPMAN, L. D. MECH, AND E. M. GESE. 1992. Testing the "wildlink" activity system on wolves and white-tailed deer. Can. J. Zool. 69:2466–2469.

KURZEJESKI, E. W., AND B. G. ROOT. 1988. Survival of reintroduced ruffed grouse in north Missouri. J. Wildl. Manage. 52:248–252.

―――, L. D. VANGILDER, AND J. B. LEWIS. 1987. Survival of wild turkey hens in north Missouri. J. Wildl. Manage. 51:188–193.

LACHIN, J. M. 1981. Introduction to sample size determination and power analysis for clinical trials. Controlled Clin. Trials 2:93–113.

LAGAKOS, S. W. 1982. Inference in survival analysis: nonparametric tests to compare survival distributions. Pages 340–364 in V. Mike and K. E. Stanley, eds. Statistics in medical research. John Wiley & Sons, New York, N.Y.

LAIR, H. 1987. Estimating the location of the focal center in red squirrel home ranges. Ecology 68:1092–1101.

LANCE, A. N., AND A. WATSON. 1977. Further tests of radio-marking on red grouse. J. Wildl. Manage. 41:579–582.

―――, AND ―――. 1980. A comment on the use of radio tracking in ecological research. Pages 355–359 in C. J. Amlaner, Jr., and D. W. Macdonald, eds. A handbook on biotelemetry and radio tracking. Pergamon Press, Oxford, U.K.

LAUNDRE, J. W., T. D. REYNOLDS, S. T. KNICK, AND I. J. BALL. 1987. Accuracy of daily point relocations in assessing real movement of radio-marked animals. J. Wildl. Manage. 51:937–940.

LEE, E. T. 1980. Statistical methods for survival data analysis. Lifetime Learning Publ., Belmont, Calif. 557pp.

LEE, J. E., G. C. WHITE, R. A. GARROTT, R. M. BARTMANN, AND A. W. ALLDREDGE. 1985. Accessing accuracy of a radiotelemetry system for estimating animal locations. J. Wildl. Manage. 49:658–663.

LEMNELL, P. A., G. JOHNSSON, H. HELMERSSON, O. HOLMSTRAND, AND L. NORLING. 1983. An automatic radio-telemetry system for position determination and data acquisition. Proc. Int. Wildl. Biotelem. Conf. 4:76–93.

LENTH, R. V. 1981. On finding the source of a signal. Technometrics 23:149–154.

LICHT, D. S., D. G. MCAULEY, J. R. LONGCORE, AND G. F. SEPIK. 1989. An improved method to monitor nest attentiveness using radio-telemetry. J. Field Ornithol. 60:251–258.

LINDZEY, F. G., B. B. ACKERMAN, D. BARNHURST, AND T. P. HEMKER. 1988. Survival rates of mountain lions in southern Utah. J. Wildl. Manage. 52:664–667.

LINN, I. J. 1978. Radioactive techniques for small mammal marking. Pages 177–191 in B. Stonehouse, ed. Animal marking: recognition marking of animals in research. Macmillan, London, U.K.

LIVEZEY, K. B. 1988. Protective frame for a 2-element hand-held Yagi antenna. J. Wildl. Manage. 52:565–567.

LOFT, E. R., AND J. G. KIE. 1988. Comparison of pellet-group and radio triangulation methods for assessing deer habitat use. J. Wildl. Manage. 52:524–527.

LOTIMER, J. S. 1980. A versatile coded wildlife transmitter. Pages 185–191 in C. J. Amlaner, Jr., and D. W. Macdonald, eds. A handbook on biotelemetry and radio tracking. Pergamon Press, Oxford, U.K.

LOUGHLIN, T. R. 1980. Radio telemetric determination of the 24-hour feeding activities of sea otters, *Enhydra lutris*. Pages 717–724 in C. J. Amlaner, Jr., and D. W. Macdonald, eds. A handbook on biotelemetry and radio tracking. Pergamon Press, Oxford, U.K.

LOVETT, J. W., AND E. P. HILL. 1977. A transmitter syringe for recovery of immobilized deer. J. Wildl. Manage. 41:313–315.

LUTTERSCHMIDT, W. I., AND H. K. REINERT. 1990. The effect of ingested transmitters upon the temperature preference of the northern water snake, *Nerodia s. sipedon*. Herpetologica 46:39–42.

MACARTHUR, R. A., R. H. JOHNSTON, AND V. GEIST. 1979. Factors influencing heart rate in free-ranging bighorn sheep: a physiological approach to the study of wildlife harassment. Can. J. Zool. 57:2010–2021.

MACDONALD, D. W., AND C. J. AMLANER, JR. 1980. A practical guide to radio tracking. Pages 143–159 in C. J. Amlaner, Jr., and D. W. Macdonald, eds. A handbook on biotelemetry and radio tracking. Pergamon Press, Oxford, U.K.

―――, F. G. BALL, AND N. G. HOUGH. 1980. The evaluation of home range size and configuration using radio tracking data. Pages 405–424 in C. J. Amlaner, Jr., and D. W. Macdonald, eds. A handbook on biotelemetry and radio tracking. Pergamon Press, Oxford, U.K.

MANLY, B. F. J. 1974. A model for certain types of selection experiments. Biometrics 30:281–294.

―――, P. MILLER, AND L. M. COOK. 1972. Analysis of a selective predation experiment. Am. Nat. 106:719–736.

MARCSTROM, V., R. E. KENWARD, AND M. KARLBOM. 1989. Survival of ring-necked pheasants with backpacks, necklaces, and leg bands. J. Wildl. Manage. 53:808–810.

MARCUM, C. L., AND D. O. LOFTSGAARDEN. 1980. A nonmapping technique for studying habitat preferences. J. Wildl. Manage. 44:963–968.

MARDIA, K. V. 1972. Statistics of directional data. Academic Press, New York, N.Y. 357pp.

MARKS, J. S., AND V. S. MARKS. 1987. Influence of radio collars on survival of sharp-tailed grouse. J. Wildl. Manage. 51:468–471.

MARTIN, M. L., AND J. R. BIDER. 1978. A transmitter attachment for blackbirds. J. Wildl. Manage. 54:62–66.

MASSEY, B. W., K. KEANE, AND C. BORDMAN. 1988. Adverse effects of radiotransmitters on the behavior of nesting least terns. Condor 90:945–947.

MAUSER, D. M., AND R. L. JARVIS. 1991. Attaching radio transmitters to 1-day-old mallard ducklings. J. Wildl. Manage. 55:488–491.

MAYFIELD, H. 1961. Nesting success calculated from exposure. Wilson Bull. 73:255–261.

―――. 1975. Suggestions for calculating nest success. Wilson Bull. 87:456–466.

MCKENZIE, A. A., D. G. A. MELTZER, P. G. LE ROUX, AND R. A. GOSS. 1990. Use of implantable radio transmitters in large African carnivores. S. Afr. J. Wildl. Res. 20:33–35.

MECH, L. D. 1982. Wolves (radio-telemetry). Pages 227–228 in D. E. Davis, ed. Handbook of census methods for terrestrial vertebrates. CRC Press, Boca Raton, Fla.

―――. 1983. Handbook of animal radio-tracking. Univ. Minnesota Press, Minneapolis. 107pp.

―――, K. E. KUNKEL, R. C. CHAPMAN, AND T. J. KREEGER. 1990. Field testing of commercially manufactured capture collars on white-tailed deer. J. Wildl. Manage. 54:297–299.

MEDINA, A. L., AND H. D. SMITH. 1986. Designs for an antenna boom and masts for telemetry applications. Wildl. Soc. Bull. 14:291–297.

MELQUIST, W. E., AND M. G. HORNOCKER. 1979. Development and use of a telemetry technique for studying river otter. Proc. Int. Conf. Wildl. Biotelem. 2:104–114.

―――, AND ―――. 1983. Ecology of river otters in west central Idaho. Wildl. Monogr. 83. 60pp.

MELVIN, S. M., R. C. DREWIEN, S. A. TEMPLE, AND E. G. BIZEAU. 1983. Leg-band attachment of radio transmitters for large birds. Wildl. Soc. Bull. 11:282–285.

―――, AND S. A. TEMPLE. 1987. Radio telemetry techniques for international crane studies. Pages 481–492 in G. W. Archibald and R. F. Pasquier, eds. Proc. 1983 Int. Crane Workshop. Int. Crane Found., Baraboo, Wis.

METZGAR, L. H. 1973. Home range shape and activity in *Peromyscus leucopus*. J. Mammal. 54:383–390.

MILLS, L. S., AND F. F. KNOWLTON. 1989. Observer performance in known and blind radio-telemetry accuracy tests. J. Wildl. Manage. 53:340–342.

MOHR, C. O., AND W. A. STUMPF. 1966. Comparison of methods for calculating areas of animal activity. J. Wildl. Manage. 30:293–304.

MOHUS, I. 1987. A storing telemetry-transmitter for recording bird activity. Ornis Scand. 18:227–230.

MONTGOMERY, J. 1985. A collar radio-transmitter attachment for wood ducks and other avian species. Proc. Int. Conf. Wildl. Biotelem. 5:19–27.

MORRISON, D. W., AND D. F. CACCAMISE. 1985. Ephemeral roosts and stable patches? A radiotelemetry study of communally roosting starlings. Auk 102:793–804.

MULLICAN, T. R. 1988. Radio telemetry and fluorescent pigments: a comparison of techniques. J. Wildl. Manage. 52:627–631.

NAMS, V. O. 1989. Effects of radiotelemetry error on sample size and bias when testing for habitat selection. Can. J. Zool. 67:1631–1636.

———, AND S. BOUTIN. 1991. What is wrong with error polygons? J. Wildl. Manage. 55:172–175.

NEU, C. W., C. R. BYERS, AND J. M. PEEK. 1974. A technique for analysis of utilization-availability data. J. Wildl. Manage. 38:541–545.

NESBITT, S. A. 1976. Use of radio telemetry techniques on Florida sandhill cranes. Pages 299–303 in J. C. Lewis, ed. Proc. Int. Crane Workshop. Oklahoma State Univ., Stillwater.

———, B. A. HARRIS, R. W. REPENNING, AND C. B. BROWNSMITH. 1982. Notes on red-cockaded woodpecker study techniques. Wildl. Soc. Bull. 10:160–163.

NICHOLS, J. D., M. J. CONROY, D. R. ANDERSON, AND K. P. BURNHAM. 1984. Compensatory mortality in waterfowl populations: a review of the evidence and implications for research and management. Trans. North Am. Wildl. Nat. Resour. Conf. 49:535–554.

———, AND G. M. HARAMIS. 1980. Sex-specific differences in winter distribution patterns of canvasbacks. Condor 92:406–418.

NICHOLLS, T. H., M. E. OSTRY, AND M. R. FULLER. 1981. Marking ground targets with radio transmitters dropped from aircraft. U.S. For. Serv. Res. Note NC-274. 4pp.

———, AND D. W. WARNER. 1968. A harness for attaching radio transmitters to large owls. Bird Banding 39:209–214.

NOLAN, J. W., R. H. RUSSELL, AND F. ANDERKA. 1984. Transmitters for monitoring Aldrich snares set for grizzly bears. J. Wildl. Manage. 48:942–945.

OBRECHT, H. H., III, C. J. PENNYCUICK, AND M. R. FULLER. 1988. Wind tunnel experiments to assess the effect of back-mounted radio transmitters on bird body drag. J. Exp. Biol. 135:265–273.

O'CONNOR, P. J., G. H. PYKE, AND H. SPENCER. 1987. Radio-tracking honeyeater movements. Emu 87:249–252.

O'DOR, R. K., D. M. WEBBER, AND F. M. VOEGELI. 1989. A multiple buoy acoustic-radio telemetry system for automated positioning and telemetry of physical and physiological data. Pages 444–452 in C. J. Amlaner, Jr., ed. Biotelemetry X. Univ. Arkansas Press, Fayetteville.

OLSEN, G. H., F. J. DEIN, G. M. HARAMIS, AND D. G. JORDE. 1992. Implanting radio transmitters in wintering canvasbacks. J. Wildl. Manage. 56:323–326.

OSGOOD, D. W. 1980. Temperature sensitive telemetry applied to studies of small mammal activity patterns. Pages 525–528 in C. J. Amlaner, Jr., and D. W. Macdonald, eds. A handbook on biotelemetry and radio tracking. Pergamon Press, Oxford, U.K.

PACE, R. M. 1988. Measurement error models for common wildlife radio-tracking systems. Minnesota Dep. Nat. Resour. Rep. 5. 19pp.

PALOMARES, F., AND M. DELIBES. 1991. Assessing three methods to estimate daily activity patterns in radio-tracked mongooses. J. Wildl. Manage. 55:698–700.

PARISH, T. A. 1980. A collapsible dipole antenna for radio tracking on 102 MHz. Pages 263–268 in C. J. Amlaner, Jr., and D. W. Macdonald, eds. A handbook on biotelemetry and radio tracking. Pergamon Press, Oxford, U.K.

———, AND H. KRUUK. 1982. The uses of radio tracking combined with other techniques in studies of badger ecology in Scotland. Pages 291–299 in C. L. Cheeseman and R. B. Mitson, eds. Telemetric studies of vertebrates. Academic Press, London, U.K.

PATON, W. C., C. J. ZABEL, D. L. NEAL, G. N. STEGER, N. G. TILGHMAN, AND B. R. NOON. 1991. Effects of radio tags on spotted owls. J. Wildl. Manage. 55:617–622.

PATRIC, E. F., T. P. HUSBAND, C. G. MCKIEL, AND W. M. SULLIVAN. 1988. Potential of LORAN-C for wildlife research along coastal landscapes. J. Wildl. Manage. 52:162–164.

PENNYCUICK, C. J. 1975. Mechanics of flight. Pages 1–75 in D. S. Farner and J. R. King, eds. Avian biology. Vol. 5. Academic Press, New York, N.Y.

———. 1989. Bird flight performance. Oxford Univ. Press, Oxford, U.K. 153pp.

———, AND M. R. FULLER. 1987. Considerations of effects of radio-transmitters on bird flight. Pages 327–330 in H. P. Kimmich and M. R. Neuman, eds. Biotelemetry IX. Doring-Druck, Braunschweig, Germany.

———, AND L. MCALLISTER. 1989. Climbing performance of Harris' hawks (*Parabuteo unicinctus*) with added load: implications for muscle mechanics and for radiotracking. J. Exp. Biol. 142:17–29.

———, F. C. SCHAFFNER, M. R. FULLER, H. H. OBRECHT, III, AND L. STERNBERG. 1990. Foraging flights of the white-tailed tropicbird (*Phaethon lepturus*): radiotracking and doubly-labelled water. Colonial Waterbirds 13:96–102.

PERRY, M. C. 1981. Abnormal behavior of canvasbacks equipped with radio transmitters. J. Wildl. Manage. 45:786–789.

———, G. H. HAAS, AND J. W. CARPENTER. 1981. Radio transmitters for mourning doves: a comparison of attachment techniques. J. Wildl. Manage. 45:524–527.

PHILO, L. M., E. H. FOLLMANN, AND H. V. REYNOLDS. 1981. Field surgical techniques for implanting temperature-sensitive radio transmitters in grizzly bears. J. Wildl. Manage. 45:772–775.

POLLOCK, K. H. 1981. Capture-recapture models allowing for age-dependent survival and capture rates. Biometrics 37:521–529.

———. 1987. Experimental design of telemetry projects. J. Raptor Res. 21:129–131.

———, S. R. WINTERSTEIN, C. M. BUNCK, AND P. D. CURTIS. 1989a. Survival analysis in telemetry studies: the staggered entry design. J. Wildl. Manage. 53:7–15.

———, ———, AND M. J. CONROY. 1989b. Estimation and analysis of survival distributions for radio-tagged animals. Biometrics 45:99–109.

PORTER, W. F., AND K. E. CHURCH. 1987. Effects of environmental pattern on habitat preference analysis. J. Wildl. Manage. 51:681–685.

POULIQUEN, O., M. LEISHMAN, AND T. D. REDHEAD. 1990. Effects of radio collars on wild mice, *Mus domesticus*. Can. J. Zool. 63:1607–1609.

PYKE, D. A., AND J. N. THOMPSON. 1986. Statistical analysis of survival and removal rate experiments. Ecology 67:240–245.

PYKE, G. H., AND P. J. O'CONNOR. 1990. The accuracy of a radio tracking system for monitoring honeyeater movements. Aust. Wildl. Res. 17:501–509.

QUADE, D. 1979. Using weighted rankings in the analysis of complete blocks with additive block effects. J. Am. Stat. Assoc. 74:680–683.

RAIM, A. 1978. A radio transmitter attachment for small passerine birds. Bird Banding 49:326–332.

RALLS, K., D. B. SINIFF, T. D. WILLIAMS, AND V. B. KUECHLE. 1989. An intraperitoneal radio transmitter for sea otters. Mar. Mamm. Sci. 5:376–381.

RAPPOLE, J. H., AND A. R. TIPTON. 1991. New harness design for attachment of radio transmitters to small passerines. J. Field Ornithol. 62:335–337.

REINERTSEN, R. E. 1982. Radio telemetry measurements of deep body temperature of small birds. Ornis Scand. 13:11–16.

REXSTAD, E. A., D. D. MILLER, C. H. FLATHER, E. M. ANDERSON, J. W. HUPP, AND D. R. ANDERSON. 1988. Questionable multivariate statistical inference in wildlife habitat and community studies. J. Wildl. Manage. 52:794–798.

REYNOLDS, T. D., AND J. W. LAUNDRE. 1990. Time intervals for estimating pronghorn and coyote home ranges and daily movements. J. Wildl. Manage. 54:316–322.

SALTZ, D., AND G. C. WHITE. 1990. Comparison of different measures of the error in simulated radio-telemetry locations. J. Wildl. Manage. 54:169–174.

SAMUEL, M. D., AND E. O. GARTON. 1985. Home range: a weighted normal estimate and tests of underlying assumptions. J. Wildl. Manage. 49:513–519.

―――, AND ―――. 1987. Incorporating activity time in harmonic home range analysis. J. Wildl. Manage. 51:254–257.

―――, ―――, M. W. SCHLEGEL, AND R. G. CARSON. 1987. Visibility bias during aerial surveys of elk in northcentral Idaho. J. Wildl. Manage. 51:622–630.

―――, AND R. E. GREEN. 1988. A revised test procedure for identifying core areas within the home range. J. Anim. Ecol. 57:1067–1068.

―――, AND K. P. KENOW. 1992. Evaluating habitat selection with biotelemetry triangulation error. J. Wildl. Manage. 56:725–734.

―――, D. J. PIERCE, AND E. O. GARTON. 1985a. Identifying areas of concentrated use within the home range. J. Anim. Ecol. 54:711–719.

―――, ―――, ―――, L. J. NELSON, AND K. R. DIXON. 1985b. User's manual for program home range. Univ. Idaho For., Wildl. Range Exp. Stn., Moscow.

―――, N. T. WEISS, D. H. RUSCH, S. R. CRAVEN, R. E. TROST, AND F. D. CASWELL. 1990. Neck-band retention for Canada geese in the Mississippi Flyway. J. Wildl. Manage. 54:612–621.

SANDERSON, G. C. 1966. The study of mammal movements—a review. J. Wildl. Manage. 30:215–235.

SARGEANT, A. B. 1980. Approaches, field considerations and problems associated with radio tracking carnivores. Pages 57–63 in C. J. Amlaner, Jr., and D. W. Macdonald, eds. A handbook on biotelemetry and radio tracking. Pergamon Press, Oxford, U.K.

SCHEAFFER, R. L., W. MENDENHALL, AND L. OTT. 1986. Elementary survey sampling. Third ed. Duxbury Press, Boston, Mass. 324pp.

SCHLEGEL, M. W. 1976. Factors affecting calf elk survival in north central Idaho: a progress report. Proc. Annu. Conf. West. Assoc. State Game and Fish Comm. 56:342–355.

SCHMIDT, D. F., J. P. SHAFFERY, N. J. BALL, D. LOENNEKE, AND C. J. AMLANER, JR. 1989. Electrophysiological sleep characteristics in bobwhite quail. Pages 339–344 in C. J. Amlaner, Jr., ed. Biotelemetry X. Univ. Arkansas Press, Fayetteville.

SCHOBER, F., W. M. BUGNAR, AND J. WAGNER. 1989. A software package for acquisition and evaluation of biotelemetric data from domestic and wild animals. Pages 700–708 in C. J. Amlaner, Jr., ed. Biotelemetry X. Univ. Arkansas Press, Fayetteville.

―――, AND B. OEHRY. 1987. Automatic RF receiving system for carrier frequency pulses. Pages 351–354 in H. P. Kimmich and M. R. Neuman, eds. Biotelemetry IX. Doring-Druck, Braunschweig, Germany.

SCHOENER, T. W. 1968. Sizes of feeding territories among birds. Ecology 49:123–141.

―――. 1981. An empirically based estimate of home range. Theor. Popul. Biol. 20:281–325.

SCHWARTZ, A., J. D. WEAVER, N. R. SCOTT, AND T. J. CADE. 1977. Measuring the temperature of eggs during incubation under captive falcons. J. Wildl. Manage. 41:12–17.

SEBER, G. A. F. 1965. A note on the multiple-recapture census. Biometrika 52:249–259.

―――. 1982. The estimation of animal abundance and related parameters. Second ed. Oxford Univ. Press, New York, N.Y. 654pp.

SEDINGER, J. S., R. G. WHITE, AND W. E. HAUER. 1990. Effects of carrying radio transmitters on energy expenditure of Pacific black brant. J. Wildl. Manage. 54:42–45.

SERVHEEN, C., T. T. THIER, C. J. JONKEL, AND D. BEATY. 1981. An ear-mounted transmitter for bears. Wildl. Soc. Bull. 9:56–57.

SHIELDS, L. J., AND G. S. MUELLER. 1983. An alternative radio-transmitter attachment technique for small birds. Proc. Int. Conf. Wildl. Biotelem. 4:57–62.

SIEGFRIED, W. R., P. G. H. FROST, I. J. BALL, AND D. F. MCKINNEY. 1977. Effects of radio packages on African black ducks. S. Afr. J. Wildl. Res. 7:37–40.

SIEVERT, P. R., AND L. B. KEITH. 1985. Survival of snowshoe hares at a geographic range boundary. J. Wildl. Manage. 49:854–866.

SINIFF, D. B., AND J. R. TESTER. 1965. Computer analysis of animal movement data obtained by telemetry. BioScience 15:104–108.

SMALL, R. J., AND D. R. RUSCH. 1989. The natal dispersal of ruffed grouse. Auk 106:72–79.

SMITH, E. N., AND E. G. AITKEN. 1989. Low power skin and muscle blood flow photo plethysmography biotelemetry system. Pages 325–331 in C. J. Amlaner, Jr., ed. Biotelemetry X. Univ. Arkansas Press, Fayetteville.

―――, AND C. J. AMLANER, JR. 1989. Biotelemetry workshop. Pages 462–477 in C. J. Amlaner, Jr., ed. Biotelemetry X. Univ. Arkansas Press, Fayetteville.

―――, AND G. L. BARNES. 1989. Miniature low power blood flow photo plethysmography biotelemetry system. Pages 125–130 in C. J. Amlaner, Jr., ed. Biotelemetry X. Univ. Arkansas Press, Fayetteville.

―――, AND S. E. MOORE. 1989. Inexpensive magnetically switched temperature and egg biotelemetry system. Pages 552–557 in C. J. Amlaner, Jr., ed. Biotelemetry X. Univ. Arkansas Press, Fayetteville.

SMITH, G. J., J. R. CARY, AND O. J. RONGSTAD. 1981. Sampling strategies for radio-tracking coyotes. Wildl. Soc. Bull. 9:88–93.

SMITH, H. R. 1980. Growth, reproduction and survival in *Peromyscus leucopus* carrying intraperitoneally implanted transmitters. Pages 367–374 in C. J. Amlaner, Jr., and D. W. Macdonald, eds. A handbook on biotelemetry and radio tracking. Pergamon Press, Oxford, U.K.

SMITH, R. M., AND B. TREVOR-DEUTSCH. 1980. A practical, remotely-controlled, portable radio telemetry receiving apparatus. Pages 269–273 in C. J. Amlaner, Jr., and D. W. Macdonald, eds. A handbook on biotelemetry and radio tracking. Pergamon Press, Oxford, U.K.

SMITH, W. P. 1983. A bivariate normal test of elliptical home-range models: biological implications and recommendations. J. Wildl. Manage. 47:613–619.

SMITS, A. W. 1984. Activity patterns and thermal biology of the toad *Bufo boreas halophilus*. Copeia 1984:689–696.

SNYDER, N. F. R., S. R. BEISSINGER, AND M. R. FULLER. 1989. Solar radio-transmitters on snail kites in Florida. J. Field Ornithol. 60:171–177.

SODHI, N. S., I. G. WARKENTIN, P. C. JAMES, AND L. W. OLIPHANT. 1991. Effects of radiotagging on breeding merlins. J. Wildl. Manage. 55:613–616.

SOKAL, R. R., AND F. J. ROHLF. 1969. Biometry. W. H. Freeman Co., San Francisco, Calif. 776pp.

SORENSON, M. D. 1989. Effects of neck collar radios on female redheads. J. Field Ornithol. 60:523–528.

SPENCER, H. J., G. LUCAS, AND P. J. O'CONNOR. 1987. A remotely switched passive null-peak network for animal tracking and radio direction finding. Aust. Wildl. Res. 14:311–317.

SPENCER, W. D., AND R. H. BARRETT. 1984. An evaluation of the harmonic mean measure for defining carnivore activity areas. Acta Zool. Fenn. 171:255–259.

SPRINGER, J. T. 1979. Some sources of bias and sampling error in radio triangulation. J. Wildl. Manage. 43:926–935.

STANNER, M., AND E. FARHI. 1989. Computerized radio-telemetric system for monitoring free ranging snakes. Isr. J. Zool. 35:177–186.

STAUFFER, D. F., E. O. GARTON, AND R. K. STEINHORST. 1985. A comparison of principal components from real and random data. Ecology 66:1693–1698.

STEBBINGS, R. E. 1982. Radio tracking greater horseshoe bats with preliminary observations on flight patterns. Pages 161–173 in C. L. Cheeseman and R. B. Mitson, eds. Telemetric studies of vertebrates. Academic Press, London, U.K.

STEINHORST, R. K., AND M. D. SAMUEL. 1989. Sightability adjustment methods for aerial surveys of wildlife populations. Biometrics 45:415–425.

STOHR, W. 1989. Long term heart rate telemetry in small mammals. Pages 352–375 in C. J. Amlaner, Jr., ed. Biotelemetry X. Univ. Arkansas Press, Fayetteville.

STONEHOUSE, B., EDITOR. 1978. Animal marking: recognition marking of animals in research. Macmillan, London, U.K. 257pp.

STORM, G. L., R. D. ANDREWS, R. L. PHILLIPS, R. A. BISHOP, D. B. SINIFF, AND J. R. TESTER. 1976. Morphology, reproduction, dispersal, and mortality of midwestern red fox populations. Wildl. Monogr. 49. 82pp.

STOUFFER, R. H., JR., J. E. GATES, C. H. HOCUTT, AND J. R. STAUFFER, JR. 1983. Surgical implantation of a transmitter package for radio-tracking endangered hellbenders. Wildl. Soc. Bull. 11:384–386.

STRATHEARN, S. M., J. S. LOTIMER, G. B. KOLENOSKY, AND W. M.

LINTACK. 1984. An expanding break-away radio collar for black bear. J. Wildl. Manage. 48:939–942.

STRIKWERDA, T. E., H. D. BLACK, N. LEVANON, AND P. W. HOWEY. 1985. The bird-borne transmitter. Johns Hopkins Appl. Physics Lab. Tech. Digest 6:60–67.

———, M. R. FULLER, W. S. SEEGAR, P. W. HOWEY, AND H. D. BLACK. 1986. Bird-borne satellite transmitter and location program. Johns Hopkins Appl. Physics Lab. Tech. Digest 7:203–208.

SWANSON, G. A., V. B. KUECHLE, AND A. B. SARGEANT. 1976. A telemetry technique for monitoring diel waterfowl activity. J. Wildl. Manage. 40:187–190.

SWIHART, R. K., AND N. A. SLADE. 1985a. Influence of sampling interval on estimates of home-range size. J. Wildl. Manage. 49:1019–1025.

———, AND ———. 1985b. Testing for independence of observations in animal movements. Ecology 66:1176–1184.

SYKES, P. W., JR., J. W. CARPENTER, S. HOLZMAN, AND P. H. GEISSLER. 1990. Evaluation of three miniature radio transmitter attachment methods for small passerines. Wildl. Soc. Bull. 18:41–48.

TANAKA, S., N. KATO, K. TAKAO, AND M. SOMA. 1989. Tracking of bottlenose dolphins using satellite in Japan. Pages 411–416 in C. J. Amlaner, Jr., ed. Biotelemetry X. Univ. Arkansas Press, Fayetteville.

TARTER, M. E., AND R. A. KRONMAL. 1970. On multivariate density estimates based on orthogonal expansions. Ann. Math. Stat. 41:718–722.

TAYLOR, I. R. 1991. Effects of nest inspections and radiotagging on barn owl breeding success. J. Wildl. Manage. 55:312–315.

TAYLOR, K. D. 1978. Range of movement and activity of common rats (*Rattus norvegicus*) on agricultural land. J. Appl. Ecol. 15:663–677.

THOMAS, D. L., AND E. J. TAYLOR. 1990. Study designs and tests for comparing resource use and availability. J. Wildl. Manage. 54:322–330.

THOMPSON, S. K. 1987. Sample size for estimating multinomial proportions. Am. Stat. 41:42–46.

TRENT, T. T., AND O. J. RONGSTAD. 1974. Home range and survival of cottontail rabbits in southwestern Wisconsin. J. Wildl. Manage. 38:459–472.

TROUT, R. C., AND J. C. SUNDERLAND. 1988. A radio transmitter package for the wild rabbit (*Oryctolagus cuniculus*). J. Zool. (Lond.) 215:377–379.

VAN VUREN, D. 1989. Effects of intraperitoneal transmitter implants on yellow-bellied marmots. J. Wildl. Manage. 53:320–323.

VAN WINKLE, W. 1975. Comparison of several probabilistic home-range models. J. Wildl. Manage. 39:118–123.

VAUGHAN, M. R., AND J. T. MORGAN. 1992. Effect of radio transmitter packages on wild turkey roosting behavior. Proc. Int. Eur. Conf. Wildl. Telem. 4:628–632.

VOGT, F. D., G. R. LYNCH, AND S. SMITH. 1983. Radiotelemetric assessment of diel cycles in euthermic body temperature and torpor in a free-ranging small mammal inhabiting man-made nest sites. Oecologia 60:313–315.

VOIGT, D. R., AND J. S. LOTIMER. 1981. Radio tracking terrestrial furbearers: system design, procedures, and data collection. Pages 1151–1188 in J.A. Chapman and D. Pursley, eds. Worldwide Furbearer Conf., Frostburg, Md.

———, AND R. R. TINLINE. 1980. Strategies for analyzing radio tracking data. Pages 387–404 in C. J. Amlaner, Jr., and D. W. Macdonald, eds. A handbook on biotelemetry and radio tracking. Pergamon Press, Oxford, U.K.

WANLESS, S., M. P. HARRIS, AND J. A. MORRIS. 1988. The effect of radio transmitters on the behavior of common murres and razorbills during chick rearing. Condor 90:816–823.

———, ———, AND ———. 1989. Behavior of alcids with tail-mounted radio transmitters. Colonial Waterbirds 12:158–163.

WEATHERHEAD, P. J., AND F. W. ANDERKA. 1984. An improved radio transmitter and implantation technique for snakes. J. Herpetol. 18:264–269.

WEBSTER, A. B., AND R. J. BROOKS. 1980. Effects of radiotransmitters on the meadow vole, *Microtus pennsylvanicus*. Can. J. Zool. 58:997–1001.

WHEELER, W. E. 1991. Suture and glue attachment of radio transmitters on ducks. J. Field Ornithol. 62:271–278.

WHITE, G. C. 1983. Numerical estimation of survival rates from band-recovery and biotelemetry data. J. Wildl. Manage. 47:716–728.

———. 1985. Optimal locations of towers for triangulation studies using biotelemetry. J. Wildl. Manage. 49:190–196.

———, AND R. A. GARROTT. 1984. Portable computer system for field processing biotelemetry triangulation data. Colo. Div. Wildl. Game Inf. Leafl. 110. 4pp.

———, AND ———. 1986. Effects of biotelemetry triangulation error on detecting habitat selection. J. Wildl. Manage. 50:509–513.

———, AND ———. 1990. Analysis of wildlife radio-tracking data. Academic Press, Inc., San Diego, Calif. 383pp.

———, ———, R. M. BARTMANN, L. H. CARPENTER, AND A. W. ALLDREDGE. 1987. Survival of mule deer in northwest Colorado. J. Wildl. Manage. 51:852–859.

WHITEHOUSE, S., AND D. STEVEN. 1977. A technique for aerial radio tracking. J. Wildl. Manage. 41:771–775.

WIDEN, P. 1982. Radio monitoring the activity of goshawks. Pages 153–160 in C. L. Cheeseman and R. B. Mitson, eds. Telemetric studies of vertebrates. Academic Press, London, U.K.

WILLIAMS, B. K. 1981. Discriminant analysis in wildlife research: theory and applications. Pages 59–71 in D. E. Capen, ed. The use of multivariate statistics in studies of wildlife habitat. U.S. For. Serv. Gen. Tech. Rep. RM-87.

———, K. TITUS, AND J. E. HINES. 1990. Stability and bias of classification rates in biological applications of discriminant analysis. J. Wildl. Manage. 54:331–341.

WILLIAMS, T. C., AND J. M. WILLIAMS. 1970. Radio tracking of homing and feeding flights of a neotropical bat, *Phyllostomus hastatus*. Anim. Behav. 18:302–309.

WILLIAMS, T. D., AND D. B. SINIFF. 1983. Surgical implantation of radiotelemetry devices in the sea otter. J. Am. Vet. Med. Assoc. 183:1290–1291.

WILSON, R. P., AND M. T. J. WILSON. 1989. Tape: a package-attachment technique for penguins. Wildl. Soc. Bull. 17:77–79.

WOAKES, A. J., AND P. J. BUTLER. 1975. An implantable transmitter for monitoring heart rate and respiratory frequency in diving ducks. Biotelemetry 2:153–160.

———, AND ———. 1989. Wildlife studies in the laboratory. Pages 317–324 in C. J. Amlaner, Jr., ed. Biotelemetry X. Univ. Arkansas Press, Fayetteville.

WOLCOTT, T. G. 1980. Optical and radio optical techniques for tracking nocturnal animals. Pages 333–338 in C. J. Amlaner, Jr., and D. W. Macdonald, eds. A handbook on biotelemetry and radio tracking. Pergamon Press, Oxford, U.K.

WOOLEY, J. B., JR., AND R. B. OWEN, JR. 1978. Energy costs of activity and daily energy expenditure in the black duck. J. Wildl. Manage. 42:739–745.

WORTON, B. J. 1987. A review of models of home range for animal movement. Ecol. Model. 38:277–298.

YERBURY, M. J. 1980. Long range tracking of *Crocodylus porosus* in Arnhem Land, Northern Australia. Pages 765–776 in C. J. Amlaner, Jr., and D. W. Macdonald, eds. A handbook on biotelemetry and radio tracking. Pergamon Press, Oxford, U.K.

ZAR, J. H. 1984. Biostatistical analysis. Second ed. Prentice-Hall, Inc., Englewood Cliffs, N.J. 718pp.

ZINNEL, K. C., AND J. R. TESTER. 1984. Non-intrusive monitoring of plains pocket gophers. Bull. Ecol. Soc. Am. 65:166.

補遺 I 野生動物用テレメトリー機材のメーカー[a]

Advanced Telemetry Systems, Inc.
470 First Ave. South
Box 398
Isanti, MN 55040
(612)444-9267, FAX (612)444-9384

---

[a] 掲載したメーカーは括弧で示した場合を除き，発信器，受信機，アンテナなどの機材一般を扱っている。

AF Antronics, Inc.
1906 Federal Dr.
Urbana, IL 61801
(217)328-0800
(receiving antennas)

Austec Electronics, Ltd.
17310 107th Ave.
Edmonton, Alberta,
Canada T5S 1E9
(403)486-0511, FAX (403)489-3697

AVM Instrument Co., Ltd.
2356 Research Dr.
Livermore, CA 94550
(510)449-2286, FAX (510)449-3980

Bally Ribbon Mills
23 N. 7th St.
Bally, PA 19503
(610)845-2211, FAX (610)845-8013
(Teflon ribbon harness material)

B & R Ingenieorgesellschaft mbH
Johann-Schill-Str.22
77806 March-Buchheim, Germany
7665-3885, FAX 761-123794

Biotrack
52 Furzebrook Road
Wareham, Dorset BH20 5AXJ
United Kingdom
(1929) 552 9922, FAX (1929)554 948
(Field equipment, analyses software)

Custom Electronics of Urbana, Inc.
2009 Silver Ct. West
Urbana, IL 61801
(217)344-3460, FAX (217)344-3460
(receivers and antennas)

Custom Telemetry & Consulting
1050 Industrial Drive
Watkinsville, GA 30677
(706)769-4024, FAX (706)769-4026

Detlef Burchard, Dipl.-Ing.
Box 14426
Riverside Dr. No. 45
Nairobi, Kenya
442371, FAX 442371

Hi-Tech Services
9 Devon Place
Camillus, NY 13031
(315)487-2484
(transmitters)

Holohil Systems Ltd.
3387 Stonecrest Rd.
Woodlawn, Ontario
Canada K0A 3M0
(613)832-3649, FAX (613)832-2728

L.L. Electronics
P.O. Box 420
Mahomet, IL 61853
(217)586-5327, (800)553-5328
FAX (217)586-5733

Lotek Engineering Inc.
115 Pony Dr.
Newmarket, Ontario
Canada L3Y 7B5
(905)836-6680, FAX (905)836-6455

Merlin Systems, Inc.
445 W. Ustick Rd.
Meridian, ID 83642
(208)884-3308, FAX (208)888-9528
(innovative telemetry equipment)

Microwave Telemetry Inc.
10280 Old Columbia Rd.
Suite 216
Columbia, MD 21046
(410)290-8672, FAX (410)290-8847
(general and for satellite system)

Mini-Mitter Co., Inc.
P.O. Box 3386
Sunriver, OR 97707
(503)593-8639, FAX (503)593-5604
(physiological telemetry)

Pacer
P.O. Box 1767
Dept. Biology—Agriculture College
Truro, Nova Scotia
Canada B2N 5Z5
(902)893-6607, FAX (902)895-4547
(LOCATE II, location estimate software)

Service Argos
18 Avenue Edouard Belin
31055 Toulouse Cedex, France
61-39 4700
or
1801 McCormick Dr., Suite 10
Landover, MD 20785
(301)925-4411, FAX (301)925-8995
or
4210 198th S.W., Suite 202
Lynnwood, WA 98036
(206)672-4699, FAX (206)672-8926
(satellite system)

Smith-Root, Inc.
14014 Northeast Salmon Cr. Ave.
Vancouver, WA 98686
(360)573-0202, FAX (360)286-1931
(receivers, aquatic)

Telemetry Systems, Inc.
P.O. Box 187
Mequon, WI 53092
(414)241-8335, FAX (414)241-8905

Televilt International AB
Box 53
S-71122 Lindesberg
Sweden
58117195, FAX 58117196

Telonics, Inc.
932 E. Impala Ave.
Mesa, AZ 85204-6699
(602)892-4444, FAX (602)892-9139
(general and for satellite system)

Toyo Communication Equipment Co., Ltd.
12-32, Konan 2-chome
Minato-ku, Tokyo 108, Japan
3-5462-9600, FAX 3-5462-9625
or
617 E. Golf Rd., Suite 112
Arlington Heights, IL 60005
(708)593-8780, FAX (708)593-5678
or
Bellenhöhe 5
4020 Mettman, Germany
02104-1-2009, FAX 02104-1-5546
(transmitters for satellite system)

Vemco
3895 Shad Bay, RR #4
Armdale, Nova Scotia
Canada B3L 4J4
(902)852-3047, FAX (902)852-4000
(aquatic)

Wildlife Computers
16150 NE 85th St. #226
Redmond, WA 98052
(206)881-3048, FAX (206)881-3405
(time-depth recorder, satellite link, software)

Wildlife Materials Inc.
1031 Autumn Ridge Rd.
Carbondale, IL 62901
(618)549-6330, FAX (618)457-3340

16
個体群解析

Douglas H. Johnson

はじめに ……………………………………497	齢依存的な出生率と死亡率をもつ個体群
無限に増加する個体群 ……………………498	……………………………………511
モデル ……………………………………498	モデル ……………………………………511
推　定 ……………………………………499	齢依存的な死亡率の推定 ………………515
密度依存的な成長をする個体群 …………500	出生率と死亡率から
モデル ……………………………………500	個体群成長を推定する ………………518
推　定 ……………………………………502	種間の相互作用 ……………………………519
密度依存性を検出する場合の	競争モデル ………………………………519
いくつかの危険 ………………………503	食うものと食われるもののモデル ……520
出生と死亡のモデル ………………………503	生存と出生の構成要素をもつモデル ……521
モデル ……………………………………503	移出と移入 …………………………………522
出生率の推定 ……………………………504	結　論 ………………………………………523
死亡率を推定する ………………………506	参考文献 ……………………………………523

❏ はじめに

　個体群解析とは，個体群動態（個体数の時間的な変化とその原因）を調べることである．個体群は1本の植物についたアブラムシの数，一つの造林地におけるオジロジカの数，北米全体のハクガンの数，のどの場合にも使うことができる．解析では，現在の個体数がなぜそれ以上でもそれ以下でもないのか，個体数変動を支配する要因とは何か，といった問題を扱う．なぜ過密にならないのか，絶滅しないためのメカニズムとは何か，といった問題は，野生動物の研究者や管理者にとって大いに関心のあるところである．その種が経済的な被害を引き起こしている場合には，個体数を減らす必要がある．狩猟鳥獣では，個体群は毎年の収穫が持続されるような水準に維持されなければならない．絶滅のおそれのある種では，絶滅しないように数を増やすことが重要である．こうしたさまざまな問題に対応するためには，まず最初にその種の個体群動態を理解する必要がある．

　個体群は，「ある時間にある空間の中に生活している単一種の個体の集合である」（Krebs 1985）という定義がわかりやすい．個体群は，出生率，死亡率，性比，齢構成といった個体レベルあるいは群集や生態系レベルでは意味をもたない概念を用いて理解する（Cole 1957）．

　個体群動態では個体数と個体数に作用する①生存，②繁殖，③移出入，に関する問題を扱う．個体数については第9章で論議する．この章では個体数に作用する変数に重きを置き，移出入にはあまり多くのスペースを割かなかった．個体群に作用する要因がすべて分かっている時には，その動態を理解するのは容易である．しかし，このような幸せな状態はまずあり得ず，生物学者は不完全な理解に基づいてでも決定を下す必要に迫られる．

　個体群解析ではモデルを使って知識の欠落した部分をつなぎあわせていく．モデルは現実のシステムを抽象化して理解しやすくするためである．モデルには，何千という変数と方程式からなり，大型計算機を何時間も動かさなければ解析できないようなものもあれば，ちょうどシカが餌の一番豊富な時に多くの子どもを生むようになったのと同じように，試行錯誤の結果最適解を発見するようなものもある．最適モデルも使用目的によって異なってくる．この章では単一のパラメータからなる単純なモデルから数多くのレイト（単位時間，単位面積あたりの量的変化，速度）と関係式を含む複雑なモデルまでさまざまなモデルを紹介する．複雑であればそれだけ現実の動きに合わせやすくなる．

しかし，単純なモデルだから安直なわけではないし，思ってもみないような洞察が得られることもある。また，モデルを理解するためにさまざまな数学的なツールを用いた。複雑なモデルは実は単純なモデルより組み立てやすい。しかし，複雑なモデルを完全に理解することは困難なため，コンピュータを用いたシミュレーションが必要とされることが多い。

複雑さだけでなく，個体群モデルの属性が異なることもある。離散的時間モデルでは，出生のような事象は，季節繁殖のように，生起する時が限定されるが，連続的時間モデルでは，事象は連続して生起する。Stanfield & Beloch (1986) が言っているように，離散的モデルでは時間はジャンプし，連続的モデルではフローする。また，モデルの中にランダム成分が組み込まれているかどうかによって区分することもできる。決定論モデルでは，パラメータは固定され，入力された変数によって出力結果が変化する。確率論モデルではパラメータがランダムに変化するため，出力結果は単一の値ではなく確率分布として示される。システムの変動が重要な場合には，決定論モデルより確率論モデルの方が適している。

この章では個体群動態のモデルの作り方だけでなく重要なパラメータの推定法についても触れることにする。理屈の上ではモデルを想定してからパラメータを推定した方がよい。モデルを作ってみるとどのパラメータが重要かがわかるからである。しかし，現実にはどのパラメータ推定値が使えるかによってモデルの種類が制限されてしまうこともよくある。モデルの構築とパラメータの推定はいわば共同作業のようなものである。

いくつもの種から事例を引くように心がけたが，マガモとオジロジカに大分偏ってしまった。これは私自身がマガモを調べてきたことと両種を対象とした論文の数が多かったことによる。Durward Allen の指摘，「数的現象は普遍性をもちやすい。対象が魚類，哺乳類，鳥類と変わっても，現象そのものは細部が変化するに過ぎないからだ」(Allen 1962:36) を心にとめておきたい。

一つの章では個体群の解析方法のごく一部にしか触れることができなかった。さらに理解を進めるために二つの本を薦めたい。Seber (1982) には野生動物の個体数や生存率などのパラメータを推定する場合に用いられる方法のほとんどすべてが紹介されており，一部内容が改訂 (Seber 1986) され別な本の出版も計画されている。また，Caughley (1977) には実用的な個体群解析法が分かりやすく解説されている。

❏無限に増加する個体群

モデル

個体数が単位時間（ここでは1年とする）毎に一定の率で増加減少する，つまり，t 時における個体数は $t-1$ 時の λ 倍であると仮定する。これがもっとも単純な個体群モデルである。

$$N_t = \lambda N_{t-1}$$

個体数は $\lambda > 1$ で増加，$\lambda = 1$ で一定，$\lambda < 1$ で減少する。λ は期間個体群増加率ともいう。このモデルは出生期が短い場合（離散的な成長，または Caughley 1977 のパルス型出生）に適している。最初の年の個体数を N_0 とすると，t 年後の個体数は，

$$N_t = \lambda^t N_0 \tag{1}$$

となる。

テキサス州アランサス国立野生動物保護区では1938年からアメリカシロヅルのカウント調査を行っている。便宜上，すべての個体が保護区周辺の越冬地に集まっていたと仮定する。1938年を0年として1938～84年までのカウント数に(1)式を当てはめたのが図16-1である。λ の推定値 $\hat{\lambda}$ は 1.0338 となった。（ハット [^] はパラメータの推定量を示す）。ツル個体群は銀行預金のように年率約3.38%

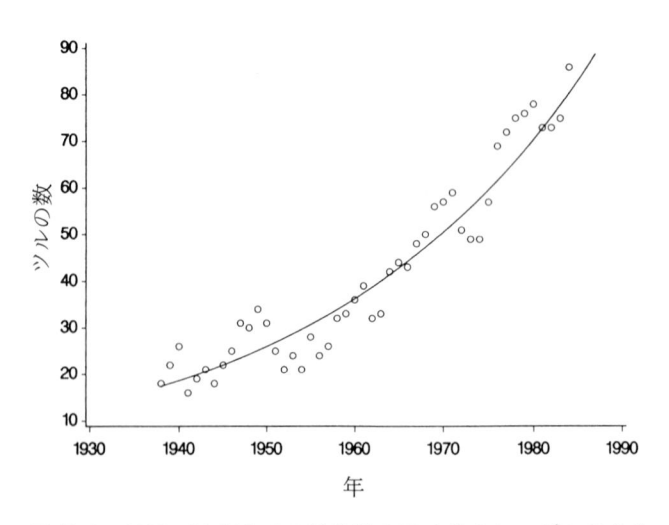

図 16-1 1938～84年までの越冬地のアメリカシロヅルのカウント数（指数曲線）

の複利で増えてきたことが分かる。分析内容については，Binkler & Miller(1980, 1988), Boyce & Miller(1985), Boyce(1987), Nedleman et al.(1987)に詳しい。

λ を e^r に置き換えると $\lambda^t = e^{rt}$ である。e は自然対数の底，r は瞬間増加率である。指数式にすると時間単位を変換しやすくなる利点がある(Caughley 1977:52)。たとえば，個体群の年増加率が0.10の時には日増加率は0.10/365である。また，個体数が2倍になるのに必要な時間は$(\log 2)/r = 0.69315/r$ である(この章では対数はすべて自然対数である)。この式は連続成長する個体群(Caughley 1977のフロー型出生)に適しているが，カウント調査は特に連続して行われる必要はなく，調査回数がその動物の生活環の回数(たとえば，出生期の始まりの回数)を表していればよい。$r = \log(\lambda)$ から，(1)式は

$$N_t = N_0 e^{rt} \qquad (2)$$

となる。

アメリカシロヅルの例では，$\hat{r} = \log(\hat{\lambda}) = \log(1.0338) = 0.03325$ となる。これは個体群が1年間に3.325%増加し，増加率が変わらなければ20.8年($= 0.69315/0.03325$)毎に個体数が2倍になることを示している。

このモデルは指数的成長モデルと呼ばれ，成長が全く阻害されない(生活資源が豊富で，競争が成長を妨げる要因とならない)場合を表している。好適なハビタットに個体群が定着を開始した時や一時絶滅に近いレベルまで減少した個体群が回復し始めた時(ハビタットは良好である)にこのような状況がよく起きる。このモデルは短期予測にも使える(Eberhardt 1987)。ただし，決定論モデルのためランダムな変動やモデルに含まれない変動を表すことができない。その場合には，出生と死亡を確率事象と考えて(機会的な変動を考慮して)確率モデルを使うこともある(Pielou 1969)。

推　定

カウント数から r を推定する

カウント数から(2)式の成長率 r を推定するためには，カウント数の最初と最後を対数変換し，

$$\log(N_t) = \log(N_0) + rt \qquad (3)$$

から求めるのがもっとも簡単な方法である。$\log(N_t)$ の t への線形回帰から，回帰係数(直線の傾き，r に等しい)と切片の推定値が得られる。これらの値を指数変換すると λ と N_0 が求められる。例として1938〜1984年までのアメリカシロヅルのカウント数(表16-1)を考えよう。各年のカウント数(成鳥+若鳥)の対数の年(1938年を0とする)への線形回帰から，傾きは $\hat{r} = 0.03325$(SEの推定値は0.00168)，切片は2.858(SE=0.045)となった。したがって，$\hat{N}_0 = e^{2.858} = 17.4$〔デルタ法によるSE=0.783，デルタ法は確率変数の関数のSEを推定する方法，詳しくはSeber(1982:7)参照〕。これらの推定値を用いて図16-1中のカーブを示した。

変数を(対数)変換して線形回帰する代わりに，(2)式から直接非線形回帰によってパラメータを推定する方法もある。非線形回帰では反復法によってパラメータを推定するので，コンピュータを用いた方がよい。SAS™(SAS Institute, Inc. 1987)のNLINにアメリカシロヅルのデータをあてはめると $\hat{r} = 0.0350$(SE=0.00155)，$\hat{N}_0 = 16.7$(SE=0.927)となった。解析方法によって仮定が異なるため推定値は同一にはならない。推定個体数の誤差は真の個体数が大きくなるのに伴って大きくなりやすい。このため，通常の最小2乗回帰で用いられる誤差の分散が独立

表16-1　アランサス国立野生生物保護区におけるアメリカシロヅルの越冬数　　　　（Boyce 1987より）

年	成鳥	幼鳥	年	成鳥	幼鳥
1938	14	4	1962	32	0
1939	15	7	1963	26	7
1940	21	5	1964	32	10
1941	14	2	1965	36	8
1942	15	4	1966	38	5
1943	16	5	1967	39	9
1944	15	3	1968	44	6
1945	18	4	1969	48	8
1946	22	3	1970	51	6
1947	25	6	1971	54	5
1948	27	3	1972	46	5
1949	30	4	1973	47	2
1950	26	5	1974	47	2
1951	20	5	1975	49	8
1952	19	2	1976	57	12
1953	21	3	1977	62	10
1954	21	0	1978	68	7
1955	20	8	1979	70	6
1956	22	2	1980	72	6
1957	22	4	1981	71	2
1958	23	9	1982	67	6
1959	31	2	1983	68	7
1960	30	6	1984	71	15
1961	34	5			

変数の値によらず一定という仮定(等分散性)は，(2)式より(3)式の線形モデルであてはまりやすい。このため，線形からアプローチした方がよい結果を得ることが多い。

個体群の変化から r を推定する

指数成長モデルから，r を推定するためのもう一つの方法を導くことができる。個体数調査が毎年行われているとしよう。個体数の対前年比は(2)式から

$$\frac{N_t}{N_{t-1}} = \frac{N_0 \mathrm{e}^{rt}}{N_0 \mathrm{e}^{r(t-1)}} = \mathrm{e}^r$$

となる。したがって，上記の比の平均値を求め，その自然対数から r を推定することができる。アメリカシロヅルの例では，1938〜84 年までのカウント数から 46 個の対前年度比 (N_t/N_{t-1}) が求められ，その平均は 1.0450 ($SE = 0.0212$) で，自然対数は $\hat{r} = 0.0440$ ($SE = 0.0202$) となった。

アメリカシロヅルのデータを使って，3種類の方法で推定した個体群成長率を比較してみると(その過程はここに示していないが)，線形モデル(3)式がもっともあてはまりがよく，(2)式がその次，上記の対前年比がもっともあてはまりが悪かった。Eberhardt(1987)は対前年比を確率的に変動する推定量としてさまざまに重み付けをし(分散推定量を想定し)，このモデルから r を推定する方法について述べている。McCullough(1982, 1983)や Van Ballenberghe(1983)にはオジロジカの個体群成長の推定について熱い議論が展開されている。

密度依存的な成長をする個体群

モデル

連続的時間式

1909〜1922 年までの国立バイソン保護区におけるバイソンの数を考えてみよう(表 16-2)。この期間狩猟は行われていない。最初の 10 年分のデータを線形モデル(3)式にあてはめると，$\hat{N}_0 = 53.45$ ($SE = 1.53$)，$\hat{r} = 0.216$ ($SE = 0.00535$) となり，観察されたバイソンの数も指数カーブによく当てはまった(図 16-2)。しかしながら，1919〜1922 年のデータは常にモデルの推定値を下回るようになった(図 16-2)。このような頭打ち現象は，密度に伴う反応と考えてよい。事実，個体数の対次年比($\hat{R}$)は個体数の増加に伴って低くなる傾向が見られた($r = -0.77$, $P = 0.001$, 文脈から

表16-2 1909〜22 年における国立バイソン保護区におけるバイソンのカウント値 (Fredin 1984 より)

年	年頭の個体数	出生数	死亡数	年末の個体数
1909	37	11	0	48
1910	51[a]	19	0	70
1911	70	16	1	85
1911	70	16	1	85
1912	85	19	0	104
1913	104	26	0	130
1914	130	34	0	164
1915	164	32	2	194
1916	194	47	1	240
1917	240	56	1	295
1918	295	73	1	367
1919	367	58	5	420
1920	420	68	9	479
1921	479	82	7	554
1922	554	85	4	635

[a] 現存数に 3 頭加えた

明らかなように r は増加率ではなく相関係数である，図 16-3)。ただし，個体数とその変化の関係は単純に判読できないことも多い(密度依存性の検出の節を参照)。

一定の率で成長し続ける個体群は存在しない。個体群密度が高くなるにつれて密度依存的な要因が作用し，増加は頭打ちになる。では，密度依存性を組み込んでより現実的で有用なモデルを作るにはどうしたらよいか。(2)式から，1個体あたりの増加率は，

$$\frac{1}{N_t}\frac{\mathrm{d}N_t}{\mathrm{d}t} = r$$

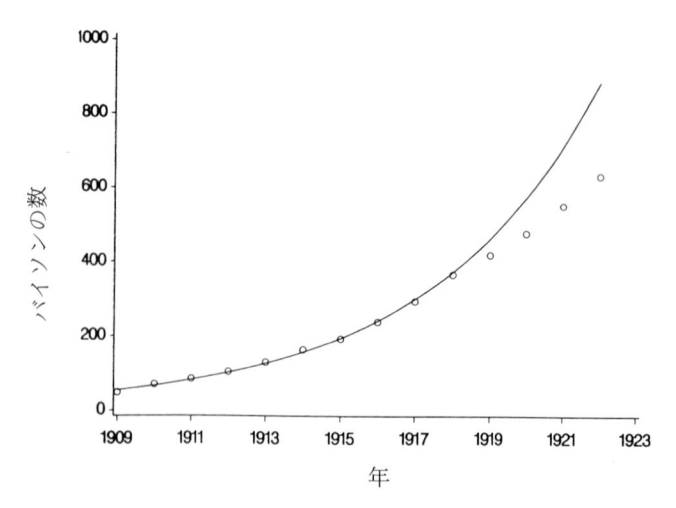

図 16-2 1909〜18 年までの国設バイソン保護区におけるバイソンのカウント数(指数曲線)

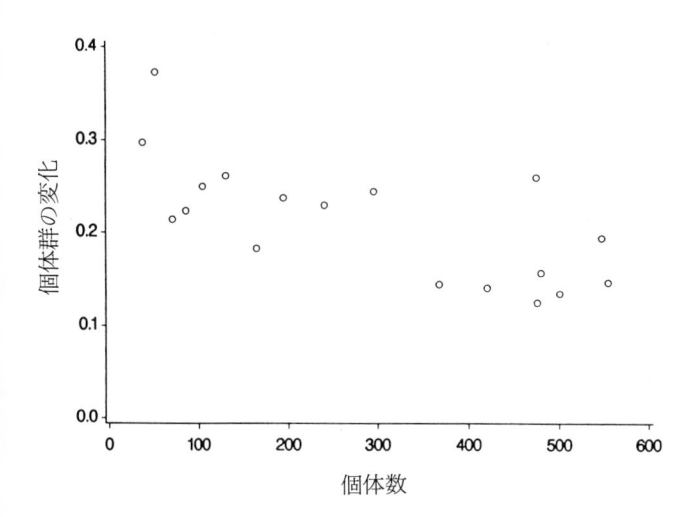

図 16-3 国立バイソン保護区のバイソン個体群割合の変化 個体数 N_t に対して $(N_{t+1} - N_t)/N_t$ をプロット

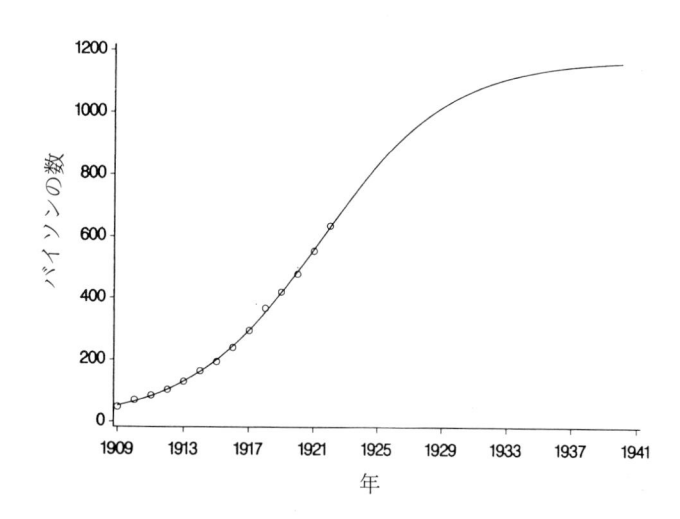

図 16-4 1909〜22年のバイソンカウント数(ロジスティック曲線)

となる。これは密度によらず一定である。この式が密度依存性を持つためには，密度が低いときには無視でき，密度がある閾値 K（収容力）に近づくにつれて増加率を減じて 0 にさせるような要因をかければよい。これが $(K-N)/K$ 項である〔May(1973)がレビューしているように，この他にもたくさんの項が考えられている。ここでは，その中のもっともシンプルな例を取り上げた〕。これは，N が小さいときにはほぼ 1 で，N が K に近づくにつれて 0 に収束する。この項を用いると 1 個体あたりの増加率は，

$$\frac{1}{N_t}\frac{dN_t}{dt} = r_m \frac{K-N_t}{K} \quad (4)$$

となる。ここでは r の代わりに r_m（内的自然増加率）を用いる。(4)式は，

$$\frac{dN_t}{dt} = r_m N_t \frac{K-N_t}{K}$$

と書き換えることができ，単位時間あたりの個体群増加率(dN_t/dt)は 1 個体あたりの最大増加率 r_m に個体数 N_t と $(K-N_t)/K$ をかけたものであることがわかる(Krebs 1985:213)。増加率は個体数(N)と環境(K)の両方によって変化することに注意してほしい。

(4)式を積分すると，

$$N_t = \frac{K}{1+e^{a-r_m t}} \quad (5)$$

となる。これは，ロジスティック式として知られる。K は収容力あるいは漸近線である。r_m は最大の個体群増加率で個体群に密度由来の抑制が全く働かないときの増加率である。a は N_0 と漸近値 K によって規定される。(5)式において $t=0$ とすると，$a = \log[(K-N_0)/N_0]$ である。

バイソンのデータをあてはめると，ロジスティック成長は図 16-4 に示したような S 字型になり，密度が低いときには個体数は指数成長のように急速に増加し，K（約 1,200）に近づくにつれて増加が頭打ちになりやがて水平になることがわかる。

ロジスティック式の歴史は古く(Hutchinson 1978, Kingsland 1985)，さまざまな個体群増加を数学的に記述するのに便利なモデルではあるが，万能なわけではない。①生存率，繁殖，密度に対する感受性は，齢，性，遺伝型に関係なくすべての個体で同じである，②収容力(K)は一定である，③増加率は個体数にただちに反応する，④個体数が増加率に及ぼす効果は線形である，などの仮定をもつ。これらの仮定の制約を緩和させることもできるが，そうすると数学的な扱いやすさは損なわれる。①と②を含まないモデルについては後で述べる(Box 18-1 参照)。③は次節で述べる離散的時間式や時間的遅れを入れた連続時間式では排除できる(たとえば，May 1973, Krebs 1985)。④は一般化ロジスティック式を使えば考慮する必要はない(Gilpin & Ayala 1973, Eberhardt 1987)。Pielou(1969)は確率論を用いたロジスティックモデルを解説している。

離散的時間式

これまで述べたロジスティック式は特に個体が連続して生まれる場合に適していたが，バイソンの例のように個体数が毎年同じ時期に調査されていれば離散的な出生期をも

> **Box 16-1　小個体群の挙動－Allee 効果**
> 　密度依存性とは，個体数が増加するにつれて，死亡率が高くなる，出生率が低くなる，その両方が起きる現象と仮定した。したがって，個体数が少なくなるにつれて死亡率が低くなり，生存率は高くなるはずである。ところが，現実にはこうはうまくいかない。特に出生率は個体数が少なくなるにつれて高くなるどころか低くなってしまうこともある。これは，密度が低いと繁殖の相手を発見するのが困難になる，繁殖には社会的な刺激が必要であるなどによると考えられている。また，集団営巣する鳥では，コロニーが大きいほど捕食者に対する防衛効果が高くなり，繁殖成功度が高くなるという報告もある (Birkhead 1977)．密度が低いときに死亡率が高くなり，出生率が低くなる現象は，W.C. Allee にちなんで "Allee 効果" と呼ばれている。彼は，このような現象を数多く取り上げて解明した (Allee 1931)。

つ個体群にも使うことができる。離散的な出生期をもつ動物のために(4)式を離散的に表すと，

$$\frac{N_{t+1}-N_t}{N_t}=r_m\left(\frac{K-N_t}{K}\right)$$

となり，

$$N_{t+1}=N_t+r_m\left(1-\frac{N_t}{K}\right)N_t \quad (6)$$

となる。この式には遅れが含まれる。$t+1$ 時における増加率は t 時の個体数に依存する。逆に，(4)式は個体群の変化率が個体数の変化にただちに反応することを仮定している。離散的な式では遅れが生じるため，モデル個体群の挙動はパラメータの値に大きく左右される。個体数が漸近線値にスムースに近づくのか，減衰振動しながら近づくのか，いつまでも振動し続けるのか，カオス的な変動を示すのかはすべて r_m の値による (May 1974, May & Oster 1976)。(6)式のようなシンプルな決定論モデルがランダムな挙動を生み出すことが発見されたことは，現在のカオス研究へつながっている。

推　定

非線型最小2乗法を用いて，(5)式から直接ロジスティック式のパラメータを推定することができる。NLIN (SAS Instiue Inc. 1987) に 1909〜22 年までのバイソンのデータを当てはめたところ，漸近値 $\hat{K}=1,172$ (SE=77.4), $\hat{r}_m=0.2479$ (SE=0.0078), $\hat{a}=3.069$ (SE=0.046) が得られた。離散的ロジスティックモデルを用いると，(6)式から

$$N_{t+1}=N_t+r_m(1-N_t/K)N_t$$
$$=N_t(1+r_m)+N_t^2(-r_m/K)$$

ここで，切片を 0 として N_{t+1} の N_t と N_t^2 への相関を取る。N_t の係数は $(1+r_m)$ に等しく，N_t^2 の係数は $-r_m/K$ となるはずである。バイソンの例では

$(\widehat{1+r_m})=1.2669$ (SE=0.0266),

$\hat{r}_m=0.2669$ (SE=0.0266) となり，

$-r_m/K=-0.000238$ (SE=0.000061),

$\hat{K}=0.2669/0.000238=1,121.43$ (SE=183.24) となった。

この方法の問題点は，N_t や N_t^2 の説明変数の値に誤差が含まれないと仮定していることである (Walters 1986)。上記の例では，バイソンのカウント値は全く正確であると見做したので問題はないが，実は測定値には誤差が含まれる場合の方が多い。誤差がどのように影響するかを見るために，バイソンのカウント値に e^z をかけて表 16-3 のような誤差を発生させ再度分析した。z は平均値 0，標準偏差 0.1 の正規確率変数である。この結果 $\hat{r}_m=0.4295$ (SE=0.1138), $\hat{K}=594.88$ (SE=72.43) となり，誤差がないとした場合 ($\hat{r}_m=0.2669$, $\hat{K}=1121.43$) と大きな差が生じた。

バイソンのデータでは二つの推定方法の内，(5)式を用いて非線型回帰した方が N_{t+1} の N_t，N_t^2 への回帰を取るよりあてはまりがよかった。ただし，どのような場合でもそうだとは限らない。

表 16-3　1902〜22 年までの国立バイソン保護区におけるバイソンの実際のカウント値と誤差をかけたカウント値

年	実際のカウント値	誤差をかけたカウント値
1909	48	48
1910	70	64
1911	85	84
1912	104	100
1913	130	144
1914	164	178
1915	194	199
1916	240	227
1917	295	292
1918	367	389
1919	420	387
1920	479	496
1921	554	598
1922	635	553

表 16-4 毎年ランダムに変化する個体群のカウント値でも密度依存性を示すことがあるという例

年 (t)	$\log(N_t)$	Δ_t	$\log(O_t)$	Δ_t
0	6.91		6.76	
1	7.15	0.24	6.95	0.19
2	7.18	0.03	7.58	0.63
3	7.12	−0.06	7.03	−0.55
4	7.10	−0.02	7.19	0.16
5	7.03	−0.07	7.23	0.04
6	7.06	0.03	7.12	−0.11
7	6.96	−0.10	6.94	−0.18
8	6.87	−0.09	6.89	−0.05
9	7.02	0.15	6.77	−0.12
10	7.12	0.10	7.22	0.45

N_t は t 年における実際の個体数，O_t は観察数，$\Delta t = \ln(N_t/N_{t-1})$ は実際の個体群の変化率，$\Delta t = \ln(O_t/O_{t-1})$ は観察された個体群の変化率

密度依存性を検出する場合のいくつかの危険

一連の個体数カウント値から密度依存性を検出するのは容易ではない。第 1 に個体数と個体数の変化とは互いに独立した事象であっても負の相関をもつ傾向がある (たとえば，Maezler 1970, St. Amant 1970)。第 2 に，個体数推定の際にさまざまな不確実性が取り込まれて密度依存性が発現する傾向がある。

$N_0 = 1,000$，$\log(N_0) = \log(1,000) = 6.91$ の例 (表 16-4) を考えてみよう。ここで，$t+1$ 年の個体数は t 年の個体数に乱数を加えたものである。

$$\log(N_{t+1}) = \log(N_t) + z$$

z は平均値 0，標準偏差 0.1 の確率変数である。z と N_t とは独立して発生するが，二つの変数の間には負の相関が誘起されて，表 16-4 の例では $r = -0.62 (P = 0.055)$ となった。これは不規則な数列においても，異常に高い値の次には低い値がくることによる (もし値がどんどん高くなるのであれば異常に高い値とは言わない)。その逆も成り立つ (St. Amant 1970)。個体数とその変化との間に負の相関があったとしても，必ずしも密度依存性の証拠とはならない。

カウント値にすでに誤差が含まれる場合にはかなり問題で，以下に示すように密度依存性に似た事象が頻繁に発現するようになる。ある年のカウント値が実際より低かったとしよう。そうすると，次の年にも同じ誤差が生じない限り，個体数の変化は実際より大きくなる。個体数は過小に推定されその変化は過去に推定されることから，両者の間には負の相関が誘起される。表 16-4 の例に戻って，今度はカウント値が誤差を含んでいるとしよう。カウント値を O_t とすると，

$$\log(O_t) = \log(N_t) + y$$

となる。y は平均値 0，標準偏差 0.2 の正規分布にしたがう確率変数である。個体数変化と個体数の間には，誤差を含まない値の場合よりも強い相関 ($r = -0.73$，$P = 0.017$) がみられた。

これから，たとえカウント値がどのように正確でも密度依存性はカウント値から検出すべきではないことが分かる。$\log(N_{t+1})$ を $\log(N_t)$ へ回帰させた場合にも同様の問題が起き，密度依存性が存在しない場合でも相関係数は <1 になってしまう (Maelzer 1970)。Eberhardt (1970)，Slade (1977)，Solow (1990) には，さらに注意すべき点について触れてあり，特に Pollard et al. (1987) は一読を薦める。逆のケースもある。Gaston & Lawton (1987) は，密度依存的な過程にあることが明白な個体群においてもセンサスデータから密度依存性を検出することができなかったと述べている。

❏出生と死亡のモデル

モデル

移出と移入を無視すれば，個体群成長は出生と死亡によって決まる。出生と死亡にはそれぞれ異なる環境変数が作用することが多いため，この二つのプロセスをわけて分析した方がよい。たとえば，バイソンのカウント値はその年生まれの子どもと成獣に分けられる (表 16-2)。その年生まれの子どもの数は出生過程の最終結果であると考えられる。ここでいう出生には分娩だけでなく秋までの生存も含まれる。死亡には成獣の死亡数が記録されている。

年出生率と年死亡率の推定値 (ある年の始めの 1 個体あたりの率で定義される) は表 16-2 から求められる。出生率は密度が高いときには低く (図 16-5)，死亡率は密度とともに高くなる (図 16-6)。バイソンのデータのように，出生率と死亡率が個体数の関数になっている時には，さらに細密な分析に入る前にまず両者の違いに着目した方がよい。出生率と死亡率のどちらか一方だけが密度依存的なこともあれば，密度依存性が二つのプロセスで異なることもあるか

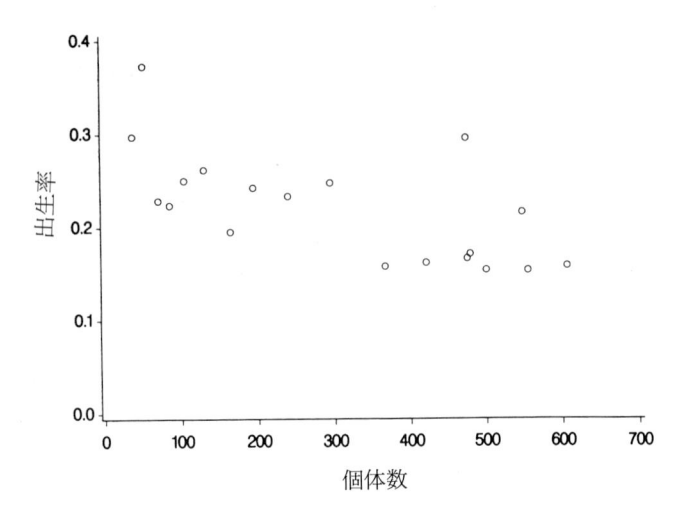

図 16-5　年当初におけるバイソンの出生率と個体数

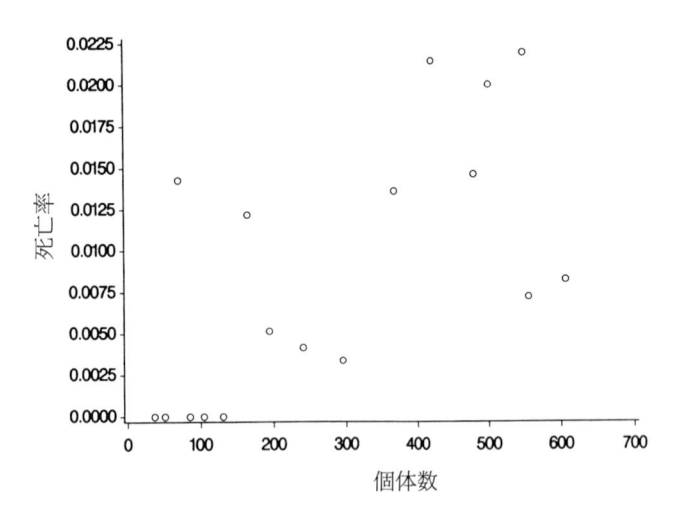

図 16-6　年当初におけるバイソンの死亡率と個体数

もしれない。そのためこの二つのプロセスを別々に扱う必要がある。たとえば，瞬間出生率(期間出生率の対数)は密度に応じて以下のように変化する

$$b = b_0 + b_1 N$$

が，瞬間死亡率は密度に依存しないとする。

$$d = d_0$$

この場合，個体群の増加率 $r = b - d$ は，

$$r = (b_0 - d_0) + b_1 N$$

となり，個体数 N に依存する。つまり，個体群成長が密度

> **Box 16-2　密度依存性はどのように作用するか**
>
> 　密度依存性が個体群を制御しているかどうかについては長い間論争の的になってきた(例えば，Krebs 1985)。生存率や繁殖率に影響が出てくるのはある密度を越えたときで(例えば，Strong 1986)，そのときの密度は生息地の質と量によって決定される。
> 　Knowlton(1972)は，コヨーテの1メスあたりの子宮の隆起部の平均数を産子数の指標として用い，テキサス南部の7郡におけるコヨーテの駆除強度と比較し，密度と出生率の間に何らかの関係があると指摘している。標本数は少なく郡によってはランダムな駆除になっていないが，出生の指標には密度効果が働いているようである。
>
> | 駆除強度 | 郡名 | 標本数 | 1メスあたりの平均子宮隆起数 | |
> | --- | --- | --- | --- | --- |
> | 強 | Zavala | 8 | 8.9 | 平均 7.2 |
> | | Dimmit | 12 | 6.4 | |
> | | Uvalde | 10 | 6.2 | |
> | 中 | Jim Wells | 21 | 5.3 | 平均 4.5 |
> | | Hildago | 11 | 3.7 | |
> | 弱 | Jim Hogg | 17 | 4.2 | 平均 3.5 |
> | | Duval | 11 | 2.8 | |

依存的であっても，個体数を分析しただけでは二つのプロセス(出生と死亡)のどちらが密度依存的であるかはわからない。このような固有の関係がわかれば個体群を理解し管理する上で役に立つ(Box 16-2 参照)。

Pielou(1969)は出生と死亡の確率過程を分かりやすく紹介している。De Angelis(1976)はこれらのモデルをカナダガンに適用している。

出生率の推定

出生数(fertility)はある期間(一般に1年を用いる)に生まれた発育可能な子どもの数である。通常は個体群のメスの部分を調べれば十分なので，出生数はメス1個体あたりのメスの子どもの数として表現される。よく似たパラメータに繁殖可能数(fecundity)があり，メス1個体が生みうる最大可能な子どもの数を示し，実現された子どもの数(出生数)よりかなり高いのが普通である(出生数と繁殖可能数という用語は必ずしも区別されない)。メス1個体あたりの平均産子数，ある時間間隔(1年)に生まれた子どもの数，出生時の性比などがわかれば出生率を求めることができる(Caughley 1977)。

出生率の推定方法は必ずしも統一されていない。出生率の指標は種によって異なる。哺乳類では発育可能な子どもの数を適当な基準として用いているが，魚類，爬虫類，鳥類では産卵数ないしは孵化数を用いることが多い。多くの種では生まれたての子どもを観察するのは困難なため，出生率はある程度の大きさまたは一定の段階に達した子ども

の数で評価する。たとえば，水産学では漁獲可能な大きさに達した個体の数を基準に使っている。同様に，水鳥ではほとんど羽毛の生えそろった幼鳥の数や秋の猟期中に捕獲された若鳥の数が繁殖の基準として用いられる。繁殖が季節的に同期する（パルス型出生の）個体群では，ある齢クラスのメスが生んだ子どもの数を用いる。多少とも連続的な繁殖をする動物（フロー型出生）では，ある齢間隔においてメスが生んだ子どもの数を基準とするのが適当である。

出生率，特に齢クラス別の出生率の推定は容易ではない。ここでは三つの一般的な方法（直接カウントから得られる齢比を用いる方法，標識再捕法，間接指標を用いる方法）について説明する。また，いくつかの限定条件が成り立てば比率変化法も使える（たとえば，Hanson 1963, Seber 1982）。

直接カウントに基づく齢比

ツルやバイソンでは，我々はその年に生まれた子どもの数（ないしはセンサス時までの生存数）を正確に数えることができた。一般的に，生物学者は観察された成獣の数と子どもの数を出生率の指標として使うことがよくある。たとえば，オジロジカではメス成獣に対するその年生まれの子どもの比率が，狩猟されたリスでは胎盤痕の数が，鳥やアメリカアリゲータでは営巣が成功した巣の数やその巣の孵化数が使われる。狩猟の対象となっている種では，捕獲個体の齢比を加入率の指標として用いることもあるが，齢クラスによって捕獲されやすさが異なることを考慮しなけらばならない（たとえば，Martin et al. 1979）。出生率の計算にはさまざまな誤差が生じやすい。たとえば，その年生まれの子どもを連れていないメス成獣は子どもを連れているメス成獣より目立たないし，子どもを伴ったリスはそうでないものより撃たれやすいし，成功した巣は失敗した巣より発見されやすいのかもしれない（Mayfield 1961）。

原則を言えば，繁殖過程を完全に理解するためには構成要素をすべて考える必要がある。これには初産年齢，繁殖年齢に達した成獣の中で繁殖しなかった個体の割合，1年あたりの繁殖サイクルの回数，孵化ないしは生まれた子どもの数，成獣までの生存率が含まれる。管理に使う時には，標準誤差も推定されるようなしっかりした繁殖の指標が必要である。

標識再捕法

第9章では閉鎖個体群（調査期間中にはいかなる変化も生じない）と開放個体群（出生，死亡，渡りなどを考慮した）

Box 16-3 営巣成功度推定における一般的なバイアス

鳥では，若鳥がうまく巣立った巣の割合が個体数を決定する非常に重要な要素になっている。うまいことに，この値は管理者が生息地や捕食を操作することによって変えることのできるパラメータである。

営巣成功度に関する調査やモニタリングでは深刻なバイアスが生じている。調査者は営巣成功度を自分が発見した巣の内成功した巣の割合として報告している。この一見合理的に見えるやり方は，すべての巣が発見されている場合や壊れた巣と成功した巣がきちんと押さえられている場合には問題はない。しかしながら，多くの鳥は目立たないところに巣を作るのが普通だし，調査者は成鳥を追って巣を見つける傾向がある。一度巣が壊れると，成鳥は通常の巣の探索法で示すことが困難な場所に新たな巣を作ってしまう（例えば，Klett et al. 1986）。逆に，成功した巣は若鳥が巣立つまで最初から成鳥が世話をするため，発見されやすい。成功した巣と失敗した巣を探索する機会がこのように一致しないため，通常の営巣成功度には大きなバイアスが生じやすい。Mayfield(1961) は，この問題にいち早く気づいた1人である。彼はその解決法として，壊れた巣の数から日あたりの巣の死亡率を求め，観察した巣の総数で割ることを提案している。これを1から引けば，日あたりの巣の生存率が求められ，これは巣作りから成功までの日数のべき乗に同じで，真の営巣成功度の推定値によく一致する。例えば，6個の巣がそれぞれ13, 7, 9, 2, 12, 7日間観察され，内2つが失敗したとする。総観察日数は50日で，日あたりの死亡率は2/50＝0.04である。生存率は1－0.04＝0.96となる。もし，営巣が成功するためには，20日間が必要であれば成功した巣の割合は $0.96^{20}=0.44$ となる。この値は実際の観察値，六つの巣の内四つが成功した成功度 0.67 とは大きく異なる。Mayfield の方法における統計モデルとその標準誤差は Johnson(1979) が示している。Johnson & Schaffer(1990) は実際の観察値より Mayfield の方法による推定値の方が現実に合致することを示している。

の場合の標識再捕法を説明した。開いた個体群を対象とした重要な方法に Jolly-Seber モデルがある。このモデルでは個体数だけでなく，ワナかけの間に（生まれたり，移入して）付加された数と（死亡したり，移出して）減少した数も推定できる。移入が全くないと仮定して問題がない場合には，出生数を測定すれば付加数が推定できるが，この場合には SE は大きくなることが多い。第9章には Jolly-Seber 法における推定式とその事例を示している（第9章の表9-4）。

間接指標

個体群の繁殖成功度は特定の繁殖の構成要素を用いて評価されることが多い。たとえば，鳥の研究では孵化数や営巣成功度（Box 16-3 参照）が一般に用いられる。哺乳類では，メスの生殖器官の特徴が使われることもある（たとえば，Kirkpatrick 1980）。これらの尺度は繁殖を表す指標として適しているかもしれないが，全体の一部を表したもの

でしかない。繁殖の構成要素の一つか二つに焦点をあてることは，暗黙の内に他の要素は全く変化しないかその程度はごくわずかであると仮定してしまうことになるので，常に他の要因を考慮しなければならない。

たとえば，保護区のカモの生産力がどのようにモニターされたか考えてみよう。繁殖したペアの数を数えれば個体数がわかり，巣を調べれば営巣成功度を推定することができる (Cowardin & Blohm 1992)。これらの二つの変数は繁殖の重要な構成要素ではあるが，他の変数が支配的になることもある (Johnson et al. 1992)。たとえば，繁殖しない個体もいれば，他の個体が放棄した巣で再度営巣する個体もいるかもしれない。一度に孵化する数も異なるし，巣から落ちて壊れてしまう卵もあれば，何らかの理由で孵化しないこともある。結局，成功した巣で孵化したヒナの内巣立ちに至る割合は0から100%まで変化する。このため，構成要素の一部分だけしか見ないでいると間違った結果に行き着いてしまうこともある。

死亡率を推定する

死亡率 (生存率の場合は1－死亡率) を推定するのには五つの方法がある。必要なデータはそれぞれの方法によって異なる。この節では，このうち四つの方法について説明する。5番目の齢構成データに基づく方法は，齢依存的なモデルの中で説明する。

死亡の観察

死亡を直接観察している調査もある。飼育下ないしは綿密に観察されている個体群では，死亡率を計算するのは面倒なことではない。動物に標識を付けて個体群の一部を観察する調査もある。ラジオテレメトリーは特に動物をこと細かに追跡し死亡を記録するのに便利である。第15章ではテレメトリーから死亡率を推定する方法について述べている。他の方法で標識を付けた場合でも，標識が脱落せず識別個体が簡単に発見できている限り同じ方法が使える。動物からの信号や標識の位置が確定できなくなり，その原因が発信器の不良によるのか，装着した動物が壊してしまったのか，その個体が調査地から出て行ってしまったのか，がわからない場合には問題である。また，発信器 (第15章) や標識 (たとえば，Brodsky 1988, Kinkle 1989) が行動や生存に悪影響を及ぼすこともあり，テレメトリー研究では標本数が少ない，長期間の調査ができないなどの制約がある。

個体数または個体群指標の比率

個体群に出入りが無い場合には，t と $t+1$ 間の死亡は t 時の個体数から $t+1$ 時の個体数を引いて求めることができる。もし $t+1$ 時の生存個体の中から $t \sim t+1$ の間に付加された子どもの数を分けることができれば，生存率は個体数から直接求めることができる。アメリカシロヅルの例では，ある冬にカウントされた成鳥の数は前年の全個体 (成鳥＋若鳥) の生存数である。このカウント値の比から生存率が計算できる。たとえば，1938年に，18羽が生きていた (14の成鳥と4の若鳥；表16-1)。この内，1939年まで生存していたのは15羽である。したがって，生存率は $15/18=0.83$ (2項分布する変量の標準誤差, $SE=0.09$) である。他の年の生存率も同様に求めることができる。

ツルの例でみたように，生存率を推定するためにはまず正確なカウント値を得ることが大切である。しかしながら，個体数の指標が個体群のある部分の変動を忠実に表わすのであれば，カウント値と同様に用いることができる。ミネソタ州のマガモのメスの標識調査の結果を例に考えよう (表16-5)。1968年には338羽のメス成鳥に標識が付けられた。ハンターは1968年と1969年の猟期には標識の付いた個体群を同じ割合で撃ったと仮定する (この結論は Johnson 1974：表16-3の厳密な分析でも支持されている)。つまり，個体群に対する捕獲数の割合は1968年 (捕獲数16羽) と1969年 (9羽) で同じと考える。二つの猟期間の生存率は $9/16=0.56$ と推定され，SE は大きくなった (多項分布にしたがう二つの変量－two multinomial variates－の比の標準誤差, $SE=0.23$)。ここではどのようにして個体群指標の比から生存率を推定するかを示したに過ぎない。バンディングデータの分析方法は後で手短に述べる。

指標が個体群の一部を代表しない場合でも捕獲努力モデルから生存率を推定することは可能である。ミネソタ州で標識を付けたメスのマガモの回収率は1968年から1970年の間に 0.058, 0.056, 0.100 と変化した (Johnson 1974；表16-3)。1968年に標識がつけられた個体の内, 1968年, 1969

表16-5 1968〜70年までミネソタ州で標識をつけられたメスのマガモの成鳥の回収状況

年	標識装着数	回収数		
		1968	1969	1970
1968	338	16	9	5
1969	67		6	5
1970	93			12

年，1970年に回収された鳥の数はそれぞれ16, 9, 5であった。16/0.058, 9/0.056, 5/0.100という比は，それぞれの年の個体数に対して同じ割合であるとする。この値275.86, 160.71, 50.00は，1968年から1969年の生存率が160.71/275.86＝0.58(最小 SE＝0.24, 努力量は正確にわかっているとする)で，1969年から1970年の生存率が50.00/160.71＝0.31(最小 SE＝0.17)であることを示している。捕獲努力モデルは，漁獲努力量やワナかけ努力量が正確にわかっている場合に適用されることが多かった。この方法から個体数を推定する方法は第9章の中で論じられている。また，Seber (1982, 1986)には全般にわたって処理方法を述べられている。

同様の方法で，齢別の1巣あたりのヒナの数の比率から若鳥の生存率を推定することができる。例えば，Stoudt (1971)はオオホシハジロの成鳥を二つのクラス(class I, class II)に分け，1巣あたりのヒナの数の平均を1.2として幼鳥の死亡率を計算している。しかしながら，巣からいなくなってしまうヒナもいることも考慮しなければならない。さらに，ヒナを二つ以上のグループに分けたり二つ以上のグループを一つにまとめたりすることがよくあるが，こうするとヒナのカウント値から生存率を推定する際にバイアスが生じやすい。

比率変化法

比率変化法(change-in-ratio)は個体数推定に用いられるのが普通であるが，ある条件では捕獲結果から死亡率を推定することができる(Paulik & Robson 1969, Seber 1982)。このためには，動物を性や齢によって二つのタイプに分け，このタイプの比を収穫前，収穫時，収穫後について推定しておく。しかし，よい推定値を得るためには，いくつかの仮定が厳密に成り立つ必要があり，この方法を採用すべきかどうかはよく検討する必要がある(Downing 1980)。

標識再捕法

動物をJ回捕獲し標識を付けて放逐したとしよう。捕獲される確率はすべての個体で同じ，i回目に捕獲される確率をc_i, i回目と$i+1$回目の捕獲の間の生存率(S_i)はすべての個体で同じであるとする。N_iはi回目の捕獲時の個体数で，この内M_iに標識がつけられたとする。i回目にn_i頭が捕獲され，この内m_i頭に標識をつけ，残りのu_iには標識をつけなかったとする。これらの値から2から$j-1$までの個体数と，2から$J-2$までの加入数($i \sim i+1$の加入数，出生と移入を合わせた数)と，$i=1$から$J-2$における生存率S_iも求めることができる。これは，

$$\hat{S}_i = \frac{\hat{M}_{i+1}}{\hat{M}_i - m_i + R_i}$$

となり，ここで，

$$\hat{M}_i = m_i + R_i z_i / r_i$$

である。R_iはi回目の捕獲の後に放逐された数(通常n_iから捕獲時の死亡を引いた数)，r_iはR_iの内その後再捕獲された数，z_iはi以前に捕獲されiでは捕獲されずその後再捕獲された数。生存率のSEも推定可能である(たとえば，Seber 1982, Pollock et al. 1990)。N_i, B_i, C_iの推定法は第9章にある。Cormack (1973)にはこのJolly-Seberモデルが分かりやすく解説されている。コンピュータプログラム(JOLLY)を使えば必要な計算をやってくれ，齢構成をもつ個体群(第3章)では(JOLLYAGE)を使う。その他いろいろなモデルについてはSeber (1982)が詳しい。Pollock et al. (1990)は標識再捕法についてレビューし，いくつかの新しいモデルを開発している。

表16-6のアメリカハタネズミの標識再捕法の結果を例

表16-6 1981年にメリーランド州で捕獲されたアメリカハタネズミの標識再捕法における統計値[a]

期間	日付	n_i	m_i	R_i	r_i	z_i	$\hat{S}_i$	SE
1	6月27日〜7月1日	108	0	105	87	0	0.88	0.039
2	8月1日〜8月5日	127	84	121	76	5	0.66	0.048
3	8月29日〜9月2日	102	873	101	68	8	0.69	0.049
4	10月3日〜10月7日	103	73	102	63	3	0.63	0.049
5	10月31日〜11月4日	102	61	100	84	5		
6	12月4日〜12月8日	149	89	148				

[a] n_i：i時点における捕獲数，m_i：i時点におけるn_i中の再捕数，R_i：i時点におけるマーク個体の放逐数，r_i：R_iの内その後再捕獲された合計数，z_i：i時点以前にマークされiでは捕獲されずi以降に再捕獲された合計数，$\hat{S}_i$：推定生存率

として考えてみよう。ワナかけは6月から12月にかけて6回行われた。再捕獲記録からある時点と次の時点の間の生存率(この例では4回目までの)を推定することができる。1回目と2回目の間の生存率は，

$$\hat{M}_1 = m_1 + R_1 z_1 / r_1$$
$$= 0 + 105 \times 0/87$$
$$= 0$$
$$\hat{M}_2 = m_2 + R_2 z_2 / r_2$$
$$= 84 + 121 \times 5/76$$
$$= 91.96$$

$$\hat{S}_1 = \frac{\hat{M}_2}{\hat{M}_1 - m_1 + R_1}$$
$$= \frac{91.96}{0 - 0 + 105}$$
$$= 0.88$$

以下の値も同様にして求めることができる。Pollock et al. (1990)には個体数と出生数が推定されている。

この式では，出生には実際の出生であろうと移入であろうと個体群に付加されるすべての個体が含まれることに注意してほしい。また，生存率には実際の生存だけでなく，調査地に戻ってこないような移出も含まれる。この方法では，それぞれの調査時に捕獲方法が異なっても問題はない。最初に標識をつけた個体を2回目以降再発見による場合には別な方法が必要である。

標識回収に基づく方法

狩猟鳥のバンディングデータを解析するために多くのモデルが開発されている。これらの計画に沿って，毎年相当数の個体が捕獲されて個体識別用のバンドが装着され，標識が装着された鳥を回収したハンターは識別番号を報告することになっている。これは標識装着数の多い場合の標識再捕獲法である(1年に1回の捕獲を数年継続させる)が，1羽の再捕獲回数は1回とする。単純な例を考えよう。アメリカオシのバンディングが猟期の直前に2年にわたって行われたとしよう(表16-7 A)。c_1は回収率，最初の年の捕獲報告の確率である。同様に，c_2は2年目の猟期の初日まで生存していた鳥が捕獲報告される確率である。S_1は最初の猟期の初日から2回目の猟期の初日までの生存率で，これが推定しようとしている生存率である。1年目に1,603羽の鳥に標識を付けたとすると，$1{,}603 \times c_1$が1年目の捕獲報告数で127である(表16-7 B)。これからc_1の推定値$\hat{c}_1 = 127/1{,}603 = 0.0792$が求められる。2年目は標識装着数が1,595，捕獲報告数が62のため$\hat{c}_2 = 62/1{,}595 = 0.0389$である。1年目の標識装着数1,603の内，$1{,}603 \times S_1$が2年目の

表16-7 A 1964と1965年におけるアメリカオシのバンディングとその回収状況 (Brownie et al. 1985:22 より)

年	標識個体数	回収数	
		1964	1965
1964	1,603	127	44
1965	1,595		62

表16-7 B 1964と1965年におけるアメリカオシの標識装着数とその回収数の期待値[a]

年	標識個体数	期待回収数	
		1964	1965
1964	N_1	$N_1 c_1$	$N_1 S_1 c_2$
1965	N_2		$N_2 c_2$

[a] c_i：i番目の猟期における回収率，S_i：i番目の猟期の初日から次の猟期の初日までの生存の確率

猟期初日まで生存していた数で(c_2の逆数)で，44である。故に，$44 = 1{,}603 \times S_1 \times 0.0389$となり，$\hat{S}_1 = 0.7056$である。

観察値を期待値と同等に扱うこのやり方では，推定しようとするパラメータの数と方程式の数とが等しくないと適用できないが，これはバンディングモデルを作る場合の原則である。もっと一般的にするために，バンディングを3年継続させた場合と5年継続させた場合を考えよう(表16-8)。N_iはi年に標識を装着した鳥の数である($i = 1, 2, 3$)。この内，R_{ij}はj年の回収数である($j = i, i+1, \cdots, 5$)。以下の式では，行の合計をR_i，列の合計をC_j，ブロックの合計をT_iとする。

成鳥のみに標識をつけて放逐したとしよう。各年の回収率と生存率は回収された鳥がバンディングされた年とは関係がないと仮定するのが妥当である。これは，Seber (1970)のモデルでBrownie et al. (1985:15)のハンドブックの中ではモデル1と呼ばれている。表16-9に方程式による回収数の期待値をバンディング年(i)，報告年(j)別に表した。これから回収率c_i ($i = 1, 2, 3$)と生存率S_i ($i = 1, 2$)は以下のように推定できる。

$$\hat{c}_i = \frac{R_i C_i}{N_i T_i}$$
$$\hat{S}_i = \frac{R_i}{N_i} \frac{(T_i - C_i)}{T_i} \frac{N_{i+1} + 1}{R_{i+1} + 1}$$

回収率はバンディングが実施されたそれぞれの年毎に推定されるが，生存率は最初の2年しか推定できない。

この手順をBrownie et al. (1985:14)のアメリカオシの

表 16-8 3 年間バンディングを行い，5 年間回収した場合の統計値の要約表[a]

マーク年	マーク個体数	回収年					合計
		1	2	3	4	5	
1	N_1	$T_1\|R_{11}$	$\|R_{12}$	$\|R_{13}$	$\|R_{14}$	$\|R_{15}$	$R_1 = T_1$
2	N_2		$T_2\|R_{22}$	$\|R_{23}$	$\|R_{24}$	$\|R_{25}$	R_2
3	N_3			$T_3\|R_{33}$	$T_4\|R_{34}$	$\|R_{35}$	R_3
合計		C_1	C_2	C_3	C_4	$C_5 = T_5$	

[a] i 年にマークした N_i 羽の内，i 年に R_{ij} 羽が回収された。R_i：行の合計，C_j：列の合計，T_i：ブロックの合計

表 16-9 3 年間バンディングを行い，5 年間回収した場合の Brownie et al. (1985) のモデル 1 における回収数の期待値

年	マーク個体数	回収年				
		1	2	3	4	5
1	N_1	$N_1 f_1$	$N_1 S_1 f_2$	$N_1 S_1 S_2 f_3$	$N_1 S_1 S_2 S_3 f_4$	$N_1 S_1 S_2 S_3 S_4 f_5$
2	N_2		$N_2 f_2$	$N_2 S_2 f_3$	$N_2 S_2 S_3 f_4$	$N_2 S_2 S_3 S_4 f_5$
3	N_3			$N_3 f_3$	$N_3 S_3 f_4$	$N_3 S_3 S_4 f_5$

[a] f_i：i 時の猟期における回収率，S_i：i 時の猟期直前から次の猟期直前までの期間の生存の確率

表 16-10 アメリカオシのオスのバンディングと回収のデータ（Brownie et al. 1985:22 より）[a]

年 (i)	マーク個体数	回収年 (j)					R_i
		1964 1	1965 2	1966 3	1967 4	1968 5	
1964	1,603	127	44	37	40	17	265
1965	1,595		62	76	44	28	210
1966	1,157			82	61	24	167
		$C_j = 127$	106	195	145	69	
		$T_j = 265$	348	409	214	69	

[a] R_i：回収数の行合計，C_j：回収数の列合計，T_j：回収数のブロック合計

例（表 16-10）を使って示してみよう。

$$\hat{c}_1 = \frac{R_1 C_1}{N_1 T_1} = \frac{265 \times 127}{1,603 \times 265} = 0.0792$$

$$\hat{c}_2 = \frac{R_2 C_2}{N_2 T_2} = \frac{210 \times 106}{1,595 \times 348} = 0.0401$$

$$\hat{c}_3 = \frac{R_3 C_3}{N_3 T_3} = \frac{167 \times 195}{1,157 \times 409} = 0.0688$$

$$\hat{S}_1 = \frac{R_1}{N_1} \frac{(T_1 - C_1)}{T_1} \frac{N_2 + 1}{R_2 + 1}$$

$$= \frac{265}{1,603} \frac{(265 - 127)}{265} \frac{1,596}{211}$$

$$= 0.6512$$

$$\hat{S}_2 = \frac{R_2}{N_2} \frac{(T_2 - C_2)}{T_2} \frac{N_3 + 1}{R_3 + 1}$$

$$= \frac{210}{1,595} \frac{(348 - 106)}{348} \frac{1,158}{168}$$

$$= 0.6311$$

SE の推定値も以下の式から求めることができる。

$$\text{SE}^2(\hat{c}_i) = (\hat{c}_i)^2 \left(\frac{1}{R_i} - \frac{1}{N_i} + \frac{1}{C_i} - \frac{1}{T_i} \right)$$

$$\text{SE}^2(\hat{S}_i) = (\hat{S}_i)^2 \left(\frac{1}{R_i} - \frac{1}{N_i} + \frac{1}{R_{i+1}} - \frac{1}{N_{i+1}} \right.$$
$$\left. + \frac{1}{T_{i+1} - R_{i+1}} - \frac{1}{T_i} \right)$$

この例では $\text{SE}(\hat{c}_1) = 0.00674$，$\text{SE}(\hat{c}_2) = 0.00415$，$\text{SE}(\hat{c}_3) = 0.00608$，$\text{SE}(\hat{S}_1) = 0.0675$，$\text{SE}(\hat{S}_2) = 0.0647$ である。95% 信頼限界のおおよその値は SE±1.96 である。たとえば 1 年目の捕獲報告率は $0.0792 \pm 1.96 \times 0.00674$ で c_1 の 95% 信頼限界は $(0.0660, 0.0924)$ である。SE の他に，データとモデルがどの程度適合するかを検定しなければならない。Brownie et al.(1985:60) には適合性の検定法とそのためのプログラム ESTIMATE が紹介されている。

厳密なモデルにはそれ用のデータを特別に用意しなければならないが,その分より正確なパラメータを推定できる。生存率が毎年一定であるが回収率は変化することを想定したモデル(Brownie et al. 1985:20 のモデル 2)のあてはまりがよいが,これはおそらく真の生存率もそれほど大きく変化せず,実際のバンディングデータでも微妙な変化までは拾えないためではないかと考えられる。その他に,Brownie et al.(1985:24)のモデル 3 では生存率が毎年変わり回収率は変わらないことを想定しているが,これは使えない場合が多い。生存率も報告率も毎年変化しないというもっとも制限のきついモデル(Brownie et al. 1985:30 のモデル 0)は標本数の少ないデータセットには適合するが,現実に近い値が得られるのはごくまれである。

　若鳥と成鳥がいっしょくたにバンディングされることがよくある。したがって,この二つの齢グループの生存率と回収率は同じであると仮定せず別々に取り扱った方がよい。また,若鳥が長生きすれば彼らは成鳥になり,成鳥の生存率と回収率のパターンにしたがうことになる。これに対応したモデルがいくつか開発されている。もっとも汎用性が高いのは,Brownie et al.(1985:59)がモデル H 1 と呼んだ Brownie & Robson(1976)モデルである。このモデルでは生存率と回収率は毎年変化し,若鳥は最初の 1 年目だけ異なる値を取ると仮定している。推定法は Brownie et al.(1985:60)に紹介されており,BROWNIE というプログラムを用いて計算する。

　表 16-11 のデータを用いると,推定値は表 16-12 のようになる。

　前述したように,制限の多いモデルほどデータがうまく適合したときの推定値の精度は上がる。その他に若鳥でも成鳥でも生存率は毎年変化するが両者は平行して変化すると仮定しているモデルもある。Johnson(1974)の提案したこのモデルは閉形式の解を持たず,BROWNIE のプログラムの中にも含まれていないが,SURVIV(第 3 章)か一般的な最尤法を使うことができる。さらに,二つの齢クラスの生存率は平行して変化し回収率は独立して変化する,またその逆を仮定しているモデルもある。

　その他にも生存率は一定(Brownie et al. 1985:64 のモデル H_{02}),生存率も回収率も一定(Brownie et al. 1985:69 のモデル H_{01})などを仮定したモデルもある。BROWNIE ではパラメータとその SE の推定,および適合性の検定ができる。さらに,この方法は標識を付けられた個体を三つの齢クラスに分ける場合にも適用できる。これはカモ類に対して適している。

　生存率を推定するためにバンディングを計画する場合に

表 16-11 1963〜71 年までコロラド州サンルイスヴァレーにおいて猟期前に標識をつけたオスのマガモの調査データ

年	マーク個体数	回収年								
		1963	1964	1965	1966	1967	1968	1969	1970	1971
成鳥時にマークされた回収数										
1963	231	10	13	6	1	1	3	1	2	0
1964	649		58	21	16	15	13	6	1	1
1965	885			54	39	23	18	11	10	6
1966	590				44	21	22	9	9	3
1967	943					55	39	23	11	12
1968	1,077						66	46	29	18
1969	1,250							101	59	30
1970	938								97	22
1971	312									21
幼鳥時にマークされた回収数										
1963	962	83	35	18	16	6	8	5	3	1
1964	702		103	21	13	11	8	6	6	0
1965	1,132			82	36	26	24	15	18	4
1966	1,201				153	39	22	21	16	8
1967	1,199					109	38	31	15	1
1968	1,155						113	64	29	22
1969	1,131							124	45	22
1970	906								95	25
1971	353									38

表 16-12 表11のデータをモデルH1にあてはめて求めた生存率と回収率の推定値

年	生存率 成鳥	生存率 幼鳥	回収率 成鳥	回収率 幼鳥
1963	0.576	0.471	0.0433	0.0863
	(0.113)	(0.059)	(0.0134)	(0.0091)
1964	0.636	0.506	0.0856	0.1467
	(0.076)	(0.070)	(0.0092)	(0.0134)
1965	0.666	0.589	0.0590	0.0724
	(0.079)	(0.072)	(0.0061)	(0.0077)
1966	0.805	0.591	0.0628	0.1274
	(0.098)	(0.072)	(0.0067)	(0.0096)
1967	0.650	0.478	0.0520	0.0909
	(0.072)	(0.061)	(0.0050)	(0.0083)
1968	0.552	0.652	0.0633	0.0978
	(0.058)	(0.072)	(0.0055)	(0.0087)
1969	0.572	0.464	0.0789	0.1096
	(0.066)	(0.068)	(0.0061)	(0.0093)
1970	0.542	0.393	0.0888	0.1049
	(0.129)	(0.113)	(0.0080)	(0.0102)
1971			0.0673	0.1076
			(0.0142)	(0.0165)

は二つのことを心にとめておく必要がある。まず，成鳥が必ず捕獲されること，若鳥しかバンディングできない場合には，疑わしい仮定をしない限り得られた回収データから推定できるものはほとんどない(Burnham & Anderson 1979, Anderson et al. 1981)。第2に意味のある推定値を得るにはかなり多数の標本を取る必要がある。BAND 2 (Wilson et al. 1989)を使えばそれぞれのモデルに必要な標本数を決定することができる。このプログラムは是非採用すべきである。またバンディング調査を始める前にはBrownie et al.(1985)のハンドブックを熟読することを勧める。

❏齢依存的な出生率と死亡率をもつ個体群

モデル

出生表

出生と死亡は齢によって変化することが多くの種で知られており，齢に依存した出生率と死亡率を組みこんだモデルの開発に多くの努力が費やされてきた。最高齢Iの齢構成をもつ個体群を考えてみる。齢は年齢(歳)とする。x歳のメスは1年に平均m_x頭のメスの子供を生むとする。これを表にしたのが出生表である。表16-13にミシガン州中部のオジロジカの例を示してある。平均出生率は0歳で0頭，1歳でも0に近く，6歳まで増加するが，その後減少している。

生命表

出生表によく似ているのが，齢別の死亡パターンを記述した死亡スケジュールである。s_xはx歳から$x+1$歳までのメスの生存確率と定義されている。表16-13には出生率とともにミシガン中部のシカ個体群(Eberhardt 1969)の生存データを示してある。1歳以上の生存率は齢間で有意な差が無かったため，平均値0.70を用いた。あるコホート(出生時期が同じ集団)が0歳時に1,000頭いたとしよう。次の年(1歳時)には個体数は$1,000 \times s_0$になり，その次の年(2歳時)には$1,000 \times s_0 \times s_1$頭と続いていく。$x$歳まで生存する数を$n_x$とすると，

$$n_x = 1,000\, s_0 s_1 \cdots s_{x-1}$$

となる。通常生存率ではなく死亡率を$q_x = 1 - s_x$と表記する。

生命表(表16-14)からこの他に関連する値が得られる。これは基本的に個体群の生存の要約である。ある仮定の下に齢別死亡率を求めることもできる。生命表はヒトを対象として特に生命保険の分野で発達し，野生動物に応用された。ヒトの生命表は一般に膨大なデータからなり，個体毎に正確な死亡時間が記録されているが，野生動物ではこの情報がかなり不完全である。動物の場合標本に基づく情報がほとんどあるため，生命表からはヒトより精度の低いパ

表 16-13 ミシガン州中部におけるオジロジカの生存と繁殖データ (Eberhardt 1969 より)

年齢 (x)	生存率 (s_x)	出生率 (m_x)
0	0.58	0
1	0.70	0.047
2	0.70	0.503
3	0.70	0.663
4	0.70	0.733
5	0.70	0.743
6	0.70	0.771
>6	0.70	0.644

表 16-14　1954 年に生まれた 42 頭のトウブハイイロリスの死亡スケジュール

年齢 (x)	個体数 (n_x)	死亡数 (d_x)	死亡率 (q_x)	生存率 (s_x)
0〜1	42	22	$\frac{22}{42}=0.52$	$\frac{20}{42}=0.48$
1〜2	20	10	$\frac{10}{20}=0.50$	$\frac{10}{20}=0.50$
2〜3	10	7	$\frac{7}{10}=0.70$	$\frac{3}{10}=0.30$
3〜4	3	2	$\frac{2}{3}=0.67$	$\frac{1}{3}=0.33$
4〜5	1	1	$\frac{1}{1}=1.00$	$\frac{0}{1}=0$

ラメータしか推定できない。

多くの動物では，生存率や出生率は年齢より体の大きさや成長段階によって大きく異なる。いくつかの生命表では齢ではなく大きさや段階をクラス分けの基準に使っている。Lefkovitch(1965)はそのために個体群射影法を開発した。この方法の詳細とその適用例は Usher(1972), Kirkpatrick(1984), Sauer & Slade(1987), Caswell(1989)などを参照すること。

生命表は以下の六つの欄からできている。

x：齢，年またはその他適当な時間単位で測定される。時間間隔は $[x, x+1]$ である。

n_x：コホートの最初の数 n_0 から x 齢の始めまで生存している個体数

d_x：齢クラス $[x, x+1]$ における死亡数
$$d_x = n_x - n_{x+1}$$

q_x：x 齢における死亡率
$$q_x = d_x/n_x$$

s_x：x 齢における生存率
$$s_x = 1 - q_x$$

l_x：出生から x 齢までの積算生存率
$$l_x = s_0 \times s_1 \times \cdots \times s_{x-1} = n_x/n_0$$

死亡表における生存率はある齢クラスの始めから次の齢クラスの始めまでの期間を定義していることに注意して欲しい。出生表はある齢クラスにおけるメス1個体あたりの繁殖を記述したものである。生存率と繁殖率を組み合わせて使う場合には二つの表の中で齢クラスを定義しなければならない。つまり，もし春に生まれて秋まで生存した子どもの数によって繁殖が決まるのであれば，成獣の生存は秋から次の秋までの間で評価されなければならない。

以下の表は方法の説明のために示しただけである。信頼できる生命表を作成するにはもっと多くの標本数が必要である。d_x は n_x を引いて求められ，n_x は d_x の欄を下から足していって求められる(表16-14)。また，q_x は d_x と n_x から求めることができ，逆に $x>0$ では n_x は q_x から計算できる。結局，欄の中で独立しているのはただ一つで，他はすべてどれかの欄の数値から求めることができる。用いるデータの種類と仮定の置き方によっていくつかの種類の生命表をつくることができる。

年齢を横軸にとりコホートの残存数や累積生存数を対数でプロットすると大体以下の三つのタイプのどれかに当てはまるが(図16-7)，通常新生子の生存率が低いため下向きのカギ型になることが多い(Pearl 1928)。タイプIの生存曲線は初期死亡が低く老齢個体の死亡率が高い場合を示している。若齢個体の生存率が低いことを除けば，イエローストーン北部のエルクのメスはこのパターンのよい例である(図16-8；脊椎動物一般については Box 11-4 参照)。II型の生存曲線は年齢によらず死亡率が一定の場合を示しており，片対数グラフ上では直線になる。III型は若齢期の死亡率が高く成長するにつれて死亡率が低くなる場合を示している。Siler(1979)や Eberhardt(1985)は生存の意味が，若齢期，成熟期，その後，の各段階においてどのように異なるかについて論議している。

安定齢構成

個体群の齢構成とはある時間の個体群における各齢クラスの個体数のことである。もし齢に依存した生存率と出生率がかなり長期にわたって一定ならば，各齢クラスにおける個体数の割合は安定化する。これは個体数が一定でなく

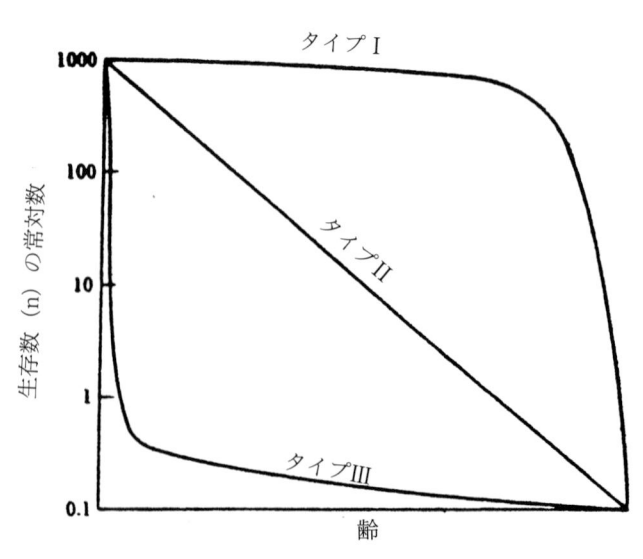

図 16-7　生存曲線の三つのタイプ
（Krebs 1985:178 より）

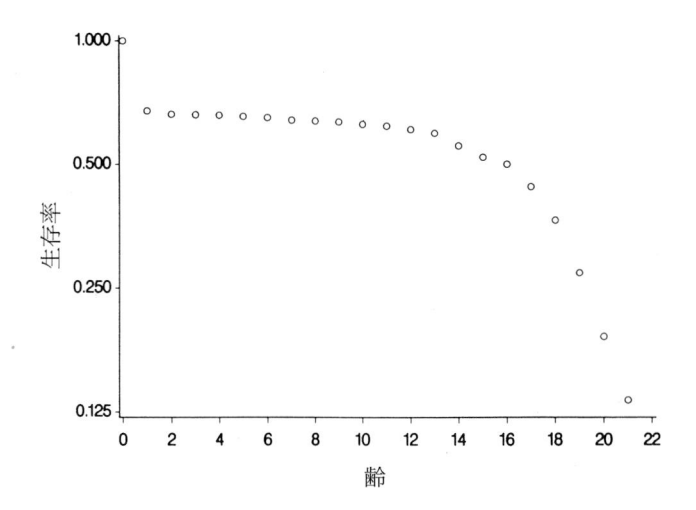

図16-8 イエローストーン北部のエルクのメスの生存曲線（Houston 1982:55 より）

表16-15 ミシガン州中部におけるオジロジカの生存と繁殖データから求めた安定齢構成（Eberhardt 1969より）

年齢 (x)	x齢までの生存数 (l_x)	齢構成 (C_x)
0	1.0000	0.3214
1	0.5800	0.1913
2	0.4060	0.1375
3	0.2842	0.0988
4	0.1989	0.0709
5	0.1392	0.0510
6	0.0974	0.0366
7	0.0682	0.0263
8	0.0478	0.0189
9	0.0334	0.0136
>9	$0.58(0.70)^{x-1}$	0.0337

> **Box 16-4　齢別死亡率の変動**
>
> 脊椎動物の個体群の死亡率は通常年齢によって変化する。典型的なパターンは若齢部の死亡率が高く，壮齢で低く，その後年齢が進むにつれて死亡率が高くなることを示している。このパターンは繁殖することが死亡率を高くするおそれがある場合には崩れてしまう。個体群解析では若齢と壮齢部の死亡率の違いは非常に重要であるが，特に狩猟されている個体群では最高齢に達する個体はほとんどないため，壮齢と老齢部の違いはさほど重要ではない。

ても成り立つ。つまり，個体群が増加ないしは減少していても各齢クラスの割合は一定である。これから得られる分数が安定齢構成と呼ばれるものである。x齢クラスの割合をC_xとすると，

$$C_x = \frac{e^{-rx}l_x}{\sum_i e^{-ri}l^i} \tag{7}$$

rは安定齢構成に達した後の成長率である。

ここで，個体数はNで一定であるとしよう。すると時間tにおける安定齢構成は生存率に比例した各齢のメンバーで構成される。個体群が年率λで変化しているときには，t時におけるx齢クラスの数はx年前に生まれた数（$N_{t-x}l_0$）にその生存率（l_x/l_0）をかけた数である。個体群成長率のため，$N_t = N_{t-x}e^{\lambda x}$となり，$t$年には$x$齢クラスの個体群の割合は$N_{t-x}l_0 \times l_x/l_0 = N_t e^{\lambda x}l_x$となり，これは(7)式の分子である。分母はこれらの値の和であり，1.0 である。

新生子の数とx歳の数との関係（Caughley 1977:114）は，

$$\frac{C_x}{C_0} = e^{-rx}l_x$$

である。rの値は齢別の生存率と出生率から以下の式で求められる。

$$1 = \sum_x e^{-rx}l_x m_x \tag{8}$$

これはロトカ式とかオイラー式と呼ばれるものを離散的に表したものである。その由来については，Mertz(1970)，Wilson & Bossert(1971)，Caughley(1977)を参照すること。生存と繁殖スケジュールが長期間一定であるという仮定は非現実的である。これは，出生がきわめて短い時間内に起こりその時に年齢構成が調べられる，パルス型出生の個体群にのみ通用する（Michod & Anderson 1980）。

後で示すように，齢別の積算生存率（l_x）と出生率（m_x）がわかれば(8)式からrを求めることができる。表16-13のオジロジカの例では，$\hat{r} = -0.026$ と推定された。この個体群はrが負の数であるため減少しつつあり，その年率は$e^{-0.026} = 1-0.0257$から2.57%である。

rがわかれば，(7)式から個体群の年齢構成の漸近線を求めることができる。x齢の数は$e^{-rx}l_x$に等しく，これは表16-15のC_xを与える。この分布と実際の年齢構成を比較すると，仮定が現実と合致しているかどうかを検定することができる。

個体群の射影：レズリー行列

　個体群が安定齢構成を維持し齢別の生存率と出生率がよくわかっている時には，これらの率から個体群についてもっと多くのことがわかる。個体群が M 個の齢クラスの齢構成をもち季節繁殖をし，生存率と出生率は齢によって変化はするが年変動はしないとしよう。ここで n_{xt} は t 年における x 歳の数である。$t+1$ 年における1歳の数 $(n_{1,t+1})$ は t 年に生まれた数 $(n_{0,t})$ に0歳の生存率 (s_0) をかけたものである。

$$n_{1,t+1} = s_0 n_{0,t}$$

同様に，$t+1$ 年の2歳の数は前年の1歳の数に生存率をかけたものである。

$$n_{2,t+1} = s_1 n_{1,t}$$

一般式は

$$n_{i+1,t+1} = s_i n_{i,t} \tag{9}$$

である。

　出生数は母親の齢クラスによって変化するとしよう。$t+1$ 年における0歳数（出生数）$(n_{0,t+1})$ はその年の1歳の数 $(n_{1,t+1})$ に1歳の出生数 (m_1) をかけたものに，2歳の数に2歳の出生数 $(n_{2,t+1})$ をかけたものを足し，というようにすべての齢クラスについて計算した結果である。つまり，

$$n_{0,t+1} = m_1 n_{1,t+1} + m_2 n_{2,t+1} + \cdots + m_M n_{M,t+1}$$

この数を前年の数と9式を用いて表わすと，

$$\begin{aligned} n_{0,t+1} &= m_1(s_0 n_{0,t}) + m_2(s_1 n_{1,t}) + \cdots + m_M(s_{M-1} n_{M-1,t}) \\ &= (m_1 s_0) n_{0,t} + (m_2 s_1) n_{1,t} + \cdots + (m_M s_{M-1}) n_{M-1,t} \\ &= g_0 n_{0,t} + g_1 n_{1,t} + \cdots + g_{M-1} n_{M-1,t} \end{aligned} \tag{10}$$

ここで，

$$g_i = m_{i+1} s_i, \quad i = 0 \cdots, M-1 \tag{11}$$

(10)式は0歳の数が前年の各齢クラスの個体数から線形式で求められることを示している。g_i は t 年に i 歳の個体あたりの産子数の内 $t+1$ 年までに生き残った数である。$i=0,\ldots,M-1$ について求めた(9)式と(10)式をつなぎあわせて一つの行列方程式にすると，

$$\begin{vmatrix} n_0 \\ n_1 \\ n_2 \\ \cdot \\ \cdot \\ \cdot \\ n_M \end{vmatrix}_{t+1} = \begin{vmatrix} g_0 & g_1 & g_2 & \cdots & g_{M-1} & g_M \\ s_0 & 0 & 0 & \cdots & 0 & 0 \\ 0 & s_1 & 0 & \cdots & 0 & 0 \\ \cdot & \cdot & \cdot & \cdots & \cdot & \cdot \\ \cdot & \cdot & \cdot & \cdots & \cdot & \cdot \\ \cdot & \cdot & \cdot & \cdots & \cdot & \cdot \\ 0 & 0 & 0 & \cdots & 0 & s_{M-1} \end{vmatrix} \begin{vmatrix} n_0 \\ n_1 \\ n_2 \\ \cdot \\ \cdot \\ \cdot \\ n_M \end{vmatrix}_t$$

となり，線形代数では $n_{t+1} = L \times n_t$ と表記する。L は個体群射影行列またはレズリー行列と呼ばれる。ある行と列の項は t 年のその列によって表わされる個体の $t+1$ 年の行によって表わされる齢クラスに対する貢献度であると考えることができる (Jenkins 1988)。生存率と出生率は毎年同じであるとしていたことを思い出してほしい。この式はBernadelli(1941), Lewis(1942), Leslie(1945, 1948) によって開発された。Van Groenendael et al.(1988) はこの方法と応用に関するレビューを書いており，Caswell(1988) は技術上のすぐれた概説を書いている。その読み取り方にはいくつかの興味深い点がある。たとえば，この方法を用いるとある年から次の年の個体群を射影することができ，この過程を繰り返して k 年後の個体群は

$$n_{t+1} = L \times n_t$$

から

$$n_{t+2} = L \times n_{t+1} = L \times L \times n_t$$

となり，一般式は

$$n_{t+k} = L^k n_t$$

となる。安定齢構成と個体群の変化率を含む方程式から有用な特質を示すことができる。詳しくはLeslie(1945)とPielou(1969)を参照のこと。

　個体群射影行列を用いる場合 g_i のデータを誤用することがよくある。Wethey(1985)やJenkins(1988, 1989)にはその例が出ている。g_i というパラメータには生存率と出生率がくっついており，$i+1$ 年を経過したコホートの出生率に i 歳から $i+1$ 歳の生存率をかけたものである(11式)。

　この式は出生期の直前にセンサスを行うものとしている。カウント調査が別の時期に行われるのであれば，g_i は出生からセンサス時までの生存率に変えなければならない (Michod & Anderson 1980)。実際には，g_i の推定はかなり困難である (Taylor & Carley 1988)。

齢と密度に依存するモデル

　年齢と密度に依存した出生率や死亡率のモデルをつくる

ことは可能(Leslie 1948,1959, Williamson 1959, Cooke & Leon 1976, Caswell 1989)だが，数学的な解は必ずしも存在せずその結果も十分に理解されてはいない。Pennycuick et al.(1968)はレズリー行列の要素を密度依存的にし遅れをもつようにしたコンピュータモデルを開発している。しかしながら，密度依存性がどのように作用するかについてはほとんどわかっていない。出生率と死亡率を意味のある部分に分ければもっと有用なモデルになるだろう。この部分は年齢，密度，環境要因など適当なものと関連している。そのようなモデルについてはこの章の終わりにまとめている。

齢依存的な死亡率の推定

先に年齢と関係しない死亡率を推定する方法について紹介した。ここでは齢別死亡率を推定する場合に共通した問題点をあげておきたい。推定方法はさまざまであるが，コホート（同齢出生集団）を追跡する方法と年齢構成から推定する方法とに分けられる。推定値の妥当性は仮定が個体群に合致するか，データがどのように収集されたか，による。

コホートを追跡して生存率を推定する

全死亡個体を調査する

1954年に生まれた42頭のリスのコホートがあり，その死亡の過程が完全にわかっているとしよう（表16-14のd_x欄）。1年目に22頭，2年目に10頭，3年目に7頭，4年目に2頭，5年目に1頭が死亡した。これから齢別死亡率が計算できる。q_iをi年(i歳)の間に死亡する確率だとすると，44頭の内22頭が満1歳の誕生日前に死亡しているので$q_0=22/42=0.52$となる。同様に，$q_1=10/20=0.50$となる。生き残った20頭の内10頭が満2歳の誕生日の前に死亡するからである。以下，$q_2=7/10=0.70$，$q_3=2/3=0.67$，$q_4=1/1=1.00$となる。このようにして，この個体群の齢別死亡率が求められる。

この42という数が母集団からランダムに抽出した標本数と考えてよい場合には，齢別死亡率を統計的に求めることができる。q_0は最初の年の死亡率だから，2年目の始めまでの期待死亡数は$42 q_0$である。これは実際には22だから，$\hat{q}_0=22/42=0.52$となる。また，各年の始めの生存数を求めることができ（N_iとする），個体の生存と死亡が独立して起こると仮定できる場合には，i年の死亡数は2項分布にしたがう変量として扱うことができる。したがって，$\hat{q}_i$のSEは

$$\sqrt{\hat{q}_i(1-\hat{q}_i)/N_i}$$

である。表16-14の例では，SE$(\hat{q}_0)=\sqrt{0.52\times0.48/42}=0.077$，SE$(\hat{q}_1)=0.112$，SE$(\hat{q}_2)=0.145$，SE$(\hat{q}_3)=0.272$，SE$(\hat{q}_4)=0$となる。

全生存個体を調査する

すべてのリスの死亡時の年齢を知る代わりに，毎年の始めにセンサス調査を行ったとしよう。この結果から表16-14のn_x欄が作れる。0年の始めの生存数は42，1年の始めの生存数が20である。したがって，その年の間の生存率は20/42=0.48で死亡率は1-0.48=0.52である。その他の年の死亡率も同様に求めることができる。もし標本が母集団を代表しているとすれば，2項分布にしたがうとしてSEを求めることができる。

ある特定のコホートを追跡した結果から作成した生命表は，コホート生命表，ダイナミック生命表，齢別生命表，と呼ばれる。残念ながら，死亡時の年齢か特定のコホートの個体数の変化を長期間追跡するような理想的にデータを得られるのは綿密にモニタリングできたり飼育下にある個体群に限られる。

複数のコホートを追跡する

複数のコホートを追跡すれば，それぞれについて齢別の表を書くことができる。そうすると，齢と年による生存率の変化を推定することができるが，普通は標本数が限られるため正確な測定ができない。その代わり，年別のデータをまとめて齢別の推定値を求めたり(Downing 1980:表15-6)，齢別のデータをまとめて年別の推定値を求めたりしている。どちらの方法が妥当なのかは生存率の変化が主に齢によるものか年によるものかで異なる。Loery et al. (1987)はアメリカコガラの長期間にわたる標識再捕の調査結果に基づいて，齢・年別の生存率を推定している。

齢構成から生存率を推定する

いくつものコホートから情報を得ていないが，ある時間の齢構成の標本をもっているとしよう。標本は現存個体ないしは死亡個体のどちらかを正確に反映していなければならない。また，個体群は安定齢構成で個体数は一定（ないしは一定の率で増加減少している）している必要がある。これは厳格に規定されなければならない仮定で，実務というより理論的な仕事を支援する方法である。

現存個体の齢構成

t年の現存メンバーから齢構成を得たとしよう。t年のx歳の個体数は$t-1$($n_{x-1,t-1}$)年の$x-1$歳の個体数

に生存率($s_{x-1,t-1}$)をかけたものである。

$$n_{x,t}=n_{x-1,t-1}s_{x-1,t-1}$$

したがって，$s_{x-1,t-1}$は

$$\hat{s}_{x-1,t-1}=n_{x,t}/n_{x-1,t-1}$$

によって推定できる。ただし，これは正確な齢構成のデータが継続して回収されている場合にしか適用できない。ところが，個体数が一定であると仮定した場合には，単一年のサンプルから推定が可能である。定常性とは生存率と出生率が年よって変わらない($s_{x,t}$はtに対して独立である)，個体数と齢構成が年によって変わらない，ことを示している。つまり，$n_{x,t}$がtに対して独立している(注意：これはかなりきわどい仮定である)。したがって，

$$\hat{s}_{x-1}=n_x/n_{x-1}$$

である。Chapman & Robson(1960)はバイアスを小さくするために分母に1を加えることを推奨している。この方法で作った生命表は時間別生命表(time-spcific life table)と呼ばれ，ある時間における齢情報の断面を示している。

これを統計学的に発展させると以下のようになる。ある年の標本数は$n*$頭で，x齢に含まれる数は多項分布にしたがうとする。x齢まで生存する確率ϕ_xは$n_0s_0s_1\cdots s_{x-1}$に比例する。ϕ_xの割合は標本抽出強度に依存する。したがって，推定値は$\hat{\phi}_x=n_x/n*$によって求められる。また，$\hat{\phi}_x$の平均と分散は，

$$E(\hat{\phi}_x)=\phi_x,$$
$$Var(\hat{\phi}_x)=\phi_x(1-\phi_x)/n*$$

そして二つの生存率間の共分散は，

$$Cov(\hat{\phi}_x,\hat{\phi}_y)=\phi_x\phi_y/n*$$

となる。生存率は$\hat{\phi}_x$の比によって推定される。

$$\hat{s}_x=\hat{\phi}_{x+1}/\hat{\phi}_x$$

SEは

$$SE^2(\hat{s}_x)=\frac{\hat{\phi}_{x+1}(\hat{\phi}_x+\hat{\phi}_{x+1})}{n*\hat{\phi}_x^3}=\frac{\hat{s}_x(1+\hat{s}_x)}{n*\hat{\phi}_x}$$

から推定される。

死亡率$\hat{q}_x$のSEも生存率$\hat{s}_x$に同じである。

表16-16 ミシガン州ジョージ保護区の1956年猟期前のオスのオジロジカの年齢構成(McCullough 1976:36より)

年齢	個体数
0	40
1	23
2	6
3	4
4	1
>4	0

この過程をミシガン州のジョージ保護区のオジロジカの1956年の猟期直前のオスの齢構成を用いて示してみよう(表16-16)。この値をn_x欄に入れて生命表を作り生存率を求めたのが表16-17である。これらの推定値，特に老齢個体より若齢個体の生存率が高いこと，は現実に合わない。これは標本数が小さいとSEが大きくなるということによるとも言えるが，繁殖が年によって一定しないために個体数も年変動することによると考えたほうがより現実的である(McCullough 1979)。

死亡個体の齢構成

表16-18のデータはオジロジカの死亡個体の例である。表16-18の例は死体調査において死亡しているのが発見されたオジロジカの年齢を示している。したがって，データは個体群の死亡個体の齢分布を反映している。こうして，齢分布は生命表のd_x欄として使うことができる(表16-19)。これらの値をd_xに入れて下から足し上げるとn_xを推定できる。$d_x/\hat{n}_x$比は齢別死亡率q_xである(表16-19)。死亡率の最後の欄は常に1.0である。

生存データか死亡データか

驚くことに，死亡個体の齢構成から死亡個体の齢構造をうまく推定できないようである(Caughley 1966)。例えば，射殺が齢に対して非選択的ならば，その結果は死亡個体の齢構造ではなく「生きている」個体群を反映している(もち

表16-17 1956年に生存していたオスのオジロジカの年齢構成(表16-16)から求めた生命表

年齢	n_x	$\hat{d}_x$	$\hat{s}_x$	SE($\hat{s}_x$)
0	40	17	0.575	0.150
1	23	17	0.261	0.120
2	6	2	0.667	0.430
3	4	3	0.250	0.280
4	1	1	0.000	0
>4	0	—	—	—

表 16-18 細密な死亡個体の調査に基づいて求めたメスのオジロジカの年齢構成（Eberhardt 1969:488 より）

年齢	死体の発見数
0〜1	106
1〜2	18
2〜3	14
3〜4	18
4〜5	9
5〜6	5
6〜7	6
7〜8	8
8〜9	4
9〜10	2
>10	8

ろん，射殺が唯一の死亡要因であるときに限るが）。そのようなデータは，生命表の n_x 欄に入れるのが適当である。逆に表16-18のように，1年を通じてすべての死亡個体が回収された場合には，その結果は死亡を反映し d_x 欄に使うことができる。

時間別生命表を作るために用いられるデータは，3種類に大別される（Seber 1982:401-402）。①各齢の標本数が現存する集団を表す場合は n_x 欄に入れる。②各齢の標本数が齢から独立した方法（たとえば，非選択的な狩猟や自然災害など）で死んだ動物を表す場合は n_x 欄に入れる。③各齢の個体数が死亡個体を表す場合は d_x 欄を用いる。姿を発見しにくい，骨が柔らかいために死体がバラバラになりやすいなどして若齢個体がうまく回収されない場合には推定値のバイアスが大きくなる。一方，老齢部の生存率の推定値はこういったバイアスに影響されない（Caughley 1966,

表 16-19 メスのオジロジカの死亡個体の年齢構成（表16-18）から求めた生命表

年齢	$\hat{n}_x$	d_x	$\hat{q}_x$
0〜1	198	106	0.535
1〜2	92	18	0.196
2〜3	74	14	0.189
3〜4	60	18	0.300
4〜5	42	9	0.214
5〜6	33	5	0.152
6〜7	28	6	0.214
7〜8	22	8	0.364
8〜9	14	4	0.286
9〜10	10	2	0.200
>10	8	8	1.000

Seber 1982)。

個体群は定常か

これまで個体群が安定齢分布を持ち，個体数が一定である（つまり，個体群が定常である）時には齢構成データが生存率推定に使えることを示した。この方法は個体群が一定の率で増加減少するときにも適用できる（Caughley 1977, Eberhardt 1988）。この場合，独立した方法で個体群の増減傾向を推定できれば安定齢構成はそのまま使える。また，適当な出生率データが利用できれば安定齢構成のデータから生存率が推定できる（Michod & Anderson 1980）。

一つの齢構成だけを見て個体群が定常かどうかを判定することはできない（Caughley 1966, Seber 1982, ただし，多数の死亡齢データがある場合には例外があるので Tait & Bunnel 1980 も参照）。さまざまな時間における齢分布があれば定常性を判定できるかもしれない。

個体群が定常であると仮定し，齢構成データから生存率を推定し，その結果個体群は定常であったとついつい言ってしまうことがある。このような循環論法に陥らないように警告されている（Caughley & Birch 1971）にもかかわらず，実際には結構使われている（Lancia & Bishir 1985, Jenkins 1989 が注意している）。

生存個体と死亡個体の両方を調べる

長期間コホートを追跡する機会はまれなため，コホート解析はなかなか使うことができない。さらに，安定齢構成は現実にはほとんど達成されないため，齢構成を用いるのは難しい。Fryxell（1986）はこうした問題を克服するための代用法を提案しているが，これには3種類の個体群情報が必要である。彼は，①1年を通じた死亡個体の齢構成，②その年の始めないしは終わりに生存している個体の齢構成，③個体群全体の死亡率，が推定できるのであれば，齢別死亡率を推定することは可能であることを示した。この方法では個体群が安定齢構成である必要はない。個体群が変動している場合でも使える点が野生動物を扱う生態学者や管理者にとって魅力的である。ただ残念ながら，これに必要なデータを得ることも容易ではない。

生存率推定のために齢データをプールする

標本数が少ないためにデータにはばらつきが生じ，齢頻度の観察値ないしはその推定値のどちらかに平滑化が必要となる。Caughley（1977）は前者についてその方法を示しているので，ここでは後者について平滑化の方法を紹介する。

もしある期間死亡率が齢によらず一定であるならば，齢データをプールして死亡率を推定することができる。Eberhardt（1985）は，老齢個体の生存率が壮齢個体のそれより低

い場合にはプールした死亡率の推定値には大きなバイアスがかかるとしてその使用に注意を喚起している。たとえば，表 16-19 では 2 歳以上の死亡率は大体一定に見える。そこでこの部分の死亡率をプールすると，

$$\frac{d_1+d_2+\cdots}{n_1+n_2+\cdots}=\frac{(n_1-n_2)+(n_2-n_3)+\cdots}{n_1+n_2+\cdots}$$
$$=\frac{n_1}{\sum_{j\geq 1}n_j}$$

となり，表 16-19 の例では

$$\frac{18+14+\cdots+8}{92+74+\cdots+8}=92/383=0.240$$

となる。この例ではプールせずに Seber (1982) によって平均値を求めることもできる。分散が最も小さい不偏推定量 (Chapman & Robson 1960, Robson & Chapman 1961) は，

$$\hat{s}_{CR}=T/(n+T-1)$$

によって求められる。ここで，

$$n=\sum_{j\geq 1}n_j$$
$$T=\sum_{j\geq 1}jn_j$$

である。そして SE は

$$SE^2(\hat{s}_{CR})=\hat{s}_{CR}\left(\hat{s}_{CR}-\frac{T-1}{n+T-2}\right)$$

によって求められる。

表 16-19 の例では，$n=92+74+\ldots+8=383$，$T=1\times 92+2\times 74+3\times 60+\ldots+11\times 8=1,365$ となり，$\hat{s}_{CR}=1,365/(383+1,365-1)=0.78134$ となり，$\hat{q}^x=1-\hat{s}^x=0.219$ となる。SE は，

$$SE^2(\hat{q})=SE^2(\hat{s}_{CR})$$
$$=0.78134\left(0.78134-\frac{1,365}{383+1,365-2}\right)$$
$$=0.0000983$$
$$SE=\sqrt{0.0000983}=0.0099$$

となる。

生命表に関するその他のコメント

齢構成は個体群全体ではなく標本から求められるため，生命表の値は標本抽出の際に生じる誤差に大きく左右される。Caughley (1977:95) は 150 個体以下の齢査定結果では目的の如何にかかわらず正確さを欠くと述べている。Polacheck (1985) はシミュレーションを用いて大標本に基づく分析の場合でも生存率の推定の際に誤った結果を導くことを示している。

McCullough (1979:221) は (オジロジカの) 齢構成に関してもっとも良質なデータを分析し，「捕殺データを分析するために生命表の方法を応用した例はたくさんあるが，どの方法も実用的であるかどうかはきちんと調べられていない」と結論付けている。彼は，さまざまな環境要因がさまざまな齢クラスにさまざまな影響を及ぼしているにもかかわらず安定齢構成を仮定することには大きな問題があると指摘している。彼は，時間別生命表は生存率推定に必要な仮定に明らかに合致しないが，この生命表から繁殖がうまくいったことを示す卓越した年級群を判別することができるため個体群を収穫している管理者には使う価値があると述べている。Seber (1982) は生命表は個体群の全体像を与えるかもしれないが，正確さに欠けるところがあり，他の方法による推定値と合うかどうか確認する必要があると注意している。Jenkins (1989) は齢構成データが特に収穫をモニタリングしている野生生物管理者によって得やすいデータであるにもかかわらず，使い勝手に制限があることを嘆いている。

齢構成データに基づく方法はかつて，おそらくその欠点に値する以上に，多くの注意が払われてきた。この章でこれらの方法を細部にわたって説明してきたのは，これらの方法をもっと使えというのではなく，これらの方法の持つ仮定を明確にしておく必要があると考えたことによる。

出生率と死亡率から個体群成長を推定する

個体群の出生率と死亡率が分かれば，個体群が増加しているか，安定しているか，減少しているかが分かる。そのような情報から個体群の成長率を計算することができる。ここでは，齢クラス毎に出生率と死亡率を分けることができない単純なケースと，それらを分けることができる場合のロトカ式の二つの方法について説明する。また，個体群射影行列も個体群成長率を決定するのに用いられる (Leslie 1945; Pielou 1969)。

直接法

Martin et al. (1979) のデータを使って，北米のマガモのメスの場合を考えてみよう。1961〜1974 年の成メスの平均生存率は 0.555 で若メスの生存率は 0.563 だった。生存率

は毎年9月1日の調査に基づいて推定されている。調査当日の1成メスあたりの若メスの数で測定される新加入率は平均1.03であった。この生存率と出生率からメスのマガモの年変化率を以下のようにして求めることができる。$t+1$年の9月1日における成メスの数は前年の成メスで生き残った和に前年の若メスの生存数を加えたものである。つまり，

$$A_{t+1}=A_t(0.555)+Y_t(0.563)$$

ここでA_tはt年における成メスの数，Y_tはt年における若メスの数である。また，加入率は，

$$Y_t=A_t(1.03)$$

したがって，

$$A_{t+1}=A_t(0.555)+A_t(1.03)(0.563)$$

または

$$A_{t+1}=A_t(1.135)$$

である。これから，三つの内一つを結論付けられる。①マガモ個体群のメスは年13.5％の率で成長している，②生存率ないしは加入率のどちらか，ないしは両方とも間違っている。③モデルが正確ではない。1961〜1974年の調査では，Martin et al.(1979)は第1点を否定し，モデルの単純さは第3点を承認しない。そのため，彼らは生存率ないしは出生率に問題があると結論付けている。実際，彼らはこの方法をパラメータ推定値間に矛盾があるかどうかをチェックするのに用いている。

ロトカ式から

もし齢別の生存率(l_x)と出生率(m_x)データが使えるのであれば，これらのスケジュールから求められる成長率はロトカの方程式(8)式から計算される。これは反復法である〔Caughley (1977)は計算のための短いFORTRANプログラムを示している〕。これを表16-13，16-15のオジロジカのデータを用いて示してみよう。まず，$r=0$，個体群が安定している，としよう。$r=0$，表16-15のl_x，表16-13のm_xを(8)式の右辺に代入すると，$e^0=1$なので，

$$1.000\times0+0.5800\times0.047+0.4060\times0.503+\cdots$$

となり，総計は0.89となる。これは1より小さいため，$r=0$は高すぎる値であることがわかる。そこで今度は$r=$ -0.10とすると，(8)式は1.44と，かなり大きくなる。我々のほしい値は0.89の20％増で1.44の20％減なので，rも0と-0.10の間で20％変化させ，$r=-0.02$とする。$r=-0.02$だと(8)式は0.97となり，これ以上繰り返しをする必要はない。$e^{-0.026}=1-0.0257$なので，この値はシカ個体群が年率2.57％で減少していることを示している。

この方法でもマガモのデータを使うことができる。齢別の生存率と出生率は，

$$l_0=1$$
$$l_x=0.563(0.555)^{x-1} \quad x>0$$

そして，

$$m_0=0$$
$$m_x=1.03 \quad x>0$$

$r=\log\lambda=\log(1.135)=0.1266$を(8)式の右辺に代入すると0.99987となり，ほとんど1に等しい。

もう一つの有用な統計値は，1メスが生涯に生む子どもの数の平均，純増殖率である。

$$R_0=\sum l_x m_x$$

$R_0<1$の時は，個体群のメンバーが置き換わらない，つまり，減少していることを示している。逆に，$R_0>1$は増加，$R_0=1$は安定を示している。

シカの個体群の例では，$R_0=0.89$となり個体群が減少していることを示していた。マガモの例では，

$$\begin{aligned}R_0&=1\times0+0.563\times1.03\\&\quad+0.563\times0.555\times1.03+\cdots\\&=0+0.580+0.322+0.179+0.099\\&\quad+0.055+0.031+0.017+0.009+0.005\\&=1.300\end{aligned}$$

老齢クラスの値が小さいことに注意してほしい。これは，このクラスの個体数が小さいので全体にはほとんど影響を及ぼさないことを示している。$R_0=1.300$はこの個体群が増加していることを示している。

❏種間の相互作用

競争モデル

個体群が単一の種ではなく相互に作用し合う二つの種から成っていて，食物のような資源をめぐって競争しようとしているとしよう。資源に制約がある時には，密度の低い

種（種1とする）は密度が高い種（種2とする）程に資源を利用できない。今，種2が1個体増えたときに種1の個体群成長をどの程度下げるかをαとする（$\alpha>0$）。つまり，種2の個体数N_2は種1の個体数N_1と同じ効果を種1にもたらす，$N_1=\alpha N_2$である，とする。(5)式のロジスティックモデルを一般化して，時間tにおける個体数をそれぞれ$N_1(t)$，$N_2(t)$とする時，個体群1の個体あたりの成長率は，

$$\frac{K_1-N_1(t)}{K_1}$$

ではなく，

$$\frac{K_1-N_1(t)-\alpha N_2(t)}{K_1}$$

となる。ここで，$K_1-\alpha N_2(t)$は種1の収容力で，種2の個体数N_2によって減少する。これから，

$$\frac{1}{N_1(t)}\frac{dN_1(t)}{dt}=r_1\frac{K_1-N_1(t)-\alpha N_2(t)}{K_1}$$

ここで，r_1とK_1は種2が無い場合の種1のロジスティック成長のパラメータである。同様に，もしβを種2に及ぼす種1の効果（$\beta>0$）とした場合，

$$\frac{1}{N_2(t)}\frac{dN_2(t)}{dt}=r_2\frac{K_2-N_2(t)-\beta N_1(t)}{K_2}$$

となる。r_2，K_2は同様に定義される〔ロジスティック式を使わなくとも便宜的に説明できる（Maynard Smith 1974）が〕。α，βというパラメータは競争係数と呼ばれ，Lotka(1925)やVolterra(1926)によって1920年代に発展した。このシステムは，競争に関する多くの理論的な仕事の基礎となっている（Levins 1968, MacArthur 1968, 1972, Vandemeer 1972, Pianka 1974, Berryman 1981）が，野生動物の研究ではほとんど使われてこなかった。これは適切なパラメータを推定するのが結構難しいことにもよっている。K_1，K_2，α，βの間には数学的に以下のような関係が成り立つ。種1と種2が共存できるのは$K_1/\alpha>K_2$と$K_2/\beta>K_1$の場合だけである。基本的に，種の増加率が種間ではなく種内関係により強い制約を受ける場合にのみ共存可能である。密度依存的なコントロールによって競合種が絶滅する前に増加が停止する。これが起きるのは両者の資源要求がぶつからない場合だけである。こうした結果は理論的に有用であるが，実際にはさまざまな現象の影響を受けるためにこのような単純な競合モデルで示されるような挙動を示す個体群はないだろう。たとえば，ある種はある資源を利用し別の種は別の資源を利用するような場合，これらの資源がパッチ状に分布していれば両種の競合は減少する。また，環境は時間とともに変化するため両種の競合能力も変化する。

食うものと食われるもののモデル

もう一つの相互作用は捕食である。食うものと食われるもののモデルはさまざまな形で野生動物研究の中に取り入れられてきた。種1が食われるもの，種2が種1を食うもので，種1の個体群成長率は捕食者の数の増加に直接抑制されるとすると，

$$\frac{1}{N_1(t)}\frac{dN_1(t)}{dt}=r_1-\gamma N_2(t)$$

となる。γは捕食係数と呼ばれ，捕食者1個体が捕食する率を示している。このモデルには種1の個体群の抑制効果が含まれていない。つまり，捕食者がいなければ，食われるものは指数級数的な増加をする。また，捕食者が食べる数は，食われるものの数に比例する。捕食者（種2）の1個体あたりの成長率は

$$\frac{1}{N_2(t)}\frac{dN_2(t)}{dt}=\delta N_1(t)-d_2$$

と仮定される。ここで，d_2は食うものと食われるものの数に依存しないと仮定している。係数δは食うものから食われるものへの変換率である。競争モデルの場合と同じように，これらもLotka(1925)，Volterra(1926)によって発展した。

このモデルの仮定は（たとえば，Ricklefs 1979），①食うものが欠如しているときには，食われるものは指数級数的に増加する，つまり食われるものの数は捕食によってのみ制限される。②食われるものが欠如している場合には食うものは指数級数的に減少する。③食われるものが消費される率は2種の密度の積に直接比例する（両種の動きがランダムならば，お互いの密度は出合いの確率によって決まる）。最初の二つの仮定は一方の種の個体群成長が他方の種によってコントロールされていることを意味している。これらの仮定はロジスティック型の個体群成長に対する自己抑制作用を取り込んでやることによって緩和される。第3の仮定は，さまざまに置き換えることができる（たとえば，May 1973:81-84, Maynard Smith 1974:25-33）。

このモデルは確率的な変動がないと仮定して数学的に分析することができる。パラメータ値に依存して，モデルか

らは二つの結果が出てくる。両種の個体群が平衡点に達してそこにとどまるか，両種の個体群は振幅変動して食うものの増加は食われるものの増加に遅れて始まる。食うものと食われるものを実際の個体群で調査した例は，条件をコントロールした実験室の中で無脊椎動物を扱ったものがほとんどである。Tanner(1975)は脊椎動物を扱った唯一の例外である。彼は脊椎動物における食うものと食われるもののシステムは食われるものが自己抑制できるか食われるものが食うものの(内的)増加率より低い時に安定すると結論付けている。カンジキウサギとオオヤマネコの個体群は，両種とも成長率がほぼ同じで，周期的な波動変化を示す。Caughley & Krebs(1983)にはこれについてもっと一般的な見解が述べられている。

Powell(1979)は，食うものと食われるもののモデルをフィッシャーとその主要な餌であるヤマアラシを含む群集に当てはめた。彼は食うものと食われるものに関する基本モデルを変形させたり拡張させたりして五つのモデルを検討し，単一モデルの仮定は感度がよくないという結論を得ている。彼はさらに食われるものが2種の場合についても検討している。空間的な分布についてはここで示したモデルでは詳しく扱うことができないが，Powellの結果は群集は安定しているがフィッシャーの死亡率が少しでも上がるとあちこちで食うものの局所的な絶滅が起こり得ることを示している。

これらの一般化された食うものと食われるもののモデルは，その他のモデルも同様だが，単純すぎて現実的な意味を持たない。それでも，これらのモデルから食うものと食われるもののシステムの一般的な挙動を理解することができ，次に述べるような現実的なモデルを導くことができ，最適な収量を得るために個体群を管理する基礎を形づくることができる。後者の状況，食うものが人間である場合，は第17章で述べることにする。

生存と出生の構成要素をもつモデル

これまでに示したモデルは，時間に依存しているという意味で，見た目とは別に，かなり単純である。モデルの形と個体群の現状から，将来何が起こるかを予測することができる(あくまでもモデルが正しければの話であるが)。単純なモデルはもちろん非現実的であるがそれでも有用な面もある。数学的に扱うことが可能になるというのがその最大の利点である。多少複雑にはなるが構築しやすくて分析しやすいモデルの話に移ることにする。現実の動きをシミュレートできるように複雑なモデルを作ると，それだけ数学的に分析する能力は失われることになり，コンピュータが必要になる。このため，この種のモデルの多くはシミュレーションモデルであり，現在もっとも有用な個体群解析のいくつかはシミュレーションモデルを基礎としている。

個体群は生存率と出生率に応じて年変動する。年生存率は個体群が直面している時々刻々とした変化，個体による変化，場所による変化，などをすべて包括した結果である。1年をいくつかのパートに分けて，生存率を詳しく調べることは意義がある。同様に，出生率にもさまざまな要素が絡んでおり，本来個体レベルで扱うべきものだろう。たとえば，アメリカシロヅルでは孵化数に冬期に記録された若鳥の数を用いている。この値は，つがいをつくった成鳥の数，その内うまく産卵した割合とその産卵数，卵の孵化した割合，孵化から巣立ちまでの生存率，巣立ちから冬までの生存率，などを含んでいる。

生存率と出生率を細分化すると便利である。第1に個体レベルに影響する密度効果を無視して環境要因などを考えることができる。たとえば，マガモの孵化数はメスの年齢と孵化が始まった日付によって大きく変化するため，これらを独立変数とする関数としてモデルを作ることができる。しかしながら，営巣がうまくいくかどうかは捕食者の数と営巣場所に大きく依存するため，営巣成功度をモデル化するときにはこれらの要因を用いる。第2に，生存率や出生率に影響を及ぼす個々の構成要素や要因についてより正確な推定値が得られる。たとえば，1巣卵数は観察や実験によって調べることができ，1巣卵数を操作することによってパラメータをよく知ることができるが営巣成功度に関して得られる情報はほとんどない。第3に生存率と出生率を分けて調べることによって，それぞれの構成要素に含まれる関係をより明確に理解できるようになる。これは特に管理に応用する場合に重要である。つまり，構成要因のいくつかを変更させることによって全体のシステムがどのように変化するか，またそれによって個体群が期待した通りに変化するかを知っておく必要がある。

この過程を草原のガレ場に生息するマガモの生産モデル(Johnson et al. 1992)を使って説明しよう。メスだけを考え，繁殖齢クラスは二つ(1歳と2歳以上)とする。$F_i(i=1, 2)$はそれぞれ1歳と2歳以上のメスの数，F_0は生産される数を示すとしよう。F_0は齢クラスに応じて以下のように表される。

$$F_0 = F_1 R_1 + F_2 R_2$$

ここで，R_i は i 齢クラスのメスの生産率である。この値は営巣の試みに応じてさらに，

$$R_i = D_i(Q_{i1} + Q_{i2} + Q_{i3} + Q_{i4} + Q_{i5})$$

のように分解される。D_i は i 歳のメスの内繁殖を試みた個体の割合である。Q_{ij} は i 歳のメスの j 回目の試みで営巣した割合である。ここでは，1回の繁殖シーズンに最大5回の巣作り努力をすることとした。

営巣率にはいくつかの要因が含まれ，以下のように表される。

$$Q_{ij} = A_{ij}C_{ij}HEB$$

A_{ij} は i 歳のメスが1繁殖シーズンに j 回目の営巣の試みをする確率，C_{ij} は i 歳のメスが1繁殖シーズンに j 回目の営巣の試みをした時の平均孵化数，H は営巣成功率，E は成功した巣の卵の生存率，B は若鳥の生存率，である。

メスの年齢と営巣の試みがパラメータに影響を及ぼしているため，パラメータのほとんどはこの二つを指標化したものである。年齢と営巣の試みが営巣成功度(H)，卵の生存率(E)，若鳥の生存率(B)にどのような効果を及ぼすかは明らかになっていない。D_i は湿地の状態に大きく左右される。営巣確率は1歳より2歳以上のメスで高く，湿地の条件がよいときに良好となり，営巣の試みとともに低くなり，営巣成功度が高い時に低くなる（巣はメスが良くない状況にあるときは後で壊されてしまうことがよくあるからである）ように作ってある。1巣卵数は営巣の試みに伴って減少し，卵の大きさは2歳以上のメスより1歳のメスの方が小さいというようにモデル化してある。

マガモの営巣成功度はかなり変化しやすく，マネジメントの影響を受けやすい。これは捕食者の数と営巣場所の条件によって変化する。卵の生存率は概して高く，モデルの中では環境の変数の作用を受けない。しかしながら，孵化後の幼鳥の生存率は捕食者，気象，餌の供給，そしておそらく病気などによって低くなり，これらの要因のいくつかは密度依存的に作用する。

Johnson et al.(1992)は上に述べたモデルを実践し，自然状態で起こり得るようにパラメータを大きく変化させてみた。彼らはマガモのモデルの結果を他の種のモデルの結果と比較し，マガモの加入率は捕食と湿地の状態に依存していると結論付けている。同様のモデル（たとえば，Johnson et al. 1987, Cowardin et al. 1988）は，さまざまなパラメータを操作した時に予想されるマガモの期待生産数からマネジメントの選択肢を評価するために用いられた。

グリズリー(Knight & Eberhardt 1985)，ボブキャット(Crowe 1975)，ムース(Crête et al. 1981)，オジロジカ(Walters & Goss 1972)，コリンウズラ(Roseberry 1979)，アメリカオオコノハズク(North 1985)などさまざまな野生動物にシミュレーションモデルが適用されている。こうしたモデリングはさまざまな収穫戦略の効果を事前に評価することを目指している。

野生動物管理用にモデルを開発する場合には，Grant(1986)や Starfield & Beloch(1986)などが参考になる。後者の本にはさまざまなモデルの開発方法が記述してあり，モデラー，初心者，上級者が出会う失敗例にも触れている。

モデル構築は簡単である。コンピュータに簡単にアクセスできる今日，おそらく簡単すぎるくらいである。しかし，モデルを評価することは難しい。モデルの結果を実際のデータや実験などから得られた情報などと比較しなければならない。そのような検定ができない場合には，解を比較するように，他のモデルの結果と比較したり別の仮定に立ってモデルを構築することが大切である。

❏ 移出と移入

分散にはさまざまな形態があるが，いずれも個体にとっては現在より生息条件の劣悪化を強いられるかなり危険を伴う過程である。植物も動物もすべてライフステージの中で少なくとも1回は分散する。Caughley(1977)は分散を「生まれた場所から繁殖場所へ移ること」と定義し，他の行動型，ホームレンジの中を動き回ることや別個に存在する生息地の間を行き来する季節移動や渡り，と区別している。分散は個体群動態を考える上で重要であるが，具体的に示すことは困難であり，まして測定することは非常に難しい。個体群解析を行う場合，分散は概して無視されたり，存在しないか移出と移入に相殺されると安直に考えられたりすることが多い。

分散モデルを論議している研究者もいる(Pielou 1969, Poole 1974, Caughley 1977)が，それを直接推定した事例はほとんどない。分散を推定して示すためのテクニックは，動物をマーキングしそれがどこで観察ないしは再捕獲されたかによるものがほとんどである。

標識をつけた動物は分散に関する多くの情報，方向，距離，時刻，目撃の時間的な間隔，を供給してくれる。たとえば，あるコヨーテが最初に捕獲された地点から遠く離れた地点でたまたま再捕獲されたというような記録は興味深

く有益ではあるが，それからはコヨーテの分散に関する一般的なパターンについては何も得られない。分散をもっと完全に描き出すために，動物に発信器を装着して追跡するラジオテレメトリーの研究が必要である。

標識再捕法から個体数を推定し，ワナかけ間の個体群の収支を推定することができる。方法によっては，支出を死亡と移出に，収入を出生と移入に分けて推定することもできる(Jackson et al. 1939, Krebs 1985, Manly 1985など)。Nichols & Pollock (1990)は出生と移入を分ける方法として大間隔と小間隔のワナかけよりなる標識再捕法を提案している。小間隔のワナかけにはワナかけ期間中は個体数が一定であるという仮定が必要である。Zeng & Brown (1987)も標識再捕法から移出と死亡を分ける方法を提案しているが，これにはすべての個体が再捕獲され，かつ分散していないことが必要である。局所的に実施した標識再捕獲調査から推定した生存率(調査地への回帰と生存の確率の両方を組み込んでいる)とバンディング調査から推定した生存率(生存率だけを組み込んでいる)の比較から，回帰率が推定できる(たとえば，Anderson & Sterling 1974, Hepp et al. 1987)。この値は1からその地域に戻ってこない分散の確率を引いた値である。

Hestbeck et al. (1991)は大西洋上の渡りルート上でマークされたカナダガンの再目撃のデータを用いてモデルを開発した。3年間に29,000羽のガンに標識が装着され，102,000回の再目撃が行われた。このモデルには生存と再目撃の確率と毎冬ある場所からある場所へ移動する確率が含まれている。彼らは移動の確率が冬の厳しさに応じて変化することを発見している。また，記憶と伝統をモデルに組み込むとデータのあてはまりがよくなる。これは，ガンの越冬場所が前年だけでなく2年間の越冬場所とも関係があることを示している。

結 論

この章では，個体群の成長モデルの発展過程をみてきた。まず，個体数が時間とともに一定の率で増加(減少)する指数成長と個体数の増加が収容力付近では抑制されるモデルを考えた。これらのモデルは仮定に非現実的な部分があるが，短期間の予測や管理の意思決定に使うことができる(たとえば，Eberhardt 1987)。次に生存と繁殖が齢によって変化するモデルや増加が競合種，捕食者，被食者など他の種の個体数に依存する場合を考えた。そして，もっと一般的なモデル，出生と死亡が環境要因などさまざまな変数によって構成される場合について概観した。これらのモデルではコンピュータを用いて個体群の挙動をシミュレートする必要があるが，かつての決定論的なモデルを使うやり方よりは実用的である。

また，ここではモデルの中に使われているさまざまなパラメータをどのように推定するかについても紹介した。単純な決定論モデルは過去に多くの研究者が取り組み，かなり一般性をもつようになり，パラメータの推定方法についてもさまざまに論じられてきた。確率論モデルは決定論モデルほどには十分に検討されていないが，変数の変動様式とどのような要因がその変動を引き起こすのかについてはよく理解しておく必要がある。

さまざまな解析方法(ここで紹介したのもごく一部に過ぎない)がある中から，野生動物の研究者はどのようにして方法を選択すればよいのか？まず「本当に何を分析したいのか？」をよく考えてほしい。そして，対象とする個体群の変動にもっとも大きな影響を及ぼすと考えられる関係や変数を分析の中に取り込まなければならない。パラメータを取り込む場合には，①推定が容易になるか，②個体群の重要な特徴をどの程度記述できるか，③記述内容に一般性をもたすことは可能か，④個体群の変動過程とどの程度関係しているか，などを考慮しなければならない(Caughley 1977)が，汎用性，現実性，精密性，の三つの必須条件のすべてを満たすモデルというのはあり得ない(Levins 1966)。モデルは単純であるべきか複雑であるべきかを決めるのは困難である。単純なモデルは扱いやすいが，肝心のプロセスを見落としてしまうこともある。これに対して，複雑なモデルは作者にしか理解できないという欠点をもつ。

野生動物管理は本質的に二つの行為，生息地の操作と収穫のコントロール，を主な基本とする。しかし，これらの行為は対象とする個体群に対して適切な方法で処置されなければ効果を示さない。したがって，管理者は個体群の動態をよく理解し，施策が期待した効果をあげているかどうかを評価しなければならない。

謝 辞

M.D.Schwaltsには図を提供していただいた。D.R.Anderson, J.D.Carlson Jr., M.J.Conroy, L.L.Eberhardt, G.Caughley, J.D.Nichols, T.L.Schaffer, D.R.Smithに心よりお礼申し上げる。特にB.S.Bowenには原稿に対してさまざまなコメントをいただいた。

参考文献

ALLEE, W. C. 1931. Animal aggregations: a study in general sociology.

Univ. Chicago Press, Chicago, Ill. 431pp.
ALLEN, D. L. 1962. Our wildlife legacy. Rev. ed. Funk & Wagnalls Co., Inc., New York, N.Y. 422pp.
ANDERSON, D. R. 1975. Optimal exploitation strategies for an animal population in a Markovian environment: a theory and an example. Ecology 56:1281–1297.
―――, AND R. T. STERLING. 1974. Population dynamics of molting pintail drakes banded in south-central Saskatchewan. J. Wildl. Manage. 38:266–274.
―――, A. P. WYWIALOWSKI, AND K. P. BURNHAM. 1981. Tests of the assumptions underlying life table methods for estimating parameters from cohort data. Ecology 62:1121–1124.
BERNADELLI, H. 1941. Population waves. J. Burma Res. Soc. 31:1–18.
BERRYMAN, A. A. 1981. Population systems: a general introduction. Plenum Press, New York, N.Y. 222pp.
BINKLEY, C. S., AND R. S. MILLER. 1980. Survivorship of the whooping crane, *Grus americana*. Ecology 61:434–437.
―――, and ―――. 1988. Recovery of the whooping crane *Grus americana*. Biol. Conserv. 45:11–20.
BIRKHEAD, T. R. 1977. The effect of habitat and density on breeding success in the common guillemot (*Uria aalge*). J. Anim. Ecol. 46: 751–764.
BOYCE, M. S. 1987. Time-series analysis and forecasting of the Aransas/Wood Buffalo whooping crane population. Pages 1–9 in J. C. Lewis, ed. Proc. 1985 Crane Workshop. Whooping Crane Maintenance Trust, Grand Island, Nebr.
―――, AND R. S. MILLER. 1985. Ten-year periodicity in whooping crane census. Auk 102:658–660.
BRODSKY, L. M. 1988. Ornament size influences mating success in male rock ptarmigan. Anim. Behav. 36:662–667.
BROWNIE, C., D. R. ANDERSON, K. P. BURNHAM, AND D. S. ROBSON. 1985. Statistical inference from band recovery data—a handbook. Second ed. U.S. Fish Wildl. Serv. Resour. Publ. 156. 305pp.
―――, AND D. S. ROBSON. 1976. Models allowing for age-dependent survival rates for band-return data. Biometrics 32:305–323.
BURNHAM, K. P., AND D. R. ANDERSON. 1979. The composite dynamic method as evidence for age-specific waterfowl mortality. J. Wildl. Manage. 43:356–366.
CASWELL, H. 1989. Matrix population models. Sinauer Assoc., Inc., Sunderland, Mass. 328pp.
CAUGHLEY, G. 1966. Mortality patterns in mammals. Ecology 47:906–918.
―――. 1977. Analysis of vertebrate populations. John Wiley & Sons, New York, N.Y. 234pp.
―――, AND L. C. BIRCH. 1971. Rate of increase. J. Wildl. Manage. 35:658–663.
―――, AND C. J. KREBS. 1983. Are big mammals simply little mammals writ large? Oecologia 59:7–17.
CHAPMAN, D. G., AND D. S. ROBSON. 1960. The analysis of a catch curve. Biometrics 16:354–368.
COLE, L. C. 1957. Sketches of general and comparative demography. Cold Spring Harbor Symp., Quant. Biol. 22:1–15.
COOKE, D., AND J. A. LEON. 1976. Stability of population growth determined by 2×2 Leslie matrix with density-dependent elements. Biometrics 32:435–442.
CORMACK, R. M. 1973. Commonsense estimates from capture-recapture studies. Pages 225–234 in M. S. Bartlett and R. W. Hiorns, eds. The mathematical theory of the dynamics of biological populations. Academic Press, New York, N.Y.
COWARDIN, L. M., AND R. J. BLOHM. 1992. Breeding population inventories and measures of recruitment. Pages 423–445 in B. D. J. Batt et al., eds. Ecology and management of breeding waterfowl. Univ. Minnesota Press, Minneapolis.
―――, D. H. JOHNSON, T. L. SHAFFER, AND D. W. SPARLING. 1988. Application of a simulation model to decisions in mallard management. U.S. Fish Wildl. Serv. Tech. Rep. 17. 28pp.
CRÊTE, M., R. J. TAYLOR, AND P. A. JORDAN. 1981. Optimization of moose harvest in southwestern Quebec. J. Wildl. Manage. 45:598–611.
CROWE, D. M. 1975. A model for exploited bobcat populations in Wyoming. J. Wildl. Manage. 39:408–415.
DE ANGELIS, D. L. 1976. Application of stochastic models to a wildlife population. Math. Biosci. 31:227–236.
DOWNING, R. L. 1980. Vital statistics of animal populations. Pages 247–267 in S. D. Schemnitz, ed. Wildlife management techniques manual. Fourth ed. The Wildl. Soc., Washington, D.C.
EBERHARDT, L. L. 1969. Population analysis. Pages 457–495 in R. H. Giles, Jr., ed. Wildlife management techniques. Third ed. The Wildl. Soc., Washington, D.C.
―――. 1970. Correlation, regression, and density dependence. Ecology 51:306–310.
―――. 1985. Assessing the dynamics of wild populations. J. Wildl. Manage. 49:997–1012.
―――. 1987. Population projections from simple models. J. Appl. Ecol. 24:103–118.
―――. 1988. Using age structure data from changing populations. J. Appl. Ecol. 25:373–378.
FREDIN, R. A. 1984. Levels of maximum net productivity in populations of large terrestrial mammals. Pages 381–387 in W. F. Perrin, R. L. Brownell, Jr., and D. P. DeMaster, eds. Reports of the International Whaling Commission, Special Issue 6. Cambridge, U.K.
FRYXELL, J. M. 1986. Age-specific mortality: an alternative approach. Ecology 67:1687–1692.
GASTON, K. J., AND J. H. LAWTON. 1987. A test of statistical techniques for detecting density dependence in sequential censuses of animal populations. Oecologia (Berl.) 74:404–410.
GILPIN, M. E., AND F. J. AYALA. 1973. Global models of growth and competition. Proc. Natl. Acad. Sci. U.S.A. 70:3590–3593.
GRANT, W. E. 1986. Systems analysis and simulation in wildlife and fisheries science. John Wiley & Sons, New York, N.Y. 338pp.
HANSON, W. R. 1963. Calculation of productivity, survival, and abundance of selected vertebrates from sex and age ratios. Wildl. Monogr. 9. 60pp.
HEPP, G. R., R. T. HOPPE, AND R. A. KENNAMER. 1987. Population parameters and philopatry of breeding female wood ducks. J. Wildl. Manage. 51:401–404.
HESTBECK, J. B., J. D. NICHOLS, AND R. A. MALECKI. 1991. Estimates of movement and site fidelity using mark-resight data of wintering Canada geese. Ecology 72:523–533.
HOUSTON, D. B. 1982. The northern Yellowstone elk: ecology and management. Macmillan Publ. Co., New York, N.Y. 474pp.
HUTCHINSON, G. E. 1978. An introduction to population ecology. Yale Univ. Press, New Haven, Conn. 260pp.
JACKSON, C. H. N. 1939. The analysis of an animal population. J. Anim. Ecol. 8:238–246.
JENKINS, S. H. 1988. Use and abuse of demographic models of population growth. Bull. Ecol. Soc. Am. 69:201–207.
―――. 1989. Comments on an inappropriate population model for feral burros. J. Mammal. 70:667–670.
JOHNSON, D. H. 1974. Estimating survival rates from banding of adult and juvenile birds. J. Wildl. Manage. 38:290–297.
―――. 1979. Estimating nest success: the Mayfield method and an alternative. Auk 96:651–661.
―――, J. D. NICHOLS, AND M. D. SCHWARTZ. 1992. Population dynamics of breeding waterfowl. Pages 446–485 in B. D. J. Batt et al., eds. Ecology and management of breeding waterfowl. Univ. Minnesota Press, Minneapolis.
―――, AND T. L. SHAFFER. 1990. Estimating nest success: when Mayfield wins. Auk 107:595–600.
―――, D. W. SPARLING, AND L. M. COWARDIN. 1987. A model of the productivity of the mallard duck. Ecol. Modelling 38:257–275.
KINGSLAND, S. E. 1985. Modeling nature: episodes in the history of population ecology. Univ. Chicago Press, Chicago, Ill. 267pp.
KINKEL, L. K. 1989. Lasting effects of wing tags on ring-billed gulls. Auk 106:619–624.
KIRKPATRICK, M. 1984. Demographic models based on size, not age, for organisms with indeterminate growth. Ecology 65:1874–1884.
KIRKPATRICK, R. L. 1980. Physiological indices in wildlife management. Pages 99–112 in S. D. Schemnitz, ed. Wildlife management techniques manual. Fourth ed. The Wildl. Soc., Washington, D.C.
KLETT, A. T., H. F. DUEBBERT, C. A. FAANES, AND K. F. HIGGINS. 1986. Techniques for studying nest success of ducks in upland habitats in the prairie pothole region. U.S. Fish Wildl. Serv. Resour. Publ. 158. 24pp.

KNIGHT, R. R., AND L. L. EBERHARDT. 1985. Population dynamics of Yellowstone grizzly bears. Ecology 66:323–334.
KNOWLTON, F. F. 1972. Preliminary interpretations of coyote population mechanics with some management implications. J. Wildl. Manage. 36:369–382.
KREBS, C. J. 1985. Ecology: the experimental analysis of distribution and abundance. Third ed. Harper & Row Publ., New York, N.Y. 800pp.
LANCIA, R. A., AND J. W. BISHIR. 1985. Mortality rates of beaver in Newfoundland—a comment. J. Wildl. Manage. 49:879–881.
LEFKOVITCH, L. P. 1965. The study of population growth in organisms grouped by stages. Biometrics 21:1–18.
LESLIE, P. H. 1945. On the use of matrices in certain population mathematics. Biometrika 33:183–212.
———. 1948. Some further notes on the use of matrices in population mathematics. Biometrika 35:213–245.
———. 1959. The properties of a certain lag type of population growth and the influence of an external random factor on a number of such populations. Physiol. Zool. 32:151–159.
LEVINS, R. 1966. The strategy of model building in population biology. Am. Sci. 54:421–431.
———. 1968. Evolution in changing environments. Princeton Univ. Press, Princeton, N.J. 120pp.
LEWIS, E. G. 1942. On the generation and growth of a population. Sankhya 6:93–96.
LOERY, G., K. H. POLLOCK, J. D. NICHOLS, AND J. E. HINES. 1987. Age-specificity of black-capped chickadee survival rates: analysis of capture-recapture data. Ecology 68:1038–1044.
LOTKA, A. J. 1925. Elements of physical biology. Williams and Wilkins, Baltimore, Md. 460pp.
MACARTHUR, R. H. 1968. The theory of the niche. Pages 159–176 in R. C. Lewontin, ed. Population biology and evolution. Syracuse Univ. Press, Syracuse, N.Y.
———. 1972. Geographical ecology: patterns in the distribution of species. Harper & Row, New York, N.Y. 269pp.
MAELZER, D. A. 1970. The regression of log N_{n+1} on log N_n as a test of density dependence: an exercise with computer-constructed density-independent populations. Ecology 51:810–822.
MANLY, B. F. J. 1985. The statistics of natural selection on animal populations. Chapman and Hall, New York, N.Y. 484pp.
MARTIN, F. W., R. S. POSPAHALA, AND J. D. NICHOLS. 1979. Assessment and population management of North American migratory birds. Pages 187–239 in J. Cairns, Jr., G. P. Patil, and W. E. Waters, eds. Environmental biomonitoring, assessment, prediction, and management—certain case studies and related quantitative issues. Int. Coop. Publ. House, Fairland, Md.
MAY, R. M. 1973. Stability and complexity in model ecosystems. Princeton Univ. Press, Princeton, N.J. 235pp.
———. 1974. Biological populations with nonoverlapping generations: stable points, stable cycles, and chaos. Science 186:645–647.
———, AND G. F. OSTER. 1976. Bifurcations and dynamic complexity in simple ecological models. Am. Nat. 110:573–599.
MAYFIELD, H. 1961. Nesting success calculated from exposure. Wilson Bull. 73:255–261.
MAYNARD SMITH, J. 1974. Models in ecology. Cambridge Univ. Press, New York, N.Y. 146pp.
MCCULLOUGH, D. R. 1979. The George Reserve deer herd. Univ. Michigan Press, Ann Arbor. 271pp.
———. 1982. Population growth rate of the George Reserve deer herd. J. Wildl. Manage. 46:1079–1083.
———. 1983. Rate of increase of white-tailed deer on the George Reserve: a response. J. Wildl. Manage. 47:1248–1250.
MERTZ, D. B. 1970. Notes on methods used in life-history studies. Pages 4–17 in J. H. Connell, D. B. Mertz, and W. W. Murdoch, eds. Readings in ecology and ecological genetics. Harper and Row, New York, N.Y.
MICHOD, R. E., AND W. W. ANDERSON. 1980. On calculating demographic parameters from age frequency data. Ecology 61:265–269.
MOLINI, J. J., R. A. LANCIA, J. BISHIR, AND H. E. HODGDON. 1981. A stochastic model of beaver population growth. Pages 1215–1245 in J. A. Chapman and D. Pursley, eds. Vol. 3. Worldwide Furbearer Conf., Frostburg, Md.
NEDELMAN, J., J. A. THOMPSON, AND R. J. TAYLOR. 1987. The statistical demography of whooping cranes. Ecology 68:1401–1411.
NICHOLS, J. D., AND K. H. POLLOCK. 1990. Estimation of recruitment from immigration versus in situ reproduction using Pollock's robust design. Ecology 71:21–26.
NORTH, P. M. 1985. A computer modelling study of the population dynamics of the screech owl (*Otus asio*). Ecol. Modelling 30:105–143.
PAULIK, G. J., AND D. S. ROBSON. 1969. Statistical calculations for change-in-ratio estimators of population parameters. J. Wildl. Manage. 33:1–27.
PEARL, R. 1928. The rate of living. Alfred A. Knopf, Inc., New York, N.Y. 185pp.
PENNYCUICK, C. J., R. M. COMPTON, AND L. BECKINGHAM. 1968. A computer model for simulating the growth of a population, or of two interacting populations. J. Theor. Biol. 18:316–329.
PIANKA, E. R. 1974. Evolutionary ecology. Harper & Row Publ., New York, N.Y. 356pp.
PIELOU, E. C. 1969. An introduction to mathematical ecology. John Wiley & Sons, Inc., New York, N.Y. 286pp.
POLACHECK, T. 1985. The sampling distribution of age-specific survival estimates from an age distribution. J. Wildl. Manage. 49:180–184.
POLLARD, E., K. H. LAKHANI, AND P. ROTHERY. 1987. The detection of density-dependence from a series of annual censuses. Ecology 68:2046–2055.
POLLOCK, K. H., J. D. NICHOLS, C. BROWNIE, AND J. E. HINES. 1990. Statistical inference for capture-recapture experiments. Wildl. Monogr. 107. 97pp.
POOLE, R. W. 1974. An introduction to quantitative ecology. McGraw-Hill Inc., New York, N.Y. 532pp.
POWELL, R. A. 1979. Fishers, population models, and trapping. Wildl. Soc. Bull. 7:149–154.
RICKLEFS, R. E. 1979. Ecology. Second ed. Chiron Press, New York, N.Y. 966pp.
ROBSON, D. S., AND D. G. CHAPMAN. 1961. Catch curves and mortality rates. Trans. Am. Fish. Soc. 90:181–189.
ROSEBERRY, J. L. 1979. Bobwhite population responses to exploitation: real and simulated. J. Wildl. Manage. 43:285–305.
SAS INSTITUTE, INC. 1987. SAS/STAT® guide for personal computers. Version 6 ed. SAS Institute, Inc., Cary, N.C. 1028pp.
SAUER, J. R., AND N. A. SLADE. 1987. Size-based demography of vertebrates. Annu. Rev. Ecol. Syst. 18:71–90.
SEBER, G. A. F. 1970. Estimating time-specific survival and reporting rates for adult birds from band returns. Biometrika 57:313–318.
———. 1982. The estimation of animal abundance and related parameters. Second ed. Macmillan Publ. Co., Inc., New York, N.Y. 600pp.
———. 1986. A review of estimating animal abundance. Biometrics 42:267–292.
SILER, W. 1979. A competing-risk model for animal mortality. Ecology 60:750–757.
SLADE, N. A. 1977. Statistical detection of density dependence from a series of sequential censuses. Ecology 58:1094–1102.
SOLOW, A. R. 1990. Testing for density dependence: a cautionary note. Oecologia 83:47–49.
ST. AMANT, J. L. S. 1970. The detection of regulation in animal populations. Ecology 51:823–828.
STARFIELD, A. M., AND A. L. BLELOCH. 1986. Building models for conservation and wildlife management. Macmillan Publ. Co., New York, N.Y. 253pp.
STOUDT, J. H. 1971. Ecological factors affecting waterfowl production in the Saskatchewan parklands. U.S. Fish Wildl. Serv. Resour. Publ. 99. 58pp.
STRONG, D. R. 1986. Density vagueness: abiding the variance in the demography of real populations. Pages 257–268 in J. Diamond and T. J. Case, eds. Community ecology. Harper & Row, New York, N.Y.
TAIT, D. E. N., AND R. L. BUNNELL. 1980. Estimating rate of increase from age at death. J. Wildl. Manage. 44:296–299.
TANNER, J. T. 1975. The stability and the intrinsic growth rates of prey and predator populations. Ecology 56:855–867.
TAYLOR, M., AND J. S. CARLEY. 1988. Life table analysis of age structured populations in seasonal environments. J. Wildl. Manage. 52:366–373.

USHER, M. B. 1972. Developments in the Leslie matrix model. Pages 29–60 *in* J. N. R. Jeffers, ed. Mathematical models in ecology. Blackwell Sci. Publ., Oxford, U.K.

VAN BALLENBERGHE, V. 1983. Rate of increase of white-tailed deer on the George Reserve: a re-evaluation. J. Wildl. Manage. 47:1245–1247.

VANDERMEER, J. H. 1972. Niche theory. Annu. Rev. Ecol. Syst. 3:107–132.

VAN GROENENDAEL, J., H. DE KROON, AND H. CASWELL. 1988. Projection matrices in population biology. Trends Ecol. Evol. 3:264–269.

VOLTERRA, V. 1926. Fluctuations in the abundance of a species considered mathematically. Nature 118:558–560.

WALTERS, C. J. 1986. Adaptive management of renewable resources. Macmillan Publ. Co., New York, N.Y. 374pp.

———, AND J. E. GROSS. 1972. Development of big game management plans through simulation modeling. J. Wildl. Manage. 36:119–128.

WETHEY, D. S. 1985. Catastrophe, extinction, and species diversity: a rocky intertidal example. Ecology 66:445–456.

WILLIAMSON, M. H. 1959. Some extensions of the use of matrices in population theory. Bull. Math. Biophysics 21:13–17.

WILSON, E. O., AND W. H. BOSSERT. 1971. A primer of population biology. Sinauer Assoc. Inc., Sunderland, Mass. 192pp.

WILSON, K. R., J. D. NICHOLS, AND J. E. HINES. 1989. A computer program for sample size computations for banding studies. U.S. Fish Wildl. Serv. Fish Wildl. Tech. Rep. 23. 19pp.

ZENG, Z., AND J. H. BROWN. 1987. A method for distinguishing dispersal from death in mark-recapture studies. J. Mammal. 68:656–665.

17
狩猟管理

M. Dale Strickland, Harold J. Harju, Keith R. McCaffery,
Harvey W. Miller, Loren M. Smith & Robert J. Stoll

はじめに	527	放鳥	546
大型狩猟獣の狩猟管理	528	山野の狩猟動物管理の現在の動向	547
現況調査	528	猟期と捕獲数制限の設定	548
個体群の状況把握	530	猟区	550
個体数と捕獲数の管理目標設定	533	要約	550
要約	541	渡り鳥の狩猟管理	550
山野に生息する狩猟鳥獣の捕獲数管理	541	背景	550
初期の捕獲数管理(1900年代初頭から1950年代)	541	年次規制	551
現代の山野に生息する狩猟鳥獣の捕獲数管理		カナダ	556
(1970年代から現在)	542	渡り鳥個体群に対する狩猟の影響	556
狩猟可能な大量の余剰個体の生産	542	規制と狩猟管理	556
狩猟の影響	543	要約	557
収穫逓減の法則	546	参考文献	557

❏ はじめに

　1910年にTheodore RooseveltとGifford Pinchotが提唱した「賢い利用のための原則(Doctorine of wise use)」によって近代的な野生動物管理が行われるようになり，それ以来，狩猟は野生動物の個体数をコントロールするための優れた方法となった。初期の野生動物管理における狩猟管理の第一の目的は乱獲を防ぐことであった(Leopold 1933)。その後大型狩猟獣の個体数が増加したので，目的は対象個体群を生息地の環境収容力以下のレベルで維持することになった。Caughly(1977)は管理者が扱うべき課題をあげている。

　①数が少ない，あるいは減少している個体群の密度をあげるための措置
　②持続可能な収量を得るための捕獲数の設定
　③過密の，あるいは許容できないほどの高い率で増加している個体群を安定化，あるいは減少させるための措置
　彼はこれらの課題をそれぞれ保全，持続可能な収穫管理，コントロールと分類した。これらのアプローチの事例は，①絶滅危惧種の保護，②シカ管理における狩猟戦略，③地域での農業被害を減らすためにシカを環境収容力より十分に低く減少させること，などに見られる。野生動物管理においては，野生動物に対する国民の関心や要望も考慮すべき重要な要素である。

　狩猟は免許販売により経済的利益を産み出す。その収入は狩猟獣の管理だけでなく，絶滅危惧種，危急種，非狩猟獣の管理，教育，生息地の取得と管理といったプログラムの施行にも貢献する。また，モーテル，レストラン，ガソリンスタンド，雑貨店，狩猟具店等の施設がハンターに利用され，近隣地域が経済的に発展する。土地所有者もしばしばハンターから利益を得る。服飾業，剥製業，一部の食肉加工業などの商売はハンターからの利益だけでも経営が成り立つことがある。

　生業としての狩猟は歴史的には重要であったが，現在は主としてアメリカ，アラスカ先住民に限られている。それは，地域的なものであり，特に経済的に遅れた社会において重要であるが，個々の個体群の管理に対して，重大な影響を及ぼすことがある．

　狩猟が野生動物の行動を矯正するのに効果的な場合があ

る。大型獣の選択的狩猟は私有地の被害を減らすために行われてきた。またピューマやアメリカクロクマなどの捕食者を管理する際にも行われてきた。モンタナ州の北部ロッキー山脈生態系地区 (Northern Continental Divide Ecosystem) におけるグリズリーベア捕獲作戦の目的の一つは，生残個体の行動矯正と，さもないと有害駆除により殺されてしまうであろうクマの捕獲であった (Montana Department of Fish, Wildlife, and Parks, Final programmatic environmental impact statement-The grizzly bear in northwestern Montana, Mont. Dep. Fish, Wildl, Parks, Helena, 1986)。期待した効果をあげるためには，捕獲される個体は作物被害を発生させていたり，家畜のヒツジを襲うなど望ましくない行動をしている個体でなければならない。時には行動矯正により望ましくない結果が得られることもある。ワイオミング州のイエローストーン国立公園と隣接したティートン (Teton) 原生地域から移動してきたエルクの狩猟は彼らの移動経路を変えることになり，近くの国有林内ではエルク猟がほとんどできなくなってしまった (Boyce 1989)。

狩猟計画はつまるところ政治的な事業である。管理計画，野生動物管理活動，生息地保護，土地利用プログラム，公有地の多目的利用に対して政治的な支援が必要である。

❑大型狩猟獣の狩猟管理

実質的に大型狩猟獣は二つの分類群，食肉類(クマ科，ネコ科)と有蹄類(イノシシ科，ウシ科，プロングホーン科，シカ科)からなる。これらの比較的大型の動物は，ハンターや一般の人にとっても目につきやすく人気がある。

大型獣の狩猟管理は，野生動物科学の客観性と人々の希望といった主観性を融合させ，管理目標に到達させるための技術である。管理目標は広く人々に支持され，その方向性について明確に説明できるものでなければならない。例えばシカの管理目標は以下のようになる，「人間との摩擦や自然植生に対する被害を最小に押さえつつ，レクリエーションの機会が最大になるようにシカ個体群を維持すること」。これに従ってプログラムが実行されることになるので，管理目標は確固としたものでなくてはならない。捕獲数管理は目標に到達するための1手段にすぎず，生息地管理，法の施行，教育活動も同時に行う必要がある。

大型獣の捕獲規制は州により大きく異なっている。これは各州の狩猟管理過程の主観的側面によるものと言えるだろう。しかし，目標捕獲数の設定，管理戦略，狩猟規制の設定，評価など管理方法に共通のものもある。上記の管理方法を長期的で総合的な計画の中に含める州もあれば，特別な状況に応じて用いる州もある。これらは最終的な管理目標に照らし合わせて行われる必要がある。

次節では大型獣の狩猟管理において目標に到達するための基本的手法を概説した。これは北アメリカの全ての大型狩猟獣に適用できるものではないが，よく検討された方法であり，特別な状況や他の種に対しても適用し応用することができる。

計画設定は狩猟管理プログラムを実行するのに不可欠な最初のステップである。野生動物管理のための計画の立て方は Crowe (Comprehensive planning for wildlife resources, Wyo. Game and Fish Dep., Cheyenne, 1983) やアメリカ魚類野生生物局 (1973) によって紹介されている。理想的な状況での計画の遂行には以下のことが含まれる。

①資源あるいは個体群の現状を明らかにする(どこにいるのか：Where are you?)

②管理プログラムの目標，目的を決定する(どのようにしたいか：Where do you want to be?)

③目標に到達するための管理戦略を確立する(どうやって行うか：How do you get there?)

④どれだけ目標に近づいたか評価する(成功したか：Did you get there?)

狩猟管理戦略に基づき論理的に狩猟規制が行われる。これは以下の三つの要素からなる。

①現況調査あるいは生息数調査，②個体群管理目標とレクリエーションの目標の設定，③②のそれぞれの目標を一致させるための狩猟管理の推進

現況調査

狩猟管理戦略の最初のステップは現況調査である。これには管理ユニットの設定とユニット内の個体群の現状把握が含まれる。

管理ユニット

管理ユニットの設定はおそらく野生動物管理システムにとって最も重要なステップである。このユニットは，管理目標も達成するために生物学や管理上の観点から作られたサブユニットによって構成されている。管理ユニットは生物学的(例えば多少とも個体群の区分の基準となる流域や分水界等)，政治的(郡などの行政区単位)に，あるいはこれら両方を考慮して(生物学的ユニットに適合させるための

郡の集合体など)決められるだろう。

　生物学管理ユニットは西部の州でよく用いられている。この地域では地形や気候に応じて大型狩猟獣の地域個体群が形成されている(図17-1)。多くの調査は，繁殖率，死亡率を考慮に入れながら個体数の推定ができるように計画される。けれどもこれらのパラメータは，移入，移出量が定量化されている場合，無視できる場合，あるいは相殺されている(等しいなど)場合にのみ求められる。最も現実的なユニットでは移入，移出を無視できるように設定されている。季節的な分布や移動パターンの研究は，より良いユニットの設定に必要である。

　政治的管理ユニットは野生動物個体群が均等に分布しており，移動がほとんど無く，生息地や個体群動態が似ている東部の地域によく見られる。このような状況では，現況調査，対象個体群の認識，狩猟規制の執行などの観点から，人間にとって管理しやすい政治的ユニットの設定が望ましい。Lang & Wood(1976)によると，ペンシルバニア州では同様の生物学的性質を持つシカが生息する郡は同じユニットにまとめられている。管理ユニット作成にとって最も重要なことは，繁殖や死亡のパラメータが正しく評価できるようにユニットの境界を設定することである。

　どのような管理ユニットであったとしても，存続可能な個体群を維持することができる生息地を含み，必要な精度のデータが長期的な収集可能で，対象個体群が認識しやすく，ハンターにとってわかりやすいものでなければならない。ウィスコンシン州では土地利用を基準に道路を境界にして96のオジロジカの管理ユニットを設けた(Creed et al. 1984)。これらの平均面積は1,500 km^{2}である。またオハイオ州では平均面積1,200 km^{2}の郡界を用いた88の管理ユニットを使用している(Stoll & Mountz 1983)。その地域の個体群に関する伝統やデータの蓄積(例えば捕獲数，狩猟圧の情報)，管理局の予算などの制約がユニット設定に現実的な影響を及ぼしている。

　土地所有者，ハンター，管理者はしばしば実際的なものよりも小さい管理ユニットを望む。一つの地域個体群を維持できないほどの小さな管理ユニットでは管理目標の達成が難しくなる。しかし，群れや個体群管理のためのユニットという概念を一般に伝えるのは難しい。そして土地所有者，ハンター，管理者は，無料で立ち入りが比較的簡単な公有地に動物が豊富なことを望み，アクセスが難しく高い料金を徴収するような私有地には動物が少ないことを望む。私有地に有蹄類が多い場合には家畜と食物を争ったり，高価な作物を食べてしまうことになるだろう。不幸なことに西部地区の大型狩猟獣にとって越冬地は限られた資源で

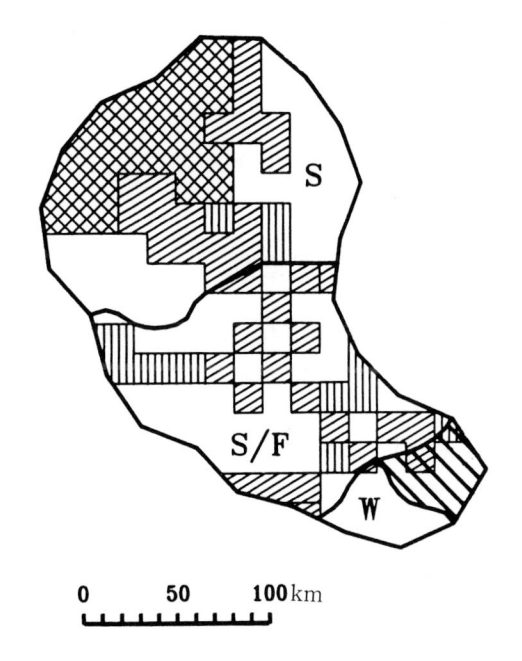

図17-1　季節毎の生息地と土地所有区分を示すワイオミング州のエルクの管理ユニット

あり，たいていは私有地に存在している。一方，アメリカ東部では公有地は小さく断片的であることが多いので，地域個体群を維持できない。もし管理ユニットが土地所有権を基準にして決められ，生物学や管理上の要因に基づいて決定されなかったとすれば，公有地で動物を増加させ私有地で減少させるという管理目標は達成できないであろう。通常このような場合は公有地には動物が少なくなってハンターを怒らせ，私有地には動物が多くなって土地所有者を怒らせることになる。

近年，土地所有者は有料の大型獣猟がもたらす経済的価値を認識するようになり，大型獣管理を個人で行いたいとする欲求が大きくなっている。そして個体数は少なくても良いが大きなオスを望むようになってきている。私有地での効果的な大型獣管理は，動物が季節的移動をしない場合，あるいは年間を通して必要な生息地を供給できるほど大きい場合には可能である。後者のようなケースは稀である。管理局が人々に管理プログラムを理解させるためには正しい管理ユニットの設定が何にもまして重要である。

一つの管理ユニットに複数の狩猟ユニットを含むような階層システムを採用してきた州もある。この管理ユニットは独立した地域個体群を含んでおり，その中で個体群の様々なパラメータが測定され管理目標が設定される。目標捕獲数が設定され，動物の分布や被害に関する苦情を基に各狩猟ユニットに捕獲数が配分される。

管理ユニットの境界はハンターに認識されやすいものでなければならない。これは捕獲が人間による狩猟動物の死亡要因の中で最も重要であり，それはハンターに対する調査から求められているためである。境界を地図上でも野外でもわかりやすいものにすることは，正確な捕獲数や狩猟圧の算定を容易にすることになる。

個体群の状況把握

管理ユニットが決定されたら次に個体群の現状を把握しなければならない。管理者の持つ最も強力な武器は，野生動物個体群のデータを詳細にまた客観的に分析した結果を持ち，それを公表できることである。この分析によって管理者は野生動物個体群についての権威となり，人々に判断の基準となる情報を提供することができる。個体数を評価する方法には，指標，直接観察，個体群再構築法(第9章参照)などがある。一般に管理局が使用する個体数評価法は，管理プログラムに必要な精度，予算，職員の能力などを勘案して考案される。評価手法は州により異なる。例えばGladfelter(1980)は中西部の州でオジロジカの生息数評価に用いられている11の手法を紹介した。たった一つの方法に固執している州もあるが，多くの州は信頼性を高めるため様々な手法を用いている。ほとんどの州が次のような条件を満たす手法を採用している。

それは①行政官や一般が理解できること，②年毎に比較でき，傾向が求められること，③次の猟期における個体数予測ができることである。

うまく評価できない場合でも，個体群動態の把握に欠かせない繁殖状況や死亡率のデータを収集する必要がある。これらのデータは次の猟期の生息数予測や個体群再構築法に必要である。またハンターや一般の人にも関心を持たれている。

繁殖成績は胎子数(例えばHarder 1980)，直接観察による成メス当たりの幼獣数，前年の捕獲個体における成メス当たりの幼獣数などから求められる。西部や北部の州では，生息地が貧困であったり利用しにくかったりするため，天候(厳しい冬や干ばつ等)や他の要因(病気の大発生など)が直接の死亡要因になったり母体に厳しい影響を与えることがある．そのため正確な繁殖成績を毎年求めなければならない。このような要因の発生が一定であるような州では何年かおきの評価でも十分であろう。繁殖成績を評価する際には，当年のデータをできる限り正確に求めるだけでなく前年のそれと比較する必要がある。現況調査では，標準的でかつ繰り返し行える手法を用いて繁殖成績が評価できるように計画されなければならない。年毎の比較を行うためにはサンプリング方法の一貫性がきわめて重要になる。

成オスと成メスの死亡率は，選択性や捕獲され易さに性差がなくサンプルサイズが十分に大きく偏りがなければ，捕獲個体の性齢構成から求められる。標本の回収は地域全体に対してまた全猟期中を通して行われるべきである。死亡率は自然条件によるものと人為的なものに分類することができる。検査所，道路脇での調査から得られたデータ，狩猟者の自主的報告によるデータは，捕獲個体の一部のものにすぎないので解釈には注意が必要である。

自然死亡率の正確な測定は難しいが推定することはできる。ウィスコンシン州では，オジロジカ成オスの自然死亡率は狩猟圧の程度や気候によってユニットあたり10%から40%以上に変動すると評価されている(Wisconsin Department of Natural Resources, Management workbook for white-tailed deer, Wisconsin Dep. Nat. Resour., Madison 1989)。研究計画は通常時だけでなく，何か異変が起きた時の死亡率も得られるように設定することが重要であるが，これには時間も金も必要であ

ろう(Porath 1980 など)。テレメトリー個体を追跡すれば最も正確な自然死亡率が求められるが，これを管理ユニットで繰り返し行うには恐ろしいほどの費用がかかるであろう。Robinette et al. (1977) はベルトトランセクト法を用いてシカの死体の密度を評価している。ベルト上の動物を全て発見するのは大抵不可能である(Anderson & Pospahala 1970)。ライントランセクト法は死亡率を直接評価するのに卓越した方法である。この理論と応用法は Burnham et al. (1980) にわかりやすく紹介されている。

個体群の現況調査において，主要な死亡時期の最も重要な調査項目は，発生時期，死亡数あるいは個体群の中の死亡個体の割合，死亡個体の性齢構成である。これらのパラメータの正確な評価は無理であろうが，厳しい冬や干ばつなどの影響を評価することは重要である。例えば，Creed et al. (1984) は厳冬度指数を提案し，これを用いて冬のシカの死亡率，次シーズンの出産数，オスの捕獲数を予測している。

人間による死亡率は自然のそれにくらべて評価しやすいが，密猟(例えば Beattie et al. 1980)や交通事故，手負い個体の死亡等の定量化は難しい。しかしこれらの要因の程度を評価しておくことは重要である。交通事故や捕食といった狩猟以外の死亡率は比較的一定しているため毎年測定する必要はない。実際に交通事故死したシカの数を個体群動態の指標に使用している州は多い(McCaffery 1973, Gladfelter 1980)。

合法的な狩猟による捕獲数が人間による死亡率のデータのうち最も重要なものであり，収集しやすいものである。ほとんどの州が大型獣の狩猟数を得るために①報告票や検査所における報告の義務化，②郵送，電話調査，その両方を採用している(例えば Aney 1974, Ryel 1980)。

申告義務制では，ハンターは指定された期間内に指示された調査所において，検査証(official tagging)をもらうために彼らの捕獲個体を申告しなければならない。この制度によって合法的狩猟による捕獲数，捕獲した管理ユニットの位置，加入数，性齢構成，栄養状態といった様々な個体群パラメータをすばやく得ることができる。この方法は比較的安価な伝統的データ収集法である(Aney 1974)。ウィスコンシン州は 125,000〜300,000 個体の登録に(例えば，タグの費用など)年間 60,000〜100,000 ドル使っているが，広報活動や正確な情報を得るために十分価値があると考えている(F. P. Haberland, unpubl. data, Wisconsin Dep. Nat. Resour., Madison)。通常この方法では特定の地域の狩猟圧や捕獲成功率は求められない。さらに，非協力的なハンターがいると，不正確で最小の数値を示すにとどまることもある。

強制的な報告制度の問題点は，郵送による報告カードの低い回収率，無回答や回答の偏り，一部の回答から捕獲数の精度を判断するのが難しいことなどである。全ての回答が得られないと対象個体群の一部から評価することになる。これらのデータ回収がどの程度必要かは，対象の種，季節，地域，管理のレベルなどに対してどの程度の正確さを望むかによって決まってくる。

標本抽出した狩猟者に対する郵送や電話アンケートによって，管理ユニットあたりの捕獲数を推定することは時間のかかる方法であるが，狩猟圧(狩猟者数，狩猟日数)や捕獲成功度などのデータも同時に得ることができる。一方この方法では捕獲個体の性齢構成や栄養状態などのデータは得られない。アンケートの精度は回答の際に生じる様々なバイアスに影響される。概して少なくとも三つのバイアスが捕獲数推定の際に大きな影響を与えている。①狩猟をしなかったハンターはアンケートに回答しない傾向がある，②捕獲に成功しなかったハンターは成功したハンターよりも回答しない傾向がある，③成功した場合は数を水増しして報告する傾向がある。これらの傾向により捕獲数は過大評価される。捕獲数調査，捕獲成功度，狩猟圧の調査で最も良い方法は，申告義務制度とよく設計された狩猟者調査の組み合わせである。

捕獲数統計から大型獣の個体数変化の指標を得ることができるし，個体群再構築法の結果を確かめることもできる。狩猟努力量，狩猟成功度の統計も個体数の指標になる。オスの捕獲数推移だけでも，狩猟努力量が毎年同じならば生息数の指標となる。例えば，個体数が減少していれば，捕獲は概して困難になり捕獲成功度(1 ハンターあたり，あるいは 1 日あたりの捕獲数)も総捕獲数も減少することになる。反対に個体数が増加している時には，捕獲数が多くなり捕獲成功度も安定するか上昇する。しかし，天候，猟場へのアクセス，規則改正などの要素は結果を混乱させるので十分考慮されなければならない。毎年，同じ季節に調査を行う体制(時期，期間)をつくる必要がある。

狩猟はハンターの行動や天候に左右されるため，捕獲個体の性齢構成は実際の構成を反映していないだろう(Downing 1981)。自由に狩猟をする許可を持ったハンターは，オスについては幼獣を避け，大きな成獣を好み，1 歳は好んだり避けたりする傾向がある。メスについては選択性がなく実際の個体群の齢構成と同様の比率で捕獲する傾向がある (Roseberry & Woolf 1988)。けれどもオジロジカの生息

地のような深いカバーに覆われた地域や，猟期が短いとき（多くのオジロジカの猟場では2週間未満），あるいは狩猟圧が高いときには，選択性ははっきり現れないだろう。Land & Wood (1976)がペンシルバニア州でシカの群を調べた際に，オスジカにたいする選択性は無いものと考えた。この仮定はメスについても正しいだろう。

しかし，ハンターは幼獣を避ける傾向があり，体サイズの比較をしやすい子連れメスに選択性が働くかもしれない。捕獲による死亡は個体群の増加率や性齢構成に影響を与えるので，捕獲個体の性齢構成と内在するバイアスについては知っていなければならない。

コンピュータを用いた個体群モデル(Gross et al. 1973, Moen et al. 1986など)を作成すると，管理者はデータを系統的に扱うようになり，少ないデータをもとに管理を行うことを思いとどまるようになる。

野生動物管理者はしばしば年間捕獲数を決めるときに好みの指標をつかう。これらの指標は役に立つこともあるが管理者を誤らせることもある。Downing(1981)は性毎の捕獲個体数は管理のために重要な指標になるが，実際によく使用されている性比はそうでないことを論証した。

Eberhardt & Simmons(1987)は，野生動物管理者は2, 3の調査によって得られた生息数の指標にたよっていることを指摘した。彼らは，指標を使う際にはそれが実際の個体数の変化をどれだけ正確に反映しているかを十分に検討するべきだとし，その方法として二重抽出法(第1, 2章)を提案した。

個体群モデルは生息数推定を行うのに有効な方法である。よく使用されるのはGross et al.(1973)によって開発されたONEPOPである。ONEPOPとその後につくられた様々な改良型(POP-IIなど)は，確率変数を含まない比較的簡単な決定論的モデルである。より洗練されたモデルもあるが管理者に役立つようになっていない。管理者に使用されることを期待するならば，モデルの改良に管理者と生物学者の協力が必要である(Eberhardt 1988)。ONEPOPモデルでは通常死亡と繁殖のデータを入力変数として，あるいはモデルの検証のための既知数として使用する。Gason & Wollrab (1986)はPOP-IIモデルをベースにワイオミング州のプロングホーンのモデル作成過程について紹介している。

管理の意志決定を行う際に使用するモデルの有効性は入力変数の質によって大きく変化する。Strickland(1982)は，エルクの群れに使用したモデルを紹介し，猟期前の値は正確だったにもかかわらず，猟期後の性比(オス/メス)が常に実際のものより小さくなってしまう原因について考察している。良いモデルは個体群の評価と管理に役に立つが，粗末なモデルではより多くの良いデータを集めなければならない。モデルを使えば管理者は様々な捕獲管理法の効果について，実際に試さずに知ることができる。

ワイオミング州西部のミュールジカを管理するために様々な捕獲数を用いたシミュレーションが行われた(表17-1)。1983～1984年の冬は厳しく死亡率が高くなり捕獲数は少なくなった。1985～1989年に管理局によって少なめの捕獲数規制が設定され，広く狩猟者に普及したので，1989年の猟期後には目標の38,000頭ではなく52,570頭になってしまった(Wyoming Game and Fish Department, Annual big game herd unit reports-District I, Wyo. Game and Fish Dep., Cheyenne 1984)。管理局は1994年までに目標の38,000頭まで減らそうと考えた。この目標を達成するために様々な捕獲戦略がPOP-IIモデル(Fossil Creek Software, 1986)を用いて検討された。モデルによると1989年に行われた慎重な捕獲戦略(戦略A)を継続すれば，1990年の越冬個体は58,860頭になり，1994年には51,268頭になると予測された。シミュレーションの結果，より自由度の高い捕獲戦略Bが望ましいように思われた。これでは1990年に，6,092頭のメスと幼獣，7,090頭の角のあるオスをとる必要があった。このために狩猟期を延長し，メスと幼獣の捕獲許可数を増やした。この結果，1990年の捕獲数はメスと幼獣が3,364頭，角のあるオスが4,468頭になった。捕獲数は特にメスと幼獣が予定数より少なくなったが，1990年の越冬ジカの数は57,185頭に減った。この捕獲戦略を続けることで1994年には40,500頭になることが予測された(戦略C)。

Eberhardt(1988)は管理者自身が適切なコントロールのための試験を行い，より洗練されたモデル設計者になることの必要性を述べた。彼はまた，管理者は行政官やハンターから迅速な対応を期待され，苦しい立場に立たされていることを指摘している。研究者グループは管理者にとって使いやすく実用的なモデルの開発を行う義務がある。例えば，Lanica et al.(1988)は改良型個体群モデルと2段階比率変化型個体数推定法をベースにしたオジロジカ捕獲戦略を提案している。McCullough et al.(1990)は，正確な個体数推定が行えなかったときに使用するLinked sex harvest strategy(LSHS)と呼ばれる別の方法を提案している。LSHSは一方の性の捕獲数を他の性と関連づけながら操作し，環境収容力にある個体群から最多の捕獲数を得るための方法である。

表17-1 ワイオミング州西部のミュールジカに対する三つの捕獲戦略のコンピューターシミュレーション。1979～1989年の値は実際のもの。戦略Aは1989年の捕獲数レベルを継続したもの，戦略Bは冬の個体数を38,000頭に削減するために1990年から1994年までの捕獲数をモデルから求めたもの，戦略Cは1990年の実際の捕獲数が1994年まで続いたときの結果。

年	戦略A		戦略B		戦略C	
	メスと幼獣の捕獲数	冬の個体数	メスと幼獣の捕獲数	冬の個体数	メスと幼獣の捕獲数	冬の個体数
1979	811	27,661	811	27,661	811	27,661
1980	1,195	33,164	1,195	33,164	1,195	33,164
1981	416	40,138	416	40,138	416	40,138
1982	929	35,499	929	35,499	929	35,499
1983	925	38,141	925	38,141	925	38,141
1984	266	23,499	266	23,499	266	23,499
1985	11	27,719	11	27,719	11	27,719
1986	0	31,646	0	31,646	0	31,646
1987	815	42,178	815	42,178	815	42,178
1988	1,078	56,755	1,078	56,755	1,078	56,755
1989	3,106	52,570	3,106	52,570	3,106	52,570
1990	3,106	58,860	6,092	49,671	3,634	57,184
1991	3,106	56,069	2,570	46,344	3,634	52,438
1992	3,106	55,596	4,427	43,837	3,634	49,732
1993	3,106	53,693	3,605	40,920	3,634	45,475
1994	3,106	51,268	3,450	38,000	3,634	40,550

個体数と捕獲数の管理目標設定

現況調査の次のステップは個体群の管理目標の設定(管理方針)，それぞれの管理ユニットで目標個体数や目標捕獲数の設定(目標の数量化)を行うことである。目標個体数は総個体数か密度で表されるだろう。

捕獲数管理目標(望ましい捕獲数レベル，レクリエーションの機会など)はそれぞれの管理ユニットの目標個体数によって決められる。明確に目標個体数を設定することは捕獲数管理だけでなく生息地管理プログラムの方向設定にとっても重要である。これをしないと管理者だけでなく一般の人々も管理の方向性がわからず，一般の支持を得るために必要な論理を欠くことになる。

目標個体数の設定

目標個体数はそれぞれのユニット毎に示されなければならず，現況調査の際に調べられた生息数に対応してなければならない。この目標設定により管理者は個体群の状況について目標に照らし合わせて評価することが可能になる。一般的に管理ユニットにおける目標個体数は生物学的環境収容力と社会学的収容力(人間の許容度)の二つの値によりきまる。

生物学的環境収容力

大型獣がK選択種であることは広く受け入れられている。つまり個体数は環境収容力(BCC)の近くに達するまで増える(McCullough 1979, 1984)。この個体数増加モデルはロジスティック曲線で回帰される(図17-2)。最も多くの収量を得る最適な捕獲戦略は成長曲線の中点(Kの56%)近くの値に個体数を維持することである。維持可能収量はそれ以外の点では小さくなる。

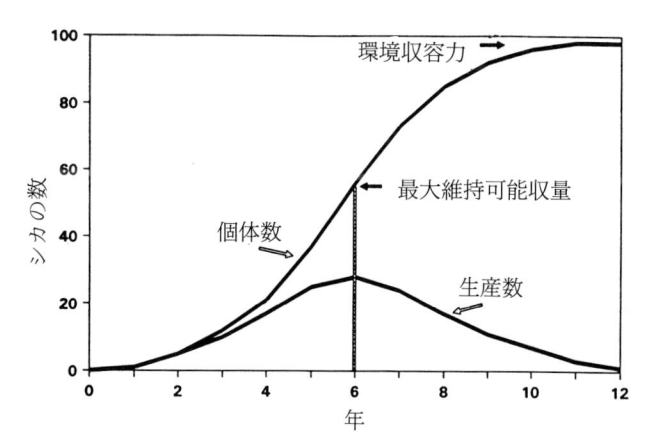

図17-2 最大の生物学的環境収容力(K)と最大維持可能収量(I)を示す個体数増加曲線と収量曲線
成長曲線(シカの密度)はMcCullough(1979)から，収量曲線はDowning & Guynn(1983)から引用。

生物学的環境収容力(BCC)を毎年測定するのは実際的でなく不可能である。BCC はいくつかの自然条件(特に天候)や人為的条件に影響を受け変化する。BCC は「あてにならない合い言葉」とも言われている(Macnab 1985)。BCC は短期間の突発的変動を除いた長期的な目標設定において意味を持つ。長期的には BCC は天候と生息地の二つの要素によって決まる。どちらの要素も短期間に大きく変化しない森林環境では，目標個体数は管理ユニットの平均的な天候と環境条件を反映した値になる。ロッキー山脈西部のように天候変動が激しく BCC も大きく変化するような地域では，平均的な環境に対応する管理プログラムは管理者や一般に受け入れられない。そのようなプログラムでは，多くの利用可能な生息地が何年もの間十分に利用されないような状況が起こりうる。一方最大級の BCC を想定し管理を行えば厳しい気候条件(干ばつや厳寒)の時に大量死を発生させることになる。

McCullough(1979:93, 113)は，越冬個体数と実質上の新規加入数(猟期後から猟期前までの増加数)を 10〜20 年間のデータを用いて回帰を行う BCC 推定法を提案した。この方法での BCC(K)は回帰式が成長率ゼロの点と交わる点で表される。オジロジカの BCC は幼獣の繁殖によっても推定することができる(McCullough 1976:61, Downing & Guynn 1983)，それは BCC の 60%を越える群では幼獣の繁殖が起こらないからである。オジロジカ当歳子の角の成長も BCC の指標になる(Moen et al. 1986, D.R. Voigt [unpubl. rep., Ont. Min. Nat. Resour., Maple, 1989])。バーモント州では，目標シカ個体数と当歳子の角の直径の関連性を利用した管理を行っている(Regan & Darling, Draft deer management plan for the state of Vermont, 1990-1995, Vt. Fish Wildl. Dep., Waterbury, 1989)。

正確な BCC の算出はほとんど不可能に近い。捕獲数，個体数指標，あるいは生理学的指標の長期的なデータに基づく直感的な判断や解釈が必要となるだろう。環境要因(食物量の推定値など)も個体群管理目標が設定される際には利用できるだろう。植生を良い状態に維持すること，貴重な植物の保護，土壌の安定性も管理目標にするべきである。ある地域が明らかに動物によりダメージを受けている場合には，その損傷を避けるために目標の個体数を少なくすることが要求される。土地利用が変化することにより生息地が破壊されるかもしれず，目標個体数を少なくする必要が生じるかもしれない。一方，生息地の改良(樹木伐採の促進化，ウシの放牧数の減少)が行われれば目標数を多くすることが可能になる。人々の好みも変化する。このように生息地の状況の変化と人々の好みをモニターすることは目標数設定に重要である。生息地資源調査のより詳細な議論は第 22 章で行われている。

農業地域と都市地域での BCC の算出は，学問的な興味を満足させるだけかもしれない。通常，耕作地での BCC は土地所有者や農家の許容量を大きく越えている。同様に都市地域ではシカの交通事故，景観の破壊，大型動物に対する恐れが許容個体数を低くしている。次に社会学的環境収容力についてみてみたい。

社会学的環境収量力

社会学的環境収容力(SCC; Sociological Carrying Capacity)は文化的環境収容力(Ellingwood & Spignesi 1986)とも呼ばれる。Decker & Purdy(1988)は，これを人々に許容される最大の生息数と定義した。ある種の個体数が管理地域の中で増えると人間の利害と競合することになる。それはシカと農業，シカとドライバー，エルクと牧場経営者などの間でよくみられる。管理者の努めは人間の利害関係がからむ主要な地域を明らかにし，好ましい個体数レベルを設定することである。このレベルつまり最大の許容個体数レベルが管理ユニットの SCC となる(図 17-3)。SCC から導き出される目標個体数は BCC のそれよ

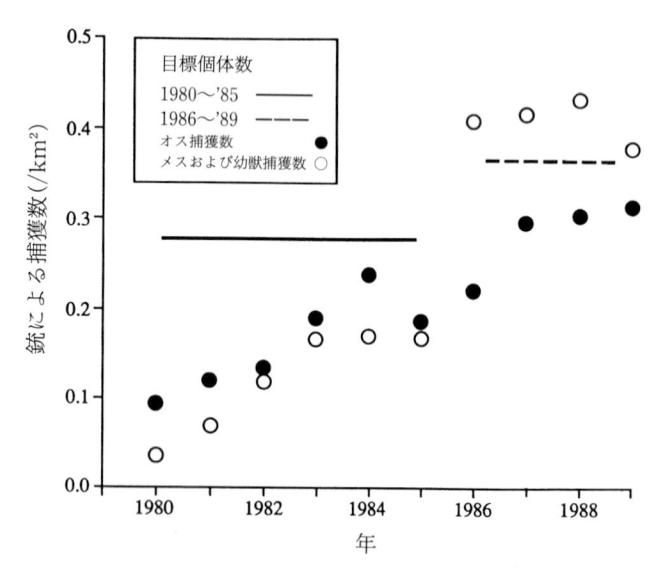

図 17-3 オハイオ州パイク郡のオジロジカの個体数指標(●)と目標個体数(実線および破線)の比較
1980〜1985 年と，1986〜1990 年の目標個体数の更新は農家調査に基づいて求められた(Stoll & Mountz 1983)。指標が目標数に近づくとメスと幼獣の捕獲(○)が増加した。補足指標(示されていない)に交通事故数や個体群再構築法の推定結果がある。銃器による捕獲数は報告を義務づけたハンターのデータから推定した。

りはるかに低い。例えばウィスコンシン州ではある農業地域のシカのBCCは40頭/km²とされているが農家の冬期における許容数(SCC)は12頭/km²以下である(McCaffery 1989)。

人々の意識は，近年管理者が非常に興味を示すようになったテーマである(Arthur & Wilson 1979, Decker & Purdy 1988)。意識評価で重要なことは，正確で相対的な重要度を示すことができる調査手法の開発である。Brown & Decker(1979)はニューヨーク州の農業地帯であるLake Plains地域でオジロジカに対する意識調査を行った。彼らは農家が望むシカの個体数，実際の生息数に対する意識を述べ，農家にとって許容できる目標個体数(SCC)を明らかにした。Decker & Purdy(1988)が指摘したように，SCCは教育などによりいくらか変えさせることができる。

BCCに基づく最大の目標数は生物学的手法によって技術的に決められるが，概してそれより少ない目標数が好まれる。技術的な裏付けがあり，SCCに基づいて決められる目標数は，広く支持されることになるだろう。

目標個体数の表現

目標個体数の表現方法は，群れサイズの調査方法と管理者の好みで決まる。捕獲数のデータは最も基本的な個体数を示すデータである。成オスの捕獲数の動向は，狩猟期と天候が年によって変化しなければ，簡単な個体数の状態を示す指標となるであろう。目標捕獲数はおそらく最も簡単な管理目標の表現方法である。

北東部のいくつかの州では，オジロジカ管理目標をオスの捕獲数や平方kmあたりの成オスの捕獲数で表している(Dickenson 1986, Regan & Darling [Draft deer management plan for the state of Vermont, 1990-1995, Vt. Fish Wildl. Dep., Waterbury, 1989])。無制限にオスが捕獲される州では，猟期前の群れに成オスは20～25%含まれている。もしこの比率が安定しているならば，オスの捕獲数は個体数トレンドを示すわかりやすい指標となるであろう。このような目標数は，角の生長量や農家の要望などを考慮して簡単に修正することができる。

生息数を推定するためにコンピュータモデル，野外調査，個体群再構築法を採用している州では管理目標を猟期前の生息数，あるいは越冬後の個体数で表している。例えばワイオミング州では越冬個体群サイズ，総捕獲数，狩猟期間，捕獲成功率，捕獲努力量，生息地域などの目標を設定している(Wyoming Game and Fish Department, A strategic plan for the comprehensive management of wildlife in Wyoming 1990-1995, Wyo. Game and Fish Dep., Cheyenne, 1990)。それぞれの管理ユニットでこのような目標設定を行うことは管理者にとって役に立つが，これを人々に説明するのは難しい。個体群のデータと，捕獲数や狩猟との間の関連性について理解させなければならないからである。

ウィスコンシン州で使用されている目標密度(km²あたりの個体数など)(Creed et al. 1984)やワイオミング州で使用されている野生動物の生息地域の設定方法などを，人々に説明するのは大変困難である。それは野生動物にとって好適な環境要因についていくつかの仮定をしているからである。森林地域ではシカの生息地域の設定については合意が得られている。しかし農地では，長年利用されてきたカバー地域だけを生息地とするのか農地も含めるのかでしばしば議論になる。ウィスコンシン州のオジロジカは，カバー地域と周辺の農地(カバー地域から100m以内にある農地)を生息地域として選択していた(McCaffery, Wisconsin Dep. Nat. Resour. Final Rep., P-R Proj. W-141-R-23, 1988)。しかしこのような目標設定にはいくつかの利点がある。それぞれの生息地タイプ毎に密度が設定されると，面積が異なる管理ユニット間でもそれを比較することができる。密度情報は環境収容力や人間の許容限界などを考える際にも役に立つ。

個体群や生息地についての良いデータを持っていれば，管理者や行政局は，聴衆やデータの説得力に応じて様々な目標の表現方法を選ぶことができる。

ハンターの態度と好み

BCCあるいはSCCを基にした目標個体数は，大型獣の個体数を制限するものである。動物がたくさんいてほしいと考えるハンターもいる。この傾向はハンター以外の人々，例えば猟具店，保護団体，猟区経営者にもみられる。このため，管理プログラムの初期段階からこれらのグループの存在を考慮しておく必要がある。個体数やレクリエーションの機会(猟期の長さ，特殊な猟具を用いる猟期，ハンター密度，トロフィー猟など)，狩猟圧に関するハンターの態度や好みをあらかじめ調査していくことは，捕獲管理目標を作成するにあたり重要である。

調査の結果，BCCやSCCよりも多くの個体数が望まれているならば，教育を行うことが必要である。ハンターなどにはBCCよりも多くの動物を欲することは愚かなことであり，それは動物，狩猟，生息地にとって有害なことであると知らせる必要がある。生息数がSCCを越えるとい

うことは，被害を受ける人間がいることや，管理プログラムが被害補償のための費用負担を強いられる場合があることを理解させなければならない。

アーチェリーを使う人や黒色火薬愛好者のための特別な狩猟期は，人気があがるにつれて注意を引くようになってきた(表17-2)。特別な狩猟法のための猟期は狩猟機会の増加のために管理プログラムに組み込まれてもよい。これらの人気を正しく理解するために，野生動物局は地域内だけでなく他の州でも調査を行っている。州内のハンターの好みとともに他州の情報を得ることで管理局は変化に対応することができる。

Gilbert(1971)は野生動物管理を個体群，生息地，人間関係の調整であるとした。このような関係の中で管理者が成功するかどうかは，人の気を引くアイディアを提供できるか否かにかかっている。直接参加計画研究所(The Institute for Participatory Planning, 1981)はこのプロセスを，効果的な合意の発達(substantial effect agreement on a course of action：SEACA)と呼んだ。有効な合意は，管理方針の決定に影響を受ける人々が，全てについて賛成でなくてもその決定を認めることができる場合になされる。逆に少しでも認められない点があれば管理プログラムを失敗させることになる。どんなに優れた管理プログラムでも一般の人々が合意しなければ失敗する。一般に対する教育で，SEACAやそれに類する技術の熟練が管理プログラムの施行にきわめて重要である。この技術は，ハンター，ハンター以外の人々，保護主義者，個体群管理を望む人々を巻き込んだ争いの解決に特に有効である。

捕獲数管理の目標

管理目標は個別の目標を設定しながら実行されるものである。客観的(調査結果)，主観的(伝統，過去の経験に基づく経験的な知識)情報は，狩猟管理目標を計画するときに考慮されなければならない。目標は数量化し測定可能なものでなければならない。こうすることによって，管理者は達成度を評価することができる。例えば，目標個体数に達していない個体群の捕獲数管理目標については以下のように表現される，捕獲数をnにして年10%の個体数増加を維持する，そのために狩猟圧を平方kmあたりx以下にし，アーチェリーの日をおよそy日，銃器の日をz日にする。

このような個々の例では，管理者は①目標個体数への到達手段，②狩猟圧に対する土地所有者の懸念，③狩猟機会に対するハンターの望み，などについて量的に評価できるようにしなければならない。

管理目標は個別の個体群ユニットに対して数年の単位で設定されるべきである。個体群の特徴や一般の意識の変化に応じて，毎年目標を変えることは管理の方向性を大きく揺るがすことになる。副次個体群に対して目標を設定すると個体群管理との間に大きなずれが生じるようになる。このようなことを行うと一般の支持を失い目標に達することができなくなる。

目標個体数の範囲内で，狩猟者や一般の望みに応じた捕獲数管理を進めることができる。個体群の状態と目標個体数を比較して管理者は捕獲数の割り当てを設定することになる(図17-3)。メスや幼獣の捕獲割当量は個体群の現状と目標個体数の関数であり，世論とは関係なく技術的に決まるものである。BCCかSCCにより設定された個体数を維持するために計画された管理では，新規加入数を捕獲することが要求される(図17-4)。過去の捕獲による個体数の変化，冬の厳しさ，個体数モデル，個体群再構築法などを基にした情報は管理者が捕獲量を設定するのに役に立つ。管

表17-2 1986年におけるミシッシッピ川以西の20州とミシガン，ミネソタ，ウィスコンシン州の特殊な猟期

種	特別の猟期を認めている州の数			
	先込銃	拳銃	アーチェリー	ボウガン
プロングホーン	3	0	12	2
ビッグホーン	1	0	3	1
シカ	20	0	23	7[a];2[b];1[c]
エルク	7	0	10	1[a]
ヘラジカ	0	0	0	1[a]
ロッキーマウンテンゴート	0	0	3	0

[a] アーチェリーだけの猟期に身体障害者に対して合法
[b] アーチェリーだけの猟期にのみ合法
[c] 黒色火薬の猟期のみ合法

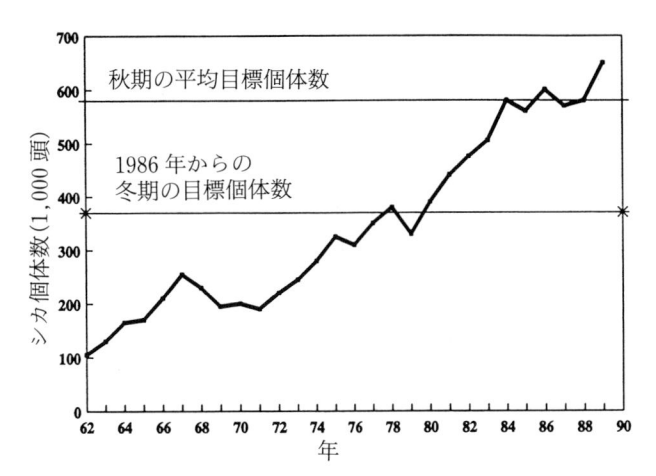

図 17-4 ウィスコンシン州農業地域の秋の個体数トレンドと現在の目標個体数
SCCを基にした目標個体数は，土地所有者の忍耐力の緩和に応じて過去30年間に徐々に増加した。近年の個体数は，メスと幼獣の捕獲計画により最新の目標近くに維持されてきた。冬の目標と秋の個体数との差は，目標個体数に達した時の加入数の平均値である。通常秋の個体数の約15％相当を成オスの捕獲数とする。残りはメスと幼獣の捕獲によるものである。

理ユニットごとの長期間のデータ蓄積（捕獲数の変遷）も同様である。捕獲数は個体群に影響を与える要因の中で最も信頼できるデータなので，各管理ユニット毎のデータの蓄積は最も重要である。

目標個体数の達成に加えて，狩猟計画ではどのような狩猟方法が好まれるのかにも注意する必要がある。

好みは狩猟方法（アーチェリーや銃器），狩猟機会（狩猟日数）などで示される。人々の意識にも注意する必要がある。例えば土地所有者はハンターが多くなりすぎることを嫌がる。これらの希望がどの程度考慮されるかは，目標個体数を達成させるために割りあてられた捕獲数や，どれだけ複雑な規制を管理者や管理局が受け入れるかによって変化するだろう。

最大維持可能収量

K選択個体群から最大収量を得ることを最大維持可能収量（MSY）管理という。MSY管理のためには，純加入量と捕獲数がともに最大となるような個体数レベルを明らかにし，そのレベルに維持することが必要である。MSYレベルはロジスティック曲線の中点近く（Kの56％）である（図17-2）。このレベル以上では繁殖数，加入数とも密度効果によって減少する（McCullough 1979）。

実際にはMSY管理はめったに実現しない。年間の環境収容力は常に変化しているし，得られるデータは正確な個体数や捕獲数レベルを設定するにはしばしば不十分である。けれども長期的なBCCに基づいて目標設定がされるなら，おおよそのMSYは得られるだろう。Connolly (1981)は，シカの最大収量を得るための方法として第一に若齢個体と成オスを捕獲し，メスの捕獲を少なくすることを提案した。実際にはオスを自由に捕獲してメスと幼獣の捕獲を制限すればMSY管理に近づくことができる。

トロフィー管理[注]

1974年にワイオミング州狩猟漁業局は狩猟者の意識調査を行い，シカ，エルク，プロングホーンを撃つハンターの内，自分をトロフィーハンターとみなす人は4％しかいないことを示した。この傾向は対象種や地域によって大きく変化する。しかしその後の調査でも地元のハンターが望んでいることは，ただ狩猟ができる機会を持つことであると示された。それにもかかわらず，人々が大きな動物を望んでいるという声がしばしば聞こえてくる。したがって狩猟管理ではこのことを考慮しなければならない。

高齢で大きな動物の管理方法については未だに議論の余地がある。Connolly (1981)はMSY管理方法とトロフィー管理方法は相容れないと結論づけた。けれどもMcCullough (1984)はMSY管理はシカのトロフィー管理に最適であるとする強引な議論を展開した。しかし彼の仮説は飼育個体群で実験的に行われたものにすぎない（Carpenter & Gill 1987）。

角のポイント数による狩猟規制はオスの質の向上のために管理者によく使われる。Carpenter & Gill (1987)は角による狩猟制限は有効である反面不利な点もあると指摘した。この制限は多くのハンター，ガイド，猟具店になじみ深いものであるが，ハンター数を減少させることになるかもしれない。この規制は通常大きなオスを多くしたり繁殖力を高めたりすることにはならず，法律で許可されていない個体（ポイント数が少ない個体）が撃たれて放棄される結果になることが多い。コロラド州で，Boyd & Lipscomb (1976)は1歳のエルクのオスを2年間保護すれば個体群内のオスの数を増やすことになるが，年捕獲数は減少し，オスの密猟が増加し，その結果大きなオスがいなくなることを指摘した。1頭の若齢オスを増やす見返りに3.9頭のエルク（1歳のオス，メス，幼獣）を失うことになる。そして狩猟漁業管理局は300万ドルの収入を失い，州の経済は3,200万ドルを失うことになる。ミュールジカの高齢オスの個体数が二つの管理方法によってどのように変化するかについてコンピュータシミュレーションしたものが図

[注] トロフィー：狩猟の記念品，皮，頭，角など

17-5である。4ポイント以上のオスだけの狩猟許可制度(少なくとも片方の角が4ポイントある個体は合法的に捕獲できる)では、狩猟圧は高齢個体に強くかかるようになり、6歳以上の個体が実質的に個体群からいなくなる。一方、オスの狩猟に規制がない場合は10歳の個体も残っている。Clutton-Brock et al.(1987)のアカシカの研究で、高齢オスの減少は食物資源をめぐるメスとの競合に敗れて死亡率が高くなることと関係があり、その結果メスと行動する1歳オスの個体数が増加することが示唆されている。

いくつかの狩猟地域における大型オス管理戦略では角を持つ個体のみが捕獲されている。

McCullough(1979)はオジロジカではこの戦略が予期しない結果をもたらすことを示した。つまりメスの捕獲をしなければ個体数は環境収容力まで増加し、その結果角の発達は貧弱になり良質のオスがいなくなる。そして記録的に大きい角を持つオスの出現までには長い時間を要するようになる。

モンタナ州魚類野生動物公園局(1985)は、効果的な広報活動により、大きなオスをもとめる論争の多くが解決すると考えている。また成功する狩猟管理計画とは、様々な獲物に出会える機会を増やすことであると指摘した。Carpenter & Gill(1987)は、野生動物局はハンターの要求を調査してから管理計画を立てるべきであると指摘した。オジロジカのオスの質を高める多くの管理法は、獲物に出会う機会も捕獲数も少なくなるという点で非常にコストが高く、軍事地域や一般に狩猟が許されていない限られた地域を除けば、実行不可能である。

狩猟規制の設定

管理ユニットの現況調査を行い、ユニット毎の目標個体数が設定された。目標個体数に応じた個体群の現状が調べられた。そして目標個体数を達成するための包括的な捕獲目標(例えばメスと幼獣の捕獲数、狩猟方法、狩猟機会)が設定された。残っているのは管理目標に到達するための狩猟規制の設定である。

狩猟規制の手段の評価

管理者が行う狩猟規制には以下の五つの手段があり、管理目標を達成するために組み合わせて使用される。

①猟期の時期と解禁日、②期間、③性齢別の捕獲数の指定、④捕獲数制限、⑤猟具の制限。

これらの規制は、アーチェリー、先込め銃、その他の銃器などが使用できる期間ごとに設定されなければならないだろう。通常、銃器を使用できる猟期の狩猟圧や捕獲数が最も大きいので、目標を達成するためには、この時期の狩猟管理が重要である。管理者は他の管理ユニットや州における過去の実績を参考にするとよい。

もしコンピュータモデルが使用できるならば様々な手段についてシミュレーションが行えるだろう。例えば、図17-5は2種類の狩猟規制がミュールジカの齢構成に与える影響について示したものである。狩猟のしきたりが規制手段の選択を妨害することがよくある。管理者は、狩猟規制を毎年変化させると捕獲データの解釈が難しく、目標の達成が難しくなることを理解しておかなければならない。

規制の手段と効果

規制の手段とその効果について記した文献は少ない。猟期の長さ、捕獲数制限、猟具の制限が大型獣の個体群にどのような影響を与えるかを概括することは難しい。ワイオミング州の大型獣の管理における規制とその影響(表17-3)をみるとその困難さがわかる。Mohler & Toweill(1982)はエルクの狩猟規制が管理目標の達成にどのような影響を及ぼすかについて予測した。モンタナ州魚類野生動物公園局(1985)とコロラド州野生動物部(Big game harvest regulation recommendations, Colo. Div. Wildl. DOW-M-S-2, 1974)も規制手段と、それらがエルク、ミュールジカ、プロングホーンなどの大型狩猟獣に及ぼす効果について記載した。同様にDenney(1978)も大型獣の

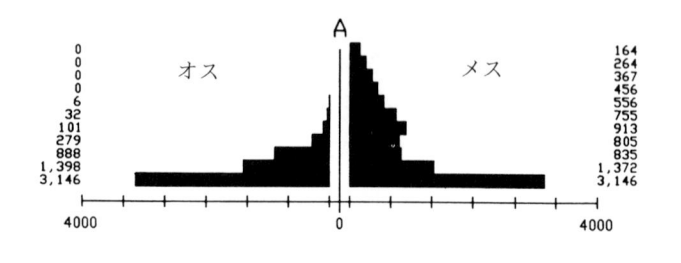

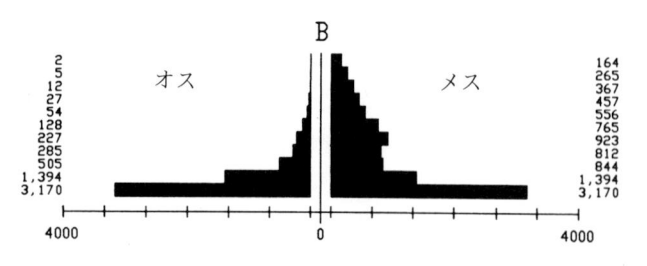

図17-5 ミュールジカの年齢構成
(A)は4ポイント以上のオスだけを許可した場合、(B)はオスの捕獲を制限しなかった場合。

表 17-3 ワイオミング州における大型狩猟獣に対する狩猟規制とその効果

制限	効果
猟期の時期	
共通の解禁日	ハンターを周辺地域に分散させ捕獲数を減らす
前期猟期(9月)	発情期のため成オスのエルクを捕りやすくなる；ハンターの増加
	発情期のため成オスのプロングホーンはさらに捕りやすくなる；ハンターの増加
	分散とカバーの使用のためミュールジカとオジロジカは捕りにくくなる；ハンターの減少
火器による狩猟(10月)	発情期が終わり，個体は分散し，カバーを使用するので，メスオスともエルクは捕りにくくなる
	発情期が終わり，群サイズが増加するので，プロングホーンは捕りにくくなる；ハンターの減少
	ミュールジカは秋のレンジに集中するのでより捕獲しやすくなる
	オジロジカは分散とカバーの利用により捕獲しにくくなる
後期猟期(11月〜12月)	秋，冬期のレンジに集中するので，エルクはメスオスとも捕獲しやすくなる；ハンターの増加
	群サイズによりプロングホーンは捕獲しにくくなる；ハンターは減少
	ミュールジカとオジロジカのオスは発情し，秋・冬期のレンジに集中するので，最も捕獲しやすくなる；ハンターは増加
猟期の長さ	
長い猟期(30日以上)	オスのように人気のある動物の捕獲数が増える；ハンターの増加
中くらいの猟期(15〜30日)	人気のある動物をある程度選択できる
短い猟期(15日以下)	最初に出会った合法的な獲物を捕るようになる；ハンターは減少
狩猟解禁日	
週末の解禁	ハンターが集中し全ての種の捕獲数が増える
週日の解禁	全ての種についてハンターが分散する；捕獲数は減るかもしれないし，そうでないかもしれない
性齢の制限	
規制なし	エルク；1歳のオス，メス，幼獣の捕獲数が増える；雄雌比が一定あるいは増加する；個体数は維持するか減少する
	プロングホーン；オスの捕獲が多くなる；雄雌比が少なくなる；個体数は維持するか増加する
	ミュールジカ；若いオス，メス，幼獣の捕獲が増える；雄雌比は維持されるか増える；個体数は維持するか減少する
	オジロジカ；若いオス，メス幼獣の捕獲数が増える，雄雌比は維持されるか増加する；個体数は維持するか減少する
角を持つオスだけ	個体数は増加し，雄雌比は維持されるか減少する
メスと幼獣だけ	個体数は減少し，雄雌比は増加する
角による制限(一本角は除く，3ポイント以上が捕獲される)	エルク；個体数の増加，若齢オスの増加，高齢オスの減少；ハンターの減少
	ミュールジカ；個体数の増加，若齢オスの増加；高齢オスの減少；ハンターの減少
	オジロジカ；個体数の増加；若齢オスの増加；高齢オスの減少；ハンターの減少
猟具	
全ての合法的な弓と火器	全ての種に対してハンター数，狩猟機会が増加
原始的な猟具(先込め銃，弓)	ハンターと捕獲数の減少
弓だけ	ハンターと捕獲数が最も小さくなる
入猟の制限	免許の数に応じて捕獲数は一定になる；しかし捕獲成功率が上がり狩猟者数は減少する

様々な猟期の規制を紹介した。

トロフィー管理のために，性(角を持つオスだけを狩猟対象にするとか無規制など)や，角のポイント数による規制などが考えられてきた(例えば，Boyd & Lipscomb 1976, Carpenter & Gill 1987)。同様に，捕獲数を維持するために，規制手段を操作して狩猟成功率を変えさせることもある。これによって，狩猟に対するさまざまな要求と管理局の予算要求に対応することができる(表 17-4)。

猟具の性能(射程，精度)やハンターと一般人に対する安全性も評価されなければならない。概して近代火器は最も威力があり成功率が高いため，猟期は短く，狩猟許可個体の性や齢に対する制限は厳しいのが普通である。ハンターが集中する東部や中西部では，安全確保のため射程の長いセンターファイア雷管式のライフル銃よりもスラグ弾を使う散弾銃が好まれている。狩猟成功度が高いため，銃器を使用できる猟期の人気が最も高い。猟場の混雑は，安全面，土地所有者の忍耐力，狩猟美学の観点からも問題が多い。アーチェリーは，射程が最も短く命中率が最も低いが安全性は最も高い。狩猟成功度が低いので猟期を長く，性や齢に関する規制をゆるやかにすることができる。猟期中の狩

表17-4 狩猟成功率を変えた時に同じ捕獲数を得るための捕獲戦略。オプションAは狩猟成功率を比較的低くして免許の販売数を多くしたときの狩猟日数と収入を示している。B, Cは成功率を高くしたときの日数と収入を示している。

	オプションA	オプションB	オプションC
捕獲数	900	900	900
狩猟者数	6,920	3,460	1,800
狩猟成功率	13	26	50
1頭あたりにかかる日数	30	17	10
狩猟日数	27,000	15,300	9,000
免許販売数	422,300	211,150	109,854

猟圧は低く、ハンターも分散しているため、安全性においても通常問題はない。狩猟美学の観点からは問題にならないが、何本もの矢で無用に傷つけたり、手負いにして回収できないことがある。先込め銃などの旧式銃は、概して近代的な銃とアーチェリーの中間的位置を占め、スラグ弾を使用する散弾銃の分類に近い。特殊な猟法では特殊な利害関係がぶつかり合うため狩猟規制が複雑になる。

外的要因の効果

野生動物管理官がコントロールできない要因によって狩猟規制の遂行に影響がでることがある。人里離れた地域にすむ大型獣については、道路密度の高い地域より猟期をゆるやかに設定しても問題はない。土地所有者は入猟者を制限することで捕獲数をコントロールしている。狩猟の商品化に関心を持っている土地所有者は、入猟方法やトロフィーに応じて料金設定することで狩猟される動物の種類をコントロールしている。

林業などの土地利用は狩猟に大きな影響を与え得る。多くの大型狩猟獣は初期の遷移段階にある植物を食物として利用しているため、森を伐り開くことは個体群の生産力を増加させる。一方伐採に伴うカバーの消失や林道の増加はハンターのアクセスを容易にし動物を捕りやすくさせる。

気象も規制の施行に大きな影響を与える。乾燥は狩猟を難しくする。豪雪は猟場へのアクセスを不可能にする。適度な積雪は動物を集中させ、また足跡を追跡しやすくなるので狩猟成功度が高まる。猟期解禁日、猟期最初の週末、休日といった重要な日に雨が降ると目標個体数の達成が難しくなる。

管理者は、狩猟のしきたり、新しい規制に対する不案内、管理局の行政的手腕、法の施行、評価能力と評価の合法性などが狩猟規制に及ぼす制約についても考慮しなければならない。これらの制約は管理者が考えなければならない規制手段の選択の幅を狭める。

規制は管理目標に合致するように組み合わせなければならないが、そのためには管理目標が適用できる条件を十分に知る必要がある。同一の規制でも地形、植生、土地の所有形態、天候、個体群特性が異なれば結果が大きく異なる。過去の経験が参考になるだろう。

規制の制定過程

狩猟規制は法が施行されるまで管理者内部からも一般からも厳しく検閲される(図17-6)。この検閲では、今まで議論してきた規制手段の評価などデータの徹底的な解析が行われる。猟期が決まり目的達成のために合意ができる前から管理目標は公開されるべきである。規制の制定過程では、望ましい目的のあり方より、目的達成のために適切な規制のあり方について議論した方がうまくいくだろう。一般から論評やコメントを2回述べる機会がある。規制案ははじめに地方の会議、次に郡の公聴会で公表される。野生動物管理者は規制内容を説明し質問に答えコメントを記録する。地方の公聴会が終わったら、管理局は総括をし、必要ならば規制を訂正してから、州の公聴会で最終的な一般からの論評やコメントを聞くことになる。

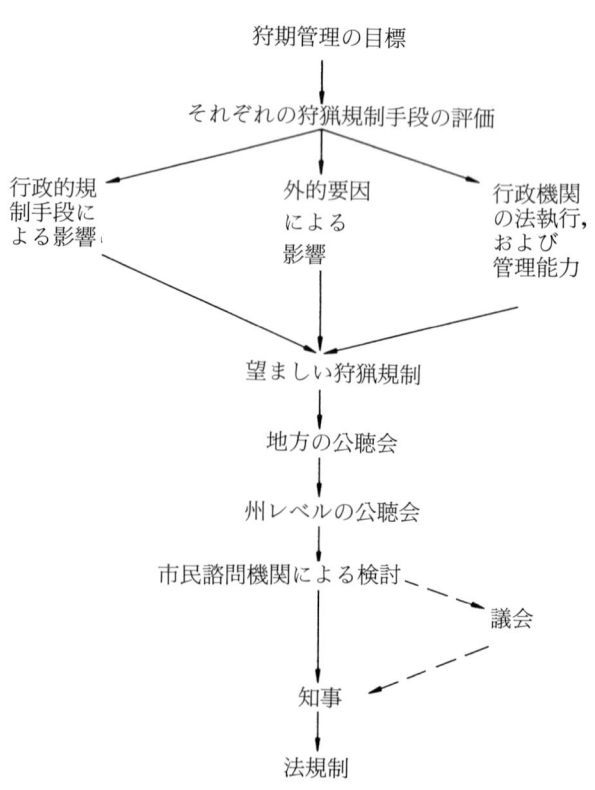

図17-6 大型狩猟獣の狩猟規制を法制化するときの一般的なプロセス

多くの州の野生動物局は規則を作る権限を持つ公的な委員会や，市民からなる諮問機関を持っている。狩猟規制の提案，それについての管理局の説明，公聴会の結果は諮問委員会に提出される。そして総括が行われ規制が決定される。その後に規制は法律（行政規約）として交付されるか，最終的な審議のために州議会に提出されることになる。

狩猟管理の結果の評価

狩猟管理の立案，現況調査，対象個体群の決定，狩猟管理目標の設定，狩猟規制の選択と承認には大変な労力が必要である。同様の労力は管理目標の達成度評価にも割かれるべきである。結果の分析は管理計画が期待通りに機能したかを判断するのに重要である。

野生動物管理の結果は，得られた捕獲数，提供されたレクリエーション，一般の支持，狩猟規制によって得られる経済的利益等で評価される。これらの結果の測定方法は狩猟管理の一部としてあらかじめ開発される。狩猟管理の目的と結果を比較して評価が行われる。

結果の客観的評価は狩猟管理計画の中で無視されやすい部分である。しかし以下のようにこれを行う価値は充分ある。①何が成功し，何が失敗したかについての情報が得られ，規制をよりよいものにすることができる，②追加の，あるいは新しい野生生物目録調査や，一般の意識調査の必要性を明確化できる，③特別な調査，法の施行，管理，教育が必要な地域を特定できる，④管理局員やプログラムの理解を深め受け入れようとしている人々に，結果についての情報を提供することができる。よく設計された管理プログラムの結果を注意深く分析し，それをベースにした狩猟規制を行えば，野生動物管理者は一般の支持を得ることがより容易になる。

要 約

大型獣の狩猟管理は，野生動物学の客観性と一般の要求の主観性を融合させて，管理目標に到達させるための技術である。捕獲数管理は，総合的な管理計画の中で設定された目的に沿うものでなければならない。目的設定に際しては生物学的，社会学的な情報を考慮する必要がある。

狩猟規制は以下の条件を満たさなければならない。①一連の論理的で適正な管理目標が述べられていること，②他の規制手段よりも良いこと，③自発的な協力が得られ，実施可能であること，④ほとんどの人に支持されること。全ての猟期は詳細に検討し，捕獲数管理プログラムが，状況の変化に応じられるようにする必要がある。

❏山野に生息する狩猟鳥獣の捕獲数管理

初期の捕獲数管理
（1900年代初頭から1950年代）

1900年代初頭から1950年代にかけて，山野に生息する狩猟鳥獣に対して様々な捕獲規制が行われた。これには，禁猟措置や猟期の短縮，保護区の設定，1日あたりあるいは猟期あたりの捕獲数制限，オスの捕獲数制限，猟具の大きさや種類の制限，狩猟の許可制や抽選制，時間制狩猟の導入などがある。

1930年代初頭まで，シチメンチョウ，ソウゲンライチョウ，エリマキライチョウ，キジオライチョウ，ウズラのかつての生息地では，完全な禁猟や猟期を2週間未満にすることが行われていた。Leopold(1933:215)は，1890年から1930年の間合衆国中央北部でエリマキライチョウの猟期が50日から10日に制限され，捕獲制限が25羽から7羽になっていたことを報告している。同じ時期にウズラの猟期は45日から20日に，捕獲制限は25羽から4羽になり，ソウゲンライチョウの猟期は45日から5日になった。これらの制限は狩猟は継続させながら捕獲数を減らすために計画された。さらにほとんどの猟鳥に対してライフル銃の使用禁止，12口径より大きい散弾銃の使用禁止，散弾銃に使用する薬きょうの制限などの措置もとられた。網やワナの使用は法律違反であった。狩猟時間制限は対象外の種や性を誤って捕獲するのを避けるために設定された。狩猟禁止日もあった。シチメンチョウやコウライキジ（以下キジと呼ぶ）のように性の識別をしやすい種ではオスのみが捕獲を許可され，繁殖に影響を与えないようにしていた。また捕食者コントロールが行われていた。これは，捕食者を殺せば狩猟鳥獣の死亡率が下がり，繁殖個体を保護することでハンターに多くの狩猟鳥獣を提供するという考えに基づいていた。

上記の狩猟制限は効果的で必要であったが，これらを行うことにより生じた問題は現在でも残っている。

狩猟期の短縮，禁猟，捕獲数制限，狩猟時間の設定，半日のみの狩猟，片方の性のみの捕獲許可などの規制を行う際には，その必要性を理解させるために広報活動が必要である。一度でもこれらの戦略が有効であったら，あるいは有効であったことが一般に認識されたら（たとえ有効でなくても），この戦略を破棄することは不可能である。一度破棄したら，特に一般の反対を押し切ってまで行ったら，管

理局の信頼はひどく傷つくことになる。反対のことを示すデータが沢山あるにもかかわらず，捕食者コントロールは一般や管理局の職員にさえ必要だと考えられている。広い地域で，時には一部地域でも狩猟鳥獣が減少したら，今でも禁猟や捕獲数制限が要求される。

現代の山野に生息する狩猟鳥獣の捕獲数管理（1970年代から現在）

残念ながら山野に生息する狩猟鳥獣の管理戦略の研究は他の野生動物のように進んでいない。ほとんどの山野の狩猟鳥獣に関して性齢の識別法を身につけることは比較的簡単であるが，猟期の設定は難しい。

山野に生息する狩猟鳥獣の生息地選択や食性に関して多くの研究が行われてきたが，捕獲数制限や捕獲率，猟期の長さが個体群に与える影響についてはほとんどわかっていない。このような研究はごく限られた地域で行われているにすぎない。理由は明らかである。時には州全体で行われる狩猟管理を評価するにあたって，統計的解析に耐えうるように設計された実験を設定できないからである。また，野生動物管理局と関係していない研究者は実用的でなく理論的な研究を行う傾向がある。基礎生物学や現存する文献だけからでも管理の体制づくりは十分可能であろう。けれども精度の高い調査や広範囲に及ぶ管理評価が行われていないことは，管理局内にも一般に対しても鳥獣管理方針を理解してもらうことを困難にすることがある。新しい管理戦略の効果が実証されていないと，管理局内や関心のある人々からその実行に際して抵抗を受けることになるだろう。その戦略を企てた他の州の研究結果が，管理局職員を含む人々から受け入れられないことがある。

現代における山野の狩猟鳥獣管理は，北アメリカの各地で絶滅を回避することができた種に対する研究で得られた法則を基にして行われている。これらは次のようなものである。①きわめて分布が限られた種を除いて，全ての山野に生息する狩猟鳥獣は毎年収穫可能な余剰の若齢個体を生産する，②狩猟はこれらの個体群に有害な影響は与えない，③狩猟圧は収穫逓減の法則に従い，ハンターは獲物が実際に少ない，あるいはそう感じる時は狩猟活動は少なくなるかゼロになる。一方，狩猟圧が大きくなると，動物も用心深くなり接近しにくくなるので捕獲数は減少する。

狩猟可能な大量の余剰個体の生産

50年以上も前に，Leopold(1933)は山野の狩猟鳥獣は極めて高い繁殖力を持っていることを報告した。最新の同様なデータはJohnsgard(1973)，Sanderson(1977)等によっても紹介されている。これらによると，多産のウズラから少産のヤマシギ，タシギまで全ての山野の狩猟鳥獣は毎年狩猟を支えるに十分の個体を産出している。ライチョウやウズラの産卵数は5～16(Johnsgard 1973:68-70)，タシギ(Fogarty & Arnold 1977)，ヤマシギ(Owen 1977)は4，ワタオウサギ，ウサギ，リスの産子数は2～7である。リスを除くと，哺乳類は毎年2～7頭の子供を生む(Conaway et al. 1963, Keith et al. 1966, Nixon et al. 1974, Dolbeer & Clark 1975, McKay & Verts 1978)。

明らかに多産の動物の幼鳥・幼獣死亡率は高い。そうでなければ動物が生息地からあふれだしてしまうだろう。高い幼鳥・幼獣死亡率にもかかわらず，多くの若齢個体は狩猟に利用できる。例えば，Bump et al.(1947)によるとエリマキライチョウの1メスあたりの平均産卵数は11.5で，約95％が孵化し，61％の巣が孵化に成功する。たとえ62％の幼鳥が死んでも，繁殖に成功したメスは毎年2.5羽の幼鳥を生産することに成功したことになる。Fischer & Keith(1974)はエリマキライチョウ個体群には秋に成鳥1羽あたり2.0羽の幼鳥がいたことを報告している。同様に推測すると，繁殖に成功したヨーロッパヤマウズラのメスは3.5羽の幼鳥を持つことになる(Johnsgard 1978:88)。哺乳類においても同様であるがより劇的な結果が得られる。ワタオウサギは1メスあたり9～15匹の幼獣を生産し(Conaway et al. 1963, 1974, McKay & Vets 1978)，リスは4～9匹(Nixon et al. 1974)，カンジキウサギは6～13匹を産出する(Keith et al. 1966, Dolbeer & Clark 1975)。

Johnsgard(1978:89)は秋期，冬期のライチョウ，ウズラの齢構成についてまとめ，未成熟個体の割合が33～89.5％にばらつくことを示した。オジロライチョウを除く種では秋～冬期の個体群に占める幼鳥の割合は50％を越えていた。Johnsgardは成鳥と幼鳥の割合がそれぞれ50％の時の繁殖期の生産率は100％であるとした。ライチョウ，エリマキライチョウ，ウロコウズラ，ズアカカンムリウズラ，コリンウズラ，ヨーロッパヤマウズラ，イワシャコの幼鳥の割合は75％で，生産率は300％と非常に高率になる。山野の狩猟鳥獣では，未成熟個体の割合の多いことが捕獲個体の報告からも明らかである。もし狩猟に選択性が無くハンターが個体群の中の比率に応じて動物を捕獲しているとすれば，捕獲個体のほとんどは未成熟個体になるはずである。捕獲個体の中の未成熟個体の割合は以下の種で41％から87％までばらついている。アオライチョウ(Hoffman,

Colo. Div. Wildl. Job Prog. Rep., Fed. Aid Proj. W-37-R:265-317, 1980)，ワタオウサギ，ヌマチウサギ (Martinson et al. 1961, Conaway et al. 1963, Trent & Rongstad 1974)，アメリカオオリス (Allen 1943, Donhoe & Martinson et al. 1961, Mosby 1969, Nixon et al. 1974)，ナゲキバト (Dunks et al. 1982, Tomlinson et al. 1988)，キジ (Erickson et al. 1951, Baxter & Wolfe 1973)，シロマダラウズラ (Brown 1979)，エリマキライチョウ (Major & Olson 1980)，キジオライチョウ (Braun, Colo. Div. Wildl. Job Final Rep., Fed. Aid Proj. W-37-R:29-73, 1981)，ホソオライチョウ (Hamerstrom et al., Wisconsin Dep. Nat. Resour. Job Compl. Rep. Proj. W-79-R-1:71-77, 1956)。

狩猟の影響

もし何の規制もなければ狩猟が山野の狩猟鳥獣個体群に悪影響を与えることには疑問の余地がない。1600年代以来北アメリカでとられてきた措置，例えば捕獲数制限の設定，猟期の設定，猟具規制，狩猟可能時間の設定などは，個体群に与える悪影響をなくすために計画された。1950年代以来行われている狩猟は，山野の狩猟鳥獣個体群に悪い影響を及ぼしてこなかった。捕獲個体のデータは重要で，ほとんどの州の野生動物局は捕獲数の推定を行っている。チェックステーションでの調査，電話，郵送アンケート，報告の義務付け，調査研究を行っているが，捕獲数の増減が山野の狩猟動物個体群にどのような影響を与えているのかを示すことは難しい。狩猟による死亡が死亡要因の50％以下であれば個体群に影響はなく，他の自然死亡率の増減，移入移出や密度依存的な繁殖率などにより調整されることが文献に示されている (Mosby & Handley 1943, Baumgartner 1944, Glading & Saarni 1944, Mosby and Overton 1950, Hickey 1955, Lobdell et al. 1972)。これはほとんど全ての山野の狩猟鳥獣にあてはまるだろうが，Lobdell et al. (1972) はオスのシチメンチョウの春の狩猟では死亡率は相殺されずに付加されたことを報告している。これは春の狩猟が他の要因による死亡が起きた後に行われるためである。しかし，Lobdell et al. (1972) は春にシチメンチョウ個体群から100％の成オスを除去したところで繁殖がすぐに抑制されることはないと考えている。

Bergerud (1985) は狩猟による死亡はすべて死亡率を高めるとした。しかし狩猟鳥個体群が狩猟によって深刻な影響を受けていたり，回復できないほどに衰退するようなことは起きてないだろう。現在，このことを問題にする文献はほとんどない。

多くの山野の狩猟鳥獣で，狩猟により死亡率が自然死亡のレベル以上になることはない。Mosby (1969) はリスの年間死亡率が保護区で42％，猟区で38％であることを報告した。38％の死亡率は年間の平均死亡率や加入率に影響を与えなかった。Edminster (1937) はエリマキライチョウの冬の個体群は保護区と猟区で差がないことを示した。Palmer & Bennett (1963) は猟区でもそれ以外の地域でもエリマキライチョウが同様に減少していることを発見した。Gullion & Marshall (1963) はエリマキライチョウのオスの生存率は保護区外で低く，秋の狩猟は成鳥の死亡率を高めることを報告した。しかし年間の生存率はどちらでも同じであった。他のエリマキライチョウ個体群では，秋の狩猟は翌春の個体数に大きな影響を与えていなかった (Dorney & kabat 1960, Fischer & Keith 1974)。Fischer & Keith (1974) は春にナワバリの外でオスの猟をしたが，産卵数や秋の個体数にはその影響がみられなかった。Rose (1977) は狩猟が合法の場合，ウサギの死亡率は84％で，違法の場合の75％よりも大きくなったことを示した。しかし翌秋の個体数は減少しなかった。これは出産率の増加，若齢個体の生存率の増加，分散等の要因によるものであった。

もちろん高い狩猟圧が山野の狩猟鳥獣に悪い影響を与えることもあり得る。Roseberry (1979) は異なる捕獲戦略がコリンウズラに与える影響についてシミュレーションを行い，秋期に個体群の55％以上を捕獲したら次の春の個体群が衰退することを示した。複数の研究者 (Allen 1943, Baumgartner 1944, Allen 1952, Nixon et al. 1974) が，小さな植林地に生息するアメリカオオリスは乱獲されることがあり得るが，このような地域の個体群は近隣の狩猟禁止地域からの移入で維持されていることを報告している。小さな植林地が広く分散している地域では，狩猟による除去後の再移入速度が低いので，回復速度は低くなる。生息地が連続している広大な森林地域では，ハイイロリス，アメリカオオリスは乱獲されない，つまり捕獲数は年間の加入率に比べてはるかに小さいと考えられている〔Allen 1952, Uhlig (W. Va. Conserv. Comm. P-R Proj. 31-R, 1955), 1956, Mosby et al. 1977, Weaver & Mosby 1979〕。全ての生息地が Nixon et al. (1974) が調査した植林地と同じレベルの狩猟圧を受けていたとしたら，個体群は回復できずに衰退してしまうだろう。

近年，断片化した森林で研究をしているウイスコンシン

州の生物学者(Small et al. 1991)が，エリマキライチョウの個体数は高い狩猟圧により減少するだろうと指摘した。しかし，この個体群は毎年周辺地域からの移入により持ちこたえている。このようなことが不可能な地域，例えば非常に小さく断片化した生息地では地域的絶滅が起こるであろう。それは過去にいくつかの狩猟鳥の生息地で間違いなくおきたに違いない。

捕獲数が大きくなると死亡率も高くなる可能性がある。理論的には狩猟圧が非常に高ければどの個体群でも衰退する。幸運にも，大量捕獲されたために繁殖率が急減したり，繁殖力や死亡率などの密度依存的な反応が機能しなくなるようなことはあまりない(Shaw 1985)。Nixon et al. (1975)は総捕獲数を決定するに際して，公有林における狩猟圧はリスの生息密度ほど重要ではないことを指摘した。狩猟の影響力がいくつかの山野の狩猟動物で調べられてきた。捕獲数の生息数に占める割合はハジロバトで4%未満(Brown et al. 1977)，アオライチョウで約4%(Hoffman, Colo. Div. Wildl. Job Prog. Rep., Fed. Aid Proj. W-37-R:265-317, 1980)，ナゲキバトで5.5～12%(Dunk et al. 1982:1, Tomlinson et al. 1988:1)，キジオライチョウで7～11%(Braun & Beck 1985)，オウギバトで14%，シチメンチョウで10～40%(Lobdell et al. 1972, Weaver & Mosby 1979)，リスで15～60%(Fouch 1969, Mosby 1969, Nixon et al. 1974, 1975)，コリンウズラで45～70%(Roseberry 1979)である。Hickey (1955)は，山野の狩猟鳥個体群は，狩猟による死亡率が少なくとも自然死亡率の半分であれば耐えられることを示唆した。これらの種の成体の死亡率は子供よりも低く，40～80%であるので〔Lobdell et al. 1972, Johnsgard 1973, Hoffman(Colo. Div. Wildl. Job Prog. Rep., Fed. Proj. W-37-R:265-317), Braun & Beck 1985〕，少なくとも20～40%の捕獲率には耐えられると考えられる。Mosby(1969)はハイイロリスの捕獲率は38%で，個体群に影響を及ぼしていないことを報告している。

Peterle & Fouch(1969)はアメリカオオリスの60%という捕獲率も問題ないと考えている。しかしNixon et al. (1974)は，近隣地域からの移入がない小さな植林地に生息する定住性のアメリカオオリスは60%の捕獲率に耐えられないと述べた。Vance & Ellis (1972)はコリンウズラにとっては70%の年捕獲率でも高すぎないことを報告している。けれども，Gullion & Marshall(1968)はミネソタ州では猟期の後半に捕獲数が多くなると個体群が衰退する可能性があることを示唆した。ウィスコンシン州で行われた研究は(Kubisiak 1984, Destefano & Rusch 1986, Small et al. 1991)，断片化しているエリマキライチョウの生息地では狩猟圧が個体群を衰退させることを示した。けれども今のところ近隣地域からの移入で支えられている。いくつかの東部の州では，高い狩猟圧，密猟，生息地や天候に関する問題のため，乱獲がシチメンチョウの個体群をおびやかしているかもしれない。これらの地域では許容できるレベルを越えつつあるかもしれないが，多くの州ではこのような状況は見られない。

狩猟鳥獣の生息地への接近しやすさは捕獲率を高める。上述したように，公有地の小さな植林地に生息するリスの個体群は簡単に狩猟ができるため乱獲されやすい(Allen 1943, Allen 1952, Nixon et al. 1974)。一方，道路から遠いため狩猟が行われない地域がある広い森林では乱獲されない〔Uhlig (W. Va. Conserv. Comm. P-R Proj. 31-R, 1955), 1956, Mosby et al. 1977〕。小さな植林地に生息するリスでも，ハンターのアクセスが制限される私有地ならば乱獲されにくい。中西部の小さな公有植林地では，国有林や私有地に比べて4～5倍の狩猟圧があった(Fouch 1969, Nixon et al. 1974)。アルバータ州では道路から302 m以上離れたところにいるエリマキライチョウのマーキングオスは1%しか捕獲されなかったが，道路から101 m以内にいた個体は27%が捕獲された(Fischer & Keith 1974)。道路密度が高い地域ではエリマキライチョウの死亡率は高くなった。Small et al. (1991)は，公有猟区では60%のエリマキライチョウが捕獲されたが，私有猟区では10%しか捕獲されなかったことを報告している。狩猟圧が高い地域に動物を供給する保護区の存在は，山野の狩猟動物が乱獲されないために大きな役割を担っている。

猟期の長さと時期が山野の狩猟動物に与える影響については長い間議論されてきた。概してこれらは捕獲数を規制するために使われてきた(Crawford 1982)。時には猟期の長さと時期は捕獲数に影響を与え，ハンターにも影響を及ぼす。典型的な事例がアオライチョウの狩猟において見られている。ワイオミング州などアオライチョウ生息地の一部分では，長い間8月の終わりか9月初めに猟期が始まっていた。1970年代後半にいくつかの州は始まりを9月中旬にした。これはメスと幼鳥が捕られやすいとされている水域近くでの狩猟を減少させるためであった。多くの生物学者が大型狩猟動物の論理をアオライチョウに適用して，メスと幼鳥の大量捕獲は乱獲を意味し個体群が衰退すると推測した。猟期時期の改定により，子供が分散した後に狩猟が行われるようになるので，1歳子と成オスの捕獲数が増

加すると考えられた。鳥が分散すればするほどオスとの出会いが多くなるはずであった。しかしワイオミング州ではもともと非常に少ないアオライチョウのオスの捕獲数は10％しか増加しなかった。一方，メスと幼鳥の捕獲数は変わらなかった。若くて味の良い個体を見つけやすい8月後期の猟期を好んでいたハンターはこの措置に対して激怒した。近年になって管理者は狩猟開始時期にはアオライチョウのほとんどがメスと幼鳥で構成されており〔70～86％, Braun (Colo. Div. Wildl. Job Final Rep., Fed. Aid Proj. W-37-R:29-73, 1981)〕，捕獲個体のほとんどがメスと幼鳥であることは当然であると考えるようになっている。秋の捕獲個体の内70～91％がメスと幼鳥であることは，ハンターが個体群の構成に応じて無選択的に捕獲していることを反映しているにすぎない。

　狩猟期の長さと時期は設定によっては個体群に悪影響を与える可能性がある。9月に始まり88～98日間に及ぶ猟期は小さな造林地に生息するリス個体群を衰退させるが(Nixon et al. 1974)，10月に始まる22日間の猟期では，たとえ捕獲数の個体数に占める割合が高かったとしても，個体群を衰退させることはなかった(Peterle & Fouch 1969)。Nixon et al. (1974)は9月15日まで狩猟が行われなければ，メスの捕獲が少なくなるので個体群に与える影響は少ないと考えている。Mosby et al. (1974)はリスは9月始めに最も捕獲されやすく，それ以降はそうでないとした。捕獲数を高めるには猟期開始を10月1日以前にした方が良かった。

　ウィスコンシン州では，公有猟区においてエリマキライチョウ個体数の減少がみられている．これに対して，捕獲されやすい時期をはずして猟期を短くするべきであると古くから言われている(Kubisiak 1984, DeStefano & Rusxh 1986, Snall et al. 1991)。

　猟期期間や捕獲数制限の改定が個体群に与える影響については文献によって意見の相違がある。

　Crowford(1982)はキジオライチョウの捕獲数制限を2羽から4羽にすることは総捕獲数を増加させること，猟期を長くすることは2倍以上の捕獲数をもたらすことを報告している。一方，Braun(Colo. Div. Wildl. Job Final Rep., Fed. Aid Proj. W-37-R:29-73, 1981)，Braun & Beck(1985)は，捕獲数制限の緩和や猟期の伸長は総捕獲数に大きな影響を与えないと結論づけた。キジオライチョウの捕獲数は，猟期前や猟期期間中の環境要因により強い影響を受けていた。猟期の伸長や捕獲数制限の緩和が捕獲数の増加に影響を与えることもあるだろうが，ワイオミング州で得られた結果はBraun & Beck(1985)の指摘を支持している。1981年にワイオミング州南西部で，猟期期間は同じまま1日あたりの捕獲数を3羽から2羽に，所持許可数を6羽から4羽に減らしたところ，捕獲数は45％減少した。しかし翌年，同じ猟期期間と捕獲数制限にもかかわらず捕獲数は71％増加した。1985年に上記の制限を元に戻したところ捕獲数は46％増加した。1986年には捕獲数制限を同じまま猟期を約2倍の16日にしたが捕獲数は8％減少した。これらの結果は，捕獲数の増減には猟期期間と制限捕獲数以外の要因が働いていることを示唆している。1986年の捕獲数の減少は，猟期最初の週末が低温で霧の多い気象条件出会ったことと関係があった。鳥は全ての植物が濡れていたため水場に集中せず分散していた。捕獲成功率が低いため多くのハンターが昼までに帰宅した。狩猟のほとんどが猟期の最初の週末に行われるため，この時期の捕獲数が総捕獲数に大きく影響を与えていたのである。

　多くの山野に生息する狩猟動物の場合，捕獲のほとんどが猟期の最初の数日に行われる。例えばコロラド州のキジオライチョウ猟では，猟期最初の週末に69～73％が捕獲された(Braun & Beck 1985)。同様の結果は，先にも述べたようにワイオミング州でも見られた。コロラド州のキジオライチョウ猟で猟期を長くしたところ，猟期最初の週末の捕獲数を減少させる結果になったが，それでも60％がこの期間に捕獲された。

　ワイオミング州でも同様の結果が見られた。キジオライチョウとプロングホーンの猟期を重ねると，プロングホーン猟期の最初の週末に小さいながらもキジオライチョウの捕獲数に第2のピークが現れた。コロラド州ではアオライチョウは猟期最初の週末に27～44％捕獲され，39～54％が初めの2回の週末に捕獲された(Hoffman, Colo. Div. Wildl. Job Prog. Rep., Fed. Aid Proj. W-37-R: 265-317, 1980)。アイダホ州では最初の数日間にキジ猟が盛んに行われるので，最初の5日間は捕獲数を制限し，非居住者ハンターを排除した(Upland game species management plan, 1981-1985, Idaho Dep. Fish Game, Boise, 1981)。

　概して，山野の狩猟動物の性をハンターが野外で識別することは難しいので，猟期にはどちらを捕っても良いことになっている。例外はキジとシチメンチョウである。秋のシチメンチョウの猟期では，どちらの性が捕られてもあまり気にする必要はないだろう(Lobdell et al. 1972)。キジの数がとても多い時期にはメスを捕獲しても問題がないと

いう意見がほとんどであった(Madson 1962)。けれどもキジの生息地が縮小した現在，いくつかの州はメスの捕獲禁止を打ち出してきた。これは狩猟，冬期の死亡率，アルファルファの刈り取り期間に生じる巣の破壊などの複合要因によってキジ個体群が影響を受けているからである。狩猟と冬の死亡だけでは大した問題ではないが，残ったメスがアルファルファの刈り取りの際に死亡し繁殖に大きな影響がでている。この他には，春のシチメンチョウ猟で性毎に捕獲数を分けることの重要性が指摘されている。

狩猟は死亡率を高くするが，猟期を操作したり与える影響を小さくすることで問題は無くなる。多くの州で性による狩猟制限が行われている時期には，ひげのあるシチメンチョウのみの狩猟が認められている。メスも捕獲される可能性があるが，ひげのあるメスが捕獲される割合は小さいと考えられている。

収穫逓減の法則

ハンターは狩猟動物が少ない地域を避け，狩猟動物が少ない時，あるいはそう感じた時には狩猟努力量を減らす傾向がある。口コミによる情報(例えば，狩猟成果を他のハンターに話すこと)は，狩猟努力量の増減に影響を与える。これは特にリスやワタオウサギ猟でよく見られる現象である。9月にリスが少なければ狩猟圧は即座に小さくなり，狩猟開始日から数日の内にほとんど無くなる。もし狩猟が成功すれば，狩猟圧は高いままである(Mosby et al. 1977)。キジ，ライチョウ，ウズラ，ウサギの数の多少に関する情報の広がりが捕獲数に大きな影響を与えた確かな事例がある。厳しい冬が山野の狩猟動物に大きな影響を与えた時，ある種の数が少ないという情報が広がると他の種も同様であるとハンターに思われる。例えばワイオミング州で厳しい冬の後に，アオライチョウ捕獲数とハンター数はそれぞれ38％，32％減少した。しかしその冬，アオライチョウの高い死亡率は確認されていないし，1984年の繁殖は良好であった。ハンター数の減少は，ワタオウサギやイワシャコなど他の狩猟動物に関する情報に影響を受けたと思われる。

ハンター数は猟期初期に多い。Kubisiak(1984)，DeStefano & Rusch(1986)はウィスコンシン州のエリマキライチョウ猟では，高い狩猟圧が猟期の初期にかかることを示した。Nixon et al. (1974)はリスのハンターが出猟する割合は，猟期の最初の月が72.5％，2か月目が23.1％，3か月目が4.4％になると報告している。初期の狩猟圧は，用心深くなくすぐに捕獲されてしまう動物を一掃する。生き残った個体は用心深くなりなかなか捕れなくなる。猟期後期にはより多くの狩猟努力が必要である。この状況はハンターのやる気をなくさせる。Nixon et al.(1974)は，捕獲に成功しないハンターは成功したハンターよりも1頭のリスの捕獲にかける時間が30～90分少ないことを示した。けれどもNixon et al.(1974)は，個別の成功率は低くても公有猟区での狩猟圧はしばしば高いままであることを発見した。これはハンターがこの場所を訪れる動機が沢山の動物を捕獲することになく，狩猟を楽しみ，仲間と交流することを目的としているからである。Hamerstrom et al.(Wisconsin Dep. Nat. Resour. Job compl. Rep., Proj. W-79-R-1:71-77, 1956)は，1955年のウィスコンシン州においてホソオライチョウが野生化しアプローチが難しくなった後に猟期が解禁されたため，捕獲数が激減したと考えた。合衆国でエリマキライチョウを狩猟したことがある人は，捕獲圧が高い東部では，若い個体が多く反応の鈍い個体がいる猟期初期を除けば，この鳥が用心深く激しく飛び立つ性質を持つことを知っているだろう。西部のエリマキライチョウは，強い狩猟圧を受けている地域を除けば概しておとなしい。これは他の狩猟動物にもあてはまる。Hoffman(Colo. Div. Wildl. Job Prog. Rep., Fed. Aid Proj. W-37-R:135-152, 1976)は，ワイオミング州でHarju(1974)が描写したワナ付きの棒を用いなければアオライチョウを捕ることができなかった。それは彼の調査地でアオライチョウは高い狩猟圧にさらされており容易に近づけなかったためである。多くのキジオライチョウやホソオライチョウの猟師は，猟期後期になると鳥がハンターを認めるや否や突然飛びだし，射程外に飛んでいくことを知っている。キジは，飛び立つ前にハンターの前方遠くを走るようないらいらさせる習性に加えて，猟期後期にはライチョウと同じような行動もとる。

放 鳥

放鳥は世論による支持が強いので，山野に生息する狩猟鳥獣に関する議論に必ず含まれることになる。

キジやコリンウズラの放鳥はよく行われる。新しい地域へのキジやその他の猟鳥の導入が成功すると，放鳥はハンターに好ましく思われるようになる。たまたまキジに利用可能なニッチェが開いていたこと，競合種がいない地域に導入された他の種と同じようにたまたまキジが適応できたということを一般の人は気づかない。キジが北アメリカに導入されて以来，農家の規模が大きくなり開墾されていない土地は消えた。農業の効率化はキジのカバーと食物を消

失させてきた。放鳥されるキジのほとんどは，野生個体を捕獲し他の場所に移したものではなく飼育個体である。飼育個体は用心深くなく，野生個体のように餌を採ることができず，メスは子供を育てられない。政治家と管理局の行政官，管理局の職員はキジとウズラの放鳥に反対の立場を示さないが，この理由には一般の支持を失うこと，政治的報復を恐れていることもあげられるだろう。

キジについて広く集められた情報は，放鳥が狩猟管理において適切な行為ではないことを示している。飼育された鳥は野生に戻されてもほとんどの個体は生きながらえることはできず，狩猟対象として扱えるようになるまでには非常に高いコストがかかる。キジは，狩猟期直後，春の繁殖期直前など様々な時期に放鳥され生存率が調べられてきた。これらの鳥の生産力は最低レベルであった。Besadny & Wagner(1963)はウィスコンシン州で巣作りを行った放鳥メスは，1メスあたり0.2～0.4羽のオスしか産み出さなかったことを報告している。イリノイ州では，800羽の野生のメスと900羽のメス飼育個体が春に放鳥されたが，野生のメスのみが繁殖した(Anderson 1964)。このような実験はおそらく全ての州で行われ，同じ結果が得られている。これは放鳥支持者が他の州のうまくいかない結果を信じなかったからである。もちろん野生個体でも高齢に達するものはほとんどいない。Erickson et al. (1951)は，狩猟圧がかかっていない場合1歳以上になるキジは28%にすぎないことを報告している。脚輪の回収結果から，放鳥されたキジはほとんど野生個体群に加わらず捕獲もされないことが明らかになった。ミネソタ州では放鳥された個体の内3%しか捕獲されなかった(Erickson et al. 1951)。Madson(1962:59)は，狩猟期の30日前に放鳥されたキジは9%しか捕獲されなかったこと，前年の冬に放鳥された個体は2%しか捕獲されなかったことを報告している。Klimstra(1975)はコリンウズラでも同様の結果を得ている。ウィスコンシン州で，キジの雛を狩猟者クラブがもらいうけ，育てて放鳥するプログラム"a day-old chick program"が行われた(Besadny & Wagner 1963)。このプログラムはキジの捕獲数を通常の生息地で27%，周辺地域で38%増加させたが，最も良い生息地ではたったの5%しか増加させなかった。捕獲数に占める放鳥個体の割合は猟期が進むにつれ少なくなった。概して解禁日近くに放鳥されるほど捕獲数に占める割合は高くなる。鳥の飼育には金がかかるので，沢山捕獲されないと1羽あたりのコストは安くならない。ワイオミング州や他の州では，放鳥を継続せよというハンターからの政治的圧力の結果，ハンターは公有猟区において1日前にキジを放してそれを捕るというような狩猟を行っている。この狩猟は捕獲される放鳥個体のコストをさげるために企画された。ワイオミング州では，これらの鳥が捕獲数に占める割合の平均値は66%である。規制のない狩猟だと脚輪をつけて放鳥された個体の捕獲率は27～62%（平均40%）である。カバーが少ない貧困な生息地では回収率は低い。この狩猟法が開発される前には放鳥個体の30～40%しか捕られなかった。Klimstra(1975)は放鳥されたコリンウズラ飼育個体の猟期における捕獲率は38.6～60%であったことを報告している。いくつかの州では1950年代の飼育キジ1羽あたりのコストは18～20ドルであったが(Madson 1962:59)，40年後の今も低くなっていない。ワイオミング州では放鳥キジのコストは約13ドルであるが，最も楽観的な推定でも1羽あたりから約1ドルしか回収できない。そして多くのハンターが公有猟区に集中するので，鉛玉の集中地域ができることになる。このような狩猟は高いコストにもかかわらず大変人気があるので続くことになる。

山野の狩猟動物管理の現在の動向

狩猟規制が実施されるようになった今世紀中期以降，山野の狩猟動物に関する優れた生物学的データが蓄積され，管理法は大きく変化してきた。これらにはより長い狩猟期間の設定，捕獲規制の緩和，データ収集の重要性の見直しなどがある。

大型狩猟動物が少なく，人口が多く，伝統的狩猟文化を持っている東部と南部の州では，当初山野の狩猟動物に対する猟期は長かった。一方，山野の狩猟動物の人気が低く，大型動物猟が重要であった西部の州では，必要以上に猟期が制限されている種もあった。規制の効果について逆のことを示す文献が沢山あるにもかかわらず，個体数の減少あるいはそれが予測されると，捕獲数制限，猟期の短縮，禁猟についての申請書が出されることは今日でも普通である。表17-5は北アメリカで見られるさまざまな山野の狩猟動物の猟期の時期，長さについて示してある。山野の狩猟鳥獣の猟期にはさまざまな"正しい"時期と長さがあり，ほとんどの猟期は規制がゆるやかである。捕獲数制限もおおまかである。例えば1日あたりのキジ，ライチョウの制限は2～5羽，ウズラは10～25羽，リスやウサギは5～10頭である。

ヒナの個体数調査を行う前に猟期を決める州もある。たとえそれを行ったとしても猟期の設定にあまり利用されない。狩猟は山野の狩猟鳥獣個体群にほとんど影響を与えな

表 17-5　北アメリカにおける山野に生息する狩猟鳥獣の猟期の時期と長さ(1989〜1990年)

種	最も早い狩猟開始月	最も遅い狩猟終了月	狩猟が盛んな時期	期間(日) 短い猟期	期間(日) 長い猟期	期間(日) 平均
コバト	9月	1月	9月〜10月	30	122	78
ノウサギ	9月	4月	10月〜2月	4	365	163
ジャックウサギ	—	—	1年中	32	365	197
イワシャコ	9月	2月	10月〜12月	20	122	77
ヨーロッパヤマウズラ	9月	2月	9月〜12月	45	144	77
キジ	9月	2月	10月〜1月	14	153	61
ハト	9月	10月	9月	30	30	30
ライチョウ類 (ptarmigan)	8月	4月	9月〜2月	76	263	167
コリンウズラ	10月	3月	11月〜2月	14	130	82
シロマダラウズラ	11月	2月	11月〜2月	80	80	80
アナウサギ	9月	6月	10月〜2月	6	365	138
リス	5月	3月	9月〜2月	31	365	125
ウッドチャック	—	—	1年中	196	365	313
シチメンチョウ						
春	3月	5月	4月〜5月	5	48	24
秋	9月	1月	10月〜11月	4	88	29
ライチョウ類(grouse)						
全て	8月	5月	10月〜12月	82	288	115
アオ/ハリモミ	9月	12月	9月〜11月	20	106	64
エリマキ	8月	5月	10月〜12月	53	137	94
キジオ	12月	12月	9月	1	86	19
ホソオ	9月	12月	10月〜11月	9	106	62
ソウゲン	9月	12月	10月〜11月	1	85	31

いので，ヒナの個体数調査が役に立つのは，狩猟の相対的水準を前年と比較して評価するときか，保護地域を決めるときである。

捕獲による影響が少ないので，多くの州が個体群のデータ収集に重きをおかないようになってきた。それにかわって，狩猟動物個体群に生じたことを類推できる捕獲データが重要視されるようになった。ハンターが捕獲した鳥の羽をいれる wing barrel の使用(Hoffman & Braun 1975)が西部で増えてきた。他には提出が義務づけられている報告カード，無作為抽出したハンターに対する郵便や電話による調査などがある。

野外でのチェックは多くの州で管理に必要なデータを収集するために行われてきた。道路を閉鎖したり，調査ステーションで必ずチェックを受けるようにすると沢山の捕獲個体を調査することができる。これらのデータを使うことで捕獲された猟鳥の性齢構成を調べることができる。比較的ハンター数が少なく，捕獲数が少ないいくつかの州では，羽根の収集を1年おき，あるいは2年おきにするようになってきている。

猟期と捕獲数制限の設定

山野の狩猟動物の猟期は，州や地方によって様々な時期に様々な方法で決められてきた。猟期は1年前や6か月前に決まることもあれば，1,2週間前に決まることもある。ある狩猟鳥獣の猟期が毎年変わらない地域もある。猟期が生物学者によって決められることもあるし，州の立法府，管理局を監督する評議員会や委員会によって設定されることもある。しばしば野生動物管理者は猟期の時期，期間，捕獲数制限について案を出すが，大型狩猟動物のところで述べたように，この案は管理局の行政官，委員会，管理局を監督する評議員会，立法府によって承認されたり修正されたりする。

手続きの都合で，データが利用可能になる前に猟期が設定されることもある。狩猟規制の印刷やそれをハンターや免許交付所に配るのに時間がかかることがその理由である。もし生物学者が山野の狩猟動物個体群の現状や個体群に対する狩猟の影響について関心を持ったならば，より高レベルのデータ収集や分析が必要だと言うかもしれない。

しかし，狩猟の影響が無いという情報が得られたならば，生物学者は猟期の設定時期に特にかかわらなくても良い。猟期は管理者の都合ではなく，対象個体群に悪影響を与えない限り，狩猟者に都合が良く楽しめるように設定されるべきである。

アメリカ合衆国のシチメンチョウの猟期をみれば，山野の狩猟動物の猟期を設定するにあたり様々な要因が考慮されていることがわかる(National Wild Turkey Federation 1986)。これらの要因の多くは生物学的と言うより政治的である。これらの政治的要因は，種の生物学よりも，生物学者の動物を管理する能力に影響を及ぼすことがある。シチメンチョウの春と秋の猟期を設定するのに必要な要因は以下の通りである。

春の猟期
　伝　統
　狩猟の質を保つためにハンター数を保つこと
　シチメンチョウがごろごろ鳴く時期に合わせる
　土地所有者の忍耐
　シチメンチョウの数
　メスが抱卵を始める季節
　孵化のピーク前に猟期が終わること
　シチメンチョウの生息地への入りやすさ（天候）
　シチメンチョウの文献

秋の猟期
　伝　統
　シカの猟期との一致
　土地所有者の忍耐
　シチメンチョウの数
　ヒナ数の調査
　シチメンチョウの生息地への入りやすさ（天候）
　シチメンチョウの文献
　シカの猟期を避ける
　秋の猟期が個体群に悪影響を与える恐れ

土地所有者がハンターに寛容であるか，ハンターの私有地使用を認めるか否かが，捕獲できる動物の数より重要な場合がある。もしすばらしい狩猟地をもった土地所有者が猟期の延長やハンターの入猟を禁止する恐れがあるならば，管理者はジレンマに直面する。ワイオミング州は，猟期延長に反対する2人の土地所有者が管理する40,469 ha以上の地域への入猟ができなくなるのを防ぐために，二つの郡で10日間のみのキジオライチョウの猟期を承認した。それ以外の地域の猟期期間は28日であった。猟期は短くなり狩猟の機会は最小になったが無くなりはしなかった。それぞれの管理者は，一般の人々を犠牲にして土地所有者を満足させるか否かの決断をせまられる。土地所有者の意向をどれだけ考慮しなければならないかが猟区の中の私有地の割合で決まることもある。土地所有者に対して教育を行ったり，土地所有者との仕事上で良いつながりをつくっておくことが効果的な場合がある。

他の狩猟動物を考慮して猟期を設定することもある。北部の州のハトのハンターは9月は低温のためハトがいなくなり捕獲数が減少すると苦情を申し立てている。9月1日がハト猟の解禁日であり，このように決まったのはいくつかの州でハトの猟期に対する抵抗が，早い段階からあったことが一因である。

西部におけるアオライチョウ，エリマキライチョウ，ハリモミライチョウの規制のゆるやかな猟期は，大型動物の猟師がこれらの鳥も捕れるように設定された。猟期が長いだけでなく猟具規制がないことも多く，捕獲が奨励されている。キジオライチョウの猟期をプロングホーンの猟期と同時に設定する地域もあり，ここでは両種の猟を奨励している。キジの猟期は10月か11月に始まる。猟期を遅くすると若いオスの羽根が完全に生え揃い性の識別がしやすくなるため，違法であるメスの捕獲をなくすことができる。また遅い猟期にすると，猟期の最初の時期にキジがとうもろこしを沢山食べるようになる。そして鳥は集中しやすくなり，少なくなった猟師にも見つけやすくなる。秋のシチメンチョウの猟期は11月以降であるが，この時期には若鶏が成鳥になり，より猟師にアピールするようになる。乱獲を避けるため秋にシチメンチョウ猟を認めていない州もある。また日曜の狩猟や，非居住者に対して最初の5日間の猟を認めていない州もある。

データがないにもかかわらず，キジオライチョウが常に乱獲されていると考えている州が西部にある。おそらくこの感覚は，草地など小さく限られた地域の群が狩猟されていることから生じたものである。かなりの数が捕獲されているのに毎年そのような地域にこれらの鳥がいるということは忘れられている。その結果キジオライチョウの猟期は短い。エリマキライチョウは西部の深く樹木の生い茂った地域にいる鳥であり，データを集めることは難しい。しかしこの鳥の狩猟期は90日である。意見の相違はあるが，キジオライチョウの方が狩猟による影響を受けやすいとは考えられない。アイダホ州の生物学者はキジオライチョウがこの様な条件下で乱獲されていると信じているが(Upland game species management plan, 1981-1985. Idaho Dep. Fish Game, boise, 1981), コロラド州の生物学者はそうでないと考えている。

　捕獲制限が乱獲の一因になるようなことはないだろう。"収穫逓減の法則"により多くの場合このような事態には至らない。ハンター心理を考えると，規制捕獲数は多くのハンターにとって達成可能な程度に少なくするべきである。多くの猟師がこれを達成し，どのような動物であれ制限数近くまで猟を行ったことに喜びを感じるだろう。制限を高く設定するとハンターはやる気をなくし，狩猟離れを起こすことになるかもしれない。あまりにも設定が高すぎる捕獲数制限はハンターに管理政策が貧困との印象を持たせることになる。

　多くの州が1日の捕獲制限の2～4倍にあたる所持制限を設定している。所持制限数が大きいとハンターは数日間滞在し狩猟することができるようになる。所持制限数が大きいと捕獲数が増加し個体群に影響を与えるようになるという証拠はない。1年に50羽というような規制を行っている州もあるが，これは現実的ではない。この目的は捕獲数の上限を決めることにある。しかし人々がこれに応じることを示すデータや，個体群に影響を与えるほど沢山の人々が制限捕獲数に達したという事例はない。実際，制限捕獲数に達することができる熟練ハンターは少ないだろう。実施できない規制はやめるべきである。特に生物学的根拠を持っていないような規制は人々に好ましからぬ印象を与える結果になる。

猟　区

　合衆国の多くの地域で，公有地が不足しているため狩猟が思うようにできなくなったり，都市域の拡大によって山野の狩猟動物の数が減少してきた。そのためハンターは猟区に関心を持つようになった。これは山野の狩猟動物を飼育し放鳥している私有地である。猟区はメンバーが維持費を負担するクラブか，ハンターが狩猟時間や，捕った鳥の数に応じて金を支払う形態のビジネスとして経営されている。ガイドや訓練された猟犬が提供されることもある。ほとんどの猟区は野生動物管理局による許可制である。猟区では公有地に比べて猟期を早く解禁したり，期間を長くすることが多い。

　猟区の良い点は多くの人に狩猟の機会を与えることである。開発が進んだり私有地への立ち入りがさらに制限され続けると猟区の重要性はますます高まるであろう。悪い点は高価なことと，反狩猟団体の攻撃を受けやすいことである。

要　約

　山野の狩猟動物の狩猟による死亡率は，保護区からの移入や密度依存的な繁殖力等の要因に相殺されて，個体群に重大な影響を与えないことが報告されている。新しく個体群に加入する数が十分に大きければ，多くの地域で個体群に悪影響を及ぼすおそれなく狩猟規制をゆるやかにすることが可能である。乱獲の恐れなく猟期を長くしたり制限捕獲数を高くすることができる。これは生物学的にも実証されている。しかし伝統に基づいた政治的観点からみれば問題があるかもしれない。全ての野生動物がそうであるように，生息地の質と量が個体数を決定する最も重要な要因である。天候の変動はハンター数や猟期の長さよりも個体数に影響を与える。これはキジやウズラで顕著である。飼育事業は猟期の設定よりもキジの個体数に大きな影響を及ぼす。山野の狩猟動物の捕獲管理は伝統，政治，ハンターや管理者の信念により大きな影響を受ける。野生動物の専門家は管理戦略や，得られる結果，必要な時にどのようにして管理戦略を変えるか，一般の人々が好んでいる管理戦略を変える際に必要なコストや，管理局が被る損害などを注意深く分析しなければならない。

❏渡り鳥の狩猟管理

背　景

　北アメリカにおける狩猟はほとんどが管轄する州や準州が独自に取り締まっているが，渡り鳥猟は主として連邦政府が取り締まっている。連邦政府の仕事は1916年にイギリス（カナダ）と，1936年にメキシコと取り交わした双務条約に基づいている(Library of Congress 1974)。この条約は捕獲して良い鳥の種類，大まかな時期，期間が明記されている。この承諾に職務上の責任を負うのはカナダ環境大臣，アメリカ合衆国内務省長官，メキシコの野生動植物庁(Flora y Fauna Silvestre)長官である。

　加えて，アメリカ合衆国とほとんどのカナダの州と準州，地方政府も渡り鳥猟を取り締まる。アメリカ合衆国では連邦政府にこの規制の最高権限があるため，州などの規制はその枠組みの中で同等のものかより厳しいものになっている。

　連邦政府や地方政府による何段階かの規制によって狩猟

管理が行われている。この節では合衆国の狩猟規制における権限や規制の公布過程についての概説と，最近適用された規制についての紹介することを目的としている。カナダの制度についても手短に触れるが，カナダとメキシコの権限や手続きは，特別な研究が必要なほどアメリカと異なっている。

狩猟規制に関して合衆国政府が重要な権限を持ったのは 1900 年に制定されたレーシー法が最初である。

この制定法は今も効力があり，州の法律を犯して捕獲した野生動物を越境して輸送したときに連邦が処罰するものである。この法律は，州境を越えたところにある野生動物の生息地(例えば川の中)にいる密猟者を捕まえることができなかった州の不満がたまった結果，制定された。

連邦政府の権限の拡大は，渡り鳥のおかれている状況と，ある州の狩猟が他の州に与える影響について関心が高まった結果促進された。1913 年に連邦議会は，渡り鳥は合衆国の「管理と保護の下にあり」，農務省の規制に従わない狩猟は違法であるとする法律を制定した。この法律には即座に異義が申し立てられ，1915 年に二つの法廷が，議会には野生動物を管理する権限が与えられていないので，1913 年の制定法は無効であるとした。政府は最高裁に上告したが，この制定法の支持者は判決が下る前に取り下げた。

渡り鳥の狩猟を規制する州の権限は，1916 年 8 月 16 日にアメリカ合衆国と，カナダを統治するイギリスの代表が署名した「渡り鳥保護協定」によって拡大した。アメリカ合衆国におけるこれに対応する国内法は，1918 年 7 月 3 日に Woodrow Wilson 大統領によって署名された渡り鳥条約法(Migratory Bird Treaty Act)である。この法律は，メキシコ，日本，ロシアを条約に加えること以外には基本的に改定されておらず，渡り鳥猟に対する連邦政府の取締において依然として重要なものとなっている。

渡り鳥条約法は簡潔であるが非常に包括的である。例えば 703 項を見ると「法律で許可されない限りは，どんな時も，どのような手段を使っても，協定の対象となっている渡り鳥，巣，卵の追跡，狩猟，捕獲，殺すこと，所有，販売の申し出，売却，購入，輸出，輸入，輸送，輸送させることは違法である」となっている。さらに，704 項を見ると「規定に従って，協定の目的に合致するように，内務省長官は対象となる鳥の数を十分に考慮して，いつ，どの程度なら狩猟が可能であるか決定しなければならない」とある。この法律は州や準州による取締にも便宜を図っている，すなわち 708 項には「703〜711 項は，上述の協定や法律に相反しない限り，渡り鳥やその巣，卵に対して一層の保護をしようとする法律を州や準州が制定し施行するのを妨げてはいけない」とある。このように渡り鳥猟を取り締まるために与えられた連邦政府の権限は明確であり，連邦政府が最高権限を持つことは議論の余地がない。州政府の権限についても明確に保証されている。

年次規制

総論

連邦政府の規制には原則と年次規制がある。原則は，「実砲の充填数は 3 発まで」，「おとりの使用禁止」というような，年によって変わらない規制である。これは渡り鳥猟の手段などについてであり，年々変化する捕獲規制は含まない。年次規制では猟期の長さや捕獲数制限などが定められており，毎年交付される。これらは渡り鳥の個体数に応じて修正される(Martin & Carney 1977)。

規制公布のプロセスは，連邦政府と州政府の協力体制の強化，政府の行動を規定する新しい法や規制の制定，一般の関心の増大などを反映しながら十分に検討されてきた。例えば，適切な規制を行うために主要な渡りルートが通る全ての州によって組織された渡り経路協議会(Flyway Councils)(図 17-7)や，特殊な渡り鳥個体群や群集のための管理ユニットなどがつくられた。現在の交付プロセスは，最終環境声明(Final Environmental Statement; FES 75)の最新版である環境影響評価書(Environmental Impact Statement)(U.S. Department of Interior 1988)に規定されている。これらは国家環境政策法(National Envi-

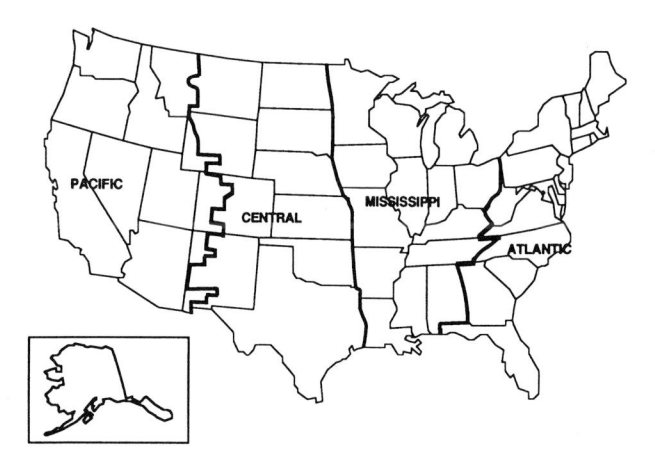

図 17-7 アメリカ合衆国における四つの渡り経路協議会の管轄地域

PACIEIC：太平洋区, CENTORAL：中央区
MISSISSIPPI：ミシシッピ区 ATLANTIC：大西洋区

ronmental Policy Act)に基づいており，連邦政府規制の複雑な手続きについて示されている。ここでは規制を変更するときにはその影響評価が必要であることが明示されている。

年次規制の作成のため会議や協議会は1月後半，あるいは2月前半に行われる(図17-8)。前期猟期(9月)と後期猟期(10月以降)にわけて規制の作成が行われる。前期猟期のための会議では，ほとんどの水掻きのない渡り鳥(ヤマシギやハト)，海ガモ(クロガモ，ケワタガモ等)や，アラスカ，バージン諸島，プエルトリコの全ての渡り鳥を扱う。後期猟期のための会議では残りの水鳥やアメリカオオバンが扱われる。

最初の会議(例えば1月22日，図17-8)では，全ての渡りをする狩猟動物を対象にして，アメリカ魚類野生生物局のメンバーだけが参加する。彼らは年間の猟期の枠組み，狩猟時間，捕獲数制限，猟期の長さを検討する。通常は猟期期間と捕獲数が調整される。この会議では，規制の変更も議論され，総合的な管理戦略についても提案されるが最終決定は下されない。これらの勧告は3月はじめの官報に掲載される。四つの渡り経路協議会(図17-7)はこれらの勧告を検討し，3月後半に行われる北アメリカ野生動物天然資源会議(North American Wildlife and Nature Resources Conference)でアメリカ魚類野生生物局に対して提言を行う。それぞれの渡り経路協議会は渡り鳥専門の生物学者からなる技術委員会を持っており，この会合は2月か3月前半に行われる。技術委員会の勧告は会議の前に渡り経路協議会に提出される。

2月にはアメリカ魚類野生生物局といくつかの州の代表者が水鳥の「羽根会議(wing bees)」を開催する。ここでは選ばれた水鳥ハンターから送付されたカモの羽根やガンの尾羽根を種，年齢，性毎に分類する。このデータの一部は3月の技術委員会で使用されるが，ほとんどのデータは後期猟期のための会議(7月)直前まで利用できない。この情報は捕獲調査データと合わせて水鳥状況会議(Waterfowl Status Meeting，後期猟期の項参照，図17-8)で使用される。

冬期の航空観測調査もカモとガンに関して行われる。この調査によるガンの情報とガンの羽根のデータは3月の渡り経路協議会で使用され，将来のガンの捕獲について予備的な勧告が行われる。真冬のカモ個体群動態調査のデータはほとんどの種について不十分であり，水鳥状況会議で大まかな現状把握のためのみに使用される。アメリカガモや，5月の繁殖調査期間にデータが得られない種については冬の調査は重要である。

猟期が終わると脚輪の回収状況が明らかになり，捕獲率の指標として使われる。捕獲率は規制の効果を示す信頼でき役に立つ指標である。脚輪回収情報は，生存率の推定や特殊なカモの個体群の捕獲地域を推定するのにも有効である。この情報は特にマガモで有効である。

前期猟期

前期猟期の規制制定のための会議は6月に始まる(図17-8)。ナゲキバトやヤマシギの鳴き声カウントや個体群動態データは「現状報告書」にまとめられ会議で検討される。州の局長は渡り経路協議会において個体群の現状について審議し，規制案を作成する。ハトに対する鳴き声カウントは毎年48の隣接する州で行われ(図17-9)，5月後半には1,000を越える調査ルートで実施される(Dolton 1990)。この鳴き声調査が個体群サイズの正確な指標になっているか

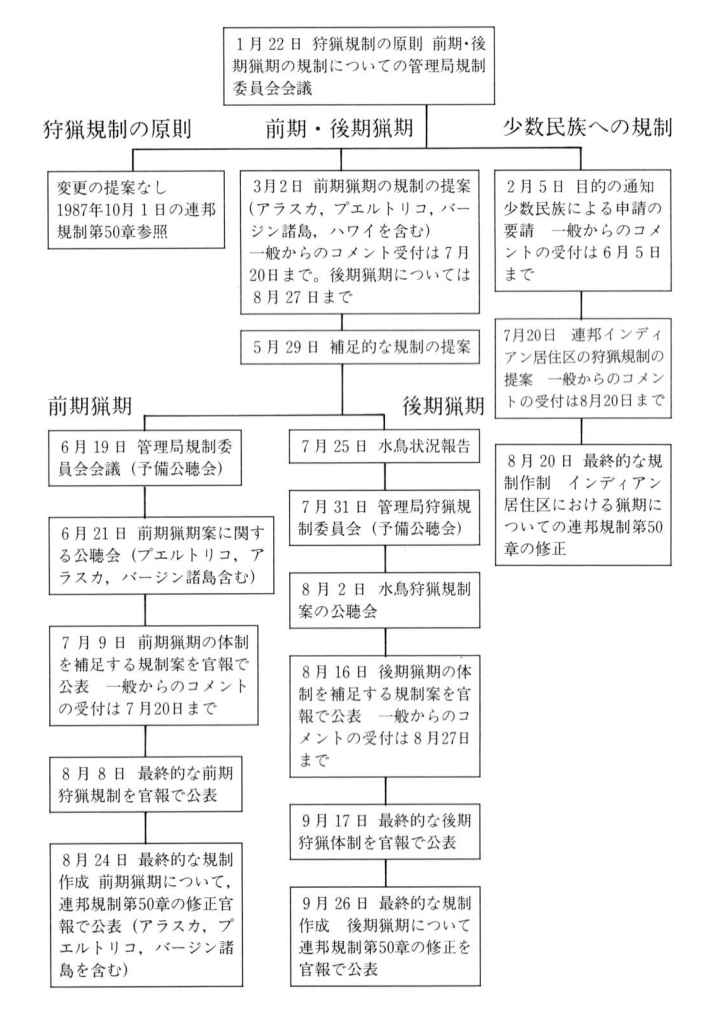

図17-8 渡り鳥猟規制会議の日程と規制の交付期限の1例

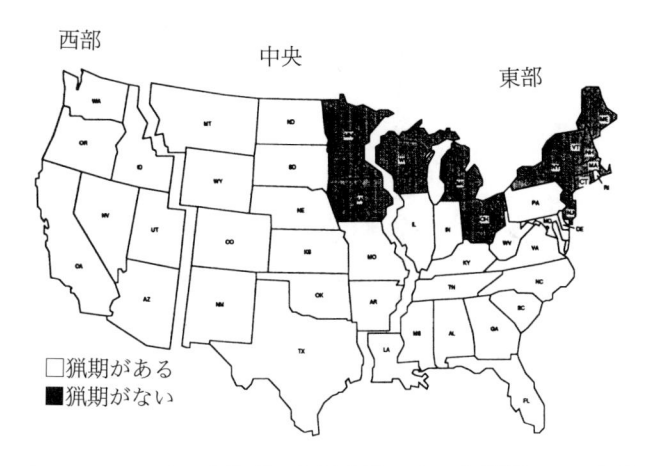

図17-9 アメリカ合衆国における三つのハト管理ユニットの管轄地域
黒塗りの州ではナゲキバトの猟期を持たない

は不明だが，個体数変化を反映していると仮定して使用されている。西部のいくつかの州ではハジロバトにも同様の調査が行われている。ヤマシギに対しても鳴き声カウントが行われている（図17-10）。ヤマシギでは羽根の収集調査も行われ，捕獲数や個体群の年齢構成が調べられている。

西部管理ユニット（図17-9）における1987年のナゲキバトの猟期は，鳴き声カウント指標をもとに規制が修正された。鳴き声カウントの結果，21年間に個体数が大きく減少していることが明らかになり，猟期が短縮され捕獲数制限が強化された。すなわち1986年の規制では，猟期70日，1日あたりの捕獲数制限12羽，入手制限が24羽だったのが，1987年にはそれぞれ30日（アリゾナ州では45日），10羽，20羽になった。

毎年春，カナダヅルに対しては集結地で航空調査を行う。また全てのツルハンターは連邦政府の捕獲許可を持つ必要があり，猟期終わりにその半分のハンターに対するアンケートによって捕獲数調査が行われている。この徹底的なサンプリング体制により実際の捕獲数をほぼ明らかにすることができる。そして捕獲数と航空調査のデータはツルの捕獲規制を設定するために使用される。

アメリカ魚類野生生物局による9月に始まる前期猟期の規制は，6月後半に開かれる公聴会で公表される。7月20日頃までには論評を得るために規制が発行され，9月1日に発効する。その年のハトの出産率などの重要な情報は規制を検討している段階では入手できない。

後期猟期

毎年5月前半から6月中旬までカモの繁殖個体群調査が行われる。層化無作為二重抽出法を使用し，大まかな航空調査と地上調査が行われる。航空調査では広域の調査が可能である。地上調査は航空調査のバイアスを修正するために，調査地域の一部について行われる。1955年以来行われているこの調査では，一連の調査用のトランセクトが設定されていて，北アメリカで繁殖する水鳥のほとんどの生息地をカバーしている（図17-11）。1990年には東カナダでも試験的な調査が行われた。これらのデータは繁殖個体群の状況や，調査地域内の繁殖に利用可能な湿地の数を調べるためにも使用できる。

7月には5月の調査地域のほとんどの場所で2回目の調査が行われ，カモの生産力について調べられる（図17-12）。この調査により，カモの数，年齢，1腹卵数，まだ巣にいる成鳥の数などについての指標が得られる。

湿地の数も調べられ幼鳥に利用可能な生息地の指標が求められる。7月にはバイアス修正のための地上での個体数調査は行われない。

5月の調査の情報は，7月の情報と合わせて秋の幼鳥数の指標（加入数）や，秋の渡り指数算出のための指標（FFI）を求める。全てのカモ（クロガモ，ケワタガモ，アイサ，コオリガモを除く）のFFIは次式（Reynolds 1987:188）で求められる：

$FFI = BP(1+P')$

$BP = $ 5月のカモ繁殖個体群の総数

$P' = P\,[(LNI+BI)/BP] / [(LNI+BI)/BP]_{avg}$,

$P = $ 一定の生産率

$LNI = $ 後半の巣作り指標

$BI = $ 1腹卵数指標

マガモについては秋の渡り指数（$FFI_{(m)}$）の求め方は異なっており，繁殖個体群の情報，捕獲個体のデータと脚輪の回収調査から推定した生産率を使用する。その式

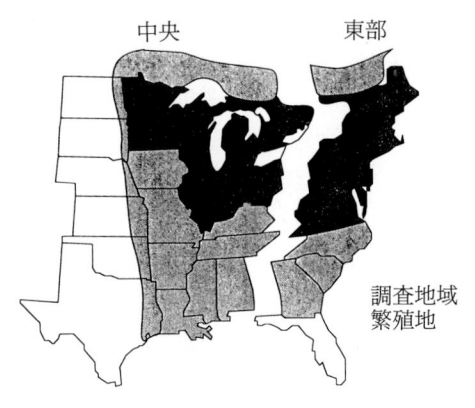

図17-10 ヤマシギの管理ユニットと鳴き声調査を行う地域

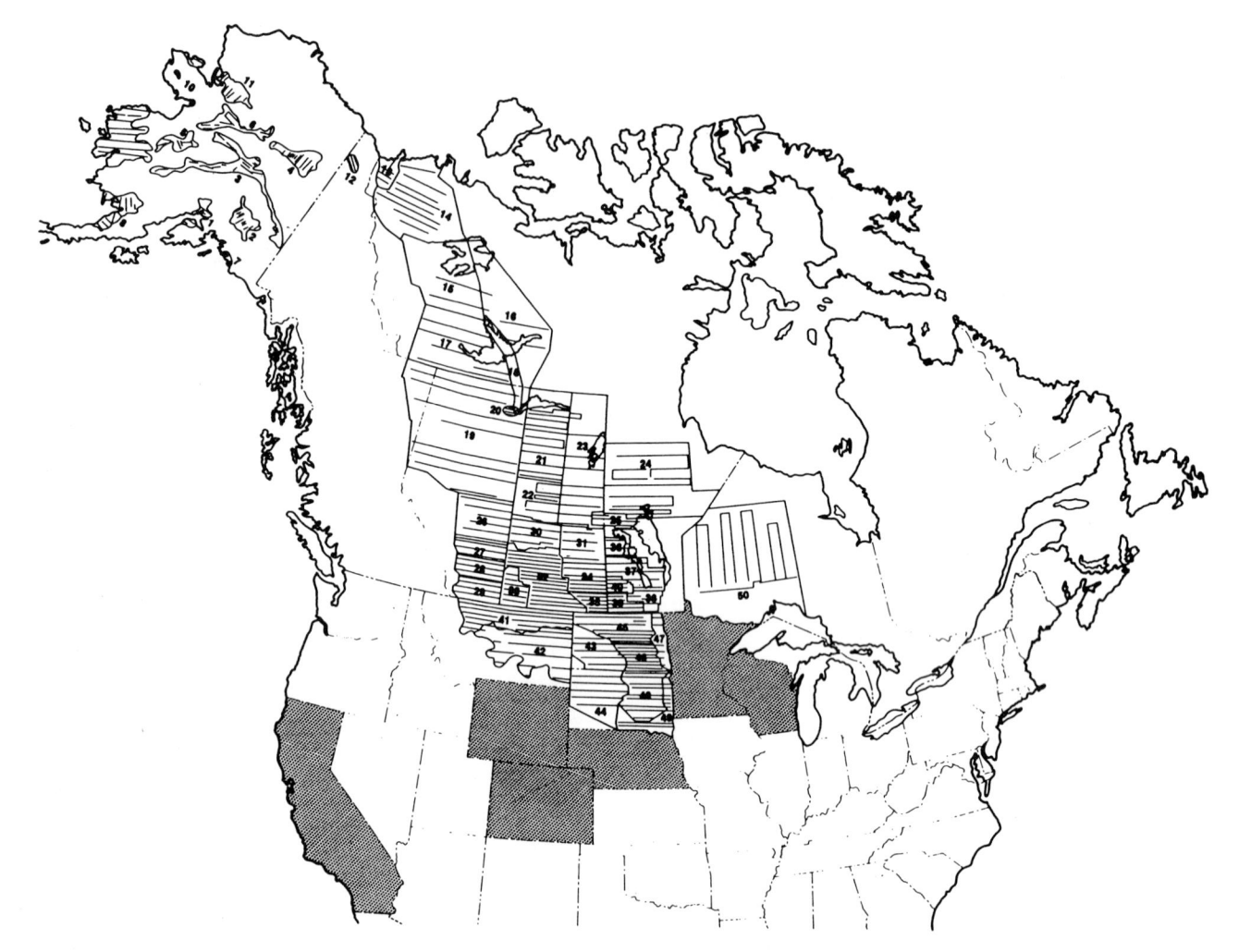

図17-11 水鳥の繁殖調査を行う主要地域の調査ルート(アメリカ魚類野生生物局提供)，数字は調査ルートの番号

(Reynolds 1987:187-89) は以下の通りである。

$FFI_{(m)} = N'_{TM} S'_m (1+P) + N'_{TF} S'_F (1+P)$

N'_{TM} = 春の成オス個体数

N'_{TF} = 春の成メス個体数

S'_m = 夏のオスの生存率(5月15日から8月15日) = 0.90

S'_F = 夏のメスの生存率(5月15日から8月15日) = 0.82

P = 生産率(秋の未成熟個体/成鳥) = (y/a)/b

ここで，

y = アメリカ合衆国で捕獲されたマガモの幼鳥の数

a = アメリカ合衆国で捕獲されたマガモの成鳥の数

b = 成鳥に対する幼鳥の脚輪の回収率の比

である。

猟期が終わるまで捕獲数と脚輪回収率のデータは得られないので，$FFI_{(m)}$は猟期設定の前には求められない。この指数はマガモの生産力に影響を与える変数を理解するのに役に立ち，また猟期前にマガモの秋の渡り指数を予測するモデル開発のために使用される。式の中でデータがどのように使われているかや，式がどのように導き出されたかはReynold(1987)に詳しい。秋の渡り数の予測は，水鳥の猟期と捕獲数制限の設定に際して大変重要な情報となっている。

2月以降の地域毎の羽根集め調査の結果は，7月にまとめられる。この調査により前年の猟期に捕獲された水鳥の性齢構成を知ることができる。前述したように脚輪の回収率のデータを用いることにより，前年の生産率を評価し今年の生産率を予測することができる。さらに7月にできる報告書により，前年の種毎のハンター活動量，成功率，捕獲数を評価することができる。ハンターの活動量と成功率はダックスタンプ(渡り鳥狩猟用の印紙)を買ったハンターの一部から回収したアンケートにより求める。ダックスタンプの販売量から得られる総ハンター数とアンケートの情報

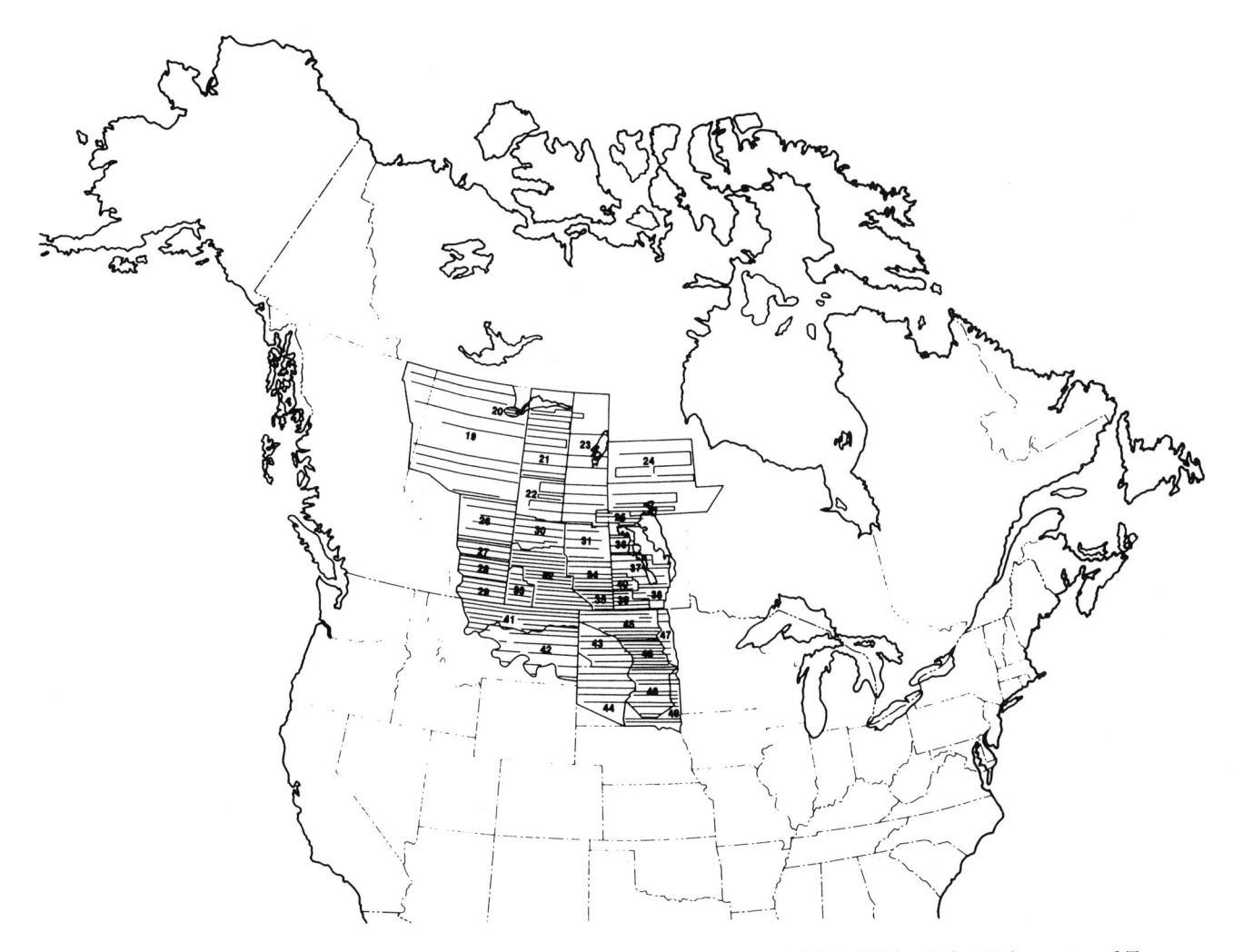

図 17-12 水鳥の生産力調査を行う主要地域の調査ルート(アメリカ魚類野生生物局提供),数字は調査ルートの番号

により総捕獲数が求められる。また羽根からの情報を用いることで,種,性,年齢毎の捕獲数についても明らかにすることができる。この情報は州単位,渡り経路単位,合衆国全体でも求められる。これらのデータは秋の渡り数と共に用いられる。7月の水鳥状況会議で個体数評価が行われ捕獲数の指針が打ち出される。

7月の終わりか8月の初めに,アメリカ魚類野生生物局の職員と渡り経路協議会のコンサルタントは会議を開き,10月1日以降に始まる水鳥の猟期に関する規制案を作成する(図17-8)。それから,規制案に対する一般の意見を聞くために公聴会が開かれる。その後規制委員会(Service Regulation Committee)は渡り経路協議会のコンサルタントと共に猟期についての勧告を仕上げ,官報で公表する。官報に載った規制について,異議申立ての期間(10～14日)が設定されている。アメリカ魚類野生生物局は9月中旬までに最終的な猟期体制について官報に掲載する。そして9月末までに法律として採択される。連邦政府の行動を規制する行政手続き法(Administrative Procedures Act)などに決められている必要な期間に基づいてスケジュールがつくられている。

上記のデータがどのように水鳥の狩猟規制に利用されているかは1988～89年の猟期を見ればわかる。秋の水鳥個体数(クロガモ,ケワタガモ,コオリガモ,アイサを除く)に対する秋の渡り指数は1987年から88年にかけて4％減少し,1955～87年の平均値より16％も低くなった。多くの種の繁殖個体数は目標を下回り,オナガガモにいたっては最少記録を更新した。そのため猟期は1987年のそれより25％縮小され(日数は渡り経路により異なる),捕獲数は全国的に一律3羽に制限された(種によってはさらに規制がかかった。例えばオナガガモは1羽以下)。1987年の捕獲数制限は渡り経路により異なり4羽から5羽(種によりさらに規制が加わった)だった。さらに最も早い解禁日が10月

1日から10月8日に遅らされ，最終日が1月20日前後だったものが1月8日に早められた。また，狩猟開始時間は日の出1時間前から日の出ちょうどに遅らされた。アメリカ魚類野生生物局はこれらの規制によって平均捕獲数は1985年から87年のそれと比べて25％減となると推定した（アメリカ魚類野生生物局は1985～87年の期間でも狩猟制限により既に25％年間捕獲数を減少させたと報告している）。

カナダ

カナダでは1867年のイギリス・北米法に基づき国会が渡り鳥を管轄している。この法律では，他国との条約を考慮しなければならない野生動物に関する法律制定権を国会に与えている。それゆえ1916年のアメリカ合衆国との渡り鳥条約（Migratory Birds Convention Treaty）に基づいて，国会が渡り鳥の捕獲数を規制している（Boyd 1979）。このシステムは，渡り鳥に関する規制を国会が定めない合衆国のシステムとは異なっている。連邦政府が権限を持つことについては州政府の中に反対意見はあったが，連邦政府の法律制定権が最も強くなっている。しかしながら州は連邦政府の規制よりも厳しい捕獲数制限を行うことが可能である（Boyd 1979）。

カナダ野生動物局（環境省）は州の野生動物局との協議を経て，年間の渡り鳥捕獲規制案を国会に提出する。カナダは個人や団体の意見を規制に反映させるための公聴会を持たず（Boyd 1979），渡り経路協議会も持っていない。カナダの規制は年の前半（例えば5月）に採択されるので，最も繁殖が早い個体群のデータを除くと，合衆国で使われているような年間生産力に関するデータは捕獲数制限や猟期の設定の際に使用できない。

渡り鳥個体群に対する狩猟の影響

狩猟と渡り鳥の個体数の関係については，ほとんどが脚輪をつけた渡り鳥研究によるもので，特にマガモの研究によるものが多い。マガモは狩猟対象として全国的に最も重要で，脚輪装着個体も最も多い。それゆえに狩猟の影響を考察するのにはマガモのデータを検討するのが最も良い。

Anderson & Burnham（1976），Nichols et al.（1984）は，狩猟によるマガモ個体数の減少は問題がないことを示した。つまり狩猟による死亡は，病気などの他の要因による個体数の減少を少なくしており，個体群全体を減少傾向に向かわせることはない。彼らの研究成果のほとんどは1950年代から1970年代後半に北アメリカで脚輪をつけられたマガモ成鳥の情報をベースにしている。この結果は特にオスで顕著である（Burnham et al. 1984）。

しかしながら，1980年代にアメリカ大陸の水鳥個体数に減少傾向がみられたので，狩猟の影響について憂慮する生物学者もいた。実際にこの懸念によって，前述のように1987年に25％の捕獲数規制が行われた。

Smith & Raynolds（1992）は，捕獲数制限による捕獲率の減少がマガモ個体数の生存率を高める結果になったことを示した。Trost et al.（1987）は，マガモや全てのカモの捕獲数が1968～1978年と1979～1984年の間では比較的安定しているが，ハンター数はこの期間に減少していることを報告した。これはハンターの狩猟効率があがってきたか，下手なハンターが撤退したことが原因と考えられる。ミシシッピ川下流域に渡り経路を持つ州ではマガモの捕獲数は増加しており，この地域だけで合衆国のマガモ総捕獲数の45％を占めている（アメリカ内務省 1988）。アメリカ内務省（1988:49）は，捕獲数が安定している一つの要因として毎年縮小している越冬域にカモが集中するために捕獲されやすくなったことをあげている。上記の議論からも明らかなように，狩猟が水鳥個体群に与える影響については未だに不確かであり，状況（種，時間，地域）によっても変化する。この問題についてのより詳しい検討はNichols（1990）によってなされている。

規制と狩猟管理

個別の狩猟規制が渡り鳥の捕獲数に及ぼす影響を評価するのは困難である。ほとんどの研究は規制の変化が捕獲率に与える影響について検討してきたが，総捕獲数に与える影響については行っていない。捕獲数は水鳥個体数と密接に関連しているので，狩猟規制と捕獲数の関係を明らかにすることは困難である（Nichols 1990）。一般的には，捕獲数や捕獲率に影響を及ぼす狩猟規制は，捕獲数規制，猟期期間，猟期期日である。

もし個体数が大きく変化したら，いくつかの規制が同時に変えられることになるだろう。このことが猟期の長さといった個別の規制が捕獲率に与える影響を正確に評価することを困難にしている。

規制が水鳥の捕獲率に及ぼす影響を調べた研究は沢山ある（例えば，Martin & Carney 1977, Martin et al. 1979, Roger et al. 1979, Trost et al. 1987）。Martin et al.（1979）は異なる年の規制が捕獲率に与えた影響を調べた。それぞれの年は規制の程度によって「ゆるやか」，「厳しい」に分類された。彼らは厳しい規制の年のマガモの捕

獲率は，そうでない年よりも有意に低いと結論づけた。同様の結果はRoger et al.(1979)によっても報告されている。しかしながら，これらの規制はマガモの秋の渡り指数予想によって変えられたため，捕獲率がマガモ個体数と規制の変化のどちらの影響を受けたかを明確にできないことを考慮する必要がある。例えば，Martin et al.(1979)は，捕獲努力量と個体数を変数として使用するマガモ捕獲率を表すモデルを作った。このモデルはマガモの年間捕獲数を97％予測することができた。しかし彼らは，猟期の長さや捕獲数制限といった様々な変数と，それらが狩猟努力量に及ぼす影響が，分析の中で個別に検討されていないことを問題点としてあげている。

水鳥の捕獲数と狩猟規制の関係を明らかにするために，アメリカ魚類野生生物局とカナダ国会は1980～1985年の5年間，水鳥に関する規制を変えなかった(Brace et al.1987)。マガモの個体数は変化したが，この期間中規制は変化しなかった。例えばこの5年間，太平洋渡り経路地域では1日あたりのマガモ捕獲規制はそれぞれの性毎に7羽までだった。マガモ個体数，狩猟活動量(狩猟者数)，マガモの齢構成(生産力の指標)，天候状態などの要素とマガモ捕獲数との間の関係がTrost et al.(1987)によって調べられた。彼らは，マガモの捕獲数はハンター数と季節的な狩猟成功率によって決まっていることを報告した。マガモの個体数は，狩猟成功率に影響を与えることで捕獲数を変化させていたので，狩猟努力量とマガモの個体数がマガモ捕獲数に影響を与える最も重要な変数であることが明らかになった。脚輪の回収結果をみると，この5年間に捕獲率は安定か減少傾向を示していた(Trost 1987)。R. E. Reynolds(私信)は，1985年以降の脚輪調査によって得られた知見から，厳しい規制は多くの種のカモにおいて捕獲率を記録的な最低レベルまで減少させることができたと考えている。

地域が限定されているいくつかの水鳥個体群では，規制の効果が捕獲数に与える影響を理解することは容易である。捕獲数管理において厳格な規制が使用されているものにコハクチョウがある。狩猟には特別な許可が必要で1人1羽しか捕獲できない。許可数(例えば1988年には12,450羽)は，想定された捕獲率を基に設定されて，管理プランに示される。これは捕獲成功率によって修正される。

ガンのいくつかの個体群は，想定捕獲数，あるいは許容捕獲数といった割当制度によって比較的明確に管理されている。例えば南イリノイの割り当て地域における1988年のガンの猟期は，50日目か37,000羽が捕獲された日の早く生じた方の日にに終了する。そして1日あたりの捕獲数制限は2羽で所持制限は4羽である。アーカンソー州のシジュウカラガンの猟期も同様に24,000羽が捕獲された日か16日目のどちらか早く生じた方の日に終了した。

要　約

渡り鳥の規制はそれぞれ明確な役割を持つ会議を経て毎年設定される。これらの会議では行政官と生物学者が捕獲可能な個体群の調査結果を基に水鳥捕獲のガイドラインを作成する。これらのデータから生物学者は規制が捕獲数に与える影響や，捕獲数が水鳥個体群に与える影響について検討する。効果的な計画設定には生息地についても考慮する必要がある。これらの要因が検討された後，人々の態度や希望を考慮に入れる努力を経て狩猟規制が公布される。

参考文献

ALLEN, D. L. 1943. Michigan fox squirrel management. Mich. Dep. Conserv. Game Div. Publ. 100. 404pp.

ALLEN, J. M. 1952. Gray and fox squirrel management in Indiana. Ind. Dep. Conserv. P-R Bull. 1. 112pp.

ANDERSON, D. R., AND K. P. BURNHAM. 1976. Population ecology of the mallard. VI. The effect of exploitation on survival. U.S. Fish Wildl. Serv. Resour. Publ. 125. 110pp.

———, AND R. S. POSPAHALA. 1970. Correction of bias in belt transects of immotile objects. J. Wildl. Manage. 34:141–146.

ANDERSON, W. L. 1964. Survival and reproduction of pheasants released in southern Illinois. J. Wildl. Manage. 28:254–264.

ANEY, W. W. 1974. Estimating fish and wildlife harvest, a survey of methods used. Proc. West. Assoc. Game and Fish Comm. 54:70–79.

ARTHUR, L. M., AND W. R. WILSON. 1979. Assessing the demand for wildlife resources: a first step. Wildl. Soc. Bull. 7:30–34.

BAUMGARTNER, F. M. 1944. Bobwhite quail populations on hunted vs. protected areas. J. Wildl. Manage. 8:259–260.

BAXTER, W. L., AND C. W. WOLFE. 1973. Life history and ecology of the ringnecked pheasant in Nebraska. Nebr. Game and Parks Comm., Lincoln. 58pp.

BEATTIE, K. H., C. J. COWLES, AND R. H. GILES, JR. 1980. Estimating illegal kill of deer. Pages 65–71 in R. L. Hine and S. Nehls, eds. White-tailed deer population management in the north central states. North-Cent. Sect., The Wildl. Soc., Urbana, Ill.

BERGERUD, A. T. 1985. The additive effect of hunting mortality on the natural mortality ranges of grouse. Pages 345–366 in S. L. Beasom and S. F. Roberson, eds. Game harvest management. Caesar Kleberg Wildl. Res. Inst., Kingsville, Tex.

BESADNY, C. D., AND F. H. WAGNER. 1963. An evaluation of pheasant stocking through the day-old chick program in Wisconsin. Wis. Conserv. Dep. Tech. Bull. 28. 84pp.

BOYCE, M. S. 1989. The Jackson elk herd: intensive wildlife management in North America. Cambridge Univ. Press, Cambridge, Mass. 306pp.

BOYD, H. 1979. Federal roles in wildlife management in Canada. Trans. North Am. Wildl. Nat. Resour. Conf. 44:90–96.

BOYD, R. J., AND J. F. LIPSCOMB. 1976. An evaluation of yearling bull elk hunting restrictions in Colorado. Wildl. Soc. Bull. 4:3–10.

BRACE, R. K., R. S. POSPAHALA, AND R. L. JESSEN. 1987. Background and objectives on stabilized duck hunting regulations: Canadian and U.S. perspectives. Trans. North Am. Wildl. Nat. Resour. Conf. 52:177–185.

BRAUN, C. E., AND T. BECK. 1985. Effects of changes in hunting regulations on sage grouse harvest and populations. Pages 335–343 in

S. L. Beasom and S. F. Roberson, eds. Game harvest management. Caesar Kleberg Wildl. Res. Inst., Kingsville, Tex.

BROWN, D. E. 1979. Factors influencing reproductive success and population densities in Montezuma quail. J. Wildl. Manage. 43:522–526.

———, D. R. BLANKENSHIP, P. K. EVANS, W. H. KIEL, JR., G. L. WAGGERMAN, AND C. K. WINKLER. 1977. White-winged dove. Pages 247–272 in G. C. Sanderson, ed. Management of migratory shore and upland game birds in North America. Int. Assoc. Fish Wildl. Agencies, Washington, D.C.

BROWN, T. L., AND D. J. DECKER. 1979. Incorporating farmers' attitudes into management of white-tailed deer in New York. J. Wildl. Manage. 43:236–239.

BUMP, G., R. DARROW, F. EDMINSTER, AND W. CRISSEY. 1947. The ruffed grouse: life history, propagation, management. N.Y. State Conserv. Dep., Albany. 915pp.

BURNHAM, K. P., D. R. ANDERSON, AND J. L. LAAKE. 1980. Estimation of density from line transect sampling of biological populations. Wildl. Monogr. 72. 202pp.

———, G. C. WHITE, AND D. R. ANDERSON. 1984. Estimating the effect of hunting on annual survival rates of adult mallards. J. Wildl. Manage. 48:350–361.

CARPENTER, L. H., AND R. B. GILL. 1987. Antler point regulations: the good, the bad and the ugly. Proc. Annu. Conf. West. Assoc. Game and Fish Comm. 67:94–107.

CAUGHLEY, G. 1977. Analysis of vertebrate populations. John Wiley & Sons, New York, N.Y. 234pp.

CLUTTON-BROCK, T. H., G. R. IASON, AND F. E. GUINNESS. 1987. Sexual segregation and density-related changes in habitat use in male and female red deer (Cervus elaphus). J. Zool. (Lond.) 211:275–289.

CONAWAY, C. H., K. C. SADLER, AND D. H. HAZELWOOD. 1974. Geographic variation in litter size and onset of breeding in cottontails. J. Wildl. Manage. 38:473–481.

———, H. M. WIGHT, AND K. C. SADLER. 1963. Annual production by a cottontail population. J. Wildl. Manage. 27:171–175.

CONNOLLY, G. E. 1981. Limiting factors and population regulation. Pages 245–285 in O. C. Wallmo, ed. Mule and black-tailed deer of North America. Univ. Nebraska Press, Lincoln.

CRAWFORD, J. A. 1982. Factors affecting sage grouse harvest in Oregon. Wildl. Soc. Bull. 10:374–377.

CREED, W. A., F. HABERLAND, B. E. KOHN, AND K. R. MCCAFFERY. 1984. Harvest management: the Wisconsin experience. Pages 243–260 in L. K. Halls, ed. White-tailed deer: ecology and management. Stackpole Books, Harrisburg, Pa.

DECKER, D. J., AND K. G. PURDY. 1988. Toward a concept of wildlife acceptance capacity in wildlife management. Wildl. Soc. Bull. 16:53–57.

DENNEY, R. N. 1978. Managing the harvest. Pages 395–408 in J. L. Schmidt and D. L. Gilbert, eds. Big game of North America: ecology and management. Stackpole Books, Harrisburg, Pa.

DESTEFANO, S., AND D. H. RUSCH. 1986. Harvest rates of ruffed grouse in northeastern Wisconsin. J. Wildl. Manage. 50:361–367.

DICKENSON, N. R. 1986. Testing selected harvest ratios for adult deer. N.Y. Fish Game J. 33:11–15.

DOLBEER, R. A., AND W. R. CLARK. 1975. Population ecology of snowshoe hares in the central Rocky Mountains. J. Wildl. Manage. 39:535–549.

DOLTON, D. D. 1990. Mourning dove breeding population status, 1990. U.S. Fish Wildl. Serv., Washington, D.C. 12pp.

DONOHOE, R. W., AND R. K. MARTINSON. 1961. A preliminary report of age and sex ratios among Ohio squirrel populations. Ohio Div. Wildl. Rel. 75. 5pp.

DORNEY, R. S., AND C. KABAT. 1960. Relation of weather, parasitic disease and hunting to Wisconsin ruffed grouse populations. Wis. Conserv. Dep. Tech. Bull. 20. 66pp.

DOWNING, R. L. 1981. Deer harvest sex ratios: a symptom, a prescription, or what? Wildl. Soc. Bull. 9:8–13.

———, AND D. C. GUYNN, JR. 1983. A generalized sustained yield table for white-tailed deer. Pages 95–103 in Game harvest management. Caesar Kleberg Wildl. Res. Inst., Kingsville, Tex.

DUNKS, J. H., R. E. TOMLINSON, H. M. REEVES, D. D. DOLTON, C. E. BRAUN, AND T. P. ZAPATKA. 1982. Migration, harvest, and population dynamics of mourning doves banded in the Central Management Unit, 1967–77. U.S. Fish Wildl. Serv. Spec. Sci. Rep. Wildl. 249. 128pp.

EBERHARDT, L. C. 1988. Testing hypotheses about populations. J. Wildl. Manage. 52:50–56.

EBERHARDT, L. L., AND M. A. SIMMONS. 1987. Calibrating population indices by double sampling. J. Wildl. Manage. 51:665–675.

EDMINSTER, F. C. 1937. An analysis of the value of refuges for cyclic game species. J. Wildl. Manage. 1:37–41.

ELLINGWOOD, M. R., AND J. V. SPIGNESI. 1986. Management of an urban deer herd and the concept of cultural carrying capacity. Trans. Northeast Deer Tech. Comm., Vt. Fish Game Dep. 22:42–45.

ERICKSON, A. B., D. B. VESALL, C. E. CARLSON, AND C. T. ROLLINGS. 1951. Minnesota's most important game bird the pheasant. Flicker 23:23–49.

FISCHER, C. A., AND L. B. KEITH. 1974. Population responses of central Alberta ruffed grouse to hunting. J. Wildl. Manage. 38:585–600.

FOGARTY, M. J., AND K. A. ARNOLD. 1977. Common snipe. Pages 189–209 in G. C. Sanderson, ed. Management of migratory shore and upland game birds in North America. Int. Assoc. Fish Wildl. Agencies, Washington, D.C.

FOSSIL CREEK SOFTWARE. 1986. POP-II: system documentation version 6.0. Fossil Creek Software, Ft. Collins, Colo. 59pp.

FOUCH, W. R. 1969. Results of 3 years of early seasons at the Rose Lake Wildlife Research Area. Michigan Dep. Nat. Resour. Rep. 175. 4pp.

GASSON, W., AND L. WOLLRAB. 1986. Integrating population simulation modeling into a planned approach to pronghorn management. Proc. Pronghorn Antelope Workshop 12:86–98.

GILBERT, D. L. 1971. Natural resources and public relations. The Wildl. Soc., Washington, D.C. 320pp.

GLADFELTER, L. 1980. Deer population estimators in the Midwest farmland. Pages 5–11 in R. L. Hine and S. Nehls, eds. White-tailed deer population management in the north central states. North-Cent. Sect., The Wildl. Soc., Urbana, Ill.

GLADING, B., AND R. W. SAARNI. 1944. Effect of hunting on a valley quail population. Calif. Fish Game 30:71–79.

GROSS, J. E., J. E. ROELLE, AND G. L. WILLIAMS. 1973. Program ONE-POP and information processor: a systems modeling and communications project. Colorado Coop. Wildl. Res. Unit Program Rep., Ft. Collins. 327pp.

GULLION, G. W., AND W. H. MARSHALL. 1968. Survival of ruffed grouse in a boreal forest. Living Bird 7:117–167.

HARDER, J. D. 1980. Reproduction of white-tailed deer in the north-central United States. Pages 23–35 in R. L Hine and S. Nehls, eds. White-tailed deer population management in the north central states. North-Cent. Sect., The Wildl. Soc., Urbana, Ill.

HARJU, H. J. 1974. An analysis of some aspects of the ecology of dusky grouse. Ph.D. Thesis, Univ. Wyoming, Laramie. 142pp.

HICKEY, J. J. 1955. Some American population research on gallinaceous birds. Pages 326–396 in A. Wolfson, ed. Recent studies in avian biology. Univ. Illinois Press, Urbana.

HOFFMAN, R. W., AND C. E. BRAUN. 1975. A volunteer wing collection station. Colo. Div. Wildl. Game Inf. Leafl. 101. 3pp.

INSTITUTE FOR PARTICIPATORY PLANNING. 1981. Citizen participation handbook for public officials & other professionals servicing the public. Inst. Participatory Planning, Laramie, Wyo. 126pp.

JOHNSGARD, P. A. 1973. Grouse and quails of North America. Univ. Nebraska Press, Lincoln. 553pp.

KEITH, L. B., O. J. RONGSTAD, AND E. C. MESLOW. 1966. Regional differences in reproductive traits of the snowshoe hare. Can. J. Zool. 44:953–961.

KLIMSTRA, W. D. 1975. Harvest returns of pen-reared bobwhite quail. Trans. Ill. State Acad. Sci. 68:278–284.

KUBISIAK, J. F. 1984. The impact of hunting on ruffed grouse populations in the Sandhill wildlife area. Pages 151–168 in W. L. Robinson, ed. Ruffed grouse management: state of the art in the early 1980s. North-Cent. Sect., The Wildl. Soc., St. Louis, Mo.

LANCIA, R. A., K. H. POLLOCK, J. W. BISHIR, AND M. C. CONNER. 1988. A white-tailed deer harvesting strategy. J. Wildl. Manage. 52:589–595.

LANG, L. M., AND G. W. WOOD. 1976. Manipulation of the Pennsylvania deer herd. Wildl. Soc. Bull. 4:159–165.

LANGENAU, E. 1988. Managing Michigan herds for trophy bucks. Michigan Dep. Nat. Resour. Wildl. Div. Rep. 3080. 15pp.
LEOPOLD, A. 1933. Game management. Charles Scribner's Sons, New York, N.Y. 481pp.
LIBRARY OF CONGRESS. 1974. Treaties and other international agreements on fisheries, oceanographic resources, and wildlife to which the United States is party. U.S. Gov. Printing Off., Washington, D.C. 968pp.
LOBDELL, C. H., K. E. CASE, AND H. S. MOSBY. 1972. Evaluation of harvest strategies for a simulated wild turkey population. J. Wildl. Manage. 36:493–497.
MACNAB, J. 1985. Carrying capacity and related slippery shibboleths. Wildl. Soc. Bull. 13:403–410.
MADSON, J. 1962. The ring-necked pheasant. Conserv. Dep., Olin Mathieson Chem. Corp., East Alton, Ill. 104pp.
MAJOR, P. D., AND J. C. OLSON. 1980. Harvest statistics from Indiana's ruffed grouse hunting seasons. Wildl. Soc. Bull. 8:18–23.
MARTIN, E. M., AND S. M. CARNEY. 1977. Population ecology of the mallard. IV. A review of duck hunting regulations, activity and success, with special reference to the mallard. U.S. Fish Wildl. Serv. Resour. Publ. 130. 137pp.
MARTIN, F. W., R. S. POSPAHALA, AND J. D. NICHOLS. 1979. Assessment and population management of North American migratory birds. Pages 187–239 in J. Cairns, Jr., G. P. Patil, and W. E. Water, eds. Environmental and biomonitoring, assessment, prediction, and management—certain case studies and related quantitative issues. Statistical Ecology Vol. 11. Int. Coop. Publ. House, Fairland, Md.
MARTINSON, R. K., J. W. HOLTEN, AND G. K. BRAKHAGE. 1961. Age criteria and population dynamics of the swamp rabbit in Missouri. J. Wildl. Manage. 25:271–281.
MCCAFFERY, K. R. 1973. Road kills show trends in Wisconsin deer populations. J. Wildl. Manage. 37:212–216.
———. 1989. Deer population dynamics and management in Wisconsin. Proc. East. Wildl. Damage Control Conf. 4:155–161.
MCCULLOUGH, D. R. 1979. The George Reserve deer herd: population ecology of a K-selected species. Univ. Michigan Press, Ann Arbor. 271pp.
———. 1984. Lessons from the George Reserve, Michigan. Pages 211–242 in L.K. Halls, ed. White-tailed deer: ecology and management. Stackpole Books, Harrisburg, Pa.
———, D. S. PINE, D. L. WHITMORE, T. M. MANSFIELD, AND R. H. DECKER. 1990. Linked sex harvest strategy for big game management with a test case on black-tailed deer. Wildl. Monogr. 112. 41pp.
MCKAY, D. O., AND B. J. VERTS. 1978. Estimates of some attributes of a population of Nuttall's cottontails. J. Wildl. Manage. 42:159–168.
MOEN, A. N., C. W. SEVERINGHAUS, AND R. A. MOEN. 1986. Deer CAMP: computer-assisted management program operating manual and tutorial. CornerBrook Press, Lansing, N.Y. 170pp.
MOHLER, L. L., AND D. E. TOWEILL. 1982. Regulated elk populations and hunter harvests. Pages 561–597 in J. W. Thomas and D. E. Toweill, eds. Elk of North America. Stackpole Books, Harrisburg, Pa.
MONTANA DEPARTMENT OF FISH, WILDLIFE & PARKS. 1985. Antlered elk and deer management in Montana: past trends and current status. Montana Dep. Fish, Wildl. Parks, Helena. 68pp.
MOSBY, H. S. 1969. The influence of hunting on the population dynamics of a woodlot gray squirrel population. J. Wildl. Manage. 33:59–73.
———, AND C. O. HANDLEY. 1943. The wild turkey in Virginia: its status, life history, and management. Va. Commonw. Game Inland Fish., Richmond. 281pp.
———, R. L. KIRKPATRICK, AND J. O. NEWELL. 1977. Seasonal vulnerability of gray squirrels to hunting. J. Wildl. Manage. 41:284–289.
———, AND W. S. OVERTON. 1950. Fluctuations in the quail population on the Virginia Polytechnic Institute farms. Trans. North Am. Wildl. Conf. 15:347–355.
NATIONAL WILD TURKEY FEDERATION. 1986. Guide to the American wild turkey. Natl. Wild Turkey Fed., Edgefield, S.C. 189pp.
NICHOLS, J. D. 1990. Responses of North American duck populations to exploitation. Pages 488–515 in C. M. Perrins, J. D. Lebreton, and G. J. M. Hirons, eds. Bird population studies: their relevance to conservation and management. Oxford Univ. Press, Oxford, U.K.
———, M. J. CONROY, D. R. ANDERSON, AND K. P. BURNHAM. 1984. Compensatory mortality in waterfowl populations: a review of the evidence and implications for research and management. Trans. North Am. Wildl. Nat. Resour. Conf. 49:535–554.
NIXON, C. M., R. W. DONOHOE, AND T. NASH. 1974. Overharvest of fox squirrels from two woodlots in western Ohio. J. Wildl. Manage. 38:67–80.
———, M. W. MCCLAIN, AND R. W. DONOHOE. 1975. Effects of hunting and mast crops on a squirrel population. J. Wildl. Manage. 39:1–25.
OWEN, R. B. 1977. American woodcock. Pages 146–186 in G. C. Sanderson, ed. Management of migratory shore and upland game birds in North America. Int. Assoc. Fish Wildl. Agencies, Washington, D.C.
PALMER, W. L., AND C. L. BENNETT. 1963. Relation of season length to hunting harvest of ruffed grouse. J. Wildl. Manage. 27:634–639.
PETERLE, T. J., AND W. R. FOUCH. 1969. Exploitation of a fox squirrel population on a public shooting area. Mich. Dep. Conserv. Rep. 2251. 4pp.
PORATH, W. R. 1980. Fawn mortality estimates in farmland deer range. Pages 55–63 in R. L. Hine and S. Nehls, eds. White-tailed deer population management in the north central states. North-Cent. Sect., The Wildl. Soc., Urbana, Ill.
REYNOLDS, R. E. 1987. Breeding duck population, production and habitat surveys, 1979–85. Trans. North Am. Wildl. Nat. Resour. Conf. 52:186–205.
ROBINETTE, W. L., N. V. HANCOCK, AND D. A. JONES. 1977. The Oak Creek mule deer herd in Utah. Utah Div. Wildl. Resour. Publ. 77-15. 148pp.
ROGERS, J. P., J. D. NICHOLS, F. W. MARTIN, C. F. KIMBALL, AND R. S. POSPAHALA. 1979. An examination of harvest and survival rates of ducks in relation to hunting. Trans. North Am. Wildl. Nat. Resour. Conf. 44:114–126.
ROSE, G. B. 1977. Mortality rates of tagged adult cottontail rabbits. J. Wildl. Manage. 41:511–514.
ROSEBERRY, J. L. 1979. Bobwhite population responses to exploitation: real and simulated. J. Wildl. Manage. 43:285–305.
———, AND A. WOOLF. 1988. Evidence for and consequences of deer harvest data biases. Proc. Annu. Conf. Southeast. Assoc. Fish Wildl. Agencies 42:306–314.
RYEL, L. A. 1980. The legal deer kill—how it's measured. Pages 37–45 in R. L. Hine and S. Nehls, eds. White-tailed deer population management in the north central states. Proc. North-Cent. Sect., The Wildl. Soc., Urbana, Ill.
SANDERSON, G. C. 1977. Management of migratory shore and upland game birds in North America. Int. Assoc. Fish Wildl. Agencies, Washington, D.C. 358pp.
SHAW, J. H. 1985. Introduction to wildlife management. McGraw-Hill, New York, N.Y. 316pp.
SMALL, R. J., J. C. HOLZWART, AND D. H. RUSCH. 1991. Predation and hunting mortality of ruffed grouse in central Wisconsin. J. Wildl. Manage. 55:512–520.
SMITH, G. W., AND R. E. REYNOLDS. 1992. Hunting and mallard survival, 1979–88. J. Wildl. Manage. 56:306–316.
STOLL, R. J., JR., AND G. L. MOUNTZ. 1983. Rural landowner attitudes toward deer and deer populations in Ohio. Ohio Dep. Nat. Resour., Div. Wildl. Fish Wildl. Rep. 10. 18pp.
STRICKLAND, M. D. 1982. Interpretation of post hunt sex ratios in Wyoming elk herds. Pages 129–141 in Proc. western states elk workshop, Flagstaff, Ariz.
TOMLINSON, R. E., D. D. DOLTON, H. M. REEVES, J. D. NICHOLS, AND L. A. MCKIBBEN. 1988. Migration, harvest, and population characteristics of mourning doves banded in the western management unit 1964–1977. U.S. Fish Wildl. Serv. Fish Wildl. Tech. Rep. I–IV. 101pp.
TRENT, T. T., AND O. J. RONGSTAD. 1974. Home range and survival of cottontail rabbits in southwestern Wisconsin. J. Wildl. Manage. 38:459–472.
TROST, R. E. 1987. Mallard survival and harvest rates: a reexamination of relationships. Trans. North Am. Wildl. Nat. Resour. Conf. 52:

232–264.

———, D. E. SHARP, S. T. KELLY, AND F. D. CASWELL. 1987. Duck harvests and proximate factors influencing hunting activity and success during the period of stabilized regulations. Trans. North Am. Wildl. Nat. Resour. Conf. 52:216–232.

UHLIG, H. G. 1956. The gray squirrel in West Virginia. W.Va. Conserv. Comm. Div. Game Manage. Bull. 3. 83pp.

U.S. DEPARTMENT OF INTERIOR. 1988. Issuance of annual regulations permitting the sport hunting of migratory birds. U.S. Fish Wildl. Serv., Washington, D.C. 340pp.

U.S. FISH AND WILDLIFE SERVICE. 1973. Tactical planning in fish and wildlife management and research. U.S. Fish Wildl. Serv. Resour. Publ. 123. 19pp.

VANCE, D. R., AND J. A. ELLIS. 1972. Bobwhite populations and hunting on Illinois public hunting areas. Proc. Natl. Bobwhite Quail Symp. 1:165–174.

WEAVER, J. K., AND H. S. MOSBY. 1979. Influence of hunting regulations on Virginia wild turkey populations. J. Wildl. Manage. 43:128–135.

WIGHT, H. M., R. U. MACE, AND W. M. BATTERSON. 1967. Mortality estimates of an adult band-tailed pigeon population in Oregon. J. Wildl. Manage. 31:519–525.

18
野生動物被害の加害種の判別と防除

Richard A. Dolbeer, Nicholas R. Holler &
Donald W. Hawthorne

はじめに ……………………………………561	防除法 …………………………………………571
被害防除に必要な法的手続 …………………563	齧歯類および他の小型哺乳類 ………………573
野生動物の捕獲と捕殺 …………………563	被害の評価 …………………………………573
薬品の EPA 登録 ………………………563	加害種の判別法 ……………………………574
鳥　類 ………………………………………563	防除法 …………………………………………580
被害の評価 …………………………………563	食肉類および他の肉食性哺乳類 ……………586
加害種の判別法 ……………………………564	被害の評価 …………………………………586
防除法 …………………………………………567	加害種の判別法 ……………………………587
有蹄類 ………………………………………571	防除法 …………………………………………590
被害の評価 …………………………………571	参考文献 ……………………………………597
加害種の判別法 ……………………………571	

❏ はじめに

　野生動物管理は，野生動物個体群および彼らの健全な生活に必要な生息地を保護し，増やし，育てる，という意味で考えることがしばしばである．しかし，多くの野生動物は，さまざまな状況で，人間や他の野生動物種との軋轢を解消するための管理措置を必要とする．例えば空港管理官は滑走路周辺でのカモメの活動を制限するためにカモメの営巣地を改変したり，森林官は造林事業の中でより多くの苗木を残すためにアナホリネズミを毒殺したり，あるいは生物学者は絶滅危惧種の生存を助けるために多数の捕食者や競争種を捕獲したりしている．

　人口が増加し，土地利用が集約化しているために，野生動物の被害防除は野生動物管理という専門分野の中で重要性を増しつつある．野生動物と人間との軋轢を解消する必要性はますます増大しているが，世論や環境法規はワナや毒薬といった幾つかの古くから用いられてきた防除手段を制限している．防除計画を実行する機関なり個人は，本当にその防除計画が正当で，環境に対して安全で，そして公的に利益がある，という事を慎重に吟味しなければならない．すなわち，野生動物の被害防除は経済的，生態学的，そして社会学的原理に則した正当なものでなければならず，野生動物管理事業全体の中で必要不可欠な部分として実行されなければならない．

　野生動物による被害防除計画は次の四つの部分からなる．すなわち，①被害の定義，②加害種の生態，③防除手段の適用，④防除後の評価である．被害の定義とは，被害を引き起こしている動物の種および数，被害の実態や損失量，その他被害に関連する生物学的あるいは社会的要素を確定することである．加害種の生態とは，その種の生活史，特に被害との関係を明解にすることである．防除手段の適用とは，①②で得られた情報を元に被害を解消あるいは軽減するための適切な管理手法を開発することである．防除後の評価とは，防除計画にかかった費用に対して被害がどの程度軽減されたか，対象とした個体群とそれ以外の個体群に対して防除計画がどのような影響を及ぼしたのかを評価することである．さらに，幾つかの防除手段を組み合わせた有害鳥獣の総合管理として実行することが重要である（図18-1）．

　この章では，被害の定義と防除手段に関して記述する．各節ではそれぞれの種に関して三つの部分，被害の評価，加害種の判別法，防除法の詳細について述べた．

| 耕作開始前

```
              ┌──────────────────────────────┐
              │ 過去の経験からの被害程度の予測および │
              │    農地と営巣地の位置関係の把握    │
              └──────────────┬───────────────┘
                             ↓
              ┌──────────────────────────────┐
耕作可能ではない(被害は10%以  │ 被害程度を考慮した上でなら耕作可能かあるいは代わり │ 耕作可能である(被害は
上),代わりの作物は栽培可能    │ の作物は栽培できるか?           │ 3%未満)
              └──────────────┬───────────────┘
```

左分岐: 代わりの作物の栽培（例えば大豆）

中央: 耕作可能であるが被害を念頭に置く必要あり（例えば被害が3%以上予想される）

右分岐: 通常通りの栽培

↓
外皮の厚い高収穫品種の栽培
早熟あるいは遅熟にならないように種まき日を調整

耕作開始時

↓
苗に被害が出そうな場合
より深い場所への種まきあるいは種子への忌避剤処理

花期および稔実初期

↓
雑草および昆虫の管理(雑草が茂り昆虫が多くいる農地は鳥の格好の生息地となる)

↓
代替餌の供給
(例えば耕作地周辺での適切なカバーの設置と小麦の遅延栽培, カラスムギ刈り取り)

↓ 耕作地でのムクドリモドキの観察

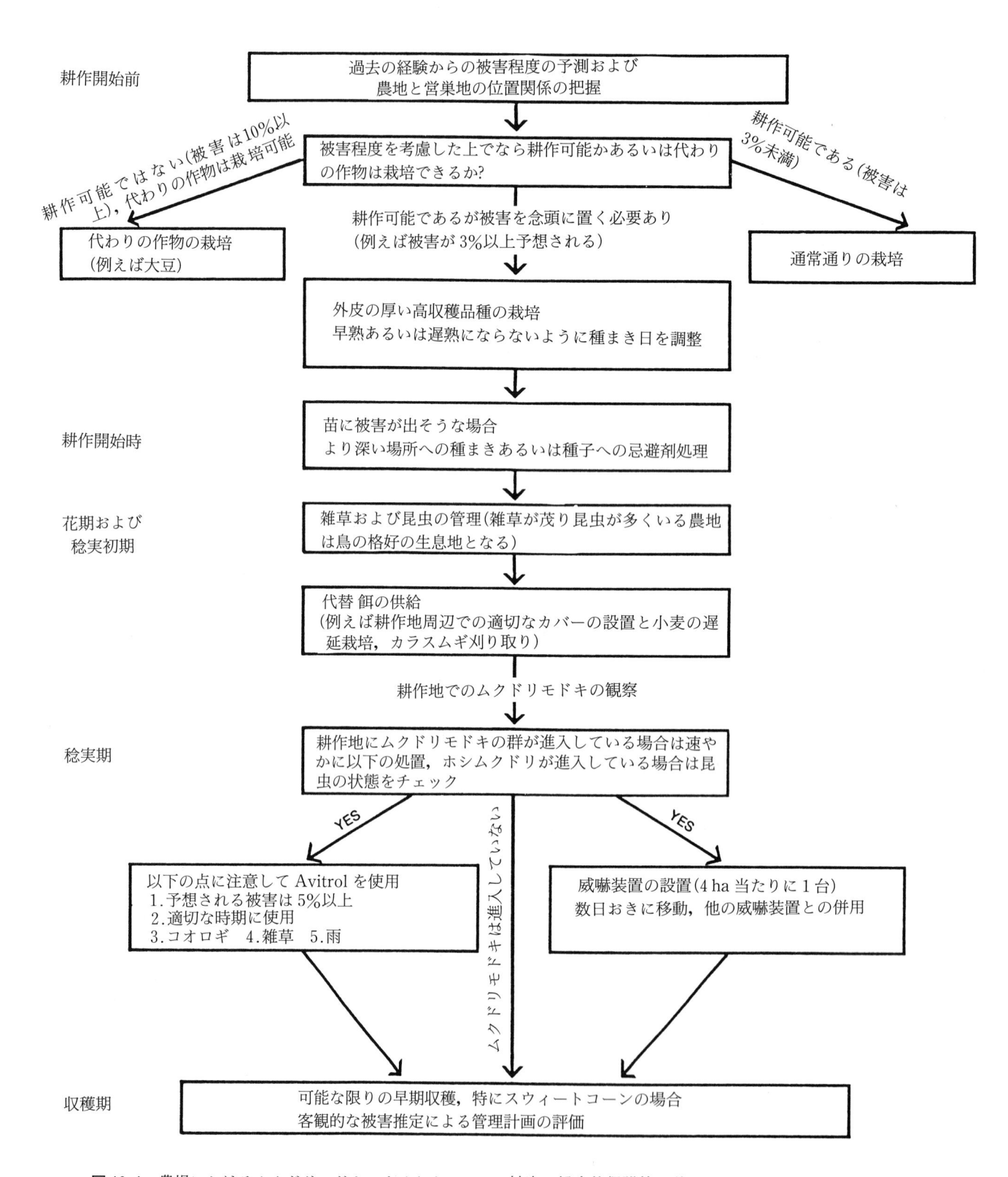

稔実期

耕作地にムクドリモドキの群が進入している場合は速やかに以下の処置, ホシムクドリが進入している場合は昆虫の状態をチェック

YES（左）:
以下の点に注意してAvitrolを使用
1. 予想される被害は5%以上
2. 適切な時期に使用
3. コオロギ 4. 雑草 5. 雨

中央: ムクドリモドキは進入していない

YES（右）:
威嚇装置の設置(4 ha当たりに1台)
数日おきに移動, 他の威嚇装置との併用

収穫期

可能な限りの早期収穫, 特にスウィートコーンの場合
客観的な被害推定による管理計画の評価

図18-1 農場におけるムクドリモドキによるトウモロコシ被害の総合的保護管理計画の流れ図(Dolbeer 1980より)

被害防除に必要な法的手続

野生動物の捕獲と捕殺

　野生動物の被害防除を実施する前に，対象種に関連した法律を理解することが大切である。アメリカ合衆国およびカナダに生息するほとんどの野生の哺乳類，両生爬虫類の管理は各州の管轄下にある。各州は，被害防除の際のこれら脊椎動物の生け捕り，所有，捕殺を州法により規定している。ただし，アメリカ合衆国に生息する哺乳類，両生爬虫類のうち絶滅危惧種とされているものに関しては前述の規定外であり，1973年に改定された「絶滅危惧種保存法(ESA)」によって連邦政府が規制している。

　一方，北アメリカにおける渡り鳥は，1918年に制定された「渡り鳥条約法」によって連邦政府が管理している。この条約は数度にわたり修正され，カナダ，メキシコ，日本，ソビエト連邦(現ロシア)が批准している(第17章参照)。アメリカ合衆国およびカナダでは，略奪行為を防止するために，渡り鳥を生け捕り，捕殺，所有，運搬する場合は，事前にアメリカ魚類野生生物局，あるいはカナダ野生生物局から許可を受けるよう規定している。しかし，ハクトウワシやイヌワシといった絶滅のおそれがある種をのぞいて，有害鳥を単に追い払ったり集めたりするのであれば法的許可は必要ない。

　イエスズメ，ハト，ホシムクドリ，オキナインコといったアメリカ合衆国に持ち込まれた種には連邦法による保護は適用されない。さらに，キガシラムクドリモドキ，ハゴロモガラス，サンショクハゴロモガラス，クロムクドリモドキ，テリムクドリモドキ，コウウチョウ全てのオオクロムクドリモドキ類，カラス類，カササギ類に関しては，これらが観葉植物や生け垣，農作物，家畜，野生動物に対して有害であると見なされた場合，あるいはこれらが衛生状態を害するほどの個体数の群をなして活動している場合には，駆除には連邦法に基づく許可は必要としない。しかしながら，連邦法はより厳しい規制を行う州法や条例を妨げない。

　要点は，被害防除のために脊椎動物を生け捕りまたは捕殺する際には，まずその種に関する州法をよく調べなければならないということである。そして，鳥類および絶滅の恐れがある種に関しては連邦法に従わなければならない。

薬品のEPA登録

　連邦殺虫剤・殺菌剤・殺鼠剤法〔The Federal Insecticide, Fungicide, & Rodenticide Act (FIFRA)〕により，アメリカ合衆国内で駆除または忌避を目的に使用する全ての農薬・化学薬品は環境保護局〔Enviromental Protection Agency (EPA)〕に登録して認可を受けることが義務づけられている。その手続きは，以前より複雑なものとなり，費用もかかるようになった。また，新薬だけでなく，すでに登録されているものに関しても再検討，再評価が行われている(Hood 1978, Goldman 1988)。州によってはより厳しい登録規定を設けている場合もあるので，FIFRAの第3項の認可を受けている薬品であってもアメリカ合衆国内全域で使用できるわけではない。第24項Cの認可を受けているものもいくつかあるが，これらは特定の州の限られた場所でしか使用できない。また第18項に該当する製品は，緊急の際に特定の場所での一時的使用のみ許可されている。毒性のある化合物は「限定使用」に分類されており，これらの薬品は薬品取扱免許取得者が直接使用するか，あるいはその直接の監督下でしか使用できない。免許取得の条件は州により異なるので，これらの薬品を使用して野生動物の被害防除を行う場合には，各州の薬物使用に関する要件を理解しておかなければならない。なお，Jacobs(1993)は野生動物の被害対策に使用することのできる薬品の総覧を提供している。

鳥　類

被害の評価

　北米において，鳥類は毎年数百万ドルという額の農作物被害を出している。中でも最も大きな損害はカラスの採餌による収穫間際のトウモロコシの被害であり，アメリカ合衆国においては1981年には272,154 t，3,100万ドルの被害があった(Besser & Brady 1986)。グレートプレーン地方北部の州におけるカラスによるヒマワリの被害は，1979年には5百万ドル，1980年には8百万ドルと見積もられている(Hothem et al. 1988)。果実，ピーナッツ，野菜，穀類に対する様々な鳥類による被害は，地域によってはかなり深刻なものである(Besser 1986)。また，魚食の鳥類は養魚場でかなりの被害を引き起こしている。さらに，鳥類との接触により航空機が被る経済的損失は，おそらく農業被害を上回り，アメリカ合衆国の商用航空輸送(Steenblik

1983)と軍用機(Merritt 1990)に少なくとも毎年2千万ドルの被害が生じている。

　被害の原因となっていても目につきにくい多くの哺乳類と異なり，鳥類は目撃しやすく，その被害も多くの場合はっきりと確認できる。そのため，主観的に被害を見積もると10倍ほど過大評価となる(Weatherhead et al. 1982)。したがって，農作物に対する鳥類による被害を客観的に評価したうえで，被害の程度を正確に把握し，適切で費用便益的な被害対策計画を立てることが重要である(Dolbeer 1981)。

　農作物の鳥類被害を評価する際には，まず調査地を選定するために，サンプリングの方法を決める必要がある。次に，選定した調査地において被害程度の調査対象植物あるいは地域を決定しなければならない(Stickley et al. 1979)。例えば，トウモロコシ畑やヒマワリ畑におけるカラスによる被害を客観的に推定するためには，間隔を十分にとり，最小10地点で調査を行わなければならない。例えば，長さ300 mの農場に100本のうねがある場合，無作為に選んだ10本のうね沿ってそれぞれ長さ30 m毎に千鳥状に歩いて調査を行う(9番のうねは0～30 m，20番のうねでは31～60 mという具合に行う)。それぞれの30 m区間の中で調査者は10個体の植物を選び，それぞれの植物の穂の被害の状態を調べる。トウモロコシの場合には，穂の食害の長さを計測するか(DeGrazio et al. 1969)，目視で穀粒の損失率を推定し(Woronecki et al. 1980)，1 haあたりの減収率に換算する。果実に対する被害の場合には，任意に調査枝を標本抽出して1枝あたりの被害を受けなかったもの，つつかれたもの，無くなったものを数えて被害推定を行う(Tobin & Dolbeer 1987)。稲穂の場合には，鳥排除区を設置し，隣接した対照区との比較により被害評価を行う(Otis et al. 1983)。鳥によりヒマワリの穂が被害を受け，種子が地表に落下しているような場合には，透明なプラスチックの受け皿を用いて被害推定を行う(Dolbeer 1975)。

　鳥による農作物の損失は，鳥類のエネルギー代謝を通して間接的に推定することもできる。すなわち，ある地域で採餌している害鳥種の個体数を推測し，鳥の食物中に占める農作物の割合を算出する。そして農作物の栄養価を求め，対象種の1日あたりの熱要求量を推定することで，1日あたりあるいは季節ごとの鳥による農作物の損失総量を求める事ができる(Weatherhead et al. 1982, White et al. 1985)。

加害種の判別法

　鳥類による被害は日中に発生することが多いので，直接観察により加害種を判別するのが最も良い方法である。しかし，被害を受けている農場にその種がいるというだけではその種が被害の原因であると断定できない。というのは，体のサイズが大型で目立つオオクロムクドリモドキの群が冬小麦の畑にいたのだが，その後，注意深く観察し，さらに胃内容物を分析したところトウモロコシの残留物が検出され，小麦に被害を出していたのは少数のホシムクドリであった(Dolbeer et al. 1979)，という例もあるからだ。各鳥類の分類群ごとに被害の特徴を以下に述べる。

カモメ類

　数種のカモメ類は，都市近郊に生息し，埋め立て地のゴミを食物として利用するようになった。例えば，グレートレイク地域(Great Lake)のクロワカモメ個体群は1970年代初めから年間10%の割合で成長してきた(Blokpoel & Tessier 1986)。またカモメは，空港において航空機の安全航行を確保する際に最も障害となる鳥である(Solman 1981)。都市域ではカモメが餌をねだったり，糞で建造物などを汚したり，市営貯水池を汚染したり，あるいは屋根で営巣したりという問題が起きている。農村部においては，果樹を採餌することも頻繁で，その他にも水耕施設でアヒルの卵を採餌したり，アヒルを殺したりすることもある。また営巣地では稀少鳥類と競争することもある。

防除法－生息地操作，網・金網による防除，機械・薬品を用いた威嚇，毒薬，射殺。

ムクドリモドキ類・ホシムクドリ類

　北米においてムクドリモドキ(blackbird)という言葉は10種の鳥類に対して曖昧に用いられており，一般的にはハゴロモガラス，オオクロムクドリモドキ，コウウチョウを指す。19世紀後期に北米に持ち込まれたヨーロッパ産の種であるホシムクドリ類は北米産のカラス類と外見がよく似ており，一緒に群を作ることも多い。ムクドリモドキ類とホシムクドリ類は，ともに北米産の鳥類の中でもっとも個体数の多い種で，両者をあわせるとその個体数は10億羽以上である(Dolbeer & Stenh 1983)。

　トウモロコシ，ヒマワリ，イネへ与えるムクドリモドキ類の被害は甚大で(Dolbeer 1993)，被害の多くは種子の成熟時期にあたる晩夏に発生する。被害の形態は，苞や穂軸の部分を残してトウモロコシの実の部分のみが採餌される

図 18-2　トウモロコシのムクドリモドキによる被害(写真上)とアライグマによる被害(写真下)。
ムクドリモドキは外皮に切れ目を入れ実の中の柔らかい部分を採餌し，果皮は残す。アライグマやリスは外皮の上から囓り，実を嚙み切る。(R. A. Dolbeer 撮影)

(図 18-2)。春期の稲穂に対するムクドリモドキ類の被害も特定の地域では深刻である。

冬期のホシムクドリ類による家畜の飼養場への被害は，家畜飼料の損失という形で発生する (Besser et al. 1968, Glahn et al. 1983)。ホシムクドリの糞により家畜の飼料が汚染されることもまた畜産経営者の頭痛の種ではあるが，汚染によってウシやブタの飼料の消費量や成長は阻害されなかったという報告もある (Glahn & Stone 1984)。またホシムクドリ類は，サクランボやブドウといった果実にも大きな被害を与える。

おそらくムクドリモドキ類とホシムクドリ類が引き起こす大きな問題は，夜間に特定の木をねぐらにして集まり，特に冬期に大きな群をなす，ということであろう。人間が生活しているすぐそばで，ムクドリモドキ類やホシムクドリ類のおびただしい大群が騒音をたてたり，糞をまき散らしたりという迷惑なことをするのが問題なのである (White et al. 1985)。さらに，空港のそばをねぐらにするムクドリモドキ類やホシムクドリ類によって航空機の安全に支障がでることもあるし，長年にわたって同じねぐらが使用されると，人間の呼吸器系疾患であるヒストプラズマ症を発症させる細菌の温床となる可能性もある。

防除法 ― 生息地操作，抵抗力のある品種の栽培等の栽培工夫，覆いによる防除，網による防除，機械・薬品による威嚇，防鳥剤，毒薬，ワナ捕獲，射殺，保湿剤 (PA-40) によるねぐらの処理。

ハト類・イエスズメ

ハト類やイエスズメは都市域と農耕地に生息し，糞によって建築物の美観を損ねたり劣化させたりという被害を引き起こす。ハト類やイエスズメは作物倉庫の周辺で穀物を採餌したり，穀物を糞で汚染したりする。ハト類やイエスズメは，主に糞により，様々な病気を媒介する (Weber 1979)。特に問題なのは，数年以上糞が蓄積するとヒストプラズマ症の原因となる菌類の温床となることである。イエ

スズメは米，麦などの穀物に被害を与えるが，小規模でも重用な調査を行っている実験圃場周辺では経済的問題となる(Royall 1969)。またスズメはビルの中や樋等に草を使った大きな巣を作り，防火上やその他の問題を引き起こす。
防除法 －網による防除，覆いによる防除，金網による防除，ワナ捕獲，毒餌，麻痺餌〔アルファークロラローゼ(alpha-chloralose)〕，毒を添付した留まり木。

カラス類，ワタリガラス類，カササギ類

カラス類，ワタリガラス類，カササギ類が，他の鳥類の卵や雛を捕食することはよく知られている。さらに，これらがヒツジ等の家畜の新生子の目をつついて殺すことも確認されている(Larsen & Dietrich 1970)。またカササギは焼き印をおしたばかりのウシの瘡蓋（かさぶた）をつつくことがある。

カラスは時折トウモロコシ，リンゴ，ペカン（クルミの一種）の芽や実に被害を与えるが，局所的で少量の損害にすぎない。カラスによるリンゴの被害の痕は，深く(5 cm 以上)，三角形のつつき穴ができるので，他の小型鳥類による被害と区別できる(Tobin et al. 1989)。またカラスが公園や共同墓地に群れると，騒音や糞といった不快な問題が発生する。
防除法 －機械による威嚇，射殺，ワナ捕殺，薬品による威嚇，毒薬。

サギ類，サンカノゴイ，ウ類

これらの種は養魚場に群がり，養殖している魚に被害を出す(Salmon & Conte 1981)。アメリカ合衆国北部に放流されるサケの稚魚は，かなりの数がウに食べられてしまう。また近年，アメリカ合衆国南部の商用の養魚場では，ミミヒメウによる深刻な損害が生じている(Stickley & Andrews 1989)。サギ類やサンカノゴイは夜間にも採餌するので，加害種を判別するためには夜間の観察が必要な場合もある。
防除法 －生息地操作，覆いによる防除，金網による防除，威嚇，射殺。

タカ類，フクロウ類

オオタカ類，アカオノスリ，アメリカワシミミズクといった猛禽類は家畜(主に家禽や養殖狩猟鳥)を捕食して被害を出す(Hygnstorm & Craven 1993)。哺乳類の捕食者と異なり，猛禽類は1日当たりわずか1羽の鳥しか殺さない。猛禽類に殺されると，たいてい背中か胸に血の付いた傷穴が残る。フクロウ類は頭部を持ち去ることがある。猛禽類は鳥の羽をむしり，大量の羽を残す。むしられた羽の基部に少量の組織が付着している場合には，何か別の理由で死んだ死体からむしられたのであり，このような場合，猛禽類は単に死肉を採餌したにすぎない。むしられた羽の基部がなめらかできれいだった場合は，死後速やかにむしられたことを示す。猛禽類は広いなわばりを持ち，特定の地域に数多く生息するわけではないので，1，2個体を除去することでたいてい問題は解決できる。
防除法 －網による防除，覆いによる防除，生息地操作，威嚇，捕獲放鳥，射殺。

イヌワシ

イヌワシは主に放牧地のヒツジや子ヒツジをしばしば殺す。ニューメキシコ州からモンタナ州にかけての牧羊地帯においては，場所によってこの被害は深刻である(Phillips & Blom 1988)。

イヌワシによる殺傷を判別するためには，綿密な検査をしなければならない。ワシ類は両足にそれぞれ3本の前趾とそれに向かい合って1本の後趾を持っている。前趾は，普通，直線状あるいは小さなV字状に2.5〜5.0 cm 間隔の穴を残し，後趾による傷は前趾中央の爪痕から10〜15 cm 離れたところにつく。一方，哺乳類の捕食者は常に四つの爪痕か，犬歯による傷跡を残す。爪穴は牙による穴よりも普通は深く，爪穴の間の組織は破損していることもある。もし外見から穴の様子が判断できない場合は，死骸の皮を剥ぐと爪あるいは牙の痕が確認できる。なおヒツジの幼獣の死体の場合には，頭骨の頂点に後爪による一つの穴と，頭骨の基部あるいは頚椎の上部に前趾による三つの爪穴が残っていることがよくある。
防除法 －家畜の群の操作，機械による威嚇，捕獲放鳥，射殺。

キツツキ類

キツツキ類は森，特にヒマラヤスギやアメリカスギの脇にある木造の建物に被害を与える(Evans et al. 1983)。キツツキ類は虫の探餌，ドングリの貯食，巣作りのために木に穴をあける。キツツキ類は電柱など人間が立てた柱にも被害を与える。sapsucker(キツツキの一種)は樹液やそれに誘引される虫や樹皮の組織を採餌するために木に穴をあける。この採餌により，木が枯死したり，また材質の商業価値が低下したりする(Ostry & Nicholls 1976)。またキツツキ類はなわばりを宣言するために金属製の雨樋や煙突を

たたくが，この音が住人をいらだたせることもある。
防除法 －囲い込み，粘着性忌避剤，生け捕り，はじきワナ，射殺，威嚇。

アヒル，ガン類，カナダヅル

グレートプレーン地方の北部地域における，秋季の収穫期の小麦やその刈り跡へのアヒルやツルの被害は局所的ではあるが深刻である(Knittle & Porter 1988)。被害は，穀粒の採餌，踏みつけ，穂からの穀粒の削ぎ落としである。踏みつけによる損害は，おそらく穀粒の採餌によるものの少なくとも2倍はあるであろう(Sugden & Goerzen 1979)。

カナダガンやハクガンによる冬小麦やライ麦への被害は収量を減少させる(Kahl & Samson 1984, Conover 1988)。春期の大豆の芽や，秋期のトウモロコシ畑に対してもカナダガンは害鳥である。カナダガンはこの20年間に，都市近郊の環境に適応してしまい，公園やゴルフコース周辺において採餌，排糞し問題となっている(Conover & Chasko 1985)。

防除法 －機械による威嚇，疑似穀物，射殺，捕獲放鳥，金網による防除，薬物捕獲(アルファークロラローゼ)。

防除法

生息地操作と栽培方法の工夫

生息地操作と栽培方法の工夫は，例えば鳥を誘引しない場所に営巣地や，採餌場を作るなど，多くの状況で用いられる手法である。初期段階では時間も費用もかかるが，この手法は結果的に長続きのする防除法である。木や草を間引いたり，枝打ちしたりすることことで，例えばホシムクドリのようなねぐらを作る鳥を追い払うことができ，同時に樹木の商業的価値，美的価値が高まることもある(Good & Johnson 1978, Micacchion & Townsend 1983)。空港におけるカモメの活動を制限したい場合には，開水面を減らし，滑走路に沿って生えている草を草丈15 cmになるまで放置し，近隣にゴミの埋め立て地を設けないようにする。アメリカ連邦航空局は，タービンエンジンを使用した航空機が発着するすべての滑走路の周辺3 km以内には，固形廃棄物処理場を設置しないよう指導している(Harrison 1984)。

鳥の威嚇を行っている穀物畑やヒマワリ畑では，付近の水鳥やムクドリモドキがさかんに採餌する場所に疑似穀物をまくと，被害を費用便益的に軽減できることがある(Sugden 1976, Cummings et al. 1987)。また，鳥の採餌に抵抗力のあるトウモロコシ，ヒマワリ，モロコシ属の品種を栽培することも被害軽減に効果的である。例えば，ムクドリモドキのつつきを妨害するような長くて厚い外皮を穂に持つスウィートコーンの品種は，短くて薄い外皮を持つものに比べて被害が少なくなる(Dolbeer et al. 1988 b)。著しく早熟あるいは遅熟ではない穀物を栽培することもまたムクドリモドキによる被害を軽減することができる(Bridgeland & Caslick 1983)。トウモロコシ畑の昆虫の管理を行い，畑をムクドリモドキの採餌場として好適ではない場所とすることで，トウモロコシへの被害を減らすことができる(Woronecki et al. 1981)。

覆い，金網による防除

ブルーベリーやブドウといった果樹や商品価値の高い作物への鳥の被害を軽減するには，ナイロンやプラスチックのネットを張るのが費用便益的である(Fuller-Perrine & Tobin 1993, 図18-3)。空港の格納庫の軒下や橋桁の下面，魚の孵化場，ビルの通風口から鳥を除去する場合は，網や針金を張るとよい。ビルの出っ張りには，45度の傾斜をつけて板などで覆うか，電気柵を張ることで，鳥がとまったり営巣したりするのを防ぐことができる。

池や埋め立て地，その他の建築物の上にワイヤや針金を2.5～12 m間隔で平行に張ることにより，カモメの活動を押さえることができる(Blokpoel & Tessier 1984, McLaren et al. 1984)。イエスズメを採餌場に近づけないようにする場合には，針金の間隔を30～60 cmにするとよ

図18-3 ナイロンネット
ブドウのような商品価値の高い果樹は，これにより鳥からの被害を軽減することができ，費用便益的な手法である。写真はニューヨーク州，ロングアイランドのもの。(M. E. Tobin 撮影)

い(Aguero 1991)。針金の間隔はカモメやイエスズメの翼長よりも広いのだが，カモメやイエスズメは針金を張ってある場所を飛ぶのをいやがるのだ。これは魚の孵化場で鳥を排除するのにも役立っている。なお，アイサ類を防ぐのに必要な間隔は60 cm，オオアオサギの場合には30 cmである(Salmon & Conte 1981)。オープンエントランスにポリ塩化ビニールの暖簾のようなものをかけておくことで，ホシムクドリやその他の鳥がビルへ進入するのを防除できる(Johnson & Glahn 1993)。

威　嚇

機械仕掛けの装置

　鳥を威嚇するための装置は数多く市販されており，また自作することもできる。始めにどれだけ効果的であっても，鳥たちはこれらの装置にたいていの場合慣れてしまう。そのため，これらの装置を用いるのに二つの重要なこつがある。一つは決して特定のタイプの装置だけに頼ってはいけないということ，もう一つはタイミングや場所を変えて装置の使用方法に変化を持たせることである。ただし，これらの装置は人が鳥を追い払うのと同程度の効果しかない。

　おそらく，もっとも広く用いられている威嚇装置は爆音機(図18-4)であろう。この装置は一定の間隔で大きな爆発音を出す。いくつかのモデルが市販されており，オートタイマーと容器を回転させる装置の付いたものもある。畑にいる鳥を威嚇する効果を上げるためには，少なくとも2 haに一つの爆音機が必要であり，数日ごとに移動させなければならない。爆音機の効果を増すために，時々散弾銃を持って見回りをすることも重要で(Dolbeer 1980)，本物の銃弾か炸裂弾を使うこともある。炸裂弾は12番径の散弾銃で発射することができ，50〜75 m先の標的で破裂して大きな音を出す。なお，鳥を威嚇するために火薬を用いる装置には，ロケット弾や警笛弾もある(Booth 1993)。

　鳥の警戒声や悲鳴声を録音してスピーカーから流すのも，鳥の威嚇に効果的な場合がある(Bomford & O'Brien 1990)。いくつかの飛行場では，車両にスピーカーを備え付け，滑走路のパトロール中によく出会う鳥のこうした鳴き声を拡声して流す。実際に散弾銃で鳥を撃ち殺すと悲鳴声の効果が高まる。なお，多くの種類の鳥のこのような鳴き声は市販されている(Schmidt & Johnson 1983)。

　人が認知できない高周波数(20,000 Hz)の超音波発生装置も，ビル周辺の鳥の防除用に市販されている。しかし，野外での実地試験では超音波発生装置は鳥を近寄らせないようにするのに効果がなかった(Woronecki 1988)。多くの鳥は人と同じ周波数帯の音しか認識できないのだ。

　目玉模様が描かれた旗やヘリウムの風船，風船や竹の支柱から吊されているタカの形をした凧もまた，いろいろな農場で鳥を追い払うのに利用されている(例えばConover 1984 a)。15 cm×1.5 mのポリエステルの旗も冬小麦やトウモロコシ，アルファルファにガンを近づけないようにするのに用いられており，4 haあたり10本の旗で効果がある(Heinrich & Craven 1990)。また，ポリエステルのテープを3〜7 m間隔で平行に張って，ムクドリモドキを防除している農場もある(Dolbeer et al. 1986, 図18-5)。

図18-4　爆音機
トウモロコシ畑などで鳥，特にムクドリモドキを威嚇するのに用いられる。最も効果を上げるためには，作物の上に出るように設置し，時期をおいて移動させ，散弾銃を持って見回りをしたり，他の威嚇装置と併用したりするとよい。(R. A. Dolbeer 撮影)

図18-5　畑の上に張ったMilar反射テープ
これにより農地でのムクドリモドキの採餌行動を軽減することができる。(R. A. Dolbeer 撮影)

おびただしいほどの個体数からなるムクドリモドキをねぐらから除去するには，悲鳴声，炸裂弾，ロケット弾，爆音機の各種装置を併用すればよい(Mott 1980)。ねぐらの中にストロボライトを設置しておくと便利である。実施の時間帯は，最初の個体が帰巣する日没から暗くなるまでである。実施方法は，散弾銃と炸裂弾を持った人間をねぐら周辺に待機させ，ムクドリモドキが戻ってこれないようにその飛行路を妨害する。完全に除去するにはこの作業を3～5日続ける必要があろう。他のねぐらへ移すことを目的としないならば，ねぐらが再び形成されないように，木を刈り込むなどして，ねぐらの環境を変えなければならない。

薬品

アビトロール(Avitrol®)はEPAに登録されている鳥の威嚇用薬品である。有効成分は4-アミノピリジンで，これを摂取すると悲鳴声を発し，不規則な円を描いて飛ぶようになる。摂取した個体は30分以内に死亡するが，他の個体は摂取個体の異常な行動に驚いて逃げてしまう。アビトロールはハト，カモメ(空港)，イエスズメ，ホシムクドリ(採餌場)，ムクドリモドキ(トウモロコシ，ヒマワリ畑)を対象に，建築物，ねぐらの周辺での使用を目的として登録されている。

アビトロール処理をした餌はそうでないものと1：10か1：99の割合で混合すると，群の中の一部の個体にしか作用しない。トウモロコシ畑とヒマワリ畑では，混合比を1：99にし，鳥が最初に畑で採餌を始めたときに，3 kg/haの割合で畑の面積の約1/3で給餌する。降雨や鳥の活動量，その他の要因に応じて，5日～10日の間隔で給餌しなければならない(Dolbeer 1980)。

アルファークロラローゼは，トウモロコシやパンに混ぜて用い，水鳥やハトを麻痺させ，捕獲するための薬品である。これを摂取した個体はおよそ30分～1時間の間に麻痺し，4～24時間後には完全に回復する(Woronecki et al. 1992)。アルファークロラローゼの使用はアメリカ食品医薬品局(FDA)によって制限されており，動物被害防除計画の際にアメリカ農務省の生物学者が使用するよう制限されている。

忌避剤

鳥類は一般的に臭覚や味覚が鈍感で，これらの感覚に訴える忌避剤はあまり効果的ではない。例えば，ナフタリンの結晶はホシムクドリ，ハト，イエスズメが家に入ってこないようにするための芳香性忌避剤として登録されているが，野外実験では効果がなかった(Dolbeer et al. 1988 a)。発芽の際の採餌による被害を軽減するために種子に施して味覚に訴える忌避剤もあるが，これに関してもその効果のほどは疑わしい(Heisterberg 1983)。

対照的に，食欲抑制や嘔吐を引き起こすような薬品は忌避剤として効果がある(Rogers 1974)。メチオカーブ(methiocarb，塩酸カルバミンで作られた忌避剤)は条件嫌悪を引き起こす忌避剤で，トウモロコシの種まきの際に種子に粉末状のものをふりかけたり，熟したサクランボやブルーベリーに吹き付けたりして用いられている。

建物の出っ張りなどを鳥がねぐらにするのを防ぐために，触覚に訴える忌避剤が効果を上げている。使用するものはきれいな面におく必要がある。つまり，表面が暖かいと忌避剤が流れてしまったり，埃で粘着力が低下したりするからである(Williams & Corrigan 1993)。

ワナ

ホシムクドリとある種のムクドリモドキはおとりワナで捕獲することができる。一つのおとりワナは大きめに(例えば6×6×1.8 m)家禽の鳥舎用のワイヤか金網で囲い込み，5～20個の鳥のおとりと餌，水，留まり木を置いておく(図18-6)。ワナの天井には5～10 cmメッシュの金網でできた入り口(0.6×1.2 m)があつらえてあり，鳥は餌(砕いたトウモロコシ，アワ，キビ)を採るために羽をたたんで下に降りる。おとりワナはサクランボ園近辺のホシムクドリを減少させたり(Bogatich 1967)，絶滅危惧種であるカートランドアメリカムシクイの営巣地からコクウチョウを除去した

図18-6 ムクドリモドキとホシムクドリ用の典型的おとりワナ
右奥にあるのが給餌場。給餌場の上に直接設置された5～10 cmメッシュの金網で覆ってある0.6～1.2 m四方の入り口を通り抜けるためには，鳥は羽をたたまなければならない。(R. A. Dolbeer撮影)

り (Kelly & DeCapita 1982)，バンディングと研究のためにムクドリモドキを捕獲したりするのに用いられている。ハトやイエスズメはいろいろなwalk-in trapやじょうご式ワナで捕獲することができる(Fitzwater 1993, Williams & Corrigan 1993)。納屋や小さな耕作地からイエスズメを除去するのに，かすみ網を使うこともできる(Plesser 1983)。

タカやフクロウは孤立した高い柱に止まる習性があるので，これらの種が問題となっている場合には，ポールワナを用いて捕獲するのが効果的である。#11/2のトラバサミの鋏部をウレタンフォームや外科手術チューブに縦に裂け目を入れて保護して使用するのがよい。ワナは被害が起きている地域の近くの孤立した柱に設置する。猛禽類が捕獲後，保護され移住させられるまでの間地上で休めるように，支柱にワイヤを張っておかなければならない(図18-7)。スウェーデンのオオタカ用ワナ(Meng 1971)は問題となっている猛禽類の捕獲に有効である。家畜を捕食するイヌワシを生け捕りする場合には，ヘリコプターからネットガンを使用するとよい(O'Gara & Getz 1986)。

射殺

ウィスコンシンにおいて，長年継続して被害を受けている農場へ(被害軽減のための個体数調整の意味を含めて)ガン猟のハンターを紹介する，という計画が行われた(Heinrich & Craven 1987)。このことを通して分かったのだが，ほんの数羽の個体からなる地域的な群が被害を出している場合，その軽減には射殺が効果的である一方，大きな群に対しては，射殺は忌避剤ほどの効果もない(Murton et al. 1974)。

建物の中のホシムクドリ，イエスズメ，ハトを除去する場合には，22口径の鳥撃ち銃を使うと跳弾や建物への被害を最小にして効果を上げることができる。

毒薬

対象ではない生物を害することなく，特定の種だけを毒餌を用いて殺すためには根気と，対象種の習性と餌の好みをよく知っておくことが必要である。給餌の効果を高めるためだけでなく，使用する毒餌の量や非対象種が毒餌を食べてしまう可能性を評価するためにも，数日間の毒を施していない餌の事前給餌を行うことが重要である。近くに好みの餌がある場合には，可能な限り事前給餌期間中に取り除いておく必要がある。毒餌は厳重に管理しなければならない。死亡個体は，少なくとも1日1回は回収し，埋葬してしまわなければならない。

DRC-1339はStarlicide Complete®の名前で販売されており，給餌施設や家禽の飼育場でホシムクドリを殺すのに用いる毒薬で，家禽用のペレットに混入して使用する。またパンに混入したDRC-1339も，絶滅のおそれのある種の営巣地で，その種と競合する可能性のある特定の種のカモメを殺す目的で登録されている。DRC-1339は腎臓と血液

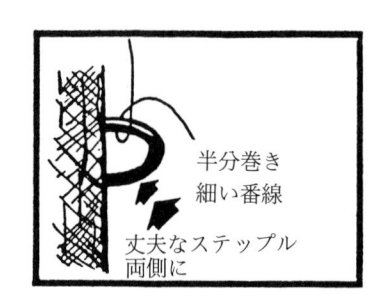

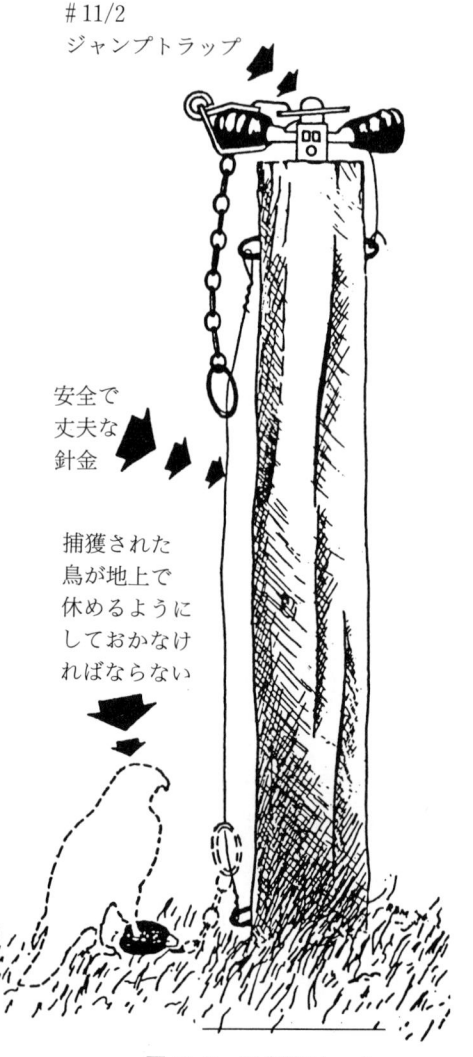

図18-7 猛禽類用のポールワナ
(アメリカ内務省 1977より)

循環系に作用し，摂取後24～72時間後に鳥を死亡させる。ビル内外のハトやイエスズメを殺すために，ストリキニーネを施したトウモロコシの穀粒や粉末の毒餌が用いられているが，EPAは，最近，地面の上でのストリキニーネの使用可能量を大幅に減少させている。

保湿剤のPA-14は，高台をねぐらにするムクドリモドキやホシムクドリのを殺す目的で，アメリカ農務省によって登録されている。この薬品は厳密には毒薬ではないのだが，この物質を水に混ぜて空中，あるいは地上からねぐらにいる鳥に散布すると，薬品の効果で羽毛に水が浸透して，鳥の体温を奪い，体温が約10℃以下になると低体温症により鳥は死亡する(Stickley et al. 1986)。この作業を実施する際には，夜間にねぐらへ13mm以上の降雨か相当量の放水が必要である。

ビル内のハト，スズメ，ホシムクドリを殺すために，エンドリンかフェンチオンを混入した棒状の留まり木が登録されている。この物質は足や表皮から吸収される。

❏有蹄類

被害の評価

有蹄類による採食，踏みつけ，角とぎにより農業，林業，観賞植物へ様々な被害問題が増えている。リンゴ等の果樹の芽が冬期にシカに採食されると，次の年の収穫量が減少したり(Austin & Urness 1989)，好ましくない樹形に成長したりする(Harder 1970)。同様に，苗木やクリスマスツリー用の木が採食されると，商品価値が減少する(Scott & Townsend 1985)。更新中の森林において広葉樹の幼木やモミの若木が採食されると，成長率が低下し，樹形が醜くなり，更新に失敗する(Crouch 1976, Tilghman 1989)。

角とぎによる樹木への被害は大きい(Scott & Townsend 1985)。あるオハイオの苗畑では，オジロジカは角とぎの際に，green ash(トネリコの一種)，セイヨウモモ，サクラ類といったなめらかな樹皮を持つ樹木の小さな木(地上15cmの直径が16～25mm)を好むという(Nielsen et al. 1982)。

有蹄類の採食，角とぎによる果樹園や苗畑，造林地への被害の経済的損失額を推定するのは困難である。なぜなら，収穫量や木の価値の損失は，被害が起こった後何年にもわたって蓄積されるし，齧歯類による被害も含めて，植物によくない影響を与える他の要因によっても変化するからである。オハイオ州では，1983年のシカ類による損失の平均は，果樹園で204ドル/ha，クリスマスツリー園で219ドル/ha，苗畑で268ドル/haであると報告されている(Scott & Townsend 1985)。アメリカ合衆国のいくつかの州では，年間被害額は明らかに百万ドル単位である(Black et al. 1979, Craven 1983, Connelly et al. 1987)。

シカ類は様々な農作物，特に若い大豆の葉・茎，熟したトウモロコシの穂も採食する。ウィスコンシン州の被害防除されていない51か所のトウモロコシ畑では，平均被害額は2,680kg/haと推定された(Hygnstrom & Craven 1988)。大豆畑では，芽生えの最初の週に食害が起きると，収穫量の損失は最も大きなものとなる(DeCalesta & Schwendeman 1978)。また，いくつかの地域においてエルクは，干し草やウシの給餌場にも損害を与える(Eadie 1954)。

加害種の判別法

ウシ科，シカ科は上顎の門歯を持っていない。そのため，これらの種に採食された小枝や植物には，齧歯類やウサギ類の食痕の様な鋭い食痕ではなく，縁は乱暴に引きちぎられ，断面はボサボサになる。ノースイースト地方において，シカが立った状態で1.8m以上の高いところにある食物をときおり採食するのが観察されており，後足で立ち上がると2.5mの高さに達することもできる(Pearce 1947)。ヘラジカとエルクは約3mの高さまで採食できる。シカは時には直径2.5cm以上の枝も採食する。ヘラジカとエルクはヤマナラシの樹皮をかじることがある。なお，オスが角についたベルベット(袋角の皮膚)を落とす際に幹につく傷跡は，一般的には高さ1m程度までである(Pearce 1947)。

防除法

生息地操作

アメリカトガサワラの苗木と一緒に，シカやエルクが好む双子葉草本を植えることで，樹木への被害を軽減することができる(Campbell 1974)。人里から離れたところにある苗木畑には，モミジバフウ，pin oak(ナラの木の一種)といったシカの角とぎに好まれない樹木を植え，セイヨウモモやサクラのような角とぎに好まれる樹木は人里の近くに植えるとよい(Nielsen et al. 1982)。

防除柵

有蹄類を排除するために多くの柵が考案され試されてい

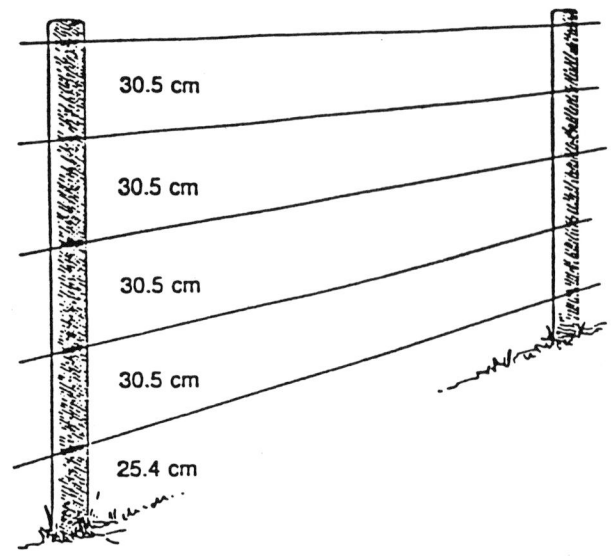

図18-8 高さ2mのペンステート式シカ用電気柵(Palmer et al. 1985より)

る。標準的なシカ柵は，上部に鉄条網を張った高さ2.4mの金網であるが，効果がある反面，1mあたり4.10ドルと費用がかかる(Caslick & Decker 1979)。あまり資材を使わなくてすむペンステート式シカ用電気柵(Penn State Vertical Electric Deer Fence)が考案されており，これは5本の針金をきつく張った高さ1.5mの柵である(図18-8)。なお，針金を4本にすると効果がない(Palmer et al. 1985)。材料費は1m当たり約0.72～1.00ドルである。また，高さ0.6～1.0mに1本の電気鉄線を張り，それにシカが鼻先をふれるようにピーナッツバターを塗っておく，という柵も果樹園やトウモロコシ畑でシカの被害を軽減するのに効果がある。また，この柵に沿ってピーナッツバターを塗ったアルミホイルを10m間隔で設置してもよい(Porter 1983, Hygnstrom & Craven 1988)。このような誘因餌を施した柵は費用がかからない割には効果があり，設置費用は1mあたり0.50ドル以下程度である。なお，これらの電気柵は定期的に見回り，草が絡まないようにしておく必要がある。

ヴェクサー・チューブ(Vexar tube)のような光分解プラスチック製の一本一本の苗木を守る器具があり(「齧歯類および他の小型哺乳類」の項(573頁)参照)，針葉樹の苗木へのシカの被害を軽減するのに効果がある(Campbell & Evans 1975, DeYoe & Schaap 1983)。またそれぞれの苗木を頑丈な布か金網で囲うことで，採食や角とぎを防ぐことができる。

忌避剤

植栽や果樹，農作物へのシカの採食を軽減するために，臭覚や味覚に訴える数多くの忌避剤が開発されている。植物の生長季節には，費用がかかり，効果もむらがあるので，一般的にトウモロコシのような商品価値が低い農作物に忌避剤を用いるのは現実的ではない(Hygnstrom & Craven 1988)。忌避剤は樹木や灌木が休眠中の季節に用いるのが最も効果的であるが，効果は一定ではなく，良好な条件下でも被害がでることもある。

Conover & Kania(1987)は，冬期にリンゴの苗木への忌避剤として，人間の髪の毛と卵を発酵させた固体(BGR®)，ブラッドミール(血粉)とペッパーコーン(コショウ)の混合物の三つを比較した。人間の髪の毛やブラッドミールとペッパーコーンの混合物はバッグに入れて木につり下げ，BGRは木に擦り付けた。どの忌避剤もシカの採食を約50％軽減したが，費用に対する効果の程度には疑問が残る。

そのほかの忌避剤としてボーンターオイルを含んだもの(Magic Circle®)，モスボール，カプサイシン(Hot Sauce Animal Repellent®)，タンケージ，殺菌剤のチラム(いくつかの商品名で販売されている)，高脂肪酸のアンモニア石鹸(Hinder®)がある。これらの製品の効果はまちまちで(例えばMcAninch et al. 1983, Palmer et al. 1983, Conover et al. 1984 a, 1987 a)，シカの個体数，代替えになる餌の供給，対象となる植物の種類，天候など忌避剤の効果に影響を与える要因も関係している。

威　嚇

爆音機，フラッシュライト，炸裂弾等の音を発生する器具を夜間に使用することで，有蹄類による被害を一時的に防ぐことができる。これらの器具の効果を最大するための適切な運用法については鳥類の項で述べてある。有蹄類は比較的速やかにこれらの器具に慣れ，一般的に長期的には全く効果がない。

射殺とワナ

被害がひどい地域での被害対策の最も良い方法の1つは，シカの狩猟期間を効果的に利用し，個体数を減らすことである(Craven 1983)。また，特別駆除許可制度のある州もいくつかあり，狩猟期間中に十分な個体数調整を達成できなかった場合，土地の所有者が許可を得て，被害が出ている地域で一定数のシカを狩猟期間外に捕獲することができる。

シカは落とし戸式ワナ，ロケットネット，麻酔銃でも捕獲できる(Palmer et al. 1980)。しかし，これらの方法は射殺に比べて少なくとも2倍は費用がかかる。加えて，ある人は捕獲されたシカに温情がわき，シカが連れ去られ，どこか好適な場所に放逐されるまで，捕獲されたシカのことを心配し続ける，という悩み事にさらされるかもしれない。植物園のような地域では普通射撃が禁止されているが，生け捕り捕獲するよりも，許可を受けた熟練した射手に射殺してもらう方がよいだろう(Ishmael & Rongstad 1984)。なお生け捕りして移住させるのは最後の頼みと言うべき防除方法で，公的関係に配慮して執り行わなければならない。

❏齧歯類および他の小型哺乳類

被害の評価

齧歯類や小型哺乳類が被害を出している現場を目撃することは困難で，被害の頻度を計測したり，定量したりするのは難しい。にもかかわらず，これまでなされている評価によると，アメリカ合衆国において齧歯類や非捕食者である小型哺乳類により，食物や繊維に毎年，莫大な損害が生まれている。ワシントン州とオレゴン州における森林性動物による被害は，アメリカトガサワラとポンデロサマツに対して年間総額で6千万ドルと見積もられており，森林資源の総合価値へ与える潜在的被害は18.3億ドルと見積もられている(Black et al. 1979, Brodie et al. 1979)。この金額には有蹄類によるものも含まれているが，その多くはウサギ類や齧歯類に原因するものである。

Miller(1987)は南東部16州の森林管理官と自然資源局を調査し，野生動物に原因する年間の損害を推定した。これによると，ビーバーによる被害額は2,840万haで1,120万ドルであり，これに加えてこの地域での野生動物被害対策に160万ドルが使用されていた。Arner & Dubose(1982)はアメリカ合衆国の南東部4万haにおけるビーバーによる経済的損失を40年間で40億ドルを越えると推定した。ミシシッピー州における高価な木材への年間損失は，少なくともこの10年間では2.15億ドルと見積もられている(Bullock & Arner 1985)。

ラットはサトウキビに実質的な被害を与える。Lefebvre et al.(1978)はフロリダ州のサトウキビ生産地の1/3の地域での年間被害額を6百万ドル(235ドル/ha)と推定した。ハワイ州における損害は年間2千万ドルを越えると報告されている(Seubert 1984)。Ferguson(1980)は，アメリカ合衆国東部のリンゴ生産者に与えるハタネズミ類の1978年の被害を5千億ドルあまりと見積もった。牧野での齧歯類，ウサギ類による飼料植物への被害も甚大であるが，被害の性質の複雑さと発生範囲の広大さゆえに，被害額の正確な評価は困難である(Marsh 1985 a)。

Pearson & Forshey(1978)は，ハタネズミによる被害の結果，収穫量の損失額を明らかにするために，ハタネズミによる被害が確認されたリンゴの木とそうでないものとを比較した。Richmond et al.(1987)は，個体群サイズが分かっているマツネズミをリンゴの木の回りに囲い込み被害を発生させ，被害を受けた木の成長，収穫量，果実の大きさの損失を明らかにした。

齧歯類によるサトウキビへの被害の指標として，収穫物から標本をとり，茎への被害の百分率を算出するという方法がある(Lefebvre et al. 1978)。また Clark & Young (1986)は，10日間にわたりトウモロコシ畑を横断しながら，個々の苗への齧歯類による被害を記載する，という方法を確立した。飼料植物の損失は，齧歯類がいるところといないところの生産量を比較することで推定されている(Turner 1969, Foster & Stubbendieck 1980, Luce et al. 1981)。Sauer(1977)は，ジリスによる飼料植物への被害を明らかにするために exclusion sylinder(筒をかぶせてジリスが入らないようにする装置)を用いた。Alsager(1977)は，アナホリネズミによる飼料植物の生産量の減少量の推定法を提案している。これらの手法は，防除法の効果を評価するのに有効である。しかし，損失の評価方法に関しては，防除の費用便益性を評価できるように，正確に被害金額を評価する方法に改善するべきである。とはいうものの，範囲が広いことと様々な齧歯類の個体群が混在するため，評価方法の改善は難しい。

いくつかの状況では(例えばビーバーによる木材の伐採，針葉樹の苗木へのアナホリネズミによる被害，リンゴの木へのハタネズミによる被害)，初期の防除の失敗は，全ての資源を失うこともある。したがって，このような状況での潜在的損失は，資源を補充する費用と同価である。他の状況(例えば家屋の中のコウモリのコロニー)では，費用と関係のない防除法が必要な場合もある。

以上の事例で，被害状況の複雑さ，よりよい評価手法，将来性を見越しての調査の必要性に関して述べた。被害の程度を評価する手法を欠くことは，費用便益的な防除法を発展させる際の障害となるからである。

加害種の判別法

野生哺乳類は普段隠れていて簡単には観察できないし，多くは夜行性である。したがってたいていの場合，調査者は加害種を判別するために，痕跡，足跡，食痕，糞，巣穴といったいろいろな痕跡に頼らなければならない。小型の齧歯類を確実に同定するために，ワナを用いて捕獲しなければならない場合もあり，1種以上生息している場合が多い。

被害の特徴もまた，加害種の判別の手がかりとなる。例えば，果樹園において，根に大きな齧り痕があるときは，普通，マツネズミ(pinevdes)によるものであるし，一方，根の縁や積雪の上の幹に被害があるときは，たいていアメリカハタネズミによるものである。サトウキビには，いろいろなラットの種類が，節の間をえぐるように茎を齧るが，完全に切り離すことはまずない。対照的に，ウサギ類は茎を完全に切り離し，輪状になった節のみを残す。植物への被害は一般的に以下のグループに分ける。すなわち，アナホリネズミ・マツネズミによる根への被害，アメリカハタネズミ・リス・ヤマアラシ・ウッドラット・アナウサギ・ヤマビーバーによる幹の樹皮はぎ，ビーバー・アナウサギ・アメリカハタネズミ・ヤマビーバー・アナホリネズミ・ウッドラット・リス・ヤマアラシによる茎・枝の切り離し，ネズミ・リス・ヤマビーバー・ヤマアラシ・アナウサギによる針葉の切り離し，アカリス・シマリスによる萌芽の採食である。これらの特徴は被害を出している種の判別の補助となるが，正確に判別するためには，足跡など種に特徴的な痕跡を利用するか，捕獲を行った方がよい。

アルマジロ

アルマジロはテキサス州の東端と北端から生息圏を広げ，現在ではすべての湾岸諸州とニューメキシコ州，オクラホマ州，カンザス州，アーカンソー州，ミズーリ州の一部分で生息が確認されている(Humphrey 1974)。アルマジロは基本的には地表面を掘って，無脊椎動物を探して採食する。ゴルフ場や庭などの芝地で採食行動をされると，経済的被害につながる。アルマジロの生息圏が広がった地域では，林床植生に与える採食行動の影響もまた懸念される(Carr 1982)。アルマジロは果樹の下に巣穴を作るため，根に被害がでたり，通気が過多になったりする(Marsh & Howaard 1982)。建築物の下にアルマジロが巣穴を作るのも，不快な問題である。アルマジロは人間にハンセン病を発病させる細菌を媒介するばかりか，媒介者としての位置付けも明確ではない(Davidson & Nettles 1988)。

防除法－防除柵(25 cmの高さの鳥舎用ネット)，生息地操作(カバーの除去)，殺虫剤の使用による餌の除去，wing fenceによる生け捕り捕獲，コニベアトラップ，射殺。

コウモリ

飛行能力を持った唯一の哺乳類であるコウモリは，大量の昆虫を捕食する。アメリカ合衆国とカナダでは40種のコウモリが確認されており，これらが住宅や建築物にねぐらや繁殖コロニーを形成すると問題がおきる。最も一般的に問題の対象となる種は，サウスウェスト地方(Southwest)のトビイロホウヒゲコウモリ，オオクビワコウモリ，メキシコオヒキコウモリ，サバクコウモリ，ウェスト地方(West)におけるユマホウヒゲコウモリである(Greenhall 1982, Frantz 1986)。数種のコウモリは絶滅危惧種であり，州法や連邦法で保護されているので，困難ではあるが必ず種を同定しなければならない。防除の実施者がコウモリの同定に不慣れな場合には，アメリカ魚類野生生物局や大学の専門家の助けを仰ぐとよい(Frantz 1986)。

キーキーという鳴き声や引っ掻き音，糞の蓄積や尿による独特な不快臭により，建物の中にコウモリがいることがわかる。コウモリの糞は，その臭いや昆虫を含んでいること，破砕していることから，他の齧歯類のものと容易に区別できる(Greenhall 1982)。

多くの人間はコウモリを見ると恐がり，パニックになる。コウモリはしばしば狂犬病の犬と接触し，時にはこれを媒介して人間に感染させ，死に至らしめることもある(Greenhall 1982)。狂犬病に感染しているコウモリに接触したり噛まれたりした場合には，既存のワクチンではない別の治療法が必要である(Frantz 1986)。さらにコウモリのコロニーがある所では糞が堆積し，ヒストプラズマ症の原因となる菌が繁殖する。また，空港近辺にコウモリの営巣地があると，航空機事故が発生するおそれがある(Kincaid 1975)。

防除法－追い出し(コウモリを追い払い戻ってこないようにするバルブ装置の使用，この方法は幼獣が飛行できるようになった段階で行う)，忌避剤，ワナ，人工のねぐら，コウモリに対する恐怖を克服するための教育，毒薬(狂犬病罹病の危険性が増すので，多くの場合，すすめられない)。

ビーバー

ビーバーによる被害の判別は容易で，木の幹の円錐形の齧り痕やダム，巣の存在から判別できる。ビーバーは池や貯水池，流れの速い渓流では川岸に穴を掘るので，巣やダ

図 18-9 ビーバーによる樹木被害
低地ではビーバーの活動により，広範囲にわたる恒常的増水が発生する。〔F. Boyd（アメリカ農務省 APHIS 所属）撮影〕

ムはないこともある。普通，ビーバーが生息している場所では新鮮な皮剥の痕がある葉のついた枝が見つかる。

　ビーバーによる被害は木の伐採という採食行動と，ダムの建設という水位調整によるものである。木の伐採による被害の一つとして，ポプラやヒロハハコヤナギといったビーバーが好む樹種が，生息地周辺で選択的に伐採され，減少するというものがある(Beier & Barrett 1987)。また，毛皮の価値の減少に伴う捕獲圧の低下のため，ビーバーの個体数が劇的に増加しているアメリカ合衆国東南部(Woodward 1983)に特有の問題であるが，増水による樹木や農作物の損失という大きな問題がある(図 18-9)。ビーバーは，しばしば，道路の排水溝や池，貯水池の水位調整施設に棒きれで栓をする。加えて，巣を作ることで，水路や人間が造ったダムに被害を与える。

　ビーバーは，人に胃腸炎や下痢を生じさせるプロトゾアの寄生虫(*Giardia* spp.)に感染しやすいが，適切な水質検査を行うことで，人への感染は予防できる(Davidson & Nettles 1988)。

防除法－コニベアトラップ，くくりワナ，トラバサミ(#3以上)，かごワナまたは箱ワナ，射殺，ダムの破壊，生息地操作，ダムと排水溝への排水施設の設置。

シマリス

　シマリスは，一般的に巣を作ることと採食により，穀物畑，庭の植物，花の球根や他の植物に被害を与える。まれに卵や，鳥の巣を破壊する(Eadie 1954)。シマリスは家の中や床下に巣を作ることがある。シマリスは，種子，苗木，高齢の植物の芽を採食することと，大量の種子を貯食することで造林の妨げとなる(Marsh & Howard 1982)。アメリカ合衆国西部の一部では，シマリスは感染症の媒介の危険性があり，キャンプ場では駆除している(Marsh & Howard 1982)。シマリスは昼行性のため観察により容易に確認でき，捕獲によっても生息を確認できる。

防除法－はじきワナ，生け捕りワナ，毒餌，忌避剤，射殺(22 口径の鳥撃ち銃，散弾銃，空気銃)，排除。

コットンラット類

　アメリカ合衆国南部とメキシコにおける一般的なコットンラットの種であるアカゲコットンラットは，コットンラットの中でも最も頻繁に被害を出す種である。他の 2 種はアリゾナ州とニューメキシコ州で地域的に被害を出している。コットンラットは大きな個体数変動を示す。コットンラットは基本的に草食であるが，地上営巣する鳥の卵や雛も捕食する(Hawthorne 1993)。ほとんどの被害は，農作物，特にメロンやサトウキビの採食である。コットンラットは昼夜を問わず行動し，個体数が多いと頻繁に観察される。コットンラットの生息は，よく発達したその通り道や，5～8 cm に切られた草が積み上げられたものがあることで確認できる。長さ 9 mm 幅 5 mm の緑がかった灰黄色の糞が，通り道にあることもある。コットンラットの痕跡はハタネズミのものと似ているが，糞，通り道，草の齧食痕は，普通，ハタネズミのものより大きい(Hawthorne 1993)。コットンラットは，齧歯類の中で農業被害をよく出す種の一つである。

防除法－生息地操作，毒餌，はじきワナ。

パロマイスクス(*peromyscus*)属
(シカシロアシマウス，シロアシマウス)

　パロマイスクス属は大型で，北米全域で 1 種あるいはそれ以上の種が確認されている。これらのネズミ類は夜行性で，周年活動する。パロマイスクス属の個体数は大きく変動する。太平洋岸北西部(Pacific Northwest)では，これらのネズミ類は，最も主要な種子の採食者で，造林に被害を与えている(Sullivan 1978)。そのため，多くの地域では，手作業で苗木を植えるといった作業を強いられている。パロマイスクス属は苗床に播種したトウモロコシの苗に多大な被害をもたらすが，彼らが害虫や雑草の種を採食してくれることを差し引いて考えた方がよい(Clark & Young 1986, Johnson 1986)。パロマイスクス属は人家にも進出し，貯蔵してある食料を採餌したり，巣を作るために家具

や他のものを引き裂いて傷を付けたりする。生息の確認にははじきワナや，生け捕りワナを用いるのが，最も良い方法である。

防除法－生息地操作，代替えとなる餌の供給(Sullivan & Sullivan 1982)，排除，はじきワナ，生け捕りワナ，毒餌，忌避剤。

ジリス

ジリス(Spermophilus 属)は，北米の中北部と西部における主要な有害獣で，木の種子や発芽したばかりの苗に大きな損失を与える。被害が発生している地域を注意深く観察すると，割られた種子の殻や貯食の跡がみられる。ジリスは，牧場，放牧地，穀物畑，植物園，果実栽培，ナッツ栽培に甚大な被害を与える。ジリスが巣を作ると，堰堤の劣化，浸食が進み，結果的に農耕機械の故障を招く。プレーリー(prairie)のポットホール地帯(甌穴)では，ジリスは水鳥の卵の主要な捕食者である(Sargeant & Arnold 1984)。感染症も含めて，ジリスはいくつかの病気を媒介する。感染症の流行っている地域では，外部寄生虫への対策と一緒に，ジリスへの対策も行うべきである(Marsh & Howard 1982)。

ジリスは昼行性で，容易に観察できる(Marsh 1985 a)。ジリスは冬眠と夏眠をし，年間を通じて大きな食性の変化がある(Marsh 1985 a, 1986)。この点を考慮して，効果的な防除計画を立てるべきである。

防除法－生息地操作，毒餌，生け捕りワナ，トラバサミ(#0-11/2)，はじきワナ，薫蒸剤，排除，射殺。

カンガルーネズミ

カンガルーネズミは，乾燥した西部の放牧地で，特に乾季に個体群が高密度な場合，家畜の競争者となる(Marsh 1985 a)。またカンガルーネズミは，放牧後の強い採食圧が加わった地域の植生の回復を遅らせ(Howard 1993)，好ましくない灌木の種を貯食によりはびこらせる(Reynolds & Glendening 1949，Marsh 1985 a)。カンガルーネズミは，新しく播いた植物の種子を採食したり，苗をかみ切ったりすることで，砂漠を灌漑して作った農場のアルファルファやトウモロコシに被害を与える(Howard 1993)。モロコシや他の穀物，庭の植物にも局所的に被害がでている。

カンガルーネズミのいくつかの種は絶滅危惧種である。カンガルーネズミは夜行性であるが，地上に盛り土を作る巣穴の形状と，縦横に走る通り道は容易に観察できる。被害発生している地域が絶滅危惧種の生息地に含まれていない場合には，はじきワナを使用することで，生息している種を判別できる。

防除法－生息地操作，はじきワナ，生け捕りワナ，毒餌，局所的な排除，代替えとなる餌の供給。

マーモット

マーモット(ウッドチャック，ジリスに似ている)は多くの農作物に被害を与える。成育中の牧草は，マーモットの採食と踏みつけにより著しく損害を受ける(Marsh 1985 a)。マーモットは，森林の樹木を囓ったり引っ掻いたりすることで，果樹や生け垣に被害を与える(Bollengire 1993)。マーモットの巣は，農場の端に沿って作られることが多く，農耕機械に被害を出したり，家畜を傷つけたりする。また，灌漑水路に巣が作られると，水の使用可能量が減る。郊外では，ビルの下や造園地に作られた巣が問題となっている(Marsh & Howard 1982)。マーモットの生息は，個体あるいは巣の直接観察によって容易に確認できる。牧草が生長している期間，巣の周辺の植物は他の所と比べて，明らかに草丈が低くなる。巣の使用状況は，春季に拳骨大の石があるかどうかで判別できる。

防除法－薫蒸剤，射殺，コニベアトラップ，トラバサミ(#11/2-2)，生け捕りワナ。

ハタネズミ

ハタネズミ(Microtus 属，アメリカハタネズミ，フィールドマウス，マツネズミとも呼ばれる)は，樹皮や根を囓ることで，森林や果樹，植栽に被害を与える(Pearson & Forshey 1978，Byers 1984 a，Pauls 1986，Sullivan et al. 1987，O'Brien 1993)。樹木や灌木の被害は，たいていの場合，雪の下や植物が密に生えているところでおきる。根の縁から雪に覆われている間の幹の部分が囓られる。ハタネズミは小さな木や直径6 mm程度のシュートも囓る(図18-10)。マツネズミのようないくつかの種は，地下の根にもまた被害を出すが，この被害は春になり新葉の状態に反映されるようになるまでわからない。ハタネズミは農場や庭にも被害を出し，その個体群が大きいときは壊滅的な損失を与える(Clark 1984，Marsh 1985 a)。ハタネズミは，腺ペスト，ノウサギ病を媒介する。

ハタネズミの個体群は大きくなりやすく，変動が早い。ハタネズミの生息の最も簡単な確認方法は，その通り道や巣を探すことである。果樹園においては，通り道を露出させるために，木の根本周辺の草をかき分けたりすることで，巣や通り道を見つけることができる。なおマツネズミの巣は

図 18-10 アメリカハタネズミによるリンゴの木の樹皮はぎ ハタネズミは雪中に穴を掘り，樹木の基部から雪面までの間の樹皮をはぐ。この被害が起きると果樹の生産量が減少する。(M. E. Tobin 撮影)

たいてい地下にある。幹や根への齧り痕は，普通，他の齧歯類よりも不均一である。嚙み痕は，小さな枝ですら，すべて角度がつき，溝が幅 3 mm，深さ 2 mm，長さ 10 mm という点で軽い引っ掻き痕と異なる。干し草の山の中では，おびただしい数の巣の出入り口につながる通り道，嚙みちぎられた草，糞を確認することができる。

防除法 — 覆いによる防除，プラスチックメッシュの実生保護器(Pauls 1986)，生息地の操作，毒餌，はじきワナ(地域的で個体群が小さいとき)，代替えとなる餌の供給(Sullivan & Sullivan 1988)。

モグラ類

モグラ類は基本的に地中の無脊椎動物，特にミミズ，甲虫の幼虫を採食する。モグラ類の食物の約20%は植物質で，庭の植物や米，麦などが含まれていることもある(Silver & Moore 1941)。ハタネズミやハツカネズミはモグラ類の巣を利用することがあり，モグラ類が原因と思われる被害のいくつかはそれらによるものである(Henderson 1993)。モグラ類の巣は地下に掘られ，植物の呼吸を妨げ，根を露出させ乾燥させるので，牧草の生産量が減少することがある。地上にあるモグラ類の巣は収穫機械をつまらせるし，飼い葉やまぐさを汚染する(Wick & L&force 1962)。モグラ類は巣を作ることで芝やゴルフコースのグリーンに広範囲な被害を与える。

モグラ類の生息は，普通，餌を探すために穴を掘る際にでる土砂や，地上の巣の盛り土があることで確認できる。モグラ類の盛り土はアナホリネズミのものより，周囲の土の量が多く，巣穴の出入り口をふさぐ土の栓がないので区別できる(Eadie 1954)。

防除法 — モリワナ，はさみ式ワナ，首締めワナ，生息地操作(例えば土の押し硬め)，毒餌，薫蒸剤，忌避剤(球根保護のためのチラム剤)，殺虫剤(餌除去のため)。

ヤマビーバー

ヤマビーバーは，巣を作ることと，庭の植物や液果の栽培植物，若木を採食することで大きな経済的損害を与える。ヤマビーバーは排水溝を営巣場所とし，道路の下に穴を掘って巣を作ることもある。

太平洋岸北西部では，において，ヤマビーバーは造林の主要な妨害要因である(Borrecco & Anderson 1980, Evans 1987 a)。植樹後4年の植林や，商品化直前の約12～15年目の造林地は最も被害を受けやすい(Evans 1987 a)。ヤマビーバーは苗木を嚙みきり，幼木や枝を嚙り，大木の樹皮をはぐ。

ヤマビーバーは，普通，苗木を45度の角度で嚙みきる。小さな苗木ではアナウサギによるものと区別するのは難しいが，アナウサギは地上50 cmの高さまでの直径6 mm以上の枝を嚙み切ることは滅多にないが，ヤマビーバーは地上3 mまでの直径13 mm以上の枝を嚙み切ることもよくある(Lawnence et al. 1961)。ヤマビーバーは，主幹からでている枝に45度の角度のついた切り痕を残す。主幹には水平の歯形と垂直の爪痕が残る(Packham 1970)。また，被害が発生している地域近辺には巣や通り道がある

防除法 — コニベアトラップ(#110)，生け捕りワナ，トラバサミ(#11/2-2)，毒餌，プラスチックメッシュの樹木保護材，生息地操作。

マスクラット

マスクラットによる被害のほとんどは，人間が作った湿地や管理している湿地，あるいは湿地と農場の境界においてである。最も大きな被害は，池のダムや船着き場，灌漑用の水路に巣を作られることによる。巣穴の入り口は水面よりも下にあり，堤防内を上に向かって穴を掘り，水位よりも上に部屋を作る。水位が上がると，マスクラットは水が入ってこないように，さらに穴を掘ってより上の方に部屋を作る。その結果，堤防の決壊や陥没の危険性が増し，被害は増大する。時には，水辺に生育するイネのような穀物や庭の植物に，マスクラットが大きな被害を与えることもある。マスクラットは基本的には草食性であるが，植物の利用可能量が限られていると，水生動物も捕食する(Miller 1993)。

マスクラットは，水面から0.5～1mほど突きだした円錐形の巣を作るので，マスクラットの生息はその巣や，巣の出入り口によって確認できる。水がきれいなときや冬期に池や貯水池の水が退いたときには，水中の通り道が観察できる(Miller 1993)。

防除法－コニベアトラップ，トラバサミ(#1-2)，煙突式ワナ，毒餌，追い払い〔特殊なダムの建設(Miller 1993)〕，生息地操作。

ヌートリア

ヌートリアは半水性生活の草食獣で，水生植物や水辺に生育するする植物の根，種子，植物体を採食する。この導入種による最も大きな損害は，特に湾岸地方の沼沢地周辺においての，サトウキビやイネに対してである(LeBlanc 1993)。またヌートリアはラクウショウの更新を著しく阻害することがある(Conner & Toliver 1987)。さらにヌートリアは木製の建築物や船舶にも被害を与える。

ヌートリアの生息は足跡や糞，被害を出している地域へ向かう，あるいはそこから戻る際の通り道によって確認される。また被害が発生している地域で直接観察されることもある。

防除法－生息地操作，毒餌〔最も効果的なのは水上に設置した給餌装置である(LeBlanc 1993)〕，トラバサミ(#2)，コニベアトラップ(#210)，射殺。

アナホリネズミ

アナホリネズミは農作物やシバ，放牧地，植林に実質的な被害を与える。アナホリネズミは基本的に，草や木の地下部分の組織を採食する。起こった被害は，植物の地上部分に現れないと解らず，そのときには致命的であることもしばしばである(Cummings & Marsh 1978)。また別の状況においては，アナホリネズミは地下のパイプやケーブルに被害を与えるだけでなく，農場のプラスチック製の灌漑用水路にも被害を与えることがある。

放牧地では，アナホリネズミによる土壌の撹拌や盛り土の形成により，植物の多様性が増したり，多年生および1年生の草本が生えてきたりする(McDonough 1974, Foster & Stubbendieck 1980, Marsh 1985a)。アナホリネズミは放牧地の家畜の環境収容力を大きく減少させる。アナホリネズミはアルファルファ対する重大な害獣で，葉や茎，枝，根を採食する(Marsh 1985a)。アナホリネズミの盛り土によって，農場の機械が壊れたり，刈り取り機械の磨耗が速まったりする(Case & Jasch 1993)。

アメリカ合衆国東部では，アナホリネズミは造林の主要な障害である(Crouch 1986)。冬季には，アナホリネズミは雪の中に穴を掘って地面の上で採食する。アナホリネズミの雪面下での活動により，針葉樹は高さ3.5mまで樹皮がはがされる(Capp 1976)。アナホリネズミは雪中に掘った穴のいくつかに土壌を詰め込み，このようにして作られる長いチューブ状の土は雪が解けるまで残る。

アナホリネズミの生息は，円錐形のモグラ類の盛り土とは対照的な，扇形の盛り土で確認できる。巣の出入り口はたいていの場合栓がしてある。アナホリネズミに囓られると小さな歯形がつき，ヤマアラシによる場合はそれより溝が広く，アメリカハタネズミによる場合にはそれより細いので，これらと区別できる。アナホリネズミは時々苗木や植物体を引き抜き，巣に持ち込む。

防除法－毒餌，致死ワナ(Macabee, Victor, Californiaアナホリネズミ用ワナ)，薫蒸剤，生息地操作(灌漑の水量調整，回転栽培)，実生保護(プラスチックメッシュ)，パイプおよびケーブルの保護材。

ヤマアラシ

ヤマアラシは，一般的に夜行性で，周年活動する。ヤマアラシは，夏季に庭園の植物や菜園の植物も含めて，開けた草地や農場，川や湖の堤防で水気の多い植物を採食する。最も大きな被害は，冬季にヤマアラシが樹皮の中の組織を採食することである(Marsh & Howard 1982)。樹幹上部を樹皮はぎされると，木が死ぬこともしばしばである(Evans 1987b)。苗木の基底部分が樹皮はぎされることもある。ヤマアラシは，鞍やたずな，ベルト，ハンドルなど

発汗による塩分を含むものに誘引される。

　ヤマアラシによる被害は，材に残った幅の広い門歯の歯形によって同定できる。被害を受けたばかりの木の下では，長さ約2.5 cmの長方形の糞を見つけることができる。雪の上では，噛み切られた小枝や足跡も発見できるかもしれない。マツの上部で樹皮はぎがされると，特徴的なすけすけの樹幹が形成される。

防除法－射殺，トラバサミ（#1-3），網による防除および覆いによる防除（地域が狭い場合か木の個体ごとに）。

プレーリードッグ

　プレーリードッグは1800年代にはグレートプレーンに広く分布し至るところで生息しており，1900年頃に野生の捕食者が減少し，牧畜が始まるようになると，その個体数はピークに達した。1921年には，プレーリードッグの生息範囲は4千万haと見積もられていたが，その後の強力な駆除努力の結果，1971年には生息範囲は60万haになった。個体群は，近年も減数調整の努力量に見合った分だけ，成長している（Fagerstone 1981）。

　プレーリードッグは放牧地や牧場で，餌あるいは巣の材料として植物を噛み切ったり，巣穴の周りの植生を退行させたりして被害を出す（Hygnstrom & Virchow 1993）。その活動により，牧草の利用可能量が減少するだけでなく，双子葉草本の好ましい種組成が変化する。家畜と常に競争するわけではなく，場合によっては競争を相殺してくれる程の利益があることもある。そのため，この相反する状況は，個別に評価するべきである（Fagerstone 1981）。

　プレーリードッグのコロニーの近くに植えられた農作物は，採食と踏みつけにより大きな被害を被る。また，灌漑施設に被害がでることもよくあるし，これらの齧歯類を求めてアナグマが穴を掘るのも大きな被害につながる。プレーリードッグによる巣や盛り土の形成は，土壌の浸食を増大し，灌漑水路や農場の器具に被害を与える。プレーリードッグは腺ペストも媒介する（Hygnstrom & Virchow 1993）。

　プレーリードッグのコロニーは，絶滅危惧種であるクロアシイタチのような他の種の生息地となる。殺傷による駆除を行う場合には，必ず前もって間違いなくイタチが生息していないと断言できるような，詳細な調査が必要である。また，ユタ州のプレーリードッグは稀少なので駆除するべきではない。

　プレーリードッグの生息は，巣の出入り口周辺の円錐形の盛り土や個体が容易に観察されるので確認できる。

防除法－穀物の毒餌，薫蒸剤，射殺，トラバサミ（#0-2），コニベアトラップ（#120），生息地操作（延長放牧）。

ウサギ類

　ウサギ類は植林や庭園，植栽，農作物，回復中の放牧地に被害を与え，時には徹底的に破壊する。冬季には，果樹や針葉樹，その他の樹木や灌木の樹皮をはいだり，冬芽を採食したりする（Craven 1993）。

　ウサギはノウサギ病を媒介することでも知られており，また，数種の寄生回虫の休眠卵も持っており，人が未調理のウサギを誤って口にすると病気になる（Davidson & Nettles 1988）。

　ジャックウサギもまた，特に放牧地に近接した地域で，果樹や庭園，植栽，いくつかの農作物に被害を与え，自然植生が乾燥している場合，その頻度は最も高い（Knight 1993）。ジャックウサギの個体群動態は激しく，時には高密度になり，放牧地の植生へ被害を与え，家畜と熾烈な競争を行う。

　樹木がアナウサギやオオウサギに囓られると，枝にナイフで切ったような角度のついた痕が残る。アナウサギやノウサギは直径6 mmかそれ以下の枝を噛み切り，高さは地上50 cmを越えることはない（Lawrence et al. 1961）。噛み切りが繰り返し行われると，苗木の形が損なわれる。アナウサギとオオウサギの生息は，被害が起こっている地域での足跡や通り道，糞，直接観察により確認できる。

防除法－生息地修正，柵・網による防除，忌避剤，生け捕りワナ，胴くくりワナ，射殺，いくつかの地方ではジャックウサギに対する毒餌。

リ　ス

　リスは次の三つの分類群に分けられる。すなわち，ラージツリーリス（トウブハイイロリス，トウブキツネリス，アーベルトリス），マツリス（アメリカアカリス，ダグラスリス），モモンガ（オオアメリカモモンガ，アメリカモモンガ）である（Jackson 1993）。リスは植物体，果実，球根や種子から発芽したばかりの芽，樹皮，樹木や灌木の葉，人家に営巣する鳥の卵を採食する（Hadidian et al. 1987, Jackson 1993）。リスは変圧器をショートさせたり，配線や電話線を囓ったりして被害を出す（Marsh & Howard 1982, Hamilton et al. 1987）。

　リスは被害が発生している地域ではよく観察される。成木の下に緑のマツカサが開けられずに散在していたり，採食場所でマツカサの鱗片や中心部が山積していたりする

と，針葉樹の種子に被害が発生している証拠である。幹に樹皮はぎの痕が残ることもあり，はがれた樹皮の破片や小枝が地上に落ちていることも多い。

防除法－柵・金網による防除，忌避剤，生け捕りワナ，射殺，コニベアトラップ，トラバサミ(#0-1)，毒薬。

ウッドラット

ウッドラット(パックラット，ブラッシュラット，トレイドラットとも呼ばれる)は，ビル内の残飯に誘引され，スプーンとかナイフ，フォークといった品物を持ち去り，代わりに小枝などを残していく。ウッドラットは小屋や廃棄された車，樹木の上方の枝に，小枝でできた特徴的な巣を作る(Marsh & Howard 1982, Salmon & Gorenzel 1993)。またウッドラットはマットレスや家具をボロボロにしてしまう。

ウッドラットは敏捷に木に登り，木本や草本の果実，種子，緑の葉を採食する(Lawrence et al. 1961)。ウッドラットは巣材にするために針葉樹や広葉樹の樹皮を剥いで細かく砕いてしまう(Hooven 1956)。さらにウッドラットは小枝も囓る。モリネズミによる被害は，リスやヤマアラシのものと見分けにくいが，ウッドラットによるものは歯形が少なく，切り口が比較的滑らかで，地面に落とす落ち葉の量がリスよりも少ない。

なお，ウッドラットのいくつかの亜種は絶滅危惧種なので，駆除を実行する前に条例を調べておく必要がある。

防除法－締め出し，忌避剤(モスボールは効果のほどが疑わしい)，毒餌，はじきワナ，生け捕りワナ，射殺。

片利共生の齧歯類

片利共生の齧歯類(これらは基本的に人が生活している周辺に生息する)には3種類ありドブネズミ，クマネズミ，イエハツカネズミがこれにあたる。牧場や農場，穀倉，製粉所，人家，輸送機関で，これらの雑食性の齧歯類は毎年数千万lの穀物を採食する。また，汚染によって何千万lもの穀物をだめにする。これらの齧歯類は，一般的に，毎日25〜150個の糞と，10〜20 mlの尿をし，いつも体毛が生え替わっている。

これらの齧歯類はハワイ州とフロリダ州において，サトウキビに大きな被害を出す(図18-11)。また，クマネズミは，ハワイ州のマカダミアナッツ農場の重大な害獣である。これらの齧歯類は，ひよこの鳥舎でも採食し，時には家禽や野鳥の成鳥や生まれたばかりの子ブタ，子ヒツジ，子ウシを攻撃することもある。毎年数百人の人の赤ん坊がこれ

図18-11 ラットによるサトウキビ被害
節の間が囓られ，カヌーのようにえぐられている。この被害が起きると個体は死亡し，収穫量が減少する。(合衆国農務省APHISデンバー野生動物調査局写真提供)

らの齧歯類に嚙まれている，と衛生局は報告している。齧歯類の糞や尿に汚染された食物や水を媒介にして，多くのウイルスや細菌による病気が人に感染する。

齧歯類に囓られることで家具や家屋などの財産に被害がでる。また，電線の絶縁体がこれらの齧歯類に囓られ，そのために火事が起こることもある。これらの齧歯類がビルの中に巣を作る際に，油の付いた布きれやマッチといった物質を用い，それらが自然発火して火事になることもある。ドブネズミがビルの下に巣を作ると，ビルの土台やコンクリートの基盤に甚大な被害を与える。溝や堤防に巣が作られると浸食をおこす。

片利共生の齧歯類が利用している場所の嚙み痕，糞，通り道，暗くて汚い場所がこれらの種の生息の痕跡である。これらの種による被害とその防除法に関して，Meehan (1984), Jackson (1987), Baker et al. (1993), Marsh (1993), Timm (1993)が総説している。

防除法－生息地操作，覆いおよび金網による防除，はじきワナ，毒餌(即効性の薬物の混合)，トラッキングパウダー(足跡を追跡するための粉末)，薫蒸剤。

防除法

生息地操作と品種改良

すべての動物は食物とカバーを必要とするので，このどちらかを除去すれば追い払うことができる。この防除法が実施できるのならば，最も永続的かつ効果的に小型哺乳類の被害をなくすことができる。しかしながら，対象種以外の種もこの改変される生息地に生息することを念頭に置か

なければならない。生息地の改変は，登録済みの毒物や他の対策器具を慎重に使用することに比べて，生息していた方がよい非対象種や自然群集に対する影響が大きい。また，生息地の改変を行うことで，他の種が加害種となることもある。

小枝を積み上げたものや材木を積み上げたもの，その他の破砕物を取り除くことで，多くの齧歯類や小型哺乳類を追い払うことができる。カバー，残飯，ゴミを取り除けば，より簡単に片利共生の齧歯類の駆除を行える(Jackson 1987)。送電線へのリスの被害はなくすには，送電線付近の植物を管理すればよい(Hamilton et al. 1987)。切り株，丸太，小枝を積み上げたもの等のカバーを取り除くことで，農耕地におけるヤマビーバーの個体群を減少させることができる(Eadie 1954)。フロリダ州のサトウキビ畑において，マルオマスクラットは収穫後畑にくずを残しておくと数が増える(Steffen et al. 1981)。

年に2，3回リンゴ園において，マツネズミに抗凝血薬の毒餌を与えることが進められている(Byers 1976)。Davis (1976)によると，リンゴ園でのマツネズミの被害を減らすには，年に3回下草刈りをし，林床植生を除去し，枝打ちした枝を取り除き，肥料の投与を制限し，収穫後，果樹の傷ついた箇所を調べて処置してやるとよい。しかしByers (1984b)は，この栽培法による防除(下草刈り，栽培法，除草剤を複合して行う方法)は毒餌を使うよりも費用がかかるばかりでなく，ハタネズミ被害の防除に機能していないと指摘している。

代替えとなる餌の供給は，造林事業においてハツカネズミ等による針葉樹の種子の損失の軽減に効果的であり(Sullivan & Sullivan 1982)，また休耕畑地で実施するならばトウモロコシの苗の損失を軽減するのにも有効である(Johnson 1986)。ブリティッシュコロンビア州で行われた研究によると，代替えとなる餌の供給でリンゴに対するハタネズミ類の被害を軽減できる(Sullivan & Sullivan 1982)。木材生産地におけるアナホリネズミの被害は，地ごしらえを最小限にし更新に時間をかけないようにすることで軽減できる。実行可能ならば，アナホリネズミの被害がひどいところでは択伐を行うとよい(Crouch 1986)。アルマジロやモグラ類から芝生を守るためには，殺虫剤を使用して地中の無脊椎動物を減らせばよいが，動物の探餌行動が活発になるので，最初のうちは被害が増える(Henderson 1993)。

ビーバーのダムによる水位変化への対策には，穴の開いたパイプや(Laramie 1978) three-log drain(3本の丸太を用いた排水装置)を設置すればよい(Miller & Yarrow 1993)。また，ビーバーが排水溝の水をせき止めないようにする様々な機械的な方法が開発されている(Roblee 1987, 図18-12)。農場の貯水池の堤防の形状を，水際に3:1，その外側に2:1の傾斜をつけ，高さが2.4m以上のものにすることで，マスクラットの被害を軽減することができる(Miller 1993)。水位は貯水池の最上部から少なくとも0.9m以下に保たなければならない。

排除

排除対策の中には，害獣が特定の建築物や地域に近づかないようにしたり，何か特定のものに接触しないようにする防護柵の設置が含まれる。あらかじめ建物の設計に組み入れられるのであれば，金網による防除は最も経済的である。Baker et al. (1993)は，齧歯類の防除柵の作り方に関して詳細な提案をしている。基本的には，齧歯類が作ったと思われるすべての穴，場所を，金網，金属板，コンクリートなど長期間維持できるものでふさぐのである。

建築物からコウモリを除去する際に効果を上げるためには，排除は必要な手法である。幼獣が飛べるようになった段階で，建築物への最後の出入り口をふさぐ。その際には，コウモリを建築物から追い出し，再び戻ってこないようにするには，バルブ装置を用いるとよい(Greenhall 1982, Frantz 1986)。

小さな果樹園は，丈夫な布か黄麻布で木を包み，それを樹木の基部から地下5cmの深さで埋めることで，ウサギ

図18-12 ニューヨークにおいて開発されたビーバー対策のT型排水装置。
これによりビーバーが排水溝の水の流れをせき止めるのを防ぐことができる。[K. Roblee〔ニューヨーク州魚類野生生物部(N. Y. State Div. Fish Wildl)所属〕撮影]

や齧歯類の被害を軽減することができる。イングランド(アーカンソー州)では，金網や，電気ネットの柵が，農耕地からアナウサギを追い払うのに効果を上げている(McKillop & Wilson 1987)。また，メッシュ幅1.2～2.5 cm，高さ0.7～1mの柵によって，狭い範囲で木に登らない齧歯類や他の小型哺乳類から守ることができる。柵は，外側に向かってL字型に折り曲げて，深さ15 cmほど埋めた方がよい。

地上2mの高さで，樹幹の周りに幅0.6mのバンドを巻いておくことで，リスを木から遠ざけることができる。そして，地面や建築物から2m以内にある枝は刈り込んでおく。地中の送電線や電話線がアナホリネズミに囓られないように，送電線や電話線を金属でコーティングするとよい。プラスチック製プロテクターのヴェクサー(VEXAR®)や袖型プロテクターによってアナホリネズミ，ヤマビーバー，アナウサギ類から針葉樹の実生を保護することができる(Anthony et al. 1978, Evans 1987 a)。これらのプラスチックネットのチューブは，高さ76～90 cm，直径5 cmで，生えている苗木にかぶせて用いる。ネットからはみ出ている枝は囓られてしまうが，萌芽が成長しネットからはみ出るようになるまでの3～5年間，萌芽を保護することができる。これらの保護材は光分解加工されている。

燻蒸剤

燻蒸剤は吸入すると死亡するガスを発し，営巣している様々な哺乳類，アナホリネズミや片利共生の齧歯類，プレーリードッグ，ジリス，シマリス，ウッドチャックを殺すのに用いる。燻蒸剤を使用する際には，薬品導入後，巣穴の全ての出入り口をふさがなければならない。ガスカートリッジは燃焼する燻蒸剤で，一酸化炭素を発生し，窒息死させる(Dolbeer et al. 1991)。リン化アルミニウムは，錠剤状あるいは球状をした効果的な燻蒸剤で，空気中の湿気と反応し，有毒なリン化水素ガスを発生する。このガスは圧が高まると引火あるいは爆発しやすくなる。シアン化カルシウムは湿ったところにおくと無色のシアン化水素酸のガス(HCN)を発生する燻蒸剤で，接触，摂取，吸入により強い毒性を発する。シアン化カルシウムは非常に危険であり，その取り扱いに関しては特別な注意が必要である。この薬品を使用するときは，解毒剤である亜硝酸アミルをいつでも即座に服用できるようにしておかなければならない。他の登録されている燻蒸剤には二硫化炭素，クロロピクリン，リン化マグネシウム，臭化メチルがある。なおJacobs(1993)は特別な燻蒸剤の情報を提供している。

毒薬

齧歯類や他の小型哺乳類への被害対策に毒薬を用いることもある。毒薬を使用する場合には，毒薬の効果の公式表示の内容と非対象種がさらされる危険性について考慮しなければならない。被害を軽減することが防除計画の最終目的であるが，毒薬の使用は最後の手段とするべきである。効果を増すためには，複数の毒薬を複合して用いたり，期間ごとに毒薬の種類を変える必要がある。というのは，最初の毒薬に抵抗力を持った個体が出現することがあるので，そのような個体に対しても効果を得るためである(Marsh 1988 a)。

毒薬の有効範囲は，必ずしも毒の組成とは関係なく，むしろ利用形態による。非対象種への危険性は，適正な種類の毒薬を選択し，餌の組成を考慮し，適切に取り扱い(餌の色，大きさ，形，手触り，硬さなど)，給餌方法を正しく運用することで軽減できる(Marsh 1985 b)。

抗凝血薬と非抗凝血薬が最もよい毒薬とされている。当初，抗凝血剤は混合薬として用いられ，じわじわと効く薬物として提供されていた。一方，非抗凝血剤は単一成分の即効性の薬品として提供されていた。しかし，新しい抗凝血剤は1粒の摂取で効果を発揮することができ，新しい非抗凝血剤のいくつかは対象種の同じ個体が何日間も摂取できるものもある(Marsh 1988 a)。

農場の施設，非耕作地での片利共生の齧歯類の駆除を目的として，おびただしい数の殺鼠剤が登録されている。一方，作物に吸収させて使用できる殺鼠剤はほとんど登録されていない上に，十分な被害管理ができることが要求される(Lefebvre et al. 1985 a)。作物に吸収させて使用できる殺鼠剤，特に抗凝血剤の開発登録は最優先研究領域である。

抗凝血薬

抗凝血薬は血液凝固を抑制し，内出血により死亡させる毒薬である(Meehan 1984)。ウォルファリン(warfarin)，ピンドーン(pindone)，ディファシノン(diphacinone)，クロロファシノン(chlorophacinone)といった初期の抗凝血薬は，一般的に，3～14日の連続投与しないと効果がない。動物がこれを摂取することで病気を発症するわけではないので，餌を食べなくなることは問題とはならない。しかし，実施期間が終わっても毒性が残らないように注意を払わなければならない。ブロディファコウム(brodifacoum)，ブロマディロン(bromadiolone)の2つの新薬は齧歯類に対する毒性が高く，0.005%程度の低い混入比での単独給餌で，個体を死亡させる(Marsh 1988 a)。なお，いくつかの齧歯類

の種は，古い抗凝血薬に耐性を持つようになっている。

　市販の抗凝血薬は濃縮されており，餌と混ぜて希釈して用いる。餌は，齧歯類が採食，摂水，通過するところに置かなければならない。連続給餌が必要な抗凝血薬を使用する場合には，殺鼠剤供給会社が販売している給餌施設，あるいは木製ないし金属製の同様の物を用いて，餌が天候により劣化したり，非対象種に作用したりするのを防ぐとよい。給餌施設には車の古タイヤや排水溝のタイルが用いられることもある。齧歯類にだけ囓り開けられる包みで餌を被うのも一つの手段である。溝やその他の湿った場所で抗凝血薬使用する場合には，穀物に混入しパラフィンでコーティングするとよい。

　通り道にまいて使う粉状の抗凝血薬もいくつか登録されており，イエハツカネズミやドブネズミが利用する巣や通り道にまく。対象種は，足や体毛をなめる際に，それらの部位に付着した毒薬を摂取することになる。また，いくつかの州では，クロロファシノン(Rozol®)製の粉末状の抗凝血薬が住宅でのコウモリの駆除を目的として登録されているが，これを使用すると，狂犬病に感染しているコウモリの死体などに接触する機会が増すので注意しなければならない(Greenhall & Frantz 1993)。

非抗凝血薬

　抗凝結とは作用が異なる殺鼠剤があり，これは抗凝血薬に耐性を持つ個体に対しても効果がある。リン化亜鉛，カイソウ，ストリキニーネ，コンパウンド1080（1酢酸フッ化ナトリウム）は長い間用いられている非抗凝血薬の毒薬である。近年，ストリキニーネと1080の使用は，EPAの方針で厳重に制限されている。安全で効果的な非抗凝血薬の殺鼠剤が必要である。いくつかの新薬〔コレカルシフェロール(cholecalciferol)，ブロメタリン(bromethalin)，アルファークロラハイドリン(alhpa-chlorahydrin)〕が，現在，使用できる(Marsh 1988 a)。

　最もよく使用される殺鼠剤の一つであるリン化亜鉛は，比較的人間に対して安全で，多くの場合，非対象種の二次中毒を引き起こさない。いくつかの野外の齧歯類に対しては，効果が少なく，一貫性がないこともあるが，餌付けにより効果を高めることができる(Marsh 1988 b)。ヌートリアとマスクラットに対しては，スウィートポテト，ニンジン，リンゴに，ハタネズミ類とアナホリネズミに対しては，リンゴ，破砕したトウモロコシ，カラスムギに，プレーリードッグに対してはカラスムギに，片利共生の齧歯類に対しては魚肉や肉にリン化亜鉛を混入して用いる。

　マスクラットとヌートリアの駆除の際には，合板製の1×1mの筏を生息地近くに固定し，その上に餌をおくとよい。ヌートリアの駆除の場合には，より確実に駆除を行うために，餌付けが必要である(LeBlanc 1993)。

　ハタネズミ類の防除法は，含まれている種や状況によって変わる。餌は，地上あるいは地下の通り道に沿って置いた方がよい。また，板やアスファルトの石の下に餌を置き，果汁をそれに向かって塗っておくと，ハタネズミ類がこのような施設の下に巣を作る傾向が増す。Tobin & Richmond(1987)によると，ハタネズミ類の給餌施設はポリ塩化ビニールパイプで作るとよい。

　プレーリードッグの駆除には，カラスムギを炊いて丸めた餌にリン化亜鉛を2%混入したものを用いる。1〜3日のカラスムギの餌付けの後，それぞれの巣穴の出入り口に毒餌を置く(Tietjen 1976)。フロリダ州のサトウキビ畑において，リン化亜鉛を2%混入した毒餌は，コットンラットを大きく減少させたが(Holler & Decker 1989)，クマネズミに対しては効果がなかった(Lefebvre et al. 1985 b)。様々な野外の齧歯類を調整するために，ストリキニーネあるいはコンパウンド1080を混入した穀物が使用される。

　カイソウは植物由来の比較的安全な殺鼠剤で，ドブネズミに中程度の効果を示す。ヨーロッパではより効果的な新薬が開発，販売されている(Marsh 1988 a)。

　コレカルシフェロール(有効成分ビタミンD_3，Quintox®, Rampage®の名称で市販)は片利共生の齧歯類に効果がある毒薬である(Marsh 1984)。この使用により二次的な危険が生じることはない(Marsh 1988 a)。ブロメタリン(Vengeance®, Assault®の名称で市販)は，ウォルファリンに耐性を持つものも含めて，ラット類に効果がある新しい殺鼠剤である(Marsh 1988 a)。

穴掘り機

　穴掘り機はトラクターで牽引して使用する機械で，地中に人工の巣を作り，その中に毒餌をおくことでアナホリネズミを駆除するのに用いられる(図18-13)。アナホリネズミが地中を移動する際に，この人工の巣を通過し，毒餌を採食して，地中で死亡する。人工の巣は6〜9m間隔で，地下20〜30cmの深さに作られる。なお実施の際は，探測器具によりアナホリネズミの巣の深さを調査し，人工の巣を作る適切な深さを決定する。この機械により，1日に40ha以上の面積を処理することができる。

　トレイルビルダーは穴掘り機の一種で，これによって作られる巣は，穴掘り機のものより小さい。果樹園や植林地では，ハタネズミ類による被害を調整する際に，この人工

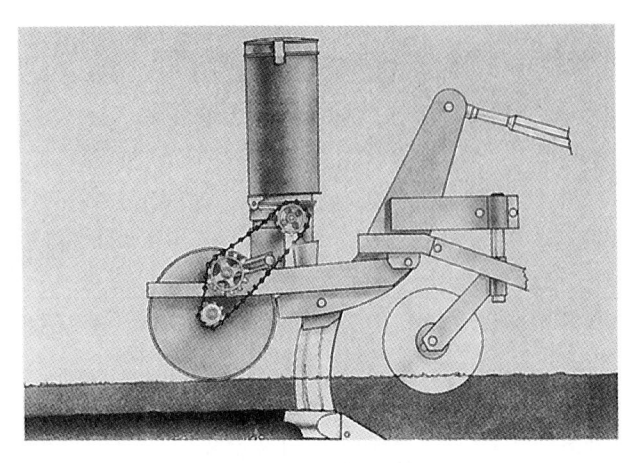

図 18-13　穴掘り機
アナホリネズミの対策に用いられ，トラクターで牽引して使用し，地中に人工の巣を作る。巣には毒餌をおき，アナホリネズミは移動中にこの巣を通過したときに，それを摂取し，そのまま地中で死亡する。（カリフォルニア州立大学デービス校提供）

の巣にリン化亜鉛を施した毒餌をまく (Anderson 1969)。

ワナ

生け捕りワナ

　生け捕りワナによって小型哺乳類を傷つけることなく捕獲することができる。住宅地あるいはその他の状況で，被害を出している動物を移植する際には，これを用いるのが最良の手段である。生け捕りワナには様々な形や大きさがあり，ワイヤや木を使って自作可能であり，市販もされている。動物がワナの中に入る際に抵抗を感じないように，前後に入り口があり，見通せるようになっているものもある。リンゴのスライスやヒマワリの種，ピーナッツバター，カラスムギを丸めたものなどを餌に用いるとよい。

　ベイリー式およびハンコック式生け捕りワナは，ビーバーを捕獲するのに用いられ，柔らかいメッシュワイヤでできている。ベイリー式ワナは開いたスーツケース，ハンコック式ワナは半開きのスーツケースのような形をしている。引き金装置が作動すると，ワナが閉じ，その中に動物が閉じこめられる。これらのワナは巣の出入り口や水中の通り道に設置するのが最もよい。トウモロコシの穂やヤマナラシの新鮮な部分，そのほかビーバーの食物となる樹木を餌に用いるとよい (Anderson 1969)。これらは，基本的に，移植のために個体を捕獲するために使用され，集中的なワナの設置よりも効果が低い。

トラバサミ

　トラバサミはスティールトラップとも呼ばれ，いろいろなサイズのものが生産され，鋏の部分が鋸状加工されてあるものもある（図18-14）。これらの使用には議論があるものの，適切に使用するならば，効果的であり，有益でもある。いくつかの州ではこれらの使用を禁止しており，州によっては鋸状加工を施していないものに限り使用を許可している場合もある。これらの多くはビーバー，マスクラット，ヌートリアへの防除に使用されるが，リス類，ジリス，ラット，ウッドチャックの捕獲のために小型のものが利用される。

　これらは，通り道や巣の出入り口周辺に餌をおかずに隠して設置するか，餌や疑似餌のそばに設置する。ビーバーやマスクラットを捕獲するために水中にワナを設置する場合は，普通，巣の出入り口に設置する。捕獲された個体がおぼれたりしないように，水中にワナを設置する場合には支柱や錨などを設置しなければならない。カナダワナ猟師連合 (Canadian Trappers Federation, 現在は存在しない) はビーバーやマスクラットを捕獲するための，いろいろなワナの設置方法を提示している。巣の周辺にワナを設置し，迷彩用のカバーや土でそれを隠す設置方法で，プレーリードッグ，ジリス，ヤマビーバーを捕獲することができる。穀物をワナの上にまくこともある。また餌付けにより，捕獲成功率が向上することもある。

胴くくりワナ

　コニベアトラップと胴くくりワナは主に水中に設置して使用し，マスクラット，ヌートリア，ビーバーを捕獲するのに用いられる（図18-14）。これには3種類のサイズがある。非対象動物がこれに捕らえられると死亡するので，あまり良いワナとはいえない。これらのワナには対になった長方形のワイヤがあり，動作するとこれが鋏のように閉じて，動物の胴を締め付け，速やかに殺す。コニベアトラップは軽量で，使用が簡単である。これらのワナは巣の出入り口，ダム，通り道，水辺への出入り口に設置するとよい。カナダワナ猟師連合はこれらのワナの設置方法も提示している。これらのワナを使用する場合は，ペットや子供に危険が及ばないように注意が必要である。湿地や水中以外でこれらのワナを使用することを禁止している州もある。

　モグラ類やセイブホリネズミ属の動物の捕獲に，同じ様な胴くくりワナが有効である。モグラ類を捕獲する際には，通り道を押し固めてワナを設置する。モグラ類が移動中にワナのある場所を通過すると，ワナが作動し，環状あるいは鋏状の装置でモグラ類を捕獲する。モグラ類の捕獲には，似たような形状のもりワナも使用でき，これはバネ仕掛けのもりでモグラ類を突き殺して捕獲するワナである。

図 18-14 捕獲に使用されるワナ
上，#330 コニベアトラップ。中列左から，ダブルロングスプリング式トラバサミ，#110 コニベアトラップ，モグラ用もりワナ。前列左から，#11/2 Victor式トラバサミ，#3 Woodstream式トラバサミ，モグラ用はさみ式ワナ。〔F. Boyd(アメリカ農務省APHIS所属)撮影〕

はじきワナ

ラットやハツカネズミの対策の際にははじきワナを用いるとよい。このワナは薬品と比べて子供やペットに危険が少ない点，死亡個体の回収が容易な点，汚染がない点で優れている。餌をボール紙や堅いワイヤのついたてで隠すことで，はじきワナの効果は増す。箱や板による障害物は，穴を掘る齧歯類を捕獲する際に移用される。未調理のオートミールにピーナッツバターを塗ったもの，ベーコンの切れ端，リンゴ，レーズンなどを餌に用いる。これらのワナは野外で小型の齧歯類を捕獲する際に使用され，個体数が少ないときや，種の同定，個体群指標が主な使用目的である。

くくりワナ

くくりワナは，軽量のワイヤかケーブルを輪止めの仕掛けに環状に通したものや，動物が乗るときつく縛る仕掛けになっている小さなナイロンコードを結んだもののことである。くくりワナは，コニベアトラップやトラバサミと同じくらいビーバーの捕獲に有効である(Weaver et al. 1985)。くくりワナは他のワナと比べて安価かつ軽量であり，非対象種が捕獲された場合はそれを放逐することも可能である。くくりワナの使用法についてはWeaver et al. (1985)に詳しい。また，アナウサギの小さな個体群を除去する際にも，くくりワナは有効である。ただし，はっきりとした通り道や壁に作った穴のような特殊な出入り口があ

ることが条件である。州の狩猟規定により、くくりワナは使用前に検査を受けなければならない。

忌避剤

小型哺乳類の忌避剤として、いくつかの薬品が登録されているが(Jacobs 1993)、これらの薬品のほとんどに関して、効果のほどを明らかにするデータがない。ナフタレンやパラジクロロベンゼンの様な忌避剤を使用する場合、発生する気体が人間の使用している場所に浸透することを防ぐことはできないので、使用できる場所は限られてくる。植物の上に忌避剤をおく場合、その効果は、自然の餌の供給量と、忌避剤の風化耐久性によって変化する。チラムは最も広く用いられている忌避剤で、樹木やその種子、苗、球根、灌木をいろいろな齧歯類やモグラ類から保護する。人や家畜が食料とする植物の部位にはこの薬品を使用することはできない。また果樹に処方する場合には、休眠期間に限定しなければならない。トウモロコシの種子をチラムやメチオカーブで処理しておくと、種をまいたときに齧歯類による被害を防ぐことができる(Johnson et al. 1985, Holm et al. 1988)。

射殺

射殺によって加害個体を選択的に駆除することができる。小型ヨーロッパイノシシ用の散弾銃、ライフル、空気銃が使用できる。赤色のスポットライトを併用して、夜間に射殺を行うのが、ビーバーやマスクラット、ヌートリアといった動物の場合には最も効果的である。射殺はヤマアラシのような繁殖率の低い動物に対して特に有効である。なお射殺を行う場合には、その地方の狩猟規定に目を通しておく必要がある。夜間の射殺および、特にスポットライトを併用しての射殺が違法となる州もある。

❏食肉類および他の肉食性哺乳類

被害の評価

肉食獣は牧畜業者にとって、常に悩みの種である。Wade(1982)は、アメリカ合衆国でのコヨーテによるヒツジとヤギの直接的な損失を、年間7,500万～1億5千万ドルと見積もっている。E. W. Pearson〔アメリカ魚類野生生物局、デンバー野生生物調査センター(Denver Wildlife Research center)1986年未発表〕はさまざまな調査研究の結果をまとめて、西部17州の1984年のヒツジ、子ヒツジ、ヤギの肉食獣、主にコヨーテによる損失を6,816万ドルと推定した。Terrill(1988)は50州すべてのデータから、1985年～1987年にかけてのコヨーテおよび他の捕食者によるヒツジと子ヒツジの年間損害額を6,900万～8,300万ドルと推定した。捕食者による家禽の被害も、明確に報告されてないものの、甚大であると考えられている。

農耕地に囲まれた小さな湿地において、肉食獣、特にアカギツネ、シマスカンク、アライグマ、ミンクは水鳥の繁殖成功率に大きな影響を及ぼす。ノースダコタ州における研究によると、このような湿地におけるマガモの繁殖成功率は8%しかなく、個体群維持の半分しか達成していない(Cowardin et al. 1985)。アカギツネは卵を破壊するばかりでなく、巣にいるメスを捕食するのに長けているので、水鳥の主要な捕食者であることは明らかである(Sargeant et al. 1984)。

捕食行為は滅多に観察されないので、どの種による損失かを正確に評価するためには、注意深い調査をしなければならない。加害種を判別するためには、まず死亡した動物とその周辺に残された痕跡をチェックする。歯形の大きさと位置によって、多くの場合は加害種を判別することができる。出血の仕方も捕食者の特徴となる。外部に出血がなく、死体から毛皮、特に首、喉、頭部周辺がはがされているかどうか。次に歯形の穴、皮下出血、組織の状態をチェックする。動物が生きているときに皮膚と組織に傷を負った場合にのみ皮下出血は起こるので、捕食以外の何らかの理由で死亡した個体は、体にあいた穴から血液が流出していたとしても外部出血あるいは内出血していることはない(Bowns 1976)。新鮮な死体を調査できるならば、動物の死因は最も容易に判断できる(Wade & Bowns 1982)。

動物は常に喉笛を噛まれて殺されるわけではなく、横や後ろから引き倒されて殺される場合もあり、このような場合には体の横や後足、尾の周辺に出血がみられる。子ウシの尾が噛みちぎられていることもあり、舌を食べられている場合には、鼻に歯形が残るか、鼻が完全に食いちぎられる(Bowns 1976)。

足跡や糞の存在のみでは加害種を断定できない。これらは、その種の捕食者がその地域に生息していることを示しているにすぎず、捕食された個体の特徴と関連づけることで、加害種を判別する際の補助的情報となる。

加害種の判別法

アナグマ

アナグマは，主にハツカネズミやプレーリードッグ，セイブホリネズミ属，ジリスといった齧歯類を捕食する。また，アナウサギ，特に若齢個体を捕食することもある。アナグマは地上営巣している鳥の巣を壊したり，時には小型の子ヒツジや家禽を殺したりすることもある。また，巣穴に似ている穴を埋めることもある。農場の中に巣があると，作物の成長が抑制されたり，農業機械に被害が出たりすることもある。また，穴を掘ることで土塁や堤防に被害を出すこともある (Lindzey 1993)。

アナグマは頭と背中に沿った毛皮を除いて，プレーリードッグのすべての部分を食べる。この特徴はアナグマがもっと大きな齧歯類を捕食した場合にも共通するであろうが，捕食場所の周辺にアナグマの堀跡があるならば，それが最もよい証拠となる。コヨーテの足跡と似ているアナグマの足跡もしばしばあるが，実験によれば，アナグマの足跡はハトの足跡のような形で，多くの場合長い爪痕を伴っている。

防除法－威嚇装置，トラバサミ (#3-4)，射殺，くくりワナ。

クマ類

アメリカクロクマとグリズリーは家畜を捕食する。アメリカクロクマは，普通，獲物の首を噛んで殺すか，叩き殺す。死体の足が引きちぎられていたり，叩き傷があったりするのが，クマによる捕食の特徴である。おそらくミルクを手に入れるためであろうが，メスの獲物の乳房を食べることもよくある。また，たいていのものが腹部を裂かれ，心臓や肝臓を食べられる (Bowns & Wade 1980)。捕食場所の周辺には腸が散乱し，食べられた死体に部分的に皮膚が残っていることもある。ヤギやヒツジといった小型の家畜はほぼ完全にたいらげられ，反芻胃や皮膚，大きな骨が後に残るだけである。捕食場所ではよく糞が発見され，近くに寝跡があることもよくある。クマは食べる際に手を使うのでコヨーテのように獲物を引きずり回すことはないが，開放地で獲物を得た場合には，少し隠れた場所まで死体を運ぶこともある。

グリズリーの捕食形態は，アメリカクロクマのそれと類似している。Murie (1948) は，アメリカクロクマが家畜を殺すときに，その多くが首へかみつくことを観察した。大きな獲物の場合，横腹や臀部に爪痕が残ることが多い。また臀部前方の背骨が破壊されていることもある。また，若齢の子ウシは，額を噛まれることもある。

クマが現れることで，牧場のヒツジがパニック状態になり，その結果，呼吸困難や崖から落ちて死ぬことがある。クマが餌を求めて徘徊し，ゴミ箱や山小屋，キャンプ場，養蜂場が破壊されるという被害もある (Maehr 1983)。

クロクマの植物に対する被害としては，樹皮を引き裂いて辺材部に大きくて垂直な門歯や爪の痕を付けるというものがある。柱材サイズの木によく被害が出る。クマ剥ぎの被害は 5月，6月，7月に多い (Packham 1970)。また，樹皮をはがした後，門歯で形成層を削り取り，その痕を残す (Murie 1954)。

クマの足跡は人間のものと似ているが，爪があるので区別できる。埃や狭い泥などでは小さな内側の指の痕はつかないので，4本指の足跡になる (Murie 1954)。

防除法－猟犬，生け捕りワナ，脚くくりワナ，射殺，使用できる地域ではトラバサミ (#5, 6, 15)。

ボブキャットおよびカナダオオヤマネコ

これらの種は，時々，ヒツジやヤギ，シカ，プロングホーンを捕食するが，普通はヤマアラシ，家禽，アナウサギ，齧歯類，鳥類，イエネコといった小型の動物を捕食する。ボブキャットは，シカの成獣の背や肩に飛びかかり，押し倒して気管を噛み切る，という特徴的な殺し方をする。頚静脈を噛み切ることもあるが，たいていの獲物は窒息あるいはショックにより死亡する。Bowns (1976) によると，子ヒツジの場合には，ボブキャットが首にかみつく際にまたがってできた出血を伴う爪痕が体の両脇につく。子ジカや子ヒツジなど小型の獲物は，首の上部や頭を噛まれて殺されることも多い (Young 1958)。肩や首の部分，脇腹が最初に採食されることもあるが，シカやヒツジの太股がボブキャットの好む部分である。なお，反芻胃はそのままのことのほうが多い。家禽は，たいていの場合，首や頭を噛まれて殺され (Young 1985)，頭は食べられる。なお2種とも鳥の卵も食べることが報告されている。

ボブキャットとカナダオオヤマネコの糞は似ているため，両種がともに生息する地域では，足跡が加害種を判別する助けとなる。カナダオオヤマネコの足は大きく，体毛が多くついており，指はボブキャットと比べて広がっている。

ネコ科の捕食者は獲物を落ち葉などで隠す傾向がある (Cook et al. 1971)。ボブキャットが落ち葉をかく場合 30～35 cm の範囲に足が届く。ピューマの場合には 90 cm

である（Young 1985）。犬歯の幅も種を判別する際の情報であり，ピューマは3.8cm，ボブキャットは1.9～2.5cmである（Wade & Bowns 1982）。

防除法－猟犬，くくりワナ，呼び笛を使う猟法，トラバサミ（#3-4），航空機（何か特別の事情がある場合），威嚇。

コヨーテ，オオカミおよびイヌ

これらの捕食者は，大型獣，家畜，齧歯類，野鳥，家禽と幅広い動物を捕食する。コヨーテは西部において最も主要な家畜の捕食者であり（Wade & Bowns 1982），東部においても急速に問題となってきている。

コヨーテは，普通，喉笛を噛み切って家畜を殺すが，まれに脇腹や臀部，乳房を攻撃し，引き倒すことがある。また，反芻胃と腸を死体から引きずり出して他の場所に持ち去ってしまう。子ヒツジでは，首の上部や頭蓋骨に上顎の犬歯の痕がみられる。コヨーテによる子ウシの捕食は最もよく起こる被害である。コヨーテに攻撃され，死亡しなかった場合，脇腹や臀部，肩に傷が残り，尾がその付け根から噛み切られることもしばしばである。シカの場合には，四肢が切り離され，完全にたいらげられてしまうことのほうが多い（Bowns 19976）。

郊外では，コヨーテにペットを殺された，という苦情が増えている（Howell 1982）。細流灌漑設備を使用しているアボカド生産者は，プラスチックパイプにコヨーテが穴を開け，灌漑設備を破損する，という被害を報告している（Cummings 1973）。コヨーテは，スイカに穴を開け，その中身を食べるという被害も出す。アライグマも同様の被害を出すが，アライグマの場合は，小さな穴を開け，前足で果肉をえぐり出すので両者を区別できる。コヨーテは他の果実作物にも被害を出す。

オオカミは，トナカイ，ヘラジカ，エルク，家畜といった大型の有蹄類を捕食する。普通オオカミは，後肢の筋肉や靱帯を損傷させたり，脇腹にかみかかったりして獲物を殺す。後肢や脇腹には，犬歯による切り痕が残る。殺された動物からは腸が取り除かれる。

特に都市や住宅地近隣のヒツジ牧場においてであるが，飼い犬（イエイヌ）の家畜に対する被害も深刻な問題である。イヌは臀部や脇腹，頭部を攻撃するが，コヨーテのように上手に殺すことは滅多になく（Green & Gipson 1993），普通は少量の肉を食べる。イヌに攻撃されると，首や肩に傷が付くことが多く，耳が引き裂かれていることもよくある。また四肢をバラバラにしてしまうことも多い（Bowns & Wade 1980）。

コヨーテとイヌの足跡は似ているが，区別することができる。すなわち，イヌの足跡は丸く，個々の指が大きい。また，たいていの場合，全ての指に爪の痕が残る（Dorsett 1987）。コヨーテの足跡はもっと細長く，指の幅も狭い。爪痕が残る場合，真ん中の2本の指しか残らない（図18-15）。イヌの通り跡がジグザグなのに対して，コヨーテのものは真っ直ぐである。

防除法－柵，追いつめ，巣穴狩り，呼び笛を使う猟法，航空機からの射殺，番犬，くくりワナ，M-44，威嚇，家畜保護のための首輪，トラバサミ（#3-41/2）。

キツネ

ハイイロギツネとアカギツネは，主にアナウサギ，オオウサギ，小型齧歯類，家禽，鳥類，昆虫類を捕食するが，果実を食べることもある。ハイイロギツネは魚類やアカギツネが捕食したものも食べる。これらによる家畜の被害の多くは家禽に対してであるが，特にアカギツネは若齢の家畜を捕食することもある。キツネは子ヒツジや鳥の喉笛を攻撃するが，獲物によっては首や背中に何回もかみついて殺す（Wade & Bowns 1982）。普通キツネは，捕獲場所に少しの血液と羽毛を残して，獲物を巣穴に持ち帰る。卵は中身をなめられるように穴を開けられる。卵の殻は鳥の巣の周辺に残され，巣穴に持ち帰られることはほとんどない。また，巣穴には鳥の羽といった獲物の残骸が残る。

キツネは捕らえた鳥の胸と足をまず食べ，その他の部分はばらまく，とEinarsen（1956）は記述している。キツネが獲物の足から肉をはぐときに腱を引き剥がすので，獲物の足の指はたいていねじれている。小さな骨は食べられるこ

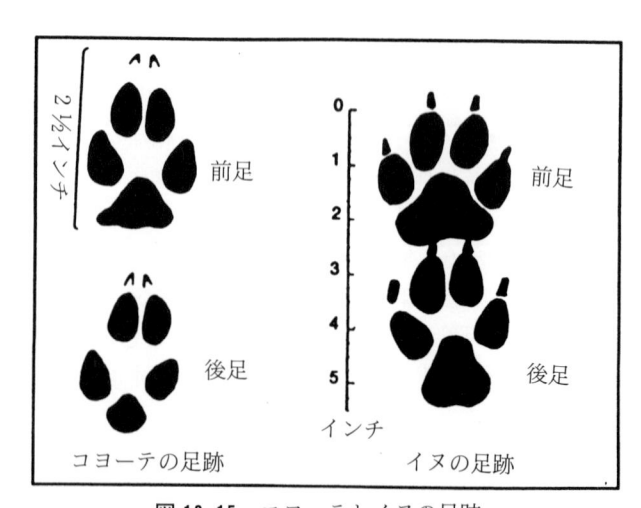

図18-15　コヨーテとイヌの足跡
コヨーテの足跡は細長く指が密集している。一方イヌの足跡は円形で指の間が開いている。（Dorsett 1987より）

とが多く，残ったものは一部埋められる。

　キツネは，他のイヌ科の動物と同じように，毎年決まった巣穴を使う。キツネは，森林や開けた草地に巣穴を作る。なお，ハイイロギツネは，唯一木に登るキツネで，時には木のうろに巣を作ることもある。

防除法－イヌ（猟犬，番犬），トラバサミ（#2-3），呼び笛を使う猟法，柵，航空機からの射殺，M-44，くくりワナ，威嚇。

ブタ，ヨーロッパイノシシ

　アメリカ合衆国南部では，野生化ブタやヨーロッパイノシシによる問題が増えている。ヨーロッパイノシシの穴掘りやぬたうちによって，農作物や木材，農場の貯水池や灌漑用水路に被害がでる（Barrett 1993）。アメリカ合衆国の一部では，若齢のヒツジやヤギがヨーロッパイノシシに捕食される。死体はその場で完全にたいらげられるか，足跡と少量の血液を残して捕獲場所から持ち去られるので，損害の程度を推定するのは困難である（Wade & Bowns 1982）。

　成獣の足跡は90 kgぐらいの子ウシの足跡に似ている。成獣の場合，土が軟らかいときはけんづめの痕が残る（Barrett 1993）。

防除法－生け捕りワナ，くくりワナ，猟犬，航空狩猟。

ピューマ

　クーガー，マウンテンライオンとも呼ばれるこの大型のネコ科の動物は，シカ，アカシカ，家畜，特にウマ，ヒツジ，ヤギ，ウシを捕食する。利用可能ならば，齧歯類などのその他の小型哺乳類も捕食する。1頭のピューマがメスのヒツジの群を攻撃し，一晩で192頭を殺した，という報告もあるが（Young 1993），一晩で5〜10頭というのが普通である（Shaw 1983）。

　ピューマは比較的短い，強力な顎を持ち，獲物をかみ殺す。その際には，しばしば脊椎が切断されたり，首が破壊されたりする。また，頭蓋骨を嚙んで殺すこともある（Bowns 1976）。ピューマは，普通，獲物の前部や首の部分を最初に食べ，胃には手を着けない。大きな足の骨は粉砕され，肋骨は破壊される。多くの場合，ピューマは捕食後に獲物を薮の中に運び，落ち葉で隠す。3，4日の間は食餌のために舞い戻る。隠してある餌は食餌の度に落ち葉を払い，10〜25 m動かして再び隠し，完全に食べ終わると隠すのをやめる。そのためピューマが食餌を行った場所の周辺では，その際に使用していた隠し場所が見つかる（Shaw 1983）。

　ピューマの成獣の足跡は，長さ約10 cm，幅約11 cmで，前部にはっきりとした4本の指の跡があり，ほぼ半円形をしている。ピューマの爪は収納することができるので，爪跡は残らない。観察者が不慣れなときは，大きなイヌの足跡と間違えることもよくあるが，イヌの足跡には爪跡が残り，ピューマのものほど丸くなく，後部の肉球が明らかに異なる。

防除法－イヌ（猟犬，番犬），くくりワナ，トラバサミ（#41/2, 114）。

オポッサム

　オポッサムは雑食性で，魚類，甲虫類，昆虫類，キノコ，果実，植物，卵，死肉を食べる。オポッサムは家禽の鳥舎を襲い，たいていの場合は，一度に1羽のニワトリを殺す。獲物はひどく傷つけられることが多い（Burkholder 1955）。卵の場合には，中身はかき混ぜられ周囲を汚し，殻は細かくかみ砕かれ現場に残される。オポッサムは家禽を食べる際には，排出腔から食べ始める。若齢の家禽や狩猟鳥類は，ごくわずかの濡れた羽毛を除いてほぼ完全にたいらげられる。

防除法－生け捕りワナ，トラバサミ（#1-11/2），射殺，番犬，防除柵。

アライグマ

　アライグマはハツカネズミ，小鳥，ヘビ，昆虫類，ザリガニ，草，液果，堅果，トウモロコシ，メロンと列挙しきれないほどいろいろなものを食べる。都市域においては，ゴミ箱やゴミ捨て場が主な餌の供給源である。森林地帯の近辺にある農作物や庭園は，アライグマから甚大な被害を受けることがある。熟したトウモロコシは頻繁に食べられ，多くの被害がでる（Conover 1987 b, 図18-2）。アライグマは木のうろにある鳥の巣も襲う（Lacki et al. 1987）。また，アライグマは時には子ヒツジを殺すこともあり，その際は，普通，鼻にかみつく。

　アライグマは鳥舎に押し入り，一晩で多くの鳥を持ち去ることもある。胸部やそのうが嚙みちぎられ，内臓が食べられる。水辺には肉の破片があることもある。卵は鳥舎や狩猟鳥類の巣から持ち運ばれ，離れたところで食べられる。Rearden（1951）によると，卵の殻は巣の9 m以内にある。

　アライグマの足跡は独特な5本指をしており，人間の手形を小さくしたものに似ている。足跡は，普通，左後肢と右前肢が一対になっている（Murie 1954）。しかし，指が

はっきりと見えない柔らかな砂に付いた足跡は，アライグマのものとオポッサムのものとを区別するのは難しい。
防除法 －猟犬，生け捕りワナ，トラバサミ（#2-3），防除柵，射殺。

スカンク

昆虫類，特にバッタ，カブトムシ，コオロギがスカンクの食物の大部分を占める。スカンクは甲虫の幼虫を探すために，芝生やゴルフ場，牧草地に円錐形の穴を掘る。スカンクがビルの下に巣を作ると，たいていの場合いやな臭いがする。また，スカンクは養蜂場の害獣となることもある。

スカンクは時には成鳥を殺すが，むしろ巣荒らしの方が問題になっている（Einarsen 1956）。卵を食べる場合には，一つの穴を開け，スカンクはそこから鼻をつっこみ，中身をなめる（Einarsen 1956，Davis 1959）。割れた卵以外は孵化する。孵化のより進んだ段階の卵は，細かい破片にかみ砕かれる。卵は巣から持ち出されることもあるが，1m以上遠くに運ばれることはほとんどない。

スカンクの巣穴で見つかるアナウサギやニワトリ，キジの死体のほとんどは，死肉を巣穴に持ち込んだものである（Crabb 1948）。スカンクが家禽を殺す場合には，1羽か2羽しか殺さず，それらをひどくバラバラにする。なおCrabb（1941）は，マダラスカンクは穀物倉庫でのラットとハツカネズミの駆除に役立つと報告している。スカンクはこれらの齧歯類の頭部や前部を噛んで殺し，死体は食べない。

巣穴が使用されている場合には，昆虫の消化されなかった部分を含んだ新鮮な糞が，盛り土や穴の近くで見つかる。体毛や磨き跡が見つかることもある。それほど強くはないものの，巣穴ではスカンク独特の臭いがする。

防除法 －生け捕りワナ，トラバサミ（#1-11/2），薫蒸剤，射殺。

イイズナおよびミンク

イイズナとミンクは，獲物の頭，頸の上部，頸静脈を噛んで殺すという似かよった捕殺形態を持つ（Cahalane 1947）。夜間，これらに鳥舎を襲われると，多くの鳥が殺され，頭部のみを食べられる。ラットによる捕食の場合は，これと異なり体の一部が食べられ，穴または隠し場所に死体が運ばれる。

Errington（1943）によると，ミンクは大きなマスクラットを食べる際に，背中や脇腹あるいは首に穴を開ける。ミンクが肉や脇腹，足の部分を食べ進める際には，頭や臀部は同じ穴から引きちぎられ，獲物の皮がはがされる。イイズナが小型の齧歯類を食べる際にも，同様の行動がみられる（McCracken & Van Cleve 1947）。

イイズナがミカヅキシマアジの卵を襲うと，卵は全て破壊され，直径15～20mmの穴が残る（Teer 1964）。殻の残骸の近くを調べると，細かくかみ砕かれた殻と，小さな歯形を見つけることができることがある（Rearden 1951）。

イイズナは地下（例えばモグラ科セイブホリネズミ属の巣の使用），納屋の下，干し草の山の中，岩の下に巣を作る。ミンクは堤防に直径約10cmの巣穴を掘る。ミンクはマスクラットの巣を利用することもあり，また，幹や切り株の穴，その他の天然の隠れ場所も巣穴に利用する。

防除法 －トラバサミ（#1-11/2），コニベアトラップ，柵。

イエネコ

イエネコがアヒルやキジ，アナウサギ，ウズラなどよりも大きい動物を捕食することは滅多にない。Einarsen（1956）は，その捕食行動に関して記載しており，これによると，獲物の一部は数m四方に散らかされ，肉の部分は完全にたいらげられ，羽毛のついた皮が後に残される。小鳥の場合には，羽と散らかされた羽毛が残る。イエネコは，たいていの場合，獲物の骨に歯形を残す。繁殖中の鳥は，特にイエネコに捕食されやすい。狩猟鳥や水鳥の個体群を管理している地域では，ほとんどの場合，ノネコ駆除も必要である。ノネコは極端に用心深いのだが，イエネコは，他のネコ科の野生種とは異なり，日中に容易に観察される。

防除法 －生け捕りワナ，射殺，トラバサミ（#1-11/2）。

防除法

航空狩猟

いろいろな種類の航空機がオオカミやコヨーテ，ボブキャット，キツネの駆除に使用されているが，150馬力のエンジンを搭載したパイパースーパーキャブ（Piper Super Cab）がよく用いられる。航空機の両側を見ることができるように，パイロットと射手は縦に並んで座る。積雪時は，対象個体を発見しやすく，追跡もしやすいのでより効果的である。標的となる個体が見付かったら，パイロットはその個体の20m上空へ，可能ならば風上へ向かって近づく。航空機が失速しない程度の風速である必要があるが，この際の速度は約60～85km/hである。12口径のセミオートマチックの散弾銃が一般的な火器で，銃弾にはバックショットの4号弾，BB弾，2号弾が好んで用いられる。スーパーキャブには安全性と効果を向上したいくつかのモデルが用

意されている。これらのモデルには，アラスカンスーパープロップ（Alaskan Super Prop）と呼ばれる大きなプロペラが装備されており，このプロペラによって，より高い高度での馬力，安定性，操縦性が増す。より長いプロペラの搭載を可能にし，あまり整備されていない滑走路も使用できるように，大きなバルーンタイプのタイヤも供給されている。最近は，馬力と燃料の効率の関係から，160馬力のエンジンが主流となりつつある（Verrewman 1985）。

最近，捕食者の駆除にヘリコプターが使われるようになってきた。ヘリコプターには空中制止能力があるので，でこぼこした地形や薮があるような場所では，固定翼機を使用するよりも効果的である。合成樹脂ガラスの水滴型コクピットを持つものは視界がよく，追跡性能もよい。

固定翼機とヘリコプターを同時に使用することもある。この場合，固定翼機はヘリコプターの上空を飛行し，目標個体の監視を続け，ヘリコプターが射殺を行う。植生が密な場所や，ヘリコプターのみでは動物の捕獲が困難なところでは，この方法が効果的である。この方法により，ヘリコプターに乗ったハンターからうまく逃げる動物でも，上空の固定翼機から居場所を特定できる。もちろん，両者は無線連絡を取らなければならない。

1人ないしそれ以上の地上部隊も併用できるならば，より効果を上げることができる。地上部隊は警笛やサイレン，録音しておいた遠吠えなどを使って，コヨーテが遠吠えをあげるようにさせる。コヨーテが反応したら，無線連絡により，航空機はその場所に直行する。この手法は早朝か夕方に実施するとよい。

連邦法では，航空狩猟を許可している州は，航空狩猟許可証を発効するように規定している。なお，低空飛行を禁止している州もいくつかある。

呼び笛を使う猟法

呼び笛を使う猟法はコヨーテ，ボブキャット，キツネを選択的に駆除する対策手法である。狩猟を目的とせず，呼び笛でおびき寄せて写真撮影を行うのが，人気のあるスポーツになってきている。

鳴き声を録音したものがいくつも市販されており，これらを使用することができる。捕食者やカモ類の鳴き声に似せた笛が効果的であるが，熟練を要する。アナウサギの悲鳴を模倣した笛もある。これらの音は，いずれも捕食者の興味を引いたり，獲物が簡単に手にはいると思わせたりする。もちろん，これらの音に対して注意深くなる捕食者もいるが，ワナを警戒する動物に対しては有効である。

音によるおびき寄せを行う場合には次の3点に注意しなければならない。第一に動物が有効射程距離内に入る前に人の臭いを探知しないように風上に向かっておびき寄せを行うこと，第二に捕食者が死角から現れないように完全な視界を確保すること，第三に動物に発見されないように迷彩服を着て植物の中に隠れることである。

呼び笛を使う猟法が最も効果を発揮するのは早朝と夕方である。航空狩猟の項で述べたように，呼び笛に反応してコヨーテが遠吠えを始る前に，コヨーテの位置を確認することが重要である。スポットライトを使用して夜間に呼び笛を使う猟法を行うのも効果的であるが，地方の狩猟規定を調べておかなければならない。

巣穴狩り

春季にコヨーテやキツネにより家畜や家禽に被害がでるときは，近くにそれらの巣があり，子育てのためにより多くの食料を必要とすると考えてよい。Till & Knowlton（1983）は，被害を出しているコヨーテの親子あるいは幼獣の駆除後には，ヒツジの被害が大幅に減少することを報告している。幼獣を全て取り去ると，たいていの場合，家畜への被害は納まるが，これは他の食物資源の利用可能量と，動物の嗜好性に関連する。

成獣の追跡および観察により巣の位置は特定できる。巣穴狩りはキツネやコヨーテの行動様式に基づいて行われる。すなわち，獲物を探している間は迷走するが，いったん獲物を獲得すると，可能な限り最短ルートで巣に戻る，というものである（図18-16）。熟練した調査員ならば，この二種類の通り跡を見分けることができる。

巣穴が使用されているかどうかは，出入り口の体毛，新鮮な足跡から判断できる。もし幼獣が巣穴から出れるほどに成長しているならば，出入り口の周辺に植物が敷き詰められており，劣化が見られる。キツネの巣には，食物として運び込まれた獲物の残骸があるのが普通で，一方コヨーテの場合にはこのようなものが観察されない。

巣穴狩りは難しい手法で，時間がかかり，特に地面が固かったり，薮がひどかったり，風が強かったりするとますます困難なものとなる。巣の位置を特定する際にはよく訓練されたイヌが大変役立つ。捕食者の成獣がイヌを追い払おうとしたときには，ハンターの元へ戻ってくるように訓練されているイヌもいる。この行動により，目標個体をライフルの射程距離内にとらえることができるからだ。コヨーテをおびき出すために，幼獣が驚いたり怪我をしたときに発する鳴き声を模倣した笛を使用することもある。巣

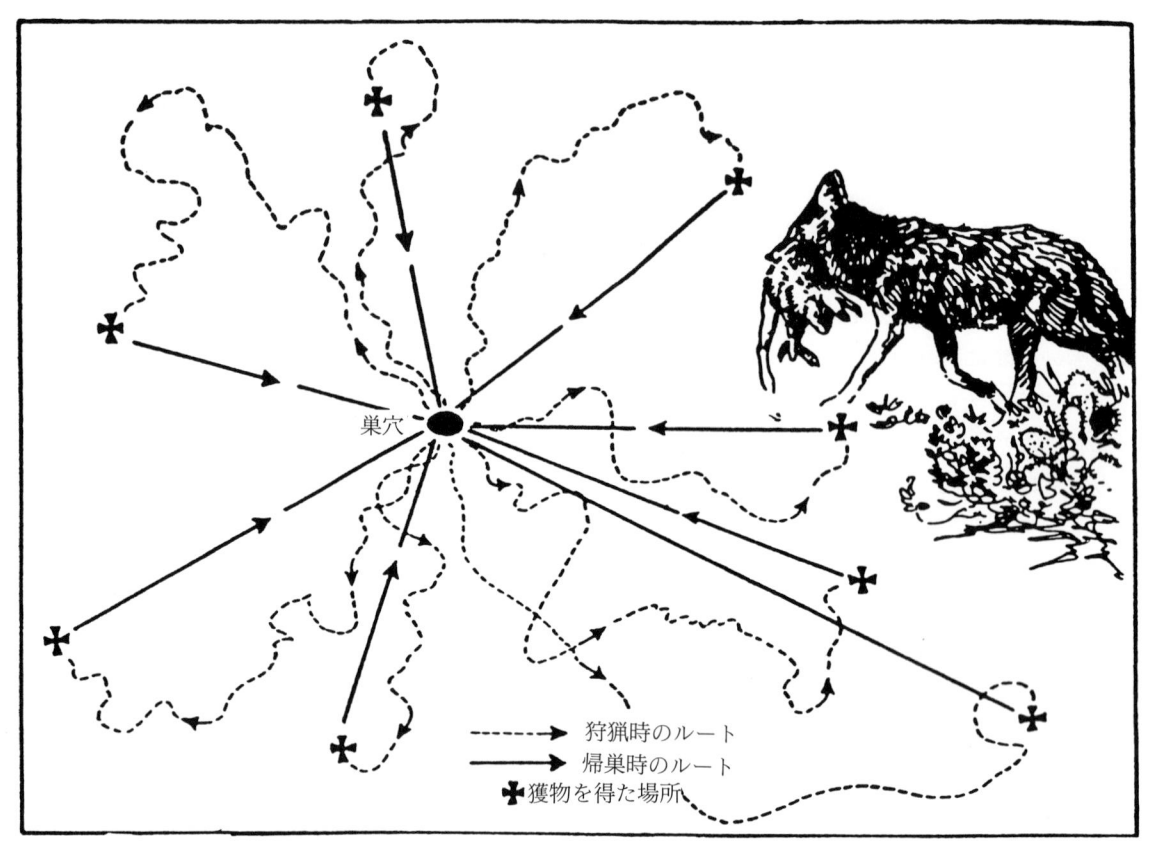

図 18-16 コヨーテの狩り際の移動様式
コヨーテは狩りの際には往きは迷走するが，帰巣するときは可能な限り直線的なルートをとる。(Presnall 1950 より）

穴を掘り出す際には，落盤や外部寄生虫に注意を払わねばならない。コヨーテの巣穴へガスカートリッジを使用することで，この危険性は減ずることができる。

コヨーテやキツネの巣穴の位置を特定するのに航空機を用いるのも良い方法である。この作業は，動物の痕跡をよく見て，普通の航空狩猟の際に行う。巣穴には明確な穴が確認でき，その周辺に劣化した草が観察される(Vetterman 1985)。

威嚇装置

ライト，大きな音楽や雑音，かかし，プラスチックの吹き流し，アルミのフライパン，ランタンなどの装置を捕食者よけに用いようと試みられたが，全ての装置が継続的な被害減少をもたらさないか，あるいは捕食者よけの効果がなかった。配置場所や組み合わせを変化することで威嚇効果を長持ちさせることはできるが，雑音やライトなどに動物側が慣れてしまうと効果は減少する。

鳥のさえずりのようなサイレン音とストロボライトの併用により，コヨーテによる子ヒツジの被害を44％軽減した，という報告がある(Linhart 1984)。この手法はバッテリー制御で夜間に使用され，ライトは10秒に1回，音は7〜13分に1回の間隔でセットされた。ノースダコタ州の牧場における研究によると，爆音機を使用することで，他の防除法を実行できるようになるまでの間，コヨーテによる子ヒツジの被害を減少，あるいはなくすことができた(Pfeifer & Goos 1982)。効果を上げるために最も重要なことは，装置を適切に使用，維持し，装置を移動させ，点火の間隔を変えることである。

猟犬

捕食者を駆除するために2種類のイヌが用いられている。一つは，グレーハウンドの様な視覚により狩りを行うもので，捕食者が現れるまで箱や檻の中に入れておき，捕食者の姿が見えたらこれを解き放し，捕獲あるいは捕殺させる。このタイプの猟犬は開放地でしか効果がない。もう一つのタイプはトレイルハウンドで，このタイプは動物の臭いをたどる。トレイルハウンドは裸地で猟をするが，積雪があったり露が多かったりすると追跡が容易になる。逆

に，暑く乾燥した環境では追跡が困難である。そのため，露が降りている早朝に行うのが最も効果的である。ブルーティック，ブラックアンドタン，ウォーカー，レッドボーンといった品種を2〜5頭の群で用いるのが普通である。

トレイルハウンドを訓練して，アライグマやオポッサム，ボブキャット，クマ，ピューマを捕獲するのに用いることもできる。これらの猟犬は，殺すべき特定の個体を追跡することもできるので，この防除法は高度な選択的駆除が可能である。ただし，この防除法を実施する前に，地方の狩猟規定に目を通しておかなければならない。

番 犬

何世紀もの間，イヌは使役動物として用いられてきたが，最近15年は，ブリーダーの興味は番犬に集中している。より一般的に使用されているのは，グレートピレニーズ，コモンドール，アクバッシュの3品種である。どれも柵で囲った牧場において効果を上げているが，柵のない牧場においてはグレートピレニーズが最も効果的である(Green et al. 1984)。また，これらの雑種も使用されている(Black & Green 1984)。番犬には次の三つの才能が必要である。すなわち，ヒツジを価値あるものとして扱うこと，ヒツジに注意を払えること，そして捕食者への攻撃とその追跡に積極的であることの3点である(McGrew & Andelt 1986)。ヒツジとの絆を深めるために，番犬の子犬は生後6〜8週後からヒツジのいる環境におく。牧場管理で，番犬を導入する理想的なタイミングは，ヒツジを柵の中に囲ったとき，牧場を柵で囲ったとき，出産後主要な群が形成され始めたときである(Green & woodruff 1983)。

番犬による効果の程は，イヌを訓練し使用する調教師の能力にかかっており，調教師には忍耐力と知識が必要となる。ただし，番犬を導入したからといって，捕食者の問題が直ちに解決するわけではないので，牧畜業者はそのことを肝に銘じておかなければならない(Green & woodruff 1983)。

家畜保護のための首輪

家畜保護のための首輪には毒薬が施されており，いくつかのゴム製の小袋の中にコンパウンド1080が入っている。これはヒツジやヤギの喉の周りに装着して使用し，コヨーテが家畜を襲う際に喉笛にかみつくと，小袋が破れてコヨーテを殺すように仕掛けされている。加害個体だけを駆除できる点において，この首輪は他のいかなる防除法よりも優れている。また，他の防除法が通用しなくなったコヨーテの個体に対しても効果がある(Connolly & Burns 1990)。ただし，この手法は最初のうちは不便である。というのは，購入費がかかり，装着の手間もかかるし，棘やワイヤ，小枝で小袋が破れることもある。また，EPAの規定により，首輪を装着した個体のいる群を監視しなければならない(Wade 1985)。

ワ ナ

くくりワナ

長さや動作装置に通すワイヤやケーブルのサイズを変えたいろいろなくくりワナが作られている。くくりワナには2種類あり，一つは胴くくりワナ，もう一つは足くくりワナである。胴くくりワナは，基本的にコヨーテの捕獲に用いられ，コヨーテが牧場などに這い入る際に通過する柵の下や巣穴の出入り口，その他の狭い通り道にしかける。これは，コヨーテが牧場などに這い入ろうとする際に頭をつっこまなければならないように円形にワイヤを仕掛けたもので(図18-17)，くくりワナが首に触れると，普通，動物は無理に前に進もうとするので，ワナにかかる仕組みになっている。

足くくりワナはバネ仕掛けで，動作装置を動物が踏むと，足をくくりあげる仕組みになっている。足くくりワナはピューマやグリズリー，アメリカクロクマの捕獲に効果を上げている。足くくりワナは，仕掛けた場所にクマを誘導するような囲いをしておくとよい。囲いは餌を置くのに十分な大きさを確保し，捕食者に殺されたばかりの死体を餌としておいておく。薮や茂みの中に囲いを作り，くくりワナ側の端は開けておく。囲いと誘導棒で，クマが餌に到達しようとする間に，くくりワナに踏み込むように仕向ける。Bacus(1968)は，0.9 kgのコーヒー缶(あるいは同じぐらいの長さの直径13 cmのパイプ)の両端に2.5 cmの切れ目を入れて動作装置の働きをするようにした，パイプ式くくりワナの設置法について述べている。缶を地中に埋め，その周辺にワナをゆるんだ状態でおき，土で隠しておく。缶の中にはベーコン油をしみ込ませた松明を入れておき，非対象動物がワナにかからないように缶の上に石を乗せておく。クマが石を落として餌を取り出す際に，鼻では届かないので前足を缶の中に差し込んだときに動作装置が作動してクマを捕獲する仕掛けになっている。このほかにも，通り道に足くくりワナを設置することでもクマを捕獲することができる。

ピューマを捕獲する際にも足くくりワナが用いられる。その際には，対象となる個体が確実に通る狭い通り道に設

図 18-17 コヨーテ捕獲用の胴くくりワナ
輪の上は簡便にフェンスの下端に結び，輪の結合部は簡単にスライドする仕掛けになっている。(Sims 1988 より)

置しなければならない。また，シカや家畜が足くくりワナで怪我しないように，設置した地点の 0.9 m 上方に棒や枝を通り道を横切る格好で置いておく。

重い動物が乗ったときだけ動作するように，動作装置の下に棒を置くなどして，足くくりワナの感度調節をしておくとよい。足くくりワナは，軽量で持ち運びが容易な点，人間や非対象動物への危険が少ない点で，大きなクマ取りワナよりも優れている。

生け捕りワナ

生け捕りワナは，「齧歯類および他の小型哺乳類」の項 (573 頁) で述べたように，クマのような大型動物においても，小型捕食者においても，その捕獲のためにいろいろな大きさのものが利用できる。コヨーテやキツネ，ボブキャットは，ワナを設置したところに進入するのを非常に警戒，抵抗するので，これらの種を生け捕りワナで捕獲するのは難しい。

アライグマ，オポッサム，スカンク，ネコを生け捕りワナに誘引するには，イヌやネコの缶詰を餌に用いるとよい。スカンクを捕獲する場合には，ワナをキャンバスや厚手の布で覆い，ワナの入り口に暖簾状のフラップを施さなければならない。スカンクが捕獲されたら，ワナの横を覆い，入り口のフラップを下ろし，その後で放逐場所に運ぶ。放逐の際には捕獲者はワナの脇に立ち，フラップをゆるめてやらねばならない。スカンクは一目散に逃げ去るだろう。

クマの捕獲にはドアと動作装置の付いたカルバート管で作ったクマ用の生け捕りワナを用いるとよい。捕獲したクマを運びやすいように，このワナには車輪がついているのが普通である。

トラバサミ

トラバサミはいろいろな大きさのものが生産されている。サイズと対象動物の対応表を以下に記す。

#0, 1：イイズナ，ジリス
#1, 11/2：スカンク，オポッサム，ノネコ，マスクラット
#2, 3：キツネ，アライグマ，小型のノイヌ，ヌートリア，マーモット，ヤマビーバー
#3, 4：ボブキャット，コヨーテ，大型のノイヌ，アナグマ，ビーバー
#4, 41/2：オオカミ
#41/2, 114：ピューマ

捕獲成功の是非は，動物が通常利用する通り道にうまくワナを設置できるかどうかにかかっている。このワナは，通常，ワナのサイズに合わせた小さな穴を掘りその中に設置する（図18-18）。穴の深さは，鋏の部分が穴に収まる程度で，設置後穴を土で隠す。ワナは地下11 mm以下にしっかりと固定して設置する。引き金装置の下に土が入ったり，動作を妨げたりしないように，引き金装置の上，鋏の下にキャンバスか布をしく。その後，ワナを周囲の状態にとけ込むように，土やその他のもので隠す。対象となる動物の通り道にワナを設置する場合には，誘因餌は必要ない。この設置方法は，ブラインドセットあるいはトレイルセットと呼ばれる。通り道ではないところや疑似餌を用いて設置する場合もあり，この疑似餌設置法は感度が高く，使用する疑似餌により設置する数は異なる。

アライグマ，キツネ，ミンクの捕獲にはダートホールセットが有効である。この設置方法は餌付け設置法と同様の方法であるが，誘因剤に発臭剤を用いる。発臭剤はワナの後方に地下15 cmほどのところにおく。

クマ用のワナは非常に大きくて，力も強く，人間や家畜，ペットに対しても危険である。またクマの捕獲には足くくりワナのほうが安全であるため，クマ用のトラバサミは推薦できない。さらにこれの使用を禁止している州もある。

ワナの設置場所はその感度に左右される。死体のそばにワナを設置する場合は，ハゲワシやワシ，アナグマなどの対象ではない屍肉食いをする動物が捕獲されることもある。非対象種の捕獲をなくすには，ワナを死体から9 m離して設置するというのが一般的である。またワナを取り扱う際には天候にも気を配らなければならない。地面が凍結していたり濡れていたりするとワナの作動不良の原因となる。

あまり長い間，動物を捕らえたままにしないように，頻繁にワナを見回らなければならない。ほとんどの州には，ワナの種類，餌の使用，設置方法，見回り頻度に関する条例が定められている。

防除柵

防除柵を適切に設置することで家畜や家禽，農作物を捕食者から守ることができる。普通の防除柵では庭園や家禽の鳥舎を捕食者から守ることはできない。しかし，防除柵の20 cm外側に，地上20 cmの高さで1本の電気ワイヤを追加することで，捕食による被害の多くをなくすことができる。特別に設計した電気柵により，クマの倉庫や他の地域への進入を防いだという報告がある（Storer et al. 1938）。コヨーテによる家畜の被害軽減に効果のある対捕食者用の電気柵の自作方法について，いくつかの情報が提供されている（Nass & Theade 1988）。一つの設置方法は，高さが1.5 mで，12本の電気の通ったワイヤを10～15 cm間隔で交互に張ったものである（Gates et al. 1978）。

家禽の鳥舎の対スカンク用の防除柵は，長さ0.9 mの金網を地下30 cmに埋め，地下部分の15 cmを外側にに向かって緩い角度をつけてやるとよい。家畜の飼育場からイイズナやミンクを排除したいときは，2.5 cm以上の大きさの穴を金属か丈夫な布でふさぐとよい。

ビルの基盤部分の穴にスカンクやオポッサムといった小型捕食動物が住めないようにする場合には，全ての穴をふさがなければならない。もしすでに巣を作っていたのならば，一つの穴を残して全ての穴をふさぎ，残した穴の周辺は，足跡が残るように土を柔らかくしておくか，小麦粉をまいておくかしておく。暗くなってから足跡を調べ，動物が出ていったのなら，穴を閉じる。

M-44

M-44はコヨーテ，キツネ，ノイヌの調整のためにEPAによって登録されている機械仕掛けの装置で，動物の口中にシアン化ナトリウムをはじき込むものである（Connolly 1988）。この装置は，布あるいは羊毛，スチールウールに包まれたケースホルダー，シアン化物を入れたプラスチックのカプセルあるいはケース，および7 cmの噴射装置からなる。M-44のケースには12個の凝固防止剤の入ったシアン化ナトリウムの粒（1粒0.78 g）が装填されており，バネ仕掛けの銃針でシアン化物をはじき出す。この装置を地面に打ち込んだチューブに差し込み，てっぺんに噴射装置を取り付け，餌をおいておく。餌は，普通，悪臭を放つ肉か，麝香，ビーバー香を用いる。動物が餌に誘引され，餌を取

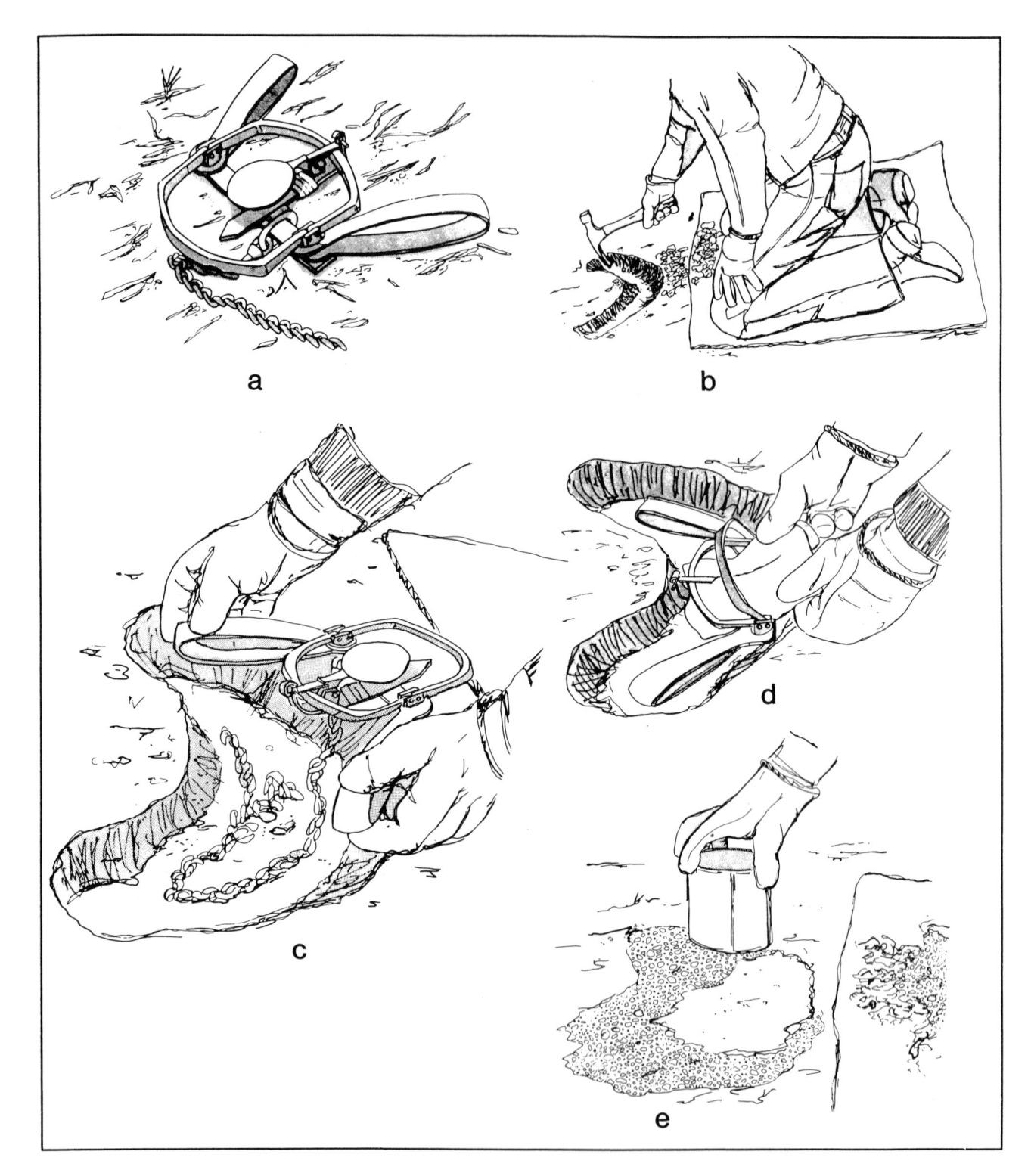

図 18-18 トラバサミの設置方法
a. まず地面において設置場所の善し悪しを確かめる。b. 罠の形に合わせて深さ 11 cm 程度の穴を掘る。c. 固定用の杭を使用する場合はそれを穴の底に打ち込む。固定用の鎖を使用する場合はそれを穴の中に入れ，深さ 3 cm 程度埋めて，鎖を結びつけるものまで導く。d. 手前の鋏を持ち上げ，引き金装置に土が入らないように引き金装置のカバーをする。e. 最後に 0.6〜1.2 cm ほど土で覆い，小枝やその辺の草などを使って周囲と変わらないようにする。(Dorsett 1987 より)

ろうとしてかみつくと，口中にシアン化物を打ち出す仕組みになっている。M-44 に使用されている餌や発臭剤に飼い犬やスカンク，アライグマ，クマ，オポッサムが誘引されることもあるが，適切な餌や発臭剤を選択することで，その可能性を減ずることができる。なお，EPA およびそれぞれの州には，M-44 の使用に関する多くの制限事項が定められている。

参考文献

AGÜERO, D. A., R. J. JOHNSON, AND K. M. ESKRIDGE. 1991. Monofilament lines repel house sparrows from feeding sites. Wildl. Soc. Bull. 19:416–422.

ALSAGER, D. E. 1977. Impact of pocket gophers (*Thomomys talpoides*) on the quantitative productivity of rangeland vegetation in southern Alberta: a damage assessment tool. Pages 47–57 in W. B. Jackson and R. E. Marsh, eds. Vertebrate pest control and management materials. Am. Soc. Test. Materials Spec. Publ. 625.

ANDERSON, T. E. 1969. Identifying, evaluating, and controlling wildlife damage. Pages 497–520 in R. H. Giles, ed. Wildlife management techniques. Third ed. The Wildl. Soc., Washington, D.C.

ANTHONY, R. M., V. G. BARNES, JR., AND J. EVANS. 1978. "VEXAR" plastic netting to reduce pocket gopher depredation of conifer seedlings. Proc. Vertebr. Pest Conf. 8:138–144.

ARNER, D. H., AND J. S. DUBOSE. 1982. The impact of the beaver on the environment and economics in the southeastern United States. Trans. Int. Congr. Game Biol. 14:241–247.

AUSTIN, D. D., AND P. J. URNESS. 1989. Evaluating production losses from mule deer depredation in apple orchards. Wildl. Soc. Bull. 17:161–165.

BACUS, L.C. 1968. The bear foot snare. U.S. Fish Wildl. Serv. Field Training Aid 2. 14pp.

BAKER, R. O., R. M. TIMM, AND G. R. BODMAN. 1994. Rodent-proof construction. Pages B137–B150 in S. E. Hygnstrom, R. M. Timm, and G. E. Larson, eds. Prevention and control of wildlife damage. Univ. Nebraska Coop. Ext. Serv., Lincoln.

BARRETT, R. H., AND G. H. BIRMINGHAM. 1994. Wild pigs. Pages D65–D70 in S. E. Hygnstrom, R. M. Timm, and G. E. Larson, eds. Prevention and control of wildlife damage. Univ. Nebraska Coop. Ext. Serv., Lincoln.

BEIER, P., AND R. H. BARRETT. 1987. Beaver habitat use and impact in Truckee River basin, California. J. Wildl. Manage. 51:794–799.

BESSER, J. F. 1986. A guide to aid growers in reducing bird damage to U.S. agricultural crops. Denver Wildl. Res. Cent. Bird Damage Res. Rep. 377. 91pp.

———, AND D. J. BRADY. 1986. Bird damage to ripening field corn increases in the United States from 1971 to 1981. U.S. Fish Wildl. Serv. Fish Wildl. Leafl. 7. 6pp.

———, J. W. DEGRAZIO, AND J. L. GUARINO. 1968. Costs of wintering starlings and red-winged blackbirds at feedlots. J. Wildl. Manage. 32:179–180.

BLACK, H. C., E. J. DIMOCK, II, J. EVANS, AND J. A. ROCHELLE. 1979. Animal damage to coniferous plantations in Oregon and Washington. Part I. A survey, 1963–75. Oregon State Univ. For. Res. Lab. Res. Bull. 25. 44pp.

BLACK, H. L., AND J. S. GREEN. 1984. Navajo use of mixed-breed dogs for management of predators. J. Range Manage. 38:11–15.

BLOKPOEL, H., AND G. D. TESSIER. 1984. Overhead wires and monofilament lines exclude ring-billed gulls from public places. Wildl. Soc. Bull. 12:55–58.

———, AND ———. 1986. The ring-billed gull in Ontario: a review of a new problem species. Can. Wildl. Serv. Occas. Pap. 57. 34pp.

BOGATICH, V. 1967. The use of live traps to remove starlings and protect agricultural products in the state of Washington. Proc. Vertebr. Pest Conf. 3:98–99.

BOLLENGIER, R. M., JR. 1994. Woodchucks. Pages B183–B187 in S. E. Hygnstrom, R. M. Timm, and G. E. Larson, eds. Prevention and control of wildlife damage. Univ. Nebraska Coop. Ext. Serv., Lincoln.

BOMFORD, M., AND P. H. O'BRIEN. 1990. Sonic deterrents in animal damage control: a review of device tests and effectiveness. Wildl. Soc. Bull. 18:411–422.

BOOTH, T. W. 1994. Bird dispersal techniques. Pages E19–E23 in S. E. Hygnstrom, R. M. Timm, and G. E. Larson, eds. Prevention and control of wildlife damage. Univ. Nebraska Coop. Ext. Serv., Lincoln.

BORRECCO, J. E., AND R. J. ANDERSON. 1980. Mountain beaver problems in the forests of California, Oregon, and Washington. Proc. Vertebr. Pest Conf. 9:135–142.

BOWNS, J. E. 1976. Field criteria for predator damage assessment. Utah Sci. 37(1):26–30.

———, AND D. A. WADE. 1980. Physical evidence of carnivore depredation. Tex. Agric. Ext. Serv., College Station (35-mm slide series and script).

BRIDGELAND, W. T., AND J. W. CASLICK. 1983. Relationships between cornfield characteristics and blackbird damage. J. Wildl. Manage. 47:824–829.

BRODIE, J. D., H. C. BLACK, E. J. DIMOCK, II, J. EVANS, C. KAO, AND J. A. ROCHELLE. 1979. Animal damage to coniferous plantations in Oregon and Washington—Part II. An economic evaluation. Oregon State Univ. For. Res. Lab. Res. Bull. 26. 22pp.

BULLOCK, J. F., AND D. H. ARNER. 1985. Beaver damage to nonimpounded timber in Mississippi. Southern J. Appl. For. 9:137–140.

BURKHOLDER, B. L. 1955. Control of small predators. U.S. Fish Wildl. Serv. Circ. 33. 8pp.

BYERS, R. E. 1976. Review of cultural and other control methods for reducing pine vole populations in apple orchards. Proc. Vertebr. Pest Conf. 7:242–243.

———. 1984a. Control and management of vertebrate pests in deciduous orchards of the eastern United States. Hort. Rev. 6:253–285.

———. 1984b. Economics of *Microtus* control in eastern U.S. orchards. Pages 297–302 in A. C. Dubock, ed. Organization and practice of vertebrate pest control. Imperial Chem. Industries PLC, Surrey, U.K.

CAHALANE, V. H. 1947. Mammals of North America. Macmillan Co., New York, N.Y. 682pp.

CAMPBELL, D.L. 1974. Establishing preferred browse to reduce damage to Douglas-fir seedlings by deer and elk. Pages 187–192 in H. C. Black, ed. Wildlife and forest management in the Pacific Northwest. Oregon State Univ., Corvallis.

———, AND J. EVANS. 1975. "Vexar" seedling protectors to reduce wildlife damage to Douglas fir. U.S. Fish Wildl. Serv. Leafl. 508. 11pp.

CANADIAN TRAPPER FEDERATION. No date. Canadian Trappers' Manual. Can. Trapper Fed., North Bay, Ont. Var. pagin.

CAPP, J. C. 1976. Increasing pocket gopher problems in reforestation. Proc. Vertebr. Pest Conf. 7:221–228.

CARR, A. 1982. Armadillo dilemma. Anim. Kingdom 85(5):40–43.

CASE, R. M., AND B. A. JASCH. 1994. Pocket gophers. Pages B17–B29 in S. E. Hygnstrom, R. M. Timm, and G. E. Larson, eds. Prevention and control of wildlife damage. Univ. Nebraska Coop. Ext. Serv., Lincoln.

CASLICK, J. W., AND D. J. DECKER. 1979. Economic feasibility of a deer-proof fence for apple orchards. Wildl. Soc. Bull. 7:173–175.

CLARK, J. 1984. Vole control in field crops. Proc. Vertebr. Pest Conf. 11:5–6.

CLARK, W. R., AND R. E. YOUNG. 1986. Crop damage by small mammals in no-till cornfields. J. Soil Water Conserv. 41:338–341.

CONNELLY, N. A., D. J. DECKER, AND S. WEAR. 1987. Public tolerance of deer in a suburban environment: implications for management and control. Proc. East. Wildl. Damage Control Conf. 3:207–218.

CONNER, W. H., AND J. R. TOLIVER. 1987. The problem of planting Louisiana swamplands when nutria (*Myocastor coypus*) are present. Proc. East. Wildl. Damage Control Conf. 3:42–49.

CONNOLLY, G. 1988. M-44 sodium cyanide ejectors in the animal damage control program, 1976–1986. Proc. Vertebr. Pest Conf. 13:220–225.

———, AND R. J. BURNS. 1990. Efficacy of compound 1080 livestock protection collars for killing coyotes that attack sheep. Proc. Vertebr. Conf. 14:269–276.

CONOVER, M. R. 1984a. Comparative effectiveness of Avitrol, exploders, and hawk-kites in reducing blackbird damage to corn. J. Wildl.

Manage. 48:109–116.

———. 1984b. Effectiveness of repellents in reducing deer damage in nurseries. Wildl. Soc. Bull. 12:399–404.

———. 1987a. Comparison of two repellents for reducing deer damage to Japanese yews during winter. Wildl. Soc. Bull. 15:265–268.

———. 1987b. Reducing raccoon and bird damage to small corn plots. Wildl. Soc. Bull. 15:268–272.

———. 1988. Effect of grazing by Canada geese on the winter growth of rye. J. Wildl. Manage. 52:76–80.

———, AND G. G. CHASKO. 1985. Nuisance Canada goose problems in the eastern United States. Wildl. Soc. Bull. 13:228–233.

———, AND G. S. KANIA. 1987. Effectiveness of human hair, BGR, and a mixture of blood meal and peppercorns in reducing deer damage to young apple trees. Proc. East. Wildl. Damage Control Conf. 3:97–101.

COOK, R. S., M. WHITE, D. O. TRAINER, AND W. C. GLAZENER. 1971. Mortality of young white-tailed deer fawns in south Texas. J. Wildl. Manage. 35:47–56.

COWARDIN, L. M., D. S. GILMER, AND C. W. SHAIFFER. 1985. Mallard recruitment in the agricultural environment of North Dakota. Wildl. Monogr. 92. 37pp.

CRABB, W. D. 1941. Civets are rat killers. Iowa Farm Sci. Rep. 2(1):12–13.

———. 1948. The ecology and management of the prairie spotted skunk in Iowa. Ecol. Monogr. 18:201–232.

CRAVEN, S. R. 1983. New directions in deer damage management in Wisconsin. Proc. East. Wildl. Damage Control Conf. 1:65–67.

———. 1994. Cottontail rabbits. Pages D75–D80 in S. E. Hygnstrom, R. M. Timm, and G. E. Larson, eds. Prevention and control of wildlife damage. Univ. Nebraska Coop. Ext. Serv., Lincoln.

CROUCH, G. L. 1976. Deer and reforestation in the Pacific northwest. Proc. Vertebr. Pest Conf. 7:298–301.

———. 1986. Pocket gopher damage to conifers in western forests: a historical and current perspective on the problem and its control. Proc. Vertebr. Pest Conf. 12:196–198.

CUMMINGS, J. L., J. L. GUARINO, C. E. KNITTLE, AND W. C. ROYALL, JR. 1987. Decoy plantings for reducing blackbird damage to nearby commercial sunflower fields. Crop Prot. 6:56–60.

CUMMINGS, M. W. 1973. Rodents and drip irrigation. Proc. Drip Irrigation Semin. 4:25–30.

———, AND R. E. MARSH. 1978. Vertebrate pests of citrus. Pages 237–273 in W. E. Reuther, E. C. Calavan, and G. E. Garman, eds. The citrus industry. Vol. IV. Div. Agric. Sci., Univ. California, Davis.

DAVIDSON, W. R., AND V. F. NETTLES. 1988. Field manual of wildlife diseases in the southeastern United States. Southeast. Coop. Wildl. Dis. Stud., Univ. Georgia, Athens. 309pp.

DAVIS, D. E. 1976. Management of pine voles. Proc. Vertebr. Pest Conf. 7:270–275.

DAVIS, J. R. 1959. A preliminary progress report on nest predation as a limiting factor in wild turkey populations. Proc. Natl. Wild Turkey Manage. Symp. 1:138–145.

DECALESTA, D. S., AND D. B. SCHWENDEMAN. 1978. Characterization of deer damage to soybean plants. Wildl. Soc. Bull. 6:250–253.

DEGRAZIO, J. W., J. F. BESSER, J. L. GUARINO, C. M. LOVELESS, AND J. L. OLDEMEYER. 1969. A method for appraising blackbird damage to corn. J. Wildl. Manage. 33:988–994.

DEYOE, D. R., AND W. SCHAAP. 1983. Comparison of 8 physical barriers used for protecting Douglas-fir seedlings from deer browse. Proc. East. Wildl. Damage Control Conf. 1:77–93.

DOLBEER, R. A. 1975. A comparison of two methods for estimating bird damage to sunflowers. J. Wildl. Manage. 39:802–806.

———. 1980. Blackbirds and corn in Ohio. U.S. Fish Wildl. Serv. Resour. Publ. 136. 18pp.

———. 1981. Cost-benefit determination of blackbird damage control for cornfields. Wildl. Soc. Bull. 9:44–51.

———. 1994. Blackbirds. Pages E25–E32 in S. E. Hygnstrom, R. M. Timm, and G. E. Larson, eds. Prevention and control of wildlife damage. Univ. Nebraska Coop. Ext. Serv., Lincoln.

———, G. E. BERNHARDT, T. W. SEAMANS, AND P. P. WORONECKI. 1991. Efficacy of two gas cartridge formulations in killing woodchucks in burrows. Wildl. Soc. Bull. 19:200–204.

———, M. A. LINK, AND P. P. WORONECKI. 1988a. Naphthalene shows no repellency for starlings. Wildl. Soc. Bull. 16:62–64.

———, AND R. A. STEHN. 1983. Population status of blackbirds and starlings in North America, 1966-81. Proc. East. Wildl. Damage Control Conf. 1:51–61.

———, A. R. STICKLEY, JR., AND P. P. WORONECKI. 1979. Starling (Sturnus vulgaris) damage to sprouting wheat in Tennessee and Kentucky, U.S.A. Prot. Ecol. 1:159–169.

———, P. P. WORONECKI, AND R. L. BRUGGERS. 1986. Reflecting tapes repel blackbirds from millet, sunflowers, and sweet corn. Wildl. Soc. Bull. 14:418–425.

———, ———, AND J. R. MASON. 1988b. Aviary and field evaluations of sweet corn resistance to damage by blackbirds. J. Am. Soc. Hort. Sci. 113:460–464.

DORSETT, J. 1987. Trapping coyotes. Tex. Anim. Damage Control Serv. Leafl. L-1908. 4pp.

EADIE, W. R. 1954. Animal control in field, farm and forest. Macmillan Co., New York, N.Y. 257pp.

EINARSEN, A. S. 1956. Determination of some predatory species by field signs. Oregon State Univ. Stud. Zool. Monogr. 10. 34pp.

ERRINGTON, P. L. 1943. An analysis of mink predation upon muskrat in north-central United States. Iowa. State Coll. Agric. Exp. Stn. Res. Bull. 320:794–924.

EVANS, D., J. L. BYFORD, AND R. H. WAINBERG. 1983. A characterization of woodpecker damage to houses in east Tennessee. Proc. East. Wildl. Damage Control Conf. 1:325–330.

EVANS, J. 1987a. Mountain beaver damage and management. Pages 73–74 in D. M. Baumgartner, R. L. Mahoney, J. Evans, J. Caslick, and D. W. Brewer, co-chair. Animal damage management in Pacific Northwest forests. Coop. Ext. Serv., Washington State Univ., Pullman.

———. 1987b. The porcupine in the Pacific northwest. Pages 75–78 in D. M. Baumgartner, R. L. Mahoney, J. Evans, J. Caslick, and D. W. Brewer, co-chair. Animal damage management in Pacific Northwest forests. Coop. Ext. Serv., Washington State Univ., Pullman.

FAGERSTONE, K. A. 1981. A review of prairie dog diet and its variability among animals and colonies. Proc. Great Plains Wildl. Damage Control Workshop 5:178–184.

FERGUSON, W. L. 1980. Rodenticide use in apple orchards. Proc. East. Pine and Meadow Vole Symp. 4:2–8.

FITZWATER, W. D. 1994. House sparrows. Pages E101–E108 in S. E. Hygnstrom, R. M. Timm, and G. E. Larson, eds. Prevention and control of wildlife damage. Univ. Nebraska Coop. Ext. Serv., Lincoln.

FOSTER, M. A., AND J. STUBBENDIECK. 1980. Effects of the Plains pocket gopher (Geomys bursarius) on rangeland. J. Range Manage. 33:74–78.

FRANTZ, S. C. 1986. Batproofing structures with birdnetting checkvalves. Proc. Vertebr. Pest Conf. 12:260–268.

FULLER-PERRINE, L. D., AND M. E. TOBIN. 1993. A method for applying and removing bird-exclusion netting in commercial vineyards. Wildl. Soc. Bull. 21:47–51.

GATES, N. L., J. E. RICH, D. D. GODTEL, AND C. V. HULET. 1978. Development and evaluation of anti-coyote electric fencing. J. Range Manage. 31:151–153.

GLAHN, J. F., AND W. STONE. 1984. Effects of starling excrement in the food of cattle and pigs. Anim. Prod. 38:439–446.

———, D. J. TWEDT, AND D. L. OTIS. 1983. Estimating feed loss from starling use of livestock feed troughs. Wildl. Soc. Bull. 11:366–372.

GOLDMAN, D. S. 1988. Current and future EPA requirements concerning good laboratory practices relative to vertebrate pesticides. Proc. Vertebr. Pest Conf. 13:22–25.

GOOD, H. B., AND D. M. JOHNSON. 1978. Nonlethal blackbird roost control. Pest Control 46(9):14–18.

GREEN, J. S., AND P. S. GIPSON. 1994. Dogs (feral). Pages C77–C81 in S. E. Hygnstrom, R. M. Timm, and G. E. Larson, eds. Prevention and control of wildlife damage. Univ. Nebraska Coop. Ext. Serv., Lincoln.

———, AND R. A. WOODRUFF. 1983. Guarding dogs protect sheep from predators. U.S. Dep. Agric. Inf. Bull. 455. 27pp.

———, ———, AND R. HORMAN. 1984. Livestock guarding dogs and predator control. Rangelands 6(2):73–76.

GREENHALL, A. M. 1982. House bat management. U.S. Fish Wildl.

Serv. Resour. Publ. 143. 33pp.

———, AND S. C. FRANTZ. 1994. Bats. Pages D5–D24 *in* S. E. Hygnstrom, R. M. Timm, and G. E. Larson, eds. Prevention and control of wildlife damage. Univ. Nebraska Coop. Ext. Serv., Lincoln.

HADIDIAN, J., D. MANSKI, V. FLYGER, C. COX, AND G. HODGE. 1987. Urban gray squirrel damage and population management: a case history. Proc. East. Wildl. Damage Control Conf. 3:219–227.

HAMILTON, J. C., R. J. JOHNSON, R. M. CASE, M. W. RILEY, AND W. W. STROUP. 1987. Fox squirrels cause power outages: an urban wildlife problem. Proc. East. Wildl. Damage Control Conf. 3:228.

HARDER, J. D. 1970. Evaluating winter deer use of orchards in western Colorado. Trans. North Am. Wildl. Nat. Resour. Conf. 35:35–47.

HARRISON, M. J. 1984. FAA policy regarding solid waste disposal facilities. Pages 213–218 *in* Proc. wildlife hazards to aircraft conference. U.S. Dep. Transp. Rep. DOT/FAA/AAS/84-1.

HAWTHORNE, D. W. 1994. Cotton rats. Pages B97–B99 *in* S. E. Hygnstrom, R. M. Timm, and G. E. Larson, eds. Prevention and control of wildlife damage. Univ. Nebraska Coop. Ext. Serv., Lincoln.

HEINRICH, J., AND S. CRAVEN. 1987. Distribution and impact of Canada goose crop damage in east-central Wisconsin. Proc. East. Wildl. Damage Control Conf. 3:18–19.

———, AND ———. 1990. Evaluation of three damage abatement techniques for Canada geese. Wildl. Soc. Bull. 18:405–410.

HEISTERBERG, J. F. 1983. Bird repellent seed corn treatment: efficacy evaluations and current registration status. Proc. East. Wildl. Damage Control Conf. 1:255–258.

HENDERSON, F. R. 1994. Moles. Pages D51–D58 *in* S. E. Hygnstrom, R. M. Timm, and G. E. Larson, eds. Prevention and control of wildlife damage. Univ. Nebraska Coop. Ext. Serv., Lincoln.

HOLLER, N. R., AND D. G. DECKER. 1989. Zinc phosphide rodenticide reduces cotton rat population in Florida sugarcane. Proc. East. Wildl. Damage Control Conf. 4:198–201.

HOLM, B. A., R. J. JOHNSON, D. D. JENSEN, AND W. W. STROUP. 1988. Responses of deer mice to methiocarb and thiram seed treatments. J. Wildl. Manage. 52:497–502.

HOOD, G. A. 1978. Vertebrate control chemicals: current status of registrations, rebuttable presumptions against registrations, and effects on users. Proc. Vertebr. Pest Conf. 8:170–176.

HOOVEN, E. F. 1959. Dusky-footed woodrat in young Douglas-fir. Oreg. For. Res. Cent. Res. Note 41. 24pp.

HOTHEM, R. L., R. W. DEHAVEN, AND S. D. FAIRAIZL. 1988. Bird damage to sunflower in North Dakota, South Dakota, and Minnesota, 1979–1981. U.S. Fish Wildl. Tech. Rep. 15. 11pp.

HOWARD, V. W., JR. 1994. Kangaroo rats. Pages B101–B104 *in* S. E. Hygnstrom, R. M. Timm, and G. E. Larson, eds. Prevention and control of wildlife damage. Univ. Nebraska Coop. Ext. Serv., Lincoln.

HOWELL, R. G. 1982. The urban coyote problem in Los Angeles County. Proc. Vertebr. Pest Conf. 10:55–61.

HUMPHREY, S. R. 1974. Zoogeography of the nine-banded armadillo (*Dasypus novemcinctus*) in the United States. BioScience 24:457–462.

HYGNSTROM, S. E., AND S. R. CRAVEN. 1988. Electric fences and commercial repellents for reducing deer damage in cornfields. Wildl. Soc. Bull. 16:291–296.

———, AND ———. 1994. Hawks and owls. Pages E53–E61 *in* S. E. Hygnstrom, R. M. Timm, and G. E. Larson, eds. Prevention and control of wildlife damage. Univ. Nebraska Coop. Ext. Serv., Lincoln.

———, AND D. R. VIRCHOW. 1994. Prairie dogs. Pages B85–B96 *in* S. E. Hygnstrom, R. M. Timm, and G. E. Larson, eds. Prevention and control of wildlife damage. Univ. Nebraska Coop. Ext. Serv., Lincoln.

ISHMAEL, W. E., AND O. J. RONGSTAD. 1984. Economics of an urban deer-removal program. Wildl. Soc. Bull. 12:394–398.

JACKSON, J. J. 1994. Tree squirrels. Pages B171–B175 *in* S. E. Hygnstrom, R. M. Timm, and G. E. Larson, eds. Prevention and control of wildlife damage. Univ. Nebraska Coop. Ext. Serv., Lincoln.

JACKSON, W. B. 1987. Current management strategies for commensal rodents. Pages 495–512 *in* H. H. Genoways, ed. Current mammalogy. Vol. 1. Plenum Press, New York, N.Y.

JACOBS, W. W. 1994. Registered vertebrate pesticides. Pages G1–G22 *in* S. E. Hygnstrom, R. M. Timm, and G. E. Larson, eds. Prevention and control of wildlife damage. Univ. Nebraska Coop. Ext. Serv., Lincoln.

JOHNSON, R. J. 1986. Wildlife damage in conservation tillage agriculture: a new challenge. Proc. Vertebr. Pest Conf. 12:127–132.

———, AND J. F. GLAHN. 1994. Starlings. Pages E109–E120 *in* S. E. Hygnstrom, R. M. Timm, and G. E. Larson, eds. Prevention and control of wildlife damage. Univ. Nebraska Coop. Ext. Serv., Lincoln.

———, A. E. KOEHLER, O. C. BURNSIDE, AND S. R. LOWRY. 1985. Response of thirteen-lined ground squirrels to repellents and implications for conservation tillage. Wildl. Soc. Bull. 13:317–324.

KAHL, R. B., AND F. B. SAMSON. 1984. Factors affecting yield of winter wheat grazed by geese. Wildl. Soc. Bull. 12:256–262.

KELLY, S. T., AND M. E. DECAPITA. 1982. Cowbird control and its effect on Kirtland's warbler reproductive success. Wilson Bull. 94:363–365.

KINCAID, S. P. 1975. Bats, biology, and control. Proc. Great Plains Wildl. Damage Control Workshop 2:187–194.

KNIGHT, J. E. 1994. Jackrabbits. Pages D81–D85 *in* S. E. Hygnstrom, R. M. Timm, and G. E. Larson, eds. Prevention and control of wildlife damage. Univ. Nebraska Coop. Ext. Serv., Lincoln.

KNITTLE, C. E., AND R. D. PORTER. 1988. Waterfowl damage and control methods in ripening grain: an overview. U.S. Fish Wildl. Serv. Tech. Rep. 14. 17pp.

LACKI, M. J., S. P. GEORGE, AND P. J. VISCOSI. 1987. Evaluation of site variables affecting nest box use by wood ducks. Wildl. Soc. Bull. 15:196–200.

LARAMIE, H. A. 1978. Water level control in beaver ponds and culverts. N.H. Fish Game Dep., Concord. 5pp.

LARSEN, K. H., AND J. H. DIETRICH. 1970. Reduction of raven population on lambing grounds with DRC-1339. J. Wildl. Manage. 34:200–204.

LAWRENCE, W. H., N. B. KVERNO, AND H. D. HARTWELL. 1961. Guide to wildlife feeding injuries on conifers in the Pacific northwest. West. For. Conserv. Assoc., Portland, Oreg. 44pp.

LEBLANC, D. J. 1994. Nutria. Pages B71–B80 *in* S. E. Hygnstrom, R. M. Timm, and G. E. Larson, eds. Prevention and control of wildlife damage. Univ. Nebraska Coop. Ext. Serv., Lincoln.

LEFEBVRE, L. W., N. R. HOLLER, AND D. G. DECKER. 1985*a*. Comparative effectiveness of full-field and field-edge bait applications in delivering bait to roof rats in Florida sugarcane fields. J. Am. Soc. Sugar Cane Tech. 5:64–68.

———, ———, AND ———. 1985*b*. Efficacy of aerial application of a 2% zinc phosphide bait on roof rats in sugarcane. Wildl. Soc. Bull. 13:324–327.

———, C. R. INGRAM, AND M. C. YANG. 1978. Assessment of rat damage to Florida sugarcane in 1975. Proc. Am. Soc. Sugar Cane Tech. 7:75–80.

LINDZEY, F. C. 1994. Badgers. Pages C1–C3 *in* S. E. Hygnstrom, R. M. Timm, and G. E. Larson, eds. Prevention and control of wildlife damage. Univ. Nebraska Coop. Ext. Serv., Lincoln.

LINHART, S. B. 1984. Strobe light and siren devices for protecting fenced-pasture and range sheep from coyote predation. Proc. Vertebr. Pest Conf. 11:154–156.

LUCE, D. G., R. M. CASE, AND J. L. STUBBENDIECK. 1981. Damage to alfalfa fields by Plains pocket gophers. J. Wildl. Manage. 45:258–260.

MAEHR, D. S. 1983. Black bear depredation on bee yards in Florida. Proc. East. Wildl. Damage Control Conf. 1:133–135.

MARSH, R. E. 1985*a*. Competition of rodents and other small mammals with livestock in the United States. Pages 485–508 *in* S. M. Gaafar, W. E. Howard, and R. E. Marsh, eds. Parasites, pests and predators. Elsevier Sci. Publ. B. V., Amsterdam, The Netherlands.

———. 1985*b*. Techniques used in rodent control to safeguard nontarget wildlife. Pages 47–55 *in* W. F. Laudenslayer, Jr., ed. Trans. West. Sect., The Wildl. Soc., Monterey, Calif.

———. 1986. Ground squirrel control strategies in Californian agriculture. Pages 261–276 *in* C. G. J. Richards and T. Y. Ku, eds. Control of mammal pests. Taylor and Francis, Inc., Philadelphia, Pa.

———. 1988*a*. Current (1987) and future rodenticides for commensal rodent control. Bull. Soc. Vector Ecol. 13:102–107.

———. 1988*b*. Relevant characteristics of zinc phosphide as a rodenticide. Proc. Great Plains Wildl. Damage Control Conf. 8:70–74.

———. 1994. Roof rats. Pages B125–B132 in S. E. Hygnstrom, R. M. Timm, and G. E. Larson, eds. Prevention and control of wildlife damage. Univ. Nebraska Coop. Ext. Serv., Lincoln.

———, AND W. E. HOWARD. 1982. Vertebrate pests. Pages 791–861 in A. Mallis, ed. Handbook of pest control. Sixth ed. Franzak and Foster Co., Cleveland, Oh.

MARSHALL, E. F. 1984. Cholecalciferol: a unique toxicant for rodent control. Proc. Vertebr. Pest Conf. 11:95–98.

MCANINCH, J. B., M. R. ELLINGWOOD, AND R. J. WINCHCOMBE. 1983. Deer damage control in New York agriculture. N.Y. State Dep. Agric. Markets Div., Plant Industry-ADC, Albany. 12pp.

MCCRACKEN, H., AND H. VAN CLEVE. 1947. Trapping: the craft and science of catching fur-bearing animals. Barnes Co., New York, N.Y. 196pp.

MCDONOUGH, W. T. 1974. Revegetation of gopher mounds on aspen range in Utah. Great Basin Nat. 34:267–275.

MCGREW, J. C., AND W. F. ANDELT. 1986. Livestock guarding dogs: a method for reducing livestock losses. Colorado State Univ., Coop. Ext. Serv. in Action 1.218. 4pp.

MCKILLOP, I. G., AND C. J. WILSON. 1987. Effectiveness of fences to exclude European rabbits from crops. Wildl. Soc. Bull. 15:394–401.

MCLAREN, M. A., R. E. HARRIS, AND W. J. RICHARDSON. 1984. Pages 241–251 in Proc. wildlife hazards to aircraft conference. U.S. Dep. Transp. Rep. DOT/FAA/AAS/84-1.

MEEHAN, A. P. 1984. Rats and mice: their biology and control. Rentokil Ltd., West Sussex, U.K. 383pp.

MENG, H. 1971. The Swedish goshawk trap. J. Wildl. Manage. 35:832–835.

MERRITT, R. L. 1990. Bird strikes to U.S. Air Force aircraft, 1988-89. Bird Strike Comm. Europe 20:511–518.

MICACCHION, M., AND T. W. TOWNSEND. 1983. Botanical characteristics of autumnal blackbird roosts in central Ohio. Oh. J. Sci. 83:131–135.

MILLER, J. E. 1987. Assessment of wildlife damage on southern forests. Pages 48–52 in J. G. Dickinson and D. E. Maughan, eds. Proc. management of southern forests for wildlife and fish. U.S. For. Serv. Gen. Tech. Rep. SO-65.

———. 1994. Muskrats. Pages B61–B69 in S. E. Hygnstrom, R. M. Timm, and G. E. Larson, eds. Prevention and control of wildlife damage. Univ. Nebraska Coop. Ext. Serv., Lincoln.

———, AND G. K. YARROW. 1994. Beaver. Pages B1–B11 in S. E. Hygnstrom, R. M. Timm, and G. E. Larson, eds. Prevention and control of wildlife damage. Univ. Nebraska Coop. Ext. Serv., Lincoln.

MOTT, D. F. 1980. Dispersing blackbirds and starlings from objectionable roost sites. Proc. Vertebr. Pest Conf. 9:38–42.

MURIE, A. 1948. Cattle on grizzly bear range. J. Wildl. Manage. 12:57–72.

MURIE, O. J. 1954. A field guide to animal tracks. Houghton Mifflin Co., Boston, Mass. 374pp.

MURTON, R. K., N. J. WESTWOOD, AND A. J. ISAACSON. 1974. A study of wood-pigeon shooting: the exploitation of a natural animal population. J. Appl. Ecol. 11:61–81.

NASS, R. D., AND J. THEADE. 1988. Electric fences for reducing sheep losses to predators. J. Range Manage. 41:251–252.

NIELSEN, D. G., M. J. DUNLAP, AND K. V. MILLER. 1982. Pre-rut rubbing by white-tailed bucks: nursery damage, social role, and management options. Wildl. Soc. Bull. 10:341–348.

O'BRIEN, J. M. 1994. Voles. Pages B177–B182 in S. E. Hygnstrom, R. M. Timm, and G. E. Larson, eds. Prevention and control of wildlife damage. Univ. Nebraska Coop. Ext. Serv., Lincoln.

O'GARA, B. W. 1978. Sheep depredation by golden eagles in Montana. Proc. Vertebr. Pest Conf. 8:206–213.

———. 1994. Eagles. Pages E41–E48 in S. E. Hygnstrom, R. M. Timm, and G. E. Larson, eds. Prevention and control of wildlife damage. Univ. Nebraska Coop. Ext. Serv., Lincoln.

———, AND D. C. GETZ. 1986. Capturing golden eagles using a helicopter and net gun. Wildl. Soc. Bull. 14:400–402.

OSTRY, M. E., AND T. H. NICHOLLS. 1976. How to identify and control sapsucker injury on trees. North Cent. For. Exp. Stn., St. Paul, Minn. 6pp.

OTIS, D. L., N. R. HOLLER, P. W. LEFEBVRE, AND D. F. MOTT. 1983. Estimating bird damage to sprouting rice. Pages 76–89 in D. E. Kaukeinen, ed. Vertebrate pest control and management materials. Am. Soc. Test. Materials Spec. Tech. Rep. 817.

PACKHAM, C. J. 1970. Forest animal damage in California. U.S. Fish Wildl. Serv., Sacramento, Calif. 4pp.

PALMER, D. T., D. A. ANDREWS, R. O. WINTERS, AND J. W. FRANCIS. 1980. Removal techniques to control an enclosed deer herd. Wildl. Soc. Bull. 8:29–33.

PALMER, W. L., J. M. PAYNE, R. G. WINGARD, AND J. L. GEORGE. 1985. A practical fence to reduce deer damage. Wildl. Soc. Bull. 13:240–245.

———, R. G. WINGARD, AND J. L. GEORGE. 1983. Evaluation of white-tailed deer repellents. Wildl. Soc. Bull. 11:164–166.

PAULS, R. W. 1986. Protection with Vexar cylinders from damage by meadow voles of tree and shrub seedlings in northeastern Alberta. Proc. Vertebr. Pest Conf. 12:199–204.

PEARCE, J. 1947. Identifying injury by wildlife to trees and shrubs in northeastern forests. U.S. Fish Wildl. Serv. Res. Rep. 13. 29pp.

PEARSON, K., AND C. G. FORSHEY. 1978. Effects of pine vole damage on tree vigor and fruit yield in New York orchards. Hort. Sci. 13:56–57.

PFEIFER, W. K., AND M. W. GOOS. 1982. Guard dogs and gas exploders as coyote control tools in North Dakota. Proc. Vertebr. Pest Conf. 10:55–61.

PHILLIPS, R. L., AND F. S. BLOM. 1988. Distribution and magnitude of eagle/livestock conflicts in the western United States. Proc. Vertebr. Pest Conf. 13:241–244.

PLESSER, H., S. OMASI, AND Y. YOM-TOV. 1983. Mist nets as a means of eliminating bird damage to vineyards. Crop Prot. 2(4):503–506.

PORTER, W. F. 1983. A baited electric fence for controlling deer damage to orchard seedlings. Wildl. Soc. Bull. 11:325–327.

PRESNALL, C. C., EDITOR. 1950. Handbook for hunters of predatory animals. U.S. Dep. Inter., Washington, D.C. 67pp.

REARDEN, J. D. 1951. Identification of waterfowl nest predators. J. Wildl. Manage. 15:386–395.

REYNOLDS, H. G., AND G. E. GLENDENING. 1949. Merriam kangaroo rat: a factor in mesquite propagation on southern Arizona range lands. J. Range Manage. 2:193–197.

RICHMOND, M. E., C. G. FORSHEY, L. A. MAHAFFY, AND P. N. MILLER. 1987. Effects of differential pine vole populations on growth and yield of McIntosh apple trees. Proc. East. Wildl. Damage Control Conf. 3:296–304.

ROBLEE, K. J. 1987. The use of the T-culvert guard to protect road culverts from plugging damage by beavers. Proc. East. Wildl. Damage Control Conf. 3:25–33.

ROGERS, J. G., JR. 1974. Responses of caged red-winged blackbirds to two types of repellents. J. Wildl. Manage. 38:418–423.

ROYALL, W. C., JR. 1969. Trapping house sparrows to protect experimental grain crops. U.S. Fish Wildl. Serv. Leafl. 484. 4pp.

SALMON, T. P., AND F. S. CONTE. 1981. Control of bird damage at aquaculture facilities. Univ. California Coop. Ext. Wildl. Manage. Leafl. 475. 11pp.

———, AND W. P. GORENZEL. 1994. Woodrats. Pages B133–B136 in S. E. Hygnstrom, R. M. Timm, and G. E. Larson, eds. Prevention and control of wildlife damage. Univ. Nebraska Coop. Ext. Serv., Lincoln.

SARGEANT, A. B., S. H. ALLEN, AND R. T. EBERHARDT. 1984. Red fox predation on breeding ducks in midcontinent North America. Wildl. Monogr. 89. 41pp.

———, AND P. M. ARNOLD. 1984. Predator management for ducks on waterfowl production areas in the northern plains. Proc. Vertebr. Pest Conf. 11:161–167.

SAUER, W. C. 1977. Exclusion cylinders as a means of assessing losses of vegetation due to ground squirrel feeding. Pages 14–21 in W. B. Jackson and R. E. Marsh, eds. Vertebrate pest control and management materials. Am. Soc. Test. Materials Spec. Tech. Rep. 625.

SCHMIDT, R. H., AND R. J. JOHNSON. 1983. Bird dispersal recordings: an overview. Pages 43–65 in D. E. Kaukeinen, ed. Vertebrate pest control and management materials. Am. Soc. Test. Materials Spec. Tech. Rep. 817.

SCOTT, J. D., AND T. W. TOWNSEND. 1985. Characteristics of deer damage to commercial tree industries of Ohio. Wildl. Soc. Bull.

13:135–143.
SEUBERT, J. L. 1984. Research on nonpredatory mammal damage control by the U.S. Fish and Wildlife Service. Pages 553–571 in A. C. Dubbock, ed. Organization and practice of vertebrate pest control. Imperial Chem. Industries PLC, Surrey, U.K.
SHAW, H. G. 1983. Mountain lion field guide. Ariz. Game and Fish Dep. Spec. Rep. 9. 38pp.
SILVER, J., AND A. W. MOORE. 1941. Mole control. U.S. Fish Wildl. Serv. Conserv. Bull. 16. 17pp.
SIMS, B. 1988. Controlling coyotes with snares. Tex. Anim. Damage Control Serv. Leafl. L-1917. 4pp.
SOLMAN, V. E. F. 1981. Birds and aviation. Environ. Conserv. 8(1):45–51.
STEENBLIK, J. W. 1983. Battling the birds. Air Line Pilot 52:18–23.
STEFFEN, D. E., N. R. HOLLER, L. W. LEFEBVRE, AND P. F. SCANLON. 1981. Factors affecting the occurrence and distribution of Florida water rats in sugarcane fields. Proc. Am. Soc. Sugar Cane Tech. 9:27–32.
STICKLEY, A. R., JR., AND K. J. ANDREWS. 1989. Survey of Mississippi catfish farmers on means, effort, and costs to repel fish-eating birds from ponds. Proc. East. Wildl. Damage Control Conf. 4:105–108.
———, D. L. OTIS, AND D. T. PALMER. 1979. Evaluation and results of a survey of blackbird and mammal damage to mature field corn over a large (three-state) area. Pages 169–177 in J. R. Beck, ed. Vertebrate pest control and management materials. Am. Soc. Test. Materials Spec. Tech. Publ. 680.
———, D. J. TWEDT, J. F. HEISTERBERG, D. F. MOTT, AND J. F. GLAHN. 1986. Surfactant spray system for controlling blackbirds and starlings in urban roosts. Wildl. Soc. Bull. 14:412–418.
STORER, T. I., G. H. VANSELL, AND B. D. MOSES. 1938. Protection of mountain apiaries from bears by use of electric fence. J. Wildl. Manage. 2:172–178.
SUGDEN, L. G. 1976. Waterfowl damage to Canadian grain. Can. Wildl. Serv. Occas. Pap. 24. 25pp.
———, AND D. W. GOERZEN. 1979. Preliminary measurements of grain wasted by field-feeding mallards. Can. Wildl. Serv. Prog. Notes 104. 5pp.
SULLIVAN, T. P. 1978. Biological control of conifer seed damage by the deer mouse (Peromyscus maniculatus). Proc. Vertebr. Pest Conf. 8:237–250.
———, J. A. KREBS, AND H. A. KLUGE. 1987. Survey of mammal damage to tree fruit orchards in the Okanagan Valley of British Columbia. Northwest Sci. 61:23–31.
———, AND D. S. SULLIVAN. 1982. The use of alternative foods to reduce lodgepole pine seed predation by small mammals. J. Appl. Ecol. 19:33–45.
———, AND ———. 1988. Influence of alternative foods on vole populations and damage in apple orchards. Wildl. Soc. Bull. 16:170–175.
TEER, J. G. 1964. Predation by long-tailed weasels on eggs of blue-winged teal. J. Wildl. Manage. 28:404–406.
TERRILL, C. E. 1988. Predator losses climb nationwide. Natl. Wool Grower 78(9):32–34.
TIETJEN, H. P. 1976. Zinc phosphide: its development as a control agent for black-tailed prairie dogs. U.S. Fish Wildl. Serv. Spec. Sci. Rep. Wildl. 195. 14pp.
TILGHMAN, N. G. 1989. Impacts of white-tailed deer on forest regeneration in northwestern Pennsylvania. J. Wildl. Manage. 53:524–532.
TILL, J. A., AND F. F. KNOWLTON. 1983. Efficacy of denning in alleviating coyote depredations upon domestic sheep. J. Wildl. Manage. 47:1018–1025.
TIMM, R. M. 1994. Norway rats. Pages B105–B120 in S. E. Hygnstrom, R. M. Timm, and G. E. Larson, eds. Prevention and control of wildlife damage. Univ. Nebraska Coop. Ext. Serv., Lincoln.
TOBIN, M. E., AND R. A. DOLBEER. 1987. Status of Mesurol as a bird repellent for cherries and other fruit crops. Proc. East. Wildl. Damage Control Conf. 3:149–158.
———, ———, AND P. P. WORONECKI. 1989. Bird damage to apples in the Mid-Hudson Valley of New York. Hort. Sci. 24:859.
———, AND M. E. RICHMOND. 1987. Bait stations for controlling voles in apple orchards. Proc. East. Wildl. Damage Control Conf. 3:287–295.
TURNER, G. T. 1969. Responses of mountain grassland vegetation to gopher control, reduced grazing, and herbicide. J. Range Manage. 22:377–383.
U.S. DEPARTMENT OF THE INTERIOR. 1977. Raptor control—protecting livestock from hawk and owl predation. U.S. Fish Wildl. Serv. A.D.C. Bull. 211. 77pp.
VETTERMAN, L. D. 1985. The use of fixed wing aircraft in predator control. Proc. Great Plains Wildl. Damage Control Workshop 7:177–180.
WADE, D. A. 1982. Impacts, incidence and control of predation on livestock in the United States with particular reference to predation of coyotes. Counc. Agric. Sci. Tech. Spec. Publ. 10. 20pp.
———. 1985. Applicator manual for Compound 1080. Tex. Agric. Ext. Serv. Bull. B-1509. 51pp.
———, AND J. E. BOWNS. 1982. Procedures for evaluating predation on livestock and wildlife. Tex. Agric. Ext. Serv. Bull. B-1429. 42pp.
WEATHERHEAD, P. J., S. TINKER, AND H. GREENWOOD. 1982. Indirect assessment of avian damage to agriculture. J. Appl. Ecol. 19:773–782.
WEAVER, K. M., D. H. ARNER, C. MASON, AND J. J. HARTLEY. 1985. A guide to using snares for beaver capture. Southern J. Appl. For. 9:141–146.
WEBER, W. J. 1979. Health hazards from pigeons, starlings and English sparrows. Thompson Publ., Fresno, Calif. 138pp.
WHITE, S. B., R. A. DOLBEER, AND T. A. BOOKHOUT. 1985. Ecology, bioenergetics, and agricultural impacts of a winter-roosting population of blackbirds and starlings. Wildl. Monogr. 93. 42pp.
WICK, W. Q., AND A. S. LANDFORCE. 1962. Mole and gopher control. Oregon State Univ. Coop. Ext. Bull. 804. 16pp.
WILLIAMS, D. E., AND R. M. CORRIGAN. 1994. Pigeons (rock doves). Pages E87–E96 in S. E. Hygnstrom, R. M. Timm, and G. E. Larson, eds. Prevention and control of wildlife damage. Univ. Nebraska Coop. Ext. Serv., Lincoln.
WOODWARD, D. K. 1983. Beaver management in the southeastern United States: a review and update. Proc. East. Wildl. Damage Control Conf. 1:163–165.
WORONECKI, P. P. 1988. Effect of ultrasonic, visual, and sonic devices on pigeon numbers in a vacant building. Proc. Vertebr. Pest Conf. 13:266–272.
———, R. A. DOLBEER, T. W. SEAMANS, AND W. R. LANCE. 1992. Alpha-chloralose efficacy in capturing nuisance waterfowl and pigeons and current status of FDA registration. Proc. Vertebr. Pest Conf. 15:72–78.
———, ———, AND R. A. STEHN. 1981. Response of blackbirds to Mesurol and Sevin applications on sweet corn. J. Wildl. Manage. 45:693–701.
———, R. A. STEHN, AND R. A. DOLBEER. 1980. Compensatory response of maturing corn kernels following simulated damage by birds. J. Appl. Ecol. 17:737–746.
YOUNG, S. P. 1933. Hints on mountain lion trapping. Bur. Biol. Surv. Leafl. 94. 8pp.
———. 1958. The bobcat of North America. Stackpole Co., Harrisburg, Pa., and Wildl. Manage. Inst., Washington, D.C. 193pp.

19
都市野生動物の管理

Larry W. VanDruff, Eric G. Bolen & Gary J. San Juliann

はじめに ……………………………………603	州と地域の管理計画 ………………………613
資源としての都市野生動物 ………………603	地域社会のニーズ …………………………614
都市野生動物管理に関する現在の問題点 …604	具体的手法 …………………………………615
人間の姿勢,嗜好および知識 ………………604	特記事項 ……………………………………619
ランドスケープ生態学と生物多様性 ………607	**被害発生と迷惑動物** ………………………622
野生動物調査法 ……………………………608	原因と実態 …………………………………623
これまでの研究 ……………………………608	予防と防除 …………………………………624
都市における野生動物調査の特異性 ……610	頻発する問題への対応 ……………………624
調査開始にあたって ………………………610	**有益な情報源** ………………………………627
プログラムの計画と実行 …………………611	**参考文献** ……………………………………628
立場による管理の違い ……………………611	

❑はじめに

資源としての都市野生動物

　都市とか都市近郊と呼ばれる地域は,地表のわずか4%ほどを占めるに過ぎない。しかし,人間の大部分はそういう開発された地域に住んでいて,今後も都市化は進むと考えている。都市化に伴って生物的,無生物的そして文化的な変遷が起こり,自然に近いものから完全に人工的なものまで多様な生息環境が都市生態系としてつくり出される。都市野生動物と呼ばれるものには,その土地本来の動物相の生き残りも多く認められるが,バイオマスはというと,家畜や野生化した飼育動物や外来種によって大きく補完されている。たいていの人間は,このような都市野生動物と土地を共有し,日々関係を持ちながら生活している。そのため,都市野生動物の保護や環境に関するプログラムが成功するか否かは,都市住民の体験や意向,行動によって決定されるのである。

　都市野生動物(Urban Wildlife)とは都市に生息する非家畜動物であり,大部分は脊椎動物であるが,よく目につく魅力的な無脊椎動物も含まれる。都市とは,郊外や農村の対語で,ビルや道路,人工物,他の構造物によって特徴づけられる一帯のことである。

　学生や研究者,プランナー,自然資源管理者にとって,都市部や都市近郊に生息する野生動物は入手容易な資源と考えることができる。都市野生動物を理解したり,都市野生動物に関する管理計画をたてたり実施する際には,審美的,生態学的,教育的そして経済的根拠に基づいていなければならない。都市野生動物問題を通して,野生動物管理者,特に担当部局の行政官は,一般市民の身近になりつつある野生動物に注意を向ける必要があることに気づいた。生態学者や管理官,行政官も過去には都市野生動物をほとんど無視してきたが(VanDruff 1979),現在では野生動物学の中の絶対必要な一構成成分であると位置づけている。

　都市野生動物は,以下のように簡潔に特徴づけることができる。

①人間が生態学的に優位である。これは人間の過密性,人間による自然の改造,人間活動が生態系や環境に及ぼす影響の大きさを見れば明らかである。

②大都市には,その土地本来の自然に近いバイオームから完全に人工的なバイオームまで,きわめて多様な生息環境が存在する。細分化され無秩序で複雑な土地所有,徹底的で変化の激しい土地利用によって,都市環境はモザイク化している。生息環境が分断されると個体の移動は困難になり,移動性動物に必要な類似環境

からは隔離されてしまう。そしてそれぞれの生息環境は小さくなるので，表土や灌木層の消失といった大きな変化を受けたり，土壌の圧縮，化学的影響(除草剤や殺虫剤)，土盛り，灌漑設備によって改悪されやすくなる。
③人口が過密となったほとんどの開発地域では，外来(非在来)野生動物(例えばドブネズミ，ホシムクドリ，イエスズメ，ドバト)の数が多く，目立っている。
④一般的に都市生態系の構成種数は少ない。そしてその中の一部の種の個体数が多い。都市部の動物相に欠けているものは，大きなホームレンジを持つ種である。こういう種は人間の干渉に弱く，人間による活動や土地利用(農業や林業)によって簡単に絶滅してしまう。分断された環境では生息できない敏感な種なのである。
⑤最も一般的な捕食者は野良猫と野良犬である。車や人工的なもの(例えば豪雨時の放水，水路，電気的災害，草刈，耕作)も野生動物の死亡率を高める。
⑥本来の捕食者が不在で，人間による捕殺もなく，さらに人間の存在や臭い，活動に馴れてしまうことによって，都市部の野生動物は警戒心を欠くことが多くなる。
⑦人間が特定の個体と頻繁かつ密接に接触することによって，その個体と親密な関係になる。その個体が餌をもらうことへの報酬として，特定の人間やその人の行動に対して反応するようになることも多い。
⑧都市部の人間の野生動物に関する知識や理解は低い。鳥類は目立ち，好感を持たれているが，夜行性の哺乳類はその存在にさえほとんど気づかれておらず，凶暴であるとか，伝染病を媒介する危険性があると思われ恐れられている。

野生動物学者が一般市民の利益になるように生息環境や野生動物を管理するためには，都市プランナーや開発者，政治家，環境教育者，市民グループ，そして自然環境に関係する他の人達との連携が必要である。一般的な野生動物管理と同様に，都市野生動物プログラムは以下のような目標を達成すべく努力しなければならない。
①現在生息している種の存続可能な個体数を維持する。
②任意の種，グループ(例えば鳴禽)またはギルド(例えば穴居性動物)の密度を増加させる。
③任意の種，グループ，ギルドの密度を低下させる。
④動物相の多様性を高める。
⑤野生動物に二次的に影響を及ぼす植生タイプ(例えば堅果生産種や灌木層)や生息地を管理する。
⑥望ましい種あるいは望ましくない種，どちらか一方の生息場所や活動を変える。
⑦野生動物と人との接触や動物同士の関係を操作，調節する。
⑧野生動物に影響を与える生態系の作用(例えば遷移，捕食，伝染病，食物連鎖による生物学的毒物濃縮)を調節する。
⑨審美的，経済的，教育的，生態学的およびレクリエーション的な価値を踏まえて，野生動物の生息環境や緑地帯の多様性や大きさ，位置関係，連続性を調節する。

都市は人間によって文明化され，人為的改変にさらされて独特の人間の生態系を持っている。その特徴についてはKieran(1959)，Bornkamm et al.(1982)，Douglas(1983)，Spirn(1984)の著書に書かれており，Daw(1990)によって要約されている。都市野生動物については，いくつかの国際シンポジウムの要旨集の中に良い文献がある(Noyes & Progulske 1974, Euler et al. 1975, Kirkpatrick 1978, Stenberg & Shaw 1986, Adams & Leedy 1987, 1991)。Thomas & DeGraaf(1975)，Leedy(1979)，Progulske & Leedy(1986)，Adams(1988)，Robinson & Bolen(1989)は，特に都市野生動物の入門書についての情報を提供するとともに，都市野生動物管理の必要性と正当性を述べている。Brocke(1977)は都市野生動物を研究する専門家の必要性を訴えており，急速に広がるこの問題の重要性は野生動物保護に関する専門学会の声明に見て取ることができる(The Wildlife Society 1992)。

都市野生動物管理に関する現在の問題点

現在，都市野生動物管理が抱える問題点は大きく以下の5項目に分けることができる。
①生息地の破壊，改変，分断，孤立
②自然界からの人類の孤立
③公的機関の情報，教育，認識の欠落
④人間の野生動物に対する不適当な反応(肯定的,否定的両面)
⑤計画や事業を継続させることに対する批判的な要求
本章ではこれらの問題点と現状について述べる。

❏人間の姿勢，嗜好および知識

都市野生動物管理計画が成功するかどうかは，その計画が人間の次元に基盤をおいているかどうかにかかっている。したがって社会経済学的な要因を取り扱うことになる。実際，管理項目の優先度やその手法は，さまざまな市民単

位の知識や特徴，個人の知識の水準，彼らの野生動物と野生動物管理に対する要求，要望，責任によって変化する。どのような野生動物が好きかとか，野生動物についてどの程度の知識を持ち合わせているかということが管理計画に大きく影響することは容易に想像できる。そして，計画における優先性の決定には市民の好みが重要なポイントになることも直感的にも理解できる。また，この問題について掘り下げると，多くの研究者や管理者の偏見にも気づく。野生動物が人間の社会にとって重要であるとする多くの理由は繊細かつ利他的なものであるため，個人的な意見を分析することが必要であり (Leuschner et al. 1989)，特に都市の複合的な社会ではそのことが要求される。また，地域の都市野生動物管理計画を策定する際に，野生動物の受容可能能力 (すなわち，市民に受けいれられる野生動物の最小または最大数) に留意しなくてはならない場合もある (Decker & Purdy 1988)。

都市環境における自然の役割と自然環境に対する人間の要求について，Kaplan (1984) が整理している。ある特定のランドスケープや環境を拡大する前には，管理者はその環境要素やパターンについての人間の受容力を把握しておかなければならない。人間はランドスケープや環境の多様性にはあまり注意を払っていないものだからである。また，Ulrich (1986) によれば，市民は自然と植生と自然に似せたものを同一視していて区別していない。そして植生の種構成や生態系内の自然の遷移といった生物学的なものよりも，見た目の違いのような物理的なものが人間の反応を大きく左右することもある。Pudelkewicz (1981) は，コロンビア州メリーランド内の近接する4地域の住民に，家の近くにある野生動物の生息環境に対する彼らの嗜好性について質問した。その結果，多様な生息環境が存在する地域は刈り取られた草地よりも評価が高かった。そして，市民が視覚的に満足するオープンスペースの中に野生動物にとって良質な生息環境を組み込むことも，都市計画者，都市管理者，ランドスケープ設計者，野生動物学者らが連携すれば可能になることが示された。またコロンビア州の住民は，洪水防止や野生動物の生息地として保有されている湿地の価値を高く評価していた。実に94％もの住民が，都市部の湿地の重要な利点は魚類をはじめとする野生動物の生息地であることだと考えていた。そして住宅所有者の75％は，土地の真価は永久的に水が豊富であることだと認知していた。しかし，Tablot & Kaplan (1984) が行ったインタビューでは，デトロイトの中心部に住む低，中所得者97人は手つかずの鬱蒼とした森林に対して恐れを抱いていると

いう結果が得られた。建築物があり，よくメンテナンスされた場所の方が，身の安全という面から好まれているのである。同様に，故意でなく自然に残ったオープンスペースも，大通りのような生活の中心部にあると不安感を覚えるが，そこから離れたところであれば許容しやすいということも報告されている (Schauman et al. 1987)。場所や大きさ，形といった物理的な要素が人間の好みに影響することと同様に，局所的な社会経済事情やそこに生活している人種によって自然景観に対する好みに相違が生じることも知っておく必要がある。それは，その地域の住民が野生動物の生息環境 (すなわち自然な地域) の保護をどこまで許容するかを理解する上で重要なのだ。

都市住民の野生動物に対する認識や好みについてのいくつかの研究がある。オンタリオ州ワーテルローの1,421世帯についてのDagg (1970) の調査では，鳥類に対してはほとんど例外なく好意的だが，鳥の好みに影響するほどは給餌をしていないという結果が得られている。シマリスは回答者の86％に好かれている人気のある哺乳類だった。Gilbert (1982) のオンタリオ州グエルフの住民の知識と意見に関する調査でも，鳥類は哺乳類より好まれ許容されているという結果が得られた。しかし，多くの住民は野生動物を維持していくための生息地や植生の役割については理解しておらず，回答者の89％はテレビによって野生動物に関する理解を深めていた。これは，都市に住み自然から隔離されてしまうことの影響の大きさを示している。

Brown et al. (1979) は，アメリカの大都市ニューヨーク市民の野生動物に対する興味や要求，接し方について調査した。その結果，回答者のほとんどは週に1度は哺乳類を，日に1度は鳥類を目撃していた。回答者の92％は爬虫類を全く，またはめったに見ていなかった。また，住民は家の周りのチョウ，コマドリ，ショウジョウコウカンチョウ，ツバメ，アオカケス，リス，ハチドリには好意を示し，ハト，ヘビ，アライグマ，キツネ，クロウタドリに対しては明らかに嫌悪感を持っていた。Dennis (1989) によれば，夏に餌場を訪れるショウジョウコウカンチョウが最も人気の高い鳥で，次いでアメリカコガラが好まれていた。逆にホシムクドリとオオクロムクドリモドキが最も嫌われていた。Witter et al. (1981) は，プロの世論調査会社に委託して電話インタビューを行い，ミズーリ州の都市住民について調査した。その結果，野生動物を理解する方法として，読書やテレビ観賞といった受動的なレクリエーションが，アウトドア活動やスポーツと較べて2倍の人気があった。ほとんどの回答者が考える自然志向活動とは，テレビでの自

然関連番組観賞，動物園や博物館の訪問，ドライブ，散歩，鳥の給餌やバードウォッチング，そして自然関連書の読書であった。ここで重要なことは，「都市住民にとって自然とふれあう身近な機会とは，この程度のものでしかない」ということである(Witter et al.1985:425)。

性によって，野生動物に対する認識や姿勢が異なってくることも理解しておく必要がある。Kellert & Berry (1987)は，女性は動物を擬人化し，個体に愛情を示し，動物を利用したり従わせることに対して反感を持つ。一方，男性は動物を利用することを好み，知識として動物を理解しようとし，恐怖心をもたず，種や生息地の保護に関してより大きな関心を持っていると報告した。そして「性は我々人間社会の中で動物に対する態度を決定する最も重要な人口学的要素の一つである。野生動物管理についての視野を広げ，効果を上げるには，性の作用を考究し，理解することに大きな努力を払わねばならない。」と結論づけている。

また，年齢によっても違いが見られる。野生動物に対する認識調査の多くは成人か家庭を対象としたものである。その中でSchicker(1986)は都市に住む18歳以下の5,200万人に直接質問した。そして，自然豊かな地に宿泊施設を備え，自然と実際に触れることが将来必要であるという結論に達した。また，Kellert & Westervelt(1983)およびKellert(1984)は，アメリカの子供達は野生動物や自然に対して好意的な傾向にあると報告している。アメリカの若者，特に人口5万～25万人の都市に住む若者は，高年齢の人達より野生動物の保護に理解を示し，動物に対してより強い愛着を持っている。年齢によるこの著しい相違は，個人の成長に伴って起きる変化と同様に，時代の流れによる国全体の変化だといえる。

野生動物に対する知識の内容や量は，その人の属するカテゴリーによっても異なっている。Adams et al. (1987 a)によれば，テキサス州都市部の高校の生物系学生には野生動物に関する知識が不足している。例えば，学生の60%はオポッサムはネズミであると思っていた。ミンクに関しては，28%が絶滅したと信じ，7%が数が多いと感じ，25%がこの種の存在を知らなかった。59%から98%の学生は，都市化によりハツカネズミやオポッサム，コウモリ，スカンク，アライグマが増加するということを知らなかった。

都市化によって自然に触れる機会は減少するため，都市住民の野生動物に関する知識量が郊外に住む人より少ないことはまぎれもない事実である。しかし驚いたことに，未開発で多くの樹木や池，野生動物が豊富な土地に住む人と開発地域の住民の間で野生動物に関する知識の差がないことをBerley & Martin(1986)は発見した。ただしサンプル数が少ないことや，両カテゴリーの対象者の平均資産額が同程度であったことが，真の差を見えなくしてしまっているかもしれない。

都市住民の野生動物の生物学的情報に関する認識は低い。しかし，資源としては良く理解し，その価値を見いだしている。Shaw et al.(1985)は，1980年の狩猟・釣り・レクリエーションに寄与する野生動物に関する全国調査(U.S.Department of the Interior 1982)のデータを用い，人々が野生動物をどの程度楽しんでいるかを分析した。その結果，アメリカの成人の1/2以上が年に1度は家の近くの野生動物と触れあっていることから，「居住環境で野生動物を楽しむことは国民的娯楽と呼んでもいいだろう」と結論づけた。1980年には6,200万人のアメリカ人が野鳥に餌付け－最も一般的な野生動物とかかわる活動－をし，1年に5億ドル以上を支出した。Shaw et al.(1985)は，野生動物管理者と州の野生動物局に，住民向けの野生動物保護関連の発行物に注目すること，消費的利用と非消費的利用の両方に利益があるよう都市野生動物を利用するよう警告した。プランナー，技術者，開発者，設計者らが連携することによって，野生動物管理者は都市部および都市近郊の住民の要求をより理解できるようになる。

都市住民の被害動物に対する意識や被害対策，管理についての論文も多い(Powell 1982, O'Donnell 1984, O'Donnell & Vandruff 1984)。都市部や都市近郊のシカ(Shoesmith 1978, Kuser & Applegate 1985, Decker & gavin 1985,1987, Connelly et al. 1987, Decker 1987, Cypher et al. 1988)，都市部のカナダガン(Conover & Chasko 1985, Conover 1987)，都市部のトウブハイイロリス(Manski et al. 1981, Hadidian et al. 1987)による被害を軽減するために，人の手による防除が必要なことを理解することは，これらの種の管理計画を立案実行する上で必要不可欠である。都市部のほとんどの野生動物についても同じである。

都市野生動物管理者は，野生動物の生態と人間の特質双方の確固たる根拠に基づいて管理計画を作成しなければならない。過去の研究結果や有効な技術を探している人には，前述の文献だけでなく，野生動物を評価する文献(Decker & Goff 1987)やヒューマンディメンションズワーキンググループ(James B. Armstrong, Auburn Univ.)，これは州,連邦および大学の研究者や管理者の連合である,のニュースレターも役に立つだろう。

ただし，上述の文献に示されている都市住民の特質に関

するオリジナルデータをさらに解析利用するときは，その研究で使用された調査方法の影響を考慮しなくてはならない。調査方法には以下のようなものがある。
① 写真を用いた選択テスト(Pudelkewicz 1981)
② アンケート調査(Dillman 1978)，郵送法によるアンケート調査(Brown et al. 1979)
③ 電話インタビュー(Witter et al. 1981)
④ 現場インタビュー(Kellert & Berry 1987)
⑤ 訪問インタビュー(Gilbert 1982)
⑥ 写真とアンケートの組み合わせ(Schauman et al. 1987)
⑦ 観察とインタビューの組み合わせ(Hardin 1977)

❏ ランドスケープ生態学と生物多様性

Laurie(1979)はランドスケープ設計と管理における哲学的，人文学的そして生態学的事情を報告した。また，Harris(1984)とForman & Godoron(1986)は，さまざまな都市の状況に応じたランドスケープ生態学の概念について記している。

都市野生動物の分布，生息数，行動，死亡率に影響するランドスケープパターンが注目されるようになっている。例えば生息地の断片化や孤立化が。残存している野生動物個体群にどのような影響を及ぼすかは大きな関心事であり，多くの論文が発表されている(Foreman et al. 1976, Harris 1984, Lynch & Whigham 1984, Opdam et al. 1984)。都市環境下における野生動物保護区やコリドー(回廊)の役割について，Adams & Dove(1989)は優れた総説にまとめた。Aldrich & Coffin(1980)は，森林地帯から都市近郊に至る地域間で繁殖している鳥類の比較を約40年間にわたって調査した。Anthony et al.(1990)は，メリーランド州バルチモアで狂犬病が流行していた期間のアライグマの個体数の変化とその土地を利用していた生物群集について調査し，同時に約1,500頭の捕獲と4年間にわたる公営動物収容施設における死体記録の調査も行った。

都市化に伴う人間活動や土地利用が，野生動物にどのように影響しているかについての情報は十分ではない。しかし生息地の分断と孤立，植生の多様性の減少，車道や歩道が緑地を横切る場合には，間違いなく在来の野生動物群集の増加や蓄積を引き起こす。開発によって河川や海岸が侵食され，湿地が減少し分断されると，水生の無脊椎動物や魚類，両生類，爬虫類の多様性と生息数は著しく減少する。

開発と都市化は鳥類にも常に影響を与えている。Wenger(1984)は，土地の変化に敏感な鳥種とその種が必要とする最小限の生息環境を報告した。Batten(1972), Lunial(1983), Robbins(1984), Bezzel(1985), DeGraaf(1987)は，アメリカ，イギリスおよびヨーロッパの都市環境を利用する鳥類群集を調査した。それらの結果を要約すると次のようになる。都市化の初期段階では，新しい要素や環境が導入される。また，開発によって引き起こされる自然の遷移の度合いが地域によって異なるため，さまざまな段階の自然が存在することとなり，種の多様性は大きくなる。しかし，最後には最も個体数の多い種(これはしばしば外来種である)が優占することによって，種数は減少する。人間が自然環境を徹底的に利用することは，穀食動物，中型雑食動物，地上採食動物および定住性の種に有利に働き，逆に樹洞や地中に巣をつくるもの，食虫性の移動型動物，森林棲の種は生き残るのが難しくなる。

都市部の多様な環境にまたがって生息する哺乳類の研究は多くない。アメリカ合衆国での研究にはMatthiae & Stearns(1981), Nilon(1986), VanDruff & Rowse(1986)そしてNilon & VanDruff(1987)のものがある。一般的に，大きなホームレンジを持ち，特殊化した捕食者(例えば野生のネコ科動物)である大型の種は，生息地の分断や移動の制限によって絶滅するということをこれらの研究結果は示しており，ヨーロッパでも同様の観察結果が得られている。小型哺乳類群集の多様性や種構成をみると，その緑地帯の森林被覆率や，過去にどの程度の撹乱を受けたかがわかり，管理の必要性が見えてくる。鳥類と較べて，都市に棲む哺乳類の種数は少ないが，影響力(例えば捕食)やタチの悪さ(例えばオジロジカによる観賞植物被害)は大きい。極度の都市化によって，在来の野生動物はほとんど生息できなくなり，外来種(例えば北米におけるドブネズミやハツカネズミ)が優勢となる。

生物学的多様性－種の多さ，生態系内の階層や遺伝的な多様性－は，一般的に都市化の度合いが増大すると減少し，生息環境や資源要求の選択幅の広い種が残る。そういう種は広いニッチを持っており，万能選手とも呼ばれ，辺縁種である。在来種を捕食したり，在来種と限られた資源をめぐって競争したり，または在来種が特に罹患しやすい病気や寄生虫を媒介するような動物が導入されると，局所的にだけでなく，ある程度の面積を持つ地域においても生物学的多様性は減少する(Murphy 1988)。家で飼われているペットにもまさにそのような影響力があり，イエネコは都市の鳥類や小型哺乳類にとって恐ろしい捕食者である(Churcher & Lawton 1987)。コヨーテにイエネコを捕食

させた結果，カリフォルニア州サンディエゴの鳥類の種数が増加したことが，Soulé et al.(1988)によって報告されている。家庭のあるいは野生化した飼育動物と野生動物の軋轢はなにも都市部に限定されたものではない。家庭のあるいは野生化したイヌとネコの生態については，Beck (1973, 1974)，Childs(1986)，Childs & Ross(1986)，Calhoon & Haspel(1989)，Haspel & Calhoon(1989)が報告している。

野生動物資源の消費的利用は都市部に限られたことではない。都市部における動物の年間狩猟数はよくわかっていないが，Figley & VanDruff(1982)とHeusmann(1983)は，標識された野生のマガモのうち都市部で狩猟されているのは，わずか0.125～0.20%にすぎないことを報告している。都市周辺や都市近郊の毛皮獣(例えばオポッサム，アライグマ，キツネ)の個体群をみると，明らかにワナ猟による強い捕獲圧を受けている地域があることがわかる。野生動物管理者は，地域の野生動物管理の選択肢の中にある消費的利用について考慮すべきである。

❏野生動物調査法

これまでの研究

ある地域の都市野生動物の管理や管理計画の策定を委任された人は，まずその地域に生息する生物について調査しなくてはならない。Bendell & Fall(1981)は，都市野生動物の種リストアップ，個体数調査，相対的あるいは絶対的生息数推定のためのガイドラインと具体的提案を示した。Adams & Dove(1989)は，土地管理者が野生動物の多様性を増加させたり，あるいは維持するための方法を提唱している。都市環境で生物学的多様性を保つための戦略として，生態系の潜在的な自己回復能力は注目に値する(Jordan et al. 1988)。エッジ効果(Reese & Rotti 1988)や生息環境(Harris & Kangas 1988)についての再検討は，都市環境の生物多様性を考える上で特に必要なことである。優れた研究成果や，管理者が注目すべき脊椎動物と生息環境の関係については，有名な国際シンポジウムの論文集である"ワイルドライフ2000"に収録されている(Verner et al. 1986)。"ワイルドライフ2001"会議の論文集は，特に野生動物個体群の保護と管理に焦点を当てている。

都市野生動物の野外研究に関する論文は，都市以外の地域における研究と較べると少ないが，有効な調査手法が記載されている総説をいくつかのグループにわけて表19-1に示した。ほとんどの都市化された地域，特に湿地の破壊や分断，孤立および改変によって，両生爬虫類相が著しく貧弱になることはわかっているのだが，両生類，爬虫類に関する論文は非常に少ない。一方で，最もよく研究されているのは鳥類である。特定の鳥類種についての研究もあるが(Howard 1974, Figley & VanDruff 1982, Wiley 1986, DeGraaf 1989)，たいていは群，特に鳴禽類の群集に関する研究である。マサチューセッツ州アマーストのアメリカ森林局(U.S.Forest Service)による研究(Thomas & DeGraaf 1973, Thomas et al. 1977, Goldstein et al. 1983, 1986, DeGraaf 1986)は，1970年代から1980年代に行われた研究の中でも特に卓越したものである。

鳥類の研究には，環境が種数，個体数および群集内での特定の種の密度などにどのように影響するかというテーマのものが多い。ほとんどの研究は繁殖期に行われているが，Johnsen & VanDruff(1988)とTilghman(1987b)は冬場の個体群について調査した。夏期の街路樹と都市鳥の関係については，Tzilkowski et al.(1986)がアメリカ合衆国の北東部において調査した。

都市野生動物の研究のための野外調査手法の多くは，一般的に用いられている研究法に改良を加えたものである。ただし，都市野生動物は人間と近接して生活し，比較的用心深さに欠けるため，直接観察が簡単で確実であるという特徴を持つ。例えば，通りの一方の側の木を利用している鳥の数を10分間数えたり(Tzilkowski et al. 1986)，池の水鳥個体数をカウントすること(Adams et al. 1985)は，比較的容易なことである。また，種内の個体間関係を観察し，数量化することも可能である(Gusrafson & VanDruff 1990)。

カエルやヒキガエルは夜の鳴き声調査や目撃法によって，爬虫類は暖かい日に個体や抜け殻を確認することにより生息数が調査された(Dickman 1987)。より大型で，より人目につく種(例えばシカや猛禽類)の位置や行動については，道路から記録することさえ可能な場合がある。

鳥類の生息密度や生息地利用の変化については，ほとんどの研究者は鳥類の一般的な個体数調査であるストリップ法かベルトトランゼクト法を改良して使っている。これは，調査路をいくつかに区分して歩き，目撃や鳴き声によって，決められた幅の範囲内で確認した鳥を記録する調査法である。例えば100×50mを想定した場合は，その中のすべての鳥を数えることになる。結果には，野生植物および観賞用植物の量や大きさ，構造上の特徴，開発の程度(例えば舗

表 19-1　都市野生動物の野外研究

グループ	文献
無脊椎動物	Faeth & Kane 1978, Luniak & Pisarski 1982, Amold & Goins 1987
脊椎動物	Dickman 1987
両生爬虫類	Cook & Pinnock 1987
両生類	Campbell 1974, Schlauch 1978, Bascietto & Adams 1983, Dickman 1987
爬虫類	Dickman 1987
鳥類	
一般鳥類相	Geis 1975, 1976 a,b,1980 a, Thomas et al.1977, Beissinger & Osbome 1982, Johnsen 1982, Luniak 1983, Goldstein et al.1986, Gorfryd & Hansell 1986, Tzilkowski et al. 1986, Johnsen & VanDruff 1987, Tilghman 1987 a,b, Cicero 1989, Mills et al.1989
外来種	Boudreau 1975, Weber 1979, Timm 1983
水禽	Heusmann 1981, 1983, Figley & VanDruff 1982, Heusmann & Burrell 1984, Adams et al.1985, Cooper 1987,1991
猛禽	Thomsen 1971, Oliphant 1974, Spizer & Poole 1980, Baker & Brooks 1981, Minor & Minor 1981, Runyan 1987, Wesemann & Rowe 1987, Gehlbach 1988, Gennaro 1988, Murphy et al.1988, Ingraldi 1992, Plumpton & Lutz 1993
鳴禽	DeGraaf & Wentworth 1981,1986, DeGraaf 1986,1987
その他	
	ヒタキ：Wiley 1986
	ツグミ：Howard 1974
	モリツグミ：Roth 1987
	ウタスズメ：DeGraaf 1980
	フタオビチドリ：Ankney & Hopkins 1985
	カラス：Knight et al.1989
	メキシコマシコ/ムラサキマシコ：Shedd 1990
	キツツキ：Moulton & Adams 1991
	コガラ：Brittingham & Temple 1992
哺乳類	
一般	Matthiae & Stearns 1981, Dickman 1986, Nilon 1986, VanDruff & Rowse 1986, Dickman & Doncaster 1987, Nilon & VanDruff 1987
オポッサム	Meier 1983
コウモリ	Geggie & Fenton 1985
齧歯類	Gliwicz 1982
樹上棲リス類	VanDruff 1990, Jodice & Humphrey 1992
一般	Rosatte et al.1991
アライグマ	Schinner & Cauley 1974, Hoffmann & Gottschang 1977, Slate 1985, Manski & Hadidian 1987, Bigler 1990, Hadidian et al.1991, Feigley 1992
キツネ	Harris 1981, 1986, MacDonald & Newdick 1982, Harris & Rayner 1986, Doncaster et al.1990
コヨーテ	Shargo 1988, Atkinson & Shackleton 1991
シカ	Witham & Jones 1987,1990, Cypher et al.1988, Vogel 1989, Jones & Witham 1990
ネコ	Childs 1986, Childs & Ross 1986, Churcher & Lawton 1987, Calhoon & Haspel 1989, Haspel & Calhoon 1989, Haspel & Calhoon 1993
イヌ	Beck 1973,1974, Daniels & Bekoff 1989

装やビル）といった環境の形態が影響する。地域住民の社会経済的特徴も野生動物の密度や生息数に関係するが，これは連邦統計調査局やそれぞれの市が出している報告と先に述べた意識調査から知ることができる。土地利用と航空写真測量から得られる大縮尺の土地形状を検討材料に加えると，鳥類の密度や生息数に最も影響を及ぼしている要因を解明する助けとなる。

哺乳類の生息はヘアーサンプリングチューブ（Dickman 1987），生け捕りワナ（Matthiae & Stearns 1981, Nilon 1986, VanDruff & Rowse 1986, Nilon & VanDuff 1987）によって生息が確認される。そして，比較的数が多いと判断された地域では，哺乳類相についても同様の調査が行われることになる。都市で哺乳類を生け捕りするのは面倒なことである。例えば，都市部の土地は小さな単位に区

分されているので，個人所有の土地で調査する許可を得るのに多くの時間を費やすことになる。調査地となる土地所有者の家を，それもしばしば夕方に，訪問しなければならないという試練もある。別の難題として，生け捕りワナや他の野外調査設備の破壊や盗難もある。折り畳み式のワナを昼間は隠し，夕方セットすることでこの問題をクリアした研究者もいる(例えば VanDruff & Rowse 1986)。詮索好きな人々−警官であることもある！−に出くわしてしまったときは，さらに時間が必要となる。都市部の哺乳類研究で用いられた他の野外調査手法としては，トウブハイイロリスの時間−場所別個体数(Williamson 1983)，コヨーテのラジオテレメトリー(Atkinson & Shackleton 1991)，アライグマのラジオテレメトリー(Hoffmann & Gottschang 1977)，色付き首輪等の視覚的標識物を用いる方法(Vogel 1989)などがある。

都市における野生動物調査の特異性

　人間と近接し，かつ毎日関係を持っている都市野生動物は，"野生の"動物の研究のために独特な機会を提供してくれる。都市野生動物のほとんどの個体は，慣れと改良によってある程度警戒心を失っているので，野外での観察はより容易に行うことができる。ワシントンD.C.のペンシルベニア通りをはさんでホワイトハウスと向かい合うラファイエット公園のトウブハイイロリスの研究はその良い例である(Manski et al. 1981, Hadidian et al. 1987)。ここで研究者は，時間と調査のための活動資金を節約することができた。なぜなら彼らはリスを口笛で呼び出すことができたのである。これは山地の警戒心の強いリスでは不可能なことである。警戒心の薄いトウブハイイロリスは，他にも都市部の個体群における野生型(灰色)と黒型の毛色を表現する遺伝子頻度に影響する要因の研究(Tomsa 1987, Gustafson & VanDruff 1990)や，都会における環境利用の研究(Howell 1982)に使われた。Flyger(1974)は，トウブハイイロリスの研究対象としての別の利点も指摘している。都市部に生息する他の多くの種も，警戒心が少なく，時間的あるいは空間的な行動を予想しやすいため，都市以外の場所に生息する同種では不可能な研究も可能にしている。

　道路や高速道路，水系さらに鉄道の便が良いということも大きな利点の一つである。それによって研究者が生け捕りワナへ早く簡単に行くことを可能にし，野生動物の直接目視やラジオテレメトリーによる調査も可能にする。Figley & VanDruff(1982)は，ニュージャージー州の海岸部におけるマガモの研究の際，既存の道路と運河を利用した。同様に，Geis(1986)と Thomas et al.(1977)は鳥類のセンサスの単位として道路を用いた。生息地の環境を調査する際にも，個体や巣，あるいは野生動物のホームレンジの中心部へ近づくために，既存の交通網があることは強い味方となる。生物学や野生動物管理を学ぶ学生は，都市野生動物を対象とすることによって容易に野生動物学を学ぶことができる。そして好奇心旺盛な一般市民もまた，研究現場や教育プログラムに参加して何かを得たいと願っている。

　Adams et al.(1987 b)は，都市野生動物が生息する地域の大学の研究および教育活動について調査し，野生動物のカリキュラムを持つ北米の大学95校のうち30%以上が都市野生動物の生態学，管理，プランニングおよび教育に関するカリキュラムを組み込んでいたと報告した。研究をさらに発展させるには実際に管理してみることが大切である。Progulske & Leedy (1986)は生物学や学際的なアプローチがどのように研究を発展させるかについてのアウトラインを提示し，Adams(1988)は都市野生動物に関する最近の研究を要約した。都市野生動物を対象とした生物学，生態学および社会学的視点に基づいた研究の必要性とその機会はほとんど無限にある。また都市環境は，ランドスケープ生態学，個体群および群集生態学，生態系生態学そして保全生物学の理論的な概念を検証するための機会を供給する。都市野生動物の種や群集あるいは在来自然地域を管理する際には，伝統的な手法の独創的な適用も可能である。McPherson & Nilon(1987)は，都市部の墓地におけるトウブハイイロリスの生息環境の様相を明らかにして管理指針を展開するために，生息地適合指数(HSI)を用いた非常に良い例を報告している。

調査開始にあたって

　都市環境で野生動物を研究する場合には，都市ならではの難題と直面することになる。その際以下のことが役に立つかもしれない。まず，過去の研究の総説(表19-1)は先人たちからの有益なアドバイスを提供するだろう。特に都市部の未開発地域では，納税者名簿を利用することによって，多くの土地の区分や所有者を確定することができるかもしれない。野外調査を始める前に研究に関する良質な情報パンフレットを用意すれば，警察や土地管理者および住民の信頼と承認を得るというきわめて重要な第一歩を踏み出せるだろう。調査者，調査期間および調査目的を一言一句書いた押しの強い目立つパンフレットも，都市住民の同意と支持を得るのに役に立つことが多い。地域で集会を開いたり，

戸別訪問をして住民とコミュニケーションを図ることも必要である。野外調査はしばしば夜間調査を必要とするので，家庭の動物を驚かさないよう隠れたり，私有地や建物の敷地内をすみやかに移動することも重要なことであろう。有能で熟練し，信頼できる野外調査員は，住民や官庁の警戒が強い都市部においてこそ最もその能力を発揮する。また，研究目的に必要ないならば，動物を傷つけてはならず，捕獲した動物は迅速にそして人道的に取り扱わなければならない。調査設備(例えば生け捕りワナ)の盗難や好奇心旺盛な人々の騒動を避けるために，特定の調査地点ではできるだけ目立たないように努めた方がいい。住民は，標識をつけた，または傷ついた研究対象動物を目撃し，そのことを報告してくれることもあるが，長期にわたって信頼できるデータを集めるための時間や技術，献身の心を彼らに期待してはいけない。業者による応答サービスあるいは留守番電話を利用すれば電話を受ける時間を節約できるだろう。

❏プログラムの計画と実行

生活の質を維持するための環境に関する知識や関心が高まると，総合的な計画の策定や環境の管理に対する住民の要望は大きくなる。計画の策定や分析には国や州の官庁，地域の計画局，市や町の環境管理協議会，地域連合会があたっている。これらの機関の会議では，野生動物，特に絶滅の危機に瀕した動物がよく議題にある。1969年に国家環境政策法(NEPA)が施行され，連邦政府の主導権が強化されたにもかかわらず，ワシントンから包括的で意義のある魚類および野生動物に関する計画が提出されたのは遅かった。1970～1980年代を通じてアメリカ魚類野生生物局の都市野生動物研究の担当者はわずか1名であった。過去20年の間に野生動物や非狩猟獣に対する公的機関の興味は確実に増加しているが，1980年の魚類野生生物保全法(いわゆる"非狩猟鳥獣法")は連邦の予算をいまだに全く受けていない。しかし，都市野生動物に関する活動に関して言えば，連邦がリーダーシップをとるより地元主導の方が好ましい。(Dunkle 1987参照)。

都市野生動物管理を進めてきたヨーロッパ諸国の経験をもとに，土地管理と都市計画の両者を融合させた科学に地域や住民の要望を取り込んだ有益なモデルが提唱されている(Emery 1986, Barker 1987)。人間生態学的な見方を土地利用計画に組み込めば，住民は野生動物やその管理計画の可能性に対して興味を持つ(Jackson & Steiner 1985)。しかし，不幸なことに，都市の資源管理者は資源やそれに関連した文化的要因に関する適切なデータなしに，優先順位を決定し，計画を策定し，勧告を出さなければならないことも多い。それぞれの資源について適正な経済的価値を算出できないままに，予算や優先順位の決定を行う必要がある場合には，Shafer & Davis(1989)によって提唱された，一定の形式に従った厳格な決定戦略を遵守してほしい。野生動物に価値を与える補助的な技術は，Decker & Goff(1987)によって記載されている。Andrews & Cranmer-Byng(1981)のハンドブックには，アマチュアナチュラリストとプロの環境科学者との間のギャップを埋める方法や，自然への理解を深め資源管理を有効に進めるための実際的な提案と戦略が書かれている。

立場による管理の違い

都市計画に関与する野生動物管理者は，住民の要望や優先順位がそれぞれで異なる多様な立場で働くことが求められる(表19-2)。連邦局の官吏や，アメリカオーデュボン協会やアメリカ野生生物連盟のような民間団体の職員は，特定の地域だけでなく国全体の長期的見通しを持たねばならないだろう。省庁間の連絡会議では北米大陸，アメリカ合衆国全体，あるいはいくつかの州にまたがる地域といった規模が対象となる。大規模な生態系に対する都市化の影響を考えねばならない管理者は，人間と野生動物双方の要求に応じるため，環境全体に関するデザインを考え，計画を立て，管理していかなければならないだろう(Rodiek & Bolen 1990)。

州レベルでは，管轄する個々の市の要望に応えなくてはならない。市のレベルになれば，狩猟クラブから自然保護主義者までといったますます多様な有権者の声を聞き，それを反映させていかなければならないだろう。Goldstein et al.(1983)は，宅地開発に伴って緑地帯をプランニングする際の役割分担について整理した。野生動物の特定のグループや種(例えばハチドリ類，ハヤブサ，オジロジカ)，あるいは特殊な環境について管理する際には，より多くの注意が必要である。対象が地域特異的になり，開発によって植生や植物相が深刻に侵害される場合には，復元生態学が重要になる。

0.4ha以下の敷地の管理を望む都市住民と共に働く立場の管理者の対象は，もっと狭い範囲であり，さらに現場の細かなことに注意を払わねばらなないだろう。限られた空間の中でランドスケープ設計，園芸，樹木栽培の応用が求められることも多い。しかし基本的なこととして，野生動物には周期性があり，閉鎖的で，移動性を持ち，そして

表 19-2　地域区分別都市野生動物管理の要点

地域区分	管理の要点
大陸	湿地，老熟した森林，分断されていない広い土地，海岸の砂丘，河口域，絶滅の恐れのある種（例えばハクトウトウワシ，ハヤブサ）等，自然資源の保護とそれを増加させる計画の中に都市化された地域を組み入れて調整する。プランニングと管理の戦略は，人間生態学，景観生態学，保全生物学，生態系生態学そして野生動物学の原則に基づいたものでなくてはならない。都市化された地域は，この地域区分の全エリアからみると小さなものであるが，個体数が減少した種または広域面積にわたって残存している個体群にとって重要な生息環境が含まれている場合がある。管理計画は，島状になっている都市部を含むバイオームの基盤となっている構成要素の再生や維持を目的とすべきである。教育プログラムは多くのタイプの民衆に向けられていなくてはならない。
複数州にまたがる広域	大陸的な地域区分で見た場合に，価値が高いと判断される個々の地区単位に注意を向けるべきである。大きなコリドーを保護し，大陸の主要な河川流域を完全な状態で維持し，渡り鳥の飛行経路に注意を向ける（例えば渡りをする水鳥の繁殖場，休息場，冬越し場を保護する）ことは，特に重要である。このレベルに関する学際的なアプローチに基づいて地域のプランニングや野生動物管理を実行することは最も生産的である。
州	連邦のプログラム（例えばNEPAまたは絶滅のおそれのある種の法 Endangerd Spesies Act）の施行を採択したり協力することに加えて，州レベルのプログラムを野生動物資源，市民の姿勢や要求およびこのレベルでの都市化の程度に合わせて調整する。都市化を含む，州レベルのオープンスペースに関する計画を採択し，実行することは将来の都市化を調節する最初のステップである。教育は，都市住民の要求に応えるような都市野生動物プログラムを持った州の自然資源部門が主体となって行う。そして知識があり支えとなる有権者の開発も目的とする。官吏と野生動物プログラムは住民に対して目立つように州の主要な市の中央に位置すべきである。独自の資金調達の機構や，頼りになる配当金を生み出すことは，都市部野生動物プログラムを大きく進めるために必要なことである。野生動物の調査，研究そして教育は統合させるべきである。他の特殊な助言については Tylka et al.(1987) を参照すること。
郡	開発や他の土地利用を調節するために，野生動物の価値を組み込んだ総合的な計画を採択し実行すること，保全条件付き土地利用権の取得か価値の高い土地の購入，近くの都市住民の要求への対応に着目すべきだろう。レクリエーション的（例えば散歩道，自転車道，乗馬道），経済的（分水界の保護），審美的（例えば観察小屋），歴史的（例えば運河）といった緑地帯の価値は，野生動物の価値を"売り込む"のを助ける。そしてそれらの野生動物に関わりを持つ人たちは，専門家と，これらの他の価値に興味のあるグループとの強い連携を育てなくてはならない。トラスト運動は，一般の人達の注目を集め関与を導くことができる。この地域区分では，土地の大きさ／形，欠損やディスターブからの土地の保護が主要な着眼点である。このことは，土地単位の並置やコリドーの連結となる。広い面積の森林地帯，またはその地域の極相群集を保持することに，高い優先権を与えるべきである。そして，感受性の高い種の生息地を保護するためには，人間の利用を制限することを必要とする。
市	管理努力は，自然資源，民衆の姿勢，保護の価値そして担当部署または住民を調査することから始まる。総合計画の実行に際して学際的なチームや民衆の意見を反映することは，長期にわたる利益をもたらすだろう。簡単に言うと，市のレベルでは次のようにあるべきである。 　a. 生息地の損失，退化，分断を阻止するよう努力する。 　b. 広い面積の湿地，森林，自然遺産，感受性の強い種の生息する地域を保持する。 　c. 独自のカバーを持ったより広い土地を保持する一方で，広い生息地の多様性を図り，単一化するのを避ける。 　d. 湖に面した土地や，密なカバーに沿った土地を保護し，コリドーやネックレス状のオープンスペースを提供するために小川や鉄道に近接した場所がカバーとなるようにする。 　e. 可能なときはいつでも"計画的放置"と自然遷移を利用して立枯れ木が存在するような藪を保存する。 　f. 自然主義的な土手でせき止めた水辺や流れる水系を保護するか作り出す。 　g. 大きな都市公園から郊外の公園まで，公的なオープンスペースに対する人間の過度な利用を制限する。 　h. 野生動物を観察するための"ホットライン"を設立し，都市住民の疑問や，都市生態学や野生動物に関する提案を助けるといった都市生活者の要求に答える電話サービスを行う。
郊外	民衆の教育や生態学的資源として，残存した自然を守ることは緊急の課題である。支持してくれる団体を探し，価値の高い土地の所有権を持つ地域の保護活動団体を作る。自然な状態で野生動物を見ることができるというだけで，その土地は重要な有用性を持つことになる。ネイチャーセンターや情報展示館，車の駐車場，住民の輸送の便利性，アウトドアレクリエーションのための設備，知識の乏しい民衆への積極的な説明などを含む。
住宅地	野生動物資源の管理は，この地域区分に最も強烈に向けられている。野生動物を見ることができる自然なエリアが欲しいとする市民の要求は，貯水池，峡谷，湖の前の土地，施設の庭，そして住宅地内の墓地に対する管理に向けられる。空き地から樹林帯までの環境の多様性が必要とされる。樹冠の量を増加させたり，草地や灌木林といった失われた植生層を取り戻したりすることは，鳥類相や多くの他の野生動物の種に恩恵を与えるものである。施設の土地や私有地における植生の選択は装飾的な価値によって左右され，土地を覆うためや，花壇，藪，林のための種（または栽培変種）を賢く選択することが野生動物にとって良いこととなるだろう。自然資源局や他の後援者（例えばネイチャーセンターや保護団体）に対して最小限の出費で，効果的な管理を行うことが可能である。野生動物に対して不快感を感じた経験を持ち，病気の動物に出会ったことのある多くの都市生活者は，野生動物管理者の気をひこうとするだろう。被害問題に対する教育的努力は，残念ながら必要であるが，幸いなことに広く受け入れられている。この章や第18章の中に示された他の場所で提案されている技術は試してみるべきである。

表 19-2　つづき

地域区分	管理の要点
都市中心部	サテライトショッピングセンターやスポーツ競技場，空港と同様に，被害を出している動物の住処，ビジネスの中心地，そしてその一帯の管理は，野生動物管理者の挑戦になるのはもちろんであるが，見込みもある。被害を軽減すること，繁殖している猛禽類や絶滅の危機にある昆虫，あるいは地域特異性のある種－個体であることが多い－を保護することに力点を置く。市レベルの野生動物観察プログラムは，いくつかのメディアを通して強く進められており，市の中心部を利用している全ての年齢の，全ての人種の，全ての社会グループの多くの都市住民と，その周辺住民に届くだろう。ボランティアによる巣箱かけ，看板立て，保護の監視は成功の見込まれる方法かもしれない。
小さな自然または私有地	野生動物に関する総合的な計画に従って実行する。住民が出入りできるところでは，地域のボランティアや寄付された物を使う。自然で多層性の植生を守るか植栽するかし，生態学的な遷移と老齢植物を許容する。野生動物にとって価値の高い植物種か栽培品種を選択する。死んだ木や倒れた木はそのままにしておく。石や低木林を加える。草を刈らない土地を残す。イバラやブドウやトゲの多い植生を奨励する。ペットの放し飼い，特にネコ，を制限する。敷きワラをため，腐葉土を加える。可能な土地では，せき止められた水場と流れる川をつくる。この地域区分では，管理は最も細やかなものとなり，単位面積当たりの費用は高くなる。土地に特異的なものや状態そして微小環境さえ重要である。

個体群の特性があることを忘れてはならない。野生動物学者は知識と技術を身につけた上で，それぞれの立場に立って都市野生動物管理の処方箋を書かねばならないのである。

州と地域の管理計画

州の自然保護局や自然資源局が，都市野生動物に対して注目し始めたのは 1970 年代である。ニューヨーク州は，都市野生動物のためにプロの野生動物学者をフルタイムで雇用した最初の州であり，教育に最も力を入れて努力を続けている(Matthews 1986)。同様にミズーリー州，カンザス州，フロリダ州そしてアリゾナ州は，州の都市野生動物管理計画を実行した(Shaw & Supplee 1987)。州の担当局は，野生生物協会の中にある都市野生動物委員会(Urban Wildlife Committee of The Wildlife Society)の提唱したガイドラインにそって取り組んでいる(Tylka et al. 1987)。このガイドラインには，都市野生動物の管理計画の目標や計画の項目，仕事の解説，資格/訓練について簡潔に書いてある。そこで提案されているプログラムの項目と予算の配分は次の通りである。目録作成および調査，5～25％。野生動物管理の計画策定とその実行，30～60％。情報公開，教育および普及啓発活動，30～60％。都市部の生息地の獲得，開発，保存，保護，5～20％。Shaw & Supplee(1987)は，生息環境を評価する計画の実行，非狩猟獣を担当する課の設立および都市野生動物政策を正式に採択した州の保護局の成功例について紹介している。これらの実績は，同様の必要性を有する他の州に役に立つだろう。1980 年代半ばにおける州と連邦の都市野生動物プログラムについては，Lyons & Leedy(1984)がまとめている。

資源の目録はデータベース化されて，その後の計画策定に役立てることが多い。航空写真からは地形の性状が読みとれる。ニューヨーク州の六つの大きな都市の航空写真も，これらの地域の環境基礎情報を提供している(Matthews et al. 1988)。近年急激に進歩してきている地理情報システム(GIS，第 21 章参照)は，地理情報や位置データを処理する際の力強い道具である(Hendrix et al.1988)。GIS の特徴は，その地域の自然地理学，生物学そして文化に関する膨大なデータベースを重ね合わせて「編集」することができることである。GIS はそれらに関してほとんど無限の視覚的情報を提供する。GIS ソフトである pMAP® や IDRISSI® などはパソコン上で動かすことができ，都市野生動物の生息環境要素の関係を視覚化するのに非常に有効である。SURFER のようなグラフィックプログラムに取り込んだデータファイルは，三次元に描写することができる。

1980 年代には都市近郊や郊外の開発が進んだ。オープンスペースや野生動物の価値を盛り込んだ地域計画の重要性は増すばかりだ。野生動物保護と宅地開発を調整した事例として，南カルフォルニア海岸部のランチョ・サンタ・マルガリータ・ヤ・ラス・フロレス地区(以前は 900 km² 以上あった)がある(Froke 1980)。ここは，広大なランチョ・ミッション・ビエホ地区のように，生態系と経済を調和させた農業，自然保護および都市開発を目指して計画を練り直してきた。スペイン人，メキシコ人そしてアメリカ人の居住区が広がるにつれてカリフォルニアコンドル，グリズリー，オオカミ，ジャガーは次々と絶滅の危機に追いやられた。しかし，ピューマは周辺の原生地域と都市の辺縁部の構成員としての地位を獲得し，住宅用地やレクリエーションエリアへの進出している。市民の安全とピューマ個体群の維持は，今大きな課題である。保全条件付き土地利

用権制度(conservation easement 訳者注：アメリカ合衆国政府および州政府におかれている地役権制度の一つ。その土地の環境的価値を保護しながら利用するという条件を土地につけ，土地利用権利を売買または賃借すること)を利用して，すべての団体に経済的利益をもたらすように有意義に土地の交換をすれば，急激な開発に後退を余儀なくされている行動圏の広い種(例えばプロングホーン)の保護に役立つだろう(Andrew et al. 1986, Diehl & Barrett 1988)。都市開発が行われる前に，担当部局は都市化やその他の土地利用形態の変更が地域の野生動物に及ぼす影響を予測した上で，計画を立て管理すべきである。Adams & Dove(1989)は，土地の交換，ゾーニング，保全条件付き土地利用権制度，不動産譲渡税，土地銀行の調整，生態学的なランドスケープ計画と自然保護のための完全な土地買収についての実例を示した。Hench et al. (1985), Sikorowski & Bissell(1986), Shaw et al. (1986)は成功事例についての分析を行っている。

郡のレベルでは，野生動物保護に対する法律的な障害は少なくなるが，過程は同じである。コロラド州のボールダー郡の事例から学ぶものは多い。ここでは，人口学的資源，経済的資源そしてデータベースを含む野生動物の生態学的資源に関する情報から危機的状況にある生息地が確定された。またボールダー郡では，河畔のハコヤナギ林や山地性のヤナギの灌木が生えた湿地的環境が，高い種の多様性を維持しており，同時に危機的状況にあることも判明した。エルクの移動のためのコリドーもまた重要であると指摘された。これらの結果を基盤にして総合的な計画を実行するために，プランナーと野生動物管理者はゾーニングを行って，それぞれに規制を設け，規定を細分化した。また，民意が反映できるようになるまでの一つの方法としてオープンスペースを購入した。コロラド州野生生物局(Colorado Division of Wildlife)は，計画段階が最も重要で，計画の成功が結果の成功を導くのだと述べている(Bissell et al. 1987)。また，コロラド州野生生物局は郡に動物分布地図と生息環境地図を重ね合わせた複合地図とワークシートを渡した。ワークシートには，現在審議中の計画について，予測される影響と計画者および計画支持者が記載されている。そして，ワークシートでは，コロラド州野生生物局の研究者，計画企画者，計画支持者同士が連絡をとったり，可能性のある影響や代替え案について議論することを推奨している。

多くの都市野生動物管理者が働く開発地域では，自然資源同士が，それぞれに価値があるものの絶対量が不足しているために，激しく競合している。自然資源についての住民の認識や提案された管理目標に対する反応は，主義上の争いや資源の希少性，感情的で偏った情報に強い影響を受ける。「経済」対「快適性」についての論議は，しばしば都市野生動物プログラムの管理目標の決定に影響を及ぼすのである。

地域社会のニーズ

都市全体にわたる研究は非常に少ない。Geis(1975, 1976 ab, 1980 a, 1986)は，郊外や新都市での開発が野生動物にもたらす影響について，コロンビア州やメリーランド州などの地域で調査した。また，居住区の近くで増加した鳥類群に建築物や土地開発がどのように影響するかについても研究した。これらの研究から得られた知見や勧告は，他の都市における野生動物管理にも適用できる。

①郊外とくらべて，都市部ではより強大な野生動物管理が許容される。
②森林植生は，都市鳥個体群にとって，たとえば多様性や本来の鳥相を維持・復元するために，最も重要な要素であり，どの地域にも共通したことである。
③観賞植物も，特に背丈が低くて，実がなって，トゲのある種は野生動物のハビタットを改善する。
④草刈りを軽減して自然遷移にまかせる方法は，都市部における植生の多様性を増加させる最も安価で簡単な方法である。

野生動物の生息地の必要性と，都市のプランニングや開発の際にそれを取り込むための多くの有益なガイドラインはLeedy et al. (1978)によって提唱されている。都市近郊にあってよく知られている環境構成要素の類似種を，都市環境の中に取り入れる例がBolen(1991)によって示されている。たとえば栅と観賞植物の低木の垣根，天然湿地と洪水防止の水溜，連続的な林冠と(トウブハイイロリスの移動のための)針金の網，といったように類似物を並列させると，多くの人々は考えを刺激される。他にも先人達の経験から学ぶべきものは多い。予測される専門的な課題としては，土地の復元(Johnson 1986, Cook & Pinnock 1987)，湿地保護(Milligan & Raedeke 1986)，湿地復元(Kusler & Kantala 1990)，危機的で不安定な生息地の保護(Burns et al. 1986)，影響の評価と緩和(Postovit & Postovit 1987)，子供達(Schicker 1987)と自然との触れあい促進，対象市民の決定(Schaefer 1987)，レクリエーションの開発と提供(Hench et al. 1987)，公的な教育プログラム(Houck 1987)などが挙げられる。

一般的でない環境で一般的でない種や野生動物を管理する際には，もちろん注意が必要である。しかし，長期にわたるプログラムは包括的なものでなくてはならず，かつ普通の自然環境において自立していて適切なサイズを維持している個体群についても取り扱うべきである。都市野生動物に関する研究とハイレベルなプログラムとは，持続的で，そして生態学的にみて機能的である野生動物個体群に重点をおいたものである(Conner 1988)。町レベルでの都市野生動物管理においては，郡や市レベルで適用される目標と技術のいくつかが採用される(表19-2参照)。

具体的手法

ここ記載することが，全ての地域やある地域の特殊な状況にも適用できるというものではない。野生動物管理者や土地管理者は樹木栽培者や園芸家，ランドスケープ設計者に相談して，その地域の植物の環境耐性を調べ，土地の状態に適した植物を選択すべきである。基礎情報として，土地の歴史や現在の状況，侵害の程度，天然更新の供給源となりうる個体群までの距離，その場所の他の種の存在や予想される土地利用を把握しておく必要がある。その上で，そこに生息している，または生息の可能性のある野生動物の餌やカバーを決定しなくてはならない。

一般論的ではあるが少し専門的な文献としては，特に裏庭や私有地を対象とした生息地の向上について書かれているものが多い。Terres(1968)，Leedy et al.(1978)，Leedy & Adams(1984)，Dennis(1985, 1989)，Kress(1985)，Henderson(1987)，Stokes & Stokes(1987)，Tufts(1988)は，多くの具体的な提案をしている。

『都市野生生物管理者手帳』("Urban Wildlife Manager's Notebook"，連絡先：the National Institute for Urban Wildlife, 10921 Trotting Ridge Way, Columbia, MD 21044)は現在発行中で，十分な研究に基づいた優れた情報誌である。住宅所有者や環境教育者，都市野生動物管理者といった専門家の役に立つ。掲載記事の「簡単な裏庭の池」，「鳥の巣箱の作り方」，「自然の景観－草地，灌木林，岩山」とか「都市野生動物のための朽ち木の保存」といったタイトルを参考にすれば，どの分野のことか，あるいはどんなテクニックについて書いてあるのかわかるだろう。

管理者やまじめな都市住民が，都市野生動物のために良い環境を提供しようとしても，経済的理由や技術的な問題から1人で実行しなければならないことは多い。都市部でも，餌，水，隠れ家を確実に供給したり維持することによって，野生動物の数は増加する。野生本来の植生はもちろんだが，観賞用の草木も餌やカバーとなり，多くの都市野生動物の頼みの綱となる(表19-3)。鳥の餌付けは，アメリカ合衆国の住宅所有者の1/2以上の人が楽しんでいる。これも自然の餌を補うものである。鳥の餌付けが個体群に与える影響については一般的には知られていないが，餌付けをする人はGeis(1980 b)のガイドラインにしたがって行っている。それによれば，油性のヒマワリの種とキビは最も良い餌であり，コメ，カワエンバク，コムギ，マイロ，ピーナッツは平均点の餌である。カリフォルニア州バークレーのナゲキバト個体群には自然の餌が欠乏しており，餌付けが重要であるとLeopold & Dedon(1983)が報告している。

また，広い範囲を見渡して，植生，生息地の階層，カバーのタイプの多様性が増せば，たいていそこに生息する動物の種数は増加する。A.Geis(私信)が言うように，栽培種や観賞用の植物利用によって，人間の美的満足感と，都市野生動物の生息必需品の両方をクリアすることができるだろう。成長力，活力，疾病に対する耐性，土壌の圧縮に対する耐性や適応力が大きいこと－派手な花や永続的な果実の産生と同じように－などが，野生種の代わりとして観賞用植物を選別する際の基準となる。Sharp(1977)は，非常に多くの種の植物をカラフルにリストアップしている。DeGraaf & Witman(1979)は，野生動物にとっての価値も含めて，高木と低木の特徴をまとめている。Moll & Ebenreck(1989)は都市部の森林の資源ガイドとなる。Henderson(1987)は，外来種に代わる多くの野生種も含めて，草本層と木本層のリストをつくった。Wenger(1984)は，野生動物の生息のために有効な餌とカバーとなる植物について，地域ごとの目録を作成した(表19-4)。

さらに，以下の指針が示されている。

低木とツル植物

- 下層に草本層を持つ，こんもりとした藪状に仕立てる。林縁や林冠が欠落したところに広がるようにする。
- ウルシ類，ミズキ，ノイバラ，アメリカヅタ，ブドウ類が天然更新するようにする。観賞植物を用いる場合には，その土地に合うならツタ，スグリ，ガマズミ属，ヤマモモ属の一種(barberry)，スイカズラの一種(bush honeysuckles)，アメリカカンボク，ヨウシュネズ(ビャクシン属の一種)を選択肢として考えてみるべきである。

高 木

- 熱や水に関連したストレス，堅い土壌，物理的障害，汚染物質および荒廃に耐性を持つ種でなければならない。

表 19-3 野生動物に対する木本類の餌(F)，カバー(C)，巣(N)としての価値(Wenger 1984:947-948 より)

価値が非常に高い種

和名	学名	価値
Boxelder(トリネコバノカエデ)	*Acer negundo*	F
Black maple(カエデ属の一種)	*Acer saccharum*	F
Striped maple(シロスジエエデ)	*Acer pensylvanicum*	F
Red maple(ベニカエデ)	*Acer rubrum*	F
Sugar maple(サトウカエデ)	*Acer saccharum*	F, C, N
Mountain maple(アメリカヤマモミジ)	*Acer spicatum*	F
Sweet birch(シラカンバ属の一種)	*Betula lenta*	F
Yellow birch(シラカンバ属の一種)	*Betula alleghaniensis*	F
River birch(シラカンバ属の一種)	*Betula nigra*	F
Paper birch(シラカンバ属の一種)	*Betula papyrifera*	F
Gray birch(シラカンバ属の一種)	*Betula populifolia*	F
Common hackberry(アメリカエノキ)	*Celtis occidentalis*	F
Alternate-leaf dogwood(アオミノミヅキ)	*Cornus alternifolia*	F, C, N
Flowering dogwood(ハナミヅキ)	*Cornus florida*	F, C, N
Blackjack oak(コナラ属の一種)	*Quercus marilandica*	F
Chinkapin oak(コナラ属の一種)	*Quercus muhlenbergii*	F
Eastern redcedar(エンピツビャクシン)	*Juniperus virginiana*	F
Jack pine(バンクスマツ)	*Pinus banksiana*	C, N
Ponderosa pine(ポンデローザマツ)	*Pinus ponderosa*	C, N
Pitch pine(リギダマツ)	*Pinus rigida*	C, N
Eastern white pine(ストロブマツ)	*Pinus strobus*	F, C, M
Pin cherry	*Prunus pensylvanica*	F
Black cherry(ヴァージニアサクラ)	*Prunus serotina*	F
Common chokecherry(イバラ科の一種)	*Aronia melanocarpa*	F
White oak(コナラ属の一種)	*Quercus alba*	F, N
Swamp white oak(コナラ属の一種)	*Quercus bicolor*	F, N
Northern red oak(コナラ属の一種)	*Quercus rubra*	F, N
Scarlet oak(ベニカシワ)	*Quercus coccinea*	F, N
Shingle oak(コナラ属の一種)	*Quercus imbricaria*	F, N
Bur oak(コナラ属の一種)	*Quercus macrocarpa*	F
Chestnut oak(コナラ属の一種)	*Quercus prinus*	F
Pin oak(ピンオーク)	*Quercus palustris*	F

価値が高い種

和名	学名	価値
Post oak(コナラ属の一種)	*Quercus stellata*	F
Balsam fir(バルサムモミ)	*Abies balsamea*	C, N
White fir(コロラドモミ)	*Abies concolor*	C, N
Hazel alder(ハンノキ属の一種)	*Alnus rugosa*	C, N
Shadblow serviceberry	*Madia* spp.	F
Allegany serviceberry	*Liquidambar styracrflua*	F
Devil's walkingstick(アメリカタラノキ)	*Aralia spinosa*	F, C
Common persimmon(アメリカガキ)	*Diospyros virginiana*	F
American beech(アメリカブナ)	*Fagus grandifolia*	F
Black oak(クロガシワ)	*Quercus velutina*	F
Bigtooth aspen(オホバギンドロ)	*Populus grandidentata*	F, N
Quaking aspen(ハコヤナギ属の一種，ナガバドロキの仲間)	*Populus tremuloides*	F, N
Douglas-fir(ダクラスモミ)	*Pseudotsuga menziesii*	F, C, N
Fiameleaf sumac	*Salix nigra*	F
Pussy willow(セキショウモ属の一種)	*Vallisneria americana*	C, N
Black willow(ヤナギ属の一種)	*Salix nigra*	C, N
Nannyberry(ガマズミ属の一種)	*Viburnum lentago*	F, C
Blacknaw(ガマズミ属の一種)	*Viburnum prunifolium*	F, C

(訳者注：和名，学名が特定できたものは付記したが，それ以外は原語のみを記した。)

表19-3 つづき

平均的な価値がある種		
Rred mulberry(アカミノクワ)	*Morus rubra*	F
Engelmann spruce(ツタ属の一種)	*Parthenocissus quinquefotia*	F, C, N
Eastern cottonwood(ビロハハコヤナギ)	*Populus deltoides*	F, N
Pignut hickory(カリヤ属の一種)	*Carya glabra*	F
Pecan(ペカン)	*Carya illinocnsis*	F
Shagbark hickory(カリヤ属の一種)	*Carya ovata*	F
Mockernut hickory(カリヤ属の一種)	*Carya tomentosa*	F
Cockspur hawthorn(サンザシ属の一種)	*Crataegus crus-galli*	F, C, N
Downy hawthorn(サンザシ属の一種)	*Crataegus mollis*	F, C, N
Glossy hawthorn(サンザシ属の一種)	*Crataegus nitida*	F, C, N
Washington hawthorn(サンザシ属の一種)	*Crataegus phaenopyrum*	F
Common pricklyash	*Zanthoxylum americanum*	F, C
American mountain ash(アメリカナナカマド)	*Sorbus americana*	F
Dotted hawthorn(サンザシ属の一種)	*Crataegus punctata*	F
Frosted hawthorn(サンザシ属の一種)	*Crataegus pruinosa*	F
Eastern larch	*Larix laricina*	N
Prairie crabapple(アイオワリンコ)	*Malus ioensis*	F
Black tupelo(ツーペロ, ヌマミズキ属の一種)	*Nyssa sylvatica*	N
Eastern hemlock(カナダソガ)	*Tsuga canadensis*	C
Smooth sumac	*Salix discolor*	F
Staghorn sumac	*Ilex* spp.	F

(訳者注:和名,学名が特定できたものは付記したが,それ以外は原語のみを記した。)

- たいていの野生動物にとって,樹種が何であるかよりも,大きさ,構造,数そして地形が重要である。樹冠の高さと材積が特に重要である。森林が大きいほど種数は多くなる。
- 液果,漿果(クワの実)や堅果(オーク,ヒッコリー)のような果実は,鳴禽や樹上棲のリス両方にとって魅力的である。
- 常緑樹の森は,ねぐらや冬のカバーを提供する。
- 選択肢としては,ヨーロッパカエデ,カラコギカエデ,アメリカハナノキのようなカエデ,オーク,カバノキ,トネリコ(雌木)やイチョウ(雄木),モミの一種,カナダツガ,スギの一種,トウヒ,マツ,野生リンゴ,サイフリボク,ハナミズキ,セイヨウサンザシサクラがある。
- ピンオーク,アメリカニレ,アメリカサイカチは,アメリカ合衆国の北東部において,鳥類の好きな街路樹である。

特定の野生動物に好まれる種

- ハチドリ類はアメリカノウセンカズラ,ベニバナサワギキョウ,セイヨウヤマハッカ,オダマキ属の多年草,タチアオイ,クサキョウチクトウ,ヒエンソウその他の種を利用する。
- ヒメレンジャクとマネシツグミはバラ(例えばノイバラ,コウシンバラ)やヨーロッパナナカマドを利用する。

腐りかけている木や枯れた倒木などは,野生動物にとって重要な生息環境を作り出すものであるが,たいていの都市では減少している。そのため巣箱や他の構造物の設置も生息地改善のための重要な技術である。巣箱作りを行うことは単に生息地の減少を改善するというだけでなく,野生動物に対する関係者の興味や知識を向上させるものにもなる。巣箱作製のガイドはたくさんあるが,Ridlehuber & Teaford(1986),Teaford(1986),Henderson(1987),Mitchell(1988)のものが特に良い。長期にわたって野生動物が利用する巣箱の条件とは,耐久性があること,排水機構がしっかりしていること,毎年掃除ができるデザインであること,そして正しい大きさであることである。ベイシックなルリツグミの巣箱のデザインを改良したものは,たいていの樹洞棲の脊椎動物に適したものになっている(Henderson 1984, Wenger 1984)。

生息環境の管理には,いつも高額の費用が必要なわけではない。天然更新は,単純林にならないように種の混合を促進し,移行帯を広げて望ましい生息環境をつくり出す。角地や公園の一角,鉄道敷の一部を手入れせずに放置するだ

表 19-4　アメリカ合衆国の地域別にみた野生動物の餌やカバーとして有用な植物 (Wenger 1984:954-956 より)

◆北東部			
花・草本		Tartarian honeysuckle (スイカズラの類)	*Lonicera tatarica*
Panicgrass (パニックグラスの仲間)	*Panicum* spp.	Highbush blueberry (ヌマスノキ)	*Vaccinium corymbosum*
Sunflower (ヒマワリ属の一種)	*Helianthus* spp.	Multiflora rose (ノイバラ)	*Rosa multiflora*
Timothy (アワガエリ属の一種)	*Phleum* spp.	Firethorn (トキハサンザシ)	*Cotoneaster pyracantha*
Bristlegrass (エノコログサの類)	*Setaria* spp.	Highbush Cranberry (アメリカカンボク)	*Viburnum trilobum*
Ragweed (ブタクサの仲間)	*Ambrosia* spp.	**低木**	
Knotweed (ニワヤナギの仲間)	*Polygonum* spp.	Cherry (サクラの類)	
Pokeweed (ヤマゴボウ属の一種)	*Phytolacca americana*	Crabapple (リンゴの類)	
低い灌木・ツタ		Dogwood (ミズキの類)	
Blackberry (ブラックベリーの類)	*Rubus allegheniensis*	Hawthorn (サンザシの類)	
Spicebush (ツーペロゴムノキ)	*Nyssa aquatica*	Redcedar (ビャクシンの類)	
Snowberry (セッコウボクの仲間)		Serviceberry (ザイフリボクの類)	
Coralberry (セッコウボク属の一種)	*Symphoricarpos orbiculatus*	Mulberry (クワの類)	
Virginia creeper (ツタ属の一種)	*Parthenocissus quinquefolia*	**高木**	
Greenbrier (シオデ属の一種)	*Smilax* spp.	Beech (ブナの類)	
Mapleleaf viburnum (ガマズミ属の一種)	*Viburnum acerifolium*	Birch (シラカンバの類)	
Bittersweet (ツルウメモドキ属の一種)	*Celastrus* spp.	Colorado Spruce (ガマズミ属の一種)	*Viburnum acerifolium*
Japanese honeysuckle (スイカズラ)	*Lonicera japonica*	Hemlock (ツガの類)	
高い灌木		Sugar maple (サトウカエデ)	*Acer saccharum*
Autumn olive (アキグミ)	*Elaeagnus umbellata*	White oak (コナラ属の一種)	*Quercus alba*
Dogwood (ミズキの類)		White pine (ストロブマツ)	*Pinus strobus*
Elderberry (アメリカニワトコ)	*Sambucus* spp.	Blackgum (ツーペロ)	*Nyssa sylvatica*
Sumac (ウルシの類)		Red maple (ベニカエデ)	*Acer rubrum*
Winterberry (モチノキの類)		Boxelder (トリネコバノカエデ)	*Acer negundo*

(訳者注：和名，学名が特定できたものは付記したが，それ以外は原語のみを記した．)

けで動物たちの生息地となる．これなら費用はかからない．実際，広大な面積の草刈の経済的負担は大きく，他の保全プログラムにも予算が必要なのだから，担当部署はそういった保全方法を歓迎するだろう．立枯れ木は野生動物のとまり木や餌場や巣穴となるので，もし人間の安全性に問題がないならそのままにしておくのがよい．

　地域の野生動物の数と多様性を増加させていく上で，動物による被害と被害防除の問題は切り離せない (第 18 章参照)．地域社会全体にわたるほどの広大な範囲で，シカの交通事故や鳥類の窓への衝突による死亡率を低下させるための努力が払われているところもある (Shoesmith & Koonz 1977, Klem 1990)．先見の明のある，そして完璧な野生動物管理には全体のバランスが必要であり，これは定期的に実施する再評価と必要に応じた方向転換によって維持されるものである．

表 19-4　つづき

◆北西部

花・草本

Filaree	*Erodium cicutarium*
Sunflower (ヒマワリ属の一種)	*Helianthus* spp.
Tarweed	*Madia* spp.
Timothy (アワガエリ属の一種)	*Phleum* spp.
Turkeymullein	*Eremocarpus* spp.
Bristlegrass	*Setaria* spp.
Ragweed (ブタクサの仲間)	*Ambrosia* spp.
Knotweed (ニワヤナギの仲間)	*Polygonum* spp.

低い灌木・ツタ

Blackberry (ブラックベリーの類)	*Rubus allegheniensis*
Oregon grape (マホニア)	*Berberis aqrnfolium*
Snowberry (セッコウボクの仲間)	
Coralberry (セッコウボク属の一種)	*Symphoricarpos orbiculatus*
Gooseberry (セイヨウスグリ)	*Ribes* spp.
Buckthorn (クロウメモドキ属の一種)	*Rhamnus* spp.
Sagebrush (ヨモギの類)	

高い灌木

Elderberry (アメリカニワトコ)	*Sambucus* spp.
Golden current (コガネスグリ)	*Ribes aureum*
Tartarian honeysuckle (スイカズラの類)	*Lonicera tatarica*
Multiflora rose (ノイバラ)	*Rosa multiflora*
Firethorn (トキハサンザシ)	*Cotoneaster pyracantha*
Highbush Cranberry (アメリカカンボク)	*Viburnum trilobum*
Russian olive (ヤナギバグミ)	*Elaeagnus angustlfolia*

低木

Dogwood (ミズキの類)	
Hawthorn (サンザシの類)	
Serviceberry (ザイフリボクの類)	
Mountain ash (ナナカマドの類)	
Thorn apple (サンザシ属の一種)	*Crataegus columbiana*
Squaw apple	*Vallisneria americana*

高木

Califomia black oak (コナラ属の一種)	*Quercus kelloggi*
Colorado Spruce (ガマズミ属の一種)	*Viburnum acerifolium*
Douglas-fir (ダグラスモミ)	*Pseudotsuga menziesii*
Lodgepole pine (マツ属の一種)	*Pinus contorta*
Ponderosa pine (ポンテローザマツ)	*Pinus ponderosa*
Boxelder (トリネコバノカエデ)	*Acer negundo*

(訳者注：和名，学名が特定できたものは付記したが，それ以外は原語のみを記した．)

特記事項

立枯れ木と洞

　野生動物が利用できる洞のある立枯れ木や老木は，ほとんどの都市環境で欠乏している．野生動物は巣穴やねぐら，とまり木そして餌場として，枯れたり枯れかけている木を利用する．Wenger(1984)は，都市環境に生息する鳥類と哺乳類のうち鍵となるような重要種が利用する立枯れ木の大きさと数を記録した．多くの都市部に樹洞棲の野生動物が生息していないのは，危険だからとして立枯れた木や病気の木を取り除いていることが一つの原因かもしれない．巣箱の設置については前述したが，樹洞も人工的に造ることができる．準郊外の森林で調査している Gano & Mosher (1983)は，チェーンソー，ノミ，ハンマー，ドリルを用いて生木に巣用の洞を造る方法を紹介している(そのような仕事は，これらの道具を安全に使うことに馴れた大人と一緒の時にのみ行わねばならない)．アメリカモモンガ，シロアシマウス，ムナジロゴジュウカラは調査地内で人工的に造った穴に反応を示し，二次的な(つまり他の種が作った)樹洞に巣をつくる鳥や齧歯類に対して，人工的な洞が有効であることが証明された．一次的な(つまり自ら掘って作った)洞に巣をつくる種が，将来自分で穴を掘れるような立枯れ木をつくる目的で，樹皮を輪状にはぎ取ることも行われている．

住宅地の鳥相

　都市野生動物学者は，一般に都市の中心よりもその近郊

表 19-4 つづき

◆南東部

花・草本

Lespedeza（ハギ属の一種）	*Lespedeza* spp.
Panicgrass（パニックグラスの仲間）	*Panicum* spp.
Sunflower（ヒマワリ属の一種）	*Helianthus* spp.
Bristlegrass	*Setaria* spp.
Ragweed（ブタクサの仲間）	*Ambrosia* spp.
Knotweed（ニワヤナギの仲間）	*Polygonum* spp.
Pokeweed（ヤマゴボウ属の一種）	*Phytolacca americana*

低い灌木・ツタ

Bayberry（ヤマモモ属の一種）	*Myrica* spp.
Blackberry（ブラックベリーの類）	*Rubus allegheniensis*
Spicebush（ツーペロゴムノキ）	*Nyssa aquatica*
Virginia creeper（ツタ属の一種）	*Parthenocissus quinquefolia*
Greenbrier（シオデ属の一種）	*Smilax* spp.
Mapleleaf viburnum（ガマズミ属の一種）	*Viburnum acerifolium*
Honeysuckle, Japanese（スイカズラ）	*Lonicera japonica*

高い灌木

Dogwood, alternate leaf（アオミノミズキ）	*Cornus alternifolia*
Elderberry（アメリカニワトコ）	*Sambucus* spp.
Sumac（ウルシの類）	
Tartarian honeysuckle（スイカズラの類）	*Lonicera tatarica*
Highbush blueberry（ヌマスノキ）	*Vaccinium corymbosum*
Multiflora rose（ノイバラ）	*Rosa multiflora*
Firethorn（トキハサンザシ）	*Cotoneaster pyracantha*
Arrowwood（カマズミ属の一種）	*Viburnu dentatum*

低木

Cherry（サクラの類）	
Crabapple（リンゴの類）	
Dogwood（ミズキの類）	
Hawthorn（サンザシの類）	
Holy	*Ilex* spp.
Palmetto（バミューダサバルヤシ）	*Sabal* spp.
Persimmon（カキ属の一種）	
Redcedar（ビャクシンの類）	
Serviceberry（ザイフリボクの類）	
Mulberry（クワの類）	

高木

Mountain ash（ナナカマドの類）	
Beech（ブナの類）	
Hackberry（エノキの類）	
Live oak（ライブオーク）	*Quercus virginiana*
Loblolly pine（タエダマツ）	*Pinus taeda*
Pecan（ペカン）	*Carya illinoensis*
Slash pine（キューバマツ）	*Pinus eliottii*
Blackgum（ツーペロ）	*Myssa sylvatica*
Red maple（ベニカエデ）	*Acer rubrum*
Boxelder（トリネコバノカエデ）	*Acer negundo*

（訳者注：和名，学名が特定できたものは付記したが，それ以外は原語のみを記した。）

に注目している。そこでは，水や食料そして補助的な植栽にお金を使うことをあまりいとわない比較的裕福な住宅所有者たちがいるからである。こういうところでは鳥類は特別な魅力を持ち，都市のランドスケープにとって望ましい構成要素として一般的に考えられている。DeGraaf(1986,1987)とDeGraaf & Wentworth(1981,1986)はある興味深い傾向を報告し，都市近郊の鳥類個体群の生息環境を向上させるための有効なガイドラインを示した。彼らの知見を簡単に要約すると次の通りである。

①地面，低木，樹洞および小枝に巣をつくる種は，都市部では密度が低いかもしくは生息していない。

②冬期および繁殖期の密度は，都市近郊より都市部の方が高いが，総種数は両季節を通して都市近郊の方が多い。

表19-4 つづき

◆南西部		Multiflora rose (ノイバラ)	*Rosa multiflora*
花・草本		Firethorn (トキハサンザシ)	*Cotoneaster pyracantha*
Filaree	*Erodium cicutarium*	Cholla (cactus) (ウチワサボテン属の一種)	*Opunita* spp.
Sunflower (ヒマワリ属の一種)	*Helianthus* spp.	**低木**	
Turkeymullein	*Eremocarpus* spp.	Crabapple (リンゴの類)	
Bristlegrass	*Setaria* spp.	Sweet acacia (キンガフクワン)	*Acacia farnesiana*
Ragweed	*Ambrosia* spp.	Mesquite (キャベ属の一種)	*Prosopis* spp.
Knotweed	*Polygonum* spp.	Desert ironwood (マメ科の一種)	*Olneya tesota*
低い灌木・ツタ		Mulberry (クワの類)	
Bayberry (ヤマモモ属の一種)	*Myrica* spp.	**高木**	
Juniper (ビャクシン属の一種)	*Juniperus* spp.	Live oak (ライブオーク)	*Quercus virginiana*
Pricklypear (ウチワサボテンの類)		Pin oak (ピンオーク)	*Quercus palustris*
Virginia cereper (ツタ属の一種)	*Parthenocissus quinquefolia*	Pinyon pine (ピニヨン)	*Pinus edulis*
Sagebrush (ヨモギの類)		Boxelder (トリネコバノカエデ)	*Acer negundo*
高い灌木		Saguaro (cactus) (サボテン科の一種)	*Cereus giganteus*
Manzanita (クマコケモモの一種)	*Arctostaphylos* spp.		
Catclaw Acacia (アカシア属の一種)	*Acacia greggii*		
Tartarian honeysuckle (スイカズラの類)	*Lonicera tatarica*		

(訳者注：和名，学名が特定できたものは付記したが，それ以外は原語のみを記した。)

③個人所有の小規模植林地や残った開発前の環境によってできるパッチ状の森林植生を最大限に活用すべきである。天然の森林はそこで繁殖したり，渡りをしたり，昆虫を食べる種には特に必要である。

④低木や高木の林冠をできるだけ大きくすることは，繁殖する鳥類の種数を増加させる。低木では結実する程大きくなったかどうかが，その本数よりも重要である。

⑤個人所有の小規模の植林地や未開発の土地同士が近ければ近いほど芝地は小さくなり，多くの雑草地が許容される。そしてビルの密度が低くなれば低くなるほど都市近郊の鳥類の種数は増える。(DeGraaf 1987：110)。

都市環境で確認されている鳥類に多様性を与え，生息地の融合を進めていくと，野生動物全体に多様性が生まれる。Goldstein et al.(1986)はマサチューセッツ州アマーストの住宅地の鳥類を，管理に対する反応から三つのグループに分けた。すなわち，グループ1に含まれる鳥(表19-5)は都市近郊で広い分布域を持ち，ビルの立ち並ぶ地区に最も適応した種である。グループ2の鳥は，定期的に観察され，管理の恩恵を受けていた。このグループの鳥は，十分な量の植生があるところでは，都市近郊の鳥類相の一員となった。グループ3の鳥は，ビルのある地域ではめったに観察されず，管理の優先権は低かった。DeGraaf(1986)によれば，最大限の多様性がある地域や特別な種が生息しているような地域からそれらの乏しい地域まで，どの環境にも豊富な鳥類相があることが必要なのだ。

コリドー

都市化が進むと野生動物の生息環境は漸進的に退化していき，断片化し，孤立していく。生息環境を連続させる利点はいくつもあり，そのための労力は十分に報われる(Adams & Dove 1989)。水路や水辺の自然，有用な線路敷や道路そしてパークウェイ(路肩や中央分離帯に花や木を植えた道路)に沿って自然環境を残すと連続性が維持される。保全条件付き土地利用権制度が，これらのコリドーを広げるのに役立つだろう。小さな規模で言えば，個人の

表 19-5　都市化による生息地改変に対する鳥類の感受性（Goldstein et al. 1986:382-383 より）。

<グループ1>比較的感受性が低く都市に最も適応した種			
ナゲキバト	イエミソサザイ	ホシムクドリ	オオクロムクドリモドキ
アオカケス	マネシツグミ	アカメモズモドキ	ショウジョウコウカンチョウ
アメリカコガラ	ネコマネドリ	イエスズメ	チャガシラヒメドリ
エボシガラ	コマツグミ	ボルチモアムクドリモドキ	ウタスズメ
ムナジロゴジュウカラ	モリツグミ		
<グループ2>植生回復という管理の恩恵を受ける種			
キバシカッコウ	モリタイランチョウ	シロクロアメリカムシクイ	コウウチョウ
ハシボソキツツキ	ツバメ	キイロアメリカムシクイ	アカフンキンチョウ
セジロアカゲラ	アメリカガラス	ズグロアメリカムシクイ	ムネアカイカル
セジロコゲラ	ムネアカゴジュウカラ	カオグロアカムシクイ	メキシコマシコ
オウサマタイランチョウ	チャイロツグミモドキ	ハゴロモムシクイ	オウゴンヒワ
オオヒタキモドキ	ヒメレンジャク	ハゴロモガラス	ワキアカトウヒチョウ
ツキヒメハエトリ			
<グループ3>植生や生息地の損失に耐性のない種			
コウライキジ	ミソサザイ	アオバネアメリカムシクイ	ルリノジコ
チビメジロハエトリ	チャイロコツグミ	キジタアメリカムシクイ	ムラサキマシコ
ノドアカハチドリ	ブユムシクイ	カマドムシクイ	ヒメドリ
エビシクマゲラ	フタスジモズモドキ	ヒガシマキバドリヌマウタスズメ	
オリーブチャツグミ	ウタイモズモドキ		

所有地同士の境界は開発しないで残し，天然更新や回復技術による再生で復旧させる。連続したコリドーが網目状に存在したり，都市化した地域の中で類似の生息環境がネックレス状に存在すれば，そこを移動性動物が季節移動する（例えば両生類の水への出入りや哺乳類の分散）のに使ったり，低質環境からの移住や再移入のための通路となるのである。

水

ほとんどの脊椎動物は飲み水を必要とするし，魚類や両生類から水鳥までの多くの野生動物にとって水は絶対不可欠な要素である。流れる水も含め，水質を回復させたり，水を保持し貯蔵するための管理を行えば，海岸や川辺の自然環境の断裂を軽減し，野生動物に恩恵をもたらす水をつくり出すことになる。

前述のコリドー管理によって大きな湖や川，都市の小川をつなぐことができる。草の根の市民の努力による川の保護（Diamant et al. 1980）が，多大な環境利益を生み出したという事例もある。水系が連続していなくても，永続的に水が存在する広さが 0.55 ha 以上であれば，豊富な爬虫類や両生類を保護できる可能性がある（Dickman 1987）。両生爬虫類の数は生息地の大きさに伴って増加し，永続的に存在する水辺からの距離に伴って減少する。新規開発地域や住宅地では，小川の流れを泥でふさいでしまうのを調節したり，流れの率を下げるような池やため池をつくったり管理することで，野生動物にとっての生息環境の価値を高めることができる。Adams et al.(1986)によるガイドラインを表 19-6 に示す。多数の水鳥が都市の池に集中している時は，水質に大きな問題を引き起こさないよう注意しなくてはならない。水鳥の水質への有害な影響と池の水をさらって新しくするという効果的な技術については，Harris et al.(1981)が紹介している。

自然の中にある流れの水源であれば，水位を維持し，可能なときは洪水時の水位も調節してくれる。都市部のような狭い地域では，噴水や人工的な川や小さな池に植物を配してランドスケープ機能を持たせることによって，人間にとっても魅力的であり，昆虫（例えばトンボ），両生類，カメ，鳥類，哺乳類にも恩恵をもたらす環境を提供することができる。

❑ 被害発生と迷惑動物

被害を出す野生動物の個体数調整と管理について書かれた論文は多い（第 18 章参照）。被害を軽減するための技術のうち，特に郊外土地所有者の私有地のような狭い面積のために開発されたものは，都市公園や都市施設の敷地のような場所，住宅地にも適用することができる。

野生動物による被害問題，それらの特殊な自然環境，そ

表19-6 都市における池や，閉じこめられた湿地を調節する川の価値を，野生動物にとって最大にするためのガイドライン（Adams et al. 1986:258 より）

- 緩斜面（10：1の割合）で堰留める方が，急斜面で堰留めるより好ましい。緩斜面は湿地植生の発生を促す。植生は野生動物に餌とカバーを提供し，水の質を高めるのを助けるだろう。緩斜面で堰留めたところは急斜面で堰留めたところよりも，子供が貯水池に入る危険性を考えても安全である。
- 水面の面積の25〜50％は水深61 cmを越えてはならない。水深が1.1〜1.2 m以下の時は水面の面積のおよそ50％から75％である。厚い氷が張りやすい北の地方では，水深はより深い方がよい。
- 植物が水面を被う面積と開水面の面積比は50：50を維持するべきである。
- 1 ha以上のより大きな貯水池では，1個以上の島があった方がよい。島の形と位置は，貯水池内の水の流れを助けるようにデザインされなくてはならない。島のまわりおよび島と島との間の水の流れは，水に酸素を取り込ませ，濁るのを防ぐ。水が貯水池に持続的に流れ出すようなシステムによって，水質が高められる。島は緩斜面にし，頂上は排水のために急勾配がよい。適切な植物で被うことによって土壌の侵食を防ぎ，鳥類が巣を作れるようなカバーを提供する。大きな貯水池をデザインするときには，陸上の川とつながるよう考慮しなくてはならない。
- 貯水池は完全な排水をも可能とする水位調節能力と，もし可能ならば清浄化を促進するようデザインされるべきである。
- 永久的に水を貯める貯水池を湿地の近くにつくることは，貯水池の野生動物に対する価値を高めるだろう。

して問題解決のためのいくつかの方法については，Shoesmith(1978)，Flyger et al.(1980)，San Julian(1984)が書いている。広い範囲にわたり，かつ繰り返し発生する畑や苗畑に対する被害と違って，都市近郊の住宅所有者や都市住民が経験する野生動物の被害は，一度きりかもしくは断続的なものであり，さらに局所的なものである。ただし，長期的な被害が都市部の中心部や空港，埋立のゴミ処理場で頻繁に発生している。また，ときおり齧歯類やシカが庭の豊かな観賞植物に被害を及ぼすことがある。

原因と実態

都市における被害問題は，以下の状況が一つ以上存在した場合に発生するか悪化することが非常に多い。

(1) 人工的な餌付け（故意または無意識）

餌付けには，鳥類をはじめとする野生動物への意識的な餌付けと，ペットが食べ残すほどの過剰なペットフードや家のゴミの放置といった無意識ではあるが結果的に餌付けとなるものがある。このいずれもが，在来の動物相だけでなく同じような食性を持つ片利共生型の外来種にとっても魅力的なものである。このような状況で被害を起こす動物には，ラット類やハツカネズミ類，トウブハイイロリス，アライグマ，オポッサム，イエスズメ，ムクドリ類，ハト類，カモメ，マガモなどがいる。

(2) 過剰なカバー

ゴミやスクラップ金属，材木，廃石材，ぼうぼうに伸びた草などが，住宅地やそのまわり，商業地帯，ビジネス地帯のどこにあっても，それは動物に安全を保障し，被害を誘発することになる。

(3) 良くないデザイン，質の悪い建物

都市環境では，自然界の捕食者や人間による間引き，厳しい天候などから逃れるために，野生動物はビルなどの人工的な建築物の中，上，または下にカバーとなるところを探す。都市野生動物は，街灯，信号，商業的なビルから個人的な構造物に至るまで，どこでも巣穴として利用することができる。質の悪い建物はたいていの種に好まれるのであるが，よく目につく伝統的デザインもまた利用価値のあるものとなる（例えばドバトは出窓の平らな棚によくとまる）。

(4) 粗悪な環境プランニングまたはデザイン

質の悪いプランニングの最も代表的なものは，海岸近くのゴミ埋め立て地に近接する空港である。ここにはカモメが頻繁に訪れる。カモメは，貯水池や動物園，野外レストラン，公会場，屋上等で問題を起こす(Solmon et al. 1984)。このような問題発生を回避するために，町のプランナー，開発者，設計者はあらかじめ野生動物学者に相談するべきである。都市の開発計画を実行していく際に，Stenberg & Shaw(1986)やその他の論文は役に立つだろう。

(5) 人獣共通感染症，動物間感染症および他の死亡要因

北米には200以上の人獣共通感染症があり，都市部での疾病の伝搬を阻止するために十分な研究と管理がなされている。ドブネズミと野生化したドバトは，人間に危険性のある疾病の媒介者であり，病原体保有者であることは周知のことである。現在特に懸念されている潜行性の疾病はアライグマの回虫である *Baylisascaris provyonis* の幼虫内臓移行症である。これは人間とアライグマとが近接している場合には，いつでもどこでも発生する恐れがある(Kazacos 1985, Feigley 1992)。

狂犬病はよく知られ，非常に恐れられている病気である。1980年代に大西洋側の中央部のいくつかの州で，狂犬病が大発生した。これはアライグマに端を発したものであり，これにより人間と野生動物の接触が好ましいものではないという考える人が多くなった。Rosatte et al.(1987)は，オンタリオ州トロントのような，特に人口が密集した都市部に

おける狂犬病の危険性を数理モデルで示した。アライグマはロッキー山熱，バベシア症，それに最近発見され急激に拡大しているライム病のように人間にも感染する病気を媒介するダニも保有している。

Locke(1974)とKarstad(1975)は，都市野生動物の疾病や寄生虫病について書いている。Brittingham & Temple (1986)は，ウィスコンシン州で，餌台における疾病と原因不明による鳥類の死亡率について調査し，プラットフォーム型の餌台餌場を設けた場合は，設けない場合よりも死亡率が高いと報告している。

(6) 不十分な知識，情報，協力

都市に住む人間が自然界や野生動物から疎外されてしまうのは，過去に野生動物にあまり出会ったことがなく，よく知らないために恐怖を感じることによる。野生動物をペットと考え，彼らを住宅地の近くの餌付け場所に引き寄せようとする都会人は多い。このような動物との密な接触（例えばテラスや玄関でのアライグマの餌付け）によって，恐ろしい病気や傷害事件が発生する可能性がある。都市住民は，彼らの疑問や近くで起きた被害問題についてなかなか迅速に対応してもらえない。人員不足のため，州や連邦の自然資源局では，増加する都市住民からの質問や助けを求める要求に応えきることはできない。助けを求める住民の要求に応えたり，被害問題や市民の健康について管轄している部署がしっかりと主体性を持って協力体制を整えることが非常に求められている。公式に協力し合う複数の部署は都市住民にむけてプログラムを組んだりや出版物を発行すべきである。被害動物や問題解決のためのパンフレットは大変有効である。

予防と防除

野生動物に対して好意的感情を持つ住民の意識をつなぎ止めておくためにも，都市部で発生する野生動物の望ましくない状況や被害問題に対しては，早急な対処が求められる。野生動物管理者は，その対応策の選択と適用に関して創造的でなくてはならないことが多い。一般に，都市野生動物の被害問題を取り扱う際には以下のことに留意しておかねばならない。

①野生動物に対する人道的，保護的な思想に基づいて，地域単位や地方自治体レベルでは，個体数を減らす致死的な方法としての銃の使用を法律で厳しく制限している。多くの州は，農業的利用の例外はあるものの，野生動物の駆除に化学物質を利用することを禁じている。

②ドブネズミ，イエスズメ，ムクドリ類，ハト類のような片利共生動物を人目につかないように駆除する場合を除いて，人間やペットの安全性のために致死的な方法を用いることを禁じることは必要かもしれない。致死的な方法が用いられた時には，人間やペットやターゲットでない野生動物の安全性を守るために，都市全域にわたって最大限の注意が払われなけらばならない。

③生息地の改変や管理は，一般に個体の駆除や数の多い種の個体数を減らすことよりも受け入れられやすく，長く持続することができる。

④一般に，被害や損害の程度と被害動物の個体群密度との間の関係は薄い。したがって，被害動物を減少させることで，被害問題の発生数やその程度を軽減することは大抵できない。

⑤住民の教育は，被害問題の解決のために最も効果的な解決方法である。無知や恐れや誤った情報が，"問題"としてとらえることも含めて，過剰反応を引き起こしていることが多い。望ましくない動物やその行動に対する人間の許容力を増加させることが，多くの被害問題にとって最良の"解決策"なのである。だいたいこの問題に関する電話相談の数からみても，多くの被害問題はたった一度きりのこと，またはめったに起こらない出来事なのである。

⑥目標は，都市住民に受け入れられるレベルまで不快感や損害を下げることである。

頻発する問題への対応

多くの被害動物のなかで，特に次の5種の動物が都市部や都市近郊の住宅所有者に不満を持たれている。これらの種が生息している地域で働いている都市野生動物学者は，直接的であれ間接的（例えば教育活動）であれ，最後にはそれらの種の管理に関与することになる。野生動物による被害を減少させるには，生物学的かつ社会学的解決が必要とされる。現在進んでいる生息環境の持続的な後退や都市開発によって，当面問題は増大していく一方だろう。被害問題を軽減し，管理を行っていくために役立つよう，以下の提案をする。

トウブハイイロリス

この種は多くの人々を楽しませるが，しばしば都市での有害動物ナンバーワンとして名をあげられる。トウブハイイロリスは物に登ったり，高いところで生活する能力を持

つため，背の高い灌木や針金等が彼らの侵入を助けるような所では，鳥の餌台や屋根から彼らを排除することは難しい。鳥の餌台からトウブハイイロリスを排除するために巧妙でしばしば奇抜な仕掛けが一般紙で推薦されているが，いったん屋根裏や下水道などに巣くってしまったリスを駆除するのは難しい。樹上棲のリスによる電気系統の故障や火事は都市の深刻な問題である。トウブハイイロリスに対する効果的で持続的なコントロールは，以下の方法のうちの一つ以上を必要とする。

①リスが鳥の餌台に登らないよう，覆いやリス避け入り口（リスの体重で入り口が閉まるようになった入り口）などの設備を設置する。あるいは，鳥は好きだがリスはあまり好きでないという，シロキビ雑穀のみを餌台に置く（Geis 1980 b）。

②餌となる堅果をつけたり，活動の中心となったり，建物や屋根に登るのを助けるような木の周りには金属の覆いをとりつける。被害がひどい場合には，直径が大きく樹洞を持ち堅果をつける木は除く。

③リスや他の哺乳類や鳥類の侵入を防ぐため，窓や煙突の通風口には遮蔽物をつける。

④建物が破損している場合には，早急に適切な修繕をする。すなわち穴を塞いだり，リスが入れないように木や金属の覆い，金属類の織物を取り付ける。

⑤都市公園では，適切な樹種の植樹，来訪者による過剰な餌付けの制限，花壇の単一栽培のような不自然なものの縮小，教育的解説などを実施する。

ワタオウサギ

ウサギはほとんどの都市部に見られる非常に一般的な種であり，年間を通して家庭の庭で問題を起こす。春にはマメ類のような多汁性の庭園作物を食べ，餌の少ない冬には柔らかい植物の幹や茎の皮を剝いだり咬み切ったりする。植物を短く刈こんだ土地だけでなく，穴のある土地，カバーの多い場所，低木の垣根にウサギは巣を作る。巣のカバーとなるものを除去することによってウサギの個体数を減少させることができるが，それらは他の多くの種にとってもよい生息環境を提供しているものである。しかし一般的で簡単な防除道具で多くの被害を防ぐことができ，住民が野生動物を見て楽しむのも持続していくことが可能になる。ただしウサギが深刻な経済的被害を出したり，個体群が高いレベルにまで膨張している場所では，他の方法をとることができる。

①花壇や庭のように小さなエリアでは針金で編んだ45〜65 cmの高さのフェンスで防除できる。フェンスの下は杭を打つか，15 cmくらい地中に埋める。

②10, 20, 30 cmの高さに張った一時的な電気柵は，換金性の高い作物を守るためには，投資に見合う見返りが期待できる。

③小さな木には円筒型の金属類の織布を巻いたり，銅製の網で覆ったりして，防除することができる。ただし，45〜64 cmの高さが必要である。

④1頭または2頭のウサギがいるだけで，その個体が被害を出している場合で，州や地域の法律が許すならば，生け捕りワナは良い方法である。ウサギはワナ設置地点から少なくとも8 km以上離れたところに放獣しなくてはならない（ワナによる方法はCraven 1983参照）。

⑤忌避剤の効果は様々であり，雨の後再度塗布しなければならないものもある。食用作物に対しても用いることができる忌避剤は一つ（商品名：Hinder）だけである。すべての化学物質は取扱い説明書に従って用いられなくてはならない。

⑥銃による捕殺は，州や地域の法律が動物の間引きを許したり，地域住民がその地域での銃の発砲を許可するときにのみ使える。もちろん，個人や住民の安全が第一義に考えられなくてはならない。

⑦ウサギのコントロールに，有害物質の使用は許可されていない。

都市環境に生息するウサギが引き起こす問題は深刻な経済上の損失というよりも迷惑な話といった程度のものであり，ほとんどの住宅所有者がこの従順な動物を見るのを楽しんでいる。

アライグマ

アライグマは都市に最も適応した毛皮獣である。病気を持ち，建物の中に巣を作り，ごみ箱や野菜畑に執着する個体は，人間と好ましくない接触をする。以下のことを実行することにより，アライグマが有害獣になるのを防いだり，または有害獣になる可能性を軽減することができる。

・住民や，商売で公園を訪れた人による故意または無意識的な（ペットフードやピクニックの残り）餌づけを中止する。
・動物よけのついたごみ箱と覆いのついたゴミ捨て場を利用する。
・煙突にはアライグマよけの蓋をつける。
・ついたて，鉄格子，鎧張り等によって建物（床下や屋根裏）への侵入を防ぐ。

- 雨どいに安全な格子や覆いを設置する。
- 大きくて1本だけの木，特にアライグマにとって休み場や巣穴に適した樹洞を持つ木には，(登るのを防ぐために)金属の覆いをとりつける。
- 極端ではあるが，低木でできた生け垣や木の柵，低木の植え込み，その他アライグマが移動や逃亡に使えるものは取り除くという方法もある。

オジロジカとミュールジカ

生息密度が高まると，シカは交通事故にあったり，庭や畑の野菜に過度の被害を及ぼしたりする。逆にシカにとっては，イヌと出くわしたり，窓ガラスやプールといった都市にはつきものの建造物によって精神的なショックを受ける機会が増える。空港や植物園にシカがいるというような，都市部ならではのユニークな状況では特別な注意が必要である。ニュージャージー州プリンストンタウンシップで急激な都市開発が行われた際，"シカが多くの市民に対して及ぼす不快な影響を最小限に抑えながらシカ個体数を効果的にコントロールする"努力が払われた。これについてはKuser & Applegate(1985:155)が報告している。Conover & Kawa(1988)は，シカに食害される観賞植物に関して，その相対的な被害の受けやすさについて報告した。

自治体の分水界や，軍や研究機関の施設，外来種のための檻などのように，まわりをフェンスに囲まれた中に閉じこめられたシカは高密度になり，深刻な生息環境の破壊を引き起こす。もし，猟師や認可された射手によって個体数を減らすことができないならば，他の方法をとらなくてはならない。Wemmer & Stüve(1985)は，広い囲いのなかに閉じこめられたシカを減らす際の，追い集める方法の効果について報告している。また，510 haの植物園からシカを除去するための種々の方法についてその効果とコストが分析されている(Ishmael & Rongstad 1984)。これは，同じような管理の場面に直面している人達にとって有益である。概要は以下の通りである。つまり，餌で誘引しておいたシカを撃つという方法はすべての方法の中で最も効率的(1頭当たり13.5時間)であるが，生きたままシカを除去するためには，麻酔銃による麻酔が最も効率的(1頭当たり20.5時間)である。総費用は，撃ち殺す場合が1頭当たり74ドルで，生きたまま除去する場合には1頭当たり412ドルである。Jones & Witham(1990)によれば，移送放逐後のシカの最初の1年間の死亡率は50%であり，このことは都市部のシカ個体群の生物学的および社会学的要素が評価される場合には，考慮しなければならない重要なことである。

Porter(1991)は，アメリカ合衆国東部諸州の国立公園のような地域で，高密度のオジロジカを管理する場合の一般的な選択肢について，そのコストと生態学的影響および成功の可能性について比較した。野外試験は実施されていないものの，軋轢が最も深刻なところではシカの家族単位での選択的除去が有効な妥協案である。モデルによれば，12〜20頭を一度に除去すると，およそ400 haのエリアでは10〜15年間個体数の減少に効果がある。この個体数コントロールは，メスジカの季節移動が毎年同じように繰り返されることを利用した方法である。加えて言うならば，管理を実り多いものにするためには，長期的な目標と短期的な目的との違いを明確にする必要がある。

カナダガン

現在，カナダガンに関しては，都市環境に1年中生息しているものも，1年のうちのある期間のみ生息している個体群も管理の対象としている。例えばアメリカ合衆国東部諸州のゴルフコースの調査の結果，一帯に生息するガンのうち42%がフェアウェイにいて，そのうち62%が被害を出していた(Conover & Chasko 1985)。同じ調査で，大西洋側の中央部の州では一つのゴルフコースに平均250羽がいることが報告されている。アメリカ国内全体でみると，数百羽のカナダガンが都市環境に生息し，大きな群れはシアトル，デンバー，ミネアポリス，シカゴ，ボストン，ナッシュビルにいる(Nelson & Oetting 1981)。

被害防除として，Conover(1985)はメチオカーブを芝に吹きつけた。メチオカーブは，これで処理した草を食べたガンに吐き気を催させる非致死的な化学薬品である。噴霧したエリアでは，処理後8週間でガンの利用は71%に減少した。1 ha当たり110ドルというコストは，多くのゴルフ場支配人には許容できる金額である。しかし，メチオカーブがアメリカ環境保護局の認可を得るまでに，生物学者は被害を出しているガンを捕獲し除去するために膨大な費用を必要とするに違いない。その上，移送した鳥のいくらか，または全てが元の場所に戻ってくる。若鳥の多くは捕獲地点から少なくとも32 km離れた所に放鳥すると戻ってはこないが，メスの成鳥は特に帰着する傾向が強い。(Cooper 1987)。

被害を出したガンの移送に関する最新の助言には以下のことがある。

① 捕獲地点から少なくとも800 km離れたところ，できれば南方が望ましい，に放鳥する。
② 放鳥地点は，狩猟によってガン個体群がコントロール

されているところか，狩猟が期待できないときは不妊化できるところ，そして作物の被害が発生しにくいところにする。

③病気や異常な個体は，放す前に淘汰する。(U.S. Fish & Wildlife Service, release 5-1, Adm. Man., Reg. 5, Newton Center, Mass., 1980)。

もっと直接的なコントロールの方法として，都市部の巣にある卵を破壊するという方法があるが，この方法は一部の住民の反発を受けるかもしれない。卵を腐らせたり，プラスティック製の卵に置き換えるといったより人目につかない方法は効果的であり，多くの巣の位置がわかっていて野外調査者に受け入れられるならば，より許容できる方法である。実際，どのような方法でも，実際に公的機関によって実施される前に地方自治体会議(たとえば市議会)に提案して許可を得る必要がある。このような手順をきちんと踏んで決定された管理方針は受け入れられやすく，無用の混乱を避けることができる。

❏ 有益な情報源

個人の，または研究所の図書館に都市野生動物に関する情報を増強したいならば，Dove(1985)の総合的で分類別にまとめた目録を調べるべきである。最新の研究や管理の知見について知りたければ，「The Journal of Wildlife Management」誌，「Wildlife Society Bulletin」誌，「Landscape and Urban Planning」誌，「Transaction of the North American Wildlife and Natural Resources Conference」誌，「Environmental Management」誌，「Ecological Applications」誌，「Biological Consevation Natural Areas Jounal」誌などのような科学雑誌を調べた方がいいだろう。イギリスの季刊誌「Urban Wildlife News」(Nature Conservancy Council, Northminster House, Peterborough, U.K. PE1 1UA)には，野生生物(動物，植物)の研究や保護に関する地域の取り組みについて書かれている。また，しばしば地域的な規模での，都市生態学の多くの視点に基づく研究や報告の要約はDawe(1990)によって編集されている。都市の社会的，政治的そして経済的視点については「Urban affairs Quarterly」誌，「Urban Studies」誌，「Jounal of Urban Affairs」誌を参考にするとよい。

10921 Trotting Ridge Way, Columbia, MD 21044にある全米都市野生生物研究所(National Institute for Urban Wildlife：以前の都市野生生物研究センターUrban Wildlife Research Center)のスタッフは，多くの科学的な刊行物を発行している。この中で都市野生動物に関する報告書を見ると，以前のそして現在のスタッフであるL.W.AdamsやL.E.Dove, T.M.Franklin, D.L.Leedyらの多くの文献が引用されている。この研究機関の季刊誌「Urban Wildlife News」と増刊号の「The Urban Wildlife Manager's Notebook」は，最新で有益な情報を提供している。

現在，多くの州の保護担当部局では，パートタイムのこともあるが，都市野生動物担当者をおいている。全米オーデュボン協会(National Audubon Society)，自然保護機構(The Nature Conservancy)，全米野生生物連盟(National Wildlife Federation)等の団体のオフィスは，文献や有益な補助的情報の提供を行っている。

教育者，学生，雇用主は，Tylka et al.(1987)を見れば，都市野生動物学者になるための資格や訓練，経験についてのガイドランを得ることができる。最近では，コロラド州立大学(フォートコリンズ校)とニューヨーク州立大学(シラキュース校)に都市野生動物に関すコースが開設された。資源管理者，特に都市管理者は広範囲にわたる決定を下さなければならない場面に直面することが多いため，適任の人材を育てるカリキュラムには，生物学の基礎的な科目と同様に環境の価値や倫理についての科目も含まれる(Lemons 1989)。

被害問題に関与する管理者は，この問題に関する一般的な文献を調べることから始めるべきである。有害な脊椎動物および無脊椎動物に関する経済的，倫理的および衛生面等の論点に関する総合的な分析は，都市の有害生物管理委員会(Committee on Urban Pest management)，環境研究会議(Environmental Studies Board)，全国学術研究協議会の自然資源委員会(Commission on Natural Resources of the National Research Council：NRC)でなされている(National Reserch Council 1980)。NRCの報告書には，屋内の有害無脊椎動物とそれから引き起こされる人間の疾病について詳細に記載されている。進行中のシリーズ有害脊椎動物コントロール(Vertebrate Pest Control：カリフォルニア大学)には，都市や都市近郊に適用できる技術やその実用性が書かれていることが多い。グレートプレーンズ地方野生動物被害防除研究会(The Great Plains Wildlife Damage Control Workshop, 例えばUresk et al. 1988)には，都市で発生する問題に関する有益な提案が載っている。また，東部獣害防除会議(Eastern Animal damage control Conferens)の要旨集も有益

である(Decker 1984, Bromley 1985, holler 1987, Craven 1989, Curtis et al.)。これら関連する情報を一つに取りまとめた最もよい一つの情報源は，Timm(1983)が編集した野生動物被害の予防と防除(Prevention and Control of Wildlife damage)である。これは頻繁に改訂されている。州や群の共同公開オフィス制度は，有益な文献や提案を提供していることが多い。種別のデータ表は農務省獣害防除局の州事務所で入手できる。再度述べるが，やっかいな野生動物の対処法を選択する際には，有害動物と人間の安全性に関する連邦や州そして地域の制限やガイドラインに従わなければならない。

参考文献

ADAMS, C. E., J. K. THOMAS, P. C. LIN, AND B. WEISER. 1987a. Urban high school students' knowledge of wildlife. Pages 83–86 in L. W. Adams and D. L. Leedy, eds. Integrating man and nature in the metropolitan environment. Natl. Inst. Urban Wildl., Columbia, Md.

ADAMS, L. W. 1988. Some recent advances in urban wildlife research and management. Proc. Southeast. Nongame Endangered Wildl. Symp. 3:213–224.

———, AND L. E. DOVE. 1989. Wildlife reserves and corridors in the urban environment. A guide to ecological landscape planning and resource conservation. Natl. Inst. Urban Wildl., Columbia, Md. 91pp.

———, ———, AND T. M. FRANKLIN. 1985. Mallard pair and brood use of urban stormwater-control impoundments. Wildl. Soc. Bull. 13:46–51.

———, ———, AND D. L. LEEDY. 1984. Public attitudes toward urban wetlands for stormwater control and wildlife enhancement. Wildl. Soc. Bull. 12:299–303.

———, T. M. FRANKLIN, L. E. DOVE, AND J. M. DUFFIELD. 1986. Design considerations for wildlife in urban stormwater management. Trans. North Am. Wildl. Nat. Resour. Conf. 51:249–259.

———, AND D. L. LEEDY, EDITORS. 1987. Integrating man and nature in the metropolitan environment. Natl. Inst. Urban Wildl., Columbia, Md. 249pp.

———, AND ———, EDITORS. 1991. Wildlife conservation in metropolitan environments. Natl. Inst. Urban Wildl., Columbia, Md. 264pp.

———, ———, AND W. C. McCOMB. 1987b. Urban wildlife research and education in North American colleges and universities. Wildl. Soc. Bull. 15:591–595.

ALDRICH, J. W., AND R. W. COFFIN. 1980. Breeding bird populations from forest to suburbia after thirty-seven years. Am. Birds 34:3–7.

ANDREWS, S. G., G. DICKENS, AND R. MILLER. 1986. Urbanization and pronghorn antelope. Pages 172–174 in K. Stenberg and W. W. Shaw, eds. Wildlife conservation and new residential developments. Univ. Arizona School Renewable Nat. Resour., Tucson.

ANDREWS, W. A., AND J. L. CRANMER-BYNG. 1981. Urban natural areas: ecology and preservation. Univ. Toronto Inst. Environ. Stud., Environ. Monogr. 2. 215pp.

ANKNEY, C. D., AND J. HOPKINS. 1985. Habitat selection by roof-nesting killdeer. J. Field Ornithol. 56:284–286.

ANTHONY, J. A., J. E. CHILDS, G. E. GLASS, G. W. KORCH, L. ROSS, AND J. K. GRIGOR. 1990. Land use associations and changes in population indices of urban raccoons during a rabies epizootic. J. Wildl. Dis. 26:170–179.

ARNOLD, R. A., AND A. E. GOINS. 1987. Habitat enhancement techniques for the El Segundo blue butterfly: an urban endangered species. Pages 173–181 in L. W. Adams and D. L. Leedy, eds. Integrating man and nature in the metropolitan environment. Natl. Inst. Urban Wildl., Columbia, Md.

ATKINSON, K. T., AND D. M. SHACKLETON. 1991. Coyote Canis latrans ecology in a rural-urban environment. Can. Field-Nat. 105:49–54.

BAKER, J. A., AND R. J. BROOKS. 1981. Raptor and vole populations at an airport. J. Wildl. Manage. 45:390–396.

BARKER, G. M. A. 1987. European approaches to urban wildlife programs. Pages 183–190 in L. W. Adams and D. L. Leedy, eds. Integrating man and nature in the metropolitan environment. Natl. Inst. Urban Wildl., Columbia, Md.

BASCIETTO, J. J., AND L. W. ADAMS. 1983. Frogs and toads of stormwater management basins in Columbia, Maryland. Bull. Md. Herpetol. Soc. 19:58–60.

BATTEN, L. A. 1972. Breeding bird species diversity in relation to increasing urbanisation. Bird Study 19:157–166.

BECK, A. M. 1973. The ecology of stray dogs: a study of free-ranging urban animals. York Press, Baltimore, Md. 98pp.

———. 1974. The ecology of urban dogs. Pages 57–59 in J. H. Noyes and D. R. Progulske, eds. A symposium on wildlife in an urbanizing environment. Univ. Massachusetts Coop. Ext. Serv., Amherst.

BEISSINGER, S. R., AND D. R. OSBORNE. 1982. Effects of urbanization on avian community organization. Condor 84:75–83.

BENDELL, J. F. S., AND J. B. FALLS. 1981. Wildlife. Pages 153–166 in W. A. Andrews and J. L. Cranmer-Byng, eds. Urban natural areas: ecology and preservation. Univ. Toronto Press, Toronto, Ont.

BEZZEL, E. 1985. Birdlife in intensively used rural and urban environments. Ornis Fenn. 62:90–95.

BIGLER, L. L. 1990. Selected zoonoses of a suburban raccoon (Procyon lotor) population located in Islip, (Suffolk County) N.Y. M.S. Thesis, State Univ. New York, Syracuse. 89pp.

BISSELL, S. J., K. DEMAREST, AND D. L. SCHRUPP. 1987. The use of zoning ordinances in the protection and development of wildlife habitat. Pages 37–42 in L. W. Adams and D. L. Leedy, eds. Integrating man and nature in the metropolitan environment. Natl. Inst. Urban Wildl., Columbia, Md.

BOLEN, E. G. 1991. Analogs: a concept for the research and management of urban wildlife. Landscape Urban Plann. 20:285–289.

BORNKAMM, R., J. A. LEE, AND M. R. D. SEAWARD, EDITORS. 1982. Urban ecology: the second European ecological symposium (Berlin, 8–12 September 1980). Blackwell Sci. Publ., Boston, Mass. 370pp.

BOUDREAU, G. W. 1975. How to win the war with pest birds. Wildl. Technol., Hollister, Calif. 174pp.

BRITTINGHAM, M. C., AND S. A. TEMPLE. 1986. A survey of avian mortality at winter feeders. Wildl. Soc. Bull. 14:445–450.

———, AND ———. 1992. Use of winter bird feeders by black-capped chickadees. J. Wildl. Manage. 56:103–110.

BROCKE, R. H. 1977. What future for wildlife management in an urbanizing society? Trans. Northeast. Fish Wildl. Conf. 34:71–79.

BROMLEY, P. T., EDITOR. 1985. Proc. Second Eastern Wildlife Damage Control Conf., Raleigh, N.C. 281pp.

BROWN, T. L., C. P. DAWSON, AND R. L. MILLER. 1979. Interests and attitudes of metropolitan New York residents about wildlife. Trans. North Am. Wildl. Nat. Resour. Conf. 44:289–297.

BURLEY, J. B., AND R. B. MARTIN. 1986. A study to determine variation in homeowner preference for naturalistic landscapes and tolerance of wildlife at a residential townhome community utilizing residential landscape composition as a preference indicator. Pages 56–65 in K. Stenberg and W. W. Shaw, eds. Wildlife conservation and new developments. Univ. Arizona School Renewable Nat. Resour., Tucson.

BURNS, J., K. STENBERG, AND W. W. SHAW. 1986. Critical and sensitive wildlife habitats in Tucson, Arizona. Pages 144–150 in K. Stenberg and W. W. Shaw, eds. Wildlife conservation and new developments. Univ. Arizona School Renewable Nat. Resour., Tucson.

CALHOON, R. E., AND C. HASPEL. 1989. Urban cat populations compared by season, subhabitat and supplemental feeding. J. Anim. Ecol. 58:321–328.

CAMPBELL, C. A. 1974. Survival of reptiles and amphibia in urban environments. Pages 61–66 in J. H. Noyes and D. R. Progulske, eds. A symposium on wildlife in an urbanizing environment. Univ. Massachusetts Coop. Ext. Serv., Amherst.

CHILDS, J. E. 1986. Size-dependent predation on rats (Rattus norvegicus) by house cats (Felis catus) in an urban setting. J. Mammal. 67:196–199.

———, AND L. ROSS. 1986. Urban cats: characteristics and estimation

of mortality due to motor vehicles. Am. J. Vet. Res. 47:1643–1648.
CHURCHER, P. B., AND J. H. LAWTON. 1987. Predation by domestic cats in an English village. J. Zool. (Lond.) 212:439–455.
CICERO, C. 1989. Avian community structure in a large urban park: controls of local richness and diversity. Landscape Urban Plann. 17:221–240.
CONNELLY, N. A., D. J. DECKER, AND S. WEAR. 1987. Public tolerance of deer in a suburban environment: a case history. Proc. East. Wildl. Damage Control Conf. 3:207–218.
CONNER, R. N. 1988. Wildlife populations: minimally viable or ecologically functional? Wildl. Soc. Bull. 16:80–84.
CONOVER, M. R. 1985. Alleviating nuisance Canada goose problems through methiocarb-induced aversive conditioning. J. Wildl. Manage. 49:631–636.
———. 1987. The urban-suburban Canada goose: an example of short-sighted management? Proc. East. Wildl. Damage Control Conf. 3:346.
———, AND G. G. CHASKO. 1985. Nuisance Canada goose problems in the eastern United States. Wildl. Soc. Bull. 13:228–233.
———, AND G. S. KANIA. 1988. Browsing preference of white-tailed deer for different ornamental species. Wildl. Soc. Bull. 16:175–179.
COOK, R. P., AND C. A. PINNOCK. 1987. Recreating a herpetofaunal community at Gateway National Recreation Area, New York. Pages 151–154 in L. W. Adams and D. L. Leedy, eds. Integrating man and nature in the metropolitan environment. Natl. Inst. Urban Wildl., Columbia, Md.
COOPER, J. A. 1987. The effectiveness of translocation control of Minneapolis-St. Paul Canada goose populations. Pages 169–171 in L. W. Adams and D. L. Leedy, eds. Integrating man and nature in the metropolitan environment. Natl. Inst. Urban Wildl., Columbia, Md.
———. 1991. Canada goose management at the Minneapolis-St. Paul International Airport. Pages 175–183 in L. W. Adams and D. L. Leedy, eds. Wildlife conservation in metropolitan environments. Natl. Inst. Urban Wildl., Columbia, Md.
CRAVEN, S. R. 1983. Cottontail rabbits. Pages D69–D74 in R. M. Timm, ed. Prevention and control of wildlife damage. Great Plains Agric. Counc. and Nebraska Coop. Ext. Serv., Lincoln.
———, EDITOR. 1989. Proc. Fourth Eastern Wildlife Damage Control Conf., Madison, Wis. 258pp.
CURTIS, P. D., M. J. FARGIONE, AND J. E. CASLICK, EDITORS. 1992. Proc. Fifth Eastern Wildlife Damage Control Conf., Ithaca, N.Y. 225pp.
CYPHER, B. L., R. H. YAHNER, AND E. A. CYPHER. 1988. Seasonal food use by white-tailed deer at Valley Forge National Historical Park, Pennsylvania, USA. Environ. Manage. 12:237–242.
DAGG, A. I. 1970. Wildlife in an urban area. Nat. Can. 97:201–212.
DANIELS, T. J., AND M. BEKOFF. 1989. Population and social biology of free-ranging dogs, *Canis familiaris*. J. Mammal. 70:754–762.
DAWE, G. F. M. 1990. The urban environment—a sourcebook for the 1990s. Cent. Urban Ecol., Birmingham, U.K. 636pp.
DECKER, D. J., EDITOR. 1984. Proc. First Eastern Wildlife Damage Control Conf., Ithaca, N.Y. 379pp.
———. 1987. Management of suburban deer: an emerging controversy. Proc. East. Wildl. Damage Control Conf. 3:344–345.
———, AND T. A. GAVIN. 1985. Public tolerance of a suburban deer herd: implications for control. Proc. East. Wildl. Damage Control Conf. 2:192–204.
———, AND ———. 1987. Public attitudes toward a suburban deer herd. Wildl. Soc. Bull. 15:173–180.
———, AND G. R. GOFF, EDITORS. 1987. Valuing wildlife. Westview Press, Boulder, Colo. 424pp.
———, AND K. G. PURDY. 1988. Toward a concept of wildlife acceptance capacity in wildlife management. Wildl. Soc. Bull. 16:53–57.
DEGRAAF, R. M. 1986. Urban bird habitat relationships: application to landscape design. Trans. North Am. Wildl. Nat. Resour. Conf. 51:232–248.
———. 1987. Urban wildlife habitat research—application to landscape design. Pages 107–111 in L. W. Adams and D. L. Leedy, eds. Integrating man and nature in the metropolitan environment. Natl. Inst. Urban Wildl., Columbia, Md.
———. 1989. Territory sizes of song sparrows, *Melospiza melodia*, in rural and suburban habitats. Can. Field-Nat. 103:43–47.
———, AND J. M. WENTWORTH. 1981. Urban bird communities and habitats in New England. Trans. North Am. Wildl. Nat. Resour. Conf. 46:396–413.
———, AND ———. 1986. Avian guild structure and habitat associations in suburban bird communities. Urban Ecol. 9:399–412.
———, AND G. M. WITMAN. 1979. Trees, shrubs, and vines for attracting birds. A manual for the Northeast. Univ. Massachusetts Press, Amherst. 194pp.
DENNIS, J. V. 1985. The wildlife gardener. Alfred E. Knopf Publ., New York, N.Y. 293pp.
———. 1989. Summer bird feeding. Audubon Workshop, Northbrook, Ill. 136pp.
DIAMANT, R., J. G. EUGSTER, AND C. J. DUERKSEN. 1984. A citizen's guide to river conservation. The Conserv. Found., Washington, D.C. 113pp.
DICKMAN, C. R. 1986. A method for censusing small mammals in urban habitats. J. Zool. Ser. A (Lond.) 210:631–636.
———. 1987. Habitat fragmentation and vertebrate species richness in an urban environment. J. Appl. Ecol. 24:337–351.
———, AND C. P. DONCASTER. 1987. The ecology of small mammals in urban habitats. I. Populations in a patchy environment. J. Anim. Ecol. 56:629–640.
DIEHL, J., AND T. S. BARRETT. 1988. The conservation easement handbook: managing land conservation and historic preservation easement programs. Land Trust Exchange, Alexandria, Va. 269pp.
DILLMAN, D. A. 1978. Mail and telephone surveys: the total design method. John Wiley & Sons, New York, N.Y. 325pp.
DONCASTER, C. P., C. R. DICKMAN, AND D. W. MACDONALD. 1990. Feeding ecology of red foxes (*Vulpes vulpes*) in the city of Oxford, England. J. Mammal. 71:188–194.
DOUGLAS, I. 1983. The urban environment. Edward Arnold Publ., Baltimore, Md. 229pp.
DOVE, L. E. 1985. A guide to developing an urban wildlife library. Urban Wildlife Manager's Notebook 8. Natl. Inst. Urban Wildl., Columbia, Md. 11pp.
DUNKLE, F. H. 1987. Urban wildlife and the Fish and Wildlife Service: meeting a growing challenge. Pages 5–7 in L. W. Adams and D. L. Leedy, eds. Integrating man and nature in the metropolitan environment. Natl. Inst. Urban Wildl., Columbia, Md.
EMERY, M. 1986. Promoting nature in cities and towns: a practical guide. Croom Helm Ltd., London, U.K. 396pp.
EULER, D. L., F. GILBERT, AND G. MCKEATING, EDITORS. 1975. Proc. symp. wildlife in urban Canada. Univ. Guelph, Guelph, Ont. 134pp.
FAETH, S. H., AND T. C. KANE. 1978. Urban biogeography: city parks as islands for Diptera and Coleoptera. Oecologia 32:127–133.
FEIGLEY, H. P. 1992. The ecology of the raccoon in suburban Long Island, N.Y., and its relation to soil contamination with *Baylisascaris procyonis* ova. Ph.D. Thesis, State Univ. New York, Syracuse. 139pp.
FIGLEY, W. K., AND L. W. VANDRUFF. 1982. The ecology of urban mallards. Wildl. Monogr. 81. 40pp.
FLYGER, V. 1974. Tree squirrels in urbanizing environments. Pages 121–124 in J. H. Noyes and D. R. Progulske, eds. A symposium on wildlife in an urbanizing environment. Univ. Massachusetts Coop. Ext. Serv., Amherst.
———, D. L. LEEDY, AND T. M. FRANKLIN. 1984. Wildlife damage control in eastern cities and suburbs. Proc. East. Wildlife Damage Control Conf. 1:27–32.
FORMAN, R. T. T., A. E. GALLI, AND C. F. LECK. 1976. Forest size and avian diversity in New Jersey woodlots with some land-use implications. Oecologia 26:1–8.
———, AND M. GODRON. 1986. Landscape ecology. John Wiley & Sons, New York, N.Y. 619pp.
FROKE, J. B. 1986. Managing wildlife and development on the suburban/wildland edge in southern California. Pages 92–99 in K. Stenberg and W. W. Shaw, eds. Wildlife conservation and new developments. Univ. Arizona School Renewable Nat. Resour., Tucson.
GANO, R. D., JR., AND J. A. MOSHER. 1983. Artificial cavity construction—an alternative to nest boxes. Wildl. Soc. Bull. 11:74–76.
GEGGIE, J. F., AND M. B. FENTON. 1985. A comparison of foraging by *Eptesicus fuscus* (Chiroptera: Vespertilionidae) in urban and rural environments. Can. J. Zool. 63:263–266.
GEHLBACH, F. R. 1988. Population and environmental features that promote adaptation to urban ecosystems: the case of eastern screech-

owls (*Otus asio*) in Texas. Proc. Int. Ornithol. Congr. 19:1809–1813.

GEIS, A. D. 1975. Urban planning and urban wildlife: a case study of a planned city near Washington, D.C. Pages 79–81 *in* D. L. Euler, F. Gilbert, and G. McKeating, eds. Proc. symp. wildlife in urban Canada. Univ. Guelph, Guelph, Ont.

―――. 1976*a*. Bird populations in a new town. Atl. Nat. 31:141–146.

―――. 1976*b*. Effects of building designs and quality on nuisance bird problems. Proc. Vertebr. Pest Conf. 7:51–53.

―――. 1980*a*. Breeding and wintering bird populations at Cylburn and vicinity before the construction of Cold Spring Town. Atl. Nat. 33:5–8.

―――. 1980*b*. Relative attractiveness of different foods at wild bird feeders. U.S. Fish Wildl. Serv. Spec. Sci. Rep. Wildl. 233. 11pp.

―――. 1986. Wildlife habitat considerations in Columbia, Maryland and vicinity. Pages 97–99 *in* K. Stenberg and W. W. Shaw, eds. Wildlife conservation and new developments. Univ. Arizona School Renewable Nat. Resour., Tucson.

GENNARO, A. L. 1988. Breeding biology of an urban population of Mississippi kites in New Mexico. Pages 188–190 *in* R. L. Glinski, ed. Proc. Southwest raptor management symposium and workshop. Natl. Wildl. Fed. Sci. Tech. Ser. 11.

GILBERT, F. F. 1982. Public attitudes toward urban wildlife: a pilot study in Guelph, Ontario. Wildl. Soc. Bull. 10:245–253.

GOLDSTEIN, E. L., M. GROSS, AND R. M. DEGRAAF. 1983. Wildlife and greenspace planning in medium-scale residential developments. Urban Ecol. 7:201–214.

―――, ―――, AND ―――. 1986. Breeding birds and vegetation: a quantitative assessment. Urban Ecol. 9:377–385.

GOTFRYD, A., AND R. I. C. HANSELL. 1986. Prediction of bird-community metrics in urban woodlots. Pages 321–326 *in* J. Verner, M. L. Morrison, and C. J. Ralph, eds. Wildlife 2000: modeling habitat relationships of terrestrial vertebrates. Univ. Wisconsin Press, Madison.

GUSTAFSON, E. J., AND L. W. VANDRUFF. 1990. Behavior of black and gray morphs of *Sciurus carolinensis* in an urban environment. Am. Midl. Nat. 123:186–192.

HADIDIAN, J., D. MANSKI, V. FLYGER, C. COX, AND G. HODGE. 1987. Urban gray squirrel damage and population management: a case history. Proc. East. Wildl. Damage Control Conf. 3:219–227.

―――, ―――, AND S. RILEY. 1991. Daytime resting site selection in an urban raccoon population. Pages 39–45 *in* L. W. Adams and D. L. Leedy, eds. Wildlife conservation in metropolitan environments. Natl. Inst. Urban Wildl., Columbia, Md.

HARDIN, J. W. 1977. A study of human and waterfowl usage of urban ponds in the vicinity of Syracuse, N.Y. M.S. Thesis, State Univ. New York, Syracuse. 124pp.

HARRIS, H. J., JR., J. A. LADOWSKI, AND D. J. WORDEN. 1981. Water-quality problems and management of an urban waterfowl sanctuary. J. Wildl. Manage. 45:501–507.

HARRIS, L. D. 1984. The fragmented forest: island biogeography theory and the preservation of biotic diversity. Univ. Chicago Press, Chicago, Ill. 211pp.

―――, AND P. KANGAS. 1988. Reconsideration of the habitat concept. Trans. North Am. Wildl. Nat. Resour. Conf. 53:137–144.

HARRIS, S. 1981. An estimation of the number of foxes (*Vulpes vulpes*) in the city of Bristol, and some possible factors affecting their distribution. J. Appl. Ecol. 18:455–465.

―――. 1986. Urban foxes. Whittet Books, London, U.K. 128pp.

―――, AND J. M. V. RAYNER. 1986. Urban fox (*Vulpes vulpes*) population estimates and habitat requirements in several British cities. J. Anim. Ecol. 55:575–591.

HASPEL, C., AND R. E. CALHOON. 1989. Home ranges of free-ranging cats (*Felis catus*) in Brooklyn, New York. Can. J. Zool. 67:178–181.

―――, AND ―――. 1993. Activity patterns of free-ranging cats in Brooklyn, New York. J. Mammal. 74:1–8.

HENCH, J. E., V. FLYGER, R. GIBBS, AND K. VAN NESS. 1985. Predicting the effects of land-use changes on wildlife. Trans. North Am. Wildl. Nat. Resour. Conf. 50:345–351.

―――, K. V. NESS, AND R. GIBBS. 1987. Development of a natural resources planning and management process. Pages 29–35 *in* L. W. Adams and D. L. Leedy, eds. Integrating man and nature in the metropolitan environment. Natl. Inst. Urban Wildl., Columbia, Md.

HENDERSON, C. L. 1984. Woodworking for wildlife: homes for birds and mammals. Minnesota Dep. Nat. Resour., St. Paul. 48pp.

―――. 1987. Landscaping for wildlife. Minnesota Dep. Nat. Resour., St. Paul. 145pp.

HENDRIX, W. G., J. G. FABOS, AND J. E. PRICE. 1988. An ecological approach to landscape planning using geographic information system technology. Landscape Urban Plann. 15:211–225.

HEUSMANN, H W. 1981. Movements and survival rates of park mallards. J. Field Ornithol. 52:214–221.

―――. 1983. Mallards in the park—contribution to the harvest. Wildl. Soc. Bull. 11:169–171.

―――, AND R. BURRELL. 1984. Park waterfowl populations in Massachusetts. J. Field Ornithol. 55:89–96.

HOFFMANN, C. O., AND J. L. GOTTSCHANG. 1977. Numbers, distribution, and movements of a raccoon population in a suburban residential community. J. Mammal. 58:623–636.

HOLLER, N. R., EDITOR. 1987. Proc. Third Eastern Wildlife Damage Control Conf., Gulf Shores, Ala. 362pp.

HOUCK, M. C. 1987. Urban wildlife habitat inventory: the Willamette River Greenway, Portland, Oregon. Pages 47–51 *in* L. W. Adams and D. L. Leedy, eds. Integrating man and nature in the metropolitan environment. Natl. Inst. Urban Wildl., Columbia, Md.

HOWARD, D. V. 1974. Urban robins: a population study. Pages 67–75 *in* J. H. Noyes and D. R. Progulske, eds. A symposium on wildlife in an urbanizing environment. Univ. Massachusetts Coop. Ext. Serv., Amherst.

HOWELL, R. R., JR. 1982. Habitat use in an urban residential area by the gray squirrel. M.S. Thesis, State Univ. New York, Syracuse. 42pp.

INGRALDI, M. F. 1992. The ecology of red-tailed hawks in an urban/suburban environment. M.S. Thesis, State Univ. New York, Syracuse. 78pp.

ISHMAEL, W. E., AND O. J. RONGSTAD. 1984. Economics of an urban deer-removal program. Wildl. Soc. Bull. 12:394–398.

JACKSON, J. B., AND F. R. STEINER. 1985. Human ecology for land-use planning. Urban Ecol. 9:177–194.

JODICE, P. G. R., AND S. R. HUMPHREY. 1992. Activity and diet of an urban population of Big Cypress fox squirrels. J. Wildl. Manage. 56:685–692.

JOHNSEN, A. M., III. 1982. Urban habitat use by house sparrows, rock doves, and starlings. M.S. Thesis, State Univ. New York, Syracuse. 75pp.

―――, AND L. W. VANDRUFF. 1987. Summer and winter distribution of introduced bird species and native bird species richness within a complex urban environment. Pages 123–127 *in* L. W. Adams and D. L. Leedy, eds. Integrating man and nature in the metropolitan environment. Natl. Inst. Urban Wildl., Columbia, Md.

JOHNSON, C. W. 1986. The Ogden Nature Center: a case study in site rehabilitation to improve wildlife habitat with implications for new residential development. Pages 175–181 *in* K. Stenberg and W. W. Shaw, eds. Wildlife conservation and new developments. Univ. Arizona School Renewable Nat. Resour., Tucson.

JONES, J. M., AND J. H. WITHAM. 1990. Post-translocation survival and movements of metropolitan white-tailed deer. Wildl. Soc. Bull. 18:434–441.

JORDAN, W. R., III, R. L. PETERS, II, AND E. B. ALLEN. 1988. Ecological restoration as a strategy for conserving biological diversity. Environ. Manage. 12:55–72.

KAPLAN, R. 1984. Impact of urban nature: a theoretical analysis. Urban Ecol. 8:189–197.

KARSTAD, L. 1975. Disease problems of urban wildlife. Pages 69–78 *in* D. L. Euler, F. Gilbert, and G. McKeating, eds. Proc. symp. wildlife in urban Canada. Univ. Guelph, Guelph, Ont.

KAZACOS, K. R. 1985. Raccoon roundworms (*Baylisascaris procyonis*)—a cause of animal and human disease. Environ. Rev. 29:15–25.

KELLERT, S. R. 1984. Urban American perceptions of animals and the natural environment. Urban Ecol. 8:209–228.

―――, AND J. K. BERRY. 1987. Attitudes, knowledge, and behaviors toward wildlife as affected by gender. Wildl. Soc. Bull. 15:363–371.

―――, AND M. O. WESTERVELT. 1983. Children's attitudes, knowl-

edge, and behaviors toward animals. Phase V of the study, "American attitudes, knowledge, and behaviors toward wildlife and natural habitats." U.S. Fish Wildl. Serv., Washington, D.C. 202pp.
KIERAN, J. 1959. A natural history of New York City. Houghton Mifflin Co., Boston, Mass. 428pp.
KIRKPATRICK, C. M., EDITOR. 1978. Wildlife and people. Proc. 1978 John S. Wright Forestry Conf., Purdue Univ., West Lafayette, Ind. 191pp.
KLEM, D., JR. 1990. Collisions between birds and windows: mortality and prevention. J. Field Ornithol. 61:120–128.
KNIGHT, R. L., D. J. GROUT, AND S. A. TEMPLE. 1989. Nest-defense behavior of the American crow in urban and rural areas. Condor 89:175–177.
KRESS, S. W. 1985. The Audubon guide to attracting birds. Charles Scribner's Sons, New York, N.Y. 377pp.
KUSER, J. E., AND J. E. APPLEGATE. 1985. Princeton Township: the history of a no-discharge ordinance's effect on deer and people. Trans. Northeast Sect., The Wildl. Soc. 41:150–155.
KUSLER, J. A., AND M. E. KENTULA, EDITORS. 1990. Wetland creation and restoration—the status of the science. Island Press, Covelo, Calif. 594pp.
LAURIE, I. C. 1979. Nature in cities. The natural environment in the design and development of urban green space. John Wiley & Sons, New York, N.Y. 428pp.
LEEDY, D. L. 1979. An annotated bibliography on planning and management for urban-suburban wildlife. U.S. Fish Wildl. Serv., Washington, D.C. 256pp.
―――, AND L. W. ADAMS. 1984. A guide to urban wildlife management. Natl. Inst. Urban Wildl., Columbia, Md. 42pp.
―――, R. M. MAESTRO, AND T. M. FRANKLIN. 1978. Planning for wildlife in cities and suburbs. U.S. Fish Wildl. Serv. Off. Biol. Serv., Washington, D.C. 64pp.
LEMONS, J. 1989. The need to integrate values into environmental curricula. Environ. Manage. 13:133–147.
LEOPOLD, A. S., AND M. F. DEDON. 1983. Resident mourning doves in Berkeley, California. J. Wildl. Manage. 47:780–789.
LEUSCHNER, W. A., V. P. RITCHIE, AND D. F. STAUFFER. 1989. Opinions on wildlife: responses of resource managers and wildlife users in the southeastern United States. Wildl. Soc. Bull. 17:24–29.
LOCKE, L. N. 1974. Diseases and parasites in urban wildlife. Pages 111–112 in J. H. Noyes and D. R. Progulske, eds. A symposium on wildlife in an urbanizing environment. Univ. Massachusetts Coop. Ext. Serv., Amherst.
LUNIAK, M. 1983. The avifauna of urban green areas in Poland and possibilities of managing it. Acta Ornithol. 19:3–61.
―――, AND B. PISARSKI, EDITORS. 1982. Animals in urban environment. Proc. Symp. Institute Zoology of the Polish Academy of Sciences. Zaklad Narodowy im. Ossolinskich, Wroclaw, Poland. 175pp.
LYNCH, J. F., AND D. F. WHIGHAM. 1984. Effects of forest fragmentation on breeding bird communities in Maryland, USA. Biol. Conserv. 28:287–324.
LYONS, J. R., AND D. L. LEEDY. 1984. The status of urban wildlife programs. Trans. North Am. Wildl. Nat. Resour. Conf. 49:233–251.
MACDONALD, D. W., AND M. T. NEWDICK. 1982. The distribution and ecology of foxes, *Vulpes vulpes* (L.), in urban areas. Pages 123–135 in R. Bornkamm, J. A. Lee, and M. R. D. Seaward, eds. Urban ecology. Blackwell Sci. Publ., Oxford, U.K.
MANSKI, D. A., L. W. VANDRUFF, AND V. FLYGER. 1981. Activities of gray squirrels and people in a downtown Washington, D.C. park: management implications. Trans. North Am. Wildl. Nat. Resour. Conf. 46:439–454.
MATTHEWS, M. J. 1986. New York State's Urban Wildlife Program with emphasis on urban wildlife education. Pages 43–45 in K. Stenberg and W. W. Shaw, eds. Wildlife conservation and new developments. Univ. Arizona School Renewable Nat. Resour., Tucson.
―――, S. O'CONNOR, AND R. S. COLE. 1988. Database for the New York State urban wildlife habitat inventory. Landscape Urban Plann. 15:23–37.
MATTHIAE, P. E., AND F. STEARNS. 1981. Mammals in forest islands in southeastern Wisconsin. Pages 55–66 in R. L. Burgess and D. M. Sharpe, eds. Forest island dynamics in man-dominated landscapes. Springer-Verlag, New York, N.Y.
MCCULLOUGH, D. R., AND R. H. BARRETT, EDITORS. 1992. Wildlife 2001: populations. Elsevier Appl. Sci., New York, N.Y. 1163pp.
MCPHERSON, E. G., AND C. NILON. 1987. A habitat suitability index model for gray squirrel in an urban cemetery. Landscape J. 6:21–30.
MEIER, K. E. 1983. Habitat use by opossums in an urban environment. M.S. Thesis, Oregon State Univ., Corvallis. 69pp.
MILLIGAN, D. A., AND K. J. RAEDEKE. 1986. Incorporation of a wetland into an urban residential development. Pages 162–171 in K. Stenberg and W. W. Shaw, eds. Wildlife conservation and new developments. Univ. Arizona School Renewable Nat. Resour., Tucson.
MILLS, G. S., J. B. DUNNING, JR., AND J. M. BATES. 1989. Effects of urbanization on breeding bird community structure in southwestern desert habitats. Condor 91:416–428.
MINOR, W. F., AND M. L. MINOR. 1981. Nesting of red-tailed hawks and great horned owls in central New York suburban areas. Kingbird 1981:68–76.
MITCHELL, W. A. 1988. Songbird nest boxes. Sect. 5.1.8, U.S. Army Corps Eng. Tech. Rep. EL-88-19. U.S. Army Waterways Exp. Stn., Vicksburg, Miss. 48pp.
MOLL, G., AND S. EBENRECK, EDITORS. 1989. Shading our cities: a resource guide for urban and community forests. Island Press, Washington, D.C. 333pp.
MOULTON, C. A., AND L. W. ADAMS. 1991. Effects of urbanization on foraging strategy of woodpeckers. Pages 67–73 in L. W. Adams and D. L. Leedy, eds. Wildlife conservation in metropolitan environments. Natl. Inst. Urban Wildl., Columbia, Md.
MURPHY, D. D. 1988. Challenges to biological diversity in urban areas. Pages 71–76 in E. O. Wilson, ed. BioDiversity. Natl. Acad. Press, Washington, D.C.
MURPHY, R. K., M. W. GRATSON, AND R. N. ROSENFIELD. 1988. Activity and habitat use by a breeding male Cooper's hawk in a suburban area. J. Raptor Res. 22:97–100.
NATIONAL RESEARCH COUNCIL. 1980. Urban pest management. A report of the Commission on Urban Pest Management, Committee on Natural Resources. Natl. Acad. Press, Washington, D.C. 273pp.
NELSON, H. K., AND R. B. OETTING. 1981. An overview of management of Canada geese and their recent urbanization. Int. Waterfowl Symp. 4:128–133.
NILON, C. H. 1986. Quantifying small mammal habitats along a gradient of urbanization. Ph.D. Thesis, State Univ. New York, Syracuse. 148pp.
―――, AND L. W. VANDRUFF. 1987. Analysis of small mammal community data and applications to management of urban greenspaces. Pages 53–59 in L. W. Adams and D. L. Leedy, eds. Integrating man and nature in the metropolitan environment. Natl. Inst. Urban Wildl., Columbia, Md.
NOYES, J. H., AND D. R. PROGULSKE, EDITORS. 1974. A symposium on wildlife in an urbanizing environment. Univ. Massachusetts Coop. Ext. Serv., Amherst. 182pp.
O'DONNELL, M. H. 1984. Wildlife problems, human attitudes and response to wildlife in Syracuse, N.Y. metropolitan area. M.S. Thesis, State Univ. New York, Syracuse. 116pp.
―――, AND L. W. VANDRUFF. 1984. Wildlife conflicts in an urban area: occurrence of problems and human attitudes toward wildlife. Proc. East. Wildl. Damage Control Conf. 1:315–323.
OLIPHANT, L. W. 1974. Merlins—the Saskatoon falcons. Blue Jay 32:140–147.
OPDAM, P., D. VAN DORP, AND C. J. F. TER BRAAK. 1984. The effect of isolation on the number of woodland birds in small woods in the Netherlands. J. Biogeography 11:473–478.
PLUMPTON, D. L., AND R. S. LUTZ. 1993. Influence of vehicular traffic on time budgets of nesting burrowing owls. J. Wildl. Manage. 57:612–616.
PORTER, W. F. 1991. White-tailed deer in eastern ecosystems: implications for management and research in national parks. U.S. Natl. Park Serv., Nat. Resour. Rep. 91/05. 57pp.
POSTOVIT, H. R., AND B. C. POSTOVIT. 1987. Impacts and mitigation techniques. Pages 183–213 in B. A. Giron Pendleton, B. A. Millsap, K. W. Cline, and D. M. Bird, eds. Raptor management techniques manual. Inst. Wildl. Res., Natl. Wildl. Fed., Washington, D.C.
POWELL, L. J. H. 1982. The occurrence and distribution of selected mammalian species and their interaction with residents in an urban area. M.S. Thesis, State Univ. New York, Syracuse. 113pp.

PROGULSKE, D. R., AND D. L. LEEDY. 1986. Urban wildlife management: the challenge at home. Trans. North Am. Wildl. Nat. Resour. Conf. 51:567–572.

PUDELKEWICZ, P. J. 1981. Visual response to urban wildlife habitat. Trans. North Am. Wildl. Nat. Resour. Conf. 46:381–389.

REESE, K. P., AND J. T. RATTI. 1988. Edge effect: a concept under scrutiny. Trans. North Am. Wildl. Nat. Resour. Conf. 53:127–136.

RIDLEHUBER, K. T., AND J. W. TEAFORD. 1986. Wood duck nest boxes. Sect. 5.1.2, U.S. Army Corps Eng. Tech. Rep. EL-86-12. U.S. Army Waterways Exp. Stn., Vicksburg, Miss. 21pp.

ROBBINS, C. S. 1984. Management to conserve forest ecosystems. Pages 101–107 in W. C. McComb, ed. Proc. workshop management of nongame species and ecological communities. Univ. Kentucky, Lexington.

ROBINSON, W. L., AND E. G. BOLEN. 1989. Wildlife ecology and management. Second ed. Macmillan Publ. Co., New York, N.Y. 574pp.

RODIEK, J., AND E. G. BOLEN, EDITORS. 1990. Wildlife and habitats in managed landscapes. Island Press, Washington, D.C. 250pp.

ROSATTE, R. C., P. M. KELLY-WARD, AND C. D. MACINNES. 1987. A strategy for controlling rabies in urban skunks and raccoons. Pages 161–167 in L. W. Adams and D. L. Leedy, eds. Integrating man and nature in the metropolitan environment. Natl. Inst. Urban Wildl., Columbia, Md.

———, M. J. POWER, AND C. D. MACINNES. 1991. Ecology of urban skunks, raccoons, and foxes in metropolitan Toronto. Pages 31–38 in L. W. Adams and D. L. Leedy, ed. Wildlife conservation in metropolitan environments. Natl. Inst. Urban Wildl., Columbia, Md.

———, ———, AND ———. 1992. Density, dispersion, movements and habitat of skunks (*Mephitis mephitis*) and raccoons (*Procyon lotor*) in metropolitan Toronto. Pages 932–944 in D. R. McCullough and R. H. Barrett, eds. Wildlife 2001: populations. Elsevier Appl. Sci., New York, N.Y.

ROTH, R. R. 1987. Assessment of habitat quality for wood thrush in a residential area. Pages 139–149 in L. W. Adams and D. L. Leedy, eds. Integrating man and nature in the metropolitan environment. Natl Inst. Urban Wildl., Columbia, Md.

RUNYAN, C. S. 1987. Location and density of nests of the red-tailed hawk, *Buteo jamaicensis,* in Richmond, British Columbia. Can. Field-Nat. 101:415–418.

SAN JULIAN, G. J. 1984. The need for urban animal control. Proc. East. Wildl. Damage Control Conf. 1:313–314.

SCHAEFER, J. M. 1987. Identifying and targeting urban publics. Pages 207–219 in L. W. Adams and D. L. Leedy, eds. Integrating man and nature in the metropolitan environment. Natl. Inst. Urban Wildl., Columbia, Md.

SCHAUMAN, S., S. PENLAND, AND M. FREEMAN. 1987. Public knowledge of and preferences for wildlife habitats in urban open spaces. Pages 113–118 in L. W. Adams and D. L. Leedy, eds. Integrating man and nature in the metropolitan environment. Natl. Inst. Urban Wildl., Columbia, Md.

SCHICKER, L. 1986. Children, wildlife, and residential developments. Pages 48–55 in K. Stenberg and W. W. Shaw, eds. Wildlife conservation and new developments. Univ. Arizona School Renewable Nat. Resour., Tucson.

———. 1987. Design criteria for children and wildlife in residential developments. Pages 99–105 in L. W. Adams and D. L. Leedy, eds. Integrating man and nature in the metropolitan environment. Natl. Inst. Urban Wildl., Columbia, Md.

SCHINNER, J. R., AND D. L. CAULEY. 1974. The ecology of urban raccoons in Cincinnati, Ohio. Pages 125–130 in J. H. Noyes and D. R. Progulske, eds. A symposium on wildlife in an urbanizing environment. Univ. Massachusetts Coop. Ext. Serv., Amherst.

SCHLAUCH, F. C. 1978. Urban geographical ecology of the amphibians and reptiles of Long Island. Pages 25–41 in C. M. Kirkpatrick, ed. Wildlife and people. Proc. 1978 John S. Wright Forestry Conf., Purdue Univ., West Lafayette, Ind.

SHAFER, E. L., AND J. B. DAVIS. 1989. Making decisions about environmental management when conventional economic analysis cannot be used. Environ. Manage. 13:189–197.

SHARGO, E. S. 1988. Home range, movements, and activity patterns of coyotes (*Canis latrans*) in Los Angeles suburbs. Ph.D. Thesis, Univ. California, Los Angeles. 113pp.

SHARP, W. C. 1977. Conservation plants for the Northeast. U.S. Soil Conserv. Serv., Washington, D.C. 40pp.

SHAW, W. W., J. M. BURNS, AND K. STENBERG. 1986. Wildlife habitats in Tucson: a strategy for conservation. Univ. Arizona School Renewable Nat. Resour., Tucson. 17pp.

———, W. R. MANGUN, AND J. R. LYONS. 1985. Residential enjoyment of wildlife resources by Americans. Leisure Sci. 7:361–375.

———, AND V. SUPPLEE. 1987. Wildlife conservation in rapidly expanding metropolitan areas: informational, institutional, and economic constraints and solutions. Pages 191–197 in L. W. Adams and D. L. Leedy, eds. Integrating man and nature in the metropolitan environment. Natl. Inst. Urban Wildl., Columbia, Md.

SHEDD, D. H. 1990. Aggressive interactions in wintering house finches and purple finches. Wilson Bull. 102:174–178.

SHOESMITH, M. W. 1978. Wildlife management conflicts in urban Winnipeg. Pages 49–57 in C. M. Kirkpatrick, ed. Wildlife and people. The 1978 John S. Wright Forestry Conf., Purdue Univ., West Lafayette, Ind.

———, AND W. H. KOONZ. 1977. The maintenance of an urban deer herd in Winnipeg, Manitoba. Trans. North Am. Wildl. Nat. Resour. Conf. 42:278–285.

SIKOROWSKI, L., AND S. J. BISSELL, EDITORS. 1986. County government and wildlife management: a guide to cooperative habitat development. Colo. Div. Wildl. DOW-R-M-1-86. Var. pagin.

SLATE, D. 1985. Movement, activity and home range patterns among members of a high density suburban raccoon population. Ph.D. Thesis, Rutgers Univ., New Brunswick, N.J. 112pp.

SOLMON, V. E. F., H. BLOKPOEL, W. J. RICHARDSON, AND W. J. LAIDLAW. 1984. Keeping unwanted gulls away—a progress report. Proc. East. Wildl. Damage Control Conf. 1:311.

SOULÉ, M. E., D. T. BOLGER, A. C. ALBERTS, J. WRIGHT, M. SORICE, AND S. HILL. 1988. Reconstructed dynamics of rapid extinctions of chaparral-requiring birds in urban habitat islands. Conserv. Biol. 2:75–92.

SPIRN, A. W. 1984. The granite garden: urban nature and human design. Basic Books, Inc., New York, N.Y. 334pp.

SPITZER, P., AND A. POOLE. 1980. Coastal ospreys between New York City and Boston: a decade of reproductive recovery 1969–1979. Am. Birds 34:234–241.

STENBERG, K., AND W. W. SHAW, EDITORS. 1986. Wildlife conservation and new residential developments. Univ. Arizona School Renewable Nat. Resour., Tucson. 203pp.

STOKES, D., AND L. STOKES. 1987. The bird feeder book: an easy guide to attracting, identifying, and understanding your feeder birds. Little, Brown and Co., Boston, Mass. 86pp.

TALBOT, J. F., AND R. KAPLAN. 1984. Needs and fears: the response to trees and nature in the inner city. J. Arboric. 10:222–228.

TEAFORD, J. W. 1986. Squirrel nest boxes. Sect. 5.1.1, U.S. Army Corps Eng. Tech. Rep. EL 86-11. U.S. Army Waterways Exp. Stn., Vicksburg, Miss. 15pp.

TERRES, J. K. 1968. Songbirds in your garden. Thomas Y. Crowell Co., New York, N.Y. 256pp.

THE WILDLIFE SOCIETY. 1992. Conservation policies of The Wildlife Society. The Wildl. Soc., Bethesda, Md. 20pp.

THOMAS, J. W., AND R. M. DEGRAAF. 1973. Nongame wildlife research in megalopolis: the Forest Service program. U.S. For. Serv. Tech. Rep. NE-4. 12pp.

———, AND ———. 1975. Wildlife habitats in the city. Pages 48–68 in D. L. Euler, F. Gilbert, and G. McKeating, eds. Proc. symp. wildlife in urban Canada. Univ. Guelph, Guelph, Ont.

———, ———, AND J. C. MAWSON. 1977. The determination of habitat requirements for birds in suburban areas. U.S. For. Serv. Res. Pap. NE-3557. 15pp.

THOMSEN, L. 1971. Behavior and ecology of burrowing owls on the Oakland Municipal Airport. Condor 73:177–192.

TILGHMAN, N. G. 1987a. Characteristics of urban woodlands affecting breeding bird diversity and abundance. Landscape Urban Plann. 14: 481–495.

———. 1987b. Characteristics of urban woodlands affecting winter bird diversity and abundance. For. Ecol. Manage. 21:163–175.

TIMM, R. M., EDITOR. 1983. Prevention and control of wildlife damage. Great Plains Agric. Counc. and Nebraska Coop. Ext. Serv., Lincoln. Var. pagin.

TOMSA, T. N. 1987. An investigation of the factors influencing the frequency and distribution of melanistic gray squirrels (*Sciurus carolinensis*). M.S. Thesis, State Univ. New York, Syracuse. 65pp.

TUFTS, C. 1988. The backyard naturalist. Natl. Wildl. Fed., Washington, D.C. 79pp.

TYLKA, D. L., J. M. SCHAEFER, AND L. W. ADAMS. 1987. Guidelines for implementing urban wildlife programs under state conservation agency administration. Pages 199–205 *in* L. W. Adams and D. L. Leedy, eds. Integrating man and nature in the metropolitan environment. Natl. Inst. Urban Wildl., Columbia, Md.

TZILKOWSKI, W. M., J. S. WAKELEY, AND L. J. MORRIS. 1986. Relative use of municipal street trees by birds during summer in State College, Pennsylvania. Urban Ecol. 9:387–398.

ULRICH, R. S. 1986. Human response to vegetation and landscapes. Landscape Urban Plann. 13:29–44.

U.S. DEPARTMENT OF THE INTERIOR. 1982. The 1980 national survey of fishing, hunting and wildlife-associated recreation. U.S. Fish Wildl. Serv. and Bur. Census, Washington, D.C. 156pp.

URESK, D. W., G. L. SCHENBECK, AND R. CEFKIN, EDITORS. 1988. Proc. Eighth Great Plains Wildlife Damage Control Workshop. U.S. For. Serv. Gen. Tech. Rep. RM-154. 231pp.

VANDRUFF, L. W. 1979. Urban wildlife—neglected resource. Pages 184–190 *in* R. D. Teague and E. Decker, eds. Wildlife conservation: principles and practices. The Wildl. Soc., Washington, D.C.

———, AND R. N. ROWSE. 1986. Habitat association of mammals in Syracuse, New York. Urban Ecol. 9:413–434.

VERNER, J., M. L. MORRISON, AND C. J. RALPH, EDITORS. 1986. Wildlife 2000: modeling habitat relationships of terrestrial vertebrates. Univ. Wisconsin Press, Madison. 470pp.

VINING, J., AND H. W. SCHROEDER. 1989. The effects of perceived conflict, resource scarcity, and information bias on emotions and environmental decisions. Environ. Manage. 13:199–206.

VOGEL, W. O. 1989. Response of deer to density and distribution of housing in Montana. Wildl. Soc. Bull. 17:406–413.

WEBER, W. J. 1979. Health hazards from pigeons, starlings, and English sparrows. Thomson Publ., Fresno, Calif. 138pp.

WEMMER, C., AND M. STÜWE. 1985. Reducing deer populations in large enclosures with drives. Wildl. Soc. Bull. 13:245–248.

WENGER, K. F., EDITOR. 1984. Forestry handbook. John Wiley & Sons, New York, N.Y. 1335pp.

WESEMANN, T., AND M. ROWE. 1987. Factors influencing the distribution and abundance of burrowing owls in Cape Coral, Florida. Pages 129–137 *in* L. W. Adams and D. L. Leedy, eds. Integrating man and nature in the metropolitan environment. Natl. Inst. Urban Wildl., Columbia, Md.

WILEY, M. B. 1986. Eastridge: residential development and the black-tailed gnatcatcher. Pages 77–84 *in* K. Stenberg and W. W. Shaw, eds. Wildlife conservation and new residential developments. Univ. Arizona School Renewable Nat. Resour., Tucson.

WILLIAMSON, R. D. 1983. Identification of urban habitat components which affect eastern gray squirrel abundance. Urban Ecol. 7:345–356.

WITHAM, J. H., AND J. M. JONES. 1987. Deer-human interactions and research in the Chicago metropolitan area. Pages 155–159 *in* L. W. Adams and D. L. Leedy, eds. Integrating man and nature in the metropolitan environment. Natl. Inst. Urban Wildl., Columbia, Md.

———, AND ———. 1990. White-tailed deer abundance on metropolitan forest preserves during winter in northeastern Illinois. Wildl. Soc. Bull. 18:13–16.

WITTER, D. J., D. L. TYLKA, AND J. E. WERNER. 1981. Values of urban wildlife in Missouri. Trans. North Am. Wildl. Nat. Resour. Conf. 46:424–431.

20
絶滅の危機に瀕した種の回復と管理

*J.Michael Scotto, Stanley A.Temple, David L.Harlow &
Mark L.Shaffer*

はじめに……………………………………635	絶滅の危機にある生息地の保護………………639
絶滅の危機に瀕した種の保全の必要条項………635	絶滅の危機に瀕した個体群の管理………………640
絶滅の危機に瀕した種の定義……………………636	究極的要因と至近的要因…………………640
絶滅の危機に瀕した種の指定……………………637	新規移入の改善……………………………641
アメリカ合衆国「絶滅の危機に瀕した種の法」の	生存率の向上………………………………642
与える影響……………………………………637	遺伝的問題の回避…………………………642
連邦政府への影響………………………637	絶滅の危機に瀕した種の計画のための許認可事項……643
州政府に与える影響……………………638	国民による絶滅の危機に瀕した種管理の監視…………643
民間部門への影響………………………638	最新情報源……………………………………643
回復計画…………………………………………638	参考文献………………………………………643

❏ はじめに

　野生動物の保護管理に携わる者は，約100年間にわたり北アメリカの希少種や個体数が減少しつつある種の個体群の維持や回復に努めてきた（Hornady 1913）。しかし，アメリカ合衆国で1973年に「絶滅の危機に瀕した種の法」が採択され，それを規範とした国や州などの地方法が制定されてからは，法律で「絶滅の危機に瀕した」あるいは「絶滅のおそれのある」と指定された種に社会的な関心が集まり，資金的な援助が行われるようになった（Bean 1986b, 1987）。

　訳者注：ここではendangeredを「絶滅の危機に瀕した」，threatenedを「絶滅のおそれのある」と訳したが，1994年以降IUCNは絶滅のおそれのある種をthreatenedでくくり，その中にcritically endangered, endangered, vulnerableを設定し，日本の環境省もそれに準拠した形でレッドデータブックを作成している。

　絶滅の危機に瀕した種を効率的に管理し回復させるために様々な技術が開発されてきた。その中には，まだ個体数の多い種を保護管理するための技術と同一なものもあるが，多くは希少種の保護管理のために特別に開発されたものがほとんどである。絶滅の危機に瀕した種の保護管理は，それがその種の稀少性，保護のための法的規制，行政あるいは市民による関心の強さなどによって複雑になっているため，実施するにあたっては特別な取り組みが必要である。

❏ 絶滅の危機に瀕した種の保全の必要条項

　アメリカ合衆国では，「絶滅の危機に瀕した種の保存法（80 Stat.926）(1966)」の制定により，種の絶滅する速さが加速度的であることを危惧する世論の高まりに対してようやく法的な措置でむくいた。この法は，①法の目的を達成し，②他の省庁が絶滅のおそれのある種の保護を考慮に入れることを促し，③絶滅のおそれのある種の保護に必要な土地を獲得すること等を目的として，絶滅の危機に瀕した種のリストを作成するよう内務省長官に指導した。「絶滅の危機に瀕した種の保全法（83 Stat.275）(1969)」は「絶滅の危機に瀕した種の保存法（1966）」よりさらに保護の枠を無脊椎動物にまで広げ，国際的に絶滅のおそれのある種もリストに加え，その輸入を特定の目的以外では禁じることにより強化した。

　1960年代に議会を通過した法律が絶滅の危機に瀕した種の保護に功を奏さなかったにもかかわらず，絶滅の危機に瀕した種の保護はアメリカ合衆国内の優先事項であり続

けた。こうしてアメリカ合衆国国会は絶滅の危機に瀕した種の保護手法を重点的に強化した「絶滅の危機に瀕した種の法(87 Stat 884)(1973)」を通過させた。この法は，連邦政府の全省庁が絶滅の危機に瀕した種の保全に参加することを明確に要求した。また保護の手を植物にまで広げ，危機に瀕した生息地という概念を導入し，絶滅の危機に瀕する前に保護するという期待を込めて絶滅が危惧される種というグループを加えた。

「絶滅の危機に瀕した種の法(1973)」の一節では，アメリカ合衆国内の絶滅の危機に瀕した種を保護するための包括的計画も策定された。絶滅の危機に瀕した種の保護は，行政官の任務に与える影響とはかかわりなく法によって規定されたものとなり，連邦の各省庁にとってはともすれば不都合なものとなった。この法の効力は連邦最高裁判所がHill 対 TVA(Tenessee Valley Authority)訴訟において，テリコダムの完成がヤウオを絶滅の危機に追いやる可能性があるとして訴えを却下したことにより極めて明らかなものとなった(Bean 1986 b)。この決定をめぐる議論は「絶滅の危機に瀕した種の法」の条項からテリコダム建設に対する国会の例外措置を導き，この法令の次の修正時には大幅な法の改定をまねいた(Fitzgerald 1988)。

「絶滅の危機に瀕した種の法(1973年)」にはアメリカ合衆国内のみならず，世界的に絶滅の危機に瀕したあるいは絶滅のおそれのある種の保護に関する条項も含まれていた(Bean 1983)。この法は絶滅のおそれのある野生動植物の種の国際取引に関する条約(CITES)をアメリカ合衆国内で履行し，また諸外国に対して種の保全計画を策定することを奨励する様々な計画案を提供した(Bean 1986 b)。また，CITESのリストに掲載された種は特別許可なしでは国外に輸送できないと規定した。

カナダも，省庁および保護団体の代表が「絶滅の危機に瀕した種の委員会」(COSWEC)を組織しているCITES加盟国である。COSWECは1977年以来絶滅危惧種の指定やその管理事業の調整を行っている。また，絶滅のおそれのある種や絶滅の危機に瀕している種，脆弱種，絶滅種の目録を作成，更新する一方で，目録掲載種の現状調査や回復事業にも資金を提供している。1988年，カナダ野生生物閣僚評議会は，「カナダにおける絶滅の危機に瀕した種の回復」(RENEW)と呼ばれる新しい計画を策定する同意書に署名した。この計画の目標は目録掲載種の絶滅を防ぐことや新たに種が絶滅の危機に瀕するのを防ぐこと，絶滅種の再導入にあった。また，目録掲載種を減らすために，回復計画の作成および絶滅のおそれある種と危機に瀕した種の回復計画の準備も，その目標とした(Canadian Wildlife Service 1989)。メキシコもCITES加盟国であるが，加えて1974年に，野生生物保全に関するアメリカ合衆国・メキシコ合同委員会が生息数が減少しつつある種の保全を呼び掛ける一助とするために設立された。この合意は両国にまたがって生息する種の保全のために協力態勢(例えば調査情報の共有や種の回復努力における協力)の基礎を提供した。

❏ 絶滅の危機に瀕した種の定義

絶滅の危機に瀕した種の保全計画で最も基本的なものでありながら，しかし未だに論議をよんでいる点は，「絶滅の危機に瀕した種の法」制度による特別な配慮によってどの種やどの亜種が利益を受けるべきかということの選定である(Rojas 1992)。

国際レベルでは，絶滅の危険性があると考えられる分類群の登録は国際自然保護連合(IUCN)よって行われている。種や亜種はIUCNの登録に使用されている分類学的な単位である。IUCNでは危険性の度合によって，絶滅の危機に瀕した種，絶滅のおそれのある種，脆弱種，希少種といったいくつかのカテゴリーをそのリストの中に設定している(International Union for the Conservation of Nature and Natural Resources 1990)。

アメリカ合衆国の「絶滅の危機に瀕した種の法」は，「"種の定義を"すべての魚類，野生生物および植物の種類および性成熟した時に交配できるすべての脊椎魚類を含む脊椎動物の独立した個体群」としている。このように基準に合った植物や無脊椎動物の種類のみが絶滅の危機に瀕した種のリストに掲載され，個体群の保護は脊椎動物のみに限られた。個体群を構成するものが，非生物学的な基準で定義されることが多いにもかかわらずである(O'Brian & Mayr 1991)。例えばハクトウワシは隣接する48州でリストに掲載されているがアラスカでは見送られている。また内陸のアジサシの個体群は沿岸部の個体群と80 kmしか離れていないのにリストに掲載されている。一方，ハイイロオオカミは南部アメリカ合衆国では絶滅のおそれがあるとしてリストに掲載されているがアラスカ，カナダではされていない。

この法では，絶滅の危機に瀕した種とはその生息域の全体あるいは重要な部分を通して絶滅の危険性のある種だと定義された。絶滅のおそれのある種とはその生息域の全体，あるいは重要な部分を通して予知しうる将来に絶滅の危機

に瀕した種となりそうな種をいう。

　アメリカ魚類野生生物局は，審査中の候補種リストも保有している(U.S.Fish and Wildlife Service 1990)。そのリストには三つのカテゴリーがある，カテゴリー1には，正式にリスト掲載を申請するに足る情報が得られるものが含まれている。カテゴリー2には，リスト掲載を申請するに値すると考えられるが，既存の情報では不十分である種が，カテゴリー3には，すでに絶滅した可能性が高い種や存在が確認できない種，あるいは生物学的情報がリスト掲載の正当性を示さない種の様に，現在正式にリストに掲載されているがリストからの削除を申請される可能性もある種が含まれている。候補種リストはその分類群の現状をモニターするきっかけとなり，野生生物保全関係者に絶滅の危機の可能性を警鐘を鳴らすという役割を持っている。

　このアメリカ魚類野生生物局のリストに加え，アメリカ合衆国およびカナダの各州も絶滅の危機に瀕した種，絶滅のおそれのある種，および希少種のリストをそれぞれ作成しているが，それにはアメリカ魚類野生生物局のリストに含まれている種が掲載されているとは限らない。これは各州の法律化の基準が異なっていることに起因している。例えば，そのほとんどの生息域で普通に見られるためアメリカ魚類野生生物局のリストに掲載されていなくても，その州内で減少していれば多くの州でリストに加えられているし，また，幾つかの州では脊椎動物といった一部の分類群のみをリストの対象にしている。

❏絶滅の危機に瀕した種の指定

　1960年代に出版されたIUCNのレッドデータブックを起源とする絶滅の危機に瀕した種のリストは，絶滅の危機に瀕した種の公式な国際リストである。最近では，どの種をリストに掲載するかという決定はイギリスのIUCN自然環境保全データセンターにおいて一括して行われている。そこでは分類の専門家チームが，情報をまとめ決定を下している。レッドデータブックによる種のリスト作成は，主に情報提供的意味合いを持ち，国際的な種の保全活動において優先順位の確立を促すという効果を持つが，しかしリスト上の種の保全に何ら法的な権限や指令を有しない。この権限は各政府の自主性に帰する。

　「アメリカ合衆国の絶滅の危機に瀕した種の法」では，種のリスト化はもっぱら生物学的情報に基づいて行われるべきだと命じているが，リスト化の持つ社会的，経済的あるいは政治的影響については言及していない。また，同法によれば，ある種がリストに掲載されるためには，その生息域の全体あるいは重要な地域で絶滅の危険にさらされていなければならない。申請された種が公式に認定されリストに掲載されるのは，以下に挙げる一つ以上の要因によってその存続が脅かされた時である。①現在，あるいは差し迫った生息域の破壊や改変，②商業，レクリエーション，科学，教育といった目的での過剰利用，③疾病或は捕食，④現行の管理取締機構の不備，⑤種の存続を脅かすその他の自然あるいは人的影響。

　ある種のリスト掲載や降格(絶滅の危機に瀕した種から絶滅のおそれのある種や削除(絶滅の危機に瀕した種のリストおよび絶滅のおそれのある種リストから)の申請は，規定改正の過程もしくは省庁，グループ，個人の請願によって行われる(U.S.General Accounting Office 1988)。連邦政府は，時宜を得た方法で請願に答えなければならない。また，リスト掲載種のカテゴリー変更の申請内容とその根拠は連邦公報に公示され正式に認可されなければならないし，さらには，その種に関して得られている情報の精度について科学者間に根本的な見解の相違が無ければ，その公示より1年以内に連邦政府はその種の現状に関しての最終決定を下す義務が課せられている。

❏アメリカ合衆国「絶滅の危機に瀕した種の法」の与える影響

　「絶滅の危機に瀕した種」の法は絶滅の危機に瀕した種に関して最も影響のある法的権威であり，他の国，州，地方政府の法的活動の多くは何等かの形でこれを模範としているため，ここで，この法が野生生物の管理活動にどのような影響を与えているかについて紹介する。

連邦政府への影響

　改正された「絶滅の危機に瀕した種の法(1973)」は，連邦政府によって指定された絶滅の危機に瀕した種の保全を促進するために，連邦政府の各省庁がその権限を行使することを要求している。第7条では，連邦政府諸機関によって授権，資金交付，実施されるいかなる行為もリストに掲載された種の永続的な生存を脅かさないよう，各省庁が確保することを要求している(Bean 1983)。この法はまた，絶滅の危機に瀕した種や絶滅のおそれのある種の永続的な生存を脅かしそうないかなる行為についても連邦機関が内務省および(海洋性生物については)商務省と協議することを義務付けている(Yaffee 1988)。

連邦機関は，ある行為がリストに掲載された種に影響を与えたり申請された種を絶滅の危険にさらす可能性があると決定を下す際に適切な省庁に審議を要請しなければならない。リスト掲載種が影響を受けそうな際には，事業の多少の変更がもし行われれば，懸案種への影響を回避させることができる場合が多い。それでもマイナスの影響が回避できそうになければ，連邦機関とアメリカ魚類野生生物局，あるいは，全国海洋漁業局間との公式な審議が必要となる。アメリカ合衆国ではこのような審議によって，その行為が掲載種の永続的な生存を脅かす可能性があるかどうかを決定する生物学的見解を出している。種の生存を危ぶむ見解を含む結論は，同時に，連邦機関あるいは許可申請者による合理的かつ賢明な代替案を提起しなくてはいけない。

「絶滅の危機に瀕した種の法」が連邦機関に課した要求事項は多岐にわたっており，各機関の行為はたとえ進行中でも，リスト掲載種への影響を審査される対象となっている。

州政府に与える影響

「絶滅の危機に瀕した種の法」は，絶滅の危機に脅かされている種の保全推進のために連邦政府が州政府との協調合意を結ぶことができるとした。この合意を結ぶためには，州政府は絶滅の危機に瀕した種および絶滅のおそれのある種の保全のために積極的な計画を提示しなければならない。州政府は，絶滅の危機に瀕した種および絶滅のおそれのある種の保全のために法的な権限を保有しなければならず，また連邦法の趣旨と矛盾しない計画の作成，種の調査を指揮する権限の保有，リスト掲載種保全のための土地を獲得する権限の保有，州のリスト掲載種決定に際して大衆参加の場の提供などが義務づけられている。許容可能な合意が政府間で得られたのち，「絶滅の危機に瀕した種の法」は，掲載種保護規制（連邦政府の法規より緩くてはいけない）の権限を州政府に与えている。州政府は，絶滅の危機に瀕した種にかかわる事業の支援共同助成金を連邦政府に申請する資格を有する。多くの州は協調合意を結ぶことによって，絶滅の危機に瀕した種に関する事業を振興させている(Swimmer et al. 1992)。

民間部門への影響

「絶滅の危機に瀕した種の法」は，連邦政府リスト掲載種の捕獲を禁じている。同法では，生息地の破壊によって野生生物種が殺傷される場合はそれも「捕獲」であると定義し，「絶滅の危機に瀕した種の法(1973)」で完全に禁止した。「絶滅の危機に瀕した種の法」は1982年の改定で，連邦政府リスト掲載種捕獲の許可発行について規定した(Fitzgerald 1988)。この改定は，合法的な行為に付随する連邦政府リスト掲載種の捕獲許可を個人や組織，地方政府か獲得する機会を与えた(Murphy & Freas 1988)。申請者が，①その捕獲の結果起こりうる影響，②その影響を最小限に抑えかつ和らげるために申請者が採るべき処置とその処置実施のための資金，③申請者が考慮する捕獲に替わる案とその案が採用されない理由，④連邦政府によってその計画のために必要かつ適切であるとして要求された方法，といった事項を特定した「保全計画」を提出した際に，連邦政府は許可書を発行することができる。公的な再審査期間終了後，連邦政府は付随するリスト掲載種への脅威を縮小させる保全計画の決定を示す捕獲許可書を発行することができる。

合法的な行為に付随する捕獲の許可が，リスト掲載種にのみ要求されるにもかかわらず，連邦政府はリスト候補種への配慮も強く推奨している。国会は，保全計画の中で候補種について十分な検討を加えた申請者については，追加調査の要請を受けないことを特に明示した。

❏ 回復計画

「絶滅の危機に瀕した種の法」は，アメリカ魚類野生生物局および全国海洋漁業局にリスト掲載種の保全と存続のための回復計画を作成し実施するよう命じている(U.S. Fish and Wildlife Service 1979, Culbert & Blair 1989)。計画により最も利益を得そうな種を対象とした回復計画のなかでも，切迫した開発行為に対抗すると思われるものが優先されている(U.S. Fish and Wildlife Service 1990)。1993年3月には758掲載種の内401種について334の認可された回復計画が策定されていた(U.S.Fish and Wildlife Service 1993)。この回復計画への取り組みを諸外国や州，地方，民間の自然環境保全組織等が模範とした(Clark et al. 1989, Clark & Gragun 1991)。回復計画の作成は，アメリカ合衆国内の絶滅の危機に瀕した種に関するものの中で最も中心的な活動となった(Culbert & Blair 1989)。

回復チームは回復計画進行の補佐を命じられる。このチームは省庁あるいは民間からのその対象種の専門家によって構成される。

回復計画は，対象種を絶滅の危機から回復させるために必要な事項を最も専門的に忠告した勧告書類である。計画は予算や管理方法にも言及した指針を各省庁に提供する。

しかも，これらの計画は対象種について新たな情報が得られた時に断続的に更新される。

回復計画作成課程の第一段階は，対象種に関する可能な限りの情報や状況を取りまとめ，埋められるべき知識のギャップを決定することである。こういった過程を経ることにより，生活史や生態に関する基本的な情報が欠如していることに気付くことが往々にしてある。いかなる効果的回復プログラムあるいは管理プログラムの計画や実施が可能になる前にも，対象種の分布や量，生息域の必要条件，脅威の特質が限定されていなければならないし，また，対象種の分布や量を制限している要因を限定するためにはその生態が十分に理解されていなければならない。アメリカワニの回復計画は限定要因が適切に同定された回復計画作成の好例である。この種は過剰捕獲されてきたが，回復計画の中で概略を示された保護方法が実施され，その個体数は回復した。

関連したすべての生物学的情報を収集し，最も重要な対象種の現象要因の同定を終えた後は，回復チームは目標とする個体群サイズと分布を設定しなければならない。この目標が達成された時，その種はもはや絶滅の危機から脱し，ランクの降格あるいはリストからの削除を申請することができる。

絶滅の危機に瀕した種や絶滅のおそれのある種の回復目的を設定するにあたっては，個体群存続可能性分析(PVA)が有益であろう(Lehmkuhl 1984, Soulé 1984)。PVAは個体群サイズや分布，環境変化等の様々な仮定下での種，あるいは個体群の絶滅の可能性を予測するリスクアセスメントの一種である(Salwasser et al. 1984, Gilpin & Soulé 1986)。絶滅はある程度偶然の現象である。遺伝そして人口統計の確率論的な変化は弱小個体群を荒廃させうる。毎年変化の無い生息域や環境はほとんど無い。保護区においても良い年，悪い年，破壊的な災害は起こりうる。こういった自然環境の経年変化は予想不可能ではあるが確率的に継続発生する。より小さい個体群はこういった偶然の出来事に屈しやすい。他の地域に移動しそうにない，より孤立した個体群は，救済努力によって個体数が増加する可能性がある(Brown & Kodric-Brown 1977)。しかし，個体群，あるいは種はたとえ保護されその生息域がそれを維持できる状態にあっても，個体群サイズが減少した際には絶滅するであろう(Shaffer 1981, 1983)。

こうした偶発的な絶滅の可能性は個体数や個体群サイズ，分布に直接関係する。一つの規準が回復計画の中で使われるということは，その後末永く絶滅の可能性を最小限に食い止められる回復目的を設定する上で重要である。PVAは，個々の種の回復努力に必要な個体群のパターンやサイズ，分布を決定する適切な技法である。近年，PVAはキタアメリカフクロウ計画に見られるように，種の回復努力における主要な構成要素となり，今後その重要性はますます増えると思われる。とはいえ，PVAはまだ比較的新しい技法であり，このような査定を実施するための基準となるプロトコールや詳細な計画書があるわけではない。しかし，この領域は急速に進歩しており(Shaffer 1990)，今日ではRAMAS-AGEやRAMAS-SPACE，VORTEXといった回復チームが利用できるプログラムが市販されている(Akcakaya 1992)。また，多くの野生生物学者は独自に特別設計したプログラムを作製しつつある(Temple 1992)。現在のところ，PVAはすぐにも回復チームの重要な道具になるべきものである。包括的なPVAを根拠に目標を設定した回復計画は，独断的に目標を設定したものに比べより良い計画となるであろう。

❏ 絶滅の危機にある生息地の保護

絶滅の危機に瀕した種の法の目的は種とその生息地の保全にある。その焦点が個々の種にのみ当てられていると批判されることもあるが(Csuti et al. 1987, Hutto et al. 1987, Rohlf 1991)，少なくとも，この法は絶滅の危機に瀕した種が拠り所としている生態系保護の必要性について曖昧にしてはいない。絶滅の危機に瀕した生息地の保護と管理は，ほとんどの絶滅の危機に瀕した種に長期生存の可能性を上昇させる第一歩を踏み出すための鍵を提供する。

多くの回復チームにとって，絶滅の危機に瀕した生息地の選定は最も主要な任務である。絶滅の危機に瀕した生息地とは，ある種の地理的生息区域内外にあって，その種の保全にとって不可欠な，特別な管理や保護を必要とする特徴を備えた特別の地域であると便宜上定義される(Schreiner 1976)。その地域の保護がその種の最終的な回復に必要なら，その保護を受けるために絶滅の危機に瀕した生息地がその時点で使用されていないことが必要である(Murphy & Rehm 1990)。

ほとんどの絶滅の危機に瀕した種で，その生息地の必要条件が回復努力の誘導に十分な程明確に特定されていることは稀である(Murphy & Rehm 1990)。通常，絶滅の危機に瀕した生息地の特徴は，潜在的限定要因についての詳細な解析によって特定される。非絶滅危惧種に有用な様々な研究方法も使用できる(例えば生息地適性指標モデルや

種々の生息地多変量解析など)。しかしどの手法に限らず,注意深く絶滅の危機に瀕した生息地を定義することは重要である。

ひとたび絶滅の危機に瀕した生息地として定義されると,多くの場合保護を必要とする(U.S.Fish and Widlife Service 1980)。保護は,連邦政府や州政府,民間の自然環境保全組織〔The Nature Conservation(TNC)で顕著に見られるように〕が土地を購入し絶滅の危機に瀕した種やその生息地の保全のために捧げるという方法や,あるいは土地の特性を守っているような商業価値のある土地を一部購入し,得られた保全地役権を駆使する,という方法を使って率先して行う(例えば伐採権,水利権)。局地的な区域分けや土地利用計画もまた保護の一翼を担う(Culbert 1989)。

TNCは,絶滅の危機に瀕した種の生息地や発見された場所についての情報をまとめるという業務をリードしている。TNCは,土地管理を目的とした州政府や他の組織との共同研究をすすめながら自然遺産目録事業ネットワークや環境保全データセンターを確立してきた(Griffen 1990, Stolzenburg 1992)。これらのコンピュータデータベースは,絶滅の危機に瀕した種やその生息地の所在や土地の所有者や権利者,その他,生息地の現状に関する有用な情報を特定する上で,非常に重要である。

生息地の保護が確定した後も,生息地内のその種の存続を限定している要因を取り除くという生態学的修復を行う必要があることが多い(Howell 1988)。ハワイの高地森林性鳥(Scott et al.1986)同様,アメリカシロヅル(Lewis 1985)もその好例である。絶滅の危機に瀕した種がその個体群サイズと分布の特徴をその種が回復したと認められるほど拡張するためには,生息地の修復が不可欠である。

絶滅の危機にある生息地を保護するために別の地域を用意する際には,担当者は100年に1度程度の割合で起きる主要生息地摂動の潜在的影響を考慮に入れる必要がある。保護区は,十二分に広いかあるいは十分な数の小区域が用意され同じ原因によって被害を受けないよう分布していなくてはいけない。空間的に系統だったPVAが適切な生息保護区域の数,サイズ,分布を決定する際の一助となる。

❏絶滅の危機に瀕した個体群の管理

絶滅の危機に瀕した個体群の回復を目的とした管理への挑戦は,個体群ボトルネック曲線を把握することにより最も正しく理解される(図20-1)。かつて生存に適していた個体群が環境の変化に応じて減少し(減少期),生存不適個体群サイズのある期間(絶滅危惧期)を過ぎて,おそらく熟練した管理に反応した結果,その個対数が復活する(回復期)。

絶滅のおそれのある種の管理担当者にとって不可欠なことは,減少期に個体群が小さくなり過ぎないようにすること,絶滅危惧期をできるだけ短くすること,そして回復期に個体数の増加をできる限り促進することである。これらは,次のようないくつかの理由から重要な目標である(Nei et al. 1975)。個体群が小さくなればなるほど回復には時間がかかり,遺伝的多様性の喪失は大きくなり(Nei et al. 1975),また人口統計学的あるいは環境の変化による危険度は増す(Goodman 1987, Shaffer 1987)。個体群の回復が早ければ早いほど,絶滅の危険性は減り,絶滅危惧期の個体群が保有する遺伝的多様性は保たれる。

究極的要因と至近的要因

絶滅危惧期を短縮し回復期を促進することの重要性は,絶滅の危機に瀕した個体群の特殊管理形態を産む(Temple 1977b, 1986)。種が絶滅の危機に瀕するまでに減少する究極的要因は,ほとんどすべての場合環境の著しい変化にある。これらの変化は,その種がそれまで経験したことのないような異常な出来事(例えば,DDTのような化学合成毒の食物連鎖への混入)や前例のないような時間的あるいは空間的パターンで起きた通常の出来事(例えば,自然に発生する同様の変化に比べ,より頻繁で空間的スケールの異なる伐採による老齢林の消滅)であることが多い。究極的要因にかかわりなく,個体数減少の至近的要因によっても個体群は抗しきれず,密度依存性反応によっても個対数を

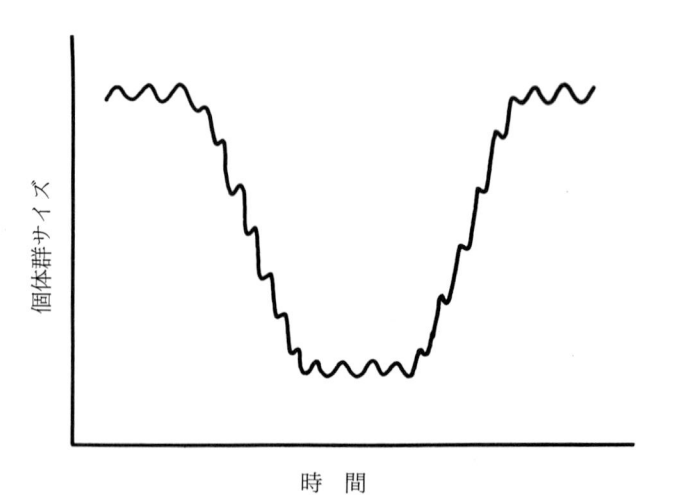

図20-1 個体群ボトルネック

補えないほどの生存と繁殖の抑制が起こる。

　絶滅の危惧を引き起こしている究極的要因と至近的要因を識別することによって，管理の取り組みを二分することができる(Temple 1977b)。絶滅の危機に瀕した種の管理をするためには，個体数の減少を引き起こしている特定の環境問題に取り組むことにより，種を絶滅に導くような究極的要因を正さなくてはならないのは明らかである。こういった究極的要因は個体群サイズにさかのぼり，また，生息地の喪失や劣化，外来生物の影響，有毒化学物質，人的要因に直結する死亡などの多岐にわたる問題を含んでいる。こういった究極的な問題は解決が難しく，その種を取り囲む環境の改善に長い時間を要するのが常である。もちろん，時間は絶滅の危機に瀕した種の生存に反して働くが，とりわけその個体群が絶滅危惧期やボトルネック期にあればその傾向は強い。

　個体群の回復を急ぐためには，担当者は，ある意味では絶滅の究極的要因とあまり関係がないような至近的要因に取り組まざるをえないことがしばしばある。あらゆる方法を用いて個体群の成長を刺激しその生存率と出生率を高めるのが典型的な取り組み方である。そしてこれらの活動とは別に，根本的な問題に取り組む。こういった流れは病院の救急室での重傷患者の取り扱いに似ていて，まず生命を脅かしている原因を治療しそれから根本的な問題に取り組むのである(Zimmerman 1975)。

　絶滅の危機に瀕していたミサゴとハヤブサのケースは，至近的な問題への取り組みが功を奏したことを示す好例である(Spitzer 1977, Cade et al. 1988)。これらの鳥は塩素化炭化水素，中でもDDTの食物連鎖への混入が決定的な問題となってその生存を脅かされた。どちらのケースでもDDTによって殻が薄くなった卵が孵化できず繁殖が阻害され，個体数は激減した。1960年代から1970年代にかけて障害となる有害化学物質の使用を削減することによって究極的要因に取り組んだが，環境に残留した化学物質のために個体数は減り続け依然として危機的状態にあった。

　回復を鈍らせている至近的問題を相殺するために，担当者は野生のミサゴの繁殖を増加させることとハヤブサの飼育個体を野生の個体群中に放すことに成功した。鳥が繁殖に成功しやすいように人工営巣台を取り付ける，営巣地の限定要因を取除く，自然の状態で高い営巣地が足りない場所では人工営巣台を高く設置する(Postupalsky 1977)，厚い殻の卵を薄い殻の卵を産む個体群の巣に移す(Sptzer 1977)などして野生のミサゴの繁殖は強化された。ハヤブサの人工飼育下での繁殖やそれに続く再導入は，ほとんど繁殖していなかった個体群の回復にとって重要な刺激となった(Cade et al. 1988)。どちらのケースも，究極的問題への取り組みがなされる一方で至近的要因にも注意がむけられその種のおかれている状況が改善されなければ，その地域個体群は最終的に絶滅する運命にあった。塩素系炭化水素殺虫剤が食物連鎖から一掃されたDDT汚染期終了後は，ミサゴとハヤブサの個体群は劇的に回復した(Spitzer 1983, Cade et al. 1988)。

新規移入の改善

　急速な個体数の増加は，繁殖や移入による新個体の導入により刺激され，さらにその割合を増す。これは特に低い割合で繁殖する種において顕著である(例えばK戦略種)。多くの種では繁殖の操作によって，①出生率の上昇(1腹産子数あるいは産卵数)，②繁殖頻度の増加，③個体群における繁殖個体割合の増加，④繁殖成功率の増加といった結果をうみだす。またある種では，個体群間で動物を移動させることや，飼育個体を導入することで減少個体群の補充に向けての自然な移住を倍加することも可能である。

　出生率の増加は絶滅の危機に瀕した鳥にとって魅力的な戦略である。というのは，巣から卵を取除くと多くの種で定数以上の卵を産むからである。こうして得た卵を人工孵化したり里親の巣に入れるとその生存率は劇的に上昇する(Cade 1977)。

　いくつかの種では出生率が向上するということが生じる。子育ての期間が長い種では，未だ親離れしていない子の面倒を見ている間，次の繁殖が抑制されている。この場合，自立までの期間を短くすることによって出産間隔を短縮することができる。例えばカリフォルニアコンドルでは通常隔年の産卵を毎年産卵にまでにでき，繁殖能力を効果的に倍増することができる(Synder & Hamber 1985)。

　個体群によっては繁殖能力のある個体の一部のみが出産の機会を得ている。これは出産に不可欠な空間の不足が繁殖個体の制限をひきおこしているからである。こういった制限が取除かれれば，それ以前は繁殖に参加していなかった個体も出産することができる。営巣地の不備が繁殖個体数を制限することが多いため，巣箱や穴，塚といった人工営巣地の設置によって繁殖能力を向上させることができる(Synder 1977)。

　繁殖の失敗は，個体数の補充を出生率から推定される割合を下回るものにしてしまう。個体群への補充以前に相当数の新生個体を失うこともあるため，これを防ぐことは効果的に個体数を増やすことにつながる。そのために，繁殖

地の改善や新生個体への危険性の縮小（例えば捕食者），新生個体が繁殖年齢に達するまで生存する見込みを増やすための効率の良いアプローチを実施する，といった手法が使われる（Templ 1977 a）。

個体数が増加している個体群や飼育個体群から個体を導入することは，減少している個体数を増やしたり，絶滅の危機に瀕した個体群の停滞した増加を刺激するのに効果的である（Cade 1986, Griffith et al. 1989, Jones 1990）。個体の移動には元になる個体群の選択が要となる。一般に，近接した個体群あるいは近似した生態系を持つ区域の個体群は移動先の個体群と遺伝的相似性（International Union for the Conservation of Nature and Natural Resources 1987）を持つと考えられる。

もとになる個体群の選択は，受け入れ側の個体群に新たな病原を導入しないためにも慎重であるべきである（Dobson & Miller 1989）。こういったことへの配慮を怠ると，受け入れ側の個体群に対し，むしろマイナスの影響を与えかねない（Scott & Carpenter 1987）。

移入させた個体の生存率を高めることが，この手法を効果的にする上で重要である。特に飼育下で繁殖させた個体を再導入する際には，その成功率を高めるために様々な方法が考えられてきた（Chivers 1991, Gipps 1991）。

生存率の向上

他の条件が同じだったとしても，個体の生存が向上すれば個体群の成長を促進する。したがって，捕食圧を下げたり，病原や競合相手，事故を減らすことが効果的となり得る（Jackson 1977）。低い生存率がその個体群を絶滅の危機に追いやっている重要な原因ではなかったとしても，これらの操作によって通常予想されるより低く個体の損失が抑えられ，個体群の存続を強化することになると考えられる。例えば，ある絶滅の危機に瀕した種を人間の利用から保護したら，過剰利用が絶滅への主要因ではなかったとしても，その種の存続可能性は改善される。生息地の質の改善によっても，種の存続可能性は促進される。

遺伝的問題の回避

絶滅の危機に瀕した種以外の野生生物管理戦略において，通常，遺伝学的考察はそれ程重要ではないが，絶滅の危機に瀕した種によってはその回復の試みの成否を決定することがある（Schoenwald-Cox et al. 1983）。稀少種として生存している非常に小さな個体群は近親交配による劣化や異形遺伝子の喪失といった遺伝的問題によって永続的な存続を脅かされることがある。ほとんどの大きな個体群では近親交配率は低いが，個体群サイズが小さくなればその個体群内の近親交配率は大きくなる。もし絶滅の危機に瀕した個体群内に有害な対立遺伝子が存在すれば，近親交配は個体群の衰退，いいかえれば近親交配の結果生まれた個体の生存力や繁殖能力の低下を少なからず引き起こす。これらの問題を回避するための一番簡易な方法は，近親交配が問題になり得ないほどの大きな個体群を維持することである（Soulé 1987）。絶滅のおそれのある種の生存に効率的な個体群サイズを推定する方法は様々である（Reed et al. 1986）。もし有効集団サイズが小さければ，その個体群内の家系を把握し異系交配を最大限にまで増加させるか，もしくは，有害な対立遺伝子を保有していることが判明している個体の繁殖への関与を最小限に食い止めることが非常に重要になってくる（Templeton 1990）。

絶滅の危機に瀕した種における異型遺伝子の喪失は，創始効果や遺伝的浮動の結果生じる（Schoenwald-Cox et al. 1983）。個体群が厳しいボトルネック期を通過した場合，絶滅危惧期の生存個体はボトルネック期以前の大きな個体群が持っていた遺伝子の異型サンプルを完全には保有していない（Denniston 1977）。この創始効果による喪失を防ぐためには，担当者は個体群を減少期のできるだけ早いうちから管理することにより，その個体群サイズが絶滅危惧期に激減することを避けなければならない。

もしすでに個体群が非常に小さくなっていたら，遺伝子浮動，つまり小さな個体群においては世代ごとの出生数が少ないことから回避できない対立遺伝子頻度の変化により，異型遺伝子の喪失を生じる。過度の浮動を防ぐためには，担当者は絶滅危惧期を短くし回復期を早めなくてはいけない。この活動は，絶滅危惧期にある個体が個体群の遺伝的多様性を示す最も生存の可能性の高い遺伝サンプルを後世に残す機会を増やす。

遺伝的多様性の喪失は最悪の場合同型遺伝子接合を起こし，個体群の長期存続の見通しを暗くする（Frankel & Soulé 1981）。進化的な変化は，自然淘汰が展開される遺伝的変異に依存している。異型遺伝子を失ったボトルネック期後の個体群では，環境の変化に対応する能力が衰退している。

絶滅の危機に瀕した種の小さな個体群，特に家系が把握され交配計画を立てられる飼育個体群では，効率的に操作されるため遺伝的管理が決定的なものとなる。しかし大個体群も，もしそれが副次個体群に分割されれば遺伝的管理によって利益を受けることもある。こうしたメタ個体群で

は，担当者は個体を副次個体群間移動をさせることにって起きる遺伝子の交流を考慮に入れるべきであろう(Temple 1991)。

絶滅の危機に瀕した種の計画のための許認可事項

ある種が絶滅の危機に瀕した種のリストに掲載されると，あらゆるタイプの実働的な管理やその種を脅かす可能性のある活動の規制を実施するために許可が必要となる。許可は科学的研究もしくはその種の福祉を強化するような活動に対して交付される。

リスト掲載種を取り扱うための許可申請はアメリカ魚類野生生物局もしくは全国海洋漁業局に提出されなければならない。申請書類は前述局の本局あるいは地方支局において入手できる。申請書が提出され，それが必要な事項について十分に記入されているとみなされると受理され，国民による再審査やコメントを受けるため連邦公報に公示される。この再審査が終了しその活動が種の永続的存続を脅かす可能性が無いと判断されるとようやく許可証が発行される。

通常，研究や種の回復努力に寄与すると思われる管理，あるいはその種を脅かしている要因の評価に関する研究には科学許可証と呼ばれるものが発行される。一般的に，絶滅の危機に瀕した種と密接に関係のある種や代わりとなる種に関する研究には許可証は発行されない。

1973年の絶滅の危機に瀕した種の法は，その種の保全を促すと判断された場合，絶滅の危機に瀕した種や絶滅のおそれのある種を現在の生息地以外の場所へ導入することについて許可することを認めている。これらの導入個体群は実験的個体群と呼び，その種の状態にかかわらず絶滅のおそれのある種として分類されそれに準じた扱いを受けることになっている。しかし，実験的個体群はあまり重要とはみなされていないため，実験的個体群はリスト候補種と同様に扱われ，限られた保護しか受けることができない。

国民による絶滅の危機に瀕した種管理の監視

すべての野生生物管理活動が国民による再審査の対象になるとはいえ，とりわけ絶滅の危機に瀕した種の保全や管理プログラムが論議を呼ぶことは容易に予想されるため，管理活動を必然的に取り囲む生物学的，社会的，経済的政治論争にむけて絶滅の危機に瀕した種については管理担当者の存在が必要不可欠である(例えばSnyder & Snyder 1989, Liveman 1990)。

絶滅の危機に瀕した種の法は回復のプロセスが非生物学的な論争を回避するよう規定しているが，絶滅の危機に瀕した種の管理担当者は，申請者が生物学的申請を正当化するためにする非生物学的な箇所についての質問をしばしば受けているのが現状である。絶滅の危機に瀕した生息地の選定やそれに付随する問題は，激しい議論を余儀なくさせるような社会的，経済的影響を持つ絶滅の危機に瀕した種の利益のために特定地域の保護や修復を必要とする(例えば太平洋岸北西部におけるニシアメリカフクロウ対伐採会社論争)(Doak 1989, Thomas et al. 1990)。

最新情報源

絶滅のおそれのある種管理に関する情報を得られる唯一のそして最良のものは回復計画であろう。これはアメリカ魚類野生生物資料サービス(住所：5340 Grosvenor Lane, Suite 110, Bethesda, MD 20814)で入手可能である。

二つの重要な定期刊行物である「*The Endangered Species Update*」と「*Endangered Species Technical Bulletin*」は絶滅の危機に瀕した種の回復努力に関する最新の情報を提供している。これらはミシガン大学のSchool of Natural Resources(住所：Ann Arbor MI 48109)で入手できる。アメリカ魚類野生生物局による絶滅の危機に瀕している種および絶滅のおそれのある種のリストは毎年更新され，連邦公報に掲載される。これのコピーは，アメリカ魚類野生生物局およびアメリカ海洋漁業局で入手できるはずである。

参考文献

AKCAKAYA, H. R. 1992. Population viability analysis and risk assessment. Pages 148–157 *in* D. R. McCullough and R. H. Barrett, eds. Wildlife 2001: populations. Elsevier Appl. Sci., London, U.K.

BALLOU, J. D. 1992. Genetic and demographic considerations in endangered species captive breeding and reintroduction programs. Pages 262–278 *in* D. R. McCullough and R. H. Barrett, eds. Wildlife 2001: populations. Elsevier Appl. Sci., London, U.K.

BEAN, M. J. 1983. The evolution of national wildlife law. Praeger Publ., New York, N.Y. 449pp.

———. 1986*a*. International wildlife conservation. Pages 543–578 *in* R. DiSilvestro, ed. Audubon wildlife report 1986. Natl. Audubon Soc., New York, N.Y.

———. 1986*b*. The endangered species program. Pages 347–371 *in* R. L. DiSilvestro, ed. Audubon wildlife report 1986. Natl. Audubon Soc., New York, N.Y.

———. 1987. The federal endangered species program. Pages 147–160 *in* R. L. DiSilvestro, ed. Audubon wildlife report 1987. Natl.

Audubon Soc., New York, N.Y.
BROWN, J. H., AND A. KODRIC-BROWN. 1977. Turnover rates in insular biogeography: effect of immigration on extinction. Ecology 58: 445–449.
CADE, T. J. 1977. Manipulating the nesting biology of endangered birds: a review. Pages 167–170 in S. A. Temple, ed. Endangered birds: management techniques for preserving threatened species. Univ. Wisconsin Press, Madison.
———. 1986. Reintroduction as a method of conservation. Raptor Res. 15:72–84.
———, J. ENDERSON, C. THELANDER, AND C. WHITE, EDITORS. 1988. Peregrine falcon populations: their management and recovery. Peregrine Fund, Boise, Id. 949pp.
CANADIAN WILDLIFE SERVICE. 1989. RENEW annual report. Can. Nature Fed, Ottawa, Ont. 15pp.
CHIVERS, D. J. 1991. Guidelines for reintroductions: procedures and problems. Symp. Zool. Soc. Lond. 62:89–99.
CLARK, T., AND J. GRAGUN. 1991. Organization and management of endangered species programs. Endangered Species Update 8:1–4.
———, R. GRETE, AND J. CADA. 1989. Designing and managing successful endangered species recovery programs. Environ. Manage. 13:159–170.
CSUTI, B. A., J. M. SCOTT, AND J. ESTES. 1987. Looking beyond species-oriented conservation. Endangered Species Update 5:4.
CULBERT, R. 1989. Local planning and biological diversity. Endangered Species Update 6:6.
———, AND R. BLAIR, EDITORS. 1989. Recovery planning. Endangered Species Update 6:1–41.
DENNISTON, C. 1977. Small population size and genetic diversity and implications for small populations. Pages 281–289 in S. A. Temple, ed. Endangered birds: management techniques for preserving threatened species. Univ. Wisconsin Press, Madison.
DOAK, D. 1989. Spotted owls and old growth logging in the Pacific Northwest. Conserv. Biol. 3:389–396.
DOBSON, D., AND D. MILLER. 1989. Infectious diseases and endangered species management. Endangered Species Update 6:1–4.
FITZGERALD, J. M. 1988. Withering wildlife: wither the Endangered Species Act? A review of amendments to the act. Endangered Species Update 5:27–35.
FRANKEL, O. H., AND M. SOULÉ. 1981. Conservation and evolution. Cambridge Univ. Press, Cambridge, U.K. 327pp.
GILPIN, M. E., AND M. E. SOULÉ. 1986. Minimum viable populations: processes of species extinction. Pages 19–34 in M. E. Soulé, ed. Conservation biology. Sinauer Assoc., Sunderland, Mass.
GIPPS, J., EDITOR. 1991. Beyond capture breeding: reintroducing endangered species to the wild. Clarendon Press, Oxford, U.K. 244pp.
GOODMAN, D. 1987. The demography of chance extinction. Pages 11–35 in M. Soulé, ed. Viable populations for conservation. Cambridge Univ. Press, Cambridge, U.K.
GRIFFEN, J. 1990. The Nature Conservancy and the Heritage Programs: working together to preserve biodiversity. Endangered Species Update 15:3–5.
GRIFFITH, B., J. SCOTT, J. CARPENTER, AND C. REED. 1989. Translocation as a species conservation tool: status and strategy. Science 245:477–480.
HORNADAY, W. T. 1913. Our vanishing wildlife: its extermination and preservation. New York Zool. Soc., New York, N.Y. 428pp.
HOWELL, E. 1988. The role of restoration in conservation biology. Endangered Species Update 5:1–4.
HUTTO, R., S. REEL, AND P. LANDRES. 1987. A critical evaluation of the species approach to biological conservation. Endangered Species Update 4:1–4.
INTERNATIONAL UNION FOR THE CONSERVATION OF NATURE AND NATURAL RESOURCES. 1987. The IUCN position of translocations of living organisms. Int. Union Conserv. Nat. Nat. Resour., Gland, Switzerland. 20pp.
———. 1990. The 1990 IUCN red list of threatened animals. Int. Union Conserv. Nat. Nat. Resour., Cambridge, U.K. 192pp.
JACKSON, J. 1977. Alleviating problems of competition, predation, parasitism and disease in endangered species. Pages 75–89 in S. A. Temple, ed. Endangered birds: management techniques for preserving threatened species. Univ. Wisconsin Press, Madison.
JONES, S. R., EDITOR. 1990. Captive propagation and reintroduction: a strategy for preserving endangered species. Endangered Species Update 8:1–89.
LEHMKUHL, J. F. 1984. Determining size and dispersion of minimum viable populations for land management planning and species conservation. Environ. Manage. 8:167–176.
LEWIS, J. C. 1986. The whooping crane. Pages 659–676 in R. L. DiSilvestro, ed. Audubon wildlife report 1986. Natl. Audubon Soc., New York, N.Y.
LIVERMAN, M. C. 1990. The (endangered) Endangered Species Act: political economy of the northern spotted owl. Endangered Species Update 7:1–4.
MURPHY, D., AND B. NOON. 1991. Exercising ambiguity from the Endangered Species Act: critical habitat as an example. Endangered Species Update 8:6.
———, AND K. REHM. 1990. Unoccupied habitats and endangered species protection. Endangered Species Update 7:10.
MURPHY, D. D., AND K. E. FREAS. 1988. Using the Endangered Species Act to resolve conflict between habitat protection and resource development. Endangered Species Update 5:6.
NEI, M., T. MARAYAMA, AND R. CHAKRABORTY. 1975. The bottleneck effect and genetic variability on populations. Evolution 29:1–10.
O'BRIAN, S. J., AND E. MAYR. 1991. Bureaucratic mischief: recognizing endangered species and subspecies. Science 251:1187–1188.
POSTUPALSKY, S. 1977. Artificial nesting platforms for ospreys and bald eagles. Pages 35–45 in S. A. Temple, ed. Endangered birds: management techniques for preserving threatened species. Univ. Wisconsin Press, Madison.
REED, J. M., P. D. DOERR, AND J. R. WALTERS. 1986. Determining minimum population sizes for birds and mammals. Wildl. Soc. Bull. 14:255–261.
ROHLF, D. J. 1991. Six reasons why the Endangered Species Act doesn't work and what to do about it. Conserv. Biol. 5:273–282.
ROJAS, J. 1992. The species problem and conservation: what are we protecting? Conserv. Biol. 6:170–178.
SALWASSER, H., S. P. MEALEY, AND K. JOHNSON. 1984. Wildlife population viability: a question of risk. Trans. North Am. Wildl. Nat. Resour. Conf. 49:421–439.
SCHOENWALD-COX, C., S. CHAMBERS, B. MACBRYDE, AND L. THOMAS. 1983. Genetics and conservation: a reference for managing wild animal and plant populations. Benjamin-Cummings Publ., Menlo Park, Calif. 722pp.
SCHREINER, K. M. 1976. Critical habitat: what it is and is not. Endangered Species Tech. Bull. 1:1–4.
SCOTT, J. M., AND J. W. CARPENTER. 1987. Release of captive-reared or translocated endangered birds: what do we need to know? Auk 104:544–545.
———, S. MOUNTAINSPRING, F. RAMSEY, AND C. KEPLER. 1986. Forest bird communities of the Hawaiian Islands: their dynamics, ecology, and conservation. Stud. Avian Biol. 9. 431pp.
SHAFFER, M. L. 1981. Minimum population sizes for species conservation. BioScience 31:131–134.
———. 1983. Determining minimum viable population sizes for the grizzly bear. Int. Conf. Bear Res. Manage. 5:133–139.
———. 1987. Minimum viable populations: coping with uncertainty. Pages 69–87 in M. Soulé, ed. Viable populations for conservation. Cambridge Univ. Press, Cambridge, U.K.
———. 1990. Population viability analysis. Conserv. Biol. 4:39–40.
SNYDER, N. F. R. 1977. Increasing reproductive effort and success by reducing nest-site limitations. Pages 27–35 in S. A. Temple, ed. Endangered birds: management techniques for preserving threatened species. Univ. Wisconsin Press, Madison.
———, AND J. A. HAMBER. 1985. Replacement-clutching and annual nesting of California condors. Condor 87:374–378.
———, AND H. A. SNYDER. 1989. Biology and conservation of the California condor. Curr. Ornithol. 6:175–263.
SOULÉ, M., EDITOR. 1987. Viable populations for conservation. Cambridge Univ. Press, Cambridge, U.K. 189pp.
SPITZER, P. 1977. Osprey egg and nestling transfers: their value as ecological experiments and as management procedures. Pages 171–187 in S. A. Temple, ed. Endangered birds: management techniques for preserving threatened species. Univ. Wisconsin Press, Madison.
———, A. POOLE, AND M. SCHEIBEL. 1983. Initial population recovery

of breeding ospreys in the region between New York City and Boston. Pages 231–241 *in* D. Bird, ed. Biology and management of bald eagles and ospreys. Harpell Press, St. Anne de Bellevue, Que.

STOLZENBURG, W. 1992. The heritage network: detectives of diversity. Nat. Conserv. 1992:23–27.

SWIMMER, J. Y., L. MANOR, AND R. L. GOOCH. 1992. Endangered species programs in the 50 states and Puerto Rico. Endangered Species Update 10:8–10.

TEMPLE, S. A. 1977*a*. Endangered birds: management techniques for preserving threatened species. Univ. Wisconsin Press, Madison. 466pp.

———. 1977*b*. The concept of managing endangered birds. Pages 3–8 *in* S. A. Temple, ed. Endangered birds: management techniques for preserving threatened species. Univ. Wisconsin Press, Madison.

———. 1986. The problem of avian extinctions. Curr. Ornithol. 6:453–485.

———. 1991. The role of dispersal in the maintenance of bird populations in a fragmented landscape. Acta Congr. Int. Ornithol. 20:2298–2305.

———. 1992. Population viability analysis of a sharp-tailed grouse metapopulation in Wisconsin. Pages 730–758 *in* D. R. McCullough and R. H. Barrett, eds. Wildlife 2001: populations. Elsevier Appl. Sci., London, U.K.

TEMPLETON, A. R. 1990. The role of genetics in captive breeding and reintroduction for species conservation. Endangered Species Update 8:14–17.

THOMAS, J. W., E. D. FORSMAN, J. B. LINT, E. C. MESLOW, B. R. NOON, AND J. VERNER. 1990. A conservation strategy for the northern spotted owl. Interagency Scientific Committtee to Address the Conservation of the Northern Spotted Owl, Portland, Oreg. 427pp.

TILT, W. 1989. The biopolitics of endangered species. Endangered Species Update 6:35–40.

U.S. FISH AND WILDLIFE SERVICE. 1979. Service sets guidelines for recovery planning. Endangered Species Tech. Bull. 4:1–7.

———. 1980. Habitat acquisition: costly but necessary to the recovery of many endangered species. Endangered Species Tech. Bull. 5:5–10.

———. 1990. Report to Congress: endangered and threatened species recovery program. U.S. Dep. Inter., Washington, D.C. 406pp.

———. 1993. Box score: listings and recovery plans. Endangered Species Tech. Bull. 17:20.

U.S. GENERAL ACCOUNTING OFFICE. 1988. Endangered species: management improvements could enhance recovery program. U.S. Gen. Accounting Off., Washington, D.C. 100pp.

WOODFORD, M., AND R. KOCK. 1991. Veterinary considerations in reintroduction and translocation projects. Symp. Zool. Soc. Lond. 62:101–110.

YAFFEE, S. L. 1988. Protecting endangered species through interagency consultation. Endangered Species Update 5:10–19.

ZIMMERMAN, D. 1975. To save a bird in peril. Coward, McCann and Geoghegan, New York, N.Y. 286pp.

21
地理情報システム(GIS)

Gregory T. Koeln, Lewis M. Cowardin & Laurence L. Strong

はじめに ……………………………… 647	デジタル画像処理 ……………………… 665
GISとは何か …………………………… 648	GISの分析能力 ………………………… 667
GISのデータ構造 ……………………… 650	空間データの維持管理と解析 ………… 668
ラスターデータ ……………………… 651	空間を持たない属性データの維持管理と解析 ……… 668
ベクターデータ ……………………… 652	空間データと属性データの統合的解析 ………… 668
ラスター方式とベクター方式 ……… 653	地図学的モデリング ………………… 670
GIS用のデータ ………………………… 654	出力の処理 …………………………… 671
キーボードでのデータの手入力 …… 655	水鳥管理におけるGISの応用 ………… 672
デジタイザーを利用した手入力 …… 656	注意書き ………………………………… 674
スキャナーによるデジタル化 ……… 656	要　約 …………………………………… 676
リモートセンシング技術 …………… 657	参考文献 ………………………………… 676
既存のデータベース ………………… 662	

❏ はじめに

　地理情報システム(geographic information systems：GIS)は,コンピュータ技術として開発されたのは比較的新しく,野生生物と自然資源の管理者の興味を引くものである(Peterson & Matney 1986)。GISを構成するのは,ソフトウエア,ハードウエア,ならびに空間解析を実施する専門家である。野生生物管理者が地図を利用する多くの作業,たとえば面積計算,距離計算,周囲長の計算などは,現在ではGISにより自動で行えるようになった。GISを資源管理に利用するコンセプトは,Ian McHargによるところが大きい。McHarg(1969)は,その著書『Design With Nature』で,地質,自然地理,主な帯水層,土壌,森林区分,野生生物分布,特徴ある場所,斜面,その他の土地属性の地図を手作業で重ね合わせることによって,農業,都市拡大,鉱石採掘など様々な土地利用の最適地を表示した地図を作成した。GISは,このような地図の作成や,複数の地図を組み合わせて新しい情報を生み出す作業を自動化できる。

　アメリカ合衆国の魚類および野生生物を担当する61機関の調査では,GISの利用が急速に普及拡大していることが明らかになった(Rodcay 1991)。61機関のうち,39%が定常的にGISを利用する,30.2%がごくまれに利用する,30.5%はGISを利用していない,となっている。GISを利用していない機関のうち73%が,近い将来にGISを利用することを計画している。GISを利用している機関の中では,生息地の地図表示が最も一般的な利用である。他の応用例としては,土地利用インベントリー,植生図作成,動植物種の推定分布図,動物個体群が密な生息地の抽出,土地開発計画などがある。

　野生生物の管理者は,次のようにGISを活用している。水鳥の生息する湿地のモニタリング(Barnard et al. 1981, Koeln et al. 1988),アメリカカケス(フロリダ亜種)生息地の地図作成(Breininger et al. 1991),グリズリー(アメリカヒグマ)(Craighead et al. 1986, Agee et al. 1989),ソウゲンライチョウ(lesser prairie-chicken)(Cannon et al. 1982),エルク(Leckenby et al. 1985)の生息地評価,生物多様性の保護(Davis et al. 1990),トキコウの採餌場の生息地モニタリング(Hodgson et al. 1988),ラジオテレメトリーデータの解析(Koeln & Cook 1984, Young et al. 1987),生息地の空間構造の描写(Heinem & Mead 1984, Ripple et al. 1991),エコトーンの描写(Johnston & Bonde 1989),野生生物の密度予測

(Palmerim 1988, Broschart et al. 1989)，動植物種の空間分布のモデリング(Palmerim 1987, Walker 1990)，保護区システムのデザイン(Saxon & Dudzinski 1984, Murphy & Noon 1991)，生息地減少による長期的(cumulative)インパクトの検証(Johnston et al. 1988, Gosselink & Lee 1989)，ビーバーのダム造りの定量化(Johnston & Naiman 1990 a,b)，その他様々な活用方法がある(de Steiger & Giles 1981, Steenhof 1982, Lyon 1983, Mayer 1984, Peterson & Matney 1986, Ormsby & Lunetta 1987, Scepan et al. 1987, Stenback et al. 1987, Miller & Conroy 1990, Shaw & Atkinson 1990)。

本章の目的は，野生生物の管理者ならびに野生生物管理を学ぶ学生にGISの技術の概論を提示することである。多くの大学では，学部および大学院でGISの講義が設けられている。野生生物の管理と調査研究のためのGIS利用についてさらに探求したい人には，多くの本，学術雑誌，その他の出版物のリストを本章に示している。

❏ GISとは何か

Aronoff(1989)は，GISとは，地理的に基準づけたデータを保存し取り扱う一連の方法であり，手作業によるものもコンピュータに基づいたものも含まれる，と表現している。地理的に基準づけたデータ(空間データ)とは，地図の上に点，線，面(ポリゴン)として表現しうるあらゆるデータのことである(図21-1)。地理的に基準づけたデータの保存や取り扱いは，手作業で行うと非常に扱いにくいものとなる。結果として，Aronoff(1989:39)は，GISを次のように定義している。GISとは，「地理的に基準づけたデータを取り扱う次の四つの能力，①入力，②データの管理(データの保存と検索)，③操作と解析，そして④出力，を持つコンピュータに基づいたシステム」である。

Dueker & Kjerne(1989:8-9)の定義によれば，GISとは，「地球上のある地域に関する情報を収集，保存，解析，普及することを目的とした，ハードウエア，ソフトウエア，データ，人，組織，および制度的取り決めの体系」である。GISは，一般的なデータベース管理システム(database management systems：DBMS)とは異なる。DBMSは，GISの必要条件である空間データを適切に取り扱えるものではない。空間データは地理的基準と属性という二つの要素を持っている。道路は，GISの中で，線としてあらわすことができる。その線の地理的基準は，その位置を表す

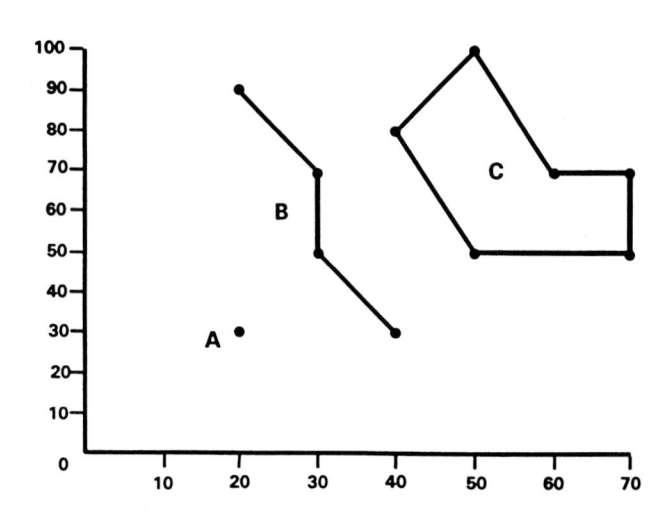

図21-1 地理的に基準づけたデータ(空間データ)とは，点(A)，線(B)，面(C)として表現しうるあらゆるデータのことである(Aronoff 1989)。

座標である。道路(線)の位置は，ユニバーサル横メルカトル(universal transverse mercator：UTM)座標系，州平面座標系(state plane cordinates。訳者注：アメリカ沿岸測量局によって各州に対して制定された平面直角座標系)，緯度経度，その他の座標系(任意座標系も含めて)を用いて記録することができる。道路を表現する空間データの属性要素としては，道路のタイプ(砂利道)，路線番号(インターステイト44号線)，その他の道路属性，たとえばその道路を1年間に利用する平均車両台数などが含まれる。DBMSは，空間データの属性要素は上手に管理できることが多いが，地理的基準は管理できない。

GISは，使用されるハードウエアとソフトウエアとして説明されることが多いが，むしろ入力，処理，出力とそれに関係する状況を含めた全体的なシステムと考えるほうがいいだろう。このうち，最も費用がかかるのは入力の部分である。空間データの取得，登録，解釈，変換などの経費は，GISシステムの運用費の60～90％にも及ぶことが多い。GISの処理過程には，空間データの属性と地理的基準の両方を保存・検索すること，およびシステムの中に蓄えた空間データから新しい情報を生み出すための効率的で効果的な方法が含まれる。このような新しい情報の例としては，最も近い河川までの距離や，連続した森林の区画の大きさなどがある。

GISの出力には，地図のハードコピー，カラーもしくは白黒モニター上の図表示，表形式の情報などがある。技術革新により，GISの出力の能力は大きく進歩している。

システムには，GISの組織的，制度的な部分，たとえば

スタッフ，予算，管理運営上の支援なども含まれる。GISの組織的，制度的な部分を管理運営することは，GISのソフトウエアやハードウエアの選定・学習・利用よりもはるかに難しいことが多い(Lauer et al. 1991)。

GISとよく混同されるシステムは多い。コンピュータ補助地図化(computer-aided mapping：CAM)システムは，地図のデザイン，作成，維持管理を自動化する。このシステムは，普通コンピュータ補助デザイン(CAD：computer-aided drafting。訳者注：一般的なCADは，computer-aided designであるが同一と考えられるのでデザインと訳す)のソフトを強化したもので，地図の作成，更新に強力なツールとなる。CAM/CADシステムは空間データの地理的基準を上手に扱うことができるが，空間データの属性要素の取り扱いは苦手なことが多い。CAM/CADシステムの解析能力はGISと同じではない。GISは，純粋な地図製作上の応用の面ではCAM/CADシステムに及ばないのが一般的だが，現代のGISの地図製作能力は向上しつつある。さらに現在では，多くのGISで，CAM/CADシステムで作られたデータを使用し操作することが可能となっている。

自動地図化施設管理(automated mapping and facilities management)は，CAMまたはGISを公共事業や電気・ガス・水道などの事業の情報に利用するものである(Dueker & Kjerne 1989, Vonderohe et al. 1991)。電話線，電線，水道管，その他の事業の情報が自動地図化施設管理システムを用いて管理されている。このシステムは，属性データを空間データに関連づけることができるが，CAM同様，空間的な関係は定義されず空間解析は遅くて非常に手間がかかる。

土地台帳システムは，不動産の土地範囲，価値，所有を管理するのに用いられている。多目的土地台帳システムは，区画(parcel)を基本とした土地情報システムである(Dueker & Kjerne 1989, Vonderohe et al. 1991)。この区画は，公的な土地調査の単位や行政単位でも良いし，野生生物管理ユニットでも良い。

GISの応用として，土地情報システム(land information systems：LIS)という言葉が用いられることがある。Dueker & Kjerne(1989)は，土地情報システムとGISはどちらも基本的に土地の履歴・記録を表すデータを持つと表現している。Vonderohe et al.(1991)は，土地の履歴・記録を維持管理する過程を土地情報システムとして表現しており，土地情報システムは必ずしもコンピュータの使用を必要とするものではないが，この過程をコンピュータで自動化すれば，それはGISであるとしている。

Walker & Miller(1990)は，GISは以下の基本的な五つの問題に対して答えを出せるとしている。
①ある特定の場所に何が存在するか。
②ある条件を満たすのはどこか。
③時を経てどんな変化が生じたか，また，その変化が生じたのはどこか。
④土地利用にある変化が発生した際の，社会的，経済的インパクト，および環境に生じるインパクトは何か。
⑤ある場所の現在の土地利用が他の利用に変化した場合に何が起こるか。

第1の問題は，GISの最も単純な機能の一つである。場所はいくつかの方法で表現することができる。たとえば，①点・線・面(ポリゴン)として，②地名または郵便番号で(例：行政単位および番地，野生生物管理区域)，③UTM・州平面座標系・緯度経度などの地理座標系により表現できる。野生生物管理者は，この性能を用いて野生生物管理区域，調査区域，あるいは行政区域にある生息地を記述することができる。野生生物の研究者がラジオテレメトリー法を用いる場合には，調査対象種が利用しているサイトの様々な情報を知ることができる。ラジオテレメトリー法の調査地それぞれについて，生息地のタイプ，最も近い道路・河川・林縁までの距離，利用されている生息地の連続しているブロックのサイズ，調査地の標高・傾斜・地勢，調査している動物(個体)から一定の距離の範囲内にある様々な生息地のタイプとその面積など，生息地の様々な特性を知ることができる。

2番目の問題として，第1の問題の問いと答えを逆向きに扱うこともできる。特定の場所に何があるのかを問題とするのではなく，ある状況や条件を満たす場所を求めるものである。ホオジロシマアカゲラがコロニーを作っている私有地はどこか，水鳥狩猟許可はどの郡で最も売られているか，どの郡にアメリカ農務省保全地区プログラム(conservation reserve programs：CRP)に登録された地域が多くあるかなど，野生生物の管理者が知りたい問題を取り扱うことができる。

3番目は，時系列の変化の問題である。夏の間に特に乾燥する湿地はどこであり，結果として水鳥の繁殖のための生息地として価値が低いのか，水鳥の管理者は知りたいであろう。大型哺乳類の生物学者は，どの郡で大きく森林が減少しているか興味があるだろう。GISは，異なった時期の二つ以上のインベントリーを用いて，このような問題に答えることが可能である。

4番目の問題は，現在の土地利用に変化が生じた際の，社

会・経済・環境の面の，あるいはこれらの複合的なインパクトに関連している。CRP が水鳥の個体数にどんな効果を上げているかを確かめるためには，CRP の実施場所の位置と，過去の土地利用，CRP 地域内の永続的植生カバーの成立の度合い(the success of establishment of permanent cover)，CRP 地域内および周辺の湿地の利用可能性などの情報が必要である。

Walker & Miller(1990) は，5 番目の問題が GIS の最も重要，あるいは最も利用されるものとしている。GIS を使うことで，野生生物の管理者は「もしも，○○○ならば」という問題に答えることが可能となる。もしも，一時的にあるいは季節的に湿地が連邦規則の保護を受けなかったとしたら，水鳥の個体数にどんなインパクトを与えるのか。もしも，最も近い道路からの距離，湿地のタイプ，大きさ，周辺の土地利用によって排水率が決まるとしたら，どの湿地が排水に対して最も脆弱であるか。

地図は GIS の重要なアウトプットであり，今日の GIS の多くはすばらしい地図作成能力を持っているが，GIS は，地図を作成するためのコンピュータシステムではない。現代の GIS は，多くの場合，何段もの地図ケースの中やオフィスの薄暗い片隅に丸めて置かれているような空中写真や地形図を全て，1 枚の CD-ROM ディスクに画像として保存することができるけれども，GIS は，地図や絵を保存するための道具でもない。地図は GIS にとって不可欠な情報源であるが，GIS のデータベースに収められている情報こそが中心となるコンセプトなのであって，地図が中心なのではない。

GIS は，現実世界の近似モデルであり，コンピュータシステムを使用して，管理上の決定を下す際に必要な土地の特徴に関する三つの鍵となる情報を抽出できる。GIS によって，全ての土地対象物に関して，①それは何か，②どこであるか，③他の特徴とどのように関連しているか，を特定することができる(Walker & Miller 1990)。GIS は，土地に関する情報を管理するメカニズムを提供する。GIS のシステム構築に当たっては，情報を集めることが最初に，そして最も重要なステップであり，続いて重要なのは，対象物の変化の情報を管理・更新していくことである。

❏ GIS のデータ構造

地理データベースの管理システムは，銀行，図書館の検索，航空券の予約，医療診断記録などに使われるデータベース管理システムよりも複雑である。GIS のデータでは，三つの一般属性を必ず持っている。①保存する対象物の位置情報，②対象物の空間的関係についてのトポロジー(topology)の情報(トポロジーは，地理的に対象物を関連づける方法であり，対象物間の位置的関係を見極めるメカニズムである)，③対象物の属性(特性)，である(Burrough 1986)。地理データの空間的構成要素は，対象物の場所と，対象物間のトポロジーの関係を表現する。地理データの属性の構成要素は，様々な対象物の属性を表現する。

地理データの空間的構成要素は，三つのタイプのデータ，点，線，面によって表すことができる(図 21-1)。たとえば地域的な座標系や，UTM(Box 21-1 参照)などの基準座標系を用いて，3 タイプの空間データの位置を特定することができる。地域的な座標系は，地図の南西端を X 軸，Y 軸の原点として，地図の南西端からある対象物までの横座標の距離(X)と縦座標の距離(Y)を計測すれば簡単に得られる。たとえば鳥の巣などの対象物の位置を示すには，地図上の巣の位置に印を付け，地図の西端から地図上の印までの cm 数を X 座標に割り当て，地図の南端から地図上の印までの cm 数を Y 座標に割り当てればよい。もちろん，UTM，州平面座標系，緯度経度などの基準座標系を用いれば，将来にわたりデータを用いる人，全てが鳥の巣の位置を正確に知ることができる。座標に加えて，与えられた座標に位置する巣が何の鳥のものであるかを表すラベルを座標と一緒に保存する。このラベルによってこの巣の属性の記録は表され，巣を作っている鳥の種，巣の高さ，産卵された数，ふ化した雛の数など，巣に関する様々な属性を持つことができる。このラベルが空間データと，その空間データに固有の属性データとを結びつける。

空間データを GIS で表す方法には，ラスター方式とベクター方式という二つの非常に異なったものがある。図 21-2 は，GIS の中で川の流れをこの二つの方法で示している。空間データは，ラスターでもベクターでも表現できる。ラスター方式では，調査区域を表すのにグリッド(訳者注：碁盤目状の基準線網)を用いる。調査区域内の対象物の位置は，対象物に重なったセルの値として表現される。ベクターデータは，地理的対象物を点，線，ポリゴン(面)の座標によって表す。点は，たとえば井戸，塔，巣のような小さい対象物を表す。道路や川などのような細長い対象物は線で表される。都市，森林，湿地，同じ土壌の区域(soil units)のような範囲はポリゴン(面)で表す。ポリゴン(面)の周囲は，連続するまっすぐな線分が境界となっている。

Box 21-1 ユニバーサル横メルカトル(UTM)システム

ユニバーサル横メルカトル(UTM)システムは，ベクターを基本とするGISの対象物を記録する座標系としてよく用いられる。また，ラスターを基本としたGISのセルは，UTMのグリッドに沿って並べられることが多い。UTM座標系はユニバーサル横メルカトル図法に基づいたものである。UTMシステムは60の東西のゾーン(帯)からなり，一つのゾーンは経度で6度に相当する。各ゾーンには連続した番号がつけられており，西経180度と174度の間の第1帯に始まって，東に進むにしたがって数字が増えて東経174度から180度までが第60帯である。ワシントンDCは西経75度の少し西に位置し，UTM第18帯(西経72度から78度まで)の中にある。ミズーリ州セントルイスは西経90度の少し西にあり，UTM第15帯(西経90度から96度まで)の中にある。カリフォルニア州サンフランシスコは西経122度の少し西にあり，UTM第10帯(西経120度から126度まで)の中にある。(訳者注：日本では，石垣島付近の第51帯から釧路以東の第55帯までの範囲となる)

UTM座標は，メートル数で記録される。ある対象のUTMの北座標(Y座標)は赤道から北に向かってその対象までの距離である。UTMの偏東座標(X座標)は，UTM帯の中央子午線から東西方向の距離である。UTM第10帯(西経120度から126度まで)の中央子午線は西経123度線である。UTM偏東距離では，正の値(中央子午線から東方への距離)と負の値(中央子午線から西方への距離)の両方が生じるのを避けるために，中央子午線上の偏東距離を50万mに設定している。あるUTMゾーンの中央子午線の20万m西の場所は，UTM偏東座標は30万mである。あるUTMゾーンの中央子午線の20万m東の場所は，UTM偏東座標は70万mである。

UTMのグリッドは，多くの地図でライトブルーまたは黒の線で描かれている。その地図がどのUTMゾーンに位置するのか，地図の凡例に書かれているだろう。UTMシステムは地図投影法の1例である。GIS上のデータは，様々な地図投影法が用いられている場合がある。Snyder (1987)は，地図投影法についてすばらしい参考書を著している。

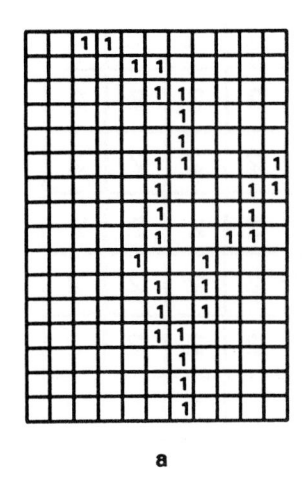

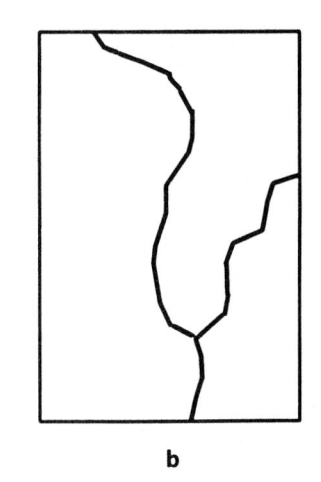

図 21-2 川は，GIS上でラスター(a)，ベクター(b)のどちらのフォーマットでも表現できる。

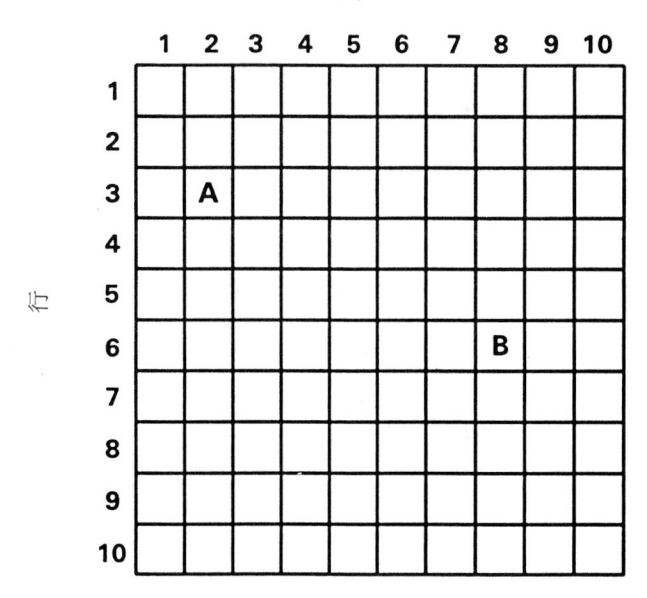

図 21-3 ラスターデータは，コンピュータ上ではマトリックスとして保存される。セルはそれぞれ，行と列(lineとelement)の番号によって表される。例は10行10列の小さなファイルを示しており，セルAは3行2列に位置している。セルBは6行8列に位置している。

ラスターデータ

ラスターデータは，コンピュータ上ではマトリクスとして保存する。セルは，行と列(lineとelement)によって表現される(図21-3)。最も単純な形では，各行はコンピュータのレコードである。レコードは，行の中の全ての列に対して値を持つ。対象物を持たないセルは全ての値が0である。最も単純なラスター方式では，各セルに保存された値は，地理データの属性要素である。図21-4では，1の値を持つセルは森林，2の値を持つセルは農耕地，3の値のセルは放牧地である。

より進んだラスター方式では，セルの値は属性ファイルとしてレコードに関連づけられるラベルとなっている。上の例では，1のラベルが付いたセルは，たとえば種の構成，立木の林齢，推定販売可能材積など，多くの属性を持つことができる。

ラスター方式は厳密な2次元マトリクスなので，様々なタイプの地理データは別のレイヤーとして保存でき，GIS

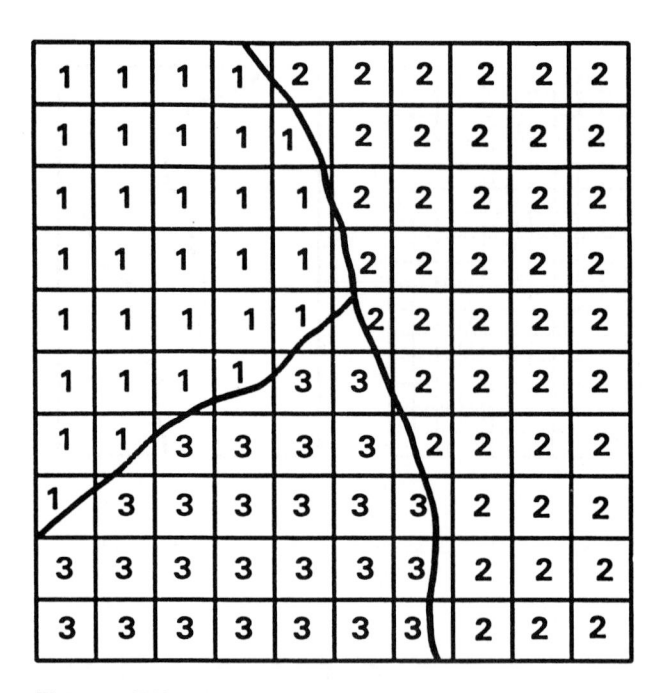

図 21-4 単純なラスターシステムで表現した土地被覆。1のセルは森林，2のセルは農耕地，3のセルは放牧地である。

上で重ね合わせることができる(図 21-5)。一つのレイヤーには土地利用・土地被覆の情報を持ち，別のレイヤーには湿地のデータ，また別のレイヤーには交通網の情報を持つことができる。

　ラスター方式を利用するには，用いるセルのサイズを決めなければならない。この大きさが空間分解能(spatial resolution)である(resolution という用語の様々な意味については Box 21-2 参照)。調査地の大きさや GIS の目的によって，セルの大きさはかなり変えることができる。州や地域の計画には 20 ha 程度の大きさのセルが適当だろう。野生生物管理地域には，地域の大きさや GIS の応用によっては 0.05 ha か，もっと小さなセルが必要かもしれない。セルが小さくなるほど，保存に必要な容量は増加する。セルの1辺の長さを半分にすると，データの容量は4倍に増える。反対に，セルが大きくなると地図上の対象物を表現する正確性が落ちる。GIS の応用にあたって適切なセルの大きさを選ぶことは，データ保存のコストおよび処理速度と，土地属性を表現する値の信頼性との間の妥協なのである。

ベクターデータ

　ベクターデータは，対象物の位置を表現する際の正確性が高い。Aronoff(1989) は，点・線・領域の位置を定義するためのベクターデータの用法を著している。点は，単に座標の値(X座標とY座標のペア)で表現される。線は，順序を持った座標のリストにより表現される。領域は，順序を持った座標が閉じた状態となって(最初の座標と最後の座標が同じ)ポリゴンとして表現される。

　座標は任意の単位にすることができるが，一般には UTM 座標系，州平面座標系，緯度経度座標系などで保存される。初期のベクター方式では，XY座標をポリゴンとして保存する単純な方法を用いている。この単純なシステムでは，二つの領域の間の共通の境界線は，一度は一方の領域の境界線として，もう一度は接するもう一方の領域の境

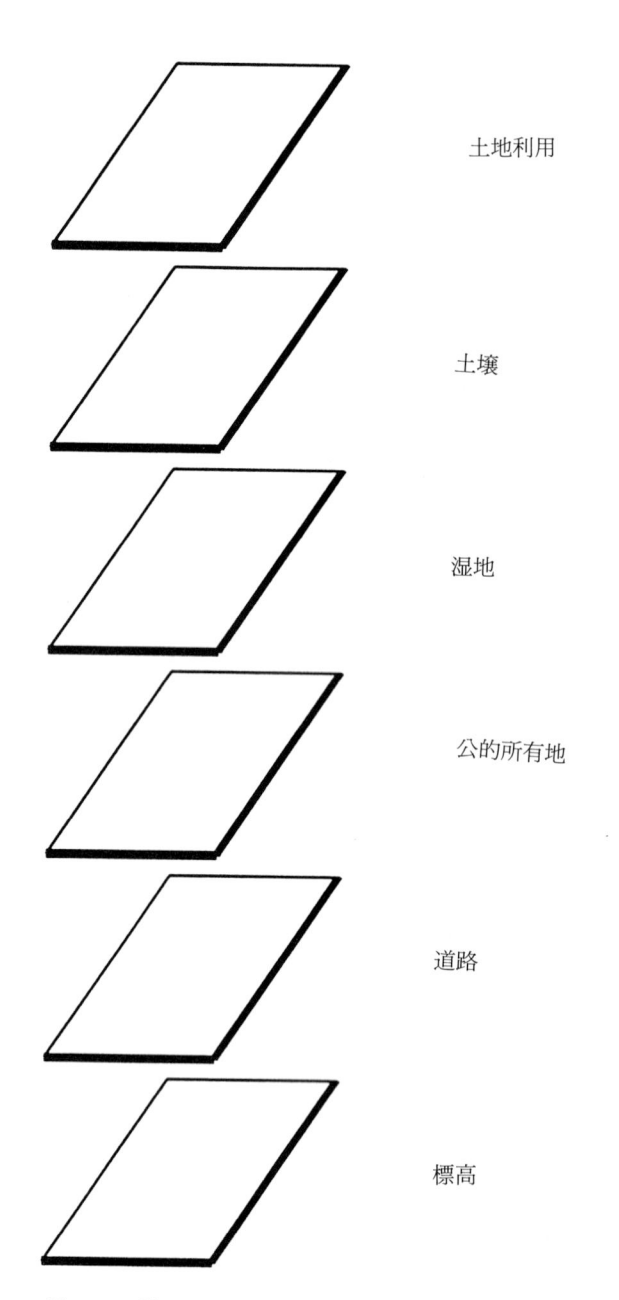

図 21-5 様々なタイプの地理データは別のレイヤーに保存することができ，GIS 上で重ね合わせることができる。

（土地利用／土壌／湿地／公的所有地／道路／標高）

> **Box 21-2　resolution の多様な意味**
>
> 　リモートセンシングと GIS の世界では，resolution という言葉は様々な意味を持っている。最も一般的な使い方としては，resolution はラスターに基づいたシステムの一つのセルまたはピクセル(画像の粒子)によって表される土地の範囲を意味する。人工衛星のデジタルセンサーによるラスターデータの場合，セルのサイズは人工衛星の軌道高度とセンサーの性能によって決まる。衛星ランドサットの MSS データの場合，この spatial resolution(訳者注：本章では空間解像度という訳語をあてている。また，単に resolution と表現されている場合でもこの意味で用いられている場合には空間解像度と訳した。)は約 0.64 ha(80×80 m)である。ランドサット TM データの空間解像度は約 0.09 ha(30×30 m)である。衛星 SPOT のパンクロデータは，0.01 ha(10×10 m)の空間解像度を持つ。
>
> 　人工衛星のデジタルセンサーデータによる土地被覆区分や対象物区分の能力は空間解像度で全てが決まるのではない。土地被覆を地図化するために人工衛星を選ぶ際には，spectral resolution(訳者注：本章では分光分解能という訳語をあてている)が空間解像度と同じくらい重要なことが多い。分光分解能とは，センサーが計測するよう設定された電磁スペクトルの波長帯の数や幅を意味する。ランドサット TM データは，ランドサット MSS データでは区分できなかった様々な土地被覆をうまく識別できるようになったが，これは空間解像度が改善されただけでなく，計測する波長帯が 4 バンドから 7 バンドへと増加したことにより分類の精度が向上し，土地被覆区分の地図化を成功させることに大きなインパクトをもたらした。波長帯のバンド数と選ばれたバンドの幅が，センサーの分光分解能を決める。
>
> 　resolution が，人工衛星によって集められたデータの階級を意味することもある。たとえば，ランドサット 1 号から 3 号までで集められた MSS データでは，各バンドで受信したエネルギーの強度を 0 から 127 までの階級で記録している。ランドサット 4 号と 5 号の TM データでは，各バンドのエネルギーが 0 から 255 までの階級で計測されている。階級を保存するのに用いられるコンピュータのビット数が，この意味で resolution という用語を使用する場合の最大値を決めている(訳者注：本章の後半部では，この意味の resolution が radiometric resolution という用語で表現されており，放射量分解能という訳語をあてている)。
>
> 　resolution という言葉は，GIS に用いられるハードウェアの能力を表現することもある。ディスプレイモニターの場合，resolution とはスクリーンのピクセルの数と大きさのことである(訳者注：この意味での resolution は，単に解像度という訳語をあてている)。高解像度のモニターは 1,024 行 1,024 列で表示することができ，一つのピクセルは 0.3 mm ほどの大きさである。解像度の低いモニターでは 512 行 512 列でしか表示できない。スキャナーやプロッターの解像度は 1 インチあたりのドット数で計られることが多い。プロッターでは，1 インチあたりのドット数は 1 インチの線をプロットするピクセル数で計測する。高解像度プロッターでは，1 インチあたり 400 またはそれ以上の解像度を持つが，解像度の低いプロッターでは 1 インチあたり 200 程度に過ぎない。

界線として 2 度保存する。この 2 重の保存方法は，計算とプロットを単純化できるが，保存の容量を無駄にするだけでなく，地理属性の隣接または連結(トポロジー)の情報を持たないという大きな問題がある。ベクター方式の GIS のほとんどが今日ではトポロジーモデル(Aronoff 1989)を使用して領域の位置を表現している。

トポロジーモデルでは(図 21-6)，ポリゴンを連続するアーク(arc：線，弧)によって定義する。アークはノード(node：節点)で始まりノードで終わる。ノードは，複数のアークが交わる場所で必ず発生する。アークはどれも連続する座標で定義され，始点のノードの座標に始まり終点のノードの座標に終わる。トポロジーの関係は三つのテーブル(表)に保存される。ポリゴントポロジーテーブルは各ポリゴンの境界線となるアークを記述している。ノードトポロジーテーブルは各ノードを始点・終点とするアークを記述している。そして，アークトポロジーテーブルは各アークに発生したノードと，各アークの左右に位置するポリゴンについて記述している。この三つのトポロジーテーブルは，ある対象物と他の対象物との位置関係を効率よく決定するのに必要となる。トポロジーモデルの中では，各アークの座標を定義する座標テーブルも用いられる。このようなトポロジーデータベースに加えて，対象物の属性を属性データベースに保存する。

ラスター方式とベクター方式

　初期の GIS では，ラスターかベクターのどちらかの方式を採用していた。表 21-1 は，ベクターとラスターのデータ方式の様々な利点と欠点を示している(Burrough 1986, Aronoff 1989)。どちらも空間データを表現するのに同じくらい有効な方法である。両方式の様々な利点と欠点は，相当に議論されてきた。今日の GIS ではほとんどでラスターとベクターの両方のデータを扱うことができるが，普通どちらか一方を基本とするようデザインされている。将来的にはラスターもベクターも完全に組み合わせて使う GIS が一般的になるだろう(Faust et al. 1991)。そのような新しい GIS では，ラスターとベクター，さらに応用に最も適

表 21-1　ベクターとラスターのデータシステムの利点と欠点の比較（Burrough 1986 および Aronoff 1989 を修正）

ラスターによる方法
● 利　点
　データ構造が単純である。
　リモートセンシングデータと互換性がある。
　空間解析の手法が容易である。
● 欠　点
　多くの場合に，より大きなディスク容量が必要となる。
　トポロジーの関係を表すのが難しい。
　セルサイズを非常に細かくしない限りグラフィックな出力は美しくないことが多い。
　投影法の変換が比較的難しい。

ベクターによる方法
● 利　点
　データ構造がコンパクトで必要なディスク容量は比較的少ない。
　トポロジーの関係を上手に扱える。
　グラフィックな出力は比較的美しく手書きの地図により近い。
● 欠　点
　データ構造が複雑である。
　様々なベクターの地図を重ね合わせるには時間がかかることが多い。
　プロッターでの出力には時間がかかる。
　空間解析の手法には複雑なものがある。
　対応するソフトウエア・ハードウエアは高価になる。
　リモートセンシングデータとの互換性に欠ける。

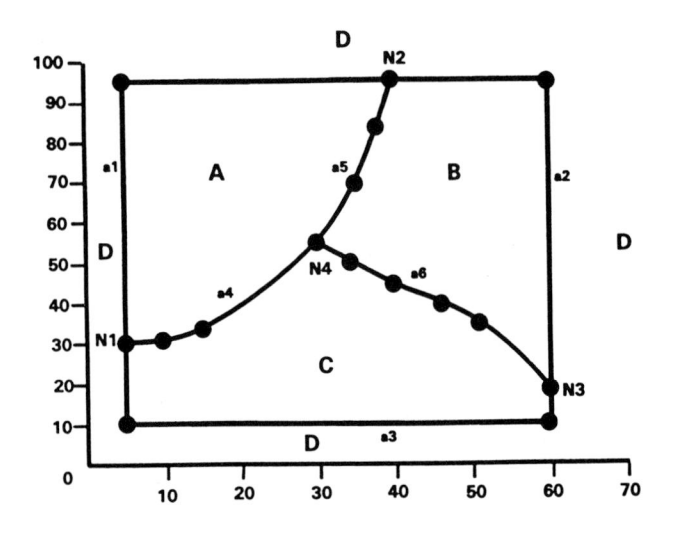

ポリゴントポロジー	
ポリゴン	アーク
A	a1, a4, a5
B	a2, a5, a6
C	a3, a4, a6
D	野外調査地域

ノードトポロジー	
ノード	アーク
N1	a1, a3, a4
N2	a1, a2, a5
N3	a2, a3, a6

アークトポロジー				
アーク	始点ノード	終点ノード	左ポリゴン	右ポリゴン
a1	N1	N2	D	A
a2	N2	N3	D	B
a3	N3	N1	D	C
a4	N1	N4	A	C
a5	N4	N2	A	B
a6	N3	N4	C	B

図 21-6　トポロジーモデルを用いるベクターシステムでは，ポリゴンはアーク（線）のリストで表現される（Aronoff 1989 から採用）。各ポリゴンを定義するのに必要なアークは，ポリゴントポロジーテーブルに表示される。ノードトポロジーテーブルは，各ノードに関連するアークを定義する。アークトポロジーテーブルは各アークの始点と終点のノードを表し，各アークの左右のポリゴンを定義する。

した他のデータ構造も含めて，素早く効率よく変換できるものになるだろう（McKeown 1987, Ripple & Wang 1989, Piwowar & LeDrew 1990）。GIS は，ラスターデータにもベクターデータにも同様にうまく機能しなければならない。

❏ GIS 用のデータ

　GIS の要素のうちで最も高価なものは，ソフトウエアでもハードウエアでも，システムを扱う人の人件費でもない。データを取得し維持管理していく費用である。GIS への投資の中で，データの費用は 60% から 90% の間というのが一般的である（Walklett 1992）。データの費用はいくつかの要素によって変化する。対象地域の面積，縮尺，データの正確性・信頼性，データ更新の頻度，地図・人工衛星データ・空中写真からデータを取り込む際のソフトウエア・ハードウエアの効率，その時点で利用できるデジタルデータを形式を合わせて変換（reformat）する際のソフトウエア・ハードウエアの効率などである。

　GIS 用のデータを得ることは GIS への要求を満たす際の主なネックとなる（Aronoff 1989）。正確でよく文書化された（well-documented）データベースを作り上げることが不可欠である。GIS から導出される情報とその情報から行う決定は，最初のデータが正しい場合にのみ正確なものとなる。全てのデータレイヤーの正確性・信頼性を文書化するべきである。情報を得た日付，位置の正確性，階級分けの正確性，完全さ，データの収集・コード化に用いた手順などの情報を含めて文書化しなければならない。空間データベースの正確性は複雑な問題で最近の本の主題となっていた（Goodchild & Gopal 1989）。

GIS に入力するデータには，空間データ(対象物の位置)と属性情報(対象物を記述したデータ)がある。データの中には，ベクター方式の方がより容易に入力できるものもあるし，ラスター方式を用いた方がより効率よく入力できるものもある。

GIS 用のデータに対する出費は大きいので，GIS の整備を始める前に全てのデータの必要条件を必ず文書化するべきである。幸いなことに，野生生物に応用するために必要なデータは，土地利用計画者，土壌学・地理学・地学・水文学の研究者，森林官，産地直送販売の専門家などにとって必要なデータと同じようなものだろう。結果として，デジタル化して蓄積されているデータ源は増加しているし，現在あるデータを共有したり購入したりすれば，人工衛星データから得た情報や地図・写真からデジタル化するよりもはるかに安上がりである。新しいデータを手に入れる前には，利用可能なデジタルデータ源を全て検討し評価することが非常に重要である。

GIS にデータを入力するには様々な方法がある。コンピュータのキーボードやデジタイザーから手入力することができる。手入力のデジタル化は遅くて高くつくだろうが，場合によっては最も効率的で正確なデータ入力の方法かもしれない。スキャナーによるデジタル化は手入力よりも自動化されている。最近はスキャナーのハードウエアが進歩し，走査された画像データから情報を抽出するソフトウエアも改良されたので，スキャナーによるデジタル化は手入力よりも魅力的な選択肢である。広い地域に対しては，現在の人工衛星とデジタル画像処理の技術を利用すれば，GIS データを得る費用効果的な方法となりうる。GIS 用のデータを得るのに最も効果的で効率の良い方法は，既存のデジタルデータを購入することである。多くの連邦機関や，ますます多くの州および地方機関がデジタルデータを利用できるようにしている。このような機関の多くでは，好意的にデータを分けてくれるか，安い費用で供給してくれるだろう。

キーボードでのデータの手入力

デジタル化の様々な方法の中で，キーボードでのデータ入力は，対象物の属性データを入力するのによく利用されている。対象物の位置や地理的要素などはキーボードから効率よく入力できることがある。これは特に，まばらで広く分散した点データの場合に当てはまる。たとえば，洞窟の入り口，巣，ラジオテレメトリーで把握された動物の位置などである。野外での点の位置は今では，地球定位シス

図 21-7 小型のＧＰＳにより地上の対象物の正確な位置を得ることができる。(写真提供：Trimble Navigation, Sunnyvale, California, USA)

テム(global positioning systems：GPS)で得ることができる(図 21-7)。小型の GPS が現在では 3,000 ドル以下で購入でき，調査地で使用すれば緯度経度，UTM，あるいは他の座標系の位置情報を得ることができる。調査地点はキーボードで GIS に手入力してもよいし，座標を GPS に保存して後で GIS にデータを落とすこともできる。GPS に関するより詳しい情報は Box 21-3 を参照されたい。

デジタイザーを利用した手入力

手動のデジタル化では，デジタイザー(図 21-8)の上に地図または空中写真を置き，点を示す装置(カーソル・パック・マウスなどと呼ばれる)を用いて地図から抽出したい対象物の座標を記録する。デジタイザーはマウスの位置を電

Box 21-3　地球定位システム
(global positioning systems：GPS)

　地球定位システム(GPS)が出現して以来20年ほどになるが，野生生物の管理者・研究者にとってこの技術が信頼できる効果的な道具となったのはつい最近のことである。NAVSTER GPS(navigation satellite timing and ranging GPS，訳者注：航法支援用人工衛星からの信号を受信し航空機・艦艇・車両などの位置・速度を算出する衛星システム)はアメリカ国防省により開発され運用されており，地上の支援システムと地球を回る25の人工衛星のネットワークで構成されている(1993年10月以後25全ての衛星が機能している)。全ての衛星が配置されれば，GPSは24時間，天候に関係なく世界中の2次元そして3次元(緯度・経度・標高)の位置を決める能力を持つ。

　野生生物学者は，手に持てる小型の，あるいは車に搭載するGPS受信機を用いて，地理座標位置データを得ることができる。受信機は上空を通過する衛星が発信する信号をとらえ，わずか数cmから100m程度の誤差で位置データをはじき出す。現時点での誤差の水準はいくつかの条件次第であり，受信機の電子部品の精度，要求した時間内に位置を確定するために利用できる衛星の数，信号を受信する際の障害物(たとえば樹木など)，国防省による衛星信号の質的低下などの条件で決まる。位置の精度を高める技術はいくつかあるが，一般に追加の受信機が必要であったり，より高価な機器を使用したりすることが必要で，それでもある程度の問題解決にしかならない。応用しようとするものの要求する精度の水準に応じてGPS受信機を選ぶことになる。

　GPS受信機で収集した地理座標データは受信機の画面で見ることもできるし，後の解析のために保存したり，他の場所で処理するために発信することもできる。たいていの受信機では位置を確定するのに約2分を要し，それ以後は毎秒のように受信機の位置を更新できる。したがって，人があるいは車両でGPS受信機をうまく扱えば，点の位置データ(巣の位置など)や，対象とする土地属性の地理座標(湿地の境界など)を得る効果的な方法となる。

　GPS受信機で収集した地理座標データは，GISで新しいレイヤーを作ったり，現存するデータレイヤーを高めたり更新したりする際に効果的な方法となりうる。多くの受信機には，GISで利用されているフォーマットに座標データを直接入力できるソフトウエアも提供されている。これによりデータを素早く変換・利用できる。

図21-8　デジタイザーは，地図上に示された対象や空中写真の座標を記録することができる。(写真提供：Altek Corporation, Silver Spring, Maryland, USA)

子的にコード化する。マウスで地図の対象物をなぞるには時間がかかり，エラーが生じやすい。

　対象物に関する属性情報も記録しなければならない。この場合，対象物それぞれに固有の番号をつけ，対象物の番号に対応する属性のリストを作ることが多い。デジタイザーを利用した手入力の効率は，デジタル化するソフトウエアの品質，オペレーターの技術，デジタル化する地図の複雑さ次第である。デジタル化したデータを編集し，対象物に番号や他の属性を割り当てることに要する時間は，最初に地図をデジタイザー入力する時間よりも長くかかるかもしれない。

　小さなデジタイザー(30×30 cm)は100ドル以下，地図をのせる範囲が大きいデジタイザー(1.3×2 m)は，3,000～2万ドルの値段である。

スキャナーによるデジタル化

　スキャナーのハードウエアとソフトウエアは近年進歩して，用途によってはデジタイザーを利用した手入力に代替することが可能になってきた。この技術が引き続き進歩すれば，デジタイザーによる手入力にとって替わることもありうる。

　スキャナーには三つのタイプがある。平面タイプ(flat-bed)のスキャナーは平らな読みとり面を持ち，その上に地図や写真を置く。小さな平面タイプスキャナー(20×30 cm)は2,000ドル以下の値段で，1 cmあたりの読みとり解像度(DPC)は100～150である。平面タイプスキャナーで25×25 cmの地図を100 DPCで読みとると625万セル(2,500行2,500列のマトリクス)のラスターデータのファイルができる。読みとりを白黒モード，8ビットで行った場合，各セルは，明暗度を示す値として黒い物体の0から白

い物体の 255 までの値を持つことができる。読みとりをカラーモードで行った場合，各セルは地図が反射する赤・緑・青の光の明暗の強度の値を持つ。この強度も一般に 0 から 255 の幅で計測される。

150 DPC 以上の解像度が必要な場合や大きな地図を使用する場合は一般に，ドラムスキャナーが必要となる。地図をシリンダー状のドラムに取り付け，ドラムが回転しその上を読みとり器が動く。パンクロモードでは白と黒，カラーモードでは赤・緑・青の光の明暗を記録する。読みとり器がある瞬間に見ている範囲をスポットサイズ(spot size)(Aronoff 1989)と言い，その大きさは 20 ミクロン程度である。大きな地図を 20 ミクロンの精度で読みとると大きなラスターファイルができることになる。

用途によっては，ビデオスキャナーが利用できる。コピー台の上にビデオカメラを取り付け，地図をビデオカメラの下に置く。地図の捉える部分の広さに合わせて，カメラを上下に動かす。ビデオによる読みとりでは，一般に 512 行 512 列以下のラスターファイルが作られる。セルの空間解像度は地図の縮尺および地図とビデオカメラとの距離によって決まる。

平面タイプ・ドラム・ビデオスキャナーによる読みとりでラスターファイルができる。読みとり用に特別に作る地図は，対象物の境界線のみが描かれ，対象物の座標を容易に読みとることができる。読みとった地図や空中写真から抽出した対象の座標は，入り組んでいるかもしれない。またその座標は，地図や写真から欲しい情報を得るための，対象物のクラス分けおよび抽出のアルゴリズムと，線を読みとるアルゴリズムの精度の高さに左右される。デジタイザーによる手入力の場合と同様に，読みとった地図の編集にはかなりの時間を要するだろう。

GIS は，単なる地図の保管場所や地図情報の倉庫ではないが，平面タイプスキャナーやドラムスキャナーにより，多くの GIS で，地図や空中写真の画像を効率よく保存できる。このような画像上では対象物は認識されていない。高解像度の画像は CD-ROM に保存されることが多い。これらの画像はどれも GIS で読み込むことができ，カラーモニターで見ることができる。スキャナーで読みとった画像からは，対象の分類と抽出(extraction)のアルゴリズムを用いて対象物の情報を引き出すことができる。あるいは，(二つの点や領域の間の距離のような)情報を GIS のソフトウエアで計算することができる。多くの GIS で将来はスキャナーで読みとった画像の管理が支援されるだろう。

リモートセンシング技術

1960 年代末以降，コンピュータ性能の向上の後を追うように，リモートセンシングと GIS の技術が発展してきた。人工衛星データを用いたリモートセンシング技術は，広い地域に GIS を適用するデータの収集方法としては，多くの場合で唯一の方法である。リモートセンシングは，対象物に直接触れることなくその対象のデータを収集するあらゆる技術と定義できる。GIS に用いるリモートセンシングデータは，人工衛星または航空機から得られる。

リモートセンシング技術の中でも GIS に応用する際に最も威力を発揮するのは，調査地域のデジタルデータを得られる点である。そのデジタルラスターデータは，人工衛星のセンサーや，航空機に搭載されたデジタルセンサー，空中写真のスキャナー読みとりなどから得られる。

リモートセンシングには，能動式システムと受動式システムがある。ランドサットや SPOT などの人工衛星は受動式システムを使用しており，自然放射の強度を計測している。レーダーやレーザーなどの能動式システムは，地面に向けてエネルギーを放射し，地面からセンサーへ反射してくるエネルギーを計測する。人工衛星や航空機のマルチスペクトルセンサー，ビデオカメラ，一般のカメラなどは受動式システムの例である。人工衛星や航空機のリモートセンシングシステムの中にはレーダーなどの能動式センサーを使用しているものもある。人工衛星や航空機に搭載されたリモートセンシングシステムには様々な能動式システムや受動式システムがあり，現在では GIS に適用するデータの取得に利用できる。近い将来にはさらに多くのリモートセンシングシステムが GIS 利用者に提供されるようになるだろう。

ランドサット

ランドサットは，アメリカ合衆国の土地リモートセンシング人工衛星システム(訳者注：日本では一般に資源探査衛星と呼ばれる)のことで，NASA(アメリカ航空宇宙局)の実験プログラムとして始められた。ランドサット 1 号は 1972 年 7 月 23 日に打ち上げられ，当初は 1 年間だけ機能する予定だったが引き続き利用され，最終的に 5 年近く延長されて 1978 年に運用を終えた。この間，約 30 万の地球表面の画像をデジタルデータで送信してきた。1983 年，ランドサットは実用的なシステムとされ，アメリカ商務省の NOAA(海洋気象局)の所管に移された。1984 年，土地リモートセンシング商業化法(ランドサット法)がつくられ，ランドサットプログラムは商業運用となり私的セクターに

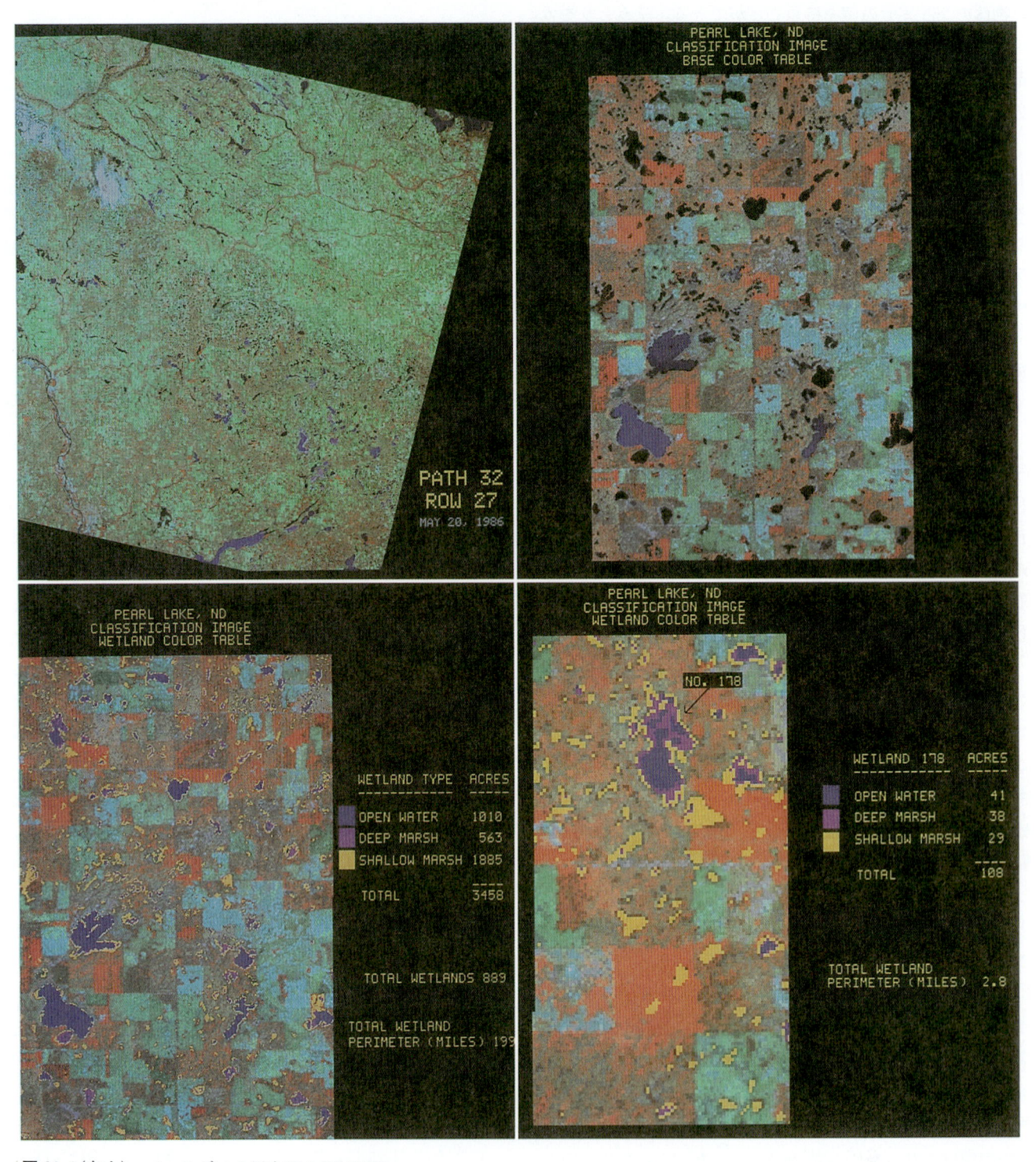

図21-9（左上）　ノースダコタ州中部の TM 画像
図21-10（右上）　ノースダコタ州パールレイクの TM データ，マップシート。これは，240以上の波長帯（訳者注：放射量密度）に分類したファイルである。バンド3・4・5の値の平均値に基づいて波長帯（訳者注：放射量密度）の分類を行った。カラーの表は，カラー赤外写真から得られる色と似せてある。
図21-11（左下）　ノースダコタ州パールレイクの TM データ，マップシート。デジタル画像処理技術を用いて湿地の情報を抽出した。
図21-12（右下）　GIS 処理機能により，ランドサット TM データをクラス分けしたファイルから認識した湿地の集水域にそれぞれ番号をつけ，集水域内の湿地のタイプごとに面積を集計した。湿地集水域の178番の地域について，様々な湿地タイプの面積を示した。

移された。ランドサットプログラムを商業運用する会社として EOSAT（地球観測衛星会社）が選ばれた。

ランドサット1号から3号までの衛星は二つのセンサーを積んでいた。RBV（return-beam vidicom）センサーはテレビカメラに似たもので，地球の表面から反射される赤外線，赤色光，緑色光のエネルギーが記録された。もう一つの MSS（multi-spectral scanner）は，これらの衛星に搭載された主要機器で，ランドサット4号と5号でも引き続き利用している。この MSS センサーは，往復運動する鏡で西から東へと地表を走査してデータを集める。異なる四つの波長帯（緑，赤，二つの近赤外線）の放射を記録する。放射は，光ファイバーによって特定の波長の放射のみを通すフィルターへと送られ，センサーの検出器に当たる。この MSS による画像のピクセルは約 79×56 m（アメリカンフットボールのフィールド程度の大きさ）である。ランドサット2号と3号は1983年に利用を終了した。ランドサット1号から3号までは上空 900 km の軌道を回り，全地球表面のデータを18日ごとに繰り返し計測した。

ランドサット4号と5号は，それぞれ1982年と1984年に打ち上げられた。ランドサット4号は，打ち上げ後まもなく電気系統に異常が生じ，あまり使用されなかった。1993年7月の時点で，ランドサット5号は引き続き利用されている。ランドサット4号と5号は，だいたい北極と南極を通る軌道を高さ 705 km で地球を回っており，およそ98.9分で1周する。どちらも全地球の表面上を16日ごとに通り，同じ場所はいつも同じ時刻に通過する。ランドサット4号と5号はどちらも 2,000 kg 近い重さで，MSS センサーと TM（thematic mapper）センサーを搭載している。TM センサーは，広い地域に GIS を適用する際の多くのニーズに応えるすばらしい性能を持っている。各周回軌道上で，TM センサーも MSS センサーも 185 km 幅の範囲を連続して走査する。走査されたデータは「ランドサットシーン」と呼ばれる範囲に体系的に分割される。一つのシーンはおよそ 185×170 km で，約320万 ha をカバーする。ランドサットデータを利用したい人は，EOSAT が保管している記録の中からデータを購入することもできるし，任意の場所のデータ収集の今後の予定を知ることもできる。ランドサット4号と5号の TM センサーによる画像は，ランドサット3号までのセンサーに比べて衛星の機能が向上したため，幾何学的な品質がはるかに良い。これにより画像の測地学的修正の水準は，24,000分の1の縮尺の地図の基準となる精度にまで高められている（Welch et al. 1985）。

この TM センサーは，MSS と比較して空間解像度・分光分解能・放射量（radiometric）分解能が非常に向上している。この TM センサーの瞬時視野（IFOV）は正方形で，地上の空間解像度のセル，つまり画像のピクセルは1辺約 30 m である。この TM は，六つの波長帯で反射してくる放射の強度を計測している。三つの波長帯は可視光線で，青（$0.45 \sim 0.52$ μm），緑（$0.52 \sim 0.60$ μm），赤（$0.63 \sim 0.69$ μm），一つは近赤外線（$0.76 \sim 0.90$ μm），二つは短波長赤外線（$1.55 \sim 1.75$ μm, $2.08 \sim 2.35$ μm）である。TM はまた，熱赤外放射線（$10.4 \sim 12.5$ μm）も計測しているが，このバンドに限り空間解像度は1辺約 120 m である。アナログからデジタルへと変換する電気信号が8ビットになり，最初の三つのランドサットの MSS が127階調であったのに対して256階調となり，放射量（radiometric）分解能が向上した。図 21-9〜図 21-12 は，ランドサット TM データによるラスターデータの例と，GIS で利用するために抽出した情報の例である。ランドサット6号は，1993年10月5日に打ち上げられたが，衛星との通信ができなかった。

SPOT

最初の SPOT（Systeme Pour l'Observation de la Terre）衛星は，フランスによって1986年に打ち上げられた。ランドサットプログラムが当初は実験的プログラムとして計画されたのに対し，SPOT プログラムは，長期的な商業運用プログラムとして計画された。SPOT プログラムは，フランス国立宇宙研究センター（CNES）のもとで，フランス政府により1981年に設立された。フランス政府・ヨーロッパの銀行数社・ベルギーとスウェーデンの企業がこの商業体に投資している。フランス政府が一部を所有する SPOT Images S.A. 社が SPOT システムを運営している。SPOT のデータを販売するためにアメリカ合衆国では SPOT Image 社がつくられ，カナダでは Radersat 社がデータの販売を行っている（訳者注：CNES が衛星の運用を行い，SPOT Images S.A. 社がデータの受信と販売を行っている。日本では，SPOT Images S.A. 社の代理業務を，財団法人リモート・センシング技術センターが行っている）。

SPOT 1号は，直線状に感光素子が並んだ二つの高分解能放射計（HRV）スキャナー（high-resolution visible pushbroom scanners）を搭載した。スキャナーはそれぞれ二つのモードのうちのどちらか一方で操作ができる。パンクロモードでは，空間解像度 10 m のデータが得られる。この単一波長帯のモードは，$0.51 \sim 0.73$ μm までの可視光のエネルギーを記録する。マルチモード（複数波長帯のモード）

は，三つのバンド，緑(0.5～0.59 μm)，赤(0.61～0.73 μm)，近赤外線(0.79～0.89 μm)を，20 m の空間解像度で記録する。

　SPOT 衛星は上空 832 km の軌道を回っており，26 日ごとに同じ場所に戻ってくる。二つのセンサーはどちらも 60 km の幅の画像を押さえる。センサーの向きを調整して縦に並べると，二つのセンサーで 117 km の幅を記録できる。センサーの向きを調整することができるため，主に二つの利点が生まれている。第 1 に，特定の場所はその真上の軌道からだけでなく隣の軌道からも画像を得ることができる。これにより，26 日ごとよりも頻繁にある場所のデータを得ることが可能となる。第 2 に，同じ場所のデータを離れた二つの軌道から得ることでステレオ画像をつくることができる。

　SPOT のパンクロバンドはランドサットの TM よりも 9 倍細かい空間解像度を持つ。空間解像度にすぐれる SPOT のパンクロデータをランドサットの分光データと組み合わせることで，すばらしい画像が得られる。SPOT シリーズの 4 番目の衛星には短波長赤外線波長帯を取り入れることが計画されている。

CZCS（沿岸海域水色走査計）

　CZCS(coastal zone color scanner)は，1978 年にアメリカ政府により打ち上げられた衛星ニンバス 7 号に搭載され，1986 年 6 月まで機能した。CZCS は，海洋の色と温度を六つの波長帯で計測するもので，その中には可視光の一部を計測するものが 4 波長帯，他に近赤外線波長帯，熱赤外線波長帯がある。このセンサーの空間解像度は中心付近で $0.825 km^2$ で，観測幅は 1,600 km である。CZCS のデータは，沿岸地域の浮遊土砂量(SS)や植物プランクトンの地図化に有効である(Clark & Maynard 1986, Tassan & Sturn 1986)。また，酸性廃棄物汚染の検出にも有効である(Elrod 1988)。

AVHRR（改良型超高分解能放射計）センサー

　1979 年の NOAA 6 号以降の NOAA シリーズの衛星は，AVHRR(advanced very high resolution radiometer)センサーを搭載している。AVHRR の空間解像度は中央部で $1.1 km^2$，走査線の端で $12.6 km^2$ である。このセンサーが地球を見る際には 110.8 度の幅の角度を走査しており，走査線の長さは 2,925 km である。中心から±54 度という広い走査角度により，地球全体のデータを毎日得ることができる。AVHRR は，赤色と近赤外の波長の反射放射を計測しており，また三つの波長帯で熱放射を計測している。NOAA からは二つのデータフォーマットが利用できる。高分解能の LAC(local area coverage)と，直下点の空間解像度を $4 km^2$ とした GAC(global area coverage)である。AVHRR データは，水文学・海洋学・気象学の要因の測定を改良するために元々つくられたものであるが，観測が高頻度であるために，大陸や全地球スケールのフェノロジー(生物季節)や陸上生態系の生産性の研究にも有効なことが分かっている(Justice et al. 1985)。

　このデジタルデータと画像は，広域を対象に観測の時間が重要な分野では幅広く使われている。アメリカ魚類野生生物局では，カナダの北極圏地域の積雪をモニタリングしてその地域で営巣しているガンの繁殖を予測するために，AVHRR データを利用している。カリフォルニア州セントラルバレーで越冬する水鳥のための水面の分布をモニタリングするために，LAC データが利用されている(L. Strong, アメリカ魚類野生生物局未公開資料)。AVHRR データのその他の利用方法については，Lillesand & Kiefer(1987)と Aronoff(1989)を参照されたい。

GOES 衛星

　GOES(geostationary operational environmental satellites)は，高度 3 万 6 千 km で地球の自転と同じ方向に回っている。この軌道上で地球に対して静止した位置を保っている(静止軌道)。アメリカ合衆国は二つの GOES 衛星を運用して北米の東部と西部をカバーさせている。ヨーロッパと日本は別に GOES を運用している(訳者注：日本では気象衛星ひまわりがアメリカ合衆国の GOES に当たる衛星である)。GOES は，気象予測のために気温・湿度・雲の状況を常にモニタリングしている。非常に広い範囲に GIS を適用する場合に GOES のデータは使われている(Meisner & Arkin 1984)。

　GOES は，可視光(0.55～0.75 μm)と熱赤外(10.2～12.5 μm)の二つのバンドのデータ集めている。可視光の波長帯で 1 km，2 km，4 km，および 8 km の空間解像度，また，熱赤外画像では 8 km と 14 km の空間解像度のデータを NOAA(アメリカ商務省海洋気象局)が提供している。

MOS-1

　海洋観測衛星 MOS-1(marine observation satellite 1)は，日本初のリモートセンシング衛星で，1987 年 2 月に打ち上げられた。複数波長帯・自己走査放射計(ランドサットの MSS に似ている)，可視熱赤外放射計(NOAA の AVHRR と同様)，マイクロ波放射計の三つのセンサーを搭載している。MOS-1 はデータ記録装置を搭載していないので，データを受信できるのは衛星を地上の受信局がとらえている間のみとなる。合衆国に受信局はないが，カナ

ダにある二つの受信局のデータを利用できる。

JERS-1

日本地球リモートセンシング衛星JERS-1(Japanese earth remote sensing satellite)は，1992年2月11日に日本が打ち上げた。Lバンド（水平偏波合成開口レーダー），可視近赤外放射計，短波赤外放射計の三つのセンサーを搭載している。いずれも空間解像度は18mである。

ERS-1

ERS-1は，ヨーロッパ宇宙局(European space agency)の最初のリモートセンシング衛星で，1991年に打ち上げられた。ERS-1は，Cバンドの垂直偏波合成開口レーダーを搭載している。高空間解像度(25～35m)，低空間解像度(100m)の両方のデータがデジタルおよび写真の形で利用できる。北米のほとんどの地域のERS-1のデータを収集して販売することがカナダで計画されている。

RADARSAT

カナダはレーダーによるリモートセンシングシステム，RADARSATを開発中で，1995年中に配備される予定である。実現すればカナダ初のリモートセンシング衛星となる。RADARSATは，高度約800kmの太陽同期軌道を回るとみられる。回帰周期は24日であるが，レーダーの方向を変えることによって特定の場所のデータを3日ごとに得ることができる。RADARSATの合成開口レーダー(SAR)は水平偏波のCバンドで，いくつかのモードを操作して，様々な観測幅・空間解像度・入射角を選べるよう設計されている。標準ビームモードでは観測幅約100km，空間解像度28mのデータが得られる。広角ビームモードでは観測幅150km以上で空間解像度28m(訳者注：原文通り)のデータが得られる。高空間解像度ビームモードでは，観測幅50kmに対して空間解像度10mのデータが得られる。

RADARSATには，SARの機器に加えて散乱計一つと光学機器二つも搭載される。散乱計は，600kmの観測幅で風向と風速を測定するマイクロ波センサーである。光学機器の一つは多重線形配列センサーで，四つの波長帯を30mの空間解像度，400kmの観測幅で記録する。もう一つの光学機器はAVHRRセンサーで，五つの波長帯を1,300mの空間解像度，3,000kmの観測幅で観測する能力を持つ。

RADARSATのデータは，レーダーが自ら光源を持つ能動式センサーであり，雲に覆われている地域や夜間もデータを収集できるので，湿地の地図化とモニタリングには価値が高い。Place(1985)の報告によれば，写真判読技術者が用いる従来の空中写真を補完するものとしてSEASATによるレーダー画像を湿地の地図化に用いたところ，湿地林を地図化する際の精度は85%まで改善されたという(SEASATは，1978年に打ち上げられたが打ち上げ後わずか99日で故障した)。

航空機センサー

人工衛星のセンサーは，GISデータのニーズに適合する利点を多く持っている。人工衛星データは面積当たりの費用が安く，幾何学的に正確で様々な地図投影法に画像を表示するのが容易である。また，飛行計画などを立てなくて良い。しかし，利用する内容によっては，人工衛星センサーの空間解像度は粗すぎる場合もあるし，観測頻度や雲の影響などのために最適な時期のデータが得られないこともある。データを利用する際に観測時期が非常に重大なことがある。たとえば，一時的に湿地となる場所では，水に覆われるのがわずか数週間のことかもしれない。乾燥した時期の人工衛星データしか手に入らないのであれば，一時的あるいは季節的な湿地を見つけだすのは困難である。空中写真であっても同じように乾いた時期のものであれば湿地の輪郭を描くのに十分なデータとはならないだろう。

航空機のセンサーは，データの空間解像度・観測時期・波長帯に関して非常に融通が利く。航空機センサーのデータは，希望の対象物から情報を抽出するために，最適の時期を選んで計画的に収集することができる。空間解像度は航空機の高度，光学システム，センサーが感知する粒子の大きさなどによって，細かくすれば1mまで，粗くすれば50m程度まで可能である。しかし，人工衛星データと比べると，航空機のセンサーは比較的観測幅が狭い。航空機センサーのデータの主な問題点は，データの幾何学的な誤差が大きいことである。このデータは，航空機の様々な動き（縦揺れ・横揺れ・機首の向き）と飛行コースのずれによって悪影響を受ける。デジタル標高モデル(DEM)とGPSを用いることによって，航空機による複数波長帯データに付随する幾何学的な問題を押さえることができる。Lee(1991)は，湿地の分類と地図化に航空機の複数波長帯データを応用することに関して，すぐれたレビューを行っている。

ビデオ

ノースダコタ州の湿地・河岸の生息地の評価(Cowardin et al. 1988a)やテキサス州の放牧地と他の植生の評価(Driscoll 1990)には，近年，航空機からのビデオが用いられ成功している。Sidle & Ziewitz(1990)は，野生生物の研究での空中ビデオの利用について記述している。Lee(1991)は，ビデオの多くの利点を挙げている。①画像はす

ぐにコンピュータで利用できる。②飛行中の誤差試験が可能である。③透過する波長帯の狭いフィルターを使用することで細かい分光分解能が得られる。④様々な大気の状況においてもデータが得られる。⑤データをいつでも得られる。⑥ビデオシステムの費用は安い。⑦人工衛星データに対して用いられるデジタル画像処理技術を，ビデオデータの解析にも用いることができる。一方，ビデオの欠点は以下の通りである。①画像がカバーする地域が小さい。②解像力が空中写真と比較して相当に劣る。③航空機などの動きから生じる幾何学的な歪みを修正するのが難しい。④固体感知器(solidstate detectors)の分光分解能は可視光と近赤外の波長帯に限られる。⑤単一カメラで異なる波長帯を撮影するのは焦点の問題がある一方，複数レンズカメラは正確に照準を合わせることが不可欠で，航空機内に大きなカメラポートが必要となるため，複数波長帯データを収集するのが難しい。⑥自動利得調整(automatic gain control)が働くためビデオデータの調整は難しい。⑦画面がぼけている。

様々なビデオシステムが開発された(Mausel et al. 1992)。単波長帯パンクロシステム，単波長帯カラーシステム，複数波長帯システムなどがあり，これらの中には近赤外線を含むものもある。Everit & Escobar(1989)は，多くの利用可能なシステムについて記述している。GIS への適用に関しては，既存の情報を更新する際に用いることが，ビデオの最適な利用方法ではないだろうか。

既存のデータベース

既存の地図をデジタル化する，あるいはリモートセンシングデータを GIS に活かせるよう加工するのには費用がかさむので，GIS の利用者は，自分でデータを集めようとする際には自分のニーズに見合うデジタルデータセットの有無を必ず調べるべきである。既存のデータベースは，コンピュータ業者，連邦政府機関，州や他の自治体の政府機関などにある。

既存のデータベースを探す前には，どのような情報を求めているのか，情報をどのように使うのか，明確にしなくてはならない。データの必要条件を正確に知ることは，潜在的な良い情報源を見分けるのに非常に重要である。

既存のデジタルデータセットは幅広い利用者向けにつくられてきた。その結果，そのデータが特別な目的の GIS 利用に対して常に適しているとは限らない。費用・正確さ・データの新しさは，情報源によって大きく異なる。データを集め点検し，デジタル化して編集した後，配布する時点では，利用方法によってはそのデータはすでに時期遅れのものになっているかもしれない。Dulaney(1987)は，既存のデータベースに関する多くの問題点についてレビューしている。非常に普及している主なデータベースについて，後述する。GIS World Source Book(Parker 1991)は，毎年出版されており，GIS に利用できるデータの情報源として素晴らしい。

土地利用と土地被覆および関連地図

土地利用と土地被覆(the Land Use and Land Cover：LULC)および関連するデータファイルを，アメリカ地質調査部(the U.S.Geological Survey：USGS)が提供しており，五つのデータレイヤーの情報がある。①土地利用と土地被覆，②行政単位，③水系，④国勢調査郡小区域(census county subdivision)，⑤連邦所有地である。このファイルは 25 万分の 1 と 10 万分の 1 の地図から作られている。

土地利用と土地被覆のファイルでは，地域が九つに大分類されている。市街地，農地，放牧地，森林，水域，湿地，荒地，ツンドラ，万年雪・氷河である。大分類はそれぞれいくつかの小分類に分けられている(たとえば，森林はさらに落葉樹林，常緑樹林，混交林に分けられる)。この分類システム(Anderson et al. 1976)は，USGS，NASA，土壌保全局(Soil Conservation Service：SCS)，アメリカ地理学者協会(the Association of American Geographers)，国際地理学連合(the International Geographical Union)の代表者による委員会で再検討された。分類システム(表21-2)は，航空機や人工衛星からのリモートセンシングデータと共用できるよう作られている。

市街地全て，水面，露天掘り鉱山，採石場，砂利採取場，農地の一部の地図化最小面積(地図に記載する最小の面積)は，4 ha である。他の分類の地図化最小面積は全て 16 ha となっている。そのため，4 ha に満たない住宅地や，16 ha 未満の畑や牧草地はこのファイルには記録されていない。LULC の地図を編集する際の主な情報源は空中写真と人工衛星データである。精度向上のために各地図の数カ所を現地で確認する。

LULC のファイルと同様の縮尺で，関連する地図が四つ作られている。行政単位ファイルには，USGS の地図に示された州と郡の境界線が入っている。水系のファイルは，水系の線が書かれた縮尺 50 万分の 1 の州地図からデジタル化したもので，地図は水資源委員会が編集し，USGS の水資源部が出版した。国勢調査郡小区域は，小さな区域分割地などである。標準化大都市部統計地域(Standard Metro-

表 21-2　USGS が用いている土地利用・土地被覆カテゴリー (Anderson et al. 1976)

1 市街地
  11 住宅地
  12 商業地
  13 工業地
  14 交通機関・通信施設・公共施設
  15 工業・商業混在地
  16 混在した市街地
  17 その他の市街地
2 農地
  21 農耕地・牧草地
  22 果樹園・ブドウ園・苗畑・観賞植物および園芸用地
  23 限定的給餌機能
  24 その他の農地
3 放牧地
  31 草本の放牧地
  32 灌木の放牧地
  33 混在した放牧地
4 森林
  41 落葉樹林
  42 常緑樹林
  43 混交林
5 水域
  51 河川・運河
  52 湖
  53 貯水池
  54 湾・河口
6 湿地
  61 森林性の湿地
  62 森林性以外の湿地
7 荒地
  71 乾燥した塩類平原
  72 海浜
  73 海浜を除く砂浜
  74 岩石の露出した裸地
  75 露天掘り鉱山・採石場・砂利採取場
  76 移行地域
  77 その他の荒地
8 ツンドラ
  81 灌木性ツンドラ
  82 草本性ツンドラ
  83 裸地ツンドラ
  84 湿性ツンドラ
  85 混交したツンドラ
9 万年雪・氷河
  91 万年雪
  92 氷河

politan Statistical Areas：SMSA)の中の国勢調査区域などがこのファイルに収められている。連邦所有地ファイルには，16 ha を超えるあらゆる地表面の所有の境界線が書かれている。連邦の地表下(subsurface)の土地所有については描かれていない。

LULC および関連データのファイルは，ベクターラスター両方のフォーマットで9トラックのテープまたは CD-ROM で利用できる。ラスターフォーマットのセルの大きさは 4 ha である。これらのファイルの詳細は，各地域の USGS 地球科学情報センター(Earth Science Information Centers：ESIC)のオフィスで得られる(USGS ESICのオフィスの住所と電話番号は補遺Iを参照されたい)。

デジタル線グラフ (DLG)

デジタル線グラフ(digital line graphs：DLG)は，平面図情報(地図の線データ)をデジタル化したものである。DLG は，USGS が，主に縮尺 200 万分の 1 の地図から編集したもので，一部は 25 万分の 1 から 10 万分の 1 の地図，あるいは 24,000 分の 1 や 62,500 分の 1 の地図から編集している。

縮尺 200 万分の 1 の地図から編集された DLG は，3 種類ある。①州と郡および連邦管理地の境界線，②交通機関(道路・鉄道・空港)，③水域(川および水面境界線)である。全 50 州を 21 の地方に分けて編集した CD-ROM が，ヴァージニア州 Reston の ESIC で，わずか 32 ドルで入手できる。

7.5 分(訳者注：24,000 分の 1 地形図)および 15 分(訳者注：62,500 分の 1 地形図)の地形図幅から編集された DLG は，以下の 9 種類の主題を含んでいる。①境界線，②交通機関，③水域，④アメリカ公共土地調査システム(タウンシップ，レンジ，セクションを含む。訳者注：これらはいずれもタウンシップ制の用語)，⑤等高線および追加的な点標高を含む地形図，⑥植生被覆(森林，灌木地，果樹園，ブドウ園，および低湿地・沼地)，⑦非植生地(溶岩，砂地，砂礫地)，⑧調査用に印を付けている位置(水準点の水平・垂直位置)，⑨人工物(他の主要なデータ区分に入っている建物などを除いた文化的対象物のもの)である。7.5 分および 15 分の地形図に書かれているものは全て DLG に入れられている。現在のところこれらのデータを利用できる地域は少ない。DLG データは，数量的な精度に関しては記述されていない。しかし，属性の正確さと地形的厳密さはチェックされている。

デジタル標高データ

標高・傾斜・傾斜方位は，GIS を野生生物に関して応用する際には重要な情報となることが多い。デジタル標高データは，デジタル標高モデル(digital elevation model：DEM)あるいはデジタル地形モデル(digital terrain model)と呼ばれることも多く，等間隔の標本点の標高情報または等高線に沿った標高情報である。Aronoff (1989)は，標高データを入力して保存する基本的な四つのフォーマットを著している。このデータはランドスケープの形態に関する情報を導き出すのに用いられ，たとえば傾斜と傾斜方位は太陽の日射と微気象に大きな影響を与える。DEMから排水網を導き出したり，水文モデルを作るためにランドスケープを水系や支流の集水域(subcatchment)と斜面に分けるアルゴリズムが開発されてきている(Jenson & Domingue 1988, Band 1989)。

アメリカ防衛地図局(the U.S. Defence Mapping Agency)は，25万分の1地形図の等高線図をスキャナーで読みとってアメリカ合衆国全体のDEMを初めて作った。読みとった等高線から緯度経度3秒間隔(およそ90m間隔)で標高を抽出した。この標高データの精度は，地形によって異なり，平均2乗誤差の平方根(rooted mean square error)は15～60mである。平均2乗誤差の平方根は，一般的に平坦な地形で小さく，急峻な地形で大きくなる。このDEMのデータは，タテヨコそれぞれ緯度1度，経度1度の範囲を単位としてUSGSで販売されている。

USGSでは，7.5分(24,000分の1)地形図から標高データをとりまとめており，30m間隔に標高が抽出されている。高度の精度は7～15mである。7.5分(24,000分の1)地形図からのDEMは，1993年の時点で全米の約半分の地域で用意されている。標高データには誤差があるので，傾斜と斜面方位を計算する際には大きな誤差が生じることがある。尾根や谷間など，傾斜や向きが急激に変わる場所では誤差が生じやすい(Davis & Dozier 1990)。

全米湿地インベントリー (NWI)

全米湿地インベントリープログラム(the National Wetland Inventory Program：NWI)では，3万以上の詳細な湿地地図を作成している。NWIの地図は，アメリカ合衆国本土の70%，アラスカの21%，ハワイの100%を押さえている。そのほとんどは，USGSが出版している7.5分，24,000分の1の地形図と同じ範囲をカバーしている。しかし，NWIの地図の一部は縮尺10万分の1で作られている(Gravatt 1991)。

NWIの地図は，分類方法が一つで(Cowardin et al. 1979)，写真判読手法と地図作成技法も全て同じ手法を採用しているので，その一貫性は卓越している。1991年4月には，NWIの地図は110万部以上が販売された(Gravatt 1991)。アメリカ魚類野生生物局(USFWS)は，1986年の緊急湿地資源法(Emergency Wetland Resource Act)で定められているとおり，1998年までにアメリカ合衆国本土の湿地の地図化を終える予定である。アラスカの湿地は2000年までに地図化を終える予定となっている。

1991年の時点で，アメリカ合衆国本土の10.5%にあたる6,200面以上の地図について，デジタルデータファイルが用意されている。地図目録には入手可能なデジタルNWIデータについて最新の情報を記載しており，フロリダ州St. PetersburgにあるNWIで手に入る。デジタルデータは，USGSのESICのオフィスで地図1枚分が25ドルで販売されている。このデータは，MOSS export, DLG 3 optional，またはGRASSのフォーマットの磁気テープで用意されている(Gravatt 1991)。

デジタル土壌データ

アメリカ合衆国の私有地の土壌情報の収集，保存，配布を行う全米共同土壌調査(the National Cooperative Soil Survey)は，SCS(土壌保全局)が担当している(Nielsen 1991)。

SCSは，土壌に関するデジタル地理データベースを三つ作っている。どのデータベースも，土壌の名前と位置を表す空間要素と，土壌の性質を詳細に表す属性要素を持っている。このデジタルデータは，土壌データの保存・検索・分析・表示を非常に効率よく行える。また，GIS上の他の空間的データ・人口学的データと簡単に組み合わせることができる。土壌データのレイヤーは，GISを野生生物に応用するデータレイヤーとして最も重要なものの一つであろう。

土壌調査地理データベース(the Soil Survey Geographic database：SSURGO)は，土壌の境界線を表したベクターデータベースである。土壌の境界線は，15,840分の1から31,680分の1までの縮尺の空中写真と集中的な野外調査に基づいて輪郭が描かれている。土壌の境界線は，デジタル化する前に7.5分(24,000分の1)の地形図幅の大きさに対応するオルソ(正射)写真(orthophotoquads)または地形図に投影変換される。

州土壌地理データベース(State Soil Geographic database：STATSGO)は，縮尺25万分の1の地形図からデジタル化したもので，詳細な土壌調査を標準化したものが地図となっている。詳細の土壌調査地図が利用できない地域については，標準土壌情報は地学・地形学・植生・土壌の手に入る情報からまとめられる。STATSGOのデータは，州を完全にカバーして出版されている。

全米土壌地理データベース(the National Soil Geographic database：NATSGO)は，各州の標準土壌地図か

ら作られている。NATSGO のデータは，全米をカバーする地図を縮尺 7,500 分の 1 でデジタル化したものである。

土壌解釈記録(the Soil Interpretations Record)データベースには，各地図単位要素の性質を表した属性データと，数多く用いられた解釈データが，収められている。この地図の精度は不明である。異なる野外調査のデータを標準化することに問題があり，結果として隣接する地図の境界線の土壌タイプと特性が異なることがある(Burke et al. 1991)。GIS 技術は，データの分析や表示方法だけでなく，データの収集方法にも大きな変化をもたらすだろう。SSURGO，STATSGO，そして NATSGO のデータファイルおよび関連する属性ファイルは SCS で入手できる。アメリカ合衆国全土の NATSGO は 500 ドル，STATSGO も各州 500 ドル，SSURGO も各郡 500 ドルである。これらのデータの利用と配布に関する詳細は，アメリカ農務省の国立地図センター(USDA's National Cartographic Center。住所 Fort Worth, Texas 76115 USA)に問い合わせ願いたい。

DIME ファイル

アメリカ国勢調査局(the U.S. Bureau of the Census)は，アメリカ合衆国内の約 350 の主要都市とその郊外について，道路網・番地・行政界・主な水路等を示した空間データを作成した。このファイルは，1970 年と 1980 年のアメリカ合衆国の国勢調査の処理を自動化する 2 元独立地図コード化(the Dual Independent Map Encoding：DIME)システムによって作られた。DIME ファイルは，たとえば道路が交差点を結ぶ直線で表現されていて，曲がった道路も直線で表されているなど，デジタル地図ベースとして応用可能な範囲は限られている。

TIGER ファイル

DIME ファイルの限界を克服して 1990 年の国勢調査の準備を進めるために，アメリカ国勢調査局は，地形的複合地理コード化・基準化(Topologically Integrated Geographic Encoding and Referencing：TIGER)システムを開発した。TIGER ファイルには，水路等・交通・行政区・統計区(郡，法人所有地，国勢調査区など)がベクターデータで入っている。人口・住居単位数・所得・職業・住宅価格など，1980 年と 1990 年の国勢調査で集められたデータが，このファイルの属性データとなっている。市販の GIS ソフトウエアのほとんどが，そのシステムに TIGER データを取り込めるように作られている。TIGER ファイルおよび関連する国勢調査データを利用するための，手ごろな価格の GIS システムを様々な会社が開発している。このような会社では，ハードウエア・ソフトウエア・TIGER・国勢調査データを完全なパッケージとして販売している。TIGER データは，アメリカ勢調査局(住所 Washington, DC 20233 USA)から直接購入することもできる。TIGER ファイルが公開されて以降，アメリカ国勢調査局は DIME ファイルのサポートや販売は行っていない。

TIGER ファイルは，アメリカ合衆国でこれまでに作られたコンピュータデジタル地図データベースの中で最も詳しいものの一つである。TIGER ファイルを完成するには 7 年以上の歳月と 2 億ドルもの費用を要した。完成した TIGER ファイルは，アメリカ合衆国全体で 4,000 万近くの線データを持ち，保存容量はベクターだけで 15,000 メガバイトを超える(Anonymous 1989)。

補遺 II には，アメリカ合衆国とカナダの多くのデジタル情報源の住所と電話番号を示した。

❑デジタル画像処理

野生生物管理の決定を効果的に行うためには，GIS の多くの空間データを適切な時期に正確に更新していく必要がある。リモートセンシングとデジタル画像処理は，このニーズに見合う可能性を持っている。地球的規模の気候変動や地球そのものに対する人為的インパクトへの関心に対応して，今後 20 年の間に，人工衛星のセンサーから得られるデジタルデータには空前の利用可能性があるだろう(Ormsby & Soffen 1989)。しかし，Graetz(1990)は，現時点で利用可能なリモートセンシング技術は，そのデータを解釈・応用するための科学的な能力をはるかに超えていると断言した。もしもリモートセンシングデータの潜在的な可能性全てを完全に用いることができれば，生態学者にとってのやりがいのある仕事とは，画像から情報を抽出するための現実的な分光・空間・時間モデルを開発することになるだろう。リモートセンシングとデジタル画像処理に関してはすぐれた著作がいくつかある(Swain & Davis 1978, Estes et al. 1983, Schowengerdt 1983, Curran 1985, Richards 1986)。

画像作成過程をシステマティックに捉えることによって，リモートセンシングモデルおよびモデル間の関係を理解することができる(Swain & Davis 1978)。重要なコンセプトは，現実に地球上に存在するシーン(訳者注：画像に記録されている地上の領域)と，その領域から計測され空間的に配列されたものの集合である画像とを区別することである(Strahler et al. 1986)。リモートセンシングモデル

は，シーンの特徴を画像から推定するために概念的で系統立てられた枠組みを作ることを目的としている。リモートセンシングモデルは三つの要素を持つと一般化できるのではないだろうか。すなわち，シーンモデル・大気モデル・センサーモデルである。

シーンモデルは，関心の対象物の関係と，反射率・透過率・吸収率・放射率の過程を通した放射にともなう対象物の相互関係を，数量化するものである。シーンの対象物の特質には，タイプ・サイズ・数値・空間的時間的分布が含まれる。モデルは，影などの背景あるいは対象物以外の要素のことも考慮しなければならない。

大気モデルは，太陽から地表までの間と地表から人工衛星までの間の，微粒子とエアロゾルによる光の分散およびガスの吸収によって生じる，放射の変化を表すものである。大気モデルが省略されると，画像から情報を抽出するために作り出された変数を変換することができず，全ての過程を他の画像に対して繰り返さなければならない。リモートセンシングデータを標準化する，あるいは放射量を補正する方法がいくつか開発されている(Ahern et al. 1987, Schott et al. 1988, Chavez 1989, Tanre et al. 1990)。

センサーモデルは，機器がシーンの測定値をどのように集めたかを数量化するもので，主に四つの変数が含まれる。分光分解能，空間解像度，時間分解能(temporal resolution)，視界角度である(Duggin 1985)。センサーの分光分解能は，計測する電磁波の波長帯の数や幅を示す。空間解像度は，画像を構成する測定値の一つ一つに対応する地上の範囲の大きさを示す。空間解像度はシーンの対象物の空間構造に関連するもので，これによってシーンの推定に適切な分析方法が決まる(Woodcook & Strahler 1987)。時間分解能は，画像が得られる時間的頻度を示している。視界角度は，幾何学的に重要な画像の要素である。視界角度および太陽高度(illumination geometry)は，反射の計測値の重要な決定要素である。観測値と太陽高度の適合性は，表面の反射特性を表す最も基本的な属性である双方向性反射率分布関数の異なったサンプリングに帰着する(Silva 1978)。この反射異方性を多方向に観測することは，新世代のセンサーでは可能となるだろう(Ormsby & Soffen 1989)。

デジタル画像解析は，デジタル画像を数値的に操作することであり，前処理・画像強調・情報抽出の段階がある。前処理は，画像強調や情報抽出をする前に，元データに行う処理のことで，例としては，大気の条件に応じた画像の放射測定の補正(キャリブレーション)，太陽高度・方位角(view geometry)の補正，幾何歪の補正，画像に地理座標を与えること(georegistration)，ノイズ抑制などがある(Schowengerdt 1983)。

画像強調は，画像の解釈を容易にするための手順を適用することである。コントラストと色調を操作すること，空間フィルタリングなどである(Schowengerdt 1983)。タッセルドキャップ(Tasseled Cap)は有名な分光変換の手法で，植生と土壌の情報をより容易に抽出し，表示し，解釈することができる新しい変数を作る(Crist et al. 1986)。Hodgson et al.(1988)は，この変換をランドサットTMデータに適用して，トキコウ(wood stork)の採餌場所の研究を行っている。Jackson(1983)は，シーンの中で利用者が定義する対象物に対して分光指標を開発するための一般的な手順について記述している。

リモートセンシングデータから情報を抽出するためのシーンモデルを作るには，画像を作る過程を理解する必要がある。Strahler et al.(1986)は，画像とシーンの特性が与えられた場合に適切なシーンモデルを識別する枠組みを提示している。リモートセンシングデータに対して最も一般的に用いられる情報抽出の方法は分光判別法で，各ピクセルが周囲のピクセルや画像上の位置には関係なく処理される。シーンの対象物がセンサーの空間解像度よりも大きい場合には，離散的シーンモデルが適当である。

分光判別法の変数を推定する過程は，一般的に教師付き分類と教師無し分類に分けられる(Swain & Davis 1978, Schowengerdt 1983)。教師付き分類では，各土地被覆分類のクラスに対して画像上でサンプルを選んで，判別法に入力するための変数を推定する。変数は，典型的には平均ベクトルや共分散行列などである。教師無し分類では，クラスター分析のアルゴリズムを用いて，ピクセルの母集団を反射率の似通ったデータに分類する。似通ったデータの集まりは，分光クラスあるいは分光クラスを推定する変数として扱われる(Richards & Kelly 1984)。そこで教師無し分類では，分光クラスと土地被覆分類クラスとの間に対応関係ができるように分類していく。各土地被覆分類クラスに対する平均ベクトルと共分散行列からなる統計ファイルが，分類アルゴリズムへの入力となる。最尤法は，分類するデータセット全体に対して誤差の確率を最小とする結果をもたらす一般的な分類方法であるが，最尤法分類では，各ピクセルは事後確率(posteriori probability)が最大となるよう土地被覆分類クラスのラベルが割り当てられ，その画像が出力となる。最尤法分類から出力される一般的なものに対する強調は，各土地被覆分類クラスに対してラス

ターを作ることであろう。その中で，ピクセルの値は，カテゴリーに対するメンバーシップ関数の事後確率である。この結果は，各土地被覆分類クラスの地理的分布の確率的デジタル地図である。これにより，コンピュータ上の制約や保存容量の問題が大きくなるが，この分野の技術は非常に進歩しつつある(Faust et al. 1991)。

連続的シーンモデルでは，センサーの空間解像度よりも小さいものをシーンの対象物とする。キャノピーを覆うもの(canopy coverage)のようなシーンの属性と反射率との間の関係は，連続的な方法で各ピクセルの属性を推定するために作られ，用いられる。連続的シーンモデルの目的は，各ピクセルの中でのシーンの対象物の割合を推定することであり，連続的シーンモデルの一つのタイプとして，混合モデルがある。混合モデルは，水鳥生息地(Work & Gilmer 1976)，放牧地植生と土壌被覆(Pech et al. 1986)，ガンの越冬(Strong et al. 1991)など，様々な資源インベントリーに用いられてきた。

分光空間シーンモデルは，地表面の属性と過程(process)を推定するために，分光特性と画像の空間構造を利用する。様々な分光空間モデルが利用できるが，これらのシーンモデルのうちのいくつかは，分光特性が類似しているという基準に見合う，近接したピクセルのグループに画像を分割して，対象物のピクセル全てを用いて分類を行う(Strahler et al. 1986)。他の分光空間モデルは，画像のテクスチャ(訳者注：画像中の構成要素が表す形状，分布密度，方向など面としての性質が均質な領域の持つ特徴のこと)の測定値を利用するか，分類過程の追加属性として空間自己相関数を利用する(Shih & Schowengerdt 1983, Pickup & Chewings 1988)。

分光時間モデルは，地表面の属性と過程(process)を推定するために，異なった時点で得られた画像の分光特性の変化を用いる。タッセルドキャップ(Tasseled Cap)は農産物の生物季節を見いだす分光時間モデルの1例で，作物の識別と生産量の予測に用いられる(Kauth & Thomas 1976, Wiegand et al. 1986)。ＡＶＨＲＲセンサーの赤色光と近赤外線の分光反射の測定値から計算される正規化植生指標(normalized difference vegetation index：NDVI)を時系列で変化を見ると，様々な利用ができる。地域的・大陸的・地球的スケールのバイオーム(biomes)の季節や年による生物季節動態を表現・地図化する(Justice et al. 1985)のに用いることもできるし，純一次生産の推定(Goward et al. 1985)，バイオーム間の変移帯での植生の動態の計測(Tucker et al. 1991)にも用いることができ

る。変化を見いだす様々なテクニック(Singh 1989)には，土地被覆の変化を推定するために異なった時期の画像が利用されている。

リモートセンシングとGISとの間の情報の流れは，一方通行であるべきではない。リモートセンシングから得られた情報は，GISの正確な空間データにアクセスすることでさらに精度を向上させることができる。GISとリモートセンシングの技術を車の両輪のように組み合わせることは，二つの領域が完全に成熟していくために，どちらにとっても重要なことであろう。

❏ GISの分析能力

GISの運用にあたって，金銭面でも時間面でも大きな初期投資が必要なのは，様々なデータレイヤーをつくる作業である。データレイヤーがいったんシステムの中に入ってしまえば，そのレイヤーの地図の作成に多くの時間が割かれるだろう。このような地図は有効なものだが，GISの本当の力を表してはいない。GIS特有の力は，それが行える解析にある。残念ながらデータベースのレイヤーをつくることに多くの努力が集中して，GISを作り上げる主目的(意志決定過程を支援すること)が無視されることが多い。意志決定過程を支援する力は，GISの空間的・非空間的属性データを解析する機能から生み出される。

Walker & Miller(1990)によれば，GISの解析能力によって，基本的な五つの問題に答えることができる。この五つの基本的な問題はすでに述べたが，GISの解析能力を学ぶ前にレビューすべきものである。

Aronoff(1989)は，主な四つのGIS解析能力について記述している。①空間データの維持管理と解析，②属性データの維持管理と解析，③空間データと属性データを組み合わせた解析，④出力のフォーマットづくり，である。はじめの二つの機能はデータの維持管理に関するものであり，4番目はシステムから出力図をつくる機能である。GISの本当の力は，空間データと属性データを組み合わせて解析する能力である。空間データは，ラスターまたはベクターの形式で保存できる。解析機能の中には，ラスターデータでもベクターデータでも等しく働くものもあれば，ラスターの方が有効に働くものやベクターの方が良いものもある。GISは，将来的にはユーザーインターフェイスとエキスパートシステムが発展して，欲しい情報資源を得るには，その時点でのデータベースとソフトウエアをいかに活用すればよいか，利用者にアドバイスをするようになるだろう

(Coulson et al. 1987, Goodenough et al. 1987, McKeown 1987)。

空間データの維持管理と解析

GISの維持管理能力と解析能力により，空間データファイルの変換や，空間データの編集，データの質や正確さの評価ができるようになるだろう。Aronoff(1989)は，空間データの維持管理と解析について七つの機能を挙げている。フォーマット変換，幾何変換，地図投影法相互間の変換，コンフレーション(合体)，エッジマッチング(境界のつなぎ合わせ)，表示する情報(graphic elements)の編集，線座標の細線化である。

GISのデータはいろいろなフォーマット(たとえばDLG, TIGER, MOSS, GRASS, ラスターランレングスコード，DIME)で入ってくる可能性があるので，GISは様々なフォーマットのデータを変換する機能が必要である。一口にフォーマットの変換といっても，様々なデータ形式のコンバートや，ラスターからベクターへ，ベクターからラスターへの変換がある。もとの地図が不正確であることや，地図投影のわずかなずれ，デジタル化の際の間違いなどにより，一般的な座標システムや標準的なデータレイヤーに正確に入力することができないデータレイヤーもありうる。幾何変換は，各データレイヤーを他のデータレイヤーに正確に重ねるために行う。データには，幾何座標(緯度経度)で提供されるものもあれば，UTM座標系や州平行座標系のものもあるだろう。ある地図投影法から他の投影法へと変換する機能は，あらゆるデータ源を共通の地図投影法に変換するのに必要である。

コンフレーション(合体)の機能は，別のデータレイヤーの間の共有する境界線に同一の座標を持たせるために用いる。たとえば，湿地の一端が砂利道に接していて，砂利道が野生生物管理区域の境界線になっているとしよう。湿地の位置は湿地データレイヤーに記録され，道路は交通機関データレイヤーに記録され，野生生物管理区域は公有地データレイヤーに記録される。三つのレイヤーを1枚の地図に描いたときに，湿地・道路・野生生物管理区域の共通の境界線は，ほぼ同じにはなるが正確には一致しない。コンフレーション(合体)により共通の境界線が正確に同じ座標に定義される。

一般にデジタイザで地図をデジタル化する際には，1枚の地図の全ての対象物を入力してからその隣の地図を入力するだろう。地図のわずかな誤差やデジタイズの際のずれのために，隣接する地図にまたがる対象物の境界線が正確につながるとは限らない。エッジマッチング(境界のつなぎ合わせ)の機能は，地図の端の部分の対象物を隣の地図の端と完全に一致させるものである。

GISは，対象物の位置の追加・消去・変更の作業を補助する編集機能が数多く必要である。デジタル化の過程では，1本の線を表現するのに実際に必要な座標の数以上に多くの座標が入力される。線座標の細線化の過程により，線を表すのに必要でない座標を取り除き，線の表現に必要な座標の保存に要する容量を大きく減らすことができる。

空間を持たない属性データの維持管理と解析

空間データを維持管理・変換・編集する様々な機能が必要なのと同様に，空間を持たない属性データの維持管理・変換・編集を行う機能も必要である。属性の編集機能では，データを検索し，編集し，属性を変更できる。属性クエリー機能は，属性データベースの中の記録を検索するものである。属性データベースの土壌のデータレイヤーに対して属性データクエリー機能を用いると，砂質の土壌全てを選び出したり，T値が4以上のもの(T値は0.4 haの土地で1年間に浸食するであろう表層土壌の重さをトンで表したものである)を検索したりすることが可能となる。属性クエリー機能の支援により，一つまたは複数のデータレイヤーの属性に対して複雑なブール式を用いることができる。

空間データと属性データの統合的解析

自動地図化システムやコンピュータ補助デザインシステム(CAD)とのGISの基本的な違いは，空間データと属性データを効率よく処理する能力である(Aronoff 1989)。空間データと属性データの統合的解析は，四つに分類できる(Berry 1987, Aronoff 1989)。つまり，検索-分類-計測，オーバーレイ，近隣解析(neighborhood)，ネットワーク機能である。

検索の処理は，GISの答えうる基本的な五つの問題のうち，最初の三つに用いられる(Walker & Miller 1990)。ある場所に何が存在するか，ある条件を満たすのはどこか，時を経てどんな変化が生じその変化はどこに生じたか。検索の過程では空間データと属性データを扱う。検索の出力ではデータベース，表形式のレポート，相互作用的ディスプレイ(interactive display)，あるいは地図に，新しいレイヤーをつくることができる。

分類は検索のあとに行うことが多く，新しい属性を割り当てるのに用いる。植生データレイヤーから落葉樹林，針葉樹林，混交林を選び出したとすると，分類機能を用いて，

その地域に対して新しい属性である森林を割り当てることができる。分類機能は一つのデータレイヤーに対しても複数のレイヤーに対しても適用できる。

2点間の距離，線の長さ，ポリゴンの周囲長や面積，同じ属性を持ち連続する地域の大きさなどを，計測の機能により計算できる。様々なタイプの湿地を含むデータレイヤーから8 haを超える大きさの湿地を全て選び出すには，検索過程（全てのタイプの湿地を選び出す），分類過程（選び出された様々なタイプの湿地を一つのカテゴリーとして分類する），計測過程（湿地が連続する地域全ての大きさを決める），そして最後にもう一度，検索過程（8 haを超える大きさの湿地を選び出す）が必要となるだろう。

オーバーレイは，GISの応用の際に最も基本的で最もよく用いられる過程の一つである。Aronoff(1989)は，オーバーレイの二つのタイプ，算術的オーバーレイと論理的オーバーレイを示している。算術的オーバーレイでは，一つのデータレイヤーに対して，他のデータレイヤーの対応する場所の値，または定数を加減乗除する（図21-13）。論理的オーバーレイは，ある対象物や条件が一つのデータレイヤーに存在し，別のデータレイヤーには別の対象物や条件が存在する場所を見つけるのに用いられる。この論理的オーバーレイでは，様々な論理的ブール演算子を用いることができる。たとえば条件Aと条件Bをどちらも満たす場所に対して「and」，条件Aと条件Bのどちらか一方を満たす場所に対して「or」，条件Aを満たし条件Bを満たさない場所に対して用いる「and not」などである（図21-14）。

近隣(neighborhood)解析では，ある場所の周辺地域の性質を評価する(Aronoff 1989)。近隣解析機能の一例は，ラジオテレメトリー法で測定された動物の位置から2 km以内にある様々なタイプの生息地の間に挟まれたエッジの長さの計測である。全ての近隣解析には，次の三つの変数が必要となる。一つ以上の対象地域の位置，対象地域をとりまく近隣の大きさ，指定した対象地域と定義した近隣の範囲に対して解析を実行する機能である。近隣解析では，次の五つの数的関数を適用できる。平均，多様度(diversity。訳者注：近隣の範囲内に何種類のデータが存在するか，などの計算を行う)，多数決(majority。訳者注：近隣の範囲内に最も多いデータにより代表させる)，最大・最小，合計である(Aronoff 1989)。

ポイント・イン・ポリゴンとライン・イン・ポリゴンの操作は，ベクターベースのGISの基本的な近隣解析処理である(Aronoff 1989)。ポイント・イン・ポリゴン機能は，あるポリゴンがある点を含んでいるか（内部にあるか外部にあるか）判定するために用いる。ラジオテレメトリー法のデータの解析では，調査個体の行動が記録された位置の生息環境の様々な特性を決定する際に，ベクターベースのGISの中で，ポイント・イン・ポリゴン機能を用いる。同様に，ライン・イン・ポリゴンの機能は，どのポリゴンがある線を含んでいるかを判定するために用いる。

DEMやデジタル地形モデルの標高データ情報から様々な地形関数を解析することができる。地形関数は，一般に標高のラスターデータから解析される。あるセル(X)の標高と周囲の8点（図21-15参照：タテヨコの隣のセルOと斜め隣のセルD）の標高値を合わせれば，傾斜，向き，地形上の位置（尾根・谷・円丘）を判定できる。このような地形の特性は，植物や動物の分布と高い相関を持つことが多く，リモートセンシングデータの解析では分光データが類似した場所の区別によく用いられる。たとえば，海岸砂丘と砂質の平地は分光データでは区別できないことが多い。傾斜と地理的位置の変数を用いれば，分光データの類似したこの二つの砂質の場所を容易に区別することができる。

地形的機能にはその他に次のようなものがある。標高モデル・立体画像の表示を強調する照明(illumination)技術（訳者注：陰影起伏図をつくる機能），景観へのインパクトを評価するために特定の点から見える範囲を示す視界範囲(viewshed)モデリング（訳者注：見通し図をつくる機能），流域の範囲を判定する流域解析，ある地点から見える景観を立体図で示す遠近図(perspective view)作成などである。このような地形機能は一般に連結(connectivity)機能に分類される。その他にも，様々な視点から情報を挿入できるいろいろな近隣解析機能がある。

連結機能では，隣接した領域の値を合わせることができる(Aronoff 1989)。①領域を連結する処理，②連結された領域の計測，という二つの機能が連結には必要である。連結計測(connectivity measures)は，典型的には連続した領域の大きさを計測する連結機能である。沖積層低地の広葉樹林に生息する種の鳥の生息地を評価するには，沖積層低地の広葉樹林全ての位置を知る必要がある。しかし，ある鳥の生息には沖積層低地広葉樹林が少なくとも50 ha必要なことが分かれば，沖積層低地広葉樹林の連続しているブロックそれぞれの大きさを出すために連結計測の機能を用いることになる。連結計測は，生息地の細分化を計測するための機能として価値が高い。

特定種の生息地の利用可能性を評価する際には，あるタイプの生息地への近接性(proximity)も重要であろう。近接解析は，対象物の間の距離を計測するものである。図

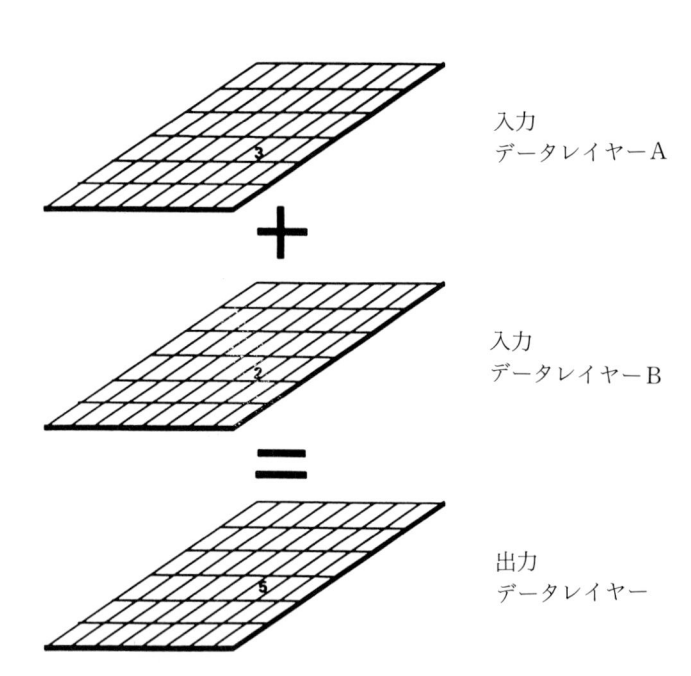

図 21-13 算術的オーバーレイの演算は，データレイヤーAの値にデータレイヤーBの値を加えるのに用いられる。データレイヤーAとデータレイヤーBの合計の数値は出力データレイヤーに保存される（Aronoff 1989）。

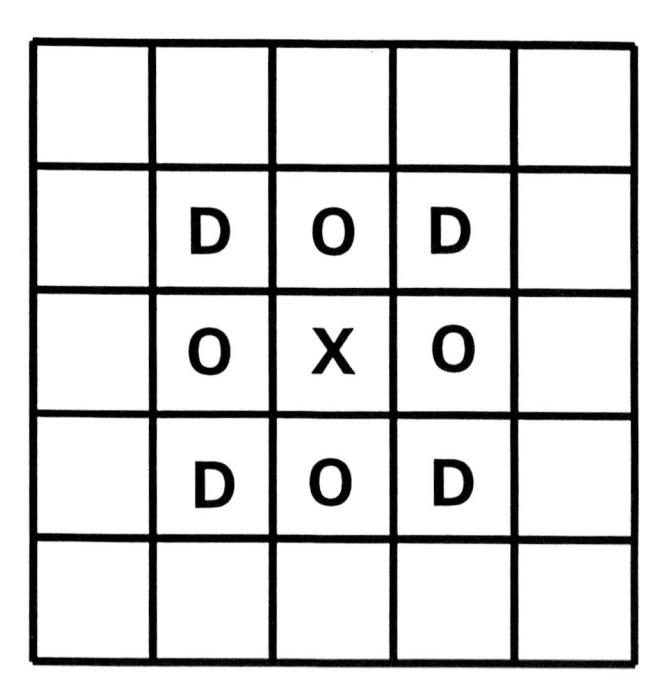

図 21-15 セルには，タテヨコの隣のセルと斜め隣のセルがある。セルXのタテヨコの隣のセルにはO，斜め隣のセルにはDの記号をつけてある。近隣解析は，タテヨコの隣のセルと斜め隣のセルを処理するものが多いが，中には，タテヨコの隣のセルのみを対象とするものもある。

21-16は，全ての川から250 m以内の範囲を抽出するために近接解析を用いた例を示している。

GISでは他にも様々な連結機能が応用されている。ネットワーク機能は限られた資源を最適に利用できるよう，自動車の通行ルートを最適化して，地域をいくつかのサービス区域に分割する処理機能である（Aronoff 1989）。拡張（spread）機能は，交通網や配管のルートに関して地域を横断する費用の評価や，代替ルートの評価に用いることができる。そのような処理により，2点間を結ぶルートの中で費用が最低のものを見つけることができる。費用も，経済的費用・社会的費用・環境コストを別々に計測することが可能で，経済的費用・社会的費用・環境コストに重み付けを行って合計することで，総費用を計算することもできる。

地図学的モデリング

前節では，GISの処理について様々なものを説明した。Tomlin & Berry（1979）およびBerry（1987）は，地図学的（cartographic）モデリングという用語を新たにつくり，複雑な空間的問題を解決するために論理的な筋道を立てて，GISの基本的な処理の使い方を説明している。クラスの再分類，オーバーレイ，距離計測，近隣処理などの基本的な処理を組み合わせて，空間的な問題をいくつかの初歩的な

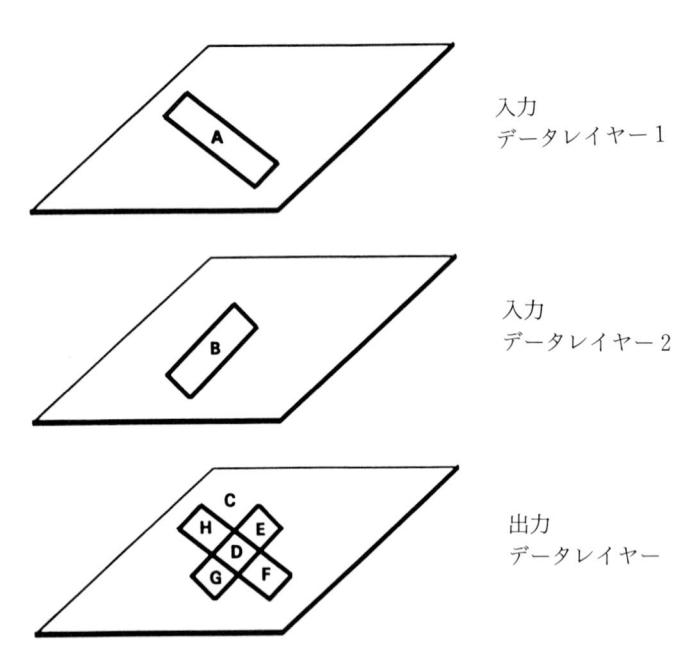

図 21-14 論理的オーバーレイの演算は，地域Aを含むデータレイヤー1と地域Bを含むデータレイヤーBに対して行う場合でも様々な結果があり得る。結果の地域Cは「neither A nor B」，地域Dは「A and B」，HとFを合わせた地域は「A but not b」，EとGを合わせた地域は「B but not A」である（Aronoff 1989）。（訳者注：文章のand notが図ではbut notになっている）

処理に分割している。地図学的モデルは、フローチャートとして表現できる。まず初めのデータレイヤーを示し、そのレイヤーに基本的な処理を施し、その後に処理によって生み出されたアウトプット(多くの場合は新しいデータレイヤー)を示す。アウトプットとして得られたデータレイヤーは、別の過程ではインプットとして用いることになる。様々なインプット、処理、アウトプットを、結論が得られるまで図表に示していく。地図学的モデルは、特定の空間的問題を解決するための筋道を示すものである。GISで地図学的モデルを実行するのに先だって、地図学的モデルのフローチャートを見直して容易に書き換えることができる。地図学的モデルは、空間的問題の解決にどのようなデータレイヤーが必要なのかを決める際の助けとなる非常にすぐれた手法である。

　Berry(1987)は、地図学的モデルの使用による多くの利点を示している。このモデルでは、動的なシミュレーションを行うことが可能で、「もし…ならば、」という空間解析を実行できる。Koeln(1980)は、GISを用いて一般民間飛行場の用地として「最良の」(あるいは最もマイナスの少ない)場所を示した。経済的インパクト・社会的インパクト・環境インパクトについて3とおりの重み付けのパターンをつくり、三つの意志決定者グループの態度をシミュレーションした。第1の仮想的な意志決定者(けち・欲張り型)は、第1に経済的費用に関心があるが、社会的費用と環境コストに対してもいくらかは認識がある。第2の仮想的な意志決定者(環境重視型)は、一般民間飛行場の環境コストを最重視し、次いで社会的費用、最後に経済的費用の順で重みを置いている。第3の利他主義の意志決定者は、経済的費用・社会的費用・環境コストに対してほぼ等しい重み付けをしている。地図学的モデリングのアプローチにより、仮想的な意志決定者それぞれに設定した重み付けに基づいて、一般民間飛行場の「最適地」が3通り選ばれた。一般民間飛行場の用地の選択はかなり制約が大きいので、けち・欲張り型の重み付けで決定した最適地は、環境重視型と利他主義型の重み付けで選んだ最適地と多くの場合、一致した。

　地図学的モデリングのアプローチのもう一つの利点は、その柔軟性である。新たな考え方をつけ加えたり、すでにある考え方を変更したりするのは容易である。適用される基本的な処理や特定の応用の考え方を含めて、用いるプロセスを伝える手段としても、地図学的モデリングのアプローチは効果的なものである。分析に用いられる論理・推定・関係付けを伝達する道具として、フローチャートは非常に優れている。

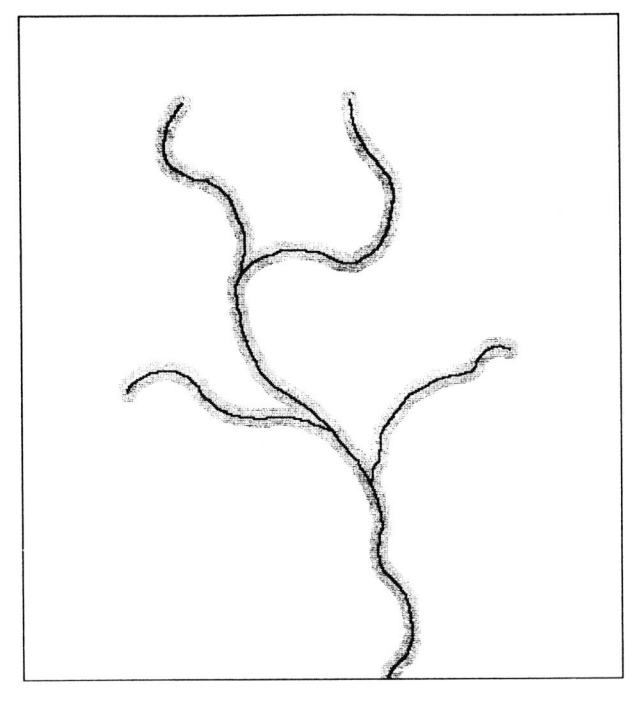

図 21-16　全ての川から250 m以内の範囲を抽出するために近接解析の機能を用いた

出力の処理

　GISから得られた知見は、報告しなければならない。対象地の様々な生息パラメーターのレポートや動物の行動圏を定義するポリゴンなどのような統計表、カラーや白黒のモニター上へのデータの相互作用的表示(interactive display)、そしてハードコピーの地図などでの報告が可能である。ハードコピーとソフトコピー(カラーまたは白黒のモニター上の画像)の両方が不可欠である。GISのレポート作成能力は、利用するソフトウエアによって大きく異なる。現在のGISは、カラーまたは白黒のモニター上の画像を表示する相互作用的能力を持っている。現在のGISのハードコピー出力の能力は、多くがすでに改良済みまたは改良中である。自動地図化システムとデザインシステムの地図作成能力にほぼ見合ったグラフィック能力や、地図自動処理、文字表示機能も、いくつかのシステムが備えている。画像表示機器、カラープロッター、録画機器などの価格が下がれば、多くのGIS利用者が高性能の出力機器を備えることができる。高性能出力機器がますます増えて利用可能になったことを反映して、市販されているGISの多くでは、ソフトウエアの出力能力が高まっている。

❏水鳥管理におけるのGISの応用

　水鳥個体群の管理には，個体群の補充率と生存率のどちらかの変化が含まれている。補充率と生存率は，生息地のタイプと面積によって決まることが多い。したがって，水鳥管理の手段は多くの場合，生息地の保護・追加・変容である。個体群に望ましい影響を与えるよう，これらの手段の中から一つまたは二つ以上の組み合わせを選んで生息地を管理することは，含まれる変数が多く，種生態と生息地との間の生物学的相互作用が複雑なために，難しいことである。

　GIS利用の面で近年の目覚ましい発展をもたらしたコンピュータ技術の発達により，シミュレーションモデルを利用して水鳥の個体群生物学を表現しようという試みが増えている。このようなシミュレーションモデルに必要な個体群データを得るのは難しく，しかも費用がかさむことが多い。生息地の利用可能性と質，および個体群の様々な変数は，多くの種の場合，相互に関連している。幸いにも近年はリモートセンシングが発達して，水鳥管理者が利用できるような広域にわたる生息地利用可能性の推定に要する費用が低くなってきた。このような技術発展によって論理的に生まれたのが，GISとシミュレーションモデルの融合である。その例として，ノースダコタ州の草原ポットホール(pothole，おう穴)地帯でのマガモ管理策を評価する，GISと個体群シミュレーションを組み合わせた利用例を示すことにしよう。

　以下の例で，我々はノースダコタ州中部の典型的なカモの生息地から $10.4 km^2$ のプロットを選んだ。この地域は氷河作用のおよぶ場所で，湿地に小さな池(small wetland basins)が無数に存在している。高台はほとんど全て農業利用されている。Koeln & Wesley(1987)とKoeln et al.(1988)が開発した手法を用いて，1986年の5月と9月のランドサットTMデータを処理した。デジタル画像処理技術により，土地利用と土地被覆のGISデータレイヤーをつくった。GISの検索とレポート作成の機能を用いて，湿地は3クラス，高台は10クラスで地域のレポートを作成した。5月初旬に到着する鳥に利用可能な生息地を表すために，この生息地の情報を変更した。たとえば，穀物を栽培する地域は4月末に鳥が到着する時点では裸地(少し前に掘り返された土地)であると推定した。生息地の分類は，マガモの繁殖モデル(Johnson et al. 1987)の入力データとして必要なクラス分け(Cowardin et al. 1988b)に従った。そのモデルでは，若鳥の繁殖結果(resulting production)を予測するための生息地利用可能性と個体群パラメーターを解析者が変更することができる。Cowardin et al.(1988 b)は，一つの地域に定着している鳥の繁殖数を予測する他のモデルと組み合わせて，このモデルを使用した例を示した。同じモデルが，高所から撮影した写真(high altitude photography)と空中撮影ビデオから得られた生息地データと組み合わされている(Cowardin et al. 1988 a)。

　この例で用いた個体群パラメーターは，Cowardin et al.(1988 b)とKlett et al.(1988)で得られた知見に基づいている。生息地のデータ(表21-3)は，コンピュータの画面に表示できる。このデータを次にマガモ繁殖モデルに送り，他の重要な個体群パラメーターと一緒にそのモデルを実行して繁殖個体数と生まれた若鳥の数(young produced)の予想値を推定した(表21-4)。この実証例では，コントロールデータは現状を表している。

　水鳥管理者にとっての課題は，実行可能ないくつかの管理策代替案の中から地域内の繁殖を最大にすると予想される案を選ぶことである。シミュレーションモデルは，経済モデルと組み合わせて計画ツールをつくることもできる(Nelson & Wishart 1988)。ここで示したシステムは，GISとシミュレーションモデルの組み合わせである。このシステムによって「管理者はこの管理策を適用すべき」と示すことはできないが，様々な代替案の結果を評価する支援ツールとなる。コンピュータ画面上で示した生息地を変化させることでこのような評価を行えるのが，このソフトウエアの利点である。例を示すために，GISの編集機能を用いて三つの管理策をシミュレートした。これらは，三つの異なった土地利用と土地被覆のデータファイルで表される。第1のシミュレーションでは，大きな半永久的な湿地がつくられる。第2のシミュレーションでは，アメリカ農務省のCRPに基づいて農地の半分を植物カバー(planted cover)に転用する。第3のシミュレーションでは，148 haの背の高い密な巣のカバー(nesting cover)の周囲を捕食者の侵入を防ぐバリアフェンスで囲う(図21-17, 18, 19)。予測結果は，モデル中の多くの個体群パラメーターに置かれた仮定に強く依存している。最初の推定では，Cowardin et al.(1988 b)と同じ推定を用い，Klett et al.(1988)に用いた巣の生存率のデータ(データは未発表)を使用している。

　シミュレーションの結果を表21-4にまとめた。全てのシミュレーションで補充数はいくらか増加を見せている。繁

表 21-3 ノースダコタ州中部の 10.4 km² の営巣地の利用可能性を用いて,個体群シミュレーションモデルと,ランドサット TM から導いた生息地データによる GIS との関連を示した。
 a 処理法は,(0)コントロールグループで管理無し,(1)貯水池をつくる,(2)農地の半分を保全用地に転用する,(3)捕食者をバリアするフェンスを 148 ha の地域の周囲につくる。
 b 営巣地のカバー(cover),巣のカバー(nesting cover)を表す湿地の中の一部で,残りは荒野に含まれる。

生息地	各処理法での地域割合			
	コントロール	貯水池	保全用地	バリアフェンス
秋蒔き作物	51.86	49.63	28.53	51.86
収穫後の穀物畑	1.21	1.02	1.21	1.21
夏期休耕地	3.18	3.18	3.18	0.58
不耕起冬小麦	11.19	11.19	11.19	11.19
草地	13.61	9.72	13.61	13.61
牧草地	2.00	2.00	2.00	2.00
公用地	0.46	0.46	0.46	0.46
浅い湿地	8.88	7.13	8.88	8.88
深い湿地	1.42	3.81	1.42	1.42
永久水面	0.25	0.25	0.25	0.25
フェンスで囲われたカバー	0.00	0.00	0.00	2.61
保全用地	0.00	0.00	23.33	0.00
荒野	5.94	11.24	5.94	5.94

表 21-4 10.4 km² のマガモ営巣地の個体群パラメーターの推定値。コントロールグループおよび 3 つの生息地強化策を実行する個体群シミュレーションモデルと,GIS,ランドサット TM から導いた生息地の利用可能性データを用いた。
 a 処理法は,(0)コントロールグループで管理無し,(1)貯水池をつくる,(2)農地の半分を保全用地に転用するが,(a)保全用地内の営巣の成功率(nest success,訳者注:本文では nest survival とも。巣の生存率,営巣の成功率と訳している)が 13.3% の場合,(b)保全用地内の営巣の成功率(nest success)が 20.0% の場合,(3)捕食者をバリアするフェンスを 148 ha の地域の周囲につくる。

処理法	繁殖個体数(番)	nest success(%)	hen success(%)	recruits produced 補充
コントロール	28	13.4	25.0	26.4
貯水池	36	14.3	26.3	35.3
保全用地(a)	28	14.9	27.4	28.5
(b)	28	19.7	33.9	35.6
バリアフェンス	28	32.2	50.1	53.0

殖ペアが利用する湿地の面積(amount of wetland)を増やすのは,大きな貯水池をつくる場合だけである。この第 1 のシミュレーションでは,繁殖個体数と補充数はどちらも増加すると予測しているが,巣作りの成功(nest success)による増加は無視できる大きさであった。第 2 の保全用地のシミュレーションでは,カバー(cover)に対する巣の生存率(nest survival rates)について公表されているデータがないため,生存率を二つ設定している。シミュレーション(a)での植物カバー(planted cover)に対する巣の生存率は 13.2% を用いた。これは,未公表データ(北部草原野生生物調査センター,Jamestown, N.D.)であるが,このデータのカバーはこのシミュレーションで予測されるものと似ているので,この未公表データの数値を用いることにした。保全用地が大きければ捕食者の影響を弱める可能性があるので,保全用地での営巣の成功率は,植物カバーの場合よりも高くすべきだという主張もある。保全用地のシミュレーション(b)では,実際のデータはないが,営巣の成功率には(a)よりも高くて妥当な線の数字として 20% を選んだ。このシミュレーションでは,コントロールグループと同じ数の番から貯水池をつくる第 1 のシミュレーションの場合と同じ数だけの補充がなされた。捕食者をバリアするフェンスをつくる第 3 のシミュレーションでは,補充がこの中で最も多かった。

このモデルから得られる結果は,入力データの変化に非常に敏感である(Johnson et al. 1987, Cowardin et al. 1988 b)。このモデルは,複数のシミュレーションから得ら

れる推定結果を比較する支援ツールとしてデザインされたものである。この例では，入力データにはあり得る数字で様々なものを用いたが，保全用地のケースに適用するデータは存在しなかった。モデルの結果を解釈する際には，モデル上の仮定と入力データの両方について慎重に考慮する必要がある。

このモデルは，評価地域の中にある生息地の面積にも影響を受けやすい。幸いにもこの地域は，リモートセンシング技術を使用することによって，いくつかのマガモ生息地パラメーターよりも，より正確に計測することが可能である。以前このモデルを応用した際には，様々なシミュレーションを行うためのデータセットの変更や構築に，非常に多くの時間と手間を要した。GIS技術とモデルの組み合わせにより，この問題を克服できた。さらに，ディスプレイの上で実際のランドスケープと，そのランドスケープをGISの編集機能により変更したものをすぐに見ることができ，土地管理者は理解しやすい。

北米水鳥管理計画(the North American Waterfowl Management Plan)により，この草原ポットホール地帯に多くの水鳥生息地強化策が実施された。土地被覆・土地利用データを，1986年の人工衛星データから得られたものと最近の人工衛星データから得られたものとで比較すれば，水鳥生息地改良のためにランドスケープが変化しつつあるという，NAWMPの成果として素晴らしい記録が得られるだろう。このような実際の変化の影響は，すでに述べたマガモのモデルのアプローチとGISによって評価されるだろう。

❏注意書き

GISユーザーは，投入したデータの本質からは正当化できないことをGISを用いて行いがちである(Goodchild & Gopal 1989)。地図の縮尺を変更したり，地図をオーバーレイすることにより，人をだますことが可能である。ユーザーは，あらゆる地図製作に内在する不正確さと，縮尺を変更したり地図を合わせた際に生じる誤差を認識しなければならない(Abler 1987)。

地図上の誤差は，地図を投影するときから始まっている(Vitek et al. 1984)。地図投影は，3次元の地球の全体または一部を2次元の平面にシステマティックに表現するものである。これには必ず歪みが生じるので，一つの地図属性を正確に表して他の属性を犠牲にするか，あるいはいくつかの属性について妥協するか，ユーザーは選ばなければならない(Snyder 1987)。

誤差は，地図製作の抽象化の過程で地図に現れる。地図は現実のモデルであり，地図の内容がゆっくりとした，ぼんやりとした，あいまいな変化をすっきりと，しかし誤って表現していることも多い(Burrough 1986)。地図の誤差には，位置的な正確さと属性の正確さの両方のものがあり，場合によってはそれらを分けることは難しい。さらに，位置的な正確さと属性の正確さのどちらの誤差も，縮尺によって左右されるものである。

誤差は，GISの解析過程を通じて蓄積していくものである。Newcomer & Szajgin(1984)は，地図をオーバーレイする過程での誤差の増加を推定する方法を示した。最終的に得られる地図の正確さは，地図のレイヤーの数，そのレイヤーの正確さ，いくつかのレイヤーから同じ場所に誤差が一致するもの，によって決まると彼らは結論づけている。空間データベースの正確さとデータ解析中の誤差の増大は，複雑な問題である(Newcomer & Szajgin 1984, Vitek et al. 1984, Walsh et al. 1987, Goodchild & Gopal 1989, Lunetta et al. 1991)。

GIS，リモートセンシング，エキスパートシステムが，将来的に統合されるのは間違いない。1988年，アメリカ国立科学基金(the National Science Foundation)は，国立地理情報解析センター(the National Center for Geo-

---

図21-17（左上）ランドサットTMデータを用いて，現在の水鳥生産量を予測し，生息地に様々な変化が起こった場合の水鳥生産量をシミュレーションしている。

図21-18（右上）ランドサットTMデータから得られた生息地分類と，それを用いてシミュレーションした水鳥生産量

図21-19 GISの編集機能を用いてシミュレーションした3通りの生息地変化

　図19 A　（下から3番目）大きな貯水池をつくる場合。
　図19 B　（下から2番目）農地の半分をCRPの植物カバーに転用する場合のシミュレーション。
　図19 C　（最も下）背の高い密な巣のカバーの周囲に捕食者のバリアフェンスをつくるシミュレーション。

COVER TYPES
GRASSLAND
WINTER WHEAT
CROP STUBBLE
SUMMER FALLOW
HAYLAND
CROPLAND
OPEN WATER
DEEP MARSH
SHALLOW MARSH
ROADS
ODD AREAS

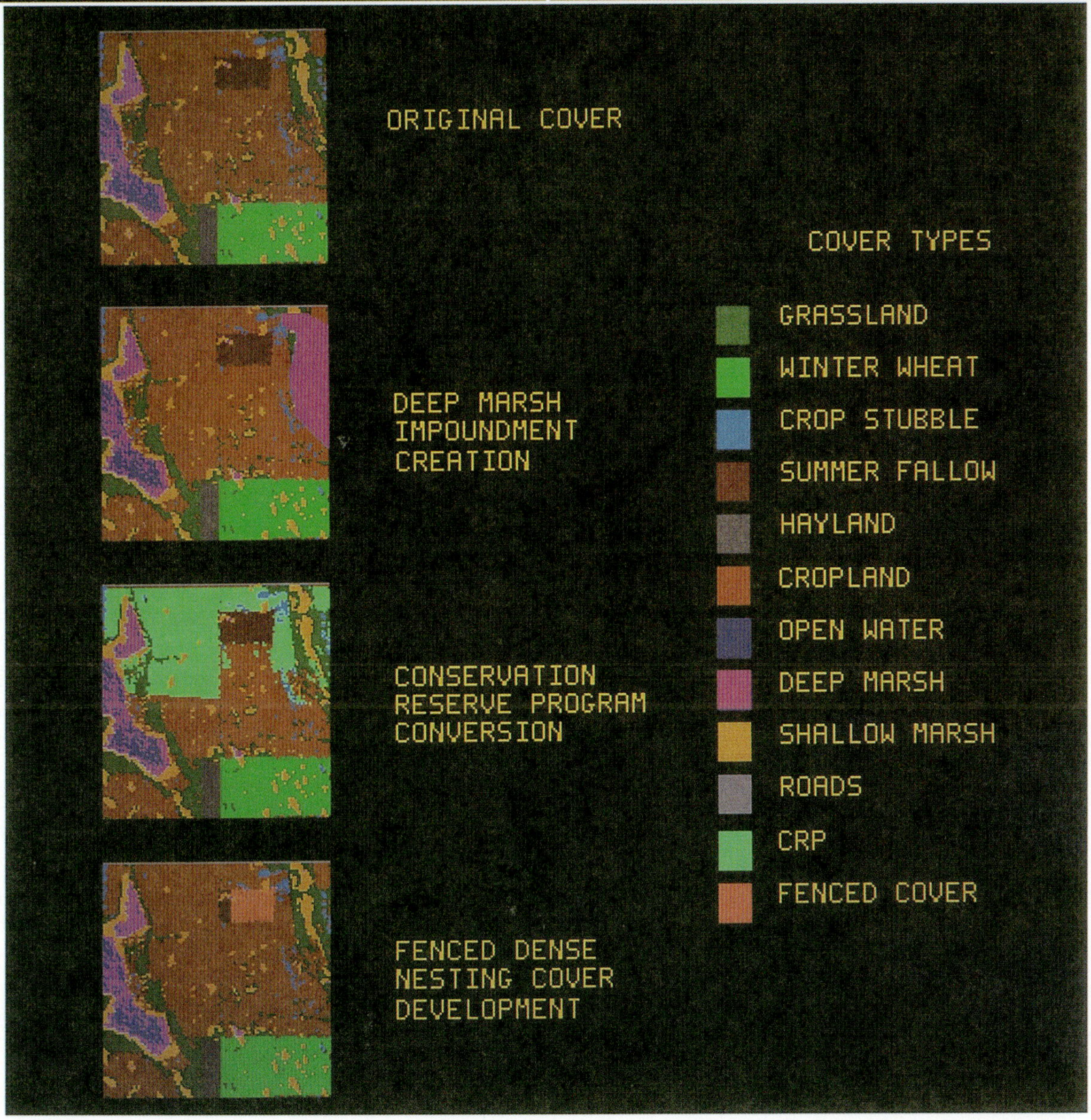
ORIGINAL COVER
DEEP MARSH IMPOUNDMENT CREATION
CONSERVATION RESERVE PROGRAM CONVERSION
FENCED DENSE NESTING COVER DEVELOPMENT
COVER TYPES
GRASSLAND
WINTER WHEAT
CROP STUBBLE
SUMMER FALLOW
HAYLAND
CROPLAND
OPEN WATER
DEEP MARSH
SHALLOW MARSH
ROADS
CRP
FENCED COVER

graphic Information Analysis)をつくることを発表した。これは大学の共同体で，カリフォルニア大学サンタバーバラ校，ニューヨーク州立大学バッファロー校，メーン大学オロノ校が参加する。このセンターの概略のプログラムでは，GIS技術を採用し利用する際に生じる障害をシステマティックに除去することを目的としている。このプログラムはいくつかの先行事業(initiatives)からなっており，その中のいくつかはすでに出版物やシンポジウムで結果が出されている。

要　約

本章では，野生生物管理者ならびに野生生物管理を学ぶ学生を対象に，土地管理を支援する際にGISを活用する可能性と，GISの能力を概観した。本章ではGISを利用する裏にある原則を示したが，GISの操作やデザイン，選択などの技術的なことは含んでいない。本章で示された情報によって，将来的に野生生物管理者がGIS技術の利用を検討して，意志決定能力を高めることが望まれる。おそらくこでわずかながらGISにふれることによって，野生生物管理者は将来的に，野生生物管理に直接影響する意志決定過程を改善するための支援ツールとしてGISを利用することに一層の理解を持つだろうし，そればかりでなく，送電線ルート・飛行場・ショッピングセンター・ごみ処理場・その他開発行為の場所を決める際のGISを用いた活動に対しても参加を試みるようになるだろう。すでに示したように，開発の場所を一つ間違えば，1人の野生生物管理者にとって一生の仕事で生み出す野生生物生息地の改善を文字通りひっくり返してしまうことが可能なのである(Giles 1991)。

多様なコンピュータに対して様々なタイプのGISがあり，少なくとも100以上のGISが，政府機関・大学・販売会社で利用できる(Parker 1991)。GIS技術を利用したいと考えている野生生物管理者は，ビット数やバイト数，「システム開発や初期の立ち上げでの最初の沼地(Giles 1991:5)」などに行き詰まらないことが望まれるが，GISがもたらす能力による生態系の「説明的・記述的・予測的コントロール(Giles 1991:5)」を実現して，大いにエキサイトしてほしい。

参考文献

ABLER, R. F. 1987. The National Science Foundation National Center for Geographic Information and Analysis. Int. J. Geogr. Inf. Syst. 1:303–326.

AGEE, J. K., S. C. F. STITT, M. NYQUIST, AND R. ROOT. 1989. A geographic analysis of historical grizzly bear sightings in the North Cascades. Photogram. Eng. Remote Sens. 55:1637–1642.

AHERN, F. J., ET AL. 1987. Radiometric correction of visible and infrared remote sensing data at the Canada Centre for Remote Sensing. Int. J. Remote Sens. 98:1349–1376.

ANDERSON, J. R., E. E. HARDY, J. T. ROACH, AND R. E. WITMER. 1976. A land use and land cover classification system for use with remote sensor data. U.S. Geol. Surv. Prof. Pap. 964. 28pp.

ANONYMOUS. 1989. Using the TIGER files. U.S. Stat. Newsl. 5(12):1–5.

ARONOFF, S. 1989. Geographic information systems: a management perspective. WDL Publ., Ottawa, Ont. 294pp.

BAND, L. E. 1989. A terrain-based watershed information system. Hydrological Processes 3:151–162.

BARNARD, T., R. J. MACFARLANE, T. NERAASEN, R. P. MROCZYNSKI, J. JACOBSON, AND R. SCHMIDT. 1981. Waterfowl habitat inventory of Alberta, Saskatchewan and Manitoba by remote sensing. Proc. Can. Symp. Remote Sens. 7:150–158.

BERRY, J. K. 1987. Fundamental operations in computer-assisted map analysis. Int. J. Geogr. Inf. Syst. 1:119–136.

BREININGER, D. R., M. J. PROVANCHA, AND R. B. SMITH. 1991. Mapping Florida scrub jay habitat for purposes of land-use management. Photogram. Eng. Remote Sens. 57:1467–1474.

BROSCHART, M. R., C. A. JOHNSTON, AND R. J. NAIMAN. 1989. Predicting beaver colony density in boreal landscapes. J. Wildl. Manage. 53:929–934.

BURKE, I. C., T. G. F. KITTEL, W. K. LAUENROTH, P. SNOOK, C. M. YONKER, AND W. J. PARTON. 1991. Regional analysis of the Central Great Plains. BioScience 41:685–692.

BURROUGH, P. A. 1986. Principles of geographical information systems for land resources assessment. Oxford Univ. Press, New York, N.Y. 193pp.

CANNON, R. W., F. L. KNOPF, AND L. R. PETTINGER. 1982. Use of Landsat data to evaluate lesser prairie chicken habitats in western Oklahoma. J. Wildl. Manage. 46:915–922.

CHAVEZ, P. S., JR. 1989. Radiometric calibration of Landsat Thematic Mapper multispectral images. Photogram. Eng. Remote Sens. 55:1285–1294.

CLARK, D. K., AND N. G. MAYNARD. 1986. Coastal zone color scanner imagery of phytoplankton pigment distribution in Icelandic waters. Pages 350–357 in Proc. SPIE ocean optics VII. Int. Soc. Optical Eng., Billingham, Wash.

COULSON, R. N., L. J. FOLSE, AND D. K. LOH. 1987. Artificial intelligence and natural resource management. Science 237:262–267.

COWARDIN, L. M., P. M. ARNOLD, T. L. SHAFFER, H. R. PYWELL, AND L. D. MILLER. 1988a. Duck numbers estimated from ground counts, MOSS map data, and aerial video. Pages 205–219 in J. D. Scurry, comp. Proc. Natl. MOSS Users' Conf. 5. Louisiana Sea Grant College Program, Baton Rouge, and U.S. Fish Wildl. Serv., Slidell, La.

―――, V. CARTER, F. C. GOLET, AND E. T. LAROE. 1979. Classification of wetlands and deep water habitats of the United States. U.S. Fish Wildl. Serv. Rep. FWS/OBS-79/31. 103pp.

―――, D. H. JOHNSON, T. L. SHAFFER, AND D. W. SPARLING. 1988b. Applications of a simulation model to decisions in mallard management. U.S. Fish Wildl. Serv. Fish Wildl. Tech. Rep. 17. 28pp.

CRAIGHEAD, J. J., F. L. CRAIGHEAD, AND D. J. CRAIGHEAD. 1986. Using satellites to evaluate ecosystems as grizzly bear habitat. Pages 101–112 in Proc. grizzly bear habitat symposium, Missoula, Mont.

CRIST, E. P., R. LAURIN, AND R. C. CICONE. 1986. Vegetation and soils information contained in transformed thematic mapper data. Pages 1465–1470 in Proc. IGARSS' 86 Symp. ESA SP-254.

CURRAN, P. J. 1985. Principles of remote sensing. Longman Group Limited, London, U.K. 282pp.

DAVIS, F. W., AND J. DOZIER. 1990. Information analysis of a spatial database for ecological land classification. Photogram. Eng. Remote Sens. 56:605–613.

―――, D. M. STOMS, J. E. ESTES, J. SCEPAN, AND J. M. SCOTT. 1990. An information systems approach to the preservation of biological diversity. Int. J. Geogr. Inf. Syst. 4:55–78.

DE STEIGUER, J. E., AND R. H. GILES, JR. 1981. Introduction to computerized land-information systems. J. For. 79:734–737.

DRISCOLL, D. 1990. Remote sensing: USFS pest management group. GIS World Mag. 3(5):94–96.

DUEKER, K. J., AND D. KJERNE. 1989. Multipurpose c. astre: terms and definitions. Am. Soc. Photogram. Remote Sens. and Am. Congr. Surv. Mapping, Falls Church, Va. 5:94–103.

DUGGIN, M.J. 1985. Factors limiting the discrimination and quantification of terrestrial features using remotely sensed radiance. Int. J. Remote Sens. 6:3–27.

DULANEY, R. A. 1987. A geographic information system for large area analysis. Pages 206–215 in Proc. of GIS '87. Am. Soc. Photogram. Remote Sens., Falls Church, Va.

ELROD, J. A. 1988. CZCS view of an oceanic acid waste dump. Remote Sens. Environ. 25:245–254.

ESTES, J. A., E. J. HAJIC, AND L. R. TINNEY, EDITORS. 1983. Fundamentals of image analysis: analysis of visible and thermal infrared data. Pages 987–1124 in R. N. Colwell, ed. Manual of remote sensing. Second ed., Vol. 1. Am. Soc. Photogram., Falls Church, Va.

EVERITT, J. H., AND D. E. ESCOBAR. 1989. The status of video systems for remote sensing applications. Proc. Biennial Workshop on Color Aerial Photography and Videography. Am. Soc. Photogram. Remote Sens. 12:6–29.

FAUST, N. L., W. H. ANDERSON, AND J. L. STARR. 1991. Geographic information systems and remote sensing future computing environment. Photogram. Eng. Remote Sens. 57:655–668.

GILES, R. H., JR. 1991. Nine thoughts about geographic information systems. Nat. Resour. Comput. Newsl. 6(4):3–5.

GOODCHILD, M., AND S. GOPAL, EDITORS. 1989. The accuracy of spatial databases. Taylor and Francis, London, U.K. 290pp.

GOODENOUGH, D. G., M. GOLDBERG, G. PLUNKETT, AND J. ZELEK. 1987. An expert system for remote sensing. IEEE Trans. Geoscience Remote Sens. GE-25:349–359.

GOSSELINK, J. G., AND L. C. LEE. 1989. Cumulative impact assessment in bottomland hardwood forests. Wetlands 9. 174pp.

GOWARD, S. N., C. J. TUCKER, AND D. G. DYE. 1985. North American vegetation patterns observed with the NOAA-7 advanced very high resolution radiometer. Vegetatio 64:3–14.

GRAETZ, R.D. 1990. Remote sensing of terrestrial ecosystem structure: an ecologist's pragmatic view. Pages 5–30 in R. J. Hobbs and H. A. Mooney, eds. Remote sensing of biospheric functioning. Springer-Verlag, New York, N.Y.

GRAVATT, G. 1991. National Wetlands Inventory. Pages 29–31 in K. K. Reay, ed. Proc. Natl. Conf. Integrated Water Inf. Manage. Virginia Polytechnic Inst. State Univ., Blacksburg.

HEINEN, J. T. AND R. A. MEAD. 1984. Simulating the effects of clearcuts on deer habitat in the San Juan National Forest, Colorado. Can. J. Remote Sens. 10:17–24.

HODGSON, M. E., J. R. JENSEN, H. E. MACKEY, JR., AND M. C. COULTER. 1988. Monitoring wood stork foraging habitat using remote sensing and geographic information systems. Photogram. Eng. Remote Sens. 54:1601–1607.

JACKSON, R. D. 1983. Spectral indices in n-space. Remote Sens. Environ. 13:409–421.

JENSON, S. K., AND J. O. DOMINGUE. 1988. Extracting topographic structure from digital elevation data for geographic information system analysis. Photogram. Eng. Remote Sens. 54:1593–1600.

JOHNSON, D. H., D. W. SPARLING, AND L. M. COWARDIN. 1987. A model of the productivity of the mallard duck. Ecol. Model. 38:257–275.

JOHNSTON, C. A., AND J. BONDE. 1989. Quantitative analysis of ecotones using a geographic information system. Photogram. Eng. Remote Sens. 55:1643–1647.

———, N. E. DETENBECK, J. P. BONDE, AND G. J. NIEMI. 1988. Geographic information systems for cumulative impact assessment. Photogram. Eng. Remote Sens. 54:1609–1615.

———, AND R. J. NAIMAN. 1990a. Aquatic patch creation in relation to beaver population trends. Ecology 71:1617–1621.

———, AND ———. 1990b. The use of a geographic information system to analyze long-term landscape alteration by beaver. Landscape Ecol. 4:5–19.

JUSTICE, C. O., J. R. G. TOWNSHEND, B. N. HOLBEN, AND C. J. TUCKER. 1985. Analysis of the phenology of global vegetation using meteorological satellite data. Int. J. Remote Sens. 6:1271–1318.

KAUTH, R. J., AND G. S. THOMAS. 1976. The tasselled cap—a graphic description of the spectral-temporal development of agricultural crops as seen by Landsat. Pages 4B41–4B51 in Proc. symposium machine processing of remotely sensed data. Purdue Univ., West Lafayette, Ind.

KLETT, A. T., T. L. SHAFFER, AND D. H. JOHNSON. 1988. Duck nest success in the prairie pothole region. J. Wildl. Manage. 52:431–440.

KOELN, G. T. 1980. A computer-assisted general aviation airport location and evaluation system for Virginia. Ph.D. Thesis, Virginia Polytechnic Inst. State Univ., Blacksburg. 235pp.

———, AND E. A. COOK. 1984. Applications of geographic information systems for analysis of radio-telemetry data on wildlife. Pecora 9:154–158.

———, J. E. JACOBSON, D. E. WESLEY, AND R. S. REMPLE. 1988. Wetland inventories derived from Landsat data for waterfowl management planning. Trans. North Am. Wildl. Nat. Resour. Conf. 53:303–310.

———, AND D. E. WESLEY. 1987. Ducks Unlimited's wetland inventory. Pages 225–233 in J. Zelazny and J. S. Feierabend, eds. Proc. increasing our wetland resources. Natl. Wildl. Fed., Washington, D.C.

KORTE, G. B. 1991. How GIS relates to CADD, CAM and AM/FM. Point of Beginning 16:56–66.

LAUER, D. T., J. E. ESTES, J. R. JENSEN, AND D. D. GREENLEE. 1991. Institutional issues affecting the integration and use of remotely sensed data and geographic information systems. Photogram. Eng. Remote Sens. 57:647–654.

LECKENBY, D. A., D. L. ISAACSON, AND S. R. THOMAS. 1985. Landsat application to elk habitat management in northeast Oregon. Wildl. Soc. Bull. 13:130–134.

LEE, K. H. 1991. Wetlands detection methods investigation. U.S. Environ. Prot. Agency Rep. 600/4-91/014. 73pp.

LILLESAND, T. M., AND R. W. KIEFER. 1987. Remote sensing and image interpretation. John Wiley & Sons, New York, N.Y. 721pp.

LUNETTA, R. S., R. G. CONGALTON, L. K. FENSTERMARKER, J. R. JENSEN, K. C. MCGWIRE, AND L. R. TINNEY. 1991. Remote sensing and geographic information system data integration: error sources and research issues. Photogram. Eng. Remote Sens. 57:677–687.

LYON, J. G. 1983. Landsat-derived land-cover classifications for locating potential kestrel nesting habitat. Photogram. Eng. Remote Sens. 49:245–250.

MAUSEL, P. W., J. H. EVERITT, D. E. ESCOBAR, AND D. J. KING. 1992. Airborne videography: current status and future perspectives. Photogram. Eng. Remote Sens. 58:1189–1195.

MAYER, K. E. 1984. A review of selected remote sensing and computer technologies applied to wildlife habitat inventories. Calif. Fish Game 70:101–112.

MCHARG, I. L. 1969. Design with nature. Doubleday and Company, Inc., Garden City, N.J. 197pp.

MCKEOWN, D. M., JR. 1987. The role of artificial intelligence in the integration of remotely sensed data with geographic information systems. IEEE Trans. Geoscience Remote Sens. GE-25:330–348.

MEISNER, B. N., AND P. A. ARKIN. 1984. The GOES precipitation index: large scale tropical rainfall estimates using infrared data. Proc. Conf. Hurricanes Tropical Meteorol. 15:203–206.

MILLER, K. V., AND M. J. CONROY. 1990. SPOT satellite imagery for mapping Kirtland's warbler wintering habitat in the Bahamas. Wildl. Soc. Bull. 18:252–257.

MURPHY, D. D., AND B. D. NOON. 1991. Coping with uncertainty in wildlife biology. J. Wildl. Manage. 55:773–782.

NELSON, J. W., AND R. A. WISHART. 1988. Management of wetland complexes for waterfowl production: planning for the prairie habitat joint venture. Trans. North Am. Wildl. Nat. Resour. Conf. 53:444–453.

NEWCOMER, J. A., AND J. SZAJGIN. 1984. Accumulation of thematic map errors in digital overlay analysis. Am. Cartographer 11:58–62.

NIELSEN, R. D. 1991. Digital soils data: 1:15,840 to 1:7,500,000 scale digital soils information from SSURGO, STATSGO, and NATSGO data bases. Pages 66–68 in K. K. Reay, ed. Proc. national conference integrated water information management. Virginia Polytechnic Inst. State Univ., Blacksburg.

ORMSBY, J. P., AND R. S. LUNETTA. 1987. Whitetail deer food availability maps from Thematic Mapper data. Photogram. Eng. Remote Sens. 53:1081–1085.

———, AND G. A. SOFFEN. 1989. Foreword: special issue on the Earth

Observing System (Eos). Inst. Electrical Electronics Eng. Trans. Geoscience Remote Sens. 27:107–108.

PALMERIM, J. M. 1987. Automatic mapping of avian species habitat using satellite imagery. Oikos 52:59–68.

PARKER, H. D., EDITOR. 1991. GIS world source book. GIS World, Inc., Ft. Collins, Colo. 597pp.

PECH, R. P., R. D. GRAETZ, AND A. W. DAVIS. 1986. Reflectance modelling and the derivation of vegetation indices for an Australian semi-arid shrubland. Int. J. Remote Sens. 7:389–403.

PETERSON, L., AND I. MATNEY. 1986. Data management. Pages 727–740 in A. Y. Cooperider, R. J. Boyd and H. R. Stuart, eds. Inventory and monitoring of wildlife habitat. U.S. Dep. Inter. Bur. Land Manage. Serv. Cent., Denver, Colo.

PICKUP, G., AND V. H. CHEWINGS. 1988. Forecasting patterns of soil erosion in arid lands from Landsat MSS data. Int. J. Remote Sens. 9:69–84.

PIWOWAR, J. M., AND E. F. LEDREW. 1990. Integrating spatial data: a user's perspective. Photogram. Eng. Remote Sens. 56:1497–1502.

PLACE, J. L. 1985. Mapping of forested wetland: use of SEASAT radar images to complement conventional sources. Prof. Geogr. 37:463–469.

RICHARDS, J. A. 1986. Remote sensing digital image analysis. Springer-Verlag, West Berlin. 281pp.

———, AND D. J. KELLY. 1984. On the concept of spectral class. Int. J. Remote Sens. 5:987–991.

RIPPLE, W. J., G. A. BRADSHAW, AND T. A. SPIES. 1991. Measuring forest landscape patterns in the Cascade Range of Oregon, USA. Biol. Conserv. 57:73–88.

———, AND S. WANG. 1989. Quadtree data structures for geographic information systems. Can. J. Remote Sens. 15:172–176.

RODCAY, G. 1991. GIS a "natural" for wildlife management. Pages 365–369 in H. D. Parker ed. GIS world source book. GIS World, Inc., Ft. Collins, Colo.

SAXON, E. C., AND DUDZINSKI, M. L. 1984. Biological survey and reserve design by Landsat mapped ecoclines—a catastrophe theory approach. Aust. J. Ecol. 9:117–123.

SCEPAN, J., F. DAVIS, AND L. L. BLUM. 1987. A geographic information system for managing California condor habitat. Proc. Int. Conf., Exhibits Workshops Geogr. Inf. Syst. 2:276–286.

SCHOTT, J. R., C. SALVAGGIO, AND W. J. VOLCHOK. 1988. Radiometric scene normalization using pseudoinvariant features. Remote Sens. Environ. 26:1–16.

SCHOWENGERDT, R. A. 1983. Techniques for image processing and classification in remote sensing. Academic Press, Inc., New York, N.Y. 249pp.

SHAW, D. M., AND S. F. ATKINSON. 1990. An introduction to the use of geographic information systems for ornithological research. Condor 92:564–570.

SHIH, E. H., AND R. A. SCHOWENGERDT. 1983. Classification of arid geomorphic surfaces using Landsat spectral and textural features. Photogram. Eng. Remote Sens. 49:337–347.

SIDLE, J. G., AND J. W. ZIEWITZ. 1990. Use of aerial videography in wildlife studies. Wildl. Soc. Bull. 18:56–62.

SILVA, L. F. 1978. Radiation and instrumentation in remote sensing. Pages 21–135 in P. H. Swain and S. M. Davis, ed. Remote sensing: the quantitative approach. McGraw-Hill Book Co., New York, N.Y.

SINGH, A. 1989. Digital change detection techniques using remotely-sensed data. Int. J. Remote Sens. 10:989–1003.

SNYDER, J. P. 1987. Map projections—a working manual. U.S. Geol. Surv. Prof. Pap. 1395. 383pp.

STEENHOF, K. 1982. Use of an automated geographic information system by the Snake River Birds of Prey Research Project. Computer-Environ. Urban Syst. 7:245–251.

STENBACK, J. M., C. B. TRAVLOS, R. H. BARRETT, AND R. G. CONGALTON. 1987. Application of remotely sensed digital data and a GIS in evaluating deer habitat suitability on the Tehama Deer winter range. Proc. Int. Conf., Exhibits Workshops Geogr. Inf. Syst. 2:440–445.

STRAHLER, A. H., C. E. WOODCOCK, AND J. A. SMITH. 1986. On the nature of models in remote sensing. Remote Sens. Environ. 20:121–139.

STRONG, L. L., D. S. GILMER, AND J. A. BRASS. 1991. Inventory of wintering geese with a multispectral scanner. J. Wildl. Manage. 55: 250–259.

SWAIN, P. H., AND S. M. DAVIS, EDITORS. 1978. Remote sensing: the quantitative approach. McGraw-Hill Book Co., New York, N.Y. 396pp.

TANRE, D., ET AL. 1990. Description of a computer code to simulate the satellite signal in the solar spectrum: the 5S code. Int. J. Remote Sens. 11:659–668.

TASSAN, S., AND B. STURM. 1986. An algorithm for the retrieval of sediment content in turbid coastal waters from CZCS data. Int. J. Remote Sens. 7:643–655.

TOMLIN, C. D., AND J. K. BERRY. 1979. A mathematical structure for cartographic modeling in environmental analysis. Proc. Am Congr. Surv. Mapping 39:269–284.

TUCKER, C. J., H. E. DREGNE, AND W. N. NEWCOMB. 1991. Expansion and contraction of the Sahara Desert from 1980 to 1990. Science 253:299–301.

VITEK, J. D., S. J. WALSH, AND M. S. GREGORY. 1984. Accuracy in geographic information systems: an assessment of inherent and operational errors. Pecora 9:296–302.

VONDEROHE, A. P., R. F. GURDA, S. J. VENTURA, AND P. G. THUM. 1991. Introduction to local land information systems for Wisconsin's future. Wisc. State Cartographic Off., Madison. 59pp.

WALKER, P. A. 1990. Modelling wildlife distributions using a geographic information system: kangaroos in relation to climate. J. Biogeogr. 17:279–289.

WALKER, T. C., AND R. K. MILLER. 1990. Geographic information systems: an assessment of technology, applications, and products. Vol. I. SEAI Tech. Publ., Madison, Ga. 166pp.

WALKLETT, D. C. 1992. Investing in GIS and remote sensing holds the keys to understanding global change. Earth Observation Mag. 1(1): 70.

WALSH, S. J., D. R. LIGHTFOOT, AND D. R. BUTLER. 1987. Recognition and assessment of error in geographic information systems. Photogram. Eng. Remote Sens. 53:1423–1430.

WELCH, R., T. R. JORDAN, AND M. EHLERS. 1985. Comparative evaluations of the geodetic accuracy and cartographic potential of Landsat-4 and Landsat-5 Thematic Mapper image data. Photogram. Eng. Remote Sens. 51:1249–1262.

WIEGAND, C. L., ET AL. 1986. Development of agrometeorological crop model inputs from remotely sensed information. IEEE Trans. Geoscience Remote Sens. GE-24:90–98.

WOODCOCK, C. E., AND A. H. STRAHLER. 1987. The factor of scale in remote sensing. Remote Sens. Environ. 21:311–332.

WORK, E. A., JR., AND D. S. GILMER. 1976. Utilization of satellite data for inventorying prairie ponds and lakes. Photogram. Eng. Remote Sens. 42:685–694.

YOUNG, T. N., J. R. EBY, H. L. ALLEN, M. J. HEWITT, III, AND K. R. DIXON. 1987. Wildlife habitat analysis using Landsat and radio-telemetry in a GIS with application to spotted owl preference for old growth. Proc. Int. Conf., Exhibits Workshops Geogr. Inf. Syst. 2:595–600.

補遺1　アメリカ地質調査部（USGS）情報センター

USGSの地球科学情報センター（ESIC）は優れた情報源であり，GISに活用できるデジタルのデータや地図に関する助言が得られる。ESIC（以前の呼称は国立地図学情報センター）の事務所には，現況一覧，利用者ガイドブック，価格表，注文票が備えられているほか，GISに活用する最適な情報を選ぶにあたってスタッフの助言が得られる。

USGSの回覧には次のようなものがある。

895-A, Overview and USGS Activities
895-B, Digital Elevation Models
895-C, Digital Line Graphs from 1:24,000 Maps
895-D, Digital Line Graphs from 1:2,000,000 Maps
895-E, Land Use and Land Cover Digital Data
895-F, Geographic Names Information System
895-G, Digital Line Graph Attribute Coding Standards

ESICの事務所の住所と電話番号は次のとおり。

Reston—ESIC
U.S. Geological Survey
507 National Center
Reston, VA 22092
(703) 648-4000

Rolla—ESIC
1400 Independence Road
Rolla, MO 65401
(314) 341-0851

Lakewood—ESIC
Federal Center
Box 25046, MS 504
Denver, CO 80225-0046
(303) 236-5829

Stennis Space Center—ESIC
Building 3101
Stennis Space Center, MS 39529
(601) 688-3544

Salt Lake City—ESIC
8105 Federal Bldg.
1245 S. State St.
Salt Lake City, UT 84138
(801) 524-5652

Menlo Park—ESIC
Building 3, MS 532
345 Middlefield Road
Menlo Park, CA 94025
(415) 329-4309

Anchorage—ESIC
4230 University Drive
Anchorage, AK 99508-4664
(907) 786-7011

Washington, D.C.—ESIC
Dept. of the Interior Bldg.
1849 C St., N.W., Rm. 2650
Washington, DC 20240
(202) 208-4047

補遺2　北アメリカのデジタル情報

アメリカ合衆国の情報源

Landsat Data
EOSAT
4300 Forbes Blvd.
Lanham, MD 20706
(800) 344-9933

SPOT Data
SPOT Image Corporation
1897 Preston White Drive
Reston, VA 22091
(703) 620-2200

AVHRR, Coastal Zone Color Scanner, GOES and SEASAT Data
National Oceanic and Atmospheric Administration
National Environmental Satellite Data and
　Information Service
National Climatic Center
Satellite Data Services Division
Washington, DC 20233
(301) 763-8399

Landsat and AVHRR Data
U.S. Department of Interior
U.S. Geological Survey
EROS Data Center
Sioux Falls, SD 57198
(605) 594-6511

DLG Files, Digital Elevation Data, NWI Data and Land Use/Land Cover Data
National Cartographic Information Center
U.S. Geological Survey
507 National Center
Reston, VA 22092
(703) 860-6045

TIGER File Data and Census Attribute Data Sets
Customer Services Branch
Data User Services Division
Bureau of the Census
Washington, DC 20233
(301) 763-4100

Soils Data
National Cartographic Center
U.S. Department of Agriculture
Natural Resources Conservation Service
P.O. Box 6567
Fort Worth, TX 76115
(817) 334-5559

カナダの情報源

RadarSat International
275 Slater St., Suite 1203
Ottawa, Ontario K1P 5H9
(613) 238-6413
or
RadarSat International
Satellite Data Distribution Centre
3851 Shell Road, Suite 200
Richmond, British Columbia V6X 2W2
(604) 244-0400

National Digital Topographic Data
Topographic Surveys Division
Surveys and Mapping Branch
Energy, Mines, and Resources Canada
615 Booth Street
Ottawa, Ontario K1A 0E9
(613) 992-0924

Data From the Canada Land Data System (includes the Canada Geographic Information System)
Environmental Information Systems Division
State of the Environment Reporting Branch
Environment Canada
Ottawa, Ontario K1A 0H3
(613) 997-2800

Data from the Canada Soils Information System
CanSIS Project Leader
Land Resource Research Center
Agriculture Canada, Research Branch
K.W. Neatby Building
Ottawa, Ontario K1A 0C6
(613) 995-5011

22
植生のサンプリングと計測

Kenneth F. Higgins, John L. Oldmeyer, Kurt J. Jenkins, Gary K. Clambey & Richard F. Harlow

はじめに……………………………………681	被度……………………………………692
植生をサンプリングするための最初のステップ……682	現存量…………………………………695
目標の開発…………………………………682	その他の属性…………………………698
植生の一般的様相…………………………682	果実のサンプリング技術………………701
調査地の選択………………………………682	高木の大型・重量果実………………702
準備とスタート……………………………684	高木の小型・軽量果実………………703
リーダーシップ……………………………684	低木の果実……………………………703
最初の計画と準備…………………………684	草本植物の果実………………………704
植生のサンプリング技術…………………686	植生の計測の適用………………………704
出現頻度……………………………………686	参考文献…………………………………706
密度…………………………………………689	

❏ はじめに

　野生動物の管理を行う上で，植生の調査は何に役立つだろうか。世界の様々な地域，プレーリーやサバンナ，ツンドラ，森林，ステップ，湿原などで，多くの植物が，野生動物に食物やカバーを，またある環境では水を提供している。食物，カバーおよび水は，野生動物の個体群の維持に必要な三つの基本的生息地要素である。また，例えば，内陸ではカタツムリやネズミからバイソンやゾウまで，低湿地ではカやカモからマスクラットやマナティーまでといったように，多くの野生動物が植物を利用している。野生動物の中には，進化の結果，1年中生活に必要なもの全てを植物に依存するものもいれば，カバーや食物としてだけ植物を利用するものもいる。植物が野生動物の維持に果たしている役割の大きさにかかわらず，地域の野生動物と生息地との関係を評価しなければならない管理・研究の事業では，何らかの植生法が必要となる。

　植生という用語は，ある単独の植物，すなわちある特定のサイトに生育する1種としても，またいくつかの種の集合，すなわちあるランドスケープにおける複数の植物種に対しても用いられる。植生は，在来種の場合もあれば外来種の場合もあり，生きている場合もあれば死んでいる場合もある。植生の計測はつぎのように広く利用される。①管理の実行による植生の反応の評価，②環境収容力の推定，③絶滅の危機に瀕した動物のカバーや生息地の構成要素の特徴の把握，④植物の活力または生息地の状態の概括的な傾向の長期モニタリング。

　様々な生息地の中で植生の量と質について調査計測を行うことは，野生動物の調査と管理の基本である。草原や低木林，高木林の生息地は，いくつかの植物の個体群で構成されており，その中の個々の植物は，通常，完全な目録を作ることができないほどに数が多い。そのため，野生動物の研究者は，ある与えられた生息地内の全体の植物個体群を推定するために，何らかのサンプリング技術を用いる必要がある。

　植生のサンプリング手法は，生態学の諸分野(例えば植物生態学，林学，牧野管理学)で，様々な管理・研究目的(例えば偶蹄類の採食量の推定，スズメ目の生息地利用の記載)のために発達してきた。植生のサンプリングに用いられた全ての方法を詳述することは，この章の範囲を越えている。この章では，植生の構造をどのように計測するかについて焦点をあてる。植生の構造とは，Dansereau(1957)が，林分を構成する個体の空間的構造(分布)と述べたものである。

したがってこの章では，植生をサンプリングする基本的な方法について記載し，これらの方法がどのように野生動物の研究と管理に応用されてきたかの例を述べる。ここでは，調査者が，野生動物の生態学的な概念や，対象とする野生動物種が必要な基本的な生息環境要素について十分な知識があり，調査地域内の野生動物と維管束植物について分類学的同定能力があることを前提としている。

❏植生をサンプリングするための最初のステップ

目標の開発

管理のためであれ研究のためであれ，どのような事業でも，決定的な要素は目標を明確にすることである。もしその事業が，何のために植生を調査するのかも，調査した項目をどのように用いるかも明確でなければ，データは収集すべきではない。植生のデータ収集は，時間がかかり，しばしば困難を伴う。まず，何を明らかにすべきかの検討に時間をかけるべきである。集めた情報が目標の達成に必要なものか，決定的な情報をおろそかにしていないかを確認するには，計画をよく吟味することが大切である。

目標は明確でなければならない。目標には，何が，いつ，どこでサンプリングされるかを明記する必要がある。これらの要素は，当然のことと考えられていることが多いが，これを認識することによって，対象とする野生動物の生物学や研究に関係する諸要因，管理や研究の必要性について十分分析することができるのである。

植生の一般的様相

調査の目標と対象とする野生動物の生息地の基本的要素を列挙した後に，植生のどの局面をサンプリングすべきかを決める必要がある。次に示す事項は，これらの生息地の基本的な必要要素を記載するのに重要である。
①種の構成
②垂直的，水平的空間分布
③構造の時間的な変化
④現存量(生物体量)

調査地域の概況調査は，植生の構造を概観するのに役立つ。現地で踏査を行うこともあれば，机上で空中写真を用いて行うこともある。どちらの場合も，概況調査の目的は，サンプリングすべきかどうかを決め，何をサンプリングすべきかを明らかにし，サンプリングに及ぼす環境要因について，何が，いつ，どのように影響するかを明らかにすることである。

次の様な例を考えてみよう。アメリカオシドリの潜在的な自然の営巣場所の目録を作ることが調査の目標であるとしよう。アメリカオシドリは樹洞にだけ巣を作る。営巣場の樹洞は水辺から適当な距離内にあることがアメリカオシドリの生息地の基本的な必要条件であるので，目標は次の三つとなる。
①アメリカオシドリの営巣が可能な樹洞の数を調べること
②樹洞をつくる木の樹種を同定すること
③樹洞木の樹齢分布を明らかにすること

調査地は，踏査によって，自然の小川，小川に沿った河畔植生，および河畔植生に隣接する農耕地からなる河畔生態系であることが明らかになったとしよう。アメリカオシドリは樹上に営巣するので，我々が必要とするサンプルは，農耕地ではなくて，河畔植生が対象となる。サンプリングの方法は，多数の木をランダムに選択するように設計される。アメリカオシドリの樹洞ができる樹木の種を同定することも目標となる。また，アメリカオシドリの樹洞の数も知りたいので，サンプリングによって樹木の密度を推定し，樹木の水平的な空間分布の様子を推定することも必要である。しかし，樹洞の高さは重要ではないので，樹木の垂直的分布を知る必要はない。樹洞はしばしば老齢で大きな木や枯れた木に生じるので，樹齢の分布を明らかにする必要がある。さらに，枯れた木は強風で倒れやすいので，樹洞の消失率を求めるために，樹洞木を記録し追跡調査を行うことも必要であろう。ここでは樹木の現存量を知る必要はないが，食物となる果実が生産される場合には，果実の現存量やアメリカオシドリの食性を明らかにする必要がある。

調査地の選択

どのような調査研究でも，調査地の選択は，その目的に直接関係する重要な段階である。その最初のステップは，サンプルされる生息地のタイプを選び出すことである。そのためには，プロジェクトの地域を，全ての生息地タイプの位置と大きさが列挙されるように，地図に表すことも必要であろう。目標によっては，ある生息地タイプに含まれる全てまたはいくつかの場所を抽出してサンプリングする必要がある。

調査地の大きさは，調査した植生の特徴が隣接の生息地タイプの影響(これはしばしば周辺効果と呼ばれる)を受けないように，十分大きくとる必要がある。周辺効果は，サ

22. 植生のサンプリングと計測

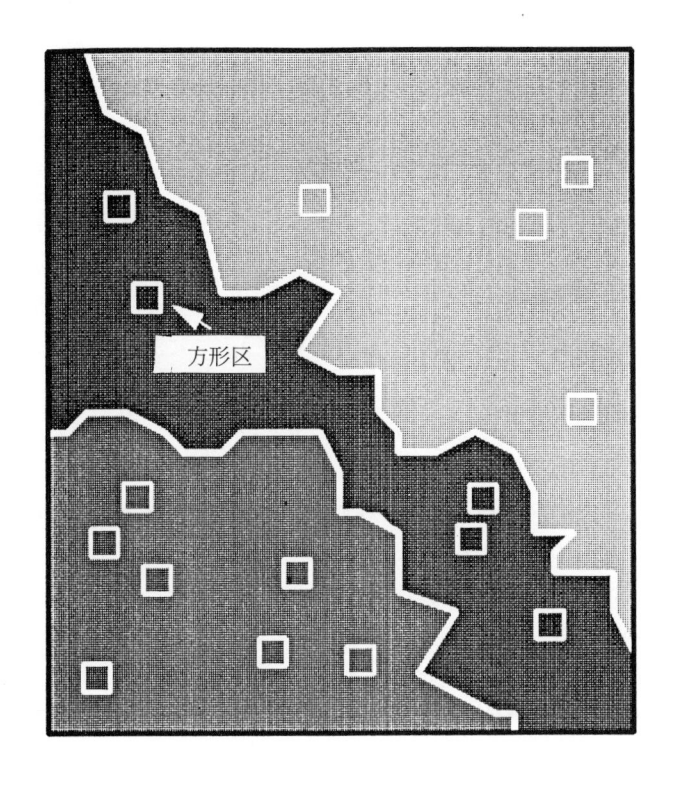

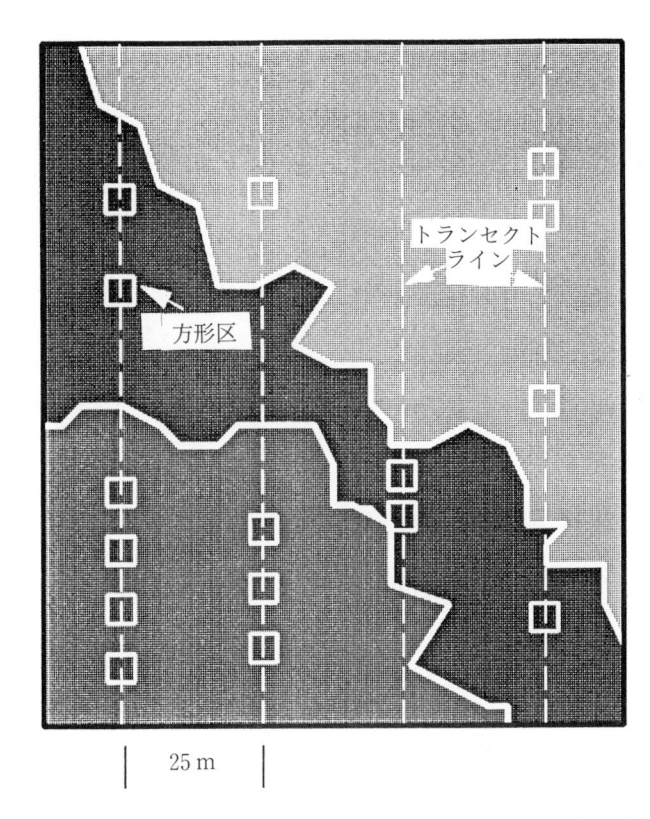

図 22-1 3種の植生カバータイプが存在する地域におけるトランセクトラインを用いた場合と用いない場合の方形区のランダム（左）および規則的（右）な配置

ンプルの分散を増加させる。そしてこのような分散がサンプリングの設計（第1章参照）に基づくものでない場合には，サンプリングの結果は研究目標からはずれたものになる。例えば，100 ha の調査地のある種のヤナギの採食量をサンプリングする場合，ヘラジカの休息場となる生息地タイプに隣接する場所ではサンプリングしないようにするであろう。休息場の近くでサンプリングした植物は，ヤナギの分布域の中央部で計測した場合よりも利用度が高く（そしておそらくその生産性は低く）なっているであろう。調査地域の選択には，他の様々な要因（例えば地形，標高，斜度，地勢，土壌タイプ，管理の歴史，人為的な撹乱の強さ）が影響する。調査地として一般に選択すべき場所は，ばらつきが少なく同じ傾向を持つ複数の場所であり，場所間の変化が自然で，調査の目的やデザインとは関係のない要因の影響を受けないような場所である。

サンプリングのデザインは第1章で説明されるが，フィールドに設定する植生の調査プロットの例として，ランダム配置およびトランセクトに沿った配置を図22-1, 22-2 および22-3に示す。ただし，配置のデザインには他に多くの種類があり，どのような配置を選ぶかは，その目的と統計的解析から要求されるデザインによって決めなければならない。

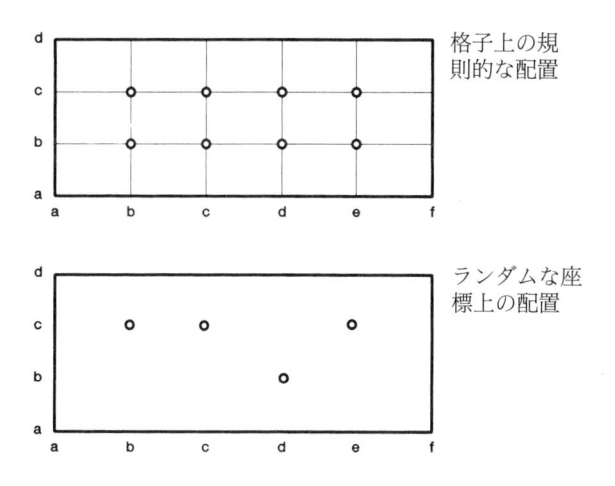

図 22-2 格子の座標上での方形区の規則的な配置とランダムな配置

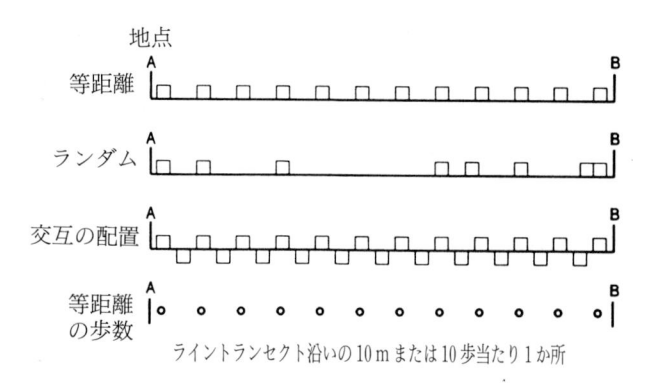

図 22-3 固定トランセクトラインに沿った方形区の配置の様々な例

準備とスタート

リーダーシップ

植生のサンプリングは時間を消費し，また時間を必要とする作業である（表22-1）。すぐれたリーダーシップは，調査の情熱と，データ収集の質を維持するための基本である。中心となる研究者は次のようなことによってリーダーシップを発揮することができる。①調査地域，研究デザイン，装置，植物の同定，およびデータの収集について情熱と知識があること，②植生のサンプリングの全ての段階で計画的であり，有能であること，③データがどのように資源管理の決定，解決のために用いられるかを他のメンバーに説明すること，④データ収集の役割を一部受け持つこと。中心となる研究者は，チームのメンバーの意見にも耳を傾けるべきである。彼らは，より効果的なデータ収集に示唆を与えてくれることも多い。プロジェクトの全体を説明し，質問に答え，適切な示唆を受け入れることは，チームの各メンバーがプロジェクトの欠くことのできない一員であることを実感させるのである（そして実際にそうなのだ）。

最初の計画と準備

フィールドの植生調査に出る前に，室内でのかなりの準備が必要である。最初の重要なステップは，必要な調査道具リスト（表22-2）の作成である。調査道具のリストは，植生タイプに応じて様々であり，草原，湿地，低木林，または森林で異なってくる。これらのリストには，鉛筆の本数やデータシートとカラーペンの色，サンプリング用の方形枠の大きさと形から，木の直径を測る輪尺や照度計，種子トラップ，調査用の自動車まで，調査に必要なもの全てが含まれる。

データフォーム

フィールドでデータを記録するためのデータフォームを作成しよう。たとえフィールドでマイクロコンピュータにデータが直接入力できるようになったとしても，大部分のデータは野帳に記録される。野帳のデータフォームは，簡易な計算機で単純な数学的解析を行うときに計算しやすいように，あるいはパーソナルコンピュータを用いて詳細で複雑な分析を行うときに入力しやすいように，解析の方法を考慮して作る必要がある。どちらの場合でも，それぞれのデータフォームに，入力するコード番号や文字が何を意味するのか一覧表を添えておくとよい。チームのメンバーは，数字の0と空白の意味を理解しておかなければならない。空白は通常測定可能な値ではなかったこと，すなわち測定の対象とはならなかったことを意味するが，記入もれか，意識的に空白にしたのかの混乱を避けるために，空白のままにするよりハッシュマーク（#）をつけた方がよい。野外データ分類と記録を効果的に行うために，異なったサンプリングの仕事には異なった色のデータフォームを使うことをすすめる。例えば，同じ調査地で異なったサンプリング法で測定する場合，ある色を低木の密度のサンプリングに用い，別の色を植生の被度のサンプリングに用いるのである。白色の用紙は太陽光をよく反射するので，眼に負担をかけないように，カラー用紙を用いると良い。雨や雪の多い地域では，濡れても判読できる防水紙が便利で，信頼性が高い。

事前のフィールドテスト

チーム全員が本格的な調査に着手する前に，調査地内で小規模なフィールドテストを行う必要がある。このフィールドテストによって，植物を採集して同定と研究用のさく葉標本の作成（Burleson 1975）を行い，調査道具やサンプリング方法を試行，評価し，試験設計を評価，改善して，全調査の所要時間を最終的に見積もることができる。机上で立案された研究プロジェクトや調査で，フィールドワークの最初の日に放棄されてしまったものも多い。それは，計画や調査道具のテストを野外の状態で十分行わなかったためである。

調査員の訓練

野外調査の能率を最大にするための重要なステップは，調査助手をきちんと訓練することである。助手は，調査道

表 22-1 代表的なトランセクトの所要時間，または様々な生息地や異なった目的，異なった植生のサンプリング技術に要するプロット数

数値は相対的なものであるので，どの調査にも当てはまるものではないが，これらの値は初期の計画段階では調査者の助けとなるだろう．所要時間，文献，私信，および個人的な経験から得た．

サンプリング技術	生息地タイプまたは植生の構成または ユニットサイト	1プロット，実用的な数のプロット， またはトランセクトの1～3人による 推定所要時間	群落の植生構造を特徴づけるのに 通常必要なプロット数の 最小値と範囲	引用
草原				
30.5 m のトランセクト，胸高断面積のための帯状区法		1.8～2.5 hr/トランセクト[a]		Johnson 1957
30.5 m のトランセクト，胸高断面積のための点状区法		0.5～0.8 hr/トランセクト[a]		Johnson 1957
30.5 m のトランセクト，胸高断面積のためのループ法		0.3～0.4 hr/トランセクト[a]		Johnson 1957
0.30 m² の刈り取りプロット	カリフォルニアの1年生草本	7 min/プロット		Roppert et al. 1962
2.9 m² の円プロット，全種の刈り取り	アメリカ合衆国南東部	32 min/プロット，1人		Hilmon 1959
シングルポイント法によるサンプリング	高茎草本のプレーリー	7 hr/3,000～4,000 点/3人	約 25 ha	Owensby 1973
遮蔽度の読みとり (Robel et al. 1970)	草原	8 hr/1,000 回/2人	10 地点	J.M.Callow 私信
植生断面板による遮蔽度の読みとり (Nudds 1977)	草原	8 hr/100～200 回/2人		L.D.flake 私信
10 ピン式のポイントフレーム (Smith 1959)	混交および高茎草本のプレーリー	8 hr/4,000～6,000 点/2人		L.L.Manske 私信
10 ピン式のポイントフレーム (Smith 1959)	湿性草地の湿原	8 hr/2,000～3,000 点/2人		L.L.Manske 私信
低木林				
低木のディメンジョン解析による生産量の推定	寒帯林	2 hr/25 個体/2人		Peek 1978
3 m×5 m の刈り取りプロット	寒帯林	24.7 hr/17 プロット[a]		Bobek & Bergstom 1978
3 m×5 m の区画における樹高×直径の計測	寒帯林	2.3 hr/21 プロット[a]		Bobek & Bergstom 1978
刈り取りプロット	南部の森林	10～50 プロット/2人・日	28～158/サイト	Harlow 1977
採食量の測定のための枝法	山地帯の低木林	50 min/50 個体/2人		Jenson & Scotter 1977
30.5 m² のプロット，枝の生産量のための重量推定法	東部落葉樹林	1.5 hr/41 プロット/2人		Shafer 1963
30.5 m² のプロット，枝の生産量のための枝カウント法	東部落葉樹林	1.5 hr/39 プロット/2人		Shafer 1963
30.5 m² のプロット，枝の生産量のための刈り取り秤量	東部落葉樹林	6.5 hr/37 プロット/2人		Shafer 1963
30.5 m のラインポイントトランセクト，0.3 m 毎の低木の密度	チャパラル(カリフォルニア南部の低木林)	7 min/トランセクト[a]	4～26 トランセクト/サイト	Heady et al. 1959
30.5 m の線状区法，0.3 m 毎の低木の密度	チャパラル	16 min/トランセクト[a]	9～13 トランセクト/サイト	Heady et al. 1959
0.1 m×0.5 m の方形区における低木の密度の測定	低木のステップ	15～30 min/方形区/2人		Hanley 1978
1.2 m×7.6 m の方形区における低木の密度の図化	低木のステップ	12 プロット/日/2人		Pickford & Stewart 1935
1 m×5 m の方形区における低木の密度	寒帯林(山火事跡)	50 方形区/日[a]		Oldemeyer & Regelin 1980, K.Jenkins 私信
高木				
0.1 ha の円プロット	高地の森林	10～15/日[a]	5～20 プロット/サイトが必要	Lindsey et al. 1958, James & Shugart 1970
中心点4分法	高地の森林	20～50/日	10～50 プロット/サイトが必要	Lindsey et al. 1958, James & Shugart 1970
ピッターリッヒ法	高地の森林	40～75/日[a]	10～50 プロット/サイトが必要	Lindsey et al. 1958, James & Shugart 1970

[a] 明記した時間で1～2人の調査者がデータを採取した．

具の安全や適切な使用法に習熟していなければならないし，植物や調査地域をよく知り，データの採集と記録の正しい方法を理解し，研究の理論的根拠を十分に理解しておく必要がある。そうすれば，中心となる調査者がいないときに予知しない状況が起こっても，調査助手は，理性的で学識のある決定を下すことができるのである。調査員が十分訓練されているときでさえ，データを収集し始めた最初の週にはいくつかの疑問や関心が生じるものである。毎日調査が終わってから調査者全員で短時間のミーティングを行い，疑問に応え，データフォームが完璧で明瞭かを点検し，データの収集時に出会った問題点について議論すると良い。データの収集時に調査員が少人数のチームに分けられている場合には，経験の豊かなメンバーが経験のあまりないメンバーとチームを組み，チームの構成は毎日替えていくと良いだろう。我々の経験では，毎日調査チームのメンバーを循環させると，プロジェクトの初期に多くの疑問が出て，その結果，問題点が迅速に解決され，より均一なデータの収集が可能となり，調査メンバーの間により親密な関係を築くことがわかった。中心となる調査者すなわち野外チームのリーダーは，プロジェクトの質の向上についても責任を持っている。中心となる調査者は，調査の早い時期に，調査員の各メンバーと少なくとも1日は一緒に調査することを勧める。これによってプロジェクトについてより十分に議論し，野外調査の技術的な指導，援助を行い，プロジェクトに対する情熱をしめし，個々のメンバーの経歴や興味をよりよく知る機会を得ることができるのである。これらは全て，調査チームの質の向上と，収集するデータの質の改善に寄与するものである。

表22-2 フィールドでの植生のサンプリングに必要な調査用具

データフォームおよび野帳	
鉛筆およびペン	ハンマーおよび手斧
定規および巻き尺	標柱
植物図鑑	シャベルおよび移植ごて
さく葉標本作成用圧搾機	ナイフ
付け札およびポリ袋	金属製付け札および針金
方形枠	日焼け止めローション
被度板	防虫薬
ポイントフレーム	手袋
拡大鏡	フレーム付きバックパック
地図および空中写真	コンパス
カメラおよびフィルム	

植生のサンプリング技術

出現頻度

出現頻度とは，ある種が出現する抽出単位の割合である(Bonham 1989)。例えば，もし50個の小プロットが調査地内に設定され，ビターブラッシュ(冬期の飼料として重要なバラ科の低木)がその20プロットで出現したときには，ビターブラッシュの出現頻度は20/50×100,すなわち40%となる。ある植物は抽出単位に出現するか，しないかのどちらかであり，出現頻度は推定しやすい属性である(図22-4)。出現頻度は，群落内の植物の分布を記述する有用な特性であり，植物群落の時間的な変化をモニタリングしたり，異なる群落を比較する(Bonham 1989)のに役立つ。ある植物の出現頻度が低いとき(15%以下)には，その植物は集中分布(塊状に分布する)を示す。出現頻度が高いとき(90%以上)には，一様分布を示す。多くの統計的な手続きは，植物がランダム分布をしていること，すなわち63〜86%の頻度で出現することが前提となっている(Bonham 1989 : 92)。しかし，自然の植物群落は一般に集中分布を示す。これは，群落内の様々な種の形態的な特徴と関連しているためであり，個体間や種間の相互関係の程度や環境のパターン(例えば，土壌の特性の違い，火災歴，動物による採食)に対応しているためであろう(West 1989)。そしてそれぞれの種はそれ自身の分布パターンを持っており，植物群落のパターンは，構成要素である各植物種のパターンとは異なっている場合もある。複合した分布パターンを扱うサンプリング法は，十分には発達しなかった(West 1989)。

出現頻度は，抽出単位のサイズと形によっても影響を受ける。したがって，出現頻度が経時的にまたは群落間で比較されるときには，抽出単位のサイズと形は一定にしておかなければならない。標本単位の大きさと形は，草本植生，低木林，高木林のどれをサンプリングするかで異なってくる。Cain & Castro(1959 : 146)は，植生に応じて次のようなサイズを勧めている。

草本植生	1〜2 m^2
高茎草本と低い低木林	4 m^2
高い低木林と低い高木林	10 m^2
高木林	100 m^2

群落の植生全体をサンプリングするときは，各植生について一律に同じ大きさの抽出単位を用いることは適切では

図 22-4 ロープに付けたビニール絶縁テープ(上)

固定トランセクトに沿って方形区を順々に配置する時に目印となる。色による境界の区分とサブプロット枠(下)は，枠内の植生の被度を迅速に判定するのに役立つ。

ない。なぜなら，対象の植生タイプの中でそれぞれの種の平均出現頻度は5%以下や95%以上であってはならないからである(Hyder et al. 1965)。この問題は，プロットを異なる大きさで入れ子型に配置することよって解決できる。植生の予備調査ではCain & Castro(1959)が勧めるプロットの大きさを用い，さらにHyder et al.(1965)が述べた密度と出現頻度の関係を用いて，標本単位の大きさの改善を行うとよいだろう。

　プロットの形は，正方形，長方形または円形が用いられる。通常，プロットの境界に標識を付け，定規や巻き尺で大きさを測る。植生調査用の枠を用いて位置を決める場合もある。この枠には，耐久性のある，溶接した鉄棒か他の丈夫な材料でできたものや，組立式で蝶番付きの木製のもの，連結式の塩化ビニールパイプ製のものがある。組立式の枠は，作業の能率を高めたい時や自動車の利用が不可能な遠隔地で調査する時には便利である。低木の茂った地形でサンプリングを行う場合には，低木や他の障害物がある所にプロットを配置するのに，枠の一端をはずしてから置くとよい。

　出現頻度は，面ではなく，点でも測ることができる。1本のピン(縫い針か，先の尖った細い鉄棒)を草本の植被の上から地面に落として，植物の部分に当たるかどうかをみる(図22-5)。命中した割合は，種の出現頻度の推定値となる。ただの1本のピンで出現頻度(または被度)を測ることができるのである(Owensby 1976)。1本のピンではなく，数本(普通は10本)のピンがついたフレームが用いられることも多い。フレームにつけるピンの間隔は植生タイプによって異なるが，通常は4～15 cmである(Hays et al. 1981)。10ピンのフレームを作成するときは，Cook & Stubbendieck(1986)が大変参考になる。大型の植物では，10ピンのフレームに沿って(図22-6)，同じ植物個体が1回以上引っかかる時がある。この場合は，この植物の被度の推定値としては過大となる(Bonham 1989)。

　出現頻度を推定するときには，サンプルサイズを考慮する必要がある。出現頻度のデータは二項分布を示し，サンプル数が小さいときには信頼限界は広くなる。Grieg

図22-5 植生の頻度をサンプリングした時のピンのあたりはずれの例

図 22-6 出現頻度の推定のための勾配型 10 ピン式フレーム

Smith(1964：39)は，ある群落の他の群落との比較や経時的な比較を行うときに信頼できる推定値を得るには，100以上の標本単位を設けることを勧めている。1地域の草原植生を記述するのに，10ピンのフレームでは，1,000 ポイント(100回のフレームの設置)で通常は十分である。また，200～500ポイント(20～50回のフレームの設置)程度で，シングルポイント法と同程度のデータが得られる(Goodall 1952)。

密　度

密度とは，単位面積当たりの対象物(例えば植物個体，種子)の合計数である。密度というパラメーターの利点の一つは，数えることのできるデータであって，その採集と解釈も容易であり，様々な方法で得られた結果を直接比較することができる点である(Gysel & Lyon 1980)。低木の密度を測るときの欠点は，データ収集に時間がかかり退屈であり，ばらつきが非常に大きいことが多い点である。このようなばらつきがあると，統計的信頼性を得るには莫大なサンプルサイズが必要である。バンチグラス(束生するイネ科草本)や，1年生草本類，低木の一部，高木の場合，密度は野生動物の生息地評価のための重要な測定項目である。しかし，密度だけでは植物群落を十分に記述する方法とはいえない。なぜなら，密度からは，植物が群落内でどのように分布しているかについての情報は得られないからである。密度を出現頻度と組み合わせることによって，植物群落をうまく記述することができる。植物個体の現存量と密度から，群落内の各植物の合計現存量が推定できる。

植物の個体の範囲をどのように定義するかが，密度を調査する際に問題となる。地下茎を出す多年生草本類や低木では，植物個体の区別は不可能であり，識別の努力をしてもむだになるだろう。このような場合には，出現頻度は，被度のような他の測定項目と組み合わせることによって，植物群落を有効に記述することができる。低木の場合には，地上部の茎を数えて個体を定義する必要をなくすか，任意に個体を定義して距離の基準を設定することによってうまく解決することができる。例えば，Lyon(1968 a)は，低木の1個体を表すために1本の茎は15 cm 以内に根を伸ばしているとみなし，15 cm 以上離れて芽を出している場合には別個体として数えた。

コドラート法

密度は，コドラート法でもプロットを用いない方法でも求めることができる。コドラートを用いる場合，それぞれの試験区を代表する一定の大きさのコドラートを配置する必要があり，各コドラート内のそれぞれの個体を数えなければならない。コドラートは，次の三つの特性を考慮する必要がある(Bonham 1989)。①植物の分布，②コドラートの大きさと形，および③密度の適切な推定値を得るために必要な観察数。

対象とする試験区を決めたら，次に，調査するコドラートの大きさと形を決めなければならない。通常サンプリングの枠は長方形か，正方形，円形である。長方形プロットは，単位面積当たりの周囲長が最大であり，植物を含むか含まないかを決めなければならない外縁部が最も長い。円形の調査区は，正方形や長方形のプロットよりも優れていることが多い。円形プロットのサンプリングはまた，巣や巣穴，採食場や休息場のような対象地の周辺の特徴を記述するのに効果がある。最近の野生動物の生息地に関するレビュー(様々な森林タイプや様々な野生動物種)によると，

0.01〜0.1 ha の大きさの円形プロットがよく用いられている(例えば Hirst 1975, Pierce & Peek 1984, Ratti et al. 1984, Edge et al. 1987, Bentz & Woodard 1988)。これらの地域では，円形プロットの半径は，5.6〜17.8 m の範囲である。一般にプロットのサイズが大きくなると，分散が小さくなり，周囲長と面積との比が小さくなる(Bonham 1989)。プロットサイズの評価について数多くの研究があるが，草本植生，低木または高木のどれにも共通して用いることのできる適切なサイズはない。

草本植物に対しては，1 m×1 m のプロットがよく用いられる(Bonham 1989)。しかし高密度の植生では 20 cm×50 cm といった小さなプロットが適しているであろう。Eddleman et al.(1964)は，高山植生について，4 種類の大きさといくつかの形のプロットを比較した。彼らは，100 cm^2 のプロットは，標準偏差が大きく，かつ最大の出現頻度が 50%以下であったことから推奨しなかった。これより大きな 3 種類のプロットでも密度の推定値は同様な値を示しているが，誤差を生じる可能性が減少し，平均値の 10%の標準誤差を得るには(同じ面積の正方形のプロットよりも)少ない数ですむということから，実用的には 400 cm^2 の長方形のプロットを薦めている。

低木群落では，平均 4 個体を含むことができる大きさのプロットが推奨されてきた(Curtis & McIntosh 1950, Cottam & Curtis 1956)。1 m^2 の小プロットが低木の密度の調査に用いられたことがあるが(Alaback 1982)，より一般的に用いられているのは，4〜10 m^2 のプロットである(Irwin & Peek 1979)。Oldemeyer & Regelin(1980)は，アラスカ州の低木群落を調べて，2 m×5 m のプロットより 1 m×5 m のプロットを薦めている。その理由は，小さい方のプロットは，大きい方とほとんど同じ精度を持ち，サンプリングの時間が半分しかかからないからである。群状に集中する低木群落においては，長方形のプロットは，正方形や円形のプロットより，個々の群落が重なり合う機会が最も多いという利点がある。幅 1 m の帯状のプロットは，長方形の長辺の片側は両端をつないだクイを用い，もう一方の境界は 1 m の長さの測定ポールを持って測ることで，簡単に設定することができる。測定ポールが通過する低木群落を数えればよい。

高木をサンプリングする時には，もっと大きな，一般には 0.01〜0.1 ha の範囲のプロットが用いられる。Curtis (1959)は，ウィスコンシン州の広葉樹林と針葉樹林で，1 辺が 10 m で面積 0.01 ha の正方形のプロットを用いた。Mueller-Dombois & Ellenberg(1974)は，森林のプロットは，一般に 1 辺 10 m または 20 m の正方形(0.01 または 0.1 ha)がよいと結論した。サンプリングする地点が決まると，巻き尺または他の測定道具および測量杭を用いてプロットの位置が設定される。密度の高い植生やあるタイプの地勢では，この作業はかなりの時間と労力が必要である。その時間を短縮するために，Penfound & Rice(1957)は，拡げた腕の幅で測った 0.0004 ha の方形区を長くのばして調査区とする方法を提案した。平均の歩幅をあらかじめ測っておき，一定の方向に沿って適当な歩数を歩き，手の届く範囲の木を記録するのである。この方法は天然林の状態で実行するには早いけれども，サンプリングされた面積は概算であり，よく注意しないと精度は犠牲になる。

必要なサンプル数は，群落間でも，群落内の異なる植生型の間でも，様々である。多くの種はランダムには分布していないので，通常ばらつきが大きく，非常に大きなサンプル数が要求される。サンプルサイズを決めるためには，予備調査で分散の推定値を求め，第 1 章に示されたサンプルサイズの式に代入すればよい。しばしば，個体数の少ない種は，多い種よりも，大きなサンプル数を必要とする。例えば，Eddleman et al.(1964)は，10 cm×40 cm のプロットで平均値の 10%の標準誤差を得るには，密度が 5.6 本の植物種では 69 プロット必要であるのに対し，密度が 0.13 本(個体数が 0 の区画を含む)の種では 816 プロット必要であると推定した。Oldemeyer & Regelin(1980)は，1 m×5 m の区画を 50 個調査すれば，実際の(数えられた)低木の密度の標準誤差の 2 倍以内の精度で，低木の密度を推定できることを報告した。しかし，Lyon(1968 a)は，低木の密度について，1.5 m×6.1 m のコドラートでは，95%の信頼限界で真の平均との差が 10%以下となる推定値を得るには，400 個以上のサンプリングが必要であると報告した。第 1 章の式を用いた場合，サンプルサイズが数百になることもまれではない。このかわりに，サンプリングされた数に対応する平均密度を連続的にプロットする方法がある(Kershaw 1964)。目標となる種，すなわち優占する種の密度が，プロット数を加えても有意に変化しなくなったときに，サンプリングをやめるのである。Mueller-Dombois & Ellenberg(1974：77)は，サンプルの連続した平均値とサンプルの"最大値"との差が 5〜10%以内となったときにサンプリングを停止することを提案した。植物の密度の調査を設計するときには，調査の目的とデータから作られる用途について批判的に評価しなければならないことは明らかである。真の値との差が 5%以内となる密度(または出現頻度，被度)の推定値を得る必要はないという人がいるかもし

れない。しかし，群落を十分にサンプリングせず，全体として信頼できない推定値を得ることは，時間と労力の浪費である。

プロットを用いない方法

プロットを用いない密度のサンプリング法は，1950年代から用いられてきた。この方法は，境界線を使わず，密度はある地点とある植物の間，または2個体の植物間の平均面積（すなわち平均距離）から推定できるという前提がもとになっている。

$$密度 = 1/平均面積（距離）$$

この方法は，植物がランダムに分布しているときに，最も信頼性が高い。そうでないときには，もっと複雑な式を用いるべきである。

Cottamと共同研究者(Cottam & Curtis 1949, Cottam et al. 1953, Cottam & Curtis 1956)は，プロットを用いない方法に関する研究に道を開いた。これらには，最近接個体法(the closest individual method)，最近隣法(the nearest-neighbor method)，ランダムペア法(the random-pairs methods)，および中心点4分法(PCQ法；the point-centered-quarter method)がある。これらの中で，PCQ法は，北アメリカで多くの植生タイプに広く用いられてきた。PCQ法では，群落内のポイントをランダムにたくさん取り，そのポイントを中心に4区分したそれぞれの区画の中で，ポイントから最も近い植物の距離を測定する（図22-7）。平均面積は，ポイントと個体間の平均距離を2乗して求める。

$$密度 = 1/d^2$$

この方法は，全植物種の密度をまとめて計算するときに用いる。また，個々の種の密度については，各ポイントのまわりの全区画でそれぞれの種の距離を測ることによって推定することができる。それぞれの種の密度について信頼できる推定値を得るには，あるサンプルの中で対象種と最も近い植物の距離や，種にかかわらず最も近い植物の距離を用いるだけでは，不十分である。すなわち，25ポイントがサンプリングされ，各植物種の合計100個体の距離が測定されたとすると，全植物の密度は100例の距離を基にして推定される。しかし，そのサンプルから，それぞれの特定の種の密度を推定することはできない。なぜなら，ある区画で，最も近い植物の距離は，特定の種の全個体を考えると，ポイントのまわりの4区画全体で最小の距離ではない場合もあるからである（例えば，図22-7の種Aをみよ）。

PCQ法は，種が集中分布すると密度の推定値の信頼性が低くなるという理由で批判されてきた。Oldemeyer & Regelin(1980)は，密度が明らかになっている調査地で，PCQ法は，比較的ランダムに分布するカナダトウヒの稚樹の密度の推定値は正確であったが，集中分布をしめすカバ属の一種やポプラ類の稚樹の密度の推定値は過小に評価されたと結論した。植物が一様に分布する群落では，PCQ法で求めた密度は過大評価となる(Mueller-Dombois & Ellenberg 1974)。群落内の全植物の密度だけに関心がある場合は，PCQ法はほぼ信頼できる密度の推定値が得られるだろう。しかし，Laycock & Batcheler(1975)は，全種を対象にして測った場合のそれぞれの種の比率から，各種の構成比率を求めると，偏った推定値を得ることになると報告した。

ランダムでない植物個体群の密度推定のための修正法が開発されてきた(Morisita 1957, Batcheler 1973)。分角順位法(Morisita 1957)は，標本点を中心として周囲をいくつかの等分角に分け，各分角内で，標本点から3番目に近い植物と標本点との距離を測るものである。この方法は，大きな地域では植物がランダムに分布していない区域であっても，植物がランダムまたは一様に分布するさらに小さな区域に分けることができるという仮定に基づいている。この方法は，密度が明らかになっているイネ科草本，広葉草本および低木の個体群で試され(Laycock & Batcheler 1975, Oldemeyer & Regelin 1980)，PCQ法よりも精度の高い密度の推定値を得た。Oldemeyer & Regelin(1980)

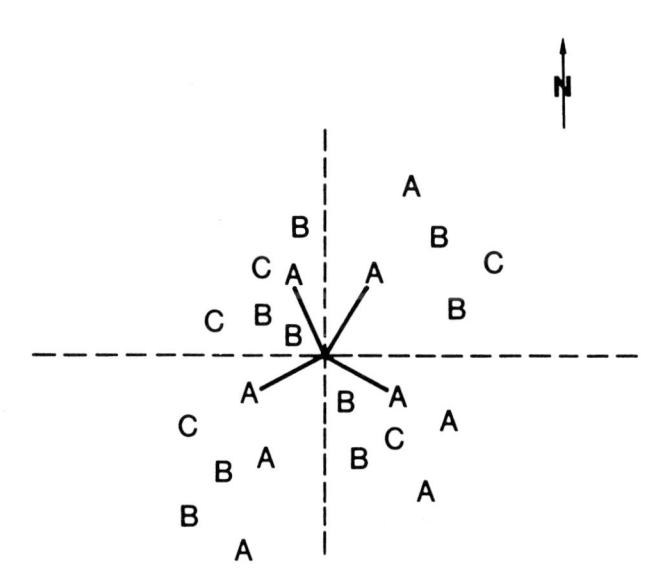

図 22-7 中心点四分法(PCQ法)のサンプリング 点の周りを90度で分割した四分円のそれぞれの中で，各植物種に対して，点と最も近い個体の距離を測定する。

は，この方法による推定値は，低木の林分で真の密度に最も近く，その変動係数は他の正確な推定法より小さかったことを報告している。しかし，調査に時間がかかるので，Laycock(1965)は，群落内でそれぞれの種の密度が計測されるときに，これを用いることを推奨している。Bonham(1965)は，分角順位法を用いたときの密度と分散の計算法を詳細に記述している。

修正点距離法(corrected-point-distance method)は，PCQ法の変形であり，非ランダムに対する修正として，2番目および3番目に近接する植物の測定値を用いるものである。すなわち，ある標本点から最も近い植物までの距離と，その植物から最も近い隣接個体までの距離，およびその隣接個体から，測定した1番目の植物を除く，最も近い個体までの距離を測るものである。集中した個体群では，標本点に近接する個体とその隣接個体は，標本点から近接個体までの距離より一般に小さくなる。密度は次の式によってもとめられる。

$$m = \frac{a}{\pi \left[\Sigma r_i^2 + (N-a)R^2\right]}$$

m＝密度，
R＝ある地点において調査の対象とする範囲の最大距離，
a＝ある植物が距離＜Rで見いだされる地点数，
r_i＝i番目に測定した距離。

Rが減少するとmは真の密度に近づく。しかし，測定数は少なくなるので，一般に分散は増加するだろう。たとえこの式がランダム分布か否かにかかわらず適用できるように設計されたものであっても，密度は，ランダム分布でない場合に偏りを生じるだろう(Bonham 1989)。この問題は，標本点からの近接個体とその最も近い隣接個体との距離を基礎にした修正係数を用いて修正されている。Laycock & Batcheler(1975)は，密度の推定値と真の密度との差が12％以内であり，比較的早く，容易な方法であるという理由で，他の距離による方法よりもこの修正点距離法を用いることを推奨している。

コドラート法か，プロットを用いない方法かのどちらを採用するかは，調査の目的によって異なる。1種か2種の植物の密度を調べるのであれば，コドラート法よりプロットを用いない方法の方がより早いだろう。群落の全種の密度を調べる必要があれば，コドラート法を薦める。

被　度

被度とは，地表面上の植物の樹冠や茎の垂直方向の投影と定義される。林冠の被度は，群落内で相対的な優占度の基準となる。またそれは，光または降水の遮断や土壌温度に影響するために，実用上重要である(Hanley 1978)。林冠被度は，植物生態学者が全体の植生被度を記載するためや，放牧場の管理者が家畜の餌となる植被を区分するため，また森林管理者が商業的材木の胸高断面積を記述するために用いられる。群落の垂直的構造がわかっているときは，被度から現存量が推定できる。Daubenmire(1959)は，林冠被度は，ある植物が影響を受ける表面の区域であり重要であるが，稚樹や芽生えがつくる林床の被度は，生態系にわずかしか影響を及ぼさないので測定する必要がないと述べた。樹冠や林冠の被度は季節や年により様々であるが，基部の被度は比較的安定している。基部の被度は，バンチグラス(束状草本)，叢生草本および木本に対しては，信頼性の高い測定値が得られる。バンチグラスや叢生草本では，およそ2cmの高さで測定されることが多い(Bonham 1989：98)。それに対して1本の幹を持つ樹木では，地上高1.5mで測定される(Mueller-Dombois & Ellenbergg 1974：88)。後者の測定法は，胸高直径すなわちDBHと呼ばれる(訳者注：日本の森林生態学では1.3mの高さで測定される)。多数の幹を持つ木や板根を持つ木では，基部の被度は地表面で測定される。被度はしばしばパーセントで表され，密度が高い複層の群落では植生被度の合計は100を越えることがある。被度は，方形区図化法すなわち縮図法(Mueller-Dombois & Ellenbergg 1974)，視覚による推定法(Daubenmire 1959, Mueller-Dombois & Ellenbergg 1974)，線状区法(Canfield 1941)，または点状区法(Levy & Madden 1933, Owensby 1976)で直接測定することができる。

方形区図化法

この方法は，直立して植被を見渡せる草高の低い草本植生で非常に有効である。小さな方形区(多くは1m²の方形区)の被度を，グラフ用紙に縮尺して書き移す。要点は，樹冠の区域または基部の区域をグラフ用紙に図化することである。この作業は，大きな方形区をさらに小さな方形区に分割すると容易になる。方形区の図化は，方形区の角に標識を設置した固定プロットで，後の調査で正確に位置が再確認できるような長期の研究では有効である。観察者が地上で見たものを間接的に図化する方法以外に，写図器を用

いる方法(Mueller-Dombois & Ellenbergg 1974)や，写真を用いる方法(Wimbush et al. 1967)がある。

視覚による推定法

基部や林冠の被度の視覚による推定法は，起伏が少なく草丈が低い草原では，比較的容易に適用できる。しかし，この仕事は，湿原植生では難しくなる。水の深さと植物の高さが組み合わさり，潜水用具や梯子が必要になることが多いからである。

被度は，パーセント刻みまたは5段階か10段階のパーセントで推定することができる。しかし一般的には，クラス分けした被度の形で推定されることが多い(Brown 1954, Daubenmire 1959, Braun-Blanquet 1965, Mueller-Dombois & Ellenbergg 1974)。

次のような被度の階級分けが草原植生で用いられている(Daubenmire 1959)。

20 cm×50 cm の方形区に用いる被度階級の尺度

被度	階級範囲(%)	中央値(%)
1	0〜5	2.5
2	5〜25	15.0
3	25〜50	37.5
4	50〜75	62.5
5	75〜95	85.0
6	95〜100	97.5

様々なプロットサイズが，低木の被度の推定に用いられてきた。Daubenmire は，小さな方形区の方が容易に被度を推定できるという理由で，低木と草本の両植生で20 cm×50 cm の方形区を用いることを推奨した。1 m²の枠も，低木の被度の推定によく用いられる。Cook & Bonham(1977)は，1 m²の枠内を，0.25%の被度に当たる5 cm×5 cm の小区画に分割することを薦めている。格子になった方形区を用いて，低木に完全に覆われた小区画を数え，一部を覆っている区画を加えて合計の率を算出し，被度を推定することができる。視覚的な推定法は基部や林冠部の被度を推定する速い方法であるが，欠点もある。視覚的な推定は個人的な偏りを受けやすい。調査者間の推定誤差はデータに対して不必要なばらつきを加えるかもしれない。したがって，この方法は首尾一貫した訓練と調査者間の調整が必要とされる。また，植物の被度の大きさは，固定プロットでさえも，植物の生長に必要な降雨，熱および太陽光から影響を受けやすい。したがって，同じプロットで異なった年にある植物の被度が減少した原因は，同じ場所の種間競争のためであったかもしれないし，日照りの結果であったかもしれないから，データの解釈には十分注意を払う必要がある。

線状区法

基部と樹冠部の被度は，線状区法で測定することができる。この方法では，1本のラインか巻き尺を2本の境界標の間に張り，そのラインに交差する全ての植物の基部または樹冠部の線分の長さを測るのである。わずかにラインに接するだけの植物も対象となる。被度の割合は，林冠の鉛直方向の投影に交差した線分の合計のライン長に対する百分率として表現される。樹高が高く密度も高い植生では，ラインをぴんとまっすぐに張ることが難しいかもしれない。Canfield(1941)は，アリゾナ州の野生動物生息地の低木植生を記載するのに，15.2 mから30.4 mの長さのトランセクトが，少なくとも16本必要であると報告した。5〜15%の被度を持つ低木群落の調査地では，15.2 mの調査ラインで十分であるのに対し，5%以下の被度では30.4 mのラインが必要であった。

線状区法の主要な利点は，推定というよりむしろ直接測定することによる正確さと精密さである(Cook & Stubbendieck 1986)。この方法の主な制約は，方形区内の被度を推定する方法に比べて，ラインに接する植被を計測するのに時間がかかることである。Hanley(1978)は，線状区法と方形区法は低木の被度では類似した推定値を得ることを報告した。二つの方法のうち，方形区法は調査時間がより短いのに対し，線状区法はより正確であった。彼は，被度を推定するときにコストよりも正確さが要求される科学的研究の場合には，0.1 m²の方形区よりも線状区法の方が優れていると結論した。0.1 m²の方形区法は，統計的信頼性のレベルが低くてもよいときに適した方法といえる。

点状区法

基部と林冠の被度は，どちらもマルティプルポイントフレーム(Lavy & Madden 1931)またはシングルポイントフレーム(Owensby 1973)で測ることができる(Lavy & Madden 1931)。ポイントフレームには，ふつう5 cm 間隔の10本のピンが垂直または斜めに付いている(図22-6)。シングルポイントフレームはその名前の通りである。ポイントフレームはランダムな位置に置くことができるが，ピンは規則的に配置されている。どちらの方法でも，ピンは地面に向いている。最初に葉層部のある部分にあて，植被の1点とする。基部にあてた場合には，基部の1点となる。線状に進めていくと，しばしばピンは，どの植生にも当たらない場合があるだろう。葉層部または基部の被度の百分率は，(被植の合計点数÷ピンの全打数×100)として計算す

る。ピンとその先端の直径は被度の推定値の精度に影響を及ぼす。点は直径を持たないが，実際のピンは直径を持つから，被度は幾分過大に推定される。(Winkworth 1955)。点状区法は，しばしばトランセクトラインに沿って進められる。調査者は，そのラインはサンプリングの単位であり，ラインをたくさんとってライン1本当たりの点を少なくするようにした方が，その逆より良いことに注意を払うべきである(Bonham 1989)。

Heady et al.(1959)は，線状区法と点状区法は，低木の被度について，地上の被度が3％以上の時には同様な推定値を得るが，点状区法の方が速いのでより望ましいと報告した。被度が3％以下の植物は，点状区法では非常に大きなサンプルサイズが必要である。したがって，密度の低い低木群落では線状区法を用いるべきである。

他の点状区法の改良型には，靴の先端にV型の刻み目を付け，草原地域を歩き回って，その刻み目が当たった所を1点として用いる方法がある(Evans & Love 1957)。この方法は，被度を短時間で調査することができるが，調査者間に大きな偏りが生じるので，高い精度が要求されるときは望ましくない。

ビッターリッヒ可変半径法(ビッターリッヒ法)

ビッターリッヒ可変半径法(ビッターリッヒ法)は，点状区法の改良型であり，森林で樹木の胸高断面積を測定するために開発されたものである(Bitterlich 1948, Grosenbaugh 1952)。この方法は低木の林冠部の被度を測るためにも改良された(Cooper 1957)。Hider & Sneva(1960)は，この方法をバンチグラスの基部の被度を計測するために用いることを推奨した。ランダムな位置のサンプリングポイントから低木や高木を，視野角を定めたレラスコープという測定装置(分度器)を使って見るのである。木製の測定棒(Cooper 1957)が，大部分プリズムや他の光学器械にとって変わったが，主要な原理は同じである。このレラスコープはできるだけ水平に持たなければならない。この装置で見て，視野角の幅より直径が大きい樹木や樹冠幅が大きい低木が記録される。小さな樹木は観察者から近い位置にないとカウント数に含まれないが，大きなものは，ずっと遠くにあっても視野角以上になる。

ある種がサンプリングされる確率は，そのサイズに比例する。被度を計算するのに必要な修正係数は，視野角の大きさに依存する。被度のパーセント値はつぎの式で定義される。

$$P = [(n \times W^2)/L^2] \times 25$$

W＝器械の横木(視野角)の幅
L＝観察者の眼と装置との距離
および，
n＝数えた植物の個体数

W：Lの比が1：50の器械を用いると，視野角は1度10分となり，その角度内の木の本数値は，数字上，haあたりm^2で表した木の胸高断面積に等しい(Mueller-Dombois & Ellenberg 1974)。一般に，1：7.07の比率が低木群落に適しており(Fisser 1961, Cooper 1963)，プロットあたりの平均カウント数を修正係数2で割る。異なった視野角の幅の修正係数はCooper(1957)が与えている。

低木の林分でビッターリッヒ法を用いてサンプリングする時には，その有効性はいくつかの要因に影響される。この方法は，植物が円形であることを仮定しており，したがって低木の樹冠，特に不規則な形をもつ林分や種の被度の推定値は，ひずみを生じる(過大推定となる)だろう。密度の高い林分では，低木や高木の個体が他の植物の陰になって見えず，数えられないかもしれない。Cooper(1957)は，この方法は，砂漠の低木の林分で，被度が35％以下の場合に用いることができ，Fisser(1961)は，身長の高い調査者に比べると，身長の低い調査者による被度の測定は，過小評価されることを観察した。このビッターリッヒ法の主な利点は，短時間で調査ができ，野外で計測するというより数えるだけでよいことである。いくつかの研究では，この調査法は，低木の被度が30％以下の低木群落の調査地で，線状区法と同等の推定値を得ることが示された(Cooper 1957, Kinsinger et al. 1960, Fisser 1961)。Kinsinger et al.(1960)は，たった3～6個の可変プロットが，30mの線状区20本で得られるのと同じ精度の推定値を生み出すことを報告した。これだけの量の線状区の調査は，計測にかなりの時間を要するものである。Cooper(1963)は，この正確さ，そして変動係数の低さは，点状区法や線状区法でカバーできる面積よりも，より広い面積をカバーできるためと考えた。したがって，Kinsinger et al.(1960)は，一定の制限内で，ビッターリッヒ法は，線状区法よりも，速く，正確であるが，低木の植被で微妙な変化を研究するのには効果的ではないと結論した。

林冠の被度は，森林の上層の構造と構成を表すのに適しており，よく用いられる方法である。この場合には，線上または点上のサンプリング，またはプロット内の視覚による測定によって，林冠の被度が推定される。これらの推定

をするのに，球面密度計を使用する人も多い(Lemmon 1957，図22-8)。この密度計は，曲面で格子が入った鏡を用いる。その鏡は，1点で林冠層を反射し，植被の面積の相対量を推定する。Lemmon(1957)は，①球面密度計と他の林冠層を推定する装置との間には，推定値に差がない，②林冠層の被度が減少するにつれて，くりかえし測定した値の変動は増加する，そして③カウント数を大まかにクラス分けするのではなく，実際の格子の数をカウントしたときに，信頼性はより高くなると結論した。

現存量

植物群落における主要種の乾燥重量を基礎にした構成は，最も良い指標の一つとなる(Daubenmire 1968)。野生動物と土地の管理者は，密度や被度よりも現存量(バイオマス)に関するデータを必要とすることが多い。なぜなら現存量は，採食の利用可能性と生息地の環境収容力と深く関係

図 22-8　林内で上層の被度の推定に用いる球面密度計

しているからである。樹木の現存量と林分構造は，燃料用材の材積を推定する時や，火事への処方を明確に示すため，そして野火の動きを予測するのに必要である。野生動物の管理者は，当年生長量(current annual growth：CAG)，葉，または枝のような採食可能な植物の現存量を測定するのに関心があることが多い。全体の現存量と採食可能な植物種の現存量は，直接サンプリングしてその重量を測るか，間接的に次元解析を用いて推定できる。

刈り取りの技術

植物の現存量は，サンプリングプロット内で地上部の全ての植生を刈り取り，すぐにその量を直接測るか(生重量)，試料を自然乾燥または乾燥器で乾燥させてから測る(乾燥重量)。植物の試料の刈り取り，乾燥および計測は，調査者間の結果の変動がきわめて小さい。しかし，この方法を用いて精度の高いデータを得るには，労力と時間が非常にかかる。一定の方法で行うには，調査の目的に応じて，草本類をある特定の高さか位置で刈り取り，生きている部分と死んだ部分とに分けるか，食べられる部分と食べられない部分とに分けなければならない。単位面積当たりの平均現存量は，植物個体当たりの平均現存量(例えば，g/個体)と植物の平均密度(例えば，個体/m²)の積として求めることができる。標本分散は積の分散として計算する(Goodman 1960)。刈り取りは破壊的な方法であるので，その後のサンプリングの時には，新しいプロットは前のサンプリングの影響を受けない場所に設定する必要がある。

湿原地域では，大型植物の現存量のサンプルは，堆積層より上に置いた方形枠の中の全ての植生を刈り取ることによって得られる(Wigham et.al. 1978)。また，浮きの付いた方形枠(Tanner & Drummond 1985)や，水中に沈めた金属棒の枠か両端の空いた筒や箱形の囲い(Sefton 1977, Anderson 1978)の中で，試料を刈り取る方法もある。それぞれの方形区の中央部で，水の深さも測り，記録しなければならない。浅い湿原地域(水深1m以下)では，通常のウェイダー(胴なが)で容易に刈り取りを行うことができる。しかし深い湿原(水深1m以上)では，サンプリングには，水泳用のゴーグルやウェットスーツ，潜水用具のような特別の器具が必要となるかもしれない。植物のサンプルは，重さが一定になるまで乾燥しなければならない。乾燥温度は，材料の目的によって異なり，乾燥重量だけを測定する場合には，80℃が用いられる。植物の栄養分析を行う場合には，栄養分の揮発を避けるために，より低い温度(例えば60℃)にする必要がある。もし乾燥と秤量が現地で行えない時には，呼吸作用を止めるために植物のサンプルは冷凍するか4℃に保っておく必要がある。

「刈り取り－秤量」法は，プロット内の枝の現存量を推定するためにも用いられる。プロット内の枝を全て刈り取ることは，枝葉の採食可能な現存量を決めるのに，非常に正確であるが，労力を要する方法である(Shafer 1963)。いくつかの調査事例では，全体の枝葉の刈り取り採集を行うと，次元解析や枝カウント法の10～120倍の時間が必要となることが報告されている(Shafer 1963, Uresk et al. 1977, Bobek & Bergstorm 1978)。

視覚による推定

草本植物の現存量は，その場で直接視覚によって推定する方法によっても求めることができる(Pechanec & Pickford 1937, Ahmed & Bonham 1982, Ahmed et al. 1983)。この現存量の推定法は，調査者の十分な訓練が必要である。これは，調査の中に二重サンプリングを組み入れると容易になる。二重サンプリングとは，視覚による現存量の推定を方形区毎または植物種毎に行い，方形区または植物の小グループで視覚による推定を行った後に刈り取りと秤量を行う方法である。植物の重さを測ることによって，視覚による推定に習熟することができる。推定値と実際の重さとの回帰から，視覚による推定だけを行った時のプロット単位または個体単位の絶対量の推定が可能である。推定したサンプルに対する刈り取りの適切な比率を決める方法については，Ahmed & Bonham(1982)とAhmed et al.(1983)が示している。

次元解析

次元解析(訳者注：相対成長法のこと)は，林業の分野では材木の属性を示すために，野生動物や牧野管理の分野では低木の現存量を推定するために用いられてきた。その手法は，次のことを仮定している。植物の様々な属性は互いに関連しており，ある属性は，より簡単に測定できる他の属性から予測することができるということである(Whittaker 1965)。刈り取り，乾燥および秤量は大変時間がかかるが，現存量は植物群落の重要な属性となることが多いので，多くの研究者が，現存量と，より容易に測定できるある属性との回帰式を開発してきた。草本植物の個体の現存量は，高さと基部の直径の計測から求めた体積から推定されてきた(Johnson et al. 1988)。低木の個体の現存量は，独立変数として，基部の幹直径(Telfer 1969 b, Brown 1976)，植物の最大高(Ohmann et al. 1976)，および様々な樹冠の属

性，例えば直径，面積，容積，および高さ×円周(Lyon 1968, Rittenhouse & Sneva 1977, Uresc et al. 1977, Murray & Jacobson 1982)から推定されてきた。予測式の一般的な形は，線形($Y=a+bX$)と累乗曲線($Y=ab^x$)である。伝統的に研究者は，累乗曲線を対数変換($\ln Y = \ln a + \ln b \cdot x$)で線形化してきたが，この変換は偏りをもたらすおそれがある(Baskerville 1972)。非直線回帰の解析は，一般にコンピュータの統計ソフトを用いて行うことができるので，非直線関係を変換する必要はあまりない。低木の現存量の推定に，いくつかの独立変数が適用できる(Oldemeyer 1982)。しかし，最も正確に予測でき，それら自身が相関していない変数を選ぶように十分注意しなければならない。

フィールドで，低木の個体毎のサンプルから，幹と樹冠の大きさを計測する。そして植物の試料を刈り取り，実験室へ持ち帰って，乾燥器にかけ，秤量する。一般に1種当たり25個体が，低木の全重量の予測式を決めるのに必要である(Peek 1970)。野外においては，存在する植物のサイズの全範囲でサンプリングするように注意しなければならない。なぜなら，回帰をとったサイズの範囲外にある植物の現存量は推定ができないからである。もし群落内の植物をサイズ毎に階層化し，各サイズ内で現存量の分散を求め，その分散を基礎にして各サイズ内で測定する植物の数を決めることができれば，回帰式の精度をずっと向上させることができる。例えば，最大のサイズクラスの分散が各サイズクラスの分散の合計の20％で，全サンプル数が25個体の時は，5個体(0.2×25)を最大のサイズクラスから測定するのである。

低木個体の重量と幹や樹冠の大きさとの関係は場所間や年度によって様々であり(Oldemeyer 1982)，もし予測した関係を広い地域に適用する場合には，回帰のパラメーターに及ぼす様々な場所の要因をテストする必要が生じる。調査地の各植物群落でそれぞれの低木種毎に予測式を分けて使うことがしばしば必要になる。一度十分な予測式を完成させれば，低木の現存量は，その密度から推定でき，現存量は低木を破壊せずに推定できるのである。次元解析は，ただ一つか，せいぜい数種の予測関係を用いて，様々な場所に適用できるように発展させることができる時には，伝統的な刈り取り－秤量法の時間と経費を効果的に節約することができる。この方法は非破壊的であるので，植物は，固定プロットで毎年測ることができる。

次元解析は，前述の地上部の立木の現存量を求めた方法と同じようにして，低木個体の枝葉の生産量の推定にも用いられてきた。低木個体の生産量を，野外で低木のサンプルを計測して推定する。そして木を伐倒し，枝葉の全ての当年生長を刈り取り，選別し，乾燥する。サンプリングと分析的な考察は，低木の全体の現存量の推定の場合と同じである。

Lyon(1968 b)とPeek(1970)は，枝の全体の生産量は，樹冠の容積と樹冠の面積と直線的な関係にあり，式の結果は枝の生産量の変動の80％を説明することを報告している。Oldmeyer(1982)は，低木の円周，樹高，樹冠の長さ，および当年生長の枝数の関数として枝の生産量を推定するために，重回帰分析を行った。式の予測精度の高さにかかわらず，Lyon(1968 b)とPeek(1970)は，低木の生産量との関係は，場所の要因によって強く影響を受け，種間で大きく異なり，それぞれの特徴的な「立地型」の各低木種に対して，独自の予測式をたてる必要があると警告している。いったん特定の「立地型」の予測式が完成すると，次元解析は簡便で，従来の刈り取り秤量法に代わる非破壊的な方法である。

枝葉の採食量を測るための「枝カウント」法(twig-count method；Shafer 1983)は，基本的には，枝当たりの平均採食量を用いて枝のカウント数を採食重量に単純に変換する方法である。その基本的な形では，特定の低木種の枝の平均採食直径(DPB)を，100本の採食された枝のランダムサンプリングから計算する。そして，採食を受けていない平均採食直径(DPB)の枝50本を刈り取り，秤量して，枝当たりの平均採食量を求めるのである。Shafer(1983)は，9.3 m^2の円形プロットで枝をカウントし，枝密度に平均枝重量をかけて現存量の推定値を求めた。Irvin & Peek(1979)は，$1 m\times1 m$か，$1 m\times4 m$の帯状区で枝をカウントした方が，速くて容易であることを明らかにした。Shafer(1983)は，枝カウント法は刈り取り秤量法とほとんど同じくらい正確であると報告している。この枝カウント法は非破壊的な方法でもあり，固定プロットで繰り返し計測する調査に適している。さらに，個々の枝は簡単に数えることができ，様々な高さに区分できるので，積雪深の影響や採食可能な高さの評価が容易に行えるようになる(Potvin & Huot 1983)。

Shafer(1983)の枝カウント法の一般的な改良型として，平均枝重量の推定のために開発されたもので，重量と直径または重量と長さの関係式を用いた方法がある(Basile & Hutchings 1966, Telfer 1969 a, Halls & Harlow 1971)。この方法は，平均枝重量は枝の直径または枝の長さの回帰によって推定できるという原理を基にしている。枝の直径または長さと，枝重量との関係の予測式は，採食していな

い枝(50本が適当である)を刈り取り，枝の長さと基部の直径を測り，乾燥器にかけ，0.01g程度の精度で秤量することによって求める。注意すべきことは，数本の低木毎に，出現する枝のサイズの全範囲でサンプルを採集し，個体毎に上層と下層に階層化できるようにすることである(Basile & Hutchings 1966)。枝はしばしば断面が楕円型をしているので，枝の基部直径は垂直2方向の測定値の平均から推定する必要がある。直線回帰は，もし枝の直径または長さの範囲が大きくなければ，予測式として満足できるものである(Basile & Hutchings 1966, Halls & Harlow 1971)。しかし枝のサイズが広く変わるときには，曲線回帰が必要となる(Telfer 1969a)。Peek et al. (1971)は，枝の長さと重さ，直径と重さの関係には，場所間の変動が大きく，調査地の植物種毎や「立地型」毎に回帰式を作る必要があることを報告している。

その他の属性

視覚的遮蔽度

植生による視覚的遮蔽度は，野生動物にとって，隠れ場(危機感から逃れるために必要なカバー)としても，温度カバー(有益な温度環境をつくるカバー)としても，ともに機能的に重要である。植生を水平方向からみた被度の測定は，野生動物の管理者や研究者によって，野生動物の生息地の適性や，環境の選択，そして野生動物の生息地としての土地利用の影響を評価するためによく用いられてきた。また，水平方向の遮蔽度の測定は，異なった植生タイプでの野生動物の調査に生じる視程の偏りの相対的な影響を明らかにするためにも用いられてきた。

植生によって生じる水平方向の視覚的遮蔽度を測るために，いろいろな装置が用いられてきた(図22-9, 10)。Wight(1939)は，最初に，高さ1.83mの板で30.48cm毎に1から6の番号を書いた「密度板」の使用を提案した。水平方向の被度を表すために，カバー内にその板を置き，20mの距離から板を見て，植生に遮られない数字を加えていくのである。この方法は，水平方向の被度の指標が，0(遮蔽なし)～21(完全な遮蔽)までの範囲で表されるが，見通しを遮る植生の垂直的分布を記述することはできない。

Nudds(1977)は，地上部から垂直方向に0.5m間隔で5つに区切り，低木植生の遮蔽度を評価する「植生断面板」を考案した。その板は，高さ2.5m，幅30.48cmで，0.5m間隔に黒と白が交互に塗られたものである。水平方向の被度は，ランダムな方向が15mの距離で板を見て，0.5mの各間隔を評価するのである。各間隔の植生によって隠された比率は，隠された割合0～20, 21～40, 41～60, 61～80,および81～100%に対応して，1から5までの簡単な数値のスコアとして記録される。植生断面板は広く用いられてきたが，その大きさと重さ，および遠隔地で使用した時の不便さは，この手法の制約となっている。しかし，この板を薄いビニールかナイロンの材質に改良すれば，板を巻いて野外で容易に運ぶことができ，棒を用いるか，助手が持つかして簡単に設置できるだろう。

Robel et al. (1988)は，一定の距離(4m)と高さ(1m)で，どの方向からも読みとれるポール型の被度板(3cm×150

図22-9 特定の高さと距離からの視覚による遮蔽度の推定

図22-10 被度を指標化すなわち定量化したり，同一基準で撮影して被度の変化を視覚的に記録するための被度板

cm)を用いた(図22-9)。このポールは,10 cm単位に記されており,全体に見通せなくなる高さが記録される。すなわち,もしポールが50 cmまで見えなかったときには,遮蔽度の読みとり値は4となる。さらに彼らは,そのポールに接する20 cm×50 cmの方形区から全ての植生を刈り取り,乾燥後秤量した。そして,30地点の平均遮蔽度と現存量との回帰をとった。決定係数(R^2)は0.95となり,この遮蔽度が,ソウゲンライチョウの生息地を評価するための,高茎草原における現存量の推定法として有効であることをが示された。

一方,Griffith & Youtie(1988)は,2.5 cm×200 cmの「被度ポール」を報告した。これは,容易に野外で持ち運びでき,植生断面板による読み取りでは区別できない水平方向の低木の被度を測定することができる。被度ポールは,0.1 m毎に交互に黒と白のバンドが塗られ,0.5 mのゾーン毎に3本の赤いバンドで仕切られている。0.5 m毎の各ゾーンの遮蔽度は,植生によって25%以上遮られている0.1 mのバンドの数(1〜5)として記録される。

植物の高さ

草原では,草本植物の高さは,測定すべき植生の属性の中で最も容易なものであろう。しかし文献では若干の注意点が指摘されている。草本植物の「高さ」は,植物の最も高い部分や,有効な植被の高さ(一般に植生の葉層の上限)としても,または,直径30 cmのプラスチック盤の下といった特定の部位の高さとしても用いられる。最大植物高は,目盛りをつけた定規かテープを植物の横に置いて簡単に測ることができる。多数の測定値(10以上)は,一般に,平均高として表される。

有効植物高は,草本植物の葉部の最大高を通常測定する。しかし,広葉草本(たとえばアルファルファ)の有効植物高は,その最大高とも等しいだろう。草本植物の有効植物高は,ポールや測定棹を水平に持ち,それに沿った3か所の中の最も低い位置で葉部が水平のポールに触れた高さを読みとって測定することができる。

草本の群落高は,定規と組み合わせた円盤または板で測定される(Higins & Barker 1982)。透過性のプラスチックを用いると,円盤の下の植物を見やすいだろう。最大の群落高は,プラスチック板が最初に植物の一部に触れた地点で測定する。重さのある円盤が用いられるときは,植生上に円盤を降ろし,その最も低い位置で測定を行う(Bransby et al, 1977)。

植物高は,多くの草原で高い精度で推定できる。また植物高は,草本植物の他の構造的な属性とも相関が高い。例えば,Higgins & Barker(1982)は,最大群落高は,葉群密度の値の63%を説明することを報告している。この葉群密度の値は,Robel et al.(1970)が述べた改良型の遮蔽度測定ポールを使用して得られたものである。草原の生息地における草本植物の高さは,捕食者への妨害や被食者の安全に重要な役割を果たしているのである。

樹幹の大きさ

樹幹の直径や断面積は,樹木の大きさを示す指標として用いられてきた。直径は,巻き尺か輪尺(図22-11)で測定される。便宜的に,地上高1.4 m(訳者注:日本の森林生態学では1.3 m),すなわち前述したDBH(胸高直径,Spur 1964)で測られるが,この位置は,根元部分が肥大する樹種ではその上部にあたり,一定の方法で速く測定できる代表的な高さでもある。直径のデータは,単位面積当たりの各直径階級の個体数としてまとめられる。正確な直径の計測が必要でないときには,林業用ビルトモアスティック(Biltmore stick)を用いて,直径階級の区分で大まかに測定することができる。

樹幹断面積もまた,胸高位置で求められ,その結果は,地域の単位面積当たりの樹幹の総断面積として表される。これを,正しい名称ではないが,一般に「基底面積;basal area」という(訳者注:日本では,胸高断面積という)。個体の断面積は,直径の測定値から計算するか,断面積の目盛りを記した巻き尺で直接読みとる。データは,このような絶対的な値か,相対的な値(ある1種が寄与する全体の割合)で示される。

図22-11 樹木の胸高直径を測定するための輪尺

樹　齢

　多くの野生動物の研究では，樹齢ではなく，樹木の大きさを示すいくつかの測定項目を調べることが重要となるが，樹齢が重要となる場合もある。樹齢のデータから，森林の歴史や動態がわかり，将来の状態も予測することができる。例えば，ある樹種のおよその寿命がわかれば，現在の樹木個体群の樹齢構成と更新の成否について評価する助けとなる。また森林やそこに生息する野生動物に影響を及ぼした過去の出来事が，火事の傷跡や成長の減退期間の存在からわかるのである。

　野生動物の中には，木の特定の大きさや樹齢を必要とする種類もいる。例えば，アメリカ合衆国南部のダイオウショウの林では，ホオジロシマアカゲラの生息には95年生以上の木が重要である(Hooper 1988)。また，北部の森林にすむエリマキライチョウは，ポプラ類の様々な樹齢の林分がモザイク状に組み合わさった環境を最も好む(Sharp 1963)。

　樹齢がわかるのは，幹の水平方向の生長量が，温帯性気候の季節性に対応して増加するためである(Raven et al. 1986)。いわゆる「環孔材」の樹種では，その増加は特にはっきりしている。大型の多孔質の導管組織が成長期の早い時期に形成され，小型の多孔質組織がこれに次ぎ，その年の成長の終了となり，さらに翌年の成長期が始まると，明瞭な春の成長を開始するのである。環孔材の樹種には，ナラ類，トネリコ類，ニレ類などがある。「散孔材」の被子植物，例えばカエデ類，ポプラ類およびカバ類は，あまり明瞭な年輪を持たない。針葉樹は，被子植物と違って，少し異なった解剖学的構造をもっており，概して容易に識別できる年輪を持っている。オイルやある染料を塗布したり，あるいはかみそりの刃で薄く削るといった，材の特別な処理は，年輪をよりわかりやすくするのに役立つ。

　年輪は，樹幹上や切り株の断面上で読みとることができる。植生のサンプリングを木材の収穫や枯損木の除去の作業と連携して行うと，データの収集は容易である。破壊的なサンプリングがふさわしくないところでは，成長錐で小さな円柱状のコアを採集する。このコアは，現地で測定するか，保管して(例えばストローの中に入れて)持ち帰り，室内で分析する。また，コアを溝のついた板に貼り付け，将来の参考のために保存することもできる。年輪解析は，樹齢の解読に加えて，成長率の測定や，組織に残った火事の傷跡や，明瞭な気候変化，または競合関係の変化による年輪幅の変化といった，識別可能な過去の出来事の年代の特定のために用いられる。

植物の利用量

　植物の利用量と生態系に及ぼす効果を定量化することは，土壌基盤と植物群落を悪化させずに土地を利用できる草食動物の個体数を求めるために重要である(Bonham 1989)。植物と落葉落枝層を適切に維持すれば，水の流出を遅らせ，侵食を減少させる。牧草地の草本の採食量を測定する初期の方法は，1930～1950年に発達した(Stoddart 1935, Pechanec 1936, Lommasson & Jensen 1938, Canfield 1944, Roach 1950)。それらは，いくらかの改良が加えられ，今日もなお利用されている。低木の利用量の推定法の多くは，草本に用いられた方法の変形であり，以下の段落で(第10章も参照せよ)それぞれの方法を論議する。混乱を避けるために，"枝(stem)"を，草本の茎と低木や稚樹の枝と定義して用いることにする。

　現存量の推定と同様に，植物の利用量は視覚による方法で推定できる。この方法は，動物には採食されていないが，異なった採食強度をまねて人為的に刈り取った植物で訓練する必要がある。この推定法は，調査者によってまちまちであり，年によって一致しないこともある。Cole(1959)は，西部の多くの州で広く受け入れられてきた大規模な採食量の調査法について述べた。Coleの方法では，特定の重要な被食植物種50～100個体を，選択された冬期の重要な生息地内の固定した調査コースに沿ってマークする。調査個体毎に，次のようなデータを記録する。

①刈り込みの程度：当年枝の下の前年の生長と出現状態をもとにして軽，中，激に分類する。
②利用可能性：低木の高さと主要な大型獣の最大採食高をもとにして，利用可能か，不可能かを分類する。
③樹齢：幹の直径階級をもとにして稚樹，若齢木，成熟木，衰退木に分類する。樹冠の25%かそれ以上が枯れている木は，衰退木に含める。
④若枝の利用：利用可能な全枝に対する採食枝の割合をもとにする(0=0%，5=1～10%，25=10～40%，50=40～60%，70=60～80%，90=80～100%として記録する)。

　刈り込みの程度，利用可能性，および樹齢は，各直径階級における本数率としてまとめ，枝の利用は平均値としてまとめる。しかし，Gysel & Lyon(1980：321)は，「規模が大きいだけのこの調査の欠点は，調査者は単に推測をするだけであり，調査者の経験，記憶および判断のみによっていることである」と指摘した。採食量を調べる他の一般的な

方法は，単純に採食した枝か採食していない枝かを数えるものから，回帰を求めるために採食の「前と後で」枝の長さを測るものまで，様々である。

枝カウント法(stem-count method；Stoddard 1935, G. F. Cole [Mont. P-R Proj. W-37-R-8, 1957])は，上に述べた地域調査法を少し修正した方法であり，採食枝と非採食枝を，推定ではなく，直接数えるものである。枝は，プロット内かトランセクトラインに沿ってカウントする。Pechanec(1936)は，枝のカウントは，草本の採食量を推定する他の方法と比較して有利ではないと指摘した。Stickney(1976)とJensen & Scotter(1977)は，採食した枝の本数の比率は，除去された枝の長さの比率とよく相関しているが，この方法は，よく採食されている地域では感度が良くないことを報告している。Stickney(1966)は，ほとんど全ての枝が採食されており，利用量が少ない枝でさえも，black chorkecherry(バラ科の一種；$Aronia\ melanocarpa$)では枝の長さの55%以上，$Saskatoon\ serviceberry$(ザイフリボク属の一種，$Amelanchier\ alnifolia$)では60%以上のレベルで利用されていることを観察した。50%以上利用されている地域で比較したい時には，利用率が高い場合でも感度がよい他の方法を選ぶ必要がある。

採食量は，草食獣による採食の前後の，草本の茎の高さまたは低木の枝の長さを測って推定することができる。除去された高さまたは長さと，採食された現存量との関係が調べられる(Rommasson & Jensen 1938, Stickney 1966, Jensen & Scotter 1977)。草本と低木のどちらでも，この関係は直線的ではなく，曲線的となる。Jensen & Scotter (1977)は，この枝の長さを測る方法は，0%から100%の広範囲にわたる低木の採食量を高い精度で測れることを報告した。この方法の基本的な欠点は，フィールドへ2回，すなわち1回目は採食の季節の前に，2回目はその後に，行かなければならないことであり，それでもなお，生産量の推定値は求めることができない。回帰のカーブは，正確に採食量を推定するには，植物種，場所，および年毎に別々に求めなければならない(Bonham 1989)。

枝葉の採食量は，前述したように，次元解析で，直径と重さまたは直径と長さとの関係から，採食前の枝の長さまたは重さを予測することによって推定することもできる(Basile & Hutchings 1966, Telfer 1969 a, b, Lyon 1970)。直径と重さ，または直径と長さとの関係式が完成すれば，この手法はさらに三つのタイプのデータが必要となる。
①採食された枝の割合の推定値，
②採食された枝のクラス分けしたサンプル毎の採食位置の平均直径，および
③採食後に残っている枝部の平均長または平均重量。
採食された枝の採食前の重さまたは長さは，回帰式から求める。採食された枝の採食後の重さは，残った枝を刈り取り，秤量して求める。または，採食された枝の採食後の長さは直接測定する。利用率Uは次の式から計算することができる。

$$U = B \times [(P-A)/P] \times 100$$

B＝採食された枝の百分率
P＝採食された枝の採食前の平均長または平均重の予測値，および
A＝採食された枝の採食後の平均長または平均重(Lyon 1970)。

上の方法に代わるものとして，重さと直径の式において，採食位置の直径を直接用いて消費された枝の重量を推定することもできる(Oldemeyer 1982, Rumble 1987)。この例では，利用率Uは次のように計算される。

$$U = [(B \times C)/P] \times 100$$

B＝採食された枝の比率
P＝採食された当年枝の採食前の平均重の予測値(CAGすなわち当年生長の直径をもとにした値)，および
C＝消費された枝の消費部の平均重の予測値(DPBすなわち平均採食直径をもとにした値)。

数人の著者(Jensen & Urnness 1981, Provenza & Urness 1981)は，枝直径の計測値から得た利用量の推定は，作業が速く，枝の長さの計測と比べて有利であることを示した。いったん重量と直径または長さの式がある場所で決まれば，この方法は，フィールドへは採食された後に1度出かけるだけで，利用量の全ての計測値を得ることができるので，枝の長さを測る方法よりかなり時間の節約になる。

植物の利用度の指標として，草食獣による植物または枝の利用頻度がしばしば用いられる。この手法は，以前に論議した手法との組み合わせが必要である。草本植物に対しては，採食された現存量の割合が，いくつかの場所のサンプリングによって，高さと重さの関係を用いて，採食された現存量に対する植物の利用頻度の回帰をとって決められる(Roach 1950)。低木に対しては，同様な回帰が，次元解析の結果と植物の利用頻度から求められる(Oldemeyer 1982)。

❏果実のサンプリング技術

ある野生動物種の存続が1年の果実生産に依存する場合

には，果実の存在に関するデータは，大変重要である(DeGange et al. 1989)。しかし，生息地の解析で果実生産の目録を含んでいるものはほとんどない。果実を生産する植物の数と量の調査は，果実生産の可能性や野生動物に対する価値を明らかにしたいときに，しばしば必要となる。果実は生息地内で分散して分布することが多い上に，生産の時期や量が一定ではなく，季節的に果実を生産する傾向があるので，単純な目録だけではあまり役立たない。

野生動物の食性の研究分野では，果実は一般に"マースト(果実生産)"といわれ，「固い」マーストと「柔らかい」マーストの二つのグループに分類される。したがってマーストとは，動物によって食物として利用される木本と草本の全ての植物の果実と種子と定義することができる。野生動物の食物としての果実の重要性は，よく知られている。例えば，ナラ類の堅果だけで185種の野生動物に利用され，8か月間まで利用可能である(Van Dersal 1940)。果実は，食物としての栄養価が高く，特に炭水化物と脂肪を多く含んでいる(Goodrum et al. 1971)。

柔らかいマーストは，液果，石果，ナシ状果のような多肉質の外側を持つ果実である。固いマーストは，対照的に，痩果，堅果，翼果，毬果，豆果，および蒴果のような乾燥した固い外側を持つ果実である。植物の齢，サイズ，個体の遺伝，気候，土壌，資源獲得の競争，および動物による利用歴など，たくさんの要因が果実生産に影響を及ぼしている(Schupp 1990)。食物となる野生の植物の収量に季節変動があると，広い地域にわたる安定した，または高い果実生産の供給量を決めることが困難となる。したがって，食物を生産する植物の多様性を高める管理を行うことは，多様な野生動物に対して快適な状態を保証することになるのである。

高木の大型・重量果実

大型で重い果実を付ける植物に必要なサンプリングの設計は，果実生産の総量を知りたいのか，豊凶の指標を知りたいのかによって異なる。トラップの設置地点をランダムに多数設定することは，広い地域の調査では実用的な方法である。この設計によって，故意の偏りを避け，データの傾向について全ての範囲で統計的解釈が可能となる。調査の目的によっては，果実の生産木の樹冠下だけでサンプリングしたい場合がある。これは，ある森林内で，果実を生産する樹冠の単位面積当たりの生産量をもとめる場合や，果実生産量の年毎の指標を得たい場合に適した方法である。

林分が明確に区分された森林では，サンプリングは，ランダムに行われたり(Thompson 1962)，植生タイプ，林齢階級，または林分の位置(林縁部か林内か)に階層化して行われる。サンプリングの方法は，小さな木と大きな木の比較(Minckler & Mcdermott 1960)，2種のナラ類の生産量の比較(Tryon & Carvel 1962)，および63〜82年生の林分における生産量の推定(Beck & Olson 1968)を目的として考案されたものである。

果実の生産量は，プロット内で地上に落下した果実を数えたり(Goodrum et al. 1971)，樹上で数えたり(Gysel 1956)，または種子トラップを用いて推定される。林床上のプロット内での果実のカウントは，調査の前に果実が野生動物によってしばしば食べられるので，果実の生産量の推定法としては一般に信頼性が低い。しかし，種子トラップを用いた調査は，落下した果実の野生動物による利用の良い推定法となる。樹上の果実のカウントは，小さな木では非常に正確であるが，大きな木では困難で，時間を費やす作業となる。

果実のトラップには多くの種類が用いられてきた。Downs & McQuilkin(1944)は，木の枠と堅牢な布で作られた方形のトラップを考案した。このトラップの大きさはおよそ1 m²で，各個体の樹冠下に2台を設置した。その後，特にナラ類の堅果を採集するために，間に合わせのドラム缶のようなタイプから，木やボール紙，またはポリエチレンのフィルムで作られた大きな果物かごのようなものまで，いくつかのトラップが考案された。トラップ内でリスや他の動物が果実を食べようとするので，初期のトラップは捕食者を防ぐ装置がつけられた。しかしこれらは，プロットに落下する果実もそらせてしまったので，この装置は推奨できない。8タイプのトラップの捕集効果，耐久性，および経費を比較した研究(Thompson & McGinnes 1963)では，ポリエチレンフィルムのトラップ，方形の金網トラップ，およびボール紙の種子トラップの3タイプが最も適切であることが明らかになった。ポリエチレン製の円錐型をした種子トラップは，0.00004 ha(0.4 m²)の面積でサンプリングされ，99％の堅果の保持効果がある。1人で15台のトラップをかなりの距離まで苦労なく運ぶことができる。金網のトラップ(R. D. Moody, La. Wildl. Fish. Comm., Baton Rouge, P-R Rep. 24-R, 1953)は，0.0001 ha(1.0 m²)でサンプリングされる。金網のカバーをつけると堅果の捕集効果は87％であった。デザインは，Downs & McQuilkin(1944)が用いたトラップと同様である。比較された8種類のトラップのうち，金網のモデルは

最も製作費が高かった。ボール紙の種子トラップ(Klawitter & Stubbs 1961)は，マツの種子トラップ(Easley & Chaiken 1951)の改良型であり，サンプリング面積は0.0003 ha(3.2 m²)である。ボール紙のトラップは，96%の堅果保持効果を持ち，2～3年の耐久性がある。

Christisen & Kearby(1984)は，8番の鋼鉄線で直径0.73 mの堅果用のトラップを作成した。このトラップは，半円に切って円錐型にした透明な厚さ0.1 mmのプラスチックが針金にとりつけられている(図22-12)。円錐の底には排水のために穴が開けられた。このトラップは，地面からはなすために木の棒に取り付けられた。彼らは，プラスチックの円錐は，柔らかい材質のため堅果がトラップから外にはねにくく，堅果の捕食を防ぎ，しかも安価で運びやすいことから，かごや金網のトラップより優れていると結論した。一番の欠点は，プラスチックが1年しかもたないことである。

果実の生産量は，樹木の種間，同じ種の個体間，および年度間でかなり異なる(Christisen & Kearby 1984)。したがって，果実生産に関する研究の設計は，十分注意して行わなければならない。トラップは，一般に，幹から樹冠の半径の2/3の距離の樹冠下に設置されてきたが，幹から一定の決まった距離に設置することが必要である。Christisen & Kearby(1984)は，同じ方向に二つのトラップを置かないことと，木の樹冠が乏しい方向にはトラップを置かないことを条件に，各標本木の樹冠下にランダムに3台のトラップを置いた。さらに，彼らは，樹冠に二つの同心円を想定し，2台のトラップを内側の円に置き，1台を外側の円に置いた。またその逆の場合も設定した。トラップ内のサンプルは，1～2週間の間隔で大型の果実(例えば堅果)が落ち始める時期から全てが落ちてしまうまで採集すべきである。トラップから採集した果実は，数を数え，次のようなカテゴリーに分類する。①よく発達し健全である，②よく発達するが鳥やリスの食害を受けている，③よく発達するが昆虫の脱出口がある，および④未発達である，変形している，または発育不全である(Downs & McQuilken 1944, McQuilken & Musbach 1977)。

Gysel(1957)は，ナラ類の樹種毎に，トラップ当たりの堅果数に，偏差による損失を修正するために1.1をかけて，堅果の生産量を推定した。そして，その値(トラップの単位面積当たりの堅果数)に健全な堅果の平均重と林分の全樹冠面積をかけて，単位面積当たりの重量の推定値を得た。

高木の小型・軽量果実

小さな種子や果実は，大型の果実生産と同様に，重要な野生動物の食物であり，多くの小型のげっ歯類，リス類，狩猟鳥や非狩猟鳥によって利用される。(Trousdell 1954, Hooven 1958, Yeatman 1960, Abbott 1961, Abbott & Dodge 1961, Asher 1963, Powell 1965, Landers & Johnson 1976)。小型または軽量な果実の豊凶は，果実をつける全ての植物と同様に，年によって様々である。例えば，テーダマツの種子はほとんど0から24万3千種子/haの高密度まで様々である(Allen & Trousdell 1961)。高木の小型・軽量種子の生産量をサンプリングする主な方法として，林分に種子トラップを置く方法(Lotti & LeGrande 1959, Allen & Trousdell 1961, Graber 1970)と，樹上で成熟した球果の数を双眼鏡で数える方法(Wenger 1953)の二つがある。後者の方法は，木の一部だけを数える(Wenger 1953)か，樹上の球果の相対的な豊凶を，なし，少(1～25球果)，中(29～90)，および多(100以上)のように，分類することによって簡略化することができる。

低木の果実

低木種の柔らかいマーストと堅いマーストは，しばしば

図 22-12 果実生産量を推定するためのトラップ

手の届く範囲にあり，低木から直接数えるか，収穫することができる。ジョージア州では，Johnson & Landers (1978)が，全ての果実を，種別に4 m²のプロット単位で4月から10月まで月毎に採集した。彼らのライン当たり5プロットの小さなサンプルは，サンプリング誤差が高かったので，サンプリングされた月の間の生産量を比較できなかった。Harlow et al. (1980)は，フロリダ州で，コナラ属の一種(scrub oak)の果実の豊凶を調べるために，0.004 ha (40 m²)の一連の円形プロットで果実数を調べた。彼らは，果実の全数カウントを，それぞれの種に対して各林分で20〜40プロットずつ行った。Stransky & Halls (1980)は，テキサス州東部において，0.6 haのプロット内の1 m²の方形区20個で，低木と木本のツル類の果実を数えた。彼らは，種毎の果実の平均重を求めるために，それぞれの種の生の果実を乾燥し，方形区でのカウントをもとにして方形区当たりの収量を算出した。Stransky & Halls (1980)はさらに，サンプリングを省力化するために，前に述べた採食量の回帰と同様に，果実の収量と，植物の高さおよび密度との回帰を求めた。

草本植物の果実

草本植物は，野生動物に豊富な種子を提供している。草本植物の種子のサンプリング法は，多くの植物種が関与し，これらの種子を利用する野生動物が何かは一般にあまり知られていないことから，高木のようには良く発達しなかった。しかし，草本植物の種子のサンプリング法は，高木の大型果実のサンプリング法のミニチュア版にすぎない。すなわち，サンプルは，地上，トラップ，あるいは直接植物から採集される。Ripely & Perkins (1965)は，土壌サンプルから，コリンウズラの食物である種子(主にマメ科)の地上への供給量を調べた。彼らは，土壌のコア(直径7.6 cm，深さ2.5 cm)を取り，落葉と土壌をふるいにかけ，各コア内の種子数を数えた。トランセクトラインに沿った3点で，それぞれ8本のコアを採集した。その8サンプルを1組として種子の密度や重量の推定値を算出した。ライン間の変動は，地点間の変動より大きくはなかった。したがって，ランダムサンプリングはラインを使うのと同じくらい効果があるだろうとRipely & Perkins (1965)は指摘した。彼らはまた，秋から春にかけて土壌のコアの種子数が減少し，野生動物による消失が示唆されることを報告した。さらに大きなプロットと異なった深さでサンプリングを行った研究者もいる。Haugen & Fitch (1955)は，15個の30.5 cm×30.5 cmのプロットを用いたが，ハギ属(*Lespedeza* spp.)とアメリカセンナ(マメ科)の種子は土壌の表面からだけサンプリングした。Young et al. (1983)は，ネバダ州でマコモの種子の豊凶を推定するために，32 cm×32 cmの底の開いた金属箱を地面に打ち込み，深さ15 cmの土壌をサンプリングした。彼らはさらに，土壌を2.5 cmの深さ毎に採集し，種子がどこに残存しているかを調べた。

草本植物のシードトラップは，高木の果実で用いられたものよりもかなり小さい。狩猟獣の餌となる種子の収量を推定するために，底が目の細かい金網で，上部に0.64 cmの目の金網を覆ったトラップが用いられた(Davison et al. 1955)。このタイプは，トラップ内の種子が野生動物に捕食されるのを防ぐ。その他に，種子が貼り付くトラップを用いた研究者もいる。Werner (1975)，Rabinowitz & Rapp (1980)，およびPotvin (1988)は，プレーリーの草原で，ペトリ皿にTanglefootRまたは他の非乾燥性の粘着物質を吹き付けた濾紙を入れ，種子の堆積をサンプリングした。Rabinowitz & Rapp (1980)は，種子の生産量の推定は大型草本のプレーリーでは過小評価となったが，その理由は，トラップに葉が覆いかぶさり，張り出した草に種子が横取りされるためであると考えた。温度が氷点下になった時や，トラップが雪に覆われた時は，種子の捕捉効果は低下した。Huenneke & Graham (1987)は，なめらかな粘着物質で覆われた断熱体を使って，草原で種子の落下を調べた。彼らは，トラップの表面に付く種子の量が，トラップの高さによって変化することを観察した。高さ60 cmのトラップに付着した種子は，全種子の3%だけであったのに対し，10 cmでは全種子の65%を占めた。太陽光や高温，粉塵にさらされても捕獲率にはあまり影響しなかったが，種子の形態によって捕獲率が変化した。

シードトラップは，湿原で水上の種子の生産量や利用可能量を調べるためにも用いられる。Olinde et al. (1985)は，12 cm×30 cmのトラップを作り，発泡スチロールのブロックにトラップを置いて浮かべた。これらのブロックは，水位の変化に伴って上下できるように，土壌に打ち込んだ棒にロープで結ばれた。

❏ 植生の計測の適用

この点について，我々は，植物そのもの，または様々な植生の生活型を表す植物の特性についてその測定方法を述べてきた。ここでは，これらの方法がどのように野生動物の研究に適用されてきたかについて述べる。

Loft et al. (1987；656)は，カリフォルニア州でミュール

ジカの生息地を3成長期間調査した。調査の目的は,「夏の採食期間における隠れ場の被度に及ぼす家畜の放飼率の効果を明らかにすること」と,ヤナギ類および草地植生における草食動物の密度を明らかにすることであった。彼らは,餌となる草本植物の生産量,シカの隠れ場の被度,および採食利用量を,0.1 ha のシカの排除区と,それに隣接した中程度と強度なレベルで採食を受けた場所で推定した。各成長期に2〜5回,餌となる草本植物を0.1 m^{2}のプロットから刈り取り,乾燥,秤量した。ポプラ類や草地が分布する生息地における隠れ場の被度を,半径5.65 mの円形の固定プロットのまわりの8地点で推定した。各地点に1 m^{2}のグリッドを設定し,それを100個のセルに分割した。パッチ状にヤナギが生育する生息地は,林の構造上大きなグリッドが設定できない所であり,Nudds(1977)と同様に,20 mのトランセクト2本の上に2 m間隔で1.0 m×0.4 mのグリッドを設定した。そのグリッドの被度を,地上から0.5 m毎に1.5 mの高さまで,5.65 mの距離から読みとった。地上から1 mまでの植生に覆われた割合は,ミュールジカの当歳子の隠れ場の被度と考えられた。そして,0.5 mから1.5 mまでの植生に覆われた比率は,成獣の隠れ場に対する被度と考えられた。Loft et al.(1987)は,ヤナギ類の採食レベルを評価するために,24本以下の当年枝を持つヤナギの枝に印を付け,家畜を排除した後に採食された枝の割合を求めた。

Litvaitis et al.(1985：866)は,メイン州においてカンジキウサギの生息地の林床植生の特徴について研究した。調査の目的は,「ウサギの環境利用を森林構造の異なるメイン州の2地域で調べ,これらの変数がどのように林床の構造によって影響されているかを明らかにする」ことである。両地域のそれぞれ2か所で,700 mのトランセクト7本上に半径1 mの円形プロット105個を設置し,カンジキウサギの糞粒を数えた。その糞粒プロットでは,生息地の特徴も調査された。針葉樹,広葉樹,および草本植物の地上部(樹冠)の被度とコケ類の被度を,各円形プロットの地表面に樹冠を投影して推定した。林床植物の茎の密度を推定するために,各糞粒プロットの最初の位置でトランセクトに対して垂直に15 m×0.5 mの方形区をとり,DBH(胸高直径)7.5 cm以下で高さ0.5 m以上の針葉樹と広葉樹の本数を調査した。植生断面板(Nudds 1977)を用いて,各糞粒プロットにおける視覚的遮蔽度を,15 mの距離からプロット上の0.5〜2.0 mの高さで0.5 m毎に測定した。最後に各糞粒プロットで,球面密度計(Lemmon 1957)を用いて上層の林冠の閉鎖度を計測した。それぞれの生息地の変数と,対応するカンジキウサギの糞粒数との相関係数を計算し,糞粒密度に影響を及ぼす変数を検討した。

Sedgwick & Knopf(1990：112)は,コロラド州のサウスプラット川沿いで樹洞営巣性鳥類の生息地の関係を研究した。研究の目的の一つは,「樹洞営巣性鳥類の営巣場所を,利用可能な(ランダムな)営巣の環境と比較する」ことであった。各樹洞木の特徴を表すため,種,DBH,樹高(クリノメーターで測定),および直径10 cm以上の枯れた太枝の推定長を記録した。生息地の特徴を,ハコヤナギが優占する河岸植生の生息地内の各樹洞木と,ランダムに選んだ31地点を中心とする0.04 haの円プロットで記録した。各円プロット内では,枝株,DBH 23 cm以下の木,DBH 23〜69 cmの木,およびDBH 69 cm以上の木の4区分で樹木の本数を調査した。上層の林冠の被度を,各円プロットの境界上の4地点で球面密度計を用いて推定した。樹木の胸高断面積を,各樹洞木とランダムにとった地点の周りの円プロットで,10 BAFプリズムを用いて測定した。これらのデータを,樹洞営巣性の種の間で比較し,環境利用の特徴を調べた。

Kirsch et al.(1978)は,高地で営巣する鳥類,特にノースダコタ州におけるカモ類の生息地の特徴を研究した。研究の目的の一つは,残存する草原の植生構造の草高密度(遮蔽度)と,カモ類の営巣成功率および巣の密度との関係を評価することであった。草原の草高密度を,遮蔽度測定ポール(Robel et al. 1970)の改良型を用いて測定した。この方法は,1 mの眼の高さで4 mの距離から測定ポールを見通し,遮蔽度100%の高さを読みとるものである。彼らの研究の結果,残存する草原の環境は,カモ類の営巣密度と成功度がより高く,また遮蔽度100%の平均高が最も高い場所であることが明らかになった。

Gilbert & Allwine(1991)は,オレゴン州の森林施業が行われていないダグラスファーの林で,小型哺乳類と生息地の特徴との関係を研究した。調査の目的の一つは,若齢,壮齢,および老齢のダグラスファーの林分で,どの環境要因によって小型哺乳類群集に差が生じているかを明らかにすることであった。彼らは,3地域56か所の若齢,壮齢,および老齢の林分で,小型哺乳類の生息密度と植生を調査した。それぞれの林分では,6×6か所の落とし穴のグリッドまたは12×12箇所のスナップトラップのグリッドで,哺乳類をサンプリングした。植生は,落とし穴のグリッドでは9地点で,スナップトラップのグリッドでは16地点でサンプリングした。半径15 mと5.6 mの入れ子型の円形プロットで測定を行った。半径5.6 mの小さなプロット内で

は，腐朽した倒木の被度，および露出した岩，露出した土壌，落葉，コケ類，および地位類の地面の被度を視覚で推定した。高さ2mまでの餌となる植物の被度を生活型に応じて視覚で推定した。密度を推定するために，小型および中型の木，枝株，および切り株の樹種と本数を調査した。大きな円形プロットの中では，樹高2m以上の低木と高木の被度を，三つの林冠層，すなわち中層，上層，および最上層に分けて推定した。大きな生木と切り株の樹種と本数を調査した。さらに，大きな円の中では，水の有無と種類および岩の露頭や露出した崖錐の存在を記録した。最近の倒木によってむき出しになった根と無機質の土壌の盛り上がりの数を調べた。種数と環境変数の関係を検討するために，植生の構成と小型哺乳類の数を林分毎にまとめ，56林分のデータを detrended correspondence analysis(Hill & Gauch 1980)を用いて分析した。

　Hobbs et al.(1982：12)は，コロラド州でエルクの環境収容力を研究した。調査の目的は，「栄養学的な環境収容力の推定が生息地評価の実用的な方法であることを明らかにし，動物による需要と地域の供給との収支の分野で，有効なパラメーターを見つけること」であった。環境収容力のモデルを開発するために，エルクの食物の2％以上を占める植物種の現存量の推定が必要であった。彼らは，生息地のタイプによって階層化した1haの林分32か所から，現存量の推定値を得た。各林分では，0.25m²のプロット30か所で，草本植物を地際部から刈り取った。2m²のプロット10か所から低木をサンプリングし，地際部から高さ2.5mまでの当年枝を採集した。サンプルは，種毎に分類し，乾燥後，秤量した。これらのデータを用いて，エルクの冬期の分布域内で生息地タイプ毎の現存量を推定し，窒素の濃度と生体外の乾物の消化率と関連づけて，生息域のエネルギーと窒素の供給量を推定した。

　Schupp(1990：504)は，パナマで，果実を生産するある樹木の種子の落下量と稚苗の補充量を研究した。この木の果実は，サル類や鳥類に食べられ，種子はいろいろなネズミ類に食べられる。稚樹は，シカや他の大型草食獣に採食される。研究の目的の一つは，「生存種子の落下，分散後の種子の捕食量，稚苗の発芽量，初期の稚苗の死亡率，および稚苗の補充量に，長期にわたる年度間の差」があるかどうかを明らかにすることであった。種子の落下は，1.0m²のトラップ84個でモニターされた。トラップは，1m×1mの枠に1.5mmメッシュのプラスチックの網戸用の網を張ったものである。隣接した20m×20mのプロット42箇所に，2台のトラップをランダムに設置した。トラップは，樹冠の有無にかかわらず置かれたが，種子が入っていなかったトラップは，ほとんどなかった。種子を1週間毎に数え，トラップから除去した。種子の発芽数については，数の明らかな種子と果実をトラップの下に直接散布し，発芽した数を数えた。稚苗の補充量を，トラップを中心とした3m×3mのプロットで推定した。新しく発生した稚苗を，年に2回数え，数字と色の付いた鳥の標識バンドでマークした。1年間にマークした稚苗数を，1年の稚苗の発生量の推定値とした。その年の最初のカウント時にマークされた稚苗の58％から74％が，2回目にも存在し，新しく発芽した稚苗の死亡率が高くはないことを示した。第2回目のカウント時に存在した合計数は，その年の稚苗の補充数とした。種子の捕食量については，毎年，576個の種子に針金の標識棒につないだテグス糸を付けて，種子の位置の不自然な変化すなわち種子の消失量を調べた。Schupp(1990)の実験は，種子の消失は，主に脊椎動物の種子捕食者による損失であることを示した。パラメトリックおよびノンパラメトリックの分散分析法を用いて，生存種子の落下量，稚苗の発生量，稚苗の補充量，および稚苗の生存率の年度間の変動を分析した。種子の捕食量を分析するため，生命表を作成した。

参考文献

ABBOTT, H. G. 1961. White pine seed consumption by small mammals. J. For. 59:197-201.

―――, AND W. E. DODGE. 1961. Photographic observations of white pine seed destruction by birds and mammals. J. For. 59:292–294.

AHMED, J., AND C. D. BONHAM. 1982. Optimum allocation in multivariate double sampling for biomass estimation. J. Range Manage. 35:777–779.

―――, ―――, AND W. A. LAYCOCK. 1983. Comparison of techniques used for adjusting biomass estimates by double sampling. J. Range Manage. 36:217–221.

ALABACK, P. B. 1982. Dynamics of understory biomass in Sitka spruce-western hemlock forests of southeast Alaska. Ecology 63:1932–1948.

ALLEN, P. H., AND K. B. TROUSDELL. 1961. Loblolly pine seed production in the Virginia-North Carolina Coastal Plain. J. For. 59:187–190.

ANDERSON, M. G. 1978. Distribution and production of sago pondweed (Potamogeton pectinatus L.) on a northern prairie marsh. Ecology 59:154–160.

ASHER, W. C. 1963. Squirrels prefer cones from fertilized trees. U.S. For. Serv. Res. Note SE-3. 1p.

BASILE, J. V., AND S. S. HUTCHINGS. 1966. Twig diameter-length-weight relations of bitterbrush. J. Range Manage. 19:34–38.

BASKERVILLE, G. L. 1972. Use of logarithmic regression in the estimation of plant biomass. Can. J. For. Res. 2:49–53.

BATCHELER, C. L. 1973. Estimating density and dispersion from truncated or unrestricted joint point-distance nearest neighbour distances. Proc. N.Z. Ecol. Soc. 20:131–147.

BECK, D. E., AND D. F. OLSON, JR. 1968. Seed production in southern Appalachian oak stands. U.S. For. Serv. Res. Note SE-91. 7pp.

BENTZ, J. A., AND P. M. WOODARD. 1988. Vegetation characteristics and bighorn sheep use on burned and unburned areas in Alberta. Wildl. Soc. Bull. 16:186–193.

BITTERLICH, W. 1948. Die winkelzahlprobe. Allg. Forst. Holzwirtsch. Ztg. 59:4–5.
BOBEK, B., AND R. BERGSTROM. 1978. A rapid method of browse biomass estimation in a forest habitat. J. Range Manage. 31:456–458.
BONHAM, C. D. 1989. Measurements for terrestrial vegetation. John Wiley & Sons, New York, N.Y. 338pp.
BRANSBY, D. I., A. G. MATCHES, AND G. F. KRAUSE. 1977. Disk meter for rapid estimation of herbage yield in grazing trials. Agron. J. 69:393–396.
BRAUN-BLANQUET, J. 1965. Plant sociology: the study of plant communities. Hafner, London, U.K. 439pp.
BROWN, D. 1954. Methods of surveying and measuring vegetation. Commonwealth Agric. Bur. Farnham Royal, Bucks, U.K. 223pp.
BROWN, J. K. 1976. Estimating shrub biomass from basal stem diameters. Can. J. For. Res. 6:153–158.
BURLESON, W. H. 1975. A method of mounting plant specimens in the field. J. Range Manage. 28:240–241.
CAIN, S. A., AND G. M. DE O. CASTRO. 1959. Manual of vegetation analysis. Harper & Brothers Publ., New York, N.Y. 325pp.
CANFIELD, R. H. 1941. Application of the line interception method in sampling range vegetation. J. For. 39:388–394.
———. 1944. Measurement of grazing use by the line interception method. J. For. 42:192–194.
CHRISTISEN, D. M., AND W. H. KEARBY. 1984. Mast measurement and production in Missouri (with special reference to acorns). Missouri Dep. Conserv. Terrestrial Ser. 13. 34pp.
COLE, G. F. 1959. Key browse survey method. Proc. Ann. Conf. West. Assoc. State Fish Game Comm. 39:181–185.
COOK, C. W., AND C. D. BONHAM. 1977. Techniques for vegetation measurements and analysis for a pre- and post-mining inventory. Colorado State Univ. Range Sci. Ser. 28. 82pp.
———, AND J. STUBBENDIECK. 1986. Range research: basic problems and techniques. Soc. Range Manage., Denver, Colo. 317pp.
COOPER, C. F. 1957. The variable plot method for estimating shrub density. J. Range Manage. 10:111–115.
———. 1963. An evaluation of variable plot sampling in shrub and herbaceous vegetation. Ecology 44:565–569.
COTTAM, G., AND J. T. CURTIS. 1949. A method for making rapid surveys of woodlands by means of randomly selected trees. Ecology 30:101–104.
———, AND ———. 1956. The use of distance measures in phytosociological sampling. Ecology 37:451–460.
———, ———, AND B. W. HALE. 1953. Some sampling characteristics of a population of randomly dispersed individuals. Ecology 34:741–757.
CURTIS, J. T. 1959. The vegetation of Wisconsin. Univ. Wisconsin Press, Madison. 657pp.
———, AND R. P. MCINTOSH. 1950. The interrelations of certain analytic and synthetic phytosociological characters. Ecology 31:434–455.
DANSEREAU, P. 1957. Biogeography: an ecological perspective. The Ronald Press, New York, N.Y. 394pp.
DAUBENMIRE, R. F. 1959. A canopy-coverage method of vegetational analysis. Northwest Sci. 33:43–64.
———. 1968. Plant communities: a textbook of plant synecology. Harper & Row Publ., New York, N.Y. 300pp.
DAVISON, V. E., L. M. DICKERSON, K. GRAETZ, W. W. NEELEY, AND L. ROOF. 1955. Measuring the yield and availability of game bird foods. J. Wildl. Manage. 19:302–308.
DEGANGE, A. R., J. W. FITZPATRICK, J. N. LAYNE, AND G. E. WOOLFENDEN. 1989. Acorn harvesting by Florida scrub jays. Ecology 70:348–356.
DEGRAAF, R. M., AND N. L. CHADWICK. 1987. Forest type, timber size class, and New England breeding birds. J. Wildl. Manage. 51:212–217.
DOWNS, A. A., AND W. E. MCQUILKIN. 1944. Seed production of southern Appalachian oaks. J. For. 42:913–920.
EASLEY, L. T., AND L. E. CHAIKEN. 1951. An expendable seed trap. J. For. 49:652–653.
EDDLEMAN, L. E., E. E. REMMENGA, AND R. T. WARD. 1964. An evaluation of plot methods for alpine vegetation. Bull. Torrey Bot. Club 91:439–450.
EDGE, W. D., C. L. MARCUM, AND S. L. OLSON-EDGE. 1987. Summer habitat selection by elk in western Montana: a multivariate approach. J. Wildl. Manage. 51:844–851.
EVANS, R. A., AND R. M. LOVE. 1957. The step-point method of sampling—a practical tool in range research. J. Range Manage. 10:208–212.
FISSER, H. G. 1961. Variable plot, square foot plot, and visual estimate for shrub crown cover measurements. J. Range Manage. 14:202–207.
GILBERT, F. F., AND R. ALLWINE. 1991. Small mammal communities in the Oregon Cascade Range. Pages 257–267 in L. F. Ruggiero, K. B. Aubry, A. B. Carey, and M. H. Huff, tech. coords. Wildlife and vegetation of unmanaged Douglas-fir forests. U.S. For. Serv. Gen. Tech. Rep. PNW-GTR-285.
GOODALL, D. W. 1952. Some considerations in the use of point quadrats for the analysis of vegetation. Aust. J. Sci. Res., Ser. B. 5:1–41.
GOODMAN, L. A. 1960. On the exact variance of products. J. Am. Stat. Assoc. 55:708–713.
GOODRUM, P. D., V. H. REID, AND C. E. BOYD. 1971. Acorn yields, characteristics, and management criteria of oaks for wildlife. J. Wildl. Manage. 35:520–532.
GRABER, R. E. 1970. Natural seed fall in white pine (*Pinus strobus* L.) stands of varying density. U.S. For. Serv. Res. Note NE-119. 6pp.
GRIEG-SMITH, P. 1964. Quantitative plant ecology. Plenum Press, New York, N.Y. 256pp.
GRIFFITH, B., AND B. A. YOUTIE. 1988. Two devices for estimating foliage density and deer hiding cover. Wildl. Soc. Bull. 16:206–210.
GROSENBAUGH, L. R. 1952. Plotless timber estimates, new, fast, easy. J. For. 50:32–37.
GYSEL, L. W. 1956. Measurement of acorn crops. For. Sci. 2:305–313.
———. 1957. Acorn production on good, medium, and poor oak sites in southern Michigan. J. For. 55:570–574.
———, AND L. J. LYON. 1980. Habitat analysis and evaluation. Pages 305–327 in S. D. Schemnitz, ed. Wildlife management techniques manual. Fourth ed. The Wildl. Soc., Washington, D.C.
HALLS, L. K., AND R. F. HARLOW. 1971. Weight-length relations in flowering dogwood twigs. J. Range Manage. 24:236–237.
HANLEY, T. A. 1978. A comparison of the line-interception and quadrat estimation methods of determining shrub canopy coverage. J. Range Manage. 31:60–62.
HARLOW, R. F. 1977. A technique for surveying deer forage in the Southeast. Wildl. Soc. Bull. 5:185–191.
———, B. A. SANDERS, J. B. WHELAN, AND L. C. CHAPPEL. 1980. Deer habitat on the Ocala National Forest: improvement through forage management. South. J. Appl. For. 4:98–102.
HAUGEN, A. O., AND F. W. FITCH, JR. 1955. Seasonal availability of certain bush lespedeza and partridge pea seed as determined from ground samples. J. Wildl. Manage. 19:297–301.
HAYS, R. L., C. SUMMERS, AND W. SEITZ. 1981. Estimating wildlife habitat variables. U.S. Fish Wildl. Serv. FWS/OBS-81/47. 111pp.
HEADY, H. F., R. P. GIBBENS, AND R. W. POWELL. 1959. A comparison of the charting, line intercept, and line point methods of sampling shrub types of vegetation. J. Range Manage. 12:180–188.
HIGGINS, K. F., AND W. T. BARKER. 1982. Changes in vegetation structure in seeded nesting cover in the prairie pothole region. U.S. Fish Wildl. Serv. Spec. Sci. Rep. Wildl. 242. 27pp.
HILL, M. O., AND H. G. GAUCH. 1980. Detrended correspondence analysis: an improved ordination technique. Vegetatio 42:47–58.
HILMON, J. B. 1959. Determination of herbage weight by double-sampling: weight estimate and actual weight. Pages 20–25 in Technique and methods of measuring understory vegetation. U.S. For. Serv., Southern and Southeast. For. Exp. Stns., New Orleans, La.
HIRST, S. M. 1975. Ungulate-habitat relationships in a South African woodland/savanna ecosystem. Wildl. Monogr. 44. 60pp.
HOBBS, N. T., D. L. BAKER, J. E. ELLIS, D. M. SWIFT, AND R. A. GREEN. 1982. Energy- and nitrogen-based estimates of elk winter-range carrying capacity. J. Wildl. Manage. 46:12–21.
HOOPER, R. G. 1988. Longleaf pines used for cavities by red-cockaded woodpeckers. J. Wildl. Manage. 52:392–398.
HOOVEN, E. 1958. Deer mouse and reforestation in the Tillamook burn. Oreg. For. Lands Res. Cent. Res. Note 37. 31pp.
HUENNEKE, L. F., AND C. GRAHAM. 1987. A new sticky trap for mon-

itoring seed rain in grasslands. J. Range Manage. 40:370–372.
HYDER, D. N., R. E. BEMENT, E. E. REMMENGA, AND C. TERWILLIGER, JR. 1965. Frequency sampling of blue grama range. J. Range Manage. 18:90–93.
―――, AND F. A. SNEVA. 1960. Bitterlich's plotless method for sampling basal ground cover of bunchgrasses. J. Range Manage. 13:6–9.
IRWIN, L. L., AND J. M. PEEK. 1979. Shrub production and biomass trends following five logging treatments within the cedar-hemlock zone of northern Idaho. For. Sci. 25:415–426.
JAMES, F. C., AND H. H. SHUGART. 1970. A quantitative method of habitat description. Audubon Field Notes 24:727–736.
JENSEN, C. H., AND G. W. SCOTTER. 1977. A comparison of twig-length and browsed-twig methods of determining browse utilization. J. Range Manage. 30:64–67.
―――, AND P. J. URNESS. 1981. Establishing browse utilization from twig diameters. J. Range Manage. 34:113–116.
JOHNSON, A. S., AND J. L. LANDERS. 1978. Fruit production in slash pine plantations in Georgia. J. Wildl. Manage. 42:606–613.
JOHNSON, P. S., C. L. JOHNSON, AND N. E. WEST. 1988. Estimation of phytomass for ungrazed crested wheatgrass plants using allometric equations. J. Range Manage. 41:421–425.
JOHNSTON, A. 1957. A comparison of the line interception, vertical point quadrat, and loop methods as used in measuring basal area of grassland vegetation. Can. J. Plant Sci. 37:34–42.
KERSHAW, K. A. 1964. Quantitative and dynamic ecology. Edward Arnold Publ. Co. Ltd., London, U.K. 183pp.
KINSINGER, F. E., R. E. ECKERT, AND P. O. CURRIE. 1960. A comparison of the line-interception, variable-plot, and loop methods as used to measure shrub-crown cover. J. Range Manage. 12:17–21.
KIRSCH, L. M., H. F. DUEBBERT, AND A. D. KRUSE. 1978. Grazing and haying effects on habitats of upland nesting birds. Trans. North Am. Wildl. Nat. Resour. Conf. 43:486–497.
KLAWITTER, R. A., AND J. STUBBS. 1961. A reliable oak seed trap. J. For. 59:291–292.
LANDERS, J. L., AND A. S. JOHNSON. 1976. Bobwhite quail food habits. Tall Timber Res. Stn. Misc. Publ. 4. 90pp.
LAYCOCK, W. A. 1965. Adaptation of distance measurements for range sampling. J. Range Manage. 18:205–211.
―――, AND C. L. BATCHELER. 1975. Comparison of distance-measurement techniques for sampling tussock grassland species in New Zealand. J. Range Manage. 28:235–239.
LEMMON, P. E. 1957. A new instrument for measuring forest overstory density. J. For. 55:667–669.
LEVY, E. E., AND E. A. MADDEN. 1933. The point method of pasture analysis. N.Z. Agric. J. 46:267–279.
LITVAITIS, J. A., J. A. SHERBURNE, AND J. A. BISSONETTE. 1985. Influence of understory characteristics on snowshoe hare habitat use and density. J. Wildl. Manage. 49:866–873.
LINDSEY, A. A., J. D. BARTON, AND S. R. MILES. 1958. Field efficiencies of forest sampling methods. Ecology 39:428–444.
LOFT, E. R., J. W. MENKE, J. G. KIE, AND R. C. BERTRAM. 1987. Influence of cattle stocking rate on the structural profile of deer hiding cover. J. Wildl. Manage. 51:655–664.
LOMMASSON, T., AND C. JENSEN. 1938. Grass volume tables for determining range utilization. Science 87:444.
LOTTI, T., AND W. P. LEGRANDE. 1959. Loblolly pine seed production and seedling crops in the lower Coastal Plain of South Carolina. J. For. 57:580–581.
LYON, L. J. 1968a. An evaluation of density sampling methods in a shrub community. J. Range Manage. 21:16–20.
―――. 1968b. Estimating twig production of serviceberry from crown volumes. J. Wildl. Manage. 32:115–119.
―――. 1970. Length- and weight-diameter relations of serviceberry twigs. J. Wildl. Manage. 34:456–460.
MCQUILKIN, R. A., AND R. A. MUSBACH. 1977. Pin oak acorn production on green tree reservoirs in southeastern Missouri. J. Wildl. Manage. 41:218–244.
MINCKLER, L. S., AND R. E. MCDERMOTT. 1960. Pin oak acorn production and regeneration as affected by stand density, structure and flooding. Univ. Missouri Agric. Exp. Stn. Res. Bull. 750. 24pp.
MORISITA, M. 1957. A new method for the estimation of density by the spacing method applicable to non-randomly distributed populations. Physiol. Ecol. 7:134–144.
MUELLER-DOMBOIS, D., AND H. ELLENBERG. 1974. Aims and methods of vegetation ecology. John Wiley & Sons, New York, N.Y. 547pp.
MURRAY, R. B., AND M. Q. JACOBSON. 1982. An evaluation of dimension analysis for predicting shrub biomass. J. Range Manage. 35:451–454.
NUDDS, T. D. 1977. Quantifying the vegetative structure of wildlife cover. Wildl. Soc. Bull. 5:113–117.
OHMANN, L. F., D. F. GRIGAL, AND R. B. BRANDER. 1976. Biomass estimation for five shrubs from northeastern Minnesota. U.S. For. Serv. Res. Paper NC-133. 11pp.
OLDEMEYER, J. L. 1982. Estimating production of paper birch and utilization by browsers. Can. J. For. Res. 12:52–57.
―――, AND W. L. REGELIN. 1980. Comparison of 9 methods for estimating density of shrubs and saplings in Alaska. J. Wildl. Manage. 44:662–666.
OLINDE, M. W., L. S. PERRIN, F. MONTALBANA, III, L. L. ROWSE, AND M. J. ALLEN. 1985. Smartweed seed production and availability in south-central Florida wetlands. Proc. Annu. Conf. Southeast. Assoc. Fish Wildl. Agencies 39:459–464.
OWENSBY, C. E. 1973. Modified step-point system for botanical composition and basal cover estimates. J. Range Manage. 26:302–303.
PECHANEC, J. F. 1936. Comments on the stem-count method of determining the percentage utilization of range. Ecology 17:329–331.
―――, AND G. D. PICKFORD. 1937. A weight method for the determination of range or pasture production. J. Am. Soc. Agron. 29:894–904.
PEEK, J. M. 1970. Relation of canopy area and volume to production of three woody species. Ecology 51:1098–1101.
―――, L. W. KREFTING, AND J. C. TAPPEINER. 1971. Variation in twig diameter-weight relationships in northern Minnesota. J. Wildl. Manage. 35:501–507.
PENFOUND, W. T., AND E. L. RICE. 1957. An evaluation of the arms-length rectangle method in forest sampling. Ecology 38:660–661.
PICKFORD, G. D., AND G. STEWART. 1935. The coordinate method of mapping low shrubs. Ecology 16:257–261.
PIERCE, D. J., AND J. M. PEEK. 1984. Moose habitat use and selection patterns in north-central Idaho. J. Wildl. Manage. 48:1335–1343.
POTVIN, F., AND J. HUOT. 1983. Estimating carrying capacity of a white-tailed deer wintering area in Québec. J. Wildl. Manage. 47:463–475.
POTVIN, M. A. 1988. Seed rain on a Nebraska sandhills prairie. Prairie Nat. 20:81–89.
POWELL, J. A. 1965. The Florida wild turkey. Fla. Game Fresh Water Fish Comm. Tech. Bull. 8. 28pp.
PROVENZA, F. D., AND P. J. URNESS. 1981. Diameter-length, weight relations for blackbrush (Coleogyne ramosissima) branches. J. Range Manage. 34:215–217.
RABINOWITZ, D., AND J. K. RAPP. 1980. Seed rain in a North American tall grass prairie. J. Appl. Ecol. 17:793–802.
RATTI, J. T., D. L. MACKEY, AND J. R. ALLDREDGE. 1984. Analysis of spruce grouse habitat in north-central Washington. J. Wildl. Manage. 48:1188–1196.
RAVEN, P. H., R. F. EVERT, AND S. E. EICHHORN. 1986. Biology of plants. Fourth ed. Worth Publ., Inc., New York, N.Y. 775pp.
REPPERT, J. N., R. H. HUGHES, AND D. DUNCAN. 1962. Herbage yield and its correlation with other plant measurements. Pages 115–121 in Range research methods. U.S. For. Serv. Misc. Publ. 940.
RIPLEY, T. H., AND C. J. PERKINS. 1965. Estimating ground supplies of seed available to bobwhites. J. Wildl. Manage. 29:117–121.
RITTENHOUSE, L. R., AND F. A. SNEVA. 1977. A technique for estimating big sagebrush production. J. Range Manage. 30:68–70.
ROACH, M. E. 1950. Estimating perennial grass utilization on semi-desert cattle range by percentage of ungrazed plants. J. Range Manage. 3:182–185.
ROBEL, R. J., J. N. BRIGGS, A. D. DAYTON, AND L. C. HULBERT. 1970. Relationships between visual obstruction measurements and weight of grassland vegetation. J. Range Manage. 23:295–297.
RUMBLE, M. A. 1987. Using twig diameters to estimate browse utilization on three shrub species in southeastern Montana. Pages 172–175 in F. D. Provenza, J. T. Flinders, and E. D. McArthur, eds. Proc. symposium plant-herbivore interactions. U.S. For. Serv. Gen. Tech. Rep. INT-222.

Schupp, E. W. 1990. Annual variation in seedfall, postdispersal predation, and recruitment of a neotropical tree. Ecology 71:504–515.

Sedgwick, J. A., and F. L. Knopf. 1990. Habitat relationships and nest site characteristics of cavity-nesting birds in cottonwood floodplains. J. Wildl. Manage. 54:112–124.

Sefton, D. F. 1977. Productivity and biomass of vascular hydrophytes on the Upper Mississippi. Pages 53–61 in C. B. Dewitt and E. Soloway, eds. Wetlands ecology, values and impacts. Proc. Waubesa Conf. Wetlands, Univ. Wisconsin Inst. Environ. Stud., Madison.

Shafer, E. L., Jr. 1963. The twig-count method for measuring hardwood deer browse. J. Wildl. Manage. 27:428–437.

Sharp, W. M. 1963. The effects of habitat manipulation and forest succession on ruffed grouse. J. Wildl. Manage. 27:664–671.

Smith, J. G. 1959. Additional modifications of the point frame. J. Range Manage. 4:204–205.

Spurr, S. H. 1964. Forest ecology. The Ronald Press Co., New York, N.Y. 352pp.

Stickney, P. F. 1966. Browse utilization based on percentage of twig numbers browsed. J. Wildl. Manage. 30:204–206.

Stoddart, L. A. 1935. Range capacity determination. Ecology 16:531–533.

Stransky, J. J., and L. K. Halls. 1980. Fruiting of woody plants affected by site preparation and prior land use. J. Wildl. Manage. 44:258–263.

Tanner, G. W., and M. E. Drummond. 1985. A floating quadrat. J. Range Manage. 38:287.

Telfer, E. S. 1969a. Twig weight-diameter relationships for browse species. J. Wildl. Manage. 33:917–921.

———. 1969b. Weight-diameter relationships for 22 woody plant species. Can. J. Bot. 47:1851–1855.

Thompson, R. L. 1962. An investigation of some techniques for measuring availability of oak mast and deer browse. M.S. Thesis, Virginia Polytechnic Inst. State Univ., Blacksburg. 65pp.

———, and B. S. McGinnes. 1963. A comparison of eight types of mast traps. J. For. 61:679–680.

Trousdell, K. B. 1954. Peak population of seed-eating rodents and shrews occurs 1 year after loblolly stands are cut. U.S. For. Serv., Southeast. For. Exp. Stn. Res. Note 68. 2pp.

Tryon, E. H., and K. L. Carvell. 1962. Acorn production and damage. West Virginia Univ. Agric. Exp. Stn. Bull. 466-T. 18pp.

Uresk, D. W., R. O. Gilbert, and W. H. Rickard. 1977. Sampling big sagebrush for phytomass. J. Range Manage. 30:311–314.

Van Dersal, W. R. 1940. Utilization of oaks by birds and mammals. J. Wildl. Manage. 4:404–428.

Wenger, K. F. 1953. The effect of fertilization and injury on the cone and seed production of loblolly pine seed trees. J. For. 51:570–573.

Werner, P. A. 1975. A seed trap for determining pattern of seed deposition in terrestrial plants. Can. J. Bot. 53:810–813.

West, N. E. 1989. Spatial pattern—functional interactions in shrub-dominated plant communities. Pages 283–305 in C. M. McKell. The biology and utilization of shrubs. Academic Press, San Diego, Calif.

Whigham, D. F., J. McCormick, R. E. Good, and R. L. Simpson. 1978. Biomass and primary production in freshwater tidal wetlands of the Middle Atlantic Coast. Pages 3–20 in R. E. Good, D. F. Whigham, and R. L. Simpson, eds. Freshwater wetland ecological processes and management potential. Academic Press, New York, N.Y.

Whittaker, R. H. 1965. Branch dimensions and estimation of branch production. Ecology 46:365–370.

Wiggers, E. P., and S. L. Beasom. 1986. Characterization of sympatric or adjacent habitats of 2 deer species in west Texas. J. Wildl. Manage. 50:129–134.

Wight, H. M. 1939. Field and laboratory technic in wildlife management. Univ. Michigan Press, Ann Arbor. 107pp.

Wimbush, D. J., M. D. Barrow, and A. B. Costin. 1967. Color stereo-photography for the measurement of vegetation. Ecology 48:150–152.

Winkworth, R. E. 1955. The use of point quadrats for the analysis of heathland. Aust. J. Bot. 3:68–81.

Yeatman, H. C. 1960. Population studies of seed-eating mammals. J. Tenn. Acad. Sci. 35:32–48.

Young, J. A., R. A. Evans, and B. A. Roundy. 1983. Quantity and germinability of *Oryzopsis hymenoides* in seed in Lahontan sands. J. Range Manage. 36:82–86.

23
生息地の評価法

Stanley H. Anderson & Kevin J. Gutzwiller

はじめに …………………………………… 711	野生動物に関連する
動物の適応度，密度および多様性と	生息地の変数の例 ……………………… 715
生息地の特性との関係 ………………… 712	生息地の変数の測定 ……………………… 715
測定すべき生息地の特性を	マクロな特性の測定 …………………… 716
どのように決めるか …………………… 713	ミクロな特性の測定 …………………… 716
生物のどのグループに	生息地評価の標準化された方法 ………… 718
焦点を当てるかの決定 ……………… 713	空間的多様性 …………………………… 718
動物の種生態 …………………………… 713	生息地のモデル ………………………… 719
自然史のデータ ………………………… 714	野生動物と生息地の相関 ……………… 724
時間的空間的尺度 ……………………… 714	**参考文献** …………………………………… 727
動物と生息地の関係を評価するために	
生息地のどの特性を用いるかの決定 ………… 715	

❑ はじめに

　一般に動物は，食物や隠れ場が得られる地域で観察される。(Cody 1985)。これらの地域は生息地(habitat)と呼ばれ，それぞれの種に特有なものである。ミドリツバメのように地理的には広範な地域に分布するが，その中で営巣のためには特殊な生息地(この種では樹洞)を必要とする種もある。また，シマスカンクのように地域の様々な場を広く利用し，おそらく気候条件や他の動物との相互関係だけから分布が制限されている種も見られる。タテゴトヘビは，アメリカ合衆国南西部のみに分布する。そこは，板状の岩石が崩れて，日中の暑さから守るのに適した生息地となっている。同じ季節に採食と営巣のために異なった生息地を要求する動物がいる一方，季節または年によって必要なものが異なる動物もいる。一般に，野生動物の管理者は，野生動物の生息地ではなく，野生動物そのものを主要な資源と考えてきた。しかし，生息地があるからこそ，野生動物の存在が可能になるのである(Anderson 1991)。

　野生動物を管理するには，いろいろな目的のために生息地を評価することが必要となる。時には，森林，保護地域，国立公園，または私有地で野生動物の管理を実行する場合がある。このような場合，野生動物の数を調節するため，あるいは野生動物の多様性を操作するために，一定の目標が設定される。野生動物の管理者はまた，土地利用計画について助言を求められることもあるので，提案された生息地の変化が野生動物群集，種(全個体群)，および個体群に及ぼす影響について予測することが必要である。

　また，特定の種に対する利用可能な生息地の質と量が求められる場合もあるので，動物の分布，個体数，または健康状態に密接に関係する生息地の特性について測定できなければならない。狩猟獣の管理者は，生息地の質の動向をモニターして，生息地が改善されたか，悪化したか，または変化がなかったかどうかを明らかにし，その結果狩猟の割り当てを変えるべきかどうかを決定する。例えば，ミュールジカの冬期の生息域の質が冬期のシカの生存に影響を及ぼしたとすると，モニターされた生息地の質と現在のシカの頭数に応じて，狩猟期間が調節される。

　環境影響評価を行うときには，どの種が存在するかを明らかにすることが求められるだろう。これらの評価においては，生物学者は，最初に種の調査を行う前に，絶滅の危機に瀕した種の生息に適した生息地が存在するかどうかを調査する。生息地の評価指標の中には，野生動物の相対的な数を推定するために用いられるものもある。例えば，沼

沢地の大きさは，繁殖するクロウタドリのペアの数に影響するだろう。彼らのおよそのテリトリーサイズを知ることによって，何つがいが生息可能かを予測することができる。さらに生息地評価の調査は，個体数のモニタリングと並行して，生息地改善の努力を評価するために行われる。貯水池や石積みの建設，または木の伐採など，生息地の全ての変化が定量化され，対象種の個体数の変化と比較される(Hoover & Wills 1984)。

この章では，野生動物の適応度，密度，および多様性が，どのように，なぜ生息地の特性と関係しているかを示す。また，動物と生息地の関係を評価するために，自然史のデータ，種生態学的な関係，および生息地利用の時間的空間的スケールの知識を利用することの重要性について述べる。対象種に関係する生息地の変数の例を挙げ，これらの変数が水域や陸地の生息地でどのように測定できるかについて述べる。生息地評価手順の，標準化された技術と標準化されていない方法について述べる。最後に，生息地の質的量的評価を行う時の，野生動物と生息地との相関を明らかにする意味，その解釈，および適用事例について論議する。

❏動物の適応度，密度および多様性と生息地の特性との関係

生存し，繁殖するための生物の能力は，利用可能な資源量に一部依存している。ある動物の生息地は，もしそれが欠けていたら生存できないような，決定的に重要な資源をその動物に提供している。例えば，樹洞営巣性の鳥類は，自然の樹洞，巣箱，または他の同様な人工の構造物が繁殖のために必要である。この資源がない場合，彼らは繁殖することができない。このような環境では個体の適応度(その遺伝子が，その後の世代に伝えられ，表現される程度)は，低くなるだろう。しばしば，種の個体数すなわち生産性と生息地の特定の要素との肯定的または否定的な関係が示されてきた(例えば Burger 1987, Zwank et al. 1988)。また，種数(種の豊富さ)と生息地の特性との関係にも関心がもたれてきた(例えば Knopf et al. 1988, Soule et al. 1988)。このような野生動物と生息地の関係が存在するのは，動物が資源の獲得を生息地に求めているからである。

密度，すなわち単位面積当たりの個体数は，広く用いられてきた生息地の指標である。これは，次のことが仮定されている。もし種の密度が高ければ，生息地の何らかの要素が，繁殖，生存，または持続的な生息地の利用に対して利益があるという仮定である。しかし Van Horne(1983)は，次の三つの理由で，密度は生息地の質の影響を必ずしも正確に反映したものではないことを強調した。第一に，北方の気候では，冬の条件が生存を究極的に規定している場合には，夏の調査を基礎にした密度と生息地の関係は無意味なものとなる。第二に，密度は，多くの生物的(例えば，食物，捕食者)および非生物的資源の変動の影響を受けやすい要因である。したがって，現在の密度は，長期間の環境の質ではなく，単に最近の短期間の環境状態の変化を反映しているに過ぎないかもしれないのである。例えば，ある鳥は，現在の生息地の質によってではなく，虫の大発生によって，森林地域を一時的に利用するのかもしれない。第

Box 23-1 季節的な生息地の選択

ある研究者が，生息地のいくつかの特性をもとにして，サンショウウオが夏の生息地を選択しているかどうかを調べたいと考えた。そして次のようなデータを集め，全変量の相関行列を計算した。

場所	シダの平均被度(%)	水場までの平均距離(m)	正午の平均温度(℃)	落葉層の平均深さ(cm)	サンショウウオの平均密度(/ha)
1	80	10	20	4	72
2	83	9	18	4	68
3	81	9	19	4	67
4	79	12	21	4	67
5	40	25	26	2	38
6	22	50	31	1	17
7	90	8	17	5	83
8	54	41	22	3	42
9	67	15	23	3	50
10	38	23	29	2	36

相関行列(有意レベル)

	シダの被度	水場への距離	正午の温度	落葉層の深さ
水場への距離	−0.861 (0.0014)			
正午の温度	−0.964 (0.0001)	0.755 (0.0115)		
落葉層の深さ	0.982 (0.0001)	−0.813 (0.0042)	−0.966 (0.0001)	
サンショウウオの密度	0.978 (0.0001)	−0.883 (0.0007)	−0.939 (0.0001)	0.984 (0.0001)

サンショウウオの密度は，測定された生息地の特性の多くと有意に相関していた。しかし，これらの生息地の変数間にも，互いに相関関係が見られた。サンショウウオは，シダの被度か，水場への距離か，または，これらの変数と相関する何か測定されていない変量か，何をもとにして生息地を選択しているのだろうか。研究者は，サンショウウオの密度と生息地との関係について，このデータの組み合わせでは因果関係を推論することができないことを理解した。対照と反復をもった実験が，相関についての解釈の問題を解決するために必要であろう。

三に，質の高い生息地は，劣位個体が質の低い生息地に追いやられたために，有意個体によって占有されているのかもしれない。したがって高密度の地域は，より貧しい，良好ではない生息地で生じるかもしれないのである。生息地の質を評価するために密度のデータを用いるときには，このような制限のタイプについて考慮する必要がある。

個体数または種数と生息地の特性との相関は，種または群集が生息地で何を必要とするかを理解するのに役立つ。しかし，これらの動物と生息地の関係を解釈するときには，十分注意しなければならない。相関とは，因果関係を含むものではないことを思い起こす必要がある。一般に多くの環境要因が，個体の適応度，種の存在，または群集の多様性に影響を及ぼしている。研究者は，適切な特性であると信じるものを測るのであるが（後述），次のような可能性が常に存在することに留意しなければならない。実際に特定の関係を持つ要因を測っていない，すなわち，対象の動物と相関をもつ特性が，真の原因である要因に相関しているのであって，それ自身が原因の主体ではない可能性が常にある。例えば，我々は，森林の異なる場所で繁殖する鳥の種の数は，生息地の何の特性によって影響を受けるかについて明らかにしたいと考えているとしよう。まず，それぞれの林分で，繁殖する鳥の種数と生息地のいくつかのパラメータを推定する。その結果，種数の豊富さと平均樹齢との間に，正の相関があることを見いだす。しかし対象となる鳥は成熟木を必要としないから，この相関は意味を持たない。事実，森林内のそれぞれの鳥は，若齢から，後期の遷移段階の林分まで利用する能力を持っている。また，鳥の種の豊富さと林分の大きさとの関係を確認すると，これらにも正の相関があることがわかる。林分が大きいほど，鳥の種数も多い。もし鳥が実際に反応する要因が，樹齢ではなく，林分の大きさであれば，樹齢と鳥の種数の相関は偽りの相関といえる。すなわち，それは実際の生物学的現象を反映していないのである。野生動物と生息環境の関係では，擬似的な関係は一般に見られることであり，解きほぐすのが難しいことがある。したがって，相関関係を解釈するときには十分注意しなければならない。

❏ 測定すべき生息地の特性をどのように決めるか

目標を決めるときに，時間と資金による制約を考慮しなければならない。我々は皆，できる限り最良の仕事をしたいと思っているが，我々の持っている資源には限りがある。調査者は，研究の最初の設計時に，このような制約に注意して計画を立てなければならない。

フィールドワークを始める前に，生息地のどの特性を選ぶべきかを判断する必要がある。次の問は，そのためのキーとなるだろう。①なぜその研究が行われるのか？②研究の焦点は何か？個体群か，種（全個体群）か，それとも群集か？③その種またはその種のグループの種生態は何か？④動物は，異なった生息地を1日のどの時間に，またはどの季節に利用するか？⑤異なった空間的スケールの生息地の特性は，野生動物にどのように影響を及ぼしているか？次に，検証されるべき仮説や研究の対象のリストを明確に示す必要がある。目標が明確になれば，その動物にとって重要と思われる生息地の要因について手がかりを得るために，文献調査が必要である。調査者はまた，対象となる動物の専門家に助言を求め，フィールドで時間を少しとって，相関を持つ可能性のある特性を決める必要がある。

生物のどのグループに焦点を当てるかの決定

野生動物の管理または研究上の疑問は，野外で現れる課題がもとになっていることが多い。例えば，我々は，なぜカモの個体数が減少しているのか，または，絶滅に瀕した種が存在するのかどうかについて明らかにしたいとしよう。この答えるべき疑問によって，1個体群（例えば，ある池のカモ）が調査されるべきか，あるいは，他の種（絶滅の危機に瀕した種のような）が評価に加えられるべきかが決まる。群集全体を見ることがさらに必要となるかもしれない。もし提案された仕事が種の多様性の管理を伴うものであれば，生息地のどの特性が，最も多様な野生動物群集を維持しているのかを明らかにする必要がある。この場合，我々は，個々の種と関連した特定の特性を調査せずに，林冠の容積，被陰，および湿度といったすべての種に影響を及ぼす特性を調査しようとするだろう。

調査者が，クロアシイタチのような絶滅の危機に瀕した種の再導入の可能性を明らかにしたい場合には，その主要な被食者（プレーリードッグ）の密度が高くて，適切な食物の基盤を提供していなければならない。そして，その群集内の地形学的特性（傾斜や標高のような土地に関する特性）と植生の特性が，プレーリードッグを維持する要因となるに違いない。プレーリードッグの他の捕食者がいないことも，再導入の適切な生息地の条件として重要である。

動物の種生態

生息地評価の調査を行うときは常に，環境を含む1年を通した対象種の相互関係，すなわち種生態を知ることが重

要である。例えば，渡りを行う水鳥は，多くの異なった地域を利用する。冬期の生息地では，十分な食物と捕食者から保護するためのカバーが提供されなければならない。渡りの時に利用される良好な生息地では，十分な食物が供給され，繁殖のための生息地では，食物や営巣場所，繁殖のためのカバー，および捕食者からの逃避場所を含んでいなければならない。現在，中央アメリカと南アメリカで，渡り鳥の越冬のための森林の生息地が減少していることに関心が持たれている。北アメリカでは，これらの鳥の渡りと繁殖に適した生息地がいくつかの地域で存在するかもしれないが，個体数は，越冬地である中央アメリカと南アメリカの生息地の消失によって減少するかもしれない。東部の落葉樹林で営巣するある渡り鳥は，一定の大きさの生息地パッチが必要であり，そこで営巣する留鳥の利用面積より広いことが多い。このように，連続する生息地の面積の減少は重要であり，生息地内のいくつかの特定の要因がある動物に影響を及ぼしている場合でも，パッチサイズの減少は，はるかに大きな影響を与える。ある動物は，年2回の移動パターンを持ち，それぞれ異なった生息地が必要である。また別の動物では，採食，繁殖，および越冬のための生息地がきわめて近接している。どちらの場合にも，移動のための回廊(コリドー)が考慮されなければならない。

自然史のデータ

野生動物とその生息地に関する初期の文献は，標準化された技術を用いずに，簡単な観察から主観的に得られた博物学者の記述が支配的であった。初期の博物学者達は，個体，種，および群集に影響を及ぼす特定の生息地の特性を，量的に評価する努力をあまりしなかった。

今日でも，自然史のデータは生息地の管理のために欠くことができない。ある種が生存し繁殖するために，いつ，どこで，どのようにその生息地を利用するかを知らないで，その種のために植生を管理しようとしても意味がない。詳細な自然史の観察が続けられ，どの生息地の特性が重要であるかを明らかにする助けとなってきた。しかし，1960年代後半以降，野生動物と生息地の関係を客観的，量的に分析する方向に明確な転換がみられた。現在では，対象の生物の環境を量的に記載するために，多種にわたる植生，土壌，および水のサンプリング技術が用いられている。我々の目標は，生息地のどの特性が，対象の生物と最も密接に関係しているかをより正確に求めることである。

時間的空間的尺度

野生動物の生息地を評価する場合，その評価に影響を及ぼす時間的空間的要因を考慮しなければならない。ある動物は，1年の決まった期間に特定の生息地を利用する。例えば，カナダヅルの2亜種は，アメリカ合衆国南部とメキシコで越冬する。これらのツルは，繁殖のためにカナダ北部へ渡る前に，毎年1月から4月の間に，ネブラスカ州南部のプラット川へ6～8週間かけて移動する。その鳥がネブラスカにいる時期に，越冬地での生息地の計測を行っても，実際に利用された冬期の生息地の状態を反映しないかもしれない。特に測定した条件が冬から春に変化する場合にはそうである。冬期の生息地の評価は，ツルがネブラスカへ発った直後に行うか，できれば，ツルを妨害しないなら，鳥が越冬地にいる間に行うべきである。

もしエリマキライチョウが営巣する地域で生息地の特性を測るのに数か月かかるとすると，草本の被度は，その間に変化してしまうだろう。植生の生長・発達によって，季節の初めに調査された場所は，後に調査された場所と比較することができなくなる。野外調査の時期が原因となって，生息地の研究に多くの偏りが持ち込まれる。したがって，評価の期間はできるだけ短くしなければならない。ただし時間によって変化しない特性は，調査者の都合に応じて測定することができる。

野生動物の管理者は，野生動物と生息地の関係について，しばしば公表された情報を用いて，生息地の改変結果を予測したり，生息地管理の決定の裏づけを行う。よく用いられる仮定は，ある尺度のレベル(例えば営巣場のすぐ周りの生息地)に適切な関係は，より大きな空間的尺度のレベル(例えば森林全体)の未知の事柄をも推定できるということである。このような既知の事柄からの推定は，根拠がある場合も，ない場合もある。そして生息地の特性が，ただ一つの尺度ではなく様々な空間的尺度で野生動物に影響を及ぼしていることも少なくない。野生動物の生息地選択は，おそらく，異なった空間的尺度に対応した環境特性による一連の反応を含んでいるから，これは驚くべきことではない。様々な空間的尺度に対応した生息地の要素を分析することによって，種や群集にとっての重要な生息地の特性をより深く理解することができるのである(Gutzwiller & Anderson 1987 a およびその中の引用参照)。パッチサイズ，回廊，および孤立の程度は，個体群のサイズ，種の存在の有無，および群集構造に影響を及ぼすかもしれない(Forman & Godron 1986 参照)。したがって，植生の特定の場

所の特徴ではなく，全体としての景観が大きな影響を及ぼす場合もあるだろう (Rodiek & Bolen 1991)。

動物と生息地の関係を評価するために生息地のどの特性を用いるかの決定

研究の最初に行う文献調査は，調査すべき特性を決めるのに役立つ。また，専門家との議論によって，焦点を明確にし，重要な特性にしぼりこむことができる。もし，ある種にとって，どの変数が重要であるか，または何を測るべきかについて同意できない場合には，このような変数についてさらに研究を進める必要がある。しかし同意できるなら，我々は不用な努力を避けることができるのである。自生の生息地における対象種の注意深い観察も重要である。研究者の中には時間と資金の制約を見落としがちな人もいるが，どの変数が重要かを判断する時には，現在および将来の時間的資金的な配分を考慮しておく必要がある。これは，調査を簡単にすること，すなわち生息地の特性の項目を少なくすることを意味する。

生息地の特性を数多く調査する「釣り探険(枚挙主義)」は，種と生息地の関係を調べるには効率的ではなく，概況調査のために役立つだけである。生息地全体の特徴を調査する概況調査は，どのような動物群(例えば草原性，低木林性，または森林性の動物)が存在するかを判断するのに役立つが，特定の種と結びついた生息地の重要な特性を識別する助けとはならないことも多い。

野生動物に関連する生息地の変数の例

動物は，ジェネラリストすなわち万能家で臨機応変主義者，またはスペシャリストすなわち専門家で競争主義者とに大きく分けることができる。例えばイエスズメ，アライグマ，およびコヨーテは，多様な環境に生息できるという理由で，ジェネラリストといえるだろう。これに対して，カリフォルニアコンドル，タテゴトヘビ，およびオオカミは，繁栄した生活のためには特殊な生息環境要素が必要であり，あまり特殊化していない種より生息地の破壊に対して脆弱である点でスペシャリストということができる。

重要な生息地の特性として，垂直的・水平的構造，湿度，日射，および温度がある。これらの条件の一つだけが不適当であっても，種は生存することができないかもしれない。例えば，砂漠で，岩以外の，サソリが必要とする全ての構成要素が存在したとしても，涼しさを保ち，隠れるための場所がなければ，この種は死んでしまうだろう。動物が生息地の構造にどのように適応しているかについては，進化が重要な役割を果たしている。ダーウィンフィンチ類は，種によって，嘴が，昆虫を捕るためや，種子を割るため，そして昆虫の探り針として用いるための棒きれを拾い上げるためにまで進化した。開放的な巣を作る鳥は早い時期に営巣を始め，育雛期間は短い。そのため雛は，夏の高温の影響を受けたり捕食者に発見される前に，巣立ちできるのである。樹洞に営巣する鳥は，たとえ生長が遅くても，これらの問題を避けて生存する道を選んでいる。

ある両生類は，一生の大部分を陸上ですごしているが，卵と幼体の時期には，水がなければ繁殖することができない。全てのプレソドン科のサンショウウオは，肺が退化しているか，肺を持っていない。彼らの皮膚は呼吸器官の役目もしているので，酸素の拡散のためにいつも湿っていなければならない。しかし，あるカエルやヒキガエルの種では，厚い皮を持っており，水場から離れたところで生存することができる。

日射は，植生に最も顕著な影響を及ぼし，その結果として，動物は植生の構造やタイプによる影響を受けている。爬虫類は，変温動物であるので，温度が特に重要である。温度が上がらないと，彼らは活動的にならないのである。

Cooperrider et al. (1986) は，生息地の重要な変数について広範囲にわたる記述と例を示した。対象の動物は，魚類から哺乳類まで，五つの脊椎動物のグループが網羅されている。

❏生息地の変数の測定

生息地の何のデータを収集すべきか検討した後には，データの収集方法を考える必要がある。データの収集方法によって，変数は次の二つに分けることができる。第一は主要な，すなわちマクロな生息地の特性で，生息地のサイズ，道路や水場からの距離，植生の被度，および消失した面積の比率などが含まれる。これらは実際にフィールドに行かなくても測定することができる。第二はミクロな変数で，これには植物の種構成，水の化学成分，枯死立木のタイプ，および木本の密度が含まれるが，これらは全て現地での調査が必要である。

調査者は，生息地の特性が対象種に影響を及ぼす様々なスケールを考慮する必要がある。異なったスケールで植生の特性が及ぼす影響は，対象種の体の大きさ，移動性，および生活史上の必要物と関連していると考えられるので，マクロとミクロのスケールは，相対的な表現である。スケールは，全ての種にわたって等しく定義することはできない。

すなわち，広い行動域を持つホッキョクグマのマクロな生息地の特性は，ヒキガエルの一種(sessile toad)にとってはマクロな特性よりずっと大きな地理学的スケールの特性となるのである。

マクロな特性の測定

リモートセンシングは，野生動物の生息地に関するデータ収集の時間が節約できる方法である。それには，衛星画像(ランドサット)，赤外線航空写真(Platts et al. 1987)，およびビデオ映像(Sidle & Ziewitz 1990)などが含まれる。生息地の規模と形は，衛星画像のデジタル解析または空中写真の判読から求めることができる。一般に，大縮尺(1：1,000～1：4,800)の空中写真は，小河川や植生の詳細な情報を判読するために必要である。

赤外線カラー(CIR)写真は，特に植生の解析に役立つ。色調は，サイズや形，パターン，陰影，きめの細かさとともに，高木や低木の樹種を識別する手助けになる。赤外線カラーフィルムを用いて，湖や河川の澄んだ水を透過させるには，絞りのF値を1/2開いて露出オーバーにするとよい(Cuplin 1978)。地域の一帯で野火があった場合，野火の程度と回復のレベルは，CIR写真から評価することができる。

いろいろな形式の地図がある。アメリカ地質調査局の地形図は，河川，道路，電線などの物理的な生息地の特性の位置について役立つデータを提供する。最近の地図では，傾斜，標高，方位，および生息地の概略の形に関する情報が得られる。しばしば，地方の地図は，採石場，地方の道路および建物といった詳細な情報を提供してくれる。地方裁判所で入手できる地域土地所有地図は，フィールドワークを始める前にしばしば助けとなる。

水場，道路，または崖までの距離は，地図から測ることができる。生息地の外縁，柵の支柱，建築物，または油井までの距離は，地上で巻き尺や距離計を用いて測定するか，空中写真から測定する。このような測定によって，ある特性がどのように重要か，すなわちある特性と対象の動物がどのように関係が深いかを知ることができるのである。

アメリカ森林局は，標高，土地の形状および歩道の情報を示す地図を提供している。いくつかの森林管理者の事務所では，それぞれ特色のある詳細な情報が記載された地図が入手できる。アメリカ土地管理局の地図は，それらの大部分は西部の州で入手可能であるが，土地所有について詳しい情報が得られ，崖，池，小川のような総体的な生息地の特性の位置を確認する助けとなる。他の州や地方，および連邦の政府機関が発行している地図は，大学図書館または政府の文書展示室から入手できる。さらに，多くの州や地方の高速道路の部局では，調査地や，湖沼，河川，山岳地域といった地形的特性の位置を特定する時に役立つ概括的な地図を提供している。

ミクロな特性の測定

水生動物の生息地

水域では，魚類や水生生物を養い，移動のための媒体となる水空間の特性に関する記述が重要となることが多い。魚は異なる生活段階では異なる流速を利用し，水辺を渡り歩く鳥は流速の速い所や深い水場で立ったり採食したりはしない。河川の幅は，現存の水面に一方の岸から他方の岸へ渡した水平なトランセクトラインとして測定する。この河川の幅と，ある魚の現存量の増加または減少との間には相関が見られる場合がある。水深は，現存の水面のレベルから川床の底までの水柱の垂直な高さである。比較が可能な信頼性の高い結果を得るには，同じ場所で，1日の同じ時間に，毎月測定する必要がある(Platts et al. 1983)。岸辺の深さは，当年生の若い魚にとっては決定的に重要であり，岸辺線または岸辺線上の土手の末端で測定する。河川の瀬や淵では，その幅，深さ，急流までの距離，および急流の長さが測定される。これらの要因と魚の豊富さ，成長量，および生存率との関係から，ある動物種に対する淵の質を推定することができる。

明るさは，多くの魚類や野生動物にとって重要であり，川への樹冠の被陰を測定するには，照度計か，または被陰を測る装置を用いる(Platts et al. 1987)。川に沿った植生は，ほとんど完全に被陰を提供するものから，全く提供しないものまで様々である。この要因は水温と生産性に影響を及ぼす。家畜によって川の岸辺が過度に利用され，植生が踏みつぶされて枯死すると，被陰を減少させ，浸食を増加させることになる。

底質の測定についても検討しなければならない。シルト(沈泥)や砂の川底は，生息する魚の種類に影響を与える。例えば，マスのいくつかの種は，重要な食物源となる無脊椎動物の生息地を提供する岩質の川底に分布する。岩質の川底は，岩によって流れが弱くなるので，重要な産卵場所であり，両生類の好む場所である。

湖沼や河川の化学的な測定は，栄養や有害化学物質に関する情報を提供する。基本的な水質の調査は，化学薬品の店で入手できるキットを使って行うことができる。特定の

汚染物質の疑いがある時には，その検査技術を，化学ハンドブックで調べる必要がある(例えば，Rand & Petrocelli 1985)。

　水の濁度は，生息する魚種のタイプに影響を及ぼす。コイは濁った水でも住めるが，多くのマスは，被食者が見える澄んだ水が必要である。濁度はまた，生息する無脊椎動物の種にも影響し，その結果水鳥の生産性に影響を及ぼす。湖沼の濁度は，セッキディスク(透明度板) (Platts et al. 1987)で測定されることが多い。湖沼や河川の濁度を調べるために，実験室での伝導度の検査も行われる(Nielsen & Johnson 1983)。

　湖沼では，底部の構造や深さ，水生植物および堆積物が，魚の生産力に関係している。水に含まれる化学物質は，無脊椎動物の生産力や種構成と重要な相関がある。有機物を分解する細菌は好気的に呼吸するので，湖沼や河川に放棄された有機物のゴミは，酸素を枯渇させる。この結果，いくつかの水生動物は嫌気的な状態に対して耐性がないので，全般的な種の多様性を低下させることになる。同様に，SO_2や酸性雨に起因してpH値が低下すると，湖沼や河川の魚類や無脊椎動物の個体数は減少するだろう。

陸生動物の生息地

　群集構造，他の動物の存在の有無，および動植物の多様性といった多くの要因が，陸生の野生動物に影響を及ぼしている。それぞれの動物種に応じて，植生の高さ，林冠層の数や生活型，および植生の空間的分布のような重要な特性を選ぶ必要がある(Anderson 1981, Hays et al 1981)。

物理的特性

　陸上の環境の物理的特性は，しばしば野生動物の豊富さ，多様性，または生産力と関連している。標高の勾配は，植生と気候の変化と関連している。例えば，Finch (1989)は，ワイオミング州において，標高によって鳥の種構成が変化することを報告した。一般に，標高のデータは地図から読みとり，標高と野生動物との相関を評価することができる。地形的な起伏の多さは，ある種の野生動物による地域の利用に影響を及ぼすだろう。Beasom et al. (1983)は，地形図から地表面の起伏度を推定する方法を示した。

攪乱のタイプ

　岩の堆積場，貯水池，および特殊なタイプの土壌は野生動物を惹きつける(Dealy et al. 1981)ので，記録すべきである。植生は小型哺乳類に隠れ場を提供し，その結果，猛禽類の食物を提供する。フェンスの支柱や建物も攪乱に関係する変数であり，種の構成を変えることがある。ある鳥は柵の支柱を止まり木として利用し，建物を止まり木や営巣のために利用する。ある地域の生息地を完全に評価するには，わずかな人間による攪乱でも，計測するか，あるいは存在するか否かを記録しておくべきである。

地理的特性

　一般に地理的特性には地形学的特性と土壌学的特性の二つが含まれる(Maser et al. 1979)。地形学的特性は，地質的な過程の産物である。これには，崖，洞窟，平らな岩石層，溶岩流，砂丘，およびプラヤ(米西部の乾燥平野)が含まれる。地形学的特性の一般的な測定項目には，対象の差し渡し，地上からの崖の高さ，地表の起伏，洞窟の存在，そして対象の深さ，幅，および母岩などがある。土壌学的特性とは，周りと明確に区別ができ，植生に対応して現れる局所的な特有の土壌の特性である。ある特定の土壌に覆われた地域では，繁殖や隔離のような活動のための特殊な生息地となることがある(Master et al. 1979)。

　崖錐(がいすい)は，崖や，崖の基部に崩れ落ちた岩屑の堆積で，土壌的な特性である。重要と思われる要素には，堆積物の長さ，深さ，幅，および岩石のタイプが含まれる。崖

Box 23-2　野生動物にとっての崖の重要性

　ワイオミング州南西部では，乾燥した草原が，所々崖でさえぎられている。これらの崖地を調べた生物学者は，崖には野生動物の多様性を増すと考えられる植生の特徴がそろっていることに気づいた。野生動物に及ぼす崖の影響を評価するために，彼らは13か所の崖の調査地と7か所の対照地(崖のない場所)を設定した(Ward & Anderson 1988)。

　各調査地では，400 mのトランセクト6本の上で鳥類を調査し，210 m²の方形区3か所で小型哺乳類を調査した。崖の向き，角度，明るさ，高さ，表面の起伏，崖錐の長さ，および露出した岩の量を含む物理的な特性を測定した。水場，道路，および柵までの距離を，地図上で計測した。植生を，各小哺乳類のトラップ設置場所に1 m²の方形枠を置いて調査した。

　崖地での生物の量(種毎の個体数)と種の豊富さ(種数)を対照地と比較するために，分散分析を用いた。調査地のどの特性が測定した各パラメータと相関していたかを求めるために，all-subsets regression (Dixon 1981)のプログラムを用いた。

　その結果，小哺乳類の個体数が，対照地($\bar{x}=59\pm11.03$ [SE], n=7)よりも崖地($\bar{x}=97\pm5.94$ [SE], n=13)で多いことが明らかになった。哺乳類の個体数は，崖錐および地形的な起伏と相関が認められた。小哺乳類の種数は，対照地($\bar{x}=4.0\pm0.50$ [SE], n=7)よりも崖地($\bar{x}=6.0\pm0.35$ [SE], n=13)で高いことを示した。オスの鳥の個体数は，崖の角度と水場までの距離に相関していた。

　このようにして，生物学者は，どの特性が野生動物に関係していると考えられるかを示すことができた。これらの結果は，乾燥した岩の多い草原で，野生動物の生息地を改善するために用いることができる。

錐は，繁殖期や越冬期の間，ナキウサギのような動物を保護する場となる。また，崖錐の近くに住む野生動物で，狩猟のためにこの地域を利用する動物もいる。トカゲ類，ヘビ類，鳥類および哺乳類は，岩の間を隠れ場にできるので，崖錐を好む。

生息地評価の標準化された方法

一般に，野生動物の管理者は，野生動物の個体群を維持する能力という観点から地域を評価する。このためのアプローチの手法には，空間的多様性，生息地のモデル，および野生動物と生息地の相関がある。

空間的多様性

空間的多様性は，具体的には，現存する生息地の水平的な多様性を測定するものである。点在度（異なった生息地タイプの混在の指標）と並列度（1年を通した近接度の指標）(Giles 1978)を組み合わせた手法が用いられる(Hinen & Cross 1983)。

対象とする種の生息地で重要な構成要素となっている植生のカバータイプがどれかを識別しなければならない。そしてこの重要なカバータイプについて，データを収集する必要がある。空中写真か，野外でのサンプリングが用いられる。これらのデータを，格子が入って重ね合わせができる写真か，地図上に書き込むのが最もよい。格子のサイズは，行動域の大きさと景観のパッチの大きさによって選択する。

点在度は，与えられたセルについて，周りの異なったカバータイプのセルの数をかぞえて計算する。中央のセルの周りには8個のセルがあり，対象のセルと異なるセルの数を8で割る。最終的な指標の値は0と1の間になる。

点在度(I_x)の計算例を次に示す。

A	B	B
B	A	A
A	C	C

ここに，文字 A，B，および C は異なった種類のカバータイプを表し，中央と異なるカバータイプの合計数＝5，異なったカバータイプの最大可能数＝8である。したがって，

$I_x = 5/8 = 0.625$ となる。

並列度は，中央のセルの周りの境界のタイプの全ての組み合わせを最初に確認して計算される。各境界のタイプを数値で評価し，対角線上の角で接する境界には1を，水平または垂直の辺で接する境界には2を与える。0から1の範囲で相対的な重み付けをした要素を，各境界のタイプに割り当て，異なった群落の連続度の特性を表す。各境界のタイプの合計値を求めるために，重み付けした要素を各境界タイプの数値に掛ける。そして全ての値を合計し，それぞれの中央のセルの並列度指数を求めるために，12（境界のタイプの最大合計数）で割る。

並列度(J_x)の計算例を次に示す。

境界のタイプ	数値の評価	質	合計
A/A	4	0.2	0.8
A/B	5	0.5	2.5
A/C	3	0.6	1.8
			5.1

この例では，$J_x = 5.1/12 = 0.425$ である。

同じカバータイプを持つ二つのセルの隣接部には実際の境界は存在しないが，そのタイプの区域が大きいことが対象の動物にとって重要な場合には，並列度指数の算出のために，重み付けした要因が与えられる。

Mead et al(1981)が述べた空間的多様度(Sd)の指数は，次のようになる。

$$Sd_A = ([\sigma_A I_s] + [\alpha_A J_x])(1_A)(2_A)(3_A)$$

ここにAは特定の種を示し，σ_Aは並列度と関連した点在度の重要性を示し，α_Aは点在度と関連した並列度の重要性を示す(σ_Aとα_Aはそれぞれ0と1の範囲にあり，両者の合計は1でなければならない)。1_A，2_Aおよび3_Aは，除外要素を示す。これらも0から1の範囲の値である。除外要素とは，特定の種に肯定的または否定的影響を及ぼす何らかの生息地の構成要素である。前の例では，Sd_A の指標は次のようになる。

$$Sd_A = (0.5 \times 0.625) + (0.5 \times 0.425) = 0.525$$

この例では並列度と点在度は同等に重要であると考えられており，除外要素はないとみなされている。しかし，対照

の地域や種に応じて，除外要素はいくつでも設定されるだろう。除外要素の肯定的な効果の例は，1.6 km 以内の水場の存在である。もしそれが存在すれば，1_A に 1 の値を与え，指標には影響を及ぼさない。水場が存在しないなら 0 を与え，指標を 0 にする。否定的な影響力を持つ除外係数は，対象種の生息域において生息地の適合性を減少させるような要素である。この例として油井のやぐらをあげることができる。それが存在する場合には 1_A に 0 の値を割り当て，その結果，空間的多様度 (Sd) の指標は 0 になる。除外要素に割り当てる値は 0 から 1 の範囲であり，空間的多様性の微妙な差を Sd_A の指標に敏感に反映させることができる。

生息地のモデル

野生動物と生息地のモデルは，変化の関係を記載しようとする試みである。これは，しばしば数学的な式を用いて表現される。式の一方の辺で入力値を変え，他方の辺で結果を予測することができる。したがってこの過程は，記載的であり，かつ予測的でもある。以前は，野生動物の管理者は，モデルをあまり用いなかった。野生動物の研究分野におけるこのアプローチは，1970 年代に流行し始め，今日かなり頻繁に用いられている。しかし，野生動物の管理者は，モデルの利用にまだ完全には慣れていない。

モデルをたてるときには，自然のシステムを考察する必要がある。様々な構成要素を識別し，それらが互いに関係するように選択されなければならない。森林の伐採が森林－鳥類群集に与える影響を予測するために，あるモデルを用いるとしよう。この場合には，生物群集と，鳥類の採食と営巣のために必要な植生に関連した要因について知る必要がある。そして選択された構成要素間の関係を理解しなければならない。したがって，モデルをたてる人は，考えを具体的に明確にする必要がある。これには，モデルで評価したい情報を，手書きで記述することが多い。問題を概略的に記述し，相互関係を持つ入力変数をリストアップする。そして通常は，図解で示して，入力・出力変数がどのように相互関係を持つかを検討する。時には記載的といってよい段階でモデル化される場合もあり，また時には実際の数学的関係が開発される場合もある。

モデルの展開がすめば，次には，それを評価することが必要である。入力値を変化させて，モデルの意味を検証し，出力の効果を正確に決める。これによって，何の要因がモデルに関係し，野外でどのように役立つかを知ることができるのである。

モデルは，いろいろな理由で利用されている。例えば，小川の水路化はマスの個体群にどのような影響を及ぼすかを知りたいとしよう。マス個体群の生息地要求を知ることによって，我々は水路化の後に何が生じるのか予測できる。また，前年の秋の個体群サイズ，冬期の気象状態などを基礎にして，シカの春の個体数を予測するためにも，モデルが用いられる。地域の管理に役立つモデルもある。例えば，水の流れに関する知識は，広い地域にわたって野生動物の個体数に及ぼす全般的な影響を予測するために用いられるだろう。また，時には 0.5 ha かそれ以下の小さい面積の，局所的な地域にだけ役立つモデルもある。このように，モデルを開発し適用するには，地理的なスケールを考慮しなければならない。

モデルの開発の際にもう一つ考慮すべきことは，野外で生息地の変量が測定可能かどうかということである。モデルでは，「より多い」，「より少ない」，「小さい」，「大きい」といった主観的な用語が用いられることも多い。このような記述は客観的には測定できないので用いることができない。ha 当たりの樹木の本数とか，河岸の生息地の何 km といった，測定しモデルに入れることができる変数を選ぶことが重要である。当然，これらの要因は，対象の種に影響を及ぼすと考えられるものでなくてはならない。したがって，モデルを開発した人は，モデルをどのように用い，何の要因を考えるべきかを注意深く見る必要がある。要因の測定があまりに困難であったり高価であったりすると，そのモデルは使われないだろう。単純で意味のあるモデルが，最も望ましい。Weakley (1988) は，生息地適合指標 (habitat suitability index：HSI) のモデル (後述) を利用しやすくするために，その適用を単純化する方法について述べた。

生息地の評価技術を標準化する方法として，様々なモデルが開発されてきた。そのモデルの中には，過大評価されたものがあったことに注意する必要がある。例えば，HSI モデルを用いて，対象の種に影響を及ぼす他の種の存在を見ないで生息地が評価されることがあった。統計的なモデルを含む，他の多くのモデルも，同じ問題に陥りやすい。したがって，モデルは，局所的なレベルでは有用であっても，より広い地域的な基盤では適用できない場合がある。

1984 年に，カリフォルニア州で，陸生脊椎動物の生息地の関係のモデル化に関するシンポジウムが開催された (Verner et al. 1986)。そのシンポジウムでは，方法の標準化に利用できるモデルについて多く議論された。Berry (1986) は，モデルを，多種に対する単一種のモデル，群集のモデル，および生息地解析モデルの三つのタイプに区分した。これに関連して彼女 (Berry 1986) は，HSI モデル，生

息地－収容力モデル(habitai-capacity model：HC)，および種と生息地の構成要素との相関を示すパターン認識モデル(pattern-recognition model：PATREC)について述べた。HSIモデルは，アメリカ魚類野生生物局によって開発され，野生動物の研究者の間で多くの議論を重ねて一般化されたものである。HSIモデルは，特定の生息地の物理的，生物的属性を用いて生息地の適合性の指標を生み出すためのもので，ある動物種の生息地の環境収容力に比例すると仮定される。HSIモデルは，一般に直線モデルで示され，他種と関連した生息地の一連の変数を含んでいる。

生息地適合指標モデル

HSIの値を求める手法は，生息地評価手法(Habitat Evaluation Procedure：HEP)の作業の中で明確に記載されなければならない。これは，信頼性を確立し，意志決定において分析が有効に利用され，決定の基礎となる永続的な記録を提供し，そしてHSIモデルの将来の改善を行うために必要である。Ellis et al. (1979)の研究は，このような記載によってHSI値の算出が再現性を増すことを実証している。再現性は必ずしもHSIの値が正確であるということを意味するものではないが，再現性は改善された精度に対する前提条件である。

HSI値について説明するには，HSIモデルの使い方をはじめから最後まで通して表すのが良い方法である。HSIモデルは，単語または数学的な形式で示されるが，その形式にかかわらず，HSIの計算に用いた規則や仮定を明確に記述しなければならない。HSIの計算の過程には，①HSIモデルに必要な要因を設定する，②HSIモデルを開発する，③利用可能な生息地に対してHSI値を決定することが含まれている。

HSIモデルに必要な要因の設定

HEP(生息地評価手法)で用いられるモデルは，指標の形をとる必要がある。Inhaber (1976)は，この指標を，ある対象の値と比較の基準間の比率と定義した。HEPを目的とした場合，対象の値は，調査地域における生息地の状態の推定値である。そして比較の基準は，評価される種の生息地の最適な状態である。したがって，

$$指標値 = \frac{対象の値}{比較の基準},$$

すなわち

$$HSI = \frac{調査地の生息地の状態}{最適な生息地の状態},$$

ここに，分子と分母は同じ測定単位を持っている。HSI値は，0と1.0の間であり，他の指標と同じくディメンジョンがない。

HSIモデルの開発

HSIモデルの理想的な目標は，環境収容力に対して，立証され，定量化された関係を持つ指標を作ることである(例えば，単位面積当たりの生物量の単位，または単位面積当たりの生物生産量の単位)。この目標に，しばしば手が届かないことがある。したがって，より簡単に入手できて，許容できる目標が定義されなければならない。HSIモデルの許容できる目標とは，少なくとも，例えば，ある動物種の生息地の必要条件について知識のある専門家によって長期間の環境収容力に関係していると考えられているような指標であることが必要であろう。

利用可能な生息地のHSI値の決定

例として，ヌマミソサザイの繁殖地の異なった場所で，抽水植物の生長型，水生植生の植被，および水深が，その生息の有無にどのように影響を及ぼしているかについてBox 23-3に示す(Gutzwiller & Anderson 1987 b)。HSIモデルは100種以上の動物に対して開発されてきたが(Wakely 1988)，検証された，すなわち野外で評価された例は，ごくわずかであった(例えば，Lancia & Adams 1985)。

生息地－収容力モデル

HCモデル(生息地－収容力モデル)は，アメリカ森林局が開発したモデルで，異なった種構成と関連した条件，または，その維持に必要な条件を記述するために用いられてきた。このモデルは，生息地の収容力の配点をもとに重み付けした値を用いるもので，その配点は，植生の各遷移段階で，特定種の繁殖，休息，および採食について評価される(Hurley et al. 1982)。

一般的なHCモデルは，三つの形式のデータシステム－説明部，生息地要素間の行列，および法律，管理上の位置付けの行列－で始まる。説明部は，生活史のデータ，法律および管理上の位置付け，生息地の分布，繁殖のデータ，特別必要な生息地の要素，食性，テリトリーまたはホームレンジのサイズ，引用，および他の管理に関する情報を含んでいる。

生息地要素間の行列は，陸生の種と水生の種とで異なっている。陸生種の行列では，植生タイプの利用と特別必要な生息地の要素(枯死立木や断崖の斜面など)に関する情報が示される。陸生種にとっては，各植生タイプと森林構造の遷移段階は，繁殖，採食，および休息の生物的な機能と

Box 23-3　ヌマミソサザイのHSI

ヌマミソサザイの生息地適合指標モデル(Gutzwiller & Anderson 1987 b)では、0(不適な生息地)から1(最適な生息地)までの生息地適合指標(HSI)が示される。ヌマミソサザイのための湿地の適合性と湿地の特性との提案された関係は、つぎのとおりである。

$$HSI = (SIV\,1 \times SIV\,2 \times SIV\,3)^{1/3} \times SIV\,4,$$

ここに、
　SIV 1＝抽水植物の成長型の適合指標(SI)，
　SIV 2＝草本の抽水植生の植被率の適合指標，
　SIV 3＝平均水深の適合指標，
　SIV 4＝木本植生の植被率の適合指標。

全体の適合指標(HSI)は、このように、生息地の4変数(V 1〜V 4)の各適合指標の幾何平均と積から推定される。このモデルは、ヌマミソサザイのカバーと繁殖のための資源を提供することを目的として、湿地の価値を推定するために開発されたものである。

ある生物学者は、ある湿地が、その植生や水の特性を基礎にして、ヌマミソサザイの繁殖を維持することができるかどうかを明らかにしたいと考えた。彼は、ランダムに選んだ地点から、上の四つの環境変数のデータを収集した。各生息地変数の適合指標と実際の生息地の測定値との仮定された関係(モデルの提示が役立つ)を用いて、彼は、野外の測定値を各適合指標(SI)に変換した。HSI値は、このように、上のモデルを適用して得られた値である。

サンプル	生息地の測定値				適合指標(SI)				全体の生息地適合指標
	V 1[a]	V 2 (%)	V 3 (cm)	V 4 (%)	SIV 1	SIV 2	SIV 3	SIV 4	(HSI)
1	1	72	5	10	1.0	0.63	0.37	0.90	0.55
2	2	83	0	12	0.5	0.90	0.00	0.88	0.00
3	1	77	15	53	1.0	0.79	1.00	0.47	0.43
4	3	64	20	62	0.1	0.43	1.00	0.38	0.13
5	1	81	25	11	1.0	0.89	1.00	0.89	0.86
6	1	92	27	20	1.0	1.00	1.00	0.78	0.78
7	2	91	31	36	0.5	1.00	1.00	0.65	0.52
8	4	80	39	29	1.0	0.88	1.00	0.71	0.68
9	1	40	9	75	1.0	0.08	0.55	0.25	0.09
10	1	52	19	5	1.0	0.13	1.00	0.95	0.48

[a] 1：ガマ属、ミクリ属、ホタルイ属、2：ヨシ属、クサヨシ属、スゲ属、3：アメリカヤマタマグサ、マングローブ、4：他の成長型。

これらの計算から、生物学者は、多くのサンプル地点で全体の適合値(HSI)が0.55以下であったことから、その湿地は、全体として重要ではない貧困な生息地しか提供していないと結論した。

関係して重要である。利用の季節性もここに含まれる。

それぞれの生物的な機能をもとに、特定の植生タイプと遷移段階に含まれる種の集合に対して、「生息地資質評定」と呼ぶ値が各セル内に割り当てられる。この値は、最新の文献や専門的な知識をもとに配点される。その値は整数で、1〜3の範囲である。生息地資質評定の"1"は、生息地がその生物的機能に対して最適である(必要な要素が全て含まれており、制限要因はない)ことを示す。生息地資質評定の"2"は、特定の生物的機能に対しては許容できる生息地であるが、ある要因がその個体群を最適密度に到達することを妨げていることを示す。生息地資質評定の"3"は、かろうじて用件を満たす生息地であり、その種は利用するが、ある必要要素が欠落しているか、制限されていることを示す。

最後の値、生息地資質評定の係数(HCC)は、それぞれの植生タイプと遷移段階毎に計算される。HCCは、繁殖、採食、および休息のための生息地の収容力をもとにして、総計され、重み付けされた値である。この値は、0.00〜1.00の範囲である。

水生植物の生息地要素間の行列は、生息地資質評定の格付けすなわち係数を含んでおらず、季節的な利用を示すこともない。これらの行列には、水域の様々な生息地や微少生息地の要素を含んでおり、ある要素の利用は、「生存に必要である」、「生存に必要でない」、または「不明」として示される。

最後のデータの形式は、法律、管理上の位置づけを示した行列である。これらの行列には、連邦政府の絶滅危惧種の評定、州政府の絶滅危惧種の評定、非狩猟動物としての保護の有無、および狩猟の方法といった、対象の動物に関する情報が含まれる(Sheppard et al. 1978)。

パターン認識モデル

パターン認識モデルすなわちPATRECモデル(pattern-recognition model)は、ある動物にとって生息地が適切であるかどうかを評価するために、一組の仮定的な確率で示したものである。このアプローチを利用するには、ある動物種にとって適切なまたは不適切な生息地を構成しているのは、何の特性かを知らなければならない(Williams et al. 1978)。

通常、生息地の大きさ、枯死木の本数、水の利用可能性のような、一組の生息地の属性が考慮されなければならない。個体群の密度が各生息地の要因とどのように関連しているかは、あらかじめ知っておく必要がある。そして、野外で採集されたデータや、あるいは必要であれば空中写真を用いて、生息地の評価が行われる。「生息地適合性の期待値」(expected habitat suitability：EHS)は、次のようにして計算される。

表 23-1 主な脊椎動物の生活型(Thomas 1979:246)
表は各群集の中でそれぞれが採食し，繁殖する生物の種数を示す。

生活型	繁殖	採食	種数*	例
1	水中	水中	1	ウシガエル
2	水中	地上，低木林内，高木林内	9	サンショウウオの一種(long-toed salamander)，ヒキガエルの一種(western toad)，カエルの一種(Pacific treefrog)
3	水辺の地上	地上，低木林内，高木林内および水中	45	ガーターヘビ，フタオビチドリ，セイブトビハツカネズミ
4	崖，洞窟，縁辺岩，崖錐	地上または空中	32	ワキモントカゲ，ワタリガラス，ナキウサギ
5	特定の水場または崖，縁辺岩，崖錐と関係しない地上	地上	48	セイブフェンスハリトカゲ，ユキヒメドリ，エルク
6	地上	低木林，高木林，または空中	7	アメリカヨタカ，ヒメウタスズメ，ヤマアラシ
7	低木林内	地上，水中，または空中	30	コマツグミ，オリーブチャツグミ，チャガシラヒメドリ
8	低木林内	高木林，低木林，または空中	6	ネズミメジロハエトリ，オオアメリカムシクイ，オウゴンヒワ
9	主として落葉広葉樹林内	高木林，低木林，または空中	4	ヒメレンジャク，ボルチモアムクドリ，メキシコマシコ
10	主として針葉樹林内	高木林，低木林，または空中	14	アメリカキクイタダキ，キヅタアメリカムシクイ，アメリカアカリス
11	針葉樹または落葉広葉樹林内	高木林，低木林，地上または空中	24	オオタカ類，キビタイシメ，シモフリアカコウモリ
12	高密度の枝上	地上または水中	7	オオアオサギ，アカオノスリ，アメリカワシミミズク
13	自分で掘った樹洞内	高木林，低木林，地上または空中	13	ハシボソキツツキ，エボシクマゲラ，ムネアカゴジュウカラ
14	他の動物が掘った穴または自然の穴	地上，水中，または空中	37	アメリカオシドリ，アメリカチョウゲンボウ，オオアメリカモモンガ
15	地下の巣穴	地上または地下	40	ヘビの一種(rubber boa)，アナホリフクロウ，コロンビアジリス
16	地下の巣穴	空中または水中	10	ショウドウツバメ，マスクラット，カワウソ
		合計：	327	

*生活型への種のあてはめは優占的な生息地利用のパターンに基づく。

$$\mathrm{EHS} = \frac{P(H) \times P(I/H)}{P(H) \times P(I/H) + P(L) \times P(I/L)},$$

ここに $P(H)$＝高密度の生息地の比率，$P(I/H)$＝その地域で高密度を維持できる可能性の確率，$P(L)$＝低密度の生息地の比率，および $P(I/L)$＝その地域で低密度を維持する可能性の確率である。高密度または低密度の個体群の潜在的能力は，調査したデータから決定される。

生活型システム(Thomas 1979)や群集－ギルドモデル(Verner et al.1986)のような複数種のためのいくつかのモデルは，群集モデルである。これらのモデルによって，採食や繁殖について同様な生息地要求を持つ種をグループ分けし，種の特定のグループを維持する一般的な地域特性を明らかにすることが可能になる。

生活型モデル

生活型モデルは，ある群集の中に見られる全ての動物種を含ませようとするものである。そのモデルでは，採食，繁殖，および他の生活史の重要な活動をもとに，群集に対して一連の生活型のカテゴリーを区分する。そして全ての種を生活型のカテゴリーの中に位置づけ，それによって，管理者が地域内で考慮すべき種の数を減らすことができるのである。例えば，Thomas(1979)は，オレゴン州とワシントン州のブルー山脈における生活型の概念の開発で，327種の動物を16の生活型に区分した(表23-1)。生息地は，野生動物をグループ分けするときの基礎となるので，生息地のデータは，モデルを開発するために利用できるものでなければならない。

各生活型の中では，より詳細なデータが個々の種に対して提供される(例えば表23-2)。このようにして，管理者は，

表 23-2 生活型に基づいて分類された植物群落に対する野生動物の志向(Thomas 1979:247)
生活型 2。水中の繁殖と地上，低木林内，高木林内の採食(9 種)

文字コード	種		●：繁殖および採食，R：繁殖のみ[a]，F：採食のみ[a]														繁殖	採食
	両生類																	
AMTI	トラフサンショウウオ		●	●	●				●	●							5	5
AMMA	オナガサンショウウオ		●	●	●	●	●		●						●		7	7
ASTR	オガエル								●		●	●	●	●	●	●	6	6
SCIN	Great Basin spadefoot toad[b]	●		●	●	●		●									6	6
BUBO	western toad[b]		●		●	●		●		●	●	●	●	●	●	●	12	12
BUWO	Woodhouse toad[b]	●	●	●	●		●	●									7	7
HYRE	Pacific treefrog[c]	●	●	●	●	●	●	●	●	●	●	●	●	●	●		14	14
RAPR	spotted frog[c]							●		●	●	●	●	●	●	●	8	8
RAPI	leopard frog[c]		●														2	2
各群落を利用する種の数	繁殖	3	6	5	7	5	2	6	3	9	4	4	4	4	3	2		
	採食	3	6	5	7	5	2	6	3	9	4	4	4	4	3	2		

植物群落（左から）：乾燥草原，湿性草原，他の草本，セージブラッシュ―ビターブラッシュ，カールリーフマウンテンマホガニー，他の低木林，ウェスタンジュニパー，クエイキングアスペン，河畔（広葉樹），ポンデローザマツ，針葉樹混交林，コロラドモミ，ロジポールパイン，アルパインモミ，高山草原

各動物種によって利用された群落の数：繁殖，採食

[a]ここには記載されていない。Tomas(1979:248-269)を参照のこと
[b]Great Basin spadefoot toad, western toad, woodhouse toad はヒキガエルの一種
[c]Pacific tree frog, spotted frog, leopard frog はカエルの一種

低木林の除去によるインパクトを検証し，影響を及ぼす生活型のリストをあげることができるのである。生息地の特性がどのように種の数に影響するかは，それぞれの生活型で必要とされるものを詳細に調べることによって，より詳しく見ることができる。同様に，植物群落の遷移の効果は，生活型に影響を及ぼす変化を詳細に観察することによって検証することができる。

Thomas(1979)は，各動物種の生息地の季節的利用に関する情報をまとめて，生活型の概念を発展させた。彼は，その動物がある地域をいつ繁殖や採食のために利用するかを月毎に示した。彼は，これらのデータを用いて，それぞれの種が，生息地の人為的操作に対してどのように反応するかを計算した。どこにでも適応できる万能な種は生息地の操作に対して感受性が低く，万能でない種は感受性が高い。

各動物種の万能性のスコア(V)は，植物群落の合計数と，その種が採食や繁殖のために主に選択する遷移段階の合計数を求めることによって得られる。

$$V = (C_r + S_r) + (C_f + S_f),$$

ここに C_r はその種が繁殖のために用いた群落の数，S_r は繁殖のために用いた遷移段階の数，C_f は採食のために用いた群落の数，および S_f は採食のために用いた遷移段階の数である。

ギルドモデル

ギルドとは，同じ種類の環境資源を同様な方法で利用する種のグループを意味する。各ギルドは，実際は調査者によって定義される。しかし，クラスター分析や主成分分析のような統計的な手続きも，ギルドを定義するために用い

られてきた。

Verner (1984) は，ギルドの概念を用いて，野生動物の管理ギルドを定義した。例として鳥類を用いると，採食のために樹冠を利用する全ての鳥は，一つの管理ギルドに含めることができると彼は考えた。森林の伐採は，そこで採食する全ての鳥に影響を及ぼすだろう。ギルドの概念は，さらに落葉樹林の林床で採食する全ての動物や，枯死立木を利用する全ての動物に拡張することができる。各ギルドは，一つの植物群落内で1組の行列を作り，どの動物が生息地の自然的，人為的変化に影響を受けるかを示すことができるのである。

生息地評価手法

生息地評価手法 (habitat evaluation procedure : HEP) は，生息地解析モデルの1例である。この手法は，アメリカ漁業野生生物局が開発したもので，生息地を評価するために，一連のHSIモデル(生息地適合指標モデル)を用いる。適合指標は，与えられた種に対してその種のHSIモデルを用いて計算する。1種に対する各HSIモデルは，群落全体を順々に調べて計算される。この過程は，生息地の質の指標を算出するものであり，この指標は，評価される全ての種にHSI値を当てはめて得られる。ある種の生息地の「値」は，生息地の面積とその生息地の質の指標の積として表される。

生息地適合指標の値(0.0～1.0)に，利用可能な生息地の面積を掛けると，生息地単位の値が求められ，地域の比較が可能となる。したがって，収容力が高い地域は，他のあまり適切でない生息地を，目的の種が維持できるように，改善するのに役立つだろう。同様な生息地のモデルには，野生動物－魚類関係プログラム，シミュレーションモデル，および経済分析モデル (Verner et al. 1986 参照) がある。

野生動物と生息地の相関

我々は，相関が，原因と結果の関係を説明するものではないことを知っている。それにもかかわらず，たとえ正確な原因のメカニズムが理解されていなくても，相関は，個体群，種(全個体群)，または群集の生息地の管理に役立つという理由で，管理者にとって価値があるといえる。例えば，道路の密度とシカの個体数との間に，負の相関を見いだしたとしよう。我々は，このような関係の背後にある原因を示すことはできない。交通事故死と狩猟の成功が道路密度の増加に伴って増加はするだろうが，真の原因は，車の通過と人間の存在によって引き起こされるストレスであることには違いない。原因を知ることは，管理者にとって重要なことである。しかし，全ての場面で必ずしも必要なものではない。この例では，管理者は，シカの小さな個体群が生息する地域で道路のない状態に保つべきかどうかを判断するために，相関を用いるに違いない。あるいは，シカの個体数が非常に大きい場合で，道路の建設によって個体数が減少し，密度の過剰を抑えて生息地の衰退を最小限にするべきかどうかを判断するために，相関を用いるだろう。

実験は，野生動物の重要な生息地特性を判断する最も確実な手段である。キジオライチョウの個体数と高さ0.3 mのセージブラッシュ(ヨモギ属)の密度との間に正の関係があることがわかったとしよう。セージブラッシュの密度は，ほんとうに鳥にとって重要なのだろうか。典型的なセージブラッシュの密度が保たれている一連のプロットと，平均密度より低いか，高い密度の処理プロットを設定することによって，その重要性を明らかにすることができる。さらに，キジオライチョウが生息するプロットの中で，セージブラッシュの植物を除去した(密度を低下させた)プロットと，除去しない(対照の)プロットを設定し，セージブラッシュの重要性を確認することができるだろう。目標は，処理された地域のキジオライチョウの個体数が，対照の地域と異なっているのかどうかを明らかにすることである。t-検定や分散分析，共分散分析などの手法を用いて意義のある結果を出すには，時間的および空間的な対照と，それぞれの適切な反復(少なくとも5～10程度)が必要である。適切な反復がない場合には，統計的手法は正確ではないが，データの一般的な傾向を図表化して見ることができる (Hurlbert 1984 参照)。基本的な統計手法は，Zar (1984) と，このマニュアルの第2章に述べられている。また野生動物の研究者は，正準相関分析，主成分分析，判別関数分析，多変量分散分析，および重回帰のような，より複雑な手法も利用する。なぜなら，これらは，野生動物と生息地の間に介在する多変量の特質を調査する手法として，より正確な場合が多いからである (Capen 1981, Dubuc et al. 1990, Livingston et al. 1990, Williams et al. 1990)。我々が推奨する実験的アプローチは，高価な場合があり，時には実行が困難なこともあるが，正しく適用すれば，特定の生息地特性をより明快に解釈することができる。

ある生息地が利用可能がどうかを決定する要因を明らかにすることは，生息地評価の中心的な課題である。言い換えれば，生息地の何の条件が，ある動物種の存在の可否を決めるのかということである。研究者は，まず，特定の性，

年齢クラス，場所，時間，および生活史の活動(例えば，営巣，採食，散策)に対する「利用」と「非利用」を定義しなければならない。Johnson(1981)は，ある生息地に，ある種が占めるかどうかは，多くの要因が影響していることを指摘した。例えば，ある生息地が利用可能であっても，個体数の密度が低いために利用されていないように見えるのかもしれない。また，生息地が利用されていても，評価に用いるためのサンプリング計画が不十分なために，ある動物の存在が探知されないのかもしれない。これらのエラーは，野外でその動物の存在の確認にもっと時間を費やすことで，最小にすることができる。そして，統計的有意差があれば，生息地の何かの条件が地域の利用を可能または不可能にしているということを仮定して，地域の2タイプの間の生息地の特徴が比較される(Hobbs & Hanley 1990 参照)。調査者が動物の地域利用を正しく判定できない場合には，この仮定は保証されない。

2値を持つ従属変数(Y)を含む回帰(Neter & Wasserman 1974)が，これらの分析に特に有用である。従属変数は，その種が存在するか否かを表すために，それぞれ1か0にコード化される。説明変数(X_s)は，各サイトの生息地の特徴である。生息地の特性は，野生動物が存在するか，または存在しないかについて，直線的あるいは非直線的効果を持ち，相加的あるいは相乗的効果を持つだろう。2値の従属変数を持つ重回帰によって，同時にこのような可能性を評価し，生息地の多くの特性を分析に含ませることができるのである。実際の野生動物と生息地との関係は複雑に関連していることが多く，複雑な関係の検証を可能にする手法が望まれている。これに対して，単純な直線関係(例えば，単純相関)を仮定する方法は，あまり現実的でないために，適当でない場合が多い。

野生動物の研究者は，どの生息地の特性が，個体，種，または群集にとっての生息地の質(貧困か，中庸か，または良好か)を決めるのかを明らかにしようと大きな努力を払っている。Van Horn(1983)と Maurer(1986)は，密度は生息地の指標としては不十分であることを指摘した。野生動物の健康，繁殖，または生存を明確に反映する変数の測定を考える必要がある。例えば，乾燥地で，生息地のどの特性が，絶滅の危機に瀕したトカゲの生息地の質を決めるかを明らかにしたいとしよう。トカゲの測定すべき変数は，体重，成長率，脂肪のレベル，繁殖サイズ，一腹子数，一腹子および成獣の生存率，最大寿命，または他の生理学的な測定項目である(この本の第11章参照)。食物，水，散策，捕食者からの隠れ場所，および極端な温度を，さらには競争者や捕食者の存在も調査する必要がある。

また，ある動物の生息地の利用頻度と，どの特性が最も関連が深いかを調べて，生息地を評価する場合もある(例えば Gutzwiller & Wakeley 1982)。我々は，その種を繰り返し惹きつける生息地には，なにか重要なものがあると仮定する。例えば，越冬する鳥は，体温と体重を維持するエネルギー資源を必要とする。生存率は，一部はカロリーの摂取量に依存しているので，食物のある場所は越冬する鳥にとって良好な質を持っているといえる。したがって，種子，昆虫，または他の食物源を利用できる場所が，食物のない所より頻繁に利用されるだろう。生息地の利用頻度の調査は，生息地の特定の特性と関連して，多種の野生動物の活動に適用できる。

選択性の概念も，生息地の評価のために用いられる(例えば，Spencer et al. 1983, Straw et al. 1986)。ある特定の生息地タイプが利用可能な生息地の20%を占めている場合に，ある動物がこのタイプの生息地を時間の割合にして20%以上利用しているとすると，この生息地タイプは選択されていると言われる。その動物の活動場所の20%以上がこの生息地タイプ内であることから，偶然だけで期待される以上に，多く利用されているのである。その種がそこで20%の時間を費やしていたとすると，その種は全くランダムな関係で，生息地とは特別な関連をもっていないことになり，我々は選択性がないと推測する。動物が，ある生息地を20%以下の時間しか利用しなかったとすると，生息地の回避があったと推測する。後者の状況では，単に選択性がないといったほうが，安全な結論であるかもしれない。

カイ二乗検定と対数尤度比検定(G検定)は，観察値と期待値の頻度間の統計的有意差を評価するために利用される代表的な方法である(Thomas & Talor 1990, Alldredge & Ratti 1992 参照)。これらは大きなランダム標本に用いられる方法で，資源の利用可能性を明らかにするために，1地域の生息地について用いられる。また，実際に利用されている資源量の水準について詳細な観察を行う必要がある。これら分析と観察の両分野のどちらかに不正確な叙述があれば，選択性の評価は不正確なものになってしまうだろう(Porter & Church 1987 参照)。適切なサンプルサイズの決定については，この本の第1章に示されている。上に述べた例では，利用可能な資源は特定の生息地タイプである。しかし，ここに述べた一般的な手順は，他の多くの変数にも適用できる。いくつかのグループやレベルに分類することができ，範囲のある値を持つ変数であれば，選択性の分析を行うことができるのである。これには，土壌タ

> **Box 23-4　湿地のシギ・チドリ類の利用**
>
> 　ある生物学者が，生息地の特性のどれが，渡りをするシギ・チドリ類による湿地の利用頻度と最も密接に関連しているかを明らかにしたいと思った。目標は，管理が可能で，生息地の量と質が評価できる重要な特性で，空中写真上で測定できるものを見つけることであった。研究者は，次のようなデータを収集した。
>
> | 湿地 | 開放水域 (ha) | 川岸の平均斜度(%) | 浅瀬の面積 (ha) | 湿原利用の頻度(30観察例中渡り鳥がいた割合, %) |
> |---|---|---|---|---|
> | 1 | 4 | 38 | 3 | 15 |
> | 2 | 7 | 45 | 6 | 30 |
> | 3 | 9 | 25 | 7 | 30 |
> | 4 | 11 | 20 | 10 | 45 |
> | 5 | 3 | 17 | 12 | 55 |
> | 6 | 1 | 7 | 16 | 75 |
> | 7 | 1 | 3 | 15 | 75 |
> | 8 | 8 | 9 | 9 | 43 |
> | 9 | 6 | 14 | 4 | 12 |
> | 10 | 2 | 5 | 5 | 15 |
>
> 次のような相関係数(有意レベル)が計算された。
>
> | | 開放水域 | 川岸の斜度 | 浅瀬の面積 |
> |---|---|---|---|
> | 湿地の利用 | −0.347 (0.3252) | −0.451 (0.1905) | 0.989 (0.0001) |
>
> 湿地の利用頻度は，浅瀬の面積と最も密接に関係していた。その関係は正であり，浅瀬の面積を広くすると，渡りをするシギ・チドリ類のための湿地の質が改善されることが示唆された。おそらく，採食のための地域がより多く提供されることによるのであろう。

イプ，高木の密度，樹冠の被度，水温，酸素含有量，pH，および食物レベルのように，野生動物の生息にかかわる要因で測定可能なほとんど全ての変数が含まれている。

　増加・減少の関係または特定の個体群の平均に関する帰無仮説は，野生動物と生息地のある特徴とが，偶然性による期待値以上に関連しているかどうかを判定するためにも利用される。我々は，ランダムにサンプリングした生息地のデータを用い，生息地の特性と野生動物との間には関係がないと仮定する(例えば Brennan et al. 1986)。対象となる生息地の特性について，ランダムサンプルが行われる。対照として，野生動物にまだ利用されていない同じ資源の特性が測定され，データの2グループが統計的に比較される。もし2グループが平均値で有意に異なっている場合は，野生動物は生息地の構成要素をランダムには利用していないと結論づけるのである。言い換えれば，我々は，偶然のサンプリングではなく，ある重要な生物学的理由(生息地の特徴)によって，その差が説明されると推論するのである。

　例えば，広い湿地で，カエルと生息地との関連について知りたいとしよう。我々は，まず利用可能な生息地にランダムに選択した100地点の植生を抽出する。次に，100個体のカエルを見つけ，散策地域の生息地を記述する。帰無仮説では，ランダムに選ばれた場所と利用された場所との間には生息地の差がないと予測する。生息地に何らかの有意な差があれば，これらの特性とカエルはランダムではなく関連していることが示唆される。利用可能な生息地のランダムサンプルをとることは重要である。我々は，利用できない生息地と利用された生息地を比較するよりも，利用できる生息地と実際に利用された生息地を比較することによって，生息地の重要な関係をよりよく理解することができるのである。我々の例では，カエルが利用できない湿地の中で，ランダムに生息地のデータを取ってもあまり意味がない。このような地点から得たデータは比較できないわけではないが，すでに明らかなことを裏付けるだけである。地域が利用可能かどうかを判断するには，文献と野外の観察が必要である。

　はじめに我々は，野生動物と生息地の関係のモデルの多くが実証されていないことを指摘した。もちろんその危険は，与えられた関係が，その他の条件ではなく，ある特定の条件に対してだけ適用できるということかもしれない(Maurer 1986 参照)。もしある地域の結果が間違った仮定で他の地域に適用されるなら，生息地管理の努力は的外れで効果のないものになるだろう。野生動物と生息地の関係の実験的な調査は，理想的な検証手段といえる。しかし前に強調したように，このアプローチは，しばしば費用がかさみ，時には実行が不可能となる。

　Capen et al. (1986)は，要因間の関係はさらにほかの三つの統計的手法を通して検証されることを示した。一つは，データ分割またはクロス確認と呼ばれる方法である。観察の合計数のある部分(例えば50〜75%)をランダムに選び，それを用いてモデルをつくる。次に，データの残りの部分を，最初のデータポイントに基づくモデルの予測と比較する。観察値と予測値との間に大きな不一致があれば，そのモデルは適切ではないと判断されるのである。第二の一般的な分析手法は，ジャックナイフアプローチと呼ばれるものである。一つの観察データを一時的に除き，残りのデータでモデルを推定する。そしてそのモデルを用いて残された観察の値を予測する。これを，順々に各観察データについて行う(例えば Montgomery & Peck 1982)。モデルは，予測値の大部分が実際の値に近いときに意味があり，有効

であると仮定される。第三の手法は，独立したデータの分類または予測である。ある1地域のデータをもとにしたモデルが，他の地域からのデータと比較して検証される。これらの三つの手法は，とくに回帰と判別関数分析を用いたモデルを検証するときに役立つ。

野生動物と生息地との関係のモデルは，モデルが開発された特定の条件から逸脱して用いられた時に，適合性が悪いことが少なくない(Maurer 1986, O'Neil et al. 1988)。このような時には，生態学的原理にかかわるそのモデルの暗黙の仮定が，完全には支持されないのかもしれない。Flather & Hoekstra(1985)は，どのように生態学的理論が，個体群と生息地のモデルを改良する最初のステップとして利用できるかを示した。もしモデルの仮定が認められた生態学的理論にそぐわない場合には，変更が必要である。また，モデルが，局所的な条件にしか適合しないために，うまく働かないのかもしれない。この場合には，他地域からのデータをもとのデータと組み合わせて，新しいモデルに一般化する，すなわち現在のモデルの適合性を拡大するのである(Maurer 1986, O'Neil et al. 1988)。特定の生息地特性と関連していない非常に多くの環境要因が，野生動物の個体群と群集に，直接的，間接的，あるいはその両方で影響を及ぼしている。したがって，生息地の特性だけが組み込まれたモデルは，時には不十分なことがある(O'Neil & Carey 1986)。生息地の質と量に関するモデルをより正確なものにして予測評価を改善していくためには，野生動物に及ぼす多くの影響(天候，病気，捕食者，および競争者)について，より注意深く分析することが必要である。

参考文献

ALLDREDGE, J. R., AND J. T. RATTI. 1992. Further comparison of some statistical techniques for analysis of resource selection. J. Wildl. Manage. 56:1–9.
ANDERSON, S. H. 1981. Correlating habitat variables and birds. Pages 538–542 in C. J. Ralph and J. M. Scott, eds. Estimating numbers of terrestrial birds. Stud. Avian Biol. 6.
———. 1991. Managing our wildlife resources. Prentice-Hall Inc., Englewood Cliffs, N.J. 492pp.
BEASOM, S. L., E. P. WIGGERS, AND J. R. GIARDINO. 1983. A technique for assessing land surface ruggedness. J. Wildl. Manage. 47:1163–1166.
BERRY, K. H. 1986. Introduction: development, testing, and application of wildlife-habitat models. Pages 3–4 in J. Verner, M. L. Morrison, and C. J. Ralph, eds. Wildlife 2000: modeling habitat relationships of terrestrial vertebrates. Univ. Wisconsin Press, Madison.
BRENNAN, L. A., W. M. BLOCK, AND R. J. GUTIÈRREZ. 1986. The use of multivariate statistics for developing habitat suitability index models. Pages 177–182 in J. Verner, M. L. Morrison, and C. J. Ralph, eds. Wildlife 2000: modeling habitat relationships of terrestrial vertebrates. Univ. Wisconsin Press, Madison.
BURGER, J. 1987. Physical and social determinants of nest-site selection in piping plover in New Jersey. Condor 89:811–818.
CAPEN, D. E., EDITOR. 1981. The use of multivariate statistics in studies of wildlife habitat. U.S. For. Serv. Gen. Tech. Rep. RM-87. 249pp.
———, J. W. FENWICK, D. B. INKLEY, AND A. C. BOYNTON. 1986. Multivariate models of songbird habitat in New England forests. Pages 171–175 in J. Verner, M. L. Morrison, and C. J. Ralph, eds. Wildlife 2000: modeling habitat relationships of terrestrial vertebrates. Univ. Wisconsin Press, Madison.
CODY, M. L., EDITOR. 1985. Habitat selection in birds. Academic Press, New York, N.Y. 558pp.
COOPERRIDER, A. Y., R. J. BOYD, AND H. R. STUART, EDITORS. 1986. Inventory and monitoring of wildlife habitat. U.S. Bur. Land Manage. Serv. Cent., Denver, Colo. 858pp.
CUPLIN, P. 1978. Remote sensing streams. Proc. Int. symp. on remote sensing of observation and inventory of earth resources and the endangered environment. Int. Arch. Photogram., Vol. II. Freiburg, Fed. Republic of Germany.
DEALY, J. E., D. A. LECKENBY, AND D. M. CONCANNON. 1981. Wildlife habitats in managed rangelands—the Great Basin of southeastern Oregon. Plant communities and their importance to wildlife. U.S. For. Serv. Gen. Tech. Rep. PNW-120. 66pp.
DIXON, W. J., EDITOR. 1981. BMDP statistical software 1981. Univ. California Press, Berkeley. 725pp.
DUBUC, L. J., W. B. KROHN, AND R. B. OWEN. 1990. Predicting occurrence of river otters by habitat on Mount Desert Island, Maine. J. Wildl. Manage. 54:594–599.
ELLIS, J. A., J. N. BURROUGHS, M. J. ARMBRUSTER, D. L. HALLET, P. A. KORTE, AND T. S. BASKETT. 1979. Appraising four field methods of terrestrial habitat evaluation. Trans. North Am. Wildl. Nat. Resour. Conf. 44:369–379.
FINCH, D. 1989. Species abundances, guild dominance patterns and community structure of breeding riparian birds. Pages 629–645 in R. Sharitz and J. Gibbons, eds. Freshwater wetlands and wildlife. U.S. Dep. Energy Symp. Ser. 61.
FLATHER, C. H., AND T. W. HOEKSTRA. 1985. Evaluating population-habitat models using ecological theory. Wildl. Soc. Bull. 13:121–130.
FORMAN, R. T. T., AND M. GODRON. 1986. Landscape ecology. John Wiley & Sons, New York, N.Y. 619pp.
GILES, R. H. 1978. Wildlife management. W.H. Freeman, San Francisco, Calif. 416pp.
GUTZWILLER, K. J., AND S. H. ANDERSON. 1987a. Multiscale associations between cavity-nesting birds and features of Wyoming streamside woodlands. Condor 89:534–548.
———, AND ———. 1987b. Habitat suitability index models: marsh wren. U.S. Fish Wildl. Serv. Biol. Rep. 82(10.139). 13pp.
———, AND J. S. WAKELEY. 1982. Differential use of woodcock singing grounds in relation to habitat characteristics. Pages 51–54 in T. J. Dwyer and G. L. Storm, tech. coords. Woodcock ecology and management. U.S. Fish Wildl. Serv. Wildl. Res. Rep. 14.
HAYS, R. L, C. SUMMERS, AND W. SEITZ. 1981. Estimating wildlife habitat variables. U.S. Fish Wildl. Serv., FWS/OBS-81/47. 111pp.
HEINEN, J., AND G. H. CROSS. 1983. An approach to measure interspersion, juxtaposition, and spatial diversity from cover-type maps. Wildl. Soc. Bull. 11:232–237.
HOBBS, N. T., AND T. A. HANLEY. 1990. Habitat evaluation: do use/availability data reflect carrying capacity? J. Wildl. Manage. 54:515–522.
HOOVER, R. L., AND F. L. WILLS, EDITORS. 1984. Managing forested lands for wildlife. Colo. Div. Wildl., Denver. 459pp.
HURLBERT, S. H. 1984. Pseudoreplication and the design of ecological field experiments. Ecol. Monogr. 54:187–211.
HURLEY, J. F., H. SALWASSER, AND K. SHIMAMOTO. 1982. Fish and wildlife habitat capacity models and special habitat criteria. West. Sect., The Wildl. Soc., Cal-Neva Wildl. Trans. 1982:40–48.
INHABER, H. 1976. Environmental indices. John Wiley & Sons, New York, N.Y. 178pp.
JOHNSON, D. H. 1981. The use and misuse of statistics in wildlife habitat studies. Pages 11–19 in D.E. Capen, ed. The use of multivariate statistics in studies of wildlife habitat. U.S. For. Serv. Gen. Tech. Rep. RM-87.
KNOPF, F. L., J. A. SEDGWICK, AND R. W. CANNON. 1988. Guild structure of a riparian avifauna relative to seasonal cattle grazing. J. Wildl. Manage. 52:280–290.
LANCIA, R. A., AND D. A. ADAMS. 1985. A test of habitat suitability

index models for five bird species. Proc. Annu. Conf. Southeast. Assoc. Fish Wildl. Agencies 39:412–419.

LIVINGSTON, S. A., C. S. TODD, W. B. KROHN, AND R. B. OWEN, JR. 1990. Habitat models for nesting bald eagles in Maine. J. Wildl. Manage. 54:644–653.

MASER, C., J. M. GEIST, D. M. CONCANNON, R. ANDERSON, AND B. LOVELL. 1979. Wildlife habitats in managed rangelands–the Great Basin of southeastern Oregon. Manmade habitats. U.S. For. Serv. Gen. Tech. Rep. PNW-86. 44pp.

MAURER, B. A. 1986. Predicting habitat quality for grassland birds using density-habitat correlations. J. Wildl. Manage. 50:556–566.

MEAD, R. A., T. L. SHARIK, S. P. PRESLEY, AND J. T. HEINEN. 1981. A computerized spatial analysis system for assessing wildlife habitat from vegetation maps. Can. J. Remote Sensing 7:34–40.

MONTGOMERY, D. C., AND E. A. PECK. 1982. Introduction to linear regression analysis. John Wiley & Sons, New York, N.Y. 504pp.

NIELSEN, L. A., AND D. L. JOHNSON. 1983. Fisheries techniques. Am. Fish. Soc., Bethesda, Md. 468pp.

NETER, J., AND W. WASSERMAN. 1974. Applied linear statistical models. Richard D. Irwin, Inc., Homewood, Ill. 842pp.

O'NEIL, L. J., AND A. B. CAREY. 1986. Introduction: when habitats fail as predictors. Pages 207–208 in J. Verner, M. L. Morrison, and C. J. Ralph, eds. Wildlife 2000: modeling habitat relationships of terrestrial vertebrates. Univ. Wisconsin Press, Madison.

———, T. H. ROBERTS, J. S. WAKELEY, AND J. W. TEAFORD. 1988. A procedure to modify habitat suitability index models. Wildl. Soc. Bull. 16:33–36.

PLATTS, W. S., ET AL. 1987. Methods for evaluating riparian habitats with applications to management. U.S. For. Serv. Gen. Tech. Rep. INT-221. 177pp.

———, W. F. MEGAHAN, AND G. W. MARSHALL. 1983. Methods for evaluating streams, riparian and biotic conditions. U.S. For. Serv. Gen. Tech. Rep. INT-138. 70pp.

PORTER, W. F., AND K. E. CHURCH. 1987. Effects of environmental pattern on habitat preference analysis. J. Wildl. Manage. 51:681–685.

RAND, G. M., AND S. R. PETROCELLI. 1985. Fundamentals of aquatic toxicology. Hemisphere Publ., Washington, D.C. 666pp.

RODIEK, J. E., AND E. G. BOLEN, EDITORS. 1991. Wildlife and habitats in managed landscapes. Island Press, Covelo, Calif. 219pp.

SCHAMBERGER, M., AND A. FARMER. 1978. The habitat evaluation procedures: their applications on project planning and impact evaluation. Trans. North Am. Wildl. Nat. Resour. Conf. 43:274–283.

SHEPPARD, J. L., D. L. WILLS, AND J. L. SIMONSON. 1982. Project applications of the Forest Service Rocky Mountain Region wildlife and fish habitat relationships system. Trans. North Am. Wildl. Nat. Resour. Conf. 47:128–141.

SIDLE, J. G., AND J. W. ZIEWITZ. 1990. Use of aerial videography in wildlife habitat studies. Wildl. Soc. Bull. 18:56–62.

SOULÈ, M. E., D. T. BOLGER, A. C. ALBERTS, J. WRIGHT, M. SORICE, AND S. HILL. 1988. Reconstructed dynamics of rapid extinctions of chaparral-requiring birds in urban habitat islands. Conserv. Biol. 2:75–92.

SPENCER, W. D., R. H. BARRETT, AND W. H. ZIELINSKI. 1983. Marten habitat preferences in the northern Sierra Nevada. J. Wildl. Manage. 47:1181–1186.

STRAW, J. A., JR., J. S. WAKELEY, AND J. E. HUDGINS. 1986. A model for management of diurnal habitat for American woodcock in Pennsylvania. J. Wildl. Manage. 50:378–383.

THOMAS, D. L., AND E. J. TAYLOR. 1990. Study designs and tests for comparing resource use and availability. J. Wildl. Manage. 54:322–330.

THOMAS, J. W., EDITOR. 1979. Wildlife habitat in managed forests, the Blue Mountains of Oregon and Washington. U.S. For. Serv. Agric. Handb. 553. 511pp.

VAN HORNE, B. 1983. Density as a misleading indicator of habitat quality. J. Wildl. Manage. 47:893–901.

VERNER, J. 1984. The guild concept applied to management of bird populations. Environ. Manage. 8:1–14.

———, M. L. MORRISON, AND C. J. RALPH, EDITORS. 1986. Wildlife 2000: modeling habitat relationships of terrestrial vertebrates. Univ. Wisconsin Press, Madison. 470pp.

WAKELEY, J. S. 1988. A method to create simplified versions of existing habitat suitability index (HSI) models. Environ. Manage. 12:79–83.

WARD, J. P., AND S. H. ANDERSON. 1988. Influences of cliffs on wildlife communities in southcentral Wyoming. J. Wildl. Manage. 52:673–678.

WILLIAMS, B. K., K. TITUS, AND J. E. HINES. 1990. Stability and bias of classification rates in biological applications of discriminant analysis. J. Wildl. Manage. 54:331–341.

WILLIAMS, G. L., K. R. RUSSELL, AND W. K. SEITZ. 1978. Pattern recognition as a tool in the ecological analysis of habitat. Pages 521–531 in A. Marmelstein, ed. Classification, inventory, and analysis of fish and wildlife habitat. U.S. Fish Wildl. Serv. FWS/OBS-78/76.

ZAR, J. H. 1984. Biostatistical analysis. Second ed. Prentice-Hall Inc., Englewood Cliffs, N.J. 718pp.

ZWANK, P. J., T. H. WHITE, JR., AND F. G. KIMMEL. 1988. Female turkey habitat use in Mississippi River batture. J. Wildl. Manage. 52:253–260.

24
生態学的影響評価

Joe C. Truett, Henry L. Short & Samuel C. Williamson

はじめに	729	要約	738
必要とされる法律と手続き	729	実施の方法	738
野生動物管理との比較	730	スコーピング	738
発展の歩み	731	解析	739
測定と手順の原理	734	統合と定量化	740
何を測定するのか	735	緩和措置の立案	744
野生動物管理保全目標の設定	736	要約	744
最適な生息地の記載	736	累積影響の評価	745
生息地の変化の予測	736	要約	746
野生動物の反応の予測	737	参考文献	746
緩和措置の立案	737		

❏はじめに

　人間活動による野生動物の生息地の破壊は年ごとに加速している。この破壊によって，水鳥の営巣地や越冬場所，その他の野生動物の生息地としての機能が低下している。度重なる人間活動の結果，長期的な野生動物個体群の衰退が引き起こされている。多くの野生動物生態学者は，人間活動の影響を計測し予測すること（すなわち影響評価）が大変困難な試みであることを認識している。本章では，近年の科学分野における影響評価の発展をまとめ，野生動物管理者によるその応用に際しての一般的な手法を提示する。

　生物物理学的環境における人間活動の影響を解明し予測しようとする手続きを，環境影響評価（environmental impact assessment：EIA）(Munn 1979) と呼ぶ。EIAに不可欠な部分は影響の緩和措置であり，事業活動の変更や中止によって人間活動の負の影響を緩和しようとするものである。このような影響評価は一般に，ある環境の社会経済的，歴史的，そして天然資源の各要素について論じているのが普通である（Rosen 1976, Munn 1979, Beanlands & Duinker 1983）。

　この章では野生動物およびその生息地における影響評価に限定して話を進めるので，EIAという頭文字で表現されるのは，広範囲な資源に言及する場合を除いて，生態学的影響評価（ecological impact assessment）を意味する。ここでのEIAの目的とは，人によって引き起こされた生息地変化に，野生脊椎動物個体群がどのように反応するかを評価し，予測される負の影響をどのように緩和するかを提案することである。

　本章では，はじめにアメリカ合衆国におけるEIAに必要とされる法律とその手続きについて簡単にまとめる。そしてEIAと従来行われてきた野生動物管理との関連について検討する。また野生動物への影響評価の歴史的な発展をレビューし，現在使われている手法を概説する。最後に，近年の理論と実証に基づく影響評価のための段階的な手順を略述する。

❏必要とされる法律と手続き

　最初の公式な環境影響評価は，1969年に国家環境政策法（National Environmental Policy Act：NEPA）がアメリカ合衆国で立法化されたことによって始まった（Public Law 91-190）。国家環境政策法（NEPA）は"環境の質を大きく改変する恐れのある法制度やその他の国家的活動に対する提言"について詳細な報告を求めている。国家環境政策法（NEPA）の公式命令のもとで発行された環境諮問委

員会の規定(U.S. Council on Environmental Quality：CEQ 1973, 1978)によって，環境影響報告を作成するための手引き書がさらに作られた。さらに，国家環境政策法(NEPA)とCEQの手引き書の一連の司法的な判断は，手続きの形成に強く影響した(Rosen 1976)。国家環境政策法(NEPA)が導入されて以来，他の多くの国でも，人間活動の結果を評価するための同様な試みが実施されている(Munn 1979, Holick 1986)。

国家環境政策法(NEPA)(およびNEPAに起因する法的指令)の基本的前提として，影響を評価するために，まずどのような活動が計画されているか(すなわち事業)を知り，その活動がどのような状況において実行されるのか(すなわち環境)を知らなければならない。これによって，その事業が実施された時に環境の構成要素がどのように変化するかを明らかにすることができる。多くの国における評価手法は，事業，環境，そしてそれらの相互作用を記述するための方法については様々であるものの，考え方についてはこの一般的な方法に沿ったものとなっている(Munn 1979, Beanlands & Duinker 1983, Holick 1986)。

連邦政府機関に関係なく，アメリカ合衆国のEIAは次の一連のステップに従っている。第1に，事業や政策を提案している政党や連邦政府機関はその内容を提出する。第2に，専門家がその事業が影響を与えるであろう環境の現状を記載する。第3に，事業が引き起こすであろう変化を解析者が明らかにし，その環境変化を評価する。また，事業の代替案を提案し，それぞれの代替案による環境への影響を比較する。第4に，関係者は，予測される悪影響を軽減，緩和させるための措置を検討する。通常，国家環境政策法(NEPA)ガイドラインに基づいた影響評価は，本章で議論する生態学的項目の他にも，社会，経済，歴史的な各種の環境要素を取り扱っている。

国家環境政策法(NEPA)に沿った手続きに必要な公式文書には，影響評価の準備書および最終評価書が含まれている。影響評価準備書(DEIS)は，一般の人が読み，意見できるように用意される。最終評価書(FEIS)は，関係団体により提出されたDEISに対するコメント，およびこれらに対する返答，さらにDEISの改訂を含んでいる。

アメリカ合衆国では，各連邦政府機関が発行している膨大な文書，書籍によって，国家環境政策法(NEPA)と他の関連する規則(例えば，U.S. Council on Environmental Quality 1973, 1978, Dames & Moore 1981, U.S. Fish and Wildlife Service 1981, U.S. Federal Aviation Administration 1985, U.S. Army Corp of Engineers 1989)との調整，また，環境影響評価書の作成について，詳細なガイダンスを得ることができる。本章では，以下のような理由により，アメリカ合衆国の法的手続きのガイドラインについて詳しく述べるのではなく，野生動物とその生息地の影響評価の基本的な原理について説明する。

①この本はアメリカ合衆国以外の国の個人に使われることもあり，アメリカ合衆国以外の国は必ずしも国家環境政策法(NEPA)のガイドラインに関心を払う必要がない。

②多くの生態学者は，NEPAプロセスへのこだわりは，効率的，かつ効果的な影響評価を推進するよりむしろ妨げになると認識している。(Holling 1973, Beanlands & Duinker 1983, Stakhiv 1988参照)

③NEPAドキュメントに要求される簡潔さは(U.S. Council on Environmental Quality 1978)，詳細な解析をEISや他の報告書に記載することの妨げとなっている可能性がある。このため，解決のために本質的な努力を要求される影響評価の問題は，しばしば公的なNEPAドキュメントから大きく外れて言及される。

④EISや他の法的な報告書を作成する政府機関の野生動物研究者は，彼らの組織で使われている手続きについては容易に学ぶことができる。NEPA報告書を作成する上で最も必要とされるものは，報告書に最良の生態学的判断を記載するために，影響評価に関する幅広い原理を理解することである。

❏野生動物管理との比較

本章は，野生動物種とその生息地に対する影響評価に焦点を当てるが，エコシステムには，それが維持している野生動物個体群以上の価値がある点を忘れてはならない。NEPAのテキストは，影響評価のためにエコシステムを優先とした評価について考察している。この章ではこの手法を紹介する。

野生動物生態学者にとって幸運なことに，野生動物の生息地管理を理解することと，野生動物の生息地への影響評価を行うことは，ほとんど違いがない。どちらもある生息地の変化に対して個体群がどのように反応するかを予測することを必要とし，生息地管理を理解している生物学者は，影響評価を理解するのにほとんど困らないであろう。

野生動物管理と影響評価には，とりわけ，野生動物個体群と生息地の関連に関する知識が要求される。単純に動物

が生きている場所として定義される生息地(Odum 1971, Moen 1973)は, 動物に食料を供給したり, 捕食者, 病気, 過酷な温度, その他の生物物理的な障害から逃れる道を与えることによって, 動物を維持している.

動物とその生息地との相互作用は, しばしば機能的関連と呼ばれ(Moen 1973), 動物の個体数密度を調整もしくは制限している. 例えば, 北方のコリンウズラ個体群の繁栄は, その鳥がどれだけうまく餌を探し, 捕食者から逃れられるかというような機能的関連に依存している. 生息地の構造(例えばその物理的, 生物的部分の空間的な配置)が野生動物の管理者や開発者の行為によって変えられるような場合, これらの機能的関連の変化は, 野生動物個体群の量的な変化という結果をもたらす. このため, コリンウズラが餌を探したり捕食者から逃れたりする能力の変化は, 利用される植物の実の量や分布, そして隠れ場所の存在や分布といった構造的要因に起因している. 野生動物研究者は, しばしばその構造を操作することで生息地の管理を行う(Leopold 1933, Moen 1973). 生息地の操作は, 野生動物種の個体数を変えるが, 一般的にそれは管理者に望まれる種の個体数を増加させることである. 開発行為もまた生息地の構造を変化させるが, 多くの場合, 保護を望まれている種にとって有益ではない方向への変化となる.

野生動物管理者にとっての影響評価に対する一つの重要な見解は, ある限られた土地に生息する全ての種の個体群密度を高めるような管理を行うことは不可能である, ということである(Smith 1974). 野生動物管理や開発に伴う生息地の変化は, ある野生動物種の個体群の衰退と他種の繁栄をもたらす(Odum et al. 1979). それ故, コリンウズラの管理者によって行われた生息地の改変が, 全ての野生動物に対して本質的に良いというわけでなはく, 油田開発による生息地の変化が全ての種にとって必然的に悪いことであるというわけでもない. 大規模な環境改変を伴う開発例においてのみ劇的な生息地の変化をもたらすので, 全ての野生動物種が同時に痛手をこうむる.

現在, 野生動物管理や影響評価は, 一般の興味の対象が少数の生物種から多種の生物種に移行しているという理由で, 初期の野生動物管理より複雑化している. Leopold (1933)は, 野生動物管理とは, ある限定された数種を増加させるような土地づくりの技術と定義した. 近年の野生動物生態学者(例えば, Graul et al. 1976, Westman 1990)は, 全ての種の個体群についての検討と管理の必要性を強調している. 多くの種を対象にした管理や影響評価は少数種を対象にした場合と一般的な原則は同様であるが, より複雑なものとなる. 次の項では, この20年間に手法がどのように変化してきたか, また影響評価手法がどのようにこの複雑さに対応するために改良されてきたかを見ていく.

発展の歩み

生態学的影響評価は, 野生動物管理とは別のものとしてアメリカ合衆国において国家環境政策法(NEPA)の決定により始められた. 解析者が多くの種について考慮しなければならなかったり, 管理者が事業の野生動物に及ぼす影響をコントロールしにくいといった理由により, 生態学的影響評価は, 従来の単一種の野生動物管理よりも複雑な問題を引き起こした. これらの新しい次元の問題に取り組んでいた解析者達は, その後数年をかけおおまかに次のような3つの流れを通じて手法を発展させた. ①まず, 変化を測定するために用いられる種の目録作りが優先され, ②次の段階で, 影響予測のための生態系機能の解析にも注目し, ③最終的には, 数多くの種に対する影響を評価しようとすることで導かれる複雑性が計測上のジレンマを生み出すことが理解され, それに引き続いて, 測定上の問題を簡潔にするための信頼に足る総合的手法が開発された. 以下の段落でこの発展の過程を紹介する.

国家環境政策法(NEPA)の可決直後, EIAプロセスにおいて野生動物種その他に関する情報を提供するために, 基礎調査がなされるようになった. EIAの歴史におけるこれら初期の研究の多くは, 基礎的な研究という意味では結果的に焦点の定まらない全体的に未熟なものとなってしまったが(Hirsch 1980), 環境の構成要素についての記載的な(時に大量の)調査結果を出している(Rosen 1976, Beanlands & Duinker 1983). 基礎的調査を行うための目的は, 将来モニタリングによって明らかになる変化に対して, 現在の状況を記載しておくことである (Hirsch 1980). いくつかの基礎的調査はさらに, 影響予測を可能にすることを意図していた(Munn 1979).

国家環境政策法(NEPA)の制定後約10年の間, アメリカの科学者や行政官は, 法的な対応において, 基礎的調査の結果に唯一の絶大な信頼をおいていた(Hirsch 1980). しかし, ほとんどの基礎的調査は, 野生動物種に関する情報としては大きな欠点を持っていた. それらは単に, 野生動物種に関する分類学的リストや一般的な記述, 相対的な量についてのみの情報であった. それらの多くは, 変化するであろう環境の現状をはっきりと示しておらず(Hirsch 1980), そのほとんどは変化の予測に際しての基礎とはなり

得なかった(Holling 1978, Hirsch 1980)。

1970年代の終わりには，影響を予測するための情報を提供する従来の基礎調査の無力さが科学者や政策担当者の反発を引き起こした。環境諮問委員会(U.S. Council on Environmental Quality 1979：Part 1500:4)は，解析者のための"百科事典的というよりは，むしろ解説的な"影響評価書を作成する新しいガイドラインを発表した。これらのガイドラインでは，国家環境政策法(NEPA)の報告書の作成に際して，事業の結果の評価に十分な関心を払う一方，不必要で無関係な背景データは必要ないとしている。

科学者は，より明確な焦点を求めはじめた(Holling 1978, Beanlands & Duinker 1983)。一部の解析者(Truett 1979, Hirsch 1980, Beanlands & Duinker 1983)は，エコシステムプロセスの理解が，人為的行為の結果を予測するための手法として望ましいと考えた。プロセスの研究は，例えば，食物連鎖，気候の影響，生息地の構造と種間関係など，種と生物環境間の機能の分類である。1970年代後半に，いくつかの連邦政府機関にもてはやされた生態学的特徴付け(ecological characterization)と呼ばれる手法は，一つの例である。それは，生態系の重要な構成要素のみならず，それらの機能間の関係も記述しようとする試みである。

効果的な野生動物管理の場合と同様，正確な影響評価には，種と生息地の関連についての知識が必要である。プロセス研究の手法により，このことが理解されてきた。しかし，野生動物種の定量化が容易でないために，複数の種の影響評価は簡単なものではない。それは例えば，ある地域でのオジロジカ(White-tailed deer)と生息地の食物連鎖の関係を定量化するために，どれだけの研究期間が必要かを考えてみれば理解されるであろう。この解析においては，比較的研究歴の浅い多くの種について理解するためにかかる期間の長さが，プロセスアプローチによる影響評価や予測の大きな問題となっている。

1970年代の後半から1980年代には，複数種に対する影響評価の手法が研究されるようになった。野生動物群集の質の測定に対して，多くの指標が提案された。Schroeder(1987)はこれらをレビューし，そのいくつか，特に野生動物種の個体数や多様性，野生動物種のギルド，種の優占度，密度，生物量，栄養段階の構造，そして群集機能などの指数について批判的に解析している。また他の著者(例えばGraul & Miller 1984, Kautz 1984, Jarvinen 1985, Duinker & Baskerville 1986, Karr 1987)は，当時の手法をレビューし，彼ら自身の指標や概念的な手法を提案した。

現在推薦されている手法がどの様に発達してきたかを理解することによって，解析を始めようとする者はより適切に手法を選択することができるであろう。これまで単一種の管理から複数種の管理方法への発展が繰り返され，次の章で示されるように，より新しい手法が過去の手法の欠点を補ってきた。

上述したような単一種の管理は，長年にわたって野生動物種を管理するための標準的な手法であった(Graul & Miller 1984)。これまで採られてきた手法とは，種の生物量や分布を制限する要因を明らかにし，種の生物量に影響を与えるための要因をコントロールし改変することである(Leopold 1933)。単一種に対する影響評価は，同じ情報を用いながら若干異なる手法，つまり計画されている事業が制限要因に影響することによって種の生物量にどの様に影響を与えるかということを予測する手法である。法的手続きや一般的な関心が，多種に関する調査を要求しているために，単一種に焦点を絞ることは，EIAに際しては不適当であることがある(Wagner 1977, Salwasser & Tappeiner 1981)。

当初国有林のユニットにおける野生動物管理のために提案された，ある種に特徴づけられたアプローチ(featured-species approach)(Holbrook 1974, Goule 1977)は，単一種管理とほとんど同様である。管理者や一般の人にとって重要な2,3の特徴種が対象地域内のユニット毎に選定され，これらの種に関してユニットにおける管理の効果が評価される。これは，似たような種は事業に対して同様の反応をするという仮定に基づいている(Gould 1977, Salwasser & Tappeiner 1981)。この仮定が，多種の管理にもこの手法を適用できるとする提案者を生み出している。彼らはこの手法が数種について好都合であるが他を犠牲にすることもあることを認識している。しかし，他の管理手法を用いても同様で，実際的手法は特定の種に好都合であるべきと考えている。(Gould 1977)。

管理指標種の手法(management-indicator approach)は，特徴種の考え方から発展してきた(Graul & Miller 1984)。管理指標種は，一般の人が興味を持っている特徴種の特性を持つ種を含んでいるだけでなく，意図的に一連の望まれている種の繁栄を考慮して選択された種も含んでいる(Mealey & Horn 1981, Schroeder 1987)。指標種の選定に当たってまず考慮されることは，全ての脊椎動物の個体数を存続可能な水準に維持することと，野生動物の多様性を維持することである(Mealey & Horn 1981)。理論的

には，種の配列は，ほとんどあるいは全ての種の生息条件を満たす生息地の必要条件を有している。しかし，実際には，個々の種の要求は個別であり，指標種の要求を満たすことは他種の繁栄をもたらさない場合が多い(Graul & Miller 1984)。

Graul et al.(1976)によって提案された生態学的指標によるアプローチ(ecological-indicator approach)では，峡場所性(stenotopic)の種のような，環境に対する生態的要求が最も大きい種の生息する地域の管理が基本にある。この手法の前提は，特に生息地要求の大きくない種は，峡場所性の種が適応できる変化に対しては，すぐに適応できるだろうというものである。この手法の提案者は，あるシステムにおける種の消滅の危険性を小さくするという保全上の役割を強調している(Graul & Miller 1984)。峡場所性の種は他の種よりかなり環境の変化に敏感であり，この手法の厳密な適用が，他の要因を管理することによるシステムの変化の範囲を狭めるだろうということから，この手法は広くは使われていない。

野生動物種の多様性の指標が，基礎的な記載としてひろく利用されている(Schroeder 1987)。最も広く使われている指標は，種の個体数と，ある地域内の種数である。平衡性，存在する種間での相対量も重要と考えられている。種の個体数と平衡性の比が，生物多様性の指数と呼ばれ，群集の基礎的な計測手法として広く行き渡っている。種多様性による手法の利点は，生息地変化に敏感である野生動物群集に一つの測定基準を与えることである。このような指標が野生動物の種組成と相対量の変化に対しては鈍感であることも指摘されている(Schroeder 1987)。

影響評価と管理において野生動物ギルドの利用が一般的になってきている(Severinghaus 1981, Short & Burnham 1982, Landres 1983, Short 1983, Verner 1984)。ギルドとは，同様な方法で同じクラスの環境資源を利用する，例えば生息地について同様な機能を持った種のグループとして，Root(1967)が認識したのが始まりである。生態学者は，食性や繁殖戦略，個体サイズ，生息地選好性，行動における類似性に基づくギルドを提案している。

Severinghaus(1981)は，ギルドの中の1種に対する影響が決定されると，そのギルド内の他の種に対する影響も明らかになると主張している。しかしLandres(1983)とVerner(1984)は，ギルドというものは，動物とその生息地との間に研究者が勝手に想定した機能的関連に基づいた単位であると指摘している。また研究者は，ある種群が同様に一つの資源に依存しており，それ故それらが同じギルドに属

していると考えるかもしれないが，実際には，各々の種は資源利用に関して異なる程度と方法を持っており，変化に対してそれぞれに異なった反応をするだろう。

Verner(1984)は，開発にともなって引き起こされる環境の変化に対して，異なる種が同様の反応を示すことを基礎とした管理ギルド作成の手法を提案した。この手法に対する理論的な根拠は，ギルドの構成員が同じ行為に対しては同じ反応をするという仮定に基づいている。Verner(1984)は，生息地の構造的特質(例えば，植生の垂直構造や水平的空間配置，基質タイプ，地形の起伏，水脈の物理的特性，立ち枯れ木や倒木のような空間特性の存在)がギルドを決定する良い基準であると指摘している。

その他にも生息地に基づいた様々な手法がある。これはさほど驚くことではない。なぜなら先に述べたように，長年にわたって生物研究者は，生息地管理によって野生動物を管理してきたからである(Siderits & Radtke 1977)。生息地タイプの点在の程度，生息地の島のサイズ，生息地の島の間の回廊の発達程度などの生息地構造の特性が，野生動物種の多様性や個体数に影響を与えるものとして考えられている(Kautz 1984)。生物研究者は更に，植生タイプ，植生の遷移段階，ある種に対して価値を持つ特別な生息地の特徴等の基準を用いて生息地の価値を判断している(Graul & Miller 1984)。

生息地を基礎としたいくつかの方法は，多様な環境を規定することに専念しているために，表面的には，個別のあるいは多くの野生動物種の要求を考慮してない(Graul & Miller 1984)。しかしながら，実際には環境の多様性を決める基準は，既知のあるいは疑わしいものも含めて，生息地の構造特性と選定された野生動物種，種群，種多様性の測定値との間の関係に基づいている。

アメリカ合衆国では，影響評価に責任を持つ各連邦政府機関がハビタット手法に基づいた正式な手法を採用している。二つの広く採用されている手法は，アメリカ魚類野生生物局(第23章参照)が採用している生息地評価手法(HEP)とアメリカ陸軍工兵科(1980)の生息地評価システムである。種生息地モデルは，生息地の質と量，その変化を計測するための洗練された説明ツールとして，これら二つの手法を採用している。湿原評価テクニック(wetland evaluation technique: Adamus et al.1987)は，湿原生息地の評価のためにいくつかの機関によって適用されている。

❏測定と手順の原理

　この節では,どの評価手法が良いかという議論もあるが,これまでの20年間に発達し今日広く使われている測定法とその手順のいくつかの原理について概括する。後半で,実用的な応用手法の背景となる理論を紹介する。

　生態学的な影響の評価と管理には,測定手法と手順の統合が必要である。測定は,一般的には,次の三つの尺度のうち,一つあるいは複数を用いて行われる。すなわち,名義尺度(ネーミング),間隔尺度(ランキング),比例尺度(原点0)である。手順は,解析者が実施する連続的な業務として見ることができる。すなわち,次の三つの論理的ステップ,すなわちスコーピング(問題を同定すること),解析(事象を評価すること),そして,統合(解決策を探求すること)である。

　「名義尺度」は,同定のためだけの最も弱い尺度で対象物を測定するため,普通最低限の測定尺度である。「間隔尺度」は,対象の相違を測り,互いの相対的位置付けを行うため,より望ましいものであるが,尺度における対象間の距離には意味がない。「比例尺度」は,対象物を定量化できるため,最も望ましい尺度である。この尺度における数値の距離には意味があり,原点として「0」が存在している。しかし,測定のための費用は,多くの場合望ましさに直接比例して高くなる。

　手順の各ステップでは,様々な人数の人々が,週単位,月単位,年単位で共同研究する必要がある。しかし,普通は,経済的な制約によって必要な関係者の数や期間が決められる。提案されたプロジェクトや影響を受ける野生動物資源の価値の大きさは,しばしば参加している人の数や,環境影響評価プロセスにおける期間の長さに反映する。一般的には,多くの参加者や長い期間というものは,常に少ない参加者や短い時間より望ましいとされている。

　三つのステップ—スコーピング,解析,統合—の各々に対して,解析者は次に示すように,測定に際しての二つの選択肢を検討することが多い。

①スコーピング

　名義尺度:種や他の生態構成要素のチェックリストは,EIAプロセスの初期において情報の整理に有効である(Shopley & Fuggle 1984)。生物種の有無のマトリクスは,問題の原因についての判断や情報の表現のため,またプロジェクトや事業活動と特定の構成要因との間の相互作用を同定するために有益である。

　間隔尺度:数値マトリクス(Shopley & Fuggle 1984)は,構成要素,因果関係,そして問題の相対的な重要性についての判断を行うために有益である。同様にシステムダイヤグラムとして知られているネットワーク(Shopley & Fuggle 1984)は,分類,体系化して課題,過程,相互作用の表示や,因果関係のダイヤグラムの作成に有益である。

②解　析

　間隔尺度:種多様度(Schroeder 1987)や生息地階層(habitat-layer),指数(Short & Williamson 1986)のような指標は,次元のない測定法であり,開発事業案と代替案における影響の比較や,望ましい代替案を決定するうえで有効である。土地被覆と土地利用の地図化は,一つの目録として,また表示技術として役に立つものである。

　比例尺度:収集したデータの時系列的グラフ(Green 1979)は,長期間にわたる影響を示すために用いられる。リモートセンシングデータの時系列マップは,ランドスケープエコロジーへの適用において,生息地の分断を定量化したり,望ましい代替案をより客観的に決めるのに有益である。

③統　合

　間隔尺度:非定量的な意志決定のための評価手法が作られている。それは,開発の代替案の影響を比較するために有効であり,また,より良い代替案を主観的に決めるのに有効である(Shopley & Fuggle 1984)。

　比例尺度:時系列的な生態系機能に関する数値シミュレーションモデル(Holling 1978, Shopley & Fuggle 1984)は,他の手法と組み合わせて,長期的で間接的な影響を評価し,伝達するために最も適したものである。地図作成モデル(カルトグラフィックモデル)(Short & Williamson 1986)は,生息地の階層の表示や,自然遷移によって生じた変化と開発によって生じた変化を比較するために役に立つ。適応性のある環境アセスメント手法(Holling 1978)は,影響評価の異なる局面を扱うために,いくつかの技術,一般的には,数値シミュレーションモデルを組み合わせて用いる。

　ある与えられた経済条件下で,最も強力な測定手法を取り入れることが望まれる。推薦する組合せは,ネットワークと数値マトリックス(スコーピングにおける間隔尺度に対して),時系列グラフと時系列マップ(解析における比例尺度に対して),そして,数値シミュレーションモデルと地図作成モデル(統合における比例尺度に対して)である。この組合せは,予想される影響と可能な緩和措置を特定するために用いられる。National Research Council of the

United States and The Royal Society of Canada (1985)は，一つのシステム(そこで起きている人間活動を含む)として Great Lakes 流域の特性を理解するために次の四つの情報が必要であるとしている。①人による利用とエコシステムに関連した因果関係モデル，②状態と傾向を明らかにする時系列的モニタリング，③エコシステムのキーとなる特性と人の利用を示す地図，④エコシステムの結果を示すマネージメントケーススタディ，である。アセスメントテクニック(それぞれ別の目的と利用法を持つ)の組合せの新しい利用は，生態学的影響評価において一般的になりつつある。

何を測定するのか

ある人間活動が提示された時，このような背景や理論を身に付けた生物研究者は，野生動物種に対する影響測定をどのように行うのだろうか？詳細な指示書は数多くあり，初めての者はそれらのより役に立ちそうなテキストをいくつか読むことで利益をうるであろう(例えば Holling 1978, Munn 1979, Beanlands & Duinker 1983, Westman 1985)。この章では，過去20年以上における我々の経験による，またその他の研究者による事例を統合した，実践的で段階的な過程について概説する。

野生動物群集に対する人間活動の影響を測定し，有害な影響を軽減する緩和措置の計画を立てるためには，解析者は5段階程度の連続的なステップを実施する必要がある。

①野生動物管理保全目標の設定：生物研究者は，計画された事業が引き起こすと予測される変化と野生動物管理の保全目標を比較検討するために，評価過程の初期において，保全目標(例えば事業区域内の望ましい種の個体数や分布)を記述する。

②保全目標に到達するために必要な生息地状況の記載：いったん野生動物の保全目標が設定されると，生物研究者は，予測される生息地の変化を野生動物種の保全目標に対する影響に変換するために，これらの保全目標を維持するために必要な生息地の条件を記載する。

③計画された事業がどの様に生息地を改変するかの提示：生物研究者は予想される空間的時間的な生息地の変化を記述する。

④生息地の改変が，どの様に野生動物群集を変化させるかの予測：生物研究者は，予想される生息地変化を野生動物群集の変化の予測に変換する。

⑤悪影響を緩和するための計画：生物研究者および関係者は，野生動物の保全目標に負の影響を与えると予想される生息地の改変計画について，その影響を軽減するためのオプションを探る。

次の節では各段階において何を測定するかについて詳細に説明するが，ここでは他の研究者が様々な状況下で何を測定したかを示すために，次のような五つの影響評価プロジェクトを紹介する。

①西コロラドにおける資源管理計画：アメリカ土地管理局(1984)は，北西コロラド Piceance Basin Planning Area における，アメリカ土地管理局管理地内のいくつかの資源管理計画の影響評価のために，環境影響評価書を作成した。この地域では，頁岩油と他の鉱物資源の大規模搾取のために，この評価書(EIS)のための背景を説明している影響評価の研究例が数多くあった。

②北東アラスカにおける石油とガスの賃貸：アメリカ魚類野生生物局(1987)は，アメリカ地質調査所やアメリカ土地管理局と協力し，Alaska National Interest Lands Conservation Act (Public Law 96-487)の制定という立法行為に関連して，環境影響評価書を作成した。企業が石油とガスの踏査に対してその地域を賃貸することに興味を示したので，この法律の制定には，北東アラスカの北極圏国立野生動物保護区の沿岸地域の特別な研究が必要であった。

③アリゾナ州グラハム山における観測所の開発：アメリカ森林局は，南西アリゾナのグラハム山頂上に天体物理学観測所を建設する計画に際し，プロジェクトとその影響に関する研究を行った。プロジェクト予定地内に，世界で唯一のグラハムヤマアカリスの個体群が存在するため，環境影響評価の労力の多くはこのリス個体群に費やされた(Short & Willianson 1988)。

④ミネソタ州ビッグストーン(Big Stone)国立野生動物保護区の管理：アメリカ魚類野生生物局は南西ミネソタのビッグストーン国立野生動物保護区を，渡り鳥やその他様々な種の生息地として管理している。保護区の計画の一部として，アメリカ魚類野生生物局は様々な種に対する生息地改変の効果を評価するための概念的なフレームワークを開発した(Short & Willianson 1986)。

⑤ルイジアナ州テンサス(Tensas)河流域における森林の改変：アメリカ西部の多くの低地森林に類似している，北西ルイジアナのテンサス河流域の低地広葉樹林は，小面積伐採にさらされている。ルイジアナ州立大学は，テンサス河流域の湿地帯資源におけるこれらの景観変化に関する累積的影響の評価を，アメリカ環境保護局に提出した(Burdick et al. 1989, Gosselink et al. 1990)。

野生動物管理保全目標の設定

　測定手順の初期段階において，解析者は影響をうける地域に対する定量的な野生動物の管理目標を設定しなければならない。生物研究者は通常，①個体群レベルや場合によっては新たな種の新規加入の割合，または②種多様性，野生動物種ギルドの多様性，栄養段階の構造や生物量のような複合的な種の物差しによって保全目標を数値化する。変化は最終保全目標を設定しなくても評価できるが，管理者は野生動物群集に対する社会的な目標の記述に対してのみ，変化の有害性を判断することができる(Odum et al. 1979)。正確な影響評価は，最終目標が少なく，安易に測定でき，曖昧でないことが必要である。先の五つの事例については，保全目標が明確なものもあるが，そうでないものもあった。

　北西コロラドの例における保全目標は，狩猟動物(例えばミュールジカ，ヘラジカ，クーガ，クロクマ，キジオライチョウやブルーライチョウ)や絶滅危惧種(ハクトウワシ)の望ましい個体群レベルに焦点が置かれた。北極圏国立野生動物保護区では，カリブ，ジャコウウシ，オオカミ，ヒグマ，グズリと渡り鳥の個体群の保全が保全目標であった。グラハム山に計画された観測所用地における最も重要な保全目標は，絶滅寸前のグラハムヤマアカリスを，設定された個体群サイズに到達させ，維持することであった。ビッグストーン国立野生動物保護区での保全目標は，選定された野生動物個体群の生物量と多様性の維持に関することであった。テンサス河流域において指定された野生動物保全目標は，動物相の固有の個体群を維持し，バランスを保ち，現存する生物相を保護することであった。事例のうち3例における保全目標は，影響評価において，他の2例に比べより適切であった。北西コロラド，グラハム山そしてビッグストーン国立野生動物保護区での保全目標は，それが達成されているかどうかを判断するのに十分明白であった。しかし，北東アラスカ北極圏国立野生動物保護区とテンサス河流域において最初に設定された保全目標は，それを定量的に判断するためにはあまりに曖昧であった。テンサス河流域のプロジェクトでは，生物研究者は最終的に，その保全目標を多少なりとも定量化の可能な鳥類個体群を扱う方法に改良した。北東アラスカの例で述べられている野生動物個体群保全の意図は，おそらく現存密度を維持することにあったと考えられる。

最適な生息地の記載

　野生動物管理に対する明確な保全目標を設定したならば，次に解析者は保全目標に合致する生息地の状況を記述しなければならない。状況は，①野生動物個体群の分布や生物量をコントロールあるいは制限する，そして，②提案された行為によって改変されうる生息地の変化量によって記述する必要がある。

　先に述べた事例において，解析者はこれらの野生動物保全目標に合致するために必要な生息地の状況をどの様に記述したのだろうか。北西コロラドの例でアメリカ土地管理局は，①シカやヘラジカに必要な餌量のanimal-unit-months(AUMs，1 AUMは1か月に動物1頭当りに必要とされる量)，そして②ブルーライチョウやキジオライチョウ，そしてハクトウワシの個体群を制限すると考えられる，最重要の生息地の存在に基づいて，望ましい生息地の状況を記述した。北極圏国立野生動物保護区では，魚類野生生物局がカリブ，ジャコウウシ，オオカミ，ヒグマ，グズリそして渡り鳥の個体群を保護するために必要な生息地の質と現在の利用可能性を維持するよう望んだが，彼らはこれを実施するための生息地の能力を計測する定量的な手法を準備していなかった。グラハム山では，アカリスにとっての最適な生息地を記述するために，植生の水平的，垂直的構造(例えば針葉樹群落のサイズや広がり，群落内の樹木密度や樹齢)を測定することが提案された。ビッグストーン国立野生動物保護区では，解析者は，最適な生息地の状況を，サブユニット内に存在する基質タイプや植生帯の基準によって，相対的で構造的な生息地の多様性を表す生息地階層インデックスに換算して記述した。テンサス河流域の例において生物研究者は，低地林地域と高地林地域のサイズや点在パターン，そしてこれらの地域間の回廊の有無によって最適な生息地を記述した。

　事例のいくつかにおいては，生息地の変化を野生動物の保全目標が達成されるかどうかの評価にどのように結び付けていくのかが示されていなかった。生息地の測定値と野生動物個体群の間の関連を定量化できないことは，例外と言うよりむしろ普通に起こり得ることである(Hollin 1978, Beanlands & Duinker 1983)。このことは，おそらく正確な影響評価に対する大きな失望の一つであり続けるであろう。

生息地の変化の予測

　一度解析者が野生動物保全目標を達成するのに必要な生

息地の状況について合意を得ると，彼らは計画事業によって起こる生息地の変化を定量化しなければならない。このステップは，計画事業の当初の記述がしばしば曖昧であり，野生動物種に重要である生息地の変化の記載が不適当であり，また，その表現も技術者や政策決定者の言葉で書かれているため，予想以上に困難な作業である。野生動物生態学者は，野生動物に影響する様々な生息地の変化を，定量的な記載に書き換えなければならない。野生動物種が必要とする生息地の条件を説明するために生息地の構造を用いるメリットは，この段階で明確なものとなっている。なぜなら，野生動物研究者が付き合わなければならない技術者や政策決定者は，常日頃，構造に関する用語で環境変化を記載し，理解しているためである。

事例では，解析者は生息地の変化の予測を数種類の方法によって定量化している。北西コロラドの管理者は，ミュールジカやヘラジカを維持できる餌量のAUMs（月当たりの必要餌量）に関する代替案と，他の種に必要不可欠な生息地の消失する範囲を計算した。アラスカの北極圏野生動物保護区の例では，影響解析者は，カリブ，ジャコウウシや他の動物が締め出されるであろうツンドラの総面積（ある場合には特殊利用される生息地の面積）と，残りの地域についても工業活動によって減少する生息地の価値を見積もっている。グラハム山では，研究者がプロジェクトによって危険にさらされるか，消滅するであろうアカリス生息地の面積を予測し，現在および将来的に利用可能な良好で優れた生息地と比較した。ビッグストーン国立野生動物保護区では，科学者は，様々な管理のシナリオ下で考えられる生息地階層の組合せにおける空間的変化の定量化に関して概念的な基礎研究を行った。テンサス河流域では，生物研究者は，将来，農地開発によって失われる低地広葉林の面積を予測している。

評価解析者は，一般的に生息地の消失量（例えば造園工事のために動物の生息が不可能になる面積）を予測することは，生息地の価値の減少を測定するより簡単であることを理解するであろう。つまり，水源池によって陸上動物が利用できなくなる生息地の面積を測定し記述することは簡単であるが，ある地域で択伐によって生じる生息地の価値の減少を推定することは，より主観的なものとなる。この問題が動物とそれらの生息地との関連を定量化するにあたり，最も難しい点である。

野生動物の反応の予測

生息地の変化の予測がすむと，次は野生動物群集がその変化に対してどの様に反応するかを予測しなければならない。定量的予測を試みる解析者は，このことが影響評価のアキレス腱であることに気づかされることが多い。一つの問題は，生息地のある部分は他の部分以上に必要不可欠であるかもしれないので，生息地の消失や変化というものは比例配分的に対象となる野生動物個体群を消失させるわけではないということである。さらに，ほとんどの行為は完全に生息地を消滅させることはなく，それらは単に野生動物が利用する種類やレベルに変化を起こすだけであるため，野生動物個体群に影響する変化の程度を決定することは困難である。

五つの事例は，生息地の変化に対する野生動物の反応を定量的に予測する際，その解析の成果には潜在的に広い幅があることを示している。予測は，多数の種が含まれているときや，事業計画が完全な生息地の消失ではなく生息地の変化のみを引き起こす場合，特に難しい。

また，事業計画がまだ継続中のため，予測が実証されたケースはない。生息地の変化に基づいて野生動物の変化を予測するための評価解析者の能力は，①解析者がどのようなトレーニングを受けてきたか，②種を制限する要因がどの程度明らかになっているか，に依存している。多くの野生動物管理者は，個体群のために生息地を操作するという考え方には慣れているため，生息地の変化の影響をどの様に評価するかということについても，直感的に正しい理解を得るであろう。生息地の必要条件が十分に研究されている野生動物種は，ハビタットニーズ（制限要因等）がよく分からない種に比べ扱いが容易である。いずれにせよ，変化の予測の正確さは，考慮する野生動物種の数に反比例するであろう。

緩和措置の立案

野生動物種に対する悪影響の緩和や軽減措置は，計画事業の変更から，生息地の消失を埋め合わせるため別の場所に設定し直し，管理することにまで及んでいる。効果的な緩和措置の計画を立てるには，生息地がどの様に野生動物個体群を調整しているかに関する詳しい知識が必要であることは言うまでもない。

実際には緩和措置の計画とは，野生動物の管理計画と似通ったものである。それは，事業計画を変更したり，時には対象となる種や群集の生息地を改善するための措置をとるように提言を行う。また，これは野生動物保全目標により近づけるための方策を記載するものである。

他の人為的行為と同様，緩和措置自体も，ある種にとっ

ては利益を与えるが，他の種には損失となる。ここで再び，ある種および状況について他よりも優先されるべきはっきりとした野生動物保全目標を持つことの必要性が重要となる。影響評価と同様，緩和措置もこれらの保全目標に合致するようにしなければならない。

国家環境政策法(NEPA)では，解析者が正式な環境影響評価書を作成する場合には，計画事業の緩和措置に関して複数の代替案を用意することが求められている。このことによって，野生動物種の利益を保護している機関が，野生動物保全目標に合致する，最も障害のない選択肢を推薦することができる。例えば，北西コロラドのアメリカ土地管理局が提出した資源管理に関する代替案には，ミュールジカやヘラジカに対する餌量の配分や，狩猟動物，猛禽類，そして絶滅の恐れのある種に対する生息地の状況を長期にわたって改善するための必要条件が盛り込まれていた。アラスカ北極圏国立野生動物保護区の事業における代替案では，繁殖地域におけるカリブへの影響を補完するために，特別な調査の実施を指定している。

ほとんどあるいは全ての事業の代替案は，悪影響を及ぼすものであるため，緩和措置の必要条件は事業の代替案に記載された措置以上のものとなる。北西コロラドの例では，緩和措置として，播種あるいは植生に手を加えることによる餌の増産，野生動物への餌量を増加させるための野生馬の間引き，猛禽類の営巣地とライチョウのレック形成地周辺における人間活動を規制するための緩衝地域の設定が提案されている。北極圏国立野生動物保護区の例では，植生破壊を最少化するため，オフロード車両の通行を禁止し，工事は一時的な小さな仮設道路による冬期間の工事とし，また，カリブーの自由な移動を確保するため，パイプラインの上に傾斜路を設置するという緩和措置が盛り込まれている。グラハム山の例で検討されている緩和措置の手法は，アカリスにとって最適な植生構造を持つ森林の広さの確保と維持に着目したものである。ビッグストーン国立野生動物保護区では，解析者は特別な緩和措置を求めなかった。しかし，どんな事業計画であっても，緩和措置の検討は，後に特定の生息地階層の組み合わせを変更したり維持したりする上での基礎として必要なものである。同様に，テンサス河流域における景観の改変についても特別の緩和措置が盛り込まれていないが，現存する広葉樹林や回廊の保護，長期的にはその他の面でも緩和措置が必要となるであろう。

要 約

影響評価における測定には，5段階程度の連続的ステップが含まれる。これらのステップは次の理論的なプロセスである。野生動物保全目標の設定，これらの保全目標を達成するために必要とされる生息地の定義，計画事業による生息地改変の推定，生息地の変化に対する野生動物種の反応の予測，そして影響が軽減されるような緩和措置の立案である。

正確で効果的な影響評価は，野生動物種，野生動物を規定する生息地の特徴，そして両者の間の関係を可能な限り定量的に測定し記述することが必要である。解析者が野生動物保全目標をはっきりと認識できなかったり，これらの保全目標を達成するのに必要な生息地の状況を正しく具体的に述べることができなかった時に問題が生じる。評価のプロセスにおける他のすべてのステップは，これらの基準の記述次第で決まるからである。影響評価のプロセスにおける無意味さや不正確さの多くは，対象となる野生動物個体群をコントロールする生息地の特性を抽出できないという解析者に問題がある。生息地の構成要素は，野生動物個体群をコントロールする主要な要因であるばかりでなく，解析者によって比較的簡単に測定でき，また専門家でない人々にとっても容易に理解できるものである。

❏実施の方法

影響評価は通常，従来の野生動物管理とは異なり，生物研究者や市民の他に，政策決定者や技術的専門家からの広範で学際的な情報を必要とする。このことは，多くの野生動物研究者にとって馴染みの薄い世界であり，影響を評価するプロセスは，単純に野生動物種や生息地を測定することよりさらに挑戦的な行為といえる。いくつかのテキストはこの新たな複雑性に対応する方法をガイダンスしている(例えば，Holling 1978, Beanlands & Kunker 1983, Westman 1985)。以下の段落では，解析初心者のためにこれらの新たな要求を測定プロセスに積み重ねていく方法について，いくつかの方法を示す。先に概説した五つの測定ステップは，問題解決の際，従来からよく使われる一連の3段階の手続き，①スコーピング，②解析，③統合と定量化，にうまく含まれている。

スコーピング

問題の範囲を限定したり，スコーピングすることは，影響評価プロセスの初期段階で行われる。それは，空間的，時系列的に課題を記載することである。すべての関係者(専門家，市民の代表者，開発支持者)は，通常ワークショップや

ミーティングに参加することによってスコーピングに加わっている。Holling(1978)は,有用なワークショップの手順を示している。スコーピングの段階は,野生生物研究者にとって野生動物保全目標を準備するのに必要な時間である。

開発行為に関する最初の記述は,この段階で見ることができるだろうが,その記載は多分プロジェクトエンジニアや設計者のみによって書かれたものであろう。最初の計画の記述というのは,それが開発者の展望を示したものであるため,生物学的影響を予測するには不十分なものである。生物研究者は,後の段階と同様このスコーピング段階でも,新たな記載情報をプロジェクトエンジニアや管理者に要求する必要があろう。

スコーピングでは,生息地に変化をもたらす計画事業の概括が必要である。プロジェクトによって影響を受ける地域や影響のタイムスケールを決定することが重要である。例えばダムの建設は上流域を湛水し下流の氾濫地域から排水することによって渓谷の生息地に影響するであろう。また,この変化はダムが存在する限り続くであろう。空間的,時間的な範囲の確定を行えば,定量的な予測を行うことができる(Beanlands & Duinker 1983)。生息地の機能や種類の分布,改変の性質や予測分布を示した事業区域の地図が必要となる。アメリカの正式な評価書(EIS)の手続きでは,複数の代替案の検討が必要であるから,空間的時間的な範囲も代替案によって異なることに注意する必要がある。

スコーピング段階で作られるものは,①計画された事業,②対象となる野生動物資源やそれらに関連する保全目標,③野生動物個体群に影響するであろう生息地の変化であり,これらは相互に理解できる記述で書かれなければならない。報告書は,野生動物個体群が影響を受けるかもしれない地域や,少なくとも生息地の構造が明らかに変化するであろう地域の空間的記載(例えば地図)を含んでいなければならない。影響のタイムスケールは,プロジェクトの継続期間と,失われる生息地の機能が回復するための時間を考慮に入れて表現される必要があるだろう。

解　析

関係者がプロジェクトの範囲を限定し野生動物保全目標を設定した後,生物研究者はより詳細に野生動物に対して考えられる影響を解析しなければならない。この解析では,対象とする野生動物個体群が実際に影響を受けるのかどうか,その影響は有意と考えられるのかどうかを明らかにしなければならない。

生物研究者は,対象となっている野生動物種のハビタットニーズに関する詳細な調査を実施する必要がある。一つの有効な手段は,野生動物個体群とその生息地の構造的特徴の関係を調査することである。生物研究者は常に数種の方法(有益な文献のレビュー,類似した開発地の視察,技術専門家との会合,あるいは新しい野外研究の実施等)で適切な情報を得ている。解析が進むと,生物研究者は,種とその生息地の関連を示す図表や記述モデルを作ることによって,彼ら自身の理解を高め,他の関係者とより円滑にコミュニケーションをはかることができる。この方法については,後の統合と定量化の章で述べる。

生物研究者はこの時期の早い段階で,スコーピングの間に準備した保全目標を修正する必要があるだろう。これらは個体群の測定に関して可能な限り正確に表現されなければならない。保全目標の記述は,理想的には,野生動物種の構成や数に関する市民の要望を反映している。そして,常にというわけではないが,これら市民の要望は開発前の状況と同じであることが多い。多くの種に適合する保全目標は,種多様性や豊富さのような総合的な手法によって定量化される必要があるだろう。特に注目される種については,独自の調査が必要な場合がある。

生物研究者は,市民が要求しているものを野生動物個体群を説明する表現に改めなければならない。更にそれだけではなく,望ましい個体群の姿を,その個体群を維持するのに必要な生息地の記述という形で説明することが必要である。このため生物研究者は,開発事業の設計者と似たように,生息地の設計者となる。市民が望む野生動物を維持するための生息地の条件を示し,生息地の供給量の限界を評価し,想定される開発計画の範囲における生息地選択について示す必要がある。

生息地の物理的な構造の測定は,生息地設計者にとっていくつかの理由により,最も良い尺度となる。まず第1に,人為的行為が野生動物群集に影響を及ぼす場合,生息地の構造の変化が,最もわかりやすい認識手段である。第2に,構造的変化に対する野生動物の反応は,しばしば,既存の容易に集められる情報に基づき予測することが可能である(Willson 1974, Short 1988)。第3に,植物群落,例えば,植生の垂直的な階層や生活様式の水平分布,切り株や倒木の分布や数量などは,野生動物にとって構造的に重要な意味を持っている。(MacArthur & MacArthur 1961, Verner 1986)。第4に,おそらく最も重要な点であるが,多くの関係者にとって構造的な特性というのは,理解しやすく,

また，損失と利益の測定の共通尺度として受け入れられることから，EIAのプロセスにおけるコミュニケーションを高めるものである。

統合と定量化

野生動物の個体群間の関係が明らかになれば，次に野生動物保全目標，生息地の特性，予測される変化といったものの定量化が必要となる。効率的な影響評価やその後の緩和措置立案のためには，容易に計測でき表現しやすいもので定量化する必要がある。この章では，どのように生息地の変化を定量化し，多くの野生動物研究者が利用可能な単純な技術と手法でトレードオフを評価するかについての例を示す。単一種の扱いは比較的単純であるので，ここでは主に複数種の問題に焦点を当てている。

Short(1983)は，複数種が存在する場合の評価プロセスを単純化する手法を開発している。文献のレビューによって，多くの種の個体数は，簡単に計測できる生息地の構造的な構成要素に応じて変化すると推測されている。重要な構成要素とは，生息地の様々な階層——高木(上層)，低木(中間層)，草本(下層)，地表層，水域(図24-1)——で，様々な階層の範囲と配列が簡単に計測できる。多くの野生動物個体群が生息地の層と，層に関連する構造的構成要素に対応しているということは，MacArthur & MacArthur (1961)，Willson(1974)，Verner(1986)などに報告されている。

Short(1983)の手法によって，研究者は特定の種を種-ハビタットマトリックスに位置づけることができる。個々の種の位置は，採餌の場と繁殖の場(ここでは捕食者から隠れるといった採餌活動以外の行動も含める)の生息地の階層を反映している。主に地表で採餌し木の洞で営巣するといったある種類の鳥は，一つのセルで示される(図24-2)。このマトリックスを調べることによって(あるいは，表24-1のようにチャート化することによって)種ギルドを作り，どの種が一緒に出現するかということを知ることができる。またギルドは，データをコンピュータに入力し，生息地により分類して作ることもできる。

ギルドを作る利点は，解析が単純になる点である。50種を個々に解析するのは大変な作業であるが，50種が含まれる六つのギルドを扱うのであれば管理は可能であろう。

さらに解析を簡略化するためには，マトリックスの生息地の階層を特定の種(あるいはギルド)の個体数に影響を与えるものおよび開発で変化すると思われるものに限定すべきである。個体群レベルに影響しない生息地の特性や，開

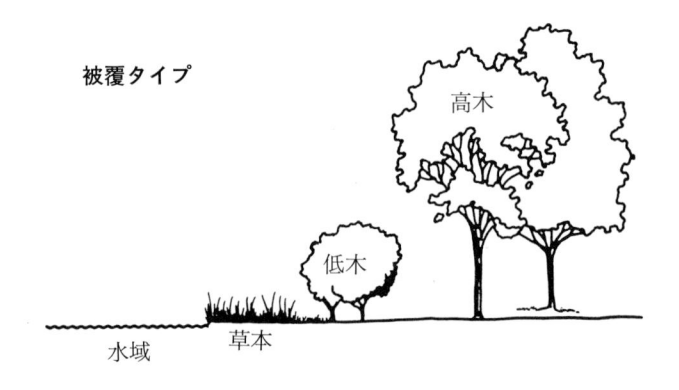

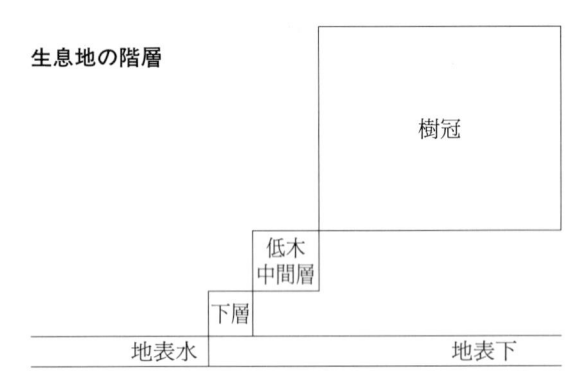

図24-1 生息地階層としての植生と被覆タイプの抽象的概念図(Short & Williamson 1986)

図24-2 生息地ギルドに分類するための種×生息地マトリックス。各野生動物種は採餌の階層(行)と繁殖の階層(列)によって決まる各セルに位置づけられる。ギルドのメンバーは，マトリックスのセルを共有している。(Short 1989)
採餌の場となる生息地の階層

表 24-1 アリゾナ中西部の河畔ハコヤナギ生息地における，生息地階層に基づくギルド構成。xは各一次消費者が採餌と繁殖の場としている生息地階層を表す。(after Short 1983)

ギルド	種	採餌層 A	B	C	D	E	F	G	H	繁殖層 A	B	C	D	E	F	G	H
1.	アメリカオオバン				x		x	x	x						x		
2.	マガモ				x		x	x	x				x				
3.	カナダガン				x		x	x	x								
	オカヨシガモ				x		x	x	x								
4.	ヒレナガウグイ						x	x	x						x	x	x
	レッドシャイナー						x	x	x						x	x	x
5.	ソノラサッカー						x	x	x						x		x
6.	コイ							x	x							x	x
	小斑ウグイ							x	x							x	x
7.	クロナマズ								x								x
	キナマズ								x								x
	砂漠サッカー								x								x
8.	マルオチャブ						x	x								x	x
9.	ミドリマンボウ							x								x	x
10.	スッポン						x							x			
11.	ヤマアラシ	x	x	x	x	x						x	x				
12.	ビーバー		x	x	x	x						x	x				

A：樹冠，B：幹，C：中間層，D：地表面，E：地表下，F：水面，G：水中，H：水底部

発によって影響を受けないものを含めると，EIAのプロセスが不必要に複雑化し，間違った影響予測と不適切な緩和措置を生み出す恐れがある。

対象となる全ての種がマトリックス上に正しく配置されていれば，その結果をチャート化したりコンピュータのスクリーン上に表示することで，様々な種-生息地間の関係について研究者間で情報交換を行うことができる。また，これは，種をギルドに分類するときの根拠ともなる。

現在生物研究者は，目標を記載する際の表現を個体群に基づいたものから生息地に基づいたものへと改めるようになってきている。複数種が含まれているのであれば，ギルドを構成する個々の種についてではなくまずギルドについて考慮すべきである。例えば，種Aから種Fが高木層で採餌営巣しているのであれば，種A-Fの個体群を維持することではなく，高木層の維持という点に焦点をおくべきであろう。保全目標の記載がギルドに関したものになれば，ギルドを維持するために必要な生息地の条件を記述することになるであろう。すなわち高木層ギルドに対する保全目標が，高木層生息地の総量と状態を維持することになる。

野生動物主体から生息地主体に解析を変更することは，一方で別の観点からも検討を加える必要がある。それは，ハビタットブロックの最小サイズの問題である。ギルドのあるメンバーは，個体群を維持するために適当な連続した生息地を必要としている。このため，野生動物の保全目標を生息地の維持という観点から考えると，必要となる連続的な地域を検討しなければならない。全てのギルドメンバーの生息地維持を目的とすると，保全すべき最小サイズは，最も大きなサイズを必要とする種のサイズとなる。特定の種を対象とするのであれば，最小サイズはその種が必要とするサイズとなるであろう。近年，生息地の分断が進行しており，ブロックサイズの影響に関する解析が注目されてきている (Temple & Wilcox 1986)。

生息地への変換にはもう一つのステップがある。生物研究者は，種が階層を利用する場合の特別な構造特性というものを記載する必要がある。最小サイズはその特性の一つであるが，切り株の最小密度であるとか，広葉樹の密度やドングリのなる木の密度，あるいは，最大水深といったものも構造特性である。例えば，ホシジロシマアカゲラは，営巣のために特別な特徴を持ったマツの木が必要であるため，この個体群を維持するためには，そのようなマツの最低密度等を明らかにした階層特性の記載が必要となる。ここでは，記載的な表現と図による単純な記述モデル（図24-3）が有効である。これらは，生息地の階層における変化の測定に対する重要な基準となる。また，生息地階層の状態を示す分布図も使われるが，地図の説明として言葉による説明も各層の質を正確に説明するために必要である。

影響解析者は，現在および将来望まれる状態によって，その基準としての野生動物保全目標を定量化する。影響の測定や予測は，これらの基準からの隔たりで評価される。このため，現在の生息地の状況，開発を含めた場合と含めない場合の将来の生息地の状況を記載することが必要となるであろう。

現在の生息地の状況

解析者は，地図，表および言葉による記載を組み合わせて現在の生息地の状況を説明する。生息地の分布を示す地図は，空中写真の解析から作ることができる（図 24-4，図 24-5）。階層間を重ね合わせた地域は，面積として数値データの形や，全体に対するパーセントという形で表現できる（表 24-2）。言葉による記載モデル（図 24-3）は，ブロックサイズや特殊な特性に関して階層または階層間の組み合わせを記述するのに用いられる。

コンピュータによる地図化やデータ処理は，生息地状況の解析や表示に有効である。コンピュータの利用により，迅速で細かな調整が可能となり，手作業なしに現在の状況と将来の生息地状況を比較することができるであろう。

開発を含まない将来の状況

多くのエコシステムにおいて，階層に関する生息地の構造を記述することは，将来の予測に役立つ。植生遷移のよ

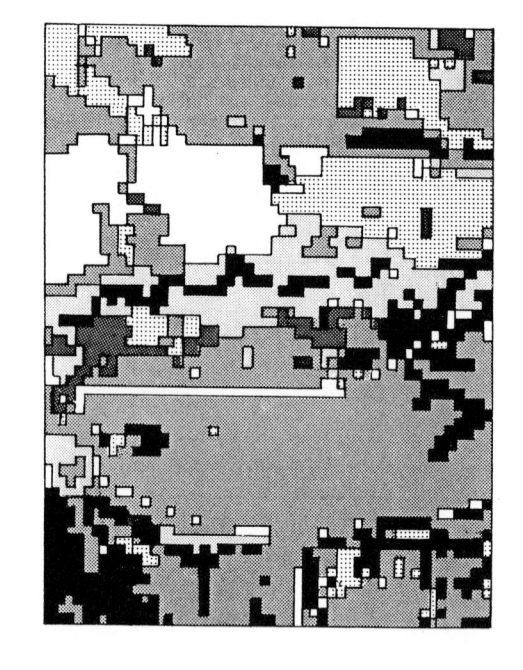

凡例：
□ 生息地階層数 0　▨ 生息地階層数 3
■ 生息地階層数 1　▨ 生息地階層数 4
▨ 生息地階層数 2　▨ 生息地階層数 5

図 24-4 ミネソタ Big Stone 国立野生動物保護区の一部のコンピュータマップ（Short & Williamson 1986）

図 24-3 すぐれた赤リス生息地の状況を示す記述モデル
（Short & Williamson 1988）

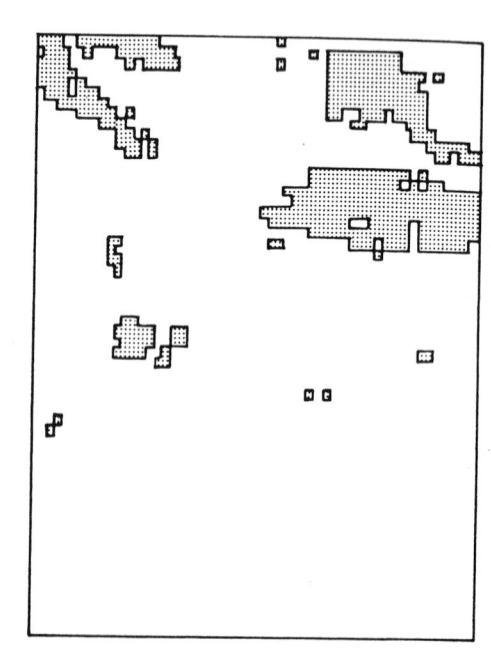

図 24-5 図4において3種類の生息地階層（地表下層，下層，低木中間層）を持つ 0.1 ha セルの分布
（Short & Williamson 1986）

表 24-2 地図化データから得られた生息地構造の数値による記載(Short & Williamson 1986)

生息地タイプ	面積(ha)	面積(%)	生息地層[a]					
			水中	水面	地表面	下層	中間層	上層
採石場, 道路	37.5	11.7	0	0	0	0	0	0
湖, 池	10.5	3.3	1	1	0	0	0	0
浅い湿原(抽水植物を含まない)	1.1	0.3	0	1	0	0	0	0
低湿地	31.4	9.8	0	0	0	1	0	0
浅い湿原(抽水植物を含む)	32.1	10.0	0	1	0	1	0	0
草原, 農耕地	113.3	35.3	0	0	1	1	0	0
低地性灌木(水性土壌)	7.5	2.3	0	0	0	1	1	0
高地性灌木	36.1	11.2	0	0	1	1	1	0
浸水による枯死木(水性土壌)	2.1	0.7	0	0	0	0	1	0
浸水による枯死木(水中)	4.0	1.3	0	1	0	0	1	0
中間層を持たない成木林分(水性土壌)	3.2	1.0	0	0	0	1	0	1
中間層を持たない成木林分(高地)	30.7	9.5	0	0	1	1	0	1
中間層を持つ成木林分(高地)	11.5	3.6	0	0	1	1	1	1
合計	321.0 (ha)	100 (%)	10.5 (ha)	47.7 (ha)	191.6 (ha)	271.9 (ha)	55.1 (ha)	45.4 (ha)

[a] 1=階層あり, 0=階層なし

うにある生活型(すなわち階層タイプ)から別の生活型へ移行するといった予測可能な連続的変化がある。将来どの様に状況が変わっていくかを知るために、このような自然界の変化を人の影響が加わったランドスケープ(下記参照)の変化に重ね合わせていくことができる。

開発を含めた将来の状況

開発事業が実施された後の状況予測には、少なくとも二つのシナリオが考えられる。一つ(一般的にはこれだけであるが)は、事業によって起こる変化以外は考慮しないことである(表24-3)。もう一つは、こちらの方が現実的であるが、植生遷移や事業以外の人為的変化を考慮に入れる方法である。

解析は、植生遷移や他の人為的影響を加えると、一層複雑になる。事業が行われる期間において、大きな自然の変化が考えられるのなら、単純な植生遷移モデルを検討するのが良いであろう。他の開発事業の影響は、それを管理することができないであろうし、また、これを詳細に解析する解析者もほとんどいない。このことについては、後半で検討する(累積影響の評価の項を参照)。現在の生息地の状況地図に事業計画の地図を重ねることが、将来の状況を予測する第1ステップである。代替案の地図があるのであれば、これらの影響も視覚的に比較できる。

多くの事業では、ある程度の正確さで予測が可能な期間は限られている。事業期間中の生息地の量や質の変化は、事業の内容によって変化する。商店街や駐車場が建設される

表 24-3 開発前後の生息地構造の数値による記載。各生息地タイプはそれぞれ独自の階層の組み合わせを持っている。開発によって、いくつかの生息地タイプ(A,B,D,E,G)は完全に消失し、いくつかのタイプ(C,F,H)は勢力を弱め、新たなタイプ(I,J,K)が生み出されることが予測される。(adapted from Short 1988)

生息地タイプ	被度(%)	生息地階層[a]					
		樹冠	幹	中間層	地表面	地表下	水面
開発前の構造							
A	5	1	1	0	0	0	1
B	5	1	0	1	0	0	1
C	10	1	1	1	1	1	0
D	20	1	0	0	0	1	0
E	20	0	0	1	1	1	0
F	15	0	0	0	1	1	0
G	5	0	0	1	0	0	1
H	20	0	0	0	0	0	1
被度合計(%)	100	40	15	40	45	65	35
開発後の構造							
I	15	0	1	0	0	0	1
C	5	1	1	1	1	1	0
J	10	1	0	1	1	1	0
H	10	0	0	0	0	0	1
F	10	0	0	0	1	1	0
K	50	0	0	0	0	0	0
被度合計(%)	100	15	20	15	25	25	25

[a] 1=階層あり, 0=階層なし

なら，全ての生息地の階層は消滅するであろう。また，例えばダムが陸上の地表層，草本層，低木層，高木層を水域に置き換えるように，ある事業は開発前の生息地層を別のものに置き換えてしまう。また，その外の事業，例えば皆伐は，植生遷移を一時的に初期の段階へ戻すであろう。将来の生息地の状況と保全目標として考えた状況との相違は，解析者が正確に将来を予測できるのなら，推計することができる。しかし，将来の状況については，コンセンサスを得ることが難しいため，様々な変化のシナリオをもてあそぶだけになりがちである。ただし，コンピュータで土地被覆地図や開発事業地図を作成したり，データを図表化することの意義は次第に大きくなりつつある。

　解析者が開発による生息地の損失を予測すると，次にこれを緩和することのできる措置について様々な問題が生じる。その生息地の損失は，耐えられるものかどうか？　妥協して保全目標の記述を変更すべきかどうか。将来の損失を最小化するような別のシナリオが可能かどうか？　事業区域の外に生息地を確保または管理することによって生息地の損失を埋め合わせることが良いことかどうか。

緩和措置の立案

　生息地の損失を埋め合わせる緩和措置の計画はどの様に作成するのだろうか。アメリカ連邦機関の手続きのガイドラインを無視して考えると，開発によって失われるものと同様の階層や階層の組み合わせを作るというのが最も単純な方法である。このような緩和措置の手法は，生態学的影響評価(EIA)プロセスにおいても理解し易いということもあり，広くいきわたっている。開発前の野生動物の状況が適当なものであり，構造的特性の損失が野生動物に損失となることが調べられており，かつこの損失を簡単に置き換えることができる場合においてはこの措置が有効なものとなる。

　しかし，この手法はベストのものではない。第一に，生息地階層や他の特性を新たに作ることが，これまで影響を受けていなかった生息地を変えることになり，緩和措置自体が野生動物管理の保全目標とは違ったものとしてしまう。このような状態は，"Rob Peter to pay Paul"（人から奪って人に与える）である。第二に，事業計画地域内の元々の生息地階層の分布や配列が，野生動物のベストな状態ではないかもしれないということである。

　もし，元々の状態がベストでないとしたら，管理者は，事業計画地内の生息地や階層を改修することによって損失を補完することができるかもしれない。このようなことから，ハビタットニーズと生息地の持つ能力を考慮し，それによって生息地を高めていくという生息地の生物学的な設計は，設計者の重要な業務となっている。

　緩和措置計画一般，および緩和措置の個々の動きに対する提言が効果的であるかどうかは，事業の実施に伴ってモニターされなければならない。モニタリングは，①緩和措置が適当に実施されているかどうか，②期待された結果が得られたかどうか，③生息地や野生動物群集に予期せぬ問題を起こしてはいないか，を確かめるうえで必要である。正式な緩和措置の評価手順(U.S. Fish and Wildlife Service 1981, Roelle 1988 参照)を計画に取り込むこともできる。時間が経過し，緩和目的が達成されていないことが明らかになった場合には，その緩和措置を修正したり計画を見直したりする必要がある。

要　約

　影響評価を実施する解析者は，スコーピング，解析，統合と定量化という三つの連続的なステップを実施するためにチームを編成することが多い。スコーピングは，事業の最初の段階である。評価チームは，事業計画，影響を受けるであろう野生動物個体群，野生動物個体群に影響を及ぼすかも知れない生息地の改変の計画について，空間軸，時間軸に沿って正確に記述する。次は解析である。これは，野生動物個体群に対する社会的な保全目標間の関連についての新旧様々なデータに基づき，それらの目標に合致する生息地の条件と開発によって引き起こされるであろう生息地の変化の解析である。最後に，解析者は，生息地と野生動物の変化の定量的な測定を行うため，関連情報を統合していく。影響の評価に従って，生物研究者は，負の変化を補う緩和措置を提示する。これらの提示は，解析と統合の過程で定量化され明らかにされた生息地間の関係に基づいて決められる。

　多数の種が対象となっている場合には，生息地構造の測定が影響の評価および緩和措置の立案に有効である。野生動物研究者は，生息地の重要な構造的構成要素，例えば植生の階層，基質の特性，ハビタットブロックのサイズ，特殊な機能を測定表示し，これらに起こる変化から野生動物群集の変化を導くという生息地の建築家のような業務を行う。生物研究者の大きな課題は，開発後に起こる生息地の変化の中から野生動物群集に対する社会的な保全目標に合致するものを選び出すことである。

❏累積影響の評価

　生態学的な累積影響(または累積効果)に関する連邦政府の法的な指示は，10を越えている(U.S. Council on Environmental Quality 1978)ものの，実際には，ほとんど関心が払われていない(Muir et al.1990)。生態学的な累積影響を扱った管理手法や研究報告は，伝統的な生態学的影響評価(EIA)に関連するものほど多くはないが，評価手法の発展の基礎となり，考え方と問題を紹介した貴重な試みが実施されている(Williamson & Hamilton 1989)。

　累積影響の評価とは，単に事業が計画されている地区だけではなく，対象となるエコシステムについて過去からの行為の全てをスコーピングし，解析していくプロセスである。累積影響管理の計画策定は，エコシステムに対する現在および予測される将来の行為の全影響を統合し，管理していくという連続的なプロセスである(Williamson 1993)。累積影響を扱うときに薦められる点は，①因果関係についての理解とコミュニケーション，②目標に対して測定可能な行為をとること，③数世代にわたる長期エコシステムレベルの問題解決プロセスを活用すること，④状況を改善するため組織間の協力を推進すること，などである。自然資源省は，近いうちに，負の影響を減少させることのほかに正の効果を取り入れるというエコシステムレベルの環境ガイダンスをとりまとめる予定である。

　望ましい累積影響の評価および管理のための計画は，以下のステップで行われる。①スコーピング段階：個別の問題に関して生態学的な位置づけを行い，個々の課題に対して一つの戦略を選択する。②課題解析段階：生態的動向と原因を詳細に調べ，適当なデータと解析ツールを活用して，各々の保全目標を設定する。③統合段階：解決策を記載し，数理モデルを用いて変化を推定し，全体的な計画を作成する。④管理段階：管理計画の実施と改善，課題の記載，データ，解析ツール，数理モデルの更新，体系的な評価改善を行う。

　累積影響を評価する過程の各ポイントにおいて，社会的な価値判断のフレームに照らし合わせて主観的な価値判断がなされなければならない。可能な戦略に関連する諸問題に共同で対処し，課題のスコーピングをする初期段階で機関間のコンセンサスを得ることが重要である。アメリカでは，戦略の選択は，魚類野生生物局の緩和措置についての五つのオプションに基づいている(U.S. Fish and Wildlife Service 1981)。緩和措置について選択されるオプションは，次のような，生態資源について社会が「許容できる基準」に基づいて選択される。すなわち，①現在の生態的状況が許容基準を下回る悪い状況であるなら，復元戦略が適当である。②現状が許容基準と同程度であるなら，影響を回避する(生息地を減少させない)戦略が選択される。③現状が許容基準以上であれば，影響を最小化する手法で若干の悪化を許容する戦略がとられる。累積影響評価に関しては，影響を最小化する手法が，自然資源省の最近の戦略として広く使われている。関係機関の間で，各々の課題に対しての最適な戦略がはっきりと同意できれば大きな進展である。

　累積影響評価を実施する上での大きな障害は，エコシステムの全体的状況の把握，膨大な個別の問題，複雑な要因の処理である。幅広く考察できる非数理モデルは，制限が多く分かりにくい数理モデルに比べ，最初の足掛かりとしては適当なものである(von Bertalanffy 1968)。地域的な状況に関して，技術専門家グループによって作られた因果関係ネットワーク解析(Cause-effect network analysis)は，生態学的状況の理解やコミュニケーションに有効である(Williamson et al. 1987)。歴史的なトレンドグラフや地図は，課題の広さと深さを表示し定量化する上で貴重であり，個々の保全や調査事業に対する興味を深める上で有用である。景観構造地図作成モデル(Landscape structure cartographic modeling)は，視覚的にとらえられる生息地の分断や減少等に対する代替案を定量的に評価する際に有効である(例えば，Gosselink & Lee 1989)。エコシステム機能シミュレーションモデル(Ecosystem function simulation modeling)は，目に見えない生息地(通常は水域)の改変や悪化に活用される(例えば，Stone & McHugh 1977)。時系列個体群モデル(Time series population modeling)は，地図作成モデル(陸上生物)とシミュレーションモデル(水生生物)を組み合わせたもので，1次生産量と脊椎動物個体群減少の関連解析モデルとして期待されている(例えば，Brinson 1988)。

　いかなる場合でも，累積影響評価は，単一事業の影響評価より複雑で扱いにくい。この複雑さと技術の急速な進歩のために，複数事業のより進んだ解析に対して多くの生物研究者は消極的である。人間活動の総体的影響が野生動物に及ぼす影響の評価や管理は緊急の課題であるが，おそらくある特定の生態系か，生物研究者，その他の科学者，政策決定者で構成される実験チームに限られるであろう。

要　約

本章では，野生動物に適用される環境影響評価の歴史と現在の手法についてレビューし，これに基づいて，人間活動による生息地の改変に伴う野生動物への影響評価手法を提示している。野生動物の生息地は地球規模で急速に減少しており，当然のこととしてこの減少を評価するための効果的な技術の開発が求められている。生態学的影響評価の原理が野生動物管理手法と同じであるという前提で，最良の評価手法は，野生動物の個体群の分布と量をコントロールしている生息地に着目するということを基礎としている。単一種の影響評価は，個体群を制限する要素を明らかにすることに始まり，直接的に人間活動がこれらの要素をどのように変化させるかを調査する方法である。複数種の評価には，総合的手法や多くの種の影響が反映される手法が必要である。生息地の構造特性の測定は，複数種に対する影響予測の基礎となる。これは，影響評価のプロセスにおいてコミュニケーションを容易にするものでもある。また，影響評価の実際的な手法を示し，実施のためのステップ，実施内容について説明している。ここでは過去の五つの実例を取りあげている。一連の過去の人間活動による累積的影響の評価には，伝統的な影響評価以上に特に検討すべき点があることを述べている。

参考文献

ADAMUS, P. R., E. J. CLAIRAIN, JR., D. R. SMITH, AND R. E. YOUNG. 1987. Wetland evaluation technique (WET). Vol. 2. Operational draft. U.S. Army Corps Eng. Waterways Exp. Stn., Vicksburg, Miss. 200pp.

BEANLANDS, G. E., AND P. N. DUINKER. 1983. An ecological framework for environmental impact assessment in Canada. Inst. Resour. Environ. Stud., Dalhousie Univ., Halifax, N.S., and Fed. Environ. Assessment Rev. Off., Hull, Que. 132pp.

BRINSON, M. M. 1988. Strategies for assessing the cumulative effects of wetland alteration on water quality. Environ. Manage. 12:655–662.

BURDICK, D. M., D. CUSHMAN, R. B. HAMILTON, AND J. G. GOSSELINK. 1989. Faunal changes and bottomland hardwood forest loss in the Tensas Watershed, Louisiana. Conserv. Biol. 3:282–292.

DAMES AND MOORE. 1981. Methodology for the analysis of cumulative impacts of permit activities regulated by the U.S. Army Corps of Engineers. DACW 72-80-C-0012, U.S. Army Corps Eng. Inst. Water Resour., Ft. Belvoir, Va. Var. pagin.

DUINKER, P. N., AND G. L. BASKERVILLE. 1986. A systematic approach to forecasting in environmental impact assessment. J. Environ. Manage. 23:271–290.

GOSSELINK, J. G., AND L. C. LEE. 1989. Cumulative impact assessment in bottomland hardwood forests. Wetlands 9:89–174.

———, ———, AND T. A. MUIR, EDITORS. 1990. Ecological processes and cumulative impacts: illustrated by bottomland hardwood wetland ecosystems. Lewis Publ., Inc., Chelsea, Mich. 708pp.

GOULD, N. E. 1977. Featured species planning for wildlife on southern national forests. Trans. North Am. Wildl. Nat. Resour. Conf. 42:435–437.

GRAUL, W. D., AND G. C. MILLER. 1984. Strengthening ecosystem management approaches. Wildl. Soc. Bull. 12:282–289.

———, J. TORRES, AND R. DENNEY. 1976. A species-ecosystem approach for nongame programs. Wildl. Soc. Bull. 4:79–80.

GREEN, R. H. 1979. Sampling design and statistical methods for environmental biologists. John Wiley & Sons, New York, N.Y. 257pp.

HIRSCH, A. 1980. The baseline study as a tool in environmental impact assessment. Pages 84–93 in Proc. symp. biological evaluation of environmental impacts. U.S. Fish Wildl. Serv. Rep. OBS-80/26.

HOLBROOK, H. L. 1974. A system for wildlife habitat management on southern national forests. Wildl. Soc. Bull. 2:119–123.

HOLLICK, M. 1986. Environmental impact assessment: an international evaluation. Environ. Manage. 10:157–178.

HOLLING, C. S., EDITOR. 1978. Adaptive environmental assessment and management. John Wiley & Sons, New York, N.Y. 377pp.

JARVINEN, O. 1985. Conservation indices in land use planning: dim prospects for a panacea. Ornis Fenn. 62:101–106.

KARR, J. R. 1987. Biological monitoring and environmental assessment: a conceptual framework. Environ. Manage. 11:249–256.

KAUTZ, R. S. 1984. Criteria for evaluating impacts of development on wildlife habitats. Proc. Annu. Conf. Southeast. Assoc. Fish Wildl. Agencies 38:121–136.

LANDRES, P. B. 1983. Use of the guild concept in environmental impact assessment. Environ. Manage. 7:393–398.

LEOPOLD, A. 1933. Game management. Charles Scribner's Sons, New York, N.Y. 481pp.

MACARTHUR, R. H., AND J. W. MACARTHUR. 1961. On bird species diversity. Ecology 42:594–598.

MEALEY, S. P., AND J. R. HORN. 1981. Integrating wildlife habitat objectives into the forest plan. Trans. North Am. Wildl. Nat. Resour. Conf. 46:488–500.

MOEN, A. N. 1973. Wildlife ecology. W. H. Freeman and Co., San Francisco, Calif. 458pp.

MUIR, T. A., C. RHODES, AND J. G. GOSSELINK. 1990. Federal statutes and programs relating to cumulative impacts in wetlands. Pages 223–236 in J. G. Gosselink, L. C. Lee, and T. A. Muir, eds. Ecological processes and cumulative impacts. Lewis Publ., Inc., Chelsea, Mich.

MUNN, R. E., EDITOR. 1979. Environmental impact assessment: principles and procedures. Second ed. John Wiley & Sons, New York, N.Y. 190pp.

NATIONAL RESEARCH COUNCIL OF THE UNITED STATES AND THE ROYAL SOCIETY OF CANADA. 1985. The Great Lakes Water Quality Agreement: an evolving instrument for ecosystem management. Natl. Acad. Press, Washington, D.C. 224pp.

ODUM, E. P. 1971. Fundamentals of ecology. Third ed. W.B. Saunders Co., Philadelphia, Pa. 574pp.

———, J. T. FINN, AND E. H. FRANZ. 1979. Perturbation theory and the subsidy-stress gradient. BioScience 29:349–352.

ROELLE, J.E. 1988. Guidance on formulating and evaluating mitigation recommendations. NERC-88/28, U.S. Fish Wildl. Serv., Natl. Ecol. Res. Cent., Ft. Collins, Colo. Var. pagin.

ROOT, R. B. 1967. The niche exploitation pattern of the blue-gray gnatcatcher. Ecol. Monogr. 37:317–350.

ROSEN, S. J. 1976. Manual for environmental impact evaluation. Prentice-Hall, Inc., Englewood Cliffs, N.J. 232pp.

SALWASSER, H., AND J. C. TAPPEINER, III. 1981. An ecosystem approach to integrated timber and wildlife habitat management. Trans. North Am. Wildl. Nat. Resour. Conf. 46:473–487.

SCHROEDER, R. L. 1987. Community models for wildlife impact assessment: a review of concepts and approaches. U.S. Fish Wildl. Serv. Biol. Rep. 87(2). 41pp.

SEVERINGHAUS, W. D. 1981. Guild theory development as a mechanism for assessing environmental impact. Environ. Manage. 5:187–190.

SHOPLEY, J. B., AND R. F. FUGGLE. 1984. A comprehensive review of current environmental impact assessment methods and techniques. J. Environ. Manage. 18:25–47.

SHORT, H. L. 1983. Wildlife guilds in Arizona desert habitats. U.S. Bur. Land Manage. Tech. Note 352. 258pp.

———. 1988. A habitat structure model for natural resource management. J. Environ. Manage. 27:289–305.

———. 1989. A wildlife habitat model for predicting effects of human activities on nesting birds. Pages 957–973 *in* R. R. Sharitz and J. W. Gibbons, eds. Freshwater wetlands and wildlife. U.S. Dep. Energy Symp. Ser. 61.

———, AND K. P. BURNHAM. 1982. Techniques for structuring wildlife guilds to evaluate impacts on wildlife communities. U.S. Fish Wildl. Serv. Spec. Sci. Rep. Wildl. 244. 34pp.

———, AND S. C. WILLIAMSON. 1986. Evaluating the structure of habitat for wildlife. Pages 97–104 *in* J. Verner, M. L. Morrison, and C. J. Ralph, eds. Wildlife 2000: modeling habitat relationships of terrestrial vertebrates. Univ. Wisconsin Press, Madison.

———, AND ———. 1988. An ecological problem-solving process for managing special-interest species. Pages 276–281 *in* R. C. Szaro, K. E. Severson, and D. R. Patton, tech. coords. Management of amphibians, reptiles, and small mammals in North America. U.S. For. Serv. Gen. Tech. Rep. RM-166.

SIDERITS, K., AND R. E. RADTKE. 1977. Enhancing forest wildlife habitat through diversity. Trans. North Am. Wildl. Nat. Resour. Conf. 42:425–434.

SMITH, R. L. 1974. Ecology and field biology. Second ed. Harper & Row, New York, N.Y. 850pp.

STAKHIV, E. Z. 1988. An evaluation paradigm for cumulative impact analysis. IWR Policy Stud. 88-PS-3. U.S. Army Corps Eng. Inst. Water Resour., Ft. Belvoir, Va. 69pp.

STONE, J. H., AND G. F. MCHUGH. 1977. Simulated hydrologic effects of canals in Barataria Basin: a preliminary study of cumulative impacts. Final Rep. for La. State Planning Off., Cent. Wetland Resour., Louisiana State Univ., Baton Rouge. 40pp.

TEMPLE, S. A., AND B. A. WILCOX. 1986. Introduction: predicting effects of habitat patchiness and fragmentation. Pages 261–262 *in* J. Verner, M. L. Morrison, and C. J. Ralph, eds. Wildlife 2000: modeling habitat relationships of terrestrial vertebrates. Univ. Wisconsin Press, Madison.

TRUETT, J. C. 1979. Pre-impact process analysis: design for mitigation. Pages 355–360 *in* G. A. Swanson, tech. coord. The mitigation symposium: a national workshop on mitigating losses of fish and wildlife habitats. U.S. For. Serv. Gen. Tech. Rep. RM-65.

U.S. ARMY CORPS OF ENGINEERS. 1980. A habitat evaluation system for water resource planning. U.S. Army Corps Eng., Vicksburg, Miss. 88pp.

———. 1989. Procedures for implementing NEPA. 33 Code Fed. Regul. 11, Part 230:329–341.

U.S. BUREAU OF LAND MANAGEMENT. 1984. Draft Piceance Basin resource management plan and environmental impact statement. Vol. 1. U.S. Bur. Land Manage., Colo. State Office, Denver. 243pp.

U.S. COUNCIL ON ENVIRONMENTAL QUALITY. 1973. Guildelines for preparation of environmental impact statements: rules and regulations. Fed. Register 38:20550–20562.

———. 1978. Regulations for implementing the procedural provisions of the National Environmental Policy Act. Fed. Register 43:55978–56007.

U.S. FEDERAL AVIATION ADMINISTRATION. 1985. Airport environmental handbook. U.S. Dep. Transp. Fed. Aviation Adm. Order 5050.4A. 108pp.

U.S. FISH AND WILDLIFE SERVICE. 1981. U.S. Fish and Wildlife Service mitigation policy. Fed. Register 46:7644–7663.

———. 1987. Arctic National Wildlife Refuge, Alaska, coastal plain resource assessment. Report and recommendation to the Congress of the United States and final legislative environmental impact statement. U.S. Fish Wildl. Serv., U.S. Geol. Surv., and U.S. Bur. Land Manage., Washington, D.C. 208pp.

VERNER, J. 1984. The guild concept applied to management of bird populations. Environ. Manage. 8:1–14.

———. 1986. Summary: predicting effects of habitat patchiness and fragmentation—the researcher's viewpoint. Pages 327–329 *in* J. Verner, M. L. Morrison, and C. J. Ralph, eds. Wildlife 2000: modeling habitat relationships of terrestrial vertebrates. Univ. Wisconsin Press, Madison.

VON BERTALANFFY, L. 1968. General system theory: foundations, development, applications. George Brazilier, New York, N.Y. 289pp.

WAGNER, F. H. 1977. Species vs. ecosystem management: concepts and practices. Trans. North Am. Wildl. Nat. Resour. Conf. 42:14–24.

WESTMAN, W. E. 1985. Ecology, impact assessment, and environmental planning. John Wiley & Sons, New York, N.Y. 532pp.

———. 1990. Managing for biodiversity. BioScience 40:26–33.

WILLIAMSON, S. C. 1993. Cumulative impacts assessment and management planning: lessons learned to date. Pages 391–407 *in* S. G. Hildebrand and J. B. Cannon, eds. Environmental analysis: the NEPA experience. Lewis Publ., Boca Raton, Fla..

———, C. L. ARMOUR, G. W. KINSER, S. L. FUNDERBURK, AND T. N. HALL. 1987. Cumulative impacts asessment: an application to Chesapeake Bay. Trans. North Am. Wildl. Nat. Resour. Conf. 52:377–388.

———, AND K. HAMILTON. 1989. Annotated bibliography of ecological cumulative impacts assessment. U.S. Fish Wildl. Serv. Biol. Rep. 89(11). 80pp.

WILLSON, M. F. 1974. Avian community organization and habitat structure. Ecology 55:1017–1029.

25
野生生物のための湿地管理

Leigh H. Fredrickson & Murray K. Laubhan

はじめに …………………………………………749	水制御の構造 ……………………………………760
湿地の特性 ………………………………………750	水分配機構 ………………………………………761
定　義 …………………………………………750	沼地性湿地の管理 ………………………………761
湿地の種類 ……………………………………750	淡水性湿地 ……………………………………761
分布と状態 ………………………………………751	季節氾濫する湿地 ……………………………764
湿地の機能 ………………………………………752	森林性湿地 ……………………………………767
植　生 …………………………………………753	潮間湿地の管理 …………………………………771
大型無脊椎動物 ………………………………754	モニタリング ……………………………………773
水文学 …………………………………………756	野生生物 ………………………………………773
湿地の価値 ………………………………………756	植　生 …………………………………………773
湿地管理 …………………………………………757	無脊椎動物 ……………………………………774
構築された湿地のための計画考慮点 ………757	非生物的要素 …………………………………774
湿地のデザインと構築 ………………………758	要　約 ……………………………………………774
湿地の配置 ……………………………………758	参考文献 …………………………………………775
堤　防 …………………………………………759	

❏はじめに

　湿地は，ヨーロッパ人が北アメリカに最初にやって来た時代にはそこに多く残っており，20世紀中頃までその形を留めていた。もともと湿地は，アメリカ48州の低地で約8,700万haを占めていたのである(Barton 1986)。決して広範囲にわたる総合的な調査記録は出来ていなかったものの，当初，湿地は北アメリカで3億ha以上存在していたと考えられている。不幸にも，メキシコ・アメリカ本土48州そしてカナダ南部にあるほとんど全ての湿地は，人間活動によって深刻な影響を受け続けてきた。多くの地域特有の湿地，また局所的な湿地は分断化され，現在では，ほとんどの湿地がアラスカとカナダ北部を除き比較的孤立した場所に限定されている。湿地野生生物に関連する影響については十分な報告がされてはいない。しかし，幾つかの研究では，プレーリ湿地の野生生物が生息するためには，安定営巣条件として4,000ha以上のまとまった区画が必要であると述べられている(Higgins et al. 1992)。

　すさまじい湿地の破壊と劣化に対して，資源管理者は自然本来の水文周期(季節的な水位パターンなど)，また生態学的機能を保持している湿地を保全するため，そして人の活動によって分断化した湿地を管理するために責任を負わなければならない(Weller 1988)。その際に，湿地管理者は「ランドスケープ」「地域」「局所」の三つの段階を考慮するべきである。ランドスケープスケールの管理は重要かつ本質的なものであるが，その実施は非常に困難なものである。なぜなら湿地を保全するには，環境上の違い，北アメリカにおける政策の変更，経済問題などが存在し，さらに州や地域，連邦政府機関等の様々な制約もかかわってくるからである。

　このように我々は，湿地管理に関して地域的スケールと局所的スケールとに注目する。なぜならば，これらのスケールは広範囲にわたって研究されており，また技術革新や生物学的・生態学的認識，行政活動によってより大きな影響を受けるからである。

　効果的な湿地管理は複雑である。そして，そのためには短期的，長期的な自然状況をシミュレーションする必要が

ある。さらに言えば，湿地野生生物の季節ごとの生理的要求についても，彼らに必要な食物と生息地を与えるために，コストと効率のよい方法を適時考えなければばらない。湿地管理を扱った文献は急速に増えつつあり，また範囲も多様化してきている。そこで我々は，より包括的かつ重要な出版物の幾つかを取り扱う。しかし，我々の文献の統合化は完全なものではない。我々の最終目標は，効果的な湿地管理に向けてコンセプトの概観を述べることである。以下に，湿地システムの管理に対する優れた一般的アプローチをもとに，地域的，局所的なスケールについて湿地の種類や価値，機能の簡単な概要を述べる。

❏湿地の特性

定　義

　湿地とは水生と陸生の両方の生態系を持つ遷移的な場所である(Mitsch & Gosselink 1986)。したがって，一つの定義によって全ての湿地を正確かつ明確に表現することは難しい。なぜなら，その基準を描写することはしばしば恣意的なものになるからである。例えば，水文環境は，ある場所が湿地かどうかを定義するのに一般的に用いられる基準である(Cowardin et al. 1979)。洪水周期は湿地の定義に十分根拠があり，直接的なアプローチになりそうであるが，このガイドラインのみでは湿地の記述は困難である。例えば，プレーリーや南部の季節氾濫するナラの低地に存在する一時的な水たまり(一時的なものまたは断続的な氾濫など)は，湿地生物の重要な生息地である。しかし，そこは1年のうち11か月間乾燥する可能性があるので，湿地として分類されていないこともある。これとは対照的に，25年間でたった一度だけ乾燥した水辺は湿地として認められたりもする。そのような氾濫に関する多くのバリエーションが，湿地の定義や管理について複雑さと矛盾を深めている。

　湿地とは，陸生システムと水生システムとの間の遷移帯であり，そこの水位は普段地表面近くにあるか，あるいは浅い水によって冠水している(Cowardin et al. 1979)。湿地は次に述べる三つの属性のうち，一つ以上を備えていなければならない。

　①少なくとも周期的に，優性的な水生植物をその場所が養っていること，②基質が主として排水不良の水分の多い土壌であること，③その基質が土壌ではなく，水によって飽和しているか，または毎年生育期のしばらくの間，浅く冠水していること(Cowardin et al. 1979:3)。ある場所を湿原として分類する際には，この包括的な定義が重要な要素として植生，土壌，水文学を結びつけている。その定義は北アメリカ全体にわたって応用可能であり，それは研究者，管理者，そして湿原を調節する職員によって認められたものである。アメリカ陸軍当局の技術者と環境保護庁およびその組織は，湿地に対し連邦政府の規制を課し，先に述べた属性を湿地の定義の中に付け加えた。彼らは湿地を，地表水や地下水によって「頻繁」あるいは「湿地を養うのに十分な期間」氾濫・飽和している場所と定義した。さらに，自然条件下での植生の優勢については，典型的に飽和土壌における生活に適したものであるとした。しかし，それらの定義は湿地を記述する際，特に植物群落を強調している。管理者がこれらの要素を考慮することは，野生生物にとっての効果的湿地管理を確実に行うために不可欠である。

湿地の種類

　湿地を幾つかのタイプに分類する際は，生態学的特徴と湿地の機能とを組み合わせなければならない。なぜなら，非常に多くの非生物的・生物的要素が湿地の特徴に影響しているからである。そしてさらに細かく湿地を分類するためには，分類体系的なアプローチが非常に有効である。それらの最も重要な要素は，水文特性，水質化学，基質の種類および植生である。これら要素に関する知識を用いて調査記録作成や評価を行えば，湿地タイプの分離が可能となる。さらには，湿地の現存状態を保持でき，野生生物への必要資源の供給が可能な湿地保全を目的とした管理手法の開発も容易となる。

　Cowardin et al.(1979)は五つの主な湿地のタイプを表した〔海岸 marine，河口 estuarine，河畔 riverine，湖沼 lacustrine(生態：高位泥炭地の形成過程にありまだ鉱物質の水が大きな影響を与えている中間的な泥炭地)，沼 palustrine〕。そしてそれらは，水文学的，地形学的そして化学的な要素に関して異なっている。海岸性湿地(marine wetland)は大陸棚を覆っている開放海域に存在するものとして特徴づけられている。水文周期は主に海岸の潮汐によって決定され，塩分は 30 ppm 以上である。河口湿地(estuarine wetland)は，陸地によって半分囲まれているが外洋からも影響を受けている湿地である。そして海洋性塩分による塩分濃度は 0.5 ppm 以上でなければならない。しかし塩分濃度の上限は定められていない。河畔湿地(riverine wetland)は，次の二つの状況を除く河川中に存在する。①木，低木，永続性の抽水植物，抽水性蘚類または地

衣類によって占められている場所，②海洋性塩分が5 ppm以上である生息地。湖沼湿地(lacustrine wetland)は次の特徴の全てを示す。①地形的な窪地またはせき止められている河川の内部，②木本がなく，低木，永続性抽水植物，抽水性蘚類または地衣類が地域のカバーの30％を越える所，③合計総合面積が8 ha以上，④海洋から運ばれた塩による塩分濃度が5 ppm以下。湖沼湿地は，木，低木，永続性抽水植物，抽水性蘚類，地衣類などが存在する非潮間帯，さらに類似した植生構造が存在するものの塩分濃度は5 ppm以下である潮間帯を有している。沼湿地(palustrine wetland)もまた，そのような植生の欠如した湿地を含んでいる。しかしそのカテゴリーは，次に述べる特徴の全てを兼ね備えている。①面積が8 ha以下，②波によって形作られた，または基質岩の見える海岸線の欠損，③窪地の最深部分の水深が干潮時で2 m以下，④海洋性塩分による塩分濃度が5 ppm以下。

　これら五つの主なタイプの中でも，湿地は，水文周期(半潮間帯，潮間帯，季節的氾濫，等)，基質の種類(岩盤・土壌層を成していない等)，水質化学，植生(水，森林，抽水植生)によってさらに分類することができる。例えば沼湿地はさらに8タイプに分類することができる。それらは岩底，土壌層を成していない底，水を含んだ底，土壌層を成していない海岸地帯，コケと地衣類，抽水植物，低木地帯と灌木，森林である。この分類方法に基づいて55の生態学的に異なる種類への湿地の区別が可能となる。

❏ 分布と状態

　アメリカ合衆国本土48州およびハワイにおける全湿地の生息地に関する最新資料では，湿地の大幅な減少と重大な劣化が報告された。アメリカ植民地時代には，概算で8,950万haの湿地がアメリカ合衆国全体に存在していた(Dahl 1990)。過去200年の間に湿地の減少には拍車がかかり，1970年代半ばまでに湿地は4,010万ha以下になった。しかし近年の報告では，湿地の年平均減少が185,350 haから117,360 haと小さくなったことをが示唆されている(Dahl & Johnson 1991)。

　湿地減少の要因は様々であるが，やはり農業用地のための転換がアメリカ合衆国とカナダでは最大である。メキシコにおける湿地減少の理由については，ほとんど報告がなされていない(bBaldasarre et al.1989, Kramer & Migoya 1989)。しかし，メキシコのコロラド川流域については，面積的にかなり多くの湿地が失われている(M.E.

Heitmeyer,私信)。1950年代半ばから1970年代半ばにかけて，農地化を目的とした湿地の転換がアメリカ合衆国では湿地減少の87％を占めた(Frayer et al. 1983)。その後このような転換は減少したものの，1970年代半ばから1980年代半ばまでは農地化が湿地消滅(54％)の第一要因として残った。これとは反対に，他の土地利用活動に起因する湿地の破壊は8％(1950年代半ば-1970年代半ば)から41％(1970年代半ば-1980年代半ば)に増加した。この増加に関する大きな要因の一つは，湿地の整地または排水化によるものである。しかし，それらの利用方法については詳しく確認されていない(Dahl & Johnson 1991)。過去30年間の湿地減少の内，都市域への土地利用転換は，約5％であった(Tiner 1984)。

　最近の推定では，米本土に残っている湿地のうち，淡水性と河口域の湿地がそれぞれ95％(3960万ha)と5％(220万ha)を占めていることが明らかとなった。淡水性湿地のうち，湖沼湿地の生息地に注目すれば，森林が53％，抽水性の植生が25％，低木地帯が16％，そして残りの6％が池や他の湿地のタイプに分類されている。一方，河口域に分布している湿地では，抽水性植生が73％，森林低木が13％，岩または砂の海岸が10％，そして水底が4％の構成比となっている。さらに，河口域の深水性の生息地構成比は，湖が71％，河畔が6％，そして河口潮間域が23％となっており，その生息地面積は氾濫部分のさらに3,320 haを占めている(Dahl & Johnson 1991)。

　全体的に見ると湿地の減少速度は小さくなってきたが，幾つかの湿地の破壊は警告を発すべき程度にまですすんでいる。さらに，アメリカ合衆国とカナダの特定地域における湿地の減少には歯止めがかかっていない。例えば，森林性の沼地性(palustrine)湿地〔例えば，沼地(swamp)，河畔にあるコリドーなど〕は1970年代半ばの2,230万haから1980年代半ばには2,090万haへと6.2％が減少した。その時，最も減少の大きかったのはアメリカ合衆国南部であった(Dahl & Johnson 1991)。草原で繁殖する生物の生息地環境については，その減少に関する報告は多く公表されている(Tiner 1984, Pederson et al.1989)。また，生物の渡りと冬の生息環境の消滅は同程度に深刻なものである(Korte & Fredrickson 1977, Frayer et al, Dahl & Johnson 1991)。結論として，これらの数字のみでは野生生物の個体数にかかわる湿地破壊のインパクトを評価することは不可能である。なぜならば，個々の野生生物が持つかれらの生活要求を満たす能力に対し，ランドスケープ全体でどれほど湿地の破壊が影響しているのかという情報を

我々は持っていないからである。

❏湿地の機能

湿地の生産力とその特性は，常に変動し流動性を示すものである。そしてその変動は主として生物的・非生物的要因がもたらすものである。その結果として，湿地はしばしば「ふるい」に例えられる(van der Valk 1981)(図25-1)。例えば，付近から湿地に流入・流出する栄養分の種類と量は，場所，季節，そして年毎に大きく変化する(Hammer & Bastian 1989)。そのような栄養分の違い(他の様々な要因によって形を変え影響を受けた結果)は，湿地の水質と同様に生産性をも変化させる。湿地の特性と生産性に影響を及ぼす代表的な非生物的要因は，火事，気象，水文周期，土壌，地下水，そして水質が挙げられる。生物的要因は，湿地の中で動かないもの(例えば植物)と，湿地内で動くものまたは一時的に湿地を利用するもの(例えば水鳥，猛禽類，病原菌)に分けることができる。これら個々の要因と湿地の構造・機能に対する相互関係を基本的に理解することは，効果的管理にとって非常に重要なことである。湿地の構造的な要素には植生の範囲と分布(水平方向と垂直方向)があり，それらは野生生物のための隠れ場所(たとえば巣やそのカバー)の量と質を限定する。機能的な要素としては明らかに少ないのであるが，それらは野生生物や個体数にとって重要な意味を持つものである。また，それらの構造物は物質循環・大気安定性・ピーク流量の緩和などにも影響を与える。これらの複雑なプロセスを把握することによって，自然状態を保った湿地，人工の湿地，そして人為的に変化した湿地等の生産力について見識を与えることができる。人間活動に関連したもので湿地動態に影響を与える他の要因は，①堆積や土壌沈下，そして除草剤や殺虫剤の蓄積の原因となる農業活動，②灌漑と都市域の水の資源開発，③道路，堤防，そして運河といった構造物，④冠水，水位低下，農場経営等の湿地と野生生物管理のための活動，⑤都市化，産業化そして軍事的利用のための開発(Tiner 1984, Grue et al. 1986, Heitmeyer et al)等である。これらの要因は，自然状態の湿地の構造と機能を変化させるものであり，そのために湿地管理にとって重要な示唆を含むものである。

湿地における野生生物の利用は，大まかにその種類，質，餌と隠れ場所の分布によって決定される(Weller & Spatcher 1965, Weller & Fredrickson 1973, Kaminski & Prince 1981, Ball & Nudds 1989)。したがって，湿地内植生は非常に重要である。なぜならば，植物構成は次のも

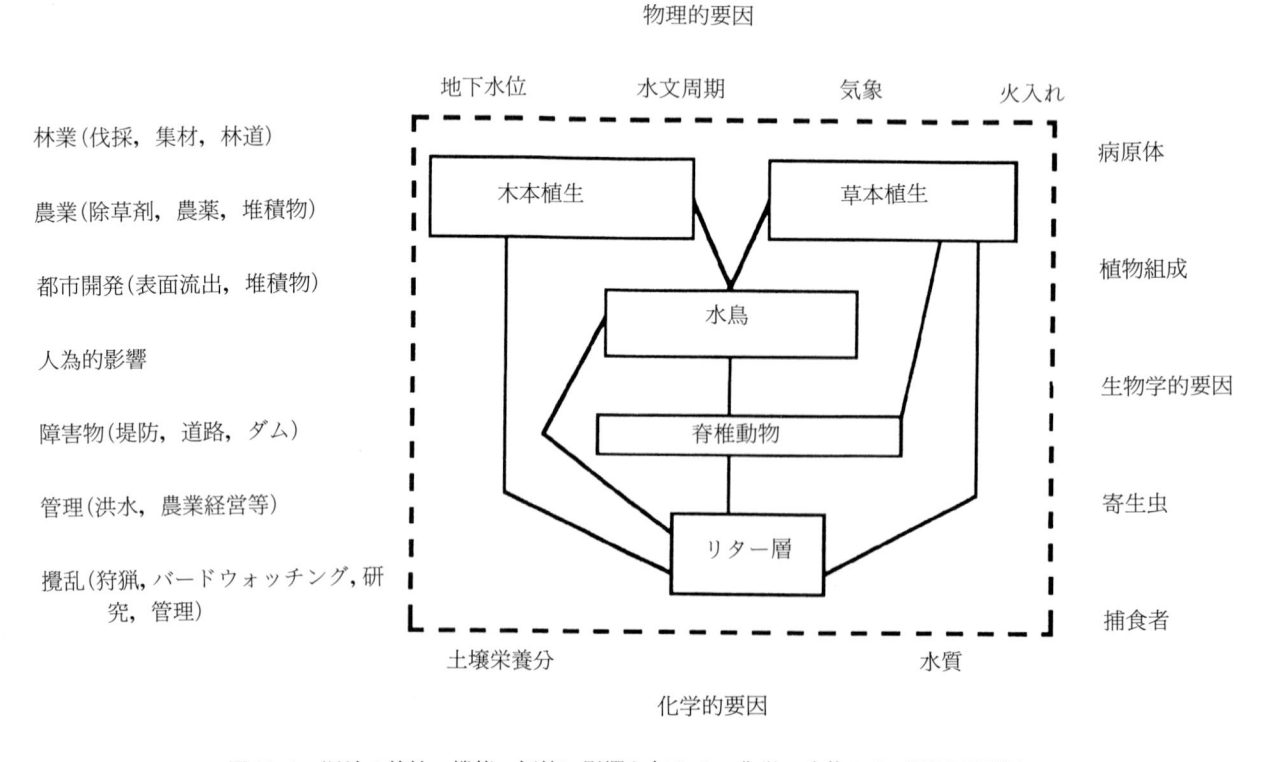

図 25-1 湿地の特性・機能・価値に影響を与える，化学・生物および環境的要因

のを規定するからである。①種・根茎・新芽といった食物となりうる植物の種類・量・栄養面から見た質，②隠れ場所の分布，密度そして構造，③無脊椎動物が利用する基質の量と種類。さらにまた，植物群落の形成も，シードバンクの構成・水文周期・土壌の種類・気象・水質そして過去の管理活動といった様々な要因によって支配されている(Simpson et al 1989)。したがって，これら構成物間の相互関係に関する知識を蓄積することは，湿地野生生物の利用を理解するため，また管理の機会を増やすために非常に重要なことである。

植 生

植生についてはそれほど多くの研究がなされていないのであるが，藻類が湿地のシステムにとって重要な構成物であると報告されている。なぜならば，藻類は栄養物質の動態に大きな影響を与えるためである(Murkin 1989, Stevens et al. 1989 など)。例えば，藻類は特に水温の暖かいときに，水中の吸収可能な栄養分にすばやく反応し，プランクトンを異常発生させることがある。また融雪期には，藻類は湿地の中に留まっており，重要な栄養分の流出を防いでいる。さらに，着生藻類は多くの大型無脊椎動物にとって大切な餌となっている(Allanson 1973)。

一般的に，河口域潮間帯の一時的な湿地，沼地性の湿地，湖または河畔の湿地の一部は1年生草本を育てる。普通，1年生植物群落は炭水化物，ビタミン，ミネラル，必須アミノ酸などの重要な源である多くの種子を生産する(表25-1)。氾濫の後，分解された植生は無脊椎動物が食べる基質となる。そしてその無脊椎動物は水鳥にとって重要なタンパク源でもある。植物と無脊椎動物によって作られた栄養成分は，羽の抜け代わりや産卵といった水鳥の年間活動のために必要とされる(Drobney 1980, Drobney & Fredricson 1985, Heitmeyer 1988)。それらは，哺乳類，両生爬虫類そして魚等にとって餌としても非常に重要である。また1年生の草本は，他の湿地植物と同様に湿原内で成長し，季節的に機能するカバーとなる。

また，一時的にできる沼地性湿地や河口部潮間帯の湿地はガマやヨシ(パピルス)等を生育させる。そしてそれら草本は温帯性湿地によく見られる典型的な多年生植生である。これらの植物は深水に耐えることができ，根茎や種子によって繁殖している。ヨシの種子は水鳥によって食べられるが，それらは他の多くの植物種子と比較してそれほど重要ではない。しかし，新しい多汁組織の茎の成長や，多くの多年生植物の根茎は，若芽として食べられるので餌として役立つものである。また丈夫な組織は，水鳥にとって，つがいを隠す(水平・垂直方向に)ためのカバー，営巣場所，雛を育てる巣の覆い，捕食者からの隠れ場所，抱卵のための覆い，悪天候からの保護等に利用される。さらに，例えばマスクラットなどの草食哺乳類の食物等にも利用される。そして，最終的に茎と葉は砕かれて脊椎動物を育てる餌となる。しかし，湿地全体に単一木立が高密度に成長した場合には，その植物は管理上の問題となり，結果として湿地を利用する水鳥は減少するであろう(Weller & Spatcher 1965, Weller & Fredrickson 1973)。マスクラットとヌートリアのような草食動物は，泥炭地や北部の温帯性湿地においてきわめて重要である。なぜならば，彼らの採餌行動と営巣行動は，突発的にできた頑丈な湿地構造を変

表25-1 選択された1年生種子，条植え作物，無脊椎動物の化学組成

食料のグループ	俗名	総エネルギー (kcal/g)	脂肪組織 (%)	蛋白質 (%)	NFE[a] (%)	Ash[b] (%)
1年生種子	イヌエビ	3.9	2.4	8.3	40.5	18.0
	タウコギ	5.2	15.0	25.0	27.5	7.2
	ショクヨウカヤツリ	4.3	6.9	6.7	55.4	2.5
	キビ	4.3	6.9	6.7	55.4	2.5
	サヤヌカグサ	4.0	3.1	12.3	50.1	16.1
条植え作物	モロコシ	4.2	3.1	10.2	72.2	3.5
	トウモロコシ	4.4	3.8	10.8	79.8	1.5
無脊椎動物	ワラジムシ	4.0	3.2	42.6	14.9	30.2
	アカムシ	5.4	17.8	60.1	14.9	7.0
	カタツムリ	2.2	1.0	6.7	5.7	57.6
	サイドスイマー	3.8	7.6	45.6	14.3	24.1
	ミズムシ	5.2	7.1	71.3	0.8	5.9

[a]NFE：窒素のない状態での抽出・高消化炭水化物の測定，[b]Ash：ミネラル含有量の測定

化させるからである。そして結果的に，水鳥が利用する湿地を変化させ荒廃させるのである(Weller & Spatcher 1965, Weller & Fredrickson 1973, Chabrack 1988)。

沼地にある森林低木性湿地は，多年生木本植生を含む湿地タイプの中で代表的なものである。立木と低木は気象条件が厳しい期間，熱の覆いになったり，つがい間を隔離するという意味で非常に重要となる。樹木から生産されるカシ・ブナ科の実（どんぐりやニレ，カエデの翼果など）もまた重要な炭水化物源であり，落葉後には大型無脊椎動物の大群がよく見られる。木のうろを必要とする脊椎動物は，その生息地と木本植生とが非常に強くかかわっている。大木の中のうろはアメリカオシドリ，ズキンアイサそしてアメリカフクロウのための営巣場所として非常に重要であり，またアライグマやリス，そして他の哺乳動物にとっても巣となっている(Soulliere 1990)。また同様に，小さな木のうろも，小鳥やオウゴンアメリカムシクイ，ゴールデンマウスのような哺乳動物にとって非常に大切である。

大型無脊椎動物

湿地は無脊椎動物のために多くの生息ニッチをもたらし，その無脊椎動物は水鳥や魚にとって重要な餌となっている(Mott et al. 1972, Swanson & Meyer 1973, Weller 1988, Eldrige 1990)。多くの無脊椎動物は極端に小さく(1 mm以下)，無脊椎動物の食物としての利用は，特別な補食メカニズムを持ったわずかな脊椎動物か，またはより大きな無脊椎動物に限定されている。この様に，我々の興味は，異なった湿地タイプに典型的に結びついた無脊椎動物の群に絞られる。様々な種類の湿地の中で，無脊椎動物の構成および分布の違いは，水文周期と植生の構造によって規定されている(Murkin et al. 1991)。湿地無脊椎動物の生活史戦略は，長期間にわたる水文周期，特に洪水の種類と水の変動によって形作られてきた。その中でも特に重要なものは，干ばつに耐えまたはそれを避けるような形態学的，行動学的適応である。長期間の水文学的周期の結果として進化した適応には，少なくとも次の一つを含んでいる。①卵，さなぎ，幼生状態での干ばつに耐える能力。②早い成長。③多くの子孫を残す能力。④1年以内にその生活サイクルを完結する能力。⑤高い移動性(Wiggins et al 1982)。いくつかの無脊椎動物のグループ，扁形動物・菌類，ハマグリそしてカイムシ・ミジンコ，カゲロウ，蚊，そしてユスリカなどは，水の移動が起こったとしても乾燥を防ぐのに役立つ耐性を持った卵の段階を持っている。水中性のミミズは，干ばつを生き延びるために粘液性の分泌液を用いるであろう。しかし，アカボウフラの幼虫は繭の中で夏を過ごし，フィンガーネイルハマグリは湿った腐葉土の中に潜り込み，干ばつを避けるために彼らの殻を横たえる。それとは対照的に，水中性のワラジムシやサイドスイマーは干ばつに耐えうる形態学的な適応を持ってはいないが，成虫として夏を過ごし，より深い腐葉土層の中の快適な場所で乾燥した季節を生き延びる。

氾濫周期の動的変動によって十分な水と栄養分を得られる期間に急成長する大型脊椎動物は，大きな利点を持っている。またさらに，非常に多くの子孫を残し，1年間の内にライフサイクルを終えることは，より有利な繁殖を可能とする。水位が低下したとき，干ばつに耐えられない種は乾燥状態から逃れなければならない。もっとも繁栄している種は，多くの場合よく動き回ることができ，生活により適した場所に移動することが可能である。特に甲虫とミズムシは，湿地を求めて空中分散することによって水位低下に対応している。

また，湿地を利用する多くの大型無脊椎動物も，特別な生息地や植生タイプの中で繁殖するために適応している。例えば，しばしば湿地性無脊椎動物群は，短期間または一時的に氾濫する湿地の乾燥基質中に生息している。そのような場所が氾濫した際には，結果的に，氾濫原内の無脊椎動物の数と生物量を増加させるようなライフサイクルの反応を開始する(Batema 1987, Severson 1987, Fredrickson & Reid 1988 d)。さらに，いくつかの無脊椎動物の生息地に対する必要条件は，ライフサイクルの各段階によって変化する(Pennak 1978)。例えば，ある生息地は抱卵のために重要であったとしても，採餌のためには別の生息地が必要となるかもしれない。大型無脊椎動物の群生は，主に次の基本的な生息地の上に共生し集団化されうる。①底生の基質。②沈水状態の植生。③多年生植生。④1年生植生。⑤木の葉のリター。それぞれの集団を構成している種は，様々な水文状態を生き延びられる生活史の巧みな方法を持っている（表25-2）。

長期間の水文周期と生息地の種類は大型無脊椎動物の適応戦略に影響を与えるが，他の要素もまたその発生，発生量，成長率，個々の種の繁殖を定めるものである。特に重要なものは短期間の水文環境と物理的，化学的，生物学的要素である(Pennak 1978, Wiggins et al. 1982, Pinder 1986)。植生が老化した後は，植物はリターに形を変える。多年草植生にとってリターには茎，葉，花の構造を含む。そしてその中で葉は木本植生からインプットされる最初のリターである。栄養物質と有機物は洪水時にもたらさ

表25-2 季節氾濫人工湖における異なる出水時の大型無脊椎動物

出水状況	無脊椎動物
冬の出水-遅い水位低下	甲虫
	アカムシ
	蚊
	カタツムリ
	ミズムシ
冬の出水-速い水位低下	蚊
	カタツムリ
	ミズムシ
秋から冬の洪水	アカムシ
	蚊
	ミズムシ
長期間の春の出水	無甲類のエビ
	蚊
	ミズムシ
短期間の春の出水	無甲類のエビ
	蚊

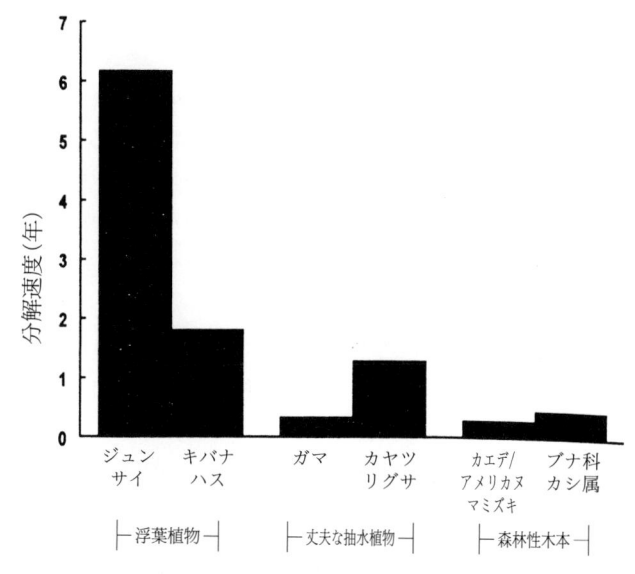

図25-3 様々なリタータイプの分解速度
(Boyd 1970, Yates et al. 1983, Wylie 1985のデータより)

れる最初の水との接触によって即濾過され，水中の栄養分濃度を増加させる(Peterson & Cummins 1974, Yates & Day 1983, Wylie 1985)。リターと結合している菌類，バクテリア，大型無脊椎動物は，リターの分解を促進しさらなるエネルギー資源と栄養物質を放出させる(図25-2)。また大型無脊椎動物も，バクテリアや菌類によって条件を整えられたリターを食べ，さらにリターの分解と栄養物質サイクルを促進する。なぜならば，大型脊椎動物は食物として直ちに消費されることにより，水鳥，爬虫類両生類，そして魚類にとっての有機堆積物から栄養物質への変換にあたって，機能上の重要な関連性を持つからである(Batema et al. 1985)。

分解速度はリターの種類，水文条件，気温等によるいくつかの要素によって決定される(Webster & Benfield 1986, Middleton et al.1992)。一連の環境条件が与えられれば，一般的に草本リターは木本植生よりも速く分解される(図25-3)。分解速度はリターの種類には関係なく，リターが浅く冠水しており，さらに気温が高い時により速くなる。深い冠水は，分解プロセスに関連する動物相群生を大きく制限する酸素欠如の状態を作るかもしれない(Suthers & Gee 1986)。さらに，その分解過程は酸素欠如の状態を引き起こし，結果的にその後の無脊椎動物群生の排除に結びつくであろう。なぜならば分解をコントロールしている各要素は絶え間なく変化し，大型無脊椎動物量のピークは劇的かつ時間的に短いからである。この様な大型無脊椎動物のサイクルや短期間の変動は，年または生息地のタイプ毎に多様である。そしてその変動は，栄養分を豊かにし，また一定の水位変動の影響を受ける有機堆積物のシステムにかかわる無脊椎動物にとって典型的なものである。

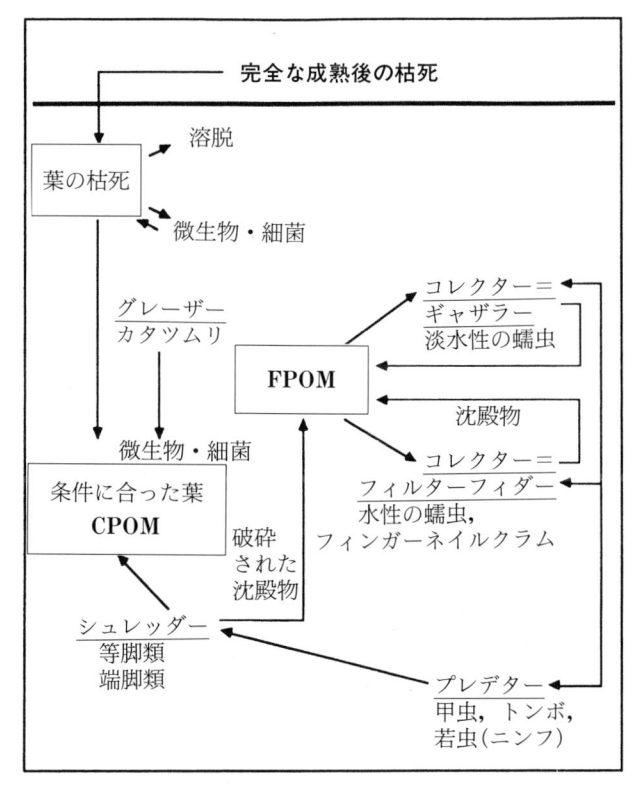

図25-2 リター分解の経路
(CPOM：粗粒状有機物, FPOM：細粒状有機物)

水文学

おそらく水文環境は，特定の湿地やその成立プロセスと保全方法をコントロールする最も重要な要素である(Mitsch & Gosselink 1986)。事実，水文環境は陸地や水中のシステムから湿地のシステムを切り離すものである。また，水文環境は湿地の化学的，物理的特性に影響を与え，そして最終的には生物相を決定する。

水文周期は異なる湿地においてそれぞれ固有のものである。水文周期に影響を与える要因の中では，湿地に流入・流出する水量が重要である(Marble 1992)。湿原への重要な流入成分は降雨，地下水，地表水，潮位の変動などである。可能性の高い流出成分は，蒸発散，地下水の流出，地表水流出そして潮位変動である。水文周期に影響を与える要因は，自然地理学の領域の中で変化する。例えば，潮位の変動は海岸性湿地の水文周期に大きな影響を与える。そして，そこの表層水の変化は湿地内部への影響をコントロールするものである。さらに，これらの要因の相対的な寄与は，場所に関係せず，季節的，また時には1日毎にダイナミックに変動する(嵐や潮流など)。最終的に流入と流出の間のバランスは，湿地氾濫の大きさ・継続時間・頻度，さらには湿地を流れる水量をも規定するものである。

短期的，また長期的な水文状況は多くの非生物的な要素に影響を与える。水の移動は，湿地に流入流出する栄養成分の種類と量を決定し，さらに，分解速度にも影響を与えることで湿地流域の栄養循環に作用している(Livingston & Loucks 1979)。水文周期もまた水質(Wharton et al 1982)や塩分濃度に影響を与え，それは化学作用に影響をもたらす土壌条件をも改変する(酸素含有量など)。またそれに加えて植物成長に必要な栄養分の利用可能量を決定する。

これら全ての非生物的な要素は，定着している植生の分布・構成・生産性に順次影響を与える(Bedinger 1979)。植物の種は，発芽のための必要一定条件(適切な明るさとpH，酸素還元ポテンシャル，土壌酸素，水分，温度など)を持っている(Simpson et al. 1989)。水文周期は土壌条件を変化させ，それによって成長可能な植物種をコントロールしている(Leck 1989)。例えば，イヌエビ(イネ科の雑草)のような1年生の草本は，発芽と成長のために露出した干潟を必要とする。しかしこれとは対照的に，アメリカセキショウモのような水の中に沈んだ水生植物は，成長のために永続的な冠水を必要とする。そのため，一般的なイヌエビは季節氾濫する生息地で最も優勢であり，それに対して

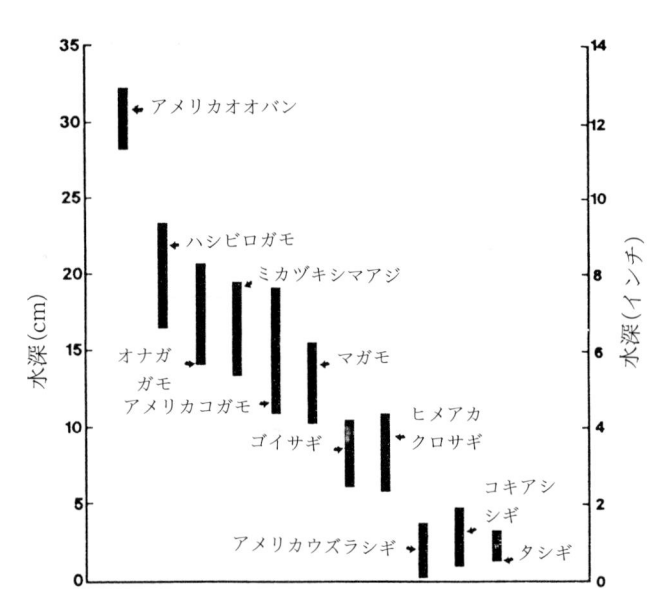

図25-4 マガモ類，シギ・チドリそして渉禽類が選択する採餌場所の水深

アメリカセキショウモは常に氾濫している生息地で最もよく見られる。

湿地における野生生物の利用もまた，水文周期，特に水深と氾濫のタイミングによって影響を受ける。マガモやシギ，チドリ類等の多くの水鳥は，効果的に食物を漁るために浅い水深を必要とする(White & james 1978, Reid et al. 1989)(図25-4)。これらの種は，氾濫を起こさなかったり，あるいは氾濫規模の大きすぎる湿地内の食物と隠れ場所は利用できない。

❏湿地の価値

湿地は社会に有益であり，野生生物管理に関連する多くの機能を持っている。毛皮で覆われた哺乳類(ミンク，ビーバー，マスクラット等)やワニは，湿地から商業的に捕獲されている。商業的に捕獲される魚と甲殻類動物種のおよそ66%が湿地と結びついている(Mitsch & Gosselink 1986: 396)。さらに，一部分ではあるがレクリエーションスポーツ(水鳥のハンテイング，釣り，バードウオッチング等)を行う多くの人もまた湿地にかかわっている。これらの商業活動やレクリエーション活動は，アウトドア製品を生産・販売している会社の経済基盤を作り，サービス産業(モーテルやレストランなど)等の雇用需要を増やすことで地域経済を活性化させる。

湿地は，いくつかの重要な環境機能にも役立っている

25. 野生生物のための湿地管理

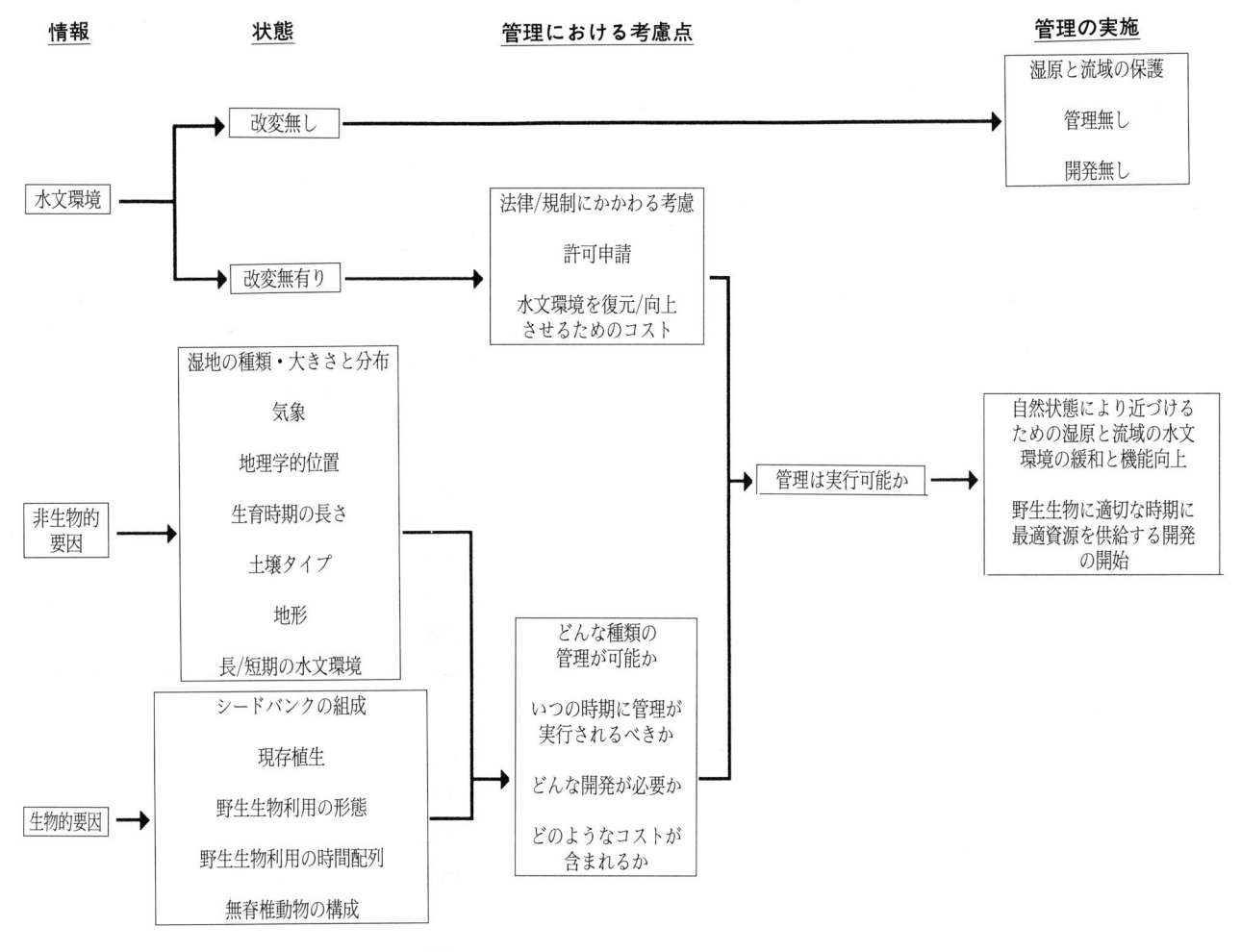

| 情報 | 状態 | 管理における考慮点 | 管理の実施 |

```
水文環境 ──┬── 改変無し ─────────────────────────────→ 湿原と流域の保護
           │                                              管理無し
           │                                              開発無し
           │
           └── 改変無有り ── 法律/規制にかかわる考慮
                             許可申請
                             水文環境を復元/向上
                             させるためのコスト
                                                    ┐
非生物的要因 → 湿地の種類・大きさと分布              │
               気象                                  │
               地理学的位置                          ├→ 管理は実行可能か →  自然状態により近づける
               生育時期の長さ                        │                       ための湿原と流域の水文
               土壌タイプ                            │                       環境の緩和と機能向上
               地形                                  │                       野生生物に適切な時期に
               長/短期の水文環境                     │                       最適資源を供給する開発
                                                    │                       の開始
生物的要因 → シードバンクの組成                     │
              現存植生                               │
              野生生物利用の形態                    ┤
              野生生物利用の時間配列                 │   どんな種類の管理が可能か
              無脊椎動物の構成                      │   いつの時期に管理が実行されるべきか
                                                    │   どんな開発が必要か
                                                    │   どのようなコストが含まれるか
```

図 25-5 湿地管理に関するタイプと強度について考慮すべき点

(Odum 1979, Goldstein 1988, Hammer & Bastian 1989)。表面流水を減少させ時間をかけて徐々に水を放出する自然の貯水場としての多くの機能は，洪水のピーク流量をおさえ，激しい嵐の後の放水速度を遅くすることにより洪水被害を小さくする価値を持つ。さらに泥炭地湿地は，物理的な構造物に対する被害を少なくさせるなど，激しい嵐から内陸地域を保護する。また湿地は，そこを流れる水から栄養物質と毒素を除去する。この作用により湿地は水質を改善する。最後に，いくつかの湿地は帯水層の流出に大きく関係しており，大気の状態を大きく緩和するともいえる(Odum 1979, Mitsch & Gosselink 1986)。

❏湿地管理

構築された湿地のための計画考慮点

効果的な湿地管理のためには，湿地野生生物が生存・繁殖するのに必要な生息地と資源との相互関係を理解することが必要である。水文周期・湿地構造・機能の情報が，必要情報や野生生物のライフサイクルのイベントに関して集約された場合に限り，湿地の価値と利用を最適化することができる。うまく管理された湿地は，自然の湿地と同様もしくはそれに非常に類似した餌，種類，質，分布，隠れ場所を含んでいる。これらの状態は湿地の種類，あるいはその内部によっても変化するが，湿地の管理は野生生物の物理的・行動学的必要性に見合う資源を供給することを目標としなければならない。

これらの前提を基本とし，個々の湿地は，管理開始前に前もって評価されるべきである(図25-5)。湿地本来の水文特性と機能を持ち続けている原始状態の湿地は，保護されそして積極的に管理されるべきである(Errington 1963, Weller 1988, Fredrickson & Reid 1990)。アメリカでは，本土とハワイのほんの一部の湿地のみしか人間活動によって改変されずに残っていない。これとは対照的に，ア

ラスカとカナダ北部では多くの湿地の水文状態が，歴史的情勢から変化を受けずそのまま残っている。この北部の事例のように，自然の水文状態をよりよく理解し，それを保護するような開発が最初の管理目標である。これとは逆に，しばしば改変や影響を受け続けてきた湿地は，湿地野生生物に一定資源を供給できるよう積極的に管理されるべきである(Fredrickson & Reid 1990)。湿地管理の第1の試みは，湿地を野生生物にとって住みやすい生息地となるように，水文学的な修正を試みることである(Weller et al 1991)。

湿原の存在場所の特性は，開発のための投資が予算上で効果的か否かを決定する際に大きくかかわってくる。例えば，砂質の土壌は堤防の建造には適さず，水位を一定にしておくには費用がかかる。また河畔部分においては，しばしば浸透性砂質層が浅い粘土層のすぐ下に見られる。自然状態の窪地は水を保持するが，もし下にある粘土層断面が移動すれば開発を受ける際その窪地は破壊されるのである。

湿地のデザインと構築

人工もしくは人の手が加えられた湿地について，その適正な生態学的管理手法は様々であるが，自然本来の湿地機能を創造し保全することに全力を注ぐべきである。一般的にこのコンセプトを実行するためには，水の流入・分配・放出をより正確にコントロールしうる物理的建造物の構築と装置が必要である(堤防，水をコントロールする構造物，水の供給と放出のシステム，ポンピングシステムなど)。水位管理には，望ましい植物群落や管理が難しい植生のため，発芽・成長に適した土壌と水の状態を作り出す必要がある。さらに，対象種のための必要資源を整えることも重要である(Fredrickson 1991)。特に水位のコントロールは，食物を漁る水鳥に必要な生息地状況を確保するために非常に重要である(図25-4)。例えば，南西部で湿地を利用する水鳥81種の内，25 cmよりも深い水深で餌を採れるのはわずか19種である。しかし，この19種の内10種は25 cmよりも浅い水辺を容易に利用している。そして，その倍以上の多くの種(38種)が10 cmよりも浅い水深の場所で餌をついばんでいる(Fredrickson & Reid 1986)。

湿地の生息地を取り戻したり，復元にかかわる資本投資は大きいものである。しかし，メンテナンスや操作にかかる長期的な費用は，大幅に削減が可能である。また，野生生物にとってのメリットは，湿原が生態学的に正しく機能するように開発計画が進められた場合に限り最大となる。

一般的に，土木工事とその管理目標は，望まれている要求が計画段階によりよく吟味されている場合ほど満足できるものとなる。計画作成技術者は，理想とする自然湿地の特性と資源とを両立できるような物理的構造物を建造するために管理目標を明確に理解する必要がある。いくつかの事例の中には，生息地回復のための努力として，標高を横切る堤防の建造や，不正確な標高での水位調整構造物の設置が行われり，また，効果的とはいえないポンプシステムが取り付けらこともあった。そのような開発は，経済学的，技術的観点から見れば野生生物のための湿地保全にとって一見実行可能な方法のように思えるが，しばしばそれらは湿地の質と機能について上辺だけを改良する結果に終わる。状況によっては，安易に計画された開発が，何も行われなかった時よりもさらに有害となることがある。この様に，管理者は，安易に計画された開発に対してガードし，自然の水文周期と湿地機能の模倣を着実に行わなければならない。

湿地の配置

その飛翔能力によって，水鳥たちは隣接している様々な生息地を利用することができる。例えば，ミシシッピー州の堆積によってできた谷では，マガモは毎日の食物の摂取と生理学的な必要性のために半径16 km以内の湿地を利用する(Delnicki & Reineche 1986)。この様に，野生生物が利用する湿地の範囲と利用形態は，その湿地の中の生息地状況だけではなく，隣接した生息地状況からも影響を受ける。一般的に，局地に分散している様々な湿地の複合体に対する規制と管理は，全体的な種の多様性や野生生物種の密度を増加させる(Fredrickson & Reid 1988 e)。さらに，大きさが1〜1,400 haの湿地は，もしそれらが複合体の一部であるならば水鳥のために十分に管理を行うことができる。

開発着手前に，対象湿地の管理を行う場所は，潜在的な野生生物の利用可能性を定量化するために評価されるべきである(図25-5)。さらに，対象種の餌と隠れ場所に関する要求は，少しの供給でも生息地を特定化できるよう地方の生息地と連結させて考慮するべきである。もし可能であれば，対象となった場所は，歴史的に存在している最も限定的な生息地が残されるように開発が進められるべきである。工学技術と生態学的な科学技術は，ほとんどの湿地タイプを創造し再生するために十分可能である。しかし，湿地の長期的管理と野生生物利用は，作られた湿地のタイプが現地に適合した場合に限り成功をおさめるものである。

例えば，繁殖中の鳥の生息地は管理の焦点となるが，そこの位置的な条件を考慮すれば，そこは渡り鳥や冬場の鳥にとって最適の場所とみなすことができる。

堤　防

堤防は管理される湿地にとって必要不可欠の構成要素である。なぜなら，それらは水位を調節し，貯水されうる最大水深を決定するからである。また堤防は，定められた湿地からの水交換を可能とする。堤防の大きさは，湿地の種類と目的とする機能によって変化する。そしてその際，堤防は，水鳥が十分餌を採れる水深を上限とした条件で冠水可能領域が最大になるように，自然の等高線に沿って建設されるべきである(図25-6)。また等高線に沿った堤防は，1年草の優位な成長，問題植生のコントロール，病気の発生原因の駆除といった必要がある時には，完全な排水を保証するものである。そしてまたそれは，法律上の規則に従って運用されるものである(蚊の駆除政策等)。これとは対照的に，自然の斜面に垂直に位置した堤防は，水の放出を防ぎ，側面溝が湿地に作られない限り排水できない表面水を残す可能性がある。この場合，側面溝を用いれば湿地の水を完全に排水できるものの，それらは開発費用を増加させ，定期的な保守を必要とし，効果的な管理面積を減少させることがある。堤防を構築する際の等高線間隔の決定にあたっては，建造費，既存生息地に対する有害な影響，目標水深を達成する氾濫源の最大化，等のバランスが考慮されるべきである。例えば，木本を育てるための高さ30cmの堤防構築は，最適な水管理を可能にするかもしれないが，非常に多くのカシ・ブナを移動させる必要が生じるであろう。この様な条件下では，標高間隔の決定にあたって，目標水深氾濫源の最大化とさらに河畔低地にある広葉樹の移動量最小化との両方を考慮しなければならない。堤防は様々な方法で建造することができるが，その選択は多くの場合，土壌タイプ，機材の有効性，そして技術者の構想に依存している。一般的に用いられる機材とはブルドーザー，モータグレーダー，水田の畦用のすき，溝火錐等(fire plows)である。

堤防の大きさは工学的な基準に基づくべきである。土壌の物理的化学的特性(有機物含有量，鉱物組織など)は圧密，剪断強度に影響を与え，そして最終的には，堤防の長期安定を確保するために必要なサイズが導かれるであろう。しかし，堤防に対しては，認可されうる土木技術基準内で一般的管理操作の実行を認めるべきである。堤防は，その補修や植生管理を行うのに必要な機械(トラクター，刈り取り機，円盤馬鍬等)の移動に耐える強度を保持すべきである。さらに，堤防側面の傾斜は，将来考えられる浸食と哺乳動物の穴によるダメージを抑止するような緩やかさに決定しなければならない(図25-7)。一般的にこれらの目標は，頂上部が4mで最小側面傾斜が3:1の堤防を築くことで満足することができる。それよりもさらに緩やかな側面の傾斜を持つ堤防は，材料的により大きな容積が必要となり，湿地生息地への影響もより大きくなる。しかし，そのような堤防も土木技術上の条件を満たすために必要とされる場合もある。

堤防の高さは，貯水量の大きさと洪水時の予測水深に基づいて決定される。大きな湿地(32ha以上)や，または永続的に冠水している生息地を模倣した湿地は，波の運動や浸食に対して影響を受けやすい。その結果として，大規模で大きな氾濫が予想される湿地は，季節氾濫を起こす湿地よりも頑丈な堤防が必要とされる(図25-7)。一般的に堤防の高さは，予測される年間最大氾濫水深の上に最低1mとすべきである。堤防の高さに関しても，洪水によって堤防が決壊した際そのダメージが最小になるように一定の基準を設けるべきである。周期的な大洪水を受けやすい場所では，短期間で一様に水に浸かる低い堤防の方が，高さが十分で頑丈に保護されている堤防よりもダメージが少ない。洪水

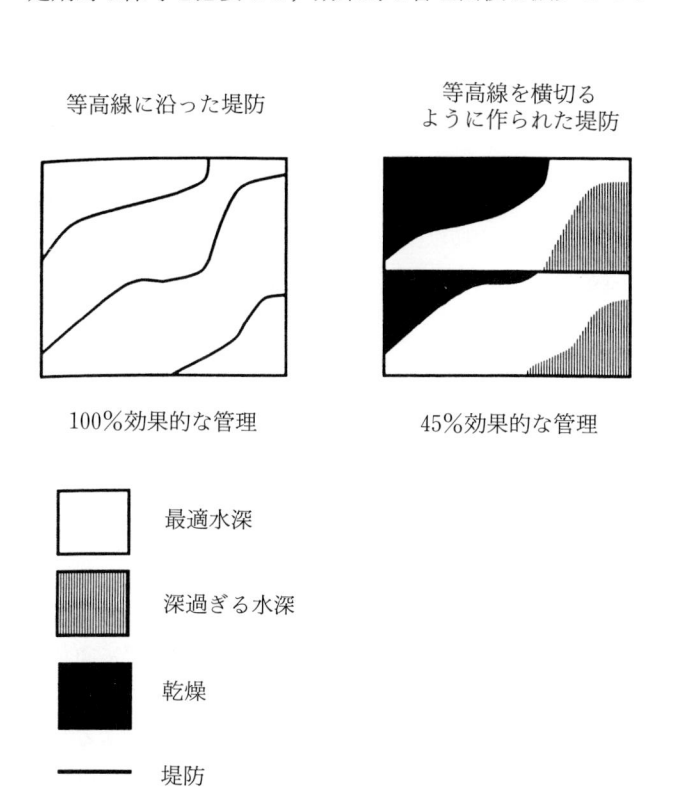

図25-6　等高線に沿った堤防敷地計画の重要性に関する概要図

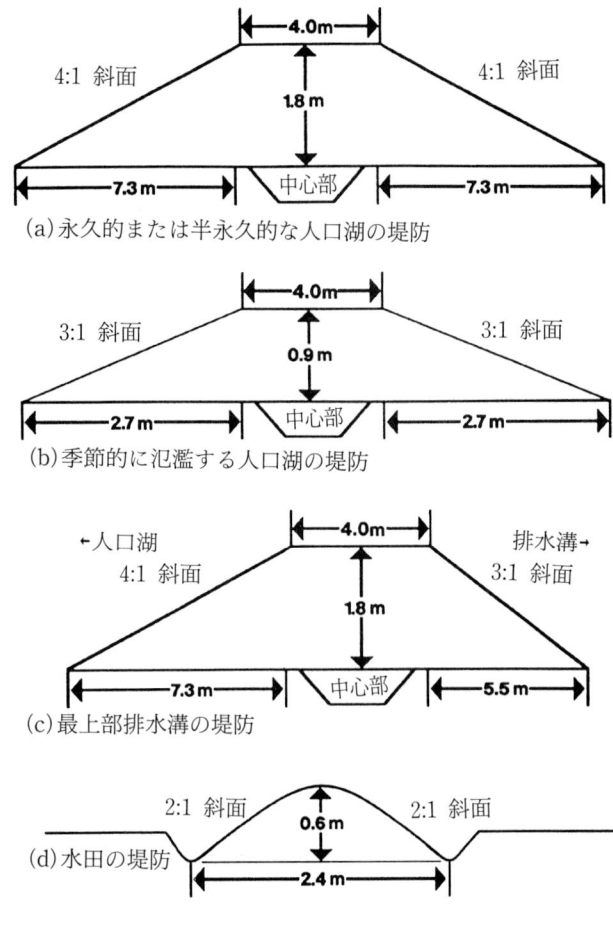

図 25-7 湿地管理活動を容易にする様々な堤防の基部の仕様

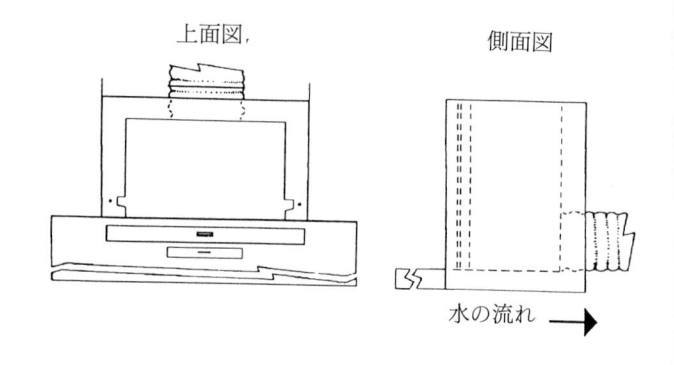

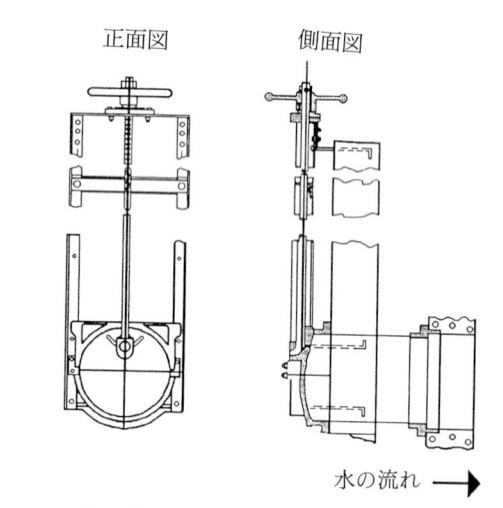

図 25-8 ストップログとスクリューゲート水制御構造の図

がそれ程頻繁でないところでは，堤防構造上の保全のために緊急用の排水路が堤防内部に組み込まれている。

水制御の構造

比較的正確な水位操作が可能な永久的水制御構造は，自然の水文状況に習えればそれが基本となる(Fredrickson 1991)。なぜならば，ほとんどの湿地の水文状況は変動するものであり，さらにその水位は季節変動や年間変動と同様に日変動も示すからである。この意味においても，開発された湿地から徐々に水位を変化させ，また完全に水を排水する能力が必要となる。そのために，水制御設備のタイプと設置位置の決定は非常に重要である。ほとんどの状況において，ストップログ(stoplog)の水制御設備は水の放出を制御するのには理想的なものである(図 25-8)。5 cm 程度の水位の調節はストップログによって行うことができる。さらに，これらの設備は監視を頻繁に必要としない。なぜならばストップログは，希望する標高に再設定が可能であり，湿地に流入する水は重力によって自動的に表面より移動するからである。これとは対照的に，スクリューゲート(screwgate)を用いた水の移動制御はさらに難しい。なぜなら水の放出が，湿地の底からの水の移動によってなされるからである(図 25-8)。そのため，もしスクリューゲートが開放され放置されたならば，すべての水は完全に流出してしまう。そこで，スクリューゲートは放水の設備としてではなく，埋め立て地の構造として使用される方が望ましいかもしれない(Fredrichson 1991)。干潮域にある湿地は，水の流入流出と密接に関係している特異な問題を抱えている。潮位変動の大きさは，1日の水の増加，減水だけではなく，月例周期と季節によって変化するからである(Chabreck 1988)。塩分濃度もまた嵐，季節，上流に向かう流れに影響されて変化する。河川を横切るように建設された堰や小さなダムは，潮位による水の動きを制御するために利用される。南東部では，ライストランク(rice trunk)と呼ばれる制御構造もまた効果的な水のコントロールのために使われている(Gordon et al. 1989)。これらの水制御設

備は耐久性があり，その操作はある程度の人力が必要である。

　流入流出を制御する構造物の設置位置は，湿地のそれぞれ最高点と最低点に配置するのが最適である。流入部と流出部の各設備は，同じ構造を持つものであってはならない(Fredrickson 1991)。塩分濃度の高い場所では，最高地点の複合的吸入構造と最低地点の複合的排水溝が必要不可欠である。これが植物群落の生育を制御するのに必要な水の完全排水を可能とし，水鳥が餌を得るのに必要な最適の氾濫源を作り出す。水制御構造物の最適な場所設定は，湿地内の水循環を最大にし，土壌塩分の蓄積を防ぐものである。そしてさらにそれは，病気発生等の危険性を低減し，栄養分循環を促進する。

水分配機構

　氾濫水の水源としては，降雨，排水溝，河川，遊水池，地下水等があげられる(Reid et al.1989)。それらは，流量，水質，タイミング，予測性，有効性，そして氾濫湿地に水を送り込む費用等によって様々に変化する。降雨は一番費用がかからないものであるが，最も信頼性に欠けている。なぜならば降雨の量とタイミングは時空間的に変動するからである。同様に，排水溝や河川からの水の利用可能性は個々の流域や降雨周期により異なるものである。歴史的に見て，洪水は定期的に自然の湿地を冠水させ，その水を管理された湿地に移動させることは可能であった。小さな局所的降雨は土壌を飽和させ，一方大規模な降雨は表面流を集積し，その水は自然の排水システムにつながる湿地を潤してきた。すべての湿地が毎年冠水するわけではないが，ほぼ毎年幾つかの生息地は利用することができる。しかし今日，西部の降雨のほとんどが農地や都市のために利用され，決して湿地に達することはない。

　また大きな水系における放水路化とそれにつながる支流も，多くの湿地システムの中で深刻な水文環境の変化をもたらす。これらの改修の影響は，湿地の種類やその位置によって，深刻な洪水か(Belt 1975)または氾濫水の完全な欠如のどちらかで明確になるであろう(Reinecke et al. 1988)。これはミシシッピの沖積谷の下流において実際に起こったことである。ミシシッピ川の上流部とその支流の水路化は，下流部において大規模な氾濫を引き起こした。河口近くに位置している湿地は大量の水によって氾濫するのに対し，上流部に位置する湿地は氾濫するのに十分な水を得ることができない。しかしどちらの状況においても，水鳥の利用はしばしば限定されているのが現状である。さらに多くの河川の水質は，堆積物または有害物質によって低下してきた(Longcore et al. 1987, Grue et al. 1989)。これらの状態は，湿地植生に発芽と成長の制限というかたちで影響を及ぼし，単一群落を発生させることが多い。

　地下水と貯水池は高い水質が確実に得られる水源である，しかし管理場所へ水を移動させるために，費用のかかる堤防やポンプシステムの建造が必要となるかもしれない。貯水池にも不利な点がある。なぜなら水を充分蓄えるためにその面積の大部分で水位が増加し，生息地の水深をより深くするからである。そして時には，その状況が生物の生命周期を限定する。地下水の利用にかかわる長期的・短期的な費用は様々であり，ポンプ，動力装置，そして水位に関係している。ディーゼルエンジンによって動力を得ているポンプは一番安価ではあるが，頻繁なメンテナンスを必要とし，長期間にわたれば電気ポンプを操作することよりも費用がかさむであろう(Reid et al. 1989)。これとは対照的に，三相(Three-phase)電気モータは，最初からコストが多くかかり，動作のために年間を通して電力線料金を必要とする。しかし電気ポンプの動作コストはそれほど大きなものではなく，メンテナンスもほとんどない，また静かに作動するため，ディーゼルエンジンのポンプと比較して野生生物に対する攪乱がより少ない。動力機関はなんであれ，井戸は放出量の定量化のために，モニタリングを少なくとも1年おきに行わなければならない。さらに，水の放出量が減少すれば，ポンプは改装もしくは取り換えられなければならない。

❏沼地性湿地の管理

　北アメリカの沼地性湿地に影響を及ぼしている水文周期は，湿地の様々な構造と機能の違いのために多様性が高い。それらの湿地とは，淡水またはやや塩分を含んだ湿地，潮位の影響を受ける淡水性湿地，低位泥炭地，ポットホール泥炭地，プラーヤ，湿った牧草地，季節的に氾濫する湿地，沖積層低地の硬木群湿地等である。これら多様な湿地の管理目標は，その位置，植生群落，分布，さらに野生生物の利用形態とタイミングに影響を与える生物学的構成要素によって大きく変化する。

淡水性湿地

　北アメリカでの淡水性の湿地は，標高では海水面から3,000 m以上まで，地域ではメキシコ湾の海岸から北極まで，年間雨量では50 mmの南西部の砂漠から1,270 mm

表 25-3 七つのプレイリー沼地性湿地における，代表的なカバーの種類と水鳥の利用(Stewart & Kantrud 1971)および沼地の分類(Cowardin et al. 1979)

発生した湿原の種類[a]	例	氾濫期間(月)	カバー	野生生物の利用
一時的な氾濫	1日限りの池	<1	無し	シギ・チドリ類，マガモ属の鳥
一時的な氾濫	一時的な池	<1	無し	シギ・チドリ類，マガモ属の鳥，渉水鳥
季節的な氾濫	季節的な池や湖	2〜4	営巣，とまり木	カエル，シギ・チドリ類，渉水鳥，クイナ属の鳥，マガモ属の鳥，潜水ガモ
半永久的な氾濫	半永久的な池や湖	12	営巣，とまり木	カメ，カエル，渉水鳥，カイツブリ，クイナ属の鳥，バンの類の水鳥，アジサシ，マガモ属の鳥，潜水ガモ
永久的な氾濫	アルカリ性の池や湖	12	営巣，とまり木	カメ，魚類，潜水ガモ
永久的な氾濫—中間塩水	塩水混合	6〜12	無し	シギ・チドリ類，マガモ属の鳥，潜水ガモ
飽和状態		12	営巣，とまり木	クロウタドリ

[a]Stewart & Kantrud(1971)の分類に基づいた種類

を越える太平洋岸雨林まで分布している。湿地のサイズは1ha以下のものから1,000ha以上のものまで様々である。ほとんどの淡水性湿地は，それぞれ個別に凹状の窪地に存在している(例：ヒューロン湖)。大陸全域に広がる淡水性湿地は，形態形成過程，植物構成，不凍日数，長期または短期的な水位変動などによって変化する。

淡水性湿地の分類は，植生タイプとそれに関連する洪水への耐性に基づいている(Cowardin et al 1979)。草原性湿地管理のための有名な地域システムは，StewartとKantrudによって開発された(1971)。彼らは，川沿いの湿地としてCowardin(1979)らによって分類されていた湿地を七つの異なった湿地の種類に再分類した(表25-3)。異なった湿地のタイプ(季節的，半永久的，永久的など)が並列して近接している場合，それが湿地の複雑さを形成する(図25-9)。その複雑さは，多様な野生生物種に多くの異なった資源を与え，また種のライフサイクルの中で時期的な必要性に応じた資源を供給する(Fredrickson & Reid 1988e, Nelson & Wishart 1988)。水位変動はそれぞれの窪地の種類によって異なっている。毎年水が貯水している窪地もあれば，短期間のみ氾濫するものもある(図25-9)。完全な管理方法は，湿地を複合的に利用する代表的野生生物にとっての重要な資源に注目することである(Fredrickson & Reid 1986)(表25-4)。

淡水性湿地における最も共通した管理上の問題は，単一群落化(単一植物種の広大で連続した立木群など)もしくは有害な外来種(ムラサキヒロハクサレダマなど)の発達，またはすべての抽水植物の消滅，そして水中植物の苗床を破壊する濁度の増加等である(Robel 1961b, Weller 1988)。単一植生群落化は，しばしば水量の安定や，沈泥化に起因する窪地の深さの変化が原因となって発達する。一般的に植被の消滅は，水深の深くなるような長期間の連続的冠水に原因があるか，もしくはマスクラットが巣作りや餌のために頑丈な抽水食物を移動させている可能性がある(Weller & Fredrickson 1973, Chabreck 1988)。淡水性湿地は，低い塩分耐性によって植物を維持しており，これらの湿地への塩水の流入はしばしば抽水植物の消滅をまねく。一般的に濁度は，流域内の土地利用変化や鯉のような川底で餌を食べる魚類の活動に関係している(Robel 1961a)。

水調整機構の欠如した流域

水調整機構のない流域内の管理活動は限定されているが，植生の分布，群落，密度を変化させるために，野焼き，機械的な処置，除草剤等を用いることができる。野焼きは，過度の漂積物を移動させ，栄養物質を放出させ，新しい発芽のための土壌を露出させ，一般的に野生生物にとって魅力的な植生モザイクを作り出す。このように野焼きは，植生の構造，構成，そして分布を変化させる手段として効果的である(Kirby et al.1988)。計画的な野焼きのタイミングは，乾燥状態，可燃物の有効性，湿地内の野生生物の存在，特に絶滅危惧種の存在に依存している。いくつかの場所では，刈り取りや簡単なデイスクハロー(light discing)を用いて，燃焼のための燃料が集められている。現在では大気の環境基準が次第に厳しくなっており，野焼きは注意深く計画され，地方，州，連邦政府の基準に合うように行わねばならない。

刈り取りは野焼きより実行が限定されるものの，これも植生の分布と密度を変えることが可能である。その技術はトラクターの使用を容易にするために，厚い氷が張った湿地の上で最もよく使用される。冬季に作業を行い，頑丈な抽水生植生を切り取っておけば，その植物はその切り株が

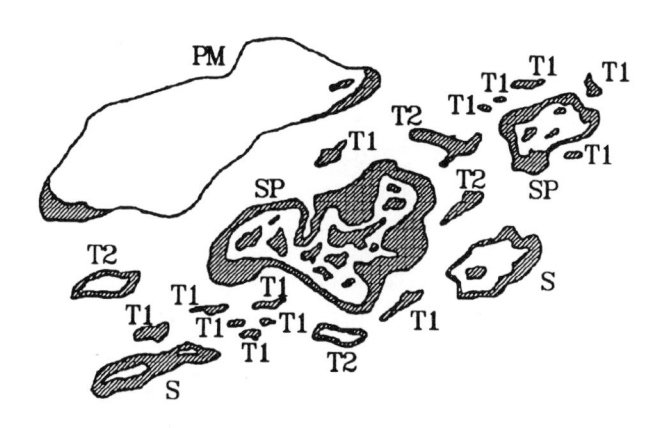

(a) 丈夫な抽水植物の分布と一時的な沼地性プレーリー湿地の混在状況

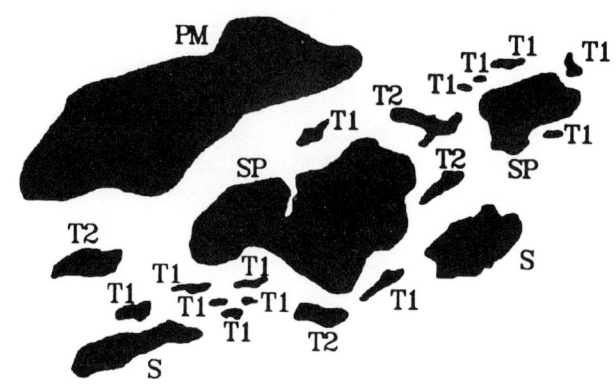

(b) 解氷による表面氾濫

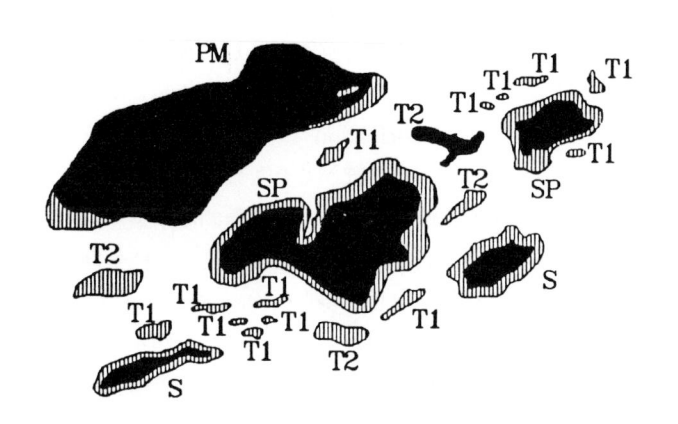

(c) 水鳥の抱卵期間中の表面氾濫

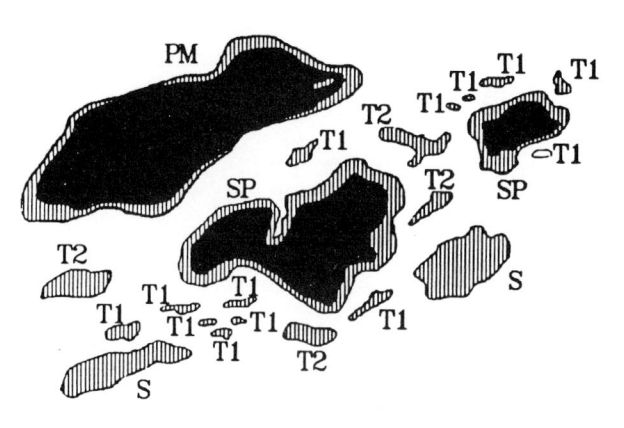

(d) 水鳥の秋のステージの表面氾濫

凡例：
- 植生
- 氾濫していない場所
- 氾濫している場所

T1：一時的な氾濫，1か月以内
T2：一時的な氾濫，1～2か月間
S ：季節的な氾濫，3～5か月間
SP：半永久的な氾濫
PM：永久的な氾濫，半塩水性

図25-9 プレーリー湿地が混在している様々な湿地のタイプと解氷に伴う季節氾濫(抱卵期間，水鳥の秋のステージ)のダイナミックス

成長期に冠水することによって再生が限定される(Weller 1975, Kaminski et al.1985)。なぜならば通常，水位はその場所が凍結している晩秋に最低になり，ほとんど毎年春の融雪時に最高になるからである。抽水植物は，ちょうど氷の表面で刈り取られているので，春の出水はその切られた茎を冠水させ根の部分への酸素の供給を制限するのであ

表 25-4 プレイリー湿原の複合体における，野生生物の選択利用例

種	生活史の段階	湿原の種類[a]
アメリカヒキガエル	繁殖/求愛	T 1, T 2, S
ヒョウガエル	繁殖/求愛	T 1, T 2
	冬	S, SP
ニシキガメ	全段階	SP
ブランディングガメ	全段階	SP
ソリハシセイタカシギ	営巣	S, SP
コウライキジ	冬	S, SP
ゴイサギ	営巣	SP
	採餌	T 2, S, SP
ミカズキシマアジ	繁殖期前	T 1, T 2, S
	営巣	S, SPの近くの高台
	抱卵養育	S, SP, PM
	秋	SP, PM
オオホシハジロ	繁殖期前	S, SP, PM
	営巣	S, SP
	抱卵養育	S, SP, PM
	秋	SP, PM
マスクラット	秋/冬/繁殖	SP
ミンク	全段階	全タイプ
オジロジカ	冬	S, SP

T 1：1か月以内の一時的な氾濫，T 2：1〜2か月の一時的な氾濫，S：3〜5か月の季節的な氾濫，SP：半永久的な氾濫，PM：永久的な氾濫－中間塩水湖

る．植物の多くは再び発芽することはなく，このように頑丈な抽水植物の分布と密度は何年かにわたって徐々に変化していく．

除草剤は植生密度や単一群落化の一時的なコントロールのために利用されてきた．しかし，除草剤は植生の根本的な原因となる生態学的な状態を徐々に変えることはできない．また，化学薬品の連続的使用は，単一群落化等の正確な要因が明らかになるまで必要とされるであろう．除草剤の使用については規制されているが（化学薬品または表面活性剤の種類など），もし使用するのであれば，藻類への除草剤の潜在的な残留効果，根本的な食物連鎖等のために注意を払わなければならない．

水調整機構を持つ流域

上記に述べられたものと同様の技術が，水調整機構を持つ流域内においても利用可能である．そして，水供給，水位，水放出のコントロールが可能であれば，より快適で調和性のある生息状況を創造するためにその機能は効果的である(Kadlec & Smith 1992)．例えば，水を湿原から移動させることができ，火を放つために機械を持ちこむことが可能になれば，野焼きや刈り取りを非常に簡単に行うことができる．

自然湿地のサイクルを再現するために水位低下技術を利用すれば，野生生物にとっての価値を失った湿地をよみがえらせることができる．そのような水位低下は7年以上の乾湿周期を持つ半永久的な湿地において最も効果的である．自然湿地の機構は一連の植生変化を遂げることが知られており，それらは Weller & Spatcher(1965)そして van der Valk & Davis(1978)によって詳しく述べられている．干潟が露出しているときには発芽が促進し，次の季節に再び冠水状態になったときには，水に耐久性のない植生が消滅し，結果として表層水の進入が容易になる(Weller & Spatcher 1965, Weller & Fredrickson 1973)．最適条件のもとで表面を覆っている水の割合は，湿地全体またその大部分において50:50であり(Weller & Spatcher 1965)，その時，植生は流域全体を通してパッチ状に分布している．このような半沼地状態の中では，湿地は多様性が豊富であり，多くの水鳥を養うことができる．そして多くの場合，マスクラットや無脊椎動物の個体数も多くなっている(Weller & Fredrickson 1973)．

水位の調節が可能ならば，それらは自然の降雨や流送周期とは関係なく水位低下によって理想的な効果をもたらすために運用される．また正確な水位調節は，植生操作を行うタイミングを作り出し，特定植物の成長・分布を促進し，それによって野生生物のための必要資源を作り出す．例えば，最近行われているハコヤナギやその苗床(北緯40度以上の場所で)では，再生した草本の上を1cm程度冠水させることによって植生をコントロールすることができる．水位低下のタイミングを決定する際には，それがすべての野生生物に密接にかかわっているので細心の注意を払うべきである．冬季の水位低下は，凍結温度に根茎をさらすことによって有害植生を枯らすことができ，コントロールが可能となる．しかし，これらと同様の状況が不幸にもマスクラットや爬虫類(カメなど)そして魚にも悪影響を与えるのである．春にまでずれ込むような水位低下の遅れは植生調節にはそれほど影響を与えない．しかし冬場に水位をより高く保てれば，カメや他の爬虫類の個体死亡率を低下させることができる．

季節氾濫する湿地

季節的に氾濫する湿地の管理は，湿地管理者にとって湿性土壌の管理として良く知られている．湿性土壌という用語は1930年代後半にイリノイ川で行われた研究(Low & Bellrose 1944)によって案出された．彼らはその専門用語

を，一般的に干潟に生育し春または夏の水位低下後に成長する植生と関連させた。本来，その技術は，タデやイヌエビのような1年生植物の種子生産に着目するものであった。現在その技術は，渡りや冬季生息地に関するものとしてさらに南緯度地方で広く用いられている(Reid et al. 1989, Reinecke et al. 1989, Haukos & Smith [Texas Tech Univ. Dep. Range Wildl. Manage. Note 14, 1991])。しかし，また湿性土壌技術は，カナダ以北における多様な野生生物の状態やハワイ島のような多様性の高い場所においても有益である。

　季節氾濫する湿地における最初の戦略は，食物資源を多種にわたって生産することと，対象野生生物が容易に利用できる資源を作り出すことである。この目標を達成するためには，理想とする植物群落(そこは晩冬から初夏にかけて対象種に資源を与える)の成立に刺激となる年間の水位低下が必要となる(Fredrickson & Taylor 1982, Fredrickson 1991)。夏の終わりから冬の間(植物の餌が作られた後)は，対象種の餌あさりとカバーに関する要求が，種に餌を与えるのに必要な氾濫時期と種類によって決定される。

　水位低下に対する植物の反応は，植物の群落構成を規定する多くの相互作用に依存している(図25-10)。その種や胎芽のシードバンクは，発生する植物種を決定する最大要因である。ミシシッピ州南東部の農地で採取された土壌サンプルでは，湿性土壌中の大きな種(容易に土壌サンプルから分離できる種)の数は，1 m²あたり4,000～300,000であった。この，成長する植物数と比較した場合の膨大な休眠中の胎芽数は，植物界の興味深い特徴である(Harper 1977)。このように，ほとんどのいかなる平凡な場所でも，湿性土壌の利点を生かせるような十分な種子資源を有している。植物に関する管理手法は，目標の植物群落を作り出

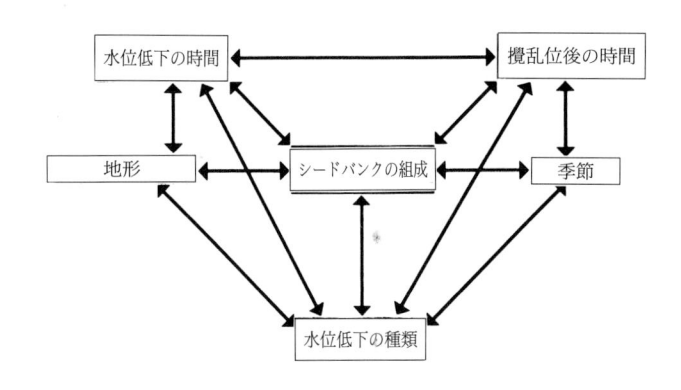

図 25-10 湿性土壌植生の発芽に影響を及ぼす要因

すために，発芽にかかわる条件をコントロールすることである(Fredrickson & Taylor 1982, Fredrickson 1991)。この場合，水位低下の時期や状況，攪乱からの時間，地形，土壌の種類そして季節変化といった各条件は，シードバンクのどの種が干潟の上に反応し定着するかを決定する(図25-10)。

　水位低下の時期(早いとか遅いなど)と冠水状況は，周囲の気温や光周期と関係して土壌水分条件に影響を及ぼす(Rredrickson 1991)(表25-5)。成長期における早期の水位低下は，低い土壌温度と高い水分条件に適した種子にとって最適な発芽状況を作り出す。遅い水位低下(表層の水の移動が7日以上)は，その時期に関係なく長期間にわたる高水分条件を保持する傾向をもたらす。またより高い土壌水分は土壌温度に対する影響緩和をもたらす。このように早期の水位低下は，遅い水位低下とは異なった植物群落を発生させる。同様に，速い水位低下(表層水の移動が4日以内)は，ゆっくりとした水位低下によって発生したものとは全く異なる植物群落を作り出す可能性がある(Fredrickson & Taylor 1982)。水位低下のタイプはその季節の終

表25-5 土壌乾燥率と選択された湿性土壌植物の発芽にかかわる水位低下の期間および速さ(ミズーリ州ミンゴ国立野生生物保護区のデータ)

水位低下		周囲の気温	光周期	土壌乾燥の速さ	代表的植物の発芽
期間[a]	速さ[b]				
初期	遅い	低い	短い	遅い	タデ，ハリイ属，イヌエビ
	速い	低い	短い	中程度～遅い	イヌエビ，ヤナギ，ショクヨウカヤツリ，セージ
中間	遅い	中程度	長い	中程度～遅い	サヤヌカグサ，バーヘッド，イヌエビ，ショクヨウカヤツリ
	速い	中程度	長い	中程度	タウコギ，ブタクサ，パニックグラス
後期	遅い	高い	中程度	中程度	カヤツリグサ，ツースカップ
	速い	高い	中程度	速い	オナモミ，アサガオ，シナギク，メヒシバ

[a] 初期 5月15日以前，中間 5月15日～7月1日，後期 7月1日以降
[b] 遅い 14日以上，速い 14日以内

わりに特に重要となる。なぜならば根茎が発達している湿性土壌植物は，流送状態によく適応しているからである。このような場合，根の伸張が可能な範囲で水分条件を保つことは，その後に続く生存や湿性土壌植物の種子生産にとって危機的なことである。例えば乾期においては，ミズーリ州にあるミンゴ国立野生生物保護地区の隣接する湿性土壌ユニット上の種子生産は，水位低下を早めたり遅くしたりすることによって，100 kg/ha から 500 kg/ha に変化した。その鍵となる違いは，遅い水位低下の間に発芽する植物は，夏の流送状態を生き延び，後で夏の降雨に反応するということである。この結果，生き延びてより多く種子を生産した植物が，ゆっくりした水位低下の場所でより多く生育する。

土壌の定着・成長と特定湿性土壌生物の生産性との関係については詳しい研究がなされていない。しかし，テクスチャー，粘土板，pH，陽イオン交換能力，有効栄養分，酸化還元ポテンシャルといった土壌タイプの構成要素が，湿性土壌植物群落に影響を及ぼすことがよく知られている（Harper 1977）。異なる土壌特性は，明らかにユニットの中で別々の植生と対応している。これらの構成要素が理解されるまでは，管理者たちは異なるユニットに対し，彼らの植生管理目標に適したポテンシャルを決定する際に経験に頼らねばならない。同様にユニット内の地形についても，特定の場所において標高の違いは水位低下の日数と比率に影響を与えるので重要である。微小生息場所の異なった状況によって，多様な構造を持つ様々な種類の植物群落が発生する。例えば，より標高の低い場所では，一つのユニットでは植生の欠如や低い垂直断面を持つ植生が見られるかもしれない。これらの場所が氾濫した際には，水は容易に確認することができ，水鳥は速やかに開けた場所に移動する。

土壌攪乱からの経過時間や自然遷移の段階は，湿性土壌群落の重要な決定要因である。多年生植生の場合，自然状態ではその発達に時間がかかる。しかし，南緯度においては頻繁に季節氾濫する湿地がより多く見られ，そこでは木本の発生と成長が非常に速い。非常に広範囲にわたる湿性土壌地域への木本と多年生草本の侵入は，管理上の大きな問題点である（Fredrickson & Reid 1988 b）。ディスキングや鋤といった機械的処置は，多年生植生の成長や生産刺激を減少させるための一般的な方法である。しかし，またこれらの処理は，じゃまな植物（オナモミ等）も刺激する。最初の成長期間には，土壌攪乱に伴ってイヌエビ，タデ，センダングサのような1年生草本が植物群落で優占することが多い。ある状況では，1年生草本を刺激するための機械的処置は必要ではない。なぜならば1年生草本の連続的生産を十分刺激するように，冬の間の水鳥による掘り返しが土壌を攪乱するからである。

植物群落構造は，無脊椎動物の社会に大きな影響を与えている（Fredrickson & Reid 1988 d）。そして，無脊椎動物個体群のバイオマスとその数は，植物群落のバイオマスと構造に関係している。湿性土壌群落中における最も多産の無脊椎動物個体群は，高い移動性を持つものであり，それらは新しい場所にコロニーを作ることができるか，または乾燥期を生き延びて多くの卵をすばやく生むことができるという高い繁殖能力を持つものである（Fredrickson & Reid 1988 d）。無脊椎動物個体群のこの特性により，管理者には野生生物の食物生産に関して幅広い選択肢が与えられる。良い種子の生産者ではないにしても複雑な植生構造を持つ植物は，季節氾濫する湿地においては重要な構成要素となる。なぜならば，それらの植物は無脊椎動物に重要な生息地を与えるからである。いくつかの状況において，植物は好ましくないもと考えられる。なぜならば，機械的処理によってリターに変化する一斉群落をつくり，そしてその後に無脊椎動物個体群のための破砕質基板となるからである。そのようなタイミングを対象種の出現と同時期に合わせるよう調整することができれば，栄養価の低い植物の餌は無脊椎動物のための重要な餌に変換することができる。そして，その次の成長期には，植物の餌の多い理想的状態が作り出される。

一度餌が生産されると，それは有効な資源にならなければならない。これには，植生構造や水深といった生息地条件を必要とし，さらに目的種の採餌様式に見合ったものが必要である（表25-6）。なぜならば，野生生物種の季節的要求（一定の変化パターンを持つ）を満たす餌は，1年周期の中で正確な時期に湿地に存在しなければならないからである。その最も効果的な手段は水深のコントロールである。堰の水操作構造は，この目的を達成するための最も効果的なものである。なぜならば，水はあらかじめ定められた高さにセットされ，堰板の幅は制御可能な水位の精度を決定するからである。

自然植生の管理はより複雑なものになってきている。そして管理者は，種の多様性を維持するカバーと餌について，それらの必要性と供給時期の重要性を認識してきた。そのような管理を行う上で1年生植物の種子は非常に注目されており，その根茎，新芽，またそこにいる無脊椎動物は，これらの生息地において重要な餌であると認識されている。同様に，多年生植生も植物群落の有益な構成要素として考

表 25-6 季節氾濫する人口湖における，野生生物の利用選択の例

種	生活史の段階	生息地の状態		食物
		氾濫	植生	
ボウフィン	産卵	春	マット状	ザリガニ，魚類
アメリカヒキガエ	繁殖/求愛	春に浅い	マット状	大型無脊椎動物
コットンマウス	夏の採餌	春にじめじめする	密集/オープン	魚類，小哺乳動物
アオサギ	夏の採餌	浅いまたは水位降下	まばら状態	ザリガニ，魚類
ゴイサギ	繁殖	浅いまたは水位降下	まばら状態	ザリガニ
	幼生の成長	浅いまたは水位降下	まばら状態	ザリガニ
アメリカウズラシ	渡り/夏	浅い干潟	無し	大型無脊椎動物
チドリ・シギ類	渡り/秋	浅い干潟	まばら状態	大型無脊椎動物
マガモ	渡り/秋	浅い[a]	密集	種子，塊茎，大型無脊椎動物
	冬	浅い	マット状/密集	種子，塊茎
	春	浅い	マット状または密	支根，種子，根茎，大型無脊椎動物
カナダガン	秋の渡り	浅い	密集かつ低い	種子，塊茎
	冬	浅い	マット状の植生	種子，塊茎
	春	浅い	マット状の植生	種子，塊茎
アメリカワシミミ	1年中	利用不可能	利用不可能	脊椎動物の被食者
ミドリツバメ	春/夏	利用不可能	利用不可能	空中の昆虫
アライグマ	春	浅い干潟	全タイプ	ザリガニ

[a]浅い 0～20 cm

えられている．湿原を自然の状態よりもさらに長い期間氾濫させておく方針は，今や季節氾濫する湿地で行われている多様なアプローチ中の一つである．その目的は，野生生物種の種数をより幅広く（例えば水鳥ならクイナ，サンカノゴイ，シギ，チドリ，そして燕雀目の鳥を含むものまで）拡大するためである(Rundle & Fredrickson 1981, Fredrickson & Reid 1986)．ミズーリ州では，150種以上の鳥，数種の哺乳動物，多くの爬虫類そして数種の魚類が，広範囲にわたって湿性土壌の生息地を利用している．一連の野生動物種にとって有益となるために正確な時期に行われる多面的管理手法は次第に複雑になりつつある．年間の湿地管理方針を決定するにあたり管理者の手助けとなるために，アメリカ魚類野生生物局(National Ecology Research Center, Ft.Collins, CO 80525)は発展を続け，そこではコンピュータ化されたエキスパートシステム（湿性土壌管理顧問など）を配布している．

森林性湿地

森林性湿地は，アメリカ合衆国南部の広葉樹林生物群系において一般的なものである．森林性湿地の中で，単一で最大のものは本来ミシシッピ州のアルバイル(Alluvial)谷にあり，1,000万 ha の広さがあった(Mc-Donald et al. 1979)．他の重要な森林性湿地は，テキサス州北部からミズーリ州，またヴァージニア州東部にかけて川沿いの沼地として存在している(Fredricson 1979)．多くの有名な沼地(Congree Great dismal Okeefenokee，そして Suwanne River 等を含む)は，ノースカロライナからフロリダにかけて存在しており，それらは川からもたらされるシステムによって成り立っている．他の季節氾濫する川沿いの生息地は，北アメリカ全体で氾濫域に沿ってみられる．

ほとんどの森林性湿地は季節的に氾濫する．アメリカ合衆国南東部においてその氾濫は生物の休眠中に起こるが，通常早春にまで長引く(Heitmeyer et al. 1989)．また，低地帯ではより長期間氾濫し，特にそこでは一般的なラクウショウ，アメリカヌマミズキ，アメリカヤマタマガサの生育している低灌木が湿地となっている．他のほとんどの森林地帯では，氾濫は冬や春の高水時に発生することが多い．しかし，ミシシッピ川沿いのいくつかの場所においては，秋の水位上昇が森林生息地氾濫にとっては重要である．

南部の森林性湿地は氷河地帯の湿地とは異なっている．なぜならば，異なる種類の湿地が氾濫斜面に沿って存在しているためである．低標高から高標高にかけて湿地のタイプは，丈夫な抽水植物，湿性土壌，低灌木，イトスギ-アメリカヌマミズキ，コナラ属ナラ類，ニレ科エノキ属へと変化する．隣接しているこれらの異なる種類の湿地は，多くの様々な種に生息地を提供するものである(Wharton et al. 1982, Fredrickson & Heitmeyer 1988, Fredrickson & Batema 1992)(表 25-7)．

表 25-7 森林性湿地システムにおける野生生物の利用選択の例

種	生活史の段階	生息地の状態				活動	食物
		水深[a]	氾濫期間[b]	植生		
サンショウウオ	秋の産卵	浅い	一つの季節	無し	産卵	未知
ミドリアマガエル	繁殖	浅い	一つの季節	無し	産卵	大型無脊椎動物
ウシガエル	全段階	中程度	半永久的	散在している抽水植物		
ワニガメ	全段階	永久的	水中性の植物	採餌	魚類, 腐肉	
コイ科	繁殖	浅い	一つの季節	まばら状態	採餌	ザリガニ
	亜成体	浅い	一つの季節	まばら状態	採餌	ザリガニ
アメリカオシドリ	春の渡り	浅い〜中程度	半永久的	雑木林/低木林		ドングリ, 種子
	繁殖	浅い	一つの季節	活力のある森林		大型無脊椎動物
	抱卵-育雛	浅い	一つの季節	活力のある森林		大型無脊椎動物
	秋のステージ	中程度-深い	半永久的	丈夫な抽水植物		無し
	秋の渡り繁殖の前	浅い	一つの季節	活力のある森林	とまり木	ドングリ
マガモ	冬のメンテナンス	浅い	一つの季節	活力のある森林	採餌	ドングリ
	交尾	浅い	半永久的	雑木林/低木林	求愛	無し
	基本的な羽の抜け変わり(メス)	浅い	一つの季節	活力のある森林	採餌	ドングリ
	急速な蛋白質の蓄積と沈着	浅い	一つの季節	活力のある森林	採餌	大型無脊椎動物
カワウソ	全段階	中程度-深い	永久的	水中性の植物, または無し	採餌	魚類, ザリガニ
アライグマ	全段階	浅い/湿気有り/乾燥	半永久的-氾濫無し	全タイプ	採餌	魚類, ザリガニ, クラム

[a] 浅い 10 cm 以下, 中程度 10〜25 cm, 深い 25 cm 以上
[b] 一つの季節 3〜6 か月, 半永久的 10〜12 か月, 永久的 12 か月

森林性湿地の管理は，緑樹を保存するために南東部で広く行われている(Reinecke et al. 1989, Wigley & Filer 1989)。氾濫に関する技術には，遊水池からの重力による流れや地下水のポンピング，または湿地へ小川の流入があり，休眠中の森林を育むものである。ここにおいても，堤防は水位を保つために建造されなければならない。そして同時に，正確な配置と放水機構が開発の際に非常に重要となる(Fredrickson & Batema 1992)。歴史的に見て一般に行われてきた管理手法は，水鳥に餌と巣を供給するために，水鳥が餌を採る期間とその直前，森林性湿地を氾濫させておくものであった。結果として森林は，木が老化するより前に，毎年ほぼ同じ時期・水深・期間で徐々に氾濫するようになる。一般的に個々の林班は，堤防の高さによって規定される容量の範囲にまで氾濫する。この状況は木の枯死を左右するものであるから，ほとんどの湿地では水鳥の採餌期の後すぐに排水される。このように，氾濫期間は毎年ほとんど同じである。反復的な水位の変化を10〜15年間行った場合，その後水鳥の利用は少なくなり，木のダメージや枯死がよく確認された。現在行われているいくつかの異なった管理のアプローチは，リハビリテーション・植林・積極的管理のための新しい開発地を含む森林性湿地において用いられている。

リハビリテーション

一般的に対象地のリハビリテーションには，水の供給・放出を改良することが必要である。注入口の構造は一番標高の高いところに選定すべきである。歴史的には，最上部の溝が水分散のために用いられてきた。しかし，現在は埋められたポリ塩化ビニールのパイプがその代わりに使用されている。ポリ塩化ビニールパイプは高価であるが，それは水貯が可能であり，さらに排水溝内において森林性植生のコントロールにかかわる問題を取り除くことができる。これまで一般的に見られた問題は，目詰まりしやすい，誤った標高に据え付けられた(総合的な排水を顧慮していない不適切な位置に付けられた)等間違った種類のパイプの使用と排水機能不全によるものであった。ここで，堰の付け替えはきわめて重要である。なぜなら堰はあらかじめ決められた水位にセットすることができ，微調整もできるからである。また堰は，細かなモニタリングを行わなくても出水調節が可能である。

森林内部の生息地における一般的問題は，土で埋まった排水溝，ビーバーダム，不適切なサイズの溝等が増えたために起こる排水機能低下に関係している。このように，水を排出する排水溝は，ユニットや異常氾濫(成長期間中の氾濫など)によってもたらされる出水を移動させる十分な容量を持たなければならない。ビーバーは南部の森林で特に問題であり，そこでは個体数増加が排水路を変化させ，結果的により広範囲にわたる大規模氾濫をもたらしている。このような氾濫状況の変化は何千haもの価値あるミズナラ森林を死滅させる原因になっている。

再植林

再植林はミシシッピ州のAlluvial谷では徐々に一般的な活動になりつつある(Haynes & Allen 1988)。植林として実生と苗木が使用されているが，ドングリの種をまくことは，ミズナラを育てるのに一番無駄のない方法である。ドングリは落下直後に集められ，適切に保管された後(気温や湿度など)すみやかに植えるべきである(Allen & Kennedy 1989)。最適な発芽は，ドングリの種が再植林場所の近くで採取された場合にみられる。ドングリの種ができた場所は，再植林が行われている場所から240m以上離れていてはならない(Allen & Kennedy 1989)。また，ドングリはそれらが採集された場所よりずっと北では植えられるべきではない。しかし，北部で採取されたドングリはそこより南部であればずっと離れた場所で植えることが可能である。

樹種選択は，地理学的位置，氾濫周期，標高に注意して正確に行わなければならない。氾濫が少ない場所でも耐えることができる種は，より標高の高い場所でのみ栽培すべきであろう。また植え付ける場所の面積にも注意を払わなければならない。発芽，成長，活着のための好条件は，毎年繰り返されるとは限らない。現在多くの管理者が繰り返し直面している問題をさけるためにも，再植林地の場所については，同年代の森林区域を大きくするために一斉に植え付けをするべきである。

場所を選ぶにあたっては様々な考え方がある。新技術を用いた再植林地の準備は，入手可能な機器と現存植生に大きく左右される。草本と高密度低木植生は植林の前に破壊すべきである。しかし，散乱した草の雑草地は下準備をする必要がない。大型トラクターの後ろで引く大きな多条式播種機は，丹念な用地の下準備を必要とする。いくつかの小型の播種機は全地形車(ATV)の後ろで用いられるようにデザインされている。小型の播種機は用地の下準備を必要としないが，それぞれの土壌種に適した準備は必要である。再植林地の耕作は時間と費用がかかるために推奨されるものではない。雑草等の成長もまた気温を緩和する機能を持ち，新しく生育している実生の日焼けを防ぐ。

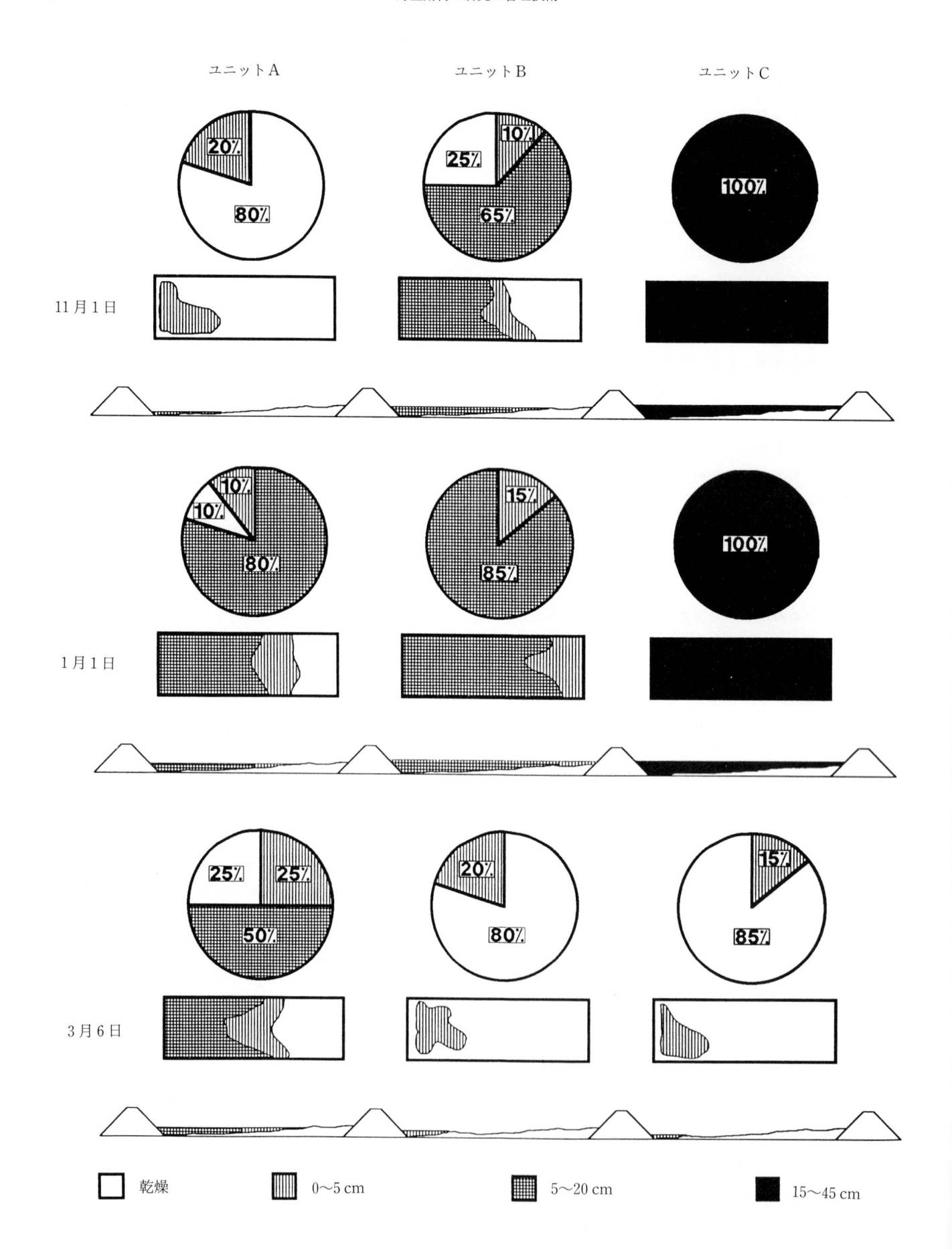

770　　野生動物の研究と管理技術

ユニットA　　　ユニットB　　　ユニットC

11月1日

1月1日

3月6日

□ 乾燥　　▥ 0〜5 cm　　▦ 5〜20 cm　　■ 15〜45 cm

新しい開発

新しい開発は，予測不可能な氾濫可能性のある場所，また自然の水文環境が良好に整っている場所では制限されるべきである。堤防は等高線上にあるべきであり，多目的人工湖は，利用可能期間内に柔軟性な管理が行えるように建設されるべきである（図25-5）。またその場所は，野生生物にとって重要な期間，生物への攪乱が制限されるように配置しなければならない。ポンプや水調節構造そして公共利用のための道路は管理地区の中心を通るべきではない。さらに，公共の利用，管理，調査活動に当っては，目的生物種のライフサイクルの中でそれらの"重要な期間"にさらに敏感になるべきである。

水位管理

木にダメージを与えたり枯らしてしまったという管理が長年にわたり報告されているように，森林性湿地における氾濫周期は，他の場所よりも注意深い計画が必要となる（草本植生は1年で回復するが森林の更新には何10年も必要である。）。自然の氾濫状況は年間水位変動よりもより大きなものである（Heitmeyer et al. 1989）。さらにそれぞれの湿地では，その洪水氾濫パターンが時期，水深，そして各季節ごとの継続期間に関して異なっている。野生生物が利用する生産性，多様性を保つための管理シナリオは，自然の年間変化を見習わなければならない（Fredrickson & Batema 1992）（図25-11）。水文周期は森林性植生の発生，生存に影響を与えるだけではなく，無脊椎動物の食物生産や魚にもユニークなインパクトを持っている（Batema et al. 1985, Finger & Stewart 1987）。

シュレッダーを含む無脊椎動物（水性のワラジムシやサイドスイマーのような）とコレクター（フィンガーネイルクライムなど）は，低地森林の冠水した木の葉のリターの中に多数存在している（Hubert & Krull 1973, White 1985）。森林性の無脊椎動物の数とバイオマスは，氾濫の2週間以内に反応し，そして冬の終わりまでにピークに達する。無脊椎動物の数は，氾濫が緩やかで水深が25 cm以内の時に増加する。気温が高い時の急激な氾濫は，しばしば無酸素状態の結果をもたらす。ウジ虫や水性のミミズのような無脊椎動物は一般的に酸素の少ない状況下で存在している。氾濫の水深が10 cm以下または長期間にわたりゆっくりとした流出が起こっているときには，無脊椎動物は環境に敏感であり，野生生物にとって最も利用しやすい。

低地のミズナラの森林における最大の問題は更新の欠如である。なぜならばミズナラは日陰で生育できず，もし彼らが生き延びるためには適切な日射が実生に届かなければならないからである。実生もまた，休眠中に水位が実生の上に来るようなことがあれば死亡率は高くなる。多様な氾濫に対する戦略は，木の勢いと生産性そして餌を生産するための最適な方法である。このためにも，人工湖は異なった時期に異なった水位で，または1年間の内異なった期間，満たされるべきである（図25-11）。1年を通して様々に変化する氾濫のタイミングと規模は，自然の氾濫機構が良い見本であり（Heitmeyer et al. 1989），森林の寿命を延ばすものである。

❏ 潮間湿地の管理

海岸地帯には，淡水から海水に変化しつつある領域をもつ湿地がある（Chabreck 1988）。これらの多様性豊かな湿地は，多くの動植物に生息地を提供している。二つのタイプ間のエコトーンは，汽水性と中間性の湿地に分けられるであろう。いくつかの海岸性湿地は高塩分性である。なぜならば，その場所の水中の塩分濃度が36 ppt以上であり，それは海水の特性と言えるからである。潮間帯湿地は大西洋岸とメキシコ湾の海岸にもっとも多く見られ，それはアメリカ本土における海岸性湿地の約98%を占めている（Chabreck 1988:4-6）。また，潮間帯湿地における塩水の内陸への動きと淡水の海への移動は，海岸機構の中で植物と動物の分布を支配するものである。海岸地帯の幅と河川の大きさはこれらの異なる湿地の種類と数に影響を与えている。

潮流は，潮間帯湿地の動植物集団とその管理活動に影響を与える主要因である。そして地球と太陽とに関連した月の位置は，潮流の干満差と特性に影響を与える一番の要因である。それぞれの場所での干満差は，年月日により変化する。潮の最高位は，満月もしくは新月の際に起こる。アメリカ合衆国とカナダでは，地域によって1日の干満差に大きな違いがあり，それは植物群落と野生生物によるこれ

図25-11 一冬の間，3種の常緑樹をもつ貯水池において行われた計画的氾濫の方法
氾濫開始時，氾濫の水深と継続時間は個々の池で異なっている。三つの池の二つは，計画的に限界量まで氾濫させていないが，自然状態では限界量に達するまでユニットを氾濫させるかもしれない。氾濫計画は生産性を高めるために，年毎に変更されるべきである。

表 25-8 潮間帯湿原における野生生物の利用選択の例

種	生活史の段階	湿原の種類
ニオイガメ	産卵	沿岸洲
クビナガカイツブリ	越冬	潮間域の浅瀬
ダイサギ	全段階	潮間域の浅瀬
		汽水性の湿地
		淡水性湿地
オニクイナ	全段階	海水性湿地
		汽水性の湿地
		淡水性湿地
ハクガン	越冬	海水性湿地
		汽水性の湿地
		淡水性湿地
アメリカクロライチ	越冬	海水性湿地
アメリカヒドリガモ	越冬	汽水性の湿地
ウミアイサ	越冬	潮間域の浅瀬
クロハサミアジサシ	全段階	潮間域の浅瀬
ヒメハマシギ	渡り	潮間域の浅瀬
マスクラット	全段階	汽水性の湿地, 淡水性湿地

らの群落の利用に影響を与えている(表25-8)。例えば, メキシコ湾内の潮の変動は1m以下であるが, ニューイングランド, マリテイムカナダ, 太平洋北西部の変動は5m以上になる。

水の交換比率は, 河川の大きさと長さによって大きく左右される。潮流は小さな河川につながっている湿地よりも, 大きな運河につながっている湿地により大きな影響を与える。直線的な運河は, 自然の蛇行河川よりも速い速度で大量に塩水を内陸に運ぶ。また同様に運河は, 低潮位の間に内陸の湿地からの淡水の流出を加速させる。管理手法を海岸域で行うよりも前に, 自然水文環境の重要性と, 変化した後の水文環境の影響を認識することは非常に大切なことである。

植物の発芽成長, そして生産に対する塩分の効果を理解することは, 海岸性湿地の完全な管理にとって成功の鍵となる。海岸地帯の植生分布の特徴は, 淡水から塩水への段階的な変化領域に応じて存在しているという点である。湿地性植物を同定し, それらの塩分耐性について理解すれば, 湿地の状況, 水位低下の期日, そして季節的氾濫の程度に関して評価を行うことができる。

経験的に確かな方法は, 水文環境の変化していない場所を保護することである。対照的に, 影響(防潮門, 蚊の減少を目的とした溝, ガスや石油の開発など)を受け続けている場所は, それらの自然機能を取り戻すため, また野生生物に適切な状態をもたらすためにしっかりとした管理が必要となる。南東部においては, 塩分性の沼地から淡水湿地への転換をめぐり長い論争が行われている。両方のシステムとも特定の種にとってメリットがあるが, 塩分性の沼地から淡水性の生息域への転換に伴う生態学的関連性はランドスケープレベルでは理解されていない。同様に, 塩水の進入をコントロールせずに淡水性湿地を塩分性の沼地に転換することは, 土地利用上問題である。

いかなる種類の湿地であろうと, 海水域の効果的な管理の鍵は水位の制御である。またその管理は, 塩分濃度の安定化と水の濁度を最低にする点に焦点を当てるべきである(Chabreck 1988)。潮間帯における水の制御は, 内陸部の生息域よりも複雑であり, かつ費用のかさむものである。なぜならば潮流の影響があり, またさらに一般的に塩水は, 水の分配やコントロールシステムに用いられるほとんどの金属を腐食させるからである。金属が適切に扱われていたとしても, 構造物の寿命は短くなるか, または設置後すぐに機能しなくなる。

一般的に堰は, 低潮位の際, 湿地や池の過剰排水を制御するために湾内の潮流に対して用いられる(Chabreck 1988)。この場合, 堰は潮流の速度を減少させ, 水は構造物の後ろに堰き止められる状態であり, 籍の下を通過することはできない。このように低地においては, 堰を利用することによって低潮位時の完全な排水を防ぐことが可能である。濁度と塩分濃度は堰よりも上流にある部分において小さくなり, 水生植物の生産は400%に増加する。そしてそこは水鳥, 毛皮獣, そしてワニのための生息地が含まれている。南東部では, 潮間帯の水をコントロールするためユニークなライストランク(rice trunk)水制御機構の使用が経済的, 長期的なアプローチとして試みられている。これらの木製の構造物は水の流れの出入りを調節することができ, そしてあらかじめ決められていた水深に水を保持することができる。

野焼きは海岸性湿地の管理において一般的に用いられる。野焼きはガンのような種にとっては植生を刺激しまた制御するが, ヌートリアやマスクラットのような種による利用は減少させる。なぜなら, 春と夏の野焼きは, 多くの種の巣を破壊し, その場所の子孫を殺してしまうからである。普通コントロールされた野焼きは秋と冬に限定される(Lynch 1941)。メキシコ湾の海岸沿いでは, 秋の汽水域湿地の野焼きが, 沼地性のミクリ属のイグサに有効に働く。淡水と低塩分性の湿地では森林性植生の侵入が問題となったときのみに火を付けるべきである。

淡水と汽水域湿地は一般的に潮間帯において発達している。人工湖を形作る堤防は自然の水文環境を変化させ，水の流入と流出のダイナミックな動きを制限する。水文環境の変化はしばしば，多くの野生生物種にとって限定的な価値を持つ単一植生群落を発生させる。南東部では，重機を用いたデイスキングやプローリングによる土壌操作によって，単一的なまたは望ましくない植生を破壊することができる。十分な大きさの人工湖は水位低下が可能であるため，季節的な氾濫源として管理される。これまでに，多くの人工湖が特に水鳥の餌を生産するために作られてきた。水鳥の利用と共に成り立っている植物群落は，自然の潮間帯湿地よりも，永久的淡水性湿地・操作された湿地・永久的汽水性の湿地の方が一般的である。このように，季節氾濫する湿地に関してこれまでに議論された技術は，潮間帯湿地においても十部に応用可能であると考えられる。そこの管理を考える上で，第1に多くの内陸の湿原から異なる点は，海岸性湿地においては塩分土壌が常にかかわっているという点である。なぜなら植物群落と無脊椎動物による利用は塩分のレベルに強く影響されるからである。

大西洋岸に沿った多くの湿地は蚊をコントロールする目的のグリッド上の溝によって少しずつ変化してきた(Bourn & Cottam)。排水溝のない最大の領域はボンベイフック国立野生物保護区の境界にある(Meredith & Saveikis 1987)。塩性湿地の蚊をコントロールするための最近のアプローチは，「解放性湿地の水管理」である(Meredith et al. 1985)。この技術は一番高い所にある湿地において一番効果をもたらす。そこの場所は春の嵐と潮流によって氾濫し，海岸性の塩生草本とミクリ属が優先している。「解放性湿地の水管理」の根本的理由は，蚊の幼虫を食べる魚(特にカダヤシ)の生息地を作る一方，蚊にとっては産卵場所をなくすことによって農薬の使用を減らすことにある。土を移動させる大型機械による生息地の破壊は，普通何年間にもわたって管理された湿地の野生生物の利用を崩壊させる。これらの技術に反応する鳥類に関してのいくつかの議論があるが，そのほとんどの研究では鳥の数は管理の2, 3年の間に変化しないことを示唆している。鳥の数は池の存在よりも開放水域の表面積により密接に関係しているように思われる(Erwin et al. 1991)。

❏モニタリング

土壌の栄養分状態，植生の反応(実生，根茎，新芽の生産)，野生生物の生産に関する湿地操作の影響を評価するための試みはほとんどなされていない。最も一般的なモニタリングとしては，湿地上の野生生物の調査が続けられてきた。水鳥と毛皮獣はモニタリングされてきた最も一般的な集団であり，最も多い情報は水鳥の利用に関するものであった。

野生生物

鳥の数を数えることは最も一般的であるが，情報の多くは，最大数や総利用日数に関する報告として手短に述べられてきた。特に，これまでに集められた個々の湿地における鳥の反応にかかわる有益な情報は，地域全体の他の情報と組合わさっており，いかなる適切な管理の結論も下すことはできない。そこで我々は，今後各地域ごとに標準化した調査技術を開発することを推奨する。記録は，個々の湿地で取るべきであり，操作にかかわる特別な情報も含まれる方が良い。水深および氾濫の期間と日数，水位低下の日数と割合，植生の状態，実生の生産，季節，気温，気候といった要素は操作に対する野生生物の反応を理解するための核心となるものである。計測の頻度とタイミングは操作の実用的アセスメントを行うために重大なものである。例えば，早期にまた遅い時期に巣作りをする種の生息地は，少なくとも1回以上の調査を必要とするであろう。そしてその際，毎日の活動のパターンが計測タイミングの決定に関して非常に重要となる。

植　生

植物群落の特性はそれらのモニタリングを困難にする。典型的な2, 3の種は非常に多く存在しており，その場所では多くの種がわずか2, 3の個体によって代表されるであろう。異なった種はしばしばパッチ状の分布を持って存在し，重要性をもつ採取地点とサンプル数を決定する。さらに，湿性土壌堆積に大きく関係するある植生は，成長期の初期だけに現れ，他のものはその期間の後だけに見られる(Fredrickson & Reid 1988 a)。例えば，カヤツリグサ科のショクヨウカヤツリなどは，ある条件下で多くの根茎を作る早い季節の植物である(Kelley & Fredrickson 1991)。この場合，もしサンプリングが8月後半や9月に行われれば，ほとんどのショクヨウカヤツリは4〜8週前に枯死しており，それらの分解されている茎は既に見つからないかもしれない。これとは対照的に，アゼガヤ属は遅い季節の植物である。このために，6月中旬のサンプリング計画は，完全にこの植物の発芽前であろう。最終的に，異なる植物の多様な成長形態にはそれぞれ違ったサンプリング方法が必要といえる。ハリイ(カヤツリグサ科ハリイ属)のようないくつか

の重要な種はイヌエビやタウゴキ属の樹幹の下に多く見られる。これらの低い場所で成長する小さな植物は，サンプリングの方法によっては完全に見失われる可能性がある。

実生の生産は管理者にとって大きな関心である。なぜならそれが結実割合，操作への反応・そして野生生物の餌を調査する手段となるからである。植生復元技術は最小時間の調査で満足のいく評価をするために最近発達してきた(Laubhan & Fredrickson 1992)。その技術の利用を容易にするソフトウエアは，アメリカ魚類野生生物局から入手することができる〔Ft. Collins, CO 80525(Laubhan 1992)〕。

無脊椎動物

湿地のモニタリングにとっては，無脊椎動物の量的なサンプリングは実際的ではないかもしれない。なぜならば無脊椎動物の数は急速に変化し，かつその分布はパッチ状を示すからである(Fredrickson & Reid 1988c, 第14章参照)。さらに，それぞれの湿地の生息地と，異なるグループの無脊椎動物では違った採集方法が必要となる。多くの場合，最も重要な管理上の情報は，単純なサンプリング方法(捕虫網，浮上トラップまたは水面下のトラップ等)で集められた定性的(存在／欠如，出現率など)なサンプルから得られる(Merritt & Cummins 1984)。

非生物的要素

水文学

水位低下の日数と割合の情報は，管理活動に対する植物の反応を理解するために不可欠のものである。同様に，氾濫の日数，割合，水深，継続時間の情報は水位操作に対する野生生物の反応をより深く理解するために必要である。

土壌の肥沃度

いくつかの湿性土壌管理活動は脱窒素作用をもたらす。例えば，有機物と窒素はそれぞれの土壌の攪乱によって継続的に減少する。土壌の栄養分のモニタリングは，肥沃度に対する植物の反応の評価と集中的な管理活動に関係する肥沃度の変化を明らかにする機会を与える。これは，年間を通しての土壌サンプル採集と，それらの分析を行うための，共同公開サービス(Cooperative Extension Service)または土壌保全局事務所への提出によって成し遂げられる。

塩分濃度

乾燥した海岸地帯においては，土壌塩分濃度は植生の構成を大きく左右し，ある管理活動が変更される時，または他の行為が実行される時には注意が必要である。徐々に塩分濃度を高める活動は採食に集まる種には有益となるかもしれない。しかし，もしそのような活動が長年にわたり継続されれば，もはやその場所は対象種を引きつける食物を生産しなくなるであろう。土壌塩分濃度をモニタリングすることによって，塩分を含む水が秋の洪水に利用され得るか，ユニットが淡水による洗い流しを必要とするか，また時には，ある種の土壌処理が必要かどうかの決定を下すことができる。水中の塩分濃度もまた非常に重要である。高塩分の水の定期的な利用は湿地の生産性を低下させ，野生生物の利用を減少させる。

要　約

湿地管理のための効果的なアプローチは，湿地の種類または地理学上の位置に関係なく，そのほとんどが類似したものである。歴史的な水文状況の調査と，現場の目的に適合した自然の水文環境を手本とする開発と操作の実行は，計画段階でよく考慮されるべきである。

管理の成功のためには，植物の生活史の全段階で植物を識別する能力と，それらの生態学的な理解が必要である。さらに言えば，無脊椎動物の基本的生態の理解も重要となる。対象微生物のための生活要求を知ることは，必要な資源を時期に応じて適切な方法で供給するために不可欠である。また，カバーと餌の有効性は，多くの種にとって，季節的，社会的そして生態学的な必要性に適したものでなければならない。

湿地の複雑性は管理成功のために最大の好機となる。原始状態の機構は保護されるべきであるが，人間活動によって改変した湿地は，野生生物にとっての湿原の機能的価値をより拡張できるように管理されるべきである。水文周期の変化は湿地の特性を変えてしまうため，湿地計画や，あらゆる場所での水位操作には細心の注意を払うべきである。成功を収める管理のためのいくつかの一般的な提案には次のことが含まれている。

①水文環境の変化していない湿地は保護すべきである。

②一つまたは1種類の湿地のみでは，無脊椎動物1種類の生活史全般，または湿地に存在する無脊椎動物に必要な全ての資源を提供できない。このように，湿地の複雑性は管理の成功にとって不可欠なものであり，半径16km以内で異なる湿地タイプを適切に組み合わせることは，ほとんどの湿地の鳥にとって最適な条件を与える。

③湿地は1年間全体に渡って大きく変動するものであ

る。その絶え間ない水位変動は，希望植物群落とそれに関連した野生生物を支えるために必要なものである。管理を成功させるための目標には，年間を通した水位操作の中に，そのタイミング・水深・継続期間を変化させる方針が含まなければならない。

④湿地植生の存在とそれらの分布，またその成長や実生生産には現地水文環境への重要な示唆を含んでおり，また管理を改良するための生態学的・経済学的なアプローチのための有効な手がかりとなる。

⑤ほとんどの湿地の無脊椎動物は，水深の浅い場所(25cm以下の深さ)の利用に適している

⑥湿地の鳥類は，餌資源を得る場所と湿地の間の長い距離にすばやく適応する。

⑦等高線に沿った低い堤防は最も費用の面で経済的である。

⑧放水口の構造はストップログタイプとすべきである。

⑨湿地の生産性は年間を通し変化する。したがって，1年間の最大生産量を一定に保つことは，いかなる湿地においても期待すべきではない。

⑩モニタリングは，管理操作の効果を確認するため，そしてさらに高い生産性を保つための今後の計画的対処を行うために必要不可欠である。

⑪実際的な活動が湿地内で始まる前には，最適な機関が結びついて適切な許可が与えられるべきである。

参考文献

ALLANSON, B. R. 1973. The fine structure of the periphyton of *Chara* sp. and *Potamogeton natans* from Wytham Pond, Oxford, and its significance to the macrophyte-periphyton metabolic model of R. G. Wetzel and H. L. Allen. Freshwater Biol. 3:535–542.

ALLEN, J. A., AND H. E. KENNEDY, JR. 1989. Bottomland hardwood reforestation in the lower Mississippi Valley. U.S. Fish Wildl. Serv. Natl. Wetlands Res. Cent., Slidell, La, and U.S. For. Serv. Southern For. Exp. Stn., Stoneville, Miss. 28pp.

BALDASSARRE, G. A., A. R. BRAZDA, AND E. R. WOODYARD. 1989. The east coast of Mexico. Pages 407–425 *in* L. M. Smith, R. L. Pederson, and R. M. Kaminski, eds. Habitat management for migrating and wintering waterfowl in North America. Texas Tech Univ. Press, Lubbock.

BALL, J. P., AND T. D. NUDDS. 1989. Mallard habitat selection: an experiment and implications for management. Pages 659–671 *in* R. R. Sharitz and J. W. Gibbons, eds. Freshwater wetlands and wildlife. DOE Symp. Ser. 61.

BARTON, K. 1986. Federal wetland protection programs. Pages 373–411 *in* R. L. DiSilvestro, ed. Audubon Wildlife Report 1986. Natl. Audubon Soc., New York, N.Y.

BATEMA, D. L. 1987. Nutrient dynamics in a bottomland hardwood ecosystem. Ph.D. Thesis, Univ. Missouri, Columbia. 191pp.

———, G. S. HENDERSON, AND L. H. FREDRICKSON. 1985. Wetland invertebrate distribution in bottomland hardwoods as influenced by forest type and flooding regime. Proc. Central Hardwoods Forest Conf. 5:196–202.

BEDINGER, M. S. 1979. Relation between forest species and flooding. Pages 427–435 *in* P. C. Greeson, J. R. Clark, and J. E. Clark, eds. Wetland functions and values: the state of our understanding. Am. Water Resour. Assoc. Tech. Publ. 79-2.

BELT, C. B., JR. 1975. The 1973 flood and man's construction of the Mississippi. River Sci. 189:681–684.

BOURN, W. S., AND C. COTTAM. 1950. Some biological effects of ditching tidewater marshes. U.S. Fish Wildl. Serv. Res. Rep. 19. 30pp.

BOYD, C. E. 1970. Losses of mineral nutrients during decomposition of *Typha latifolia*. Arch. Hydrobiol. 66:511–517.

CHABRECK, R. H. 1988. Coastal marshes: ecology and wildlife management. Univ. Minnesota Press, Minneapolis. 138pp.

COWARDIN, L. M., V. CARTER, F. C. GOLET, AND E. T. LAROE. 1979. Classification of wetlands and deepwater habitats of the United States. U.S. Fish Wildl. Serv. Publ. FWS/OBS-79/31. 103pp.

DAHL, T. E. 1990. Wetlands losses in the United States 1780's to 1980's. U.S. Fish Wildl. Serv., Washington, D.C. 13pp.

———, AND C. E. JOHNSON. 1991. Status and trends of wetlands in the conterminus United States, mid-1970's to mid-1980's. U.S. Fish Wildl. Serv., Washington, D.C. 28pp.

DELNICKI, D., AND K. J. REINECKE. 1986. Mid-winter food use and body weights of mallards and wood ducks in Mississippi. J. Wildl. Manage. 50:43–51.

DROBNEY, R. D. 1980. Reproductive bioenergetics of wood ducks. Auk 97:480–490.

———, AND L. H. FREDRICKSON. 1985. Protein acquisition: a possible proximate factor limiting clutch size in wood ducks. Wildfowl 36:122–128.

ELDRIDGE, J. 1990. Aquatic invertebrates important for waterfowl production. U.S. Fish Wildl. Serv. Waterfowl Manage. Handb. Leafl. 13.3.3. 7pp.

ERRINGTON, P. L. 1963. The pricelessness of untampered nature. J. Wildl. Manage. 27:313–320.

ERWIN, R. M., D. K. DAWSON, D. B. STOTTS, L. S. MCALLISTER, AND P. H. GEISSLER. 1991. Open marsh water management in the mid-Atlantic region: aerial surveys of waterbird use. Wetlands 11:209–227.

FINGER, T. R., AND E. M. STEWART. 1987. Response of fishes to flooding regimes in lowland hardwood wetlands. Pages 86–92 *in* W. J. Matthews and D. C. Hines, eds. Evolution and community ecology of North American stream fishes. Univ. Oklahoma Press, Norman.

FRAYER, W. E., T. J. MONAHAN, D. C. BOWDEN, AND F. A. GRAYBILL. 1983. Status and trends of wetlands and deepwater habitats in the conterminous United States, 1950s to 1970s. Dep. For. Wood Sci., Colorado State Univ., Ft. Collins. 32pp.

———, D. D. PETERS, AND H. R. PYWELL. 1989. Wetlands of the California Central Valley: status and trends 1939 to mid-1980's. U.S. Fish Wildl. Serv., Portland, Oreg. 28pp.

FREDRICKSON, L. H. 1979. Lowland hardwood wetlands: current status and habitat values for wildlife. Pages 296–306 *in* P. E. Greeson, J. R. Clark, and J. E. Clark, eds. Wetland functions and values: the state of our understanding. Am Water Resour. Tech. Publ. 79-2.

———. 1991. Strategies for water level manipulations in moist-soil systems. U.S. Fish Wildl. Serv. Waterfowl Manage. Handb. Leafl. 13.4.6. 8pp.

———, AND D. L. BATEMA. 1992. Greentree reservoir management handbook. Gaylord Mem. Lab., Wetland Manage. Ser. 1. Gaylord Lab., Puxico, Mo. 88pp.

———, AND M. E. HEITMEYER. 1989. Waterfowl use of forested wetlands of the southern United States: an overview. Pages 307–323 *in* M. W. Weller, ed. Waterfowl in winter. Univ. Minnesota Press, Minneapolis.

———, AND F. A. REID. 1986. Wetland and riparian habitats: a nongame management overview. Pages 59–96 *in* J. B. Hale, L. B. Best, and R. L. Clawson, eds. Management of nongame wildlife in the Midwest: a developing art. North-Cent. Sect., The Wildl. Soc., Grand Rapids, Mich.

———, AND ———. 1988a. Considerations of community characteristics for sampling vegetation. U.S. Fish Wildl. Serv. Waterfowl Manage. Handb. Leafl. 13.4.1. unnumb.

———, AND ———. 1988b. Control of willow and cottonwood seedlings in herbaceous wetlands. U.S. Fish Wildl. Serv. Waterfowl Manage. Handb. Leafl. 13.4.10. unnumb.

———, AND ———. 1988c. Initial considerations for sampling wetland invertebrates. U.S. Fish Wildl. Serv. Waterfowl Manage. Handb. Leafl. 13.3.2. unnumb.

———, AND ———. 1988d. Invertebrate response to wetland management. U.S. Fish Wildl. Serv. Waterfowl Manage. Handb. Leafl. 13.3.1. unnumb.

———, AND ———. 1988e. Waterfowl use of wetland complexes. U.S. Fish Wildl. Serv. Waterfowl Manage. Handb. Leafl. 13.2.1. unnumb.

———, AND ———. 1990. Impacts of hydrologic alteration on management of freshwater wetlands. Pages 72–90 in J. M. Sweeney, ed. Management of dynamic ecosystems. North-Cent. Sect., The Wildl. Soc., Springfield, Ill.

———, AND T. S. TAYLOR. 1982. Management of seasonally flooded impoundments for wildlife. U.S. Fish Wildl. Serv. Resour. Publ. 148. 29pp.

GOLDSTEIN, J. H. 1988. The impact of federal programs and subsidies on wetlands. Trans. North Am. Wildl. Nat. Resour. Conf. 53:436–443.

GORDON, D. H., B. T. GRAY, R. D. PERRY, M. B. PREVOST, T. H. STRANGE, AND R. K. WILLIAMS. 1989. South Atlantic coastal wetlands. Pages 57–92 in L. M. Smith, R. L. Pederson, and R. M. Kaminski, eds. Habitat management for migrating and wintering waterfowl in North America. Texas Tech Univ. Press, Lubbock.

GRUE, C. E., ET AL. 1986. Potential impacts of agricultural chemicals on waterfowl and other wildlife inhabiting prairie wetlands: an evaluation of research needs and approaches. Trans. North Am. Wildl. Nat. Resour. Conf. 51:357–383.

———, M. W. TOME, T. A. MESSMER, D. B. HENRY, G. A SWANSON, AND L. R. DEWEESE. 1989. Agricultural chemicals and prairie pothole wetlands: meeting the needs of the resource and the farmer—U.S. perspective. Trans. North Am. Wildl. Nat. Resour. Conf. 54:43–58.

HAMMER, D. A., AND R. K. BASTIAN. 1989. Wetlands ecosystems: natural water purifiers? Pages 5–19 in D. A. Hammer, ed. Constructed wetlands for wastewater treatment: municipal, industrial, and agricultural. Lewis Publ., Chelsea, Mich.

HARPER, J. L. 1977. Population biology of plants. Academic Press, New York, N.Y. 892pp.

HAYNES, R. J., AND J. A. ALLEN. 1988. Reestablishment of bottomland hardwood forests on disturbed sites: an annotated bibliography. U.S. Fish Wildl. Serv. Biol. Rep. 88(42). 104pp.

HEITMEYER, M. E. 1988. Protein costs of the prebasic molt of female mallards. Condor 90:263–266.

———, L. H. FREDRICKSON, AND G. F. KRAUSE. 1989. Water and habitat dynamics of the Mingo Swamp in southeastern Missouri. U.S. Fish Wildl. Serv., Fish Wildl. Res. 6. 26pp.

HIGGINS, K. F., L. M. KIRSCH, A. T. KLETT, AND H. W. MILLER. 1992. Waterfowl production on the Woodworth Station in southcentral North Dakota, 1965–1981. U.S. Fish Wildl. Serv. Resour. Publ. 180. 79pp.

HUBERT, W. A., AND J. N. KRULL. 1973. Seasonal fluctuations of aquatic macroinvertebrates in Oakwood Bottoms Greentree Reservoir. Am. Midl. Nat. 90:177–185.

KADLEC, J. A., AND L. M. SMITH. 1992. Habitat management for breeding areas. Pages 590–610 in B. D. J. Batt, et al., eds. Ecology and management of breeding waterfowl. Univ. Minnesota Press, Minneapolis.

KAMINSKI, R. M., H. R. MURKIN, AND C. E. SMITH. 1985. Control of cattail and bulrush by cutting and flooding. Pages 253–262 in H. H. Prince and F. M. D'Itri, eds. Coastal wetlands. Lewis Publ., Chelsea, Mich.

———, AND H. H. PRINCE. 1981. Dabbling duck activity and foraging responses to aquatic macroinvertebrates. Auk 98:115–126.

KELLEY, J. R., JR., AND L. H. FREDRICKSON. 1991. Chufa biology and management. U.S. Fish Wildl. Serv. Waterfowl Manage. Handb. Leafl. 13.4.18. 6pp.

KIRBY, R. E., S. J. LEWIS, AND T. N. SEXSON. 1988. Fire in North American wetland ecosystems and fire wildlife relations. U.S. Fish Wildl. Serv. Biol. Rep. 88. 146pp.

KORTE, P. A., AND L. H. FREDRICKSON. 1977. Loss of Missouri's lowland hardwood ecosystem. Trans. North Am. Wildl. Nat. Resour. Conf. 42:31–41.

KRAMER, G. W., AND R. MIGOYA. 1989. The Pacific Coast of Mexico. Pages 507–528 in L. M. Smith, R. L. Pederson, and R. M. Kaminski, eds. Habitat management for migrating and wintering waterfowl in North America. Texas Tech Univ. Press, Lubbock.

LAUBHAN, M. K. 1992. Estimating seed production of common moist-soil plants. U.S. Fish Wildl. Serv. Waterfowl Manage. Handb. Leafl. 13.4.5. 8pp.

———, AND L. H. FREDRICKSON. 1992. Estimating seed production of common plants in seasonally flooded wetlands. J. Wildl. Manage. 56:329–337.

LECK, M. A. 1989. Wetland seed banks. Pages 283–305 in M. A. Leck, V. T. Parker, and R. L. Simpson, eds. Ecology of soil seed banks. Academic Press, San Diego, Calif.

LIVINGSTON, R. J., AND O. L. LOUCKS. 1979. Productivity, trophic interactions, and food web relationships in wetlands and associated systems. Pages 101–119 in P. E. Greeson, J. R. Clark, and J. E. Clark, eds. Wetland functions and values: the state of our understanding. Am. Water Resour. Tech. Publ. 79-2.

LONGCORE, J. R., R. K. ROSS, AND K. L. FISHER. 1987. Wildlife resources at risk through acidification of wetlands. Trans. North Am. Wildl. Nat. Resour. Conf. 52:608–618.

LOW, J. B., AND F. C. BELLROSE. 1944. The seed and vegetative yield of waterfowl food plants in the Illinois River valley. J. Wildl. Manage. 8:7–22.

LYNCH, J. J. 1941. The place of burning in management of the Gulf Coast wildlife refuges. J. Wildl. Manage. 5:454–457.

MARBLE, A. D. 1992. A guide to wetland functional design. Lewis Publ., Chelsea, Mich. 222pp.

McDONALD, P. O., W. E. FRAYER, AND J. K. CLAUSER. 1979. Documentation, chronology, and future projections of bottomland hardwood habitat losses in the lower Mississippi Alluvial Plain. Vol. I. U.S. Fish Wildl. Serv., Washington, D.C. 133pp.

MEREDITH, W. H., AND D. E. SAVEIKIS. 1987. Effects of open marsh water management (OMWM) on bird populations of a Delaware tidal marsh, and OMWM's use in waterbird habitat restoration and enhancement. Pages 298–321 in W. R. Whitman and W. H. Meredith, eds. Waterfowl and wetlands symposium: proceedings of a symposium on waterfowl and wetland management in the Coastal Zone of the Atlantic Flyway. Del. Coastal Manage. Program, Delaware Dep. Nat. Resour. Environ. Control, Dover.

———, ———, AND C. J. STACHECKI. 1985. Guidelines for "Open marsh water management" in Delaware's salt marshes—objectives, system design, and installation procedures. Wetlands 5:119–137.

MERRITT, R. W., AND K. W. CUMMINS, EDITORS. 1984. An introduction to the aquatic insects of North America. Second ed. Kendall/Hunt Publ. Co., Dubuque, Ia. 722pp.

MIDDLETON, B. A., A. G. VAN DER VALK, R. L. WILLIAMS, AND D. H. MASON. 1992. Litter decomposition in an Indian monsoonal wetland overgrown with *Paspalum distichum*. Wetlands 12:37–44.

MITSCH, W. J., AND J. G. GOSSELINK. 1986. Wetlands. Van Nostrand Reinhold, New York, N.Y. 537pp.

MOTT, D. F., R. R. WEST, J. W. DE GRAZIO, AND J. L. GUARINO. 1972. Foods of the red-winged blackbird in Brown County, South Dakota. J. Wildl. Manage. 36:983–987.

MURKIN, E. J., H. R. MURKIN, AND R. D. TITMAN. 1992. Nektonic invertebrate abundance and distribution at the emergent vegetation-open water interface in the Delta Marsh, Manitoba, Canada. Wetlands 12:45–52.

MURKIN, H. R. 1989. The basis for food chains in prairie wetlands. Pages 316–338 in A. van der Valk, ed. Northern prairie wetlands. Iowa State Univ. Press, Ames. 400pp.

NELSON, J. W., AND R. A. WISHART. 1988. Management of wetland complexes for waterfowl production: planning for the Prairie Habitat Joint Venture. Trans. North Am. Wildl. Nat. Resour. Conf. 53: 444–453.

ODUM, E. P. 1979. The value of wetlands: a hierarchical approach. Pages 16–25 in P. E. Greeson, J. R. Clark, and J. E. Clark, eds. Wetland functions and values: the state of our understanding. Am. Water Res. Assoc., Minneapolis, Minn.

PEDERSON, R. L., D. G. JORDE, AND S. G. SIMPSON. 1989. Northern Great Plains. Pages 281–310 in L. M. Smith, R. L. Pederson, and R. M. Kaminski, eds. Habitat management for migrating and wintering waterfowl in North America. Texas Tech Univ. Press, Lubbock.

PENNAK, R. W. 1978. Freshwater invertebrates of the United States. Second ed. John Wiley & Sons, New York, N.Y. 803pp.

PETERSON, D. L., AND K. W. CUMMINS. 1974. Leaf processing in a woodland stream. Freshwater Biol. 4:343–368.

PINDER, L. C. V. 1986. Biology of freshwater Chironomidae. Annu. Rev. Entomol. 31:1–23.

REID, F. A., J. R. KELLEY, JR., T. S. TAYLOR, AND L. H. FREDRICKSON. 1989. Upper Mississippi Valley wetlands—refuges and moist-soil impoundments. Pages 181–202 in L. M. Smith, R. L. Pederson, and R. M. Kaminski, eds. Habitat management for migrating and wintering waterfowl in North America. Texas Tech Univ. Press, Lubbock.

REINECKE, K. J., R. C. BARKLEY, AND C. K. BAXTER. 1988. Potential effects of changing water conditions on mallards wintering in the Mississippi Alluvial Valley. Pages 325–337 in M. W. Weller, ed. Waterfowl in winter. Univ. Minnesota Press, Minneapolis.

―――, R. M. KAMINSKI, D. J. MOORHEAD, J. D. HODGES, AND J. R. NASSAR. 1989. Mississippi Alluvial Valley. Pages 203–247 in L. M. Smith, R. L. Pederson, and R. M. Kaminski, eds. Habitat management for migrating and wintering waterfowl in North America. Texas Tech Univ. Press, Lubbock.

ROBEL, R. J. 1961a. The effects of carp populations on the production of waterfowl food plants on a western waterfowl marsh. Trans. North Am. Wildl. Nat. Resour. Conf. 26:147–159.

―――. 1961b. Water depth and turbidity in relation to growth of sago pondweed. J. Wildl. Manage. 25:436–438.

RUNDLE, W. D., AND L. H. FREDRICKSON. 1981. Managing seasonally flooded impoundments for migrant rails and shorebirds. Wildl. Soc. Bull. 9:80–87.

SEVERSON, D. J. 1987. Macroinvertebrate populations in seasonally flooded marshes in the northern San Joaquin Valley of California. M.S. Thesis, Humbolt State Univ., Arcata, Calif. 113pp.

SIMPSON, R. L., M. A. LECK, AND V. T. PARKER. 1989. Seed banks: general concepts and methodological issues. Pages 3–21 in M. A. Leck, V. T. Parker, and R. L. Simpson, eds. Ecology of soil seed banks. Academic Press, San Diego, Calif.

SOULLIERE, G. J. 1990. Review of wood duck nest-cavity characteristics. Pages 153–162 in L. H. Fredrickson, G. V. Burger, S. P. Havera, D. A. Graber, R. E. Kirby, and T. S. Taylor, eds. Proc. 1988 North American wood duck symposium, St. Louis, Mo.

STEVENS, S. E., JR., K. DIONIS, AND L. R. STARK. 1989. Manganese and iron encrustation on green algae living in acid mine drainage. Pages 765–773 in D. A. Hammer, ed. Constructed wetlands for wastewater treatment: municipal, industrial, and agricultural. Lewis Publ., Chelsea, Mich.

STEWART, R. E., AND H. A. KANTRUD. 1971. Classification of natural ponds and lakes in the glaciated prairie region. U.S. Fish Wildl. Serv. Resour. Publ. 92. 57pp.

SUTHERS, I. M., AND J. H. GEE. 1986. Role of hypoxia in limiting diel spring and summer distribution of juvenile yellow perch (*Perca flavescens*) in a prairie marsh. Can. J. Fish. Aquat. Sci. 43:1562–1570.

SWANSON, G. A., AND M. I. MEYER. 1973. The role of invertebrates in the feeding ecology of Anatinae during the breeding season. Pages 143–185 in Waterfowl habitat management symposium, Moncton, N.B.

TINER, R. W., JR. 1984. Wetlands of the United States: current status and recent trends. U.S. Fish Wildl. Serv., Washington, D.C. 59pp.

VAN DER VALK, A. G. 1981. Succession in wetlands: a gleasonian approach. Ecology 62:688–696.

―――, AND C. B. DAVIS. 1978. The role of seed banks in the vegetation dynamics of prairie glacial marshes. Ecology 59:322–335.

WEBSTER, J. R., AND E. F. BENFIELD. 1986. Vascular plant breakdown in freshwater ecosystems. Annu. Rev. Ecol. Syst. 17:567–594.

WELLER, M. W. 1975. Studies of cattail in relation to management for marsh wildlife. Iowa State J. Sci. 49:383–412.

―――. 1988. Freshwater marshes: ecology and wildlife management. Second ed. Univ. Minnesota Press, Minneapolis. 150pp.

―――, AND L. H. FREDRICKSON. 1973. Avian ecology of a managed glacial marsh. Living Bird 12:269–291.

―――, G. W. KAUFMAN, AND P. A. VOHS, JR. 1991. Evaluation of wetland development and waterbird response at Elk Creek Wildlife Management Area, Lake Mills, Iowa, 1961-1990. Wetlands 11:245–262.

―――, AND C. E. SPATCHER. 1965. Role of habitat in the distribution and abundance of marsh birds. Dep. Zool. Entomol. Spec. Rep. 43. Agric. Home Econ. Exp. Stn., Iowa State Univ., Ames.

WHARTON, C. H., W. M. KITCHENS, E. C. PENDLETON, AND T. W. SIPE. 1982. The ecology of bottomland hardwood swamps of the Southeast: a community profile. U.S. Fish Wildl. Serv. Rep. FWS/OBS-81/37. 133pp.

WHITE, D. C. 1985. Lowland hardwood wetland invertebrate community and production in Missouri. Arch. Hydrobiol. 103:509–533.

WHITE, D. H., AND D. JAMES. 1978. Differential use of freshwater environments by wintering waterfowl of coastal Texas. Wilson Bull. 90:99–111.

WIGGINS, G. B., R. J. MACKAY, AND I. M. SMITH. 1982. Evolutionary and ecological strategies of animals in annual temporary pools. Arch. Hydrobiol. (suppl.) 58:97–206.

WIGLEY, T. B., JR., AND T. H. FILER, JR. 1989. Characteristics of green-tree reservoirs: a survey of managers. Wildl. Soc. Bull. 17:136–142.

WYLIE, G. D. 1985. Limnology of lowland hardwood wetlands in southeast Missouri. Ph.D. Thesis, Univ. Missouri, Columbia. 204pp.

YATES, R. F. K., AND F. P. DAY, JR. 1983. Decay rates and nutrient dynamics in confined and unconfined leaf litter in the Great Dismal Swamp. Am. Midl. Nat. 110:37–45.

26
野生動物のための農地管理

Richard E. Warner & Stephen J. Brady

はじめに …………………………………………779	対象地域の選定 ……………………………787
農業環境における野生動物管理の挑戦 ………780	物資と情報の収集 …………………………787
野生動物に対する農業環境の適性 …………780	生息地の確立と植生の維持 ………………789
生息地の質 ……………………………………781	プログラムの評価と改善 ……………………790
農地プログラム ………………………………782	植物のモニタリング ………………………790
農地における生息地プログラムの設計 ………782	土地所有者が参加するモニタリング ……790
成功する生息地プログラムの特徴 …………782	野生動物の反応のモニタリング …………790
群集によるアプローチ ………………………783	野生動物と生息地の相互関係の評価 ……790
時間と空間のスケール ………………………784	野生動物と農業プログラムの統合 …………791
広汎的 対 集約的プログラム ………………785	資源管理と政府諸機関の協力 ……………791
実証地域と試験的プログラム ………………785	農地計画と奨励制度 ………………………792
大規模生息地プログラムの実行 ………………786	農業技術 ……………………………………792
顧問グループの設置 …………………………786	参考文献 ………………………………………795
土地所有者の参加の確保 ……………………786	

❏はじめに

　農耕地における野生動物管理は重要な局面にある。特に第二次世界大戦以降，農耕地をより集約的に利用するようになるにつれ，農地環境で生息してきた多くの野生動物種が減少してきた。しかし現在，農業は転機にある。1980年から1990年代にかけて，農業関連の最も重要な課題は環境問題であった。農業商品を多様化したり，エネルギー集約的な農作業を減少させたり，天然資源を保護するなど，農業のシステムを持続的なものにする新しい動きが起きた(National Research Council 1989, Pimentel et al. 1989)。こうした動きにより，野生動物関係の各機関は，野生動物に対してこれまでより有益で，なおかつ他の農業の目標と両立可能な農作業方法を普及させる重要な機会を得た。そもそも，野生動物管理のプログラムは，通常それのみで成功が決まるわけでなく，農業を取り巻く様々な環境を対象とした他の資源保全型の施策と統合されていることが重要なのである。

　農地における生息地プログラムの成否は，生態学的，政治的，経済的，および社会的状況を，管理官がどの程度うまく調停できるかということに依存している(McConnell 1981)。野生動物関係の各機関は，農業が集約的に営まれている地域で，野生動物の生息地を確保するための新しいプログラムを頻繁に計画しており，近年，そのような試みは増加している(Vander Zouwen 1990)。そのプログラムが広範囲に対象種の数を増加させようとするものの場合，将来の結果を予測することは困難である。しかし，ほとんどの先駆的な事業は，2～3年後に次第に質が低下するため，野生動物に対する利益が一時的でほんの一地域に限られることが多い。農業政策とプログラム，変化する農業，土地利用の競合，そして野生動物関係機関の限られた資源が貧弱な業績の原因になっている。そのため担当者は，生態学の理論と生息地の開発手法だけに頼っているわけにはいかない。つまり，土地利用の実際，農地政策とプログラム，保全政策，そして農村社会学などのさまざまな分野に精通しなければならないのである。

　野生動物の管理者が農業環境における生息地開発について学ぶには，様々な方法が考えられる。実践的な方法として，パッチスケールで植生や他の生息地を構成する要素の

質を向上させるための方法を概観してみることが上げられる。パッチスケールの生息地改善について，野生動物管理者は多くの情報を利用できるようになったが，一方，野生動物の生息地に，様々なかたちで影響する農地政策，プログラム，そしてそれらの実践をいかに認識し，それらを調整するのかといったことはいまだに難しい問題である。農業に関連する目に見えない様々な要因が影響するため，野生動物関連の機関による管理労力は，より大きなものとなったり，逆に小さくなったり，無効になったりするが，それはプログラムの規模が概して小さいためである。このようなことから，生息地を改善するための実践的な方法論を無視することはできないが，この章では野生動物管理における様々な実践と農地政策および実際の農業との調整について主に見ていきたい。

今回の生息地管理に関して述べる対象地域は，テキサス州のサン・アントニオ（Sun Antonio）とノースダコタ州のジェームスタウン（Jamestown）を結んだおよそ西経98°線の西側の耕作適地に限定した。この地域では，農耕地のほとんどで耕作（土壌の耕耘）が行われている。耕耘作業が伴う集約的な農業は，アメリカ合衆国の中北部でもっとも普及しているが，東部でも普通に見られる（灌漑を用いた集約的な農耕地なら西部の州のほとんどでも見られる）。

集約的な耕作で最も重要な作物は，トウモロコシ，大豆，小麦，落花生，タバコ，サトウモロコシ，綿，飼料作物などであるが，ほかの穀物類も特定の地域では重要である。これらの地域の農業生態系は絶えず変化しており，現代の農業は，農家にとって複雑な意志決定をともなうものとなっている。農家は，集約的な農業をさらに進歩させるため，新しい技術の導入には熱心であるが，野生動物への配慮はあまり重要とは考えていない。さらに，気まぐれな商品市場，複雑で常に変わり続ける農業プログラム，悪化している農薬汚染の影響，土壌侵食，水質に関する市民の関心，増え続ける各種の規制と奨励制度などの政府の介入に農家はかかわらざるをえなくなっている。

❏農業環境における野生動物管理の挑戦

単作は，養分の循環とエネルギーの流れを単純化するため，農業生態系を不安定にするが（van Emden 1965, Oldfield & Alcorn 1987, Turner 1987, Woolhouse & Harmsen 1987），最近の10年間はこの単作の傾向が強まっている（Nationl Research Council 1982, Power & Follett 1987）。農耕地利用の変化とそれに対する野生動物の反応に関する広範な総説は，最近まで論文として多くは見られなかった。興味を持たれた読者の方には，Baxter & Wolfe（1973），Burger（1978），Taylor et al.（1978），Samson（1980），Edwards et al.（1981），Warner et al.（1984），Warner & Etter（1985），Wooley et al.（1985），Potts（1986），Robbins et al.（1986），Berner（1984，1988），Brady（1988），Flather & Hoekstra（1989）などを読むことをお勧めする。

条植え作物が，家畜，飼料作物，循環式農業などに取って代わられたため，多くの陸棲の野生動物の生息地として重要な草地が失われ，それらの分布および個体数は減少している（Farris et al. 1977, Etter et al. 1988）。例えば，最近の30年間で，イリノイのコウライキジ，ワタオウサギ，キタコリンウズラの狩猟による捕獲数が劇的に減少しており，条植え作物，干し草，穀物類の収穫量の増加と高い相関があったことが指摘されている（Brady 1988）。この章では，生息地の保全が必要とされるような種の話がほとんどであり，野生動物と農業の関係が否定的である場合が多いが，最近では，これらの関係に肯定的なものも見られるようになってきた。例えば，オジロジカやシチメンチョウは，中西部の多くの地域で個体数を増加させており，その要因の一部として農耕地内部とその周辺に林地（主には川辺林）を並置したことがあげられる。しかし，生息範囲と個体数の一方または両方が劇的に拡大した種についてよく見られるように，野生動物関係機関は，生息地管理自体ではなく，むしろ狩猟の規制と個体群の再導入（たとえばシチメンチョウ）に対し力を発揮することができる。

野生動物に対する農業環境の適性

野生動物に対する農業の影響を概念的に説明する方法の一つに，「ソース／シンク」モデルがある。このモデルは生息地への介入がいかに野生動物への負の影響を軽減できるかということも説明できる。野生動物がおおむね平均死亡率を十分に埋め合わせるほどの子供を出産することのできる生息地のことを「ソース」生息地と呼ぶ。このモデルに基づいて考えると，今世紀の農業ランドスケープでは，個体数や種の多様性を高めるパッチが少なくなる傾向が見られ，すなわちソースとして機能する魅力的なパッチが減少したということができる（図26-1）。なぜなら捕食，種間競争，農業による攪乱などが影響し，あるパッチでは死亡率を十分に上回る子孫が残せなかったからである。このような生息地は「シンク」生息地と呼ぶ。これらの変化は，一般的な農業の政策，プログラム，技術に関係しており，さ

図 26-1 集約的に草地化された後背斜面テラスと保全的耕耘は，アイオワ南西部のランドスケープでは，生息地の一要素となっている(写真提供：アメリカ土壌保全局)。

らに詳しく見ると，植生の構造，カバーの配置，農業が野生動物に与える撹乱の特性とそのタイミングなどに関係している(Best 1986, Bredy 1988)。そのため「ソース/シンク」モデルに基づき，モザイク状の農地における生息地管理は以下のような原則に従って行うべきである。①野生動物にとって魅力的なパッチの数を増加させる。②ソース生息地のような対象動物の繁殖や生存に貢献する魅力的なパッチの構成割合を高くする。

生息地の質

農作業の様々な過程は，野生動物の繁殖，成長，分散などの重要な時期と重なることが多いため，野生動物関係の機関がそれらの重要な時期に，野生動物に対する負の撹乱を最小限にするように農家を指導したり，奨励したりしなければ，潜在的に魅力的な生息地を「シンク」としてしまうことになる。負の撹乱には，種蒔きや鋤き起こし，干し草の収穫時期，家畜の放牧の時期とその強度，道脇やフェンスロウ(耕作されていない部分も含めて両側に柵の立っている土地)，水路脇などの生息地外縁部の草刈り，農薬の利用などが含まれる(Best 1986, Brady 1988, Warner & Etter 1989)。一方，植生の遷移段階を初期から中期に維持するためには撹乱が必要とされる。つまり，撹乱は必要であるが，そのタイミングが重要なのである。

農業機械の利用に関連した撹乱は 100 年以上も前から見られたが，もう一つの重大な撹乱要因となっている化学薬品の利用は，おおむね第二次世界大戦以降に限られている。戦後，広く使われるようになった人工肥料の影響で，土壌の肥沃度を保つことができるマメ科植物の植え付けの必要性が失われ，輪作は行われなくなった。イネ科草本とマメ科植物の輪作が消えていったのに続いて，1950 年以降，条植え作物，特に大豆の生産量が拡大するのに伴って，畜牛を農作業に用いることがなくなっていった(Etter et al. 1988)。人工肥料やハイブリッド種，農薬を利用する条植えシステムは，単位農地あたりの生産量が高いため，農家にとって魅力的な耕作方法であった。1950〜1960 年に殺虫剤と広葉草本の除草剤の利用が急速に広がり，続く 1960〜1970 年にはイネ科草本の除草剤が普及した(例えば，U.S. Department of Commerce, Bureau of Census 1985)。

土壌の侵食と堆積作用により，農薬汚染はさらに進行した。農薬とその代謝物質が水中および陸上生態系に広がるにつれ，野生動物の食物になるかならないかにかかわらず，植物や昆虫の価値を下げてきた。結果的に，農業起源の汚染はアメリカ合衆国の水域のおよそ 29% の魚類に有害な影響を及ぼしている(Auclair 1978, Kroh & Beaver 1978, Judy et al. 1984, Warburton & Klmstra 1984)。汚染物質を含む堆積物のため，多くの低地の湖も野生動物が利用できない環境となっている(Bellrose et al. 1983, Pimentel et al. 1987)。以上のことから，農地で野生動物の生息地の質を向上させるための今後の戦略は，土壌の質と水質を改善するための取り組みと連動させる必要がある。

1950 年以前には，中西部の耕作地のおよそ 20〜25% は，収穫のあとに撥土板付きの鋤を用いて耕されていたが(Warner & Havera 1989)，1960 年代には近代的なトウモロコシと大豆のコンバインが広く使われるようになり，それ以降，畑には切り株がほとんど残らなくなった。1960 年から 1970 年代になると，秋に耕耘を行うケースが急激に増加した。1980 年代には，土壌の侵食を防ぐため，撥土板よりも撹乱が少ないと考えられていたいくつかの耕耘と作付け方法が用いられるようになった(Gebhardt et al.1985, Magleby et al. 1985)。しかし，そのような農作業方法は，強度の化学的な撹乱を引き起こしたり(Brady 1985, Castrale 1987)，秋から冬に野生動物が利用できる残り作物が，畑によって大きく異なるという結果をもたらした(Warner et al. 1989)。

現代のクリーン栽培技術は，野生動物が生命を維持するために必要不可欠なものを供給する場所を空間的に隔てたため，その生存に極めて大きな影響を与えた。いずれのタイプの農地でも，生命を維持するための利益は減ってきた。今日，農地ランドスケープでは，生命維持に貢献するさま

ざまな機能が失われつつあるため，小形の脊椎動物は，繁殖と生存のために比較的広い範囲を移動しなければならない。そのため，多くのカバータイプを利用しなければならず，結果として，エネルギーの損失が多くなり，病気に対する傷つきやすさは増加する(Warner 1984, Basore et al. 1986, Krummel et al. 1987)。作物の切り株はそのよい例である。定着式農業が始まって以来，畑に残されたトウモロコシは，野生動物の食物網に組み込まれてきた(Waner & Havera 1989)。また穀物の切り株は，天候と捕食者からある種の野生動物を守り，初春には小型脊椎動物の繁殖のためのカバーを供給したり，取り残した作物，種子，節足動物などの形で多様な食物の供給に寄与してきた。しかし，近代的な作物収穫機械は条植え作物の切り株も取り去るため，食物の多様性と保護機能を持つ下層植生は貧弱になった。取り残されたトウモロコシは，野生動物にとって現在でも重要な食物資源のままであるが，切り株の多様な生態学的利益は失われた。

農地プログラム

戦争，変わりやすい天候，土地利用の変化(科学技術の進歩による生産性の向上)，予測不可能な世界の穀物市場などのため，農業をとりまく環境は極端に不安定であった(Schlebecker 1975)。アメリカ合衆国政府は農作物価格の変動を押さえるため，繰り返し減反政策を行ってきた。転用された農地のほとんどには，飼い葉用のイネ科草本とマメ科植物の種子が蒔かれた。1930年代と1940年代の農業保全プログラム(The Agricultural Conservation Program: APC)，1950年代の土壌バンクプログラム(Soil Bank Program)，そして1960年代初期の使用差し止めエーカープログラム(Set-Aside Acres Program)などが実施されたことにより，結果的に草地の面積が増加し，野生動物の繁殖期間に草地で起きる攪乱が緩衝され，より集約的になりつつあった農業が野生動物に及ぼす影響を効果的に押さえ込んだ(Joselyn & Warnock 1964, Edwards 1984, Berner 1988)。

しかし過去20年，減反が絡んだほとんどのプログラムは(1980年代の保全プログラムは明らかな例外であるが)，野生動物に好適な状態の生息地を提供するという点ではあまり貢献しなかった。最近のプログラムは，減反ではなく転用した土地を秋に耕耘するというものなので，その土地はわずか一成育期間だけ野生動物に好適な生息地を供給している。加えて，近年，農業従事者は，野生動物の繁殖期である春の終わりごろから初夏にかけて，転用された畑の刈り取りを(時々は必要で)行っている。初期のプログラムは対照的に，多年契約で行われていたため，農業生産を行わない土地があったため，野生動物の繁殖期間には僅かか，または全く農地の攪乱が見られなかった(Harmon & Nelson 1978, Bernen 1988)。

❏農地における生息地プログラムの設計

野生動物の管理者は，農業環境において生息地プログラムを考案する際，以下のことを考慮すべきである。①土地所有者の要求については便宜を図らなければならない。②管理機関は，生息地プログラムの運用に必要な技術的，物質的援助を行わなくてはならない。③管理の目標が確実に達成されるよう，プログラムの評価・改善方法を用意するべきである。④管理に対する介入(生息地の開発と維持)は，長期的観点から検討するべきである。⑤野生動物および他の天然資源の管理と互換性のある目標を立てた上で，農業システムの持続性(Edwards et al. 1990)が長期間にわたり確約されなければならない。評価と改善の必要性は明らかではあるが，この二つの内容は無視されることが多く，過去の様々な努力に関する資料が蓄積され，その恩恵を野生動物の管理者が受けられるようになるまでは，農業環境におけるより効果的な生息地プログラムは，おそらく開発されないであろう。そこで我々は，適切な農地における生息地プログラムの評価と改善についても扱うことにする。

成功する生息地プログラムの特徴

農業環境において成功する生息地プログラム，即ち効果が目に見えるようなプログラムは，多くの場合以下の要素を含んでいる。

①土地所有者の目的と主要な土地利用目的(農業生産)の両立性。
②管理機関の成功に対する揺るがぬ決意。この態度は，実現可能な目標，コスト，および成功への戦略を定めるための注意深い計画策定のプロセスによって支持されていなければならない。
③土地所有者，特に農作業者の意思決定環境に影響を与える主要な機関とグループ(主には政府と個人)の間の協力。
④情報と教育のプログラム。このプログラムは土地所有者の興味をとらえ，プログラム参加者にとっても好ましい農作業を改善する内容を含むべきである。長い目で見れば，プログラムに必要不可欠とされる農作業も

農家に対しプラスになるものでなければならない。そして究極的には，自然資源全般へと関心が向けられなければならず，土地に対する倫理が構築されなければならない。
⑤対象とする種の生態学的，行動学的な面，および管理プログラムが動植物群衆に与える影響の徹底した理解。
⑥対象とする野生動物について，これまで成功してきた生息地開発プログラム。そのプログラムには適正な植物とカバー構成を確立し，適正な自然地理学的地域でそれらを維持することが含まれる。
⑦気象，化学・生物学的要因，農業政策とプログラム，そして個々の土地所有者による土地利用等の変わりやすい物質的環境を十分緩衝できる時間と空間スケール。
⑧変化し続ける環境に対し，プログラムを対応させられるような，プログラムと同時進行の評価と改善の仕組み。

生息地プログラムを計画する際の第一段階は，対象種を選び，生息地の適正な操作方法を選択し，管理を実際に行うことによって（正または負の）影響を受けると予想される動植物をリストアップすることである。この段階では，対象となる自然地理学的地域に固有の動植物種の理解が必要である。それらの動植物の現状に関する情報は，管理計画を策定する際に非常に重要となる。

群集によるアプローチ

Pittman-Robertson基金が最初に狩猟獣の調査と管理に使われたため，農地で野生動物の生息地を拡大しようとする試みは，初めのうち，主に狩猟動物が対象であった。農地に生息するほとんど全ての狩猟対象種が，その地域で定着できるかどうかは，エッジとその移行帯が作り出すカバータイプの多様性に大きく依存する（Leopold 1933, Roseberry & Klimstra 1984）。しかし，農業が優先し，なおかつ生息地が広く，永続性が見られる地域は，現在ではあまり見られない。広大な地域が存在するところでは，管理者はエッジをあまり大きくしないように注意を払うべきである。なぜなら，エッジを増やすことは，捕食者や託卵性の鳥類がカバーへ進入することを容易にするからである（Brittingham & Temple 1983, Noss 1983, Westemeier 1988）。

野生動物の生物学者は，生息地の開発に対して最初の時点では，群集によるアプローチを考えるべきである。群集によるアプローチとは，地域レベルで野生動物の種数と相対的な個体数に対して管理が及ぼす潜在的な影響を評価する管理方法である（Noss 1983, Risser et al. 1984, Klopatek & Kitchings 1985）。群集によるアプローチでは，特定の地域において，一つまたは数種の動物に対象を限定することもある。またこのアプローチは，大きい空間スケールにおける野生動物の個体数と，多様性に及ぼす管理の影響が考慮されるということを保証する。このことから，狩猟対象種の管理のために，カバーとエッジの多様性を最大化し，一方，同時に希少および絶滅危惧種の生息に欠かせない内的生息環境の分断化を最小限にするという表面上は矛盾したアプローチが実現可能である（Noss 1983）。比較的普通に見られる種，例えば高地の狩猟獣に焦点を当てた管理プログラムでは，希少種，危急種，絶滅危惧種の主要な生息地を改変しないよう気をつけるべきである。それゆえ，広い範囲で自然が残されている地域，現存のものをより良くしたり保存できる地域，自生の植物-動物群集，そしてそれらのうち，特に内的生息地が必要である種に優先権が与えられるべきである（Forman & Godron 1981, Brittingham & Temple 1983, Blake & Karr 1987, Dickman 1987, Stamps et al. 1987）。

生息地の管理計画を立てるためには，自然地理学的特徴を評価するための特定の地域を選定し，その場所を詳しく調べなければならない（Jones 1986）。これは経験を積んだ生物学者によって非公式に行われることが多いが，その過程を再検討することは重要である。その地域を特徴付ける自然特性は何なのか。開拓地より優先されるべき自然植生は何なのか（プレーリーなのかサバンナなのか森林なのか）。野生動物の群集によって定義される重要な生息地特性は何なのか？その中に森林，湿地，河川コリドー，集約的農業が行われている穀物栽培地，家畜の放牧地などは含まれるのか？自然植生または他の重要でなおかつ半永久的な植生（川沿いの樹木のような）がパッチとして残されているか？一般的にこれらの特性は，地域に固有の植物相を規定する要因であり，生息地管理のための戦略を立てる際に重要な情報となる。

実際には，私有農地の，ある特定の場所について，管理に関する優先順位を明確にすることはそれほど困難ではない（Office of Technology Assessment 1985）。そのための第一のステップは，永続性および様々な種に利益を与えうる潜在能力によって各場所をクラス分けすることである（Anderson & Ohmart 1986）。表26-1は種の豊富さと数量から見た管理の地域規模を示しており，農地においてカバータイプを管理するための優先順位を明確に示してい

表26-1 集約的な農地利用が行われているランドスケープにおいて，半永久的なカバータイプを作り出すための地域レベルにおける生息地管理戦略の優先順位[a]

介入[b]	カバータイプ			
	植林地	永久草地	半永久草地	線状の回廊
土地サイズと内的生息地の最大化：エッジ比	高	高	中	低
植生遷移の制御	低	高	低	中
類似した生息地との連結の最大化	高	高	中	低
自生植物種の使用	高	高	低	中
自生野生動物群集の尊重。希少種，危急種，絶滅危惧動植物種への適応	高	高	中	中
狩猟対象種と多様なカバータイプとエコトーンから利益を得る種の尊重	低	中	低	高

[a] 永久草地は永久放牧地と(広大な)残存するプレーリー草床を含む。半永久草地は輪作における飼葉用のイネ科草本とマメ科植物，そして一般に3～5年は維持される他の草床を含む。回廊と線状のハビタットは一般に50 m幅以下の草地性，低木性，高木性のカバーを含む

[b] Graber & Graber 1984, MacClintock et al. 1977, Wegner & Merriam 1979, Samson 1980, Forman & Godron 1981, Whitcomb et al. 1981, Yahner 1981, Forman & Baudry 1984, Harris 1984, Forman & Godron 1986, O'Conner & Shrubb 1986, Warner & Joselyn 1986, Baltensperger 1987, Krummel et al. 1987, そしてSwanson et al. 1988を参照

る。コリドー，農地近くの小規模な植林地，半永久的草地のような場所は，面積が小さいか，または線的なカバーであるため，一般に陸棲の狩猟獣のようなエッジ適応種を増加させるには適当な環境である。地域的な生息地戦略(表26-1)は，重要な土地形態と自然域をつなぐコリドーの開発を可能にするものであるべきである。加えて，コリドーの物理的特徴とその管理方法は，局所的または地域的規模で野生動物の繁殖と生存に影響すると考えられる。

河川と小川のコリドー，それらの河辺植生，そしてそれら河川の水質は特別な配慮に値する。高地の侵食の制御に加え，水路近く，および水路内を含む陸上水の作用域を重要視すべきである(Karr & Sehlosser 1978)。河辺林や湿地などの河辺植生が持つ緩衝作用は，不特定の農耕地からもたらされる汚染を軽減するために優れた効果を発揮する(Harris 1985)。さらに，拡張された河辺のグリーンベルトは，四季を通じて野生動物のカバーを供給するという効果も持つ。

将来的な生物保全戦略では，特に内的生息地を必要とするような希少でありなおかつ絶滅が危惧される動植物のための自然(農耕，牧畜が行われていない)土地形態と生息環境の管理に重点が置かれるだろうが，そのような努力に対して大きくは貢献しないであろう。なぜなら，それらの土地の多くはほとんどがエッジであるためである。例えば，イリノイ州における1089の"自然地域"のうち75%は30 ha以下であり，多くの場合，多様な植物が生育するいくつかのより小さな地域が寄り集まってできている。狩猟獣や他のエッジ適応種は，そのような小さな自然地域から恩恵を受けていることが多い。それでもなお，健全な生物層の保存，または強化に貢献する土地の特性に対し注意が向けられるべきである。

農耕地における適正な生息地管理の目的は，野生動物に対し，四季を通じて各植生パッチの価値を最大化することである。河辺の植生，植林地，湿地，天然水路の土手，そしてそれら以外の永続性のある植生は，農業ランドスケープにおける野生動物の多様性を維持するための生息地パッチとなっている。永続性のあるこれらの「自然な」パッチを補足するものとして，防風林，生け垣の低木列，草本と木本の生け垣，そして道路端なども挙げられる。農家によっては，野生動物のために耕地の管理してもよいと考えており，その資源も持ち合わせているが，今日の経済の状況下では，野生動物に対して生産的な耕地を提供することに何の見返りもなく満足する農家は少ない。

時間と空間のスケール

野生動物に関係する機関は，多くの場合，パッチまたは畑規模で生息地を開発する(Burgess & Sharpe 1981, Noss 1983)。例えば農地スケールで見られる相互作用(Warner & Etter 1985)のように，このような場所は，近隣のカバータイプで生じている生態学的な現象によって既に影響を受けている。同様に，地域的な現象は，農地と畑地における野生動物の反応へも影響する(Gordon & Forman 1983)。生息地への介入によって局所的な状況がどの程度変化したかにかかわらず，野生動物の反応は大抵，より大きな(地域的な：regional)スケールの生息地の状態に

表 26-2 農耕地利用を適正化した場合に秋期の定住型陸棲野生動物種の相対的な豊富さに影響を与える可能性[a]

空間スケール	対象種に与える影響	生息地の改善に影響する要因	
		農業[b]	生息地プログラム[c]
畑/農地	特定の場所への誘因	非常に高い	高い
タウンシップ	局所的な個体数の明らかな増加	非常に高い	中間
複数のタウンシップ/カウンティー	局所的または地域的な個体数の明らかなまたは劇的な増加	非常に高い	低い

[a] 例えばコウライキジに関する空間スケールについてはWarner (1988)を参照
[b] ある地域においてほとんどの農家に共通の農耕地利用様式の適正化
[c] 野生動物機関によって推奨されたこれまでの農耕地利用において一般的ではない野生動物の生息地に対する施策

影響される。ここでは地域(region)を，自然地理学的要因，および土地利用が類似したタウンシップまたはカウンティーがいくつか連続したものであると考える(Crowley 1978, Risser et al. 1984)。定住性の陸棲野生動物に関する空間スケールの重要性に関する例は，表26-2に概説した。

広汎的 対 集約的プログラム

野生動物のために，農地生息地を拡大するためのほとんどのプログラムは，広汎的(diffuse)かまたは集約的(intensive)なものに分類できるが，それらは対象種に利益を与えるために必要な努力量と管理機関が利用できる資源によって分けられる。広汎的プログラムは，管理された場所を野生動物にとって魅力的にするために行われる，最終的な達成目標値を設定しない導入制度である。そのため，農地をまたぐ規模で対象種の繁殖力や生存率を高めたりする必要は必ずしもない。さらに，広汎的プログラムでは，啓蒙活動と積極的な勧誘によって土地所有者の参加をできるだけ増やす試みはほとんどない。例えばキジやウズラの保全に関心を持つようなボランティアグループ(Pheasants Forever や Quail Unlimited など)が，より集約的な努力の場合と同様に，広汎的プログラムを実行する際にも重要な役割を果たすことができる(Wooley et al. 1988)。

集約的プログラムでは，対象となる地域の農家を多く巻き込んでいくために，啓蒙活動と絶え間ない参加促進活動を必要とする。集約的な生息地介入の目標は，数年間で地域的なレベルで対象種の繁殖率と生存率を改善することである。対象種のこれらの人口統計学的な数字を高めるために必要な資源は低く見積もられることが多く，生息地プログラムに対する野生動物の反応が明確になるには，さらに多くの年数がかかるかもしれない(Schwartz & Whitson 1978)。例えば，これまでに成功した集約的なキジの管理プログラムは，タウンシップかそれ以上の大きさで行われ，5年から10年間の歳月を必要とした(Warner 1988)。

実証地域と試験的プログラム

ほとんどの研究が，農家が商業的農業を採用するよう指導するようなものである中で，農村社会学者は，農業従事者が新しい試みをどのように評価しているのかということについて報告してきた(Fliegel 1956, Rogers & Shoemaker 1971, Pampel & van Es 1977)。農業従事者が，革新的な試みを受け入れたり，拒絶したりする過程には一般的に，自覚，興味，挑戦，そして評価などの段階がある。農家は，現在と比較した場合の利点，現在用いている手法との互換性，新しい試みを理解し実践する際の困難さ，そして経済的または社会的リスクを伴わずに試してみる機会，などを基準にすると思われる(Warner 1983)。結局，新しい制度の結果が，どの程度実際に観察できるか，ということが重要になる。商業的農業において新しい試みを採用した場合，比較的早く，そして大抵以前よりも経済的利点が含まれる形で影響が現れる。しかし，動植物は新しい保全策に反応するには数年が必要かも知れず，直接的な経済的な見返りは必ずしもすぐに現れるものではないことが予想される。そのため野生動物学者は，野生動物にも有益な農業を採用する長期的な価値が理解できるように，農家と土地所有者を援助する準備をしなければならない。

生息地プログラムのための実証地域を確保することは，プログラムへの参加を促すための確実な方法である。実証地域は，生息地プログラムが内含するもの，たとえば植生の確立と維持，プログラムと現在の農作業の調整と統合，そして予想される野生動物の反応などを土地所有者が理解するために大いに役立つ。また実証地域は参加者が実質的なリスクまたは不確実性を被る場合に，特に重要である(例えば，時間または金がかかったり，倫理的または社会的価値の軋轢があったり，農業コミュニティーにおいてなじみのない作業がプログラムに含まれていたとき)。例えば自生の

イネ科草本の再導入に関する実証地域が中西部で作られつつあるが，その成功には，農家が自生植物の育成と維持に必要な時間と世話について余りよく知らないということを野生動物機関が学んだことが大きく貢献している(George et al. 1979, Dumke et al. 1981)。

実演と「野外演習日」は農業コミュニティーでは普通に見られる活動であり，共同農事局(Cooperative Extension Service)，土壌および水界保全局(Soil and Water Conservation Districts)，そして多くのアグリビジネスによって定期的に行われている。これらの組織と連携したり，「視察」を計画したり，プログラムの説明に少しの時間を割いたりするれば，有益なアイデアの「所有権」をいくつかあきらめることになるかもしれないが，逆に信頼性の増加，サポートのための貴重な情報，そしてよりすぐれた生息地管理につながるとも考えられる。

プログラムの発展段階では，野生動物に対する潜在的な利益と土地所有者がプログラムを受け入れる可能性は不透明である。試験的なプロジェクトによって，小さなスケールで実験を試みるのも良い考えである。さらにそのようなプロジェクトによってカバーの管理方法を開発したり，人材と物財の必要性を明確にしたり，野生動物による反応を調査したりすることができる。言い換えれば成功した試験的なプロジェクトは実証地域に適しているということである。

❏大規模生息地プログラムの実行

試験的なプロジェクトか実証地域に対するアプローチかに関係なく，広範囲での実行は以下の条件が揃うまで始めるべきではない。①適正な植生とカバーの確立と維持の方法が実証され，②野生動物に対する利益が詳細に調査され，③対象グループ内のプログラム促進に対する堅固な基盤が確保され，④十分な資源が利用可能である。そのため，実行の段階では以下の項目について考慮するべきである。

顧問グループの設置

顧問グループの設置は，農業コミュニティーに変化を及ぼすための重要な手段であり(Phipps 1972)，コミュニティー内でプログラムを正当化する際に重要な役割を果たす。構成員は，対象とするグループを代表できる人を選ぶべきで，コミュニティーの指導者，農作業者と土地利用に影響力を持つ公的機関からの人員｛例えば，土壌保全局(Soil Conservation Service)，州の農務部(State Department of Agriculture)，農業安定および保全局(Agricultural Stabilization and Conservation Service)，協同組合(Cooperative Extention)｝，そして営農組織とスポーツおよび狩猟グループのような民間団体などから選ぶべきである。

顧問グループは動的な集合体として考えるべきで，ただしその構成員はプログラムの期間中，不測の問題が起きた場合は変える必要がある。顧問グループは生息地プログラムを実行するための計画を公開するべきである。この計画はプログラムの教義を明記し，野生動物に対する利益について説明するものでなければならない。それはまた，進行中の取り組みの試行や実演，最初の生息地改善を行う候補地，タイムテーブル，そして費用に関する内容を含むべきである。顧問グループは，いつ，どのように，どこでプログラムが実行されるのが適当かということに関して，変更を提案する際に積極的な役割を担う必要がある。最後に，顧問グループはプログラムを評価，修正し，プロジェクトに十分な資源が割り当てられるように積極的な役割を担うべきである。

土地所有者の参加の確保

最新の技術と情報に基づいた生態学的に健全な生息地管理であっても，土地利用者のさまざまな要求と合致しないならば失敗するであろう。そのため，生物学者と土地所有者の間の有効な関係が築けるかどうかがプログラムの成功に大きく，そして直接に影響する。コミュニケーション，マーケティング，そしてセールスマンシップは成功のために重要であり，それらは野生動物管理の知識，アグリビジネスや農家を取り巻く複雑な環境を農家に対し具体的に説明し理解させる技術的ノウハウなどに支えられていなければならない。

健全な理想と高貴な目的だけでは，私的所有地に影響を与えることはできない。生物学者は，私的土地所有者が個人的な負担で公益のために彼らの土地を進んで管理するということを単純に仮定してはいけない。実際，野生動物の専門家のもっとも大きな失敗の一つは，調査で発見したことや管理の実践を，社会的，経済的利益に還元するための能力を持たなかったことである(Miranowski & Bender 1982, Langner 1985, Gilbert & Dodds 1987)。生物学者がマーケティングの技術を身につける機会はほとんどないが，セールスマンシップに関する短期で効果的なコースを設けたとしたら，プログラムの成功と資金の節約に大きく貢献するであろう。

管理を行う機関の目標ではなく，土地所有者の管理目標は，いったん決まってしまえば長期間適用され維持されるものであろう。それゆえ生物学者は，農業従事者が彼ら自身の土地で成し遂げたいと思っていることを見つけ出し，理解しなければならない(Henderson 1984)。さらに，生物学者は，地域特有のランドスケープが与えてくれる，土壌，水そして植物と動物の群集についての知識が，管理を通して土地所有者の利益へと還元されるということを農家が理解できるように手助けするべきである。

特に重要なことは，生息地管理に関連する新しい仕事を行うために必要な時間を農業従事者が理解することである。農場管理方針の決定を行う際に，作業者の自由を制限する時間的制約のほかの要因には，①土地所有者，貸し付け機関，そして農業プログラムに対する農業従事者の義務，②土壌保全，財政管理，マーケティング，そして林業に関するほかの「農地管理」の厳守，そして③農家が被る社会的，経済的責任，などがある。よい計画とは，それらの問題をあらかじめ認識し，解決するように試みるものである。野生動物管理者は，また，作物の輪作，家畜管理，そして農業器具のような直接関係のある農業問題に対する理解も示さなければならない。

土地利用者の目的が明確に認識されたとき，生物学者は生息地管理の代案を提示する準備をする必要がある。二つまたはそれ以上の代案を用意するべきで，対象種から予想される反応と同時に，費用と必要とされる労働に関する見積もりを含むべきである。代案があることによって，土地所有者と生物学者間の交渉は容易になる。有能なセールスマンのように，生物学者は土地所有者への利益を解説し，彼らの決定を尊重して結論を得るべきである。決定は，全て文章によって保存するべきで，すべての仕事に対して日時を記入しなければならない。例えば，もし土地所有者が次の春に500の苗木を植え付けることに同意したとすれば，彼は苗木が何月何日に来て，それらでどのようなことをするのかということを事前に十分理解していなければならない。

追跡調査は，土地所有者と生物学者の関係の重要な一面であり，様々な予期せぬ出来事について判断し，修正するための機会を生物学者に与えてくれる。また，追跡調査は，農地を取り巻く状況が変化した場合，計画を再評価し，その進行を容易にする。プログラムの参加者と緊密な連携を維持することも，他の農地に生息地プログラムを広げる機会を生み出す。農家の最大の関心事に対し，専門的な計画が準備されているなら，また，追跡調査によって予測できなかった問題にも対応できるなら，農業コミュニティーにおいて野生動物生物学者による援助に対する要求が大きくなると断言できる。

完成した計画書も，仕様が十分練られたものであるべきで，線引き，写真，洗練された本文，そして魅力的な表紙，などに気を配る必要がある。また，もし農業従事者との接触が簡単な視察だけで，その後すぐに「計画」が作られるならば(生物学者の計画にありがちで，農家の計画ではそのようなことはない)，生息地管理はほとんど上手くいかず，管理に対する要求はほとんど生まれないであろう。

対象地域の選定

最初の仕事に選ぶ地域は，結果を示すために十分大きくとるべきであるが，計画した生息地開発が比較的早く完了するようにできるだけ小さくなければならない。初めに述べたように，生息地への介入に関係する地域的な状況を十分考慮して場所を選定するべきである。最初の地域が，実証および規模拡大のための基盤として機能するかどうかは，プログラムが，生態学的，社会学的，経済学的要因を含んで，より複雑にそしてより高価になればなるほど，より深く考えるべきである。地理情報システム(GIS)は，重要な地域の土地利用パターン，連結されたコリドー，人の人口統計学，そして気候要因などを含むさまざまな要因の重ね合わせに基づき，対象地域の選考に用いることのできる将来的に有効な技術である(Iverson et al. 1989, Sidle & Ziewite 1990)。

物資と情報の収集

魅力的で説得力のある計画を立てるために必要な情報は，様々なところから，様々な形で得られる。

情報源

政府機関は生息地開発プロジェクトのための資材と技術的アドバイスの主要な出どころである。さまざまな機関から入手できる情報の一部を表26-3に示した。地図情報は，生息地プログラムには欠かすことができない(Kerr 1986)。地図は，土地所有形態と所有権，地理そして土壌についての情報を提供してくれる。アメリカ地質調査所(U. S. Geological Servey)で入手できる陸地区画地図には，地形，水面，支流，道路網，空港，市役所，居住区，他の開発された土地等の情報が示されている。農業安定保全局(ASCS)事務所に保管されている航空写真(白黒プリントおよびカラースライド)は，植生と生息地開発を地図化するために有用である。地図の利用と生息地の記録のためのリ

表 26-3 生息地開発プログラム作成時に野生動物機関が情報と補助を得られる政府機関

機関	事務所の組織	利用可能な資源
アメリカ商務省	地域/国	人口統計学的データ；カウンティーレベルの農業統計
アメリカ農務省		
農業保全および安定化推進事務所	カウンティー/州	耕地所有/農家記録；毎年の農地プログラムに従ったモニタリングのための航空写真
土壌保全局	カウンティー/州	土壌，植物材料，そして土質と水質プログラムに関する技術情報；技術的アドバイス
各州農務部	州	地域の農場統計；農家が利用できる自然資源と他の農地プログラムのガイドライン
アメリカ地質調査所	州/地域/国	地形図；地域の地質と地形
大学農事調査事務所	カウンティー/地域/州	植物の定着と適正な農作業の技術的アドバイス
全国海洋および大気管理機関	国	気候データとその要約
計画委員会	カウンティーまたはそれ以下	地域分けと土地利用のコード；開発計画；地域地図

モートセンシングに関するより詳しい情報は第21章に示したのでそちらを参照していただきたい。

土地測量図本(plat books)には，土地境界と所有権が示されており，地方政府の管轄下である行政区も示されている。土地測量図本は図書館とほとんどの政府の事務所，郡庁，農事調査機関の事務所，そして農業コミュニティーと関係を持つ政府の地方出張所で閲覧できる。土地所有権の図面を作ることに加え，ASCS事務所は，各土地単位の農業従事者と所有者を識別できる調査記録を維持管理している。そのような住所氏名録の公開は近年では時々は行われ，また，いくつかの地域で私的企業が，ごく限られた地域の居住者の住所氏名録も出版している場合がある。地方農事調査機関とASCS事務所や地方銀行はそのような住所氏名録があるかどうか知っている。

対象となる郡に関する土地利用の歴史的な傾向を分析することによって，生物学者は，将来の農業政策プログラムをある程度は予想できる。アメリカ商務省は農業センサス(Agricultural Census)を10年ごとに行い，1850年にさかのぼり郡単位の農地利用に関するデータを提供している。最近の10年間，土地利用に関する年統計が，各州においてアメリカ農務省によって郡またはタウンシップレベルで報告されている。これらのレポートには農地の数と規模，穀物の植え付けと家畜生産に関する統計が示されている。

備 品

非常に長期間の生息地プロジェクトでは，備品の購入が必要である。備品の購入では，たいてい一つかまたはそれ以上の政府機関によって定められたガイドラインが必要である。管理生物学者は適当な機械装置の有用性とコストを提示する準備をすべきであり，備品購入時の入札と契約に最もよい条件が揃うように，前もって定められた手順に従って準備するべきである。購入には少なくとも1年以上はかかる。短期で小規模の管理プログラムでは，借用または賃貸することによって装備の購入が必要でなくなるかもしれない。

タイムテーブルと費用の推定

現実的な予定を立てることが生息地プログラムの成功にとって肝要であり，顧問グループの形成，スタッフの雇用，仕事の割り当て，機械装置の購入などについて締切期限を設定するべきである。どのくらい時間がかかるか分からない場合，小規模の試験的プロジェクトから，生息地の介入を行う際にかかる時間を理論的に計算することができる。さらに，小規模で活動を始めたばかりのプロジェクトに，他のプログラムから人材や装置を借りることが可能な場合は多い。ほとんどの生息地プロジェクトは予期できない遅れに遭遇する。予定に間に合わないときには，信頼性が損なわれるので，あらかじめ予定表を用意して，予想される時間的な遅れを事前に予期しておいた方がよい。

備品の費用に加え，操作，維持，そして機械の交換についても見積もりを出さなければならない。植生に関するコストには，種子または苗床の予備が含まれ(実生が生き残れない場合，25％以上の置き換えを考える)，燃料，肥料，そして農薬のようなその他の必要不可欠なものも当然入れるべきである。植生を維持するために必要な費用は(例えば林分の生育力の維持，または施肥，草刈り，放牧，再播種による遷移の操作)，生息地プログラム内でまかなうべきである。

生息地プログラムのにかかわる人員の多くは，野生動物機関の現地事務所とスタッフから調達されるので，正確な会計報告が役立つことが多い。簿記が不十分であれば，農地における生息地プログラムの費用とその見返りを正確に

計算することは不可能である。試験的な取り組みに関する全費用を明示する記録がないため、より大きなプログラムを実行するための必要資源は低く見積もられることが多い。人件費も評価プログラムに前もって組み込まれるべきである。評価のための費用は、有意義な費用である。

生息地の確立と植生の維持

生息地管理計画を実行するために、数多くの「実地の」活動が必要である。種および若木の植え付け、または望んだ状態にするために、現存する植生を操作することなどがよく行われる。この項目については、わずかな原則しかない。

可能な限り地域的な気候、土壌そしてその場所の状況に合うように選ばれた自生の植物材料を用いるべきである。種子と実生は植え付けを行う場所の気候条件とよく似た場所から採集するべきである。例えば、スイッチグラス(switchgrass、イネ科キビ属の植物)は、高草プレーリーの構成要素であるが、土壌水分に対する許容量が異なる高地と低地の二つの生態型が見られる。自生の種子を地域的に集めることを好む生物学者もいるが、この方法は、大きな規模では実際的ではない。すべての貯蔵種子について発芽試験を行うべきである。

土壌組織、有機物含有量、水分維持容量、地下水面の深さ、水はけのランクと浸透率、過去の侵食の程度、肥沃度、そしてphなどの重要な変数を特定するために、土壌保全局の技術者の意見を入れ、土壌の状態を評価すべきである。土壌検査は、それらの情報が欠けている場所で行うべきである。土壌特性と植物種(または品種)の適正な組み合わせは、経済的に効率的であることが証明されており、病気やストレスによる若木の損失を減らすことができる。加えて、土壌と植物をうまく組み合わせることにより、その他の組み合わせよりも浸食作用を弱めることができるため、維持管理の必要が少ない永続性のある場所にできるであろう。

苗床の準備に関する情報は十分にあり、さまざまな種の適正な植付け時期に関する情報は種子商人から得ることができる。実生が乾燥しきらないように、そしてそれらが土壌から栄養分と水分を得ることができるように、種子と土壌の十分な接触が保たれていなければならない。

表層の土壌の保護に加えて、新しく種を蒔くために侵食を防げれば、再び植林する際の費用とその労力が節約できる。すべての耕耘作業は等高線に沿って行うべきであり、耕耘を行わない方法が可能ならば、その方法を用いるべきである。毎回種蒔きが必要な保護作物(オーツ、小麦、ライ麦)の種まきは、同じ手順で行われる。小型の穀物は、薹(とう)になった後に輪転機で刈り取ることができるが、この作業を種子が成熟する前に行えば、競合を減らし、それらの再成長を防ぐことができる。農家が試すことができるもう一つの方法は、畑に傾斜している部分を作り、そこに水が集中して流れるようにする方法である。侵食の程度が大きい場所では、蒔く種を2倍にすると良い。斜面に藁を撒き、2.2 t/haぐらいの根囲いをする必要もある。藁を使ったマルチは雨滴が土壌に落ちる前にその運動エネルギーを吸収し、さらに乾燥から幼木を守る役目を果たしてくれる。

種子の植え付けの際と同様の原理が、成木と低木の実生の植え付けに適用できる。植え付け機により地面を掘り返さずに作られた穴や溝に、実生の根が合うかどうかは、束ねられている実生をほどいた時に調べるべきである。もし必要ならば、根は鉈で束に刈り込むことができる。落葉樹の実生の上部⅓も同様に取り除くべきである。上部を取り除くことにより蒸散率を低くし乾燥化を防ぐことができ、取り除かれた部分は根づいた後に再び成長し、生存率は以前よりよくなるだろう。空気の間隙をなくすために、根の回りの土壌を固くしたり、植林機で作った溝を完全に閉じるための保守作業も必要である。木片、地面に落ちたトウモロコシの穂軸、または砂利を用いた実生基部の根囲いは役に立つが、根囲いは大規模な植林の場合、実行不可能である。小規模で労働集約型のプロジェクトには、新聞紙、プラスチックシート、厚紙板(ピザ用)などが代用品として適している。このような材料を適当な大きさに切り、実生の回りに置いて、シャベル1杯の土で軽く覆う。このマルチは、実生の回りの雑草の成長を遅らせ、実生が確立するまでの間、貴重な水分を保持してくれる。

植物群集は、構造の複雑さと植物の構成の点で、各遷移段階で動的である。種毎の目的に合わせて生態学的遷移を制御することが必要になることがある。火入れと放牧により二次的な植物遷移を遅らせ草本の成長を刺激することができる。このような計画された生息地の攪乱は、温暖な季節に成長するイネ科草本とプレーリーの広葉草本の管理に広く用いられる。侵入してきた低木や冷温な季節におけるイネ科草本の成長を押さえるためには、春先にそれらが生育する林分に火入れするとよい。早春の火入れは、広葉草本にとって好ましく、晩春の火入れは自生のイネ科草本に好ましい。マツの林分に火入れすれば(特に南部において)、下層植生を取り払いの手間を省き、キタコリンウズラやオジロジカの重要な餌食物の成長を促すのに効果的である。天候と燃料の使用量が関係するので、火入れは簡単には制御できない。火の制御は非常に難しく、火入れには、完璧な

計画，経験豊富な人員，そして地域的な規制に準拠することが必要である。

イネ科草本が定着した林分を2～3年以上野生動物にとって最適な状態にしたいのなら，毎年維持管理が必要であり，それが窒素固定を行うマメ科植物の場合ならなおさらである。営巣期の終わり（8月はじめ）にアルファルファを刈り取れば，二次的遷移を制御でき，土壌表面の落葉落枝の蓄積に役立つ。落葉落枝の分解により土壌にリンとカルシウムが供給される。晩夏ではイネ科草本に比べアルファルファがより活力的であるため，冬の休眠期前に根への栄養分の蓄積が進められる。

農家は自ら植えたもの以外はなんでも雑草と見なすことが多い。しかしこれらの植生は，野生動物にとって重要であるため，計画が進む中で土地所有者に対しその価値を注意深く説明しなければならない。やぶと樹木の維持についても考えなければならない。生け垣を構成する低木列に沿って，根の刈り込み機の利用，大枝の定期的な刈り込み（「薪」のため），イネ科草本を育てるために晩夏に1度だけ刈り取る5m幅の細長い土地で種まきすることなどにより，少ない維持管理労力で魅力的な野生動物のカバーを供給することができる（Baltensperger 1987）。

❏ プログラムの評価と改善

もし可能ならば，プログラムの成功と失敗を記録として文章に残し，費用効果を評価し，プログラムの修正が適切であったかどうか考察することを勧める。評価には以下のことを含むべきである。①予定表，費用，そして目的に対する各機関の態度，②目標とした植生の構成と構造を確立，維持の成功割合，③土地所有者の参加（意見，態度，知識，そして保全に対する態度の評価を含む），④キー種（key species）による管理への反応。コストと利益について十分な調査がなされ，その評価を厳密に行った農地の生息地プログラムはおそらく少なく，出版された報告書はほとんど入手できない。

植物のモニタリング

植物によるモニタリングがどの程度必要かは，植栽方法がどの程度信頼できるものかによって決まる。土地所有者によって植栽，維持された植生は，植栽の方法が確かなもので広く知られたものであっても，野生動物機関の職員がその仕事を行った場合よりもより変化に富んだものとなる。植物のモニタリングでは，対象地からランダムに選んだ場所の視察を必ず行うべきである。目標とする植生を確立する場合，短期および長期的な視点でその成否を評価すべきである。このような方法の代わりに，特定の植生に精通している土地所有者にアンケートを行い，その評価を行うという方法もある。

土地所有者が参加するモニタリング

土地所有者が参加するモニタリングは，いくつかの方法で評価できる。意見調査はプログラムの開始以前に行うことができる。プログラムが始まってから行う調査により，そのプログラムへの参加の効果を態度や知識という点から立証できる。著名な協力者による特別な評価は，土地所有者に対して野生動物プログラムの可視性や重要性を増す効果がある。理想的には，農村社会学者または教育の専門家が，プログラムの開発と評価に参加するべきである（Dumke et al. 1981）。

野生動物の反応のモニタリング

生息地プログラムに対する対象種の反応の評価は，直接または間接的方法で行われるが，種と生息地の反応がどの程度知られているかに多少なりとも影響される（Fagen 1988）。直接的な評価には，野生動物の相対的な豊富さと動向を見定めるための一般的なセンサス法が最低限含まれる（Eng 1986）。人口統計学的反応の評価など，さらに多くの評価を行うには，ラジオテレメトリー調査のような調査活動を必要とするかもしれない。間接的な生息地プログラムの評価方法は，利用しやすくそして比較的安価であることから野生動物機関に広く用いられている。推量評価にもっとも広く用いられている方法は，生息地の質の変化が計算によって測定できるような生息地指標を用いるものである（Verner et al. 1986）。しかし，生息地指標を推定し算出することは，管理に対する対象種の反応を推定することと同じではない（ONeil & Carey 1986）。生息地モデルは第23章で扱っている。

野生動物と生息地の相互関係の評価

生息地計画の実行に対する対象種の反応が成功の真の物指しになると考えるなら，これまで計画の実行期間内に農地の生息地プログラムが正しく評価されたことはほとんどない。統計学的な計画に関する有効性の概念に従うならば，欠点のある評価は誤差のタイプによって類型化できる。例えば実効性のない方法では，実際にその反応が否定的，無関心，存在しないといった場合でも，生息地への介入に対

表 26-4 集約的に農業が行われている地域における陸棲野生動物を対象とした計画立案および生息地計画の影響評価の際に発生する誤差の原因

動物の反応	検出された反応	誤差の原因	生物学的な説明
ある	ない	評価期間が短すぎる	遅延効果
			植生の発達
			人口統計学的反応
ある/ない	ある/ない	測定技術	動物の反応の可変性,不適切なセンサス手法
ある	ない	限られた空間スケール	分散

する対象種の反応が肯定的であったという誤った結論を導くことになる(表26-4)。他の共通の誤差としては,適正でない評価期間(一般には短すぎる),個体群の反応の評価に関する実効性のない測定方法,限られた空間スケールで行われる管理または評価などがある。そのような場合,じっくり吟味しなければ分からない生物学的現象は測定されないままであり,生息地への介入の成功を制限する要因のいくつかも評価の失敗につながる(表26-4)。

❏野生動物と農業プログラムの統合

農家の生活様式は自然との相互関係が深く,多くの農家はその生活を続けたいがために農業を営んでいる。農業生産者は一般的に彼らの農地環境,土壌の生産能力やそれらに依存する生物に関心がある。彼らは最終的にいわゆる「土地(country)」をどれだけ自分の耕地に残すかということを決めることになる。レオポルド(Leopold, 1966:177-178)の言葉はいまだに本質を述べている。

> 耕地(land)と土地(country)はかなり混同されている。耕地はトウモロコシの溝と抵当が大きくなるところである。土地は耕地の性格を持ち,その土壌,生物,天候が集合的に調和したものである…貧しい耕地は豊かな土地かもしれないしその逆かもしれない。経済学者は,富を物質的な豊かさと取り違えている。土地の物質的な寄与は,はっきりとは分からないが豊かであり,その質は一目見ただけでは,またいつであってもはっきりとはわからないかもしれない…それ,つまり野生動物の存在は,豊かな土地と単なる耕地の違いをよくあらわしている。

野生動物と農業は共存できるが(Office of Technology Assessment 1985),潜在的な二次的収入源として以外は,野生動物が一連の農業生産過程の中で論じられることはほとんどない(例えば狩猟のための耕地の賃借)。しかし,野生動物管理と他の農地プログラムや政策を統合するために多くのチャンスがある。例えば土壌の保全は野生動物を考慮してもしなくても実施できる。土壌の保全を推進するための農場計画の小さな変更が,野生動物にとって実質的な利益を生み出すことができる。また,野生動物に対する配慮と他の農地管理計画を統合するために重要なことは,それを行うタイミングであり,実行の方向性を決定する以前に,意思決定者にそのタイミングに関する情報が入っていなければならない。

生息地プログラムと農業の統合はいくつかの意思決定段階を経るべきである(Jahn 1988)。地域的な耕地利用と生息地の状態は,あらゆる規模の生息地プログラムに影響するので,農家が農地プログラムのガイドラインに沿って質の良い生息地を供給できるように,可能ならば農地政策とプログラムに影響が及ぶことが望ましい。野生動物管理者は生態学の原理を理解することと同様に,アメリカ合衆国の農地計画と保全の目的を理解する必要がある。先に述べたように,そのような統合の過去の事例としては,野生動物と減反政策を整合させたというものがある。なぜならこれらのプログラムは毎年アメリカ合衆国の100万haの耕作地に影響するため,野生動物管理者は,野生動物に利益が及ぶように管理を促進しなければならないからである。

同様の管理目標は,5〜10年の間カバーとして成立してきた場所を農地に転換する計画を行う際に適用される(例えば,1980年代の終わりに立案されたConservation Reserve Program:CRP)。これらの継続期間が長い計画も,植林地を作ったり,自然植生へ戻すための小さな湿地を作ったりする機会を提供している。さらに,CRPでは,小川に沿った防風林と濾過路を作ることにより,土壌と水の保全目的と野生動物管理を統合するのに効果的な手段を提供している(Yahner 1981, Berthelsen et al, 1989)。

資源管理と政府諸機関の協力

多面的資源管理は,私有地における生息地プログラム内

に，広く帰される概念である。一つの問題点は，多面的資源管理が多くの分野にわたる専門知識を必要とする一方，利用できる資源は広大な公有地における管理プログラムの場合を除いて，しばしば足りないということである。政府諸機関の協力がない場合，野生動物管理，土壌侵食の制御，林地管理，商品市場などの各テーマに対しそれぞれに練られた計画に関して責任を持つさまざまな機関と接触しようとするのは，かなり粘り強い土地所有者だけである。一つのプログラムを発見するまでには数年以上かかる場合もあるかもしれない。このような状況を改善するあらゆる努力が国中でなされているが，現状では，多面的資源管理に関する手法について概説してあるマニュアル(Resource Planning Guidebook；U.S. Soil Conservation Service 1986)が1冊手に入るぐらいである。

　集約的に農地化されたランドスケープ内の資源の基礎となる土壌，水，そしてそれらにかかわる植物，動物の総合的管理の手法として資源計画の策定が推奨される。流域界は耕作できる範囲を分けるために用いることができ，そこに住んでいる土地所有者たちの顧問グループからの情報とともに，公的機関から派遣された学際的な専門家たちの助けを借りて，流域界に関する計画を準備することができる。野生動物の研究者が，ある種に関する生息地の状態を評価し，管理のための技術的なガイドラインを提供するように，他の専門家たちもそれぞれの分野の知識から情報を提供できる。技術的専門家は，個々に立てられた計画を総合的に評価することで，多様な資源を利用目的に合うように変更をすることができる。組織的な仕事を効率的に行うには地域における指導力が必要である。土壌および水界保全局(Soil and Water Conservation Districts)と農事評議会(Extension Councils)は地域レベルでのそのような努力を行うことができるグループの例である。

　野生動物の保護の手段と農地の耕作を統合するためのいくつかのチャンスが出始めている。例えば1985年の食料保障法(Food Security Act)と1990年の農業法(Agriculture Act)は，多大な土壌の侵食を起こしている土地の所有者と農業計画に対して以下のことを命じた。①1990年までに侵食程度を条件にあったレベルまで下げる計画に練り直す，②1990年の中頃までにその計画を効果的に実施すること。野生動物機関はこの計画に協力し，野生動物の生息地の向上にもなる土壌保全の実施を補助する，またとない機会を得た。

農地計画と奨励制度

　未利用の耕地を野生動物に対し最大の利益をもたらすように管理するには，奨励制度が効果的である(Burger 1978)。種子の支給などの適度な奨励制度は，集約的な管理介入の一部として，野生動物のための優良なカバーを確立するために役立つ。作物の相場が高く，農家が計画への参加に消極的な年には付加的な奨励制度が必要になるであろう。野生動物のために運用される土地に対する税金を減らすことも，また効果的な奨励制度の一つである。

　奨励制度のどの部分が生息地プログラムの成功に寄与しているのか，どのようにして奨励制度に土地所有者が気づくのかといったことは，奨励制度の促進活動が広い範囲で行われる前に注意深く考慮されるべきである。非常に多くの意見調査の結果が，土地所有者は商業的価値よりも野生動物の重要な生息地としての価値を重んじていることを示している。しかしその調査では，彼らは奨励金を受け取ってまで特定の管理を行う必要があるとは考えていないことも示している(Dumke et al. 1981)。さらに，生息地として重要な場所を所有する人は，彼らの土地に対するレクリエーション利用の要求が，責任や人の出入りを制限できないといった問題を引き起こすと感じたならば，野生動物のために生息地を提供したがらないと考えられる。金銭的な奨励策と土地賃借の合意は高くつくため，容易には進められず，持続することはさらに難しい。

農業技術

　農業技術は，農業収益をより多くし，耕地をより生産的にするためのものである。野生動物の研究者は，農業技術と生態環境の相互作用に注意しなければならない。持続的，更新的な農業に興味を持つことは的を得たことである。野生動物に対する新しい農業技術がもつ潜在能力は，レオポルド(Leopold 1966)の基準によって評価できる。すなわち，土壌の肥沃度は維持されているか，植物相と動物相の多様性は維持されているのか，といった基準である。

　モザイク状の農地において管理された土地では，農地の攪乱が確立された生息地に直接的に影響しないとしても，農作業自体も管理者が行うべきである(Brady 1985)。例えば，現在，農薬は広く使われている。また，第二次世界大戦以降，秋に耕耘が行われることが多くなり，秋から冬にかけて野生動物に対して好適な餌食物を提供いていた切り株の利用可能量が大幅に減少した。そして牧草やマメ科植物(草地性種の重要なカバー)の収穫も，より早い時期によ

り迅速に進められてきている(Warner & Etter 1989)。農業ランドスケープにおける将来的な生息地への介入，加えて鍵となる生息地の確立や保護は，農地や地域単位の攪乱の制御を含むべきである。すなわち統合のためには，果敢な挑戦が必要ということである。

このように，農耕目的の土地利用は，全ての空間的，時間的尺度で野生生物の生息地に影響を及ぼす。農地において長期間にわたり成功をおさめるような野生動物の生息地への介入は，農耕技術の普及と両立されていなければならない。一方，地主は，天然資源管理の理論に基づき，広範な対象と目標を受け入れなければならない。私有地で仕事を行う野生動物生物学者は，上に述べた二つの項目の状況の変化に対し常に注意を払わなければならない。

生息地を開発する最終的な利益は，他の目的(例えば，土壌浸食の制御)のために計画された様々な取り組みを，野生動物に生息地を供給するという目的に合うように調整することによって得られる。一般的に，土壌保全の効果が増すにつれ，陸棲野生動物の生息地の質もまた向上している(Miranowski & Bender 1982)。以下に示した作業は，野生動物のためだけに行う必要はないけれども，それが一つだけではなくいくつかの構成要素のうちの一つとして実行されるなら，相対的に生息地の価値をあげる効果は大きいかもしれない。この点を説明するような例が2,3見られる。

保全的な耕耘作業として，従来のように撥土板が付いた鋤を用いるものではなく，むしろ穀物の残り物(トウモロコシの茎，小麦の切り株)を少し，または全て，そのままにしておくという方法がある(図26-2)。地面に残された穀物の残物は，土壌浸食を減らし，幾分かの役立つ生息環境をも提供する。様々なタイプの中程度の耕耘では，植え付けを容易にするために残留物を細かく切ったり，裂いたりしており，また，土壌改良または農薬散布を行うために生息地の価値を下げてしまう。野生動物には農耕地に残留物が多いほどよい。イリノイ(Warburton & Klomstra 1984)，インディアナ(Castale 1985)，アイオワ(Basore et al. 1986)における最近の研究では，耕起しないトウモロコシやソラマメの畑では，従来の耕耘よりも繁殖期の鳥類の密度や多様性が高いということが指摘された(Rodger & Wooley 1983, Wooley et al. 1985, Best 1986, Duebbert & Kantrud 1987 も見よ)。

テラス(小段丘)は一般に土壌流失と水量を管理する働きを持つ。テラスとは，約60〜90cmの高さに地面を隆起させたもののことで，緩やかな角度で斜面を横切るように作られている(図26-3)。テラスを作ることによって，地表面を流れる雨水の速度は，侵食が起こらない程度まで落ちる。テラスには基礎が広くその上を耕作するものや基礎が狭く(4〜5m)草で覆われたもの，草で覆われた背傾斜面のものもある。基礎が広いテラスは野生動物に直接的な利益にならない。草地のテラスを作ると，少ないコストで耕地の植生タイプの多様性と混在性(interspersion)を高めるのに役立つ。このようなテラスは，多くの野生動物種にとって魅

図 26-2　大豆栽培の残留物の中に植えられたトウモロコシは，不耕起栽培されており，効果的に土壌侵食を制御できる保全的耕耘の一例である。営巣には危険な場所であるが(Best 1986)，その効果は将来的に重要になると考えられる。以前見られた農薬の散布方法は，後に現れた高吸収帯スプレーよりも「生息地」の攪乱を低く押さえる(写真提供：アメリカ土壌保全局)。

図 26-3　アイオワ西部で見られる水路内と池の周りのいくつかの植生に沿って草地化された後背斜面テラスは，野生動物に永続的なカバーを提供する。冬の間，地面にトウモロコシと小麦の取り残しを放置しておくという管理方法は，野生動物に穀物資源を供給する(写真提供：アメリカ土壌保全局)。

力的である。Beck(D.W. Beck, Wildlife use of grassed backslope terraces, abst., 44 th Midwest Fish Wildl. Conf., Des Moines, Ia, 1982)は，アイオワ州で草地の背傾斜テラスを35種の脊椎動物が使用し，平均で草地5 ha あたり1羽のキジの巣が確認されたと報告した。

等高線耕作(図26-4)は，約30〜40 m の幅の密集して生長する作物(干し草や低い丈の穀物)を，間隔をおいて等高線沿いに配置することによって侵食をコントロールする手法である。トウモロコシ，エン麦，干し草の交代条地は，例えばキジが若いひなを育てるときのような，移動が制限される時期の野生動物に必要なカバーとなる(Warner et al. 1984, Warner 1988)。

等高線状栽培では，大きな機械を操縦するのが困難な先端列(point row)に行き着いてしまうことが多い。耕作地の縁沿いに約3〜4 m の幅で草地性の条地を作ることでこの問題は解決でき，さらにその条地から干し草を採ることもでき，また付加的なカバーも供給される。畑境の条地は様々な利益をもたらすが，ほとんどの農家は条地を設けいていない。上記のように畑境の条地は，農地間の行き来がより頻繁な所や，水が作物の列を流れ落ちたり，わだちを形成したり，侵食が加速していたりする場所で役立つ。条地は，農家が遷移を制御する際にも役立つ。耕作地が森林カバーに接近したところでは，畑内の森林植生を維持したり，トラクターの運転台に樹木の大枝が当たるのを避けたりするため絶えず注意しなければならない。農家の視点で考えると，穀物を畑の縁に耕作するのは畑の真ん中の方に耕作するのとほぼ同じコストがかかるが，耕作地の周縁部は森林に隣接し，大木の影になってしまうため，コストを回収するだけの生産量が得られない。森林の「ドリップライン」の下に草地カバーを植え付ければ，穀物の生産高がコストを下回るところを耕作する際に，そのコストをおさえられる。毎年，夏の終わりに刈り取りを行えば，樹木の進出を抑制でき，ワタオウサギやキタコリンウズラのような種は利益を得ることができる。

図 26-4 ペンシルバニアの等高線帯状栽培－耕地(land)ではなく土地(country)の例である。商業的農業が主であるが，野生動物に生息地を提供するカバータイプの多様性，空間構成，そして混在性に注意しなければならない(写真提供：アメリカ土壌保全局)。

柵や道路わきに沿って作られる条地カバーも野生動物に生息地を供給する。Best(1983)は，アイオワで農場の生け垣を，30種以上の鳥類が繁殖期に利用することを報告した。樹木や灌木などのより大きな被度をもつ生け垣は，多様で豊富な鳥類相の維持に貢献している。Best(1983:347)は「生け垣に依存した野生動物に関する資料を農作業者に供給すれば，多くの農家が短期間に生じる経済的利潤よりも，野生動物や土壌，水などの保全のバランスを取る必要があるという考え方を理解しやすくするかもしれない」ことを示唆した。野生動物の生息地として，農道沿いの大きな区画の管理を行うことは，営巣可能な生息地を供給するための技術として詳細に記録されている。

謝　辞

本章を書くにあたって財政上の援助をしていただいた野生動物基金のMax McGrawに感謝する。Illinois Department of ConservationのL.M. DavidとJ.M. Ver Steegには原稿を進めるにあたって論評をしていただいた。Illinois Natural SurveyのW.R. Edwards, A.S. Hodgins, そしてG.C. Sandersonには技術上，編集上の援助をしていただいた。またG.B. Joselyn, P.A. Vohs, そしてW. Vander Zouwenには原稿の批評をいただいたことに感謝する。

参考文献

ANDERSON, B. W., AND R. D. OHMART. 1986. Vegetation. Pages 639–660 in A. Y. Cooperrider, R. J. Boyd, and H. R. Stuart, eds. Inventory and monitoring of wildlife habitat. U.S. Dep. Inter. Bur. Land Manage. Serv. Cent., Denver, Colo.

AUCLAIR, A. N. 1976. Ecological factors in the development of intensive-management ecosystems in the midwestern United States. Ecology 57:431–444.

BALTENSPERGER, B. H. 1987. Hedgerow distribution and removal in nonforested regions of the Midwest. J. Soil Water Conserv. 42:60–64.

BASORE, N. S. 1984. Breeding ecology of upland birds in no-tillage and tilled cropland. M.S. Thesis, Iowa State Univ., Ames. 62pp.

———, L. B. BEST, AND J. B. WOOLEY, JR. 1986. Bird nesting in Iowa no-tillage and tilled cropland. J. Wildl. Manage. 50:19–28.

BAXTER, W. L., AND C. W. WOLFE, JR. 1973. Life history and ecology of the ring-necked pheasant in Nebraska. Nebr. Game, Fish, Parks Comm., Lincoln. 58pp.

BELLROSE, F. C., S. P. HAVERA, F. L. PAVEGLIO, AND D. W. STEFFECK. 1983. The fate of lakes in the Illinois River valley. Ill. Nat. Hist. Surv. Biol. Notes 119. 27pp.

BERNER, A. H. 1984. Federal land retirement programs: a land management albatross. Trans. North Am. Wildl. Nat. Resour. Conf. 49:118–131.

———. 1988. Federal pheasants—impact of federal agricultural programs on pheasant habitat. Pages 45–93 in D. L. Hallett, W. R. Edwards, and G. V. Burger, eds. Pheasants: symptoms of wildlife problems on agricultural lands. North-Cent. Sect., The Wildl. Soc., Milwaukee, Wis.

BERTHELSEN, P. S., L. M. SMITH, AND C. L. COFFMAN. 1989. CRP land and game bird production in the Texas high plains. J. Soil Water Conserv. 44:504–507.

BEST, L. B. 1983. Bird use of fencerows: implications of contemporary fencerow management practices. Wildl. Soc. Bull. 11:343–347.

———. 1985. Conservation tillage: ecological traps for nesting birds? Wildl. Soc. Bull. 14:308–317.

BLAKE, J. G., AND J. R. KARR. 1987. Breeding birds of isolated woodlots: area and habitat relationships. Ecology 68:1724–1734.

BRADY, S. J. 1985. Important soil conservation techniques that benefit wildlife. Pages 55–62 in Proc. workshop technologies to benefit agriculture and wildlife. U.S. Off. Technol. Assessment OTA-BP-F-34.

———. 1988. Potential implications of sodbuster on wildlife. Trans. North Am. Wildl. Nat. Resour. Conf. 53:239–248.

BRITTINGHAM, M. C., AND S. A. TEMPLE. 1983. Have cowbirds caused forest songbirds to decline? BioScience 33:31–35.

BURGER, G. V. 1978. Agriculture and wildlife. Pages 89–107 in H. P. Brokaw, ed. Wildlife and America. Counc. Environ. Quality, U.S. Gov. Printing Off., Washington, D.C.

BURGESS, R. L., AND D. M. SHARPE, EDITORS. 1981. Forest island dynamics in man-dominated landscapes. Ecol. Stud. 41. Springer-Verlag, New York, N.Y. 310pp.

CASTRALE, J. S. 1985. Responses of wildlife to various tillage conditions. Trans. North Am. Wildl. Nat. Resour. Conf. 50:142–156.

———. 1987. Pesticide use in no-till row-crop fields relative to wildlife. Ind. Acad. Sci. 96:215–222.

CROWLEY, P. H. 1978. Effective size and the persistence of ecosystems. Oceologia 35:185–195.

DICKMAN, C. R. 1987. Habitat fragmentation and vertebrate species richness in an urban environment. J. Appl. Ecol. 24:337–351.

DUEBBERT, H. F., AND H. A. KANTRUD. 1987. Use of no-till winter wheat by nesting ducks in North Dakota. J. Soil Water Conserv. 42:50–53.

DUMKE, R. T., G. V. BURGER, AND J. R. MARCH, EDITORS. 1981. Wildlife management on private lands. Proc. Symp., Wis. Chap., The Wildl. Soc., Madison. 568pp.

EDWARDS, C. A., R. LAL, P. MADDEN, R. H. MILLER, AND G. HOUSE, EDITORS. 1990. Sustainable agricultural systems. Soil Water Conserv. Soc., Ankeny, Ia. 696pp.

EDWARDS, W. R. 1984. Early ACP and pheasant boom and bust! A historic perspective with rationale. Pages 71–83 in R. T. Dumke, R. G. Stiehl, and R. B. Kahl, eds. Perdix III: gray partridge and ring-necked pheasant workshop. Wisconsin Dep. Nat. Resour., Madison.

———, S. P. HAVERA, R. F. LABISKY, J. A. ELLIS, AND R. E. WARNER. 1981. The abundance of cottontails (*Sylvilagus floridanus*) in relation to agricultural land use in Illinois. Pages 761–789 in K. Myers and C. D. MacInnes, eds. Proc. World Lagomorph Conf., Univ. Guelph, Guelph, Ont.

ENG, R. L. 1986. Upland game birds. Pages 407–428 in A. Y. Cooperrider, R. J. Boyd, and H. R. Stuart, eds. Inventory and monitoring of wildlife habitat. U.S. Dep. Inter. Bur. Land Manage. Serv. Cent., Denver, Colo.

ETTER, S. L., R. E. WARNER, G. B. JOSELYN, AND J. E. WARNOCK. 1988. The dynamics of pheasant abundance during the transition to intensive row-cropping in Illinois. Pages 111–127 in D. L. Hallett, W. R. Edwards, and G. V. Burger, eds. Pheasants: symptoms of wildlife problems on agricultural lands. North-Cent. Sect., The Wildl. Soc., Milwaukee, Wis.

FAGEN, R. 1988. Population effects of habitat change: a quantitative assessment. J. Wildl. Manage. 52:41–46.

FARRIS, A. L., E. D. KLONGLAN, AND R. C. NOMSEN. 1977. The ring-necked pheasant in Iowa. Ia. Conserv. Comm., Des Moines. 147pp.

FLATHER, C. H., AND T. W. HOEKSTRA. 1989. An analysis of the wildlife and fish situation in the United States: 1989–2040. U.S. For. Serv. Gen. Tech. Rep. RM-178. 147pp.

FLIEGEL, F. C. 1956. A multiple correlation analysis of factors associated with adoption of farm practices. Rural Soc. 21:284–292.

FORMAN, R. T. T., AND J. BAUDRY. 1984. Hedgerows and hedgerow networks in landscape ecology. Environ. Manage. 8:495–510.

———, AND M. GODRON. 1981. Patches and structural components for a landscape ecology. BioScience 31:733–740.

———, AND ———. 1986. Landscape ecology. John Wiley & Sons, New York, N.Y. 619pp.

GEBHARDT, M. R., T. C. DANIEL, E. E. SCHWEIZER, AND R. R. ALL-

MARAS. 1985. Conservation tillage. Science 230:625–630.
GEORGE, R. R., A. L. FARRIS, C. C. SCHWARTZ, D. D. HUMBURG, AND J. C. COFFEY. 1979. Native prairie grass pastures as nest cover for upland birds. Wildl. Soc. Bull. 7:4–9.
GILBERT, F. F., AND D. G. DODDS. 1987. The philosophy and practice of wildlife management. R. E. Krieger Publ. Co., Malabar, Fla. 279pp.
GODRON, M., AND R. T. T. FORMAN. 1983. Landscape modification and changing ecological characteristics. Pages 12–45 in H. A. Mooney and M. Godron, eds. Disturbance and ecosystems. Springer-Verlag, West Berlin.
GRABER, R. R., AND J. W. GRABER. 1963. A comparative study of bird populations in Illinois, 1906–1909 and 1956–1958. Ill. Nat. Hist. Surv. Bull. 28:383–528.
HANSON, L. P., AND C. M. NIXON. 1987. White-tailed deer. Pages 104–105 in R. D. Neely and C. G. Heister, compilers. The natural resources of Illinois. Ill. Nat. Hist. Surv. Spec. Publ. 6.
HARMON, K. W., AND M. M. NELSON. 1973. Wildlife and soil considerations in land retirement programs. Wildl. Soc. Bull. 1:28–38.
HARRIS, L. D. 1984. The fragmented forest: island biogeography and theory and the preservation of biotic diversity. Univ. Chicago Press, Chicago, Ill. 211pp.
———. 1985. Designing landscape mosaics for integrated agricultural and conservation planning in the southeastern United States. Pages 102–111 in Proc. workshop technologies to benefit agriculture and wildlife. U.S. Off. Technol. Assessment OTA-BP-F-34.
HENDERSON, R. F., EDITOR. 1984. Increasing wildlife on farms and ranches. Great Plains Agric. Counc., Wildl. Res. Comm., and Kansas Coop. Ext. Serv., Manhattan.
IVERSON, L. R. 1988. Land-use changes in Illinois, USA: the influence of landscape attributes on current and historic land use. Landscape Ecol. 2:45–61.
———, R. L. OLIVER, D. P. TUCKER, P. G. RISSER, C. D. BURNETT, AND R. G. RAYBURN. 1989. The forest resources of Illinois: an atlas and analysis of spatial and temporal trends. Ill. Nat. Hist. Surv. Spec. Publ. 11. 181pp.
JAHN, L. R. 1988. The potential for wildlife habitat improvements. J. Soil Water Conserv. 43:67–69.
JONES, K. B. 1986. The inventory and monitoring process. Pages 1–28 in A. Y. Cooperrider, R. J. Boyd, and H. R. Stuart, eds. Inventory and monitoring of wildlife habitat. U.S. Dep. Inter. Bur. Land Manage. Serv. Cent., Denver, Colo.
JOSELYN G. B., AND J. E. WARNOCK. 1964. Value of federal feed grain program to production of pheasants in Illinois. J. Wildl. Manage. 28:547–551.
JUDY, R. D., JR., P. N. SEELEY, T. M. MURRAY, S. C. SVIRSKY, M. R. WHITWORTH, AND L. S. ISCHINGER. 1984. 1982 national fisheries survey. Vol. I. Technical report: initial findings. U.S. Fish Wildl. Serv., FWS/OBS-84/06. 140pp.
KARR, J. R., AND I. J. SCHLOSSER. 1978. Water resources and the land-water interface. Science 201:229–234.
KERR, R. M. 1986. Habitat mapping. Pages 49–69 in A. Y. Cooperrider, R. J. Boyd, and H. R. Stuart, eds. Inventory and monitoring of wildlife habitat. U.S. Dep. Inter. Bur. Land Manage. Serv. Cent., Denver, Colo.
KLOPATEK, J. M., AND J. T. KITCHINGS. 1985. A regional technique to address land use changes and animal habitats. Environ. Conserv. 12:343–350.
KROH, G. C., AND D. L. BEAVER. 1978. Insect response to mixture and monoculture patches of Michigan old-field annual herbs. Oceologia 31:269–275.
KRUMMEL, J. R., R. H. GARDNER, G. SUGIHARA, R. V. O'NEILL, AND P. R. COLEMAN. 1987. Landscape patterns in a disturbed environment. Oikos 48:321–324.
LANGNER, L. 1985. An economic perspective on the effects of federal conservation policies on wildlife habitat. Trans. North Am. Wildl. Nat. Resour. Conf. 50:200–209.
LEOPOLD, A. 1933. Game management. Charles Scribner's Sons, New York, N.Y. 481pp.
———. 1966. A Sand County almanac with essays on conservation from Round River. Oxford Univ. Press, New York, N.Y. 295pp.
MACCLINTOCK, L., R. F. WHITCOMB, AND B. L. WHITCOMB. 1977. II. Evidence for the value of corridors and minimization of isolation in preservation of biotic diversity. Am. Birds 31:6–16.
MAGLEBY, R., D. GADSBY, D. COLACICCO, AND J. THIGPEN. 1985. Trends in conservation tillage use. J. Soil Water Conserv. 40:274–276.
MCCONNELL, C. A. 1981. Common threads in successful programs benefitting wildlife on private lands. Pages 279–287 in R. T. Dumke, G. V. Burger, and J. R. March, eds. Wildlife management on private lands. Proc. Symp., Wis. Chap., The Wildl. Soc., Madison.
MIRANOWSKI, J. A., AND R. L. BENDER. 1982. Impact of erosion control policies on wildlife habitat on private lands. J. Soil Water Conserv. 37:288–291.
NATIONAL RESEARCH COUNCIL. 1982. Impacts of emerging agricultural trends on fish and wildlife habitat. Natl. Acad. Press, Washington, D.C. 303pp.
———. 1989. Alternative agriculture. Natl. Acad. Press, Washington, D.C. 448pp.
NOSS, R. F. 1983. A regional landscape approach to maintain diversity. BioScience 33:700–706.
O'CONNOR, R. J., AND M. SHRUBB. 1986. Farming & birds. Cambridge Univ. Press, Cambridge, U.K. 290pp.
OFFICE OF TECHNOLOGY ASSESSMENT. 1985. Proc. workshop technologies to benefit agriculture and wildlife. U.S. Off. Technol. Assessment OTA-BP-F-34. 137pp.
OLDFIELD, M. L., AND J. B. ALCORN. 1987. Conservation of traditional agroecosystems. BioScience 37:199–208.
O'NEIL, L. J., AND A. B. CAREY. 1986. Introduction: when habitats fail as predictors. Pages 207–208 in J. Verner, M. L. Morrison, and C. J. Ralph, eds. Wildlife 2000: modeling habitat relationships of terrestrial vertebrates. Univ. Wisconsin Press, Madison.
PAMPEL, F., JR., AND J. C. VAN ES. 1977. Environmental quality and issues of adoption research. Rural Soc. 42:57–61.
PHIPPS, L. J. 1972. Handbook on agricultural education in public schools. Third ed. Interstate Printers & Publ. Inc., Danville, Ill. 599pp.
PIMENTEL, D., ET AL. 1987. World agriculture and soil erosion. BioScience 37:277–283.
———, T. W. CULLINEY, I. W. BUTTLER, D. J. REINEMANN, AND K. B. BECKMAN. 1989. Low-input sustainable agriculture using ecological management practices. Agric. Ecosystems Environ. 27:3–24.
POTTS, G. R. 1986. The partridge: pesticides, predation and conservation. Collins, London, U.K. 274pp.
POWER, J. F., AND R. F. FOLLETT. 1987. Monoculture. Sci. Am. 256:79–86.
RISSER, P. G., J. R. KARR, AND R. T. T. FORMAN. 1984. Landscape ecology: directions and approaches. Ill. Nat. Hist. Surv. Spec. Publ. 2. 18pp.
ROBBINS, C. S., D. BYSTRAK, AND P. H. GEISSLER. 1986. The breeding bird survey: its first fifteen years, 1965–1979. U.S. Fish Wildl. Serv. Resour. Publ. 157. 196pp.
RODGERS, R. D., AND J. B. WOOLEY. 1983. Conservation tillage impacts on wildlife. J. Soil Water Conserv. 38:212–213.
ROGERS, E. M., AND F. F. SHOEMAKER. 1971. Communication of innovations: a cross-cultural approach. Second ed. The Free Press, New York, N.Y. 476pp.
ROSEBERRY, J. L., AND W. D. KLIMSTRA. 1984. Population ecology of the bobwhite. Southern Ill. Univ. Press, Carbondale. 259pp.
SAMSON, F. B. 1980. Island biogeography and the conservation of nongame birds. Trans. North Am. Wildl. Nat. Resour. Conf. 45:245–251.
SCHLEBECKER, J. T. 1975. Whereby we thrive: a history of American farming, 1607–1972. Iowa State Univ. Press, Ames. 342pp.
SCHWARTZ, O. A., AND P. D. WHITSON. 1987. A 12-year study of vegetation and mammal succession on a reconstructed tallgrass prairie in Iowa. Am. Midl. Nat. 117:240–249.
SIDLE, J. G., AND J. W. ZIEWITZ. 1990. Use of aerial videography in wildlife habitat studies. Wildl. Soc. Bull. 18:56–62.
STAMPS, J. A., M. BUECHNER, AND V. V. KRISHNAN. 1987. The effects of edge permeability and habitat geometry on emigration from patches of habitat. Am. Nat. 129:533–552.
SWANSON, F. J., T. K. KRATZ, N. CAINE, AND R. G. WOODMANSEE. 1988. Landform effects on ecosystem patterns and processes.

BioScience 38:92–98.

Taylor, M. W., C. W. Wolfe, and W. L. Baxter. 1978. Land-use change and ring-necked pheasants in Nebraska. Wildl. Soc. Bull. 6:226–230.

Turner, M. G. 1987. Land use changes and net primary production in the Georgia, USA, landscape: 1935–1982. Environ. Manage. 11:237–247.

U.S. Department of Commerce, Bureau of Census. 1985. 1982 census of agriculture. Vol. 2. Subject series. Part 1. Graphic summary. AC82-SS-1. Bur. Census, Agric. Div., Washington, D.C. 188pp.

U.S. Soil Conservation Service. 1986. Resource planning guidebook. U.S. Soil Conserv. Serv., Champaign, Ill. Var. pagin.

Vander Zouwen, W. 1990. State and provincial programs for habitat enhancement on private agricultural lands. Pages 64–83 in K. E. Church, R. E. Warner, and S. J. Brady, eds. Perdix V: gray partridge and ring-necked pheasant workshop. Kans. Dep. Wildl. Parks, Emporia.

van Emden, H. F. 1965. The role of uncultivated land in the biology of crop pests and beneficial insects. Sci. Hort. 17:121–136.

Verner, J., M. L. Morrison, and C. J. Ralph, editors. 1986. Wildlife 2000: modeling habitat relationships of terrestrial vertebrates. Univ. Wisconsin Press, Madison. 470pp.

Warburton, D. B., and W. D. Klimstra. 1984. Wildlife use of no-till and conventionally tilled corn fields. J. Soil Water Conserv. 39:327–330.

Warner, R. E. 1983. An adoption model for roadside habitat management by Illinois farmers. Wildl. Soc. Bull. 11:238–249.

———. 1984. Effects of changing agriculture on ring-necked pheasant brood movements in Illinois. J. Wildl. Manage. 48:1014–1018.

———. 1988. Habitat management: how well do we understand the pheasant facts of life? Pages 129–146 in D. L. Hallett, W. R. Edwards, and G. V. Burger, eds. Pheasants: symptoms of wildlife problems on agricultural lands. North-Cent. Sect., The Wildl. Soc., Milwaukee, Wis.

———. 1992. Nest ecology of grassland passerines on road rights-of-way in central Illinois. Biol. Conserv. 59:1–7.

———, and S. L. Etter. 1985. Farm conservation measures to benefit wildlife, especially pheasant populations. Trans. North Am. Wildl. Nat. Resour. Conf. 50:135–141.

———, and ———. 1989. Hay cutting and the survival of pheasants: a long-term perspective. J. Wildl. Manage. 53:455–461.

———, ———, G. B. Joselyn, and J. A. Ellis. 1984. Declining survival of ring-necked pheasant chicks in Illinois agricultural ecosystems. J. Wildl. Manage. 48:82–88.

———, and S. P. Havera. 1989. Relationships of conservation tillage to the quality of wildlife habitat in row-crop environments of the midwestern United States. J. Environ. Manage. 29:333–343.

———, ———, L. M. David, and R. J. Siemers. 1989. Seasonal abundance of waste corn and soybeans in Illinois. J. Wildl. Manage. 53:142–148.

———, and G. B. Joselyn. 1986. Responses of Illinois ring-necked pheasant populations to block roadside management. J. Wildl. Manage. 50:525–532.

Wegner, J. F., and G. Merriam. 1979. Movements by birds and small mammals between a wood and adjoining farmland habitats. J. Appl. Ecol. 16:349–357.

Westemeier, R. L. 1988. An evaluation of methods for controlling pheasants on Illinois prairie-chicken sanctuaries. Pages 267–288 in D. L. Hallett, W. R. Edwards, and G. V. Burger, eds. Pheasants: symptoms of wildlife problems on agricultural lands. North-Cent. Sect., The Wildl. Soc., Milwaukee, Wis.

Whitcomb, R. F., C. S. Robbins, J. F. Lynch, B. L. Whitcomb, M. K. Klimkiewicz, and D. Bystrak. 1981. Effects of forest fragmentation on avifauna of the eastern deciduous forest. Pages 125–205 in R. L. Burgess and D. M. Sharpe, eds. Forest island dynamics in man-dominated landscapes. Springer-Verlag, New York, N.Y.

Wooley, J. B., Jr., L. B. Best, and W. R. Clark. 1985. Impacts of no-till row cropping on upland wildlife. Trans. North Am. Wildl. Nat. Resour. Conf. 50:157–168.

———, R. Wells, and W. R. Edwards. 1988. Pheasants Forever, Quail Unlimited: the role of species constituency groups in upland wildlife management. Pages 111–127 in D. L. Hallett, W. R. Edwards, and G. V. Burger, eds. Pheasants: symptoms of wildlife problems on agricultural lands. North-Cent. Sect., The Wildl. Soc., Milwaukee, Wis.

Woolhouse, M. E. J., and R. Harmsen. 1987. Just how unstable are agroecosystems? Can. J. Zool. 65:1577–1580.

Yahner, R. H. 1981. Avian winter abundance patterns in farmstead shelterbelts: weather and temporal effects. J. Field Ornithol. 52:50–56.

27
野生動物のための牧野管理

John G. Kie, Vernon C. Bleich, Alvin L. Medina,
James D. Yoakum & Jack Ward Thomas

はじめに ……………………………………799	水平井戸 ……………………………………815
植物遷移と牧野のための野生動物管理の目標 ………799	テナハ ………………………………………816
牧野の状態と野生動物の生息地 ……………800	砂のダム …………………………………816
野生動物の生息地としての牧野モデル ……801	人造湖と貯水池 …………………………817
牧野の家畜管理 ……………………………803	ダグアウト（地下壕）……………………818
家畜の頭数 ………………………………804	エディット（横穴）………………………818
放牧の時期とその期間 …………………806	グツラー …………………………………819
家畜の分布 ………………………………807	牧柵の建設 …………………………………821
家畜のタイプ ……………………………807	牧柵とプロングホーン …………………821
特殊な放牧方式 …………………………807	牧柵とミュールジカ ……………………822
野生動物の生息地管理のための家畜の利用 ……808	牧柵とビッグホーン ……………………823
河畔域の牧野管理 …………………………809	電気牧柵 …………………………………823
河畔域の価値，構造および機能 ………810	木の牧柵 …………………………………824
管理の問題点と推奨点 …………………812	ロックジャック …………………………824
牧野の水源開発 ……………………………813	野生動物排除のための牧柵 ……………824
泉の開発 …………………………………814	参考文献 ……………………………………824

❏はじめに

　牧野はイネ科草本や広葉草本，灌木が優占する植物群落である。世界中において，人による牧野の利用は基本的に家畜を用いて行われている。しかしこれらの群落は野生動物に生息地を供給してもいる。牧野管理者と直接的に関係する野生動物は伝統的に家畜の捕食者であり，これらの野生動物はいずれも駆除されてきた。今日，牧野管理者は他の野生動物も同様に考慮しなければならなくなってきている。アメリカ合衆国の公共牧野の管理は連邦法および州法によって拘束されており，これらの法規は管理者に，全ての野生動物に対する家畜の放牧の影響について取り組むことを要求している。

　牧野管理者は「どのような管理が野生動物に影響を及ぼすのか」について粘り強く質問を繰り返す。しかし単純な回答は存在しない。問題の一側面に対しては，短期間に1か所で行われた研究に基づく情報も利用可能であろう。しか

し家畜の放牧による生息地の変化やその他の影響は，生態学的な状態に応じて幅広く変動しうる。これらの影響はある状況では野生動物に有害であろうし，またある状況では有益でもあろう。年間の気象変動やそれに伴う植生の変動も極めて大きい。それゆえ現存する多くの文献が矛盾したものに見えるだろう。

　本章ではこれらの情報のいくつかをまとめ，その解析のための枠組みを提示する。牧野の状態の概念と野生動物の生息環境の関係モデルの利用，野生動物に影響する家畜管理の実際，および乾燥牧野における水源開発と野生動物を考慮した牧柵建設の技術的詳細について論議する。

❏植物遷移と牧野のための
　野生動物管理の目標

　植物遷移とは，比較的安定な極相群落に達するまでの間に，ある植物群落が他の植物群落に緩やかに置き換わることである(Clements 1916)。ある植物群落が他の植物群落

に置き換わる時，ある特定の野生動物種の生息地としての価値は変化する。これら生息地の変化の結果，野生動物の生息種も遷移する〔Lyon(paper presented at the Symposium on land classifications based on vegetation：applications for resource management, Univ. Idaho, Moscow, 1987), Kie & Thomas 1988〕。

例えばウィスコンシン州で，植生が開けたプレーリーから灌木といくらかの堅木へと進行した際には，ホソオライチョウがソウゲンライチョウに置き換わった。開けた生息地が樹林地やその後の極相林に置き換わった場合には，エリマキライチョウとハリモミライチョウが優占種となった(Grange 1948)。アメリカ合衆国西部のグレートベースン(Great Basin)地方では，家畜の放牧が生息地の構造と齧歯類の個体数の両方に影響し，齧歯類の種類の多様性の変動の大部分は植物種の多様性で説明できた(Hanley & Page 1982)。

コロラド州北部では，ハマヒバリ，シロハラツメナガホオジロ，ミヤマチドリは，バッファローグラスやグラマーグラスなどの遷移系列初期の植物と関連がある(Ryder 1980)。同様に，ニシマキバドリやブリューワーヒメドリは，ウエスタンホイートグラス(Western Wheatgrass)やチガヤ，fourwing saltbush(ハマアカザ属の植物)などの遷移系列後期の植物と関連がある(Ryder 1980)。

植物群落と第一次消費者の個体数は遷移による変化を受け，その結果として栄養段階の上位者にも変化をもたらすことがある。1950年代後半，テキサス州南部のウエルダー野生動物保護区(Welder Wildlife Refuge)ではリンドハイマーオプンチア(Lindheimer pricklypear)が一般的な植物種であり，コヨーテは夏の間この実を食べていた(Andelt et al. 1987)。またオプンチアはコヨーテの冬の主な獲物であるコアシウッドラットに隠れ場所を提供していた。1970年代前半には，平均を上回る降水量と家畜の放牧によりオプンチアとウッドラットが減少し，これらの二つはコヨーテの食物の中ではまれになった(Andelt et al. 1987)。

アレチノスリは，アメリカ合衆国西部の生息域の大部分で個体数が減少している(Sharp 1986)。カリフォルニア州北東部では，家畜の強度の放牧により植物群落の遷移が引き起こされ，在来のバンチグラス(bunchgrasses)が減少し，セージブラッシュやラビットブラッシュが増加した(Sharp 1986)。これら改変された生息地では獲物として利用できる小さな齧歯類がほとんどいないため，アレチノスリは採餌時間のほとんどを刈り取り後のアルファルファ草地で，主にベルディングジリス(Belding's ground squirrels)を捕獲するのに費やしている(Woodbridge, U.S. for. Serv., Klamath Natl. For., Goosenest Ranger Dist., Macdoel, Calif., 1986)。

牧野の状態と野生動物の生息地

火入れや機械的攪乱，除草剤処理，野生動物や家畜の採食の影響により，牧野には多くの異なった遷移段階と構造が存在する。植物群落は存在する植物種に応じて家畜の放牧に反応するが，その反応が比較的予想しやすいものも予想しにくいものもある(Dyksterhuis 1949, Stoddart et al. 1975)。攪乱のない状況下において競争に優勢であるいくつかの植物種は，極相の植物群落で優占種となる。これらの種は減少者と呼ばれ，家畜に最も好まれ，最も放牧圧を受けやすい場合が多い。放牧圧の増加に伴って，減少者の成長力と現存量は減少し始める(Dyksterhuis 1949, Stoddart et al. 1975)。減少者が減少すると，競争の消失により極相の群落内に存在する，より嗜好性の低い植物が増加し始める。これらの種は増加者と呼ばれている。放牧圧が十分に高く長期間に渡る場合増加者もやがては減少し始め，侵入者と呼ばれる高い放牧圧に適応した新しい植物種が群落内に出現する。これら植物の三つのタイプ間の関係は，遷移の曲線に沿って示すことができる(図27-1)。

牧野は伝統的に，状態がどれだけ極相の植生に近いかと

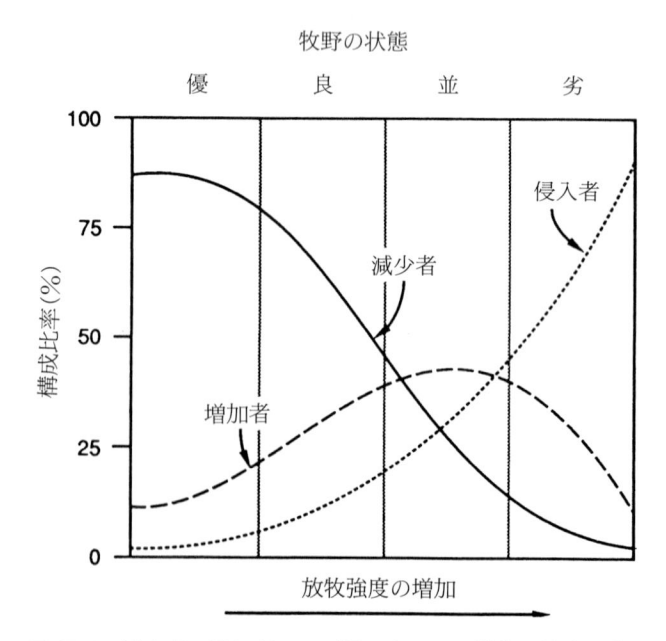

図 27-1 減少者，増加者および侵入者である植物の被度比率と放牧強度および伝統的な牧野の状態判定との関係 (Dyksterhuis 1949, Stoddart et al. 1975)

いう概念に基づいて管理されてきた(Dyksterhuis 1949)。減少者の優占する場所は牧野の状態が優と判定され，侵入者の優占する場所は劣と判定される(図 27-1)。

この手順は家畜管理のためにアメリカ合衆国西部の極めて多くの場所で用いられている。しかしカリフォルニア州の 1 年生草地のように移入種が優占する牧野や播種した人工草地では，この方法は用いることはできない(Smith 1978，1988)。牧野の状態の優，良，並および劣の意味は，家畜に飼料を提供できるという意味で定義されている。一方，野生動物の生息地としての要望は動物種ごとに大きく異なるだろう。遷移系列の初期段階の植物群落に依存している動物種にとって，劣と評価される場所は最適な生息地となるであろうし，優の場所は全く利用されないであろう。ゆえにこれらの問題点を改正していく第一段階として，優，良，並および劣の語彙を極相，遷移後期，遷移中期および遷移初期にそれぞれ置き換えるべきである(Pieper & Beck 1990)。

野生動物の生息地管理のためには，各動物種ごとや，いくつかの種のグループごとの管理の目標に基づき牧野の状態を判断しなければならない(Smith 1978)。このことは牧野の状態の判定が，土壌の安定性と保護という管理目標に加えて，野生動物の生息地，河畔域，魚類の生息地など，他の資源価値としての管理目標にも基づいて行われるようになることを示している(Schlatterer 1986)。このシステムでは，評価をそれぞれの資源価値ごとに行う。全ての目標に対して十分と判定される場所についてのみ，全体としての牧野の状態は十分と判定され，不十分と判定された場所では，それぞれの目標に対して状態を改良して行くよう方向づけられる。

第一にミュールジカのための広葉草本と隠れ場所を生み出すという目標があり，続いて家畜のための飼料生産や他の資源価値に目標がある場所について考えてみよう。まず土壌の安定性という目標に適合しているかどうかを判定する。もし安定性が悪ければ，その場所の全体としての状態は不十分である。もし土壌が安定であれば，ミュールジカのための広葉草本と隠れ場所の生産について検討する。もしこれらの目標には不適合で牧野の状態が改善されないような場合，ミュールジカの生息地としての資源価値の判定や全体としての牧野の状態の判定は不十分である。次に家畜の飼料生産や他の資源価値としての管理目標について検討する。全体としての状態は，全ての目標に関してその場所が十分と判定された場合か，上記の不十分と判定された目標に対して状態が改善される傾向にある場合にのみ，十分と判定される。同様の牧野の状態の判定システムが，アメリカ森林局により 1991 年に適用されている(E. R. Schlatterer 私信)。

野生動物の生息地としての牧野モデル

オレゴン州南東部では，潜在的な自然植生と針葉樹林の遷移段階に基づいた野生動物の生息地としての判定システム(Thomas 1979)も，牧野の植生に適用された(Maser et al. 1984)。このモデルでは，341 種の脊椎動物の生息地データを整理して，牧野の管理活動が野生動物に及ぼす影響を重みづけしている。これは，植物群落と野生動物の生息地としての価値に関連するそれらの構造状態を等式化することにより行われた。構造の状態はイネ科－広葉草本，低灌木，高灌木，高木および高木－灌木であった。遷移の結果として植物群落はイネ科－広葉草本から高木－灌木へと進行するので，野生動物に重要な様々な環境変数において変化が生じる(表 27-1)。管理の種類も構造の状態を変化させる(表 27-2，Maser et al. 1984)。

野生動物の種類数が膨大であるため，土地利用の計画は

表 27-1 一般化した牧野の構造状態と，関連する環境変数。星印の数は環境変数のレンジを最低(*)から最大(*****)まで示したもの(Maser et al. 1984)。

環境変数	構造状態				
	イネ科－広葉草本	低灌木	高灌木	高木	高木－灌木
植生の自然草高	*	**	***	*****	*****
樹冠閉鎖	*	***	****	***	*****
樹冠現存量	*	***	****	***	*****
植物の多様性	**	***	***	*	***
構造の多様性	*	**	***	****	*****
草本生産	*****	***	***	**	*
枝葉生産	*	****	*****	**	***
動物の多様性	*	**	***	****	*****

表 27-2 管理の種類によって引き起こされると予想される牧野の群落構造の状態の変化 (Maser et al. 1984)[a]

管理の種類	構造状態				
	イネ科-広葉草本	低灌木	高灌木	高木	高木-灌木
雑草管理	<	>	>	0	0
やぶの管理					
化学的	−	<	<	−	<
機械的	−	<	<	−	<
生物学的	−	<	<	−	<
高木管理					
チェンソーやブルドーザー	−	−	−	<	<
皆伐	−	−	−	<	<
庇陰木	−	−	−	<	<
疎林	−	−	−	<	<
回収	−	−	−	<	<
枝放置	−	−	−	<	<
限定した火入れ					
低温	<	<	<	0	<
高温	<	<	<	0	<
播種と植樹					
イネ科草本と広葉草本	>	<	<	<	<
灌木	>	0	0	>	0
高木	>	>	>	0	0
施肥	0	<>	<>	<>	<>
土壌処理					
穴あけ	<	<	<	<	<
地勢整備	<	<	<	<	<
水					
水散布	<	<	<	<	<
排水	>	>	>	>	>
水源開発	<	<	<	0	0
放牧	<>	<>	<>	0	0
ウシ	<>	<>	<>	0	0
ウマ	<>	<	<	0	0
ヒツジ	<>	<	<	0	<
ヤギ	<>	<	<	0	<

[a] >:構造の多様性の増加, <:構造の多様性の減少, <>:構造の多様性は増加または減少, 0:構造の多様性には影響せず, −:存在しない管理

困難なものになっている。だがその手順は，動物種とその生息地の関係に基づく生活形態ごとに種をグループ化することにより単純化できる。オレゴン州南東部では，各動物種の二つの特徴（どこで餌を食べ，どこで繁殖するか）を用いて，16の生活形態を持つグループが類別された。例えばユキヒメドリとミュールジカは，共に地上で採餌と繁殖を行う種として特徴づけられる。他の例では，ユビナガサンショウウオ (long-toed salamanders) とウエスタンヒキガエル (Western toads) は共に地上の灌木内または高木林内で採餌し，水中で繁殖する種として特徴づけられる (Maser et al. 1984)。様々な野生動物の生活形態のために必要な生息地の構造状態に関する情報を，管理の種類が構造状態に及ぼす影響と組み合わせて用いることにより，異なる土地管理下においてどの生活形態の種が利益を受け，どの生活形態の種がそうでないかというモデルによる予測を行うことができる (Maser et al. 1984)。

オレゴン州南東部での例のような野生動物-生息地の関係モデルは，野生動物の生息地としての牧野管理に潜在的に役立つ。同様のアプローチが他の場所でも提案されているが (Short 1986)，これらのモデルの受け入れやすさと有用性は，広範なフィールド試験とモデルによる予測の有効性の確認に依存するであろう。

❏ 牧野の家畜管理

　強度の家畜の放牧は，北米西部において多くの野生動物種に害を及ぼしてきた(Smith 1977, Gallizioli 1979)。過度の無制限な放牧は，野生動物の生息地の構造と構成に劇的な影響を及ぼす(図27-2)。このような有害な影響が生じた場所では，家畜を排除することによって生息地の状態を改善することができる(図27-3)が，家畜の管理方法の変更によっても同様の成果を得ることができる。適正に管理すれば，家畜の放牧は遷移の初期段階の植物群落に依存する動物種の生息地の改善に利用できる(Longhurst et al. 1976, Urness 1976, 1990, Kie & Loft 1990)。家畜と野生動物の関係に関する情報では，様々な本やシンポジウムの講演要旨，総説(Smith 1975, Townsend & Smith 1977, Schmidt & Gilbert 1978, DeGraaf 1980, Wallmo 1981, Peek & Dalke 1982, Thomas & Toweill 1982, Menke 1983, Severson & Medina 1983, Halls 1984, Severson 1990)などが利用できる。

　放牧と野生動物の生息地との間の関係は複雑である。家畜は植物の現存量や構成種，そして植生の自然草高やカバーといった構造上の要素を改変することにより，野生動物の生息地に影響する(図27-4)。家畜の放牧が野生の有蹄類に及ぼす影響は，直接的な悪影響と間接的な悪影響，人による家畜管理上の影響および有益な影響に分類できる(Mackie 1978, Wagner 1978)。直接的な悪影響は，食物やカバーといった資源をめぐるウシとシカの間の競合である(Mackie 1978, Wagner 1978)。少ない資源を二つの生物が利用する場合や，ある生物が資源を探す過程で他の生物を害する場合に競合が生じる(Birch 1957, Wagner 1978)。家畜が野生動物に及ぼす影響には，両者の餌の類似性や飼料の利用性，分布のパターン，利用の季節および行動的干渉が要因となっている(Nelson & Burnell 1975, Severson & Medina 1983)。

　ウシの放牧の間接的な悪影響には次のようなものがある。①ある植物の生長力や生産される広葉草本の量や質の緩やかな低下，②広葉植物の再生能力の低下または消失，③局所的に重要なカバーの減少や消失と，あまり好ましくない植物や群落への置き換わり，および④選択採食や他の行動によって，好まれたり重要であったりする植物の種類，質および量の変化と減少である(Mackie 1978)。

　家畜管理上の影響(Mackie 1978)には，牧柵の建設や水源の開発(Evans & Kerbs 1977, Wilson 1977, Yoakum 1980)，および藪の管理(Holechek 1981)がある。これらの影響は野生動物にとって有害であり，また有益でもある。家畜の取り扱いに関連する騒乱は，家畜管理の上での別の影響である。例えばウシの駆り集めが行われる時には，シカは一時的に草地の外に移動するだろう(Hood & Inglis 1974, Rodgers et al. 1978)。

　小哺乳動物が牧野植生に及ぼす影響(Moore & Reid 1951, Wood 1969, Batzli & Pitelka 1970, Turner et al. 1973, Borchert & Jain 1978)や，彼らが家畜と採餌で競合する程度(Fitch & Bentley 1949, Howard et al. 1959)に関する情報は役に立つ。彼らの大きさと捕食者に対する感受性ゆえに，齧歯類やウサギ類，および他の小哺乳動物は彼らの生息地の構造に大きく依存している(Grant et

図 27-3　家畜の管理方法の変更により，この非放牧草原と同等に野生動物にとって価値の高い土地になり得る(写真提供：L.Ritter)

図 27-2　強度の家畜の放牧は，野生動物の生息地の構造とその構成に劇的な影響を及ぼす(写真提供：J.Kie)

図 27-4 ハコヤナギ属の林におけるウシの放牧は下草の構造を変化させ，野生動物の隠れるカバーを減少させる（写真提供：J. Kie）

al. 1982, Parmenter & MacMahon 1983, Bock et al. 1984)。家畜の放牧はこれらの生息地において植生構造に影響し，小哺乳動物の個体数にも有意な影響を及ぼす(Reynolds & Trost 1980)。

家畜の放牧は多くの草原の鳥類に悪影響を及ぼすが，穏やかな放牧はいくつかの種に対して中性的もしくは有益である(Buttery & Shields 1975)。家畜管理の方法も，鳥類に間接的に悪影響を及ぼす。例えば牛皮腫*防止のため牛体上へ有機リン系殺虫剤を散布すると，カササギフエガラスを死に至らしめ，続いて毒で侵されたフエガラスの死体を食べるアカオノスリの死亡率も増加する(Henny et al. 1985)。

訳者注：*ウシバエの幼虫の寄生により皮膚が腫れる疾病

野生動物の生息地と個体数に影響する家畜管理の方策には，家畜の頭数，放牧の時期とその期間，家畜の分布，家畜の種類，および放牧方式などを修正することが挙げられる。これらの方法は，野生動物への悪影響を排除または減少させるように，時には野生動物の生息地を向上させるようにすることができる(Severson 1990)。

家畜の頭数

家畜の頭数あるいは放牧強度*は，通常1か月当たりの家畜単位(AUM)で記述される。1 AUM は，1家畜単位(子連れの1頭の母ウシ，あるいはそれと等価の家畜)が1か月間放牧された場合の放牧強度である(Heady 1975:117)。家畜が野生動物に及ぼす影響は，放牧強度の増加に伴ってより著しくなり，この関係は非直線的である。一つの草地に2～3頭のウシが放牧される場合には野生動物への影響はほとんど見られないが，ある限界を超えると野生動物への影響は急速に増加する。さらに伝統的な定義として，牧野管理者にとって適正な放牧とは家畜の飼料としての植物種の価値を最大に維持すること，ならびに土壌浸食を防止することに基づいている。野生動物に対する最適な家畜の頭

数はしばしば異なるであろうが，いずれももっと低い放牧強度であろう。

訳者注：*Stocking rate, Grazing intensity は厳密には使い分けられる場合もあり，前者が単位面積当たりの家畜頭数を，後者は植物種に負荷される家畜による採食圧を表す。わが国では両者は厳密に使い分けられておらず，また本論文中でも明確に使い分けられていないため，ここでは両者とも「放牧強度」と訳した。

ユタ州において，飼い慣らされたミュールジカを試験地へ導入したところ，最初はウシが放牧されていない場所で好んで採食した。しかしシカの採食レベルの増加に伴い，放牧されていない場所を選択して採食する行動は見られなくなった。シカは，ウシが放牧された場所では放牧されていない場所よりもイネ科草本や枝葉を採食し，広葉植物をほとんど採食しない(Austin & Urness 1986)。

テキサス州において，オジロジカは家畜の放牧強度にかかわらず，放牧された場所と比べて，放牧されていない場所ではより多くの広葉草本を採食した(McMahan 1964)。モンタナ州においてはミュールジカも，ウシが放牧されていない草地で採食する場合には，広葉草本をより多く採食した(Knowles 1975)。「劣」の状態の牧野では，家畜の連続放牧は餌への競合を通してオジロジカに悪影響を与える(McMahan & Ramsey 1965)。逆に「優」の状態の牧野では，十分な量のイネ科草本があるので広葉草本への家畜の採食圧は軽減され，競合の影響も少なくなるだろう(Bryant et al. 1979)。

カリフォルニア州の夏の牧野では，ミュールジカの隠れるカバー，生息地利用，行動圏の大きさおよび行動パターンに対して，ウシの放牧強度が影響を及ぼした。ミュールジカの隠れるカバーは，ウシの放牧がない場所であっても，自然に夏の間は減少する(Loft et al. 1987)。しかしシカの隠れるカバーは，子ジカがまだ若い初夏には最も重要である。ウシの放牧は初夏におけるシカの隠れるカバーの減少を非直線的に促進し，高い放牧強度はより明白な影響を及ぼす(図 27-5)。シカの行動圏はウシが存在しない地域で最小であり，渓谷の底や河畔域が基本的にその中心となる。ウシの放牧が強度な場所では行動圏の場所は変化しないが，急傾斜地を含めたより広いものとなる(Loft 1988)。生息地利用のパターンも変化し(Loft et al. 1991)，ウシの放牧強度の増加に伴いシカはより多くの時間を採食に費やす。これら全ての要因はシカの個体群に重大な悪影響を及ぼすだろう(Kie et al. 1991)。

家畜の放牧は小哺乳動物にも影響を及ぼす。アリゾナ州南部では，ウシが放牧されている草地にはより多くのメリアンカンガルーネズミが生息し，これら個体数の増加は自生する多年生のイネ科草本の減少に伴うものであった(Reynolds 1950)。オハイオ州では，家畜が放牧されていない樹林地よりも放牧されている樹林地において，シロアシマウスはより多く生息していた(Dambach 1944)。しかしキタブラリナトガリネズミは放牧されている地域ではより少なく，アメリカマツネズミに至っては放牧されている地域には全く見られなかった。ユタ州においてマメジカは，家畜によるイネ科草本のカバーの減少量が最少の地域をより好んだ(Frischknecht 1965)。ネブラスカ州では，禁牧とされている河畔域では，その周辺の家畜が放牧されている場所よりも，小哺乳動物の密度や種の多様性は高かった(Medin & Clary 1989)。アイダホ州においては，放牧されている場所の小哺乳動物の密度は低かったが，種の多様性は高かった。放牧されている場所では，マメジカはほぼ2倍の個体数を示したが，サンガクハタネズミは放牧されていない場所とほぼ同様の個体数であった(Medin & Clary 1990)。これらの研究は，放牧に対する野生動物の反応の多様性を強調している。野生動物に対する家畜の影響が非常に大きい場合，これらの反応を解釈することは，場所本来の違い(Johnson 1982)や，放牧の強度や時期，期間の違いにより極めて困難である。

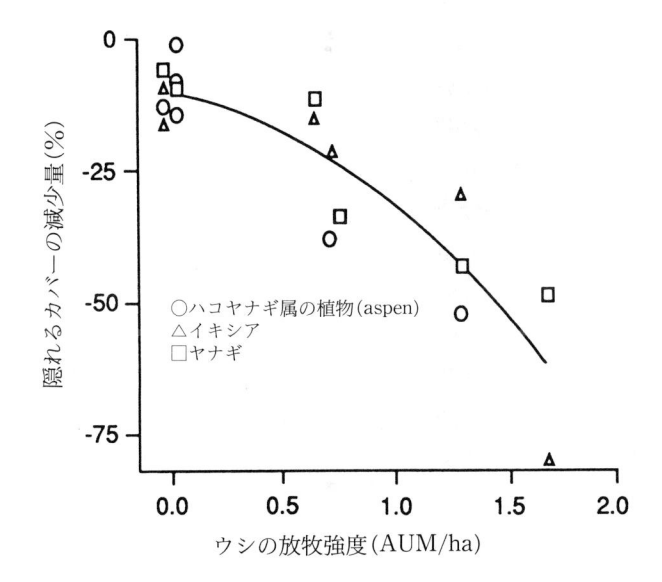

図 27-5　初夏から8月中旬にかけて，地上高 0～1 m の範囲にあるシカが隠れるカバーの，ウシの放牧強度に伴う減少量(AUM/ha＝Animal Unit Months/ha)

(Loft et al. 1987)

○ハコヤナギ属の植物(aspen)
△イキシア
□ヤナギ

同様に，家畜の放牧に対するアナホリネズミの反応も，牧野のタイプ，放牧の強度や時期，および他の要因に依存する。家畜による強度の放牧は，根を深く張り球根を作る広葉草本の量を増加させるので，アナホリネズミの個体数が増加することが多い(Buechner 1942, Ellison 1946, Tevis 1956)。一方，コロラド州では，放牧していない場所でのアナホリネズミの密度は，放牧している場所の約2倍であった(Turner et al. 1973)。

家畜の放牧方法の変更は無脊椎動物の個体数に影響し，間接的に食虫目にも影響を及ぼす。ある研究でウシの放牧強度を増加させた場合，カワリトガリネズミの食物は，飛翔しない無脊椎動物から飛翔する昆虫とイモムシに変化した(Whitaker et al. 1983)。食物の変化は，ウシによる踏みつけや土壌の圧密化により，飛翔しない無脊椎動物が減少したことと関連していた。

カンムリウズラやズアカカンムリウズラ，ツノウズラなどの鳥類は，一般的には藪や森林に適応した種である(Brown 1978)。しばしば彼らの繁殖サイクルは降水量と関連し，その個体数は年間の繁殖の成功に依存していることが多い。このような状況では，家畜の穏やかな放牧は深刻な影響を及ぼさない。逆に，コリンウズラやシロマダラウズラ，ソウゲンライチョウやホソオライチョウは草原に適応した種である。アメリカ合衆国南西部において，彼らは大陸型の気象地帯に生息し，繁殖はほとんど天候に左右されず，個体数はその年に成鳥となった個体数と成鳥の死亡数に依存する。このような状況下において，これらの種はたとえ穏やかな家畜の放牧であっても悪影響を受ける(Brown 1978)。

アリゾナ州において，家畜の放牧はシロマダラウズラの食物の利用性を制限しない。しかし放牧は隠れるカバーの極度の減少を引き起こし，繁殖個体数を減少させる(Brown 1982)。このような状況下では，十分な量のカバーを維持し得るように放牧を制限すべきである。アリゾナ州における，コリンウズラ個体群の絶滅が危惧されている場所での放牧は，注意深く制御するか，または完全に排除すべきである(Goodwin & Hungerford 1977)。

カリフォルニア州でも，南部の乾燥地帯における家畜の放牧は，食物の減少と隠れるカバーの不足により，カンムリウズラに悪影響を及ぼした(Leopold 1977)。一方，降水量が十分で灌木も豊富な場所では，穏やかな家畜の放牧は，開けた場所の作成と広葉草本の成長促進によりウズラにとって有益であった(D.A.Duncan, unpubl. abstr., Annu. Meet. Soc. Range Manage., 1980)。

テキサス州南部において，ヒガシマキバドリはウシの穏やかな放牧下でより多く見られたが，ナゲキバトは強度の放牧下の方がより多かった(Baker & Guthery 1990)。オクラホマ州ではウシの放牧強度が穏やかなものから増加するにつれ，地面上の巣の数は対数関数的に減少するものと試算された(Jensen et al. 1990)。アメリカ合衆国南西部において放牧は，食物の植物の減少により，コリンウズラに不利益をもたらした(Stoddard 1931, Stoddard & Komarek 1941)。一方，穏やかな放牧は，イネ科草本の過度なカバーを減少させ，移動路や砂浴びの場所を増加させ，広葉草本の成長を促進することから，コリンウズラには有益であろう(Reid 1954, Moore & Terry 1979)。

家畜は水源付近に集中することから，無制限の放牧は巣作り中の水鳥(Kirsch 1969)や水辺の生息地に依存する他の鳥類に不利益を生じさせる。家畜の放牧強度を制限したり，放牧強度が過度となる池の周辺部を牧柵で囲うことにより，悪影響を減少させることができる(Bue et al. 1952)。家畜が水鳥に及ぼす影響についての総説はKantrud(1990)を参照されたい。

放牧の時期とその期間

家畜の放牧の時期とその期間は野生動物とその生息地に影響を及ぼす要因である。コロラド州における晩秋期の穏やかな放牧は，イネ科草本-灌木の階層に，採餌や巣作り，またはその両方を依存している6種の鳥には明確な影響を及ぼさなかった(Sedgwick & Knopf 1987)。一方，夏期間の放牧は，このような生息地に依存するホオジロタイランチョウ，ヒメウタスズメやミヤマシトドを消失させた(Knopf et al. 1988)。

家畜を放牧する時期によって，植物群落の構成は変化する。ある植物種が急速に成長する時期における強度の放牧は，他の時期に急速に成長できる他の植物種には好ましい。例えば，カリフォルニア州の1年生草地における春期の放牧は，イネ科草本のカバーを減少させ，トルコモウズイカ(turkeymullein)のような夏に成熟する広葉草本の成長を促進し，これらの種子はナゲキバトにより採食される(Kie 1988)。逆に繁殖期間中に家畜が引き起こす生息地の変化に対して，多くの野生動物種は非常に影響されやすい。地面上や灌木中に巣を作る鳥は，家畜に踏みつけられたり他の方法により巣を破壊されたりすると，繁殖に損失が生じやすい。

カリフォルニア州のホオジロタイランチョウはもっぱら落葉性の河畔林で繁殖し，巣材としてヤナギを好む(Valentine et al. 1988)。最近の調査では，カリフォルニア州に存在するつがいは125組以下であることが示されている(Serena, Calif. Dep. Fish Game, Wildl. Manage. Div. Adm. Rep. 88-3, 1982)。タイランチョウは，ヤナギの木立の縁や家畜の移動路の近くといった，物理的な干渉に影響されやすい場所に好んで巣を作る(Valentine et al. 1988, Sanders & Flett 1989)。ある研究では，計20のホオジロタイランチョウの巣のうち，4年間で四つの巣が幼鳥の巣立つ前にウシにより破壊され，さらに四つの巣が幼鳥の巣立った後に破壊されたと報告されている(Valentine et al. 1988)。ウシの放牧レベルを減少させ，さらにホオジロタイランチョウの巣場所からウシを牧柵で制限した場合には，ホオジロタイランチョウの巣の損失はなくなった(Valentine et al. 1988)。

すでに述べたように，子ジカがまだ幼い初夏の時期における隠れるカバーの損失は，過度の放牧により増大する(Loft et al. 1987)。このような争いは，放牧を年内後半に遅らせることにより最小限にする，もしくはなくすことが可能である(Kie 1991)。放牧の時期やその期間，および家畜の分布は，後に述べるような特殊な放牧方式の基礎となる。

家畜の分布

家畜は水源や補助飼料，ミネラルブロック*の周辺に集まるため，これらの場所には家畜の影響が最も顕著に現れる。河畔域は家畜の食べる草や水が豊富なので，家畜の集中する地域の良い例である。河畔域から離れた高台上で，牧柵の建設や代替の水源の開発を行ったり，補助飼料を与えることにより，より均一に家畜を分散させることができる。しかし，状況によっては家畜がパッチ状に分布すると家畜にほとんど採食されない場所ができるため，野生動物種に利益をもたらす場合もある。

訳者注：*Ca, Mg, P, K, Na, S, Cl など，家畜の必要量が比較的多い元素(マクロミネラル)を固型塩の形態で配合したもの。家畜用ミネラル固型塩として一般に市販されている。

家畜のタイプ

放牧が野生動物に及ぼす影響は家畜の種類に依存している。ウシとヒツジの間の採食場所の違いは，群落構成種に及ぼす影響を左右する。またウシは通常牧柵で制限された割り当て分の草地内で放牧されるのに対して，ヒツジはしばしば群として放置される。ヒツジの小群は，カリフォル

ニア州ではいくつかのミュールジカの生息地を向上させている(Longhurst et al. 1976)。一方，家畜のヒツジからの病気の伝染により，近年までにカリフォルニア州から多くの野生のビッグホーン個体群が消失している(Wehausen et al. 1987)。

プロングホーンと家畜のヒツジとの競合は，彼らの飼料嗜好性が大きく重なっていることから，プロングホーンとウシとの競合よりも大きい。ヒツジが過放牧されている牧野では，真冬の期間中にプロングホーンが利用できる広葉草本が十分ではなく，どこでもプロングホーンの個体数は激減している(Buechner 1950)。一般に，家畜のヒツジはウシよりもプロングホーンに悪影響を及ぼす場合が多く(Autenrieth 1978, Salwasser 1980, Yoakum 1980, Kindschy et al. 1982)，冬期間ではたとえ穏やかな放牧であっても，春の植物再生の時期までは牧野をプロングホーンにとって好ましくない状態にしてしまう(Clary & Beale 1983)。

子連れの母ウシは去勢したウシとはしばしば異なる採食パターンを示し，ウシとヒツジの品種間でも採食パターンには違いがある。これらは全て，家畜が野生動物に及ぼす影響の要因となりうる。

特殊な放牧方式

特殊な放牧方式は多く存在するが，ほとんどは2〜3のタイプに類別することができる(Heady 1975, Stoddart et al. 1975)。連続放牧は家畜を1シーズン中または1年中同じ牧野で放牧させる。待期放牧は牧野の植物が種子を付けるまで放牧開始を延期する。待期放牧は植物の生長，炭水化物の貯蔵，そして速い速度での植物の開花・結実を促す。輪換放牧は牧野を幾つかの草地に分割し，これら異なる草地の間で家畜を輪換して放牧する。

一定期間の放牧開始の延期と輪換放牧の組み合わせは待期輪換放牧と呼ばれている。この放牧方式で最も一般的なものが4牧区待期輪換放牧であり，これは四つの牧野または草地を用い，三つの牧区で輪換放牧を行い，残る一つを4か月間の休牧後に使用する放牧方式である。こうして休牧する草地は順次交換される。

休牧区輪換放牧は待期輪換放牧と同様であるが，休牧の期間が通年もしくはそれ以上の放牧方式である。短期間放牧(short-duration grazing system)は待期輪換放牧と同じであるが，多数の小さな草地(通常8〜10以上)を用いて，各草地当たりの放牧強度は高く，各草地に家畜が存在する期間を短く放牧するものである。家畜の放牧時期は牧野の

野生動物種のほとんどにとって重要であるため，輪換放牧は野生動物への悪影響を減少させる可能性がある。

ある研究において，テキサス州のオジロジカは，しばしば休牧された草地を好んで利用した(Reardon et al. 1978)。シカの密度は短期間放牧方式の草地で最も高く，4牧区輪換放牧方式ではやや低く，強度の連続放牧方式下において最も低かった。一方，別の研究では，オジロジカはウシの集中する場所を避ける傾向にあり，短期間放牧方式下ではより多く移動した(Cohen et al. 1989)。さらに短期間放牧方式下で，牧区の中央に水源が配置されている場合には家畜がさらに集中する(Prasad & Guthery 1986)ため，オジロジカや他の野生動物による水の利用性は低くなるだろう。

ネバダ州のシェルダム野生動物保護区(Sheldon National Wildlife Refuge)では，非放牧の地域と輪換放牧方式の地域の間には，小哺乳類の数の多さや種の多様性において違いは認められなかった(Oldemeyer & Allen-Johnson 1988)。この例での牧区は，ある年は6月中旬から8月上旬まで，次の年は8月上旬から10月下旬まで放牧されていた。

テキサス州において，ウシの短期間放牧と待期輪換放牧は，連続放牧よりもより良いカバーをコリンウズラやウロコウズラに供給した(Campbell-Kissock et al. 1984)。両方の放牧方式により，イネ科のカバーと現存量が増加し，乾期の期間中により良いカバーを提供した。テキサス州における次の研究では，コリンウズラは短期間放牧方式下において連続放牧方式下の2倍の個体数を示した(Schulz & Guthery 1988)。しかしその次の研究では，短期間放牧方式と連続放牧方式との間には，コリンウズラや野生シチメンチョウのためのカバーの量や密度とその分布の点で違いは見られなかった(Bareiss et al. 1986)。短期間放牧方式が野生動物に及ぼす影響に関するさらなる情報はGuthery et al.(1990)を参照のこと。

放牧方式のタイプが，人為的に設置した巣の損失に及ぼす影響は明白ではなかった(Koerth et al. 1983, Bareiss et al. 1986)。一方，幾つかの例では，野生シチメンチョウの巣の損失は連続放牧方式下に比べて，待期輪換放牧と短期間放牧方式下での方が多かった(Baker 1979)。

モンタナ州では，営巣中の水鳥の数は，休牧区輪換放牧方式で前年度に使用され，当年度は休牧されている草地で最も高く，晩夏から秋にかけて放牧された草地で最も低かった(Gjersing 1975, Mundinger 1976)。その年の春先に放牧を行った場合も，繁殖している水鳥の密度は減少した(Mundinger 1976)。もし休牧明けの春に休牧区での放牧が早すぎなければ，休牧区輪換放牧方式は巣材として利用される植物材料の蓄積を促していただろう。

テキサス州において待期輪換放牧は，ウシが岸辺の植生とアカリュウキュウガモやアメリカムラサキバン，バンやアメリカオオバンなどの営巣する水鳥に及ぼす影響を減少させる手段となることが示唆された(Whyte & Cain 1979, 1981)。池の岸辺の半分を牧柵で囲うことも奨励されている。カリフォルニア州南東部では，営巣する水鳥用にさらに植生を残すため，7月15日以降までの放牧開始の延期が推奨されている(Ruyle et al. 1980)。

休牧区輪換放牧は，おそらく最も野生動物に有益である潜在能力を持っている。この放牧方式は，家畜の飼料の利用を控えるという意味において経済的にはマイナスが生じることが多いが，そのような損失は公共牧野における野生動物に関連したレクリエーションからの利益により，数倍も補われるであろう。例えば，カリフォルニア州のシカ狩猟区における休牧区輪換放牧方式の開発は，それぞれの牧区を3年間に1年だけ放牧に使用することを明記するだけである。その際マイナスとなる家畜の飼料の代金は，純経済的価値を基準としてAUM当たり12.82ドルと計算され，この数字は3年間の放牧サイクル全体で71,000ドルに相当する。一方，シカの個体数と，加えて狩猟の機会の増加は，同じ期間全体で6,500,000ドルの利益に相当する(Loomis et al. 1991)。

野生動物の生息地管理のための家畜の利用

幾つかの状況において，家畜の放牧を限定することは野生動物の生息地管理に利用できる(Longhurst et al. 1976, Holechek 1980, 1982, Longhurst et al. 1982, Urness 1982, 1990, Severson 1990)。それはミュールジカ(Smith et al. 1979, Willms et al. 1979, Reiner & Urness 1982)やコリンウズラ(Moore & Terry 1979), カナダガン(Glass 1988)などの多様な種のための生息地の管理に応用されている。例えばカリフォルニア州の山地部の1年生草地では，晩冬と春におけるウシの放牧は，多くの野生動物種に有益な広葉草本の成長を促進する(図27-6)。

ユタ州北部の山地部の牧野では，火入れと1世紀に渡る強度の家畜の放牧により灌木が優占する植物群落が形成され，これらはミュールジカの巨大な群を支えている(Urness 1982, 1990)。その後の家畜頭数の減少に付随して，ミュールジカの個体数も低下した。おそらく頭数や時期や期間を限定した家畜の放牧はシカの個体数を増加させるの

図27-6 カリフォルニア州の山地部の1年生草地において、晩冬と初春のウシの放牧は、多くの野生動物種に有益な広葉草本の生長を促進する(写真提供：S. Westfall)

に役立つであろうが,家畜管理のために必要な施設(十分な牧柵)の費用を考慮すると,土地管理者はこのような管理プログラムを道具として進んで使用しようとはしないであろう(Urness 1990)。

他の状況では,放牧を限定することにより複雑な結果が生じている。幾つかの例としては,エルクとアカシカは以前にウシが放牧された場所を採食場所として好んだ(Grover & Thompson 1986, Gordon 1988)。1961年にオレゴン州北東部に野生動物保護区が設定され,家畜が除外されて以降,この場所でのエルクの数は120頭から約320頭にまで増加した(Anderson & Scherzinger 1975)。1964年には,エルクの冬の飼料の質を向上させるために,ウシの放牧を含めた資源管理計画を実行した。1974年の時点で,この地域において1,100頭以上のエルクが生息している(Anderson & Scherzinger 1975)。

逆にワシントン州南東部では,春期のウシの放牧はエルクによる冬期の利用を増加させることはなく,3年間の研究期間のうちの1年間は,実際にエルクの冬期の利用を減少させた(Skovlin et al. 1983)。さらにブリティッシュコロンビア州での研究では,春期間におけるbluebunch wheatgrass(シバムギの一種)の四つの異なる生長段階での摘み取りは,粗タンパク質含量やカルシウム,リンの含量を増加させた(Pitt 1986)が,モンタナ州での別の研究では,夏期におけるウシの放牧はエルクの冬の飼料の質に影響しなかった(Dragt & Havstad 1987)。

限定した放牧は,単一種のための生息地管理に利用されることが多いが,全体の群集にも影響を及ぼす。遷移初期段階における植物群落維持のための家畜の利用は,その生息地に依存している種には有益であろうが,同時に極相群落と関連している種には悪影響を及ぼす(Kie & Loft 1990)。

放牧の限定は重要である。限定した放牧から野生動物が受ける利益を常に最大にするためには,家畜生産を最大にするために計画される管理プログラムに比べて,家畜の頭数はより少なく,放牧の期間はより短くしなければならないであろう。まとめると,家畜の放牧それ自体は野生動物にとって良くも悪くもない。それは,関係する野生動物の種を含め,家畜の頭数や放牧の時期と期間,家畜の分布や家畜の種類など様々な要因に依存している(Kie & Loft 1990)。野生動物と牧野の管理者は一般化を避け,それぞれの種や放牧計画,管理の状況などに応じて独自に,家畜が野生動物と彼らの生息地に果たす役割について評価するべきである。

❏ 河畔域の牧野管理

河畔域は陸生や水生の野生動物にとって重要な生息地である(Carothers & Johnson 1975, Thomas et al. 1979 b, c, Platts & Raleigh 1984, Skovlin 1984, Platts 1990)。多くの水生種にとっては絶対の生息地であり,多様な植生構造の生産とそれに付随した多様な生物群集による複雑な土壌と植生の組み合わせであり,また多様なランドスケープを貫く限られた地域でもあることから,河畔域は重要なのである。野生動物の種にとってのこれらの価値は,水の利用性(例えば,ソノラ砂漠(Sonoran desert)のミュールジカ対北米のくぼ地部における河畔域のミュールジカ),ライフステージ,移動,微気象や他の要因としての機能である。

河畔植生とその構造的配列は,野生動物にとって高い価値を持っている。多くの脊椎動物と無脊椎動物種は,食物,カバー,または他の生活必需品を河畔植生に直接的あるいは間接的に依存している。野生動物は他の生息地よりもずっと集中的に河畔域を利用している。例えば,オレゴン州南西部のグレートベースン(Great basin)で知られている363の陸生種のうち,288種が直接的に河畔域に依存しているか,または他の生息地よりも高頻度に河畔域を利用している(Thomas et al. 1979 c)。爬虫類動物相も河畔域に強く関連している(Jones 1988)。両生類や爬虫類,小哺乳類の野生動物は地中の環境で生活する形態であるので,河畔域の土壌や基質もこれらの野生動物には重要である。河畔域の微気象の緩和や水分の利用性,より多くのバイオ

マス生産により，野生動物をその一部として含んだ複雑な食物網がつくられている。

野生動物に対する河畔域の価値については，長期間の観察が困難であるが故に一般的にはほとんど述べられていない。ミュールジカ(Thomas et al. 1979 a)やオジロジカ(Compton et al. 1988)は食物とカバーのために木の多い河畔域を選択する。ある鳥類相は，植生の特定の階層に対して親和性を示す(Gutzwiller & Anderson 1986)。河畔域は鳥やコウモリ，シカ，エルクに移動ルートを提供する(Wauer 1977)。これらの地域は，シカやエルクが高標高部の夏の生息地と低標高部の冬の生息地の間の移動経路として頻繁に利用する。

河畔域はアメリカ合衆国の土地面積のわずか1%であり(Knopf 1988)，しかもアメリカ合衆国に本来存在していた河畔域の70%以上が様々な土地利用を通して失われている(Megahan & King 1985)ことからさらに重要である。Barclay(1978)は，オクラホマ州の牧野内の河畔域は近年中に消滅しそうであり，河畔域の森林の他の土地利用への転用のうち86%は水路建設によるものであると報告した。南西部の地域では，歴史的な永年河川の多くが今日では季節的な小流域になっている(Johnson et al. 1989)。

河畔域の管理戦略を開発する際の中心は，①河畔域の構成要素とは何かということの理解，②それらが内包する機能とその過程，③河畔の生態系におよぼす影響，および④野生動物に対するそれらの重要性，である。Elmore(1989)は，土地利用計画での具体的な管理方式とその利益を評価するためには，まず河畔生態系の機能についての基礎的な理解が必要であるということに賛同した。

河川の第一次的な機能は水と沈殿物の輸送である(Jensen & Platts 1987)。河畔の生息地は，気象的，地質学的，地形学的，水文学的，土壌学的，化学的および生物学的過程の相互作用といった，水流によって作られるダイナミックな過程によって形成される特殊な環境である。本節では，河畔で起きる相互作用に関する全ての文献を総説するのを試みるのではなく，代わりにこれらの文献を基礎として，野生動物のための河畔域管理における現在の進捗について論議する。

河畔域と野生動物の相互作用に関して利用できる情報はほとんどない。一般にこのことにより，土地利用計画から野生動物管理の研究者が除外されてきた(Dwyer et al. 1984, Dickson & Huntley 1987)。一方で河川と河畔の動態に関して数多くの研究が行われ，これらの引用文献はここでは一般的な概念として用いている。読者には，Curtis & Ripley(1975), Thomas et al.(1979 b, c), Brinson et al.(1981), Kauffman & Krueger(1984), Platts & Raleigh(1984), Skovlin(1984), Warner & Hendrix(1984), DeBano & Schmidt(1989), Platts(1990)による総説を読むことをお奨めする。

河畔域の価値，構造および機能

河畔域に関する用語は使用者間でまちまちであり，幾人かの著者(Swanson et al. 1982, Johnson & Lowe 1985)により用語の統一が提案されている。河畔域はここでは，①永年的または短期的な地表水または地下水の存在，②局所地形によって形成される水路を通っての水流，そして③植物が難なく利用できる水と，難なく根を張ることができる高水分の沖積土壌の存在によって特徴づけられる土および水の構成要素全て，として定義する。河畔生態系は通常水生生態系と高台の生態系の間の移行帯として存在するが，これらは明らかに異なる植生，土壌，水の特徴を有している。概して河畔域は，永年的な地表水の水流とそれに関連する植物や土壌を有する河川の生態系として見られてきた。しかし砂漠の水溜まりや南西部のアロヨ*では，地表水の水流は短期的あるいは季節的なものであろう。逆にアメリカ合衆国東部や南部の地域では，河畔域は氾濫源や堅木林の底部として認識されている。

訳者注：*乾燥地帯の細流

水の流れは大きく変化するだろうから，これらの環境は水不足や塩度，無酸素，酸素消費などのストレスを受けやすいと思われる(Kozlowski 1984, Hale & Orcutt 1987)。これらの環境には水生-半水生環境で生き残るよう適応した生物体が存続する(Mitsch & Gosselink 1986)。さらにアメリカ合衆国南西部や北西部，南部，東北部の地域間でも河畔域には違いがある(Swanson et al. 1982, Johnson & Lowe 1985)。この違いは主に，これらの流域の植生や水文に影響する気象の違いに基づくものである。

河畔域は汚染した水を浄化し(Mitsch & Gosselink 1986)，洪水の影響を緩和し(Skinner et al. 1989)，また動植物相に多様な環境を供給する(Thomas et al. 1979 c)能力があり，価値のある湿地生態系である。河畔域から直接的あるいは間接的に授かる価値については，いくつかのシンポジウムの講演要旨(Johnson & Jones 1977, Swanson 1979, Johnson et al. 1985)に譲り，ここでは再録しないものとする。

Miller(1987)は水流の環境としての河畔域を六つの側面

から明らかにした。すなわち食物および大きな有機物の堆積, 太陽エネルギーの調節, 河岸や河床の安定性, 陸上-水中の緩衝物, 水流の調節といった側面である。これらの要因と野生動物は, 河畔域の物理的, 化学的, 生物的構成要素から派生する複雑な食物網の経路により間接的に関連する。加えて食物やカバーは, 多様な植生と微気象によりもたらされ, 維持される生産物である。例えば, クマ類やアライグマは有機堆積物や土壌, 水, 微気象の相互作用によって作られる植物や魚, 昆虫などを食物とし, また一方で多様な形態のカバーがクマ類やアライグマに供給されてもいる。

ここ20年間において, 河畔域の養分貯留者としての機能や養分供給者としての機能, 養分のフィルターとしての機能, 養分の変形者としての機能が, 湿地の科学者によって科学的に明らかにされた。貯留者(sink), 供給者(source)および変形者(transformer)の定義は, ここではMitsch & Gosselink(1986:113)と同様に行っている。湿地は, 流出よりも流入の方が多いといった, 元素の正味の滞留がある場合には貯留者として考えることができる。貯留者として考えた場合, 流出は大きく流入に依存しており, しかも単純に流入が制御している機構でもない。湿地が存在していない場合よりもより多くの元素や材料を他の生態系へ流出するような場合には, 湿地は供給者と呼ばれる。流出量と流入量が同じであるが, 分子構造の化学変化のような変化が生じる場合に, 湿地は変形者であると考えられる。フィルターとしては, 溶解した養分が容易に生態系を通過して行くことにより, 浮遊懸濁物質や液体中の固体が取り除かれる(Kuenzler 1988, Richardson 1988)。湿地が貯留者や供給者であるためには, その時間的変化が重要となるので, Richardson(1988)はこれらの機能を幾つかの時間フレームと関連づけて見る必要性を強調している。また湿地は, 上記の機能の組み合わせを同時に, または単独に果たす機能を持つ。

膨大な量の異なるタイプの養分を含有する湿地の能力は, 部分的には本来の物理的環境それ自身と植生のタイプによるが, 個々の植物はもっと重要である。管状の水生植物は, 水生環境下で生き残れるよう構造的および生理的に適応している(Mitsch & Gosselink 1986, Hale & Orcutt 1987)。いくつかの水辺の植物は, 湿地植物の50倍以上の光合成能力を持っており(Mendelssohn & Postek 1982), 潜在的により良いバイオマス生産者である。水辺植生が水流への養分の流入に改善効果を持つことを, 情報の多くが示唆している(Lowrance et al. 1983, Gersberg et al. 1986)。さらに河畔植物は洪水に対する様々な程度の耐久性を示し(Kozlowski 1984), 洪水のレベルによって分布のパターンは規定されている。河畔域の, 近接する高台と水域の間の緩衝機能については小さい水流においても未だ良くわかっていないが, その重要性は認識されている(Miller 1987)。

土壌養分の濃縮が水中および陸上の生態系に及ぼす影響は複雑で, 簡単には理解できない。水質は, 陸上の供給源から水中生態系への窒素の流入のように, 養分の流入によって悪影響を受けるだろう。特に春の雪解け時期においては, 洪水によって高養分の有機堆積物から養分が流入することにより悪影響は著しくなる。このような年間の洪水は, ある河畔域を痩せさせ, 一方で他の河畔域を肥やすだろう(Brinson et al. 1981)。Peterjohn & Correll(1984)は, 河畔林から流出する地下水によって年間に75%の窒素と, 41%のリンが損失することを報告した。地表面の雨水によって22%の窒素と59%のリンが失われた。これらの養分損失は, 植物の生長を抑制するという点で陸上の生態系と同様, 水中の生態系に大きな影響を及ぼすだろう(Mitsch & Gosselink 1986, Hale & Orcutt 1987)。

必須元素の流入は, 周辺部の生息地よりも植物群落の発達をより生産的にしたり, (多くの例ではほとんどまれであるが)非生産的にしたりする。この生産性は, 絶滅危惧種や希少種を含めた陸上の動物群集の発達を, 植物群落の場合と同様に引き起こす。例えば南西部では, 河畔の生息地は他の森林タイプよりも, より多い個体数とより多い種類数を支えている(Carothers & Johnson 1975)。これらの地域の生物多様性は実に広い。さらに河畔の生息地の状態は, その場所に限定された野生動物種のみならず, 隣接する生息地の動物相の構成にも影響を及ぼす(Szaro & Jakle 1985)。実際には河畔の生息地は, 動物および植物群落内の多様性を頻繁に増加させる「辺縁効果」を構成している(Campbell 1970)。陸地と水面の境界付近には, 水平方向にも垂直方向にも多様な辺縁(edge)が存在し, さらに遷移段階の多様性が組み合わさって, 野生動物に多様な生息地を供給する(Thomas et al. 1979c)。

河畔域の物理的環境は動的であり, 伐採や火入れなどの, 干渉する要因と関連してその時間的平衡を変化させる(Heede 1980)。本来の水流や堆積物の輸送が変化した場合, 水流中での動態において調節が行われる。これらの調節は, 河岸の土壌浸食や, 氾濫源の形や大きさ・高さをしばしば変化させる堆積物の堆積, 河畔植生の損失, 水質の悪化や多くの他の特徴によって証明される(Tiedemann et al. 1979)。水流は上流と下流の影響を調節するように絶えず働きかけている(Heede 1980)。

河川は必要な堆積物の輸送と，自然の浸食過程が生じるよう機能しているが，河畔植生は生息地の損失を引き起こすほどの土壌浸食は効果的に減少させている(Miller 1987)。さらに大きな有機堆積物は河畔林から供給され，生態系の物理的(形態的)，化学的(養分の循環)および生物的(動植物相)構成要素に影響を及ぼす機能を果たす(Bisson et al. 1987)。大きな有機堆積物が動いた場合，水路構造や生息地の多様性は変化する(Bilby 1984)。河畔植生の一つの重要な側面である構造の多様性(Jain 1976, Anderson & Ohmart 1977)は，自然または人が引き起こす撹乱に影響を受ける。

管理の問題点と推奨点

水質と養分の再循環という観点から河畔生態系の価値が認識されたため，河畔生息地の管理は，今日では世界中で検討されている(Stednick 1988)。しかし過去の世紀において，河畔生息地は様々に誤用され続けてきた。生息地退化の主な原因は，伐採(Harr & Fredriksen 1988, Hicks et al. 1991)，放牧(Kauffman & Krueger 1984, Skovlin 1984, Chaney et al. 1990)，水路転換(Barclay 1978, Rood & Mahoney 1990)，火入れ(Wohl & Pearthree 1991)，農耕(Lowrance et al. 1986, Ritter & Chirnside 1987)，都市開発(Medina 1990)，レクリエーション(Nash 1977)，採掘(Streeter et al. 1979)，および道路建設(Hill 1974)である。これらの活動は，時間の経過とともに累積して直接的あるいは間接的に水中および陸上の構成要素に影響を及ぼしている。これらの活動を組み合わせた多目的利用の計画は極めて大きな影響を及ぼす(Likens & Bormann 1974, Lewis & Marsh 1977)。野生動物との相互作用に関連する情報はほとんどないので，影響する全てについては論議しない。

河畔域は，それらの流域で自然にあるいは人為的に引き起こされる変化によって影響を受けやすい。Medina(1990)は，分水ダムの下流の河畔林が，生長期の間強い水ストレスを受け，繁殖や若木の生長が抑制されたことを観察した。構造の構成要素の変化はすぐには明らかにならず，これらの変化が認められるには25年以上が必要である。他の長期的研究における植生と水流の形態のデータによれば，河畔域を放牧から保護しても，水路の浸食や河畔植生の劣化を防ぐことはできなかった。データはむしろ25年以上前に起こった火入れによる変化と，引き続いて起こった洪水による水流の動態の変化が原因であることを示していた(Medina & Martin 1988)。このように，外見上河畔生息地のみと関係している問題は生息地のみの検討では解決できず，流域やランドスケープ全体への累積的な影響の背景を考慮しなければならない。

陸上と水中の生態系は，物理的，化学的，生物的に複雑に関連し合っており，河畔生息地でこれらの関連が表現されている。例えば，水流外の調節に関連するのは，河畔植生の構造，構成，密度の変化である。これらの変化は，鳥(Bull & Skovlin 1982, Gutzwiller & Anderson 1986)，小哺乳動物(Geier & Best 1980)，シカ(Compton et al. 1988)および両生類相(Jones 1988)の生息地損失を引き起こす。堆積作用や洪水，河岸の浸食といった水流内の変化は，ビーバーやマスクラット，他の魚を捕るような水生の野生動物に影響を及ぼしやすいだろう。ビーバーは堆積物が堆積するような場所では，しばしばダムを放棄する(Apple 1985)。

河畔域の管理は，二つの場所について考慮することが必要である。すなわち①河畔域内および②河畔域の外側であり，これは流域の影響が及ぶ，隣接する高台上全てである。放牧の管理や植生の管理などの現場の活動は河畔域内で行われる。外側での活動は，伐採，道路建設，火入れである。河畔域の外側での管理作業は，河畔域に入ってくる水の量や質を変化させるだろう(Stednick 1988)。様々な牧野管理の選択肢には，完全な保護(Stromberg & Patten 1988)や多面的利用のアプローチや排他的な利用などがあり，河畔生息地の状態を維持するために利用できる。

Platts(1990)は上述の戦略の細部を述べ，さらに放牧の選択肢を利用するという考えを追加した。本質的に少なくとも一つの放牧戦略は利用可能であり，それは河畔域の生産性を回復・維持したり高めるために必要な休牧や，保護を伴う場所を確保した放牧である。最も受け入れられない選択肢は有蹄類に全く利用させないことであるが，この選択肢は復元が河畔の生息地全体での主な目標となる地域では魅力的である。推奨できる一つの方法は，河畔域の状態を維持するために，河畔生息地の危機的な部分を牧柵で囲うことである。

牧野の約91%で放牧が行われている(Chaney et al. 1990)西部では，家畜の放牧はおそらく河畔生息地にとって最大の生物的脅威であろう。不適当な放牧は，河川／河畔生態系の四つの構成〔水路，河岸，水柱(water column)，植生〕全てに影響する(Platts 1990)。家畜の放牧の問題点は，おそらくはウシの不適当な分布によるものであって，単

にウシの頭数が多すぎるためではない(Severson & Medina 1983)。集中的な家畜の利用は生長力の低い木をまばらにし，一般に多くの枯死体が地表を覆い，芝生の生えた土壌は踏みつけられ，木の再生力は損失する。被害はいくつかの方法で起こる。土壌の圧密化もその一つで，これは水分の浸透を減少させ，地表面流去を増加させる。他には植生の恒常的な除去があり，これは土壌温度の上昇と土壌表面からの蒸発を増加させる。三つ目は家畜の擦り付けや踏みつけ，新芽採食による木への物理的被害である(Severson & Boldt 1978)。河畔域の過剰利用を解決する第一の方法は放牧方式の改良であり，これは複雑な結果を生む(Dwyer et al. 1984, Skovlin 1984, Chaney et al. 1990)。

他に類を見ないケーススタディでは，修正した放牧管理により状況は改善されたが，河畔生息地の状態は悪化し続けた(General Accounting Office 1988)。Myers(1989)は，放牧方式の74%はここ20年以内で未だ肯定的な反応が得られていないと判定されることを報告した。彼は，成功は植物の季節消長と水流の機構，利用家畜の行動に対する準備にあるとしている。Platts(1990)は，河畔域は今日，近年の歴史において他に類を見ないほど劣化していると報告した。一つの理由は，おそらくは西部の牧野において1875年以降着実に増加しているウシの頭数であろう。Platts(1990:6)は，河畔生態系の機構に関する我々の知識によって，「両立できる放牧方法を明らかにし，開発することが解決である」ことを示唆した。家畜から保護するために河畔域を牧柵で囲うことは解決法の選択肢の一つであり，これはいくらかの支持を得ている(Platts 1990)。

河畔植生は，利用の程度にもよるが，放牧を休止すれば普通4~6年以内に改善される(Platts & Nelson 1989)。より過酷な利用の地域では，スゲ属などの本来の植物種が，過剰利用に適応した種に置き換わるにはより長い期間(15年以上)を必要とする(Elmore & Beschta 1987)。慣行の放牧方式(Heady 1975)は，飼料用植物，特にイネ科草本の生産と維持のみを考慮して開発された。木の多い河畔植生や河岸部の維持のために，このような方式を適用することは，灌木や木の環境生理にとって不満足なことであろう。Platt(1990)は，回復を補うことを目標とした家畜管理を実行するための放牧戦略，というすばらしい概念を提示した。

エルクやシカや他の野生動物も，河畔域の過剰利用に関与している。Huston(1982)は，イエローストーン地方(Yellowstone region)のヤナギ群落は，野生の有蹄類によってその大きさや発達の点で深刻な影響を受けていることを報告した。これらの影響は，グリズリー(アメリカヒグマ)やビーバーなどの他の野生動物にも同様の影響を及ぼすであろう(Chadde 1989)。アリゾナ州やニューメキシコ州など他の州でも，生息地の生物学的環境収容力を大きく上回るエルク個体群に直面している。ビーバーも河畔植生の構造と構成に有害な影響を及ぼしている(Barnes & Dibble 1986)。

Carothers & Johnson(1975)は，河畔植生は多様な資源のための，最も繊細で最も生産的な生息地として管理されるべきであると提言した。まず，ルリノドシロメジリハチドリやスミレハチドリ，キバラブチタイランチョウなどの多くの新熱帯区の鳥は，分布域の北限であるアメリカ合衆国南西部では河畔域においてのみ繁殖する。さらにこれらの鳥のつがいは，フレモントハコヤナギ(Fremont cottonwood)の林内で40 ha当たり1,000組に達していた(Carothers et al. 1974)。アリゾナ州のヴェルデ河(Verde River)沿いのこの均一なフレモントハコヤナギ林において，繁殖する種の50%以上がもっぱらこの生息地に依存して繁殖する種であった(Carothers & Johnson 1975)。集団営巣しない鳥にとって，これほど重要な生息地は北米では他に存在しないが，この地域は他の陸上の脊椎動物にとっても重要でない訳ではない(Szaro et al. 1985)。この地域の生物多様性は極めて高い。

河畔域の単位面積当たりのレクリエーション利用は，他のタイプの生息地に比べて高い(Lewis & Marsh 1977)。野生動物に対する影響は，利用の期間や程度，タイプ，季節により変化する(Pfister 1977)。河畔域におけるキャンプ場の建設は，人と野生動物の接触の機会を高めるが，同時に人による干渉や踏みつけ，土壌の浸食や圧密化，植生の損失により，河畔域の野生動物の生息地としての価値を減少させる(Settergren 1977)。

河畔域の牧野を維持するための最良の管理戦略は，①植生の生産性，すなわち構造，種構成を維持する，②水流の動態の保全性，すなわち水路と河岸の安定性を維持する，③いくつかの要因，すなわち土壌，植生，水文および動物の相互作用により，河畔域内の動的平衡が維持されていることを認識することである。河畔域における生物学的管理の成功は，河畔域の構造や機能を説明する水文学や地形学といった物理学からの知識の応用に大いに依存している。

❏牧野の水源開発

乾燥牧野に生息する野生動物の生息地の価値を高めるた

図 27-7　野生動物を考慮して計画された家畜のための水源は，プロングホーンや他の野生動物によって利用される（写真提供：D. Beale）

めに，野生動物が利用できる水量を増やすことが古くから行われてきた(Nichol 1937, Bond 1943, Glading 1943, 1947, Halloran & Deming 1958)。これらの手法は，自然の泉，わき水，井戸の改良や雨水を貯水する様々な人工的装置の建設により行われる(Tsukamoto & Stiver 1990)。基本的に家畜のために計画された水源も，その建設が適正であれば，多くの野生動物種に利益をもたらす(図27-7)。

地表下の水を野生動物に利用させるために，手作業，爆薬，限定した火入れ，化学物質の使用など多くの方法が利用されている。近年では水平井戸の技術が，野生動物のための泉やわき水開発に応用されている(Coombes & Bleich 1979, Bleich 1982, 1990, Bleich et al. 1982 a)。

時間がかかり高価であるが，手作業はいくつかのタイプの開発を成し遂げる，最も実際的な方法であろう(Weaver et al. 1959)。ヘリコプターは遠隔地への人員と装備の輸送を支援することができ，こうした場所での開発が可能となる(Bleich 1983)。

ダイナマイトは水の供給のために有効で役立つ(Weaver et al. 1959)が，水の供給源である地表下の累層を大きく変化させたり，水の流れを中断したりしないよう注意が必要である。このような被害が生じるのは，水を逃がす大きな裂け目を開く負担が生じた結果であることが普通である。ダイナマイトは，十分な水が直ちには利用できず，安全に使用できるような斜面辺縁部のわき水においてのみ使用すべきである。増水が泉を迂回するようにするために，あるいは飲用水の池に水が流れるようパイプを設置するために水路の整備を行う場合には爆薬も役に立つ(Weaver et al. 1959)。

限定した火入れは地下水植物の除去のために用いられ，地下水の発散の減少と地表水の増加を引き起こす(Biswell & Schultz 1958, Weaver et al. 1959)。限定した火入れは極度の注意を必要とし，地表水の維持のためには定期的な火入れが必要であろう。一方，乾燥牧野の河畔に存在するある種の群落の重要性は，このような好ましくない地下水植物による水の利用を相当減少させることである。他の開発を進行するために，限定した火入れで一定期間泉やわき水周辺をきれいにする場合，火の利用は望ましいものであろうが，その役割はおそらく制限される。

除草剤は，地下水を蒸発散させるという植生の活動を排除することにより，地表水を増加させる。これらは水の供給が制限される場所では特に有効であるが，野生動物への恒久的な水供給場所を作ることによって相殺される以上のカバーや日陰を損失するかもしれない(Weaver et al. 1959)。一方，乾燥地帯における本来の河畔植生の分布は限られるので，幅広い除草剤の利用は好ましくない。

除草剤は乾燥地帯の水源において，saltcedar tamarisk (ギョリュウ属の低木)の防除に用いられる(Sanchez 1975)。防除は手刈りや除草剤散布により小規模に達成される(Sanchez 1975, Neill 1990)が，アメリカ合衆国の国有地では現行の法規により，いくつかの除草剤の使用は禁止されている。

泉の開発

泉の開発は以下のようにすべきである(Yoakum et al. 1980)。①天然の地形や植生を利用して，水場には野生動物のための逃げ道を少なくとも一つは作る，②適した場所に予備の逃げ道を提供する，③水源を家畜からは保護するが，野生動物の利用は保証する，④野生動物の溺死の可能性を減少させるよう，水槽には水面までの緩やかな傾斜路を設置する，⑤天然のカバーの利用や灌木の植え付けにより，水場の周辺には十分なカバーを保証する，⑥適切な場所に，開発の目的を公衆に知らせる立て札を立てる，⑦野生動物が

必要とする時にはいつも十分な水を供給できるよう，十分な収水量を有する，⑧牧柵で囲われた水場周辺への，公衆の通路を確保する。もし対象に臆病な動物が含まれる場合には，人への水の供給は，野生動物の水源から離れた場所へパイプで輸送して行う。例えば，ビッグホーンの水場の半径1km以内ではキャンプは認めるべきではない。

井戸への傾斜路の設置は単純で安価な野生動物の水場建設の方法である。鳥や動物はしばしば放棄された井戸や水のあふれた鉱山の縦坑で溺れるが，これらの貯水施設は，傾斜路を付けることによって利用可能となる(Weaver et al. 1959)。傾斜路は水面の高さまでのばすべきである。カリフォルニア州では，手動工具や動力工具，爆薬など様々な手法によって，地下4m以上の深さの傾斜路がいくつか建設された。もし傾斜路が岩を削ったものでなければ，掘削部が崩れないように側面に保護材を張らなければならない。大動物が支障なく出入りできるよう，傾斜路には最低1mの幅があるべきである。溺れた動物が脱出できるような傾斜路は，家畜の水槽のような他のタイプの水源にも重要である(Wilson 1977)。

水源にくぼ地やプールを建設すれば，水を保存し，野生動物が簡単に利用するための効果的な方法となる。くぼ地は岩やセメントや石造りで建設されるが，岩層の小さなわき水を水源とする場合には，近くの均質な岩を彫り削って作られることもある。手動工具で作られるような単純なくぼ地は，均質な岩をのみで彫り削って作られ，何年にもわたって効果的に水を溜める。可能であれば，動力工具や爆薬を用いてより大きなくぼ地が建設される。爆薬を使用する場合には，水源や岩の表面を損傷させないよう十分な注意が必要である。このタイプの開発の主な利点は，このようなくぼ地はほとんど壊れることがないことである。

岩のくぼ地は，セメントや岩や石造りによって大きくすることができる。同様にこれらの材料は，洪水による堆積物からくぼ地を護るための分水路の建設や，均質な岩によるくぼ地の開発が実際的でない場所で建設される人工的なくぼ地の建設にも利用される。石造りの技法には，モルタルと岩の間の結合を確保する必要があるだろう(Gray 1974)。

泉やわき水の多くは峡谷の底に存在する。開発後においてもこれらの泉は嵐による増水で損傷する。孔を開けたアスファルトやプラスチックのパイプに砂利を詰めて水源に埋め込み，洪水の危険のある峡谷から離れた場所にあるくぼ地へ，パイプを通して水を輸送する方法が効果的である場合が多い。これらの建設終了後，水源の上に大きな岩を置き，施設をセメントで覆えばさらに壊れにくくなる。逆に補修が簡単なように，アメリカスギ(redwood)で作った箱を水源に入れ，そこからパイプで安全な場所の水桶まで水を輸送してもよい。

プラスチックパイプは軽量で耐久性があり，持ち運びにも便利なため良い選択である。メッキしたパイプよりは弱いが，錆や腐食の心配がなく修理も簡単である。パイプは凍結や家畜と野生の有蹄類による踏みつけや，洪水による押し流しを防止できるよう十分深く埋めるべきである。連続的な降り勾配をつければ，エアロックがパイプ内で発生することを防止でき，水は確実に流れるようになる。

掘削した泉からパイプで水を輸送する場合，錆びないように水桶はコンクリートや石造りで作成する。もし水桶が小動物や鳥にとって潜在的に危険な場所に配置される場合には，水への接近を容易にするよう，傾斜路を付けるべきである(Bond 1943)。

水平井戸

泉やわき水の開発にはいくつかの欠点がある。①水源からの水流を調節できない，②水流が変わりやすい場合は，地表の水源を形成するのに十分な水が得られないこともある，③地表に曝されている泉の水や水源は異物の混入を受けやすい，の三つである(Welchert & Freeman 1973)。水平井戸の技術はこれらの欠点のいくつかを克服できる(Coombes & Bleich 1979, Bleich 1982, 1990, Bleich et al. 1982 a)。

水平井戸はいくつかの利点を持つ。①特に乾燥地域の，過去に干上がった歴史を持つ場所では成功する確率が高い，②水量も容易に調節でき無駄が少ない，③容易に異物の混入が起きない場所である，④開発費が比較的安価である，⑤補修の必要性が低い，の五つである。水平井戸には欠点もあり，①建設に必要な装備の費用が高く(とは言え，自身で装備を持っている請負人であれば問題はないが)，②必要な装備の遠隔地までの輸送が困難であり，さらに③水流を中断するエアロックを防止するための減圧バルブを必要とする場合がある。

場所の選定は水平井戸の開発中最も難しく重要である。泉やわき水の歴史的な存在や，地下水植物の分布，そして適正な地質構造の存在など，いくつかの要因が評価されねばならない(Welchert & Freeman 1973)。岩脈累層(帯水層に対する自然のバリアを形成する，傾いた不透水累層)と接触面累層(不透水基質上に広がる地下水面)は，両方とも水平井戸の開発に適当である。岩脈累層の開発には，水源

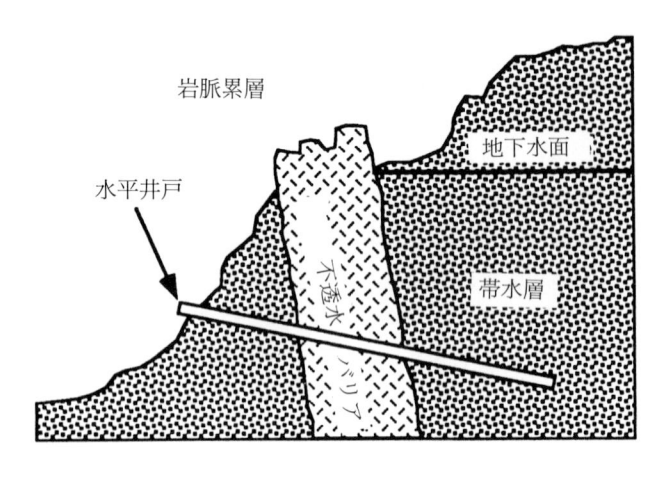

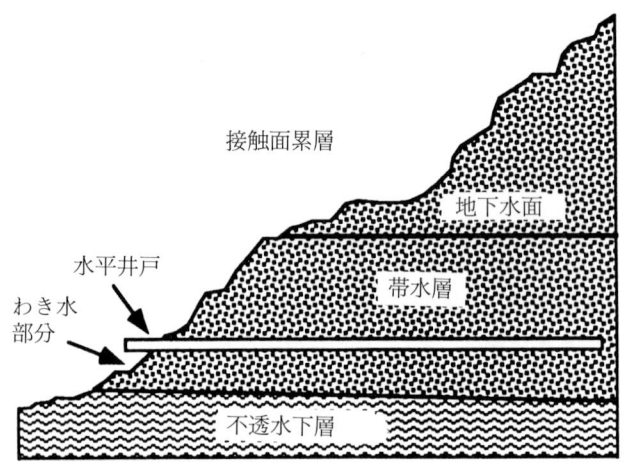

図 27-8 岩脈累層および接触面累層における水平井戸の開発 不透水バリア, 帯水層, および井戸わくの相対的な配置を示している(Welchert & Freeman 1973)。

に蛇口をつけるために, 不透水のバリアを貫通する必要がある(図 27-8)。接触面累層は, 不透水層との境界部に存在するわき水部分, またはその上部を貫通することで開発できる(図 27-8)。わき水の下や不透水層自体に穴を開けても水流を増加できない。

テナハ

テナハ(tenajas)は浸食によって作られ, 水を溜める岩の水槽である。乾燥した山岳の牧野では, テナハは野生動物のための唯一の水源である場合もある。テナハの収水量は, ほんの 2〜3 *l* から 100,000 *l* 以上のものまで様々である。

テナハの収水量を増加させるにはいくつかの方法がある。日除けを利用すれば, テナハからの水の蒸発を減少させることができる(Halloran 1949, Halloran & Deming 1956, 1958, Weaver et al. 1959)。このような日除けは, 峡谷の壁に目付きボルトを打ち込んでアンカーとし, ケーブルを張って, そのケーブルに金属板などの日除け材を取り付けて作ることができる(Weaver et al. 1959)。アリゾナ州では基盤の岩に穴を開け, 穴に直径 5 cm のパイプを直立させて骨組みを作り, 骨組み上に日除け材を乗せて日除けを作っている(Werner 1984)。

テナハは爆薬で深くしたり大きくしたりすることができる(Halloran 1949, Weaver et al. 1959)。テナハの収水量を大きくするのに安全でより効果的な方法は, 水の流入を妨げずにテナハ周辺に堆積物を迂回させる透水性の構造物と組み合わせて, 下流側に不透水のダムを建設することである(Werner 1984)。

開発作業はまずテナハから完全に泥や堆積物を取り除くことから始める。水で完全に洗った後, すばやくきれいに岩の割れ目に目張りをする(Werner 1984)。次に, ガソリン動力の手持ち式ドリルで金属のレバー棒をつけるための穴を開ける。レバーを水硬性のセメント(Waterplug®, Standard Drywall Products, Newark, CA 94560)で塗り込める。その後結合を確実にするため, 基岩を粘着性の薬品(Acryl 60®, Standard Drywall Products, Newark, CA 94560)で処理する。劣質のその場の砂よりもむしろ現場に持ち込んだきれいな砂を用いてモルタルを作る。ダム建設には大きく, 平らで四角い岩が適している。ダムができあがれば, 良い粘着性を得るために水硬性のセメント, ポルトランドセメント, 石灰, 十分量の Acryl 60 を用いて目張りをする。

可能であれば, テナハの周囲に泥を分けるダムを作る。泥を分ける構造は, 泥を滞留させるダムと同様定期的な掃除を必要としない。分ける構造は V メッシュワイヤーで作られた岩籠を, 基岩に開けた穴の中に設置して作られる。籠は粗い岩で満たされ, さらに V メッシュワイヤーで覆われる。

深く, 急傾斜のテナハは野生動物にとってしばしば特殊な問題を提起する。それは水位が低い場合に個体が溺れてしまうことである。このような状況では, 圧搾空気を利用した道具や爆薬を用いて, 接近のための傾斜路を作る(Halloran 1949)。Mensch & Weaver(1969)は, 2 年間に 34 頭のビッグホーンが死んだテナハをこのように改良して成功した。

砂のダム

乾燥牧野の水の利用性を高めるために計画された最も初期の技術は, 砂のダムや砂の水槽である(Sykes 1937, Halloran 1949, Halloran & Deming 1956, 1958)。これらの

装置はもともと細い峡谷を横切るコンクリートダムの代わりに建設された。ダムを一つもしくはそれ以上のパイプが貫通しており，このパイプは漏水を防ぐためにふたがされる。せき止められた場所はやがて洪水で押し流されて来る砂や砂利でいっぱいになる。水は砂や砂利に浸透して保存され，極度の蒸発から守られる(National Academy of Sciences 1974)。

ダムは基岩にしっかりと固定されねばならず，その計画と建設は本システム全体で最も重要であろう(Bleich & Weaver 1983)。基岩表面からの漏水が水損失の大部分であるので，Bleich & Weaver(1983)は，基岩とセメントの間に効果的な接着剤(Gray 1974)を用いるよう主張した。これらの技術には，結合を強めるように Acryl 60 のような化学化合物を用いる。ダムを建設する基岩面全てを，建設前に完全にきれいにしなければならない。建設後，ダムとつなぎの部分は Thoroseal®(Standard Drywall Products, Newark, CA 94560)などの製品で目張りするべきである。基岩の割れ目は Waterplug などの補修材で目張りする。

砂のダムの収水量は様々な方法で増加できる(Sivils & Brock 1981, Bleich & Weaver 1983)。特に2段階以上の階層でカルバートを使用する，または嵐による洪水が起きるような場合は，全てのカルバートを基岩にしっかりと固定するとともに，各カルバートを互いにしっかりとつなぐ。加えて1段階の階層でカルバートを使用する場合には，フロート弁の詰まりを防止するために，ダムの上流部に適切なフィルターを装着すべきである。砂のダムの放水口のパイプは，ダムからあふれてくる破片や岩で損傷を受けやすいので，放水口にはプラスチックパイプよりもむしろ，丈夫なメッキ処理したパイプを用いるべきである。砂のダムの背後に溜まった水は，ダムから離れたところに適切に作られた水槽や，下流部に作られた縦穴へパイプで輸送される(Sivils & Brock 1981)。ダムは大き過ぎるべきではない。作成時間の短縮のためにコンクリートにカルシウムやアルミニウムなどの化合物を加える場合(Gray 1974)には，砂のダムは長さが12m，高さが3mを越えないようにすべきである(Halloran & Deming 1956, 1958)。

乾燥地帯ではしばしば激しい雷雨による増水が発生するため，水路や峡谷では短時間で膨大な量の水が流れることがある。地下の収水量が高められていれば，このような短時間の増水が砂のダムの背後を飽和状態にしないであろう(Sivils & Brock 1981, Bleich & Weaver 1983)。岩を詰めたバスケットや土籠を，水路や峡谷を横切るよう配置して基岩に固定すれば，増水した水流の方向や流速を変えることができる。このような構造物は，水路の河床を高くしたり，流路の幅を広げたりもする。

人造湖と貯水池

人造湖はダムの背後に蓄えられた，水面の開けた貯水である。Yoakum et al. (1980)は人造湖を，水路を直接横切るダムの建設により，または水路の片側のくぼ地を，建設した迂回水路とともに囲い込むことによって形成されるものと定義した。彼らはまた，人造湖は蒸発による損失を少なくするよう水面の面積は最小で，貯水量が最大となるように計画することを推奨している。人造湖の場所選定に際して考慮する主な点を以下に示す。①ダムに最も適した土壌は，かなりの割合の砂や泥を含んだ粘土(粘土1に対して砂が2～3)である。②ダムが網羅する流域は，人造湖をいっぱいにするのに十分な量の水が得られるように広くし，かつ洪水によりダムが破壊されたりダムから水が溢れたりしないように，広げ過ぎないようにすべきである。③最も経済的な場所は，水路が細く深く，河床が簡単に耐水化でき，ダム上辺に隣接する場所の傾斜ができるだけ平らな，天然の水路沿いである。④野生動物が水を飲むために簡単に近づける場所であること。⑤天然の余水路が利用できる場所に建設するか，もしくは十分な余水路を開発計画に組み込む。

建設の行程前にダムの予定地を調査し，杭を打っておく。もしダム建設のための材料の適正度に疑問があれば，土壌科学者による調査を実施する。ダムの場所や洪水で作られたくぼ地から，木や灌木を取り払う。基礎と充填材の間に良好な結合を作り出すため，ダムの基礎部分を耕したり，ダムの主軸方向に土を搔いたりする。基礎材の安定性や透水性に疑問がある場合には，ダムの縦方向に細い溝を掘り，その後粘土壌を補充してふさぐ。人造湖の一部にできる土取り場からなど，現場で好ましい材料を調達する。ダムの基部の厚さは，高さの4.5倍プラス最高水位部の厚み分，もしくはこれ以上にすべきである。ダムの傾斜は上流面で2.5:1，下流面で2:1とすべきである。ダム全体の上部の幅は，少なくとも3mにすべきである。満水に対するダムの高さは，少なくともダム自体の安定性のために必要な高さより10%は高く設定すべきである。

余裕高(余水路が最高流量に達した場合の，ダムの頂上から水面までの深さ)は60cm以下にすべきではなく，余水路も予想される流量の2倍は扱えるよう設計すべきである。天然の余水路は好ましく，幅広く，断面が比較的平坦なものが良い。最高水位分以上の水は堤体の上流で取水さ

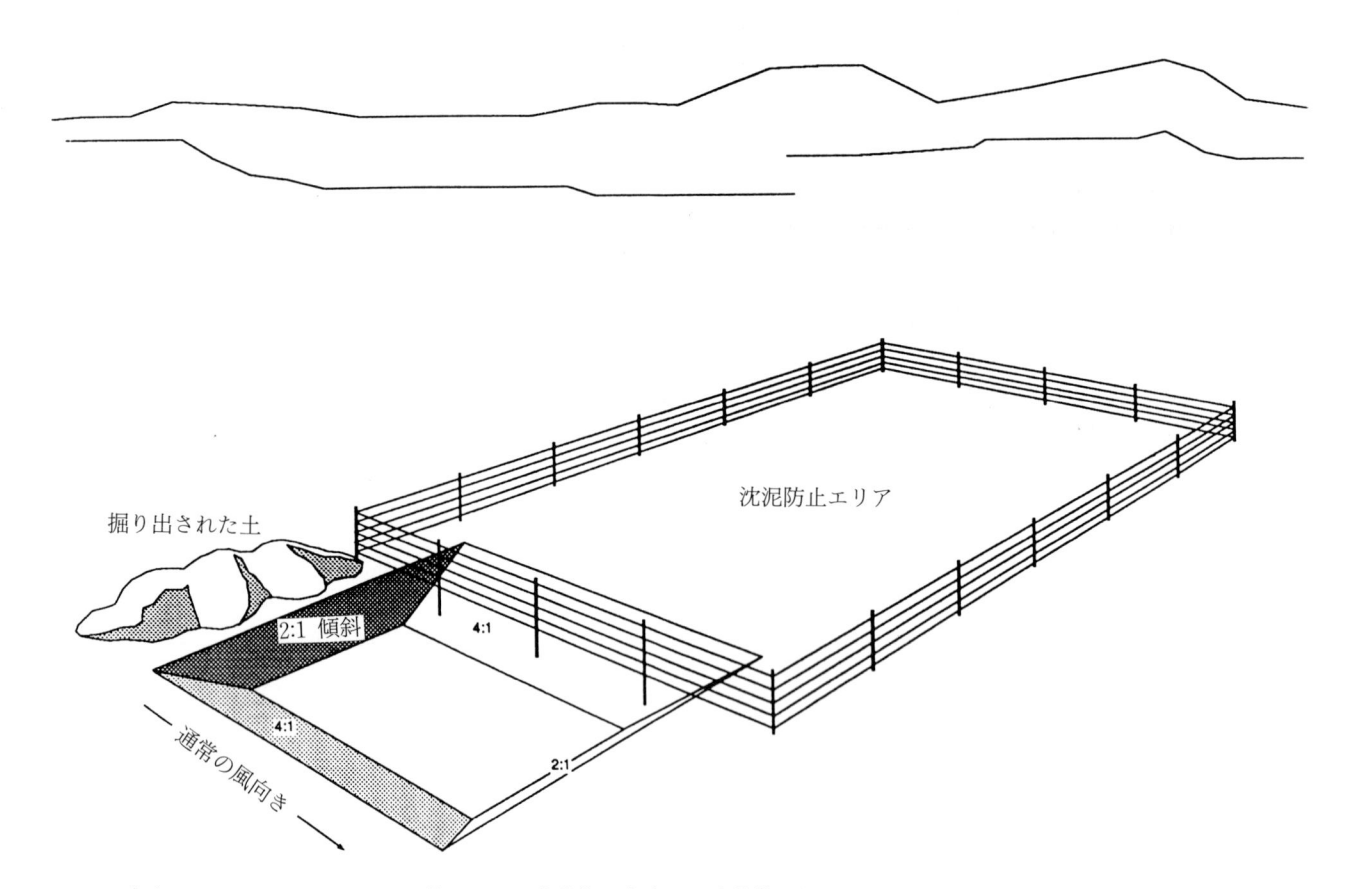

図 27-9 ダグアウトまたはキャラコは，牧野での野生動物や家畜への水供給に用いられる

(Yoakum et al. 1980, Kindschy et al. 1982)

れ，離れた下流部分で再びもとの水路と合流する。余水路は幅広く，底を平らにし，水流による破損を防ぐために捨て石や岩で表面仕上げをする。取り込み口は幅広くスムーズで，水流による破損を防ぐために余水路の傾斜は緩やかにする(Hamilton & Jepson 1940)。

新しい人造湖は，普通数か月間はまだ十分に水を溜めていない。くぼ地の側面や底，およびダムの表面にベントナイトを吹き付けておけば，さらに人造湖の目張り効果が増す。くぼ地はさらにポリエチレンや他の材料で内側を覆う(U.S. Bureau of Land Management 1966)。Hypalon®(Water Saver Company, Denver, CO 80216-0465)などの最近の人工材は，伸縮性や紫外線に対する耐性の点でポリエチレンよりも優れている。これらのライナーは，様々な大きさの人造湖のための特注品である。

ダグアウト(地下壕)

家畜の飲料水を確保するために作られる巨大な土製の雨水集積用くぼ地は，メキシコ国境付近の定住民からはキャラコ(charcos)と，他の地域の開拓者からはダグアウト(dugouts，地下壕)と呼ばれてきた(Yoakum et al. 1980)。ダグアウトはどんな地形でも設置することができるが，一般に比較的平坦で水はけの良い地形に作られる。平坦な傾斜は最小の掘削で最大の貯水量を可能にする。ダグアウトは小さい方形の掘削である(図27-9)。全ての側面は泥濘化を防ぐために十分傾斜しており(通常2:1以下)，家畜や野生動物の立ち入りが確保されるよう，一方向または両方向部は相対的に緩やかである(4:1以下)(U.S. Bureau of Land Management 1964)。

エディット(横穴)

エディット(adits，横穴)は均質な岩の内部に伸びる，短く，行き止まりのトンネルであり，野生動物の立ち入りが容易なよう，床が下方に傾斜して作られている(Halloran & Deming 1956, 1958，図27-10)。エディットはアリゾナ州や他の西部の州で，基本的にビッグホーンのために建設された(Parry 1972, Weaver 1973)。

図27-10 エディットは均質な岩の内部に伸びるトンネルであり，水を溜め，野生動物の出入りを保証する（写真提供：B. Garlinger）

エディットは，硬い岩に発破をかける技術といった個人の技能により最も簡単に建設できる。エディットの開口部は少なくとも2×3mで，奥行きは4～5mにする。水の供給を確実にするため，溜まり水の深さは少なくとも4mにすべきである(Halloran & Deming 1956, 1958)。岩の割れ目からの透水を防ぐため，石工職人用のシール塗装を用いて目張りする(Halloran & Deming 1956, 1958, Gray 1974, Werner 1984)。

増水が起きそうな条件下では，エディットの開口部を増水面と同じ高さにするか，洪水によってエディット内に堆積物が入らないよう，迂回水路を作らねばならない。瓦礫をエディットの上流部に積み上げることも，同様の目的で行われる(Halloran & Deming 1956, 1958)。他の効果的で単純な方法は，岩の土籠の作成である(Werner 1984)。市販の土籠，丈夫なワイヤーで自作した土籠のどちらも利用できる。

エディットは，泉などの季節的あるいは永続的な天然の水源から水を溜めるように計画されている(Werner 1984)。時には，上部に位置する天然のなめらかな岩のエプロンを通して外部からの分水が流れ込む。エディットは，通常は利用されない水の貯水場所としても利用され，エディットから水をポンプで汲み上げ，近くのテナハへ入れる(Werner 1984)。この例では，エディットは蒸発を減少させるカバーである。溜まった水を野生動物に直接利用させるエディットでは，蒸発を減少させるために日除け構造物が用いられている(Halloran & Deming 1956, 1958)。

グツラー

グツラー(guzzlers)は恒久的で，自己充足的な建造物であり，雨水を集めて貯水し，野生動物に直接利用させる。グツラーは小動物専用または全ての大きさの動物用に建設される。

小動物用のグツラーの集水にはいくつかの方法がある。雨水を集めるエプロンには大規模な製品もしくは天然の材料が用いられる。小動物用グツラーはしばしばコンクリートや金属板のエプロンで作られ，油やワックス処理したアスファルトでは作られないが，処理した土のエプロンは用いられる(Glading 1947, Fink et al. 1973, Rauzi et al. 1973, Myers & Frasier 1974, Frasier et al. 1979, Johnson & Jacobs 1986, Rice 1990)。

小動物用のグツラーは一般に地下のタンクに水が溜められ，野生動物は水を飲むために傾斜路を歩いてグツラーへ入る。初期の大動物用のグツラーはこれと同様であり，人工的なエプロンで水を集め，大動物は傾斜路を歩いて地下のタンクへ水を飲みに行った(Halloran & Deming 1956, 1958)。しかし水は地上のコンクリートやプラスチック，金属やファイバーグラスのタンクでも溜めることができる(Garton 1956 a, b, Roberts 1977, Bleich et al. 1982 b, Remington et al. 1984, Werner 1984, Bardwell 1990, Bleich & Pauli 1990, deVos & Clarkson 1990, Gunn 1990)。小動物用グツラーとは異なり，最も現代的な大動物用グツラーは，貯水タンクから離れた場所に設置されている，水量を調節するフロートバルブ装置が備わっている水桶まで，水を輸送するシステムを有している(Roberts 1977, Werner 1984, Bleich & Pauli 1990)。

グツラーの設置において最も重要な段階は，適切な場所の選定である。泥や砂が堆積したり，洪水による損傷があるような浸食地形には，グツラーを設置すべきではない(Yoakum et al. 1980)。残念なことに，多くのグツラーが水以外の重要な生息地の構成が欠落した場所に設置されている(Lewis, Calif. Dep. Fish Game Job Prog. Rep., Proj. W-26-D-29-1, 1973)。

Yoakum et al.(1980)は，小動物用グツラーの建設に関して次のようなものを推奨している。集水エプロンの大きさは，貯水タンクが雨水のみでいっぱいになるよう設計されるべきである。貯水タンクを入れる穴を掘る費用は最大の出費の一つなので，比較的掘りやすい場所を選ぶべきである。タンクはその開口部を通常の風下方向に向けて設置し，可能ならば日光のタンクへの侵入を最小にするよう北向きに設置する。このような配置は，水温や蒸発を減少させ，藻類の生長も少なくする。

タンクは普通コンクリートかプラスチックで作られる。

時には頑丈な装置として金属のタンクも用いられる(Elderkin & Morris 1989, Morris & Elderkin 1990)。プラスチックのグツラーは，プラスチック樹脂を含んだファイバーグラスで作られた組立式のタンクである。コンクリートタンクの建設には，洗った砂利のみを用いるべきで，そうしないとコンクリートは数年で崩壊する。金属で作られたグツラーは多くの場所で利用されており，十分な水を野生動物に提供している。他の人工的な材料を用いて作られたタンクの使用は比較的新しい。

集水エプロンは多くの材料で作られる。ビチューモルで目張りしたコンクリート，メッキした金属シート，ガラスマットとビチューモル，ゴム，プラスチックシート，アスファルト，ポリウッドが用いられ成功している。コンクリートや金属などの耐久性のある材料はその維持費が高価であるが，ソイルセメントは有望な材料である(Rice 1990)。効率(集水の割合)と耐用年数(年)は材料間で変化し，金属(98%, 25年)が最大で，アスファルトで覆ったもの(86〜92%, 8年)，プラスチックを厚さ2.5 cmの砂利で覆ったもの(66〜87%, 8〜15年)，ブチルゴム(98%, 15〜20年)，アスファルト舗装(95%, 15年)，リキッドアスファルト土壌水(90%, 5年)が以下に続く(Fairbourn et al. 1972)。

グツラーを満水にするために必要な集水エプロンの大きさは，グツラーの大きさと建設地の最低年間降水量に依存する。使用する材料にもよるが，降水の100%近くが集水できるので，エプロンの大きさは意外に小さい。数センチの降水で，エプロン表面積10 m²当たり約1 lの水が集められる。

乾燥の年におけるグツラーからの水供給停止を防ぐため，エプロンの大きさは平均降水量や最高降水量ではなく，予想される最低の降水量を基に計算が行われる。毎年少なくとも1回はグツラーを満水にするのに必要なエプロンの大きさ(エプロンの集水が100%と仮定して)は，年間降水量とタンクの貯水量に応じて変化する(図27-11)。異なったタイプのエプロンを用いる場合，必要エプロン面積は集水効率から計算される(Fairbourn et al. 1972)。グツラーの漏水，蒸発，野生動物による極端な利用も，エプロンの大きさを左右する。

アメリカ合衆国南西部では，大動物用グツラーは年間を通して利用されている(Garton 1956a,b, Bleich et al. 1982b, Gunn 1990)。これらのシステムは，人工的エプロン(Gunn 1990)と天然のエプロン(Stevenson 1990)のどちらからも集水できるよう設計されている。なめらかな岩を用いて，露出した岩からの流水を集める集水装置は一般的な技術である(Bleich et al. 1982b, deVos & Clarkson 1990, Stevenson 1990)。これらのグツラーは，雨水として表面に降り注ぐ降水のほぼ100%近くを利用できる点で有利である。最近の研究のいくつか(Bardwell 1990, Gunn 1990, Stevenson 1990)は，設計の詳細と，このような構造物の建設のための推奨点を提示した。Bardwell (1990), Bleich & Pauli(1990), deVos & Clarkson (1990), Gunn(1990)は，数年間に渡るこれらの装置の効果に関する情報を提供した。さらにこれらの著者は，大動物用グツラーの建設に用いられる技術を評価し，材料の信頼性を評価した。

大動物用のグツラーの能力と効果は，その配管工事部分に依存する。例えばBleich & Pauli(1990)は，11年間に22のグツラーで98回の故障があり，そのうちの35回はパイプの詰まりや凍結であったと報告した。さらに98回の故障のうち，フロートバルブの故障が31回，建造物のひび割れが9回，自然災害による破壊が6回であった。タンクの錆，水桶の錆や汚損といったその他のトラブルは17回であった。全体として，11年間で22のグツラーそれぞれで平均4.4回の機械的故障が発生したと査定されたが，平均すると11年のうち87%の期間は機能していた。機械的故障はグツラーの機能を停止させるには至らないまでも，それらを修理する労力が必要となる。

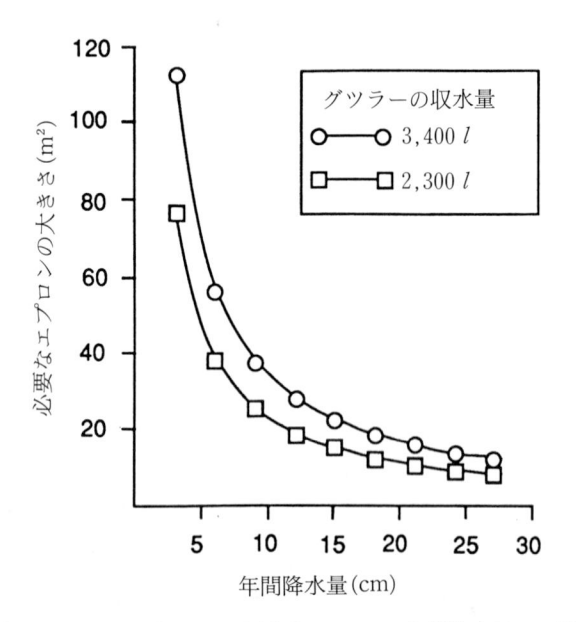

図27-11 2,300 l, 3,400 l用グツラーの，年間降水量との関係から推奨されるエプロンの大きさ(Yoakum et al. 1980)

❏ 牧柵の建設

　牧野の牧柵と野生動物の関係は，前世紀のアメリカ合衆国西部における論争の的であった。家畜の制御のための牧柵建設は，いくつかの野生動物種に悪影響を及ぼす。例えば牧柵は，プロングホーン(Martinka 1967, Spillett et al. 1967, Oakley 1973)とミュールジカ(Yoakum et al. 1980, Mackie 1981)にとって大きな障害物，または罠となる。正しい牧柵の設計と適正な建材の利用により悪影響は減少できる。プロングホーンやミュールジカ，エルク，アメリカバイソン，クビワペッカリーが生息する牧野での牧柵建設の詳細は，他の場所でも利用可能である(U.S. Bureau of Land Management 1985, Karsky 1988)。いくつかの野生動物種の移動の制限は望ましいものと思われ，特定の牧柵設計はこの目的を達成することができる(Longhurst et al. 1962, Messner et al. 1973, deCalesta & Cropsey 1978, Jepson et al. 1983, Karsky 1988)。

　最近の出来事では，ワイオミング州中南部のある牧場経営者が，冬に重要となる牧野の周りにネットワイヤー牧柵を立て，公有地と私有地の入り交じった3,885 haの場所へのプロングホーンの出入りを遮った(Moody & Alldredge 1986)。ワイオミング州と国の野生動物協会(Wildlife Federation)は牧柵を移動するよう告訴した。裁判所の判決は，たとえネットワイヤー牧柵の設置場所が完全に私有地内であっても，1885年に制定された公有地の非合法囲い込みに関する法律に違反するというものであった。裁判所は牧場経営者に，公有地内の冬の牧野へのプロングホーンの出入りが可能となるよう，牧柵の45 kmを移動するよう命令した。この判決は，今後も発生するであろう野生動物の公有地への出入りに関する判例を示したものとして高く評価された。

牧柵とプロングホーン

　プロングホーンと牧柵間の問題の激しさは地域によって異なる。牧柵は第一に，北部の冬の生息地から，または冬の生息地への季節的な群の移動にとって問題となる(Oakley 1973)。一方，季節的移動の問題は，ニューメキシコ州(Russell 1964, Howard et al. 1983)やテキサス州(Buechner 1950, Hailey 1979)においても，特に干ばつの年には報告されている。

　牧柵が必要な場合には，家畜のみを制御し，プロングホーンや他の野生動物の障害物としての働きは最小となるようにすべきである。全ての季節，全ての気象状態において全ての年齢の動物の通過を阻害しないようにしなければならない(Yoakum et al. 1980)。

　乾燥した夏の牧野において水場を牧柵で囲うことは，移動経路を牧柵で囲うのと同様プロングホーンに悪影響を及ぼす。特にプロングホーンに水場を利用させるために牧柵で水源を囲うのであれば，少なくとも1〜2 haの比較的平坦な地形の周辺地域を牧柵で取り囲むようにすべきである(Yoakum et al. 1980)。

　プロングホーンの牧柵に対する反応は，シカやエルクやアメリカバイソンとは異なっている。プロングホーンは通常，飛び越えたり彼らの通り道を通ってうまく牧柵を迂回したりするよりもむしろ，牧柵のワイヤーの下をくぐり抜ける場合が多い。プロングホーンが何度もくぐり抜けた場所は，踏み固められた通り道が形成される。このような場所は大抵，地面がわずかにくぼんでいて出入りしやすい。

　家畜を制御するための牧柵の特殊化は，プロングホーンの牧野ではかなり古くから開発されている(Spillett et al. 1967, Autenrieth 1978, Salwasser 1980, Yoakum 1980, Kindschy et al. 1982, U.S. Burean of Land Management 1985)。牧柵は，3本のワイヤーで構成し，そのうち一番下のワイヤーは刺のないものにすべきである(図27-12)。4本や6本の有刺鉄線の牧柵は，プロングホーンの移動を制限するので使用すべきではない。最下段のワイヤーは少なくとも地上から41 cm以上にする。支柱間の支索がないほうが，プロングホーンによる牧柵の通過を容易にする(Yoakum et al. 1980, Kindschy et al. 1982, Hall 1985)。

　新しい牧柵には，プロングホーンが忌避性を緩和できるよう，白い布きれを縛り付ける。牧柵の支柱の頭に白い布きれを縛り付けることで，プロングホーンは牧柵に慣れやすくなった(Kindschy et al. 1982)。牧柵の支柱の頭を白く塗ることも，プロングホーンにとって牧柵を目立つものにする(Hall 1985)。

　積雪がプロングホーンの移動を制限するような場所では，倒すことや調節することが可能な牧柵が用いられる(Yoakum et al. 1980)。倒せる牧柵は，各支柱に木の支索が取り付けられ，そこにワイヤーが留められている。支索は支柱に2か所で固定するが，一方はワイヤーの輪で最上段に固定し，もう一方は2段目にワイヤーの輪で固定するか，最下段にピボットボルトで固定する。倒せる牧柵部分は，恒久的な牧柵側背後から引っ張ることで倒せるよう設

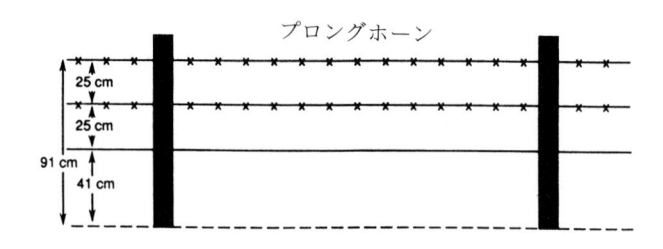

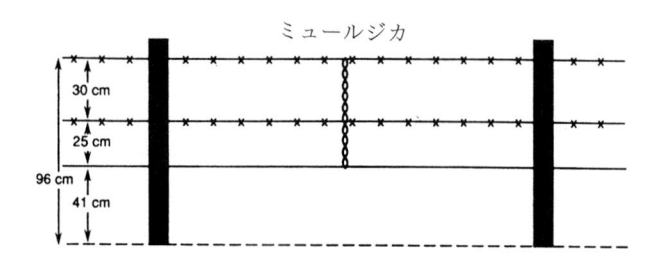

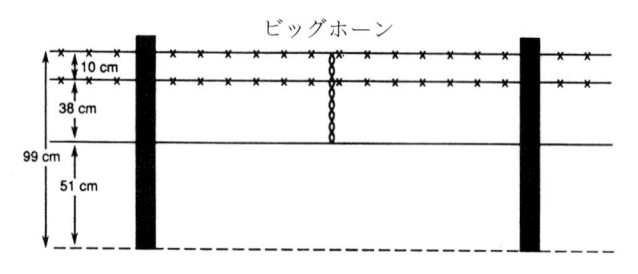

図 27-12 プロングホーン，ミュールジカ，ビッグホーンの生息する牧野で建設されるワイヤー牧柵に推奨される特殊性全ての牧柵は最下段が刺なしであり，プロングホーンの牧野での牧柵にのみ支索は存在しない。プロングホーン：Yoakum 1980, Kindschy et al. 1982, U.S. Burean of Land Management 1985），ミュールジカ：Jepson et al. 1983, U.S. Burean of Land Management 1985，ビッグホーン：Hall 1985, Brigham 1990

計されている。

　倒せる牧柵はワイヤーの張り具合を調節できるようにするべきである。ワイヤーが張りすぎている場合，地面に平らに倒れないし，緩んでいる場合にはワイヤーの輪が人や野生動物の事故を引き起こすからである(U.S. Burean of Land Management 1985)。

　1本またはそれ以上のワイヤーを動かせる調節可能な牧柵は，家畜が存在しない期間にプロングホーンが通過することができる(Anderson & Denton 1980，図27-13)。調節可能な牧柵は，積雪が30cmを越える場合に特に役立つ(Yoakum et al. 1980)。

　プロングホーンのパス*は，ウシの監視者が牧柵を横切るためのものと似た構造である(Spillett et al. 1967, Mapston & ZoBell 1972, Yoakum et al. 1980, Howard et al. 1983)。プロングホーンのパスに適した場所は，プロングホーンが牧柵沿いに横切る場所を探すような場所である。パスはプロングホーンの，側面から障害物を飛んで乗り越える能力を利用する。

訳者注：*人が牧柵を乗り越えられるよう，牧柵の両側に踏み石や丸太などを設置した構造物。ここではどのような構造物であるかが明確ではないためそのまま「パス」とした。

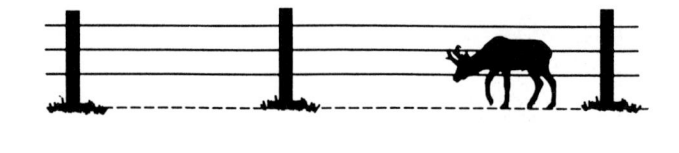

図 27-13 調節可能な牧柵はプロングホーンや他の野生動物の移動を保証する(Anderson & Denton 1980)

　プロングホーンのパスは様々な場所で作られ，試験されている(Spillett et al. 1967, Howard et al. 1983)。あるプロングホーンの成獣は施設の利用をすばやく学習したが，他の個体はそうではなかった。プロングホーンの子は，しばしばパスを越えることができなかった。プロングホーンのパスは限られた価値しかなく，プロングホーンの出入りの問題への万能薬として用いるべきではない(U.S. Bureau of Land Management 1985)。

　ネットワイヤー牧柵は，特にプロングホーンの子の移動を妨げるので，プロングホーンが生息する公共牧野では使用すべきではない(Autenrieth 1978, Yoakum 1980)。一方，成獣は，ネットワイヤー牧柵の高さが80cmまでであれば飛び越すことができる。生け捕りや調査プロジェクトにおける制御，作物の略奪防止，高速道路など危険な場所への出入りの制限など，プロングホーンの移動を制限する必要のある場合には，80cm以上のネットワイヤー牧柵を使用する。

牧柵とミュールジカ

　家畜用の牧柵とミュールジカの間の関係では，プロングホーンの場合のように裁判を起こすような騒動は持ち上がっていない。しかし，牧柵が建設されている北米全体で，牧柵による死亡率はプロングホーンよりもシカの方が間違

図27-14 誤った構造の有刺鉄線に捕獲されたミュールジカ

牧柵は3本のワイヤーで構成すべきである。最上段のワイヤーは2段目のワイヤーから少なくとも30 cm以上離し，最下段のワイヤーは刺なしとする。そして支索は支柱間に用いるべきである(写真提供：D. Neal)。

いなく高い。プロングホーンは冬に大きな集団として牧柵に捕獲されるのに対して，シカは個体で牧柵に捕獲されやすい。またプロングホーンの死亡は開けた場所で発見されやすいのに対して，シカは発見されにくい孤立した場所で捕獲されることが多い。

シカは慌てていない場合は牧柵の下を這うことが多いが，驚いたり追われた場合にはそれらを飛び越える(Mackie 1981)。シカはその際，上段2本のワイヤー間に足をもつれさせて死に至る(図27-14)。この問題は牧柵全体の高さを96 cmに制限することで少なくできる(U.S. Bureau of Land Management 1985，図27-12)。最上段のワイヤーが有刺鉄線の場合，2段目のワイヤーから30 cmは離すべきである。できるだけ最上段のワイヤーは刺なしにすべきである(Jepson et al. 1983)。プロングホーンの牧野で用いられる牧柵とは異なり，シカの足に最上段のワイヤーが巻き付くことを防止するため，支柱間2.5 m毎に支索を取り付ける(Yoakum et al. 1980，U.S. Bureau of Land Management 1985)。

シカに対するバリアとしての牧柵の高さの効果は傾斜地では増加する。例えば20%の斜面における110 cmの牧柵は，水平な地面での140 cmの牧柵に相当する。50%の斜面における140 cmの牧柵は，水平な地面での190 cmにも相当する(Kerr 1979, Anderson & Denton 1980)。その場所に応じて高さの調節を行うべきである。

シカの季節的な移動経路上には，倒れる牧柵を設置すればシカの自由な移動を保証できる。牧柵が倒れるという特徴は，牧柵自体が雪の重みで壊れることを防止する役割を果たす。また調節可能な牧柵もミュールジカの移動を補助することができる(図27-13)。

90 cm以下の高さのネットワイヤー牧柵は，シカ成獣の移動は保証できるが，子ジカの通過を阻害してしまうので，シカの夏や秋の移動経路上に設置すべきではない。

牧柵とビッグホーン

ビッグホーンが利用する牧野における牧柵の建設(例えば，水源からの家畜の排除のため)は，明らかに問題を引き起こす。ビッグホーンは，最上段と2段目のワイヤー間に頭を入れる際に引っかかりやすい。この問題は，上段2本のワイヤー間を10 cm以下にすれば最小限にすることができる(Brigham 1990)。3段ワイヤーの牧柵は，ビッグホーンが最下段ワイヤーの下および真ん中のワイヤーとの間を通れるよう，ワイヤー間の間隔を51, 38および10 cm(図27-12)にすべきである(U.S. Burean of Land Management 1985, Brigham 1990)。6段ワイヤーの牧柵(U.S. Burean of Land Management 1985)はビッグホーンにとって危険であり，用いるべきではない(Brigham 1990)。

電気牧柵

電気牧柵は家畜の制御に用いられ，いくつかのタイプのものは野生動物の移動にほとんど障害とならない。電気牧柵は，水分の多い場所で最も効果的で，このような場所では2本のワイヤーで十分にウシを制御することができる。少なくとも年間降水量が600 mm以上の場所では，電気牧柵は地上高60 cmと90 cmの2本の刺なしワイヤーで作られる(U.S. Bureau of Land Management 1985, Karsky 1988)。上段のワイヤーに通電し，下段のワイヤー

はアースとしての役割を果たす。ワイヤーはどの支柱部分でも固定されておらず，ミュールジカが捕獲される危険はほとんどない。加えて牧柵をまたいで横切ることができ，それを建てる場合は地面に支柱を突き立てて押し込めば良い。乾燥した場所では機能を効果的に発揮するためにワイヤーを増やす必要があり(Karsky 1988)，ワイヤーの追加は野生動物の移動を減少させたり排除したりする。

木の牧柵

木の牧柵は，現場で調達した木の支柱と横木から，または製品化された材料から，様々な形態で建設される(U.S. Bureau of Land Management 1985, Karsky 1988)。木の牧柵は通常は高価だが魅力的であり，ワイヤー牧柵ほどの維持管理を必要としない。支柱とポール，丸太用ネジ，丸太とブロック，支持台とポールのデザインなど，建材を選ぶことができる(Karsky 1988)。ワイヤー牧柵の場合と同じ原理を木の牧柵に応用すれば，野生動物の移動を阻害することを最小限にできる。木の牧柵の最上段の横木またはポールは，ミュールジカが飛び越えられる高さに，最下段の横木またはポールは，子ジカが下をくぐるのに十分な高さを保つ。

ロックジャック

多くの場所では，土壌が浅すぎたり岩が多かったりして，牧柵の金属の支柱を容易に地中に埋め込むことはできない(Hall 1985)。このような場所では木枠の工作物として，ロックジャック(rock jacks)が建設される。木枠の中は岩で満たされ，ワイヤー牧柵を固定するアンカーの役割を果たす。ロックジャックの木枠が地面から10～15cmに保たれていれば，小哺乳動物にカバーや巣穴を提供する(Hall 1985)。少なくとも直径30cm以上の岩を用いれば，小哺乳動物が好む岩の裂け目をつくることができる。

野生動物排除のための牧柵

特定の場所から特定の野生動物種を排除することは望ましいことであろう。果樹園，ブドウ園や他の作物はしばしばミュールジカや他の野生動物に食害されることが多く，適正な牧柵はこれらの問題を緩和することができる。高速道路は，季節的生息地へ向かう必要のあるミュールジカや他の有蹄類にとって危険な場所である。牧柵を用いれば，彼らの移動を望ましい地下道へと迂回させ，乗り物との衝突を最小限にすることができる。調査において試験区を用いる場合には，1種もしくはそれ以上の野生動物種の排除が必要な場合がある。最後に，牧柵は家畜の捕食者を減少させるための方法を補うものとしても用いられる。

高さ1.8mのネットワイヤー牧柵，または全体の高さが約1.3mとなるよう45度に傾けられた牧柵は，ミュールジカを除外するのに用いられる(Longhurst et al. 1962, Messner et al. 1973, Karsky 1988)。また，4または6段ワイヤーの電気牧柵もシカの移動を妨害する(Karsky 1988)。

牧柵は局所的なコヨーテ制御のためにも用いられ，これには編み上げたワイヤー(deCalesta & Cropsey 1978, Thompson 1979, Jepson et al. 1983)や，電気牧柵(Gates et al. 1978, Dorrance & Bourne 1980, Karsky 1988, Nass & Theade 1988)が用いられる。より効果的にするためには，編み上げたワイヤーの牧柵は少なくとも高さが170cm以上で，目開きは10×15cmより小さく，飛び越えることを防止するためのオーバーハングと，穴掘りを防止するためのエプロンを，どちらも少なくとも幅40cm以上備えていなければならない(Thompson 1979)。7段ワイヤーの電気牧柵(交互の4段の通電用ワイヤーと3段のアース用ワイヤー)は，全体の高さが130cmのものを用いる(Dorrance & Bourne 1980)。コヨーテを抑止するためには，他のタイプの電気牧柵も利用できる(Karsky 1988)。一般にコヨーテの制御のための牧柵は高価であり，おそらくは灌漑した草地のような高い生産性の小さな場所を守る場合にのみ有効であろう。さらにコヨーテは牧柵，特に電気牧柵をくぐるようになり，コヨーテを排除していたはずの場所内で捕獲されるようになる(Kie 1977)。

謝辞

本章の草稿に対して様々な助言をいただいたFred Guthery氏，Marti Kie氏，Chris Maser氏に感謝いたします。

参考文献

ANDELT, W. F., J. G. KIE, F. F. KNOWLTON, AND K. CARDWELL. 1987. Variation in coyote diets associated with season and successional changes in vegetation. J. Wildl. Manage. 51:273–277.

ANDERSON, B. W., AND R. D. OHMART. 1977. Vegetation structure and bird use in the lower Colorado River valley. Pages 23–34 in R. R. Johnson and D. A. Jones, tech. coords. Importance, preservation, and management of riparian habitat. U.S. For. Serv. Gen. Tech. Rep. RM-43.

ANDERSON, E. W., AND R. J. SCHERZINGER. 1975. Improving quality of winter forage for elk by cattle grazing. J. Range Manage. 28: 120–125.

ANDERSON, L. D., AND J. W. DENTON. 1980. Adjustable wire fences for facilitating big game movement. U.S. Bur. Land Manage. Tech. Note 343. 7pp.

APPLE, L. L. 1985. Riparian habitat restoration and beavers. Pages 489–

490 *in* R. R. Johnson, C. D. Ziebell, D. R. Patton, P. F. Ffolliott, and R. H. Hamre, eds. Riparian ecosystems and their management: reconciling conflicting uses. U.S. For Serv. Gen. Tech. Rep. RM-1.

AUSTIN, D. D., AND P. J. URNESS. 1986. Effects of cattle grazing on mule deer diet and area selection. J. Range Manage. 39:18–21.

AUTENRIETH, R. 1978. Guidelines for the management of pronghorn antelope. Proc. Pronghorn Antelope Workshop 8:473–526.

BAKER, B. W. 1979. Habitat use, productivity, and nest predation of Rio Grande turkeys. Ph.D. Thesis, Texas A&M Univ., College Station. 46pp.

BAKER, D. L., AND F. S. GUTHERY. 1990. Effects of continuous grazing on habitat and density of ground-foraging birds in south Texas. J. Range Manage. 43:2–5.

BARCLAY, J. S. 1978. The effects of channelization on riparian vegetation and wildlife in south central Oklahoma. Pages 129–138 *in* R. R. Johnson and J. F. McCormick, tech. coords. Strategies for protection and management of floodplain wetlands and other riparian ecosystems. U.S. For. Serv. Gen. Tech. Rep. WO-12.

BARDWELL, P. P. 1990. Artificial water development design, materials, and problems encountered in the BLM, Carson City District, Nevada. Pages 133–139 *in* G. K. Tsukamoto and S. J. Stiver, eds. Proc. wildlife water development symposium. Nev. Chap. The Wildl. Soc., U.S. Bur. Land Manage., and Nev. Dep. Wildl.

BAREISS, L. J., P. SCHULZ, AND F. S. GUTHERY. 1986. Effects of short-duration and continuous grazing on bobwhite and wild turkey nesting. J. Range Manage. 39:259–260.

BARNES, W. J., AND E. DIBBLE. 1986. The effects of beaver in riverbank forest succession. Can. J. Bot. 66:40–44.

BATZLI, G. O., AND F. A. PITELKA. 1970. Influence of meadow mouse populations on California grassland. Ecology 51:1027–1039.

BILBY, R. E. 1984. Post-logging removal of woody debris affects stream channel stability. J. For. 82:609–613.

BIRCH, L. C. 1957. The meanings of competition. Am. Nat. 91:5–18.

BISSON, P. A., ET AL. 1987. Large woody debris in forested streams in the Pacific Northwest: past, present, and future. Pages 143–190 *in* E. O. Salo and T. W. Cundy, eds. Streamside management: forestry and fishery interactions. Univ. Washington Inst. For. Resour. Contrib. 57.

BISWELL, H. H., AND A. M. SCHULTZ. 1958. Effects of vegetation removal on spring flow. Calif. Fish Game 44:211–230.

BLEICH, V. C. 1982. Horizontal wells for mountain sheep: desert bighorn get the shaft. Trans. Desert Bighorn Counc. 26:63–64.

———. 1983. Comments on helicopter use by wildlife agencies. Wildl. Soc. Bull. 11:304–306.

———. 1990. Horizontal wells for wildlife water development. Pages 51–58 *in* G. K. Tsukamoto and S. J. Stiver, eds. Proc. wildlife water development symposium. Nev. Chap. The Wildl. Soc., U.S. Bur. Land Manage., and Nev. Dep. Wildl.

———, L. J. COOMBES, AND J. H. DAVIS. 1982*a*. Horizontal wells as a wildlife habitat improvement technique. Wildl. Soc. Bull. 10:324–328.

———, ———, AND G. W. SUDMEIER. 1982*b*. Volunteer participation in California wildlife habitat improvement projects. Trans. Desert Bighorn Counc. 26:56–58.

———, AND A. M. PAULI. 1990. Mechanical evaluation of artificial watering devices built for mountain sheep in California. Pages 65–72 *in* G. K. Tsukamoto and S. J. Stiver, eds. Proc. wildlife water development symposium. Nev. Chap. The Wildl. Soc., U.S. Bur. Land Manage., and Nev. Dep. Wildl.

———, AND R. A. WEAVER. 1983. "Improved" sand dams for wildlife habitat management. J. Range Manage. 36:133.

BOCK, C. E., J. H. BOCK, W. R. KENNEY, AND V. M. HAWTHORNE. 1984. Responses of birds, rodents, and vegetation to livestock exclosure in a semidesert grassland site. J. Range Manage. 37:239–242.

BOND, R. M. 1943. Ramps for escape of wildlife from stock-troughs. J. Wildl. Manage. 7:123.

BORCHERT, M. I., AND S. K. JAIN. 1978. The effect of rodent seed predation on four species of California annual grasses. Oecologia 33:101–113.

BRIGHAM, W. R. 1990. Fencing wildlife water developments. Pages 37–43 *in* G. K. Tsukamoto and S. J. Stiver, eds. Proc. wildlife water development symposium. Nev. Chap. The Wildl. Soc., U.S. Bur. Land Manage., and Nev. Dep. Wildl.

BRINSON, M. M., B. L. SWIFT, R. C. PLANTICO, AND J. S. BARCLAY. 1981. Riparian ecosystems: their ecology and status. U.S. Fish Wildl. Serv. Biol. Serv. Program, FWS/OBS-81. 211pp.

BROWN, D. E. 1978. Grazing, grassland cover, and gamebirds. Trans. North Am. Wildl. Nat. Resour. Conf. 43:477–485.

BROWN, R. L. 1982. Effects of livestock grazing on Mearn's quail in southeastern Arizona. J. Range Manage. 35:727–732.

BRYANT, F. C., M. M. KOTHMANN, AND L. B. MERRILL. 1979. Diets of sheep, angora goats, Spanish goats and white-tailed deer under excellent range conditions. J. Range Manage. 32:412–417.

BUE, I. G., L. BLANKENSHIP, AND W. H. MARSHALL. 1952. The relationship of grazing practices to waterfowl breeding populations and production on stock ponds in western South Dakota. Trans. North Am. Wildl. Conf. 17:396–414.

BUECHNER, H. K. 1942. Interrelationships between the pocket gopher and land use. J. Mammal. 23:346–348.

———. 1950. Life history, ecology, and range use of the pronghorn antelope in Trans-Pecos, Texas. Am. Midl. Nat. 43:257–354.

BULL, E. L., AND J. M. SKOVLIN. 1982. Relationships between avifauna and streamside vegetation. Trans. North Am. Wildl. Nat. Resour. Conf. 47:496–506.

BUTTERY, R. F., AND P. W. SHIELDS. 1975. Range management practices and bird habitat values. Pages 183–189 *in* D. R. Smith, tech. coord. Proc. symposium on management of forest and range habitats for nongame birds. U.S. For. Serv. Gen. Tech. Rep. WO-1.

CAMPBELL, C. J. 1970. Ecological implications of riparian vegetation management. J. Soil Water Conserv. 25:49–52.

CAMPBELL-KISSOCK, L., L. H. BLANKENSHIP, AND L. D. WHITE. 1984. Grazing management impacts on quail during drought in the northern Rio Grande Plain, Texas. J. Range Manage. 37:442–446.

CAROTHERS, S. W., AND R. R. JOHNSON. 1975. Water management practices and their effects on nongame birds in range habitats. Pages 210–222 *in* D. R. Smith, tech. coord. Proc. symposium on management of forest and range habitats for nongame birds. U.S. For. Serv. Gen. Tech. Rep. WO-1.

———, ———, AND S. W. AITCHISON. 1974. Population structure and social organization of southwestern riparian birds. Am. Zool. 14:97–108.

CHADDE, S. 1989. Willows and wildlife of the northern range, Yellowstone National Park. Pages 168–169 *in* R. E. Gresswell, B. A. Barton, and J. L. Kershner, tech. coords. Practical approaches to riparian resource management. U.S. Bur. Land Manage., Billings, Mont.

CHANEY, E., W. ELMORE, AND W. S. PLATTS. 1990. Livestock grazing on western riparian areas. U.S. Environ. Prot. Agency, Denver, Colo. 45pp.

CLARY, W. P., AND D. M. BEALE. 1983. Pronghorn reactions to winter sheep grazing, plant communities, and topography in the Great Basin. J. Range Manage. 36:749–752.

CLEMENTS, F. E. 1916. Plant succession: an analysis of the development of vegetation. Carnegie Inst. Publ. 242. 512pp.

COHEN, W. E., D. L. DRAWE, F. C. BRYANT, AND L. C. BRADLEY. 1989. Observations on white-tailed deer and habitat response to livestock grazing in south Texas. J. Range Manage. 42:361–365.

COMPTON, B. B., R. J. MACKIE, AND G. L. DUSEK. 1988. Factors influencing distribution of white-tailed deer in riparian habitats. J. Wildl. Manage. 52:544–548.

COOMBES, L. J., AND V. C. BLEICH. 1979. Horizontal wells—the DFG's new slant on water for wildlife. Outdoor Calif. 40:10–12.

CURTIS, R. L., AND T. H. RIPLEY. 1975. Water management practices and their effect on nongame bird habit values in a deciduous forest community. Pages 128–141 *in* D. R. Smith, ed. Proc. symposium management of forest and range habitats for nongame birds. U.S. For. Serv. Gen. Tech. Rep. WO-1.

DAMBACH, C. A. 1944. A ten-year ecological study of adjoining grazed and ungrazed woodlands in northeastern Ohio. Ecol. Monogr. 14:257–270.

DEBANO, L. F., AND L. J. SCHMIDT. 1989. Improving southwestern riparian areas through watershed management. U.S. For. Serv. Gen. Tech. Rep. RM-182. 33pp.

deCALESTA, D. S., AND M. G. CROPSEY. 1978. Field test of a coyote-

proof fence. Wildl. Soc. Bull. 6:256–259.
DeGraaf, R. M., technical coordinator. 1980. Workshop proceedings—management of western forests and grasslands for nongame birds. U.S. For. Serv. Gen. Tech. Rep. INT-86. 535pp.
deVos, J. C., Jr., and R. W. Clarkson. 1990. A historic review of Arizona's water developments with discussions on benefits to wildlife, water quality, and design considerations. Pages 157–166 in G. K. Tsukamoto and S. J. Stiver, eds. Proc. wildlife water development symposium. Nev. Chap. The Wildl. Soc., U.S. Bur. Land Manage., and Nev. Dep. Wildl.
Dickson, J. G., and J. C. Huntley. 1987. Riparian zones and wildlife in southern forests: the problem and squirrel relationships. Pages 37–39 in J. G. Dickson and O. E. Maughan, eds. Managing southern forests for wildlife and fish. U.S. For. Serv. Gen. Tech. Rep. SO-65.
Dorrance, M. J., and J. Bourne. 1980. An evaluation of anti-coyote electric fencing. J. Range Manage. 33:385–387.
Dragt, W. J., and K. M. Havstad. 1987. Effects of cattle grazing upon chemical constituents within important forages for elk. Northwest Sci. 61:70–73.
Dwyer, D. D., J. C. Buckhouse, and W. S. Huey. 1984. Impacts of grazing intensity and specialized grazing systems on the use and value of rangeland: summary and recommendations. Pages 867–884 in Impacts of grazing intensity and specialized grazing systems on use and values of rangelands. Natl. Acad. Sci., Nat Resour. Counc., and Bur. Land Manage., Washington, D.C. 140pp.
Dyksterhuis, E. J. 1949. Condition and management of range land based on quantitative ecology. J. Range Manage. 2:104–115.
Elderkin, R. L., and J. Morris. 1989. Design for a durable and inexpensive guzzler. Wildl. Soc. Bull. 17:192–194.
Ellison, L. 1946. The pocket gopher in relation to soil erosion on mountain range. Ecology 27:101–114.
Elmore, W. 1989. Rangeland riparian systems. Pages 93–95 in A. L. Dana, tech. coord. Proc. California riparian systems conference: protection, management, and restoration for the 1990s. U.S. For. Serv. Gen. Tech. Rep. PSW-110.
———, and R. L. Beschta. 1987. Riparian areas—perceptions in management. Rangelands 9:260–265.
Evans, K. E., and R. R. Kerbs. 1977. Avian use of livestock watering ponds in western South Dakota. U.S. For. Serv. Gen. Tech. Rep. RM-35. 11pp.
Fairbourn, M. L., F. Rauzi, and H. R. Gardner. 1972. Harvesting precipitation for a dependable, economical water supply. J. Soil Water Conserv. 27:23–26.
Fink, D. H., K. R. Cooley, and G. W. Frasier. 1973. Wax-treated soils for harvesting water. J. Range Manage. 26:396–398.
Fitch, H. S., and J. R. Bentley. 1949. Use of California annual-plant forage by range rodents. Ecology 30:306–321.
Frasier, G. W., K. R. Cooley, and J. R. Griggs. 1979. Performance evaluation of water harvesting catchments. J. Range Manage. 32:453–456.
Frischknecht, N. C. 1965. Deer mice on crested wheatgrass range. J. Mammal. 46:529–530.
Gallizioli, S. 1979. Effects of livestock grazing on wildlife. West. Sect., The Wildl. Soc., Cal-Neva Wildl. Trans. 1979:83–87.
Garton, D. A. 1956a. Experimental big game watering device and detailed information on construction and costs. Calif. Dep. Fish Game, Long Beach. 11pp.
———. 1956b. Experimental big game watering device and information on construction. Calif. Dep. Fish Game, Long Beach. 11pp.
Gates, N. L., J. E. Rich, D. D. Godtel, and C. V. Hulet. 1978. Development and evaluation of anti-coyote electric fencing. J. Range Manage. 31:151–153.
Geier, A. R., and L. B. Best. 1980. Habitat selection by small mammals of riparian communities: evaluating effects of habitat alterations. J. Wildl. Manage. 44:16–24.
General Accounting Office. 1988. Public rangelands: some riparian areas restored, but widespread improvement will be slow. U.S. Gen. Accounting Off., Resour. Community Econ. Dev. Div., Rep. GAO/RCED-88-105. 85pp.
Gersberg, R. M., B. V. Elkins, S. R. Lyon, and C. R. Goldman. 1986. Role of aquatic plants in wastewater treatment by artificial wetlands. Water Res. 20:363–368.

Gjersing, F. M. 1975. Waterfowl production in relation to rest-rotation grazing. J. Range Manage. 28:37–42.
Glading, B. 1943. A self-filling quail watering device. Calif. Fish Game 29:157–164.
———. 1947. Game watering devices for the arid Southwest. Trans. North Am. Wildl. Conf. 12:286–292.
Glass, R. J. 1988. Habitat improvement costs on state-owned wildlife management areas in New York. U.S. For. Serv. Res. Pap. NE-621. 15pp.
Goodwin, J. G., Jr., and C. R. Hungerford. 1977. Habitat use by native Gambel's and scaled quail and released masked bobwhite quail in southern Arizona. U.S. For. Serv. Res. Pap. RM-197. 8pp.
Gordon, I. J. 1988. Facilitation of red deer grazing by cattle and its impact on red deer performance. J. Appl. Ecol. 25:1–10.
Grange, W. B. 1948. Wisconsin grouse problems. Wis. Conserv. Dep., Madison. 318pp.
Grant, W. E., E. C. Birney, N. R. French, and D. M. Swift. 1982. Structure and productivity of grassland small mammal communities related to grazing-induced changes in vegetative cover. J. Mammal. 63:248–260.
Gray, R. S. 1974. Lasting waters for bighorn. Trans. Desert Bighorn Counc. 18:25–27.
Grover, K. E., and M. J. Thompson. 1986. Factors influencing spring feeding site selection by elk in the Elkhorn Mountains, Montana. J. Wildl. Manage. 50:466–470.
Gunn, J. 1990. Arizona's standard rainwater catchment. Pages 19–24 in G. K. Tsukamoto and S. J. Stiver, eds. Proc. wildlife water development symposium. Nev. Chap. The Wildl. Soc., U.S. Bur. Land Manage., and Nev. Dep. Wildl.
Guthery, F. S., C. A. DeYoung, F. C. Bryant, and D. L. Drawe. 1990. Using short-duration grazing to accomplish wildlife habitat objectives. Pages 41–55 in K. E. Severson, tech. coord. Can livestock be used as a tool to enhance wildife habitat? U.S. For. Serv. Gen. Tech. Rep. RM-194.
Gutzwiller, K. J., and S. H. Anderson. 1986. Trees used simultaneously and sequentially by breeding cavity-nesting birds. Great Basin Nat. 46:358–360.
Hailey, T. L. 1979. A handbook on pronghorn antelope management in Texas. Texas Parks Wildl. Dep., Austin. 59pp.
Hale, M. G., and D. M. Orcutt. 1987. The physiology of plants under stress. John Wiley & Sons, New York, N.Y. 206pp.
Hall, F. C. 1985. Wildlife habitats in managed rangelands—the Great Basin of southeastern Oregon: management options and practices. U.S. For. Serv. Gen. Tech. Rep. PNW-189. 17pp.
Halloran, A. F. 1949. Desert bighorn management. Trans. North Am. Wildl. Conf. 14:527–537.
———, and O. V. Deming. 1956. Water development for desert bighorn sheep. U.S. Fish Wildl. Serv. Wildl. Manage. Ser. Leafl. 14. 12pp.
———, and ———. 1958. Water development for desert bighorn sheep. J. Wildl. Manage. 22:1–9.
Halls, L. K., editor. 1984. White-tailed deer: ecology and management. Stackpole Books, Harrisburg, Pa. 870pp.
Hamilton, C. L., and H. G. Jepson. 1940. Stock water developments: wells, springs, and ponds. U.S. Dep. Agric. Farmer's Bull. 1859. 70pp.
Hanley, T. A., and J. L. Page. 1982. Differential effects of livestock use on habitat structure and rodent populations in Great Basin communities. Calif. Fish Game 68:160–174.
Harr, R. D., and R. L. Fredriksen. 1988. Water quality after logging small watersheds within the Bull Run watershed, Oregon. Water Resour. Bull. 24:1103–1111.
Heady, H. F. 1975. Rangeland management. McGraw-Hill Inc., New York, N.Y. 460pp.
Heede, B. H. 1980. Stream dynamics: an overview for land managers. U.S. For. Serv. Gen. Tech. Rep. RM-72. 26pp.
Henny, C. J., L. J. Blus, E. J. Kolbe, and R. E. Fitzner. 1985. Organophosphate insecticide (Famphur) topically applied to cattle kills magpies and hawks. J. Wildl. Manage. 49:648–658.
Hicks, B. J., R. L. Beschta, and R. D. Harr. 1991. Long-term changes in streamflow following logging in western Oregon and associated fisheries implications. Water Resour. Bull. 27:217–226.
Hill, R. D. 1974. Mining impacts on trout habitat. Pages 47–57 in

Symp. on trout habitat research and management. U.S. For. Serv. Southeast. For. Exp. Stn., Asheville, N.C.

HOLECHEK, J. 1980. Livestock grazing impacts on rangeland ecosystems. J. Soil Water Conserv. 35:162–164.

———. 1981. Brush control impacts on rangeland wildlife. J. Soil Water Conserv. 36:265–269.

———. 1982. Managing rangelands for mule deer. Rangelands 4:25–28.

HOOD, R. E., AND J. M. INGLIS. 1974. Behavioral responses of white-tailed deer to intensive ranching operations. J. Wildl. Manage. 38:488–498.

HOUSTON, D. 1982. The northern Yellowstone elk: ecology and management. Macmillan, New York, N.Y. 474pp.

HOWARD, V. W., J. L. HOLECHEK, AND R. D. PIEPER. 1983. Roswell pronghorn study. New Mexico State Univ., Las Cruces. 115pp.

HOWARD, W. E., K. A. WAGNON, AND J. R. BENTLEY. 1959. Competition between ground squirrels and cattle for range forage. J. Range Manage. 12:110–115.

JAIN, S., EDITOR. 1976. Vernal pools: their ecology and conservation. Univ. California, Davis, Inst. Ecol. Publ. 9. 93pp.

JENSEN, H. P., D. ROLLINS, AND R. L. GILLEN. 1990. Effects of cattle stock density on trampling loss of simulated ground nests. Wildl. Soc. Bull. 18:71–74.

JENSEN, S., AND W. S. PLATTS. 1987. Processes influencing riparian ecosystems. Proc. Annu. Meet. Soc. Wetland Sci. 8:228–232.

JEPSON, R., R. G. TAYLOR, AND D. W. MCKENZIE. 1983. Rangeland fencing systems: state-of-the-art review. U.S. For. Serv. Equipment Dev. Cent., San Dimas, Calif. 23pp.

JOHNSON, M. K. 1982. Response of small mammals to livestock grazing in southcentral Idaho. J. Range Manage. 35:51–53.

JOHNSON, R. R., P. S. BENNETT, AND L. T. HAIGHT. 1989. Southwestern woody riparian vegetation and succession: an evolutionary approach. Pages 135–139 in A. L. Dana, tech. coord. Proc. California riparian systems conference: protection, management, and restoration for the 1990s. U.S. For. Serv. Gen. Tech. Rep. PSW-110.

———, AND D. A. JONES, TECHNICAL COORDINATORS. 1977. Importance, preservation, and management of riparian habitat. U.S. For. Serv. Gen. Tech. Rep. RM-43. 217pp.

———, AND C. H. LOWE. 1985. On the development of riparian ecology. Pages 112–116 in R. R. Johnson, C. D. Ziebell, D. R. Patton, P. F. Ffolliott, and R. H. Hamre, tech. coords. Riparian ecosystems and their management: reconciling conflicting uses. U.S. For. Serv. Gen. Tech. Rep. RM-120.

———, C. D. ZIEBELL, D. R. PATTON, P. F. FFOLLIOTT, AND R. H. HAMRE, TECHNICAL COORDINATORS. 1985. Riparian ecosystems and their management: reconciling conflicting uses. U.S. For. Serv. Gen. Tech. Rep. RM-120. 523pp.

JOHNSON, T., AND R. A. W. JACOBS. 1986. Gallinaceous guzzlers. U.S. Army Corps Eng., Wildl. Resour. Manage. Manual, Sect. 5.4.1., Tech. Rep. EL-86-8. 20pp.

JONES, K. B. 1988. Comparison of herpetofaunas of a natural and altered riparian ecosystem. Pages 222–227 in R. C. Szaro, K. E. Severson, and D. R. Patton, eds. Management of amphibians, reptiles, and small mammals in North America. U.S. For. Serv. Gen. Tech. Rep. RM-166.

KANTRUD, H. A. 1990. Effects of vegetation manipulation on breeding waterfowl in prairie wetlands: a literature review. Pages 93–123 in K. E. Severson, tech. coord. Can livestock be used as a tool to enhance wildlife habitat? U.S. For. Serv. Gen. Tech. Rep. RM-194.

KARSKY, R. 1988. Fences. U.S. Bur. Land Manage. and U.S. For. Serv. Technol. Dev. Program, Missoula, Mont. 210pp.

KAUFFMAN, J. B., AND W. C. KRUEGER. 1984. Livestock impacts on riparian ecosystems and streamside management implications—a review. J. Range Manage. 37:430–437.

KERR, R. M. 1979. Mule deer habitat guidelines. U.S. Bur. Land Manage. Tech. Note 336. 61pp.

KIE, J. G. 1977. Effects of coyote predation on population dynamics of white-tailed deer in south Texas. Ph.D. Thesis, Univ. California, Berkeley. 217pp.

———. 1988. Annual grassland. Pages 118–119 in K. E. Mayer and W. F. Laudenslayer, Jr., eds. A guide to the wildlife habitats of California. Calif. Dep. For., Sacramento.

———. 1991. Wildlife and livestock grazing alternatives in the Sierra Nevada. Trans. West. Sect., The Wild. Soc. 27:17–29.

———, C. J. EVANS, E. R. LOFT, AND J. W. MENKE. 1991. Foraging behavior by mule deer: the influence of cattle grazing. J. Wildl. Manage. 55:665–674.

———, AND E. R. LOFT. 1990. Using livestock to manage wildlife habitat: some examples from California annual grassland and wet meadow communities. Pages 7–24 in K. E. Severson, tech. coord. Can livestock be used as a tool to enhance wildlife habitat? U.S. For. Serv. Gen. Tech. Rep. RM-194.

———, AND J. W. THOMAS. 1988. Rangeland vegetation as wildlife habitat. Pages 585–605 in P. T. Tueller, ed. Vegetation science applications for rangeland analysis and management. Kluwer Academic Publ., Dordrecht, The Netherlands.

KINDSCHY, R. R., C. SUNDSTROM, AND J. YOAKUM. 1982. Wildlife habitats in managed rangelands—the Great Basin of southeastern Oregon: pronghorns. U.S. For. Serv. Gen. Tech. Rep. PNW-145. 18pp.

KIRSCH, L. M. 1969. Waterfowl production in relation to grazing. J. Wildl. Manage. 33:821–828.

KNOPF, F. L. 1988. Riparian wildlife habitats: more, worth less, and under invasion. Pages 20–22 in K. M. Mutz, D. J. Cooper, M. L. Scott, and L. K. Miller, tech. coords. Restoration, creation and management of wetland and riparian ecosystems in the American West. PIC Technol., Denver, Colo.

———, J. A. SEDGWICK, AND R. W. CANNON. 1988. Guild structure of a riparian avifauna relative to seasonal cattle grazing. J. Wildl. Manage. 52:280–290.

KNOWLES, C. J. 1975. Range relationships of mule deer, elk, and cattle in a rest-rotation grazing system during summer and fall. M.S. Thesis, Montana State Univ., Bozeman. 111pp.

KOERTH, B. H., W. M. WEBB, F. C. BRYANT, AND F. S. GUTHERY. 1983. Cattle trampling of simulated ground nests under short duration and continuous grazing. J. Range Manage. 36:385–386.

KOZLOWSKI, T. T. 1984. Flooding and plant growth. Academic Press, New York, N.Y. 356pp.

KUENZLER, E. J. 1988. Value of forested wetlands as filters for sediments and nutrients. Pages 85–96 in D. D. Hook and R. Lea, eds. The forested wetlands of the southern United States. U.S. For. Serv. Gen. Tech. Rep. SE-50.

LEOPOLD, A. S. 1977. The California quail. Univ. California Press, Berkeley. 281pp.

LEWIS D. E., AND G. G. MARSH. 1977. Problems resulting from the increased recreational use of rivers in the West. Pages 27–31 in Proc. river recreation management and research symposium. U.S. For. Serv. Gen. Tech. Rep. NC-28.

LIKENS, G. E., AND F. H. BORMANN. 1974. Linkages between terrestrial and aquatic ecosystems. BioScience 24:447–456.

LOFT, E. R. 1988. Habitat and spatial relationships between mule deer and cattle in a Sierra Nevada forest zone. Ph.D. Thesis, Univ. California, Davis. 144pp.

———, J. W. MENKE, AND J. G. KIE. 1991. Habitat shifts by mule deer: the influence of cattle grazing. J. Wildl. Manage. 55:16–26.

———, ———, ———, AND R. C. BERTRAM. 1987. Influence of cattle stocking rate on the structural profile of deer hiding cover. J. Wildl. Manage. 51:655–664.

LONGHURST, W. M., E. O. GARTON, H. F. HEADY, AND G. E. CONNOLLY. 1976. The California deer decline and possibilities for restoration. West. Sect., The Wildl. Soc., Cal-Neva Wildl. Trans. 23:74–103.

———, R. E. HAFENFELD, AND G. E. CONNOLLY. 1982. Deer-livestock interrelationships in the western states. Proc. wildlife-livestock relationships symposium. 10:409–420.

———, M. B. JONES, R. R. PARKS, L. W. NEUBAUER, AND M. W. CUMMINGS. 1962. Fences for controlling deer damage. Univ. California Agric. Exp. Stn. Circ. 514. 15pp.

LOOMIS, J. B., E. R. LOFT, D. R. UPDIKE, AND J. G. KIE. 1991. Cattle-deer interactions in the Sierra Nevada: a bioeconomic approach. J. Range Manage. 44:395–399.

LOWRANCE, R., J. K. SHARPE, AND J. M. SHERIDAN. 1986. Long-term sediment deposition in the riparian zone of a coastal plain watershed. J. Soil Water Conserv. 41:266–271.

———, R. L. TODD, AND L. E. ASMUSSEN. 1983. Waterborne nutrient budgets for the riparian zone of an agricultural watershed. Agric.

Ecosystem Environ. 10:371–384.
MACKIE, R. J. 1978. Impacts of livestock grazing on wild ungulates. Trans. North Am. Wildl. Nat. Resour. Conf. 43:462–476.
———. 1981. Interspecific relationships. Pages 487–507 in O. C. Wallmo, ed. Mule and black-tailed deer of North America. Univ. Nebraska Press, Lincoln.
MAPSTON, R. D., AND R. S. ZOBELL. 1972. Antelope passes: their value and use. U.S. Bur. Land Manage. Tech. Note D-360. 11pp.
MARTINKA, C. J. 1967. Mortality of northern Montana pronghorns in a severe winter. J. Wildl. Manage. 31:159–164.
MASER, C., J. M. GEIST, D. M. CONCANNON, R. ANDERSON, AND B. LOVELL. 1979. Wildlife habitats in managed rangelands—the Great Basin of southeastern Oregon: geomorphic and edaphic habitats. U.S. For. Serv. Gen. Tech. Rep. PNW-99. 84pp.
———, J. W. THOMAS, AND R. G. ANDERSON. 1984. Wildlife habitats in managed rangelands—the Great Basin of southeastern Oregon: the relationship of terrestrial vertebrates to plant communities. U.S. For. Serv. Gen. Tech. Rep. PNW-172. Two parts: 25pp. and 237pp.
MCMAHAN, C. A. 1964. Comparative food habits of deer and three classes of livestock. J. Wildl. Manage. 28:798–808.
———, AND C. RAMSEY. 1965. Response of deer and livestock to controlled grazing in central Texas. J. Range Manage. 18:1–7.
MEDIN, D. E., AND W. C. CLARY. 1989. Small mammal populations in a grazed and ungrazed riparian habitat in Nevada. U.S. For. Serv. Res. Pap. INT-413. 6pp.
———, AND ———. 1990. Bird and small mammal populations in a grazed and ungrazed riparian habitat in Idaho. U.S. For. Serv. Res. Pap. INT-425. 8pp.
MEDINA, A. L. 1990. Possible effects of residential development on streamflow, riparian plant communities, and fisheries on small mountain streams in central Arizona. For. Ecol. Manage. 33/34:351–361.
———, AND S. C. MARTIN. 1988. Stream channel and vegetation changes in sections of McKnight Creek, New Mexico. Great Basin Nat. 48:373–381.
MEGAHAN, W. F., AND P. N. KING. 1985. Identification of critical areas on forest lands for control of nonpoint sources of pollution. Environ. Manage. 9:7–18.
MENDELSSOHN, I. A., AND M. T. POSTEK. 1982. Elemental analysis of deposits on the roots of *Spartina alterniflora* Loisel. Am. J. Bot. 69:904–912.
MENKE, J. W., EDITOR. 1983. Proceedings of the workshop on livestock and wildlife-fisheries relationships in the Great Basin. Univ. California, Berkeley, Spec. Publ. 3301. 173pp.
MENSCH, J. L., AND R. A. WEAVER. 1969. Desert bighorn (*Ovis canadensis nelsoni*) losses in a natural trap tank. Calif. Fish Game 55:237–238.
MESSNER, H. E., D. R. DIETZ, AND E. C. GARRETT. 1973. A modification of the slanting deer fence. J. Range Manage. 26:233–235.
MILLER, E. 1987. Effects of forest practices on relationships between riparian area and aquatic ecosystems. Pages 40–47 in J. G. Dickson and O. E. Maughan, eds. Managing southern forests for wildlife and fish. U.S. For. Serv. Gen. Tech. Rep. SO-65.
MITSCH, W. J., AND J. G. GOSSELINK. 1986. Wetlands. Van Nostrand Reinhold Co., New York, N.Y. 539pp.
MOODY, D. S., AND A. W. ALLDREDGE. 1986. Red Rim—mining, fencing, and some decisions. Proc. Pronghorn Antelope Workshop 12:57.
MOORE, A. W., AND E. H. REID. 1951. The Dalles pocket gopher and its influence on forage production of Oregon mountain meadows. U.S. Dep. Agric. Circ. 884. 36pp.
MOORE, W. H., AND W. S. TERRY. 1979. Short-duration grazing may improve wildlife habitat in southeastern pinelands. Proc. Annual Conf. Southeast. Assoc. Fish Wildl. Agencies 33:279–287.
MORRIS, J. E., AND R. L. ELDERKIN. 1990. A heavy equipment tire guzzler. Pages 49–50 in G. K. Tsukamoto and S. J. Stiver, eds. Proc. wildlife water development symposium. Nev. Chap. The Wildl. Soc., U.S. Bur. Land Manage., and Nev. Dep. Wildl.
MUNDINGER, J. G. 1976. Waterfowl response to rest-rotation grazing. J. Wildl. Manage. 40:60–68.
MYERS, L. 1989. Grazing and riparian management in southwestern Montana. Pages 117–120 in R. E. Gresswell, B. A. Barton, and J. L. Kershner, tech. coords. Practical approaches to riparian resource management. U.S. Bur. Land Manage., Billings, Mont. 193pp.

MYERS, L. E., AND G. W. FRASIER. 1974. Asphalt-fiberglass for precipitation catchments. J. Range Manage. 27:12–15.
NASH, R. 1977. River recreation: history and future. Pages 2–7 in Proc. river recreation management and research symposium. U.S. For. Serv. Gen. Tech. Rep. NC-28.
NASS, R. D., AND J. THEADE. 1988. Electric fences for reducing sheep losses to predators. J. Range Manage. 41:251–252.
NATIONAL ACADEMY OF SCIENCES. 1974. More water for arid lands: a report to the Advisory Committee on Technology Innovation, Board on Science and Technology for International Development, Commission on International Relations. Natl. Acad. Sci., Washington, D.C. 153pp.
NEILL, W. M. 1990. The tamarisk invasion of desert riparian areas. Pages 121–126 in G. K. Tsukamoto and S. J. Stiver, eds. Proc. wildlife water development symposium. Nev. Chap. The Wildl. Soc., U.S. Bur. Land Manage., and Nev. Dep. Wildl.
NELSON, J. R., AND D. G. BURNELL. 1975. Elk-cattle competition in central Washington. Pages 71–83 in Range multiple use management. Coop. Ext. Serv., Washington State Univ., Pullman, Oregon State Univ., Corvallis, and Univ. Idaho, Moscow.
NICHOL, A. A. 1937. Desert bighorn sheep. Ariz. Wildl. Mag. 7(7):9, 16.
OAKLEY, C. 1973. The effects of livestock fencing on antelope. Wyo. Wildl. 37:26–29.
OLDEMEYER, J. L., AND L. R. ALLEN-JOHNSON. 1988. Cattle grazing and small mammals on the Sheldon National Wildlife Refuge, Nevada. Pages 391–402 in R. C. Szaro, K. E. Severson, and D. R. Patton, tech. coords. Management of amphibians, reptiles, and small mammals in North America. U.S. For. Serv. Gen. Tech. Rep. RM-166.
PARMENTER, R. R., AND J. A. MACMAHON. 1983. Factors determining the abundance and distribution of rodents in a shrub-steppe ecosystem: the role of shrubs. Oecologia (Berl.) 59:145–156.
PARRY, P. L. 1972. Development of permanent wildlife water supplies, Joshua Tree National Monument. Trans. Desert Bighorn Counc. 16:92–96.
PEEK, J. M., AND P. D. DALKE, EDITORS. 1982. Proc. wildlife-livestock relationships symposium, 20–22 April 1981, Coeur d'Alene, Idaho. Proc. 10, Univ. Idaho, Moscow. 614pp.
PETERJOHN, W. T., AND D. L. CORRELL. 1984. Nutrient dynamics in an agricultural watershed: observations on the role of a riparian forest. Ecology 65:1466–1475.
PFISTER, R. E. 1977. Campsite choice behavior in the river setting: a plot study on the Rogue River, Oregon. Pages 351–358 in Proc. river recreation management and research symposium. U.S. For. Serv. Gen. Tech. Rep NC-28.
PIEPER, R. D., AND R. F. BECK. 1990. Range condition from an ecological perspective: modifications to recognize multiple use objectives. J. Range Manage. 43:550–552.
PITT, M. D. 1986. Assessment of spring defoliation to improve fall forage quality of bluebunch wheatgrass (*Agropyron spicatum*). J. Range Manage. 39:175–181.
PLATTS, W. S. 1990. Managing fisheries and wildlife on rangelands grazed by livestock. White Horse Assoc., Smithfield, Ut. 445pp.
———, AND R. L. NELSON. 1989. Characteristics of riparian plant communities and streambanks with respect to grazing in northeastern Utah. Pages 73–81 in R. E. Gresswell, B. A. Barton, and J. L. Kershner, tech. coords. Practical approaches to riparian resource management. U.S. Bur. Land Manage., Billings, Mont.
———, AND R. F. RALEIGH. 1984. Impacts of grazing on wetlands and riparian habitat. Pages 1105–1117 in Developing strategies for rangeland management. Westview Press, Boulder, Colo.
PRASAD, N. L. N. S., AND F. S. GUTHERY. 1986. Wildlife use of livestock water under short duration and continuous grazing. Wildl. Soc. Bull. 14:450–454.
RAUZI, F., M. L. FAIRBOURN, AND L. LANDERS. 1973. Water harvesting efficiencies of four soil surface treatments. J. Range Manage. 26:399–403.
REARDON, P. O., L. B. MERRILL, AND C. A. TAYLOR, JR. 1978. White-tailed deer preferences and hunter success under various grazing systems. J. Range Manage. 31:40–42.
REID, V. H. 1954. Multiple land use: timber, cattle, and bobwhite quail. J. For. 52:575–578.
REINER, R. J., AND P. J. URNESS. 1982. Effect of grazing horses man-

aged as manipulators of big game winter range. J. Range Manage. 35:567–571.
REMINGTON, R., W. E. WERNER, K. R. RAUTENSTRAUCH, AND P. R. KRAUSMAN. 1984. Desert mule deer use of a new permanent water source. Pages 92–94 *in* P. R. Krausman and N. S. Smith, eds. Deer in the Southwest: a symposium. Univ. Arizona School of Renewable Nat. Resour., Tucson.
REYNOLDS, H. G. 1950. Relation of Merriam kangaroo rats to range vegetation in southern Arizona. Ecology 31:456–463.
REYNOLDS, T. D., AND C. H. TROST. 1980. The response of native vertebrate populations to crested wheatgrass planting and grazing by sheep. J. Range Manage. 33:122–125.
RICE, W. E. 1990. Soil cement application for wildlife developments and range developments. Pages 3–10 *in* G. K. Tsukamoto and S. J. Stiver, eds. Proc. wildlife water development symposium. Nev. Chap. The Wildl. Soc., U.S. Bur. Land Manage., and Nev. Dep. Wildl.
RICHARDSON, C. J. 1988. Freshwater wetlands: transformers, filters, or sinks? Forem 11:3–9.
RITTER, W. F., AND A. E. M. CHIRNSIDE. 1987. Influence of agricultural practices on nitrates in the water table aquifer. Biol. Wastes 19: 165–178.
ROBERTS, R. F. 1977. Big game guzzlers. Rangeman's J. 4:80–82.
RODGERS, K. J., P. F. FFOLLIOTT, AND D. R. PATTON. 1978. Home range and movement of five mule deer in a semidesert grass-shrub community. U.S. For. Serv. Res. Note RM-355. 6pp.
ROOD, S. B., AND J. M. MAHONEY. 1990. Collapse of riparian poplar forests downstream from dams in western prairies: probable causes and prospects for mitigation. Environ. Manage. 14:451–464.
RUSSELL, T. P. 1964. Antelope of New Mexico. New Mexico Dep. Game and Fish Bull. 12. 103pp.
RUYLE, G. B., J. W. MENKE, AND D. L. LANCASTER. 1980. Delayed grazing may improve upland waterfowl habitat. Calif. Agric. 34: 29–31.
RYDER, R. A. 1980. Effects of grazing on bird habitats. Pages 51–66 *in* R. M. DeGraaf, tech. coord. Proc. workshop management of western forests and grasslands for nongame birds. U.S. For. Serv. Gen. Tech. Rep. INT-86.
SALWASSER, H. 1980. Pronghorn antelope population and habitat management in the northwestern Great Basin environments. Interstate Antelope Conf. Guidelines [Fresno, Calif.]. 63pp.
SANCHEZ, P. G. 1975. A tamarisk fact sheet. Trans. Desert Bighorn Counc. 19:12–14.
SANDERS, S. D., AND M. A. FLETT. 1989. Montane riparian habitat and willow flycatchers: threats to a sensitive environment and species. Pages 262–266 *in* D. L. Abell, tech. coord. Proc. California riparian systems conference. U.S. For. Serv. Gen. Tech. Rep. PSW-110.
SCHLATTERER, E. R. 1986. Background, present status, and future of the evaluation of soil condition in rangeland monitoring in the Forest Service. Proc. Annu. Meet. Soc. Range Manage. 39:41–46.
SCHMIDT, J. L., AND D. L. GILBERT, EDITORS. 1978. Big game of North America: ecology and management. Stackpole Books, Harrisburg, Pa. 494pp.
SCHULZ, P. A., AND F. S. GUTHERY. 1988. Effects of short duration grazing on northern bobwhites: a pilot study. Wildl. Soc. Bull. 16: 18–24.
SEDGWICK, J. A., AND F. L. KNOPF. 1987. Breeding bird response to cattle grazing of a cottonwood bottomland. J. Wildl. Manage. 51: 230–237.
SETTERGREN, C. D. 1977. Impacts of river recreation use on streambank soils and vegetation: state-of-the-knowledge. Pages 55–59 *in* Proc. river recreation management and research symposium. U.S. For. Serv. Gen. Tech. Rep NC-28.
SEVERSON, K. E., TECHNICAL COORDINATOR. 1990. Can livestock be used as a tool to enhance wildlife habitat? U.S. For. Serv. Gen. Tech. Rep. RM-194. 123pp.
———, AND C. E. BOLDT. 1978. Cattle, wildlife and riparian habitats in the western Dakotas. Pages 91–102 *in* Regional rangeland symposium on management and use of northern plains rangeland. North Dakota State Univ., Dickinson.
———, AND A. L. MEDINA. 1983. Deer and elk habitat management in the Southwest. J. Range Manage. Monogr. 2. 64pp.
SHARP, B. 1986. Management guidelines for the Swainson's hawk. U.S. Fish Wildl. Serv., Reg. 1, Portland, Oreg. 28pp.
SHORT, H. L. 1986. Rangelands. Pages 93–122 *in* A. Y. Cooperrider, R. J. Boyd, and H. R. Stuart, eds. Inventory and monitoring of wildlife habitat. U.S. Dep. Inter. Bur. Land Manage. Serv. Cent., Denver, Colo.
SIVILS, B. E., AND J. H. BROCK. 1981. Sand dams as a feasible water development for arid regions. J. Range Manage. 34:238–239.
SKINNER, Q. D., M. A. SKINNER, T. A. WESCHE, AND S. LOWRY. 1989. A survey of values associated with riparian conditions of a stream tributary to the Green/Colorado River. Page 175 *in* R. E. Gresswell, B. A. Barton, and J. L. Kershner, tech. coords. Practical approaches to riparian resource management. U.S. Bur. Land Manage., Billings, Mont.
SKOVLIN, J. M. 1984. Impacts of grazing on wetlands and riparian habitat: a review of our knowledge. Pages 1001–1103 *in* Developing strategies for rangeland management, Westview Press, Boulder, Colo.
———, P. J. EDGERTON, AND B. R. MCCONNELL. 1983. Elk use of winter range as affected by cattle grazing, fertilizing, and burning in southeastern Washington. J. Range Manage. 36:184–189.
SMITH, D. R., EDITOR. 1975. Proc. symposium management of forest and range habitats for nongame birds. U.S. For. Serv. Gen. Tech. Rep. WO-1. 343pp.
SMITH, E. L. 1978. A critical evaluation of the range condition concept. Pages 266–267 *in* International rangelands congress. Soc. Range Manage., Denver, Colo.
———. 1988. Successional concepts in relation to range condition assessment. Pages 113–133 *in* P. T. Tueller, ed. Vegetation science applications for rangeland analysis and management. Kluwer Academic Publ., Dordrecht, The Netherlands.
SMITH, M. A., J. C. MALECHECK, AND K. O. FULGHAM. 1979. Forage selection by mule deer on winter range grazed by sheep in spring. J. Range Manage. 32:40–45.
SMITH, R. J. 1977. Conclusion. Pages 117–118 *in* J. E. Townsend and R. J. Smith, eds. Proc. seminar on improving fish and wildlife benefits in range management. U.S. Fish Wildl. Serv. FSW/OBS-77/1.
SPILLETT, J. J., J. B. LOW, AND D. SILL. 1967. Livestock fences—how they influence pronghorn antelope movements. Ut. Agric. Exp. Stn. Bull. 470. 79pp.
STEDNICK, J. D. 1988. The influence of riparian/wetland systems on surface water quality. Pages 17–19 *in* K. M. Mutz, D. J. Cooper, M. L. Scott, and L. K. Miller, tech. coords. Restoration, creation and management of wetland and riparian ecosystems in the American West. PIC Technol., Denver, Colo.
STEVENSON, C. A. 1990. Identification and construction of slickrock water developments in southern Nevada by Nevada Department of Wildlife. Pages 25–35 *in* G. K. Tsukamoto and S. J. Stiver, eds. Proc. wildlife water development symposium. Nev. Chap. The Wildl. Soc., U.S. Bur. Land Manage., and Nev. Dep. Wildl.
STODDARD, H. L. 1931. The bobwhite quail: its habits, preservation, and increase. Charles Scribner's Sons, New York, N.Y. 559pp.
———, AND E. V. KOMAREK. 1941. The carrying capacity of southeastern quail lands. Trans. North Am. Wildl. Conf. 6:148–155.
STODDART, L. A., A. D. SMITH, AND T. W. BOX. 1975. Range management. Third ed. McGraw-Hill Book Co., New York, N.Y. 532pp.
STREETER, R. G., ET AL. 1979. Energy mining impacts and wildlife management: which way to turn. Trans. North Am. Wildl. Nat. Res. Conf. 44:26–65.
STROMBERG, J. C., AND D. T. PATTEN. 1988. Total protection: one management option. Pages 61–62 *in* K. M. Mutz, D. J. Cooper, M. L. Scott, and L. K. Miller, tech. coords. Restoration, creation and management of wetland and riparian ecosystems in the American West. PIC Technologies, Denver, Colo.
SWANSON, F. J., S. V. GREGORY, J. R. SEDELL, AND A. G. CAMPBELL. 1982. Land-water interactions: the riparian zone. Pages 267–291 *in* L. Rovert, ed. Analyses of coniferous forest ecosystems in the western United States. US/IBP Synthesis Ser. 14. Hutchinson Ross Publ. Co., Stroudsburg, Pa.
SWANSON, G. A., TECHNICAL COORDINATOR. 1979. Mitigating losses of fish and wildlife habitats: a symposium. U.S. For. Serv. Gen. Tech. Rep. RM-65. 684pp.
SYKES, G. 1937. Sand tanks for water storage in desert regions. U.S.

For. Serv., Southwestern For. Range Exp. Stn. Res. Note 9. 2pp.

SZARO, R. C., S. C. BELFIT, J. K. AITKIN, AND J. N. RINNE. 1985. Impact of grazing on a riparian garter snake. Pages 359–363 in R. R. Johnson, C. D. Ziebell, D. R. Patton, P. F. Ffolliott, and R. H. Hamre, tech. coords. Riparian ecosystems and their management: reconciling conflicting uses. U.S. For. Serv. Gen. Tech. Rep. RM-120.

———, AND M. D. JAKLE. 1985. Avian use of a desert riparian island and its adjacent scrub habitat. Condor 87:511–519.

TEVIS, L., JR. 1956. Pocket gophers and seedlings of red fir. Ecology 37:379–381.

THOMAS, J. W., EDITOR. 1979. Wildlife habitats in managed forests—the Blue Mountains of Oregon and Washington. U.S. For. Serv. Agric. Handb. 553. 512pp.

———, H. C. BLACK, JR., R. J. SCHERZINGER, AND R. J. PEDERSEN. 1979a. Deer and elk. Pages 104–127 in J. W. Thomas, ed. Wildlife habitats in managed forests—the Blue Mountains of Oregon and Washington. U.S. For. Serv. Agric. Handb. 553.

———, C. MASER, AND J. E. RODIEK. 1979b. Riparian zones. Pages 40–47 in J. W. Thomas, ed. Wildlife habitats in managed forests—the Blue Mountains of Oregon and Washington. U.S. For. Serv. Agric. Handb. 553.

———, ———, AND ———. 1979c. Wildlife habitats in managed rangelands—the Great Basin of southeastern Oregon: riparian zones. U.S. For. Serv. Gen. Tech. Rep. PNW-80. 18pp.

———, AND D. E. TOWEILL, EDITORS. 1982. Elk of North America: ecology and management. Stackpole Books, Harrisburg, Pa. 698pp.

THOMPSON, B. C. 1979. Evaluation of wire fences for coyote control. J. Range Manage. 32:457–461.

TIEDEMANN, A. R., ET AL. 1979. Effects of fire on water, a state-of-knowledge review. U.S. For. Serv. Gen. Tech. Rep. WO-10. 28pp.

TOWNSEND, J. E., AND R. J. SMITH, EDITORS. 1977. Improving fish and wildlife benefits in range management. U.S. Fish Wildl. Serv. FWS/OBS-77/01. 118pp.

TSUKAMOTO, G. K., AND S. J. STIVER, EDITORS. 1990. Wildlife water development. Proc. wildlife water development symposium. Nev. Chap. The Wildl. Soc., U.S. Bur. Land Manage., and Nev. Dep. Wildl. 192pp.

TURNER, G. T., R. M. HANSEN, V. H. REID, H. P. TIETJEN, AND A. L. WARD. 1973. Pocket gophers and Colorado mountain rangeland. Colorado State Univ. Exp. Stn. Bull. 554S. 90pp.

URNESS, P. J. 1976. Mule deer habitat changes resulting from livestock practices. Pages 21–35 in G. W. Workman and J. B. Low, eds. Mule deer decline in the West: a symposium. Utah State Univ. Coll. Nat. Resour., Logan.

———. 1982. Livestock as tools for managing big game range in the Intermountain West. Wildl.-Livestock Relationships Symp. 10:20–31.

———. 1990. Livestock as manipulators of mule deer winter habitats in northern Utah. Pages 25–40 in K. E. Severson, tech. coord. Can livestock be used as a tool to enhance wildlife habitat? U.S. For. Serv. Gen. Tech. Rep. RM-194.

U.S. BUREAU OF LAND MANAGEMENT. 1964. Water development: range improvements in Nevada for wildlife, livestock, and human use. U.S. Bur. Land Manage., Reno, Nev. 37pp.

———. 1966. Polyethylene liner for pit reservoir including trough and fencing. U.S. Bur. Land Manage., Portland Serv. Cent. Tech. Note P712C. 40pp.

———. 1985. Fencing. U.S. Bur. Land Manage. Manual Handb. H-1741-1. 23pp.

VALENTINE, B. E., T. A. ROBERTS, S. P. BOLAND, AND A. P. WOODMAN. 1988. Livestock management and productivity of willow flycatchers in the central Sierra Nevada. Trans. West. Sect., The Wildl. Soc. 24:105–114.

WAGNER, F. H. 1978. Livestock grazing and the livestock industry. Pages 121–145 in H. P. Brokaw, ed. Wildlife and America. Council on Environmental Quality. U.S. Gov. Printing Off., Washington, D.C.

WALLMO, O. C., EDITOR. 1981. Mule and black-tailed deer of North America. Univ. Nebraska Press, Lincoln. 605pp.

WARNER, R. E., AND K. M. HENDRIX. 1984. California riparian systems: ecology, conservation, and productive management. Univ. California Press, Berkeley. 1035pp.

WAUER, R. H. 1977. Significance of Rio Grande riparian systems upon the avifauna. Pages 165–174 in R. R. Johnson and D. A. Jones, tech. coords. Importance, preservation, and management of riparian habitat. U.S. For. Serv. Gen. Tech. Rep. RM-43.

WEAVER, R. A. 1973. California's bighorn management plan. Trans. Desert Bighorn Counc. 17:22–42.

———, F. VERNOY, AND B. CRAIG. 1959. Game water development on the desert. Calif. Fish Game 45:333–342.

WEHAUSEN, J. D., V. C. BLEICH, AND R. A. WEAVER. 1987. Mountain sheep in California: a historical perspective on 108 years of full protection. Trans. West. Sect., The Wildl. Soc. 23:65–74.

WELCHERT, W. T., AND B. N. FREEMAN. 1973. "Horizontal" wells. J. Range Manage. 26:253–256.

WERNER, W. E. 1984. Bighorn sheep water development in southwestern Arizona. Trans. Desert Bighorn Counc. 28:12–13.

WHITAKER, J. O., JR., S. P. CROSS, AND C. MASER. 1983. Food of vagrant shrews (Sorex vagrans) from Grant County, Oregon, as related to livestock grazing pressures. Northwest Sci. 57:107–111.

WHYTE, R. J., AND B. W. CAIN. 1979. The effect of grazing on nesting marshbird habitat at the Welder Wildlife Refuge, San Patricio County, Texas. Bull. Texas Ornithol. Soc. 12:42–46.

———, AND ———. 1981. Wildlife habitat on grazed or ungrazed small pond shorelines in south Texas. J. Range Manage. 34:64–68.

WILLMS, W., A. MCLEAN, AND R. RITCEY. 1979. Interactions between mule deer and cattle on big sagebrush range in British Columbia. J. Range Manage. 32:299–304.

WILSON, L. O. 1977. Guidelines and recommendations for design and modification of livestock watering developments to facilitate safe use by wildlife. U.S. Bur. Land Manage. T/N 305. 20pp.

WOHL, E. E., AND P. P. PEARTHREE. 1991. Debris flows as geomorphic agents in the Huachuca Mountains of southeastern Arizona. Geomorphology 4:273–292.

WOOD, J. E. 1969. Rodent populations and their impact on desert rangelands. N.M. State Agric. Exp. Stn. Bull. 555. 17pp.

YOAKUM, J. D. 1980. Habitat management guidelines for the American pronghorn antelope. U.S. Bur. Land Manage. Tech. Note 347. 77pp.

———, W. P. DASMANN, H. R. SANDERSON, C. M. NIXON, AND H. S. CRAWFORD. 1980. Habitat improvement techniques. Pages 329–403 in S. D. Schemnitz, ed. Wildlife management techniques manual. Fourth ed. The Wildl. Soc. Washington, D.C.

28
野生動物のための森林管理

R. William Mannan, Richard N. Conner,
Bruce Marcot & James M. Peek

はじめに …………………………………………831	河畔地帯 …………………………………………853
アメリカ合衆国の法律と森林，野生動物管理 …………832	人の立ち入り規制 …………………………………853
アメリカ森林局関係の法律 ……………………832	野生動物のための森林管理における
アメリカ土地管理局関係の法律 ………………833	モデル化の役割 ………………………………854
国有林管理に関するその他の法律 ……………833	モデル化と計画プロセス …………………………854
植生遷移と森林動物 …………………………………834	森林生息地と野生動物の関係についての
施業が森林動物に与える影響 ………………………835	モデルの概説 …………………………………855
同齢林管理 ………………………………………836	モデルの選択 ……………………………………855
異齢林管理 ………………………………………839	林分構造のモデル ………………………………855
地拵えと保育 ……………………………………840	変化する森林構造に対する種の反応モデル ………857
野生動物の生息地改善のための育林技術 …………843	森林ランドスケープモデル ……………………860
堅果生産木 ………………………………………843	評価と意志決定のためのモデル ………………861
森林生態系における枯死木 ……………………844	種と生息地をモニタリングするためのモデル ……861
ランドスケープを考慮にいれた森林動物管理 ……849	適切な仕事を行うための適切なモデル選択 ………861
森林細片化 ………………………………………849	結論 ……………………………………………………862
老齢林分 …………………………………………851	参考文献 ………………………………………………863

❑はじめに

　森林は，アメリカ合衆国全域の約1/3を占め(Haynes 1990)，数多くの野生動物の生活の場となっている。一方，そこは人の諸活動により広範囲に改変されつつあるため，野生動物を保護管理する上での関心の的になることが多い(Hunter 1990)。野生動物のための森林管理とは，本来，問題とする種の生息地要求を満たす森林環境を維持ないし創出することである。森林動物の数と分布に影響する要因には，林分の齢，面積，形状，植生，内部構造とともに，ランドスケープの中での林分の分布の仕方などがある。したがって，森林生態系における野生動物管理には，種特異的な生息地要求の理解と森林植生を改変する人間活動や生物的，物理的環境要因の制御が必要である。また，制御できない環境要因の影響や周期性を理解する必要もある。森林の自然資源の利用の仕方についての決定は，法律，政治，世論，土地を管理している団体や個人の哲学によって大きく左右される。したがって，野生動物のために森林管理を行う場合，専門的な知識や技術を，社会的な要求と利益にうまくかみあわせることが必要になることが多い。

　アメリカ合衆国の森林の約2/3(1億9千6百万ha，全森林面積の66%)が，経済林地として区分されている(Haynes 1990)。そこは，年間ha当り1.5m³以上の木材が生産される地域であり，原生自然地域や公園などのように林業以外の目的のために保全されているわけではない。この経済林地の約57%(1億1千2百万ha)は，木材生産への関心がもともとない個人や会社によって私有されているが，この地域で生産される林木は木製品や薪としてよく利用されている(Haynes 1990)。残りの経済林地のほとんどは，木材を商品として供給するために管理されている。これらの林業地帯は，製材会社(2千9百万ha)ないし個人によって所有されているか，アメリカ合衆国政府や州政府の自然資源管理機関(5千5百万ha)によって管理されている。なお，最も広大な経済林地(3千4百万ha)を管理している機関はアメリカ森林局である(Haynes 1990)。

私有あるいは公的機関が管理している経済林地の面積と分布は地域によって異なる。例えば，西部州の森林は一般に，公的機関により管理されているが，東部州の森林は，私有か，私有と公有の混合である。木材や野生動物など再生可能な自然資源を広域管理する場合，西部州の森林で行われているように一つの事業機関が比較的大きな面積の土地を管理すると調整しやすい。

木材収穫の際の攪乱が森林の植生を劇的に変える土地においてこそ，森林動物を管理する努力が最も重要であるといえるだろう。しかし，農業や市街地化，露天掘りなどの人間活動により攪乱される地域を管理する場合にも，森林動物への影響を考慮することが重要である。これらの全ての活動が，固有の動物種の数や分布に影響を与える可能性をもっているのである。したがって，全ての森林生息地を適切に管理することによってこそ，存続可能な野生動物個体群や生態学的群集，そして生物学的多様性を高い水準で確かに維持することができる(Hunter 1990)。この章では，野生動物のための森林管理の概念と手法について議論する。

まず，アメリカ合衆国において森林管理にかかわる国家機関が従っている関連法令について議論する。次いで，植生遷移の概念および遷移と森林動物の管理との関係について紹介する。この節の後半では，林分レベルでの育林作業のタイプとその野生動物への影響，さらに老齢林と河畔地帯などランドスケープレベルでの生息地特性の管理についての総説を続ける。最後に，人による攪乱の影響を議論し，森林を計画，管理するために有用な野生動物と生息地の関係についてのモデルの総説でしめくくる。この章全体では，木材生産を目標とする森林において野生動物管理を行うために考えられる方策や必要となる作業に焦点をあてているが，その行為や方策のほとんどは，あらゆる森林に適用し得るものである。

❑アメリカ合衆国の法律と森林，野生動物管理

森林動物の種によっては，その管理の方法が，従来の経済価値基準より高くつきすぎるため，所有者の本来の目的が木材の生産である土地で広く採用されそうにない場合がある。しかし，州や国家機関が，木材生産だけでなく森林管理を法律によって規定できれば，それらの機関によって管理されている森林地域ではこれらの方法が採用される可能性がある。国有地の森林と野生動物の管理に影響を与える法律についての短い総説を以下にまとめる。この総説は，Bean(1983)によって提供された情報を要約したものである。

アメリカ森林局関係の法律

1891年の森林保護区法(Forest Reserve Act)は，森林を連邦の公有保護区として制定する権限を大統領に与えた。これらの保護区では伐採，採掘，侵入が制限された。特に，アメリカ合衆国西部においては，この法律の適用外になった土地についての制限とその面積についての条項が西部の利益者集団の関心を呼び，1897年の基本法(Organic Act)の一節として盛り込まれた。この基本法には，森林保護区は，森林保護，水利確保，木材供給のためだけに設立できると規定してある。これらの制限にもかかわらず，国有林(National Forests)は，制定された最初の数十年間は，放牧や野外リクリエーションなど様々な目的で利用された。

1900年代初期には明文化されていなかったが，国有林を様々な目的で利用するという多目的利用についての方針が適切に機能していた。なぜなら，当時は，個々の土地をいかに用いるかについて深刻な争いをせずとも様々な利用者集団の必要を満たせる十分な面積の公的あるいは私的な森林があったからである。しかし，第二次世界大戦後，木材や野外リクリエーションの機会を求める要求が急増し，この二つの全く別の利用法をめぐる争いのため，要求を調整する最善の方法について議論が活発化した。1960年に通過した多目的利用・持続的収穫法(Multiple Use-Sustained Yield Act)は，国有林が野外リクリエーション，放牧場，木材，利水，野生動物，魚類のために管理されるべきことを規定している。しかし，これらの資源のそれぞれにどの程度の配慮を払うかは，アメリカ森林局の裁量にまかせられており，アメリカ合衆国南部や西部のほとんどの国有林で，木材の収穫が優先されたままであった。

1960年以降議会を通過した数種の法律は，特定の資源の重要性を優先できるというアメリカ森林局の自由裁量権を弱めた。これらの法律のうち最初に制定されたのは，1964年の原生自然法(Wilderness Act)であった。かつて原生自然地域は，多目的利用・持続的収穫法(the Multiple Use-Sustained Yield Act)に準拠して設立可能であったが，森林地域が原生自然地域に指定された後，農務長官がその撤回をすることを妨げる規定はなかった。原生自然法(Wilderness Act)ができてからは，原生自然地域を指定し，恒久的に設定する権限は農務長官から議会に移った。

1974年には，サイクス法補則(Sikes Act Extension)と森林・草地再生可能資源計画法〔Forest and Rangelands Renewable Resources Planning Act(RPA)〕が議会を通過した。両者とも国有地の再生可能な自然資源，特に国有林システムの利用と保全の計画を促進するようつくられていた。サイクス法補則は，農務長官と内務長官が野生動物，魚類，狩猟獣の保全と回復のための包括的計画を実施する場合，州立管理機関と協力すべきことを指示するものであった。生息地の改善事業には，絶滅のおそれのある種や絶滅の危機にある種を対象にしたものも含まれ，州の同意があれば，これらの事業に必要な資金を集める目的で，国有地の利用許可書を販売することができた。

RPAは，国有林システムの管理機関に，国有林の保護と開発のための土地管理計画を用意するよう命じた。その計画は，あらゆる資源が考慮されるように多角的な見地から5年毎に用意されることになっていた。しかし，RPAもサイクス法補則も，必要な計画に何をもりこむのか，また，その準備はどのように行うのかということを明記しなかった。したがって，両法令とも，多目的利用・持続的収穫法(Multiple Use-Sustained Yield Act)の指示を満たすよう働きさえすればことたりるという森林局計画チームの仕事内容を実質的に変えることはできなかった。1976年の国有林経営法〔National Forest Management Act(NFMA)〕は，国有林の皆伐を促進するよう基本法の一部を修正したが，同時に多目的利用という経営方針に基づく森林局の裁量を制限する基準を課した。NFMAの最も重要な要素は，RPAが要請する土地管理計画を作成する時の規則を農務長官が策定するという規定であった。その規則とは，多面的な資源管理を保証する手続きを特定し，計画が，以下に議論する1969年の国家環境政策法〔National Environment Policy Act(NEPA)〕に従うべきことを要求するものであった。さらに，NFMAの実施規則(36 CFR 219.19)は，現存する在来の脊椎動物種を存続可能な個体群として維持すべきことを規定した。

環境，生物，審美，土木，経済への伐採の潜在的影響を，予測，評価して，土壌，水利，魚類，野生動物，レクリエーション，審美的資源が深刻には損なわれないとされた場合に限り，皆伐や同齢林経営が，NFMAに基づいて許可された。NFMAは，土地管理計画へ公衆の意見を取り入れることを命じている。したがって，国有林の営利的，非営利的利用者の両方に，計画の方向性について意見を述べる機会が均等に与えられた。

アメリカ土地管理局関係の法律

アメリカ土地管理局所轄の森林を経営するための一連の法律は，アメリカ森林局のものと類似している。1934年のテーラー放牧法(Taylor Grazing Act)は，家畜産業が牧草を確保できるよう西部の放牧地を乱用から守る目的をもっていた点で基本法と似ていた。しかし，アメリカ土地管理局の裁量下にあった放牧地や森林は他の目的にも使われた。これらの土地を多目的利用という方針で管理するという考え方は，1964年の土地分類・多目的利用法(Classification and Multiple Use Act)が有していた。RPAとNFMAが要請するものと類似の土地利用計画は，1976年の国有地政策・管理法(Federal Land Policy and Management Act)によって指示されていた。これらの法律についての詳細は，Bean(1983)を参照してほしい。

国有林管理に関するその他の法律

1969年の国家環境政策法〔National Environmental Policy Act(NEPA)〕と1973年の絶滅の危機にある種の法(Endangered Species Act)もアメリカ合衆国の森林地域の管理に実質的な影響を与えている。中でも，NEPAには，人の生存環境の質に深刻な影響を与えるものであればいかなる国家事業であっても環境影響評価書を準備すべきことが明記されている。裁判所では，一般に，野生動物の個体群ないし生息地は，人の生活環境の一部であると解釈されてきた。したがって，アメリカ合衆国の権限により木材を収穫する計画をたてるときには，環境影響評価書つまりアセスメントが必要とされる。環境影響評価書は，木材の収穫が野生動物の個体群や生息地を含めた様々な森林資源にどのような影響を与えるかを考慮すべきであることを促した。また，それらは一般的な森林管理と特殊な森林管理の問題についての情報を国民に提供した。したがって，NEPAは公有林の様々な資源管理のどこに強調点を置くかバランスをとるのに役だってきた。

絶滅の危機にある種の法(Endangered Species Act)はまさに絶滅しようとしている種，あるいはいずれ絶滅のおそれのある種(第20章参照)の保護を意図したものである。また，この法律は，これらの種が依存している生態系の保護を行うよう土地所有者に要求している。その法律の第7条には，アメリカ合衆国は絶滅のおそれのある種や絶滅の危機にある種を危険にさらすべきではない，あるいはそれらの生息地を破壊したり改変すべきではないことが明示されている。したがって，提案された行為が絶滅のおそれの

ある種や絶滅の危機にある種に影響を与えるとすれば，その行為の執行を提案している機関は，影響を予測し，危険な手段を避ける方法をとるためにアメリカ魚類野生生物局かアメリカ海洋漁業局と協議しなければならない。この規定により，公有地において木材の収穫やその他の管理行為によって，絶滅の危機にある種の生息地を破壊することが禁じられている。また，私有地の管理行為により絶滅の危機にある種の生息地を破壊することもできない。なぜならアメリカ合衆国に暮らすいかなる個人もアメリカ合衆国内の絶滅の危機にある種を取り去ることはできないからである。取り去るという用語の意味の中には，生息地の改変や劣悪化といった結果に帰するような損害行為も含まれている。

野生動物にとっての森林環境の利用可能性に影響のあるアメリカ合衆国の法律を有効に履行するために，管理者は森林の生態学的動態を理解する必要がある。次のセクションは，植生遷移と野生動物管理との関係についてである。

❏植生遷移と森林動物の関係

植生遷移の古典的な定義は，ある植物群落が時間とともに別のものに置き代わっていく整然とした過程である(Clements 1916, 1936)。その変化は，方向性があり，予測可能である。つまり，植物がある場所を占有することによって，環境が変化し，別の種の生育に適した状態となるためこの変化が起こる(Odum 1969)。それはある植物群落が永続して存続するような平衡状態に向かう過程である。最終的な群落は極相群落と呼ばれ，時間経過に伴う一連の群落の置き代わりは，遷移系列と呼ぶ。

遷移に対する古典的な考え方は，遷移はある群落の特徴であるという仮定に基づいている(Noble 1981)。しかし，多くの生態学者は，植生遷移が起こる間の変化は，個々の種と環境の間の相互作用に原因すると信じている。つまり，変化は群落の反応そのものではない(例えばCooper 1926, Noble 1981)。同じ遷移系列段階にあっても，植物種の構成は様々であるという証拠などから，種レベルで遷移を説明する努力が行われた。そのような変異は，攪乱の型や頻度，攪乱の後に利用可能な種子資源，成長時の条件に依存するようである。遷移の後段階に現れる種にとって，それが成立するために適切な環境ができているかどうかは，遷移の初期段階に現れる種に必ずしも依存しないことを示唆する証拠もある(Connell & Slatyer 1977)。したがって，ある遷移系列の植物種の一連の置き換わりはいつも同一であるというわけではないし，完全に予測ができるというわけでもない。現在，遷移についての一般的な説明は，個々の種の適応という点に焦点が当てられている(例えば，Pickett 1976, Noble 1981)。

遷移は，ある植物群落が，火事，風，昆虫の大発生，病気，伐採などの様々な要因，あるいは事象による攪乱から始まる。森林内で比較的大きな開放地を作り出す攪乱は「大規模な」攪乱と呼ばれ，単木的に木が死んだり，小さなまとまりで木が死んだりするものは「小規模な」攪乱と呼ばれる。攪乱の性質，頻度，パターンはいくつかのタイプの森林間で，あるいは一つのタイプの森林の中でも広く変異する(Pickett & Thompson 1978)。例えば，メイン州のある地域では，250～800年間隔で火事が起こるが，ミネソタ州の亜寒帯林では5～50年間隔で起こる(Pickett & Thompson 1978)。アメリカ合衆国の北東部あるいは北中部の落葉広葉樹林の火事は，アメリカ合衆国西部の針葉樹林の火事に比べると，小規模(3～12 ha)な傾向がある(Pickett & Thompson 1978)。攪乱の様態は森林の成長期間，サイズ(面積)，分布を決定づける。

これまでも温帯林で攪乱後の林分の発達パターンが観察されてきた。激しい火事で全ての植生が焼き尽くされた後，ほとんど裸地となった所であってもそこで成長できる植物種が侵入する。これらの非耐陰性種は，1年生のイネ科草本，広葉草本，萌芽成長する灌木および数種の樹木などである。それらは，結局，2年生あるいは多年生のイネ科草本や灌木と置き代わり，次いで，樹木にとって代わられることが多い(図28-1)。多くの場合，遷移の後段階において，様々な樹種が置き代わる。また，途中相樹種が長期間優占することもある。例えば，太平洋岸北西部においては，途中相樹種であるダグラスモミは，極相種であるアメリカツガに置き代わるまでに600年以上も優占する可能性がある(Franklin & Dyrness 1973:71)。

林分が極相か長期間存続できる途中相種によって優占されている場合であっても，必ずしも変化がないというわけではない。小規模な攪乱の際，樹木は単木か小さな集団で枯死し，林分に穴，つまりギャップを作る。たとえ，ギャップが小さい場合であってもそのギャップは隣接する木の成長で埋められるだろうし，ギャップが大きい場合は更新によって埋められる。まず，相対的に小さなギャップでは耐陰性の木が成立するが，大きなギャップでは非耐陰性の種が繁茂する。ギャップ遷移は，成熟林と老齢林(すなわち，遷移段階の後期)において重要な過程であると考えられる。なぜなら，ギャップ遷移は，これらの森林の林分内構造の

裸地 ↓

| 草地 | 灌木 | マツ林 | オーク・ヒッコリー極相林 |

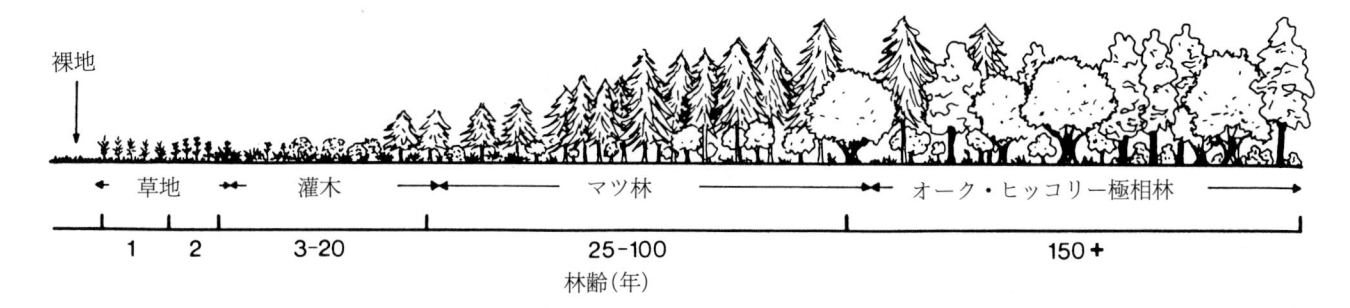

1 2 3-20   25-100   150+

林齢(年)

図 28-1 オーク・ヒッコリー系列での典型的な植生遷移(McGraw-Hill, Inc.の許可を得て，Kirk 1975 より引用)

生物多様性と変異の多くを維持するとともに，大規模な攪乱のない状態では，成熟林と老齢林の長期間にわたる存続を可能にしているからである。

森林が遷移の初期段階から後期段階へと発達するにつれて，構成と構造に多くの変化が起きる。植物種の構成の変化は，①生立木の密度，間置き，サイズ，②樹冠の高さ，縦断面，近接度，③枯死木(立木，倒木とも)の密度，サイズ，構造の変化，④下層植生の密度，間置き，縦断面など構造の変化を伴う。これらの変化は動物が利用可能な食物と隠れ場所の種類に影響する。その結果，動物群集の構成は植物群集が発達するにつれて変化する(例えば，Adams 1908, Johnston & Odum 1956, Haapanen 1965, Shugart & James 1973, Meslow & Wight 1975, Repenning & Labisky 1985)。

遷移段階，ある遷移段階での木の発達段階，森林動物の生息地の三者関係を理解することは，野生動物のための森林管理の鍵の一つである。ある動物種は一つの遷移段階あるいは発達段階にしか存在しない資源に依存している。また，別の種は，広い条件で生活でき，いくつかの異なる系列あるいは発達段階で生活できる(図 28-2)。異なる遷移段階あるいは発達段階の森林が互いに隣接しているところでのみ豊富な種もいる。異なる構造特性をもっている林の辺縁は，いくつかの森林動物種にとって非常にたいせつなものである。なぜならそのような林では生存や繁殖に重要な様々な種類の資源へのアクセスが可能であるからだ(Thomas et al. 1979 b)。

攪乱の性質と大きさは，森林環境の形成とそこにどんな動物が生息するかを決定する上で重要なものであるが，上述の小規模な攪乱と大規模な攪乱の概念は動物にあてはめるときには，相対的な用語となる。例えば，10 ha の火事は，サンショウウオにとっては大規模な攪乱であるが，ピューマにとっては小規模な攪乱である。管理された森林では，少なくとも部分的には育林作業が自然の攪乱の代わりに，林分の構成と構造に必要とする変化を生み出す手段となる。次の節では，育林システムの概念について議論する。

❏ 施業が森林動物に与える影響

木材の持続的収穫を確保するために行われる育林作業は，管理された森林のほとんどにおいて，植生の構造と構成の大部分を決定している。したがって，森林生態系で仕事をしている野生動物学者は，野生動物個体群とその生息地に関する目標を達成するために，育林作業について理解し育林家や森林計画者とともに仕事を行うべきである。

育林は森林の編成，組成，成長を調整するために森林植生を操作する作業である(Smith 1962を改変)。育林(silviculture)，森林管理(forest management)，木材管理(timber management)の間にはいくつかの重要な違いがある。

「森林管理とは，広い地域にわたっての野生動物管理，レクリエーション，木材管理などの，一般的には一つ以上の管理目標にそった活動を計画し，実施することである。木材管理の目標は商品となる木質繊維を生産することである。育林は広い意味での植生管理であり，その目標は，木材管理だけに限定されない」(Marcot 1985:102)。

新しい林分を作るために成熟した木を取り除く作業は更新法と呼ばれる。更新法によって作り出される攪乱のパターンは，一般に，ある地域に自然に生じる攪乱に近いものであるべきである。樹木がある自然条件下で再生し成長するとしたら，管理することによってもそうなるという育林学上の暗黙の仮定があるのだ(Smith 1962)。若木の世代交代のための場所を用意する育林行為を地拵えという。林分の成長期に行われる行為は保育という。この処置は，通常，林木間の競争を減少させ，残した木の成長率を高める

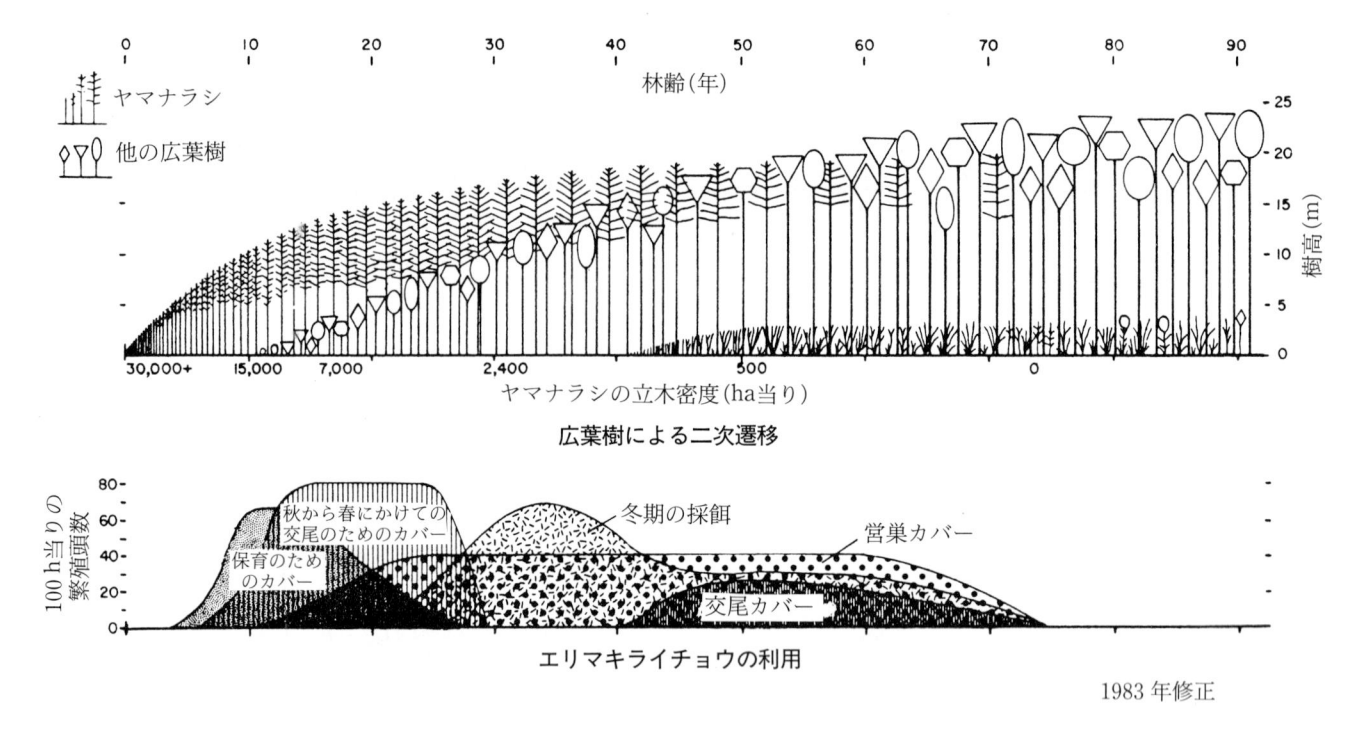

図 28-2 二次林の遷移とエリマキライチョウによる生息地利用の関係
（エリマキライチョウ協会の許可を得て，Gullion 1984 より引用）

ために特定の木を伐採することなどである。更新法，地拵え，保育などある林分の一生の間の処置のプログラム全体を育林体系という（Smith 1962）。以下に，一般的な更新法，地拵え，保育を概説してみよう。また，育林作業の森林野生動物への影響についても知られている限り概説する。更新法は二つのグループに分けられる。一つは同齢林分を作る方法と，異齢林分を作る方法である。このセクションでは，育林法について可能な限り広範囲に示すというよりも，一般的に用いられている技術の大枠を紹介する目的で示した。

同齢林管理

同齢林を目指す育林体系のもとでは，それぞれの林分はほぼ同じ齢の木からなる（図 28-3）。同齢とは林分内のそれぞれの樹の年齢の幅が輪伐期長の 20% 以下のことをいう（Wenger 1984:418）。輪伐期長とは，林が再更新される場合に，その成立から経済的な面での成熟にいたるまでの期間である。この期間は，管理目標によって，また群集タイプによって様々である。同齢林分は非耐陰性種からなる場合には通常同じサイズの木から成りたつ（図 28-3）。しかし，成長率ないし耐陰性が異なる樹種が同じ地域で更新する場合，同齢林管理システムを適用しても異なるサイズの木からなる林分になる場合がある。同齢林管理は，存在する林分の完全なあるいはほとんど完全な除去と新しい樹木の同齢集団の成立により始まる。同齢林分を作り出す更新法には，皆伐法，母樹法，傘伐法がある。

皆伐法

皆伐は同齢林分に更新するために広く用いられている方法である。皆伐の目的は新しい林を成立させるために木本植生を除去することにある。皆伐後の再生は播種するか実生を植えることによって人工的に行えるし，隣接林分からの種子散布により自然に始まる場合もある（Wenger 1984）。いくつかの広葉樹林において，新しい林分は，主に植生の更新か雑木の萌芽によって生じる。耐陰性種の群集では，新しい林分は前生樹（すなわち，伐採前に生えた小さな木々）による更新により成立することがある。

成熟林分の皆伐はその場所を利用していた動物種の変化に影響を与える。成熟林分と結びついている種は林分成長の初期段階に生活する種によって置き換わる。北アメリカ東部において，皆伐地を採食場所として最初に利用する大型獣はオジロジカ（Blymer & Mosby 1977），ヘラジカ（Parker & Morton 1978）である。この地域の皆伐地を利用する小哺乳類，鳥，爬虫類，両生類のいくらかについて，

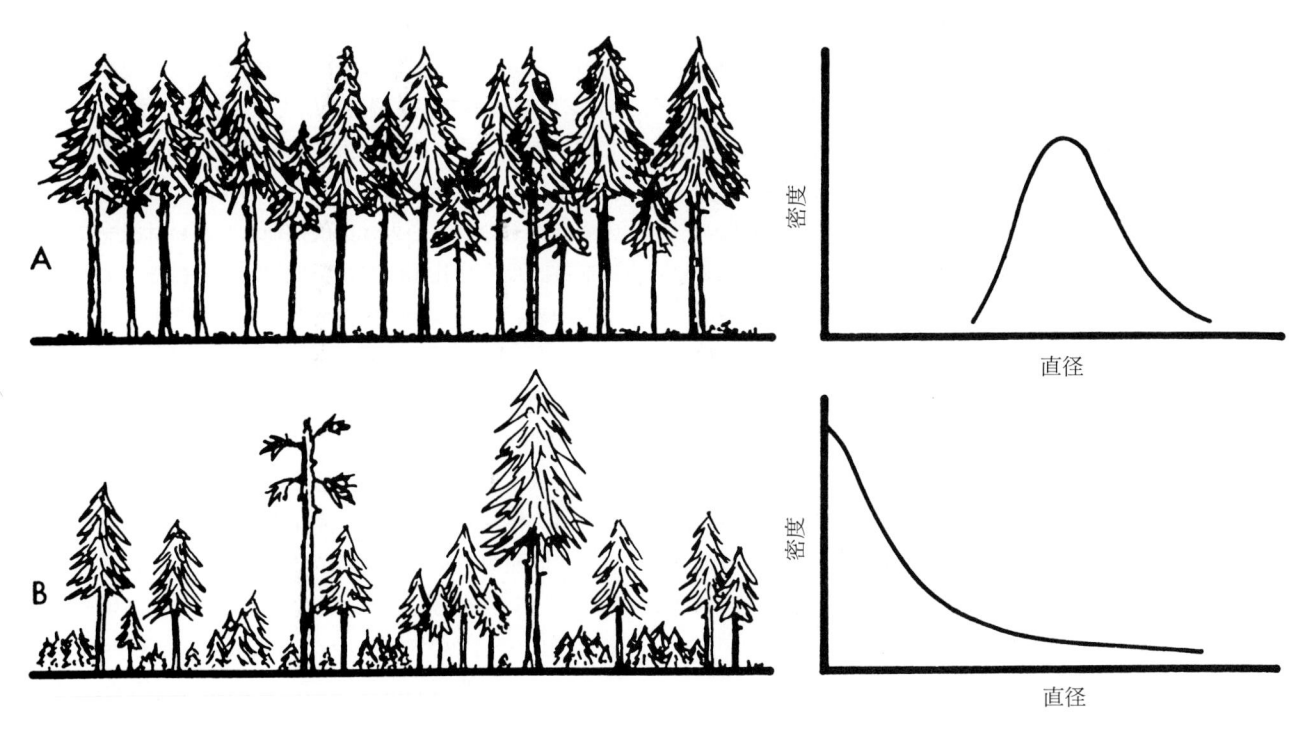

図 28-3 同齢(A)と異齢(B)林分の特徴的な外観と立木サイズの分布
(McGraw-Hill, Inc.の許可を得て，Baker 1950 より引用)

Conner & Adkisson(1975)，Kirkland(1977)，Martell & Radvanyi(1977)，Webb et al.(1977)，Meyers & Johnson(1978)，Conner et al.(1979)，Titterington et al.(1979)，Repenning & Labisky(1985)，DeGraaf(1987)，Paris et al.(1988)が，目録を作っている。また，北アメリカ西部においては，エルクとミュールジカが皆伐地で採食する(例えば，Regelin & Wallmo 1978，Lyon & Jensen 1980)。なお，Gashwiler(1970)，Verner & Boss(1980)，DeByle(1981)，Ramirez & Hornocker(1981)，Scott et al.(1982)，Morrison & Meslow(1983)が，西部の皆伐地に住む小哺乳類，鳥，爬虫類，両生類について目録を作った。

皆伐地で生活したり採食したりする動物は若い実生を食べるので，木材管理の見地から問題になることがある。更新過程にある林分における野生動物による被害は，アメリカ合衆国のいくつかの地域で主要な関心事になっている。例えば，ペンシルバニア州のアレゲーニー山脈広葉樹林(Allegheny hardwood forests)では，シカによる若木の食害とそれが原因する新しい林分の成立の遅れにより，年間 ha 当たり約 33 ドルの損失となっている(Marquis 1981)。シカやエルクについては，その密度が低い場合，他の地域に餌となるイネ科草本とマメ科植物の種子を植えることにより，木材収穫のために更新中の林分から退去させることができる可能性がある(Brown & Mandery 1962, Ramsey & Krueger 1986)。有蹄類の密度が比較的に高い場合，新しい林分を更新させるためには，ワイヤー編みのフェンスと電気柵(Brenneman 1982)などの思い切った手段が必要かもしれないが，これらの技術はコストがかかるので土地所有者にとっては実際的ではない。有蹄類の被害をコントロールする方法としては，狩猟による有蹄類の管理は，おそらくもっとも安価で好ましい(Behrend et al. 1970, Tilghman 1989)。しかし，狩猟は人口密度が高い地域では安全ではないし，社会が狩猟に対して好意的ではない場合には実施不可能である。ポケットゴーファ，ヤマビーバー，ヤマアラシも更新中の林木に加害するので，毒，罠，射殺あるいは生息地の操作によりコントロールされる(Van Deusen & Meyers 1962, Borrecco et al. 1979, Dodge 1982, Teipner et al. 1983)。

森林動物の皆伐地利用は，林分の大きさと形状による影響を受けることが多い。おそらく身を守る隠れ場までの距離が重要となる動物もいるだろう。例えば，多くの森林性有蹄類は皆伐地で採食するが，それ以外の時は隠れ場所となる成熟木からなる隣接林分へと引き下がる。したがって，適当な隠れ場所が近くにある場合，皆伐はある大型獣の植

物性食物を増やす効果的な方法といえる(Murphy & Ehrenreich 1965, Krefting & Phillips 1970, Monthey 1984)。

　対象種や地域によって異なるが，伐採地の利用状況から判断すると，ほとんどの森林性有蹄類にとって最も適切な皆伐地の面積は50 ha以下のようである。Sweeney et al. (1984)は，皆伐地ではシカが林縁から208 mまでの距離を利用すること，また，アーカンソー州南部とルイジアナ州においては実質的に25 ha以下の伐採地を利用することを報告した。Lyon & Jensen(1980)は，モンタナ州西部のミュールジカにとっては24 haが最適な開放地面積であると結論した。エルクにとっては10〜50 haの伐採地が最適のようであるが(Irwin & Peek 1983)，面積より，その幅，つまり，隠れ場所までの距離の方が重要であるようだ。適当な隠れ場所として隣接する林の利用が可能であれば，エルクにとっては幅が250 m以内の伐採地が適当なようである(Leege 1984)。

　皆伐を含むどのような更新法を用いた後でも，森林性有蹄類に食物と隠れ場所の両方を与えることは，更新過程にある林分において重要な配慮である。アメリカ合衆国北中部，北東部の森林において，オジロジカが冬に生き延びるためには，針葉樹の密な林が重要である。シカは低温，強風，深雪からの待避場所として越冬地と呼ばれるこれらの林分に集まる(Weber et al. 1983)。しかし，全ての林分が越冬地として同等な価値をもっているわけではない。Weber et al.(1983)は，越冬地として用いられる林分は針葉樹で林冠の閉鎖度が高く，いくらかパッチ状に分布し，高い生産性を持つこと，さらに，越冬地として用いられていない林分より標高が低いことを観察により明らかにした。また，Weberらは，どの若い林分が最適な越冬地として成長していくかを予測するために用いるモデルの開発もした。

　ミシガン州の半島北部などにおいては，ベイヒの密な小径木林分が，冬季の隠れ場所となるだけではなく，優れた餌資源となる(Verme 1965, Ozoga 1968)。将来の越冬地を作るなどの理由で，ベイヒを更新させようとしても，近くに隠れ場所があると，シカが若木を摂食しその成長を妨げるので，これまではその実現は困難であった。帯状皆伐のような収穫技術では更新林分の隣に隠れ場所が残るで更新の努力はむだになることが多かった。Verme & Johnston(1986)は，ベイヒの林分を更新する計画では，①狩猟によってシカ密度を調整すること，②他の地域を伐採することにより若いベイヒの林分からシカを立ち退かせること，③大きなブロック(16〜64 ha)を完全に伐採するまでの5〜10年間にわたって隣り合う地域を少しずつ次々に伐採し，シカが利用できる待避場所を無くすようすべきとした。

　皆伐地の大きさと形状はできる林縁の長さと直接関係する。不規則な境界を持つたくさんの小さな伐採地は，直線の境界をもつ少数の大きな伐採地より長い林縁を持つことになる。鳥や哺乳類，特に狩猟獣は林縁にそって多く生息するので，林縁は野生生物にとって有益であると考えられることが多い(例えば，Leopold 1933, Thomas et al. 1979 b, Kroodsma 1984, Strelke & Dickson 1980, Williamson & Hirth 1985)。しかし，林縁効果とよばれるこの現象は全ての野生動物種にあてはまるわけではない。

　近年，林縁の増加や，未開発の森林の細片化などのマイナスの側面が多くの研究で示されてきている。森林内部と結びついている鳥が林縁近くに巣を作ると，高い率で寄生や競争，捕食の対象となる(Gates & Gysel 1978, Brittingham & Temple 1983, Dueser & Porter 1986, George 1987, Andrén & Angelstam 1988, Martin 1988, Yahner & Scott 1988, Brittingham 1989)。林縁以外の森林環境を必要とする種の生存にとって森林が小さなパッチ状に細片化することは問題である〔「森林細片化」の項(849ページ)を参照〕。

　皆伐地の面積，形状，配置は将来成立する林分の面積，形状，配置を決定し，将来どんな動物種が生息するかにも影響を与える。ミシガン州において5年間隔で作られた帯状(100×400 m 4 ha)の皆伐地では，そこで更新したヤマナラシ(aspen)の林が6〜15年生にまで成長するとエリマキライチョウの生息地となる(Gullion 1989)。100年未満の輪伐期長でチェック模様状に15 ha単位の皆伐を行う場合，そのようにつぎはぎ状の森林でも生活できる動物もいるだろうが，大きな森林の内部や，100年以上の林分に生活する動物は生息できない。

母樹法と傘伐法

　同齢林分を作り出す別の育林法として母樹法と傘伐法がある。皆伐とは対照的に，母樹法と傘伐法では最初の収穫時には全ての成熟木は伐採されない。選択された木は，種子の供給源(すなわち母樹)として，あるいは，種子の供給とともに更新林分にいくらかの被陰(すなわち，傘)を提供するものとして，保存される(Smith 1962)。そして更新が完了すると，残されていた成熟木が収穫される。

　母樹法と傘伐法においては，成熟木が残存するので成熟林分の特徴をいくらか維持することになる。結果的に，通

常成熟林分と結びつく鳥類相(例えばダイオウショウ林のチャガシラヒメゴジュウカラとホオジロシマアカゲラ)が,最初の伐採以降も被陰林で維持される(Conner & O'Halloran 1987, O'Halloran & Conner 1987, Conner et al. 1991)。もし,林分が繰り延べ伐採(deferment cutting),すなわち保残傘伐法(reserve shelterwood method)によって管理されるなら,成熟した残存木があることにより生じる利益は保たれる。繰り延べ伐採は,母樹法と似ているが,「残存木は更新林分が成立しても伐採されない。それどころか,残存木は更新林分が輪伐期の終わりにくるまで維持される」(Smith et al. 1989:14)。しかしながら,現在,アメリカ合衆国において繰り延べ伐採はあまり用いられていないし,傘伐法と母樹法においては,残存木は最初の収穫の6〜12年後に除去される。

母樹法と傘伐法はシカにも多くの食物を提供する。特に,北方の混交林では,母樹法と傘伐法の方が択伐よりも多くのシカの餌を供給する(Krefting & Phillips 1970)。森林性の有蹄類にとって,母樹法と傘伐法(そして他の育林的処置)がどれほどの価値をもつかは,食物となる植物の反応を測定することによって評価されることが多い(例えば Behrend & Patric 1969)。一方,特定の育林的処置に対する有蹄類の個体群の密度や分布の変化は十分調べられていない。

異齢林管理

「異齢林の育林と管理とは,必要な樹種の更新を繰り返し,連続的で高い林冠の森林植被を作り,ある範囲の齢ないし直径級の林分を順序正しく成長,発達させ,林産物の持続的生産を行うための森林の操作である」(Gibbs 1978:19)。異齢林分を作るために計画された育林作業は択伐法と呼ばれている。択伐法によって作られ維持されている林分は三つ以上の樹齢級を含んでいる(Smith 1962, Wenger 1984)。また,その樹齢分布,時には直径分布もしばしば,逆J型曲線に理想的に近似し(図28-3),林分においてそれぞれの齢級が同じくらいの空間を占めている。そのような林分を「バランスがとれている」という。択伐法では,更新を行う場合,新しい齢級のための空間を作るために,成熟木の1本1本,あるいはその小さな集まりが比較的短い間隔で除去される(Smith 1962)。残っている未熟木は過密状態を減少させるため,また,土地所有者の目的にかなった最善の形質をもった木の成長能力を集中させるために間伐される。通常択伐法によって成立した更新地に優占しているのは,耐陰性か,適度に非耐陰性のある木である。

単木選抜

異齢林管理の一つの型式として単木的な選抜と伐採がある。この方法では残存木の密度に応じて5〜30年毎に林分に手が入る。この時,様々な直径,齢級,樹種の中から単木的に伐採が行われる。成熟齢級が除去されると新しい樹木の更新のための空間が生まれる。未成熟木は,それぞれの齢級の中でも特に優れた木の成長を促進するため伐採される(すなわち,間伐)。単木的伐採の管理と実施は複雑で,収穫前には径級別の全ての木についての詳細な目録が必要となってくる。また,他の木への攪乱を最小限に抑える一方,それぞれの径級において一定数の木を伐採する必要がある。

1本の木を伐採することによってできる開放地,すなわちパッチは小さく,一般的に更新は耐陰性の種によって起こる。広葉樹林分の開放地では,萌芽やリターの中にたまっていた種子や,付近の木から落ちてきた種子の発芽,すでに生えていた実生や若木によって更新する。針葉樹林分における実生は,開放地に隣接する成熟木で生産された種子から発芽する。ある針葉樹タイプ(例えばタエダマツ)では,単木的択伐と意図的な火入れによって種子ベッドを作ったり,広葉樹との競争を減少させることもあるが,これは最も若い齢級が火に耐えられる樹齢に達し,収穫間隔が比較的長い場合のみに行われる。求められている針葉樹種の実生と若木が火に弱い場合,広葉樹をコントロールするためにはふつう除草剤が使われる。

単木的択伐が野生動物に与える影響についての情報はほとんどない。Healy(1989:230)は「北部では,未管理の広葉樹林分における最初の択伐は実質的に草本や若葉の両方を増やすだろう。しかし,この手入れを10〜15年間隔で繰り返すと樹木の実生と灌木の下生えの発達に好都合となり,草本がなくなっていくだろう」と書き留めた。しかしながら,総合的にみると,管理された異齢林分は,「たくさんの植林本数があり用材径に達した同齢」林分よりも多くの草本や若葉そして隠れ場所を野生動物に提供する(Healy 1987:343)。

対照的に,DeGraaf(1987:355)は次のように結論した。「北部広葉樹林における同齢林管理は異齢林管理の場合よりも森林性鳥類に多くの生息地を供給する」。その理由として,皆伐に引き続いて成長してきた若い林分が全く別の繁殖鳥類群集を支えたからということである。30年生以上の林分では同齢あるいは異齢プログラムのどちらで管理されても,葉群縦断面と直径分布が類似し,鳥類群集も類似し

ていた(DeGraaf 1987)。

異齢林管理では，最も耐陰性のある種の成長を促進することにより，複数種からなる広葉樹林で(幾度か手を入れることにより)構成樹種を変化させることができる。アパラチア山脈の広葉樹林分では，単木択伐を行うことによって，ナラ類よりもカエデ類やブナ類が優勢となり，堅果生産の減少と(Healy 1989)，堅果に依存している野生動物の餌の減少が引き起こされるだろう。Healy(1989)は，北部広葉樹林で，多様な生息地特徴を作るため異齢と同齢林管理策の併用を推薦している。

成群選抜

成群選抜法は異齢林分を維持するために用いられるが，同齢林管理と類似した特徴をもっている。群状収穫では，小さな面積(0.1 ha 以内)で隣接した一群の成熟木を伐採する。できた開放地は皆伐地のミニチュアのようであるが，同齢林分とみなすには小さすぎる。成群選抜法は，単木的選抜体系で更新できるほど十分耐陰性が強くない樹種を更新するために使われる(Leak & Filip 1977)。それぞれの開放地では更新した木の齢は比較的一様であるが，林分の全体を見ると異なる齢クラスの木が分布(混在)している。成群選抜法によって適切に管理されている林分では，齢の全体的な分布は逆J型に近似する(図28-3)。

成群選抜が野生動物に及ぼす影響についての情報は単木的択伐による情報より稀である。Scott & Gottfried(1983)によると，アリゾナ州のトウヒーモミ混交林における成群択伐と単木択伐の混合施業により，鳥類の全個体数は12%減ったが，その種数は25%増えた。この場合，イエミソサザイ，コマツグミ，マツノキヒワが，択伐跡地を利用した。異齢林施業が野生動物に与える影響についての情報は不足しているが，これをこの管理方法のマイナスの特徴と考えるべきではない。異齢林管理は多くの野生動物種のための生息地を作りだし維持する可能性をもっている。また，この方法は伐採が森林生態系に与えるマイナスの影響を減少させる方法として提案されてきた(Fritz 1990)。異齢林管理について一般的に懸念されることは攪乱の率が比較的高いことである。つまり比較的頻繁に(5〜20年毎)林分内での作業が行われるため，大規模な集材路と林道の路網が必要となるのである。

地拵えと保育

植林あるいは天然更新のための地拵えに用いる方法と，林分が発達する間に適用する処置(すなわち保育)は，更新方法により決まる種の多様性の範囲内にではあるが，森林植生の構造と構成に影響を与える。地拵えと保育により潜在的に影響を受ける生息地要素は，下層植生の量と構成，堅果を生産する木の数と生育状態，樹冠開空部の分布と面積，枯死立木の数，地表面の木質物の密度などである。したがってこれらの生息地要素の変更は，現在および将来において森林が野生動物にとってどれほどの価値のあるものとなるかに大きな影響を与える。

地拵え法の第一の目的は，自然あるいは人工的な更新のための場所を準備し，若い木と競争する植生を減らし，伐採によって生じた木本屑(しばしば残材と呼ぶ)を処理することである(Smith 1962)。保育の目的は，一般的に，選択された木の活性を増し成長を促進することにある(Smith 1962)が，林分中の樹種構成を変化させるためにも用いられる。例えば，火入れや除草剤の使用などの作業を，地拵えないし保育の目的に応じて用いることができる。以下で，より一般的な地拵えと保育の処置と，それらの野生動物への影響について考察する。

機械による地拵え

皆伐収穫の後によく残っている残材は，新しい実生の発育を促進させるために，あるいは火事の被害を減少させるために切り刻まれる。フロントに鋭い刃(K-Gブレード)をつけたブルドーザが，商品価値のない残存木を押し倒すために用いられることがある。有機物(すなわち葉，小枝と他の植物遺体)の層は，植栽のための土壌を準備したり天然更新させる種子ベッドを改善する目的で機械で鉱質土壌とかき混ぜられる。強度の地拵えは，ふつう複数の植物種の根を破壊するので全体的な植物多様性を減少させる。

植栽地を拵えるために粉砕機械も用いられてきた。この方法で木屑を減少させることにより餌となる灌木の発生を刺激し，大型狩猟獣の食物を量質とも改善できる(例えば，ヘラジカ；Oldemeyer & Regelin 1980)。しかし，この作業は費用がかかるので，生息地を改善するためだけの目的ではめったに実施されない。

アメリカ合衆国南部においてマツ植林地の多様性をいくらか増すために行われる機械的な地拵えの方法の一つは，枯死木と土壌のいくらかを長い列状のマウンド〔畝(windrow)と呼ばれる〕に地ならしすることである。有機物の付加すなわち栄養補給がなされた上，根系が残るので，焼き払いの後に畝に生えてくる植生は周囲のマツ林と同じものではない。広葉樹種がこの長くて狭い何条にもわたる堆積に生える可能性がある。畝の列はウッドラット，キイロカ

ヤマウス，キンイロマウスなどのいくつかの小哺乳類(Fleet & Dickson 1984)やオオアメリカムシクイ，チャバラマユミソサザイ，チャイロツグミモドキ，マネシツグミなど数種の鳥(Whiting 1978)に隠れ場を提供する。しかしながら，畝作りは，土壌と栄養分を損失させ周囲のマツ林の生産性を減少させる可能性もある(Hunter 1990)。アメリカ合衆国西部の多くの森林は，斜面が急峻でトラクターを入れることができず，空中架線によって木を搬出するが，このような地域では畝作りは不可能である。畝作りは，北東部の広葉樹林においても実際的ではない。

伐採区からの粗い木屑の除却は，全ての動物に益するわけではない。枯死木(枯死立木と丸太)と部分的に枯死した木は，多くの鳥や哺乳類に生息地要素を提供する。枯死木や枯損木の森林生態系における役割と管理について以下に議論する。

除草剤の使用

除草剤は様々な目的で森林管理に用いられている。南部のマツ林とマツ・広葉樹混交林では，皆伐の後，残った木を枯らすため，あるいは，成長の1年目に若木と競争する植物を除去するために用いられる。また，マツ・広葉樹混交林地帯で広葉樹を枯らしマツの成長を促すために使われたり，新しい林分が更新するための地拵えに使われる(McComb & Hurst 1986参照)。これらの作業を行うことにより森林植生の構造と構成が変化するので，生息地の増える野生動物種もあれば，生息地の減るものもある。広葉樹を枯らす作業とは堅果生産木を枯死させることも意味するので，ある野生動物にとっては餌が減少することになるが，別の種は枯死木を採食や営巣の場所として利用する(McComb & Hurst 1986)。

同様に，オレゴン州でフェノール系の除草剤(2,4-Dと2,4,5-T)をダグラスモミ林分に使用した例では，落葉樹が枯死し林分の植生の複雑性が減少した(Morrison & Meslow 1984)。落葉樹で採食している鳥類(例えばウイルソンアメリカムシクイ)は，散布後，一般に種数が減少した(Osaki 1979も参照のこと)が，分散した小さな針葉樹林を利用する種(例えばミヤマシトド)は，一般的に数を増した(Morrison & Meslow 1984)。メーン州で，トウヒ・モミの皆伐地においてグリフォセイト(glyphosate)を散布した例では，植生の構造と植物相の複雑性が減少し，群葉内採食鳥類の減少が引き起こされたが，地上採食鳥類は増加した(Santillo et al. 1989 a)。トウヒ・モミの皆伐地における除草剤散布の小哺乳類への影響も同様であり，トガリネズミとヤチネズミの数が処理区域では減少したが，シカネズミの数はほとんど変化がなかった(Santillo et al. 1989 b)。

除草剤の植生と動物への影響は，急速に成長する若い林分では一過性のものである。例えば，アメリカ合衆国東南部では，若いマツ(4～6年生)の造林地へ除草剤を散布すると，開放地が作られるので地上で採食する鳥(例えばナゲキバトとコリンウズラ)の生息状況が改善される可能性があるが，マツの実生どうしが自由に競争するので林冠の閉鎖が早まり効果はほんの数年間続くだけとなる(McComb & Hurst 1986)。

除草剤の使用によって，下層植生の構造と構成を変えて大型狩猟獣の食物を増やすこともできる。例えば，餌として適した種の発芽を促すために，餌としては比較的適さない灌木を枯死させるために使われてきた(Krefting & Hansen 1969, Borrecco et al. 1972)。しかしながら，Mueggler(1966)は，アイダホ州北部の森林における除草剤の使用において，餌になる全ての灌木にとってプラスになる散布時期をみつけることができなかった。すなわち，常に餌として重要な1種ないし2種の灌木がマイナスの影響を受けたのである。さらに，Hurst & Warren(1981)はミシシッピー州でマツ林へ2,4,5-Tを散布したとき，灌木や広葉草本に代わって餌にならないイネ科草本が増加し，シカにとって好ましい食物が減少したことを報告している。

除草剤は，野生動物にとって潜在的には毒性があり，中毒により野生動物の個体群をある程度減少させることができる。McComb & Hurst (1986:28)は様々な除草剤の動物への毒性についての情報を整理して「除草剤の野生動物への毒性は様々であるが，通常の野外条件下では，ほとんどの除草剤には激しい毒性はないと思われる」と結論した。除草剤の使用後，動物個体群の変化をモニターして毒性を評価することには意味がない。なぜなら，除草剤は植生の構造と構成を同時に変化させるので，毒性効果と植生変化の影響を分離するのが難しいからである。

火入れ

過去において野火は多くの森林生態系の植生の構造，構成，成長の変化に重要な役割をはたしてきた。しかしながら，19世紀になると人が野火をうまく抑制してきたのでこの自然現象は減少し，ほとんどの森林生態系で野火の影響は減少した(例えばTaylor 1973)。例えば，かつては軽度の地表火が，3～10年に1回，南西部のポンデローサマツの森林の下層植生を焼いていた。これらの野火は，通常，上層

木を殺さず下層木を減じるだけだったので，開放的な公園のような林分を維持した(Cooper 1960)。南西部のポンデローサマツ林において野火の発生が無くなったので，若いマツの藪が成長するとともに耐陰性の針葉樹といくらかの広葉樹がマツ林に侵入し，大量の可燃性の有機堆積物が林床に積もるようになった(Cooper 1960)。このような変化は，野火が排除された多くの西部の針葉樹林において一般的であり，樹冠部の類焼の増加や，ある樹種(例えば lodgepole pine)において昆虫の大発生の可能性を増す傾向になる。他の西部の針葉樹林では，野火の抑制とそれによる針葉樹の侵入により，ヤマナラシ林が減少してきた。野火の抑制は中西部の中でも北部(the upper Midwest)において，広葉樹林の樹種構成に影響がある(Niemi & Probst 1990)。

燃えるがままにするという方針は木材生産を目的とした管理の下にある森林では一般的ではない。したがって，野火は，偶発的なもの以外，管理された森林では重要な役割を果たさないだろう。しかし，コントロールされた野火，つまり火入れは，野火の抑制により生じたなにがしかの変化を元に戻すことができる(Wagle & Eakle 1979, Komarek 1981)。例えば，特別な条件のもとに用いられる軽度の地表火は地表の燃料加重(すなわち，可燃性の木質堆積物)を減らし，野火の可能性を減らすか(Weaver 1951, Arnold 1963)，少なくとも収穫の際に出た残材を無くす。地表火は，マツの種子が発芽できる土壌を用意するとともに，マツの林をすかし(Weaver 1947, Wooldridge & Weaver 1965)，叢林と広葉樹灌木林の成立を抑制する。これらの効果があるので，火入れは，植栽をする場所や(皆伐の後か，択伐の前に)天然更新させる場所を整える方法として，また，その他様々な育林上の目的に応じることのできる方法として流行するようになってきた。

火入れによる森林植生の変化は野生動物のある種にとっては有益である。アメリカ合衆国西部，南部では皆伐の後に野焼きを行い，残材の堆積〔0.5 m以下が望まれる(Lyon et al. 1985)〕を浅くし，若葉を出す可食性の植物の成長を刺激する(Garrison & Smith 1974, Leege 1984)。このことにより，大型狩猟獣の生活場所の質がしばしば改善される。アメリカ合衆国南東部においては，野焼きによって地拵えされた場所では，広葉樹と針葉樹で毬果を実らす木(soft mast)が多く生育し，機械的な地拵え法(例えば粉砕chopping)が強度に行われた場所よりも，生息する鳥類種の多様性は高く，より多くの小哺乳類が生息した(Harris et al. 1974, Stransky & Richardson 1977)。

アメリカ合衆国南東部のマツ林では，火入れの後，野生のシチメンチョウ，コリンウズラ，ホオジロシマアカゲラ(Jackson et al. 1986)，ヤブスズメモドキ(Meanley 1959)の個体数が一般的に増加する。また，この地域において，野火は，天然のダイオウショウ生態系が永続するために不可欠である。若芽食いのオジロジカなどの種にとっては，火事の後に発生してくる芽生えや広葉草本は，火の入っていない場所のものより得やすく，高い栄養を持ち，食べやすいので，火入れの後に生ずる条件は有益である(Stransky & Harlow 1981)。火入れは絶滅の危機にあるカートランドアメリカムシクイの生息地を作り出すという点においても重要であった(Probst 1988)。南部の森林では，野焼きは，クロクマの好物の漿果類を増加させ(Hamilton 1981)，大きな木の基部を傷つけて越冬穴を作り出す。

火入れの影響はかならずしもプラスのことばかりではない。火入れにより木のいくらかは枯れるので，影響は一時的なものであるが枯死立木と枯損木の密度が減少する(例えば，Horton & Mannan 1988)。よって，場合によっては樹洞営巣性の鳥の数が減少する。火入れの一つの目的である下層灌木を減少させることは，この植生と結びついている種にマイナスの影響をもつ(Niemi & Probst 1990)。例えば，Horton(1987)は，マツ林での火入れの後，営巣場所や採食場所(それぞれイネ科草本とカシ稚樹)が減少するので，キムネズアカアメリカムシクイの数が少なくなったと報告している。また，火入れがかなり頻繁で激しいなら，野焼きの後には通常高くなるはずの草本や若芽の生産性が減少してしまうことがある。

間　伐

材木管理プログラムのほとんどには，木の成長を促進するために密に蓄積した林分を間伐することが含まれている。間伐によって残った木の活力が改善するとともに，木どうしの間隔が増すので，特定の昆虫がはびこる危険性を減少させることもできる。小さくて，売れない木を伐る間伐は保育間伐と呼ばれている。木材の一部あるいは全てを売る間伐は収穫間伐と呼ばれている。

ほとんどの間伐は一時的に林冠を開くので，下層植物の成長を促す。したがって，間伐は森林性有蹄類の餌を増すが，皆伐や択伐ほどの効果はない。森林下層の餌植物を供給するための間伐は，長期間にわたって下層植物の成長が抑制されることの多い密な同齢林において特に重要かもしれない。間伐による下層植生と木の密度の変化は，森林性鳥類の数と構成に影響を与える可能性もある。一般的に，疎

開林や林縁を使う鳥は，間伐された林分で繁栄するが，密な森林に生活する種は，少なくとも林冠が閉鎖するまで，間伐された林分を一般的に避ける(Szaro & Balda 1979, Conner et al. 1983a, McComb et al. 1989)。

生物学者は，ある動物を養っている森林の状態を，ある大きさの木がha当たりの何本あるかで表現することが多い。一方，育林家は，しばしば林分の密度を述べるときに様々な測定量を用いる。例えば，林分密度指標(SDI；Reineke 1933)は「林分の立木の断面積計，ha当たりの木の数，平均林分直径と林分の蓄積量との間の関係を表す林分密度の相対的な測度である」(McTague & Patton 1989:59)。SDIは，同齢林分で間伐計画をたてるために通常用いられている。樹冠競争要因(crown competition factor, Gingrich 1967)と樹木面積率(tree area ratio)は，西部の広葉樹の異齢林と同齢林のそれぞれの管理において最も用いられている相対林分密度を表す別の測度である。生物学者と育林家の間のコミュニケーションを促進するため，また森林性野生動物が，管理下にある森林で適切な状態で生息できているどうか確かめるために，野生動物学者はこれらの用語で生息地条件を述べるべきである。

野生動物の生息地改善のための育林技術

堅果生産木

堅果の実りは野生動物の多くの種にとって重要である(Harlow et al. 1975, Nixon et al. 1975, Elowe & Dodge 1989)。例えば，ミネソタ州北東部のクロクマは2種のナラ類が実らせる堅果を食物資源としてたいへんよく利用している(Landers et al. 1979, Rogers 1987)。これらのナラ類は，その地域の木のわずかの割合でしかないので，育林作業では保全される必要がある。さらに，一定の直径と齢のナラ類でどんぐり生産量が最大になるので(Huntley 1986)，同齢林管理体系のもとにナラ類が収穫される場合，一定年数の間，堅果生産が保証されるよう輪伐期長を少なくとも70年から100年にするべきである。もし，ナラ類がずっと残るようにしたいならばナラ類の単木的択伐は避けるべきである。なぜなら，耐陰性の強い他種が，何回かの伐採サイクルの後，ナラ類にとって代わるからである。また，毎年，どんぐりが実る可能性を増すためにシロガシ

表28-1 数種の野生動物の枯死立木利用の例(Neitro et al. 1985より)

	エボシクマゲラ	ムテアカゲスイキツキ	アカシルスイキツキ	ドングリキツツキ	ヒメコンドル	フクロウ類と猛禽類	ミサゴ	ハクトウワシ	ヒタキ類	ブラウンクリーパー	コウモリ	アライグマとクロクマ	小哺乳類
樹洞営巣場	x	x	x		x								x
営巣用台座						x	x						
採食場所	x	x	x							x			
羽づくろいポスト					x								
さえずり，ドラミングポスト(コミュニケーション)	x	x	x	x									
食料貯蔵庫			x										x
求愛場所	x	x	x										
越冬場所	x		x		x						x	x	x
ねぐら	x	x	x	x	x	x	x		x				
見はりポスト				x		x	x	x	x				
狩り用とまり場						x	x	x	x				
養育場所						x	x						
住みか，巣穴												x	x
休み場				x		x							
樹皮下営巣										x			
共同営巣か養育コロニー			x									x	
物を打ちつける場所			x										
温度調整のできる生息地	x	x	x		x						x		x

ワとクロガシワの両方ともを残すことが重要である。シロガシワは毎年種子を生産するが，クロガシワはドングリを成熟させるのに2年間を必要とする。

森林生態系における枯死木

森林生態系において，枯死木は多くの動物にとって重要な生息地要素であることが多い。例えば，枯死立木と呼ばれる立ち枯れ木と枯死した梢端や枝を持つ生立木は多くの動物の営巣，ねぐら，採食などの場所となるので重要である(表28-1)。ある森林において，枯死立木の穴と生立木の穴に営巣する鳥は，全鳥類相の30～45%にも達する(Raphael & White 1984, Scott et al. 1980, 表28-2)。樹洞への動物の依存度は種によって異なるが一般に高いはずである。例えば，オレゴン州とワシントン州の森林において「枯死立木はおおよそ100種の野生動物種によって利用されているが，その少なくとも53種(鳥類39種，哺乳類14種)が樹洞依存性である」(Neitro et al. 1985:130)。

枯死立木

枯死立木は，西部の針葉樹林において，樹洞営巣性動物にとって最も重要な環境要素である。しかし，別の地域では梢端が枯れている木が重要である(例えば，Raphael & White 1984)。枯死立木の数と特徴は，林分が成熟するとともに変わるが，それは木の死亡率と枯死立木の劣化の関係によって決定される。太平洋岸北西部(the Pacific Northwest)のダグラスモミの森林の枯死立木の量的分布は，たぶん，西部の針葉樹林の典型であろう。ダグラスモミの若い林分(35年生)には多くの小さな(胸高直径dbhが19cm以下)枯死立木が生じるが，より古い林分には，数は少ないが，大きな〔dbhが48cm以上；図28-4(Cline et al. 1980も参照)〕枯死立木が生ずる。大きな枯死立木はゆっくり劣化していくので，大きな枯死立木は小さな枯死立木より長く立っている〔図28-5(Raphael & Morrison 1987も参照)〕。もし1本の大きな枯死立木(ないしは木)がその同齢集団の林分のほとんどを破壊するような攪乱を生き延びるなら，それは若木とともに新しい林分の一部となるだろう(図28-6)。Cline et al. (1980)は，残存枯死立木という用語を，ある林分で生まれ，さらに更新した林分でも存在し続ける枯死立木を呼ぶために造りだした。

動物によってもっとも頻繁に利用される枯死立木の大きさは，森林タイプによって異なるが，dbh 38 cm以上の枯死立木が，通常営巣場所として好まれる(Conner 1978, Evans & Conner 1979, Thomas et al. 1979 a, Man-

表28-2 北アメリカの温帯森林生態系で通常観察することのできる樹洞営巣性鳥類群集(アカデミック出版の許可を受けて，Harmon et al. 1986より引用)

一般名	樹洞利用のタイプ[a]
ハシボソキツツキ	P(L)[b]
エボシクマゲラ	P(L)
シマセゲラ	P
サバクシマセゲラ	P
ズアカキツツキ	P
ドングリキツツキ	P(L)
ルイスキツツキ	P(L)
シルスイキツツキ	P
スグロシルスイキツツキ	P
セジロアカゲラ	P(L)
セジロコゲラ	P
シマアカゲラ	P
シロハラシマアカゲラ	P
ストリックランドキツツキ	P
シロガシラキツツキ	P(L)
セグロミユビゲラ	P(L)
ミユビゲラ	P(L)
ヒタキモドキの1種	S
シロハラオオヒタキモドキ	S(L)
オリーブヒタキモドキ	S
キノドメジロハエトリ	S
スミレミドリツバメ	S
ミドリツバメ	S
アメリカコガラ	P(L)
カロライナコガラ	P
マミジロコガラ	S(L)
カナダコガラ	P
クロイロコガラ	P
エボシガラ	S
ハイエボシガラ	S
シロガオエボシガラ	S
ムナジロゴジュウカラ	S(L)
ムネアカゴジュウカラ	S(L)
ヒメゴジュウカラ	S(L)
ブラウンクリーパー	S(L)
イエミソサザイ	S(L)
ウインターレン	S(L)
シロハラミソサザイ	S(L)
チャバラハコミソサザイ	S(L)
イースタンブルーバード	S(L)
チャカタルリツグミ	S(L)
ムジルリツグミ	S

[a]P：主要な掘削者，S：二次的利用者，[b](L)：倒木も利用

nan et al. 1980, Raphael & White 1984, Horton & Mannan 1988)。全てのサイズの枯死立木に，キツツキが採食に使っていることを示す痕跡があるが，大きな枯死立木(dbhが38cm以上)が最も頻繁に利用される(Mannan et

28. 野生動物のための森林管理

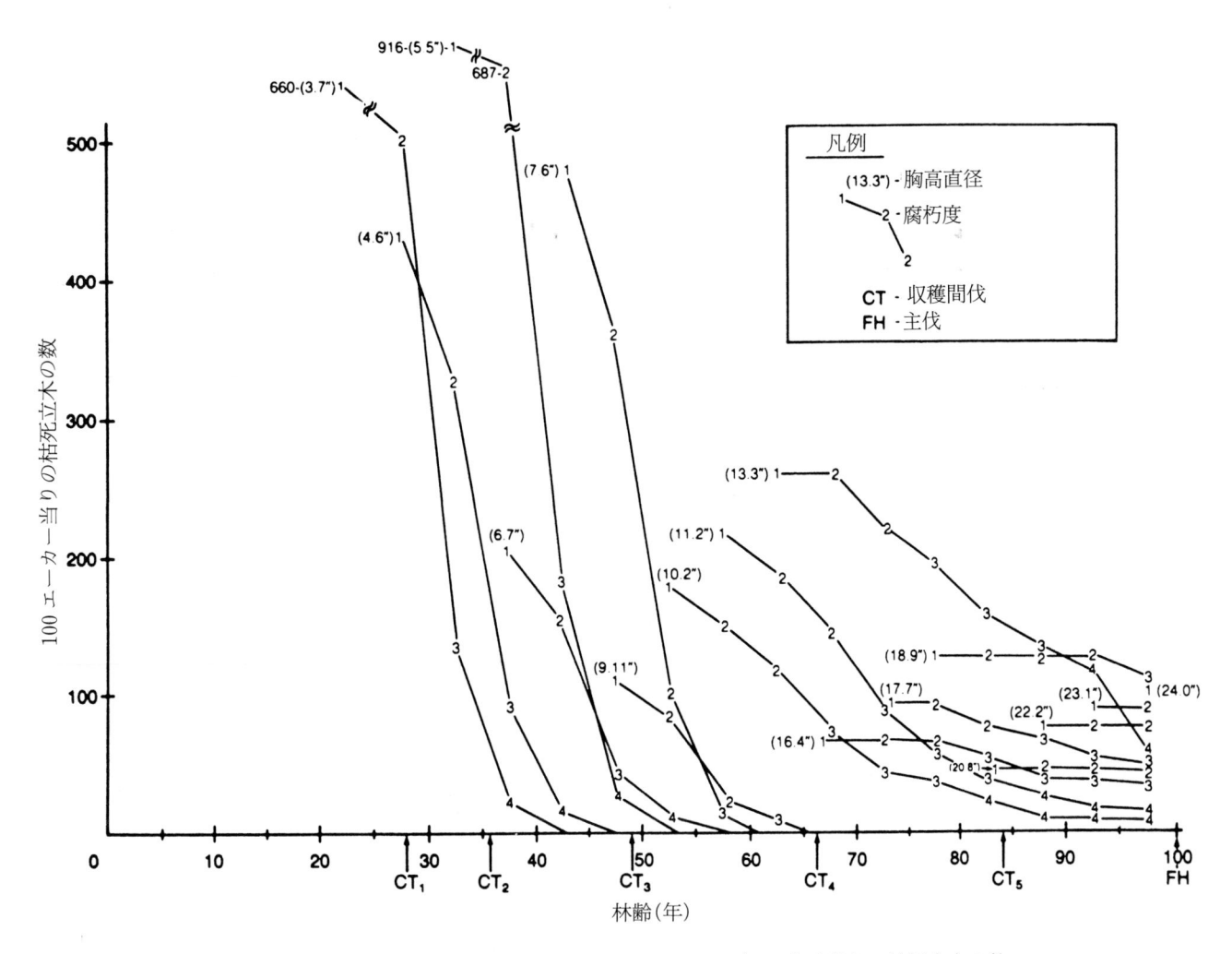

図 28-4 集約的に管理されたダグラスモミ同齢林分における 100 エーカー (40.5 ha) 当りの枯死立木の数
各々の曲線は一つの枯死立木「同齢集団」の運命を示す。CT：収穫間伐，FH：主伐（更新伐）(Neitro et al. 1985 より)。

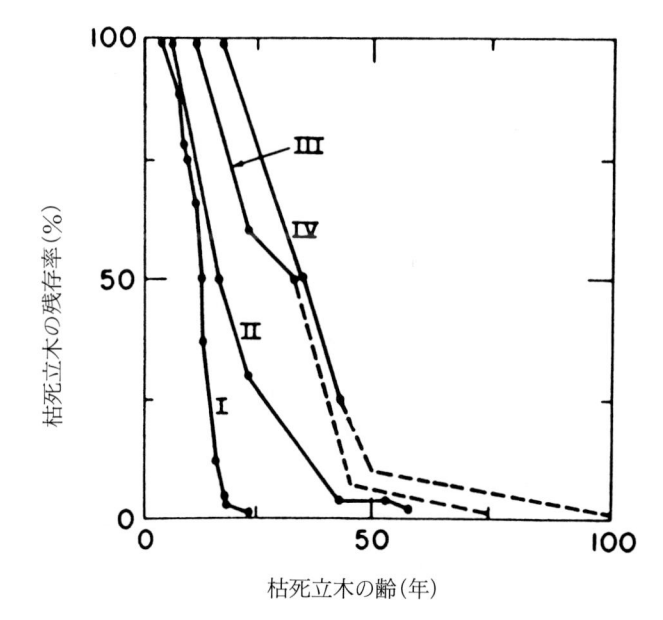

図 28-5 オレゴン州西部の放置永久プロットにおけるダグラスモミ枯死立木の生存曲線
Ⅰ：10〜18 cm dbh，Ⅱ：29〜31 cm dbh，Ⅲ：32〜46 cm dbh，Ⅳ：47〜71 cm dbh。破線は，残存している枯損立木からの推定値を示す（野生動物学会(The Wildlife Soceity)の許可を得て，Cline et al. 1980 より引用）。

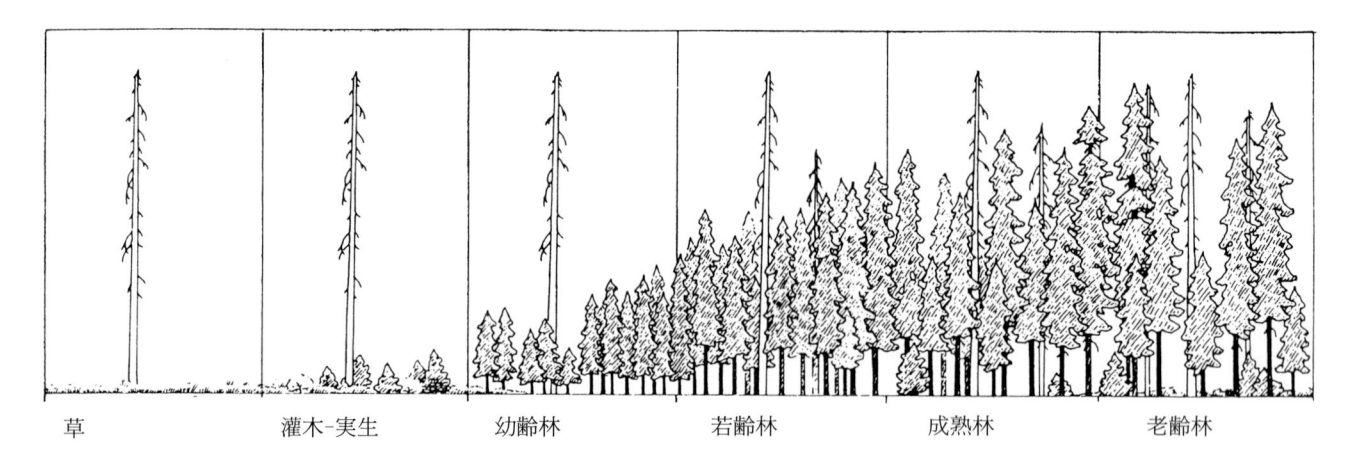

図 28-6 新たな更新地で立ち残っている枯死立木は，残存枯死立木と呼ばれることが多い。林分が成長していくにつれ異なる動物種がその枯死立木を利用するだろう(Thomas et al. 1979 a より)。

al. 1980)。あらゆる腐朽段階の枯死立木(図 28-7)が動物によって利用される。例えば，キツツキは一般に腐朽の初期や中間段階(すなわち中央に腐朽のある枯死立木)に営巣穴を掘る(Conner et al. 1976)が，クロイロコガラは，より腐朽が進んだ柔らかい枯死立木に営巣する(Mannan et al. 1980)。異なる節足動物が異なる腐朽段階の木に生息するので，全ての腐朽段階の枯死立木がキツツキや他の鳥に食物資源を供給することになる。

木材生産を促進するための育林作業では，木が衰退する前に収穫目的で木を伐採するので，木の自然死亡率は低くなる。よって，林分中の枯死立木の数を一般に減少させることになる。野火のコントロールや安全のために，あるいは収穫をより容易にしたり，あるいは木の生育の場所を作るために，枯死立木は皆伐の時でも間伐の時でも伐採される。輪伐期が短いと，野生動物にとって十分大きな枯死立木ができる前に林分が収穫されることになる。林分中の樹洞営巣性鳥類の数と枯死立木を何らかの形で利用するその他の種の数は，利用に適する枯死立木の数に少なくとも部分的には依存する(Evans & Conner 1979, Thomas et al. 1979 a, Mannan et al. 1980)。さらに，枯死立木を利用するほとんどの種は，大きな枯死立木が豊富な古い林分に最も多いが，種によっては，皆伐か野火によってできた成長の初期段階にある開放的な地域か林分に立つ枯死立木の利用に適応している(Mannan 1980, Morrison & Meslow 1983)。もし，野生動物の在来種をそのまま維持することが管理目標であったら，成長の様々な段階の林分において，様々な腐朽段階にある適切なサイズの枯死立木を残すか作るべきなのは明らかである。

何本の枯死立木を残すべきか

Thomas et al.(1979 a)と Neitro et al.(1985)は，第一次樹洞営巣種(通常キツツキかゴジュウカラなど自分で穴を掘る種)のつがいを最大養うのに必要な枯死立木(S)

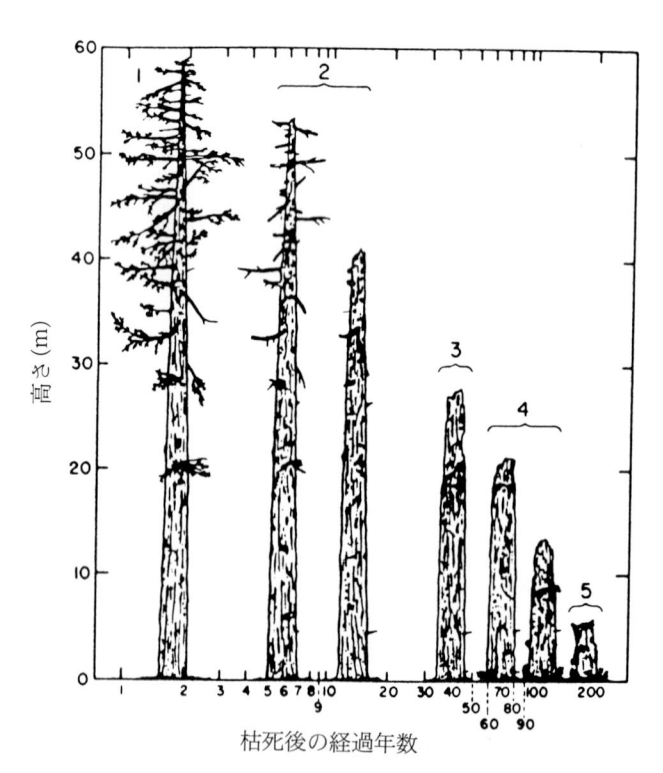

図 28-7 オレゴン州西部におけるダグラスモミの枯死立木の劣化段階(1-5)
直径は，樹高スケールの2倍で描かれている〔野生動物学会(The Wildlife Society)の許可を得て，Cline et al. 1980 より引用〕。

の40ha当たりの最小数を計算するために次の式(または,この変形式)を用いた。

$$S = (D) \times (C) \times (X)$$

D：平均の縄張りサイズに基づいた，40 ha 当たりの営巣つがいの最大数，C：1年間に1つがいが掘る穴の数，X：1つがいによって利用された枯死立木の数に，計画期間にそのつがいを生息させるために必要な未利用の枯死立木の数を足したもの。この変数Xは営巣場所選択の融通性を見込んだもので，利用されている枯死立木の未利用の枯死立木に対する比率を観察によって割り出し推定した修正項である。Neitro et al.(1985)は，対象地域からの情報が入手できない場合には4という数値を修正項Xにあてはめることを提案している。

もし，ある特定の種について最大限に生息可能な個体数が維持できない時(あるいはそのようには望まれていないとき)，Sに望まれる個体数の程度〔例えば最大の75%(Thomas et al. 1979 a, Neitro et al. 1985)〕を乗じることにより最大の何%かを維持するのに必要な枯死立木の数が計算できる。全ての主要な樹洞営巣性種を支えるのに必要な40 ha 当たりの枯死立木の総数はそれぞれの種の必要数を合計することにより計算される。

どのような種類の枯死立木を残すべきか

枯死立木の管理目標を見定めるためには，理想的には，それぞれの動物種に必要な枯死立木の樹種，サイズ，特徴についての情報を上記の式と共に用いるべきである(Conner 1978, Evans & Conner 1979)。枯死後に立ったまま残っている時間は，樹種によって異なる。もし考慮している動物によって利用されることを期待するなら，最も長く立つと予想される樹種を残すべきである。Neitro et al.(1985: 163)は，次の三つの一般的な規則に従うことを奨励した。

①安全性で問題があるもの以外，全ての堅い枯死立木(すなわち腐朽の初期の段階のもの)，枯死しつつある木，欠点のある木(不良木)の全てを残すべきである。堅い枯死立木ないし不良木は，将来，柔らかい枯死立木になるので残しておくべきである。

②(通常，キツツキの)営巣のための最小サイズ要求と合うかそれ以上のサイズの枯死立木と，欠点のある木(不良木)を保持するよう選択すべきである。大きな木はより長く立っているし，樹皮を長く保持し，多様な野生動物を支えるので大きな直径の木を重視せよ。

③もし選ばなければならないなら，柔らかい枯死立木より堅いものを，小さな直径の枯死立木より大きな直径(dbh 38 cm 以上)のものを，樹高の低い枯死立木より高い(18 m 以上)ものを，わずかしか樹皮のない枯死立木よりたくさんの樹皮のあるものを残すべきである。

どこに枯死立木を残すか

もし，林分が同齢であったら，枯死立木あるいは不良木を残す最も適当な地域は，安全面からいえば，伐採区の辺縁あたりである。伐採区の内部に立ったままになっている枯死立木は，ある樹洞営巣者にとってはたいへんな利益になるのだが(Dickson et al. 1983),除草剤の空中散布や他の伐採作業へのじゃまになる可能性があるので，高さを18.3 m 以下にするべきである(Neitro et al.1985)。もし伐採区が燃やされたら，延焼防止線の内側と辺縁に近い枯死立木は，隣接する林分の火事の発火剤にならないよう，また，野生動物にとって好適のままであるよう守られるべきである。Neitro et al.(1985)は太平洋岸北西部における枯死立木保存について別の基準について考察した。異齢林管理の林分では，伐採が選択的であり，様々なサイズの木(それと，たぶんいくらかの枯死立木)があるので，異齢林管理によって枯死立木を維持することができる。

枯死立木は通時的にどのように維持できるか

皆伐あるいは間伐の間，枯死立木を残すことによって，輪伐期中の全ての期間ではないが，ある期間，枯死立木に依存している野生動物の生息地を確保することができる。結果的に，残された枯死立木は倒れるか劣化し，他の木がとって代わる。もし林分にまだ適当な枯死立木がなく，適当なサイズの生立木があったら，意図的に木を枯死させることにより代わりの枯死立木を供給することができる。

適切な腐朽特性(例えば芯腐れ)の枯死立木を作り出す最も効果的な方法は，ダイナマイトで木の梢端を吹き飛ばしたり(Bull et al. 1981),除草剤を注射したり(Conner et al. 1981, McComb & Rumsey 1983),適当な菌類を感染させること(Conner et al. 1983 b)である。また，皆伐の際，樹木を，単木的に，あるいは小さな群で残しておいて，その後に，予定の時間間隔で枯死させることもできる。林分の発達の初期に後継ぎの枯死立木が必要な場合，また輪伐期があまりにも短くて新しい林分に大きな木を求めるべくもない場合，このやりかたは有効である。後者の場合には，輪伐期の最後に立ったままになっている木(例えば保残被陰林)は，それらが適当な枯死立木を生み出すのに十分大きくなるまで成長させるべきである。

異齢林管理の林分に枯死立木を維持するのは，もし大きな木が林分の中にあるなら，比較的に簡単なことである。これらの木の何本かは，衰退し，欠陥を持つようになるまで残すことができるだろうし，いつでも適切な数の枯死立木

があるよう，予定した間隔で枯死させることができる。

ランドスケープの中での枯死立木の分布

たぶん，管理下にある森林のどこにでも大きな枯死立木があるわけではないだろう。しかし，地域的なスケールでの枯死立木の分布は，枯死立木を使う縄張りを持つ種の必要を満たす程度に広範囲にわたるようにしなければならない。例えば，500 ha の森林に 2,000 本の枯死立木を残すとしたら（すなわち，4本/ha），100 ha にまとめて（例えば，山火事跡に）残すのは不適切である。同様に，地域あるいは一つの森林規模での枯死立木の分布は，枯死立木の存在する林分が他から孤立していないよう広範に分散させる必要がある。Thomas et al.(1979 a)は，適切な大きさと数の枯死立木が土地面積の 60% 以上で保持されるべきであるとしている。しかしながら，木のサイズは，部分的には場所の質に応じて決まるので，全ての林分に，最も大きな樹洞利用種の住処が供給可能な木を成長させることはできない。

巣穴木

西部の針葉樹林では別だが，多くの落葉樹林においては，樹洞利用の動物にとって枯死立木はさほどの重要性はない。なぜなら，落葉樹林における多くの樹洞は生立木かその枯損部に掘られるか自然に生じるからである。例えば，バージニア州西部のナラ・ヒッコリー林での樹洞のある木の 84% は生きていた(Carey 1983)。同様に，Sedgwick & Knopf(1986)は，コロラド州北東部の成熟したハコヤナギ林分において，樹洞営巣性鳥類の使う巣場所の 94% は，生立木であったことを報告している。樹洞利用性の動物の管理は，枯死立木が適切な生息地になりえない森林においては，樹洞を持つ生立木である巣穴木の保持に焦点をあてるべきである(McComb et al. 1986)。

McComb et al.(1986)はフロリダ州とサウスカロライナ州の異なるタイプの森林で巣穴木の数について調査した。彼らは，マツ林（例えばダイオウショウとキューバマツ）よりも広葉樹林分（例えば，ナラ・tupelo・ラクショウ）に 40 ha 当たりでは，より多くの巣穴や巣穴木があることを観察した。また，広葉樹とマツ林分の両方において，林齢が高くなると巣穴の密度が増した。集約的な管理下（人工更新，広葉樹を除伐する保育，30 年から 60 年回帰）におかれているマツ林分には天然マツ林分の 1/3〜1/4 の巣穴しかない。

Harlow & Guynn (1983)は，南東部の森林において，二次的樹洞営巣性といえる鳥類（自分で穴を掘らない種）の個体群を生息させるのに必要な樹洞の数を推定した。適当な密度の巣穴を維持できるこれらの森林を管理するためには，広域面積にわたり輪伐期を 60 年以上にすること，巣穴を形成しやすいマツの樹種（例えば loblolly と pond pine）の管理を奨励すること，マツ林分における広葉樹要素の増加，2 から 3 回の輪伐期にわたり巣穴木を維持することが必要である(McComb et al. 1986)。同様に，Sedgwick & Knopf(1986)は，コロラド州の川沿い低地のハコヤナギ林では，二次的に樹洞を利用する鳥のために大きな枝を持つ大きな木(dbh が 55 cm 以上)を残すことを勧めた。

巣　箱

林に巣箱を設置することにより，二次的な樹洞営巣性の動物の巣穴への要求を満たすことができる。何種かの鳥や哺乳類は，巣箱が利用できる場合，天然の樹洞よりも頻繁に巣箱を実際に利用する(McComb & Noble 1981)。したがって，1 種か数種（例えば，アメリカチョウゲンボウ，ルリツグミ，アメリカオシ）を集中的に管理する場合には，巣箱が利用できる。しかし，巣箱は全ての点（例えば，昆虫や節足動物の生息場所なること）で枯死立木の代わりになるわけではない。また，広い地域で巣箱を設置し，維持することは実際的ではない。

倒　木

地面にある枯れた木質，特に大きな倒木は，エネルギーと栄養を蓄え，窒素固定の場となり，若木の成長に好適な湿度条件を提供し，表土の侵食から土壌を守る(Harmon et al. 1986)。大きな倒木は森林動物の多くの種にとっても重要である。キツツキは倒木に住む昆虫を食べ，多くの哺乳類は倒木を繁殖，採食，隠れ場所として用いる(表 28-3)。森林性の両生類も林床で腐りつつある倒木のあたりでよくみつけることができる(DeGraaf & Rudis 1990)。

枯死木は森林生態系において数々の重要な役割をはたしているので，枯死したあるいは倒れた木を，管理している森林に残しておくことは重要である。しかし，伐採作業で生じる残材はしばしば多すぎるので，林野火災のもとになるし，森林更新の邪魔になる。過多な残材は，いくつかの大型狩猟獣の移動の妨げにもなりうる（例えば，Dimock 1974, Garrison & Smith 1974, Pierovich et al. 1975)。したがって，地域によっては，伐採の後，残材の除去が必要かもしれない。Maser et al.(1979)と Bartels et al.(1985)は，太平洋岸北西部の森林では，もしその地域が大型狩猟獣の繁殖にとって重要なら，面積の少なくとも 75% で，残材を 20 cm 以下の深さに減らすべきだと述べている。かれらは，また，伐採の後いくらかの木質堆積物を残す必要があるとも述べている。かれらは，基底部の直径が 30 cm 以上で長さ 6 m 以上の大きな倒木を残すことが

表28-3 北アメリカとヨーロッパの温帯森林生態系における粗大な材木片を利用する小哺乳類（アカデミック出版の許可を受けて，Harmon et al. 1986より引用）

一般名	丸太利用のタイプ[a]
チビオハナナガマウス	P
マスクトガリネズミ	P
イブシトガリネズミ	P
クロトガリネズミ	P
トローブリッジトガリネズミ	P
カワリトガリネズミ	P
キマツシマリス	P(C)[b]
オオアメリカモモンガ	S(C)
カリフォルニアアジリス	S
トウブシマリス	S
キタリス	S(C)
ブザオウッドラット	S(C)
シロアシマウス	P
シカシロアシマウス	P(C)
アメリカヤチネズミ	P
ヨーロッパヤチネズミ	P(C)
キクビアカネズミ	P(C)
ハドソントビハツカネズミ	S
セイブトビハツカネズミ	S
タイヘイヨウトビハツカネズミ	S
オコジョ	P(C)

[a]P：一次利用．繁殖，採食，待避という三つの主要な生活上の機能を丸太利用により満たす．
S：二次的利用，一つか二つの主要な生活上の機能を丸太利用により満たす．
[b](C)：枯死立木，樹洞，巣箱のいずれかを利用

重要であると考えており，野生動物の生息地としてha当たり少なくとも5本の焦げのない大きな倒木を残すべきだとしている．小さな燃焼物が乾き，大きな丸太がまだ湿っている時に，火入れによって小さなものだけを燃やしてしまうことにより大きな丸太だけを残すことができる．野火による災害の発生があまりなく，森林の天然更新が普通である北東部(the Northeast)においては，第一に審美的な目的のために残材をコントロールする努力がなされている．一方，シカの生息数が多い地域では，残材があることにより，シカが実生を摂食しにくくなり林分更新の機会が増す可能性もある(Grisez 1960)．

❏ランドスケープを考慮にいれた森林動物の管理

これまでの議論は，育林作業が林分内の植物や動物に与える影響について焦点をあてたものであった．しかし，管理された森林生態系に生息する野生動物に関する目標の多くは，広い地域にわたっての動物個体群のサイズと分布，群集全体の健全性とかかわる．類似した生息地要求をもつ一種か数種だけを利する管理の仕方は，他の種にマイナスの影響を与える．したがって，野生動物学者はある森林ないしある地域全般にわたる全ての遷移系列と発達段階における野生動物の数と分布について関心を持つべきである．

森林細片化

森林地帯は，農地化，市街地化，その他の土地利用のために伐採されることが多い．強度に伐採された後に残った森林のパッチは小さくて著しく孤立している（図28-8）．森林地帯の細片化は，中西部と東部の広葉樹林地帯で広がっているが（例えば，Whitcomb et al. 1981），北東部(the Northeast)のある地域では，農地が放棄されることによって，以前には農地化によって細片化した土地が再び森林化している．西部の針葉樹林などでは，伐採により老齢級の林分が急速に減少，細片化している(Harris 1984，また，以下の老齢林分の節を見よ)．

森林地帯が小さなパッチ状に細片化することにより野生動物にとっての森林環境の質は，大きくも微妙にも変化する．細片化は森林パッチのサイズを縮少し，食物と隠れ場所のタイプと質，温度，湿度域を変え，動物をより高い捕食圧や競争，寄生，人による狩猟圧にさらす(Morrison et al. 1992)．これらの変化により，小さくて孤立した森林パッチは大きな森林よりもわずかの動物種しか維持できないのが普通である(Whitcomb et al. 1981)．

小さな孤立したパッチには生息できないか低密度でしか生息できない脊椎動物は，大きな縄張りを持っているものか〔例えば，エボシクマゲラ(Whitcomb et al. 1981)〕不適な環境を簡単に飛び越えて分散できないものが多い．また，森林の内部に生息する鳥類種は，林縁と結びついている種との競争，捕食，寄生によって，小さな森林パッチでは数が少ない(Gates & Gysel 1978, Brittingham & Temple 1983, Dueser & Porter 1986, George 1987, Andrén & Angelstam 1988, Martin 1988, Yahner & Scott 1988, Brittingham 1989)．小さくて孤立した個体群は，災害，人口学的確率性，遺伝的劣化により地域的な消滅の危険が大きいので，小さな森林地帯に生息できる種であっても長期間生息できないかもしれない(Karr 1982, Wilcove 1987)．

もし，ある地域ないし，森林タイプにおいて完全に在来の動物種全てを生存させる必要があるなら，適切なサイズ，発達段階，分布を持つ森林パッチをランドスケープ規模で

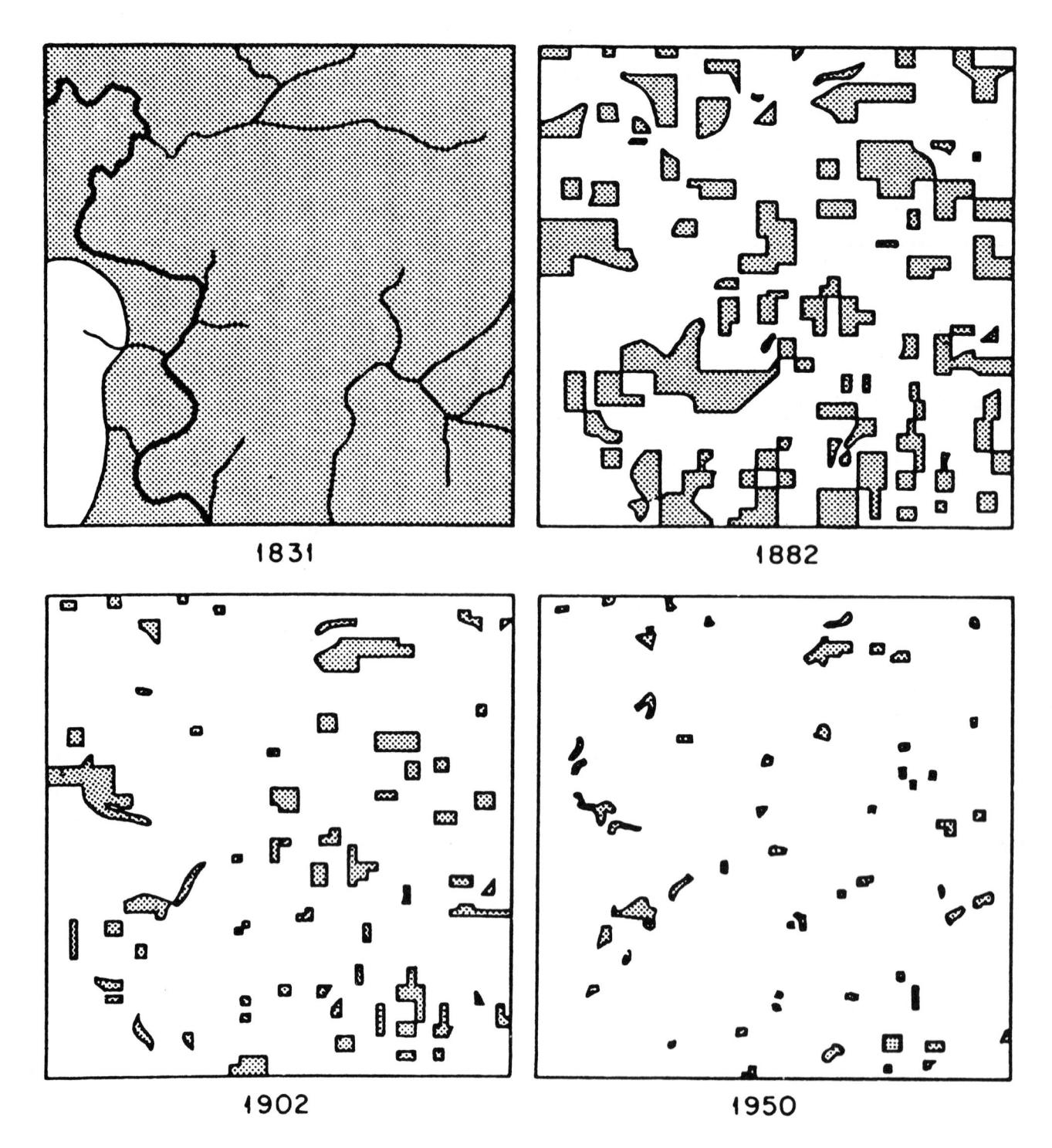

図 28-8 ウィスコンシン州グリーンカントリー，カッツ郡 Cadiz Township のある地域における 1831 年から 1950 年にかけての森林の細片化の過程
影の部分が残存している森林あるいは森林に変わった土地である（シカゴ大学出版局が作成，印刷。シカゴ大学出版局の許可を得て，Curtis 1956 より引用）。

維持する必要がある。理想的には，森林のパッチサイズ，齢，構造，形状，分布は，それぞれの種や群集（次の老齢林の節以下の例を参照せよ）の要求条件と，どのような生態系を望むかによって決定されるべきである。しかし，森林の細片化に敏感な動物の生息地要求と個体群動態についての詳細，パッチサイズと分布が他の生態系機能に対しどのよう

な重要性をもつかは，不明であることが多い。したがって，分断化した森林を野生動物のためにどう管理するかの特別なガイドラインを作り出すのは難しいし，そのガイドラインは森林タイプや地域間で異なるだろう。しかしながら，一般的なガイドラインの作成なら可能であろうし，実際，いくつかの提案がなされてきた（例えば，Diamond 1975, Franklin & Forman 1987）。

①可能なかぎり広くて連続的な森林の広がりを維持するか，あるいは作るように計画すべきである。森林パッチに生息する鳥類種の数はパッチサイズと正の相関をもつ（例えば，Lynch & Whigham 1981, Freemark & Merriam 1986）。Robbins (1979) は，東部の森林地帯のほとんどあるいは全ての鳥類種を維持するために，林縁を最小にする形で1,000 haのパッチを維持するよう勧告している。理想的には，維持する地域は，自然の攪乱（例えば火事，嵐，洪水）が起きた後も野生動物の生息のために適切な森林が残るよう十分な広さを持つべきである（Pickett & Thompson 1978）。

②森林パッチ間の動物の移動を容易にするためにパッチ間の距離を最小にすべきである。島嶼状の森林に再侵入する動物は，島嶼内あるいは全く他の森林パッチからくるはずである。この理由により，もし大きなパッチと近接しているなら，小さなパッチでも森林動物の生息地として価値が高い。

③パッチが著しく離れているとき，パッチ間の動物の移動を容易にする回廊を用意すべきである（MacClintock et al. 1977, Harris & Gallagher 1989）。回廊はいくつかの異なるスケールで機能する。例えば，ある州の国有林と国立公園を，また，国有林内で特定タイプの森林環境をもつ比較的大きな森林パッチどうしを連結することができる。あるいは，森林の比較的小さな森林パッチどうしを連結することにより全体で一頭の動物あるいは一つがいの動物の生息地要求を満たすことができる（Morrison et al. 1992）。

ランドスケープの中で回廊を作るというアイデアは直感的には魅力的だが，その有用性は経験的なデータに基づいて明瞭には確認されていないし，個体がパッチ状の森林環境を利用しやすくなったり，孤立したパッチ間の移出入が実際に増すかどうか判定するための研究を行う必要がある（Morrison et al. 1992）。回廊に代わるものがあるとすれば，パッチ間の動物の移動を促進するようパッチ間の林分や空き地を管理することである。例えば，Thomas et al. (1990:309-310)は，ニシアメリカフクロウでは，パッチ外の森林地帯の50%以上の森林構造がフクロウの移動を妨げないものでさえあれば生息地のパッチ間の回廊は不必要であることを観察した。

④林縁の長さに対する森林面積の比率を最大化するようパッチを維持ないし管理すべきである。森林内部に依存する動物に最も有効な森林パッチの部分は，林縁から300 m以上離れた内部である。長くて狭いパッチ（例えば幅，600 m以下）はこれらの種の生息地としては意味がない。

ランドスケープ規模で森林地帯を管理するための別の戦術は，重要な森林環境あるいは特別な生息地要素に対する管理行為について述べた以下の議論の中で示してある。

老齢林分

北アメリカで古木が優先する林は，価値のある木材を大量に蓄積しているという主な理由から，急速に伐採されつつある。これらの林分の中でも最も古いものは，しばしば老齢林分と呼ばれる。ヨーロッパ人が北アメリカに到達したとき存在した老齢林のわずか2〜15%が今日存在する（Thomas et al.1988）。木材の大きな需要と木材と関連する企業に依存する多くの地域経済の安定のために，残っている老齢林分を収穫しようとする圧力は大きい。木材生産を第一の目的とする土地において老齢林の再成長はありえない。なぜなら，輪伐期長は一般的に25〜120年であるが，ほとんどの森林タイプは老齢林分の特徴をもつまでに成長するのに，少なくとも200年はかかるからである（Thomas et al. 1988）。

若く集約的に管理された林分よりも老齢林分はしばしば構造的，機能的に複雑であるので，森林生態系から老齢林分が除去されることに対して関心が高い（Thomas et al. 1988）。老齢林分の構造は森林タイプにより様々であるが，複層の林冠と，巨木，大きな枯死立木，大きな倒木，そして上層と下層植生のパッチ性に特徴づけられる。若い林分にはないか，あるいは効果的に発揮できない機能で，老齢林分なら発揮できる機能には次のものがある。

①窒素固定と養分保持，養分循環の重要な経路を提供すること（Franklin et al. 1981, Maser & Trappe 1984），②高品質の水の生産，③特殊化した植物，動物種の生息（Franklin et al. 1981, Schoen et al. 1981, Matthews & McKnight 1982, Meehan et al. 1984, Raphael & Barrett 1984, Sigman 1985），④心理的な価値と非凡な審美性を持つ類をみない生態系であること（Thomas et al. 1988:253）。

ある地域ではいくつかの野生動物種は老齢林と密接に結

びついている(表28-4)。行動域における相対的な利用頻度に基づくと,これらの種は予想以上に老齢林を利用している。しかし,これらの種の老齢林への依存の程度は完全には理解されていない。老齢林に最も依存している種は太平洋岸北西部(the Pacific Northwest)のダグラスモミ林に生息するニシアメリカフクロウ(Forsman et al. 1984, Thomas et al. 1990),南東部(the Southeast)のマツ林に住むホオジロシマアカゲラ(アメリカ魚類野生生物局 1985)とアラスカ南東部のアメリカツガとアラスカトウヒ林 Sitka spruce forest のシトカオグロジカ(Wallmo & Schoen 1980)であろう。

老齢林の定義

　管理された森林における老齢林維持の努力は,まず,老齢林を定義することから始まる。定義は,森林タイプ別に固有のものであり,①植物と動物種の組成,②生立木と枯死木(立木,倒木とも)の大きさ(齢),密度,林冠層の数と性質,③特に野生動物や魚類の生息地としての生態学機能と関係する最小林分サイズ(面積),などによりなされる(Thomas et al. 1988:253)。作業上の老齢林の定義は,太平洋岸北西部のダグラスモミ林(アメリカ森林協会 1984),アラスカ州南東部のツガ・トウヒ林とオレゴン州とワシントン州のブルーマウンテンのいくつかの森林タイプを対象に行われてきた(Thomas 1979)。

老齢林分の管理

　若齢林から老齢林に成長するのには長い時間がかかるので,ある地域の老齢林分を維持する計画は,少なくとも最初は現存する老齢林分の情報に基づいて立てるべきである(Thomas et al. 1988)。残存する老齢林分の量,位置,面積についての情報は,管理計画を立てるために不可欠である。しかし,老齢林は多くの地域でまれであるか,存在しない。さらに,今日保護されている林分でも様々な破壊的要因(例えば病気,火事)によって結局はだめになってしまうだろう(Harris 1984)。したがって,現存する老齢林分の後継を育てる方策を立てなければならない。

　老齢林をどれくらい残すか,また,老齢林分の面積と空間的配置については,老齢林にその生存を依存している動物の要求にも基づいて決定すべきである。例えば,太平洋岸北西部の老齢林を保護するための現在の努力は,ニシアメリカフクロウの存続可能個体群を維持する努力と関連を持っている。ニシアメリカフクロウの保護のために提案されている方策では,ワシントン州,オレゴン州,カリフォルニア州北部の公有地の成熟林と老齢林を大きなブロックとして繋げるシステムの創出を必要としている(Thomas et al. 1990)。これらのブロックのサイズは20つがい以上のフクロウを養うのに必要な面積に基づいて算出された。ブロック間の距離は,若鳥の分散能力に基づいて算出されている。ランドスケープ規模でのブロックの分布は,フクロウの適切な分布を保証し,空白の生息地に再移入を促進するように設定される。

　老齢林分の維持のための計画をねりあげるために,一種か数種の動物の生息条件をよりどころとすることは,森林管理を制限している法律と存続可能な野生動物個体群の維持を求める法律の論理的な帰結である。しかし,Thomas et al. (1988)は,老齢林分の管理の問題は,野生動物の生息地の維持よりも大きな問題であり,可能なかぎり老齢林分の他の価値についての情報を管理計画の中に盛り込まなければならないと,注意を促している。

　老齢林分をどのように維持するかは地域によって異なる選択がされる。アラスカ州南東部において大規模な老齢林が手つかずのまま残っており,重要な老齢林分からなる水系全体(2,000 ha 以上)の保全は可能かも知れない。かなりの量の老齢林が太平洋岸北西部にも残っている。Harris (1984)は,この地域の老齢ダグラスモミ林の保全計画を作成した。彼の計画は,極端に長い輪伐期長(320年以上)で,様々なサイズの老齢林の島状の地域を管理するという考えに基づいている。老齢林の島状の地域の分布は水系のパターンと関係づけるべきであることも提案している。この地域の老齢林分の管理についての他の計画は,ニシアメリカフクロウの生息地要求に基づいている(Thomas et al. 1990)。

　北アメリカの他の地域,特にアメリカ合衆国東部にはほとんど老齢林が残っていない。この地域の老齢林分の管理計画は,森林化された地域を老齢林分に成長させるために

表28-4　老齢林と密接に結びついている種(野生動物学会の許可を得て,Thomas et al. 1988より引用)

テン	フィッシャー
アカキノボリヤチネズミ	オオアメリカモモンガ
エルク	ミュージカル
シロイワヤギ	ヒグマ
数種のコウモリ	ハクトウシ
ニシアメリカフクロウ	エボシクマゲラ
カナダガン	マダラウミスズメ
ホオジロシマアカゲラ	様々な樹洞営巣性鳥類
数種の両生類	

残しておくことに焦点を当てなければならない。Thomas et al.(1988)は，どのような方策が採用されたとしても，老齢林の管理計画は，最も多くの管理上の選択肢が将来的に残っているように慎重であるべきであると強調している(Conner 1979も参照せよ)。

河畔地帯

河畔地帯とは，小川，河，池，湿地に直接隣接する地域である。河畔地帯は利水性がたいへん高いので，高台地域と植生は異なる。河畔地帯の攪乱状態も高台とは異なり，洪水などの河川作用による攪乱は，高台の攪乱よりも頻繁であり厳しい。多くの森林動物は河畔植生を重要な生息地として利用するが，ビーバなどの動物は，流れの性質や付近の植生に大きな影響を与える(Naiman et al. 1988)。ある地域，特に乾燥した南西部(the Southwest)においては，河畔林と結びついた動物が生息するので，その森林生態系の多様性が増す(例えばDavis 1977)。例えば，生存を河畔地帯に依存しない動物さえもその場所を二次的に用いたり，移動の回廊として用いる可能性がある(Harris 1984)。

森林生態系において河畔地帯は重要であり，また，比較的面積が狭いので，河畔林管理の最上の道は保全か保護であろう。最初のステップは河畔地帯を定義することである。Gregory & Ashkenas (U.S.For.Serv. Rep.,Willamette Natl.For.,1990未発表資料)は，氾濫原のどこでも，植生を除去すると，後々の洪水で侵食が起きるので，河畔管理地帯としては，氾濫原全てを含むべきであることを示唆した。彼らは，生態学的境界で，河畔地帯の輪郭を定義するよう奨めている。すなわち，河畔地帯は地勢，地質，地下水，植物群落の情報に基づいて定義される(Hunter 1990)。大きな流れでは，河畔林は流れの両側400mにもなるだろう(Hunter 1990)。

河畔地帯を管理するために推奨されていることは比較的単純である。まず，河畔林に船着き場，道，キャンプ場や他の施設を作るべきではない。第二に河畔植生と水中生態系のまとまりを破壊するような河畔林における伐採，放牧，その他の行為は許可すべきではない。第三に，高台の侵食はコントロールすべきである。

河畔地帯管理のためのガイドラインは，公有地を管理する多くの機関によって作られてきたが，間欠的に流れる河川，あるいはそれに隣接する地帯の保護は含まれていない。ある河川の上流部は，初春にしか流れない。しかし，これらの地域はある野生動物種，特に両生類の生活史にとって重要な生息地である可能性がある(Welsh 1990)。したがって，流れの全てで隣接する森林と潜在的に重要な他の水中環境(例えば，池，水たまり，泉など)の保護を配慮することが重要である。

❏人の立ち入り規制

人の森林への立ち入りの規制は，ある動物種，特に大型狩猟獣の管理において重要である。大型狩猟獣の生息地管理プログラムは，人の諸活動が制限できないと有効ではない。ほとんどの例では，人による頻繁な攪乱は，大型狩猟獣の分布だけを変え，全体の密度や繁殖状態は変えない。しかしながら，合法的な狩猟者ないし，密猟者が，ある地域を容易に移動できたとしたら，人の立ち入りが増え，大型狩猟獣の生存にまで影響を与えうる(Thiessen 1976)。また，極端な状況では，人の活動により野生動物がその地域を永久に利用できなくなるかもしれないし，その結果，環境収容力が全体として減少するかもしれない。

ある地域で人の活動が増加するのは，まず道路の建設による。1本の道路は，1km当たり1.2ha以上の生息地を消滅させ〔2車線の高速道で12m幅(Rost & Bailey 1979)〕，ある動物の移動の障壁となる可能性がある(Hunter 1990)。しかしながら，道路の大型狩猟獣への影響についての懸念は一般には道路そのものとは関係していない。アラスカのパイプラインに対するカリブーとヘラジカの反応は，もし人が日常的に活動しなかったら，めだつ障壁であっても動物に許容されうることを示した(Cameron et al. 1979, Curatolo & Murphy 1986, Eide et al. 1986, Sopuck & Vernam 1986)。道路の大型狩猟動物に対するマイナスの影響は，道路を利用する人と関係する。乗用車，トラック，RV車あるいはスキーをはいたり，馬に乗ったり，徒歩でやってくる人による頻繁な攪乱は道路近くから動物たちを脅し追い立てる〔例えば道路から0.6～1.3km(Perry & Overly 1977)〕。したがって，路網密度と交通量が増加するにつれて大型狩猟獣の生息地としての価値は減少する。

ある動物たちは，特にその動物が狩猟されていない場合，道路で人の存在に馴れていく可能性がある(Geist 1970, Schultz & Bailey 1978)。他の動物は人の活動を避ける。例えば，伝えられるところによれば，ノルウェーのハイイログマは，林道と伐採作業を避けるし(Elgmork 1978)，オオカミの密度は路網密度が最低のところで最高になる傾向があるという(Thiel 1985, Mech et al. 1988)。したがって，人の活動の規制，特に道路と結びついている人の活動

の規制は，ある動物を管理する上ではかなり重要である。
　Black et al.(1976)，Lyon(1983)，Jageman(1984)は，道路の大型狩猟獣への影響を減じるために以下の行為を奨励している。①植生や地形によって道路から草地と皆伐地などの開放地の目隠しをする。②大型狩猟獣の移動回廊として用いられる山の鞍部や草地，河畔地帯，尾根などに道路を作らない。③大型狩猟獣の移動が制限されないように，道路の切りとり法面と盛り土法面の位置を定める。④道路の必要性がなくなった後に閉鎖するのが容易になるよう道路の設計を考える。⑤閉鎖に際しては，斜面の上下の法面だけではなく道路の車線にも植被をほどこす。⑥可視距離を減らすために道路にそって植生を残す(可能なら0.4km以内)，⑦大型狩猟獣にとって重要な時期に特定の地域(例えば，出産地域，交尾地域，越冬地域)への立ち入りを制限する。⑧狩猟獣にとって重要な地域への立ち入りが必要な場合には，車は一定の速度で移動するようにしなければならない。⑨公衆に道路管理の目的について知らせる。最後の注意は特に重要である。人々は，一般に，理由さえわかれば，道路管理の方針を受け入れる。

❏野生動物のための森林管理におけるモデル化の役割

　野生動物のための森林管理にとってモデルは有用である。モデルは，ある動物種の数の分布パターン，将来生息する種の分布パターン，生物学的システムの機能を説明する際の助けとなる。目的によって，異なる構造のモデルと異なるタイプのデータの結合が必要である。野生動物の管理についてのほとんどのモデルは最終的には予測のために用いられる。
　モデル(model)ということばは，ラテン語のmodusに由来し，様式(mode)ないし尺度(measure)を意味するが，本質的には現実世界についての記述方法の一種である。モデルは，概念的なもの，図，数学的形式，コンピュータプログラムという形をとる(Hall & Day 1977)。概念化あるいは図化によるモデル化は，通常，モデルを作る過程において最も重要なステップである。しかしながら，これらの概念モデルを作るのが最も難しい。なぜなら，概念モデルの構築には，特定の生物学的システムがどのように働いているか，またそのシステムの考え方のもとになっている鍵となる仮説について，モデル制作者がはっきりと認識していることが必要だからだ。
　概念化され図化されたモデルは，森林条件の変化に対する種の反応を説明し予測してくれるとともに，その理解を助けてくれる。モデル作りは，生物学的システムがどのように機能するかについての重要な仮定を無視して，数学的，あるいはコンピュータプログラムのレベルから始まるように思われがちである。例えば，個体群の反応モデルにおいて線形の方程式を用いることは線形様式で個体群が環境の変化に反応することを仮定している。この仮定が特定のモデル作りの作業に結局，有効であるか適切であるかの検討を行うためには，概念モデルを最初に練りあげる必要がある。
　どのような技術に関しても，モデルは適切な状況だけで用いるべきである。これはそのモデルがもともと対象として開発された種，地理的範囲，森林タイプに対して用いるべきであることを意味する。モデルの利用を適切な条件だけに制限することによってモデルの記述と予測が不適切に利用される危険を防ぐことができる。
　また，適切な状況とは，モデルが用いられる行政的な背景にもかかわる。モデルが管理者や決定権をもつ人にどの程度受け入れられるかは重要で，モデルの有効性という点でしばしば見過ごされる側面でもある。モデルの有効性について関連する側面は，例えば，NEPAによって必要とされる環境影響評価書の場合と同様，既製の評価過程と決定過程においてモデルがどのように用いられるかである。あるモデルを利用することが，生息地条件の評価，種の反応の予測，資源の配置についての決定を行うための現行の手続きにどの程度適合するかは，モデル利用の成功を保証するための本質的な問題である。もし行政上の制約のためにモデルの利用者がそのモデルを現在の評価や決定過程に適用できなければ，最も正確で信頼しえるモデルでさえも無用の長物である。

❏モデル化と計画プロセス

　以下の議論では，多目的資源管理という方針で野生動物の生息地を管理する義務を負っている政府機関で用いられる計画プロセスに焦点をあてる。しかし，そのプロセスは，小さな植林地の生息地改善の計画など，たいていの土地での野生動物計画の設計にも適切である。
　モデルは，提案されているか実行されている森林管理活動に従って，野生動物種のありそうな分布と数を予測するために用いられる。あるいは目的とする野生動物の分布や数を達成するため，森林管理の代替案を選択する場合の参考としてモデルが用いられる。モデルの形式，すなわち，精

度と正確さなどのモデル固有のパラメータと特徴は目的と規模(林分かランドスケープか)によって様々である。

ある地域での野生動物の生息地の計画プロセスは以下のようである。まず,最初に,目標と目的がたてられる。広域を対象とした目的は,当局の方針,制定された法令,社会的関心によって設定されることが多い。集水域ないし,流域のような区域については,目標と目的は包括的な土地管理計画から導かれる。正確な目的を設定することにより,計画地域に生息し関心が払われるべき種とその望まれる分布と数が確認される。NEPAの用語から借用すると,ある目的を設定することの本質は,計画地域において種と生息地について「将来的にどのような状態にしたいか」を明瞭に述べることである。野生動物の生息地についての目標の定義を助ける質問は,①どのような森林構造とパターンが必要とされるか,②種の分布と数についてどのようなパターンにしたいのかである。

第二に,特定された地域で,生息地条件や目的を達成する手段についての複数の代替案が練られる。次いで,種の分布と数への影響についてそれらの代替案が分析される。そして,それらを評価するための判断条件が練られ,適用された後,一つの案が選ばれる。次いで,適切な財源と行政機関が設定されて,その案が実施される。

そして,結果をモニターすることにより,意図したように代替案が実行されたか,あるいは種や生息地が予測したように反応したか評価される。モニタリングの結果が評価された後,新しく目的や目標を設定しなおすなどの計画段階での修正も可能である。このフィードバックのプロセスは適応化管理と呼ばれる。

モデル化により,代替計画の立案,代替案の分析,結果のモニタリングが楽になる。以下に述べる意志決定支援モデルも適切な代替案の選択や適応化管理の実行を助けてくれる。しかしながら,モデルは計画プロセスを支援する道具にすぎないことを十分頭に入れておかなければならない。それは規制するためではなく情報を与えるために用いられるのが最善である。

❏ 森林生息地と野生動物の関係についてのモデルの概説

森林と野生動物との関係について記述したいくつかのモデルが利用可能である(表28-5)。どれを利用するかを決定する最初のステップでは,そのモデルから何が期待できるか検討すべきである。

モデルの選択

モデルは計画立案の際に用いる道具である。よって,目的に応じてモデルを選択したり,数学的モデル化あるいはコンピュータでのモデル化が適切であるかを評価する際には,次の手順をとるべきである。

①計画プロセスにおいて,いつモデルを利用し,いかに適用するか明らかにする。例えば,モデルを代替計画の種の分布や数への影響を評価するために用いるなら,モデルにより様々な生息地条件への種の反応を予測するべきである。以下に述べる単純相関モデルなどのいくつかのモデルは予測するという目的には不適当かもしれない。

②関心のあるパラメータをリストする。必要な予測と反応変数を記述する。もし管理によって立木密度などの景観や森林生息地の特定の特徴が変わるなら,モデルはこれらの生息地変数を予測変数として用いるべきである。例えば,もし計画の目的がエルクの生息地を季節的に供給することにあるなら,反応変数は,生息地の収容力,エルクがいるかいないか,群れの密度などとなるだろうが,これらは意志決定の作業にどの程度詳細なものが必要かに依存して選択される。

③許容できる信頼度を特定する。将来の条件を予測するモデルの正確さと精度のレベルを決めることが必要である。信頼度(推定値の誤差)の許容レベルを見定めることはモニタリングと関係するモデルにとって特に重要である。例えば,個体群動向のモニタリングは,高価であったり,労力がかかったりする(Verner 1984)。ⓐ適度のレベルの保証(例えば80%信頼度)でもって個体群の減少傾向を調べたり,ⓑ目的とする信頼度で広い地理範囲にわたって個体群の衰退を調べるために,モニタリングプログラムを設計することにより,サンプルサイズを少なくすることができ,費用と労働力を節約できる。

林分構造のモデル

林分規模で森林構成と構造の記述と予測を行うモデルである(表28-5)。これらには,CLIMACS(Dale & Hemstrom 1984),Douglas-Fir Simulator〔DFSIM(Curtis et al. 1981, Fight et al. 1984)〕,FORCYTE(Kimmins 1987),FOREST(Ek & Monserud 1974),FREP(U.S. Forest Service 1979),Prognosis(Wykoff et al. 1982),Stand Projection System〔SPS(Arney 1985)〕,STEMS(Belcher et al. 1982),VARP(Tappeiner et al. 1985),WOODPLAN(Williamson 1983)など施業に用いる林分

表 28-5 森林生息地と野生動物との関係についてのモデルの概要

モデル名	説　明	引用文献
林分成長と収穫モデル		
CLIMACS	攪乱の長期的影響を予想	Dale & Hemstrom 1984
Douglas-fir Similator (DFSIM)	同齢ダグラスモミ林の収穫	Curtis et al. 1981, Fight et al. 1984
FORCYTE		Kimmins 1987
FOREST		Ek & Monserud 1974
FREP		U. S. Forest Service 1979
Prognosis	管理下にある林分の収穫モデル	Wykoff et al. 1982
Stand Projection System (SPS)	管理下にある同齢林分の収穫モデル	Arney 1985
STEMS		Belcher et al. 1982
VARP	HP-41Cについての林分収穫調査データの評価	Tappeiner et al. 1985, Williamson 1983
森林遷移モデル		
DYNAST	複数林分の成長予測	Boyce 1980
FORPLAN	林分成長の線形プログラミング	U. S. Forest Service 1979
統計モデル		
CORRELATION MODELS (相関モデル)	生息地パラメータと種のパラメータと関係づける	いろいろ
MULTIVARIATE MODELS (多変量モデル)	複数の生息地パラメータと単一か複数の種のパラメータを関係づける	例えば, Capen 1981
種と生息地の関係モデル		
HABITAT SUITABILITY (HSI) MODELS (生息地適性指標モデル)	三つの生息地変数を種のパラメータと関係づける	Schamberger et al. 1982
HABITAT CAPABILITY MODELS (環境収容モデル)	ある種を養うための環境収容力を生息地変数と関係づける, HSIモデルと類似	例えば, Wisdom et al. 1986
HABITAT EVALUATION PROCEDURE (HEP) (生息地評価手法モデル)	生息地条件を評価	U.S. Fish & Wildlife Service 1980
PATTERN RECOGNITION (PATREC) (パターン認識モデル)	生息地条件から野生動物への影響の確率を予測	Williams et al. 1977
SPECIES-HABITAT MATRICES (種と生息地についての行列)	生息地のタイプと条件毎に野生動物種の一覧表を作る	例えば, Thomas 1979 Verner & Boss 1980
GUILD AND LIFE (ギルドと生活型モデル)	生息地条件へのギルドの反応を示す	例えば, Severinghaus 1981, Short 1983, DeGraaf et al. 1985
COMMUNITY STRUCTURE (群集構造モデル)	植生構造の関数として野生動物種の分布, 数, 多様性を示す	Raphael & Barrett 1981, Schroeder 1987
森林ランドスケープモデル		
HABITAT DISTURBANCE (生息地攪乱モデル)	生息地の構成と構造への攪乱の影響をシュミレートする	Shugart 1984, Pickett & White 1985, Shugart & Seagle 1985
FOREST FRAGMENTATION (森林細片化モデル)	種の分布と数への林分の細片化の影響を表示する	Dueser & Porter 1986, Askins et al. 1987, Bock 1987, Stamps et al. 1987, その他いろいろ
累積影響モデル		
DYNAST	種と生息地の関係を統合できる	Benson & Laudenslayer 1986, Holthausen 1986, Sweeney 1986
ECOSYM	複数林分の発達を追跡する	Henderson et al. 1978, Davis 1980, Davis & DeLain 1986
FORHAB	種のデータと共に林分データを示す	Smith et al. 1981, Smith 1986
FORPLAN	種の要求を制約として統合する	Davis & DeLain 1986, Holthausen 1986
FSSIM	複数林分の成長と種の要求とを示す	Holthausen & Dobbs 1985
HABSIM STEMS	生息地収容力モデル	Raedeke & Lehmkuhl 1986, Belcher et al. 1982
TWIGS		Belcher 1982, Brand et al. 1986
Grizzly Bear	グリズリーの存在と存続可能性への, 管理活動の空間的効果を評価する	Weaver et al. 1985
意志決定支援モデル		
DECISION SUPPORT	管理上の決定過程に対し助言, 重みづけ, 順位づけを助ける。専門家システムを含む	Marcot 1986, 1988
モニタリングモデル		
ADAPTIVE MANAGEMENT	モニタリングの結果により管理の方向の修正を許す	Walters & Hilborn 1978, Walters 1986

の成長と収穫モデル(stand growth and yield models)などがある。成長や収穫の情報は，経済林地の様々な森林タイプについてのものが利用可能である。例えば，Oliver & Powers(1978)はカリフォルニア州北部の未間伐のポンデロサマツの植林地の成長モデルを提示し，Ramm & Miner(1986)はアメリカ合衆国北中部を対象にした14の成長と収穫プログラムをレビューした。Meldahl(1986)は収穫表，重回帰モデル，直径分布モデル，微分・差分方程式モデル，単木モデルなどの成長，収穫予測モデルを作るための方法を比較し，評論した。

多くの林分成長，収穫モデルは同齢育林を仮定している。傘伐のような他の同齢林再生法でもデータは利用可能であるが，その林分は皆伐のような最終収穫を開始点として記述される。林分の起源(人工植林，天然下種)，実生の分布，肥沃度，保育間伐の有無，収穫間伐の数と強度，衛生作業(sanitation entries)，他の保育，最終収穫のタイミングのようなパラメータを利用者は指定するかもしれない。そのようなモデルでは，ふつう本数密度，幹材積，幹基底面積，胸高(dbh)における平均直径の平方，林冠特徴，樹高に関して，期待する林分構造がどのようなものか記述される。SPSのような林分成長モデルは胸高平均直径の平方と同様に胸高直径分布の情報を提供してくれる。

ほとんどの森林成長モデルは経験的なデータに基づいているので，木材生産を最大にするための輪伐期スケジュールでは，典型的な林齢の範囲内ではより正確である。すでに述べた老齢林分の特性のように輪伐期が延長された林分条件については，そのようなモデルによる予測は信頼できない可能性がある。一つの例外は，CLIMACSであり，林分での攪乱の長期的な影響をシミュレートするようにデザインされている(Hemstrom & Adams 1982)。

いくつかの林分成長と収穫モデルにより被圧死亡率が推定される。この値は，林分の将来の枯損立木と倒木の密度とサイズを予想するのに有用だろう。例えば，Neitro et al.(1985)は，DFSIMを，ワシントン州西部とオレゴン州におけるダグラスモミの同齢林における枯損立木の本数をモデル化するために用いた。SPSは，ある期間に枯死しそうな木の比率の分布も予測する。したがって，このモデルは，あるサイズの枯損立木が林分に出現するのはいつであるか予想する際に特に有用である可能性がある。

林分成長モデルの別の範疇のものは，遷移下にある，あるいは構造的な発達段階の森林面積の変化を追う。例としては，DYNamically Analytic Silviculture Technique〔DYNAST(Boyce 1980)〕とFORPLANであり，これらは，アメリカ森林局が生息地と一般的な資源の計画をつくるために用いている(例えば，Benson & Laudenslayer 1986, Kirkman et al. 1986, Sweeney 1986)。これらのモデルは様々な森林タイプと成長段階のものの現在の面積と，それぞれのタイプの遷移と発達の速度についての情報に基づいて作られている。結果としてでてくるものは，時間経過にともなう森林タイプと成長段階毎の林分の面積である。それらのモデルはしばしば以下に述べるように様々なタイプの野生動物種の環境収容力を計算するのに用いられる。そのようなモデルの欠点の一つは，森林の発達段階に従って変わるところの空間パターンに対して感受性を欠いていることである。つまり，同じ面積だが異なる森林の発達段階にある地域では，生息地パッチのサイズや配列が異なるにかかわらず，環境収容力については同じ推定値となるだろう。これは初期遷移段階や中期遷移段階を利用する野生動物種にはあまり重要でないが，老齢森林や森林内を利用する種の反応を予測する際には大きな誤差を生み出す可能性がある。

変化する森林構造に対する種の反応モデル

変化する森林構造に対する種の反応をモデル化するには，結局，林分成長，構造，遷移と，野生動物種の生息の有無，あるいは数の予測とを結びつけるモデルが必要である。様々なモデル形式がこの目的に役立つ。そのようなモデルは，一般的に，単一種モデルと複数種モデルに分類できる。

単一種モデル

相関モデル

相関モデルでは生物種についての変数が生息地パラメータによって説明されうる程度が示される。相関は，経験的データに基づき，種の反応を予測するよりもむしろ現存するデータセットにおいて，パターンを説明するために用いるのが最善である。しかしながら，有効性を認められていない相関モデルが予測モデルとしてあまりにもしばしば用いられる。Garsd(1984)は偽の相関を因果関係と解釈する一般的な間違いなど，相関モデルの様々な落し穴をレビューした。

多変量統計モデル

多変量統計による種と森林生息地の関係についてのモデル化は一般的である(例えば，Folse 1979とCapen 1981の論文を参照)。多変量的方法は多重回帰，様々な形の主成分分析，決定関数分析，キャノン相関などである。予測変

数と反応変数の間の非線形性をいくらか説明できるし，順位データを含んでも分析できるので，最近，ロジスティク回帰が好まれるようになった(例えば，Hassler et al. 1986)。一般的に，多変量モデルは，野生動物種の分布と数について観察された変異を説明できる意味のある森林生息地パラメータを同定するのに役立つ。多変量的方法の欠点の一つは，結果を解釈するのが困難なことである。多くの多変量解析法は数学的にいくつかの生息地パラメータを一つの縮約関数 collapsed function に結合することであり，それが種の分布や数と相関する。しかし，生物学的には関数ないし相関が何を意味するかはいつも明瞭ではない。それにもかかわらず，多変量モデルは，大量の経験データセットの中にパターンを発見するためや(すなわち，隠れた構造を見つけだすために)，野生動物種と森林生息地変数の間のありうる関係を同定するためにも必要不可欠である。そして，これらの関係は，将来の研究において検証される可能性がある。森林と種との関係をモデル化する多変量アプローチの例にはタイランチョウの営巣場所選択の評価(MacKenzie & Sealy 1981)と鳴禽類の生息地選択の評価(Conner et al. 1983a)がある。多変量解析は生息地情報だけに用いることができ，Radloff & Betters(1978)は，原生自然地域管理のために場所についての物理データを分類するために多変量アプローチを用いた。

生息地適性指標モデル

生息地条件への種の反応をモデル化する上で，より一般的なアプローチの一つは，生息地適性指標(Habitat Suitability Index：HSI)モデルの利用である。HSIモデルはアメリカ魚類野生生物局(Schamberger et al. 1982)やそのほかの国有地管理機関によって広く用いられている。これらのモデルは，特定種の生息地適性を，種の存在，分布，数に最も影響すると考えれるn個の生息地変数の幾何平均としてふつう表される。HSIのモデルの一般形式は，

$$HSI = (V_1 \times V_2 \cdots V_n)^{1/n}$$

V_1, V_2, V_nは重要な生息地変数である。各々の変数と算出されるHSI変数は0から1までの値をとる。

例えば，キイロアメリカムシクイ(Schroeder 1982)についてのHSIモデルにおける生息地変数は，落葉性の灌木の林冠被度，落葉性灌木の林冠の平均高，湿原性灌木の林冠の割合である。キイロアメリカムシクイのモデルにおいて算出された適性指標は，繁殖にとっての相対的な生息地の価値を示す。HSIモデルは魚類などの様々な種の生息地条件を評価するために用いられてきた(Terrell 1984)。

HSIモデルは原因を示す関数としてよりも，種と生息地の関係についての仮定として考えるのが最善である(Schamberger et al. 1982)。それらの価値は，繰り返しが可能な評価手続きを記述することと，管理計画の代替案(第23章参照)の間での比較が可能な特定の生息地特性の指標を提供することにある。

環境収容力モデル

環境収容力モデル(Habitat Capability：HC)は，生息地適性指標モデルと緊密に関連している。HCモデルは本質的にはHSIモデルと同じ働きをなすが，構造がわずかに異なる。例の一つは，オレゴン州東部とワシントン州のブルーマウンテン(the Blue Mountains)のロッキー山のエルクの冬の生息地の有効性を評価するHCモデルである(Wisdom et al. 1986)。このモデルは，ワピチの生息地の有効性指標を四つの生息地変数の幾何平均として計算するものだが，現在森林局が野外でテストしている。

HCとHSIモデルの両方とも，算出される指標の値が生息地の条件ないし個体群の反応の潜在力を表すかどうか不明瞭である。また，両方のモデル形式において，算出される生息地指標の値のいずれか一つの生息地変数に対する感受性は，モデルに多くの変数が付け加わるほど減少する。これは幾何平均モデルの数学上の宿命であり，モデルにおける変数の相対的重要性を正確には反映しない。最終的に，HCモデルは，因果関係の決定論的言明や種の反応についての信頼できる予測としてより，むしろ生息地条件を表したり種と生息地関係についての仮説を作り出す手段として用いるべきである。

生息地評価手法

生息地評価手法(Habitat Evaluation Procedure：HEP)は，種レベルにおいて生息地条件を評価するためにアメリカ魚類野生生物局によって広く用いられている(U. S. Fish and Wildlife Service 1980)。手続きは，生息地単位(HU)毎に行われ，生息地の質(0か1で表される指標)と生息地の量の積として定義される。HEPモデルには餌植物の質ないし量などの生息地の特定の属性についてのかなりの量の野外データが必要だろう。しかし，その手法は，生息地条件について繰り返し評価が可能な組織だった方法となる。HEPでは，提案されているプロジェクトが特に関心のある種の生息地条件へどのような影響を与えており，それをいかに軽減するかを評価するために用いられることが多い(第23章参照)。

パターン認識モデル

パターン認識モデル(Bayesian and Pattern Recognition：PATREC)はリスクアナリシスという形で生息地条

件の変化の森林野生動物への影響を予想するのに有用である。PATRECは，特定の野生動物個体群が，ある生息地条件下で，ある密度を達成しうるかどうか判定する助けとなる。そのモデルの一般形式は，

$$P(S \mid H) = P(H \mid S)P(S)/P(H)$$

P(S｜H)は，特定の生息地条件のもとで，ある個体群密度になる確率，P(H｜S)は特定の種密度下で，ある生息地条件が成立する確率，P(S)は，種がある特定の密度を持つ確率，P(H)は生息地がある特定の条件にある確率である。P(S｜H)はモデルによって計算され，資源についての意志決定に用いられる。P(H｜S)は，普通，既知の生息地条件下での個体群密度の野外推定値に基づく。P(H)とP(S)は，専門的な判断あるいは野外研究からしばしば推定される。PATRECモデルは植生反応モデルと統合することにより森林計画に用いられてきた(Kirkman et al. 1986)。

複数種モデル

複数の森林種にとっての生息地環境を評価するため，いくつかの方法が採用されてきた。主要な方法は種と生息地行列，ギルドと生活型モデル，群集構造モデルの利用などである。一般的に，複数種モデルは潜在的に対立する種の要求を同時に評価できるという点で単一種モデルよりもすぐれている。Schroeder(1987)は多くの生態群集モデルをレビューしその構造と利用法を考察した。

種と生息地についての行列

野生動物種と森林生息地の関係を示す単純な形の一つは，種と生息地についての行列(Species-Habitat Matrices)である。この行列は，野生動物種が関係する植生タイプと生息地条件をリストした表のようなものである。そのデータはしばしば質的であり野外調査と専門的判断から導かれたものである。アメリカ森林局の野生動物と生息地関係プログラム(Wildlife Habitat Relationship Program)では，太平洋岸北西部(the Pacific Northwest)(Thomas 1979)，カリフォルニア(Marcot 1979, Verner & Boss 1980)，コロラド(Hoover & Wills 1984)，ニューイングランド(DeGraaf & Rudis 1986, DeGraaf & Chadwick 1987)，南東部(the Southeast)(Hamel et al.1982)の両棲類，爬虫類，鳥類，哺乳類の種と生息地についての行列を組み込んでいた。そのような情報ベースは太平洋岸北西部の老齢林のような特有の生息地条件と結びついた野生動物種のセットを予測するために有用である(Marcot 1980)。それらはまた，多くの種の要求を同時に満たすよう生息地の最適パターンを評価するために有用なはずだ(Toth et al. 1986)。

Raphael & Marcot(1986)が野生動物と生息地の関係モデルについて確認したところ，そのような情報ベースはたぶん，個別の林分よりもむしろ広い地域にわたる一般的な森林タイプと生息地条件においてどのような種が生存するか予測するのに最も適しているということが示唆された。そのようなモデルでは個体群の反応は定量化できない。したがって，それらは個体群密度の計測や，個体群動向の定量化には用いることができない。

ギルドと生活型モデル

ギルドないし生活型モデル(Guild and Life-Form Models)は，類似した特徴を持つ一群の種が生息地条件の変化に対してどのように反応するかを記述する(例えば，Thomas 1979, Severinghaus 1981, Short & Burnham 1982, Verner 1984, DeGraaf et al. 1985)。このモデルではわずかな種のセットに言及することで，多くの種の評価を単純化する。ギルドないし生活型はThomas(1979)，Short(1983)，Verner(1984)のモデルにより描かれたように一般化された属性を持った一群の種としてアプリオリに定義される。それらは，またHolmes et al.(1979)によるフバード河の鳥類のHubbard Brook birdギルドの評価のように，種の数と分布の経験的データの多変量解析によって定義される可能性もある。

ギルドによる方法は，生息地条件と対象種がうまく定義されれば有用かもしれない(例えば，Landres & MacMahon 1980, Maurer et al. 1981, Block et al. 1987, Knopf et al. 1988)。しかし，あるギルド全体としては生息条件への反応に変異がほとんどなかったり，全くない可能性がある一方で，ギルド内の個々の種の反応には，かなりの変異がある可能性がある(Hairston 1981, Mannan et al. 1984)。この状況において，ギルドを構成するそれぞれの種についてモデル化し，結果を組み合わせるのがより適切かもしれない。

群集構造モデル

群集構造モデルは森林構造の関数として野生動物種の分布と数，多様性を記述する。多変量統計学は，一般的にこれらの関係を評価するために用いられる(例えば，Erdelen 1984, Swift et al. 1984, Scott et al.1987)。このアプローチの欠点は，ギルドによるアプローチと同様，群集構造の全体についての測定値が多かれ少なかれ一定であっても，個々の種の反応は著しく多様でありえることである。また，森林管理の目的が，野生動物種の多様性指標という点

から表現されることはめったにない。

森林ランドスケープモデル

このカテゴリーに含まれるのは，ランドスケープ規模で明瞭に生息地の空間配置やパターンを表すモデルである。森林景観のモデルには生息地攪乱モデル，森林細片化モデル，累積影響評価などがある。

生息地攪乱モデル

生息地攪乱モデルは，火事や木材収穫などの攪乱についての頻度と強度が与えられれば，ランドスケープ全体についての様々な発達段階の森林の分布をシュミレートする。そのようなモデル(例えば，Shugart 1984, Pickett & White 1985, Shugart & Seagle 1985)は，空間的,時間的生息地管理を計画するために用いることができる(Smith et al. 1981, Karr & freemark 1985)。

森林細片化モデル

森林の細片化と森林パッチの孤立化への種の反応を示すモデルでは，あるサイズの特定の生息地パッチに，ある種が存在する確率を評価することもできる。存在率関数と呼ばれるこれらの評価では，一般的に森林の細片化の程度が大きくなればなるほど，森林内部と関係している種の存在の可能性は低くなると考えられている(Wilcove 1987)。大陸的,地球的規模での森林の細片化の進行はこれらの種の絶滅率を増加させるだろう。

森林細片化モデルは，森林ランドスケープにおいて種の存続に影響を与える様々な要因を扱う。それらの要因は，生息地サイズ(Cole 1981, Lynch & Whigham 1984, Askins et al.1987, Blake & Karr 1987),生息地の孤立(Faanes 1984, Fahrig & Merriam 1985, Bock 1987, Fahrig & Paloheimo 1988),生息地パッチパターン(Lynch & Whigham 1981, Toth et al. 1986, Stamps et al. 1987),競争と生息地構造(Dueser & Porter 1986),個体群の制御に影響する生息地の細片化と寄生虫(Dobson 1988)や捕食者(George 1987, Savidge 1987, Martin 1988, Yahner & Scott 1988)との相互作用などである。森林の細片化の個体群維持と森林環境の質への影響予測のために島嶼生物地理学の理論が用いられてきたが，このことは，管理方針を立てるために役だってきた(Franklin & Forman 1987)。Noss & Harris(1986), Simberloff & Cox(1987)などは，森林ランドスケープにおける生息地回廊の計画策定の効用について扱ってきた。

累積影響評価

累積影響モデルは，ランドスケープ条件がいかに野生動物種の分布と数に影響を与えているか測定するために用いられる。累積影響モデルという用語は，包括的なものである。このモデルはある広い地域や長い時間にわたる管理活動あるいは自然の攪乱から生じる野生動物種への影響を評価するのに適用できるだろう。Salwasser & Samson (1985)は，主要なステップは管理目標と基準について記述すること，主要な生息地要因を示すこと，生息地の変化を映し出すこと，野生動物への影響を評価することであると述べ，累積影響モデルの開発について議論した。

Weaver et al.(1985)は，イエローストーンの生態系においてグリズリーの生息地の評価をする累積影響シュミレーションモデルを示した。彼らのモデルは生息地，人の活動からのクマの回避，クマの死亡率を評価するサブモデルからなっていた。

環境収容力モデルも，支流水系規模の地域で森林生息地の将来の面積を予測するモデルと一緒に用いると累積影響を評価することができる。例としては，FORHAB(Smith et al. 1981, Smith 1986), HABSIM(Raedeke & Lehmkuhl 1986), ECOSYM〔Henderson et al.(ECOSYM, Dep. for. Resour., Utah State Univ., Logan, 1978), Davis 1980, Davis & DeLain 1986〕, DYNAST (Benson & Laudenslayer 1986, Holthausen 1986, Sweeney 1986), FORPLAN(Davis & DeLain 1986, Holthausen 1986), TWIGS(Belcher 1982, Brand et al.1986), STEMS(Belcher et al. 1982)などに組み入れられた環境収容力モデルがある。Powers(1979)は，農業と野生動物の双方を考慮した土地利用を最適に行う方法を開発するために線形プログラミングを用いた。

Holthausen & Dobbs(1985年のコロラド州のフットコリンズにおけるアメリカ森林学会大会で発表された論文)は，400 ha, 8,100 haの管理区域における管理活動を評価し，これらの行為の結果を時間軸に投影するために用いる累積影響モデルFSSIMを提示した。Salwasser & Tappeiner(1981)が示したモデルは，生息地の空間パターンについての木材収穫スケジュールの影響を評価するためにデザインされた。

評価と意志決定のためのモデル

別のモデルは，生息地の評価と意志決定を支援するものである。そのようなモデルは生息地の評価と管理計画に関

連した要因を組み合わせて記録するのを助けてくれる。意志決定支援および種と生息地のモニタリングのためのモデルもこれに含まれる。

意志決定支援モデルは生息地計画についての決定に重みづけし，優先順位をつける作業を助ける。これらのモデルではFORPLANを用いたときと同様に，最適化のアルゴリズムを用いる。すなわち，専門家や専門家集団の専門的技術を組み込んだ専門家システムになりうる。エキスパートモデルの中には，他の資源利用者と野生動物にとっての生息地評価と管理を統合するための意志決定を支援するものがある。例えば，NEモデル(Marquis 1990)は，林分と管理単位レベルで，北東部(the Northeast)の森林の野生動物，木材，美観について，場所毎に評価と管理についての勧告を行うことができる。

関連するものとして，生息地評価についての専門的技術を提供する助言モデルが挙げられる。そのようなモデルは，「もし…ならば，…する」というタイプ別に専門的技術を組み込んでいるエキスパートシステムなどである。エキスパートシステムはコンピュータモデリングで成長しつつある領域である(Marcot 1986, Marcot et al. 1989)。Marcot(1986, 1988)は，鳥類の森林生息地条件の評価と野生動物種の同定を支援するエキスパートシステムについて考察した。

種と生息地をモニタリングするためのモデル

森林生息地と種の関係のモデルは，時間経過にしたがって種と生息地をモニタリングするという高くつく仕事を行う上で有用になるかもしれない。単一種モデルは，たぶん管理指標種や他の種について，一種だけに関心がある場合のモニタリングに最適であろう。HSI，HC，PATREC，HEPのような生息地の関連モデルは，直接的にモニターするにはたいへん高くつく種に有用である。しかしながら，そのモデルの信頼度や有効性の程度をまず示すのが肝要である。また，特に，州やアメリカ合衆国の絶滅のおそれのある種としてリストアップされた種など，高い関心のある種の個体群動向は生息地の関連モデルで推測するよりも野外で直接監視する方がよい。

適応化管理パラダイムは，モニタリングにおいて有用なモデルである(Walters & Hilborn 1978, Walters 1986)。適応化管理においては，森林管理計画と野生動物種への予想される影響を一つの仮説とみなすこと，生息地管理にいかに野生動物種が反応するか確かめるために生息地と種をモニタリングすること，もし結果が保証されるなら管理の方向の訂正を行うことが必要である。モニタリングは，適応化管理のフィードバックプロセスにおいて重要なステップであり，生物学的不確かさによる限界を管理者が直接扱えるようにしてくれる(Lee & Lawrence 1986)。

適切な仕事を行うための適正なモデルの選択

正しいモデルを選択するためには，まずとりあえず行う仕事の目標を明瞭に述べておくこと(Lipscomb et al. 1984)，そして，適正な空間規模，時間範囲，予測変数と従属変数として用いられる一連の生物学的パラメータに合った道具を選択することが必要である。以下に二つの例をあげよう。

最初の例は，様々な森林環境において野生動物種の存在と数を記述し予測する一般的な情報システムの開発の例である。これは野生動物と生息地の関係情報システム(WHRIS)と呼べることができるだろう。WHRISはアメリカ森林局や州遺産プログラムなど，多くの国立，州立の野生動物機関で開発されてきた。WHRISは，野生動物種の存在，または相対的な数と森林環境との間の一般化した一連の関係を記述するのに有用である。また，各森林タイプやその発達段階において潜在的に存在する可能性のある種のリストを作るのに役立つ。

野生動物群集についての一般的情報を結合する段階から，種ごとの特性に応じた予測モデルを開発するという段階に至るまでのいくつかの段階においてWHRISプログラムを作るのが最も有効かもしれない。WHRISプログラムを作り，特別のモデルを開発する具体的なステップは，現存する目録データとプログラムの目的によって決まってくる。最初のステップでは，生息地条件と種の存在について広い規模での目録を必要とする。例えば，GISにより種の存在と数を記述するためのScott et al.(1987)の手法などと，Hawes & Hudson(1976)による地域的ランドスケープと野生動物の評価手法などがある。

WHRISプログラムの第二のステップは，それぞれの野生動物種と潜在的な自然植生(植物群落，ないし極相植生)の関係，その構造的，遷移的変異を同定することだろう。一つの例は，シエラネバダの森林でのVerner & Boss(1980)による種，生息地マトリックスである。Short(1983)とThomas(1979)によるギルドと生活系モデルは別の例である。次のステップとして，森林の生息地条件と種の存在と数の間の構造的，機能的関係を同定する必要があるだろう。これには，野外研究と適切な統計経験モデルの開発が必要である(例えば，Sparrowe & Sparrowe 1977,

Grue et al. 1981, Hays et al. 1981)。最後に，特定の森林生息地条件での変化に対する野生動物個体群の反応を予測するモデルを構築できる。これらのモデルはHSI，HC，HEP，パターン認知，統計回帰，相関モデルなどである。モデルに記述されている量的関係の有効性の確認は，モデルを信頼して用いるために重要なステップである。

第二番目は，生物的評価〔Biological evaluation(BE)〕の例である。BEは，私有地，州有地，国有地で，提案された森林管理プログラムによる野生動物への潜在的な影響を評価するために野生動物学者によって通常行われている。BEは一般的に環境影響評価の一部であり，望ましい野生動物個体群や生息地の創造，あるいは維持を目的として提案されている活動の影響を同定したり緩和する助けとなる。BEの展望や目的は多様であるが，計画された地域での森林構成と構造の変化が野生動物群集に長期的に影響をどのように与えるか，森林管理プロジェクトの野生動物と生息地への直接的な影響を評価するのに用いられる。BEは，周辺で行われる他のプロジェクトの累積影響が域内(on-site)の対象にいかに影響するか，また，提案されたプロジェクトが域外(off-site)の条件にいかに影響するか評価を行うためにしばしば用いられる。

BEを行うのにどのモデルが有用であろうか。まず，WHRIS情報ベースは，プロジェクトの場所や一般的なプロジェクトの地域における潜在的な種の存在可能性を予測するための最初のステップとなるだろう。BEプロセスの初期の段階では，野外調査と種と生息地の目録が必要である。木材と生息地条件を同時評価するような多目的資源の目録作り(例えば，Chalk et al. 1984)は，限られた労力の効率的な利用法といえる。野生動物個体群の集約的なサンプリング(例えば，Raphael & Barrett 1981)は，種の数と分布についての情報が欠けているところでは必要であるが，高くつくのでBEを行う際には実行不可能なことが多い。絶滅のおそれのある種(threatened)と絶滅の危機にある(endangered)種，あるいは感受性の高い(sensitive)種(これらの種の頭文字をとってTE & S種という)の個体群と生息地の直接的なサンプリングとセンサスは頻繁に必要である。モデルだけを用いてTE & S種の存在や個体群の反応を予測するのは薦められない。

BEにおける次のステップでは，プロジェクト地域とその周辺地域において野生動物種や種グループが現在いるかどうかと，その相対的な数を予測するために種と生息地モデルを利用する必要があるだろう(Schroeder 1987)。次いで，林分成長と森林遷移のモデルであるが，提案されている管理活動に対する地域の生息地条件の変化を予測するのに有用である。種と生息地モデルとともにこのモデルは，時間経過によるその場所での野生動物群集の変化を記述する有力な方法となる(例えば，Benson & Laudenslayer 1986, Holthausen 1986)。そして，そのような予測を空間的に広げて行う場合，生息地の撹乱と分断化を説明する累積影響モデルと森林ランドスケープモデルを用いることにより，域外の条件と活動による累積影響も考慮に入れることができる。意志決定支援モデルは管理目標(Marcot et al. 1989)と影響の緩和法を考える場合役立つ。最終的に，モニタリングのためのモデルとそのモデルを使っての作業は，プロジェクトを実施する際の影響の追跡に役立つとともに(Marcot et al. 1983)，実行中の管理計画を新しく得た情報に適応させるためにも役立てることができる(Salwasser & Samson 1985, Kirkman et al. 1986, Lee & Lawrence 1986)。

❏ 結　　論

森林において野生動物にとっての適切な条件を維持することは，特に，木材収穫と育林作業が森林植生の構造と組成を変化させる地域では，複雑であるとともに，困難でもある。たぶん，野生動物のための森林管理においてもっとも重要な要素は，ある地域の各森林タイプにおいて，一連の遷移段階と発達段階全てが存在するように森林を維持することである。様々な育林技術および，森林成長，野生動物と生息地との関係のモデルが，森林や野生動物を望む条件に発展させたり維持したりするために利用可能である。それぞれの林分がどれくらいの大きさである必要があり，どのようにならその林分が撹乱されてもいいか，不幸にも今のところわからない。確かに，パッチのいくつかはたいへん大きくするべきだし(2,000〜4,000 haのオーダー)，たぶん多くのパッチはより老齢の遷移段階と発達段階において維持される必要があるだろう。我々が存続させたいと考えうる動物の生息地要求について知識がさらに多くなれば，林齢，林分サイズ，分布についての適切な組み合わせはどのようなものであろうかという質問に答えられるようになるだろう。種どうしの相互作用がいかに起きるか，種が森林環境の様々な変化に対しどのように応答するかについて十分な情報が得られたときに，管理を行う森林ランドスケープで自然本来の生物多様性を維持することができるのである。

謝 辞

本章の原稿を批判的に精読していただいた W. Knapp, W. McComb, R. Nyland, N. Tilghman と, 匿名の方々に感謝する。かれらのコメントと示唆はたいへん有用なものであった。本章をタイプしてくれた V. Catt にも感謝する。

参考文献

ADAMS, C. C. 1908. The ecological succession of birds. Auk 25:109–153.

ANDRÉN, H., AND P. ANGELSTAM. 1988. Elevated predation rates as an edge effect in habitat islands: experimental evidence. Ecology 69:544–547.

ARNEY, J. D. 1985. User's guide for the Stand Projection System (SPS). Rep. 1. Appl. Biometrics, Spokane Wash. 9pp.

ARNOLD, J. F. 1963. Uses of fire in the management of Arizona watersheds. Proc. Tall Timbers Fire Ecol. Conf. 2:99–111.

ASKINS, R. A., M. J. PHILBRICK, AND D. S. SUGENO. 1987. Relationship between the regional abundance of forest and the composition of forest bird communities. Biol. Conserv. 39:129–152.

BAKER, F. S. 1950. The principles of silviculture. McGraw-Hill, New York, N.Y. 414pp.

BARTELS, R., J. D. DELL, R. L. KNIGHT, AND G. SCHAEFER. 1985. Dead and down woody material. Pages 171–186 in E. R. Brown, tech. ed. Management of wildlife and fish habitats in forests of western Oregon and Washington. U.S. For. Serv. PNW Publ. R6-F&WL-192-1985.

BEAN, M. J. 1983. The evolution of national wildlife law. Environmental Defense Fund, Inc. Praeger Publ., New York, N.Y. 449pp.

BEHREND, D. F., G. F. MATTFELD, W. C. TIERSON, AND J. E. WILEY, III. 1970. Deer density control for comprehensive forest management. J. For. 68:695–700.

———, AND E. F. PATRIC. 1969. Influence of site disturbance and removal of shade on regeneration of deer browse. J. Wildl. Manage. 33:394–398.

BELCHER, D. M. 1982. TWIGS: the woodsman's ideal growth projection system. Pages 70–95 in J. W. Moser, Jr., ed. Microcomputers: a new tool for foresters. Purdue Univ. Press, West Lafayette, Ind.

———, M. R. HOLDAWAY, AND G. J. BRAND. 1982. A description of STEMS—the stand and tree evaluation modeling system. U.S. For. Serv. Gen Tech. Rep. NC-79. 18pp.

BENSON, G. L., AND W. F. LAUDENSLAYER, JR. 1986. DYNAST: simulating wildlife responses to forest-management strategies. Pages 351–355 in J. Verner, M. L. Morrison, and C. J. Ralph, eds. Wildlife 2000: modeling habitat relationships of terrestrial vertebrates. Univ. Wisconsin Press, Madison.

BLACK, H., R. SCHERZINGER, AND J. W. THOMAS. 1976. Relationships of Rocky Mountain elk and Rocky Mountain mule deer to timber management in the Blue Mountains of Oregon and Washington. Pages 11–31 in S. R. Hieb, ed. Proc. elk-logging-roads symposium. Univ. Idaho, Moscow.

BLAKE, J. G., AND J. R. KARR. 1987. Breeding birds of isolated woodlots: area and habitat relationships. Ecology 68:1724–1734.

BLOCK, W. M., L. A. BRENNAN, AND R. J. GUTIÉRREZ. 1987. Evaluation of guild-indicator species for use in resource management. Environ. Manage. 11:265–269.

BLYMER, J. J., AND H. S. MOSBY. 1977. Deer utilization of clearcuts in southwestern Virginia. South. J. Appl. For. 1:10–13.

BOCK, C. E. 1987. Distribution-abundance relationships of some Arizona landbirds: a matter of scale? Ecology 68:124–129.

BORRECCO, J. E., ET AL. 1979. Survey of mountain beaver damage to forests in the Pacific Northwest, 1977. Washington Dep. Nat. Resour. Note 26. 16pp.

———, H. C. BLACK, AND E. F. HOOVEN. 1972. Response of black-tailed deer to herbicide-induced habitat changes. Proc. Annu. Conf. West. Assoc. State Game and Fish Comm. 52:437–451.

BOYCE, S. 1980. Management of forests for optimal benefits (DYNAST-OB). U.S. For. Serv. Res. Pap. SE-204. 92pp.

BRAND, G. J., S. R. SHIFLEY, AND L. F. OHMANN. 1986. Linking wildlife and vegetation models to forecast the effects of management. Pages 383–387 in J. Verner, M. L. Morrison, and C. J. Ralph, eds. Wildlife 2000: modeling habitat relationships of terrestrial vertebrates. Univ. Wisconsin Press, Madison.

BRENNEMAN, R. 1982. Electric fencing to prevent deer browsing on hardwood clearcuts. J. For. 80:660–661.

BRITTINGHAM, M. C. 1989. Effects of timber management practices on forest interior birds. Pages 162–170 in J. C. Finley and M. C. Brittingham, eds. Timber management and its effects on wildlife. Proc. Pa. State For. Resour. Issues Conf., Pa. State Coop. Ext., University Park.

———, AND S. A. TEMPLE. 1983. Have cowbirds caused forest songbirds to decline? BioScience 33:31–35.

BROWN, E. R., AND J. H. MANDERY. 1962. Planting and fertilization as a possible means of controlling distribution of big game animals. J. For. 60:33–35.

BULL, E. L, A. D. PARTRIDGE, AND W. G. WILLIAMS. 1981. Creating snags with explosives. U.S. For. Serv. Res. Note PNW-393. 4pp.

CAMERON, R. D., K. R. WHITTEN, W. T. SMITH, AND D. D. ROBY. 1979. Caribou distribution and group composition associated with construction of the Trans-Alaska pipeline. Can. Field-Nat. 93:155–162.

CAPEN, D. E., EDITOR. 1981. The use of multivariate statistics in studies of wildlife habitat. U.S. For. Serv. Gen. Tech. Rep. RM-87. 249pp.

CAREY, A. B. 1983. Cavities in trees in hardwood forests. Pages 167–184 in J. W. Davis, G. A. Goodwin, and R. A. Okenfels, tech. coords. Snag habitat management: proceedings of the symposium. U.S. For. Serv. Gen. Tech. Rep. RM-99.

CHALK, D. E., S. A. MILLER, AND T. W. HOEKSTRA. 1984. Multiresource inventories: integrating information on wildlife resources. Wildl. Soc. Bull. 12:357–364.

CLEMENTS, F. E. 1916. Plant succession—an analysis of the development of vegetation. Carnegie Inst. Publ. 242. 512pp.

———. 1936. Nature and structure of the climax. J. Ecol. 24:252–284.

CLINE, S. P., A. B. BERG, AND H. M. WIGHT. 1980. Snag characteristics and dynamics in Douglas-fir forests, western Oregon. J. Wildl. Manage. 44:773–786.

COLE, B. J. 1981. Colonizing abilities, island size, and the number of species on archipalagoes. Am. Nat. 117:629–638.

CONNELL, J. H., AND R. O. SLATYER. 1977. Mechanisms of succession in natural communities and their role in community stability and organization. Am. Nat. 111:1119–1144.

CONNER, R. N. 1978. Snag management for cavity nesting birds. Pages 120–128 in R. M. DeGraaf, tech. coord. Proc. workshop management of southern forests for nongame birds. U.S. For. Serv. Gen. Tech. Rep. SE-14.

———. 1979. Minimum standards and forest wildlife management. Wildl. Soc. Bull. 7:293–296.

———, AND C. S. ADKISSON. 1975. Effects of clearcutting on the diversity of breeding birds. J. For. 73:781–785.

———, J. G. DICKSON, AND B. A. LOCKE. 1981. Herbicide-killed trees infected by fungi: potential cavity sites for woodpeckers. Wildl. Soc. Bull. 9:308–310.

———, ———, ———, AND C. A. SEGELQUIST. 1983a. Vegetation characteristics important to common songbirds in east Texas. Wilson Bull. 95:349–361.

———, ———, AND J. H. WILLIAMSON. 1983b. Potential woodpecker nest trees through artificial inoculation of heart rots. Pages 68–72 in J. W. Davis, G. A. Goodwin, and R. A. Ockenfels, tech. coords. Proc. symp. snag habitat management. U.S. For. Serv., Gen. Tech. Rep. RM-99.

———, O. K. MILLER, JR., AND C. S. ADKISSON. 1976. Woodpecker dependence on trees infected by fungal heart rots. Wilson Bull. 88:575–581.

———, AND K. A. O'HALLORAN. 1987. Cavity-tree selection by red-cockaded woodpeckers as related to growth dynamics of southern pines. Wilson Bull. 99:398–412.

———, A. E. SNOW, AND K. A. O'HALLORAN. 1991. Red-cockaded woodpecker use of seed-tree/shelterwood cuts in eastern Texas. Wildl. Soc. Bull. 19:67–73.

———, J. W. VIA, AND I. D. PRATHER. 1979. Effects of pine-oak clearcutting on winter and breeding birds in southwestern Virginia. Wilson Bull. 91:301–316.

COOPER, C. F. 1960. Changes in vegetation, structure, and growth of southwestern pine forests since white settlement. Ecol. Monogr. 30:129–164.

COOPER, W. S. 1926. The fundamentals of vegetational change. Ecology 7:391–413.

CURATOLO, J. A., AND S. M. MURPHY. 1986. The effects of pipelines, roads, and traffic on the movements of caribou, Rangifer tarandus. Can. Field-Nat. 100:218–224.

CURTIS, J. T. 1956. The modification of mid-latitude grasslands and forests by man. Pages 721–736 in W. L. Thomas, ed. Man's role in changing the face of the earth. Univ. Chicago Press, Chicago, Ill.

CURTIS, R. O., G. W. CLENDENEN, AND D. J. DEMARS. 1981. A new stand simulator for coast Douglas-fir: DFSIM user's guide. U.S. For. Serv. Gen. Tech. Rep. PNW-128. 79pp.

DALE, V. H., AND M. HEMSTROM. 1984. CLIMACS: a computer model of forest stand development for western Oregon and Washington. U.S. For. Serv. Res. Pap. PNW-327. 60pp.

DAVIS, G. A. 1977. Management alternatives for riparian habitat in the southwest. Pages 59–67 in R. R. Johnson and D. A. Jones, tech. coords. Importance, preservation and management of riparian habitat: a symposium. U.S. For. Serv. Gen. Tech. Rep. RM-43.

DAVIS, L. S. 1980. Strategy for building a location-specific, multi-purpose information system for wildland management. J. For. 78:402–408.

———, AND L. I. DELAIN. 1986. Linking wildlife-habitat analysis to forest planning with ECOSYM. Pages 361–369 in J. Verner, M. L. Morrison, and C. J. Ralph, eds. Wildlife 2000: modeling habitat relationships of terrestrial vertebrates. Univ. Wisconsin Press, Madison.

DEBYLE, N. V. 1981. Songbird populations and clearcut harvesting of aspen in northern Utah. U.S. For. Serv. Res. Note INT-302. 7pp.

DEGRAAF, R. M. 1987. Managing northern hardwoods for breeding birds. Pages 348–362 in R. D. Nyland, ed. Managing northern hardwoods. Proc. Silvicultural Symp. SUNY Coll. Environ. Sci. For., Faculty For., Misc. Publ. 13 (ESF 87-002).

———, AND N. L. CHADWICK. 1987. Forest type, timber size class, and New England breeding birds. J. Wildl. Manage. 51:212–217.

———, AND D. D. RUDIS. 1986. New England wildlife: habitat, natural history, and distribution. U.S. For. Serv. Gen. Tech. Rep. NE-108. 491pp.

———, AND ———. 1990. Herpetofaunal species composition and relative abundance among three New England forest types. For. Ecol. Manage. 32:155–165.

———, N. G. TILGHMAN, AND S. H. ANDERSON. 1985. Foraging guilds of North American birds. Environ. Manage. 9:493–536.

DIAMOND, J. M. 1975. The island dilemma: lessons of modern geographic studies for the design of natural reserves. Biol. Conserv. 7:129–146.

DICKSON, J. G., R. N. CONNER, AND J. H. WILLIAMSON. 1983. Snag retention increases bird use of a clear-cut. J. Wildl. Manage. 47:799–804.

DIMOCK, E. J., II. 1974. Animal populations and damage. Pages 0-1–0-28 in O. P. Cramer, ed. Environmental effects of forest residues management in the Pacific Northwest—a state-of-the-knowledge compendium. U.S. For. Serv. Gen. Tech. Rep. PNW-24.

DOBSON, A. P. 1988. Restoring island ecosystems: the potential of parasites to control introduced mammals. Conserv. Biol. 2:31–39.

DODGE, W. E. 1982. Porcupine (Erethizon dorsatum). Pages 355–366 in J. A. Chapman and G. A. Feldhamer, eds. Wild mammals of North America: biology, management, and economics. Johns Hopkins Univ. Press, Baltimore, Md.

DUESER, R. D., AND J. H. PORTER. 1986. Habitat use by insular small mammals: relative effects of competition and habitat structure. Ecology 67:195–201.

EIDE, S. H., S. D. MILLER, AND M. A. CHIHULY. 1986. Oil pipeline crossing sites utilized in winter by moose, Alces alces, and caribou, Rangifer tarandus, in southcentral Alaska. Can. Field-Nat. 100:197–207.

EK, A. R., AND R. A. MONSERUD. 1974. FOREST: a computer model for simulating the growth and reproduction of mixed species forest stands. Univ. Wisconsin, School Nat. Resour. Res. Rep. R2635. 85pp.

ELGMORK, K. 1978. Human impact on a brown bear population (Ursus arctos L.). Biol. Conserv. 13:81–103.

ELOWE, K. D., AND W. E. DODGE. 1989. Factors affecting black bear reproductive success and cub survival. J. Wildl. Manage. 53:962–968.

ERDELEN, M. 1984. Bird communities and vegetation structure: I. Correlations and comparisons of simple and diversity indices. Oecologia 61:277–284.

EVANS, K. E., AND R. N. CONNER. 1979. Snag management. Pages 214–225 in R. M. DeGraaf, tech. coord. Proc. workshop management of north central and northeastern forests for nongame birds. U.S. For. Serv. Gen. Tech. Rep. NC-51.

FAANES, C. A. 1984. Wooded islands in a sea of prairie. Am. Birds 38:3–6.

FAHRIG, L., AND G. MERRIAM. 1985. Habitat patch connectivity and population survival. Ecology 66:1762–1768.

———, AND J. PALOHEIMO. 1988. Effect of spatial arrangement of habitat patches on local population size. Ecology 69:468–475.

FIGHT, R. D., J. M. CHITTESTER, AND G. W. CLENDENEN. 1984. DFSIM with economics: a financial analysis option for the DFSIM Douglas-fir simulator. U.S. For. Serv. Gen. Tech. Rep. PNW-175. 22pp.

FLEET, R. R., AND J. G. DICKSON. 1984. Small mammals in two adjacent forests stands in east Texas. Pages 264–269 in W. C. McComb, ed. Proc. workshop management of nongame species and ecological communities. Univ. Kentucky, Lexington.

FOLSE, L. J., JR. 1979. Analysis of community census data: a multivariate approach. Pages 9–22 in J. G. Dickson, R. N. Conner, R. R. Fleet, J. C. Kroll, and J. A. Jackson, eds. The role of insectivorous birds in forest ecosystems. Academic Press, New York, N.Y.

FORSMAN, E. D., E. C. MESLOW, AND H. M. WIGHT. 1984. Distribution and biology of the spotted owl in Oregon. Wildl. Monogr. 87. 64pp.

FRANKLIN, J. F., AND C. T. DYRNESS. 1973. Natural vegetation of Oregon and Washington. U.S. For. Serv. Gen. Tech. Rep. PNW-8. 417pp.

———, ET AL. 1981. Ecological characteristics of old-growth Douglas-fir forests. U.S. For. Serv. Gen. Tech. Rep. PNW-118. 48pp.

———, AND R. T. T. FORMAN. 1987. Creating landscape patterns by forest cutting: ecological consequences and principles. Landscape Ecol. 1:5–18.

FREEMARK, K. E., AND H. G. MERRIAM. 1986. Importance of area and habitat heterogeneity to bird assemblages in temperate forest fragments. Biol. Conserv. 36:115–141.

FRITZ, E. C. 1990. Whats all this about "new forestry." For. Watch 11(7):7–14.

GARRISON, G. A., AND J. G. SMITH. 1974. Habitat of grazing animals. Pages P-1–P-10 in O. P. Cramer, ed. Environmental effects of forest residues management in the Pacific Northwest—a state-of-the-knowledge compendium. U.S. For. Serv. Gen. Tech. Rep. PNW-24.

GARSD, A. 1984. Spurious correlation in ecological modelling. Ecol. Model. 23:191–201.

GASHWILER, J. S. 1970. Plant and mammal changes on a clearcut in west-central Oregon. Ecology 51:1018–1026.

GATES, J. E., AND L. W. GYSEL. 1978. Avian nest dispersion and fledging success in field-forest ecotones. Ecology 59:871–883.

GEIST, V. 1970. A behavioural approach to the management of wild ungulates. Symp. Br. Ecol. Soc. 11:413–424.

GEORGE, T. L. 1987. Greater land bird densities on island vs. mainland: relation to nest predation level. Ecology 68:1393–1400.

GIBBS, C. B. 1978. Uneven-aged silviculture and management? Even-aged silviculture management? Definitions and differences. Pages 18–24 in Uneven-aged silviculture and management in the United States. U.S. For. Serv. Gen. Tech. Rep. WO-24.

GINGRICH, S. F. 1967. Measuring and evaluating stock and stand density in upland hardwood forests in the central states. For. Sci. 13:38–53.

GRISEZ, T. J. 1960. Slash helps protect seedlings from deer browsing. J. For. 58:385–387.

GRUE, C. E., R. R. REID, AND N. J. SILVY. 1981. A windshield and multivariate approach to the classification, inventory and evaluation of wildlife habitat: an exploratory study. Pages 124–140 in D. E. Capen, ed. The use of multivariate statistics in studies of wildlife habitat. U.S. For. Serv. Gen. Tech. Rep. RM-87.

GULLION, G. W. 1984. Managing northern forests for wildlife. The Ruffed Grouse Soc., Coraopolis, Pa., Publ. 13,442, Misc. J. Ser.,

Minn. Agric. Exp. Stn., St. Paul. 72pp.

———. 1989. Managing the woods for the birds' sake. Pages 334–349 *in* S. Atwater and J. Schnell, eds. The wildlife series: ruffed grouse. Stackpole Books, Harrisburg, Pa.

HAAPANEN, A. 1965. Bird fauna of the Finnish forests in relation to forest succession. I. Ann. Zool. Fenn. 2:153–196.

HAIRSTON, N. G. 1981. An experimental test of a guild: salamander competition. Ecology 62:65–72.

HALL, C. A. S., AND J. W. DAY. 1977. Systems and models: terms and basic principles. Pages 5–36 *in* C. A. S. Hall and J. W. Day, Jr., eds. Ecosystem modeling in theory and practice: an introduction with case histories. John Wiley & Sons, New York, N.Y.

HAMEL, P. B., H. E. LEGRAND, JR., M. R. LENNARTZ, AND S. A. GAUTHREAUX, JR. 1982. Bird-habitat relationships on southeastern forest lands. U.S. For. Serv. Gen. Tech. Rep. SE-22. 417pp.

HAMILTON, R. J. 1981. Effects of prescribed fire on black bear populations in southern forests. Pages 129–134 *in* G. W. Wood, ed. Prescribed fire and wildlife in southern forests. Belle W. Baruch For. Sci. Inst. Clemson Univ., Georgetown, S.C.

HARLOW, R. F., AND D. C. GUYNN, JR. 1983. Snag densities in managed stands of the South Carolina coastal plain. South. J. Appl. For. 7:224–229.

———, J. B. WHELAN, H. S. CRAWFORD, AND J. E. SKEEN. 1975. Deer foods during years of oak mast abundance and scarcity. J. Wildl. Manage. 39:330–336.

HARMON, M. E., ET AL. 1986. Ecology of coarse woody debris in temperate ecosystems. Adv. Ecol. Res. 15:133–302.

HARRIS, L. D. 1984. The fragmented forest. Univ. Chicago Press, Chicago, Ill. 211pp.

———, AND P. B. GALLAGHER. 1989. New initiatives for wildlife conservation: the need for movement corridors. Pages 11–34 *in* G. Mackintosh, ed. Preserving communities and corridors. Defenders of Wildlife, Washington, D.C.

———, L. D. WHITE, J. E. JOHNSTON, AND D. G. MILCHUNAS. 1974. Impact of forest plantations on north Florida wildlife and habitat. Proc. Annu. Conf. Southeast. Assoc. Game and Fish Comm. 28:659–667.

HASSLER, C. C., S. A. SINCLAIR, AND E. KALLIO. 1986. Logistic regression: a potentially useful tool for researchers. For. Prod. J. 36(9):16–18.

HAWES, A. R., AND R. J. HUDSON. 1976. A method of regional landscape evaluation for wildlife. J. Soil Water Conserv. 31:210–211.

HAYNES, R. W., COORDINATOR. 1990. An analysis of the timber situation in the United States: 1989–2040. U.S. For. Serv. Gen. Tech. Rep. RM-199. 268pp.

HAYS, R. L., C. SUMMERS, AND W. SEITZ. 1981. Estimating wildlife habitat variables. U.S. Fish Wildl. Serv. FWS/OBS-81/47. 111pp.

HEALY, W. M. 1987. Habitat characteristics of uneven-aged stands. Pages 338–347 *in* R. D. Nyland, ed. Managing northern hardwoods. Proc. Silvicultural Symp. SUNY Coll. Environ. Sci. For., Faculty For., Misc. Publ. 13 (ESF 87-002).

———. 1989. Uneven-aged silviculture and wildlife habitat. Pages 225–237 *in* J. C. Finley and M. C. Brittingham, eds. Timber management and its effects on wildlife. Proc. Pa. State For. Resour. Issues Conf., Pa. State Coop. Ext., University Park.

HEMSTROM, M., AND V. D. ADAMS. 1982. Modeling long-term forest succession in the Pacific Northwest. Pages 14–23 *in* J. E. Means, ed. Forest succession and stand development research in the northwest. For. Res. Lab., Oregon State Univ., Corvallis.

HOLMES, R. T., R. E. BONNEY, JR., AND S. W. PACALA. 1979. Guild structure of the Hubbard Brook bird community: a multivariate approach. Ecology 60:512–520.

HOLTHAUSEN, R. S. 1986. Use of vegetation projection models for management problems. Pages 371–375 *in* J. Verner, M. L. Morrison, and C. J. Ralph, eds. Wildlife 2000: modeling habitat relationships of terrestrial vertebrates. Univ. Wisconsin Press, Madison.

HOOVER, R. L., AND D. L. WILLS, EDITORS. 1984. Managing forested lands for wildlife. Colo. Div. Wildl., U.S. For. Serv., Rocky Mt. Reg., Denver. 459pp.

HORTON, S. P. 1987. Effects of prescribed burning on breeding birds in a ponderosa pine forest, southeastern Arizona. M.S. Thesis, Univ. Arizona, Tucson. 75pp.

———, AND R. W. MANNAN. 1988. Effects of prescribed fire on snags and cavity-nesting birds in southeastern Arizona pine forests. Wildl. Soc. Bull. 16:37–44.

HUNTER, M. L., JR. 1990. Wildlife, forests, and forestry. Prentice Hall, Englewood Cliffs, N.J. 370pp.

HUNTLEY, J. C. 1986. Wilderness areas: impact on gray and fox squirrels. Pages 54–61 *in* D. L. Kulhavy and R. N. Conner, eds. Wilderness and natural areas in the eastern United States: a management challenge. Cent. Appl. Stud., School For., Stephen F. Austin State Univ., Nacogdoches, Tex.

HURST, G. A., AND R. C. WARREN. 1981. Enhancing white-tailed deer habitat of pine plantations by intensive management. Miss. Agric. For. Exp. Stn. Tech. Bull. 107. 8pp.

IRWIN, L. L., AND J. M. PEEK. 1983. Elk habitat use relative to forest succession in Idaho. J. Wildl. Manage. 47:664–672.

JACKSON, J. A., R. N. CONNER, AND B. J. S. JACKSON. 1986. The effects of wilderness on the endangered red-cockaded woodpecker. Pages 71–78 *in* D. L. Kulhavy and R. N. Conner, eds. Wilderness and natural areas in the eastern United States: a management challenge. Cent. Appl. Stud., School For., Stephen F. Austin State Univ., Nacogdoches, Tex.

JAGEMAN, H. 1984. White-tailed deer habitat management guidelines. Univ. Idaho For. Wildl. Range Exp. Stn. Bull. 37. 14pp.

JOHNSTON, D. W., AND E. P. ODUM. 1956. Breeding bird populations in relation to plant succession on the Piedmont of Georgia. Ecology 37:50–62.

KARR, J. R. 1982. Population variability and extinction in the avifauna of a tropical land bridge island. Ecology 63:1975–1978.

———, AND K. E. FREEMARK. 1985. Disturbance and vertebrates: an integrative perspective. Pages 153–168 *in* S. T. A. Pickett and P. S. White, eds. The ecology of natural disturbance and patch dynamics. Academic Press, Orlando Fla.

KIMMINS, J. P. 1987. Forest ecology. Macmillan, New York, N.Y. 531pp.

KIRK, D. 1975. Biology today. Second ed. Random House, Inc., New York, N.Y. 847pp.

KIRKLAND, G. L., JR. 1977. Responses of small mammals to the clearcutting of northern Appalachian forests. J. Mammal. 58:600–609.

KIRKMAN, R. L., J. A. EBERLY, W. R. PORATH, AND R. R. TITUS. 1986. A process for integrating wildlife needs into forest management planning. Pages 347–350 *in* J. Verner, M. L. Morrison, and C. J. Ralph, eds. Wildlife 2000: modeling habitat relationships of terrestrial vertebrates. Univ. Wisconsin Press, Madison.

KNOPF, F. L., J. A. SEDGWICK, AND R. W. CANNON. 1988. Guild structure of a riparian avifauna relative to seasonal cattle grazing. J. Wildl. Manage. 52:280–290.

KOMAREK, E. V. 1981. History of prescribed fire and controlled burning in wildlife management in the south. Pages 1–14 *in* G. W. Wood, ed. Prescribed fire and wildlife in southern forests. Belle W. Baruch For. Sci. Inst. Clemson Univ., Georgetown, S.C.

KREFTING, L. W., AND H. L. HANSEN. 1969. Increasing browse for deer by aerial applications of 2,4-D. J. Wildl. Manage. 33:784–790.

———, AND R. L. PHILLIPS. 1970. Improving deer habitat in Upper Michigan by cutting mixed-conifer swamps. J. For. 68:701–704.

KROODSMA, R. L. 1984. Effect of edge on breeding forest bird species. Wilson Bull. 96:426–436.

LANDERS, J. L., R. J. HAMILTON, A. S. JOHNSON, AND R. L. MARCHINTON. 1979. Foods and habitat of black bears in southeastern North Carolina. J. Wildl. Manage. 43:143–153.

LANDRES, P. B., AND J. A. MACMAHON. 1980. Guilds and community organization: analysis of an oak woodland avifauna in Sonora, Mexico. Auk 97:351–365.

LEAK, W. B., AND S. M. FILIP. 1977. Thirty-eight years of group selection in New England northern hardwoods. J. For. 75:641–643.

LEE, K. N., AND J. LAWRENCE. 1986. Adaptive management: learning from the Columbia River basin fish and wildlife program. Environ. Law 16:431–460.

LEEGE, T. A. 1984. Guidelines for evaluating and managing summer elk habitat in northern Idaho. Idaho Dep. Fish Game Wildl. Bull. 11. 37pp.

LEOPOLD, A. 1933. Game management. Charles Scribner's Sons, New York, N.Y. 481pp.

LIPSCOMB, J. F., J. C. CAPP, S. P. MEALEY, AND W. W. SANDFORT. 1984. Establishing wildlife goals and objectives. Pages 305–321 *in* R. L. Hoover and D. L. Wills, eds. Managing forested lands for wildlife. Colo. Div. Wildl., U.S. For. Serv., Rocky Mt. Reg., Denver.

Lynch, J. F., and D. F. Whigham. 1981. Configuration of forest patches necessary to maintain bird and plant communities. Smithsonian Inst. Feb. 1982, from U.S. Gov. Rep. 82(18):3546.

———, and ———. 1984. Effects of forest fragmentation on breeding bird communities in Maryland, USA. Biol. Conserv. 28:287–324.

Lyon, L. J. 1983. Road density models describing habitat effectiveness for elk. J. For. 81:592–595.

———, and C. E. Jensen. 1980. Management implications of elk and deer use of clear-cuts in Montana. J. Wildl. Manage. 44:352–362.

———, et al. 1985. Coordinating elk and timber management. Mont. Dep. Fish, Wildl., Parks, Bozeman. 53pp.

MacClintock, L., R. F. Whitcomb, and B. L. Whitcomb. 1977. Island biogeography and "habitat islands" of eastern forest. II. Evidence for the value of corridors and minimization of isolation in preservation of biotic diversity. Am. Birds 31:6–12.

MacKenzie, D. I., and S. G. Sealy. 1981. Nest site selection in eastern and western kingbirds: a multivariate approach. Condor 83:310–321.

Mannan, R. W., E. C. Meslow, and H. M. Wight. 1980. Use of snags by birds in Douglas-fir forests, western Oregon. J. Wildl. Manage. 44:787–797.

———, M. L. Morrison, and E. C. Meslow. 1984. Comment: the use of guilds in forest bird management. Wildl. Soc. Bull. 12:426–430.

Marcot, B. G. 1979. California wildlife/habitat relationships program, North Coast/Cascades zone. Five vols. U.S. For. Serv., Eureka, Calif. Var. pagin.

———. 1980. Use of a habitat/niche model for old growth management: a preliminary discussion. Pages 390–402 in R. M. DeGraaf, tech. coord. Proc. workshop management of western forests and grasslands for nongame birds. U.S. For. Serv. Gen. Tech. Rep. INT-86.

———. 1985. Habitat relationships of birds and young-growth Douglas-fir in northwestern California. Ph.D. Thesis, Oregon State Univ., Corvallis. 282pp.

———. 1986. Use of expert systems in wildlife-habitat modeling. Pages 145–150 in J. Verner, M. L. Morrison, and C. J. Ralph, eds. Wildlife 2000: modeling habitat relationships of terrestrial vertebrates. Univ. Wisconsin Press, Madison.

———. 1988. 1st-class expert systems: 1st-class. AI Expert 3:77–80.

———, R. S. McNay, and R. E. Page. 1989. Use of microcomputers for planning and managing silviculture-habitat relationships. U.S. For. Serv. Gen. Tech. Rep. PNW-GTR-228. 19pp.

———, M. G. Raphael, and K. H. Berry. 1983. Monitoring wildlife habitat and validation of wildlife-habitat relationships models. Trans. North Am. Wildl. Nat. Resour. Conf. 48:315–329.

Marquis, D. A. 1981. Effect of deer browsing on timber production in Allegheny hardwood forests of northwestern Pennsylvania. U.S. For. Serv. Res. Paper NE-475. 10pp.

———. 1990. A multi-resource silviculture decision model for forests of the northeastern United States. Proc. Int. Union For. Res. Organ. World Congr. 19:419–430.

Martell, A. M., and A. Radvanyi. 1977. Changes in small mammal populations after clearcutting of northern Ontario black spruce forest. Can. Field–Nat. 91:41–46.

Martin, T. E. 1988. Habitat and area effects on forest bird assemblages: is nest predation an influence? Ecology 69:74–84.

Maser, C., R. G. Anderson, K. Cromack, Jr., J. T. Williams, and R. E. Martin. 1979. Dead and down wood material. Pages 78–95 in J. W. Thomas, tech. ed. Wildlife habitats in managed forests—the Blue Mountains of Oregon and Washington. U.S. For. Serv. Handb. 553.

———, and J. M. Trappe, editors. 1984. The seen and unseen world of the fallen tree. U.S. For. Serv. Gen. Rep. PNW-164. 56pp.

Matthews, J. W., and D. E. McKnight. 1982. Renewable resource commitments and conflicts in southeast Alaska. Trans. North Am. Wildl. Nat. Resour. Conf. 47:573–582.

Maurer, B. A., L. B. McArthur, and R. C. Whitmore. 1981. Effects of logging on guild structure of a forest bird community in West Virginia. Am. Birds 35:11–13.

McComb, W. C., S. A. Bonney, R. M. Sheffield, and N. D. Cost. 1986. Den tree characteristics and abundance in Florida and South Carolina. J. Wildl. Manage. 50:584–591.

———, P. L. Groetsch, G. E. Jacoby, and G. A. McPeek. 1989. Response of forest birds to an improvement cut in Kentucky. Proc. Annu. Conf. Southeast. Assoc. Fish Wildl. Agencies 43:313–325.

———, and G. A. Hurst. 1986. Herbicides and wildlife in southern forests. Pages 28–36 in J. G. Dickson and O. E. Maughan, eds. Managing southern forests for wildlife and fish. U.S. For. Serv. Gen. Tech. Rep. SO-65.

———, and R. E. Noble. 1981. Nest-box and natural-cavity use in three mid-south forest habitats. J. Wildl. Manage. 45:93–101.

———, and R. L. Rumsey. 1983. Characteristics and cavity-nesting bird use of picloram-created snags in the central Appalachians. South. J. Appl. For. 7:34–37.

McTague, J. P., and D. R. Patton. 1989. Stand density index and its application in describing wildlife habitat. Wildl. Soc. Bull. 17:58–62.

Meanley, B. 1959. Notes on Bachman's sparrow in central Louisiana. Auk 76:232–234.

Mech, L. D., S. H. Fritts, G. L. Radde, and W. J. Paul. 1988. Wolf distribution and road density in Minnesota. Wildl. Soc. Bull. 16:85–87.

Meehan, W. R., T. R. Merrell, Jr., and T. A. Hanley, editors. 1984. Fish and wildlife habitat relationships in old-growth forests. Am. Inst. Fish. Res. Biol., Juneau, Alas. 425pp.

Meldahl, R. 1986. Alternative modeling methodologies for growth and yield projection systems. Pages 27–31 in Data management issues in forestry. Proc. Computer Conf.; April 7–9, 1986, Atlanta Ga. For. Resour. Systems Inst., Florence Ala.

Meslow, E. C., and H. M. Wight. 1975. Avifauna and succession in Douglas-fir forests of the Pacific Northwest. Pages 266–271 in D. R. Smith, tech. coord. Symp. management of forest and range habitats for nongame birds. U.S. For. Serv. Gen. Tech. Rep. WO-1.

Meyers, J. M., and A. S. Johnson. 1978. Bird communities associated with succession and management of loblolly-shortleaf pine forests. Pages 50–65 in R. M. DeGraaf, tech. coord. Proc. workshop management of southern forests for nongame birds. U.S. For. Serv. Gen. Tech. Rep. SE-14.

Monthey, R. W. 1984. Effects of timber harvesting on ungulates in northern Maine. J. Wildl. Manage. 48:279–285.

Morrison, M. L., B. G. Marcot, and R. W. Mannan. 1992. Wildlife-habitat relationships: concepts and applications. Univ. Wisconsin Press, Madison. 343pp.

———, and E. C. Meslow. 1983. Avifauna associated with early growth vegetation on clearcuts in the Oregon coast ranges. U.S. For. Serv. Res. Pap. PNW-305. 12pp.

———, and ———. 1984. Response of avian communities to herbicide-induced vegetation changes. J. Wildl. Manage. 48:14–22.

Mueggler, W. F. 1966. Herbicide treatment of browse on a big-game winter range in northern Idaho. J. Wildl. Manage. 30:141–151.

Murphy, D. A., and J. H. Ehrenreich. 1965. Effects of timber harvest and stand improvement on forage production. J. Wildl. Manage. 29:734–739.

Naiman, R. J., C. A. Johnston, and J. C. Kelley. 1988. Alteration of North American streams by beaver. BioScience 38:753–762.

Neitro, W. A., et. al. 1985. Snags (wildlife trees). Pages 129–169 in E. R. Brown, tech. ed. Management of wildlife and fish habitats in forests of western Oregon and Washington. U.S. For. Serv. PNW Publ. R6-F&WL-192-1985.

Niemi, G. J., and J. R. Probst. 1990. Wildlife and fire in the Upper Midwest. Pages 35–49 in J. M. Sweeney, ed. Management of dynamic ecosystems. North–Cent. Sect., The Wildl. Soc., Springfield, Ill.

Nixon, C. M., M. W. McClain, and R. W. Donohoe. 1975. Effects of hunting and mast crops on a squirrel population. J. Wildl. Manage. 39:1–25.

Noble, I. R. 1981. Predicting successional change. Pages 278–300 in Fire regimes and ecosystem properties. U.S. For. Serv. Gen. Tech. Rep. WO-26.

Noss, R. F., and L. D. Harris. 1986. Nodes, networks, and MUMs: preserving diversity at all scales. Environ. Manage. 10:299–309.

Odum, E. P. 1969. The strategy of ecosystem development. Science 164:262–270.

O'Halloran, K. A., and R. N. Conner. 1987. Habitat used by brown-headed nuthatches. Bull. Tex. Ornithol. Soc. 20:7–13.

Oldemeyer, J. L., and W. L. Regelin. 1980. Response of vegetation

to tree crushing in Alaska. Proc. North Am. Moose Conf. Workshop 16:429–443.
OLIVER, W. W., AND R. F. POWERS. 1978. Growth models for ponderosa pine: I. Yield of unthinned plantations in northern California. U.S. For. Serv. Res. Pap. PSW-133. 21pp.
OSAKI, S. K. 1979. An assessment of wildlife populations and habitat in herbicide-treated Jeffrey pine plantations. M.S. Thesis, Univ. California, Berkeley. 83pp.
OZOGA, J. J. 1968. Variations in microclimate in a conifer swamp deeryard in northern Michigan. J. Wildl. Manage. 32:574–585.
PAIS, R. C., S. A. BONNEY, AND W. C. MCCOMB. 1988. Herpetofaunal species richness and habitat associations in an eastern Kentucky forest. Proc. Annu. Conf. Southeast. Assoc. Fish Wildl. Agencies 42:448–455.
PARKER, G. R., AND L. D. MORTON. 1978. The estimation of winter forage and its use by moose on clearcuts in northcentral Newfoundland. J. Range Manage. 31:300–304.
PERRY, C., AND R. OVERLY. 1977. Impact of roads on big game distribution in portions of the Blue Mountains of Washington, 1972–1973. Wash. Game Dep. Appl. Res. Sect. Bull. 11. 39pp.
PICKETT, S. T. A. 1976. Succession: an evolutionary interpretation. Am. Nat. 110:107–119.
―――, AND J. N. THOMPSON. 1978. Patch dynamics and the design of nature reserves. Biol. Conserv. 36:27–37.
―――, AND P. S. WHITE. 1985. The ecology of natural disturbance and patch dynamics. Academic Press, Orlando, Fla. 472pp.
PIEROVICH, J. M., E. H. CLARKE, S. G. PICKFORD, AND F. R. WARD. 1975. Forest residues management guidelines for the Pacific Northwest. U.S. For. Serv. Gen. Tech. Rep. PNW-33. 281pp.
POWERS, J. E. 1979. Planning for an optimal mix of agricultural and wildlife land use. J. Wildl. Manage. 43:493–502.
PROBST, J. R. 1988. Kirtland's warbler breeding biology and habitat management. Pages 28–35 in T. W. Hoekstra and J. Capp, comps. Integrating forest management for wildlife and fish. U.S. For. Serv. Gen. Tech. Rep. NC-122.
RADLOFF, D. L., AND D. R. BETTERS. 1978. Multivariate analysis of physical site data for wildland classification. For. Sci. 24:2–10.
RAEDEKE, K. J., AND J. F. LEHMKUHL. 1986. A simulation procedure for modeling the relationships between wildlife and forest management. Pages 377–381 in J. Verner, M. L. Morrison, and C. J. Ralph, eds. Wildlife 2000: modeling habitat relationships of terrestrial vertebrates. Univ. Wisconsin Press, Madison.
RAMIREZ, P., JR., AND M. HORNOCKER. 1981. Small mammal populations in different-aged clearcuts in northwestern Montana. J. Mammal. 62:400–403.
RAMM, C. W., AND C. L. MINER. 1986. Growth and yield programs used on microcomputers in the North Central Region. North. J. Appl. For. 3:44–45, 79.
RAMSEY, K. J., AND W. C. KRUEGER. 1986. Grass-legume seeding to improve winter forage for Roosevelt elk: a literature review. Oregon State Univ. Agric. Exp. Stn. Spec. Rep. 763. 31pp.
RAPHAEL, M. G., AND R. H. BARRETT. 1981. Methodologies for a comprehensive wildlife survey and habitat analysis in old-growth Douglas-fir forests. Cal-Neva Wildl. Trans. 1981:106–121.
―――, AND ―――. 1984. Diversity and abundance of wildlife in late successional Douglas-fir forests. Pages 34–43 in New forests for a changing world. Proc. 1983 Annu. Meet. Soc. Am. For., Portland, Oreg. Soc. Am. For., Bethesda, Md.
―――, AND B. G. MARCOT. 1986. Validation of a wildlife-habitat-relationships model: vertebrates in a Douglas-fir sere. Pages 129–138 in J. Verner, M. L. Morrison, and C. J. Ralph, eds. Wildlife 2000: modeling habitat relationships of terrestrial vertebrates. Univ. Wisconsin Press, Madison.
―――, AND M. L. MORRISON. 1987. Decay and dynamics of snags in the Sierra Nevada, California. For. Sci. 33:774–783.
―――, AND M. WHITE. 1984. Use of snags by cavity-nesting birds in the Sierra Nevada. Wildl. Monogr. 86. 66pp.
REGELIN, W. L., AND O. C. WALLMO. 1978. Duration of deer forage benefits after clearcut logging of subalpine forest in Colorado. U.S. For. Serv. Res. Note RM-356. 4pp.
REINEKE, L. H. 1933. Perfecting a stand density index for even-aged forests. J. Agric. Res. 46:627–638.
REPENNING, R. W., AND R. F. LABISKY. 1985. Effects of even-age timber management on bird communities of the longleaf pine forest in northern Florida. J. Wildl. Manage. 49:1088–1098.
ROBBINS, C. S. 1979. Effect of forest fragmentation on bird populations. Pages 198–212 in R. DeGraaf, tech. coord. Proc. workshop management of north central and northeastern forests for nongame birds. U.S. For. Serv. Gen. Tech. Rep. NC-51.
ROGERS, L. L. 1987. Effects of food supply and kinship on social behavior, movements, and population growth of black bears in northeastern Minnesota. Wildl. Monogr. 97. 72pp.
ROST, G. R., AND J. A. BAILEY. 1979. Distribution of mule deer and elk in relation to roads. J. Wildl. Manage. 43:634–641.
SALWASSER, H., AND F. B. SAMSON. 1985. Cumulative effects analysis: an advance in wildlife planning and management. Trans. North Am. Wildl. Nat. Resour. Conf. 50:313–321.
―――, AND J. C. TAPPEINER, II. 1981. An ecosystem approach to integrated timber and wildlife habitat management. Trans. North Am. Wildl. Nat. Resour. Conf. 46:473–487.
SANTILLO, D. J., P. W. BROWN, AND D. M. LESLIE, JR. 1989a. Response of songbirds to glyphosate-induced habitat changes on clearcuts. J. Wildl. Manage. 53:64–71.
―――, D. M. LESLIE, JR., AND P. W. BROWN. 1989b. Responses of small mammals and habitat to glyphosate application on clearcuts. J. Wildl. Manage. 53:164–172.
SAVIDGE, J. A. 1987. Extinction of an island forest avifauna by an introduced snake. Ecology 68:660–668.
SCHAMBERGER, M., A. H. FARMER, AND J. W. TERRELL. 1982. Habitat suitability index models: introduction. U.S. Fish Wildl. Serv. FWS/OBS-82/10. 2pp.
SCHOEN, J. W., O. C. WALLMO, AND M. D. KIRCHOFF. 1981. Wildlife-forest relationships: is a reevaluation of old growth necessary? Trans. North Am. Wildl. Nat. Resour. Conf. 46:531–544.
SCHROEDER, R. L. 1982. Habitat suitability index models: yellow warbler. U.S. Fish Wildl. Serv. FWS/OBS-82/10.27. 8pp.
―――. 1987. Community models for wildlife impact assessment: a review of concepts and approaches. U.S. Fish Wildl. Serv. Biol. Rep. 87(2). 41pp.
SCHULTZ, R. D., AND J. A. BAILEY. 1978. Responses of national park elk to human activity. J. Wildl. Manage. 42:91–100.
SCOTT, J. M., B. CSUTI, J. D. JACOBI, AND J. E. ESTES. 1987. Species richness: a geographic approach to protecting future biological diversity. BioScience 37:782–788.
―――, G. L. CROUCH, AND J. A. WHELAN. 1982. Responses of birds and small mammals to clearcutting in a subalpine forest in central Colorado. U.S. For. Serv. Res. Note RM-422. 6pp.
―――, AND G. J. GOTTFRIED. 1983. Bird response to timber harvest in a mixed conifer forest in Arizona. U.S. For. Serv. Res. Pap. RM-245. 8pp.
―――, J. A. WHELAN, AND P. L. SVOBODA. 1980. Cavity-nesting birds and forest management. Pages 311–324 in R. M. DeGraaf, tech. coord. Proc. workshop management of western forests and grasslands for nongame birds. U.S. For. Serv. Gen. Tech. Rep. INT-86.
SEDGWICK, J. A., AND F. L. KNOPF. 1986. Cavity-nesting birds and the cavity-tree resource in plains cottonwood bottomlands. J. Wildl. Manage. 50:247–252.
SEVERINGHAUS, W. D. 1981. Guild theory development as a mechanism for assessing environmental impact. Environ. Manage. 5:187–190.
SHORT, H. L. 1983. Wildlife guilds in Arizona desert habitats. U.S. Bur. Land Manage. Tech. Note 362. 258pp.
―――, AND K. P. BURNHAM. 1982. Technique for structuring wildlife guilds to evaluate impacts on wildlife communities. U.S. Fish Wildl. Serv. Spec. Sci. Rep. Wildl. 234. 34pp.
SHUGART, H. H. 1984. A theory of forest dynamics. Springer-Verlag, New York, N.Y. 278pp.
―――, AND D. JAMES. 1973. Ecological succession of breeding bird populations in northwestern Arkansas. Auk 90:62–77.
―――, AND S. W. SEAGLE. 1985. Modeling forest landscapes and the role of disturbance in ecosystems and communities. Pages 353–368 in The ecology of natural disturbance and patch dynamics. Academic Press, New York, N.Y.
SIGMAN, M. 1985. Impacts of clear-cut logging in the fish and wildlife resources of southeast Alaska. Alas. Dep. Fish Game Tech. Rep. 85-3. 95pp.

SIMBERLOFF, D., AND J. COX. 1987. Consequences and costs of conservation corridors. Conserv. Biol. 1:63–71.
SMITH, H. C., N. I. LAMSON, AND G. W. MILLER. 1989. An esthetic alternative to clearcutting? Deferment cutting in eastern hardwoods. J. For. 87:14–18.
SMITH, D. M. 1962. The practice of silviculture. John Wiley & Sons, Inc., New York, N.Y. 578pp.
SMITH, T. M. 1986. Habitat-simulation models: integrating habitat-classification and forest-simulation models. Pages 389–393 in J. Verner, M. L. Morrison, and C. J. Ralph, eds. Wildlife 2000: modeling habitat relationships of terrestrial vertebrates. Univ. Wisconsin Press, Madison.
———, H. H. SHUGART, AND D. C. WEST. 1981. Use of forest simulation models to integrate timber harvest and nongame bird management. Trans. North Am. Wildl. Nat. Res. Conf. 46:501–510.
SOCIETY OF AMERICAN FORESTERS. 1984. Scheduling the harvest of old growth. Soc. Am. For., Bethesda, Md. 44pp.
SOPUCK, L. G., AND D. J. VERNAM. 1986. Distribution and movements of moose (Alces alces) in relation to the trans-Alaska oil pipeline. Arctic 39:138–144.
SPARROWE, R. D., AND B. F. SPARROWE. 1977. Use of critical parameters for evaluating wildlife habitat. Pages 385–405 in Classification, inventory, and analysis of fish and wildlife habitat. U.S. Fish Wildl. Serv. FWS/OBS-78/76-604.
STAMPS, J. A., M. BUECHNER, AND V. V. KRISHNAN. 1987. The effects of edge permeability and habitat geometry on emigration from patches of habitat. Am. Nat. 129:533–552.
STRANSKY, J. J., AND R. F. HARLOW. 1981. Effects of fire on deer habitat in the Southeast. Pages 135–142 in G. W. Wood, ed. Prescribed fire and wildlife in southern forests. Belle W. Baruch For. Sci. Inst. Clemson Univ., Georgetown, S.C.
———, AND D. RICHARDSON. 1977. Fruiting of browse plants affected by pine site preparation in east Texas. Proc. Annu. Conf. Southeast. Assoc. Fish Wildl. Agencies 31:5–7.
STRELKE, W. K., AND J. G. DICKSON. 1980. Effect of forest clear-cut edge on breeding birds in east Texas. J. Wildl. Manage. 44:559–567.
SWEENEY, J. M. 1986. Refinement of DYNAST's forest structure simulation. Pages 357–360 in J. Verner, M. L. Morrison, and C. J. Ralph, eds. Wildlife 2000: modeling habitat relationships of terrestrial vertebrates. Univ. Wisconsin Press, Madison.
———, M. E. GARNER, AND R. P. BURKERT. 1984. Analysis of white-tailed deer use of forest clear-cuts. J. Wildl. Manage. 48:652–655.
SWIFT, B. L., J. S. LARSON, AND R. M. DEGRAAF. 1984. Relationship of breeding bird density and diversity to habitat variables in forested wetlands. Wilson Bull. 96:48–59.
SZARO, R. C., AND R. P. BALDA. 1979. Bird community dynamics in a ponderosa pine forest. Stud. Avian Biol. 3. 66pp.
TAPPEINER, J. C., J. C. GOURLEY, AND W. H. EMMINGHAM. 1985. A user's guide for on-site determinations of stand density and growth with a programmable calculator. Oregon State Univ., For. Res. Lab., Spec. Publ. 11. 18pp.
TAYLOR, D. L. 1973. Some ecological implications of forest fire control in Yellowstone National Park, Wyoming. Ecology 54:1394–1396.
TEIPNER, C. L., E. O. GARTON, AND L. NELSON, JR. 1983. Pocket gophers in forest ecosystems. U.S. For. Serv. Gen. Tech. Rep. INT-154. 53pp.
TERRELL, J. W., EDITOR. 1984. Proceedings of a workshop on fish habitat suitability index models. U.S. Fish Wildl. Serv. Biol. Rep. 85(6). 393pp.
THIEL, R. P. 1985. Relationship between road densities and wolf habitat suitability in Wisconsin. Am. Midl. Nat. 113:404–407.
THIESSEN, J. L. 1976. Some relations of elk to logging, roading and hunting in Idaho's Game Management Unit 39. Pages 3–5 in S. R. Hieb, ed. Proc. elk-logging–roads symposium. Univ. Idaho, Moscow.
THOMAS, J. W., TECHNICAL EDITOR. 1979. Wildlife habitats in managed forests—the Blue Mountains of Oregon and Washington. U.S. For. Serv. Agric. Handb. 553. 512pp.
———, R. G. ANDERSON, C. MASER, AND E. L. BULL. 1979a. Snags. Pages 60–77 in J. W. Thomas, tech. ed. Wildlife habitats in managed forests—the Blue Mountains of Oregon and Washington. U.S. For. Serv. Agric. Handbk. 553.
———, E. D. FORSMAN, J. B. LINT, E. C. MESLOW, B. R. NOON, AND J. VERNER. 1990. A conservation strategy for the northern spotted owl. U.S. For. Serv. Interagency Sci. Comm. Rep. 427pp.
———, C. MASER, AND J. E. RODIEK. 1979b. Edges. Pages 48–59 in J. W. Thomas, tech. ed. Wildlife habitats in managed forests—the Blue Mountains of Oregon and Washington. U.S. For. Serv. Agric. Handbk. 553.
———, L. F. RUGGIERO, R. W. MANNAN, J. W. SCHOEN, AND R. A. LANCIA. 1988. Management and conservation of old-growth forests in the United States. Wildl. Soc. Bull. 16:252–262.
TILGHMAN, N. C. 1989. Impacts of white-tailed deer on forest regeneration in northwestern Pennsylvania. J. Wildl. Manage. 53:524–532.
TITTERINGTON, R. W., H. S. CRAWFORD, AND B. N. BURGASON. 1979. Songbird responses to commercial clear-cutting in Maine spruce-fir forests. J. Wildl. Manage. 43:602–609.
TOTH, E. F., D. M. SOLIS, AND B. G. MARCOT. 1986. A management strategy for habitat diversity: using models of wildlife-habitat relationships. Pages 139–144 in J. Verner, M. L. Morrison, and C. J. Ralph, eds. Wildlife 2000: modeling habitat relationships of terrestrial vertebrates. Univ. Wisconsin Press, Madison.
U.S. FISH AND WILDLIFE SERVICE. 1980. Habitat evaluation procedures (HEP). Div. Ecol. Serv. ESM 102. 123pp.
———. 1985. Endangered species recovery plan: red-cockaded woodpecker (Picoides borealis). U.S. Fish Wildl. Serv., Atlanta, Ga. 88pp.
U.S. FOREST SERVICE. 1979. A generalized forest growth projection system applied to the Lakes States region. U.S. For. Serv. Gen. Tech. Rep. NC-49. 96pp.
VAN DEUSEN, J. L., AND C. A. MEYERS. 1962. Porcupine damage in immature stands of ponderosa pine in the Black Hills. J. For. 60:811–813.
VERME, L. J. 1965. Swamp conifer deeryards in northern Michigan—their ecology and management. J. For. 63:523–529.
———, AND W. F. JOHNSTON. 1986. Regeneration of northern white cedar deeryards in Upper Michigan. J. Wildl. Manage. 50:307–313.
VERNER, J. 1984. The guild concept applied to management of bird populations. Environ. Manage. 8:1–14.
———, AND A. S. BOSS, TECHNICAL COORDINATORS. 1980. California wildlife and their habitats: western Sierra Nevada. U.S. For. Serv. Gen. Tech. Rep. PSW-37. 439pp.
WAGLE, R. F., AND T. W. EAKLE. 1979. A controlled burn reduces the impact of a subsequent wildfire in a ponderosa pine vegetation type. For. Sci. 25:123–129.
WALLMO, O. C., AND J. W. SCHOEN. 1980. Response of deer to secondary forest succession in southeast Alaska. For. Sci. 26:448–462.
WALTERS, C. J. 1986. Adaptive management of renewable resources. Macmillan Publ. Co., New York, N.Y. 374pp.
———, AND R. HILBORN. 1978. Ecological optimization and adaptive management. Annu. Rev. Ecol. Syst. 9:157–188.
WEAVER, H. 1947. Fire—nature's thinning agent in ponderosa pine stands. J. For. 45:437–444.
———. 1951. Fire as an ecological factor in the southwestern ponderosa pine forests. J. For. 49:93–98.
WEAVER, J., R. ESCANO, D. MATTSON, T. PUCHLERZ, AND D. DESPAIN. 1985. A cumulative effects model for grizzly bear management in the Yellowstone ecosystem. Pages 234–246 in G. P. Contreras and K. E. Evans, comp. Proc. grizzly bear habitat symposium. U.S. For. Serv. Gen. Tech. Rep. INT-207.
WEBB, W. L., D. F. BEHREND, AND B. SAISORN. 1977. Effect of logging on songbird populations in a northern hardwood forest. Wildl. Monogr. 55. 35pp.
WEBER, S. J., W. W. MAUTZ, J. W. LANIER, AND J. E. WILEY, III. 1983. Predictive equations for deeryards in northern New Hampshire. Wildl. Soc. Bull. 11:331–338.
WELSH, H. H., JR. 1990. Relictual amphibians and old-growth forests. Conserv. Biol. 4:309–319.
WENGER, K. F., EDITOR. 1984. Forestry handbook. Second ed. John Wiley & Sons, New York, N.Y. 1335pp.
WHITCOMB, R. F., C. S. ROBBINS, J. F. LYNCH, B. L. WHITCOMB, M. K. KLIMKIEWICZ, AND D. BYSTRAK. 1981. Effects of forest fragmentation on avifauna of the eastern deciduous forest. Pages 125–

205 *in* R. L. Burgess, and D. M. Sharpe, eds. Forest island dynamics in man-dominated landscapes. Springer-Verlag, New York, N.Y.

WHITING, R. M. 1978. Avian diversity in various age pine forests in east Texas. Ph.D. Thesis, Texas A&M Univ., College Station. 160pp.

WILCOVE, D. S. 1987. From fragmentation to extinction. Nat. Areas J. 7:23–29.

WILLIAMS, G. L., K. R. RUSSELL, AND W. K. SEITZ. 1977. Pattern recognition as a tool in the ecological analysis of habitat. Pages 521–531 *in* Classification, inventory, and analysis of fish and wildlife habitat. U.S. Fish Wildl. Serv., FWS/OBS-78/76.

WILLIAMSON, J. F. 1983. Woodplan: microcomputer programs for forest management. Pages 128–130 *in* Proc. national workshop on computer uses in fish and wildlife programs. Virginia Polytechnic Inst. State Univ., Blacksburg.

WILLIAMSON, S. J., AND D. H. HIRTH. 1985. An evaluation of edge use by white-tailed deer. Wildl. Soc. Bull. 13:252–257.

WISDOM, M. J., ET AL. 1986. A model to evaluate elk habitat in western Oregon. U.S. For. Serv. Publ. R6-F&WL-216-1986. 36pp.

WOOLDRIDGE, D. D., AND H. WEAVER. 1965. Some effects of thinning a ponderosa pine thicket with a prescribed fire, II. J. For. 63:92–95.

WYKOFF, W. R., N. L. CROOKSTON, AND A. R. STAGE. 1982. User's guide to the stand prognosis model. U.S. For. Serv. Gen. Tech. Rep. INT-133. 112pp.

YAHNER, R. H., AND D. P. SCOTT. 1988. Effects of forest fragmentation on depredation of artificial nests. J. Wildl. Manage. 52:158–161.

付　表

訳注：適切な和名を特定できない種については，「･･･属(または科)の一種」と記した(亜種の場合は「･･･の一亜種」とした)．

付表A　本文中で扱った鳥類の英名，学名，和名．北アメリカ産鳥類の学名の出典は Banks et al. (1987) (Checklist of vertebrates of the United States, the U.S. Territories and Canada. U.S. Fish Wildl. Serv. Resour. Publ. 166). 北アメリカ以外の鳥類の出典は Sibley, C.G., and B.L. Monroe, Jr. (1990) (Distribution and taxonomy of birds of the world. Yale University Press, New Haven, Conn.).

英名	学名	和名
Albatross	*Diomedea* spp.	アホウドリ属の種
Avocet, American	*Recurvirostra americana*	アメリカソリハシセイタカシギ
Bananaquit	*Coereba flaveola*	マミジロミツドリ
Bittern, American	*Botaurus lentiginosus*	アメリカサンカノゴイ
Blackbird, Brewer's	*Euphagus cyanocephalus*	テリムクドリモドキ
red-winged	*Agelaius phoeniceus*	ハゴロモガラス
rusty	*Euphagus carolinus*	クロムクドリモドキ
tricolored	*Agelaius tricolor*	サンショクハゴロモガラス
yellow-headed	*Xanthocephalus xanthocephalus*	キガシラムクドリモドキ
Bluebird, eastern	*Sialia sialis*	ルリツグミ
mountain	*Sialia currucoides*	ムジルリツグミ
western	*Sialia mexicana*	チャカタルリツグミ
Bobwhite, masked	*Colinus virginianus*	コリンウズラ
northern	*Colinus virginianus*	コリンウズラ
Brant, black	*Branta bernicla*	コクガン
Bullfinch, Puerto Rican	*Loxigilla portoricensis*	オオクロアカウソ
Bunting, indigo	*Passerina cyanea*	ルリノジコ
lark	*calamospiza melanocorys*	カタジロクロシトド
Canvasback	*Aythya valisineria*	オオハシハジロ
Cardinal, northern	*Cardinalis cardinalis*	ショウジョウコウカンチョウ
Catbird, gray	*Dumetella carolinensis*	ネコマネドリ
Chat, yellow-breasted	*Icteria virens*	オオアメリカムシクイ
Chickadee, black-capped	*Parus atricapillus*	アメリカコガラ
boreal	*Parus hudsonicus*	カナダコガラ
Carolina	*Parus carolinensis*	カロライナコガラ
chestnut-backed	*Parus rufescens*	クロイロコガラ
mountain	*Parus gambeli*	マミジロコガラ
Chukar	*Alectoris chukar*	アラビアイワシャコ
Condor, California	*Gymnogyps californianus*	カリフォルニアコンドル
Coot, American	*Fulica americana*	アメリカオオバン
Cormorant, double-crested	*Phalacrocorax auritus*	ミミヒメウ
Coturnix, common	*Coturnix coturnix*	ヨーロッパウズラ
Cowbird, brown-headed	*Molothrus ater*	コウウチョウ
Crane, sandhill	*Grus canadensis*	カナダヅル
white-naped	*Grus vipio*	マナヅル
whooping	*Grus americana*	アメリカシロヅル
Creeper, brown	*Certhia americana*	キバシリ属の一種
Crow, American	*Corvus brachyrhynchos*	アメリカガラス

(つづく)

付表A　つづき

英名	学名	和名
Cuckoo, Puerto Rican lizard-	*Saurothera vieilloti*	トカゲカッコウ属の一種
yellow-billed	*Coccyzus americanus*	キバシカッコウ
Dove, mourning	*Zenaida macroura*	ナゲキバト
rock	*Columba livia*	カワラバト
white-winged	*Zenaida asiatica*	ハジロバト
Duck, American black	*Anas rubripes*	アメリカガモ
black-bellied whistling-	*Dendrocygna bicolor*	アカハシリュウキュウガモ
fulvous whistling-	*Dendrocygna bicolor*	アカリュウキュウガモ
mottled	*Anas fulvigula*	マガモ属の一種
ring-necked	*Aythya collaris*	クビワキンクロ
ruddy	*Oxyura jamaicensis*	アカオタテガモ
wood	*Aix sponsa*	アメリカオシ
Eagle, bald	*Haliaeetus leucocephalus*	ハクトウワシ
golden	*Aquila chrysaetos*	イヌワシ
Egret, cattle	*Bubulcus ibis*	アマサギ
great	*Casmerodius albus*	ダイサギ
Eider, common	*Somateria mollissima*	ホンケワタガモ
Falcon, brown	*Falco berigora*	チャイロハヤブサ
peregrine	*Falco peregrinus*	ハヤブサ
Finch, Darwin's	*Geospizinae*	ダーウィンフィンチ
house	*Carpodacus mexicanus*	メキシコマシコ
purple	*Carpodacus purpureus*	ムラサキマシコ
zebra	*Poephila guttata*	キンカチョウ
Flicker, northern	*Colaptes auratus*	ハシボソキツツキ
Flycatcher, brown-crested	*Myiarchus tyrannulus*	シロハラオオヒタキモドキ
dusky	*Empidonax oberholseri*	ネズミメジロハエトリ
dusky-capped	*Myiarchus tuberculifer*	オリーブヒタキモドキ
great crested	*Myiarchus crinitus*	オオヒタキモドキ
least	*Empidonax minimus*	チビメジロハエトリ
sulphur-bellied	*Myiodynastes luteiventris*	シロハラオオヒタキモドキ
western	*Empidonax difficilis*	キノドメジロハエトリ
Wied's crested	*Myiarchus tyrannulus*	シロハラオオヒタキモドキ
willow	*Empidonax traillii*	メジロハエトリ
Frigate birds	*Fregata* spp.	グンカンドリ属の種
Gadwall	*Anas strepera*	オカヨシガモ
Gallinule, purple	*Porphyrula martinica*	アメリカムラサキバン
Gnatcatcher, blue-gray	*Polioptila caerulea*	ブユムシクイ
Goldeneye, common	*Bucephala clangula*	ホオジロガモ
Goldeneye, Barrow's	*Bucephala islandica*	キタホオジロガモ
Goldfinch, American	*Carduelis tristis*	オウゴンヒワ
Goose, barnacle	*Branta leucopsis*	カオジロガン
cackling	*Branta canadensis*	カナダガン
Canada	*Branta canadensis*	カナダガン
dusky Canada	*Branta canadensis*	カナダガン
Egyptian	*Alopochen aegyptiaca*	エジプトガン
emperor	*Chen canagica*	ミカドガン
greater white-fronted	*Anser albifrons*	マガン
lesser snow	*Chen caerulescens*	ハクガンの一亜種
Pacific white-fronted	*Anser albifrons*	マガン
Ross'	*Chen rossii*	ヒメハクガン
snow	*Chen caerulescens*	ハクガン

(つづく)

付表A つづき

英名	学名	和名
Vancouver Canada	*Branta canadensis*	カナダガン
Goshawk, brown	*Accipiter fasciatus*	アカハラオオタカ
northern	*Accipiter gentilis*	オオタカ
Grackle, common	*Quiscalus quiscula*	オオクロムクドリモドキ
Grebe	*Podicipedidae*	カイツブリ科
western	*Aechmophorus occidentalis*	クビナガカイツブリ
Grosbeak, evening	*Coccothraustes vespertinus*	キビタイシメ
rose-breasted	*Pheucticus ludovicianus*	ムネアカイカル
Grouse, blue	*Dendragapus obscurus*	アオライチョウ
forest	*Dendragapus* spp.	アオアイチョウ属の種
red	*Dendragapus obscurus*	アオライチョウ
ruffed	*Bonasa umbellus*	エリマキライチョウ
sage	*Centrocercus urophasianus*	キジオライチョウ
sharp-tailed	*Tympanuchus phasianellus*	ホソオライチョウ
spruce	*Dendragapus canadensis*	ハリモミライチョウ
Gull, glaucous-winged	*Larus glaucescens*	ワシカモメ
herring	*Larus argentatus*	セグロカモメ
ring-billed	*Larus delawarensis*	クロワカモメ
Harrier, northern	*Circus cyaneus*	ハイイロチュウヒ
Hawk, Cooper's	*Accipiter cooperii*	クーパーハイタカ
ferruginous	*Buteo regalis*	アカケアシノスリ
red-tailed	*Butea jamaicensis*	アカオノスリ
Swainson's	*Buteo swainsoni*	アレチノスリ
Heron, black-crowned night-	*Nycticorax nycticorax*	ゴイサギ
great blue	*Ardea herodias*	オオアオサギ
little blue	*Egretta caerulea*	ヒメアカクロサギ
yellow-crowned night-	*Nycticorax violaceus*	シラガゴイ
Hummingbird, blue-throated	*Lampornis clemenciae*	ルリノドシロメジリハチドリ
emerald	*Chlorostilbon maugaeus*	プエルトリコヒメエメラルドハチドリ
ruby-throated	*Archilochus colubris*	ノドアカハチドリ
violet-crowned	*Amazilia violiceps*	スミレハチドリ
Ibis, white	*Eudocimus albus*	シロトキ
Jay, blue	*Cyanocitta cristata*	アオカケス
scrub	*Aphelocoma coerulescens*	アメリカカケス
Junco, dark-eyed	*Junco hyemalis*	ユキヒメドリ
Kestrel, American	*Falco sparverius*	アメリカチョウゲンボウ
Killdeer	*Charadrius vociferus*	フタオビチドリ
Kingbird, eastern	*Tyrannus tyrannus*	オウサマタイランチョウ
Kinglet, golden-crowned	*Regulus satrapa*	アメリカキクイタダキ
Lark, horned	*Eremophila alpestris*	ハマヒバリ
Longspur, McCown's	*Calcarius mccownii*	シロハラツメナガホオジロ
Magpie, black-billed	*Pica pica*	カササギ
Mallard	*Anas plafyrhynchos*	マガモ
Meadowlark, eastern	*Sturnella magna*	ヒガシマキバドリ
western	*Sturnella neglecta*	ニシマキバドリ
Merganser, common	*Mergus merganser*	カワアイサ
hooded	*Lophodytes cucullatus*	オウギアイサ
red-breasted	*Mergus serrator*	ウミアイサ
Mockingbird, northern	*Mimus polyglottos*	マネシツグミ
Moorhen, common	*Gallinula chloropus*	バン
Murrelet, marbled	*Brachyramphus marmoratus*	マダラウミスズメ

(つづく)

付表A つづき

英名	学名	和名
Nighthawk, common	*Chordeiles minor*	アメリカヨタカ
Nuthatch, brown-headed	*Sitta pusilla*	チャガシラヒメゴジュウカラ
pygmy	*Sitta pygmaea*	ヒメゴジュウカラ
red-breasted	*Sitta canadensis*	ムネアカゴジュウカラ
white-breasted	*Sitta carolinensis*	ムナジロゴジュウカラ
Oldsquaw	*Clangula hyemalis*	コオリガモ
Oriole, northern	*Icterus galbula*	ボルチモアムクドリモドキ
Osprey	*Pandion haliaetus*	ミサゴ
Ovenbird	*Seiurus aurocapillus*	カマドムシクイ
Owl, barred	*Strix varia*	アメリカフクロウ
boreal	*Aegolius funereus*	キンメフクロウ
burrowing	*Athene cunicularia*	アナホリフクロウ
common barn-	*Tyto alba*	メンフクロウ
eastern screech-	*Otus asio*	アメリカオオコノハズク
great horned	*Bubo virginianus*	アメリカワシミミズク
long-eared	*Asio otus*	トラフズク
northern saw-whet	*Aegolius acadicus*	アメリカキンメフクロウ
northern spotted	*Strix occidentalis*	ニシアメリカフクロウ
short-eared	*Asio flammeus*	コミミズク
spotted	*Strix occidentalis*	ニシアメリカフクロウ
Parakeet, monk	*Myiopsitta monachus*	オキナインコ
Partridge, graey	*Perdix perdix*	ヨーロッパヤマウズラ
Pelican, brown	*Pelecanus occidentalis*	カッショクペリカン
Penguin, king	*Aptenodytes pataganicus*	オウサマペンギン
Petrel	Procellariidae	ミズナギドリ科
Phalarope, Wilson's	*Phalaropus tricolor*	アメリカヒレアシシギ
Pheasant, ring-necked	*Phasianus colchicus*	コウライキジ
Phoebe, eastern	*Sayornis phoebe*	ツキヒメハエトリ
Pigeon, band-tailed	*Columba fasciata*	オビオバト
tippler	*Columba* spp.	カワラバト属の種
Pintail, northern	*Anas acuta*	オナガガモ
Plover, mountain	*Charadrius montanus*	ミヤマチドリ
semipalmated	*Charadrius semipalmatus*	ミカヅキチドリ
Prairie-chicken, greater	*Tympanuchus cupido*	ソウゲンライチョウ属の一種
lesser	*Tympanuchus pallidicinctus*	ソウゲンライチョウの仲間
Ptarmigan, rock	*Lagopus mutus*	ライチョウ
white-tailed	*Lagopus leucurus*	オジロライチョウ
willow	*Lagopus lagopus*	カラフトライチョウ
Quail, California	*Callipepla californica*	カンムリウズラ
Gambel's	*Callipepla gambelii*	ズアカカンムリウズラ
harlequin	*Cyrtonyx montezumae*	シロマダラウズラ
Japanese	*Coturnix coturnix*	ヨーロッパウズラ
Mearns	*Cyrtonyx montezumae*	シロマダラウズラ
Montezuma	*Cyrtonyx montezumae*	シロマダラウズラ
mountain	*Oreortyx pictus*	ツノウズラ
scaled	*Callipepla squamaia*	ウロコウズラ
Rail, clapper	*Rallus longirostris*	オニクイナ
Virginia	*Rallus limicola*	コオニクイナ
Raven, common	*Corvus corax*	ワタリガラス
white-necked	*Corvus cryptoleucus*	シロエリガラス
Redhead	*Aythya americana*	アメリカホシハジロ

(つづく)

付表A つづき

英名	学名	和名
Redstart, American	*Setophaga ruticilla*	ハゴロモムシクイ
Robin, American	*Turdus migratorius*	コマツグミ
Sandpiper, pectoral	*Calidris melanotos*	アメリカウズラシギ
upland	*Bartramia longicauda*	マキバシギ
western	*Caladris mauri*	ヒメハマシギ
Sapsucker, red-breasted	*Sphyrapicus ruber*	ムネアカシルスイキツツキ
Williamson's	*Sphyrapicus thyroideus*	ズグロシルスイキツツキ
yellow-bellied	*Sphyrapicus varius*	シルスイキツツキ
Scoter, surf	*Melanitta perspicillata*	アラナミキンクロ
Shoveler, northern	*Anas clypeata*	ハシビロガモ
Shrike, loggerhead	*Lanius ludovicianus*	アメリカオオモズ
Siskin, pine	*Carduelis pinus*	マツノキヒワ
Skimmer, black	*Rynchops niger*	クロハサミアジサシ
Snipe, common	*Gallinago gallinago*	タシギ
Sofa	*Porzana carolina*	カオグラクイナ
Sparrow, American tree	*Spizella arborea*	ムナフヒメドリ
Bachman's	*Aimophila aestivalis*	ヤブスズメモドキ
Brewer's	*Spizella breweri*	ブリューワーヒメドリ
chipping	*Spizella passerina*	チャガシラヒメドリ
field	*Spizella pusilla*	ヒメドリ
Gambel's	*Zonotrichia leucophrys*	ミヤマシトド
house	*Passer domesticus*	イエスズメ
Lincoln's	*Melospiza lincolnii*	ヒメウタスズメ
song	*Melospiza melodia*	ウタスズメ
swamp	*Melospiza georgiana*	ヌマウタスズメ
white-crowned	*Zonotrichia leucophrys*	ミヤマシトド
white-throated	*Zonotrichia albicollis*	ノドジロシトド
Starling, European	*Sturnus vulgaris*	ホシムクドリ
Stork, wood	*Mycteria americana*	アメリカトキコウ
Swallow, bank	*Riparia riparia*	ショウドウツバメ
barn	*Hirundo rustica*	ツバメ属の一種
tree	*Tachycineta bicolor*	ミドリツバメ
violet-green	*Tachycineta thalassina*	スミレミドリツバメ
welcome	*Hirundo neoxena*	ツバメの仲間
Swan, Bewick's	*Cygnus columbianus*	アメリカコハクチョウ
mute	*Cygnus olor*	コブハクチョウ
trumpeter	*Cygnus buccinator*	ナキハクチョウ
tundra	*Cygnus columbianus*	アメリカコハクチョウ
Swift	*Apodidae*	アマツバメ科
Tanager, Puerto Rican	*Nesospingus speculiferus*	プエルトリコフウキンチョウ
scarlet	*Piranga olivacea*	アカフウキンチョウ
striped-headed	*Spindalis zena*	シトドフウキンチョウ
Teal, blue-winged	*Anas discors*	ミカヅキシマアジ
green-winged	*Anas crecca*	コガモ
red-billed	*Anas erythrorhyncha*	アカハシオナガガモ
Tern, least	*Sterna antillarum*	アジサシ属の一種
Thrasher, brown	*Toxostoma rufum*	チャイロツグミモドキ
pearly-eyed	*Margarops fuscatus*	オオウロコツグミモドキ
Thrush, hermit	*Catharus guttatus*	チャイロコツグミ
red-legged	*Turdus plumbeus*	オジロツグミ
Swainson's	*Catharus ustulatus*	オリーブチャツグミ
wood	*Hylocichla mustelina*	モリツグミ

(つづく)

付表A　つづき

英名	学名	和名
Titmouse, bridled	*Parus wollweberi*	シロガオエボシガラ
plain	*Parus inornatus*	ハイエボシガラ
tufted	*Parus bicolor*	エボシガラ
Tody, Puerto Rican	*Todus mexicanus*	プエルトリココビトドリ
Towhee, rufous-sided	*Pipilo erythrophthalmus*	ワキアカトウヒチョウ
Tropicbird, white-tailed	*Phaethon lepturus*	シラオネッタイチョウ
Turkey, wild	*Meleagris gallopavo*	シチメンチョウ
Vireo, black-whiskered	*Vireo altiloquus*	ホオヒゲモズモドキ
red-eyed	*Vireo olivaceus*	アカメモズモドキ
solitary	*Vireo solitarius*	フタスジモズモドキ
warbling	*Vireo gilvus*	ウタイモズモドキ
Vulture, black	*Coragyps atratus*	クロコンドル
turkey	*Cathartes aura*	ヒメコンドル
Warbler, blackpoll	*Dendroica striata*	ズグロアメリカムシクイ
black-and-white	*Mniotilta varia*	シロクロアメリカムシクイ
blue-winged	*Vermivora pinus*	アオバネアメリカムシクイ
Kirtland's	*Dendroica kirtlandii*	カートランドアメリカムシクイ
prothonotary	*Protonotaria citrea*	オウゴンアメリカムシクイ
Virginia's	*Vermivora virginiae*	キムネズアカアメリカムシクイ
Wilson's	*Wilsonia pusilla*	ウィルソンアメリカムシクイ
yellow	*Dendroica petechia*	キイロアメリカムシクイ
yellow-rumped	*Dendroica coronata*	キヅタアメリカムシクイ
yellow-throated	*Dendroica dominica*	キノドアメリカムシクイ
Waxwing, cedar	*Bombycilla cedrorum*	ヒメレンジャク
Wigeon, American	*Anas americana*	アメリカヒドリ
Woodcock, American	*Scolopex minor*	アメリカヤマシギ
Woodpecker, acorn	*Melanerpes formicivorus*	ドングリキツツキ
black-backed	*Picoides arcticus*	セグロミユビゲラ
downy	*Picoides pubescens*	セジロコゲラ
gila	*Melanerpes uropygialis*	サバクシマセゲラ
hairy	*Picoides villosus*	セジロアカゲラ
ladder-backed	*Picoides scalaris*	シマアカゲラ
Lewis'	*Melanerpes lewis*	ルイスキツツキ
Nuttall's	*Picoides nuttallii*	シロハラシマアカゲラ
pileated	*Dryocopus pileatus*	エボシクマゲラ
Puerto Rican	*Melanerpes portoricensis*	プエルトリコキツツキ
red-bellied	*Melanerpes carolinus*	シマセゲラ
red-cockaded	*Picoides borealis*	ホオジロシマアカゲラ
red-headed	*Melanerpes erythrocephalus*	ズアカキツツキ
Strickland's	*Picoides stricklandi*	チャバネアカゲラ
three-toed	*Picoides tridactylus*	ミユビゲラ
white-headed	*Picoides albolarvatus*	シロガシラキツツキ
Wood-pewee, eastern	*Contopus virens*	モリタイランチョウ
Wren, Bewick's	*Thryomanes bewickii*	シロハラミソサザイ
Carolina	*Thryothorus ludovicianus*	チャバラマユミソサザイ
house	*Troglodytes aedon*	イエミソサザイ
marsh	*Cistothorus palustris*	ハシナガヌマミソサザイ
winter	*Troglodytes troglodytes*	ミソサザイ
Yellowlegs, lesser	*Tringa flavipes*	コキアシシギ
Yellowthroat, common	*Geothlypis trichas*	カオグロアメリカムシクイ

付表B 本文中で扱った哺乳類の英名，学名，和名．北アメリカ産哺乳類の学名の出典は Banks et al. (1987)(Checklist of vertebrates of the United States, the U.S. Territories and Canada. U.S. Fish Wildl. Serv. Resour. Publ. 166)．北アメリカ以外の哺乳類の出典は Grizimek (1990) (Grizimek's encyclopedia of mammals. McGraw-Hill Publ. Co., New York, N.Y.)．

英名	学名	和名
Armadillo, nine-banded	*Dasypus novemcinctus*	ココノオビアルマジロ
Badger	*Taxidea taxus*	アメリカアナグマ
European	*Meles meles*	アナグマ
Bat, big brown	*Eptesicus fuscus*	オオクビワコウモリ
Brazilian free-tailed	*Tadarida brasiliensis*	メキシコオヒキコウモリ
hoary	*Lasiurus cinereus*	シモフリアカコウモリ
little brown	*Myotis lucifugus*	トビイロホオヒゲコウモリ
pallid	*Antrozous pallidus*	サバクコウモリ
Bear, black	*Ursus americanus*	アメリカグマ
brown	*Ursus arctos*	ヒグマ
grizzly	*Ursus arctos*	ヒグマの一亜種
polar	*Ursus maritimus*	ホッキョクグマ
Beaver	*Castor canadensis*	アメリカビーバー
mountain	*Aplodontia rufa*	ヤマビーバー
Beluga	*Delphinapterus leucas*	シロイルカ
Bison	*Bison bison*	アメリカバイソン
Bobcat	*Lynx rufus*	ボブキャット
Buffalo, black	*Syncerus caffer*	アメリカスイギュウ
Caribou	*Rangifer tarandus*	トナカイ
Chipmunk, eastern	*Tamias striatus*	トウブシマリス
red-tailed	*Tamias ruficaudus*	アカオシマリス
Townsend's	*Tamias townsendii*	タウンゼンドシマリス
yellow-pine	*Tamias amoenus*	キマツシマリス
Cottontail, desert	*Sylvilagus auduboni*	サバクワタオウサギ
eastem	*Sylvilagus floridanus*	トウブワタオウサギ
Nuttall's	*Sylvilagus nuttallii*	ヤマワタオウサギ
Cougar	*Felis concolor*	ピューマ
Coyote	*Canis latrans*	コヨーテ
Deer, black-tailed	*Odocoileus hemionus*	ミュールジカ(オグロジカ)の一亜種
Columbian black-tailed	*Odocoileus hemionus*	ミュールジカ(オグロジカ)の一亜種
fallow	*Damn dama*	ダマジカ
mule	*Odocoileus hemionus*	ミュールジカ
musk	*Moschus moschiferus*	シベリアジャコウジカ
Père David's	*Elaphurus davidanus*	シフゾウ
red	*Cervus elaphus*	アカシカ
Sitka black-tailed	*Odocoileus hemionus*	ミュールジカ(オグロジカ)の一亜種
white-tailed	*Odocoileus virginianus*	オジロジカ
Dolphin, bottle-nosed	*Tursiops truncatus*	ハンドウイルカ
Elephant, African	*Loxodonta africanus*	アフリカゾウ
Asian	*Elephas maximus*	アジアゾウ
Elk	*Cervus elaphus*	エルク(ワピチ)
Rocky Mountain	*Cervus elaphus*	エルク(ワピチ)の一亜種
Roosevelt	*Cervus elaphus*	エルク(ワピチ)の一亜種
Ermine	*Mustela erminea*	オコジョ
Ferret, black-footed	*Mustela nigripes*	クロアシイタチ

(つづく)

付表B　つづき

英名	学名	和名
Fisher	*Martes pennanti*	フィッシャー
Fox, arctic	*Alopex lagopus*	ホッキョクギツネ
kit	*Vulpes macrotis*	キットギツネ
gray	*Urocyon cinereoargenteus*	ハイイロギツネ
red	*Vulpes vulpes*	アカギツネ
Gazelle, Thomson's	*Gazella thomsoni*	トムソンガゼル
Giraffe	*Giraffa camelopardalis*	キリン
Goat, mountain	*Oreamnos americanus*	シロイワヤギ
Rocky Mountain	*Oreamnos americanus*	シロイワヤギ
Gopher, pocket	*Thomomys* spp.	セイブホリネズミ属の種
Groundhog	*Marmota monax*	ウッドチャック
Guar	*Bos gaurus*	ガウア
Hare, snowshoe	*Lepus americanus*	カンジキウサギ
Hog, feral	*Sus scrofa*	ヨーロッパイノシシ
Impala	*Aepycerous melampus*	インパラ
Jack rabbit	*Lepus* spp.	ノウサギ属の種
black-tailed	*Lepus californicus*	オグロジャックウサギ
Jaguar	*Panthera onca*	ジャガー
Kangaroo, gray	*Macropus* spp.	カンガルー属の種
Lemmings	Arvicolinae	レミング属
Lion	*Panthera leo*	ライオン
Llama	*Lama guanicoe*	グアナコ
Lynx	*Lynx canadensis*	カナダオオヤマネコ
Macaque, pig-tailed	*Macaca nemestrina*	ブタオザル
Manatee	*Trichechus manatus*	アメリカマナティー
Marmot	*Marmota* spp.	マーモット属の種
yellow-bellied	*Marmota flaviventris*	キバラマーモット
Marten	*Martes americana*	アメリカテン
pine	*Martes martes*	マツテン
Mink	*Mustela vison*	アメリカミンク
Mole	Talpidae	モグラ科
Mongoose	*Herpestes* spp.	エジプトマングース属の種
Monkey, howler	*Alouatta palliata*	マントホエザル
vervet	*Cercopithecus pygerythus*	サバンナモンキー
Moose	*Alces alces*	ヘラジカ
Mountain lion	*Felis concolor*	ピューマ
Mouse, brush	*Peromyscus boylii*	ボイリーシロアシマウス
deer	*Peromyscus maniculatus*	シカシロアシマウス
fulvous harvest	*Reithrodontomys fulvescens*	キイロカヤマウス
golden	*Ochrotomys nuttalli*	キンイロマウス
harvest	*Reithrodontomys* spp.	カヤマウス属の種
house	*Mus musculus*	ハツカネズミ
meadow jumping	*Zapus hudsonius*	ハドソントビハツカネズミ
Pacific jumping	*Zapus trinotatus*	タイヘイヨウトビハツカネズミ
western jumping	*Zapus princeps*	セイブトビハツカネズミ
white-footed	*Peromyscus leucopus*	シロアシマウス
wood	*Apodemus sylvaticus*	モリアカネズミ
yellow-necked field	*Apodemus flavicollis*	キクビアカネズミ

（つづく）

付表B つづき

英名	学名	和名
Muskox	*Ovibos moschatus*	ジャコウウシ
Muskrat	*Ondatra zibethicus*	マスクラット
round-tailed	*Neofiber alleni*	マルオマスクラット
Myotis, Yuma	*Myotis yumanensis*	ユマホオヒゲコウモリ
Nilgai	*Boselaphus tragocamelus*	ニルガイ
Nilgiri tahr	*Hemitragus hylocrius*	ニルギリタール
Nutria	*Myocastor coypus*	ヌートリア
Okapi	*Okapia johnstoni*	オカピ
Opossum, Virginia	*Didelphis virginiana*	キタオポッサム
Otter, river	*Lutra canadensis*	カナダカワウソ
sea	*Enhydra lutris*	ラッコ
Panda, giant	*Ailuropoda melanoleuca*	ジャイアントパンダ
Panther	*Felis concolor*	ピューマ
Peccary, collared	*Tayassu tajacu*	クビワペッカリー
Pika	*Ochotona princeps*	アメリカナキウサギ
Porcupine	*Erethizon dorsatum*	カナダヤマアラシ
Possum, brush-tailed	*Trichosurus vulpecula*	フクロギツネ
Prairie dog, black-tailed	*Cynomys ludovicianus*	オグロプレーリードッグ
Utah	*Cynomys parvidens*	ユタプレーリードッグ
Pronghorn	*Antilocapra americana*	プロングホーン
Puma	*Felis concolor*	ピューマ
Rabbit, European wild	*Oryctolagus cuniculus*	アナウサギ
swamp	*Sylvilagus palustris*	ヒメヌマチウサギ
Raccoon	*Procyon lotor*	アライグマ
Rat, black	*Rattus rattus*	クマネズミ
cotton	*Sigmodon* spp.	コットンラット属の種
hispid cotton	*Sigmodon hispidus*	キバナコットンラット
kangaroo	*Dipodomys* spp.	カンガルーネズミ属の種
Norway	*Rattus norvegicus*	ドブネズミ
Reindeer	*Rangifer tarandus*	トナカイ
Rhinoceros, black	*Diceros bicornis*	クロサイ
Indian	*Rhinoceros unicornis*	インドサイ
Seal, gray	*Halichoerus grypus*	ハイイロアザラシ
harbor	*Phoca vitulina*	ゼニガタアザラシ
Hawaiian monk	*Monachus schauinslandi*	ハワイモンクアザラシ
northern elephant	*Mirounga angustirostris*	キタゾウアザラシ
northern fur	*Callorhinus ursinus*	キタオットセイ
Sea lion, northern	*Eumetopias jubatus*	トド
Steller's	*Eumetopias jubatus*	トド
Sheep, bighorn	*Ovis canadensis*	ビッグホーン
Dall	*Ovis dalli*	ドールビッグホーン
desert bighorn	*Ovis canadensis*	ビッグホーンの一亜種
mountain	*Ovis canadensis*	ビッグホーンの一亜種
Stone	*Ovis stonei*	ストーンシープ
Shrew, dusky	*Sorex obscurus*	クロトガリネズミ
masked	*Sorex cinereus*	マスクトガリネズミ
short-tailed	*Blarina brevicauda*	ブラリナトガリネズミ

(つづく)

付表B つづき

英名	学名	和名
smoky	*Sorex fumeus*	イブシトガリネズミ
Trowbridge's	*Sorex trowbridgii*	トローブリッジトガリネズミ
vagrant	*Sorex vagrans*	カワリトガリネズミ
Skunk, spotted	*Spilogale putorius*	マダラスカンク
striped	*Mephitis mephitis*	シマスカンク
Squirrel, arctic ground	*Spermophilus parryii*	ホッキョクジリス
Belding's ground	*Spermophilus beldingi*	ベルディングジリス
California ground	*Spermophilus beecheyi*	カリフォルニアジリス
Columbian ground	*Spermophilus columbianus*	コロンビアジリス
Douglas'	*Tamiasciurus douglasii*	ダグラスリス
fox	*Sciurus niger*	トウブキツネリス
gray (grey)	*Sciurus carolinensis*	トウブハイイロリス
ground	*Spermophilus* spp.	ジリス属の種
Mount Graham red	*Tamiasciurus hudsonicus*	アメリカアカリス
northern flying	*Glaucomys sabrinus*	オオアメリカモモンガ
red	*Tamiasciurus hudsonicus*	アメリカアカリス
southern flying	*Glaucomys volans*	アメリカモモンガ
tassel-eared	*Sciurus aberti*	アーベルトリス
tree	*Sciurus* spp.	リス属の種
Uinta ground	*Spermophilus armatus*	ユインタジリス
Vole, creeping	*Microtus oregoni*	オレゴンハタネズミ
field	*Microtus agrestis*	キタハタネズミ
meadow	*Microtus pennsylvanicus*	アメリカハタネズミ
montane	*Microtus montanus*	サンガクハタネズミ
pine	*Microtus pinetorum*	アメリカマツネズミ
prairie	*Microtus ochrogaster*	プレーリーハタネズミ
red-backed	*Clethrionomys glareolus*	ヨーロッパヤチネズミ
red tree	*Aborimus longicaudus*	アカキノボリヤチネズミ
Townsend's	*Microtus townsendii*	ハタネズミ属の種
Wallaby	*Petrogale* spp.	イワワラビー属の種
Wapiti	*Cervus elaphus*	アカシカ
Weasel, least	*Mustela nivalis*	イイズナ
long-tailed	*Mustela frenata*	オナガオコジョ
Whale, killer	*Orcinus orca*	シャチ
Minke	*Balaenoptera acutorostrata*	ミンククジラ
sperm	*Physeter catodon*	マッコウクジラ
Wildebeest	*Connochaetes* spp.	ヌー属の種
Wolf, gray	*Canis lupus*	タイリクオオカミ
Wolverine	*Gulo gulo*	クズリ
Wombat	*Vombatidae* spp.	ウオンバット科の種
Woodchuck	*Marmota monar*	ウッドチャック
Woodrat	*Neotoma* spp.	ウッドラット属の種
bushy-tailed	*Neotoma cinerea*	フサオウッドラット
southern plains	Neotoma micropus	コアシウッドラット

付表C 本文中で扱った爬虫類と両生類の英名，学名，和名．北アメリカ産爬虫類・両生類の学名の出典は Banks et al. (1987) (Checklist of vertebrates of the United States, the U.S. Territories and Canada. U.S. Fish Wildl. Serv. Resour. Publ. 166). 北アメリカ以外の爬虫類と両生類の出典は Sokolov (1988) (Dictionary of animal names in five languages : amphibians and reptiles. Russky Yazyk Publ., Moskow).

英名	学名	和名
Alligator, American	*Alligator mississippiensis*	ミシシッピワニ
Anole	*Anolis nebulosus*	アノールトカゲ属の一種
green	*Anolis carolinensis*	グリーンアノール
Boa, rubber	*Charina bottae*	ラバーボア
Bullfrog	*Rana catesbeiana*	ウシガエル
Caiman, spectacled	*Caiman crocodilus*	メガネカイマン
Cottonmouth	*Agkistrodon piscivorus*	ヌママムシ
Crocodile, American	*Crocodylus acutus*	アメリカワニ
Frog, cascades	*Rana cascadae*	カスケードガエル
green	*Rana clamitans*	ブロンズガエル
harlequin	*Atelopus oxyrhynchus*	ベネズエラヤセヤドクガエル
Kenyan reed	*Hyperolius viridiflavus*	キミドリクサガエル
leopard	*Rana pipiens*	ヒョウモンガエル
northern leopard	*Rana pipiens*	ヒョウモンガエル
red-eared	*Rana erythraea*	アカミミガエル
spotted	*Rana pretiosa*	アカガエル属の一種
tailed	*Ascaphus truei*	オガエル
wood	*Rana sylvatica*	カナダアカガエル
Hellbender	*Cryptobranchus alleganiensis*	アメリカオオサンショウウオ
Iguana, desert	*Diplosaurus dorsalis*	サバクイグアナ
green	*Iguana iguana*	グリーンイグアナ
Lizard, bloodsucker	*Calotes nemoricola*	カロテストカゲ
eastern fence	*Sceloporus undulatus*	カキネハリトカゲ
fringe-toed	*Uma notata*	コロラドフサアシトカゲ
keeled earless	*Holbrookia propinqua*	ミミナシトカゲ
northern fence	*Sceloporus undulatus*	カキネハリトカゲ
side-blotched	*Uta stansburiana*	ワキモントカゲ
Sita's	*Sitana ponticeriana*	シタトカゲ
slender glass	*Ophisaurus attenuatus*	ヘビガタトカゲ属の一種
slow worm	*Anguis fragilis*	ヒメアシナシトカゲ
Texas horned	*Phrynosoma cornutum*	テキサスツノトカゲ
viviparous	*Lacerta vivipara*	コモチカナヘビ
western fence	*Sceloporus occidentalis*	セイブカキネハリトカゲ
Newt, alpine	*Triturus alpestris*	アルプスイモリ
eastern	*Notophthalmus viridescens*	ブチイモリ
roughskin	*Taricha granulosa*	サメハダイモリ
smooth	*Triturus vulgaris*	オビイモリ
warty	*Triturus cristatus*	クシイモリ
Racer	*Coluber constrictor*	クロムチヘビ
Racerunner, six-lined	*Cnemidophorus sexlineatus*	ムスジハシリトカゲ
Rattlesnake, western	*Crotalus viridis*	セイブガラガラヘビ
Salamander, Appalachian	*Plethodon jordani*	ジョルダンサンショウウオ
cave	*Eurycea lucifuga*	ホラアナオナガサンショウウオ
dusky	*Desmognathus fuscus*	ウスグロサンショウウオ
eastern red-backed	*Plethodon cinereus*	アカスジサンショウウオ
long-tailed	*Eurycea longicauda*	オナガサンショウウオ

(つづく)

付表C　つづき

英名	学名	和名
long-toed	*Ambystoma macrodactylum*	トラフサンショウウオ属の一種
many-ribbed	*Eurycea multiplicata*	ヨコスジオナガサンショウウオ
mole	*Ambystoma talpoideum*	トラフサンショウウオ属の一種
mountain dusky	*Desmognathus ochrophaeus*	ヤマウスグロサンショウウオ
plethodontid	Plethodontidae	プレトドン科のサンショウウオ
ringed	*Ambystoma annulatum*	トラフサンショウウオ属の一種
slender	*Batrochoseps* spp.	ホソサンショウウオ属の種
slimy	*Plethodon glutinosus*	ヌメサンショウウオ
tiger	*Ambystoma tigrinum*	メキシコサンショウウオ
Wehrle's	*Plethodon wehrlei*	プレトドン属の一種
Skink, five-lined	*Eumeces fasciatus*	イツスジトカゲ
ground	*Scincella laterale*	ジトカゲ
New Guinea	*Egernia physicae*	ニューギニアトカゲ
Slider, common	*Trachemys scripta*	キバラガメ
Snake, Dekay's brown	*Storeria dekayi*	アメリカハラアカヘビ属の一種
common garter	*Thamnophis sirtalis*	ガーターヘビ
grass	*Natrix natrix*	ヨーロッパヤマカガシ
king	*Lampropeltis* spp.	キングヘビ属の種
lyre	*Trimorphodon biscutatus*	タテゴトヘビ
pine	*Pituophis melanoleucus*	ブルスネイク属の一種
rat	*Elaphe obsoleta*	アメリカネズミヘビ
redbelly	*Storeria occipitomaculata*	アメリカハラアカヘビ
ring-necked	*Diadophis punctatus*	クビワヘビ
worm	*Carphophis amoenus*	ミミズヘビ
Spadefoot, Great Basin	*Scaphiopus intermontanus*	アメリカスキアシガエル属の一種
Terrapin, diamondback	*Malaclemys terrapin*	キスイガメ
Toad, American	*Bufo americanus*	アメリカヒキガエル
Fowler's	*Bufo woodhousii*	ファウエルヒキガエル
Gulf Coast	*Bufo valliceps*	オオヒキガエル
western	*Bufo boreas*	ヒキガエル属の一種
Woodhouse's	*Bufo woodhousii*	ファウエルヒキガエル
Yosemite	*Bufo canorus*	ヨセミテヒキガエル
Treefrog, green	*Hyla cinerea*	アメリカアマガエル
Pacific	*Hyla regilla*	カリフォルニアアマガエル
Tortoise, Aldabra	*Geochelone gigantea*	アルダブラゾウガメ
desert	*Gopherus agassizii*	サバクガメ
Turtle, alligator snapping	*Macroclemys temminckii*	ワニガメ
Blanding's	*Emydoidea blandingii*	ヌマガメ科の一種
chicken	*Deirochelys reticularia*	アミメガメ
common box	*Terrapene carolina*	カロリナハコガメ
common mud	*Kinosternon subrubrum*	アメリカドロガメ
green sea	*Chelonia mydas*	アオウミガメ
leatherback sea	*Dermochelys coriacea*	オサガメ
loggerhead	*Caretta caretta*	アカウミガメ
loggerhead musk	*Sternotherus minor*	オオガシラニオイガメ
olive ridley	*Lepidochelys olivacea*	ヒメウミガメ
painted	*Chrysemys picta*	ニシキガメ
snapping	*Chelydra serpentina*	カミツキガメ
spiny softshell	*Trionyx spiniferus*	トゲスッポン
spotted	*Clemmys guttata*	キボシイシガメ
Whipsnake, striped	*Masticophis taeniatus*	ムチヘビ

付表D 本文中で扱った魚類の英名，学名，和名．北アメリカ産魚類の学名の出典は Robins et al. (1991) (Common and scientific names of fishes from the United States and Canada, Fifth ed. Am. Fish Soc. Spec. Publ. 20).

英名	学名	和名
Bowfin	*Amia calva*	アミア
Bullhead, black	*Ameiurus melas*	ヒレナマズ科の一種
yellow	*Ameiurus natalis*	ヒレナマズ科の一種
Carp, common	*Cyprinus carpio*	コイ
Chub, roundtail	*Gila robusta*	コイ科の一種
Dace, longfin	*Agosia chrysogaster*	コイ科の一種
speckled	*Rhinichthys osculus*	コイ科の一種
Darter, snail	*Percina tanasi*	スズキ科の一種
Mosquitofish, western	*Gambusia affinis*	タップミノー(カダヤシ)
Sardine	Clupeidae	ニシンなどの類
Shiner, red	*Cyprinella lutrensis*	コイ科の一種
Sucker, Sonora	*Catostomus insignis*	サッカー科の一種
desert	*Catostomus clarki*	サッカー科の一種
Sunfish, green	*Lepomis cyanellus*	レポーミス属の一種
Trout	Salmonidae	サケ科

付表E 本文中で扱った無脊椎動物の英名，学名，和名．学名の出典は，水生昆虫については Pennak (1989) (Fresh-water invertebrates of the United States: protozoa to mollusca, Third ed. John Wiley & Sons, New York, N.Y.)，その他については Borer et al. (1989) (An introduction to the study of insects. Sixth ed. Saunders College Publ., Philadelphia, Pa.).

英名	学名	和名
Boatman, water	Corixidae	ミズムシ(半翅目ミズムシ科)
Beetle	Coleoptera	甲虫(鞘翅目)
Black fly	Simuliidae	ブユ(双翅目ブユ科)
Bloodworm	Chironomidae	アカボウフラ(双翅目ユスリカ科)
Budworm, western spruce	*Choristoneura occidentalis*	ハマキガ科の幼虫
Clam, fingernail	Pelecypoda	二枚貝(二枚貝綱)
Crab, ghost	*Ocypode albicas*	スナガニ科の一種
Crayfish	Decapoda	ザリガニ(十脚目)
Dragonfly	Anisoptera	トンボ(トンボ目不均翅亜目)
Earthworm, aquatic	Oligochaeta	水生のミミズ(貧毛綱)
Flatworm	Turbellaria	ウズムシ(渦虫綱)
Flea, water	Cladocera	ミジンコ(枝角綱)
Grasshoper	Orthoptera	バッタ(直翅目)
Horsefly	Tabanidae	アブ(双翅目アブ科)
Leech, nasal	*Theromyzon* spp.	テロミゾン属の鼻腔寄生性ヒル
Maggot, rattailed	*Eristalis* spp.	シマハナアブ属の種
Mayfly	Ephemeroptera	カゲロウ(カゲロウ目)
Midge, phantom	Chaoboridae	フサカ(双翅目フサカ科)
Mosquito	Culicidae	カ(双翅目カ科)
Scorpion	Scorpiones	サソリ(サソリ目)
Shrimp, clam	Conchostraca	カイエビ(貝甲目)
fairy	Anostraca	ホウネンエビ(無甲目)
seed	Ostracoda	カイミジンコ(貝虫亜綱)
Sideswimmer	Amphipoda	ヨコエビ(端脚目)
Snail, pond	Gastropoda	モノアラガイ(腹足綱)
Sowbug, aquatic	Isopoda	水生のワラジムシ(等脚目)
Spider	Araneae	クモ(真正クモ目)
Springtail	Collembola	トビムシ(トビムシ目)
Water strider	Gerridae	アメンボ(アメンボ目)

付表F 本文中で扱った植物の英名, 学名, 和名. 学名の出典は U.S. Soil Conservation (1982) (National list of scientific plant names. U.S. Dept. Agric. Soil Conserv. Serv. SCS-TP-159)

英名	学名	和名
Acacia, catclaw	*Acacia greggii*	アカシア属の一種
sweet	*Acacia farnesiana*	キンゴウカン(アカシア属の一種)
Alder, hazel	*Alnus rugosa*	ハンノキ属の一種
Anise	*Pimpinella* spp.	ミツバグサ属の種
Arrowwood	*Viburnum dentatum*	ガマズミ属の一種
Asafetida	*Ferula* spp.	オオウイキョウ属の種
Ash, green	*Fraxinus pennsylvanica*	ビロードトネリコ
Aspen, bigtooth	*Populus grandidentata*	オオバギンドロ
quaking	*Populus tremuloides*	ハコヤナギ属の一種
Aster	*Aster* spp.	シオン属の種
Baldcypress	*Taxodium distichum*	ラクウショウ
Barnyard grass, common	*Echinochloa crusgalli*	ヒエ属の一種
Bayberry	*Myrica* spp.	ヤマモモ属の種
Beech, American	*Fagus grandifolia*	アメリカブナ
Beggarticks	*Bidens frondosa*	センダングサ属の一種
Birch, gray	*Betula populifolia*	カバノキ属の一種
paper	*Betula papyrifera*	カバノキ属の一種
river	*Betula nigra*	カバノキ属の一種
sweet	*Betula lenta*	カバノキ属の一種
yellow	*Betula alleghaniensis*	カバノキ属の一種
Bitterbrush	*Purshia tridentata*	バラ科の一種
Bittersweet	*Celastrus* spp.	ツルウメモドキ属の種
Blackberry	*Rubus allegheniensis*	ブラックベリー
Blackgum	*Nyssa sylvatica*	ツーペロ(ヌマミズキ属の一種)
Blacknaw	*Viburnum prunifolium*	ガマズミ属の一種
Blueberry, highbush	*Vaccinium corymbosum*	ヌマスノキ
Boxelder	*Acer negundo*	トリネコバノカエデ
Bristlegrass	*Setaria* spp.	エノコログサ属
Buckthorn	*Rhamnus* spp.	クロウメモドキ属
Bulrush, Olney	*Scirpus olneyi*	ホタルイ属の一種
Burhead, common	*Echinodorus cordifolius*	オモダカ科エキノドルス属の一種
Buttonbush, common	*Cephalanthus occidentalis*	タマガサノキ
Canary grass	*Phalaris arundinacea*	クサヨシ属の一種
Cattail	*Typha* spp.	ガマ属の種
Cedar, white	*Thuja occidentalis*	ニオイヒバ
Cherry, black	*Prunus serotina*	ヴァージニアサクラ
pin	*Prunus pensylvanica*	サクラ属の一種
Cholla (cactus)	*Opuntia* spp.	ウチワサボテン属の種
Chokecherry, black	*Aronia melanocarpa*	バラ科の一種
common	*Aronia melanocarpa*	バラ科の一種
Cocklebur	*Xanthium* spp.	オナモミ属の種
Coralberry	*Symphoricarpos orbiculatus*	セッコウボク属の一種
Cordgrass, marshhay	*Spartina patens*	ミクリ属の一種
Cottonwood, eastern	*Populus deltoides*	ヒロハハコヤナギ
Crabapple, prairie	*Malus ioensis*	アイオアリンゴ
Crabgrass	*Digitaria* spp.	メヒシバ属の種
Cranberry, highbush	*Viburnum trilobum*	アメリカカンボク

(つづく)

付表F　つづき

英名	学名	和名
Current, golden	*Ribes aureum*	コガネスグリ
Cutgrass, rice	*Leersia oryzoides*	サヤヌカグサ属の一種
Desert ironwood	*Olneya tesota*	マメ科の一種
Devil's walkingstick	*Aralia spinosa*	アメリカタラノキ
Dogwood, alternate leaf	*Cornus alternifolia*	アオミノミズキ
flowering	*Cornus florida*	ハナミズキ
red-osier	*Cornus stolonifera*	アカクサミズキ
Douglas-fir	*Pseudotsuga menziesii*	ダグラスモミ
Elderberry	*Sambucus* spp.	アメリカニワトコ
Elm	*Ulmus* spp.	ニレ属の種
Fern	Polypodiaceae	ウラボシ科（シダ類）
Filaree	*Erodium cicutarium*	オランダフウロ
Fir, balsam	*Abies balsamea*	バルサムモミ
subalpine	*Abies lasiocarpa*	アルプスモミ
white (grand fir)	*Abies concolor*	コロラドモミ
Firethorn	*Cotoneaster pyracantha*	トキワサンザシ
Flatsedge, chufa	*Cyperus esculentus*	カヤツリグサ属の一種
redroot	*Cyperus erythrorhizos*	カヤツリグサ属の一種
Grape, Oregon	*Berberis aqrnfolium*	マホニア（メギ属の一種）
Gooseberry	*Ribes* spp.	セイヨウスグリ
Greenbrier	*Smilax* spp.	シオデ属の種
Hackberry, common	*Celtis occidentalis*	アメリカエノキ
sugar	*Celtis laevigata*	エノキ属の一種
Hawthorn, cockspur	*Crataegus crus-galli*	サンザシ属の一種
dotted	*Crataegus punctata*	サンザシ属の一種
downy	*Crataegus mollis*	サンザシ属の一種
frosted	*Crataegus pruinosa*	サンザシ属の一種
glossy	*Crataegus nitida*	サンザシ属の一種
Washington	*Crataegus phaenopyrum*	サンザシ属の一種
Hemlock, eastern	*Tsuga canadensis*	カナダツガ
western	*Tsuga heterophylla*	アメリカツガ
Hickory, mockernut	*Carya tomentosa*	カリヤ属の一種
pignut	*Carya glabra*	カリヤ属の一種
shagbark	*Carya ovata*	カリヤ属の一種
Holly	*Ilex* spp.	モチノキ属の種
Honeysuckle, Japanese	*Lonicera japonica*	スイカズラ
tartarian	*Lonicera tatarica*	スイカズラ属の一種
Indian ricegrass	*Oryzopsis hymenoides*	イネ科の一種
Juniper	*Juniperus* spp.	ビャクシン属の種
western	*Juniperus occidentalis*	ビャクシン属の一種
Knotweed	*Polygonum* spp.	タデ属の種
Larch, eastern	*Larix laricina*	アメリカカラマツ
Lespedeza	*Lespedeza* spp.	ハギ属の種
Loosestrife, purple	*Lythrum salicaria*	ミソハギ属の一種
Lotus, American	*Nelumbo lutea*	ハス属の一種
Mangrove	*Rhizophora* spp.	ヤエヤマヒルギ属の種
Manzanita	*Arctostaphylos* spp.	クマコケモモ属の種

（つづく）

付表F つづき

英名	学名	和名
Maple, black	*Acer saccharum*	カエデ属の一種
mountain	*Acer spicatum*	アメリカヤマモミジ
red	*Acer rubrum*	ベニカエデ
striped	*Acer pensylvanicum*	シロスジカエデ
sugar	*Acer saccharum*	サトウカエデ
Mesquite	*Prosopis* spp.	キヤベ属の種
Momingglory	*Ipomoea* spp.	サツマイモ属の種
Mountain ash, American	*Sorbus americana*	アメリカナナカマド
Mountain-mahogany	*Cercocarpus betuloides*	バラ科の一種
curlleaf	*Cercocarpus ledifolius*	バラ科の一種
Mulberry, red	*Morus rubra*	アカノミクワ
Nannyberry	*Viburnum lentago*	ガマズミ属の一種
Oak, black	*Quercus velutina*	クロガシワ
blackjack	*Quercus marilandica*	コナラ属の一種
bur	*Quercus macrocarpa*	コナラ属の一種
Califonia black	*Quercus kelloggi*	コナラ属の一種
cherrybark	*Quercus falcata*	アメリカキレハガシワ
chestnut	*Quercus prinus*	コナラ属の一種
chinkapin	*Quercus muhlenbergii*	コナラ属の一種
live	*Quercus virginiana*	ライブオーク
northern red	*Quercus rubra*	コナラ属の一種
Nutall	*Quercus nuttallii*	コナラ属の一種
overcup	*Quercus lyrata*	コナラ属の一種
pin	*Quercus palustris*	ピンオーク
post	*Quercus stellata*	コナラ属の一種
scarlet	*Quercus coccinea*	ベニガシワ
shingle	*Quercus imbricaria*	コナラ属の一種
swamp white	*Quercus bicolor*	コナラ属の一種
water	*Quercus nigra*	コナラ属の一種
white	*Quercus alba*	コナラ属の一種
Olive, autumn	*Elaeagnus umbellata*	アキグミ
Russian	*Elaeagnus angustlfolia*	ヤナギバグミ
Palmetto	*Sabal* spp.	バミューダサバルヤシ
Panicgrass	*Panicum* spp.	キビ属の種
Panicum, fall	*Panicum dichotonaflorum*	キビ属の一種
Partridgepea senna	*Cassia fasciculata*	カワラケツメイ属の一種
Pecan	*Carya illinoensis*	ペカン
Persimmon, common	*Diospyros virginiana*	アメリカガキ
Pine, eastern white	*Pinus strobus*	ストロブマツ
jack	*Pinus banksiana*	バンクスマツ
loblolly	*Pinus taeda*	テーダマツ
lodgepole	*Pinus contorta*	コントルタマツ
longleaf	*Pinus palustris*	ダイオウショウ
pinyon	*Pinus edulis*	ピニヨン
pitch	*Pinus rigida*	リギダマツ
ponderosa	*Pinus ponderosa*	ポンデローザマツ
slash	*Pinus elliottii*	キューバマツ
white	*Pinus strobus*	ストローブマツ
Plum	*Prunus* spp.	サクラ属の種
Pokeweed	*Phytolacca americana*	ヤマゴボウ属の一種

(つづく)

付表F　つづき

英名	学名	和名
Pricklyash, common	*Zanthoxylum americanum*	サンショウ属の一種
Pricklypear, Lindheimer	*Opuntia lindheimeri*	ウチワサボテン属の一種
Rabbitbrush	*Chrysothamnus* spp.	キク科の種
Ragweed	*Ambrosia* spp.	ブタクサ属の種
Redcedar, eastern	*Juniperus virginiana*	エンピツビャクシン
Reedgrass	*Calamagrostis canadensis*	ノガリヤス属の一種
Rose, multiflora	*Rosa multiflora*	ノイバラ
Sagebrush, big	*Artemisia tridendata*	セージブラッシュ（ヨモギ属の一種）
Saguaro (cactus)	*Cereus giganteus*	ハシラサボテン属の一種
Saltbush, furrowing	*Avicennia germinans*	ヒルギダマシ属の一種
Saltgrass, seashore	*Distichlis spicata*	イネ科の一種
Sedges	*Carex* spp.	スゲ属の種
Serviceberry, Allegany	*Amelanchier laevis*	ザイフリボク属の一種
Saskatoon	*Amelanchier alnifolia*	ザイフリボク属の一種
shadblow	*Amelanchier canadensis*	ザイフリボク属の一種
Sesbania, hemp	*Sesbania exaltata*	ツノクサネム属の一種
Smartweed	*Polygonum* spp.	タデ属の種
Snowberry, common	*Symphoricarpos albus*	セッコウボク
Sorghum, common	*Sorghum vulgare*	モロコシ属の一種
Spicebush	*Lindera benzoin*	クロモジ属の一種
Spikerush, blunt	*Eleocharis obtusa*	ハリイ属の一種
Sprangletop	*Leptochloa* spp.	アゼガヤ属の種
Spruce, Colorado	*Picea pungens*	アメリカハリモミ
Engelmann	*Picea engelmannii*	エンゲルマントウヒ
Sitka	*Picea sitchensis*	シトカトウヒ
white	*Picea glauca*	カナダトウヒ
Squaw apple	*Peraphyllum ramosissimum*	バラ科ナシ亜科の一種
Sumac, flameleaf	*Rhus copallinum*	ウルシ属の一種
smooth	*Rhus glabra*	ウルシ属の一種
staghorn	*Rhus typhina*	ウルシ属の一種
Sunflower	*Helianthus* spp.	ヒマワリ属の種
Sweetgum, American	*Liquidambar styraciflua*	モミジバフウ
Switchgrass	*Panicum virgatum*	キビ属の一種
Tarweed	*Madia* spp.	キク科マディア属の種
Thorn apple	*Crataegus columbiana*	サンザシ属の一種
Timothy	*Phleum* spp.	アワガエリ属の種
Toothcup	*Ammannia coccinea*	ヒメミソハギ属の一種
Tupelo, black	*Nyssa sylvatica*	ツーペロ（ヌマミズキ属の一種）
water	*Nyssa aquatica*	ツーペロゴムノキ（ヌマミズキ属の一種）
Turkeymullein	*Eremocarpus* spp.	トウダイグサ科エレモカルパス属の種
Valerian	*Valeriana* sp.	カノコソウ属の種
Viburnum, mapleleaf	*Viburnum acerifolium*	ガマズミ属の一種
Virginia creeper	*Parthenocissus quinquefolia*	ツタ属の一種
Watershield	*Brasenia* spp.	ジュンサイ属の種
Wheatgrass, bluebunch	*Agropyron spicatum*	カモジグサ属の一種
Wildcelery, American	*Vallisneria americana*	セキショウモ属の一種
Willow, black	*Salix nigra*	ヤナギ属の一種
pussy	*Salix discolor*	ヤナギ属の一種
Winterberry	*Ilex* spp.	モチノキ属の種

索　引

〔A〕
absolute abundance ········ 258
accuracy ················ 259
accurate ················ 11
ACUC(ACUCs) ············ 116
ADDM ·················· 366
ADE ··················· 366
adit ··················· 818
AGC ··················· 449
AME ··················· 366
animal-unit-months ········ 736
apparent dry matter digestibility · 366
apprent digestible energy ····· 366
apprent metabolizable energy ·· 366
arc ···················· 653
AUMs ·················· 736
AVHRR ················· 660
Avitrol® ················ 569

〔B〕
basal metabolic rate ········ 369
bias ··················· 259
biological population ········ 9
BMR ··················· 369
BROWNIE ··············· 98

〔C〕
CAD ··················· 649
CAM ··················· 649
CAPTURE ··············· 98
CART ·················· 70
Cause-effect network analysis ·· 745
census ················· 259
CEQ ··················· 730
CIR ················· 264,280
CITES ·················· 636
Classification and Multiple
　　Use Act ·············· 833
cluster sampling ··········· 17
CMOS ·················· 442
conceptual model ·········· 3
conclusion ·············· 8
control ················· 10
CPR ··················· 165
crossover experiments ······· 24
crown competition factor ···· 843
CRP ··················· 649
CZCS ·················· 660

〔D〕
2,4-D ·················· 841

DAPA ·················· 373
dBm ··················· 444
DC 80 ·················· 100
DDM ·················· 368
DEIS ··················· 730
DEM ··················· 663
2,6 diaminopinelic acid ······ 373
digestible energy ·········· 367
DIME ·················· 665
DISTANCE ··············· 99
DLG ··················· 663
DMCT ·················· 179
double-blind approach ······· 7
DRC-1339 ··············· 570
dry matter digestibility ······· 368

〔E〕
ecological characterization ···· 732
ecological impact assessment ·· 729
ecological-indicator approach ·· 733
Ecosystem function simulation
　　modeling ············· 745
edge ·················· 811
EHS ··················· 721
EIA ··················· 729
Endangered Species Act ····· 833
endogenous urinary nitrogen ·· 371
environmental impact assessment 729
ERP ··················· 443
ERS-1 ·················· 661
ESA ··················· 563
ESTIMATE ··············· 98
estuarine wetland ·········· 750

〔F〕
featured-species approach ···· 732
FEIS ··················· 730
fertility ················ 504
fisher ················· 242
Forest and Rangelands Renewable
　　Resources Planning Act ·· 833
Forest Reserve Act ········· 832
frequency of occurrence ····· 259

〔G〕
GFI ··················· 333
GIS ··················· 647
GLIM ·················· 65
glyphosate ·············· 841
GOES ·················· 660
GPS ················ 656,450
guzzler ················· 819

〔H〕
habitat ················· 711
HC ··················· 720
HCC ·················· 721
HEP ················ 720,733
HOMER ················ 100
HOME RANGE ··········· 100
HSI ················ 719,858

〔I〕
inductive reasoning ········ 5
IUCN ·················· 636

〔J〕
JERS-1 ················· 661
JOLLY ·················· 98
JOLLYAGE ··············· 98

〔K〕
KFI ··················· 328

〔L〕
lacustrine wetland ········· 751
Landscape structure
　　cartographic modeling ··· 745
LIS ··················· 649
LORAN-C ··············· 450

〔M〕
M-44 ·················· 595
management-indicator approach · 732
Mann-Whitney ············ 50
marine wetland ··········· 750
McPAAL ················ 100
ME ··················· 367
metabolic fecal nitrogen ····· 371
metabolizable energy ······· 367
MFN ·················· 371
MICROMORT ············ 98
MOS-1 ················· 660
MSS ··················· 659
MULT ·················· 98
Multiple Use-Sustained Yield Act
　　················· 832,833

〔N〕
National Environmental Policy Act
　　················· 729,833
National Environment Policy Act 833
National Forest Management Act 833
NATSGO ··············· 664
NEPA ················ 729,833
NFAM ·················· 833
NFE ··················· 362
nitrogen free extract ········ 362

node ······ 653	scientific inquiry ······ 2	UTMTEL ······ 99
non protein nitrogen ······ 363	screwgate ······ 760	〔V〕
NPN ······ 363	SDI ······ 843	VHF ······ 443
number of replicates ······ 12	selection ······ 302	〔W〕
NWI ······ 664	sequential sampling ······ 18	wetland evaluation technique ······ 733
〔O〕	short-duration grazing system ······ 807	Wilderness Act ······ 832
ONEPOP ······ 532	Sikes Act Extension ······ 833	wing bees ······ 552
open population ······ 259	simple randam sampling ······ 14	〔X〕
Organic Act ······ 832	sink ······ 811	XYLOG ······ 99
〔P〕	SIZETRAN ······ 99	
PA-14 ······ 571	source ······ 811	
paired observation ······ 19	speculation ······ 8	
palustrine wetland ······ 751	SPOT ······ 659	〔あ〕
PATREC ······ 720	SSURGO ······ 664	亜鉛空気電池 ······ 445
pilot study ······ 10	80 Stat.926 ······ 635	アーク ······ 653
PIM ······ 447	83 Stat.275 ······ 635	脚くくりワナ ······ 129
plot ······ 18	STATSGO ······ 664	足環型発信器 ······ 459
point sampling ······ 18	stoplog ······ 760	亜成鳥 ······ 222
political population ······ 9	strip transect ······ 275	アドコックアンテナ ······ 451,453
POPAN-3 ······ 98	strong inference ······ 3	アナグマ（加害種） ······ 587
population ······ 9,258	subsample ······ 6	穴掘り機 ······ 583
population closure ······ 259	surveys ······ 14	アナホリネズミ（加害種） ······ 578
population density ······ 258	survey sampling ······ 14	アビトロール ······ 569
population estimate ······ 259	SURVIV ······ 98	アヒル（加害種） ······ 567
population index ······ 259	systematic sampling ······ 15	アメリカアナグマ ······ 243
population size ······ 258	〔T〕	アメリカオシ ······ 508
preference ······ 302	2,4,5-T ······ 841	アメリカクロクマ ······ 231
ptilochronology ······ 334	Taylor Grazing Act ······ 833	アメリカシロヅル 498,499,500,505,521
PTT ······ 447	TELAM/PC ······ 100	アメリカバイソン ······ 235
〔R〕	tenaja ······ 816	アメカハタネズミ ······ 507
RADARSAT ······ 661	TIGER ······ 665	アライグマ ······ 239,625
ratio estimation ······ 17	tissue nitrogen balance ······ 371	アライグマ（加害種） ······ 589
REFMOD ······ 100	TM ······ 659	アルゴス-タイロス衛生システム ······ 447
regression estimation ······ 18	TMB ······ 371	ある種に特徴づけられたアプローチ 732
relative abundance ······ 258	TME ······ 368	アルファ-クロラローゼ ······ 569
relative density ······ 259	Time series population modeling ······ 745	アルマジロ（加害種） ······ 574
RELEASE ······ 98	transect ······ 18	安定齢構成 ······ 512,517
research hypothesis ······ 5	TRANSECT ······ 99	安楽死 ······ 116,123
research population ······ 9	transformer ······ 811	〔い〕
resolution ······ 653	tree area ratio ······ 843	イイズナ（加害種） ······ 590
respiratory quotient ······ 370	TRIANG ······ 100	イエスズメ（加害種） ······ 565
riverine wetland ······ 750	true metabolizable energy ······ 368	イエネコ（加害種） ······ 590
road sampling ······ 19	turn over rate ······ 373	威嚇 ······ 568,572
rock jack ······ 824	Type I error ······ 13	威嚇装置 ······ 592
RPA ······ 833	Type II error ······ 13	育林 ······ 835
RQ ······ 370	〔U〕	──体系 ······ 836
〔S〕	UHF ······ 443	生け捕りワナ ······ 584,594
sample size ······ 12	Urban Wildlife ······ 603	移出 ······ 522
sample unit ······ 6	U.S. council on Environmental Quality ······ 730	一次結合
sampling frame ······ 14	use ······ 302	変数の── ······ 68
SAR ······ 661	UTM ······ 651	一次性徴 ······ 225
SAS™ ······ 96		

胃腸管
　　——(剖検・哺乳類)・・・・・・・・・402
　　——(剖検・鳥類)・・・・・・・・・・407
遺伝的問題・・・・・・・・・・・・・・・・・・・・642
移動率・・・・・・・・・・・・・・・・・・・・・・・・467
移入・・・・・・・・・・・・・・・・・・・・・522,641
イヌ(加害種)・・・・・・・・・・・・・・・・・・588
イヌワシ(加害種)・・・・・・・・・・・・・・566
Ivlevの選択指数・・・・・・・・・・・・・・・319
異齢林・・・・・・・・・・・・・・・・・・・・・・・・839
　　——管理・・・・・・・・・・・・・・・・・・839
　　——施業・・・・・・・・・・・・・・・・・・840
入墨・・・・・・・・・・・・・・・・・・176,190,187
因果関係ネットワーク解析・・・・・・745
因子軸の回転・・・・・・・・・・・・・・・・・・69
因子負荷量・・・・・・・・・・・・・・・・・・・・68
因子分析・・・・・・・・・・・・・・・・・・・・・・69
インピーダンス・・・・・・・・・・・・・・・334
　　生体——・・・・・・・・・・・・・・・・・334
in vitro 消化試験・・・・・・・・・・・・・365
in vivo 消化試験・・・・・・・・・・・・・・365
インピング・・・・・・・・・・・・・・・・・・・188

〔う〕
Van Dorn式採集器・・・・・・・・・・・420
ウィルコクソンの符号付き順位検定・50
ウインドウ型トラップ・・・・・・・・・425
Weende法・・・・・・・・・・・・・・・・・・・362
Weibullモデル・・・・・・・・・・・481,482
羽化トラップ・・・・・・・・・413,414,421
ウサギ科・・・・・・・・・・・・・・・・・・・・・244
ウサギ類(加害種)・・・・・・・・・・・・・579
羽軸・・・・・・・・・・・・・・・・・・・・・・・・・206
ウッドチャック・・・・・・・・・・・・・・・248
ウッドラット(加害種)・・・・・・・・・580
羽柄・・・・・・・・・・・・・・・・・・・・・・・・・218
羽弁・・・・・・・・・・・・・・・・・・・・・・・・・219
埋め込み・・・・・・・・・・・・・・・・・・・・・458
羽毛分析法・・・・・・・・・・・・・・・・・・・334
ウ類(加害種)・・・・・・・・・・・・・・・・・566

〔え〕
永久歯・・・・・・・・・・・・・・・・・・・・・・・236
影響評価準備書・・・・・・・・・・・・・・・730
衛生画像・・・・・・・・・・・・・・・・・・・・・716
HSIモデル・・・・・・・・・・・719,720,724
HCモデル・・・・・・・・・・・・・・・・・・・720
エーカープログラム・・・・・・・・・・・782
エクスカーション・・・・・・・・・・・・・469
エコシステム機能シュミレーションモデ
　ル・・・・・・・・・・・・・・・・・・・・・・・・745
枝カウント法・・・・・・・・・・・・697,701
枝をカウントする方法・・・・・・・・・317
餌付け・・・・・・・・・・・・・・・・・・・・・・・623

鳥の——・・・・・・・・・・・・・・・・・615
エッジ・・・・・・・・・・・・・・・・・・・・・・・783
エッジ適応種・・・・・・・・・・・・・・・・・784
エッジマッチング・・・・・・・・・・・・・668
越冬地・・・・・・・・・・・・・・・・・・・・・・・838
エディット・・・・・・・・・・・・・・818,819
エーテル抽出物・・・・・・・・・・・・・・・362
MSY管理・・・・・・・・・・・・・・・・・・・537
エルク・・・・・・・・・・・・・・・・・・230,512
演繹的推理・・・・・・・・・・・・・・・・・・・・5
塩化サクシニルコリン・・・・・・・・・159
円グラフ・・・・・・・・・・・・・・・・・・・・・32
円形プロット・・・・・・・・・・・・・・・・・689
塩酸エトルフィン・・・・・・・・・・・・・153
塩酸キシラジン・・・・・・・・・・・・・・・156
塩酸ケタミン・・・・・・・・・・・・145,155
塩酸ゾラゼパム・・・・・・・・・・・・・・・155
塩酸チレタミン・・・・・・・・・・・・・・・155
塩酸ドキサプラム・・・・・・・・・・・・・158
塩酸ナロキソン・・・・・・・・・・・・・・・158
塩酸フェンサイクリジン・・・・・・・154
塩酸ヨヒンビン・・・・・・・・・・・・・・・158

〔お〕
追い込みネット・・・・・・・・・・・・・・・132
追い込みワナ・・・・・・・・・・・・・・・・・139
追い出しカウント・・・・・・・・・・・・・269
黄体・・・・・・・・・・・・・・・・・・・・・・・・・341
応答変数・・・・・・・・・・・・・・・・・・・・・36
覆いによる防除・・・・・・・・・・・・・・・567
大型付着性動物・・・・・・・・・・・・・・・417
オオカミ・・・・・・・・・・・・・・・・・・・・・238
　　——(加害種)・・・・・・・・・・・・・588
オオホシハジロ・・・・・・・・・・・・・・・507
オグロジカ・・・・・・・・・・・・・・・・・・・230
オジロジカ・・・・・・・・・230,511,516,626
落としワナ・・・・・・・・・・・・・・・・・・・135
おとり・・・・・・・・・・・・・・・・・・・・・・・140
オーバーレイ・・・・・・・・・・・・・・・・・669
オポッサム(加害種)・・・・・・・・・・・589
オポッサム属・・・・・・・・・・・・・・・・・249
折れ線グラフ・・・・・・・・・・・・・・・・・34

〔か〕
海岸性湿地・・・・・・・・・・・・・・・・・・・750
回帰樹木・・・・・・・・・・・・・・・・・・・・・70
回帰推定・・・・・・・・・・・・・・・・・・・・・18
回帰平方総和・・・・・・・・・・・・・・・・・61
回折・・・・・・・・・・・・・・・・・・・・・・・・・462
階層クラスター法・・・・・・・・・・・・・72
解像度・・・・・・・・・・・・・・・・・・・・・・・653
回転式捕虫網・・・・・・・・・・・・・・・・・425
概念モデル・・・・・・・・・・・・・・3,4,854
皆伐法・・・・・・・・・・・・・・・・・・・・・・・836

開腹(哺乳類)・・・・・・・・・・・・・・・・・400
回復計画・・・・・・・・・・・・・・・・・・・・・638
開放個体群・・・・・・・・・・・・・・・259,505
　　——モデル・・・・・・・・・・・・・・・290
解離性麻酔薬・・・・・・・・・・・・・・・・・154
改良型ガーキング装置・・・・・・・・・420
改良型ヘス式採集器・・・・・・・・・・・417
回廊・・・・・・・・・・・・・・・・・・・・・・・・・851
カウントする方法
　枝を——・・・・・・・・・・・・・・・・・317
化学的不動化・・・・・・・・・・・・・・・・・119
科学的方法論・・・・・・・・・・・・・・・・・・2
拡張平方和・・・・・・・・・・・・・・・・・・・62
攪乱・・・・・・・・・・・・・・・・・・・・・・・・・717
確率論モデル・・・・・・・・・・・・・・・・・498
隠れ場・・・・・・・・・・・・・・・・・・・・・・・304
河口湿地・・・・・・・・・・・・・・・・・・・・・750
カササギ類(加害種)・・・・・・・・・・・566
果実・・・・・・・・・・・・・・・・・・・・・・・・・702
　高木の大型・重量——・・・・・・・702
　高木の小型・軽量——・・・・・・・703
　草本植物の——・・・・・・・・・・・・704
　低木の——・・・・・・・・・・・・・・・・703
　——の年生産量・・・・・・・・・・・・318
果実生産・・・・・・・・・・・・・・・・・・・・・702
可消化エネルギー・・・・・・・・・・・・・367
　みかけの——・・・・・・・・・・・・・・366
カスミ網・・・・・・・・・・・・・・・・・・・・・138
仮説－演繹法・・・・・・・・・・・・・・・・・・3
仮説検証・・・・・・・・・・・・・・・・・・・・・20
固いマースト・・・・・・・・・・・・・・・・・702
偏り・・・・・・・・・・・・・・・・・・11,37,259
家畜保護のための首輪・・・・・・・・・593
活動性トラップ・・・・・・・419,420,424
活動地点・・・・・・・・・・・・・・・・・・・・・302
活動中心・・・・・・・・・・・・・・・・・・・・・468
金網かご(ロックフィル式)・・・・・418
金網による防除・・・・・・・・・・・・・・・567
カナダオオヤマネコ(加害種)・・・587
カナダガン・・・・・・・・・・・・・・・・・・・626
カナダヅル(加害種)・・・・・・・・・・・567
カバー・・・・・・・・・・・・・・・681,698,803
カバータイプ・・・・・・・・・・・・・・・・・718
河畔域・・・・・・・・・・・・・・・・・・・・・・・809
河畔湿地・・・・・・・・・・・・・・・・・・・・・750
河畔地帯・・・・・・・・・・・・・・・・・・・・・853
下尾筒・・・・・・・・・・・・・・・・・・・・・・・219
カフェテリア実験・・・・・・・・・・・・・302
Kaplan-Meierモデル・・・・・・・482,483
可変同心円プロット・・・・・・・279,296
過放牧・・・・・・・・・・・・・・・・・・・・・・・807
カモメ類(加害種)・・・・・・・・・・・・・564

可溶無窒素物	362	
カラス類(加害種)	566	
刈り取り	696	
刈り取り秤量法	696, 697	
カルバートトラップ	130	
カワウソ	242	
換羽	209	
冠羽	213	
眼窩	223	
カンガルーネズミ(加害種)	576	
環境	382	
環境影響評価	729, 833	
環境収容力	813	
頑強デザイン Pollock──	293	
環孔材	700	
観察	382, 312	
対による──	19	
独立の──	19	
観察単位	6	
観察率	261, 295, 296	
──モデル	275	
乾燥重量	696	
──の測定	317	
肝臓		
──(剖検・哺乳類)	402	
──(剖検・鳥類)	407	
間伐	842	
乾物可消化率	368	
乾物換算消化率		
みかけの──	366	
管理ギルド	724	
管理指標種の手法	732	
ガン類(加害種)	567	

〔き〕

期間個体群増加率	498	
期間生存率	480	
危機に瀕した個体群	384	
鰭脚亜目の剖検	406	
鰭脚類	243	
記載的研究	2	
キシラジン	145	
寄生虫の保存	391	
季節移動	468	
季節氾濫	764	
基礎代謝率	369	
キックサンプリング	416	
拮抗薬	152	
キツツキ類(加害種)	566	
キツネ(加害種)	588	
キツネ属	238	
基底面積	699	

機能的採餌グループ	429	
木の牧柵	824	
擬反復	26	
忌避剤	569, 572, 586	
基本法	832	
ギャップ	834	
──遷移	834	
キャノンネット	132, 136	
キャプチャーミオパチー	132, 166	
求愛ディスプレイ行動	205	
吸引トラップ	425	
究極要因	303	
給餌試験法	365	
休牧区輪換放牧	807, 808	
球面密度計	695, 705	
供給者	811	
胸腔臓器(剖検・哺乳類)	402	
狂犬病	623	
競合	803, 805, 807	
胸高断面積	699	
胸高直径	692, 699	
行政的個体群	9	
競争係数	520	
競争モデル	519	
共同誤差楕円	467	
極相	799, 809	
──群落	834	
極相種	834	
極超短波	443	
距離標本抽出法	296	
ギルド	429, 733, 859	
ギルドモデル	723	
記録計	449	
筋胃脂肪係数	333	
近成分析法	362	
近隣解析	669	

〔く〕

空間解像度	653	
空間的多様性	718	
空間分析	72	
集中的な──	429	
食うものと食われるもの	520	
クエン酸カーフェンタニル	153	
くくりワナ	141, 143, 585, 593	
クジラ目の剖検	404	
グツラー	819, 820	
首輪	172, 184, 192, 457	
家畜保護のための──	593	
クビワペッカリー	236	
クマ科	238	
クマ類(加害種)	587	
クラスカル・ウォリスの検定	53	

クラスターサンプリング	440	
クラスター抽出法	17	
クラスター分析	71	
クラッチサイズ	338	
クラップネット	142	
グラフィックス	93, 96	
グリッドセル法	472	
グリフォセイト	841	
クリーン栽培技術	781	
クレアチニン	332	
グレーブ式樹上ワナ	142	
クロアカ	205	
──検査	223	
クローバー式ワナ	131	
α-クロラロース	134, 142	
群集によるアプローチ	783	
薫蒸剤	582	
群状収穫	840	

〔け〕

景観構造地図作成モデル	745	
頸気嚢	217	
経口麻酔薬	133, 142	
系統抽出法	15	
系統的サンプリング	440	
ゲストバスター	422	
ケースメントディスプレイ	469	
血液塗抹	391	
齧歯類(加害種)		
片利共生の──	580	
血中尿素体窒素	330	
決定論モデル	498	
結論	8	
堅果生産木	843	
研究仮説	5	
研究対象個体群	9	
検索表		
無脊椎動物同定用の──	429	
検索用プレパラート	315	
減少者	800, 801	
原生自然法	832	
現存量	428, 695, 696, 706	
検定力	13	

〔こ〕

コアサンプラー	414, 415, 422	
胎子数	344	
耕耘作業		
保全的な──	793	
抗凝血薬	582	
航空写真	270	
航空狩猟	590	
航空調査	296	
航空トラッキング	465	

交差確認	36
交差実験	24
更新	834
更新法	836
行動圏	302
行動的抽出法	426
広汎的プログラム	785
交尾器	210
好付着性動物	417
高木の大型・重量果実	702
高木の小型・軽量果実	703
コウモリ(加害種)	574
小型の哺乳動物の剖検	404
小型哺乳類	249
呼吸器系臓器(剖検・鳥類)	408
呼吸商	370
国際自然保護連合	636
国有地政策・管理法	833
国有林経営法	833
誤差	37
誤差多角形	466
誤差平方和	61
湖沼湿地	751
枯死立木	841
——数	304
個体群	9, 258, 497
——解析	497
危機に瀕した——	384
——の移動	384
——の復元	270
——の閉鎖性	259
——密度	258
——モデル	532
個体群射影行列	514
個体群射影法	512
個体群存続可能性分析	639
個体群ボトルネック曲線	640
個体数	257, 258
——指標	259
——調整	622
——に比例したサンプリング	440
個体数推定	259
——法	257
国家環境政策法	729, 833
骨格系(剖検・鳥類)	409
Cox 比例危険率モデル	483
骨髄内脂肪	329
コットンラット類(加害種)	575
コード化型発信器	447
コドラート	689
——法	689
コニベアトラップ	128
コホート	515
——解析	517
——生命表	515
コヨーテ(加害種)	588
コラーゲン濃度	246
コラルトラップ	132, 140
孤立値	467
コリドー	621
コアサンプラー	416
痕跡	267
昆虫量	304

〔さ〕

サイアリューム	181, 188
最近接個体法	691
最近隣法	691
サイクス法補則	833
採血	118
再現度	11
最終評価書	730
最小凸多角形法	470
最小二乗法	57
採食圧	805
採食時間	312
採食場所の調査	313
採食量	701
枝葉の——	701
再植林	769
最大維持可能収量管理	537
栽培方法の工夫	567
在／不在	467
細胞質	363
——分画	363
細胞壁	363
——分画	363
サギ類(加害種)	566
サーバー式採集器	416
サーバー式四角脚採集器	417
サーミスタ	446
皿状トラップ	421
酸化銀電池	445
三角法	466
サンカノゴイ(加害種)	566
散孔材	700
残存枯死立木	844
傘伐法	836, 838
散布図	34
サンプリング	
系統的——	440
——期間	318
クラスター——	440
個体数に比例した——	440
——手法	681
層化——	440
サンプリングデザイン	440
サンプル	
——サイズ	690
——数	318, 690
——単位	310
——の保存方法	313

〔し〕

CIR 写真	716
ジアゼパム	129, 157
飼育環境	120
飼育動物	608
ジェネラリスト	715
視覚	
——による推定	696
——による推定法	692, 693
視覚的遮蔽度	698, 705
視覚的標識	438
シカシロアシマウス(加害種)	575
時間的空間的尺度	714
時間分解能	666
時間別生命表	516, 517
至近要因	303
時系列個体群モデル	745
次元解析	696
嗜好性	807
自己相関	440
指示物質法	368
指数的成長モデル	499
指数分布	481
指数モデル	482
自然実験研究	
仮説検証の——	20
実験単位	6, 439
実験単位内の標本	6
実験的仮説	10
実験的研究	2
実験デザイン点検表	22
湿原評価テクニック	733
実証地域	785
湿地管理	757
室内実験(仮説検証の)	21
自動トラッキング	450
自動利得コントローラー	449
シードトラップ	704, 318
指標	262
耳標	459
脂肪量	326
シマスカンク	243
ジメチルテトラサイクリン	179
社会学の環境収容力	534
社会経済学的な要因	604

ジャコウウシ · · · · · · · · · · · · · · 234	上尾筒 · · · · · · · · · · · · · · · · · · 217	スィーピング · · · · · · · · · 424, 425
射殺 · · · · · · · · · · · · · · 570, 572, 586	焼烙 · · · · · · · · · · · · · · · · · 176, 187	水分 · 362
シャーマントラップ · · · · · · · · 131	症例制度 · · · · · · · · · · · · · · · · · 792	水平井戸 · · · · · · · · · · · · · 814, 815
重回帰係数 · · · · · · · · · · · · · · · · · 61	除去法 · · · · · · · · · · · · · · · · · · · 280	水文環境 · · · · · · · · · · · · · · · · · 756
重回帰決定係数 · · · · · · · · · · · · · 61	植生 · · · · · · · · · · · · · · · · · 681, 753	数度 · 258
重回帰分析 · · · · · · · · · · · · · · · · · 59	——カバータイプ · · · · · · · 306	——推定 · · · · · · · · · · · · · · · 295
収穫間伐 · · · · · · · · · · · · · 842, 857	——遷移 · · · · · · · · · · · · · · · 834	スカンク(加害種) · · · · · · · · · · 590
収穫逓減の法則 · · · · · · · · · · · · 546	食性	スキャナー · · · · · · · · · · · · · · · 656
修正点距離法 · · · · · · · · · · · · · · 692	草食動物の—— · · · · · · · 312	すくい網 · · · · · · 413, 414, 417, 419, 421
従属変数 · · · · · · · · · · · · · · · · · · · 36	肉食動物の—— · · · · · · · 313	すくい取り · · · · · · · · · · 424, 425
集中的な空間分布 · · · · · · · · · · · 429	植生断面板 · · · · · · · · · · · · 698, 705	スクリューゲート · · · · · · · · · 760
周波数 · · · · · · · · · · · · · · · 441, 443	植物遷移 · · · · · · · · · · · · · · · · · 799	スチールトラップ · · · · · · · · · 128
——バンド · · · · · · · · · · · · · 443	植物片の同定 · · · · · · · · · · · · · 315	スティーブンソン式箱ワナ · · 130
周辺効果 · · · · · · · · · · · · · · · · · · 682	食物 · 681	ステップワイズ回帰 · · · · · · · · 66
集約的プログラム · · · · · · · · · · · 785	食物資源 · · · · · · · · · · · · · · · · · 311	ストップログ · · · · · · · · · · · · · 760
収容力 · · · · · · · · · · · · · · · · · · · 501	——量 · · · · · · · · · · · · · · · · · 317	ストリップトランセクト · · · 275
樹冠競争要因 · · · · · · · · · · · · · · 843	除脂肪体重 · · · · · · · · · · · · · · · 326	砂のダム · · · · · · · · · · · · · 816, 817
樹形図 · 72	諸臓器(剖検・哺乳類) · · · · · · 404	スネアポール · · · · · · · · · · · · · 141
種子 · 706	Jolly-Seber モデル · · · · · · · · · · 290	スパゲティ型標識 · · · · · · · · · · 174
——トラップ · · · · · · · · · · · · 702	ジリス(加害種) · · · · · · · · · · · · 576	スプリットサンプラー · · · · · 422
——の年生産量 · · · · · · · · · · 318	シロアシマウス(加害種) · · · · · 575	スペシャリスト · · · · · · · · · · · 715
受信アンテナ · · · · · · · · · · · · · · 451	シロイワヤギ · · · · · · · · · · · · · 235	スポットマッピング · · · · · · · · 270
受信機 · · · · · · · · · · · · · · · · · · · 448	死因の評価 · · · · · · · · · · · · · · · 381	スポットライト法 · · · · · · · · · · 138
種生態 · · · · · · · · · · · · · · · · · · · 713	「シンク」生息地 · · · · · · · · · · · 780	スレッドトレーラー · · · · · · · 194
主成分分析 · · · · · · · · · · · · · · · · · 68	シングルポイントフレーム · · 693	〔せ〕
出現頻度 · · · · · · · · · · · 259, 686, 318	信号強度 · · · · · · · · · · · · · · · · · 444	性 · 383
出産時期 · · · · · · · · · · · · · · · · · 225	人工底質 · · · · · · · · · · · · · · 418, 419	正羽 · 206
出生数 · · · · · · · · · · · · · · · · · · · 504	典型的—— · · · · · · · · · · · · · 418	正確度 · · · · · · · · · · · · · · · · 11, 259
出生表 · · · · · · · · · · · · · · · · · · · 511	標準化—— · · · · · · · · · · · · · 418	生活型モデル · · · · · · · · · · · · · 722
Juday & Schindler-Patas 式トラップ	腎周囲脂肪係数 · · · · · · · · · · · · 328	正規分布法 · · · · · · · · · · · · · · · 470
· 420	人獣共通感染症 · · · · · · · · · · · · 623	生態学的特徴付け 732
樹洞営巣性 · · · · · · · · · · · · · · · 842	自然史 · · · · · · · · · · · · · · · · · · · 714	生息地−収容力モデル · · · · · · · 719
受動式システム · · · · · · · · · · · · 657	心臓(剖検・鳥類) · · · · · · · · · · 407	成群選抜 · · · · · · · · · · · · · · · · · 840
樹木面積率 · · · · · · · · · · · · · · · 843	人造湖 · · · · · · · · · · · · · · · 817, 818	——法 · · · · · · · · · · · · · · · · · 840
狩猟 · 267	侵入者 · · · · · · · · · · · · · · · 800, 801	生産量
——規制 · · · · · · · · · · · · · · · 538	"真"の消化率 · · · · · · · · · · · · 366	草本植物の—— · · · · · · · 705
狩猟管理プログラム · · · · · · · · 528	"真"の代謝エネルギー · · 366, 368	政治的管理ユニット · · · · · · · · 529
樹齢 · 700	森林管理 · · · · · · · · · · · · · · · · · 835	生死動向不明状態 · · · · · · · · · · 479
瞬間死亡率 · · · · · · · · · · · · · · · 504	森林細片化 · · · · · · · · · · · · · · · 849	生重量 · · · · · · · · · · · · · · · · · · · 696
瞬間出生率 · · · · · · · · · · · · · · · 504	——モデル · · · · · · · · · · · · · 860	正準相関分析 · · · · · · · · · · · · · · 71
瞬間増加率 · · · · · · · · · · · · · · · 499	森林・草地再生可能資源計画法 · · 833	生殖突起 · · · · · · · · · · · · · · · · · 223
循環分布 · · · · · · · · · · · · · · · · · 468	森林保護区法 · · · · · · · · · · · · · 832	生息地 · · · · · · · · · · · · · · · · · · · 711
純増殖率 · · · · · · · · · · · · · · · · · 519	〔す〕	——解析 · · · · · · · · · · · · · · · 473
消化試験法 · · · · · · · · · · · · · · · 365	巣穴狩り · · · · · · · · · · · · · · · · · 591	——戦略 · · · · · · · · · · · · · · · 784
消化率 · · · · · · · · · · · · · · · · · · · 366	巣穴木 · · · · · · · · · · · · · · · · · · · 848	——操作 · · · · · · · · 567, 571, 580
"真"の—— · · · · · · · · · · · · 366	水位管理 · · · · · · · · · · · · · · · · · 771	——タイプ · · · · · · · · · · · · · 474
小規模な攪乱 · · · · · · · · · · 834, 835	水銀スイッチ · · · · · · · · · · · · · 446	——地図 · · · · · · · · · · · · · · · 474
じょうご式ワナ · · · · · 135, 142, 143	水銀電池 · · · · · · · · · · · · · · · · · 445	生息地攪乱モデル · · · · · · · · · · 860
条地カバー · · · · · · · · · · · · · · · 795	水晶体重量 · · · · · · · · · · · · · · · 226	——の不均一性 · · · · · · · · · 307
枝葉	水生動物 · · · · · · · · · · · · · · · · · 716	——の保護(絶滅の危機にある) · · 639
——の採食量 · · · · · · · · · · · 701	推測 · 8	——のモデル · · · · · · · · · · · 719
——の生産量 · · · · · · · · · · · 697	数値変数 · · · · · · · · · · · · · · · · · · 54	——への介入 · · · · · · · · · · · 784

――利用 ・・・・・・・・・・・・・・・ 473
生息地資質評定 ・・・・・・・・・・・ 721
　　――の係数 ・・・・・・・・・・・ 721
生息地選択解析 ・・・・・・・・・・・ 478
生息地適合指標 ・・・・・・・・・・・ 719
生息地適合性の期待値 ・・・・・・ 721
生息地適性指標 ・・・・・・・・・・・ 858
生息地評価 ・・・・・・・・・・・・・・ 724
　　――システム ・・・・・・・・・ 733
　　――手法 ・・・・・・・ 720,724,733
生存率分布 ・・・・・・・・・・・・・・ 481
生体インピーダンス ・・・・・・・ 334
生体外消化試験 ・・・・・・・・・・・ 365
生態学的影響評価 ・・・・・・・・・ 729
生態学的管理手法 ・・・・・・・・・ 758
生態学的指標によるアプローチ ・・・ 733
生態学的多様性 ・・・・・・・・・・・ 607
生体抽出法 ・・・・・・・・・・・・・・ 426
生体内消化試験 ・・・・・・・・・・・ 365
成鳥 ・・・・・・・・・・・・・・・・・・・ 209
性的二型 ・・・・・・・・・・・・・・・・ 235
性的二形成 ・・・・・・・・・・・・・・ 209
精度 ・・・・・・・・・・・・・・・・・・・ 259
正の相関 ・・・・・・・・・・・・・・・・ 55
性判別 ・・・・・・・・・・・・・ 225,230
生物学管理ユニット ・・・・・・・・ 529
生物学的環境収容力 ・・・・・・・・ 533
生物学的個体群 ・・・・・・・・・・・ 9
西偏補正 ・・・・・・・・・・・・・・・・ 462
生命表 ・・・・・・・・・・・・・・・・・ 511
赤外線カラー写真 ・・・・・・・・・ 716
赤外線航空写真 ・・・・・・・・・・・ 716
赤体 ・・・・・・・・・・・・・・・・・・・ 343
セッキディスク ・・・・・・・・・・・ 717
絶対数度 ・・・・・・・・・・・・・・・・ 258
切断
　　――(足指)・・・・・・・・・・・・ 190
　　――(尾) ・・・・・・・・・・・・・ 190
切断法
　足指の―― ・・・・・・・・・・・・ 177
接着剤 ・・・・・・・・・・・・・・・・・ 458
説明変数 ・・・・・・・・・・・・・・・・ 36
絶滅危惧種保存法 ・・・・・・・・・ 563
絶滅の危機にある種の法 ・・・・・ 833
絶滅の危機に瀕した種
　　――の指定 ・・・・・・・・・・・ 637
　　――の保全 ・・・・・・・・・・・ 635
　　――の保存法 ・・・・・・・・・ 635
絶滅の危機に瀕した種の法 ・・・ 636,637
絶滅のおそれのある野生動植物の種の国際取引に関する条約 ・・・ 636
セメント質 ・・・・・・・・・・・・・・ 227

セメント質年輪法 ・・・・・・・ 231,235
セルロース ・・・・・・・・・・・・・・ 363
遷移
　　――系列 ・・・・・・・・・・・・・ 834
　　――後期 ・・・・・・・・・・・・・ 801
　　――初期 ・・・・・・・・・・ 801,809
　　――中期 ・・・・・・・・・・・・・ 801
線形スコア ・・・・・・・・・・・・・・ 68
線形モデル ・・・・・・・・・・・・・・ 59
選好性 ・・・・・・・・・・・・・・・・・ 302
センサー ・・・・・・・・・・・・・・・・ 446
センサス ・・・・・・・・・・・・・・・・ 259
線状区法 ・・・・・・・・・・ 692,693,694
全数カウント ・・・・・・・・ 269,271,318
全数マッピング ・・・・・・・・・・・ 269
選択 ・・・・・・・・・・・・・・・・・・・ 302
　　――のレベル ・・・・・・・・・ 474
選択採食 ・・・・・・・・・・・・・・・・ 803
選択性 ・・・・・・・・・・・・・ 319,725
全平方和 ・・・・・・・・・・・・・・・・ 61
〔そ〕
総エネルギー ・・・・・・・・・・・・ 364
総回収法 ・・・・・・・・・・・・・・・ 366
層化サンプリング ・・・・・・・・・ 440
増加者 ・・・・・・・・・・・・・・・・・ 800
層化抽出法 ・・・・・・・・・・・・・・ 44
層化ランダム抽出法 ・・・ 17,271,295
相関 ・・・・・・・・・・・・・・・・・・・ 724
相関係数 ・・・・・・・・・・・・・・・・ 55
送信アンテナ ・・・・・・・・・・・・ 443
早成性 ・・・・・・・・・・・・・・・・・ 206
相対数度 ・・・・・・・・・・・・・・・ 258
相対的物質交代率 ・・・・・・・・・ 373
相対密度 ・・・・・・・・・・・・・・・ 259
巣内育雛期 ・・・・・・・・・・・・・・ 206
草本植物
　　――の果実 ・・・・・・・・・・・ 704
　　――の高さ ・・・・・・・・・・・ 699
　　――の利用可能量 ・・・・・・ 317
藻類 ・・・・・・・・・・・・・・・・・・・ 753
足跡 ・・・・・・・・・・・・・・・・・・・ 267
測定スケール ・・・・・・・・・・・・ 302
組織
　　――の写真 ・・・・・・・・・・・ 389
　　――の選別 ・・・・・・・・・・・ 389
　　――の保存 ・・・・・・・・・・・ 389
組織学 ・・・・・・・・・・・・・・・・・ 389
組織学的検査 ・・・・・・・・・・・・ 389
組織採取 ・・・・・・・・・・・・・・・ 118
組織性窒素出納 ・・・・・・・・・・・ 371
粗脂肪 ・・・・・・・・・・・・・・・・・ 362
「ソース/シンク」モデル ・・・・・・ 780

「ソース」生息地 ・・・・・・・・・・ 780
粗繊維 ・・・・・・・・・・・・・・・・・ 362
粗タンパク質 ・・・・・・・・・・・・ 362
足環 ・・・・・・・・・・・・・・・ 182,192
嗉嚢腺 ・・・・・・・・・・・・・・・・・ 338
嗉嚢内容物 ・・・・・・・・・・・・・・ 317
嗉嚢分析 ・・・・・・・・・・・・・・・ 318
存在率関数 ・・・・・・・・・・・・・・ 860
〔た〕
第1種の過誤 ・・・・・・・・・・・・ 13
第一正準相関係数 ・・・・・・・・・ 71
耐陰性種 ・・・・・・・・・・・・・・・ 836
待期放牧 ・・・・・・・・・・・・・・・ 807
大規模な攪乱 ・・・・・・・・・ 834,835
待期輪換放牧 ・・・・・・・・・ 807,808
代謝エネルギー ・・・・・・・・・・・ 367
　真の―― ・・・・・・・・・・・ 366,368
代謝試験 ・・・・・・・・・・・・・・・ 365
代謝性糞窒素 ・・・・・・・・・・・・ 371
代謝率 ・・・・・・・・・・・・・・・・・ 366
対照 ・・・・・・・・・・・・・・・・・ 10,14
体水分率 ・・・・・・・・・・・・・・・ 333
ダイナミック生命表 ・・・・・・・・ 515
第2種の過誤 ・・・・・・・・・・・・ 13
胎盤痕 ・・・・・・・・・・・・・・・・・ 344
待避場所 ・・・・・・・・・・・・・・・ 838
ダイポールアンテナ ・・・・・・ 451,452
大網脂肪指数 ・・・・・・・・・・・・ 329
太陽電池 ・・・・・・・・・・・・・・・ 445
第四胃内寄生虫指数 ・・・・・・・・ 332
Taylorのべき乗法則 ・・・・・・・ 430
胎齢推定 ・・・・・・・・・・・・・・・ 225
倒せる牧柵 ・・・・・・・・・・・ 821,823
タカ類(加害種) ・・・・・・・・・・ 566
タグ ・・・・・・・・・・・・・ 169,184,192
　放射性の―― ・・・・・・・・・・ 438
ダグアウト ・・・・・・・・・・・・・・ 818
濁度 ・・・・・・・・・・・・・・・・・・・ 717
多次元尺度法 ・・・・・・・・・・・・ 72
多重共線性 ・・・・・・・・・・・・・・ 60
叩き網 ・・・・・・・・・・・・・・ 424,425
　　――法 ・・・・・・・・・・・・・・ 425
多段抽出 ・・・・・・・・・・・・・・・ 43
立枯れ木 ・・・・・・・・・・・・・・・ 619
脱落函 ・・・・・・・・・・・・・・・・・ 143
〔た〕
デタージェント分析法 ・・・・・・ 363
多分光スキャナー ・・・・・・・・・ 270
多変量 ・・・・・・・・・・・・・・・・・ 54
卵型発信器 ・・・・・・・・・・・・・ 447
ダム
　砂の―― ・・・・・・・・・・・ 816,817

多面的資源管理 … 791	対データ … 52	同齢林 … 836, 839
たも網 … 416	対による観察 … 19	──管理 … 836
多目的利用・持続的収穫法 … 832, 833	墜落函 … 134, 423, 426	道路からの標本抽出 … 19
多様性 … 712	突き棒 … 160	毒薬 … 570, 582
単一要因設計 … 24	強い推論 … 3	独立の観察 … 19
単位努力量あたりの捕獲数 … 283	〔て〕	独立変数 … 36
短期間放牧 … 807	T字型採集器 … 416, 417	都市野生動物 … 603
短期間放牧 … 808	定常個体群 … 517	都市野生動物委員会 … 613
単純直線回帰 … 57	D-vac採集器 … 424, 425	土壌学的特性 … 717
単純ランダム抽出法 … 14, 295	堤防 … 759	土壌バンクプログラム … 782
単純ランダム標本抽出 … 40	低木の果実 … 703	屠体密度 … 329
炭水化物 … 363	低木の現存量 … 697	土地測量図本 … 788
淡水性湿地 … 761	定率指標 … 262, 263	土地分類・多目的利用法 … 833
タンニン … 363	テイルマウント … 458	途中相樹種 … 834
短波 … 443	適応化管理 … 855	トナカイ … 231
蛋白質蓄積 … 334	適応度 … 712	トポロジー … 650
単木選抜 … 839	デジタイザー … 655	ドライバー素子 … 451
〔ち〕	データの限界 … 303	トラバサミ … 128, 136, 584, 594
地下壕 … 818	データフォーム … 684	トランキライザー … 129, 157
地形学的特性 … 717	データベース … 93	トランスポンダー … 195
地拵え … 836, 840	テトラサイクリン … 188	トランセクト … 18, 705
地上植生の刈り取り … 317	デトリタス … 411, 427	トランスポンダー標識 … 175
地図 … 716	テナハ … 816, 819	鳥の餌付け … 615
窒素要求量 … 371	テラス … 793	ドリフトワナ … 139
抽出誤差 … 37	テーラー放牧法 … 833	トリブロモエタノール … 143
中心点4分法 … 691	テリトリー … 468	ドロップトラップ … 424
中性デタージェント繊維 … 361	テリトリーマッピング … 270	ドロップネット … 132, 137, 141, 420
──成分 … 363	電気伝導率 … 334	トロフィー … 206
中性溶液可溶物 … 361, 363	電気牧柵 … 823, 824	トンネル式ワナ … 135
調査地 … 682	典型的人工底質 … 418	〔な〕
──の境界 … 306	点在度 … 718	内因性尿中窒素 … 371
調査デザイン … 439	点状区法 … 692, 693	内臓抜き屠体重 … 327
調査道具 … 684	伝送利得 … 443	内的自然増加率 … 501
調査標本抽出法 … 14	テント型トラップ … 425	ナイロンバッグ法 … 365
調査法 … 14	デンドログラム … 72	流し網 … 414, 420
調節可能な牧柵 … 822, 823	電波発信器 … 296, 442	〔に〕
超短波 … 443	〔と〕	二項変数 … 36
長波 … 443	胴くくりワナ … 584	二次サンプリング … 427
鳥類	統計仮説 … 5	二次性徴 … 225
──の剖検 … 406	統計処理 … 95	二次的植物性代謝産物 … 360
──の捕獲 … 134	統計抽出 … 43	二重抽出 … 296
調和平均法 … 471	統計的偏り … 37	──法 … 272
直接観察 … 312	凍結焼烙 … 176, 187, 190	二重盲験法 … 7
貯水池 … 817	凍結ミクロトーム … 227	ニッカド電池 … 445
貯留者 … 811	等高線状栽培 … 794	ニッチ重複度 … 320
地理学的モデリング … 670	統合的研究プロセス … 21	二分変数 … 36
地理情報システム … 647, 787	同軸ケーブル … 452	二変数 … 57
沈水式羽化トラップ … 422	同定用の検索表(無脊椎動物) … 429	二変量正規 … 57
沈水式トラップ … 421	動的抽出法 … 426	妊娠診断 … 348
鎮静薬 … 156	動物福祉法 … 115	〔ぬ〕
麻薬性── … 153	トウブハイイロリス … 512, 624	ヌートリア(加害種) … 578
追跡調査 … 787	投網 … 141	沼湿地 … 751

索　引

ヌル ·················· 451
ヌルーピークシステム ······ 453

〔ね〕

ネクトン ············ 415, 419
ネコ科 ················ 243
熱スキャナー············ 270
ネットガン ············· 133
ネットワイヤー牧柵 ········ 822
ネットワーク機能 ········· 670
ネットワナ ·········· 132, 136
熱量測定法 ············· 364
年間捕獲数 ············· 532
年生産量
　果実の—— ············ 318
　種子の—— ············ 318
　木本の—— ············ 317
粘着トラップ ········ 421, 425
年輪 ·················· 700
年齢 ·················· 383

〔の〕

ノイズブロッカー ········· 448
農業センサス ············ 788
農業保全プログラム ········ 782
濃染層 ················ 228
能動式システム ··········· 657
農薬汚染 ··············· 781
ノッチ ················ 210
ノード ················ 653
野火 ·················· 841
ノンパラメトリック統計法 ···· 430

〔は〕

把握式採泥器 ········ 414, 415
排除 ·················· 581
バイソン ········ 500, 501, 503
バイトカウント ··········· 312
灰分 ·················· 362
排糞率 ················ 304
排卵 ·················· 341
排卵率 ················ 340
爆音機 ················ 568
白体 ·················· 343
箱形採集器 ············· 419
箱型トラップ ········ 424, 425
箱ワナ ············ 130, 143
はじきワナ ······ 128, 143, 585
はしご式ワナ ············ 135
パス ·················· 822
パス解析 ··············· 66
外れ値 ················ 56
ハタネズミ(加害種) ········ 576
パターン認識モデル ···· 720, 721
バックパック型発信器 ······· 459

発情
　——の確認方法 ········· 339
発信器
　足環型—— ············ 459
　バックパック型—— ······ 459
ハト類(加害種) ··········· 565
PATREC モデル
羽根会議 ··············· 552
羽切り ················ 186
ハーネス ··············· 457
パラサイト素子 ··········· 451
パラメータ ············· 260
パラメトリック検定法 ······ 430
バルカトリワナ ··········· 140
パルスカウンター ········· 450
パルス型出生 ············ 505
パルス間隔 ············· 441
　——調整 ············· 447
パルス幅 ··············· 441
パルスレート ············ 441
パロマイスクス属(加害種) ···· 575
番犬 ·················· 593
ハンコック式ワナ ········· 129
反射 ·················· 462
繁殖可能数 ············· 504
繁殖パラメータ ··········· 338
晩成性 ················ 206
判定に伴う偏り ··········· 37
バンディングデータ ···· 506, 508
バンディングモデル ········ 508
バンド装着 ············· 173
ハンドソーティング ········ 414
バンド幅 ··············· 443
反復 ·················· 12
　——数 ··············· 12
判別分析 ··············· 70
氾濫水 ················ 761

〔ひ〕

火入れ ················ 841
被害問題 ··············· 622
ピーク ················ 451
ビクターソフトキャッチ ····· 128
非抗凝血薬 ············· 583
PCQ 法 ················ 691
非実験的仮説 ············ 10
鼻標 ·················· 185
ヒストグラム ············ 32
鼻腺(剖検・鳥類) ········· 409
非線形回帰 ············· 499
脾臓
　——(剖検・哺乳類) ······ 403
　——(剖検・鳥類) ······· 408

非耐陰性種 ········ 834, 836
ビッグホーン類 ··········· 235
ビッターリッヒ可変半径法 ···· 694
ビッターリッヒ法 ·········· 694
被度 ············· 692, 705
被度ポール ············· 699
ヒナ ·················· 209
泌尿系(剖検・哺乳類) ······ 403
泌尿生殖器系(剖検・鳥類) ··· 408
ビーバー ··············· 245
　——(加害種) ··········· 574
皮膚移植 ··············· 191
ピューマ(加害種) ········· 589
標識 ············· 119, 169
　放射性同位元素による—— ·· 438
標識再捕法 ········ 505, 507, 523
標準化人工底質 ··········· 418
　——の運搬 ············ 394
　——の選択 ············ 385
標本サイズ ············· 12
標本単位 ··············· 6
標本抽出 ··············· 295
　道路からの—— ········· 19
　——法 ··············· 261
　——枠 ··············· 14
比率推定法 ············· 17
比率変化法 ······ 264, 297, 507
ビルトモアスティック ······ 699
比例危険率モデル ········· 482
品種改良 ··············· 580
頻度指標 ··············· 268

〔ふ〕

ファブリシウス嚢 ········· 210
ファンディプルワナ ········ 138
フィステル ············· 315
フィッシャー ············ 242
フィッシャーの線形判別関数 ·· 70
フィールドテスト ········· 684
吹き矢 ················ 162
不均一性 ··············· 307
　生息地の—— ··········· 307
複式採集器 ············· 418
副腎(剖検・哺乳類) ······· 403
複数要因設計 ············ 24
副標本 ············· 6, 310
フクロウ類(加害種) ········ 566
浮上式トラップ ······ 421, 422
ブタ(加害種) ············ 589
付着性大型底生生物 ········ 417
付着性大型動物 ··········· 417
付着性動物
　大型—— ············· 417

付着性無脊椎動物 ……… 417, 418
物理的不動化 …………… 119
負の相関 ………………… 55
浮遊法 …………………… 428
プラットフォーム発信器 … 447
プランクトン ……… 415, 419, 428
プランクトンネット ……… 419, 420
ブランケットネット ……… 142
フーリエ変換法 …………… 472
プレーリードッグ(加害種) … 579
フロー型出生 ……… 499, 505
プログラム受信機 ………… 449
フロスファイバー ………… 179
プロット ………………… 18, 688
　──を用いない方法 …… 691
プロピオプロマジン ……… 129
プロングホーン …………… 236
糞 ………………………… 267
分角順位法 ……………… 692
分光分解能 ……………… 653
分散 ……………… 522, 468
　──の等質性 ………… 57
糞分析 …………… 315, 316

〔へ〕

平滑化 …………………… 517
閉鎖個体群 ……………… 505
　──モデル ……… 287, 297
弊死動物数 ……………… 383
ベイリー式ワナ ………… 129
並列度 …………………… 718
ベクター ………………… 650
ヘス式採集器 …………… 416
ベータライト ……… 181, 188, 438
ヘミセルロース ………… 363
ヘラジカ ………………… 231
ペリット ………………… 313
ベルレーゼ・ツルグレン装置 … 426
辺縁 ……………………… 811
辺縁効果 ………………… 811
変形者 …………………… 811
変数減少法 ……………… 66
変数増加法 ……………… 66
変数増減法 ……………… 66
ペンステート式シカ用電気柵 … 572
偏相関係数 ……………… 63
偏相関決定係数 ………… 63
変動係数 ………………… 39
ベントス ………………… 415
偏波 ……………………… 461
片利共生の齧歯類(加害種) … 580

〔ほ〕

保育 ……………… 835, 836, 840
保育間伐 ……………… 842, 587
ホイップアンテナ …… 444, 452
ポイント抽出 …………… 18
ポイントフレーム ……… 693
方角的データ …………… 73
棒グラフ ………………… 32
方形区 ……… 421, 423, 424, 693
　──サンプリング …… 424
　──図化法 …………… 692
剖検
　──(胃腸管・哺乳類) … 402
　──(胃腸管・鳥類) … 407
　──(開腹・哺乳類) … 400
　──(肝臓・哺乳類) … 402
　──(肝臓・鳥類) … 407
　鰭脚亜目の── ……… 406
　──(胸腔臓器・哺乳類) … 402
　クジラ目の── ……… 404
　小型の哺乳動物の── … 404
　──(呼吸器系臓器・鳥類) … 408
　──(骨格系・鳥類) … 409
　──(諸臓器・哺乳類) … 404
　──(心臓・鳥類) … 407
　鳥類の──) ………… 406
　──に必要な器具 …… 399
　──の手順(フィールドでの) … 397
　──(鼻腺・鳥類) … 409
　──(脾臓・哺乳類) … 403
　──(脾臓・鳥類) … 408
　──(泌尿系・哺乳類) … 403
　──(泌尿生殖器系・鳥類) … 408
　──(副腎・哺乳類) … 403
　哺乳類の── ………… 400
　ラッコの── ………… 406
方向探査 ………………… 464
放射性同位元素による標識 … 438
放射性同位体 …………… 180
放射性のタグ …………… 438
放射量分解能 …………… 653
放獣 ……………………… 124
萌出時期
　歯の── ……………… 228
防除
　覆いによる── ……… 567
　金網による── ……… 567
防除柵 …………… 571, 595
放鳥 ……………………… 546
放牧圧 …………………… 800
放牧強度 ………… 800, 804
包埋 ……………………… 445

捕獲
　鳥類の── …………… 134
　──法 ………………… 262
　哺乳類の── ………… 128
捕獲・再捕獲法 …… 264, 285
捕獲作業用発信器 ……… 447
捕獲数
　単位努力量あたりの── … 283
捕獲数管理 ……………… 541
捕獲数管理目標 …… 533, 536
捕獲数制限 ……………… 548
捕獲性筋疾患 …………… 132
捕獲努力モデル ………… 506
牧柵
　木の── ……………… 824
　倒せる── ……… 821, 823
　調節可能な── …… 822, 823
　電気── ……… 823, 824
　ネットワイヤー── … 822
ホシムクドリ類(加害種) … 564
母樹 ……………………… 838
　──法 ……… 836, 838
捕食係数 ………………… 520
保全条件付き土地利用権制度 … 614
保全的な耕耘作業 ……… 793
保存傘伐法 ……………… 839
捕虫網 ……… 414, 424, 425, 427
　回転式── …………… 425
保定 ……………………… 144
哺乳動物の剖検
　小型の── …………… 404
哺乳類
　──の剖検 …………… 400
　──の捕獲 …………… 128
ボブキャット(加害種) … 587
ホーミング ……………… 465
ホームレンジ …………… 468
ボルトタグ ……………… 174
Pollock 頑強デザイン …… 293
ボンフェロニの信頼区間 … 53
ボンブカロリーメーター … 364
ポンプ式採集 …………… 421

〔ま〕

マイクロタガント ……… 179
マガモ ……… 506, 518, 519, 522
麻酔銃 …………… 133, 160
麻酔薬
　解離性── …………… 154
　経口── ……… 133, 142
マスクラット …………… 245
　──(加害種) ………… 578
マースト ………………… 702

マダラスカンク ・・・・・・・・・・・・・・・ 243
マツテン ・・・・・・・・・・・・・・・・・・・・・ 241
マメ科植物 ・・・・・・・・・・・・・・・・・・・ 790
磨耗
 下顎の—— ・・・・・・・・・・・・・・・・ 225
マーモット(加害種) ・・・・・・・・・・・・ 576
麻薬性鎮痛薬 ・・・・・・・・・・・・・・・・・ 153
マルティプルポイントフレーム ・・・ 693
マレイン酸アセプロマジン ・・・・・・・ 157
マンホイットニー検定 ・・・・・・・・・・・ 50
マンホイットニーの順位和検定 ・・・・ 53

〔み〕

みかけの可消化エネルギー ・・・・・・・ 366
みかけの乾物換算消化率 ・・・・・・・・・ 366
みかけの代謝エネルギー ・・・・・・・・・ 366
水 ・・・・・・・・・・・・・・・・・・・・・・ 622, 681
密度 ・・・・・・・・・・・・・・・・・・・・・ 689, 712
 ——を用いない方法 ・・・・・・・・・・ 689
密度依存性 ・・・・・・・・・・・ 500, 503, 504
密度指標 ・・・・・・・・・・・・・・・・・・・・・ 262
密度推定 ・・・・・・・・・・・・・・・・・・・・・ 289
密度板 ・・・・・・・・・・・・・・・・・・・・・・・ 698
ミュージアムスペシャル式はじきワナ
ミュールジカ ・・・・・・・・・・・・・・・・・ 230
ミンク ・・・・・・・・・・・・・・・・・・・・・・・ 240
 ——(加害種) ・・・・・・・・・・・・・・・ 590

〔む〕

ムクドリモドキ類(加害種) ・・・・・・ 564
無指向性ホイップアンテナ ・・・・・・・ 451
無脊椎動物 ・・・・・・・・・・・・・・・・・・・ 754
 ——同定用の検索表 ・・・・・・・・・・ 429
無線周波数 ・・・・・・・・・・・・・・・・・・・ 455

〔め〕

迷惑動物 ・・・・・・・・・・・・・・・・・・・・・ 622
メトキシフルラン ・・・・・・・・・・・・・・ 145
綿羽 ・・・・・・・・・・・・・・・・・・・・・・・・ 206

〔も〕

木材管理 ・・・・・・・・・・・・・・・・・・・・・ 835
木本の年生産量 ・・・・・・・・・・・・・・・ 317
モグラ類(加害種) ・・・・・・・・・・・・・ 577
モデル ・・・・・・・・・・・・・・・ 260, 497, 854
 ——の適合性 ・・・・・・・・・・・・・・・・ 727
問題
 ——の始まり ・・・・・・・・・・・・・・・・ 383
 ——の発生した地域の地理的特徴 384

〔や〕

野外演習日 ・・・・・・・・・・・・・・・・・・・ 786
野外観察研究
 仮説検証の—— ・・・・・・・・・・・・・・ 20
野外実験
 仮説検証の—— ・・・・・・・・・・・・・・ 21
八木アンテナ ・・・・・・・・・・・・・ 451, 452

野生動物に対する認識 ・・・・・・・・・・・ 606
ヤマアラシ(加害種) ・・・・・・・・・・・・ 578
ヤマビーバー(加害種) ・・・・・・・・・・ 577
柔らかいマースト ・・・・・・・・・・・・・・ 702

〔ゆ〕

誘引餌 ・・・・・・・・・・・・・・ 127, 134, 140
誘引臭 ・・・・・・・・・・・・・・・・・・・・・・ 128
有限母集団補正 ・・・・・・・・・・・・・・・・ 40
有効放射出力 ・・・・・・・・・・・・・・・・・ 443
有巣ネット ・・・・・・・・・・・・・・・・・・・ 421
UTM座標 ・・・・・・・・・・・・・・・・・・・・ 464
輸送 ・・・・・・・・・・・・・・・・・・・・・・・・ 121
弓状ネット ・・・・・・・・・・・・・・・・・・・ 141

〔よ〕

幼鳥 ・・・・・・・・・・・・・・・・・・・・・・・・ 209
翼角 ・・・・・・・・・・・・・・・・・・・・・・・・ 224
横穴 ・・・・・・・・・・・・・・・・・・・・・・・・ 818
予備研究 ・・・・・・・・・・・・・・・・・・・・・・ 10
呼び笛
 ——を使う猟法 ・・・・・・・・・・・・・・ 591
ヨーロッパイノシシ(加害種) ・・・・・ 589

〔ら〕

ライトトラップ ・・・・・・・・ 421, 425, 427
ライントランセクト ・・・・・・・・・・・・ 275
ラスター ・・・・・・・・・・・・・・・・・・・・・ 650
ラッコの剖検 ・・・・・・・・・・・・・・・・・ 406
ランダムサンプリング ・・・・・・・・・・ 440
ランダム抽出法
 層化—— ・・・・・・・・・・・・・・・・・・・ 295
 単純—— ・・・・・・・・・・・・・・・・・・・ 295
ランダムペア法 ・・・・・・・・・・・・・・・ 691
ランダムポイント ・・・・・・・・・・・・・・ 475
ランドサット ・・・・・・・・・・・・・・・・・ 657
ランドスケープ ・・・・・・・・・・・・・・・ 831
ランドスケープ生態学 ・・・・・・・・・・ 607

〔り〕

罹患動物種 ・・・・・・・・・・・・・・・・・・・ 383
罹患動物数 ・・・・・・・・・・・・・・・・・・・ 383
リグニン ・・・・・・・・・・・・・・・・・・・・・ 363
離散的時間モデル ・・・・・・・・・・・・・・ 501
リス科 ・・・・・・・・・・・・・・・・・・・・・・・ 246
リス(加害種) ・・・・・・・・・・・・・・・・・ 579
リター ・・・・・・・・・・・・ 413, 421, 422, 426
リーダーシップ ・・・・・・・・・・・・・・・ 684
リターバッグ ・・・・・・・・・・・・・・・・・ 423
リチウム電池 ・・・・・・・・・・・・・・・・・ 444
リッターサイズ ・・・・・・・・・・・・・・・ 344
立地型 ・・・・・・・・・・・・・・・・・・・ 697, 698
利得 ・・・・・・・・・・・・・・・・・・・・・ 449, 453
リフレクター素子 ・・・・・・・・・・・・・・ 451
リモートセンシセング ・・・・・・・・・・ 657
硫酸アトロピン ・・・・・・・・・・・・・・・ 159

利用 ・・・・・・・・・・・・・・・・・・・・・・・・ 302
利用可能性 ・・・・・・・・・・・・・・・・・・・ 474
 ——比率 ・・・・・・・・・・・・・・・・・・・ 475
利用可能量 ・・・・・・・・・・・・・・・・・・・ 317
 草本植物の—— ・・・・・・・・・・・・・ 317
猟期 ・・・・・・・・・・・・・・・・・・・・・ 545, 549
猟区 ・・・・・・・・・・・・・・・・・・・・・・・・ 550
猟犬 ・・・・・・・・・・・・・・・・・・・・・・・・ 592
利用度分布 ・・・・・・・・・・・・・・・・・・・ 471
利用比率 ・・・・・・・・・・・・・・・・・・・・・ 475
利用量 ・・・・・・・・・・・・・・・・・・・・・・ 700
 採食—— ・・・・・・・・・・・・・・・・・・・ 705
林縁効果 ・・・・・・・・・・・・・・・・・・・・・ 838
林冠の被度 ・・・・・・・・・・・・・・・・・・・ 705
Lincoln-Petersen 推定式 ・・・・・・・・・ 274
Lincoln-Petersen 法 ・・・・・・・・・・・・ 285
輪換放牧 ・・・・・・・・・・・・・・・・・ 807, 808
臨床症状 ・・・・・・・・・・・・・・・・・・・・・ 383
林床植生 ・・・・・・・・・・・・・・・・・・・・・ 705
輪伐期長 ・・・・・・・・・・・・・・・・・・・・・ 836
林分密度指標 ・・・・・・・・・・・・・・・・・ 843

〔る〕

累積影響評価 ・・・・・・・・・・・・・・・・・ 860
累積影響モデル ・・・・・・・・・・・・・・・ 860
類別変数 ・・・・・・・・・・・・・・・・・・・・・・ 54
ループアンテナ ・・・・・・・・ 443, 451, 452

〔れ〕

齢構成 ・・・・・・・・・・・・・・・・・・・・・・ 512
齢査定 ・・・・・・・・・・・・・・・・・・・・・・ 230
齢別死亡率 ・・・・・・・・・・・・・・・・・・・ 511
齢別生命表 ・・・・・・・・・・・・・・・・・・・ 515
レーシー法 ・・・・・・・・・・・・・・・・・・・ 551
レズリー行列 ・・・・・・・・・・・・・・・・・ 514
連続生存率 ・・・・・・・・・・・・・・・・・・・ 481
連続性補正 ・・・・・・・・・・・・・・・・・・・・ 42
連続的時間モデル ・・・・・・・・・・・・・・ 500
連続的シーンモデル ・・・・・・・・・・・・ 667
連続標本抽出法 ・・・・・・・・・・・・・・・・ 18
連続変数 ・・・・・・・・・・・・・・・・・・・・・・ 36
連続放牧 ・・・・・・・・・・・・・・・ 805, 807, 808
連邦殺虫剤・殺菌剤・殺鼠剤法 ・・・ 563

〔ろ〕

漏斗状トラップ ・・・・・・・・・・・・・・・ 420
老齢林 ・・・・・・・・・・・・・・・・・・・・・・ 852
老齢林分 ・・・・・・・・・・・・・・・・・・・・・ 851
ロケットネット ・・・・・・・・・・・ 132, 136
ロジスティック式 ・・・・・・・・・・・・・・ 501
ローダミン B ・・・・・・・・・・・・・ 179, 188
ロックジャック ・・・・・・・・・・・・・・・ 824
ロックフィル式金網かご ・・・・・・・・ 418
ロトカ式 ・・・・・・・・・・・・・・・・・ 513, 519
ローブ ・・・・・・・・・・・・・・・・・・・・・・ 451

ロングワース式捕りワナ············134

〔わ〕

ワイヤーフェレット············131
若鳥·······················209
ワタオウサギ················625
ワタリガラス類(加害種)········566
渡り経路協議会··············551
渡り指数···················553
渡り鳥·····················550
渡り鳥条約··················556
渡り鳥条約法················563
ワナ··········118,569,572,584,593

野生動物の研究と管理技術	定価(本体 20,000 円＋税)

2001 年 11 月 10 日　発　行　　　　　　　　　　　　　　　　　〈検印省略〉

編　者	Theodore A. Bookhout
監　修	日本野生動物医学会，野生生物保護学会
編　訳	鈴木正嗣
発行者	永　井　富　久
印　刷	(株)平河工業社
製　本	(株)関山製本社
発　行	**文永堂出版株式会社** 東京都文京区本郷 2 丁目 27 番 18 号 電　話　03(3814)3321(代表) F A X　03(3814)9407 E-mail　buneido@buneido-syuppan.com U R L　http://www.buneido-syuppan.com 振　替　00100-8-114601

ⓒ 2001　日本野生動物医学会，野生生物保護学会

ISBN 4-8300-3185-9　C 3061

http://www.buneido-syuppan.com

Natural Science Books
Veterinary & Agriculture

JVM
Journal of Veterinary Medicine

Foreign Books
W.B.Saunders
Mosby
Lippincott Williams & Wilkins
Manson   *et al.*

Buneido Publishing Co., Ltd.
Telephone 03-3814-3321 Facsimile 03-3814-9407